进出口商品归类系列

DANGEROUS CHEMICALS
CLASSIFICATION GUIDE

危险化学品归类手册

上册

《危险化学品归类手册》编委会 编

中国海关出版社有限公司
中国·北京

图书在版编目（CIP）数据

危险化学品归类手册/《危险化学品归类手册》编委会编．
—北京：中国海关出版社有限公司，2023.12
ISBN 978-7-5175-0718-5

Ⅰ.①危⋯　Ⅱ.①危⋯　Ⅲ.①化工产品—危险物品管理—分类—手册
Ⅳ.①TQ086.5-62

中国国家版本馆 CIP 数据核字（2023）第 237456 号

危险化学品归类手册

WEIXIAN HUAXUEPIN GUILEI SHOUCE

编　　　者：《危险化学品归类手册》编委会	
责任编辑：景小卫	
责任印制：赵　宇	
出版发行：中国海关出版社有限公司	
社　　　址：北京市朝阳区东四环南路甲 1 号	邮政编码：100023
网　　　址：www.hgcbs.com.cn	
编 辑 部：01065194242-7527（电话）	
发 行 部：01065194238/4246/5616（电话）	
社办书店：01065195616（电话）	
https：//weidian.com/?useried＝319526934（网址）	
印　　　刷：固安县铭成印刷有限公司	经　　销：新华书店
开　　　本：889mm×1194mm　1/16	
印　　　张：95.75	字　　数：2500 千字
版　　　次：2023 年 12 月第 1 版	
印　　　次：2023 年 12 月第 1 次印刷	
书　　　号：ISBN 978-7-5175-0718-5	
定　　　价：360.00 元（上、下册）	

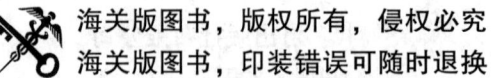

海关版图书，版权所有，侵权必究
海关版图书，印装错误可随时退换

编委会

甘　露　李　鹏　李旭辉　丁林伟　曾淑蓉
沈　诣　陈　超　黄蕙珍　陈绮虹　宋慧玲
杜　勇　李亚杰　穆雪梅　祝　融

前 言

危险化学品是指具有毒害、腐蚀、爆炸、燃烧、助燃等性质，对人体、设施、环境具有危害的剧毒化学品和其他化学品。危险化学品在生产、经营、储存、运输和使用等环节都存在诸多特殊性，因此企业在进出口危险化学品时必须严格遵守国家相关法律法规规定。为帮助广大危险化学品进出口企业正确申报税则号列，本书编委会从服务进出口企业出发，发挥商品归类化验资源优势和技术保障作用，以《危险化学品目录》（最新版）[①] 为基础，参照《危险化学品目录（2015 版）实施指南（试行）》中的附件《危险化学品分类信息表》，组织全国海关商品归类有关专家开展对危险化学品的归类研究，精心编制了《危险化学品归类手册》一书。

本书根据最新版《中华人民共和国进出口税则》，确定了 2826 项危险化学品的税则号列。鉴于危险化学品的定义原则与相关行业化学品的分类选择不尽相同，文中体例也略有差别，因此本书对大部分危险化学品列明了 CAS 号、化学名、英文名、分子式、外观与性状、主要用途、危险特性、主要危害、防护措施等内容。命名采用国际纯粹化学和应用化学联合会（IUPAC）推荐使用的命名原则；英文名为化学品的常用英文名；根据《化学品分类和标签规范》系列标准和现有数据，将化学品的危险特性分为物理危险、健康危害和环境危害三类，并限定在《危险化学品目录（2015 版）》中危险化学品确定原则规定的危险和危害特性类别内。限于目前掌握的数据资源，难以包括化学品所有危险和危害特性类别，信息表中标记"＊"的类别，是指在有充分依据的条件下，某化学品可以采用更严格的类别。

本书内容仅供参考，危险化学品的商品归类以海关审定的归类为准，安全数据信息应以实际进出口商品的 MSDS 等文件为准。

本书编委会
2023 年 12 月

[①] 即原国家安全监管总局等十部门 2015 年第 5 号公告公布的《危险化学品目录（2015 版）》。

目 录

序号	品 名	商品编码	页码
1	阿片	1302.1100	1
2	5-氨基-1,3,3-三甲基环己甲胺	2921.3000	1
3	氨	2814.1000	2
4	5-氨基-3-苯基-1-[双(N,N-二甲基氨基氧膦基)]-1,2,4-三唑(含量>20%)	2933.9900	3
5	4-[3-氨基-5-(1-甲基胍基)戊酰氨基]-1-[4-氨基-2-氧代-1(2H)-嘧啶基]-1,2,3,4-四脱氧-β,D赤己-2-烯吡喃糖醛酸	2934.9990	3
6	4-氨基-N,N-二甲基苯胺	2921.5190	4
7	2-氨基苯酚	2922.2990	4
8	3-氨基苯酚	2922.2990	5
9	4-氨基苯酚	2922.2990	5
10	3-氨基苯甲腈	2926.9090	6
11	2-氨基苯胂酸	2931.9000	6
12	3-氨基苯胂酸	2931.9000	7
13	4-氨基苯胂酸	2931.9000	7
14	4-氨基苯胂酸钠	2931.9000	8
15	2-氨基吡啶	2933.3990	8
16	3-氨基吡啶	2933.3990	9
17	4-氨基吡啶	2933.3990	9
18	1-氨基丙烷	2921.1990	10
19	2-氨基丙烷	2921.1920	10
20	3-氨基丙烯	2921.1990	11
21	4-氨基二苯胺	2921.5190	12
22	氨基胍重碳酸盐	2928.0000	13
23	氨基化钙	2853.9090	13
24	氨基化锂	2853.9090	14

序号	品　　名	商品编码	页码
25	氨基磺酸	2811.1990	14
26	5-(氨基甲基)-3-异噁唑醇	2934.9990	15
27	氨基甲酸胺	2924.1990	15
28	(2-氨基甲酰氧乙基)三甲基氯化铵	2923.9000	16
29	3-氨基喹啉	2933.4900	16
30	2-氨基联苯	2921.4990	17
31	4-氨基联苯	2921.4990	17
32	1-氨基乙醇	2922.1990	18
33	2-氨基乙醇	2922.1100	18
34	2-(2-氨基乙氧基)乙醇	2922.1990	19
35	氨溶液(含氨>10%)	2814.2000	19
36	N-氨基乙基哌嗪	2933.5990	20
37	八氟-2-丁烯	2903.3990	20
38	八氟丙烷	2903.3990	21
39	八氟环丁烷	2903.8900	21
40	八氟异丁烯	2903.3910	22
41	八甲基焦磷酰胺	2929.9090	22
42	1,3,4,5,6,7,8,8-八氯-1,3,3a,4,7,7a-六氢-4,7-甲撑异苯并呋喃(含量>1%)	2932.9990	23
43	1,2,4,5,6,7,8,8-八氯-2,3,3a,4,7,7a-六氢-4,7-亚甲基茚	2903.8200	24
44	八氯莰烯	2903.8900	25
45	八溴联苯	2903.9990	25
46	白磷	2804.7010	26
47	钡	2805.1990	27
48	苯	2902.2000	28
49	苯-1,3-二磺酰肼(糊状,浓度52%)	2935.9000	29
50	苯并呋喃	2932.9990	29
51	苯胺	2921.4110	30
52	1,2-苯二胺	2921.5110	31
53	1,3-苯二胺	2921.5190	31
54	1,4-苯二胺	2921.5190	32
55	1,2-苯二酚	2907.2910	32
56	1,3-苯二酚	2907.2100	33
57	1,3-苯二磺酸溶液	2904.1000	33

序号	品　　名	商品编码	页码
58	1,4-苯二酚	2907.2210	34
59	苯酚、苯酚溶液	2907.1110	35
60	苯酚磺酸	2908.9990	35
61	苯酚钠	2907.1190	36
62	苯磺酰肼	2935.9000	36
63	苯磺酰氯	2904.9900	37
64	4-苯基-1-丁烯	2902.9090	37
65	N-苯基-2-萘胺	2921.4990	38
66	2-苯基丙烯	2902.9090	38
67	2-苯基苯酚	2907.1990	39
68	苯基二氯硅烷	2931.9000	39
69	苯基硫醇	2930.9090	40
70	苯基氢氧化汞	2852.1000	40
71	苯基三氯硅烷	2931.9000	41
72	苯基溴化镁（浸在乙醚中的）	2931.9000	41
73	苯基氧氯化膦	2931.3990	42
74	N-苯基乙酰胺	2924.2990	42
75	N-苯甲基-N-(3,4-二氯基苯)-DL-丙氨酸乙酯	2924.2990	43
76	苯甲腈	2926.9090	43
77	苯甲醚	2909.3090	44
78	苯甲酸汞	2852.1000	44
79	苯甲酸甲酯	2916.3100	45
80	苯甲酰氯	2916.3200	45
81	苯甲氧基磺酰氯	2916.3200	46
82	苯肼	2928.0000	46
83	苯肼化二氯	2925.2900	47
84	苯醌	2914.6900	47
85	苯硫代二氯化膦	2931.3990	48
86	苯胂化二氯	2931.9000	48
87	苯胂酸	2931.9000	49
88	苯四甲酸酐	2917.3990	49
89	苯乙醇腈	2926.9090	50
90	N-(苯乙基-4-哌啶基)丙酰胺柠檬酸盐	2933.3300	50
91	2-苯乙基异氰酸酯	2929.1090	51
92	苯乙腈	2926.9090	51

序号	品名	商品编码	页码
93	苯乙炔	2902.9090	52
94	苯乙烯(稳定的)	2902.5000	52
95	苯乙酰氯	2916.3990	53
96	1-(3-吡啶甲基)-3-(4-硝基苯基)脲	2933.3990	53
97	吡啶	2933.3100	54
98	4-[苄基(乙基)氨基]-3-乙氧基苯重氮氯化锌盐	2927.0000	54
99	吡咯	2933.9900	55
100	2-吡咯酮	2933.7900	55
101	N-苄基-N-乙基苯胺	2921.4990	56
102	2-苄基吡啶	2933.3990	56
103	4-苄基吡啶	2933.3990	57
104	苄硫醇	2930.9090	57
105	变性乙醇	2207.2000	58
106	(1R,2R,4R)-冰片-2-硫氰基醋酸酯	2930.9090	58
107	丙胺氟磷	2929.9090	59
108	1-丙醇	2905.1210	59
109	2-丙醇	2905.1220	60
110	1,2-丙二胺	2921.2900	60
111	1,3-丙二胺	2921.2900	61
112	丙二醇乙醚	2909.4990	61
113	丙二腈	2926.9090	62
114	丙二酸铊	2917.1900	62
115	丙二烯(稳定的)	2901.2990	63
116	丙二酰氯	2917.1900	63
117	丙基三氯硅烷	2931.9000	64
118	丙基胂酸	2931.9000	65
119	丙腈	2926.9090	66
120	丙醛	2912.1900	67
121	丙炔和丙二烯混合物(稳定的)	3824.9999	67
122	2-丙炔-1-醇	2905.2900	68
123	丙炔酸	2916.1900	69
124	丙酸	2915.5010	69
125	丙酸酐	2915.9000	70
126	丙酸甲酯	2915.5090	70
127	丙酸烯丙酯	2915.5090	71

序号	品名	商品编码	页码
128	丙酸乙酯	2915.5090	71
129	丙酸异丙酯	2915.5090	72
130	丙酸异丁酯	2915.5090	72
131	丙酸异戊酯	2915.5090	73
132	丙酸正丁酯	2915.5090	73
133	丙酸正戊酯	2915.5090	74
134	丙酮	2914.1100	74
135	丙酸仲丁酯	2915.5090	75
136	丙酮氰醇	2926.9090	75
137	丙烷	2711.1200、2901.1000	76
138	2-丙烯-1-硫醇	2930.9090	76
139	丙烯	2711.1400、2901.2200	77
140	2-丙烯-1-醇	2905.2900	78
141	2-丙烯腈(稳定的)	2926.1000	79
142	丙烯醛(稳定的)	2912.1900	80
143	丙烯酸(稳定的)	2916.1100	81
144	丙烯酸-2-硝基丁酯	2916.1290	81
145	丙烯酸甲酯(稳定的)	2916.1210	82
146	丙烯酸羟丙酯	2916.1290	82
147	2-丙烯酸-1,1-二甲基乙基酯	2916.1290	83
148	丙烯酸异丁酯(稳定的)	2916.1230	83
149	丙烯酸乙酯(稳定的)	2916.1220	84
150	2-丙烯酸异辛酯	2916.1290	85
151	丙烯酸正丁酯(稳定的)	2916.1230	85
152	丙烯酰胺	2924.1990	86
153	丙烯亚胺	2933.9900	87
154	草酸-4-氨基-N,N-二甲基苯胺	2921.5190	87
155	丙酰氯	2915.9000	88
156	草酸汞	2852.1000	88
157	超氧化钾	2853.9090	89
158	超氧化钠	2853.9090	89
159	次磷酸	2811.1990	90

序号	品　　名	商品编码	页码
160	次氯酸钡(含有效氯>22%)	2828.9000	90
161	次氯酸钙	2828.1000	91
162	次氯酸钾溶液(含有效氯>5%)	2828.9000	91
163	次氯酸锂	2828.9000	92
164	粗苯	2707.1000	92
165	次氯酸钠溶液(含有效氯>5%)	2828.9000	93
166	粗蒽	2707.9990	93
167	醋酸三丁基锡	2931.2000	94
168	代森锰	2930.9090	94
169	单过氧马来酸叔丁酯(含量>52%)、单过氧马来酸叔丁酯(含量≤52%,惰性固体含量≥48%)、单过氧马来酸叔丁酯(含量≤52%,含A型稀释剂≥48%)、单过氧马来酸叔丁酯(含量≤52%,糊状物)	2917.1900(单品)	95
170	氮(压缩的或液化的)	2804.3000	95
171	氮化锂	2850.0019	96
172	氮化镁	2850.0019	96
173	10-氮杂蒽	2933.9900	97
174	氘	2845.9000	97
175	地高辛	2938.9090	98
176	碲化镉	2842.9020	98
177	3-碘-1-丙烯	2903.3990	99
178	1-碘-2-甲基丙烷	2903.3990	99
179	2-碘-2-甲基丙烷	2903.3990	100
180	1-碘-3-甲基丁烷	2903.3990	100
181	4-碘苯酚	2908.1990	101
182	1-碘丙烷	2903.3990	101
183	2-碘丙烷	2903.3990	102
184	1-碘丁烷	2903.3990	102
185	2-碘丁烷	2903.3990	103
186	碘化钾汞	2852.1000	103
187	碘化氢(无水)	2811.1990	104
188	碘化亚汞	2852.1000	104
189	碘化亚铊	2827.6000	105
190	碘化乙酰	2915.9000	105
191	碘甲烷	2903.3990	106

序号	品名	商品编码	页码
192	碘酸	2811.1990	106
193	碘酸铵	2829.9000	107
194	碘酸钡	2829.9000	107
195	碘酸钙	2829.9000	108
196	碘酸镉	2829.9000	108
197	碘酸钾	2829.9000	109
198	碘酸钾合一碘酸	2829.9000	109
199	碘酸钾合二碘酸	2829.9000	110
200	碘酸锂	2829.9000	110
201	碘酸锰	2829.9000	111
202	碘酸铅	2829.9000	111
203	碘酸钠	2829.9000	112
204	碘酸锶	2829.9000	112
205	碘酸铁	2829.9000	113
206	碘酸锌	2829.9000	113
207	碘酸银	2843.2900	114
208	1-碘戊烷	2903.3990	114
209	碘乙酸	2915.9000	115
210	碘乙烷	2903.6900	115
211	碘乙酸乙酯	2915.9000	116
212	电池液(酸性的)	3824.9999	116
213	电池液(碱性的)	3824.9999	117
214	叠氮化钡	2850.0090	117
215	叠氮化钠	2850.0090	118
216	叠氮化铅(含水或水加乙醇≥20%)	2850.0090	119
217	2-丁醇	2905.1420	119
218	丁醇钠	2905.1990	120
219	1,3-丁二烯(稳定的)	2901.2410	120
220	1,4-丁二胺	2921.2900	121
221	丁二腈	2926.9090	121
222	丁二酰氯	2917.1900	122
223	丁基甲苯	2902.9090	122
224	丁基磷酸	2919.9000	123
225	2-丁基硫醇	2930.9090	123
226	丁基三氯硅烷	2931.9000	124

序号	品名	商品编码	页码
227	丁醛肟	2928.0000	124
228	1-丁炔(稳定的)	2901.2990	125
229	2-丁炔	2901.2990	125
230	1-丁炔-3-醇	2905.2900	126
231	丁酸丙烯酯	2915.6000	126
232	丁酸酐	2915.9000	127
233	丁酸正戊酯	2915.6000	127
234	2-丁酮	2914.1200	128
235	2-丁酮肟	2928.0000	128
236	1-丁烯	2901.2310	129
237	2-丁烯	2901.2320	129
238	2-丁烯-1-醇	2905.2900	130
239	3-丁烯腈	2926.9090	130
240	3-丁烯-2-酮	2914.1900	131
241	丁烯二酰氯(反式)	2917.1900	132
242	2-丁烯酸	2916.1900	132
243	2-丁烯腈(反式)	2926.9090	133
244	丁烯酸甲酯	2916.1900	133
245	2-丁烯醛	2912.1900	134
246	毒毛旋花苷 K	2938.9090	134
247	丁烯酸乙酯	2916.1900	135
248	杜廷	2932.2090	135
249	2-丁氧基乙醇	2909.4300	136
250	毒毛旋花苷 G	2938.9090	136
251	短链氯化石蜡(C10-13)	3824.8900、3824.9999	137
252	对氨基苯磺酸	2921.4200	137
253	对苯二甲酰氯	2917.3990	138
254	对甲苯磺酰氯	2904.9900	138
255	对硫氰酸苯胺	2930.9090	139
256	1-(对氯苯基)-2,8,9-三氧-5-氮-1-硅双环(3,3,3)十二烷	2934.9990	139
257	对氯苯硫醇	2930.9090	140
258	对蓋基化过氧氢(72%<含量≤100%)、对蓋基化过氧氢(含量≤72%,含 A 型稀释剂≥28%)	2909.6000	140
259	对壬基酚	2907.1310	141

序号	品　名	商品编码	页码
260	对硝基苯酚钾	2908.9990	141
261	对硝基苯酚钠	2908.9910	142
262	对硝基苯磺酸	2904.9900	142
263	对硝基苯甲酰肼	2928.0000	143
264	对硝基乙苯	2904.2090	143
265	对异丙基苯酚	2907.1990	144
266	多钒酸铵	2841.9000	144
267	多聚甲醛	2912.6000	145
268	多聚磷酸	2809.2090	145
269	多硫化铵溶液	2830.9090	146
270	多氯二苯并对二噁英	2932.9990	146
271	多氯二苯并呋喃	2932.9990	147
272	多氯联苯	2903.9990、3824.8200	147
273	多氯三联苯	2903.9990、3824.8200	148
274	多溴二苯醚混合物	3824.8800	148
275	苊	2902.9090	149
276	蒽醌-1-胂酸	2931.9000	149
277	蒽油乳剂	2707.9990	150
278	二-(1-羟基环己基)过氧化物(含量≤100%)	2909.6000	150
279	二-(2-苯氧乙基)过氧重碳酸酯(85%<含量≤100%)、二-(2-苯氧乙基)过氧重碳酸酯(含量≤85%,含水≥15%)	2920.9000	151
280	二(2-环氧丙基)醚	2910.9000	151
281	二-(2-甲基苯甲酰)过氧化物(含量≤87%)	2916.3990	152
282	二-(2-羟基-3,5,6-三氯苯基)甲烷	2908.1990	152
283	二-(2-新癸酰过氧异丙基)苯(含量≤52%,含A型稀释剂≥48%)	2916.3990	153
284	二-(2-乙基己基)磷酸酯	2919.9000	153
285	二-(3,5,5-三甲基己酰)过氧化物(52%<含量≤82%,含A型稀释剂≥18%)、二-(3,5,5-三甲基己酰)过氧化物(含量≤38%,含A型稀释剂≥62%)、二-(3,5,5-三甲基己酰)过氧化物(38%<含量≤52%,含A型稀释剂≥48%)、二-(3,5,5-三甲基己酰)过氧化物(含量≤52%,在水中稳定弥散)	2915.9000	154

序号	品　名	商品编码	页码
286	2,2-二-4,4-二(叔丁基过氧环己基)丙烷(含量≤22%,含B型稀释剂≥78%)、2,2-二-4,4-二(叔丁基过氧环己基)丙烷(含量≤42%,含惰性固体≥58%)	2909.6000	154
287	二-(4-甲基苯甲酰)过氧化物(硅油糊状物,含量≤52%)	2916.3990	155
288	二-(4-叔丁基环己基)过氧重碳酸酯(含量≤100%)、二-(4-叔丁基环己基)过氧重碳酸酯(含量≤42%,在水中稳定弥散)	2920.9000	155
289	二(苯磺酰肼)醚	2935.9000	156
290	1,6-二-(过氧化叔丁基-羰基氧)己烷(含量≤72%,含A型稀释剂≥28%)	2920.9000	156
291	二(氯甲基)醚	2909.1990	157
292	二(三氯甲基)碳酸酯	2920.9000	157
293	1,1-二-(叔丁基过氧)-3,3,5-三甲基环己烷(90%<含量≤100%)、1,1-二-(叔丁基过氧)-3,3,5-三甲基环己烷(57%<含量≤90%,含A型稀释剂≥10%)、1,1-二-(叔丁基过氧)-3,3,5-三甲基环己烷(含量≤32%,含A型稀释剂≥26%,含B型稀释剂≥42%)、1,1-二-(叔丁基过氧)-3,3,5-三甲基环己烷(含量≤57%,含A型稀释剂≥43%)、1,1-二-(叔丁基过氧)-3,3,5-三甲基环己烷(含量≤57%,含惰性固体≥43%)、1,1-二-(叔丁基过氧)-3,3,5-三甲基环己烷(含量≤77%,含B型稀释剂≥23%)、1,1-二-(叔丁基过氧)-3,3,5-三甲基环己烷(含量≤90%,含A型稀释剂≥10%)	2909.6000	158
294	2,2-二-(叔丁基过氧)丙烷(含量≤42%,含A型稀释剂≥13%,惰性固体含量≥45%)、2,2-二-(叔丁基过氧)丙烷(含量≤52%,含A型稀释剂≥48%)	2909.6000	158
295	3,3-二-(叔丁基过氧)丁酸乙酯(77%<含量≤100%)、3,3-二-(叔丁基过氧)丁酸乙酯(含量≤52%)、3,3-二-(叔丁基过氧)丁酸乙酯(含量≤77%,含A型稀释剂≥23%)	2915.9000	159
296	2,2-二-(叔丁基过氧)丁烷(含量≤52%,含A型稀释剂≥48%)	2909.6000	159

序号	品 名	商品编码	页码
297	1,1-二-(叔丁基过氧)环己烷(80%<含量≤100%)、1,1-二-(叔丁基过氧)环己烷(52%<含量≤80%,含A型稀释剂≥20%)、1,1-二-(叔丁基过氧)环己烷(42%<含量≤52%,含A型稀释剂≥48%)、1,1-二-(叔丁基过氧)环己烷(含量≤13%,含A型稀释剂≥13%,含B型稀释剂≥74%)、1,1-二-(叔丁基过氧)环己烷(含量≤27%,含A型稀释剂≥25%)、1,1-二-(叔丁基过氧)环己烷(含量≤42%,含A型稀释剂≥13%,惰性固体含量≥45%)、1,1-二-(叔丁基过氧)环己烷(含量≤42%,含A型稀释剂≥58%)、1,1-二-(叔丁基过氧)环己烷(含量≤72%,含B型稀释剂≥28%)	2909.6000	160
298	1,1-二-(叔丁基过氧)环己烷和过氧化(2-乙基己酸)叔丁酯的混合物[1,1-二-(叔丁基过氧)环己烷含量≤43%,过氧化(2-乙基己酸)叔丁酯含量≤16%,含A型稀释剂≥41%]	3824.9999	160
299	二-(叔丁基过氧)邻苯二甲酸酯(糊状,含量≤52%)、二-(叔丁基过氧)邻苯二甲酸酯(42%<含量≤52%,含A型稀释剂≥48%)、二-(叔丁基过氧)邻苯二甲酸酯(含量≤42%,含A型稀释剂≥58%)	2917.3990	161
300	3,3-二-(叔戊基过氧)丁酸乙酯(含量≤67%,含A型稀释剂≥33%)	2915.9000	161
301	2,2-二-(叔戊基过氧)丁烷(含量≤57%,含A型稀释剂≥43%)	2909.6000	162
302	3,3'-二氨基二丙胺	2921.2900	162
303	4,4'-二氨基-3,3'-二氯二苯基甲烷	2921.5900	163
304	2,4-二氨基甲苯	2921.5190	163
305	2,5-二氨基甲苯	2921.5190	164
306	2,6-二氨基甲苯	2921.5190	164
307	4,4'-二氨基联苯	2921.5900	165
308	二氨基镁	2853.9090	165
309	二苯胺	2921.4400	166
310	二苯胺硫酸溶液	3824.9999	166
311	二苯基胺氯胂	2934.9990	167
312	二苯基二氯硅烷	2931.9000	167
313	二苯基二硒	2931.9000	168
314	二苯基汞	2852.1000	168
315	二苯基甲烷二异氰酸酯	2929.1030	169
316	二苯基甲烷-4,4'-二异氰酸酯	2929.1030	169

序号	品　名	商品编码	页码
317	二苯基氯胂	2931.9000	170
318	二苯基镁	2931.9000	170
319	2-(二苯基乙酰基)-2,3-二氢-1,3-茚二酮	2914.3990	171
320	二苯甲基溴	2903.9990	171
321	1,1-二苯肼	2928.0000	172
322	1,2-二苯肼	2928.0000	172
323	二苄基二氯硅烷	2931.9000	173
324	二丙硫醚	2930.9090	173
325	二碘化苯胂	2931.9000	174
326	二碘化汞	2852.1000	174
327	二碘甲烷	2903.6900	175
328	N,N-二丁基苯胺	2921.4990	175
329	二丁基二(十二酸)锡	2931.9000	176
330	二丁基二氯化锡	2931.9000	176
331	二丁基氧化锡	2931.9000	177
332	1,3-二氟-2-丙醇	2905.5900	177
333	S,S'-(1,4-二噁烷 2,3-二基)O,O,O',O'-四乙基双(二硫代磷酸酯)	2932.9990	178
334	1,2-二氟苯	2903.9990	178
335	1,3-二氟苯	2903.9990	179
336	1,4-二氟苯	2903.9990	179
337	1,3-二氟丙-2-醇（Ⅰ）与 1-氯-3-氟丙-2-醇（Ⅱ）的混合物	3824.9999	180
338	二氟化氧	2811.2900	180
339	二氟甲烷	2903.4200	181
340	二氟磷酸(无水)	2811.1990	181
341	1,1-二氟乙烷	2903.3990	182
342	1,1-二氟乙烯	2903.3990	182
343	二甘醇双(碳酸烯丙酯)和过二碳酸二异丙酯的混合物[二甘醇双(碳酸烯丙酯)≥88%,过二碳酸二异丙酯≤12%]	3824.9999	183
344	二环庚二烯	2902.1990	183
345	二环己胺	2921.3000	184
346	1,3-二磺酰肼苯	2935.9000	184
347	β-二甲氨基丙腈	2926.9090	185

序号	品　　名	商品编码	页码
348	O-{4-[(二甲氨基)磺酰基]苯基}O,O-二甲基硫代磷酸酯	2935.9000	185
349	二甲氨基二氮杂䓬	2934.9990	186
350	二甲氨基甲酰氯	2924.1990	186
351	4-二甲氨基偶氮苯-4'-胂酸	2931.9000	187
352	二甲胺(无水)、二甲胺溶液	2921.1100	187
353	1,2-二甲苯	2902.4100	188
354	1,3-二甲苯	2902.4200	189
355	1,4-二甲苯	2902.4300	190
356	二甲苯异构体混合物	2902.4400	191
357	2,3-二甲苯酚	2907.1990	192
358	2,4-二甲苯酚	2907.1990	192
359	2,5-二甲苯酚	2907.1990	193
360	2,6-二甲苯酚	2907.1990	193
361	3,4-二甲苯酚	2907.1990	194
362	3,5-二甲苯酚	2907.1990	194
363	O,O-二甲基-(2,2,2-三氯-1-羟基乙基)膦酸酯	2931.3990	195
364	O,O-二甲基-O-(2,2-二氯乙烯基)磷酸酯	2919.9000	196
365	2,5-二甲基-1,4-二噁烷	2932.9990	196
366	O-O-二甲基-O-(2-甲氧甲酰基-1-甲基)乙烯基磷酸酯(含量>5%)	2919.9000	197
367	N,N-二甲基-1,3-丙二胺	2921.2900	197
368	4,4-二甲基-1,3-二噁烷	2932.9990	198
369	2,5-二甲基-1,5-己二烯	2901.2990	198
370	2,5-二甲基-2,4-己二烯	2901.2990	199
371	2,5-二甲基-2,5-二-(2-乙基己酰过氧)己烷(含量≤100%)	2915.9000	199
372	2,3-二甲基-1-丁烯	2901.2990	200
373	2,5-二甲基-2,5-二-(3,5,5-三甲基己酰过氧)己烷(含量≤77%,含A型稀释剂≥23%)	2915.9000	200
374	2,5-二甲基-2,5-二(叔丁基过氧)-3-己烷(52%<含量≤86%,含A型稀释剂≥14%)、2,5-二甲基-2,5-二(叔丁基过氧)-3-己烷(86%<含量≤100%)、2,5-二甲基-2,5-二(叔丁基过氧)-3-己烷(含量≤52%,含惰性固体≥48%)	2909.6000	201

序号	品名	商品编码	页码
375	2,5-二甲基-2,5-双(苯甲酰过氧)己烷(82%<含量≤100%)、2,5-二甲基-2,5-双(苯甲酰过氧)己烷(含量≤82%,惰性固体含量≥18%)、2,5-二甲基-2,5-双(苯甲酰过氧)己烷(含量≤82%,含水≥18%)	2916.3990	201
376	2,5-二甲基-2,5-二(叔丁基过氧)己烷(90%<含量≤100%)、2,5-二甲基-2,5-二(叔丁基过氧)己烷(52%<含量≤90%,含A型稀释剂≥10%)、2,5-二甲基-2,5-二(叔丁基过氧)己烷(含量≤52%,含A型稀释剂≥48%)、2,5-二甲基-2,5-二(叔丁基过氧)己烷(含量≤77%)、2,5-二甲基-2,5-二(叔丁基过氧)己烷(糊状物,含量≤47%)	2909.6000	202
377	2,5-二甲基-2,5-二氢过氧化己烷(含量≤82%)	2909.6000	202
378	2,5-二甲基-2,5-双-(过氧化叔丁基)-3-己炔(86%<含量≤100%)、2,5-二甲基-2,5-双-(过氧化叔丁基)-3-己炔(含量≤52%,含惰性固体≥48%)、2,5-二甲基-2,5-双-(过氧化叔丁基)-3-己炔(52%<含量≤86%,A型稀释剂≥14%)	2909.6000	203
379	2,3-二甲基-2-丁烯	2901.2990	203
380	3-[2-(3,5-二甲基-2-氧代环己基)-2-羟基乙基]戊二酰胺	2941.9090	204
381	2,6-二甲基-3-庚烯	2901.2990	204
382	2,4-二甲基-3-戊酮	2914.1900	205
383	二甲基-4-(甲基硫代)苯基磷酸酯	2930.9090	205
384	1,1'-二甲基-4,4'-联吡啶阳离子	2933.3990	206
385	3,3'-二甲基-4,4'-二氨基联苯	2921.5900	206
386	N',N'-二甲基-N'-苯基-N'-(氟二氯甲硫基)磺酰胺	2930.9090	207
387	O,O-二甲基-O-(1,2-二溴-2,2-二氯乙基)磷酸酯	2919.9000	207
388	O,O-二甲基-O-(4-甲硫基-3-甲基苯基)硫代磷酸酯	2930.9090	208
389	O,O-二甲基-O-(4-硝基苯基)硫代磷酸酯	2920.1100	208
390	(E)-O,O-二甲基-O-[1-甲基-2-(1-苯基-乙氧基甲酰)乙烯基]磷酸酯	2919.9000	209
391	(E)-O,O-二甲基-O-[1-甲基-2-(二甲基氨基甲酰)乙烯基]磷酸酯(含量>25%)	2924.1990	210
392	O,O-二甲基-S-(2-甲硫基乙基)二硫代磷酸酯(II)	2930.9090	210
393	O,O-二甲基-O-[1-甲基-2-(甲基氨基甲酰)乙烯基]磷酸酯(含量>0.5%)	2924.1200	211
394	O,O-二甲基-O-[1-甲基-2-氯-2-(二乙基氨基甲酰)乙烯基]磷酸酯	2924.1200	212
395	O,O-二甲基-S-(2-乙硫基乙基)二硫代磷酸酯	2930.9090	212

序号	品 名	商品编码	页码
396	O,O-二甲基-S-(2,3-二氢-5-甲氧基-2-氧代-1,3,4-噻二唑-3-基甲基)二硫代磷酸酯	2934.9990	213
397	O,O-二甲基-S-[3,4-二氢-4-氧代苯并(d)-(1,2,3)-三氮苯-3-基甲基]二硫代磷酸酯	2933.9900	214
398	O,O-二甲基-S-(N-甲基氨基甲酰甲基)硫代磷酸酯	2930.9090	214
399	O,O-二甲基-S-(吗啉代甲酰甲基)二硫代磷酸酯	2934.9990	215
400	O,O-二甲基-S-(酞酰亚胺基甲基)二硫代磷酸酯	2933.9900	215
401	O,O-二甲基-S-(乙基氨基甲酰甲基)二硫代磷酸酯	2933.9900	216
402	4-N,N-二甲基氨基-3-甲基苯基 N-甲基氨基甲酸酯	2924.2990	216
403	O-O-二甲基-S-[1,2-双(乙氧基甲酰)乙基]二硫代磷酸酯	2930.9090	217
404	4-二甲基氨基-6-(2-二甲基氨乙基氧基)甲苯-2-重氮氯化锌盐	2927.0000	217
405	4-N,N-二甲基氨基-3,5-二甲基苯基 N-甲基氨基甲酸酯	2924.2990	218
406	8-(二甲基氨基甲基)-7-甲氧基氨基-3-甲基黄酮	2932.9990	218
407	3-二甲基氨基亚甲基亚氨基苯基-N-甲基氨基甲酸酯（或其盐酸盐）	2925.2900	219
408	2,3-二甲基苯胺	2921.4920	219
409	盐酸杀螨脒	2925.2900	220
410	2,4-二甲基苯胺	2921.4200	220
411	N,N-二甲基氨基乙腈	2926.9090	221
412	3,4-二甲基苯胺	2921.4920	221
413	2,5-二甲基苯胺	2921.4920	222
414	2,6-二甲基苯胺	2921.4920	223
415	3,5-二甲基苯胺	2921.4920	224
416	N,N-二甲基苯胺	2921.4200	224
417	二甲基苯胺异构体混合物	2921.4920	225
418	3,5-二甲基苯甲酰氯	2916.3990	225
419	2,4-二甲基吡啶	2933.3990	226
420	2,5-二甲基吡啶	2933.3990	226
421	2,6-二甲基吡啶	2933.3990	227
422	3,4-二甲基吡啶	2933.3990	227
423	3,5-二甲基吡啶	2933.3990	228
424	N,N-二甲基苄胺	2921.4990	228
425	N,N-二甲基丙胺	2921.1990	229
426	N,N-二甲基丙醇胺	2922.1990	229
427	2,2-二甲基丙酸甲酯	2915.6000	230

序号	品　　名	商品编码	页码
428	2,2-二甲基丙烷	2901.1000	230
429	1,3-二甲基丁胺	2921.1990	231
430	1,3-二甲基丁醇乙酸酯	2915.3900	231
431	2,2-二甲基丁烷	2901.1000	232
432	2,3-二甲基丁烷	2901.1000	232
433	O,O-二甲基-对硝基苯基磷酸酯	2919.9000	233
434	二甲基二噁烷	2932.9990	233
435	二甲基二氯硅烷	2931.9000	234
436	二甲基二乙氧基硅烷	2931.9000	234
437	2,5-二甲基呋喃	2932.1900	235
438	2,2-二甲基庚烷	2901.1000	235
439	2,3-二甲基庚烷	2901.1000	236
440	2,4-二甲基庚烷	2901.1000	236
441	2,5-二甲基庚烷	2901.1000	237
442	3,3-二甲基庚烷	2901.1000	237
443	3,4-二甲基庚烷	2901.1000	238
444	3,5-二甲基庚烷	2901.1000	238
445	4,4-二甲基庚烷	2901.1000	239
446	N,N-二甲基环己胺	2921.3000	239
447	1,1-二甲基环己烷	2902.1990	240
448	1,2-二甲基环己烷	2902.1990	240
449	1,3-二甲基环己烷	2902.1990	241
450	1,4-二甲基环己烷	2902.1990	241
451	1,1-二甲基环戊烷	2902.1990	242
452	1,2-二甲基环戊烷	2902.1990	243
453	1,3-二甲基环戊烷	2902.1990	244
454	2,2-二甲基己烷	2901.1000	245
455	2,3-二甲基己烷	2901.1000	245
456	2,4-二甲基己烷	2901.1000	246
457	3,3-二甲基己烷	2901.1000	246
458	3,4-二甲基己烷	2901.1000	247
459	N,N-二甲基甲酰胺	2924.1910	247
460	1,1-二甲基肼	2928.0000	248
461	1,2-二甲基肼	2928.0000	248
462	O,O'-二甲基硫代磷酰氯	2920.9000	249

序号	品　　名	商品编码	页码
463	二甲基氯乙缩醛	2911.0000	249
464	2,6-二甲基吗啉	2934.9990	250
465	二甲基镁	2931.9000	250
466	1,4-二甲基哌嗪	2933.5990	251
467	二甲基胂酸钠	2931.9000	251
468	2,3-二甲基戊醛	2912.1900	252
469	N,N-二甲基硒脲	2931.9000	252
470	2,2-二甲基戊烷	2901.1000	253
471	2,3-二甲基戊烷	2901.1000	254
472	2,4-二甲基戊烷	2901.1000	255
473	3,3-二甲基戊烷	2901.1000	256
474	二甲基锌	2931.9000	257
475	N,N-二甲基乙醇胺	2922.1921	257
476	二甲基乙二酮	2914.1900	258
477	N,N-二甲基异丙醇胺	2922.1990	258
478	二甲醚	2909.1910	259
479	二甲胂酸	2931.9000	259
480	二甲双胍	2939.7990	260
481	2,6-二甲氧基苯甲酰氯	2918.9900	260
482	2,2-二甲氧基丙烷	2911.0000	261
483	二甲氧基甲烷	2911.0000	261
484	3,3'-二甲氧基联苯胺	2922.2990	262
485	二甲氧基马钱子碱	2939.7990	262
486	1,1-二甲氧基乙烷	2911.0000	263
487	1,2-二甲氧基乙烷	2909.1990	263
488	二聚丙烯醛(稳定的)	2932.9990	264
489	二聚环戊二烯	2902.1990	264
490	二硫代-4,4'-二氨基代二苯	2930.9090	265
491	二硫化二甲基	2930.9090	265
492	二硫化钛	2830.9090	266
493	二硫化碳	2813.1000	266
494	二硫化硒	2813.9000	267
495	2,3-二氯-1,4-萘醌	2914.7900	267
496	1,1-二氯-1-硝基乙烷	2904.9900	268

序号	品　名	商品编码	页码
497	1,3-二氯-2-丙醇	2905.5900	268
498	1,3-二氯-2-丁烯	2903.2990	269
499	1,4-二氯-2-丁烯	2903.2990	270
500	1,2-二氯苯	2903.9110	271
501	1,3-二氯苯	2903.9990	272
502	2,3-二氯苯胺	2921.4200	272
503	2,4-二氯苯胺	2921.4200	273
504	2,5-二氯苯胺	2921.4200	274
505	2,6-二氯苯胺	2921.4200	275
506	2,3-二氯苯酚	2908.1990	275
507	3,4-二氯苯胺	2921.4200	276
508	2,4-二氯苯酚	2908.1990	276
509	3,5-二氯苯胺	2921.4200	277
510	二氯苯胺异构体混合物	2921.4200	277
511	2,5-二氯苯酚	2908.1990	278
512	2,6-二氯苯酚	2908.1990	278
513	3,4-二氯苯酚	2908.1990	279
514	3,4-二氯苯基偶氮硫脲	2930.9090	279
515	二氯苯基三氯硅烷	2931.9000	280
516	2,4-二氯苯甲酰氯	2916.3990	280
517	2-(2,4-二氯苯氧基)丙酸	2918.9900	281
518	3,4-二氯苄基氯	2903.9990	281
519	1,1-二氯丙酮	2914.7900	282
520	1,3-二氯丙烷	2903.1990	282
521	1,3-二氯丙酮	2914.7900	283
522	1,2-二氯丙烷	2903.1990	283
523	1,2-二氯丙烯	2903.2990	284
524	二氯二氟甲烷	2903.7720	284
525	1,3-二氯丙烯	2903.2990	285
526	二氯二氟甲烷和二氟乙烷的共沸物(含二氯二氟甲烷约74%)	3824.7100	285
527	2,3-二氯丙烯	2903.2990	286
528	1,4-二氯丁烷	2903.1990	286
529	1,2-二氯二乙醚	2909.1990	287
530	2,2-二氯二乙醚	2909.1990	287

序号	品 名	商品编码	页码
531	二氯硅烷	2853.9090	288
532	二氯化膦苯	2931.3990	288
533	二氯化硫	2812.1600	289
534	二氯化乙基铝	2931.9000	289
535	2,4-二氯甲苯	2903.9990	290
536	2,5-二氯甲苯	2903.9910	290
537	2,6-二氯甲苯	2903.9990	291
538	3,4-二氯甲苯	2903.9990	291
539	α,α-二氯甲苯	2903.9990	292
540	3,3'-二氯联苯胺	2921.5900	292
541	二氯甲烷	2903.1200	293
542	二氯硫化碳	2853.9090	294
543	二氯醛基丙烯酸	2918.3000	294
544	二氯四氟乙烷	2903.7720	295
545	1,5-二氯戊烷	2903.1990	295
546	2,3-二氯硝基苯	2904.9900	296
547	2,4-二氯硝基苯	2904.9900	296
548	2,5-二氯硝基苯	2904.9900	297
549	3,4-二氯硝基苯	2904.9900	297
550	二氯一氟甲烷	2903.7910	298
551	二氯乙腈	2926.9090	298
552	二氯乙酸	2915.4000	299
553	二氯乙酸甲酯	2915.4000	299
554	二氯乙酸乙酯	2915.4000	300
555	1,1-二氯乙烷	2903.1990	300
556	1,2-二氯乙烷	2903.1500	301
557	1,1-二氯乙烯	2903.2990	302
558	二氯异丙基醚	2909.1990	302
559	1,2-二氯乙烯	2903.2990	303
560	二氯乙酰氯	2915.9000	304
561	二氯异氰尿酸	2933.6921	304
562	1,4-二羟基-2-丁炔	2905.3990	305
563	1,5-二羟基-4,8-二硝基蒽醌	2914.7900	305
564	3,4-二羟基-α-[(甲氨基)甲基]苄醇	2937.9000	306
565	2,2'-二羟基二乙胺	2922.1200	306

序号	品名	商品编码	页码
566	3,6-二羟基邻苯二甲腈	2926.9090	307
567	2,3-二氢-2,2-二甲基苯并呋喃-7-基-N-甲基氨基甲酸酯	2932.9990	307
568	2,3-二氢吡喃	2932.9990	308
569	2,3-二氰-5,6-二氯氢醌	2926.9090	308
570	二肉豆蔻基过氧重碳酸酯(含量≤100%)、二肉豆蔻基过氧重碳酸酯(含量≤42%,在水中稳定弥散)	2920.9000	309
571	2,6-二噻-1,3,5,7-四氮三环-(3,3,1,1,3,7)癸烷-2,2,6,6-四氧化物	2934.9990	309
572	二叔丁基过氧化物(52%<含量≤100%)、二叔丁基过氧化物(含量≤52%,含B型稀释剂≥48%)	2909.6000	310
573	二叔丁基过氧壬二酸酯(含量≤52%,含A型稀释剂≥48%)	2915.9000	310
574	1,1-二叔戊过氧基环己烷(含量≤82%,含A型稀释剂≥18%)	2909.6000	311
575	二-叔戊基过氧化物(含量≤100%)	2909.6000	311
576	二水合三氟化硼	2812.9019	312
577	二烯丙基代氰胺	2926.9090	312
578	二戊基磷酸	2931.3990	313
579	二烯丙基胺	2921.1990	313
580	二烯丙基硫醚	2930.9090	314
581	二烯丙基醚	2909.1990	314
582	4,6-二硝基-2-氨基苯酚	2922.2990	315
583	1,3-二硝基苯	2904.2090	315
584	4,6-二硝基-2-氨基苯酚锆	2922.2990	316
585	1,4-二硝基苯	2904.2090	316
586	4,6-二硝基-2-氨基苯酚钠	2922.2990	317
587	1,2-二硝基苯	2904.2090	317
588	2,4-二硝基苯胺	2921.4200	318
589	2,6-二硝基苯胺	2921.4200	319
590	3,5-二硝基苯胺	2921.4200	320
591	二硝基苯酚(干的或含水<15%)、二硝基苯酚溶液	2908.9990	320
592	2,4-二硝基苯酚(含水≥15%)	2908.9990	321
593	2,6-二硝基苯酚(含水≥15%)	2908.9990	321
594	2,5-二硝基苯酚(含水≥15%)	2908.9990	322
595	二硝基苯酚碱金属盐(干的或含水<15%)	2908.9990	322
596	2,4-二硝基苯酚钠	2908.9990	323
597	2,4-二硝基苯磺酰氯	2904.9900	323

序号	品　名	商品编码	页码
598	2,4-二硝基苯甲醚	2909.3090	324
599	3,5-二硝基苯甲酰氯	2916.3990	324
600	2,4-二硝基苯肼	2928.0000	325
601	1,3-二硝基丙烷	2904.2090	325
602	2,2-二硝基丙烷	2904.2090	326
603	2,4-二硝基二苯胺	2921.4400	326
604	3,4-二硝基二苯胺	2921.4400	327
605	2,4-二硝基甲苯	2904.2030	327
606	2,6-二硝基甲苯	2904.2030	328
607	二硝基间苯二酚	2908.9990	328
608	二硝基联苯	2904.2090	329
609	二硝基邻甲酚铵	2908.9200	329
610	二硝基邻甲酚钾	2908.9200	330
611	4,6-二硝基邻甲苯酚钠	2908.9200	330
612	二硝基邻甲苯酚钠	2908.9200	331
613	2,4-二硝基氯化苄	2904.9900	331
614	1,5-二硝基萘	2904.2090	332
615	1,8-二硝基萘	2904.2090	332
616	2,4-二硝基萘酚	2908.9990	333
617	2,4-二硝基萘酚钠	2908.9990	333
618	2,7-二硝基芴	2904.2090	334
619	二硝基重氮苯酚(按质量含水或乙醇和水的混合物不低于40%)	2927.0000	334
620	1,2-二溴-3-丁酮	2914.7900	335
621	3,5-二溴-4-羟基苄腈	2926.9090	335
622	1,2-二溴苯	2903.9990	336
623	2,4-二溴苯胺	2921.4200	336
624	2,5-二溴苯胺	2921.4200	337
625	1,2-二溴丙烷	2903.3990	337
626	二溴二氟甲烷	2903.7800	338
627	二溴甲烷	2903.3990	338
628	1,2-二溴乙烷	2903.3100	339
629	二溴异丙烷	2903.6900	339
630	N,N'-二亚硝基-N,N'-二甲基对苯二酰胺	2924.2990	340
631	二亚硝基苯	2904.2090	340

序号	品名	商品编码	页码
632	2,4-二亚硝基间苯二酚	2908.9990	341
633	二亚乙基三胺	2921.2900	341
634	N,N'-二亚硝基五亚甲基四胺(减敏的)	2933.9900	342
635	二氧化碳和氧气混合物	3824.999	342
636	二氧化氮	2811.2900	343
637	二氧化硫	2811.2900	344
638	二氧化氯	2811.2900	345
639	二氧化铅	2824.9090	346
640	二氧化碳(压缩的或液化的)	2811.2100	347
641	二氧化碳和环氧乙烷混合物	3824.9999	348
642	二氧化硒	2811.2900	349
643	1,3-二氧戊环	2932.9990	349
644	1,4-二氧杂环己烷	2932.9990	350
645	S-[2-(二乙氨基)乙基]-O,O-二乙基硫赶磷酸酯	2930.9090	350
646	N-二乙氨基乙基氯	2921.1990	351
647	二乙二醇二硝酸酯(含不挥发、不溶于水的减敏剂≥25%)	2920.9000	351
648	二乙胺	2921.1990	352
649	N,N-二乙基-1-萘胺	2921.4500	352
650	N,N-二乙基-1,3-丙二胺	2921.2900	353
651	O,O-二乙基-N-(1,3-二硫戊环-2-亚基)磷酰胺(含量>15%)	2934.9990	353
652	O,O-二乙基-N-(4-甲基-1,3-二硫戊环-2-亚基)磷酰胺(含量>5%)	2934.9990	354
653	O,O-二乙基-N-1,3-二噻丁环-2-亚基磷酰胺	2934.9990	354
654	O,O-二乙基-O-(2,2-二氯-1-β-氯乙氧基乙烯基)-磷酸酯	2919.9000	355
655	O,O-二乙基-O-(2-乙硫基乙基)硫代磷酸酯与O,O-二乙基-S-(2-乙硫基乙基)硫代磷酸酯的混合物(含量>3%)	2930.9090	355
656	O,O-二乙基-O-(3-氯-4甲基香豆素-7-基)硫代磷酸酯	2932.2090	356
657	O,O-二乙基-O-(4-甲基香豆素基-7)硫代磷酸酯	2932.2090	356
658	O,O-二乙基-O-(4-硝基苯基)磷酸酯	2919.9000	357
659	O,O-二乙基-O-(4-溴-2,5-二氯苯基)硫代磷酸酯	2920.1900	357
660	O,O-二乙基-O-(4-硝基苯基)硫代磷酸酯(含量>4%)	2920.1100	358
661	O,O-二乙基-O-(6-二乙胺次甲基-2,4-二氯)苯基硫逐磷酰酯盐酸盐	2930.9090	358

序号	品　名	商品编码	页码
662	O,O-二乙基-O-[2-氯-1-(2,4-二氯苯基)乙烯基]磷酸酯(含量>20%)	2919.9000	359
663	O,O-二乙基-O-2,5-二氯-4-甲硫基苯基硫代磷酸酯	2930.9090	359
664	O,O-二乙基-O-2-吡嗪基硫代磷酸酯(含量>5%)	2933.9900	360
665	O,O-二乙基-O-喹噁啉-2-基硫代磷酸酯	2933.9900	360
666	O,O-二乙基-S-(2,5-二氯苯硫基甲基)二硫代磷酸酯	2930.9090	361
667	O,O-二乙基-S-(2-乙硫基乙基)二硫代磷酸酯(含量>15%)	2930.9090	361
668	O,O-二乙基-S-(2-氯-1-酞酰亚氨基乙基)二硫代磷酸酯	2930.9090	362
669	O,O-二乙基-S-(2-乙基亚磺酰基乙基)二硫代磷酸酯	2930.9090	362
670	O,O-二乙基-S-(4-甲基亚磺酰基苯基)硫代磷酸酯(含量>4%)	2930.9090	363
671	O,O-二乙基-S-(4-氯苯硫基甲基)二硫代磷酸酯	2930.9090	363
672	O,O-二乙基-S-(对硝基苯基)硫代磷酸	2930.9090	364
673	O,O-二乙基-S-(乙硫基甲基)二硫代磷酸酯	2930.9090	364
674	O,O-二乙基-S-(异丙基氨基甲酰甲基)二硫代磷酸酯(含量>15%)	2930.9090	365
675	O,O-二乙基-S-[N-(1-氰基-1-甲基乙基)氨基甲酰甲基]硫代磷酸酯	2930.9090	365
676	O,O-二乙基-S-氯甲基二硫代磷酸酯(含量>15%)	2930.9090	366
677	O,O-二乙基-S-叔丁基硫甲基二硫代磷酸酯	2930.9090	366
678	O,O-二乙基-S-乙基亚磺酰基甲基二硫代磷酸酯	2930.9090	367
679	1-二乙基氨基-4-氨基戊烷	2921.2900	367
680	二乙基氨基氰	2926.9090	368
681	1,2-二乙基苯	2902.9090	368
682	1,3-二乙基苯	2902.9090	369
683	1,4-二乙基苯	2902.9090	369
684	N,N-二乙基苯胺	2921.4200	370
685	N-(2,6-二乙基苯基)-N-甲氧基甲基-氯乙酰胺	2924.2500	370
686	N,N-二乙基对甲苯胺	2921.4300	371
687	N,N-二乙基二硫代氨基甲酸-2-氯烯丙基酯	2930.2000	371
688	二乙基二氯硅烷	2931.9000	372
689	二乙基汞	2852.1000	372
690	1,2-二乙基肼	2928.0000	373
691	N,N-二乙基邻甲苯胺	2921.4300	373
692	O,O'-二乙基硫代磷酰氯	2920.9000	374

序号	品 名	商品编码	页码
693	二乙基镁	2931.9000	374
694	二乙基硒	2931.9000	375
695	二乙基锌	2931.9000	375
696	N,N-二乙基乙撑二胺	2921.2900	376
697	N,N-二乙基乙醇胺	2922.1922	376
698	二乙硫醚	2930.9090	377
699	二乙烯基醚(稳定的)	2909.1990	377
700	3,3-二乙氧基丙烯	2911.0000	378
701	二乙氧基甲烷	2911.0000	378
702	1,1-二乙氧基乙烷	2911.0000	379
703	二异丙胺	2921.1990	379
704	二异丙醇胺	2922.1990	380
705	O,O-二异丙基-S-(2-苯磺酰胺基)乙基二硫代磷酸酯	2935.9000	380
706	二异丙基二硫代磷酸锑	2920.1900	381
707	N,N-二异丙基乙胺	2921.1990	381
708	N,N-二异丙基乙醇胺	2922.1800	382
709	二异丁胺	2921.1990	382
710	二异丁基酮	2914.1900	383
711	二异戊醚	2909.1990	383
712	二异辛基磷酸	2919.9000	384
713	二正丙胺	2921.1910	384
714	二正丙基过氧重碳酸酯(含量≤100%)、正丙基过氧重碳酸酯(含量≤77%,含B型稀释剂≥23%)	2920.9000	385
715	二正丁胺	2921.1990	385
716	N,N-二正丁基氨基乙醇	2922.1990	386
717	二-正丁基过氧重碳酸酯(含量≤27%,含B型稀释剂≥73%)、二-正丁基过氧重碳酸酯(27%<含量≤52%,含B型稀释剂≥48%)、二-正丁基过氧重碳酸酯[含量≤42%,在水(冷冻)中稳定弥散]	2920.9000	386
718	二正戊胺	2921.1990	387
719	二仲丁胺	2921.1990	387
720	发烟硫酸	2807.0000	388
721	发烟硝酸	2808.0000	389
722	钒酸铵钠	2842.9090	389
723	钒酸钾	2841.9000	390
724	2-呋喃甲醇	2932.1300	390

序号	品名	商品编码	页码
725	放线菌素	2941.9090	391
726	呋喃	2932.1900	391
727	放线菌素 D	2941.9090	392
728	氟	2801.3010	392
729	呋喃甲酰氯	2932.1900	393
730	1-氟-2,4-二硝基苯	2904.9900	393
731	2-氟苯胺	2921.4200	394
732	3-氟苯胺	2921.4200	394
733	4-氟苯胺	2921.4200	395
734	氟代苯	2903.9990	395
735	氟代甲苯	2903.9990	396
736	氟锆酸钾	2826.9090	396
737	氟硅酸	2811.1990	397
738	氟硅酸铵	2826.9010	397
739	氟硅酸钾	2826.9010	398
740	氟硅酸钠	2826.9010	398
741	氟化铵	2826.1910	399
742	氟化钡	2826.1990	399
743	氟化锆	2826.1990	400
744	氟化镉	2826.1990	400
745	氟化铬	2826.1990	401
746	氟化汞	2852.1000	401
747	氟化钴	2826.1990	402
748	氟化镧	2846.9033	402
749	氟化钾	2826.1990	403
750	氟化锂	2826.1990	403
751	氟化钠	2826.1920	404
752	氟化氢铵	2826.1910	404
753	氟化铅	2826.1990	405
754	氟化氢(无水)	2811.1190	406
755	氟化氢钾	2826.1990	407
756	氟化氢钠	2826.1920	407
757	氟化铷	2826.1990	408
758	氟化铯	2826.1990	408
759	氟化铜	2826.1990	409

序号	品　名	商品编码	页码
760	氟化锌	2826.1990	409
761	氟化亚钴	2826.1990	410
762	氟磺酸	2811.1990	410
763	2-氟甲苯	2903.9990	411
764	3-氟甲苯	2903.9990	411
765	4-氟甲苯	2903.9990	412
766	氟甲烷	2903.3990	412
767	氟磷酸(无水)	2811.1990	413
768	氟硼酸	2811.1990	413
769	氟硼酸-3-甲基-4-(吡咯烷-1-基)重氮苯	2927.0000	414
770	氟硼酸镉	2826.9090	414
771	氟硼酸铅、氟硼酸铅溶液(含量>28%)	2826.9090	415
772	氟硼酸锌	2826.9090	415
773	氟硼酸银	2843.2900	416
774	氟铍酸铵	2826.9090	416
775	氟铍酸钠	2826.9090	417
776	氟钽酸钾	2826.9090	417
777	氟乙酸	2915.9000	418
778	氟乙酸-2-苯酰肼	2928.0000	418
779	氟乙酸钾	2915.9000	419
780	氟乙酸甲酯	2915.9000	419
781	氟乙酸钠	2915.9000	420
782	氟乙酸乙酯	2915.9000	420
783	氟乙烷	2903.3990	421
784	氟乙烯(稳定的)	2903.5990	421
785	氟乙酰胺	2924.1200	422
786	钙	2805.1200	422
787	甘露糖醇六硝酸酯(湿的,按质量含水或乙醇和水的混合物不低于40%)	2920.9000	423
788	高碘酸	2811.1990	423
789	高碘酸铵	2829.9000	424
790	高碘酸钡	2829.9000	424
791	高碘酸钾	2829.9000	425
792	高碘酸钠	2829.9000	425

序号	品　名	商品编码	页码
793	高氯酸(浓度>72%)、高氯酸(浓度≤50%)、高氯酸(浓度50%~72%)	2811.1990	426
794	高氯酸铵	2829.9000	426
795	高氯酸钡	2829.9000	427
796	高氯酸醋酐溶液	3824.9999	427
797	高氯酸钙	2829.9000	428
798	高氯酸钾	2829.9000	428
799	高氯酸锂	2829.9000	429
800	高氯酸镁	2829.9000	429
801	高氯酸钠	2829.9000	430
802	高氯酸铅	2829.9000	430
803	高氯酸锶	2829.9000	431
804	高氯酸亚铁	2829.9000	431
805	高氯酸银	2843.2900	432
806	高锰酸钡	2841.6990	432
807	高锰酸钙	2841.6990	433
808	高锰酸钾	2841.6100	433
809	高锰酸钠	2841.6990	434
810	高锰酸锌	2841.6990	434
811	高锰酸银	2843.2900	435
812	镉(非发火的)	8107.2000	435
813	铬硫酸	2819.1000	436
814	铬酸钾	2841.5000	436
815	铬酸钠	2841.5000	437
816	铬酸铍	2841.5000	437
817	铬酸铅	2841.5000	438
818	铬酸溶液	2811.1990	438
819	铬酸叔丁酯四氯化碳溶液	2905.1990	439
820	庚二腈	2926.9090	439
821	庚腈	2926.9090	440
822	1-庚炔	2901.2990	440
823	庚酸	2915.9000	441
824	2-庚酮	2914.1900	441
825	3-庚酮	2914.1900	442
826	4-庚酮	2914.1900	442

序号	品　名	商品编码	页码
827	1-庚烯	2901.2990	443
828	2-庚烯	2901.2990	443
829	3-庚烯	2901.2990	444
830	汞	2805.4000	444
831	挂-3-氯桥-6-氰基-2-降冰片酮-O-(甲基氨基甲酰基)肟	2928.0000	445
832	硅粉(非晶形的)	2804.6190	445
833	硅钙	2850.0090	446
834	硅化钙	2850.0090	446
835	硅化镁	2850.0090	447
836	硅锂	3824.9999	447
837	硅铝;硅铝粉(无涂层的)	2850.0090	448
838	硅锰钙	2850.0090	448
839	硅酸铅	2839.9000	449
840	硅酸四乙酯	2920.9000	449
841	硅铁锂	2850.0090	450
842	癸硼烷	2850.0090	450
843	硅铁铝(粉末状的)	2850.0090	451
844	癸二酰氯	2917.1900	451
845	1-癸烯	2901.2990	452
846	过二硫酸铵	2833.4000	452
847	过二硫酸钾	2833.4000	453
848	过二碳酸二-(2-乙氧乙)酯(含量≤52%,含B型稀释剂≥48%)	2917.1900	453
849	过二碳酸二-(2-乙基己)酯(77%<含量≤100%)、过二碳酸二-(2-乙基己)酯[含量≤52%,在水(冷冻)中稳定弥散]、过二碳酸二-(2-乙基己)酯(含量≤62%,在水中稳定弥散)、过二碳酸二-(2-乙基己)酯(含量≤62%,在水中稳定弥散)	2920.9000	454
850	过二碳酸二-(3-甲氧丁)酯(含量≤52%,含B型稀释剂≥48%)	2920.9000	454
851	过二碳酸钠	2836.9990	455

序号	品名	商品编码	页码
852	过二碳酸异丙仲丁酯、过二碳酸二仲丁酯和过二碳酸二异丙酯的混合物（过二碳酸异丙仲丁酯≤32%,15%≤过二碳酸二仲丁酯≤18%,12%≤过二碳酸二异丙酯≤15%,含A型稀释剂≥38%）、过二碳酸异丙仲丁酯、过二碳酸二仲丁酯和过二碳酸二异丙酯的混合物（过二碳酸异丙仲丁酯≤52%,过二碳酸二仲丁酯≤28%,过二碳酸二异丙酯≤22%）	3824.9999	455
853	过硫酸钠	2833.4000	456
854	过氯酰氟	2812.1900	456
855	过硼酸钠	2840.3000	457
856	过新庚酸-1,1-二甲基-3-羟丁酯（含量≤52%,含A型稀释剂≥48%）	2915.9000	457
857	过新庚酸枯酯（含量≤77%,含A型稀释剂≥23%）	2915.9000	457
858	过新癸酸叔己酯（含量≤71%,含A型稀释剂≥29%）	2915.9000	458
859	过氧-3,5,5-三甲基己酸叔丁酯（32%<含量≤100%）、过氧-3,5,5-三甲基己酸叔丁酯（含量≤32%,含B型稀释剂≥68%）、过氧-3,5,5-三甲基己酸叔丁酯（含量≤42%,惰性固体含量≥58%）	2915.9000	458
860	过氧苯甲酸叔丁酯（77%<含量≤100%）、过氧苯甲酸叔丁酯（52%<含量≤77%,含A型稀释剂≥23%）、过氧苯甲酸叔丁酯（含量≤52%,惰性固体含量≥48%）	2916.3990	459
861	过氧丁烯酸叔丁酯（含量≤77%,含A型稀释剂≥23%）	2916.1900	459
862	过氧化钡	2816.4000	460
863	过氧化苯甲酸叔戊酯（含量≤100%）	2916.3990	460
864	过氧化丙酰（含量≤27%,含B型稀释剂≥73%）	2915.9000	461
865	过氧化二-(2,4-二氯苯甲酰)（糊状物,含量≤52%）、过氧化二-(2,4-二氯苯甲酰)（含硅油糊状,含量≤52%）、过氧化二-(2,4-二氯苯甲酰)（含量≤77%,含水≥23%）	2916.3990	461
866	过氧化-二-(3,5,5-三甲基-1,2-二氧戊环)（糊状物,含量≤52%）	2932.9990	461
867	过氧化二(3-甲基苯甲酰)、过氧化(3-甲基苯甲酰)苯甲酰和过氧化二苯甲酰的混合物[过氧化二(3-甲基苯甲酰)≤20%,过氧化(3-甲基苯甲酰)苯甲酰≤18%,过氧化二苯甲酰≤4%,含B型稀释剂≥58%]	3824.9999	462
868	过氧化二-(4-氯苯甲酰)（含量≤77%）、过氧化二-(4-氯苯甲酰)（糊状物,含量≤52%）	2916.3990	462

序号	品　名	商品编码	页码
869	过氧化二苯甲酰(51%＜含量≤100%,惰性固体含量≤48%)、过氧化二苯甲酰(35%＜含量≤52%,惰性固体含量≥48%)、过氧化二苯甲酰(36%＜含量≤42%,含A型稀释剂≥18%,含水≤40%)、过氧化二苯甲酰(77%＜含量≤94%,含水≥6%)、过氧化二苯甲酰(含量≤42%,在水中稳定弥散)、过氧化二苯甲酰(含量≤62%,惰性固体含量≥28%,含水≥10%)、过氧化二苯甲酰(含量≤77%,含水≥23%)、过氧化二苯甲酰(糊状物,52%＜含量≤62%)、过氧化二苯甲酰(糊状物,含量≤52%)、过氧化二苯甲酰(糊状物,含量≤56.5%,含水≥15%)、过氧化二苯甲酰(含量≤35%,含惰性固体≥65%)	2916.3200	463
870	过氧化二癸酰(含量≤100%)	2915.9000	463
871	过氧化二琥珀酸(72%＜含量≤100%)、过氧化二琥珀酸(含量≤72%)	2917.1900	464
872	2,2-过氧化二氢丙烷(含量≤27%,含惰性固体≥73%)	2909.6000	464
873	过氧化二碳酸二(十八烷基)酯(含量≤87%,含有十八烷醇)	2920.9000	465
874	过氧化二碳酸二苯甲酯(含量≤87%,含水)	2920.9000	465
875	过氧化二乙酰(含量≤27%,含B型稀释剂≥73%)	2915.9000	465
876	过氧化二碳酸二异丙酯(52%＜含量≤100%)、过氧化二碳酸二异丙酯(含量≤52%,含B型稀释剂≥48%)、过氧化二碳酸二异丙酯(含量≤32%,含A型稀释剂≥68%)	2920.9000	466
877	过氧化二异丙苯(52%＜含量≤100%)、过氧化二异丙苯(含量≤52%,含惰性固体48%)	2909.6000	466
878	过氧化二异丁酰(含量≤32%,含B型稀释剂≥68%)、过氧化二异丁酰(32%＜含量≤52%,含B型稀释剂≥48%)	2915.9000	467
879	过氧化二月桂酰(含量≤100%)、过氧化二月桂酰(含量≤42%,在水中稳定弥散)	2915.9000	467
880	过氧化二正壬酰(含量≤100%)	2915.9000	468
881	过氧化二正辛酰(含量≤100%)	2915.9000	468
882	过氧化甲基环己酮(含量≤67%,含B型稀释剂≤33%)	2909.6000	468
883	过氧化钙	2825.9090	469
884	过氧化环己酮(含量≤72%,含A型稀释剂≥28%)、过氧化环己酮(含量≤91%,含水≥9%)、过氧化环己酮(糊状物,含量≤72%)	2909.6000	469
885	过氧化甲基异丙酮(活性氧含量≤6.7%,含A型稀释剂≥70%)	2909.6000	470
886	过氧化甲基异丁基酮(含量≤62%,含A型稀释剂≥19%)	2909.6000	470
887	过氧化邻苯二甲酸叔丁酯	2917.3990	470

序号	品名	商品编码	页码
888	……过氧化钾	2815.3000	471
889	……过氧化锂	2825.2090	471
890	……过氧化镁	2816.1000	472
891	……过氧化钠	2815.3000	472
892	……过氧化脲	2847.0000	473
893	……过氧化氢苯甲酰	2916.3990	473
894	……过氧化氢对孟烷	2909.6000	474
895	……过氧化氢二叔丁基异丙基苯(42%<含量≤100%,惰性固体含量≤57%)、过氧化氢二叔丁基异丙基苯(含量≤42%,惰性固体含量≥58%)	2909.6000	474
896	……过氧化氢溶液(含量>8%)	2847.0000	475
897	……过氧化氢叔丁基(79%<含量≤90%,含水≥10%)、过氧化氢叔丁基(含量≤80%,含A型稀释剂≥20%)、过氧化氢叔丁基(含量≤79%,含水>14%)、过氧化氢叔丁基(含量≤72%,含水≥28%)	2909.6000	476
898	……过氧化氢四氢化萘	2909.6000	476
899	……过氧化氢异丙苯(90%<含量≤98%,含A型稀释剂≤10%)、过氧化氢异丙苯(含量≤90%,含A型稀释剂≥10%)	2909.6000	477
900	……过氧化十八烷酰碳酸叔丁酯	2920.9000	477
901	……过氧化叔丁基异丙基苯(42%<含量≤100%)、过氧化叔丁基异丙基苯(含量≤52%,惰性固体含量≥48%)	2909.6000	478
902	……过氧化双丙酮醇(含量≤57%,含B型稀释剂≥26%,含水≥8%)	2909.6000	478
903	……过氧化锶	2816.4000	479
904	……过氧化碳酸钠水合物	2836.9990	479
905	……过氧化锌	2817.0090	480
906	……过氧化新庚酸叔丁酯(含量≤42%,在水中稳定弥散)、过氧化新庚酸叔丁酯(含量≤77%,含A型稀释剂≥23%)	2915.9000	480
907	……1-(2-过氧化乙基己醇)-1,3-二甲基丁基过氧化新戊酸酯(含量≤52%,含A型稀释剂≥45%,含B型稀释剂≥10%)	2915.9000	481
908	……过氧化乙酰苯甲酰(在溶液中含量≤45%)	2916.3990	481
909	……过氧化乙酰丙酮(糊状物,含量≤32%,含溶剂≥44%,含水≥9%,带有惰性固体≥11%)、过氧化乙酰丙酮(在溶液中,含量≤42%,含水≥8%,含A型稀释剂≥48%,含有效氧≤4.7%)	2914.5090	481
910	……过氧化异丁基甲基甲酮(在溶液中,含量≤62%,含A型稀释剂≥19%,含甲基异丁基酮)	2909.6000	482
911	……过氧化月桂酸(含量≤100%)	2915.9000	482

序号	品名	商品编码	页码
912	过氧新戊酸枯酯(含量≤77%,含B型稀释剂≥23%)	2915.9000	482
913	过氧化二异壬酰(含量≤100%)	2915.9000	483
914	过氧新癸酸枯酯(含量≤52%,在水中稳定弥散)、过氧新癸酸枯酯(含量≤77%,含B型稀释剂≥23%)、过氧新癸酸枯酯(含量≤87%,含A型稀释剂≥13%)	2915.9000	483
915	1,1,3,3-过氧新戊酸四甲叔丁酯(含量≤77%,含A型稀释剂≥23%)	2915.9000	484
916	过氧异丙基碳酸叔丁酯(含量≤77%,含A型稀释剂≥23%)	2920.9000	484
917	过氧重碳酸二环己酯(91%<含量≤100%)、过氧重碳酸二环己酯(含量≤42%,在水中稳定弥散)、过氧重碳酸二环己酯(含量≤91%)	2920.9000	485
918	过氧重碳酸二仲丁酯(52%<含量<100%)、过氧重碳酸二仲丁酯(含量≤52%,含B型稀释剂≥48%)	2920.9000	485
919	海葱糖甙	2938.9090	486
920	氦(压缩的或液化的)	2804.2900	486
921	氨肥料(溶液,含游离氨>35%)	2814.2000	487
922	核酸汞	2852.1000	487
923	红磷	2804.7090	487
924	苄胺	2921.4990	488
925	花青甙	2938.9090	488
926	环丙基甲醇	2906.1990	489
927	环丙烷	2902.1990	489
928	环丁烷	2902.1990	490
929	1,3,5-环庚三烯	2902.1990	490
930	环庚酮	2914.2990	491
931	环庚烷	2902.1990	491
932	环庚烯	2902.1990	492
933	环己胺	2921.3000	492
934	环己二胺	2921.3000	493
935	1,3-环己二烯	2902.1990	493
936	1,4-环己二烯	2902.1990	494
937	2-环己基丁烷	2902.1990	494
938	N-环己基环己胺亚硝酸盐	2921.3000	495
939	环己基硫醇	2930.9090	495
940	环己基三氯硅烷	2931.9000	496
941	环己基异丁烷	2902.1990	496

序号	品名	商品编码	页码
942	1-环己基正丁烷	2902.1990	497
943	环己酮	2914.2200	497
944	环己烷	2902.1100	498
945	环己烯	2902.1990	498
946	2-环己烯-1-酮	2914.2990	499
947	环己烯基三氯硅烷	2931.9000	499
948	环三亚甲基三硝胺(含水≥15%)、环三亚甲基三硝胺(减敏的)	2933.6990	500
949	环三亚甲基三硝胺与环四亚甲基四硝胺混合物(含水≥15%或含减敏剂≥10%)	3602.0090	500
950	环三亚甲基三硝胺与三硝基甲苯和铝粉混合物	3602.0090	501
951	环三亚甲基三硝胺与三硝基甲苯混合物(干的或含水<15%)	3602.0090	501
952	环四亚甲基四硝胺(含水≥15%)、环四亚甲基四硝胺(减敏的)	2933.9900	501
953	环四亚甲基四硝胺与三硝基甲苯混合物(干的或含水<15%)	3602.0090	502
954	环烷酸钴(粉状的)	2916.2090	502
955	环烷酸锌	2916.2090	502
956	环戊胺	2921.3000	503
957	环戊醇	2906.1990	503
958	1,3-环戊二烯	2902.1990	504
959	环戊酮	2914.2990	504
960	环戊烷	2902.1990	505
961	环戊烯	2902.1990	505
962	1,3-环辛二烯	2902.1990	506
963	1,5-环辛二烯	2902.1990	506
964	1,3,5,7-环辛四烯	2902.1990	507
965	环辛烷	2902.1990	507
966	环辛烯	2902.1990	508
967	2,3-环氧-1-丙醛	2912.4900	508
968	1,2-环氧-3-乙氧基丙烷	2910.9000	509
969	2,3-环氧丙基苯基醚	2910.9000	509
970	1,2-环氧丙烷	2910.2000	510
971	1,8-环氧对孟烷	2932.9990	510
972	1,2-环氧丁烷	2910.9000	511

序号	品名	商品编码	页码
973	4,9-环氧,3-(2-羟基-2-甲基丁酸酯)15-(S)2-甲基丁酸酯,[3β(S),4α,7α,15α(R),16β]-瑟文-3,4,7,14,15,16,20-庚醇	2933.9900	511
974	环氧乙烷	2910.1000	512
975	环氧乙烷和氧化丙烯混合物(含环氧乙烷≤30%)	3824.9099	512
976	黄原酸盐	2930.9020	513
977	磺胺苯汞	2852.1000	513
978	磺化煤油	2710.1919	514
979	混胺-02	3824.9999	514
980	己醇钠	2905.1990	514
981	1,6-己二胺	2921.2290	515
982	己二腈	2926.9090	515
983	1,3-己二烯	2901.2990	516
984	1,4-己二烯	2901.2990	516
985	1,5-己二烯	2901.2990	517
986	2,4-己二烯	2901.2990	517
987	己二酰二氯	2917.1900	518
988	己基三氯硅烷	2931.9000	518
989	己腈	2926.9090	519
990	己硫醇	2930.9090	519
991	1-己炔	2901.2990	520
992	2-己炔	2901.2990	520
993	3-己炔	2901.2990	521
994	己酸	2915.9000	521
995	2-己酮	2914.1900	522
996	3-己酮	2914.1900	522
997	1-己烯	2901.2990	523
998	2-己烯	2901.2990	523
999	4-己烯-1-炔-3-醇	2905.2900	524
1000	5-己烯-2-酮	2914.1900	524
1001	己酰氯	2915.9000	525
1002	季戊四醇四硝酸酯(含蜡≥7%)、季戊四醇四硝酸酯(含水≥25%或含减敏剂≥15%)	2920.9000	525
1003	季戊四醇四硝酸酯与三硝基甲苯混合物(干的或含水<15%)	3602.0090	526
1004	甲苯	2902.3000	526

序号	品名	商品编码	页码
1005	镓	8112.9290、8112.9990	527
1006	甲苯-2,4-二异氰酸酯	2929.1090	527
1007	甲苯-2,6-二异氰酸酯	2929.1090	528
1008	甲苯二异氰酸酯	2929.1010	528
1009	甲苯-3,4-二硫酚	2930.9090	529
1010	2-甲苯硫酚	2930.9090	529
1011	3-甲苯硫酚	2930.9090	530
1012	4-甲苯硫酚	2930.9090	530
1013	甲醇	2905.1100	531
1014	甲醇钾	2905.1990	531
1015	甲醇钠	2905.1990	532
1016	甲醇钠甲醇溶液	2905.1990	532
1017	2-甲酚	2907.1212	533
1018	3-甲酚	2907.1211	533
1019	4-甲酚	2907.1219	534
1020	甲酚	2907.1219	534
1021	甲硅烷	2850.0090	535
1022	2-甲基-1,3-丁二烯(稳定的)	2901.2420	535
1023	6-甲基-1,4-二氮萘基-2,3-二硫代碳酸酯	2934.9990	536
1024	2-甲基-1-丙醇	2905.1410	536
1025	2-甲基-1-丙硫醇	2930.9090	537
1026	2-甲基-1-丁醇	2905.1990	537
1027	3-甲基-1-丁醇	2905.1990	538
1028	2-甲基-1-丁硫醇	2930.9090	538
1029	3-甲基-1-丁硫醇	2930.9090	539
1030	2-甲基-1-丁烯	2901.2910	539
1031	3-甲基-1-丁烯	2901.2910	540
1032	3-(1-甲基-2-四氢吡咯基)吡啶硫酸盐	2939.7910	540
1033	4-甲基-1-环己烯	2902.1990	541
1034	1-甲基-1-环戊烯	2902.1990	541
1035	2-甲基-1-戊醇	2905.1990	542
1036	3-甲基-1-戊炔-3-醇	2905.2900	542
1037	2-甲基-1-戊烯	2901.2990	543
1038	3-甲基-1-戊烯	2901.2990	543
1039	4-甲基-1-戊烯	2901.2990	544

序号	品　名	商品编码	页码
1040	2-甲基-2-丙醇	2905.1430	544
1041	2-甲基-2-丁醇	2905.1990	545
1042	3-甲基-2-丁醇	2905.1990	545
1043	2-甲基-2-丁硫醇	2930.9090	546
1044	3-甲基-2-丁酮	2914.1900	546
1045	2-甲基-2-丁烯	2901.2910	547
1046	5-甲基-2-己酮	2914.1900	547
1047	2-甲基-2-戊醇	2905.1990	548
1048	4-甲基-2-戊醇	2905.1990	548
1049	3-甲基-2-戊酮	2914.1900	549
1050	4-甲基-2-戊酮	2914.1300	549
1051	2-甲基-2-戊烯	2901.2990	550
1052	3-甲基-2-戊烯	2901.2990	550
1053	4-甲基-2-戊烯	2901.2990	551
1054	3-甲基-2-戊烯-4-炔醇	2905.2900	551
1055	1-甲基-3-丙基苯	2902.9090	552
1056	2-甲基-3-丁炔-2-醇	2905.2900	552
1057	2-甲基-3-戊醇	2905.1990	553
1058	3-甲基-3-戊醇	2905.1990	553
1059	2-甲基-3-戊酮	2914.1900	554
1060	4-甲基-3-戊烯-2-酮	2914.1900	554
1061	2-甲基-3-乙基戊烷	2901.1000	555
1062	2-甲基-4,6-二硝基酚	2908.9200	555
1063	1-甲基-4-丙基苯	2902.9090	556
1064	2-甲基-5-乙基吡啶	2933.3990	556
1065	3-甲基-6-甲氧基苯胺	2922.1990	557
1066	S-甲基-N-[(甲基氨基甲酰基)-氧基]硫代乙酰胺酸酯	2930.9090	557
1067	O-甲基-O-(2-异丙氧基甲酰基苯基)硫代磷酰胺	2929.9090	558
1068	O-甲基-O-(4-溴-2,5-二氯苯基)苯基硫代磷酸酯	2931.3990	558
1069	O-甲基-O-[(2-异丙氧基甲酰)苯基]-N-异丙基硫代磷酰胺	2929.9090	559
1070	O-甲基-S-甲基-硫代磷酰胺	2930.8000	559
1071	O-(甲基氨基甲酰基)-1-二甲氨基甲酰-1-甲硫基甲醛肟	2930.9090	560
1072	O-甲基氨基甲酰基-2-甲基-2-(甲硫基)丙醛肟	2930.8000	560
1073	O-甲基氨基甲酰基-3,3-二甲基-1-(甲硫基)丁醛肟	2930.9090	561

序号	品　名	商品编码	页码
1074	2-甲基苯胺	2921.4300	561
1075	3-甲基苯胺	2921.4300	562
1076	4-甲基苯胺	2921.4300	562
1077	N-甲基苯胺	2921.4200	563
1078	甲基苯基二氯硅烷	2931.9000	563
1079	α-甲基苯基甲醇	2906.2990	564
1080	2-甲基苯甲腈	2926.9090	564
1081	3-甲基苯甲腈	2926.9090	565
1082	4-甲基苯甲腈	2926.9090	565
1083	4-甲基苯乙烯(稳定的)	2902.9090	566
1084	2-甲基吡啶	2933.3990	566
1085	3-甲基吡啶	2933.3990	567
1086	4-甲基吡啶	2933.3990	567
1087	3-甲基吡唑-5-二乙基磷酸酯	2933.1990	568
1088	(S)-3-(1-甲基吡咯烷-2-基)吡啶	2939.7910	568
1089	甲基苄基溴	2903.9990	569
1090	甲基苄基亚硝胺	2929.9090	569
1091	甲基丙基醚	2909.1990	570
1092	2-甲基丙烯腈(稳定的)	2926.9090	570
1093	α-甲基丙烯醛	2912.1900	571
1094	甲基丙烯酸(稳定的)	2916.1300	571
1095	甲基丙烯酸-2-二甲氨乙酯	2922.1990	572
1096	甲基丙烯酸甲酯(稳定的)	2916.1400	572
1097	甲基丙烯酸三硝基乙酯	2916.1400	573
1098	甲基丙烯酸乙酯(稳定的)	2916.1400	573
1099	甲基丙烯酸烯丙酯	2916.1400	574
1100	甲基丙烯酸异丁酯(稳定的)	2916.1400	574
1101	甲基丙烯酸正丁酯(稳定的)	2916.1400	575
1102	甲基狄戈辛	2938.9090	575
1103	3-(1-甲基丁基)苯基-N-甲基氨基甲酸酯、3-(1-乙基丙基)苯基-N-甲基氨基甲酸酯	2922.4999	576
1104	3-甲基丁醛	2912.1900	576
1105	2-甲基丁烷	2901.1000	577
1106	甲基二氯硅烷	2931.9000	577
1107	2-甲基呋喃	2932.1900	578

序号	品名	商品编码	页码
1108	2-甲基庚烷	2901.1000	578
1109	3-甲基庚烷	2901.1000	579
1110	4-甲基庚烷	2901.1000	579
1111	甲基环己醇	2906.1200	580
1112	甲基环己酮	2914.2200	580
1113	甲基环己烷	2902.1990	581
1114	甲基环戊二烯	2902.1990	581
1115	甲基环戊烷	2902.1990	582
1116	甲基磺酸	2904.1000	582
1117	甲基磺酰氯	2904.9900	583
1118	3-甲基己烷	2901.1000	583
1119	甲基肼	2928.0000	584
1120	4-甲基喹啉	2933.4900	584
1121	2-甲基喹啉	2933.4900	585
1122	6-甲基喹啉	2933.4900	585
1123	7-甲基喹啉	2933.4900	586
1124	8-甲基喹啉	2933.4900	586
1125	甲基氯硅烷	2931.9000	587
1126	N-甲基吗啉	2934.9990	587
1127	1-甲基萘	2902.9090	588
1128	2-甲基哌啶	2933.3990	588
1129	2-甲基萘	2902.9090	589
1130	3-甲基哌啶	2933.3990	589
1131	4-甲基哌啶	2933.3990	590
1132	N-甲基哌啶	2933.3990	590
1133	N-甲基全氟辛基磺酰胺	2935.1000	591
1134	3-甲基噻吩	2934.9990	591
1135	甲基三氯硅烷	2931.9000	592
1136	甲基三乙氧基硅烷	2931.9000	592
1137	甲基胂酸锌	2931.9000	593
1138	甲基叔丁基甲酮	2914.1900	593
1139	甲基叔丁基醚	2909.1990	594
1140	2-甲基四氢呋喃	2932.1900	594
1141	1-甲基戊醇	2905.1990	595
1142	甲基戊二烯	2901.2990	595

序号	品　名	商品编码	页码
1143	4-甲基戊腈	2926.9090	596
1144	2-甲基戊醛	2912.1900	596
1145	2-甲基戊烷	2901.1000	597
1146	3-甲基戊烷	2901.1000	597
1147	2-甲基烯丙醇	2905.2900	598
1148	甲基溴化镁(浸在乙醚中)	2931.9000	598
1149	甲基乙烯醚(稳定的)	2909.1990	599
1150	2-甲基己烷	2901.1000	599
1151	甲基异丙基苯	2902.9090	600
1152	甲基异丙烯甲酮(稳定的)	2914.1900	600
1153	1-甲基异喹啉	2933.4900	601
1154	3-甲基异喹啉	2933.4900	601
1155	4-甲基异喹啉	2933.4900	602
1156	5-甲基异喹啉	2933.4900	602
1157	6-甲基异喹啉	2933.4900	603
1158	7-甲基异喹啉	2933.4900	603
1159	8-甲基异喹啉	2933.4900	604
1160	N-甲基正丁胺	2921.1990	604
1161	甲基正丁基醚	2909.1990	605
1162	甲硫醇	2930.9090	605
1163	甲硫醚	2930.9090	606
1164	甲胂酸	2931.9000	606
1165	甲醛溶液	2912.1100	607
1166	甲酸	2915.1100	608
1167	甲酸环己酯	2915.1300	608
1168	甲酸甲酯	2915.1300	609
1169	甲酸烯丙酯	2915.1300	609
1170	甲酸亚铊	2915.1200	610
1171	甲酸乙酯	2915.1300	610
1172	甲酸异丙酯	2915.1300	611
1173	甲酸异丁酯	2915.1300	611
1174	甲酸异戊酯	2915.1300	612
1175	甲酸正丙酯	2915.1300	612
1176	甲酸正丁酯	2915.1300	613
1177	甲酸正己酯	2915.1300	613

序号	品名	商品编码	页码
1178	甲酸正戊酯	2915.1300	614
1179	甲烷	2711.2900	614
1180	甲烷磺酰氟	2904.9900	615
1181	N-甲酰-2-硝甲基-1,3-全氢化噻嗪	2934.9990	615
1182	4-甲氧基-4-甲基-2-戊酮	2914.5090	616
1183	2-甲氧基苯胺	2922.2910	616
1184	3-甲氧基苯胺	2922.2910	617
1185	4-甲氧基苯胺	2922.2910	617
1186	甲氧基苯甲酰氯	2918.9900	618
1187	4-甲氧基二苯胺-4'-氯化重氮苯	2927.0000	618
1188	3-甲氧基乙酸丁酯	2918.9900	619
1189	甲氧基乙酸甲酯	2918.9900	619
1190	2-甲氧基乙酸乙酯	2918.9900	620
1191	甲氧基异氰酸甲酯	2929.1090	620
1192	甲乙醚	2909.1990	621
1193	甲藻毒素(二盐酸盐)	2939.8090	621
1194	钾	2805.1990	622
1195	钾汞齐	2853.9090	622
1196	钾合金	3824.9999	623
1197	间苯二甲酰氯	2917.3990	623
1198	钾钠合金	3824.9999	624
1199	间苯三酚 d	2907.2990	624
1200	间硝基苯磺酸	2904.9900	625
1201	间异丙基苯酚	2907.1990	625
1202	碱土金属汞齐	2853.9090	626
1203	焦硫酸汞	2852.1000	626
1204	焦砷酸	2811.1990	626
1205	焦油酸	2707.9990	627
1206	金属锰粉(含水≥25%)	8111.0010	627
1207	金属锆、金属锆粉(干燥的)	8109.2100、8109.2900	628
1208	金属铪粉	8112.3100	628
1209	金属镧(浸在煤油中的)	2805.3014	629
1210	金属钕(浸在煤油中的)	2805.3011	629
1211	金属铷	2805.1990	630

序号	品名	商品编码	页码
1212	金属铯	2805.1990	630
1213	金属锶	2805.1990	631
1214	金属钛粉(干的)、金属钛粉(含水不低于25%,机械方法生产的,粒径小于53微米;化学方法生产的,粒径小于840微米)	8108.2030	631
1215	精蒽	2902.9090	632
1216	肼水溶液(含肼≤64%)	2928.0000	632
1217	酒石酸化烟碱	2939.7910	633
1218	酒石酸锑钾	2918.1300	633
1219	聚苯乙烯珠体(可发性的)	3903.1100	634
1220	聚醚聚过氧叔丁基碳酸酯(含量≤52%,含B型稀释剂≥48%)	3907.4000	634
1221	聚乙醛	3907.1090	634
1222	聚乙烯聚胺	3911.9000	635
1223	2-莰醇	2906.1990	635
1224	莰烯	2902.1990	636
1225	糠胺	2932.1900	636
1226	糠醛	2932.1200	637
1227	抗霉素A	2941.9090	637
1228	氪(压缩的或液化的)	2804.2900	638
1229	喹啉	2933.4900	638
1230	雷汞(湿的,按质量含水或乙醇和水的混合物不低于20%)	2852.1000	639
1231	锂	2805.1910	639
1232	连二亚硫酸钙	2831.9000	640
1233	连二亚硫酸钾	2831.9000	640
1234	连二亚硫酸钠	2831.1010	641
1235	连二亚硫酸锌	2831.9000	641
1236	联苯	2902.9090	642
1237	3-[(3-联苯-4-基)-1,2,3,4-四氢-1-萘基]-4-羟基香豆素	2932.2090	642
1238	联十六烷基过氧重碳酸酯(含量≤100%)、联十六烷基过氧重碳酸酯(含量≤42%,在水中稳定弥散)	2920.9000	643
1239	镰刀菌酮X	2932.9990	643
1240	邻氨基苯硫醇	2930.9090	644
1241	邻苯二甲酸苯胺	2921.4200	644
1242	邻苯二甲酸二异丁酯	2917.3490	645

序号	品名	商品编码	页码
1243	邻苯二甲酸酐(含马来酸酐大于0.05%)	2917.3500	645
1244	邻苯二甲酰氯	2917.3990	646
1245	邻苯二甲酰亚胺	2925.1900	646
1246	邻甲苯磺酰氯	2904.9900	647
1247	邻硝基苯酚钾	2908.9990	647
1248	邻硝基苯磺酸	2904.9900	648
1249	邻硝基乙苯	2904.2090	648
1250	邻异丙基苯酚	2907.1910	649
1251	磷化钙	2853.9040	649
1252	磷化钾	2853.9040	650
1253	磷化铝	2853.9040	650
1254	磷化铝镁	2842.9090	651
1255	磷化镁	2853.9040	651
1256	磷化钠	2853.9040	652
1257	磷化锡	2853.9040	652
1258	磷化氢	2853.9040	653
1259	磷化锶	2853.9040	654
1260	磷化锌	2853.9040	654
1261	磷酸二乙基汞	2852.1000	655
1262	磷酸亚铊	2835.2990	655
1263	磷酸三甲苯酯	2919.9000	656
1264	9-磷杂双环壬烷	2931.4990	656
1265	亚磷酸	2811.1990	657
1266	β,β'-硫代二丙腈	2930.9090	657
1267	2-硫代呋喃甲醇	2932.1900	658
1268	硫代磷酰氯	2853.9090	658
1269	硫代甲酰胺	2930.9090	659
1270	硫代氯甲酸乙酯	2930.9090	659
1271	4-硫代戊醛	2930.9090	660
1272	硫代乙酸	2930.9090	660
1273	硫代异氰酸甲酯	2930.9090	661
1274	硫化铵溶液	2830.9090	662
1275	硫化钡	2830.9090	662
1276	硫化镉	2830.9090	663
1277	硫化钾	2830.9090	663

序号	品　　名	商品编码	页码
1278	硫化汞	2852.1000	664
1279	硫化钠	2830.1010	665
1280	硫化氢	2811.1900	666
1281	硫黄	2802.0000	667
1282	硫脲	2930.9090	668
1283	硫氢化钙	2830.9090	668
1284	硫氢化钠	2830.1090	669
1285	硫氰酸苄	2930.9090	669
1286	硫氰酸钙	2842.9019	670
1287	硫氰酸汞	2852.1000	671
1288	硫氰酸汞铵	2852.1000	672
1289	硫氰酸汞钾	2852.1000	672
1290	硫氰酸甲酯	2930.9090	673
1291	硫氰酸乙酯	2930.9090	673
1292	硫氰酸异丙酯	2930.9090	674
1293	硫酸	2807.0000	674
1294	硫酸-2,4-二氨基甲苯	2921.5190	675
1295	硫酸-2,5-二氨基甲苯	2921.5190	675
1296	硫酸-2,5-二乙氧基-4-(4-吗啉基)-重氮苯	2927.0000	676
1297	硫酸-4,4'-二氨基联苯	2921.5900	676
1298	硫酸-4-氨基-N,N-二甲基苯胺	2921.5190	677
1299	硫酸苯胺	2921.4190	677
1300	硫酸苯肼	2928.0000	678
1301	硫酸对苯二胺	2921.5190	678
1302	硫酸二甲酯	2920.9000	679
1303	硫酸二乙酯	2920.9000	679
1304	硫酸镉	2833.2990	680
1304	硫酸汞	2852.1000	680
1306	硫酸钴	2833.2990	681
1307	硫酸间苯二胺	2921.5190	681
1308	硫酸马钱子碱	2939.7990	682
1309	硫酸镍	2833.2400	682
1310	硫酸铍	2833.2990	683
1311	硫酸铍钾	2842.9090	683
1312	硫酸铅(含游离酸>3%)	2833.2990	684

序号	品名	商品编码	页码
1313	硫酸羟胺	2825.1020	684
1314	硫酸氢-2-(N-乙羧基甲按基)-4-(3,4-二甲基苯磺酰)重氮苯	2927.0000	685
1315	硫酸氢铵	2833.2990	685
1316	硫酸氢钾	2833.2990	686
1317	硫酸氢钠、硫酸氢钠溶液	2833.1900	686
1318	硫酸三乙基锡	2931.9000	687
1319	硫酸铊	2833.2990	687
1320	硫酸亚汞	2852.1000	688
1321	硫酸氧钒	2833.4000	688
1322	硫酰氟	2812.9019	689
1323	六氟-2,3-二氯-2-丁烯	2903.7790	689
1324	六氟丙酮	2914.7900	690
1325	六氟丙酮水合物	2914.7900	690
1326	六氟丙烯	2903.3990	691
1327	六氟硅酸镁	2826.9010	691
1328	六氟合硅酸钡	2826.9010	692
1329	六氟合硅酸锌	2826.9010	692
1330	六氟合磷氢酸(无水)	2811.1990	693
1331	六氟化碲	2812.9019	693
1332	六氟化硫	2812.9019	694
1333	六氟化钨	2826.1990	695
1334	六氟化硒	2812.9019	695
1335	六氟乙烷	2903.3990	696
1336	3,3,6,6,9,9-六甲基-1,2,4,5-四氧环壬烷(含量52%~100%)、3,3,6,6,9,9-六甲基-1,2,4,5-四氧环壬烷(含量≤52%,含A型稀释剂≥48%)、3,3,6,6,9,9-六甲基-1,2,4,5-四氧环壬烷(含量≤52%,含B型稀释剂≥48%)	2909.6000	696
1337	六甲基二硅醚	2931.9000	697
1338	六甲基二硅烷	2931.9000	697
1339	六甲基二硅烷胺	2931.9000	698
1340	六氢-3a,7a-二甲基-4,7-环氧异苯并呋喃-1,3-二酮	2932.9990	698
1341	六氯-1,3-丁二烯	2903.2990	699
1342	(1R,4S,4aS,5R,6R,7S,8S,8aR)-1,2,3,4,10,10-六氯-1,4,4a,5,6,7,8,8a-八氢-6,7-环氧-1,4,5,8-二亚甲基萘(含量2%~90%)	2910.4000	699

序号	品　名	商品编码	页码
1343	(1R,4S,5R,8S)-1,2,3,4,10,10-六氯-1,4,4a,5,6,7,8,8a-八氢-6,7-环氧-1,4;5,8-二亚甲基萘(含量>5%)	2910.9000；2910.5000	700
1344	1,2,3,4,10,10-六氯-1,4,4a,5,8,8a-六氢-1,4-挂-5,8-挂二亚甲基萘(含量>10%)	2903.8900	700
1345	1,2,3,4,10,10-六氯-1,4,4a,5,8,8a-六氢-1,4:5,8-桥,挂-二甲撑萘(含量>75%)	2903.8200	701
1346	六氯苯	2903.9200	701
1347	(1,4,5,6,7,7-六氯-8,9,10-三降冰片-5-烯-2,3-亚基双亚甲基)亚硫酸酯	2920.3000	702
1348	六氯丙酮	2914.7900	703
1349	六氯环戊二烯	2903.8900	703
1350	α-六氯环己烷	2903.8100	704
1351	β-六氯环己烷	2903.8100	704
1352	γ-(1,2,4,5/3,6)-六氯环己烷	2903.8100	705
1353	六硝基-1,2-二苯乙烯	2904.2090	705
1354	1,2,3,4,5,6-六氯环己烷	2903.8100	706
1355	六硝基二苯胺	2921.4400	706
1356	六氯乙烷	2903.1990	707
1357	六硝基二苯胺铵盐	2921.4400	707
1358	六硝基二苯硫	2930.9090	708
1359	六溴二苯醚	2909.3090	708
1360	2,2',4,4',5,5'-六溴二苯醚	2909.3090	709
1361	六溴环十二烷	2903.8900	709
1362	2,2',4,4',5,6'-六溴二苯醚	2909.3090	710
1363	六溴联苯	2903.9400	710
1364	六亚甲基二异氰酸酯	2929.1040	711
1365	N,N-六亚甲基硫代氨基甲酸-S-乙酯	2933.9900	711
1366	六亚甲基四胺	2933.6990	712
1367	六亚甲基亚胺	2933.9900	712
1368	铝粉	7603.1000、7603.2000	713
1369	铝镍合金氢化催化剂	3815.1900	714
1370	铝酸钠(固体)、铝酸钠(溶液)	2841.9000	714
1371	铝铁熔剂	3824.9999	715
1372	氯	2801.1000	715
1373	1-氯-1,1-二氟乙烷	2903.7400	716
1374	3-氯-1,2-丙二醇	2905.5900	716

序号	1	品名	阿片	商品编码	1302.1100
别　名	鸦片			CAS 号	8008-60-4
英文名	Opium				
外观与性状	鸦片因产地不同，呈黑色或褐色；有氨味或陈旧尿味，味苦，气味强烈。				
主要用途	最初是作为药用，目前在药物中仍有应用，如阿片粉、阿片片、复方桔梗散、托氏散、阿桔片等，主要用于镇咳、止泻等。				
健康危害	本品是毒性极高的一种物质，吸食后可以初致欣快感、无法集中精神、产生梦幻现象，导致高度心理及生理依赖性。				
防护措施	呼吸系统防护：建议佩戴过滤式防毒面具（半面罩）。紧急事态抢救或撤离时，必须佩戴空气呼吸器。 眼睛防护：戴化学安全防护眼镜。 身体防护：穿防护工作服。 手防护：戴橡胶手套。 其他防护：工作现场禁止吸烟、进食和饮水。工作完毕，淋浴更衣。保持良好的卫生习惯。				
危险性类别①	特异性靶器官毒性—反复接触，类别 2。				

序号	2	品名	5-氨基-1,3,3-三甲基环己甲胺	商品编码	2921.3000
别　名	异佛尔酮二胺；3,3,5-三甲基-4,6-二氨基-2-烯环己酮；1-氨基-3-氨基甲基-3,5,5-三甲基环己烷			CAS 号	2855-13-2
英文名	Isophorondiamine, 5-amino-1,3,3-trimethylcyciohexanemethyllamine				
分子式	$C_{10}H_{22}N_2$				
外观与性状	无色或淡黄色透明低黏度液体。				
主要用途	用于环氧树脂固化剂。				
危险特性	本品易燃；火场释放出有毒氧化氮气体。				
防护措施	穿戴适当的防护服、手套和护目镜或面具。				
危险性类别	皮肤腐蚀/刺激，类别 1B；严重眼损伤/眼刺激，类别 1；皮肤致敏物，类别 1；危害水生环境—长期危害，类别 3。				

① 本书的危险性类别划分是依据《化学品分类和标签规范》系列标准和现有数据，对化学品进行物理危险、健康危害和环境危害分类，限于目前掌握的数据资源，难以概括化学品所有危险和危害特性类别，企业可以根据实际掌握的数据补充化学品的其他危险性类别。化学品的危险性分类限定在《危险化学品目录（2015 版）》中危险化学品确定原则规定的危险和危害特性类别内，化学品还可能具有确定原则之外的危险和危害特性类别。

序号	3	品名	氨	商品编码	2814.1000
别 名			液氨；氨气	CAS 号	7664-41-7
英文名			Ammonia		
分子式			NH_2		
外观与性状			一种无色，但有强烈刺激气味的气体。		
主要用途			制硝酸、化肥、炸药。		
危险特性			本品与空气混合能形成爆炸性混合物，遇明火、高热能引起燃烧爆炸；与氟、氯等接触会发生剧烈的化学反应；若遇高热，容器内压增大，有开裂和爆炸的危险。		
健康危害			低浓度本品对黏膜有刺激作用，高浓度可造成组织溶解坏死。急性中毒：轻度者出现流泪、咽痛、声音嘶哑、咳嗽、咯痰等；眼结膜、鼻黏膜、咽部充血、水肿；胸部 X 线征象符合支气管炎或支气管周围炎。中度中毒上述症状加剧，出现呼吸困难、紫绀；胸部 X 线征象符合肺炎或间质性肺炎。严重者可发生中毒性肺水肿，或有呼吸窘迫综合征，患者剧烈咳嗽、咯大量粉红色泡沫痰、呼吸窘迫、谵妄、昏迷、休克等；可发生喉头水肿或支气管黏膜坏死脱落窒息。高浓度氨可引起反射性呼吸停止；液氨或高浓度氨可致眼灼伤；液氨可致皮肤灼伤。		
防护措施			呼吸系统防护：空气中浓度超标时，建议佩戴过滤式防毒面具（半面罩）。紧急事态抢救或撤离时，必须佩戴空气呼吸器。 眼睛防护：戴化学安全防护眼镜。 身体防护：穿防静电工作服。 手防护：戴橡胶手套。 其他防护：工作现场禁止吸烟、进食和饮水。工作完毕，淋浴更衣。保持良好的卫生习惯。		
危险性类别			易燃气体，类别 2；加压气体①；急性毒性—吸入，类别 3 *②；皮肤腐蚀/刺激，类别 1B；严重眼损伤/眼刺激，类别 1；危害水生环境—急性危害，类别 1。		

---

① 对于危险性类别为"加压气体"的危险化学品，根据充装方式选择液化气体、压缩气体、冷冻液化气体或溶解气体。

② 本书中含有"*"的类别，是指在有充分依据的条件下，该化学品可以采用更严格的类别。例如，"氨"分类为"加压气体；急性毒性—吸入，类别 3 *"，如果有充分依据，可分类为更严格的"加压气体；急性毒性—吸入，类别 2"。

序号	4	品名	5-氨基-3-苯基-1-[双(N,N-二甲基氨基氧膦基)]-1,2,4-三唑(含量>20%)	商品编码	2933.9900
别 名			威菌磷	CAS 号	1031-47-6
英文名			5-amino-3-fenil-1-bis（-dimetilamino）-fosforil-1,2,4-triazolo；triamiphos		
分子式			$C_{12}H_{19}N_6OP$		
外观与性状			白色固体，无味。		
主要用途			用作农用杀菌剂、杀虫剂。		
危险特性			本品遇明火、高热可燃；其粉体与空气可形成爆炸性混合物，当达到一定浓度时，遇火星会发生爆炸；受高热分解释放出有毒的气体。		
健康危害			本品会抑制胆碱酯酶活性。轻者头痛、头晕、流涎、呕吐和胸闷；中度中毒肌束震颤、瞳孔缩小、呼吸困难、腹痛等；严重者出现肺水肿、呼吸抑制和脑水肿等。		
防护措施			呼吸系统防护：可能接触其粉尘时，必须佩戴防尘面具（全面罩）。紧急事态抢救或撤离时，应该佩戴空气呼吸器。 眼睛防护：呼吸系统防护中已作防护。 身体防护：穿胶布防毒衣。 手防护：戴橡胶手套。 其他防护：工作现场禁止吸烟、进食和饮水。工作完毕，淋浴更衣。保持良好的卫生习惯。		
危险性类别			急性毒性—经口，类别2*；急性毒性—经皮肤，类别1。		

序号	5	品名	4-[3-氨基-5-(1-甲基胍基)戊酰氨基]-1-[4-氨基-2-氧代-1(2H)-嘧啶基]-1,2,3,4-四脱氧-β,D 赤己-2-烯吡喃糖醛酸	商品编码	2934.9990
别 名			灰瘟素	CAS 号	2079-00-7
英文名			Blasticidine S hydrochloride		
分子式			$C_{17}H_{27}ClN_8O_5$		
外观与性状			白色针状晶体。		
主要用途			农用抗菌素。具有内吸治疗作用，主要用于防治稻瘟病，能抑制稻产曙病菌孢子和菌丝生长，也能抑制多种细菌和其他真菌，如对烟草花叶病和水稻条纹病毒有抑制作用。		
健康危害			本品对眼睛有刺激作用，施药时要戴避风眼镜；不宜与碱性农药混用。		
防护措施			呼吸系统防护：可能接触其粉尘时，必须佩戴防尘面具（全面罩）。 眼睛防护：呼吸系统防护中已作防护。 身体防护：穿防毒衣。 手防护：戴橡胶手套。 其他防护：工作现场禁止吸烟、进食和饮水。工作完毕，淋浴更衣。保持良好的卫生习惯。		
危险性类别			急性毒性—经口，类别2*。		

序号	6	品名	4-氨基-N,N-二甲基苯胺	商品编码	2921.5190
别　名			N,N-二甲基对苯二胺；对氨基-N,N-二甲基苯胺	CAS 号	99-98-9
英文名			N,N-Dimethyl-1,4-phenylenediamine		
分子式			$C_8H_{12}N_2$		
外观与性状			灰色至黑色固体。		
主要用途			用于有机合成。		
危险特性			本品遇明火、高热可燃；与强氧化剂接触可发生化学反应；受高热分解释放出有毒的气体。		
健康危害			本品对眼睛、黏膜、呼吸道及皮肤有刺激作用，吸收后会形成高铁血红蛋白而发生紫绀。吸入、摄入或经皮肤吸收可能致死。		
防护措施			呼吸系统防护：空气中粉尘浓度超标时，必须佩戴自吸过滤式防尘口罩。紧急事态抢救或撤离时，应该佩戴空气呼吸器。 眼睛防护：戴化学安全防护眼镜。 身体防护：穿防毒物渗透工作服。 手防护：戴橡胶手套。 其他防护：工作现场禁止吸烟、进食和饮水。及时换洗工作服。工作前后不饮酒，用温水洗澡。实行就业前和定期的体检。		
危险性类别			急性毒性—经口，类别 3*；急性毒性—经皮肤，类别 3*；急性毒性—吸入，类别 3*。		

序号	7	品名	2-氨基苯酚	商品编码	2922.2990
别　名			邻氨基苯酚	CAS 号	95-55-6
英文名			2-aminophenol		
分子式			C_6H_7NO		
外观与性状			白色或浅灰色结晶粉末。		
主要用途			用于制造染料、药物、塑料固化剂。		
危险特性			本品遇明火、高热可燃；受热分解释放出有毒的氧化氮烟气；与强氧化剂接触可发生化学反应。		
健康危害			本品属致敏物质，能引起支气管哮喘及接触过敏性皮炎，吸入过量的氨基苯酚粉尘，会引起高铁血红蛋白血症。		
防护措施			呼吸系统防护：空气中粉尘浓度超标时，佩戴自吸过滤式防尘口罩。紧急事态抢救或撤离时，应该佩戴空气呼吸器。 眼睛防护：戴化学安全防护眼镜。 身体防护：穿一般作业防护服。 手防护：戴橡胶手套。 其他防护：工作现场禁止吸烟、进食和饮水。及时换洗工作服。工作前后不饮酒，用温水洗澡。		
危险性类别			生殖细胞致突变性，类别 2。		

序号	8	品名	3-氨基苯酚	商品编码	2922.2990
别　名			间氨基苯酚	CAS 号	591-27-5
英文名			3-aminophenol		
分子式			C_6H_7NO		
外观与性状			白色或浅黄色片状结晶。		
主要用途			用于制造染料、药物及塑料固化剂等。		
危险特性			本品遇明火、高热可燃，受热分解释放出有毒的氧化氮烟气；与强氧化剂接触可发生化学反应。		
健康危害			本品不易经皮肤吸收。吸入过量本品粉尘，会引起高铁血红蛋白血症。		
防护措施			呼吸系统防护：空气中粉尘浓度超标时，佩戴自吸过滤式防尘口罩。紧急事态抢救或撤离时，应该佩戴空气呼吸器。 眼睛防护：戴化学安全防护眼镜。 身体防护：穿一般作业防护服。 手防护：戴橡胶手套。 其他防护：工作现场禁止吸烟、进食和饮水。及时换洗工作服。工作前后不饮酒，用温水洗澡。实行就业前和定期的体检。		
危险性类别			危害水生环境—急性危害，类别 2；危害水生环境—长期危害，类别 2。		

序号	9	品名	4-氨基苯酚	商品编码	2922.2990
别　名			对氨基苯酚	CAS 号	123-30-8
英文名			4-aminophenol		
分子式			C_6H_7NO		
外观与性状			白色至灰褐色结晶。		
主要用途			用于制造染料、药物及塑料固化剂等。		
危险特性			本品遇明火、高热可燃，受热分解释放出有毒的氧化氮烟气；与强氧化剂接触可发生化学反应。		
健康危害			吸入过量的本品粉尘，会引起高铁血红蛋白血症；有致敏作用，能引起支气管哮喘、接触性变应性皮炎。本品不易经皮肤吸收。		
防护措施			呼吸系统防护：空气中粉尘浓度超标时，佩戴自吸过滤式防尘口罩。紧急事态抢救或撤离时，应该佩戴空气呼吸器。 眼睛防护：戴化学安全防护眼镜。 身体防护：穿一般作业防护服。 手防护：戴橡胶手套。 其他防护：工作现场禁止吸烟、进食和饮水。及时换洗工作服。工作前后不饮酒，用温水洗澡。实行就业前和定期的体检。		
危险性类别			生殖细胞致突变性，类别 2；危害水生环境—急性危害，类别 1；危害水生环境—长期危害，类别 1。		

序号	10	品名	3-氨基苯甲腈	商品编码	2926.9090
别　名			间氨基苯甲腈；氰化氨基苯	CAS 号	2237-30-1
英文名			3-cyamoaniline		
分子式			$C_7H_6N_2$		
外观与性状			针状结晶。		
主要用途			用于有机合成。		
危险特性			本品遇明火、高热可燃；其粉体与空气可形成爆炸性混合物，当达到一定浓度时，遇火星会发生爆炸；受高热分解放出有毒的气体。		
健康危害			本品有毒，对眼睛、皮肤、黏膜有刺激作用；进入体内，会形成高铁血红蛋白致紫绀；受热分解出氮氧化物和氰烟雾。		
防护措施			呼吸系统防护：空气中粉尘浓度超标时，必须佩戴自吸过滤式防尘口罩。紧急事态抢救或撤离时，应该佩戴空气呼吸器。 眼睛防护：戴化学安全防护眼镜。 身体防护：穿防毒物渗透工作服。 手防护：戴橡胶手套。 其他防护：工作场所禁止吸烟、进食和饮水，饭前要洗手。工作完毕，淋浴更衣。保持良好的卫生习惯。		
危险性类别			皮肤致敏物，类别 1。		

序号	11	品名	2-氨基苯胂酸	商品编码	2931.9000
别　名			邻氨基苯胂酸	CAS 号	2045-00-3
英文名			O-arsanilic acid		
分子式			$C_6H_8AsNO_3$		
外观与性状			白色针状结晶。		
主要用途			用作分析试剂。		
危险特性			本品遇明火、高热可燃；其粉体与空气可形成爆炸性混合物，当达到一定浓度时，遇火星会发生爆炸；遇高热分解释放出剧毒的气体。		
健康危害			本品有毒，对人体有刺激作用。据资料报道，为可疑致癌物。		
防护措施			呼吸系统防护：空气中粉尘浓度超标时，必须佩戴自吸过滤式防尘口罩。紧急事态抢救或撤离时，应该佩戴空气呼吸器。 眼睛防护：戴化学安全防护眼镜。 身体防护：穿防毒物渗透工作服。 手防护：戴橡胶手套。 其他防护：工作场所禁止吸烟、进食和饮水，饭前要洗手。工作完毕，淋浴更衣。保持良好的卫生习惯。		
危险性类别			急性毒性—经口，类别 3*；急性毒性—吸入，类别 3*；危害水生环境—急性危害，类别 1；危害水生环境—长期危害，类别 1。		

序号	12	品名	3-氨基苯胂酸	商品编码	2931.9000
别 名			间氨基苯胂酸	CAS 号	2038-72-4
英文名			M-Aminobenzene arsonic acid		
分子式			$C_6H_8AsNO_3$		
外观与性状			白色或淡黄色结晶性粉末。		
主要用途			作为抗菌剂,主要用于治疗家禽细菌感染。		
危险特性			本品遇明火、高热可燃;其粉体与空气可形成爆炸性混合物,当达到一定浓度时,遇火星会发生爆炸;遇高热分解释放出剧毒的气体。		
健康危害			本品有毒,对人体有刺激作用。据资料报道,为可疑致癌物。		
防护措施			呼吸系统防护:空气中粉尘浓度超标时,必须佩戴自吸过滤式防尘口罩。紧急事态抢救或撤离时,应该佩戴空气呼吸器。 眼睛防护:戴化学安全防护眼镜。 身体防护:穿防毒物渗透工作服。 手防护:戴橡胶手套。 其他防护:工作场所禁止吸烟、进食和饮水,饭前要洗手。工作完毕,淋浴更衣。保持良好的卫生习惯。		
危险性类别			急性毒性—经口,类别3*;急性毒性—吸入,类别3*;危害水生环境—急性危害,类别1;危害水生环境—长期危害,类别1。		

序号	13	品名	4-氨基苯胂酸	商品编码	2931.9000
别 名			对氨基苯胂酸	CAS 号	98-50-0
英文名			Arsanilic acid		
分子式			$C_6H_8NO_3As$		
外观与性状			白色、无气味晶状粉末。		
主要用途			用于医药制造及用作测定铵、铈、锆的试剂。		
危险特性			本品遇明火、高热可燃,受热分解释放出有毒的砷和氧化氮烟雾;受高热或接触酸或酸雾放出剧毒的烟雾。		
健康危害			吸入、口服或经皮肤吸收本品后对身体有害,具有刺激作用。		
防护措施			呼吸系统防护:可能接触其粉尘时,佩戴自吸过滤复式防尘口罩。紧急事态抢救或撤离时,佩戴自给式呼吸器。 眼睛防护:戴化学安全防护眼镜。 身体防护:穿聚乙烯防毒服。 手防护:戴橡胶手套。 其他防护:工作现场禁止吸烟、进食和饮水。工作完毕,淋浴更衣。		
危险性类别			急性毒性—经口,类别3*;急性毒性—吸入,类别3*;危害水生环境—急性危害,类别1;危害水生环境—长期危害,类别1。		

序号	14	品名	4-氨基苯胂酸钠	商品编码	2931.9000
别　名			对氨基苯胂酸钠	CAS 号	127-85-5
英文名			Sodium arsanilate		
分子式			$C_6H_7AsNO_3 \cdot Na \cdot 4H_2O$		
外观与性状			白色结晶粉末。		
主要用途			用于药物制造和有机合成。		
危险特性			本品本身不能燃烧，受高热分解释放出有毒的气体。		
健康危害			口服或吸入本品均会引起中毒，造成视觉缺失。受热分解释放出砷、氮氧化物烟雾。		
防护措施			呼吸系统防护：空气中粉尘浓度超标时，建议佩戴自吸过滤式防尘口罩。紧急事态抢救或撤离时，应该佩戴空气呼吸器。 眼睛防护：戴化学安全防护眼镜。 身体防护：穿防毒物渗透工作服。 手防护：戴乳胶手套。 其他防护：工作场所禁止吸烟、进食和饮水，饭前要洗手。工作完毕，淋浴更衣。保持良好的卫生习惯。		
危险性类别			急性毒性—经口，类别3*；急性毒性—吸入，类别3*；危害水生环境—急性危害，类别1；危害水生环境—长期危害，类别1。		

序号	15	品名	2-氨基吡啶	商品编码	2933.3990
别　名			邻氨基吡啶	CAS 号	504-29-0
英文名			2-aminopyridine		
分子式			$C_5H_6N_2$		
外观与性状			白色片状或无色结晶。		
主要用途			用作药物制造中间体，也用于有机合成。		
危险特性			本品遇明火能燃烧；受热分解释放出有毒气体。		
健康危害			本品易经皮肤吸收。接触本品对眼、鼻、喉有刺激作用，吸入或经皮肤吸收，出现头痛、头昏、恶心、呕吐、四肢无力、惊厥、昏迷，甚至引起死亡。		
防护措施			呼吸系统防护：空气中粉尘浓度超标时，必须佩戴自吸过滤式防尘口罩。紧急事态抢救或撤离时，应该佩戴空气呼吸器。 眼睛防护：戴化学安全防护眼镜。 身体防护：穿防毒物渗透工作服。 手防护：戴橡胶手套。 其他防护：工作现场禁止吸烟、进食和饮水。工作完毕，彻底清洗。工作服不准带至非作业场所。单独存放被毒物污染的衣服，洗后备用。保持良好的卫生习惯。		
危险性类别			急性毒性—经口，类别3；急性毒性—经皮肤，类别3；严重眼损伤/眼刺激，类别2B；特异性靶器官毒性—单次接触，类别1；危害水生环境—急性危害，类别2；危害水生环境—长期危害，类别2。		

序号	16	品名	3-氨基吡啶	商品编码	2933.3990
别 名			间氨基吡啶	CAS 号	462-08-8
英文名			M-aminopyridine		
分子式			C₅H₆N₂		
外观与性状			白色至淡黄色针状结晶。		
主要用途			用作药物、染料的中间体。		
危险特性			本品遇明火、高热可燃；其粉体与空气可形成爆炸性混合物，当达到一定浓度时，遇火星会发生爆炸；受高热分解释放出有毒的气体。		
健康危害			本品有毒，对皮肤、黏膜有刺激作用，并有麻醉作用。		
防护措施			呼吸系统防护：空气中粉尘浓度超标时，必须佩戴自吸过滤式防尘口罩。紧急事态抢救或撤离时，应该佩戴空气呼吸器。 眼睛防护：戴化学安全防护眼镜。 身体防护：穿防毒物渗透工作服。 手防护：戴橡胶手套。 其他防护：工作场所禁止吸烟、进食和饮水，饭前要洗手。工作完毕，淋浴更衣。保持良好的卫生习惯。		
危险性类别			急性毒性—经口，类别 2；危害水生环境—急性危害，类别 2；危害水生环境—长期危害，类别 2。		

序号	17	品名	4-氨基吡啶	商品编码	2933.3990
别 名			对氨基吡啶;4-氨基氮杂苯;对氨基氮苯;γ-吡啶胺	CAS 号	504-24-5
英文名			4-aminopyridine		
分子式			C₅H₆N₂		
外观与性状			无色针状结晶。		
主要用途			用于有机合成及制药工业。		
危险特性			本品遇明火、高热可燃；受热分解释放出有毒的氧化氮烟气；与强氧化剂接触可发生化学反应。		
健康危害			如吸入、口服或经皮肤吸收本品后会中毒死亡，对眼睛、上呼吸道、黏膜和皮肤有刺激作用。		
防护措施			呼吸系统防护：空气中粉尘浓度超标时，应该佩戴头罩型电动送风过滤式防尘呼吸器。紧急事态抢救或撤离时，建议佩戴空气呼吸器。 眼睛防护：呼吸系统防护中已作防护。 身体防护：穿胶布防毒衣。 手防护：戴橡胶手套。 其他防护：工作现场禁止吸烟、进食和饮水。工作完毕，彻底清洗。工作服不准带至非作业场所。单独存放被毒物污染的衣服，洗后备用。保持良好的卫生习惯。		
危险性类别			急性毒性—经口，类别 2；危害水生环境—急性危害，类别 2；危害水生环境—长期危害，类别 2。		

序号	18	品名	1-氨基丙烷	商品编码	2921.1990
别　名			正丙胺	CAS 号	107-10-8
英文名			Propylamine		
分子式			C_3H_9N		
外观与性状			无色碱性液体，有强烈的氨味。		
主要用途			用作有机合成中间体、实验试剂及溶剂。		
危险特性			本品蒸气与空气可形成爆炸性混合物，遇明火、高热能引起燃烧爆炸；与氧化剂能发生强烈反应；其蒸气比空气重，能在较低处扩散到相当远的地方，遇火源会着火回燃。具有腐蚀性。		
健康危害			吸入本品对呼吸道有刺激性，引起支气管炎、肺炎、肺水肿，会引起眼部严重损害；皮肤接触可致灼伤；口服腐蚀胃肠道。		
防护措施			呼吸系统防护：可能接触其蒸气时，应该佩戴自吸过滤式防毒面具（半面罩）。 眼睛防护：戴化学安全防护眼镜。 身体防护：穿防静电工作服。 手防护：戴橡胶耐油手套。 其他防护：工作现场禁止吸烟、进食和饮水。工作完毕，淋浴更衣。实行就业前和定期的体检。		
危险性类别			易燃液体，类别 2；急性毒性—经皮肤，类别 3；急性毒性—吸入，类别 3；皮肤腐蚀/刺激，类别 1；严重眼损伤/眼刺激，类别 1。		

序号	19	品名	2-氨基丙烷	商品编码	2921.1920
别　名			异丙胺	CAS 号	75-31-0
英文名			Isopropylamine		
分子式			C_3H_9N		
外观与性状			无色易挥发液体，有带鱼腥的氨臭。		
主要用途			用作溶剂、有机合成的中间体、乳化剂、表面活性剂、橡胶硫化促进剂。		
危险特性			本品蒸气与空气可形成爆炸性混合物，遇明火、高热能引起燃烧爆炸；与氧化剂能发生强烈反应；其蒸气比空气重，能从较低处扩散到相当远的地方，遇火源会着火回燃；具有腐蚀性。		
健康危害			吸入本品蒸气或雾，对呼吸道有刺激性；持续高浓度吸入引起肺水肿。蒸气对眼有强烈刺激性；液体或雾严重损害眼睛，严重者可致失明。本品可致皮肤灼伤。口服灼伤消化道，大量口服引起死亡。		
防护措施			呼吸系统防护：可能接触其蒸气时，必须佩戴自吸过滤式防毒面具（全面罩）。 眼睛防护：呼吸系统防护中已作防护。 身体防护：穿胶布防毒衣。 手防护：戴橡胶耐油手套。 其他防护：工作现场禁止吸烟、进食和饮水。工作完毕，淋浴更衣。实行就业前和定期的体检。		
危险性类别			易燃液体，类别 1；皮肤腐蚀/刺激，类别 2；严重眼损伤/眼刺激，类别 2；特异性靶器官毒性—单次接触，类别 3（呼吸道刺激）。		

序号	20	品名	3-氨基丙烯	商品编码 2921.1990
别　名		烯丙胺		CAS 号 107-11-9
英文名		3-Aminopropen；allylamine		
分子式		C₃H₇N		
外观与性状		无色液体，有强烈的氨味和焦灼味。		
主要用途		用于制造药品的中间体，以及有机合成和制作溶剂等。		
危险特性		本品蒸气与空气可形成爆炸性混合物，遇明火、高热或与氧化剂接触，有引起燃烧爆炸的危险；燃烧时，放出剧毒的氰化氢气体；在火场高温下，能发生聚合放热，使容器破裂；在酸性催化剂存在下能猛烈聚合爆炸；具有腐蚀性。		
健康危害		本品极度易燃，高毒，具有腐蚀性、强刺激性，可导致人体灼伤。		
防护措施		呼吸系统防护：可能接触其蒸气时，佩戴自吸过滤式防毒面具（全面罩）。紧急事态抢救或撤离时，应该佩戴空气呼吸器。 眼睛防护：呼吸系统防护中已作防护。 身体防护：穿防静电工作服。尽可能减少直接接触。 手防护：戴橡胶耐油手套。 其他防护：工作现场禁止吸烟、进食和饮水。工作完毕，淋浴更衣。实行就业前和定期的体检。		
危险性类别		易燃液体，类别2；急性毒性—经口，类别3＊；急性毒性—经皮肤，类别1；急性毒性—吸入，类别3＊；危害水生环境—急性危害，类别2；危害水生环境—长期危害，类别2。		

分子式：C_3H_7N

序号	21	品名	4-氨基二苯胺	商品编码	2921.5190
别 名			对氨基二苯胺	CAS 号	101-54-2
英文名			N-phenyl-p-phenylenediamine		
分子式			$C_{12}H_{12}N_2$		
外观与性状			无色至灰色小片状或针状结晶，久储变色。		
主要用途			用作染料中间体，分析上用作氧化还原指示剂。		
危险特性			本品遇明火、高热可燃；其粉体与空气可形成爆炸性混合物，当达到一定浓度时，遇火星会发生爆炸；受高热分解释放出有毒的气体。		
健康危害			本品有毒，对人体有刺激性。进入人体内会形成高铁血红蛋白，引起紫绀。		
防护措施			呼吸系统防护：空气中粉尘浓度超标时，必须佩戴自吸过滤式防尘口罩。紧急事态抢救或撤离时，应该佩戴空气呼吸器。 眼睛防护：戴化学安全防护眼镜。 身体防护：穿防毒物渗透工作服。 手防护：戴橡胶手套。 其他防护：工作场所禁止吸烟、进食和饮水，饭前要洗手。工作完毕，淋浴更衣。保持良好的卫生习惯。		
危险性类别			严重眼损伤/眼刺激，类别2；皮肤致敏物，类别1；危害水生环境—急性危害，类别1；危害水生环境—长期危害，类别1。		

序号	22	品名	氨基胍重碳酸盐	商品编码	2928.0000
别 名				CAS 号	2582-30-1
英文名		Guanylhydrazine bicarbonate			
分子式		$C_2H_8N_4O_3$			
外观与性状		白色细结晶粉末。			
主要用途		可用作医药、农药、染料、发泡剂和炸药的合成原料。			
危险特性		本品受热不稳定,加热至50℃就开始逐渐分解。			
健康危害		吸入、口服或经皮肤吸收本品后对身体有害。			
防护措施		呼吸系统防护:戴防尘面具(全面罩)。 眼睛防护:戴安全防护眼镜。 身体防护:穿防护衣。 手防护:戴橡胶手套。 其他防护:工作现场禁止吸烟、进食和饮水。工作完毕,淋浴更衣。保持良好的卫生习惯。			
危险性类别		易燃固体,类别2;呼吸道致敏物,类别1;危害水生环境—长期危害,类别3。			

序号	23	品名	氨基化钙	商品编码	2853.9090
别 名		氨基钙		CAS 号	23321-74-6
英文名		Calcium amide			
分子式		CaH_4N_2			
防护措施		呼吸系统防护:戴防尘面具(全面罩)。 眼睛防护:戴安全防护眼镜。 身体防护:穿防护衣。 手防护:戴橡胶手套。 其他防护:工作现场禁止吸烟、进食和饮水。工作完毕,淋浴更衣。保持良好的卫生习惯。			
危险性类别		遇水放出易燃气体的物质和混合物,类别2。			

序号	24	品名	氨基化锂		商品编码	2853.9090
别　名			氨基锂		CAS 号	7782-89-0
英文名			Lithium amide			
分子式			LiNH$_2$			
外观与性状			白色结晶或粉末，有氨的气味。			
主要用途			用于有机合成、药物制造。			
危险特性			本品遇明火、高热易引起燃烧爆炸；遇水分解释放热，并散发出易燃的氨气。			
健康危害			本品对黏膜、上呼吸道、眼睛及皮肤有强烈刺激性。吸入后，可因喉和支气管的痉挛、炎症和水肿，化学性肺炎或肺水肿而致死。中毒表现有烧灼感、咳嗽、喘息、喉炎、气短、头痛、恶心和呕吐。			
防护措施			呼吸系统防护：可能接触其粉尘时，必须佩戴防尘面具（全面罩）。紧急事态抢救或撤离时，应该佩戴空气呼吸器。 眼睛防护：呼吸系统防护中已作防护。 身体防护：穿胶布防毒衣。 手防护：戴橡胶手套。 其他防护：工作现场严禁吸烟。工作完毕，淋浴更衣。保持良好的卫生习惯。			
危险性类别			遇水放出易燃气体的物质和混合物，类别 2。			

序号	25	品名	氨基磺酸		商品编码	2811.1990
别　名					CAS 号	5329-14-6
英文名			Sulfamic acid			
分子式			H$_3$NO$_3$S			
外观与性状			白色结晶体，无臭无味。			
主要用途			作为酸碱滴定的基准试剂，也用作除草剂、防火剂、纸张和纺织品的软化剂及有机合成。			
危险特性			本品受热分解，放出氮、硫的氧化物等毒性气体。			
健康危害			吸入本品对上呼吸道有刺激作用；皮肤、眼睛接触有强烈刺激性或造成灼伤；口服灼伤口腔和消化道。			
防护措施			呼吸系统防护：可能接触毒物时，应该佩戴头罩型电动送风过滤式防尘呼吸器。 眼睛防护：呼吸系统防护中已作防护。 身体防护：穿橡胶耐酸碱服。 手防护：戴耐酸（碱）手套。 其他防护：工作现场禁止吸烟、进食和饮水。工作完毕，淋浴更衣。单独存放被毒物污染的衣服，洗后备用。保持良好的卫生习惯。			
危险性类别			皮肤腐蚀/刺激，类别 2；严重眼损伤/眼刺激，类别 2；危害水生环境—长期危害，类别 3。			

序号	26	品名	5-(氨基甲基)-3-异噁唑醇		商品编码	2934.9990
别 名			3-羟基-5-氨基甲基异噁唑;蝇蕈醇		CAS 号	2763-96-4
英文名			5-(aminomethyl)-;3-hydroxy-5-aminomethylisoxazole-agarin			
分子式			$C_4H_6N_2O_2$			
外观与性状			白色结晶系。			
主要用途			用作农药。			
危险特性			本品可燃,燃烧产生有毒氮氧化物烟雾。			
健康危害			本品是一种中枢神经镇静剂,中毒初期出现昏昏欲睡、僵木、肢体肌肉抽搐、情绪多变、空间和时间感失常、睡眠中伴有轻微的恶心和呕吐。			
防护措施			呼吸系统防护:紧急情况下,戴压气式呼吸器、自吸式呼吸器、全面罩自携式呼吸器或自吸式送风呼吸器。 眼睛防护:戴安全防护眼镜。 身体防护:穿全遮式防化服。 手防护:戴橡胶手套。 其他防护:工作现场禁止吸烟、进食和饮水。工作完毕,淋浴更衣。保持良好的卫生习惯。			
危险性类别			急性毒性—经口,类别2。			

序号	27	品名	氨基甲酸胺		商品编码	2924.1990
别 名					CAS 号	1111-78-0
英文名			Ammonium carbamate			
分子式			$CH_6N_2O_2$			
外观与性状			白色正方晶系,柱状、板状或片状结晶性粉末。			
主要用途			用于生产医药制药、医药试剂、发酵促进剂、电子元件等,是一种可贵的氨化剂。分析纯和化学试剂,能点滴分析钾、镭和钍等,可以做色谱分析试剂,也可以演变成各种碳酸盐类产品。			
危险特性			本品可燃,燃烧放出有毒氮氧化物和氨气。			
健康危害			接触本品后,会刺激皮肤、呼吸道和黏膜。			
防护措施			呼吸系统防护:密闭操作,局部通风,或穿戴呼吸器和防护服;暴露后应立即洗澡。 眼睛防护:戴安全防护眼镜。 身体防护:穿防护衣。 手防护:戴橡胶手套。 其他防护:工作现场禁止吸烟、进食和饮水。工作完毕,淋浴更衣。保持良好的卫生习惯。			
危险性类别			皮肤腐蚀/刺激,类别2;严重眼损伤/眼刺激,类别1。			

序号	28	品名	(2-氨基甲酰氧乙基)三甲基氯化铵	商品编码	2923.9000
别 名			氯化氨甲酰胆碱；卡巴考	CAS 号	51-83-2
英文名			Carbachol		
分子式			$C_6H_{15}N_2O_2 \cdot Cl$		
外观与性状			棱形结晶。		
主要用途			本品为拟胆碱药，也用作副交感神经兴奋药。作兽药时用于大动物，治疗马的急性腹痛等。		
危险特性			本品受热分解释放出有毒的氮氧化物、氯化物烟雾。		
防护措施			呼吸系统防护：戴防尘面具（全面罩）。 眼睛防护：戴安全防护眼镜。 身体防护：穿防护衣。 手防护：戴橡胶手套。 其他防护：工作现场禁止吸烟、进食和饮水。工作完毕，淋浴更衣。保持良好的卫生习惯。		
危险性类别			急性毒性—经口，类别2。		

序号	29	品名	3-氨基喹啉	商品编码	2933.4900
别 名				CAS 号	580-17-6
英文名			3-aminoquinoline		
分子式			$C_9H_8N_2$		
外观与性状			灰白色结晶粉末。		
主要用途			用于有机合成。		
危险特性			本品遇明火、高热可燃；其粉体与空气可形成爆炸性混合物，当达到一定浓度时，遇火星会发生爆炸；受高热分解释放出有毒的气体。		
健康危害			本品有毒，对眼睛、皮肤、黏膜和上呼吸道有刺激作用。受热分解释放出氮氧化物。		
防护措施			呼吸系统防护：空气中粉尘浓度超标时，必须佩戴自吸过滤式防尘口罩。紧急事态抢救或撤离时，应该佩戴空气呼吸器。 眼睛防护：戴化学安全防护眼镜。 身体防护：穿防毒物渗透工作服。 手防护：戴橡胶手套。 其他防护：工作场所禁止吸烟、进食和饮水，饭前要洗手。工作完毕，淋浴更衣。保持良好的卫生习惯。		
危险性类别			皮肤腐蚀/刺激，类别2；严重眼损伤/眼刺激，类别2。		

序号	30	品名	2-氨基联苯	商品编码	2921.4990
别　名			邻氨基联苯；邻苯基苯胺	CAS 号	90-41-5
英文名			2-aminobiphenyl		
分子式			$C_{12}H_{11}N$		
外观与性状			浅紫色结晶。		
主要用途			用于有机合成。		
危险特性			本品遇明火能燃烧，受热分解释放出有毒气体。		
健康危害			本品对眼睛、黏膜、呼吸道及皮肤会引起刺激作用。吸入、摄入或经皮肤吸收可致死。		
防护措施			呼吸系统防护：空气中粉尘浓度超标时，必须佩戴自吸过滤式防尘口罩。紧急事态抢救或撤离时，应该佩戴空气呼吸器。 眼睛防护：戴化学安全防护眼镜。 身体防护：穿防毒物渗透工作服。 手防护：戴橡胶手套。 其他防护：工作现场禁止吸烟、进食和饮水。及时换洗工作服。工作前后不饮酒，用温水洗澡。实行就业前和定期的体检。		
危险性类别			危害水生环境—长期危害，类别3。		

序号	31	品名	4-氨基联苯	商品编码	2921.4990
别　名			对氨基联苯；对苯基苯胺	CAS 号	92-67-1
英文名			4-aminobiphenyl		
分子式			$C_{12}H_{11}N$		
外观与性状			棕褐色粉末。		
主要用途			用于有机合成。		
危险特性			本品遇明火、高热可燃，受热分解释放出有毒的氧化氮烟气；与强氧化剂接触可发生化学反应。		
健康危害			本品可燃，有毒，为致癌物，具有刺激性。		
防护措施			呼吸系统防护：空气中粉尘浓度超标时，佩戴自吸过滤式防尘口罩。紧急事态抢救或撤离时，应该佩戴自给式呼吸器。 眼睛防护：戴安全防护眼镜。 身体防护：穿防毒物渗透工作服。 手防护：戴橡胶手套。 其他防护：工作现场禁止吸烟、进食和饮水。及时换洗工作服。工作前后不饮酒，用温水洗澡。实行就业前和定期的体检。		
危险性类别			致癌性，类别1A。		

序号	32	品名	1-氨基乙醇	商品编码	2922.1990
别　　名			乙醛合氨	CAS 号	75-39-8
英文名			Acetaldehyde ammonia		
分子式			C_2H_7NO		
外观与性状			无色液体，在室温下为无色透明的黏稠液体。		
主要用途			用作化学试剂、溶剂、乳化剂、橡胶促进剂、腐蚀抑制剂等。		
危险特性			本品遇高热、明火或与氧化剂接触，有引起燃烧的危险；与硫酸、硝酸、盐酸等强酸发生剧烈反应。		
健康危害			本品蒸气对眼、鼻有刺激性。眼睛接触液状本品，造成眼损害；皮肤接触会引起刺痛和灼伤；口服会损害口腔和消化道。		
防护措施			呼吸系统防护：可能接触其蒸气时，佩戴防毒面具。紧急事态抢救或逃生时，建议佩戴自给式呼吸器。 眼睛防护：戴化学安全防护眼镜。 防护服：穿工作服（防腐材料制作）。 手防护：戴橡皮手套。 其他防护：工作现场禁止吸烟、进食和饮水。工作完毕，淋浴更衣。进行就业前和定期的体检。		
危险性类别			皮肤腐蚀/刺激，类别2；严重眼损伤/眼刺激，类别2。		

序号	33	品名	2-氨基乙醇	商品编码	2922.1100
别　　名			乙醇胺；2-羟基乙胺	CAS 号	141-43-5
英文名			Monoethanolamine		
分子式			C_2H_7NO		
外观与性状			无色液体，有氨的气味。		
主要用途			用作化学试剂、溶剂、乳化剂、橡胶促进剂、腐蚀抑制剂等。		
危险特性			本品遇明火、高热可燃；遇乙酸、乙酸酐、丙烯酸、丙烯腈、氯磺酸、环氧氯丙烷、氯化氢、氟化氢、硝酸、硫酸、乙酸乙烯等会有剧烈反应；对铜、铜的化合物、铜合金和橡胶有腐蚀性。		
健康危害			本品蒸气对眼、鼻有刺激性。眼睛接触液状本品，造成眼损害；皮肤接触会引起刺痛、灼伤；口服会损害口腔和消化道。		
防护措施			呼吸系统防护：空气中浓度超标时，必须佩戴自吸过滤式防毒面具（半面罩）。紧急事态抢救或撤离时，应该佩戴空气呼吸器。 眼睛防护：戴化学安全防护眼镜。 身体防护：穿橡胶耐酸碱服。 手防护：戴橡胶耐酸碱手套。 其他防护：工作现场禁止吸烟、进食和饮水。工作完毕，淋浴更衣。实行就业前和定期的体检。		
危险性类别			皮肤腐蚀/刺激，类别1B；严重眼损伤/眼刺激，类别1；特异性靶器官毒性—单次接触，类别3（呼吸道刺激）；危害水生环境—急性危害，类别2。		

序号	34	品名	2-(2-氨基乙氧基)乙醇	商品编码	2922.1990
别 名				CAS 号	929-06-6
英文名		2-(2-aminoethoxy)ethanol			
分子式		$C_4H_{11}NO_2$			
外观与性状		无色微黏稠液体。			
主要用途		用于硬质泡沫的低气味反应性催化剂,也可用于模塑软泡和聚醚聚氨酯软块泡。			
危险特性		本品遇明火、高热可燃;与氧化剂可发生反应;受高热分解释放出有毒的气体;具有腐蚀性;若遇高热,容器内压增大,有开裂和爆炸的危险。			
健康危害		本品具有腐蚀性和强烈刺激作用,吸入、摄入或经皮肤吸收后会中毒。			
防护措施		呼吸系统防护:空气中浓度超标时,必须佩戴自吸过滤式防毒面具(全面罩)。紧急事态抢救或撤离时,应该佩戴空气呼吸器。 眼睛防护:呼吸系统防护中已作防护。 身体防护:穿橡胶耐酸碱服。 手防护:戴橡胶耐酸碱手套。 其他防护:工作现场禁止吸烟、进食和饮水。工作完毕,淋浴更衣。保持良好的卫生习惯。			
危险性类别		皮肤腐蚀/刺激,类别1;严重眼损伤/眼刺激,类别1。			

序号	35	品名	氨溶液(含氨>10%)	商品编码	2814.2000
别 名		氨水		CAS 号	1336-21-6
英文名		Ammonium hydroxide			
分子式		NH_4OH			
外观与性状		无色透明液体,有强烈的刺激性臭味。			
主要用途		用于制药工业,纱罩业,晒图,农业施肥等。			
危险特性		本品易分解释放出氨气,温度越高,分解速度越快,可形成爆炸性气体。			
健康危害		本品不燃,具有腐蚀性、刺激性,可致人体灼伤。			
防护措施		呼吸系统防护:可能接触其蒸气时,应该佩戴导管式防毒面具或直接式防毒面具(半面罩)。 眼睛防护:戴化学安全防护眼镜。 身体防护:穿防酸碱工作服。 手防护:戴橡胶手套。 其他防护:工作现场禁止吸烟、进食和饮水。工作完毕,淋浴更衣。保持良好的卫生习惯。			
危险性类别		皮肤腐蚀/刺激,类别1B;严重眼损伤/眼刺激,类别1;特异性靶器官毒性—单次接触,类别3(呼吸道刺激);危害水生环境—急性危害,类别1。			

序号	36	品名	N-氨基乙基哌嗪	商品编码	2933.5990
别 名			1-哌嗪乙胺；N-(2-氨基乙基)哌嗪；2-(1-哌嗪基)乙胺	CAS 号	140-31-8
英文名			N-Aminoethylpiperazine		
分子式			$C_6H_{15}N_3$		
外观与性状			无色透明液体。		
主要用途			用作医药中间体。		
危险特性			本品遇热、近火、遇火星或遇强氧化剂易燃；遇热分解释放出有毒的氧化氮气体。		
防护措施			呼吸系统防护：戴防护面具（全面罩）。 眼睛防护：戴安全防护眼镜。 身体防护：穿防护衣。 手防护：戴橡胶手套。 其他防护：工作现场禁止吸烟、进食和饮水。工作完毕，淋浴更衣。保持良好的卫生习惯。		
危险性类别			皮肤腐蚀/刺激，类别1B；严重眼损伤/眼刺激，类别1；特异性靶器官毒性—单次接触，类别3（呼吸道刺激）；危害水生环境—急性危害，类别1；危害水生环境—长期危害，类别1。		

序号	37	品名	八氟-2-丁烯	商品编码	2903.3990
别 名			全氟-2-丁烯	CAS 号	360-89-4
英文名			Octafluorobut-2-ene		
分子式			C_4F_8		
外观与性状			无色气体。		
危险特性			本品不燃，消防人员须佩戴防毒面具、穿全身消防服，在上风向灭火；若遇高热，容器内压增大，有开裂和爆炸的危险。		
健康危害			本品热解能释放出高毒氟化氢。		
防护措施			呼吸系统防护：空气中浓度超标时，建议佩戴自吸过滤式防毒面具（半面罩）。紧急事态抢救或撤离时，应该佩戴空气呼吸器。 眼睛防护：戴化学安全防护眼镜。 身体防护：穿防毒物渗透工作服。 手防护：戴乳胶手套。 其他防护：注意检测毒物。保持良好的卫生习惯。		
危险性类别			加压气体。		

序号	38	品名	八氟丙烷		商品编码	2903.3990
别 名			全氟丙烷		CAS 号	76-19-7
英文名		Octafluoropropane				
分子式		C_3F_8				
外观与性状		无色气体。				
主要用途		用作蚀刻剂。				
危险特性		本品若遇高热,容器内压增大,有开裂和爆炸的危险。				
健康危害		吸入高浓度本品气体有麻醉作用。				
防护措施		呼吸系统防护:空气中浓度较高时,应视污染气体浓度的高低和作业环境中是否缺氧来选择过滤式防毒面具(半面罩)或空气呼吸器。 眼睛防护:一般不需要特殊防护。 身体防护:穿一般作业防护服。 手防护:戴一般作业防护手套。 其他防护:避免高浓度吸入。				
危险性类别		加压气体。				

序号	39	品名	八氟环丁烷		商品编码	2903.8900
别 名			RC318		CAS 号	115-25-3
英文名		Octafluorocyclobutane				
分子式		C_4F_8				
外观与性状		无色、无臭的气体。				
主要用途		用作稳定无毒的食品气雾喷射剂、介质气体。				
危险特性		本品若遇高热,容器内压增大,有开裂和爆炸的危险。				
健康危害		目前,未见本品职业中毒的报道,但热解时能释放出高毒的氟化氢。				
防护措施		呼吸系统防护:空气中浓度较高时,应视污染气体浓度的高低和作业环境中是否缺氧来选择过滤式防毒面具(半面罩)或空气呼吸器。 眼睛防护:一般不需特殊防护。 身体防护:穿一般作业防护服。 手防护:戴一般作业防护手套。 其他防护:避免高浓度吸入。				
危险性类别		加压气体。				

序号	40	品名	八氟异丁烯	商品编码	2903.3910
别　名			全氟异丁烯；1,1,3,3,3-五氟-2-(三氟甲基)-1-丙烯	CAS 号	382-21-8
英文名			Octafluoroisobutylene		
分子式			C_4F_8		
外观与性状			无色气体，略带青草味。		
主要用途			用作制备耐腐蚀性聚合物的原料。		
危险特性			本品是不燃的剧毒气体，接触空气或在光照条件下可生成具有潜在爆炸危险性的过氧化物。		
健康危害			本品毒作用带窄，危险性大。主要作用为引起急性中毒性肺水肿。对人的上呼吸道刺激一般不明显，吸入后有头晕、恶心、胸闷、咳嗽等症状，但数小时后会发生急性化学性肺炎或肺水肿，甚至发生成人呼吸窘迫综合征（ARDS）。可致死亡。		
防护措施			呼吸系统防护：空气中浓度超标时，必须佩戴自吸过滤式防毒面具（全面罩）。紧急事态抢救或撤离时，应该佩戴空气呼吸器。 眼睛防护：呼吸系统防护中已作防护。 身体防护：穿防毒物渗透工作服。 手防护：戴橡胶手套。 其他防护：注意检测毒物。保持良好的卫生习惯。		
危险性类别			加压气体；急性毒性—吸入，类别1；特异性靶器官毒性—单次接触，类别1；特异性靶器官毒性—反复接触，类别1。		

序号	41	品名	八甲基焦磷酰胺	商品编码	2929.9090
别　名			八甲磷	CAS 号	152-16-9
英文名			Octamethyl pyrophosphoramine		
分子式			$C_8H_{24}N_4O_3P_2$		
外观与性状			无色或浅黄色黏稠液体，有胡椒气味。		
危险特性			本品遇明火、高热可燃；受热分解，释放出氮、磷的氧化物等毒性气体。		
健康危害			本品可燃，剧毒。		
防护措施			呼吸系统防护：空气中浓度超标时，必须佩戴自吸过滤式防毒面具（全面罩）。紧急事态抢救或撤离时，应该佩戴空气呼吸器。 眼睛防护：呼吸系统防护中已作防护。 身体防护：穿胶布防毒衣。 手防护：戴橡胶手套。 其他防护：工作现场禁止吸烟、进食和饮水。工作完毕，彻底清洗。单独存放被毒物污染的衣服，洗后备用。保持良好的卫生习惯。		
危险性类别			急性毒性—经口，类别2*；急性毒性—经皮肤，类别1；危害水生环境—长期危害，类别3。		

序号	42	品名	1,3,4,5,6,7,8,8-八氯-1,3,3a,4,7,7a-六氢-4,7-甲撑异苯并呋喃(含量>1%)	商品编码	2932.9990
别 名			八氯六氢亚甲基苯并呋喃；碳氯灵	CAS 号	297-78-9
英文名			1,3,4,5,6,7,8,8-octachloro-4,7-methylene-3a,4,7,7a-tetrahydroisobenzofuran; isobenzan		
分子式			$C_9H_4Cl_8O$		
外观与性状			纯品为白色结晶，工业品为奶油色结晶固体。		
主要用途			用作农用杀虫剂及农药分析标准样品。		
危险特性			本品遇明火、高热可燃；其粉体与空气可形成爆炸性混合物，达到一定浓度时，遇火星会发生爆炸；受高热分解释放出有毒的气体。		
健康危害			吸入、摄入或经皮肤吸收本品后会中毒。中毒者会出现头痛、眩晕、食欲不振、视力模糊、失眠、震颤等症状。口服者，出现反复发作的肌肉痉挛和癫痫样抽搐，严重者昏迷。		
防护措施			呼吸系统防护：可能接触其粉尘时，必须佩戴防尘面具（全面罩）。紧急事态抢救或撤离时，应该佩戴空气呼吸器。 眼睛防护：呼吸系统防护中已作防护。 身体防护：穿胶布防毒衣。 手防护：戴橡胶手套。 其他防护：工作现场禁止吸烟、进食和饮水。工作完毕，淋浴更衣。保持良好的卫生习惯。		
危险性类别			急性毒性—经口，类别2*；急性毒性—经皮肤，类别1；危害水生环境—急性危害，类别1；危害水生环境—长期危害，类别1。		

序号	43	品名	1,2,4,5,6,7,8,8-八氯-2,3,3a,4,7,7a-六氢-4,7-亚甲基茚	商品编码	2903.8200
别　名		氯丹		CAS 号	57-74-9
英文名		Chlordan technical mixturepestanal			
分子式		$C_{10}H_6Cl_8$			
外观与性状		无色或淡黄色液体，工业品为有杉木气味的琥珀色液体。			
主要用途		一种有机氯杀虫剂。			
危险特性		本品一般不会燃烧，但长时间暴露在明火及高温下仍能燃烧；受高热分解产生有毒的腐蚀性烟气；对环境有严重危害，对水体、土壤和大气可造成污染。			
健康危害		急性中毒：中毒症状发生较快，几小时内就有可能死亡。主要症状为中枢神经系统兴奋，如激动、震颤、全身抽搐；摄入中毒的症状出现更快，有恶心、呕吐、全身抽搐。严重中毒在剧烈抽搐和反复发作后陷于木僵、昏迷和呼吸衰竭。 慢性中毒：主要症状为神经系统的功能性紊乱，肝、肾退行性改变。有头痛、眼球痛、全身乏力、失眠、做恶梦、头晕、心前区不适、四肢麻木和酸痛等症状。			
防护措施		呼吸系统防护：生产操作或农业使用时，佩戴防毒口罩。紧急事态抢救或逃生时，应该佩戴自给式呼吸器。 眼睛防护：戴化学安全防护眼睛。 防护服：穿相应的防护服。 手防护：戴防护手套。 其他防护：工作现场禁止吸烟、进食和饮水。工作后，彻底清洗。工作服不要带到非作业场所，单独存放被毒物污染的衣服，洗后再用。注意个人清洁卫生。			
危险性类别		急性毒性—经皮肤，类别 3；致癌性，类别 2；危害水生环境—急性危害，类别 1；危害水生环境—长期危害，类别 1。			

序号	44	品名	八氯莰烯	商品编码	2903.8900
别 名			毒杀芬	CAS 号	8001-35-2
英文名			Camphechlor		
分子式			$C_{10}H_{10}Cl_8$		
外观与性状			乳白色或琥珀色蜡样固体。		
主要用途			用作杀虫剂。		
危险特性			本品遇明火、高热可燃。		
健康危害			本品有樟脑样的兴奋作用，是全身抽搐性毒物。对皮肤有刺激作用，有因采隔天喷过本品的植物引起中毒的报告，也有儿童因误服而致死的报道。		
防护措施			呼吸系统防护：可能接触其粉尘时，必须佩戴防尘面具（全面罩）。紧急事态抢救或撤离时，应该佩戴空气呼吸器。 眼睛防护：呼吸系统防护中已作防护。 身体防护：穿胶布防毒衣。 手防护：戴橡胶手套。 其他防护：工作现场禁止吸烟、进食和饮水。工作完毕，彻底清洗。工作服不准带至非作业场所。单独存放被毒物污染的衣服，洗后备用。		
危险性类别			急性毒性—经口，类别3*；皮肤腐蚀/刺激，类别2；致癌性，类别2；特异性靶器官毒性—单次接触，类别3（呼吸道刺激）；危害水生环境—急性危害，类别1；危害水生环境—长期危害，类别1。		

序号	45	品名	八溴联苯	商品编码	2903.9990
别 名				CAS 号	27858-07-7
英文名			Dow fr-250（octabromobiphenyl）		
分子式			$C_{12}H_2Br_8$		
防护措施			呼吸系统防护：戴防护面具（全面罩）。 眼睛防护：戴安全防护眼镜。 身体防护：穿防护衣。 手防护：戴橡胶手套。 其他防护：工作现场禁止吸烟、进食和饮水。工作完毕，淋浴更衣。保持良好的卫生习惯。		
危险性类别			皮肤腐蚀/刺激，类别2；致癌性，类别1B；生殖毒性，类别2。		

序号	46	品名 白磷	商品编码	2804.7010
别 名		黄磷	CAS 号	12185-10-3
英文名		Phosphorus white		
分子式		P_4		
外观与性状		无色至黄色蜡状固体，有蒜臭味，在暗处发淡绿色磷光。		
主要用途		用作特种火柴原料，以及用于磷酸、磷酸盐及农药、信号弹等的制造。		
危险特性		本品接触空气能自燃并引起燃烧和爆炸；在潮湿空气中的自燃点低于在干燥空气中的自燃点，与氯酸盐等氧化剂混合会发生爆炸；其碎片和碎屑接触皮肤干燥后即着火，可引起严重的皮肤灼伤。		
健康危害		如制品不纯时含少量黄磷，可致黄磷中毒。经常吸入红磷尘，可引起慢性磷中毒。		
防护措施		呼吸系统防护：可能接触毒物时，应该佩戴自吸过滤式防毒面具（全面罩）。 眼睛防护：呼吸系统防护中已作防护。 身体防护：穿胶布防毒衣。 手防护：戴橡胶手套。 其他防护：工作现场禁止吸烟、进食和饮水。工作完毕，彻底清洗。实行就业前和定期的体检。		
危险性类别		自燃固体，类别1；急性毒性—经口，类别2*；急性毒性—吸入，类别2*；皮肤腐蚀/刺激，类别1A；严重眼损伤/眼刺激，类别1；危害水生环境—急性危害，类别1。		

序号	47	品名	钡	商品编码	2805.1990
别 名		金属钡		CAS号	7440-39-3
英文名		Barium			
分子式		Ba			
外观与性状		有光泽的银白色金属,含氮时呈黄色,略具延展性。			
主要用途		用于制造钡盐,也用作消气剂、球化剂和脱气合金等。金属钡可用作除去真空管和显像管痕量气体的消气剂、精炼金属的脱气剂。			
危险特性		本品化学性质十分活泼。			
健康危害		金属钡几乎没有毒性。可溶性钡盐如氯化钡、硝酸钡等(碳酸钡遇胃酸形成氯化钡,可经消化道吸收),食入后会发生严重中毒,出现消化道刺激、进行性肌麻痹、心肌受累、低血钾等症状。呼吸肌麻痹、心肌损害会导致死亡。吸入可溶性钡化合物的粉尘,会引起急性钡中毒,症状与口服中毒相仿,但消化道反应较轻。长期接触钡化合物的工人易出现流涎、无力、气促、口腔黏膜肿胀及糜烂、鼻炎、心动过速、血压增高、脱发等症状。长期吸入不溶性钡化合物粉尘,如硫酸钡,可致钡尘肺。			
防护措施		呼吸系统防护:一般不需要特殊防护,但建议特殊情况下,佩戴自吸过滤式防尘口罩。 眼睛防护:戴化学安全防护眼镜。 身体防护:穿化学防护服。 手防护:戴橡胶手套。 其他防护:工作现场严禁吸烟,注意个人清洁卫生。			
危险性类别		遇水放出易燃气体的物质和混合物,类别2;皮肤腐蚀/刺激,类别2;严重眼损伤/眼刺激,类别2;危害水生环境—长期危害,类别3。			

序号	48	品名 苯	商品编码	2902.2000
别 名		纯苯	CAS 号	71-43-2
英文名		Benzene		
分子式		C_6H_6		
外观与性状		无色透明液体，有强烈芳香味。		
主要用途		用作溶剂及合成苯的衍生物、香料、染料、塑料、医药、炸药、橡胶等。		
危险特性		本品易燃，其蒸气与空气可形成爆炸性混合物，遇明火、高热极易燃烧爆炸；与氧化剂能发生强烈反应；易产生和聚集静电，有燃烧爆炸危险；蒸气比空气重，能在较低处扩散到相当远的地方，遇火源会着火回燃。		
健康危害		本品对环境有危害，对水体可造成污染。		
防护措施		呼吸系统防护：空气中浓度超标时，佩戴自吸过滤式防毒面具（半面罩）。紧急事态抢救或撤离时，应该佩戴空气呼吸器或氧气呼吸器。 眼睛防护：戴化学安全防护眼镜。 身体防护：穿防毒物渗透工作服。 手防护：戴橡胶耐油手套。 其他防护：工作现场禁止吸烟、进食和饮水。工作完毕，淋浴更衣。实行就业前和定期的体检。		
危险性类别		易燃液体，类别2；皮肤腐蚀/刺激，类别2；严重眼损伤/眼刺激，类别2；生殖细胞致突变性，类别1B；致癌性，类别1A；特异性靶器官毒性—反复接触，类别1；吸入危害，类别1；危害水生环境—急性危害，类别2；危害水生环境—长期危害，类别3。		

序号	49	品名	苯-1,3-二磺酰肼(糊状,浓度52%)	商品编码	2935.9000
别 名				CAS 号	4547-70-0
英文名	Benzene-1,3-disulphohydrazide				
分子式	$C_6H_{10}N_4O_4S_2$				
外观与性状	白色、黄色或灰色糊状物。				
主要用途	用作天然胶或合成胶的发泡剂。				
危险特性	本品易燃,卷入火中时强烈分解,无明火燃烧时分解也会持续;与酸和碱接触,能剧烈分解。				
健康危害	本品对眼睛、皮肤、黏膜和上呼吸道有强烈刺激作用。				
防护措施	呼吸系统防护:可能接触其粉尘时,必须佩戴防尘面具(全面罩)。紧急事态抢救或撤离时,应该佩戴空气呼吸器。 眼睛防护:呼吸系统防护中已作防护。 身体防护:穿胶布防毒衣。 手防护:戴橡胶手套。 其他防护:工作现场禁止吸烟、进食和饮水。工作完毕,淋浴更衣。单独存放被毒物污染的衣服,洗后备用。保持良好的卫生习惯。				
危险性类别	自反应物质和混合物,D 型。				

序号	50	品名	苯并呋喃	商品编码	2932.9990
别 名	氧茚;香豆酮;古马隆			CAS 号	271-89-6
英文名	Coumarone				
分子式	C_8H_6O				
外观与性状	无色油状液体,具有芳香味。				
主要用途	用于古马隆—茚树脂的制造。				
危险特性	本品蒸气与空气可形成爆炸性混合物,遇明火、高热极易燃烧爆炸;与氧化剂接触反应猛烈;受高热分解释放出有毒的气体;容易自聚,聚合反应随着温度的上升而急骤加剧;若遇高热,容器内压增大,有开裂和爆炸的危险。				
健康危害	吸入、摄入或经皮肤吸收本品后会引起中毒,具有刺激作用。				
防护措施	呼吸系统防护:空气中浓度超标时,必须佩戴自吸过滤式防毒面具(全面罩)。紧急事态抢救或撤离时,应该佩戴空气呼吸器。 眼睛防护:呼吸系统防护中已作防护。 身体防护:穿防静电工作服。 手防护:戴橡胶手套。 其他防护:工作现场禁止吸烟、进食和饮水。工作完毕,淋浴更衣。保持良好的卫生习惯。				
危险性类别	易燃液体,类别3;致癌性,类别2;特异性靶器官毒性—反复接触,类别2;危害水生环境—长期危害,类别3。				

序号	51	品名	苯胺	商品编码 2921.4110
别　名		氨基苯		CAS 号 62-53-3
英文名		Aniline		
分子式		C_6H_7N		
外观与性状		无色或微黄色油状液体，有强烈气味。		
主要用途		用于染料、医药、橡胶、树脂、香料等的合成。		
危险特性		本品遇明火、高热可燃；与酸类、卤素、醇类、胺类发生强烈反应，会引起燃烧。		
健康危害		本品主要引起高铁血红蛋白血症、溶血性贫血及肝、肾损害，易经皮肤吸收。急性中毒：患者口唇、指端、耳廓紫绀，有头痛、头晕、恶心、呕吐、手指发麻、精神恍惚等症状；重度中毒时，皮肤、黏膜严重青紫，呼吸困难，抽搐，甚至昏迷，休克。出现溶血性黄疸、中毒性肝炎及肾损害。可有化学性膀胱炎。眼接触引起结膜角膜炎。慢性中毒：患者有神经衰弱综合征表现，伴有轻度紫绀、贫血和肝脾肿大。皮肤接触可引起湿疹。		
防护措施		呼吸系统防护：可能接触其蒸气时，佩戴过滤式防毒面具（半面罩）。紧急事态抢救或撤离时，佩戴空气呼吸器。 眼睛防护：戴安全防护眼镜。 身体防护：穿防毒物渗透工作服。 手防护：戴橡胶耐油手套。 其他防护：工作现场禁止吸烟、进食和饮水。及时换洗工作服。工作前后不饮酒，用温水洗澡。注意检测毒物。实行就业前和定期的体检。		
危险性类别		急性毒性—经口，类别3*；急性毒性—经皮肤，类别3*；急性毒性—吸入，类别3*；严重眼损伤/眼刺激，类别1；皮肤致敏物，类别1；生殖细胞致突变性，类别2；特异性靶器官毒性—反复接触，类别1；危害水生环境—急性危害，类别1；危害水生环境—长期危害，类别2。		

序号	52	品名	1,2-苯二胺	商品编码	2921.5110
别　　名			邻苯二胺;1,2-二氨基苯	CAS 号	95-54-5
英文名			O-phenylenediamine		
分子式			$C_6H_8N_2$		
外观与性状			无色单斜晶体。		
主要用途			作为农药中间体，染料中间体。		
危险特性			本品遇明火、高热可燃；受热分解释放出有毒的氧化氮烟气。		
健康危害			吸入、口服或经皮肤吸收本品后对身体有害，对眼睛、黏膜、呼吸道有刺激作用。		
防护措施			呼吸系统防护：空气中粉尘浓度超标时，佩戴自吸过滤式防尘口罩。紧急事态抢救或撤离时，应该佩戴自给式呼吸器。 眼睛防护：戴安全防护眼镜。 身体防护：穿防毒物渗透工作服。 手防护：戴橡胶手套。 其他防护：工作现场禁止吸烟、进食和饮水。及时换洗工作服。工作前后不饮酒，用温水洗澡。实行就业前和定期的体检。		
危险性类别			急性毒性—经口，类别3*；严重眼损伤/眼刺激，类别2；皮肤致敏物，类别1；生殖细胞致突变性，类别2；危害水生环境—急性危害，类别1；危害水生环境—长期危害，类别1。		

序号	53	品名	1,3-苯二胺	商品编码	2921.5190
别　　名			间苯二胺;1,3-二氨基苯	CAS 号	108-45-2
英文名			M-phenylenediamine		
分子式			$C_6H_8N_2$		
外观与性状			无色针状结晶。		
主要用途			用作染料中间体，环氧树脂的固化剂和水泥的促凝剂。		
危险特性			本品遇明火、高热可燃；受热分解释放出有毒的氧化氮烟气。		
健康危害			本品因挥发性很小，不易吸入中毒。口服则毒作用剧烈，与苯胺同，引起高铁血红蛋白血症，使组织缺氧，出现紫绀。		
防护措施			呼吸系统防护：空气中粉尘浓度超标时，佩戴自吸过滤式防尘口罩。紧急事态抢救或撤离时，应该佩戴自给式呼吸器。 眼睛防护：戴安全防护眼镜。 身体防护：穿防毒物渗透工作服。 手防护：戴橡胶手套。 其他防护：工作现场禁止吸烟、进食和饮水。及时换洗工作服。工作前后不饮酒，用温水洗澡。实行就业前和定期的体检。		
危险性类别			急性毒性—经口，类别3*；急性毒性—经皮肤，类别3*；急性毒性—吸入，类别3*；严重眼损伤/眼刺激，类别2；皮肤致敏物，类别1；生殖细胞致突变性，类别2；危害水生环境—急性危害，类别1；危害水生环境—长期危害，类别1。		

序号	54	品名	1,4-苯二胺	商品编码	2921.5190
别 名			对苯二胺；1,4-二氨基苯；乌尔丝D	CAS 号	106-50-3
英文名			P-phenylenediamine		
分子式			$C_6H_8N_2$		
外观与性状			白色至淡紫红色晶体。		
主要用途			作为染料中间体，环氧树脂固化剂，以及橡胶防老剂DNP、DOP、DBP等的生产。		
危险特性			本品遇明火、高热可燃，受热分解释放出有毒的氧化氮烟气。		
健康危害			本品不易因吸入而中毒，口服毒性强烈，与苯胺同。它有很强的致敏作用，可引起接触性皮炎、湿疹、支气管哮喘。		
防护措施			呼吸系统防护：空气中粉尘浓度超标时，佩戴自吸过滤式防尘口罩。紧急事态抢救或撤离时，应该佩戴自给式呼吸器。 眼睛防护：戴安全防护眼镜。 身体防护：穿防毒物渗透工作服。 手防护：戴橡胶手套。 其他防护：工作现场禁止吸烟、进食和饮水。及时换洗工作服。工作前后不饮酒，用温水洗澡。实行就业前和定期的体检。		
危险性类别			急性毒性—经口，类别3*；急性毒性—经皮肤，类别3*；急性毒性—吸入，类别3*；严重眼损伤/眼刺激，类别2；皮肤致敏物，类别1；危害水生环境—急性危害，类别1；危害水生环境—长期危害，类别1。		

序号	55	品名	1,2-苯二酚	商品编码	2907.2910
别 名			邻苯二酚	CAS 号	120-80-9
英文名			O-dihydroxybenzene		
分子式			$C_6H_6O_2$		
外观与性状			无色结晶，见光或露置空气中变色，能升华。		
主要用途			用于照相、染料、抗氧剂、光稳定剂，并为重要的医药中间体。		
危险特性			本品遇明火、高热可燃；受高热分解释放出有毒的气体；与强氧化剂接触可发生化学反应。		
健康危害			本品在生产中发生急性中毒的情况较少见。急性中毒时症状与酚相似。接触工人中体检发现呼吸道刺激症状及皮疹患病率增高，并见到儿茶酚胺代谢异常、血压升高、体温不稳定及肝、肾损害。		
防护措施			呼吸系统防护：空气中粉尘浓度超标时，佩戴自吸过滤式防尘口罩。紧急事态抢救或撤离时，应该佩戴空气呼吸器。 眼睛防护：戴化学安全防护眼镜。 身体防护：穿防毒物渗透工作服。 手防护：戴橡胶手套。 其他防护：工作现场禁止吸烟、进食和饮水。工作完毕，彻底清洗。单独存放被毒物污染的衣服，洗后备用。注意个人清洁卫生。		
危险性类别			皮肤腐蚀/刺激，类别2；严重眼损伤/眼刺激，类别2；致癌性，类别2；危害水生环境—急性危害，类别2。		

序号	56	品名	1,3-苯二酚	商品编码	2907.2100
别　　名			间苯二酚；雷琐酚	CAS 号	108-46-3
英文名			M-dihydroxybenzene		
分子式			$C_6H_6O_2$		
外观与性状			白色针状结晶，有不好的气味，置于空气中会逐渐变红。		
主要用途			用于染料工业、塑料工业、医药、橡胶等。		
危险特性			本品遇明火、高热可燃；受高热分解释放出有毒的气体；与强氧化剂接触可发生化学反应。		
健康危害			本品急性中毒与酚中毒类似，引起头痛、头昏、烦躁、嗜睡、紫绀（由于高铁血红蛋白症）、抽搐、心动过速、呼吸困难等症状。体温及血压下降明显，有时有黄疸和血红蛋白尿。皮肤接触可发生接触性皮炎。长期低浓度接触，可引起呼吸道刺激症状，职业性皮肤损害。		
防护措施			呼吸系统防护：空气中粉尘浓度超标时，佩戴自吸过滤式防尘口罩。紧急事态抢救或撤离时，应该佩戴空气呼吸器。 眼睛防护：戴安全防护眼镜。 身体防护：穿防毒物渗透工作服。 手防护：戴橡胶手套。 其他防护：工作现场禁止吸烟、进食和饮水。工作完毕，彻底清洗。单独存放被毒物污染的衣服，洗后备用。注意个人清洁卫生。		
危险性类别			皮肤腐蚀/刺激，类别 2；严重眼损伤/眼刺激，类别 2；危害水生环境—急性危害，类别 1。		

序号	57	品名	1,3-苯二磺酸溶液	商品编码	2904.1000
别　　名				CAS 号	98-48-6
英文名			Benzene-1,3-disulfonic acid, solution		
分子式			$C_6H_6O_6S_2$		
外观与性状			溶液。		
主要用途			作为染料和医药的中间体。		
防护措施			呼吸系统防护：戴防护面具（全面罩）。 眼睛防护：戴安全防护眼镜。 身体防护：穿防护衣。 手防护：戴橡胶手套。 其他防护：工作现场禁止吸烟、进食和饮水。工作完毕，淋浴更衣。保持良好的卫生习惯。		
危险性类别			皮肤腐蚀/刺激，类别 1；严重眼损伤/眼刺激，类别 1。		

序号	58	品名	1,4-苯二酚	商品编码 2907.2210
别 名		对苯二酚；氢醌		CAS 号 123-31-9
英文名		P-dihydroxybenzene		
分子式		$C_6H_6O_2$		
外观与性状		白色结晶。		
主要用途		制取黑白显影剂、蒽醌染料、偶氮染料、橡胶防老剂、稳定剂和抗氧剂。		
危险特性		本品遇明火、高热可燃；与强氧化剂接触可发生化学反应；受高热分解释放出有毒的气体。		
健康危害		本品毒性比酚大。成人误服 1g，即可出现头痛、头晕、耳鸣、面色苍白、紫绀、恶心、呕吐、腹痛、窒息感、呼吸困难、心动过速、震颤、肌肉抽搐、惊厥、谵妄和虚脱。严重者会出现呕血、血尿和溶血性黄疸，尿呈青色或棕绿色，皮肤可因原发性刺激和变态反应而致皮炎，引起皮肤色素脱失。眼部接触本品粉尘或蒸气，可有结膜和角膜炎。		
防护措施		呼吸系统防护：空气中粉尘浓度超标时，佩戴自吸过滤式防尘口罩。紧急事态抢救或撤离时，应该佩戴空气呼吸器。 眼睛防护：戴化学安全防护眼镜。 身体防护：穿防毒物渗透工作服。 手防护：戴橡胶手套。 其他防护：工作现场禁止吸烟、进食和饮水。工作完毕，彻底清洗。单独存放被毒物污染的衣服，洗后备用。注意个人清洁卫生。		
危险性类别		严重眼损伤/眼刺激，类别 1；皮肤致敏物，类别 1；生殖细胞致突变性，类别 2；危害水生环境—急性危害，类别 1；危害水生环境—长期危害，类别 1。		

序号	59	品名	苯酚、苯酚溶液	商品编码	2907.1110
别　名			酚；石炭酸	CAS 号	108-95-2
英文名		Phenol			
分子式		C_6H_6O			
外观与性状		白色结晶，有特殊气味。			
主要用途		用作生产酚醛树脂、卡普隆和己二酸的原料，也用于塑料和医药工业。			
危险特性		本品遇明火、高热可燃。			
健康危害		本品可燃，高毒，具有强腐蚀性，可致人体灼伤。			
防护措施		呼吸系统防护：可能接触其粉尘时，佩戴自吸过滤式防尘口罩。紧急事态抢救或撤离时，应该佩戴自给式呼吸器。 眼睛防护：戴化学安全防护眼镜。 身体防护：穿透气型防毒服。 手防护：戴防化学品手套。 其他防护：工作现场禁止吸烟、进食和饮水。工作完毕，彻底清洗。单独存放被毒物污染的衣服，洗后备用。实行就业前和定期的体检。			
危险性类别		皮肤腐蚀/刺激，类别2*；严重眼损伤/眼刺激，类别2*；生殖细胞致突变性，类别2；特异性靶器官毒性—反复接触，类别2；危害水生环境—长期危害，类别3。			

序号	60	品名	苯酚磺酸	商品编码	2908.9990
别　名				CAS 号	1333-39-7
英文名		Phenolsulfonic acid			
分子式		$C_6H_6O_4S$			
外观与性状		无色透明液体。			
主要用途		用于树脂固化，酸性镀锡工艺中最主要的添加剂，同时也具有酸性树脂发泡的作用，用于有机中间体。			
危险特性		本品遇水或水蒸气能产生热量，对大多数金属有腐蚀性。			
健康危害		本品具有腐蚀性，且对眼睛、皮肤、黏膜和上呼吸道有强烈的刺激作用。吸收后可引起喉、支气管的痉挛、炎症和水肿，化学性肺炎或肺水肿。中毒的表现有烧灼感、咳嗽、喘息、气短、喉炎、头痛、恶心和呕吐。			
防护措施		呼吸系统防护：建议使用空气呼吸器。 眼睛防护：少量操作本品时，不需要任何特殊设备。大量操作时戴化学安全防护眼镜或带侧边的护目镜。建议操作时不要佩戴隐形眼镜。工作场所配备洗眼装置。 身体防护：耐化学品防护服。 手防护：戴耐酸碱橡胶手套。 其他防护：工作现场禁止吸烟、进食和饮水。工作完毕，淋浴更衣。注意个人清洁卫生。实行就业前和定期的体检。			
危险性类别		皮肤腐蚀/刺激，类别1；严重眼损伤/眼刺激，类别1。			

序号	61	品名	苯酚钠	商品编码	2907.1190
别名			苯氧基钠	CAS 号	139-02-6
英文名			Sodium phenoxide		
分子式			C_6H_5ONa		
外观与性状			白色易潮解的针状结晶。		
主要用途			用作防腐剂、有机合成中间体,在防毒面具中用以吸收光气。		
危险特性			本品遇明火、高热可燃;与强氧化剂接触可发生化学反应;受热分解或与酸类接触释放出有毒气体。		
健康危害			本品具有强烈刺激性。吸入后可引起肺水肿。眼睛和皮肤接触造成灼伤。口服腐蚀消化道,造成严重灼伤,出现腹痛、呕吐、血样便。中毒后会继发肾损害。		
防护措施			呼吸系统防护:可能接触其粉尘时,必须佩戴头罩型电动送风过滤式防尘呼吸器。紧急事态抢救或撤离时,佩戴空气呼吸器。 眼睛防护:呼吸系统防护中已作防护。 身体防护:穿橡胶耐酸碱服。 手防护:戴橡胶手套。 其他防护:工作现场禁止吸烟、进食和饮水。工作完毕,彻底清洗。单独存放被毒物污染的衣服,洗后备用。注意个人清洁卫生。		
危险性类别			皮肤腐蚀/刺激,类别1;严重眼损伤/眼刺激,类别1。		

序号	62	品名	苯磺酰肼	商品编码	2935.9000
别名			发泡剂 BSH	CAS 号	80-17-1
英文名			Benzenesulfonyl hydrazide		
分子式			$C_6H_8N_2O_2S$		
外观与性状			浅黄色结晶,易潮解。		
主要用途			用作发泡剂,也制造泡沫塑料、泡沫橡胶。		
危险特性			本品遇明火、高热或与氧化剂接触,有引起燃烧爆炸的危险;对摩擦、撞击较敏感,有燃烧的危险,燃烧时,会释放出有毒气体。		
健康危害			本品具有刺激性。		
防护措施			呼吸系统防护:空气中粉尘浓度较高时,应该佩戴自吸过滤式防尘口罩。必要时,佩戴空气呼吸器。 眼睛防护:戴安全防护眼镜。 身体防护:穿透气型防毒服。 手防护:戴防毒物渗透手套。 其他防护:工作现场禁止吸烟、进食和饮水。工作完毕,淋浴更衣。注意个人清洁卫生。		
危险性类别			自反应物质和混合物,D 型。		

序号	63	品名	苯磺酰氯	商品编码	2904.9900
别　名			氯化苯磺酰	CAS 号	98-09-9
英文名			Benzenesulfonyl chloride		
分子式			$C_6H_5ClO_2S$		
外观与性状			无色透明油状液体。		
主要用途			用于有机合成，制备磺酰胺及鉴定各种胺类。		
危险特性			本品遇明火、高热可燃；受高热分解释放出有毒的气体；与强氧化剂接触可发生化学反应；具有腐蚀性。		
健康危害			本品对眼睛及呼吸道黏膜有刺激作用。急性中毒表现有呕吐、血压下降、心脏传导性障碍、支气管痉挛、肝损害。皮肤接触，引起水肿、炎症、全身性荨麻疹，具有致敏作用。		
防护措施			呼吸系统防护：可能接触其蒸气时，建议佩戴自吸过滤式防毒面具（全面罩）。可能接触其粉尘时，应该佩戴头罩型电动送风过滤式防尘呼吸器。 眼睛防护：呼吸系统防护中已作防护。 身体防护：穿橡胶耐酸碱服。 手防护：戴橡胶耐酸碱手套。 其他防护：工作场所禁止吸烟、进食和饮水，饭前要洗手。工作完毕，淋浴更衣。单独存放被毒物污染的衣服，洗后备用。注意个人清洁卫生。		
危险性类别			皮肤腐蚀/刺激，类别 1A；严重眼损伤/眼刺激，类别 1；危害水生环境—急性危害，类别 2。		

序号	64	品名	4-苯基-1-丁烯	商品编码	2902.9090
别　名				CAS 号	768-56-9
英文名			4-Phenyl-1-butene		
分子式			$C_{10}H_{12}$		
外观与性状			不溶于水的结晶。		
主要用途			用作医药中间体。		
防护措施			呼吸系统防护：佩戴防毒面具。 眼睛防护：戴安全防护镜。视情况需要，佩戴面具。 手部防护：戴防护手套。 身体防护：穿防护服。视情况需要，穿戴防护靴。		
危险性类别			皮肤腐蚀/刺激，类别 2；危害水生环境—急性危害，类别 2；危害水生环境—长期危害，类别 2。		

序号	65	品名	N-苯基-2-萘胺	商品编码	2921.4990
别名			防老剂 D	CAS 号	135-88-6
英文名			N-phenyl-2-naphthylamine		
分子式			$C_{16}H_{13}N$		
外观与性状			淡灰色针状结晶或粉末。		
主要用途			用作橡胶抗氧剂、润滑剂、聚合抑制剂。		
危险特性			本品遇明火、高热可燃；受热分解释放出有毒的氧化氮烟气；与强氧化剂接触可发生化学反应。		
健康危害			本品对眼睛、皮肤、黏膜和上呼吸道有刺激作用，对皮肤有致敏作用。		
防护措施			呼吸系统防护：空气中粉尘浓度超标时，应该佩戴自吸过滤式防尘口罩。紧急事态抢救或撤离时，建议佩戴空气呼吸器。 眼睛防护：戴安全防护眼镜。 身体防护：穿一般作业防护服。 手防护：戴橡胶手套。 其他防护：工作现场禁止吸烟、进食和饮水。及时换洗工作服。工作前后不饮酒，用温水洗澡。实行就业前和定期的体检。		
危险性类别			皮肤腐蚀/刺激，类别 2；严重眼损伤/眼刺激，类别 2；皮肤致敏物，类别 1；危害水生环境—急性危害，类别 2；危害水生环境—长期危害，类别 2。		

序号	66	品名	2-苯基丙烯	商品编码	2902.9090
别名			异丙烯基苯；α-甲基苯乙烯	CAS 号	98-83-9
英文名			Methylstyrene		
分子式			$C_{18}H_{20}$		
外观与性状			无色液体，具有刺激性臭味。		
主要用途			用于生产涂料、增塑剂，也用作溶剂，有机合成。		
危险特性			本品蒸气与空气形成爆炸性混合物，遇明火、高热能引起燃烧爆炸；与氧化剂能发生强烈反应；若遇高热，可能发生聚合反应，出现大量放热现象，引起容器破裂和爆炸事故。		
健康危害			本品有毒，对皮肤、眼睛、黏膜和上呼吸道有刺激作用。接触后会引起烧灼感、咳嗽、眩晕、喉炎、气短、头痛、恶心和呕吐。严重时引起肝、肾损害。		
防护措施			呼吸系统防护：空气中浓度超标时，佩戴防毒面具。紧急事态抢救或撤离时，建议佩戴自给式呼吸器。 眼睛防护：戴化学安全防护眼镜。 身体防护：穿防静电工作服。 手防护：戴防化学品手套。也可使用皮肤防护膜。 其他防护：工作现场严禁吸烟、进食和饮水。工作后，淋浴更衣。保持良好的卫生习惯。		
危险性类别			易燃液体，类别 3；严重眼损伤/眼刺激，类别 2；特异性靶器官毒性—单次接触，类别 3（呼吸道刺激）；危害水生环境—急性危害，类别 2；危害水生环境—长期危害，类别 2。		

序号	67	品名	2-苯基苯酚		商品编码	2907.1990
别 名			邻苯基苯酚		CAS 号	90-43-7
英文名		O-phenylphenol				
分子式		$C_{12}H_{10}O$				
外观与性状		白色或褐色的絮状物,有特殊气味。				
主要用途		用于消毒与贮存蔬菜和水果,工业上用作杀菌剂、消毒剂、防腐剂及染料中间体。				
危险特性		本品遇明火、高热可燃。				
健康危害		本品溅入眼内会产生刺激作用;对皮肤有刺激性,直接接触后,局部红肿,出疹及脱屑;炎症消退后会出现白斑。				
防护措施		呼吸系统防护:空气中粉尘浓度超标时,必须佩戴自吸过滤式防尘口罩。紧急事态抢救或撤离时,应该佩戴空气呼吸器。 眼睛防护:戴化学安全防护眼镜。 身体防护:穿防毒物渗透工作服。 手防护:戴橡胶手套。 其他防护:工作现场禁止吸烟、进食和饮水。工作完毕,淋浴更衣。单独存放被毒物污染的衣服,洗后备用。保持良好的卫生习惯。				
危险性类别		皮肤腐蚀/刺激,类别2;严重眼损伤/眼刺激,类别2;特异性靶器官毒性—单次接触,类别3(呼吸道刺激);危害水生环境—急性危害,类别1。				

序号	68	品名	苯基二氯硅烷		商品编码	2931.9000
别 名			二氯苯基硅烷		CAS 号	1631-84-1
英文名		Phenyl-dichlorosilane				
分子式		$C_6H_5Cl_2Si$				
外观与性状		无色液体,有刺激性气味,易潮解。				
主要用途		用作硅油和硅树脂的原料。				
危险特性		本品遇明火、高热可燃;与强氧化剂可发生反应。受热或遇水分解释放热,释放出有毒的腐蚀性烟气;具有腐蚀性。				
健康危害		吸入本品蒸气对呼吸道有强烈刺激作用;皮肤或眼睛接触可致灼伤;口服会灼伤口腔和消化道。				
防护措施		呼吸系统防护:可能接触其蒸气时,必须佩戴防毒面具或供气式头盔。紧急事态抢救或逃生时,建议佩戴自给式呼吸器。 眼睛防护:戴化学安全防护眼镜。 防护服:穿工作服(防腐材料制作)。 手防护:戴橡皮手套。 其他防护:工作完毕,淋浴更衣。单独存放被毒物污染的衣服,洗后再用。保持良好的卫生习惯。				
危险性类别		易燃液体,类别3;皮肤腐蚀/刺激,类别1;严重眼损伤/眼刺激,类别1。				

序号	69	品名	苯基硫醇	商品编码 2930.9090
别　名		苯硫酚；巯基苯；硫代苯酚		CAS 号 108-98-5
英文名		Phenyl mercaptan		
分子式		C_6H_6S		
外观与性状		无色有窒息性气味的液体。		
主要用途		用于有机合成、制药工业，以及用作分析试剂。		
危险特性		本品遇明火、高热或与氧化剂接触，有引起燃烧爆炸的危险，受高热分解产生有毒的硫化物烟气。		
健康危害		本品对眼睛、黏膜、呼吸道及皮肤有强烈的刺激作用，吸入后可引起喉、支气管痉挛、水肿、化学性肺炎、肺水肿而致死。中毒表现有烧灼感、咳嗽、喘息、喉炎、气短、头痛、恶心和呕吐。		
防护措施		呼吸系统防护：可能接触其蒸气时，必须佩戴自吸过滤式防毒面具（全面罩）。紧急事态抢救或撤离时，佩戴空气呼吸器。 眼睛防护：呼吸系统防护中已作防护。 身体防护：穿胶布防毒衣。 手防护：戴橡胶耐油手套。 其他防护：工作现场禁止吸烟、进食和饮水。工作完毕，彻底清洗。单独存放被毒物污染的衣服，洗后备用。保持良好的卫生习惯		
危险性类别		易燃液体，类别 3；急性毒性—经口，类别 2；急性毒性—经皮肤，类别 2；急性毒性—吸入，类别 1；皮肤腐蚀/刺激，类别 2；严重眼损伤/眼刺激，类别 2A；生殖毒性，类别 2；特异性靶器官毒性—单次接触，类别 2；特异性靶器官毒性—单次接触，类别 3（呼吸道刺激）；特异性靶器官毒性—反复接触，类别 1；危害水生环境—急性危害，类别 1；危害水生环境—长期危害，类别 1。		

序号	70	品名	苯基氢氧化汞	商品编码 2852.1000
别　名		氢氧化苯汞		CAS 号 100-57-2
英文名		Hydroxyphenylmercury		
分子式		C_6H_6HgO		
危险特性		本品可燃；受热分解出剧毒含汞蒸气。		
防护措施		呼吸系统防护：戴防护面具（全面罩）。 眼睛防护：戴安全防护眼镜。 身体防护：穿防护衣。 手防护：戴橡胶手套。 其他防护：工作现场禁止吸烟、进食和饮水。工作完毕，淋浴更衣。保持良好的卫生习惯。		
危险性类别		急性毒性—经口，类别 3*；皮肤腐蚀/刺激，类别 1B；严重眼损伤/眼刺激，类别 1；特异性靶器官毒性—反复接触，类别 1；危害水生环境—急性危害，类别 1；危害水生环境—长期危害，类别 1。		

序号	71	品名	苯基三氯硅烷		商品编码	2931.9000
别 名					CAS 号	98-13-5
英文名	Phenyltrichlorosilane					
分子式	$C_6H_5Cl_3Si$					
外观与性状	无色液体。					
主要用途	用作制造硅酮的中间体及制取苯基硅树脂。					
危险特性	本品遇明火、高热可燃；受热或遇水分解释放热，放出有毒的腐蚀性烟气；与强氧化剂接触可发生化学反应；对很多金属尤其是在潮湿空气下有腐蚀性。					
健康危害	本品蒸气对呼吸道有刺激性；皮肤或眼睛接触可致灼伤；口服灼伤口腔和消化道。					
防护措施	呼吸系统防护：可能接触其蒸气时，必须佩戴自吸过滤式防毒面具（半面罩）或隔离式呼吸器。紧急事态抢救或撤离时，建议佩戴空气呼吸器。 眼睛防护：戴化学安全防护眼镜。 身体防护：穿橡胶耐酸碱服。 手防护：戴橡胶耐酸碱手套。 其他防护：工作场所禁止吸烟、进食和饮水，饭前要洗手。工作完毕，淋浴更衣。单独存放被毒物污染的衣服，洗后备用。保持良好的卫生习惯。					
危险性类别	皮肤腐蚀/刺激，类别 1A；严重眼损伤/眼刺激，类别 1。					

序号	72	品名	苯基溴化镁（浸在乙醚中的）		商品编码	2931.9000
别 名					CAS 号	100-58-3
英文名	Phenylmagnesium bromide					
分子式	C_6H_5BrMg					
外观与性状	液体。					
主要用途	制备金属羰基化物的还原剂。					
危险特性	本品高度易燃，遇水反应强烈，可能生成爆炸性过氧化物。					
健康危害	本品易引起灼伤。					
防护措施	呼吸系统防护：戴防护面具（全面罩）。 眼睛防护：戴安全防护眼镜。 身体防护：穿防护衣。 手防护：戴橡胶手套。 其他防护：工作现场禁止吸烟、进食和饮水。工作完毕，淋浴更衣。保持良好的卫生习惯。					
危险性类别	遇水放出易燃气体的物质和混合物，类别 1。					

序号	73	品名	苯基氧氯化膦	商品编码	2931.3990
别　名			苯磷酰二氯	CAS 号	824-72-6
英文名			Benzene phosphorus oxychloride		
分子式			$C_6H_5Cl_2OP$		
外观与性状			无色至亮黄色液体，有微弱的果香味。		
主要用途			作为农药和医药的中间体。		
危险特性			本品受热发生分解释放出有刺激性和腐蚀性的气体；遇水或在潮湿空气中分解出有腐蚀性和刺激性的气体。		
健康危害			吸入、摄入或经皮肤吸收本品后对身体有害，对眼睛、皮肤、黏膜和上呼吸道有强烈的刺激作用。吸入后会引起喉、支气管的痉挛、水肿，化学性肺炎或肺水肿。接触后会引起烧灼感、咳嗽、喘息、气短、头痛、恶心和呕吐等症状。		
防护措施			呼吸系统防护：空气中浓度超标时，必须佩戴自吸过滤式防毒面具（全面罩）。紧急事态抢救或撤离时，应该佩戴空气呼吸器。 眼睛防护：呼吸系统防护中已作防护。 身体防护：穿橡胶耐酸碱服。 手防护：戴橡胶耐酸碱手套。 其他防护：工作完毕，淋浴更衣。保持良好的卫生习惯。定期体检。		
危险性类别			皮肤腐蚀/刺激，类别 1B；严重眼损伤/眼刺激，类别 1。		

序号	74	品名	N-苯基乙酰胺	商品编码	2924.2990
别　名			乙酰苯胺;退热冰	CAS 号	103-84-4
英文名			Acetanilide		
分子式			C_8H_9NO		
外观与性状			无色有闪光的小叶状固体。		
主要用途			本品是磺胺类药物、橡胶硫化促进剂、染料和合成樟脑等的原料和中间体，化妆品工业双氧水稳定剂。		
危险特性			本品遇明火、高热可燃；受热分解释放出有毒气体。		
健康危害			吸入本品对上呼吸道有刺激作用。高剂量摄入可引起高铁血红蛋白血症和骨髓增生；反复接触可发生紫绀；对皮肤有刺激性，可致皮炎。		
防护措施			呼吸系统防护：空气中粉尘浓度超标时，必须佩戴自吸过滤式防尘口罩。紧急事态抢救或撤离时，应该佩戴空气呼吸器。 眼睛防护：戴化学安全防护眼镜。 身体防护：穿防毒物渗透工作服。 手防护：戴橡胶手套。 其他防护：工作现场禁止吸烟、进食和饮水。及时换洗工作服。工作前后不饮酒，用温水洗澡。注意检测毒物。实行就业前和定期的体检。		
危险性类别			皮肤腐蚀/刺激，类别 2；严重眼损伤/眼刺激，类别 2。		

序号	75	品名	N-苯甲基-N-(3,4-二氯基苯)-DL-丙氨酸乙酯	商品编码	2924.2990
别 名			新燕灵	CAS 号	22212-55-1
英文名			Ethyl 2-[benzoyl-(3,4-dichlorophenyl)amino]propanoate		
分子式			$C_{18}H_{17}Cl_2NO_3$		
外观与性状			无色结晶。		
主要用途			用来防治危害农林牧业生产的有害生物（害虫、害螨、线虫、病原菌、杂草及鼠类）和调节植物生长的化学药品。		
危险特性			本品遇明火可燃；受热分解有毒氧化氮、氯化物气体。		
防护措施			呼吸系统防护：戴防护面具（全面罩）。 眼睛防护：戴安全防护眼镜。 身体防护：穿防护衣。 手防护：戴橡胶手套。 其他防护：工作现场禁止吸烟、进食和饮水。工作完毕，淋浴更衣。保持良好的卫生习惯。		
危险性类别			危害水生环境—急性危害，类别 1；危害水生环境—长期危害，类别 1。		

序号	76	品名	苯甲腈	商品编码	2926.9090
别 名			氰化苯；苯基氰；氰基苯；苄腈	CAS 号	100-47-0
英文名			Benzonitrile		
分子式			C_7H_5N		
外观与性状			无色油状液体，有杏仁的气味。		
主要用途			用作合成橡胶中间体，溶剂。		
危险特性			本品遇明火能燃烧；受高热分解释放出有毒的气体；与强氧化剂接触可发生化学反应。		
健康危害			有因衣服沾染了本品而发生严重中毒的报道，患者出现丧失、痉挛。本品对眼睛有刺激作用；皮肤较长时间接触也有刺激作用。动物吸入本品蒸气或小剂量灌胃，主要为麻醉作用，大剂量会引起痉挛。		
防护措施			呼吸系统防护：可能接触其蒸气时，应该佩戴自吸过滤式防毒面具（半面罩）。紧急事态抢救或撤离时，建议佩戴空气呼吸器。 眼睛防护：戴化学安全防护眼镜。 身体防护：穿聚乙烯防毒服。 手防护：戴橡胶耐油手套。 其他防护：工作现场禁止吸烟、进食和饮水。工作完毕，彻底清洗。单独存放被毒物污染的衣服，洗后备用。车间应配备急救设备及药品。作业人员应学会自救互救。		
危险性类别			急性毒性—吸入，类别 3。		

序号	77	品名	苯甲醚	商品编码	2909.3090
别 名			茴香醚;甲氧基苯	CAS 号	100-66-3
英文名			Anisole		
分子式			C_7H_8O		
外观与性状			无色液体,有芳香气味。		
主要用途			用于溶剂、香料、有机合成中间体。		
危险特性			本品易燃,遇高热、明火及强氧化剂易引起燃烧。		
健康危害			本品具有刺激性。		
防护措施			呼吸系统防护:空气中浓度超标时,应该佩戴过滤式防毒面具(半面罩)。 眼睛防护:必要时,戴化学安全防护眼镜。 身体防护:穿防静电工作服。 手防护:戴橡胶耐油手套。 其他防护:工作现场严禁吸烟。注意个人清洁卫生。		
危险性类别			易燃液体,类别3。		

序号	78	品名	苯甲酸汞	商品编码	2852.1000
别 名			安息香酸汞	CAS 号	583-15-3
英文名			Mercury benzoate		
分子式			$C_{14}H_{10}O_4 \cdot Hg$		
外观与性状			白色结晶粉末,对光敏感。		
主要用途			用作治疗梅毒的药物。		
危险特性			本品遇明火、高热可燃;其粉体与空气可形成爆炸性混合物,当达到一定浓度时,遇火星会发生爆炸;受高热分解释放出有毒的气体。		
健康危害			本品高毒,误服或吸入会引起中毒。		
防护措施			呼吸系统防护:可能接触其粉尘时,必须佩戴防尘面具(全面罩)。紧急事态抢救或撤离时,应该佩戴空气呼吸器。 眼睛防护:呼吸系统防护中已作防护。 身体防护:穿胶布防毒衣。 手防护:戴橡胶手套。 其他防护:工作现场禁止吸烟、进食和饮水。工作完毕,淋浴更衣。保持良好的卫生习惯。		
危险性类别			急性毒性—经口,类别2*;急性毒性—经皮肤,类别1;急性毒性—吸入,类别2*;特异性靶器官毒性—反复接触,类别2*;危害水生环境—急性危害,类别1;危害水生环境—长期危害,类别1。		

序号	79	品名	苯甲酸甲酯	商品编码	2916.3100
别 名			尼哦油	CAS 号	93-58-3
英文名			Methyl benzoate		
分子式			$C_8H_8O_2$		
外观与性状			无色液体。		
主要用途			用于香料工业及用作溶剂。		
危险特性			本品遇明火、高热能引起燃烧爆炸；与氧化剂接触起强烈反应。		
健康危害			吸入、口服或经皮肤吸收本品后对身体有害；其蒸气或雾对眼睛、皮肤和上呼吸道有刺激性；对呼吸道和皮肤有致敏作用。		
防护措施			呼吸系统防护：空气中浓度超标时，佩戴自吸过滤式防毒面具（半面罩）。 眼睛防护：戴化学安全防护眼镜。 身体防护：穿透气型防毒服。 手防护：戴防化学品手套。 其他防护：工作现场禁止吸烟、进食和饮水。工作完毕，彻底清洗。工作服不准带至非作业场所。单独存放被毒物污染的衣服，洗后备用。		
危险性类别			急性毒性—经口，类别2*；急性毒性—经皮肤，类别1；急性毒性—吸入，类别2*；特异性靶器官毒性—反复接触，类别2*；危害水生环境—急性危害，类别1；危害水生环境—长期危害，类别1。		

序号	80	品名	苯甲酰氯	商品编码	2916.3200
别 名			氯化苯甲酰	CAS 号	98-88-4
英文名			Benzoyl chloride		
分子式			C_7H_5ClO		
外观与性状			无色发烟液体。		
主要用途			用于医药、有机合成中间体。		
危险特性			本品遇明火、高热可燃；遇水或水蒸气反应放热并产生有毒的腐蚀性气体；对很多金属尤其是在潮湿空气下有腐蚀性。		
健康危害			本品对眼睛、皮肤、黏膜和呼吸道有强烈的刺激作用。吸入可因喉、支气管的痉挛、水肿、炎症，化学性肺炎、肺水肿而致死。中毒症状有烧灼感、咳嗽、喘息、喉炎、气短、头痛、恶心和呕吐。		
防护措施			呼吸系统防护：可能接触其蒸气时，建议佩戴自吸过滤式防毒面具（全面罩）。紧急事态抢救或撤离时，建议佩戴自给式呼吸器。 眼睛防护：呼吸系统防护中已作防护。 身体防护：穿橡胶耐酸碱服。 手防护：戴橡胶耐酸碱手套。 其他防护：工作场所禁止吸烟、进食和饮水，饭前要洗手。工作完毕，淋浴更衣。单独存放被毒物污染的衣服，洗后备用。保持良好的卫生习惯。		
危险性类别			皮肤腐蚀/刺激，类别1B；严重眼损伤/眼刺激，类别1；皮肤致敏物，类别1；危害水生环境—急性危害，类别1。		

序号	81	品名	苯甲氧基磺酰氯	商品编码	2916.3200
别 名				CAS 号	
英文名		Phenoxy sulfonyl chloride			
分子式		$C_6H_5ClO_3S$			
外观与性状		白色粉末。			
主要用途		用作医药中间体。			
防护措施		呼吸系统防护：戴防护面具（全面罩）。 眼睛防护：戴安全防护眼镜。 身体防护：穿防护衣。 手防护：戴橡胶手套。 其他防护：工作现场禁止吸烟、进食和饮水。工作完毕，淋浴更衣。保持良好的卫生习惯。			
危险性类别		皮肤腐蚀/刺激，类别 1；严重眼损伤/眼刺激，类别 1。			

序号	82	品名	苯肼	商品编码	2928.0000
别 名		苯基联胺		CAS 号	100-63-0
英文名		Phenylhydrazine			
分子式		$C_6H_8N_2$			
外观与性状		淡黄色晶体或油状液体，有刺激性气味。			
主要用途		用于有机合成及用作分析试剂。			
危险特性		本品遇明火、高热可燃；受热分解释放出有毒的氧化氮烟气；与强氧化剂接触可发生化学反应。			
健康危害		本品有强烈的溶血作用，并能促进高铁血红蛋白的生成和损害肝、肾、心脏等器官，中毒症状有头痛、头晕、疲倦乏力、食欲不振、腹痛、腹泻，进一步则出现黄疸、贫血、白细胞减少、血尿及蛋白尿，对皮肤有刺激作用和致敏作用。			
防护措施		呼吸系统防护：可能接触其蒸气时，应该佩戴自吸过滤式防毒面具（半面罩）。紧急事态抢救或撤离时，佩戴空气呼吸器。 眼睛防护：戴化学安全防护眼镜。 身体防护：穿防毒物渗透工作服。 手防护：戴橡胶耐油手套。 其他防护：工作现场禁止吸烟、进食和饮水。工作完毕，淋浴更衣。单独存放被毒物污染的衣服，洗后备用。保持良好的卫生习惯。			
危险性类别		急性毒性—经口，类别 3*；急性毒性—经皮肤，类别 3*；急性毒性—吸入，类别 3*；皮肤腐蚀/刺激，类别 2；严重眼损伤/眼刺激，类别 2；皮肤致敏物，类别 1；生殖细胞致突变性，类别 2；特异性靶器官毒性—反复接触，类别 1；危害水生环境—急性危害，类别 1。			

序号	83	品名	苯胩化二氯		商品编码	2925.2900
别　名			苯胩化氯；二氯化苯胩		CAS 号	622-44-6
英文名			Phenyl carbylamine dichloride			
分子式			$C_7H_5Cl_2N$			
外观与性状			无色液体。			
主要用途			用于遮盖有毒气体特别是芥子气的臭味。			
危险特性			本品可燃，受热分解产生有毒的烟气。			
健康危害			极低浓度的本品可刺激人的眼、鼻、咽的黏膜。在 $30mg/m^3$ 下 1 分钟以上人即不能耐受，可致头痛及支气管炎。$800mg/m^3$ 时，人吸入 1~2 分钟会引起呼吸器官的显著损害。			
防护措施			呼吸系统防护：空气中浓度超标时，必须佩戴自吸过滤式防毒面具（全面罩）。紧急事态抢救或撤离时，应该佩戴空气呼吸器。 眼睛防护：呼吸系统防护中已作防护。 身体防护：穿胶布防毒衣。 手防护：戴橡胶耐油手套。 其他防护：工作现场禁止吸烟、进食和饮水。工作完毕，彻底清洗。工作服不准带至非作业场所。单独存放被毒物污染的衣服，洗后备用。			
危险性类别			急性毒性—吸入，类别 2；皮肤腐蚀/刺激，类别 2；严重眼损伤/眼刺激，类别 2。			

序号	84	品名	苯醌		商品编码	2914.6900
别　名					CAS 号	106-51-4
英文名			1,4-Benzoquinone			
分子式			$C_6H_4O_2$			
外观与性状			金黄色棱柱状结晶，有刺激性气味。			
主要用途			用作染料中间体，分析中用于测定氨基酸。			
危险特性			本品遇明火、高热可燃；受高热升华产生有毒气体；加热分解产生毒性气体。			
健康危害			本品有强烈的刺激性。高浓度接触刺激黏膜、上呼吸道、眼睛和皮肤。眼睛接触其蒸气可引起结膜和角膜损害，表现为结膜色素沉着，角膜溃疡。皮肤接触局部有色素减退、红斑、肿胀、丘疹和水疱。长时间接触可引起坏死。口服可致死。			
防护措施			呼吸系统防护：空气中粉尘浓度超标时，应该佩戴头罩型电动送风过滤式防尘呼吸器。紧急事态抢救或撤离时，佩戴空气呼吸器。 眼睛防护：呼吸系统防护中已作防护。 身体防护：穿防毒物渗透工作服。 手防护：戴橡胶手套。 其他防护：工作完毕，淋浴更衣。单独存放被毒物污染的衣服，洗后备用。保持良好的卫生习惯。			
危险性类别			急性毒性—经口，类别 3＊；急性毒性—吸入，类别 3＊；皮肤腐蚀/刺激，类别 2；严重眼损伤/眼刺激，类别 2；特异性靶器官毒性—单次接触，类别 3（呼吸道刺激）；危害水生环境—急性危害，类别 1。			

序号	85	品名	苯硫代二氯化膦	商品编码	2931.3990
别　名			苯硫代磷酰二氯；硫代二氯化膦苯	CAS 号	3497-00-5
英文名			Benzene phosphorus thiodichloride		
分子式			$C_6H_5Cl_2PS$		
外观与性状			无色液体，在空气中微发烟。		
主要用途			作为农药和医药的中间体。		
危险特性			本品可燃，遇水或水蒸气反应放出有毒和易燃的气体。		
健康危害			误服或吸入本品会中毒，对皮肤、眼睛和黏膜有刺激性和腐蚀性。		
防护措施			呼吸系统防护：空气中浓度超标时，必须佩戴自吸过滤式防毒面具（全面罩）。紧急事态抢救或撤离时，应该佩戴空气呼吸器。 眼睛防护：呼吸系统防护中已作防护。 身体防护：穿橡胶耐酸碱服。 手防护：戴橡胶耐酸碱手套。 其他防护：工作完毕，淋浴更衣。单独存放被毒物污染的衣服，洗后备用。保持良好的卫生习惯。		
危险性类别			皮肤腐蚀/刺激，类别 1；严重眼损伤/眼刺激，类别 1。		

序号	86	品名	苯胂化二氯	商品编码	2931.9000
别　名			二氯化苯胂；二氯苯胂	CAS 号	696-28-6
英文名			Phenylarsine dichloride		
分子式			$C_6H_5AsCl_2$		
外观与性状			无色至黄色液体。		
主要用途			农业上用作杀菌剂。		
危险特性			本品本身不能燃烧，遇水或水蒸气反应放热并产生有毒的腐蚀性气体；受热分解释出高毒烟雾；其蒸气比空气重，能在较低处扩散到相当远的地方，遇火源会着火回燃；若遇高热，容器内压增大，有开裂和爆炸的危险。		
健康危害			急性中毒者会出现胃肠炎、神经系统损害，严重者会引起休克、肾功能损害。胂中毒三日至三周出现急性周围神经病。部分患者出现中毒性肝、肾、心肌等损害。		
防护措施			呼吸系统防护：空气中浓度超标时，必须佩戴自吸过滤式防毒面具（全面罩）。紧急事态抢救或撤离时，应该佩戴空气呼吸器。 眼睛防护：呼吸系统防护中已作防护。 身体防护：穿胶布防毒衣。 手防护：戴橡胶手套。 其他防护：工作现场禁止吸烟、进食和饮水。工作完毕，淋浴更衣。保持良好的卫生习惯。		
危险性类别			急性毒性—经皮肤，类别 1；危害水生环境—急性危害，类别 1；危害水生环境—长期危害，类别 1。		

序号	87	品名	苯胂酸		商品编码	2931.9000
别 名					CAS 号	98-05-5
英文名	Phenylarsonic acid					
分子式	$C_6H_7AsO_3$					
外观与性状	白色结晶性粉末。					
主要用途	用作分析试剂。					
危险特性	本品剧毒,受热分解释放出有毒的砷化物烟雾。					
防护措施	呼吸系统防护:戴防护面具(全面罩)。 眼睛防护:戴安全防护眼镜。 身体防护:穿防护衣。 手防护:戴橡胶手套。 其他防护:工作现场禁止吸烟、进食和饮水。工作完毕,淋浴更衣。保持良好的卫生习惯。					
危险性类别	急性毒性—经口,类别3*;急性毒性—吸入,类别3*;危害水生环境—急性危害,类别1;危害水生环境—长期危害,类别1。					

序号	88	品名	苯四甲酸酐		商品编码	2917.3990
别 名	均苯四甲酸酐				CAS 号	89-32-7
英文名	Pyromellitic dianhydride					
分子式	$C_{10}H_2O_6$					
外观与性状	白色或微黄色块状和粉状固体结晶。					
主要用途	主要用作聚酰亚胺的原料,环氧树脂的固化消光剂及聚酯树脂的交联剂。					
危险特性	本品遇明火可燃,高热释放出有毒气体。					
健康危害	本品吞咽可能有害,会造成严重眼损伤,吸入可能导致过敏或哮喘病症状或呼吸困难。					
防护措施	呼吸系统防护:空气中粉尘浓度超标时,必须佩戴自吸过滤式防尘口罩。紧急事态抢救或撤离时,应该佩戴空气呼吸器。 眼睛防护:戴化学安全防护眼镜。 身体防护:穿防毒物渗透工作服。 手防护:戴橡胶手套。 其他防护:工作现场禁止吸烟、进食和饮水。工作完毕,淋浴更衣。单独存放被毒物污染的衣服,洗后备用。保持良好的卫生习惯。					
危险性类别	严重眼损伤/眼刺激,类别1;呼吸道致敏物,类别1;皮肤致敏物,类别1。					

序号	89	品名	苯乙醇腈	商品编码	2926.9090
别 名			苯甲氰醇；扁桃腈	CAS 号	532-28-5
英文名			Benzaldehyde cyanohydrin		
分子式			C_8H_7NO		
外观与性状			黄色黏稠液体，具有特殊臭味。		
主要用途			用于有机合成。		
危险特性			本品遇明火、高热可燃；与氧化剂可发生反应；受高热分解释放出有毒的气体；其蒸气比空气重，能在较低处扩散到相当远的地方，遇火源会着火回燃；若遇高热，容器内压增大，有开裂和爆炸的危险。		
健康危害			本品毒性大，易释出氰根，抑制呼吸酶，造成缺氧，对眼睛有刺激性；会引起皮肤和黏膜充血、呼吸困难、头痛、头晕、昏迷等症状。		
防护措施			呼吸系统防护：空气中浓度超标时，必须佩戴自吸过滤式防毒面具（半面罩）。紧急事态抢救或撤离时，应该佩戴空气呼吸器。 眼睛防护：戴化学安全防护眼镜。 身体防护：穿防毒物渗透工作服。 手防护：戴橡胶手套。 其他防护：工作场所禁止吸烟、进食和饮水，饭前要洗手。工作完毕，淋浴更衣。保持良好的卫生习惯。		
危险性类别			急性毒性—经口，类别3；急性毒性—经皮肤，类别3；急性毒性—吸入，类别3。		

序号	90	品名	N-(苯乙基-4-哌啶基)丙酰胺柠檬酸盐	商品编码	2933.3300
别 名			枸橼酸芬太尼	CAS 号	990-73-8
英文名			Fentanyl citrate		
分子式			$C_{28}H_{36}N_2O_8$		
外观与性状			无臭味，味苦的白色结晶性粉末。		
主要用途			本品药理作用同吗啡，镇痛效力约为吗啡的150倍，为短时间的镇痛剂，与氟哌利多联合应用称为安定镇痛术，用于诱导麻醉。临床主要用于外科手术前和手术中镇痛，胃镜和泌尿系统检查之镇痛。		
防护措施			呼吸系统防护：戴防护面具（全面罩）。 眼睛防护：戴安全防护眼镜。 身体防护：穿防护衣。 手防护：戴橡胶手套。 其他防护：工作现场禁止吸烟、进食和饮水。工作完毕，淋浴更衣。保持良好的卫生习惯。		
危险性类别			急性毒性—经口，类别2。		

序号	91	品名	2-苯乙基异氰酸酯	商品编码	2929.1090
别　名				CAS 号	1943-82-4

英文名	Phenethyl isocyanate
分子式	C_9H_9NO
外观与性状	无色透明液体，有刺激性气味。
主要用途	主要用作合成降血糖新药格列美脲的关键中间体。
危险特性	本品遇明火能燃烧；受高热分解释放出有毒的气体；与强氧化剂接触可发生化学反应。
防护措施	呼吸系统防护：可能接触其蒸气时，应该佩戴自吸过滤式防毒面具（全面罩）。紧急事态抢救或撤离时，建议佩戴空气呼吸器。 眼睛防护：戴化学安全防护眼镜。 身体防护：穿聚乙烯防毒服。 手防护：戴橡胶耐油手套。 其他防护：工作现场禁止吸烟、进食和饮水。工作完毕，彻底清洗。车间应配备急救设备及药品。单独存放被毒物污染的衣服，洗后备用。作业人员应学会自救互救。
危险性类别	急性毒性—吸入，类别3*；皮肤腐蚀/刺激，类别1A；严重眼损伤/眼刺激，类别1；呼吸道致敏物，类别1；皮肤致敏物，类别1；危害水生环境—急性危害，类别2；危害水生环境—长期危害，类别2。

序号	92	品名	苯乙腈	商品编码	2926.9090
别　名	氰化苄；苄基氰			CAS 号	140-29-4

英文名	Phenylacetonitrile
分子式	C_8H_7N
外观与性状	无色油状液体，有刺激气味。
主要用途	是杀菌剂苯霜灵，杀虫剂辛硫磷、稻丰散，杀鼠剂敌鼠、氯鼠酮的中间体。
危险特性	本品遇明火能燃烧；受高热分解释放出有毒的气体；与强氧化剂接触可发生化学反应。
健康危害	本品毒作用与氢氰酸相似，并有局部刺激作用。吸入后出现头痛、头晕、恶心、呕吐、嗜睡、上呼吸道刺激、神志丧失等症状，会引起死亡；对眼睛和皮肤有刺激性，可经皮肤服迅速吸收；口服会有消化道刺激症状。
防护措施	呼吸系统防护：可能接触其蒸气时，应该佩戴自吸过滤式防毒面具（全面罩）。紧急事态抢救或撤离时，建议佩戴空气呼吸器。 眼睛防护：戴化学安全防护眼镜。 身体防护：穿聚乙烯防毒服。 手防护：戴橡胶耐油手套。 其他防护：工作现场禁止吸烟、进食和饮水。工作完毕，彻底清洗。车间应配备急救设备及药品。单独存放被毒物污染的衣服，洗后备用。作业人员应学会自救互救。
危险性类别	急性毒性—经口，类别3；急性毒性—经皮肤，类别3；急性毒性—吸入，类别1；严重眼损伤/眼刺激，类别2；特异性靶器官毒性—反复接触，类别1。

序号	93	品名	苯乙炔	商品编码	2902.9090
别　名			乙炔苯	CAS 号	536-74-3
英文名			Phenylacetylene		
分子式			C_8H_6		
外观与性状			无色液体。		
主要用途			不对称合成常用中间体，常用于有机合成试剂。		
危险特性			本品易燃，遇明火、高热或与氧化剂接触，有引起燃烧爆炸的危险。若遇高热，可发生聚合反应，放出大量热量而引起容器破裂和爆炸事故。		
健康危害			吸入、口服或经皮肤吸收本品后对身体有害。其蒸气或雾对眼睛、黏膜和呼吸道有刺激作用。中毒症状有烧灼感、咳嗽、喘息、喉炎、气短、头痛、恶心和呕吐。		
防护措施			呼吸系统防护：高浓度环境中，佩戴直接式防毒面具（半面罩）。 眼睛防护：一般不需要特殊防护，高浓度接触时可戴化学安全防护眼镜。 身体防护：穿防毒物渗透工作服。 手防护：戴橡胶耐油手套。 其他防护：工作现场禁止吸烟、进食和饮水。工作完毕，淋浴更衣。保持良好的卫生习惯。		
危险性类别			易燃液体，类别3。		

序号	94	品名	苯乙烯（稳定的）	商品编码	2902.5000
别　名			乙烯苯	CAS 号	100-42-5
英文名			Phenylethylene		
分子式			C_8H_8		
外观与性状			无色透明油状液体。		
主要用途			用于制聚苯乙烯、合成橡胶、离子交换树脂等。		
危险特性			本品蒸气与空气可形成爆炸性混合物，遇明火、高热或与氧化剂接触，有引起燃烧爆炸的危险；遇酸性催化剂如路易斯催化剂、齐格勒催化剂、硫酸、氯化铁、氯化铝等都能产生强烈聚合，放出大量热量；其蒸气比空气重，能在较低处扩散到相当远的地方，遇火源会着火回燃。		
健康危害			本品为可疑致癌物。		
防护措施			呼吸系统防护：空气中浓度超标时，建议佩戴过滤式防毒面具（半面罩）。紧急事态抢救或撤离时，建议佩戴隔离式呼吸器。 眼睛防护：一般不需要特殊防护，高浓度接触时可戴化学安全防护眼镜。 身体防护：穿防毒物渗透工作服。 手防护：戴橡胶耐油手套。 其他防护：工作现场禁止吸烟、进食和饮水。工作完毕，淋浴更衣。保持良好的卫生习惯。		
危险性类别			易燃液体，类别3；皮肤腐蚀/刺激，类别2；严重眼损伤/眼刺激，类别2；致癌性，类别2；生殖毒性，类别2；特异性靶器官毒性—反复接触，类别1；危害水生环境—急性危害，类别2。		

序号	95	品名	苯乙酰氯		商品编码	2916.3990
别　名					CAS 号	103-80-0
英文名	Phenylacetyl chloride					
分子式	C$_8$H$_7$ClO					
外观与性状	无色到浅黄色发烟液体。					
主要用途	用于香料制备、有机合成，也用作实验试剂。					
危险特性	本品遇明火、高热可燃；受高热分解产生有毒的腐蚀性烟气；与强氧化剂接触可发生化学反应；对大多数金属有腐蚀性。					
健康危害	本品可燃，有毒，具有腐蚀性、强刺激性，可致人体灼伤。					
防护措施	呼吸系统防护：可能接触其蒸气时，建议佩戴导管式防毒面具。紧急事态抢救或撤离时，佩戴自给式呼吸器。 眼睛防护：呼吸系统防护中已作防护。 身体防护：穿橡胶耐酸碱服。 手防护：戴橡胶手套。 其他防护：工作场所禁止吸烟、进食和饮水，饭前要洗手。工作完毕，淋浴更衣。单独存放被毒物污染的衣服，洗后备用。保持良好的卫生习惯。					
危险性类别	皮肤腐蚀/刺激，类别 1；严重眼损伤/眼刺激，类别 1。					

序号	96	品名	1-(3-吡啶甲基)-3-(4-硝基苯基)脲		商品编码	2933.3990
别　名	1-(4-硝基苯基)-3-(3-吡啶基甲基)脲；灭鼠优				CAS 号	53558-25-1
英文名	Vacor					
分子式	C$_{13}$H$_{12}$N$_4$O$_3$					
外观与性状	白色至淡黄色粉末。					
主要用途	用作高毒、速效杀鼠剂。					
危险特性	本品受热分解释放出有毒的氧化氮气体。					
防护措施	呼吸系统防护：戴防护面具（全面罩）。 眼睛防护：戴安全防护眼镜。 身体防护：穿防护衣。 手防护：戴橡胶手套。 其他防护：工作现场禁止吸烟、进食和饮水。工作完毕，淋浴更衣。保持良好的卫生习惯。					
危险性类别	急性毒性—经口，类别 1；特异性靶器官毒性—单次接触，类别 2。					

序号	97	品名	吡啶	商品编码	2933.3100
别　名		氮杂苯		CAS 号	110-86-1
英文名		Pyridine			
分子式		C_5H_5N			
外观与性状		无色或微黄色液体，有恶臭。			
主要用途		用于制造维生素、磺胺类药、杀虫剂及塑料等。			
危险特性		本品蒸气与空气可形成爆炸性混合物，遇明火、高热极易燃烧爆炸；与氧化剂接触反应猛烈；高温时分解，释放出剧毒的氮氧化物气体；与硫酸、硝酸、铬酸、发烟硫酸、氯磺酸、顺丁烯二酸酐、高氯酸银等剧烈反应，有爆炸危险；流速过快，容易产生和积聚静电；其蒸气比空气重，能在较低处扩散到相当远的地方，遇火源会着火回燃；若遇高热，容器内压增大，有开裂和爆炸的危险。			
健康危害		急性吸入中毒：吸入蒸气后，轻症者有眼睛和上呼吸道刺激症状，并有口苦、咽干、面色潮红、脉搏及呼吸加速、头痛、头胀、晕眩、嗜睡、恶心、呕吐、厌食、无力等。重症者有意识模糊、酒醉感、窒息感、抽搐、昏迷等。少数病例出现以精神症状为主的表现。严重者有肝、肾损害的表现。眼睛接触液体可引起灼伤。皮肤接触可发生光敏性皮炎，接触液体时间较长可引起灼伤。			
防护措施		呼吸系统防护：空气中浓度超标时，必须佩戴自吸过滤式防毒面具（全面罩）。紧急事态抢救或撤离时，应该佩戴空气呼吸器。 眼睛防护：呼吸系统防护中已作防护。 身体防护：穿胶布防毒衣。 手防护：戴橡胶耐油手套。 其他防护：工作现场禁止吸烟、进食和饮水。工作完毕，淋浴更衣。实行就业前和定期的体检。			
危险性类别		易燃液体，类别 2。			

序号	98	品名	4-[苄基(乙基)氨基]-3-乙氧基苯重氮氯化锌盐	商品编码	2927.0000
别　名				CAS 号	
英文名		4-[benzyl(ethyl)amino]-3-ethoxy benzene diazonium zinc chloride			
分子式		$C_{17}H_{20}Cl_3N_3OZn$			
防护措施		呼吸系统防护：戴防护面具（全面罩）。 眼睛防护：戴安全防护眼镜。 身体防护：穿防护衣。 手防护：戴橡胶手套。 其他防护：工作现场禁止吸烟、进食和饮水。工作完毕，淋浴更衣。保持良好的卫生习惯。			
危险性类别		自反应物质和混合物，D 型。			

序号	99	品名	吡咯	商品编码	2933.9900
别　　名			一氮二烯五环；氮杂茂	CAS 号	109-97-7
英文名			Pyrrole		
分子式			C_4H_5N		
外观与性状			浅黄色或棕色油状液体，具有类似氯仿的气味。		
主要用途			用作色谱分析标准物质，也用于有机合成及制药工业。		
危险特性			本品蒸气与空气可形成爆炸性混合物，遇明火、高热能引起燃烧爆炸；与氧化剂可发生反应；高温时分解，释放出剧毒的氮氧化物气体；流速过快，容易产生和积聚静电；容易自聚，聚合反应随着温度的上升而急骤加剧；其蒸气比空气重，能在较低处扩散到相当远的地方，遇火源会着火回燃；若遇高热，容器内压增大，有开裂和爆炸的危险。		
健康危害			吸入本品蒸气可致麻醉，并引起体温持续升高。		
防护措施			呼吸系统防护：空气中浓度超标时，必须佩戴自吸过滤式防毒面具（半面罩）。紧急事态抢救或撤离时，应该佩戴空气呼吸器。 眼睛防护：戴化学安全防护眼镜。 身体防护：穿防静电工作服。 手防护：戴橡胶耐油手套。 其他防护：工作现场严禁吸烟。工作完毕，淋浴更衣。注意个人清洁卫生。		
危险性类别			易燃液体，类别 3。		

序号	100	品名	2-吡咯酮	商品编码	2933.7900
别　　名			吡咯烷酮	CAS 号	616-45-5
英文名			2-pyrrolidone		
分子式			C_4H_7NO		
外观与性状			无色到淡黄色液体或结晶。		
主要用途			用作增塑剂、聚合剂、杀虫剂等的溶剂。		
危险特性			本品遇明火能燃烧；与氧化剂可发生反应；受热分解释放出有毒的氧化氮烟气。		
健康危害			摄入、吸入或经皮肤吸收本品后对身体有害。其蒸气和气溶胶对眼睛、黏膜、呼吸道、皮肤有刺激作用。		
防护措施			呼吸系统防护：空气中粉尘浓度超标时，必须佩戴自吸过滤式防尘口罩；可能接触其蒸气时，应该佩戴自吸过滤式防毒面具（半面罩）。 眼睛防护：戴化学安全防护眼镜。 身体防护：穿防毒物渗透工作服。 手防护：戴橡胶手套。 其他防护：工作现场禁止吸烟、进食和饮水。工作完毕，彻底清洗。单独存放被毒物污染的衣服，洗后备用。保持良好的卫生习惯。		
危险性类别			严重眼损伤/眼刺激，类别 2。		

序号	101	品名	N-苄基-N-乙基苯胺	商品编码	2921.4990
别　名			N-乙基-N-苄基苯胺；苄乙基苯胺	CAS 号	92-59-1
英文名			N-Benzyl-N-ethylaniline		
分子式			$C_{15}H_{17}N$		
外观与性状			浅黄色油状液体，溶于乙醇及其他有机溶剂，不溶于水。		
主要用途			用作染料中间体；用于制造酸性淡绿 SF 以及其他蓝色染料。		
防护措施			呼吸系统防护：戴防护面具（全面罩）。 眼睛防护：戴安全防护眼镜。 身体防护：穿防护衣。 手防护：戴橡胶手套。 其他防护：工作现场禁止吸烟、进食和饮水。工作完毕，淋浴更衣。保持良好的卫生习惯。		
危险性类别			急性毒性—经口，类别 3；危害水生环境—长期危害，类别 3。		

序号	102	品名	2-苄基吡啶	商品编码	2933.3990
别　名			2-苯甲基吡啶	CAS 号	101-82-6
英文名			Phenyl-2-pyridyl methane		
分子式			$C_{12}H_{11}N$		
外观与性状			黄色液体或针状结晶。		
主要用途			用于有机合成。		
危险特性			本品遇明火、高热可燃；与氧化剂能发生强烈反应；受高热分解释放出有毒的气体；若遇高热，容器内压增大，有开裂和爆炸的危险。		
健康危害			本品有毒，并对皮肤有刺激性，经口摄入会引起中毒。		
防护措施			呼吸系统防护：空气中浓度超标时，必须佩戴自吸过滤式防毒面具（半面罩）。紧急事态抢救或撤离时，应该佩戴空气呼吸器。 眼睛防护：戴化学安全防护眼镜。 身体防护：穿防毒物渗透工作服。 手防护：戴橡胶手套。 其他防护：工作场所禁止吸烟、进食和饮水，饭前要洗手。工作完毕，淋浴更衣。保持良好的卫生习惯。		
危险性类别			严重眼损伤/眼刺激，类别 2。		

序号	103	品名	4-苄基吡啶	商品编码	2933.3990
别 名			4-苯甲基吡啶	CAS 号	2116-65-6
英文名			Phenyl-4-pyridyl methane		
分子式			$C_{12}H_{11}N$		
外观与性状			浅黄色或黄色液体。		
主要用途			用于制备药物、染料，也用作分析试剂。		
危险特性			本品遇明火、高热可燃；与氧化剂可发生反应；受高热分解释放出有毒的气体；若遇高热，容器内压增大，有开裂和爆炸的危险。		
健康危害			本品对人体具有毒性和刺激性。经口摄入会中毒。受热分解释放出氮氧化物。		
防护措施			呼吸系统防护：空气中浓度超标时，必须佩戴自吸过滤式防毒面具（半面罩）。紧急事态抢救或撤离时，应该佩戴空气呼吸器。 眼睛防护：戴化学安全防护眼镜。 身体防护：穿防毒物渗透工作服。 手防护：戴橡胶手套。 其他防护：工作场所禁止吸烟、进食和饮水，饭前要洗手。工作完毕，淋浴更衣。保持良好的卫生习惯。		
危险性类别			皮肤腐蚀/刺激，类别2；严重眼损伤/眼刺激，类别2；特异性靶器官毒性—单次接触，类别3（呼吸道刺激）。		

序号	104	品名	苄硫醇	商品编码	2930.9090
别 名			α-甲苯硫醇	CAS 号	100-53-8
英文名			Benzyl mercaptan		
分子式			C_7H_8S		
外观与性状			水白色液体，有强烈的气味。		
主要用途			用于香精制造。		
危险特性			本品遇明火、高热易燃。受高热分解产生有毒的硫化物烟气。		
健康危害			本品蒸气或雾对眼睛、黏膜和上呼吸道有刺激性。接触后会引起烧灼感、咳嗽、喘息、喉炎、气短、头痛、恶心和呕吐。		
防护措施			呼吸系统防护：空气中浓度较高时，应该佩戴自吸过滤式防毒面具（半面罩）。紧急事态抢救或撤离时，建议佩戴空气呼吸器。 眼睛防护：戴化学安全防护眼镜。 身体防护：穿透气型防毒服。 手防护：戴防化学品手套。 其他防护：工作现场禁止吸烟、进食和饮水。工作完毕，彻底清洗。单独存放被毒物污染的衣服，洗后备用。保持良好的卫生习惯。		
危险性类别			严重眼损伤/眼刺激，类别2；危害水生环境—急性危害，类别1。		

序号	105	品名	变性乙醇	商品编码	2207.2000
别 名		变性酒精		CAS 号	
英文名		Denatured alcohol			
分子式		$C_4H_8O_2$			
外观与性状		无色澄清液体，有芳香气味，易挥发。			
主要用途		用作溶剂及用于染料和一些医药中间体的合成。			
危险特性		本品易燃，其蒸气与空气可形成爆炸性混合物，遇明火、高热能引起燃烧爆炸；与氧化剂接触反应猛烈；其蒸气比空气重，能在较低处扩散到相当远的地方，遇火源会着火回燃。			
防护措施		呼吸系统防护：可能接触其蒸气时，应该佩戴自吸过滤式防毒面具（半面罩）。紧急事态抢救或撤离时，建议佩戴空气呼吸器。 眼睛防护：戴化学安全防护眼镜。 身体防护：穿防静电工作服。 手防护：戴橡胶耐油手套。 其他防护：工作现场严禁吸烟。工作完毕，淋浴更衣。注意个人清洁卫生。			
危险性类别		易燃液体，类别2。			

序号	106	品名	(1R,2R,4R)-冰片-2-硫氰基醋酸酯	商品编码	2930.9090
别 名		敌稻瘟		CAS 号	115-31-1
英文名		Thanite, Isobornyl thiocyanatoacetate			
分子式		$C_{13}H_{19}NO_2S$			
外观与性状		黄色油状液体，有萜烯味。			
主要用途		用作农用杀菌剂。			
危险特性		本品遇明火、高热可燃；与氧化剂能发生强烈反应；受热分解产生有毒的烟气；若遇高热，容器内压增大，有开裂和爆炸的危险。			
健康危害		本品为低毒类杀菌剂，吸入、摄入或经皮肤吸收后会中毒，对眼睛、皮肤、黏膜和上呼吸道有刺激作用。受热分解释放出有毒的氮氧化物和氧化硫烟雾。			
防护措施		呼吸系统防护：空气中浓度超标时，必须佩戴自吸过滤式防毒面具（半面罩）。紧急事态抢救或撤离时，应该佩戴空气呼吸器。 眼睛防护：戴化学安全防护眼镜。 身体防护：穿防毒物渗透工作服。 手防护：戴橡胶手套。 其他防护：工作场所禁止吸烟、进食和饮水，饭前要洗手。工作完毕，淋浴更衣。保持良好的卫生习惯。			
危险性类别		危害水生环境—急性危害，类别1；危害水生环境—长期危害，类别1。			

序号	107	品名	丙胺氟磷		商品编码	2929.9090
别　名			N,N'-氟磷酰二异丙胺；双(二异丙氨基)磷酰氟		CAS 号	371-86-8
英文名			N,N'-Diisoprophyl phosphordiamide fluoride			
分子式			$C_6H_{16}FN_2OP$			
外观与性状			丙胺氟磷。			
主要用途			用作农用杀菌剂。			
健康危害			经皮肤、呼吸道、消化道吸收本品后会中毒。			
防护措施			呼吸系统防护：戴防护面具（全面罩）。 眼睛防护：戴安全防护眼镜。 身体防护：穿防护衣。 手防护：戴橡胶手套。 其他防护：工作现场禁止吸烟、进食和饮水。工作完毕，淋浴更衣。保持良好的卫生习惯。			
危险性类别			特异性靶器官毒性—单次接触，类别 1。			

序号	108	品名	1-丙醇		商品编码	2905.1210
别　名			正丙醇		CAS 号	71-23-8
英文名			1-propyl alcohol			
分子式			C_3H_8O			
外观与性状			无色液体。			
主要用途			用作溶剂及用于制药、油漆和化妆品等。			
危险特性			本品易燃，其蒸气与空气可形成爆炸性混合物，遇明火、高热能引起燃烧爆炸；与氧化剂接触发生化学反应或引起燃烧；在火场中，受热的容器有爆炸危险；其蒸气比空气重，能在较低处扩散到相当远的地方，遇火源会着火回燃。			
健康危害			接触高浓度本品蒸气会出现头痛、嗜睡、共济失调以及眼、鼻、喉刺激症状。口服会导致恶心、呕吐、腹痛、腹泻、嗜睡、昏迷甚至死亡。皮肤长期接触会导致皮肤干燥、皲裂。			
防护措施			呼吸系统防护：空气中浓度超标时，应该佩戴过滤式防毒面具（半面罩）。 眼睛防护：一般不需要特殊防护，高浓度接触时可戴安全防护眼镜。 身体防护：穿防静电工作服。 手防护：戴乳胶手套。 其他防护：工作现场严禁吸烟。保持良好的卫生习惯。			
危险性类别			易燃液体，类别 2；严重眼损伤/眼刺激，类别 1；特异性靶器官毒性—单次接触，类别 3（麻醉效应）。			

序号	109	品名	2-丙醇	商品编码	2905.1220
别　名		异丙醇		CAS 号	67-63-0
英文名		2-propanol			
分子式		C_3H_8O			
外观与性状		无色透明液体，有似乙醇和丙酮混合物的气味。			
主要用途		是重要的化工产品和原料。主要用于制药、化妆品、塑料、香料、涂料等。			
危险特性		本品易燃，其蒸气与空气可形成爆炸性混合物，遇明火、高热能引起燃烧爆炸；与氧化剂接触反应猛烈；在火场中，受热的容器有爆炸危险；其蒸气比空气重，能在较低处扩散到相当远的地方，遇火源会着火回燃。			
健康危害		接触高浓度本品蒸气会出现头痛、嗜睡、共济失调，以及眼、鼻、喉刺激症状。口服会导致恶心、呕吐、腹痛、腹泻、嗜睡、昏迷甚至死亡。皮肤长期接触可致皮肤干燥、皲裂。			
防护措施		呼吸系统防护：一般不需要特殊防护，高浓度接触时可佩戴过滤式防毒面具（半面罩）。 眼睛防护：一般不需要特殊防护，高浓度接触时可戴安全防护眼镜。 身体防护：穿防静电工作服。 手防护：戴乳胶手套。 其他防护：工作现场严禁吸烟。保持良好的卫生习惯。			
危险性类别		易燃液体，类别 2；严重眼损伤/眼刺激，类别 2；特异性靶器官毒性—单次接触，类别 3（麻醉效应）。			

序号	110	品名	1,2-丙二胺	商品编码	2921.2900
别　名		1,2-二氨基丙烷；丙邻二胺		CAS 号	78-90-0
英文名		1,2-propanediamine			
分子式		$C_3H_{10}N_2$			
外观与性状		无色液体，有氨的气味，有吸湿性。			
主要用途		用作橡胶促进剂、添加剂、溶剂，以及用于染料、化学试剂制造。			
危险特性		本品易燃，遇明火、高热或与氧化剂接触，有引起燃烧爆炸的危险；受热分解释放出有毒的氧化氮烟气；能腐蚀铜及其合金。			
健康危害		本品对黏膜、上呼吸道、眼睛和皮肤有强烈刺激性。吸入后，可因喉及支气管的痉挛、炎症、水肿，化学性肺炎或肺水肿而致死。较长时间接触对皮肤有强烈刺激性或引起灼伤。			
防护措施		呼吸系统防护：可能接触其蒸气时，应该佩戴自吸过滤式防毒面具（全面罩）。 眼睛防护：呼吸系统防护中已作防护。 身体防护：穿橡胶耐酸碱服。 手防护：戴橡胶耐油手套。 其他防护：工作现场禁止吸烟、进食和饮水。工作完毕，淋浴更衣。实行就业前和定期的体检。			
危险性类别		易燃液体，类别 3；皮肤腐蚀/刺激，类别 1A；严重眼损伤/眼刺激，类别 1。			

序号	111	品名	1,3-丙二胺		商品编码	2921.2900
别 名			1,3-二氨基丙烷		CAS 号	109-76-2
英文名			1,3-propanediamine			
分子式			$C_3H_{10}N_2$			
外观与性状			水白色液体,有氨的气味。			
主要用途			用作有机合成中间体、溶剂。			
危险特性			本品遇明火、高热或与氧化剂接触,有引起燃烧爆炸的危险;受热分解释放出有毒的氧化氮烟气;若遇高热,容器内压增大,有开裂和爆炸的危险。			
健康危害			本品对黏膜、上呼吸道、眼睛和皮肤有强烈的刺激性。吸入后,可因喉及支气管的痉挛、炎症、水肿,化学性肺炎或肺水肿而致死。接触后有烧灼感、咳嗽、喘息、喉炎、气短、头痛、恶心和呕吐。可致灼伤。			
防护措施			呼吸系统防护:可能接触其蒸气时,应该佩戴自吸过滤式防毒面具(全面罩)。 眼睛防护:呼吸系统防护中已作防护。 身体防护:穿橡胶耐酸碱服。 手防护:戴橡胶耐油手套。 其他防护:工作现场禁止吸烟、进食和饮水。工作完毕,淋浴更衣。保持良好的卫生习惯。			
危险性类别			易燃液体,类别3;急性毒性—经口,类别3;急性毒性—经皮肤,类别2;皮肤腐蚀/刺激,类别1;严重眼损伤/眼刺激,类别1。			

序号	112	品名	丙二醇乙醚		商品编码	2909.4990
别 名			1-乙氧基-2-丙醇		CAS 号	1569-02-4
英文名			Propylene glycol monoethyl ether			
分子式			$C_5H_{12}O_2$			
外观与性状			无色液体。			
主要用途			用作溶剂、分散剂或稀释剂。用于涂料、油墨、印染、农药、纤维素、丙烯酸酯等工业。也用作燃料抗冻剂、萃取剂、有色金属选矿剂等。			
危险特性			本品蒸气与空气可形成爆炸性混合物,遇明火、高热能引起燃烧爆炸;与氧化剂可发生反应;若遇高热,容器内压增大,有开裂和爆炸的危险。			
主要危害			动物中毒表现以中枢神经系统抑制为主,会导致眼睛、呼吸道刺激和肾损害。用本品溶液滴兔眼,可引起结膜刺激和暂时性角膜混浊。			
防护措施			呼吸系统防护:空气中浓度超标时,必须佩戴自吸过滤式防毒面具(半面罩)。紧急事态抢救或撤离时,应该佩戴空气呼吸器。 眼睛防护:戴化学安全防护眼镜。 身体防护:穿防静电工作服。 手防护:戴橡胶耐油手套。 其他防护:工作现场严禁吸烟。避免长期反复接触。定期体检。			
危险性类别			易燃液体,类别3;特异性靶器官毒性—单次接触,类别3(麻醉效应)。			

序号	113	品名	丙二腈	商品编码	2926.9090
别名		二氰甲烷；氰化亚甲基；缩苹果腈		CAS 号	109-77-3
英文名		Propanedinitrile			
分子式		$C_3H_2N_2$			
外观与性状		无色结晶。			
主要用途		用于有机合成，金的浸提剂。			
危险特性		本品加热至120℃，与碱性物质接触，立即强烈聚合；受高热分解释放出有毒的气体。			
健康危害		本品毒性似氰化物。氰化物的特异作用为抑制细胞呼吸，造成组织缺氧。大鼠皮下注射近致死量的本品，出现呼吸困难、紫绀和抽搐，尿中硫氰酸盐排出量增加。			
防护措施		呼吸系统防护：可能接触毒物时，必须佩戴自吸过滤式防毒面具（全面罩）。紧急事态抢救或撤离时，建议佩戴隔离式呼吸器。 眼睛防护：呼吸系统防护中已作防护。 身体防护：穿聚乙烯防毒服。 手防护：戴橡胶手套。 其他防护：工作现场禁止吸烟、进食和饮水。工作完毕，彻底清洗。单独存放被毒物污染的衣服，洗后备用。车间应配备急救设备及药品。作业人员应学会自救互救。			
危险性类别		急性毒性—经口，类别3*；急性毒性—经皮肤，类别3*；急性毒性—吸入，类别3*；危害水生环境—急性危害，类别1；危害水生环境—长期危害，类别1。			

序号	114	品名	丙二酸铊	商品编码	2917.1900
别名		丙二酸亚铊		CAS 号	2757-18-8
英文名		Thallium(Ⅰ)malonate			
分子式		$C_3H_2O_4 \cdot 2Tl$			
外观与性状		结晶，在空气中易潮解。			
主要用途		配制克里立斯重液。			
危险特性		本品遇明火、高热可燃；其粉体遇空气可形成爆炸性混合物，当达到一定浓度时，遇火星会发生爆炸；受高热分解释放出有毒的气体。			
健康危害		本品剧毒，其粉尘能刺激眼睛、上呼吸道。中毒后可出现恶心，腹痛等症状。本品可经皮肤吸收，对神经系统、心、肾有损害，脱发是铊中毒的特征表现。			
防护措施		呼吸系统防护：可能接触其粉尘时，必须佩戴防尘面具（全面罩）。紧急事态抢救或撤离时，应该佩戴空气呼吸器。 眼睛防护：呼吸系统防护中已作防护。 身体防护：穿胶布防毒衣。 手防护：戴橡胶手套。 其他防护：工作现场禁止吸烟、进食和饮水。工作完毕，淋浴更衣。保持良好的卫生习惯。			
危险性类别		急性毒性—经口，类别2；急性毒性—吸入，类别2；特异性靶器官毒性—反复接触，类别2*；危害水生环境—急性危害，类别2；危害水生环境—长期危害，类别2。			

序号	115	品名	丙二烯(稳定的)	商品编码	2901.2990
别　名				CAS 号	463-49-0
英文名	Allene				
分子式	C_3H_4				
外观与性状	无色气体，略带甜味。				
主要用途	作为活性中间体。				
危险特性	本品易燃，与空气混合能形成爆炸性混合物，遇热源和明火有燃烧爆炸的危险；是非常活泼的物质，容易产生聚合；在200kPa大气压下可发生爆炸性分解；气体比空气重，能在较低处扩散到相当远的地方，遇火源会着火回燃。				
健康危害	本品有单纯窒息、麻醉和刺激作用。吸入后会引起头痛、头晕、嗜睡、流涎、呕吐、神志不清，可能因缺氧而窒息死亡。眼睛和皮肤接触液态本品，会导致冻伤。				
防护措施	呼吸系统防护：一般不需要特殊防护，高浓度接触时可佩戴自吸过滤式防毒面具（半面罩）。 眼睛防护：戴化学安全防护眼镜。 身体防护：穿防静电工作服。 手防护：戴一般作业防护手套。 其他防护：工作现场严禁吸烟。避免长期反复接触。				
危险性类别	易燃气体，类别1；加压气体；特异性靶器官毒性—单次接触，类别3（麻醉效应）。				

序号	116	品名	丙二酰氯	商品编码	2917.1900
别　名	缩苹果酰氯			CAS 号	1663-67-8
英文名	Malonyl chloride				
分子式	$C_3H_2Cl_2O_2$				
外观与性状	黄色液体。				
主要用途	用于有机合成。				
危险特性	本品蒸气与空气可形成爆炸性混合物，遇明火、高热能引起燃烧爆炸；与氧化剂可发生反应；遇水发生剧烈反应，散发出具有刺激性和腐蚀性的氯化氢气体；受高热分解释放出有毒的气体；具有腐蚀性；若遇高热，容器内压增大，有开裂和爆炸的危险。				
健康危害	本品易燃，有毒，具有腐蚀性、强刺激性，会导致人体灼伤。				
防护措施	呼吸系统防护：空气中浓度超标时，必须佩戴自吸过滤式防毒面具（全面罩）。紧急事态抢救或撤离时，应该佩戴空气呼吸器。 眼睛防护：呼吸系统防护中已作防护。 身体防护：穿橡胶耐酸碱服。 手防护：戴橡胶耐酸碱手套。 其他防护：工作现场禁止吸烟、进食和饮水。工作完毕，淋浴更衣。保持良好的卫生习惯。				
危险性类别	易燃液体，类别3；皮肤腐蚀/刺激，类别1；严重眼损伤/眼刺激，类别1。				

序号	117	品名 丙基三氯硅烷	商品编码	2931.9000
别　名			CAS 号	141-57-1
英文名	N-propyl trichlorosilane			
分子式	$C_3H_7Cl_3Si$			
外观与性状	无色液体，具有刺激性臭味。			
主要用途	用作有机硅中间体。			
危险特性	本品蒸气与空气可形成爆炸性混合物，遇明火、高热能引起燃烧爆炸；与氧化剂可发生反应；遇水或水蒸气反应放热并产生有毒的腐蚀性气体；受高热分解产生有毒的腐蚀性烟气；其蒸气比空气重，能在较低处扩散到相当远的地方，遇火源会着火回燃，遇潮时对大多数金属有腐蚀性；若遇高热，容器内压增大，有开裂和爆炸的危险。			
健康危害	吸入、摄入或经皮肤吸收本品后对身体有害，对眼睛、皮肤、黏膜和上呼吸道有强烈刺激作用。接触后，会引起头痛、咳嗽、喉炎、气短、恶心、呕吐等症状。			
防护措施	呼吸系统防护：空气中浓度超标时，必须佩戴自吸过滤式防毒面具（全面罩）。紧急事态抢救或撤离时，应该佩戴空气呼吸器。 眼睛防护：呼吸系统防护中已作防护。 身体防护：穿橡胶耐酸碱服。 手防护：戴橡胶耐酸碱手套。 其他防护：工作现场禁止吸烟、进食和饮水。工作完毕，淋浴更衣。保持良好的卫生习惯。			
危险性类别	易燃液体，类别 2；急性毒性—吸入，类别 3；皮肤腐蚀/刺激，类别 1A；严重眼损伤/眼刺激，类别 1。			

序号	118	品名	丙基胂酸	商品编码	2931.9000
别 名		丙胂酸		CAS 号	107-34-6
英文名		Propylarsonic acid			
分子式		$C_3H_9AsO_3$			
外观与性状		白色针状结晶,易溶于水。			
主要用途		用作化学试剂、药物中间体。			
危险特性		本品含有砷,剧毒。			
健康危害		急性大量摄入本品可导致休克、肝脏损害,甚至死于中毒性心肌损害。长期接触可致皮肤癌和肺癌。			
防护措施		身体防护:穿橡胶耐酸碱服。 手防护:戴橡胶耐酸碱手套。 其他防护:工作现场禁止吸烟、进食和饮水。工作完毕,淋浴更衣。保持良好的卫生习惯。			
危险性类别		急性毒性—经口,类别3*;急性毒性—吸入,类别3*;危害水生环境—急性危害,类别1;危害水生环境—长期危害,类别1。			

序号	119	品名 丙腈	商品编码	2926.9090
别 名		乙基氰	CAS 号	107-12-0
英文名		Propionitrile		
分子式		C_3H_5N		
外观与性状		无色液体，有醚样气味。		
主要用途		用作溶剂、中间体、绝缘液。		
危险特性		本品易燃，其蒸气与空气可形成爆炸性混合物，遇明火、高热能引起燃烧爆炸；与氧化剂能发生强烈反应；其蒸气比空气重，能在较低处扩散到相当远的地方，遇火源会着火回燃；在火场中，受热的容器有爆炸危险。		
健康危害		本品在体内析出氰离子，抑制呼吸酶，造成缺氧。急性中毒：轻者有头痛、头晕、乏力、胸闷、呼吸困难、心悸、恶心、呕吐等症状。重度中毒者前驱期：出现上呼吸道刺激、呼吸加快、头痛、头晕、胸闷等症状；呼吸困难期：出现血压上升、脉速、心悸、皮肤呈鲜红色、胸部压迫感、呼吸困难、紫绀、昏迷等症状；麻痹期：持续昏迷、全身肌肉松弛、呼吸心跳停止而死亡。眼睛和皮肤接触可致灼伤，吸收后会引起中毒。		
防护措施		呼吸系统防护：可能接触毒物时，必须佩戴自吸过滤式防毒面具（全面罩）。紧急事态抢救或撤离时，建议佩戴空气呼吸器。 眼睛防护：呼吸系统防护中已作防护。 身体防护：穿连衣式胶布防毒衣。 手防护：戴橡胶耐油手套。 其他防护：工作现场禁止吸烟、进食和饮水。工作完毕，彻底清洗。单独存放被毒物污染的衣服，洗后备用。车间应配备急救设备及药品。作业人员应学会自救互救。		
危险性类别		易燃液体，类别2；急性毒性—经口，类别2；急性毒性—经皮肤，类别1；急性毒性—吸入，类别2；严重眼损伤/眼刺激，类别2A。		

序号	120	品名	丙醛	商品编码	2912.1900
别　名				CAS 号	123-38-6
英文名	Propanal				
分子式	C_3H_6O				
外观与性状	无色液体，有刺激性臭味。				
主要用途	用于制合成树脂、橡胶促进剂和防老剂。				
危险特性	本品易燃，其蒸气与空气可形成爆炸性混合物，遇明火、高热极易燃烧爆炸；与氧化剂接触反应猛烈；若遇高热，可发生聚合反应，放出大量热量而引起容器破裂和爆炸事故；其蒸气比空气重，能在较低处扩散到相当远的地方，遇火源会着火回燃。				
健康危害	本品低浓度接触对眼、鼻有刺激作用；高浓度接触有麻醉作用，以及引起支气管炎、肺炎、肺水肿。本品易经完整皮肤吸收，会导致眼睛、皮肤灼伤。				
防护措施	呼吸系统防护：空气中浓度超标时，应该佩戴过滤式防毒面具（半面罩）。 眼睛防护：戴化学安全防护眼镜。 身体防护：穿防静电工作服。 手防护：戴橡胶手套。 其他防护：工作现场禁止吸烟、进食和饮水。工作完毕，淋浴更衣。保持良好的卫生习惯。				
危险性类别	易燃液体，类别 2；皮肤腐蚀/刺激，类别 2；严重眼损伤/眼刺激，类别 2；特异性靶器官毒性—单次接触，类别 3（呼吸道刺激）。				

序号	121	品名	丙炔和丙二烯混合物(稳定的)	商品编码	3824.9999
别　名	甲基乙炔和丙二烯混合物			CAS 号	59355-75-8
英文名	Methylacetylene and propadiene mixture, stabilized				
分子式	C_6H_8				
外观与性状	无色气体，具有恶臭味。				
危险特性	本品与空气接触能形成爆炸性混合物；与强氧化剂不能配伍；与铜合金接触会形成爆炸性化合物。				
健康危害	本品会刺激眼睛、皮肤和呼吸道，接触液体会导致冻伤。				
防护措施	呼吸系统防护：供气式正压全面罩呼吸器辅之以辅助自携式正压呼吸器。逃生：装有机蒸气滤毒盒的空气净化式全面罩呼吸器（防毒面具）、自携式逃生呼吸器。 眼睛防护：戴护目镜，避免眼睛接触。 身体防护：穿适当防护服，防止皮肤冻伤。 手防护：戴橡胶手套。 其他防护：工作现场禁止吸烟、进食和饮水。工作完毕，淋浴更衣。保持良好的卫生习惯。				
危险性类别	易燃气体，类别 1；加压气体；特异性靶器官毒性—单次接触，类别 3（麻醉效应）。				

序号	122	品名	2-丙炔-1-醇	商品编码	2905.2900
别 名		丙炔醇;炔丙醇		CAS 号	107-19-7
英文名		Propargyl alcohol			
分子式		C_3H_4O			
外观与性状		无色液体,有香叶气味。			
主要用途		用作除锈剂、化学中间体、腐蚀抑制剂、溶剂、稳定剂等。			
危险特性		本品蒸气与空气可形成爆炸性混合物,遇明火、高热能引起燃烧爆炸;与氧化剂、五氧化二磷可发生反应;受热放出辛辣的烟气;容易自聚,聚合反应随着温度的上升而急骤加剧;其蒸气比空气重,能在较低处扩散到相当远的地方,遇火源会着火回燃;若遇高热,容器内压增大,有开裂和爆炸的危险。			
健康危害		高浓度本品对眼睛、皮肤、黏膜和呼吸道有强烈的刺激作用。中毒表现有烧灼感、咳嗽、喘息、喉炎、气短、头痛、恶心和呕吐等症状。严重者可能致死。			
防护措施		呼吸系统防护:空气中浓度超标时,必须佩戴自吸过滤式防毒面具(全面罩)。紧急事态抢救或撤离时,应该佩戴空气呼吸器。 眼睛防护:呼吸系统防护中已作防护。 身体防护:穿胶布防毒衣。 手防护:戴橡胶手套。 其他防护:工作现场禁止吸烟、进食和饮水。工作完毕,淋浴更衣。单独存放被毒物污染的衣服,洗后备用。			
危险性类别		易燃液体,类别3;急性毒性—经口,类别2;急性毒性—经皮肤,类别1;急性毒性—吸入,类别2;皮肤腐蚀/刺激,类别1B;严重眼损伤/眼刺激,类别1;危害水生环境—急性危害,类别2;危害水生环境—长期危害,类别2。			

序号	123	品名	丙炔酸		商品编码	2916.1900
别 名					CAS 号	471-25-0
英文名	Propiolic acid					
分子式	$C_3H_2O_2$					
外观与性状	无色黏稠液体。					
主要用途	用作有机合成中间体，可与甲醇在硫酸催化下生成丙炔酸甲酯，是生产抗病毒药物碘苷的原料。					
危险特性	本品遇明火、高热易燃；与碱类反应剧烈；具有腐蚀性。					
健康危害	本品对黏膜、上呼吸道、眼睛和皮肤有强烈的刺激作用。吸入后，会因喉及支气管的痉挛、炎症、水肿，化学性肺炎或肺水肿而致死。接触后出现烧灼感、咳嗽、喘息、喉炎、气短、头痛、恶心和呕吐等症状。					
防护措施	呼吸系统防护：空气中浓度超标时，必须佩戴自吸过滤式防毒面具（全面罩）。紧急事态抢救或撤离时，应该佩戴空气呼吸器。 眼睛防护：呼吸系统防护中已作防护。 身体防护：穿橡胶耐酸碱服。 手防护：戴橡胶耐酸碱手套。 其他防护：工作完毕，淋浴更衣。注意个人清洁卫生。					
危险性类别	易燃液体，类别3；急性毒性—经口，类别3；急性毒性—经皮肤，类别2；皮肤腐蚀/刺激，类别1；严重眼损伤/眼刺激，类别1。					

序号	124	品名	丙酸		商品编码	2915.5010
别 名					CAS 号	79-09-4
英文名	Propionic acid					
分子式	$C_3H_6O_2$					
外观与性状	无色液体，有刺激性气味。					
主要用途	用作酯化剂、硝酸纤维素的溶剂、增塑剂、化学试剂和配制食品原料等。					
危险特性	本品易燃，其蒸气与空气可形成爆炸性混合物，遇明火、高热能引起燃烧爆炸；与氧化剂能发生强烈反应。					
健康危害	吸入本品对呼吸道有强烈刺激性，会发生肺水肿；其蒸气对眼睛有强烈刺激性，液体可致严重眼损害；皮肤接触可致灼伤；大量口服出现恶心、呕吐和腹痛等症状。					
防护措施	呼吸系统防护：可能接触其蒸气时，应该佩戴自吸过滤式防毒面具（半面罩）。紧急事态抢救或撤离时，建议佩戴自给式呼吸器。 眼睛防护：戴化学安全防护眼镜。 身体防护：穿防酸碱工作服。 手防护：戴橡胶耐酸碱手套。 其他防护：工作场所禁止吸烟、进食和饮水，饭前要洗手。工作完毕，淋浴更衣。注意个人清洁卫生。					
危险性类别	皮肤腐蚀/刺激，类别1B；严重眼损伤/眼刺激，类别1；特异性靶器官毒性—单次接触，类别3（呼吸道刺激）。					

序号	125	品名	丙酸酐	商品编码	2915.9000
别 名			丙酐	CAS 号	123-62-6
英文名			Propionic anhydride		
分子式			$C_6H_{10}O_2$		
外观与性状			无色有刺激性恶臭的液体。		
主要用途			用作酯化剂、脱水剂及用于染料和药品、香水的制造。		
危险特性			本品蒸气与空气可形成爆炸性混合物,遇明火、高热易引起燃烧爆炸;与强氧化剂接触可发生化学反应;具有腐蚀性。		
健康危害			大鼠吸入本品饱和蒸气,1小时后死亡。其蒸气对眼睛、皮肤有明显的刺激作用。		
防护措施			呼吸系统防护:可能接触其蒸气时,应该佩戴自吸过滤式防毒面具(全面罩)。必要时,建议佩戴空气呼吸器。 眼睛防护:呼吸系统防护中已作防护。 身体防护:穿橡胶耐酸碱服。 手防护:戴橡胶耐酸碱手套。 其他防护:工作场所禁止吸烟、进食和饮水,饭前要洗手。工作完毕,淋浴更衣。注意个人清洁卫生。		
危险性类别			皮肤腐蚀/刺激,类别1B;严重眼损伤/眼刺激,类别1。		

序号	126	品名	丙酸甲酯	商品编码	2915.5090
别 名				CAS 号	554-12-1
英文名			Methyl propionate		
分子式			$C_4H_8O_2$		
外观与性状			无色液体。		
主要用途			用作溶剂及制造香料。		
危险特性			本品易燃,其蒸气与空气可形成爆炸性混合物,遇明火、高热或与氧化剂接触,有引起燃烧爆炸的危险。其蒸气比空气重,能在较低处扩散到相当远的地方,遇火源会着火回燃。		
健康危害			本品具有刺激性,接触时间长有麻醉作用。		
防护措施			呼吸系统防护:高浓度环境中,应该佩戴自吸过滤式防毒面具(半面罩)。紧急事态抢救或撤离时,建议佩戴空气呼吸器。 眼睛防护:一般不需要特殊防护,高浓度接触时可戴化学安全防护眼镜。 身体防护:穿防静电工作服。 手防护:戴橡胶耐油手套。 其他防护:工作现场严禁吸烟。工作完毕,淋浴更衣。注意个人清洁卫生。		
危险性类别			易燃液体,类别2。		

序号	127	品名	丙酸烯丙酯		商品编码	2915.5090
别 名					CAS 号	2408-20-0
英文名	Allyl propionate					
分子式	$C_6H_{10}O_2$					
外观与性状	无色液体,呈鲜明的酸苹果及杏子似香味。					
主要用途	用作食用香料和有机合成中间体。					
防护措施	呼吸系统防护:戴防护面具(全面罩)。 眼睛防护:戴安全防护眼镜。 身体防护:穿防护衣。 手防护:戴橡胶手套。 其他防护:工作现场禁止吸烟、进食和饮水。工作完毕,淋浴更衣。保持良好的卫生习惯。					
危险性类别	易燃液体,类别 2。					

序号	128	品名	丙酸乙酯		商品编码	2915.5090
别 名					CAS 号	105-37-3
英文名	Ethyl propanoate					
分子式	$C_5H_{10}O_2$					
外观与性状	无色有芳香味的液体。					
主要用途	用作溶剂,也用于有机合成。					
危险特性	本品易燃,其蒸气与空气可形成爆炸性混合物,遇明火、高热能引起燃烧爆炸;与氧化剂能发生强烈反应;其蒸气比空气重,能在较低处扩散到相当远的地方,遇火源会着火回燃。					
健康危害	高浓度本品蒸气有刺激性,引起眼、鼻、咽喉刺痛,会有恶心、呕吐等症状。此外会出现头昏、嗜睡、共济失调以及昏迷等情况。眼睛及皮肤直接接触有刺激性。口服有中等毒性,引起恶心、呕吐、腹部不适、腹泻、头昏、嗜睡、共济失调、昏迷等症状。长期反复接触对皮肤有脱脂作用,引起皮肤皲裂、角化。					
防护措施	呼吸系统防护:高浓度接触时,应该佩戴自吸过滤式防毒面具(半面罩)。紧急事态抢救或撤离时,建议佩戴空气呼吸器。 眼睛防护:必要时,戴化学安全防护眼镜。 身体防护:穿防静电工作服。 手防护:戴橡胶耐油手套。 其他防护:工作现场严禁吸烟。工作完毕,淋浴更衣。注意个人清洁卫生。					
危险性类别	易燃液体,类别 2。					

序号	129	品名	丙酸异丙酯	商品编码	2915.5090
别名			丙酸-1-甲基乙基酯	CAS 号	637-78-5
英文名			Isopropyl propionate		
分子式			$C_6H_{12}O_2$		
外观与性状			液体,有李子似苦甜味。		
主要用途			食品用香料。		
防护措施			呼吸系统防护:戴防护面具(全面罩)。 眼睛防护:戴安全防护眼镜。 身体防护:穿防护衣。 手防护:戴橡胶手套。 其他防护:工作现场禁止吸烟、进食和饮水。工作完毕,淋浴更衣。保持良好的卫生习惯。		
危险性类别			易燃液体,类别2。		

序号	130	品名	丙酸异丁酯	商品编码	2915.5090
别名			丙酸-2-甲基丙酯	CAS 号	540-42-1
英文名			Isobutyl propionate		
分子式			$C_7H_{14}O_2$		
外观与性状			无色液体。		
主要用途			用作油漆溶剂、香料,用于有机合成。		
危险特性			本品易燃,其蒸气与空气可形成爆炸性混合物,遇明火、高热能引起燃烧爆炸;与氧化剂能发生强烈反应。		
健康危害			高浓度本品有麻醉作用,具有中等程度刺激性。		
防护措施			呼吸系统防护:高浓度接触时,应该佩戴自吸过滤式防毒面具(半面罩)。紧急事态抢救或撤离时,建议佩戴空气呼吸器。 眼睛防护:必要时,戴化学安全防护眼镜。 身体防护:穿防静电工作服。 手防护:戴橡胶耐油手套。 其他防护:工作现场禁止吸烟、进食和饮水。特别注意眼和呼吸道的防护。工作完毕,彻底清洗		
危险性类别			易燃液体,类别3。		

序号	131	品名	丙酸异戊酯	商品编码	2915.5090
别 名				CAS 号	105-68-0
英文名	Isoamyl propionate				
分子式	$C_8H_{16}O_2$				
外观与性状	无色液体,具有水果香味。				
主要用途	用作溶剂、萃取剂。				
危险特性	本品易燃,遇明火、高热能引起燃烧爆炸;与氧化剂可发生反应。				
健康危害	高浓度本品有麻醉作用,有中等程度刺激性。				
防护措施	呼吸系统防护:空气中浓度较高时,应该佩戴导管式防毒面具。紧急事态抢救或撤离时,建议佩戴空气呼吸器。 眼睛防护:必要时,戴安全防护眼镜。 身体防护:穿防静电工作服。 手防护:戴橡胶耐油手套。 其他防护:工作现场严禁吸烟。保持良好的卫生习惯。				
危险性类别	易燃液体,类别3。				

序号	132	品名	丙酸正丁酯	商品编码	2915.5090
别 名				CAS 号	590-01-2
英文名	Butyl propionate				
分子式	$C_7H_{14}O_2$				
外观与性状	无色液体,有苹果香味。微溶于水,与乙醇、乙醚等有机溶剂混溶。				
主要用途	食品用香料。主要用于配制醚香和香蕉类香精。也用于烟草香精。				
危险特性	本品易燃液体,遇明火、高温、氧化剂易燃;燃烧产生刺激烟雾。				
健康危害	在工业生产中未发现对人体的危害。给动物用致死量时发生皮毛粗糙、共济失调、气急、呼吸困难、抽搐和体温降低等症状。				
防护措施	身体防护:穿防静电工作服。 手防护:戴橡胶耐油手套。 其他防护:工作现场严禁吸烟。保持良好的卫生习惯。				
危险性类别	易燃液体,类别3。				

序号	133	品名	丙酸正戊酯	商品编码	2915.5090
别 名				CAS 号	624-54-4
英文名	Amyl propionate				
分子式	$C_8H_{16}O_2$				
外观与性状	无色液体,有类似苹果的香味。				
主要用途	用作溶剂,还用于制油漆及香料。				
危险特性	本品易燃,遇明火、高热能引起燃烧爆炸;与氧化剂可发生反应。				
健康危害	在工业生产中未发现对人体的危害。给动物用致死剂量时发生皮毛粗糙、共济失调、气急、呼吸困难、抽搐和体温降低等症状。				
防护措施	呼吸系统防护:一般不需要特殊防护,高浓度接触时可佩戴自吸过滤式防毒面具(半面罩)。紧急事态抢救或撤离时,建议佩戴隔离式呼吸器。 眼睛防护:戴化学安全防护眼镜。 身体防护:穿防静电工作服。 手防护:戴橡胶耐油手套。 其他防护:工作现场严禁吸烟。工作完毕,淋浴更衣。特别注意眼和呼吸道的防护。				
危险性类别	易燃液体,类别3。				

序号	134	品名	丙酮	商品编码	2914.1100
别 名	二甲基酮			CAS 号	67-64-1
英文名	Acetone				
分子式	C_3H_6O				
外观与性状	无色透明易流动液体,有芳香气味,极易挥发。				
主要用途	是基本的有机原料和低沸点溶剂。				
危险特性	本品蒸气与空气可形成爆炸性混合物,遇明火、高热极易燃烧爆炸;与氧化剂能发生强烈反应;其蒸气比空气重,能在较低处扩散到相当远的地方,遇火源会着火回燃;若遇高热,容器内压增大,有开裂和爆炸的危险。				
健康危害	急性中毒主要表现为对中枢神经系统的麻醉作用,出现乏力、恶心、头痛、头晕、易激动等症状。严重者发生呕吐、气急、痉挛,甚至昏迷。本品对眼、鼻、喉有刺激性。口服后,先有口唇、咽喉有烧灼感,后出现口干、呕吐、昏迷、酸中毒和酮症。慢性影响:长期接触本品出现眩晕、灼烧感、咽炎、支气管炎、乏力、易激动等;皮肤长期反复接触可致皮炎。				
防护措施	呼吸系统防护:空气中浓度超标时,佩戴过滤式防毒面具(半面罩)。 眼睛防护:一般不需要特殊防护,高浓度接触时可戴安全防护眼镜。 身体防护:穿防静电工作服。 手防护:戴橡胶耐油手套。 其他防护:工作现场严禁吸烟。注意个人清洁卫生。避免长期反复接触。				
危险性类别	易燃液体,类别2;严重眼损伤/眼刺激,类别2;特异性靶器官毒性—单次接触,类别3(麻醉效应)。				

序号	135	品名	丙酸仲丁酯	商品编码	2915.5090
别　名				CAS 号	591-34-4
英文名	Sec-Butyl propionate				
分子式	$C_7H_{14}O_2$				
外观与性状	无色液体。				
防护措施	呼吸系统防护：戴防护面具（全面罩）。 眼睛防护：戴安全防护眼镜。 身体防护：穿防护衣。 手防护：戴橡胶手套。 其他防护：工作现场禁止吸烟、进食和饮水。工作完毕，淋浴更衣。保持良好的卫生习惯。				
危险性类别	易燃液体，类别 3。				

序号	136	品名	丙酮氰醇	商品编码	2926.9090
别　名	丙酮合氰化氢；2-羟基异丁腈；氰丙醇			CAS 号	75-86-5
英文名	Acetone cyanohydrin				
分子式	C_4H_7NO				
外观与性状	无色或亮黄色液体。				
主要用途	是有机玻璃单体-甲基丙烯酸甲酯的中间体，还用于有机合成、农药制造等。				
危险特性	本品遇明火、高热易燃；与氧化剂可发生反应；受热分解成氢氰酸及丙酮；其蒸气比空气重，能在较低处扩散到相当远的地方，遇火源会着火回燃；若遇高热，容器内压增大，有开裂和爆炸的危险。				
健康危害	本品的蒸气或液体对皮肤、黏膜均有刺激作用，毒作用与氢氰酸相同。一般接触 4~5 分钟后出现症状，早期中毒症状有无力、头昏、头痛、胸闷、心悸、恶心、呕吐和食欲减退，严重者可致死。本品经皮肤接触，可引起皮炎。				
防护措施	呼吸系统防护：空气中浓度超标时，必须佩戴自吸过滤式防毒面具（全面罩）。紧急事态抢救或撤离时，应该佩戴空气呼吸器。 眼睛防护：呼吸系统防护中已作防护。 身体防护：穿胶布防毒衣。 手防护：戴橡胶耐油手套。 其他防护：工作完毕，彻底清洗。工作服不准带至非作业场所。单独存放被毒物污染的衣服，洗后备用。车间应配备急救设备及药品。作业人员应学会自救互救。				
危险性类别	急性毒性—经口，类别 2*；急性毒性—经皮肤，类别 1；急性毒性—吸入，类别 2*；危害水生环境—急性危害，类别 1；危害水生环境—长期危害，类别 1。				

序号	137	品名	丙烷	商品编码	2711.1200、2901.1000
别名				CAS 号	74-98-6
英文名		Propane			
分子式		C_3H_8			
外观与性状		无色气体，纯品无臭。			
主要用途		用于有机合成。			
危险特性		本品易燃，与空气混合能形成爆炸性混合物，遇热源和明火有燃烧爆炸的危险；与氧化剂接触反应猛烈；气体比空气重，能在较低处扩散到相当远的地方，遇火源会着火回燃。			
健康危害		本品有单纯性窒息及麻醉作用。人短暂接触1%丙烷，不引起症状；10%以下的浓度，只引起轻度头晕；接触高浓度时会出现麻醉状态、意识丧失；极高浓度时可致窒息。			
防护措施		呼吸系统防护：一般不需要特殊防护，但建议特殊情况下，佩戴自吸过滤式防毒面具（半面罩）。 眼睛防护：一般不需要特殊防护，高浓度接触时可戴安全防护眼镜。 身体防护：穿防静电工作服。 手防护：戴一般作业防护手套。 其他防护：工作现场严禁吸烟。避免长期反复接触。进入罐、限制性空间或其他高浓度区作业，须有人监护。			
危险性类别		易燃气体，类别1；加压气体。			

序号	138	品名	2-丙烯-1-硫醇	商品编码	2930.9090
别名		烯丙基硫醇		CAS 号	870-23-5
英文名		Allyl mercaptan			
分子式		C_3H_6S			
外观与性状		无色液体，有强烈的蒜样气味。			
主要用途		用作橡胶促进剂，制造药品的中间体。			
危险特性		本品遇明火、高热易燃；遇酸产生有毒气体；遇水分解释放出易燃气体；与氧化剂能发生强烈反应，引起燃烧或爆炸。			
健康危害		本品具有刺激性，接触后可引起头痛、恶心和呕吐。			
防护措施		呼吸系统防护：空气中浓度超标时，必须佩戴自吸过滤式防毒面具（半面罩）。紧急事态抢救或撤离时，应该佩戴空气呼吸器。 眼睛防护：戴化学安全防护眼镜。 身体防护：穿防毒物渗透工作服。 手防护：戴橡胶耐油手套。 其他防护：工作现场严禁吸烟。工作完毕，淋浴更衣。注意个人清洁卫生。			
危险性类别		易燃液体，类别2；皮肤腐蚀/刺激，类别2；严重眼损伤/眼刺激，类别2A；特异性靶器官毒性—单次接触，类别3（麻醉效应）。			

序号	139	品名	丙烯		商品编码	含量90%以下归入 2711.1400，其他归入 2901.2200
别　名					CAS 号	115-07-1
英文名	Propylene					
分子式	C_3H_6					
外观与性状	无色、有烃类气味的气体。					
主要用途	用于制丙烯腈、环氧丙烷、丙酮等。					
危险特性	本品易燃，与空气混合能形成爆炸性混合物，遇热源和明火有燃烧爆炸的危险；与二氧化氮、四氧化二氮、氧化二氮等激烈化合，与其他氧化剂接触反应剧烈；其气体比空气重，能在较低处扩散到相当远的地方，遇火源会着火回燃。					
健康危害	本品对环境有危害，对水体、土壤和大气会造成污染。					
防护措施	呼吸系统防护：一般不需要特殊防护，但建议特殊情况下，佩戴自吸过滤式防毒面具（半面罩）。 眼睛防护：一般不需要特殊防护，高浓度接触时可戴化学安全防护眼镜。 身体防护：穿防静电工作服。 手防护：戴一般作业防护手套。 其他防护：工作现场严禁吸烟。避免长期反复接触。进入罐、限制性空间或其他高浓度区作业，须有人监护。					
危险性类别	易燃气体，类别1；加压气体。					

序号	140	品名　2-丙烯-1-醇	商品编码	2905.2900
别　名		烯丙醇;蒜醇;乙烯甲醇	CAS 号	107-18-6
英文名		Allyl alcohol		
分子式		C_3H_6O		
外观与性状		无色液体，有刺激性气味。		
主要用途		用于丙烯化合物制备，树脂、塑料合成，分析上用于显微分析及测定汞等。		
危险特性		本品蒸气与空气可形成爆炸性混合物，遇明火、高热极易燃烧爆炸；与氧化剂接触反应猛烈；遇氯磺酸、硝酸、硫酸、氢氧化钠、亚磷酸二烯丙酯，可形成不稳定产物；在火场中，受热的容器有爆炸危险；容易自聚，聚合反应随着温度的上升而急骤加剧。其蒸气比空气重，能在较低处扩散到相当远的地方，遇火源会着火回燃。		
健康危害		本品蒸气对眼结膜有强烈刺激作用，严重病例会引起急性结膜炎。眼睛直接沾染后会导致严重化学灼伤。皮肤接触会引起疼痛、接触性皮炎或轻度灼伤。口服可致死。		
防护措施		呼吸系统防护：空气中浓度超标时，必须佩戴自吸过滤式防毒面具（全面罩）。紧急事态抢救或撤离时，应该佩戴空气呼吸器。 眼睛防护：呼吸系统防护中已作防护。 身体防护：穿胶布防毒衣。 手防护：戴橡胶手套。 其他防护：工作现场禁止吸烟、进食和饮水。工作完毕，淋浴更衣。单独存放被毒物污染的衣服，洗后备用。		
危险性类别		易燃液体，类别2；急性毒性—经口，类别3；急性毒性—经皮肤，类别1；急性毒性—吸入，类别2；皮肤腐蚀/刺激，类别2；严重眼损伤/眼刺激，类别2；特异性靶器官毒性—单次接触，类别3（呼吸道刺激）；危害水生环境—急性危害，类别1。		

序号	141	品名	2-丙烯腈(稳定的)		商品编码	2926.1000
别　名		丙烯腈;乙烯基氰;氰基乙烯			CAS 号	107-13-1
英文名		Acrylonitrile				
分子式		C₃H₃N				
外观与性状		无色液体，有桃仁气味。				
主要用途		用于制造聚丙烯腈、丁腈橡胶、染料、合成树脂、医药等。				
危险特性		本品易燃，其蒸气与空气可形成爆炸性混合物，遇明火、高热易引起燃烧，并放出有毒气体；与氧化剂、强酸、强碱、胺类、溴反应剧烈；在火场高温下，能发生聚合放热，使容器破裂。				
健康危害		本品对环境有严重危害，对水体可造成污染。				
防护措施		呼吸系统防护：可能接触其蒸气时，必须佩戴自吸过滤式防毒面具（全面罩）。紧急事态抢救或撤离时，建议佩戴空气呼吸器。 眼睛防护：呼吸系统防护中已作防护。 身体防护：穿连衣式胶布防毒衣。 手防护：戴橡胶耐油手套。 其他防护：工作现场禁止吸烟、进食和饮水。工作完毕，彻底清洗。单独存放被毒物污染的衣服，洗后备用。车间应配备急救设备及药品。作业人员应学会自救互救。				
危险性类别		易燃液体，类别 2；急性毒性—经口，类别 3*；急性毒性—经皮肤，类别 3；急性毒性—吸入，类别 3；皮肤腐蚀/刺激，类别 2；严重眼损伤/眼刺激，类别 1；皮肤致敏物，类别 1；致癌性，类别 2；特异性靶器官毒性—单次接触，类别 3（呼吸道刺激）；危害水生环境—急性危害，类别 2；危害水生环境—长期危害，类别 2。				

序号	142	品名	丙烯醛（稳定的）	商品编码	2912.1900
别　名	烯丙醛；败脂醛			CAS 号	107-02-8
英文名	Acrolein				
分子式	C_3H_4O				
外观与性状	无色或淡黄色液体，有恶臭味。				
主要用途	为合成树脂工业的重要原料之一；也大量用于有机合成与药物合成。				
危险特性	本品蒸气与空气可形成爆炸性混合物，遇明火、高热极易燃烧爆炸；受热分解释放出高毒蒸气；在空气中久置后能生成有爆炸性的过氧化物；与酸类、碱类、氨、胺类、二氧化硫、硫脲、金属盐类、氧化剂等反应猛烈；在火场高温下，能发生聚合放热，使容器破裂。				
健康危害	本品有强烈刺激性。吸入蒸气损害呼吸道，出现咽喉炎、胸部压迫感、支气管炎；大量吸入可致肺炎、肺水肿，还可出现休克、肾炎及心力衰竭。本品可致死，液体及蒸气损害眼睛；皮肤接触可致灼伤；口服引起口腔及胃刺激或灼伤。				
防护措施	呼吸系统防护：可能接触其蒸气时，必须佩戴自吸过滤式防毒面具（全面罩）。 眼睛防护：呼吸系统防护中已作防护。 身体防护：穿防静电工作服。 手防护：戴橡胶耐油手套。 其他防护：工作现场禁止吸烟、进食和饮水。工作完毕，淋浴更衣。保持良好的卫生习惯。				
危险性类别	易燃液体，类别 2；急性毒性—经口，类别 2；急性毒性—经皮肤，类别 3；急性毒性—吸入，类别 1；皮肤腐蚀/刺激，类别 1B；严重眼损伤/眼刺激，类别 1；危害水生环境—急性危害，类别 1；危害水生环境—长期危害，类别 1。				

序号	143	品名	丙烯酸(稳定的)		商品编码	2916.1100
别 名					CAS 号	79-10-7
英文名	Acrylic acid					
分子式	$C_3H_4O_2$					
外观与性状	无色液体，有刺激性气味。					
主要用途	用于树脂制造。					
危险特性	本品易燃，其蒸气与空气可形成爆炸性混合物，遇明火、高热能引起燃烧爆炸；与氧化剂能发生强烈反应；若遇高热，可发生聚合反应，放出大量热量而引起容器破裂和爆炸事故；遇热、光、水分、过氧化物及铁质易自聚而引起爆炸。					
健康危害	本品对皮肤、眼睛和呼吸道有强烈刺激作用。					
防护措施	呼吸系统防护：可能接触其蒸气时，必须佩戴自吸过滤式防毒面具（全面罩）或直接式防毒面具（半面罩）。紧急事态抢救或撤离时，佩戴自给式呼吸器。 眼睛防护：呼吸系统防护中已作防护。 身体防护：穿橡胶耐酸碱服。 手防护：戴橡胶耐酸碱手套。 其他防护：工作场所禁止吸烟、进食和饮水，饭前要洗手。工作完毕，淋浴更衣。注意个人清洁卫生。					
危险性类别	易燃液体，类别3；急性毒性—经皮肤，类别3；急性毒性—吸入，类别3；皮肤腐蚀/刺激，类别1A；严重眼损伤/眼刺激，类别1；特异性靶器官毒性—单次接触，类别3（呼吸道刺激）；危害水生环境—急性危害，类别1。					

序号	144	品名	丙烯酸-2-硝基丁酯		商品编码	2916.1290
别 名					CAS 号	5390-54-5
英文名	2-Nitrobutyl acrylate					
分子式	$C_7H_{11}NO_4$					
外观与性状	无色透明液体。					
防护措施	呼吸系统防护：戴防护面具（全面罩）。 眼睛防护：戴安全防护眼镜。 身体防护：穿防护衣。 手防护：戴橡胶手套。 其他防护：工作现场禁止吸烟、进食和饮水。工作完毕，淋浴更衣。保持良好的卫生习惯。					
危险性类别	易燃液体，类别3。					

序号	145	品名	丙烯酸甲酯(稳定的)	商品编码	2916.1210
别 名				CAS 号	96-33-3

英文名	Methyl acrylate
分子式	$C_4H_6O_2$
外观与性状	无色透明液体，有类似大蒜的气味。
主要用途	用于聚丙烯腈纤维的第二单体，胶粘剂。
危险特性	本品易燃，其蒸气与空气可形成爆炸性混合物，遇明火、高热能引起燃烧爆炸；与氧化剂能发生强烈反应；容易自聚，聚合反应随着温度的上升而急骤加剧；其蒸气比空气重，能在较低处扩散到相当远的地方，遇火源会着火回燃。
健康危害	接触高浓度本品，引起流涎、眼睛及呼吸道的刺激症状，严重者口唇发白、呼吸困难、痉挛，因肺水肿而死亡。误服急性中毒者，出现口腔、胃、食管腐蚀症状，伴有虚脱、呼吸困难、躁动等症状。长期接触可致皮肤损害，亦可致肺、肝、皮肤病变。
防护措施	呼吸系统防护：空气中浓度超标时，应该佩戴自吸过滤式防毒面具（半面罩）必要时，佩戴自给式呼吸器。 眼睛防护：戴化学安全防护眼镜。 身体防护：穿防静电工作服。 手防护：戴橡胶耐油手套。 其他防护：工作现场严禁吸烟。工作完毕，淋浴更衣。注意个人清洁卫生。
危险性类别	易燃液体，类别 2；皮肤腐蚀/刺激，类别 2；严重眼损伤/眼刺激，类别 2；皮肤致敏物，类别 1；特异性靶器官毒性—单次接触，类别 3（呼吸道刺激）；危害水生环境—急性危害，类别 2；危害水生环境—长期危害，类别 3。

序号	146	品名	丙烯酸羟丙酯	商品编码	2916.1290
别 名				CAS 号	2918-23-2

英文名	Hydroxypropyl acrylate
分子式	$C_6H_{10}O_3$
外观与性状	无色透明液体。
主要用途	可用于生产胶粘剂、热固性涂料、纤维处理剂及合成树脂共聚物的改性剂，也可用于制备润滑油添加剂等。
健康危害	本品有毒，皮肤或眼睛接触时，会引起突症。
防护措施	生产操作必须备有防毒面具。工作环境容许浓度 $3mg/m^3$。
危险性类别	急性毒性—经口，类别 3*；急性毒性—经皮肤，类别 3*；急性毒性—吸入，类别 3*；皮肤腐蚀/刺激，类别 1B；严重眼损伤/眼刺激，类别 1；皮肤致敏物，类别 1。

序号	147	品名	2-丙烯酸-1,1-二甲基乙基酯	商品编码	2916.1290
别 名			丙烯酸叔丁酯	CAS 号	1663-39-4
英文名			Tert-Butyl acrylate		
分子式			$C_7H_{12}O_2$		
外观与性状			无色透明液体,不溶于水。		
主要用途			是一种单体,可用于制备聚丙烯酸叔丁酯(PtBA)聚合物和共聚物,以及聚丙烯酸聚电解质刷。		
危险特性			本品高度易燃。		
健康危害			吸入、皮肤接触及吞食本品有害,刺激呼吸系统和皮肤。		
防护措施			呼吸系统防护:戴防护面具(全面罩)。 眼睛防护:戴安全防护眼镜。 身体防护:穿防护衣。 手防护:戴橡胶手套。 其他防护:工作现场禁止吸烟、进食和饮水。工作完毕,淋浴更衣。保持良好的卫生习惯。		
危险性类别			易燃液体,类别2;皮肤腐蚀/刺激,类别2;皮肤致敏物,类别1;特异性靶器官毒性—单次接触,类别3(呼吸道刺激);危害水生环境—急性危害,类别2;危害水生环境—长期危害,类别2。		

序号	148	品名	丙烯酸异丁酯(稳定的)	商品编码	2916.1230
别 名				CAS 号	106-63-8
英文名			Isobutyl acrylate		
分子式			$C_7H_{12}O_2$		
外观与性状			无色液体。		
主要用途			用作有机合成中间体。		
危险特性			本品易燃,遇明火、高热或与氧化剂接触,有引起燃烧爆炸的危险;容易自聚,聚合反应随着温度的上升而急骤加剧。		
健康危害			吸入、口服或经皮肤吸收本品后对身体有害。其蒸气或雾对眼睛、黏膜和呼吸道有刺激作用。中毒症状有烧灼感、咳嗽、喘息、喉炎、气短、头痛、恶心和呕吐。		
防护措施			呼吸系统防护:空气中浓度超标时,应该佩戴直接式防毒面具(半面罩)。必要时,佩戴导管式防毒面具或自给式呼吸器。 眼睛防护:戴化学安全防护眼镜。 身体防护:穿防静电工作服。 手防护:戴橡胶耐油手套。 其他防护:工作现场严禁吸烟。工作完毕,淋浴更衣。注意个人清洁卫生。		
危险性类别			易燃液体,类别3;皮肤腐蚀/刺激,类别2;皮肤致敏物,类别1;危害水生环境—急性危害,类别2;危害水生环境—长期危害,类别3。		

序号	149	品名　丙烯酸乙酯（稳定的）	商品编码	2916.1220
别　名			CAS 号	140-88-5
英文名	Ethyl acrylate			
分子式	$C_5H_8O_2$			
外观与性状	无色液体，有辛辣的刺激气味。			
主要用途	用作有机合成中间体及聚合物的制造。			
危险特性	本品易燃，其蒸气与空气可形成爆炸性混合物，遇明火、高热能引起燃烧爆炸；与氧化剂能发生强烈反应；其蒸气比空气重，能在较低处扩散到相当远的地方，遇火源会着火回燃；容易自聚，聚合反应随着温度的上升而急骤加剧；温度超过20℃，能聚合积热，引起爆炸。			
健康危害	本品对呼吸道有刺激作用，高浓度吸入引起肺水肿；具有麻醉作用，眼睛直接接触会导致灼伤；对皮肤有明显的刺激和致敏作用；口服强烈刺激口腔及消化道，出现头晕、呼吸困难、神经过敏。			
防护措施	呼吸系统防护：空气中浓度超标时，应该佩戴自吸过滤式防毒面具（半面罩）必要时，佩戴自给式呼吸器。 眼睛防护：戴化学安全防护眼镜。 身体防护：穿防静电工作服。 手防护：戴橡胶耐油手套。 其他防护：工作完毕，淋浴更衣。工作现场严禁吸烟。注意个人清洁卫生。			
危险性类别	易燃液体，类别2；皮肤腐蚀/刺激，类别2；严重眼损伤/眼刺激，类别2；皮肤致敏物，类别1；致癌性，类别2；特异性靶器官毒性—单次接触，类别3（呼吸道刺激）；危害水生环境—急性危害，类别2；危害水生环境—长期危害，类别3。			

序号	150	品名	2-丙烯酸异辛酯		商品编码	2916.1290
别 名					CAS 号	29590-42-9
英文名	Isooctyl acrylate					
分子式	$C_{11}H_{20}O_2$					
外观与性状	无色透明液体，无臭无味。					
主要用途	用于制造涂料、黏合剂、纤维和织物改性、加工助剂，皮革加工助剂等。					
健康危害	本品对皮肤、眼睛有刺激作用。属低毒类，但若吸入、摄入或经皮肤吸收后均会引起中毒。遇热分解释出具有刺激性的烟雾。					
防护措施	呼吸系统防护：戴防护面具（全面罩）。 眼睛防护：戴安全防护眼镜。 身体防护：穿防护衣。 手防护：戴橡胶手套。 其他防护：工作现场禁止吸烟、进食和饮水。工作完毕，淋浴更衣。保持良好的卫生习惯。					
危险性类别	皮肤腐蚀/刺激，类别2；严重眼损伤/眼刺激，类别2；特异性靶器官毒性—单次接触，类别3（呼吸道刺激）；危害水生环境—急性危害，类别1；危害水生环境—长期危害，类别1。					

序号	151	品名	丙烯酸正丁酯(稳定的)		商品编码	2916.1230
别 名					CAS 号	141-32-2
英文名	N-butyl acrylate					
分子式	$C_7H_{12}O_2$					
外观与性状	无色液体。					
主要用途	用作有机合成中间体、黏合剂、乳化剂。					
危险特性	本品易燃，遇明火、高热或与氧化剂接触，有引起燃烧爆炸的危险；容易自聚，聚合反应随着温度的上升而急骤加剧。					
健康危害	吸入、口服或经皮肤吸收本品后对身体有害。其蒸气或雾对眼睛、黏膜和呼吸道有刺激作用。中毒症状有烧灼感、咳嗽、喘息、喉炎、气短、头痛、恶心和呕吐。					
防护措施	呼吸系统防护：空气中浓度超标时，应该佩戴直接式防毒面具（半面罩）。必要时，佩戴导管式防毒面具或自给式呼吸器。 眼睛防护：戴化学安全防护眼镜。 身体防护：穿防静电工作服。 手防护：戴橡胶耐油手套。 其他防护：工作现场严禁吸烟。工作完毕，淋浴更衣。注意个人清洁卫生。					
危险性类别	易燃液体，类别3；皮肤腐蚀/刺激，类别2；严重眼损伤/眼刺激，类别2；皮肤致敏物，类别1；特异性靶器官毒性—单次接触，类别3（呼吸道刺激）；危害水生环境—急性危害，类别2；危害水生环境—长期危害，类别3。					

序号	152	品名	丙烯酰胺	商品编码	2924.1990
别 名				CAS 号	79-06-1
英文名	Acrylamide				
分子式	C_3H_5NO				
外观与性状	白色结晶固体,无气味。				
主要用途	用于制造水溶性聚合物即聚丙烯酰胺。				
危险特性	本品遇明火、高热可燃;若遇高热,可发生聚合反应,放出大量热量而引起容器破裂和爆炸事故;受高热分解产生有毒的腐蚀性烟气。				
健康危害	本品是一种蓄积性的神经毒物,主要损害神经系统。轻度中毒以周围神经损害为主;重度可引起小脑病变。中毒多为慢性过程,初起为神经衰弱综合征,继之发生周围神经病,出现四肢麻木,感觉异常,腱反射减弱或消失,抽搐,瘫痪等。重度中毒出现以小脑病变为主的中毒性脑病,出现震颤、步态反紊乱、共济失调,甚至大小便失禁或小便潴留。皮肤接触本品,可发生粗糙、角化、脱屑。本品中毒主要因皮肤吸收引起。				
防护措施	呼吸系统防护:空气中粉尘浓度超标时,应该佩戴头罩型电动送风过滤式防尘呼吸器。紧急事态抢救或撤离时,佩戴空气呼吸器。 眼睛防护:呼吸系统防护中已作防护。 身体防护:穿胶布防毒衣。 手防护:戴橡胶手套。 其他防护:工作现场禁止吸烟、进食和饮水。工作完毕,彻底清洗。单独存放被毒物污染的衣服,洗后备用。实行就业前和定期的体检。				
危险性类别	急性毒性—经口,类别3*;皮肤腐蚀/刺激,类别2;严重眼损伤/眼刺激,类别2;皮肤致敏物,类别1;生殖细胞致突变性,类别1B;致癌性,类别1B;生殖毒性,类别2;特异性靶器官毒性—反复接触,类别1。				

序号	153	品名	丙烯亚胺	商品编码	2933.9900
别 名			2-甲基氮丙啶;2-甲基乙撑亚胺;丙撑亚胺	CAS号	75-55-8
英文名			Propyleneimine		
分子式			C_3H_7N		
外观与性状			无色易燃液体,呈碱性,具有氨样气味。		
主要用途			用作黏合剂、固化剂,也用作固体火箭燃料。		
危险特性			本品蒸气与空气可形成爆炸性混合物,遇明火、高热能引起燃烧爆炸;与氧化剂能发生强烈反应;其蒸气比空气重,能在较低处扩散到相当远的地方,遇火源会着火回燃;若遇高热,容器内压增大,有开裂和爆炸的危险。		
防护措施			呼吸系统防护:空气中浓度超标时,必须佩戴自吸过滤式防毒面具(全面罩)。紧急事态抢救或撤离时,应该佩戴空气呼吸器。 眼睛防护:呼吸系统防护中已作防护。 身体防护:穿连衣式胶布防毒衣。 手防护:戴橡胶耐油手套。 其他防护:工作现场禁止吸烟、进食和饮水。工作完毕,淋浴更衣。定期体检。		
危险性类别			易燃液体,类别2;急性毒性—经口,类别2*;急性毒性—经皮肤,类别1;急性毒性—吸入,类别2*;严重眼损伤/眼刺激,类别1;致癌性,类别2;危害水生环境—急性危害,类别2;危害水生环境—长期危害,类别2。		

序号	154	品名	草酸-4-氨基-N,N-二甲基苯胺	商品编码	2921.5190
别 名			N,N-二甲基对苯二胺草酸;对氨基-N,N-二甲基苯胺草酸	CAS号	24631-29-6
英文名			N,N-Dimethyl-ρ-phenylene diamine oxalate		
分子式			$C_{10}H_{14}N_2O_4$		
危险特性			本品明火可燃;受热放出有毒氧化氮气体。		
防护措施			呼吸系统防护:戴防护面具(全面罩)。 眼睛防护:戴安全防护眼镜。 身体防护:穿防护衣。 手防护:戴橡胶手套。 其他防护:工作现场禁止吸烟、进食和饮水。工作完毕,淋浴更衣。保持良好的卫生习惯。		
危险性类别			急性毒性—经口,类别3*;急性毒性—经皮肤,类别3*;急性毒性—吸入,类别3*;特异性靶器官毒性—反复接触,类别2;危害水生环境—急性危害,类别2;危害水生环境—长期危害,类别2。		

序号	155	品名	丙酰氯	商品编码	2915.9000
别 名			氯化丙酰	CAS 号	79-03-8
英文名			Propionyl chloride		
分子式			C_3H_5ClO		
外观与性状			无色到浅黄色液体，有强烈刺激性气味。		
主要用途			用于制造农药的中间体，也是有机合成的原料。		
危险特性			本品蒸气与空气可形成爆炸性混合物，遇明火、高热极易燃烧爆炸；与氧化剂接触反应猛烈；受热分解能放出剧毒的光气；与水和水蒸气发生反应，放出有毒的腐蚀性气体；其蒸气比空气重，能在较低处扩散到相当远的地方，遇火源会着火回燃；若遇高热，容器内压增大，有开裂和爆炸的危险。		
健康危害			本品蒸气对呼吸道和眼睛有强烈的刺激性，吸入后引起咳嗽、呼吸困难；可致皮肤灼伤。		
防护措施			呼吸系统防护：空气中浓度超标时，必须佩戴自吸过滤式防毒面具（全面罩）。紧急事态抢救或撤离时，应该佩戴空气呼吸器。 眼睛防护：呼吸系统防护中已作防护。 身体防护：穿胶布防毒衣。 手防护：戴橡胶耐油手套。 其他防护：工作现场禁止吸烟、进食和饮水。工作完毕，淋浴更衣。保持良好的卫生习惯。		
危险性类别			易燃液体，类别 2；皮肤腐蚀/刺激，类别 1B；严重眼损伤/眼刺激，类别 1。		

序号	156	品名	草酸汞	商品编码	2852.1000
别 名				CAS 号	3444-13-1
英文名			Mercuric oxalate		
分子式			HgC_2O_4		
外观与性状			白色粉末，对光很敏感。		
主要用途			主要用于制爱迪尔（Eder）光度计。		
危险特性			本品可燃，火场排出含汞、氮氧化物辛辣刺激的烟雾，经摩擦、冲击、受热易灵敏爆炸。		
防护措施			呼吸系统防护：戴防护面具（全面罩）。 眼睛防护：戴安全防护眼镜。 身体防护：穿防护衣。 手防护：戴橡胶手套。 其他防护：工作现场禁止吸烟、进食和饮水。工作完毕，淋浴更衣。保持良好的卫生习惯。		
危险性类别			急性毒性—经口，类别 2*；急性毒性—经皮肤，类别 1；急性毒性—吸入，类别 2*；特异性靶器官毒性—反复接触，类别 2*；危害水生环境—急性危害，类别 1；危害水生环境—长期危害，类别 1。		

序号	157	品名	超氧化钾	商品编码	2853.9090
别　名				CAS 号	12030-88-5
英文名	Potassium peroxide				
分子式	K_2O_2				
外观与性状	黄色无定形块状物，易潮解。				
主要用途	用作氧化剂、漂白剂、氧发生剂。				
危险特性	本品是强氧化剂，能与可燃物、有机物或易氧化物质形成爆炸性混合物，经摩擦、与少量水接触可导致燃烧或爆炸；与硫黄、酸性腐蚀液体接触时，能发生燃烧或爆炸；遇潮气、酸类会分解并放出氧气而助燃；急剧加热时可发生爆炸；具有较强的腐蚀性。				
健康危害	本品对局部有刺激和腐蚀性，刺激眼睛和呼吸道，腐蚀鼻中隔；皮肤直接接触可引起灼伤；误服可造成消化道灼伤。				
防护措施	呼吸系统防护：可能接触其粉尘时，建议佩戴头罩型电动送风过滤式防尘呼吸器。 眼睛防护：呼吸系统防护中已作防护。 身体防护：穿聚乙烯防毒服。 手防护：戴氯丁橡胶手套。 其他防护：工作现场禁止吸烟、进食和饮水。工作完毕，淋浴更衣。保持良好的卫生习惯。				
危险性类别	氧化性固体，类别 1。				

序号	158	品名	超氧化钠	商品编码	2853.9090
别　名				CAS 号	12034-12-7
英文名	Sodium peroxide				
分子式	Na_2O_2				
外观与性状	米黄色粉末或颗粒，加热则变为黄色，有吸湿性。				
主要用途	用于医药、印染、漂白及用作分析试剂等。				
危险特性	本品是强氧化剂，能与可燃物、有机物或易氧化物质形成爆炸性混合物，经摩擦、与少量水接触可导致燃烧或爆炸；与硫黄、酸性腐蚀液体接触时，能发生燃烧或爆炸；遇潮气、酸类会分解并放出氧气而助燃；急剧加热时可发生爆炸；具有较强的腐蚀性。				
健康危害	本品粉尘刺激眼睛和呼吸道，腐蚀鼻中隔；皮肤直接接触可引起灼伤；误服可造成消化道灼伤。				
防护措施	呼吸系统防护：可能接触其粉尘时，建议佩戴头罩型电动送风过滤式防尘呼吸器。 眼睛防护：呼吸系统防护中已作防护。 身体防护：穿聚乙烯防毒服。 手防护：戴氯丁橡胶手套。 其他防护：工作时不得进食、饮水或吸烟。工作完毕，淋浴更衣。保持良好的卫生习惯。				
危险性类别	氧化性固体，类别 1。				

序号	159	品名	次磷酸	商品编码	2811.1990
别 名				CAS 号	6303-21-5
英文名	Hypophosphorous acid				
分子式	H_3PO_2				
外观与性状	无色油状液体或潮解性结晶，商品系 50%的水溶液。				
主要用途	用作还原剂和用于制药工业。				
危险特性	本品受热分解产生剧毒的氧化磷烟气；遇 H 发泡剂立即燃烧；与氧化剂能发生强烈反应。				
健康危害	吸入本品蒸气或雾对呼吸道黏膜有腐蚀作用，可引起支气管炎、肺炎或肺水肿，其蒸气对眼睛和皮肤有刺激作用，液体或雾可致灼伤；口服会腐蚀消化道，出现强烈腹痛、恶心、呕吐和虚脱。				
防护措施	呼吸系统防护：高浓度蒸气接触时，可佩戴过滤式防毒面具（半面罩）。空气中粉尘浓度超标时，建议佩戴自吸过滤式防尘口罩。 眼睛防护：戴化学安全防护眼镜。 身体防护：穿防酸碱塑料工作服。 手防护：戴耐酸（碱）手套。 其他防护：工作现场禁止吸烟、进食和饮水。工作完毕，淋浴更衣。单独存放被毒物污染的衣服，洗后备用。保持良好的卫生习惯。				
危险性类别	皮肤腐蚀/刺激，类别 1；严重眼损伤/眼刺激，类别 1。				

序号	160	品名	次氯酸钡（含有效氯>22%）	商品编码	2828.9000
别 名				CAS 号	13477-10-6
分子式	$Ba(ClO)_2$				
外观与性状	无色晶体。				
主要用途	用于医院等公共场合消毒。				
健康危害	接触本品可刺激眼睛、皮肤，甚至造成灼伤；吸入可刺激鼻腔、咽喉和支气管，导致咳嗽、咳痰。				
防护措施	呼吸系统防护：戴防护面具（全面罩）。 眼睛防护：戴安全防护眼镜。 身体防护：穿防护衣。 手防护：戴橡胶手套。 其他防护：工作现场禁止吸烟、进食和饮水。工作完毕，淋浴更衣。保持良好的卫生习惯。				
危险性类别	氧化性固体，类别 2；皮肤腐蚀/刺激，类别 1B；严重眼损伤/眼刺激，类别 1；危害水生环境—急性危害，类别 1；危害水生环境—长期危害，类别 1。				

序号	161	品名	次氯酸钙		商品编码	2828.1000
别　名					CAS号	7778-54-3
英文名	Calcium hypochlorite					
分子式	$Ca(ClO)_2$					
外观与性状	白色粉末，有极强的氯臭。其溶液为黄绿色半透明液体。					
主要用途	用作消毒剂、杀菌剂、漂白剂等。					
危险特性	本品是强氧化剂，遇水或潮湿空气会引起燃烧爆炸；与碱性物质混合能引起爆炸；接触有机物有引起燃烧的危险；受热、遇酸或日光照射会分解释放出剧毒的氯气。					
健康危害	本品粉尘对眼结膜及呼吸道有刺激性，会引起牙齿损害；皮肤接触会引起中至重度皮肤损害。					
防护措施	呼吸系统防护：可能接触其粉尘时，建议佩戴头罩型电动送风过滤式防尘呼吸器。 眼睛防护：呼吸系统防护中已作防护。 身体防护：穿胶布防毒衣。 手防护：戴氯丁橡胶手套。 其他防护：工作现场禁止吸烟、进食和饮水。工作完毕，淋浴更衣。保持良好的卫生习惯。					
危险性类别	氧化性固体，类别2；皮肤腐蚀/刺激，类别1B；严重眼损伤/眼刺激，类别1；特异性靶器官毒性—单次接触，类别3（呼吸道刺激）；危害水生环境—急性危害，类别1；危害水生环境—长期危害，类别1。					

序号	162	品名	次氯酸钾溶液（含有效氯>5%）		商品编码	2828.9000
别　名					CAS号	7778-66-7
英文名	Potassium hypochlorite					
分子式	$KClO$					
外观与性状	溶液为黄绿色半透明液体。					
危险特性	本品是强氧化剂，遇水或潮湿空气会引起燃烧爆炸；与碱性物质混合能引起爆炸；接触有机物有引起燃烧的危险；受热、遇酸或日光照射会分解释放出剧毒的氯气。					
健康危害	本品对眼结膜及呼吸道有刺激性。					
防护措施	呼吸系统防护：可能接触其粉尘时，建议佩戴头罩型电动送风过滤式防尘呼吸器。 眼睛防护：呼吸系统防护中已作防护。 身体防护：穿胶布防毒衣。 手防护：戴氯丁橡胶手套。 其他防护：工作现场禁止吸烟、进食和饮水。工作完毕，淋浴更衣。保持良好的卫生习惯。					
危险性类别	皮肤腐蚀/刺激，类别1B；严重眼损伤/眼刺激，类别1；危害水生环境—急性危害，类别1；危害水生环境—长期危害，类别1。					

序号	163	品名	次氯酸锂	商品编码	2828.9000
别　名				CAS 号	13840-33-0
英文名		Lithium hypochlorite				
分子式		LiClO				
外观与性状		无色结晶。				
主要用途		主要用作消毒剂和漂白剂。				
防护措施		呼吸系统防护：戴防护面具（全面罩）。 眼睛防护：戴安全防护眼镜。 身体防护：穿防护衣。 手防护：戴橡胶手套。 其他防护：工作现场禁止吸烟、进食和饮水。工作完毕，淋浴更衣。保持良好的卫生习惯。				
危险性类别		氧化性固体，类别 2；生殖毒性，类别 2；危害水生环境—急性危害，类别 1；危害水生环境—长期危害，类别 1。				

序号	164	品名	粗苯	商品编码	2707.1000
别　名		动力苯；混合苯			CAS 号	71-43-2
英文名		Benzene				
分子式		C_6H_6				
外观与性状		淡黄色透明液体，其中以苯含量为主，被称为粗苯。				
主要用途		粗苯主要用于深加工制苯、甲苯、二甲苯等产品，苯、甲苯、二甲苯都是宝贵的基本有机化工原料。				
危险特性		本品易燃，其蒸气与空气可形成爆炸性混合物，遇明火、高热极易燃烧爆炸；与氧化剂能发生强烈反应；易产生和聚集静电，有燃烧爆炸危险。其蒸气比空气重，能在较低处扩散到相当远的地方，遇火源会着火回燃。				
防护措施		呼吸系统防护：空气中浓度超标时，佩戴自吸过滤式防毒面具（半面罩）。紧急事态抢救或撤离时，应该佩戴空气呼吸器或氧气呼吸器。 眼睛防护：戴化学安全防护眼镜。 身体防护：穿防毒物渗透工作服。 手防护：戴橡胶耐油手套。 其他防护：工作现场禁止吸烟、进食和饮水。工作完毕，淋浴更衣。实行就业前和定期的体检。				
危险性类别		易燃液体，类别 2；皮肤腐蚀/刺激，类别 2；严重眼损伤/眼刺激，类别 2；生殖细胞致突变性，类别 1B；致癌性，类别 1A；特异性靶器官毒性—反复接触，类别 1；吸入危害，类别 1；危害水生环境—急性危害，类别 2；危害水生环境—长期危害，类别 3。				

序号	165	品名	次氯酸钠溶液（含有效氯>5%）	商品编码	2828.9000
别 名				CAS 号	7681-52-9
英文名	Sodium hypochlorite solution				
分子式	NaClO				
外观与性状	微黄色溶液，有似氯气的气味。				
主要用途	用于水的净化，以及作消毒剂、纸浆漂白等，医药工业中用制氯胺等。				
危险特性	本品受高热分解产生有毒的腐蚀性烟气，具有腐蚀性。				
健康危害	经常用手接触本品的工人，手掌大量出汗、指甲变薄、毛发脱落。本品有致敏作用。本品放出的游离氯有可能引起中毒。				
防护措施	呼吸系统防护：高浓度环境中，应该佩戴直接式防毒面具（半面罩）。 眼睛防护：戴化学安全防护眼镜。 身体防护：穿防腐工作服。 手防护：戴橡胶手套。 其他防护：工作现场禁止吸烟、进食和饮水。工作完毕，淋浴更衣。注意个人清洁卫生。				
危险性类别	皮肤腐蚀/刺激，类别1B；严重眼损伤/眼刺激，类别1；危害水生环境—急性危害，类别1；危害水生环境—长期危害，类别1。				

序号	166	品名	粗蒽	商品编码	2707.9990
别 名				CAS 号	120-12-7
英文名	Anthracene				
分子式	$C_{14}H_{10}$				
外观与性状	浅黄色针状结晶，有蓝色荧光。				
主要用途	用于蒽醌生产，也用作杀虫剂、杀菌剂、汽油阻凝剂等。				
危险特性	本品遇明火、高热可燃；与强氧化剂接触可发生化学反应。				
健康危害	纯品基本无毒。工业品因含有菲、咔唑等杂质，毒性明显增大。由于本品蒸气压很低，故经吸入中毒可能性很小。本品对皮肤、黏膜有刺激性，易引起光感性皮炎。				
防护措施	呼吸系统防护：空气中粉尘浓度超标时，建议佩戴自吸过滤式防尘口罩。 眼睛防护：一般不需要特殊防护，但建议特殊情况下，戴化学安全防护眼镜。 身体防护：穿一般作业工作服，尽可能减少直接接触。 手防护：戴一般作业防护手套。 其他防护：工作场所禁止吸烟、进食和饮水，饭前要洗手。工作完毕，淋浴更衣。保持良好的卫生习惯。				
危险性类别	严重眼损伤/眼刺激，类别2；皮肤致敏物，类别1；特异性靶器官毒性—单次接触，类别3（呼吸道刺激）；危害水生环境—急性危害，类别1；危害水生环境—长期危害，类别1。				

序号	167	品名	醋酸三丁基锡	商品编码	2931.2000
别　名				CAS 号	56-36-0
英文名		Tri-n-butyltin acetate			
分子式		$C_{14}H_{30}O_2Sn$			
防护措施		呼吸系统防护：戴防护面具（全面罩）。 眼睛防护：戴安全防护眼镜。 身体防护：穿防护衣。 手防护：戴橡胶手套。 其他防护：工作现场禁止吸烟、进食和饮水。工作完毕，淋浴更衣。保持良好的卫生习惯。			
危险性类别		急性毒性—经口，类别3；严重眼损伤/眼刺激，类别2；生殖毒性，类别2；特异性靶器官毒性—单次接触，类别1；特异性靶器官毒性—单次接触，类别3（呼吸道刺激）；特异性靶器官毒性—反复接触，类别1；危害水生环境—急性危害，类别1；危害水生环境—长期危害，类别1。			

序号	168	品名	代森锰	商品编码	2930.9090
别　名				CAS 号	12427-38-2
英文名		Maneb			
分子式		$C_4H_6N_2S_4Mn$			
外观与性状		淡黄色晶体，能潮解。			
主要用途		用作农用杀菌剂，可加工成粉剂和可湿性粉剂使用。			
危险特性		本品在空气中发热并自燃，卷入火内或与酸类接触，放出有毒和刺激性的烟雾。			
健康危害		本品对皮肤和黏膜有刺激作用，接触后会发生皮炎、发痒、皮疹、红肿等。误服出现胃肠刺激和中枢神经系统症状。			
防护措施		呼吸系统防护：空气中粉尘浓度超标时，必须佩戴自吸过滤式防尘口罩。紧急事态抢救或撤离时，应该佩戴空气呼吸器。 眼睛防护：戴化学安全防护眼镜。 身体防护：穿防毒物渗透工作服。 手防护：戴橡胶手套。 其他防护：工作现场禁止吸烟、进食和饮水。工作完毕，淋浴更衣。注意个人清洁卫生。			
危险性类别		自热物质和混合物，类别2；遇水放出易燃气体的物质和混合物，类别3；严重眼损伤/眼刺激，类别2；皮肤致敏物，类别1；生殖毒性，类别2；危害水生环境—急性危害，类别1；危害水生环境—长期危害，类别1。			

序号	169	品名	单过氧马来酸叔丁酯(含量>52%)、单过氧马来酸叔丁酯(含量≤52%,惰性固体含量≥48%)、单过氧马来酸叔丁酯(含量≤52%,含A型稀释剂≥48%)、单过氧马来酸叔丁酯(含量≤52%,糊状物)	商品编码	2917.1900（单品）
别 名				CAS 号	1931-62-0
英文名	Tert-Butyl monoperoxymaleate				
分子式	$C_8H_{12}O_5$				
外观与性状	白色有微弱气味的液体。				
危险特性	本品对光照，热源敏感。				
防护措施	呼吸系统防护：戴防护面具（全面罩）。 眼睛防护：戴安全防护眼镜。 身体防护：穿防护衣。 手防护：戴橡胶手套。 其他防护：工作现场禁止吸烟、进食和饮水。工作完毕，淋浴更衣。保持良好的卫生习惯。				
危险性类别	有机过氧化物，E 型。				

序号	170	品名	氮（压缩的或液化的）	商品编码	2804.3000
别 名				CAS 号	7727-37-9
英文名	Nitrogen				
分子式	N_2				
外观与性状	无色无臭气体。				
主要用途	用于合成氨，制硝酸，用作物质保护剂，冷冻剂。				
危险特性	若遇高热，容器内压增大，有开裂和爆炸的危险。				
健康危害	皮肤接触液氮可致冻伤。如在常压下汽化产生的氮气过量，可使空气中氧分压下降，引起缺氧窒息。				
防护措施	呼吸系统防护：一般不需特殊防护。当作业场所空气中氧气浓度低于18%时，必须佩戴空气呼吸器、氧气呼吸器或长管面具。 眼睛防护：一般不需特殊防护。 身体防护：穿一般作业工作服。 手防护：戴一般作业防护手套。 其他防护：避免高浓度吸入。进入罐、限制性空间或其他高浓度区作业，须有人监护。				
危险性类别	加压气体。				

序号	171	品名	氮化锂	商品编码	2850.0019
别　名				CAS 号	26134-62-3
英文名	Lithium nitride				
分子式	Li_3N				
外观与性状	宝石红透明晶体或微粒。				
主要用途	用作渗氮剂，有机反应中的还原剂及无机反应中的氮气来源。				
危险特性	本品具有强还原性，遇水或水蒸气反应放出有毒和易燃的气体；与酸类物质、氧化剂能发生强烈反应；受高热分解释放出有毒的气体。				
健康危害	本品遇水或潮气产生有刺激性、腐蚀性的氨毒气；对眼睛、黏膜和呼吸系统有腐蚀性和毒性。				
防护措施	呼吸系统防护：空气中粉尘浓度超标时，必须佩戴自吸过滤式防尘口罩。紧急事态抢救或撤离时，应该佩戴空气呼吸器。 眼睛防护：戴化学安全防护眼镜。 身体防护：穿橡胶防腐工作服。 手防护：戴橡胶手套。 其他防护：工作场所禁止吸烟、进食和饮水，饭前要洗手。工作完毕，淋浴更衣。保持良好的卫生习惯。				
危险性类别	遇水放出易燃气体的物质和混合物，类别 1。				

序号	172	品名	氮化镁	商品编码	2850.0019
别　名				CAS 号	12057-71-5
英文名	Magnesium nitride				
分子式	Mg_3N_2				
外观与性状	黄绿色到黄橙色疏松的粉末。				
主要用途	催化剂，用于人造金刚石合成的触媒及立方氮化硼的触媒材料。				
危险特性	本品遇水放出有毒易燃的氨气。				
防护措施	呼吸系统防护：佩戴自吸过滤式防尘口罩。紧急事态抢救或撤离时，应该佩戴空气呼吸器。 眼睛防护：戴安全防护眼镜。 身体防护：穿防护工作服。 手防护：戴橡胶手套。 其他防护：工作场所禁止吸烟、进食和饮水，饭前要洗手。工作完毕，淋浴更衣。保持良好的卫生习惯。				
危险性类别	易燃固体，类别 1；皮肤腐蚀/刺激，类别 2；严重眼损伤/眼刺激，类别 2；特异性靶器官毒性—单次接触，类别 3（呼吸道刺激）。				

序号	173	品名	10-氮杂蒽		商品编码	2933.9900
别　名			吖啶		CAS 号	260-94-6
英文名		Acridine				
分子式		C₁₃H₉N				
外观与性状		无色斜方片状或针状结晶，有辛辣气味。				
主要用途		用于染料、药物的合成，如制备杀菌剂等。				
危险特性		本品遇明火能燃烧，其粉体与空气可形成爆炸性混合物，当达到一定浓度时，遇火星会发生爆炸。受高热分解释放出有毒的气体。				
健康危害		本品对皮肤、黏膜有强烈刺激性，引起眼睑水肿、结膜炎、喉炎、支气管炎及哮喘发作。皮肤接触后，引起剧痒、皮肤黏膜，有时会发生严重炎症，对皮肤有光敏感作用。严重中毒者会有呼吸加速，血压升高等症状。				
防护措施		呼吸系统防护：可能接触其粉尘时，必须佩戴防尘面具（全面罩）。紧急事态抢救或撤离时，应该佩戴空气呼吸器。 眼睛防护：呼吸系统防护中已作防护。 身体防护：穿胶布防毒衣。 手防护：戴橡胶手套。 其他防护：工作完毕，淋浴更衣。单独存放被毒物污染的衣服，洗后备用。保持良好的卫生习惯。				
危险性类别		危害水生环境—急性危害，类别1；危害水生环境—长期危害，类别1。				

序号	174	品名	氘		商品编码	2845.9000
别　名			重氢		CAS 号	7782-39-0
英文名		Deuterium				
分子式		D 或 2H				
外观与性状		常温下为无色无臭的气体。				
主要用途		特种灯泡、核研究、氘核加速器的轰击粒子、示踪剂。				
危险特性		本品在常温常压下为无色无臭无毒可燃性气体，是普通氢的一种稳定同位素，有易燃易爆性。				
健康危害		本品无毒，有窒息性。				
防护措施		呼吸系统防护：佩戴自吸过滤式防尘口罩。紧急事态抢救或撤离时，应该佩戴空气呼吸器。 眼睛防护：戴安全防护眼镜。 身体防护：穿防护工作服。 手防护：戴橡胶手套。 其他防护：工作场所禁止吸烟、进食和饮水，饭前要洗手。工作完毕，淋浴更衣。保持良好的卫生习惯。				
危险性类别		易燃气体，类别1；加压气体。				

序号	175	品名	地高辛	商品编码	2938.9090
别名			地戈辛；毛地黄叶毒苷	CAS 号	20830-75-5
英文名			Digoxin		
分子式			$C_{41}H_{64}O_{14}$		
外观与性状			白色结晶或结晶性粉末，无臭，味苦。		
主要用途			胆固醇试剂，生化研究，临床作为强心剂。		
危险特性			本品可燃，火场排出辛辣刺激的烟雾。		
防护措施			呼吸系统防护：佩戴自吸过滤式防尘口罩。紧急事态抢救或撤离时，应该佩戴空气呼吸器。 眼睛防护：戴安全防护眼镜。 身体防护：穿防护工作服。 手防护：戴橡胶手套。 其他防护：工作场所禁止吸烟、进食和饮水，饭前要洗手。工作完毕，淋浴更衣。保持良好的卫生习惯。		
危险性类别			急性毒性—经口，类别2。		

序号	176	品名	碲化镉	商品编码	2842.9020
别名				CAS 号	1306-25-8
英文名			Cadmium telluride		
分子式			CdTe		
外观与性状			黑色立方系晶体。		
主要用途			用作光谱分析，也用于制作太阳能电池、红外调制器、HgxCdl-xTe 衬底、红外窗场致发光器件、光电池、红外探测、X 射线探测、核放射性探测器、接近可见光区的发光器件等。		
危险特性			本品遇酸、潮气或高热放出剧毒含镉、碲化物的气体。		
防护措施			呼吸系统防护：佩戴自吸过滤式防尘口罩。紧急事态抢救或撤离时，应该佩戴空气呼吸器。 眼睛防护：戴安全防护眼镜。 身体防护：穿防护工作服。 手防护：戴橡胶手套。 其他防护：工作场所禁止吸烟、进食和饮水，饭前要洗手。工作完毕，淋浴更衣。保持良好的卫生习惯。		
危险性类别			致癌性，类别1A；危害水生环境—急性危害，类别1；危害水生环境—长期危害，类别1。		

序号	177	品名	3-碘-1-丙烯	商品编码	2903.3990
别　名			3-碘丙烯；烯丙基碘；碘代烯丙基	CAS 号	556-56-9
英文名			Allyl iodide		
分子式			C_3H_5I		
外观与性状			黄色液体，有刺激性气味。		
主要用途			用于有机合成。		
危险特性			本品蒸气与空气可形成爆炸性混合物，遇明火、高热极易燃烧爆炸；与氧化剂接触反应猛烈；遇高热时能分解出有毒的碘化物烟雾；流速过快，容易产生和积聚静电；容易自聚，聚合反应随着温度的上升而急骤加剧；其蒸气比空气重，能在较低处扩散到相当远的地方，遇火源会着火回燃；若遇高热，容器内压增大，有开裂和爆炸的危险。		
健康危害			本品及其蒸气对眼睛、皮肤和上呼吸道有强烈的刺激作用。		
防护措施			呼吸系统防护：空气中浓度超标时，必须佩戴自吸过滤式防毒面具（全面罩）。紧急事态抢救或撤离时，应该佩戴空气呼吸器。 眼睛防护：呼吸系统防护中已作防护。 身体防护：穿胶布防毒衣。 手防护：戴橡胶耐油手套。 其他防护：工作现场禁止吸烟、进食和饮水。工作完毕，淋浴更衣。单独存放被毒物污染的衣服，洗后备用。		
危险性类别			易燃液体，类别 2；皮肤腐蚀/刺激，类别 1B；严重眼损伤/眼刺激，类别。		

序号	178	品名	1-碘-2-甲基丙烷	商品编码	2903.3990
别　名			异丁基碘；碘代异丁烷	CAS 号	513-38-2
英文名			1-iodo-2-methylpropane		
分子式			C_4H_9I		
外观与性状			无色或微黄色液体，见光变成棕色。		
主要用途			可作为溶剂，并用于有机合成。		
危险特性			本品易燃，遇明火、高热或与氧化剂接触能燃烧，并散发出有毒气体；与氧化剂能发生强烈反应；其蒸气比空气重，能在较低处扩散到相当远的地方，遇火源会着火回燃。		
健康危害			本品对呼吸道、眼睛和皮肤有刺激性，热解会放出有毒气体。接触后会引起烧灼感、咳嗽、喉炎、气短、头痛、恶心和呕吐等症状。		
防护措施			呼吸系统防护：空气中浓度超标时，应该佩戴自吸过滤式防毒面具（半面罩）。 眼睛防护：戴化学安全防护眼镜。 身体防护：穿防静电工作服。 手防护：戴橡胶耐油手套。 其他防护：工作现场严禁吸烟。注意检测毒物。		
危险性类别			易燃液体，类别 2；急性毒性—吸入，类别 3。		

序号	179	品名	2-碘-2-甲基丙烷	商品编码	2903.3990
别名			叔丁基碘；碘代叔丁烷	CAS 号	558-17-8
英文名			Tert-butyl iodide		
分子式			C_4H_9I		
外观与性状			无色或带微黄色液体。		
主要用途			用于分析及用于有机合成。		
危险特性			本品易燃，遇明火、高热或与氧化剂接触能燃烧，并散发出有毒气体；受热分解释放出有毒的碘化物烟气。		
健康危害			吸入、口服或经皮肤吸收本品后对身体有害。其蒸气或雾对眼睛、皮肤、黏膜和上呼吸道有刺激性。接触后引起烧灼感、咳嗽、喘息、喉炎、气短、头痛、恶心和呕吐。		
防护措施			呼吸系统防护：可能接触毒物时，应该佩戴自吸过滤式防毒面具（全面罩）。 眼睛防护：必要时，戴化学安全防护眼镜。 身体防护：穿防静电工作服。 手防护：戴橡胶耐油手套。 其他防护：工作现场严禁吸烟。注意检测毒物。注意个人清洁卫生。		
危险性类别			易燃液体，类别2。		

序号	180	品名	1-碘-3-甲基丁烷	商品编码	2903.3990
别名			异戊基碘；碘代异戊烷	CAS 号	541-28-6
英文名			Isoamyl iodide		
分子式			$C_5H_{11}I$		
主要用途			用作有机中间体。		
危险特性			本品遇明火可燃；遇热分解碘化物有毒蒸气；遇水分解有毒腐蚀性气体。		
防护措施			呼吸系统防护：佩戴自吸过滤式防尘口罩。紧急事态抢救或撤离时，应该佩戴空气呼吸器。 眼睛防护：戴安全防护眼镜。 身体防护：穿防护工作服。 手防护：戴橡胶手套。 其他防护：工作场所禁止吸烟、进食和饮水，饭前要洗手。工作完毕，淋浴更衣。保持良好的卫生习惯。		
危险性类别			易燃液体，类别2；危害水生环境—急性危害，类别2；危害水生环境—长期危害，类别2。		

序号	181	品名	4-碘苯酚	商品编码	2908.1990
别　　名			4-碘酚；对碘苯酚	CAS 号	540-38-5
英文名			4-Iodophenol		
分子式			C_6H_5IO		
外观与性状			白色或带红色针状结晶，有特殊气味。		
主要用途			用于有机合成。		
危险特性			本品遇明火、高热可燃；受高热分解释放出有毒的气体。其粉体与空气可形成爆炸性混合物，当达到一定浓度时，遇火星会发生爆炸。		
健康危害			本品有毒，对眼睛、皮肤和黏膜有刺激作用。		
防护措施			呼吸系统防护：可能接触其粉尘时，必须佩戴防尘面具（全面罩）。紧急事态抢救或撤离时，应该佩戴空气呼吸器。 眼睛防护：呼吸系统防护中已作防护。 身体防护：穿防毒物渗透工作服。 手防护：戴橡胶手套。 其他防护：工作现场禁止吸烟、进食和饮水。工作完毕，淋浴更衣。保持良好的卫生习惯。		
危险性类别			危害水生环境—急性危害，类别 2；危害水生环境—长期危害，类别 2。		

序号	182	品名	1-碘丙烷	商品编码	2903.3990
别　　名			正丙基碘；碘代正丙烷	CAS 号	107-08-4
英文名			1-Iodopropane		
分子式			C_3H_7I		
外观与性状			无色至黄色液体。		
主要用途			用作溶剂，并用于有机合成。		
危险特性			本品易燃，遇明火、高热或与氧化剂接触能燃烧，并散发出有毒气体。		
健康危害			本品蒸气或雾对眼睛、皮肤、黏膜和上呼吸道有刺激作用，接触后会引起烧灼感、咳嗽、喘息、喉炎、气短、头痛、恶心和呕吐。		
防护措施			呼吸系统防护：可能接触毒物时，应该佩戴过滤式防毒面具（全面罩）或自给式呼吸器。 眼睛防护：戴化学安全防护眼镜。 身体防护：穿防静电工作服。 手防护：戴乳胶手套。 其他防护：工作现场严禁吸烟。避免长期反复接触。注意检测毒物。		
危险性类别			易燃液体，类别 3。		

序号	183	品名	2-碘丙烷	商品编码	2903.3990
别　名			异丙基碘;碘代异丙烷	CAS 号	75-30-9
英文名			2-iodopropane		
分子式			C_3H_7I		
外观与性状			无色液体，在空气中和光照下易变色。		
主要用途			用作溶剂，并用于有机合成。		
危险特性			本品蒸气与空气可形成爆炸性混合物，遇明火、高热极易燃烧爆炸；与氧化剂接触反应猛烈；受高热分解释放出有毒的气体；若遇高热，容器内压增大，有开裂和爆炸的危险。		
健康危害			本品对眼睛、皮肤和黏膜具有刺激性，误服或吸入会中毒。		
防护措施			呼吸系统防护：空气中浓度超标时，必须佩戴自吸过滤式防毒面具（全面罩）。紧急事态抢救或撤离时，应该佩戴空气呼吸器。 眼睛防护：呼吸系统防护中已作防护。 身体防护：穿防静电工作服。 手防护：戴橡胶手套。 其他防护：工作现场禁止吸烟、进食和饮水。工作完毕，淋浴更衣。保持良好的卫生习惯。		
危险性类别			易燃液体，类别 3。		

序号	184	品名	1-碘丁烷	商品编码	2903.3990
别　名			正丁基碘;碘代正丁烷	CAS 号	542-69-8
英文名			N-iodobutane		
分子式			C_4H_9I		
外观与性状			无色液体。		
主要用途			用作分析试剂、溶剂，也用于有机合成等。		
危险特性			本品易燃，遇明火、高热或与氧化剂接触，有引起燃烧爆炸的危险；受热分解释放出有毒的碘化物烟气。		
健康危害			吸入、口服或经皮肤吸收本品后对身体有害，对眼睛、皮肤、黏膜和呼吸道有刺激作用。中毒症状有烧灼感、咳嗽、喘息、喉炎、气短、头痛、恶心和呕吐。		
防护措施			呼吸系统防护：空气中浓度较高时，应该佩戴直接式防毒面具（半面罩）。紧急事态抢救或撤离时，佩戴自给式呼吸器。 眼睛防护：戴化学安全防护眼镜。 身体防护：穿防毒物渗透工作服。 手防护：戴橡胶耐油手套。 其他防护：工作现场禁止吸烟、进食和饮水。工作完毕，淋浴更衣。注意个人清洁卫生。		
危险性类别			易燃液体，类别 3；急性毒性—吸入，类别 3。		

序号	185	品名	2-碘丁烷		商品编码	2903.3990
别 名		仲丁基碘；碘代仲丁烷			CAS 号	513-48-4
英文名		2-iodobutane				
分子式		C_4H_9I				
外观与性状		无色液体，见光后变成棕色。				
主要用途		用作溶剂及有机合成。				
危险特性		本品蒸气与空气可形成爆炸性混合物，遇明火、高热极易燃烧爆炸；与氧化剂接触反应猛烈；受高热分解释放出有毒的气体；若遇高热，容器内压增大，有开裂和爆炸的危险。				
健康危害		本品对眼睛、皮肤和黏膜有刺激作用，对中枢神经系统有抑制作用。吸入会引起头痛、恶心、呕吐、咳嗽、气短、喉炎等症状。				
防护措施		呼吸系统防护：空气中浓度超标时，必须佩戴自吸过滤式防毒面具（全面罩）。紧急事态抢救或撤离时，应该佩戴空气呼吸器。 眼睛防护：呼吸系统防护中已作防护。 身体防护：穿防静电工作服。 手防护：戴橡胶手套。 其他防护：工作现场禁止吸烟、进食和饮水。工作完毕，淋浴更衣。保持良好的卫生习惯。				
危险性类别		易燃液体，类别 2。				

序号	186	品名	碘化钾汞		商品编码	2852.1000
别 名		碘化汞钾			CAS 号	7783-33-7
英文名		Mercury potassium iodide				
分子式		$HgI_2 \cdot 2KI$				
外观与性状		黄色至亮橘红色重质结晶或粉末，在空气中易潮解。				
主要用途		用作杀菌剂及配制选矿液。				
危险特性		本品本身不能燃烧，遇高热分解释放出高毒烟气。				
健康危害		本品高毒，吸入、摄入或经皮肤吸收后会中毒。吸入时，神经系统最早受损；误服，首先出现消化道症状；对肝、肾和心脏有损害，皮肤接触会引起接触性皮炎。				
防护措施		呼吸系统防护：可能接触其粉尘时，必须佩戴防尘面具（全面罩）。紧急事态抢救或撤离时，应该佩戴空气呼吸器。 眼睛防护：呼吸系统防护中已作防护。 身体防护：穿胶布防毒衣。 手防护：戴橡胶手套。 其他防护：工作现场禁止吸烟、进食和饮水。工作完毕，淋浴更衣。保持良好的卫生习惯。				
危险性类别		急性毒性—经口，类别 2*；急性毒性—经皮肤，类别 1；急性毒性—吸入，类别 2*；特异性靶器官毒性—反复接触，类别 2*；危害水生环境—急性危害，类别 1；危害水生环境—长期危害，类别 1。				

序号	187	品名	碘化氢(无水)	商品编码	2811.1990
别 名				CAS 号	10034-85-2
英文名	Hydroiodic acid				
分子式	HI				
外观与性状	无色至浅黄色有刺激性臭味的液体,在空气中发烟强烈。				
主要用途	用作还原剂,也用于合成碘烷及其他碘化物。				
危险特性	本品能与氟、硝酸、氯酸钾等反应剧烈;和碱金属接触会爆炸;加热会产生有毒的碘烟雾;遇水或水蒸气时有强腐蚀性,能灼伤皮肤。				
健康危害	本品具有强腐蚀作用,其蒸气或烟雾对眼睛、皮肤、黏膜和呼吸道有强烈的刺激作用。				
防护措施	呼吸系统防护:可能接触其烟雾时,佩戴自吸过滤式防毒面具(全面罩)或空气呼吸器。紧急事态抢救或撤离时,建议佩戴氧气呼吸器。 眼睛防护:呼吸系统防护中已作防护。 身体防护:穿橡胶耐酸碱服。 手防护:戴橡胶耐酸碱手套。 其他防护:工作现场禁止吸烟、进食和饮水。工作完毕,淋浴更衣。单独存放被毒物污染的衣服,洗后备用。保持良好的卫生习惯。				
危险性类别	加压气体;皮肤腐蚀/刺激,类别1A;严重眼损伤/眼刺激,类别1;特异性靶器官毒性—单次接触,类别3(呼吸道刺激)。				

序号	188	品名	碘化亚汞	商品编码	2852.1000
别 名	一碘化汞			CAS 号	15385-57-6
英文名	Mercurous iodide				
分子式	Hg_2I_2				
外观与性状	亮黄色四方结晶或无定形粉末。				
主要用途	医疗上用作抗菌剂。				
防护措施	呼吸系统防护:可能接触毒物时,应该佩戴过滤式防毒面具(全面罩)或自给式呼吸器。 眼睛防护:戴化学安全防护眼镜。 身体防护:穿防护工作服。 手防护:戴乳胶手套。 其他防护:工作现场严禁吸烟。避免长期反复接触。				
危险性类别	急性毒性—经口,类别2*;急性毒性—经皮肤,类别1;急性毒性—吸入,类别2*;特异性靶器官毒性—反复接触,类别2*;危害水生环境—急性危害,类别1;危害水生环境—长期危害,类别1。				

序号	189	品名	碘化亚铊	商品编码	2827.6000
别　名		一碘化铊		CAS 号	7790-30-9
英文名		Thallium iodide			
分子式		T_lI			
外观与性状		红色立方体结晶或黄色粉末。			
主要用途		用于制造药物、光谱分析、热定位的特种过滤器、与溴化铊组成混合结晶、传送极长波长的红外线辐射。			
危险特性		本品受热分解释放出有毒的碘化物烟气。			
健康危害		铊及其化合物为强烈的神经毒，引起中枢神经系统损害及周围神经病，对肝、肾有损害。			
防护措施		呼吸系统防护：可能接触其粉尘时，必须佩戴头罩型电动送风过滤式防尘呼吸器。紧急事态抢救或撤离时，建议佩戴空气呼吸器。 眼睛防护：呼吸系统防护中已作防护。 身体防护：穿连衣式胶布防毒衣。 手防护：戴橡胶手套。 其他防护：工作现场禁止吸烟、进食和饮水。工作完毕，淋浴更衣。实行就业前和定期的体检。车间应配备急救设备及药品。			
危险性类别		急性毒性—经口，类别 2；急性毒性—吸入，类别 2 *；特异性靶器官毒性—反复接触，类别 2 *；危害水生环境—急性危害，类别 2；危害水生环境—长期危害，类别 2。			

序号	190	品名	碘化乙酰	商品编码	2915.9000
别　名		碘乙酰；乙酰碘		CAS 号	507-02-8
英文名		Acetyl iodide			
分子式		C_2H_3IO			
外观与性状		无色发烟液体，在潮气中或空气中变棕色。			
主要用途		用于有机合成。			
危险特性		本品可燃，遇水或乙醇发生反应放出有毒和腐蚀性的气体；遇潮时对大多数金属有强腐蚀性。			
健康危害		本品对眼睛、皮肤和黏膜有刺激作用。其蒸气对呼吸道黏膜有强烈刺激和腐蚀性。吸入或误服会引起中毒，毒性比乙酰氯、乙酰溴强。			
防护措施		呼吸系统防护：空气中浓度超标时，必须佩戴自吸过滤式防毒面具（全面罩）。紧急事态抢救或撤离时，应该佩戴空气呼吸器。 眼睛防护：呼吸系统防护中已作防护。 身体防护：穿橡胶耐酸碱服。 手防护：戴橡胶耐酸碱手套。 其他防护：工作现场禁止吸烟、进食和饮水。工作完毕，淋浴更衣。实行就业前和定期的体检。保持良好的卫生习惯。			
危险性类别		皮肤腐蚀/刺激，类别 1；严重眼损伤/眼刺激，类别 1。			

序号	191	品名	碘甲烷	商品编码	2903.3990
别 名			甲基碘	CAS 号	74-88-4
英文名			Iodomethane		
分子式			CH_3I		
外观与性状			无色液体,有特臭。		
主要用途			用于医药、有机合成、吡啶的检验、显微镜检查等。		
危险特性			本品受热分解释放出有毒的碘化物烟气。		
防护措施			呼吸系统防护:空气中浓度超标时,应该佩戴自吸过滤式防毒面具(半面罩)。 眼睛防护:戴化学安全防护眼镜。 身体防护:穿透气型防毒服。 手防护:戴防化学品手套。 其他防护:工作现场禁止吸烟、进食和饮水。工作完毕,淋浴更衣。单独存放被毒物污染的衣服,洗后备用。注意个人清洁卫生。		
危险性类别			急性毒性—经口,类别3;急性毒性—经皮肤,类别3;急性毒性—吸入,类别2;皮肤腐蚀/刺激,类别2;特异性靶器官毒性—单次接触,类别3(呼吸道刺激);危害水生环境—急性危害,类别2;危害水生环境—长期危害,类别3。		

序号	192	品名	碘酸	商品编码	2811.1990
别 名				CAS 号	7782-68-5
英文名			Iodic acid		
分子式			HIO_3		
外观与性状			无色斜方结晶或有光泽的白色结晶。		
主要用途			用作分析试剂,制造药物等。		
危险特性			本品是强氧化剂,与易燃物硫、磷、有机物、还原剂接触,能发生化学反应,甚至燃烧。		
健康危害			本品对眼睛、黏膜、皮肤和上呼吸道有刺激性。		
防护措施			呼吸系统防护:可能接触其粉尘时,应该佩戴头罩型电动送风过滤式防尘呼吸器。 眼睛防护:呼吸系统防护中已作防护。 身体防护:穿聚乙烯防毒服。 手防护:戴橡胶手套。 其他防护:工作现场禁止吸烟、进食和饮水。工作完毕,淋浴更衣。保持良好的卫生习惯。		
危险性类别			氧化性固体,类别2;皮肤腐蚀/刺激,类别1;严重眼损伤/眼刺激,类别1。		

序号	193	品名	碘酸铵		商品编码	2829.9000
别 名					CAS 号	13446-09-8
英文名	Ammonium iodate					
分子式	NH_4IO_3					
外观与性状	白色结晶或粉末。					
主要用途	用作氧化剂和分析试剂。					
危险特性	本品是无机氧化剂,与还原剂、有机物、易燃物如硫、磷或金属粉末等混合可形成爆炸性混合物;受热分解释放出有毒的碘化物烟气。					
健康危害	本品有毒,对皮肤、黏膜有刺激性。					
防护措施	呼吸系统防护:可能接触其粉尘时,应该佩戴自吸过滤式防尘口罩。 眼睛防护:戴化学安全防护眼镜。 身体防护:穿聚乙烯防毒服。 手防护:戴橡胶手套。 其他防护:工作完毕,淋浴更衣。保持良好的卫生习惯。					
危险性类别	氧化性固体,类别2。					

序号	194	品名	碘酸钡		商品编码	2829.9000
别 名					CAS 号	10567-69-8
英文名	Barium iodate					
分子式	$Ba(IO_3)_2$					
外观与性状	白色结晶性粉末。					
主要用途	用作分析试剂。					
危险特性	本品是无机氧化剂,能与铝、砷、铜、碳、金属硫化物、有机物、磷、硒、硫起剧烈反应;受热分解释放出有毒的碘化物烟气。					
健康危害	本品对皮肤有刺激性。急性中毒时,出现流涎、呕吐、腹痛、剧烈腹泻、痉挛、震颤、血压升高、肠胃及肾脏内出血等症状。					
防护措施	呼吸系统防护:可能接触其粉尘时,应该佩戴自吸过滤式防尘口罩。 眼睛防护:戴化学安全防护眼镜。 身体防护:穿胶布防毒衣。 手防护:戴橡胶手套。 其他防护:工作现场禁止吸烟、进食和饮水。工作完毕,淋浴更衣。单独存放被毒物污染的衣服,洗后备用。保持良好的卫生习惯。					
危险性类别	氧化性固体,类别2。					

序号	195	品名	碘酸钙		商品编码	2829.9000
别 名		碘钙石			CAS 号	7789-80-2
英文名		Calcium iodate				
分子式		$Ca(IO_3)_2$				
外观与性状		白色结晶或粉末，无臭。				
主要用途		用作防臭剂、药物和食品添加剂。				
危险特性		本品是无机氧化剂，与可燃物形成爆炸性混合物；能与铝、砷、铜、碳、金属硫化物、有机物、磷、硒、硫起剧烈反应；受热分解释放出有毒的碘化物烟气。				
健康危害		本品有毒，对眼睛、皮肤、黏膜有强刺激作用。				
防护措施		呼吸系统防护：可能接触其粉尘时，应该佩戴自吸过滤式防尘口罩。 眼睛防护：戴化学安全防护眼镜。 身体防护：穿胶布防毒衣。 手防护：戴橡胶手套。 其他防护：工作现场禁止吸烟、进食和饮水。工作完毕，淋浴更衣。保持良好的卫生习惯。				
危险性类别		氧化性固体，类别2。				

序号	196	品名	碘酸镉		商品编码	2829.9000
别 名					CAS 号	7790-81-0
英文名		Cadmium iodate				
分子式		$Cd(IO_3)_2$				
外观与性状		白色结晶性粉末。				
主要用途		用作氧化剂。				
危险特性		本品是无机氧化剂，与还原剂、有机物、易燃物如硫、磷或金属粉末等混合可形成爆炸性混合物；受热分解释放出有毒的碘化物烟气。				
健康危害		本品粉尘对呼吸系统有刺激作用，对皮肤有腐蚀性。误服会出现流涎、窒息、呕吐、腹痛、腹泻等症状。经常接触低浓度粉尘会损害肺部与肾脏，并使牙齿变黄。				
防护措施		呼吸系统防护：可能接触其粉尘时，应该佩戴自吸过滤式防尘口罩。 眼睛防护：戴化学安全防护眼镜。 身体防护：穿胶布防毒衣。 手防护：戴橡胶手套。 其他防护：工作现场禁止吸烟、进食和饮水。工作完毕，淋浴更衣。定期体检。				
危险性类别		氧化性固体，类别2；致癌性，类别1A；危害水生环境—急性危害，类别1；危害水生环境—长期危害，类别1。				

序号	197	品名	碘酸钾		商品编码	2829.9000
别 名					CAS 号	7758-05-6
英文名		Potassium iodate				
分子式		KIO_3				
外观与性状		无色或白色晶状粉末,无臭。				
主要用途		用作分析试剂、药物、饲料添加剂等。				
危险特性		本品是无机氧化剂,与还原剂、有机物、可燃物、易燃物如硫、磷或金属粉末等混合可形成爆炸性混合物。				
防护措施		呼吸系统防护:可能接触其粉尘时,应该佩戴自吸过滤式防尘口罩。 眼睛防护:戴化学安全防护眼镜。 身体防护:穿聚乙烯防毒服。 手防护:戴橡胶手套。 其他防护:工作现场禁止吸烟、进食和饮水。工作完毕,淋浴更衣。保持良好的卫生习惯。				
危险性类别		氧化性固体,类别2。				

序号	198	品名	碘酸钾合一碘酸		商品编码	2829.9000
别 名		碘酸氢钾;重碘酸钾			CAS 号	13455-24-8
英文名		Potassium biiodate				
分子式		$KIO_3 \cdot HIO_3$				
外观与性状		无色菱形或单斜形结晶。				
主要用途		用作标定碱的基准物、氧化剂。				
危险特性		本品与有机物、还原剂、硫、磷等混合,能形成爆炸性混合物。				
健康危害		本品有毒,具有腐蚀性。				
防护措施		呼吸系统防护:可能接触其粉尘时,应该佩戴自吸过滤式防尘口罩。 眼睛防护:戴化学安全防护眼镜。 身体防护:穿胶布防毒衣。 手防护:戴橡胶手套。 其他防护:工作完毕,淋浴更衣。保持良好的卫生习惯。				
危险性类别		氧化性固体,类别2;皮肤腐蚀/刺激,类别2。				

序号	199	品名	碘酸钾合二碘酸		商品编码	2829.9000
英文名		Potassium iodate acid				
分子式						
外观与性状		固体。				
主要用途		用于工业生产及科研。				
危险特性		跟可燃物质接触可能会引起火灾。对皮肤有刺激性。				
健康危害		吸入该物质可能会引起对健康有害的影响或呼吸道不适。皮肤直接接触可造成皮肤刺激。				
防护措施		呼吸系统防护：可能接触毒物时，应该佩戴过滤式防毒面具（全面罩）或自给式呼吸器。 眼睛防护：戴安全防护眼镜。 身体防护：穿防护工作服。 手防护：戴乳胶手套。 其他防护：工作现场严禁吸烟。				
危险性类别		氧化性固体，类别2；皮肤腐蚀/刺激，类别2。				

序号	200	品名	碘酸锂		商品编码	2829.9000
别 名					CAS 号	13765-03-2
英文名		Lithium iodate				
分子式		$LiIO_3$				
外观与性状		无色有光泽的结晶，有潮解性。				
主要用途		用作分析试剂、催化剂、氧化剂。				
危险特性		本品与还原剂能发生强烈反应，引起燃烧爆炸；受热分解释放出有毒的碘化物烟气。				
健康危害		本品有毒，对皮肤、黏膜有刺激作用。				
防护措施		呼吸系统防护：可能接触毒物时，应该佩戴过滤式防毒面具（全面罩）或自给式呼吸器。 眼睛防护：戴安全防护眼镜。 身体防护：穿防护工作服。 手防护：戴乳胶手套。 其他防护：工作现场严禁吸烟。				
危险性类别		氧化性固体，类别2。				

序号	201	品名	碘酸锰		商品编码	2829.9000
别 名					CAS 号	25659-29-4
英文名		Manganese（Ⅱ）iodate				
分子式		$Mn(IO_3)_2$				
外观与性状		红色结晶性粉末或细小的发亮晶体。				
主要用途		用于工业生产。				
危险特性		不燃烧，但会增强火势。与木材、纸张、油类或金属粉末等可燃物质接触，能引起自燃或剧烈分解。				
健康危害		吸入该物质可能会引起对健康有害的影响或呼吸道不适。意外食入本品可能对个体健康有害。通过割伤、擦伤或病变处进入血液，可能产生全身损伤的有害作用。				
防护措施		呼吸系统防护：可能接触毒物时，应该佩戴过滤式防毒面具（全面罩）或自给式呼吸器。 眼睛防护：戴安全防护眼镜。 身体防护：穿防护工作服。 手防护：戴乳胶手套。 其他防护：工作现场严禁吸烟。				
危险性类别		氧化性固体，类别2。				

序号	202	品名	碘酸铅		商品编码	2829.9000
别 名					CAS 号	25659-31-8
英文名		Lead iodate				
分子式		$Pb(IO_3)_2$				
外观与性状		白色粉末。				
主要用途		用于烟花配制及用作氧化剂。				
危险特性		本品是无机氧化剂，与还原剂、有机物、易燃物如硫、磷或金属粉末等混合可形成爆炸性混合物；受热分解释放出有毒的碘化物烟气。				
健康危害		铅及其化合物损害造血、神经、消化系统及肾脏。职业中毒主要为慢性中毒。神经系统主要表现为神经衰弱综合征、周围神经病（以运动功能受累较明显），重者出现铅中毒性脑病。消化系统表现有齿龈铅线、食欲不振、恶心、腹胀、腹泻或便秘；腹绞痛见于中度及重度中毒病例。造血系统损害出现卟啉代谢障碍、贫血等。短时大量接触会发生急性或亚急性中毒，表现类似重症慢性铅中毒。对肾脏损害多见于急性、亚急性中毒或较重慢性病例。				
防护措施		呼吸系统防护：可能接触其粉尘时，应该佩戴自吸过滤式防尘口罩。 眼睛防护：戴化学安全防护眼镜。 身体防护：穿胶布防毒衣。 手防护：戴橡胶手套。 其他防护：工作现场禁止吸烟、进食和饮水。工作完毕，淋浴更衣。实行就业前和定期的体检。保持良好的卫生习惯。				
危险性类别		氧化性固体，类别2；致癌性，类别1B；生殖毒性，类别1A；特异性靶器官毒性—反复接触，类别2＊；危害水生环境—急性危害，类别1；危害水生环境—长期危害，类别1。				

序号	203	品名	碘酸钠	商品编码	2829.9000
别　名				CAS 号	7681-55-2
英文名	Sodium iodate				
分子式	$NaIO_3$				
外观与性状	白色棱形结晶或晶状粉末。				
主要用途	用作分析试剂、药物、消毒剂、饲料添加剂。				
危险特性	本品是无机氧化剂，能与铝、砷、铜、碳、金属硫化物、有机物、磷、硒、硫起剧烈反应；具有腐蚀性。				
健康危害	本品对眼睛、上呼吸道、黏膜和皮肤有刺激作用。				
防护措施	呼吸系统防护：可能接触其粉尘时，应该佩戴自吸过滤式防尘口罩。 眼睛防护：戴化学安全防护眼镜。 身体防护：穿胶布防毒衣。 手防护：戴橡胶手套。 其他防护：工作现场禁止吸烟、进食和饮水。工作完毕，淋浴更衣。保持良好的卫生习惯。				
危险性类别	氧化性固体，类别2。				

序号	204	品名	碘酸锶	商品编码	2829.9000
别　名				CAS 号	13470-01-4
英文名	Strontium iodate				
分子式	$Sr(IO_3)_2$				
外观与性状	白色三斜结晶。				
主要用途	用作试剂。				
危险特性	本品是无机氧化剂，与还原剂、有机物、易燃物如硫、磷或金属粉末等混合可形成爆炸性混合物；受热分解释放出有毒的碘化物烟气。				
健康危害	本品有毒，对皮肤、黏膜有刺激作用。				
防护措施	呼吸系统防护：可能接触其粉尘时，应该佩戴自吸过滤式防尘口罩。 眼睛防护：戴化学安全防护眼镜。 身体防护：穿胶布防毒衣。 手防护：戴橡胶手套。 其他防护：工作完毕，淋浴更衣。注意个人清洁卫生。				
危险性类别	氧化性固体，类别2。				

序号	205	品名	碘酸锶		商品编码	2829.9000
别　名					CAS 号	29515-61-5
英文名	Strontium iodate					
分子式	$Sr(IO_3)_2$					
外观与性状	白色三斜结晶。					
主要用途	用作试剂。					
危险特性	本品是无机氧化剂，与还原剂、有机物、易燃物如硫、磷或金属粉末等混合可形成爆炸性混合物；受热分解释放出有毒的碘化物烟气。					
健康危害	本品有毒，对皮肤、黏膜有刺激作用。					
防护措施	呼吸系统防护：可能接触其粉尘时，应该佩戴自吸过滤式防尘口罩。 眼睛防护：戴化学安全防护眼镜。 身体防护：穿胶布防毒衣。 手防护：戴橡胶手套。 其他防护：工作完毕，淋浴更衣。注意个人清洁卫生。					
危险性类别	氧化性固体，类别2。					

序号	206	品名	碘酸锌		商品编码	2829.9000
别　名					CAS 号	7790-37-6
英文名	Zinc iodate					
分子式	$Zn(IO_3)_2$					
外观与性状	白色结晶性粉末。					
主要用途	用于医药。					
危险特性	本品是强氧化剂，与还原剂、有机物、易燃物如硫、磷或金属粉末等混合可形成爆炸性混合物；受热分解释放出有毒的碘化物烟气。					
健康危害	本品有毒，对皮肤、黏膜有刺激作用。					
防护措施	呼吸系统防护：可能接触其粉尘时，应该佩戴自吸过滤式防尘口罩。 眼睛防护：戴化学安全防护眼镜。 身体防护：穿胶布防毒衣。 手防护：戴橡胶手套。 其他防护：工作完毕，淋浴更衣。单独存放被毒物污染的衣服，洗后备用。保持良好的卫生习惯。					
危险性类别	氧化性固体，类别2；危害水生环境—急性危害，类别1；危害水生环境—长期危害，类别1。					

序号	207	品名	碘酸银	商品编码	2843.2900
别 名				CAS 号	7783-97-3
英文名	Silver iodate				
分子式	$AgIO_3$				
外观与性状	白色棱形结晶或粉末。				
主要用途	分析上用于测定血中的小量氯化物。				
危险特性	本品是无机氧化剂,与还原剂、有机物、易燃物如硫、磷或金属粉末等混合可形成爆炸性混合物;受热分解释放出有毒的碘化物烟气。				
健康危害	眼睛接触本品有刺激性。长期接触银化合物,吸入或食入,会发生皮肤、眼睛、呼吸道全身性银质沉着症。皮肤色素沉着,呈灰黑色或浅石板色。				
防护措施	呼吸系统防护:可能接触其粉尘时,应该佩戴自吸过滤式防尘口罩。 眼睛防护:戴化学安全防护眼镜。 身体防护:穿胶布防毒衣。 手防护:戴橡胶手套。 其他防护:工作现场禁止吸烟、进食和饮水。工作完毕,淋浴更衣。保持良好的卫生习惯。				
危险性类别	氧化性固体,类别2。				

序号	208	品名	1-碘戊烷	商品编码	2903.3990
别 名	正戊基碘;碘代正戊烷			CAS 号	628-17-1
英文名	Iodopentane				
分子式	$C_5H_{11}I$				
外观与性状	无色液体。				
主要用途	用作溶剂。				
危险特性	本品遇明火、高热易燃;受热分解释放出有毒的碘化物烟气;与强氧化剂如铬酸酐、氯酸盐和高锰酸钾等接触,能发生强烈反应,引起燃烧或爆炸。				
健康危害	本品蒸气或雾对眼睛、黏膜和上呼吸道有刺激作用,接触后出现烧灼感、咳嗽、喘息、喉炎、气短、头痛、恶心、呕吐等症状。				
防护措施	呼吸系统防护:空气中浓度较高时,应该佩戴直接式防毒面具(半面罩)。紧急事态抢救或撤离时,佩戴自给式呼吸器。 眼睛防护:戴化学安全防护眼镜。 身体防护:穿防毒物渗透工作服。 手防护:戴橡胶耐油手套。 其他防护:工作现场禁止吸烟、进食和饮水。工作完毕,淋浴更衣。注意个人清洁卫生。				
危险性类别	易燃液体,类别3。				

序号	209	品名	碘乙酸	商品编码	2915.9000
别　名			碘醋酸	CAS 号	64-69-7
英文名			Iodoacetic acid		
分子式			$C_2H_3IO_2$		
外观与性状			无色或白色结晶。		
主要用途			用于农业植物资源研究，染料制备，有机合成等。		
危险特性			本品遇明火、高热可燃；受热分解释放出有毒的碘化物烟气；遇潮时对大多数金属有腐蚀性。		
健康危害			本品对黏膜、上呼吸道、眼睛、皮肤有强烈刺激作用，吸入后可因喉、支气管的炎症、水肿、痉挛，化学性肺炎、肺水肿而致死。中毒表现有烧灼感、咳嗽、喘息、喉炎、气短、头痛、恶心、呕吐等症状。		
防护措施			呼吸系统防护：可能接触其粉尘时，必须佩戴头罩型电动送风过滤式防尘呼吸器。紧急事态抢救或撤离时，必须佩戴空气呼吸器。 眼睛防护：呼吸系统防护中已作防护。 身体防护：穿防酸碱工作服。 手防护：戴橡胶耐酸碱手套。 其他防护：工作场所禁止吸烟、进食和饮水，饭前要洗手。工作完毕，淋浴更衣。注意个人清洁卫生。		
危险性类别			急性毒性—经口，类别3*；皮肤腐蚀/刺激，类别1A；严重眼损伤/眼刺激，类别1。		

序号	210	品名	碘乙烷	商品编码	2903.6900
别　名			乙基碘	CAS 号	1975-3-6
英文名			Iodoethane		
分子式			C_2H_5I		
外观与性状			无色澄清重质液体，有醚的气味。		
主要用途			用于医药或有机合成。		
危险特性			本品遇明火、高热能燃烧；遇高热时能分解出有毒的碘化物烟雾；遇水或水蒸气反应放热并产生有毒的腐蚀性气体；与氧化剂接触反应猛烈。		
健康危害			吸入本品对呼吸道有强烈刺激性，并出现麻醉作用，会有肝、肾损害。眼睛和皮肤接触会引起强烈刺激，甚至发生灼伤。口服灼伤消化道。		
防护措施			呼吸系统防护：可能接触其蒸气时，应该佩戴自吸过滤式防毒面具（全面罩）。紧急事态抢救或撤离时，佩戴循环式氧气呼吸器。 眼睛防护：呼吸系统防护中已作防护。 身体防护：穿胶布防毒衣。 手防护：戴防化学品手套。 其他防护：工作现场禁止吸烟、进食和饮水。工作完毕，淋浴更衣。单独存放被毒物污染的衣服，洗后备用。注意个人清洁卫生。		
危险性类别			易燃液体，类别3；皮肤腐蚀/刺激，类别2；严重眼损伤/眼刺激，类别2。		

序号	211	品名	碘乙酸乙酯	商品编码	2915.9000
别　名				CAS 号	623-48-3
英文名		Ethyl iodoacetate			
分子式		$C_4H_7IO_2$			
外观与性状		无色油状液体，见光及空气逐渐分解变黄色。			
主要用途		用作有机合成的中间体。			
危险特性		本品遇明火、高热可燃；与氧化剂可发生反应；遇水或水蒸气反应放热并产生有毒的腐蚀性气体；受热分解或与酸类接触放出有毒气体；其蒸气比空气重，能在较低处扩散到相当远的地方，遇火源会着火回燃；若遇高热，容器内压增大，有开裂和爆炸的危险。			
健康危害		本品蒸气对眼睛有强烈刺激作用，在 $1.4mg/m^3$ 时，即有催泪作用。国外曾报道，接触高浓度碘乙酸乙酯，可能引起肺水肿而导致死亡。			
防护措施		呼吸系统防护：空气中浓度超标时，必须佩戴自吸过滤式防毒面具（全面罩）。紧急事态抢救或撤离时，应该佩戴空气呼吸器。 眼睛防护：呼吸系统防护中已作防护。 身体防护：穿胶布防毒衣。 手防护：戴橡胶手套。 其他防护：工作现场禁止吸烟、进食和饮水。工作完毕，淋浴更衣。保持良好的卫生习惯。			
危险性类别		急性毒性—经口，类别 2。			

序号	212	品名	电池液（酸性的）	商品编码	3824.9999
别　名				CAS 号	
分子式		HF, HNO_3, CH_3COOH			
外观与性状		均为无色透明液。			
主要用途		蓄电池补充液。			
危险特性		本品是具有腐蚀性、氧化性的液体。本产品不燃，和金属类反应会产生氢气、二氧化氮，和有机物质的接触会自然起火。			
健康危害		本品蒸气强烈刺激眼睛和呼吸道，接触液体会引起皮肤和眼睛的严重损伤，还有失明的可能性。			
防护措施		呼吸系统防护：佩戴防毒口罩。 眼睛防护：戴安全防护眼镜。 身体防护：穿防护工作服。防水耐酸碱性围裙，橡胶长靴。 手防护：戴乳胶手套。 其他防护：工作现场严禁吸烟。			
危险性类别		皮肤腐蚀/刺激，类别 1；严重眼损伤/眼刺激，类别 1。			

序号	213	品名	电池液(碱性的)		商品编码	3824.9999
别 名					CAS 号	
英文名	Battery fluid, alkali					
分子式						
外观与性状	无色液体。					
主要用途	用于碱性电池。					
危险特性	本品与酸发生中和反应并放热,遇潮时对铝、锌和锡有腐蚀性,并放出易燃易爆的氢气。本品不会燃烧,遇水和水蒸气大量放热,形成腐蚀性溶液,具有强腐蚀性。					
健康危害	本品有强烈刺激和腐蚀性,粉尘刺激眼睛和呼吸道,腐蚀鼻中隔;皮肤和眼睛直接接触可引起灼伤,误服可造成消化道灼伤、黏膜糜烂、出血和休克。					
防护措施	呼吸系统防护:佩戴防毒口罩。 眼睛防护:戴安全防护眼镜。 身体防护:穿防护工作服。防水耐酸碱性围裙,橡胶长鞋。 手防护:戴乳胶手套。 其他防护:工作现场严禁吸烟。					
危险性类别	皮肤腐蚀/刺激,类别1B;严重眼损伤/眼刺激,类别1。					

序号	214	品名	叠氮化钡		商品编码	2850.0090
别 名		叠氮钡			CAS 号	18810-58-7
英文名	Barium azide					
分子式	$Ba(N_3)_2$					
外观与性状	白色单斜棱形结晶。					
主要用途	用作电子管的吸气剂。					
危险特性	干燥时,本品接触明火、高热或受到摩擦、震动、撞击时会发生爆炸;与酸反应生成爆炸性的迭氮化氢;暴露在空气中能自燃;受热分解产生有毒的烟气。					
健康危害	本品有毒,对皮肤和黏膜有刺激性。吸收进入体内,可影响神经系统、心脏、肺功能和肾脏,严重者可引起惊厥和死亡。					
防护措施	呼吸系统防护:可能接触其粉尘时,必须佩戴防尘面具(全面罩)。紧急事态抢救或撤离时,应该佩戴空气呼吸器。 眼睛防护:呼吸系统防护中已作防护。 身体防护:穿胶布防毒衣。 手防护:戴橡胶手套。 其他防护:工作现场禁止吸烟、进食和饮水。工作完毕,淋浴更衣。保持良好的卫生习惯。					
危险性类别	爆炸物,1.1项。					

序号	215	品名	叠氮化钠	商品编码	2850.0090
别　名		三氮化钠		CAS 号	26628-22-8
英文名		Sodium azide			
分子式		NaN$_3$			
外观与性状		无色六角结晶性粉末。			
主要用途		用于制造炸药及分析试剂等。			
危险特性		本品受热、接触明火或受到摩擦、震动、撞击时可发生爆炸。本品与酸类反应剧烈，产生爆炸性的叠氮酸；与重金属及其盐类形成十分敏感的化合物。			
健康危害		本品和氰化物相似，对细胞色素氧化酶和其他酶有抑制作用，并能使体内氧合血红蛋白形成受阻，有显著的降压作用。高血压病人口服本品有显著降压作用。对眼睛和皮肤有刺激作用。如吸入、口服或经皮肤收，可引起中毒死亡。本品在有机合成中会有叠氮酸气体逸出，吸入后中毒，出现眩晕、虚弱无力、视觉模糊、呼吸困难、昏厥感、血压降低、心动过缓等症状。			
防护措施		呼吸系统防护：可能接触其粉尘时，必须佩戴头罩型电动送风过滤式防尘呼吸器。紧急事态抢救或撤离时，佩戴自给式呼吸器。 眼睛防护：呼吸系统防护中已作防护。 身体防护：穿连衣式胶布防毒衣。 手防护：戴橡胶手套。 其他防护：工作现场禁止吸烟、进食和饮水。工作完毕，淋浴更衣。单独存放被毒物污染的衣服，洗后备用。保持良好的卫生习惯。			
危险性类别		急性毒性—经口，类别 2*；危害水生环境—急性危害，类别 1；危害水生环境—长期危害，类别 1。			

序号	216	品名	叠氮化铅(含水或水加乙醇≥20%)	商品编码	2850.0090
别 名				CAS 号	13424-46-9
英文名	Lead azide				
分子式	$Pb(N_3)_2$				
外观与性状	无色针状结晶或白色粉末。				
主要用途	用作雷管中的起爆装药。				
危险特性	干燥时,本品接触明火、高热或受到摩擦、震动、撞击时可能发生爆炸;与铜生成极敏感的迭氮化铜;能与浓硫酸、发烟硝酸起猛烈反应,甚至发生爆炸;遇二氧化碳分解释放出迭氮酸。				
健康危害	本品有剧毒,受热分解释放出高毒的氮氧化物和铅。				
防护措施	呼吸系统防护:可能接触其粉尘时,必须佩戴空气呼吸器。 眼睛防护:呼吸系统防护中已作防护。 身体防护:穿胶布防毒衣。 手防护:戴橡胶手套。 其他防护:工作现场禁止吸烟、进食和饮水。工作完毕,淋浴更衣。保持良好的卫生习惯。				
危险性类别	爆炸物,1.1项;生殖毒性,类别1A;特异性靶器官毒性—反复接触,类别2*;危害水生环境—急性危害,类别1;危害水生环境—长期危害,类别1。				

序号	217	品名	2-丁醇	商品编码	2905.1420
别 名	仲丁醇			CAS 号	78-92-2
英文名	2-butyl alcohol				
分子式	$C_4H_{10}O$				
外观与性状	无色透明液体,有类似葡萄酒的气味。				
主要用途	用于制造甲乙酮,合成香精、染料等的原料,也用作溶剂。				
危险特性	本品易燃,其蒸气与空气可形成爆炸性混合物,遇明火、高热能引起燃烧爆炸;受热分解释放出有毒气体;与氧化剂能发生强烈反应;在火场中,受热的容器有爆炸危险。				
健康危害	本品具有刺激和麻醉作用。大量吸入对眼、鼻、喉有刺激作用,并出现头痛、眩晕、倦怠、恶心等症状。对兔皮肤无刺激性,但对兔眼睛有严重伤害。				
防护措施	呼吸系统防护:一般不需要特殊防护,高浓度接触时可自吸过滤式防毒面具(半面罩)。 眼睛防护:戴安全防护眼镜。 身体防护:穿防静电工作服。 手防护:戴一般作业防护手套。 其他防护:工作现场严禁吸烟。保持良好的卫生习惯。				
危险性类别	易燃液体,类别3;严重眼损伤/眼刺激,类别2;特异性靶器官毒性—单次接触,类别3(呼吸道刺激、麻醉效应)。				

序号	218	品名	丁醇钠	商品编码	2905.1990
别　名		丁氧基钠		CAS 号	2372-45-4
英文名		Sodium n-butoxide			
分子式		C_4H_9NaO			
外观与性状		无色至淡黄色液体。			
主要用途		用于有机合成。			
危险特性		易燃，造成严重皮肤灼伤和眼损伤。			
健康危害		造成严重皮肤灼伤和眼损伤。			
防护措施		呼吸系统防护：佩戴防毒口罩。 眼睛防护：戴安全防护眼镜。 身体防护：穿防护工作服。 手防护：戴乳胶手套。 其他防护：工作现场严禁吸烟。			
危险性类别		皮肤腐蚀/刺激，类别 1；严重眼损伤/眼刺激，类别 1。			

序号	219	品名	1,3-丁二烯(稳定的)	商品编码	2901.2410
别　名		联乙烯		CAS 号	106-99-0
英文名		1,3-butadiene			
分子式		C_4H_6			
外观与性状		无色无臭气体。			
主要用途		用于合成橡胶 ABS 树脂、酸酐等。			
危险特性		本品易燃，与空气混合能形成爆炸性混合物；接触热、火星、火焰或氧化剂易燃烧爆炸；若遇高热，可发生聚合反应，放出大量热量而引起容器破裂和爆炸事故。气体比空气重，能在较低处扩散到相当远的地方，遇火源会着火回燃。			
健康危害		本品具有麻醉和刺激作用。急性中毒：轻者有头痛、头晕、恶心、咽痛、耳鸣、全身乏力、嗜睡等症状。重者会出现醉酒、呼吸困难、脉速等现象，后转入意识丧失和抽搐，有时也会有烦躁不安、到处乱跑等精神症状。脱离接触后，迅速恢复。头痛和嗜睡有时会持续一段时间。			
防护措施		呼吸系统防护：一般不需要特殊防护，高浓度接触时可佩戴自吸过滤式防毒面具（半面罩）。 眼睛防护：必要时，戴化学安全防护眼镜。 身体防护：穿防静电工作服。 手防护：戴一般作业防护手套。 其他防护：工作现场严禁吸烟。避免长期反复接触。进入罐、限制性空间或其他高浓度区作业，须有人监护。			
危险性类别		易燃气体，类别 1；加压气体；生殖细胞致突变性，类别 1B；致癌性，类别 1A。			

序号	220	品名	1,4-丁二胺		商品编码	2921.2900
别　名		1,4-二氨基丁烷;四亚甲基二胺;腐肉碱			CAS 号	110-60-1
英文名		1,4-butanediamine				
分子式		$C_4H_{12}N_2$				
外观与性状		无色结晶，有六氢吡啶的气味。				
主要用途		用作化学中间体。				
危险特性		本品遇明火、高热能引起燃烧爆炸；与氧化剂能发生强烈反应；具有腐蚀性。				
健康危害		本品对眼睛、上呼吸道和皮肤有刺激作用，接触后可引起头痛、面部皮肤发红。本品能引起动物血压降低。				
防护措施		呼吸系统防护：可能接触其蒸气时，应该佩戴自吸过滤式防毒面具（半面罩）。紧急事态抢救或撤离时，建议佩戴氧气呼吸器。 眼睛防护：戴化学安全防护眼镜。 身体防护：穿防毒物渗透工作服。 手防护：戴橡胶手套。 其他防护：工作现场禁止吸烟、进食和饮水。工作完毕，淋浴更衣。实行就业前和定期的体检。				
危险性类别		急性毒性—经皮肤，类别 3；急性毒性—吸入，类别 2；皮肤腐蚀/刺激，类别 1B；严重眼损伤/眼刺激，类别 1。				

序号	221	品名	丁二腈		商品编码	2926.9090
别　名		1,2-二氰基乙烷;琥珀腈			CAS 号	110-61-2
英文名		Butanedinitrile				
分子式		$C_4H_4N_2$				
外观与性状		无色无臭的蜡状物。				
主要用途		用于有机合成。				
危险特性		本品遇明火能燃烧；与氧化剂可发生反应；受高热或与酸接触会产生剧毒的氰化物气体。				
健康危害		本品小剂量动物实验会引起中枢神经系统兴奋，大剂量引起抑制，致死剂量引起抽搐、窒息。在大鼠和兔体内本品约有 60% 转化为氰化物。				
防护措施		呼吸系统防护：可能接触毒物时，必须佩戴自吸过滤式防毒面具（半面罩）。紧急事态抢救或撤离时，建议佩戴隔离式呼吸器。 眼睛防护：戴安全防护眼镜。 身体防护：穿聚乙烯防毒服。 手防护：戴橡胶手套。 其他防护：工作现场禁止吸烟、进食和饮水。工作完毕，彻底清洗。单独存放被毒物污染的衣服，洗后备用。车间应配备急救设备及药品。作业人员应学会自救互救。				
危险性类别		皮肤腐蚀/刺激，类别 2；严重眼损伤/眼刺激，类别 2A；特异性靶器官毒性—单次接触，类别 3（呼吸道刺激）。				

序号	222	品名	丁二酰氯	商品编码	2917.1900
别　名			氯化丁二酰；琥珀酰氯	CAS 号	543-20-4
英文名			Butanedioyl chloride		
分子式			$C_4H_4Cl_2O_2$		
外观与性状			无色液体或固体。		
主要用途			用于有机合成和用作树脂和塑料中间体。		
危险特性			本品遇明火、高热可燃；受热或遇水分解释放热，释放出有毒的腐蚀性烟气；具有较强的腐蚀性。		
健康危害			本品对眼睛、皮肤、黏膜和呼吸道有强烈的刺激作用。吸入后可因喉、支气管的痉挛、水肿、炎症、化学性肺炎、肺水肿而致死。中毒表现有烧灼感、咳嗽、喘息、喉炎、气短、头痛、恶心和呕吐等症状。		
防护措施			呼吸系统防护：可能接触其蒸气时，应该佩戴自吸过滤式防毒面具（全面罩）；可能接触其粉尘时，建议佩戴头罩型电动送风过滤式防尘呼吸器。 眼睛防护：呼吸系统防护中已作防护。 身体防护：穿橡胶耐酸碱服。 手防护：戴橡胶耐酸碱手套。 其他防护：工作现场禁止吸烟、进食和饮水。工作完毕，淋浴更衣。单独存放被毒物污染的衣服，洗后备用。注意个人清洁卫生。		
危险性类别			皮肤腐蚀/刺激，类别 1；严重眼损伤/眼刺激，类别 1。		

序号	223	品名	丁基甲苯	商品编码	2902.9090
别　名				CAS 号	98-51-1
英文名			P-tert-butyl toluene		
分子式			$C_{11}H_{16}$		
外观与性状			无色液体，有芳香气味。		
主要用途			用作有机合成中间体。		
危险特性			本品遇热、明火可燃；热分解出辛辣刺激的烟雾。		
健康危害			吞食本品有害；刺激眼睛、呼吸系统和皮肤。		
防护措施			呼吸系统防护：佩戴防毒口罩。 眼睛防护：戴安全防护眼镜。 身体防护：穿防护工作服。 手防护：戴乳胶手套。 其他防护：工作现场严禁吸烟。		
危险性类别			易燃液体，类别 3。		

序号	224	品名	丁基磷酸		商品编码	2919.9000
别　名		酸式磷酸丁酯			CAS 号	12788-93-1
英文名		Butyl acid phosphate				
分子式		$C_4H_{10}O_4P$				
外观与性状		水白色液体。				
主要用途		用于塑料工业。				
危险特性		本品遇明火、高热可燃；与氧化剂可发生反应；受热分解产生有毒的烟气；具有腐蚀性；若遇高热，容器内压增大，有开裂和爆炸的危险。				
健康危害		本品对皮肤、眼睛和黏膜有腐蚀作用，可致眼睛、皮肤灼伤。吸入对呼吸道有强烈刺激作用，引起咳嗽、气短。				
防护措施		呼吸系统防护：空气中浓度超标时，必须佩戴自吸过滤式防毒面具（半面罩）。紧急事态抢救或撤离时，应该佩戴空气呼吸器。 眼睛防护：戴化学安全防护眼镜。 身体防护：穿橡胶耐酸碱服。 手防护：戴橡胶耐酸碱手套。 其他防护：工作场所禁止吸烟、进食和饮水，饭前要洗手。工作完毕，淋浴更衣。保持良好的卫生习惯。				
危险性类别		皮肤腐蚀/刺激，类别 1；严重眼损伤/眼刺激，类别 1。				

序号	225	品名	2-丁基硫醇		商品编码	2930.9090
别　名		仲丁硫醇			CAS 号	513-53-1
英文名		Sec-butyl mercaptan				
分子式		$C_4H_{10}S$				
外观与性状		无色液体，有不好气味。				
主要用途		用作有机合成中间体。				
危险特性		本品蒸气与空气可形成爆炸性混合物，遇明火、高热极易燃烧爆炸；与氧化剂接触反应猛烈；受热分解或与酸类接触释放出有毒气体；流速过快，容易产生和积聚静电；其蒸气比空气重，能在较低处扩散到相当远的地方，遇火源会着火回燃；若遇高热，容器内压增大，有开裂和爆炸的危险。				
健康危害		如吸入或口服本品，对机体有害。其蒸气或雾对眼睛、皮肤和上呼吸道有刺激作用。接触后引起头痛、恶心和呕吐。				
防护措施		呼吸系统防护：空气中浓度超标时，必须佩戴自吸过滤式防毒面具（半面罩）。紧急事态抢救或撤离时，应该佩戴空气呼吸器。 眼睛防护：戴化学安全防护眼镜。 身体防护：穿防静电工作服。 手防护：戴橡胶手套。 其他防护：工作现场严禁吸烟。工作完毕，淋浴更衣。注意个人清洁卫生。				
危险性类别		易燃液体，类别 2；严重眼损伤/眼刺激，类别 2；皮肤致敏物，类别 1；特异性靶器官毒性—单次接触，类别 3（呼吸道刺激）；危害水生环境—急性危害，类别 2；危害水生环境—长期危害，类别 2。				

序号	226	品名	丁基三氯硅烷	商品编码	2931.9000
别名				CAS 号	7521-80-4
英文名	N-butyl trichlorosilane				
分子式	$C_4H_9Cl_3Si$				
外观与性状	无色液体,具有刺激性臭味。				
主要用途	用作有机硅中间体。				
危险特性	本品遇高热、明火或与氧化剂接触,有引起燃烧的危险;遇水发生剧烈反应,散发出具有刺激性和腐蚀性的氯化氢气体;受高热分解释放出有毒的气体。遇潮时对大多数金属有腐蚀性。				
健康危害	本品为具有腐蚀性的毒物。其蒸气对皮肤、黏膜有刺激性、腐蚀性。				
防护措施	呼吸系统防护:空气中浓度超标时,必须佩戴自吸过滤式防毒面具(半面罩)。紧急事态抢救或撤离时,应该佩戴空气呼吸器。 眼睛防护:戴化学安全防护眼镜。 身体防护:穿橡胶耐酸碱服。 手防护:戴橡胶耐酸碱手套。 其他防护:工作场所禁止吸烟、进食和饮水,饭前要洗手。工作完毕,淋浴更衣。保持良好的卫生习惯。				
危险性类别	易燃液体,类别 3;皮肤腐蚀/刺激,类别 1;严重眼损伤/眼刺激,类别 1。				

序号	227	品名	丁醛肟	商品编码	2928.0000
别名				CAS 号	110-69-0
英文名	Butyraldoxime				
分子式	C_4H_9NO				
外观与性状	无色透明油状液体。				
主要用途	用作有机试剂。				
危险特性	本品易燃,遇明火、高热或与氧化剂接触,有引起燃烧爆炸的危险。				
健康危害	本品对眼睛、皮肤、黏膜和上呼吸道有刺激作用,误服或吸入对身体有害。				
防护措施	呼吸系统防护:可能接触其蒸气时,应该佩戴过滤式防毒面具(半面罩)。 眼睛防护:戴化学安全防护眼镜。 身体防护:穿防毒物渗透工作服。 手防护:戴橡胶耐油手套。 其他防护:工作现场禁止吸烟、进食和饮水。工作完毕,淋浴更衣。保持良好的卫生习惯。				
危险性类别	易燃液体,类别 3;急性毒性—经皮肤,类别 3*;严重眼损伤/眼刺激,类别 2。				

序号	228	品名	1-丁炔(稳定的)	商品编码	2901.2990
别　名		乙基乙炔		CAS 号	107-00-6
英文名		1-butyne			
分子式		C_4H_6			
外观与性状		无色、有恶臭的气体。			
主要用途		用作有机合成的中间体及特殊燃料。			
危险特性		本品与空气混合能形成爆炸性混合物，遇热、明火或强氧化剂有燃烧爆炸的危险。本品易聚合，只有经过稳定化处理才允许储运。气体比空气重，能在较低处扩散到相当远的地方，遇火源会着火回燃。			
健康危害		本品有刺激和窒息作用，过量接触引起眩晕、定向障碍、头痛、兴奋、中枢神经系统抑制、麻醉作用。			
防护措施		呼吸系统防护：一般不需要特殊防护，高浓度接触时可佩戴自吸过滤式防毒面具（半面罩）。 眼睛防护：必要时，戴化学安全防护眼镜。 身体防护：穿防静电工作服。 手防护：戴一般作业防护手套。 其他防护：工作现场严禁吸烟。避免长期反复接触。进入罐、限制性空间或其他高浓度区作业，须有人监护。			
危险性类别		易燃气体，类别1；加压气体。			

序号	229	品名	2-丁炔	商品编码	2901.2990
别　名		巴豆炔；二甲基乙炔		CAS 号	503-17-3
英文名		2-butyne			
分子式		C_4H_6			
外观与性状		无色液体。			
主要用途		用于有机合成。			
危险特性		本品极易燃，其蒸气与空气可形成爆炸性混合物，遇热源和明火有燃烧爆炸的危险。与氧化剂能发生强烈反应，引起燃烧或爆炸。若遇高热，可发生聚合反应，放出大量热量而引起容器破裂和爆炸事故。其蒸气比空气重，能在较低处扩散到相当远的地方，遇火源会着火回燃。			
健康危害		吸入、口服或经皮肤吸收本品后对机体可能产生危害，有刺激性。			
防护措施		呼吸系统防护：一般不需要特殊防护，高浓度接触时可佩戴自吸过滤式防毒面具（半面罩）。 眼睛防护：戴化学安全防护眼镜。 身体防护：穿防静电工作服。 手防护：戴橡胶耐油手套。 其他防护：工作现场严禁吸烟。避免长期反复接触。			
危险性类别		易燃液体，类别1。			

序号	230	品名	1-丁炔-3-醇	商品编码	2905.2900
别 名				CAS 号	2028-63-9
英文名		3-Butyn-2-ol			
分子式		C_4H_6O			
外观与性状		无色至淡黄色。			
主要用途		用作增塑剂、润滑剂。			
健康危害		本品对眼睛、呼吸系统和皮肤有刺激作用。			
防护措施		呼吸系统防护：佩戴防毒口罩。 眼睛防护：戴安全防护眼镜。 身体防护：穿防护工作服。 手防护：戴乳胶手套。 其他防护：工作现场严禁吸烟。			
危险性类别		易燃液体，类别3；急性毒性—经口，类别3＊。			

序号	231	品名	丁酸丙烯酯	商品编码	2915.6000
别 名		丁酸烯丙酯；丁酸-2-丙烯酯		CAS 号	2051-78-7
英文名		Allyl butyrate			
分子式		$C_7H_{12}O_2$			
外观与性状		无色液体。			
主要用途		用于有机合成。			
危险特性		本品蒸气与空气可形成爆炸性混合物，遇明火、高热能引起燃烧爆炸；与氧化剂可发生反应；流速过快，容易产生和积聚静电；容易自聚，聚合反应随着温度的上升而急骤加剧；若遇高热，容器内压增大，有开裂和爆炸的危险。			
健康危害		吸入、摄入或经皮肤吸收本品后对身体有害，有刺激作用。			
防护措施		呼吸系统防护：空气中浓度超标时，必须佩戴自吸过滤式防毒面具（半面罩）。紧急事态抢救或撤离时，应该佩戴空气呼吸器。 眼睛防护：戴化学安全防护眼镜。 身体防护：穿防静电工作服。 手防护：戴橡胶耐油手套。 其他防护：工作现场严禁吸烟。工作完毕，淋浴更衣。注意个人清洁卫生。			
危险性类别		易燃液体，类别3；急性毒性—经口，类别3；急性毒性—经皮肤，类别3。			

序号	232	品名	丁酸酐		商品编码	2915.9000
别 名					CAS 号	106-31-0
英文名	Butyric anhydride					
分子式	$C_8H_{14}O_3$					
外观与性状	无色液体,有刺激性气味。					
主要用途	用于制造各种丁酸酯和用于有机合成及用作溶剂等。					
危险特性	本品遇明火、高热可燃,具有腐蚀性。					
健康危害	本品对黏膜、上呼吸道、眼睛和皮肤有强烈的刺激性。吸入后,可因喉及支气管的痉挛、炎症、水肿,化学性肺炎或肺水肿而致死。接触后出现烧灼感、咳嗽、喘息、喉炎、气短、头痛、恶心和呕吐等症状。					
防护措施	呼吸系统防护:可能接触其蒸气时,佩戴自吸过滤式防毒面具(全面罩)。 眼睛防护:呼吸系统防护中已作防护。 身体防护:穿防酸碱工作服。 手防护:戴橡胶耐酸碱手套。 其他防护:工作场所禁止吸烟、进食和饮水,饭前要洗手。工作完毕,淋浴更衣。避免长期反复接触。					
危险性类别	皮肤腐蚀/刺激,类别1B;严重眼损伤/眼刺激,类别1。					

序号	233	品名	丁酸正戊酯		商品编码	2915.6000
别 名	丁酸戊酯				CAS 号	540-18-1
英文名	N-amyl butyrate					
分子式	$C_9H_{18}O_2$					
外观与性状	无色液体,有杏仁味。					
主要用途	用作食品的果子香料。					
危险特性	本品易燃,遇明火、高热能引起燃烧爆炸;与氧化剂可发生反应。					
健康危害	本品在工业生产中未发现对人体的危害。给动物致死量时发生皮毛粗糙、共济失调、气急、呼吸困难、抽搐和体温降低等症状。					
防护措施	呼吸系统防护:空气中浓度较高时,应该佩戴自吸过滤式防毒面具(半面罩)。必要时,佩戴自给式呼吸器。 眼睛防护:必要时,戴化学安全防护眼镜。 身体防护:穿防静电工作服。 手防护:戴橡胶耐油手套。 其他防护:工作现场严禁吸烟。工作完毕,淋浴更衣。注意个人清洁卫生。					
危险性类别	易燃液体,类别3。					

序号	234	品名	2-丁酮	商品编码	2914.1200
别　名			丁酮；乙基甲基酮；甲乙酮	CAS 号	78-93-3
英文名			2-butanone		
分子式			C_4H_8O		
外观与性状			无色液体，有似丙酮的气味。		
主要用途			用作溶剂、脱蜡剂，也用于多种有机合成及作为合成香料和医药的原料。		
危险特性			本品易燃，其蒸气与空气可形成爆炸性混合物，遇明火、高热或与氧化剂接触，有引起燃烧爆炸的危险；其蒸气比空气重，能在较低处扩散到相当远的地方，遇火源会着火回燃。		
健康危害			本品对眼、鼻、喉、黏膜有刺激性，长期接触可致皮炎。本品常与2-己酮混合应用，能加强2-己酮引起的周围神经病现象，但单独接触丁酮未发现有周围神经病现象。		
防护措施			呼吸系统防护：空气中浓度超标时，佩戴自吸过滤式防毒面具（半面罩）。 眼睛防护：必要时，戴化学安全防护眼镜。 身体防护：穿防静电工作服。 手防护：戴橡胶耐油手套。 其他防护：工作现场严禁吸烟。注意个人清洁卫生。避免长期反复接触。		
危险性类别			易燃液体，类别2；严重眼损伤/眼刺激，类别2；特异性靶器官毒性—单次接触，类别3（麻醉效应）。		

序号	235	品名	2-丁酮肟	商品编码	2928.0000
别　名				CAS 号	96-29-7
英文名			2-Butanone oxime		
分子式			C_4H_9NO		
外观与性状			无色油状液体。		
主要用途			主要用于醇酸树脂涂料防结皮剂和硅固化剂。本品作为防止结皮的抗氧剂使用，比丁醛肟、环己酮肟的效果好。		
危险特性			本品易燃，其蒸气与空气可形成爆炸性混合物；遇明火、高热或与氧化剂接触，有引起燃烧爆炸的危险。		
健康危害			本品会引起皮肤红肿、糜烂、黏膜充血等症状。		
防护措施			呼吸系统防护：空气中浓度超标时，佩戴自吸过滤式防毒面具（半面罩）。 眼睛防护：戴化学安全防护眼镜。 身体防护：穿防静电工作服。 手防护：戴橡胶手套。 其他防护：工作现场严禁吸烟。注意个人清洁卫生。		
危险性类别			严重眼损伤/眼刺激，类别1；皮肤致敏物，类别1。		

序号	236	品名	1-丁烯		商品编码	2901.2310
别　名					CAS 号	106-98-9
英文名	1-butylene					
分子式	C_4H_8					
外观与性状	无色气体。					
主要用途	用于制丁二烯、异戊二烯、合成橡胶等。					
危险特性	本品易燃，与空气混合能形成爆炸性混合物，遇热源和明火有燃烧爆炸的危险；若遇高热，可发生聚合反应，放出大量热量而引起容器破裂和爆炸事故；与氧化剂接触反应猛烈；气体比空气重，能在较低处扩散到相当远的地方，遇火源会着火回燃。					
健康危害	本品有轻度麻醉和刺激作用，并会引起窒息。急性中毒出现黏膜刺激症状、嗜睡、血压稍升高、心率增快；高浓度吸入会引起窒息、昏迷。慢性影响：长期接触以丁烯为主的混合性气体，有头痛、头晕、嗜睡或失眠、易兴奋、易疲倦、全身乏力、记忆力减退，有时有黏膜慢性刺激等症状。					
防护措施	呼吸系统防护：一般不需要特殊防护，高浓度接触时可佩戴自吸过滤式防毒面具（半面罩）。 眼睛防护：戴化学安全防护眼镜。 身体防护：穿防静电工作服。 手防护：戴一般作业防护手套。 其他防护：工作现场严禁吸烟。避免长期反复接触。进入罐、限制性空间或其他高浓度区作业，须有人监护。					
危险性类别	易燃气体，类别1；加压气体。					

序号	237	品名	2-丁烯		商品编码	2901.2320
别　名					CAS 号	107-01-7
英文名	2-butylene					
分子式	C_4H_8					
外观与性状	无色气体。					
主要用途	主要用于脱氢制丁二烯，也可经水合制取仲丁醇。					
危险特性	本品遇热、明火和氧化剂易燃；热分解排出辛辣刺激烟雾。					
健康危害	本品对环境有危害，对鱼类应给予特别注意；还应特别注意对地表水、土壤、大气和饮用水的污染。					
防护措施	呼吸系统防护：一般不需要特殊防护，但建议特殊情况下，佩戴自吸过滤式防毒面具（半面罩）。 眼睛防护：一般不需要特殊防护，高浓度接触时可戴化学安全防护眼镜。 身体防护：穿防静电工作服。 手防护：戴一般作业防护手套。 其他防护：工作现场严禁吸烟。避免长期反复接触。进入罐、限制性空间或其他高浓度区作业，须有人监护。					
危险性类别	易燃气体，类别1；加压气体。					

序号	238	品名	2-丁烯-1-醇	商品编码	2905.2900
别　名			巴豆醇；丁烯醇	CAS 号	6117-91-5
英文名			2-buten-1-ol		
分子式			C_4H_8O		
外观与性状			无色液体，有特殊气味。		
主要用途			用作化学中间体，制造杀虫剂、增塑剂、医药、涂料等。		
危险特性			本品蒸气与空气可形成爆炸性混合物，遇明火、高热能引起燃烧爆炸；与氧化剂可发生反应；容易自聚，聚合反应随着温度的上升而急骤加剧；其蒸气比空气重，能在较低处扩散到相当远的地方，遇火源会着火回燃；若遇高热，容器内压增大，有开裂和爆炸的危险。		
健康危害			吸入、摄入或经皮肤吸收本品后对身体有害。高浓度本品对眼睛、皮肤、黏膜和呼吸道有强烈的刺激作用。中毒表现有烧灼感、咳嗽、喘息、喉炎、气短、头痛、恶心和呕吐。		
防护措施			呼吸系统防护：空气中浓度超标时，必须佩戴自吸过滤式防毒面具（全面罩）。紧急事态抢救或撤离时，应该佩戴空气呼吸器。 眼睛防护：呼吸系统防护中已作防护。 身体防护：穿胶布防毒衣。 手防护：戴橡胶手套。 其他防护：工作现场禁止吸烟、进食和饮水。工作完毕，彻底清洗。单独存放被毒物污染的衣服，洗后备用。注意个人清洁卫生。		
危险性类别			易燃液体，类别 3。		

序号	239	品名	3-丁烯腈	商品编码	2926.9090
别　名			烯丙基氰	CAS 号	109-75-1
英文名			3-butene nitrile		
分子式			C_4H_5N		
外观与性状			无色液体，有不愉快的气味。		
主要用途			用于有机合成和作聚合交联剂。		
危险特性			本品易燃，遇热或明火燃烧；受热分解或接触酸和酸雾能释放出剧毒的氮氧化物和氰化物的烟雾。		
健康危害			吸入、摄入或经皮肤吸收本品后对身体有害，具有刺激性。		
防护措施			呼吸系统防护：空气中浓度超标时，必须佩戴自吸过滤式防毒面具（半面罩）。紧急事态抢救或撤离时，应该佩戴空气呼吸器。 眼睛防护：戴化学安全防护眼镜。 身体防护：穿防毒物渗透工作服。 手防护：戴橡胶耐油手套。 其他防护：工作现场禁止吸烟、进食和饮水。工作完毕，彻底清洗。单独存放被毒物污染的衣服，洗后备用。车间应配备急救设备及药品。作业人员应学会自救互救。		
危险性类别			易燃液体，类别 3；急性毒性—经口，类别 3；急性毒性—吸入，类别 2；严重眼损伤/眼刺激，类别 1；生殖毒性，类别 1B；特异性靶器官毒性—反复接触，类别 2。		

序号	240	品名 3-丁烯-2-酮	商品编码	2914.1900
别名		甲基乙烯基酮；丁烯酮	CAS 号	78-94-4
英文名		3-buten-2-one		
分子式		C_4H_6O		
外观与性状		无色液体。		
主要用途		作为聚合用单体，制造离子交换树脂和药物。		
危险特性		本品易燃，遇高热、明火及强氧化剂易引起燃烧；在火场高温下，能发生聚合放热，使容器破裂。其蒸气比空气重，能在较低处扩散到相当远的地方，遇火源会着火回燃。		
健康危害		本品对眼睛、皮肤、黏膜及上呼吸道有强烈刺激作用。吸入后会因喉部及支气管的痉挛、水肿，炎症，化学性肺炎，肺水肿而致死，接触后会引起烧灼感、咳嗽、哮喘、喉炎、气短、头痛、恶心和呕吐。吸入、口服或经皮肤吸收后，严重中毒者均可能死亡。		
防护措施		呼吸系统防护：可能接触其蒸气时，佩戴自吸过滤式防毒面具（全面罩）。 眼睛防护：呼吸系统防护中已作防护。 身体防护：穿聚乙烯防毒服。 手防护：戴橡胶耐油手套。 其他防护：工作现场禁止吸烟、进食和饮水。工作完毕，淋浴更衣。注意检测毒物。		
危险性类别		易燃液体，类别1；急性毒性—经口，类别2；急性毒性—经皮肤，类别1；急性毒性—吸入，类别1；皮肤腐蚀/刺激，类别1A；严重眼损伤/眼刺激，类别1；皮肤致敏物，类别1；特异性靶器官毒性—单次接触，类别1；特异性靶器官毒性—单次接触，类别3（麻醉效应）；特异性靶器官毒性—反复接触，类别1；危害水生环境—急性危害，类别1；危害水生环境—长期危害，类别1。		

序号	241	品名	丁烯二酰氯(反式)	商品编码	2917.1900
别　名			富马酰氯	CAS 号	627-63-4
英文名			Fumaryl chloride		
分子式			$C_4H_2Cl_2O_2$		
外观与性状			无色至浅黄色液体。		
主要用途			用于有机合成。		
危险特性			本品遇明火、高热可燃；与氧化剂可发生反应；遇水发生剧烈反应，散发出具有刺激性和腐蚀性的氯化氢气体；受热分解释放出高毒烟雾；容易自聚，聚合反应随着温度的上升而急骤加剧；遇潮时对大多数金属有腐蚀性；若遇高热，容器内压增大，有开裂和爆炸的危险。		
健康危害			本品有腐蚀性，对眼睛、皮肤、黏膜有强刺激性，会引起皮肤灼伤。		
防护措施			呼吸系统防护：空气中浓度超标时，必须佩戴自吸过滤式防毒面具（全面罩）。紧急事态抢救或撤离时，应该佩戴空气呼吸器。 眼睛防护：呼吸系统防护中已作防护。 身体防护：穿橡胶耐酸碱服。 手防护：戴橡胶耐酸碱手套。 其他防护：工作现场禁止吸烟、进食和饮水。工作完毕，淋浴更衣。保持良好的卫生习惯。		
危险性类别			皮肤腐蚀/刺激，类别1；严重眼损伤/眼刺激，类别1。		

序号	242	品名	2-丁烯酸	商品编码	2916.1900
别　名			巴豆酸	CAS 号	3724-65-0
英文名			Crotonic acid		
分子式			$C_4H_6O_2$		
外观与性状			白色单斜针状或棱状结晶。		
主要用途			反式丁烯酸主要用于制合成树脂、增塑剂、药物，也用于其他有机合成。		
危险特性			本品可燃；受热分解出有毒烟雾。		
健康危害			本品对眼睛、皮肤、黏膜和上呼吸道有强烈刺激作用。吸入后可引起喉、支气管的痉挛、炎症、水肿，化学性肺炎或肺水肿。接触后可引起烧灼感、喘息、咳嗽、喉炎、气短、头痛、恶心和呕吐。		
防护措施			呼吸系统防护：空气中浓度超标时，必须佩戴自吸过滤式防毒面具（半面罩）。紧急事态抢救或撤离时，应该佩戴空气呼吸器。 眼睛防护：戴化学安全防护眼镜。 身体防护：穿防静电工作服。 手防护：戴橡胶耐油手套。 其他防护：工作现场严禁吸烟。工作完毕，淋浴更衣。注意个人清洁卫生。		
危险性类别			急性毒性—经皮肤，类别3；皮肤腐蚀/刺激，类别1；严重眼损伤/眼刺激，类别1。		

序号	243	品名	2-丁烯腈（反式）		商品编码	2926.9090
别　名		巴豆腈；丙烯基氰			CAS 号	4786-20-3
英文名		2-butenenitrile				
分子式		C$_4$H$_5$N				
外观与性状		无色至淡黄色液体。				
主要用途		用于有机合成。				
危险特性		本品蒸气与空气可形成爆炸性混合物，遇明火、高热极易燃烧爆炸；与氧化剂接触反应猛烈；接触酸和酸雾产生有毒气体；流速过快，容易产生和积聚静电；容易自聚，聚合反应随着温度的上升而急骤加剧；其蒸气比空气重，能在较低处扩散到相当远的地方，遇火源会着火回燃；若遇高热，容器内压增大，有开裂和爆炸的危险。				
健康危害		吸入、摄入或经皮肤吸收本品后对身体有害，具有刺激性。				
防护措施		呼吸系统防护：空气中浓度超标时，必须佩戴自吸过滤式防毒面具（全面罩）。紧急事态抢救或撤离时，应该佩戴空气呼吸器。 眼睛防护：呼吸系统防护中已作防护。 身体防护：穿胶布防毒衣。 手防护：戴橡胶耐油手套。 其他防护：工作现场禁止吸烟、进食和饮水。工作完毕，彻底清洗。工作服不准带至非作业场所。单独存放被毒物污染的衣服，洗后备用。车间应配备急救设备及药品。				
危险性类别		易燃液体，类别 2。				

序号	244	品名	丁烯酸甲酯		商品编码	2916.1900
别　名		巴豆酸甲酯			CAS 号	623-43-8
英文名		Methyl crotonate				
分子式		C$_5$H$_8$O$_2$				
外观与性状		无色液体。				
主要用途		用作溶剂。				
危险特性		本品蒸气与空气可形成爆炸性混合物，遇明火、高热极易燃烧爆炸；与氧化剂接触反应猛烈；流速过快，容易产生和积聚静电；容易自聚，聚合反应随着温度的上升而急骤加剧；若遇高热，容器内压增大，有开裂和爆炸的危险。				
健康危害		本品蒸气或雾对眼睛、皮肤、黏膜和上呼吸道有刺激性。接触后表现有烧灼感、咳嗽、喘息、喉炎、气短、头痛、恶心和呕吐。				
防护措施		呼吸系统防护：空气中浓度超标时，必须佩戴自吸过滤式防毒面具（半面罩）。紧急事态抢救或撤离时，应该佩戴空气呼吸器。 眼睛防护：戴化学安全防护眼镜。 身体防护：穿防静电工作服。 手防护：戴橡胶耐油手套。 其他防护：工作现场严禁吸烟。工作完毕，淋浴更衣。注意个人清洁卫生。				
危险性类别		易燃液体，类别 2；皮肤腐蚀/刺激，类别 2。				

序号	245	品名 2-丁烯醛	商品编码	2912.1900
别名		巴豆醛；β-甲基丙烯醛	CAS 号	4170-30-3
英文名		Crotonaldehyde		
分子式		C_4H_6O		
外观与性状		无色透明易燃液体，有窒息性刺激气味。		
主要用途		用于制正丁醛、正丁醇、橡胶硫化促进剂、酒精变性剂和鞣剂等。		
危险特性		本品易燃，其蒸气与空气可形成爆炸性混合物。遇明火、高热能引起燃烧爆炸的危险；在空气中非常容易氧化生成过氧化物，当受热或撞击、甚至轻微摩擦即可发生爆炸；在火场高温下，能发生聚合反应，使容器破裂。		
健康危害		本品蒸气为极强的催泪剂。		
防护措施		呼吸系统防护：可能接触其蒸气时，应该佩戴自吸过滤式防毒面罩（全面罩）。 眼睛防护：呼吸系统防护中已作防护。 身体防护：穿防静电工作服。 手防护：戴橡胶手套。 其他防护：工作现场禁止吸烟、进食和饮水。工作完毕，淋浴更衣。保持良好的卫生习惯。		
危险性类别		易燃液体，类别2；急性毒性—经口，类别3*；急性毒性—经皮肤，类别3*；急性毒性—吸入，类别2*；皮肤腐蚀/刺激，类别2；严重眼损伤/眼刺激，类别1；生殖细胞致突变性，类别2；特异性靶器官毒性—单次接触，类别3（呼吸道刺激）；特异性靶器官毒性—反复接触，类别2*；危害水生环境—急性危害，类别1；危害水生环境—长期危害，类别1。		

序号	246	品名 毒毛旋花苷K	商品编码	2938.9090
别名			CAS 号	11005-63-3
英文名		K-strophanthin		
分子式		$C_{36}H_{54}O_{14}$		
外观与性状		白色或淡黄色粉末。		
主要用途		用于抢救病情紧急的心力衰竭和某些室上性心律失常，特别是对洋地黄无效者。制剂为注射剂。		
防护措施		呼吸系统防护：紧急情况下须穿戴压气式、自吸式、全面罩自携式呼吸器或自吸式送风呼吸器。 眼睛防护：戴化学安全防护眼镜。 身体防护：全遮式防化服。 手防护：戴橡胶耐油手套。 其他防护：工作现场严禁吸烟。工作完毕，淋浴更衣。注意个人清洁卫生。		
危险性类别		急性毒性—经口，类别3*；急性毒性—吸入，类别3*；特异性靶器官毒性—反复接触，类别2*。		

序号	247	品名	丁烯酸乙酯		商品编码	2916.1900
别　名			巴豆酸乙酯		CAS 号	623-70-1
英文名			Ethyl crotonate			
分子式			$C_6H_{10}O_2$			
外观与性状			水白色液体或固体，有特殊辛辣气味。			
主要用途			用作溶剂、软化剂，也用于有机合成。			
危险特性			本品蒸气与空气可形成爆炸性混合物，遇明火、高热极易燃烧爆炸；与氧化剂接触反应猛烈；容易自聚，聚合反应随着温度的上升而急骤加剧；其蒸气比空气重，能在较低处扩散到相当远的地方，遇火源会着火回燃；若遇高热，容器内压增大，有开裂和爆炸的危险。			
健康危害			本品具有刺激性，能强烈刺激眼睛，对皮肤有刺激性。误服会引起中毒，出现虚脱、呼吸困难、中枢神经兴奋等症状。			
防护措施			呼吸系统防护：空气中浓度超标时，必须佩戴自吸过滤式防毒面具（全面罩）。紧急事态抢救或撤离时，应该佩戴空气呼吸器。 　　眼睛防护：呼吸系统防护中已作防护。 　　身体防护：穿胶布防毒衣。 　　手防护：戴橡胶手套。 　　其他防护：工作现场禁止吸烟、进食和饮水。工作完毕，淋浴更衣。保持良好的卫生习惯。			
危险性类别			易燃液体，类别 2；皮肤腐蚀/刺激，类别 2；严重眼损伤/眼刺激，类别 1。			

序号	248	品名	杜廷		商品编码	2932.2090
别　名			羟基马桑毒内酯；马桑苷		CAS 号	2571-22-4
英文名			Tutin			
分子式			$C_{15}H_{18}O_6$			
防护措施			呼吸系统防护：紧急情况下须穿戴压气式、自吸式、全面罩自携式呼吸器或自吸式送风呼吸器。 　　眼睛防护：戴化学安全防护眼镜。 　　身体防护：全遮式防化服。 　　手防护：戴橡胶耐油手套。 　　其他防护：工作现场严禁吸烟。工作完毕，淋浴更衣。注意个人清洁卫生。			
危险性类别			急性毒性—经口，类别 2。			

序号	249	品名	2-丁氧基乙醇	商品编码	2909.4300
别　名			乙二醇丁醚；丁基溶纤剂	CAS 号	111-76-2
英文名			Ethylene glycol monobutyl ether		
分子式			$C_6H_{14}O_2$		
外观与性状			无色液体，略有气味。		
主要用途			用作溶剂和测定铁、钼的试剂。		
危险特性			本品遇明火、高热可燃；与氧化剂可发生反应；在空气中或在阳光照射下容易生成爆炸性的过氧化物；其蒸气比空气重，能在较低处扩散到相当远的地方，遇火源会着火回燃；若遇高热，容器内压增大，有开裂和爆炸的危险。		
健康危害			吸入本品蒸气后，导致呼吸道刺激及肝、肾损害。其蒸气对眼睛有刺激作用，皮肤接触可致皮炎。		
防护措施			呼吸系统防护：空气中浓度超标时，必须佩戴自吸过滤式防毒面具（半面罩）。紧急事态抢救或撤离时，应该佩戴空气呼吸器。 眼睛防护：戴化学安全防护眼镜。 身体防护：穿防毒物渗透工作服。 手防护：戴橡胶手套。 其他防护：工作现场禁止吸烟、进食和饮水。工作完毕，彻底清洗。单独存放被毒物污染的衣服，洗后备用。保持良好的卫生习惯。		
危险性类别			急性毒性—经皮肤，类别 3；急性毒性—吸入，类别 2；皮肤腐蚀/刺激，类别 2；严重眼损伤/眼刺激，类别 2。		

序号	250	品名	毒毛旋花苷 G	商品编码	2938.9090
别　名			羊角拗质	CAS 号	630-60-4
英文名			G-strophanthin		
分子式			$C_{29}H_{44}O_{12}$		
外观与性状			白色晶体，剧毒。		
健康危害			本品会产出心脏病症，伴随血清中钾过多，会出现错乱、昏迷、呕吐、惊厥、呼吸困难等症状。		
防护措施			呼吸系统防护：紧急情况下须穿戴压气式、自吸式、全面罩自携式呼吸器或自吸式送风呼吸器。 眼睛防护：戴化学安全防护眼镜。 身体防护：全遮式防化服。 手防护：戴橡胶耐油手套。 其他防护：工作现场严禁吸烟。工作完毕，淋浴更衣。注意个人清洁卫生。		
危险性类别			急性毒性—经口，类别 3*；急性毒性—吸入，类别 3*；特异性靶器官毒性—反复接触，类别 2*。		

序号	251	品名	短链氯化石蜡（C10-13）	商品编码	3824.8900、3824.9999
别　名			C10-13 氯代烃	CAS 号	85535-84-8
英文名			Alkanes, C10-13, chloro		
主要用途			用作塑料中的阻燃剂或塑化剂，以及金属成型作业中的润滑剂和冷却剂。		
防护措施			呼吸系统防护：佩戴防护口罩。 眼睛防护：戴安全防护眼镜。 身体防护：穿防护工作服。 手防护：戴乳胶手套。 其他防护：工作现场严禁吸烟。		
危险性类别			致癌性，类别 2；危害水生环境—急性危害，类别 1；危害水生环境—长期危害，类别 1。		

序号	252	品名	对氨基苯磺酸	商品编码	2921.4200
别　名			4-氨基苯磺酸	CAS 号	121-57-3
英文名			P-aminobenzene sulfonic acid		
分子式			$C_6H_7NO_3S$		
外观与性状			灰白色粉末。		
主要用途			用于制造偶氮染料等，也用作防治麦锈病的农药。		
危险特性			本品受热分解，释放出氮、硫的氧化物等毒性气体。		
健康危害			摄入、吸入或经皮肤吸收本品后对身体有害，具有刺激作用。		
防护措施			呼吸系统防护：空气中粉尘浓度超标时，必须佩戴自吸过滤式防尘口罩。紧急事态抢救或撤离时，应该佩戴空气呼吸器。 眼睛防护：戴化学安全防护眼镜。 身体防护：穿防毒物渗透工作服。 手防护：戴橡胶手套。 其他防护：工作完毕，淋浴更衣。注意个人清洁卫生。定期体检。		
危险性类别			皮肤腐蚀/刺激，类别 2；严重眼损伤/眼刺激，类别 2；皮肤致敏物，类别 1；危害水生环境—长期危害，类别 3。		

序号	253	品名	对苯二甲酰氯	商品编码	2917.3990
别　名				CAS 号	100-20-9
英文名	Terephthaloyl chloride				
分子式	$C_8H_4Cl_2O_2$				
外观与性状	白色固体。				
主要用途	用于有机合成。				
危险特性	本品遇明火、高热可燃；受热或遇水分解释放热，释放出有毒的腐蚀性烟气；与强氧化剂接触可发生化学反应；具有腐蚀性。				
健康危害	本品对黏膜、上呼吸道、眼睛和皮肤有强烈的刺激性，能引起灼伤。吸入后，可因喉及支气管的痉挛、炎症、水肿，化学性肺炎或肺水肿而致死。接触后出现烧灼感、咳嗽、喘息、喉炎、气短、头痛、恶心和呕吐等症状。				
防护措施	呼吸系统防护：可能接触其粉尘时，应该佩戴头罩型电动送风过滤式防尘呼吸器。紧急事态抢救或撤离时，佩戴空气呼吸器。 眼睛防护：呼吸系统防护中已作防护。 身体防护：穿橡胶耐酸碱服。 手防护：戴橡胶耐酸碱手套。 其他防护：工作场所禁止吸烟、进食和饮水，饭前要洗手。工作完毕，淋浴更衣。单独存放被毒物污染的衣服，洗后备用。注意个人清洁卫生。				
危险性类别	急性毒性—吸入，类别 3；皮肤腐蚀/刺激，类别 1A；严重眼损伤/眼刺激，类别 1。				

序号	254	品名	对甲苯磺酰氯	商品编码	2904.9900
别　名				CAS 号	98-59-9
英文名	4-toluene sulfonyl chloride				
分子式	$C_7H_7ClO_2S$				
外观与性状	白色菱状结晶，有刺激性恶臭。				
主要用途	用于有机合成，制造染料、糖精等。				
危险特性	本品遇明火、高热易燃；受高热分解释放出有毒的气体；与强氧化剂接触可发生化学反应。				
健康危害	本品对皮肤和黏膜有刺激性，并引起迟发性深层疱疹和变态反应。长期接触引起头痛、酩酊感、恶心、呕吐、食欲不振、胃部压迫感和胃肠炎等症状。				
防护措施	呼吸系统防护：可能接触其粉尘时，佩戴自吸过滤式防尘口罩。紧急事态抢救或撤离时，应该佩戴隔离式呼吸器。 眼睛防护：戴化学安全防护眼镜。 身体防护：穿防毒物渗透工作服。 手防护：戴橡胶手套。 其他防护：工作完毕，淋浴更衣。单独存放被毒物污染的衣服，洗后备用。保持良好的卫生习惯。				
危险性类别	皮肤腐蚀/刺激，类别 1C；严重眼损伤/眼刺激，类别 1。				

序号	255	品名	对硫氰酸苯胺	商品编码	2930.9090
别　　名			对硫氰基苯胺；硫氰酸对氨基苯酯	CAS 号	15191-25-0
英文名			P-thiocyanatoaniline		
分子式			$C_7H_6N_2S$		
外观与性状			针状结晶。		
主要用途			用作有机合成的重要原料，还用作种子消毒剂硫化氰的配料。		
危险特性			本品遇明火能燃烧；接触酸和酸雾产生剧毒气体。		
健康危害			本品蒸气有恶臭，对眼睛和上呼吸道有刺激性。急性中毒是由于其解离产生的氰化物所致，后者抑制呼吸酶，造成组织缺氧。其水溶液可致角膜暂时性混浊。对皮肤有致敏性，引起小丘疹，发痒等症状。		
防护措施			呼吸系统防护：可能接触其粉尘时，佩戴自吸过滤式防尘口罩。 眼睛防护：戴化学安全防护眼镜。 身体防护：穿聚乙烯防毒服。 手防护：戴橡胶手套。 其他防护：工作现场禁止吸烟、进食和饮水。及时换洗工作服。工作前后不饮酒，用温水洗澡。注意检测毒物。实行就业前和定期的体检。		
危险性类别			急性毒性—经口，类别 3。		

序号	256	品名	1-(对氯苯基)-2,8,9-三氧-5-氮-1-硅双环(3,3,3)十二烷	商品编码	2934.9990
别　　名			毒鼠硅；氯硅宁；硅灭鼠	CAS 号	29025-67-0
英文名			1-(p-Chlorophenyl)-2,8,9-trioxa-5-aza-1-silabicyclo[3.3.3]undecane		
分子式			$C_{12}H_{16}ClNO_3Si$		
外观与性状			白色粉末或结晶。		
主要用途			用于灭鼠。		
危险特性			本品是有机硅农药，毒性强。		
防护措施			呼吸系统防护：可能接触其粉尘时，必须佩戴防尘面具（全面罩）。紧急事态抢救或撤离时，应该佩戴空气呼吸器。 眼睛防护：呼吸系统防护中已作防护。 身体防护：穿胶布防毒衣。 手防护：戴橡胶手套。 其他防护：工作现场禁止吸烟、进食和饮水。工作完毕，淋浴更衣。保持良好的卫生习惯。		
危险性类别			急性毒性—经口，类别 1。		

序号	257	品名	对氯苯硫醇	商品编码	2930.9090
别　名			4-氯硫酚;对氯硫酚	CAS 号	106-54-7
英文名			P-chlorobenzenethiol		
分子式			C_6H_5ClS		
外观与性状			具有刺激性恶臭味的白色结晶。		
主要用途			用作增塑剂、油漆添加剂、润湿剂。		
危险特性			本品遇高热、明火或与氧化剂混合，经摩擦、撞击有引起燃烧爆炸的危险；受高热分解释放出有毒的气体。		
健康危害			本品有毒，有催泪和腐蚀作用，是一种催泪性毒剂。吸入后会引起喉炎、化学性肺炎和肺水肿。接触后会引起头痛、恶心、呕吐、咳嗽、气短等症状。		
防护措施			呼吸系统防护：可能接触其粉尘时，必须佩戴防尘面具（全面罩）。紧急事态抢救或撤离时，应该佩戴空气呼吸器。 眼睛防护：呼吸系统防护中已作防护。 身体防护：穿胶布防毒衣。 手防护：戴橡胶手套。 其他防护：工作现场禁止吸烟、进食和饮水。工作完毕，淋浴更衣。保持良好的卫生习惯。		
危险性类别			皮肤腐蚀/刺激，类别1；严重眼损伤/眼刺激，类别1。		

序号	258	品名	对盖基化过氧氢（72%＜含量≤100%）、对盖基化过氧氢（含量≤72%,含 A 型稀释剂≥28%）	商品编码	2909.6000
别　名			对盖基过氧化氢	CAS 号	39811-34-2
英文名			P-menthyl hydroperoxide		
分子式			$C_{10}H_{20}O_2$		
防护措施			呼吸系统防护：佩戴防护口罩。 眼睛防护：戴安全防护眼镜。 身体防护：穿防护工作服。 手防护：戴乳胶手套。 其他防护：工作现场严禁吸烟。		
危险性类别			有机过氧化物，F 型；皮肤腐蚀/刺激，类别1；严重眼损伤/眼刺激，类别1。		

序号	259	品名	对壬基酚		商品编码	2907.1310
别 名					CAS 号	104-40-5
英文名	4-n-nonylphenol					
分子式	$C_{15}H_{24}O$					
主要用途	一部分是阴离子表面活性剂,绝大部分为非离子表面活性剂,即壬基酚聚氧乙烯醚。具有良好的耐酸碱,抗氧化,润湿、乳化、清洗性能,应用广泛。					
防护措施	呼吸系统防护：佩戴防护口罩。 眼睛防护：戴安全防护眼镜。 身体防护：穿防护工作服。 手防护：戴乳胶手套。 其他防护：工作现场严禁吸烟。					
危险性类别	皮肤腐蚀/刺激，类别1B；严重眼损伤/眼刺激，类别1；生殖毒性，类别1B；特异性靶器官毒性—反复接触，类别2；危害水生环境—急性危害，类别1；危害水生环境—长期危害，类别1。					

序号	260	品名	对硝基苯酚钾		商品编码	2908.9990
别 名	对硝基酚钾				CAS 号	1124-31-8
英文名	Potassium ρ-nitrophenolate					
分子式	$C_6H_4KNO_3$					
防护措施	呼吸系统防护：佩戴防护口罩。 眼睛防护：戴安全防护眼镜。 身体防护：穿防护工作服。 手防护：戴乳胶手套。 其他防护：工作现场严禁吸烟。					
危险性类别	特异性靶器官毒性—单次接触，类别2；特异性靶器官毒性—反复接触，类别2。					

序号	261	品名	对硝基苯酚钠	商品编码	2908.9910
别 名			对硝基酚钠	CAS 号	824-78-2
英文名			P-nitrophenol sodium salt		
分子式			$C_6H_4NO_3 \cdot Na$		
外观与性状			橙黄色或淡黄色结晶。		
主要用途			用于有机合成、测定及吸收水分,并用作酸碱指示剂。		
危险特性			本品遇明火、高热可燃;其粉体与空气可形成爆炸性混合物,当达到一定浓度时,遇火星会发生爆炸;受高热分解释放出有毒的气体;具有腐蚀性。		
健康危害			本品对人体有毒,对眼睛、皮肤、黏膜和上呼吸道有刺激作用。		
防护措施			呼吸系统防护:空气中粉尘浓度超标时,必须佩戴自吸过滤式防尘口罩。紧急事态抢救或撤离时,应该佩戴空气呼吸器。 眼睛防护:戴化学安全防护眼镜。 身体防护:穿防毒物渗透工作服。 手防护:戴橡胶手套。 其他防护:工作场所禁止吸烟、进食和饮水,饭前要洗手。工作完毕,淋浴更衣。保持良好的卫生习惯。		
危险性类别			特异性靶器官毒性—单次接触,类别2;特异性靶器官毒性—反复接触,类别2。		

序号	262	品名	对硝基苯磺酸	商品编码	2904.9900
别 名				CAS 号	138-42-1
英文名			4-nitrobenzenesulfonic acid		
分子式			$C_6H_5NO_5S$		
防护措施			呼吸系统防护:佩戴防护口罩。 眼睛防护:戴安全防护眼镜。 身体防护:穿防护工作服。 手防护:戴乳胶手套。 其他防护:工作现场严禁吸烟。		
危险性类别			皮肤腐蚀/刺激,类别1B;严重眼损伤/眼刺激,类别1。		

序号	263	品名	对硝基苯甲酰肼		商品编码	2928.0000
别　名					CAS 号	636-97-5
英文名	4-nitrobenzhydrazide					
分子式	$C_7H_7N_3O_3$					
危险特性	本品遇明火可燃；高热分解释放出有毒的氮氧化物烟雾。					
防护措施	呼吸系统防护：佩戴防护口罩。 眼睛防护：戴安全防护眼镜。 身体防护：穿防护工作服。 手防护：戴乳胶手套。 其他防护：工作现场严禁吸烟。					
危险性类别	皮肤腐蚀/刺激，类别2；严重眼损伤/眼刺激，类别2；特异性靶器官毒性—单次接触，类别3（呼吸道刺激）。					

序号	264	品名	对硝基乙苯		商品编码	2904.2090
别　名					CAS 号	100-12-9
英文名	Ethyl 4-nitrobenzoate					
分子式	$C_8H_9NO_2$					
外观与性状	浅黄色液体。					
主要用途	主要用于生产氯霉素的中间体对硝基苯乙酮，也用于其他有机合成。					
健康危害	吸入或经皮肤吸收本品会引起中毒，会引起高铁血红蛋白血症，贫血。					
防护措施	呼吸系统防护：可能接触其蒸气时，佩戴过滤式防毒面具（半面罩）。紧急事态抢救或撤离时，应该佩戴空气呼吸器。 眼睛防护：戴安全防护眼镜。 身体防护：穿防毒物渗透工作服。 手防护：戴橡胶手套。 其他防护：工作现场禁止吸烟、进食和饮水。及时换洗工作服。工作前后不饮酒，用温水洗澡。注意检测毒物。实行就业前和定期的体检。					
危险性类别	皮肤腐蚀/刺激，类别2；严重眼损伤/眼刺激，类别2；特异性靶器官毒性—单次接触，类别3（呼吸道刺激）。					

序号	265	品名	对异丙基苯酚	商品编码	2907.1990
别 名			对异丙基酚	CAS 号	99-89-8
英文名			P-isopropylphenol		
分子式			$C_9H_{12}O$		
外观与性状			白色针状结晶。		
主要用途			用于有机合成。		
危险特性			本品遇明火、高热可燃；与氧化剂可发生反应；遇热分解出高毒的酚烟雾。		
健康危害			本品对眼睛、皮肤、黏膜和上呼吸道有强烈的刺激作用。吸入后会引起喉、支气管的炎症、水肿、痉挛，化学性肺炎或肺水肿。接触后会引起烧灼感、咳嗽、喘息、气短、头痛、恶心和呕吐等症状。长时间接触可造成眼灼伤。		
防护措施			呼吸系统防护：可能接触其粉尘时，必须佩戴防尘面具（全面罩）。紧急事态抢救或撤离时，应该佩戴空气呼吸器。 眼睛防护：呼吸系统防护中已作防护。 身体防护：穿橡胶耐酸碱服。 手防护：戴橡胶耐酸碱手套。 其他防护：工作现场禁止吸烟、进食和饮水。工作完毕，彻底清洗。单独存放被毒物污染的衣服，洗后备用。注意检测毒物。		
危险性类别			皮肤腐蚀/刺激，类别 1；严重眼损伤/眼刺激，类别 1。		

序号	266	品名	多钒酸铵	商品编码	2841.9000
别 名			聚钒酸铵	CAS 号	12207-63-5
英文名			Ammonium trivanadium octaoxide		
分子式			$H_4NO_8V_3$		
危险特性			本品是毒害品和感染性物品。		
防护措施			呼吸系统防护：佩戴防护口罩。 眼睛防护：戴安全防护眼镜。 身体防护：穿防护工作服。 手防护：戴乳胶手套。 其他防护：工作现场严禁吸烟。		
危险性类别			急性毒性—经口，类别 3；急性毒性—吸入，类别 3；严重眼损伤/眼刺激，类别 1。		

序号	267	品名	多聚甲醛		商品编码	2912.6000
别 名			聚蚁醛；聚合甲醛		CAS 号	30525-89-4
英文名		Paraformaldehyde				
分子式		$(CH_2O)n$				
外观与性状		低分子量的是白色结晶粉末，有甲醛味。				
主要用途		主要用于制造各种合成树脂和黏合剂等，也用于制取熏蒸消毒剂、杀菌剂和杀虫剂。				
危险特性		本品遇明火易燃；燃烧或受热分解时，均放出大量有毒的甲醛气体。				
健康危害		本品对呼吸道有强烈刺激作用和致敏作用，引起鼻炎、咽喉炎、肺炎和肺水肿；眼睛直接接触可致灼伤；对皮肤有刺激性，引起皮肤红肿，长期反复接触引起干燥、皲裂、脱屑；口服强烈刺激消化道，引起口腔炎、咽喉炎、胃炎、剧烈胃痛、昏迷。				
防护措施		呼吸系统防护：可能接触其粉尘时，必须佩戴防尘面具（全面罩）。紧急事态抢救或撤离时，应该佩戴空气呼吸器。 眼睛防护：呼吸系统防护中已作防护。 身体防护：穿胶布防毒衣。 手防护：戴橡胶手套。 其他防护：工作现场禁止吸烟、进食和饮水。工作完毕，淋浴更衣。注意个人清洁卫生。				
危险性类别		易燃固体，类别2；皮肤腐蚀/刺激，类别2；严重眼损伤/眼刺激，类别2A；特异性靶器官毒性—单次接触，类别1；特异性靶器官毒性—单次接触，类别3（呼吸道刺激）；危害水生环境—长期危害，类别3。				

序号	268	品名	多聚磷酸		商品编码	2809.2090
别 名			四磷酸		CAS 号	8017-16-1
英文名		Polyphosphoric acid				
分子式		$H_6P_4O_{13}$（近似）				
外观与性状		无色黏稠状液体，易潮解。				
主要用途		主要用作分析试剂，并可作为化学环化剂及酰化剂。				
危险特性		本品不燃，受热分解产生剧毒的氧化磷烟气；遇 H 发泡剂立即燃烧；具有腐蚀性。				
健康危害		吸入本品蒸气或雾，对呼吸道产生刺激作用。皮肤和眼睛接触会引起灼伤。				
防护措施		呼吸系统防护：空气中浓度超标时，建议佩戴自吸过滤式防毒面具（半面罩）。 眼睛防护：戴化学安全防护眼镜。 身体防护：穿防酸碱塑料工作服。 手防护：戴耐酸（碱）手套。 其他防护：工作现场禁止吸烟、进食和饮水。工作完毕，淋浴更衣。单独存放被毒物污染的衣服，洗后备用。保持良好的卫生习惯。				
危险性类别		皮肤腐蚀/刺激，类别1；严重眼损伤/眼刺激，类别1。				

序号	269	品名	多硫化铵溶液	商品编码	2830.9090
别　名				CAS 号	9080-17-5
英文名		Ammonium polysulfides			
分子式		$(NH_4)_2S_x$			
外观与性状		液体。			
主要用途		用作分析试剂。			
防护措施		呼吸系统防护：佩戴防护口罩。 眼睛防护：戴安全防护眼镜。 身体防护：穿防护工作服。 手防护：戴乳胶手套。 其他防护：工作现场严禁吸烟。			
危险性类别		皮肤腐蚀/刺激，类别 1B；严重眼损伤/眼刺激，类别 1；危害水生环境—急性危害，类别 1。			

序号	270	品名	多氯二苯并对二噁英	商品编码	2932.9990
别　名		PCDDs		CAS 号	
英文名		Polychlorinated dibenzo-p-dioxins			
防护措施		呼吸系统防护：佩戴防护口罩。 眼睛防护：戴安全防护眼镜。 身体防护：穿防护工作服。 手防护：戴乳胶手套。 其他防护：工作现场严禁吸烟。			
危险性类别		急性毒性—经口，类别 1；急性毒性—经皮肤，类别 1；皮肤腐蚀/刺激，类别 2；严重眼损伤/眼刺激，类别 2A；生殖细胞致突变性，类别 2；致癌性，类别 1A；生殖毒性，类别 1B；特异性靶器官毒性—单次接触，类别 1；特异性靶器官毒性—反复接触，类别 1；危害水生环境—急性危害，类别 1；危害水生环境—长期危害，类别 1。			

序号	271	品名	多氯二苯并呋喃	商品编码	2932.9990
别 名		PCDFs		CAS 号	
英文名		Polychlorinated dibenzofurans			
防护措施		呼吸系统防护：佩戴防护口罩。 眼睛防护：戴安全防护眼镜。 身体防护：穿防护工作服。 手防护：戴乳胶手套。 其他防护：工作现场严禁吸烟。			
危险性类别		急性毒性—经口，类别1；急性毒性—经皮肤，类别1；皮肤腐蚀/刺激，类别2；严重眼损伤/眼刺激，类别2A；生殖细胞致突变性，类别2；致癌性，类别1A；生殖毒性，类别1B；特异性靶器官毒性—单次接触，类别1；特异性靶器官毒性—反复接触，类别1；危害水生环境—急性危害，类别1；危害水生环境—长期危害，类别1。			

序号	272	品名	多氯联苯	商品编码	2903.9990 或（含）3824.8200
别 名		PCBs		CAS 号	1336-36-3
英文名		Polychlorinated biphenyls			
分子式		$C_{12}H_{10}$-XClX			
外观与性状		流动的油状液体、白色结晶固体或非结晶性树脂。			
主要用途		用作润滑材料、增塑剂、杀菌剂、热载体及变压器油等。			
危险特性		本品遇明火、高热可燃；受高热分解，释放出有毒的气体。			
健康危害		本品为高毒性化合物，有致癌作用，长期接触会引起肝脏损害和痤疮样皮炎。使用本品而同时接触四氯化碳，会增加肝损害。中毒症状有恶心、呕吐、体重减轻、腹痛、水肿、黄疸等。			
防护措施		呼吸系统防护：佩戴防毒口罩。空气中浓度较高时，应该佩戴自给式呼吸器。 眼睛防护：戴化学安全防护眼镜。 防护服：穿相应的防护服。 手防护：戴防化学品手套。 其他防护：工作现场禁止吸烟、进食和饮水。工作完毕，淋浴更衣。保持良好的卫生习惯。实行就业前和定期的体检。避免长期反复接触。			
危险性类别		致癌性，类别1B；特异性靶器官毒性—反复接触，类别2*；危害水生环境—急性危害，类别1；危害水生环境—长期危害，类别1。			

序号	273	品名	多氯三联苯	商品编码	2903.9990 或（含）3824.8200
别　名		PCTs		CAS 号	61788-33-8
英文名		Polychlorinated triphenyls			
外观与性状		为结晶态，混合物则为油状液体。			
危险特性		本品遇明火、高热可燃；与氧化剂可发生反应；受高热分解释释放出有毒的气体；若遇高热，容器内压增大，有开裂和爆炸的危险。			
健康危害		本品能经皮肤、呼吸道、消化道而被人体吸收，并在人体组织中富集，严重时危及人的健康和生命安全的污染。			
防护措施		呼吸系统防护：佩戴防护口罩。 眼睛防护：戴安全防护眼镜。 身体防护：穿防护工作服。 手防护：戴乳胶手套。 其他防护：工作现场严禁吸烟。			
危险性类别		特异性靶器官毒性—反复接触，类别 2；危害水生环境—急性危害，类别 1；危害水生环境—长期危害，类别 1。			

序号	274	品名	多溴二苯醚混合物	商品编码	3824.8800
别　名		PBDEs		CAS 号	
英文名		PBDEs, Polybrominated Diphenyl Ethers			
外观与性状		淡黄色、无特殊气味的粉末状物质。			
主要用途		阻燃剂。			
健康危害		未见对人有明显的危害。			
防护措施		呼吸系统防护：空气中粉尘浓度超标时，必须佩戴自吸过滤式防尘口罩。紧急事态抢救或撤离时，应该佩戴空气呼吸器。 眼睛防护：戴化学安全防护眼镜。 手防护：戴橡胶手套。 身体防护：穿着专门设计的服装，以减少皮肤接触。 其他保护：工作现场禁止吸烟、进食和饮水。工作完毕，淋浴更衣。单独存放被毒物污染的衣服，洗后备用。保持良好的卫生习惯。			
危险性类别		生殖毒性，类别 1B；特异性靶器官毒性—反复接触，类别 2；危害水生环境—急性危害，类别 1；危害水生环境—长期危害，类别 1。			

序号	275	品名	苊	商品编码	2902.9090
别 名			萘乙环	CAS 号	83-32-9
英文名		Acenaphthene			
分子式		$C_{12}H_{10}$			
外观与性状		白色针状结晶。			
主要用途		用作染料中间体，也可用作杀虫剂、杀菌剂等。			
危险特性		本品遇明火、高热或与氧化剂接触，有引起燃烧爆炸的危险；受热分解产生有毒的烟气。			
健康危害		本品对眼睛、皮肤、黏膜和上呼吸道有刺激作用。			
防护措施		呼吸系统防护：空气中粉尘浓度超标时，应该佩戴自吸过滤式防尘口罩。 眼睛防护：戴安全防护眼镜。 身体防护：穿防毒物渗透工作服。 手防护：戴一般作业防护手套。 其他防护：工作现场禁止吸烟、进食和饮水。工作完毕，淋浴更衣。保持良好的卫生习惯。			
危险性类别		易燃固体，类别 2；危害水生环境—急性危害，类别 1；危害水生环境—长期危害，类别 1。			

序号	276	品名	蒽醌-1-胂酸	商品编码	2931.9000
别 名			蒽醌-α-胂酸	CAS 号	
英文名		Anthraquinone-α-arsonic acid			
分子式		$C_{14}H_9AsO_5$			
防护措施		呼吸系统防护：佩戴防护口罩。 眼睛防护：戴安全防护眼镜。 身体防护：穿防护工作服。 手防护：戴乳胶手套。 其他防护：工作现场严禁吸烟。			
危险性类别		急性毒性—经口，类别 3*；急性毒性—吸入，类别 3*；危害水生环境—急性危害，类别 1；危害水生环境—长期危害，类别 1。			

序号	277	品名	蒽油乳剂	商品编码	2707.9990
别 名				CAS 号	
英文名		Anthracene oil			
外观与性状		深褐色液体。			
主要用途		用于蒽醌生产也用作杀虫剂、杀菌剂、汽油阻凝剂等。			
危险特性		本品遇明火、高热可燃；与强氧化剂接触可发生化学反应。			
健康危害		纯品基本无毒。工业品因含有菲、咔唑等杂质，毒性明显增大。由于本品蒸气压很低故经吸入中毒可能性很小，对皮肤、黏膜有刺激作用，易引起光感性皮炎。			
防护措施		呼吸系统防护：空气中粉尘浓度超标时，建议佩戴自吸过滤式防尘口罩。 眼睛防护：一般不需要特殊防护，但建议特殊情况下戴化学安全防护眼镜。 身体防护：穿一般作业工作服，尽可能减少直接接触。 手防护：戴一般作业防护手套。 其他防护：工作场所禁止吸烟、进食和饮水饭前要洗手。工作完毕，淋浴更衣。保持良好的卫生习惯。			
危险性类别		致癌性，类别 1B。			

序号	278	品名	二-(1-羟基环己基)过氧化物(含量≤100%)	商品编码	2909.6000
别 名				CAS 号	2407-94-5
英文名		Bis(1-hydroxycyclohexyl)peroxide			
分子式		$C_{12}H_{22}O_4$			
防护措施		呼吸系统防护：佩戴防护口罩。 眼睛防护：戴安全防护眼镜。 身体防护：穿防护工作服。 手防护：戴乳胶手套。 其他防护：工作现场严禁吸烟。			
危险性类别		有机过氧化物，D型；皮肤腐蚀/刺激，类别1；严重眼损伤/眼刺激，类别1；特异性靶器官毒性—单次接触，类别3（呼吸道刺激）。			

序号	279	品名	二-(2-苯氧乙基)过氧重碳酸酯(85%<含量≤100%)、二-(2-苯氧乙基)过氧重碳酸酯(含量≤85%,含水≥15%)	商品编码	2920.9000
别 名				CAS 号	41935-39-1
英文名	Bis(2-phenoxyethyl) peroxydicarbonate					
分子式	$C_{18}H_{18}O_8$					
外观与性状	白色或微黄色粉末。|				
主要用途	用作聚氯乙烯悬浮聚合的引发剂、高效聚合物引发剂,也用作橡胶硫化促进剂。					
防护措施	呼吸系统防护:佩戴防护口罩。 眼睛防护:戴安全防护眼镜。 身体防护:穿防护工作服。 手防护:戴乳胶手套。 其他防护:工作现场严禁吸烟。					
危险性类别	有机过氧化物,D 型。|				

序号	280	品名	二(2-环氧丙基)醚	商品编码	2910.9000
别 名			二缩水甘油醚;双环氧稀释剂;2,2'-[氧双(亚甲基)双环氧乙烷];二环氧甘油醚	CAS 号	2238-07-5
英文名	Diglycidyl ether				
分子式	$C_6H_{10}O_3$				
外观与性状	无色透明液体,有刺激性气味。				
主要用途	用作化学中间体,也用作环氧树脂活性稀释剂、有机氯化物的稳定剂和纺织处理剂。				
危险特性	本品遇高热、明火或与氧化剂接触,有引起燃烧的危险。				
健康危害	本品会引起眼睛和呼吸道急性刺激及痊愈很慢的皮肤灼伤。				
防护措施	呼吸系统防护:空气中浓度超标时,必须佩戴自吸过滤式防毒面具(全面罩)。紧急事态抢救或撤离时,应该佩戴空气呼吸器。 眼睛防护:呼吸系统防护中已作防护。 身体防护:穿胶布防毒衣。 手防护:戴橡胶手套。 其他防护:工作现场禁止吸烟、进食和饮水。工作完毕,淋浴更衣。保持良好的卫生习惯。				
危险性类别	急性毒性—经皮肤,类别 3;急性毒性—吸入,类别 1;皮肤腐蚀/刺激,类别 2;严重眼损伤/眼刺激,类别 2A;特异性靶器官毒性—单次接触,类别 1;特异性靶器官毒性—反复接触,类别 1。				

序号	281	品名	二-(2-甲基苯甲酰)过氧化物(含量≤87%)	商品编码	2916.3990
别 名			过氧化二-(2-甲基苯甲酰)	CAS 号	3034-79-5
英文名			Bis(o-toluoyl) peroxide		
分子式			$C_{16}H_{14}O_4$		
外观与性状			白色结晶性粉末。		
主要用途			本品为中效氯乙烯悬浮聚合引发剂。		
防护措施			对热、震动、摩擦较为敏感,具有易燃甚至爆炸的危险,储运时须加适量抑制剂或稳定剂,控温储运。		
危险性类别			有机过氧化物,B 型。		

序号	282	品名	二-(2-羟基-3,5,6-三氯苯基)甲烷	商品编码	2908.1990
别 名			2,2'-亚甲基-双(3,4,6-三氯苯酚);毒菌酚	CAS 号	70-30-4
英文名			Hexachlorophene		
分子式			$C_{13}H_6Cl_6O_2$		
外观与性状			白色或浅褐色粉末。		
主要用途			用作防霉抑菌剂。		
危险特性			本品遇明火、高热可燃;其粉体与空气可形成爆炸性混合物,当达到一定浓度时,遇火星会发生爆炸;受高热分解释放出有毒的气体。		
健康危害			本品有毒,对眼睛、皮肤、黏膜有刺激作用,会损伤角膜。		
防护措施			呼吸系统防护:空气中粉尘浓度超标时,必须佩戴自吸过滤式防尘口罩。紧急事态抢救或撤离时,应该佩戴空气呼吸器。 眼睛防护:戴化学安全防护眼镜。 身体防护:穿防毒物渗透工作服。 手防护:戴橡胶手套。 其他防护:工作场所禁止吸烟、进食和饮水,饭前要洗手。工作完毕,淋浴更衣。保持良好的卫生习惯。		
危险性类别			急性毒性—经口,类别3*;急性毒性—经皮肤,类别3*;危害水生环境—急性危害,类别1;危害水生环境—长期危害,类别1。		

序号	283	品名	二-(2-新癸酰过氧异丙基)苯(含量≤52%,含A型稀释剂≥48%)	商品编码	2916.3990
别　名				CAS号	
英文名		Di-(2-neodecanoylperoxyisopropyl) benzene (not more than 52%, and diluent type A not less than 48%)			
防护措施		呼吸系统防护：必须佩戴自吸过滤式防尘口罩。紧急事态抢救或撤离时，应该佩戴空气呼吸器。 眼睛防护：戴化学安全防护眼镜。 身体防护：穿防护工作服。 手防护：戴橡胶手套。 其他防护：工作场所禁止吸烟、进食和饮水，饭前要洗手。工作完毕，淋浴更衣。保持良好的卫生习惯。			
危险性类别		有机过氧化物，D型。			

序号	284	品名	二-(2-乙基己基)磷酸酯	商品编码	2919.9000
别　名		2-乙基己基-2'-乙基己基磷酸酯		CAS号	298-07-7
英文名		Bis(2-ethylhexyl) hydrogen phosphate			
分子式		$C_{16}H_{35}O_4P$			
外观与性状		无色透明油状液体。			
主要用途		用作萃取剂、表面活性剂、清洗剂的中间体、有机溶剂、气相色谱固定液，也用于金属分离、提取。			
危险特性		本品遇明火、高热可燃；与氧化剂可发生反应；受高热分解释放出有毒的气体；具有腐蚀性；若遇高热，容器内压增大，有开裂和爆炸的危险。			
健康危害		本品对眼睛、皮肤、黏膜有刺激性和腐蚀性。			
防护措施		呼吸系统防护：空气中浓度超标时，必须佩戴自吸过滤式防毒面具（半面罩）。紧急事态抢救或撤离时，应该佩戴空气呼吸器。 眼睛防护：戴化学安全防护眼镜。 身体防护：穿橡胶耐酸碱服。 手防护：戴橡胶耐酸碱手套。 其他防护：工作场所禁止吸烟、进食和饮水，饭前要洗手。工作完毕，淋浴更衣。保持良好的卫生习惯。			
危险性类别		危害水生环境—长期危害，类别3。			

序号	285	品名	二-(3,5,5-三甲基己酰)过氧化物(52%＜含量≤82%，含A型稀释剂≥18%)、二-(3,5,5-三甲基己酰)过氧化物(含量≤38%，含A型稀释剂≥62%)、二-(3,5,5-三甲基己酰)过氧化物(38%＜含量≤52%，含A型稀释剂≥48%)、二-(3,5,5-三甲基己酰)过氧化物(含量≤52%，在水中稳定弥散)	商品编码	2915.9000
别　名				CAS号	3851-87-4
英文名	3,5,5-trimethyl caproyl peroxide				
分子式	$C_{18}H_{34}O_4$				
外观与性状	无色液体，具有刺激性气味。				
主要用途	用作乙烯基单体自由基聚合反应的引发剂。				
危险特性	本品易燃，氧化性极强；在常温下分解剧烈；受冲击、摩擦有发生爆炸的危险；与还原剂、促进剂、有机物、易燃物、酸类或胺类物品接触会发生剧烈反应，有燃烧爆炸的危险。				
健康危害	未见毒性资料及人体危害资料。				
防护措施	呼吸系统防护：空气中浓度较高时，应该佩戴过滤式防毒面具（半面罩）。紧急事态抢救或逃生时，建议佩戴空气呼吸器。 眼睛防护：戴化学安全防护眼镜 身体防护：穿胶布防毒衣。 手防护：戴乳胶手套 其他防护：工作完毕，淋浴更衣。注意个人清洁卫生。				
危险性类别	有机过氧化物，D型。				

序号	286	品名	2,2-二-4,4-二(叔丁基过氧环己基)丙烷(含量≤22%，含B型稀释剂≥78%)、2,2-二-4,4-二(叔丁基过氧环己基)丙烷(含量≤42%，含惰性固体≥58%)	商品编码	2909.6000
别　名				CAS号	1705-60-8
英文名	2,2-di[4,4-di(tert-butylperoxy)cyclohexyl]propane				
分子式	$C_{31}H_{60}O_8$				
外观与性状	黄色液体。				
防护措施	呼吸系统防护：佩戴过滤式防毒面具（半面罩）。 眼睛防护：戴安全防护眼镜。 身体防护：穿防护衣。 手防护：戴乳胶手套。 其他防护：工作完毕，淋浴更衣。注意个人清洁卫生。				
危险性类别	有机过氧化物，D型。				

序号	287	品名	二-(4-甲基苯甲酰)过氧化物(硅油糊状物,含量≤52%)	商品编码	2916.3990
别　名				CAS 号	895-85-2
英文名	Peroxide, bis(4-methylbenzoyl)				
防护措施	呼吸系统防护：佩戴防护面具（半面罩）。 眼睛防护：戴安全防护眼镜。 身体防护：穿防护衣。 手防护：戴乳胶手套。 其他防护：工作完毕，淋浴更衣。注意个人清洁卫生。				
危险性类别	有机过氧化物，D 型；危害水生环境—急性危害，类别 1；危害水生环境—长期危害，类别 1。				

序号	288	品名	二-(4-叔丁基环己基)过氧重碳酸酯(含量≤100%)、二-(4-叔丁基环己基)过氧重碳酸酯(含量≤42%,在水中稳定弥散)	商品编码	2920.9000
别　名	过氧化二碳酸-二-(4-叔丁基环己基)酯			CAS 号	15520-11-3
英文名	Bis(4-tert-butylcyclohexyl) peroxydicarbonate				
分子式	$C_{22}H_{38}O_6$				
外观与性状	白色固体粉末。				
主要用途	是一种新型高效稳定的引发剂，可用于氯乙烯、乙烯、丙烯酸酯等单体的聚合，氯乙烯与醋酸乙烯或偏氯乙烯的共聚，也可用作不饱和聚酯的交联剂。				
危险特性	本品会导致起火。				
健康危害	本品毒性和一般过氧化物相似，会引起眼睛和皮肤的烧伤。				
防护措施	呼吸系统防护：佩戴防护面罩。 眼睛防护：戴安全防护眼镜。 身体防护：穿戴合适的防护服。 手防护：戴乳胶手套。 其他防护：工作完毕，淋浴更衣。注意个人清洁卫生。				
危险性类别	有机过氧化物，F 型。				

序号	289	品名	二(苯磺酰肼)醚	商品编码	2935.9000
别名			4,4'-氧代双苯磺酰肼	CAS号	80-51-3
英文名			4,4'-Oxybis(benzenesulfonyl hydrazide)		
分子式			$C_{12}H_{14}N_4O_5S_2$		
外观与性状			白色无臭细微晶体。		
主要用途			适用于生产常压发泡或压胀的弹性体和热塑性产品等。		
防护措施			呼吸系统防护：佩戴防护口罩。紧急事态抢救或撤离时，佩戴空气呼吸器。 眼睛防护：呼吸系统防护中已作防护。 身体防护：穿防护衣。 手防护：戴防化学品手套。 其他防护：工作现场禁止吸烟、进食和饮水。保持良好的卫生习惯。		
危险性类别			自反应物质和混合物，D型；严重眼损伤/眼刺激，类别2B；特异性靶器官毒性—单次接触，类别2；特异性靶器官毒性—反复接触，类别1；危害水生环境—急性危害，类别2；危害水生环境—长期危害，类别2。		

序号	290	品名	1,6-二-(过氧化叔丁基-羰基氧)己烷(含量≤72%，含A型稀释剂≥28%)	商品编码	2920.9000
别名				CAS号	36536-42-2
英文名			1,6-Bis(tert-butylperoxycarbonyloxy)hexane		
分子式			$C_{16}H_{30}O_8$		
防护措施			呼吸系统防护：佩戴防护口罩。紧急事态抢救或撤离时，佩戴空气呼吸器。 眼睛防护：呼吸系统防护中已作防护。 身体防护：穿防护衣。 手防护：戴防化学品手套。 其他防护：工作现场禁止吸烟、进食和饮水。保持良好的卫生习惯。		
危险性类别			有机过氧化物，C型。		

序号	291	品名	二(氯甲基)醚	商品编码	2909.1990
别 名			二氯二甲醚;对称二氯二甲醚;氧代二氯甲烷	CAS 号	542-88-1
英文名			Dichloromethyl ether		
分子式			C₂H₄Cl₂O		
外观与性状			无色液体,有刺激性气味。		
主要用途			工业上用作甲基化剂。		
危险特性			本品易燃,遇明火、高热能引起燃烧爆炸;遇水或受热分解,放出有毒的腐蚀性烟气。		
健康危害			因吸入本品蒸气而致急性中毒。患者表现为头昏、头痛、眼结膜充血、流泪、畏光、鼻塞、流涕、咽痛、频繁咳嗽,两肺听诊呼吸音粗糙,右下肺闻及干性啰音。		
防护措施			呼吸系统防护:可能接触其蒸气时,必须佩戴自吸过滤式防毒面具(全面罩)。紧急事态抢救或撤离时,佩戴空气呼吸器。 眼睛防护:呼吸系统防护中已作防护。 身体防护:穿胶布防毒衣。 手防护:戴防化学品手套。 其他防护:工作现场禁止吸烟、进食和饮水。工作完毕,彻底清洗。单独存放被毒物污染的衣服,洗后备用。保持良好的卫生习惯。		
危险性类别			易燃液体,类别2;急性毒性—经皮肤,类别3*;急性毒性—吸入,类别2*;致癌性,类别1A。		

序号	292	品名	二(三氯甲基)碳酸酯	商品编码	2920.9000
别 名			三光气	CAS 号	32315-10-9
英文名			Triphosgene		
分子式			C₃Cl₆O₃		
外观与性状			三光气为白色晶体。		
主要用途			用于合成氯甲酸酯、异氰酸酯、聚碳酸酯和酰氯等。		
健康危害			本品为二级有机毒品,遇水释放有毒气体,直接接触引起灼伤;吸入或食入对身体有害,对眼睛和呼吸道有强烈刺激作用,严重者会引起头痛、头晕、恶心、呕吐。		
防护措施			呼吸系统防护:佩戴防毒面具。紧急事态抢救或撤离时,佩戴空气呼吸器。 眼睛防护:佩戴护目镜。 身体防护:穿防护衣。 手防护:佩戴涂塑手套。 其他防护:工作现场禁止吸烟、进食和饮水。保持良好的卫生习惯。		
危险性类别			急性毒性—经口,类别3;急性毒性—经皮肤,类别3;急性毒性—吸入,类别2;皮肤腐蚀/刺激,类别1;严重眼损伤/眼刺激,类别1。		

序号	293	品名	1,1-二-(叔丁基过氧)-3,3,5-三甲基环己烷（90%<含量≤100%)、1,1-二-(叔丁基过氧)-3,3,5-三甲基环己烷（57%<含量≤90%，含A型稀释剂≥10%）、1,1-二-(叔丁基过氧)-3,3,5-三甲基环己烷（含量≤32%，含A型稀释剂≥26%，含B型稀释剂≥42%）、1,1-二-(叔丁基过氧)-3,3,5-三甲基环己烷（含量≤57%，含A型稀释剂≥43%）、1,1-二-(叔丁基过氧)-3,3,5-三甲基环己烷（含量≤57%，含惰性固体≥43%）、1,1-二-(叔丁基过氧)-3,3,5-三甲基环己烷（含量≤77%，含B型稀释剂≥23%）、1,1-二-(叔丁基过氧)-3,3,5-三甲基环己烷（含量≤90%，含A型稀释剂≥10%）	商品编码	2909.6000
别　名				CAS 号	6731-36-8
英文名	1,1-Di-(tert-butylperoxy)-3,3,5-trimethylcyclohexane				
分子式	$C_{17}H_{34}O_4$				
主要用途	用作聚乙烯、聚苯乙烯、乙烯-醋酸乙烯共聚物的交联剂，特别适用于收缩薄膜。				
危险特性	本品会导致起火。				
防护措施	呼吸系统防护：佩戴防毒面具。紧急事态抢救或撤离时，佩戴空气呼吸器。 眼睛防护：佩戴护目镜。 身体防护：穿防护衣。 手防护：佩戴涂塑手套。 其他防护：工作现场禁止吸烟、进食和饮水。保持良好的卫生习惯。				
危险性类别	有机过氧化物，C 型；特异性靶器官毒性—反复接触，类别 2。				

序号	294	品名	2,2-二-(叔丁基过氧)丙烷（含量≤42%，含 A 型稀释剂≥13%，惰性固体含量≥45%）、2,2-二-(叔丁基过氧)丙烷（含量≤52%，含 A 型稀释剂≥48%）	商品编码	2909.6000
别　名				CAS 号	4262-61-7
英文名	(isopropylidene)bis(tert-butyl) peroxide				
分子式	$C_{11}H_{22}O_2$				
防护措施	呼吸系统防护：佩戴过滤式防毒面具（半面罩）。 眼睛防护：戴安全防护眼镜。 身体防护：穿防护工作服。 手防护：戴乳胶手套。 其他防护：工作现场禁止吸烟、进食和饮水。保持良好的卫生习惯。				
危险性类别	有机过氧化物，D 型。				

序号	295	品名	3,3-二-(叔丁基过氧)丁酸乙酯(77%<含量≤100%)、3,3-二-(叔丁基过氧)丁酸乙酯(含量≤52%)、3,3-二-(叔丁基过氧)丁酸乙酯(含量≤77%,含 A 型稀释剂≥23%)	商品编码	2915.9000
别 名			3,3-双-(过氧化叔丁基)丁酸乙酯	CAS 号	55794-20-2
英文名			Ethyl 3,3-bis(tert-butylperoxy)butyrate		
分子式			$C_{14}H_{28}O_6$		
防护措施			呼吸系统防护：佩戴过滤式防毒面具（半面罩）。 眼睛防护：戴安全防护眼镜。 身体防护：穿防护工作服。 手防护：戴乳胶手套。 其他防护：工作现场禁止吸烟、进食和饮水。保持良好的卫生习惯。		
危险性类别			有机过氧化物，D 型。		

序号	296	品名	2,2-二-(叔丁基过氧)丁烷(含量≤52%,含 A 型稀释剂≥48%)	商品编码	2909.6000
别 名				CAS 号	2167-23-9
英文名			2,2-Di(tert-butylperoxy)butane		
分子式			$C_{12}H_{26}O_4$		
防护措施			呼吸系统防护：佩戴过滤式防毒面具（半面罩）。 眼睛防护：戴安全防护眼镜。 身体防护：穿防护工作服。 手防护：戴乳胶手套。 其他防护：工作现场禁止吸烟、进食和饮水。保持良好的卫生习惯。		
危险性类别			有机过氧化物，C 型。		

序号	297	品名	1,1-二-(叔丁基过氧)环己烷(80%<含量≤100%)、1,1-二-(叔丁基过氧)环己烷(52%<含量≤80%,含A型稀释剂≥20%)、1,1-二-(叔丁基过氧)环己烷(42%<含量≤52%,含A型稀释剂≥48%)、1,1-二-(叔丁基过氧)环己烷(含量≤13%,含A型稀释剂≥13%,含B型稀释剂≥74%)、1,1-二-(叔丁基过氧)环己烷(含量≤27%,含A型稀释剂≥25%)、1,1-二-(叔丁基过氧)环己烷(含量≤42%,含A型稀释剂≥13%,惰性固体含量≥45%)、1,1-二-(叔丁基过氧)环己烷(含量≤42%,含A型稀释剂≥58%)、1,1-二-(叔丁基过氧)环己烷(含量≤72%,含B型稀释剂≥28%)	商品编码	2909.6000
别 名			1,1-双-(过氧化叔丁基)环己烷	CAS号	3006-86-8
英文名			1,1-Di(tert-butylperoxy)cyclohexane		
分子式			$C_{14}H_{28}O_4$		
主要用途			用作玻璃钢制品的固化剂。		
防护措施			呼吸系统防护:佩戴过滤式防毒面具(半面罩)。 眼睛防护:戴安全防护眼镜。 身体防护:穿防护工作服。 手防护:戴乳胶手套。 其他防护:工作现场禁止吸烟、进食和饮水。保持良好的卫生习惯。		
危险性类别			有机过氧化物,C型。		

序号	298	品名	1,1-二-(叔丁基过氧)环己烷和过氧化(2-乙基己酸)叔丁酯的混合物[1,1-二-(叔丁基过氧)环己烷含量≤43%,过氧化(2-乙基己酸)叔丁酯含量≤16%,含A型稀释剂≥41%]	商品编码	3824.9999
别 名				CAS号	
防护措施			呼吸系统防护:佩戴过滤式防毒面具(半面罩)。 眼睛防护:戴安全防护眼镜。 身体防护:穿防护工作服。 手防护:戴乳胶手套。 其他防护:工作现场禁止吸烟、进食和饮水。保持良好的卫生习惯。		
危险性类别			有机过氧化物,D型。		

序号	299	品名	二-(叔丁基过氧)邻苯二甲酸酯(糊状,含量≤52%)、二-(叔丁基过氧)邻苯二甲酸酯(42%<含量≤52%,含A型稀释剂≥48%)、二-(叔丁基过氧)邻苯二甲酸酯(含量≤42%,含A型稀释剂≥58%)	商品编码	2917.3990
别 名				CAS号	
防护措施		呼吸系统防护：佩戴过滤式防毒面具（半面罩）。 眼睛防护：戴安全防护眼镜。 身体防护：穿防护工作服。 手防护：戴乳胶手套。 其他防护：工作现场禁止吸烟、进食和饮水。保持良好的卫生习惯。			
危险性类别		有机过氧化物，E型。			

序号	300	品名	3,3-二-(叔戊基过氧)丁酸乙酯(含量≤67%,含A型稀释剂≥33%)	商品编码	2915.9000
别 名				CAS号	67567-23-1
英文名		Ethyl 3,3-bis(tert-amylperoxy)butyrate			
分子式		$C_{16}H_{32}O_6$			
外观与性状		液体。			
防护措施		呼吸系统防护：佩戴过滤式防毒面具（半面罩）。 眼睛防护：戴安全防护眼镜。 身体防护：穿防护工作服。 手防护：戴乳胶手套。 其他防护：工作现场禁止吸烟、进食和饮水。保持良好的卫生习惯。			
危险性类别		有机过氧化物，D型；易燃液体，类别3；危害水生环境—急性危害，类别2；危害水生环境—长期危害，类别2。			

序号	301	品名	2,2-二-(叔戊基过氧)丁烷(含量≤57%,含A型稀释剂≥43%)	商品编码	2909.6000
别 名				CAS 号	13653-62-8
英文名		(1-methylpropylidene)bis(tert-butyl) peroxide			
分子式		$C_{12}H_{24}O_2$			
防护措施		呼吸系统防护：佩戴过滤式防毒面具（半面罩）。 眼睛防护：戴安全防护眼镜。 身体防护：穿防护工作服。 手防护：戴乳胶手套。 其他防护：工作现场禁止吸烟、进食和饮水。保持良好的卫生习惯。			
危险性类别		有机过氧化物，D 型。			

序号	302	品名	3,3'-二氨基二丙胺	商品编码	2921.2900
别 名		二丙三胺；3,3'-亚氨基二丙胺；三丙撑三胺		CAS 号	56-18-8
英文名		3,3'-iminodipropylamine			
分子式		$C_6H_{17}N_3$			
外观与性状		无色液体，与水混溶，溶于醇、醚。			
主要用途		制造染料、表面活化剂。			
危险特性		本品遇高热、明火或与氧化剂接触，有引起燃烧的危险；受高热分解释放出有毒的气体；具有腐蚀性。			
健康危害		误服或吸入本品有害，对皮肤、眼睛和黏膜有腐蚀性。吸入会引起喉和支气管炎症、水肿、化学性肺炎、肺水肿等。			
防护措施		呼吸系统防护：空气中浓度超标时，必须佩戴自吸过滤式防毒面具（半面罩）。紧急事态抢救或撤离时，应该佩戴空气呼吸器。 眼睛防护：戴化学安全防护眼镜。 身体防护：穿橡胶耐酸碱服。 手防护：戴橡胶耐酸碱手套。 其他防护：工作场所禁止吸烟、进食和饮水，饭前要洗手。工作完毕，淋浴更衣。保持良好的卫生习惯。			
危险性类别		急性毒性—经皮肤，类别3*；急性毒性—吸入，类别2*；皮肤腐蚀/刺激，类别1A；严重眼损伤/眼刺激，类别1；皮肤致敏物，类别1。			

序号	303	品名	4,4'-二氨基-3,3'-二氯二苯基甲烷	商品编码	2921.5900
别 名				CAS 号	101-14-4
英文名	4,4'-Methylene bis(2-chloroaniline)				
分子式	$C_{13}H_{12}Cl_2N_2$				
外观与性状	白色至淡黄色疏松针晶，加热变黑色，微有吸湿性，溶于酮和芳香烃。				
主要用途	用作浇注型聚氨酯橡胶的硫化剂、聚氨酯涂料和胶粘剂的交联剂，也可用于固化环氧树脂。液体莫卡可用于聚氨酯常温固化剂和喷涂聚脲固化剂。				
防护措施	呼吸系统防护：佩戴过滤式防毒面具（半面罩）。 眼睛防护：戴安全防护眼镜。 身体防护：穿防护工作服。 手防护：戴乳胶手套。 其他防护：工作现场禁止吸烟、进食和饮水。保持良好的卫生习惯。				
危险性类别	致癌性，类别1A；危害水生环境—急性危害，类别1；危害水生环境—长期危害，类别1。				

序号	304	品名	2,4-二氨基甲苯	商品编码	2921.5190
别 名	甲苯-2,4-二胺；2,4-甲苯二胺			CAS 号	95-80-7
英文名	2,4-diaminotoluene				
分子式	$C_7H_{10}N_2$				
外观与性状	无色针状或菱形结晶，溶于水、乙醇、乙醚。				
主要用途	是有机合成原料之一，可制取甲苯二异氰酸酯，也用作染料中间体、毛发染黑。				
危险特性	本品遇明火、高热可燃；受热分解释释放出有毒的氧化氮烟气；与强氧化剂接触可发生化学反应。				
健康危害	吸入、口服或经皮肤吸收本品后会引起中毒；对黏膜、呼吸道及皮肤有刺激作用，会引起气管炎、支气管炎、喘息、皮肤湿疹。				
防护措施	呼吸系统防护：空气中粉尘浓度超标时，佩戴自吸过滤式防尘口罩。紧急事态抢救或撤离时，应该佩戴自给式呼吸器。 眼睛防护：戴化学安全防护眼镜。 身体防护：穿防毒物渗透工作服。 手防护：戴橡胶手套。 其他防护：工作现场禁止吸烟、进食和饮水。及时换洗工作服。工作前后不饮酒，用温水洗澡。实行就业前和定期的体检。				
危险性类别	急性毒性—经口，类别3*；皮肤致敏物，类别1；生殖细胞致突变性，类别2；致癌性，类别2；生殖毒性，类别2；特异性靶器官毒性—反复接触，类别2*；危害水生环境—急性危害，类别2；危害水生环境—长期危害，类别2。				

序号	305	品名	2,5-二氨基甲苯	商品编码	2921.5190
别 名			甲苯-2,5-二胺;2,5-甲苯二胺	CAS 号	95-70-5
英文名			2,5-diaminotoluene		
分子式			$C_7H_{10}N_2$		
外观与性状			无色结晶,溶于水、乙醇、乙醚、热苯。		
主要用途			用于有机合成,染料中间体。		
危险特性			本品遇明火、高热可燃;受热分解释放出有毒的氧化氮烟气;与强氧化剂接触可发生化学反应。		
健康危害			吸入、口服或经皮肤吸收本品后会引起中毒,对呼吸道、黏膜、皮肤有刺激作用。		
防护措施			呼吸系统防护:空气中粉尘浓度超标时,佩戴自吸过滤式防尘口罩。紧急事态抢救或撤离时,应该佩戴自给式呼吸器。 眼睛防护:戴化学安全防护眼镜。 身体防护:穿防毒物渗透工作服。 手防护:戴橡胶手套。 其他防护:工作现场禁止吸烟、进食和饮水。及时换洗工作服。工作前后不饮酒,用温水洗澡。实行就业前和定期的体检。		
危险性类别			急性毒性—经口,类别3*;皮肤致敏物,类别1;危害水生环境—急性危害,类别2;危害水生环境—长期危害,类别2。		

序号	306	品名	2,6-二氨基甲苯	商品编码	2921.5190
别 名			甲苯-2,6-二胺;2,6-甲苯二胺	CAS 号	823-40-5
英文名			2,6-Diaminotoluene		
分子式			$C_7H_{10}N_2$		
主要用途			重要的化工中间体,可以用于聚氨酯软泡沫塑料、涂料、橡胶及黏合剂的合成,2,6-二氨基甲苯还可作为染料中间体,用于多种染料的合成。		
危险特性			本品遇明火可燃;高热分解释放出有毒的氮氧化物烟雾。		
防护措施			呼吸系统防护:佩戴过滤式防毒面具(半面罩)。 眼睛防护:戴安全防护眼镜。 身体防护:穿防护工作服。 手防护:戴乳胶手套。 其他防护:工作现场禁止吸烟、进食和饮水。保持良好的卫生习惯。		
危险性类别			皮肤致敏物,类别1;生殖毒性,类别2;危害水生环境—急性危害,类别2;危害水生环境—长期危害,类别2。		

序号	307	品名	4,4'-二氨基联苯		商品编码	2921.5900
别 名			联苯胺;二氨基联苯		CAS 号	92-87-5
英文名			4,4'-diaminobiphenyl			
分子式			$C_{12}H_{12}N_2$			
外观与性状			白色或浅粉红色结晶性粉末，商品呈褐色或深紫褐色。不溶于冷水，溶于热水，易溶于乙醇、乙醚。			
主要用途			用于偶氮染料中间体，也作不溶偶氮染料的显色剂。			
危险特性			本品遇明火、高热可燃；与强氧化剂接触可发生化学反应；受热分解释放出有毒的氧化氮烟气。			
健康危害			本品可经呼吸道、胃肠道、皮肤进入人体，对皮肤会引起接触性皮炎；对黏膜有刺激作用；长期接触会引起出血性膀胱炎、膀胱复发性乳头状瘤和膀胱癌。国际癌症研究中心（IARC）已确认为致癌物。			
防护措施			呼吸系统防护：可能接触其粉尘时，必须佩戴防尘面具（全面罩）。紧急事态抢救或撤离时，应该佩戴空气呼吸器。 眼睛防护：呼吸系统防护中已作防护。 身体防护：穿胶布防毒衣。 手防护：戴橡胶手套。 其他防护：工作现场禁止吸烟、进食和饮水。及时换洗工作服。工作前后不饮酒，用温水洗澡。实行就业前和定期的体检。			
危险性类别			致癌性，类别 1A；危害水生环境—急性危害，类别 1；危害水生环境—长期危害，类别 1。			

序号	308	品名	二氨基镁		商品编码	2853.9090
别 名					CAS 号	7803-54-5
英文名			Magnesium diamide			
分子式			H_4MgN_2			
防护措施			呼吸系统防护：佩戴过滤式防毒面具（半面罩）。 眼睛防护：戴安全防护眼镜。 身体防护：穿防护工作服。 手防护：戴乳胶手套。 其他防护：工作现场禁止吸烟、进食和饮水。保持良好的卫生习惯。			
危险性类别			自热物质和混合物，类别 1。			

序号	309	品名	二苯胺	商品编码	2921.4400
别名				CAS号	122-39-4
英文名	Diphenylamine				
分子式	$C_{12}H_{11}N$				
外观与性状	无色至灰色结晶体，不溶于水，溶于二硫化碳、苯、乙醇、乙醚等。				
主要用途	用于染料、抗氧剂、药品、炸药和农药的合成。				
危险特性	本品遇明火、高热可燃；粉体与空气可形成爆炸性混合物，当达到一定浓度时，遇火星会发生爆炸。				
健康危害	未见职业中毒的报道。本品制造过程中可含有4-氨基联苯，应注意后者的致癌性。				
防护措施	呼吸系统防护：可能接触其粉尘时，必须佩戴防尘面具（全面罩）。紧急事态抢救或撤离时，应该佩戴空气呼吸器。 眼睛防护：呼吸系统防护中已作防护。 身体防护：穿连衣式胶布防毒衣。 手防护：戴橡胶手套。 其他防护：工作现场禁止吸烟、进食和饮水。工作前后不饮酒，用温水洗澡。				
危险性类别	急性毒性—经口，类别3*；急性毒性—经皮肤，类别3*；急性毒性—吸入，类别3*；特异性靶器官毒性—反复接触，类别2*；危害水生环境—急性危害，类别1；危害水生环境—长期危害，类别1。				

序号	310	品名	二苯胺硫酸溶液	商品编码	3824.9999
别名				CAS号	
防护措施	呼吸系统防护：佩戴过滤式防毒面具（半面罩）。 眼睛防护：戴安全防护眼镜。 身体防护：穿防护工作服。 手防护：戴乳胶手套。 其他防护：工作现场禁止吸烟、进食和饮水。保持良好的卫生习惯。				
危险性类别	急性毒性—经口，类别3*；急性毒性—经皮肤，类别3*；急性毒性—吸入，类别3*；皮肤腐蚀/刺激，类别1；严重眼损伤/眼刺激，类别1；特异性靶器官毒性—反复接触，类别2*；危害水生环境—急性危害，类别1；危害水生环境—长期危害，类别1。				

序号	311	品名	二苯基胺氯胂	商品编码	2934.9990
别 名			吩吡嗪化氯；亚当氏气	CAS 号	578-94-9
英文名			Diphenylaminechloroarsine		
分子式			$C_{12}H_9AsClN$		
危险特性			本品遇酸、酸雾产生剧毒的胂和光气；受热产生剧毒胂蒸气。		
防护措施			呼吸系统防护：佩戴过滤式防毒面具（半面罩）。 眼睛防护：戴安全防护眼镜。 身体防护：穿防护工作服。 手防护：戴乳胶手套。 其他防护：工作现场禁止吸烟、进食和饮水。保持良好的卫生习惯。		
危险性类别			急性毒性—经口，类别3*；急性毒性—吸入，类别3*；危害水生环境—急性危害，类别1；危害水生环境—长期危害，类别1。		

序号	312	品名	二苯基二氯硅烷	商品编码	2931.9000
别 名			二苯二氯硅烷	CAS 号	1980-10-4
英文名			Diphenyldichlorosilane		
分子式			$C_{12}H_{10}Cl_2Si$		
外观与性状			无色液体，有刺激性气味，易潮解，溶于多数有机溶剂。		
主要用途			用于制造硅酮润滑脂。		
危险特性			本品可燃，与氧化剂接触反应猛烈；受热分解或接触酸、酸雾能散发出有毒的烟雾；遇潮时对大多数金属有强腐蚀性。		
健康危害			吸入本品蒸气对呼吸道有强烈刺激作用。皮肤或眼睛接触可致灼伤。口服灼伤口腔和消化道。		
防护措施			呼吸系统防护：空气中浓度超标时，必须佩戴自吸过滤式防毒面具（全面罩）。紧急事态抢救或撤离时，应该佩戴空气呼吸器。 眼睛防护：呼吸系统防护中已作防护。 身体防护：穿橡胶耐酸碱服。 手防护：戴橡胶耐酸碱手套。 其他防护：工作完毕，淋浴更衣。单独存放被毒物污染的衣服，洗后备用。保持良好的卫生习惯。		
危险性类别			急性毒性—经皮肤，类别2；皮肤腐蚀/刺激，类别1；严重眼损伤/眼刺激，类别1；特异性靶器官毒性—单次接触，类别2。		

序号	313	品名	二苯基二硒	商品编码	2931.9000
别 名				CAS 号	1666-13-3
英文名		Diphenyl diselenide			
分子式		$C_{12}H_{10}Se_2$			
外观与性状		黄色固体，无气味，溶于热乙醇、乙醚、二甲苯。			
主要用途		用作有机合成的原料。			
危险特性		本品遇明火能燃烧；与酸类接触能发生反应。			
健康危害		吸入、摄入或经皮肤吸收本品后可致死；具有刺激性；对肝和肺脏有损害。			
防护措施		呼吸系统防护：空气中粉尘浓度超标时，必须佩戴自吸过滤式防尘口罩。紧急事态抢救或撤离时，应该佩戴空气呼吸器。 眼睛防护：戴化学安全防护眼镜。 身体防护：穿防毒物渗透工作服。 手防护：戴橡胶手套。 其他防护：工作现场禁止吸烟、进食和饮水。工作完毕，淋浴更衣。实行就业前和定期的体检。保持良好的卫生习惯。			
危险性类别		急性毒性—经口，类别3；急性毒性—吸入，类别3*；特异性靶器官毒性—反复接触，类别2；危害水生环境—急性危害，类别1；危害水生环境—长期危害，类别1。			

序号	314	品名	二苯基汞	商品编码	2852.1000
别 名		二苯汞		CAS 号	587-85-9
英文名		Diphenylmercury			
分子式		$C_{12}H_{10}Hg$			
外观与性状		白色结晶。			
主要用途		用于有机合成。			
危险特性		本品遇明火、高热可燃；受高热分解释放出有毒的气体；与氧化剂可发生反应。			
健康危害		本品系有机汞化合物。有机汞主要侵犯神经系统，中毒后出现头晕、头痛、共济失调、精神障碍、谵妄、昏迷、肢体无力甚至瘫痪。口服出现消化道刺激症状，如上腹痛、恶心、呕吐、腹泻等。从任何途径侵入，均会引起口腔炎，对心、肝、肾有损害，会导致接触性皮炎。			
防护措施		呼吸系统防护：可能接触其粉尘时，应该佩戴头罩型电动送风过滤式防尘呼吸器。必要时，佩戴自给式呼吸器。 眼睛防护：呼吸系统防护中已作防护。 身体防护：穿连衣式胶布防毒衣。 手防护：戴橡胶手套。 其他防护：工作现场禁止吸烟、进食和饮水。工作完毕，淋浴更衣。单独存放被毒物污染的衣服，洗后备用。保持良好的卫生习惯。			
危险性类别		急性毒性—经口，类别2*；急性毒性—经皮肤，类别1；急性毒性—吸入，类别2*；特异性靶器官毒性—反复接触，类别2*；危害水生环境—急性危害，类别1；危害水生环境—长期危害，类别1。			

序号	315	品名	二苯基甲烷二异氰酸酯	商品编码	2929.1030
别　名		MDI		CAS 号	26447-40-5
英文名		4,4'-methylenebis(phenyl isocyanate)			
分子式		$C_{15}H_{10}N_2O_2$			
外观与性状		白色至淡黄色固体。			
主要用途		本品的初级品广泛用于聚氨酯涂料，此外，还用于防水材料、密封材料、陶器材料等；用本品制成的聚氨酯泡沫塑料，用作保暖（冷）、建材、车辆、船舶的部件；精制品可制成汽车车挡、缓冲器、合成革、非塑料聚氨酯、聚氨酯弹性纤维、无塑性弹性纤维、博膜、黏合剂等。			
健康危害		本品吸入有害，刺激呼吸系统；吸入或与皮肤接触可能致敏。			
防护措施		呼吸系统防护：佩戴过滤式防毒面具（半面罩）。 眼睛防护：戴安全防护眼镜。 身体防护：穿防护工作服。 手防护：戴乳胶手套。 其他防护：工作现场禁止吸烟、进食和饮水。保持良好的卫生习惯。			
危险性类别		皮肤腐蚀/刺激，类别 2；严重眼损伤/眼刺激，类别 2A；呼吸道致敏物，类别 1；皮肤致敏物，类别 1；致癌性，类别 2；特异性靶器官毒性—单次接触，类别 3（呼吸道刺激）；特异性靶器官毒性—反复接触，类别 2*。			

序号	316	品名	二苯基甲烷-4,4'-二异氰酸酯	商品编码	2929.1030
别　名		亚甲基双(4,1-亚苯基)二异氰酸酯;4,4'-二异氰酸二苯甲烷		CAS 号	101-68-8
英文名		Diphenyl methene-4,4'diisocyanate			
分子式		$C_{15}H_{10}N_2O_2$			
外观与性状		亮黄色固体，溶于丙酮、苯、煤油等。			
主要用途		用作聚氨酯泡沫塑料、橡胶、纤维、涂料等的原料。			
危险特性		本品遇明火、高热可燃；受热或遇水、酸分解释放热，放出有毒烟气。			
健康危害		较大量吸入本品，会引起头痛、眼痛、咳嗽、呼吸困难和嗅觉丧失等症状。严重者会发生支气管炎和弥漫性肺炎。对黏膜有强烈刺激作用，致敏作用不明显，也有报道会发生支气管哮喘。			
防护措施		呼吸系统防护：可能接触其粉尘时，必须佩戴防尘面具（全面罩）。紧急事态抢救或撤离时，应该佩戴空气呼吸器。 眼睛防护：呼吸系统防护中已作防护。 身体防护：穿胶布防毒衣。 手防护：戴橡胶手套。 其他防护：工作现场禁止吸烟、进食和饮水。工作完毕，彻底清洗。			
危险性类别		皮肤腐蚀/刺激，类别 2；严重眼损伤/眼刺激，类别 2；呼吸道致敏物，类别 1；皮肤致敏物，类别 1；特异性靶器官毒性—单次接触，类别 3（呼吸道刺激）；特异性靶器官毒性—反复接触，类别 2*。			

序号	317	品名	二苯基氯胂	商品编码	2931.9000
别　名			氯化二苯胂	CAS 号	712-48-1
英文名			Diphenylarsine chloride		
分子式			$C_{12}H_{10}AsCl$		
外观与性状			纯品为无色结晶。		
主要用途			农业上用作杀菌剂，是强刺激性军用毒剂。		
危险特性			本品遇明火、高热可燃；其粉体与空气可形成爆炸性混合物，当达到一定浓度时，遇火星会发生爆炸；受高热分解释放出有毒的气体。		
健康危害			本品的刺激性和毒性都很强，吸入会引起头痛、恶心、呕吐及呼吸障碍等。		
防护措施			呼吸系统防护：可能接触其粉尘时，必须佩戴防尘面具（全面罩）。紧急事态抢救或撤离时，应该佩戴空气呼吸器。 眼睛防护：呼吸系统防护中已作防护。 身体防护：穿胶布防毒衣。 手防护：戴橡胶手套。 其他防护：工作现场禁止吸烟、进食和饮水。工作完毕，淋浴更衣。保持良好的卫生习惯。		
危险性类别			急性毒性—经口，类别 3*；急性毒性—吸入，类别 3*；危害水生环境—急性危害，类别 1；危害水生环境—长期危害，类别 1。		

序号	318	品名	二苯基镁	商品编码	2931.9000
别　名				CAS 号	555-54-4
英文名			Magnesium diphenyl		
分子式			$C_{12}H_{10}Mg$		
外观与性状			白色羽毛状晶体，不溶于苯。		
危险特性			在湿空气中着火，遇火强烈分解。		
防护措施			呼吸系统防护：佩戴过滤式防毒面具（半面罩）。 眼睛防护：戴安全防护眼镜。 身体防护：穿防护工作服。 手防护：戴乳胶手套。 其他防护：工作现场禁止吸烟、进食和饮水。保持良好的卫生习惯。		
危险性类别			自燃固体，类别 1；遇水放出易燃气体的物质和混合物，类别 1。		

序号	319	品名	2-(二苯基乙酰基)-2,3-二氢-1,3-茚二酮	商品编码	2914.3990
别 名			2-(2,2-二苯基乙酰基)-1,3-茚满二酮;敌鼠	CAS 号	82-66-6
英文名			Diphacinone		
分子式			$C_{23}H_{16}O_3$		
外观与性状			无臭黄色针状结晶,不溶于水、苯、甲苯,溶于丙酮、乙醇。		
主要用途			用作杀鼠剂,也用作抗凝血的药物。		
危险特性			本品遇明火、高热可燃;其粉体与空气可形成爆炸性混合物,当达到一定浓度时,遇火星会发生爆炸;与氧化剂发生反应,有燃烧危险;受高热分解释放出有毒的气体。		
健康危害			本品为血液抗凝剂。误食出现心慌、头昏、低热、食欲不振、全身皮疹,严重者不省人事;误食1g以上,则表现为各脏器和皮下广泛出血,严重则可危及生命。		
防护措施			呼吸系统防护:可能接触其粉尘时,必须佩戴防尘面具(全面罩)。紧急事态抢救或撤离时,应该佩戴空气呼吸器。 眼睛防护:呼吸系统防护中已作防护。 身体防护:穿胶布防毒衣。 手防护:戴橡胶手套。 其他防护:工作现场禁止吸烟、进食和饮水。工作完毕,淋浴更衣。保持良好的卫生习惯。		
危险性类别			急性毒性—经口,类别2*;特异性靶器官毒性—反复接触,类别1。		

序号	320	品名	二苯甲基溴	商品编码	2903.9990
别 名			溴二苯甲烷;二苯溴甲烷	CAS 号	776-74-9
英文名			Diphenylmethyl bromide		
分子式			$C_{13}H_{11}Br$		
外观与性状			带刺激性气味的固体,有催泪性,溶于醇,易溶于苯。		
主要用途			用于有机合成。		
危险特性			本品遇明火、高热可燃;其粉体与空气可形成爆炸性混合物,当达到一定浓度时,遇火星会发生爆炸;受高热分解释放出有毒的气体;具有腐蚀性。		
健康危害			本品为腐蚀性毒物,有催泪性;液体经皮肤吸收引起中毒;吸入可引起喉痉挛、水肿、支气管炎、化学性肺炎、肺水肿等。		
防护措施			呼吸系统防护:空气中粉尘浓度超标时,必须佩戴自吸过滤式防尘口罩。紧急事态抢救或撤离时,应该佩戴空气呼吸器。 眼睛防护:戴化学安全防护眼镜。 身体防护:穿橡胶耐酸碱服。 手防护:戴橡胶耐酸碱手套。 其他防护:工作场所禁止吸烟、进食和饮水,饭前要洗手。工作完毕,淋浴更衣。保持良好的卫生习惯。		
危险性类别			皮肤腐蚀/刺激,类别1;严重眼损伤/眼刺激,类别1。		

序号	321	品名	1,1-二苯肼	商品编码	2928.0000
别 名		不对称二苯肼		CAS 号	530-50-7
英文名		1,1-diphenylhydrazine			
分子式		$C_{12}H_{12}N_2$			
危险特性		本品遇明火可燃;高热分解有毒氮氧化物烟雾;与氧化剂起作用。			
防护措施		呼吸系统防护：佩戴过滤式防毒面具（半面罩）。 眼睛防护：戴安全防护眼镜。 身体防护：穿防护工作服。 手防护：戴乳胶手套。 其他防护：工作现场禁止吸烟、进食和饮水。保持良好的卫生习惯。			
危险性类别		危害水生环境—急性危害，类别1；危害水生环境—长期危害，类别1。			

序号	322	品名	1,2-二苯肼	商品编码	2928.0000
别 名		对称二苯肼		CAS 号	122-66-7
英文名		1,2-diphenylhydrazine			
分子式		$C_{12}H_{12}N_2$			
外观与性状		片状结晶，不溶于水、乙酸，微溶于苯，易溶于乙醇。			
主要用途		用于阿拉伯醛糖和乳糖的测定。			
危险特性		本品遇明火、高热可燃；受热分解释放出有毒的氧化氮烟气；与强氧化剂接触可发生化学反应。			
健康危害		吸入、口服或经皮肤吸收本品后对身体有害，具有刺激性。			
防护措施		呼吸系统防护：空气中粉尘浓度较高时，应该佩戴自吸过滤式防尘口罩。紧急事态抢救或撤离时，佩戴自给式呼吸器。 眼睛防护：戴化学安全防护眼镜。 身体防护：穿防毒物渗透工作服。 手防护：戴橡胶手套。 其他防护：工作现场禁止吸烟、进食和饮水。工作完毕，淋浴更衣。单独存放被毒物污染的衣服，洗后备用。保持良好的卫生习惯。			
危险性类别		危害水生环境—急性危害，类别1；危害水生环境—长期危害，类别1。			

序号	323	品名	二苄基二氯硅烷	商品编码	2931.9000
别　名				CAS 号	18414-36-3
英文名	Dibenzyldichlorosilane				
分子式	$C_{14}H_{14}Cl_2Si$				
外观与性状	无色液体，有刺鼻臭味。				
危险特性	本品可燃；遇水放出有毒氯化氢气体；火中放出有毒气体。				
健康危害	吸入或经皮肤接触本品，对身体有害，具有刺激性。				
防护措施	呼吸系统防护：空气中粉尘浓度较高时，应该佩戴自吸过滤式防尘口罩。紧急事态抢救或撤离时，佩戴自给式呼吸器。 眼睛防护：戴化学安全防护眼镜。 身体防护：穿防毒物渗透工作服。 手防护：戴橡胶手套。 其他防护：工作现场禁止吸烟、进食和饮水。工作完毕，淋浴更衣。单独存放被毒物污染的衣服，洗后备用。保持良好的卫生习惯。				
危险性类别	皮肤腐蚀/刺激，类别1；严重眼损伤/眼刺激，类别1。				

序号	324	品名	二丙硫醚	商品编码	2930.9090
别　名	正丙硫醚；二丙基硫；硫化二正丙基			CAS 号	111-47-7
英文名	Dipropyl sulfide				
分子式	$C_6H_{14}S$				
外观与性状	无色或浅黄色液体，有特殊气味，不溶于水，溶于乙醇、乙醚。				
主要用途	用于有机合成。				
危险特性	本品易燃，遇高热、明火有引起燃烧的危险；受高热分解产生有毒的硫化物烟气；与强氧化剂接触可发生化学反应。				
健康危害	吸入、口服或经皮肤吸收本品后对身体有害；其蒸气对眼睛、皮肤、黏膜和呼吸道有刺激作用。				
防护措施	呼吸系统防护：空气中浓度超标时，佩戴过滤式防毒面具（半面罩）。 眼睛防护：戴化学安全防护眼镜。 身体防护：穿防静电工作服。 手防护：戴橡胶耐油手套。 其他防护：工作现场禁止吸烟、进食和饮水。工作完毕，淋浴更衣。注意个人清洁卫生。				
危险性类别	易燃液体，类别3。				

序号	325	品名	二碘化苯胂		商品编码	2931.9000
别　名			苯基二碘胂		CAS 号	6380-34-3
英文名			Diiodo(phenyl)arsine			
分子式			$C_6H_5AsI_2$			
防护措施			呼吸系统防护：佩戴过滤式防毒面具（半面罩）。 眼睛防护：戴安全防护眼镜。 身体防护：穿防护工作服。 手防护：戴乳胶手套。 其他防护：工作现场禁止吸烟、进食和饮水。保持良好的卫生习惯。			
危险性类别			急性毒性—经口，类别3*；急性毒性—吸入，类别3*；危害水生环境—急性危害，类别1；危害水生环境—长期危害，类别1。			

序号	326	品名	二碘化汞		商品编码	2852.1000
别　名			碘化汞;碘化高汞;红色碘化汞		CAS 号	7774-29-0
英文名			Mercuric iodide			
分子式			HgI_2			
外观与性状			黄色结晶或粉末，不溶于水、酸，微溶于无水乙醇。			
主要用途			用于医药、化学试剂。			
危险特性			本品受热分解释放出有毒的碘化物烟气；与三氟化氯、金属钾、金属钠反应剧烈。			
健康危害			吸入、口服或经皮肤吸收本品后会致死；对眼睛、呼吸道黏膜和皮肤有强烈刺激性；汞及其化合物主要引起中枢神经系统损害及口腔炎，高浓度引起肾损害。			
防护措施			呼吸系统防护：佩戴头罩型电动送风过滤式防尘呼吸器。必要时，佩戴隔离式呼吸器。 眼睛防护：呼吸系统防护中已作防护。 身体防护：穿连衣式胶布防毒衣。 手防护：戴橡胶手套。 其他防护：工作现场禁止吸烟、进食和饮水。工作完毕，淋浴更衣。单独存放被毒物污染的衣服，洗后备用。保持良好的卫生习惯。			
危险性类别			急性毒性—经口，类别2；急性毒性—经皮肤，类别2；皮肤腐蚀/刺激，类别2；严重眼损伤/眼刺激，类别2A；皮肤致敏物，类别1；危害水生环境—急性危害，类别1；危害水生环境—长期危害，类别1。			

序号	327	品名	二碘甲烷		商品编码	2903.6900
别　　名					CAS 号	1975-11-6
英文名	Diiodomethane					
分子式	CH_2I_2					
外观与性状	无色澄清到淡黄色液体，不溶于水，溶于乙醇、乙醚、苯、氯仿等多数有机溶剂。					
主要用途	用于有机合成及混合矿物的分离。					
危险特性	本品受热分解释放出有毒的碘化物烟气；与锂、钾钠合金接触反应剧烈。					
健康危害	本品高浓度时有麻醉和刺激作用。大鼠腹腔注射血中产生碳氧血红蛋白。					
防护措施	呼吸系统防护：一般不需要特殊防护，高浓度接触时可佩戴自吸过滤式防毒面具（半面罩）。 眼睛防护：必要时，戴安全防护眼镜。 身体防护：穿透气型防毒服。 手防护：戴防化学品手套。 其他防护：工作现场禁止吸烟、进食和饮水。工作完毕，淋浴更衣。单独存放被毒物污染的衣服，洗后备用。注意个人清洁卫生。					
危险性类别	皮肤腐蚀/刺激，类别 2；严重眼损伤/眼刺激，类别 2A；特异性靶器官毒性—单次接触，类别 3（呼吸道刺激）。					

序号	328	品名	N,N-二丁基苯胺		商品编码	2921.4990
别　　名					CAS 号	613-29-6
英文名	N,N-dibutylaniline					
分子式	$C_{14}H_{23}N$					
外观与性状	浅黄色油状液体，微有氨味，不溶于水和甲醇，溶于乙醇、乙醚、丙酮、乙酸乙酯、芳香烃和油酸等。					
主要用途	用作溶剂。					
危险特性	本品遇明火能燃烧。					
健康危害	本品能刺激眼睛、呼吸系统和皮肤；触及皮肤易经皮肤吸收或误食、吸入蒸气、粉尘会引起中毒。					
防护措施	呼吸系统防护：一般不需要特殊防护，高浓度接触时可佩戴自吸过滤式防毒面具（半面罩）。 眼睛防护：必要时，戴安全防护眼镜。 身体防护：穿透气型防毒服。 手防护：戴防化学品手套。 其他防护：工作现场禁止吸烟、进食和饮水。工作完毕，淋浴更衣。单独存放被毒物污染的衣服，洗后备用。注意个人清洁卫生。					
危险性类别	皮肤腐蚀/刺激，类别 2；严重眼损伤/眼刺激，类别 2；特异性靶器官毒性—单次接触，类别 3（呼吸道刺激）。					

序号	329	品名	二丁基二(十二酸)锡	商品编码	2931.9000
别 名			二丁基二月桂酸锡;月桂酸二丁基锡	CAS 号	77-58-7
英文名			Dibutyltin dilaurate		
分子式			$C_{32}H_{64}O_4Sn$		
外观与性状			浅黄色透明油状液体。		
主要用途			用作塑料稳定剂、橡胶熟化剂。		
危险特性			本品有毒,是可燃材料;蒸气重于空气,因此能延地面扩散;在急剧加热下与空气形成具爆炸性混合物;起火时可能引发产生危害性气体或蒸气。		
健康危害			本品吞咽会中毒;刺激眼睛和皮肤;长期或反复接触可能损害器官。		
防护措施			呼吸系统防护:戴防护面具。 眼睛防护:戴防护眼罩 身体防护:穿透气型防毒服。 手防护:戴防护手套。 其他防护:工作现场禁止吸烟、进食和饮水。工作完毕,淋浴更衣。保持良好的卫生习惯。		
危险性类别			急性毒性—经口,类别3;急性毒性—吸入,类别2;皮肤腐蚀/刺激,类别2;严重眼损伤/眼刺激,类别2A;生殖毒性,类别1B;特异性靶器官毒性—反复接触,类别1;危害水生环境—急性危害,类别1;危害水生环境—长期危害,类别1。		

序号	330	品名	二丁基二氯化锡	商品编码	2931.9000
别 名			二氯二丁基锡;二丁基二氯化锡;二氯二丁锡;二丁基锡;二正丁基二氯化锡	CAS 号	683-18-1
英文名			Dibutyltin dichloride		
分子式			$C_8H_{18}Cl_2Sn$		
外观与性状			黄色晶体。		
主要用途			农业上用作杀菌剂,工业上用作防腐剂、塑料稳定剂和分析试剂。		
危险特性			本品遇明火、高热可燃;其粉体与空气可形成爆炸性混合物,当达到一定浓度时,遇火星会发生爆炸;与氧化剂能发生强烈反应;遇水或水蒸气反应放热并产生有毒的腐蚀性气体。		
健康危害			本品对眼睛、皮肤和黏膜有刺激作用,会导致皮肤灼伤。中毒表现有头晕、剧烈的头痛、失眠、记忆力减退、乏力、多汗等,重症者会出现中毒性脑病。		
防护措施			呼吸系统防护:操作人员佩戴自吸过滤式防尘口罩。 眼睛防护:戴化学安全防护眼镜。 身体防护:穿防毒物渗透工作服。 手防护:戴橡胶手套。 其他防护:远离火种、热源,工作场所严禁吸烟。		
危险性类别			急性毒性—经口,类别3*;急性毒性—吸入,类别2*;皮肤腐蚀/刺激,类别1B;严重眼损伤/眼刺激,类别1;生殖细胞致突变性,类别2;生殖毒性,类别1B;特异性靶器官毒性—反复接触,类别1;危害水生环境—急性危害,类别1;危害水生环境—长期危害,类别1。		

序号	331	品名	二丁基氧化锡	商品编码	2931.9000
别 名			氧化二丁基锡	CAS 号	818-08-6
英文名			Dibutyltin oxide		
分子式			$C_8H_{18}OSn$		
外观与性状			白色到微黄色粉末。		
主要用途			是合成有机锡的中间体之一,应用于 PVC 热稳定剂、SPC 自抛光海洋防污涂料等。		
危险特性			本品遇明火、高热可燃;其粉体与空气可形成爆炸性混合物,当达到一定浓度时,遇火星会发生爆炸;与氧化剂可发生反应;受高热分解释放出有毒的气体。		
健康危害			本品对眼睛和皮肤有刺激作用,高浓度时有强烈刺激作用。中毒症状有剧烈头痛、恶心、呕吐、嗜睡,甚至昏迷。本品对环境有危害,对水体可造成污染。		
防护措施			呼吸系统防护:可能接触其粉尘时,必须佩戴防尘面具(全面罩)。紧急事态抢救或撤离时,应该佩戴空气呼吸器。 眼睛防护:前面已作防护 身体防护:穿胶布防毒衣。 手防护:戴橡胶手套。 其他防护:工作现场禁止吸烟、进食和饮水。工作完毕,淋浴更衣。保持良好的卫生习惯。		
危险性类别			急性毒性—经口,类别 2;严重眼损伤/眼刺激,类别 2A;生殖毒性,类别 2;特异性靶器官毒性—反复接触,类别 1;危害水生环境—急性危害,类别 1;危害水生环境—长期危害,类别 1。		

序号	332	品名	1,3-二氟-2-丙醇	商品编码	2905.5900
别 名				CAS 号	453-13-4
英文名			1,3-difluoro-2-propanol		
分子式			$C_3H_6F_2O$		
外观与性状			无色或微黄色透明液体,略有酸味。		
主要用途			主要用于野外灭鼠,尤其适于草原牧区。		
危险特性			本品高毒,受热分解有毒氟化物气体。		
防护措施			呼吸系统防护:佩戴空气呼吸器。 眼睛防护:戴防护眼罩/戴防护面具。 身体防护:穿胶布防毒衣。 手防护:戴橡胶手套。 其他防护:工作现场禁止吸烟、进食和饮水。工作完毕,淋浴更衣。单独存放被毒物污染的衣服,洗后备用。保持良好的卫生习惯。		
危险性类别			急性毒性—经口,类别 2。		

序号	333	品名	S,S'-(1,4-二噁烷2,3-二基)O,O,O',O'-四乙基双(二硫代磷酸酯)	商品编码	2932.9990
别 名			敌噁磷	CAS 号	78-34-2
英文名			Dioxathion		
分子式			$C_{12}H_{26}O_6P_2S_4$		
外观与性状			不挥发的稳定的固体,工业品为棕色液体。		
主要用途			用作农用杀虫剂。		
危险特性			本品遇明火、高热可燃;其粉体与空气可形成爆炸性混合物,当达到一定浓度时,遇火星会发生爆炸;受高热分解释放出有毒的气体。		
健康危害			本品对胆碱酯酶活性有抑制作用。轻者出现头痛、多汗、恶心、呕吐等症状;中度中毒有瞳孔缩小、呼吸困难、肌束震颤等症状;重者昏迷、惊厥、呼吸抑制和脑水肿等症状。		
防护措施			呼吸系统防护:可能接触其粉尘时,必须佩戴防尘面具(全面罩)。紧急事态抢救或撤离时,应该佩戴空气呼吸器。 眼睛防护:前面已作防护 身体防护:穿胶布防毒衣。 手防护:戴橡胶手套。 其他防护:工作现场禁止吸烟、进食和饮水。工作完毕,淋浴更衣。保持良好的卫生习惯。		
危险性类别			急性毒性—经口,类别2*;急性毒性—经皮肤,类别3*;急性毒性—吸入,类别2*;危害水生环境—急性危害,类别1;危害水生环境—长期危害,类别1。		

序号	334	品名	1,2-二氟苯	商品编码	2903.9990
别 名			邻二氟苯	CAS 号	367-11-3
英文名			1,2-difluorobenzene		
分子式			$C_6H_4F_2$		
外观与性状			无色液体。		
主要用途			用作医药中间体、有机合成中间体。		
危险特性			本品易燃,遇明火能燃烧;其蒸气比空气重,能在较低处扩散到相当远的地方,遇火源会着火回燃;受热分解有毒氟化物气体。		
健康危害			吸入、口服或经皮肤吸收可能对身体有害,有刺激性;其毒性作用比氟苯低。		
防护措施			呼吸系统防护:建议操作人员佩戴自吸过滤式防毒面具(半面罩)。 眼睛防护:戴安全防护眼镜。 身体防护:穿防静电工作服。 手防护:戴橡胶耐油手套。 其他防护:远离火种、热源,工作场所严禁吸烟。使用防爆型的通风系统和设备。防止蒸气泄漏到工作场所空气中。避免与氧化剂接触。		
危险性类别			易燃液体,类别2。		

序号	335	品名	1,3-二氟苯	商品编码	2903.9990
别 名		间二氟苯		CAS 号	372-18-9
英文名		1,3-difluorobenzene			
分子式		$C_6H_4F_2$			
外观与性状		液体。			
主要用途		是合成含氟医药、农药等的重要中间体。			
危险特性		本品易燃,遇明火能燃烧;其蒸气比空气重,能在较低处扩散到相当远的地方,遇火源会着火回燃。			
健康危害		吸入、口服或经皮肤吸收本品后对身体有害,有刺激作用;其毒性作用比氟苯低。			
防护措施		呼吸系统防护:建议操作人员佩戴自吸过滤式防毒面具(半面罩)。 眼睛防护:戴安全防护眼镜。 身体防护:穿防静电工作服。 手防护:戴橡胶耐油手套。 其他防护:远离火种、热源,工作场所严禁吸烟。使用防爆型的通风系统和设备。防止蒸气泄漏到工作场所空气中。避免与氧化剂接触。			
危险性类别		易燃液体,类别2。			

序号	336	品名	1,4-二氟苯	商品编码	2903.9990
别 名		对二氟苯		CAS 号	540-36-3
英文名		1,4-difluorobenzene			
分子式		$C_6H_4F_2$			
外观与性状		无色透明液体。			
主要用途		医药、农药、液晶材料中间体。			
危险特性		本品易燃,遇明火能燃烧;其蒸气比空气重,能在较低处扩散到相当远的地方,遇火源会着火回燃。			
健康危害		吸入、口服或经皮肤吸收本品后对身体有害,有刺激作用;其毒性作用比氟苯低。			
防护措施		呼吸系统防护:建议操作人员佩戴自吸过滤式防毒面具(半面罩)。 眼睛防护:戴安全防护眼镜。 身体防护:穿防静电工作服。 手防护:戴橡胶耐油手套。 其他防护:远离火种、热源,工作场所严禁吸烟。使用防爆型的通风系统和设备。防止蒸气泄漏到工作场所空气中。避免与氧化剂接触。			
危险性类别		易燃液体,类别2。			

序号	337	品名	1,3-二氟丙-2-醇（Ⅰ）与1-氯-3-氟丙-2-醇（Ⅱ）的混合物	商品编码	3824.9999
别　名			鼠甘伏；甘氟	CAS号	8065-71-2
英文名			1-chloro-3-fluoro-propan-2-ol；1,3-difluoropropan-2-ol		
分子式			$C_3H_6F_2O$、C_3H_6FClO		
外观与性状			无色或微黄色透明油状液体，略有酸味。		
主要用途			主要用于野外灭鼠，尤其适于草原牧区。		
危险特性			本品高毒，受热分解有毒卤化物气体。		
防护措施			呼吸系统防护：佩戴空气呼吸器。 眼睛防护：戴安全防护眼镜。 身体防护：穿胶布防毒衣。 手防护：戴橡胶手套。 其他防护：工作现场禁止吸烟、进食和饮水。工作完毕，淋浴更衣。单独存放被毒物污染的衣服，洗后备用。保持良好的卫生习惯。		
危险性类别			急性毒性—经口，类别2；急性毒性—经皮肤，类别2；急性毒性—吸入，类别2。		

序号	338	品名	二氟化氧	商品编码	2811.2900
别　名			一氧化二氟	CAS号	7783-41-7
英文名			Difluorine monoxide		
分子式			F_2O		
外观与性状			无色、有轻微刺激的气体。		
主要用途			用于氧化和氟化反应。		
危险特性			本品氧化性极强；受热分解产生有毒的烟气；与许多物质包括水蒸气和空气可产生剧烈反应，甚至发生爆炸。		
健康危害			接触较高浓度本品一定时间，会发生迟发性刺激症状，表现有头痛、头昏、胸闷、恶心、咳嗽、气急等；严重者可导致肺水肿。皮肤接触一定压力下的高浓度本品可造成灼伤。		
防护措施			呼吸系统防护：佩戴空气呼吸器。 眼睛防护：戴安全防护眼镜。 身体防护：穿密闭型防毒服。 手防护：戴橡胶手套。 其他防护：远离火种、热源，工作场所严禁吸烟。防止气体或蒸气泄漏到工作场所空气中。远离易燃、可燃物。		
危险性类别			氧化性气体，类别1；加压气体；急性毒性—吸入，类别1；皮肤腐蚀/刺激，类别1；严重眼损伤/眼刺激，类别1。		

序号	339	品名	二氟甲烷		商品编码	2903.4200
别　名		R32			CAS 号	1975-10-5
英文名		Difluoromethane				
分子式		CH_2F_2				
外观与性状		常温常压下为无色、无臭气体，加压很容易压缩成液体，并呈无色透明状态，无毒、不可燃，易溶于油，难溶于水。				
主要用途		常用作冷却剂，是一种热力学性能良好的第 2 代消耗臭氧层物质（ODS）理想替代品。				
危险特性		本品是一种可燃性气体，在空气中燃烧极限为 14%~31%（体积比），常温下结构稳定，不易分解，但遇明火、高温时分解为 HF、碳酰氟等。				
健康危害		本品浓度过高时，使空气中氧含量明显降低，使人窒息。				
防护措施		呼吸系统防护：戴自给正压式呼吸器。 眼睛防护：戴安全防护眼镜。 身体防护：穿消防防护服。 手防护：戴防护手套。 其他防护：工作现场禁止吸烟、进食和饮水。工作完毕，淋浴更衣。单独存放被毒物污染的衣服，洗后备用。保持良好的卫生习惯。				
危险性类别		易燃气体，类别 1；加压气体。				

序号	340	品名	二氟磷酸(无水)		商品编码	2811.1990
别　名		二氟代磷酸			CAS 号	13779-41-4
英文名		Difluorophosphoric acid				
分子式		F_2HO_2P				
外观与性状		挥发性无色液体。				
主要用途		用作催化剂。				
危险特性		本品本身不能燃烧；受高热分解产生有毒的腐蚀性烟气；其蒸气比空气重，能在较低处扩散到相当远的地方，遇火源会着火回燃；具有腐蚀性；若遇高热，容器内压增大，有开裂和爆炸的危险。				
健康危害		本品为腐蚀性刺激物，误服或皮肤吸收会中毒。				
防护措施		呼吸系统防护：佩戴自吸过滤式防毒面具（半面罩）。 眼睛防护：戴化学安全防护眼镜。 身体防护：穿橡胶耐酸碱服。 手防护：戴橡胶耐酸碱手套。 其他防护：避免产生烟雾。避免与碱类接触。工作现场禁止吸烟、进食和饮水。保持良好的卫生习惯。				
危险性类别		皮肤腐蚀/刺激，类别 1；严重眼损伤/眼刺激，类别 1。				

序号	341	品名	1,1-二氟乙烷	商品编码	2903.3990
别　名		R152a		CAS 号	75-37-6
英文名		Difluoroethane			
分子式		$C_2H_4F_2$			
外观与性状		无色有微弱气味的气体。			
主要用途		用作制冷剂、气溶胶喷射剂及有机合成中间体。			
危险特性		本品与空气混合能形成爆炸性混合物；遇热源和明火有燃烧爆炸的危险；受热分解释放出有毒的氟化物气体；与氧化剂接触反应猛烈。			
健康危害		本品有窒息作用；过量接触引起眩晕、定向障碍、易激动、中枢神经系统抑制等。			
防护措施		呼吸系统防护：佩戴自吸过滤式防毒面具（半面罩）。 眼睛防护：戴化学安全防护眼镜。 身体防护：穿防静电工作服。 手防护：戴防护手套。 其他防护：工作现场禁止吸烟、进食和饮水。工作完毕，淋浴更衣。单独存放被毒物污染的衣服，洗后备用。保持良好的卫生习惯。			
危险性类别		易燃气体，类别1；加压气体；特异性靶器官毒性—单次接触，类别3（麻醉效应）。			

序号	342	品名	1,1-二氟乙烯	商品编码	2903.3990
别　名		R1132a；偏氟乙烯		CAS 号	75-38-7
英文名		1,1-difluoroethylene			
分子式		$C_2H_2F_2$			
外观与性状		无色易燃气体，略有醚的气味。			
主要用途		用于制造聚偏氟乙烯、氟橡胶和氟塑料，并可作特殊溶剂。			
危险特性		本品与空气混合能形成爆炸性混合物；接触热、火星、火焰或氧化剂易燃烧爆炸；若遇高热，会发生聚合反应，放出大量热量而引起容器破裂和爆炸事故；气体比空气重，能在较低处扩散到相当远的地方，遇火源会着火回燃。			
健康危害		本品对身体有害，接触后会引起头痛、头晕、恶心等。			
防护措施		呼吸系统防护：佩戴自吸过滤式防毒面具（半面罩）。 眼睛防护：戴化学安全防护眼镜。 身体防护：穿防静电工作服。 手防护：戴防护手套。 其他防护：工作现场禁止吸烟、进食和饮水。工作完毕，淋浴更衣。单独存放被毒物污染的衣服，洗后备用。保持良好的卫生习惯。			
危险性类别		易燃气体，类别1；加压气体；特异性靶器官毒性—单次接触，类别3（麻醉效应）。			

序号	343	品名	二甘醇双（碳酸烯丙酯）和过二碳酸二异丙酯的混合物[二甘醇双（碳酸烯丙酯）≥88%，过二碳酸二异丙酯≤12%]	商品编码	3824.9999
别　名				CAS号	
防护措施			呼吸系统防护：佩戴过滤式防毒面具（半面罩）。 眼睛防护：戴安全防护眼镜。 身体防护：穿防护工作服。 手防护：戴乳胶手套。 其他防护：工作现场禁止吸烟、进食和饮水。保持良好的卫生习惯。		
危险性类别			自反应物质和混合物，E型。		

序号	344	品名	二环庚二烯	商品编码	2902.1990
别　名			2,5-降冰片二烯	CAS号	121-46-0
英文名			Dicycloheptadiene		
分子式			C_7H_8		
外观与性状			无色液体，有特臭。		
主要用途			用于制环戊二烯系农药及不饱和聚酯树脂等。		
危险特性			本品蒸气与空气可形成爆炸性混合物，遇明火、高热极易燃烧爆炸；与氧化剂接触猛烈反应；流速过快，容易产生和积聚静电；容易自聚，聚合反应随着温度的上升而急骤加剧；若遇高热，容器内压增大，有开裂和爆炸的危险。		
健康危害			本品可由呼吸道和消化道进入体内，中毒后引起头痛、咳嗽、迟钝、呼吸困难、恶心；对眼睛和皮肤有刺激性；对皮肤有脱脂作用。		
防护措施			呼吸系统防护：戴自给正压式呼吸器。 眼睛防护：戴安全防护眼镜。 身体防护：穿防静电工作服。 手防护：戴橡胶耐油手套。 其他防护：工作现场禁止吸烟、进食和饮水。工作完毕，淋浴更衣。单独存放被毒物污染的衣服，洗后备用。保持良好的卫生习惯。		
危险性类别			易燃液体，类别2；危害水生环境—长期危害，类别3。		

序号	345	品名	二环己胺	商品编码	2921.3000
别　名				CAS 号	101-83-7
英文名	Dicyclohexylamine				
分子式	$C_{12}H_{23}N$				
外观与性状	无色液体，有鱼腥臭味。				
主要用途	用于有机合成和用作杀虫剂、酸性气体吸收剂、钢铁防锈剂。				
危险特性	本品遇明火、高热可燃。				
健康危害	接触本品对眼睛、皮肤和呼吸道有强烈刺激性。眼睛直接接触，可造成永久性视觉损害；皮肤长期低浓度接触本品，可引起皮炎。				
防护措施	呼吸系统防护：佩戴自吸过滤式防毒面具（全面罩）。 眼睛防护：戴安全防护眼镜。 身体防护：穿橡胶耐酸碱服。 手防护：戴橡胶耐酸碱手套。 其他防护：工作现场禁止吸烟、进食和饮水。工作完毕，淋浴更衣。单独存放被毒物污染的衣服，洗后备用。保持良好的卫生习惯。				
危险性类别	皮肤腐蚀/刺激，类别 1B；严重眼损伤/眼刺激，类别 1；危害水生环境—急性危害，类别 1；危害水生环境—长期危害，类别 1。				

序号	346	品名	1,3-二磺酰肼苯	商品编码	2935.9000
别　名				CAS 号	26747-93-3
英文名	Benzene-1,3-disulphohydrazide				
分子式	$C_6H_{10}N_4O_4S_2$				
外观与性状	白色、黄色或灰色糊状。				
主要用途	用作天然胶和合成胶的发泡剂。				
危险特性	本品遇明火、高温能引起分解爆炸和燃烧；遇酸和碱，有分解的危险。				
健康危害	本品对眼睛、皮肤、黏膜和上呼吸道有强烈刺激作用。				
防护措施	呼吸系统防护：建议佩戴自给式呼吸器。 眼睛防护：戴化学安全防护眼镜。 身体防护：穿化学防护服。 手防护：戴防护手套。 其他防护：工作现场禁止吸烟、进食和饮水。工作完毕，淋浴更衣。单独存放被毒物污染的衣服，洗后备用。保持良好的卫生习惯。				
危险性类别	自反应物质和混合物，D 型。				

序号	347	品名	β-二甲氨基丙腈	商品编码	2926.9090
别　　名			2-(二甲胺基)乙基氰	CAS 号	1738-25-6
英文名			β-(dimethylamino)propionitrile		
分子式			$C_5H_{10}N_2$		
外观与性状			无色透明液体，久置空气中易变质。		
主要用途			用于制造二甲基丙胺，二氧化碳吸附剂，合成 B 族维生素和聚氨酯泡沫塑料，也用作溶剂。		
危险特性			本品遇明火、高热可燃；与氧化剂可发生反应；受高热分解释放出有毒的气体；其蒸气比空气重，能在较低处扩散到相当远的地方，遇火源会着火回燃；若遇高热，容器内压增大，有开裂和爆炸的危险。		
健康危害			本品对环境有危害。		
防护措施			呼吸系统防护：佩戴自吸过滤式防毒面具（半面罩）。 眼睛防护：戴化学安全防护眼镜。 身体防护：穿透气型防毒服。 手防护：戴防化学品手套。 其他防护：工作现场禁止吸烟、进食和饮水。工作完毕，淋浴更衣。单独存放被毒物污染的衣服，洗后备用。保持良好的卫生习惯。		
危险性类别			皮肤腐蚀/刺激，类别 2。		

序号	348	品名	O-{4-[(二甲氨基)磺酰基]苯基} O,O-二甲基硫代磷酸酯	商品编码	2935.9000
别　　名			伐灭磷	CAS 号	52-85-7
英文名			Famphur		
分子式			$C_{10}H_{16}NO_5PS_2$		
外观与性状			无色结晶。		
主要用途			用作家畜有机磷杀虫剂。		
危险特性			本品剧毒；燃烧产生有毒氮氧化物、硫氧化物和磷氧化物气体。		
健康危害			皮肤接触本品会产生过敏反应；吸入、皮肤接触和不慎吞咽有毒；对眼睛、呼吸道和皮肤有刺激作用。		
防护措施			呼吸系统防护：佩戴空气呼吸器。 眼睛防护：戴防护眼罩/戴防护面具。 身体防护：穿胶布防毒衣。 手防护：戴橡胶手套。 其他防护：工作现场禁止吸烟、进食和饮水。工作完毕，淋浴更衣。单独存放被毒物污染的衣服，洗后备用。保持良好的卫生习惯。		
危险性类别			急性毒性—经口，类别 2；皮肤腐蚀/刺激，类别 2；严重眼损伤/眼刺激，类别 2。		

序号	349	品名	二甲氨基二氮硒杂茚	商品编码	2934.9990
别名				CAS号	

防护措施

呼吸系统防护：佩戴过滤式防毒面具（半面罩）。
眼睛防护：戴安全防护眼镜。
身体防护：穿防护工作服。
手防护：戴乳胶手套。
其他防护：工作现场禁止吸烟、进食和饮水。保持良好的卫生习惯。

危险性类别

急性毒性—经口，类别3*；急性毒性—吸入，类别3*；特异性靶器官毒性—反复接触，类别2。

序号	350	品名	二甲氨基甲酰氯	商品编码	2924.1990
别名	DMCl；对二甲氨基甲酰氯；N,N-二甲氨基甲酰氯			CAS号	79-44-7

英文名 Dimethylcarbamyl chloride

分子式 C_3H_6ClNO

外观与性状 无色透明液体。

主要用途 用于有机合成。

危险特性 本品遇高热、明火或与氧化剂接触，有引起燃烧的危险；遇水或水蒸气反应放热并产生有毒的腐蚀性气体。

健康危害 本品对眼睛、黏膜、呼吸道和皮肤有强烈刺激作用。吸入后，可因喉、支气管的痉挛、炎症、水肿，化学性肺炎或肺水肿而致死。中毒症状有咳嗽、喘息、气短、喉炎、头痛、恶心和呕吐。

防护措施

呼吸系统防护：戴自给正压式呼吸器。
眼睛防护：戴安全防护眼镜。
身体防护：穿防酸碱工作服。
手防护：戴橡胶手套。
其他防护：工作现场禁止吸烟、进食和饮水。工作完毕，淋浴更衣。单独存放被毒物污染的衣服，洗后备用。保持良好的卫生习惯。

危险性类别

急性毒性—吸入，类别3*；皮肤腐蚀/刺激，类别2；严重眼损伤/眼刺激，类别2；致癌性，类别1B；特异性靶器官毒性—单次接触，类别3（呼吸道刺激）。

序号	351	品名	4-二甲氨基偶氮苯-4'-胂酸	商品编码	2931.9000
别 名			锆试剂	CAS 号	622-68-4
英文名			4-dimethylaminoazobenzene-4-arsonic acid		
分子式			$C_{14}H_{16}AsN_3O_3$		
危险特性			本品受热分解释放出有毒的砷化物和氧化氮气。		
防护措施			呼吸系统防护：佩戴过滤式防毒面具（半面罩）。 眼睛防护：戴安全防护眼镜。 身体防护：穿防护工作服。 手防护：戴乳胶手套。 其他防护：工作现场禁止吸烟、进食和饮水。保持良好的卫生习惯。		
危险性类别			急性毒性—经口，类别3*；急性毒性—吸入，类别3*；危害水生环境—急性危害，类别1；危害水生环境—长期危害，类别1。		

序号	352	品名	二甲胺(无水)、二甲胺溶液	商品编码	2921.1100
别 名				CAS 号	124-40-3
英文名			Dimethylamine		
分子式			C_2H_7N		
外观与性状			无色气体，高浓度的带有氨味，低浓度的有烂鱼味。		
主要用途			用于有机合成及沉淀氢氧化锌等。		
危险特性			本品易燃，与空气混合能形成爆炸性混合物；遇热源和明火有燃烧爆炸的危险；与氧化剂接触猛烈反应；气体比空气重，能在较低处扩散到相当远的地方，遇火源会着火回燃。		
健康危害			本品对眼睛和呼吸道有强烈的刺激作用；皮肤接触液态二甲胺会引起坏死；眼睛接触会引起角膜损伤、混浊。		
防护措施			呼吸系统防护：佩戴自吸过滤式防尘口罩。 眼睛防护：戴化学安全防护眼镜。 身体防护：穿防静电工作服。 手防护：戴橡胶耐油手套。 其他防护：工作现场禁止吸烟、进食和饮水。保持良好的卫生习惯。		
危险性类别			易燃液体，类别1；皮肤腐蚀/刺激，类别1B；严重眼损伤/眼刺激，类别1；特异性靶器官毒性—单次接触，类别3（呼吸道刺激）。		

序号	353	品名	1,2-二甲苯	商品编码	2902.4100
别　名		邻二甲苯		CAS 号	95-47-6
英文名		1,2-xylene			
分子式		C_8H_{10}			
外观与性状		无色透明液体，有类似甲苯的气味。			
主要用途		主要用作溶剂和用于合成油漆涂料。			
危险特性		本品易燃，其蒸气与空气可形成爆炸性混合物，遇明火、高热能引起燃烧爆炸；与氧化剂能发生强烈反应；流速过快，容易产生和积聚静电；其蒸气比空气重，能在较低处扩散到相当远的地方，遇火源会着火回燃。			
健康危害		本品具有中等毒性；经皮肤吸收后，对健康的影响远比苯小；若不慎口服，会强烈刺激食道和胃，并引起呕吐，还可能引起血性肺炎，应立即饮入液体石蜡，延医诊治；对眼睛及上呼吸道有刺激作用；高浓度时，对中枢系统有麻醉作用。急性中毒者即短期内吸入较高浓度本品会出现眼睛及上呼吸道明显刺激症状、眼结膜及咽充血、头晕、头痛、恶心、胸闷、四肢无力、意识模糊、步态蹒跚；严重者会有躁动、抽搐或昏迷，有的有癔病样发作。			
防护措施		呼吸系统防护：佩戴自吸过滤式防尘口罩。 眼睛防护：戴化学安全防护眼镜。 身体防护：穿防毒物渗透工作服。 手防护：戴橡胶耐油手套。 其他防护：工作现场禁止吸烟、进食和饮水。保持良好的卫生习惯。远离火种、热源			
危险性类别		易燃液体，类别 3；皮肤腐蚀/刺激，类别 2；危害水生环境—急性危害，类别 2。			

序号	354	品名	1,3-二甲苯	商品编码	2902.4200
别　名		间二甲苯		CAS 号	108-38-3
英文名		1,3-xylene			
分子式		C_8H_{10}			
外观与性状		无色透明液体，有类似甲苯的气味。			
主要用途		用作溶剂、医药、染料中间体、香料等。			
危险特性		本品易燃，其蒸气与空气可形成爆炸性混合物，遇明火、高热能引起燃烧爆炸；与氧化剂能发生强烈反应；流速过快，容易产生和积聚静电；其蒸气比空气重，能在较低处扩散到相当远的地方，遇火源会着火回燃。			
健康危害		本品具有中等毒性；经皮肤吸收后，对健康的影响远比苯小；若不慎口服，会强烈刺激食道和胃，并引起呕吐，还可能引起血性肺炎，应立即饮入液体石蜡，延医诊治；对眼睛及上呼吸道有刺激作用；高浓度时，对中枢系统有麻醉作用。急性中毒者即短期内吸入较高浓度本品会出现眼及上呼吸道明显刺激症状、眼结膜及咽充血、头晕、头痛、恶心、胸闷、四肢无力、意识模糊、步态蹒跚；严重者会有躁动、抽搐或昏迷；有的有癔病样发作。			
防护措施		呼吸系统防护：佩戴自吸过滤式防尘口罩。 眼睛防护：戴化学安全防护眼镜。 身体防护：穿防毒物渗透工作服。 手防护：戴橡胶耐油手套。 其他防护：工作现场禁止吸烟、进食和饮水。保持良好的卫生习惯。远离火种、热源。			
危险性类别		易燃液体，类别 3；皮肤腐蚀/刺激，类别 2；危害水生环境—急性危害，类别 2。			

序号	355	品名	1,4-二甲苯
商品编码			2902.4300
别　名		对二甲苯	
CAS 号			106-42-3
英文名		1,4-xylene	
分子式		C_8H_{10}	
外观与性状		无色透明液体,有类似甲苯的气味。	
主要用途		作为合成聚酯纤维、树脂、涂料、染料和农药等的原料。	
危险特性		本品易燃,其蒸气与空气可形成爆炸性混合物,遇明火、高热能引起燃烧爆炸;与氧化剂能发生强烈反应;流速过快,容易产生和积聚静电;其蒸气比空气重,能在较低处扩散到相当远的地方,遇火源会着火回燃。	
健康危害		本品具有中等毒性;经皮肤吸收后,对健康的影响远比苯小;若不慎口服,会强烈刺激食道和胃,并引起呕吐,还可能引起血性肺炎,应立即饮入液体石蜡,延医诊治;对眼睛及上呼吸道有刺激作用;高浓度时,对中枢系统有麻醉作用。急性中毒者即短期内吸入较高浓度本品会出现眼及上呼吸道明显刺激症状、眼结膜及咽充血、头晕、头痛、恶心、胸闷、四肢无力、意识模糊、步态蹒跚;严重者会有躁动、抽搐或昏迷;有的有癔病样发作。	
防护措施		呼吸系统防护:佩戴自吸过滤式防尘口罩。 眼睛防护:戴化学安全防护眼镜。 身体防护:穿防毒物渗透工作服。 手防护:戴橡胶手套。 其他防护:工作现场禁止吸烟、进食和饮水。保持良好的卫生习惯。远离火种、热源。	
危险性类别		易燃液体,类别3;皮肤腐蚀/刺激,类别2;危害水生环境—急性危害,类别2。	

序号	356	品名	二甲苯异构体混合物	商品编码	2902.4400
别 名				CAS 号	1330-20-7
英文名	Xylene				
分子式	C_8H_{10}				
外观与性状	无色透明有芳香味的液体。				
主要用途	广泛用作有机溶剂和合成医药、涂料、树脂、染料、炸药和农药等的原料。				
危险特性	本品易燃，其蒸气与空气可形成爆炸性混合物，遇明火、高热能引起燃烧爆炸；与氧化剂能发生强烈反应；流速过快，容易产生和积聚静电；其蒸气比空气重，能在较低处扩散到相当远的地方，遇火源会着火回燃。				
健康危害	本品具有中等毒性；经皮肤吸收后，对健康的影响远比苯小；若不慎口服了二甲苯或含有二甲苯溶剂时，会强烈刺激食道和胃，并引起呕吐，还可能引起血性肺炎，应立即饮入液体石蜡，延医诊治；对眼睛及上呼吸道有刺激作用；高浓度时，对中枢系统有麻醉作用。急性中毒者即短期内吸入较高浓度本品可出现眼睛及上呼吸道明显刺激症状、眼结膜及咽充血、头晕、头痛、恶心、胸闷、四肢无力、意识模糊、步态蹒跚；严重者会有躁动、抽搐或昏迷；有的有癔病样发作。				
防护措施	呼吸系统防护：佩戴自吸过滤式防尘口罩。 眼睛防护：戴化学安全防护眼镜。 身体防护：穿防毒物渗透工作服。 手防护：戴橡胶手套。 其他防护：工作现场禁止吸烟、进食和饮水。工作完毕，淋浴更衣。单独存放被毒物污染的衣服，洗后备用。保持良好的卫生习惯。				
危险性类别	易燃液体，类别3；皮肤腐蚀/刺激，类别2；危害水生环境—急性危害，类别2。				

序号	357	品名	2,3-二甲苯酚	商品编码	2907.1990
别	名	1-羟基-2,3-二甲基苯;2,3-二甲酚		CAS 号	526-75-0
英文名		2,3-xylenol			
分子式		$C_8H_{10}O$			
外观与性状		白色长针状结晶。			
主要用途		可用作消毒剂、增塑剂及农药的原料。			
危险特性		本品遇高热、明火或与氧化剂接触,有引起燃烧的危险;具有腐蚀性。			
健康危害		本品有毒;蒸气能刺激眼睛、皮肤和呼吸系统;误服或经皮肤吸收会导致头痛、眩晕、恶心、呕吐、腹痛、衰竭、昏迷等症状;对皮肤可造成腐蚀性灼伤。			
防护措施		呼吸系统防护:佩戴自吸过滤式防尘口罩。 眼睛防护:戴化学安全防护眼镜。 身体防护:穿防毒物渗透工作服。 手防护:戴橡胶手套。 其他防护:工作现场禁止吸烟、进食和饮水。工作完毕,淋浴更衣。单独存放被毒物污染的衣服,洗后备用。保持良好的卫生习惯。			
危险性类别		急性毒性—经口,类别 3 *;急性毒性—经皮肤,类别 3 *;皮肤腐蚀/刺激,类别 1B;严重眼损伤/眼刺激,类别 1;危害水生环境—急性危害,类别 2;危害水生环境—长期危害,类别 2。			

序号	358	品名	2,4-二甲苯酚	商品编码	2907.1990
别	名	1-羟基-2,4-二甲基苯;2,4-二甲酚		CAS 号	105-67-9
英文名		2,4-xylenol			
分子式		$C_8H_{10}O$			
外观与性状		针状结晶。			
主要用途		用作防腐剂,并用于有机合成。			
危险特性		本品遇高热、明火或与氧化剂接触,有引起燃烧的危险;具有腐蚀性。			
健康危害		本品蒸气能刺激眼睛、皮肤和呼吸系统;误服或经皮肤吸收会导致头痛、眩晕、恶心、呕吐、腹痛、衰竭、昏迷等症状;对皮肤可造成腐蚀性灼伤。			
防护措施		呼吸系统防护:佩戴自吸过滤式防尘口罩。 眼睛防护:戴化学安全防护眼镜。 身体防护:穿防毒物渗透工作服。 手防护:戴橡胶手套。 其他防护:工作现场禁止吸烟、进食和饮水。工作完毕,淋浴更衣。单独存放被毒物污染的衣服,洗后备用。保持良好的卫生习惯。			
危险性类别		急性毒性—经口,类别 3 *;急性毒性—经皮肤,类别 3 *;皮肤腐蚀/刺激,类别 1B;严重眼损伤/眼刺激,类别 1;危害水生环境—急性危害,类别 2;危害水生环境—长期危害,类别 2。			

序号	359	品名	2,5-二甲苯酚	商品编码	2907.1990
别 名		1-羟基-2,5-二甲基苯;2,5-二甲酚		CAS号	95-87-4
英文名		2,5-dimethyl phenol			
分子式		$C_8H_{10}O$			
外观与性状		白色针状结晶。			
主要用途		用作有机合成中间体,用于染料和降血脂药吉非罗齐的合成。			
危险特性		本品遇高热、明火或与氧化剂接触,有引起燃烧的危险;具有腐蚀性。			
健康危害		本品有毒;蒸气能刺激眼睛、皮肤和呼吸系统;误服或经皮肤吸收会引起头痛、眩晕、恶心、呕吐、腹痛、衰竭、昏迷等症状;对皮肤可造成腐蚀性灼伤。			
防护措施		呼吸系统防护:佩戴防尘面具(全面罩)。 眼睛防护:戴化学安全防护眼镜。 身体防护:穿胶布防毒衣。 手防护:戴橡胶手套。 其他防护:工作现场禁止吸烟、进食和饮水。工作完毕,淋浴更衣。单独存放被毒物污染的衣服,洗后备用。保持良好的卫生习惯。			
危险性类别		急性毒性—经口,类别3*;急性毒性—经皮肤,类别3*;皮肤腐蚀/刺激,类别1B;严重眼损伤/眼刺激,类别1;危害水生环境—急性危害,类别2;危害水生环境—长期危害,类别2。			

序号	360	品名	2,6-二甲苯酚	商品编码	2907.1990
别 名		1-羟基-2,6-二甲基苯;2,6-二甲酚		CAS号	576-26-1
英文名		2,6-xylenol			
分子式		$C_8H_{10}O$			
外观与性状		无色叶片状或针状结晶。			
主要用途		用于有机合成和防腐消毒、医药、溶剂和抗氧剂。			
危险特性		本品遇高热、明火或与氧化剂接触,有引起燃烧的危险;具有腐蚀性。			
健康危害		本品有毒;蒸气能刺激眼睛、皮肤和呼吸系统;误服或经皮肤吸收会引起头痛、眩晕、恶心、呕吐、腹痛、衰竭、昏迷等症状;对皮肤可造成腐蚀性灼伤。			
防护措施		呼吸系统防护:佩戴防尘面具(全面罩)。 眼睛防护:戴化学安全防护眼镜。 身体防护:穿胶布防毒衣。 手防护:戴橡胶手套。 其他防护:工作现场禁止吸烟、进食和饮水。工作完毕,淋浴更衣。单独存放被毒物污染的衣服,洗后备用。保持良好的卫生习惯。			
危险性类别		急性毒性—经口,类别3*;急性毒性—经皮肤,类别3*;皮肤腐蚀/刺激,类别1B;严重眼损伤/眼刺激,类别1;危害水生环境—急性危害,类别2;危害水生环境—长期危害,类别2。			

序号	361	品名	3,4-二甲苯酚	商品编码	2907.1990
别　名		1-羟基-3,4-二甲基苯		CAS 号	95-65-8
英文名		3,4-xylenol			
分子式		$C_8H_{10}O$			
外观与性状		白色针状结晶。			
主要用途		用于生染料，消毒剂、溶剂、药物及用作抗氧剂。			
危险特性		本品遇高热、明火或与氧化剂接触，有引起燃烧的危险；具有腐蚀性。			
健康危害		本品有毒；蒸气能刺激眼睛、皮肤和呼吸系统；误服或经皮肤吸收会引起头痛、眩晕、恶心、呕吐、腹痛、衰竭、昏迷等症状；对皮肤可造成腐蚀性灼伤。			
防护措施		呼吸系统防护：佩戴防尘面具（全面罩）。 眼睛防护：戴化学安全防护眼镜。 身体防护：穿胶布防毒衣。 手防护：戴橡胶手套。 其他防护：工作现场禁止吸烟、进食和饮水。工作完毕，淋浴更衣。单独存放被毒物污染的衣服，洗后备用。保持良好的卫生习惯。			
危险性类别		急性毒性—经口，类别3*；急性毒性—经皮肤，类别3*；皮肤腐蚀/刺激，类别1B；严重眼损伤/眼刺激，类别1；危害水生环境—急性危害，类别2；危害水生环境—长期危害，类别2。			

序号	362	品名	3,5-二甲苯酚	商品编码	2907.1990
别　名		1-羟基-3,5-二甲基苯		CAS 号	108-68-9
英文名		3,5-xylenol			
分子式		$C_8H_{10}O$			
外观与性状		白色结晶。			
主要用途		用于有机合成，防腐消毒。			
危险特性		本品遇高热、明火或与氧化剂接触，有引起燃烧的危险；具有腐蚀性。			
健康危害		本品有毒；蒸气能刺激眼睛、皮肤和呼吸系统；误服或经皮肤吸收会引起头痛、眩晕、恶心、呕吐、腹痛、衰竭、昏迷等症状。			
防护措施		呼吸系统防护：佩戴防尘面具（全面罩）。 眼睛防护：戴化学安全防护眼镜。 身体防护：穿胶布防毒衣。 手防护：戴橡胶手套。 其他防护：工作现场禁止吸烟、进食和饮水。工作完毕，淋浴更衣。单独存放被毒物污染的衣服，洗后备用。保持良好的卫生习惯。			
危险性类别		急性毒性—经口，类别3*；急性毒性—经皮肤，类别3*；皮肤腐蚀/刺激，类别1B；严重眼损伤/眼刺激，类别1。			

序号	363	品名	O,O-二甲基-(2,2,2-三氯-1-羟基乙基)膦酸酯		商品编码	2931.3990
别　名		敌百虫			CAS 号	52-68-6
英文名		Dipterex				
分子式		$C_4H_8Cl_3O_4P$				
外观与性状		纯品为白色结晶，有醛类气味。				
主要用途		用作杀虫剂。				
危险特性		本品遇明火、高热可燃；受热分解，放出氧化磷和氯化物的毒性气体；与强氧化剂接触可发生化学反应。				
健康危害		本品会抑制胆碱酯酶，造成神经生理功能紊乱，出现毒蕈碱样和烟碱样症状。短期内大量接触会引起急性中毒，症状有头痛、头昏、食欲减退、恶心、呕吐、腹痛、腹泻、流涎、瞳孔缩小、呼吸道分泌物增多、多汗、肌束震颤等；严重者出现肺水肿、脑水肿、昏迷、呼吸中枢麻痹；部分病例可有心、肝、肾损害；少数严重病例在意识恢复后数周或数月发生周围神经病；个别严重病例会发生迟发性猝死。				
防护措施		呼吸系统防护：佩戴头罩型电动送风过滤式防尘呼吸器。 眼睛防护：戴化学安全防护眼镜。 身体防护：穿防毒物渗透工作服。 手防护：戴氯丁橡胶手套。 其他防护：工作现场禁止吸烟、进食和饮水。工作完毕，淋浴更衣。单独存放被毒物污染的衣服，洗后备用。保持良好的卫生习惯。				
危险性类别		急性毒性—经口，类别3；皮肤致敏物，类别1；危害水生环境—急性危害，类别1；危害水生环境—长期危害，类别1。				

序号	364	品名	O,O-二甲基-O-(2,2-二氯乙烯基)磷酸酯	商品编码	2919.9000
别　名			敌敌畏	CAS 号	62-73-7
英文名			DDVP（O,O-dimethyl-O-2,2-dichlorovinyl phosphate）		
分子式			$C_4H_7Cl_2O_4P$		
外观与性状			纯品是无色有芳香气味的液体，有挥发性。		
主要用途			用作杀虫剂。		
危险特性			本品遇明火、高热可燃；受热分解，放出氧化磷和氯化物的毒性气体；与强氧化剂接触可发生化学反应。		
健康危害			本品主要症状有头晕、头痛、恶心呕吐、腹痛、腹泻、流口水，瞳孔缩小、看东西模糊，大量出汗、呼吸困难；严重者，全身出现紧束感、胸部压缩感、肌肉跳动、动作不自主，发音不清，瞳孔缩小如针尖大或不等大，抽搐、口吐白沫、昏迷、大小便失禁，脉搏和呼吸都减慢，最后均停止。		
防护措施			呼吸系统防护：佩戴过滤式防毒面具（半面罩）。 眼睛防护：戴化学安全防护眼镜。 身体防护：穿胶布防毒衣。 手防护：戴橡胶手套。 其他防护：工作现场禁止吸烟、进食和饮水。工作完毕，淋浴更衣。单独存放被毒物污染的衣服，洗后备用。保持良好的卫生习惯。		
危险性类别			急性毒性—经口，类别3*；急性毒性—经皮肤，类别3*；急性毒性—吸入，类别2*；皮肤致敏物，类别1；致癌性，类别2；危害水生环境—急性危害，类别1；危害水生环境—长期危害，类别1。		

序号	365	品名	2,5-二甲基-1,4-二噁烷	商品编码	2932.9990
别　名				CAS 号	15176-21-3
危险特性			本品蒸气与空气可形成爆炸性混合物,遇明火、高热能引起燃烧爆炸；与氧化剂可发生反应；其蒸气比空气重，能在较低处扩散到相当远的地方,遇火源会着火回燃；若遇高热,容器内压增大,有开裂和爆炸的危险。		
健康危害			本品对眼睛、呼吸道黏膜有刺激作用。急性中毒时,会有头痛、腹痛、咳嗽、乏力、喘息、紫绀、多汗等症状。		
防护措施			呼吸系统防护：佩戴过滤式防毒面具（半面罩）。 眼睛防护：戴化学安全防护眼镜。 身体防护：穿防静电工作服。 手防护：戴橡胶耐油手套。 其他防护：工作现场禁止吸烟、进食和饮水。工作完毕，淋浴更衣。单独存放被毒物污染的衣服，洗后备用。保持良好的卫生习惯。		
危险性类别			易燃液体，类别2。		

序号	366	品名	O,O-二甲基-O-(2-甲氧甲酰基-1-甲基)乙烯基磷酸酯（含量>5%）	商品编码	2919.9000
别　名			甲基-3-[（二甲氧基磷酰基）氧代]-2-丁烯酸酯；速灭磷	CAS号	7786-34-7
英文名			Mevinphos		
分子式			$C_7H_{13}O_6P$		
外观与性状			淡黄色至草绿色液体。		
主要用途			用作农用杀虫、杀螨剂。		
危险特性			本品遇明火、高热可燃；与氧化剂可发生反应；受高热分解释放出有毒的气体；其蒸气比空气重，能在较低处扩散到相当远的地方，遇火源会着火回燃；若遇高热，容器内压增大，有开裂和爆炸的危险。		
健康危害			本品是高毒有机磷杀虫剂，能抑制胆碱酯酶活性，使之出现头晕、眼花、无力、呕吐、多汗、流涎、瞳孔缩小，严重者肌肉痉挛、昏迷、呼吸困难、出现肺水肿等症状。		
防护措施			呼吸系统防护：佩戴过滤式防毒面具（半面罩）。 眼睛防护：戴化学安全防护眼镜。 身体防护：穿胶布防毒衣。 手防护：戴橡胶手套。 其他防护：工作现场禁止吸烟、进食和饮水。工作完毕，淋浴更衣。单独存放被毒物污染的衣服，洗后备用。保持良好的卫生习惯。		
危险性类别			急性毒性—经口，类别2*；急性毒性—经皮肤，类别1；危害水生环境—急性危害，类别1；危害水生环境—长期危害，类别1。		

序号	367	品名	N,N-二甲基-1,3-丙二胺	商品编码	2921.2900
别　名			3-二甲氨基-1-丙胺	CAS号	109-55-7
英文名			N,N-dimethyl-1,3-propanediamine		
分子式			$C_5H_{14}N_2$		
外观与性状			无色液体，具有氨味。		
主要用途			用于有机合成，用作环氧树脂固化剂。		
危险特性			本品易燃，遇明火、高热或与氧化剂接触，有引起燃烧爆炸的危险；具有腐蚀性。		
健康危害			本品有腐蚀性，对眼睛、黏膜、皮肤有刺激性；误服、吸入会引起中毒。		
防护措施			呼吸系统防护：佩戴过滤式防毒面具（半面罩）。 眼睛防护：戴化学安全防护眼镜。 身体防护：穿防静电工作服。 手防护：戴橡胶手套。 其他防护：工作现场禁止吸烟、进食和饮水。工作完毕，淋浴更衣。单独存放被毒物污染的衣服，洗后备用。保持良好的卫生习惯。		
危险性类别			易燃液体，类别3；皮肤腐蚀/刺激，类别1B；严重眼损伤/眼刺激，类别1；皮肤致敏物，类别1。		

序号	368	品名	4,4-二甲基-1,3-二噁烷	商品编码	2932.9990
别名				CAS号	766-15-4
英文名		4,4'-dimethyl-1,3-dioxane			
分子式		$C_6H_{12}O_2$			
外观与性状		无色透明液体,有恶臭。			
主要用途		用于合成异戊二烯橡胶。			
危险特性		本品蒸气与空气可形成爆炸性混合物,遇明火、高热能引起燃烧爆炸;与氧化剂可发生反应;其蒸气比空气重,能在较低处扩散到相当远的地方,遇火源会着火回燃;若遇高热,容器内压增大,有开裂和爆炸的危险。			
健康危害		本品对眼睛、呼吸道黏膜有刺激作用。急性中毒时,会有头痛、腹痛、咳嗽、乏力、喘息、紫绀、多汗等症状。			
防护措施		呼吸系统防护:佩戴过滤式防毒面具(半面罩)。 眼睛防护:戴化学安全防护眼镜。 身体防护:穿防静电工作服。 手防护:戴橡胶耐油手套。 其他防护:工作现场禁止吸烟、进食和饮水。工作完毕,淋浴更衣。单独存放被毒物污染的衣服,洗后备用。保持良好的卫生习惯。			
危险性类别		易燃液体,类别2。			

序号	369	品名	2,5-二甲基-1,5-己二烯	商品编码	2901.2990
别名				CAS号	627-58-7
英文名		2,5-dimethyl-1,5-hexadiene			
分子式		C_8H_{14}			
外观与性状		无色液体。			
主要用途		用作溶剂。			
危险特性		本品是高度易燃液体和蒸气。			
健康危害		本品对皮肤、眼睛有刺激作用,吞咽并进入呼吸道可能致命。			
防护措施		呼吸系统防护:佩戴过滤式防毒面具(半面罩)。 眼睛防护:戴化学安全防护眼镜。 身体防护:穿防静电工作服。 手防护:戴橡胶耐油手套。 其他防护:工作现场禁止吸烟、进食和饮水。工作完毕,淋浴更衣。单独存放被毒物污染的衣服,洗后备用。保持良好的卫生习惯。			
危险性类别		易燃液体,类别2;危害水生环境—急性危害,类别2;危害水生环境—长期危害,类别2。			

序号	370	品名	2,5-二甲基-2,4-己二烯	商品编码	2901.2990
别 名				CAS 号	764-13-6
英文名	2,5-dimethyl-2,4-hexadiene				
分子式	C_8H_{14}				
外观与性状	无色液体。				
主要用途	用作溶剂。				
危险特性	本品蒸气与空气可形成爆炸性混合物，遇明火、高热能引起燃烧爆炸；与氧化剂可发生反应；流速过快，容易产生和积聚静电；容易自聚，聚合反应随着温度的上升而急骤加剧；其蒸气比空气重，能在较低处扩散到相当远的地方，遇火源会着火回燃；若遇高热，容器内压增大，有开裂和爆炸的危险。				
健康危害	吸入、摄入或经皮肤吸收本品后对身体有害；蒸气或雾对皮肤、眼睛、黏膜和上呼吸道有刺激性。				
防护措施	呼吸系统防护：佩戴过滤式防毒面具（半面罩）。 眼睛防护：戴化学安全防护眼镜。 身体防护：穿防静电工作服。 手防护：戴橡胶耐油手套。 其他防护：工作现场禁止吸烟、进食和饮水。工作完毕，淋浴更衣。单独存放被毒物污染的衣服，洗后备用。保持良好的卫生习惯。				
危险性类别	易燃液体，类别3；危害水生环境—急性危害，类别2；危害水生环境—长期危害，类别2。				

序号	371	品名	2,5-二甲基-2,5-二-(2-乙基己酰过氧)己烷(含量≤100%)	商品编码	2915.9000
别 名	2,5-二甲基-2,5-双-(过氧化-2-乙基己酰)己烷			CAS 号	13052-09-0
英文名	2,5-Dimethyl-2,5-di(2-ethylhexanoylperoxy)hexane				
分子式	$C_{24}H_{46}O_6$				
外观与性状	透明无色液体带有一种淡淡的像薄荷的气味。				
主要用途	用于有机合成。				
危险特性	本品易燃；其蒸气与空气可形成爆炸性混合物，遇明火、高热能引起燃烧爆炸。				
健康危害	吸入或摄入本品对身体有害，对眼睛、皮肤有刺激作用。				
防护措施	呼吸系统防护：佩戴过滤式防毒面具（半面罩）。 眼睛防护：戴化学安全防护眼镜。 身体防护：穿防毒物渗透工作服。 手防护：戴乳胶手套。 其他防护：工作现场禁止吸烟、进食和饮水。工作完毕，淋浴更衣。单独存放被毒物污染的衣服，洗后备用。保持良好的卫生习惯。				
危险性类别	有机过氧化物，C型。				

序号	372	品名	2,3-二甲基-1-丁烯	商品编码	2901.2990
别名				CAS 号	563-78-0
英文名		2,3-Dimethyl-1-butene			
分子式		C_6H_{12}			
外观与性状		无色液体。			
主要用途		用于有机合成，也用作色谱分析对比样品。			
危险特性		本品蒸气与空气可形成爆炸性混合物，遇明火、高热极易燃烧爆炸；与氧化剂接触反应猛烈；容易自聚，聚合反应随着温度的上升而急骤加剧；流速过快，容易产生和积聚静电；其蒸气比空气重，能在较低处扩散到相当远的地方，遇火源会着火回燃；若遇高热，容器内压增大，有开裂和爆炸的危险。			
健康危害		吸入或摄入本品对身体有害，对眼睛、黏膜和上呼吸道有刺激作用。			
防护措施		呼吸系统防护：佩戴过滤式防毒面具（半面罩）。 眼睛防护：戴化学安全防护眼镜。 身体防护：穿防静电工作服。 手防护：戴橡胶手套。 其他防护：工作现场禁止吸烟、进食和饮水。工作完毕，淋浴更衣。单独存放被毒物污染的衣服，洗后备用。保持良好的卫生习惯。			
危险性类别		易燃液体，类别 2。			

序号	373	品名	2,5-二甲基-2,5-二-(3,5,5-三甲基己酰过氧)己烷(含量≤77%，含 A 型稀释剂≥23%)	商品编码	2915.9000
别名		2,5-二甲基-2,5-双-(过氧化-3,5,5-三甲基己酰)己烷		CAS 号	
英文名		2,5-Dimethyl-2,5-di(2-ethylhexanoylperoxy)hexane			
分子式		$C_{24}H_{46}O_6$			
外观与性状		透明无色液体带有一种淡淡的像薄荷的气味。			
主要用途		用于有机合成。			
危险特性		本品易燃；其蒸气与空气可形成爆炸性混合物，遇明火、高热能引起燃烧爆炸。			
健康危害		吸入或摄入本品对身体有害，对眼睛、皮肤有刺激作用。			
防护措施		呼吸系统防护：佩戴过滤式防毒面具（半面罩）。 眼睛防护：戴化学安全防护眼镜。 身体防护：穿防毒物渗透工作服。 手防护：戴乳胶手套。 其他防护：工作现场禁止吸烟、进食和饮水。工作完毕，淋浴更衣。单独存放被毒物污染的衣服，洗后备用。保持良好的卫生习惯。			
危险性类别		有机过氧化物，D 型。			

序号	374	品名	2,5-二甲基-2,5-二(叔丁基过氧)-3-己烷(52%<含量≤86%,含A型稀释剂≥14%)、2,5-二甲基-2,5-二(叔丁基过氧)-3-己烷(86%<含量≤100%)、2,5-二甲基-2,5-二(叔丁基过氧)-3-己烷(含量≤52%,含惰性固体≥48%)	商品编码	2909.6000
别　名				CAS 号	1068-27-5
英文名	2,5-Di(tert-butylperoxy)-2,5-dimethyl-3-hexyne				
分子式	$C_{16}H_{30}O_4$				
外观与性状	透明无色液体,带有一种淡淡的像薄荷的气味。				
主要用途	用于有机合成。				
危险特性	本品遇还原剂、铵、有机物、酸、易燃物混合易燃。				
健康危害	本品对眼睛、呼吸道和皮肤有刺激作用。				
防护措施	呼吸系统防护:佩戴过滤式防毒面具(半面罩)。 眼睛防护:戴化学安全防护眼镜。 身体防护:穿防毒物渗透工作服。 手防护:戴乳胶手套。 其他防护:工作现场禁止吸烟、进食和饮水。工作完毕,淋浴更衣。单独存放被毒物污染的衣服,洗后备用。保持良好的卫生习惯。				
危险性类别	有机过氧化物,D 型。				

序号	375	品名	2,5-二甲基-2,5-双(苯甲酰过氧)己烷(82%<含量≤100%)、2,5-二甲基-2,5-双(苯甲酰过氧)己烷(含量≤82%,惰性固体含量≥18%)、2,5-二甲基-2,5-双(苯甲酰过氧)己烷(含量≤82%,含水≥18%)	商品编码	2916.3990
别　名	2,5-二甲基-2,5-双-(过氧化苯甲酰)己烷			CAS 号	2618-77-1
英文名	2,5-dimethyl-2,5-di(benzoylperoxy)hexane				
分子式	$C_{22}H_{26}O_6$				
防护措施	呼吸系统防护:佩戴过滤式防毒面具(半面罩)。 眼睛防护:戴安全防护眼镜。 身体防护:穿防护工作服。 手防护:戴乳胶手套。 其他防护:工作现场禁止吸烟、进食和饮水。保持良好的卫生习惯。				
危险性类别	有机过氧化物,C 型。				

序号	376	品名	2,5-二甲基-2,5-二(叔丁基过氧)己烷(90%<含量≤100%)、2,5-二甲基-2,5-二(叔丁基过氧)己烷(52%<含量≤90%,含A型稀释剂≥10%)、2,5-二甲基-2,5-二(叔丁基过氧)己烷(含量≤52%,含A型稀释剂≥48%)、2,5-二甲基-2,5-二(叔丁基过氧)己烷(含量≤77%)、2,5-二甲基-2,5-二(叔丁基过氧)己烷(糊状物,含量≤47%)	商品编码	2909.6000
别 名			2,5-二甲基-2,5-双-(过氧化叔丁基)己烷	CAS 号	78-63-7
英文名			2,5-dimethyl-2,5-di(tert-butylperoxy)hexane		
分子式			$C_{16}H_{34}O_4$		
外观与性状			淡黄色油状液体,有特殊臭味。		
主要用途			用作合成橡胶硫化剂,聚合用引发剂,不饱和聚酯交联剂。		
危险特性			本品蒸气与空气可形成爆炸性混合物,遇明火、高热能引起燃烧爆炸;与氧化剂可发生反应;与还原剂能发生强烈反应;若遇高热,容器内压增大,有开裂和爆炸的危险。		
健康危害			本品对眼睛有刺激作用。吸入,会导致中枢神经损害,引起运动障碍、平衡失调等。		
防护措施			呼吸系统防护:佩戴过滤式防毒面具(半面罩)。 眼睛防护:戴化学安全防护眼镜。 身体防护:穿防毒物渗透工作服。 手防护:戴乳胶手套。 其他防护:工作现场禁止吸烟、进食和饮水。工作完毕,淋浴更衣。单独存放被毒物污染的衣服,洗后备用。保持良好的卫生习惯。		
危险性类别			有机过氧化物,E 型。		

序号	377	品名	2,5-二甲基-2,5-二氢过氧化己烷(含量≤82%)	商品编码	2909.6000
别 名			2,5-二甲基-2,5-过氧化二氢己烷	CAS 号	3025-88-5
英文名			2,5-dimethylhexane-2,5-dihydroperoxide		
分子式			$C_8H_{18}O_4$		
外观与性状			白色潮湿的固体。		
防护措施			呼吸系统防护:佩戴过滤式防毒面具(半面罩)。 眼睛防护:戴安全防护眼镜。 身体防护:穿防护工作服。 手防护:戴乳胶手套。 其他防护:工作现场禁止吸烟、进食和饮水。保持良好的卫生习惯。		
危险性类别			有机过氧化物,C 型。		

序号	378	品名	2,5-二甲基-2,5-双-(过氧化叔丁基)-3-己炔(86%＜含量≤100%)、2,5-二甲基-2,5-双-(过氧化叔丁基)-3-己炔(含量≤52%,含惰性固体≥48%)、2,5-二甲基-2,5-双-(过氧化叔丁基)-3-己炔(52%＜含量≤86% A型稀释剂≥14%)	商品编码	2909.6000
别	名			CAS 号	1068-27-5
英文名		2,5-Di(tert-butylperoxy)-2,5-dimethyl-3-hexyne			
分子式		$C_{16}H_{30}O_4$			
外观与性状		通常与惰性固体混合。			
危险特性		本品遇还原剂、铵、有机物、酸、易燃物混合易燃。			
健康危害		本品可燃,高毒。			
防护措施		呼吸系统防护:佩戴过滤式防毒面具(半面罩)。 眼睛防护:戴化学安全防护眼镜。 身体防护:穿防毒物渗透工作服。 手防护:戴乳胶手套。 其他防护:工作现场禁止吸烟、进食和饮水。工作完毕,淋浴更衣。单独存放被毒物污染的衣服,洗后备用。保持良好的卫生习惯。			
危险性类别		有机过氧化物,C 型。			

序号	379	品名	2,3-二甲基-2-丁烯	商品编码	2901.2990
别	名	四甲基乙烯		CAS 号	563-79-1
英文名		2,3-dimethyl-2-butene			
分子式		C_6H_{12}			
外观与性状		无色液体。			
主要用途		用于有机合成,用作气相色谱对比样品。			
危险特性		本品蒸气与空气可形成爆炸性混合物,遇明火、高热极易燃烧爆炸;与氧化剂接触反应猛烈;容易自聚,聚合反应随着温度的上升而急骤加剧;流速过快,容易产生和积聚静电;其蒸气比空气重,能在较低处扩散到相当远的地方,遇火源会着火回燃;若遇高热,容器内压增大,有开裂和爆炸的危险。			
健康危害		本品对眼睛、皮肤、黏膜和上呼吸道有刺激作用。			
防护措施		呼吸系统防护:佩戴过滤式防毒面具(半面罩)。 眼睛防护:戴化学安全防护眼镜。 身体防护:穿防静电工作服。 手防护:戴橡胶手套。 其他防护:工作现场禁止吸烟、进食和饮水。工作完毕,淋浴更衣。单独存放被毒物污染的衣服,洗后备用。保持良好的卫生习惯。			
危险性类别		易燃液体,类别 2。			

序号	380	品名	3-[2-(3,5-二甲基-2-氧代环己基)-2-羟基乙基]戊二酰胺	商品编码	2941.9090
别 名		放线菌酮		CAS 号	66-81-9
英文名		Actidione			
分子式		$C_{15}H_{23}NO_4$			
外观与性状		无色晶体。			
主要用途		用作蛋白质生化合成抑制剂，植物生长调节剂、杀真菌剂。			
危险特性		本品受热分解放出有毒的氧化氮气体。			
防护措施		呼吸系统防护：佩戴过滤式防毒面具（半面罩）。 眼睛防护：戴化学安全防护眼镜。 身体防护：穿防静电工作服。 手防护：戴橡胶手套。 其他防护：工作现场禁止吸烟、进食和饮水。工作完毕，淋浴更衣。单独存放被毒物污染的衣服，洗后备用。保持良好的卫生习惯。			
危险性类别		急性毒性—经口，类别2＊；生殖细胞致突变性，类别2；生殖毒性，类别1B；危害水生环境—急性危害，类别2；危害水生环境—长期危害，类别2。			

序号	381	品名	2,6-二甲基-3-庚烯	商品编码	2901.2990
别 名				CAS 号	2738-18-3
英文名		2,6-dimethyl-3-heptene			
分子式		C_9H_{18}			
外观与性状		无色液体。			
危险特性		本品蒸气与空气可形成爆炸性混合物，遇明火、高热极易燃烧爆炸；与氧化剂接触反应猛烈；流速过快，容易产生和积聚静电；其蒸气比空气重，能在较低处扩散到相当远的地方，遇火源会着火回燃；若遇高热，容器内压增大，有开裂和爆炸的危险。			
健康危害		高浓度本品蒸气具有麻醉作用。			
防护措施		呼吸系统防护：佩戴过滤式防毒面具（半面罩）。 眼睛防护：戴化学安全防护眼镜。 身体防护：穿防静电工作服。 手防护：戴橡胶耐油手套。 其他防护：工作现场禁止吸烟、进食和饮水。工作完毕，淋浴更衣。单独存放被毒物污染的衣服，洗后备用。保持良好的卫生习惯。			
危险性类别		易燃液体，类别2。			

序号	382	品名	2,4-二甲基-3-戊酮	商品编码	2914.1900
别 名			二异丙基甲酮	CAS 号	565-80-0
英文名			2,4-dimethyl-3-pentanone		
分子式			$C_7H_{14}O$		
外观与性状			无色液体。		
主要用途			用作溶剂。		
危险特性			本品蒸气与空气可形成爆炸性混合物,遇明火、高热极易燃烧爆炸;与氧化剂接触反应猛烈;流速过快,容易产生和积聚静电;若遇高热,容器内压增大,有开裂和爆炸的危险。		
健康危害			本品具有刺激作用,吸入、摄入或经皮肤吸收后对身体可能有害。		
防护措施			呼吸系统防护:佩戴过滤式防毒面具(半面罩)。 眼睛防护:戴化学安全防护眼镜。 身体防护:穿防静电工作服。 手防护:戴橡胶手套。 其他防护:工作现场禁止吸烟、进食和饮水。工作完毕,淋浴更衣。单独存放被毒物污染的衣服,洗后备用。保持良好的卫生习惯。		
危险性类别			易燃液体,类别2。		

序号	383	品名	二甲基-4-(甲基硫代)苯基磷酸酯	商品编码	2930.9090
别 名			甲硫磷	CAS 号	3254-63-5
英文名			Gc-6506-wettable powder granules		
分子式			$C_9H_{13}O_4PS$		
外观与性状			无色液体。		
主要用途			用作农药。		
危险特性			本品遇明火可燃;受热放出有毒的氧化磷、氧化硫气体。		
防护措施			呼吸系统防护:佩戴过滤式防毒面具(半面罩)。 眼睛防护:戴化学安全防护眼镜。 身体防护:穿防静电工作服。 手防护:戴橡胶手套。 其他防护:工作现场禁止吸烟、进食和饮水。工作完毕,淋浴更衣。单独存放被毒物污染的衣服,洗后备用。保持良好的卫生习惯。		
危险性类别			急性毒性—经口,类别2*;急性毒性—经皮肤,类别1。		

序号	384	品名	1,1'-二甲基-4,4'-联吡啶阳离子	商品编码	2933.3990
别名			百草枯	CAS 号	4685-14-7
英文名			Paraquat		
分子式			$C_{12}H_{14}N_2+2$		
外观与性状			原药为白色结晶。		
主要用途			属速效灭生性触杀型除草剂,广泛用于橡胶、香蕉、甘蔗、果园、农田等地除草。		
危险特性			本品燃烧产生有毒的氮氧化物气体。		
健康危害			本品具有中等毒性,但是对人和哺乳动物毒性极大,且无特效解药,口服中毒死亡率非常高。		
防护措施			呼吸系统防护:佩戴过滤式防毒面具(半面罩)。 眼睛防护:戴化学安全防护眼镜。 身体防护:穿防静电工作服。 手防护:戴橡胶手套。 其他防护:工作现场禁止吸烟、进食和饮水。工作完毕,淋浴更衣。单独存放被毒物污染的衣服,洗后备用。保持良好的卫生习惯。		
危险性类别			急性毒性—经口,类别3;急性毒性—经皮肤,类别2;急性毒性—吸入,类别1;皮肤腐蚀/刺激,类别1;严重眼损伤/眼刺激,类别1;生殖毒性,类别2;特异性靶器官毒性—单次接触,类别1;特异性靶器官毒性—反复接触,类别1;危害水生环境—急性危害,类别1;危害水生环境—长期危害,类别1。		

序号	385	品名	3,3'-二甲基-4,4'-二氨基联苯	商品编码	2921.5900
别名			邻二氨基二甲基联苯;3,3'-二甲基联苯胺	CAS 号	119-93-7
英文名			3,3'-dimethylbenzidine		
分子式			$C_{14}H_{16}N_2$		
外观与性状			白色至微红色有闪光的片状结晶。		
主要用途			用作染料、乌来糖树脂的交联剂、鉴定金及水中游离氯的试剂。		
危险特性			本品遇明火、高热可燃;受高热分解释放出有毒的气体。		
健康危害			本品可燃,有毒,具有刺激性。		
防护措施			呼吸系统防护:佩戴过滤式防毒面具(半面罩)。 眼睛防护:戴化学安全防护眼镜。 身体防护:穿防毒物渗透工作服。 手防护:戴乳胶手套。 其他防护:工作现场禁止吸烟、进食和饮水。工作完毕,淋浴更衣。单独存放被毒物污染的衣服,洗后备用。保持良好的卫生习惯。		
危险性类别			致癌性,类别2;危害水生环境—急性危害,类别2;危害水生环境—长期危害,类别2。		

序号	386	品名	N',N'-二甲基-N-苯基-N'-(氟二氯甲硫基)磺酰胺	商品编码	2930.9090
别　名		苯氟磺胺		CAS 号	1085-98-9
英文名		N-((dichlorofluoromethyl)thio)-N',N'-dimethyl- N-phenyl-Sulfamide			
分子式		$C_9H_{11}Cl_2FN_2O_2S_2$			
外观与性状		白色粉末。			
主要用途		用作保护性杀菌剂，杀菌谱广；用于防治柑橘、葡萄等水果和蔬菜等真菌性病害。			
危险特性		本品受热分解释放出有毒的卤化物、氧化氮、氧化硫气体。			
健康危害		本品可燃，有毒，具有刺激性。			
防护措施		呼吸系统防护：佩戴过滤式防毒面具（半面罩）。 眼睛防护：戴化学安全防护眼镜。 身体防护：穿防毒物渗透工作服。 手防护：戴乳胶手套。 其他防护：工作现场禁止吸烟、进食和饮水。工作完毕，淋浴更衣。单独存放被毒物污染的衣服，洗后备用。保持良好的卫生习惯。			
危险性类别		严重眼损伤/眼刺激，类别 2；皮肤致敏物，类别 1；危害水生环境—急性危害，类别 1。			

序号	387	品名	O,O-二甲基-O-(1,2-二溴-2,2-二氯乙基)磷酸酯	商品编码	2919.9000
别　名		二溴磷		CAS 号	300-76-5
英文名		Dibrom			
分子式		$C_4H_7Br_2ClO_4P$			
外观与性状		白色结晶。			
主要用途		为残效期短的杀虫剂。			
危险特性		本品遇明火、高热可燃；受高热分解释放出有毒的气体。			
健康危害		本品可燃，有毒。			
防护措施		呼吸系统防护：佩戴自吸过滤式防毒面具（全面罩）。 眼睛防护：呼吸系统防护中已作防护。 身体防护：穿胶布防毒衣。 手防护：戴橡胶手套。 其他防护：工作现场禁止吸烟、进食和饮水。工作完毕，淋浴更衣。单独存放被毒物污染的衣服，洗后备用。保持良好的卫生习惯。			
危险性类别		皮肤腐蚀/刺激，类别 2；严重眼损伤/眼刺激，类别 2；危害水生环境—急性危害，类别 1。			

序号	388	品名	O,O-二甲基-O-(4-甲硫基-3-甲基苯基)硫代磷酸酯	商品编码	2930.9090
别　名			倍硫磷	CAS 号	55-38-9
英文名			Baytex		
分子式			$C_{10}H_{15}O_3PS_2$		
外观与性状			纯品为无色液体，工业品为有轻度蒜臭的褐色油状液体。		
主要用途			主要是触杀和胃毒作用，用于蔬菜、水稻、豆类、棉花、果树等，对于防治卫生害虫也有良效，且残效期长，常用于疟区灭蚊。		
危险特性			本品遇明火、高热可燃；受热分解，放出磷、硫的氧化物等毒性气体。		
健康危害			本品的有机磷中毒症状出现较迟，作用慢，但持续时间长，且症状常出现反复。本品急性中毒后会诱发中间型综合征，主要表现为突触后的神经肌肉接头损伤，罹及呼吸肌，重者会导致呼吸肌麻痹。		
防护措施			呼吸系统防护：佩戴过滤式防毒面具（半面罩）。 眼睛防护：戴化学安全防护眼镜。 身体防护：穿防毒物渗透工作服。 手防护：戴乳胶手套。 其他防护：工作现场禁止吸烟、进食和饮水。工作完毕，淋浴更衣。单独存放被毒物污染的衣服，洗后备用。保持良好的卫生习惯。		
危险性类别			急性毒性—吸入，类别3*；生殖细胞致突变性，类别2；特异性靶器官毒性—反复接触，类别1；危害水生环境—急性危害，类别1；危害水生环境—长期危害，类别1。		

序号	389	品名	O,O-二甲基-O-(4-硝基苯基)硫代磷酸酯	商品编码	2920.1100
别　名			甲基对硫磷	CAS 号	298-00-0
英文名			Methyl parathion		
分子式			$C_8H_{10}NO_5PS$		
外观与性状			无色结晶粉末，工业品为棕色或黄色液体或固体。		
主要用途			用作杀虫剂。		
危险特性			本品遇明火、高热可燃；受热分解，放出磷、硫的氧化物等毒性气体；在碱液中能迅速分解。		
健康危害			本品可燃，高毒。		
防护措施			呼吸系统防护：佩戴自吸过滤式防毒面具（全面罩）。 眼睛防护：呼吸系统防护中已作防护。 身体防护：穿胶布防毒衣。 手防护：戴橡胶手套。 其他防护：工作现场禁止吸烟、进食和饮水。工作完毕，淋浴更衣。单独存放被毒物污染的衣服，洗后备用。保持良好的卫生习惯。		
危险性类别			易燃液体，类别3；急性毒性—经口，类别2*；急性毒性—经皮肤，类别3*；急性毒性—吸入，类别2*；特异性靶器官毒性—反复接触，类别2*；危害水生环境—急性危害，类别1；危害水生环境—长期危害，类别1。		

序号	390	品名	(E)-O,O-二甲基-O-[1-甲基-2-(1-苯基-乙氧基甲酰)乙烯基]磷酸酯	商品编码	2919.9000
别　名			巴毒磷	CAS 号	7700-17-6
英文名			Crotoxyphos		
分子式			$C_{14}H_{19}O_6P$		
外观与性状			淡黄色液体，有轻微酯味。		
主要用途			用作畜用、农用杀虫剂。		
危险特性			本品遇明火、高热可燃；与氧化剂可发生反应；受高热分解释放出有毒的气体；容易自聚，聚合反应随着温度的上升而急骤加剧；在潮湿条件下能腐蚀某些金属；若遇高热，容器内压增大，有开裂和爆炸的危险。		
健康危害			本品能抑制胆碱酯酶活性，中毒会引起头痛、头晕、腹痛、瞳孔缩小、视力模糊、肌肉震颤等症状；口服中毒者发病快，常有昏迷、抽搐和肺水肿，消化道刺激症状明显。		
防护措施			呼吸系统防护：佩戴过滤式防毒面具（半面罩）。 眼睛防护：戴化学安全防护眼镜。 身体防护：穿防毒物渗透工作服。 手防护：戴乳胶手套。 其他防护：工作现场禁止吸烟、进食和饮水。工作完毕，淋浴更衣。单独存放被毒物污染的衣服，洗后备用。保持良好的卫生习惯。		
危险性类别			急性毒性—经口，类别3*；急性毒性—经皮肤，类别3*；危害水生环境—急性危害，类别1；危害水生环境—长期危害，类别1。		

序号	391	品名	(E)-O,O-二甲基-O-[1-甲基-2-(二甲基氨基甲酰)乙烯基]磷酸酯(含量>25%)	商品编码	2924.1990
别　名		3-二甲氧基磷氧基-N,N-二甲基异丁烯酰胺;百治磷		CAS 号	141-66-2
英文名		Dicrotophos			
分子式		$C_8H_{16}NO_5P$			
外观与性状		黄色至棕色液体。			
主要用途		用作农用杀虫剂。			
危险特性		本品遇明火、高热可燃;受热分解,放出氮、磷的氧化物等毒性气体。			
健康危害		本品属高毒杀虫剂。轻度中毒出现头痛、头晕、多汗、流涎、视力模糊、乏力、恶心、呕吐和胸闷等症状,全血胆碱酯酶活性可下降至正常值的70%以下;中度中毒以肌束震颤为特征,出现瞳孔缩小、呼吸困难、神态模糊、步态蹒跚等症状,全血胆碱酯酶活性可下降至正常值的50%以下;重度中毒出现昏迷、惊厥、肺水肿、呼吸抑制和脑水肿等症状,全血胆碱酯酶活性在30%以下。			
防护措施		呼吸系统防护:佩戴自吸过滤式防毒面具(全面罩)。 眼睛防护:戴化学安全防护眼镜。 身体防护:穿胶布防毒衣。 手防护:戴橡胶手套。 其他防护:工作现场禁止吸烟、进食和饮水。工作完毕,淋浴更衣。单独存放被毒物污染的衣服,洗后备用。保持良好的卫生习惯。			
危险性类别		急性毒性—经口,类别2*;急性毒性—经皮肤,类别3*;危害水生环境—急性危害,类别1;危害水生环境—长期危害,类别1。			

序号	392	品名	O,O-二甲基-S-(2-甲硫基乙基)二硫代磷酸酯(Ⅱ)	商品编码	2930.9090
别　名		二硫代田乐磷		CAS 号	2587-90-8
危险特性		本品遇明火可燃;受热放出有毒的氧化磷、氧化硫气体。			
防护措施		呼吸系统防护:佩戴自吸过滤式防毒面具(全面罩)。 眼睛防护:戴化学安全防护眼镜。 身体防护:穿胶布防毒衣。 手防护:戴橡胶手套。 其他防护:工作现场禁止吸烟、进食和饮水。工作完毕,淋浴更衣。单独存放被毒物污染的衣服,洗后备用。保持良好的卫生习惯。			
危险性类别		急性毒性—经口,类别2*;急性毒性—经皮肤,类别3*。			

序号	393	品名	O,O-二甲基-O-[1-甲基-2-(甲基氨基甲酰)乙烯基]磷酸酯(含量>0.5%)	商品编码	2924.1200
别　　名		久效磷		CAS 号	6923-22-4
英文名		Monocrotophos			
分子式		$C_7H_{14}NO_5P$			
外观与性状		常温下为褐色半固体。			
主要用途		高效内吸性有机磷杀虫剂。			
危险特性		本品遇明火可燃；受热放出有毒的氧化氮、氧化磷气体。			
健康危害		本品对鸟类、虾类、蜜蜂及其他野生动物毒性高；对鱼毒性较低；对人畜有剧毒，但经皮肤毒性（与皮肤接触的毒性）低，使用时仍须注意安全。一般使用下对作物安全，但在寒冷地区对某些品种的苹果、樱桃、扁桃、桃和高粱有轻微药害。			
防护措施		呼吸系统防护：佩戴自吸过滤式防毒面具（全面罩）。 眼睛防护：戴化学安全防护眼镜。 身体防护：穿胶布防毒衣。 手防护：戴橡胶手套。 其他防护：工作现场禁止吸烟、进食和饮水。工作完毕，淋浴更衣。单独存放被毒物污染的衣服，洗后备用。保持良好的卫生习惯。			
危险性类别		急性毒性—经口，类别2*；急性毒性—经皮肤，类别3*；急性毒性—吸入，类别2*；生殖细胞致突变性，类别2；危害水生环境—急性危害，类别1；危害水生环境—长期危害，类别1。			

序号	394	品名	O,O-二甲基-O-[1-甲基-2 氯-2-(二乙基氨基甲酰)乙烯基]磷酸酯	商品编码	2924.1200
别 名			2-氯-3-(二乙氨基)-1-甲基-3-氧代-1-丙烯二甲基磷酸酯;磷胺	CAS 号	13171-21-6
英文名			Phosphamidon		
分子式			$C_{10}H_{19}ClNO_5P$		
外观与性状			纯品为无色油状液体,工业品为棕色油状液体。		
主要用途			用作杀虫剂。		
危险特性			本品遇明火、高热可燃;受热分解,放出氮、磷的氧化物等毒性气体;在碱液中能迅速分解。		
健康危害			本品可燃,高毒。		
防护措施			呼吸系统防护:佩戴自吸过滤式防毒面具(全面罩)。 眼睛防护:戴化学安全防护眼镜。 身体防护:穿胶布防毒衣。 手防护:戴橡胶手套。 其他防护:工作现场禁止吸烟、进食和饮水。工作完毕,淋浴更衣。单独存放被毒物污染的衣服,洗后备用。保持良好的卫生习惯。		
危险性类别			急性毒性—经口,类别2*;急性毒性—经皮肤,类别3*;生殖细胞致突变性,类别2;危害水生环境—急性危害,类别1;危害水生环境—长期危害,类别1。		

序号	395	品名	O,O-二甲基-S-(2-乙硫基乙基)二硫代磷酸酯	商品编码	2930.9090
别 名			甲基乙拌磷	CAS 号	640-15-3
英文名			Thiometon		
分子式			$C_6H_{15}O_2PS_3$		
外观与性状			无色油状液体,有特殊气味。		
主要用途			用作农用杀虫剂。		
危险特性			本品遇明火、高热可燃;与氧化剂可发生反应;受热分解产生有毒的腐蚀性烟气;若遇高热,容器内压增大,有开裂和爆炸的危险。		
健康危害			本品能抑制胆碱酯酶活性,轻度中毒者出现头痛、恶心、多汗、胸闷等症状,瞳孔缩小等症状;中度中毒者出现肌束震颤、呼吸困难等症状;重度中毒者出现肺水肿、脑水肿、呼吸麻痹等症状。		
防护措施			呼吸系统防护:佩戴过滤式防毒面具(半面罩)。 眼睛防护:戴化学安全防护眼镜。 身体防护:穿防毒物渗透工作服。 手防护:戴乳胶手套。 其他防护:工作现场禁止吸烟、进食和饮水。工作完毕,淋浴更衣。单独存放被毒物污染的衣服,洗后备用。保持良好的卫生习惯。		
危险性类别			急性毒性—经口,类别3*;危害水生环境—急性危害,类别2。		

序号	396	品名	O,O-二甲基-S-(2,3-二氢-5-甲氧基-2-氧代-1,3,4-噻二唑-3-基甲基)二硫代磷酸酯	商品编码	2934.9990
别 名			杀扑磷	CAS 号	950-37-8
英文名			Methidathion		
分子式			$C_6H_{11}N_2O_4PS_3$		
外观与性状			纯品为无色结晶。		
主要用途			本品是一种较理想的杀介壳虫药剂，可兼治螨类、粉虱、蚜虫，对梨木虱有特效。		
危险特性			本品常温贮存两年稳定，弱酸性及中性介质中稳定，遇碱性条件易水解，不易燃、不易爆。		
健康危害			本品急性中毒者多在12小时内发病，口服立即发病。轻度中毒者出现头痛、头昏、恶心、呕吐、多汗、无力、胸闷、视力模糊、胃口不佳等症状，全血胆碱酯酶活力一般降至正常值的50%~70%。中度中毒者除上述症状外，还出现轻度呼吸困难、肌肉震颤、瞳孔缩小、精神恍惚、步态蹒跚、大汗、流涎、腹疼、腹泻。严重者还会出现昏迷、抽搐、呼吸困难、口吐白沫、大小便失禁，惊厥，呼吸麻痹等。		
防护措施			呼吸系统防护：佩戴自吸过滤式防毒面具（全面罩）。 眼睛防护：戴化学安全防护眼镜。 身体防护：穿胶布防毒衣。 手防护：戴橡胶手套。 其他防护：工作现场禁止吸烟、进食和饮水。工作完毕，淋浴更衣。单独存放被毒物污染的衣服，洗后备用。保持良好的卫生习惯。		
危险性类别			急性毒性—经口，类别2*；危害水生环境—急性危害，类别1；危害水生环境—长期危害，类别1。		

序号	397	品名	O,O-二甲基-S-[3,4-二氢-4-氧代苯并(d)-(1,2,3)-三氮苯-3-基甲基]二硫代磷酸酯	商品编码	2933.9900
别　名		保棉磷		CAS 号	86-50-0
英文名		Guthion			
分子式		$C_{10}H_{12}N_3O_3PS_2$			
外观与性状		白色晶体，商品有 2.5%粉剂、25%可湿性粉剂及 20%~40%乳剂。			
主要用途		主要用于防治棉花后期害虫，也能杀螨，残效 1~3 周，杀虫谱广。			
危险特性		本品遇明火、高热可燃；受高热分解，放出有毒的氮、磷和硫的氧化物烟气。			
健康危害		本品对人的致死剂量估计为 0.2g，中毒症状与一般有机磷农药相同。			
防护措施		呼吸系统防护：佩戴防尘面具（全面罩）。 眼睛防护：戴化学安全防护眼镜。 身体防护：穿胶布防毒衣。 手防护：戴橡胶手套。 其他防护：工作现场禁止吸烟、进食和饮水。工作完毕，淋浴更衣。单独存放被毒物污染的衣服，洗后备用。保持良好的卫生习惯。			
危险性类别		急性毒性—经口，类别 2*；急性毒性—经皮肤，类别 3*；急性毒性—吸入，类别 2*；皮肤致敏物，类别 1；危害水生环境—急性危害，类别 1；危害水生环境—长期危害，类别 1。			

序号	398	品名	O,O-二甲基-S-(N-甲基氨基甲酰甲基)硫代磷酸酯	商品编码	2930.9090
别　名		氧乐果		CAS 号	1113-02-6
英文名		Omethoate			
分子式		$C_5H_{12}NO_4PS$			
外观与性状		纯品为无色透明油状液体，工业品为黄色液体。			
主要用途		用作农用杀虫剂、杀螨剂。			
危险特性		本品遇明火、高热可燃；与氧化剂可发生反应；受高热分解释放出有毒的气体；若遇高热，容器内压增大，有开裂和爆炸的危险。			
健康危害		本品能抑制胆碱酯酶活性，轻度中毒者表现有头痛、头晕、多汗、流涎、视力模糊、呕吐和胸闷等症状；中度中毒者出现肌束震颤、瞳孔缩小、呼吸困难等症状；重度中毒者出现肺水肿、脑水肿等症状。			
防护措施		呼吸系统防护：佩戴自吸过滤式防毒面具（全面罩）。 眼睛防护：戴化学安全防护眼镜。 身体防护：穿胶布防毒衣。 手防护：戴橡胶手套。 其他防护：工作现场禁止吸烟、进食和饮水。工作完毕，淋浴更衣。单独存放被毒物污染的衣服，洗后备用。保持良好的卫生习惯。			
危险性类别		急性毒性—经口，类别 2；危害水生环境—急性危害，类别 1。			

序号	399	品名	O,O-二甲基-S-(吗啉代甲酰甲基)二硫代磷酸酯	商品编码	2934.9990
别　名		茂硫磷		CAS号	144-41-2
英文名		Morphothion emulsion			
分子式		$C_8H_{16}NO_4PS_2$			
外观与性状		白色晶体。			
主要用途		用作防治棉蚜、菜蚜、棉红蜘蛛，棉蓟马等多种害虫，其药效与乐果相近。			
危险特性		本品受热分解释放出有毒的氧化磷、氧化硫、氧化氮气体。			
防护措施		呼吸系统防护：佩戴防毒口罩。紧急事态抢救或逃生时，佩戴自给式呼吸器。 眼睛防护：戴化学安全防护眼镜。 防护服：穿相应的防护服。 手防护：戴防化学品手套。 其他防护：工作现场禁止吸烟、进食和饮水。注意个人清洁卫生。			
危险性类别		急性毒性—经口，类别3*；急性毒性—经皮肤，类别3*；急性毒性—吸入，类别3*；危害水生环境—急性危害，类别1；危害水生环境—长期危害，类别1。			

序号	400	品名	O,O-二甲基-S-(酞酰亚胺基甲基)二硫代磷酸酯	商品编码	2933.9900
别　名		亚胺硫磷		CAS号	732-11-6
英文名		Phthalimidomethyl-O,O-dimethyl phosphorodithioate			
分子式		$C_{11}H_{12}NO_4PS_2$			
外观与性状		无色结晶，工业品为灰白色结晶，具有特殊刺激性臭味。			
主要用途		用作农用杀虫剂。			
危险特性		本品遇明火、高热可燃；受高热分解，放出有毒的烟气。			
健康危害		本品为中等毒性有机磷杀虫剂，能抑制胆碱酯酶活性。中毒症状有头痛、头昏、无力、多汗、呕吐、流涎、瞳孔缩小、腹痛、抽搐等。			
防护措施		呼吸系统防护：生产操作或农业使用时，必须佩戴防毒口罩。 眼睛防护：空气中浓度较高时，戴化学安全防护眼镜。 身体防护：穿紧袖工作服，长筒胶鞋。 手防护：戴防化学品手套。			
危险性类别		危害水生环境—急性危害，类别1；危害水生环境—长期危害，类别1。			

序号	401	品名	O,O-二甲基-S-(乙基氨基甲酰甲基)二硫代磷酸酯	商品编码	2933.9900
别　名			益棉磷	CAS 号	2642-71-9
英文名			O,O-diethyl-s-[4-oxo-1,2,3-benzo triazin-3-(4h)-ylmethyl]phosphorodithioate		
分子式			$C_{12}H_{16}N_3O_3PS_2$		
外观与性状			无色针状结晶。		
主要用途			用作农用杀虫剂。		
危险特性			本品遇明火、高热可燃；受高热分解，放出有毒的烟气。		
健康危害			经口或经皮肤吸收本品后会引起急性中毒，出现头痛、头晕、无力、烦躁、恶心、呕吐、出汗、流涎、瞳孔缩小、肌肉颤抖、抽搐、痉挛、呼吸困难、紫绀等症状，严重者常伴有肺水肿和脑水肿，死于呼吸衰竭；全血胆碱酯酶活性下降。		
防护措施			呼吸系统防护：生产操作或农业使用时，佩戴防毒口罩。紧急事态抢救或逃生时，应该佩戴自给式呼吸器。 眼睛防护：戴化学安全防护眼镜。 身体防护：穿相应的防护服。 手防护：戴防化学品手套。		
危险性类别			急性毒性—经口，类别 2＊；急性毒性—经皮肤，类别 3＊；危害水生环境—急性危害，类别 1；危害水生环境—长期危害，类别 1。		

序号	402	品名	4-N,N-二甲基氨基-3-甲基苯基 N-甲基氨基甲酸酯	商品编码	2924.2990
别　名			灭害威	CAS 号	2032-59-9
英文名			Aminocarb		
分子式			$C_{11}H_{16}N_2O_2$		
外观与性状			白色结晶固体或略带褐色。		
主要用途			用作农药杀虫剂。		
危险特性			本品受热分解释放出有毒的氧化氮气体。		
防护措施			呼吸系统防护：佩戴防毒口罩。紧急事态抢救或逃生时，佩戴自给式呼吸器。 眼睛防护：戴化学安全防护眼镜。 防护服：穿相应的防护服。 手防护：戴防化学品手套。 其他防护：工作现场禁止吸烟、进食和饮水。注意个人清洁卫生。		
危险性类别			急性毒性—经口，类别 3＊；急性毒性—经皮肤，类别 3＊；危害水生环境—急性危害，类别 1；危害水生环境—长期危害，类别 1。		

序号	403	品名	O,O-二甲基-S-[1,2-双(乙氧基甲酰)乙基]二硫代磷酸酯	商品编码	2930.9090
别 名		马拉硫磷		CAS 号	121-75-5
英文名		O,O-diethyls-[1,2-di(ethoxycarbonyl)ethyl]phosphorodithioate			
分子式		$C_{10}H_{19}O_6PS_2$			
外观与性状		无色到淡黄色油状液体,有蒜恶臭,工业品带深褐色。			
主要用途		用作农药杀虫剂。			
危险特性		本品遇明火、高热可燃;受热分解,放出磷、硫的氧化物等毒性气体;与强氧化剂接触可发生化学反应。			
健康危害		本品能抑制胆碱酯酶活性,造成神经生理功能紊乱。急性中毒者(职业中毒不多见,多系口服引起)表现有头痛、头昏、食欲减退、恶心、呕吐、腹痛、腹泻、流涎、瞳孔缩小、呼吸道分泌物增多、多汗、肌束震颤等症状。严重者出现肺水肿、脑水肿、昏迷、呼吸麻痹。部分病例可有心、肝、肾损害;少数严重病例在意识恢复后数周或数月发生周围神经病;个别严重病例可发生迟发性猝死,血胆碱酯酶活性降低。慢性中毒者的症状尚有争论,主要有神经衰弱综合征、多汗、肌束震颤等;血胆碱酯酶活性降低;对皮肤有刺激和致敏作用,可引起皮炎。			
防护措施		呼吸系统防护:生产操作或农业使用时,佩戴过滤式防毒面具(半面罩)。 眼睛防护:戴化学安全防护眼镜。 身体防护:穿防毒物渗透工作服。 手防护:戴氯丁橡胶手套。 其他防护:工作现场禁止吸烟、进食和饮水。工作完毕,淋浴更衣。单独存放被毒物污染的衣服,洗后备用。注意个人清洁卫生。			
危险性类别		皮肤致敏物,类别1;危害水生环境—急性危害,类别1;危害水生环境—长期危害,类别1。			

序号	404	品名	4-二甲基氨基-6-(2-二甲基氨乙基氧基)甲苯-2-重氮氯化锌盐	商品编码	2927.0000
别 名				CAS 号	135072-82-1
英文名		4-dimethylamino-6-(2-dimethy-laminoethoxy)toluene-2-diazonium zinc chloride			
分子式		$C_{13}H_{21}Cl_3N_4OZn$			
防护措施		呼吸系统防护:佩戴防毒口罩。紧急事态抢救或逃生时,佩戴自给式呼吸器。 眼睛防护:戴化学安全防护眼镜。 防护服:穿相应的防护服。 手防护:戴防化学品手套。 其他防护:工作现场禁止吸烟、进食和饮水。注意个人清洁卫生。			
危险性类别		自反应物质和混合物,D型。			

序号	405	品名	4-N,N-二甲基氨基-3,5-二甲基苯基 N-甲基氨基甲酸酯	商品编码	2924.2990
别名			兹克威	CAS 号	315-18-4
英文名			Zectran		
分子式			$C_{12}H_{18}N_2O_2$		
外观与性状			白色无味结晶固体。		
主要用途			用作农药杀虫剂。		
危险特性			本品受热分解释放出有毒的氧化氮气体。		
防护措施			呼吸系统防护：佩戴防毒口罩。紧急事态抢救或逃生时，佩戴自给式呼吸器。 眼睛防护：戴化学安全防护眼镜。 防护服：穿相应的防护服。 手防护：戴防化学品手套。 其他防护：工作现场禁止吸烟、进食和饮水。注意个人清洁卫生。		
危险性类别			急性毒性—经口，类别2*；危害水生环境—急性危害，类别1；危害水生环境—长期危害，类别1。		

序号	406	品名	8-(二甲基氨基甲基)-7-甲氧基氨基-3-甲基黄酮	商品编码	2932.9990
别名			二甲弗林	CAS 号	1165-48-6
英文名			8-(dimethylaminomethyl)-7-methoxy-3-methyl-2-phenyl-4h-1-benzopyran-4-one		
分子式			$C_{20}H_{21}NO_3$		
外观与性状			白色结晶性粉末。		
主要用途			用作中枢神经兴奋药。		
防护措施			呼吸系统防护：佩戴防毒口罩。紧急事态抢救或逃生时，佩戴自给式呼吸器。 眼睛防护：戴化学安全防护眼镜。 防护服：穿相应的防护服。 手防护：戴防化学品手套。 其他防护：工作现场禁止吸烟、进食和饮水。注意个人清洁卫生。		
危险性类别			急性毒性—经口，类别2。		

序号	407	品名	3-二甲基氨基亚甲基亚氨基苯基-N-甲基氨基甲酸酯（或其盐酸盐）	商品编码	2925.2900
别　名			伐虫脒	CAS号	22259-30-9
英文名			Formetanate		
分子式			$C_{11}H_{15}N_3O_2$		
外观与性状			黄色结晶，易溶于苯、二氯甲烷。		
主要用途			用作农药。		
危险特性			本品受热分解释放出有毒的氧化氮气体。		
防护措施			呼吸系统防护：佩戴防毒口罩。紧急事态抢救或逃生时，佩戴自给式呼吸器。 眼睛防护：戴化学安全防护眼镜。 防护服：穿相应的防护服。 手防护：戴防化学品手套。 其他防护：工作现场禁止吸烟、进食和饮水。注意个人清洁卫生。		
危险性类别			急性毒性—经口，类别2*；急性毒性—吸入，类别2*；皮肤致敏物，类别1；危害水生环境—急性危害，类别1；危害水生环境—长期危害，类别1。		

序号	408	品名	2,3-二甲基苯胺	商品编码	2921.4920
别　名			1-氨基-2,3-二甲基苯	CAS号	87-59-2
英文名			2,3-dimethylaniline		
分子式			$C_8H_{11}N$		
外观与性状			浅黄色液体，有特殊气味。		
主要用途			用于有机合成及染料的制造等。		
危险特性			本品遇明火、高热或与氧化剂接触，有引起燃烧爆炸的危险；受热分解释放出有毒的氧化氮烟气。		
健康危害			本品会引起高铁血红蛋白症，造成组织缺氧；对中枢神经系统及肝脏损害较强，对血液作用较弱；极易经皮肤吸收，会引起皮炎。急性中毒者有恶心，呕吐，手指麻木，精神恍惚，唇、指端、耳廓紫绀等症状；重度中毒者皮肤、黏膜严重青紫，出现呼吸困难、抽搐等，甚至昏迷、休克；也会出现溶血性黄疸、中毒性肝炎和肾损害。慢性中毒者有神经衰弱综合征，伴有轻度紫绀、贫血和肝、脾肿大。		
防护措施			呼吸系统防护：可能接触其蒸气时，佩戴过滤式防毒面具（半面罩）。紧急事态抢救或撤离时，佩戴隔离式呼吸器。 眼睛防护：戴安全防护眼镜。 身体防护：穿防毒物渗透工作服。 手防护：戴橡胶耐油手套。 其他防护：工作现场禁止吸烟、进食和饮水。及时换洗工作服。工作前后不饮酒，用温水洗澡。注意检测毒物。实行就业前和定期的体检。		
危险性类别			急性毒性—经皮肤，类别3；特异性靶器官毒性—反复接触，类别2；危害水生环境—急性危害，类别2；危害水生环境—长期危害，类别2。		

序号	409	品名	盐酸杀螨脒	商品编码	2925.2900
别 名			抗螨脒	CAS 号	23422-53-9
英文名			Formetanate hydrochloride		
分子式			$C_{11}H_{16}ClN_3O_2$		
防护措施			呼吸系统防护：佩戴防毒口罩。紧急事态抢救或逃生时，佩戴自给式呼吸器。 眼睛防护：戴化学安全防护眼镜。 防护服：穿相应的防护服。 手防护：戴防化学品手套。 其他防护：工作现场禁止吸烟、进食和饮水。注意个人清洁卫生。		
危险性类别			急性毒性—经口，类别2*；急性毒性—吸入，类别2*；皮肤致敏物，类别1；危害水生环境—急性危害，类别1；危害水生环境—长期危害，类别1。		

序号	410	品名	2,4-二甲基苯胺	商品编码	2921.4200
别 名			1-氨基-2,4-二甲基苯	CAS 号	95-68-1
英文名			2,4-dimethylaniline		
分子式			$C_8H_{11}N$		
外观与性状			无色油状液体。		
主要用途			用作分析试剂。		
危险特性			本品遇明火、高热或与氧化剂接触，有引起燃烧爆炸的危险；受热分解释放出有毒的氧化氮烟气。		
健康危害			本品会引起高铁血红蛋白血症，造成组织缺氧；对中枢神经系统及肝脏损害较强，对血液作用较弱；极易经皮肤吸收，会引起皮炎。急性中毒者有恶心、呕吐、手指麻木，精神恍惚，唇、指端、耳廓紫绀等症状；重度中毒者皮肤、黏膜严重青紫，出现呼吸困难、抽搐等，甚至昏迷、休克；也会出现溶血性黄疸、中毒性肝炎和肾损害。慢性中毒者有神经衰弱综合征，伴有轻度紫绀、贫血和肝、脾肿大。		
防护措施			呼吸系统防护：可能接触其蒸气时，佩戴过滤式防毒面具（半面罩）。紧急事态抢救或撤离时，佩戴隔离式呼吸器。 眼睛防护：戴安全防护眼镜。 身体防护：穿防毒物渗透工作服。 手防护：戴橡胶耐油手套。 其他防护：工作现场禁止吸烟、进食和饮水。及时换洗工作服。工作前后不饮酒，用温水洗澡。注意检测毒物。实行就业前和定期的体检。		
危险性类别			严重眼损伤/眼刺激，类别2；特异性靶器官毒性—单次接触，类别1；特异性靶器官毒性—反复接触，类别1；危害水生环境—急性危害，类别2；危害水生环境—长期危害，类别2。		

序号	411	品名	N,N-二甲基氨基乙腈	商品编码	2926.9090
别　　名			2-(二甲氨基)乙腈	CAS 号	926-64-7
英文名			N,N-dimethylaminoacetonitrile		
分子式			$C_4H_8N_2$		
外观与性状			无色至淡黄色液体。		
危险特性			本品蒸气与空气可形成爆炸性混合物，遇明火、高热能引起燃烧爆炸；与氧化剂可发生反应；与水、水蒸气或酸接触能产生有毒烟雾；若遇高热，容器内压增大，有开裂和爆炸的危险。		
健康危害			吸入、摄入或经皮肤吸收本品后会引起中毒，有刺激作用。本品与水、蒸气或酸接触能产生有毒烟雾。		
防护措施			呼吸系统防护：可能接触其蒸气时，必须佩戴防毒面具。紧急事态抢救或撤离时，建议佩戴自给式呼吸器。 眼睛防护：戴化学安全防护眼镜。 身体防护：穿聚乙烯薄膜防毒服。 手防护：戴防化学品手套。		
危险性类别			易燃液体，类别 2；急性毒性—经口，类别 2；急性毒性—经皮肤，类别 1。		

序号	412	品名	3,4-二甲基苯胺	商品编码	2921.4920
别　　名			1-氨基-3,4-二甲基苯	CAS 号	95-64-7
英文名			3,4-xylidine		
分子式			$C_8H_{11}N$		
外观与性状			灰白色片状或柱状结晶。		
主要用途			用作染料中间体及用于有机合成。		
危险特性			本品遇明火、高热可燃；其粉体与空气可形成爆炸性混合物，当达到一定浓度时，遇火星会发生爆炸；与氧化剂可发生反应；受高热分解释放出有毒的气体。		
健康危害			吸入、摄入或经皮肤吸收后本品会中毒，进入体内，可形成高铁血红蛋白引起紫绀，发生头痛、眩晕、恶心等症状。		
防护措施			呼吸系统防护：佩戴防毒口罩。紧急事态抢救或逃生时，应该佩戴自给式呼吸器。 眼睛防护：戴安全防护眼镜。 身体防护：穿相应的防护服。 手防护：戴防护手套。		
危险性类别			特异性靶器官毒性—反复接触，类别 2；危害水生环境—急性危害，类别 2；危害水生环境—长期危害，类别 2。		

序号	413	品名 2,5-二甲基苯胺	商品编码	2921.4920
别名		1-氨基-2,5-二甲基苯	CAS 号	95-78-3
英文名		2,5-dimethylaniline		
分子式		$C_8H_{11}N$		
外观与性状		无色或淡黄色油状液体，低温时形成结晶。		
主要用途		用于制药及染料工业。		
危险特性		本品遇明火、高热或与氧化剂接触，有引起燃烧爆炸的危险；受热分解释放出有毒的氧化氮烟气。		
健康危害		本品会引起高铁血红蛋白血症，造成组织缺氧；对中枢神经系统及肝脏损害较强，对血液作用较弱；极易经皮肤吸收，会引起皮炎。急性中毒者有恶心，呕吐，手指麻木，精神恍惚，唇、指端、耳廓紫绀等症状；重度中毒者皮肤、黏膜严重青紫，出现呼吸困难、抽搐等，甚至昏迷、休克；也会出现溶血性黄疸、中毒性肝炎和肾损害。慢性中毒者有神经衰弱综合征，伴有轻度紫绀、贫血和肝、脾肿大。		
防护措施		呼吸系统防护：可能接触其蒸气时，佩戴过滤式防毒面具（半面罩）。紧急事态抢救或撤离时，佩戴隔离式呼吸器。 眼睛防护：戴安全防护眼镜。 身体防护：穿防毒物渗透工作服。 手防护：戴橡胶耐油手套。 其他防护：工作现场禁止吸烟、进食和饮水。及时换洗工作服。工作前后不饮酒，用温水洗澡。注意检测毒物。实行就业前和定期的体检。		
危险性类别		特异性靶器官毒性—反复接触，类别2*；危害水生环境—急性危害，类别2；危害水生环境—长期危害，类别2。		

序号	414	品名	2,6-二甲基苯胺	商品编码	2921.4920
别　名		1-氨基-2,6-二甲基苯		CAS 号	87-62-7
英文名		2,6-dimethylaniline			
分子式		$C_8H_{11}N$			
外观与性状		无色液体，不溶于水，溶于乙醇、乙醚。			
主要用途		用于有机合成。			
危险特性		本品遇明火、高热或与氧化剂接触，有引起燃烧爆炸的危险；受热分解释放出有毒的氧化氮烟气。			
健康危害		本品会引起高铁血红蛋白血症，造成组织缺氧；对中枢神经系统及肝脏损害较强，对血液作用较弱；极易经皮肤吸收，会引起皮炎。急性中毒者有恶心，呕吐，手指麻木，精神恍惚，唇、指端、耳廓紫绀等症状；重度中毒者皮肤、黏膜严重青紫，出现呼吸困难、抽搐等，甚至昏迷、休克；也会出现溶血性黄疸、中毒性肝炎和肾损害。慢性中毒者有神经衰弱综合征，伴有轻度紫绀、贫血和肝、脾肿大。			
防护措施		呼吸系统防护：可能接触其蒸气时，佩戴过滤式防毒面具（半面罩）。紧急事态抢救或撤离时，佩戴隔离式呼吸器。 眼睛防护：戴安全防护眼镜。 身体防护：穿防毒物渗透工作服。 手防护：戴橡胶耐油手套。 其他防护：工作现场禁止吸烟、进食和饮水。及时换洗工作服。工作前后不饮酒，用温水洗澡。注意检测毒物。实行就业前和定期的体检。			
危险性类别		皮肤腐蚀/刺激，类别2；致癌性，类别2；特异性靶器官毒性—单次接触，类别3（呼吸道刺激）；危害水生环境—急性危害，类别2；危害水生环境—长期危害，类别2。			

序号	415	品名	3,5-二甲基苯胺	商品编码	2921.4920
别 名			1-氨基-3,5-二甲基苯	CAS 号	108-69-0
英文名			1-amino-3,5-dimethyl benzene		
分子式			$C_8H_{11}N$		
外观与性状			油状液体。		
主要用途			用作染料中间体,用于有机合成。		
危险特性			本品遇明火、高热可燃;与氧化剂可发生反应;受高热分解释放出有毒的气体;若遇高热,容器内压增大,有开裂和爆炸的危险。		
健康危害			吸入、摄入或经皮肤吸收本品后会中毒,进入体内,形成高铁血红蛋白,引起紫绀、头痛、眩晕、恶心等症状。		
防护措施			呼吸系统防护:可能接触其蒸气时,佩戴防毒口罩。紧急事态抢救或逃生时,应该佩戴自给式呼吸器。 眼睛防护:戴安全防护眼镜。 身体防护:穿相应的防护服。 手防护:戴防护手套。		
危险性类别			严重眼损伤/眼刺激,类别 2B;特异性靶器官毒性—单次接触,类别 1;特异性靶器官毒性—反复接触,类别 2;危害水生环境—急性危害,类别 2;危害水生环境—长期危害,类别 2。		

序号	416	品名	N,N-二甲基苯胺	商品编码	2921.4200
别 名				CAS 号	121-69-7
英文名			N,N-dimethylaniline		
分子式			$C_8H_{11}N$		
外观与性状			黄色油状液体。		
主要用途			用作染料中间体、溶剂、稳定剂、分析试剂。		
危险特性			本品遇明火、高热或与氧化剂接触,有引起燃烧爆炸的危险;受热分解释放出有毒的氧化氮烟气。		
健康危害			本品毒性表现与苯胺相似,但较弱;吸收后会引起高铁血红蛋白血症;接触后出现恶心、眩晕、头痛、紫绀等症状;皮肤接触会发生溃疡。		
防护措施			呼吸系统防护:可能接触其蒸气时,佩戴过滤式防毒面具(半面罩)。紧急事态抢救或撤离时,佩戴隔离式呼吸器。 眼睛防护:戴化学安全防护眼镜。 身体防护:穿防毒物渗透工作服。 手防护:戴橡胶耐油手套。 其他防护:工作现场禁止吸烟、进食和饮水。及时换洗工作服。工作前后不饮酒,用温水洗澡。注意检测毒物。实行就业前和定期的体检。		
危险性类别			急性毒性—经口,类别 3*;急性毒性—经皮肤,类别 3*;急性毒性—吸入,类别 3*;危害水生环境—急性危害,类别 2;危害水生环境—长期危害,类别 2。		

序号	417	品名	二甲基苯胺异构体混合物		商品编码	2921.4920
别 名					CAS 号	1300-73-8
英文名	Dimethylaniline					
分子式	$C_{48}H_{66}N_6$					
外观与性状	无色至淡黄色油状液体,有刺激性臭味,在空气中或阳光下易氧化使色泽变深。					
主要用途	用作染料中间体,用于制香兰素、偶氮染料、三苯基甲烷染料,也可作溶剂、稳定剂、分析试剂等。					
危险特性	本品遇明火、高热或与氧化剂接触,有引起燃烧爆炸的危险;受热分解释放出有毒的氧化氮烟气。					
健康危害	本品毒性表现与苯胺相似,但比苯胺弱;吸收后导致形成高铁血红蛋白而引起发绀;接触后会出现恶心、眩晕、头痛以及对血液有影响;皮肤接触会发生溃疡。					
防护措施	呼吸系统防护:可能接触其蒸气时,佩戴过滤式防毒面具(半面罩)。紧急事态抢救或撤离时,佩戴隔离式呼吸器。 眼睛防护:戴化学安全防护眼镜。 身体防护:穿防毒物渗透工作服。 手防护:戴橡胶耐油手套。 其他防护:工作现场禁止吸烟、进食和饮水。及时换洗工作服。工作前后不饮酒,用温水洗澡。注意检测毒物。实行就业前和定期的体检。					
危险性类别	急性毒性—吸入,类别2;严重眼损伤/眼刺激,类别2;特异性靶器官毒性—单次接触,类别2;特异性靶器官毒性—反复接触,类别2;危害水生环境—急性危害,类别2;危害水生环境—长期危害,类别2。					

序号	418	品名	3,5-二甲基苯甲酰氯		商品编码	2916.3990
别 名	3,5-二甲基苯酰氯				CAS 号	6613-44-1
英文名	3,5-Dimethylbenzoyl chloride					
分子式	C_9H_9ClO					
外观与性状	无色或淡黄色液体。					
主要用途	用作有机中间体。					
健康危害	本品对眼睛、皮肤有刺激作用,会引起灼伤。					
防护措施	呼吸系统防护:佩戴防毒口罩。紧急事态抢救或逃生时,佩戴自给式呼吸器。 眼睛防护:戴化学安全防护眼镜。 防护服:穿相应的防护服。 手防护:戴防化学品手套。 其他防护:工作现场禁止吸烟、进食和饮水。注意个人清洁卫生。					
危险性类别	皮肤腐蚀/刺激,类别1B;严重眼损伤/眼刺激,类别1;皮肤致敏物,类别1。					

序号	419	品名	2,4-二甲基吡啶	商品编码	2933.3990
别	名	2,4-二甲基氮杂苯		CAS 号	108-47-4
英文名		2,4-dimethylpyridine			
分子式		C_7H_9N			
外观与性状		无色液体,有胡椒气味。			
主要用途		用于有机合成,合成药物和用作溶剂。			
危险特性		本品易燃,遇明火、高热或与氧化剂接触,有引起燃烧爆炸的危险;受热分解释放出有毒的氧化氮烟气。			
健康危害		吸入、口服或经皮肤吸收本品后对身体有害;对眼睛有强烈刺激性;对皮肤、黏膜和上呼吸道有刺激性;接触后会引起咳嗽、胸痛、呼吸困难、胃肠功能紊乱。			
防护措施		呼吸系统防护:可能接触其蒸气时,应该佩戴过滤式防毒面具(半面罩)。紧急事态抢救或撤离时,建议佩戴隔离式呼吸器。 眼睛防护:戴化学安全防护眼镜。 身体防护:穿胶布防毒衣。 手防护:戴橡胶耐油手套。 其他防护:工作现场严禁吸烟。工作完毕,淋浴更衣。实行就业前和定期的体检。保持良好的卫生习惯。			
危险性类别		易燃液体,类别3;急性毒性—经口,类别3。			

序号	420	品名	2,5-二甲基吡啶	商品编码	2933.3990
别	名	2,5-二甲基氮杂苯		CAS 号	589-93-5
英文名		2,5-dimethylpyridine			
分子式		C_7H_9N			
外观与性状		无色液体,溶于水、乙醇、乙醚等多数有机溶剂。			
主要用途		用于医药、有机合成等。			
危险特性		本品蒸气与空气可形成爆炸性混合物,遇明火、高热能引起燃烧爆炸;与氧化剂可发生反应;高温时分解,释出剧毒的氮氧化物气体;流速过快,容易产生和积聚静电;若遇高热,容器内压增大,有开裂和爆炸的危险。			
健康危害		本品对眼睛有强烈刺激性;对皮肤有刺激,易经皮肤吸收;对黏膜及上呼吸道有刺激作用,接触后引起咳嗽、胸痛、呼吸困难和胃肠道功能紊乱。人的嗅阈浓度为 $1000mg/m^3$。			
防护措施		呼吸系统防护:可能接触其蒸气时,应该佩戴防毒口罩。必要时应该佩戴自给式呼吸器。 眼睛防护:戴安全防护眼镜。 身体防护:穿相应的防护服。 手防护:戴防化学品手套			
危险性类别		易燃液体,类别3。			

序号	421	品名	2,6-二甲基吡啶	商品编码	2933.3990
别 名			2,6-二甲基氮杂苯	CAS 号	108-48-5
英文名			2,6-dimethylpyridine		
分子式			C_7H_9N		
外观与性状			无色、油状液体,有特臭。		
主要用途			在医药上可制治疗各种类型高血压病药及急救药,另外还用作杀虫剂及助染剂等。		
危险特性			本品易燃,遇高热、明火有引起燃烧的危险;受热分解释放出有毒的氧化氮烟气;与氧化剂接触反应猛烈。		
健康危害			本品具有刺激性,对神经系统、肝、肾有损害。接触后出现眼睛、皮肤和黏膜刺激症状,并引起头痛、眩晕、恶心、呕吐、精神迟钝、腹痛、腹泻等。		
防护措施			呼吸系统防护:可能接触其蒸气时,应该佩戴过滤式防毒面具(半面罩)。紧急事态抢救或撤离时,建议佩戴空气呼吸器。 眼睛防护:戴化学安全防护眼镜。 身体防护:穿胶布防毒衣。 手防护:戴橡胶耐油手套。 其他防护:工作现场严禁吸烟。工作完毕,淋浴更衣。实行就业前和定期的体检。保持良好的卫生习惯。		
危险性类别			易燃液体,类别3。		

序号	422	品名	3,4-二甲基吡啶	商品编码	2933.3990
别 名			3,4-二甲基氮杂苯	CAS 号	583-58-4
英文名			3,4-dimethylpyridine		
分子式			C_7H_9N		
外观与性状			无色液体,有吸湿性。		
主要用途			用于有机合成。		
危险特性			本品蒸气与空气可形成爆炸性混合物,遇明火、高热能引起燃烧爆炸;与氧化剂可发生反应;受高热分解释放出有毒的气体;若遇高热,容器内压增大,有开裂和爆炸的危险。		
健康危害			吸入、摄入或经皮肤吸收本品后会引起中毒;刺激眼睛、皮肤和呼吸系统;损害神经系统、肝和肾。		
防护措施			呼吸系统防护:可能接触其蒸气时,应该佩戴防毒口罩。必要时应该佩戴自给式呼吸器。 眼睛防护:戴安全防护眼镜。 身体防护:穿防静电工作服。 手防护:戴防化学品手套。		
危险性类别			易燃液体,类别3;急性毒性—经皮肤,类别2。		

序号	423	品名	3,5-二甲基吡啶	商品编码	2933.3990
别　　名			3,5-二甲基氮杂苯	CAS 号	591-22-0
英文名			3,5-dimethylpyridine		
分子式			C_7H_9N		
外观与性状			无色液体，有异味。		
主要用途			用于有机合成。		
危险特性			本品易燃，遇明火、高热或与氧化剂接触，有引起燃烧爆炸的危险；受热分解释放出有毒的氧化氮烟气。		
健康危害			本品具有刺激性，对神经系统、肝、肾有损害；接触后出现眼睛、皮肤和黏膜刺激症状，并引起头痛、眩晕、恶心、呕吐、精神迟钝、腹痛、腹泻等。		
防护措施			呼吸系统防护：可能接触其蒸气时，应该佩戴过滤式防毒面具（半面罩）。紧急事态抢救或撤离时，建议佩戴空气呼吸器。 眼睛防护：戴化学安全防护眼镜。 身体防护：穿胶布防毒衣。 手防护：戴橡胶耐油手套。 其他防护：工作现场严禁吸烟。工作完毕，淋浴更衣。实行就业前和定期的体检。保持良好的卫生习惯。		
危险性类别			易燃液体，类别 3。		

序号	424	品名	N,N-二甲基苄胺	商品编码	2921.4990
别　　名			N-苄基二甲胺；苄基二甲胺	CAS 号	103-83-3
英文名			N-benzyl dimethylamine		
分子式			$C_9H_{13}N$		
外观与性状			无色至淡黄色液体。		
主要用途			用作催化剂、阻蚀剂、中和剂，也用于有机合成。		
危险特性			本品遇明火、高热易燃；与氧化剂可发生反应；具有腐蚀性；受高热分解，放出有毒的烟气。		
健康危害			本品有毒，会刺激眼睛、皮肤和黏膜；对呼吸道和皮肤有致敏作用；吸入会引起喉和支气管痉挛、炎症，化学性肺炎、肺水肿等。		
防护措施			呼吸系统防护：可能接触其蒸气时，佩戴防毒口罩。紧急事态抢救或逃生时，应该佩戴自给式呼吸器。 眼睛防护：戴化学安全防护眼镜。 身体防护：穿防腐工作服。 手防护：戴橡胶手套。		
危险性类别			易燃液体，类别 3；皮肤腐蚀/刺激，类别 1B；严重眼损伤/眼刺激，类别 1；危害水生环境—长期危害，类别 3。		

序号	425	品名	N,N-二甲基丙胺	商品编码	2921.1990
别 名			N,N-二甲基正丙胺	CAS 号	926-63-6
英文名			Dimethyl-N-propylamine		
分子式			$C_5H_{13}N$		
外观与性状			无色液体。		
主要用途			用于有机合成。		
危险特性			本品蒸气与空气可形成爆炸性混合物,遇明火、高热能引起燃烧爆炸;与氧化剂可发生反应;受高热分解释放出有毒的气体;具有腐蚀性;若遇高热,容器内压增大,有开裂和爆炸的危险。		
健康危害			本品有毒,会刺激眼睛、皮肤和黏膜;对呼吸道和皮肤有致敏作用;吸入会引起喉和支气管痉挛、炎症,化学性肺炎、肺水肿等。		
防护措施			呼吸系统防护:空气中浓度超标时,必须佩戴自吸过滤式防毒面具(半面罩)。紧急事态抢救或撤离时,应该佩戴空气呼吸器。 眼睛防护:戴化学安全防护眼镜。 身体防护:穿橡胶耐酸碱服。 手防护:戴橡胶耐酸碱手套。 其他防护:工作场所禁止吸烟、进食和饮水,饭前要洗手。工作完毕,淋浴更衣。保持良好的卫生习惯。		
危险性类别			易燃液体,类别2。		

序号	426	品名	N,N-二甲基丙醇胺	商品编码	2922.1990
别 名			3-(二甲胺基)-1-丙醇	CAS 号	3179-63-3
英文名			N,N-dimethylpropanolamine		
分子式			$C_5H_{13}NO$		
外观与性状			透明琥珀色挥发性液体。		
主要用途			用于有机合成。		
危险特性			本品易燃,遇高热、明火有引起燃烧的危险;受高热分解释放出有毒的气体;与氧化剂能发生强烈反应。		
健康危害			吸入、口服或经皮肤吸收本品后对身体有害;其蒸气或雾对眼睛、黏膜和上呼吸道有刺激性;对皮肤有刺激性。		
防护措施			呼吸系统防护:空气中浓度超标时,建议佩戴过滤式防毒面具(半面罩)。紧急事态抢救或撤离时,应该佩戴空气呼吸器。 眼睛防护:戴化学安全防护眼镜。 身体防护:穿化学防护服。 手防护:戴橡胶手套。 其他防护:尽可能减少直接接触。工作现场禁止吸烟、进食和饮水。工作完毕,淋浴更衣。		
危险性类别			易燃液体,类别3。		

序号	427	品名	2,2-二甲基丙酸甲酯	商品编码	2915.6000
别　名			三甲基乙酸甲酯	CAS 号	598-98-1
英文名			Methyl pivalate		
分子式			$C_6H_{12}O_2$		
外观与性状			无色液体。		
主要用途			用作溶剂，用于有机合成。		
危险特性			本品蒸气与空气可形成爆炸性混合物，遇明火、高热极易燃烧爆炸；与氧化剂接触反应猛烈；若遇高热，容器内压增大，有开裂和爆炸的危险。		
健康危害			吸入、摄入或经皮肤吸收本品后对身体有害，具有刺激性。		
防护措施			呼吸系统防护：空气中浓度较高时，戴面具式呼吸器。 眼睛防护：必要时戴化学安全防护眼镜。 身体防护：穿防静电工作服。 手防护：戴防护手套。		
危险性类别			易燃液体，类别2。		

序号	428	品名	2,2-二甲基丙烷	商品编码	2901.1000
别　名			新戊烷	CAS 号	463-82-1
英文名			Neopentane		
分子式			C_5H_{12}		
外观与性状			无色气体或极易挥发的液体。		
主要用途			作为汽油的主要成分。		
危险特性			本品蒸气与空气可形成爆炸性混合物；遇热源和明火有燃烧爆炸的危险；与氧化剂能发生强烈反应，引起燃烧或爆炸；其蒸气比空气重，能在较低处扩散到相当远的地方，遇火源会着火回燃。		
健康危害			高浓度本品会引起眼睛与呼吸道黏膜轻度刺激症状和麻醉症状，严重者意识丧失；长期接触会导致轻度皮炎。		
防护措施			呼吸系统防护：一般不需要特殊防护，高浓度接触时可佩戴自吸过滤式防毒面具（半面罩）。 眼睛防护：一般不需要特殊防护，高浓度接触时可戴化学安全防护眼镜。 身体防护：穿防静电工作服。 手防护：戴一般作业防护手套。 其他防护：工作现场严禁吸烟。避免高浓度吸入。进入罐、限制性空间或其他高浓度区作业，须有人监护。		
危险性类别			易燃液体，类别2；急性毒性—经皮肤，类别3；皮肤腐蚀/刺激，类别1；严重眼损伤/眼刺激，类别1。		

序号	429	品名	1,3-二甲基丁胺		商品编码	2921.1990
别　名			2-氨基-4-甲基戊烷		CAS 号	108-09-8
英文名			1,3-dimethylbutylamine			
分子式			$C_6H_{15}N$			
外观与性状			无色液体。			
主要用途			用于有机合成。			
危险特性			本品易燃，遇明火、高热易燃；与氧化剂接触发生强烈反应，引起燃烧；其蒸气比空气重，能在较低处扩散到相当远的地方，遇火源会着火回燃。			
健康危害			吸入、口服或经皮肤吸收本品后对身体有害；蒸气或雾对眼睛、黏膜和上呼吸道有刺激作用，吸入后会因喉、支气管的痉挛、炎症，化学性肺炎或肺水肿而致死；长时间接触会引起强烈刺激或灼伤。			
防护措施			呼吸系统防护：可能接触其蒸气时，应该佩戴自吸过滤式防毒面具（半面罩）。紧急事态抢救或撤离时，建议佩戴氧气呼吸器或空气呼吸器。 眼睛防护：戴化学安全防护眼镜。 身体防护：穿防毒物渗透工作服。 手防护：戴橡胶耐油手套。 其他防护：工作现场禁止吸烟、进食和饮水。工作完毕，淋浴更衣。定期体检。			
危险性类别			易燃液体，类别 2；急性毒性—经皮肤，类别 3；皮肤腐蚀/刺激，类别 1；严重眼损伤/眼刺激，类别 1。			

序号	430	品名	1,3-二甲基丁醇乙酸酯		商品编码	2915.3900
别　名			乙酸仲己酯；2-乙酸-4-甲基戊酯		CAS 号	108-84-9
英文名			Sec-hexyl acetate			
分子式			$C_8H_{16}O_2$			
外观与性状			无色液体，有芳香气味，不溶于水，溶于乙醇等多数有机溶剂。			
主要用途			用作硝化纤维素及油漆的溶剂，也用于香料。			
危险特性			本品蒸气与空气可形成爆炸性混合物，遇明火、高热能引起燃烧爆炸；与氧化剂可发生反应；流速过快，容易产生和积聚静电；其蒸气比空气重，能在较低处扩散到相当远的地方，遇火源会着火回燃；若遇高热，容器内压增大，有开裂和爆炸的危险。			
健康危害			本品对眼睛有刺激作用，会引起头痛、麻醉作用。			
防护措施			呼吸系统防护：空气中浓度超标时，应该佩戴防毒口罩。必要时佩戴自给式呼吸器。 眼睛防护：一般不需特殊防护，高浓度接触时可戴化学安全防护眼镜。 身体防护：穿相应的防护服。 手防护：戴防护手套。			
危险性类别			易燃液体，类别 3；皮肤腐蚀/刺激，类别 2；严重眼损伤/眼刺激，类别 2B；特异性靶器官毒性—单次接触，类别 3（呼吸道刺激）。			

序号	431	品名	2,2-二甲基丁烷	商品编码	2901.1000
别 名			新己烷	CAS 号	75-83-2
英文名			2,2-dimethyl butane		
分子式			C_6H_{14}		
外观与性状			常温下微有异臭的液体,不溶于水,溶于醇、醚,可混溶于苯。		
主要用途			作为航空汽油和车用汽油的添加剂,也用于有机合成及用作气相色谱对比样品。		
危险特性			本品极易燃,其蒸气与空气可形成爆炸性混合物,遇明火、高热极易燃烧爆炸;与氧化剂接触发生化学反应,引起燃烧;在火场中,受热的容器有爆炸危险;其蒸气比空气重,能在较低处扩散到相当远的地方,遇火源会着火回燃。		
健康危害			高浓度本品吸入出现呼吸道刺激、轻度恶心、头痛、头晕等症状;极高浓度吸入会导致昏迷甚至死亡;液体对眼睛和皮肤有刺激作用;皮肤长期接触会致皮炎。		
防护措施			呼吸系统防护:一般不需要特殊防护,高浓度接触时可佩戴自吸过滤式防毒面具(半面罩)。 眼睛防护:必要时,戴化学安全防护眼镜。 身体防护:穿防静电工作服。 手防护:戴橡胶耐油手套。 其他防护:工作现场严禁吸烟。避免长期反复接触。		
危险性类别			易燃液体,类别2;皮肤腐蚀/刺激,类别2;特异性靶器官毒性—单次接触,类别3(麻醉效应);吸入危害,类别1;危害水生环境—急性危害,类别2;危害水生环境—长期危害,类别2。		

序号	432	品名	2,3-二甲基丁烷	商品编码	2901.1000
别 名			二异丙基	CAS 号	79-29-8
英文名			Diisopropyl		
分子式			C_6H_{14}		
外观与性状			无色液体,不溶于水,可混溶于水醇、酮、苯、醚。		
主要用途			用于有机合成。		
危险特性			本品蒸气与空气可形成爆炸性混合物,遇明火、高热极易燃烧爆炸;与氧化剂接触反应猛烈;流速过快,容易产生和积聚静电;其蒸气比空气重,能在较低处扩散到相当远的地方,遇火源会着火回燃;若遇高热,容器内压增大,有开裂和爆炸的危险。		
健康危害			吸入、摄入本品对身体有害,对眼睛、黏膜和上呼吸道有刺激作用。		
防护措施			呼吸系统防护:佩戴防毒口罩。 眼睛防护:戴安全防护眼镜。 身体防护:穿防静电工作服。 手防护:戴防护手套。		
危险性类别			易燃液体,类别2;皮肤腐蚀/刺激,类别2;特异性靶器官毒性—单次接触,类别3(麻醉效应);吸入危害,类别1;危害水生环境—急性危害,类别2;危害水生环境—长期危害,类别2。		

序号	433	品名	O,O-二甲基-对硝基苯基磷酸酯	商品编码	2919.9000
别 名			甲基对氧磷	CAS 号	950-35-6
英文名			Dimethyl-P-nitrophenylphosphate		
分子式			$C_8H_{10}NO_6P$		
防护措施			呼吸系统防护：佩戴防毒口罩。紧急事态抢救或逃生时，佩戴自给式呼吸器。 眼睛防护：戴化学安全防护眼镜。 防护服：穿相应的防护服。 手防护：戴防化学品手套。 其他防护：工作现场禁止吸烟、进食和饮水。注意个人清洁卫生。		
危险性类别			急性毒性—经口，类别1；危害水生环境—急性危害，类别1；危害水生环境—长期危害，类别1。		

序号	434	品名	二甲基二噁烷	商品编码	2932.9990
别 名				CAS 号	25136-55-4
英文名			Dimethyl-1,4-dioxane		
分子式			$C_6H_{12}O_2$		
外观与性状			易燃液体。		
危险特性			本品易燃，蒸气与空气混合可形成爆炸性混合物。		
防护措施			呼吸系统防护：佩戴防毒口罩。紧急事态抢救或逃生时，佩戴自给式呼吸器。 眼睛防护：戴化学安全防护眼镜。 防护服：穿相应的防护服。 手防护：戴防化学品手套。 其他防护：工作现场禁止吸烟、进食和饮水。注意个人清洁卫生。		
危险性类别			易燃液体，类别3＊。		

序号	435	品名	二甲基二氯硅烷	商品编码	2931.9000
别名			二氯二甲基硅烷	CAS号	75-78-5
英文名			Dimethyldichlorosilane		
分子式			$C_2H_6Cl_2Si$		
外观与性状			无色液体,在潮湿空气中发烟。		
主要用途			用作硅酮制造的中间体。		
危险特性			本品易燃,遇明火、高热或与氧化剂接触,有引起燃烧爆炸的危险;受热或遇水分解释放热,放出有毒的腐蚀性烟气;具有腐蚀性。		
健康危害			本品对呼吸道和眼睛、皮肤黏膜有强烈的刺激作用;吸入后会有喉、支气管的痉挛、水肿、炎症、化学性肺炎、肺水肿而致死;接触本品的工人会有眼痛、流泪、咳嗽、头痛、恶心、呕吐、喘息、易激动、皮肤发痒等症状。		
防护措施			呼吸系统防护:可能接触其蒸气时,应该佩戴自吸过滤式防毒面具(全面罩)。紧急事态抢救或撤离时,建议佩戴隔离式呼吸器。 眼睛防护:呼吸系统防护中已作防护。 身体防护:穿胶布防毒衣。 手防护:戴橡胶耐油手套。 其他防护:工作现场严禁吸烟。工作完毕,淋浴更衣。注意个人清洁卫生。		
危险性类别			易燃液体,类别2;皮肤腐蚀/刺激,类别2;严重眼损伤/眼刺激,类别2;特异性靶器官毒性—单次接触,类别3(呼吸道刺激)。		

序号	436	品名	二甲基二乙氧基硅烷	商品编码	2931.9000
别名			二乙氧基二甲基硅烷	CAS号	78-62-6
英文名			Diethoxydimethylsilane		
分子式			$C_6H_{16}O_2Si$		
外观与性状			无色透明液体。		
主要用途			用作化学试剂及合成高分子有机硅化合物的原料。		
危险特性			本品易燃,遇高热、明火及强氧化剂易引起燃烧;其蒸气比空气重,能在较低处扩散到相当远的地方,遇火源会着火回燃。		
健康危害			吸入、口服或经皮肤吸收本品对身体有害;其蒸气或雾对眼睛、皮肤、黏膜和上呼吸道有刺激作用;长时间接触会引起恶心、头晕、头痛和胃肠功能紊乱。		
防护措施			呼吸系统防护:可能接触其蒸气时,应该佩戴过滤式防毒面具(半面罩)。 眼睛防护:戴化学安全防护眼镜。 身体防护:穿防毒物渗透工作服。 手防护:戴橡胶耐油手套。 其他防护:工作现场严禁吸烟。工作完毕,淋浴更衣。注意个人清洁卫生。		
危险性类别			易燃液体,类别2;危害水生环境—急性危害,类别2。		

序号	437	品名	2,5-二甲基呋喃	商品编码	2932.1900
别　名			2,5-二甲基氧杂茂	CAS 号	625-86-5
英文名			2,5-dimethylfuran		
分子式			C_6H_8O		
外观与性状			无色液体。		
主要用途			作溶剂用。		
危险特性			本品蒸气与空气可形成爆炸性混合物，遇明火、高热极易燃烧爆炸；与氧化剂接触反应猛烈；流速过快，容易产生和积聚静电；其蒸气比空气重，能在较低处扩散到相当远的地方，遇火源会着火回燃；若遇高热，容器内压增大，有开裂和爆炸的危险。		
健康危害			吸入、摄入或经皮肤吸收本品后对身体有害，有刺激作用。		
防护措施			呼吸系统防护：空气中浓度较高时，应该佩戴防毒面具。 眼睛防护：戴化学安全防护眼镜。 身体防护：穿防静电工作服。 手防护：戴防护手套。		
危险性类别			易燃液体，类别 2；危害水生环境—长期危害，类别 3。		

序号	438	品名	2,2-二甲基庚烷	商品编码	2901.1000
别　名				CAS 号	1071-26-7
英文名			2,2-dimethylheptane		
分子式			C_9H_{20}		
外观与性状			无色液体。		
主要用途			用作气相色谱对比样品。		
危险特性			本品蒸气与空气可形成爆炸性混合物，遇明火、高热能引起燃烧爆炸；与氧化剂可发生反应；流速过快，容易产生和积聚静电；其蒸气比空气重，能在较低处扩散到相当远的地方，遇火源会着火回燃；若遇高热，容器内压增大，有开裂和爆炸的危险。		
健康危害			本品对黏膜有刺激作用，高浓度时有麻醉作用。		
防护措施			呼吸系统防护：空气中浓度较高时，应该佩戴防毒面具。 眼睛防护：戴化学安全防护眼镜。 身体防护：穿防静电工作服。 手防护：戴防护手套。		
危险性类别			易燃液体，类别 3；危害水生环境—急性危害，类别 1；危害水生环境—长期危害，类别 1。		

序号	439	品名	2,3-二甲基庚烷	商品编码	2901.1000
别 名				CAS 号	3074-71-3

英文名	2,3-dimethylheptane
分子式	C_9H_{20}
外观与性状	无色液体。
主要用途	用作气相色谱对比样品。
危险特性	本品蒸气与空气可形成爆炸性混合物，遇明火、高热能引起燃烧爆炸；与氧化剂可发生反应；流速过快，容易产生和积聚静电；其蒸气比空气重，能在较低处扩散到相当远的地方，遇火源会着火回燃；若遇高热，容器内压增大，有开裂和爆炸的危险。
健康危害	本品对黏膜有刺激作用，高浓度时有麻醉作用。
防护措施	呼吸系统防护：空气中浓度较高时，应该佩戴防毒面具。 眼睛防护：戴化学安全防护眼镜。 身体防护：穿防静电工作服。 手防护：戴防护手套。
危险性类别	易燃液体，类别3；危害水生环境—急性危害，类别1；危害水生环境—长期危害，类别1。

序号	440	品名	2,4-二甲基庚烷	商品编码	2901.1000
别 名				CAS 号	2213-23-2

英文名	2,4-dimethylheptane
分子式	C_9H_{20}
外观与性状	无色液体。
主要用途	用作气相色谱对比样品。
危险特性	本品蒸气与空气可形成爆炸性混合物，遇明火、高热能引起燃烧爆炸；与氧化剂可发生反应；流速过快，容易产生和积聚静电；其蒸气比空气重，能在较低处扩散到相当远的地方，遇火源会着火回燃；若遇高热，容器内压增大，有开裂和爆炸的危险。
健康危害	本品对黏膜有刺激作用，高浓度时有麻醉作用。
防护措施	呼吸系统防护：空气中浓度较高时，应该佩戴防毒面具。 眼睛防护：戴化学安全防护眼镜。 身体防护：穿防静电工作服。 手防护：戴防护手套。
危险性类别	易燃液体，类别3；危害水生环境—急性危害，类别1；危害水生环境—长期危害，类别1。

序号	441	品名	2,5-二甲基庚烷	商品编码	2901.1000
别 名				CAS 号	2216-30-0
英文名	2,5-dimethylheptane					
分子式	C_9H_{20}					
外观与性状	无色液体。					
主要用途	用作气相色谱对比样品。					
危险特性	本品蒸气与空气可形成爆炸性混合物，遇明火、高热能引起燃烧爆炸；与氧化剂可发生反应；流速过快，容易产生和积聚静电；其蒸气比空气重，能在较低处扩散到相当远的地方，遇火源会着火回燃；若遇高热，容器内压增大，有开裂和爆炸的危险。					
健康危害	本品对黏膜有刺激作用，高浓度时有麻醉作用。					
防护措施	呼吸系统防护：应该佩戴口罩。 眼睛防护：高浓度接触时，戴安全防护眼镜。 身体防护：穿防静电工作服。 手防护：戴防护手套。					
危险性类别	易燃液体，类别3；危害水生环境—急性危害，类别1；危害水生环境—长期危害，类别1。					

序号	442	品名	3,3-二甲基庚烷	商品编码	2901.1000
别 名				CAS 号	4032-86-4
英文名	3,3-dimethylheptane					
分子式	C_9H_{20}					
外观与性状	无色液体。					
主要用途	用作气相色谱对比样品。					
危险特性	本品蒸气与空气可形成爆炸性混合物，遇明火、高热能引起燃烧爆炸；与氧化剂可发生反应；流速过快，容易产生和积聚静电；其蒸气比空气重，能在较低处扩散到相当远的地方，遇火源会着火回燃；若遇高热，容器内压增大，有开裂和爆炸的危险。					
健康危害	本品对黏膜有刺激作用，高浓度时有麻醉作用。					
防护措施	呼吸系统防护：应该佩戴口罩。 眼睛防护：高浓度接触时，戴安全防护眼镜。 身体防护：穿防静电工作服。 手防护：戴防护手套。					
危险性类别	易燃液体，类别3；危害水生环境—急性危害，类别1；危害水生环境—长期危害，类别1。					

序号	443	品名	3,4-二甲基庚烷	商品编码	2901.1000
别　名				CAS 号	922-28-1
英文名		3,4-dimethylheptane			
分子式		C_9H_{20}			
外观与性状		无色液体。			
主要用途		用作气相色谱对比样品。			
危险特性		本品蒸气与空气可形成爆炸性混合物，遇明火、高热能引起燃烧爆炸；与氧化剂可发生反应；流速过快，容易产生和积聚静电；其蒸气比空气重，能在较低处扩散到相当远的地方，遇火源会着火回燃；若遇高热，容器内压增大，有开裂和爆炸的危险。			
健康危害		本品对黏膜有刺激作用，高浓度时有麻醉作用。			
防护措施		呼吸系统防护：应该佩戴口罩。 眼睛防护：高浓度接触时，戴安全防护眼镜。 身体防护：穿防静电工作服。 手防护：戴防护手套。			
危险性类别		易燃液体，类别 3；危害水生环境—急性危害，类别 1；危害水生环境—长期危害，类别 1。			

序号	444	品名	3,5-二甲基庚烷	商品编码	2901.1000
别　名				CAS 号	926-82-9
英文名		3,5-dimethylheptane			
分子式		C_9H_{20}			
外观与性状		无色液体。			
主要用途		用作气相色谱对比样品。			
危险特性		本品蒸气与空气可形成爆炸性混合物，遇明火、高热能引起燃烧爆炸；与氧化剂可发生反应；流速过快，容易产生和积聚静电；其蒸气比空气重，能在较低处扩散到相当远的地方，遇火源会着火回燃；若遇高热，容器内压增大，有开裂和爆炸的危险。			
健康危害		本品对黏膜有刺激作用，高浓度时有麻醉作用。			
防护措施		呼吸系统防护：可能接触其蒸气时，佩戴防毒口罩。高浓度接触时，应该佩戴防毒面具。 眼睛防护：高浓度接触时，戴安全防护眼镜。 身体防护：穿防静电工作服。 手防护：戴防护手套。			
危险性类别		易燃液体，类别 3；危害水生环境—急性危害，类别 1；危害水生环境—长期危害，类别 1。			

序号	445	品名	4,4-二甲基庚烷	商品编码	2901.1000
别　名				CAS 号	1068-19-5
英文名	4,4-dimethylheptane				
分子式	C_9H_{20}				
外观与性状	无色液体。				
主要用途	用作气相色谱对比样品。				
危险特性	本品蒸气与空气可形成爆炸性混合物，遇明火、高热能引起燃烧爆炸；与氧化剂可发生反应；流速过快，容易产生和积聚静电；其蒸气比空气重，能在较低处扩散到相当远的地方，遇火源会着火回燃；若遇高热，容器内压增大，有开裂和爆炸的危险。				
健康危害	本品对黏膜有刺激作用，高浓度时有麻醉作用。				
防护措施	呼吸系统防护：应该佩戴口罩。 眼睛防护：高浓度接触时，戴安全防护眼镜。 身体防护：穿防静电工作服。 手防护：戴防护手套。				
危险性类别	易燃液体，类别 3；危害水生环境—急性危害，类别 1；危害水生环境—长期危害，类别 1。				

序号	446	品名	N,N-二甲基环己胺	商品编码	2921.3000
别　名	二甲氨基环己烷			CAS 号	98-94-2
英文名	N,N-dimethylcyclohexylamine				
分子式	$C_8H_{17}N$				
外观与性状	无色液体。				
主要用途	用作催化剂，橡胶促进剂的中间体，以及用于织物处理。				
危险特性	本品遇明火、高热或与氧化剂接触，有引起燃烧爆炸的危险；受高热分解释放出有毒的气体；具有腐蚀性。				
健康危害	本品对黏膜、上呼吸道、眼睛和皮肤有强烈的刺激性。吸入后，会因喉及支气管的痉挛、炎症、水肿，化学性肺炎或肺水肿而致死。接触后出现烧灼感、咳嗽、喘息、喉炎、气短、头痛、恶心和呕吐等症状。				
防护措施	呼吸系统防护：可能接触其蒸气时，佩戴自吸过滤式防毒面具（全面罩）。紧急事态抢救或撤离时，建议佩戴空气呼吸器。 眼睛防护：呼吸系统防护中已作防护。 身体防护：戴橡胶耐酸碱手套。 手防护：戴橡胶耐油手套。 其他防护：工作现场禁止吸烟、进食和饮水。工作完毕，淋浴更衣。实行就业前和定期的体检。				
危险性类别	易燃液体，类别 3；急性毒性—经皮肤，类别 3；急性毒性—吸入，类别 2；皮肤腐蚀/刺激，类别 1；严重眼损伤/眼刺激，类别 1；特异性靶器官毒性—单次接触，类别 1；特异性靶器官毒性—单次接触，类别 3（呼吸道刺激）；危害水生环境—急性危害，类别 1；危害水生环境—长期危害，类别 1。				

序号	447	品名	1,1-二甲基环己烷	商品编码	2902.1990
别名				CAS 号	590-66-9
英文名		1,1-dimethyl cyclohexane			
分子式		C_8H_{16}			
外观与性状		无色液体。			
主要用途		用作化学中间体、分析试剂，用于有机合成。			
危险特性		本品蒸气与空气可形成爆炸性混合物，遇热源和明火有燃烧爆炸的危险；与氧化剂能发生强烈反应，引起燃烧或爆炸；在火场中，受热的容器有爆炸危险；其蒸气比空气重，能在较低处扩散到相当远的地方，遇火源会着火回燃。			
健康危害		无人吸入中毒资料，动物吸入有麻醉作用。			
防护措施		呼吸系统防护：一般不需要特殊防护，高浓度接触时可佩戴自吸过滤式防毒面具（半面罩）。 眼睛防护：必要时，戴化学安全防护眼镜。 身体防护：穿防静电工作服。 手防护：戴橡胶耐油手套。 其他防护：工作现场严禁吸烟。避免长期反复接触。			
危险性类别		易燃液体，类别2；危害水生环境—急性危害，类别2；危害水生环境—长期危害，类别2。			

序号	448	品名	1,2-二甲基环己烷	商品编码	2902.1990
别名				CAS 号	583-57-3
英文名		1,2-dimethylcyclohexane			
分子式		C_8H_{16}			
外观与性状		无色透明液体。			
主要用途		用于有机合成，用作分析试剂、溶剂。			
危险特性		本品蒸气与空气形成爆炸性混合物，遇明火、高热或与氧化剂接触，有引起燃烧爆炸的危险；与氧化剂可发生反应；其蒸气比空气重，能在较低处扩散到相当远的地方，遇明火会着火回燃；若遇高热，容器内压增大，有开裂和爆炸的危险。			
健康危害		本品有刺激作用，浓度高时有麻醉作用。			
防护措施		呼吸系统防护：应该佩戴口罩。高浓度接触时，应该佩戴防毒面具。 眼睛防护：戴安全防护眼镜。 身体防护：穿防静电工作服。 手防护：戴防护手套。			
危险性类别		易燃液体，类别2；危害水生环境—急性危害，类别2；危害水生环境—长期危害，类别2。			

序号	449	品名	1,3-二甲基环己烷		商品编码	2902.1990
别 名					CAS 号	591-21-9
英文名	1,3-dimethyl cyclohexane					
分子式	C_8H_{16}					
外观与性状	无色透明液体。					
主要用途	用于有机合成,并用作分析试剂。					
危险特性	本品蒸气与空气可形成爆炸性混合物,遇明火、高热极易燃烧爆炸;与氧化剂接触反应猛烈;流速过快,容易产生和积聚静电;其蒸气比空气重,能在较低处扩散到相当远的地方,遇火源会着火回燃;若遇高热,容器内压增大,有开裂和爆炸的危险。					
健康危害	本品有刺激作用,浓度高时有麻醉作用。					
防护措施	呼吸系统防护:空气中浓度超标时,必须佩戴自吸过滤式防毒面具(半面罩)。紧急事态抢救或撤离时,应该佩戴空气呼吸器。 眼睛防护:戴化学安全防护眼镜。 身体防护:穿防静电工作服。 手防护:戴橡胶手套。 其他防护:工作场所禁止吸烟、进食和饮水,饭前要洗手。工作完毕,淋浴更衣。保持良好的卫生习惯。					
危险性类别	易燃液体,类别2;危害水生环境—急性危害,类别2;危害水生环境—长期危害,类别2。					

序号	450	品名	1,4-二甲基环己烷		商品编码	2902.1990
别 名					CAS 号	589-90-2
英文名	1,4-dimethyl cyclohexane					
分子式	C_8H_{16}					
外观与性状	无色透明液体。					
主要用途	用于有机合成,用作溶剂。					
危险特性	本品蒸气与空气可形成爆炸性混合物,遇明火、高热极易燃烧爆炸;与氧化剂接触反应猛烈;流速过快,容易产生和积聚静电;其蒸气比空气重,能在较低处扩散到相当远的地方,遇火源会着火回燃;若遇高热,容器内压增大,有开裂和爆炸的危险。					
健康危害	本品有刺激作用,浓度高时有麻醉作用。					
防护措施	呼吸系统防护:应该佩戴口罩。高浓度接触时,应该佩戴防毒面具。 眼睛防护:戴安全防护眼镜。 身体防护:穿防静电工作服。 手防护:戴防护手套。					
危险性类别	易燃液体,类别2;皮肤腐蚀/刺激,类别2;特异性靶器官毒性—单次接触,类别3(麻醉效应);吸入危害,类别1;危害水生环境—急性危害,类别2;危害水生环境—长期危害,类别2。					

序号	451	品名	1,1-二甲基环戊烷	商品编码 2902.1990
别 名				CAS 号 1638-26-2
英文名		1,1-dimethylcyclopentane		
分子式		C_7H_{14}		
外观与性状		无色液体。		
主要用途		用于有机合成。		
危险特性		本品易燃，其蒸气与空气可形成爆炸性混合物，遇热源和明火有燃烧爆炸的危险；在火场中，受热的容器有爆炸危险；与氧化剂能发生强烈反应，引起燃烧或爆炸；其蒸气比空气重，能在较低处扩散到相当远的地方，遇火源会着火回燃。		
健康危害		本品属烃类，吸入高浓度烃类化合物蒸气会引起轻度呼吸道刺激、头晕、恶心、嗜睡；极高浓度吸入会导致昏迷甚至死亡；液体进入肺部，会引起吸入性肺炎或肺水肿。高浓度本品蒸气对眼睛有刺激性；液体会引起眼部暂性红肿和疼痛，对皮肤有轻度刺激性，反复接触会导致皮炎；口服会引起恶心和腹泻。		
防护措施		呼吸系统防护：空气中浓度超标时，必须佩戴自吸过滤式防毒面具（半面罩）。紧急事态抢救或撤离时，应该佩戴空气呼吸器。 眼睛防护：戴化学安全防护眼镜。 身体防护：穿防静电工作服。 手防护：戴橡胶手套。 其他防护：工作场所禁止吸烟、进食和饮水，饭前要洗手。工作完毕，淋浴更衣。保持良好的卫生习惯。		
危险性类别		易燃液体，类别2。		

序号	452	品名	1,2-二甲基环戊烷	商品编码 2902.1990
别　名				CAS号 2452-99-5
英文名	1,2-dimethylcyclopentane			
分子式	C_7H_{14}			
外观与性状	无色液体。			
主要用途	用于有机合成。			
危险特性	本品易燃，其蒸气与空气可形成爆炸性混合物，遇热源和明火有燃烧爆炸的危险；在火场中，受热的容器有爆炸危险；与氧化剂能发生强烈反应，引起燃烧或爆炸；其蒸气比空气重，能在较低处扩散到相当远的地方，遇火源会着火回燃。			
健康危害	本品属烃类，吸入高浓度烃类化合物蒸气会引起轻度呼吸道刺激、头晕、恶心、嗜睡；极高浓度吸入会导致昏迷甚至死亡；液体进入肺部，会引起吸入性肺炎或肺水肿。高浓度本品蒸气对眼睛有刺激性；液体会引起眼部暂性红肿和疼痛，对皮肤有轻度刺激性，反复接触会导致皮炎；口服会引起恶心和腹泻。			
防护措施	呼吸系统防护：一般不需要特殊防护，高浓度接触时可佩戴自吸过滤式防毒面具（半面罩）。 眼睛防护：必要时，戴化学安全防护眼镜。 身体防护：穿防静电工作服。 手防护：戴橡胶耐油手套。 其他防护：工作现场严禁吸烟。避免长期反复接触。			
危险性类别	易燃液体，类别2。			

序号	453	品名　1,3-二甲基环戊烷	商品编码	2902.1990
别　名			CAS号	2453-00-1
英文名		1,3-dimethylcyclopentane		
分子式		C_7H_{14}		
外观与性状		无色液体。		
主要用途		用于有机合成。		
危险特性		本品易燃,其蒸气与空气可形成爆炸性混合物,遇热源和明火有燃烧爆炸的危险;在火场中,受热的容器有爆炸危险;与氧化剂能发生强烈反应,引起燃烧或爆炸;其蒸气比空气重,能在较低处扩散到相当远的地方,遇火源会着火回燃。		
健康危害		本品属烃类,吸入高浓度烃类化合物蒸气会引起轻度呼吸道刺激、头晕、恶心、嗜睡;极高浓度吸入会导致昏迷甚至死亡;液体进入肺部,会引起吸入性肺炎或肺水肿。高浓度本品蒸气对眼睛有刺激性;液体会引起眼部暂性红肿和疼痛,对皮肤有轻度刺激性,反复接触会导致皮炎;口服会引起恶心和腹泻。		
防护措施		呼吸系统防护:一般不需要特殊防护,高浓度接触时可佩戴自吸过滤式防毒面具(半面罩)。 眼睛防护:必要时,戴化学安全防护眼镜。 身体防护:穿防静电工作服。 手防护:戴橡胶耐油手套。 其他防护:工作现场严禁吸烟。避免长期反复接触。		
危险性类别		易燃液体,类别2。		

序号	454	品名	2,2-二甲基己烷	商品编码	2901.1000
别　名				CAS 号	590-73-8
英文名	2,2-dimethyl hexane				
分子式	C_8H_{18}				
外观与性状	无色液体。				
主要用途	用作化学试剂、气相色谱对比样品。				
危险特性	本品蒸气与空气可形成爆炸性混合物，遇热源和明火有燃烧爆炸的危险；与氧化剂能发生强烈反应；在火场中，受热的容器有爆炸危险；其蒸气比空气重，能在较低处扩散到相当远的地方，遇火源会着火回燃。				
健康危害	吸入或口服本品对身体有害，对黏膜、皮肤和上呼吸道有刺激作用。				
防护措施	呼吸系统防护：空气中浓度超标时，佩戴过滤式防毒面具（半面罩）。 眼睛防护：必要时，戴化学安全防护眼镜。 身体防护：穿防静电工作服。 手防护：戴橡胶耐油手套。 其他防护：工作现场严禁吸烟。避免长期反复接触。				
危险性类别	易燃液体，类别 2；皮肤腐蚀/刺激，类别 2；特异性靶器官毒性—单次接触，类别 3（麻醉效应）；吸入危害，类别 1；危害水生环境—急性危害，类别 1；危害水生环境—长期危害，类别 1。				

序号	455	品名	2,3-二甲基己烷	商品编码	2901.1000
别　名				CAS 号	584-94-1
英文名	2,3-dimethylhexane				
分子式	C_8H_{18}				
外观与性状	无色澄清液体。				
主要用途	用作化学试剂，用于有机合成。				
危险特性	本品蒸气与空气可形成爆炸性混合物，遇热源和明火有燃烧爆炸的危险；与氧化剂能发生强烈反应；在火场中，受热的容器有爆炸危险；其蒸气比空气重，能在较低处扩散到相当远的地方，遇火源会着火回燃。				
健康危害	吸入或口服对本品身体有害，对黏膜、皮肤和上呼吸道有刺激作用。				
防护措施	呼吸系统防护：空气中浓度较高时，佩戴过滤式防毒面具（半面罩）。 眼睛防护：必要时，戴化学安全防护眼镜。 身体防护：穿防静电工作服。 手防护：戴橡胶耐油手套。 其他防护：工作现场严禁吸烟。避免长期反复接触。				
危险性类别	易燃液体，类别 2；皮肤腐蚀/刺激，类别 2；特异性靶器官毒性—单次接触，类别 3（麻醉效应）；吸入危害，类别 1；危害水生环境—急性危害，类别 1；危害水生环境—长期危害，类别 1。				

序号	456	品名	2,4-二甲基己烷	商品编码	2901.1000
别　　名				CAS 号	589-43-5
英文名	2,4-dimethylhexane					
分子式	C_8H_{18}					
外观与性状	无色澄清液体。					
主要用途	用作色谱分析标准物质及用于有机合成。					
危险特性	本品蒸气与空气可形成爆炸性混合物，遇热源和明火有燃烧爆炸的危险；与氧化剂能发生强烈反应；在火场中，受热的容器有爆炸危险；其蒸气比空气重，能在较低处扩散到相当远的地方，遇火源会着火回燃。					
健康危害	吸入或口服本品对身体有害，对黏膜、皮肤和上呼吸道有刺激作用。					
防护措施	呼吸系统防护：空气中浓度超标时，佩戴过滤式防毒面具（半面罩）。 眼睛防护：必要时，戴化学安全防护眼镜。 身体防护：穿防静电工作服。 手防护：戴橡胶耐油手套。 其他防护：工作现场严禁吸烟。避免长期反复接触。					
危险性类别	易燃液体，类别 2；皮肤腐蚀/刺激，类别 2；特异性靶器官毒性—单次接触，类别 3（麻醉效应）；吸入危害，类别 1；危害水生环境—急性危害，类别 1；危害水生环境—长期危害，类别 1。					

序号	457	品名	3,3-二甲基己烷	商品编码	2901.1000
别　　名				CAS 号	563-16-6
英文名	3,3-dimethylhexane					
分子式	C_8H_{18}					
外观与性状	无色澄清液体。					
主要用途	用作色谱分析标准物质及用于有机合成。					
危险特性	本品蒸气与空气可形成爆炸性混合物，遇热源和明火有燃烧爆炸的危险；与氧化剂能发生强烈反应；在火场中，受热的容器有爆炸危险；其蒸气比空气重，能在较低处扩散到相当远的地方，遇火源会着火回燃。					
健康危害	吸入或口服本品对身体有害，对黏膜、皮肤和上呼吸道有刺激作用。					
防护措施	呼吸系统防护：空气中浓度超标时，佩戴过滤式防毒面具（半面罩）。 眼睛防护：必要时，戴化学安全防护眼镜。 身体防护：穿防静电工作服。 手防护：戴橡胶耐油手套。 其他防护：工作现场严禁吸烟。避免长期反复接触。					
危险性类别	易燃液体，类别 2；皮肤腐蚀/刺激，类别 2；特异性靶器官毒性—单次接触，类别 3（麻醉效应）；吸入危害，类别 1；危害水生环境—急性危害，类别 1；危害水生环境—长期危害，类别 1。					

序号	458	品名	3,4-二甲基己烷	商品编码	2901.1000
别　名				CAS 号	583-48-2
英文名		3,4-dimethylhexane			
分子式		C_8H_{18}			
外观与性状		无色澄清液体。			
主要用途		用作色谱分析标准物质及用于有机合成。			
危险特性		本品蒸气与空气可形成爆炸性混合物，遇热源和明火有燃烧爆炸的危险；与氧化剂能发生强烈反应；在火场中，受热的容器有爆炸危险；其蒸气比空气重，能在较低处扩散到相当远的地方，遇火源会着火回燃。			
健康危害		吸入或口服本品对身体有害，对黏膜、皮肤和上呼吸道有刺激作用。			
防护措施		呼吸系统防护：空气中浓度超标时，佩戴过滤式防毒面具（半面罩）。 眼睛防护：必要时，戴化学安全防护眼镜。 身体防护：穿防静电工作服。 手防护：戴橡胶耐油手套。 其他防护：工作现场严禁吸烟。避免长期反复接触。			
危险性类别		易燃液体，类别 2；皮肤腐蚀/刺激，类别 2；特异性靶器官毒性—单次接触，类别 3（麻醉效应）；吸入危害，类别 1；危害水生环境—急性危害，类别 1；危害水生环境—长期危害，类别 1。			

序号	459	品名	N,N-二甲基甲酰胺	商品编码	2924.1910
别　名		甲酰二甲胺		CAS 号	1968-12-2
英文名		N,N-dimethylformamide			
分子式		C_3H_7NO			
外观与性状		无色液体，有微弱的特殊臭味。			
主要用途		主要用作工业溶剂，医药工业上用于生产维生素、激素，也用于制造杀虫脒。			
危险特性		本品易燃，遇明火、高热或与氧化剂接触，有引起燃烧爆炸的危险；能与浓硫酸、发烟硝酸起猛烈反应，甚至发生爆炸；与卤化物（如四氯化碳）能发生强烈反应。			
健康危害		本品易燃，具有刺激性。			
防护措施		呼吸系统防护：空气中浓度超标时，佩戴过滤式防毒面具（半面罩）。 眼睛防护：戴化学安全防护眼镜。 身体防护：穿化学防护服。 手防护：戴橡胶手套。 其他防护：工作现场严禁吸烟。工作完毕，淋浴更衣。			
危险性类别		易燃液体，类别 3；严重眼损伤/眼刺激，类别 2；生殖毒性，类别 1B。			

序号	460	品名	1,1-二甲基肼	商品编码	2928.0000
别名		二甲基肼(不对称);N,N-二甲基肼		CAS号	57-14-7
英文名		Dimethyl hydrazine(unsymmetrical)			
分子式		$C_2H_8N_2$			
外观与性状		无色带有氨气味的液体,具有吸湿性。			
主要用途		用于化学合成,用作有机过氧化物的稳定剂、酸性气体吸收剂,还用于照相及农业。			
危险特性		本品易燃,其蒸气与空气可形成爆炸性混合物,遇明火、高热极易燃烧爆炸;遇高热分解释出剧毒的气体;遇氧化剂及铝反应剧烈。			
健康危害		意外吸入少量本品蒸气,先出现鼻、咽喉刺激,呼吸困难,之后出现恶心、剧烈呕吐、轻度结膜炎;眼睛内溅入会产生眼睛刺激症状;皮肤接触其液体会导致灼伤,也会引起过敏性皮炎。慢性影响:有报道长期接触本品,实验室检查显示有肝功能改变,但无症状和体征。			
防护措施		呼吸系统防护:可能接触其蒸气时,必须佩戴导管式防毒面具。 眼睛防护:呼吸系统防护中已作防护。 身体防护:穿胶布防毒衣。 手防护:戴橡胶耐油手套。 其他防护:工作现场严禁吸烟。工作完毕,淋浴更衣。实行就业前和定期的体检。保持良好的卫生习惯。			
危险性类别		易燃液体,类别2;急性毒性—经口,类别3;急性毒性—经皮肤,类别3;急性毒性—吸入,类别2;皮肤腐蚀/刺激,类别1B;严重眼损伤/眼刺激,类别1;致癌性,类别2;危害水生环境—急性危害,类别2;危害水生环境—长期危害,类别2。			

序号	461	品名	1,2-二甲基肼	商品编码	2928.0000
别名		二甲基肼(对称)		CAS号	540-73-8
英文名		Dimethyl hydrazine (symmetrical)			
分子式		$C_2H_8N_2$			
外观与性状		无色带氨气味、有吸湿性的液体。			
危险特性		本品易燃,其蒸气与空气可形成爆炸性混合物,遇明火、高热极易燃烧爆炸;遇高热分解释出剧毒的气体;与氧化剂能发生强烈反应,引起燃烧或爆炸。			
健康危害		误服、吸入或经皮肤吸收本品后引起中毒;蒸气对黏膜有刺激作用;可致皮肤灼伤。			
防护措施		呼吸系统防护:可能接触其蒸气时,必须佩戴导管式防毒面具。 眼睛防护:呼吸系统防护中已作防护。 身体防护:穿胶布防毒衣。 手防护:戴橡胶耐油手套。 其他防护:工作现场严禁吸烟。工作完毕,淋浴更衣。实行就业前和定期的体检。保持良好的卫生习惯。			
危险性类别		易燃液体,类别3;急性毒性—经口,类别3;急性毒性—经皮肤,类别3;急性毒性—吸入,类别2;致癌性,类别1B;危害水生环境—急性危害,类别2;危害水生环境—长期危害,类别2。			

序号	462	品名	O,O'-二甲基硫代磷酰氯		商品编码	2920.9000
别　名		二甲基硫代磷酰氯			CAS 号	2524-03-0
英文名		O,O'-dimethylthiophosphoryl chloride				
分子式		$C_2H_6ClO_2PS$				
外观与性状		无色或微黄色液体，有令人窒息的刺激性气味。				
主要用途		用于合成有机磷杀虫剂。				
危险特性		本品遇明火、高热可燃；当加热到120℃以上时，开始急剧分解；若遇高热可发生剧烈分解，引起容器破裂或爆炸事故；遇水或醇分解释出有毒烟雾；具有腐蚀性。				
健康危害		过量接触本品刺激上呼吸道；高浓度接触对肺有刺激性，出现咳嗽、不适、呼吸困难等症状；患呼吸系统疾病者，对本毒物的敏感性增加。				
防护措施		呼吸系统防护：可能接触其蒸气时，必须佩戴防毒面具或供气式头盔。紧急事态抢救或逃生时，建议佩戴自给式呼吸器。 眼睛防护：戴化学安全防护眼镜。 身体防护：穿工作服（防腐材料制作）。 手防护：戴橡皮手套。				
危险性类别		急性毒性—经皮肤，类别3；急性毒性—吸入，类别1；皮肤腐蚀/刺激，类别2；严重眼损伤/眼刺激，类别1；特异性靶器官毒性—单次接触，类别2；特异性靶器官毒性—反复接触，类别2；危害水生环境—长期危害，类别3。				

序号	463	品名	二甲基氯乙缩醛		商品编码	2911.0000
别　名		氯化醛酯			CAS 号	97-97-2
英文名		Dimethyl chloroacetal				
分子式		$C_4H_9ClO_2$				
外观与性状		无色液体，有刺激性臭味。				
主要用途		用于有机合成。				
危险特性		本品蒸气与空气可形成爆炸性混合物，遇明火、高热能引起燃烧爆炸；与氧化剂可发生反应；其蒸气比空气重，能在较低处扩散到相当远的地方，遇火源会着火回燃；若遇高热，容器内压增大，有开裂和爆炸的危险。				
健康危害		吸入、摄入或经皮肤吸收本品对身体有害；对眼睛、皮肤、黏膜和上呼吸道有刺激性。				
防护措施		呼吸系统防护：可能接触其蒸气时，应该佩戴防毒口罩。 眼睛防护：戴化学安全防护眼镜。 身体防护：穿防静电工作服。 手防护：戴防护手套。				
危险性类别		易燃液体，类别3。				

序号	464	品名	2,6-二甲基吗啉	商品编码	2934.9990
别　名				CAS 号	141-91-3
英文名	2,6-dimethyl morphaline				
分子式	$C_6H_{13}NO$				
外观与性状	无色液体。				
主要用途	用作腐蚀抑制剂、氯代溶剂的稳定剂、橡胶促进剂、杀虫剂及用于织物处理。				
危险特性	本品蒸气与空气可形成爆炸性混合物，遇明火、高热能引起燃烧爆炸；与氧化剂可发生反应；高温时分解，释放出剧毒的氮氧化物气体；流速过快，容易产生和积聚静电；其蒸气比空气重，能在较低处扩散到相当远的地方，遇火源会着火回燃；若遇高热，容器内压增大，有开裂和爆炸的危险。				
健康危害	吸入、摄入或经皮肤吸收本品对身体有害，具有刺激性。				
防护措施	呼吸系统防护：空气中浓度较高时，应该佩戴防毒面具。紧急事态抢救或撤离时，建议佩戴供气式呼吸器。 眼睛防护：戴化学安全防护眼镜。 身体防护：穿防静电工作服。 手防护：必要时戴防化学品手套。				
危险性类别	易燃液体，类别 3；急性毒性—经皮肤，类别 3。				

序号	465	品名	二甲基镁	商品编码	2931.9000
别　名				CAS 号	2999-74-8
英文名	Dimethyl magnesium				
分子式	C_2H_6Mg				
外观与性状	无色固体。				
主要用途	用于有机合成。				
危险特性	本品暴露在空气或二氧化碳中会自燃；遇水、强氧化剂、酸类、醇类、卤素、胺类发生分解，放出易燃气体；遇明火、高热能引起燃烧爆炸；与氧化剂能发生强烈反应。				
健康危害	本品对黏膜有刺激作用，误服后，会引起上腹痛、呕吐、腹泻、烦渴、呼吸困难等症状。未见工业上镁中毒的病例报告。				
防护措施	呼吸系统防护：应该佩戴口罩。 眼睛防护：必要时戴安全防护眼镜。 身体防护：穿防静电工作服。 手防护：必要时戴防护手套。				
危险性类别	自燃固体，类别 1；遇水放出易燃气体的物质和混合物，类别 1。				

序号	466	品名	1,4-二甲基哌嗪	商品编码	2933.5990
别　　名			N,N'-二甲基哌嗪	CAS 号	106-58-1
英文名			1,4-dimethyl piperazine		
分子式			$C_6H_{14}N_2$		
外观与性状			无色挥发性液体。		
主要用途			用于医药工业。		
危险特性			本品蒸气与空气可形成爆炸性混合物，遇明火、高热能引起燃烧爆炸；与氧化剂可发生反应；受高热分解释放出有毒的气体；具有腐蚀性；若遇高热，容器内压增大，有开裂和爆炸的危险。		
健康危害			本品有腐蚀性，吸入或经皮肤吸收后对身体有害。吸入会引起喉痉挛、喉炎、支气管炎、化学性肺炎、肺水肿等。		
防护措施			呼吸系统防护：可能接触其蒸气时，应该佩戴防毒口罩。紧急事态抢救或逃生时，建议佩戴自给式呼吸器。 眼睛防护：戴化学安全防护眼镜。 身体防护：穿防静电工作服。 手防护：戴防护手套。		
危险性类别			易燃液体，类别 2。		

序号	467	品名	二甲基胂酸钠	商品编码	2931.9000
别　　名			卡可地钠	CAS 号	124-65-2
英文名			Sodium dimethylarsinate		
分子式			$C_2H_6AsO_2 \cdot Na \cdot 3H_2O$		
外观与性状			白色粉末，易潮解。		
主要用途			用作除草剂，并用于生化研究。		
危险特性			本品不易燃烧，受高热分解，放出有毒的烟气。		
健康危害			本品有毒，对人体有刺激作用；动物实验有致畸作用。		
防护措施			呼吸系统防护：可能接触其粉尘时，应该佩戴防毒口罩。空气中浓度较高时，建议佩戴自给式呼吸器。 眼睛防护：戴化学安全防护眼镜。 身体防护：穿相应的防护服。 手防护：戴防化学品手套。		
危险性类别			危害水生环境—长期危害，类别 3。		

序号	468	品名	2,3-二甲基戊醛	商品编码	2912.1900
别 名				CAS 号	32749-94-3
英文名		2,3-dimethylpentaldehyde			
分子式		$C_7H_{14}O$			
外观与性状		无色液体。			
主要用途		用作有机合成中间体。			
危险特性		本品蒸气与空气可形成爆炸性混合物,遇明火、高热能引起燃烧爆炸;与氧化剂可发生反应;其蒸气比空气重,能在较低处扩散到相当远的地方,遇火源会着火回燃;若遇高热,容器内压增大,有开裂和爆炸的危险。			
健康危害		吸入、摄入或经皮肤吸收本品对身体有害;其蒸气或雾对眼睛、皮肤、黏膜和呼吸道有刺激作用。			
防护措施		呼吸系统防护:空气中浓度较高时,佩戴防毒口罩。 眼睛防护:戴安全防护眼镜。 身体防护:穿相应的防护服。 手防护:戴防护手套。			
危险性类别		易燃液体,类别3。			

序号	469	品名	N,N-二甲基硒脲	商品编码	2931.9000
别 名		二甲基硒脲(不对称)		CAS 号	5117-16-8
英文名		N,N-dimethylseleniumurea			
分子式		$C_3H_8N_2Se$			
外观与性状		白色结晶。			
主要用途		用于有机合成。			
危险特性		本品遇明火、高热可燃;受热分解释放出有毒的气体。			
健康危害		吸入、摄入或经皮肤吸收本品可致死,具有刺激性。			
防护措施		呼吸系统防护:空气中浓度超标时,应该佩戴防毒面具。 眼睛防护:戴安全防护眼镜。 身体防护:穿聚乙烯薄膜防毒服。 手防护:戴防护手套。			
危险性类别		急性毒性—经口,类别3*;急性毒性—吸入,类别3*;特异性靶器官毒性—反复接触,类别2;危害水生环境—急性危害,类别1;危害水生环境—长期危害,类别1。			

序号	470	品名	2,2-二甲基戊烷	商品编码	2901.1000
别　名		新庚烷		CAS号	590-35-2
英文名		2,2-dimethylpentane			
分子式		C_7H_{16}			
外观与性状		无色液体。			
主要用途		用作化学试剂。			
危险特性		本品蒸气与空气可形成爆炸性混合物，遇热源和明火有燃烧爆炸的危险；与氧化剂接触发生化学反应或引起燃烧；在火场中，受热的容器有爆炸危险；其蒸气比空气重，能在较低处扩散到相当远的地方，遇火源会着火回燃。			
健康危害		无本品吸入中毒资料。本品属烃类，吸入高浓度烃类化合物蒸气会引起轻度呼吸道刺激、头晕、欣快感、精神错乱、恶心和呼吸困难；极高浓度吸入会导致昏迷甚至死亡；液体进入肺部，可能引起吸入性肺炎或肺水肿。高浓度本品蒸气对眼睛有轻度刺激性；液体会引起眼部暂时性红肿和疼痛，对皮肤有轻度刺激性，反复接触可致皮炎；口服会引起恶心、呕吐、腹胀和头痛。			
防护措施		呼吸系统防护：一般不需要特殊防护，高浓度接触时可佩戴自吸过滤式防毒面具（半面罩）。 眼睛防护：必要时，戴化学安全防护眼镜。 身体防护：穿防静电工作服。 手防护：戴橡胶耐油手套。 其他防护：工作现场严禁吸烟。避免长期反复接触。			
危险性类别		易燃液体，类别2；皮肤腐蚀/刺激，类别2；特异性靶器官毒性—单次接触，类别3（麻醉效应）；吸入危害，类别1；危害水生环境—急性危害，类别1；危害水生环境—长期危害，类别1。			

序号	471	品名	2,3-二甲基戊烷	商品编码	2901.1000
别 名			2-乙基-3-甲基丁烷	CAS 号	565-59-3
英文名			2,3-dimethylpentane		
分子式			C_7H_{16}		
外观与性状			无色液体。		
主要用途			用作色谱分析标准物质,以及用于有机合成。		
危险特性			本品蒸气与空气可形成爆炸性混合物,遇热源和明火有燃烧爆炸的危险;与氧化剂接触发生化学反应或引起燃烧;在火场中,受热的容器有爆炸危险;其蒸气比空气重,能在较低处扩散到相当远的地方,遇火源会着火回燃。		
健康危害			无本品吸入中毒资料。本品属烃类,吸入高浓度烃类化合物蒸气会引起轻度呼吸道刺激、头晕、欣快感、精神错乱、恶心和呼吸困难;极高浓度吸入会导致昏迷甚至死亡;液体进入肺部,可能引起吸入性肺炎或肺水肿。高浓度本品蒸气对眼睛有轻度刺激性;液体会引起眼部暂时性红肿和疼痛,对皮肤有轻度刺激性,反复接触可致皮炎;口服会引起恶心、呕吐、腹胀和头痛等。		
防护措施			呼吸系统防护:一般不需要特殊防护,高浓度接触时可佩戴自吸过滤式防毒面具(半面罩)。 眼睛防护:必要时,戴化学安全防护眼镜。 身体防护:穿防静电工作服。 手防护:戴橡胶耐油手套。 其他防护:工作现场严禁吸烟。避免长期反复接触。		
危险性类别			易燃液体,类别2;皮肤腐蚀/刺激,类别2;特异性靶器官毒性—单次接触,类别3(麻醉效应);吸入危害,类别1;危害水生环境—急性危害,类别1;危害水生环境—长期危害,类别1。		

序号	472	品名	2,4-二甲基戊烷	商品编码	2901.1000
别 名		二异丙基甲烷		CAS 号	108-08-7
英文名		2,4-dimethylpentane			
分子式		C_7H_{16}			
外观与性状		无色液体。			
主要用途		用于有机合成。			
危险特性		本品蒸气与空气可形成爆炸性混合物，遇热源和明火有燃烧爆炸的危险；与氧化剂接触发生化学反应或引起燃烧；在火场中，受热的容器有爆炸危险；其蒸气比空气重，能在较低处扩散到相当远的地方，遇火源会着火回燃。			
健康危害		无本品吸入中毒资料。本品属烃类，吸入高浓度烃类化合物蒸气会引起轻度呼吸道刺激、头晕、欣快感、精神错乱、恶心和呼吸困难；极高浓度吸入会导致昏迷甚至死亡；液体进入肺部，可能引起吸入性肺炎或肺水肿。高浓度本品蒸气对眼睛有轻度刺激性；液体会引起眼部暂时性红肿和疼痛，对皮肤有轻度刺激性，反复接触可致皮炎；口服会引起恶心、呕吐、腹胀和头痛。			
防护措施		呼吸系统防护：一般不需要特殊防护，高浓度接触时可佩戴自吸过滤式防毒面具（半面罩）。 眼睛防护：必要时，戴化学安全防护眼镜。 身体防护：穿防静电工作服。 手防护：戴橡胶耐油手套。 其他防护：工作现场严禁吸烟。避免长期反复接触。			
危险性类别		易燃液体，类别2；皮肤腐蚀/刺激，类别2；特异性靶器官毒性—单次接触，类别3（麻醉效应）；吸入危害，类别1；危害水生环境—急性危害，类别1；危害水生环境—长期危害，类别1。			

序号	473	品名 3,3-二甲基戊烷	商品编码	2901.1000
别　名		2,2-二乙基丙烷	CAS 号	562-49-2
英文名		3,3-dimethylpentane		
分子式		C_7H_{16}		
外观与性状		无色液体。		
主要用途		用作气相色谱对比样品以及用于有机合成。		
危险特性		本品蒸气与空气可形成爆炸性混合物，遇热源和明火有燃烧爆炸的危险；与氧化剂接触发生化学反应会引起燃烧；在火场中，受热的容器有爆炸危险；其蒸气比空气重，能在较低处扩散到相当远的地方，遇火源会着火回燃。		
健康危害		本品属烃类，吸入高浓度烃类化合物蒸气会引起轻度呼吸道刺激、头晕、欣快感、精神错乱、恶心和呼吸困难；极高浓度吸入会导致昏迷甚至死亡；液体进入肺部，可能引起吸入性肺炎或肺水肿。高浓度本品蒸气对眼睛有轻度刺激性；液体会引起眼部暂时性红肿和疼痛，对皮肤有轻度刺激性，反复接触可致皮炎；口服会引起恶心、呕吐、腹胀和头痛等。		
防护措施		呼吸系统防护：一般不需要特殊防护，高浓度接触时可佩戴自吸过滤式防毒面具（半面罩）。 眼睛防护：必要时，戴化学安全防护眼镜。 身体防护：穿防静电工作服。 手防护：戴橡胶耐油手套。 其他防护：工作现场严禁吸烟。避免长期反复接触。		
危险性类别		易燃液体，类别 2；皮肤腐蚀/刺激，类别 2；特异性靶器官毒性—单次接触，类别 3（麻醉效应）；吸入危害，类别 1；危害水生环境—急性危害，类别 1；危害水生环境—长期危害，类别 1。		

序号	474	品名	二甲基锌	商品编码	2931.9000
别 名			甲基锌	CAS 号	544-97-8
英文名			Dimethyl zinc		
分子式			C_2H_6Zn		
外观与性状			无色液体。		
主要用途			用作有机合成和聚合反应催化剂。		
危险特性			本品暴露在空气中能自燃;接触水、2,2-二氯丙烷发生爆炸性反应。		
健康危害			本品有毒,受热分解释放出有毒的氧化锌烟雾。		
防护措施			呼吸系统防护:可能接触其蒸气时,应该佩戴防毒口罩。 眼睛防护:戴安全防护眼镜。 身体防护:穿防静电工作服。 手防护:戴防护手套。		
危险性类别			自燃液体,类别1;遇水放出易燃气体的物质和混合物,类别1;皮肤腐蚀/刺激,类别1B;严重眼损伤/眼刺激,类别1;危害水生环境—急性危害,类别1;危害水生环境—长期危害,类别1。		

序号	475	品名	N,N-二甲基乙醇胺	商品编码	2922.1921
别 名			N,N-二甲基-2-羟基乙胺;2-二甲氨基乙醇	CAS 号	108-01-0
英文名			N,N-dimethyl ethanolamine		
分子式			$C_4H_{11}NO$		
外观与性状			无色、易挥发液体,有氨味。		
主要用途			用作树脂原料,也用作医药、染料及油漆溶剂的原料。		
危险特性			本品燃,遇明火、高热或与氧化剂接触,有引起燃烧爆炸的危险。		
健康危害			本品对眼睛、皮肤、黏膜和上呼吸道有剧烈刺激作用,可致皮肤灼伤;对皮肤有致敏作用。吸入后会引起喉、支气管的炎症、水肿、痉挛、化学性肺炎、肺水肿等。		
防护措施			呼吸系统防护:可能接触其蒸气时,必须佩戴自吸过滤式防毒面具(全面罩)。紧急事态抢救或撤离时,应该佩戴自给式呼吸器。 眼睛防护:呼吸系统防护中已作防护。 身体防护:穿胶布防毒衣。 手防护:戴橡胶手套。 其他防护:尽可能减少直接接触。工作现场禁止吸烟、进食和饮水。工作完毕,淋浴更衣。		
危险性类别			易燃液体,类别3;皮肤腐蚀/刺激,类别1B;严重眼损伤/眼刺激,类别1;特异性靶器官毒性—单次接触,类别3(呼吸道刺激)。		

序号	476	品名	二甲基乙二酮	商品编码	2914.1900
别　名			双乙酰；丁二酮	CAS 号	431-03-8
英文名		2,3-butanedione			
分子式		$C_4H_6O_2$			
外观与性状		微绿黄色液体，有强烈的气味。			
主要用途		用作食品香料载体。			
危险特性		本品蒸气与空气可形成爆炸性混合物，遇明火、高热极易燃烧爆炸；与氧化剂接触反应猛烈；流速过快，容易产生和积聚静电；其蒸气比空气重，能在较低处扩散到相当远的地方，遇火源会着火回燃；若遇高热，容器内压增大，有开裂和爆炸的危险。			
健康危害		本品具有刺激性，接触后会引起恶心、头痛和呕吐。			
防护措施		呼吸系统防护：高浓度环境中，佩戴防毒面具。 眼睛防护：必要时戴化学安全防护眼镜。 身体防护：穿相应的防护服。 手防护：戴防护手套。			
危险性类别		易燃液体，类别 2；皮肤腐蚀/刺激，类别 2；严重眼损伤/眼刺激，类别 1。			

序号	477	品名	N,N-二甲基异丙醇胺	商品编码	2922.1990
别　名			1-(二甲胺基)-2-丙醇	CAS 号	108-16-7
英文名		N,N-dimethyl-iso-propanolamine			
分子式		$C_5H_{13}NO$			
外观与性状		无色液体。			
主要用途		用作有机合成原料，用于合成医药异丙嗪的中间体。			
危险特性		本品易燃，遇高热、明火有引起燃烧的危险；受高热分解释放出有毒的气体；与氧化剂能发生强烈反应。			
健康危害		吸入、口服或经皮肤吸收本品后对身体有害，对眼睛、皮肤、黏膜和上呼吸道有剧烈刺激作用。吸入后，会引起喉、支气管的炎症、水肿、痉挛，化学性肺炎、肺水肿；接触后会有烧灼感、咳嗽、眩晕、气短、头痛、恶心和呕吐等症状。			
防护措施		呼吸系统防护：可能接触其蒸气时，必须佩戴自吸过滤式防毒面具（全面罩）。紧急事态抢救或撤离时，应该佩戴空气呼吸器。 眼睛防护：呼吸系统防护中已作防护。 身体防护：穿胶布防毒衣。 手防护：戴橡胶手套。 其他防护：尽可能减少直接接触。工作现场禁止吸烟、进食和饮水。工作完毕，淋浴更衣。			
危险性类别		易燃液体，类别 3；皮肤腐蚀/刺激，类别 1B；严重眼损伤/眼刺激，类别 1。			

序号	478	品名	二甲醚		商品编码	2909.1910
别　名			甲醚		CAS 号	115-10-6
英文名		Methyl ether				
分子式		C_2H_6O				
外观与性状		无色气体，有醚类特有的气味。				
主要用途		用作制冷剂、溶剂、萃取剂、聚合物的催化剂和稳定剂。				
危险特性		本品是易燃气体，与空气混合能形成爆炸性混合物，接触热、火星、火焰或氧化剂易燃烧爆炸；接触空气或在光照条件下可生成具有潜在爆炸危险性的过氧化物；气体比空气重，能在较低处扩散到相当远的地方，遇火源会着火回燃；若遇高热，容器内压增大，有开裂和爆炸的危险。				
健康危害		本品对中枢神经系统有抑制作用，麻醉作用弱；对皮肤有刺激性。吸入后会引起麻醉、窒息感。				
防护措施		呼吸系统防护：空气中浓度超标时，建议佩戴自吸过滤式防毒面具（半面罩）。 眼睛防护：戴化学安全防护眼镜。 身体防护：穿防静电工作服。 手防护：戴防化学品手套。 其他防护：工作现场严禁吸烟。进入罐、限制性空间或其他高浓度区作业，须有人监护。				
危险性类别		易燃气体，类别 1；加压气体。				

序号	479	品名	二甲胂酸		商品编码	2931.9000
别　名			二甲次胂酸；二甲基胂酸；卡可地酸；卡可酸		CAS 号	75-60-5
英文名		Hydroxydimethyl arsine oxide				
分子式		$C_2H_7AsO_2$				
外观与性状		无色结晶，无臭，有吸湿性。				
主要用途		用作除草剂，也用于制药物、香料、染料等。				
危险特性		本品遇明火、高热可燃；其粉体与空气可形成爆炸性混合物，当达到一定浓度时，遇火星会发生爆炸；遇高热分解释放出高毒烟气。				
健康危害		本品为低毒除草剂；对眼睛和皮肤具刺激作用；有致突变作用。				
防护措施		呼吸系统防护：生产操作或农业使用时，建议佩戴防尘口罩，必要时佩戴防毒面具。 眼睛防护：戴化学安全防护眼镜。 身体防护：穿相应的防护服。 手防护：戴防化学品手套。				
危险性类别		急性毒性—经口，类别 3*；急性毒性—吸入，类别 3*；致癌性，类别 1A；危害水生环境—急性危害，类别 1；危害水生环境—长期危害，类别 1。				

序号	480	品名	二甲双胍	商品编码	2939.7990
别　名		甲福明;马钱子碱		CAS 号	57-24-9
英文名		1,1-dimethyl-biguanid			
分子式		$C_4H_{11}N_5$			
外观与性状		白色结晶性粉末。			
主要用途		主要用于非胰岛素依赖型糖尿病,其中肥胖病人可作为首选药,对于胰岛素依赖型糖尿病亦可与胰岛素联合使用。对某些磺酰脲类无效的病例有效。			
防护措施		呼吸系统防护:佩戴防毒口罩。紧急事态抢救或逃生时,佩戴自给式呼吸器。 眼睛防护:戴化学安全防护眼镜。 防护服:穿相应的防护服。 手防护:戴防化学品手套。 其他防护:工作现场禁止吸烟、进食和饮水。注意个人清洁卫生。			
危险性类别		急性毒性—经口,类别 2*;急性毒性—经皮肤,类别 1;危害水生环境—急性危害,类别 1;危害水生环境—长期危害,类别 1。			

序号	481	品名	2,6-二甲氧基苯甲酰氯	商品编码	2918.9900
别　名		2,6-二甲氧基苄酰氯		CAS 号	1989-53-3
英文名		2,6-dimethoxy benzoyl chloride			
分子式		$C_9H_9ClO_3$			
外观与性状		无色结晶。			
主要用途		用于有机合成。			
危险特性		本品遇明火、高热可燃;其粉体与空气可形成爆炸性混合物,当达到一定浓度时,遇火星会发生爆炸;与氧化剂能发生强烈反应;遇水迅速分解,放出白色烟雾;受高热分解释放出有毒的气体;具有腐蚀性。			
健康危害		吸入、摄入或经皮肤吸收本品后对身体有害;对眼睛、皮肤、黏膜和上呼吸道有强烈刺激性;接触后会引起头痛、恶心、喉炎、气短、化学性肺炎、肺水肿。			
防护措施		呼吸系统防护:佩戴防尘口罩。空气中浓度较高时,应该佩戴防毒面具。 眼睛防护:戴化学安全防护眼镜。 身体防护:穿相应的防护服。 手防护:戴防化学品手套。			
危险性类别		皮肤腐蚀/刺激,类别 1;严重眼损伤/眼刺激,类别 1。			

序号	482	品名	2,2-二甲氧基丙烷		商品编码	2911.0000
别　名			丙酮缩二甲醇		CAS 号	77-76-9
英文名			2,2-dimethoxypropane			
分子式			$C_5H_{12}O_2$			
外观与性状			无色液体。			
主要用途			用于生化研究、有机合成。			
危险特性			本品易燃，其蒸气与空气可形成爆炸性混合物，遇明火、高热能引起燃烧爆炸；与氧化剂能发生强烈反应；其蒸气比空气重，能在较低处扩散到相当远的地方，遇火源会着火回燃。			
健康危害			本品对眼睛、皮肤、黏膜和上呼吸道有刺激作用；吸入具有麻醉作用。			
防护措施			呼吸系统防护：可能接触其蒸气时，佩戴自吸过滤式防毒面具（半面罩）。 眼睛防护：戴化学安全防护眼镜。 身体防护：穿防静电工作服。 手防护：戴橡胶耐油手套。 其他防护：工作现场禁止吸烟、进食和饮水。工作完毕，淋浴更衣。注意个人清洁卫生。			
危险性类别			易燃液体，类别2。			

序号	483	品名	二甲氧基甲烷		商品编码	2911.0000
别　名			二甲醇缩甲醛；甲缩醛；甲撑二甲醚		CAS 号	109-87-5
英文名			Dimethoxymethane			
分子式			$C_3H_8O_2$			
外观与性状			无色液体，有类似氯仿的气味。			
主要用途			用作溶剂、分析试剂。			
危险特性			本品蒸气与空气可形成爆炸性混合物；遇高热、明火及强氧化剂易引起燃烧；与氧化剂接触反应猛烈；接触空气或在光照条件下可生成具有潜在爆炸危险性的过氧化物。			
健康危害			本品极度易燃，具刺激性。			
防护措施			呼吸系统防护：空气中浓度超标时，佩戴过滤式防毒面具（半面罩）。 眼睛防护：戴化学安全防护眼镜。 身体防护：穿防静电工作服。 手防护：戴橡胶耐油手套。 其他防护：工作现场禁止吸烟、进食和饮水。工作完毕，淋浴更衣。注意个人清洁卫生。			
危险性类别			易燃液体，类别2；皮肤腐蚀/刺激，类别2；严重眼损伤/眼刺激，类别2A；特异性靶器官毒性—单次接触，类别3（呼吸道刺激、麻醉效应）。			

序号	484	品名	3,3'-二甲氧基联苯胺	商品编码	2922.2990
别 名			邻联二茴香胺；3,3'-二甲氧基-4,4'-二氨基联苯	CAS 号	119-90-4
英文名			O-dimethoxybenzidine		
分子式			$C_{14}H_{16}N_2O_2$		
外观与性状			棕褐色粉末。		
主要用途			用作染料中间体。		
危险特性			本品遇明火、高热可燃；受热分解释放出有毒的氧化氮烟气；与强氧化剂接触可发生化学反应。		
健康危害			吸入、口服或经皮肤吸收本品对身体有害；对眼睛、黏膜、呼吸道及皮肤有刺激作用。		
防护措施			呼吸系统防护：空气中粉尘浓度较高时，佩戴自吸过滤式防尘口罩。紧急事态抢救或撤离时，建议佩戴自给式呼吸器。 眼睛防护：戴安全防护眼镜。 身体防护：穿防毒物渗透工作服。 手防护：戴橡胶手套。 其他防护：工作现场禁止吸烟、进食和饮水。及时换洗工作服。工作前后不饮酒，用温水洗澡。实行就业前和定期的体检。		
危险性类别			致癌性，类别2。		

序号	485	品名	二甲氧基马钱子碱	商品编码	2939.7990
别 名			番木鳖碱	CAS 号	357-57-3
英文名			10,11-dimethoxystrychnine		
分子式			$C_{23}H_{26}N_2O_4$		
外观与性状			无色粉末。		
主要用途			用于毒杀啮齿类动物和其他害虫，主要在医学上作为中枢神经系统的兴奋剂使用。		
危险特性			本品不易燃；燃烧产生有毒的氧化氮气体。		
健康危害			本品剧毒；吸入和不慎吞咽极毒。		
防护措施			呼吸系统防护：空气中粉尘浓度较高时，佩戴自吸过滤式防尘口罩。紧急事态抢救或撤离时，建议佩戴自给式呼吸器。 眼睛防护：戴安全防护眼镜。 身体防护：穿防毒物渗透工作服。 手防护：戴橡胶手套。 其他防护：工作现场禁止吸烟、进食和饮水。及时换洗工作服。工作前后不饮酒，用温水洗澡。实行就业前和定期的体检。		
危险性类别			急性毒性—经口，类别2*；急性毒性—吸入，类别2*；危害水生环境—长期危害，类别3。		

序号	486	品名	1,1-二甲氧基乙烷		商品编码	2911.0000
别 名			二甲醇缩乙醛;乙醛缩二甲醇		CAS 号	534-15-6
英文名			1,1-dimethoxyethane			
分子式			$C_4H_{10}O_2$			
外观与性状			无色液体,有浓芳香气味。			
主要用途			用于医药和有机合成。			
危险特性			本品蒸气与空气可形成爆炸性混合物,遇明火、高热极易燃烧爆炸;与氧化剂接触反应猛烈;接触空气或在光照条件下可生成具有潜在爆炸危险性的过氧化物;流速过快,容易产生和积聚静电;其蒸气比空气重,能在较低处扩散到相当远的地方,遇火源会着火回燃;若遇高热,容器内压增大,有开裂和爆炸的危险。			
健康危害			本品蒸气或雾对眼睛、黏膜和上呼吸道有刺激性;对皮肤有刺激性。			
防护措施			呼吸系统防护:高浓度环境中,佩戴防毒面具。 眼睛防护:戴化学安全防护眼镜。 身体防护:穿相应的防护服。 手防护:戴防护手套。			
危险性类别			易燃液体,类别2。			

序号	487	品名	1,2-二甲氧基乙烷		商品编码	2909.1990
别 名			二甲基溶纤剂;乙二醇二甲醚		CAS 号	110-71-4
英文名			1,2-dimethoxyethane			
分子式			$C_4H_{10}O_2$			
外观与性状			无色液体,略有醚味。			
主要用途			用作溶剂、医药抽提剂、有机合成中间体。			
危险特性			本品易燃,遇明火、高热易引起燃烧爆炸;与氧化剂能发生强烈反应;接触空气或在光照条件下可生成具有潜在爆炸危险性的过氧化物;其蒸气比空气重,能在较低处扩散到相当远的地方,遇火源会着火回燃。			
健康危害			本品口服引起恶心、呕吐、腹绞痛、虚弱、昏迷;具有刺激性。			
防护措施			呼吸系统防护:高浓度蒸气接触可佩戴过滤式防毒面具(半面罩)。 眼睛防护:一般不需要特殊防护,高浓度接触时可戴化学安全防护眼镜。 身体防护:穿防静电工作服。 手防护:戴橡胶耐油手套。 其他防护:工作现场禁止吸烟、进食和饮水。工作完毕,淋浴更衣。注意个人清洁卫生。			
危险性类别			易燃液体,类别2;生殖毒性,类别1B。			

序号	488	品名	二聚丙烯醛(稳定的)	商品编码	2932.9990
别 名			丙烯醛二聚体	CAS 号	100-73-2
英文名			Acrolein dimer(stabilized)		
分子式			$C_6H_8O_2$		
外观与性状			无色液体。		
主要用途			用作织物精整助剂、纸张处理剂、橡胶助剂、增塑剂,用于合成树脂和医药。		
危险特性			本品蒸气与空气可形成爆炸性混合物,遇明火、高热能引起燃烧爆炸;与氧化剂可发生反应;容易自聚,聚合反应随着温度的上升而急骤加剧;若遇高热,容器内压增大,有开裂和爆炸的危险。		
健康危害			本品有毒,其蒸气和烟雾对皮肤、眼睛和黏膜有刺激作用。		
防护措施			呼吸系统防护:可能接触其蒸气时,应该佩戴防毒口罩。紧急事态抢救或逃生时,建议佩戴防毒面具。 眼睛防护:高浓度环境中,戴安全防护眼镜。 身体防护:穿防静电工作服。 手防护:戴防护手套。		
危险性类别			易燃液体,类别3;皮肤腐蚀/刺激,类别2。		

序号	489	品名	二聚环戊二烯	商品编码	2902.1990
别 名			双茂;双环戊二烯;4,7-亚甲基-3a,4,7,7a-四氢茚	CAS 号	77-73-6
英文名			Dicyclopentadiene		
分子式			$C_{10}H_{12}$		
外观与性状			无色晶体。		
主要用途			用于制乙丙橡胶的第三单体乙叉降冰片烯、多聚环戊二烯农药、聚酯、树脂、塑料的阻燃剂、药物、香料等。		
危险特性			本品蒸气与空气可形成爆炸性混合物,遇明火、高热能引起燃烧爆炸;与氧化剂可发生反应;容易自聚,聚合反应随着温度的上升而急骤加剧。		
健康危害			接触高浓度本品蒸气有刺激和麻醉作用,引起眼、鼻、喉和肺刺激,头痛、头晕及其他中枢神经系统症状;有可能引起肝、肾损害;长期反复皮肤接触会导致皮肤损害。		
防护措施			呼吸系统防护:可能接触毒物时,应该佩戴口罩。 眼睛防护:一般不需特殊防护。 身体防护:穿防静电工作服。 手防护:必要时戴防护手套。		
危险性类别			易燃液体,类别2;皮肤腐蚀/刺激,类别2;严重眼损伤/眼刺激,类别2;特异性靶器官毒性—单次接触,类别3(呼吸道刺激);危害水生环境—急性危害,类别2;危害水生环境—长期危害,类别2。		

序号	490	品名	二硫代-4,4'-二氨基代二苯		商品编码	2930.9090
别 名		4,4'-二氨基二苯基二硫醚二硫代对氨基苯			CAS 号	722-27-0
英文名		4,4'-diaminodiphenyl disulfide				
分子式		$C_{12}H_{12}N_2S_2$				
外观与性状		无色至淡黄色针状结晶。				
主要用途		用作橡胶硫化剂。				
危险特性		本品遇明火、高热可燃；其粉体与空气可形成爆炸性混合物，当达到一定浓度时，遇火星会发生爆炸；受高热分解释放出有毒的气体。				
健康危害		本品对眼睛有强烈刺激作用，摄入有毒。				
防护措施		呼吸系统防护：高浓度环境中，佩戴防毒面具。 眼睛防护：戴化学安全防护眼镜。 身体防护：穿相应的防护服。 手防护：必要时戴防护手套。				
危险性类别		皮肤腐蚀/刺激，类别2；严重眼损伤/眼刺激，类别2；特异性靶器官毒性—单次接触，类别3（呼吸道刺激）。				

序号	491	品名	二硫化二甲基		商品编码	2930.9090
别 名		二甲二硫；二甲基二硫；甲基化二硫			CAS 号	624-92-0
英文名		Dimethyl disulfide				
分子式		$C_2H_6S_2$				
外观与性状		无色或微黄色液体。				
主要用途		用于有机合成。				
危险特性		本品蒸气与空气可形成爆炸性混合物，遇明火、高热极易燃烧爆炸；与氧化剂接触反应猛烈；流速过快，容易产生和积聚静电；其蒸气比空气重，能在较低处扩散到相当远的地方，遇火源会着火回燃；若遇高热，容器内压增大，有开裂和爆炸的危险。				
健康危害		本品遇高热或接触酸、酸雾能分解产生有毒的气体；误服或吸入本品会引起中毒；接触后引起头痛、恶心和呕吐。				
防护措施		呼吸系统防护：可能接触其蒸气时，应该佩戴防毒面具。 眼睛防护：戴化学安全防护眼镜。 身体防护：穿防静电工作服。 手防护：戴防化学品手套。				
危险性类别		易燃液体，类别2；急性毒性—经口，类别3；急性毒性—吸入，类别3；皮肤腐蚀/刺激，类别2；严重眼损伤/眼刺激，类别2B；生殖毒性，类别2；特异性靶器官毒性—反复接触，类别1；危害水生环境—急性危害，类别2；危害水生环境—长期危害，类别2。				

序号	492	品名	二硫化钛	商品编码	2830.9090
别名			硫化钛	CAS 号	12039-13-3
英文名			Titanium(Ⅳ) sulfide		
分子式			S_2Ti		
外观与性状			黄铜色鳞片状晶体,有金属光泽。		
主要用途			用作理想的非计量化合物,有可能成为能量存贮器件或电池。		
危险特性			本品大量时自热;可着火。		
健康危害			本品对眼睛、呼吸道和皮肤有刺激作用。		
防护措施			呼吸系统防护:可能接触其蒸气时,应该佩戴防毒面具。 眼睛防护:戴化学安全防护眼镜。 身体防护:穿防静电工作服。 手防护:戴防化学品手套。		
危险性类别			自热物质和混合物,类别2。		

序号	493	品名	二硫化碳	商品编码	2813.1000
别名				CAS 号	75-15-0
英文名			Carbon disulfide		
分子式			CS_2		
外观与性状			无色或淡黄色透明液体,有刺激性气味,易挥发。		
主要用途			用于制造人造丝、杀虫剂、促进剂 M、D,也用作溶剂。		
危险特性			本品极易燃,其蒸气能与空气形成范围广阔的爆炸性混合物;接触热、火星、火焰或氧化剂易燃烧爆炸;受热分解产生有毒的硫化物烟气;与铝、锌、钾、氟、氯、迭氮化物等反应剧烈,有燃烧爆炸危险;高速冲击、流动、激荡后可因产生静电火花放电引起燃烧爆炸;其蒸气比空气重,能在较低处扩散到相当远的地方,遇火源会着火回燃。		
健康危害			二硫化碳是损害神经和血管的毒物。急性中毒:轻度中毒者有头晕、头痛、眼及鼻黏膜刺激症状;中度中毒者尚有酒醉表现;重度中毒者可呈短时间的兴奋状态,继之出现谵妄、昏迷、意识丧失,伴有强直性及阵挛性抽搐,会因呼吸中枢麻痹而死亡;严重中毒后可遗留神衰综合征,中枢和周围神经永久性损害。慢性中毒:表现有神经衰弱综合征,植物神经功能紊乱,多发性周围神经病,中毒性脑病。眼底检查:视网膜微动脉瘤,动脉硬化,视神经萎缩。		
防护措施			呼吸系统防护:可能接触其蒸气时,必须佩戴自吸过滤式防毒面具(半面罩)。 眼睛防护:戴化学安全防护眼镜。 身体防护:穿防静电工作服。 手防护:戴橡胶耐油手套。 其他防护:工作现场严禁吸烟。工作完毕,淋浴更衣。注意个人清洁卫生。		
危险性类别			易燃液体,类别2;急性毒性—经口,类别3;严重眼损伤/眼刺激,类别2;皮肤腐蚀/刺激,类别2;生殖毒性,类别2;特异性靶器官毒性—反复接触,类别1;危害水生环境—急性危害,类别2。		

序号	494	品名	二硫化硒		商品编码	2813.9000
别 名					CAS 号	7488-56-4
英文名	Selenium disulfide					
分子式	SeS_2					
外观与性状	红色至黄色结晶。					
主要用途	用于治疗猫或狗的湿疹和细菌感染。25%的悬浮液用作慢性脂溢症的洗发香波。还用于仪器及仪表工业。					
危险特性	本品和氧化银发生剧烈反应；受高热分解，释放出有毒的烟气。					
健康危害	本品对眼睛、皮肤、黏膜有强烈刺激作用，误服会引起中毒。					
防护措施	呼吸系统防护：可能接触毒物时，佩戴防毒口罩。空气中浓度较高时，应该佩戴自给式呼吸器。 眼睛防护：戴化学安全防护眼镜。 身体防护：穿相应的防护服。 手防护：戴防化学品手套。					
危险性类别	急性毒性—经口，类别3*；急性毒性—吸入，类别3*；特异性靶器官毒性—反复接触，类别2；危害水生环境—急性危害，类别1；危害水生环境—长期危害，类别1。					

序号	495	品名	2,3-二氯-1,4-萘醌		商品编码	2914.7900
别 名	二氯萘醌				CAS 号	117-80-6
英文名	Dichlone					
分子式	$C_{10}H_4Cl_2O_2$					
外观与性状	黄色针状结晶，无气味。					
主要用途	用作农用杀菌剂。					
危险特性	本品遇明火、高热可燃；其粉体与空气可形成爆炸性混合物，当达到一定浓度时，遇火星会发生爆炸；受高热分解释放出有毒的气体。					
健康危害	本品有毒；对眼睛、皮肤和黏膜有刺激作用；大剂量时，对中枢神经系统有抑制作用；受热分解释放出有毒的氯气烟雾。					
防护措施	呼吸系统防护：佩戴防尘口罩，必要时佩戴防毒面具。 眼睛防护：可采用安全面罩。 身体防护：穿紧袖工作服，长筒胶鞋。 手防护：戴防护手套。					
危险性类别	皮肤腐蚀/刺激，类别2；严重眼损伤/眼刺激，类别2；危害水生环境—急性危害，类别1；危害水生环境—长期危害，类别1。					

序号	496	品名	1,1-二氯-1-硝基乙烷	商品编码	2904.9900
别 名				CAS 号	594-72-9
英文名		1,1-dichloro-1-nitroethane			
分子式		$C_2H_3Cl_2NO_2$			
外观与性状		无色液体。			
主要用途		用作溶剂及消毒剂。			
危险特性		本品遇明火、高热能燃烧；与氧化剂接触反应猛烈；受高热分解，产生有毒的氮氧化物和氯化物气体。			
健康危害		动物实验表明，本品对肺有刺激性；出现心、肝、肾和血管损害。			
防护措施		呼吸系统防护：空气中浓度超标时，应该佩戴防毒面具。紧急事态抢救或逃生时，佩戴自给式呼吸器。 眼睛防护：戴安全防护眼镜。 身体防护：穿相应的防护服。 手防护：必要时戴防化学品手套。			
危险性类别		急性毒性—经口，类别 3*；急性毒性—经皮肤，类别 3*；急性毒性—吸入，类别 3*。			

序号	497	品名	1,3-二氯-2-丙醇	商品编码	2905.5900
别 名		1,3-二氯异丙醇；1,3-二氯代甘油		CAS 号	96-23-1
英文名		1,3-dichloro-2-propanol			
分子式		$C_3H_6Cl_2$			
外观与性状		无色液体，微有氯仿气味。			
主要用途		用作溶剂及用于有机合成。			
危险特性		本品遇高热、明火或与氧化剂接触，有引起燃烧的危险；高热时能分解出剧毒的光气。吸湿性强，遇水很快释出氯化氢。			
健康危害		本品对黏膜有强烈刺激性，吸入后损害呼吸道；此外尚有麻醉和损害实质性脏器的作用。急性吸入或经皮肤吸收中毒时，出现头痛、头晕、乏力、嗜睡、恶心、呕吐和上腹疼痛；重者有谵妄、休克和昏迷。病程中常伴有肝脏、心肌及肾损害，肺炎及肺水肿，皮肤黏膜出血，以及溶血性贫血等。直接接触时，损害皮肤和眼睛。			
防护措施		呼吸系统防护：高浓度环境中，应该佩戴防毒面具。紧急事态抢救或逃生时，佩戴自给式呼吸器。 眼睛防护：戴化学安全防护眼镜。 身体防护：穿相应的防护服。 手防护：戴防化学品手套。			
危险性类别		急性毒性—经口，类别 3*。			

序号	498	品名	1,3-二氯-2-丁烯	商品编码	2903.2990
别　　名				CAS 号	926-57-8
英文名	1,3-dichloro-2-butene				
分子式	$C_4H_6Cl_2$				
外观与性状	浅黄色液体。				
主要用途	用作有机合成的中间体。				
危险特性	本品蒸气与空气可形成爆炸性混合物，遇明火、高热能引起燃烧爆炸；与氧化剂可发生反应；受高热分解产生有毒的氯化物气体；流速过快，容易产生和积聚静电；容易自聚，聚合反应随着温度的上升而急骤加剧；其蒸气比空气重，能在较低处扩散到相当远的地方，遇火源会着火回燃；若遇高热，容器内压增大，有开裂和爆炸的危险。				
健康危害	吸入、摄入或经皮肤吸收本品对身体有害；其蒸气或雾对眼睛、皮肤、黏膜和呼吸道有刺激作用。中毒症状有烧灼感、咳嗽、喘息、喉炎、气短、头痛、恶心和呕吐。				
防护措施	呼吸系统防护：空气中浓度超标时，应该佩戴防毒面具。紧急事态抢救或逃生时，佩戴自给式呼吸器。 眼睛防护：戴化学安全防护眼镜。 身体防护：穿相应的防护服。 手防护：戴防化学品手套。				
危险性类别	易燃液体，类别3；急性毒性—经口，类别3；急性毒性—吸入，类别3；皮肤腐蚀/刺激，类别1B；严重眼损伤/眼刺激，类别1；危害水生环境—急性危害，类别2；危害水生环境—长期危害，类别2。				

序号	499	品名	1,4-二氯-2-丁烯	商品编码	2903.2990
别名				CAS号	764-41-0
英文名		1,4-dichloro-2-butene			
分子式		$C_4H_6Cl_2$			
外观与性状		无色液体，有特殊气味。			
主要用途		用作有机物制造的中间体。			
危险特性		本品蒸气与空气可形成爆炸性混合物，遇明火、高热能引起燃烧爆炸；与氧化剂可发生反应；受高热分解产生有毒的氯化物气体；流速过快，容易产生和积聚静电；容易自聚，聚合反应随着温度的上升而急骤加剧；若遇高热，容器内压增大，有开裂和爆炸的危险。			
健康危害		吸入、摄入或经皮肤吸收本品对身体有害；对眼睛、皮肤、黏膜和呼吸道有强烈刺激作用。吸入后会因咽喉、支气管的痉挛、水肿、炎症，化学性肺炎或肺水肿而死。中毒表现有烧灼感、咳嗽、喘息、喉炎、气短、头痛、恶心和呕吐。			
防护措施		呼吸系统防护：空气中浓度超标时，应该佩戴防毒面具。紧急事态抢救或逃生时，佩戴自给式呼吸器。 眼睛防护：戴化学安全防护眼镜。 身体防护：穿相应的防护服。 手防护：戴防化学品手套。			
危险性类别		易燃液体，类别3；急性毒性—经口，类别3*；急性毒性—经皮肤，类别3*；急性毒性—吸入，类别2*；皮肤腐蚀/刺激，类别1B；严重眼损伤/眼刺激，类别1；特异性靶器官毒性—单次接触，类别3（呼吸道刺激）；危害水生环境—急性危害，类别1；危害水生环境—长期危害，类别1。			

序号	500	品名	1,2-二氯苯	商品编码	2903.9110
别名		邻二氯苯		CAS号	95-50-1
英文名		1,2-dichlorobenzene			
分子式		$C_6H_4Cl_2$			
外观与性状		无色流动液体，可燃。有芳香气味。			
主要用途		用作有机物和有色金属氧化物的溶剂、防腐剂，也可作杀虫剂。			
危险特性		本品可燃，受高热分解产生有毒的腐蚀性烟气；与强氧化剂接触可发生化学反应；在潮湿空气存在下，放出热和近似白色烟雾状有刺激性和腐蚀性的氯化氢气体；与活性金属粉末（如镁、铝等）能发生反应，引起分解。			
健康危害		吸入本品后，出现呼吸道刺激、头痛、头晕、焦虑、麻醉作用，以致意识不清；液体及高浓度蒸气对眼睛有刺激性；经皮肤吸收会引起中毒，表现类似吸入；口服引起胃肠道反应；皮肤接触会引起红斑、水肿。			
防护措施		呼吸系统防护：可能接触其蒸气时，应该佩戴自吸过滤式防毒面具（半面罩）。 眼睛防护：戴安全防护眼镜。 身体防护：穿防毒物渗透工作服。 手防护：戴橡胶耐油手套。 其他防护：工作现场禁止吸烟、进食和饮水。工作完毕，淋浴更衣。单独存放被毒物污染的衣服，洗后备用。保持良好的卫生习惯。			
危险性类别		急性毒性—吸入，类别3；皮肤腐蚀/刺激，类别2；严重眼损伤/眼刺激，类别2；特异性靶器官毒性—单次接触，类别3（呼吸道刺激）；危害水生环境—急性危害，类别1；危害水生环境—长期危害，类别1。			

序号	501	品名	1,3-二氯苯	商品编码	2903.9990
别 名		间二氯苯		CAS 号	541-73-1
英文名		1,3-dichlorobenzene			
分子式		$C_6H_4Cl_2$			
外观与性状		无色液体。			
主要用途		用于染料制造、有机合成中间体、溶剂。			
危险特性		本品遇明火能燃烧；受高热分解释放出有毒的气体；遇氧化剂及铝反应剧烈。			
健康危害		吸入本品后引起头痛、嗜睡、不安和呼吸道黏膜刺激；对眼睛和皮肤有强烈刺激作用；口服出现胃黏膜刺激、恶心、呕吐、腹泻、腹绞痛和紫绀。慢性影响：可能引起肝肾损害。			
防护措施		呼吸系统防护：可能接触其蒸气时，应该佩戴自吸过滤式防毒面具（半面罩）。 眼睛防护：戴化学安全防护眼镜。 身体防护：穿防毒物渗透工作服。 手防护：戴橡胶耐油手套。 其他防护：工作现场禁止吸烟、进食和饮水。工作完毕，淋浴更衣。单独存放被毒物污染的衣服，洗后备用。保持良好的卫生习惯。			
危险性类别		危害水生环境—急性危害，类别 2；危害水生环境—长期危害，类别 2。			

序号	502	品名	2,3-二氯苯胺	商品编码	2921.4200
别 名		邻氯苯胺		CAS 号	608-27-5
英文名		2,3-dichloroaniline			
分子式		$C_6H_5Cl_2N$			
外观与性状		水白色至浅黄色液体或结晶。			
主要用途		用于有机合成，医药、农药中间体等。			
危险特性		本品遇明火、高热可燃；受高热分解，产生有毒的氮氧化物和氯化物气体；与强氧化剂接触可发生化学反应。			
健康危害		本品为强高铁血红蛋白形成剂，对中枢神经系统、肝、肾有损害；接触后引起头痛，头晕，恶心，呕吐，指端、口唇、耳廓紫绀，呼吸困难等。慢性影响：患者有神经衰弱综合征表现，伴有轻度紫绀、贫血和肝、脾肿大。			
防护措施		呼吸系统防护：可能接触其蒸气时，佩戴自吸过滤式防毒面具（半面罩）。 眼睛防护：戴安全防护眼镜。 身体防护：穿防毒物渗透工作服。 手防护：戴橡胶手套。 其他防护：工作现场禁止吸烟、进食和饮水。及时换洗工作服。工作前后不饮酒，用温水洗澡。实行就业前和定期的体检。			
危险性类别		急性毒性—经口，类别 3；急性毒性—经皮肤，类别 3；急性毒性—吸入，类别 3；皮肤腐蚀/刺激，类别 2；特异性靶器官毒性—反复接触，类别 2；危害水生环境—急性危害，类别 1；危害水生环境—长期危害，类别 1。			

序号	503	品名	2,4-二氯苯胺	商品编码	2921.4200
别 名			间氯苯胺	CAS 号	554-00-7
英文名			2,4-dichloroaniline		
分子式			$C_6H_5Cl_2N$		
外观与性状			白色针状结晶。在空气中颜色会变深。		
主要用途			用作染料中间体。		
危险特性			本品遇明火、高热可燃;受高热分解,产生有毒的氮氧化物和氯化物气体;与强氧化剂接触可发生化学反应。		
健康危害			本品为强高铁血红蛋白形成剂,对中枢神经系统、肝、肾有损害;接触后引起头痛,头晕,恶心,呕吐,指端、口唇、耳廓紫绀,呼吸困难等。慢性影响:患者有神经衰弱综合征表现,伴有轻度紫绀、贫血和肝、脾肿大。		
防护措施			呼吸系统防护:可能接触其粉尘时,佩戴自吸过滤式防尘口罩。紧急事态抢救或撤离时,应该佩戴自给式呼吸器。 眼睛防护:戴安全防护眼镜。 身体防护:穿防毒物渗透工作服。 手防护:戴橡胶手套。 其他防护:工作现场禁止吸烟、进食和饮水。及时换洗工作服。工作前后不饮酒,用温水洗澡。实行就业前和定期的体检。		
危险性类别			特异性靶器官毒性—反复接触,类别1;特异性靶器官毒性—单次接触,类别1;危害水生环境—急性危害,类别2;危害水生环境—长期危害,类别2。		

序号	504	品名	2,5-二氯苯胺	商品编码	2921.4200
别　名			大红色基 GGS	CAS 号	95-82-9
英文名			2,5-dichloroaniline		
分子式			$C_6H_5Cl_2N$		
外观与性状			纯品为白色针晶。		
主要用途			用作染料中间体，用于有机合成。		
危险特性			本品遇明火、高热可燃；受高热分解，产生有毒的氮氧化物和氯化物气体；与强氧化剂接触可发生化学反应。		
健康危害			本品为强高铁血红蛋白形成剂，对中枢神经系统、肝、肾有损害；接触后引起头痛，头晕，恶心，呕吐，指端、口唇、耳廓紫绀，呼吸困难等。慢性影响：患者有神经衰弱综合征表现，伴有轻度紫绀、贫血和肝、脾肿大。		
防护措施			呼吸系统防护：可能接触其粉尘时，佩戴自吸过滤式防尘口罩。紧急事态抢救或撤离时，应该佩戴空气呼吸器。 眼睛防护：戴安全防护眼镜。 身体防护：穿防毒物渗透工作服。 手防护：戴橡胶手套。 其他防护：工作现场禁止吸烟、进食和饮水。及时换洗工作服。工作前后不饮酒，用温水洗澡。实行就业前和定期的体检。		
危险性类别			严重眼损伤/眼刺激，类别 1；皮肤致敏物，类别 1；特异性靶器官毒性—单次接触，类别 2；特异性靶器官毒性—反复接触，类别 2；危害水生环境—急性危害，类别 2；危害水生环境—长期危害，类别 2。		

序号	505	品名	2,6-二氯苯胺		商品编码	2921.4200
别 名					CAS 号	608-31-1
英文名	2,6-dichloroaniline					
分子式	$C_6H_5Cl_2N$					
外观与性状	针状结晶。					
主要用途	用于有机合成。					
危险特性	本品遇明火、高热可燃；受高热分解，产生有毒的氮氧化物和氯化物气体；与强氧化剂接触可发生化学反应。					
健康危害	本品为强高铁血红蛋白形成剂，对中枢神经系统、肝、肾有损害；接触后引起头痛、头晕、恶心、呕吐、指端、口唇、耳廓紫绀、呼吸困难等。慢性影响：患者有神经衰弱综合征表现，伴有轻度发绀、贫血和肝、脾肿大。					
防护措施	呼吸系统防护：可能接触其蒸气时，佩戴自吸过滤式防毒面具（半面罩）。 眼睛防护：戴安全防护眼镜。 身体防护：穿防毒物渗透工作服。 手防护：戴橡胶手套。 其他防护：工作现场禁止吸烟、进食和饮水。及时换洗工作服。工作前后不饮酒，用温水洗澡。实行就业前和定期的体检。					
危险性类别	急性毒性—经口，类别3；急性毒性—经皮肤，类别3；急性毒性—吸入，类别3；危害水生环境—急性危害，类别1；危害水生环境—长期危害，类别1。					

序号	506	品名	2,3-二氯苯酚		商品编码	2908.1990
别 名	2,3-二氯酚				CAS 号	576-24-9
英文名	2,3-dichlorophenol					
分子式	$C_6H_4Cl_2O$					
外观与性状	白色结晶。					
主要用途	用作气相色谱对比样品、分析试剂，并用于有机合成。					
危险特性	本品遇明火、高热可燃；受高热分解释放出有毒的气体。					
健康危害	本品对眼睛、皮肤、黏膜和上呼吸道有刺激作用。					
防护措施	呼吸系统防护：可能接触其蒸气时，应该佩戴防尘口罩。紧急事态抢救或逃生时，佩戴防毒面具。 眼睛防护：戴化学安全防护眼镜。 身体防护：穿相应的防护服。 手防护：戴防护手套。					
危险性类别	皮肤腐蚀/刺激，类别2；严重眼损伤/眼刺激，类别2；危害水生环境—急性危害，类别2；危害水生环境—长期危害，类别2。					

序号	507	品名	3,4-二氯苯胺	商品编码	2921.4200
别名				CAS号	95-76-1

英文名	3,4-dichloroaniline
分子式	$C_6H_5Cl_2N$
外观与性状	褐色针晶。
主要用途	用于染料中间体、农药中间体及生物组分中间体。
危险特性	本品遇明火、高热可燃;受高热分解,产生有毒的氮氧化物和氯化物气体;与强氧化剂接触可发生化学反应。
健康危害	本品为强高铁血红蛋白形成剂,对中枢神经系统、肝、肾有损害;会引起头痛,头晕,恶心,呕吐,指端、口唇、耳廓紫绀,呼吸困难等症状。
防护措施	呼吸系统防护:可能接触其粉尘时,佩戴自吸过滤式防尘口罩。紧急事态抢救或撤离时,应该佩戴自给式呼吸器。 眼睛防护:戴安全防护眼镜。 身体防护:穿防毒物渗透工作服。 手防护:戴橡胶手套。 其他防护:工作现场禁止吸烟、进食和饮水。及时换洗工作服。工作前后不饮酒,用温水洗澡。实行就业前和定期的体检。
危险性类别	急性毒性—经口,类别3*;急性毒性—经皮肤,类别3*;急性毒性—吸入,类别3*;严重眼损伤/眼刺激,类别1;皮肤致敏物,类别1;危害水生环境—急性危害,类别1;危害水生环境—长期危害,类别1。

序号	508	品名	2,4-二氯苯酚	商品编码	2908.1990
别名		2,4-二氯酚		CAS号	120-83-2

英文名	2,4-dichlorophenol
分子式	$C_6H_4Cl_2O$
外观与性状	无色结晶。
主要用途	用于有机合成。
危险特性	本品遇明火、高热可燃;与强氧化剂可发生反应;受高热分解产生有毒的腐蚀性气体。
健康危害	吸入、摄入或经皮肤吸收本品对身体有害;对眼睛、黏膜、呼吸道及皮肤有刺激作用,重者会引起灼伤。
防护措施	呼吸系统防护:空气中浓度较高时,应该佩戴防毒面具。紧急事态抢救或逃生时,佩戴自给式呼吸器。 眼睛防护:戴化学安全防护眼镜。 身体防护:穿相应的防护服。 手防护:戴防化学品手套。
危险性类别	急性毒性—经皮肤,类别3*;皮肤腐蚀/刺激,类别1B;严重眼损伤/眼刺激,类别1;危害水生环境—急性危害,类别2;危害水生环境—长期危害,类别2。

序号	509	品名	3,5-二氯苯胺	商品编码	2921.4200
别　名				CAS号	626-43-7
英文名		3,5-dichloroaniline			
分子式		$C_6H_5Cl_2N$			
外观与性状		白色至浅黄色针状结晶体。			
主要用途		用作农用杀虫剂的原料，由它可制得二甲菌核利、菌核利、乙烯菌核利、菌核净、异菌脲、乙菌利、氯苯咯菌胺和甲菌利，还可用于合成除草剂、植物生长调节剂。医药工业用于制造治疗疟疾病的喹啉衍生物。染料工业用于制造偶氮染料和颜料。在工业卫生方面用于制造杀虫剂和有害生物驱除剂。			
危险特性		本品受高热分解释放出有毒烟雾；有累积效应的危险品；对水生生物有极高毒性，可能对水体环境产生长期不良影响。			
健康危害		吸入或经皮肤吸收本品对身体有害。			
防护措施		呼吸系统防护：可能接触其粉尘时，佩戴自吸过滤式防尘口罩。紧急事态抢救或撤离时，应该佩戴自给式呼吸器。 眼睛防护：戴安全防护眼镜。 身体防护：穿防毒物渗透工作服。 手防护：戴橡胶手套。 其他防护：工作现场禁止吸烟、进食和饮水。及时换洗工作服。工作前后不饮酒，用温水洗澡。实行就业前和定期的体检。			
危险性类别		急性毒性—经口，类别3；急性毒性—经皮肤，类别3；急性毒性—吸入，类别3；特异性靶器官毒性—单次接触，类别2；危害水生环境—急性危害，类别2；危害水生环境—长期危害，类别2。			

序号	510	品名	二氯苯胺异构体混合物	商品编码	2921.4200
别　名				CAS号	27134-27-6
英文名		Dichloroaniline			
分子式		$C_6H_5Cl_2N$			
防护措施		呼吸系统防护：佩戴防毒口罩。紧急事态抢救或逃生时，佩戴自给式呼吸器。 眼睛防护：戴化学安全防护眼镜。 防护服：穿相应的防护服。 手防护：戴防化学品手套。 其他防护：工作现场禁止吸烟、进食和饮水。注意个人清洁卫生。			
危险性类别		急性毒性—经口，类别3；急性毒性—经皮肤，类别3；急性毒性—吸入，类别3；危害水生环境—急性危害，类别1；危害水生环境—长期危害，类别1。			

序号	511	品名	2,5-二氯苯酚	商品编码	2908.1990
别名			2,5-二氯酚	CAS 号	583-78-8
英文名			2,5-dichlorophenol		
分子式			$C_6H_4Cl_2O$		
外观与性状			白色棱形结晶。		
主要用途			用作分析试剂和气相色谱对比样品。		
危险特性			本品遇明火、高热可燃;受高热分解释放出有毒的气体。		
健康危害			本品对人体有毒,对眼睛、皮肤、黏膜和上呼吸道有刺激作用。		
防护措施			呼吸系统防护:可能接触其蒸气时,应该佩戴防毒口罩。紧急事态抢救或逃生时,佩戴防毒面具。 眼睛防护:戴化学安全防护眼镜。 身体防护:穿相应的防护服。 手防护:戴防护手套。		
危险性类别			皮肤腐蚀/刺激,类别 2;严重眼损伤/眼刺激,类别 2;危害水生环境—急性危害,类别 2;危害水生环境—长期危害,类别 2。		

序号	512	品名	2,6-二氯苯酚	商品编码	2908.1990
别名			2,6-二氯酚	CAS 号	87-65-0
英文名			2,6-dichlorophenol		
分子式			$C_6H_4Cl_2O$		
外观与性状			无色针状结晶。		
主要用途			用作分析试剂及有机合成。		
危险特性			本品遇明火、高热可燃;与强氧化剂可发生反应;受高热分解产生有毒的腐蚀性气体。		
健康危害			吸入、摄入或经皮肤吸收本品对身体有害;对眼睛、黏膜、呼吸道及皮肤有刺激作用,严重者会引起灼伤。		
防护措施			呼吸系统防护:空气中浓度较高时,应该佩戴防毒面具。紧急事态抢救或逃生时,佩戴自给式呼吸器。 眼睛防护:戴化学安全防护眼镜。 身体防护:穿相应的防护服。 手防护:戴防化学品手套。		
危险性类别			皮肤腐蚀/刺激,类别 2;严重眼损伤/眼刺激,类别 2;特异性靶器官毒性—单次接触,类别 2;危害水生环境—急性危害,类别 2;危害水生环境—长期危害,类别 2。		

序号	513	品名	3,4-二氯苯酚	商品编码	2908.1990
别 名			3,4-二氯酚	CAS 号	95-77-2
英文名			3,4-dichlorophenol		
分子式			$C_6H_4Cl_2O$		
外观与性状			针状结晶。		
主要用途			用作气相色谱对比样品,并用于有机合成。		
危险特性			本品遇明火、高热可燃;受高热分解释放出有毒的气体。		
健康危害			本品对人体有毒,对眼睛、皮肤、黏膜和上呼吸道有强烈刺激作用。		
防护措施			呼吸系统防护:可能接触其蒸气时,应该佩戴防毒口罩。紧急事态抢救或逃生时,佩戴防毒面具。 眼睛防护:戴化学安全防护眼镜。 身体防护:穿相应的防护服。 手防护:戴防护手套。		
危险性类别			特异性靶器官毒性—单次接触,类别2;危害水生环境—急性危害,类别2;危害水生环境—长期危害,类别2。		

序号	514	品名	3,4-二氯苯基偶氮硫脲	商品编码	2930.9090
别 名			3,4-二氯苯偶氮硫代氨基甲酰胺;灭鼠肼	CAS 号	5836-73-7
英文名			3,4-dichlorobenzenediazothiourea		
分子式			$C_7H_6Cl_2N_4S$		
外观与性状			金黄色结晶或粉末。		
主要用途			用作灭鼠药。		
危险特性			本品受热分解有毒氧化硫、氯化物气体。		
健康危害			吸入本品粉尘对身体有害。		
防护措施			呼吸系统防护:可能接触其蒸气时,应该佩戴防毒口罩。紧急事态抢救或逃生时,佩戴防毒面具。 眼睛防护:戴化学安全防护眼镜。 身体防护:穿相应的防护服。 手防护:戴防护手套。		
危险性类别			急性毒性—经口,类别2*。		

序号	515	品名	二氯苯基三氯硅烷	商品编码	2931.9000
别 名				CAS 号	27137-85-5
英文名	Dichlorophenyl trichlorosilane				
分子式	$C_6H_3Cl_5Si$				
外观与性状	稻草色液体。				
主要用途	用于有机合成。				
危险特性	本品遇明火、高热可燃;吸潮或遇水会产生大量的腐蚀性烟雾;受高热分解产生有毒的腐蚀性烟气;具有腐蚀性。				
健康危害	本品蒸气强烈刺激皮肤、眼睛和黏膜,对中枢神经系统、肝、肾有损害作用。				
防护措施	呼吸系统防护:佩戴防毒口罩。紧急事态抢救或逃生时,应该佩戴防毒面具。 眼睛防护:戴化学安全防护眼镜。 身体防护:穿防腐工作服。 手防护:戴橡胶手套。				
危险性类别	皮肤腐蚀/刺激,类别1;严重眼损伤/眼刺激,类别1。				

序号	516	品名	2,4-二氯苯甲酰氯	商品编码	2916.3990
别 名	2,4-二氯苄基氯			CAS 号	89-75-8
英文名	2,4-dichlorobenzoyl chloride				
分子式	$C_7H_3Cl_3O$				
外观与性状	无色至浅黄色液体或固体。				
主要用途	用于有机合成,用作染料、制药工业的中间体。				
危险特性	本品遇明火、高热可燃;与强氧化剂可发生反应;遇水反应发热放出有毒的腐蚀性气体;具有腐蚀性。				
健康危害	本品对眼睛、皮肤、黏膜和呼吸道有强烈的刺激作用;吸入可能由于喉、支气管的痉挛、水肿、炎症,化学性肺炎、肺水肿而致死;中毒症状有烧灼感、咳嗽、喘息、喉炎、气短、头痛、恶心和呕吐。				
防护措施	呼吸系统防护:空气中浓度较高时,应该佩戴防毒面具。紧急事态抢救或逃生时,佩戴自给式呼吸器。 眼睛防护:戴化学安全防护眼镜。 身体防护:穿工作服(防腐材料制作)。 手防护:戴橡皮手套。				
危险性类别	皮肤腐蚀/刺激,类别1;严重眼损伤/眼刺激,类别1。				

序号	517	品名	2-(2,4-二氯苯氧基)丙酸	商品编码	2918.9900
别　名			2,4-滴丙酸	CAS 号	120-36-5
英文名			2-(2,4-dichlorophenoxy)propionic acid		
分子式			$C_9H_8Cl_2O_3$		
外观与性状			无色无味结晶。		
主要用途			用作农用除草剂、熏蒸剂。		
危险特性			本品遇明火、高热可燃；遇潮时对大多数金属有腐蚀性；受高热分解，释放出有毒的烟气。		
健康危害			本品对眼睛、皮肤、黏膜和上呼吸道有刺激作用。		
防护措施			呼吸系统防护：生产操作或农业使用时，佩戴防毒口罩。 眼睛防护：必要时戴安全防护眼镜。 身体防护：穿紧袖工作服，长筒胶鞋。 手防护：戴防护手套。		
危险性类别			皮肤腐蚀/刺激，类别 2；严重眼损伤/眼刺激，类别 1；危害水生环境—急性危害，类别 1；危害水生环境—长期危害，类别 1。		

序号	518	品名	3,4-二氯苄基氯	商品编码	2903.9990
别　名			3,4-二氯氯化苄;氯化-3,4-二氯苄	CAS 号	102-47-6
英文名			3,4-dichlorobenzyl chloride		
分子式			$C_7H_5Cl_3$		
外观与性状			无色液体。		
主要用途			用作杀虫剂、有机合成中间体。		
危险特性			本品遇明火、高热可燃；受高热分解产生有毒的腐蚀性烟气。		
健康危害			本品有毒，有强麻醉作用；极微含量时能刺激皮肤、眼睛和黏膜。接触症状包括烧灼感、咳嗽、眩晕、喉炎、气短、头痛、恶心和呕吐；吸入会引起喉炎，支气管炎，化学性肺炎，肺水肿。		
防护措施			呼吸系统防护：佩戴防毒口罩。紧急事态抢救或逃生时，应该佩戴自给式呼吸器。 眼睛防护：戴化学安全防护眼镜。 身体防护：穿相应的防护服。 手防护：戴防化学品手套。		
危险性类别			危害水生环境—急性危害，类别 2；危害水生环境—长期危害，类别 2。		

序号	519	品名	1,1-二氯丙酮	商品编码	2914.7900
别　名			二氯甲基甲基酮	CAS 号	513-88-2
英文名			1,1-dichloroacetone		
分子式			$C_3H_4Cl_2O$		
外观与性状			液体。		
危险特性			本品遇明火可燃，受热分解产生氯化物气体，与氧化剂起作用。		
健康危害			本品吞食后有害，对眼睛、呼吸系统和皮肤有刺激作用。		
防护措施			呼吸系统防护：佩戴防毒口罩。紧急事态抢救或逃生时，佩戴自给式呼吸器。 眼睛防护：戴化学安全防护眼镜。 防护服：穿相应的防护服。 手防护：戴防化学品手套。 其他防护：工作现场禁止吸烟、进食和饮水。注意个人清洁卫生。		
危险性类别			易燃液体，类别3；急性毒性—经口，类别3。		

序号	520	品名	1,3-二氯丙烷	商品编码	2903.1990
别　名			氯化三亚甲基	CAS 号	142-28-9
英文名			1,3-dichloropropane		
分子式			$C_3H_6Cl_2$		
外观与性状			无色液体，有类似氯仿的气味。		
主要用途			用于有机合成，制洗涤剂，也用作溶剂。		
危险特性			本品遇明火、高热易燃；受热分解能放出剧毒的光气；与氧化剂能发生强烈反应。		
健康危害			吸入、口服或经皮肤吸收本品对身体有害；其蒸气或雾对眼睛、皮肤、黏膜和呼吸道有刺激作用，引起皮炎；长时间接触会引起头痛、恶心、呕吐、中枢神经系统抑制；反复接触对肝、肾有损害。		
防护措施			呼吸系统防护：可能接触其蒸气时，应该佩戴自吸过滤式防毒面具（半面罩）。紧急事态抢救或撤离时，佩戴空气呼吸器。 眼睛防护：戴化学安全防护眼镜。 身体防护：穿防毒物渗透工作服。 手防护：戴橡胶耐油手套。 其他防护：工作现场禁止吸烟、进食和饮水。工作完毕，淋浴更衣。注意个人清洁卫生。		
危险性类别			易燃液体，类别2；皮肤腐蚀/刺激，类别2；危害水生环境—长期危害，类别3。		

序号	521	品名	1,3-二氯丙酮	商品编码	2914.7900
别　　名		α,γ-二氯丙酮		CAS 号	534-07-6
英文名		1,3-dichloroacetone			
分子式		$C_3H_4Cl_2O$			
外观与性状		无色结晶。			
主要用途		用于有机合成，也用作催泪性毒剂。			
危险特性		本品遇明火能燃烧；受热易分解，燃烧时产生有毒的氯化物气体；与氧化剂接触反应猛烈。			
健康危害		本品对眼睛有强烈刺激性；会引起皮肤灼伤和皮炎；受热分解释放出有毒的氯化物烟雾，有刺激性、催泪性。			
防护措施		呼吸系统防护：可能接触其粉尘时，必须佩戴头罩型电动送风过滤式防尘呼吸器。 眼睛防护：呼吸系统防护中已作防护。 身体防护：穿胶布防毒衣。 手防护：戴橡胶手套。 其他防护：工作现场禁止吸烟、进食和饮水。工作完毕，淋浴更衣。注意个人清洁卫生。			
危险性类别		急性毒性—经口，类别 2；急性毒性—经皮肤，类别 2。			

序号	522	品名	1,2-二氯丙烷	商品编码	2903.1990
别　　名		二氯化丙烯		CAS 号	78-87-5
英文名		1,2-dichloropropane			
分子式		$C_3H_6Cl_2$			
外观与性状		无色液体，有类似氯仿的气味。			
主要用途		用作脂肪、油、蜡、树脂和树胶的溶剂及杀虫剂等。			
危险特性		本品蒸气与空气形成爆炸性混合物，遇明火、高热能引起燃烧爆炸；与氧化剂能发生强烈反应，受高热分解产生有毒的腐蚀性气体；其蒸气比空气重，能在较低处扩散到相当远的地方，遇火源会着火回燃；若遇高热，容器内压增大，有开裂和爆炸的危险。			
健康危害		吸入、摄入或经皮肤吸收本品后对身体有害。1,2-二氯丙烷对中枢神经系统有抑制作用，会使皮肤干燥、脱屑和皲裂；对黏膜有刺激作用，会引起肝、肾和心肌脂肪性变。			
防护措施		呼吸系统防护：空气中浓度超标时，应该佩戴防毒面具。紧急事态抢救或逃生时，佩戴自给式呼吸器。 眼睛防护：戴化学安全防护眼镜。 身体防护：穿相应的防护服。 手防护：必要时戴防化学品手套。			
危险性类别		易燃液体，类别 2。			

序号	523	品名	1,2-二氯丙烯	商品编码	2903.2990
别　名		2-氯丙烯基氯		CAS号	563-54-2
英文名		1,2-dichloropropene			
分子式		$C_3H_4Cl_2$			
外观与性状		无色液体,有类似氯仿的气味。			
主要用途		用于有机合成。			
危险特性		本品易燃,其蒸气与空气可形成爆炸性混合物,遇明火、高热能引起燃烧爆炸;在空气中受热分解释放出剧毒的光气和氯化氢气体;与氧化剂能发生强烈反应;与铜及其合金有可能生成具有爆炸性的氯乙炔。			
健康危害		本品对眼睛、皮肤有刺激作用;对实验动物可引起肝、肾及肺脏的损害。			
防护措施		呼吸系统防护:可能接触其蒸气时,应该佩戴自吸过滤式防毒面具(全面罩)。紧急事态抢救或撤离时,佩戴自给式呼吸器。 眼睛防护:呼吸系统防护中已作防护。 身体防护:穿胶布防毒衣。 手防护:戴橡胶耐油手套。 其他防护:工作现场禁止吸烟、进食和饮水。工作完毕,淋浴更衣。注意个人清洁卫生。			
危险性类别		易燃液体,类别2。			

序号	524	品名	二氯二氟甲烷	商品编码	2903.7720
别　名		氟里昂-12		CAS号	75-71-8
英文名		Dichlorodifluoromethane			
分子式		CCl_2F_2			
外观与性状		无色无臭气体。			
主要用途		用作制冷剂、气溶杀虫药发射剂。			
危险特性		本品不燃;受高热分解,释放出有毒的氟化物和氯化物气体。			
健康危害		本品是一种对心脏毒作用强烈而又迅速的物质,能引起动物心律不齐、室性心动过速、心动过缓、房室传导阻滞、急性心力衰竭、血压降低等心血管系统的改变。国外有大量吸入引起致命性心律紊乱、虚脱、心动骤停而死亡的病例报道。			
防护措施		呼吸系统防护:空气中浓度超标时,应该佩戴自吸过滤式防毒面具(半面罩)。 眼睛防护:必要时,戴化学安全防护眼镜。 身体防护:穿一般作业防护服。 手防护:戴一般作业防护手套。 其他防护:避免高浓度吸入。进入罐、限制性空间或其他高浓度区作业,须有人监护。			
危险性类别		加压气体;特异性靶器官毒性—反复接触,类别1;危害臭氧层,类别1。			

序号	525	品名	1,3-二氯丙烯	商品编码	2903.2990
别　名		滴滴剂		CAS 号	542-75-6
英文名		1,3-dichloropropene			
分子式		$C_3H_4Cl_2$			
外观与性状		无色液体，有类似氯仿的气味。			
主要用途		用于有机合成和用作防霉剂。			
危险特性		本品易燃，其蒸气与空气可形成爆炸性混合物，遇明火、高热能引起燃烧爆炸；与氧化剂能发生强烈反应。			
健康危害		吸入、口服或经皮肤吸收本品对身体有害，对眼睛、皮肤、黏膜和呼吸道有强烈的刺激作用。吸入后会因喉、支气管的痉挛、水肿、炎症，化学性肺炎、肺水肿而致死；中毒症状有烧灼感、咳嗽、喘息、喉炎、气短、头痛、恶心和呕吐。			
防护措施		呼吸系统防护：可能接触其蒸气时，应该佩戴自吸过滤式防毒面具（全面罩）。紧急事态抢救或撤离时，佩戴自给式呼吸器。 眼睛防护：呼吸系统防护中已作防护。 身体防护：穿胶布防毒衣。 手防护：戴橡胶耐油手套。 其他防护：工作现场禁止吸烟、进食和饮水。工作完毕，淋浴更衣。注意个人清洁卫生。			
危险性类别		易燃液体，类别 3；急性毒性—经口，类别 3＊；急性毒性—经皮肤，类别 3＊；皮肤腐蚀/刺激，类别 2；严重眼损伤/眼刺激，类别 2；皮肤致敏物，类别 1；特异性靶器官毒性—单次接触，类别 3（呼吸道刺激）；吸入危害，类别 1；危害水生环境—急性危害，类别 1；危害水生环境—长期危害，类别 1。			

序号	526	品名	二氯二氟甲烷和二氟乙烷的共沸物（含二氯二氟甲烷约 74%）	商品编码	3824.7100
别　名		R500		CAS 号	
英文名		Dichlorodifluoromethane and difluoroethane azeotropic mixture			
防护措施		呼吸系统防护：佩戴防毒口罩。紧急事态抢救或逃生时，佩戴自给式呼吸器。 眼睛防护：戴化学安全防护眼镜。 防护服：穿相应的防护服。 手防护：戴防化学品手套。 其他防护：工作现场禁止吸烟、进食和饮水。注意个人清洁卫生。			
危险性类别		易燃气体，类别 2；加压气体；特异性靶器官毒性—反复接触，类别 1；危害臭氧层，类别 1。			

序号	527	品名	2,3-二氯丙烯	商品编码	2903.2990
别　名				CAS 号	78-88-6
英文名		2,3-dichloropropene			
分子式		$C_3H_4Cl_2$			
外观与性状		无色或微黄色液体。			
主要用途		用于有机合成和用作熏蒸剂。			
危险特性		本品蒸气与空气形成爆炸性混合物，遇明火、高热或与氧化剂接触，有引起燃烧爆炸的危险；其蒸气比空气重，能在较低处扩散到相当远的地方，遇明火会着火回燃；若遇高热，容器内压增大，有开裂和爆炸的危险。			
健康危害		吸入、摄入或经皮肤吸收本品后对身体有害，对眼睛、皮肤、黏膜和上呼吸道有强烈刺激作用，会引起灼伤。吸入后引起喉、支气管痉挛、水肿、炎症、化学性肺炎、肺水肿等。			
防护措施		呼吸系统防护：佩戴防毒口罩。紧急事态抢救或逃生时，建议佩戴自给式呼吸器。 眼睛防护：戴化学安全防护眼镜。 身体防护：穿防静电工作服。 手防护：戴防化学品手套。			
危险性类别		易燃液体，类别 2；皮肤腐蚀/刺激，类别 2；严重眼损伤/眼刺激，类别 1；生殖细胞致突变性，类别 2；特异性靶器官毒性—单次接触，类别 3（呼吸道刺激）；危害水生环境—长期危害，类别 3。			

序号	528	品名	1,4-二氯丁烷	商品编码	2903.1990
别　名		二氯四亚甲基		CAS 号	110-56-5
英文名		1,4-dichlorobutane			
分子式		$C_4H_8Cl_2$			
外观与性状		无色液体，有芳香气味。			
主要用途		用于有机合成。			
危险特性		本品易燃，遇明火、高热易燃；受热分解释放出剧毒的光气；与氧化剂能发生强烈反应。			
健康危害		吸入、口服或经皮肤吸收本品对身体有害，对眼睛、皮肤、黏膜和呼吸道有刺激作用。			
防护措施		呼吸系统防护：可能接触其蒸气时，应该佩戴自吸过滤式防毒面具（半面罩）。紧急事态抢救或撤离时，佩戴自给式呼吸器。 眼睛防护：戴化学安全防护眼镜。 身体防护：穿防毒物渗透工作服。 手防护：戴橡胶耐油手套。 其他防护：工作现场禁止吸烟、进食和饮水。工作完毕，淋浴更衣。注意个人清洁卫生。			
危险性类别		易燃液体，类别 3；危害水生环境—长期危害，类别 3。			

序号	529	品名	1,2-二氯二乙醚	商品编码	2909.1990
别　名			乙基-1,2-二氯乙醚	CAS 号	623-46-1
英文名			1,2-Dichloro-2-ethoxyethane		
分子式			$C_4H_8Cl_2O$		
外观与性状			透明深棕色—黄色液体。		
防护措施			呼吸系统防护：佩戴防毒口罩。紧急事态抢救或逃生时，佩戴自给式呼吸器。 眼睛防护：戴化学安全防护眼镜。 防护服：穿相应的防护服。 手防护：戴防化学品手套。 其他防护：工作现场禁止吸烟、进食和饮水。注意个人清洁卫生。		
危险性类别			易燃液体，类别 3。		

序号	530	品名	2,2-二氯二乙醚	商品编码	2909.1990
别　名			对称二氯二乙醚	CAS 号	111-44-4
英文名			Dichloroethyl ether		
分子式			$C_4H_8Cl_2O$		
外观与性状			带有辣味和水果味的无色透明液体。		
主要用途			用作溶剂、土壤熏蒸杀虫剂，也用于有机合成和制涂料。		
危险特性			本品遇明火、高热易燃；受热或遇水分解释放热，放出有毒的腐蚀性烟气；燃烧分解时，放出有毒的刺激性氯化物烟气；与氧化剂接触反应猛烈。		
健康危害			接触本品对眼睛、呼吸道黏膜有明显刺激作用，并有难以忍受的感觉，发生咳嗽、恶心、呕吐。动物实验本品有麻醉和强烈的刺激作用。		
防护措施			呼吸系统防护：可能接触其蒸气时，必须佩戴自吸过滤式防毒面具（半面罩）。紧急事态抢救或撤离时，建议佩戴空气呼吸器。 眼睛防护：戴化学安全防护眼镜。 身体防护：穿透气型防毒服。 手防护：戴防化学品手套。 其他防护：工作现场禁止吸烟、进食和饮水。工作完毕，淋浴更衣。保持良好的卫生习惯。		
危险性类别			易燃液体，类别 3；急性毒性—经口，类别 3；急性毒性—经皮肤，类别 3；急性毒性—吸入，类别 1；皮肤腐蚀/刺激，类别 2；严重眼损伤/眼刺激，类别 2B；特异性靶器官毒性—单次接触，类别 1；特异性靶器官毒性—单次接触，类别 3（麻醉效应）。		

序号	531	品名	二氯硅烷	商品编码	2853.9090
别 名				CAS 号	4109-96-0
英文名	Dichlorosilane				
分子式	H_2Cl_2Si				
外观与性状	无色气体。				
主要用途	用于合成硅的有机化合物。				
危险特性	本品易燃，其蒸气能与空气形成范围广阔的爆炸性混合物；遇热源和明火有燃烧爆炸的危险；与卤素及其他氧化剂反应剧烈；遇水或水蒸气反应剧烈，生成盐酸烟雾。				
健康危害	本品对上下呼吸道、皮肤和眼睛有腐蚀性和刺激性。本品遇水或空气中的水分迅速水解形成氯化氢（盐酸），氯化氢会导致皮肤灼伤和产生黏膜刺激。接触后表现有流泪、咳嗽、咳痰、呼吸困难、流涎等，会引起肺炎或肺水肿。眼睛接触会导致灼伤、失明。				
防护措施	呼吸系统防护：正常工作情况下，佩戴过滤式防毒面具（全面罩）。高浓度环境中，必须佩戴氧气呼吸器。 眼睛防护：呼吸系统防护中已作防护。 身体防护：穿胶布防毒衣。 手防护：戴橡胶手套。 其他防护：工作现场禁止吸烟、进食和饮水。工作完毕，淋浴更衣。进入罐、限制性空间或其他高浓度区作业，须有人监护。				
危险性类别	易燃气体，类别1；加压气体；急性毒性—吸入，类别2；皮肤腐蚀/刺激，类别1；严重眼损伤/眼刺激，类别1；特异性靶器官毒性—单次接触，类别2。				

序号	532	品名	二氯化膦苯	商品编码	2931.3990
别 名	苯基二氯磷；苯膦化二氯			CAS 号	644-97-3
英文名	Phenyl phosphorus dichloride				
分子式	$C_6H_5Cl_2P$				
外观与性状	无色发烟液体。				
主要用途	用于有机合成。				
危险特性	本品遇明火、高热可燃；受高热分解，释放出剧毒的烟气。				
健康危害	本品有毒，误服或吸入会中毒，具有腐蚀性，对皮肤、眼睛和黏膜有刺激性。				
防护措施	呼吸系统防护：可能接触其蒸气时，佩戴防毒口罩。紧急事态抢救或逃生时，应该佩戴自给式呼吸器。 眼睛防护：戴化学安全防护眼镜。 身体防护：穿防腐工作服。 手防护：戴橡胶手套。				
危险性类别	皮肤腐蚀/刺激，类别1；严重眼损伤/眼刺激，类别1；特异性靶器官毒性—单次接触，类别3（呼吸道刺激）。				

序号	533	品名	二氯化硫	商品编码	2812.1600
别　名				CAS 号	10545-99-0
英文名	Sulfur dichloride				
分子式	SCl_2				
外观与性状	红棕色液体，有刺激性臭味。				
主要用途	用作试剂。				
危险特性	本品遇水或潮气分解出二氧化硫与氯化氢气体；若遇高热发生剧烈分解，引起容器破裂或爆炸事故；对很多金属尤其是潮湿空气存在下有腐蚀性。				
健康危害	本品对眼睛、和上呼吸道黏膜有强烈的刺激性，少数严重者会引起肺水肿；会导致皮肤严重灼伤。				
防护措施	呼吸系统防护：可能接触其烟雾时，佩戴自吸过滤式防毒面具（全面罩）或空气呼吸器。紧急事态抢救或撤离时，建议佩戴氧气呼吸器。 眼睛防护：呼吸系统防护中已作防护。 身体防护：穿橡胶耐酸碱服。 手防护：戴橡胶耐酸碱手套。 其他防护：工作现场禁止吸烟、进食和饮水。工作完毕，淋浴更衣。单独存放被毒物污染的衣服，洗后备用。保持良好的卫生习惯。				
危险性类别	皮肤腐蚀/刺激，类别 1B；严重眼损伤/眼刺激，类别 1；特异性靶器官毒性—单次接触，类别 3（呼吸道刺激）；危害水生环境—急性危害，类别 1。				

序号	534	品名	二氯化乙基铝	商品编码	2931.9000
别　名	乙基二氯化铝			CAS 号	563-43-9
英文名	Ethyldichloroaluminum				
分子式	$C_2H_5AlCl_2$				
外观与性状	黄色透明晶体。				
主要用途	用作烯烃聚合和芳烃加氯的催化剂。				
危险特性	本品遇空气易燃烧；遇水发生爆炸；与卤化物（如四氯化碳）能发生强烈反应；具有强腐蚀性；受热分解，释放出有毒的烟气。				
健康危害	吸入、摄入或经皮肤吸收本品后对身体有害；对眼睛、皮肤、黏膜和上呼吸道有强烈刺激作用。接触后的症状有烧灼感、咳嗽、喉炎、气短、头痛、恶心和呕吐等。能灼伤皮肤。				
防护措施	呼吸系统防护：佩戴防毒口罩。 眼睛防护：戴化学安全防护眼镜。 身体防护：穿防静电工作服。 手防护：戴防化学品手套。				
危险性类别	自燃液体，类别 1；遇水放出易燃气体的物质和混合物，类别 1；严重眼损伤/眼刺激，类别 2*。				

序号	535	品名	2,4-二氯甲苯	商品编码	2903.9990
别 名		二氯甲苯		CAS 号	95-73-8
英文名		2,4-dichlorotoluene			
分子式		$C_7H_6Cl_2$			
外观与性状		无色透明液体，有刺激性气味。			
主要用途		用作溶剂、制药及有机合成。			
危险特性		本品遇明火、高热可燃；受高热分解产生有毒的腐蚀性烟气。			
健康危害		本品对黏膜、眼睛和皮肤有刺激性；持续吸入高浓度蒸气会出现呼吸道炎症，甚至发生肺水肿；皮肤接触会引起红斑、大疱或发生湿疹。			
防护措施		呼吸系统防护：空气中浓度超标时，应该佩戴过滤式防毒面具（半面罩）。紧急事态抢救或撤离时，佩戴隔离式呼吸器。 眼睛防护：戴安全防护眼镜。 身体防护：穿防毒物渗透工作服。 手防护：戴橡胶耐油手套。 其他防护：工作现场禁止吸烟、进食和饮水。工作完毕，彻底清洗。单独存放被毒物污染的衣服，洗后备用。注意个人清洁卫生。			
危险性类别		皮肤腐蚀/刺激，类别2；危害水生环境—急性危害，类别2；危害水生环境—长期危害，类别2。			

序号	536	品名	2,5-二氯甲苯	商品编码	2903.9910
别 名		1,4-二氯-2-甲苯		CAS 号	19398-61-9
英文名		2,5-dichlorotoluene			
分子式		$C_7H_6Cl_2$			
外观与性状		无色透明液体，有刺激性气味。			
主要用途		用于有机合成。			
危险特性		本品遇明火能燃烧；与强氧化剂接触可发生化学反应；受高热分解释放出有毒的气体。			
健康危害		本品对黏膜、眼睛和皮肤有刺激性；持续吸入高浓度蒸气会出现呼吸道炎症，甚至肺水肿；皮肤接触会引起红斑、大疱，或发生湿疹。			
防护措施		呼吸系统防护：空气中浓度超标时，必须佩戴自吸过滤式防毒面具（半面罩）。紧急事态抢救或撤离时，应该佩戴空气呼吸器。 眼睛防护：戴化学安全防护眼镜。 身体防护：穿防毒物渗透工作服。 手防护：戴橡胶耐油手套。 其他防护：工作现场禁止吸烟、进食和饮水。工作完毕，彻底清洗。单独存放被毒物污染的衣服，洗后备用。注意个人清洁卫生。			
危险性类别		危害水生环境—急性危害，类别2；危害水生环境—长期危害，类别2。			

序号	537	品名	2,6-二氯甲苯	商品编码	2903.9990
别　名		1,3-二氯-2-甲苯		CAS 号	118-69-4
英文名		2,6-dichlorotoluene			
分子式		$C_7H_6Cl_2$			
外观与性状		无色液体，有刺激性气味。			
主要用途		用作有机合成原料。			
危险特性		本品遇明火、高热可燃；受高热分解产生有毒的腐蚀性烟气。			
健康危害		本品对黏膜、眼睛和皮肤有刺激性；持续吸入高浓度蒸气会出现呼吸道炎症，甚至发生肺水肿；皮肤接触会引起红斑、大疱，或发生湿疹。			
防护措施		呼吸系统防护：空气中浓度超标时，应该佩戴过滤式防毒面具（半面罩）。紧急事态抢救或撤离时，佩戴隔离式呼吸器。 眼睛防护：戴安全防护眼镜。 身体防护：穿防毒物渗透工作服。 手防护：戴橡胶耐油手套。 其他防护：工作现场禁止吸烟、进食和饮水。工作完毕，彻底清洗。单独存放被毒物污染的衣服，洗后备用。注意个人清洁卫生。			
危险性类别		生殖毒性，类别2；危害水生环境—急性危害，类别2；危害水生环境—长期危害，类别2。			

序号	538	品名	3,4-二氯甲苯	商品编码	2903.9990
别　名		1,2-二氯-4-甲基苯		CAS 号	95-75-0
英文名		3,4-dichlorotoluene			
分子式		$C_7H_6Cl_2$			
外观与性状		无色液体，有刺激性气味。			
主要用途		用作溶剂及用于有机合成。			
危险特性		本品遇明火能燃烧；受高热分解产生有毒的腐蚀性烟气。			
健康危害		本品对黏膜、眼睛和皮肤有刺激性；持续高浓度吸入其蒸气会出现呼吸道炎症，甚至发生肺水肿；皮肤接触会引起红斑、大疱，或发生湿疹。			
防护措施		呼吸系统防护：空气中浓度超标时，应该佩戴过滤式防毒面具（半面罩）。紧急事态抢救或撤离时，佩戴隔离式呼吸器。 眼睛防护：戴安全防护眼镜。 身体防护：穿防毒物渗透工作服。 手防护：戴橡胶耐油手套。 其他防护：工作现场禁止吸烟、进食和饮水。工作完毕，彻底清洗。单独存放被毒物污染的衣服，洗后备用。注意个人清洁卫生。			
危险性类别		危害水生环境—急性危害，类别2；危害水生环境—长期危害，类别2。			

序号	539	品名	α,α-二氯甲苯	商品编码	2903.9990
别　名			二氯化苄;二氯甲基苯;苄叉二氯;α,α-二氯甲基苯	CAS 号	98-87-3
英文名			Benzyl dichloride		
分子式			$C_7H_6Cl_2$		
外观与性状			无色油状液体，有刺激性气味。		
主要用途			用于有机合成。		
危险特性			本品遇明火、高热可燃；具有腐蚀性。受高热分解产生有毒的腐蚀性烟气。		
健康危害			本品具有腐蚀性的毒物，为可疑致癌物。吸入会引起喉、支气管痉挛、炎症、水肿，化学性肺炎和水肿。		
防护措施			呼吸系统防护：佩戴防毒口罩。紧急事态抢救或逃生时，建议佩戴防毒面具。 眼睛防护：戴化学安全防护眼镜。 身体防护：穿防腐工作服。 手防护：戴橡胶手套。		
危险性类别			致癌性，类别1B；急性毒性—吸入，类别3＊；皮肤腐蚀/刺激，类别2；严重眼损伤/眼刺激，类别1；特异性靶器官毒性—单次接触，类别3（呼吸道刺激）；危害水生环境—长期危害，类别3。		

序号	540	品名	3,3'-二氯联苯胺	商品编码	2921.5900
别　名				CAS 号	91-94-1
英文名			3,3'-dichlorobenzidine		
分子式			$C_{12}H_{10}Cl_2N_2$		
外观与性状			棕褐色针状结晶，易氧化。		
主要用途			用作偶氮染料中间体和颜料苯胺黄的重要原料。		
危险特性			本品遇明火、高热可燃；受高热分解释放出有毒的气体。		
健康危害			本品对动物有强致癌作用，对人为可疑致癌物。接触本品会引起皮炎。		
防护措施			呼吸系统防护：可能接触其蒸气时，应该佩戴防毒口罩。紧急事态抢救或逃生时，佩戴自给式呼吸器。 眼睛防护：戴安全防护眼镜。 身体防护：穿相应的防护服。 手防护：戴防化学品手套。		
危险性类别			致癌性，类别2；皮肤致敏物，类别1；危害水生环境—急性危害，类别1；危害水生环境—长期危害，类别1。		

序号	541	品名	二氯甲烷	商品编码	2903.1200
别名		亚甲基氯；甲撑氯		CAS 号	75-09-2
英文名		Dichloromethane			
分子式		CH_2Cl_2			
外观与性状		无色透明液体，有芳香气味。			
主要用途		用作树脂及塑料工业的溶剂。			
危险特性		本品与明火或灼热的物体接触时能产生剧毒的光气；遇潮湿空气能水解生成微量的氯化氢，光照能促进水解从而对金属的腐蚀性增强。			
健康危害		本品有麻醉作用，主要损害中枢神经和呼吸系统。急性中毒：轻者会有眩晕、头痛、呕吐及眼睛和上呼吸道黏膜刺激症状；较重者则出现易激动、步态不稳、共济失调、嗜睡，会引起化学性支气管炎；重者昏迷，有肺水肿，血中碳氧血红蛋白含量增高。慢性影响：长期接触者主要有头痛、乏力、眩晕、食欲减退、动作迟钝、嗜睡等症状；对皮肤有脱脂作用，会引起干燥、脱屑和皲裂等。			
防护措施		呼吸系统防护：空气中浓度超标时，应该佩戴直接式防毒面具（半面罩）。紧急事态抢救或撤离时，佩戴空气呼吸器。 眼睛防护：必要时，戴化学安全防护眼镜。 身体防护：穿防毒物渗透工作服。 手防护：戴防化学品手套。 其他防护：工作现场禁止吸烟、进食和饮水。工作完毕，淋浴更衣。单独存放被毒物污染的衣服，洗后备用。注意个人清洁卫生。			
危险性类别		皮肤腐蚀/刺激，类别 2；严重眼损伤/眼刺激，类别 2A；致癌性，类别 2；特异性靶器官毒性—单次接触，类别 1；特异性靶器官毒性—单次接触，类别 3（麻醉效应）；特异性靶器官毒性—反复接触，类别 1。			

序号	542	品名	二氯硫化碳	商品编码	2853.9090
别名		硫光气;硫代羰基氯		CAS号	463-71-8
英文名		Thiophosgene			
分子式		$CSCl_2$			
外观与性状		红色液体,有刺激性气味。			
主要用途		用于有机合成。			
危险特性		本品与酸反应,放出有毒的腐蚀性烟气;受高热分解,放出有毒的烟气;若遇高热,容器内压增大,有开裂和爆炸的危险。			
健康危害		本品有毒,是一种极强的刺激性物质,对眼睛、皮肤及黏膜有强刺激作用。吸入后会引起喉、支气管痉挛、炎症、化学性肺炎、肺水肿等症状。接触后会引起烧灼感、咳嗽、喉炎、气短、头痛、恶心和呕吐等症状。			
防护措施		呼吸系统防护:佩戴防毒口罩。紧急事态抢救或逃生时,应该佩戴自给式呼吸器。 眼睛防护:戴化学安全防护眼镜。 身体防护:穿相应的防护服。 手防护:戴防化学品手套。			
危险性类别		急性毒性—吸入,类别3*;皮肤腐蚀/刺激,类别2;严重眼损伤/眼刺激,类别2;特异性靶器官毒性—单次接触,类别3(呼吸道刺激)。			

序号	543	品名	二氯醛基丙烯酸	商品编码	2918.3000
别名		粘氯酸;二氯代丁烯醛酸;糠氯酸		CAS号	87-56-9
英文名		Dichloromalealdehydic acid			
分子式		$C_4H_2Cl_2O_3$			
外观与性状		白色结晶或淡黄色粉末,具有刺激性气味。			
主要用途		用于有机合成和制药。			
危险特性		本品遇明火、高热可燃;受高热分解,放出腐蚀性、刺激性的烟雾。			
健康危害		本品具有腐蚀性,对皮肤有严重的刺激性,对眼睛、黏膜有刺激性。			
防护措施		呼吸系统防护:可能接触其粉尘时,建议佩戴头罩型电动送风过滤式防尘呼吸器。必要时,佩戴空气呼吸器。 眼睛防护:呼吸系统防护中已作防护。 身体防护:穿防酸碱塑料工作服。 手防护:戴橡胶耐酸碱手套。 其他防护:工作现场禁止吸烟、进食和饮水。工作完毕,彻底清洗。工作服不准带至非作业场所。单独存放被毒物污染的衣服,洗后备用。			
危险性类别		皮肤腐蚀/刺激,类别1;严重眼损伤/眼刺激,类别1;生殖细胞致突变性,类别2;特异性靶器官毒性—单次接触,类别2;危害水生环境—长期危害,类别3。			

序号	544	品名	二氯四氟乙烷	商品编码	2903.7720
别 名		R114		CAS 号	76-14-2
英文名		Dichlorotetrafluoroethane			
分子式		$C_2Cl_2F_4$			
外观与性状		无色气体,有类似氯仿气味。			
主要用途		用作制冷剂、气溶胶喷射剂、发泡剂。			
危险特性		本品受高热分解,放出有毒的氟化物和氯化物气体;若遇高热,容器内压增大,有开裂和爆炸的危险。			
健康危害		本品未见急性中毒病例报道,但会引起皮肤冻伤。			
防护措施		呼吸系统防护:一般不需要特殊防护,高浓度接触时可佩戴自吸过滤式防毒面具(半面罩)。 眼睛防护:必要时,戴安全防护眼镜。 身体防护:穿化学防护服。 手防护:戴橡胶耐油手套。 其他防护:注意检测毒物。保持良好的卫生习惯。			
危险性类别		加压气体;危害臭氧层,类别 1。			

序号	545	品名	1,5-二氯戊烷	商品编码	2903.1990
别 名		五亚甲基二氯		CAS 号	628-76-2
英文名		1,5-dichloropentane			
分子式		$C_5H_{10}Cl_2$			
外观与性状		无色液体。			
主要用途		用作溶剂。			
危险特性		本品易燃,遇明火、高热或与氧化剂接触,有引起燃烧爆炸的危险;受热分解能放出剧毒的光气。			
健康危害		吸入、口服或经皮肤吸收本品后对身体可能有害,其蒸气或雾对眼睛、皮肤、黏膜和上呼吸道有刺激作用。			
防护措施		呼吸系统防护:可能接触其蒸气时,应该佩戴自吸过滤式防毒面具(半面罩)。紧急事态抢救或撤离时,佩戴空气呼吸器。 眼睛防护:戴化学安全防护眼镜。 身体防护:穿防毒物渗透工作服。 手防护:戴橡胶耐油手套。 其他防护:工作现场严禁吸烟。注意检测毒物。注意个人清洁卫生。			
危险性类别		易燃液体,类别 3;危害水生环境—长期危害,类别 3。			

序号	546	品名	2,3-二氯硝基苯	商品编码	2904.9900
别名			1,2-二氯-3-硝基苯	CAS 号	3209-22-1
英文名			2,3-dichloronitrobenzene		
分子式			$C_6H_3Cl_2NO_2$		
外观与性状			淡黄色晶体或黄色结晶固体。		
危险特性			本品遇明火可燃燃烧释放有毒的氮氧化物和氯化物烟雾。		
健康危害			吸入及吞食本品对身体有害。		
防护措施			呼吸系统防护：可能接触其蒸气时，应该佩戴自吸过滤式防毒面具（半面罩）。紧急事态抢救或撤离时，佩戴空气呼吸器。 眼睛防护：戴化学安全防护眼镜。 身体防护：穿防毒物渗透工作服。 手防护：戴橡胶耐油手套。 其他防护：工作现场严禁吸烟。注意检测毒物。注意个人清洁卫生。		
危险性类别			皮肤腐蚀/刺激，类别 2；特异性靶器官毒性—单次接触，类别 1；特异性靶器官毒性—反复接触，类别 2；危害水生环境—急性危害，类别 2；危害水生环境—长期危害，类别 2。		

序号	547	品名	2,4-二氯硝基苯	商品编码	2904.9900
别名			2,4-二氯-1-硝基苯	CAS 号	611-06-3
英文名			2,4-dichloronitrobenzene		
分子式			$C_6H_3Cl_2NO_2$		
外观与性状			浅黄色结晶体。		
主要用途			是农药、医药、染料等有机化工产品的重要中间体。		
危险特性			本品遇明火可燃，高热分解释放出氮氧化物和氯化物气体，与氧化剂起作用。		
健康危害			皮肤接触及吞食本品对身体有害。		
防护措施			呼吸系统防护：可能接触其蒸气时，应该佩戴自吸过滤式防毒面具（半面罩）。紧急事态抢救或撤离时，佩戴空气呼吸器。 眼睛防护：戴化学安全防护眼镜。 身体防护：穿防毒物渗透工作服。 手防护：戴橡胶耐油手套。 其他防护：工作现场严禁吸烟。注意检测毒物。注意个人清洁卫生。		
危险性类别			急性毒性—经皮肤，类别 3；皮肤致敏物，类别 1；生殖毒性，类别 2；特异性靶器官毒性—反复接触，类别 2；危害水生环境—急性危害，类别 2；危害水生环境—长期危害，类别 2。		

序号	548	品名	2,5-二氯硝基苯		商品编码	2904.9900
别 名			1,4-二氯-2-硝基苯		CAS 号	89-61-2
英文名		Nitro-p-dichlorobenzene				
分子式		$C_6H_3Cl_2NO_2$				
外观与性状		黄褐色结晶粉末。				
主要用途		用于制造冰染染料及有机颜料。				
危险特性		本品遇明火、高热可燃;与氧化剂能发生强烈反应;受高热分解,放出有毒的烟气。				
健康危害		吸入、摄入或经皮肤吸收本品后对身体有害,对眼睛、皮肤、黏膜和上呼吸道有刺激作用。吸收后在体内形成高铁血红蛋白而致紫绀。				
防护措施		呼吸系统防护:可能接触其粉尘时,应该佩戴防尘口罩。空气中浓度较高时,佩戴防毒面具。 眼睛防护:戴安全防护眼镜。 身体防护:穿相应的防护服。 手防护:戴防护手套。				
危险性类别		生殖毒性,类别2;特异性靶器官毒性—单次接触,类别1;特异性靶器官毒性—单次接触,类别3(麻醉效应);特异性靶器官毒性—反复接触,类别1;危害水生环境—急性危害,类别1;危害水生环境—长期危害,类别1。				

序号	549	品名	3,4-二氯硝基苯		商品编码	2904.9900
别 名			1,2-二氯-4-硝基苯		CAS 号	99-54-7
英文名		3,4-dichloronitrobenzene				
分子式		$C_6H_3Cl_2NO_2$				
外观与性状		针状结晶。				
主要用途		用作中间体。				
危险特性		本品遇明火、高热可燃;与强氧化剂可发生反应;受高热分解,产生有毒的氮氧化物和氯化物气体;具有腐蚀性。				
健康危害		本品对皮肤、黏膜及呼吸道有刺激作用。吸收后导致体内形成高铁血红蛋白,足量的高铁血红蛋白会引起紫绀。				
防护措施		呼吸系统防护:空气中浓度较高时,佩戴防毒面具。紧急事态抢救或逃生时,应该佩戴自给式呼吸器。 眼睛防护:戴安全防护眼镜。 身体防护:穿紧袖工作服,长筒胶鞋。 手防护:戴橡皮手套。				
危险性类别		生殖毒性,类别2;特异性靶器官毒性—单次接触,类别3(麻醉效应);特异性靶器官毒性—反复接触,类别1;危害水生环境—急性危害,类别2;危害水生环境—长期危害,类别2。				

序号	550	品名	二氯一氟甲烷	商品编码	2903.7910
别 名			R21	CAS 号	75-43-4
英文名			Dichlorofluoromethane		
分子式			$CHCl_2F$		
外观与性状			无色、有似四氯化碳气味的气体。		
主要用途			用作溶剂、制冷剂、气溶胶喷射剂。		
危险特性			本品不燃,遇火或赤热表面会分解出剧毒的氯化氢、氟化氢,还可能有光气;若遇高热,容器内压增大,有开裂和爆炸的危险。		
健康危害			本品有迅速的窒息作用,高浓度吸入会引起定向障碍、恶心、呕吐、麻醉、心律紊乱、低血压,甚至死亡。		
防护措施			呼吸系统防护:一般不需要特殊防护,高浓度接触时可佩戴自吸过滤式防毒面具(半面罩)。 眼睛防护:一般不需特殊防护。 身体防护:穿一般作业工作服。 手防护:戴一般作业防护手套。 其他防护:避免高浓度吸入。进入罐、限制性空间或其他高浓度区作业,须有人监护。		
危险性类别			加压气体;严重眼损伤/眼刺激,类别2B;生殖毒性,类别2;特异性靶器官毒性—单次接触,类别3(麻醉效应);特异性靶器官毒性—反复接触,类别1;危害臭氧层,类别1。		

序号	551	品名	二氯乙腈	商品编码	2926.9090
别 名			氰化二氯甲烷	CAS 号	3018-12-0
英文名			Dichloroacetonitrile		
分子式			C_2HCl_2N		
外观与性状			无色液体。		
主要用途			用于有机合成,也用作溶剂。		
危险特性			本品遇明火、高热可燃;与强氧化剂可发生反应;受热分解释放出剧毒的氰化物气体;若遇高热,容器内压增大,有开裂和爆炸的危险。		
健康危害			大鼠经口吸入本品,出现嗜睡、昏迷和呼吸抑制等症状。		
防护措施			呼吸系统防护:可能接触其蒸气时,应该佩戴防毒面具。紧急事态抢救或逃生时,佩戴自给式呼吸器。 眼睛防护:戴化学安全防护眼镜。 身体防护:穿相应的防护服。 手防护:戴防化学品手套。		
危险性类别			易燃液体,类别3;皮肤腐蚀/刺激,类别1;严重眼损伤/眼刺激,类别1。		

序号	552	品名	二氯乙酸		商品编码	2915.4000
别 名			二氯醋酸		CAS 号	79-43-6
英文名		Dichloroacetic acid				
分子式		$C_2H_2Cl_2O_2$				
外观与性状		无色液体，有刺鼻气味。				
主要用途		用于有机合成和药物制造。				
危险特性		本品遇明火、高热可燃；受高热分解产生有毒的腐蚀性烟气；与强氧化剂接触可发生化学反应；对大多数金属有腐蚀性。				
健康危害		大鼠吸入本品饱和蒸气 8 小时，未见引起死亡，但可产生严重的皮肤和眼损害。				
防护措施		呼吸系统防护：空气中浓度超标时，建议佩戴直接式防毒面具（半面罩）。 眼睛防护：戴化学安全防护眼镜。 身体防护：穿防酸碱工作服。 手防护：戴橡胶耐酸碱手套。 其他防护：工作场所禁止吸烟、进食和饮水，饭前要洗手。工作完毕，淋浴更衣。注意个人清洁卫生。				
危险性类别		皮肤腐蚀/刺激，类别 1A；严重眼损伤/眼刺激，类别 1；危害水生环境—急性危害，类别 1；致癌性，类别 2。				

序号	553	品名	二氯乙酸甲酯		商品编码	2915.4000
别 名			二氯醋酸甲酯		CAS 号	116-54-1
英文名		Methyl dichloroacetate				
分子式		$C_3H_4Cl_2O_2$				
外观与性状		无色液体，有醚样气味。				
主要用途		用作有机合成中间体。				
危险特性		本品遇明火、高热易燃；受热分解能放出剧毒的光气；遇水或水蒸气反应放热并产生有毒的腐蚀性气体；与强氧化剂接触可发生化学反应。				
健康危害		本品对黏膜、上呼吸道、眼睛和皮肤有强烈的刺激性。吸入后，可因喉及支气管的痉挛、炎症、水肿，化学性肺炎或肺水肿而致死。接触后出现烧灼感、咳嗽、喘息、喉炎、气短、头痛、恶心和呕吐等症状。				
防护措施		呼吸系统防护：可能接触其蒸气时，必须佩戴自吸过滤式防毒面具（全面罩）。紧急事态抢救或撤离时，建议佩戴隔离式呼吸器。 眼睛防护：呼吸系统防护中已作防护。 身体防护：穿胶布防毒衣。 手防护：戴橡胶耐油手套。 其他防护：工作现场禁止吸烟、进食和饮水。工作完毕，彻底清洗。工作服不准带至非作业场所。单独存放被毒物污染的衣服，洗后备用。				
危险性类别		急性毒性—吸入，类别 3；皮肤腐蚀/刺激，类别 2；严重眼损伤/眼刺激，类别 2。				

序号	554	品名	二氯乙酸乙酯	商品编码	2915.4000
别 名			二氯醋酸乙酯	CAS 号	535-15-9
英文名			Ethyl dichloroacetate		
分子式			$C_4H_6Cl_2O_2$		
外观与性状			无色有刺激性的液体。		
主要用途			溶剂，医药合成中间体。		
危险特性			本品具有腐蚀性，受高热易分解。		
健康危害			本品蒸气有毒。		
防护措施			呼吸系统防护：可能接触其蒸气时，必须佩戴自吸过滤式防毒面具（全面罩）。紧急事态抢救或撤离时，建议佩戴隔离式呼吸器。 眼睛防护：呼吸系统防护中已作防护。 身体防护：穿胶布防毒衣。 手防护：戴橡胶耐油手套。 其他防护：工作现场禁止吸烟、进食和饮水。工作完毕，彻底清洗。工作服不准带至非作业场所。单独存放被毒物污染的衣服，洗后备用。		
危险性类别			严重眼损伤/眼刺激，类别 2；特异性靶器官毒性—单次接触，类别 3（呼吸道刺激）。		

序号	555	品名	1,1-二氯乙烷	商品编码	2903.1990
别 名			乙叉二氯	CAS 号	75-34-3
英文名			1,1-dichloroethane		
分子式			$C_2H_4Cl_2$		
外观与性状			无色带有醚味的油状液体。		
主要用途			用作溶剂及制造 1,1,1-三氯乙烷的中间体。		
危险特性			本品易燃，其蒸气与空气可形成爆炸性混合物，遇明火、高热能引起燃烧爆炸；受高热分解产生有毒的腐蚀性烟气；与氧化剂能发生强烈反应；其蒸气比空气重，能在较低处扩散到相当远的地方，遇火源会着火回燃。		
健康危害			本品具有麻醉作用。迄今未见本品引起中毒的报道。		
防护措施			呼吸系统防护：空气中浓度超标时，建议佩戴过滤式防毒面具（半面罩）。紧急事态抢救或撤离时，佩戴隔离式呼吸器。 眼睛防护：戴化学安全防护眼镜。 身体防护：穿防静电工作服。 手防护：戴橡胶耐油手套。 其他防护：工作现场禁止吸烟、进食和饮水。工作完毕，淋浴更衣。注意个人清洁卫生。		
危险性类别			易燃液体，类别 2；严重眼损伤/眼刺激，类别 2；特异性靶器官毒性—单次接触，类别 3（呼吸道刺激）；危害水生环境—长期危害，类别 3。		

序号	556	品名	1,2-二氯乙烷	商品编码	2903.1500
别　名		乙撑二氯;亚乙基二氯;1,2-二氯化乙烯		CAS 号	107-06-2
英文名		1,2-dichloroethane			
分子式		$C_2H_4Cl_2$			
外观与性状		无色或浅黄色透明液体,有类似氯仿的气味。			
主要用途		用作蜡、脂肪、橡胶等的溶剂及谷物杀虫剂。			
危险特性		本品易燃,其蒸气与空气可形成爆炸性混合物,遇明火、高热能引起燃烧爆炸;受高热分解产生有毒的腐蚀性烟气;与氧化剂接触发生反应,遇明火、高热易引起燃烧,并放出有毒气体;其蒸气比空气重,能在较低处扩散到相当远的地方,遇火源会着火回燃。			
健康危害		本品对眼睛及呼吸道有刺激作用,吸入会引起肺水肿,抑制中枢神经系统、刺激胃肠道和引起肝、肾和肾上腺损害。急性中毒:其症状有两种情况,第一种情况是头痛、恶心、兴奋、激动,严重者很快发生中枢神经系统抑制而死亡;另一种情况以胃肠道症状为主,呕吐、腹痛、腹泻,严重者可发生肝坏死和肾病变。慢性影响:长期低浓度接触引起神经衰弱综合征和消化道症状;会致皮肤脱屑或皮炎。			
防护措施		呼吸系统防护:空气中浓度超标时,建议佩戴过滤式防毒面具(半面罩)。紧急事态抢救或撤离时,佩戴隔离式呼吸器。 眼睛防护:戴化学安全防护眼镜。 身体防护:穿防静电工作服。 手防护:戴橡胶耐油手套。 其他防护:工作现场禁止吸烟、进食和饮水。工作完毕,淋浴更衣。注意个人清洁卫生。			
危险性类别		易燃液体,类别2;皮肤腐蚀/刺激,类别2;严重眼损伤/眼刺激,类别2;致癌性,类别2;特异性靶器官毒性—单次接触,类别3(呼吸道刺激)。			

序号	557	品名	1,1-二氯乙烯	商品编码	2903.2990
别 名			偏二氯乙烯；乙烯叉二氯	CAS 号	75-35-4
英文名			1,1-dichloroethylene		
分子式			$C_2H_2Cl_2$		
外观与性状			无色液体，带有不愉快气味。		
主要用途			用作辅聚剂、黏合剂和用于有机合成。		
危险特性			本品易燃，其蒸气与空气可形成爆炸性混合物，遇明火、高热能引起燃烧爆炸；受高热分解产生有毒的腐蚀性烟气；与氧化剂接触反应猛烈；其蒸气比空气重，能在较低处扩散到相当远的地方，遇火源会着火回燃。		
健康危害			本品主要影响中枢神经系统，并有眼睛及上呼吸道刺激症状。急性中毒：短时间内接触低浓度本品，眼睛及咽喉部烧灼感；浓度增高，有眩晕、恶心、呕吐甚至酩酊状；吸入高浓度还可致死，可致角膜损伤及皮肤灼伤。慢性影响：长期接触，除黏膜刺激症状外，常伴有神经衰弱综合征。		
防护措施			呼吸系统防护：空气中浓度超标时，应该佩戴过滤式防毒面具（半面罩）。紧急事态抢救或撤离时，佩戴隔离式呼吸器。 眼睛防护：戴化学安全防护眼镜。 身体防护：穿防静电工作服。 手防护：戴橡胶耐油手套。 其他防护：工作现场禁止吸烟、进食和饮水。工作完毕，淋浴更衣。注意个人清洁卫生。		
危险性类别			易燃液体，类别 1。		

序号	558	品名	二氯异丙基醚	商品编码	2909.1990
别 名			二氯异丙醚	CAS 号	108-60-1
英文名			Dichloroisopropyl ether		
分子式			$C_6H_{12}Cl_2O$		
外观与性状			无色液体。		
主要用途			用作脂、蜡、润滑脂的溶剂和去漆剂、去垢剂、萃取剂。		
危险特性			本品遇高热、明火或与氧化剂接触，有引起燃烧的危险；受高热分解产生有毒的腐蚀性气体。		
健康危害			本品对眼睛和黏膜有刺激作用，可使大鼠发生肝、肾损害。未见人体中毒报告。		
防护措施			呼吸系统防护：可能接触其蒸气时，应该佩戴防毒面具。紧急事态抢救或逃生时，佩戴自给式呼吸器。 眼睛防护：戴化学安全防护眼镜。 身体防护：穿相应的防护服。 手防护：戴防护手套。		
危险性类别			急性毒性—吸入，类别 2；特异性靶器官毒性—单次接触，类别 1；特异性靶器官毒性—单次接触，类别 3（呼吸道刺激）；危害水生环境—长期危害，类别 3。		

序号	559	品名	1,2-二氯乙烯	商品编码	2903.2990
别　名		二氯化乙炔		CAS 号	540-59-0
英文名		1,2-dichloroethylene			
分子式		$C_2H_2Cl_2$			
外观与性状		无色、略带刺激气味的易挥发液体。			
主要用途		用作萃取剂、冷冻剂，也用作溶剂。			
危险特性		本品易燃，其蒸气与空气可形成爆炸性混合物，遇明火、高热能引起燃烧爆炸；在空气中受热分解释放出剧毒的光气和氯化氢气体；与氧化剂能发生强烈反应；与铜及其合金有可能生成具有爆炸性的氯乙炔；其蒸气比空气重，能在较低处扩散到相当远的地方，遇火源会着火回燃。			
健康危害		本品主要影响中枢神经系统，并有眼睛及上呼吸道刺激症状。急性中毒：短时间内接触低浓度本品，眼睛及咽喉部有烧灼感；浓度增高，有眩晕、恶心、呕吐甚至酩酊状；吸入高浓度还可致死，可致角膜损伤及皮肤灼伤。慢性影响：长期接触，除黏膜刺激症状外，常伴有神经衰弱综合征。			
防护措施		呼吸系统防护：空气中浓度超标时，应该佩戴过滤式防毒面具（半面罩）。紧急事态抢救或撤离时，佩戴隔离式呼吸器。 眼睛防护：戴化学安全防护眼镜。 身体防护：穿防静电工作服。 手防护：戴橡胶耐油手套。 其他防护：工作现场禁止吸烟、进食和饮水。工作完毕，淋浴更衣。注意个人清洁卫生。			
危险性类别		易燃液体，类别 2；危害水生环境—长期危害，类别 3。			

序号	560	品名	二氯乙酰氯	商品编码	2915.9000
别 名			二氯代乙酰氯	CAS 号	79-36-7
英文名			2,2-dichloroacetyl chloride		
分子式			C_2HCl_3O		
外观与性状			发烟液体，有刺激性气味。		
主要用途			作为有机合成中间体、氯乙酰化剂。		
危险特性			本品遇明火、高热、氧化剂能燃烧，并散发出有毒气体；受热或遇水、酸分解释放热，放出有毒烟气。		
健康危害			吸入、摄入或经皮肤吸收本品后对身体有害，对眼睛、皮肤、黏膜和上呼吸道有刺激作用，会引起灼伤。吸入后能引起喉、支气管的炎症、水肿、痉挛、化学性肺炎、肺水肿。接触后引起烧灼感、咳嗽、喘息、气短、头痛、恶心和呕吐等。		
防护措施			呼吸系统防护：可能接触其蒸气或烟雾时，必须佩戴防毒面具。紧急事态抢救或撤离时，建议佩戴自给式呼吸器。 眼睛防护：戴化学安全防护眼镜。 身体防护：穿防腐工作服。 手防护：戴橡皮胶手套。		
危险性类别			皮肤腐蚀/刺激，类别1A；严重眼损伤/眼刺激，类别1；危害水生环境—急性危害，类别1。		

序号	561	品名	二氯异氰尿酸	商品编码	2933.6921
别 名			二氯(均)三嗪三酮	CAS 号	2782-57-2
英文名			Dichloroisocyanuric acid		
分子式			$C_3HCl_2N_3O_3$		
外观与性状			白色结晶，具有强烈氯气味。		
主要用途			用作强氧化剂，强氯化剂。		
危险特性			本品具有强氧化性；遇易燃物、有机物及易氯化物能着火燃烧；与含氮化合物（如氨、尿素等）反应生成易爆炸的三氯化氮；受热或遇潮易分解释放出剧毒的烟气。		
健康危害			本品粉尘能强烈刺激眼睛、皮肤和呼吸系统；对胃肠道有刺激作用；遇热释放出氯气和一氧化碳。		
防护措施			呼吸系统防护：佩戴防毒口罩。空气中浓度较高时，应该佩戴防毒面具。 眼睛防护：戴化学安全防护眼镜。 身体防护：穿相应的防护服。 手防护：戴防化学品手套。		
危险性类别			氧化性固体，类别2；严重眼损伤/眼刺激，类别2；特异性靶器官毒性—单次接触，类别3（呼吸道刺激）；危害水生环境—急性危害，类别1；危害水生环境—长期危害，类别1。		

序号	562	品名	1,4-二羟基-2-丁炔		商品编码	2905.3990
别　名		1,4-丁炔二醇；丁炔二醇			CAS 号	110-65-6
英文名		2-butyne-1,4-diol				
分子式		$C_4H_6O_2$				
外观与性状		无色至微黄色片状结晶，具有醇香味，易潮解。				
主要用途		用于有机合成，用作电镀光亮剂。				
危险特性		本品遇高热、明火或与氧化剂混合，经摩擦、撞击有引起燃烧爆炸的危险；在高温时，若为汞盐、强酸、碱土金属、氢氧化物及卤化物等污染后，有可能发生爆炸。				
健康危害		本品对眼睛和呼吸道有刺激性；对皮肤有刺激和致敏作用；口服刺激消化道，引起恶心、呕吐、惊厥。				
防护措施		呼吸系统防护：空气中粉尘浓度较高时，佩戴自吸过滤式防尘口罩。 眼睛防护：戴化学安全防护眼镜。 身体防护：穿透气型防毒服。 手防护：戴防化学品手套。 其他防护：工作现场严禁吸烟。避免长期反复接触。定期体检。注意个人清洁卫生。				
危险性类别		急性毒性—经口，类别 3＊；急性毒性—吸入，类别 3＊；皮肤腐蚀/刺激，类别 1B；严重眼损伤/眼刺激，类别 1；皮肤致敏物，类别 1；特异性靶器官毒性—反复接触，类别 2＊。				

序号	563	品名	1,5-二羟基-4,8-二硝基蒽醌		商品编码	2914.7900
别　名		4,8-二硝基蒽绛酚			CAS 号	128-91-6
英文名		1,5-dihydroxy-4,8-dinitroanthraquinone				
分子式		$C_{14}H_6N_2O_8$				
外观与性状		黄色粉末。				
主要用途		用作分散和还原等染料的中间体。				
防护措施		呼吸系统防护：佩戴防毒口罩。紧急事态抢救或逃生时，佩戴自给式呼吸器。 眼睛防护：戴化学安全防护眼镜。 防护服：穿相应的防护服。 手防护：戴防化学品手套。 其他防护：工作现场禁止吸烟、进食和饮水。注意个人清洁卫生。				
危险性类别		易燃固体，类别 2。				

序号	564	品名	3,4-二羟基-α-[(甲氨基)甲基]苄醇	商品编码	2937.9000
别 名			肾上腺素;付肾碱;付肾素	CAS 号	51-43-4
英文名			L(-)-epinephrine		
分子式			$C_9H_{13}NO_3$		
外观与性状			白色或类白色结晶性粉末,无臭,味苦。		
主要用途			用作非甾体激素类药,也用作止血药安络血的中间体;主要用于过敏性休克、支气管哮喘及心搏骤停的抢救。		
危险特性			本品可燃;火场分解释放出有毒的氮氧化物烟雾。		
防护措施			呼吸系统防护：佩戴防毒口罩。紧急事态抢救或逃生时,佩戴自给式呼吸器。 眼睛防护：戴化学安全防护眼镜。 防护服：穿相应的防护服。 手防护：戴防化学品手套。 其他防护：工作现场禁止吸烟、进食和饮水。注意个人清洁卫生。		
危险性类别			急性毒性—经皮肤,类别2。		

序号	565	品名	2,2'-二羟基二乙胺	商品编码	2922.1200
别 名			二乙醇胺	CAS 号	111-42-2
英文名			Diethanolamine		
分子式			$C_4H_{11}NO_2$		
外观与性状			无色黏性液体或结晶。		
主要用途			用作分析试剂,酸性气体吸收剂,软化剂和润滑剂,以及用于有机合成。		
危险特性			本品遇明火、高热可燃;受热分解释放出有毒的氧化氮烟气;与强氧化剂接触可发生化学反应;能腐蚀铜及铜的化合物。		
健康危害			吸入本品蒸气或雾,刺激呼吸道;高浓度吸入出现咳嗽、头痛、恶心、呕吐、昏迷。蒸气对眼睛有强烈刺激性;液体或雾会导致严重眼损害,甚至失明;长时间皮肤接触,会导致灼伤;大量口服出现恶心、呕吐和腹痛等症状。慢性影响：长期反复接触可能引起肝、肾损害。		
防护措施			呼吸系统防护：空气中粉尘浓度超标时,应该佩戴头罩型电动送风过滤式防尘呼吸器。可能接触其蒸气时,建议佩戴直接式防毒面具（半面罩）。 眼睛防护：呼吸系统防护中已作防护。 身体防护：穿聚乙烯防毒服。 手防护：戴防化学品手套。 其他防护：工作现场禁止吸烟、进食和饮水。工作完毕,淋浴更衣。实行就业前和定期的体检。		
危险性类别			皮肤腐蚀/刺激,类别2;严重眼损伤/眼刺激,类别1;特异性靶器官毒性—反复接触,类别2*;危害水生环境—急性危害,类别2;危害水生环境—长期危害,类别3。		

序号	566	品名	3,6-二羟基邻苯二甲腈	商品编码	2926.9090
别　　名		2,3-二氰基对苯二酚		CAS号	4733-50-0
英文名		3,6-dihydroxyphthalonitrile			
分子式		$C_8H_4N_2O_2$			
外观与性状		微黄色片状结晶。			
主要用途		用于有机合成。			
危险特性		本品遇明火、高热可燃；与强氧化剂可发生反应；受高热分解释放出有毒的气体。			
健康危害		本品对眼睛、皮肤、黏膜和上呼吸道有刺激作用。			
防护措施		呼吸系统防护：可能接触毒物时，必须佩戴防毒面具。紧急事态抢救或逃生时，建议佩戴正压自给式呼吸器。 眼睛防护：戴化学安全防护眼镜。 身体防护：穿相应的防护服。 手防护：戴防化学品手套。			
危险性类别		皮肤腐蚀/刺激，类别2；严重眼损伤/眼刺激，类别2；特异性靶器官毒性—单次接触，类别3（呼吸道刺激）。			

序号	567	品名	2,3-二氢-2,2-二甲基苯并呋喃-7-基-N-甲基氨基甲酸酯	商品编码	2932.9990
别　　名		克百威		CAS号	1563-66-2
英文名		Furadan			
分子式		$C_{12}H_{15}NO_3$			
外观与性状		纯品为白色无臭结晶，工业品稍有苯酚气味。			
主要用途		作农药杀虫剂。			
危险特性		遇明火、高热可燃；受热分解释放出有毒的氧化氮烟气。			
健康危害		本品主要抑制体内胆碱酯酶活性，使乙酰胆碱在组织中蓄积而引起中毒，作用机制和有机磷农药中毒相似。中毒表现有流涎、流泪、瞳孔缩小及痉挛。但与有机磷农药相比，抑制胆碱酯酶的作用持续的时间较短；停止接触后，胆碱酯酶恢复较快。			
防护措施		呼吸系统防护：生产操作或农业使用时，应该佩戴防毒口罩。紧急事态抢救或逃生时，建议佩戴自给式呼吸器。 眼睛防护：可采用安全面罩。 身体防护：穿相应的防护服。 手防护：必要时戴防护手套。			
危险性类别		急性毒性—经口，类别2*；急性毒性—吸入，类别2*；危害水生环境—急性危害，类别1；危害水生环境—长期危害，类别1。			

序号	568	品名	2,3-二氢吡喃	商品编码	2932.9990
别 名			2,3-二氢-2H-吡喃	CAS 号	25512-65-6
英文名			2,3-dihydropyran		
分子式			C_5H_8O		
外观与性状			无色液体。		
主要用途			用作医药中间体。		
危险特性			本品高度易燃。		
健康危害			本品能刺激眼睛和皮肤。		
防护措施			呼吸系统防护：可能接触毒物时，必须佩戴防毒面具。紧急事态抢救或逃生时，建议佩戴正压自给式呼吸器。 眼睛防护：戴化学安全防护眼镜。 身体防护：穿相应的防护服。 手防护：戴防化学品手套。		
危险性类别			易燃液体，类别 2。		

序号	569	品名	2,3-二氰-5,6-二氯氢醌	商品编码	2926.9090
别 名			二氯二氰苯醌	CAS 号	84-58-2
英文名			2,3-dicyano-5,6-dichlorobenzoquinone		
分子式			$C_8Cl_2N_2O_2$		
外观与性状			黄橙色固体。		
主要用途			用作对有机化合物选择性的氧化剂、分析试剂。		
危险特性			本品遇明火、高热可燃；受高热分解，产生有毒的氮氧化物和氯化物气体。		
健康危害			吸入、摄入或经皮肤吸收本品对身体有害；具有刺激性。		
防护措施			呼吸系统防护：空气中浓度较高时，应该佩戴防毒面具。 眼睛防护：戴安全防护眼镜。 身体防护：穿防腐工作服。 手防护：戴防护手套。		
危险性类别			急性毒性—经口，类别 3。		

序号	570	品名	二肉豆蔻基过氧重碳酸酯(含量≤100%)、二肉豆蔻基过氧重碳酸酯(含量≤42%,在水中稳定弥散)	商品编码	2920.9000
别　名		过氧化二碳酸双十四烷基酯		CAS 号	53220-22-7
英文名		Dimyristyl peroxydicarbonate			
分子式		$C_{30}H_{58}O_6$			
防护措施		呼吸系统防护：佩戴防毒口罩。紧急事态抢救或逃生时，佩戴自给式呼吸器。 眼睛防护：戴化学安全防护眼镜。 防护服：穿相应的防护服。 手防护：戴防化学品手套。 其他防护：工作现场禁止吸烟、进食和饮水。注意个人清洁卫生。			
危险性类别		有机过氧化物，D 型。			

序号	571	品名	2,6-二噻-1,3,5,7-四氮三环-(3,3,1,1,3,7)癸烷-2,2,6,6-四氧化物	商品编码	2934.9990
别　名		毒鼠强		CAS 号	80-12-6
英文名		2,6-dithia-1,3,5,7-tetrazatricyclo(3,3,1,1,3,7)decane-2,2,6,6-tetraoxidetetramine			
分子式		$C_4H_8N_4O_4S_2$			
外观与性状		无味、无臭、有剧毒的粉状物。			
主要用途		用作杀鼠剂。			
危险特性		本品受热分解有毒氧化氮、氧化硫气体。			
健康危害		本品作为一种神经毒素，能引起致命性的抽搐，效果与印防己毒素相似，是最危险的杀鼠剂之一。毒性比氰化钾强 100 倍，它是可能比士的宁更强烈的痉挛剂，是一种 γ-氨基丁酸（GABA）的拮抗物，与神经元 GABA 受体形成不可逆转的结合，使氯通道和神经元丧失功能，且尚未有确认的解毒剂。人类的致命剂量被认为是 7~10mg。诊断中毒使用气相层析，而治疗主要是支持性质的，使用大剂量的苯二氮䓬类药物和吡哆醇。			
防护措施		呼吸系统防护：佩戴防毒口罩。紧急事态抢救或逃生时，佩戴自给式呼吸器。 眼睛防护：戴化学安全防护眼镜。 防护服：穿相应的防护服。 手防护：戴防化学品手套。 其他防护：工作现场禁止吸烟、进食和饮水。注意个人清洁卫生。			
危险性类别		急性毒性—经口，类别 1；危害水生环境—急性危害，类别 1；危害水生环境—长期危害，类别 1。			

序号	572	品名	二叔丁基过氧化物（52%＜含量≤100%）、二叔丁基过氧化物（含量≤52%，含 B 型稀释剂≥48%）	商品编码	2909.6000
别　　名			过氧化二叔丁基	CAS 号	110-05-4
英文名			Di-tert-butyl peroxide		
分子式			$C_8H_{18}O_2$		
外观与性状			水白色透明液体。		
主要用途			用作合成树脂引发剂、光聚合敏化剂、橡胶硫化剂、柴油点火促进剂，也用于有机合成。		
危险特性			本品蒸气与空气形成爆炸性混合物，遇明火、高热能引起燃烧爆炸；与还原剂及硫、磷混合，能形成爆炸性混合物。		
健康危害			吸入、摄入或经皮肤吸收本品后对身体有害；具有强烈刺激作用；吸入会引起喉炎、化学性肺炎、肺水肿等；接触后引起头痛、头晕、恶心、呕吐、咳嗽、气短等症状。		
防护措施			呼吸系统防护：空气中浓度较高时，应该佩戴防毒面具。 眼睛防护：戴化学安全防护眼镜。 身体防护：穿防静电工作服。 手防护：戴防化学品手套。		
危险性类别			有机过氧化物，E 型。		

序号	573	品名	二叔丁基过氧壬二酸酯（含量≤52%，含 A 型稀释剂≥48%）	商品编码	2915.9000
别　　名				CAS 号	16580-06-6
英文名			Nonanediperoxoic acid,1,9-bis(1,1-dimethylethyl) ester		
分子式			$C_{17}H_{32}O_6$		
防护措施			呼吸系统防护：佩戴防毒口罩。紧急事态抢救或逃生时，佩戴自给式呼吸器。 眼睛防护：戴化学安全防护眼镜。 防护服：穿相应的防护服。 手防护：戴防化学品手套。 其他防护：工作现场禁止吸烟、进食和饮水。注意个人清洁卫生。		
危险性类别			有机过氧化物，D 型。		

序号	574	品名	1,1-二叔戊过氧基环己烷（含量≤82%，含 A 型稀释剂≥18%）	商品编码	2909.6000
别　名			环亚己基二（(1,1-二甲基丙基)）过氧化物	CAS 号	15667-10-4
英文名			1,1-bis(tert-amylperoxy)cyclohexane		
分子式			$C_{16}H_{32}O_4$		
防护措施			呼吸系统防护：佩戴防毒口罩。紧急事态抢救或逃生时，佩戴自给式呼吸器。 眼睛防护：戴化学安全防护眼镜。 防护服：穿相应的防护服。 手防护：戴防化学品手套。 其他防护：工作现场禁止吸烟、进食和饮水。注意个人清洁卫生。		
危险性类别			有机过氧化物，C 型。		

序号	575	品名	二-叔戊基过氧化物（含量≤100%）	商品编码	2909.6000
别　名			双（1,1-二甲基丙基）过氧化物	CAS 号	10508-09-5
英文名			Bis(1,1-dimethylpropyl) peroxide		
分子式			$C_{10}H_{22}O_2$		
外观与性状			透明液体。		
防护措施			呼吸系统防护：佩戴防毒口罩。紧急事态抢救或逃生时，佩戴自给式呼吸器。 眼睛防护：戴化学安全防护眼镜。 防护服：穿相应的防护服。 手防护：戴防化学品手套。 其他防护：工作现场禁止吸烟、进食和饮水。注意个人清洁卫生。		
危险性类别			有机过氧化物，E 型。		

序号	576	品名	二水合三氟化硼	商品编码	2812.9019
别　名			三氟化硼水合物	CAS 号	13319-75-0
英文名			Boron trifluoride dihydrate		
分子式			$BF_3H_4O_2$		
外观与性状			具有刺激性气味的发烟液体。		
主要用途			用于有机合成的催化剂。		
危险特性			本品遇水分解产生有毒的氟化氢气体。		
健康危害			吸入及吞食本品对身体有害,引起严重灼伤。		
防护措施			呼吸系统防护:佩戴防毒口罩。紧急事态抢救或逃生时,建议佩戴防毒面具。 眼睛防护:戴化学安全防护眼镜。 身体防护:穿防静电工作服。 手防护:戴防护手套。 其他防护:工作现场禁止吸烟、进食和饮水。注意个人清洁卫生。		
危险性类别			急性毒性—吸入,类别2*;皮肤腐蚀/刺激,类别1A;严重眼损伤/眼刺激,类别1。		

序号	577	品名	二烯丙基代氰胺	商品编码	2926.9090
别　名			N-氰基二烯丙基胺	CAS 号	538-08-9
英文名			Diallylcyanamide		
分子式			$C_7H_{10}N_2$		
外观与性状			无色液体。		
主要用途			用于有机合成、聚合物合成。		
危险特性			本品遇明火、高热可燃;受高热或与酸接触会产生剧毒的氰化物气体。		
健康危害			本品毒作用特征与氰胺相似,但毒性强度高于氰胺。吸入氰胺蒸气引起面部潮红、头痛、恶心、呕吐、呼吸加快等症状,氰胺对皮肤黏膜有刺激性或腐蚀性,可致皮炎;可经皮肤吸收。		
防护措施			呼吸系统防护:可能接触其蒸气时,必须佩戴防毒面具。紧急事态抢救或撤离时,建议佩戴正压自给式呼吸器。 眼睛防护:戴化学安全防护眼镜。 身体防护:穿聚乙烯薄膜防毒服。 手防护:戴防化学品手套。 其他防护:工作现场禁止吸烟、进食和饮水。注意个人清洁卫生。		
危险性类别			急性毒性—经口,类别3。		

序号	578	品名	二戊基磷酸	商品编码	2931.3990
别　名			酸式磷酸二戊酯	CAS 号	3138-42-9
英文名			Phosphoric acid, dipentyl ester		
分子式			$C_{10}H_{23}O_4P$		
防护措施			呼吸系统防护：佩戴防毒口罩。紧急事态抢救或逃生时，佩戴自给式呼吸器。 眼睛防护：戴化学安全防护眼镜。 防护服：穿相应的防护服。 手防护：戴防化学品手套。 其他防护：工作现场禁止吸烟、进食和饮水。注意个人清洁卫生。		
危险性类别			皮肤腐蚀/刺激，类别1C；严重眼损伤/眼刺激，类别1。		

序号	579	品名	二烯丙基胺	商品编码	2921.1990
别　名			二烯丙胺	CAS 号	124-02-7
英文名			Diallylamine		
分子式			$C_6H_{11}N$		
外观与性状			无色液体。		
主要用途			用于制药、化工合成等。		
危险特性			本品遇明火、高热或与氧化剂接触，有引起燃烧爆炸的危险；其蒸气比空气重，能在较低处扩散到相当远的地方，遇明火会着火回燃；若遇高热，容器内压增大，有开裂和爆炸的危险。		
健康危害			吸入本品蒸气或雾对呼吸道有刺激性，高浓度吸入会导致肺水肿；液体、雾或蒸气对眼睛有刺激性，由于本品的腐蚀性，严重者会导致永久性重度眼损害；能经皮肤吸收引起中毒，对皮肤有刺激性，重者会导致灼伤；摄入引起口腔、咽喉和消化道烧灼感，并有恶心和头痛等症状。		
防护措施			呼吸系统防护：空气中浓度超标时，佩戴防毒面具。紧急事态抢救或撤离时，建议佩戴供气式头盔。 眼睛防护：戴化学安全防护眼镜。 身体防护：穿防腐工作服。 手防护：戴橡皮手套。 其他防护：工作现场禁止吸烟、进食和饮水。注意个人清洁卫生。		
危险性类别			易燃液体，类别2；急性毒性—经皮肤，类别3；皮肤腐蚀/刺激，类别1；严重眼损伤/眼刺激，类别1；特异性靶器官毒性—单次接触，类别2；特异性靶器官毒性—单次接触，类别3（呼吸道刺激）；危害水生环境—急性危害，类别2；危害水生环境—长期危害，类别2。		

序号	580	品名	二烯丙基硫醚	商品编码	2930.9090
别　名			硫化二烯丙基；烯丙基硫醚	CAS 号	592-88-1
英文名			Diallyl thioether		
分子式			$C_6H_{10}S$		
外观与性状			无色油状液体，有蒜臭味。		
主要用途			用于有机合成。		
危险特性			本品遇高热、明火或与氧化剂接触，有引起燃烧的危险；接触酸液或酸气，可分解产生有毒的硫化物毒气。		
健康危害			本品具有强烈刺激性，吸入、摄入或经皮肤吸收对身体有害；高浓度接触严重损害黏膜、上呼吸道、眼睛和皮肤；接触后引起烧灼感、咳嗽、喘息、喉炎、气短、头痛、恶心和呕吐。		
防护措施			呼吸系统防护：可能接触其蒸气时，必须佩戴防毒面具。紧急事态抢救或撤离时，建议佩戴自给式呼吸器。 眼睛防护：戴化学安全防护眼镜。 身体防护：穿防腐工作服。 手防护：戴防化学品手套。 其他防护：工作现场禁止吸烟、进食和饮水。注意个人清洁卫生。		
危险性类别			易燃液体，类别3。		

序号	581	品名	二烯丙基醚	商品编码	2909.1990
别　名			烯丙基醚	CAS 号	557-40-4
英文名			Diallyl ether		
分子式			$C_6H_{10}S$		
外观与性状			无色液体，有萝卜气味。		
主要用途			用于有机合成。		
危险特性			本品蒸气与空气形成爆炸性混合物，遇明火、高热能引起燃烧爆炸；接触空气或在光照条件下可生成具有潜在爆炸危险性的过氧化物；与氧化剂能发生强烈反应；其蒸气比空气重，能在较低处扩散到相当远的地方，遇火源会着火回燃；若遇高热，可能发生聚合反应，出现大量放热现象，引起容器破裂和爆炸事故。		
健康危害			本品蒸气或雾对眼睛和上呼吸道有刺激性；对皮肤有刺激性。		
防护措施			呼吸系统防护：可能接触其蒸气时，佩戴防毒口罩。高浓度环境中，佩戴自给式呼吸器。 眼睛防护：必要时戴化学安全防护眼镜。 身体防护：穿相应的防护服。 手防护：一般不需特殊防护，高浓度接触时可戴防护手套。 其他防护：工作现场禁止吸烟、进食和饮水。注意个人清洁卫生。		
危险性类别			易燃液体，类别2；急性毒性—经皮肤，类别3；严重眼损伤/眼刺激，类别2；特异性靶器官毒性—单次接触，类别3（麻醉效应）。		

序号	582	品名	4,6-二硝基-2-氨基苯酚	商品编码	2922.2990
别　名			苦氨酸；二硝基氨基苯酚	CAS 号	96-91-3
英文名			4,6-dinitro-2-aminophenol		
分子式			$C_6H_5N_3O_5$		
外观与性状			暗红色针状或棱形结晶。		
主要用途			用于制造偶氮染料、分析试剂、指示剂等。		
危险特性			本品遇明火、高热、摩擦、震动、撞击，有引起燃烧爆炸的危险；与氧化剂混合能形成有爆炸性的混合物；干燥状态下，受摩擦、震动、撞击会引起爆炸；受高热分解，放出有毒的烟气。		
健康危害			本品有毒，吸入、摄入或经皮肤吸收引起中毒。中毒症状有盗汗、发烧、呼吸短促、心跳加快等；皮肤接触会引起皮炎、周围神经炎。		
防护措施			呼吸系统防护：佩戴防毒口罩。紧急事态抢救或逃生时，建议佩戴防毒面具。 眼睛防护：戴化学安全防护眼镜。 身体防护：穿防静电工作服。 手防护：戴防护手套。 其他防护：工作现场禁止吸烟、进食和饮水。注意个人清洁卫生。		
危险性类别			爆炸物，1.1 项；危害水生环境—长期危害，类别 3。		

序号	583	品名	1,3-二硝基苯	商品编码	2904.2090
别　名			间二硝基苯	CAS 号	99-65-0
英文名			1,3-dinitrobenzene		
分子式			$C_6H_4N_2O_4$		
外观与性状			无色固体，有挥发性。		
主要用途			用于有机合成及用作染料中间体，并用来制造炸药。		
危险特性			本品遇明火、高热易燃；与氧化剂混合能形成爆炸性混合物；经摩擦、震动或撞击可引起燃烧或爆炸。		
健康危害			本品为强烈的高铁血红蛋白形成剂，易经皮肤吸收。急性中毒者有头痛、头晕、乏力、皮肤黏膜紫绀、手指麻木等症状；严重时出现胸闷、呼吸困难、心悸，甚至心律紊乱、昏迷、抽搐、呼吸麻痹；有时中毒后出现溶血性贫血、黄疸、中毒性肝病。慢性中毒者会有神经衰弱综合征；慢性溶血时，会出现贫血、黄疸；可引起中毒性肝病。		
防护措施			呼吸系统防护：可能接触其粉尘时，必须佩戴头罩型电动送风过滤式防尘呼吸器。紧急事态抢救或撤离时，佩戴空气呼吸器。 眼睛防护：呼吸系统防护中已作防护。 身体防护：穿胶布防毒衣。 手防护：戴橡胶手套。 其他防护：工作现场禁止吸烟、进食和饮水。及时换洗工作服。		
危险性类别			急性毒性—经口，类别 2*；急性毒性—经皮肤，类别 1；急性毒性—吸入，类别 2*；特异性靶器官毒性—反复接触，类别 2*；危害水生环境—急性危害，类别 1；危害水生环境—长期危害，类别 1。		

序号	584	品名	4,6-二硝基-2-氨基苯酚锆	商品编码	2922.2990
别 名			苦氨酸锆	CAS号	63868-82-6
英文名			Zirconium 4,6-dinitro-2-aminophenate		
分子式			$C_{24}H_{16}N_{12}O_{20}Zr$		
危险特性			本品可燃,火场排出含锆氧化物和氮氧化物的辛辣刺激烟雾。		
防护措施			呼吸系统防护：佩戴防毒口罩。紧急事态抢救或逃生时,佩戴自给式呼吸器。 眼睛防护：戴化学安全防护眼镜。 防护服：穿相应的防护服。 手防护：戴防化学品手套。 其他防护：工作现场禁止吸烟、进食和饮水。注意个人清洁卫生。		
危险性类别			爆炸物,1.3项；特异性靶器官毒性—单次接触,类别3（呼吸道刺激）。		

序号	585	品名	1,4-二硝基苯	商品编码	2904.2090
别 名			对二硝基苯	CAS号	100-25-4
英文名			1,4-dinitrobenzene		
分子式			$C_6H_4N_2O_4$		
外观与性状			黄色结晶,有挥发性。		
主要用途			用于有机合成和染料制造。		
危险特性			本品遇明火、高热易燃；与氧化剂混合能形成爆炸性混合物；经摩擦、震动或撞击引起燃烧或爆炸。		
健康危害			本品为强烈的高铁血红蛋白形成剂,易经皮肤吸收。急性中毒者有头痛、头晕、乏力、皮肤黏膜紫绀、手指麻木等症状；严重时会出现胸闷、呼吸困难、心悸,甚至心律紊乱、昏迷、抽搐、呼吸麻痹；有时中毒后出现溶血性贫血、黄疸、中毒性肝病。慢性中毒者会有神经衰弱综合征；慢性溶血时,会出现贫血、黄疸；可引起中毒性肝病。		
防护措施			呼吸系统防护：可能接触其粉尘时,必须佩戴头罩型电动送风过滤式防尘呼吸器。紧急事态抢救或撤离时,佩戴空气呼吸器。 眼睛防护：呼吸系统防护中已作防护。 身体防护：穿胶布防毒衣。 手防护：戴橡胶手套。 其他防护：工作现场禁止吸烟、进食和饮水。及时换洗工作服。		
危险性类别			急性毒性—经口,类别2*；急性毒性—经皮肤,类别1；急性毒性—吸入,类别2*；特异性靶器官毒性—反复接触,类别2*；危害水生环境—急性危害,类别1；危害水生环境—长期危害,类别1。		

序号	586	品名	4,6-二硝基-2-氨基苯酚钠	商品编码	2922.2990
别　名		苦氨酸钠		CAS 号	831-52-7
英文名		Sodium picramate			
分子式		$C_6H_4N_3NaO_5$			
外观与性状		深红色结晶湿品。			
主要用途		染料中间体。			
危险特性		本品有较小爆炸危险；可燃，火场排出含氧化钠和氮氧化物的辛辣刺激烟雾。			
防护措施		呼吸系统防护：可能接触其粉尘时，必须佩戴头罩型电动送风过滤式防尘呼吸器。紧急事态抢救或撤离时，佩戴空气呼吸器。 眼睛防护：呼吸系统防护中已作防护。 身体防护：穿胶布防毒衣。 手防护：戴橡胶手套。 其他防护：工作现场禁止吸烟、进食和饮水。及时换洗工作服。			
危险性类别		爆炸物，1.3 项。			

序号	587	品名	1,2-二硝基苯	商品编码	2904.2090
别　名		邻二硝基苯		CAS 号	528-29-0
英文名		1,2-dinitrobenzene			
分子式		$C_6H_4N_2O_4$			
外观与性状		本品无色至黄色片状结晶，有苦杏仁味，有挥发性。			
主要用途		用于有机合成及用作染料中间体。			
危险特性		本品遇明火、高热易燃；与氧化剂混合能形成爆炸性混合物；经摩擦、震动或撞击引起燃烧或爆炸。			
健康危害		本品为强烈的高铁血红蛋白形成剂，易经皮肤吸收。急性中毒者有头痛、头晕、乏力、皮肤黏膜紫绀、手指麻木等症状；严重时会出现胸闷、呼吸困难、心悸，甚至心律紊乱、昏迷、抽搐、呼吸麻痹；有时中毒后出现溶血性贫血、黄疸、中毒性肝病。慢性中毒者会有神经衰弱综合征；慢性溶血时，会出现贫血、黄疸；可引起中毒性肝病。			
防护措施		呼吸系统防护：可能接触其粉尘时，必须佩戴头罩型电动送风过滤式防尘呼吸器。紧急事态抢救或撤离时，佩戴空气呼吸器。 眼睛防护：呼吸系统防护中已作防护。 身体防护：穿胶布防毒衣。 手防护：戴橡胶手套。 其他防护：工作现场禁止吸烟、进食和饮水。及时换洗工作服。			
危险性类别		急性毒性—经口，类别 2*；急性毒性—经皮肤，类别 1；急性毒性—吸入，类别 2*；特异性靶器官毒性—反复接触，类别 2*；危害水生环境—急性危害，类别 1；危害水生环境—长期危害，类别 1。			

序号	588	品名	2,4-二硝基苯胺	商品编码	2921.4200
别　名			间二硝基苯胺	CAS 号	97-02-9
英文名			2,4-dinitroaniline		
分子式			$C_6H_5N_3O_4$		
外观与性状			黄色针状结晶。		
主要用途			用作偶氮染料中间体，腐蚀抑制剂，分析试剂。		
危险特性			本品遇明火、高热可燃；受热分解产生有毒的烟气；与强氧化剂接触可发生化学反应；具有爆炸性，但只有在强起爆药引爆下才能起爆。		
健康危害			吸入、口服或经皮肤吸收本品后，会引起中毒死亡；对眼睛、黏膜、呼吸道及皮肤有刺激作用；吸收进入体内引起高铁血红蛋白血症，出现紫绀；中毒表现有恶心、眩晕、头痛等。		
防护措施			呼吸系统防护：可能接触其粉尘时，必须佩戴头罩型电动送风过滤式防尘呼吸器。紧急事态抢救或撤离时，应该佩戴自给式呼吸器。 眼睛防护：呼吸系统防护中已作防护。 身体防护：穿胶布防毒衣。 手防护：戴橡胶手套。 其他防护：工作现场禁止吸烟、进食和饮水。及时换洗工作服。		
危险性类别			急性毒性—经口，类别2*；急性毒性—经皮肤，类别1；急性毒性—吸入，类别2*；特异性靶器官毒性—反复接触，类别2*；危害水生环境—急性危害，类别2；危害水生环境—长期危害，类别2。		

序号	589	品名	2,6-二硝基苯胺	商品编码	2921.4200
别　名		1-氨基-2,6-二硝基苯		CAS 号	606-22-4
英文名		2,6-dinitroaniline			
分子式		$C_6H_5N_3O_4$			
外观与性状		黄色针状结晶。			
主要用途		用于有机合成及作为分析试剂。			
危险特性		本品遇明火、高热可燃；受热分解产生有毒的烟气；与强氧化剂接触可发生化学反应；具有爆炸性，但只有在强起爆药引爆下才能起爆。			
健康危害		吸入、口服或经皮肤吸收本品后，会引起中毒死亡；对眼睛、黏膜、呼吸道及皮肤有刺激作用；吸收进入体内引起高铁血红蛋白血症，出现紫绀；中毒表现有恶心、眩晕、头痛等。			
防护措施		呼吸系统防护：可能接触其粉尘时，必须佩戴头罩型电动送风过滤式防尘呼吸器。紧急事态抢救或撤离时，应该佩戴自给式呼吸器。 眼睛防护：呼吸系统防护中已作防护。 身体防护：穿胶布防毒衣。 手防护：戴橡胶手套。 其他防护：工作现场禁止吸烟、进食和饮水。及时换洗工作服。			
危险性类别		急性毒性—经口，类别2*；急性毒性—经皮肤，类别1；急性毒性—吸入，类别2*；特异性靶器官毒性—反复接触，类别2*；危害水生环境—急性危害，类别2；危害水生环境—长期危害，类别2。			

序号	590	品名	3,5-二硝基苯胺	商品编码	2921.4200
别名			1-氨基-3,5-二硝基苯	CAS号	618-87-1
英文名			3,5-dinitroaniline		
分子式			$C_6H_5N_3O_4$		
外观与性状			黄色针状结晶。		
主要用途			用于有机合成。		
危险特性			本品遇明火、高热可燃;受热分解产生有毒的烟气;与强氧化剂接触可发生化学反应;具有爆炸性,但只有在强起爆药引爆下才能起爆。		
健康危害			吸入、口服或经皮肤吸收本品后,会引起中毒死亡;对眼睛、黏膜、呼吸道及皮肤有刺激作用;吸收进入体内引起高铁血红蛋白血症,出现紫绀。中毒表现有恶心、眩晕、头痛等。		
防护措施			呼吸系统防护:可能接触其粉尘时,必须佩戴头罩型电动送风过滤式防尘呼吸器。紧急事态抢救或撤离时,应该佩戴自给式呼吸器。 眼睛防护:呼吸系统防护中已作防护。 身体防护:穿胶布防毒衣。 手防护:戴橡胶手套。 其他防护:工作现场禁止吸烟、进食和饮水。及时换洗工作服。		
危险性类别			急性毒性—经口,类别2*;急性毒性—经皮肤,类别1;急性毒性—吸入,类别2*;特异性靶器官毒性—反复接触,类别2*;危害水生环境—急性危害,类别2;危害水生环境—长期危害,类别2。		

序号	591	品名	二硝基苯酚(干的或含水<15%)、二硝基苯酚溶液	商品编码	2908.9990
别名				CAS号	25550-58-7
英文名			Dinitrophenol, dry or wetted with less than 15% water, by mass		
分子式			$C_6H_5N_3O_5$		
外观与性状			浅黄色结晶或粉末。		
主要用途			用于硫化染料生产,也用于生产苦味酸和显影剂等。		
危险特性			本品受热、明火可爆;可燃;受热分解有毒氧化氮气体。		
健康危害			吸入、皮肤接触及吞食本品有毒。		
防护措施			呼吸系统防护:可能接触其粉尘时,必须佩戴头罩型电动送风过滤式防尘呼吸器。紧急事态抢救或撤离时,应该佩戴自给式呼吸器。 眼睛防护:呼吸系统防护中已作防护。 身体防护:穿胶布防毒衣。 手防护:戴橡胶手套。 其他防护:工作现场禁止吸烟、进食和饮水。及时换洗工作服。		
危险性类别			爆炸物,1.1项;急性毒性—经口,类别3*;急性毒性—经皮肤,类别3*;急性毒性—吸入,类别3*;特异性靶器官毒性—反复接触,类别2*;危害水生环境—急性危害,类别1;危害水生环境—长期危害,类别1。		

序号	592	品名	2,4-二硝基苯酚(含水≥15%)	商品编码	2908.9990
别　名		1-羟基-2,4-二硝基苯		CAS 号	51-28-5
英文名		2,4-dinitrophenol			
分子式		$C_6H_4N_2O_5$			
外观与性状		淡黄色固体。			
主要用途		用于有机合成、染料、炸药等。			
危险特性		本品遇火种、高温、摩擦、震动或接触碱性物质、氧化剂均易引起爆炸；与重金属粉末能起化学反应生成金属盐，增加敏感度；粉尘在流动和搅拌时，会有静电积累。			
健康危害		本品直接作用于能量代谢过程，使细胞氧化过程增强，磷酰化过程抑制。急性中毒：表现为皮肤潮红、口渴、大汗、烦躁不安、全身无力、胸闷、心率和呼吸加快、体温升高（可达40℃以上）、抽搐、肌肉强直，以致昏迷；最后可因血压下降、肺及脑水肿而死亡。成人口服致死量约1g。慢性中毒：有肝、肾损害，白内障及周围神经炎；可使皮肤黄染，引起湿疹样皮炎，偶见剥脱性皮炎。			
防护措施		呼吸系统防护：可能接触其粉尘时，必须佩戴自吸过滤式防尘口罩。 眼睛防护：戴安全防护眼镜。 身体防护：穿紧袖工作服，长筒胶鞋。 手防护：戴橡胶手套。 其他防护：工作现场禁止吸烟、进食和饮水。工作完毕，淋浴更衣。保持良好的卫生习惯。实行就业前和定期的体检。			
危险性类别		易燃固体，类别1；急性毒性—经口，类别3＊；急性毒性—经皮肤，类别3＊；急性毒性—吸入，类别3＊；特异性靶器官毒性—反复接触，类别2＊；危害水生环境—急性危害，类别1。			

序号	593	品名	2,6-二硝基苯酚(含水≥15%)	商品编码	2908.9990
别　名				CAS 号	573-56-8
英文名		2,6-dinitro-phenol			
分子式		$C_6H_4N_2O_5$			
外观与性状		淡黄色结晶。			
主要用途		用于有机合成，用作酸碱指示剂的变色范围是 pH 为 2.4（无色）~4.0（黄色）。			
防护措施		呼吸系统防护：佩戴防毒口罩。紧急事态抢救或逃生时，佩戴自给式呼吸器。 眼睛防护：戴化学安全防护眼镜。 防护服：穿相应的防护服。 手防护：戴防化学品手套。 其他防护：工作现场禁止吸烟、进食和饮水。注意个人清洁卫生。			
危险性类别		易燃固体，类别1；急性毒性—经口，类别3＊；急性毒性—经皮肤，类别3＊；急性毒性—吸入，类别3＊；特异性靶器官毒性—反复接触，类别2＊；危害水生环境—急性危害，类别2；危害水生环境—长期危害，类别2。			

序号	594	品名	2,5-二硝基苯酚(含水≥15%)	商品编码	2908.9990
别　名			γ-二硝基酚	CAS 号	329-71-5
英文名			2,5-dinitrophenol		
分子式			$C_6H_4N_2O_5$		
外观与性状			黄色结晶或粉末。		
主要用途			用于染料工业和有机合成，也用作木材防腐剂和酸碱指示剂。		
危险特性			本品遇明火、高热易燃；与重金属粉末能起化学反应生成金属盐，增加敏感度；经摩擦、震动或撞击引起燃烧或爆炸；受高热分解，放出有毒的烟气。		
健康危害			本品有毒，接触或吸入其蒸气、粉尘雾或经皮肤吸收均会引起中毒；中毒时大量出汗、发烧、口渴、烦躁不安、全身乏力、抽搐、肌肉强直等；长期接触可引起皮炎、周围神经炎。		
防护措施			呼吸系统防护：佩戴防毒口罩。紧急事态抢救或逃生时，建议佩戴防毒面具。 眼睛防护：戴化学安全防护眼镜。 身体防护：穿防静电工作服。 手防护：戴防护手套。 其他防护：工作现场禁止吸烟、进食和饮水。注意个人清洁卫生。		
危险性类别			易燃固体，类别 1；急性毒性—经口，类别 3＊；急性毒性—经皮肤，类别 3＊；急性毒性—吸入，类别 3＊；特异性靶器官毒性—反复接触，类别 2＊；危害水生环境—急性危害，类别 2；危害水生环境—长期危害，类别 2。		

序号	595	品名	二硝基苯酚碱金属盐(干的或含水<15%)	商品编码	2908.9990
别　名			二硝基酚碱金属盐	CAS 号	
英文名			Dinitrophenolates, alkali metals, dry or wetted with less than 15% water, by mass		
防护措施			呼吸系统防护：佩戴防毒口罩。紧急事态抢救或逃生时，佩戴自给式呼吸器。 眼睛防护：戴化学安全防护眼镜。 防护服：穿相应的防护服。 手防护：戴防化学品手套。 其他防护：工作现场禁止吸烟、进食和饮水。注意个人清洁卫生。		
危险性类别			爆炸物，1.3 项；急性毒性—经口，类别 3＊；急性毒性—经皮肤，类别 3＊；急性毒性—吸入，类别 3＊；特异性靶器官毒性—反复接触，类别 2＊；危害水生环境—急性危害，类别 2；危害水生环境—长期危害，类别 2。		

序号	596	品名	2,4-二硝基苯酚钠	商品编码	2908.9990
别　名				CAS 号	1011-73-0
英文名	Sodium 2,4-dinitrophenate				
分子式	$C_6H_3N_2NaO_5$				
外观与性状	金黄色片状晶体。				
主要用途	植物生长调节剂。				
危险特性	本品受到撞击或遇高热可爆；遇明火可燃；受热分解释放出有毒的氮氧化物气体。				
防护措施	呼吸系统防护：佩戴防毒口罩。紧急事态抢救或逃生时，佩戴自给式呼吸器。 眼睛防护：戴化学安全防护眼镜。 防护服：穿相应的防护服。 手防护：戴防化学品手套。 其他防护：工作现场禁止吸烟、进食和饮水。注意个人清洁卫生。				
危险性类别	爆炸物，1.3 项；急性毒性—经口，类别 3*；急性毒性—经皮肤，类别 3*；急性毒性—吸入，类别 3*；特异性靶器官毒性—反复接触，类别 2*；危害水生环境—急性危害，类别 2；危害水生环境—长期危害，类别 2。				

序号	597	品名	2,4-二硝基苯磺酰氯	商品编码	2904.9900
别　名	2,4-二硝基苯氯化砜			CAS 号	1656-44-6
英文名	2,4-dinitrobenzene sulfonyl chloride				
分子式	$C_6H_3ClN_2O_6S$				
外观与性状	淡黄色结晶。				
主要用途	用于制药工业、有机合成，也用作染料中间体。				
危险特性	本品遇明火、高热可燃；与强氧化剂可发生反应；受热或遇水分解释放热，放出有毒的腐蚀性烟气。				
健康危害	吸入、摄入或经皮肤吸收本品对身体有害；对眼睛、黏膜、呼吸道和皮肤有强烈刺激作用；吸入后因喉、支气管的痉挛、炎症、水肿，化学性肺炎、肺水肿而致死；中毒症状有烧灼感、咳嗽、喘息、喉炎、气短、头痛、恶心和呕吐。				
防护措施	呼吸系统防护：高浓度环境中，应该佩戴防毒面具或供气式头盔。紧急事态抢救或逃生时，建议佩戴自给式呼吸器。 眼睛防护：戴化学安全防护眼镜。 身体防护：穿相应的防护服。 手防护：戴防化学品手套。 其他防护：工作现场禁止吸烟、进食和饮水。注意个人清洁卫生。				
危险性类别	皮肤腐蚀/刺激，类别 1；严重眼损伤/眼刺激，类别 1。				

序号	598	品名	2,4-二硝基苯甲醚	商品编码	2909.3090
别　名			2,4-二硝基茴香醚	CAS 号	119-27-7
英文名			2,4-dinitroanisole		
分子式			$C_7H_6N_2O_5$		
外观与性状			无色到黄色针状结晶体。		
主要用途			用于染料中间体及用作杀虫卵剂。		
危险特性			本品易燃，遇明火、高热、摩擦、撞击有引起燃烧的危险；燃烧时放出有毒的刺激性烟雾；与氧化剂混合能形成爆炸性混合物。		
健康危害			本品吸收进入体内后，会引起高铁血红蛋白血症，出现紫绀；具有刺激性。		
防护措施			呼吸系统防护：可能接触其粉尘时，佩戴自吸过滤式防尘口罩。 眼睛防护：戴安全防护眼镜。 身体防护：穿透气型防毒服。 手防护：戴防毒物渗透手套。 其他防护：工作现场禁止吸烟、进食和饮水。工作完毕，淋浴更衣。注意个人清洁卫生。		
危险性类别			易燃固体，类别 1；急性毒性—经口，类别 3。		

序号	599	品名	3,5-二硝基苯甲酰氯	商品编码	2916.3990
别　名			3,5-二硝基氯化苯甲酰	CAS 号	99-33-2
英文名			3,5-dinitrobenzoyl chloride		
分子式			$C_7H_3ClN_2O_5$		
外观与性状			黄色结晶。		
主要用途			用于医药工业，也用作消毒防腐剂和试剂。		
危险特性			本品遇明火、高热或与氧化剂接触，有引起燃烧爆炸的危险。		
健康危害			吸入、摄入或经皮肤吸收本品后对身体有害；对眼睛、皮肤、黏膜和上呼吸道有强烈刺激作用；吸入后会引起喉、支气管的痉挛、炎症和水肿，化学性肺炎、肺水肿等。		
防护措施			呼吸系统防护：佩戴防毒口罩。紧急事态抢救或逃生时，建议佩戴自给式呼吸器。 眼睛防护：戴化学安全防护眼镜。 身体防护：穿防静电工作服。 手防护：戴防化学品手套。 其他防护：工作现场禁止吸烟、进食和饮水。注意个人清洁卫生。		
危险性类别			易燃固体，类别 2。		

序号	600	品名	2,4-二硝基苯肼	商品编码	2928.0000
别 名			二硝基苯肼	CAS 号	119-26-6
英文名			2,4-dinitrophenylhydrazine		
分子式			$C_6H_6N_4O_4$		
外观与性状			红色结晶性粉末。		
主要用途			用于炸药制造,也作化学试剂。		
危险特性			本品遇明火极易燃烧爆炸;干燥时经震动、撞击会引起爆炸;燃烧时放出有毒的刺激性烟雾;与氧化剂混合能形成爆炸性混合物。		
健康危害			本品对眼睛和皮肤有刺激性;对皮肤有致敏性。本品吸收进入体内,会引起高铁血红蛋白血症,出现紫绀。		
防护措施			呼吸系统防护:可能接触其粉尘时,必须佩戴自吸过滤式防尘口罩。 眼睛防护:戴化学安全防护眼镜。 身体防护:穿防毒物渗透工作服。 手防护:戴防毒物渗透手套。 其他防护:工作现场禁止吸烟、进食和饮水。工作完毕,淋浴更衣。注意个人清洁卫生。		
危险性类别			易燃固体,类别1。		

序号	601	品名	1,3-二硝基丙烷	商品编码	2904.2090
别 名				CAS 号	6125-21-9
英文名			1,3-dinitropropane		
分子式			$C_3H_6N_2O_4$		
外观与性状			黄色液体,带有刺激性气味,性质极不稳定。		
危险特性			本品易燃,其蒸气与空气可形成爆炸性混合物;强烈震动及受热或遇无机碱类、氧化剂、烃类、胺类及三氯化铝、六甲基苯等均能引起燃烧爆炸;燃烧分解时,放出有毒的氮氧化物气体。		
健康危害			本品对皮肤、眼睛、黏膜和上呼吸道有强烈刺激性,吸收进入体内后会引起紫绀。		
防护措施			呼吸系统防护:可能接触其蒸气时,应该佩戴自吸过滤式防毒面具(全面罩)。紧急事态抢救或撤离时,建议佩戴隔离式呼吸器。 眼睛防护:呼吸系统防护中已作防护。 身体防护:穿胶布防毒衣。 手防护:戴橡胶耐油手套。 其他防护:工作现场严禁吸烟。注意个人清洁卫生。		
危险性类别			易燃液体,类别3。		

序号	602	品名	2,2-二硝基丙烷	商品编码	2904.2090
别 名				CAS 号	
英文名	2,2-dinitropropane				
分子式	$C_3H_6N_2O_4$				
防护措施	呼吸系统防护：佩戴防毒口罩。紧急事态抢救或逃生时，佩戴自给式呼吸器。 眼睛防护：戴化学安全防护眼镜。 防护服：穿相应的防护服。 手防护：戴防化学品手套。 其他防护：工作现场禁止吸烟、进食和饮水。注意个人清洁卫生。				
危险性类别	易燃固体，类别1。				

序号	603	品名	2,4-二硝基二苯胺	商品编码	2921.4400
别 名	2,4-二硝基联苯胺			CAS 号	961-68-2
英文名	2,4-dinitrodiphenylamine				
分子式	$C_{12}H_9N_3O_4$				
外观与性状	红色针状结晶。				
主要用途	用于染料制备。				
危险特性	本品遇明火、高热可燃；受热分解释放出有毒的氧化氮烟气，与强氧化剂接触可发生化学反应。				
健康危害	吸入、口服或经皮肤吸收本品对身体有害，对眼睛、黏膜、呼吸道及皮肤有刺激作用。				
防护措施	呼吸系统防护：空气中粉尘浓度超标时，佩戴自吸过滤式防尘口罩。紧急事态抢救或撤离时，应该佩戴空气呼吸器。 眼睛防护：戴化学安全防护眼镜。 身体防护：穿防毒物渗透工作服。 手防护：戴橡胶手套。 其他防护：工作现场禁止吸烟、进食和饮水。及时换洗工作服。				
危险性类别	皮肤腐蚀/刺激，类别2；严重眼损伤/眼刺激，类别2；特异性靶器官毒性—单次接触，类别3（呼吸道刺激）。				

序号	604	品名	3,4-二硝基二苯胺	商品编码	2921.4400
别 名				CAS 号	
英文名	3,4-dinitrodiphenylamine				
分子式	$C_{12}H_9N_3O_4$				
防护措施	呼吸系统防护：佩戴防毒口罩。紧急事态抢救或逃生时，佩戴自给式呼吸器。 眼睛防护：戴化学安全防护眼镜。 防护服：穿相应的防护服。 手防护：戴防化学品手套。 其他防护：工作现场禁止吸烟、进食和饮水。注意个人清洁卫生。				
危险性类别	皮肤腐蚀/刺激，类别 2；严重眼损伤/眼刺激，类别 2A；皮肤致敏物，类别 1；特异性靶器官毒性—单次接触，类别 3（呼吸道刺激）。				

序号	605	品名	2,4-二硝基甲苯	商品编码	2904.2030
别 名				CAS 号	121-14-2
英文名	2,4-dinitrotoluene				
分子式	$C_7H_6N_2O_4$				
外观与性状	浅黄色针状结晶，有苦杏仁味。				
主要用途	用于制造染料中间体、炸药。				
危险特性	本品遇明火、高热易燃；与氧化剂混合能形成爆炸性混合物；经摩擦、震动或撞击可引起燃烧或爆炸；燃烧时产生大量烟雾。				
健康危害	本品有引起高铁血红蛋白血症的作用。急性中毒者出现紫绀、头痛、头晕、兴奋、虚弱、恶心、呕吐、气短、嗜睡等症状，甚至神志丧失。如不及时治疗会引起死亡。本品易经皮肤吸收引起中毒。饮酒能增加机体对该品的敏感性。慢性中毒者长期作用下可有头痛、头晕、疲倦、腹痛、心悸、苍白、唇发绀、白细胞增多、贫血和黄疸等症状。				
防护措施	呼吸系统防护：空气中粉尘浓度超标时，佩戴自吸过滤式防尘口罩。紧急事态抢救或撤离时，佩戴空气呼吸器。 眼睛防护：戴安全防护眼镜。 身体防护：穿防毒物渗透工作服。 手防护：戴橡胶手套。 其他防护：工作现场禁止吸烟、进食和饮水。及时换洗工作服。				
危险性类别	急性毒性—经口，类别 3*；急性毒性—经皮肤，类别 3*；急性毒性—吸入，类别 3*；生殖细胞致突变性，类别 2；致癌性，类别 2；生殖毒性，类别 2；特异性靶器官毒性—反复接触，类别 2*；危害水生环境—急性危害，类别 1；危害水生环境—长期危害，类别 1。				

序号	606	品名	2,6-二硝基甲苯	商品编码	2904.2030
别 名				CAS 号	606-20-2

英文名	2,6-dinitrotoluene
分子式	$C_7H_6N_2O_4$
外观与性状	浅黄色针状结晶。
主要用途	用作有机合成原料。
危险特性	本品遇明火、高热易燃；燃烧时产生大量烟雾；与氧化剂混合能形成有爆炸性的混合物；经摩擦、震动或撞击可引起燃烧或爆炸。
健康危害	本品有形成高铁血红蛋白血症的作用。吸入、摄入或经皮肤吸收均会引起中毒，中毒症状有头痛、头晕、虚弱、恶心、紫绀、嗜睡、气短和虚脱。慢性影响：高铁血红蛋白血症、贫血、肝脾损害等。
防护措施	呼吸系统防护：空气中浓度超标时，佩戴防毒面具。紧急事态抢救或逃生时，应该佩戴自给式呼吸器。 眼睛防护：戴安全防护眼镜。 身体防护：穿紧袖工作服，长筒胶鞋。 手防护：戴橡皮手套。 其他防护：工作现场禁止吸烟、进食和饮水。注意个人清洁卫生。
危险性类别	急性毒性—经口，类别 3*；急性毒性—经皮肤，类别 3*；急性毒性—吸入，类别 3*；生殖细胞致突变性，类别 2；致癌性，类别 2；生殖毒性，类别 2；特异性靶器官毒性—反复接触，类别 2*；危害水生环境—长期危害，类别 3。

序号	607	品名	二硝基间苯二酚	商品编码	2908.9990
别 名				CAS 号	519-44-8

英文名	2,4-dinitroresorcinol
分子式	$C_6H_4N_2O_6$
外观与性状	黄色结晶。
主要用途	用于制造引爆剂，染料和分析试剂。
危险特性	本品受热、接触明火或受到摩擦、震动、撞击时可发生爆炸；与重金属粉末能起化学反应生成金属盐，增加敏感度；与氧化剂混合能形成爆炸性混合物。
健康危害	本品有毒，对眼睛、皮肤、黏膜和上呼吸道有刺激作用。
防护措施	呼吸系统防护：空气中粉尘浓度超标时，佩戴自吸过滤式防尘口罩。紧急事态抢救或撤离时，应该佩戴自给式呼吸器。 眼睛防护：戴化学安全防护眼镜。 身体防护：穿紧袖工作服，长筒胶鞋。 手防护：戴橡胶手套。 其他防护：工作现场禁止吸烟、进食和饮水。及时换洗工作服。
危险性类别	爆炸物，1.1 项。

序号	608	品名	二硝基联苯	商品编码	2904.2090
别　名				CAS 号	38094-35-8
英文名	2,3-dinitrobiphenyl				
分子式	$C_{12}H_8N_2O_4$				
防护措施	呼吸系统防护：佩戴防毒口罩。紧急事态抢救或逃生时，佩戴自给式呼吸器。 眼睛防护：戴化学安全防护眼镜。 防护服：穿相应的防护服。 手防护：戴防化学品手套。 其他防护：工作现场禁止吸烟、进食和饮水。注意个人清洁卫生。				
危险性类别	易燃固体，类别 2。				

序号	609	品名	二硝基邻甲酚铵	商品编码	2908.9200
别　名				CAS 号	2980-64-5
英文名	Ammonium dinitro-o-cresolate				
分子式	$C_7H_5N_2O_5 \cdot NH_4$				
外观与性状	固体或液体。				
主要用途	用作除锈剂。				
危险特性	本品具有强氧化性；与易燃物、有机物接触易着火燃烧；能与铅、银或其他重金属及盐形成敏感性极强的爆炸性物质。				
健康危害	本品有毒，吸入、摄入或经皮肤吸收会中毒。本品受热分解会放出有毒的氮氧化物和氨烟雾。				
防护措施	呼吸系统防护：可能接触其蒸气时，佩戴防毒口罩。空气中浓度较高时，应该佩戴自给式呼吸器。 眼睛防护：戴化学安全防护眼镜。 身体防护：穿相应的防护服。 手防护：戴防护手套。 其他防护：工作现场禁止吸烟、进食和饮水。注意个人清洁卫生。				
危险性类别	急性毒性—经口，类别 2*；急性毒性—经皮肤，类别 1；急性毒性—吸入，类别 2*；特异性靶器官毒性—反复接触，类别 2*；危害水生环境—急性危害，类别 1；危害水生环境—长期危害，类别 1。				

序号	610	品名	二硝基邻甲酚钾	商品编码	2908.9200
别　名				CAS 号	5787-96-2
英文名		4,6-dinitro-o-cresol potassium salt			
分子式		$C_7H_5KN_2O_5$			
防护措施		呼吸系统防护：佩戴防毒口罩。紧急事态抢救或逃生时，佩戴自给式呼吸器。 眼睛防护：戴化学安全防护眼镜。 防护服：穿相应的防护服。 手防护：戴防化学品手套。 其他防护：工作现场禁止吸烟、进食和饮水。注意个人清洁卫生。			
危险性类别		急性毒性—经口，类别3*；急性毒性—经皮肤，类别3*；急性毒性—吸入，类别3*；特异性靶器官毒性—反复接触，类别2*；危害水生环境—急性危害，类别1；危害水生环境—长期危害，类别1。			

序号	611	品名	4,6-二硝基邻甲苯酚钠	商品编码	2908.9200
别　名				CAS 号	2312-76-7
英文名		Sodiam dinitro-o-cresolate			
分子式		$C_7H_5N_2O_5 \cdot Na$			
外观与性状		鲜艳的橘黄色粉末。			
主要用途		用作染料中间体、杀虫剂、除莠剂。			
危险特性		本品遇明火、高热可燃；干燥状态下，受摩擦、震动、撞击可引起爆炸；受高热分解，放出有毒的烟气。			
健康危害		本品有毒，受热分解释放出有毒的氮氧化物烟雾。			
防护措施		呼吸系统防护：佩戴防毒口罩。紧急事态抢救或逃生时，建议佩戴自给式呼吸器。 眼睛防护：戴化学安全防护眼镜。 身体防护：穿防静电工作服。 手防护：戴防护手套。 其他防护：工作现场禁止吸烟、进食和饮水。注意个人清洁卫生。			
危险性类别		爆炸物，1.3项；急性毒性—经口，类别2；急性毒性—经皮肤，类别2；急性毒性—吸入，类别3*；特异性靶器官毒性—反复接触，类别2*；危害水生环境—急性危害，类别1；危害水生环境—长期危害，类别1。			

序号	612	品名	二硝基邻甲苯酚钠	商品编码	2908.9200
别　名				CAS 号	2312-76-7
英文名	Sodiam dinitro-o-cresolate				
分子式	$C_7H_6NNaO_4$				
外观与性状	鲜艳的橘黄色粉末。				
主要用途	用作染料中间体、杀虫剂、除莠剂。				
危险特性	本品遇明火、高热可燃；干燥状态下，受摩擦、震动、撞击可引起爆炸；受高热分解，放出有毒的烟气。				
健康危害	本品有毒，受热分解释放出有毒的氮氧化物烟雾。				
防护措施	呼吸系统防护：佩戴防毒口罩。紧急事态抢救或逃生时，建议佩戴自给式呼吸器。 眼睛防护：戴化学安全防护眼镜。 身体防护：穿防静电工作服。 手防护：戴防护手套。 其他防护：工作现场禁止吸烟、进食和饮水。注意个人清洁卫生。				
危险性类别	爆炸物，1.3 项；急性毒性—经口，类别 3＊；急性毒性—经皮肤，类别 3＊；急性毒性—吸入，类别 3＊；特异性靶器官毒性—反复接触，类别 2＊；危害水生环境—急性危害，类别 1；危害水生环境—长期危害，类别 1。				

序号	613	品名	2,4-二硝基氯化苄	商品编码	2904.9900
别　名	2,4-二硝基苯代氯甲烷			CAS 号	610-57-1
英文名	2,4-dinitrobenzyl chloride				
分子式	$C_7H_5ClN_2O_2$				
外观与性状	黄色柱状结晶。				
危险特性	本品遇高热、明火或与氧化剂混合，经摩擦、撞击有引起燃烧爆炸的危险。				
健康危害	吸入本品蒸气或经皮肤吸收后会产生发绀症状以及损害肝脏。本品对眼睛、皮肤、黏膜和上呼吸道有剧烈刺激作用；吸入后引起喉、支气管的痉挛、水肿、炎症和化学性肺炎、肺水肿等。				
防护措施	呼吸系统防护：可能接触其蒸气时，佩戴防毒面具。紧急事态抢救或撤离时，应该佩戴自给式呼吸器。 眼睛防护：戴化学安全防护眼镜。 身体防护：穿紧袖工作服，长筒胶鞋。 手防护：戴橡皮胶手套。 其他防护：工作现场禁止吸烟、进食和饮水。注意个人清洁卫生。				
危险性类别	易燃固体，类别 2。				

序号	614	品名	1,5-二硝基萘	商品编码	2904.2090
别　名				CAS 号	605-71-0
英文名		1,5-dinitronaphthalene			
分子式		$C_{10}H_6N_2O_4$			
外观与性状		微黄色结晶性粉末。			
主要用途		用于染料、有机合成中间体。			
危险特性		本品遇明火、高热能引起燃烧爆炸；与氧化剂混合能形成有爆炸性的混合物。			
健康危害		本品对眼睛、皮肤、黏膜、上呼吸道有刺激性；进入体内形成高铁血红蛋白血症；高浓度时引起发绀，这种症状会持续2~4小时或更长时间。			
防护措施		呼吸系统防护：佩戴防尘口罩或防毒口罩。 眼睛防护：戴安全防护眼镜。 身体防护：穿相应的防护服。 手防护：戴防护手套。 其他防护：工作现场禁止吸烟、进食和饮水。注意个人清洁卫生。			
危险性类别		易燃固体，类别1。			

序号	615	品名	1,8-二硝基萘	商品编码	2904.2090
别　名				CAS 号	602-38-0
英文名		1,8-dinitronaphthalene			
分子式		$C_{10}H_6N_2O_4$			
外观与性状		黄色结晶。			
主要用途		用于有机合成。			
危险特性		本品遇明火、高热能引起燃烧爆炸；与氧化剂混合能形成爆炸性混合物。			
健康危害		本品对眼睛、皮肤、黏膜、上呼吸道有刺激性；进入体内形成高铁血红蛋白血症；高浓度时引起紫绀。			
防护措施		呼吸系统防护：空气中粉尘浓度超标时，必须佩戴自吸过滤式防尘口罩。紧急事态抢救或撤离时，应该佩戴空气呼吸器。 眼睛防护：戴化学安全防护眼镜。 身体防护：穿防毒物渗透工作服。 手防护：戴橡胶手套。 其他防护：工作现场禁止吸烟、进食和饮水。工作完毕，淋浴更衣。注意个人清洁卫生。			
危险性类别		易燃固体，类别1。			

序号	616	品名	2,4-二硝基萘酚		商品编码	2908.9990
别　名					CAS 号	605-69-6
英文名	2,4-dinitronaphthol					
分子式	$C_{10}H_6N_2O_5$					
外观与性状	黄色针状结晶。					
主要用途	用于制造混合炸药，用作检定钛和铊的分析试剂。					
危险特性	本品遇高热、明火或与氧化剂混合，经摩擦、撞击有引起燃烧爆炸的危险；受热分解释放出有毒的氧化氮烟气。					
健康危害	吸入、口服或经皮肤吸收本品对身体有害，对眼睛、上呼吸道和皮肤有刺激性。					
防护措施	呼吸系统防护：空气中粉尘浓度超标时，佩戴自吸过滤式防尘口罩。紧急事态抢救或撤离时，应该佩戴空气呼吸器。 眼睛防护：戴化学安全防护眼镜。 身体防护：穿防毒物渗透工作服。 手防护：戴橡胶手套。 其他防护：工作现场禁止吸烟、进食和饮水。工作完毕，淋浴更衣。单独存放被毒物污染的衣服，洗后备用。保持良好的卫生习惯。					
危险性类别	危害水生环境—急性危害，类别 1；危害水生环境—长期危害，类别 1。					

序号	617	品名	2,4-二硝基萘酚钠		商品编码	2908.9990
别　名	马汀氏黄；色淀黄				CAS 号	887-79-6
英文名	2,4-dinitro-1-naphthol					
分子式	$C_{10}H_6N_2O_5$					
防护措施	呼吸系统防护：佩戴防毒口罩。紧急事态抢救或逃生时，佩戴自给式呼吸器。 眼睛防护：戴化学安全防护眼镜。 防护服：穿相应的防护服。 手防护：戴防化学品手套。 其他防护：工作现场禁止吸烟、进食和饮水。注意个人清洁卫生。					
危险性类别	易燃固体，类别 1。					

序号	618	品名	2,7-二硝基芴	商品编码	2904.2090
别 名				CAS 号	5405-53-8
英文名	2,7-dinitrofluorene				
分子式	$C_{13}H_8N_2O_4$				
外观与性状	针状结晶或黄色粉末。				
主要用途	用于有机合成。				
危险特性	本品遇明火、高热能引起燃烧爆炸；与氧化剂混合能形成有爆炸性的混合物；受高热分解释放出有毒的烟气。				
健康危害	吸入、摄入或经皮肤吸收本品后对身体有害，有刺激作用。				
防护措施	呼吸系统防护：佩戴防尘口罩。紧急事态抢救或逃生时，建议佩戴防毒面具。 眼睛防护：必要时可采用安全面罩。 身体防护：穿防静电工作服。 手防护：戴防护手套。 其他防护：工作现场禁止吸烟、进食和饮水。注意个人清洁卫生。				
危险性类别	易燃固体，类别2。				

序号	619	品名	二硝基重氮苯酚（按质量含水或乙醇和水的混合物不低于40%）	商品编码	2927.0000
别 名	重氮二硝基苯酚			CAS 号	87-31-0
英文名	Diazodinitrophenol				
分子式	$C_6H_2N_4O_5$				
外观与性状	黄色结晶，在阳光下颜色迅速变深。				
主要用途	用作起爆药。产品对摩擦敏感，运输应加40%的水润湿。				
危险特性	本品干燥时，即使数量很少，如果接触到火焰、火花或受到震动、撞击、摩擦亦会引起分解爆炸，但其撞击感度和摩擦感度低于雷汞、叠氮化铅；火焰感度较敏感，与雷汞近似；含水40%以上时安定性较好；该物质具有腐蚀性。				
健康危害	本品未见毒理学资料。同时接触环三次甲基三硝基胺（黑索金）粉尘的工人，有消化系统和造血系统障碍的表现；皮肤接触会发生皮炎。				
防护措施	呼吸系统防护：可能接触其粉尘时，必须佩戴自吸过滤式防尘口罩。 眼睛防护：戴化学安全防护眼镜。 身体防护：穿紧袖工作服，长筒胶鞋。 手防护：戴橡胶手套。 其他防护：尽可能减少直接接触。工作完毕，淋浴更衣。工作服不准带至非作业场所。保持良好的卫生习惯。				
危险性类别	爆炸物，1.1项。				

序号	620	品名	1,2-二溴-3-丁酮	商品编码	2914.7900
别 名				CAS 号	25109-57-3
英文名	3,4-dibromobutanone				
分子式	$C_4H_6Br_2O$				
外观与性状	液体。				
主要用途	用于有机合成。				
危险特性	本品遇明火、高热可燃；受高热分解产生有毒的溴化物气体。				
健康危害	本品有毒，具有强烈催泪性。人在本品 18.8mg/m³ 环境下，几秒钟内失去工作能力；1~2 秒可致显著呼吸道疾患。				
防护措施	呼吸系统防护：可能接触其蒸气时，建议佩戴防毒面具。高浓度环境中，应该佩戴自给式呼吸器。 眼睛防护：戴化学安全防护眼镜。 身体防护：穿聚乙烯薄膜防毒服。 手防护：戴防护手套。 其他防护：工作现场禁止吸烟、进食和饮水。注意个人清洁卫生。				
危险性类别	易燃液体，类别 3。				

序号	621	品名	3,5-二溴-4-羟基苄腈	商品编码	2926.9090
别 名	溴苯腈			CAS 号	1689-84-5
英文名	3,5-dibromo-4-hydroxybenzonitrile				
分子式	$C_7H_3Br_2NO$				
外观与性状	灰白色粉末。				
主要用途	用作粮食作物的除草剂。				
危险特性	本品遇明火、高热可燃；受高热分解，放出有毒的氮、溴化物烟气。				
健康危害	吸入、摄入或经皮肤吸收本品后对身体有害，对眼睛、黏膜、皮肤和上呼吸道有刺激作用。				
防护措施	呼吸系统防护：可能接触毒物时，必须佩戴防毒面具。紧急事态抢救或撤离时，建议佩戴自给式呼吸器。 眼睛防护：戴化学安全防护眼镜。 身体防护：穿聚乙烯薄膜防毒服。 手防护：戴防化学品手套。 其他防护：工作现场禁止吸烟、进食和饮水。注意个人清洁卫生。				
危险性类别	急性毒性—经口，类别 3*；急性毒性—吸入，类别 2*；皮肤致敏物，类别 1；生殖毒性，类别 2；危害水生环境—急性危害，类别 1；危害水生环境—长期危害，类别 1。				

序号	622	品名	1,2-二溴苯	商品编码	2903.9990
别　名			邻二溴苯	CAS 号	583-53-9
英文名			1,2-dibromobenzene		
分子式			$C_6H_4Br_2$		
外观与性状			无色液体,有芳香气味。		
主要用途			用作溶剂、浮选剂,也用于有机合成。		
危险特性			本品遇明火、高热可燃;与强氧化剂发生反应,会引起燃烧;受高热分解释放出有毒的气体。		
健康危害			吸入、摄入或经皮肤吸收本品后对身体有害,对眼睛、皮肤有刺激作用。		
防护措施			呼吸系统防护:高浓度环境中,建议佩戴防毒面具。 眼睛防护:戴化学安全防护眼镜。 身体防护:穿相应的防护服。 手防护:戴防护手套。 其他防护:工作现场禁止吸烟、进食和饮水。注意个人清洁卫生。		
危险性类别			皮肤腐蚀/刺激,类别2*;危害水生环境—急性危害,类别2;危害水生环境—长期危害,类别2。		

序号	623	品名	2,4-二溴苯胺	商品编码	2921.4200
别　名				CAS 号	615-57-6
英文名			2,4-dibromoaniline		
分子式			$C_6H_5Br_2N$		
外观与性状			灰白色结晶状粉末。		
主要用途			用于有机合成。		
危险特性			本品遇明火、高热可燃;受高热分解释放出有毒的气体。		
健康危害			吸入、摄入或经皮肤吸收本品后对身体有害;对眼睛、皮肤、黏膜和上呼吸道有强烈刺激作用;吸收进入体内,可形成高铁血红蛋白导致紫绀;可引起过敏反应。		
防护措施			呼吸系统防护:佩戴防毒口罩。紧急事态抢救或逃生时,应该佩戴防毒面具。 眼睛防护:戴化学安全防护眼镜。 身体防护:穿相应的防护服。 手防护:戴防化学品手套。 其他防护:工作现场禁止吸烟、进食和饮水。注意个人清洁卫生。		
危险性类别			急性毒性—经口,类别3;皮肤腐蚀/刺激,类别2;严重眼损伤/眼刺激,类别2;特异性靶器官毒性—单次接触,类别3(呼吸道刺激)。		

序号	624	品名	2,5-二溴苯胺	商品编码	2921.4200
别　名				CAS 号	3638-73-1
英文名	2,5-dibromoaniline				
分子式	$C_6H_5Br_2N$				
外观与性状	棕色棱形结晶。				
主要用途	用于有机合成。				
危险特性	本品遇明火、高热可燃；受高热分解释放出有毒的气体。				
健康危害	吸入、摄入或经皮肤吸收本品后对身体有害；对眼睛、皮肤、黏膜和上呼吸道有强烈刺激作用；吸收进入体内，可形成高铁血红蛋白导致紫绀；可引起过敏反应。				
防护措施	呼吸系统防护：佩戴防毒口罩。紧急事态抢救或逃生时，应该佩戴防毒面具。 眼睛防护：戴化学安全防护眼镜。 身体防护：穿相应的防护服。 手防护：戴防化学品手套。 其他防护：工作现场禁止吸烟、进食和饮水。注意个人清洁卫生。				
危险性类别	急性毒性—经口，类别3；皮肤腐蚀/刺激，类别2；严重眼损伤/眼刺激，类别2；特异性靶器官毒性—单次接触，类别3（呼吸道刺激）。				

序号	625	品名	1,2-二溴丙烷	商品编码	2903.3990
别　名				CAS 号	78-75-1
英文名	1,2-dibromopropane				
分子式	$C_3H_6Br_2$				
外观与性状	无色液体。				
主要用途	用作溶剂及用于有机合成。				
危险特性	本品受高热分解产生有毒的溴化物气体。				
健康危害	本品具有麻醉作用。急性中毒者会出现头痛、眩晕、呕吐、发绀、脉搏加速，然后血压降低、心动过速、体温升高、口炎、甲状腺肿大；妇女会发生月经失调。				
防护措施	呼吸系统防护：空气中浓度超标时，应该佩戴自吸过滤式防毒面具（半面罩）。 眼睛防护：戴安全防护眼镜。 身体防护：穿透气型防毒服。 手防护：戴防化学品手套。 其他防护：工作现场禁止吸烟、进食和饮水。工作完毕，淋浴更衣。单独存放被毒物污染的衣服，洗后备用。注意个人清洁卫生。				
危险性类别	易燃液体，类别3；危害水生环境—急性危害，类别2；危害水生环境—长期危害，类别2。				

序号	626	品名	二溴二氟甲烷	商品编码	2903.7800
别　名			二氟二溴甲烷	CAS 号	75-61-6
英文名			Dibromodifluoromethane		
分子式			CBr_2F_2		
外观与性状			无色液体。		
主要用途			合成染料、药物、灭火剂、第四胺化合物。		
危险特性			本品受高热分解释放出有毒的气体；与碱金属能发生剧烈反应；与活性金属粉末（如镁、铝等）能发生反应，引起分解。		
健康危害			吸入本品后引起肺刺激、胸痛，会因肺水肿而死亡。慢性影响：肝损害。		
防护措施			呼吸系统防护：高浓度环境中，应该佩戴防毒面具。紧急事态抢救或逃生时，佩戴自给式呼吸器。 眼睛防护：戴安全防护眼镜。 身体防护：穿相应的防护服。 手防护：必要时戴防化学品手套。 其他防护：工作现场禁止吸烟、进食和饮水。注意个人清洁卫生。		
危险性类别			特异性靶器官毒性—单次接触，类别 2。		

序号	627	品名	二溴甲烷	商品编码	2903.3990
别　名			二溴化亚甲基	CAS 号	74-95-3
英文名			Dibromomethane		
分子式			CH_2Br_2		
外观与性状			无色液体。		
主要用途			用于有机合成，用作溶剂。		
危险特性			本品受高热分解产生有毒的溴化物气体。		
健康危害			本品蒸气具有麻醉作用，并可能导致心律紊乱；反复接触可造成肝、肾损害。		
防护措施			呼吸系统防护：空气中浓度超标时，应选择佩戴自吸过滤式防毒面具（半面罩）。紧急事态抢救或撤离时，佩戴氧气呼吸器。 眼睛防护：戴安全防护眼镜。 身体防护：穿透气型防毒服。 手防护：戴防化学品手套。 其他防护：工作现场禁止吸烟、进食和饮水。工作完毕，淋浴更衣。单独存放被毒物污染的衣服，洗后备用。注意个人清洁卫生。		
危险性类别			危害水生环境—长期危害，类别 3。		

序号	628	品名	1,2-二溴乙烷	商品编码	2903.3100
别 名			乙撑二溴；二溴化乙烯	CAS 号	106-93-4
英文名			1,2-dibromoethane		
分子式			C_2H_4Br		
外观与性状			无色有甜味的液体。		
主要用途			用作溶剂，用于有机合成、杀虫剂、医药等。		
危险特性			本品受高热分解产生有毒的溴化物气体；与强氧化剂接触可发生化学反应。		
健康危害			本品具有中度麻醉作用；对皮肤黏膜有刺激作用；重者可致肺炎和肺水肿；对中枢神经有抑制作用；可致肝、肾损害。急性中毒者有头痛、头晕、耳鸣、全身无力、面色苍白、恶心、呕吐等症状；可死于心力衰竭；引起皮炎和结膜炎。		
防护措施			呼吸系统防护：空气中浓度超标时，应该佩戴自吸过滤式防毒面具（半面罩）。 眼睛防护：戴安全防护眼镜。 身体防护：穿透气型防毒服。 手防护：戴防化学品手套。 其他防护：工作现场禁止吸烟、进食和饮水。工作完毕，淋浴更衣。单独存放被毒物污染的衣服，洗后备用。注意个人清洁卫生。		
危险性类别			急性毒性—经口，类别3*；急性毒性—经皮肤，类别3*；急性毒性—吸入，类别3*；皮肤腐蚀/刺激，类别2；严重眼损伤/眼刺激，类别2；致癌性，类别1B；特异性靶器官毒性—单次接触，类别3（呼吸道刺激）；危害水生环境—急性危害，类别2；危害水生环境—长期危害，类别2。		

序号	629	品名	二溴异丙烷	商品编码	2903.6900
别 名			2,2-二溴丙烷	CAS 号	594-16-1
英文名			2,2-dibromopropane		
分子式			$C_3H_6Br_2$		
外观与性状			浅黄色或无色透明液体。		
防护措施			呼吸系统防护：佩戴防毒口罩。紧急事态抢救或逃生时，佩戴自给式呼吸器。 眼睛防护：戴化学安全防护眼镜。 防护服：穿相应的防护服。 手防护：戴防化学品手套。 其他防护：工作现场禁止吸烟、进食和饮水。注意个人清洁卫生。		
危险性类别			易燃液体，类别3；特异性靶器官毒性—单次接触，类别1；特异性靶器官毒性—反复接触，类别2；危害水生环境—急性危害，类别2；危害水生环境—长期危害，类别2。		

序号	630	品名	N,N'-二亚硝基-N,N'-二甲基对苯二酰胺	商品编码	2924.2990
别 名				CAS 号	133-55-1
英文名		N,N'-dimethyl-N,N'-dinitrosoterephthalamide			
分子式		$C_{10}H_{10}N_4O_4$			
外观与性状		黄色结晶粉末。			
主要用途		用作乙烯基树脂、液体聚酰胺树脂、天然和合成橡胶的化学发泡剂。			
防护措施		呼吸系统防护：佩戴防毒口罩。紧急事态抢救或逃生时，佩戴自给式呼吸器。 眼睛防护：戴化学安全防护眼镜。 防护服：穿相应的防护服。 手防护：戴防化学品手套。 其他防护：工作现场禁止吸烟、进食和饮水。注意个人清洁卫生。			
危险性类别		自反应物质和混合物，C 型。			

序号	631	品名	二亚硝基苯	商品编码	2904.2090
别 名		1,4-二亚硝基苯		CAS 号	105-12-4
英文名		Dinitrosobenzene			
分子式		$C_6H_4N_2O_2$			
外观与性状		棕色晶体。			
主要用途		用于制造炸药。			
危险特性		本品遇明火、高温能引起分解爆炸和燃烧；燃烧分解时，放出有毒的氮氧化物气体。			
健康危害		本品是高铁血红蛋白形成剂，引起肝损害。患者的黏膜、皮肤出现紫绀，有头痛、头晕、耳鸣、全身无力、心悸、恶心、呕吐，甚至休克、昏迷等症状。			
防护措施		呼吸系统防护：可能接触其粉尘时，建议佩戴自吸过滤式防尘口罩。 眼睛防护：戴化学安全防护眼镜。 身体防护：穿紧袖工作服，长筒胶鞋。 手防护：戴橡胶手套。 其他防护：工作现场禁止吸烟、进食和饮水。及时换洗工作服。			
危险性类别		爆炸物，1.3 项。			

序号	632	品名	2,4-二亚硝基间苯二酚	商品编码	2908.9990
别　　名			1,3-二羟基-2,4-二亚硝基苯	CAS 号	118-02-5
英文名			2,4-dinitrosoresorcinol		
分子式			$C_6H_4N_2O_4$		
外观与性状			黄褐色叶片结晶。		
主要用途			用作重金属的络合剂、交联剂、生物染色剂及用于弹药制造和钴的测定。		
危险特性			本品受热，接触明火、高热或受到强烈震动，接触氧化剂和易燃物有发生燃烧爆炸的危险。		
防护措施			呼吸系统防护：佩戴防毒口罩。 眼睛防护：必要时戴安全防护眼镜。 身体防护：穿防静电工作服。 手防护：戴防化学品手套。 其他防护：工作现场禁止吸烟、进食和饮水。注意个人清洁卫生。		
危险性类别			易燃固体，类别 1。		

序号	633	品名	二亚乙基三胺	商品编码	2921.2900
别　　名			二乙三胺	CAS 号	111-40-0
英文名			Diethylenetriamine		
分子式			$C_4H_{13}N_3$		
外观与性状			无色或黄色透明液体，略有氨的气味。		
主要用途			用作氨羧络合指示剂、气体净化剂、环氧树脂固化剂，也用于合成橡胶。		
危险特性			本品遇明火、高热可燃；与氧化剂能发生强烈反应；若遇高热，容器内压增大，有开裂和爆炸的危险。		
健康危害			本品蒸气或雾对鼻、喉和黏膜有腐蚀性，会引起支气管炎、化学性肺炎或肺水肿；蒸气、雾或液体对眼睛有强烈腐蚀性，重者会导致失明；对皮肤有致敏性皮肤，接触会造成灼伤，口服灼伤口腔和消化道，出现剧烈腹痛、恶心、呕吐和虚脱。慢性影响：本品有明显的致敏作用，引起支气管炎、化学性肺炎或肺水肿。		
防护措施			呼吸系统防护：可能接触其蒸气时，佩戴防毒面具或供气式头盔。紧急事态抢救或逃生时，建议佩戴自给式呼吸器。 眼睛防护：戴化学安全防护眼镜。 身体防护：穿工作服（防腐材料制作）。 手防护：戴橡皮手套。 其他防护：工作现场禁止吸烟、进食和饮水。注意个人清洁卫生。		
危险性类别			皮肤腐蚀/刺激，类别 1B；严重眼损伤/眼刺激，类别 1；皮肤致敏物，类别 1。		

序号	634	品名	N,N'-二亚硝基五亚甲基四胺(减敏的)	商品编码	2933.9900
别 名			发泡剂 H	CAS 号	101-25-7
英文名			3,7-dinitroso-1,3,5,7-tetraazobicyclo-nonane		
分子式			$C_5H_{10}N_6O_2$		
外观与性状			浅黄色粉末,无臭味。		
主要用途			用于橡胶、聚氯乙烯等塑料发生微孔,制造微孔塑料。		
危险特性			本品易燃,遇明火、高温能引起分解爆炸和燃烧;与碱、酸或酸雾接触将迅速起火燃烧;与氧化剂混合能形成爆炸性混合物;经摩擦、震动或撞击会引起燃烧或爆炸。		
健康危害			本品热解能放出有毒的氮氧化物烟雾;口服具有中等毒性。		
防护措施			呼吸系统防护:可能接触其粉尘时,应该佩戴自吸过滤式防尘口罩。必要时,佩戴空气呼吸器。 眼睛防护:戴安全防护眼镜。 身体防护:穿透气型防毒服。 手防护:戴防毒物渗透手套。 其他防护:工作完毕,淋浴更衣。保持良好的卫生习惯。		
危险性类别			自反应物质和混合物,C 型。		

序号	635	品名	二氧化碳和氧气混合物	商品编码	3824.9999
别 名				CAS 号	
英文名			Carbon dioxide and oxygen mixtures		
外观与性状			无色无臭非易燃气体。		
危险特性			若二氧化碳的含量过低时会助燃;遇高热,容器内压增大,有开裂和爆炸事故的危险。		
健康危害			二氧化碳低浓度时,对呼吸中枢呈兴奋作用,高浓度时则产生抑制甚至麻痹作用;皮肤接触液态气体,会引起严重冻伤。		
防护措施			呼吸系统防护:佩戴防毒口罩。紧急事态抢救或逃生时,佩戴自给式呼吸器。 眼睛防护:戴化学安全防护眼镜。 防护服:穿相应的防护服。 手防护:戴防化学品手套。 其他防护:工作现场禁止吸烟、进食和饮水。注意个人清洁卫生。		
危险性类别			加压气体。		

序号	636	品名	二氧化氮		商品编码	2811.2900
别　名					CAS 号	10102-44-0
英文名	Nitrogen dioxide					
分子式	NO_2					
外观与性状	黄褐色液体或气体，有刺激性气味。					
主要用途	用于制硝酸、硝化剂、氧化剂、催化剂、丙烯酸酯聚合抑制剂等。					
危险特性	本品不会燃烧，但可助燃；具有强氧化性；遇衣物、锯末、棉花或其他可燃物能立即燃烧；与一般燃料或火箭燃料以及氯代烃等猛烈反应引起爆炸；遇水有腐蚀性，腐蚀作用随水分含量增加而加剧。					
健康危害	氮氧化物主要损害呼吸道，吸入气体初期仅有轻微的眼睛及上呼吸道刺激症状，如咽部不适、干咳等；常经数小时至十几小时或更长时间潜伏期后发生迟发性肺水肿、成人呼吸窘迫综合征，出现胸闷、呼吸窘迫、咳嗽、咯泡沫痰、紫绀等症状；并可引发气胸及纵隔气肿；肺水肿消退后两周左右出现迟发性阻塞性细支气管炎。慢性作用：主要表现为神经衰弱综合征及慢性呼吸道炎症；个别病例出现肺纤维化；可引起牙齿酸蚀症。					
防护措施	呼吸系统防护：空气中浓度超标时，佩戴自吸过滤式防毒面具（全面罩）。紧急事态抢救或撤离时，建议佩戴空气呼吸器。 眼睛防护：呼吸系统防护中已作防护。 身体防护：穿胶布防毒衣。 手防护：戴橡胶手套。 其他防护：工作现场禁止吸烟、进食和饮水。保持良好的卫生习惯。					
危险性类别	氧化性气体，类别1；加压气体；急性毒性—吸入，类别2*；皮肤腐蚀/刺激，类别1B；严重眼损伤/眼刺激，类别1；特异性靶器官毒性—单次接触，类别3（呼吸道刺激）。					

序号	637	品名	二氧化硫	商品编码	2811.2900
别　名			亚硫酸酐	CAS 号	7446-09-5
英文名			Sulfur dioxide		
分子式			SO_2		
外观与性状			无色气体，特臭。		
主要用途			用于制造硫酸和保险粉等。		
危险特性			本品不燃；若遇高热，容器内压增大，有开裂和爆炸的危险。		
健康危害			本品易被湿润的黏膜表面吸收生成亚硫酸、硫酸；对眼睛及呼吸道黏膜有强烈的刺激作用；大量吸入会引起肺水肿、喉水肿、声带痉挛而致窒息。急性中毒：轻度中毒时，发生流泪、畏光、咳嗽，咽、喉灼痛等症状；严重中毒可在数小时内发生肺水肿；极高浓度吸入会引起反射性声门痉挛而致窒息，皮肤或眼睛接触发生炎症或灼伤。慢性影响：长期低浓度接触，可有头痛、头昏、乏力等全身症状以及慢性鼻炎、咽喉炎、支气管炎、嗅觉及味觉减退等；少数工人有牙齿酸蚀症。		
防护措施			呼吸系统防护：空气中浓度超标时，佩戴自吸过滤式防毒面具（全面罩）。紧急事态抢救或撤离时，建议佩戴正压自给式呼吸器。 眼睛防护：呼吸系统防护中已作防护。 身体防护：穿聚乙烯防毒服。 手防护：戴橡胶手套。 其他防护：工作现场禁止吸烟、进食和饮水。工作完毕，淋浴更衣。保持良好的卫生习惯。		
危险性类别			加压气体；急性毒性—吸入，类别 3；皮肤腐蚀/刺激，类别 1B；严重眼损伤/眼刺激，类别 1。		

序号	638	品名	二氧化氯	商品编码	2811.2900
别 名				CAS 号	10049-04-4
英文名	Chlorine dioxide				
分子式	ClO_2				
外观与性状	黄红色气体，有刺激性气味，能沿地面扩散，一般稀释为10%以下的溶液使用、贮存。				
主要用途	用作漂白剂、除臭剂、氧化剂等。				
危险特性	本品具有强氧化性；能与许多化学物质发生爆炸性反应；受热、震动、撞击、摩擦，相当敏感，极易分解发生爆炸。				
健康危害	本品具有强烈刺激性，接触后主要引起眼睛和呼吸道刺激；吸入高浓度会发生肺水肿，能致死；对呼吸道产生严重损伤浓度的本品气体，可能对皮肤有刺激性；皮肤接触或摄入本品的高浓度溶液，可能引起强烈刺激和腐蚀；长期接触会导致慢性支气管炎。				
防护措施	呼吸系统防护：空气中浓度较高时，应该佩戴防毒面具。紧急事态抢救或撤离时，建议佩戴正压自给式呼吸器。 眼睛防护：戴化学安全防护眼镜。 身体防护：穿防腐工作服。 手防护：可能接触毒物时，戴防化学品手套。 其他防护：工作现场禁止吸烟、进食和饮水。注意个人清洁卫生。				
危险性类别	氧化性气体，类别1；加压气体；急性毒性—吸入，类别2*；皮肤腐蚀/刺激，类别1B；严重眼损伤/眼刺激，类别1；特异性靶器官毒性—单次接触，类别3（呼吸道刺激）；危害水生环境—急性危害，类别1。				

序号	639	品名	二氧化铅	商品编码	2824.9090
别　名		过氧化铅		CAS 号	1309-60-0
英文名		Lead dioxide			
分子式		PbO_2			
外观与性状		棕褐色结晶或粉末。			
主要用途		用作氧化剂、电极、蓄电池、分析试剂、火柴等。			
危险特性		本品具有氧化性；与有机物、还原剂、易燃物如硫、磷等接触或混合时有引起燃烧爆炸的危险；受高热分解释放出有毒的气体。			
健康危害		本品会损害造血、神经、消化系统及肾脏；职业中毒主要为慢性；神经系统主要表现为神经衰弱综合征、周围神经病（以运动功能受累较明显），重者出现铅中毒性脑病；消化系统表现有齿龈铅线、食欲不振、恶心、腹胀、腹泻或便秘，腹绞痛见于中等及较重病例；造血系统损害出现卟啉代谢障碍、贫血等；短时间内接触大剂量会发生急性或亚急性铅中毒，表现类似重症慢性铅中毒。			
防护措施		呼吸系统防护：佩戴防尘口罩。 眼睛防护：必要时戴安全防护眼镜。 身体防护：穿工作服。 手防护：必要时戴防护手套。 其他防护：工作现场禁止吸烟、进食和饮水。注意个人清洁卫生。			
危险性类别		氧化性固体，类别 3；皮肤腐蚀/刺激，类别 2；严重眼损伤/眼刺激，类别 2A；致癌性，类别 1B；生殖毒性，类别 1A；特异性靶器官毒性—单次接触，类别 1；特异性靶器官毒性—反复接触，类别 1。			

序号	640	品名 二氧化碳(压缩的或液化的)	商品编码	2811.2100
别　名		碳酸酐	CAS 号	124-38-9
英文名		Carbon dioxide		
分子式		CO_2		
外观与性状		无色无臭气体。		
主要用途		用于制糖工业、制碱工业、制铅白等，也用于冷饮、灭火及有机合成。		
危险特性		本品若遇高热，容器内压增大，有开裂和爆炸的危险。		
健康危害		本品在低浓度时，对呼吸中枢呈兴奋作用；高浓度时则产生抑制甚至麻痹作用；中毒机制中还兼有缺氧的因素。急性中毒：人进入高浓度二氧化碳环境，在几秒钟内迅速昏迷倒下，反射消失、瞳孔扩大或缩小、大小便失禁、呕吐等，更严重者出现呼吸停止及休克，甚至死亡。固态（干冰）和液态二氧化碳在常压下迅速汽化，能造成 $-80℃\sim-43℃$ 低温，引起皮肤和眼睛严重的冻伤。慢性中毒：经常接触较高浓度的二氧化碳者，有头晕、头痛、失眠、易兴奋、无力等神经功能紊乱症状。但在生产中是否存在慢性中毒国内外均未见病例报道。		
防护措施		呼吸系统防护：一般不需要特殊防护，高浓度接触时可佩戴空气呼吸器。 眼睛防护：一般不需特殊防护。 身体防护：穿一般作业工作服。 手防护：戴一般作业防护手套。 其他防护：工作现场禁止吸烟、进食和饮水。注意个人清洁卫生。		
危险性类别		加压气体；特异性靶器官毒性—单次接触，类别 3（麻醉效应）。		

序号	641	品名	二氧化碳和环氧乙烷混合物	商品编码	3824.9999
别名			二氧化碳和氧化乙烯混合物	CAS号	
英文名			Ethylene oxide and carbon dioxide mixtures		
外观与性状			带有类似乙醚气味的气体。		
危险特性			二氧化碳：若遇高热，容器内压增大，有开裂和爆炸的危险。环氧乙烷：其蒸气能与空气形成范围广阔的爆炸性混合物；遇热源和明火有燃烧爆炸的危险；若遇高热会发生剧烈分解，引起容器破裂或爆炸事故；接触碱金属、氢氧化物或高活性催化剂如铁、锡和铝的无水氯化物及铁和铝的氧化物可大量放热，并可能引起爆炸；其蒸气比空气重，能在较低处扩散到相当远的地方，遇火源会着火回燃。		
健康危害			既有二氧化碳的健康危害特性，也有环氧乙烷的健康危害特性。其中环氧乙烷是一种中枢神经抑制剂、刺激剂和原浆毒物。急性中毒：患者有剧烈的搏动性头痛、头晕、恶心和呕吐、流泪、呛咳、胸闷、呼吸困难；重者全身肌肉颤动、言语障碍、共济失调、出汗、神志不清，以致昏迷；还可见心肌损害和肝功能异常。		
防护措施			呼吸系统防护：佩戴防毒口罩。紧急事态抢救或逃生时，佩戴自给式呼吸器。 眼睛防护：戴化学安全防护眼镜。 防护服：穿相应的防护服。 手防护：戴防化学品手套。 其他防护：工作现场禁止吸烟、进食和饮水。注意个人清洁卫生。		
危险性类别			易燃气体，类别1；加压气体；生殖细胞致突变性，类别1B；致癌性，类别1A；特异性靶器官毒性—单次接触，类别3（呼吸道刺激）。		

序号	642	品名	二氧化硒	商品编码	2811.2900
别　名			亚硒酐	CAS 号	7446-08-4
英文名			Selenium dioxide		
分子式			SeO$_2$		
外观与性状			白色或微红色有光泽的针状结晶粉末，有刺激性气味。		
主要用途			用作氧化剂、催化剂、试剂等。		
危险特性			本品本身不能燃烧；若遇高热，升华产生剧毒气体。		
健康危害			本品对皮肤黏膜有较强的刺激性；大量吸入本品蒸气可引起化学性支气管炎、化学性肺炎和肺水肿；进入眼内可引起结膜炎；可引起接触性皮炎。		
防护措施			呼吸系统防护：空气中浓度超标时，应该佩戴防毒口罩。紧急事态抢救或逃生时，建议佩戴自给式呼吸器。 眼睛防护：戴化学安全防护眼镜。 身体防护：穿相应的防护服。 手防护：戴防化学品手套。 其他防护：工作现场禁止吸烟、进食和饮水。注意个人清洁卫生。		
危险性类别			急性毒性—经口，类别 2；严重眼损伤/眼刺激，类别 2；特异性靶器官毒性—单次接触，类别 1；特异性靶器官毒性—反复接触，类别 1；危害水生环境—急性危害，类别 1；危害水生环境—长期危害，类别 1。		

序号	643	品名	1,3-二氧戊环	商品编码	2932.9990
别　名			二氧戊环；乙二醇缩甲醛	CAS 号	646-06-0
英文名			1,3-dioxolane		
分子式			C$_3$H$_6$O$_2$		
外观与性状			水白色液体。		
主要用途			用作低沸点化合物的溶剂，油脂、蜡、染料及纤维素衍生物的萃取剂。		
危险特性			本品易燃，其蒸气与空气可形成爆炸性混合物，遇明火、高热能引起燃烧爆炸；与氧化剂能发生强烈反应；接触空气或在光照条件下可生成具有潜在爆炸危险性的过氧化物；其蒸气比空气重，能在较低处扩散到相当远的地方，遇火源会着火回燃。		
健康危害			本品为麻醉剂，蒸气有刺激作用。		
防护措施			呼吸系统防护：可能接触其蒸气时，佩戴自吸过滤式防毒面具（半面罩）。 眼睛防护：戴化学安全防护眼镜。 身体防护：穿防静电工作服。 手防护：戴橡胶耐油手套。 其他防护：工作现场严禁吸烟。工作完毕，淋浴更衣。注意个人清洁卫生。		
危险性类别			易燃液体，类别 2。		

序号	644	品名	1,4-二氧杂环己烷	商品编码	2932.9990
别名			二噁烷；1,4-二氧己环	CAS 号	123-91-1
英文名			1,4-dioxane		
分子式			$C_4H_8O_2$		
外观与性状			无色，带有醚味的透明液体。		
主要用途			用作溶剂、乳化剂、去垢剂。		
危险特性			本品易燃，其蒸气与空气可形成爆炸性混合物，遇明火、高热或与氧化剂接触，有引起燃烧爆炸的危险；与氧化剂能发生强烈反应；接触空气或在光照条件下可生成具有潜在爆炸危险性的过氧化物；其蒸气比空气重，能在较低处扩散到相当远的地方，遇火源会着火回燃。		
健康危害			本品有麻醉和刺激作用，在体内有蓄积作用；接触大量蒸气引起眼睛和上呼吸道刺激，伴有头晕、头痛、嗜睡、恶心、呕吐等；可致肝、肾损害，甚至发生尿毒症。		
防护措施			呼吸系统防护：可能接触其蒸气时，佩戴自吸过滤式防毒面具（半面罩）。 眼睛防护：戴安全防护眼镜。 身体防护：穿防静电工作服。 手防护：戴橡胶耐油手套。 其他防护：工作现场严禁吸烟。工作完毕，淋浴更衣。注意个人清洁卫生。		
危险性类别			易燃液体，类别 2；严重眼损伤/眼刺激，类别 2；致癌性，类别 2；特异性靶器官毒性—单次接触，类别 3（呼吸道刺激）。		

序号	645	品名	S-[2-(二乙氨基)乙基]-O,O-二乙基硫赶磷酸酯	商品编码	2930.9090
别名			胺吸磷	CAS 号	78-53-5
英文名			S-(2-(diethylamino)ethyl) o,o-diethylphosphorothioate		
分子式			$C_{10}H_{24}NO_3PS$		
外观与性状			无色至黄色低黏度液体，略有气味。		
主要用途			用作杀虫剂和杀螨剂。		
危险特性			本品遇明火、高热可燃；受高热分解，放出有毒的烟气。		
健康危害			本品为胆碱酯酶抑制剂，吸入、摄入或经皮肤吸收后对身体有害。		
防护措施			呼吸系统防护：生产操作或农业使用时，应该佩戴防毒口罩。紧急事态抢救或逃生时，佩戴自给式呼吸器。 眼睛防护：戴化学安全防护眼镜。 身体防护：穿相应的防护服。 手防护：戴防化学品手套。 其他防护：工作现场禁止吸烟、进食和饮水。注意个人清洁卫生。		
危险性类别			急性毒性—经口，类别 1。		

序号	646	品名	N-二乙氨基乙基氯	商品编码	2921.1990
别　名		2-氯乙基二乙胺		CAS 号	100-35-6
英文名		2-chloroethyldiethylamine			
分子式		$C_6H_{14}ClN$			
外观与性状		有氨气味的无色液体，溶于水、乙醇、乙醚、苯和丙酮。			
主要用途		用作抗癌药物、杀菌剂和有机合成中间体。			
危险特性		本品遇明火、高热可燃；受高热分解，放出有毒的烟气。			
健康危害		本品属高毒类液体。吸入其蒸气会引起眼睛、呼吸道刺激，出现恶心、呕吐，甚至出现迟发性肺水肿；人误服数毫克本品，即可产生恶心、呕吐和腹泻；对皮肤、黏膜有强烈刺激和糜烂作用。			
防护措施		呼吸系统防护：可能接触其蒸气时，应该佩戴防毒面具。紧急事态抢救或逃生时，佩戴自给式呼吸器。 眼睛防护：戴化学安全防护眼镜。 身体防护：穿相应的防护服。 手防护：戴防化学品手套。 其他防护：工作现场禁止吸烟、进食和饮水。注意个人清洁卫生。			
危险性类别		急性毒性—经口，类别2；急性毒性—经皮肤，类别1。			

序号	647	品名	二乙二醇二硝酸酯（含不挥发、不溶于水的减敏剂≥25%）	商品编码	2920.9000
别　名		二甘醇二硝酸酯		CAS 号	693-21-0
英文名		Diethyleneglycol dinitrate			
分子式		$C_4H_8N_2O_7$			
外观与性状		无色油状物。			
主要用途		用作双基火药的主要成分及火箭推进剂。			
危险特性		本品遇明火、高热或受到摩擦、震动、撞击，有引起燃烧爆炸的危险；能与氧化剂、还原剂发生强烈反应。			
健康危害		摄入本品会引起中毒，导致血压下降和心功能紊乱。			
防护措施		呼吸系统防护：可能接触其蒸气时，佩戴防毒口罩。紧急事态抢救或逃生时，建议佩戴防毒面具。 眼睛防护：戴安全防护眼镜。 身体防护：穿防静电工作服。 手防护：戴橡胶手套。 其他防护：工作现场禁止吸烟、进食和饮水。注意个人清洁卫生。			
危险性类别		爆炸物，1.1项；急性毒性—经口，类别2*；急性毒性—经皮肤，类别1；急性毒性—吸入，类别2*；特异性靶器官毒性—反复接触，类别2*；危害水生环境—长期危害，类别3。			

序号	648	品名	二乙胺	商品编码	2921.1990
别　名				CAS 号	109-89-7
英文名		Diethylamine			
分子式		$C_4H_{11}N$			
外观与性状		无色液体，有氨臭。			
主要用途		用于有机合成和环氧树脂固化剂。			
危险特性		本品蒸气与空气可形成爆炸性混合物；遇高热、明火及强氧化剂易引起燃烧；其蒸气比空气重，能在较低处扩散到相当远的地方，遇火源会着火回燃；具有腐蚀性，能腐蚀玻璃。			
健康危害		本品具有强烈刺激性和腐蚀性；吸入本品蒸气或雾，可引起喉头水肿、支气管炎、化学性肺炎、肺水肿；高浓度吸入可致死。蒸气对眼有刺激性，可致角膜水肿；液体或雾引起眼刺激或灼伤；皮肤长时间接触可致灼伤；口服灼伤消化道。慢性影响：皮肤反复接触，可引起变应性皮炎。			
防护措施		呼吸系统防护：可能接触其蒸气时，应该佩戴自吸过滤式防毒面具（全面罩）。 眼睛防护：呼吸系统防护中已作防护。 身体防护：穿防静电工作服。尽可能减少直接接触。 手防护：戴橡胶耐油手套。 其他防护：工作现场禁止吸烟、进食和饮水。工作完毕，淋浴更衣。实行就业前和定期的体检。			
危险性类别		易燃液体，类别 2；皮肤腐蚀/刺激，类别 1A；严重眼损伤/眼刺激，类别 1；特异性靶器官毒性—单次接触，类别 3（呼吸道刺激）。			

序号	649	品名	N,N-二乙基-1-萘胺	商品编码	2921.4500
别　名		N,N-二乙基-α-萘胺		CAS 号	84-95-7
英文名		N,N-diethyl-1-naphthylamine			
分子式		$C_{14}H_{17}N$			
外观与性状		浅黄色有荧光的油状液体，久置后呈黄棕色。			
主要用途		用于有机合成，制备染料。			
防护措施		呼吸系统防护：佩戴防毒口罩。紧急事态抢救或逃生时，佩戴自给式呼吸器。 眼睛防护：戴化学安全防护眼镜。 防护服：穿相应的防护服。 手防护：戴防化学品手套。 其他防护：工作现场禁止吸烟、进食和饮水。注意个人清洁卫生。			
危险性类别		危害水生环境—急性危害，类别 2；危害水生环境—长期危害，类别 2。			

序号	650	品名	N,N-二乙基-1,3-丙二胺	商品编码	2921.2900
别　名			N,N-二乙基-1,3-二氨基丙烷;3-二乙氨基丙胺	CAS 号	104-78-9
英文名			3-diethylaminopropylamine		
分子式			$C_7H_{18}N_2$		
外观与性状			无色液体，具有鱼腥气味。		
主要用途			用作溶剂，萃取剂，环氧树脂固化剂及用于有机合成。		
危险特性			本品遇明火、高热易燃；与氧化剂可发生反应；具有腐蚀性；受高热分解释放出有毒的气体。		
健康危害			本品有毒，对眼睛、皮肤和黏膜有刺激作用。		
防护措施			呼吸系统防护：可能接触其蒸气时，应该佩戴防毒口罩。紧急事态抢救或逃生时，建议佩戴防毒面具。 眼睛防护：戴化学安全防护眼镜。 身体防护：穿防腐工作服。 手防护：戴橡胶手套。 其他防护：工作现场禁止吸烟、进食和饮水。注意个人清洁卫生。		
危险性类别			易燃液体，类别3；皮肤腐蚀/刺激，类别1B；严重眼损伤/眼刺激，类别1；皮肤致敏物，类别1。		

序号	651	品名	O,O-二乙基-N-(1,3-二硫戊环-2-亚基)磷酰胺(含量>15%)	商品编码	2934.9990
别　名			2-(二乙氧基磷酰亚氨基)-1,3-二硫戊环;硫环磷	CAS 号	947-02-4
英文名			Phosfolan		
分子式			$C_7H_{14}NO_3PS_2$		
外观与性状			无色至黄色固体。		
主要用途			用于防治刺吸式口器害虫，螨和鳞翅目幼虫。该药剂在土壤、植物和动物体内无持效性，在N-P键处代谢，变成无毒的可溶于水的化合物。		
危险特性			本品遇明火可燃；受热释放出有毒的氧化氮、氧化硫、氧化磷气体。		
防护措施			呼吸系统防护：佩戴防毒口罩。紧急事态抢救或逃生时，佩戴自给式呼吸器。 眼睛防护：戴化学安全防护眼镜。 防护服：穿相应的防护服。 手防护：戴防化学品手套。 其他防护：工作现场禁止吸烟、进食和饮水。注意个人清洁卫生。		
危险性类别			急性毒性—经口，类别2*；急性毒性—经皮肤，类别1。		

序号	652	品名	O,O-二乙基-N-(4-甲基-1,3-二硫戊环-2-亚基)磷酰胺(含量>5%)	商品编码	2934.9990
别 名			二乙基(4-甲基-1,3-二硫戊环-2-叉氨基)磷酸酯;地胺磷	CAS 号	950-10-7
英文名			Mephosfolan		
分子式			$C_8H_{16}NO_3PS_2$		
外观与性状			工业品为黄至琥珀色液体。		
主要用途			用于防治棉蚜、红蜘蛛、稻螟虫、柑橘粉蚧、红圆蜡蚧及地下害虫。制剂有乳油、颗粒剂。		
危险特性			本品遇明火可燃;受热释放出有毒的氧化磷、氧化硫、氧化氮气体。		
防护措施			呼吸系统防护:可能接触其蒸气时,应该佩戴防毒口罩。紧急事态抢救或逃生时,建议佩戴防毒面具。 眼睛防护:戴化学安全防护眼镜。 身体防护:穿防腐工作服。 手防护:戴橡胶手套。 其他防护:工作现场禁止吸烟、进食和饮水。注意个人清洁卫生。		
危险性类别			急性毒性—经口,类别2*;急性毒性—经皮肤,类别1;危害水生环境—急性危害,类别2;危害水生环境—长期危害,类别2。		

序号	653	品名	O,O-二乙基-N-1,3-二噻丁环-2-亚基磷酰胺	商品编码	2934.9990
别 名			丁硫环磷	CAS 号	21548-32-3
英文名			Fosthietan		
分子式			$C_6H_{12}NO_3PS_2$		
外观与性状			黄色液体,具有硫醇气味。		
主要用途			广谱内吸触杀性杀线虫和杀虫剂,可做土壤处理防治烟草、花生大豆、玉米等地的线虫和土壤害虫。		
危险特性			本品可燃;受热释放出有毒的氮氧化物、磷氧化物和硫氧化物气体。		
防护措施			呼吸系统防护:佩戴防毒口罩。紧急事态抢救或逃生时,佩戴自给式呼吸器。 眼睛防护:戴化学安全防护眼镜。 防护服:穿相应的防护服。 手防护:戴防化学品手套。 其他防护:工作现场禁止吸烟、进食和饮水。注意个人清洁卫生。		
危险性类别			急性毒性—经口,类别2*;急性毒性—经皮肤,类别1。		

序号	654	品名	O,O-二乙基-O-(2,2-二氯-1-β-氯乙氧基乙烯基)-磷酸酯	商品编码	2919.9000
别　名		彼氧磷		CAS 号	67329-01-5
英文名		\multicolumn{4}{l	}{O,o-diethylo-(2,2-dichloro-1-beta-chloroethoxyvinyl)phosphate}
分子式		\multicolumn{4}{l	}{$C_8H_{15}N_2O_4P$}
外观与性状		\multicolumn{4}{l	}{黄色液体。}
危险特性		\multicolumn{4}{l	}{本品遇明火可燃；受热释放出有毒的氧化氮、氧化磷气体。}
防护措施		\multicolumn{4}{l	}{呼吸系统防护：佩戴防毒口罩。紧急事态抢救或逃生时，佩戴自给式呼吸器。 眼睛防护：戴化学安全防护眼镜。 防护服：穿相应的防护服。 手防护：戴防化学品手套。 其他防护：工作现场禁止吸烟、进食和饮水。注意个人清洁卫生。}
危险性类别		\multicolumn{4}{l	}{急性毒性—经口，类别 2。}

序号	655	品名	O,O-二乙基-O-(2-乙硫基乙基)硫代磷酸酯与 O,O-二乙基-S-(2-乙硫基乙基)硫代磷酸酯的混合物(含量>3%)	商品编码	2930.9090
别　名		内吸磷		CAS 号	8065-48-3
英文名		\multicolumn{4}{l	}{Demeton}
分子式		\multicolumn{4}{l	}{$C_{16}H_{38}O_6P_2S_4$}
外观与性状		\multicolumn{4}{l	}{淡黄色微溶于水的油状液体，带有硫醇臭味。}
主要用途		\multicolumn{4}{l	}{农业上用于防治蚜虫、红蜘蛛、线虫等。}
危险特性		\multicolumn{4}{l	}{本品易燃烧，火场产生有毒的氯化物和硫氧化物气体。}
健康危害		\multicolumn{4}{l	}{本品对健康的危害与一般的有机磷农药相同。中毒的早期症状以头晕、无力、倦乏、恶心等居多，少数出现腹痛、呕吐、出汗、肌束颤动、瞳孔缩小、血压升高，个别严重病例并发中毒性肝炎、阵发性心房颤动以及精神病后遗症等。慢性接触会出现头痛、无力及消化不良，植物神经功能紊乱，部分工人血压偏低等。严重急性中毒，会可出现中毒性肝炎、陈发性心房纤颤及精神后遗症等。}
防护措施		\multicolumn{4}{l	}{呼吸系统防护：生产操作或农业使用时，必须佩戴防毒口罩。紧急事态抢救或撤离时，佩戴自给式呼吸器。 眼睛防护：一般不需要特殊防护，但建议特殊情况下，戴化学安全防护眼镜。 身体防护：穿聚乙烯薄膜防毒服。 手防护：戴防化学品手套。 其他防护：皮肤防护也可采用塑料薄膜和涂皂棉布相结合的办法。工作完毕，淋浴更衣。注意个人清洁卫生。}
危险性类别		\multicolumn{4}{l	}{急性毒性—经口，类别 2*；急性毒性—经皮肤，类别 1；危害水生环境—急性危害，类别 1。}

序号	656	品名	O,O-二乙基-O-(3-氯-4-甲基香豆素-7-基)硫代磷酸酯	商品编码	2932.2090
别　名			蝇毒磷	CAS 号	56-72-4
英文名			Coumaphos		
分子式			$C_{14}H_{16}ClO_5PS$		
外观与性状			无色结晶，工业为棕色结晶。		
主要用途			用作畜用杀虫剂。		
危险特性			本品遇明火、高热可燃；受高热分解，放出高毒的烟气。		
健康危害			本品为高毒有机磷杀虫剂，能使全血胆碱酯酶活性下降，引起头痛、头晕、无力、烦躁、恶心、呕吐、出汗、流涎、瞳孔缩小、抽搐、呼吸困难、紫绀，重者常伴有肺水肿、脑水肿，可死于呼吸衰竭。		
防护措施			呼吸系统防护：生产操作或农业使用时，佩戴防毒口罩。紧急事态抢救或逃生时，应该佩戴自给式呼吸器。 眼睛防护：戴化学安全防护眼镜。 身体防护：穿相应的防护服。 手防护：戴防化学品手套。 其他防护：工作现场禁止吸烟、进食和饮水。注意个人清洁卫生。		
危险性类别			急性毒性—经口，类别 2*；危害水生环境—急性危害，类别 1；危害水生环境—长期危害，类别 1。		

序号	657	品名	O,O-二乙基-O-(4-甲基香豆素基-7)硫代磷酸酯	商品编码	2932.2090
别　名			扑杀磷	CAS 号	299-45-6
英文名			Potasan		
分子式			$C_{14}H_{17}O_5PS$		
外观与性状			无色结晶，有轻微芳香味。		
主要用途			用作杀虫剂。		
危险特性			本品遇明火、高热可燃；受高热分解，放出有毒的烟气。		
健康危害			本品为高毒有机磷杀虫剂，抑制胆碱酯酶活性。轻度中毒者，出现头痛、头晕、恶心、呕吐、多汗、胸闷、视力模糊、无力等症状，瞳孔可能缩小。中度中毒者，还会出现肌束震颤、瞳孔缩小、轻度呼吸困难等症状；重度中毒者，会出现肺水肿、脑水肿、呼吸麻痹等症状。另外，有的病例会出现迟发性神经病。		
防护措施			呼吸系统防护：可能接触其蒸气或烟雾时，佩戴防毒面具。空气中浓度较高时，应该佩戴自给式呼吸器。 眼睛防护：戴化学安全防护眼镜。 身体防护：穿相应的防护服。 手防护：戴防化学品手套。 其他防护：工作现场禁止吸烟、进食和饮水。注意个人清洁卫生。		
危险性类别			急性毒性—经口，类别 2*；急性毒性—经皮肤，类别 1；急性毒性—吸入，类别 2*；危害水生环境—急性危害，类别 1；危害水生环境—长期危害，类别 1。		

序号	658	品名	O,O-二乙基-O-(4-硝基苯基)磷酸酯	商品编码	2919.9000
别 名		对氧磷		CAS 号	311-45-5
英文名		Paraoxon			
分子式		$C_{10}H_{14}NO_6P$			
外观与性状		纯品无色油状，原油为棕色液体，稍带臭味。			
主要用途		用作杀虫剂。			
危险特性		本品遇明火可燃，受热放出有毒氧化氮、氧化磷气体。			
防护措施		呼吸系统防护：佩戴防毒口罩。紧急事态抢救或逃生时，佩戴自给式呼吸器。 眼睛防护：戴化学安全防护眼镜。 防护服：穿相应的防护服。 手防护：戴防化学品手套。 其他防护：工作现场禁止吸烟、进食和饮水。注意个人清洁卫生。			
危险性类别		急性毒性—经口，类别1；急性毒性—经皮肤，类别1；危害水生环境—急性危害，类别1；危害水生环境—长期危害，类别1。			

序号	659	品名	O,O-二乙基-O-(4-溴-2,5-二氯苯基)硫代磷酸酯	商品编码	2920.1900
别 名		乙基溴硫磷		CAS 号	4824-78-6
英文名		Bromophos ethyl			
分子式		$C_{10}H_{12}BrCl_2O_3PS$			
外观与性状		无色至淡黄色液体。			
主要用途		用作农用杀虫剂。			
危险特性		本品遇明火、高热可燃；受高热分解，放出高毒的烟气。			
健康危害		本品为中等毒性有机磷杀虫剂，抑制胆碱酯酶。中毒症状有头痛、头晕、恶心、呕吐、腹泻、流涎、多汗、瞳孔缩小、肺水肿、肌束震颤等。			
防护措施		呼吸系统防护：生产操作或农业使用时，应该佩戴防毒口罩。紧急事态抢救或逃生时，建议佩戴自给式呼吸器。 眼睛防护：戴化学安全防护眼镜。 身体防护：穿相应的防护服。 手防护：戴防护手套。 其他防护：工作现场禁止吸烟、进食和饮水。注意个人清洁卫生。			
危险性类别		急性毒性—经口，类别3*；危害水生环境—急性危害，类别1；危害水生环境—长期危害，类别1。			

序号	660	品名	O,O-二乙基-O-(4-硝基苯基)硫代磷酸酯(含量>4%)	商品编码	2920.1100
别　名			对硫磷	CAS 号	56-38-2
英文名			Parathion		
分子式			$C_{10}H_{14}NO_5PS$		
外观与性状			纯品为无色无臭的液体，工业品为棕色并有蒜臭的液体。		
主要用途			用作农药杀虫剂。		
危险特性			本品遇明火、高热可燃；受热分解，放出磷、硫的氧化物等毒性气体。		
健康危害			本品能抑制胆碱酯酶活性，造成神经生理功能紊乱。急性中毒：短期内大量接触（口服、吸入、皮肤接触）引起急性中毒。症状有头痛、头昏、食欲减退、恶心、呕吐、腹痛、腹泻、流涎、瞳孔缩小、呼吸道分泌物增多、多汗、肌束震颤等。严重者出现肺水肿、脑水肿、昏迷、呼吸麻痹；部分病例可有心、肝、肾损害；少数严重病例在意识恢复后数周或数月发生周围神经病；个别严重病例可发生迟发性猝死，血胆碱酯酶活性降低。慢性中毒：尚有争论。表现有神经衰弱综合征、多汗、肌束震颤等；血胆碱酯酶活性降低。		
防护措施			呼吸系统防护：生产操作或农业使用时，佩戴自吸过滤式防毒面具（全面罩）。空气中浓度较高时，必须佩戴自给式呼吸器。 眼睛防护：呼吸系统防护中已作防护。 身体防护：穿连衣式胶布防毒衣。 手防护：戴橡胶手套。 其他防护：工作现场禁止吸烟、进食和饮水。工作完毕，彻底清洗。工作服不准带至非作业场所。单独存放被毒物污染的衣服，洗后备用。注意个人清洁卫生。		
危险性类别			急性毒性—经口，类别2*；急性毒性—经皮肤，类别3*；急性毒性—吸入，类别2*；特异性靶器官毒性—反复接触，类别1；危害水生环境—急性危害，类别1；危害水生环境—长期危害，类别1。		

序号	661	品名	O,O-二乙基-O-(6-二乙胺次甲基-2,4-二氯)苯基硫逐磷酰酯盐酸盐	商品编码	2930.9090
别　名				CAS 号	
防护措施			呼吸系统防护：佩戴防毒口罩。紧急事态抢救或逃生时，佩戴自给式呼吸器。 眼睛防护：戴化学安全防护眼镜。 防护服：穿相应的防护服。 手防护：戴防化学品手套。 其他防护：工作现场禁止吸烟、进食和饮水。注意个人清洁卫生。		
危险性类别			急性毒性—经口，类别2。		

序号	662	品名	O,O-二乙基-O-[2-氯-1-(2,4-二氯苯基)乙烯基]磷酸酯(含量>20%)	商品编码	2919.9000
别　　名			2-氯-1-(2,4-二氯苯基)乙烯基二乙基磷酸酯;毒虫畏	CAS 号	470-90-6
英文名			Chlorfenvinfos		
分子式			$C_{12}H_{14}Cl_3O_4P$		
外观与性状			琥珀色液体，具有轻微的气味。		
主要用途			作为土壤杀虫剂，用于土壤，防治根蝇、根蛆和地老虎剂量为2~4kgAI/ha，作为茎叶杀虫剂。还可以以0.3~0.7g/l，防治牛体外寄生虫，以0.5防治羊体外寄生虫。还可用于公共卫生方面，防治蚊幼虫。		
危险特性			本品遇明火可燃；受热释放出有毒的氧化磷、氯化物气体。		
防护措施			呼吸系统防护：佩戴防毒口罩。紧急事态抢救或逃生时，佩戴自给式呼吸器。 眼睛防护：戴化学安全防护眼镜。 防护服：穿相应的防护服。 手防护：戴防化学品手套。 其他防护：工作现场禁止吸烟、进食和饮水。注意个人清洁卫生。		
危险性类别			急性毒性—经口，类别2*；急性毒性—经皮肤，类别3*；危害水生环境—急性危害，类别1；危害水生环境—长期危害，类别1。		

序号	663	品名	O,O-二乙基-O-2,5-二氯-4-甲硫基苯基硫代磷酸酯	商品编码	2930.9090
别　　名			O-[2,5-二氯-4-(甲硫基)苯基]-O,O-二乙基硫代磷酸酯;虫螨磷	CAS 号	21923-23-9
英文名			Chlorthiophos		
分子式			$C_{11}H_{15}Cl_2O_3PS_2$		
外观与性状			固体。		
主要用途			对害虫具有触杀作用，用于防治地下害虫；制剂用颗粒剂。		
危险特性			本品遇明火、高热可燃；受高热分解，放出高毒的烟气。		
健康危害			本品为高毒有机磷杀虫剂，抑制胆碱酯酶活性，会引起头痛、头晕、无力、烦躁、恶心、呕吐、出汗、流涎、瞳孔缩小、抽搐、呼吸困难、紫绀等症状；严重者常伴有肺水肿、脑水肿，可死于呼吸衰竭。		
防护措施			呼吸系统防护：生产操作或农业使用时，必须佩戴防毒口罩。紧急事态抢救或逃生时，应该佩戴自给式呼吸器。 眼睛防护：戴化学安全防护眼镜。 身体防护：穿相应的防护服。 手防护：戴防化学品手套。 其他防护：工作现场禁止吸烟、进食和饮水。注意个人清洁卫生。		
危险性类别			急性毒性—经口，类别3*；急性毒性—经皮肤，类别2*；危害水生环境—急性危害，类别1；危害水生环境—长期危害，类别1。		

序号	664	品名	O,O-二乙基-O-2-吡嗪基硫代磷酸酯(含量>5%)	商品编码	2933.9900
别 名			虫线磷	CAS 号	297-97-2
英文名			Thionazin		
分子式			$C_8H_{13}N_2O_3PS$		
外观与性状			琥珀色液体。		
主要用途			农用杀虫剂、杀线虫剂。		
危险特性			本品遇明火、高热可燃；受高热分解，放出高毒的烟气。		
健康危害			本品为高毒有机磷杀虫剂，能使全血胆碱酯酶活性下降，引起头痛、头晕、无力、烦躁、恶心、呕吐、出汗、流涎、瞳孔缩小、抽搐、呼吸困难、紫绀等症状；严重者常伴有肺水肿、脑水肿，死于呼吸衰竭。		
防护措施			呼吸系统防护：生产操作或农业使用时，佩戴防毒口罩。紧急事态抢救或逃生时，应该佩戴自给式呼吸器。 眼睛防护：戴化学安全防护眼镜。 身体防护：穿相应的防护服。 手防护：戴防化学品手套。 其他防护：工作现场禁止吸烟、进食和饮水。注意个人清洁卫生。		
危险性类别			急性毒性—经口，类别 2*；急性毒性—经皮肤，类别 1。		

序号	665	品名	O,O-二乙基-O-喹噁啉-2-基硫代磷酸酯	商品编码	2933.9900
别 名			喹硫磷	CAS 号	13593-03-8
英文名			Quinalphos		
分子式			$C_{12}H_{15}N_2O_3PS$		
外观与性状			白色结晶。		
主要用途			广谱有机磷杀虫剂，具有触杀、胃毒作用，对咀嚼口器、刺吸口器害虫有效，用于防治水稻螟虫、棉花害虫、蔬菜蚜虫等。		
危险特性			本品遇明火可燃；受热分解有毒的氧化磷、氧化硫、氧化氮气体。		
防护措施			呼吸系统防护：佩戴防毒口罩。紧急事态抢救或逃生时，佩戴自给式呼吸器。 眼睛防护：戴化学安全防护眼镜。 防护服：穿相应的防护服。 手防护：戴防化学品手套。 其他防护：工作现场禁止吸烟、进食和饮水。注意个人清洁卫生。		
危险性类别			急性毒性—经口，类别 3；急性毒性—经皮肤，类别 3；危害水生环境—急性危害，类别 1；危害水生环境—长期危害，类别 1。		

序号	666	品名	O,O-二乙基-S-(2,5-二氯苯硫基甲基)二硫代磷酸酯	商品编码	2930.9090
别　名			芬硫磷	CAS 号	2275-14-1
英文名			Phenkapton		
分子式			$C_{11}H_{15}Cl_2O_2PS_3$		
危险特性			本品受热分解释放出有毒的氧化磷、氧化硫、氯化物气体。		
防护措施			呼吸系统防护：佩戴防毒口罩。紧急事态抢救或逃生时，佩戴自给式呼吸器。 眼睛防护：戴化学安全防护眼镜。 防护服：穿相应的防护服。 手防护：戴防化学品手套。 其他防护：工作现场禁止吸烟、进食和饮水。注意个人清洁卫生。		
危险性类别			急性毒性—经口，类别 3*；急性毒性—经皮肤，类别 3*；急性毒性—吸入，类别 3*；危害水生环境—急性危害，类别 1；危害水生环境—长期危害，类别 1。		

序号	667	品名	O,O-二乙基-S-(2-乙硫基乙基)二硫代磷酸酯(含量>15%)	商品编码	2930.9090
别　名			乙拌磷	CAS 号	298-04-4
英文名			Disyston		
分子式			$C_8H_{19}O_2PS_3$		
外观与性状			棕黄色油状液体，有特殊气味。		
主要用途			用作杀虫剂。		
危险特性			本品遇明火、高热可燃。		
健康危害			本品能抑制胆碱酯酶活性，引起神经功能紊乱，发生与胆碱能神经过度兴奋相似的症状。急性中毒情况下轻度症状有头痛、头晕、恶心、呕吐、多汗、胸闷、视力模糊、无力等，全血胆碱酯酶活性在 50%~70%；中度除上述症状外，有肌束震颤、瞳孔缩小、轻度呼吸困难、流涎、腹痛、腹泻等，全血胆碱酯酶活性在 30%~50%；重度上述症状加重，可有肺水肿、昏迷、呼吸麻痹或脑水肿，全血胆碱酯酶活性在 30% 以下。慢性影响：可有神经衰弱综合征、腹胀、多汗、肌纤维震颤等；全血胆碱酯酶活性降至 50% 以下。		
防护措施			呼吸系统防护：可能接触其蒸气时，应该佩戴防毒面具。紧急事态抢救或逃生时，建议佩戴自给式呼吸器。 眼睛防护：戴化学安全防护眼镜。 身体防护：穿相应的防护服。 手防护：戴防化学品手套。 其他防护：工作现场禁止吸烟、进食和饮水。注意个人清洁卫生。		
危险性类别			急性毒性—经口，类别 2*；急性毒性—经皮肤，类别 1；危害水生环境—急性危害，类别 1；危害水生环境—长期危害，类别 1。		

序号	668	品名	O,O-二乙基-S-(2-氯-1-酞酰亚氨基乙基)二硫代磷酸酯	商品编码	2930.9090
别　名			氯亚胺硫磷	CAS 号	10311-84-9
英文名			Dialifos		
分子式			$C_{14}H_{17}ClNO_4PS_2$		
外观与性状			白色结晶。		
主要用途			用作农用杀螨剂。		
危险特性			本品遇明火、高热可燃；受高热分解，放出高毒的烟气。		
健康危害			本品为高毒有机磷杀虫剂，抑制胆碱酯酶活性，可引起头痛、头晕、无力、烦躁、恶心、呕吐、出汗、流涎、瞳孔缩小、抽搐、呼吸困难、紫绀等症状，严重者常伴有肺水肿、脑水肿，可死于呼吸衰竭。		
防护措施			呼吸系统防护：生产操作或农业使用时，必须佩戴防毒口罩。紧急事态抢救或逃生时，应该佩戴自给式呼吸器。 眼睛防护：戴化学安全防护眼镜。 身体防护：穿相应的防护服。 手防护：戴防化学品手套。 其他防护：工作现场禁止吸烟、进食和饮水。注意个人清洁卫生。		
危险性类别			急性毒性—经口，类别 2*；急性毒性—经皮肤，类别 3*；危害水生环境—急性危害，类别 1；危害水生环境—长期危害，类别 1。		

序号	669	品名	O,O-二乙基-S-(2-乙基亚磺酰基乙基)二硫代磷酸酯	商品编码	2930.9090
别　名			砜拌磷	CAS 号	2497-07-6
英文名			Disulfoton-sulfoxide		
分子式			$C_8H_{19}O_3PS_3$		
外观与性状			浅棕色液体。		
主要用途			一种有机磷杀虫剂。		
危险特性			本品遇明火可燃，受热放出有毒的氧化磷、氧化硫、氧化氮气体。		
健康危害			轻者头痛、食欲减退、恶心、眩晕；稍重者腹部痉挛、腹泻、多涎、多泪、肌肉痉挛；严重时发烧、嘴唇变紫、括约肌失控、昏迷、心跳休克、呼吸困难。		
防护措施			呼吸系统防护：佩戴防毒口罩。紧急事态抢救或逃生时，佩戴自给式呼吸器。 眼睛防护：戴化学安全防护眼镜。 防护服：穿相应的防护服。 手防护：戴防化学品手套。 其他防护：工作现场禁止吸烟、进食和饮水。注意个人清洁卫生。		
危险性类别			急性毒性—经口，类别 2*；急性毒性—经皮肤，类别 3*；危害水生环境—急性危害，类别 1；危害水生环境—长期危害，类别 1。		

序号	670	品名	O,O-二乙基-S-(4-甲基亚磺酰基苯基)硫代磷酸酯(含量>4%)	商品编码	2930.9090
别　名		丰索磷		CAS 号	115-90-2
英文名		Fensulfothion			
分子式		$C_{11}H_{17}O_4PS_2$			
外观与性状		黄色油状液体。			
主要用途		用作农用杀虫剂、杀线虫剂。			
危险特性		本品遇明火、高热可燃；受高热分解释放出有毒的气体。			
健康危害		本品为高毒有机磷杀虫剂，抑制胆碱酯酶活性。轻度中毒者，出现头痛、头晕、恶心、呕吐、多汗、胸闷、视力模糊、瞳孔缩小、无力等症状；中度中毒者，还会出现肌束震颤、瞳孔缩小、轻度呼吸困难等症状；重度中毒者，会出现肺水肿、脑水肿、呼吸麻痹等症状；另外，有的病例可出现迟发性神经病。			
防护措施		呼吸系统防护：生产操作或农业使用时，必须佩戴防毒口罩。紧急事态抢救或逃生时，建议佩戴自给式呼吸器。 眼睛防护：戴化学安全防护眼镜。 身体防护：穿相应的防护服。 手防护：戴防化学品手套。 其他防护：工作现场禁止吸烟、进食和饮水。注意个人清洁卫生。			
危险性类别		急性毒性—经口，类别2*；急性毒性—经皮肤，类别1；危害水生环境—急性危害，类别1；危害水生环境—长期危害，类别1。			

序号	671	品名	O,O-二乙基-S-(4-氯苯硫基甲基)二硫代磷酸酯	商品编码	2930.9090
别　名		三硫磷		CAS 号	786-19-6
英文名		Trithion			
分子式		$C_{11}H_{16}ClO_2PS_3$			
外观与性状		灰白色至琥珀色、微有硫醇气味的液体。			
主要用途		用作农用杀虫剂。			
危险特性		本品遇明火、高热可燃；受热分解，放出氧化磷、氧化硫和氯化物的毒性气体。			
健康危害		人经口的 MLD 为 5mg/kg，其中毒表现及全血胆碱酯酶活性的影响同一般的有机磷农药。			
防护措施		呼吸系统防护：生产操作或农业使用时，建议佩戴防毒口罩。紧急事态抢救或撤离时，佩戴自给式呼吸器。 眼睛防护：一般不需特殊防护，但建议特殊情况下，戴化学安全防护眼镜。 身体防护：穿聚乙烯薄膜防毒服。 手防护：戴防护手套。 其他防护：工作现场禁止吸烟、进食和饮水。注意个人清洁卫生。			
危险性类别		急性毒性—经口，类别3*；急性毒性—经皮肤，类别3*；危害水生环境—急性危害，类别1；危害水生环境—长期危害，类别1。			

序号	672	品名	O,O-二乙基-S-(对硝基苯基)硫代磷酸	商品编码	2930.9090
别 名			硫代磷酸-O,O-二乙基-S-(4-硝基苯基)酯	CAS 号	3270-86-8
英文名			Phosphorothioic acid,o,o-diethyl s-(4-nitrophenyl) ester		
分子式			$C_{10}H_{14}NO_5PS$		
防护措施			呼吸系统防护：佩戴防毒口罩。紧急事态抢救或逃生时，佩戴自给式呼吸器。 眼睛防护：戴化学安全防护眼镜。 防护服：穿相应的防护服。 手防护：戴防化学品手套。 其他防护：工作现场禁止吸烟、进食和饮水。注意个人清洁卫生。		
危险性类别			急性毒性—经口，类别1。		

序号	673	品名	O,O-二乙基-S-(乙硫基甲基)二硫代磷酸酯	商品编码	2930.9090
别 名			甲拌磷	CAS 号	298-02-2
英文名			Thimet		
分子式			$C_7H_{17}O_2PS_3$		
外观与性状			纯品为无色透明，有蒜臭的油状液体，工业品为棕黄色。		
主要用途			农药中用于浸种、拌种，不能用于喷洒。		
危险特性			本品遇明火、高热可燃；受热分解，放出磷、硫的氧化物等毒性气体。		
健康危害			本品能抑制胆碱酯酶活性，造成神经生理功能紊乱。急性中毒：短期内大量接触（口服、吸入、皮肤接触）引起急性中毒。症状有头痛、头昏、食欲减退、恶心、呕吐、腹痛、腹泻、流涎、瞳孔缩小、呼吸道分泌物增多、多汗、肌束震颤等；重者出现肺水肿、脑水肿、昏迷、呼吸麻痹；部分病例可有心、肝、肾损害；少数严重病例在意识恢复后数周或数月发生周围神经病；个别严重病例可发生迟发性猝死，血胆碱酯酶活性降低。慢性中毒：尚有争论。症状神经衰弱综合征、多汗、肌束震颤等；血胆碱酯酶活性降低。		
防护措施			呼吸系统防护：生产操作或农业使用时，必须佩戴自吸过滤式防毒面具（全面罩）。紧急事态抢救或撤离时，应该佩戴空气呼吸器。 眼睛防护：呼吸系统防护中已作防护。 身体防护：穿连衣式胶布防毒衣。 手防护：戴氯丁橡胶手套。 其他防护：工作现场禁止吸烟、进食和饮水。工作完毕，彻底清洗。工作服不准带至非作业场所。单独存放被毒物污染的衣服，洗后备用。注意个人清洁卫生。		
危险性类别			急性毒性—经口，类别2*；急性毒性—经皮肤，类别1；危害水生环境—急性危害，类别1；危害水生环境—长期危害，类别1。		

序号	674	品名	O,O-二乙基-S-(异丙基氨基甲酰甲基)二硫代磷酸酯（含量>15%）	商品编码	2930.9090
别　名		发硫磷		CAS 号	2275-18-5
英文名		Prothoate			
分子式		$C_9H_{20}NO_3PS_2$			
外观与性状		纯品为无色结晶固体，工业品为琥珀色至黄色半固体，带樟脑气味。			
主要用途		用作杀螨和杀虫剂。			
危险特性		本品遇明火、高热可燃；受高热分解，放出有毒的烟气。			
健康危害		本品是高毒有机磷杀虫剂，对胆碱酯酶有抑制作用。轻度中毒出现头痛、头晕、多汗、流涎、视力模糊、乏力、恶心、呕吐等症状；中度中毒出现肌束震颤、瞳孔缩小、呼吸困难、腹痛、腹泻、神志模糊等症状；重度中毒出现昏迷、惊厥、肺水肿、呼吸抑制和脑水肿等症状。			
防护措施		呼吸系统防护：生产操作或农业使用时，佩戴防毒口罩。紧急事态抢救或逃生时，应该佩戴自给式呼吸器。 眼睛防护：采用安全面罩。 身体防护：穿相应的防护服。 手防护：戴防化学品手套。 其他防护：工作现场禁止吸烟、进食和饮水。注意个人清洁卫生。			
危险性类别		急性毒性—经口，类别 2*；急性毒性—经皮肤，类别 1；危害水生环境—长期危害，类别 3。			

序号	675	品名	O,O-二乙基-S-[N-(1-氰基-1-甲基乙基)氨基甲酰甲基]硫代磷酸酯	商品编码	2930.9090
别　名		S-{2-((1-氰基-1-甲基乙基)氨基)-2-氧代乙基}-O,O-二乙基硫代磷酸酯；果虫磷		CAS 号	3734-95-0
英文名		Cyanthoate			
分子式		$C_{10}H_{19}N_2O_4PS$			
外观与性状		纯品为淡黄色液体，略带有令人不愉快的气味。			
主要用途		用作防治病虫害农药。			
危险特性		本品遇明火可燃；受热放出有毒氧化磷、氯化物、氧化硫气体。			
防护措施		呼吸系统防护：佩戴防毒口罩。紧急事态抢救或逃生时，佩戴自给式呼吸器。 眼睛防护：戴化学安全防护眼镜。 防护服：穿相应的防护服。 手防护：戴防化学品手套。 其他防护：工作现场禁止吸烟、进食和饮水。注意个人清洁卫生。			
危险性类别		急性毒性—经口，类别 2*；急性毒性—经皮肤，类别 3*。			

序号	676	品名	O,O-二乙基-S-氯甲基二硫代磷酸酯（含量>15%）	商品编码	2930.9090
别　　名			氯甲硫磷	CAS 号	24934-91-6
英文名			Chlormephos		
分子式			$C_5H_{12}ClO_2PS_2$		
外观与性状			无色液体。		
主要用途			主要用作农用杀虫剂。		
危险特性			本品遇明火、高热可燃；受高热分解，放出高毒的烟气。		
健康危害			本品为高毒有机磷杀虫剂，抑制胆碱酯酶活性，会引起头痛、头晕、无力、烦躁、恶心、呕吐、出汗、流涎、瞳孔缩小、抽搐、呼吸困难、紫绀等症状；严重者常伴有肺水肿、脑水肿，可死于呼吸衰竭。		
防护措施			呼吸系统防护：生产操作或农业使用时，应该佩戴防毒口罩。紧急事态抢救或逃生时，应该佩戴自给式呼吸器。 眼睛防护：戴化学安全防护眼镜。 身体防护：穿相应的防护服。 手防护：戴防化学品手套。 其他防护：工作现场禁止吸烟、进食和饮水。注意个人清洁卫生。		
危险性类别			急性毒性—经口，类别2*；急性毒性—经皮肤，类别1；危害水生环境—急性危害，类别1；危害水生环境—长期危害，类别1。		

序号	677	品名	O,O-二乙基-S-叔丁基硫甲基二硫代磷酸酯	商品编码	2930.9090
别　　名			特丁硫磷	CAS 号	13071-79-9
英文名			Terbufos		
分子式			$C_9H_{21}O_2PS_3$		
外观与性状			纯度在85%以上的工业品为无色或淡黄色液体。		
主要用途			防治病虫害农药，属高效、内吸、广谱杀虫剂，能防治各种经济作物、粮、棉的主要害虫，如对红蜘蛛、蚜虫、螟虫、线虫等均有很好的防治效果，残效期长，无药害。		
危险特性			本品遇明火可燃；受热放出有毒氧化磷、氧化硫气体。		
防护措施			呼吸系统防护：佩戴防毒口罩。紧急事态抢救或逃生时，佩戴自给式呼吸器。 眼睛防护：戴化学安全防护眼镜。 防护服：穿相应的防护服。 手防护：戴防化学品手套。 其他防护：工作现场禁止吸烟、进食和饮水。注意个人清洁卫生。		
危险性类别			急性毒性—经口，类别2*；急性毒性—经皮肤，类别1；危害水生环境—急性危害，类别1；危害水生环境—长期危害，类别1。		

序号	678	品名	O,O-二乙基-S-乙基亚磺酰基甲基二硫代磷酸酯	商品编码	2930.9090
别　名		甲拌磷亚砜		CAS 号	2588-03-6
英文名		Phosphorodithioic acid,o,o-diethyl s-((ethylsulfinyl)methyl) ester			
分子式		$C_7H_{17}O_3PS_3$			
危险特性		本品燃烧产生有毒的硫氧化物和磷氧化物气体。			
防护措施		呼吸系统防护：佩戴防毒口罩。紧急事态抢救或逃生时，佩戴自给式呼吸器。 眼睛防护：戴化学安全防护眼镜。 防护服：穿相应的防护服。 手防护：戴防化学品手套。 其他防护：工作现场禁止吸烟、进食和饮水。注意个人清洁卫生。			
危险性类别		急性毒性—经口，类别1。			

序号	679	品名	1-二乙基氨基-4-氨基戊烷	商品编码	2921.2900
别　名		2-氨基-5-二乙基氨基戊烷；N',N'-二乙基-1,4-戊二胺；2-氨基-5-二乙氨基戊烷		CAS 号	140-80-7
英文名		2-amino-5-diethylaminopentane			
分子式		$C_9H_{22}N_2$			
外观与性状		液体，有氨气味。			
主要用途		用于药物合成。			
危险特性		本品遇明火、高热可燃；与强氧化剂可发生反应；具有腐蚀性；受高热分解，放出有毒的烟气。			
健康危害		摄入、吸入或经皮肤吸收本品后对身体有害，吸入会引起喉和支气管的痉挛、炎症和水肿，化学性肺炎、肺水肿。			
防护措施		呼吸系统防护：可能接触其蒸气时，佩戴防毒口罩。紧急事态抢救或逃生时，应该佩戴自给式呼吸器。 眼睛防护：戴安全防护眼镜。 身体防护：穿防腐工作服。 手防护：戴防化学品手套。 其他防护：工作现场禁止吸烟、进食和饮水。注意个人清洁卫生。			
危险性类别		皮肤腐蚀/刺激，类别1；严重眼损伤/眼刺激，类别1。			

序号	680	品名	二乙基氨基氰	商品编码	2926.9090
别　名			氰化二乙胺	CAS 号	617-83-4
英文名			Diethyl cyanamide		
分子式			$C_5H_{10}N_2$		
外观与性状			无色液体。		
主要用途			用于有机合成等。		
危险特性			本品遇明火、高热可燃；受高热或接触酸或酸雾放出剧毒烟雾。		
健康危害			本品对眼睛、皮肤、黏膜有强烈的刺激作用；受热分解或接触酸液、酸雾能放出有毒的氰化物气体，应引起注意；接触水或水蒸气能产生有腐蚀性、有毒的气体。		
防护措施			呼吸系统防护：可能接触其蒸气时，必须佩戴防毒面具。紧急事态抢救或撤离时，建议佩戴自给式呼吸器。 眼睛防护：戴化学安全防护眼镜。 身体防护：穿聚乙烯薄膜防毒服。 手防护：戴防化学品手套。 其他防护：工作现场禁止吸烟、进食和饮水。注意个人清洁卫生。		
危险性类别			急性毒性—经口，类别 3；急性毒性—经皮肤，类别 3；急性毒性—吸入，类别 2；皮肤腐蚀/刺激，类别 2；严重眼损伤/眼刺激，类别 2；特异性靶器官毒性—单次接触，类别 3（呼吸道刺激）。		

序号	681	品名	1,2-二乙基苯	商品编码	2902.9090
别　名			邻二乙基苯	CAS 号	135-01-3
英文名			1,2-diethylbenzene		
分子式			$C_{10}H_{14}$		
外观与性状			无色液体。		
主要用途			用作溶剂及有机合成中间体。		
危险特性			本品易燃，遇明火、高热或与氧化剂接触，有引起燃烧爆炸的危险。		
健康危害			本品蒸气或雾对眼睛、黏膜和上呼吸道有刺激性；对皮肤有刺激性；动物实验观察到急性中毒有麻醉作用和神经—肌肉兴奋性增强作用。		
防护措施			呼吸系统防护：空气中浓度超标时，佩戴过滤式防毒面具（半面罩）。紧急事态抢救或撤离时，建议佩戴自给式呼吸器。 眼睛防护：戴化学安全防护眼镜。 身体防护：穿防毒物渗透工作服。 手防护：戴橡胶耐油手套。 其他防护：工作现场禁止吸烟、进食和饮水。工作完毕，淋浴更衣。保持良好的卫生习惯。		
危险性类别			易燃液体，类别 3；严重眼损伤/眼刺激，类别 2；特异性靶器官毒性—反复接触，类别 2；危害水生环境—长期危害，类别 3。		

序号	682	品名	1,3-二乙基苯		商品编码	2902.9090
别　名		间二乙基苯			CAS 号	141-93-5
英文名		1,3-diethylbenzene				
分子式		$C_{10}H_{14}$				
外观与性状		无色液体，有芳香气味。				
主要用途		用作溶剂及有机合成中间体。				
危险特性		本品易燃，遇明火、高热能引起燃烧爆炸；与强氧化剂发生反应，可引起燃烧。				
健康危害		本品蒸气或雾对眼睛、黏膜和上呼吸道有刺激性；对皮肤有刺激性；动物实验观察到急性中毒有麻醉作用和神经-肌肉兴奋性增强作用。				
防护措施		呼吸系统防护：空气中浓度超标时，佩戴过滤式防毒面具（半面罩）。紧急事态抢救或撤离时，建议佩戴空气呼吸器。 眼睛防护：戴化学安全防护眼镜。 身体防护：穿防毒物渗透工作服。 手防护：戴橡胶耐油手套。 其他防护：工作现场禁止吸烟、进食和饮水。工作完毕，淋浴更衣。保持良好的卫生习惯。				
危险性类别		易燃液体，类别 3；严重眼损伤/眼刺激，类别 2；危害水生环境—急性危害，类别 2；危害水生环境—长期危害，类别 2。				

序号	683	品名	1,4-二乙基苯		商品编码	2902.9090
别　名		对二乙基苯			CAS 号	105-05-5
英文名		1,4-diethylbenzene				
分子式		$C_{10}H_{14}$				
外观与性状		无色液体。				
主要用途		用作溶剂。				
危险特性		本品易燃，遇明火、高热或与氧化剂接触，有引起燃烧爆炸的危险。				
健康危害		本品蒸气或雾对眼睛、黏膜和上呼吸道有刺激性；对皮肤有刺激性；动物实验观察到急性中毒有麻醉作用和神经—肌肉兴奋性增强作用。				
防护措施		呼吸系统防护：空气中浓度超标时，佩戴过滤式防毒面具（半面罩）。紧急事态抢救或撤离时，建议佩戴空气呼吸器。 眼睛防护：戴化学安全防护眼镜。 身体防护：穿防毒物渗透工作服。 手防护：戴橡胶耐油手套。 其他防护：工作现场禁止吸烟、进食和饮水。工作完毕，淋浴更衣。保持良好的卫生习惯。				
危险性类别		易燃液体，类别 3；皮肤腐蚀/刺激，类别 2；严重眼损伤/眼刺激，类别 2；危害水生环境—急性危害，类别 2；危害水生环境—长期危害，类别 2。				

序号	684	品名	N,N-二乙基苯胺	商品编码	2921.4200
别 名			二乙氨基苯	CAS 号	91-66-7
英文名			N,N-diethylaniline		
分子式			$C_{10}H_{15}N$		
外观与性状			无色至黄色油状液体，呈特臭味。		
主要用途			用于染料及其中间体合成，也用于制造药品。		
危险特性			本品遇明火、高热易燃；与氧化剂接触反应猛烈。		
健康危害			吸入、口服或经皮肤吸收本品可致死；蒸气或雾对眼睛、黏膜和上呼吸道有刺激性；吸收进入体内引起高铁血红蛋白血症，出现紫绀。		
防护措施			呼吸系统防护：可能接触其蒸气时，佩戴过滤式防毒面具（半面罩）。紧急事态抢救或撤离时，佩戴隔离式呼吸器。 眼睛防护：戴化学安全防护眼镜。 身体防护：穿防毒物渗透工作服。 手防护：戴橡胶耐油手套。 其他防护：工作现场禁止吸烟、进食和饮水。及时换洗工作服。工作前后不饮酒，用温水洗澡。注意检测毒物。实行就业前和定期的体检。		
危险性类别			急性毒性—经口，类别3*；急性毒性—经皮肤，类别3*；急性毒性—吸入，类别3*；特异性靶器官毒性—反复接触，类别2*；危害水生环境—急性危害，类别2；危害水生环境—长期危害，类别2。		

序号	685	品名	N-(2,6-二乙基苯基)-N-甲氧基甲基-氯乙酰胺	商品编码	2924.2500
别 名			甲草胺	CAS 号	15972-60-8
英文名			Alachlor		
分子式			$C_{14}H_{20}ClNO_2$		
外观与性状			原药为乳白色无味，非挥发性结晶体。		
主要用途			用作农用除草剂。		
危险特性			本品遇明火、高热可燃；受高热分解，放出有毒的烟气。		
健康危害			吸入、摄入或经皮肤吸收本品后会中毒；有刺激作用；资料报道，对人有致突变作用。受热分解释放出有毒的氯气和氮氧化物。		
防护措施			呼吸系统防护：生产操作或农业使用时，佩戴防尘口罩。空气中浓度较高时，应该佩戴防毒面具。 眼睛防护：空气中浓度较高时，戴化学安全防护眼镜。 身体防护：穿工作服。 手防护：戴防护手套。 其他防护：工作现场禁止吸烟、进食和饮水。注意个人清洁卫生。		
危险性类别			皮肤致敏物，类别1；危害水生环境—急性危害，类别1；危害水生环境—长期危害，类别1。		

序号	686	品名	N,N-二乙基对甲苯胺	商品编码	2921.4300
别 名			4-(二乙胺基)甲苯	CAS 号	613-48-9
英文名			N,N-diethyl-p-toluidine		
分子式			$C_{11}H_{17}N$		
外观与性状			无色液体。		
主要用途			用于有机合成。		
危险特性			本品遇高热、明火或与氧化剂接触,有引起燃烧的危险。		
健康危害			本品受热能分解释放出有毒气体。		
防护措施			呼吸系统防护:可能接触其蒸气时,应该佩戴防毒面具。紧急事态抢救或撤离时,建议佩戴自给式呼吸器。 眼睛防护:戴化学安全防护眼镜。 身体防护:穿紧袖工作服,长筒胶鞋。 手防护:戴橡皮胶手套。 其他防护:工作现场禁止吸烟、进食和饮水。注意个人清洁卫生。		
危险性类别			皮肤腐蚀/刺激,类别 2;严重眼损伤/眼刺激,类别 2。		

序号	687	品名	N,N-二乙基二硫代氨基甲酸-2-氯烯丙基酯	商品编码	2930.2000
别 名			菜草畏	CAS 号	95-06-7
英文名			Sulfallate		
分子式			$C_8H_{14}ClNS_2$		
外观与性状			琥珀色油状液体。		
主要用途			用作农用除草剂。		
危险特性			本品遇明火、高热可燃;与氧化剂可发生反应;受高热分解释放出有毒的气体;若遇高热,容器内压增大,有开裂和爆炸的危险。		
健康危害			吸入、摄入或经皮肤吸收本品后会中毒;人经口最低致死量 500mg/kg;据实验资料,有致癌作用。受热分解释放出氯、氮氧化物和氧化硫。		
防护措施			呼吸系统防护:空气中浓度超标时,必须佩戴自吸过滤式防毒面具(全面罩)。紧急事态抢救或撤离时,应该佩戴空气呼吸器。 眼睛防护:呼吸系统防护中已作防护。 身体防护:穿防毒物渗透工作服。 手防护:戴橡胶手套。 其他防护:工作现场禁止吸烟、进食和饮水。工作完毕,淋浴更衣。保持良好的卫生习惯。		
危险性类别			危害水生环境—急性危害,类别 1;危害水生环境—长期危害,类别 1。		

序号	688	品名	二乙基二氯硅烷	商品编码	2931.9000
别　名		二氯二乙基硅烷		CAS号	1719-53-5
英文名		Diethyldichlorosilane			
分子式		$C_4H_{10}Cl_2Si$			
外观与性状		无色液体，极易水解。			
主要用途		用作制造硅铜的中间体。			
危险特性		本品遇明火、高热能引起燃烧爆炸；与氧化剂能发生强烈反应；其蒸气比空气重，能在较低处扩散到相当远的地方，遇明火会着火回燃；遇潮时对大多数金属有腐蚀性；吸潮或遇水会产生大量的腐蚀性烟雾；受高热分解，放出有毒的烟气。			
健康危害		吸入、摄入或经皮肤吸收本品后对身体有害；对眼睛、皮肤、黏膜和上呼吸道有强烈刺激作用；接触后会引起头痛、恶心、呕吐、烧灼感、喉炎、气短等症状，甚至发生化学性肺炎、肺水肿。			
防护措施		呼吸系统防护：可能接触其蒸气时，应该佩戴防毒口罩。紧急事态抢救或逃生时，建议佩戴自给式呼吸器。 眼睛防护：戴化学安全防护眼镜。 身体防护：穿防腐工作服。 手防护：戴橡胶手套。 其他防护：工作现场禁止吸烟、进食和饮水。注意个人清洁卫生。			
危险性类别		易燃液体，类别2；皮肤腐蚀/刺激，类别1；严重眼损伤/眼刺激，类别1。			

序号	689	品名	二乙基汞	商品编码	2852.1000
别　名		二乙汞		CAS号	627-44-1
英文名		Diethyl mercury			
分子式		$C_4H_{10}Hg$			
外观与性状		无色液体，有刺激气味。			
主要用途		用于有机合成。			
危险特性		本品遇明火、高热可燃；与氧化剂可发生反应；受高热分解释放出有毒的气体。			
健康危害		大鼠吸入本品后，出现兴奋、共济失调和呼吸困难等症状。			
防护措施		呼吸系统防护：可能接触其蒸气时，应该佩戴防毒面具。紧急事态抢救或逃生时，建议佩戴自给式呼吸器。 眼睛防护：必要时戴安全防护眼镜。 身体防护：穿相应的防护服。 手防护：戴防化学品手套。 其他防护：工作现场禁止吸烟、进食和饮水。注意个人清洁卫生。			
危险性类别		急性毒性—经口，类别2*；急性毒性—经皮肤，类别1；急性毒性—吸入，类别2*；特异性靶器官毒性—反复接触，类别2*；危害水生环境—急性危害，类别1；危害水生环境—长期危害，类别1。			

序号	690	品名	1,2-二乙基肼		商品编码	2928.0000
别 名		二乙基肼(不对称)			CAS 号	1615-80-1
英文名		N,N-diethylhydrazine				
分子式		$C_4H_{12}N_2$				
外观与性状		无色液体,具有吸湿性。				
主要用途		用于有机合成。				
危险特性		本品遇明火、高热极易燃烧爆炸;与氧化剂能发生强烈反应;受热分解释放出有毒的氧化氮烟气。				
健康危害		吸入本品蒸气,先出现鼻、咽喉刺激,呼吸困难,之后有恶心、呕吐、轻度结膜炎;皮肤接触液体,会引起灼伤,甚至过敏性皮炎;溅入眼内,会产生眼刺激症状。				
防护措施		呼吸系统防护:空气中浓度较高时,应该佩戴防毒口罩。紧急事态抢救或逃生时,建议佩戴自给式呼吸器。 眼睛防护:戴化学安全防护眼镜。 身体防护:穿相应的防护服。 手防护:戴防化学品手套。 其他防护:工作现场禁止吸烟、进食和饮水。注意个人清洁卫生。				
危险性类别		易燃液体,类别3;致癌性,类别2;生殖毒性,类别2。				

序号	691	品名	N,N-二乙基邻甲苯胺		商品编码	2921.4300
别 名		2-(二乙胺基)甲苯			CAS 号	606-46-2
英文名		N,N-diethyl-2-methyl-benzenamine				
分子式		$C_{11}H_{17}N$				
外观与性状		无色或浅黄色油状液体。				
主要用途		用于有机合成。				
危险特性		本品遇明火、高热可燃;与氧化剂可发生反应;受高热分解释放出有毒的气体;若遇高热,容器内压增大,有开裂和爆炸的危险。				
健康危害		本品摄入有毒,对眼睛、皮肤和黏膜有刺激作用。				
防护措施		呼吸系统防护:空气中浓度超标时,必须佩戴自吸过滤式防毒面具(半面罩)。紧急事态抢救或撤离时,应该佩戴空气呼吸器。 眼睛防护:戴化学安全防护眼镜。 身体防护:穿防毒物渗透工作服。 手防护:戴橡胶手套。 其他防护:工作场所禁止吸烟、进食和饮水,饭前要洗手。工作完毕,淋浴更衣。保持良好的卫生习惯。				
危险性类别		皮肤腐蚀/刺激,类别2;严重眼损伤/眼刺激,类别2。				

序号	692	品名	O,O'-二乙基硫代磷酰氯	商品编码	2920.9000
别　名			二乙基硫代磷酰氯	CAS 号	2524-4-1
英文名			O,O-diethylthiophosphoryl chloride		
分子式			$C_4H_{10}ClO_2PS$		
外观与性状			无色透明液体。		
主要用途			用于合成农药。		
危险特性			本品遇明火、高热可燃；若遇高热可发生剧烈分解，引起容器破裂或爆炸事故；具有腐蚀性。		
健康危害			本品对黏膜、上呼吸道、眼睛和皮肤有强烈的刺激性；吸入后，会因喉及支气管的痉挛、炎症、水肿，化学性肺炎、肺水肿而致死；接触后出现烧灼感、咳嗽、喘息、喉炎、气短、头痛、恶心和呕吐等症状。		
防护措施			呼吸系统防护：可能接触其蒸气时，必须佩戴防毒面具。紧急事态抢救或逃生时，建议佩戴自给式呼吸器。 眼睛防护：戴化学安全防护眼镜。 身体防护：穿工作服（防腐材料制作）。 手防护：戴橡皮手套。 其他防护：工作现场禁止吸烟、进食和饮水。注意个人清洁卫生。		
危险性类别			急性毒性—经皮肤，类别 3；急性毒性—吸入，类别 2；皮肤腐蚀/刺激，类别 1B；严重眼损伤/眼刺激，类别 1；危害水生环境—急性危害，类别 2；危害水生环境—长期危害，类别 2。		

序号	693	品名	二乙基镁	商品编码	2931.9000
别　名				CAS 号	557-18-6
英文名			Diethyl magnesium		
分子式			$C_4H_{10}Mg$		
外观与性状			液体。		
主要用途			用于有机合成。		
危险特性			本品暴露在空气或二氧化碳中会自燃；遇水、强氧化剂、酸类、醇类、卤素、胺类发生分解，放出易燃气体；遇明火、高热能引起燃烧爆炸；与氧化剂能发生强烈反应。		
健康危害			至今尚未见工业镁中毒的病例报告，但误服过量二乙基镁会引起中毒，出现上腹痛、呕吐、腹泻、烦渴、紫绀等症状。		
防护措施			呼吸系统防护：一般不需要特殊防护，高浓度接触时可戴面具式呼吸器。 眼睛防护：必要时戴化学安全防护眼镜。 身体防护：穿防静电工作服。 手防护：戴防护手套。 其他防护：工作现场禁止吸烟、进食和饮水。注意个人清洁卫生。		
危险性类别			自燃固体，类别 1；遇水放出易燃气体的物质和混合物，类别 1。		

序号	694	品名	二乙基硒		商品编码	2931.9000
别 名					CAS 号	627-53-2
英文名	Diethyl selenide					
分子式	$C_4H_{10}Se$					
外观与性状	液体。					
危险特性	本品与空气混合可爆，遇明火、高温、氧化剂易燃；燃烧产生有毒氮硒化物烟雾。					
防护措施	呼吸系统防护：佩戴防毒口罩。紧急事态抢救或逃生时，佩戴自给式呼吸器。 眼睛防护：戴化学安全防护眼镜。 防护服：穿相应的防护服。 手防护：戴防化学品手套。 其他防护：工作现场禁止吸烟、进食和饮水。注意个人清洁卫生。					
危险性类别	易燃液体，类别2；急性毒性—经口，类别3；急性毒性—经皮肤，类别3；特异性靶器官毒性—反复接触，类别2；危害水生环境—急性危害，类别1；危害水生环境—长期危害，类别1。					

序号	695	品名	二乙基锌		商品编码	2931.9000
别 名					CAS 号	557-20-0
英文名	Diethylzinc					
分子式	$C_4H_{10}Zn$					
外观与性状	无色液体。					
主要用途	用于电子工业和有机合成。					
危险特性	本品遇明火、高温、氧化剂易燃，燃烧产生有毒氮硒化物烟雾。					
防护措施	呼吸系统防护：可能接触其蒸气时，应该佩戴防毒口罩。必要时佩戴防毒面具。 眼睛防护：戴化学安全防护眼镜。 身体防护：穿防静电工作服。 手防护：戴防护手套。 其他防护：工作现场禁止吸烟、进食和饮水。注意个人清洁卫生。					
危险性类别	自燃液体，类别1；遇水放出易燃气体的物质和混合物，类别1；皮肤腐蚀/刺激，类别1B；严重眼损伤/眼刺激，类别1；危害水生环境—急性危害，类别1；危害水生环境—长期危害，类别1。					

序号	696	品名	N,N-二乙基乙撑二胺	商品编码	2921.2900
别　名			N,N-二乙基乙二胺	CAS 号	100-36-7
英文名			N,N-diethyl ethylene diamine		
分子式			$C_6H_{16}N_2$		
外观与性状			无色液体。		
主要用途			用作有机合成的中间体。		
危险特性			本品遇高热、明火或与氧化剂接触，有引起燃烧的危险。		
健康危害			本品对眼睛、皮肤、黏膜和上呼吸道有强烈刺激作用，接触后会引起头痛、头晕、恶心、呕吐、咳嗽等症状。		
防护措施			呼吸系统防护：可能接触其蒸气时，应该佩戴防毒面具。紧急事态抢救或撤离时，建议佩戴自给式呼吸器。 眼睛防护：戴化学安全防护眼镜。 身体防护：穿防酸碱工作服。 手防护：戴防化学品手套。 其他防护：工作现场禁止吸烟、进食和饮水。注意个人清洁卫生。		
危险性类别			易燃液体，类别 3；急性毒性—经皮肤，类别 3；皮肤腐蚀/刺激，类别 1；严重眼损伤/眼刺激，类别 1。		

序号	697	品名	N,N-二乙基乙醇胺	商品编码	2922.1922
别　名			2-(二乙胺基)乙醇	CAS 号	100-37-8
英文名			N,N-diethyl ethanolamine		
分子式			$C_6H_{15}NO$		
外观与性状			无色有氨味的液体。		
主要用途			用于有机合成，用作织物软化剂。		
危险特性			本品易燃，遇高热、明火有引起燃烧的危险；与氧化剂接触反应猛烈；能腐蚀轻金属和铜。		
健康危害			人吸入 1000mg/m³ 的本品几秒钟，就会出现恶心和呕吐症状。		
防护措施			呼吸系统防护：空气中浓度超标时，应该佩戴过滤式防毒面具（半面罩）。紧急事态抢救或撤离时，佩戴自给式呼吸器。 眼睛防护：戴化学安全防护眼镜。 身体防护：穿化学防护服。 手防护：戴橡胶手套。 其他防护：工作现场禁止吸烟、进食和饮水。工作完毕，彻底清洗。单独存放被毒物污染的衣服，洗后备用。注意个人清洁卫生。		
危险性类别			易燃液体，类别 3；皮肤腐蚀/刺激，类别 1B；严重眼损伤/眼刺激，类别 1；特异性靶器官毒性—单次接触，类别 3（呼吸道刺激）。		

序号	698	品名	二乙硫醚		商品编码	2930.9090
别　名			硫代乙醚；二乙硫		CAS 号	352-93-2
英文名		Diethyl sulfide				
分子式		$C_4H_{10}S$				
外观与性状		无色油状液体，有大蒜样的气味。				
主要用途		用于有机合成，用作特定溶剂及金银电镀等。				
危险特性		本品易燃，遇明火极易燃烧爆炸；与强氧化剂发生反应，可引起燃烧；受热分解，遇酸及酸雾、水及水蒸气均能生成有毒和易燃的气体。				
健康危害		本品蒸气对眼睛、黏膜和上呼吸道有刺激性；对皮肤有刺激性；接触后会引起头痛、恶心和呕吐等症状。				
防护措施		呼吸系统防护：可能接触其蒸气时，应该佩戴过滤式防毒面具（半面罩）。必要时，佩戴自给式呼吸器。 眼睛防护：戴化学安全防护眼镜。 身体防护：穿防毒物渗透工作服。 手防护：戴橡胶耐油手套。 其他防护：工作现场禁止吸烟、进食和饮水。工作完毕，淋浴更衣。注意个人清洁卫生。				
危险性类别		易燃液体，类别 2；皮肤腐蚀/刺激，类别 2；严重眼损伤/眼刺激，类别 2B。				

序号	699	品名	二乙烯基醚（稳定的）		商品编码	2909.1990
别　名			乙烯基醚		CAS 号	109-93-3
英文名		Divinyl ether				
分子式		C_4H_6O				
外观与性状		无色，带有特殊不舒适气味，具有挥发性的液体。				
主要用途		用作麻醉剂，用于生产乙烯-氯乙烯共聚物。				
危险特性		本品极易燃，甚至在低温下的蒸气也能与空气形成爆炸性混合物，遇明火、高热极易燃烧爆炸；与氧化剂能发生强烈反应；在空气中久置后能生成有爆炸性的过氧化物；在使用和贮存过程中，易发生自聚反应，酿成事故；其蒸气比空气重，能在较低处扩散到相当远的地方，遇火源会着火回燃。				
健康危害		本品用作麻醉剂，全身麻醉为其主要作用；对黏膜有刺激作用；对肝有损害。				
防护措施		呼吸系统防护：空气中浓度超标时，佩戴过滤式防毒面具（半面罩）。 眼睛防护：一般不需要特殊防护，但建议特殊情况下，戴化学安全防护眼镜。 身体防护：穿防静电工作服。 手防护：戴橡胶耐油手套。 其他防护：工作现场严禁吸烟。注意个人清洁卫生。				
危险性类别		易燃液体，类别 1。				

序号	700	品名	3,3-二乙氧基丙烯	商品编码	2911.0000
别 名			丙烯醛二乙缩醛；二乙基缩醛丙烯醛	CAS 号	3054-95-3
英文名			3,3-diethoxypropene		
分子式			$C_7H_{14}O_2$		
外观与性状			无色液体。		
主要用途			用于有机合成。		
危险特性			本品蒸气与空气形成爆炸性混合物，遇明火、高热能引起燃烧爆炸；与氧化剂能发生强烈反应；接触空气或在光照条件下可生成具有潜在爆炸危险性的过氧化物；其蒸气比空气重，能在较低处扩散到相当远的地方，遇火源会着火回燃；若遇高热，可能发生聚合反应，出现大量放热现象，引起容器破裂和爆炸事故。		
健康危害			本品具有刺激性。		
防护措施			呼吸系统防护：可能接触其蒸气时，应该佩戴防毒面具。紧急事态抢救或逃生时，佩戴自给式呼吸器。 眼睛防护：戴安全防护眼镜。 身体防护：穿相应的防护服。 手防护：戴防护手套。 其他防护：工作现场禁止吸烟、进食和饮水。注意个人清洁卫生。		
危险性类别			易燃液体，类别 2。		

序号	701	品名	二乙氧基甲烷	商品编码	2911.0000
别 名			甲醛缩二乙醇；二乙醇缩甲醛	CAS 号	462-95-3
英文名			Diethoxymethane		
分子式			$C_5H_{12}O_2$		
外观与性状			无色澄清易挥发液体，有类似醚的气味。		
主要用途			用于树脂和香料合成。		
危险特性			本品蒸气与空气形成爆炸性混合物，遇明火、高热能引起燃烧爆炸；与氧化剂能发生强烈反应；接触空气或在光照条件下可生成具有潜在爆炸危险性的过氧化物；其蒸气比空气重，能在较低处扩散到相当远的地方，遇火源引着回燃；若遇高热，容器内压增大，有开裂和爆炸的危险。		
健康危害			本品蒸气或雾对眼睛、黏膜和上呼吸道有刺激性；对皮肤有刺激性。		
防护措施			呼吸系统防护：高浓度环境中，佩戴防毒口罩。 眼睛防护：必要时戴化学安全防护眼镜。 身体防护：穿相应的防护服。 手防护：必要时戴防护手套。 其他防护：工作现场禁止吸烟、进食和饮水。注意个人清洁卫生。		
危险性类别			易燃液体，类别 2；急性毒性—经皮肤，类别 3。		

序号	702	品名	1,1-二乙氧基乙烷		商品编码	2911.0000
别 名			乙叉二乙基醚；二乙醇缩乙醛；乙缩醛		CAS 号	105-57-7
英文名			1,1-diethoxyethane			
分子式			$C_6H_{14}O_2$			
外观与性状			无色易挥发液体，有芳香气味。			
主要用途			用作溶剂，以及用于有机合成和化妆品、香料的制造。			
危险特性			本品蒸气与空气可形成爆炸性混合物，遇高热、明火及强氧化剂易引起燃烧；与氧化剂接触反应猛烈；接触空气或在光照条件下可生成具有潜在爆炸危险性的过氧化物；其蒸气比空气重，能在较低处扩散到相当远的地方，遇火源会着火回燃。			
健康危害			吸入、口服或经皮肤吸收本品，对机体可能产生危害；具有刺激性。			
防护措施			呼吸系统防护：空气中浓度超标时，佩戴过滤式防毒面具（半面罩）。 眼睛防护：必要时，戴化学安全防护眼镜。 身体防护：穿防静电工作服。 手防护：戴橡胶耐油手套。 其他防护：工作现场禁止吸烟、进食和饮水。工作完毕，淋浴更衣。注意个人清洁卫生。			
危险性类别			易燃液体，类别2；皮肤腐蚀/刺激，类别2；严重眼损伤/眼刺激，类别2。			

序号	703	品名	二异丙胺		商品编码	2921.1990
别 名			N-(1-甲基乙基)-2-丙胺		CAS 号	108-18-9
英文名			Diisopropylamine			
分子式			$C_6H_{15}N$			
外观与性状			无色，带氨臭的挥发性液体。			
主要用途			用作橡胶促进剂、医药中间体和农药除草剂、表面活性剂等。			
危险特性			本品易燃，其蒸气与空气可形成爆炸性混合物，遇明火、高热能引起燃烧爆炸；与氧化剂能发生强烈反应；其蒸气比空气重，能在较低处扩散到相当远的地方，遇火源会着火回燃；具有腐蚀性。			
健康危害			本品对呼吸道有刺激性，吸入蒸气可引起肺水肿；蒸气对眼睛也有刺激性；液体可引起眼睛灼伤；皮肤接触可致灼伤；口服引起恶心、呕吐、腹泻、腹痛、虚弱和虚脱；皮肤反复接触可引起变应性皮炎。			
防护措施			呼吸系统防护：可能接触其蒸气时，佩戴自吸过滤式防毒面具（半面罩）。紧急事态抢救或撤离时，应该佩戴氧气呼吸器、空气呼吸器。 眼睛防护：戴化学安全防护眼镜。 身体防护：穿防毒物渗透工作服。 手防护：戴橡胶耐油手套。 其他防护：工作现场禁止吸烟、进食和饮水。工作完毕，淋浴更衣。实行就业前和定期的体检。			
危险性类别			易燃液体，类别2；皮肤腐蚀/刺激，类别1B；严重眼损伤/眼刺激，类别1；特异性靶器官毒性—单次接触，类别3（呼吸道刺激）。			

序号	704	品名	二异丙醇胺	商品编码	2922.1990
别　名			2,2'-二羟基二丙胺	CAS 号	110-97-4
英文名			Diisopropanolamine		
分子式			$C_6H_{15}N$		
外观与性状			白色结晶固体，有类似氨的气味。		
主要用途			用作乳化剂，以及用于织物处理等。		
危险特性			本品遇明火、高热可燃；与强氧化剂接触可发生化学反应；具有腐蚀性。		
健康危害			本品蒸气对鼻和呼吸道有刺激作用；对眼睛有强烈刺激性，接触后出现眼睛红肿、流泪、视力模糊及角膜损伤，可引起永久性眼损害；皮肤接触可引起红肿，长时间接触引起强烈刺激，甚至造成灼伤；口服出现恶心、呕吐和腹痛。		
防护措施			呼吸系统防护：空气中粉尘浓度超标时，佩戴自吸过滤式防尘口罩。 眼睛防护：戴化学安全防护眼镜。 身体防护：穿橡胶耐酸碱服。 手防护：戴防化学品手套。 其他防护：工作场所禁止吸烟、进食和饮水，饭前要洗手。工作完毕，淋浴更衣。注意个人清洁卫生。		
危险性类别			严重眼损伤/眼刺激，类别 2。		

序号	705	品名	O,O-二异丙基-S-(2-苯磺酰胺基)乙基二硫代磷酸酯	商品编码	2935.9000
别　名			S-2-苯磺酰基氨基乙基-O,O-二异丙基二硫代磷酸酯；地散磷	CAS 号	741-58-2
英文名			Bensulide		
分子式			$C_{14}H_{24}NO_4PS_3$		
外观与性状			无色固体。		
主要用途			除草剂（有机磷类除草剂）。		
危险特性			本品受热分解释放出有毒的氧化磷、氧化硫、氧化氮气体。		
健康危害			本品吞咽有害。		
防护措施			呼吸系统防护：空气中粉尘浓度超标时，佩戴自吸过滤式防尘口罩。 眼睛防护：戴化学安全防护眼镜。 身体防护：穿橡胶耐酸碱服。 手防护：戴防化学品手套。 其他防护：工作场所禁止吸烟、进食和饮水，饭前要洗手。工作完毕，淋浴更衣。注意个人清洁卫生。		
危险性类别			危害水生环境—急性危害，类别 1；危害水生环境—长期危害，类别 1。		

序号	706	品名	二异丙基二硫代磷酸锑	商品编码	2920.1900
别 名				CAS 号	
英文名	O,o-diisopropyl dithiophosphate antimony				
分子式	$C_{48}H_{42}O_6P_3S_6Sb$				
外观与性状	鹅黄色结晶固体。				
主要用途	用作钝化剂。				
危险特性	本品遇明火能燃烧；受热分解释放出有毒气体。				
健康危害	本品液体对眼睛和皮肤有中等至强烈刺激，使神经系统先兴奋后抑制，可死于循环衰竭。				
防护措施	呼吸系统防护：可能接触其粉尘时，必须佩戴防尘面具（全面罩）。紧急事态抢救或撤离时，应该佩戴空气呼吸器。 眼睛防护：呼吸系统防护中已作防护。 身体防护：穿胶布防毒衣。 手防护：戴橡胶手套。 其他防护：避免高浓度吸入。保持良好的卫生习惯。				
危险性类别	危害水生环境—急性危害，类别2；危害水生环境—长期危害，类别2。				

序号	707	品名	N,N-二异丙基乙胺	商品编码	2921.1990
别 名	N-乙基二异丙胺			CAS 号	7087-68-5
英文名	N-ethyldiisopropylamine				
分子式	$C_8H_{19}N$				
外观与性状	无色液体。				
主要用途	用于有机合成。				
危险特性	本品蒸气与空气形成爆炸性混合物，遇明火、高热能引起燃烧爆炸；与氧化剂能发生强烈反应；其蒸气比空气重，能在较低处扩散到相当远的地方，遇明火会着火回燃；若遇高热，容器内压增大，有开裂和爆炸的危险。				
健康危害	吸入、摄入或经皮肤吸收本品后对身体有害，对眼睛、皮肤、黏膜和上呼吸道有刺激作用；吸入后会引起喉、支气管的炎症、水肿、痉挛、化学性肺炎、肺水肿；接触后会引起烧灼感、咳嗽、喘息、气短、头痛、恶心和呕吐。				
防护措施	呼吸系统防护：可能接触其蒸气时，应该佩戴防毒面具。紧急事态抢救或撤离时，建议佩戴自给式呼吸器。 眼睛防护：戴安全防护眼镜。 身体防护：穿防静电工作服。 手防护：戴防化学品手套。 其他防护：工作现场禁止吸烟、进食和饮水。注意个人清洁卫生。				
危险性类别	易燃液体，类别2；皮肤腐蚀/刺激，类别1；严重眼损伤/眼刺激，类别1。				

序号	708	品名	N,N-二异丙基乙醇胺	商品编码	2922.1800
别 名			N,N-二异丙氨基乙醇	CAS 号	96-80-0
英文名			N,N-diisopropyl aminoethanol		
分子式			$C_8H_{19}NO$		
外观与性状			无色油状液体。		
主要用途			用于有机合成,是医药的中间体,也可用于纤维助剂、乳化剂和催化剂等。		
危险特性			本品遇明火、高热可燃;与氧化剂可发生反应;具有腐蚀性。		
健康危害			本品误服或吸入有毒,对眼睛、皮肤和黏膜有刺激性和腐蚀性。		
防护措施			呼吸系统防护:佩戴防毒口罩。紧急事态抢救或逃生时,佩戴自给式呼吸器。 眼睛防护:戴安全防护眼镜。 身体防护:穿防腐工作服。 手防护:戴防护手套。 其他防护:工作现场禁止吸烟、进食和饮水。注意个人清洁卫生。		
危险性类别			皮肤腐蚀/刺激,类别1;严重眼损伤/眼刺激,类别1。		

序号	709	品名	二异丁胺	商品编码	2921.1990
别 名				CAS 号	110-96-3
英文名			Diisobutylamine		
分子式			$C_8H_{19}N$		
外观与性状			无色液体,有氨的气味。		
主要用途			用作有机合成中间体。		
危险特性			本品易燃,遇明火、高热或与氧化剂接触,有引起燃烧爆炸的危险;受热分解释放出有毒的氧化氮烟气;具有腐蚀性。		
健康危害			本品对眼睛、皮肤、黏膜有强烈刺激作用;有拟交感神经作用;对心脏有抑制作用;可引起惊厥。		
防护措施			呼吸系统防护:可能接触其蒸气时,佩戴导管式防毒面具。 眼睛防护:呼吸系统防护中已作防护。 身体防护:穿胶布防毒衣。 手防护:戴橡胶耐油手套。 其他防护:工作现场禁止吸烟、进食和饮水。工作完毕,淋浴更衣。实行就业前和定期的体检。		
危险性类别			易燃液体,类别3;急性毒性—经口,类别3;急性毒性—经皮肤,类别2;急性毒性—吸入,类别1。		

序号	710	品名	二异丁基酮	商品编码	2914.1900
别　名		2,6-二甲基-4-庚酮		CAS 号	108-83-8
英文名		2,6-dimethyl-4-heptanone			
分子式		$C_9H_{18}O$			
外观与性状		无色液体，略有气味。			
主要用途		用作硝化纤维素、橡胶、树脂等的溶剂和涂料，以及有机合成等。			
危险特性		本品遇明火、高热能引起燃烧爆炸；与强氧化剂发生反应，可引起燃烧；若遇高热，容器内压增大，有开裂和爆炸的危险。			
健康危害		本品蒸气对眼睛、鼻有轻度刺激性；高浓度时造成麻醉、呼吸中枢抑制；反复接触发生恶心、眩晕；对肝、肾可有轻度影响。			
防护措施		呼吸系统防护：空气中浓度超标时，佩戴防毒口罩。 眼睛防护：一般不需特殊防护。必要时戴安全防护眼镜。 身体防护：穿相应的防护服。 手防护：高浓度接触时，戴防护手套。 其他防护：工作现场禁止吸烟、进食和饮水。注意个人清洁卫生。			
危险性类别		易燃液体，类别3；特异性靶器官毒性—单次接触，类别3（呼吸道刺激）。			

序号	711	品名	二异戊醚	商品编码	2909.1990
别　名		异戊醚		CAS 号	544-01-4
英文名		Isopentyl ether			
分子式		$C_{10}H_{22}O$			
外观与性状		无色液体，微有果香味。			
主要用途		用作溶剂及用于制漆和再生橡胶工业。			
危险特性		本品易燃，遇高热、明火有引起燃烧的危险；接触空气或在光照条件下可生成具有潜在爆炸危险性的过氧化物。			
健康危害		吸入、口服或经皮肤吸收本品，对身体有害。具有刺激性。			
防护措施		呼吸系统防护：空气中浓度超标时，佩戴自吸过滤式防毒面具（半面罩）。 眼睛防护：必要时，戴化学安全防护眼镜。 身体防护：穿防静电工作服。 手防护：戴橡胶耐油手套。 其他防护：工作现场严禁吸烟。注意个人清洁卫生。			
危险性类别		易燃液体，类别3；危害水生环境—急性危害，类别2；危害水生环境—长期危害，类别2。			

序号	712	品名	二异辛基磷酸	商品编码	2919.9000
别 名			酸式磷酸二异辛酯	CAS 号	27215-10-7
英文名			Phosphoric acid, diisooctyl ester		
分子式			$C_{16}H_{35}PO_4$		
外观与性状			无色透明油状液体。		
主要用途			用作萃取剂、表面活性剂、清洗剂的中间体、有机溶剂、气相色谱固定液，也用于金属分离、提取。		
危险特性			本品遇明火、高热可燃；受高热分解，放出有毒的烟气；具有腐蚀性。		
健康危害			本品对眼睛、皮肤、黏膜有刺激性和腐蚀性。		
防护措施			呼吸系统防护：佩戴防毒口罩。紧急事态抢救或逃生时，佩戴防毒面具。 眼睛防护：戴安全防护眼镜。 身体防护：穿防腐工作服。 手防护：戴橡胶手套。 其他防护：工作现场禁止吸烟、进食和饮水。注意个人清洁卫生。		
危险性类别			皮肤腐蚀/刺激，类别1；严重眼损伤/眼刺激，类别1。		

序号	713	品名	二正丙胺	商品编码	2921.1910
别 名			二丙胺	CAS 号	142-84-7
英文名			Dipropylamine		
分子式			$C_6H_{15}N$		
外观与性状			无色液体，有氨的气味。		
主要用途			用作有机合成中间体及溶剂。		
危险特性			本品易燃，其蒸气与空气可形成爆炸性混合物；遇高热、明火及强氧化剂易引起燃烧；其蒸气比空气重，能在较低处扩散到相当远的地方，遇火源会着火回燃；具有腐蚀性。		
健康危害			吸入本品对呼吸道有刺激作用，引起剧咳、胸痛、肺水肿，此外不会出现头痛、恶心、虚弱、焦虑等症状；口服刺激口腔和胃；眼睛接触有强烈的刺激性，角膜发生水肿；对皮肤有强烈的刺激作用，会引起坏死。		
防护措施			呼吸系统防护：可能接触其蒸气时，佩戴导管式防毒面具。紧急事态抢救或撤离时，应该佩戴氧气呼吸器、空气呼吸器。 眼睛防护：呼吸系统防护中已作防护。 身体防护：穿胶布防毒衣。 手防护：戴橡胶耐油手套。 其他防护：工作现场禁止吸烟、进食和饮水。工作完毕，淋浴更衣。		
危险性类别			易燃液体，类别2；皮肤腐蚀/刺激，类别1A；严重眼损伤/眼刺激，类别1；特异性靶器官毒性—单次接触，类别3（呼吸道刺激）。		

序号	714	品名	二正丙基过氧重碳酸酯(含量≤100%)、正丙基过氧重碳酸酯(含量≤77%,含B型稀释剂≥23%)	商品编码	2920.9000
别　　名				CAS号	16066-38-9
英文名	Di-n-propyl peroxydicarbonate				
分子式	$C_8H_{14}O_6$				
外观与性状	无色液体。				
主要用途	用作聚合引发剂。				
危险特性	本品是强氧化剂；常温下能急剧分解，引起燃烧爆炸；与还原剂、促进剂、有机物、可燃物等接触发生剧烈反应，有燃烧爆炸危险。				
健康危害	本品属低毒类，吸入、摄入或经皮肤吸收本品后会引起中毒。对皮肤和黏膜有刺激作用；受热分解释放出有腐蚀性和刺激性的烟雾。				
防护措施	呼吸系统防护：可能接触其蒸气时，佩戴防毒口罩。紧急事态抢救或逃生时，应该佩戴防毒面具。 眼睛防护：戴安全防护眼镜。 身体防护：穿防静电工作服。 手防护：戴防护手套。 其他防护：工作现场禁止吸烟、进食和饮水。注意个人清洁卫生。				
危险性类别	有机过氧化物，C型。				

序号	715	品名	二正丁胺	商品编码	2921.1990
别　　名	二丁胺			CAS号	111-92-2
英文名	Dibutylamine				
分子式	$C_8H_{19}N$				
外观与性状	无色液体，有氨的气味。				
主要用途	用作腐蚀抑制剂，乳化剂，橡胶促进剂，杀虫剂，阻聚剂等。				
危险特性	本品遇明火、高热或与氧化剂接触，有引起燃烧爆炸的危险。				
健康危害	吸入本品后出现鼻、喉和肺刺激，恶心，头痛；液体对皮肤有强烈刺激性，短期接触即可引起灼伤；眼睛直接接触会引起严重损害；口服刺激口腔和消化道。				
防护措施	呼吸系统防护：可能接触其蒸气时，佩戴导管式防毒面具。紧急事态抢救或撤离时，建议佩戴自给式呼吸器。 眼睛防护：呼吸系统防护中已作防护。 身体防护：穿胶布防毒衣。 手防护：戴橡胶耐油手套。 其他防护：工作现场禁止吸烟、进食和饮水。工作完毕，淋浴更衣。实行就业前和定期的体检。				
危险性类别	易燃液体，类别3；急性毒性—经皮肤，类别3；急性毒性—吸入，类别2；皮肤腐蚀/刺激，类别1A；严重眼损伤/眼刺激，类别1；特异性靶器官毒性—单次接触，类别1；危害水生环境—急性危害，类别2。				

序号	716	品名	N,N-二正丁基氨基乙醇	商品编码	2922.1990
别　名			N,N-二正丁基乙醇胺;2-二丁氨基乙醇	CAS 号	102-81-8
英文名			2-(dibutylamino)-ethanol		
分子式			$C_{10}H_{23}NO$		
外观与性状			无色液体，微有氨的气味。		
主要用途			用作溶剂、萃取剂及用于有机合成。		
危险特性			本品遇高热、明火或与氧化剂接触，有引起燃烧的危险。		
健康危害			本品具有刺激性。		
防护措施			呼吸系统防护：空气中浓度超标时，佩戴防毒面具。紧急事态抢救或撤离时，建议佩戴供气式头盔。 眼睛防护：戴化学安全防护眼镜。 身体防护：穿防腐工作服。 手防护：戴橡皮手套。 其他防护：工作现场禁止吸烟、进食和饮水。注意个人清洁卫生。		
危险性类别			皮肤腐蚀/刺激，类别1；严重眼损伤/眼刺激，类别1；特异性靶器官毒性—单次接触，类别2；特异性靶器官毒性—单次接触，类别3（呼吸道刺激）；特异性靶器官毒性—反复接触，类别2；危害水生环境—长期危害，类别3。		

序号	717	品名	二-正丁基过氧重碳酸酯（含量≤27%，含 B 型稀释剂≥73%）、二-正丁基过氧重碳酸酯（27%＜含量≤52%，含 B 型稀释剂≥48%）、二-正丁基过氧重碳酸酯［含量≤42%，在水（冷冻）中稳定弥散］	商品编码	2920.9000
别　名				CAS 号	16215-49-9
英文名			Di-n-butyl peroxydicarbonate(in solution, content≤27%)		
分子式			$C_{10}H_{18}O_6$		
危险特性			本品遇还原剂、铵、有机物、酸、易燃物混合易燃；受热分解释放出辛辣刺激的烟雾。		
防护措施			呼吸系统防护：佩戴防毒口罩。紧急事态抢救或逃生时，佩戴自给式呼吸器。 眼睛防护：戴化学安全防护眼镜。 防护服：穿相应的防护服。 手防护：戴防化学品手套。 其他防护：工作现场禁止吸烟、进食和饮水。注意个人清洁卫生。		
危险性类别			有机过氧化物，E 型。		

序号	718	品名	二正戊胺	商品编码	2921.1990
别 名			二戊胺	CAS 号	2050-92-2
英文名			Diamylamine		
分子式			$C_{10}H_{23}N$		
外观与性状			无色液体。		
主要用途			用于有机合成，橡胶促进剂、浮选剂。		
危险特性			本品遇明火、高热或与氧化剂接触，有引起燃烧爆炸的危险；燃烧分解时，放出有毒的氮氧化物气体。		
健康危害			本品蒸气或雾对鼻、喉和肺部有刺激性，会出现咽喉肿痛、咳嗽、胸痛和呼吸困难等症状；高浓度吸入会导致肺水肿；中毒者出现头痛、恶心、虚弱、焦虑等症状；对眼睛有刺激性，严重者会导致永久性眼损害；液体对皮肤有刺激性，会导致灼伤；口服灼伤消化道，并出现头痛、恶心、虚弱和焦虑等症状。		
防护措施			呼吸系统防护：可能接触其蒸气时，应该佩戴自吸过滤式防毒面具（半面罩）。紧急事态抢救或撤离时，建议佩戴氧气呼吸器。 眼睛防护：戴化学安全防护眼镜。 身体防护：穿防毒物渗透工作服。 手防护：戴橡胶耐油手套。 其他防护：工作现场禁止吸烟、进食和饮水。工作完毕，淋浴更衣。定期体检。		
危险性类别			易燃液体，类别 3；急性毒性—经口，类别 3；急性毒性—经皮肤，类别 3；皮肤腐蚀/刺激，类别 1C；严重眼损伤/眼刺激，类别 1。		

序号	719	品名	二仲丁胺	商品编码	2921.1990
别 名			2-氨基丁烷	CAS 号	626-23-3
英文名			Di-sec-butylamine		
分子式			$C_8H_{19}N$		
外观与性状			无色、透明、易挥发液体，有刺激性氨味。		
主要用途			用作生产农药、药品和硅氧烷的中间体，用于聚合的助剂和橡胶添加剂。		
危险特性			本品遇明火、高温、氧化剂易燃；燃烧产生有毒的氮氧化物烟雾。		
健康危害			吸入、口服或经皮肤吸收本品对身体有害；对眼睛、皮肤、黏膜及呼吸道有强烈刺激性；吸入后可因喉、支气管的痉挛、水肿，化学性肺炎、肺水肿而致死；长时间接触可引起局部严重刺激或灼伤。		
防护措施			呼吸系统防护：佩戴防毒口罩。紧急事态抢救或逃生时，佩戴自给式呼吸器。 眼睛防护：戴化学安全防护眼镜。 防护服：穿相应的防护服。 手防护：戴防化学品手套。 其他防护：工作现场禁止吸烟、进食和饮水。注意个人清洁卫生。		
危险性类别			易燃液体，类别 3；危害水生环境—急性危害，类别 2。		

序号	720	品名 发烟硫酸	商品编码 2807.0000
别 名		硫酸和三氧化硫的混合物；焦硫酸	CAS 号 8014-95-7
英文名		Sulfuric acid	
分子式		H₂O₄S	
外观与性状		无色或棕色油状稠厚的发烟液体，有强刺激臭味。	
主要用途		用作磺化剂，还广泛用于制造染料、炸药、硝化纤维及药物等。	
危险特性		本品遇水大量放热，发生沸溅；与易燃物（如苯）和可燃物（如糖、纤维素等）接触会发生剧烈反应，甚至引起燃烧；遇电石、高氯酸盐、雷酸盐、硝酸盐、苦味酸盐、金属粉末等反应猛烈，发生爆炸或燃烧；能与普通金属发生反应，放出氢气而与空气形成爆炸性混合物；具有强烈的腐蚀性和吸水性。	
健康危害		本品对皮肤、黏膜等组织有强烈的刺激和腐蚀作用；其蒸气或雾会引起结膜炎、结膜水肿、角膜混浊，以致失明；引起呼吸道刺激症状，重者发生呼吸困难和肺水肿；高浓度引起喉痉挛或声门水肿而死亡。口服后引起消化道的灼伤以致溃疡形成；严重者可能有胃穿孔、腹膜炎、肾损害、休克等。皮肤灼伤轻者出现红斑，重者形成溃疡，愈后瘢痕收缩影响功能。溅入眼内会造成灼伤，甚至角膜穿孔、全眼炎以致失明。慢性影响：牙齿酸蚀症、慢性支气管炎、肺气肿和肺硬化。	
防护措施		呼吸系统防护：可能接触其烟雾时，佩戴自吸过滤式防毒面具（全面罩）或空气呼吸器。紧急事态抢救或撤离时，建议佩戴氧气呼吸器。 眼睛防护：呼吸系统防护中已作防护。 身体防护：穿橡胶耐酸碱服。 手防护：戴橡胶耐酸碱手套。 其他防护：工作完毕，淋浴更衣。单独存放被毒物污染的衣服，洗后备用。保持良好的卫生习惯。	
危险性类别		皮肤腐蚀/刺激，类别 1A；严重眼损伤/眼刺激，类别 1；特异性靶器官毒性—单次接触，类别 3（呼吸道刺激）。	

序号	721	品名	发烟硝酸	商品编码	2808.0000
别 名				CAS 号	52583-42-3
英文名	Nitric acid				
分子式	HNO_3				
外观与性状	无色透明液体。				
主要用途	用以制造化肥、炸药、硝酸盐等。				
危险特性	本品会助燃，与可燃物混合会发生爆炸。				
健康危害	吸入硝酸气雾产生呼吸道刺激作用，会引起急性肺水肿；口服引起腹部剧痛，严重者会有胃穿孔、腹膜炎、喉痉挛、肾损害、休克以及窒息等症状；眼睛和皮肤接触引起灼伤。慢性影响：长期接触引起牙齿酸蚀症。				
防护措施	呼吸系统防护：可能接触其烟雾时，佩戴自吸过滤式防毒面具（全面罩）或空气呼吸器。紧急事态抢救或撤离时，建议佩戴氧气呼吸器。 眼睛防护：呼吸系统防护中已作防护。 身体防护：穿橡胶耐酸碱服。 手防护：戴橡胶耐酸碱手套。 其他防护：工作完毕，淋浴更衣。单独存放被毒物污染的衣服，洗后备用。保持良好的卫生习惯。				
危险性类别	氧化性液体，类别1；皮肤腐蚀/刺激，类别1；严重眼损伤/眼刺激，类别1。				

序号	722	品名	钒酸铵钠	商品编码	2842.9090
别 名				CAS 号	12055-09-3
英文名	Sodium ammonium vanadate				
分子式	$H_{12}N_3Na_3O_8V_2$				
外观与性状	棕黄色粉状固体。				
主要用途	石油化工工业。				
危险特性	本品不燃，为氧化剂；可助燃；火场生成钒氧化物烟雾。				
防护措施	呼吸系统防护：佩戴防毒口罩。紧急事态抢救或逃生时，佩戴自给式呼吸器。 眼睛防护：戴化学安全防护眼镜。 防护服：穿相应的防护服。 手防护：戴防化学品手套。 其他防护：工作现场禁止吸烟、进食和饮水。注意个人清洁卫生。				
危险性类别	急性毒性—经口，类别3；急性毒性—吸入，类别3。				

序号	723	品名	钒酸钾	商品编码	2841.9000
别名			钒酸三钾	CAS 号	14293-78-8
英文名			Tripotassium vanadium tetraoxide		
分子式			K_3O_4V		
外观与性状			白色无味粉末。		
危险特性			本品通常对水体是稍微有害的，不要将未稀释或大量产品接触地下水、水道或污水系统，未经政府许可勿将材料排入周围环境。		
防护措施			呼吸系统防护：佩戴防毒口罩。紧急事态抢救或逃生时，佩戴自给式呼吸器。 眼睛防护：戴化学安全防护眼镜。 防护服：穿相应的防护服。 手防护：戴防化学品手套。 其他防护：工作现场禁止吸烟、进食和饮水。注意个人清洁卫生。		
危险性类别			急性毒性—经口，类别 2；急性毒性—经皮肤，类别 1；急性毒性—吸入，类别 2。		

序号	724	品名	2-呋喃甲醇	商品编码	2932.1300
别名			糠醇	CAS 号	98-00-0
英文名			Furfuryl alcohol		
分子式			$C_5H_6O_2$		
外观与性状			无色易流动液体，具有特殊的苦辣气味。		
主要用途			用于合成树脂和加工染料等。		
危险特性			本品蒸气与空气形成爆炸性混合物，遇明火、高热或与氧化剂接触，有引起燃烧爆炸的危险；遇无机酸和某些有机酸可能引起爆炸；若遇高热，容器内压增大，有开裂和爆炸的危险。		
健康危害			本品是刺激剂，高浓度持续吸入引起咳嗽、气短和胸部紧束，极高浓度会引起死亡；蒸气对眼睛有刺激性；液体会引起眼部炎症和角膜混浊；皮肤接触其液体，引起皮肤干燥和刺激；口服出现头痛、恶心、口腔和胃刺激。		
防护措施			呼吸系统防护：可能接触其蒸气时，应该佩戴防毒面具。紧急事态抢救或逃生时，佩戴自给式呼吸器。 眼睛防护：戴安全防护眼镜。 身体防护：穿相应的防护服。 手防护：戴防化学品手套。 其他防护：工作现场禁止吸烟、进食和饮水。注意个人清洁卫生。		
危险性类别			急性毒性—经口，类别 3；急性毒性—经皮肤，类别 3；急性毒性—吸入，类别 2；严重眼损伤/眼刺激，类别 2；特异性靶器官毒性—单次接触，类别 3（呼吸道刺激）；特异性靶器官毒性—反复接触，类别 2*。		

序号	725	品名	放线菌素		商品编码	2941.9090
别 名					CAS 号	1402-38-6
英文名	Actinomycin					
外观与性状	茜草红或橙黄色结晶性粉末。					
主要用途	作用与更生霉素相近，有较广的抗瘤谱。此外，还具有较强的抗细菌、真菌和病毒的作用。主要用于小儿霍奇金氏病、肾母细胞瘤、白血病等。					
防护措施	呼吸系统防护：佩戴防毒口罩。紧急事态抢救或逃生时，佩戴自给式呼吸器。 眼睛防护：戴化学安全防护眼镜。 防护服：穿相应的防护服。 手防护：戴防化学品手套。 其他防护：工作现场禁止吸烟、进食和饮水。工作完毕，淋浴更衣。注意个人清洁卫生。					
危险性类别	急性毒性—经口，类别 2*。					

序号	726	品名	呋喃		商品编码	2932.1900
别 名	氧杂茂				CAS 号	110-00-9
英文名	Furan					
分子式	C_4H_4O					
外观与性状	无色液体，有温和的香味。					
主要用途	用于有机合成或用作溶剂。					
危险特性	本品蒸气与空气可形成爆炸性混合物，遇明火、高热能引起燃烧爆炸；与氧化剂能发生强烈反应；在空气中能形成不稳定的过氧化物，蒸馏时易引起爆炸；与酸液接触，能发生强烈的放热反应；在火场中，受热的容器有爆炸危险；其蒸气比空气重，能在较低处扩散到相当远的地方，遇火源会着火回燃。					
健康危害	本品有麻醉和弱刺激作用，吸入后会引起头痛、头晕、恶心、呕吐、血压下降、呼吸衰竭等症状。慢性影响：肝、肾损害。					
防护措施	呼吸系统防护：一般不需要特殊防护，高浓度接触时可佩戴自吸过滤式防毒面具（半面罩）。 眼睛防护：一般不需特殊防护。必要时，戴安全防护眼镜。 身体防护：穿防静电工作服。 手防护：戴橡胶耐油手套。 其他防护：工作现场严禁吸烟。工作完毕，淋浴更衣。注意个人清洁卫生。					
危险性类别	易燃液体，类别 1；皮肤腐蚀/刺激，类别 2；生殖细胞致突变性，类别 2；致癌性，类别 2；特异性靶器官毒性—反复接触，类别 2*；危害水生环境—长期危害，类别 3。					

序号	727	品名	放线菌素 D	商品编码	2941.9090
别　名				CAS 号	50-76-0
英文名	Actinomycin D				
分子式	$C_{62}H_{86}N_{12}O_{16}$				
外观与性状	鲜红色或橙红色结晶性粉末。				
主要用途	干扰素诱导剂，临床用于抗肿瘤药物。				
危险特性	本品可燃，燃烧释放出有毒的氮氧化物烟雾。				
防护措施	呼吸系统防护：佩戴防毒口罩。紧急事态抢救或逃生时，佩戴自给式呼吸器。 眼睛防护：戴化学安全防护眼镜。 防护服：穿相应的防护服。 手防护：戴防化学品手套。 其他防护：工作现场禁止吸烟、进食和饮水。工作完毕，淋浴更衣。注意个人清洁卫生。				
危险性类别	急性毒性—经口，类别 2。				

序号	728	品名	氟	商品编码	2801.3010
别　名				CAS 号	7782-41-4
英文名	Fluorine				
分子式	F_2				
外观与性状	淡黄色气体，有刺激性气味。				
主要用途	用作火箭燃料中的氧化剂，以及用于氟化合物、含氟塑料、氟橡胶等的制造。				
危险特性	本品是强氧化剂，是最活泼的非金属元素，几乎可与所有的物质发生剧烈反应而燃烧；与氢气混合时会引起爆炸；特别是与水或杂质接触时，可发生激烈反应而燃烧，使容器破裂；对许多金属有腐蚀性，并能形成一层保护性金属氟化物。				
健康危害	本品高浓度时有强烈的腐蚀作用。急性中毒：高浓度接触眼睛和上呼吸道出现强烈的刺激症状，严重者引起肺水肿、肺出血、喉及支气管痉挛；对皮肤、黏膜有强烈的刺激作用，高浓度会引起严重灼伤。慢性影响：引起慢性鼻炎、咽炎、喉炎、气管炎、植物神经功能紊乱和骨骼改变等症状；尿氟可增高。				
防护措施	呼吸系统防护：正常工作情况下，佩戴过滤式防毒面具（全面罩）。高浓度环境中，必须佩戴空气呼吸器或氧气呼吸器。紧急事态抢救或撤离时，建议佩戴隔离式呼吸器。 眼睛防护：呼吸系统防护中已作防护。 身体防护：穿胶布防毒衣。 手防护：戴橡胶手套。 其他防护：工作现场禁止吸烟、进食和饮水。工作完毕，淋浴更衣。保持良好的卫生习惯。				
危险性类别	氧化性气体，类别 1；加压气体；急性毒性—吸入，类别 2*；皮肤腐蚀/刺激，类别 1A；严重眼损伤/眼刺激，类别 1。				

序号	729	品名	呋喃甲酰氯	商品编码	2932.1900
别　名		氯化呋喃甲酰		CAS 号	527-69-5
英文名		α-furoyl chloride			
分子式		$C_5H_3ClO_2$			
外观与性状		无色或浅黄色液体。			
主要用途		用于有机合成。			
危险特性		本品遇明火、高热可燃；受热或遇水分解释放热，放出有毒的腐蚀性烟气。具有腐蚀性。			
健康危害		本品对眼睛、皮肤、黏膜和呼吸道有强烈的刺激作用；吸入可能由于喉、支气管的痉挛、水肿、炎症，化学性肺炎、肺水肿而致死；中毒症状有烧灼感、咳嗽、喘息、喉炎、气短、头痛、恶心和呕吐。			
防护措施		呼吸系统防护：空气中浓度较高时，应该佩戴防毒面具。紧急事态抢救或逃生时，建议佩戴自给式呼吸器。 眼睛防护：戴化学安全防护眼镜。 身体防护：穿工作服（防腐材料制作）。 手防护：戴橡皮手套。 其他防护：工作现场禁止吸烟、进食和饮水。注意个人清洁卫生。			
危险性类别		皮肤腐蚀/刺激，类别1；严重眼损伤/眼刺激，类别1。			

序号	730	品名	1-氟-2,4-二硝基苯	商品编码	2904.9900
别　名		2,4-二硝基-1-氟苯		CAS 号	70-34-8
英文名		2,4-dinitrofluorobenzene			
分子式		$C_6H_3FN_2O_4$			
外观与性状		黄色针状结晶，液化后为橙黄色液体。			
主要用途		用作蛋白质分析的试剂、测定酚、吗啡及氨基酸、醛、肟的还原剂。			
危险特性		本品遇明火能燃烧；受热分解，放出有毒的氮氧化物和氟化物烟气。			
健康危害		本品对眼睛和皮肤有刺激性，口服可致死亡。			
防护措施		呼吸系统防护：可能接触其蒸气时，必须佩戴自吸过滤式防毒面具（半面罩）；可能接触其粉尘时，建议佩戴自吸过滤式防尘口罩。 眼睛防护：戴化学安全防护眼镜。 身体防护：穿防毒物渗透工作服。 手防护：戴橡胶手套。 其他防护：工作现场禁止吸烟、进食和饮水。及时换洗工作服。保持良好的卫生习惯。			
危险性类别		皮肤腐蚀/刺激，类别2；皮肤致敏物，类别1。			

序号	731	品名	2-氟苯胺	商品编码	2921.4200
别 名			邻氟苯胺；邻氨基氟化苯	CAS 号	348-54-9
英文名			O-fluoroaniline		
分子式			C_6H_6FN		
外观与性状			淡黄色液体。		
主要用途			用作分析试剂。		
危险特性			本品遇高热、明火或氧化剂，有引起燃烧的危险；受高热分解，放出有毒的烟气。		
健康危害			本品有毒，对皮肤有刺激作用；其蒸气或烟雾对眼睛、黏膜和上呼吸道有刺激作用；进入体内，形成高铁血红蛋白而导致紫绀。		
防护措施			呼吸系统防护：佩戴防毒口罩。紧急事态抢救或逃生时，应该佩戴自给式呼吸器。 眼睛防护：高浓度环境中，戴化学安全防护眼镜。 身体防护：穿防静电工作服。 手防护：戴防护手套。 其他防护：工作现场禁止吸烟、进食和饮水。注意个人清洁卫生。		
危险性类别			易燃液体，类别3；皮肤腐蚀/刺激，类别2；严重眼损伤/眼刺激，类别2A；特异性靶器官毒性—单次接触，类别3（呼吸道刺激）；危害水生环境—长期危害，类别3。		

序号	732	品名	3-氟苯胺	商品编码	2921.4200
别 名			间氟苯胺；间氨基氟化苯	CAS 号	372-19-0
英文名			M-fluoroaniline		
分子式			C_6H_6FN		
外观与性状			淡黄色液体。		
主要用途			用于制造药物、杀虫剂、农用化学品，也是偶氮染料和颜料的中间体。		
危险特性			本品遇明火、高热可燃；受热分解，放出有毒的烟气。		
健康危害			本品对眼睛、皮肤、黏膜和上呼吸道有刺激作用；吸收进入体内后，形成高铁血红蛋白而导致紫绀。		
防护措施			呼吸系统防护：可能接触其蒸气时，应该佩戴防毒口罩。紧急事态抢救或逃生时，佩戴自给式呼吸器。 眼睛防护：戴安全防护眼镜。 身体防护：穿相应的防护服。 手防护：戴防护手套。 其他防护：工作现场禁止吸烟、进食和饮水。注意个人清洁卫生。		
危险性类别			皮肤腐蚀/刺激，类别2；严重眼损伤/眼刺激，类别2A；特异性靶器官毒性—单次接触，类别3（呼吸道刺激）；危害水生环境—长期危害，类别3。		

序号	733	品名	4-氟苯胺	商品编码	2921.4200
别 名			对氟苯胺；对氨基氟化苯	CAS 号	371-40-4
英文名			4-fluoroaniline		
分子式			C_6H_6FN		
外观与性状			淡黄色的油状液体，有刺激性气味。		
主要用途			用作染料中间体。		
危险特性			本品遇明火、高热可燃；受高热分解释放出有毒的气体；与强氧化剂接触可发生化学反应。		
健康危害			吸入、口服或经皮肤吸收本品可能引起死亡；其蒸气或雾对眼睛、黏膜、上呼吸道和皮肤有刺激性；吸收进入体内可引起高铁血红蛋白血症；高浓度接触引起紫绀。		
防护措施			呼吸系统防护：可能接触其蒸气时，佩戴过滤式防毒面具（半面罩）。紧急事态抢救或撤离时，佩戴隔离式呼吸器。 眼睛防护：戴安全防护眼镜。 身体防护：穿防毒物渗透工作服。 手防护：戴橡胶耐油手套。 其他防护：工作现场禁止吸烟、进食和饮水。及时换洗工作服。。		
危险性类别			皮肤腐蚀/刺激，类别2；严重眼损伤/眼刺激，类别2A；特异性靶器官毒性—单次接触，类别3（呼吸道刺激）；危害水生环境—长期危害，类别3。		

序号	734	品名	氟代苯	商品编码	2903.9990
别 名			氟苯	CAS 号	462-06-6
英文名			Fluorobenzene		
分子式			C_6H_5F		
外观与性状			无色液体，有苯样的气味。		
主要用途			用作杀虫、杀卵剂及用于塑料和树脂聚合物的鉴定。		
危险特性			本品易燃，遇高热、明火、氧化剂有引起燃烧的危险；其蒸气比空气重，能在较低处扩散到相当远的地方，遇火源会着火回燃。		
健康危害			吸入、口服或经皮肤吸收本品对身体有害，其毒性作用可能近似苯。		
防护措施			呼吸系统防护：空气中浓度超标时，佩戴自吸过滤式防毒面具（半面罩）。紧急事态抢救或撤离时，应该佩戴空气呼吸器或氧气呼吸器。 眼睛防护：一般不需要特殊防护，高浓度接触时可戴安全防护眼镜。 身体防护：穿防静电工作服。 手防护：戴橡胶耐油手套。 其他防护：工作现场严禁吸烟。工作完毕，淋浴更衣。注意个人清洁卫生。		
危险性类别			易燃液体，类别2；严重眼损伤/眼刺激，类别2A；危害水生环境—急性危害，类别2；危害水生环境—长期危害，类别2。		

序号	735	品名	氟代甲苯	商品编码	2903.9990
别 名				CAS 号	25496-08-6
英文名	Benzene, fluoromethyl-				
分子式	C_7H_7F				
防护措施	呼吸系统防护：佩戴防毒口罩。紧急事态抢救或逃生时，佩戴自给式呼吸器。 眼睛防护：戴化学安全防护眼镜。 防护服：穿相应的防护服。 手防护：戴防化学品手套。 其他防护：工作现场禁止吸烟、进食和饮水。工作完毕，淋浴更衣。注意个人清洁卫生。				
危险性类别	易燃液体，类别 2。				

序号	736	品名	氟锆酸钾	商品编码	2826.9090
别 名	氟化锆钾			CAS 号	16923-95-8
英文名	Potassium fluorozirconate				
分子式	$K_2(ZrF_6)$				
外观与性状	无色或白色单斜晶系结晶。				
主要用途	用于制金属锆、锆化合物、高级电器材料、耐火材料、烟火、陶瓷、搪瓷、玻璃等。				
危险特性	本品受高热分解，放出有毒的烟气。				
健康危害	误服或吸入本品粉尘会中毒。氟化物对皮肤及黏膜有刺激及腐蚀作用；在人体内能干扰多种酶的活性，影响糖代谢、细胞呼吸功能，引起钙、磷代谢的紊乱及氟骨症。				
防护措施	呼吸系统防护：佩戴防尘口罩。空气中浓度较高时，建议佩戴防毒面具。 眼睛防护：可采用安全面罩。 身体防护：穿防腐工作服。 手防护：戴防护手套。				
危险性类别	急性毒性—经口，类别 3；严重眼损伤/眼刺激，类别 1。				

序号	737	品名	氟硅酸		商品编码	2811.1990
别 名			硅氟酸		CAS 号	16961-83-4
英文名			Hexafluorosilicic acid			
分子式			H_2SiF_6			
外观与性状			其水溶液为无色透明的发烟液体,有刺激性气味。			
主要用途			制取氟硅酸盐及四氟化硅的原料,也应用于金属电镀、木材防腐、啤酒消毒等。			
危险特性			本品受热分解释放出有毒的氟化物气体,具有较强的腐蚀性。			
健康危害			皮肤直接接触本品,引起发红,局部有烧灼感,严重者有溃疡形成;对机体的作用似氢氟酸,但较弱。			
防护措施			呼吸系统防护:可能接触其烟雾时,佩戴自吸过滤式防毒面具(全面罩)或空气呼吸器。紧急事态抢救或撤离时,建议佩戴氧气呼吸器。 眼睛防护:呼吸系统防护中已作防护。 身体防护:穿橡胶耐酸碱服。 手防护:戴橡胶耐酸碱手套。 其他防护:工作现场禁止吸烟、进食和饮水。工作完毕,淋浴更衣。单独存放被毒物污染的衣服,洗后备用。保持良好的卫生习惯。			
危险性类别			皮肤腐蚀/刺激,类别1B;严重眼损伤/眼刺激,类别1。			

序号	738	品名	氟硅酸铵		商品编码	2826.9010
别 名			六氟硅酸铵		CAS 号	1309-32-6
英文名			Ammonium hexafluorosilicate			
分子式			H_4FNO_2Si			
外观与性状			无色结晶粉末,无臭味。			
主要用途			用于消毒剂、防腐剂、杀虫剂等的制备。			
健康危害			吸入、皮肤接触及吞食本品有毒。			
防护措施			呼吸系统防护:佩戴防毒口罩。紧急事态抢救或逃生时,佩戴自给式呼吸器。 眼睛防护:戴化学安全防护眼镜。 防护服:穿相应的防护服。 手防护:戴防化学品手套。 其他防护:工作现场禁止吸烟、进食和饮水。工作完毕,淋浴更衣。注意个人清洁卫生。			
危险性类别			急性毒性—经口,类别3;急性毒性—经皮肤,类别3;急性毒性—吸入,类别3。			

序号	739	品名	氟硅酸钾	商品编码	2826.9010
别　名				CAS 号	16871-90-2
英文名	Potassium fluorosilicate				
分子式	K_2SiF_6				
外观与性状	白色细粉末或结晶，无臭、无味。				
主要用途	用于制造乳白玻璃、瓷器瓷釉、农药、木材防腐剂及冶炼铅。				
危险特性	本品与酸反应，放出有毒的腐蚀性烟气；受高热分解，放出有毒的烟气。				
健康危害	误服或吸入本品粉尘会中毒；粉尘能强烈刺激眼睛和呼吸系统。				
防护措施	呼吸系统防护：佩戴防尘口罩。紧急事态抢救或逃生时，应该佩戴防毒面具。 眼睛防护：戴化学安全防护眼镜。 身体防护：穿相应的防护服。 手防护：戴防化学品手套。 其他防护：工作现场禁止吸烟、进食和饮水。注意个人清洁卫生。				
危险性类别	急性毒性—经口，类别 3＊；急性毒性—经皮肤，类别 3＊；急性毒性—吸入，类别 3＊。				

序号	740	品名	氟硅酸钠	商品编码	2826.9010
别　名				CAS 号	16893-85-9
英文名	Sodium fluosilicate				
分子式	Na_2SiF_6				
外观与性状	白色颗粒粉末。				
主要用途	用作搪瓷乳白剂、农业杀虫剂、木材防腐剂等。				
危险特性	本品受高热或接触酸或酸雾放出剧毒的烟雾。				
健康危害	误服本品会引起急性胃肠炎样的急性中毒症状，可致死；皮肤接触可致皮炎或干裂。				
防护措施	呼吸系统防护：佩戴防尘口罩。空气中浓度较高时，建议佩戴防毒面具。 眼睛防护：戴化学安全防护眼镜。 身体防护：穿工作服。 手防护：戴橡皮手套。 其他防护：工作现场禁止吸烟、进食和饮水。注意个人清洁卫生。				
危险性类别	急性毒性—经口，类别 3＊；急性毒性—经皮肤，类别 3＊；急性毒性—吸入，类别 3＊。				

序号	741	品名	氟化铵	商品编码	2826.1910
别 名				CAS 号	12125-01-8
英文名	Ammonium fluoride					
分子式	NH_4F					
外观与性状	白色六角晶体或粉末,易潮解。					
主要用途	用于提取稀有元素、雕刻玻璃,并用作分析试剂、消毒剂等。					
危险特性	本品遇酸分解,放出腐蚀性的氟化氢气体;遇碱放出有刺激性的氨;受高热分解产生有毒的腐蚀性烟气。					
健康危害	本品有毒,对眼睛、皮肤、黏膜和上呼吸道有强烈刺激作用;吸入会引起喉、支气管的炎症、痉挛,化学性肺炎、肺水肿等症状;接触后,引起头痛、恶心、呕吐、咳嗽、眩晕、气短等症状。					
防护措施	呼吸系统防护:可能接触其蒸气时,佩戴防毒口罩。必要时佩戴防毒面具。 眼睛防护:戴化学安全防护眼镜。 身体防护:穿相应的防护服。 手防护:戴防化学品手套。 其他防护:工作现场禁止吸烟、进食和饮水。注意个人清洁卫生。					
危险性类别	急性毒性—经口,类别3*;急性毒性—经皮肤,类别3*;急性毒性—吸入,类别3*。					

序号	742	品名	氟化钡	商品编码	2826.1990
别 名				CAS 号	7787-32-8
英文名	Barium fluoride					
分子式	BaF_2					
外观与性状	白色粉末或无色透明四方晶系结晶。					
主要用途	用作防腐剂,用于金属热处理及陶瓷、搪瓷、玻璃制造。					
危险特性	本品受高热分解,放出有毒的烟气。					
健康危害	本品对眼睛、皮肤、黏膜和上呼吸道有强烈刺激作用。过量接触,出现唾液分泌增加、恶心、呕吐、腹痛、发烧、呼吸困难、血清中钙含量减少等症状。其粉尘、蒸气或烟雾引起鼻中膈穿孔。慢性影响:可致骨、韧带、肌腱钙化。					
防护措施	呼吸系统防护:可能接触毒物时,佩戴防毒口罩。高浓度环境中,建议佩戴防毒面具。 眼睛防护:戴化学安全防护眼镜。 身体防护:穿相应的防护服。 手防护:戴防化学品手套。 其他防护:工作现场禁止吸烟、进食和饮水。注意个人清洁卫生。					
危险性类别	急性毒性—经口,类别3;严重眼损伤/眼刺激,类别2;生殖毒性,类别2;特异性靶器官毒性—单次接触,类别3(呼吸道刺激);特异性靶器官毒性—反复接触,类别1。					

序号	743	品名	氟化锆	商品编码	2826.1990
别 名				CAS 号	7783-64-4
英文名	Zirconium fluoride				
分子式	ZrF_4				
外观与性状	无色有强折光率的透明单斜系结晶。				
主要用途	原子反应堆用助熔性盐。				
危险特性	本品受高热分解，放出有毒的烟气。				
健康危害	本品有毒，误服或吸入会中毒。主要考虑氟的危害作用。受热分解释放出氟，对皮肤和黏膜有刺激及腐蚀作用。目前，工业上未见有锆中毒的报道。				
防护措施	呼吸系统防护：佩戴防尘口罩。 眼睛防护：一般不需特殊防护。必要时可采用安全面罩。 身体防护：穿工作服。 手防护：戴防护手套。 其他防护：工作现场禁止吸烟、进食和饮水。注意个人清洁卫生。				
危险性类别	皮肤腐蚀/刺激，类别 1；严重眼损伤/眼刺激，类别 1。				

序号	744	品名	氟化镉	商品编码	2826.1990
别 名				CAS 号	7790-79-6
英文名	Cadmium fluoride				
分子式	CdF_2				
外观与性状	白色立方体结晶。				
主要用途	用于阴极射线管、磷光体、玻璃、控制核反应器及激光结晶的起始材料。				
危险特性	本品与钾发生剧烈反应；受高热分解，放出高毒的烟气。				
健康危害	本品有毒，误服或吸入会中毒。吸入出现呼吸道刺激症状和肺水肿；误服出现急性胃肠炎。慢性影响可损害肾和肺。				
防护措施	呼吸系统防护：佩戴防毒口罩。紧急事态抢救或逃生时，佩戴自给式呼吸器。 眼睛防护：戴安全防护眼镜。 身体防护：穿相应的防护服。 手防护：戴防护手套。 其他防护：工作现场禁止吸烟、进食和饮水。注意个人清洁卫生。				
危险性类别	急性毒性—经口，类别 3*；急性毒性—吸入，类别 2*；生殖细胞致突变性，类别 1B；致癌性，类别 1A；生殖毒性，类别 1B；特异性靶器官毒性—反复接触，类别 1；危害水生环境—急性危害，类别 1；危害水生环境—长期危害，类别 1。				

序号	745	品名	氟化铬		商品编码	2826.1990
别　名			三氟化铬		CAS 号	7788-97-8
英文名		Chromium fluoride				
分子式		CrF_3				
外观与性状		绿色粉末或结晶。				
主要用途		用于印染工业，用作毛织品防蛀剂、卤化催化剂、大理石硬化及着色剂。				
危险特性		本品受高热分解，放出刺激性烟气。				
健康危害		本品具有腐蚀性；受高热分解生成氟化氢等有毒气体。				
防护措施		呼吸系统防护：空气中粉尘浓度超标时，建议佩戴自吸过滤式防尘口罩。 眼睛防护：戴安全防护眼镜。 身体防护：穿防腐工作服。 手防护：戴防化学品手套。 其他防护：工作场所禁止吸烟、进食和饮水，饭前要洗手。保持良好的卫生习惯。实行就业前和定期的体检。				
危险性类别		皮肤腐蚀/刺激，类别 1；严重眼损伤/眼刺激，类别 1。				

序号	746	品名	氟化汞		商品编码	2852.1000
别　名			二氟化汞		CAS 号	7783-39-3
英文名		Mercury fluorid				
分子式		HgF_2				
外观与性状		白色吸湿性立方晶系结晶。				
主要用途		制造科学测量仪器（如气压计、温度计等）、药物、催化剂、汞蒸气灯、电极、雷汞等。				
危险特性		本品不燃；火场放出有毒的汞化物和氟化物烟雾；在湿空气中放出有毒的氟化氢气体。				
防护措施		呼吸系统防护：佩戴防毒口罩。紧急事态抢救或逃生时，佩戴自给式呼吸器。 眼睛防护：戴化学安全防护眼镜。 防护服：穿相应的防护服。 手防护：戴防化学品手套。 其他防护：工作现场禁止吸烟、进食和饮水。工作完毕，淋浴更衣。注意个人清洁卫生。				
危险性类别		急性毒性—经口，类别 2*；急性毒性—经皮肤，类别 1；急性毒性—吸入，类别 2*；特异性靶器官毒性—反复接触，类别 2*；危害水生环境—急性危害，类别 1；危害水生环境—长期危害，类别 1。				

序号	747	品名	氟化钴	商品编码	2826.1990
别　名			三氟化钴	CAS 号	10026-18-3
英文名			Cobalt fluoride		
分子式			CoF$_3$		
外观与性状			浅褐色粉末，在潮湿空气中变为暗褐色。		
主要用途			用作氟化剂。		
危险特性			本品是强氧化剂、强氟化剂，与易燃物、有机物接触易着火燃烧；遇水发生剧烈反应，产生剧毒的腐蚀性的氟化氢气体；与磷、钾能发生猛烈的化学反应；具有腐蚀性；受高热分解，放出有毒的烟气。		
健康危害			本品有毒，误服会中毒；对眼睛、皮肤、黏膜和上呼吸道有强烈刺激作用。		
防护措施			呼吸系统防护：可能接触其粉尘时，应该佩戴防尘口罩。紧急事态抢救或逃生时，建议佩戴自给式呼吸器。 眼睛防护：戴化学安全防护眼镜。 身体防护：穿相应的防护服。 手防护：戴防化学品手套。 其他防护：工作现场禁止吸烟、进食和饮水。注意个人清洁卫生。		
危险性类别			致癌性，类别 2。		

序号	748	品名	氟化镧	商品编码	2846.9033
别　名			三氟化镧	CAS 号	13709-38-1
英文名			Lanthanum fluoride		
分子式			LaF$_3$		
外观与性状			白色粉末。		
主要用途			用作拉制氟化镧单晶的材料。		
危险特性			本品不可燃烧；火场产生有毒的含氧化镧、氯化物的烟雾；易水解产生氢氟酸。		
健康危害			本品会刺激眼睛、呼吸系统和皮肤。		
防护措施			呼吸系统防护：佩戴防毒口罩。紧急事态抢救或逃生时，佩戴自给式呼吸器。 眼睛防护：戴化学安全防护眼镜。 防护服：穿相应的防护服。 手防护：戴防化学品手套。 其他防护：工作现场禁止吸烟、进食和饮水。工作完毕，淋浴更衣。注意个人清洁卫生。		
危险性类别			皮肤腐蚀/刺激，类别 2；严重眼损伤/眼刺激，类别 2。		

序号	749	品名	氟化钾		商品编码	2826.1990
别　名					CAS 号	7789-23-3
英文名	Potassium fluoride					
分子式	KF					
外观与性状	无色立方结晶，易潮解。					
主要用途	用作分析试剂、络合物形成剂及用于玻璃雕刻和食物防腐，还用作杀虫剂、氟化剂等。					
危险特性	本品与酸类反应放出腐蚀性、刺激性更强的氢氟酸，能腐蚀玻璃。					
健康危害	本品对黏膜、上呼吸道、眼睛、皮肤组织有极强的破坏作用。吸入后会因喉、支气管的炎症、水肿、痉挛，化学性肺炎、肺水肿而致死。中毒症状有烧灼感、咳嗽、喘息、喉炎、气短、头痛、恶心和呕吐。					
防护措施	呼吸系统防护：可能接触其粉尘时，应该佩戴头罩型电动送风过滤式防尘呼吸器。紧急事态抢救或撤离时，建议佩戴自给式呼吸器。 眼睛防护：呼吸系统防护中已作防护。 身体防护：穿胶布防毒衣。 手防护：戴乳胶手套。 其他防护：工作现场禁止吸烟、进食和饮水。工作完毕，淋浴更衣。工作服不准带至非作业场所。单独存放被毒物污染的衣服，洗后备用。保持良好的卫生习惯。					
危险性类别	急性毒性—经口，类别3*；急性毒性—经皮肤，类别3*；急性毒性—吸入，类别3*；危害水生环境—急性危害，类别2。					

序号	750	品名	氟化锂		商品编码	2826.1990
别　名					CAS 号	7789-24-4
英文名	Lithium fluoride					
分子式	FLi					
外观与性状	白色粉末或立方晶体。					
主要用途	用于搪瓷、玻璃、釉和焊接中作助熔剂。					
危险特性	本品受高热分解，放出有毒的烟气。					
健康危害	吸入、摄入或经皮肤吸收本品后会中毒，具有刺激作用。大剂量会引起眩晕、虚脱，对肾脏有损害作用；过量接触，出现唾液分泌增加、恶心、呕吐、腹痛、发烧、呼吸困难等症状。					
防护措施	呼吸系统防护：佩戴防毒口罩。高浓度环境中，佩戴自给式呼吸器。 眼睛防护：戴化学安全防护眼镜。 身体防护：穿相应的防护服。 手防护：戴防化学品手套。					
危险性类别	急性毒性—经口，类别3。					

序号	751	品名	氟化钠	商品编码	2826.1920
别　名				CAS 号	7681-49-4
英文名		Sodium fluoride			
分子式		FNa			
外观与性状		白色粉末或结晶，无臭。			
主要用途		用作杀虫剂、木材防腐剂。			
危险特性		本品与酸类反应放出腐蚀性、刺激性更强的氢氟酸，能腐蚀玻璃。			
健康危害		急性中毒：多为误服本品所致。服后立即出现恶心、呕吐、腹痛、腹泻；严重者休克、呼吸困难、紫绀，如不及时抢救可致死亡；部分患者出现荨麻疹、吞咽肌麻痹、手足抽搐或四肢肌肉痉挛。短期内吸入大量本品粉尘，引起呼吸道刺激症状，并伴有头昏、头痛、无力及消化道症状。慢性影响：长期较高浓度吸入可引起氟骨症；可致皮炎，严重者出现溃疡或大疱。			
防护措施		呼吸系统防护：可能接触其粉尘时，应该佩戴自吸过滤式防尘口罩。紧急事态抢救或撤离时，建议佩戴自给式呼吸器。 眼睛防护：戴化学安全防护眼镜。 身体防护：穿透气型防毒服。 手防护：戴乳胶手套。 其他防护：工作现场禁止吸烟、进食和饮水。工作完毕，淋浴更衣。工作服不准带至非作业场所。单独存放被毒物污染的衣服，洗后备用。保持良好的卫生习惯。			
危险性类别		急性毒性—经口，类别3＊；皮肤腐蚀/刺激，类别2；严重眼损伤/眼刺激，类别2。			

序号	752	品名	氟化氢铵	商品编码	2826.1910
别　名		酸性氟化铵；二氟化氢铵		CAS 号	1341-49-7
英文名		Ammonium hydrogen difluoride			
分子式		F_2H_5N			
外观与性状		白色透明晶体，略带酸味，易潮解。			
主要用途		用于炼铍、制电焊条、铸钢、木材防腐剂等。			
危险特性		本品受热分解，放出有毒的氮氧化物和氟化物烟气。			
健康危害		本品对皮肤、黏膜有刺激性。			
防护措施		呼吸系统防护：应该佩戴口罩。必要时佩戴防毒面具。 眼睛防护：戴化学安全防护眼镜。 身体防护：穿防腐工作服。 手防护：戴橡皮手套。 其他防护：工作现场禁止吸烟、进食和饮水。注意个人清洁卫生。			
危险性类别		急性毒性—经口，类别3＊；皮肤腐蚀/刺激，类别1B；严重眼损伤/眼刺激，类别1。			

序号	753	品名	氟化铅	商品编码	2826.1990
别　名			二氟化铅	CAS 号	7783-46-2
英文名			Lead difluoride		
分子式			PbF_2		
外观与性状			白色结晶或粉末。		
主要用途			用作红外线分光材料、同步加速器材料、熔接剂及除硫剂。		
危险特性			本品能与碳化钙、氟剧烈反应，与硫酸反应可产生氟化氢。		
健康危害			铅及其化合物损害造血、神经、消化系统及肾脏。职业中毒主要为慢性。神经系统主要表现为神经衰弱综合征、周围神经病（运动功能受累较为明显），严重者出现铅中毒性脑病；消化系统表现有齿龈铅线、食欲不振、恶心、腹胀、腹泻或便秘，腹绞痛见于中度及重度中毒病例；造血系统损害出现卟啉代谢障碍、贫血等症状。短时间内大量接触会发生急性或亚急性中毒，表现类似重症慢性铅中毒；对肾脏损害多见于急性、亚急性或较重慢性病例。		
防护措施			呼吸系统防护：可能接触其粉尘时，应该佩戴自吸过滤式防尘口罩。紧急事态抢救或撤离时，建议佩戴自给式呼吸器。 眼睛防护：戴化学安全防护眼镜。 身体防护：穿透气型防毒服。 手防护：戴乳胶手套。 其他防护：工作现场禁止吸烟、进食和饮水。工作完毕，淋浴更衣。实行就业前和定期的体检。单独存放被毒物污染的衣服，洗后备用。保持良好的卫生习惯。		
危险性类别			严重眼损伤/眼刺激，类别 2；致癌性，类别 1B；生殖毒性，类别 1A；特异性靶器官毒性—单次接触，类别 1；特异性靶器官毒性—单次接触，类别 3（呼吸道刺激）；特异性靶器官毒性—反复接触，类别 1；危害水生环境—急性危害，类别 1；危害水生环境—长期危害，类别 1。		

序号	754	品名	氟化氢(无水)	商品编码	2811.1190
别 名				CAS 号	7664-39-3
英文名	Hydrofluoric acid				
分子式	FH				
外观与性状	无色液体或气体。				
主要用途	用于蚀刻玻璃,以及制氟化合物。				
危险特性	氟化氢为反应性极强的物质,能与各种物质发生反应,腐蚀性极强。				
健康危害	本品对呼吸道黏膜及皮肤有强烈的刺激和腐蚀作用。急性中毒:吸入较高浓度氟化氢,可引起眼睛及呼吸道黏膜刺激症状,严重者可发生支气管炎、肺炎或肺水肿,甚至发生反射性窒息;眼睛局部接触剧烈疼痛,严重者角膜损伤,甚至发生穿孔。氢氟酸皮肤灼伤初期皮肤潮红、干燥、创面苍白、坏死,继而呈紫黑色或灰黑色;深部灼伤或处理不当时,可形成难以愈合的深溃疡,损及骨膜和骨质。本品灼伤疼痛剧烈。慢性影响:眼睛和上呼吸道刺激症状,或有鼻衄,嗅觉减退;可有牙齿酸蚀症;骨骼X线异常与工业性氟病少见。				
防护措施	呼吸系统防护:可能接触其烟雾时,佩戴自吸过滤式防毒面具(全面罩)或空气呼吸器。紧急事态抢救或撤离时,建议佩戴氧气呼吸器。 眼睛防护:呼吸系统防护中已作防护。 身体防护:穿橡胶耐酸碱服。 手防护:戴橡胶耐酸碱手套。 其他防护:工作现场禁止吸烟、进食和饮水。工作完毕,淋浴更衣。单独存放被毒物污染的衣服,洗后备用。保持良好的卫生习惯。				
危险性类别	急性毒性—经口,类别2*;急性毒性—经皮肤,类别1;急性毒性—吸入,类别2*;皮肤腐蚀/刺激,类别1A;严重眼损伤/眼刺激,类别1。				

序号	755	品名	氟化氢钾		商品编码	2826.1990
别 名			酸性氟化钾；二氟化氢钾		CAS 号	7789-29-9
英文名		Potassium bifluoride				
分子式		F_2HK				
外观与性状		无色至白色结晶。				
主要用途		用于制氟、雕刻玻璃，用作防腐剂、烷基苯催化剂、焊接银制品的助熔剂及掩蔽剂。				
危险特性		本品吸潮或遇水会产生大量的腐蚀性烟雾；其水溶液有腐蚀性和强烈的刺激性；受高热分解产生有毒的腐蚀性烟气。				
健康危害		吸入、摄入或经皮肤吸收本品后会中毒；对眼睛、皮肤、黏膜有强烈的刺激作用；吸入，会引起喉、支气管痉挛、炎症，化学性肺炎、肺水肿等。				
防护措施		呼吸系统防护：佩戴防毒口罩。紧急事态抢救或逃生时，佩戴自给式呼吸器。 眼睛防护：戴化学安全防护眼镜。 身体防护：穿防腐工作服。 手防护：戴橡胶手套。 其他防护：工作现场禁止吸烟、进食和饮水。注意个人清洁卫生。				
危险性类别		急性毒性—经口，类别3＊；皮肤腐蚀/刺激，类别1B；严重眼损伤/眼刺激，类别1。				

序号	756	品名	氟化氢钠		商品编码	2826.1920
别 名			酸性氟化钠；二氟化氢钠		CAS 号	1333-83-1
英文名		Sodium bifluoride				
分子式		$NaHF_2$				
外观与性状		无色或白色粉末，有强烈酸味。				
主要用途		用于铍的精炼、雕刻玻璃、铸造工业，也用作焊接熔剂、焊条的外皮及防腐剂。				
危险特性		本品遇水分解，放出剧毒的氟化氢气体；其水溶液有腐蚀性和强烈的刺激性；受热分解，放出高毒的氟化物烟气。				
健康危害		本品对眼睛、皮肤和黏膜有腐蚀性和刺激性；误服，对人体具有高毒，可致死。				
防护措施		呼吸系统防护：佩戴防毒口罩。紧急事态抢救或逃生时，佩戴自给式呼吸器。 眼睛防护：戴化学安全防护眼镜。 身体防护：穿防腐工作服。 手防护：戴橡胶手套。 其他防护：工作现场禁止吸烟、进食和饮水。注意个人清洁卫生。				
危险性类别		急性毒性—经口，类别3＊；皮肤腐蚀/刺激，类别1B；严重眼损伤/眼刺激，类别1。				

序号	757	品名	氟化铷	商品编码	2826.1990
别　名				CAS 号	13446-74-7
英文名		Rubidium fluoride			
分子式		RbF			
外观与性状		无色结晶。			
主要用途		用于制作牙膏等。			
危险特性		未有特殊的燃烧爆炸特性。			
健康危害		未见有职业或非职业中毒的报道。			
防护措施		呼吸系统防护：可能接触其粉尘时，应该佩戴自吸过滤式防尘口罩。紧急事态抢救或撤离时，建议佩戴自给式呼吸器。 眼睛防护：戴化学安全防护眼镜。 身体防护：穿透气型防毒服。 手防护：戴乳胶手套。 其他防护：工作现场禁止吸烟、进食和饮水。工作完毕，淋浴更衣。注意个人清洁卫生。实行就业前和定期的体检。			
危险性类别		皮肤腐蚀/刺激，类别 2；严重眼损伤/眼刺激，类别 2。			

序号	758	品名	氟化铯	商品编码	2826.1990
别　名				CAS 号	13400-13-0
英文名		Cesium fluoride			
分子式		CsF			
外观与性状		无色立方结晶或粉末，有潮解性。			
主要用途		用于制作含氟异氰酸酯。			
危险特性		未有特殊的燃烧爆炸特性。			
健康危害		吸入、口服或经皮肤吸收本品对身体有害；对黏膜、上呼吸道、眼睛和皮肤有严重损害；吸入后会因喉、支气管痉挛、炎症和水肿，化学性肺炎或肺水肿而致死；接触后引起烧灼感、咳嗽、喘息、喉炎、气短、头痛、恶心和呕吐等症状。			
防护措施		呼吸系统防护：可能接触其粉尘时，应该佩戴头罩型电动送风过滤式防尘呼吸器。紧急事态抢救或撤离时，建议佩戴自给式呼吸器。 眼睛防护：呼吸系统防护中已作防护。 身体防护：穿胶布防毒衣。 手防护：戴乳胶手套。 其他防护：工作现场禁止吸烟、进食和饮水。工作完毕，淋浴更衣。注意个人清洁卫生。实行就业前和定期的体检。			
危险性类别		急性毒性—经口，类别 3；急性毒性—经皮肤，类别 3；急性毒性—吸入，类别 3；皮肤腐蚀/刺激，类别 1；严重眼损伤/眼刺激，类别 1。			

序号	759	品名	氟化铜		商品编码	2826.1990
别 名			二氟化铜		CAS 号	7789-19-7
英文名			Cupric fluoride			
分子式			CuF_2			
外观与性状			浅灰白色粉末,在潮湿空气中形成二水物,为蓝色结晶。			
主要用途			用作高温氟化剂。			
危险特性			本品遇酸分解,放出腐蚀性的氟化氢气体;受高热分解,放出高毒的烟气。			
健康危害			误服或吸入本品会中毒;对眼睛、皮肤、黏膜和上呼吸道有刺激作用;过量接触,可引起唾液分泌增加、恶心、呕吐、腹痛、发烧、呼吸困难;其粉尘、蒸气或烟雾可引起鼻中膈穿孔。			
防护措施			呼吸系统防护:佩戴防毒口罩。必要时佩戴自给式呼吸器。 眼睛防护:戴化学安全防护眼镜。 身体防护:穿相应的防护服。 手防护:戴防化学品手套。 其他防护:工作现场禁止吸烟、进食和饮水。注意个人清洁卫生。			
危险性类别			严重眼损伤/眼刺激,类别2;特异性靶器官毒性—单次接触,类别3(呼吸道刺激);特异性靶器官毒性—反复接触,类别1;危害水生环境—急性危害,类别1;危害水生环境—长期危害,类别1。			

序号	760	品名	氟化锌		商品编码	2826.1990
别 名					CAS 号	7783-49-5
英文名			Zinc fluoride			
分子式			F_2Zn			
外观与性状			白色结晶粉末。			
主要用途			用作分析试剂。			
危险特性			本品能与钾猛烈反应。			
健康危害			本品对眼睛、皮肤有刺激作用;吸入、口服或经皮肤吸收后可能致死;中毒表现有流涎、恶心、呕吐、腹痛、发热等;可引起血钙偏低、氟骨症等。			
防护措施			呼吸系统防护:可能接触其粉尘时,应该佩戴头罩型电动送风过滤式防尘呼吸器。紧急事态抢救或撤离时,建议佩戴自给式呼吸器。 眼睛防护:呼吸系统防护中已作防护。 身体防护:穿胶布防毒衣。 手防护:戴乳胶手套。 其他防护:工作现场禁止吸烟、进食和饮水。工作完毕,淋浴更衣。工作服不准带至非作业场所。单独存放被毒物污染的衣服,洗后备用。保持良好的卫生习惯。			
危险性类别			严重眼损伤/眼刺激,类别2B;特异性靶器官毒性—单次接触,类别3(呼吸道刺激);特异性靶器官毒性—反复接触,类别1;危害水生环境—急性危害,类别1;危害水生环境—长期危害,类别1。			

序号	761	品名	氟化亚钴	商品编码	2826.1990
别　名			二氟化钴	CAS 号	10026-17-2
英文名			Cobalt(II) fluoride		
分子式			CoF_2		
外观与性状			淡红色单斜或四方形结晶。		
主要用途			用作有机反应的催化剂。		
危险特性			本品受高热分解，放出有毒的烟气。		
健康危害			吸入、摄入本品有毒，对皮肤及黏膜有刺激和腐蚀作用。		
防护措施			呼吸系统防护：佩戴防毒口罩。必要时佩戴防毒面具。 眼睛防护：戴化学安全防护眼镜。 身体防护：穿相应的防护服。 手防护：戴防护手套。 其他防护：工作现场禁止吸烟、进食和饮水。注意个人清洁卫生。		
危险性类别			急性毒性—经口，类别3；致癌性，类别2。		

序号	762	品名	氟磺酸	商品编码	2811.1990
别　名				CAS 号	7789-21-1
英文名			Fluorosulfuric acid		
分子式			FHO_3S		
外观与性状			无色透明的发烟液体，有强烈的刺激性气味。		
主要用途			用于制造药品及用于有机合成。		
危险特性			本品露置空气中会冒烟，加热更甚，有强烈的刺激性和腐蚀性；遇水发生剧烈反应，散发出白色有强刺激性和腐蚀性的氟化氢烟雾；遇潮时对玻璃、其他硅质材料及大多数金属有强腐蚀性。		
健康危害			本品对眼睛、皮肤、黏膜和呼吸道有强烈的刺激作用；吸入后可因喉、支气管的痉挛、水肿、炎症、化学性肺炎、肺水肿而致死；中毒表现有烧灼感、咳嗽、喘息、喉炎、气短、头痛、恶心和呕吐。		
防护措施			呼吸系统防护：可能接触其烟雾时，佩戴自吸过滤式防毒面具（全面罩）或空气呼吸器。紧急事态抢救或撤离时，建议佩戴氧气呼吸器。 眼睛防护：呼吸系统防护中已作防护。 身体防护：穿橡胶耐酸碱服。 手防护：戴橡胶耐酸碱手套。 其他防护：工作现场禁止吸烟、进食和饮水。工作完毕，淋浴更衣。单独存放被毒物污染的衣服，洗后备用。保持良好的卫生习惯。		
危险性类别			皮肤腐蚀/刺激，类别1A；严重眼损伤/眼刺激，类别1。		

序号	763	品名	2-氟甲苯	商品编码	2903.9990
别　名			邻氟甲苯；邻甲基氟苯；2-甲基氟苯	CAS 号	95-52-3
英文名			2-fluorotoluene		
分子式			C_7H_7F		
外观与性状			无色透明液体。		
主要用途			用于有机合成。		
危险特性			本品蒸气与空气形成爆炸性混合物，遇明火、高热能引起燃烧爆炸；与氧化剂能发生强烈反应；其蒸气比空气重，能在较低处扩散到相当远的地方，遇火源会着火回燃；若遇高热，容器内压增大，有开裂和爆炸的危险。		
健康危害			吸入、摄入或经皮肤吸收后本品对身体有害，引起眼睛、皮肤、黏膜和呼吸道的刺激作用。		
防护措施			呼吸系统防护：高浓度环境中，应该佩戴防毒面具。 眼睛防护：可采用安全面罩。 身体防护：穿工作服。 手防护：必要时戴防化学品手套。 其他防护：工作现场禁止吸烟、进食和饮水。注意个人清洁卫生。		
危险性类别			易燃液体，类别 2。		

序号	764	品名	3-氟甲苯	商品编码	2903.9990
别　名			间氟甲苯；间甲基氟苯；3-甲基氟苯	CAS 号	352-70-5
英文名			3-fluorotoluene		
分子式			C_7H_7F		
外观与性状			无色液体。		
危险特性			本品蒸气与空气形成爆炸性混合物，遇明火、高热能引起燃烧爆炸；与氧化剂能发生强烈反应；其蒸气比空气重，能在较低处扩散到相当远的地方，遇火源会着火回燃；若遇高热，容器内压增大，有开裂和爆炸的危险。		
健康危害			吸入、摄入或经皮肤吸收本品后对身体有害，其蒸气或烟雾对眼睛、皮肤、黏膜和呼吸道有刺激作用。		
防护措施			呼吸系统防护：高浓度环境中，应该佩戴防毒面具。 眼睛防护：可采用安全面罩。 身体防护：穿工作服。 手防护：必要时戴防化学品手套。 其他防护：工作现场禁止吸烟、进食和饮水。注意个人清洁卫生。		
危险性类别			易燃液体，类别 2。		

序号	765	品名	4-氟甲苯	商品编码	2903.9990
别　名			对氟甲苯；对甲基氟苯；4-甲基氟苯	CAS 号	352-32-9
英文名			P-fluorotoluene		
分子式			C_7H_7F		
外观与性状			无色透明液体。		
主要用途			用于有机合成。		
危险特性			本品易燃，遇明火能燃烧；受高热分解释放出有毒的气体；其蒸气比空气重，能在较低处扩散到相当远的地方，遇火源会着火回燃。		
健康危害			吸入、口服或经皮肤吸收本品后对身体有害；其蒸气或雾对眼睛、皮肤、黏膜和呼吸道有刺激性。		
防护措施			呼吸系统防护：空气中浓度超标时，佩戴自吸过滤式防毒面具（半面罩）。紧急事态抢救或撤离时，应该佩戴空气呼吸器或氧气呼吸器。 眼睛防护：戴化学安全防护眼镜。 身体防护：穿防静电工作服。 手防护：戴橡胶耐油手套。 其他防护：工作现场严禁吸烟。工作完毕，淋浴更衣。注意个人清洁卫生。		
危险性类别			易燃液体，类别 2。		

序号	766	品名	氟甲烷	商品编码	2903.3990
别　名			R41；甲基氟	CAS 号	593-53-3
英文名			Methane, fluoroonethane		
分子式			CH_3F		
外观与性状			无色易燃气体，具有醚的气味。		
危险特性			本品与空气形成爆炸性混合物，遇明火、高热或与氧化剂接触，有引起燃烧爆炸的危险；比空气重，能在较低处扩散到相当远的地方，遇明火会着火回燃；若遇高热，容器内压增大，有开裂和爆炸的危险。		
健康危害			高浓度本品有麻醉作用；遇热分解，释放出剧毒的氟化氢气体。		
防护措施			呼吸系统防护：空气中浓度较高时，应该佩戴防毒面具。紧急事态抢救或撤离时，建议佩戴供气式呼吸器。 眼睛防护：一般不需特殊防护。 身体防护：穿防静电工作服。 手防护：一般不需特殊防护。 其他防护：工作现场禁止吸烟、进食和饮水。注意个人清洁卫生。		
危险性类别			易燃气体，类别 1；加压气体。		

序号	767	品名	氟磷酸（无水）		商品编码	2811.1990
别 名					CAS 号	13537-32-1
英文名	Luorophosphoric acid					
分子式	H_2FPO_4					
外观与性状	无色油状液体。					
主要用途	用作金属去污剂、化学上光剂、催化剂、金属表面防腐剂等。					
健康危害	本品在皮肤和黏膜上造成腐蚀性影响，刺激皮肤和黏膜；在眼睛上有强烈的腐蚀性影响；没有已知的敏化影响。					
防护措施	呼吸系统防护：佩戴防毒口罩。紧急事态抢救或逃生时，佩戴自给式呼吸器。 眼睛防护：戴化学安全防护眼镜。 防护服：穿相应的防护服。 手防护：戴防化学品手套。 其他防护：工作现场禁止吸烟、进食和饮水。工作完毕，淋浴更衣。注意个人清洁卫生。					
危险性类别	皮肤腐蚀/刺激，类别1；严重眼损伤/眼刺激，类别1。					

序号	768	品名	氟硼酸		商品编码	2811.1990
别 名					CAS 号	16872-11-0
英文名	Fluoroboric acid					
分子式	HBF_4					
外观与性状	无色透明液体。					
主要用途	铅锡电镀时作导电液，也用作触媒、金属表面活性剂。					
危险特性	本品遇H发泡剂立即燃烧；受热分解释放出有毒的氟化物气体；能腐蚀大多数金属及有机组织。					
健康危害	吸入、口服或经皮肤吸收本品对身体有害；对眼睛、皮肤、黏膜和呼吸道有强烈刺激作用；吸入后可因喉、支气管的痉挛、水肿、炎症、化学性肺炎、肺水肿而致死；中毒表现有烧灼感、咳嗽、喘息、喉炎、气短、头痛、恶心和呕吐。					
防护措施	呼吸系统防护：可能接触其烟雾时，佩戴自吸过滤式防毒面具（全面罩）或空气呼吸器。紧急事态抢救或撤离时，建议佩戴氧气呼吸器。 眼睛防护：呼吸系统防护中已作防护。 身体防护：穿橡胶耐酸碱服。 手防护：戴橡胶耐酸碱手套。 其他防护：工作现场禁止吸烟、进食和饮水。工作完毕，淋浴更衣。单独存放被毒物污染的衣服，洗后备用。保持良好的卫生习惯。					
危险性类别	皮肤腐蚀/刺激，类别1B；严重眼损伤/眼刺激，类别1。					

序号	769	品名	氟硼酸-3-甲基-4-(吡咯烷-1-基)重氮苯	商品编码	2927.0000
别　名				CAS 号	36422-95-4
英文名		3-methyl-4-(pyrrolidin-1-yl)benzenediazonium tetrafluoroborate			
分子式		$C_{11}H_{14}BF_4N_3$			
防护措施		呼吸系统防护：佩戴防毒口罩。紧急事态抢救或逃生时，佩戴自给式呼吸器。 眼睛防护：戴化学安全防护眼镜。 防护服：穿相应的防护服。 手防护：戴防化学品手套。 其他防护：工作现场禁止吸烟、进食和饮水。工作完毕，淋浴更衣。注意个人清洁卫生。			
危险性类别		自反应物质和混合物，C 型。			

序号	770	品名	氟硼酸镉	商品编码	2826.9090
别　名				CAS 号	14486-19-2
英文名		Cadmium fluoroborate			
分子式		B_2CdF_8			
外观与性状		无色结晶，易潮解。			
主要用途		用作有色金属焊剂和电镀液组分。			
危险特性		本身不能燃烧，遇高热分解释放出高毒烟气。			
健康危害		误服或吸入本品粉尘会中毒，刺激皮肤；吸入会引起呼吸道刺激和肺水肿；误服出现急性胃肠炎。慢性影响可损害肾、肺，影响钙、磷代谢，发生氟骨症等。			
防护措施		呼吸系统防护：可能接触其粉尘时，必须佩戴防尘面具（全面罩）。紧急事态抢救或撤离时，应该佩戴空气呼吸器。 眼睛防护：呼吸系统防护中已作防护。 身体防护：穿胶布防毒衣。 手防护：戴橡胶手套。 其他防护：工作现场禁止吸烟、进食和饮水。工作完毕，淋浴更衣。保持良好的卫生习惯。			
危险性类别		致癌性，类别 1A；危害水生环境—急性危害，类别 1；危害水生环境—长期危害，类别 1。			

序号	771	品名	氟硼酸铅、氟硼酸铅溶液（含量>28%）	商品编码	2826.9090
别　　名				CAS 号	13814-96-5
英文名	Lead fluoroborate				
分子式	$Pb(BF_4)_2$				
外观与性状	淡黄色液体。				
主要用途	用作电解质及用于容器耐酸表面、轴承等耐腐蚀表面处理。				
危险特性	本品本身不能燃烧；遇高热分解释放出高毒烟气；具有腐蚀性；若遇高热，容器内压增大，有开裂和爆炸的危险。				
健康危害	本品对眼睛、黏膜和皮肤有刺激及腐蚀性，会导致眼睛和皮肤灼伤；在体内影响多种酶的活性及糖代谢，引起钙磷代谢紊乱及氟骨症；长期接触会导致铅中毒。				
防护措施	呼吸系统防护：空气中浓度超标时，必须佩戴自吸过滤式防毒面具（全面罩）。紧急事态抢救或撤离时，应该佩戴空气呼吸器。 眼睛防护：呼吸系统防护中已作防护。 身体防护：穿胶布防毒衣。 手防护：戴橡胶手套。 其他防护：工作现场禁止吸烟、进食和饮水。工作完毕，淋浴更衣。保持良好的卫生习惯。				
危险性类别	生殖毒性，类别 1A；特异性靶器官毒性—反复接触，类别 2；危害水生环境—急性危害，类别 1；危害水生环境—长期危害，类别 1。				

序号	772	品名	氟硼酸锌	商品编码	2826.9090
别　　名				CAS 号	13826-88-5
英文名	Zinc tetrafluoroborate				
分子式	B_2F_8Zn				
外观与性状	白色结晶。				
主要用途	用于杀虫剂的制备。				
危险特性	本品不燃；遇酸放出有毒的氟化氢气体；受热产生有毒氟化物和硼化物烟雾。				
健康危害	本品会引起灼伤。				
防护措施	呼吸系统防护：空气中浓度超标时，必须佩戴自吸过滤式防毒面具（全面罩）。紧急事态抢救或撤离时，应该佩戴空气呼吸器。 眼睛防护：呼吸系统防护中已作防护。 身体防护：穿胶布防毒衣。 手防护：戴橡胶手套。 其他防护：工作现场禁止吸烟、进食和饮水。工作完毕，淋浴更衣。保持良好的卫生习惯。				
危险性类别	皮肤腐蚀/刺激，类别 1；严重眼损伤/眼刺激，类别 1。				

序号	773	品名	氟硼酸银	商品编码	2843.2900
别　名				CAS 号	14104-20-2
英文名	Silver tetrafluoroborate				
分子式	$AgBF_4$				
主要用途	芳环亲电取代催化剂,仲溴烷制酮。				
健康危害	吞食本品有害,引起灼伤。				
防护措施	呼吸系统防护：空气中浓度超标时，必须佩戴自吸过滤式防毒面具（全面罩）。紧急事态抢救或撤离时，应该佩戴空气呼吸器。 眼睛防护：呼吸系统防护中已作防护。 身体防护：穿胶布防毒衣。 手防护：戴橡胶手套。 其他防护：工作现场禁止吸烟、进食和饮水。工作完毕，淋浴更衣。保持良好的卫生习惯。				
危险性类别	皮肤腐蚀/刺激，类别 1；严重眼损伤/眼刺激，类别 1。				

序号	774	品名	氟铍酸铵	商品编码	2826.9090
别　名	氟化铍铵			CAS 号	14874-86-3
英文名	Beryllium diammonium tetrafluoride				
分子式	$BeF_4H_8N_2$				
危险特性	本品不燃;易水解;产生腐蚀性氢氟酸。				
防护措施	呼吸系统防护：佩戴防毒口罩。紧急事态抢救或逃生时，佩戴自给式呼吸器。 眼睛防护：戴化学安全防护眼镜。 防护服：穿相应的防护服。 手防护：戴防化学品手套。 其他防护：工作现场禁止吸烟、进食和饮水。工作完毕，淋浴更衣。注意个人清洁卫生。				
危险性类别	急性毒性—经口，类别 3；皮肤腐蚀/刺激，类别 2；严重眼损伤/眼刺激，类别 2；皮肤致敏物，类别 1；致癌性，类别 1A；特异性靶器官毒性—单次接触，类别 3（呼吸道刺激）；特异性靶器官毒性—反复接触，类别 1；危害水生环境—急性危害，类别 2；危害水生环境—长期危害，类别 2。				

序号	775	品名	氟铍酸钠		商品编码	2826.9090
别　　名					CAS 号	13871-27-7
英文名	Sodium fluoroberyllate					
分子式	BeF_4Na_2					
主要用途	在熔化镁合金时,可以起到降低镁合金氧化的作用。					
危险特性	本品不燃;遇水水解产生腐蚀性氟化氢;火场产生有毒的氟化物、铍氧化物和氧化钠烟雾。					
防护措施	呼吸系统防护：佩戴防毒口罩。紧急事态抢救或逃生时，佩戴自给式呼吸器。 眼睛防护：戴化学安全防护眼镜。 防护服：穿相应的防护服。 手防护：戴防化学品手套。 其他防护：工作现场禁止吸烟、进食和饮水。工作完毕，淋浴更衣。注意个人清洁卫生。					
危险性类别	急性毒性—经口，类别3*；急性毒性—吸入，类别2*；皮肤腐蚀/刺激，类别2；严重眼损伤/眼刺激，类别2；皮肤致敏物，类别1；致癌性，类别1A；特异性靶器官毒性—单次接触，类别3（呼吸道刺激）；特异性靶器官毒性—反复接触，类别1；危害水生环境—急性危害，类别2；危害水生环境—长期危害，类别2。					

序号	776	品名	氟钽酸钾		商品编码	2826.9090
别　　名	钽氟酸钾;七氟化钽钾				CAS 号	16924-00-8
英文名	Potassium fluorotantalate					
分子式	$K_2(TaF_7)$					
外观与性状	无色正交晶系，通常为白色针状结晶。					
主要用途	用于制金属钽和其他钽化合物，也用作催化剂、试剂。					
危险特性	本品本身不能燃烧，受热分解释放出高毒烟雾。					
健康危害	七氟钽酸钾的粉末对呼吸道黏膜有刺激作用；长时间接触钽及其化合物，有资料报道会引起尘肺病。					
防护措施	呼吸系统防护：空气中粉尘浓度超标时，必须佩戴自吸过滤式防尘口罩。紧急事态抢救或撤离时，应该佩戴空气呼吸器。 眼睛防护：戴化学安全防护眼镜。 身体防护：穿防毒物渗透工作服。 手防护：戴橡胶手套。 其他防护：工作场所禁止吸烟、进食和饮水，饭前要洗手。工作完毕，淋浴更衣。保持良好的卫生习惯。					
危险性类别	急性毒性—经口，类别3。					

序号	777	品名	氟乙酸	商品编码	2915.9000
别 名			氟醋酸	CAS 号	144-49-0
英文名			Fluoroacetic acid		
分子式			$C_2H_3FO_2$		
外观与性状			无色针状晶体。		
主要用途			其钠盐为杀鼠药。		
危险特性			本品遇明火、高热可燃；受热分解释放出有毒的氟化物气体。		
健康危害			本品急性中毒以中枢神经系统和心脏损害为主。口服中毒先有呕吐、大量流涎、麻木感、上腹痛、精神恍惚、恐惧感、肌肉震颤、视力障碍等症状；后出现癫痫样发作、呼吸抑制、心律紊乱和心搏骤停；患者会因心搏骤停、抽搐发作时窒息或呼吸衰竭而死亡。		
防护措施			呼吸系统防护：可能接触其蒸气时，必须佩戴自吸过滤式防毒面具（全面罩）；可能接触其粉尘时，建议佩戴头罩型电动送风过滤式防尘呼吸器。 眼睛防护：呼吸系统防护中已作防护。 身体防护：穿连衣式胶布防毒衣。 手防护：戴橡胶耐酸碱手套。 其他防护：工作现场禁止吸烟、进食和饮水。工作完毕，彻底清洗。工作服不准带至非作业场所。单独存放被毒物污染的衣服，洗后备用。保持良好的卫生习惯。		
危险性类别			急性毒性—经口，类别2*；危害水生环境—急性危害，类别1。		

序号	778	品名	氟乙酸-2-苯酰肼	商品编码	2928.0000
别 名			法尼林	CAS 号	2343-36-4
英文名			Fluoroacet 2-phenylhydrazide		
分子式			$C_8H_9FN_2O$		
防护措施			呼吸系统防护：佩戴防毒口罩。紧急事态抢救或逃生时，佩戴自给式呼吸器。 眼睛防护：戴化学安全防护眼镜。 防护服：穿相应的防护服。 手防护：戴防化学品手套。 其他防护：工作现场禁止吸烟、进食和饮水。工作完毕，淋浴更衣。注意个人清洁卫生。		
危险性类别			急性毒性—经口，类别2。		

序号	779	品名	氟乙酸钾		商品编码	2915.9000
别	名	氟醋酸钾			CAS 号	23745-86-0
英文名		Potassium fluoroacetate				
分子式		$C_2H_2FO_2 \cdot K$				
外观与性状		固体。				
主要用途		有机化工原料。				
危险特性		本品遇明火、高热可燃；受高热分解，放出高毒的烟气。				
健康危害		本品剧毒，吸入、摄入或经皮肤吸收后会严重中毒，引起恶心、呕吐、目视不清、眼球震颤、低血压、肌痉挛、抽搐、昏迷等。				
防护措施		呼吸系统防护：可能接触其粉尘时，必须佩戴空气呼吸器。 眼睛防护：呼吸系统防护中已作防护。 身体防护：穿胶布防毒衣。 手防护：戴橡胶手套。 其他防护：工作现场禁止吸烟、进食和饮水。工作完毕，淋浴更衣。保持良好的卫生习惯。				
危险性类别		急性毒性—经口，类别 2；急性毒性—经皮肤，类别 1；急性毒性—吸入，类别 2；危害水生环境—急性危害，类别 1。				

序号	780	品名	氟乙酸甲酯		商品编码	2915.9000
别	名	甲基氟乙酸酯			CAS 号	453-18-9
英文名		Methyl fluoroacetate				
分子式		$C_3H_5FO_2$				
外观与性状		无色透明液体。				
主要用途		用作医药、农药、染料中间体				
健康危害		吸入、食入或经皮肤吸收本品对身体有害；对眼睛、皮肤、黏膜和呼吸道有强烈的刺激性作用。吸入后可因喉、支气管的痉挛、水肿，化学性肺炎、肺水肿而致死。中毒表现有烧灼感、咳嗽、喘息、喉炎、气短、头痛、恶心、呕吐。				
防护措施		呼吸系统防护：佩戴防毒口罩。紧急事态抢救或逃生时，佩戴自给式呼吸器。 眼睛防护：戴化学安全防护眼镜。 防护服：穿相应的防护服。 手防护：戴防化学品手套。 其他防护：工作现场禁止吸烟、进食和饮水。工作完毕，淋浴更衣。注意个人清洁卫生。				
危险性类别		易燃液体，类别 3；急性毒性—经口，类别 1；急性毒性—经皮肤，类别 1；急性毒性—吸入，类别 1。				

序号	781	品名	氟乙酸钠	商品编码	2915.9000
别名			氟醋酸钠	CAS 号	62-74-8
英文名			Sodium fluoroacetate		
分子式			$C_2H_2FO_2 \cdot Na$		
外观与性状			白色粉末,无气味。		
主要用途			用作杀啮齿动物药,以及氟化物合成。		
危险特性			本品遇明火、高热可燃;其粉体与空气可形成爆炸性混合物,当达到一定浓度时,遇火星会发生爆炸;遇高热分解释放出高毒烟气。		
健康危害			吸入、食入或经皮肤接触本品会引起流涎、恶心、呕吐、上腹痛、视物不清、恐惧感、低血压、心律紊乱、肌痉挛、抽搐、昏迷。潜伏期一般约为 6h,可致死。对人致死量约为 2~10mg/kg。		
防护措施			呼吸系统防护:可能接触其粉尘时,必须佩戴防尘面具(全面罩)。紧急事态抢救或撤离时,应该佩戴空气呼吸器。 眼睛防护:呼吸系统防护中已作防护。 身体防护:穿胶布防毒衣。 手防护:戴橡胶手套。 其他防护:工作现场禁止吸烟、进食和饮水。工作完毕,淋浴更衣。保持良好的卫生习惯。		
危险性类别			急性毒性—经口,类别 2*;急性毒性—经皮肤,类别 1;急性毒性—吸入,类别 2*;危害水生环境—急性危害,类别 1。		

序号	782	品名	氟乙酸乙酯	商品编码	2915.9000
别名			氟醋酸乙酯	CAS 号	459-72-3
英文名			Ethyl fluoroacetate		
分子式			$C_4H_7FO_2$		
外观与性状			无色液体,有乙酸乙酯气味。		
主要用途			用于有机合成。		
危险特性			本品蒸气与空气可形成爆炸性混合物,遇明火、高热能引起燃烧爆炸;与氧化剂可发生反应;遇高热分解释放出高毒烟气;其蒸气比空气重,能在较低处扩散到相当远的地方,遇火源会着火回燃;若遇高热,容器内压增大,有开裂和爆炸的危险。		
健康危害			本品高毒,蒸气和液体对眼睛和呼吸系统有刺激作用。		
防护措施			呼吸系统防护:空气中浓度超标时,必须佩戴自吸过滤式防毒面具(全面罩)。紧急事态抢救或撤离时,应该佩戴空气呼吸器。 眼睛防护:呼吸系统防护中已作防护。 身体防护:穿胶布防毒衣。 手防护:戴橡胶手套。 其他防护:工作现场禁止吸烟、进食和饮水。工作完毕,淋浴更衣。保持良好的卫生习惯。		
危险性类别			易燃液体,类别 3;急性毒性—经口,类别 2。		

序号	783	品名	氟乙烷		商品编码	2903.3990
别　名		R161；乙基氟			CAS 号	353-36-6
英文名		Ethyl fluoride				
分子式		C_2H_5F				
外观与性状		无色易燃液化气体。				
危险特性		本品与空气混合能形成爆炸性混合物；遇明火、高热或与氧化剂接触，有引起燃烧爆炸的危险；受热分解释放出有毒的氟化物气体；气体比空气重，能在较低处扩散到相当远的地方，遇火源会着火回燃。				
健康危害		本品有麻醉性，遇热分解，释放出剧毒的氟化氢气体。				
防护措施		呼吸系统防护：一般不需要特殊防护，高浓度接触时可佩戴自吸过滤式防毒面具（半面罩）。 眼睛防护：必要时，戴化学安全防护眼镜。 身体防护：穿防静电工作服。 手防护：戴一般作业防护手套。 其他防护：工作现场严禁吸烟。避免高浓度吸入。				
危险性类别		易燃气体，类别 1；加压气体。				

序号	784	品名	氟乙烯(稳定的)		商品编码	2903.5990
别　名		乙烯基氟			CAS 号	75-02-5
英文名		Vinyl fluoride				
分子式		C_2H_3F				
外观与性状		无色无臭气体。				
主要用途		主要用于聚合制聚氟乙烯。				
危险特性		本品与空气形成爆炸性混合物，遇明火、高热或与氧化剂接触，有引起燃烧爆炸的危险；气体比空气重，能在较低处扩散到相当远的地方，遇明火会着火回燃；若遇高热，可能发生聚合反应，出现大量放热现象，引起容器破裂和爆炸事故。				
健康危害		本品遇热分解释放出有毒的氟离子烟雾。				
防护措施		呼吸系统防护：一般不需要特殊防护，但建议特殊情况下，佩戴自吸过滤式防毒面具（半面罩）。 眼睛防护：必要时，戴化学安全防护眼镜。 身体防护：穿防静电工作服。 手防护：戴一般作业防护手套。 其他防护：工作现场严禁吸烟。避免高浓度吸入。				
危险性类别		易燃气体，类别 1；化学不稳定性气体，类别 B；加压气体；生殖细胞致突变性，类别 2；致癌性，类别 1B；特异性靶器官毒性—单次接触，类别 3（麻醉效应）；特异性靶器官毒性—反复接触，类别 2。				

序号	785	品名	氟乙酰胺	商品编码	2924.1200
别 名			氟素儿	CAS 号	640-19-7
英文名			2-fluoroacetamide		
分子式			C_2H_4FNO		
外观与性状			白色针状结晶。		
主要用途			用作农田、森林、果园以杀灭蚜虫、螨类和介壳虫等。		
危险特性			本品受热分解,放出有毒的氮氧化物和氟化物烟气。		
健康危害			本品的中毒多由误服引起,神经系统的症状有头痛、头晕、无力、四肢麻木,易激动,肌肉震颤,肢体阵发性抽搐、进行性加重,常导致呼吸衰竭而死,国内中毒病例多为此型。循环系统方面多为窦性心动过速,重者出现心肌损害,甚至发生心室纤维性颤动,此为心脏型,国外多见,本品对胃肠道有一定的刺激性。		
防护措施			呼吸系统防护:可能接触毒物时,应该佩戴防毒面具。紧急事态抢救或撤离时,建议佩戴自给式呼吸器。 眼睛防护:可能接触毒物时,必须戴化学安全防护眼镜。 身体防护:穿化学防护服。 手防护:戴橡皮胶手套。		
危险性类别			急性毒性—经口,类别 2*;急性毒性—经皮肤,类别 3*。		

序号	786	品名	钙	商品编码	2805.1200
别 名			金属钙	CAS 号	7440-70-2
英文名			Calcium		
分子式			Ca		
外观与性状			银白色至灰白色粉末。		
主要用途			用于与铝、铜、铅制合金,也用作制铍的还原剂、合金的脱氧剂、油脂脱氢等。		
危险特性			本品微细粉末在室温下遇潮湿空气能自燃;受高热或接触强氧化剂,有发生燃烧爆炸的危险;燃烧时放出有毒的刺激性烟雾;遇水或酸发生反应放出氢气及热量,能引起燃烧;粉尘与湿气接触能灼伤眼睛和皮肤。		
健康危害			吸入本品粉尘刺激呼吸道和肺,引起咳嗽、呼吸困难;对眼睛有刺激性,甚至引起灼伤,造成永久性损害;皮肤接触会导致灼伤。		
防护措施			呼吸系统防护:可能接触其粉尘时,佩戴头罩型电动送风过滤式防尘呼吸器。 眼睛防护:呼吸系统防护中已作防护。 身体防护:穿胶布防毒衣。 手防护:戴橡胶手套。 其他防护:工作现场严禁吸烟。		
危险性类别			遇水放出易燃气体的物质和混合物,类别 2。		

序号	787	品名	甘露糖醇六硝酸酯(湿的,按质量含水或乙醇和水的混合物不低于40%)	商品编码	2920.9000
别 名			六硝基甘露醇	CAS 号	15825-70-4
英文名			Mannitol hexanitrate, wetted with not less than 40% water		
分子式			$C_6H_8N_6O_{18}$		
主要用途			用作炸药。		
危险特性			本品可燃,燃烧时分解释放出有毒的氮氧化物气体。		
防护措施			呼吸系统防护:佩戴防毒口罩。紧急事态抢救或逃生时,佩戴自给式呼吸器。 眼睛防护:戴化学安全防护眼镜。 防护服:穿相应的防护服。 手防护:戴防化学品手套。 其他防护:工作现场禁止吸烟、进食和饮水。工作完毕,淋浴更衣。注意个人清洁卫生。		
危险性类别			爆炸物,1.1项。		

序号	788	品名	高碘酸	商品编码	2811.1990
别 名			过碘酸;仲高碘酸	CAS 号	10450-60-9
英文名			Periodic acid		
分子式			$HIO_4 \cdot 2H_2O$		
外观与性状			无色或白色结晶,无臭,有潮解性。		
主要用途			用作氧化剂。		
危险特性			本品是无机氧化剂;遇易燃物、有机物会引起爆炸;受热分解,放出氧气。		
健康危害			本品具有强烈刺激和腐蚀性;皮肤和眼睛接触有强烈刺激性会造成灼伤;口服引起口腔及消化道灼伤。		
防护措施			呼吸系统防护:空气中粉尘浓度超标时,应该佩戴头罩型电动送风过滤式防尘呼吸器。紧急事态抢救或撤离时,佩戴空气呼吸器。 眼睛防护:呼吸系统防护中已作防护。 身体防护:穿聚乙烯防毒服。 手防护:戴橡胶手套。 其他防护:工作现场禁止吸烟、进食和饮水。工作完毕,淋浴更衣。保持良好的卫生习惯。		
危险性类别			氧化性固体,类别2;皮肤腐蚀/刺激,类别1;严重眼损伤/眼刺激,类别1。		

序号	789	品名	高碘酸铵	商品编码	2829.9000
别 名			过碘酸铵	CAS 号	13446-11-2
英文名			Ammonium periodate		
分子式			H_4INO_4		
外观与性状			无色正方形结晶。		
主要用途			用作氧化剂。		
危险特性			本品是强氧化剂,震动撞击时会发生爆炸;与易燃、可燃物混合能引起燃烧爆炸;受高热分解释放出有毒的气体。		
健康危害			本品粉尘有刺激性;受热易分解释放出有毒气体:氨、氮氧化物和碘。		
防护措施			呼吸系统防护:可能接触其蒸气时,佩戴防毒口罩。空气中浓度较高时,应该佩戴自给式呼吸器。 眼睛防护:可采用安全面罩。 身体防护:穿相应的防护服。 手防护:戴防护手套。 其他防护:工作现场禁止吸烟、进食和饮水。注意个人清洁卫生。		
危险性类别			氧化性固体,类别2。		

序号	790	品名	高碘酸钡	商品编码	2829.9000
别 名			过碘酸钡	CAS 号	13718-58-6
英文名			Barium periodate		
分子式			BaI_2O_8		
外观与性状			白色结晶。		
主要用途			用于制造其他碘化合物。		
健康危害			本品对眼睛、呼吸道和皮肤有刺激作用。		
防护措施			呼吸系统防护:佩戴防毒口罩。紧急事态抢救或逃生时,佩戴自给式呼吸器。 眼睛防护:戴化学安全防护眼镜。 防护服:穿相应的防护服。 手防护:戴防化学品手套。 其他防护:工作现场禁止吸烟、进食和饮水。工作完毕,淋浴更衣。注意个人清洁卫生。		
危险性类别			氧化性固体,类别2。		

序号	791	品名	高碘酸钾		商品编码	2829.9000
别　名			过碘酸钾		CAS 号	7790-21-8
英文名		Potassium periodate				
分子式		KIO_4				
外观与性状		无色结晶或白色粉末。				
主要用途		用作氧化剂，主要用于氧化锰酸盐成高锰酸盐。				
危险特性		本品是强氧化剂，与还原剂、有机物、易燃物如硫、磷或金属粉末等混合可形成爆炸性混合物；急剧加热时可发生爆炸。				
健康危害		本品具有强烈刺激性，高浓度接触严重损害黏膜、上呼吸道、眼睛和皮肤。接触后出现烧灼感、咳嗽、喘息、喉炎、气短、头痛、恶心和呕吐等症状。				
防护措施		呼吸系统防护：空气中粉尘浓度超标时，应该佩戴头罩型电动送风过滤式防尘呼吸器。紧急事态抢救或撤离时，佩戴空气呼吸器。 眼睛防护：呼吸系统防护中已作防护。 身体防护：穿聚乙烯防毒服。 手防护：戴橡胶手套。 其他防护：工作现场禁止吸烟、进食和饮水。工作完毕，淋浴更衣。保持良好的卫生习惯。				
危险性类别		氧化性固体，类别 2。				

序号	792	品名	高碘酸钠		商品编码	2829.9000
别　名			过碘酸钠		CAS 号	7790-28-5
英文名		Sodium periodate				
分子式		$INaO_4$				
外观与性状		无色结晶或白色晶状粉末。				
主要用途		用作分析试剂和氧化剂。				
危险特性		本品是强氧化剂，与还原剂、有机物、易燃物如硫、磷或金属粉末等混合可形成爆炸性混合物；急剧加热时可发生爆炸。				
健康危害		本品对眼睛、上呼吸道、黏膜和皮肤有刺激性。				
防护措施		呼吸系统防护：空气中粉尘浓度超标时，应该佩戴头罩型电动送风过滤式防尘呼吸器。紧急事态抢救或撤离时，佩戴空气呼吸器。 眼睛防护：呼吸系统防护中已作防护。 身体防护：穿聚乙烯防毒服。 手防护：戴橡胶手套。 其他防护：工作现场禁止吸烟、进食和饮水。工作完毕，淋浴更衣。保持良好的卫生习惯。				
危险性类别		氧化性固体，类别 2。				

序号	793	品名	高氯酸(浓度>72%)、高氯酸(浓度≤50%)、高氯酸(浓度50%~72%)	商品编码	2811.1990
别　名			过氯酸	CAS 号	7601-90-3
英文名			Perchloric acid		
分子式			$ClHO_4$		
外观与性状			无色透明的发烟液体。		
主要用途			用作分析试剂、氧化剂，用于高氯酸盐制备，也用于电镀、人造金刚石提纯和医药等。		
危险特性			本品是强氧化剂，与有机物、还原剂、易燃物如硫、磷等接触或混合时有引起燃烧爆炸的危险；在室温下分解，加热则爆炸；无水物与水起猛烈作用而放热；具有强氧化性和腐蚀性。		
健康危害			本品有强烈腐蚀性，皮肤黏膜接触、误服或吸入后，引起强烈刺激症状。		
防护措施			呼吸系统防护：可能接触其蒸气时，必须佩戴过滤式防毒面具（全面罩）或自给式呼吸器。紧急事态抢救或撤离时，建议佩戴空气呼吸器。 眼睛防护：呼吸系统防护中已作防护。 身体防护：穿聚乙烯防毒服。 手防护：戴橡胶手套。 其他防护：工作现场禁止吸烟、进食和饮水。工作完毕，淋浴更衣。单独存放被毒物污染的衣服，洗后备用。保持良好的卫生习惯。		
危险性类别			氧化性液体，类别1；皮肤腐蚀/刺激，类别1A；严重眼损伤/眼刺激，类别1。		

序号	794	品名	高氯酸铵	商品编码	2829.9000
别　名			过氯酸铵	CAS 号	7790-98-9
英文名			用于制造其他碘化合物。		
分子式			ClH_4NO_4		
外观与性状			无色或白色结晶，有刺激气味。		
主要用途			用于制造炸药、烟火，并用作分析试剂、氧化剂。		
危险特性			本品是强氧化剂，与还原剂、有机物、易燃物如硫、磷或金属粉末等混合可形成爆炸性混合物；急剧加热时可发生爆炸。		
健康危害			本品对眼睛、皮肤、黏膜和上呼吸道有刺激性。		
防护措施			呼吸系统防护：可能接触其粉尘时，建议佩戴头罩型电动送风过滤式防尘呼吸器。 眼睛防护：呼吸系统防护中已作防护。 身体防护：穿聚乙烯防毒服。 手防护：戴橡胶手套。 其他防护：工作现场禁止吸烟、进食和饮水。工作完毕，淋浴更衣。保持良好的卫生习惯。		
危险性类别			爆炸物，1.1项；氧化性固体，类别1。		

序号	795	品名	高氯酸钡		商品编码	2829.9000
别 名			过氯酸钡		CAS 号	13465-95-7
英文名		Barium perchlorate					
分子式		BaCl$_2$O$_8$					
外观与性状		白色粒状粉末，有吸湿性。					
主要用途		用作干燥剂及脱水剂。					
危险特性		本品是强氧化剂，与还原剂、有机物、易燃物如硫、磷或金属粉末等混合可形成爆炸性混合物；受热分解，放出氧气。					
健康危害		本品对呼吸道、眼睛及皮肤有刺激性。口服引起流涎、呕吐、腹部痉挛性疼痛、脉缓、血压升高、血钾降低，胃肠道可能发生出血，随之发生进行性肌麻痹和心肌损害。重者可死于心律紊乱和呼吸肌麻痹。					
防护措施		呼吸系统防护：可能接触其粉尘时，建议佩戴头罩型电动送风过滤式防尘呼吸器。 眼睛防护：呼吸系统防护中已作防护。 身体防护：穿聚乙烯防毒服。 手防护：戴橡胶手套。 其他防护：工作现场禁止吸烟、进食和饮水。工作完毕，淋浴更衣。保持良好的卫生习惯。					
危险性类别		氧化性固体，类别 1。					

序号	796	品名	高氯酸醋酐溶液		商品编码	3824.9999
别 名			过氯酸醋酐溶液		CAS 号	
防护措施		呼吸系统防护：佩戴防毒口罩。紧急事态抢救或逃生时，佩戴自给式呼吸器。 眼睛防护：戴化学安全防护眼镜。 防护服：穿相应的防护服。 手防护：戴防化学品手套。 其他防护：工作现场禁止吸烟、进食和饮水。工作完毕，淋浴更衣。注意个人清洁卫生。					
危险性类别		氧化性液体，类别 3 *；皮肤腐蚀/刺激，类别 1；严重眼损伤/眼刺激，类别 1。					

序号	797	品名	高氯酸钙	商品编码	2829.9000
别名			过氯酸钙	CAS 号	13477-36-6
英文名			Calcium perchlorate		
分子式			$CaCl_2O_8$		
外观与性状			白色结晶。		
主要用途			用作氧化剂。		
危险特性			本品是强氧化剂,与还原剂、有机物、易燃物如硫、磷或金属粉末等混合可形成爆炸性混合物;急剧加热时可发生爆炸。		
防护措施			呼吸系统防护:可能接触其粉尘时,建议佩戴头罩型电动送风过滤式防尘呼吸器。 眼睛防护:呼吸系统防护中已作防护。 身体防护:穿聚乙烯防毒服。 手防护:戴橡胶手套。 其他防护:工作现场禁止吸烟、进食和饮水。注意个人清洁卫生。		
危险性类别			氧化性固体,类别2。		

序号	798	品名	高氯酸钾	商品编码	2829.9000
别名			过氯酸钾	CAS 号	7778-74-7
英文名			Potassium perchlorate		
分子式			$KClO_4$		
外观与性状			无色结晶或白色晶状粉末。		
主要用途			用作分析试剂、氧化剂、固体火箭燃料,也用于烟火及照明。		
危险特性			本品是强氧化剂,与还原剂、有机物、易燃物如硫、磷或金属粉末等混合可形成爆炸性混合物;在火场中,受热的容器有爆炸危险;受热分解,放出氧气。		
健康危害			本品有强烈刺激性,高浓度接触,严重损害黏膜、上呼吸道、眼睛及皮肤。中毒症状有烧灼感、咳嗽、喘息、气短、喉炎、头痛、恶心和呕吐等。		
防护措施			呼吸系统防护:可能接触其粉尘时,建议佩戴头罩型电动送风过滤式防尘呼吸器。 眼睛防护:呼吸系统防护中已作防护。 身体防护:穿聚乙烯防毒服。 手防护:戴橡胶手套。 其他防护:工作现场禁止吸烟、进食和饮水。注意个人清洁卫生。		
危险性类别			氧化性固体,类别1。		

序号	799	品名	高氯酸锂	商品编码	2829.9000
别　名		过氯酸锂		CAS 号	7791-03-9
英文名		Lithium perchlorate			
分子式		$LiClO_4$			
外观与性状		无色结晶，有潮解性。			
主要用途		用作固体火箭燃料。			
危险特性		本品是强氧化剂，与还原剂、有机物、易燃物如硫、磷或金属粉末等混合可形成爆炸性混合物；受热分解，放出氧气。			
健康危害		本品对眼睛、皮肤、黏膜和上呼吸道有刺激性。			
防护措施		呼吸系统防护：可能接触其粉尘时，建议佩戴头罩型电动送风过滤式防尘呼吸器。 眼睛防护：呼吸系统防护中已作防护。 身体防护：穿聚乙烯防毒服。 手防护：戴橡胶手套。 其他防护：工作现场禁止吸烟、进食和饮水。注意个人清洁卫生。			
危险性类别		氧化性固体，类别 2。			

序号	800	品名	高氯酸镁	商品编码	2829.9000
别　名		过氯酸镁		CAS 号	10034-81-8
英文名		Magnesium perchlorate			
分子式		$Mg(ClO_4)_2$			
外观与性状		白色结晶或粉末，易潮解，有强烈的吸湿性。			
主要用途		用作气体干燥剂、氧化剂。			
危险特性		本品是强氧化剂，与还原剂、有机物、易燃物如硫、磷或金属粉末等混合可形成爆炸性混合物；受热分解，放出氧气。			
健康危害		本品对眼睛、皮肤、黏膜和上呼吸道有刺激作用。过量口服镁盐，会引起上腹痛、呕吐、烦渴、呼吸困难、紫绀以及肾损害。			
防护措施		呼吸系统防护：可能接触其粉尘时，建议佩戴头罩型电动送风过滤式防尘呼吸器。 眼睛防护：呼吸系统防护中已作防护。 身体防护：穿聚乙烯防毒服。 手防护：戴橡胶手套。 其他防护：工作现场禁止吸烟、进食和饮水。注意个人清洁卫生。			
危险性类别		氧化性固体，类别 2。			

序号	801	品名	高氯酸钠	商品编码	2829.9000
别　名			过氯酸钠	CAS号	7601-89-0
英文名			Sodium perchlorate		
分子式			$NaClO_4$		
外观与性状			无色或白色斜方晶系结晶，有吸湿性。		
主要用途			制造炸药，用作分析试剂、氧化剂等。		
危险特性			本品是强氧化剂，与还原剂、有机物、易燃物如硫、磷或金属粉末等混合可形成爆炸性混合物；急剧加热时会发生爆炸。		
健康危害			本品对皮肤黏膜有强烈刺激性。		
防护措施			呼吸系统防护：可能接触其粉尘时，建议佩戴头罩型电动送风过滤式防尘呼吸器。 眼睛防护：呼吸系统防护中已作防护。 身体防护：穿聚乙烯防毒服。 手防护：戴橡胶手套。 其他防护：工作现场禁止吸烟、进食和饮水。注意个人清洁卫生。		
危险性类别			氧化性固体，类别1。		

序号	802	品名	高氯酸铅	商品编码	2829.9000
别　名			过氯酸铅	CAS号	13637-76-8
英文名			Lead perchlorate		
分子式			$Pb(ClO_4)_2$		
外观与性状			白色斜方结晶，有潮解性。		
主要用途			用作涂料中的耐腐蚀颜料，制造蓄电池、化学药品。		
危险特性			本品与还原剂、有机物、易燃物如硫、磷或金属粉末等混合可形成爆炸性混合物；与甲醇接触会剧烈反应引起爆炸。		
健康危害			本品的毒性与其他铅化合物相似，会造成造血系统、神经系统及肾脏损害；对皮肤和黏膜有强刺激性。		
防护措施			呼吸系统防护：可能接触其粉尘时，建议佩戴过滤式防尘呼吸器。 眼睛防护：戴化学安全防护眼镜。 身体防护：穿密闭型防毒服。 手防护：戴橡胶手套。 其他防护：工作现场禁止吸烟、进食和饮水。注意个人清洁卫生。		
危险性类别			氧化性固体，类别2；生殖毒性，类别1A；致癌性，类别1B；特异性靶器官毒性—反复接触，类别2*；危害水生环境—急性危害，类别1；危害水生环境—长期危害，类别1。		

序号	803	品名	高氯酸锶		商品编码	2829.9000
别　名			过氯酸锶		CAS 号	13450-97-0
英文名		Strontium perchlorate				
分子式		$Sr(ClO_4)_2$				
外观与性状		无色结晶。				
主要用途		用于焰火、炸药、推进剂制造；用作纤维素溶剂。				
防护措施		呼吸系统防护：佩戴防毒口罩。紧急事态抢救或逃生时，佩戴自给式呼吸器。 眼睛防护：戴化学安全防护眼镜。 防护服：穿相应的防护服。 手防护：戴防化学品手套。 其他防护：工作现场禁止吸烟、进食和饮水。工作完毕，淋浴更衣。注意个人清洁卫生。				
危险性类别		氧化性固体，类别2。				

序号	804	品名	高氯酸亚铁		商品编码	2829.9000
别　名					CAS 号	13520-69-9
英文名		Ferrous perchlorate				
分子式		$Fe(ClO_4)_2$				
防护措施		呼吸系统防护：佩戴防毒口罩。紧急事态抢救或逃生时，佩戴自给式呼吸器。 眼睛防护：戴化学安全防护眼镜。 防护服：穿相应的防护服。 手防护：戴防化学品手套。 其他防护：工作现场禁止吸烟、进食和饮水。工作完毕，淋浴更衣。注意个人清洁卫生。				
危险性类别		氧化性固体，类别2。				

序号	805	品名	高氯酸银	商品编码	2843.2900
别　名			过氯酸银	CAS 号	7783-93-9
英文名			Silver perchlorate		
分子式			$AgClO_4$		
外观与性状			白色结晶，具有潮解性。		
主要用途			用作氧化剂或炸药工业。		
危险特性			本品是强氧化剂，极不稳定，摩擦能爆炸；与还原剂、有机物、易燃物如硫、磷或金属粉末等混合可形成爆炸性混合物。		
健康危害			本品对眼睛、皮肤和黏膜有强烈的刺激作用，吸入会引起慢性支气管炎；进入体内，可引起银质沉着病；受热分解释出氯气。		
防护措施			呼吸系统防护：可能接触其粉尘时，建议佩戴头罩型电动送风过滤式防尘呼吸器。 眼睛防护：呼吸系统防护中已作防护。 身体防护：穿聚乙烯防毒服。 手防护：戴橡胶手套。 其他防护：工作现场禁止吸烟、进食和饮水。注意个人清洁卫生。		
危险性类别			氧化性固体，类别 2。		

序号	806	品名	高锰酸钡	商品编码	2841.6990
别　名			过锰酸钡	CAS 号	7787-36-2
英文名			Barium permanganate		
分子式			$Ba(MnO_4)_2$		
外观与性状			紫褐色至黑色有光泽的结晶或粉末。		
主要用途			用作干电池的原料、强消毒剂及用于高锰酸盐的制造。		
危险特性			本品是强氧化剂，与甘油、乙醇混合会引起自燃；遇硫酸、过氧化氢发生剧烈反应；与有机物、铵盐形成爆炸性混合物；受热或受热或经摩擦、震动或撞击可引起燃烧或爆炸。		
健康危害			本品剧毒，急性中毒多为误服所致，出现流涎、恶心、呕吐、腹痛、腹泻、脉缓，严重者脉快不齐，血压下降，会因呼吸麻痹，严重心律紊乱而死亡；对眼结膜、鼻黏膜、咽部和皮肤有刺激作用。		
防护措施			呼吸系统防护：佩戴防毒面具。必要时佩戴自给式呼吸器。 眼睛防护：戴化学安全防护眼镜。 身体防护：穿相应的防护服。 手防护：戴防化学品手套。 其他防护：工作现场禁止吸烟、进食和饮水。注意个人清洁卫生。		
危险性类别			氧化性固体，类别 2。		

序号	807	品名	高锰酸钙		商品编码	2841.6990
别 名			过锰酸钙		CAS 号	10118-76-0
英文名			Calcium permanganate			
分子式			$Ca(MnO_4)_2$			
外观与性状			紫色结晶。			
主要用途			用于纺织工业及水的消毒。			
危险特性			本品是强氧化剂,与有机物、还原剂、易燃物如硫、磷等接触或混合时有引起燃烧爆炸的危险;遇硫酸、铵盐或过氧化氢能发生爆炸;遇甘油、乙醇能引起自燃。			
防护措施			呼吸系统防护:可能接触其粉尘时,建议佩戴头罩型电动送风过滤式防尘呼吸器。 眼睛防护:呼吸系统防护中已作防护。 身体防护:穿聚乙烯防毒服。 手防护:戴氯丁橡胶手套。 其他防护:工作现场禁止吸烟、进食和饮水。注意个人清洁卫生。			
危险性类别			氧化性固体,类别2。			

序号	808	品名	高锰酸钾		商品编码	2841.6100
别 名			过锰酸钾;灰锰氧		CAS 号	7722-64-7
英文名			Potassium permanganate			
分子式			$KMnO_4$			
外观与性状			深紫色细长斜方柱状结晶,有金属光泽。			
主要用途			用于有机合成、油脂工业、氧化、医药、消毒等。			
危险特性			本品是强氧化剂,遇硫酸、铵盐或过氧化氢能发生爆炸;遇甘油、乙醇能引起自燃;与有机物、还原剂、易燃物如硫、磷等接触或混合时有引起燃烧爆炸的危险。			
健康危害			吸入本品后会引起呼吸道损害;溅落眼睛内,刺激结膜,重者致灼伤;刺激皮肤,浓溶液或结晶对皮肤有腐蚀性;口服腐蚀口腔和消化道,出现口内烧灼感、上腹痛、恶心、呕吐、口咽肿胀等症状。口服剂量大者,口腔黏膜呈棕黑色、肿胀糜烂、剧烈腹痛、呕吐、血便、休克,最后死于循环衰竭。			
防护措施			呼吸系统防护:可能接触其粉尘时,建议佩戴头罩型电动送风过滤式防尘呼吸器。 眼睛防护:呼吸系统防护中已作防护。 身体防护:穿胶布防毒衣。 手防护:戴氯丁橡胶手套。 其他防护:工作现场禁止吸烟、进食和饮水。注意个人清洁卫生。			
危险性类别			氧化性固体,类别2;危害水生环境—急性危害,类别1;危害水生环境—长期危害,类别1。			

序号	809	品名	高锰酸钠	商品编码	2841.6990
别 名			过锰酸钠	CAS 号	10101-50-5
英文名			Sodium permanganate		
分子式			$NaMnO_4$		
外观与性状			紫色到红紫色结晶或粉末,易潮解。		
主要用途			用作氧化剂、杀菌剂、解毒剂,也可作高锰酸钾的代用品。		
危险特性			本品是强氧化剂,遇硫酸、铵盐或过氧化氢能发生爆炸;遇甘油、乙醇能引起自燃;与有机物、还原剂、易燃物如硫、磷等接触或混合时有引起燃烧爆炸的危险。		
健康危害			本品有强烈刺激性,高浓度接触严重损害黏膜、上呼吸道、眼睛和皮肤。接触后引起烧灼感、咳嗽、喘息、喉炎、气短、头痛、恶心和呕吐等症状。		
防护措施			呼吸系统防护:可能接触其粉尘时,建议佩戴头罩型电动送风过滤式防尘呼吸器。 眼睛防护:呼吸系统防护中已作防护。 身体防护:穿胶布防毒衣。 手防护:戴氯丁橡胶手套。 其他防护:工作现场禁止吸烟、进食和饮水。注意个人清洁卫生。		
危险性类别			氧化性固体,类别 2;皮肤腐蚀/刺激,类别 1B;严重眼损伤/眼刺激,类别 1;危害水生环境—急性危害,类别 1;危害水生环境—长期危害,类别 1。		

序号	810	品名	高锰酸锌	商品编码	2841.6990
别 名			过锰酸锌	CAS 号	23414-72-4
英文名			Zinc permangante		
分子式			$Zn(MnO_4)_2$		
外观与性状			紫褐色至黑色易潮解的结晶。		
主要用途			用作氧化剂、防腐剂。		
危险特性			本品是强氧化剂,遇硫酸、过氧化氢发生剧烈反应;与有机物、铵盐形成爆炸性混合物。		
健康危害			本品粉尘能刺激眼睛和皮肤。误服会中毒,中毒的表现有恶心、呕吐、腹痛、腹泻等急性胃肠炎症状;严重时可引起脱水和休克。		
防护措施			呼吸系统防护:佩戴防毒口罩。空气中浓度较高时,应该佩戴自给式呼吸器。 眼睛防护:戴化学安全防护眼镜。 身体防护:穿相应的防护服。 手防护 戴防化学品手套。 其他防护:工作现场禁止吸烟、进食和饮水。注意个人清洁卫生。		
危险性类别			氧化性固体,类别 2;特异性靶器官毒性—反复接触,类别 1;危害水生环境—急性危害,类别 1;危害水生环境—长期危害,类别 1。		

序号	811	品名	高锰酸银		商品编码	2843.2900
别　名			过锰酸银		CAS 号	7783-98-4
英文名			Sliver manganate			
分子式			$AgMnO_4$			
防护措施			呼吸系统防护：佩戴防毒口罩。紧急事态抢救或逃生时，佩戴自给式呼吸器。 眼睛防护：戴化学安全防护眼镜。 防护服：穿相应的防护服。 手防护：戴防化学品手套。 其他防护：工作现场禁止吸烟、进食和饮水。工作完毕，淋浴更衣。注意个人清洁卫生。			
危险性类别			氧化性固体，类别2。			

序号	812	品名	镉(非发火的)		商品编码	8107.2000
别　名					CAS 号	7440-43-9
英文名			Cadmium			
分子式			Cd			
外观与性状			呈银白色，略带淡蓝光泽，质软，富有延展性。			
主要用途			用于电镀工业，也用于制造合金、电池、焊料及半导体材料等。			
危险特性			本品粉体遇高热、明火能燃烧甚至爆炸。			
健康危害			吸入镉燃烧形成的氧化镉烟雾，会引起急性肺水肿和化学性肺炎，个别病例会伴有肝、肾损害；对眼睛有刺激性；用镀镉器调制或贮存酸性食物或饮料，食入后会引起急性中毒，症状有恶心、呕吐、腹痛、腹泻、大汗、虚脱、甚至抽搐、休克；长期吸入较高浓度镉引起职业性慢性镉中毒，临床表现有肺气肿、嗅觉丧失、牙釉黄色环、肾损害、骨软化症等。			
防护措施			呼吸系统防护：佩戴防毒口罩。紧急事态抢救或逃生时，佩戴自给式呼吸器。 眼睛防护：戴化学安全防护眼镜。 防护服：穿相应的防护服。 手防护：戴防化学品手套。 其他防护：工作现场禁止吸烟、进食和饮水。工作完毕，淋浴更衣。注意个人清洁卫生。			
危险性类别			急性毒性—吸入，类别2*；生殖细胞致突变性，类别2；致癌性，类别1A；生殖毒性，类别2；特异性靶器官毒性—反复接触，类别1；危害水生环境—急性危害，类别1；危害水生环境—长期危害，类别1。			

序号	813	品名	铬硫酸	商品编码	2819.1000
别 名			铬酸洗液	CAS 号	65272-71-1
英文名			Chromosulfuric acid		
防护措施			呼吸系统防护：佩戴防毒口罩。紧急事态抢救或逃生时，佩戴自给式呼吸器。 眼睛防护：戴化学安全防护眼镜。 防护服：穿相应的防护服。 手防护：戴防化学品手套。 其他防护：工作现场禁止吸烟、进食和饮水。工作完毕，淋浴更衣。注意个人清洁卫生。		
危险性类别			皮肤腐蚀/刺激，类别 1；严重眼损伤/眼刺激，类别 1；危害水生环境—急性危害，类别 1；危害水生环境—长期危害，类别 1。		

序号	814	品名	铬酸钾	商品编码	2841.5000
别 名				CAS 号	7789-00-6
英文名			Potassium chromate		
分子式			K_2CrO_4		
外观与性状			黄色斜方晶体。		
主要用途			用于鞣革、医药，并用作媒染剂和分析试剂等。		
危险特性			本品是强氧化剂，接触有机物有引起燃烧危险；受高热分解，放出有毒的烟气。		
健康危害			本品对眼睛、皮肤和黏膜具有腐蚀性，可造成严重灼伤。误服，可引起头痛、头晕、恶心、呕吐、腹痛、呼吸急促、紫绀、肾功能衰竭、休克、昏迷等症状；对皮肤会引起接触性皮炎和湿疹。六价铬化合物属致癌物。		
防护措施			呼吸系统防护：可能接触其蒸气时，必须佩戴防毒面具。紧急事态抢救或逃生时，佩戴自给式呼吸器。 眼睛防护：戴化学安全防护眼镜。 身体防护：穿防腐工作服。 手防护：戴橡胶手套。		
危险性类别			严重眼损伤/眼刺激，类别 2；皮肤腐蚀/刺激，类别 2；皮肤致敏物，类别 1；生殖细胞致突变性，类别 1B；致癌性，类别 1A；特异性靶器官毒性—单次接触，类别 3（呼吸道刺激）；危害水生环境—急性危害，类别 1；危害水生环境—长期危害，类别 1。		

序号	815	品名	铬酸钠	商品编码	2841.5000
别 名				CAS 号	7775-11-3
英文名	Sodium chromate				
分子式	Na_2CrO_4				
外观与性状	黄色单斜晶体,易潮解。				
主要用途	用于染色、鞣革和制铬黄颜料等。				
危险特性	本品是强氧化剂,接触有机物有引起燃烧危险;受高热分解,放出有毒的烟气。				
健康危害	本品对眼睛、皮肤和黏膜具有腐蚀性,可造成严重灼伤。误服,可引起头痛、头晕、恶心、呕吐、腹痛、呼吸急促、紫绀、肾功能衰竭、休克、昏迷等症状;对皮肤会引起接触性皮炎和湿疹。六价铬化合物属致癌物。				
防护措施	呼吸系统防护:可能接触其蒸气时,必须佩戴防毒面具。紧急事态抢救或逃生时,佩戴自给式呼吸器。 眼睛防护:戴化学安全防护眼镜。 身体防护:穿防腐工作服。 手防护:戴橡胶手套。 其他防护:工作现场禁止吸烟、进食和饮水。注意个人清洁卫生。				
危险性类别	急性毒性—经口,类别3*;急性毒性—吸入,类别2*;皮肤腐蚀/刺激,类别1B;严重眼损伤/眼刺激,类别1;呼吸道致敏物,类别1;皮肤致敏物,类别1;生殖细胞致突变性,类别1B;致癌性,类别1A;生殖毒性,类别1B;特异性靶器官毒性—反复接触,类别1;危害水生环境—急性危害,类别1;危害水生环境—长期危害,类别1。				

序号	816	品名	铬酸铍	商品编码	2841.5000
别 名				CAS 号	14216-88-7
英文名	Beryllium chromate				
防护措施	呼吸系统防护:佩戴防毒口罩。紧急事态抢救或逃生时,佩戴自给式呼吸器。 眼睛防护:戴化学安全防护眼镜。 防护服:穿相应的防护服。 手防护:戴防化学品手套。 其他防护:工作现场禁止吸烟、进食和饮水。工作完毕,淋浴更衣。注意个人清洁卫生。				
危险性类别	急性毒性—经口,类别3*;急性毒性—吸入,类别2*;皮肤腐蚀/刺激,类别2;严重眼损伤/眼刺激,类别2;皮肤致敏物,类别1;致癌性,类别1A;特异性靶器官毒性—单次接触,类别3(呼吸道刺激);特异性靶器官毒性—反复接触,类别1;危害水生环境—急性危害,类别1;危害水生环境—长期危害,类别1。				

序号	817	品名	铬酸铅	商品编码	2841.5000
别　名			铬黄	CAS 号	7758-97-6
英文名			Lead chromate		
分子式			$PbCrO_4$		
外观与性状			黄色或橙黄色粉末。		
主要用途			用于制油漆、油墨、水彩、颜料，还用于色纸、橡胶、塑料制品的着色。		
危险特性			本品受高热分解，放出有毒的蒸气。		
健康危害			急性中毒：吸入本品后对上呼吸道有刺激性，摄入后会引起头晕、头痛、恶心、呕吐、胃肠道刺激，可致死。慢性影响：引起贫血、肾损害、铅蓄积、铅中毒；可引起皮肤发炎和湿疹。国际癌症研究中心（IARC）将铬和某些铬化合物列入对人类致癌的化学物质。		
防护措施			呼吸系统防护：应该佩戴口罩。必要时应该佩戴防毒面具。 眼睛防护：戴安全防护眼镜。 身体防护：穿工作服。 手防护：戴橡皮手套。 其他防护：工作现场禁止吸烟、进食和饮水。注意个人清洁卫生。		
危险性类别			致癌性，类别 1A；生殖毒性，类别 1A；特异性靶器官毒性—反复接触，类别 2；危害水生环境—急性危害，类别 1；危害水生环境—长期危害，类别 1。		

序号	818	品名	铬酸溶液	商品编码	2811.1990
别　名				CAS 号	7738-94-5
英文名			Chromic acid		
分子式			H_2CrO_4		
外观与性状			橘红色液体。		
主要用途			用于镀铬、制颜料、媒染剂、蚀媒，也用于医药。		
危险特性			本品具有腐蚀性，是一种强氧化剂，接触有机物会引起燃烧危险。		
健康危害			本品对眼睛、皮肤和黏膜具有腐蚀性，会造成严重灼伤。误服，会引起头痛、头晕、恶心、呕吐、腹痛、呼吸急促、紫绀、肾功能衰竭、休克、昏迷等症状；对皮肤会引起接触性皮炎和湿疹。六价铬化合物属致癌物。		
防护措施			呼吸系统防护：可能接触其蒸气时，必须佩戴防毒面具。紧急事态抢救或逃生时，佩戴自给式呼吸器。 眼睛防护：戴化学安全防护眼镜。 身体防护：穿防腐工作服。 手防护：戴橡胶手套。 其他防护：工作现场禁止吸烟、进食和饮水。注意个人清洁卫生。		
危险性类别			皮肤腐蚀/刺激，类别 1；严重眼损伤/眼刺激，类别 1；皮肤致敏物，类别 1；致癌性，类别 1A；危害水生环境—急性危害，类别 1；危害水生环境—长期危害，类别 1。		

序号	819	品名	铬酸叔丁酯四氯化碳溶液	商品编码	2905.1990
别 名				CAS 号	1189-85-1
英文名		Tert-butyl chromate			
分子式		$C_8H_{18}CrO_4$			

防护措施	呼吸系统防护：佩戴防毒口罩。紧急事态抢救或逃生时，佩戴自给式呼吸器。 眼睛防护：戴化学安全防护眼镜。 防护服：穿相应的防护服。 手防护：戴防化学品手套。 其他防护：工作现场禁止吸烟、进食和饮水。工作完毕，淋浴更衣。注意个人清洁卫生。
危险性类别	危害水生环境—急性危害，类别1；危害水生环境—长期危害，类别1。

序号	820	品名	庚二腈	商品编码	2926.9090
别 名		1,5-二氰基戊烷		CAS 号	646-20-8
英文名		1,5-Dicyanopentane			
分子式		$C_7H_{10}N_2$			
外观与性状		无色液体。			
主要用途		用于有机合成。			
危险特性		本品遇明火、高热、氧化剂能燃烧，并散发出有毒气体。			
健康危害		本品对皮肤有刺激作用，吸入、摄入或经皮肤吸收后对身体有害；其蒸气或烟雾对眼睛、黏膜和上呼吸道有刺激作用。			
防护措施		呼吸系统防护：可能接触其蒸气时，必须佩戴防毒面具。紧急事态抢救或撤离时，建议佩戴自给式呼吸器。 眼睛防护：戴化学安全防护眼镜。 身体防护：穿聚乙烯薄膜防毒服。 手防护：戴防化学品手套。 其他防护：工作现场禁止吸烟、进食和饮水。注意个人清洁卫生。			
危险性类别		急性毒性—经口，类别3。			

序号	821	品名	庚腈	商品编码	2926.9090
别名			氰化正己烷	CAS 号	629-08-3
英文名			Heptanenitrile		
分子式			$C_7H_{13}N$		
防护措施			呼吸系统防护:佩戴防毒口罩。紧急事态抢救或逃生时,佩戴自给式呼吸器。 眼睛防护:戴化学安全防护眼镜。 防护服:穿相应的防护服。 手防护:戴防化学品手套。 其他防护:工作现场禁止吸烟、进食和饮水。工作完毕,淋浴更衣。注意个人清洁卫生。		
危险性类别			易燃液体,类别3;急性毒性—经口,类别3;急性毒性—经皮肤,类别3;急性毒性—吸入,类别3;皮肤腐蚀/刺激,类别2;严重眼损伤/眼刺激,类别2;特异性靶器官毒性—单次接触,类别3(呼吸道刺激)。		

序号	822	品名	1-庚炔	商品编码	2901.2990
别名			正庚炔	CAS 号	628-71-7
英文名			1-Heptyne		
分子式			C_7H_{12}		
外观与性状			无色液体。		
主要用途			用于有机合成。		
危险特性			本品易燃,其蒸气与空气可形成爆炸性混合物,遇明火、高热能引起燃烧爆炸;与氧化剂能发生强烈反应;若遇高热,可发生聚合反应,放出大量热量而引起容器破裂和爆炸事故;高速冲击、流动、激荡后可因产生静电火花放电引起燃烧爆炸;其蒸气比空气重,能在较低处扩散到相当远的地方,遇火源会着火回燃。		
健康危害			吸入、口服或经皮肤吸收本品后对身体有害,对皮肤有刺激性;其蒸气或雾对眼睛、黏膜和呼吸道有刺激作用。		
防护措施			呼吸系统防护:空气中浓度超标时,应该佩戴过滤式防毒面具(半面罩)。紧急事态抢救或撤离时,佩戴空气呼吸器、氧气呼吸器。 眼睛防护:戴化学安全防护眼镜。 身体防护:穿防静电工作服。 手防护:戴橡胶耐油手套。 其他防护:工作现场禁止吸烟、进食和饮水。注意个人清洁卫生。		
危险性类别			易燃液体,类别2。		

序号	823	品名	庚酸		商品编码	2915.9000
别　名		正庚酸			CAS 号	111-14-8
英文名		Heptanoic acid				
分子式		$C_7H_{14}O_2$				
外观与性状		油状液体。				
主要用途		用于有机合成。				
危险特性		本品遇明火、高热可燃；具有腐蚀性。				
健康危害		吸入、摄入或经皮肤吸收本品后会中毒；对眼睛、皮肤、黏膜和上呼吸道有强烈刺激作用。吸入，可引起喉、支气管的炎症、痉挛、化学性肺炎、肺水肿等。				
防护措施		呼吸系统防护：可能接触其蒸气时，佩戴防毒口罩。紧急事态抢救或逃生时，佩戴自给式呼吸器。 眼睛防护：戴化学安全防护眼镜。 身体防护：穿防酸碱工作服。 手防护：戴橡胶手套。 其他防护：工作现场禁止吸烟、进食和饮水。注意个人清洁卫生。				
危险性类别		皮肤腐蚀/刺激，类别 1B；严重眼损伤/眼刺激，类别 1。				

序号	824	品名	2-庚酮		商品编码	2914.1900
别　名		甲基戊基甲酮			CAS 号	110-43-0
英文名		2-Heptanone				
分子式		$C_7H_{14}O$				
外观与性状		无色液体，有类似梨的水果香味。				
主要用途		用作硝化纤维素的溶剂和涂料、惰性反应介质，也用作香料原料。				
危险特性		本品遇明火、高热或与氧化剂接触，有引起燃烧爆炸的危险；若遇高热，容器内压增大，有开裂和爆炸的危险。				
健康危害		本品主要有麻醉和刺激作用，吸入高浓度蒸气会导致深度麻醉。				
防护措施		呼吸系统防护：空气中浓度超标时，佩戴防毒口罩。 眼睛防护：一般不需特殊防护，高浓度接触时可戴化学安全防护眼镜。 身体防护：穿相应的防护服。 手防护：必要时戴防护手套。 其他防护：工作现场禁止吸烟、进食和饮水。注意个人清洁卫生。				
危险性类别		易燃液体，类别 3。				

序号	825	品名	3-庚酮	商品编码	2914.1900
别 名			乙基正丁基甲酮	CAS 号	106-35-4
英文名			3-Heptanone		
分子式			$C_7H_{14}O$		
外观与性状			无色液体,具有丙酮样气味。		
主要用途			用于制混合溶剂及有机溶胶的分散剂。		
危险特性			本品易燃,遇明火、高热或与氧化剂接触,有引起燃烧爆炸的危险。		
健康危害			本品蒸气对眼睛、皮肤、黏膜和上呼吸道有刺激性;对皮肤有脱脂作用,长期接触会导致皮炎。未见人的中毒报道。		
防护措施			呼吸系统防护:空气中浓度超标时,佩戴自吸过滤式防毒面具(半面罩)。 眼睛防护:戴化学安全防护眼镜。 身体防护:穿防静电工作服。 手防护:戴橡胶耐油手套。 其他防护:工作现场禁止吸烟、进食和饮水。注意个人清洁卫生。		
危险性类别			易燃液体,类别3;严重眼损伤/眼刺激,类别2。		

序号	826	品名	4-庚酮	商品编码	2914.1900
别 名			乳酮;二丙基甲酮	CAS 号	123-19-3
英文名			4-Heptanone		
分子式			$C_7H_{14}O$		
外观与性状			无色、透明、低挥发性并具有香味的液体。		
主要用途			用作硝化纤维、原油和树脂等的溶剂,也用于油漆工业。		
危险特性			本品蒸气与空气可形成爆炸性混合物,遇明火、高热能引起燃烧爆炸;与氧化剂可发生反应;流速过快,容易产生和积聚静电;其蒸气比空气重,能在较低处扩散到相当远的地方,遇火源会着火回燃;若遇高热,容器内压增大,有开裂和爆炸的危险。		
健康危害			本品对眼睛仅引起轻微的刺激。尚未见职业中毒的报道。		
防护措施			呼吸系统防护:一般不需要特殊防护,高浓度接触时可佩戴自吸过滤式防毒面具(半面罩)。 眼睛防护:空气中浓度较高时,佩戴化学安全防护眼镜。 身体防护:穿防静电工作服。 手防护:戴防化学品手套。 其他防护:工作现场禁止吸烟、进食和饮水。注意个人清洁卫生。		
危险性类别			易燃液体,类别3。		

序号	827	品名	1-庚烯		商品编码	2901.2990
别　名		正庚烯；正戊基乙烯			CAS 号	592-76-7
英文名		1-heptene				
分子式		C_7H_{14}				
外观与性状		无色透明液体。				
主要用途		用于有机合成。				
危险特性		本品易燃，其蒸气与空气可形成爆炸性混合物，遇明火、高热能引起燃烧爆炸；与氧化剂接触反应猛烈；若遇高热，可发生聚合反应，放出大量热量而引起容器破裂和爆炸事故；高速冲击、流动、激荡后可因产生静电火花放电引起燃烧爆炸；其蒸气比空气重，能在较低处扩散到相当远的地方，遇火源会着火回燃。				
健康危害		吸入或口服本品对身体有害，会引起麻醉，伴有眼睛和呼吸道黏膜刺激、眩晕、呕吐及紫绀；对皮肤有刺激性。				
防护措施		呼吸系统防护：空气中浓度超标时，应该佩戴自吸过滤式防毒面具（半面罩）。 眼睛防护：戴安全防护眼镜。 身体防护：穿防静电工作服。 手防护：戴橡胶耐油手套。 其他防护：工作现场禁止吸烟、进食和饮水。注意个人清洁卫生。				
危险性类别		易燃液体，类别 2；特异性靶器官毒性—单次接触，类别 3（麻醉效应）；吸入危害，类别 1。				

序号	828	品名	2-庚烯		商品编码	2901.2990
别　名					CAS 号	592-77-8
英文名		2-heptene				
分子式		C_7H_{14}				
外观与性状		无色挥发性液体。				
主要用途		用于溶剂、有机合成。				
危险特性		本品易燃，其蒸气与空气可形成爆炸性混合物，遇明火、高热能引起燃烧爆炸；与氧化剂接触反应猛烈；蒸气比空气重，沿地面扩散并易积存于低洼处，遇火源会着火回燃。				
健康危害		未见人的中毒报道。动物试验显示有麻醉作用。				
防护措施		呼吸系统防护：空气中浓度超标时，应该佩戴过滤式防毒面具（半面罩）。 眼睛防护：戴化学安全防护眼镜。 身体防护：穿防静电工作服。 手防护：戴橡胶耐油手套。 其他防护：工作现场禁止吸烟、进食和饮水。注意个人清洁卫生。				
危险性类别		易燃液体，类别 2。				

序号	829	品名	3-庚烯	商品编码	2901.2990
别 名				CAS 号	592-78-9
英文名	3-heptene				
分子式	C_7H_{14}				
外观与性状	无色液体。				
主要用途	用于有机合成,用作植物生长抑制剂。				
危险特性	本品易燃,其蒸气与空气可形成爆炸性混合物,遇明火、高热能引起燃烧爆炸;与氧化剂接触反应猛烈;其蒸气比空气重,能在较低处扩散到相当远的地方,遇火源会着火回燃。				
健康危害	吸入或口服本品对身体有害,对皮肤有刺激作用;其蒸气或雾对眼睛、黏膜和上呼吸道有刺激作用,高浓度有麻醉作用。				
防护措施	呼吸系统防护:空气中浓度超标时,应该佩戴自吸过滤式防毒面具(半面罩)。 眼睛防护:戴安全防护眼镜。 身体防护:穿防静电工作服。 手防护:戴橡胶耐油手套。				
危险性类别	易燃液体,类别 2。				

序号	830	品名	汞	商品编码	2805.4000
别 名	水银			CAS 号	7439-97-6
英文名	Mercury				
分子式	Hg				
外观与性状	银白色液态金属,在常温下可挥发,洒落会形成小水珠。				
主要用途	用于制造汞盐,也用于仪表工业。				
危险特性	本品常温下有蒸气挥发,高温下能迅速挥发;与氯酸盐、硝酸盐、热硫酸等混合可发生爆炸。				
健康危害	急性中毒:中毒者有头痛、头晕、乏力、多梦、发热等症状,并有明显口腔炎表现;同时有食欲不振、恶心、腹痛、腹泻等症状。部分中毒者皮肤出现红色斑丘疹,少数严重者发生间质性肺炎及肾脏损伤。慢性中毒:中毒者最早出现头痛、头晕、乏力、记忆减退等神经衰弱综合征;汞毒性震颤;另外有口腔炎,少数中毒者有肝、肾损害。				
防护措施	呼吸系统防护:可能接触其蒸气时,应该佩戴防毒口罩。必要时建议佩戴自给式呼吸器。 眼睛防护:戴安全防护眼镜。 身体防护:穿相应的防护服。 手防护:戴防化学品手套。 其他防护:工作现场禁止吸烟、进食和饮水。注意个人清洁卫生。				
危险性类别	急性毒性—吸入,类别 2*;生殖毒性,类别 1B;特异性靶器官毒性—反复接触,类别 1;危害水生环境—急性危害,类别 1;危害水生环境—长期危害,类别 1。				

序号	831	品名	挂-3-氯桥-6-氰基-2-降冰片酮-O-(甲基氨基甲酰基)肟	商品编码	2928.0000
别　名			肟杀威	CAS 号	15271-41-7
英文名			Exo-3-chloro-endo-6-cyano-2-norbornanone-O-(methylcarbamoyl)oxime;Tranid		
分子式			$C_{10}H_{12}ClN_3O_2$		
主要用途			用作农药。		
防护措施			呼吸系统防护：佩戴防毒口罩。紧急事态抢救或逃生时，佩戴自给式呼吸器。 眼睛防护：戴化学安全防护眼镜。 防护服：穿相应的防护服。 手防护：戴防化学品手套。 其他防护：工作现场禁止吸烟、进食和饮水。工作完毕，淋浴更衣。注意个人清洁卫生。		
危险性类别			急性毒性—经口，类别2*；急性毒性—经皮肤，类别3*；危害水生环境—急性危害，类别2；危害水生环境—长期危害，类别2。		

序号	832	品名	硅粉（非晶形的）	商品编码	2804.6190
别　名				CAS 号	7440-21-3
英文名			Silicon		
分子式			Si		
外观与性状			黑褐色无定形非金属粉末。		
主要用途			用于制造合金、有机硅化合物和四氯化碳等，是一种重要的半导体材料。		
危险特性			本品粉体遇高热、明火或氧化剂起反应，有中等程度的危险；与氟、氯等能发生剧烈的化学反应。		
健康危害			本品对人体无毒，高浓度吸入引起呼吸道轻度刺激，进入眼内作为异物有刺激作用。		
防护措施			呼吸系统防护：佩戴防毒口罩。紧急事态抢救或逃生时，佩戴自给式呼吸器。 眼睛防护：戴化学安全防护眼镜。 防护服：穿相应的防护服。 手防护：戴防化学品手套。 其他防护：工作现场禁止吸烟、进食和饮水。工作完毕，淋浴更衣。注意个人清洁卫生。		
危险性类别			易燃固体，类别2；严重眼损伤/眼刺激，类别2B。		

序号	833	品名	硅钙	商品编码	2850.0090
别名			二硅化钙	CAS号	12013-56-8
英文名			Calcium disilicide		
分子式			$CaSi_2$		
防护措施			呼吸系统防护：佩戴防毒口罩。紧急事态抢救或逃生时，佩戴自给式呼吸器。 眼睛防护：戴化学安全防护眼镜。 防护服：穿相应的防护服。 手防护：戴防化学品手套。 其他防护：工作现场禁止吸烟、进食和饮水。工作完毕，淋浴更衣。注意个人清洁卫生。		
危险性类别			遇水放出易燃气体的物质和混合物，类别2。		

序号	834	品名	硅化钙	商品编码	2850.0090
别名				CAS号	12013-55-7
英文名			Calcium silicide		
分子式			$CaSi$		
外观与性状			白色粉末或玻璃质固体。		
危险特性			本品与水反应强烈，放出易爆炸着火的氢气；遇酸放出易自燃的氢化硅气体；与氟发生剧烈反应；粉体与空气可形成爆炸性混合物。		
健康危害			本品对眼睛、皮肤和黏膜有刺激性和腐蚀性。		
防护措施			呼吸系统防护：佩戴防毒口罩。必要时佩戴防毒面具。 眼睛防护：戴化学安全防护眼镜。 身体防护：穿防静电工作服。 手防护：戴防化学品手套。 其他防护：工作现场禁止吸烟、进食和饮水。注意个人清洁卫生。		
危险性类别			遇水放出易燃气体的物质和混合物，类别2。		

序号	835	品名	硅化镁		商品编码	2850.0090
别　名					CAS 号	22831-39-6；39404-03-0
英文名	Magnesium silicide					
分子式	Mg_2Si；$MgSi$					
防护措施	呼吸系统防护：佩戴防毒口罩。紧急事态抢救或逃生时，佩戴自给式呼吸器。 眼睛防护：戴化学安全防护眼镜。 防护服：穿相应的防护服。 手防护：戴防化学品手套。 其他防护：工作现场禁止吸烟、进食和饮水。工作完毕，淋浴更衣。注意个人清洁卫生。					
危险性类别	遇水放出易燃气体的物质和混合物，类别2。					

序号	836	品名	硅锂		商品编码	3824.9999
别　名	锂硅合金				CAS 号	68848-64-6
英文名	Lithium silicon					
分子式	Li+Si					
外观与性状	黑色发光的块团、晶体或粉末，带有不好的刺激性气味。					
危险特性	本品粉体遇高热、明火能燃烧甚至爆炸；遇酸放出易自燃的氢化硅气体；与水反应强烈，放出易爆炸着火的氢气；与氧化剂能发生强烈反应。					
健康危害	本品属低毒类；具有刺激作用。目前，未见工业上的中毒报道。					
防护措施	呼吸系统防护：佩戴防尘口罩。必要时佩戴防毒面具。 眼睛防护：戴化学安全防护眼镜。 身体防护：穿防静电工作服。 手防护：戴防化学品手套。 其他防护：工作现场禁止吸烟、进食和饮水。注意个人清洁卫生。					
危险性类别	遇水放出易燃气体的物质和混合物，类别2。					

序号	837	品名	硅铝;硅铝粉(无涂层的)	商品编码	2850.0090
别 名				CAS 号	57485-31-1
英文名	Aluminum silicide					
分子式	$AlSi_2$					
外观与性状	白色至灰色固体;白色至灰色粉末。					
主要用途	用作化学中间体。					
防护措施	呼吸系统防护:佩戴防毒口罩。紧急事态抢救或逃生时,佩戴自给式呼吸器。 眼睛防护:戴化学安全防护眼镜。 防护服:穿相应的防护服。 手防护:戴防化学品手套。 其他防护:工作现场禁止吸烟、进食和饮水。工作完毕,淋浴更衣。注意个人清洁卫生。					
危险性类别	遇水放出易燃气体的物质和混合物,类别3。					

序号	838	品名	硅锰钙	商品编码	2850.0090
别 名				CAS 号	12205-44-6
英文名	Calcium manganese oxide silicate					
分子式	$Ca_{27}Mn_6O_{37}Si$					
防护措施	呼吸系统防护:佩戴防毒口罩。紧急事态抢救或逃生时,佩戴自给式呼吸器。 眼睛防护:戴化学安全防护眼镜。 防护服:穿相应的防护服。 手防护:戴防化学品手套。 其他防护:工作现场禁止吸烟、进食和饮水。工作完毕,淋浴更衣。注意个人清洁卫生。					
危险性类别	遇水放出易燃气体的物质和混合物,类别3。					

序号	839	品名	硅酸铅		商品编码	2839.9000
别 名					CAS 号	10099-76-0; 11120-22-2
英文名	Lead silicate					
分子式	$PbSiO_3$					
外观与性状	白色结晶性粉末，淡黄色至金黄色重质玻璃晶粒。					
主要用途	本品主要用于制造光学玻璃、光导纤维、日用器皿和低熔点焊接等；用于陶瓷、耐火性纺织品、油漆及热稳定剂；用作彩管防 X 射线吸收剂，也用于玻璃搪瓷工业。					
危险特性	本品受高热分解，放出有毒的蒸气。					
健康危害	铅及其化合物损害造血、神经系统、消化系统及肾脏。职业中毒主要为慢性神经系统中毒，主要表现为神经衰弱综合征、周围神经病（以运动功能受累较明显），严重者出现铅中毒性脑病；消化系统表现有齿龈沿线、食欲不振、恶心、腹胀、腹泻或便秘，腹绞痛见于中等及较重病例；造血系统损害出现卟啉代谢障碍、贫血等。短时间内大量接触会发生急性或亚急性铅中毒，类似重症慢性铅中毒。					
防护措施	呼吸系统防护：佩戴防尘口罩。必要时佩戴防毒面具。 眼睛防护：戴安全防护眼镜。 身体防护：穿工作服。 手防护：必要时戴防护手套。					
危险性类别	致癌性，类别 1B；生殖毒性，类别 1A；特异性靶器官毒性—单次接触，类别 1；特异性靶器官毒性—反复接触，类别 1；危害水生环境—急性危害，类别 1；危害水生环境—长期危害，类别 1。					

序号	840	品名	硅酸四乙酯	商品编码	2920.9000
别 名	四乙氧基硅烷；正硅酸乙酯			CAS 号	78-10-4
英文名	Tetraethyl silicate				
分子式	$C_8H_{20}O_4Si$				
外观与性状	无色液体，稍有气味。				
主要用途	用作防热涂料、耐化学作用的涂料、有机合成中间体。				
危险特性	本品易燃，遇高热、明火有引起燃烧的危险；遇水能逐渐水解放出刺激性气体。				
健康危害	吸入、口服或经皮肤吸收本品对身体有害，对皮肤有刺激作用；其蒸气或雾对眼睛、黏膜和呼吸道有刺激作用。接触后引起头痛、恶心和呕吐。				
防护措施	呼吸系统防护：空气中浓度超标时，应该佩戴防毒面具。 眼睛防护：戴化学安全防护眼镜。 身体防护：穿防静电工作服。 手防护：戴橡胶耐油手套。 其他防护：工作现场禁止吸烟、进食和饮水。注意个人清洁卫生。				
危险性类别	易燃液体，类别 3；严重眼损伤/眼刺激，类别 2；特异性靶器官毒性—单次接触，类别 3（呼吸道刺激）。				

序号	841	品名	硅铁锂	商品编码	2850.0090
别名				CAS号	64082-35-5
英文名		Lithium ferrosilicon			
分子式		FeLiSi			
防护措施		呼吸系统防护：佩戴防毒口罩。紧急事态抢救或逃生时，佩戴自给式呼吸器。 眼睛防护：戴化学安全防护眼镜。 防护服：穿相应的防护服。 手防护：戴防化学品手套。 其他防护：工作现场禁止吸烟、进食和饮水。工作完毕，淋浴更衣。注意个人清洁卫生。			
危险性类别		遇水放出易燃气体的物质和混合物，类别2。			

序号	842	品名	癸硼烷	商品编码	2850.0090
别名		十硼烷；十硼氢		CAS号	17702-41-9
英文名		Decaborane			
分子式		$B_{10}H_{14}$			
外观与性状		无色结晶。			
主要用途		用于聚合物合成，也作固体燃料、腐蚀抑制剂、稳定剂、还原剂等。			
危险特性		本品具有强还原性，遇水、潮湿空气、酸类、氧化剂、高热及明火能引起燃烧。			
健康危害		急性中毒者出现神经系统症状，主要表现有头痛、头晕、嗜睡、眼肌麻痹、皮肤感觉过敏；严重者出现共济失调、肌痉挛、抽搐、角弓反张、意识障碍或精神紊乱；可有干咳、胸闷、食欲不振等症状；可有心、肝、肾损害。本品对皮肤和黏膜有强烈刺激性，会经皮肤吸收引起中毒；长期接触会引起肝、肾损害，中枢神经系统损害较轻。			
防护措施		呼吸系统防护：空气中粉尘浓度超标时，应该佩戴自吸过滤式防尘口罩。必要时，建议佩戴空气呼吸器。 眼睛防护：戴化学安全防护眼镜。 身体防护：穿防毒物渗透工作服。 手防护：戴防毒物渗透手套。 其他防护：工作现场禁止吸烟、进食和饮水。注意个人清洁卫生。			
危险性类别		易燃固体，类别1；急性毒性—经口，类别3；急性毒性—经皮肤，类别2；急性毒性—吸入，类别1；严重眼损伤/眼刺激，类别2B；特异性靶器官毒性—单次接触，类别1；特异性靶器官毒性—单次接触，类别3（呼吸道刺激、麻醉效应）；特异性靶器官毒性—反复接触，类别1。			

序号	843	品名	硅铁铝(粉末状的)		商品编码	2850.0090
别 名					CAS 号	12003-41-7

防护措施	呼吸系统防护：佩戴防毒口罩。紧急事态抢救或逃生时，佩戴自给式呼吸器。 眼睛防护：戴化学安全防护眼镜。 防护服：穿相应的防护服。 手防护：戴防化学品手套。 其他防护：工作现场禁止吸烟、进食和饮水。工作完毕，淋浴更衣。注意个人清洁卫生。
危险性类别	遇水放出易燃气体的物质和混合物，类别2。

序号	844	品名	癸二酰氯		商品编码	2917.1900
别 名	氯化癸二酰				CAS 号	111-19-3
英文名	Sebacoyl Chloride					
分子式	$C_{10}H_{16}Cl_2O_2$					
外观与性状	液体。					
主要用途	用于有机合成。					
危险特性	本品遇明火、高热、氧化剂能燃烧，并散发出有毒气体。					
健康危害	本品对眼睛、皮肤、黏膜和上呼吸道有强烈刺激作用。吸入后引起喉、支气管的痉挛、水肿、炎症，化学性肺炎、肺水肿等症状。接触后引起烧灼感、咳嗽、喘息、气短、喉炎、头痛、恶心和呕吐等症状。					
防护措施	呼吸系统防护：可能接触其蒸气时，戴面具式呼吸器。紧急事态抢救或撤离时，建议佩戴自给式呼吸器。 眼睛防护：戴化学安全防护眼镜。 身体防护：穿防酸碱工作服。 手防护：可能接触毒物时，戴橡皮胶手套。 其他防护：工作现场禁止吸烟、进食和饮水。注意个人清洁卫生。					
危险性类别	皮肤腐蚀/刺激，类别1；严重眼损伤/眼刺激，类别1。					

序号	845	品名	1-癸烯	商品编码	2901.2990
别 名				CAS 号	872-05-9
英文名		1-decene			
分子式		$C_{10}H_{20}$			
外观与性状		无色液体。			
主要用途		用于香精、香料、药品、染料、油脂、树脂等的有机合成。			
危险特性		本品遇明火、高热、摩擦、撞击有引起燃烧的危险；与氧化剂接触反应猛烈；若遇高热，可发生聚合反应，放出大量热量而引起容器破裂和爆炸事故。			
健康危害		高浓度本品蒸气对眼睛、呼吸道有轻度刺激、弱麻醉作用。本品的固体或液体对皮肤有刺激作用。			
防护措施		呼吸系统防护：可能接触其蒸气时，应该佩戴自吸过滤式防毒面具（半面罩）。 眼睛防护：戴安全防护眼镜。 身体防护：穿防静电工作服。 手防护：戴橡胶耐油手套。 其他防护：工作现场禁止吸烟、进食和饮水。注意个人清洁卫生。			
危险性类别		易燃液体，类别 3；皮肤腐蚀/刺激，类别 2；严重眼损伤/眼刺激，类别 2B；吸入危害，类别 1；危害水生环境—急性危害，类别 1；危害水生环境—长期危害，类别 1。			

序号	846	品名	过二硫酸铵	商品编码	2833.4000
别 名		高硫酸铵；过硫酸铵		CAS 号	7727-54-0
英文名		Ammonium persulfate			
分子式		$(NH_4)_2S_2O_8$			
外观与性状		无色单斜晶体，有时略带浅绿色，有潮解性。			
主要用途		用作氧化剂、漂白剂、照相材料、分析试剂等。			
危险特性		本品是无机氧化剂，受高热或撞击时会爆炸；与还原剂、有机物、易燃物如硫、磷或金属粉末等混合可形成爆炸性混合物。			
健康危害		本品对皮肤黏膜有刺激性和腐蚀性；吸入后引起鼻炎、喉炎、气短和咳嗽等；眼睛、皮肤接触可引起强烈刺激、疼痛甚至灼伤；口服引起腹痛、恶心和呕吐；长期皮肤接触可引起变应性皮炎。			
防护措施		呼吸系统防护：可能接触其粉尘时，应该佩戴头罩型电动送风过滤式防尘呼吸器。高浓度环境中，建议佩戴自给式呼吸器。 眼睛防护：呼吸系统防护中已作防护。 身体防护：穿聚乙烯防毒服。 手防护：戴橡胶手套。 其他防护：工作现场禁止吸烟、进食和饮水。注意个人清洁卫生。			
危险性类别		氧化性固体，类别 3；皮肤腐蚀/刺激，类别 2；严重眼损伤/眼刺激，类别 2；呼吸道致敏物，类别 1；皮肤致敏物，类别 1；特异性靶器官毒性—单次接触，类别 3（呼吸道刺激）。			

序号	847	品名	过二硫酸钾		商品编码	2833.4000
别	名		高硫酸钾；过硫酸钾		CAS 号	7727-21-1
英文名			Potassium persulfate			
分子式			$K_2S_2O_8$			
外观与性状			白色结晶，无气味，有潮解性。			
主要用途			用作漂白剂、还原剂、照相药品、分析试剂、聚合促进剂等。			
危险特性			本品是无机氧化剂，与有机物、还原剂、易燃物如硫、磷等接触或混合时有引起燃烧爆炸的危险；急剧加热时可发生爆炸。			
健康危害			吸入本品粉尘对鼻、喉和呼吸道有刺激性，会引起咳嗽及胸部不适；对眼睛有刺激性；吞咽刺激口腔及胃肠道，引起腹痛、恶心和呕吐。慢性影响：过敏性体质者接触会发生皮疹。			
防护措施			呼吸系统防护：可能接触其粉尘时，应该佩戴头罩型电动送风过滤式防尘呼吸器。高浓度环境中，建议佩戴自给式呼吸器。 眼睛防护：呼吸系统防护中已作防护。 身体防护：穿聚乙烯防毒服。 手防护：戴橡胶手套。 其他防护：工作现场禁止吸烟、进食和饮水。注意个人清洁卫生。			
危险性类别			氧化性固体，类别 3；皮肤腐蚀/刺激，类别 2；严重眼损伤/眼刺激，类别 2；呼吸道致敏物，类别 1；皮肤致敏物，类别 1；特异性靶器官毒性—单次接触，类别 3（呼吸道刺激）。			

序号	848	品名	过二碳酸二-(2-乙氧乙)酯(含量≤52%，含 B 型稀释剂≥48%)		商品编码	2917.1900
别	名				CAS 号	
防护措施			呼吸系统防护：佩戴防毒口罩。紧急事态抢救或逃生时，佩戴自给式呼吸器。 眼睛防护：戴化学安全防护眼镜。 防护服：穿相应的防护服。 手防护：戴防化学品手套。 其他防护：工作现场禁止吸烟、进食和饮水。工作完毕，淋浴更衣。注意个人清洁卫生。			
危险性类别			有机过氧化物，D 型。			

序号	849	品名	过二碳酸二-(2-乙基己)酯（77%＜含量≤100%）、过二碳酸二-(2-乙基己)酯（含量≤52%，在水（冷冻）中稳定弥散）、过二碳酸二-(2-乙基己)酯（含量≤62%，在水中稳定弥散）、过二碳酸二-(2-乙基己)酯（含量≤62%，在水中稳定弥散）	商品编码	2920.9000
别	名			CAS 号	16111-62-9
英文名		Di-(2-ethylhexyl)peroxydicarbonate			
分子式		$C_{18}H_{34}O_6$			
外观与性状		无色液体。			
主要用途		用作乙烯、氯乙烯、苯乙烯、醋酸乙烯、甲基丙烯酸甲酯等的聚合引发剂。			
危险特性		本品在室温下迅速分解，其蒸气接触空气能自燃；受热或震动撞击时可发生爆炸；与还原剂、促进剂、有机物、可燃物等接触发生剧烈反应，有燃烧爆炸危险。			
健康危害		本品对眼睛、皮肤和黏膜有刺激性，属低毒物质；受热分解释放出有腐蚀性和刺激性的烟雾。			
防护措施		呼吸系统防护：佩戴防毒口罩。紧急事态抢救或逃生时，应该佩戴防毒面具。 眼睛防护：高浓度环境中，戴化学安全防护眼镜。 身体防护：穿防静电工作服。 手防护：戴防护手套。 其他防护：工作现场禁止吸烟、进食和饮水。注意个人清洁卫生。			
危险性类别		有机过氧化物，C 型。			

序号	850	品名	过二碳酸二-(3-甲氧丁)酯（含量≤52%，含 B 型稀释剂≥48%）	商品编码	2920.9000
别	名			CAS 号	52238-68-3
防护措施		呼吸系统防护：佩戴防毒口罩。紧急事态抢救或逃生时，佩戴自给式呼吸器。 眼睛防护：戴化学安全防护眼镜。 防护服：穿相应的防护服。 手防护：戴防化学品手套。 其他防护：工作现场禁止吸烟、进食和饮水。工作完毕，淋浴更衣。注意个人清洁卫生。			
危险性类别		有机过氧化物，D 型。			

序号	851	品名	过二碳酸钠	商品编码	2836.9990
别名				CAS号	3313-92-6
英文名		Disodium peroxydicarbonate			
分子式		$Na_2C_2O_6$			
防护措施		呼吸系统防护：佩戴防毒口罩。紧急事态抢救或逃生时，佩戴自给式呼吸器。 眼睛防护：戴化学安全防护眼镜。 防护服：穿相应的防护服。 手防护：戴防化学品手套。 其他防护：工作现场禁止吸烟、进食和饮水。工作完毕，淋浴更衣。注意个人清洁卫生。			
危险性类别		氧化性固体，类别3。			

序号	852	品名	过二碳酸异丙仲丁酯、过二碳酸二仲丁酯和过二碳酸二异丙酯的混合物（过二碳酸异丙仲丁酯≤32%，15%≤过二碳酸二仲丁酯≤18%，12%≤过二碳酸二异丙酯≤15%，含A型稀释剂≥38%）、过二碳酸异丙仲丁酯、过二碳酸二仲丁酯和过二碳酸二异丙酯的混合物（过二碳酸异丙仲丁酯≤52%，过二碳酸二仲丁酯≤28%，过二碳酸二异丙酯≤22%）	商品编码	3824.9999
别名				CAS号	
防护措施		呼吸系统防护：佩戴防毒口罩。紧急事态抢救或逃生时，佩戴自给式呼吸器。 眼睛防护：戴化学安全防护眼镜。 防护服：穿相应的防护服。 手防护：戴防化学品手套。 其他防护：工作现场禁止吸烟、进食和饮水。工作完毕，淋浴更衣。注意个人清洁卫生。			
危险性类别		有机过氧化物，D型。			

序号	853	品名	过硫酸钠	商品编码	2833.4000
别　名			过二硫酸钠;高硫酸钠	CAS 号	7775-27-1
英文名			Sodium persulfate		
分子式			$Na_2S_2O_8$		
外观与性状			白色晶状粉末,无臭。		
主要用途			用作漂白剂、氧化剂、乳液聚合促进剂。		
危险特性			本品是无机氧化剂,与有机物、还原剂、易燃物如硫、磷等接触或混合时有引起燃烧爆炸的危险;急剧加热时可发生爆炸。		
健康危害			本品对眼睛、上呼吸道和皮肤有刺激性。某些敏感个体接触本品后,可能发生皮疹和(或)哮喘。		
防护措施			呼吸系统防护:可能接触其粉尘时,应该佩戴头罩型电动送风过滤式防尘呼吸器。高浓度环境中,建议佩戴自给式呼吸器。 眼睛防护:呼吸系统防护中已作防护。 身体防护:穿聚乙烯防毒服。 手防护:戴橡胶手套。		
危险性类别			氧化性固体,类别 3;严重眼损伤/眼刺激,类别 2B;呼吸道致敏物,类别 1;皮肤致敏物,类别 1;特异性靶器官毒性—单次接触,类别 3(呼吸道刺激)。		

序号	854	品名	过氯酰氟	商品编码	2812.1900
别　名			氟化过氯氧;氟化过氯酰	CAS 号	7616-94-6
英文名			Perchloryl fluoride		
分子式			$ClFO_3$		
外观与性状			无色气体,带甜味。		
主要用途			用于有机合成、制药及国防工业中作为氟化剂、氧化剂。		
危险特性			本品是强氧化剂,与可燃气体或蒸气、氰化钾、硫氰化钾、氧化氮等发生爆炸性反应;与含氮碱类(如异丙胺、苯胺、苯肼等)反应生成爆炸性产物;受热分解,放出有毒的烟气。		
健康危害			实验动物急性中毒时见高铁血红蛋白血症,引起缺氧,出现紫绀。		
防护措施			呼吸系统防护:佩戴防毒口罩。高浓度环境中,应该佩戴供气式呼吸器。 眼睛防护:戴化学安全防护眼镜。 身体防护:穿相应的防护服。 手防护:戴防护手套。		
危险性类别			氧化性气体,类别 1;加压气体;急性毒性—吸入,类别 2;严重眼损伤/眼刺激,类别 2A。		

序号	855	品名	过硼酸钠	商品编码	2840.3000
别 名			高硼酸钠	CAS 号	
英文名			Sodium perborate		
防护措施			呼吸系统防护：佩戴防毒口罩。紧急事态抢救或逃生时，佩戴自给式呼吸器。 眼睛防护：戴化学安全防护眼镜。 防护服：穿相应的防护服。 手防护：戴防化学品手套。 其他防护：工作现场禁止吸烟、进食和饮水。工作完毕，淋浴更衣。注意个人清洁卫生。		
危险性类别			氧化性固体，类别 2；严重眼损伤/眼刺激，类别 1；生殖毒性，类别 1B；特异性靶器官毒性—单次接触，类别 3（呼吸道刺激）。		

序号	856	品名	过新庚酸-1,1-二甲基-3-羟丁酯（含量≤52%，含 A 型稀释剂≥48%）	商品编码	2915.9000
别 名				CAS 号	110972-57-1
英文名			Neoheptaneperoxoicacid, 3-hydroxy-1,1-dimethylbutyl ester		
分子式			$C_{13}H_{26}O_4$		
防护措施			呼吸系统防护：佩戴防毒口罩。紧急事态抢救或逃生时，佩戴自给式呼吸器。 眼睛防护：戴化学安全防护眼镜。 防护服：穿相应的防护服。 手防护：戴防化学品手套。 其他防护：工作现场禁止吸烟、进食和饮水。工作完毕，淋浴更衣。注意个人清洁卫生。		
危险性类别			有机过氧化物，E 型。		

序号	857	品名	过新庚酸枯酯（含量≤77%，含 A 型稀释剂≥23%）	商品编码	2915.9000
别 名				CAS 号	104852-44-0
英文名			Benzenemethanol, alpha,alpha-dimethyl-, C6-8-neocarboxylperoxoate		
防护措施			呼吸系统防护：佩戴防毒口罩。紧急事态抢救或逃生时，佩戴自给式呼吸器。 眼睛防护：戴化学安全防护眼镜。 防护服：穿相应的防护服。 手防护：戴防化学品手套。 其他防护：工作现场禁止吸烟、进食和饮水。工作完毕，淋浴更衣。注意个人清洁卫生。		
危险性类别			有机过氧化物，D 型。		

序号	858	品名	过新癸酸叔己酯（含量≤71%，含 A 型稀释剂≥29%）	商品编码	2915.9000
别 名				CAS 号	26748-41-4
英文名		Neodecaneperoxoic acid,1,1-dimethylethyl ester			
分子式		$C_{14}H_{28}O_3$			
防护措施		呼吸系统防护：佩戴防毒口罩。紧急事态抢救或逃生时，佩戴自给式呼吸器。 眼睛防护：戴化学安全防护眼镜。 防护服：穿相应的防护服。 手防护：戴防化学品手套。 其他防护：工作现场禁止吸烟、进食和饮水。工作完毕，淋浴更衣。注意个人清洁卫生。			
危险性类别		有机过氧化物，D 型。			

序号	859	品名	过氧-3,5,5-三甲基己酸叔丁酯（32%＜含量≤100%）、过氧-3,5,5-三甲基己酸叔丁酯（含量≤32%，含 B 型稀释剂≥68%）、过氧-3,5,5-三甲基己酸叔丁酯（含量≤42%，惰性固体含量≥58%）	商品编码	2915.9000
别 名		叔丁基过氧化-3,5,5-三甲基己酸酯		CAS 号	13122-18-4
英文名		Tert-butyl peroxy-3,5,5-trimethylhexanoate			
分子式		$C_{13}H_{26}O_3$			
外观与性状		外观无色透明液体。			
主要用途		用作聚合反应（如乙烯、苯乙烯、甲基丙烯酸甲酯、烯丙基化合物）的引发剂。			
防护措施		呼吸系统防护：佩戴防毒口罩。紧急事态抢救或逃生时，佩戴自给式呼吸器。 眼睛防护：戴化学安全防护眼镜。 防护服：穿相应的防护服。 手防护：戴防化学品手套。 其他防护：工作现场禁止吸烟、进食和饮水。工作完毕，淋浴更衣。注意个人清洁卫生。			
危险性类别		有机过氧化物，D 型。			

序号	860	品名	过氧苯甲酸叔丁酯（77%＜含量≤100%）、过氧苯甲酸叔丁酯（52%＜含量≤77%，含 A 型稀释剂≥23%）、过氧苯甲酸叔丁酯（含量≤52%，惰性固体含量≥48%）	商品编码	2916.3990
别　名				CAS 号	614-45-9
英文名	Tert-butyl peroxybenzoate				
分子式	$C_{11}H_{14}O_3$				
外观与性状	无色至微黄色液体，略有芳香味。				
主要用途	用于化学中间体、聚合引发剂。				
危险特性	本品是过氧化物，受热、光照、猛烈撞击或遇明火、硫酸，均有引起燃烧爆炸的危险。				
健康危害	本品对皮肤有刺激作用，蒸气或烟雾对眼睛、黏膜和上呼吸道有刺激作用，吸入、摄入或经皮肤吸收后对身体可能有害。				
防护措施	呼吸系统防护：空气中浓度超标时，戴面具式呼吸器。紧急事态抢救或撤离时，佩戴自给式呼吸器。 眼睛防护：戴化学安全防护眼镜。 身体防护：穿防静电工作服。 手防护：戴防护手套。				
危险性类别	有机过氧化物，C 型；严重眼损伤/眼刺激，类别 2B；危害水生环境—急性危害，类别 1。				

序号	861	品名	过氧丁烯酸叔丁酯（含量≤77%，含 A 型稀释剂≥23%）	商品编码	2916.1900
别　名			过氧化叔丁基丁烯酸酯；过氧化巴豆酸叔丁酯	CAS 号	23474-91-1
英文名	2-buteneperoxoic acid, 1,1-dimethylethyl ester				
分子式	$C_8H_{14}O_3$				
防护措施	呼吸系统防护：佩戴防毒口罩。紧急事态抢救或逃生时，佩戴自给式呼吸器。 眼睛防护：戴化学安全防护眼镜。 防护服：穿相应的防护服。 手防护：戴防化学品手套。 其他防护：工作现场禁止吸烟、进食和饮水。工作完毕，淋浴更衣。注意个人清洁卫生。				
危险性类别	有机过氧化物，D 型。				

序号	862	品名	过氧化钡	商品编码	2816.4000
别名			二氧化钡	CAS号	1304-29-6
英文名			Barium peroxide		
分子式			BaO_2		
外观与性状			白色或灰白色粉末。		
主要用途			用于钡盐或过氧化氢的制备，用作氧化剂、漂白剂、媒染剂、消毒剂等。		
危险特性			本品是强氧化剂，特别是在少量水的润湿下，与可燃物的混合物在轻微的碰撞或摩擦下会燃烧；遇低级醇和水起化学反应而分解；急剧加热时可发生爆炸。		
健康危害			本品口服后急性中毒表现为恶心、呕吐、腹痛、腹泻、脉缓、进行性肌麻痹、心律紊乱、血钾明显降低等；可致死。本品粉尘对呼吸道有刺激性；眼睛及皮肤接触有强烈刺激性，甚至造成灼伤。慢性影响：长期接触钡化合物的工人，可有无力、气促、流涎、口腔黏膜肿胀糜烂、鼻炎、结膜炎、腹泻、心动过速、血压增高、脱发等症状。		
防护措施			呼吸系统防护：可能接触其粉尘时，建议佩戴头罩型电动送风过滤式防尘呼吸器。 眼睛防护：呼吸系统防护中已作防护。 身体防护：聚乙烯防毒服。 手防护：戴氯丁橡胶手套。		
危险性类别			氧化性固体，类别2。		

序号	863	品名	过氧化苯甲酸叔戊酯(含量≤100%)	商品编码	2916.3990
别名			叔戊基过氧苯甲酸酯	CAS号	4511-39-1
英文名			Tert-pentyl perbenzoate		
分子式			$C_{12}H_{16}O_3$		
防护措施			呼吸系统防护：佩戴防毒口罩。紧急事态抢救或逃生时，佩戴自给式呼吸器。 眼睛防护：戴化学安全防护眼镜。 防护服：穿相应的防护服。 手防护：戴防化学品手套。 其他防护：工作现场禁止吸烟、进食和饮水。工作完毕，淋浴更衣。注意个人清洁卫生。		
危险性类别			有机过氧化物，C型。		

序号	864	品名	过氧化丙酰（含量≤27%，含 B 型稀释剂≥73%）	商品编码	2915.9000
别　名			过氧化二丙酰	CAS 号	3248-28-0
英文名			Propionyl peroxide		
分子式			$C_6H_{10}O_4$		
防护措施			呼吸系统防护：佩戴防毒口罩。紧急事态抢救或逃生时，佩戴自给式呼吸器。 眼睛防护：戴化学安全防护眼镜。 防护服：穿相应的防护服。 手防护：戴防化学品手套。 其他防护：工作现场禁止吸烟、进食和饮水。工作完毕，淋浴更衣。注意个人清洁卫生。		
危险性类别			有机过氧化物，E 型。		

序号	865	品名	过氧化二-(2,4-二氯苯甲酰)（糊状物，含量≤52%）、过氧化二-(2,4-二氯苯甲酰)（含硅油糊状，含量≤52%）、过氧化二-(2,4-二氯苯甲酰)（含量≤77%，含水≥23%）	商品编码	2916.3990
别　名				CAS 号	133-14-2
英文名			2,4-dichlorobenzoyl peroxide		
分子式			$C_{14}H_6Cl_4O_4$		
防护措施			呼吸系统防护：佩戴防毒口罩。紧急事态抢救或逃生时，佩戴自给式呼吸器。 眼睛防护：戴化学安全防护眼镜。 防护服：穿相应的防护服。 手防护：戴防化学品手套。 其他防护：工作现场禁止吸烟、进食和饮水。工作完毕，淋浴更衣。注意个人清洁卫生。		
危险性类别			有机过氧化物，B 型。		

序号	866	品名	过氧化-二-(3,5,5-三甲基-1,2-二氧戊环)（糊状物，含量≤52%）	商品编码	2932.9990
别　名				CAS 号	
防护措施			呼吸系统防护：佩戴防毒口罩。紧急事态抢救或逃生时，佩戴自给式呼吸器。 眼睛防护：戴化学安全防护眼镜。 防护服：穿相应的防护服。 手防护：戴防化学品手套。 其他防护：工作现场禁止吸烟、进食和饮水。工作完毕，淋浴更衣。注意个人清洁卫生。		
危险性类别			有机过氧化物，D 型。		

序号	867	品名	过氧化二(3-甲基苯甲酰)、过氧化(3-甲基苯甲酰)苯甲酰和过氧化二苯甲酰的混合物[过氧化二(3-甲基苯甲酰)≤20%,过氧化(3-甲基苯甲酰)苯甲酰≤18%,过氧化二苯甲酰≤4%,含B型稀释剂≥58%]	商品编码	3824.9999
别 名				CAS号	
防护措施			呼吸系统防护：佩戴防毒口罩。紧急事态抢救或逃生时,佩戴自给式呼吸器。 眼睛防护：戴化学安全防护眼镜。 防护服：穿相应的防护服。 手防护：戴防化学品手套。 其他防护：工作现场禁止吸烟、进食和饮水。工作完毕,淋浴更衣。注意个人清洁卫生。		
危险性类别			有机过氧化物,D型。		

序号	868	品名	过氧化二-(4-氯苯甲酰)(含量≤77%)、过氧化二-(4-氯苯甲酰)(糊状物,含量≤52%)	商品编码	2916.3990
别 名				CAS号	94-17-7
英文名			P-chlorobenzoyl peroxide		
分子式			$C_{14}H_8Cl_2O_4$		
外观与性状			白色粒状物。		
主要用途			用于有机合成。		
危险特性			本品易燃,具有强氧化性;对撞击、摩擦较敏感,加热或卷入火时会剧烈分解,引起燃烧爆炸;与还原剂、促进剂、有机物、可燃物等接触会发生剧烈反应,有燃烧爆炸的危险。		
健康危害			本品对皮肤、黏膜有刺激性,热解能释放出有毒的氯化氢烟雾。		
防护措施			呼吸系统防护：可能接触其粉尘时,应该佩戴头罩型电动送风过滤式防尘呼吸器。 眼睛防护：呼吸系统防护中已作防护。 身体防护：穿聚乙烯防毒服。 手防护：戴橡胶手套。		
危险性类别			有机过氧化物,D型。		

序号	869	品名	过氧化二苯甲酰(51%<含量≤100%,惰性固体含量≤48%)、过氧化二苯甲酰(35%<含量≤52%,惰性固体含量≥48%)、过氧化二苯甲酰(36%<含量≤42%,含A型稀释剂≥18%,含水≤40%)、过氧化二苯甲酰(77%<含量≤94%,含水≥6%)、过氧化二苯甲酰(含量≤42%,在水中稳定弥散)、过氧化二苯甲酰(含量≤62%,惰性固体含量≥28%,含水≥10%)、过氧化二苯甲酰(含量≤77%,含水≥23%)、过氧化二苯甲酰(糊状物,52%<含量≤62%)、过氧化二苯甲酰(糊状物,含量≤52%)、过氧化二苯甲酰(糊状物,含量≤56.5%,含水≥15%)、过氧化二苯甲酰(含量≤35%,含惰性固体≥65%)	商品编码	2916.3200
别　名				CAS号	94-36-0
英文名	Benzoyl peroxide				
分子式	$C_{14}H_{10}O_4$				
外观与性状	白色或淡黄色细粒,微有苦杏仁气味。				
主要用途	用作塑料催化剂、油脂的精制、腊的脱色、医药的制造等。				
危险特性	本品干燥状态下非常易燃,遇热、摩擦、震动或杂质污染均能引起爆炸性分解;急剧加热时可发生爆炸;与强酸、强碱、硫化物、还原剂、聚和用助催化剂和促进剂如二甲基苯胺、胺类或金属环烷酸盐接触会剧烈反应。				
健康危害	本品对上呼吸道有刺激性;对皮肤有强烈刺激及致敏作用;进入眼内会造成损害。				
防护措施	呼吸系统防护:可能接触其粉尘时,应该佩戴头罩型电动送风过滤式防尘呼吸器。 眼睛防护:呼吸系统防护中已作防护。 身体防护:穿聚乙烯防毒服。 手防护:戴橡胶手套。				
危险性类别	严重眼损伤/眼刺激,类别2;皮肤致敏物,类别1;危害水生环境—急性危害,类别1。				

序号	870	品名	过氧化二癸酰(含量≤100%)	商品编码	2915.9000
别　名				CAS号	762-12-9
英文名	Decanoyl peroxide				
分子式	$C_{20}H_{38}O_4$				
防护措施	呼吸系统防护:佩戴防毒口罩。紧急事态抢救或逃生时,佩戴自给式呼吸器。 眼睛防护:戴化学安全防护眼镜。 防护服:穿相应的防护服。 手防护:戴防化学品手套。 其他防护:工作现场禁止吸烟、进食和饮水。工作完毕,淋浴更衣。注意个人清洁卫生。				
危险性类别	有机过氧化物,C型。				

序号	871	品名	过氧化二琥珀酸(72%<含量≤100%)、过氧化二琥珀酸(含量≤72%)	商品编码	2917.1900
别名			过氧化双丁二酸;过氧化丁二酰	CAS号	123-23-9
英文名			Succinoyl peroxide		
分子式			$C_8H_{10}O_8$		
外观与性状			白色细粉末,无臭,有酸味。		
主要用途			用作聚合催化剂、除臭剂、防腐剂、不饱和聚酯固化剂。		
危险特性			本品遇光或受热易分解;经摩擦、震动或撞击会引起燃烧或爆炸;与还原剂、促进剂、有机物、可燃物等接触会发生剧烈反应,有燃烧爆炸的危险。		
健康危害			本品对皮肤、黏膜有强刺激性。		
防护措施			呼吸系统防护:可能接触其粉尘时,应该佩戴头罩型电动送风过滤式防尘呼吸器。 眼睛防护:呼吸系统防护中已作防护。 身体防护:穿聚乙烯防毒服。 手防护:戴橡胶手套。		
危险性类别			有机过氧化物,D型。		

序号	872	品名	2,2-过氧化二氢丙烷(含量≤27%,含惰性固体≥73%)	商品编码	2909.6000
别名				CAS号	2614-76-8
英文名			Hydroperoxide,1,1'-(1-methylethylidene)bis-		
分子式			$C_3H_8O_4$		
防护措施			呼吸系统防护:佩戴防毒口罩。紧急事态抢救或逃生时,佩戴自给式呼吸器。 眼睛防护:戴化学安全防护眼镜。 防护服:穿相应的防护服。 手防护:戴防化学品手套。 其他防护:工作现场禁止吸烟、进食和饮水。工作完毕,淋浴更衣。注意个人清洁卫生。		
危险性类别			有机过氧化物,B型。		

序号	873	品名	过氧化二碳酸二(十八烷基)酯(含量≤87%,含有十八烷醇)	商品编码	2920.9000
别 名			过氧化二(十八烷基)二碳酸酯;过氧化二碳酸二硬脂酰酯	CAS 号	52326-66-6
英文名			Dioctadecyl peroxydicarbonate		
分子式			$C_{38}H_{74}O_6$		
防护措施			呼吸系统防护:佩戴防毒口罩。紧急事态抢救或逃生时,佩戴自给式呼吸器。 眼睛防护:戴化学安全防护眼镜。 防护服:穿相应的防护服。 手防护:戴防化学品手套。 其他防护:工作现场禁止吸烟、进食和饮水。工作完毕,淋浴更衣。注意个人清洁卫生。		
危险性类别			有机过氧化物,D 型。		

序号	874	品名	过氧化二碳酸二苯甲酯(含量≤87%,含水)	商品编码	2920.9000
别 名			过氧化苄基二碳酸酯	CAS 号	2144-45-8
英文名			Dibenzyl peroxydicarbonate		
分子式			$C_{16}H_{14}O_6$		
防护措施			呼吸系统防护:佩戴防毒口罩。紧急事态抢救或逃生时,佩戴自给式呼吸器。 眼睛防护:戴化学安全防护眼镜。 防护服:穿相应的防护服。 手防护:戴防化学品手套。 其他防护:工作现场禁止吸烟、进食和饮水。工作完毕,淋浴更衣。注意个人清洁卫生。		
危险性类别			有机过氧化物,C 型。		

序号	875	品名	过氧化二乙酰(含量≤27%,含 B 型稀释剂≥73%)	商品编码	2915.9000
别 名				CAS 号	110-22-5
英文名			Acetyl peroxide		
分子式			$C_4H_6O_4$		
防护措施			呼吸系统防护:佩戴防毒口罩。紧急事态抢救或逃生时,佩戴自给式呼吸器。 眼睛防护:戴化学安全防护眼镜。 防护服:穿相应的防护服。 手防护:戴防化学品手套。 其他防护:工作现场禁止吸烟、进食和饮水。工作完毕,淋浴更衣。注意个人清洁卫生。		
危险性类别			有机过氧化物,D 型;皮肤腐蚀/刺激,类别 1;严重眼损伤/眼刺激,类别 1。		

序号	876	品名	过氧化二碳酸二异丙酯(52%<含量≤100%)、过氧化二碳酸二异丙酯(含量≤52%,含B型稀释剂≥48%)、过氧化二碳酸二异丙酯(含量≤32%,含A型稀释剂≥68%)	商品编码	2920.9000
别　名			过氧重碳酸二异丙酯	CAS号	105-64-6
英文名			Diisopropyl peroxydicarbonate		
分子式			$C_8H_{14}O_6$		
外观与性状			无色液体，低温时为无色结晶性粉末。		
主要用途			用于有机合成。		
危险特性			本品对温度、震动、撞击及接触酸、碱等化学品特别敏感，极易分解而引起爆炸。		
健康危害			动物实验表明，本品对眼睛有强烈刺激性。		
防护措施			呼吸系统防护：高浓度环境中，佩戴防毒面具。 眼睛防护：戴化学安全防护眼镜。 身体防护：穿相应的防护服。 手防护：戴防护手套。		
危险性类别			有机过氧化物，D型。		

序号	877	品名	过氧化二异丙苯(52%<含量≤100%)、过氧化二异丙苯(含量≤52%,含惰性固体≥48%)	商品编码	2909.6000
别　名			二枯基过氧化物;硫化剂DCP	CAS号	80-43-3
英文名			Dicumyl peroxide		
分子式			$C_{18}H_{22}O_2$		
外观与性状			白色结晶。		
主要用途			天然胶、合成胶、聚乙烯树脂用硫化剂和交联剂；聚合催化剂。		
防护措施			呼吸系统防护：佩戴防毒口罩。紧急事态抢救或逃生时，佩戴自给式呼吸器。 眼睛防护：戴化学安全防护眼镜。 防护服：穿相应的防护服。 手防护：戴防化学品手套。 其他防护：工作现场禁止吸烟、进食和饮水。工作完毕，淋浴更衣。注意个人清洁卫生。		
危险性类别			皮肤腐蚀/刺激，类别2；严重眼损伤/眼刺激，类别2；危害水生环境—急性危害，类别1；危害水生环境—长期危害，类别1。		

序号	878	品名	过氧化二异丁酰(含量≤32%,含 B 型稀释剂≥68%)、过氧化二异丁酰(32%<含量≤52%,含 B 型稀释剂≥48%)	商品编码	2915.9000
别　名				CAS 号	3437-84-1
英文名	Peroxide, bis(2-methyl-1-oxopropyl)				
分子式	$C_8H_{14}O_4$				
防护措施	呼吸系统防护：佩戴防毒口罩。紧急事态抢救或逃生时，佩戴自给式呼吸器。 眼睛防护：戴化学安全防护眼镜。 防护服：穿相应的防护服。 手防护：戴防化学品手套。 其他防护：工作现场禁止吸烟、进食和饮水。工作完毕，淋浴更衣。注意个人清洁卫生。				
危险性类别	有机过氧化物，B 型。				

序号	879	品名	过氧化二月桂酰(含量≤100%)、过氧化二月桂酰(含量≤42%,在水中稳定弥散)	商品编码	2915.9000
别　名				CAS 号	105-74-8
英文名	Dilauroyl peroxide				
分子式	$C_{24}H_{46}O_4$				
外观与性状	白色结晶粉末，稍有异臭。				
主要用途	用作不饱和聚酯交联剂、聚合用引发剂和食品工业中的漂白剂。				
危险特性	本品加热时可能发生爆炸；与还原剂、促进剂、有机物、可燃物等接触发生剧烈反应，有燃烧爆炸危险。				
健康危害	本品粉尘对眼睛、皮肤和黏膜有强烈刺激作用，会引起灼伤。				
防护措施	呼吸系统防护：可能接触其粉尘时，佩戴防毒口罩。紧急事态抢救或逃生时，应该佩戴防毒面具。 眼睛防护：戴化学安全防护眼镜。 身体防护：穿防静电工作服。 手防护：戴防化学品手套。				
危险性类别	有机过氧化物，F 型。				

序号	880	品名	过氧化二正壬酰（含量≤100%）	商品编码	2915.9000
别 名			过氧化正辛酰	CAS 号	762-16-3
英文名			Dioctanoyl peroxide		
分子式			$C_{16}H_{30}O_4$		
防护措施			呼吸系统防护：佩戴防毒口罩。紧急事态抢救或逃生时，佩戴自给式呼吸器。 眼睛防护：戴化学安全防护眼镜。 防护服：穿相应的防护服。 手防护：戴防化学品手套。 其他防护：工作现场禁止吸烟、进食和饮水。工作完毕，淋浴更衣。注意个人清洁卫生。		
危险性类别			有机过氧化物，D 型。		

序号	881	品名	过氧化二正辛酰（含量≤100%）	商品编码	2915.9000
别 名				CAS 号	762-16-3
英文名			Dioctanoyl peroxide		
分子式			$C_{16}H_{30}O_4$		
防护措施			呼吸系统防护：佩戴防毒口罩。紧急事态抢救或逃生时，佩戴自给式呼吸器。 眼睛防护：戴化学安全防护眼镜。 防护服：穿相应的防护服。 手防护：戴防化学品手套。 其他防护：工作现场禁止吸烟、进食和饮水。工作完毕，淋浴更衣。注意个人清洁卫生。		
危险性类别			有机过氧化物，C 型。		

序号	882	品名	过氧化甲基环己酮（含量≤67%，含 B 型稀释剂≤33%）	商品编码	2909.6000
别 名				CAS 号	11118-65-3
英文名			Methyl cyclohexanone peroxide		
分子式			$C_{14}H_{26}O_6$		
防护措施			呼吸系统防护：佩戴防毒口罩。紧急事态抢救或逃生时，佩戴自给式呼吸器。 眼睛防护：戴化学安全防护眼镜。 防护服：穿相应的防护服。 手防护：戴防化学品手套。 其他防护：工作现场禁止吸烟、进食和饮水。工作完毕，淋浴更衣。注意个人清洁卫生。		
危险性类别			有机过氧化物，D 型。		

序号	883	品名	过氧化钙	商品编码	2825.9090
别 名			二氧化钙	CAS 号	1305-79-9
英文名		Calcium peroxide			
分子式		CaO_2			
外观与性状		白色结晶，无臭无味，有潮解性。			
主要用途		用作种子消毒剂、药物制造、油脂漂白及用作高温氧化剂。			
危险特性		本品是强氧化剂，与有机物、还原剂、易燃物如硫、磷等接触或混合时有引起燃烧爆炸的危险；遇潮气逐渐分解；具有较强的腐蚀性。			
健康危害		本品粉尘对眼、鼻、喉及呼吸道有刺激性，口服刺激胃肠道，出现恶心、呕吐等症状；长期反复接触引起皮肤及眼部损害。			
防护措施		呼吸系统防护：可能接触其粉尘时，建议佩戴头罩型电动送风过滤式防尘呼吸器。 眼睛防护：呼吸系统防护中已作防护。 身体防护：穿聚乙烯防毒服。 手防护：戴氯丁橡胶手套。			
危险性类别		氧化性固体，类别 2；严重眼损伤/眼刺激，类别 1。			

序号	884	品名	过氧化环己酮(含量≤72%，含 A 型稀释剂≥28%)、过氧化环己酮(含量≤91%，含水≥9%)、过氧化环己酮(糊状物，含量≤72%)	商品编码	2909.6000
别 名				CAS 号	78-18-2
英文名		Cyclohexanone peroxide			
分子式		$C_{12}H_{22}O_5$			
外观与性状		白色及淡黄色针状结晶或粉末。			
主要用途		用作橡胶、塑料合成中的交联剂和引发剂。			
危险特性		本品干燥状态下极易分解和燃烧爆炸，加热后能产生爆炸着火；与过渡金属化合物接触时，常温下即可着火；对撞击、摩擦敏感，易发生爆炸。			
健康危害		吸入、口服或经皮肤吸收本品后对身体有害；对眼睛、皮肤、黏膜和上呼吸道有强烈刺激作用。吸入后，可引起喉、支气管的炎症、水肿、痉挛、化学性肺炎、肺水肿；接触后可引起烧灼感、咳嗽、喘息、气短、头痛、恶心与呕吐等。			
防护措施		呼吸系统防护：可能接触其粉尘时，应该佩戴头罩型电动送风过滤式防尘呼吸器。 眼睛防护：呼吸系统防护中已作防护。 身体防护：穿聚乙烯防毒服。 手防护：戴橡胶手套。			
危险性类别		有机过氧化物，D 型；皮肤腐蚀/刺激，类别 1；严重眼损伤/眼刺激，类别 1；特异性靶器官毒性—单次接触，类别 3（呼吸道刺激）。			

序号	885	品名	过氧化甲基异丙酮(活性氧含量≤6.7%,含A型稀释剂≥70%)	商品编码	2909.6000
别名				CAS号	182893-11-4
英文名			Methyl isopropyl ketone peroxide		
防护措施			呼吸系统防护:佩戴防毒口罩。紧急事态抢救或逃生时,佩戴自给式呼吸器。 眼睛防护:戴化学安全防护眼镜。 防护服:穿相应的防护服。 手防护:戴防化学品手套。 其他防护:工作现场禁止吸烟、进食和饮水。工作完毕,淋浴更衣。注意个人清洁卫生。		
危险性类别			有机过氧化物,F型。		

序号	886	品名	过氧化甲基异丁基酮(含量≤62%,含A型稀释剂≥19%)	商品编码	2909.6000
别名				CAS号	28056-59-9
英文名			4-hydroperoxy-4-methyl-2-pentanone		
分子式			$C_6H_{12}O_3$		
防护措施			呼吸系统防护:佩戴防毒口罩。紧急事态抢救或逃生时,佩戴自给式呼吸器。 眼睛防护:戴化学安全防护眼镜。 防护服:穿相应的防护服。 手防护:戴防化学品手套。 其他防护:工作现场禁止吸烟、进食和饮水。工作完毕,淋浴更衣。注意个人清洁卫生。		
危险性类别			有机过氧化物,D型。		

序号	887	品名	过氧化邻苯二甲酸叔丁酯	商品编码	2917.3990
别名			过氧化叔丁基邻苯二甲酸酯	CAS号	15042-77-0
英文名			Tert-butyl monoperoxy phthalate		
分子式			$C_{12}H_{14}O_5$		
防护措施			呼吸系统防护:佩戴防毒口罩。紧急事态抢救或逃生时,佩戴自给式呼吸器。 眼睛防护:戴化学安全防护眼镜。 防护服:穿相应的防护服。 手防护:戴防化学品手套。 其他防护:工作现场禁止吸烟、进食和饮水。工作完毕,淋浴更衣。注意个人清洁卫生。		
危险性类别			有机过氧化物,B型。		

序号	888	品名	过氧化钾	商品编码	2815.3000
别　名				CAS 号	17014-71-0
英文名	Potassium peroxide				
分子式	K_2O_2				
外观与性状	黄色无定形块状物，易潮解。				
主要用途	用作氧化剂、漂白剂、氧发生剂。				
危险特性	本品是强氧化剂，能与可燃物、有机物或易氧化物质形成爆炸性混合物，经摩擦和与少量水接触可导致燃烧或爆炸；与硫黄、酸性腐蚀液体接触时，能发生燃烧或爆炸；遇潮气、酸类会分解并放出氧气而助燃；急剧加热时可发生爆炸；具有较强的腐蚀性。				
健康危害	本品对局部有刺激和腐蚀性，刺激眼睛和呼吸道，腐蚀鼻中隔；皮肤直接接触会引起灼伤；误服会造成消化道灼伤。				
防护措施	呼吸系统防护：可能接触其粉尘时，建议佩戴头罩型电动送风过滤式防尘呼吸器。 眼睛防护：呼吸系统防护中已作防护。 身体防护：穿聚乙烯防毒服。 手防护：戴氯丁橡胶手套。				
危险性类别	氧化性固体，类别 1；皮肤腐蚀/刺激，类别 2；严重眼损伤/眼刺激，类别 2A；特异性靶器官毒性—单次接触，类别 3（呼吸道刺激）。				

序号	889	品名	过氧化锂	商品编码	2825.2090
别　名				CAS 号	12031-80-0
英文名	Lithium peroxide				
分子式	Li_2O_2				
外观与性状	白色细粉末或土黄色颗粒。				
主要用途	用作氧化剂，制造热电偶、含氧化碲光学玻璃的原料，用于合成有机过氧化锂，也用于制造发泡剂。				
危险特性	本品是强氧化剂，与可燃物混合，受轻微碰撞或摩擦会引起燃烧；遇水发热，能引起有机物燃烧；与还原剂能发生强烈反应。				
健康危害	本品粉尘刺激眼睛、皮肤和呼吸系统。水溶液为碱性腐蚀液体。				
防护措施	呼吸系统防护：可能接触其粉尘时，建议佩戴头罩型电动送风过滤式防尘呼吸器。 眼睛防护：呼吸系统防护中已作防护。 身体防护：穿聚乙烯防毒服。 手防护：戴氯丁橡胶手套。				
危险性类别	氧化性液体，类别 2。				

序号	890	品名	过氧化镁	商品编码	2816.1000
别　名			二氧化镁	CAS 号	1335-26-8
英文名			Magnesium peroxide		
分子式			MgO_2		
外观与性状			白色粉末，无臭、无味，可潮解。		
主要用途			用作漂白剂、氧化剂、医药、防腐剂、防酵剂、也用于饮水消毒和废水处理。		
危险特性			本品与还原剂、有机物、易燃物如硫、磷或金属粉末等混合可形成爆炸性混合物，经摩擦、震动或撞击可引起燃烧或爆炸。		
健康危害			本品对眼睛、皮肤和呼吸道有刺激作用。尚未见中毒的病例报告。		
防护措施			呼吸系统防护：应该佩戴口罩。 眼睛防护：可采用安全面罩。 身体防护：穿防腐工作服。 手防护：必要时戴防护手套。		
危险性类别			氧化性液体，类别 2。		

序号	891	品名	过氧化钠	商品编码	2815.3000
别　名			双氧化钠；二氧化钠	CAS 号	1313-60-6
英文名			Sodium peroxide		
分子式			Na_2O_2		
外观与性状			米黄色粉末或颗粒，加热则变为黄色，有吸湿性。		
主要用途			用于医药、印染、漂白及用作分析试剂等。		
危险特性			本品是强氧化剂，能与可燃物、有机物或易氧化物质形成爆炸性混合物，经摩擦和与少量水接触会导致燃烧或爆炸；与硫黄、酸性腐蚀液体接触时，能发生燃烧或爆炸；遇潮气、酸类会分解并放出氧气而助燃；急剧加热时可发生爆炸；具有较强的腐蚀性。		
健康危害			本品粉尘刺激眼睛和呼吸道，腐蚀鼻中隔；皮肤直接接触会引起灼伤；误服可造成消化道灼伤。		
防护措施			呼吸系统防护：可能接触其粉尘时，建议佩戴头罩型电动送风过滤式防尘呼吸器。 眼睛防护：呼吸系统防护中已作防护。 身体防护：穿聚乙烯防毒服。 手防护：戴氯丁橡胶手套。		
危险性类别			氧化性固体，类别 1；皮肤腐蚀/刺激，类别 1A；严重眼损伤/眼刺激，类别 1。		

序号	892	品名	过氧化脲		商品编码	2847.0000
别　名			过氧化氢尿素；过氧化氢脲		CAS 号	124-43-6
英文名		Urea eroxide				
分子式		$CH_6N_2O_3$				
外观与性状		白色结晶。				
主要用途		用作漂白剂、杀菌剂，也用于制药、化妆品等。				
危险特性		本品是强氧化剂，遇易燃物、可燃物接触能引起剧烈燃烧；受热分解释放出有毒的氮氧化物烟雾。				
健康危害		本品对眼睛、皮肤、黏膜有中等刺激作用。吸入会引起喉炎、化学性肺炎、肺水肿等。				
防护措施		呼吸系统防护：可能接触毒物时，佩戴防毒口罩。空气中浓度较高时，应该佩戴防毒面具。 眼睛防护：戴化学安全防护眼镜。 身体防护：穿相应的防护服。 手防护：戴防化学品手套。				
危险性类别		氧化性固体，类别3；皮肤腐蚀/刺激，类别1；严重眼损伤/眼刺激，类别1；特异性靶器官毒性—单次接触，类别3（呼吸道刺激）。				

序号	893	品名	过氧化氢苯甲酰		商品编码	2916.3990
别　名			过苯甲酸		CAS 号	93-59-4
英文名		Peroxybenzoic acid				
分子式		$C_7H_6O_3$				
外观与性状		无色或白色棱柱形结晶体。				
主要用途		用于有机合成。				
危险特性		本品是过氧化物，加热极易分解爆炸；与还原性物质如镁粉、铝粉、硫、磷等混合后，经摩擦或撞击，能引起燃烧或爆炸。				
健康危害		本品对眼睛、皮肤、黏膜有中等刺激作用。吸入会引起喉炎、化学性肺炎、肺水肿等。				
防护措施		呼吸系统防护：高浓度环境中，佩戴防毒面具。 眼睛防护：可采用安全面罩。 身体防护：穿相应的防护服。 手防护：戴防护手套。				
危险性类别		有机过氧化物，C型；皮肤腐蚀/刺激，类别1；严重眼损伤/眼刺激，类别1。				

序号	894	品名	过氧化氢对孟烷	商品编码	2909.6000
别 名			过氧化氢孟烷	CAS 号	80-47-7
英文名			P-menthane hydroperoxide		
分子式			$C_{10}H_{20}O_2$		
外观与性状			浅黄色澄明液体。		
主要用途			用作橡胶和聚合反应的催化剂，涂料。		
危险特性			本品与还原剂、硫、磷等混合形成爆炸性混合物，遇干燥、受热或受到撞击会发生爆炸；遇还原剂、铵、有机物、酸、易燃物混合易燃。		
健康危害			本品对眼睛、皮肤、黏膜有中等刺激作用。吸入会引起喉炎、化学性肺炎、肺水肿等。		
防护措施			呼吸系统防护：高浓度环境中，佩戴防毒面具。 眼睛防护：可采用安全面罩。 身体防护：穿相应的防护服。 手防护：戴防护手套。		
危险性类别			有机过氧化物，D 型；皮肤腐蚀/刺激，类别 1；严重眼损伤/眼刺激，类别 1；特异性靶器官毒性—单次接触，类别 3（呼吸道刺激）。		

序号	895	品名	过氧化氢二叔丁基异丙基苯(42%<含量≤100%,惰性固体含量≤57%)、过氧化氢二叔丁基异丙基苯(含量≤42%,惰性固体含量≥58%)	商品编码	2909.6000
别 名			二-(叔丁基过氧)异丙基苯	CAS 号	25155-25-3
英文名			Bis(tert-butyldioxyisopropyl)benzene		
分子式			$C_{20}H_{34}O_4$		
防护措施			呼吸系统防护：佩戴防毒口罩。紧急事态抢救或逃生时，佩戴自给式呼吸器。 眼睛防护：戴化学安全防护眼镜。 防护服：穿相应的防护服。 手防护：戴防化学品手套。 其他防护：工作现场禁止吸烟、进食和饮水。工作完毕，淋浴更衣。注意个人清洁卫生。		
危险性类别			有机过氧化物，D 型；严重眼损伤/眼刺激，类别 2A。		

序号	896	品名	过氧化氢溶液(含量>8%)	商品编码	2847.0000
别 名				CAS 号	7722-84-1
英文名	Hydrogen peroxide				
分子式	H_2O_2				
外观与性状	无色透明液体，有微弱的特殊气味。				
主要用途	用于漂白，用于医药，也用作分析试剂。				
危险特性	本品是爆炸性强氧化剂。过氧化氢本身不燃，但能与可燃物反应放出大量热量和氧气而引起着火爆炸。过氧化氢在 pH 值为 3.5~4.5 时最稳定，在碱性溶液中极易分解；在遇强光，特别是短波射线照射时也能发生分解；当温度加热到 100℃ 以上时，开始急剧分解。它与许多有机物如糖、淀粉、醇类、石油产品等形成爆炸性混合物，在撞击、受热或电火花作用下能发生爆炸。它与许多无机化合物或杂质接触后会迅速分解而导致爆炸，放出大量的热量、氧和水蒸气。				
健康危害	吸入本品蒸气或雾对呼吸道有强烈刺激性；眼睛直接接触液体会导致不可逆损伤甚至失明；口服中毒者出现腹痛、胸口痛、呼吸困难、呕吐、一时性运动和感觉障碍、体温升高等症状；个别病例出现视力障碍、癫痫样痉挛、轻瘫；长期接触本品会导致接触性皮炎。				
防护措施	呼吸系统防护：可能接触其蒸气时，应该佩戴自吸过滤式防毒面具（全面罩）。 眼睛防护：呼吸系统防护中已作防护。 身体防护：穿聚乙烯防毒服。 手防护：戴氯丁橡胶手套。				
危险性类别	含量≥60%：氧化性液体，类别 1；皮肤腐蚀/刺激，类别 1A；严重眼损伤/眼刺激，类别 1；特异性靶器官毒性—单次接触，类别 3（呼吸道刺激）。 20%≤含量<60%：氧化性液体，类别 2；皮肤腐蚀/刺激，类别 1A；严重眼损伤/眼刺激，类别 1；特异性靶器官毒性—单次接触，类别 3（呼吸道刺激）。 8%≤含量<20%：氧化性液体，类别 3；皮肤腐蚀/刺激，类别 1A；严重眼损伤/眼刺激，类别 1；特异性靶器官毒性—单次接触，类别 3（呼吸道刺激）。				

序号	897	品名	过氧化氢叔丁基（79%＜含量≤90%，含水≥10%）、过氧化氢叔丁基（含量≤80%，含A型稀释剂≥20%）、过氧化氢叔丁基（含量≤79%，含水＞14%）、过氧化氢叔丁基（含量≤72%，含水≥28%）	商品编码	2909.6000
别　　名			过氧化叔丁醇；过氧化氢第三丁基；叔丁基过氧化氢	CAS号	75-91-2
英文名			Tert-butyl hydroperoxide		
分子式			$C_4H_{10}O_2$		
外观与性状			水白色液体，一般商品为非挥发性溶剂的溶液。		
主要用途			用作催化剂、漂白粉和除臭剂、不饱和聚酯的交联剂、聚合用引发剂、橡胶硫化剂。		
危险特性			本品易燃，具有强氧化性；受高热、阳光曝晒、撞击或与还原剂以及易燃物硫、磷接触时，有引起燃烧爆炸的危险。		
健康危害			吸入、口服或经皮肤吸收本品后对身体有害；对眼睛、皮肤、黏膜及上呼吸道有刺激作用。吸入后引起喉、支气管的炎症、水肿、痉挛、化学性肺炎、肺水肿；接触后引起烧灼感、咳嗽、喘息、气短、头痛、恶心及呕吐等；还会引起过敏反应。		
防护措施			呼吸系统防护：可能接触其蒸气时，应该佩戴过滤式防毒面具（半面罩）。 眼睛防护：戴化学安全防护眼镜。 身体防护：穿聚乙烯防毒服。 手防护：戴橡胶手套。		
危险性类别			有机过氧化物，F型；急性毒性—经皮肤，类别3；急性毒性—吸入，类别3；皮肤腐蚀/刺激，类别1；严重眼损伤/眼刺激，类别1；生殖细胞致突变性，类别2；特异性靶器官毒性—单次接触，类别2；特异性靶器官毒性—反复接触，类别1；危害水生环境—急性危害，类别2；危害水生环境—长期危害，类别2。		

序号	898	品名	过氧化氢四氢化萘	商品编码	2909.6000
别　　名				CAS号	771-29-9
英文名			1,2,3,4-tetrahydro-1-naphthyl hydroperoxide		
分子式			$C_{10}H_{12}O_2$		
防护措施			呼吸系统防护：佩戴防毒口罩。紧急事态抢救或逃生时，佩戴自给式呼吸器。 眼睛防护：戴化学安全防护眼镜。 防护服：穿相应的防护服。 手防护：戴防化学品手套。 其他防护：工作现场禁止吸烟、进食和饮水。工作完毕，淋浴更衣。注意个人清洁卫生。		
危险性类别			有机过氧化物，D型；皮肤腐蚀/刺激，类别1B；严重眼损伤/眼刺激，类别1；特异性靶器官毒性—单次接触，类别3（呼吸道刺激）；危害水生环境—急性危害，类别1；危害水生环境—长期危害，类别1。		

序号	899	品名	过氧化氢异丙苯（90%＜含量≤98%，含A型稀释剂≤10%）、过氧化氢异丙苯（含量≤90%，含A型稀释剂≥10%）	商品编码	2909.6000
别　名				CAS号	80-15-9
英文名	Isopropylbenzene hydroperoxide				
分子式	$C_9H_{12}O_2$				
外观与性状	无色至淡黄色液体。				
主要用途	用作聚合催化剂、交联剂。				
危险特性	本品是过氧化物，受热、光照、猛烈撞击或遇明火、硫酸，均有引起燃烧爆炸的危险。				
健康危害	吸入、摄入或经皮肤吸收本品后对身体有害；高浓度时，对眼睛、皮肤、黏膜和上呼吸道有强烈刺激作用；接触后会引起烧灼感、咳嗽、喉炎、头痛、恶心和呕吐。				
防护措施	呼吸系统防护：可能接触其蒸气时，应该佩戴防毒面具。高浓度环境中，建议佩戴自给式呼吸器。 眼睛防护：戴化学安全防护眼镜。 身体防护：穿工作服。 手防护：戴防化学品手套。				
危险性类别	有机过氧化物，F型；急性毒性—吸入，类别3＊；皮肤腐蚀/刺激，类别1B；严重眼损伤/眼刺激，类别1；特异性靶器官毒性—反复接触，类别2；危害水生环境—急性危害，类别2；危害水生环境—长期危害，类别2。				

序号	900	品名	过氧化十八烷酰碳酸叔丁酯	商品编码	2920.9000
别　名	叔丁基过氧化硬脂酰碳酸酯			CAS号	
英文名	Tert-butyl peroxy stearyl carbonate				
分子式	$C_{23}H_{42}O_6$				
防护措施	呼吸系统防护：佩戴防毒口罩。紧急事态抢救或逃生时，佩戴自给式呼吸器。 眼睛防护：戴化学安全防护眼镜。 防护服：穿相应的防护服。 手防护：戴防化学品手套。 其他防护：工作现场禁止吸烟、进食和饮水。工作完毕，淋浴更衣。注意个人清洁卫生。				
危险性类别	有机过氧化物，D型。				

序号	901	品名	过氧化叔丁基异丙基苯(42%<含量≤100%)、过氧化叔丁基异丙基苯(含量≤52%,惰性固体含量≥48%)	商品编码	2909.6000
别名			1,1-二甲基乙基-1-甲基-1-苯基乙基过氧化物	CAS号	3457-61-2
英文名			Tert-butyl cumyl peroxide		
分子式			$C_{13}H_{20}O_2$		
防护措施			呼吸系统防护：佩戴防毒口罩。紧急事态抢救或逃生时，佩戴自给式呼吸器。 眼睛防护：戴化学安全防护眼镜。 防护服：穿相应的防护服。 手防护：戴防化学品手套。 其他防护：工作现场禁止吸烟、进食和饮水。工作完毕，淋浴更衣。注意个人清洁卫生。		
危险性类别			有机过氧化物，E型；皮肤腐蚀/刺激，类别2；危害水生环境—急性危害，类别2；危害水生环境—长期危害，类别2。		

序号	902	品名	过氧化双丙酮醇(含量≤57%,含B型稀释剂≥26%,含水≥8%)	商品编码	2909.6000
别名				CAS号	54693-46-8
英文名			Diacetone alcohol peroxide		
分子式			$C_{12}H_{26}O_8$		
防护措施			呼吸系统防护：佩戴防毒口罩。紧急事态抢救或逃生时，佩戴自给式呼吸器。 眼睛防护：戴化学安全防护眼镜。 防护服：穿相应的防护服。 手防护：戴防化学品手套。 其他防护：工作现场禁止吸烟、进食和饮水。工作完毕，淋浴更衣。注意个人清洁卫生。		
危险性类别			有机过氧化物，D型。		

序号	903	品名	过氧化锶		商品编码	2816.4000
别 名			二氧化锶		CAS 号	1314-18-7
英文名		Strontium peroxide				
分子式		SrO_2				
外观与性状		白色粉末，无臭、无味。				
主要用途		用作漂白剂、分析试剂等，并用于有机合成。				
危险特性		本品是强氧化剂，特别是在少量水的润湿下，与可燃物的混合物在轻微的碰撞或摩擦下会燃烧；水溶液为碱性腐蚀液体。				
健康危害		本品粉尘对眼睛、皮肤和呼吸系统有刺激作用。				
防护措施		呼吸系统防护：可能接触其粉尘时，建议佩戴自吸过滤式防尘口罩。 眼睛防护：戴化学安全防护眼镜。 身体防护：穿聚乙烯防毒服。 手防护：戴氯丁橡胶手套。				
危险性类别		氧化性固体，类别2。				

序号	904	品名	过氧化碳酸钠水合物		商品编码	2836.9990
别 名			过碳酸钠		CAS 号	15630-89-4
英文名		Sodium carbonate peroxide				
分子式		$Na_2C_2O_6$				
外观与性状		白色结晶或结晶性粉末。				
主要用途		本品用作漂洗剂、还原显色剂，也可单独作为消毒杀菌剂、除味剂等。				
防护措施		呼吸系统防护：佩戴防毒口罩。紧急事态抢救或逃生时，佩戴自给式呼吸器。 眼睛防护：戴化学安全防护眼镜。 防护服：穿相应的防护服。 手防护：戴防化学品手套。 其他防护：工作现场禁止吸烟、进食和饮水。工作完毕，淋浴更衣。注意个人清洁卫生。				
危险性类别		氧化性固体，类别3*。				

序号	905	品名	过氧化锌	商品编码	2817.0090
别 名			二氧化锌	CAS 号	1314-22-3
英文名			Zinc peroxide		
分子式			ZnO_2		
外观与性状			白色粉末,无臭。		
主要用途			用于制造化妆品、药品、硫化促进剂、防腐剂、收敛剂等。		
危险特性			本品是强氧化剂,特别是在少量水的润湿下,与可燃物的混合物在轻微的碰撞或摩擦下会燃烧;遇低级醇和水起化学反应而分解;急剧加热时可发生爆炸;水溶液为碱性腐蚀液体。		
健康危害			吸入本品粉尘,对鼻、喉及呼吸道有刺激性,会引起咳嗽和胸部不适;对眼睛有刺激性;口服引起恶心、呕吐;反复接触其粉尘对皮肤有刺激性。		
防护措施			呼吸系统防护:可能接触其粉尘时,建议佩戴自吸过滤式防尘口罩。 眼睛防护:戴化学安全防护眼镜。 身体防护:穿聚乙烯防毒服。 手防护:戴氯丁橡胶手套。		
危险性类别			氧化性固体,类别2。		

序号	906	品名	过氧化新庚酸叔丁酯(含量≤42%,在水中稳定弥散)、过氧化新庚酸叔丁酯(含量≤77%,含 A 型稀释剂≥23%)	商品编码	2915.9000
别 名				CAS 号	26748-38-9
英文名			Neoheptaneperoxoic acid, 1,1-dimethylethyl ester		
分子式			$C_{11}H_{22}O_3$		
防护措施			呼吸系统防护:佩戴防毒口罩。紧急事态抢救或逃生时,佩戴自给式呼吸器。 眼睛防护:戴化学安全防护眼镜。 防护服:穿相应的防护服。 手防护:戴防化学品手套。 其他防护:工作现场禁止吸烟、进食和饮水。工作完毕,淋浴更衣。注意个人清洁卫生。		
危险性类别			有机过氧化物,D 型。		

序号	907	品名	1-(2-过氧化乙基己醇)-1,3-二甲基丁基过氧化新戊酸酯(含量≤52%,含A型稀释剂≥45%,含B型稀释剂≥10%)	商品编码	2915.9000
别　名				CAS号	228415-62-1
防护措施	呼吸系统防护：佩戴防毒口罩。紧急事态抢救或逃生时，佩戴自给式呼吸器。 眼睛防护：戴化学安全防护眼镜。 防护服：穿相应的防护服。 手防护：戴防化学品手套。 其他防护：工作现场禁止吸烟、进食和饮水。工作完毕，淋浴更衣。注意个人清洁卫生。				
危险性类别	有机过氧化物，D型。				

序号	908	品名	过氧化乙酰苯甲酰(在溶液中含量≤45%)	商品编码	2916.3990
别　名	乙酰过氧化苯甲酰			CAS号	644-31-5
英文名	Acetyl benzoyl peroxide				
分子式	$C_9H_8O_4$				
防护措施	呼吸系统防护：佩戴防毒口罩。紧急事态抢救或逃生时，佩戴自给式呼吸器。 眼睛防护：戴化学安全防护眼镜。 防护服：穿相应的防护服。 手防护：戴防化学品手套。 其他防护：工作现场禁止吸烟、进食和饮水。工作完毕，淋浴更衣。注意个人清洁卫生。				
危险性类别	皮肤腐蚀/刺激，类别1；严重眼损伤/眼刺激，类别1。				

序号	909	品名	过氧化乙酰丙酮(糊状物,含量≤32%,含溶剂≥44%,含水≥9%,带有惰性固体≥11%)、过氧化乙酰丙酮(在溶液中,含量≤42%,含水≥8%,含A型稀释剂≥48%,含有效氧≤4.7%)	商品编码	2914.5090
别　名				CAS号	37187-22-7
英文名	Acetylacetone peroxide				
分子式	$C_{10}H_{14}O_6$				
防护措施	呼吸系统防护：佩戴防毒口罩。紧急事态抢救或逃生时，佩戴自给式呼吸器。 眼睛防护：戴化学安全防护眼镜。 防护服：穿相应的防护服。 手防护：戴防化学品手套。 其他防护：工作现场禁止吸烟、进食和饮水。工作完毕，淋浴更衣。注意个人清洁卫生。				
危险性类别	有机过氧化物，D型；严重眼损伤/眼刺激，类别1。				

序号	910	品名	过氧化异丁基甲基甲酮(在溶液中,含量≤62%,含A型稀释剂≥19%,含甲基异丁基酮)	商品编码	2909.6000
别　名				CAS 号	37206-20-5
英文名	Methyl isobutyl ketone peroxide				
分子式	$C_{12}H_{26}O_6$				
防护措施	呼吸系统防护:佩戴防毒口罩。紧急事态抢救或逃生时,佩戴自给式呼吸器。 眼睛防护:戴化学安全防护眼镜。 防护服:穿相应的防护服。 手防护:戴防化学品手套。 其他防护:工作现场禁止吸烟、进食和饮水。工作完毕,淋浴更衣。注意个人清洁卫生。				
危险性类别	有机过氧化物,D 型。				

序号	911	品名	过氧化月桂酸(含量≤100%)	商品编码	2915.9000
别　名				CAS 号	2388-12-7
英文名	Peroxylauric acid				
分子式	$C_{12}H_{24}O_3$				
防护措施	呼吸系统防护:佩戴防毒口罩。紧急事态抢救或逃生时,佩戴自给式呼吸器。 眼睛防护:戴化学安全防护眼镜。 防护服:穿相应的防护服。 手防护:戴防化学品手套。 其他防护:工作现场禁止吸烟、进食和饮水。工作完毕,淋浴更衣。注意个人清洁卫生。				
危险性类别	有机过氧化物,E 型。				

序号	912	品名	过氧新戊酸枯酯(含量≤77%,含 B 型稀释剂≥23%)	商品编码	2915.9000
别　名				CAS 号	23383-59-7
英文名	Cumyl peroxypivalate				
分子式	$C_{14}H_{20}O_3$				
防护措施	呼吸系统防护:佩戴防毒口罩。紧急事态抢救或逃生时,佩戴自给式呼吸器。 眼睛防护:戴化学安全防护眼镜。 防护服:穿相应的防护服。 手防护:戴防化学品手套。 其他防护:工作现场禁止吸烟、进食和饮水。工作完毕,淋浴更衣。注意个人清洁卫生。				
危险性类别	有机过氧化物,D 型。				

序号	913	品名	过氧化二异壬酰(含量≤100%)	商品编码	2915.9000
别 名			过氧化二-(3,5,5-三甲基)己酰	CAS 号	3851-87-4
英文名			3,5,5-trimethyl caproyl peroxide		
分子式			$C_{18}H_{34}O_4$		
外观与性状			无色液体,具有刺激性气味。		
主要用途			用作乙烯基单体自由基聚合反应的引发剂。		
危险特性			本品是过氧化物,具有强氧化性;对温度、震动、撞击及接触酸、碱等化学品特别敏感,极易分解而引起爆炸。		
防护措施			呼吸系统防护:空气中浓度较高时,佩戴防毒面具。紧急事态抢救或撤离时,佩戴自给式呼吸器。 眼睛防护:戴化学安全防护眼镜。 身体防护:穿防腐工作服。 手防护:必要时戴防化学品手套。		
危险性类别			有机过氧化物,C 型。		

序号	914	品名	过氧新癸酸枯酯(含量≤52%,在水中稳定弥散)、过氧新癸酸枯酯(含量≤77%,含 B 型稀释剂≥23%)、过氧新癸酸枯酯(含量≤87%,含 A 型稀释剂≥13%)	商品编码	2915.9000
别 名			过氧化新癸酸异丙基苯酯;过氧化异丙苯基新癸酸酯	CAS 号	26748-47-0
英文名			Cumyl peroxyneodecanoate		
分子式			$C_{19}H_{30}O_3$		
外观与性状			无色或淡黄色易流动液体。		
主要用途			用作 PVC 聚合用引发剂。		
防护措施			呼吸系统防护:佩戴防毒口罩。紧急事态抢救或逃生时,佩戴自给式呼吸器。 眼睛防护:戴化学安全防护眼镜。 防护服:穿相应的防护服。 手防护:戴防化学品手套。 其他防护:工作现场禁止吸烟、进食和饮水。工作完毕,淋浴更衣。注意个人清洁卫生。		
危险性类别			有机过氧化物,D 型。		

序号	915	品名	1,1,3,3-过氧新戊酸四甲叔丁酯（含量≤77%，含 A 型稀释剂≥23%）	商品编码	2915.9000
别名				CAS 号	22288-41-1
英文名		1,1,3,3-tetramethylbutyl peroxypivalate			
分子式		$C_{13}H_{26}O_3$			
防护措施		呼吸系统防护：佩戴防毒口罩。紧急事态抢救或逃生时，佩戴自给式呼吸器。 眼睛防护：戴化学安全防护眼镜。 防护服：穿相应的防护服。 手防护：戴防化学品手套。 其他防护：工作现场禁止吸烟、进食和饮水。工作完毕，淋浴更衣。注意个人清洁卫生。			
危险性类别		易燃液体，类别2；有机过氧化物，D 型；皮肤腐蚀/刺激，类别2；严重眼损伤/眼刺激，类别1；危害水生环境—急性危害，类别2；危害水生环境—长期危害，类别2。			

序号	916	品名	过氧异丙基碳酸叔丁酯（含量≤77%，含 A 型稀释剂≥23%）	商品编码	2920.9000
别名				CAS 号	2372-21-6
英文名		Tert-butylperoxy isopropyl carbonate			
分子式		$C_8H_{16}O_4$			
防护措施		呼吸系统防护：佩戴防毒口罩。紧急事态抢救或逃生时，佩戴自给式呼吸器。 眼睛防护：戴化学安全防护眼镜。 防护服：穿相应的防护服。 手防护：戴防化学品手套。 其他防护：工作现场禁止吸烟、进食和饮水。工作完毕，淋浴更衣。注意个人清洁卫生。			
危险性类别		有机过氧化物，C 型。			

序号	917	品名	过氧重碳酸二环己酯(91%＜含量≤100%)、过氧重碳酸二环己酯(含量≤42%,在水中稳定弥散)、过氧重碳酸二环己酯(含量≤91%)	商品编码	2920.9000
别 名			过氧化二碳酸二环己酯	CAS 号	1561-49-5
英文名			Peroxydicarbonic acid, dicyclohexyl ester		
分子式			$C_{14}H_{22}O_6$		
外观与性状			白色固体粉末。		
主要用途			本品是一种高效引发剂。		
防护措施			呼吸系统防护：佩戴防毒口罩。紧急事态抢救或逃生时，佩戴自给式呼吸器。 眼睛防护：戴化学安全防护眼镜。 防护服：穿相应的防护服。 手防护：戴防化学品手套。 其他防护：工作现场禁止吸烟、进食和饮水。工作完毕，淋浴更衣。注意个人清洁卫生。		
危险性类别			有机过氧化物，C 型。		

序号	918	品名	过氧重碳酸二仲丁酯(52%＜含量＜100%)、过氧重碳酸二仲丁酯(含量≤52%,含 B 型稀释剂≥48%)	商品编码	2920.9000
别 名			过氧化二碳酸二仲丁酯	CAS 号	19910-65-7
英文名			Di-sec-butyl peroxydicarbonate		
分子式			$C_{10}H_{18}O_6$		
外观与性状			无色液体。		
主要用途			用作聚合引发剂。		
危险特性			本品是强氧化剂，常温下能急剧分解，引起燃烧爆炸；急剧加热或受到震动撞击时会发生爆炸；与还原剂、促进剂、有机物、可燃物等接触发生剧烈反应，有燃烧爆炸危险。		
健康危害			本品有毒，对眼睛、皮肤和黏膜有刺激作用。		
防护措施			呼吸系统防护：可能接触其蒸气时，佩戴防毒口罩。紧急事态抢救或逃生时，应该佩戴防毒面具。 眼睛防护：戴化学安全防护眼镜。 身体防护：穿防静电工作服。 手防护：戴防护手套。		
危险性类别			有机过氧化物，D 型。		

序号	919	品名	海葱糖甙	商品编码	2938.9090
别　名			红海葱甙	CAS 号	507-60-8
英文名			Scilliroside		
分子式			$C_{32}H_{44}O_{12}$		
外观与性状			亮黄色结晶。		
主要用途			用作急性杀鼠剂。		
防护措施			呼吸系统防护：佩戴防毒口罩。紧急事态抢救或逃生时，佩戴自给式呼吸器。 眼睛防护：戴化学安全防护眼镜。 防护服：穿相应的防护服。 手防护：戴防化学品手套。 其他防护：工作现场禁止吸烟、进食和饮水。工作完毕，淋浴更衣。注意个人清洁卫生。		
危险性类别			急性毒性—经口，类别 2 * 。		

序号	920	品名	氦（压缩的或液化的）	商品编码	2804.2900
别　名				CAS 号	7440-59-7
英文名			Helium		
分子式			He		
外观与性状			无色无臭的惰性气体。		
主要用途			用于气球、温度计、电子管、潜水服等的充气。		
危险特性			本品若遇高热，容器内压增大，有开裂和爆炸的危险。		
健康危害			本品为惰性气体，高浓度时会使氧分压降低而有窒息危险。当空气中氦浓度增高时，患者先出现呼吸加快、注意力不集中、共济失调；继而出现疲倦无力、烦躁不安、恶心、呕吐、昏迷、抽搐，以致死亡。		
防护措施			呼吸系统防护：一般不需特殊防护。当作业场所空气中氧气浓度低于 18% 时，必须佩戴空气呼吸器、氧气呼吸器或长管面具。 眼睛防护：一般不需特殊防护。 身体防护：穿一般作业工作服。 手防护：戴一般作业防护手套。		
危险性类别			加压气体。		

序号	921	品名	氨肥料（溶液，含游离氨>35%）	商品编码	2814.2000
别　名				CAS 号	

防护措施	呼吸系统防护：佩戴防毒口罩。紧急事态抢救或逃生时，佩戴自给式呼吸器。 眼睛防护：戴化学安全防护眼镜。 防护服：穿相应的防护服。 手防护：戴防化学品手套。 其他防护：工作现场禁止吸烟、进食和饮水。工作完毕，淋浴更衣。注意个人清洁卫生。
危险性类别	急性毒性—吸入，类别 3；皮肤腐蚀/刺激，类别 1B；严重眼损伤/眼刺激，类别 1；危害水生环境—急性危害，类别 1。

序号	922	品名	核酸汞	商品编码	2852.1000
别　名				CAS 号	12002-19-6
英文名	Mercury nucleate				

防护措施	呼吸系统防护：佩戴防毒口罩。紧急事态抢救或逃生时，佩戴自给式呼吸器。 眼睛防护：戴化学安全防护眼镜。 防护服：穿相应的防护服。 手防护：戴防化学品手套。 其他防护：工作现场禁止吸烟、进食和饮水。工作完毕，淋浴更衣。注意个人清洁卫生。
危险性类别	急性毒性—经口，类别 2*；急性毒性—经皮肤，类别 1；急性毒性—吸入，类别 2*；特异性靶器官毒性—反复接触，类别 2*；危害水生环境—急性危害，类别 1；危害水生环境—长期危害，类别 1。

序号	923	品名	红磷	商品编码	2804.7090
别　名	赤磷			CAS 号	7723-14-0
英文名	Phosphorus				
分子式	P				
外观与性状	紫红色无定形粉末，无臭，具有金属光泽，暗处不发光。				
主要用途	用于制造火柴、农药及用于有机合成。				

危险特性	本品遇明火、高热、摩擦、撞击有引起燃烧的危险；与溴混合能发生燃烧；与大多数氧化剂如氯酸盐、硝酸盐、高氯酸盐或高锰酸盐等组成爆炸性能十分敏感的化合物；燃烧时放出有毒的刺激性烟雾。
健康危害	本品制品不纯时可含少量黄磷，可致黄磷中毒；经常吸入红磷尘，可引起慢性磷中毒。
防护措施	呼吸系统防护：可能接触其粉尘时，应该佩戴自吸过滤式防尘口罩。 眼睛防护：戴化学安全防护眼镜。 身体防护：戴一般作业防护手套。 手防护：戴一般作业防护手套。
危险性类别	易燃固体，类别 1；危害水生环境—长期危害，类别 3。

序号	924	品名	苄胺	商品编码	2921.4990
别名		苯甲胺		CAS号	100-46-9
英文名		Benzylamine			
分子式		C_7H_9N			
外观与性状		淡琥珀色液体。			
主要用途		用作染料、药品及聚合物的化学合成中间体。			
危险特性		本品遇高热、明火或与氧化剂接触,有引起燃烧的危险;受热分解释放出有毒的氧化氮烟气。			
健康危害		吸入、摄入或经皮肤吸收本品对身体有害,对眼睛、黏膜、呼吸道及皮肤有强烈刺激作用。吸入后可能因喉、支气管的炎症、痉挛、水肿,化学性肺炎、肺水肿而致死;中毒表现有烧灼感、咳嗽、喘息、喉炎、气短、头痛、恶心和呕吐。			
防护措施		呼吸系统防护:可能接触其蒸气时,佩戴防毒面具。紧急事态抢救或逃生时,佩戴自给式呼吸器。 眼睛防护:戴安全防护眼镜。 身体防护:穿紧袖工作服,长筒胶鞋。 手防护:戴橡皮手套。			
危险性类别		皮肤腐蚀/刺激,类别1B;严重眼损伤/眼刺激,类别1。			

序号	925	品名	花青甙	商品编码	2938.9090
别名		矢车菊甙		CAS号	581-64-6
防护措施		呼吸系统防护:佩戴防毒口罩。紧急事态抢救或逃生时,佩戴自给式呼吸器。 眼睛防护:戴化学安全防护眼镜。 防护服:穿相应的防护服。 手防护:戴防化学品手套。 其他防护:工作现场禁止吸烟、进食和饮水。工作完毕,淋浴更衣。注意个人清洁卫生。			
危险性类别		危害水生环境—急性危害,类别1;危害水生环境—长期危害,类别1。			

序号	926	品名	环丙基甲醇		商品编码	2906.1990
别　名					CAS 号	2516-33-8
英文名	Cyclopropyl carbinol					
分子式	C_4H_8O					
外观与性状	无色液体。					
主要用途	用作分析试剂。					
危险特性	本品蒸气与空气形成爆炸性混合物，遇明火、高热或与氧化剂接触，有引起燃烧爆炸的危险；其蒸气比空气重，能在较低处扩散到相当远的地方，遇明火会着火回燃；若遇高热，容器内压增大，有开裂和爆炸的危险。					
健康危害	吸入、摄入或经皮肤吸收本品后对身体有害，对眼睛和皮肤有刺激作用。					
防护措施	呼吸系统防护：可能接触其蒸气时，佩戴防毒口罩。紧急事态抢救或逃生时，应该佩戴自给式呼吸器。 眼睛防护：高浓度环境中，戴化学安全防护眼镜。 身体防护：穿防静电工作服。 手防护：戴防化学品手套。					
危险性类别	易燃液体，类别 3。					

序号	927	品名	环丙烷		商品编码	2902.1990
别　名					CAS 号	75-19-4
英文名	Cyclopropane					
分子式	C_3H_6					
外观与性状	无色易燃气体，有石油醚的气味。					
主要用途	工业上用于有机合成，医药上可作麻醉剂。					
危险特性	本品易燃，与空气混合能形成爆炸性混合物，遇明火、高热极易燃烧爆炸；气体比空气重，能在较低处扩散到相当远的地方，遇火源会着火回燃。					
健康危害	本品具有麻醉作用。动物吸入超过一定浓度时引起血压下降，导致呼吸麻痹而死亡。在工业生产和使用中，本品一般对人体无明显危害。近年来国外首例报道一青年因吸入环丙烷而死于一间仓库内。尸解见肺充血和出血性水肿、气管充血，并较早发生细胞自溶现象。					
防护措施	呼吸系统防护：一般不需要特殊防护，高浓度接触时可佩戴自吸过滤式防毒面具（半面罩）。 眼睛防护：必要时，戴化学安全防护眼镜。 身体防护：穿防静电工作服。 手防护：戴一般作业防护手套。					
危险性类别	易燃气体，类别 1；加压气体。					

序号	928	品名	环丁烷	商品编码	2902.1990
别　名				CAS 号	287-23-0
英文名	Cyclobutane				
分子式	C_4H_8				
外观与性状	无色气体。				
主要用途	主要用于用于四节环的生理化学研究、溶剂、合成中间体。				
防护措施	呼吸系统防护：佩戴防毒口罩。紧急事态抢救或逃生时，佩戴自给式呼吸器。 眼睛防护：戴化学安全防护眼镜。 防护服：穿相应的防护服。 手防护：戴防化学品手套。 其他防护：工作现场禁止吸烟、进食和饮水。工作完毕，淋浴更衣。注意个人清洁卫生。				
危险性类别	易燃气体，类别1；加压气体。				

序号	929	品名	1,3,5-环庚三烯	商品编码	2902.1990
别　名	环庚三烯			CAS 号	544-25-2
英文名	Cycloheptatriene				
分子式	C_7H_8				
外观与性状	无色至暗黄色液体。				
主要用途	用于有机合成。				
危险特性	本品蒸气与空气形成爆炸性混合物，遇明火、高热能引起燃烧爆炸；与氧化剂能发生强烈反应；其蒸气比空气重，能在较低处扩散到相当远的地方，遇明火会着火回燃；遇高热能发生聚合反应，出现大量放热现象，引起容器破裂或爆炸事故。				
健康危害	本品对眼睛、皮肤和呼吸道有刺激作用，引起头痛、咳嗽、咽痛、恶心、腹痛，使皮肤脱脂等。				
防护措施	呼吸系统防护：可能接触其蒸气时，佩戴防毒口罩。紧急事态抢救或逃生时，应该佩戴自给式呼吸器。 眼睛防护：戴安全防护眼镜。 身体防护：穿防静电工作服。 手防护：戴防护手套。				
危险性类别	易燃液体，类别2；急性毒性—经口，类别3；急性毒性—经皮肤，类别3；危害水生环境—长期危害，类别3。				

序号	930	品名	环庚酮		商品编码	2914.2990
别 名			软木酮		CAS 号	502-42-1
英文名		Cycloheptanone				
分子式		$C_7H_{12}O$				
外观与性状		无色液体,有薄荷气味。				
主要用途		用作有机合成中间体,也用于化学研究。				
危险特性		本品易燃,遇明火、高热或与氧化剂接触,有引起燃烧爆炸的危险。				
健康危害		本品对眼睛、皮肤有刺激作用。				
防护措施		呼吸系统防护:可能接触其蒸气时,应该佩戴自吸过滤式防毒面具(半面罩)。 眼睛防护:戴安全防护眼镜。 身体防护:穿防静电工作服。 手防护:戴橡胶耐油手套。				
危险性类别		易燃液体,类别3。				

序号	931	品名	环庚烷		商品编码	2902.1990
别 名					CAS 号	291-64-5
英文名		Cycloheptane				
分子式		C_7H_{14}				
外观与性状		无色、油状液体。				
主要用途		用于有机合成,用作溶剂。				
危险特性		本品易燃,其蒸气与空气可形成爆炸性混合物,遇热源和明火有燃烧爆炸的危险;与氧化剂能发生强烈反应,引起燃烧或爆炸;在火场中,受热的容器有爆炸危险;其蒸气比空气重,能在较低处扩散到相当远的地方,遇火源会着火回燃。				
健康危害		吸入本品有麻醉作用,对眼睛、皮肤有刺激作用。				
防护措施		呼吸系统防护:空气中浓度较高时,佩戴过滤式防毒面具(半面罩)。 眼睛防护:戴安全防护眼镜。 身体防护:穿防静电工作服。 手防护:戴橡胶耐油手套。				
危险性类别		易燃液体,类别2;特异性靶器官毒性—单次接触,类别3(麻醉效应)。				

序号	932	品名	环庚烯	商品编码	2902.1990
别　名				CAS 号	628-92-2
英文名	Cycloheptene				
分子式	C_7H_{12}				
外观与性状	无色油状液体。				
主要用途	化学试剂，化学中间体。				
危险特性	本品易燃，遇明火、高热或与氧化剂接触，有引起燃烧爆炸的危险；若遇高热，可发生聚合反应，放出大量热量而引起容器破裂和爆炸事故。				
健康危害	吸入、口服或经皮肤吸收本品对身体有害，对眼睛和皮肤有刺激性。				
防护措施	呼吸系统防护：空气中浓度较高时，应该佩戴自吸过滤式防毒面具（半面罩）。 眼睛防护：戴化学安全防护眼镜。 身体防护：穿防静电工作服。 手防护：戴橡胶耐油手套。				
危险性类别	易燃液体，类别 2；危害水生环境—长期危害，类别 3。				

序号	933	品名	环己胺	商品编码	2921.3000
别　名	六氢苯胺；氨基环己烷			CAS 号	108-91-8
英文名	Cyclohexylamine				
分子式	$C_6H_{13}N$				
外观与性状	无色液体。				
主要用途	用作锅炉水处理剂及腐蚀抑制剂，橡胶促进剂，有机合成中间体。				
危险特性	本品遇明火、高热易燃，受热分解释出剧毒的烟雾；与氧化剂接触猛烈反应；其蒸气比空气重，能在较低处扩散到相当远的地方，遇火源会着火回燃。				
健康危害	吸入本品蒸气会发生急性中毒，中毒表现有剧烈呕吐及腹泻；瞳孔散大和对光反应迟钝、视力模糊、萎靡、语言障碍。人体斑贴试验见 25% 本品溶液引起严重的皮肤刺激，并可能导致过敏反应。				
防护措施	呼吸系统防护：空气中浓度超标时，佩戴直接式防毒面具（半面罩）。紧急事态抢救或撤离时，建议佩戴空气呼吸器。 眼睛防护：戴化学安全防护眼镜。 身体防护：穿防腐工作服。 手防护：戴橡胶耐油手套。				
危险性类别	易燃液体，类别 3；皮肤腐蚀/刺激，类别 1B；严重眼损伤/眼刺激，类别 1；生殖毒性，类别 2。				

序号	934	品名	环己二胺	商品编码	2921.3000
别　　名		1,2-二氨基环己烷		CAS 号	694-83-7
英文名		1,2-diaminocyclohexane			
分子式		$C_6H_{14}N_2$			
外观与性状		无色液体。			
主要用途		用于有机合成。			
危险特性		本品遇高热、明火或氧化剂,有引起燃烧的危险;受高热分解释放出有毒的气体;具有腐蚀性。			
健康危害		本品对人体有毒,具有腐蚀性,吸入、摄入或经皮肤吸收后对身体有害。吸入后会引起喉和支气管的炎症、水肿,化学性肺炎、肺水肿等。			
防护措施		呼吸系统防护:可能接触其蒸气时,佩戴防毒口罩。紧急事态抢救或逃生时,应该佩戴防毒面具。 眼睛防护:戴化学安全防护眼镜。 身体防护:穿相应的防护服。 手防护:戴防化学品手套。			
危险性类别		皮肤腐蚀/刺激,类别1;严重眼损伤/眼刺激,类别1;特异性靶器官毒性—单次接触,类别3(呼吸道刺激)。			

序号	935	品名	1,3-环己二烯	商品编码	2902.1990
别　　名		1,2-二氢苯		CAS 号	592-57-4
英文名		1,3-cyclohexadiene			
分子式		C_6H_8			
外观与性状		无色液体。			
主要用途		用作有机合成中间体			
危险特性		本品易燃,其蒸气与空气可形成爆炸性混合物,遇明火、高热能引起燃烧爆炸;与氧化剂能发生强烈反应;高速冲击、流动、激荡后可因产生静电火花放电引起燃烧爆炸;其蒸气比空气重,能在较低处扩散到相当远的地方,遇火源会着火回燃。			
健康危害		吸入、口服或经皮肤吸收本品后对身体有害,对眼睛和皮肤有刺激作用;动物实验有麻醉作用。			
防护措施		呼吸系统防护:空气中浓度超标时,应该佩戴自吸过滤式防毒面具(半面罩)。 眼睛防护:戴化学安全防护眼镜。 身体防护:穿防静电工作服。 手防护:戴橡胶耐油手套。			
危险性类别		易燃液体,类别3;严重眼损伤/眼刺激,类别2B;特异性靶器官毒性—单次接触,类别3(呼吸道刺激)。			

序号	936	品名	1,4-环己二烯	商品编码	2902.1990
别名			1,4-二氢苯	CAS 号	628-41-1
英文名			1,4-cyclohexadiene		
分子式			C_6H_8		
外观与性状			无色液体。		
主要用途			用作有机合成中间体。		
危险特性			本品易燃,其蒸气与空气可形成爆炸性混合物,遇明火、高热能引起燃烧爆炸;与氧化剂接触反应猛烈;本品易聚合,只有经过稳定化处理才允许储运;高速冲击、流动、激荡后可因产生静电火花放电引起燃烧爆炸;其蒸气比空气重,能在较低处扩散到相当远的地方,遇火源会着火回燃。		
健康危害			吸入、口服或经皮肤吸收本品后对身体有害,对眼睛和皮肤有刺激作用;动物实验有麻醉作用。		
防护措施			呼吸系统防护:空气中浓度超标时,应该佩戴自吸过滤式防毒面具(半面罩)。 眼睛防护:戴化学安全防护眼镜。 身体防护:穿防静电工作服。 手防护:戴橡胶耐油手套。		
危险性类别			易燃液体,类别 2。		

序号	937	品名	2-环己基丁烷	商品编码	2902.1990
别名			仲丁基环己烷	CAS 号	7058-01-7
英文名			2-cyclohexylbutane		
分子式			$C_{10}H_{20}$		
防护措施			呼吸系统防护:佩戴防毒口罩。紧急事态抢救或逃生时,佩戴自给式呼吸器。 眼睛防护:戴化学安全防护眼镜。 防护服:穿相应的防护服。 手防护:戴防化学品手套。 其他防护:工作现场禁止吸烟、进食和饮水。工作完毕,淋浴更衣。注意个人清洁卫生。		
危险性类别			易燃液体,类别 3。		

序号	938	品名	N-环己基环己胺亚硝酸盐	商品编码	2921.3000
别 名			二环己胺亚硝酸;亚硝酸二环己胺	CAS 号	3129-91-7
英文名			Dicyclohexylammonium nitrite		
分子式			$C_{12}H_{24}N_2O_2$		
外观与性状			无色或淡黄色结晶粉末。		
主要用途			用作气相缓蚀剂。		
防护措施			呼吸系统防护：佩戴防毒口罩。紧急事态抢救或逃生时，佩戴自给式呼吸器。 眼睛防护：戴化学安全防护眼镜。 防护服：穿相应的防护服。 手防护：戴防化学品手套。 其他防护：工作现场禁止吸烟、进食和饮水。工作完毕，淋浴更衣。注意个人清洁卫生。		
危险性类别			易燃固体，类别2；急性毒性—经口，类别3；特异性靶器官毒性—单次接触，类别1。		

序号	939	品名	环己基硫醇	商品编码	2930.9090
别 名				CAS 号	1569-69-3
英文名			Cyclohexyl mercaptan		
分子式			$C_6H_{12}S$		
外观与性状			无色液体，有强烈的大蒜气味。		
主要用途			用作化学中间体。		
危险特性			本品易燃，遇高热、明火有引起燃烧的危险。		
健康危害			吸入、口服或经皮肤吸收本品后对身体有害，对眼睛、皮肤、黏膜和上呼吸道有剧烈刺激作用。接触后会引起烧灼感、咳嗽、眩晕、喉炎、气短、头痛、恶心和呕吐。		
防护措施			呼吸系统防护：可能接触其蒸气时，应该佩戴自吸过滤式防毒面具（全面罩）。紧急事态抢救或撤离时，建议佩戴隔离式呼吸器。 眼睛防护：呼吸系统防护中已作防护。 身体防护：穿胶布防毒衣。 手防护：戴橡胶手套。		
危险性类别			易燃液体，类别3；皮肤腐蚀/刺激，类别2。		

序号	940	品名	环己基三氯硅烷	商品编码	2931.9000
别 名				CAS 号	98-12-4
英文名		Trichlorocyclohexylsilane			
分子式		$C_6H_{11}Cl_3Si$			
外观与性状		无色液体,带有刺激性气味。			
主要用途		用于有机硅化合物制造。			
危险特性		本品遇高热、明火或与氧化剂接触,有引起燃烧的危险;遇水或水蒸气释放出的氯化氢气体有刺激性和腐蚀性。			
健康危害		本品的蒸气对皮肤、眼睛和黏膜有强烈的刺激性。			
防护措施		呼吸系统防护:空气中浓度较高时.必须佩戴防毒面具。紧急事态抢救或撤离时,建议佩戴正压自给式呼吸器。 眼睛防护:戴化学安全防护眼镜。 身体防护:穿防酸碱工作服。 手防护:戴防化学品手套。			
危险性类别		皮肤腐蚀/刺激,类别1;严重眼损伤/眼刺激,类别1。			

序号	941	品名	环己基异丁烷	商品编码	2902.1990
别 名		异丁基环己烷		CAS 号	1678-98-4
英文名		Isobutylcyclohexane			
分子式		$C_{10}H_{20}$			
防护措施		呼吸系统防护:佩戴防毒口罩。紧急事态抢救或逃生时,佩戴自给式呼吸器。 眼睛防护:戴化学安全防护眼镜。 防护服:穿相应的防护服。 手防护:戴防化学品手套。 其他防护:工作现场禁止吸烟、进食和饮水。工作完毕,淋浴更衣。注意个人清洁卫生。			
危险性类别		易燃液体,类别3。			

序号	942	品名	1-环己基正丁烷	商品编码	2902.1990
别 名			正丁基环己烷	CAS 号	1678-93-9
英文名			N-butylcyclohexane		
分子式			$C_{10}H_{20}$		
外观与性状			无色液体。		
主要用途			用于有机合成。		
危险特性			本品易燃，遇明火、高热或与氧化剂接触，有引起燃烧爆炸的危险；在火场中，受热的容器有爆炸危险。		
健康危害			吸入、口服或经皮肤吸收本品对身体有害，具有刺激性。		
防护措施			呼吸系统防护：高浓度环境中，应该佩戴过滤式防毒面具（半面罩）。紧急事态抢救或撤离时，建议佩戴空气呼吸器。 眼睛防护：必要时，戴化学安全防护眼镜。 身体防护：穿防静电工作服。 手防护：戴橡胶耐油手套。		
危险性类别			易燃液体，类别3。		

序号	943	品名	环己酮	商品编码	2914.2200
别 名				CAS 号	108-94-1
英文名			Cyclohexanone		
分子式			$C_6H_{10}O$		
外观与性状			无色或浅黄色透明液体，有强烈的刺激性臭味。		
主要用途			用于制造己内酰胺和己二酸，也是优良的溶剂。		
危险特性			本品易燃，遇高热、明火有引起燃烧的危险；与氧化剂接触反应猛烈。		
健康危害			本品具有麻醉和刺激作用。急性中毒者主要表现有眼、鼻、喉黏膜刺激症状和头晕、胸闷、全身无力等症状；严重者会出现休克、昏迷、四肢抽搐、肺水肿，最后因呼吸衰竭而死亡；脱离接触后能较快恢复正常。液体对皮肤有刺激性；眼睛接触有可能造成眼角膜损害。慢性影响：长期反复接触会导致皮炎。		
防护措施			呼吸系统防护：可能接触其蒸气时，应该佩戴自吸过滤式防毒面具（半面罩）。 眼睛防护：戴化学安全防护眼镜。 身体防护：穿防静电工作服。 手防护：戴橡胶耐油手套。		
危险性类别			易燃液体，类别3。		

序号	944	品名	环己烷	商品编码	2902.1100
别名		六氢化苯		CAS 号	110-82-7
英文名		Cyclohexane			
分子式		C_6H_{12}			
外观与性状		无色液体，有刺激性气味。			
主要用途		用作一般溶剂、色谱分析标准物质及用于有机合成。			
危险特性		本品极易燃，其蒸气与空气可形成爆炸性混合物，遇明火、高热极易燃烧爆炸；与氧化剂接触发生强烈反应，甚至引起燃烧；在火场中，受热的容器有爆炸危险；其蒸气比空气重，能在较低处扩散到相当远的地方，遇火源会着火回燃。			
健康危害		本品对眼睛和上呼吸道有轻度刺激作用；持续吸入可引起头晕、恶心、嗜睡和其他一些麻醉症状；液体污染皮肤可引起痒感。			
防护措施		呼吸系统防护：一般不需要特殊防护，高浓度接触时可佩戴自吸过滤式防毒面具（半面罩）。 眼睛防护：空气中浓度超标时，戴安全防护眼镜。 身体防护：穿防静电工作服。 手防护：戴橡胶耐油手套。			
危险性类别		易燃液体，类别2；皮肤腐蚀/刺激，类别2；特异性靶器官毒性—单次接触，类别3（麻醉效应）；吸入危害，类别1；危害水生环境—急性危害，类别1。			

序号	945	品名	环己烯	商品编码	2902.1990
别名		1,2,3,4-四氢化苯		CAS 号	110-83-8
英文名		Cyclohexene			
分子式		C_6H_{10}			
外观与性状		无色液体，有特殊刺激性气味。			
主要用途		用于有机合成、油类萃取及用作溶剂。			
危险特性		本品易燃，其蒸气与空气可形成爆炸性混合物，遇明火、高热极易燃烧爆炸；与氧化剂能发生强烈反应，引起燃烧或爆炸；长期储存，可生成具有潜在爆炸危险性的过氧化物；其蒸气比空气重，能在较低处扩散到相当远的地方，遇火源会着火回燃。			
健康危害		本品有麻醉作用，吸入后引起恶心、呕吐、头痛和神志丧失；对眼睛和皮肤有刺激性。			
防护措施		呼吸系统防护：空气中浓度超标时，应该佩戴自吸过滤式防毒面具（半面罩）。 眼睛防护：戴化学安全防护眼镜。 身体防护：穿防静电工作服。 手防护：戴橡胶耐油手套。			
危险性类别		易燃液体，类别2；严重眼损伤/眼刺激，类别2；特异性靶器官毒性—单次接触，类别3（呼吸道刺激、麻醉效应）；吸入危害，类别1；危害水生环境—急性危害，类别2；危害水生环境—长期危害，类别2。			

序号	946	品名	2-环己烯-1-酮	商品编码	2914.2990
别　名			环己烯酮	CAS 号	930-68-7
英文名			2-cyclohexen-1-one		
分子式			C_6H_8O		
外观与性状			无色液体，略有酮样甜味。		
主要用途			用于有机合成。		
危险特性			本品遇高热、明火或与氧化剂接触，有引起燃烧的危险。若遇高热，容器内压增大，有开裂和爆炸的危险。		
健康危害			本品对眼睛、皮肤、黏膜和上呼吸道具有刺激作用。		
防护措施			呼吸系统防护：可能接触其蒸气时，建议佩戴防毒口罩。高浓度环境中，应该佩戴自给式呼吸器。 眼睛防护：可能接触其蒸气时，戴化学安全防护眼镜。 身体防护：穿工作服。 手防护：高浓度接触时，戴防护手套。		
危险性类别			急性毒性—经口，类别 3；急性毒性—经皮肤，类别 2；急性毒性—吸入，类别 2。		

序号	947	品名	环己烯基三氯硅烷	商品编码	2931.9000
别　名				CAS 号	10137-69-6
英文名			Cyclohexene,4-(trichlorosilyl)-		
分子式			$C_6H_9Cl_3Si$		
外观与性状			无色发烟液体，有刺激性气味。		
主要用途			用于合成高分子有机硅化合物。		
危险特性			本品遇明火、高热可燃；遇潮时对大多数金属有腐蚀性；遇水或水蒸气反应发热放出有毒的腐蚀性气体；受高热分解，放出有毒的烟气。		
健康危害			本品具有腐蚀性和刺激作用；受热分解释放出氯气。		
防护措施			呼吸系统防护：可能接触其蒸气时，佩戴防毒口罩。紧急事态抢救或逃生时，佩戴自给式呼吸器。 眼睛防护：戴化学安全防护眼镜。 身体防护：穿防腐工作服。 手防护：戴橡胶手套。 其他防护：无资料		
危险性类别			急性毒性—经皮肤，类别 3；皮肤腐蚀/刺激，类别 1；严重眼损伤/眼刺激，类别 1。		

序号	948	品名	环三亚甲基三硝胺(含水≥15%)、环三亚甲基三硝胺(减敏的)	商品编码	2933.6990
别名			黑索金;旋风炸药	CAS号	121-82-4
英文名			Cyclotrimethylene trinitramine;hexogen		
分子式			$C_3H_6N_6O_6$		
外观与性状			白色结晶固体。		
主要用途			用于填装炮弹、导爆索、雷管等。		
危险特性			本品受热,接触明火、高热或受到摩擦震动、撞击时可发生爆炸。		
健康危害			吸入本品后会中毒,可发生癫痫样发作;误服可引起头晕、恶心、呕吐、流涎、多汗,严重者发生抽搐。		
防护措施			呼吸系统防护:佩戴防尘口罩。 眼睛防护:可采用安全面罩。 身体防护:穿工作服。 手防护:必要时戴防护手套。		
危险性类别			爆炸物,1.1项;特异性靶器官毒性—单次接触,类别1;特异性靶器官毒性—反复接触,类别1。		

序号	949	品名	环三亚甲基三硝胺与环四亚甲基四硝胺混合物(含水≥15%或含减敏剂≥10%)	商品编码	3602.0090
别名			黑索金与奥克托金混合物	CAS号	
防护措施			呼吸系统防护:佩戴防毒口罩。紧急事态抢救或逃生时,佩戴自给式呼吸器。 眼睛防护:戴化学安全防护眼镜。 防护服:穿相应的防护服。 手防护:戴防化学品手套。 其他防护:工作现场禁止吸烟、进食和饮水。工作完毕,淋浴更衣。注意个人清洁卫生。		
危险性类别			爆炸物,1.1项;急性毒性—经口,类别3;特异性靶器官毒性—单次接触,类别1;特异性靶器官毒性—反复接触,类别1。		

序号	950	品名	环三亚甲基三硝胺与三硝基甲苯和铝粉混合物	商品编码	3602.0090
别　名			黑索金与梯恩梯和铝粉混合炸药；黑索托纳尔	CAS号	
防护措施			呼吸系统防护：佩戴防毒口罩。紧急事态抢救或逃生时，佩戴自给式呼吸器。 眼睛防护：戴化学安全防护眼镜。 防护服：穿相应的防护服。 手防护：戴防化学品手套。 其他防护：工作现场禁止吸烟、进食和饮水。工作完毕，淋浴更衣。注意个人清洁卫生。		
危险性类别			爆炸物，1.1项；急性毒性—经口，类别3＊；特异性靶器官毒性—单次接触，类别1；特异性靶器官毒性—反复接触，类别1；危害水生环境—长期危害，类别3＊。		

序号	951	品名	环三亚甲基三硝胺与三硝基甲苯混合物（干的或含水<15%）	商品编码	3602.0090
别　名			黑索雷特	CAS号	
防护措施			呼吸系统防护：佩戴防毒口罩。紧急事态抢救或逃生时，佩戴自给式呼吸器。 眼睛防护：戴化学安全防护眼镜。 防护服：穿相应的防护服。 手防护：戴防化学品手套。 其他防护：工作现场禁止吸烟、进食和饮水。工作完毕，淋浴更衣。注意个人清洁卫生。		
危险性类别			爆炸物，1.1项；急性毒性—经口，类别3＊；特异性靶器官毒性—单次接触，类别1；特异性靶器官毒性—反复接触，类别1；危害水生环境—长期危害，类别3＊。		

序号	952	品名	环四亚甲基四硝胺（含水≥15%）、环四亚甲基四硝胺（减敏的）	商品编码	2933.9900
别　名			奥克托今（HMX）	CAS号	2691-41-0
英文名			Cyclotetramethylene tetranitramine；octogen		
分子式			$C_4H_8N_8O_8$		
外观与性状			白色结晶粉末。		
主要用途			用于导弹和反坦克弹的装药，也用于导爆管装药。		
危险特性			本品接触明火、高热或受到摩擦震动、撞击时可发生爆炸，着火后会转为爆轰。		
健康危害			本品有毒，属中等毒类；对眼睛有刺激作用。		
防护措施			呼吸系统防护：佩戴防尘口罩。高浓度环境中，佩戴防毒面具。 眼睛防护：戴化学安全防护眼镜。 身体防护：穿紧袖工作服，长筒胶鞋。 手防护：戴橡胶手套。		
危险性类别			爆炸物，1.1项；急性毒性—经皮肤，类别3；特异性靶器官毒性—单次接触，类别1；特异性靶器官毒性—反复接触，类别2。		

序号	953	品名	环四亚甲基四硝胺与三硝基甲苯混合物（干的或含水<15%）	商品编码	3602.0090
别 名			奥克托金与梯恩梯混合炸药；奥克雷特	CAS 号	
防护措施			呼吸系统防护：佩戴防毒口罩。紧急事态抢救或逃生时，佩戴自给式呼吸器。 眼睛防护：戴化学安全防护眼镜。 防护服：穿相应的防护服。 手防护：戴防化学品手套。 其他防护：工作现场禁止吸烟、进食和饮水。工作完毕，淋浴更衣。注意个人清洁卫生。		
危险性类别			爆炸物，1.1项；急性毒性—经口，类别3*；急性毒性—经皮肤，类别3*；特异性靶器官毒性—反复接触，类别2；危害水生环境—长期危害，类别3*。		

序号	954	品名	环烷酸钴（粉状的）	商品编码	2916.2090
别 名			萘酸钴	CAS 号	61789-51-3
英文名			Cobalt naphthenate		
外观与性状			紫色至深棕色非结晶粉末。		
主要用途			用于油漆、油墨中作催干剂。		
危险特性			本品遇明火、高热易燃；受高热分解，放出有毒的烟气。		
健康危害			本品具有刺激作用。目前，未见有对人体损害的报道。		
防护措施			呼吸系统防护：佩戴防尘口罩。 眼睛防护：可采用安全面罩。 身体防护：穿防静电工作服。 手防护：戴防护手套。		
危险性类别			易燃固体，类别2；致癌性，类别2。		

序号	955	品名	环烷酸锌	商品编码	2916.2090
别 名			萘酸锌	CAS 号	12001-85-3
英文名			Zinc naphthenate		
外观与性状			琥珀色半固体膏状物或固体。		
主要用途			用作油漆、油墨催干剂、木材防腐剂、织物防水剂、杀虫剂、杀菌剂等。		
危险特性			本品遇明火、高热易燃；受高热分解，放出有毒的烟气。		
健康危害			本品具有刺激作用。目前，未见有对人体损害的报道。		
防护措施			呼吸系统防护：应该佩戴口罩。 眼睛防护：戴安全防护眼镜。 身体防护：穿防静电工作服。 手防护：戴防护手套。		
危险性类别			易燃固体，类别2；危害水生环境—急性危害，类别2；危害水生环境—长期危害，类别2。		

序号	956	品名	环戊胺	商品编码	2921.3000
别 名		氨基环戊烷		CAS 号	1003-03-8
英文名		Cyclopentylamine			
分子式		$C_5H_{11}N$			
外观与性状		无色液体，有强烈的氨气味。			
主要用途		用作制药的中间体。			
危险特性		本品蒸气与空气可形成爆炸性混合物，遇明火、高热极易燃烧爆炸；与氧化剂接触反应猛烈；若遇高热，容器内压增大，有开裂和爆炸的危险。			
健康危害		吸入、摄入或经皮肤吸收本品对身体有害，其蒸气或雾对眼睛、黏膜和呼吸道有刺激作用。			
防护措施		呼吸系统防护：空气中浓度超标时，必须佩戴自吸过滤式防毒面具（半面罩）。紧急事态抢救或撤离时，应该佩戴空气呼吸器。 眼睛防护：戴化学安全防护眼镜。 身体防护：穿防静电工作服。 手防护：戴橡胶耐油手套。			
危险性类别		易燃液体，类别2。			

序号	957	品名	环戊醇	商品编码	2906.1990
别 名		羟基环戊烷		CAS 号	96-41-3
英文名		Cyclopentanol			
分子式		$C_5H_{10}O$			
外观与性状		无色澄清液体，有令人愉快的气味。			
主要用途		用作香料及药品的溶剂和染料中间体。			
危险特性		本品易燃，遇明火、高热或与氧化剂接触，有引起燃烧爆炸的危险；在火场中，受热的容器有爆炸危险。			
健康危害		吸入或口服本品对身体有害；高浓度下可能有麻醉作用；具有刺激作用。			
防护措施		呼吸系统防护：一般不需要特殊防护，高浓度接触时可自吸过滤式防毒面具（半面罩）。 眼睛防护：必要时，戴安全防护眼镜。 身体防护：穿防静电工作服。 手防护：戴一般作业防护手套。			
危险性类别		易燃液体，类别3；急性毒性—经口，类别3；急性毒性—经皮肤，类别2；严重眼损伤/眼刺激，类别2；特异性靶器官毒性—反复接触，类别2。			

序号	958	品名	1,3-环戊二烯	商品编码	2902.1990
别　名			环戊间二烯；环戊二烯	CAS 号	542-92-7
英文名			1,3-cyclopentadiene		
分子式			C_5H_6		
外观与性状			无色液体，有类似萜烯气味。		
主要用途			用作有机合成中间体及制造农药杀虫剂氯丹等。		
危险特性			本品易燃，其蒸气与空气可形成爆炸性混合物，遇明火、高热或与氧化剂接触，有引起燃烧爆炸的危险；高温时能强烈分解；与氧化剂能发生强烈反应；高速冲击、流动、激荡后可因产生静电火花放电引起燃烧爆炸；其蒸气比空气重，能在较低处扩散到相当远的地方，遇火源会着火回燃。		
健康危害			本品有麻醉作用，对皮肤及黏膜有强烈刺激作用。急性中毒者先出现呼吸道刺激及兴奋症状，继而转入麻醉期，中毒者进入沉睡状态。若抢救治疗及时，2~3 天痊愈。		
防护措施			呼吸系统防护：空气中浓度超标时，应该佩戴自吸过滤式防毒面具（全面罩）。 眼睛防护：戴化学安全防护眼镜。 身体防护：穿防静电工作服。 手防护：戴橡胶耐油手套。		
危险性类别			易燃液体，类别 2；急性毒性—经口，类别 3；急性毒性—经皮肤，类别 3；严重眼损伤/眼刺激，类别 2；特异性靶器官毒性—单次接触，类别 3（呼吸道刺激）；特异性靶器官毒性—反复接触，类别 2。		

序号	959	品名	环戊酮	商品编码	2914.2990
别　名				CAS 号	120-92-3
英文名			Cyclopentanone		
分子式			C_5H_8O		
外观与性状			水白色液体，有醚样的气味。		
主要用途			用于药品、生物制品、杀虫剂和合成橡胶的中间体。		
危险特性			本品易燃，遇明火、高热或与氧化剂接触，有引起燃烧爆炸的危险。		
健康危害			吸入、口服或经皮肤吸收本品后对身体有害，对眼睛、皮肤有刺激性。		
防护措施			呼吸系统防护：空气中浓度超标时，应该佩戴自吸过滤式防毒面具（半面罩）。 眼睛防护：戴化学安全防护眼镜。 身体防护：穿防静电工作服。 手防护：戴橡胶耐油手套。		
危险性类别			易燃液体，类别 3；皮肤腐蚀/刺激，类别 2；严重眼损伤/眼刺激，类别 2。		

序号	960	品名	环戊烷		商品编码	2902.1990
别　名					CAS 号	287-92-3
英文名	Cyclopentane					
分子式	C_5H_{10}					
外观与性状	无色透明液体，有苯样的气味。					
主要用途	用作溶剂和色谱分析的标准物质。					
危险特性	本品极易燃，其蒸气与空气可形成爆炸性混合物，遇明火、高热极易燃烧爆炸；与氧化剂接触发生强烈反应，甚至引起燃烧；在火场中，受热的容器有爆炸危险；其蒸气比空气重，能在较低处扩散到相当远的地方，遇火源会着火回燃。					
健康危害	本品具有麻醉作用，吸入后会引起头痛、头晕、定向力障碍、兴奋、嗜睡、共济失调等症状；呼吸系统和心脏会受到影响；对眼睛有轻度刺激作用；口服导致中枢神经系统抑制、黏膜出血和腹泻等；对皮肤有脱脂作用，引起皮肤干燥、发红等。					
防护措施	呼吸系统防护：空气中浓度超标时，佩戴自吸过滤式防毒面具（半面罩）。 眼睛防护：一般不需要特殊防护，高浓度接触时可戴化学安全防护眼镜。 身体防护：穿防静电工作服。 手防护：戴橡胶耐油手套。					
危险性类别	易燃液体，类别2；危害水生环境—长期危害，类别3。					

序号	961	品名	环戊烯		商品编码	2902.1990
别　名					CAS 号	142-29-0
英文名	Cyclopentene					
分子式	C_5H_8					
外观与性状	无色液体。					
主要用途	用于有机合成，作树脂的交联剂。					
危险特性	本品蒸气与空气可形成爆炸性混合物，遇明火、高热或与氧化剂接触，有引起燃烧爆炸的危险；与氧化剂接触发生强烈反应，甚至引起燃烧；其蒸气比空气重，能在较低处扩散到相当远的地方，遇火源会着火回燃。					
健康危害	本品有恶臭味，较低浓度时已难耐受，因此一般不易发生中毒，嗅阈为36.14mg/m³。					
防护措施	呼吸系统防护：空气中浓度超标时，佩戴过滤式防毒面具（半面罩）。 眼睛防护：必要时，戴化学安全防护眼镜。 身体防护：穿防静电工作服。 手防护：戴橡胶耐油手套。					
危险性类别	易燃液体，类别2。					

序号	962	品名	1,3-环辛二烯	商品编码	2902.1990
别　名				CAS 号	3806-59-5
英文名	1,3-cyclooctadiene				
分子式	C_8H_{12}				
外观与性状	无色液体。				
主要用途	用作合成树脂中间体。				
危险特性	本品遇高热、明火或与氧化剂接触，有引起燃烧的危险。				
健康危害	吸入、摄入或经皮肤吸收本品后对身体可能有害；对皮肤有刺激作用，其蒸气或烟雾对眼睛、黏膜和上呼吸道有刺激作用。				
防护措施	呼吸系统防护：可能接触其蒸气时，应该佩戴防毒面具。紧急事态抢救或撤离时，建议佩戴自给式呼吸器。 眼睛防护：戴化学安全防护眼镜。 身体防护：穿防静电工作服。 手防护：戴防护手套。				
危险性类别	易燃液体，类别3；危害水生环境—急性危害，类别2；危害水生环境—长期危害，类别2。				

序号	963	品名	1,5-环辛二烯	商品编码	2902.1990
别　名				CAS 号	111-78-4
英文名	1,5-cyclooctadiene				
分子式	C_8H_{12}				
外观与性状	无色液体。				
主要用途	用于有机合成及生产合成油、塑料，并用于制取溴代衍生物。				
危险特性	本品遇高热、明火或与氧化剂接触，有引起燃烧的危险。				
健康危害	本品对皮肤和黏膜有强烈的刺激作用，并使皮肤过敏。				
防护措施	呼吸系统防护：可能接触其蒸气时，应该佩戴防佩戴自给式呼吸器。 眼睛防护：戴化学安全防护眼镜。 身体防护：穿工作服。 手防护：戴防护手套。				
危险性类别	易燃液体，类别3；皮肤腐蚀/刺激，类别2；严重眼损伤/眼刺激，类别2；皮肤致敏物，类别1；特异性靶器官毒性—单次接触，类别3（麻醉效应）；特异性靶器官毒性—反复接触，类别2；危害水生环境—急性危害，类别1；危害水生环境—长期危害，类别1。				

序号	964	品名	1,3,5,7-环辛四烯	商品编码	2902.1990
别　名			环辛四烯	CAS 号	629-20-9
英文名			Cyclooctatetraene		
分子式			C_8H_8		
外观与性状			无色至黄色液体。		
主要用途			用于制合成纤维、染料和药物等，也广泛用于有机合成。		
危险特性			本品易燃，遇明火、高热或与氧化剂接触，有引起燃烧爆炸的危险。		
健康危害			吸入、口服或经皮肤吸收本品对身体有害，对眼睛和皮肤有刺激性。		
防护措施			呼吸系统防护：空气中浓度超标时，应该佩戴自吸过滤式防毒面具（半面罩）。 眼睛防护：戴化学安全防护眼镜。 身体防护：穿防静电工作服。 手防护：戴橡胶耐油手套。		
危险性类别			易燃液体，类别 2。		

序号	965	品名	环辛烷	商品编码	2902.1990
别　名				CAS 号	292-64-8
英文名			Cyclooctane		
分子式			C_8H_{16}		
外观与性状			无色液体或潮湿的白色固体，有类似樟脑的气味。		
主要用途			用于有机合成，用作化学试剂。		
危险特性			本品易燃，遇明火、高热或与氧化剂接触，有引起燃烧爆炸的危险；与强氧化剂接触可发生化学反应；在火场中，受热的容器有爆炸危险。		
健康危害			吸入、口服或经皮肤吸收本品对身体有害，对眼睛和皮肤有刺激性。		
防护措施			呼吸系统防护：空气中浓度超标时，应该佩戴自吸过滤式防毒面具（半面罩）。紧急事态抢救或撤离时，建议佩戴自给式呼吸器。 眼睛防护：戴化学安全防护眼镜。 身体防护：穿防静电工作服。 手防护：戴橡胶耐油手套。		
危险性类别			易燃液体，类别 3。		

序号	966	品名	环辛烯	商品编码	2902.1990
别 名				CAS 号	931-87-3
英文名	Cyclooctene				
分子式	C_8H_{14}				
外观与性状	无色液体。				
主要用途	用于有机合成,用作化学试剂。				
危险特性	本品易燃,遇明火、高热或与氧化剂接触,有引起燃烧爆炸的危险;若遇高热,可发生聚合反应,放出大量热量而引起容器破裂和爆炸事故。				
健康危害	吸入、口服或经皮肤吸收本品对身体有害,对眼睛和皮肤有刺激性。				
防护措施	呼吸系统防护:空气中浓度超标时,应该佩戴过滤式防毒面具(全面罩)或自给式呼吸器。 眼睛防护:戴化学安全防护眼镜。 身体防护:穿防静电工作服。 手防护:戴橡胶耐油手套。				
危险性类别	易燃液体,类别3;危害水生环境—急性危害,类别1;危害水生环境—长期危害,类别1。				

序号	967	品名	2,3-环氧-1-丙醛	商品编码	2912.4900
别 名	缩水甘油醛			CAS 号	765-34-4
英文名	2,3-epoxypropionaldehyde;glycidaldehyde				
分子式	$C_3H_4O_2$				
外观与性状	无色不稳定液体,有刺鼻气味。				
主要用途	用作在棉织品处理、皮革、鞣革和蛋白凝固中双官能的化学中间体和交联剂。				
危险特性	本品遇高热、明火或与氧化剂接触,有引起燃烧的危险;受高热发生剧烈分解,甚至发生爆炸。				
健康危害	本品蒸气对眼睛及呼吸道有刺激作用;对皮肤有明显刺激作用,缓慢,愈合呈青铜色。少数病例有过敏反应。				
防护措施	呼吸系统防护空气中浓度较高时,戴面具式呼吸器。紧急事态抢救或撤离时,建议佩戴自给式呼吸器。 眼睛防护:戴化学安全防护眼镜。 身体防护:穿紧袖工作服,长筒胶鞋。 手防护:戴防化学品手套。				
危险性类别	易燃液体,类别3;急性毒性—经口,类别3;急性毒性—经皮肤,类别3;急性毒性—吸入,类别2;皮肤腐蚀/刺激,类别2;严重眼损伤/眼刺激,类别2A;生殖细胞致突变性,类别2;致癌性,类别2;特异性靶器官毒性—单次接触,类别3(呼吸道刺激);特异性靶器官毒性—反复接触,类别1。				

序号	968	品名	1,2-环氧-3-乙氧基丙烷	商品编码	2910.9000
别　名				CAS 号	4016-11-9
英文名		1,2-epoxy-3-ethoxy propane			
分子式		$C_5H_{10}O_2$			
防护措施		呼吸系统防护：佩戴防毒口罩。紧急事态抢救或逃生时，佩戴自给式呼吸器。 眼睛防护：戴化学安全防护眼镜。 防护服：穿相应的防护服。 手防护：戴防化学品手套。 其他防护：工作现场禁止吸烟、进食和饮水。工作完毕，淋浴更衣。注意个人清洁卫生。			
危险性类别		易燃液体，类别3。			

序号	969	品名	2,3-环氧丙基苯基醚	商品编码	2910.9000
别　名		双环氧丙基苯基醚		CAS 号	122-60-1
英文名		Phenyl tlycidyl ether			
分子式		$C_9H_{10}O_2$			
外观与性状		无色液体。			
主要用途		用作卤素化合物的稳定剂，也用作化学中间体。			
危险特性		本品遇高热、明火或与氧化剂接触，有引起燃烧的危险；受高热发生剧烈分解，甚至发生爆炸。			
健康危害		本品对眼睛和皮肤有刺激性；长期反复接触可致皮炎，对皮肤有致敏作用。本品蒸气压低，现场蒸气危害性不大。			
防护措施		呼吸系统防护：空气中浓度超标时，戴面具式呼吸器。紧急事态抢救或撤离时，建议佩戴自给式呼吸器。 眼睛防护：戴化学安全防护眼镜。 身体防护：穿紧袖工作服，长筒胶鞋。 手防护：戴防护手套。			
危险性类别		皮肤腐蚀/刺激，类别2；皮肤致敏物，类别1；生殖细胞致突变性，类别2；致癌性，类别2；特异性靶器官毒性—单次接触，类别3（呼吸道刺激）；危害水生环境—长期危害，类别3。			

序号	970	品名	1,2-环氧丙烷	商品编码	2910.2000
别名			氧化丙烯;甲基环氧乙烷	CAS 号	75-56-9
英文名			1,2-epoxypropane		
分子式			C_3H_6O		
外观与性状			无色液体,有类似乙醚的气味。		
主要用途			用于润滑剂合成、表面活性剂、去垢剂及制造杀虫剂等。		
危险特性			本品遇明火、高热或与氧化剂接触,有引起燃烧爆炸的危险;与铁、锡、铝的无水氯化物,铁、铝的过氧化物以及碱金属氢氧化物等催化剂的活性表面接触能聚合放热,使容器爆破;遇氨水、氯磺酸、盐酸、氟化氢、硝酸、硫酸、发烟硫酸反应猛烈,有爆炸危险。		
健康危害			本品为一种原发性刺激剂,轻度中枢神经系统抑制剂和原浆毒。接触高浓度蒸气,出现眼睛及呼吸道刺激,呼吸困难;并伴有头胀、头晕、步态不稳、共济失调、恶心和呕吐等症状。严重者烦躁不安、谵妄,甚至昏迷。少数有血压升高、心肌损害、肠麻痹、消化道出血,以及肝、肾损害。液体会导致眼睛和皮肤灼伤。		
防护措施			呼吸系统防护:可能接触其蒸气时,佩戴自吸过滤式防毒面具(全面罩)。 眼睛防护:呼吸系统防护中已作防护。 身体防护:穿防静电工作服。 手防护:戴橡胶耐油手套。		
危险性类别			易燃液体,类别1;皮肤腐蚀/刺激,类别2;严重眼损伤/眼刺激,类别2;生殖细胞致突变性,类别1B;致癌性,类别2;特异性靶器官毒性—单次接触,类别3(呼吸道刺激)。		

序号	971	品名	1,8-环氧对孟烷	商品编码	2932.9990
别名			桉叶油醇	CAS 号	470-82-6
英文名			1,8-epoxy-p-menthane;eucalyptol		
分子式			$C_{10}H_{18}O$		
外观与性状			无色油状液体,具有樟脑样香气和清凉味道。		
主要用途			主要用于口腔剂香精的调配,也用于医药产品的制造。		
危险特性			本品遇高热、明火或与氧化剂接触,有引起燃烧的危险;若遇高热,容器内压增大,有开裂和爆炸的危险。		
健康危害			吸入、摄入或经皮肤吸收本品对身体有害,可能有刺激作用。		
防护措施			呼吸系统防护:空气中浓度较高时,应该佩戴防毒口罩。 眼睛防护:可采用安全面罩。 身体防护:穿防静电工作服。 手防护:必要时戴防护手套。		
危险性类别			易燃液体,类别3。		

序号	972	品名	1,2-环氧丁烷	商品编码	2910.9000
别　名			氧化丁烯	CAS 号	106-88-7
英文名			1,2-epoxybutane		
分子式			C_4H_8O		
外观与性状			无色液体，有类似乙醚的气味。		
主要用途			用作溶剂、氯化溶剂的稳定剂、有机合成的中间体。		
危险特性			本品易燃，其蒸气与空气可形成爆炸性混合物，遇明火、高热或与氧化剂接触，有引起燃烧爆炸的危险；与氧化剂能发生强烈反应；在空气中久置后能生成有爆炸性的过氧化物；其蒸气比空气重，能在较低处扩散到相当远的地方，遇火源会着火回燃。		
健康危害			本品对呼吸道有刺激性。眼睛接触会有眼痛、结膜刺激和暂时性角膜损害。皮肤一次接触呈轻度刺激；反复或长期接触，会引起水疱和坏死。		
防护措施			呼吸系统防护：可能接触其蒸气时，佩戴自吸过滤式防毒面具（全面罩）。 眼睛防护：呼吸系统防护中已作防护。 身体防护：穿防静电工作服。 手防护：戴橡胶耐油手套。		
危险性类别			易燃液体，类别 2；皮肤腐蚀/刺激，类别 2；严重眼损伤/眼刺激，类别 2；致癌性，类别 2；特异性靶器官毒性—单次接触，类别 3（呼吸道刺激）；危害水生环境—长期危害，类别 3。		

序号	973	品名	4,9-环氧,3-(2-羟基-2-甲基丁酸酯)15-(S)2-甲基丁酸酯,[3β(S),4α,7α,15α(R),16β]-瑟文-3,4,7,14,15,16,20-庚醇	商品编码	2933.9900
别　名			杰莫灵	CAS 号	63951-45-1
英文名			4α,9-epoxycevane-3β,4,7α,14,15α,16β,20-heptol 3-[(S)-2-hydroxy-2-methylbutanoate] 15-[(R)-2-methylbutanoate]; germerine		
分子式			$C_{37}H_{59}NO_{11}$		
防护措施			呼吸系统防护：佩戴防毒口罩。紧急事态抢救或逃生时，佩戴自给式呼吸器。 眼睛防护：戴化学安全防护眼镜。 防护服：穿相应的防护服。 手防护：戴防化学品手套。 其他防护：工作现场禁止吸烟、进食和饮水。工作完毕，淋浴更衣。注意个人清洁卫生。		
危险性类别			急性毒性—经口，类别 2。		

序号	974	品名	环氧乙烷	商品编码	2910.1000
别　名			氧化乙烯	CAS 号	75-21-8
英文名			Epoxyethane		
分子式			C_2H_4O		
外观与性状			无色液体。		
主要用途			用于制造乙二醇、表面活性剂、洗涤剂、增塑剂及树脂等。		
危险特性			本品蒸气能与空气形成范围广阔的爆炸性混合物，遇热源和明火有燃烧爆炸的危险；若遇高热可发生剧烈分解，引起容器破裂或爆炸事故；接触碱金属、氢氧化物或高活性催化剂如铁、锡和铝的无水氯化物及铁和铝的氧化物可大量放热，并可能引起爆炸；其蒸气比空气重，能在较低处扩散到相当远的地方，遇火源会着火回燃。		
健康危害			本品是一种中枢神经抑制剂、刺激剂和原浆毒物。急性中毒：患者有剧烈的搏动性头痛、头晕、恶心和呕吐、流泪、呛咳、胸闷、呼吸困难；严重者全身肌肉颤动、言语障碍、共济失调、出汗、神志不清以致昏迷，还可见心肌损害和肝功能异常。抢救恢复后会短暂精神失常，迟发性功能性失音或中枢性偏瘫。皮肤接触迅速发生红肿，数小时后起泡，反复接触可致敏。液体溅入眼内，会导致眼角膜灼伤。慢性影响：长期少量接触，会有神经衰弱综合征和植物神经功能紊乱。		
防护措施			呼吸系统防护：空气中浓度超标时，建议佩戴自吸过滤式防毒面具（全面罩）。紧急事态抢救或撤离时，建议佩戴空气呼吸器。 眼睛防护：呼吸系统防护中已作防护。 身体防护：穿防静电工作服。 手防护：戴橡胶手套。		
危险性类别			易燃气体，类别 1；化学不稳定性气体，类别 A；加压气体；急性毒性—吸入，类别 3*；皮肤腐蚀/刺激，类别 2；严重眼损伤/眼刺激，类别 2；生殖细胞致突变性，类别 1B；致癌性，类别 1A；特异性靶器官毒性—单次接触，类别 3（呼吸道刺激）。		

序号	975	品名	环氧乙烷和氧化丙烯混合物（含环氧乙烷≤30%）	商品编码	3824.9999
别　名			氧化乙烯和氧化丙烯混合物	CAS 号	
防护措施			呼吸系统防护：佩戴防毒口罩。紧急事态抢救或逃生时，佩戴自给式呼吸器。 眼睛防护：戴化学安全防护眼镜。 防护服：穿相应的防护服。 手防护：戴防化学品手套。 其他防护：工作现场禁止吸烟、进食和饮水。工作完毕，淋浴更衣。注意个人清洁卫生。		
危险性类别			易燃液体，类别 1；急性毒性—经口，类别 3；急性毒性—经皮肤，类别 3；急性毒性—吸入，类别 3*；皮肤腐蚀/刺激，类别 2；严重眼损伤/眼刺激，类别 2；生殖细胞致突变性，类别 1B；致癌性，类别 1A；特异性靶器官毒性—单次接触，类别 3（呼吸道刺激）。		

序号	976	品名	黄原酸盐		商品编码	2930.9020
别　名					CAS 号	
防护措施		呼吸系统防护：佩戴防毒口罩。紧急事态抢救或逃生时，佩戴自给式呼吸器。 眼睛防护：戴化学安全防护眼镜。 防护服：穿相应的防护服。 手防护：戴防化学品手套。 其他防护：工作现场禁止吸烟、进食和饮水。工作完毕，淋浴更衣。注意个人清洁卫生。				
危险性类别		自热物质和混合物，类别 2。				

序号	977	品名	磺胺苯汞		商品编码	2852.1000
别　名		磺胺汞			CAS 号	
英文名		Phenylmercuric-p-toluenesulfonanilide				
分子式		$C_{19}H_{17}NO_2SHg$				
外观与性状		白色结晶。				
危险特性		受热分解，放出氮、硫的氧化物等毒性气体。				
健康危害		本品属有机汞。有机汞系亲脂性毒物，主要侵犯神经系统。有机汞中毒的主要表现：无论任何途径侵入，均可发生口腔炎，口服还引起急性胃肠炎；神经精神症状有神经衰弱综合征，精神障碍，谵妄、昏迷、瘫痪、震颤、共济失调、向心性视野缩小等，可发生肾脏损害；严重者可致急性肾功能衰竭，此外尚可致心脏、肝脏损害；可致皮肤损害。				
防护措施		呼吸系统防护：佩戴防尘口罩。必要时佩戴防毒面具。 眼睛防护：戴化学安全防护眼镜。 身体防护：穿聚乙烯薄膜防毒服。 手防护：戴防护手套。				
危险性类别		急性毒性—经口，类别 2*；急性毒性—经皮肤，类别 1；急性毒性—吸入，类别 2*；特异性靶器官毒性—反复接触，类别 2*；危害水生环境—急性危害，类别 1；危害水生环境—长期危害，类别 1。				

序号	978	品名	磺化煤油	商品编码	2710.1919
别名				CAS号	
防护措施		呼吸系统防护：佩戴防毒口罩。紧急事态抢救或逃生时，佩戴自给式呼吸器。 眼睛防护：戴化学安全防护眼镜。 防护服：穿相应的防护服。 手防护：戴防化学品手套。 其他防护：工作现场禁止吸烟、进食和饮水。工作完毕，淋浴更衣。注意个人清洁卫生。			
危险性类别		易燃液体，类别3。			

序号	979	品名	混胺-02	商品编码	3824.9999
别名				CAS号	
防护措施		呼吸系统防护：佩戴防毒口罩。紧急事态抢救或逃生时，佩戴自给式呼吸器。 眼睛防护：戴化学安全防护眼镜。 防护服：穿相应的防护服。 手防护：戴防化学品手套。 其他防护：工作现场禁止吸烟、进食和饮水。工作完毕，淋浴更衣。注意个人清洁卫生。			
危险性类别		易燃液体，类别2。			

序号	980	品名	己醇钠	商品编码	2905.1990
别名				CAS号	19779-06-7
英文名	Sodium n-hexylate				
分子式	$C_6H_{13}NaO$				
防护措施		呼吸系统防护：佩戴防毒口罩。紧急事态抢救或逃生时，佩戴自给式呼吸器。 眼睛防护：戴化学安全防护眼镜。 防护服：穿相应的防护服。 手防护：戴防化学品手套。 其他防护：工作现场禁止吸烟、进食和饮水。工作完毕，淋浴更衣。注意个人清洁卫生。			
危险性类别		皮肤腐蚀/刺激，类别1B；严重眼损伤/眼刺激，类别1。			

序号	981	品名	1,6-己二胺	商品编码	2921.2290
别　名			1,6-二氨基己烷；己撑二胺	CAS 号	124-09-4
英文名			1,6-hexylenediamine		
分子式			$C_6H_{16}N_2$		
外观与性状			具有氨味的无色片状结晶。		
主要用途			用于有机合成，高分子化合物的聚合，也作环氧树脂固化剂、化学试剂。		
危险特性			本品遇明火、高热可燃；加热分解产生易燃的有毒气体；具有腐蚀性。		
健康危害			本品对黏膜有明显刺激作用，可引起结膜炎、上呼吸道炎症等；皮肤接触可引起变态反应，发生皮炎和湿疹，多好发于手及面部；吸入高浓度时，可引起剧烈头痛、头昏及失眠；溅入眼内可致灼伤，引起失明。		
防护措施			呼吸系统防护：空气中粉尘浓度超标时，应该佩戴自吸过滤式防尘口罩；可能接触其蒸气时，应该佩戴过滤式防毒面具（半面罩）。 眼睛防护：戴安全防护眼镜。 身体防护：穿防腐工作服。 手防护：戴橡胶手套。		
危险性类别			皮肤腐蚀/刺激，类别1B；严重眼损伤/眼刺激，类别1；特异性靶器官毒性—单次接触，类别3（呼吸道刺激）。		

序号	982	品名	己二腈	商品编码	2926.9090
别　名			1,4-二氰基丁烷；氰化四亚甲基	CAS 号	111-69-3
英文名			Hexanedinitrile		
分子式			$C_6H_8N_2$		
外观与性状			无色油状液体，略有气味。		
主要用途			制造尼龙的中间体。		
危险特性			本品遇明火能燃烧；遇高热分解释放出剧毒的气体；与氧化剂可发生反应。		
健康危害			有报道服数毫升本品，立即发生急性中毒。症状有乏力、呕吐、呼吸急促、心动过速、意识模糊和抽搐。在室温下蒸气压低，吸入中毒的危险性不大。本品可经无损皮肤吸收。		
防护措施			呼吸系统防护：可能接触毒物时，必须佩戴自吸过滤式防毒面具（半面罩）。紧急事态抢救或撤离时，建议佩戴隔离式呼吸器。 眼睛防护：戴化学安全防护眼镜。 身体防护：穿聚乙烯防毒服。 手防护：戴橡胶耐油手套。		
危险性类别			急性毒性—经口，类别3；急性毒性—经皮肤，类别3；严重眼损伤/眼刺激，类别2B；特异性靶器官毒性—单次接触，类别1；特异性靶器官毒性—反复接触，类别2。		

序号	983	品名	1,3-己二烯	商品编码	2901.2990
别 名				CAS 号	592-48-3
英文名	1,3-hexadiene				
分子式	C_6H_{10}				
外观与性状	无色液体。				
主要用途	用于有机合成。				
危险特性	本品蒸气与空气形成爆炸性混合物，遇明火、高热或与氧化剂接触，有引起燃烧爆炸的危险；其蒸气比空气重，能在较低处扩散到相当远的地方，遇明火会着火回燃；遇高热能发生聚合反应，出现大量放热现象，引起容器破裂或爆炸事故。				
健康危害	吸入、摄入或经皮肤吸收本品后对身体有害，对眼睛、黏膜和上呼吸道有刺激作用。				
防护措施	呼吸系统防护：可能接触其蒸气时，佩戴防毒口罩。紧急事态抢救或逃生时，应该佩戴自给式呼吸器。 眼睛防护：空气中浓度较高时，戴化学安全防护眼镜。 身体防护：穿防静电工作服。 手防护：戴防护手套。				
危险性类别	易燃液体，类别2。				

序号	984	品名	1,4-己二烯	商品编码	2901.2990
别 名				CAS 号	592-45-0
英文名	1,4-hexadiene				
分子式	C_6H_{10}				
外观与性状	无色液体。				
主要用途	用于有机合成。				
危险特性	本品蒸气与空气可形成爆炸性混合物，遇明火、高热极易燃烧爆炸；与氧化剂能发生强烈反应，引起燃烧或爆炸；若遇高热，可发生聚合反应，放出大量热量而引起容器破裂和爆炸事故；其蒸气比空气重，能在较低处扩散到相当远的地方，遇火源会着火回燃。				
健康危害	吸入、口服本品对身体有害，对眼睛、黏膜和上呼吸道有刺激作用。				
防护措施	呼吸系统防护：空气中浓度超标时，佩戴过滤式防毒面具（半面罩）。 眼睛防护：戴化学安全防护眼镜。 身体防护：穿防静电工作服。 手防护：戴橡胶耐油手套。				
危险性类别	易燃液体，类别2。				

序号	985	品名	1,5-己二烯	商品编码	2901.2990
别　名				CAS 号	592-42-7
英文名		1,5-hexadiene			
分子式		C_6H_{10}			
外观与性状		无色液体。			
主要用途		用于有机合成及用作色谱分析标准物质。			
危险特性		本品蒸气与空气可形成爆炸性混合物，遇明火、高热极易燃烧爆炸；与氧化剂能发生强烈反应，引起燃烧或爆炸；若遇高热，可发生聚合反应，放出大量热量而引起容器破裂和爆炸事故；其蒸气比空气重，能在较低处扩散到相当远的地方，遇火源会着火回燃。			
健康危害		吸入、口服本品对身体有害，对眼睛、黏膜和上呼吸道有刺激作用。			
防护措施		呼吸系统防护：空气中浓度超标时，佩戴过滤式防毒面具（半面罩）。 眼睛防护：戴化学安全防护眼镜。 身体防护：穿防静电工作服。 手防护：戴橡胶耐油手套。			
危险性类别		易燃液体，类别 2。			

序号	986	品名	2,4-己二烯	商品编码	2901.2990
别　名				CAS 号	592-46-1
英文名		2,4-hexadiene			
分子式		C_6H_{10}			
外观与性状		无色液体。			
主要用途		用于有机合成。			
危险特性		本品蒸气与空气形成爆炸性混合物，遇明火、高热或与氧化剂接触，有引起燃烧爆炸的危险；其蒸气比空气重，能在较低处扩散到相当远的地方，遇明火会着火回燃；遇高热能发生聚合反应，出现大量放热现象，引起容器破裂或爆炸事故。			
健康危害		吸入、摄入或经皮肤吸本品收后对身体有害，对眼睛、黏膜和上呼吸道有刺激作用。			
防护措施		呼吸系统防护：可能接触其蒸气时，佩戴防毒口罩。紧急事态抢救或逃生时，应该佩戴自给式呼吸器。 眼睛防护：空气中浓度较高时，戴化学安全防护眼镜。 身体防护：穿防静电工作服。 手防护：戴防护手套。			
危险性类别		易燃液体，类别 2。			

序号	987	品名	己二酰二氯	商品编码	2917.1900
别　名			己二酰氯	CAS 号	111-50-2
英文名			Adipoyl chloride		
分子式			$C_6H_8Cl_2O_2$		
外观与性状			无色或淡黄色液体，久存或见光变成蓝黑色。		
主要用途			用于树脂、医药、塑料制备及有机合成，也用作分析试剂。		
危险特性			本品遇明火、高热可燃；与氧化剂可发生反应；遇潮时对大多数金属有腐蚀性；遇水或水蒸气反应发热放出有毒的腐蚀性气体；受高热分解，放出高毒的烟气。		
健康危害			本品具有腐蚀性；蒸气能刺激眼睛、皮肤和黏膜，引起灼伤；吸入，引起喉、支气管痉挛、炎症，化学性肺炎、肺水肿等。		
防护措施			呼吸系统防护：可能接触其蒸气时，应该佩戴防毒口罩。紧急事态抢救或逃生时，建议佩戴自给式呼吸器。 眼睛防护：戴化学安全防护眼镜。 身体防护：穿防腐工作服。 手防护：戴橡胶手套。		
危险性类别			皮肤腐蚀/刺激，类别 1；严重眼损伤/眼刺激，类别 1。		

序号	988	品名	己基三氯硅烷	商品编码	2931.9000
别　名				CAS 号	928-65-4
英文名			Hexyl trichlorosilane		
分子式			$C_6H_{13}Cl_3Si$		
外观与性状			无色带有刺鼻气味的液体。		
主要用途			用于有机合成。		
危险特性			本品遇明火、高热可燃；遇水发生剧烈反应，散发出具有刺激性和腐蚀性的氯化氢气体；遇潮时对大多数金属有腐蚀性；受高热分解产生有毒的腐蚀性烟气。		
健康危害			本品为具有腐蚀性的毒物，对眼睛、皮肤、黏膜有强烈刺激作用；遇热、遇水或水蒸气剧烈反应，放出有毒的、有腐蚀性的氯和氯化氢气体。		
防护措施			呼吸系统防护：可能接触其蒸气时，佩戴防毒口罩。紧急事态抢救或逃生时，应该佩戴自给式呼吸器。 眼睛防护：戴化学安全防护眼镜。 身体防护：穿防腐工作服。 手防护：戴橡胶手套。		
危险性类别			皮肤腐蚀/刺激，类别 1；严重眼损伤/眼刺激，类别 1。		

序号	989	品名	己腈	商品编码	2926.9090
别名		戊基氰；氰化正戊烷		CAS 号	628-73-9
英文名		Hexanenitrile			
分子式		$C_6H_{11}N$			
外观与性状		无色液体。			
主要用途		用于有机合成。			
危险特性		本品遇明火能燃烧。			
健康危害		吸入、口服或经皮肤吸收本品对身体有害；对皮肤有刺激性；蒸气或雾对眼睛、黏膜和上呼吸道有刺激性；腈类化合物能析出氰离子，抑制细胞呼吸，造成组织缺氧。			
防护措施		呼吸系统防护：可能接触毒物时，必须佩戴自吸过滤式防毒面具（半面罩）。紧急事态抢救或撤离时，建议佩戴隔离式呼吸器。 眼睛防护：戴化学安全防护眼镜。 身体防护：穿聚乙烯防毒服。 手防护：戴橡胶耐油手套。			
危险性类别		易燃液体，类别 3；皮肤腐蚀/刺激，类别 2；严重眼损伤/眼刺激，类别 2A；特异性靶器官毒性—单次接触，类别 3（呼吸道刺激）。			

序号	990	品名	己硫醇	商品编码	2930.9090
别名		巯基己烷		CAS 号	111-31-9
英文名		Hexyl mercaptan			
分子式		$C_6H_{14}S$			
外观与性状		无色液体，有恶臭味。			
主要用途		掺入有害气体中作为报警嗅味剂，用于生产燃料添加剂、催化剂、农药、香料、溶剂和合成橡胶。			
危险特性		本品蒸气与空气形成爆炸性混合物，遇明火、高热能引起燃烧爆炸；其蒸气比空气重，能在较低处扩散到相当远的地方，遇明火会引着回燃；若遇高热，容器内压增大，有开裂和爆炸的危险；接触酸或酸气能产生有毒气体；受高热分解释放出有毒的气体；具有腐蚀性。			
健康危害		本品对皮肤和黏膜有强刺激性和腐蚀性。本品有毒，主要作用于中枢神经系统。吸入低浓度硫醇蒸气会引起头痛、恶心；较高浓度时具有不同程度的麻醉作用；高浓度会引起呼吸麻痹致死。			
防护措施		呼吸系统防护：可能接触其蒸气时，佩戴防毒口罩。紧急事态抢救或逃生时，应该佩戴自给式呼吸器。 眼睛防护：戴化学安全防护眼镜。 身体防护：穿相应的防护服。 手防护：戴防化学品手套。			
危险性类别		易燃液体，类别 2；急性毒性—吸入，类别 3；特异性靶器官毒性—单次接触，类别 1。			

序号	991	品名	1-己炔	商品编码	2901.2990
别 名				CAS 号	693-02-7
英文名		1-hexyne			
分子式		C_6H_{10}			
外观与性状		水白色液体，有特殊气味。			
主要用途		用于有机合成。			
危险特性		本品易燃，其蒸气与空气可形成爆炸性混合物，遇明火、高热能引起燃烧爆炸；与氧化剂能发生强烈反应；若遇高热，可发生聚合反应，放出大量热量而引起容器破裂和爆炸事故；高速冲击、流动、激荡后可因产生静电火花放电引起燃烧爆炸；其蒸气比空气重，能在较低处扩散到相当远的地方，遇火源会着火回燃。			
健康危害		吸入、口服或经皮肤吸收本品后对身体有害，其蒸气或雾对眼睛、黏膜、呼吸道有刺激性。			
防护措施		呼吸系统防护：空气中浓度超标时，应该佩戴过滤式防毒面具（半面罩）。紧急事态抢救或撤离时，佩戴空气呼吸器、氧气呼吸器。 眼睛防护：戴化学安全防护眼镜。 身体防护：穿防静电工作服。 手防护：戴橡胶耐油手套。			
危险性类别		易燃液体，类别2。			

序号	992	品名	2-己炔	商品编码	2901.2990
别 名				CAS 号	764-35-2
英文名		2-hexyne			
分子式		C_6H_{10}			
外观与性状		无色液体。			
主要用途		用于有机合成。			
危险特性		本品蒸气与空气形成爆炸性混合物，遇明火、高热能引起燃烧爆炸；与氧化剂能发生强烈反应；其蒸气比空气重，能在较低处扩散到相当远的地方，遇明火会着火回燃。			
健康危害		吸入、摄入或经皮肤吸收本品后对身体可能有害；蒸气和液体稍有刺激性。			
防护措施		呼吸系统防护：空气中浓度较高时，应该佩戴防毒面具。紧急事态抢救或撤离时，佩戴供气式呼吸器。 眼睛防护：必要时戴化学安全防护眼镜。 身体防护：穿防静电工作服。 手防护：一般不需要特殊防护，高浓度接触时可戴防护手套。			
危险性类别		易燃液体，类别2；特异性靶器官毒性—单次接触，类别3（呼吸道刺激、麻醉效应）；吸入危害，类别1；危害水生环境—急性危害，类别2。			

序号	993	品名	3-己炔		商品编码	2901.2990
别　名					CAS 号	928-49-4
英文名	3-hexyne					
分子式	C_6H_{10}					
外观与性状	无色液体。					
主要用途	用于有机合成。					
危险特性	本品易燃，其蒸气与空气可形成爆炸性混合物，遇明火、高热能引起燃烧爆炸；与氧化剂能发生强烈反应；其蒸气比空气重，能在较低处扩散到相当远的地方，遇火源会着火回燃。					
健康危害	吸入、口服或经皮肤吸收本品对身体有害；蒸气和液体有刺激性。					
防护措施	呼吸系统防护：空气中浓度超标时，应该佩戴过滤式防毒面具（半面罩）。紧急事态抢救或撤离时，佩戴空气呼吸器或氧气呼吸器。 眼睛防护：戴化学安全防护眼镜。 身体防护：穿防静电工作服。 手防护：戴橡胶耐油手套。					
危险性类别	易燃液体，类别 2。					

序号	994	品名	己酸		商品编码	2915.9000
别　名					CAS 号	142-62-1
英文名	Hexanoic acid					
分子式	$C_6H_{12}O_2$					
外观与性状	无色或淡黄色油状液体。					
主要用途	用作试剂、调味品、干燥剂及生产树脂等。					
危险特性	本品遇高热、明火或与氧化剂接触，有引起燃烧的危险。					
健康危害	摄入、吸入或经皮肤吸收本品对身体有害，对眼睛、皮肤、黏膜和上呼吸道有强烈的刺激作用。吸入后可引起喉、支气管的炎症、水肿、痉挛、化学性肺炎、肺水肿；接触后可引起烧灼感、咳嗽、喘息、喉炎、气短、头痛、恶心和呕吐。					
防护措施	呼吸系统防护：可能接触其蒸气时，戴面具式呼吸器。高浓度环境中，建议佩戴自给式呼吸器。 眼睛防护：戴化学安全防护眼镜。 身体防护：穿防酸碱工作服。 手防护：戴橡皮胶手套。					
危险性类别	急性毒性—经皮肤，类别 3；皮肤腐蚀/刺激，类别 1；严重眼损伤/眼刺激，类别 1。					

序号	995	品名	2-己酮	商品编码	2914.1900
别 名			甲基丁基甲酮	CAS 号	591-78-6
英文名			2-hexanone		
分子式			$C_6H_{12}O$		
外观与性状			无色液体,有丙酮的气味。		
主要用途			用作溶剂。		
危险特性			本品遇明火、高热或与氧化剂接触,有引起燃烧爆炸的危险;其蒸气比空气重,能在较低处扩散到相当远的地方,遇火源会着火回燃;若遇高热,容器内压增大,有开裂和爆炸的危险。		
健康危害			急性中毒时,具有刺激和麻醉作用,引起眼睛和上呼吸道的刺激症状。慢性作用:出现肢端麻木、刺痛、足根烧灼感、寒冷感、上下肢无力等周围神经炎表现。		
防护措施			呼吸系统防护:空气中浓度超标时,佩戴防毒口罩。 眼睛防护:必要时戴化学安全防护眼镜。 身体防护:穿相应的防护服。 手防护:高浓度接触时,戴防护手套。		
危险性类别			易燃液体,类别3;生殖毒性,类别2;特异性靶器官毒性—单次接触,类别3(麻醉效应);特异性靶器官毒性—反复接触,类别1。		

序号	996	品名	3-己酮	商品编码	2914.1900
别 名			乙基丙基甲酮	CAS 号	589-38-8
英文名			3-hexanone		
分子式			$C_6H_{12}O$		
外观与性状			无色液体。		
主要用途			用作溶剂。		
危险特性			本品易燃,遇高热、明火有引起燃烧的危险;与强氧化剂接触会发生化学反应。		
健康危害			吸入、口服或经皮肤吸收本品对身体有害,具有刺激性。		
防护措施			呼吸系统防护:空气中浓度超标时,佩戴自吸过滤式防毒面具(半面罩)。 眼睛防护:必要时,戴化学安全防护眼镜。 身体防护:穿防静电工作服。 手防护:戴橡胶耐油手套。		
危险性类别			易燃液体,类别3。		

序号	997	品名	1-己烯		商品编码	2901.2990
别 名		丁基乙烯			CAS 号	592-41-6
英文名		1-hexene				
分子式		C_6H_{12}				
外观与性状		无色易挥发液体。				
主要用途		用于制造香料、染料及合成树脂。				
危险特性		本品蒸气与空气可形成爆炸性混合物，遇明火、高热极易燃烧爆炸；与氧化剂接触反应猛烈；若遇高热，可发生聚合反应，放出大量热量而引起容器破裂和爆炸事故；其蒸气比空气重，能在较低处扩散到相当远的地方，遇火源会着火回燃。				
健康危害		本品有刺激和麻醉作用，吸入后引起头痛、咳嗽、呼吸困难；大量吸入出现中枢神经系统抑制、精神错乱、神志丧失。				
防护措施		呼吸系统防护：空气中浓度超标时，佩戴过滤式防毒面具（半面罩）。 眼睛防护：必要时，戴化学安全防护眼镜。 身体防护：穿防静电工作服。 手防护：戴橡胶耐油手套。				
危险性类别		易燃液体，类别2；特异性靶器官毒性—单次接触，类别3（呼吸道刺激、麻醉效应）；吸入危害，类别1；危害水生环境—急性危害，类别2。				

序号	998	品名	2-己烯		商品编码	2901.2990
别 名					CAS 号	592-43-8
英文名		2-hexene				
分子式		C_6H_{12}				
外观与性状		无色易挥发液体。				
主要用途		用作有机合成的中间体。				
危险特性		本品蒸气与空气形成爆炸性混合物，遇明火、高热极易燃烧爆炸；与氧化剂接触发生强烈反应，甚至引起燃烧；其蒸气比空气重，能在较低处扩散到相当远的地方，遇火源会着火回燃。				
健康危害		本品蒸气或雾对眼睛和上呼吸道有刺激性，接触后出现烧灼感、咳嗽、喘息、喉炎、气短、头痛、恶心和呕吐等症状。				
防护措施		呼吸系统防护：高浓度环境中，应该佩戴防毒面具。 眼睛防护：必要时戴化学安全防护眼镜。 身体防护：穿工作服。 手防护：必要时戴防护手套。				
危险性类别		易燃液体，类别2。				

序号	999	品名	4-己烯-1-炔-3-醇	商品编码	2905.2900
别 名				CAS 号	10138-60-0
英文名	4-hexen-1-yn-3-ol				
分子式	C_6H_8O				
防护措施	呼吸系统防护：佩戴防毒口罩。紧急事态抢救或逃生时，佩戴自给式呼吸器。 眼睛防护：戴化学安全防护眼镜。 防护服：穿相应的防护服。 手防护：戴防化学品手套。 其他防护：工作现场禁止吸烟、进食和饮水。工作完毕，淋浴更衣。注意个人清洁卫生。				
危险性类别	急性毒性—经口，类别 2；急性毒性—经皮肤，类别 2。				

序号	1000	品名	5-己烯-2-酮	商品编码	2914.1900
别 名	烯丙基丙酮			CAS 号	109-49-9
英文名	5-hexen-2-one；Allylacetone				
分子式	$C_6H_{10}O$				
外观与性状	无色液体。				
主要用途	用于合成香料、杀虫剂和药品等。				
危险特性	本品遇明火、高热或与氧化剂接触，有引起燃烧爆炸的危险；其蒸气比空气重，能在较低处扩散到相当远的地方，遇火源会着火回燃；若遇高热，容器内压增大，有开裂和爆炸的危险。				
健康危害	吸入、摄入或经皮肤吸收本品对身体可能有害，可能引起刺激作用。				
防护措施	呼吸系统防护：高浓度环境中，佩戴防毒面具。 眼睛防护：一般不需特殊防护，高浓度接触时可戴化学安全防护眼镜。 身体防护：穿相应的防护服。 手防护：戴防护手套。				
危险性类别	易燃液体，类别 3。				

序号	1001	品名	己酰氯	商品编码	2915.9000
别 名			氯化己酰	CAS 号	142-61-0
英文名			Hexanoyl chloride		
分子式			$C_6H_{11}ClO$		
外观与性状			无色或浅黄色液体。		
主要用途			用于有机合成。		
危险特性			本品遇明火、高热易燃；与强氧化剂可发生反应；具有腐蚀性。		
健康危害			本品对眼睛、皮肤、黏膜和呼吸道有强烈的刺激作用，吸入、摄入或经皮肤吸收对身体有害。吸入可能由于喉、支气管的痉挛、水肿、炎症，化学性肺炎、肺水肿而致死。中毒表现有烧灼感、咳嗽、喘息、喉炎、气短、头痛、恶心和呕吐。		
防护措施			呼吸系统防护：空气中浓度较高时，应该佩戴防毒面具。紧急事态抢救或逃生时，建议佩戴自给式呼吸器。 眼睛防护：戴化学安全防护眼镜。 身体防护：穿工作服（防腐材料制作）。 手防护：戴橡皮手套。		
危险性类别			易燃液体，类别3；皮肤腐蚀/刺激，类别1；严重眼损伤/眼刺激，类别1。		

序号	1002	品名	季戊四醇四硝酸酯(含蜡≥7%)、季戊四醇四硝酸酯(含水≥25%或含减敏剂≥15%)	商品编码	2920.9000
别 名			泰安；喷梯尔；P.E.T.N.	CAS 号	78-11-5
英文名			Pentaerythritol tetranitrate		
分子式			$C_5H_8N_4O_{12}$		
外观与性状			白色结晶粉末。		
主要用途			用于高效雷管装药、导爆索的药芯和装填小口径炮弹，也可用作扩张血管剂。		
危险特性			本品受热、接触明火或受到摩擦、震动、撞击时可发生爆炸；与氧化剂能发生强烈反应；着火后会转为爆轰。		
健康危害			误服本品后可引起头痛、无力、血压降低、皮炎等。由于蒸气压和溶解度极低，故目前未见吸入蒸气和粉尘而中毒的事故。		
防护措施			呼吸系统防护：应戴口罩。 眼睛防护：一般不需特殊防护。 身体防护：穿防静电工作服。 手防护：必要时戴防护手套。		
危险性类别			爆炸物，1.1项。		

序号	1003	品名	季戊四醇四硝酸酯与三硝基甲苯混合物（干的或含水<15%）	商品编码	3602.0090
别　　名			泰安与梯恩梯混合炸药；彭托雷特	CAS 号	
防护措施			呼吸系统防护：佩戴防毒口罩。紧急事态抢救或逃生时，佩戴自给式呼吸器。 眼睛防护：戴化学安全防护眼镜。 防护服：穿相应的防护服。 手防护：戴防化学品手套。 其他防护：工作现场禁止吸烟、进食和饮水。工作完毕，淋浴更衣。注意个人清洁卫生。		
危险性类别			爆炸物，1.1 项；特异性靶器官毒性—反复接触，类别 2＊；危害水生环境—急性危害，类别 2；危害水生环境—长期危害，类别 2。		

序号	1004	品名	甲苯	商品编码	2902.3000
别　　名			甲基苯；苯基甲烷	CAS 号	108-88-3
英文名			Toluene		
分子式			C_7H_8		
外观与性状			无色透明液体，有类似苯的芳香气味。		
主要用途			用于掺和汽油组成及作为生产甲苯衍生物、炸药、染料中间体、药物等的主要原料。		
危险特性			本品易燃，其蒸气与空气可形成爆炸性混合物，遇明火、高热能引起燃烧爆炸；与氧化剂能发生强烈反应；流速过快，容易产生和积聚静电；其蒸气比空气重，能在较低处扩散到相当远的地方，遇火源会着火回燃。		
健康危害			本品对皮肤、黏膜有刺激性，对中枢神经系统有麻醉作用。急性中毒：短时间内吸入较高浓度本品可出现眼睛及上呼吸道明显的刺激症状、眼结膜及咽部充血、头晕、头痛、恶心、呕吐、胸闷、四肢无力、步态蹒跚、意识模糊等症状。严重者会有躁动、抽搐、昏迷。慢性中毒：长期接触可发生神经衰弱综合征，肝肿大，女工月经异常，皮肤干燥、皲裂、皮炎。		
防护措施			呼吸系统防护：空气中浓度超标时，佩戴自吸过滤式防毒面具（半面罩）。紧急事态抢救或撤离时，应该佩戴空气呼吸器或氧气呼吸器。 眼睛防护：戴化学安全防护眼镜。 身体防护：穿防毒物渗透工作服。 手防护：戴橡胶耐油手套。		
危险性类别			易燃液体，类别 2；皮肤腐蚀/刺激，类别 2；生殖毒性，类别 2；特异性靶器官毒性—单次接触，类别 3（麻醉效应）；特异性靶器官毒性—反复接触，类别 2＊；吸入危害，类别 1；危害水生环境—急性危害，类别 2；危害水生环境—长期危害，类别 3。		

序号	1005	品名	镓	商品编码	8112.9290、8112.9990
别　名		金属镓		CAS 号	7440-55-3
英文名		Gallium			
分子式		Ga			
外观与性状		金黄色，有金属光泽，质柔软而延展性大。			
主要用途		用作半导体工业用作镀金材料。			
防护措施		呼吸系统防护：佩戴防毒口罩。紧急事态抢救或逃生时，佩戴自给式呼吸器。 眼睛防护：戴化学安全防护眼镜。 防护服：穿相应的防护服。 手防护：戴防化学品手套。 其他防护：工作现场禁止吸烟、进食和饮水。工作完毕，淋浴更衣。注意个人清洁卫生。			
危险性类别		皮肤腐蚀/刺激，类别1；严重眼损伤/眼刺激，类别1。			

序号	1006	品名	甲苯-2,4-二异氰酸酯	商品编码	2929.1090
别　名		2,4-二异氰酸甲苯酯；2,4-TDI		CAS 号	584-84-9
英文名		2,4-tolylene diisocyanate			
分子式		$C_9H_6N_2O_2$			
外观与性状		无色到淡黄色透明液体。			
主要用途		用于有机合成、生产泡沫塑料、涂料和用作化学试剂。			
危险特性		本品遇明火、高热或与氧化剂接触，有引起燃烧爆炸的危险；遇水或水蒸气分解释放出有毒的气体；若遇高热可发生剧烈分解，引起容器破裂或爆炸事故。			
健康危害		本品具有明显的刺激和致敏作用。高浓度接触直接损害呼吸道黏膜，发生喘息性支气管炎，表现有咽喉干燥、剧咳、胸痛、呼吸困难等。严重者出现缺氧、紫绀、昏迷，引起肺炎和肺水肿。蒸气或雾对眼睛有刺激性；液体溅入眼内，可能引起眼角膜损伤。液体对皮肤有刺激作用。口服能引起消化道的刺激和腐蚀。慢性影响：反复接触本品，能引起过敏性哮喘；长期低浓度接触，呼吸功能会受到影响。			
防护措施		呼吸系统防护：可能接触其蒸气时，应该佩戴防毒面具。紧急事态抢救或逃生时，佩戴自给式呼吸器。 眼睛防护：一般不需特殊防护，高浓度接触时可戴安全防护眼镜。 身体防护：穿相应的防护服。 手防护：戴防化学品手套。			
危险性类别		急性毒性—吸入，类别2*；皮肤腐蚀/刺激，类别2；严重眼损伤/眼刺激，类别2；呼吸道致敏物，类别1；皮肤致敏物，类别1；致癌性，类别2；特异性靶器官毒性—单次接触，类别3（呼吸道刺激）；危害水生环境—长期危害，类别3。			

序号	1007	品名	甲苯-2,6-二异氰酸酯	商品编码	2929.1090
别名			2,6-二异氰酸甲苯酯;2,6-TDI	CAS号	91-08-7
英文名			2,6- tolylene diisocyanate		
分子式			$C_9H_6N_2O_2$		
防护措施			呼吸系统防护：佩戴防毒口罩。紧急事态抢救或逃生时，佩戴自给式呼吸器。 眼睛防护：戴化学安全防护眼镜。 防护服：穿相应的防护服。 手防护：戴防化学品手套。 其他防护：工作现场禁止吸烟、进食和饮水。工作完毕，淋浴更衣。注意个人清洁卫生。		
危险性类别			急性毒性—吸入，类别2*；皮肤腐蚀/刺激，类别2；严重眼损伤/眼刺激，类别2；呼吸道致敏物，类别1；皮肤致敏物，类别1；致癌性，类别2；特异性靶器官毒性—单次接触，类别3（呼吸道刺激）；危害水生环境—长期危害，类别3。		

序号	1008	品名	甲苯二异氰酸酯	商品编码	2929.1010
别名			二异氰酸甲苯酯;TDI	CAS号	26471-62-5
英文名			Toluene diisocyanate		
分子式			$C_9H_6N_2O_2$		
防护措施			呼吸系统防护：佩戴防毒口罩。紧急事态抢救或逃生时，佩戴自给式呼吸器。 眼睛防护：戴化学安全防护眼镜。 防护服：穿相应的防护服。 手防护：戴防化学品手套。 其他防护：工作现场禁止吸烟、进食和饮水。工作完毕，淋浴更衣。注意个人清洁卫生。		
危险性类别			急性毒性—吸入，类别2*；皮肤腐蚀/刺激，类别2；严重眼损伤/眼刺激，类别2；呼吸道致敏物，类别1；皮肤致敏物，类别1；致癌性，类别2；特异性靶器官毒性—单次接触，类别3（呼吸道刺激）；危害水生环境—长期危害，类别3。		

序号	1009	品名	甲苯-3,4-二硫酚	商品编码	2930.9090
别　　名			3,4-二巯基甲苯	CAS 号	496-74-2
英文名			Toluene-3,4-dithiol		
分子式			$C_7H_8S_2$		
外观与性状			白色结晶。		
主要用途			用于有机合成及用作分析试剂。		
危险特性			本品具有腐蚀性；遇明火、高热可燃；受高热分解，放出有毒的烟气。		
健康危害			本品对眼睛、皮肤、黏膜和上呼吸道有强烈刺激作用；接触后，可引起烧灼感、咳嗽、气短、喉炎、头痛、恶心和呕吐等。		
防护措施			呼吸系统防护：可能接触其蒸气时，佩戴防毒口罩。紧急事态抢救或逃生时，应该佩戴自给式呼吸器。 眼睛防护：戴化学安全防护眼镜。 身体防护：穿防腐工作服。 手防护：戴橡胶手套。		
危险性类别			皮肤腐蚀/刺激，类别 2；严重眼损伤/眼刺激，类别 1。		

序号	1010	品名	2-甲苯硫酚	商品编码	2930.9090
别　　名			邻甲苯硫酚；2-巯基甲苯	CAS 号	137-06-4
英文名			O-thiocresol		
分子式			C_7H_8S		
外观与性状			无色液体或片状结晶。		
主要用途			用于医药、有机合成。		
危险特性			本品遇明火、高热可燃；与氧化剂能发生强烈反应；受高热分解产生有毒的硫化物烟气。		
健康危害			本品蒸气或雾对眼睛、黏膜、上呼吸道和皮肤有刺激性，接触后引起头痛、恶心、呕吐。		
防护措施			呼吸系统防护：高浓度环境中，佩戴防毒面具。 眼睛防护：戴化学安全防护眼镜。 身体防护：穿工作服（防腐材料制作）。 手防护：戴橡皮手套。		
危险性类别			严重眼损伤/眼刺激，类别 2。		

序号	1011	品名	3-甲苯硫酚	商品编码	2930.9090
别 名			间甲苯硫酚;3-巯基甲苯	CAS 号	108-40-7
英文名			M-tolyl mercaptan		
分子式			C_7H_8S		
外观与性状			无色液体。		
主要用途			用于医药、有机合成。		
危险特性			本品遇明火、高热可燃;与氧化剂能发生强烈反应;受高热分解产生有毒的硫化物烟气。		
健康危害			本品蒸气或雾对眼睛、皮肤、黏膜和上呼吸道有刺激作用,接触后可引起头痛、恶心和呕吐。		
防护措施			呼吸系统防护:高浓度环境中,佩戴防毒面具。 眼睛防护:戴化学安全防护眼镜。 身体防护:穿工作服(防腐材料制作)。 手防护:戴橡皮手套。		
危险性类别			严重眼损伤/眼刺激,类别2。		

序号	1012	品名	4-甲苯硫酚	商品编码	2930.9090
别 名			对甲苯硫酚;4-巯基甲苯	CAS 号	106-45-6
英文名			P-toluenethiol		
分子式			C_7H_8S		
外观与性状			白色固体。		
主要用途			用于医药、有机合成。		
危险特性			本品遇明火、高热可燃;受高热分解释放出有毒的气体;与氧化剂可发生反应。		
健康危害			本品对黏膜、上呼吸道、眼睛和皮肤有强烈刺激性。吸入后,可因喉及支气管的痉挛、炎症、水肿,化学性肺炎或肺水肿而致死。接触后出现烧灼感、咳嗽、喘息、喉炎、气短、头痛、恶心和呕吐;能引起灼伤。		
防护措施			呼吸系统防护:可能接触其粉尘时,应该佩戴头罩型电动送风过滤式防尘呼吸器。 眼睛防护:呼吸系统防护中已作防护。 身体防护:穿聚乙烯防毒服。 手防护:戴橡胶手套。		
危险性类别			严重眼损伤/眼刺激,类别2。		

序号	1013	品名	甲醇		商品编码	2905.1100
别　　名			木醇；木精		CAS 号	67-56-1
英文名		Methanol				
分子式		CH₄O				
外观与性状		无色澄清液体，有刺激性气味。				
主要用途		主要用于制甲醛、香精、染料、医药、火药、防冻剂等。				
危险特性		本品易燃，其蒸气与空气可形成爆炸性混合物，遇明火、高热能引起燃烧爆炸；与氧化剂接触发生化学反应或引起燃烧；在火场中，受热的容器有爆炸危险；其蒸气比空气重，能在较低处扩散到相当远的地方，遇火源会着火回燃。				
健康危害		本品对中枢神经系统有麻醉作用；对视神经和视网膜有特殊选择作用，引起病变；会导致代谢性酸中毒。急性中毒：短时间内大量吸入出现轻度眼睛上呼吸道刺激症状（口服有胃肠道刺激症状）；经一段时间潜伏期后出现头痛、头晕、乏力、眩晕、酒醉感、意识模糊、谵妄，甚至昏迷。视神经及视网膜病变，出现有视物模糊、复视等症状，严重者失明。代谢性酸中毒时出现二氧化碳结合力下降、呼吸加速。慢性影响：神经衰弱综合征，植物神经功能失调，黏膜刺激，视力减退等；皮肤出现脱脂、皮炎等。				
防护措施		呼吸系统防护：可能接触其蒸气时，应该佩戴过滤式防毒面具（半面罩）。紧急事态抢救或撤离时，建议佩戴空气呼吸器。 眼睛防护：戴化学安全防护眼镜。 身体防护：穿防静电工作服。 手防护：戴橡胶手套。				
危险性类别		易燃液体，类别 2；急性毒性—经口，类别 3*；急性毒性—经皮肤，类别 3*；急性毒性—吸入，类别 3*；特异性靶器官毒性—单次接触，类别 1。				

序号	1014	品名	甲醇钾		商品编码	2905.1990
别　　名					CAS 号	865-33-8
英文名		Potassium methoxide				
分子式		CH₃KO				
外观与性状		无色或微黄色黏稠液体				
主要用途		用作缩合剂、生产甲酸甲酯的催化剂、二甲基甲酰胺的强碱性催化剂，也可用于医药原料。				
防护措施		呼吸系统防护：佩戴防毒口罩。紧急事态抢救或逃生时，佩戴自给式呼吸器。 眼睛防护：戴化学安全防护眼镜。 防护服：穿相应的防护服。 手防护：戴防化学品手套。 其他防护：工作现场禁止吸烟、进食和饮水。工作完毕，淋浴更衣。注意个人清洁卫生。				
危险性类别		自热物质和混合物，类别 1；皮肤腐蚀/刺激，类别 1B；严重眼损伤/眼刺激，类别 1。				

序号	1015	品名	甲醇钠	商品编码	2905.1990
别 名			甲氧基钠	CAS 号	124-41-4
英文名			Sodium methoxide		
分子式			CH_3NaO		
外观与性状			白色无定形易流动粉末，无臭。		
主要用途			主要用于医药工业，有机合成中用作缩合剂、化学试剂、食用油脂处理的催化剂等。		
危险特性			本品遇水、潮湿空气、酸类、氧化剂、高热及明火能引起燃烧。		
健康危害			本品蒸气、雾或粉尘对呼吸道有强烈刺激和腐蚀性；吸入后，可引起昏睡、中枢抑制和麻醉；对眼睛有强烈刺激和腐蚀性，可致失明；皮肤接触可致灼伤；口服腐蚀消化道，引起腹痛、恶心、呕吐，大量口服可致失明和死亡。慢性影响有中枢神经系统抑制作用。		
防护措施			呼吸系统防护：可能接触其粉尘时，应该佩戴防毒口罩。必要时佩戴防毒面具。 眼睛防护：戴化学安全防护眼镜。 身体防护：穿工作服（防腐材料制作）。 手防护：戴橡皮手套。		
危险性类别			自热物质和混合物，类别 1；皮肤腐蚀/刺激，类别 1B；严重眼损伤/眼刺激，类别 1。		

序号	1016	品名	甲醇钠甲醇溶液	商品编码	2905.1990
别 名			甲醇钠合甲醇	CAS 号	
防护措施			呼吸系统防护：佩戴防毒口罩。紧急事态抢救或逃生时，佩戴自给式呼吸器。 眼睛防护：戴化学安全防护眼镜。 防护服：穿相应的防护服。 手防护：戴防化学品手套。 其他防护：工作现场禁止吸烟、进食和饮水。工作完毕，淋浴更衣。注意个人清洁卫生。		
危险性类别			易燃液体，类别 2；皮肤腐蚀/刺激，类别 1B；严重眼损伤/眼刺激，类别 1。		

序号	1017	品名	2-甲酚		商品编码	2907.1212
别 名			1-羟基-2-甲苯；邻甲酚		CAS 号	95-48-7
英文名			2-methylphenol；o-cresol			
分子式			C_7H_8O			
外观与性状			白色结晶，有芳香气味。			
主要用途			用作分析试剂并用于有机合成。			
危险特性			本品遇明火、高热可燃；具有腐蚀性。			
健康危害			本品对皮肤、黏膜有强烈刺激和腐蚀作用，引起多脏器损害。急性中毒：引起肌肉无力、胃肠道症状、中枢神经抑制、虚脱、体温下降和昏迷，并会引起肺水肿和肝、肾、胰等脏器损害，最终发生呼吸衰竭。慢性影响：会引起消化道功能障碍，肝、肾损害和皮疹。			
防护措施			呼吸系统防护：空气中粉尘浓度超标时，应该佩戴头罩型电动送风过滤式防尘呼吸器。可能接触其蒸气时，应该佩戴自吸过滤式防毒面具（全面罩）。 眼睛防护：呼吸系统防护中已作防护。 身体防护：穿胶布防毒衣。 手防护：戴橡胶手套。			
危险性类别			急性毒性—经口，类别3*；急性毒性—经皮肤，类别3*；皮肤腐蚀/刺激，类别1B；严重眼损伤/眼刺激，类别1；危害水生环境—急性危害，类别2。			

序号	1018	品名	3-甲酚		商品编码	2907.1211
别 名			1-羟基-3-甲苯；间甲酚		CAS 号	108-39-4
英文名			3-methylphenol；m-cresol			
分子式			C_7H_8O			
外观与性状			无色透明液体，有芳香气味。			
主要用途			用作分析试剂并用于有机合成。			
危险特性			本品遇明火、高热可燃。			
健康危害			本品对皮肤、黏膜有强烈刺激和腐蚀作用，引起多脏器损害。急性中毒：引起肌肉无力、胃肠道症状、中枢神经抑制、虚脱、体温下降和昏迷，并会引起肺水肿和肝、肾、胰等脏器损害，最终发生呼吸衰竭。慢性影响：会引起消化道功能障碍，肝、肾损害和皮疹。			
防护措施			呼吸系统防护：空气中粉尘浓度超标时，应该佩戴头罩型电动送风过滤式防尘呼吸器。可能接触其蒸气时，应该佩戴自吸过滤式防毒面具（全面罩）。 眼睛防护：呼吸系统防护中已作防护。 身体防护：穿胶布防毒衣。 手防护：戴橡胶手套。			
危险性类别			急性毒性—经口，类别3*；急性毒性—经皮肤，类别3*；皮肤腐蚀/刺激，类别1B；严重眼损伤/眼刺激，类别1；危害水生环境—急性危害，类别2。			

序号	1019	品名	4-甲酚	商品编码	2907.1219
别　名		1-羟基-4-甲苯；对甲酚		CAS 号	106-44-5
英文名		4-methylphenol；p-cresol			
分子式		C_7H_8O			
外观与性状		无色结晶，有芳香气味。			
主要用途		用于有机合成和作杀菌剂、防霉剂。			
危险特性		本品遇明火、高热可燃。			
健康危害		本品对皮肤、黏膜有强烈刺激和腐蚀作用，引起多脏器损害。急性中毒：引起肌肉无力、胃肠道症状、中枢神经抑制、虚脱、体温下降和昏迷，并会引起肺水肿和肝、肾、胰等脏器损害，最终发生呼吸衰竭。慢性影响：会引起消化道功能障碍，肝、肾损害和皮疹。			
防护措施		呼吸系统防护：空气中粉尘浓度超标时，应该佩戴头罩型电动送风过滤式防尘呼吸器。可能接触其蒸气时，应该佩戴自吸过滤式防毒面具（全面罩）。 眼睛防护：呼吸系统防护中已作防护。 身体防护：穿胶布防毒衣。 手防护：戴橡胶手套。			
危险性类别		急性毒性—经口，类别 3＊；急性毒性—经皮肤，类别 3＊；皮肤腐蚀/刺激，类别 1B；严重眼损伤/眼刺激，类别 1；危害水生环境—急性危害，类别 2。			

序号	1020	品名	甲酚	商品编码	2907.1219
别　名		甲苯基酸；克利沙酸；甲苯酚异构体混合物		CAS 号	1319-77-3
英文名		Cresol			
分子式		C_7H_8O			
外观与性状		无色、淡黄色或粉红色液体，有酚臭味。			
主要用途		用作溶剂，消毒防腐及合成树脂。			
防护措施		呼吸系统防护：佩戴防毒口罩。紧急事态抢救或逃生时，佩戴自给式呼吸器。 眼睛防护：戴化学安全防护眼镜。 防护服：穿相应的防护服。 手防护：戴防化学品手套。 其他防护：工作现场禁止吸烟、进食和饮水。工作完毕，淋浴更衣。注意个人清洁卫生。			
危险性类别		急性毒性—经口，类别 3＊；急性毒性—经皮肤，类别 3＊；皮肤腐蚀/刺激，类别 1B；严重眼损伤/眼刺激，类别 1；危害水生环境—急性危害，类别 2。			

序号	1021	品名	甲硅烷	商品编码	2850.0090
别　名			硅烷;四氢化硅	CAS 号	7803-62-5
英文名			Silane		
分子式			SiH_4		
外观与性状			无色气体,有恶臭味。		
主要用途			用作固态电器、布漆。		
危险特性			本品遇明火、高热极易燃烧;暴露在空气中能自燃;与氟、氯等能发生剧烈的化学反应。		
健康危害			吸入甲硅烷蒸气后,引起头痛、头晕、发热、恶心、多汗;严重者面色苍白,脉搏微弱,陷入半昏迷状态。		
防护措施			呼吸系统防护:空气中浓度超标时,应该佩戴防毒口罩。必要时佩戴自给式呼吸器。 眼睛防护:一般不需特殊防护,高浓度接触时可戴安全防护眼镜。 身体防护:穿工作服。 手防护:一般不需特殊防护。		
危险性类别			易燃气体,类别1;加压气体;皮肤腐蚀/刺激,类别2;严重眼损伤/眼刺激,类别2A;特异性靶器官毒性—单次接触,类别3(呼吸道刺激);特异性靶器官毒性—反复接触,类别2。		

序号	1022	品名	2-甲基-1,3-丁二烯(稳定的)	商品编码	2901.2420
别　名			异戊间二烯;异戊二烯	CAS 号	78-79-5
英文名			Isoprene		
分子式			C_5H_8		
外观与性状			无色、易挥发液体。		
主要用途			用作合成橡胶、丁基橡胶单体等。		
危险特性			本品蒸气与空气可形成爆炸性混合物,遇明火、高热极易燃烧爆炸;与氧化剂、发烟硫酸、硝酸、硫酸、氯磺酸接触反应剧烈;若遇高热,可发生聚合反应,放出大量热量而引起容器破裂和爆炸事故;其蒸气比空气重,能在较低处扩散到相当远的地方,遇火源会着火回燃。		
健康危害			本品有麻醉和刺激作用。大量高浓度吸入,会迅速出现头痛、头昏、耳鸣、无力、恶心、眼痛、流泪、喷嚏、喉痛、咳嗽、胸闷甚至呼吸困难等症状;继而出现中枢神经系统麻醉前的兴奋症状,如烦躁不安、大声哭闹、肌肉抽搐、震颤等;严重者昏迷。一般在数小时后逐步清醒。通常无后遗症。本品可经完整皮肤吸收,引起皮肤充血与水肿,其后有轻度剥脱。		
防护措施			呼吸系统防护:空气中浓度超标时,佩戴过滤式防毒面具(半面罩)。 眼睛防护:必要时,戴化学安全防护眼镜。 身体防护:穿防静电工作服。 手防护:戴橡胶耐油手套。		
危险性类别			易燃液体,类别1;生殖细胞致突变性,类别2;致癌性,类别2;危害水生环境—急性危害,类别2;危害水生环境—长期危害,类别2。		

序号	1023	品名	6-甲基-1,4-二氮萘基-2,3-二硫代碳酸酯	商品编码	2934.9990
别	名		6-甲基-1,3-二硫杂环戊烯并(4,5-b)喹喔啉-2-二酮；灭螨猛	CAS 号	2439-01-2
英文名			6-methyl-1,3-dithiolo(4,5-b)quiuoxalin-2-one;chinomethionate		
分子式			$C_{10}H_6N_2OS_2$		
外观与性状			黄色结晶体。		
主要用途			可用于防治叶螨、白粉病等，也用于水果蔬菜作物包括棉花、咖啡、茶叶、烟草、核桃等病虫的防治。		
防护措施			呼吸系统防护：佩戴防毒口罩。紧急事态抢救或逃生时，佩戴自给式呼吸器。 眼睛防护：戴化学安全防护眼镜。 防护服：穿相应的防护服。 手防护：戴防化学品手套。 其他防护：工作现场禁止吸烟、进食和饮水。工作完毕，淋浴更衣。注意个人清洁卫生。		
危险性类别			严重眼损伤/眼刺激，类别2；皮肤致敏物，类别1；生殖毒性，类别2；特异性靶器官毒性—反复接触，类别2*；危害水生环境—急性危害，类别1；危害水生环境—长期危害，类别1。		

序号	1024	品名	2-甲基-1-丙醇	商品编码	2905.1410
别	名		异丁醇	CAS 号	78-83-1
英文名			2-methyl propanol		
分子式			$C_4H_{10}O$		
外观与性状			无色透明液体，有特殊气味。		
主要用途			主要用作溶剂及有机合成。		
危险特性			本品易燃，其蒸气与空气可形成爆炸性混合物，遇明火、高热能引起燃烧爆炸；受热分解释放出有毒气体；与氧化剂能发生强烈反应；在火场中，受热的容器有爆炸危险。		
健康危害			较高浓度本品蒸气对眼睛、皮肤、黏膜和上呼吸道有刺激作用；眼角膜表层形成空泡，还会引起食欲减退和体重减轻；涂于皮肤，引起局部轻度充血及红斑。		
防护措施			呼吸系统防护：一般不需要特殊防护，高浓度接触时可佩戴自吸过滤式防毒面具（半面罩）。 眼睛防护：必要时，戴安全防护眼镜。 身体防护：穿防静电工作服。 手防护：戴一般作业防护手套。		
危险性类别			易燃液体，类别3；皮肤腐蚀/刺激，类别2；严重眼损伤/眼刺激，类别1；特异性靶器官毒性—单次接触，类别3（呼吸道刺激、麻醉效应）。		

序号	1025	品名	2-甲基-1-丙硫醇	商品编码	2930.9090
别　　名			异丁硫醇	CAS 号	513-44-0
英文名			2-methyl-1-propanethiol		
分子式			$C_4H_{10}S$		
外观与性状			无色液体，有强烈的特异气味。		
主要用途			石油分析用试剂及用于有机合成。		
危险特性			本品易燃，遇高热、明火及强氧化剂易引起燃烧，受热分解；接触酸或酸气能产生有毒气体；遇水或水蒸气反应放热并产生有毒的腐蚀性气体。		
健康危害			本品蒸气或雾对眼睛、皮肤、黏膜和上呼吸道有刺激性，接触后可引起恶心和呕吐。		
防护措施			呼吸系统防护：高浓度环境中，应该佩戴自吸过滤式防毒面具（半面罩）。 眼睛防护：戴化学安全防护眼镜。 身体防护：穿防毒物渗透工作服。 手防护：戴乳胶手套。		
危险性类别			易燃液体，类别 2；严重眼损伤/眼刺激，类别 2B；特异性靶器官毒性—单次接触，类别 3（呼吸道刺激）。		

序号	1026	品名	2-甲基-1-丁醇	商品编码	2905.1990
别　　名			活性戊醇；旋性戊醇	CAS 号	137-32-6
英文名			2-methyl-1-butanol		
分子式			$C_5H_{12}O$		
外观与性状			无色液体，有不好的气味。		
主要用途			用作医药中间体。		
防护措施			呼吸系统防护：佩戴防毒口罩。紧急事态抢救或逃生时，佩戴自给式呼吸器。 眼睛防护：戴化学安全防护眼镜。 防护服：穿相应的防护服。 手防护：戴防化学品手套。 其他防护：工作现场禁止吸烟、进食和饮水。工作完毕，淋浴更衣。注意个人清洁卫生。		
危险性类别			易燃液体，类别 3；特异性靶器官毒性—单次接触，类别 3（呼吸道刺激）。		

序号	1027	品名	3-甲基-1-丁醇	商品编码	2905.1990
别　名			异戊醇	CAS 号	123-51-3
英文名			3-methyl-1-butanol		
分子式			$C_5H_{12}O$		
外观与性状			无色液体,有不好的气味。		
主要用途			用作照相化学药品、香精、分析试剂,以及用于有机合成、制药等。		
危险特性			本品易燃,其蒸气与空气可形成爆炸性混合物,遇明火、高热能引起燃烧爆炸;与氧化剂能发生强烈反应;在火场中,受热的容器有爆炸危险。		
健康危害			吸入、口服或经皮肤吸收本品有麻醉作用。其蒸气或雾对眼睛、皮肤、黏膜和呼吸道有刺激作用,会引起神经系统功能紊乱,长时间接触有麻醉作用。		
防护措施			呼吸系统防护:一般不需要特殊防护,高浓度接触时可佩戴自吸过滤式防毒面具(半面罩)。 眼睛防护:必要时,戴安全防护眼镜。 身体防护:穿防静电工作服。 手防护:戴一般作业防护手套。		
危险性类别			易燃液体,类别 3;严重眼损伤/眼刺激,类别 2A;特异性靶器官毒性—单次接触,类别 1;特异性靶器官毒性—单次接触,类别 3(呼吸道刺激、麻醉效应)。		

序号	1028	品名	2-甲基-1-丁硫醇	商品编码	2930.9090
别　名				CAS 号	1878-18-8
英文名			2-methyl-1-butanethiol		
分子式			$C_5H_{12}S$		
外观与性状			无色至淡黄色液体。		
主要用途			GB 2760—1996 规定本品为暂时允许使用的食品用香料。		
防护措施			呼吸系统防护:佩戴防毒口罩。紧急事态抢救或逃生时,佩戴自给式呼吸器。 眼睛防护:戴化学安全防护眼镜。 防护服:穿相应的防护服。 手防护:戴防化学品手套。 其他防护:工作现场禁止吸烟、进食和饮水。工作完毕,淋浴更衣。注意个人清洁卫生。		
危险性类别			易燃液体,类别 2。		

序号	1029	品名	3-甲基-1-丁硫醇		商品编码	2930.9090
别 名			异戊硫醇		CAS 号	541-31-1
英文名		3-methyl-1-butanethiol				
分子式		$C_5H_{12}S$				
外观与性状		水白色到淡黄色液体,有不好的气味。				
主要用途		用于合成硫的有机化合物。				
危险特性		本品易燃,遇明火、高热或与氧化剂接触,有引起燃烧爆炸的危险;受热或遇酸易产生有毒的硫氧化物气体;与强氧化剂发生反应,会可引起燃烧。				
健康危害		本品对眼睛和皮肤有刺激作用,接触后会引起头痛、恶心和呕吐。				
防护措施		呼吸系统防护:高浓度环境中,应该佩戴自吸过滤式防毒面具(半面罩)。 眼睛防护:戴化学安全防护眼镜。 身体防护:穿防毒物渗透工作服。 手防护:戴橡胶耐油手套。				
危险性类别		易燃液体,类别2;皮肤腐蚀/刺激,类别2;严重眼损伤/眼刺激,类别2;特异性靶器官毒性—单次接触,类别3(呼吸道刺激)。				

序号	1030	品名	2-甲基-1-丁烯		商品编码	2901.2910
别 名					CAS 号	563-46-2
英文名		2-methyl-1-butene				
分子式		C_5H_{10}				
外观与性状		无色、易挥发液体,有不好的气味。				
主要用途		用于有机合成。				
危险特性		本品极易燃,其蒸气与空气可形成爆炸性混合物,遇明火、高热能引起燃烧爆炸;与氧化剂能发生强烈反应;遇水分解产生有毒气体;若遇高热,可发生聚合反应,放出大量热量而引起容器破裂和爆炸事故;其蒸气比空气重,能在较低处扩散到相当远的地方,遇火源会着火回燃。				
健康危害		吸入、口服或经皮肤吸收本品对身体有害,有刺激作用。				
防护措施		呼吸系统防护:空气中浓度超标时,佩戴过滤式防毒面具(半面罩)。 眼睛防护:戴化学安全防护眼镜。 身体防护:穿防静电工作服。 手防护:戴橡胶耐油手套。				
危险性类别		易燃液体,类别1;吸入危害,类别1;危害水生环境—长期危害,类别3*。				

序号	1031	品名	3-甲基-1-丁烯	商品编码	2901.2910
别　名			α-异戊烯；异丙基乙烯	CAS 号	563-45-1
英文名			3-methyl-1-butene		
分子式			C_5H_{10}		
外观与性状			无色易挥发液体，有不好的气味。		
主要用途			用于有机合成和高辛燃料制造。		
危险特性			本品蒸气与空气形成爆炸性混合物，遇明火、高热能引起燃烧爆炸；与氧化剂能发生强烈反应；其蒸气比空气重，能在较低处扩散到相当远的地方，遇火源会着火回燃；若遇高热，可能发生聚合反应，出现大量放热现象，引起容器破裂和爆炸事故；高速冲击、流动、激荡后可因产生静电火花放电引起燃烧爆炸。		
健康危害			吸入或摄入本品对身体有害，其蒸气或烟雾对眼睛、黏膜和呼吸道有刺激作用。中毒症状可能有烧灼感、咳嗽、喘息、喉炎、气短、头痛、恶心和呕吐。		
防护措施			呼吸系统防护：高浓度环境中，应该佩戴防毒面具。 眼睛防护：一般不需特殊防护，高浓度接触时可戴化学安全防护眼镜。 身体防护：穿工作服。 手防护：戴防护手套。		
危险性类别			易燃液体，类别 1；危害水生环境—长期危害，类别 3＊。		

序号	1032	品名	3-(1-甲基-2-四氢吡咯基)吡啶硫酸盐	商品编码	2939.7910
别　名			硫酸化烟碱	CAS 号	65-30-5
英文名			3-(1-methyl-2-pyrrolidinyl) pyridine sulfate；nicotine sulfate		
分子式			$C_{10}H_{16}N_2O_4S$		
外观与性状			结晶。		
主要用途			用于医药工业。		
危险特性			本品不易燃烧，受高热分解，放出高毒的烟气。		
健康危害			本品属高毒，对眼睛、皮肤和黏膜有刺激作用。进入体内，会引起紫绀；接触后会导致头痛、恶心、呕吐、腹痛、腹泻、眩晕、惊厥等症状。		
防护措施			呼吸系统防护：可能接触毒物时，佩戴防毒口罩。紧急事态抢救或逃生时，应该佩戴自给式呼吸器。 眼睛防护：戴化学安全防护眼镜。 身体防护：穿相应的防护服。 手防护：戴防化学品手套。		
危险性类别			急性毒性—经口，类别 2；急性毒性—经皮肤，类别 1；皮肤腐蚀/刺激，类别 2；严重眼损伤/眼刺激，类别 2；生殖毒性，类别 2；特异性靶器官毒性—单次接触，类别 2；特异性靶器官毒性—单次接触，类别 3（呼吸道刺激）；危害水生环境—急性危害，类别 2；危害水生环境—长期危害，类别 2。		

序号	1033	品名	4-甲基-1-环己烯	商品编码	2902.1990
别 名				CAS 号	591-47-9
英文名		4-methyl-1-cyclohexene			
分子式		C_7H_{12}			
外观与性状		无色透明液体。			
主要用途		用作溶剂,用于有机合成。			
危险特性		本品蒸气与空气形成爆炸性混合物,遇明火、高热或与氧化剂接触,有引起燃烧爆炸的危险;其蒸气比空气重,能在较低处扩散到相当远的地方,遇明火会着火回燃;若遇高热,容器内压增大,有开裂和爆炸的危险。			
健康危害		本品的高浓度蒸气对眼睛、皮肤、黏膜有刺激性和麻醉性。			
防护措施		呼吸系统防护:高浓度环境中,应该佩戴防毒面具。 眼睛防护:高浓度环境中,戴化学安全防护眼镜。 身体防护:穿防静电工作服。 手防护:戴防护手套。			
危险性类别		易燃液体,类别2。			

序号	1034	品名	1-甲基-1-环戊烯	商品编码	2902.1990
别 名				CAS 号	693-89-0
英文名		1-methylcyclopentene			
分子式		C_6H_{10}			
外观与性状		无色液体。			
主要用途		用于有机合成。			
危险特性		本品蒸气与空气形成爆炸性混合物,遇明火、高热或与氧化剂接触,有引起燃烧爆炸的危险;其蒸气比空气重,能在较低处扩散到相当远的地方,遇明火会着火回燃;若遇高热,容器内压增大,有开裂和爆炸的危险。			
健康危害		本品具有刺激作用,吸入、摄入或经皮肤吸收后可能对身体有害。			
防护措施		呼吸系统防护:高浓度环境中,应该佩戴防毒口罩。 眼睛防护:高浓度环境中,戴化学安全防护眼镜。 身体防护:穿防静电工作服。 手防护:必要时戴防护手套。			
危险性类别		易燃液体,类别2。			

序号	1035	品名	2-甲基-1-戊醇	商品编码	2905.1990
别 名				CAS 号	105-30-6
英文名		2-methyl-1-pentanol			
分子式		$C_6H_{14}O$			
外观与性状		无色液体。			
主要用途		用作溶剂及有机合成中间体。			
危险特性		本品蒸气与空气形成爆炸性混合物,遇明火、高热能引起燃烧爆炸;其蒸气比空气重,能在较低处扩散到相当远的地方,遇明火会着火回燃;与氧化剂能发生强烈反应。若遇高热,容器内压增大,有开裂和爆炸的危险。			
健康危害		本品属低毒类,对眼睛、皮肤、黏膜有刺激性;吸入、摄入或经皮肤吸收后对身体有害。			
防护措施		呼吸系统防护:高浓度环境中,应该佩戴防毒口罩。 眼睛防护:戴安全防护眼镜。 身体防护:穿防静电工作服。 手防护:戴防护手套。			
危险性类别		易燃液体,类别2。			

序号	1036	品名	3-甲基-1-戊炔-3-醇	商品编码	2905.2900
别 名		2-乙炔-2-丁醇		CAS 号	77-75-8
英文名		3-methyl-1-pentyn-3-ol			
分子式		$C_6H_{10}O$			
外观与性状		无色液体,有酸的气味和焦灼味。			
主要用途		用作氯化溶剂的稳定剂、电镀光亮剂、有机合成中间体、溶剂。			
危险特性		本品蒸气与空气形成爆炸性混合物,遇明火、高热能引起燃烧爆炸;与氧化剂能发生强烈反应;若遇高热,可能发生聚合反应,出现大量放热现象,引起容器破裂和爆炸事故。			
健康危害		吸入、摄入或经皮肤吸收本品后对身体有害,对皮肤、眼睛有刺激作用。			
防护措施		呼吸系统防护:可能接触其蒸气时,应该佩戴防毒面具。 眼睛防护:一般不需特殊防护,但建议特殊情况下,戴化学安全防护眼镜。 身体防护:穿防静电工作服。 手防护:必要时戴防护手套。			
危险性类别		易燃液体,类别3;严重眼损伤/眼刺激,类别1。			

序号	1037	品名	2-甲基-1-戊烯		商品编码	2901.2990
别　名					CAS 号	763-29-1
英文名	2-methyl-1-pentene					
分子式	C_6H_{12}					
外观与性状	无色易挥发液体，有不好的气味。					
主要用途	用于有机合成。					
危险特性	本品蒸气与空气形成爆炸性混合物，遇明火、高热极易燃烧爆炸；与氧化剂接触发生强烈反应，甚至引起燃烧；其蒸气比空气重，能在较低处扩散到相当远的地方，遇火源会着火回燃；若遇高热，可能发生聚合反应，出现大量放热现象，引起容器破裂和爆炸事故。					
健康危害	本品蒸气或雾对眼睛、黏膜和上呼吸道有刺激性，接触后出现烧灼感、咳嗽、喘息、喉炎、气短、头痛、恶心和呕吐等症状。					
防护措施	呼吸系统防护：高浓度环境中，应该佩戴防毒面具。 眼睛防护：戴化学安全防护眼镜。 身体防护：穿工作服。 手防护：戴防护手套。					
危险性类别	易燃液体，类别2。					

序号	1038	品名	3-甲基-1-戊烯		商品编码	2901.2990
别　名					CAS 号	760-20-3
英文名	3-mthyl-1-pentene					
分子式	C_6H_{12}					
外观与性状	无色液体。					
主要用途	用于有机合成及用作气相色谱对比样品。					
危险特性	本品蒸气与空气形成爆炸性混合物，遇明火、高热或与氧化剂接触，有引起燃烧爆炸的危险；其蒸气比空气重，能在较低处扩散到相当远的地方，遇明火会着火回燃；遇高热能发生聚合反应，出现大量放热现象，引起容器破裂或爆炸事故。					
健康危害	吸入或误服本品有害，对眼睛、皮肤和黏膜有刺激性。接触后会引起咳嗽、喉炎、头痛、恶心、呕吐和气短等症状。					
防护措施	呼吸系统防护：可能接触其蒸气时，佩戴防毒口罩。紧急事态抢救或逃生时，应该佩戴自给式呼吸器。 眼睛防护：戴化学安全防护眼镜。 身体防护：穿防静电工作服。 手防护：戴防护手套。					
危险性类别	易燃液体，类别2。					

序号	1039	品名	4-甲基-1-戊烯	商品编码	2901.2990
别　名				CAS 号	691-37-2
英文名		4-methyl-1-pentene			
分子式		C_6H_{12}			
外观与性状		无色液体。			
主要用途		用于有机合成，用作塑料单体。			
危险特性		本品蒸气与空气形成爆炸性混合物，遇明火、高热能引起燃烧爆炸；与氧化剂能发生强烈反应；其蒸气比空气重，能在较低处扩散到相当远的地方，遇明火会着火回燃；在使用和贮存过程中，易发生自聚反应，酿成事故。			
健康危害		吸入或摄入本品对身体有害，其蒸气或雾对眼睛、皮肤、黏膜和上呼吸道有刺激性。接触后引起烧灼感、咳嗽、喘息、喉炎、气短、头痛、恶心和呕吐。			
防护措施		呼吸系统防护：空气中浓度较高时，佩戴防毒面具。紧急事态抢救或撤离时，应该佩戴供气式呼吸器。 眼睛防护：一般不需要特殊防护，高浓度接触时可戴化学安全防护眼镜。 身体防护：穿防静电工作服。 手防护：必要时戴防护手套。			
危险性类别		易燃液体，类别 2。			

序号	1040	品名	2-甲基-2-丙醇	商品编码	2905.1430
别　名		叔丁醇；三甲基甲醇；特丁醇		CAS 号	75-65-0
英文名		2-methyl-2-propanol			
分子式		$C_4H_{10}O$			
外观与性状		无色结晶或液体，有樟脑气味。			
主要用途		用于有机合成，制造香精等。			
危险特性		本品易燃，其蒸气与空气可形成爆炸性混合物，遇明火、高热能引起燃烧爆炸；与氧化剂能发生强烈反应；其蒸气比空气重，能在较低处扩散到相当远的地方，遇火源会着火回燃。			
健康危害		吸入或口服本品对身体有害，对眼睛、皮肤、黏膜和呼吸道有刺激作用。中毒表现有头痛、恶心、眩晕。			
防护措施		呼吸系统防护：空气中浓度超标时，应该佩戴过滤式防毒面具（半面罩）。 眼睛防护：戴化学安全防护眼镜。 身体防护：穿防静电工作服。 手防护：戴一般作业防护手套。			
危险性类别		易燃液体，类别 2；严重眼损伤/眼刺激，类别 2；特异性靶器官毒性—单次接触，类别 3（呼吸道刺激）。			

序号	1041	品名	2-甲基-2-丁醇		商品编码	2905.1990
别　　名		叔戊醇			CAS 号	75-85-4
英文名		2-methyl-2-butanol				
分子式		$C_5H_{12}O$				
外观与性状		无色有特殊气味和焦灼味的易挥发液体。				
主要用途		用于合成香料、彩色胶片成色剂、溶剂、增塑剂、有色金属浮选剂等。				
危险特性		本品蒸气与空气形成爆炸性混合物，遇明火、高热能引起燃烧爆炸；与强氧化剂发生反应，会引起燃烧；其蒸气比空气重，能在较低处扩散到相当远的地方，遇明火会着火回燃；若遇高热，容器内压增大，有开裂和爆炸的危险。				
健康危害		本品对眼睛、皮肤和黏膜有刺激作用，浓度高时有麻醉作用。一般临床症状有头痛、眩晕、乏力、恶心、呕吐等。				
防护措施		呼吸系统防护：佩戴防毒口罩。紧急事态抢救或逃生时，应该佩戴防毒面具。 眼睛防护：戴安全防护眼镜。 身体防护：穿防静电工作服。 手防护：戴防护手套。				
危险性类别		易燃液体，类别 2；皮肤腐蚀/刺激，类别 2；特异性靶器官毒性—单次接触，类别 3（呼吸道刺激）。				

序号	1042	品名	3-甲基-2-丁醇		商品编码	2905.1990
别　　名					CAS 号	598-75-4
英文名		3-methyl-2-butanol				
分子式		$C_5H_{12}O$				
外观与性状		无色液体，有果香味。				
主要用途		用作溶剂。				
危险特性		本品蒸气与空气可形成爆炸性混合物，遇明火、高热能引起燃烧爆炸；与氧化剂可发生反应；若遇高热，容器内压增大，有开裂和爆炸的危险。				
健康危害		误服或吸入本品有害，对眼睛、皮肤、黏膜和上呼吸道有刺激作用。长时间接触会引起头痛、恶心和呕吐。				
防护措施		呼吸系统防护：空气中浓度超标时，必须佩戴自吸过滤式防毒面具（半面罩）。紧急事态抢救或撤离时，应该佩戴空气呼吸器。 眼睛防护：戴化学安全防护眼镜。 身体防护：穿防静电工作服。 手防护：戴橡胶手套。				
危险性类别		易燃液体，类别 2。				

序号	1043	品名	2-甲基-2-丁硫醇	商品编码	2930.9090
别名			叔戊硫醇；特戊硫醇	CAS 号	1679-09-0
英文名			2-methyl-2-butanethiol		
分子式			$C_5H_{12}S$		
外观与性状			无色液体，有强烈刺激性气味。		
主要用途			用作硫化合物。		
危险特性			本品蒸气与空气形成爆炸性混合物，遇明火、高热能引起燃烧爆炸；与氧化剂能发生强烈反应；其蒸气比空气重，能在较低处扩散到相当远的地方，遇明火会着火回燃；若遇高热，容器内压增大，有开裂和爆炸的危险。		
健康危害			本品热解、遇酸产生有毒的氧化硫气体。液体及其蒸气对眼睛、皮肤和呼吸道有刺激作用，吸入后影响神经系统。		
防护措施			呼吸系统防护：可能接触其蒸气时，应该佩戴防毒面具。紧急事态抢救或撤离时，建议佩戴供气式呼吸器。 眼睛防护：戴化学安全防护眼镜。 身体防护：穿防静电工作服。 手防护：戴防化学品手套。		
危险性类别			易燃液体，类别2；严重眼损伤/眼刺激，类别2A；特异性靶器官毒性—单次接触，类别3（呼吸道刺激）。		

序号	1044	品名	3-甲基-2-丁酮	商品编码	2914.1900
别名			甲基异丙基甲酮	CAS 号	563-80-4
英文名			3-methyl-2-butanone		
分子式			$C_5H_{10}O$		
外观与性状			无色液体。		
主要用途			用作溶剂、脱蜡剂，也用于有机合成。		
危险特性			本品易燃，其蒸气与空气可形成爆炸性混合物，遇明火、高热能引起燃烧爆炸；与氧化剂能发生强烈反应；其蒸气比空气重，能在较低处扩散到相当远的地方，遇火源会着火回燃。		
健康危害			本品蒸气或雾对眼睛、皮肤、黏膜及上呼吸道有刺激性。		
防护措施			呼吸系统防护：空气中浓度超标时，佩戴过滤式防毒面具（半面罩）。 眼睛防护：戴化学安全防护眼镜。 身体防护：穿防静电工作服。 手防护：戴橡胶耐油手套。		
危险性类别			易燃液体，类别2。		

序号	1045	品名	2-甲基-2-丁烯		商品编码	2901.2910
别　名			β-异戊烯		CAS 号	513-35-9
英文名		2-methyl-2-butene				
分子式		C_5H_{10}				
外观与性状		无色、易挥发液体，有不好的气味。				
主要用途		用于有机合成。				
危险特性		本品蒸气与空气可形成爆炸性混合物，遇明火极易燃烧爆炸；与氧化剂能发生强烈反应；在火场中，受热的容器有爆炸危险；其蒸气比空气重，能在较低处扩散到相当远的地方，遇火源会着火回燃。				
健康危害		本品对眼睛、黏膜、呼吸道及皮肤有刺激作用，会引起化学性肺炎，对中枢神经系统有抑制作用。				
防护措施		呼吸系统防护：空气中浓度超标时，佩戴过滤式防毒面具（半面罩）。 眼睛防护：戴化学安全防护眼镜。 身体防护：穿防静电工作服。 手防护：戴橡胶耐油手套。				
危险性类别		易燃液体，类别 2；生殖细胞致突变性，类别 2；特异性靶器官毒性—单次接触，类别 3（麻醉效应）；危害水生环境—急性危害，类别 2；危害水生环境—长期危害，类别 2。				

序号	1046	品名	5-甲基-2-己酮		商品编码	2914.1900
别　名					CAS 号	110-12-3
英文名		5-methyl-2-hexanone				
分子式		$C_7H_{14}O$				
外观与性状		无色液体，有特殊的臭味。				
主要用途		用于有机合成。				
危险特性		本品遇高热、明火或与氧化剂接触，有引起燃烧的危险；若遇高热，容器内压增大，有开裂和爆炸的危险。				
健康危害		本品对眼睛、皮肤有刺激作用。				
防护措施		呼吸系统防护：高浓度环境中，戴面具式呼吸器。 眼睛防护：戴安全防护眼镜。 身体防护：穿工作服。 手防护：要时戴防护手套。				
危险性类别		易燃液体，类别 3。				

序号	1047	品名	2-甲基-2-戊醇	商品编码	2905.1990
别 名				CAS 号	590-36-3
英文名		2-methyl-2-pentanol			
分子式		$C_6H_{14}O$			
外观与性状		无色液体。			
主要用途		用作溶剂,并用于有机合成。			
危险特性		本品蒸气与空气可形成爆炸性混合物,遇明火、高热能引起燃烧爆炸;与氧化剂可发生反应;若遇高热,容器内压增大,有开裂和爆炸的危险。			
健康危害		本品蒸气或烟雾对眼睛、皮肤、黏膜和上呼吸道有刺激作用。未见有关毒性报道,可能其毒性与其他乙醇异构物相似。			
防护措施		呼吸系统防护:高浓度环境中,应该佩戴防毒口罩。 眼睛防护:戴安全防护眼镜。 身体防护:穿防静电工作服。 手防护:戴防护手套。			
危险性类别		易燃液体,类别3。			

序号	1048	品名	4-甲基-2-戊醇	商品编码	2905.1990
别 名		甲基异丁基甲醇		CAS 号	108-11-2
英文名		4-methyl-2-pentanol			
分子式		$C_6H_{14}O$			
外观与性状		无色液体。			
主要用途		用于制造泡沫剂、浮选剂及添加剂、润滑剂、溶剂、稳定剂、喷漆和用于有机合成。			
危险特性		本品是高闪点易燃液体,遇明火、高热或与氧化剂接触,有引起燃烧爆炸的危险;若遇高热,容器内压增大,有开裂和爆炸的危险。			
健康危害		高浓度本品蒸气对眼、鼻、喉和肺有刺激性,并抑制中枢神经系统而呈现麻醉作用,如长时间麻醉可因呼吸衰竭而致死;对眼睛有强烈刺激性,会导致永久性失明;液体对皮肤有轻度刺激性;摄入有轻度毒性。			
防护措施		呼吸系统防护:空气中浓度超标时,应该佩戴防毒面具。 眼睛防护:一般不需特殊防护,但建议特殊情况下,戴化学安全防护眼镜。 身体防护:穿工作服。 手防护:必要时戴防护手套。			
危险性类别		易燃液体,类别3;特异性靶器官毒性—单次接触,类别3(呼吸道刺激)。			

序号	1049	品名	3-甲基-2-戊酮	商品编码	2914.1900
别 名			甲基仲丁基甲酮	CAS 号	565-61-7
英文名			3-methyl-2-pentanone		
分子式			$C_6H_{12}O$		
外观与性状			无色液体。		
主要用途			用作溶剂。		
危险特性			本品蒸气与空气形成爆炸性混合物,遇明火、高热能引起燃烧爆炸;与氧化剂能发生强烈反应;其蒸气比空气重,能在较低处扩散到相当远的地方,遇火源会着火回燃;若遇高热,容器内压增大,有开裂和爆炸的危险。		
健康危害			本品具有刺激性。		
防护措施			呼吸系统防护:高浓度环境中,佩戴防毒口罩。 眼睛防护:一般不需特殊防护,高浓度接触时可戴化学安全防护眼镜。 身体防护:穿相应的防护服。 手防护:高浓度接触时,戴防护手套。		
危险性类别			易燃液体,类别 2。		

序号	1050	品名	4-甲基-2-戊酮	商品编码	2914.1300
别 名			甲基异丁基酮;异己酮	CAS 号	108-10-1
英文名			4-methyl-2-pentanone		
分子式			$C_6H_{12}O$		
外观与性状			水样透明液体,有令人愉快的酮样香味。		
主要用途			用作喷漆、硝基纤维、某些纤维醚、樟脑、油脂、天然和合成橡胶的溶剂。		
危险特性			本品易燃,遇高热、明火、氧化剂有引起燃烧的危险;其蒸气比空气重,能在较低处扩散到相当远的地方,遇火源会着火回燃。		
健康危害			本品具有麻醉和刺激作用。人吸入 $4.1g/m^3$ 时引起中枢神经系统的抑制和麻醉;吸入 $0.41g/m^3 \sim 2.05g/m^3$ 时,引起胃肠道反应,如恶心、呕吐、食欲不振、腹泻,以及呼吸道刺激症状;低于 $84mg/m^3$ 时没有不适感。		
防护措施			呼吸系统防护:空气中浓度超标时,佩戴自吸过滤式防毒面具(半面罩)。 眼睛防护:可能接触其蒸气时,戴化学安全防护眼镜。 身体防护:穿防静电工作服。 手防护:戴橡胶耐油手套。		
危险性类别			易燃液体,类别 2;严重眼损伤/眼刺激,类别 2;特异性靶器官毒性—单次接触,类别 3(呼吸道刺激)。		

序号	1051	品名	2-甲基-2-戊烯	商品编码 2901.2990
别　名				CAS 号 625-27-4
英文名	2-methyl-2-pentene			
分子式	C_6H_{12}			
外观与性状	无色液体。			
主要用途	用于有机合成。			
危险特性	本品蒸气与空气形成爆炸性混合物，遇明火、高热能引起燃烧爆炸；与氧化剂能发生强烈反应；其蒸气比空气重，能在较低处扩散到相当远的地方，遇明火会着火回燃；若遇高热，容器内压增大，有开裂和爆炸的危险。			
健康危害	吸入或摄入本品对身体有害，其蒸气或雾对眼睛、皮肤、黏膜和上呼吸道有刺激性。接触后出现烧灼感、咳嗽、喘息、喉炎、气短、头痛、恶心和呕吐等症状。			
防护措施	呼吸系统防护：空气中浓度较高时，应该佩戴防毒面具。紧急事态抢救或撤离时，佩戴供气式呼吸器。 眼睛防护：必要时戴化学安全防护眼镜。 身体防护：穿防静电工作服。 手防护：一般不需要特殊防护，高浓度接触时可戴防护手套。			
危险性类别	易燃液体，类别 2。			

序号	1052	品名	3-甲基-2-戊烯	商品编码 2901.2990
别　名				CAS 号 922-61-2
英文名	3-methyl-2-pentene			
分子式	C_6H_{12}			
外观与性状	无色液体。			
主要用途	用于有机合成。			
危险特性	本品蒸气与空气形成爆炸性混合物，遇明火、高热能引起燃烧爆炸；与氧化剂能发生强烈反应；其蒸气比空气重，能在较低处扩散到相当远的地方，遇明火会着火回燃；若遇高热，容器内压增大，有开裂和爆炸的危险。			
健康危害	吸入或摄入本品对身体有害，其蒸气或雾对眼睛、皮肤、黏膜和上呼吸道有刺激性。			
防护措施	呼吸系统防护：空气中浓度较高时，佩戴防毒面具。紧急事态抢救或撤离时，应该佩戴供气式呼吸器。 眼睛防护：一般不需要特殊防护，高浓度接触时可戴化学安全防护眼镜。 身体防护：穿防静电工作服。 手防护：必要时戴防护手套。			
危险性类别	易燃液体，类别 2。			

序号	1053	品名	4-甲基-2-戊烯	商品编码	2901.2990
别　名				CAS 号	4461-48-7
英文名		4-methyl-2-pentene			
分子式		C_6H_{12}			
外观与性状		无色液体。			
主要用途		用于有机合成。			
防护措施		呼吸系统防护：佩戴防毒口罩。紧急事态抢救或逃生时，佩戴自给式呼吸器。 眼睛防护：戴化学安全防护眼镜。 防护服：穿相应的防护服。 手防护：戴防化学品手套。 其他防护：工作现场禁止吸烟、进食和饮水。工作完毕，淋浴更衣。注意个人清洁卫生。			
危险性类别		易燃液体，类别 2。			

序号	1054	品名	3-甲基-2-戊烯-4-炔醇	商品编码	2905.2900
别　名				CAS 号	105-29-3
英文名		3-methyl-2-penten-4-yn-1-ol			
分子式		C_6H_8O			
外观与性状		无色带有轻微油漆气味的液体。			
主要用途		用于合成维他命 A。			
危险特性		本品遇明火、高热可燃；和氢氧化钠反应生成有爆炸性的盐；遇高热能发生聚合反应，出现大量放热现象，引起容器破裂或爆炸事故；具有强腐蚀性。			
健康危害		本品有毒，误服或吸入会中毒；具有强腐蚀性，对皮肤、眼睛和黏膜会引起严重烧伤。			
防护措施		呼吸系统防护：可能接触其蒸气或烟雾时，应该佩戴防毒面具。紧急事态抢救或逃生时，应该佩戴自给式呼吸器。 眼睛防护：戴化学安全防护眼镜。 身体防护：穿防腐工作服。 手防护：戴橡胶手套。			
危险性类别		皮肤腐蚀/刺激，类别 1；严重眼损伤/眼刺激，类别 1。			

序号	1055	品名	1-甲基-3-丙基苯	商品编码	2902.9090
别 名			3-丙基甲苯	CAS 号	1074-43-7
英文名			1-methyl-3-propylbenzene		
分子式			$C_{10}H_{14}$		
外观与性状			无色至浅黄色液体。		
防护措施			呼吸系统防护：佩戴防毒口罩。紧急事态抢救或逃生时，佩戴自给式呼吸器。 眼睛防护：戴化学安全防护眼镜。 防护服：穿相应的防护服。 手防护：戴防化学品手套。 其他防护：工作现场禁止吸烟、进食和饮水。工作完毕，淋浴更衣。注意个人清洁卫生。		
危险性类别			易燃液体，类别3。		

序号	1056	品名	2-甲基-3-丁炔-2-醇	商品编码	2905.2900
别 名				CAS 号	115-19-5
英文名			2-methyl-3-butyn-2-ol		
分子式			C_5H_8O		
外观与性状			无色、有芳香气味的液体。		
主要用途			用作溶剂、中间体、含氯溶剂的稳定剂。		
危险特性			本品蒸气与空气形成爆炸性混合物，遇明火、高热能引起燃烧爆炸；与氧化剂能发生强烈反应；若遇高热，可能发生聚合反应，出现大量放热现象，引起容器破裂和爆炸事故。		
健康危害			本品受热分解能释出有剧烈刺激作用的烟雾。		
防护措施			呼吸系统防护：可能接触其蒸气时，应该佩戴防毒面具。 眼睛防护：一般不需特殊防护，但建议特殊情况下，戴化学安全防护眼镜。 身体防护：穿防静电工作服。 手防护：必要时戴防护手套。		
危险性类别			易燃液体，类别3；严重眼损伤/眼刺激，类别1。		

序号	1057	品名	2-甲基-3-戊醇	商品编码	2905.1990
别　名				CAS 号	565-67-3
英文名	2-methyl-3-pentanol				
分子式	$C_6H_{14}O$				
外观与性状	无色液体。				
主要用途	用作溶剂，并用于有机合成。				
危险特性	本品蒸气与空气形成爆炸性混合物，遇明火、高热能引起燃烧爆炸；与氧化剂能发生强烈反应；若遇高热，容器内压增大，有开裂和爆炸的危险。				
健康危害	本品对眼睛、皮肤有刺激作用。未见有关毒性报道，可能其毒性与其他乙醇异构物相似。				
防护措施	呼吸系统防护：高浓度环境中，应该佩戴防毒口罩。 眼睛防护：戴安全防护眼镜。 身体防护：穿防静电工作服。 手防护：戴防护手套。				
危险性类别	易燃液体，类别3。				

序号	1058	品名	3-甲基-3-戊醇	商品编码	2905.1990
别　名				CAS 号	77-74-7
英文名	3-methyl-3-pentanol				
分子式	$C_6H_{14}O$				
外观与性状	无色液体。				
主要用途	用作溶剂，也用于有机合成。				
危险特性	本品蒸气与空气形成爆炸性混合物，遇明火、高热能引起燃烧爆炸；与氧化剂能发生强烈反应；若遇高热，容器内压增大，有开裂和爆炸的危险。				
健康危害	本品对眼睛、皮肤有刺激作用。未见有关中毒报道，可能其毒性与其他乙醇异构物相似。				
防护措施	呼吸系统防护：高浓度环境中，应该佩戴防毒口罩。 眼睛防护：戴安全防护眼镜。 身体防护：穿防静电工作服。 手防护：戴防护手套。				
危险性类别	易燃液体，类别3。				

序号	1059	品名	2-甲基-3-戊酮	商品编码	2914.1900
别 名			乙基异丙基甲酮	CAS 号	565-69-5
英文名			2-methyl-3-pentanone		
分子式			$C_6H_{12}O$		
外观与性状			无色液体。		
主要用途			用作溶剂。		
危险特性			本品蒸气与空气形成爆炸性混合物，遇明火、高热能引起燃烧爆炸；与氧化剂能发生强烈反应；其蒸气比空气重，能在较低处扩散到相当远的地方，遇明火会引着回燃；若遇高热，容器内压增大，有开裂和爆炸的危险。		
健康危害			吸入、摄入或经皮肤吸收本品后对身体可能有害，可能有刺激作用。		
防护措施			呼吸系统防护：可能接触其蒸气时，建议佩戴防毒口罩。高浓度环境中，应该佩戴自给式呼吸器。 眼睛防护：可能接触其蒸气时，戴化学安全防护眼镜。 身体防护：穿防静电工作服。 手防护：高浓度接触时，戴防护手套。		
危险性类别			易燃液体，类别 2。		

序号	1060	品名	4-甲基-3-戊烯-2-酮	商品编码	2914.1900
别 名			异丙叉丙酮；异亚丙基丙酮	CAS 号	141-79-7
英文名			4-methyl-3-penten-2-one		
分子式			$C_6H_{10}O$		
外观与性状			无色、透明的有强烈气味的油状液体。		
主要用途			用于制造聚氯乙烯、高分子聚合树脂、染料、油墨时的溶剂和矿物浮选，也用作有机化学产品的中间体和防虫剂。		
危险特性			本品蒸气与空气形成爆炸性混合物，遇明火、高热能引起燃烧爆炸；与氧化剂能发生强烈反应；其蒸气比空气重，能在较低处扩散到相当远的地方，遇明火会着火回燃；若遇高热，容器内压增大，有开裂和爆炸的危险。		
健康危害			本品对眼睛、皮肤、呼吸道黏膜有刺激作用。当空气中本品达到 $48mg/m^3$ 时，人可嗅到其气味；达到 $105mg/m^3$ 时，即可引起胸部不适，对眼、鼻有刺激。		
防护措施			呼吸系统防护：可能接触其蒸气时，建议佩戴防毒口罩。 眼睛防护：可能接触其蒸气时，戴化学安全防护眼镜。 身体防护：穿防静电工作服。 手防护：高浓度接触时，戴防护手套。		
危险性类别			易燃液体，类别 3。		

序号	1061	品名	2-甲基-3-乙基戊烷	商品编码	2901.1000
别　名				CAS 号	609-26-7
英文名		2-methyl-3-ethylpentane			
分子式		C_8H_{18}			
外观与性状		无色液体。			
主要用途		用于有机合成。			
危险特性		本品遇高热、明火或与氧化剂接触，有引起燃烧的危险。			
健康危害		吸入本品蒸气有毒。			
防护措施		呼吸系统防护：高浓度环境中，应该佩戴供气式头盔。 眼睛防护：必要时戴化学安全防护眼镜。 身体防护：穿防静电工作服。 手防护：一般不需要特殊防护，高浓度接触时可戴防护手套。			
危险性类别		易燃液体，类别 2；皮肤腐蚀/刺激，类别 2；特异性靶器官毒性—单次接触，类别 3（麻醉效应）；吸入危害，类别 1；危害水生环境—急性危害，类别 1；危害水生环境—长期危害，类别 1。			

序号	1062	品名	2-甲基-4,6-二硝基酚	商品编码	2908.9200
别　名		4,6-二硝基邻甲苯酚；二硝酚		CAS 号	534-52-1
英文名		2-methyl-4,6-dinitrophenol			
分子式		$C_7H_6N_2O_5$			
外观与性状		黄色棱形结晶。			
主要用途		用作果树杀虫剂、除草剂。			
危险特性		本品粉体与空气可形成爆炸性混合物；遇明火、高热或与氧化剂接触，有引起燃烧爆炸的危险；受高热分解，放出有毒的烟气。			
健康危害		本品中毒会引起皮肤潮红、大汗、口渴、烦躁不安、全身乏力、高热、抽搐、肌肉强直、昏迷，最后血压下降而死亡。长期接触会引起皮炎、周围神经炎。			
防护措施		呼吸系统防护：生产操作或农业使用时，应该佩戴防毒口罩。空气中浓度较高时，佩戴自给式呼吸器。 眼睛防护：戴化学安全防护眼镜。 身体防护：穿相应的防护服。 手防护：戴防护手套。			
危险性类别		急性毒性—经口，类别 2*；急性毒性—经皮肤，类别 1；急性毒性—吸入，类别 2*；皮肤腐蚀/刺激，类别 2；严重眼损伤/眼刺激，类别 1；皮肤致敏物，类别 1；生殖细胞致突变性，类别 2；危害水生环境—急性危害，类别 1；危害水生环境—长期危害，类别 1。			

序号	1063	品名	1-甲基-4-丙基苯	商品编码	2902.9090
别 名			4-丙基甲苯	CAS 号	1074-55-1
英文名			1-methyl-4-propyl-benzene		
分子式			$C_{10}H_{14}$		
外观与性状			无色至浅黄色液体。		
防护措施			呼吸系统防护：佩戴防毒口罩。紧急事态抢救或逃生时，佩戴自给式呼吸器。 眼睛防护：戴化学安全防护眼镜。 防护服：穿相应的防护服。 手防护：戴防化学品手套。 其他防护：工作现场禁止吸烟、进食和饮水。工作完毕，淋浴更衣。注意个人清洁卫生。		
危险性类别			易燃液体，类别 3。		

序号	1064	品名	2-甲基-5-乙基吡啶	商品编码	2933.3990
别 名				CAS 号	104-90-5
英文名			5-ethyl-2-methylpyridine		
分子式			$C_8H_{11}N$		
外观与性状			无色液体，有刺激性气味。		
主要用途			用于有机合成。		
危险特性			本品蒸气与空气形成爆炸性混合物，遇明火、高热能引起燃烧爆炸；与氧化剂能发生强烈反应；受高热分解，放出有毒的烟气。		
健康危害			本品有毒，并对眼睛和皮肤有刺激作用。		
防护措施			呼吸系统防护：可能接触其蒸气时，佩戴防毒口罩。高浓度环境中，佩戴防毒面具。 眼睛防护：戴安全防护眼镜。 身体防护：穿工作服。 手防护：戴防护手套。		
危险性类别			急性毒性—经皮肤，类别 3；急性毒性—吸入，类别 3。		

序号	1065	品名	3-甲基-6-甲氧基苯胺	商品编码	2922.1990
别 名			邻氨基对甲苯甲醚	CAS 号	120-71-8
英文名			3-methyl-6-methoxyaniline		
分子式			$C_8H_{11}NO$		
外观与性状			白色针状或片状结晶。		
主要用途			用作染料中间体。		
危险特性			本品遇明火、高热可燃；受高热分解，放出有毒的烟气。		
健康危害			本品有毒，对眼睛、皮肤、黏膜和上呼吸道有刺激作用；吸收进体内，可形成高铁血红蛋白而致紫绀。		
防护措施			呼吸系统防护：佩戴防毒口罩。紧急事态抢救或逃生时，应该佩戴自给式呼吸器。 眼睛防护：高浓度环境中，戴化学安全防护眼镜。 身体防护：穿相应的防护服。 手防护：戴防护手套。		
危险性类别			致癌性，类别2。		

序号	1066	品名	S-甲基-N-[(甲基氨基甲酰基)-氧基]硫代乙酰胺酸酯	商品编码	2930.9090
别 名			灭多威；O-甲基氨基甲酰酯-2-甲硫基乙醛肟	CAS 号	16752-77-5
英文名			S-methyl-N-(methylcarbamoyloxy)thioacetimidate;methomyl		
分子式			$C_5H_{10}N_2O_2S$		
外观与性状			白色结晶固体，略具有硫黄的气味。		
主要用途			用作农药。		
危险特性			本品遇明火、高热可燃；受热分解，放出氮、硫的氧化物等毒性气体。		
健康危害			本品主要出现胆碱能的危象，症状包括流涎、流泪、视力模糊、震颤、惊厥、肌肉失调、精神错乱、昏迷、恶心、呕吐、腹泻、腹痛，最后呼吸衰竭而死亡。		
防护措施			呼吸系统防护：生产操作或农业使用时，应该佩戴防毒口罩。紧急事态抢救或逃生时建议佩戴自给式呼吸器。 眼睛防护：可采用安全面罩。 身体防护：穿相应的防护服。 手防护：必要时戴防护手套。		
危险性类别			急性毒性—经口，类别2*；危害水生环境—急性危害，类别1；危害水生环境—长期危害，类别1。		

序号	1067	品名	O-甲基-O-(2-异丙氧基甲酰基苯基)硫代磷酰胺	商品编码	2929.9090
别　名			水胺硫磷	CAS 号	24353-61-5
英文名			Isocarbophos		
分子式			$C_{11}H_{16}NO_4PS$		
外观与性状			纯品为无色鳞片状结晶，工业品为茶褐色黏稠的油状液。		
主要用途			主要用于防治水稻、棉花害虫。		
防护措施			呼吸系统防护：佩戴防毒口罩。紧急事态抢救或逃生时，佩戴自给式呼吸器。 眼睛防护：戴化学安全防护眼镜。 防护服：穿相应的防护服。 手防护：戴防化学品手套。 其他防护：工作现场禁止吸烟、进食和饮水。工作完毕，淋浴更衣。注意个人清洁卫生。		
危险性类别			急性毒性—经口，类别2。		

序号	1068	品名	O-甲基-O-(4-溴-2,5-二氯苯基)苯基硫代磷酸酯	商品编码	2931.3990
别　名			溴苯膦	CAS 号	21609-90-5
英文名			Leptophos		
分子式			$C_{13}H_{10}BrCl_2O_2PS$		
外观与性状			白色固体。		
主要用途			用作农用杀虫剂。		
危险特性			本品遇明火、高热可燃；受高热分解，放出高毒的烟气。		
健康危害			本品为中等毒有机磷杀虫剂，能使全血胆碱酯酶活性下降，引起头痛、头晕、无力、烦躁、恶心、呕吐、出汗、流涎、瞳孔缩小、抽搐、呼吸困难、紫绀，重者常伴有肺水肿、脑水肿，死于呼吸衰竭。		
防护措施			呼吸系统防护：生产操作或农业使用时，应该佩戴防毒口罩。紧急事态抢救或逃生时，建议佩戴自给式呼吸器。 眼睛防护：戴化学安全防护眼镜。 身体防护：穿相应的防护服。 手防护：戴防护手套。		
危险性类别			急性毒性—经口，类别2；急性毒性—经皮肤，类别3；特异性靶器官毒性—单次接触，类别1；危害水生环境—急性危害，类别1；危害水生环境—长期危害，类别1。		

序号	1069	品名	O-甲基-O-[(2-异丙氧基甲酰)苯基]-N-异丙基硫代磷酰胺	商品编码	2929.9090
别 名			甲基异柳磷	CAS 号	99675-03-3
英文名			Isofenphos-methyl		
分子式			$C_{14}H_{22}NO_4PS$		
主要用途			有作土壤杀虫剂,对害虫具有较强的触杀和胃毒作用。		
防护措施			呼吸系统防护：佩戴防毒口罩。紧急事态抢救或逃生时，佩戴自给式呼吸器。 眼睛防护：戴化学安全防护眼镜。 身体防护：穿相应的防护服。 手防护：戴防化学品手套。 其他防护：工作现场禁止吸烟、进食和饮水。工作完毕，淋浴更衣。注意个人清洁卫生。		
危险性类别			急性毒性—经口，类别3；急性毒性—经皮肤，类别3；危害水生环境—急性危害，类别1。		

序号	1070	品名	O-甲基-S-甲基-硫代磷酰胺	商品编码	2930.8000
别 名			甲胺磷	CAS 号	10265-92-6
英文名			Methamidophos		
分子式			$C_2H_8NO_2PS$		
外观与性状			纯品为白色针状晶体，工业品为无色黏稠状液体，冷却或放置后能析出针状结晶。		
主要用途			广谱高效杀虫剂，用于防治棉红蜘蛛、蚜、螨等，对抗药性虫害有良好防治效果。		
危险特性			本品遇明火、高热可燃；受热分解，放出氮、磷的氧化物等毒性气体。		
健康危害			本品能抑制胆碱酯酶活性，造成神经生理功能紊乱。急性中毒：短期内大量接触（口服、吸入、皮肤接触）引起急性中毒。症状有头痛、头昏、食欲减退、恶心、呕吐、腹痛、腹泻、流涎、瞳孔缩小、呼吸道分泌物增多、多汗、肌束震颤等；严重者出现肺水肿、脑水肿、昏迷、呼吸麻痹；部分病例会有心、肝、肾损害；少数严重病例在意识恢复后数周或数月发生周围神经病；个别严重病例会发生迟发性猝死，血胆碱酯酶活性降低。慢性中毒：尚有争论，有神经衰弱综合征、多汗、肌束震颤等症状，血胆碱酯酶活性降低。		
防护措施			呼吸系统防护：生产操作或农业使用时，必须佩戴自吸过滤式防毒面具（全面罩）。紧急事态抢救或撤离时，佩戴空气呼吸器。 眼睛防护：呼吸系统防护中已作防护。 身体防护：穿聚乙烯防毒服。 手防护：戴橡胶手套。		
危险性类别			急性毒性—经口，类别2*；急性毒性—经皮肤，类别3*；急性毒性—吸入，类别2*；危害水生环境—急性危害，类别1。		

序号	1071	品名	O-(甲基氨基甲酰基)-1-二甲氨基甲酰-1-甲硫基甲醛肟	商品编码	2930.9090
别名			杀线威	CAS号	23135-22-0
英文名			Oxamyl; vydate		
分子式			$C_7H_{13}N_3O_3S$		
外观与性状			白色结晶,略带硫的臭味。		
主要用途			用作高毒杀虫剂。		
危险特性			本品遇明火、高热可燃;受高热分解,放出有毒的烟气。		
健康危害			本品为高毒杀虫剂。吸入、摄入或经皮肤吸收后会中毒;受热分解释放出氮氧化物和氧化硫烟雾。		
防护措施			呼吸系统防护:生产操作或农业使用时,必须佩戴防毒口罩。必要时佩戴自给式呼吸器。 眼睛防护:戴化学安全防护眼镜。 身体防护:穿相应的防护服。 手防护:戴防化学品手套。		
危险性类别			急性毒性—经口,类别2*;急性毒性—吸入,类别2*;危害水生环境—急性危害,类别2;危害水生环境—长期危害,类别2。		

序号	1072	品名	O-甲基氨基甲酰基-2-甲基-2-(甲硫基)丙醛肟	商品编码	2930.8000
别名			涕灭威	CAS号	116-06-3
英文名			Aldicarb; carbanolate		
分子式			$C_7H_{14}N_2O_2S$		
外观与性状			有硫黄味的白色结晶。		
主要用途			用作农用杀虫剂。		
危险特性			本品遇明火、高热可燃;受高热分解,放出有毒的烟气。		
健康危害			本品为高毒杀虫剂。吸入、摄入或经皮肤吸收后会中毒。1985年,美国曾有150多人因吃受污染的西瓜而中毒。本品有致突变作用;受热分解释放出氮氧化物、氧化硫烟雾。		
防护措施			呼吸系统防护:生产操作或农业使用时,应该佩戴防毒口罩。紧急事态抢救或逃生时,佩戴自给式呼吸器。 眼睛防护:戴化学安全防护眼镜。 身体防护:穿相应的防护服。 手防护:戴防化学品手套。		
危险性类别			急性毒性—经口,类别2*;急性毒性—经皮肤,类别3*;急性毒性—吸入,类别2*;危害水生环境—急性危害,类别1;危害水生环境—长期危害,类别1。		

序号	1073	品名	O-甲基氨基甲酰基-3,3-二甲基-1-(甲硫基)丁醛肟	商品编码	2930.9090
别 名			O-甲基氨基甲酰基-3,3-二甲基-1-(甲硫基)丁醛肟;久效威	CAS 号	39196-18-4
英文名			2-butanone,3,3-dimethyl-1-(methylthio)-,O-((methylamino)carbonyl)oxime;thiofanox		
分子式			$C_9H_{18}N_2O_2S$		
外观与性状			白色结晶固体,有刺激性气味。		
主要用途			用作农药,具有内吸性杀虫和杀螨作用。		
防护措施			呼吸系统防护:佩戴防毒口罩。紧急事态抢救或逃生时,佩戴自给式呼吸器。 眼睛防护:戴化学安全防护眼镜。 防护服:穿相应的防护服。 手防护:戴防化学品手套。 其他防护:工作现场禁止吸烟、进食和饮水。工作完毕,淋浴更衣。注意个人清洁卫生。		
危险性类别			急性毒性—经口,类别2*;急性毒性—经皮肤,类别1;危害水生环境—急性危害,类别1;危害水生环境—长期危害,类别1。		

序号	1074	品名	2-甲基苯胺	商品编码	2921.4300
别 名			邻甲苯胺;2-氨基甲苯;邻氨基甲苯	CAS 号	95-53-4
英文名			2-toluidine		
分子式			C_7H_9N		
外观与性状			无色或淡黄色油状液体。		
主要用途			用作染料中间体、有机合成及合成糖精等。		
危险特性			本品遇明火、高热可燃;受高热分解释放出有毒的气体;与硝酸反应强烈。		
健康危害			本品是强烈的高铁血红蛋白形成剂,并能刺激膀胱尿道,导致血尿。急性中毒:多由皮肤污染而吸收引起,主要症状有脸部自觉灼热、剧烈头痛、头晕、呼吸困难、紫绀;继而出现血尿、尿闭、精神障碍、肌肉抽搐。慢性中毒会引起膀胱刺激症状。		
防护措施			呼吸系统防护:可能接触其蒸气时,佩戴自吸过滤式防毒面具(全面罩)。紧急事态抢救或撤离时,佩戴空气呼吸器。 眼睛防护:呼吸系统防护中已作防护。 身体防护:穿胶布防毒衣。 手防护:戴橡胶耐油手套。		
危险性类别			急性毒性—经口,类别3*;急性毒性—吸入,类别3*;严重眼损伤/眼刺激,类别2;致癌性,类别1A;危害水生环境—急性危害,类别1;危害水生环境—长期危害,类别2。		

序号	1075	品名	3-甲基苯胺	商品编码	2921.4300
别　名			间甲苯胺;3-氨基甲苯;间氨基甲苯	CAS 号	108-44-1
英文名			3-toluidine		
分子式			C_7H_9N		
外观与性状			无色油状液体。		
主要用途			用作制造还原染料的中间体。		
危险特性			本品遇明火、高热可燃；受高热分解释放出有毒的气体。		
健康危害			本品是强烈的高铁血红蛋白形成剂，并能刺激膀胱尿道，导致血尿。急性中毒：多由皮肤污染而吸收引起，主要症状有脸部自觉灼热、剧烈头痛、头晕、呼吸困难、紫绀；继而出现血尿、尿闭、精神障碍、肌肉抽搐。慢性中毒会引起膀胱刺激症状。		
防护措施			呼吸系统防护：可能接触其蒸气时，佩戴自吸过滤式防毒面具（全面罩）。紧急事态抢救或撤离时，佩戴隔离式呼吸器。 眼睛防护：呼吸系统防护中已作防护。 身体防护：穿胶布防毒衣。 手防护：戴橡胶耐油手套。		
危险性类别			急性毒性—经口，类别3*；急性毒性—经皮肤，类别3*；急性毒性—吸入，类别3*；特异性靶器官毒性—反复接触，类别2*；危害水生环境—急性危害，类别1；危害水生环境—长期危害，类别2。		

序号	1076	品名	4-甲基苯胺	商品编码	2921.4300
别　名			对甲基苯胺;4-氨甲苯;对氨基甲苯	CAS 号	106-49-0
英文名			4-toluidine		
分子式			C_7H_9N		
外观与性状			纯品为无色片状结晶。		
主要用途			用作染料中间体及医药乙胺嘧啶的中间体。		
危险特性			本品遇明火、高热可燃；受高热分解释放出有毒的气体。		
健康危害			本品是强烈的高铁血红蛋白形成剂，并能刺激膀胱尿道，导致血尿。急性中毒：多由皮肤污染而吸收引起，主要症状有脸部自觉灼热、剧烈头痛、头晕、呼吸困难、紫绀；继而出现血尿、尿闭、精神障碍、肌肉抽搐。慢性中毒会引起膀胱刺激症状。		
防护措施			呼吸系统防护：可能接触其粉尘时，佩戴头罩型电动送风过滤式防尘呼吸器。紧急事态抢救或撤离时，应该佩戴自给式呼吸器。 眼睛防护：呼吸系统防护中已作防护。 身体防护：穿胶布防毒衣。 手防护：戴橡胶手套。		
危险性类别			急性毒性—经口，类别3*；急性毒性—经皮肤，类别3*；急性毒性—吸入，类别3*；严重眼损伤/眼刺激，类别2；皮肤致敏物，类别1；危害水生环境—急性危害，类别1。		

序号	1077	品名	N-甲基苯胺		商品编码	2921.4200
别　名					CAS 号	100-61-8
英文名	N-methylaniline					
分子式	C_7H_9N					
外观与性状	无色到红棕色油状液体。					
主要用途	用于有机合成及用作溶剂。					
危险特性	本品遇明火、高热或与氧化剂接触，有引起燃烧爆炸的危险；受热分解释放出有毒的氧化氮烟气。					
健康危害	本品会形成高铁血红蛋白，造成组织缺氧；引起中枢神经系统及肝、肾损害。急性中毒：表现为口唇、指端、耳廓紫绀，出现恶心、呕吐、手指麻木、精神恍惚；严重者皮肤、黏膜严重青紫，出现呼吸困难、抽搐等，甚至昏迷、休克；还会出现溶血性黄疸、中毒性肝炎和肾损害。慢性中毒：患者有神经衰弱综合征表现，伴有轻度紫绀、贫血和肝、脾肿大。					
防护措施	呼吸系统防护：可能接触其蒸气时，佩戴过滤式防毒面具（半面罩）。紧急事态抢救或撤离时，佩戴隔离式呼吸器。 眼睛防护：戴安全防护眼镜。 身体防护：穿防毒物渗透工作服。 手防护：戴橡胶耐油手套。					
危险性类别	急性毒性—经口，类别 3 *；急性毒性—经皮肤，类别 3 *；急性毒性—吸入，类别 3 *；特异性靶器官毒性—反复接触，类别 2 *；危害水生环境—急性危害，类别 1；危害水生环境—长期危害，类别 1。					

序号	1078	品名	甲基苯基二氯硅烷		商品编码	2931.9000
别　名					CAS 号	149-74-6
英文名	Dichloromethylphenylsilane					
分子式	$C_7H_8Cl_2Si$					
外观与性状	无色透明液体。					
主要用途	制备高温硅油和其他有机硅化合物的原料。					
危险特性	本品易燃，遇明火、高热或与氧化剂接触能燃烧，并散发出有毒气体。					
健康危害	本品对眼睛、皮肤、黏膜和上呼吸道有强烈刺激作用。吸入后会引起喉、支气管的痉挛、水肿、炎症，化学性肺炎或肺水肿；接触后引起烧灼感、咳嗽、喘息、气短、头痛、恶心和呕吐等。					
防护措施	呼吸系统防护：可能接触其蒸气时，佩戴自吸过滤式防毒面具（全面罩）。 眼睛防护：呼吸系统防护中已作防护。 身体防护：穿橡胶耐酸碱服。 手防护：戴橡胶耐酸碱手套。					
危险性类别	皮肤腐蚀/刺激，类别 1；严重眼损伤/眼刺激，类别 1。					

序号	1079	品名	α-甲基苯基甲醇	商品编码	2906.2990
别 名			苯基甲基甲醇；α-甲基苄醇	CAS 号	98-85-1
英文名			α-methylbenzyl alcohol		
分子式			$C_8H_{10}O$		
外观与性状			无色液体，具有淡栀子花香味。		
主要用途			用于有机合成，用作香料的原料。		
危险特性			本品遇明火、高热可燃；与氧化剂能发生强烈反应；其蒸气比空气重，能在较低处扩散到相当远的地方，遇火源会着火回燃；若遇高热，容器内压增大，有开裂和爆炸的危险。		
健康危害			吸入、摄入或经皮肤吸收本品后对身体有害，对眼睛、皮肤、黏膜和呼吸道有强烈刺激作用。接触后会引起头痛、头晕、恶心、呕吐、咳嗽、气短等。		
防护措施			呼吸系统防护：空气中浓度超标时，必须佩戴自吸过滤式防毒面具（全面罩）。紧急事态抢救或撤离时，应该佩戴空气呼吸器。 眼睛防护：呼吸系统防护中已作防护。 身体防护：穿防毒物渗透工作服。 手防护：戴橡胶手套。		
危险性类别			急性毒性—经口，类别3。		

序号	1080	品名	2-甲基苯甲腈	商品编码	2926.9090
别 名			邻甲苯基氰；邻甲基苯甲腈	CAS 号	529-19-1
英文名			O-tolunitrile		
分子式			C_8H_7N		
外观与性状			无色透明液体。		
主要用途			用于有机合成。		
危险特性			本品遇明火能燃烧；与强氧化剂接触可发生化学反应；受高热分解释放出有毒的气体。		
健康危害			本品对皮肤有刺激作用，其蒸气或雾对眼睛、黏膜和上呼吸道有刺激作用。		
防护措施			呼吸系统防护：可能接触毒物时，应该佩戴防毒面具。 眼睛防护：戴化学安全防护眼镜。 身体防护：穿聚乙烯薄膜防毒服。 手防护：戴防化学品手套。		
危险性类别			皮肤腐蚀/刺激，类别2；严重眼损伤/眼刺激，类别2；特异性靶器官毒性—单次接触，类别3（呼吸道刺激）。		

序号	1081	品名	3-甲基苯甲腈		商品编码	2926.9090
别 名			3-甲基苯甲腈		CAS 号	620-22-4
英文名			M-tolunitrile			
分子式			C_8H_7N			
外观与性状			无色透明液体或结晶体。			
主要用途			用作医药、农药、染料中间体。			
防护措施			呼吸系统防护：佩戴防毒口罩。紧急事态抢救或逃生时，佩戴自给式呼吸器。 眼睛防护：戴化学安全防护眼镜。 防护服：穿相应的防护服。 手防护：戴防化学品手套。 其他防护：工作现场禁止吸烟、进食和饮水。工作完毕，淋浴更衣。注意个人清洁卫生。			
危险性类别			皮肤腐蚀/刺激，类别2；严重眼损伤/眼刺激，类别2；特异性靶器官毒性—单次接触，类别3（呼吸道刺激）。			

序号	1082	品名	4-甲基苯甲腈		商品编码	2926.9090
别 名			对甲苯基氰；对甲基苯甲腈		CAS 号	104-85-8
英文名			P-tolunitrile			
分子式			C_8H_7N			
外观与性状			白色至黄色针状结晶。			
主要用途			用于有机合成。			
危险特性			本品遇明火、高热可燃；受高热分解，放出有毒的烟气。			
健康危害			本品有毒，吸入、摄入或经皮肤吸收后会中毒，对眼睛、皮肤、黏膜和上呼吸道有刺激作用。			
防护措施			呼吸系统防护：高浓度环境中，应该佩戴防毒面具。 眼睛防护：戴化学安全防护眼镜。 身体防护：穿相应的防护服。 手防护：戴防化学品手套。			
危险性类别			皮肤腐蚀/刺激，类别2；严重眼损伤/眼刺激，类别2；特异性靶器官毒性—单次接触，类别3（呼吸道刺激）。			

序号	1083	品名	4-甲基苯乙烯(稳定的)	商品编码	2902.9090
别　名			对甲基苯乙烯	CAS 号	622-97-9
英文名			4-methylphenylene		
分子式			C_9H_{10}		
外观与性状			无色液体。		
主要用途			用作聚合物单体及用于涂料。		
危险特性			本品易燃，其蒸气与空气可形成爆炸性混合物，遇明火、高热能引起燃烧爆炸；本品易聚合，只有经过稳定化处理才允许储运；若遇高热，可发生聚合反应，放出大量热量而引起容器破裂和爆炸事故。		
健康危害			吸入、口服或经皮肤吸收本品对身体有害，对眼睛、皮肤、黏膜和呼吸道有刺激和麻醉作用。接触后先引起眼痛、流泪、咽痛、咳嗽等，继而出现头痛、头晕、恶心、呕吐、全身乏力，严重者可有眩晕、步态蹒跚等。		
防护措施			呼吸系统防护：可能接触其蒸气时，建议佩戴过滤式防毒面具（半面罩）。紧急事态抢救或撤离时，建议佩戴空气呼吸器。 眼睛防护：戴化学安全防护眼镜。 身体防护：穿防毒物渗透工作服。 手防护：戴橡胶耐油手套。		
危险性类别			易燃液体，类别 3；危害水生环境—急性危害，类别 2。		

序号	1084	品名	2-甲基吡啶	商品编码	2933.3990
别　名			α-皮考林	CAS 号	109-06-8
英文名			2-methylpyridine；α-picoline		
分子式			C_6H_7N		
外观与性状			无色液体，有特殊气味。		
主要用途			用于药品、染料、橡胶等化学品的合成，也用作溶剂、实验试剂。		
危险特性			本品易燃，遇明火、高热或与氧化剂接触，有引起燃烧爆炸的危险；受热分解释放出有毒的氧化氮烟气。		
健康危害			接触本品会出现疲乏、全身无力、嗜睡等症状，严重者出现神经系统症状，如步态蹒跚、意识短暂丧失等。		
防护措施			呼吸系统防护：可能接触其蒸气时，应该佩戴过滤式防毒面具（半面罩）。必要时，建议佩戴自给式呼吸器。 眼睛防护：戴化学安全防护眼镜。 身体防护：穿防毒物渗透工作服。 手防护：戴橡胶耐油手套。		
危险性类别			易燃液体，类别 3；严重眼损伤/眼刺激，类别 2；特异性靶器官毒性—单次接触，类别 3（呼吸道刺激）。		

序号	1085	品名	3-甲基吡啶		商品编码	2933.3990
别　名			β-皮考林		CAS 号	108-99-6
英文名		3-methylpyridine；β-picoline				
分子式		C_6H_7N				
外观与性状		无色液体，有不好的气味。				
主要用途		有机合成中用作溶剂，以及用于烟碱及烟酰胺制备。				
危险特性		本品易燃，遇明火、高热或与氧化剂接触，有引起燃烧爆炸的危险；受热分解释放出有毒的氧化氮烟气。				
健康危害		接触本品出现疲乏、全身无力、嗜睡等症状，严重者出现神经系统症状，如步态蹒跚、短暂意识丧失等。				
防护措施		呼吸系统防护：可能接触其蒸气时，应该佩戴过滤式防毒面具（半面罩）。必要时，佩戴空气呼吸器。 眼睛防护：戴化学安全防护眼镜。 身体防护：穿防毒物渗透工作服。 手防护：戴橡胶耐油手套。				
危险性类别		易燃液体，类别 3；急性毒性—经皮肤，类别 3；急性毒性—吸入，类别 3；皮肤腐蚀/刺激，类别 1；严重眼损伤/眼刺激，类别 1；特异性靶器官毒性—单次接触，类别 3（呼吸道刺激）；特异性靶器官毒性—反复接触，类别 1。				

序号	1086	品名	4-甲基吡啶		商品编码	2933.3990
别　名			γ-皮考林		CAS 号	108-89-4
英文名		4-methylpyridine；γ-picoline				
分子式		C_6H_7N				
外观与性状		无色、易燃、易挥发液体，具有不好的甜味；不纯物则为褐色。				
主要用途		用于医药工业。				
防护措施		呼吸系统防护：佩戴防毒口罩。紧急事态抢救或逃生时，佩戴自给式呼吸器。 眼睛防护：戴化学安全防护眼镜。 防护服：穿相应的防护服。 手防护：戴防化学品手套。 其他防护：工作现场禁止吸烟、进食和饮水。工作完毕，淋浴更衣。注意个人清洁卫生。				
危险性类别		易燃液体，类别 3；急性毒性—经皮肤，类别 3*；皮肤腐蚀/刺激，类别 2；严重眼损伤/眼刺激，类别 2；特异性靶器官毒性—单次接触，类别 3（呼吸道刺激）。				

序号	1087	品名	3-甲基吡唑-5-二乙基磷酸酯	商品编码	2933.1990
别　　名			吡唑磷	CAS 号	108-34-9
英文名			3-methylpyrazolyl-5-diethylphosphate；pyrazoxon		
分子式			$C_8H_{15}N_2O_4P$		
外观与性状			工业品为黄色液体。		
主要用途			用作农药。		
防护措施			呼吸系统防护：佩戴防毒口罩。紧急事态抢救或逃生时，佩戴自给式呼吸器。 眼睛防护：戴化学安全防护眼镜。 防护服：穿相应的防护服。 手防护：戴防化学品手套。 其他防护：工作现场禁止吸烟、进食和饮水。工作完毕，淋浴更衣。注意个人清洁卫生。		
危险性类别			急性毒性—经口，类别2*；急性毒性—经皮肤，类别1；急性毒性—吸入，类别2*。		

序号	1088	品名	(S)-3-(1-甲基吡咯烷-2-基)吡啶	商品编码	2939.7910
别　　名			烟碱；尼古丁；1-甲基-2-(3-吡啶基)吡咯烷	CAS 号	54-11-5
英文名			Nicotine		
分子式			$C_{10}H_{14}N_2$		
外观与性状			纯品为无色油状液体，有焦灼味，工业品为棕色。		
主要用途			用于医药及杀虫剂等。		
危险特性			本品遇明火能燃烧；与氧化剂可发生反应；受高热分解释放出有毒的气体。		
健康危害			本品属神经毒，作用于植物神经、中枢神经及运动神经末梢，先兴奋，后抑制。能经消化道、呼吸道和皮肤很快吸收，引起中毒。急性中毒表现有头痛、头晕、无力、恶心、呕吐、腹痛、腹泻、心律紊乱、心前区痛、呼吸困难、大汗、流涎、瞳孔缩小等症状。口服胃肠道有烧灼感。严重者出现肌束震颤、进行性肌无力、血压降低、神志不清、谵妄、惊厥、高度呼吸困难，死于出现呼吸和心脏麻痹。本品对眼睛、皮肤有刺激性。		
防护措施			呼吸系统防护：空气中浓度超标时，佩戴防毒面具。紧急事态抢救或逃生时，佩戴自给式呼吸器。 眼睛防护：一般不需特殊防护。必要时戴安全防护眼镜。 身体防护：穿相应的防护服。 手防护：戴防化学品手套。		
危险性类别			急性毒性—经口，类别3*；急性毒性—经皮肤，类别1；危害水生环境—急性危害，类别2；危害水生环境—长期危害，类别2。		

序号	1089	品名	甲基苄基溴		商品编码	2903.9990
别 名			甲基溴化苄；α-溴代二甲苯		CAS 号	89-92-9
英文名			2-methylbenzyl bromide			
分子式			C_8H_9Br			
外观与性状			无色液体。			
主要用途			用于有机合成。			
危险特性			本品遇明火、高热可燃；具有腐蚀性；受高热分解，放出有毒的烟气。			
健康危害			本品有毒，对眼睛、黏膜有强烈而持久的刺激作用，当浓度高时会引起肺水肿，严重者可致死。			
防护措施			呼吸系统防护：可能接触其蒸气时，佩戴防毒口罩。高浓度环境中，应该佩戴自给式呼吸器。 眼睛防护：戴化学安全防护眼镜。 身体防护：穿相应的防护服。 手防护：戴防化学品手套。			
危险性类别			急性毒性—吸入，类别2；皮肤腐蚀/刺激，类别2；严重眼损伤/眼刺激，类别2。			

序号	1090	品名	甲基苄基亚硝胺		商品编码	2929.9090
别 名			N-甲基-N-亚磷基苯甲胺		CAS 号	937-40-6
英文名			N-methyl-N-benzylnitrosamine			
分子式			$C_8H_{10}N_2O$			
防护措施			呼吸系统防护：佩戴防毒口罩。紧急事态抢救或逃生时，佩戴自给式呼吸器。 眼睛防护：戴化学安全防护眼镜。 防护服：穿相应的防护服。 手防护：戴防化学品手套。 其他防护：工作现场禁止吸烟、进食和饮水。工作完毕，淋浴更衣。注意个人清洁卫生。			
危险性类别			急性毒性—经口，类别2。			

序号	1091	品名	甲基丙基醚	商品编码	2909.1990
别　名			甲丙醚	CAS 号	557-17-5
英文名			Propyl methyl ether		
分子式			$C_4H_{10}O$		
外观与性状			无色液体。		
主要用途			用作溶剂和用于麻醉剂制备。		
危险特性			本品蒸气与空气形成爆炸性混合物，遇明火、高热极易燃烧爆炸；与氧化剂能发生强烈反应；接触空气或在光照条件下可生成具有潜在爆炸危险性的过氧化物；其蒸气比空气重，能在较低处扩散到相当远的地方，遇火源会着火回燃；若遇高热，容器内压增大，有开裂和爆炸的危险。		
健康危害			本品为麻醉剂。		
防护措施			呼吸系统防护：高浓度环境中，佩戴防毒面具。 眼睛防护：高浓度接触时，戴化学安全防护眼镜。 身体防护：穿工作服。 手防护：一般不需特殊防护，高浓度接触时可戴防护手套。		
危险性类别			易燃液体，类别 2。		

序号	1092	品名	2-甲基丙烯腈(稳定的)	商品编码	2926.9090
别　名			异丁烯腈	CAS 号	126-98-7
英文名			Methacrylonitrile		
分子式			C_4H_5N		
外观与性状			无色液体，有轻微杏仁气味。		
主要用途			用于合成橡胶、弹性塑料和涂料等。		
危险特性			本品蒸气与空气形成爆炸性混合物，遇明火、高热能引起燃烧爆炸；与氧化剂能发生强烈反应；其蒸气比空气重，能在较低处扩散到相当远的地方，遇火源会着火回燃；若遇高热，可能发生聚合反应，出现大量放热现象，引起容器破裂和爆炸事故。		
健康危害			本品毒作用似丙烯腈。动物急性中毒开始表现短时间兴奋，然后出现无力、气喘、紫绀、阵发性强直性抽搐、昏迷、死亡。实验表明，本品易通过兔和豚鼠皮肤吸收，局部无明显刺激反应，只有轻度充血。		
防护措施			呼吸系统防护：可能接触毒物时，必须佩戴防毒面具。紧急事态抢救或逃生时，建议佩戴正压自给式呼吸器。 眼睛防护：戴化学安全防护眼镜。 身体防护：穿相应的防护服。 手防护：戴防化学品手套。		
危险性类别			易燃液体，类别 2；急性毒性—经口，类别 3＊；急性毒性—经皮肤，类别 3＊；急性毒性—吸入，类别 3＊；皮肤致敏物，类别 1。		

序号	1093	品名	α-甲基丙烯醛	商品编码	2912.1900
别　名			异丁烯醛	CAS 号	78-85-3
英文名			2-methyl propenal；methacrolein		
分子式			C_4H_6O		
外观与性状			无色液体，有强烈刺激性臭味。		
主要用途			用于共聚物和树脂制造，是甲基丙烯酸的生产原料和热塑性塑料单体原料。		
危险特性			本品蒸气与空气形成爆炸性混合物，遇明火、高热能引起燃烧爆炸；与氧化剂能发生强烈反应；其蒸气比空气重，能在较低处扩散到相当远的地方，遇火源会着火回燃；若遇高热，可能发生聚合反应，出现大量放热现象，引起容器破裂和爆炸事故。		
健康危害			本品对眼睛、呼吸道黏膜及皮肤有强烈刺激作用。吸入引起喉、支气管的炎症、水肿和痉挛，化学性肺炎或肺水肿。		
防护措施			呼吸系统防护：可能接触其蒸气时，应该佩戴防毒面具。紧急事态抢救或逃生时，佩戴自给式呼吸器。 眼睛防护：戴化学安全防护眼镜。 身体防护：穿相应的防护服。 手防护：戴防化学品手套。		
危险性类别			易燃液体，类别 2；急性毒性—经口，类别 3；急性毒性—经皮肤，类别 3；急性毒性—吸入，类别 2；皮肤腐蚀/刺激，类别 1；严重眼损伤/眼刺激，类别 1；特异性靶器官毒性—单次接触，类别 3（呼吸道刺激）。		

序号	1094	品名	甲基丙烯酸(稳定的)	商品编码	2916.1300
别　名			异丁烯酸	CAS 号	79-41-4
英文名			Methacrylic acid		
分子式			$C_4H_6O_2$		
外观与性状			无色结晶或透明液体，有刺激性气味。		
主要用途			用于有机合成及聚合物制备。		
危险特性			本品蒸气与空气可形成爆炸性混合物，遇明火、高热易引起燃烧爆炸；与氧化剂能发生强烈反应；若遇高热，可发生聚合反应，放出大量热量而引起容器破裂和爆炸事故。		
健康危害			本品对鼻、喉有刺激性，高浓度接触可能引起肺部改变；对皮肤有刺激性，会导致灼伤；眼睛接触会导致灼伤，造成永久性损害。慢性影响：可能引起肺、肝、肾损害；对皮肤有致敏性，致敏后，即使接触极低水平的本品，也能引起皮肤刺痒和皮疹。		
防护措施			呼吸系统防护：空气中浓度超标时，佩戴直接式防毒面具（半面罩）。 眼睛防护：戴化学安全防护眼镜。 身体防护：穿防酸碱工作服。 手防护：戴橡胶耐酸碱手套。		
危险性类别			皮肤腐蚀/刺激，类别 1A；严重眼损伤/眼刺激，类别 1；特异性靶器官毒性—单次接触，类别 3（呼吸道刺激）。		

序号	1095	品名	甲基丙烯酸-2-二甲氨乙酯	商品编码	2922.1990
别名			二甲氨基乙基异丁烯酸酯	CAS 号	2867-47-2
英文名			Dimethylaminoethyl methacrylate		
分子式			$C_8H_{15}NO_2$		
外观与性状			无色液体，具有催泪性气味。		
主要用途			用于制造涂料、纤维处理剂、橡胶增强剂、稳定剂、润滑油添加剂、粘接剂、纸加工剂及离子交换树脂。		
危险特性			本品遇高热、明火或氧化剂，有引起燃烧的危险；遇高热能发生聚合反应，出现大量放热现象，引起容器破裂或爆炸事故。		
健康危害			本品为催泪性毒物；对皮肤、眼睛和黏膜有刺激性。误服会刺激胃肠道，引起恶心、呕吐、腹痛；吸入，引起喉痉挛、炎症、化学性肺炎、肺水肿等。		
防护措施			呼吸系统防护：可能接触其蒸气时，佩戴防毒口罩。紧急事态抢救或逃生时，应该佩戴自给式呼吸器。 眼睛防护：戴化学安全防护眼镜。 身体防护：穿相应的防护服。 手防护：戴防护手套。		
危险性类别			急性毒性—吸入，类别2；皮肤腐蚀/刺激，类别2；严重眼损伤/眼刺激，类别2；皮肤致敏物，类别1；危害水生环境—急性危害，类别2。		

序号	1096	品名	甲基丙烯酸甲酯（稳定的）	商品编码	2916.1400
别名			牙托水；有机玻璃单体；异丁烯酸甲酯	CAS 号	80-62-6
英文名			Methyl methacrylate		
分子式			$C_5H_8O_2$		
外观与性状			无色易挥发液体，并具有强辣味。		
主要用途			用作有机玻璃的单体，也用于制造其他树脂、塑料、涂料、黏合剂、润滑剂、木材和软木的浸润剂、纸张上光剂等。		
危险特性			本品易燃，其蒸气与空气可形成爆炸性混合物，遇明火、高热能引起燃烧爆炸；在受热、光和紫外线的作用下易发生聚合，粘度逐渐增加，严重时整个容器的单体可全部发生不规则爆发性聚合；其蒸气比空气重，能在较低处扩散到相当远的地方，遇火源会着火回燃。		
健康危害			本品有麻醉和刺激作用。急性中毒：表现有黏膜刺激症状、乏力、恶心、反复呕吐、头痛、头晕、胸闷，可有急识障碍。慢性影响：体检发现接触者中血压增高、萎缩性鼻炎、结膜炎和植物神经功能障碍百分比增高。		
防护措施			呼吸系统防护：可能接触其蒸气时，应该佩戴自吸过滤式防毒面具（半面罩）。 眼睛防护：戴化学安全防护眼镜。 身体防护：穿防静电工作服。 手防护：戴橡胶耐油手套。		
危险性类别			易燃液体，类别2；皮肤腐蚀/刺激，类别2；皮肤致敏物，类别1；特异性靶器官毒性—单次接触，类别3（呼吸道刺激）。		

序号	1097	品名	甲基丙烯酸三硝基乙酯	商品编码	2916.1400
别　名				CAS 号	
英文名	Trinitroethyl methacrylate				
防护措施	呼吸系统防护：佩戴防毒口罩。紧急事态抢救或逃生时，佩戴自给式呼吸器。 眼睛防护：戴化学安全防护眼镜。 防护服：穿相应的防护服。 手防护：戴防化学品手套。 其他防护：工作现场禁止吸烟、进食和饮水。工作完毕，淋浴更衣。注意个人清洁卫生。				
危险性类别	爆炸物，1.1 项。				

序号	1098	品名	甲基丙烯酸乙酯(稳定的)	商品编码	2916.1400
别　名	异丁烯酸乙酯			CAS 号	97-63-2
英文名	Ethyl methacrylate				
分子式	$C_6H_{10}O_2$				
外观与性状	无色液体，易挥发，有刺激性。				
主要用途	用于制备聚合物和共聚物、合成树脂、有机玻璃和涂料等。				
危险特性	本品易燃，其蒸气与空气可形成爆炸性混合物，遇明火、高热能引起燃烧爆炸；在受热、光和紫外线的作用下易发生聚合，粘度逐渐增加，严重时整个容器的单体可全部发生不规则爆发性聚合；其蒸气比空气重，能在较低处扩散到相当远的地方，遇火源会着火回燃。				
健康危害	吸入、口服或经皮肤吸收本品后对身体有害。其蒸气或雾对眼睛、黏膜和上呼吸道有刺激性。中毒表现有烧灼感、咳嗽、喘息、气短、喉炎、头痛、恶心和呕吐；引起过敏反应。				
防护措施	呼吸系统防护：可能接触其蒸气时，应该佩戴自吸过滤式防毒面具（半面罩）。 眼睛防护：戴化学安全防护眼镜。 身体防护：穿防静电工作服。 手防护：戴橡胶耐油手套。				
危险性类别	易燃液体，类别 2；皮肤腐蚀/刺激，类别 2；严重眼损伤/眼刺激，类别 2；皮肤致敏物，类别 1；特异性靶器官毒性—单次接触，类别 3（呼吸道刺激）。				

序号	1099	品名	甲基丙烯酸烯丙酯	商品编码	2916.1400
别 名			2-甲基-2-丙烯酸-2-丙烯基酯	CAS 号	96-05-9
英文名			Allyl methacrylate		
分子式			$C_7H_{10}O_2$		
外观与性状			无色透明液体。		
主要用途			用作有机玻璃制备中共聚单体、接枝单体及牙齿修补交联剂等。		
防护措施			呼吸系统防护：佩戴防毒口罩。紧急事态抢救或逃生时，佩戴自给式呼吸器。 眼睛防护：戴化学安全防护眼镜。 防护服：穿相应的防护服。 手防护：戴防化学品手套。 其他防护：工作现场禁止吸烟、进食和饮水。工作完毕，淋浴更衣。注意个人清洁卫生。		
危险性类别			易燃液体，类别3；急性毒性—吸入，类别3*；危害水生环境—急性危害，类别1。		

序号	1100	品名	甲基丙烯酸异丁酯(稳定的)	商品编码	2916.1400
别 名				CAS 号	97-86-9
英文名			Isobutyl methacrylate		
分子式			$C_8H_{14}O_2$		
外观与性状			无色液体。		
主要用途			作为有机合成的单体，用于合成树脂、塑料和涂料等。		
危险特性			本品易燃，在受热、光和紫外线的作用下易发生聚合，粘度逐渐增加，严重时整个容器的单体可全部发生不规则爆发性聚合；其蒸气比空气重，能在较低处扩散到相当远的地方，遇火源会着火回燃。		
健康危害			吸入、口服或经皮肤吸收本品对身体有害，其蒸气或雾对眼睛、黏膜和上呼吸道有刺激性。中毒表现有烧灼感、咳嗽、喘息、喉炎、气短、头痛、恶心和呕吐。		
防护措施			呼吸系统防护：空气中浓度超标时，应该佩戴直接式防毒面具（半面罩）。必要时，佩戴导管式防毒面具或自给式呼吸器。 眼睛防护：必要时，戴化学安全防护眼镜。 身体防护：穿防静电工作服。 手防护：戴橡胶耐油手套。		
危险性类别			易燃液体，类别3；皮肤腐蚀/刺激，类别2；严重眼损伤/眼刺激，类别2；皮肤致敏物，类别1；特异性靶器官毒性—单次接触，类别3（呼吸道刺激）；危害水生环境—急性危害，类别1。		

序号	1101	品名	甲基丙烯酸正丁酯(稳定的)	商品编码	2916.1400
别　名				CAS号	97-88-1
英文名		Butyl methacrylate			
分子式		$C_8H_{14}O_2$			
外观与性状		无色、具有甜味和酯气味的液体。			
主要用途		用于有机合成，制造塑料、光学玻璃的黏结剂，纺织、皮革及造纸用助剂。			
危险特性		本品易燃，遇明火、高热能引起燃烧爆炸；在受热、光和紫外线的作用下易发生聚合，黏度逐渐增加，严重时整个容器的单体可全部发生不规则爆发性聚合。			
健康危害		本品对皮肤、黏膜有中等刺激作用，接触后可能有烧灼感、咳嗽、眩晕、喉炎、气短、头痛、恶心和呕吐等症状。			
防护措施		呼吸系统防护：空气中浓度超标时，应该佩戴直接式防毒面具（半面罩）。必要时，佩戴导管式防毒面具或自给式呼吸器。 眼睛防护：戴化学安全防护眼镜。 身体防护：穿防静电工作服。 手防护：戴橡胶耐油手套。			
危险性类别		易燃液体，类别3；皮肤腐蚀/刺激，类别2；严重眼损伤/眼刺激，类别2；皮肤致敏物，类别1；特异性靶器官毒性—单次接触，类别3（呼吸道刺激）；危害水生环境—急性危害，类别1。			

序号	1102	品名	甲基狄戈辛	商品编码	2938.9090
别　名				CAS号	30685-43-9
英文名		Metildigoxin			
分子式		$C_{42}H_{66}O_{14}$			
防护措施		呼吸系统防护：佩戴防毒口罩。紧急事态抢救或逃生时，佩戴自给式呼吸器。 眼睛防护：戴化学安全防护眼镜。 防护服：穿相应的防护服。 手防护：戴防化学品手套。 其他防护：工作现场禁止吸烟、进食和饮水。工作完毕，淋浴更衣。注意个人清洁卫生。			
危险性类别		急性毒性—经口，类别2。			

序号	1103	品名	3-(1-甲基丁基)苯基-N-甲基氨基甲酸酯、3-(1-乙基丙基)苯基-N-甲基氨基甲酸酯	商品编码	2922.4999
别　名			合杀威	CAS 号	8065-36-9
英文名			Bufencarb		
分子式			$C_{26}H_{38}N_2O_4$		
防护措施			呼吸系统防护：佩戴防毒口罩。紧急事态抢救或逃生时，佩戴自给式呼吸器。 眼睛防护：戴化学安全防护眼镜。 防护服：穿相应的防护服。 手防护：戴防化学品手套。 其他防护：工作现场禁止吸烟、进食和饮水。工作完毕，淋浴更衣。注意个人清洁卫生。		
危险性类别			急性毒性—经口，类别3*；急性毒性—经皮肤，类别3*；危害水生环境—急性危害，类别1；危害水生环境—长期危害，类别1。		

序号	1104	品名	3-甲基丁醛	商品编码	2912.1900
别　名			异戊醛	CAS 号	590-86-3
英文名			3-methyl butyraldehyde；isovaleraldehyde		
分子式			$C_5H_{10}O$		
外观与性状			无色液体，有苹果香味。		
主要用途			用作食品原料、香精、试剂等。		
危险特性			本品易燃，其蒸气与空气可形成爆炸性混合物，遇明火、高热能引起燃烧爆炸；与氧化剂能发生强烈反应；其蒸气比空气重，能在较低处扩散到相当远的地方，遇火源会着火回燃。		
健康危害			接触本品蒸气会引起胸部压迫感、上呼吸道刺激、眩晕、头痛、恶心、呕吐、疲倦无力等症状。		
防护措施			呼吸系统防护：可能接触其蒸气时，应该佩戴过滤式防毒面具（半面罩）。 眼睛防护：戴安全防护眼镜。 身体防护：穿防静电工作服。 手防护：戴橡胶手套。		
危险性类别			易燃液体，类别2；皮肤腐蚀/刺激，类别2；严重眼损伤/眼刺激，类别2；特异性靶器官毒性—单次接触，类别3（呼吸道刺激）；危害水生环境—急性危害，类别2。		

序号	1105	品名	2-甲基丁烷		商品编码	2901.1000
别　名			异戊烷		CAS 号	78-78-4
英文名			2-methylbutane			
分子式			C_5H_{12}			
外观与性状			无色透明的易挥发液体，有令人愉快的芳香气味。			
主要用途			用于有机合成，也作溶剂。			
危险特性			本品极易燃，其蒸气与空气可形成爆炸性混合物，遇明火、高热极易燃烧爆炸；与氧化剂接触发生强烈反应，甚至引起燃烧；其蒸气比空气重，能在较低处扩散到相当远的地方，遇火源会着火回燃；若遇高热，容器内压增大，有开裂和爆炸的危险。			
健康危害			本品主要有麻醉及轻度刺激作用，会引起眼睛和呼吸道的刺激症状，严重者有麻醉症状，甚至意识丧失。慢性影响：眼睛和呼吸道的轻度刺激；皮肤长期接触会发生轻度皮炎。			
防护措施			呼吸系统防护：空气中浓度较高时，应该佩戴自吸过滤式防毒面具（半面罩）。 眼睛防护：必要时，戴化学安全防护眼镜。 身体防护：穿防静电工作服。 手防护：戴橡胶耐油手套。			
危险性类别			易燃液体，类别 1；特异性靶器官毒性—单次接触，类别 3（麻醉效应）；吸入危害，类别 1；危害水生环境—急性危害，类别 2；危害水生环境—长期危害，类别 2。			

序号	1106	品名	甲基二氯硅烷		商品编码	2931.9000
别　名			二氯甲基硅烷		CAS 号	75-54-7
英文名			Methyldichlorosilane			
分子式			CH_4Cl_2Si			
外观与性状			无色液体，具有刺鼻气味，易潮解。			
主要用途			用于硅酮化合物的制造。			
危险特性			本品蒸气与空气可形成爆炸性混合物，遇明火、高热能引起燃烧爆炸；遇水或水蒸气剧烈反应，放出的热量可导致其自燃，并放出有毒和腐蚀性的烟雾；与氧化剂接触反应猛烈。			
健康危害			本品对呼吸道有强烈刺激作用，会引起皮肤和眼睛刺激或灼伤；口服导致消化道灼伤。慢性影响：皮炎，呼吸道和眼损害。			
防护措施			呼吸系统防护：可能接触其蒸气时，应该佩戴自吸过滤式防毒面具（全面罩）。紧急事态抢救或撤离时，建议佩戴自给式呼吸器。 眼睛防护：呼吸系统防护中已作防护。 身体防护：穿胶布防毒衣。 手防护：戴橡胶手套。			
危险性类别			易燃液体，类别 2；遇水放出易燃气体的物质和混合物，类别 1；急性毒性—吸入，类别 2；皮肤腐蚀/刺激，类别 1；严重眼损伤/眼刺激，类别 1；特异性靶器官毒性—单次接触，类别 3（呼吸道刺激）。			

序号	1107	品名	2-甲基呋喃	商品编码	2932.1900
别　名			斯尔烷	CAS 号	534-22-5
英文名			2-methylfuran		
分子式			C_5H_6O		
外观与性状			无色液体,有醚样气味,在空气中或阳光照射下变黄至黑色。		
主要用途			用作溶剂、医药中间体。		
危险特性			本品蒸气与空气可形成爆炸性混合物,遇明火、高热极易燃烧爆炸;与氧化剂接触反应猛烈;接触空气或在光照条件下可生成具有潜在爆炸危险性的过氧化物;其蒸气比空气重,能在较低处扩散到相当远的地方,遇火源会着火回燃;若遇高热,容器内压增大,有开裂和爆炸的危险。		
健康危害			本品具有麻醉作用,能使血液循环、肠、胃、肝脏功能出现异常;对眼睛有刺激作用;实验资料报道,有致突变作用;受热分解释放出具有腐蚀性的烟雾。		
防护措施			呼吸系统防护:佩戴防毒口罩。紧急事态抢救或逃生时,应该佩戴自给式呼吸器。 眼睛防护:戴化学安全防护眼镜。 身体防护:穿防静电工作服。 手防护:戴防护手套。		
危险性类别			易燃液体,类别2;急性毒性—吸入,类别2。		

序号	1108	品名	2-甲基庚烷	商品编码	2901.1000
别　名				CAS 号	592-27-8
英文名			2-methylheptane		
分子式			C_8H_{18}		
外观与性状			无色液体,有汽油味。		
主要用途			用作分析试剂,也用于有机合成。		
危险特性			本品蒸气与空气可形成爆炸性混合物,遇明火、高热极易燃烧爆炸;与氧化剂接触反应猛烈;流速过快,容易产生和积聚静电;若遇高热,容器内压增大,有开裂和爆炸的危险。		
健康危害			本品毒性似正辛烷,属低毒类,对机体有麻醉作用;对眼睛、皮肤、黏膜有刺激作用。急性吸入后可由于心跳停止、呼吸麻痹、窒息而迅速死亡。		
防护措施			呼吸系统防护:可能接触其蒸气时,佩戴防毒口罩。紧急事态抢救或逃生时,应该佩戴自给式呼吸器。 眼睛防护:戴安全防护眼镜。 身体防护:穿防静电工作服。 手防护:戴防护手套。		
危险性类别			易燃液体,类别2;皮肤腐蚀/刺激,类别2;特异性靶器官毒性—单次接触,类别3(麻醉效应);吸入危害,类别1;危害水生环境—急性危害,类别1;危害水生环境—长期危害,类别1。		

序号	1109	品名	3-甲基庚烷	商品编码	2901.1000
别 名				CAS 号	589-81-1
英文名		3-methyl-heptane			
分子式		C_8H_{18}			
外观与性状		无色液体。			
防护措施		呼吸系统防护：佩戴防毒口罩。紧急事态抢救或逃生时，佩戴自给式呼吸器。 眼睛防护：戴化学安全防护眼镜。 防护服：穿相应的防护服。 手防护：戴防化学品手套。 其他防护：工作现场禁止吸烟、进食和饮水。工作完毕，淋浴更衣。注意个人清洁卫生。			
危险性类别		易燃液体，类别2；皮肤腐蚀/刺激，类别2；特异性靶器官毒性—单次接触，类别3（麻醉效应）；吸入危害，类别1；危害水生环境—急性危害，类别1；危害水生环境—长期危害，类别1。			

序号	1110	品名	4-甲基庚烷	商品编码	2901.1000
别 名				CAS 号	589-53-7
英文名		4-methylheptane			
分子式		C_8H_{18}			
外观与性状		无色液体，有汽油味。			
主要用途		用作分析试剂，也用于有机合成。			
危险特性		本品蒸气与空气可形成爆炸性混合物，遇明火、高热极易燃烧爆炸；与氧化剂接触反应猛烈；流速过快，容易产生和积聚静电；若遇高热，容器内压增大，有开裂和爆炸的危险。			
健康危害		本品毒性似正辛烷，属低毒类，对机体有麻醉作用；对眼睛、皮肤、黏膜有刺激作用。急性吸入后可由于心跳停止、呼吸麻痹、窒息而迅速死亡。			
防护措施		呼吸系统防护：可能接触其蒸气时，佩戴防毒口罩。紧急事态抢救或逃生时，应该佩戴自给式呼吸器。 眼睛防护：高浓度环境中，戴安全防护眼镜。 身体防护：穿防静电工作服。 手防护：戴防护手套。			
危险性类别		易燃液体，类别2；皮肤腐蚀/刺激，类别2；特异性靶器官毒性—单次接触，类别3（麻醉效应）；吸入危害，类别1；危害水生环境—急性危害，类别1；危害水生环境—长期危害，类别1。			

序号	1111	品名	甲基环己醇	商品编码	2906.1200
别　名			六氢甲酚	CAS 号	25639-42-3
英文名			Methyl-cyclohexanol		
分子式			$C_7H_{14}O$		
外观与性状			无色液体。		
防护措施			呼吸系统防护：佩戴防毒口罩。紧急事态抢救或逃生时，佩戴自给式呼吸器。 眼睛防护：戴化学安全防护眼镜。 防护服：穿相应的防护服。 手防护：戴防化学品手套。 其他防护：工作现场禁止吸烟、进食和饮水。工作完毕，淋浴更衣。注意个人清洁卫生。		
危险性类别			易燃液体，类别3；皮肤腐蚀/刺激，类别2；特异性靶器官毒性—单次接触，类别3（麻醉效应）。		

序号	1112	品名	甲基环己酮	商品编码	2914.2200
别　名				CAS 号	1331-22-2
英文名			Methylcyclohexanone		
分子式			$C_7H_{12}O$		
外观与性状			浅黄色液体。		
主要用途			用作溶剂和医药中间体。		
防护措施			呼吸系统防护：佩戴防毒口罩。紧急事态抢救或逃生时，佩戴自给式呼吸器。 眼睛防护：戴化学安全防护眼镜。 防护服：穿相应的防护服。 手防护：戴防化学品手套。 其他防护：工作现场禁止吸烟、进食和饮水。工作完毕，淋浴更衣。注意个人清洁卫生。		
危险性类别			易燃液体，类别3；皮肤腐蚀/刺激，类别2；严重眼损伤/眼刺激，类别2；特异性靶器官毒性—单次接触，类别3（呼吸道刺激、麻醉效应）。		

序号	1113	品名	甲基环己烷	商品编码	2902.1990
别 名			六氢化甲苯；环己基甲烷	CAS 号	108-87-2
英文名			Methylcyclohexane		
分子式			C_7H_{14}		
外观与性状			无色液体。		
主要用途			用作溶剂、色谱分析标准物质及作为校正温度计的标准，也用于有机合成。		
危险特性			本品蒸气与空气可形成爆炸性混合物，遇热源和明火有燃烧爆炸的危险；与氧化剂能发生强烈反应，引起燃烧或爆炸；在火场中，受热的容器有爆炸危险；高速冲击、流动、激荡后可因产生静电火花放电引起燃烧爆炸；其蒸气比空气重，能在较低处扩散到相当远的地方，遇火源会着火回燃。		
健康危害			皮肤接触本品引起发红、干燥皲裂、溃疡等。至今无中毒报道。动物实验本品毒性类似环己烷，但麻醉作用比环己烷强。		
防护措施			呼吸系统防护：空气中浓度超标时，佩戴过滤式防毒面具（半面罩）。 眼睛防护：一般不需要特殊防护，高浓度接触时可戴化学安全防护眼镜。 身体防护：穿防静电工作服。 手防护：戴橡胶耐油手套。		
危险性类别			易燃液体，类别 2；皮肤腐蚀/刺激，类别 2；特异性靶器官毒性—单次接触，类别 3（麻醉效应）；吸入危害，类别 1；危害水生环境—急性危害，类别 2；危害水生环境—长期危害，类别 2。		

序号	1114	品名	甲基环戊二烯	商品编码	2902.1990
别 名				CAS 号	26519-91-5
英文名			Methylcyclopenta-1,3-diene		
分子式			C_6H_8		
主要用途			用作各种金属衍生物、特种黏结剂、阻燃剂等。		
防护措施			呼吸系统防护：佩戴防毒口罩。紧急事态抢救或逃生时，佩戴自给式呼吸器。 眼睛防护：戴化学安全防护眼镜。 防护服：穿相应的防护服。 手防护：戴防化学品手套。 其他防护：工作现场禁止吸烟、进食和饮水。工作完毕，淋浴更衣。注意个人清洁卫生。		
危险性类别			易燃液体，类别 3。		

序号	1115	品名	甲基环戊烷	商品编码	2902.1990
别 名				CAS 号	96-37-7
英文名	Methylcyclopentane				
分子式	C_6H_{12}				
外观与性状	无色液体，有刺激性气味。				
主要用途	用作溶剂及色谱分析标准物质，也用于有机合成。				
危险特性	本品蒸气与空气可形成爆炸性混合物，遇热源和明火有燃烧爆炸的危险；与氧化剂能发生强烈反应；在火场中，受热的容器有爆炸危险；高速冲击、流动、激荡后可因产生静电火花放电引起燃烧爆炸；其蒸气比空气重，能在较低处扩散到相当远的地方，遇火源会着火回燃。				
健康危害	吸入、口服或经皮肤吸收本品对身体有害，其蒸气或雾对眼睛、皮肤、黏膜和上呼吸道有刺激性。				
防护措施	呼吸系统防护：空气中浓度超标时，佩戴过滤式防毒面具（半面罩）。 眼睛防护：戴化学安全防护眼镜。 身体防护：穿防静电工作服。 手防护：戴橡胶耐油手套。				
危险性类别	易燃液体，类别2；吸入危害，类别1。				

序号	1116	品名	甲基磺酸	商品编码	2904.1000
别 名				CAS 号	75-75-2
英文名	Methanesulfonic acid				
分子式	CH_4O_3S				
外观与性状	无色液体或固体。				
主要用途	用作酯化催化剂、烷化剂，以及用于氧化反应。				
危险特性	本品遇明火、高热可燃；受高热分解产生有毒的硫化物烟气。				
健康危害	本品对黏膜、上呼吸道、眼睛和皮肤有强烈的刺激性，吸入后，可因喉及支气管的痉挛、炎症、水肿、化学性肺炎或肺水肿而致死。接触后出现烧灼感、咳嗽、喘息、喉炎、气短、头痛、恶心和呕吐；可致灼伤。				
防护措施	呼吸系统防护：高浓度环境中，应该佩戴防毒面具。紧急事态抢救或逃生时，佩戴自给式呼吸器。 眼睛防护：戴化学安全防护眼镜。 身体防护：穿工作服（防腐材料制作）。 手防护：戴橡皮手套。				
危险性类别	皮肤腐蚀/刺激，类别1B；严重眼损伤/眼刺激，类别1。				

序号	1117	品名	甲基磺酰氯	商品编码	2904.9900
别　名			氯化硫酰甲烷；甲烷磺酰氯	CAS 号	124-63-0
英文名			Methanesulfonyl chloride		
分子式			CH_3ClO_2S		
外观与性状			无色或微黄色液体。		
主要用途			用作分析试剂。		
危险特性			本品遇明火、高热可燃；受热或遇水分解释放热，放出有毒的腐蚀性烟气；能与碱、氨起剧烈反应，造成火灾和爆炸；具有腐蚀性。		
健康危害			本品对黏膜、上呼吸道、眼睛和皮肤有强烈刺激性；可致灼伤。吸入后，因喉和支气管的痉挛、炎症和水肿，化学性肺炎或肺水肿而致死。接触后出现烧灼感、咳嗽、喘息、喉炎、气短、头痛、恶心和呕吐。		
防护措施			呼吸系统防护：可能接触其蒸气时，必须佩戴过滤式防毒面具（全面罩）或自给式呼吸器。紧急事态抢救或撤离时，佩戴自给式呼吸器。 眼睛防护：呼吸系统防护中已作防护。 身体防护：穿橡胶耐酸碱服。 手防护：戴橡胶耐酸碱手套。		
危险性类别			急性毒性—经口，类别3；急性毒性—经皮肤，类别3；急性毒性—吸入，类别1；皮肤腐蚀/刺激，类别1；严重眼损伤/眼刺激，类别1；特异性靶器官毒性—单次接触，类别1；危害水生环境—长期危害，类别3。		

序号	1118	品名	3-甲基己烷	商品编码	2901.1000
别　名				CAS 号	589-34-4
英文名			3-methyl-hexane		
分子式			C_7H_{16}		
外观与性状			无色，有刺激性的液体。		
主要用途			用于有机合成，用作溶剂、气相色谱对比样品。		
危险特性			本品蒸气与空气可形成爆炸性混合物，遇明火、高热极易燃烧爆炸；与氧化剂接触反应猛烈；流速过快，容易产生和积聚静电；其蒸气比空气重，能在较低处扩散到相当远的地方，遇火源会着火回燃；若遇高热，容器内压增大，有开裂和爆炸的危险。		
健康危害			本品蒸气能刺激皮肤、眼睛和黏膜，高浓度蒸气具有麻醉作用，对血象有轻度影响。		
防护措施			呼吸系统防护：空气中浓度超标时，必须佩戴自吸过滤式防毒面具（半面罩）。紧急事态抢救或撤离时，应该佩戴空气呼吸器。 眼睛防护：戴化学安全防护眼镜。 身体防护：穿防静电工作服。 手防护：戴橡胶耐油手套。		
危险性类别			易燃液体，类别2；皮肤腐蚀/刺激，类别2；特异性靶器官毒性—单次接触，类别3（麻醉效应）；吸入危害，类别1；危害水生环境—急性危害，类别1；危害水生环境—长期危害，类别1。		

序号	1119	品名	甲基肼		商品编码	2928.0000
别　　名			一甲肼；甲基联氨		CAS 号	60-34-4
英文名			Methylhydrazine			
分子式			CH_6N_2			
外观与性状			无色液体，有氨的气味。			
主要用途			用作有机合成中间体、溶剂。			
危险特性			本品易燃，其蒸气与空气可形成爆炸性混合物，遇明火、高热极易燃烧爆炸；在空气中遇尘土、石棉、木材等疏松性物质能自燃；遇过氧化氢或硝酸等氧化剂，也能自燃。高热时其蒸气能发生爆炸；具有腐蚀性。			
健康危害			意外吸入甲基肼蒸气会出现流泪、喷嚏、咳嗽，然后见眼充血、支气管痉挛、呼吸困难，继之恶心、呕吐。皮肤接触引起灼伤。慢性吸入甲基肼可致轻度高铁血红蛋白形成，引起溶血。			
防护措施			呼吸系统防护：正常工作情况下，佩戴过滤式防毒面具（全面罩）。高浓度环境中，必须佩戴空气呼吸器、氧气呼吸器或长管面具。紧急事态抢救或撤离时，建议佩戴自给式呼吸器。 眼睛防护：呼吸系统防护中已作防护。 身体防护：穿连衣式胶布防毒衣。 手防护：戴橡胶耐油手套。			
危险性类别			易燃液体，类别 1；急性毒性—经口，类别 2；急性毒性—经皮肤，类别 2；急性毒性—吸入，类别 1；皮肤腐蚀/刺激，类别 2；严重眼损伤/眼刺激，类别 2A；生殖毒性，类别 2；特异性靶器官毒性—单次接触，类别 1；特异性靶器官毒性—反复接触，类别 1；危害水生环境—急性危害，类别 1；危害水生环境—长期危害，类别 1。			

序号	1120	品名	4-甲基喹啉		商品编码	2933.4900
别　　名			4-甲基氮杂萘		CAS 号	491-35-0
英文名			4-methylquinoline			
分子式			$C_{10}H_9N$			
外观与性状			无色油状液体，遇光变成红棕色。			
主要用途			用于制备药物、染料等，也用作彩色电影胶片的增感剂。			
危险特性			本品遇明火、高热可燃；受高热分解，放出有毒的烟气。			
健康危害			本品有毒，对皮肤和眼睛有明显的刺激作用，并可引起较严重的持久性的损害；资料报道，有致突变的作用；受热分解释放出氮氧化物烟雾。			
防护措施			呼吸系统防护：可能接触其蒸气时，佩戴防毒口罩。紧急事态抢救或逃生时，应该佩戴自给式呼吸器。 眼睛防护：戴化学安全防护眼镜。 身体防护：穿相应的防护服。 手防护：戴防化学品手套。			
危险性类别			皮肤腐蚀/刺激，类别 2；严重眼损伤/眼刺激，类别 2；特异性靶器官毒性—单次接触，类别 3（呼吸道刺激）。			

序号	1121	品名	2-甲基喹啉		商品编码	2933.4900
别　名		喹那啶			CAS 号	91-63-4
英文名		2-methyl quinoline				
分子式		$C_{10}H_9N$				
外观与性状		无色油状液本。				
主要用途		用于制取彩色电影胶片的增碱剂、照相感光剂、橡胶硫化促进剂、润滑油抗氧剂、杀虫剂、杀菌剂以及染料等。				
危险特性		本品遇明火、高热可燃；与强氧化剂可发生反应。				
健康危害		本品对皮肤、眼睛、黏膜、上呼吸道有刺激作用。慢性作用：实验表明有致突变作用。				
防护措施		呼吸系统防护：空气中浓度较高时，应该佩戴防毒口罩。紧急事态抢救或逃生时，建议佩戴自给式呼吸器。 眼睛防护：戴化学安全防护眼镜。 身体防护：穿相应的防护服。 手防护：戴防化学品手套。				
危险性类别		皮肤腐蚀/刺激，类别 2；严重眼损伤/眼刺激，类别 2；特异性靶器官毒性—单次接触，类别 3（呼吸道刺激）。				

序号	1122	品名	6-甲基喹啉		商品编码	2933.4900
别　名					CAS 号	91-62-3
英文名		6-methylquinoline				
分子式		$C_{10}H_9N$				
外观与性状		淡黄色油状液体。				
主要用途		用于有机合成。				
危险特性		本品遇明火、高热可燃；受高热分解，放出有毒的烟气。				
健康危害		本品有毒，对皮肤和眼睛有明显的刺激作用，并可引起较严重的持久性的损害；资料报道有致突变作用；受热分解释放出氮氧化物烟雾。				
防护措施		呼吸系统防护：可能接触其蒸气时，佩戴防毒口罩。紧急事态抢救或逃生时，应该佩戴自给式呼吸器。 眼睛防护：戴化学安全防护眼镜。 身体防护：穿相应的防护服。 手防护：戴防化学品手套。				
危险性类别		皮肤腐蚀/刺激，类别 2；严重眼损伤/眼刺激，类别 2；特异性靶器官毒性—单次接触，类别 3（呼吸道刺激）。				

序号	1123	品名	7-甲基喹啉	商品编码	2933.4900
别　名				CAS 号	612-60-2
英文名	7-methylquinoline					
分子式	$C_{10}H_9N$					
外观与性状	黄色油状液体。					
主要用途	用于有机合成。					
危险特性	本品遇明火、高热可燃；受高热分解，放出有毒的烟气。					
健康危害	本品有毒，对皮肤和眼睛有明显的刺激作用，并引起严重的持久性的损害；受热分解释放出氮氧化物的烟雾。					
防护措施	呼吸系统防护：可能接触其蒸气时，佩戴防毒口罩。紧急事态抢救或逃生时，应该佩戴自给式呼吸器。 眼睛防护：戴化学安全防护眼镜。 身体防护：穿相应的防护服。 手防护：戴防化学品手套。					
危险性类别	皮肤腐蚀/刺激，类别2；严重眼损伤/眼刺激，类别2；特异性靶器官毒性—单次接触，类别3（呼吸道刺激）。					

序号	1124	品名	8-甲基喹啉	商品编码	2933.4900
别　名				CAS 号	611-32-5
英文名	8-methylquinoline					
分子式	$C_{10}H_9N$					
外观与性状	浅黄色油状液体。					
主要用途	用于有机合成。					
危险特性	本品遇明火、高热可燃；受高热分解，放出有毒的烟气。					
健康危害	本品有毒，对皮肤和眼睛有明显的刺激作用，并引起严重的持久性的损害；受热分解释放出氮氧化物的烟雾。					
防护措施	呼吸系统防护：可能接触其蒸气时，佩戴防毒口罩。紧急事态抢救或逃生时，应该佩戴自给式呼吸器。 眼睛防护：戴化学安全防护眼镜。 身体防护：穿相应的防护服。 手防护：戴防化学品手套。					
危险性类别	皮肤腐蚀/刺激，类别2；严重眼损伤/眼刺激，类别2；特异性靶器官毒性—单次接触，类别3（呼吸道刺激）。					

序号	1125	品名	甲基氯硅烷	商品编码	2931.9000
别 名			氯甲基硅烷	CAS 号	993-00-0
英文名			Methylchlorosilane		
分子式			CH_5ClSi		
外观与性状			无色气体或液体，具有强烈的气味。		
主要用途			用于制取硅橡胶、硅油和发泡灵等。		
危险特性			本品易燃，其蒸气与空气可形成爆炸性混合物；遇明火、高热或与氧化剂接触，有引起燃烧爆炸的危险；遇水或水蒸气反应放热并产生有毒的腐蚀性气体。		
健康危害			本品对眼、皮肤和黏膜有刺激性，会导致皮肤灼伤。		
防护措施			呼吸系统防护：可能接触毒物时，应该佩戴过滤式防毒面具（全面罩）或自给式呼吸器。 眼睛防护：呼吸系统防护中已作防护。 身体防护：穿防静电工作服。 手防护：戴橡胶手套。		
危险性类别			易燃气体，类别1；加压气体；皮肤腐蚀/刺激，类别1A；严重眼损伤/眼刺激，类别1。		

序号	1126	品名	N-甲基吗啉	商品编码	2934.9990
别 名				CAS 号	109-02-4
英文名			N-methyl morpholine		
分子式			$C_5H_{11}NO$		
外观与性状			无色液体，有氨的气味。		
主要用途			用作催化剂、萃取剂、氯烃的稳定剂、腐蚀抑制剂、分析试剂及药品制造等。		
危险特性			本品易燃，遇高热、明火、氧化剂有引起燃烧的危险；受热分解释放出有毒的氧化氮烟气。		
健康危害			吸入本品蒸气或雾对呼吸道有刺激性；对眼睛和皮肤接触有刺激作用；口服对机体有害。		
防护措施			呼吸系统防护：可能接触其蒸气时，佩戴过滤式防毒面具（半面罩）。紧急事态抢救或撤离时，建议佩戴氧气呼吸器。 眼睛防护：戴化学安全防护眼镜。 身体防护：穿胶布防毒衣。 手防护：戴橡胶耐油手套。		
危险性类别			易燃液体，类别2。		

序号	1127	品名	1-甲基萘	商品编码	2902.9090
别　名			α-甲基萘	CAS号	90-12-0
英文名			1-methylnaphthalene		
分子式			$C_{11}H_{10}$		
外观与性状			无色油状液体，有类似萘的气味。		
主要用途			用于有机合成、印染载体、热载体、增塑剂等。		
危险特性			本品遇明火、高热易燃，燃烧时放出有毒的刺激性烟雾；与强氧化剂如铬酸酐、氯酸盐和高锰酸钾等接触，能发生强烈反应，引起燃烧或爆炸。		
健康危害			本品在空气中实际能达到的浓度，未产生急性中毒效应。腹腔注射时，大鼠急性中毒征象：软弱、共济失调、呼吸困难、体温下降。动物慢性中毒时，出现发育缓慢、呼吸加速、耗氧量增大，高级神经活动及血液动力学障碍。		
防护措施			呼吸系统防护：一般不需要特殊防护，高浓度接触时可佩戴自吸过滤式防毒面具（半面罩）。 眼睛防护：必要时，戴安全防护眼镜。 身体防护：穿一般作业防护服。 手防护：戴一般作业防护手套。		
危险性类别			严重眼损伤/眼刺激，类别2；特异性靶器官毒性—单次接触，类别3（呼吸道刺激、麻醉效应）；特异性靶器官毒性—反复接触，类别2；危害水生环境—急性危害，类别2；危害水生环境—长期危害，类别2。		

序号	1128	品名	2-甲基哌啶	商品编码	2933.3990
别　名			2-甲基六氢吡啶	CAS号	109-05-7
英文名			2-methyl piperidine；2-methyl hexahydropyridine		
分子式			$C_6H_{13}N$		
外观与性状			无色液体，有刺激性气味。		
主要用途			用作有机合成的中间体。		
危险特性			本品易燃，遇高热、明火及强氧化剂易引起燃烧；受热分解释放出有毒的氧化氮烟气。		
健康危害			本品蒸气或雾对眼睛、黏膜和上呼吸道有刺激作用；对皮肤有刺激性。		
防护措施			呼吸系统防护：可能接触其蒸气时，佩戴过滤式防毒面具（半面罩）。紧急事态抢救或撤离时，建议佩戴氧气呼吸器。 眼睛防护：戴化学安全防护眼镜。 身体防护：穿防毒物渗透工作服。 手防护：戴橡胶耐油手套。		
危险性类别			易燃液体，类别2；皮肤腐蚀/刺激，类别1；严重眼损伤/眼刺激，类别1。		

序号	1129	品名	2-甲基萘	商品编码	2902.9090
别 名			β-甲基萘	CAS 号	91-57-6
英文名			2-methylnaphthalene		
分子式			$C_{11}H_{10}$		
外观与性状			白色至浅黄色单斜晶体或熔融状固体。		
主要用途			用于有机合成、杀虫剂、医药、染料中间体等。		
危险特性			本品遇明火、高热易燃，燃烧时放出有毒的刺激性烟雾；与强氧化剂如铬酸酐、氯酸盐和高锰酸钾等接触，能发生强烈反应，引起燃烧或爆炸；粉体与空气可形成爆炸性混合物，当达到一定浓度时，遇火星会发生爆炸。		
健康危害			本品在空气中实际能达到的浓度，未产生急性中毒效应。腹腔注射，大鼠急性中毒征象：软弱、共济失调、呼吸困难、体温下降。		
防护措施			呼吸系统防护：一般不需要特殊防护，高浓度接触时可佩戴自吸过滤式防毒面具（半面罩）。 眼睛防护：必要时，戴安全防护眼镜。 身体防护：穿一般作业防护服。 手防护：戴一般作业防护手套。		
危险性类别			易燃固体，类别2；严重眼损伤/眼刺激，类别2；特异性靶器官毒性—单次接触，类别3（呼吸道刺激、麻醉效应）；特异性靶器官毒性—反复接触，类别2；危害水生环境—急性危害，类别2；危害水生环境—长期危害，类别2。		

序号	1130	品名	3-甲基哌啶	商品编码	2933.3990
别 名			3-甲基六氢吡啶	CAS 号	626-56-2
英文名			3-methylpiperidine		
分子式			$C_6H_{13}N$		
外观与性状			无色液体。		
主要用途			用于有机合成。		
危险特性			本品遇高热、明火或与氧化剂接触，有引起燃烧的危险；若遇高热，容器内压增大，有开裂和爆炸的危险。		
健康危害			吸入、摄入或经皮肤吸收本品对身体有害，其蒸气或雾对眼、黏膜和上呼吸道有刺激性；对皮肤有刺激性。		
防护措施			呼吸系统防护：空气中浓度较高时，应该佩戴防毒面具。紧急事态抢救或撤离时，建议佩戴供气式呼吸器。 眼睛防护：戴化学安全防护目眼镜。 身体防护：穿防静电工作服。 手防护：必要时戴防化学品手套。		
危险性类别			易燃液体，类别2；皮肤腐蚀/刺激，类别1；严重眼损伤/眼刺激，类别1。		

序号	1131	品名	4-甲基哌啶	商品编码	2933.3990
别　名			4-甲基六氢吡啶	CAS 号	626-58-4
英文名			4-methylpiperidine		
分子式			$C_6H_{13}N$		
外观与性状			无色液体。		
主要用途			用作有机合成中间体。		
危险特性			本品遇高热、明火或与氧化剂接触，有引起燃烧的危险；若遇高热，容器内压增大，有开裂和爆炸的危险。		
健康危害			吸入、摄入或经皮肤吸收本品对身体有害，其蒸气或雾对眼、黏膜和上呼吸道有刺激性；对皮肤有刺激性。		
防护措施			呼吸系统防护：空气中浓度较高时，应该佩戴防毒面具。紧急事态抢救或撤离时，建议佩戴供气式呼吸器。 眼睛防护：戴化学安全防护眼镜。 身体防护：穿防静电工作服。 手防护：必要时戴防化学品手套。		
危险性类别			易燃液体，类别 2；皮肤腐蚀/刺激，类别 1；严重眼损伤/眼刺激，类别 1。		

序号	1132	品名	N-甲基哌啶	商品编码	2933.3990
别　名			N-甲基六氢吡啶；1-甲基哌啶	CAS 号	626-67-5
英文名			N-methyl piperidine		
分子式			$C_6H_{13}N$		
外观与性状			无色液体。		
主要用途			用于有机合成。		
危险特性			本品蒸气与空气形成爆炸性混合物，遇明火、高热能引起燃烧爆炸；与氧化剂能发生强烈反应；其蒸气比空气重，能在较低处扩散到相当远的地方，遇明火会引着回燃。		
健康危害			误服、吸入或与皮肤接触本品对身体有害，对眼睛、皮肤和黏膜有刺激性。		
防护措施			呼吸系统防护：空气中浓度较高时，应该佩戴防毒面具。紧急事态抢救或撤离时，建议佩戴供气式呼吸器。 眼睛防护：戴化学安全防护眼镜。 身体防护：穿防静电工作服。 手防护：必要时戴防化学品手套。		
危险性类别			易燃液体，类别 2；皮肤腐蚀/刺激，类别 1；严重眼损伤/眼刺激，类别 1；危害水生环境—长期危害，类别 3。		

序号	1133	品名	N-甲基全氟辛基磺酰胺	商品编码	2935.1000
别 名				CAS 号	31506-32-8
英文名		N-methyl perfluorooctanesulphonamide			
分子式		$C_9H_4F_{17}NO_2S$			
防护措施		呼吸系统防护：佩戴防毒口罩。紧急事态抢救或逃生时，佩戴自给式呼吸器。 眼睛防护：戴化学安全防护眼镜。 防护服：穿相应的防护服。 手防护：戴防化学品手套。 其他防护：工作现场禁止吸烟、进食和饮水。工作完毕，淋浴更衣。注意个人清洁卫生。			
危险性类别		生殖毒性，类别1B；生殖毒性，附加类别；特异性靶器官毒性—反复接触，类别1；危害水生环境—急性危害，类别2；危害水生环境—长期危害，类别2。			

序号	1134	品名	3-甲基噻吩	商品编码	2934.9990
别 名		甲基硫茂		CAS 号	616-44-4
英文名		3-methylthiophene			
分子式		C_5H_6S			
外观与性状		无色油状液体。			
主要用途		用于有机合成。			
危险特性		本品蒸气与空气可形成爆炸性混合物，遇明火、高热极易燃烧爆炸；与氧化剂接触反应猛烈；受高热分解产生有毒的硫化物烟气；流速过快，容易产生和积聚静电；若遇高热，容器内压增大，有开裂和爆炸的危险。			
健康危害		本品具有刺激性，接触后能引起头痛、恶心、呕吐。			
防护措施		呼吸系统防护：空气中浓度超标时，必须佩戴自吸过滤式防毒面具（半面罩）。紧急事态抢救或撤离时，应该佩戴空气呼吸器。 眼睛防护：戴化学安全防护眼镜。 身体防护：穿防静电工作服。 手防护：戴橡胶耐油手套。			
危险性类别		易燃液体，类别2；危害水生环境—长期危害，类别3。			

序号	1135	品名	甲基三氯硅烷	商品编码	2931.9000
别 名			三氯甲基硅烷	CAS 号	75-79-6
英文名			Methyltrichlorosilane		
分子式			CH_3Cl_3Si		
外观与性状			无色液体,具有刺鼻恶臭味,易潮解。		
主要用途			用于制造硅酮化合物。		
危险特性			本品易燃,遇明火、高热或与氧化剂接触,有引起燃烧爆炸的危险;受热或遇水分解释放热,放出有毒的腐蚀性烟气;具有腐蚀性。		
健康危害			本品对呼吸道和眼结膜有强烈刺激作用,接触者会有流泪、咳嗽、头痛、恶心、呕吐、喘息、易激动、皮肤发痒等症状;吸入后因喉、支气管的痉挛、水肿,化学性肺炎、肺水肿而致死。		
防护措施			呼吸系统防护:可能接触其蒸气时,应该佩戴自吸过滤式防毒面具(全面罩)。紧急事态抢救或撤离时,建议佩戴自给式呼吸器。 眼睛防护:呼吸系统防护中已作防护。 身体防护:穿胶布防毒衣。 手防护:戴橡胶耐油手套。		
危险性类别			易燃液体,类别2;皮肤腐蚀/刺激,类别2;严重眼损伤/眼刺激,类别2;特异性靶器官毒性—单次接触,类别3(呼吸道刺激)。		

序号	1136	品名	甲基三乙氧基硅烷	商品编码	2931.9000
别 名			三乙氧基甲基硅烷	CAS 号	2031-67-6
英文名			Methyltriethoxysilane		
分子式			$C_7H_{18}O_3Si$		
外观与性状			无色液体。		
主要用途			用于有机硅化合物制造,如制取有机硅玻璃树脂及其他树脂。		
危险特性			本品遇明火、高热易燃;与氧化剂能发生强烈反应;若遇高热,容器内压增大,有开裂和爆炸的危险。		
健康危害			本品对皮肤有刺激作用;其蒸气或雾对眼睛、黏膜和上呼吸道有刺激作用。		
防护措施			呼吸系统防护:可能接触其蒸气时,应该佩戴防毒面具。紧急事态抢救或撤离时,建议佩戴自给式呼吸器。 眼睛防护:戴化学安全防护眼镜。 身体防护:穿防静电工作服。 手防护:戴防化学品手套。		
危险性类别			易燃液体,类别3。		

序号	1137	品名	甲基胂酸锌	商品编码	2931.9000
别 名			稻脚青	CAS 号	51952-65-9
英文名			Zinc methanearsonate		
分子式			$CH_3AsO_3Zn \cdot H_2O$		
外观与性状			纯品为白色有光泽的晶体，工业品为土黄色粉末。		
主要用途			用作农药、防虫药，有20%可湿性粉剂。		
危险特性			本品在高温下可燃烧。		
健康危害			本品毒作用机理及中毒表现与砷的无机化合物基本类似。在水稻区接触本品者患神经衰弱综合征者较多，尿砷及发砷量明显增加。		
防护措施			呼吸系统防护：生产操作或农业使用时，必须佩戴自吸过滤式防尘口罩。紧急事态抢救或撤离时，应该佩戴自给式呼吸器。 眼睛防护：戴化学安全防护眼镜。 身体防护：穿连衣式胶布防毒衣。 手防护：戴氯丁橡胶手套。		
危险性类别			急性毒性—经口，类别2；急性毒性—经皮肤，类别3；危害水生环境—急性危害，类别1；危害水生环境—长期危害，类别1。		

序号	1138	品名	甲基叔丁基甲酮	商品编码	2914.1900
别 名			3,3-二甲基-2-丁酮;1,1,1-三甲基丙酮;甲基特丁基酮	CAS 号	75-97-8
英文名			Tert-butyl methyl ketone		
分子式			$C_6H_{12}O$		
外观与性状			无色液体。		
主要用途			用作溶剂。		
危险特性			本品易燃，遇明火、高热或与氧化剂接触，有引起燃烧爆炸的危险。		
健康危害			吸入、口服或经皮肤吸收本品对身体有害，具有刺激性。		
防护措施			呼吸系统防护：空气中浓度超标时，应该佩戴自吸过滤式防毒面具（半面罩）。高浓度环境中，建议佩戴空气呼吸器。 眼睛防护：可能接触其蒸气时，戴化学安全防护眼镜。 身体防护：穿防静电工作服。 手防护：戴橡胶耐油手套。		
危险性类别			易燃液体，类别3；急性毒性—吸入，类别3。		

序号	1139	品名	甲基叔丁基醚	商品编码	2909.1990
别 名			2-甲氧基-2-甲基丙烷；MTBE	CAS 号	1634-04-4
英文名			Methyl-tert-butyl ether		
分子式			$C_5H_{12}O$		
外观与性状			无色液体，具有醚样气味。		
主要用途			用作汽油添加剂。		
危险特性			本品易燃，其蒸气与空气可形成爆炸性混合物，遇明火、高热或与氧化剂接触，有引起燃烧爆炸的危险；与氧化剂接触反应猛烈；其蒸气比空气重，能在较低处扩散到相当远的地方，遇火源会着火回燃。		
健康危害			本品蒸气或雾对眼睛、黏膜和上呼吸道有刺激作用，引起化学性肺炎；对皮肤有刺激作用。		
防护措施			呼吸系统防护：可能接触其蒸气时，佩戴过滤式防毒面具（半面罩）。 眼睛防护：戴化学安全防护眼镜。 身体防护：穿防静电工作服。 手防护：戴橡胶耐油手套。		
危险性类别			易燃液体，类别2；皮肤腐蚀/刺激，类别2。		

序号	1140	品名	2-甲基四氢呋喃	商品编码	2932.1900
别 名			四氢-2-甲基呋喃	CAS 号	96-47-9
英文名			2-methyltetrahydrofuran		
分子式			$C_5H_{10}O$		
外观与性状			无色挥发性液体，有类似醚的气味。		
主要用途			用作合成药物磷酸氯喹、磷酸伯氨喹等的原料，也可用作溶剂。		
危险特性			本品蒸气与空气形成爆炸性混合物，遇明火、高热能引起燃烧爆炸；与氧化剂能发生强烈反应；其蒸气比空气重，能在较低处扩散到相当远的地方，遇明火会着火回燃；若遇高热，容器内压增大，有开裂和爆炸的危险；接触空气或在光照条件下可生成具有潜在爆炸危险性的过氧化物。		
健康危害			吸入、摄入或经皮肤吸收本品后对身体有害，其蒸气和雾对眼睛、黏膜和上呼吸道有刺激作用。		
防护措施			呼吸系统防护：空气中浓度较高时，应该佩戴防毒面具。 眼睛防护：戴化学安全防护眼镜。 身体防护：穿防静电工作服。 手防护：戴防护手套。		
危险性类别			易燃液体，类别2；严重眼损伤/眼刺激，类别2B。		

序号	1141	品名	1-甲基戊醇	商品编码	2905.1990
别 名			仲己醇;2-己醇	CAS 号	626-93-7
英文名			2-hexanol		
分子式			$C_6H_{14}O$		
外观与性状			无色液体。		
主要用途			用作溶剂。		
危险特性			遇明火、高热能引起燃烧爆炸;与氧化剂能发生强烈反应;若遇高热,容器内压增大,有开裂和爆炸的危险。		
健康危害			吸入、口服或经皮肤吸收本品对身体有害,其蒸气或雾对眼睛、皮肤、黏膜和呼吸道有刺激作用。		
防护措施			呼吸系统防护:气中浓度超标时,应该佩戴防毒面具。 眼睛防护:戴安全防护眼镜。 身体防护:穿工作服。 手防护:必要时戴防护手套。		
危险性类别			易燃液体,类别3。		

序号	1142	品名	甲基戊二烯	商品编码	2901.2990
别 名				CAS 号	54363-49-4
英文名			Methylpentadiene		
分子式			C_6H_{10}		
防护措施			呼吸系统防护:佩戴防毒口罩。紧急事态抢救或逃生时,佩戴自给式呼吸器。 眼睛防护:戴化学安全防护眼镜。 防护服:穿相应的防护服。 手防护:戴防化学品手套。 其他防护:工作现场禁止吸烟、进食和饮水。工作完毕,淋浴更衣。注意个人清洁卫生。		
危险性类别			易燃液体,类别2;皮肤腐蚀/刺激,类别2。		

序号	1143	品名	4-甲基戊腈	商品编码	2926.9090
别　名			异戊基氰；氰化异戊烷；异己腈	CAS 号	542-54-1
英文名			4-methyl pentanenitrile		
分子式			$C_6H_{11}N$		
外观与性状			无色液体。		
主要用途			用于有机合成。		
危险特性			本品遇明火易燃；受高热分解释放出有毒的气体；在火场中，受热的容器有爆炸危险。		
健康危害			兔皮下注射最低致死量为 89mg/kg，出现震颤和呼吸困难。		
防护措施			呼吸系统防护：可能接触毒物时，必须佩戴防毒面具。紧急事态抢救或逃生时，建议佩戴正压自给式呼吸器。 眼睛防护：戴化学安全防护眼镜。 身体防护：穿相应的防护服。 手防护：戴防化学品手套。		
危险性类别			易燃液体，类别 3；急性毒性—经口，类别 3；急性毒性—经皮肤，类别 3；急性毒性—吸入，类别 2。		

序号	1144	品名	2-甲基戊醛	商品编码	2912.1900
别　名			α-甲基戊醛	CAS 号	123-15-9
英文名			2-methylpentaldehyde		
分子式			$C_6H_{12}O$		
外观与性状			无色液体，有果香味。		
主要用途			用于合成镇定药物、增塑剂、颜料、树脂和杀虫剂。		
危险特性			本品蒸气与空气可形成爆炸性混合物，遇明火、高热能引起燃烧爆炸；与氧化剂可发生反应；容易自聚，聚合反应随着温度的上升而急骤加剧；其蒸气比空气重，能在较低处扩散到相当远的地方，遇火源会着火回燃；若遇高热，容器内压增大，有开裂和爆炸的危险。		
健康危害			本品对眼睛、皮肤、黏膜和呼吸道有刺激作用，吸入、摄入或经皮肤吸收后对身体有害。		
防护措施			呼吸系统防护：高浓度环境中，建议佩戴供气式呼吸器。 眼睛防护：必要时戴安全防护眼镜。 身体防护：穿防静电工作服。 手防护：戴防护手套。		
危险性类别			易燃液体，类别 2；危害水生环境—长期危害，类别 3。		

序号	1145	品名	2-甲基戊烷	商品编码	2901.1000
别 名			异己烷	CAS 号	107-83-5
英文名			2-methylpentane; isohexane		
分子式			C_6H_{14}		
外观与性状			无色透明液体。		
主要用途			用作溶剂、有机合成中间体、化学试剂。		
危险特性			本品极易燃,其蒸气与空气可形成爆炸性混合物,遇明火、高热极易燃烧爆炸;与氧化剂接触发生强烈反应,甚至引起燃烧;在火场中,受热的容器有爆炸危险;其蒸气比空气重,能在较低处扩散到相当远的地方,遇火源会着火回燃。		
健康危害			本品蒸气或雾对眼睛、皮肤和上呼吸道有刺激性,接触后出现烧灼感、咳嗽、喘息、喉炎、气短、头痛、恶心和呕吐。		
防护措施			呼吸系统防护:空气中浓度超标时,佩戴自吸过滤式防毒面具(半面罩)。 眼睛防护:一般不需要特殊防护,高浓度接触时可戴化学安全防护眼镜。 身体防护:穿防静电工作服。 手防护:戴橡胶耐油手套。		
危险性类别			易燃液体,类别2;皮肤腐蚀/刺激,类别2;特异性靶器官毒性—单次接触,类别3(麻醉效应);吸入危害,类别1;危害水生环境—急性危害,类别2;危害水生环境—长期危害,类别2。		

序号	1146	品名	3-甲基戊烷	商品编码	2901.1000
别 名				CAS 号	96-14-0
英文名			3-methyl pentane		
分子式			C_6H_{14}		
外观与性状			无色透明液体。		
主要用途			用于有机合成及用作溶剂。		
危险特性			本品蒸气与空气可形成爆炸性混合物,遇热源和明火有燃烧爆炸的危险;与氧化剂接触发生化学反应或引起燃烧;其蒸气比空气重,能在较低处扩散到相当远的地方,遇火源会着火回燃。		
健康危害			本品对眼睛、黏膜、呼吸道及皮肤有刺激性,接触后引起烧灼感、咳嗽、喘息、喉炎、气短、头痛、恶心和呕吐。		
防护措施			呼吸系统防护:空气中浓度超标时,佩戴自吸过滤式防毒面具(半面罩)。 眼睛防护:一般不需要特殊防护,高浓度接触时可戴化学安全防护眼镜。 身体防护:穿防静电工作服。 手防护:戴橡胶耐油手套。		
危险性类别			易燃液体,类别2;皮肤腐蚀/刺激,类别2;特异性靶器官毒性—单次接触,类别3(麻醉效应);吸入危害,类别1;危害水生环境—急性危害,类别2;危害水生环境—长期危害,类别2。		

序号	1147	品名	2-甲基烯丙醇	商品编码	2905.2900
别 名			异丁烯醇	CAS 号	513-42-8
英文名			2-methyl-2-propen-1-ol；methallyl alcohol		
分子式			C_4H_8O		
外观与性状			无色液体。		
主要用途			用作有机合成中间体。		
危险特性			本品蒸气与空气可形成爆炸性混合物，遇明火、高热能引起燃烧爆炸；与氧化剂可发生反应；容易自聚，聚合反应随着温度的上升而急骤加剧；其蒸气比空气重，能在较低处扩散到相当远的地方，遇火源会着火回燃；若遇高热，容器内压增大，有开裂和爆炸的危险。		
健康危害			吸入、摄入或经皮肤吸收本品后对身体有害，对眼睛、皮肤、黏膜和上呼吸道有刺激作用。		
防护措施			呼吸系统防护：高浓度环境中，佩戴防毒面具。 眼睛防护：戴安全防护眼镜。 身体防护：穿防静电工作服。 手防护：戴防护手套。		
危险性类别			易燃液体，类别3。		

序号	1148	品名	甲基溴化镁(浸在乙醚中)	商品编码	2931.9000
别 名			格利雅溶液	CAS 号	75-16-1
英文名			Methyl magnesium bromide(in ethyl ether)		
分子式			CH_3BrMg		
外观与性状			灰褐色液体。		
主要用途			用于有机合成。		
危险特性			本品遇水或酸能发生化学反应，放出易燃气体；与氧化剂能发生强烈反应；接触空气或在光照条件下可生成具有潜在爆炸危险性的过氧化物。		
健康危害			吸入、摄入或经皮肤吸收本品后对身体有害，对眼睛、皮肤、黏膜和上呼吸道有强烈的刺激作用。接触后引起烧灼感、咳嗽、喉炎、化学性肺炎、肺水肿、头痛、恶心和呕吐等。同时，还要考虑乙醚的麻醉作用。		
防护措施			呼吸系统防护：可能接触其蒸气时，佩戴防毒面具。紧急事态抢救或逃生时，应该佩戴自给式呼吸器。 眼睛防护：戴化学安全防护眼镜。 身体防护：穿防静电工作服。 手防护：戴防化学品手套。		
危险性类别			易燃液体，类别1；遇水放出易燃气体的物质和混合物，类别1。		

序号	1149	品名	甲基乙烯醚（稳定的）	商品编码	2909.1990
别　名			乙烯基甲醚	CAS 号	107-25-5
英文名			Methyl vinyl ether		
分子式			C_3H_6O		
外观与性状			无色有香味的气体。		
主要用途			用于有机合成及医药。		
危险特性			本品与空气混合能形成爆炸性混合物，遇明火、高热或与氧化剂接触，有引起燃烧爆炸的危险；气体比空气重，能在较低处扩散到相当远的地方，遇火源会着火回燃；若遇高热，容器内压增大，有开裂和爆炸的危险。		
健康危害			吸入本品对身体有害，能引起快速的窒息。中毒症状有烧灼感、咳嗽、喘息、喉炎、气短、头痛、恶心和呕吐。		
防护措施			呼吸系统防护：高浓度环境中，佩戴供气式呼吸器。 眼睛防护：一般不需特殊防护，但建议特殊情况下，戴化学安全防护眼镜。 身体防护：穿工作服。 手防护：一般不需特殊防护，高浓度接触时可戴防护手套。		
危险性类别			易燃气体，类别 1；化学不稳定性气体，类别 B；加压气体。		

序号	1150	品名	2-甲基己烷	商品编码	2901.1000
别　名			异庚烷	CAS 号	591-76-4
英文名			2-methylhexane；isoheptane		
分子式			C_7H_{16}		
外观与性状			无色油状液体。		
主要用途			用作气相色谱对比样品。		
危险特性			本品蒸气与空气可形成爆炸性混合物，遇明火、高热极易燃烧爆炸；与氧化剂接触反应猛烈；流速过快，容易产生和积聚静电；其蒸气比空气重，能在较低处扩散到相当远的地方，遇火源会着火回燃；若遇高热，容器内压增大，有开裂和爆炸的危险。		
健康危害			吸入或误服本品对身体有害，其蒸气对眼睛、皮肤、黏膜和上呼吸道有刺激作用。接触可引起头痛、恶心、呕吐、喉炎、气短等症状。		
防护措施			呼吸系统防护：空气中浓度较高时，应该佩戴防毒面具。 眼睛防护：高浓度环境中，戴化学安全防护眼镜。 身体防护：穿防静电工作服。 手防护：戴防护手套。		
危险性类别			易燃液体，类别 2；皮肤腐蚀/刺激，类别 2；特异性靶器官毒性—单次接触，类别 3（麻醉效应）；吸入危害，类别 1；危害水生环境—急性危害，类别 1；危害水生环境—长期危害，类别 1。		

序号	1151	品名	甲基异丙基苯	商品编码	2902.9090
别　名			伞花烃	CAS 号	99-87-6
英文名			Methyl isopropyl benzene；p-isopropyltoluene		
分子式			$C_{10}H_{14}$		
外观与性状			无色、透明液体，有芳香气味。		
主要用途			用作溶剂，也用于制金属揩光剂、合成树脂、对苯二甲酸、甲苯酚、丙酮等。		
危险特性			本品遇明火、高热或与氧化剂接触，有引起燃烧爆炸的危险；若遇高热，容器内压增大，有开裂和爆炸的危险。		
健康危害			本品具有刺激作用，吸入液体会导致化学性肺炎；对皮肤有原发性刺激损害，低浓度长期接触会导致皮肤干燥、脱脂和红斑。		
防护措施			呼吸系统防护：可能接触其蒸气时，应该佩戴防毒面具。 眼睛防护：戴安全防护眼镜。 身体防护：穿防静电工作服。 手防护：必要时戴防护手套。		
危险性类别			易燃液体，类别3；特异性靶器官毒性—单次接触，类别3（麻醉效应）；吸入危害，类别1；危害水生环境—急性危害，类别2；危害水生环境—长期危害，类别2。		

序号	1152	品名	甲基异丙烯甲酮(稳定的)	商品编码	2914.1900
别　名				CAS 号	814-78-8
英文名			2-methyl-1-butene-3-one；methyl isopropenyl ketone		
分子式			C_5H_8O		
外观与性状			无色、透明液体，有一种辛辣的气味。		
主要用途			用作溶剂，也用作一些聚合物的单体。		
危险特性			本品蒸气与空气形成爆炸性混合物，遇明火、高热能引起燃烧爆炸；与氧化剂能发生强烈反应；其蒸气比空气重，能在较低处扩散到相当远的地方，遇明火会着火回燃；若遇高热，可能发生聚合反应，出现大量放热现象，引起容器破裂和爆炸事故。		
健康危害			本品具有鲜明而有警觉的气味，它能使人流泪，对眼睛、皮肤、呼吸道有刺激作用。空气中本品达 2.5mg/m³ 时，很快能嗅到气味，尚无不快感；当达到 5mg/m³ 时，很快能嗅到气味，眼睛发生明显刺激，整天接触可能较严重。		
防护措施			呼吸系统防护：可能接触其蒸气时，建议佩戴防毒面具。高浓度环境中，应该佩戴自给式呼吸器。 眼睛防护：戴化学安全防护眼镜。 身体防护：穿防静电工作服。 手防护：戴防护手套。		
危险性类别			易燃液体，类别2；急性毒性—经口，类别3；急性毒性—经皮肤，类别3；急性毒性—吸入，类别1；皮肤腐蚀/刺激，类别2；严重眼损伤/眼刺激，类别1；特异性靶器官毒性—单次接触，类别1；特异性靶器官毒性—反复接触，类别1。		

序号	1153	品名	1-甲基异喹啉		商品编码	2933.4900
别　名					CAS号	1721-93-3
英文名	1-methyl isoquinoline					
分子式	$C_{10}H_9N$					
外观与性状	黄色液体或结晶。					
主要用途	用于有机合成。					
危险特性	本品遇明火、高热可燃；受高热分解，放出有毒的烟气。					
健康危害	本品有毒，对皮肤、眼睛、黏膜和上呼吸道有刺激作用。					
防护措施	呼吸系统防护：佩戴防毒口罩。 眼睛防护：戴化学安全防护眼镜。 身体防护：穿相应的防护服。 手防护：戴防化学品手套。					
危险性类别	皮肤腐蚀/刺激，类别2；严重眼损伤/眼刺激，类别2A；特异性靶器官毒性—单次接触，类别3（呼吸道刺激）。					

序号	1154	品名	3-甲基异喹啉		商品编码	2933.4900
别　名					CAS号	1125-80-0
英文名	3-methyl isoquinoline					
分子式	$C_{10}H_9N$					
外观与性状	白色粉末。					
主要用途	用作医药中间体。					
防护措施	呼吸系统防护：佩戴防毒口罩。紧急事态抢救或逃生时，佩戴自给式呼吸器。 眼睛防护：戴化学安全防护眼镜。 防护服：穿相应的防护服。 手防护：戴防化学品手套。 其他防护：工作现场禁止吸烟、进食和饮水。工作完毕，淋浴更衣。注意个人清洁卫生。					
危险性类别	皮肤腐蚀/刺激，类别2；严重眼损伤/眼刺激，类别2；特异性靶器官毒性—单次接触，类别3（呼吸道刺激）。					

序号	1155	品名	4-甲基异喹啉	商品编码	2933.4900
别 名				CAS 号	1196-39-0
英文名		4-methyl quinoline			
分子式		$C_{10}H_9N$			
外观与性状		橙色油状液体。			
防护措施		呼吸系统防护：佩戴防毒口罩。紧急事态抢救或逃生时，佩戴自给式呼吸器。 眼睛防护：戴化学安全防护眼镜。 防护服：穿相应的防护服。 手防护：戴防化学品手套。 其他防护：工作现场禁止吸烟、进食和饮水。工作完毕，淋浴更衣。注意个人清洁卫生。			
危险性类别		皮肤腐蚀/刺激，类别 2；严重眼损伤/眼刺激，类别 2A；特异性靶器官毒性—单次接触，类别 3（呼吸道刺激）。			

序号	1156	品名	5-甲基异喹啉	商品编码	2933.4900
别 名				CAS 号	62882-01-3
英文名		5-methyl isoquinoline			
分子式		$C_{10}H_9N$			
防护措施		呼吸系统防护：佩戴防毒口罩。紧急事态抢救或逃生时，佩戴自给式呼吸器。 眼睛防护：戴化学安全防护眼镜。 防护服：穿相应的防护服。 手防护：戴防化学品手套。 其他防护：工作现场禁止吸烟、进食和饮水。工作完毕，淋浴更衣。注意个人清洁卫生。			
危险性类别		皮肤腐蚀/刺激，类别 2；严重眼损伤/眼刺激，类别 2A；特异性靶器官毒性—单次接触，类别 3（呼吸道刺激）。			

序号	1157	品名	6-甲基异喹啉		商品编码	2933.4900
别 名					CAS 号	42398-73-2
英文名	6-methyl isoquinoline					
分子式	$C_{10}H_9N$					
防护措施	呼吸系统防护：佩戴防毒口罩。紧急事态抢救或逃生时，佩戴自给式呼吸器。 眼睛防护：戴化学安全防护眼镜。 防护服：穿相应的防护服。 手防护：戴防化学品手套。 其他防护：工作现场禁止吸烟、进食和饮水。工作完毕，淋浴更衣。注意个人清洁卫生。					
危险性类别	皮肤腐蚀/刺激，类别2；严重眼损伤/眼刺激，类别2A；特异性靶器官毒性—单次接触，类别3（呼吸道刺激）。					

序号	1158	品名	7-甲基异喹啉		商品编码	2933.4900
别 名					CAS 号	54004-38-5
英文名	7-methyl isoquinoline					
分子式	$C_{10}H_9N$					
防护措施	呼吸系统防护：佩戴防毒口罩。紧急事态抢救或逃生时，佩戴自给式呼吸器。 眼睛防护：戴化学安全防护眼镜。 防护服：穿相应的防护服。 手防护：戴防化学品手套。 其他防护：工作现场禁止吸烟、进食和饮水。工作完毕，淋浴更衣。注意个人清洁卫生。					
危险性类别	皮肤腐蚀/刺激，类别2；严重眼损伤/眼刺激，类别2A；特异性靶器官毒性—单次接触，类别3（呼吸道刺激）。					

序号	1159	品名	8-甲基异喹啉	商品编码	2933.4900
别 名				CAS 号	62882-00-2

英文名	8-methyl isoquinoline
分子式	$C_{10}H_9N$
防护措施	呼吸系统防护：佩戴防毒口罩。紧急事态抢救或逃生时，佩戴自给式呼吸器。 眼睛防护：戴化学安全防护眼镜。 防护服：穿相应的防护服。 手防护：戴防化学品手套。 其他防护：工作现场禁止吸烟、进食和饮水。工作完毕，淋浴更衣。注意个人清洁卫生。
危险性类别	皮肤腐蚀/刺激，类别 2；严重眼损伤/眼刺激，类别 2A；特异性靶器官毒性—单次接触，类别 3（呼吸道刺激）。

序号	1160	品名	N-甲基正丁胺	商品编码	2921.1990
别 名	N-甲基丁胺			CAS 号	110-68-9

英文名	N-methyl butylamine
分子式	$C_5H_{13}N$
外观与性状	无色液体，具有挥发性，有强烈的氨气味。
主要用途	用于有机合成。
危险特性	本品易燃，遇高热、明火及强氧化剂易引起燃烧。其蒸气比空气重，能在较低处扩散到相当远的地方，遇火源会着火回燃。
健康危害	吸入、口服或经皮肤吸收本品后对身体有害。本品对黏膜、上呼吸道、眼睛和皮肤有强烈的刺激性。吸入后，会因喉及支气管的痉挛、炎症、水肿，化学性肺炎或肺水肿而致死；长时间接触会引起强烈刺激或灼伤。
防护措施	呼吸系统防护：可能接触其蒸气时，佩戴导管式防毒面具。紧急事态抢救或撤离时，应该佩戴氧气呼吸器、空气呼吸器。 眼睛防护：呼吸系统防护中已作防护。 身体防护：穿胶布防毒衣。 手防护：戴橡胶耐油手套。
危险性类别	易燃液体，类别 2；急性毒性—经皮肤，类别 3；皮肤腐蚀/刺激，类别 1；严重眼损伤/眼刺激，类别 1。

序号	1161	品名	甲基正丁基醚	商品编码	2909.1990
别 名			1-甲氧基丁烷;甲丁醚	CAS 号	628-28-4
英文名			Methyl-n-butylether		
分子式			$C_5H_{12}O$		
外观与性状			无色液体。		
主要用途			用作溶剂、麻醉剂,并用于有机合成。		
危险特性			本品易燃,其蒸气与空气可形成爆炸性混合物,遇明火、高热或与氧化剂接触,有引起燃烧爆炸的危险;与氧化剂能发生强烈反应;接触空气或在光照条件下可生成具有潜在爆炸危险性的过氧化物;其蒸气比空气重,能在较低处扩散到相当远的地方,遇火源会着火回燃。		
健康危害			本品具有麻醉和刺激作用。		
防护措施			呼吸系统防护:空气中浓度较高时,佩戴过滤式防毒面具(半面罩)。 眼睛防护:高浓度接触时,戴化学安全防护眼镜。 身体防护:穿防静电工作服。 手防护:戴橡胶耐油手套。		
危险性类别			易燃液体,类别2。		

序号	1162	品名	甲硫醇	商品编码	2930.9090
别 名			巯基甲烷	CAS 号	74-93-1
英文名			Methyl mercaptan;methanethiol		
分子式			CH_4S		
外观与性状			无色气体,有不好的气味。		
主要用途			用于有机合成及喷气机添加剂、杀虫剂、催化剂等。		
危险特性			本品易燃,其蒸气与空气可形成爆炸性混合物,遇热源、明火、氧化剂有燃烧爆炸的危险;与水、水蒸气、酸类反应产生有毒和易燃气体;与氧化剂接触猛烈反应。		
健康危害			吸入本品后会引起头痛、恶心及不同程度的麻醉作用;高浓度吸入会引起呼吸麻痹而导致死亡。		
防护措施			呼吸系统防护:空气中浓度超标时,佩戴过滤式防毒面具(全面罩)或自给式呼吸器。紧急事态抢救或撤离时,建议佩戴空气呼吸器。 眼睛防护:呼吸系统防护中已作防护。 身体防护:穿防静电工作服。 手防护:戴防化学品手套。		
危险性类别			易燃气体,类别1;加压气体;急性毒性—吸入,类别3*;危害水生环境—急性危害,类别1;危害水生环境—长期危害,类别1。		

序号	1163	品名	甲硫醚	商品编码	2930.9090
别　名			二甲硫；二甲基硫醚	CAS 号	75-18-3
英文名			Dimethyl sulfide；methylenethiomethane		
分子式			C_2H_6S		
外观与性状			无色液体，有不好的气味。		
主要用途			用作多数无机物的溶剂、催化剂。		
危险特性			本品蒸气与空气可形成爆炸性混合物，遇明火、高热极易燃烧爆炸；受高热分解产生有毒的硫化物烟气；与氧化剂能发生强烈反应；与水、水蒸气、酸类反应产生有毒和易燃气体。其蒸气比空气重，能在较低处扩散到相当远的地方，遇火源会着火回燃。		
健康危害			本品蒸气对鼻、喉有刺激性，引起咳嗽和胸部不适；持续或高浓度吸入出现头痛、恶心和呕吐；液体或雾对眼睛有刺激性；经皮肤吸收，会引起皮炎。		
防护措施			呼吸系统防护：空气中浓度较高时，建议佩戴自吸过滤式防毒面具（半面罩）。紧急事态抢救或撤离时，必须佩戴空气呼吸器。 眼睛防护：戴化学安全防护眼镜。 身体防护：穿防静电工作服。 手防护：戴橡胶耐油手套。		
危险性类别			易燃液体，类别 2；严重眼损伤/眼刺激，类别 2B。		

序号	1164	品名	甲胂酸	商品编码	2931.9000
别　名			甲基胂酸；甲次砷酸	CAS 号	124-58-3
英文名			Methylarsonic acid		
分子式			CH_5AsO_3		
外观与性状			无色结晶，有愉快的气味。		
主要用途			用作农用杀菌剂、除草剂。		
危险特性			本品受高热分解，放出有毒的烟气。		
健康危害			本品为中等毒杀菌剂，是一种致敏剂和刺激物。中毒症状有咽喉肿痛、腹痛、吐泻等；慢性中毒症状有身体酸痛、眼睑肿胀、腹泻、恶心、呕吐、肝肿大、周围神经炎、剥脱性皮炎等。		
防护措施			呼吸系统防护：生产操作或农业使用时，佩戴防毒口罩。紧急事态抢救或逃生时，应该佩戴自给式呼吸器。 眼睛防护：戴化学安全防护眼镜。 身体防护：穿相应的防护服。 手防护：戴防化学品手套。		
危险性类别			急性毒性—经口，类别 3*；急性毒性—吸入，类别 3*；危害水生环境—急性危害，类别 1；危害水生环境—长期危害，类别 1。		

序号	1165	品名	甲醛溶液	商品编码	2912.1100
别 名		福尔马林溶液		CAS 号	50-00-0
英文名		Formaldehyde			
分子式		CH_2O			
外观与性状		无色，具有刺激性和窒息性的气体，商品为其水溶液。			
主要用途		本品是一种重要的有机原料，也是炸药、染料、医药、农药的原料，也作杀菌剂、消毒剂等。			
危险特性		本品蒸气与空气可形成爆炸性混合物，遇明火、高热能引起燃烧爆炸；与氧化剂接触反应猛烈。			
健康危害		本品对黏膜、上呼吸道、眼睛和皮肤有强烈刺激性。接触其蒸气，引起结膜炎、角膜炎、鼻炎、支气管炎；严重者发生喉痉挛、声门水肿和肺炎等；肺水肿较少见；对皮肤有原发性刺激和致敏作用，可致皮炎；浓溶液会引起皮肤凝固性坏死。口服灼伤口腔和消化道，会发生胃肠道穿孔，休克，肾和肝脏损害。慢性影响：长期接触低浓度甲醛会有轻度眼、鼻、咽喉刺激症状，皮肤干燥、皲裂、甲软化等。			
防护措施		呼吸系统防护：可能接触其蒸气时，建议佩戴自吸过滤式防毒面具（全面罩）。紧急事态抢救或撤离时，佩戴隔离式呼吸器。 眼睛防护：呼吸系统防护中已作防护。 身体防护：穿橡胶耐酸碱服。 手防护：戴橡胶手套。			
危险性类别		急性毒性—经口，类别 3*；急性毒性—经皮肤，类别 3*；急性毒性—吸入，类别 3*；皮肤腐蚀/刺激，类别 1B；严重眼损伤/眼刺激，类别 1；皮肤致敏物，类别 1；生殖细胞致突变性，类别 2；致癌性，类别 1A；特异性靶器官毒性—单次接触，类别 3（呼吸道刺激）；危害水生环境—急性危害，类别 2。			

序号	1166	品名	甲酸	商品编码	2915.1100
别 名			蚁酸	CAS 号	64-18-6
英文名			Formic acid		
分子式			CH_2O_2		
外观与性状			无色透明发烟液体，有强烈刺激性酸味。		
主要用途			用于制化学药品、橡胶凝固剂及纺织、印染、电镀等。		
危险特性			本品可燃，其蒸气与空气可形成爆炸性混合物，遇明火、高热能引起燃烧爆炸；与强氧化剂接触可发生化学反应；具有较强的腐蚀性。		
健康危害			本品主要引起皮肤、黏膜的刺激症状。接触后会引起结膜炎、眼睑水肿、鼻炎、支气管炎，严重者会引起急性化学性肺炎。浓甲酸口服后会腐蚀口腔及消化道黏膜，引起呕吐、腹泻及胃肠出血，甚至因急性肾功能衰竭或呼吸功能而致死；皮肤接触引起炎症和溃疡；偶有过敏反应。		
防护措施			呼吸系统防护：可能接触其蒸气时，必须佩戴自吸过滤式防毒面具（全面罩）或自吸式长管面具。紧急事态抢救或撤离时，建议佩戴空气呼吸器。 眼睛防护：呼吸系统防护中已作防护。 身体防护：穿橡胶耐酸碱服。 手防护：戴橡胶耐酸碱手套。		
危险性类别			皮肤腐蚀/刺激，类别1A；严重眼损伤/眼刺激，类别1。		

序号	1167	品名	甲酸环己酯	商品编码	2915.1300
别 名				CAS 号	4351-54-6
英文名			Cyclohexyl formate		
分子式			$C_7H_{12}O_2$		
外观与性状			无色液体。		
主要用途			用作有机溶剂。		
危险特性			本品遇明火、高热或与氧化剂接触，有引起燃烧爆炸的危险；其蒸气比空气重，能在较低处扩散到相当远的地方，遇明火会引着回燃；若遇高热，容器内压增大，有开裂和爆炸的危险。		
健康危害			本品高浓度时有显著刺激作用。目前，未见职业中毒报道。		
防护措施			呼吸系统防护：空气中浓度较高时，戴面具式呼吸器。紧急事态抢救或撤离时，佩戴自给式呼吸器。 眼睛防护：戴化学安全防护眼镜。 身体防护：穿防静电工作服。 手防护：戴防护手套。		
危险性类别			易燃液体，类别3。		

序号	1168	品名	甲酸甲酯		商品编码	2915.1300
别　名					CAS 号	107-31-3
英文名	Methyl formate					
分子式	$C_2H_4O_2$					
外观与性状	无色液体，有芳香气味。					
主要用途	用于有机合成，乙酸纤维的溶剂，分析试剂等。					
危险特性	本品极易燃，其蒸气与空气可形成爆炸性混合物，遇明火、高热或与氧化剂接触，有引起燃烧爆炸的危险；在火场中，受热的容器有爆炸危险；其蒸气比空气重，能在较低处扩散到相当远的地方，遇火源会着火回燃。					
健康危害	本品有麻醉和刺激作用。人接触一定浓度的本品，发生明显的刺激作用；反复接触会导致痉挛甚至死亡。					
防护措施	呼吸系统防护：空气中浓度超标时，应该佩戴自吸过滤式防毒面具（半面罩）。紧急事态抢救或撤离时，建议佩戴空气呼吸器。 眼睛防护：戴化学安全防护眼镜。 身体防护：穿防静电工作服。 手防护：戴橡胶耐油手套。					
危险性类别	易燃液体，类别 1；严重眼损伤/眼刺激，类别 2；特异性靶器官毒性—单次接触，类别 3（呼吸道刺激）。					

序号	1169	品名	甲酸烯丙酯		商品编码	2915.1300
别　名					CAS 号	1838-59-1
英文名	Allyl formate					
分子式	$C_4H_6O_2$					
外观与性状	无色液体。					
主要用途	用于有机合成。					
危险特性	本品蒸气与空气形成爆炸性混合物，遇明火、高热能引起燃烧爆炸；与氧化剂能发生强烈反应；其蒸气比空气重，能在较低处扩散到相当远的地方，遇火源会着火回燃；若遇高热，可能发生聚合反应，出现大量放热现象，引起容器破裂和爆炸事故。					
健康危害	本品蒸气具有强烈的刺激黏膜的作用，以各种途径进入机体均可引起严重肝损害。					
防护措施	工程控制：生产过程密闭，全面通风。 呼吸系统防护：空气中浓度较高时，应该佩戴防毒口罩。必要时佩戴自给式呼吸器。 眼睛防护：戴化学安全防护眼镜。 身体防护：穿相应的防护服。 手防护：戴防护手套。					
危险性类别	易燃液体，类别 2；急性毒性—经口，类别 3。					

序号	1170	品名	甲酸亚铊	商品编码	2915.1200
别名			甲酸铊;蚁酸铊	CAS号	992-98-3
英文名			Thallium(Ⅰ) formate		
分子式			CHO_2Tl		
外观与性状			无色结晶。		
防护措施			呼吸系统防护：佩戴防毒口罩。紧急事态抢救或逃生时，佩戴自给式呼吸器。 眼睛防护：戴化学安全防护眼镜。 防护服：穿相应的防护服。 手防护：戴防化学品手套。 其他防护：工作现场禁止吸烟、进食和饮水。工作完毕，淋浴更衣。注意个人清洁卫生。		
危险性类别			急性毒性—经口，类别2*；急性毒性—吸入，类别2*；特异性靶器官毒性—反复接触，类别2*；危害水生环境—急性危害，类别2；危害水生环境—长期危害，类别2。		

序号	1171	品名	甲酸乙酯	商品编码	2915.1300
别名			蚁酸乙酯	CAS号	109-94-4
英文名			Ethyl formate		
分子式			$C_3H_6O_2$		
外观与性状			无色易流动液体，有芳香气味。		
主要用途			用作醋酸或硝酸纤维的溶剂，以及用于香精合成和医药生产。		
危险特性			本品极易燃，其蒸气与空气可形成爆炸性混合物，遇明火、高热或与氧化剂接触，有引起燃烧爆炸的危险；在火场中，受热的容器有爆炸危险；其蒸气比空气重，能在较低处扩散到相当远的地方，遇火源会着火回燃。		
健康危害			本品具有麻醉和刺激作用；吸入后，引起上呼吸道刺激、头痛、头晕、恶心、呕吐、嗜睡、神志丧失；对眼睛和皮肤有刺激性；口服刺激口腔和胃，引起中枢神经系统抑制。		
防护措施			呼吸系统防护：空气中浓度超标时，应该佩戴自吸过滤式防毒面具（半面罩）。紧急事态抢救或撤离时，建议佩戴空气呼吸器。 眼睛防护：戴化学安全防护眼镜。 身体防护：穿防静电工作服。 手防护：戴橡胶耐油手套。		
危险性类别			易燃液体，类别2；严重眼损伤/眼刺激，类别2；特异性靶器官毒性—单次接触，类别3（呼吸道刺激）。		

序号	1172	品名	甲酸异丙酯		商品编码	2915.1300
别　名					CAS 号	625-55-8
英文名	Isopropyl formate					
分子式	$C_4H_8O_2$					
外观与性状	无色透明挥发性液体，有芳香气味。					
主要用途	用作溶剂、色谱分析标准物。					
危险特性	本品蒸气与空气可形成爆炸性混合物，遇明火、高热极易燃烧爆炸；与氧化剂接触猛烈反应；其蒸气比空气重，能在较低处扩散到相当远的地方，遇火源会着火回燃；若遇高热，容器内压增大，有开裂和爆炸的危险。					
健康危害	本品蒸气与液体能严重刺激眼、鼻和呼吸系统；高浓度蒸气对神经系统有损害作用；受热分解释放出具有腐蚀性的烟雾。					
防护措施	呼吸系统防护：佩戴防毒口罩。必要时佩戴自给式呼吸器。 眼睛防护：戴化学安全防护眼镜。 身体防护：穿防静电工作服。 手防护：戴防化学品手套。					
危险性类别	易燃液体，类别 2；严重眼损伤/眼刺激，类别 2；特异性靶器官毒性—单次接触，类别 3（呼吸道刺激、麻醉效应）。					

序号	1173	品名	甲酸异丁酯		商品编码	2915.1300
别　名					CAS 号	542-55-2
英文名	Isobutyl formate					
分子式	$C_5H_{10}O_2$					
外观与性状	无色液体，有水果香味。					
主要用途	用作纤维素、树脂和漆的溶剂，还用于制造香料、杀虫剂和用于有机合成。					
危险特性	本品易燃，其蒸气与空气可形成爆炸性混合物，遇明火、高热能引起燃烧爆炸；与氧化剂接触反应猛烈；在火场中，受热的容器有爆炸危险；其蒸气比空气重，能在较低处扩散到相当远的地方，遇火源会着火回燃。					
健康危害	吸入、口服或经皮肤吸收本品后对身体有害，会引起灼伤。本品对眼睛、皮肤、黏膜和上呼吸道有强烈的刺激作用，吸入后引起喉、支气管的痉挛、炎症、水肿、化学性肺炎、肺水肿。中毒症状有烧灼感、咳嗽、喘息、喉炎、气短、头痛、恶心和呕吐。					
防护措施	呼吸系统防护：可能接触其蒸气时，应该佩戴自吸过滤式防毒面具（全面罩）。紧急事态抢救或撤离时，建议佩戴空气呼吸器。 眼睛防护：呼吸系统防护中已作防护。 身体防护：穿胶布防毒衣。 手防护：戴橡胶耐油手套。					
危险性类别	易燃液体，类别 2；严重眼损伤/眼刺激，类别 2；特异性靶器官毒性—单次接触，类别 3（呼吸道刺激）。					

序号	1174	品名	甲酸异戊酯	商品编码	2915.1300
别　名				CAS 号	110-45-2
英文名		Isoamyl formate			
分子式		$C_6H_{12}O_2$			
外观与性状		无色液体，有特殊香味。			
主要用途		用作有机溶剂，用于制造香料、熏蒸杀虫剂和杀菌剂。			
危险特性		本品易燃，遇明火、高热或与氧化剂接触，有引起燃烧爆炸的危险；其蒸气比空气重，能在较低处扩散到相当远的地方，遇火源会着火回燃。			
健康危害		本品对眼睛、皮肤和上呼吸道黏膜有刺激作用。			
防护措施		呼吸系统防护：空气中浓度较高时，应该佩戴直接式防毒面具（半面罩）。 眼睛防护：戴化学安全防护眼镜。 身体防护：穿防静电工作服。 手防护：戴橡胶耐油手套。			
危险性类别		易燃液体，类别 2；严重眼损伤/眼刺激，类别 2；特异性靶器官毒性—单次接触，类别 3（呼吸道刺激）。			

序号	1175	品名	甲酸正丙酯	商品编码	2915.1300
别　名				CAS 号	110-74-7
英文名		N-propyl formate；propyl methanoate			
分子式		$C_4H_8O_2$			
外观与性状		无色液体，具有特殊香味。			
主要用途		用作有机溶剂，并用于制造香料、熏蒸杀虫剂和杀菌剂。			
危险特性		本品易燃，其蒸气与空气可形成爆炸性混合物，遇明火、高热能引起燃烧爆炸；与氧化剂能发生强烈反应；在火场中，受热的容器有爆炸危险；其蒸气比空气重，能在较低处扩散到相当远的地方，遇火源会着火回燃。			
健康危害		吸入、口服或经皮肤服吸收本品后对身体有害，对皮肤有刺激性；其蒸气或雾对眼睛、黏膜和上呼吸道有刺激性。			
防护措施		呼吸系统防护：可能接触其蒸气时，应该佩戴自吸过滤式防毒面具（半面罩）。紧急事态抢救或撤离时，建议佩戴空气呼吸器。 眼睛防护：戴化学安全防护眼镜。 身体防护：穿防静电工作服。 手防护：戴橡胶耐油手套。			
危险性类别		易燃液体，类别 2；严重眼损伤/眼刺激，类别 2；特异性靶器官毒性—单次接触，类别 3（呼吸道刺激、麻醉效应）。			

序号	1176	品名	甲酸正丁酯		商品编码	2915.1300
别　名					CAS 号	592-84-7
英文名	Butyl formate；Butyl methanoate					
分子式	$C_5H_{10}O_2$					
外观与性状	无色液体，具有果子香味。					
主要用途	用作溶剂，用于香料制造、有机合成、化学试剂等。					
危险特性	本品易燃，其蒸气与空气可形成爆炸性混合物，遇明火、高热能引起燃烧爆炸；与氧化剂接触反应猛烈；在火场中，受热的容器有爆炸危险；其蒸气比空气重，能在较低处扩散到相当远的地方，遇火源会着火回燃。					
健康危害	本品具有麻醉和刺激作用。					
防护措施	呼吸系统防护：可能接触其蒸气时，应该佩戴自吸过滤式防毒面具（半面罩）。紧急事态抢救或撤离时，建议佩戴空气呼吸器。 眼睛防护：戴化学安全防护眼镜。 身体防护：穿防静电工作服。 手防护：戴橡胶耐油手套。					
危险性类别	易燃液体，类别 2；严重眼损伤/眼刺激，类别 2；特异性靶器官毒性—单次接触，类别 3（呼吸道刺激）。					

序号	1177	品名	甲酸正己酯		商品编码	2915.1300
别　名					CAS 号	629-33-4
英文名	N-hexyl formate					
分子式	$C_7H_{14}O_2$					
外观与性状	无色或微黄色液体。					
主要用途	用于有机合成。					
危险特性	本品易燃，遇明火、高热或与氧化剂接触，有引起燃烧爆炸的危险。					
健康危害	本品对眼睛、皮肤和黏膜有刺激作用。					
防护措施	呼吸系统防护：空气中浓度较高时，戴面具式呼吸器。紧急事态抢救或撤离时，佩戴供气式呼吸器。 眼睛防护：戴化学安全防护眼镜。 身体防护：穿防静电工作服。 手防护：戴防护手套。					
危险性类别	易燃液体，类别 3。					

序号	1178	品名	甲酸正戊酯	商品编码	2915.1300
别名				CAS号	638-49-3
英文名		N-amyl formate			
分子式		$C_6H_{12}O_2$			
外观与性状		无色液体。			
主要用途		用作油脂、树脂及涂料的溶剂，杀虫剂及杀菌剂的中间体。			
危险特性		本品易燃，遇明火、高热或与氧化剂接触，有引起燃烧爆炸的危险；其蒸气比空气重，能在较低处扩散到相当远的地方，遇火源会着火回燃。			
健康危害		本品对眼睛、黏膜和皮肤有刺激和麻醉作用。			
防护措施		呼吸系统防护：空气中浓度超标时，应该佩戴自吸过滤式防毒面具（半面罩）。必要时，佩戴自给式呼吸器。 眼睛防护：戴化学安全防护眼镜。 身体防护：穿连衣式胶布防毒衣。 手防护：戴橡胶耐油手套。			
危险性类别		易燃液体，类别2；严重眼损伤/眼刺激，类别2；特异性靶器官毒性—单次接触，类别3（呼吸道刺激）。			

序号	1179	品名	甲烷	商品编码	2711.2900
别名				CAS号	74-82-8
英文名		Methane			
分子式		CH_4			
外观与性状		无色无臭气体。			
主要用途		用作燃料和用于炭黑、氢、乙炔、甲醛等的制造。			
危险特性		本品与空气混合能形成爆炸性混合物，遇明火、高热能引起燃烧爆炸；与氟、氯等能发生剧烈的化学反应；若遇高热，容器内压增大，有开裂和爆炸的危险。			
健康危害		空气中甲烷浓度过高，能使人窒息。当空气中甲烷达25%~30%时，会引起头痛、头晕、乏力、注意力不集中、呼吸和心跳加速、精细动作障碍等症状，甚至因缺氧而窒息、昏迷。			
防护措施		呼吸系统防护：高浓度环境中，佩戴供气式呼吸器。 眼睛防护：一般不需特殊防护，高浓度接触时可戴安全防护眼镜。 身体防护：穿工作服。 手防护：一般不需特殊防护，高浓度接触时可戴防护手套。			
危险性类别		易燃气体，类别1；加压气体。			

序号	1180	品名	甲烷磺酰氟		商品编码	2904.9900
别 名			甲磺氟酰；甲基磺酰氟		CAS 号	558-25-8
英文名		Methanesulfonyl fluoride				
分子式		CH_3FO_2S				
外观与性状		无色液体。				
主要用途		用作农药。				
防护措施		呼吸系统防护：佩戴防毒口罩。紧急事态抢救或逃生时，佩戴自给式呼吸器。 眼睛防护：戴化学安全防护眼镜。 防护服：穿相应的防护服。 手防护：戴防化学品手套。 其他防护：工作现场禁止吸烟、进食和饮水。工作完毕，淋浴更衣。注意个人清洁卫生。				
危险性类别		急性毒性—经口，类别1；急性毒性—吸入，类别1；皮肤腐蚀/刺激，类别1；严重眼损伤/眼刺激，类别1；特异性靶器官毒性—单次接触，类别1；特异性靶器官毒性—反复接触，类别1。				

序号	1181	品名	N-甲酰-2-硝甲基-1,3-全氢化噻嗪		商品编码	2934.9990
别 名					CAS 号	
英文名		N-formyl-2-(nitromethylene)-1,3-perhydrothiazine				
防护措施		呼吸系统防护：佩戴防毒口罩。紧急事态抢救或逃生时，佩戴自给式呼吸器。 眼睛防护：戴化学安全防护眼镜。 防护服：穿相应的防护服。 手防护：戴防化学品手套。 其他防护：工作现场禁止吸烟、进食和饮水。工作完毕，淋浴更衣。注意个人清洁卫生。				
危险性类别		自反应物质和混合物，D型。				

序号	1182	品名	4-甲氧基-4-甲基-2-戊酮	商品编码	2914.5090
别　名				CAS 号	107-70-0
英文名		4-methoxy-4-methyl pentan-2-one			
分子式		$C_7H_{14}O_2$			
外观与性状		无色液体。			
危险特性		本品遇高热、明火或与氧化剂接触,有引起燃烧的危险;若遇高热,容器内压增大,有开裂和爆炸的危险。			
健康危害		本品对眼睛、皮肤和黏膜有刺激作用,高浓度时有麻醉作用,受热分解能放出有剧烈刺激作用的烟雾。			
防护措施		呼吸系统防护:可能接触其蒸气时,应该佩戴防毒口罩。高浓度环境中,应该佩戴自给式呼吸器。 眼睛防护:可能接触其蒸气时,戴化学安全防护眼镜。 身体防护:穿防静电工作服。 手防护:高浓度接触时,戴防护手套。			
危险性类别		易燃液体,类别 3。			

序号	1183	品名	2-甲氧基苯胺	商品编码	2922.2910
别　名		邻甲氧基苯胺;邻氨基苯甲醚;邻茴香胺		CAS 号	90-04-0
英文名		O-methoxyaniline;o-Anisidine			
分子式		C_7H_9NO			
外观与性状		浅黄色油状液体。			
主要用途		作为医药和染料的中间体,也用于食品工业制取香兰素等。			
危险特性		本品遇明火、高热可燃;与强氧化剂可发生反应;受热分解释放出有毒的氧化氮烟气。			
健康危害		本品对眼睛、黏膜、呼吸道及皮肤有刺激作用,唇及皮肤可能因缺氧而青紫;吸入、摄入或经皮肤吸收均对身体有害。慢性影响:会引起呼吸系统和皮肤的过敏反应。			
防护措施		呼吸系统防护:可能接触其蒸气时,佩戴防毒面具。紧急事态抢救或逃生时,佩戴自给式呼吸器。 眼睛防护:戴安全防护眼镜。 身体防护:穿紧袖工作服,长筒胶鞋。 手防护:戴橡皮手套。			
危险性类别		严重眼损伤/眼刺激,类别 2B;生殖细胞致突变性,类别 2;致癌性,类别 2;特异性靶器官毒性—单次接触,类别 2;特异性靶器官毒性—反复接触,类别 2;危害水生环境—急性危害,类别 2。			

序号	1184	品名	3-甲氧基苯胺		商品编码	2922.2910
别　名		间甲氧基苯胺；间氨基苯甲醚；间茴香胺			CAS 号	536-90-3
英文名		M-methoxyaniline；m-anisidine				
分子式		C_7H_9NO				
外观与性状		无色或浅黄色油状液体。				
主要用途		用于有机合成及作为染料中间体。				
危险特性		本品遇明火、高热可燃；与强氧化剂可发生反应；受热分解释放出有毒的氧化氮烟气。				
健康危害		吸入、摄入或经皮肤吸收本品后对身体有害，对皮肤有刺激作用。其蒸气或气溶胶对眼睛、黏膜、呼吸道有刺激作用，吸进体内导致形成高铁血红蛋白而引起发绀。慢性影响：会引起呼吸系统、皮肤的过敏反应。				
防护措施		呼吸系统防护：可能接触其蒸气时，佩戴防毒面具。紧急事态抢救或逃生时，佩戴自给式呼吸器。 眼睛防护：戴安全防护眼镜。 身体防护：穿紧袖工作服，长统胶鞋。 手防护：戴橡皮手套。				
危险性类别		生殖细胞致突变性，类别 2；危害水生环境—急性危害，类别 2；危害水生环境—长期危害，类别 2。				

序号	1185	品名	4-甲氧基苯胺		商品编码	2922.2910
别　名		对氨基苯甲醚；对甲氧基苯胺；对茴香胺			CAS 号	104-94-9
英文名		P-methoxyaniline；p-anisidine				
分子式		C_7H_9NO				
外观与性状		熔融状的固体。				
主要用途		主要用于制取冰染染料，也作为医药中间体。				
危险特性		本品遇明火、高热可燃；与强氧化剂可发生反应；受热分解释放出有毒的氧化氮烟气。				
健康危害		吸入、摄入或经皮肤吸收本品后对身体有害，对皮肤有刺激作用。其蒸气或气溶胶对眼睛、黏膜、呼吸道有刺激作用，进入体内导致形成高铁血红蛋白而引起紫绀。慢性影响：会引起呼吸系统、皮肤的过敏反应。				
防护措施		呼吸系统防护：空气中浓度较高时，佩戴防毒面具。紧急事态抢救或逃生时，应该佩戴自给式呼吸器。 眼睛防护：戴安全防护眼镜。 身体防护：穿紧袖工作服，长筒胶鞋。 手防护：戴橡皮手套。				
危险性类别		特异性靶器官毒性—单次接触，类别 1；特异性靶器官毒性—反复接触，类别 1；危害水生环境—急性危害，类别 1。				

序号	1186	品名	甲氧基苯甲酰氯	商品编码	2918.9900
别　名			茴香酰氯	CAS 号	100-07-2
英文名			4-methoxybenzoyl chloride		
分子式			$C_8H_7ClO_2$		
外观与性状			淡黄色液体。		
主要用途			用于有机合成。		
危险特性			本品遇明火、高热可燃；与氧化剂能发生强烈反应；遇水反应发热放出有毒的腐蚀性气体。		
健康危害			本品对黏膜、上呼吸道、眼睛和皮肤有强烈刺激作用。吸入后可能因喉、支气管的炎症、水肿、痉挛，化学性肺炎或肺水肿而致死。中毒症状有烧灼感、咳嗽、喘息、喉炎、气短、头痛、恶心、呕吐。		
防护措施			呼吸系统防护：空气中浓度较高时，应该佩戴防毒面具。紧急事态抢救或逃生时，建议佩戴自给式呼吸器。 眼睛防护：戴化学安全防护眼镜。 身体防护：穿相应的防护服。 手防护：戴防化学品手套。		
危险性类别			皮肤腐蚀/刺激，类别 1；严重眼损伤/眼刺激，类别 1。		

序号	1187	品名	4-甲氧基二苯胺-4'-氯化重氮苯	商品编码	2927.0000
别　名			凡拉明蓝盐 B；安安蓝 B 色盐	CAS 号	101-69-9
英文名			Benzenediazonium, 4-[(4-methoxyphenyl)amino]-, chloride		
分子式			$C_{13}H_{12}ClN_3O$		
外观与性状			红橙色至棕色膏状物，用石油醚精制为针状结晶。		
主要用途			主要用于棉、粘胶、丝织物染色和印花，与色酚 AS 耦合为蓝色。		
防护措施			呼吸系统防护：佩戴防毒口罩。紧急事态抢救或逃生时，佩戴自给式呼吸器。 眼睛防护：戴化学安全防护眼镜。 防护服：穿相应的防护服。 手防护：戴防化学品手套。 其他防护：工作现场禁止吸烟、进食和饮水。工作完毕，淋浴更衣。注意个人清洁卫生。		
危险性类别			皮肤致敏物，类别 1。		

序号	1188	品名	3-甲氧基乙酸丁酯	商品编码	2918.9900
别 名			3-甲氧基丁基乙酸酯	CAS 号	4435-53-4
英文名			3-methoxybutyl acetate		
分子式			$C_7H_{14}O_3$		
外观与性状			无色液体,味苦,略有气味。		
主要用途			用作树脂及涂料的溶剂。		
危险特性			本品遇明火、高热或与氧化剂接触,有引起燃烧爆炸的危险。		
健康危害			本品对眼睛、黏膜有刺激作用。		
防护措施			呼吸系统防护:空气中浓度较高时,戴面具式呼吸器。紧急事态抢救或撤离时,佩戴供气式呼吸器。 眼睛防护:戴化学安全防护眼镜。 身体防护:穿工作服。 手防护:戴防护手套。		
危险性类别			危害水生环境—急性危害,类别2。		

序号	1189	品名	甲氧基乙酸甲酯	商品编码	2918.9900
别 名				CAS 号	6290-49-9
英文名			Methyl methoxyacetate		
分子式			$C_4H_8O_3$		
外观与性状			无色透明液体。		
主要用途			用作医药、农药、染料中间体,医药上用于合成维生素B6。		
防护措施			呼吸系统防护:佩戴防毒口罩。紧急事态抢救或逃生时,佩戴自给式呼吸器。 眼睛防护:戴化学安全防护眼镜。 防护服:穿相应的防护服。 手防护:戴防化学品手套。 其他防护:工作现场禁止吸烟、进食和饮水。工作完毕,淋浴更衣。注意个人清洁卫生。		
危险性类别			易燃液体,类别3。		

序号	1190	品名	2-甲氧基乙酸乙酯	商品编码	2918.9900
别 名			乙酸甲基溶纤剂;乙二醇甲醚乙酸酯;乙酸乙二醇甲醚	CAS 号	110-49-6
英文名			2-methoxyethyl acetate;ethylene glycol methyl ether acetate		
分子式			$C_5H_{10}O_3$		
外观与性状			无色液体,略有醚样的气味。		
主要用途			用作纤维素脂及各种树脂、蜡、油的溶剂。		
危险特性			本品易燃,遇明火、高热或与氧化剂接触,有引起燃烧爆炸的危险。		
健康危害			吸入、口服或经皮肤吸收本品后对身体有害。其蒸气或雾对眼睛、黏膜和呼吸道有刺激性。中毒症状有头痛、恶心和呕吐。		
防护措施			呼吸系统防护:空气中浓度超标时,佩戴过滤式防毒面具(半面罩)。高浓度环境中,佩戴自给式呼吸器或自吸式长管面具。 眼睛防护:戴化学安全防护眼镜。 身体防护:穿防静电工作服。 手防护:戴橡胶耐油手套。		
危险性类别			易燃液体,类别3;生殖毒性,类别1B。		

序号	1191	品名	甲氧基异氰酸甲酯	商品编码	2929.1090
别 名			甲氧基甲基异氰酸酯	CAS 号	6427-21-0
英文名			Methoxymethyl isocyanate		
分子式			$C_3H_5NO_2$		
防护措施			呼吸系统防护:佩戴防毒口罩。紧急事态抢救或逃生时,佩戴自给式呼吸器。 眼睛防护:戴化学安全防护眼镜。 防护服:穿相应的防护服。 手防护:戴防化学品手套。 其他防护:工作现场禁止吸烟、进食和饮水。工作完毕,淋浴更衣。注意个人清洁卫生。		
危险性类别			易燃液体,类别2;急性毒性—经口,类别3*;急性毒性—吸入,类别3*;严重眼损伤/眼刺激,类别2;特异性靶器官毒性—单次接触,类别3(呼吸道刺激)。		

序号	1192	品名	甲乙醚		商品编码	2909.1990
别　名			乙甲醚；甲氧基乙烷		CAS 号	540-67-0
英文名			Methyl ethyl ether			
分子式			C_3H_8O			
外观与性状			无色液体或气体。			
主要用途			用于医药。			
危险特性			本品与空气混合能形成爆炸性混合物，遇热源和明火有燃烧爆炸的危险；长期储存，可生成具有潜在爆炸危险性的过氧化物；其蒸气比空气重，能在较低处扩散到相当远的地方，遇火源会着火回燃。			
健康危害			本品对皮肤、黏膜有刺激作用；对中枢神经系统有抑制、麻醉作用。			
防护措施			呼吸系统防护：空气中浓度超标时，建议佩戴自吸过滤式防毒面具（半面罩）。紧急事态抢救或撤离时，必须佩戴空气呼吸器。 眼睛防护：一般不需要特殊防护，高浓度接触时可戴化学安全防护眼镜。 身体防护：穿防静电工作服。 手防护：戴一般作业防护手套。 其他防护：工作现场严禁吸烟。注意个人清洁卫生。进入罐、限制性空间或其他高浓度区作业，须有人监护。			
危险性类别			易燃气体，类别1；加压气体。			

序号	1193	品名	甲藻毒素(二盐酸盐)		商品编码	2939.8090
别　名			石房蛤毒素(盐酸盐)		CAS 号	35523-89-8
危险特性			本品可燃；火场释放有毒氮氧化物烟雾。			
健康危害			本品剧毒。			
防护措施			呼吸系统防护：佩戴防毒口罩。紧急事态抢救或逃生时，佩戴自给式呼吸器。 眼睛防护：戴化学安全防护眼镜。 防护服：穿相应的防护服。 手防护：戴防化学品手套。 其他防护：工作现场严禁吸烟。注意个人清洁卫生。进入罐、限制性空间或其他高浓度区作业，须有人监护。			
危险性类别			急性毒性—经口，类别1。			

序号	1194	品名	钾	商品编码	2805.1990
别　名			金属钾	CAS 号	7440-09-7
英文名			Potassium		
分子式			K		
外观与性状			银白色柔软金属。		
主要用途			用于制过氧化钾、合金的热交换剂，也用作试剂。		
危险特性			本品化学反应活性很高，在潮湿空气中能自燃；遇水或潮气反应猛烈放出氢气，大量放热，引起燃烧或爆炸；暴露在空气或氧气中能自行燃烧并爆炸使熔融物飞溅；遇水、二氧化碳都能起猛烈反应；与卤素、磷、许多氧化物、氧化剂和酸类剧烈反应；燃烧时发出紫色火焰。		
健康危害			本品对眼、鼻、咽喉和肺有刺激作用，接触后引起喷嚏、咳嗽和喉炎；高浓度吸入会导致肺水肿；对眼睛和皮肤有强烈刺激和腐蚀性，会导致灼伤。		
防护措施			呼吸系统防护：一般不需要特殊防护，但建议特殊情况下，佩戴自吸过滤式防毒面具（半面罩）。 眼睛防护：戴安全防护面罩。 身体防护：穿化学防护服。 手防护：戴橡胶手套。 其他防护：工作现场严禁吸烟。注意个人清洁卫生。		
危险性类别			遇水放出易燃气体的物质和混合物，类别 1；皮肤腐蚀/刺激，类别 1B；严重眼损伤/眼刺激，类别 1。		

序号	1195	品名	钾汞齐	商品编码	2853.9090
别　名				CAS 号	37340-23-1
防护措施			呼吸系统防护：佩戴防毒口罩。紧急事态抢救或逃生时，佩戴自给式呼吸器。 眼睛防护：戴化学安全防护眼镜。 防护服：穿相应的防护服。 手防护：戴防化学品手套。 其他防护：工作现场严禁吸烟。注意个人清洁卫生。进入罐、限制性空间或其他高浓度区作业，须有人监护。		
危险性类别			遇水放出易燃气体的物质和混合物，类别 1；危害水生环境—急性危害，类别 1；危害水生环境—长期危害，类别 1。		

序号	1196	品名	钾合金		商品编码	3824.9999
别　名					CAS 号	
英文名	Potassium metal alloy					
防护措施	呼吸系统防护：佩戴防毒口罩。紧急事态抢救或逃生时，佩戴自给式呼吸器。 眼睛防护：戴化学安全防护眼镜。 防护服：穿相应的防护服。 手防护：戴防化学品手套。 其他防护：工作现场严禁吸烟。注意个人清洁卫生。进入罐、限制性空间或其他高浓度区作业，须有人监护。					
危险性类别	遇水放出易燃气体的物质和混合物，类别 1。					

序号	1197	品名	间苯二甲酰氯		商品编码	2917.3990
别　名	二氯化间苯二甲酰				CAS 号	99-63-8
英文名	M-phthaloyl chloride					
分子式	$C_8H_4Cl_2O_2$					
外观与性状	白色或浅黄色结晶固体。					
主要用途	用于有机合成。					
危险特性	本品遇明火、高热可燃。其粉体与空气可形成爆炸性混合物，当达到一定浓度时，遇火星会发生爆炸；与强氧化剂接触可发生化学反应；受热分解释放出高毒烟雾；具有腐蚀性。					
健康危害	本品对眼睛、皮肤、黏膜和呼吸道有强烈刺激作用。吸入引起喉、支气管痉挛、炎症，化学性肺炎、肺水肿等。接触后有头痛、恶心、咳嗽、气短、呼吸困难等。					
防护措施	呼吸系统防护：可能接触其粉尘时，必须佩戴防尘面具（全面罩）。紧急事态抢救或撤离时，应该佩戴空气呼吸器。 眼睛防护：呼吸系统防护中已作防护。 身体防护：穿橡胶耐酸碱服。 手防护：戴橡胶耐酸碱手套。 其他防护：工作现场禁止吸烟、进食和饮水。工作完毕，淋浴更衣。保持良好的卫生习惯。					
危险性类别	急性毒性—吸入，类别 3；皮肤腐蚀/刺激，类别 1A；严重眼损伤/眼刺激，类别 1。					

序号	1198	品名	钾钠合金	商品编码	3824.9999
别 名			钠钾合金	CAS 号	11135-81-2
英文名			Potassium sodium alloy		
分子式			KNa		
防护措施			呼吸系统防护：佩戴防毒口罩。紧急事态抢救或逃生时，佩戴自给式呼吸器。 眼睛防护：戴化学安全防护眼镜。 防护服：穿相应的防护服。 手防护：戴防化学品手套。 其他防护：工作现场严禁吸烟。注意个人清洁卫生。进入罐、限制性空间或其他高浓度区作业，须有人监护。		
危险性类别			遇水放出易燃气体的物质和混合物，类别 1；皮肤腐蚀/刺激，类别 1；严重眼损伤/眼刺激，类别 1。		

序号	1199	品名	间苯三酚 d	商品编码	2907.2990
别 名			1,3,5-三羟基苯;均苯三酚	CAS 号	108-73-6
英文名			Phloroglucinol		
分子式			$C_6H_6O_3$		
外观与性状			白色或淡黄色结晶或结晶性粉末。		
主要用途			本品用于检定锑、砷、铈、铬酸盐、铬、金、铁、汞、亚硝酸盐、锇、钯、锡、钒、香草素和木质素等，测定糠醛、戊糖、多缩戊糖、甲醇、水合氯醛、松节油、木质化细胞组织和胃液中的盐酸，骨标本的脱钙。		
健康危害			本品对眼睛、呼吸道和皮肤有刺激作用。		
防护措施			呼吸系统防护：佩戴防毒口罩。紧急事态抢救或逃生时，佩戴自给式呼吸器。 眼睛防护：戴化学安全防护眼镜。 防护服：穿相应的防护服。 手防护：戴防化学品手套。 其他防护：工作现场严禁吸烟。注意个人清洁卫生。进入罐、限制性空间或其他高浓度区作业，须有人监护。		
危险性类别			皮肤腐蚀/刺激，类别 2；严重眼损伤/眼刺激，类别 2；特异性靶器官毒性—单次接触，类别 3（呼吸道刺激）。		

序号	1200	品名	间硝基苯磺酸		商品编码	2904.9900
别　名					CAS 号	98-47-5
英文名	M-nitrobenzenesulfonic acid					
分子式	$C_6H_5NO_5S$					
外观与性状	吸湿性的黄色小叶状结晶。					
主要用途	用于有机合成。					
危险特性	本品遇明火、高热可燃;加热至200℃以上发生急剧分解,放出有毒的烟气。					
健康危害	吸入、摄入或经皮肤吸收本品后会中毒;对皮肤和黏膜有刺激作用;对眼睛有强烈刺激作用。					
防护措施	呼吸系统防护:可能接触其粉尘时,必须佩戴防尘面具(全面罩)。紧急事态抢救或撤离时,应该佩戴空气呼吸器。 眼睛防护:呼吸系统防护中已作防护。 身体防护:穿橡胶耐酸碱服。 手防护:戴橡胶耐酸碱手套。 其他防护:工作现场禁止吸烟、进食和饮水。工作完毕,淋浴更衣。保持良好的卫生习惯。					
危险性类别	皮肤腐蚀/刺激,类别1;严重眼损伤/眼刺激,类别1。					

序号	1201	品名	间异丙基苯酚		商品编码	2907.1990
别　名					CAS 号	618-45-1
英文名	M-isopropylphenol					
分子式	$C_9H_{12}O$					
外观与性状	白色结晶。					
主要用途	用作增塑剂等。					
危险特性	本品遇明火、高热可燃;与氧化剂可发生反应;遇热分解释放出高毒的酚烟雾。					
健康危害	本品对眼睛、皮肤、黏膜和上呼吸道有刺激作用,长时间的接触会引起眼灼伤。					
防护措施	呼吸系统防护:空气中粉尘浓度超标时,必须佩戴自吸过滤式防尘口罩。紧急事态抢救或撤离时,应该佩戴空气呼吸器。 眼睛防护:戴化学安全防护眼镜。 身体防护:穿橡胶耐酸碱服。 手防护:戴橡胶耐酸碱手套。 其他防护:工作现场禁止吸烟、进食和饮水。工作完毕,彻底清洗。单独存放被毒物污染的衣服,洗后备用。注意检测毒物。					
危险性类别	皮肤腐蚀/刺激,类别1;严重眼损伤/眼刺激,类别1。					

序号	1202	品名	碱土金属汞齐	商品编码	2853.9090
别　名				CAS 号	
防护措施		呼吸系统防护：佩戴防毒口罩。紧急事态抢救或逃生时，佩戴自给式呼吸器。 眼睛防护：戴化学安全防护眼镜。 防护服：穿相应的防护服。 手防护：戴防化学品手套。 其他防护：工作现场严禁吸烟。注意个人清洁卫生。进入罐、限制性空间或其他高浓度区作业，须有人监护。			
危险性类别		遇水放出易燃气体的物质和混合物，类别1；危害水生环境—急性危害，类别1；危害水生环境—长期危害，类别1。			

序号	1203	品名	焦硫酸汞	商品编码	2852.1000
别　名				CAS 号	1537199-53-3
防护措施		呼吸系统防护：佩戴防毒口罩。紧急事态抢救或逃生时，佩戴自给式呼吸器。 眼睛防护：戴化学安全防护眼镜。 防护服：穿相应的防护服。 手防护：戴防化学品手套。 其他防护：工作现场严禁吸烟。注意个人清洁卫生。进入罐、限制性空间或其他高浓度区作业，须有人监护。			
危险性类别		急性毒性—经口，类别2*；急性毒性—经皮肤，类别1；急性毒性—吸入，类别2*；特异性靶器官毒性—反复接触，类别2*；危害水生环境—急性危害，类别1；危害水生环境—长期危害，类别1。			

序号	1204	品名	焦砷酸	商品编码	2811.1990
别　名				CAS 号	13453-15-1
英文名		Pyroarsenic acid			
分子式		$C_5H_7AsO_6$			
防护措施		呼吸系统防护：佩戴防毒口罩。紧急事态抢救或逃生时，佩戴自给式呼吸器。 眼睛防护：戴化学安全防护眼镜。 防护服：穿相应的防护服。 手防护：戴防化学品手套。 其他防护：工作现场严禁吸烟。注意个人清洁卫生。进入罐、限制性空间或其他高浓度区作业，须有人监护。			
危险性类别		急性毒性—经口，类别3*；急性毒性—吸入，类别3*；致癌性，类别1A；危害水生环境—急性危害，类别1；危害水生环境—长期危害，类别1。			

序号	1205	品名	焦油酸			商品编码	2707.9990
别 名						CAS 号	
英文名	Tar acid						
防护措施	呼吸系统防护：佩戴防毒口罩。紧急事态抢救或逃生时，佩戴自给式呼吸器。 眼睛防护：戴化学安全防护眼镜。 防护服：穿相应的防护服。 手防护：戴防化学品手套。 其他防护：工作现场严禁吸烟。注意个人清洁卫生。进入罐、限制性空间或其他高浓度区作业，须有人监护。						
危险性类别	危害水生环境—长期危害，类别3*。						

序号	1206	品名	金属锰粉(含水≥25%)			商品编码	8111.0010
别 名	锰粉					CAS 号	7439-96-5
英文名	Manganese powder						
分子式	Mn						
外观与性状	银灰色粉末。						
主要用途	用作锰的标准液制备，合金、锰盐的制备，在引燃剂中作可燃物。						
危险特性	本品粉尘遇明火能引起燃烧爆炸；遇水或酸能发生化学反应，放出易燃气体；与氯、氟、过氧化氢、硝酸、二氧化氮、磷、二氧化硫和氧化剂接触剧烈反应。						
健康危害	本品的危害主要为慢性中毒，损害中枢神经系统尤以锥体外系统突出。主要表现为头痛、头晕、记忆减退、嗜睡、心动过速、多汗、两腿沉重、走路速度减慢、口吃、易激动等；严重者出现锰性帕金森氏综合征，特点为面部表情呆板、无力、情绪冷淡、语言含糊不清、四肢僵直、肌颤、走路前冲、后退极易跌倒、书写困难等。						
防护措施	呼吸系统防护：空气中粉尘浓度超标时，建议佩戴自吸过滤式防尘口罩。紧急事态抢救或撤离时，应该佩戴空气呼吸器。 眼睛防护：戴化学安全防护眼镜。 身体防护：穿防毒物渗透工作服。 手防护：戴乳胶手套。 其他防护：工作现场禁止吸烟、进食和饮水。工作完毕，淋浴更衣。注意个人清洁卫生。						
危险性类别	易燃固体，类别2；严重眼损伤/眼刺激，类别2B；生殖毒性，类别1B；特异性靶器官毒性—单次接触，类别1；特异性靶器官毒性—反复接触，类别1。						

序号	1207	品名	金属锆、金属锆粉（干燥的）	商品编码	8109.2100、8109.2900
别　名				CAS 号	7440-67-7
英文名		Zirconium powder			
分子式		Zr			
外观与性状		淡灰色有光泽的金属或灰色无定形粉末。			
主要用途		用于核工业及耐腐蚀合金、闪光灯、烟花等的制造，也用作冶金脱氧剂、化学试剂等。			
危险特性		本品微细粉末极易燃烧，有时能自燃发生爆炸；锆粉也能在二氧化碳及氮气中燃烧；粉体在受热、遇明火或接触氧化剂时会引起燃烧爆炸。			
健康危害		工业上尚未见有锆中毒的报道。			
防护措施		呼吸系统防护：空气中粉尘浓度超标时，建议佩戴自吸过滤式防尘口罩。 眼睛防护：空气中粉尘浓度超标时，戴化学安全防护眼镜。 身体防护：穿一般作业防护服。 手防护：戴防化学品手套。			
危险性类别		易燃固体，类别 2。			

序号	1208	品名	金属铪粉	商品编码	8112.3100
别　名		铪粉		CAS 号	7440-58-6
英文名		Hafnium			
分子式		Hf			
外观与性状		有光泽的六角形灰色结晶。			
主要用途		主要用于制作原子反应堆的控制棒，也用作消气剂及硬质合金的添加剂。			
危险特性		本品粉末在空气、氮或二氧化碳中燃烧；与空气混合能形成爆炸性混合物；如加以搅拌即会自燃；与大多数氧化剂如氯酸盐、硝酸盐、高氯酸盐或高锰酸盐等组成敏感度极高的爆炸性混合物。			
健康危害		本品对眼睛和皮肤有刺激性。			
防护措施		呼吸系统防护：空气中粉尘浓度超标时，必须佩戴自吸过滤式防尘口罩。紧急事态抢救或撤离时，应该佩戴空气呼吸器。 眼睛防护：戴化学安全防护眼镜。 身体防护：穿防毒物渗透工作服。 手防护：戴橡胶手套。			
危险性类别		干的：自热物质和混合物，类别 1；特异性靶器官毒性—反复接触，类别 2。 湿的：易燃固体，类别 1；特异性靶器官毒性—反复接触，类别 2。			

序号	1209	品名	金属镧（浸在煤油中的）		商品编码	2805.3014
别　名					CAS 号	7439-91-0
英文名	Lanthanum					
分子式	La					
主要用途	用作钢铁和有色金属的添加剂、贮氢基质材料，制取其他金属的还原剂					
防护措施	呼吸系统防护：佩戴防毒口罩。紧急事态抢救或逃生时，佩戴自给式呼吸器。 眼睛防护：戴化学安全防护眼镜。 防护服：穿相应的防护服。 手防护：戴防化学品手套。 其他防护：工作现场严禁吸烟。注意个人清洁卫生。进入罐、限制性空间或其他高浓度区作业，须有人监护。					
危险性类别	易燃液体，类别3＊；遇水放出易燃气体的物质和混合物，类别3＊；危害水生环境—急性危害，类别2；危害水生环境—长期危害，类别2。					

序号	1210	品名	金属钕（浸在煤油中的）		商品编码	2805.3011
别　名					CAS 号	7440-00-8
英文名	Neodymium					
分子式	Nd					
外观与性状	有银色光泽的金属。					
主要用途	用于冶金工业，生产钕盐等。					
危险特性	本品化学反应活性很高，暴露在空气中可发生氧化反应；与氟、氯等能发生剧烈的化学反应；也可与氮气发生反应。如浸入煤油中，则参照煤油的危险性，遇高热明火有燃烧的危险。					
健康危害	目前未见职业中毒病例报告。本品对眼睛、皮肤、黏膜和呼吸道有刺激作用。					
防护措施	呼吸系统防护：佩戴防毒口罩。紧急事态抢救或逃生时，佩戴自给式呼吸器。 眼睛防护：戴化学安全防护眼镜。 防护服：穿相应的防护服。 手防护：戴防化学品手套。 其他防护：工作现场严禁吸烟。注意个人清洁卫生。进入罐、限制性空间或其他高浓度区作业，须有人监护。					
危险性类别	易燃液体，类别3＊；遇水放出易燃气体的物质和混合物，类别3＊；危害水生环境—急性危害，类别2；危害水生环境—长期危害，类别2。					

序号	1211	品名	金属铷	商品编码	2805.1990
别 名			铷	CAS 号	7440-17-7
英文名			Rubidium		
分子式			Rb		
外观与性状			银白色蜡状柔软金属。		
主要用途			用于制造光电池、真空管和作催化剂等。		
危险特性			本品化学反应活性很高，暴露在空气或氧气中能自行燃烧并爆炸使熔融物飞溅；与空气中的氧气反应则生成超氧化物，如混有有机物等，发生爆炸性反应；遇水或潮气猛烈反应放出氢气，大量放热，引起燃烧或爆炸；与卤素、硫、磷等发生剧烈的化学反应，引起燃烧。		
健康危害			至今尚未证明铷对人体有任何毒性，未见中毒病例报道。		
防护措施			呼吸系统防护：一般不需要特殊防护，但建议特殊情况下，佩戴自吸过滤式防尘口罩。 眼睛防护：戴化学安全防护眼镜。 身体防护：穿化学防护服。 手防护：戴橡胶手套。 其他防护：工作现场严禁吸烟。注意个人清洁卫生。		
危险性类别			遇水放出易燃气体的物质和混合物，类别1。		

序号	1212	品名	金属铯	商品编码	2805.1990
别 名			铯	CAS 号	7440-46-2
英文名			Cesium		
外观与性状			银白色柔软金属或银白色液体。		
主要用途			用作光电池、电子管的吸气剂、氢化催化剂等。		
危险特性			本品化学反应活性很高，在潮湿空气中能自燃；与空气中的氧气反应则生成超氧化物，如混有有机物等，发生爆炸性反应；与水和酸强烈反应，发热冒烟，甚至发生燃烧爆炸；与卤素及其他氧化剂剧烈反应。		
健康危害			尚未见铯中毒的病例报告。工人长期接触未见对健康有影响。动物急性中毒表现以神经、肌肉的兴奋为特征。		
防护措施			呼吸系统防护：一般不需要特殊防护，但建议特殊情况下，佩戴自吸过滤式防毒面具（半面罩）。 眼睛防护：必要时，戴化学安全防护眼镜。 身体防护：穿化学防护服。 手防护：戴橡胶手套。		
危险性类别			遇水放出易燃气体的物质和混合物，类别1。		

序号	1213	品名	金属锶	商品编码	2805.1990
别　名			锶	CAS 号	7440-24-6
英文名			Strontium		
分子式			Sr		
外观与性状			银白色至淡黄色软金属。		
主要用途			用于制造合金及用作电子管的吸气剂，也用于化学分析、制烟火等。		
危险特性			本品化学反应活性较高，当加热到熔点以上能自燃；微细粉末遇明火极易燃烧爆炸；遇水或酸发生反应放出氢气及热量，能引起燃烧；与卤素、硫、磷等发生剧烈的化学反应，引起燃烧，燃烧时发出深红色火焰。		
健康危害			迄今为止尚无职业中毒的报道。在动物实验中，急性锶中毒的症状是共济失调，肌肉异常软弱无力，甚至转为肌肉抽搐以致死亡。死因主要是呼吸衰竭。		
防护措施			呼吸系统防护：一般不需要特殊防护，但建议特殊情况下，佩戴自吸过滤式防尘口罩。 眼睛防护：戴化学安全防护眼镜。 身体防护：穿化学防护服。 手防护：戴橡胶手套。		
危险性类别			自燃固体，类别 1。		

序号	1214	品名	金属钛粉（干的）、金属钛粉（含水不低于 25%，机械方法生产的，粒径小于 53 微米；化学方法生产的，粒径小于 840 微米）	商品编码	8108.2030
别　名				CAS 号	7440-32-6
英文名			Titanium		
分子式			Ti		
外观与性状			深灰色或黑色发亮的无定形粉末。		
主要用途			用于合金制造等。		
危险特性			金属钛粉尘具有爆炸性，遇热、明火或发生化学反应会燃烧爆炸；其粉体化学活性很高，在空气中能自燃；金属钛不仅能在空气中燃烧，也能在二氧化碳或氮气中燃烧；高温时易与卤素、氧、硫、氮化合。		
健康危害			吸入本品后对上呼吸道有刺激性，引起咳嗽、胸部紧束感或疼痛。		
防护措施			呼吸系统防护：可能接触其粉尘时，必须佩戴自吸过滤式防尘口罩。 眼睛防护：戴安全防护眼镜。 身体防护：穿透气型防毒服。 手防护：戴防毒物渗透手套。 其他防护：工作现场禁止吸烟、进食和饮水。工作完毕，淋浴更衣。注意个人清洁卫生。		
危险性类别			易燃固体，类别 1。		

序号	1215	品名	精蒽	商品编码	2902.9090
别名				CAS 号	120-12-7
英文名		Anthracene			
分子式		$C_{14}H_{10}$			
外观与性状		浅黄色针状结晶，有蓝色荧光。			
主要用途		用于蒽醌生产，也用作杀虫剂、杀菌剂、汽油阻凝剂等。			
危险特性		本品遇明火、高热可燃；与强氧化剂接触可发生化学反应。			
健康危害		纯品基本无毒。工业品因含有菲、咔唑等杂质，毒性明显增大。由于本品蒸气压很低，故经吸入中毒可能性很小；对皮肤、黏膜有刺激性；易引起光感性皮炎。			
防护措施		呼吸系统防护：空气中粉尘浓度超标时，建议佩戴自吸过滤式防尘口罩。 眼睛防护：一般不需要特殊防护，但建议特殊情况下，戴化学安全防护眼镜。 身体防护：穿一般作业工作服。尽可能减少直接接触。 手防护：戴一般作业防护手套。 其他防护：工作场所禁止吸烟、进食和饮水，饭前要洗手。工作完毕，淋浴更衣。保持良好的卫生习惯。			
危险性类别		严重眼损伤/眼刺激，类别 2；皮肤致敏物，类别 1；特异性靶器官毒性—单次接触，类别 3（呼吸道刺激）；危害水生环境—急性危害，类别 1；危害水生环境—长期危害，类别 1。			

序号	1216	品名	肼水溶液（含肼≤64%）	商品编码	2928.0000
别名				CAS 号	302-01-2
英文名		Hydrazine aqueous solution, with not more than 64% hydrazine, by mass			
防护措施		呼吸系统防护：佩戴防毒口罩。紧急事态抢救或逃生时，佩戴自给式呼吸器。 眼睛防护：戴化学安全防护眼镜。 防护服：穿相应的防护服。 手防护：戴防化学品手套。 其他防护：工作现场严禁吸烟。注意个人清洁卫生。进入罐、限制性空间或其他高浓度区作业，须有人监护。			
危险性类别		易燃液体，类别 3；急性毒性—经口，类别 3*；急性毒性—经皮肤，类别 3*；急性毒性—吸入，类别 3*；皮肤腐蚀/刺激，类别 1B；严重眼损伤/眼刺激，类别 1；皮肤致敏物，类别 1；致癌性，类别 2；危害水生环境—急性危害，类别 1；危害水生环境—长期危害，类别 1。			

序号	1217	品名	酒石酸化烟碱		商品编码	2939.7910
别 名					CAS 号	65-31-6
英文名		Nicotine ditartrate				
分子式		$C_{18}H_{26}N_2O_{12}$				
防护措施		呼吸系统防护：佩戴防毒口罩。紧急事态抢救或逃生时，佩戴自给式呼吸器。 眼睛防护：戴化学安全防护眼镜。 防护服：穿相应的防护服。 手防护：戴防化学品手套。 其他防护：工作现场严禁吸烟。注意个人清洁卫生。进入罐、限制性空间或其他高浓度区作业，须有人监护。				
危险性类别		急性毒性—经口，类别3；危害水生环境—急性危害，类别2；危害水生环境—长期危害，类别2。				

序号	1218	品名	酒石酸锑钾		商品编码	2918.1300
别 名		吐酒石;酒石酸钾锑;酒石酸氧锑钾			CAS 号	28300-74-5
英文名		Potassium antimonyl tartrate sesquihydrate				
分子式		$C_8H_4K_2O_{12}Sb_2 \cdot 3(H_2O)$				
外观与性状		无色透明晶体或白色结晶性粉末。				
主要用途		用作染料的固色剂。				
防护措施		呼吸系统防护：佩戴防毒口罩。紧急事态抢救或逃生时，佩戴自给式呼吸器。 眼睛防护：戴化学安全防护眼镜。 防护服：穿相应的防护服。 手防护：戴防化学品手套。 其他防护：工作现场严禁吸烟。注意个人清洁卫生。进入罐、限制性空间或其他高浓度区作业，须有人监护。				
危险性类别		急性毒性—经口，类别3；生殖细胞致突变性，类别2；特异性靶器官毒性—单次接触，类别1；特异性靶器官毒性—反复接触，类别1；危害水生环境—急性危害，类别2；危害水生环境—长期危害，类别2。				

序号	1219	品名	聚苯乙烯珠体(可发性的)	商品编码	3903.1100
别名				CAS号	
英文名	Polystyrene beads, expandable				
防护措施	呼吸系统防护：佩戴防毒口罩。紧急事态抢救或逃生时，佩戴自给式呼吸器。 眼睛防护：戴化学安全防护眼镜。 防护服：穿相应的防护服。 手防护：戴防化学品手套。 其他防护：工作现场严禁吸烟。注意个人清洁卫生。进入罐、限制性空间或其他高浓度区作业，须有人监护。				
危险性类别	易燃固体，类别1。				

序号	1220	品名	聚醚聚过氧叔丁基碳酸酯(含量≤52%，含B型稀释剂≥48%)	商品编码	3907.4000
别名				CAS号	
英文名	Polyether poly-tert-butylperoxycarbonate (not more than 52%, and diluent type B not less than 48%)				
防护措施	呼吸系统防护：佩戴防毒口罩。紧急事态抢救或逃生时，佩戴自给式呼吸器。 眼睛防护：戴化学安全防护眼镜。 防护服：穿相应的防护服。 手防护：戴防化学品手套。 其他防护：工作现场严禁吸烟。注意个人清洁卫生。进入罐、限制性空间或其他高浓度区作业，须有人监护。				
危险性类别	有机过氧化物，E型。				

序号	1221	品名	聚乙醛	商品编码	3907.1090
别名				CAS号	9002-91-9
英文名	Metaldehyde				
分子式	C_2H_4O				
防护措施	呼吸系统防护：佩戴防毒口罩。紧急事态抢救或逃生时，佩戴自给式呼吸器。 眼睛防护：戴化学安全防护眼镜。 防护服：穿相应的防护服。 手防护：戴防化学品手套。 其他防护：工作现场严禁吸烟。注意个人清洁卫生。进入罐、限制性空间或其他高浓度区作业，须有人监护。				
危险性类别	易燃固体，类别2；危害水生环境—长期危害，类别3。				

序号	1222	品名	聚乙烯聚胺	商品编码	3911.9000
别 名			多乙烯多胺；多乙撑多胺	CAS 号	29320-38-5
英文名			Polyethylenimine		
分子式			$C_{2n+2}H_{5n+8}N_{n+2}(n \geq 4)$		
主要用途			用作固化剂和电缆接头等。		
防护措施			呼吸系统防护：佩戴防毒口罩。紧急事态抢救或逃生时，佩戴自给式呼吸器。 眼睛防护：戴化学安全防护眼镜。 防护服：穿相应的防护服。 手防护：戴防化学品手套。 其他防护：工作现场严禁吸烟。注意个人清洁卫生。进入罐、限制性空间或其他高浓度区作业，须有人监护。		
危险性类别			皮肤腐蚀/刺激，类别1；严重眼损伤/眼刺激，类别1。		

序号	1223	品名	2-莰醇	商品编码	2906.1990
别 名			冰片；龙脑	CAS 号	507-70-0
英文名			Borneol		
分子式			$C_{10}H_{18}O$		
外观与性状			白色、半透明结晶，有似樟脑气味，能升华。		
主要用途			用于制造龙脑酯类、香料等。		
危险特性			本品遇高热、明火或与氧化剂接触，有引起燃烧的危险；粉体与空气可形成爆炸性混合物，当达到一定的浓度时，遇火星会发生爆炸。		
健康危害			本品经吸收后有微毒，可能引起过敏反应，有刺激作用。接触后可引起头痛、恶心、呕吐及惊厥。		
防护措施			呼吸系统防护：可能接触其蒸气时，应该佩戴防毒面具。 眼睛防护：可采用安全面罩。 身体防护：穿防静电工作服。 手防护：一般不需特殊防护。		
危险性类别			易燃固体，类别2；特异性靶器官毒性—单次接触，类别2。		

序号	1224	品名	莰烯	商品编码	2902.1990
别 名			樟脑萜;莰芬	CAS 号	79-92-5
英文名			2,2-dimethyl-3-methylenenorborhane		
分子式			$C_{10}H_{16}$		
外观与性状			无色或微黄结晶,具有樟脑的气味。		
主要用途			用于医药及合成樟脑、香料等原料。		
危险特性			本品遇明火、高热或与氧化剂接触,有引起燃烧爆炸的危险,燃烧时产生大量烟雾。		
健康危害			本品对眼、鼻、咽喉有刺激性。高浓度接触引起头痛、恶心、兴奋、出汗;极高浓度接触出现精神错乱、昏睡、甚至昏迷;高浓度对肾脏有损害,对皮肤有刺激性。		
防护措施			呼吸系统防护:空气中浓度超标时,佩戴自吸过滤式防尘口罩。 眼睛防护:一般不需特殊防护。必要时,戴安全防护眼镜。 身体防护:穿透气型防毒服。 手防护:戴防化学品手套。 其他防护:工作现场禁止吸烟、进食和饮水。工作完毕,淋浴更衣。注意个人清洁卫生。		
危险性类别			易燃固体,类别1;严重眼损伤/眼刺激,类别2A;危害水生环境—急性危害,类别2;危害水生环境—长期危害,类别2。		

序号	1225	品名	糠胺	商品编码	2932.1900
别 名			2-呋喃甲胺;麸胺	CAS 号	617-89-0
英文名			Furfurylamine		
分子式			C_5H_7NO		
外观与性状			无色至淡黄色液体。		
主要用途			用作腐蚀抑制剂、助焊剂。		
危险特性			本品遇高热、明火或与氧化剂接触,有引起燃烧的危险;若遇高热,容器内压增大,有开裂和爆炸的危险。		
健康危害			吸入、摄入或经皮肤吸收本品后对身体有害,其蒸气或雾对眼睛、黏膜和上呼吸道有刺激性。		
防护措施			工程控制:密闭操作,注意通风。 呼吸系统防护:空气中浓度超标时,佩戴防毒面具。紧急事态抢救或撤离时,建议佩戴自给式呼吸器。 眼睛防护:戴化学安全防护眼镜。 身体防护:穿防静电工作服。 手防护:戴橡皮手套。		
危险性类别			易燃液体,类别3;皮肤腐蚀/刺激,类别1;严重眼损伤/眼刺激,类别1。		

序号	1226	品名	糠醛		商品编码	2932.1200
别 名			呋喃甲醛		CAS 号	98-01-1
英文名			Furfural			
分子式			$C_5H_4O_2$			
外观与性状			无色至黄色液体,有杏仁样的气味。			
主要用途			用作溶剂及作为合成香料、糠醇、四氢呋喃的中间体。			
危险特性			本品易燃,遇明火有引起燃烧的危险;受高热分解释放出有毒的气体。			
健康危害			本品蒸气有强烈的刺激性,并有麻醉作用。动物吸入、经口或经皮肤吸收均可引起急性中毒,表现有呼吸道刺激、肺水肿、肝损害、中枢神经系统损害、呼吸中枢麻痹,以致死亡。兔眼接触高浓度本品可引起角膜、结膜和眼睑损害,但能迅速痊愈。工人接触 $7.4mg/m^3 \sim 52.7mg/m^3$ 糠醛 3 个月,出现黏膜刺激症状、头痛、舌麻木、呼吸困难;长期接触还会出现手、足皮肤色素沉着、皮炎、湿疹及慢性鼻炎等。			
防护措施			呼吸系统防护:可能接触其蒸气时,应该佩戴过滤式防毒面具(半面罩)。 眼睛防护:戴化学安全防护眼镜。 身体防护:穿防静电工作服。 手防护:戴橡胶耐油手套。 其他防护:工作现场禁止吸烟、进食和饮水。工作完毕,淋浴更衣。保持良好的卫生习惯。			
危险性类别			易燃液体,类别 3;急性毒性—经口,类别 3*;急性毒性—吸入,类别 3*;皮肤腐蚀/刺激,类别 2;严重眼损伤/眼刺激,类别 2;特异性靶器官毒性—单次接触,类别 3(呼吸道刺激)。			

序号	1227	品名	抗霉素 A		商品编码	2941.9090
别 名					CAS 号	1397-94-0
英文名			Antimycin a			
分子式			$C_{13}H_{14}O_5$			
防护措施			呼吸系统防护:佩戴防毒口罩。紧急事态抢救或逃生时,佩戴自给式呼吸器。 眼睛防护:戴化学安全防护眼镜。 防护服:穿相应的防护服。 手防护:戴防化学品手套。 其他防护:工作现场严禁吸烟。注意个人清洁卫生。进入罐、限制性空间或其他高浓度区作业,须有人监护。			
危险性类别			急性毒性—经口,类别 2;急性毒性—经皮肤,类别 1;危害水生环境—急性危害,类别 1。			

序号	1228	品名	氪(压缩的或液化的)	商品编码	2804.2900
别 名				CAS 号	7439-90-9
英文名		Krypton			
分子式		Kr			
外观与性状		无色、无大嗅和无味的气体			
主要用途		可用于充填电离室以测量宇宙辐射，并可用作 X 射线工作时的遮光材料。			
防护措施		呼吸系统防护：佩戴防毒口罩。紧急事态抢救或逃生时，佩戴自给式呼吸器。 眼睛防护：戴化学安全防护眼镜。 防护服：穿相应的防护服。 手防护：戴防化学品手套。 其他防护：工作现场严禁吸烟。注意个人清洁卫生。进入罐、限制性空间或其他高浓度区作业，须有人监护。			
危险性类别		加压气体。			

序号	1229	品名	喹啉	商品编码	2933.4900
别 名		苯并吡啶；氮杂萘		CAS 号	91-22-5
英文名		Quinoline			
分子式		C_9H_7N			
外观与性状		无色液体。			
主要用途		用于药物合成。			
危险特性		本品遇明火、高热可燃；受热分解释放出有毒的氧化氮烟气；与强氧化剂接触可发生化学反应。			
健康危害		本品蒸气对鼻、喉有刺激性，吸入后引起头痛、头晕、恶心；对眼睛、皮肤有刺激性；口服刺激口腔和胃。			
防护措施		呼吸系统防护：空气中浓度超标时，应该佩戴过滤式防毒面具（半面罩）。紧急事态抢救或撤离时，建议佩戴空气呼吸器。 眼睛防护：戴化学安全防护眼镜。 身体防护：穿防毒物渗透工作服。 手防护：戴橡胶耐油手套。 其他防护：工作现场禁止吸烟、进食和饮水。工作完毕，彻底清洗。工作服不准带至非作业场所。单独存放被毒物污染的衣服，洗后备用。保持良好的卫生习惯。			
危险性类别		生殖细胞致突变性，类别 2；急性毒性—经皮肤，类别 3；严重眼损伤/眼刺激性，类别 2；皮肤腐蚀/刺激，类别 2；危害水生环境—急性危害，类别 2；危害水生环境—长期危害，类别 2。			

序号	1230	品名	雷汞(湿的,按质量含水或乙醇和水的混合物不低于20%)	商品编码	2852.1000
别 名			二雷酸汞;雷酸汞	CAS号	628-86-4
英文名			Mercury, bis(fulminato-kc)-		
分子式			$C_2HgN_2O_2$		
防护措施			呼吸系统防护:佩戴防毒口罩。紧急事态抢救或逃生时,佩戴自给式呼吸器。 眼睛防护:戴化学安全防护眼镜。 防护服:穿相应的防护服。 手防护:戴防化学品手套。 其他防护:工作现场严禁吸烟。注意个人清洁卫生。进入罐、限制性空间或其他高浓度区作业,须有人监护。		
危险性类别			爆炸物,1.1项;急性毒性—经口,类别3*;急性毒性—经皮肤,类别3*;急性毒性—吸入,类别3*;特异性靶器官毒性—反复接触,类别2*;危害水生环境—急性危害,类别1;危害水生环境—长期危害,类别1。		

序号	1231	品名	锂	商品编码	2805.1910
别 名			金属锂	CAS号	7439-93-2
英文名			Litium		
分子式			Li		
外观与性状			银白色软金属。		
主要用途			用作还原剂与氢化剂、合金硬化剂、铜和铜合金中脱氧剂,也用于有机合成。		
危险特性			本品化学反应活性很高,加热至熔融状态时能在空气中自燃,但粉尘能在常温下燃烧;遇水或酸发生反应放出氢气及热量,能引起燃烧,燃烧后即成熔融物流散,并放出白色浓烟,使火场全部荫蔽。金属锂能在空气、氧气、氮气或二氧化碳中燃烧,特别是有氧化锂或氮化锂存在下极易燃烧。锂在高温下能与混凝土或其他含湿的材料起猛烈反应,反应放出的氢气与空气能形成爆炸性混合物;与卤素、硫、磷等发生剧烈的化学反应,引起燃烧。		
健康危害			本品具有强烈腐蚀性,眼睛和皮肤接触引起刺激或灼伤。		
防护措施			呼吸系统防护:一般不需要特殊防护,但建议特殊情况下,佩戴自吸过滤式防尘口罩。 眼睛防护:戴化学安全防护眼镜。 身体防护:穿化学防护服。 手防护:戴橡胶手套。 其他防护:工作现场严禁吸烟。注意个人清洁卫生。		
危险性类别			遇水放出易燃气体的物质和混合物,类别1;皮肤腐蚀/刺激,类别1B;严重眼损伤/眼刺激,类别1。		

序号	1232	品名	连二亚硫酸钙	商品编码	2831.9000
别 名				CAS 号	15512-36-4
英文名	Dithionousacid, calcium salt（1∶1）				
分子式	CaO_4S_2				
防护措施	呼吸系统防护：佩戴防毒口罩。紧急事态抢救或逃生时，佩戴自给式呼吸器。 眼睛防护：戴化学安全防护眼镜。 防护服：穿相应的防护服。 手防护：戴防化学品手套。 其他防护：工作现场严禁吸烟。注意个人清洁卫生。进入罐、限制性空间或其他高浓度区作业，须有人监护。				
危险性类别	自热物质和混合物，类别1。				

序号	1233	品名	连二亚硫酸钾	商品编码	2831.9000
别 名	低亚硫酸钾			CAS 号	14293-73-3
英文名	Dithionous acid, potassium salt（1∶2）				
分子式	$K_2O_4S_2$				
防护措施	呼吸系统防护：佩戴防毒口罩。紧急事态抢救或逃生时，佩戴自给式呼吸器。 眼睛防护：戴化学安全防护眼镜。 防护服：穿相应的防护服。 手防护：戴防化学品手套。 其他防护：工作现场严禁吸烟。注意个人清洁卫生。进入罐、限制性空间或其他高浓度区作业，须有人监护。				
危险性类别	自热物质和混合物，类别1。				

序号	1234	品名	连二亚硫酸钠		商品编码	2831.1010
别 名			保险粉；低亚硫酸钠		CAS 号	7775-14-6
英文名			Sodium dithionite			
分子式			$Na_2O_4S_2$			
防护措施			呼吸系统防护：佩戴防毒口罩。紧急事态抢救或逃生时，佩戴自给式呼吸器。 眼睛防护：戴化学安全防护眼镜。 防护服：穿相应的防护服。 手防护：戴防化学品手套。 其他防护：工作现场严禁吸烟。注意个人清洁卫生。进入罐、限制性空间或其他高浓度区作业，须有人监护。			
危险性类别			自热物质和混合物，类别1。			

序号	1235	品名	连二亚硫酸锌		商品编码	2831.9000
别 名			亚硫酸氢锌		CAS 号	
化学名			连二亚硫酸锌			
英文名			Dithionous acid, zincsalt（1：1）			
分子式			$H_2O_4S_2 \cdot Zn$			
防护措施			呼吸系统防护：佩戴防毒口罩。紧急事态抢救或逃生时，佩戴自给式呼吸器。 眼睛防护：戴化学安全防护眼镜。 防护服：穿相应的防护服。 手防护：戴防化学品手套。 其他防护：工作现场严禁吸烟。注意个人清洁卫生。进入罐、限制性空间或其他高浓度区作业，须有人监护。			
危险性类别			危害水生环境—急性危害，类别1；危害水生环境—长期危害，类别1。			

序号	1236	品名	联苯	商品编码	2902.9090
别名				CAS号	92-52-4
英文名		Biphenyl			
分子式		$C_{12}H_{10}$			
外观与性状		无色或淡黄色、片状晶体，略带甜嗅味。			
主要用途		用作热交换剂，并用于有机合成。			
危险特性		本品遇高热、明火或与氧化剂接触，有引起燃烧的危险。			
健康危害		本品对皮肤、黏膜有轻度刺激性，高浓度吸入，主要损害神经系统和肝脏，会导致过敏性或接触性皮炎。急性中毒主要表现为神经系统和消化系统症状，如头晕、头痛、眩晕、嗜睡、恶心、呕吐等，有时可出现肝功能障碍。高浓度接触，对呼吸道和眼睛有明显刺激，长期接触会引起头痛、乏力、失眠等及呼吸道刺激症状。			
防护措施		呼吸系统防护：空气中浓度较高时，佩戴防毒面具。 眼睛防护：必要时戴安全防护眼镜。 身体防护：穿工作服。 手防护：必要时戴防护手套。			
危险性类别		皮肤腐蚀/刺激，类别2；严重眼损伤/眼刺激，类别2；特异性靶器官毒性—单次接触，类别3（呼吸道刺激）；危害水生环境—急性危害，类别1；危害水生环境—长期危害，类别1。			

序号	1237	品名	3-[(3-联苯-4-基)-1,2,3,4-四氢-1-萘基]-4-羟基香豆素	商品编码	2932.2090
别名		鼠得克		CAS号	56073-07-5
英文名		Difenacoum			
分子式		$C_{31}H_{24}O_3$			
外观与性状		白色结粉末。			
主要用途		用作第2代抗凝血杀鼠剂。			
危险特性		本品对水生生物极毒，可能导致对水生环境的长期不良影响。			
健康危害		本品吞咽极毒。			
防护措施		呼吸系统防护：佩戴防毒口罩。紧急事态抢救或逃生时，佩戴自给式呼吸器。 眼睛防护：戴化学安全防护眼镜。 防护服：穿相应的防护服。 手防护：戴防化学品手套。 其他防护：工作现场严禁吸烟。注意个人清洁卫生。进入罐、限制性空间或其他高浓度区作业，须有人监护。			
危险性类别		急性毒性—经口，类别2*；特异性靶器官毒性—反复接触，类别1；危害水生环境—急性危害，类别1；危害水生环境—长期危害，类别1。			

序号	1238	品名	联十六烷基过氧重碳酸酯(含量≤100%)、联十六烷基过氧重碳酸酯(含量≤42%,在水中稳定弥散)	商品编码	2920.9000
别 名			过氧化二(十六烷基)二碳酸酯	CAS 号	26322-14-5
英文名			Dicetyl peroxydicarbonate		
分子式			$C_{34}H_{66}O_6$		
防护措施			呼吸系统防护：佩戴防毒口罩。紧急事态抢救或逃生时，佩戴自给式呼吸器。 眼睛防护：戴化学安全防护眼镜。 防护服：穿相应的防护服。 手防护：戴防化学品手套。 其他防护：工作现场严禁吸烟。注意个人清洁卫生。进入罐、限制性空间或其他高浓度区作业，须有人监护。		
危险性类别			有机过氧化物，D 型。		

序号	1239	品名	镰刀菌酮 X	商品编码	2932.9990
别 名				CAS 号	23255-69-8
英文名			Trichothec-9-en-8-one,4-(acetyloxy)-12,13-epoxy-3,7,15-trihydroxy-,(3a,4b,7a)-		
分子式			$C_{17}H_{22}O_8$		
防护措施			呼吸系统防护：佩戴防毒口罩。紧急事态抢救或逃生时，佩戴自给式呼吸器。 眼睛防护：戴化学安全防护眼镜。 防护服：穿相应的防护服。 手防护：戴防化学品手套。 其他防护：工作现场严禁吸烟。注意个人清洁卫生。进入罐、限制性空间或其他高浓度区作业，须有人监护。		
危险性类别			急性毒性—经口，类别 1。		

序号	1240	品名	邻氨基苯硫醇	商品编码	2930.9090
别 名			2-氨基硫代苯酚;2-巯基胺;邻氨基苯硫酚苯	CAS 号	137-07-5
英文名			2-aminothiophenol		
分子式			C_6H_7NS		
外观与性状			淡黄色液体或固体,有恶臭味。		
主要用途			医药和有机合成用原料。		
危险特性			本品遇明火、高热可燃;与氧化剂可发生反应;受高热分解,放出有毒的烟气。		
健康危害			本品有毒,并有腐蚀性;对角质有溶解作用,能使蛋白质变质;吸收进入体内,可形成高铁血红蛋白而致紫绀。		
防护措施			呼吸系统防护:可能接触其蒸气时,应该佩戴防毒口罩。紧急事态抢救或逃生时,佩戴自给式呼吸器。 眼睛防护:高浓度环境中,戴安全防护眼镜。 身体防护:穿防腐工作服。 手防护:戴橡胶手套。		
危险性类别			危害水生环境—急性危害,类别1;危害水生环境—长期危害,类别1。		

序号	1241	品名	邻苯二甲酸苯胺	商品编码	2921.4200
别 名				CAS 号	50930-79-5
英文名			Aniline hydrogen phthalate		
分子式			$C_{14}H_{13}NO_4$		
防护措施			呼吸系统防护:佩戴防毒口罩。紧急事态抢救或逃生时,佩戴自给式呼吸器。 眼睛防护:戴化学安全防护眼镜。 防护服:穿相应的防护服。 手防护:戴防化学品手套。 其他防护:工作现场严禁吸烟。注意个人清洁卫生。进入罐、限制性空间或其他高浓度区作业,须有人监护。		
危险性类别			急性毒性—经口,类别3*;急性毒性—经皮肤,类别3*;急性毒性—吸入,类别3*;严重眼损伤/眼刺激,类别1;皮肤致敏物,类别1;生殖细胞致突变性,类别2;特异性靶器官毒性—反复接触,类别1;危害水生环境—急性危害,类别1。		

序号	1242	品名	邻苯二甲酸二异丁酯	商品编码	2917.3490
别 名				CAS 号	84-69-5
英文名	Diisobutyl phthalate				
分子式	$C_{16}H_{22}O_4$				
外观与性状	无色透明液体，微溶于水。				
主要用途	用作纤维素树脂、乙烯基树脂、丁腈橡胶和氯化橡胶等的增塑剂。				
危险特性	本品对水生生物极毒，可能导致对水生环境的长期不良影响。				
健康危害	本品有削弱生殖能力的危险。				
防护措施	呼吸系统防护：佩戴防毒口罩。紧急事态抢救或逃生时，佩戴自给式呼吸器。 眼睛防护：戴化学安全防护眼镜。 防护服：穿相应的防护服。 手防护：戴防化学品手套。 其他防护：工作现场严禁吸烟。注意个人清洁卫生。进入罐、限制性空间或其他高浓度区作业，须有人监护。				
危险性类别	生殖毒性，类别 1B；危害水生环境—急性危害，类别 1。				

序号	1243	品名	邻苯二甲酸酐(含马来酸酐大于0.05%)	商品编码	2917.3500
别 名	苯酐；酞酐			CAS 号	85-44-9
英文名	O-phthalic anhydride				
分子式	$C_8H_4O_3$				
外观与性状	白色有光泽针状结晶。				
主要用途	用于制造增塑剂、苯二甲酸二丁酯、树脂和染料等。				
危险特性	本品遇明火、高热可燃。				
健康危害	本品对眼、鼻、喉和皮肤有刺激作用。吸入本品粉尘或蒸气，引起咳嗽、喷嚏和鼻衄；对有哮喘史者，会诱发哮喘；会导致皮肤灼伤。慢性影响：长期反复接触会引起皮疹、慢性眼刺激、慢性支气管炎和哮喘；对皮肤有致敏作用。				
防护措施	呼吸系统防护：空气中粉尘浓度超标时，建议佩戴自吸过滤式防尘口罩。 眼睛防护：戴安全防护眼镜。 身体防护：穿防酸碱塑料工作服。 手防护：戴橡胶耐酸碱手套。 其他防护：工作场所禁止吸烟、进食和饮水，饭前要洗手。工作完毕，淋浴更衣。注意个人清洁卫生。				
危险性类别	皮肤腐蚀/刺激，类别 1；严重眼损伤/眼刺激，类别 1；呼吸道致敏物，类别 1；皮肤致敏物，类别 1；特异性靶器官毒性—单次接触，类别 3（呼吸道刺激）。				

序号	1244	品名	邻苯二甲酰氯	商品编码	2917.3990
别　名			二氯化邻苯二甲酰	CAS 号	88-95-9
英文名			Phthaloyl dichloride；1,2-benzenedicarbonyl dichloride；o-phthaloyl chloride		
分子式			$C_8H_4Cl_2O_2$		
外观与性状			无色油状液体。		
主要用途			用于有机合成。		
危险特性			本品是腐蚀性物质。		
健康危害			本品对黏膜、上呼吸道、眼睛和皮肤有强烈的刺激性。吸入后，可能因喉和支气管的痉挛、炎症、水肿，化学性肺炎或肺水肿而致死。接触后出现烧灼感、咳嗽、喘息、喉炎、气短、头痛、恶心和呕吐。本品能引起灼伤。		
防护措施			呼吸系统防护：高浓度环境中，应该佩戴防毒面具。紧急事态抢救或逃生时，佩戴自给式呼吸器。 眼睛防护：戴化学安全防护眼镜。 身体防护：穿工作服（防腐材料制作）。 手防护：戴橡皮手套。 其他防护：工作场所禁止吸烟、进食和饮水，饭前要洗手。工作完毕，淋浴更衣。注意个人清洁卫生。		
危险性类别			皮肤腐蚀/刺激，类别 1；严重眼损伤/眼刺激，类别 1。		

序号	1245	品名	邻苯二甲酰亚胺	商品编码	2925.1900
别　名			酞酰亚胺	CAS 号	85-41-6
英文名			Phthalimide		
分子式			$C_8H_5NO_2$		
外观与性状			白色棱状结晶。		
主要用途			用于有机合成，制造靛、杀虫剂。		
危险特性			本品受热释放出有毒氧化氮气体，是有毒物品。		
健康危害			吸入、摄入或经皮肤吸收本品后对身体有害；对皮肤有轻微刺激作用；对眼睛、黏膜有刺激作用。		
防护措施			呼吸系统防护：可能接触其粉尘时，应该佩戴防尘口罩。必要时佩戴防毒面具。 眼睛防护：可采用安全面罩。 身体防护：穿紧袖工作服，长筒胶鞋。 手防护：戴防护手套。 其他防护：工作场所禁止吸烟、进食和饮水，饭前要洗手。工作完毕，淋浴更衣。注意个人清洁卫生。		
危险性类别			皮肤腐蚀/刺激，类别 2；严重眼损伤/眼刺激，类别 2；特异性靶器官毒性—单次接触，类别 3（呼吸道刺激）。		

序号	1246	品名	邻甲苯磺酰氯	商品编码	2904.9900
别 名				CAS 号	133-59-5
英文名	2-methylbenzenesulfonyl chloride				
分子式	$C_7H_7ClO_2S$				
外观与性状	油状液体。				
主要用途	用于有机合成和糖精生产。				
防护措施	呼吸系统防护：佩戴防毒口罩。紧急事态抢救或逃生时，佩戴自给式呼吸器。 眼睛防护：戴化学安全防护眼镜。 防护服：穿相应的防护服。 手防护：戴防化学品手套。 其他防护：工作现场严禁吸烟。注意个人清洁卫生。进入罐、限制性空间或其他高浓度区作业，须有人监护。				
危险性类别	皮肤腐蚀/刺激，类别 1C；严重眼损伤/眼刺激，类别 1。				

序号	1247	品名	邻硝基苯酚钾	商品编码	2908.9990
别 名	邻硝基酚钾			CAS 号	824-38-4
英文名	Phenol, 2-nitro-, potassium salt				
分子式	$C_6H_5NO_3 \cdot K$				
防护措施	呼吸系统防护：佩戴防毒口罩。紧急事态抢救或逃生时，佩戴自给式呼吸器。 眼睛防护：戴化学安全防护眼镜。 防护服：穿相应的防护服。 手防护：戴防化学品手套。 其他防护：工作现场严禁吸烟。注意个人清洁卫生。进入罐、限制性空间或其他高浓度区作业，须有人监护。				
危险性类别	特异性靶器官毒性—单次接触，类别 2；特异性靶器官毒性—反复接触，类别 2。				

序号	1248	品名	邻硝基苯磺酸	商品编码	2904.9900
别 名				CAS 号	80-82-0
英文名		Benzenesulfonic acid, 2-nitro-			
分子式		$C_6H_5NO_5S$			
外观与性状		淡黄色结晶。			
主要用途		用机合成中间体。			
危险特性		本品会导致灼伤。			
健康危害		本品有严重损害眼睛的危险。			
防护措施		呼吸系统防护：佩戴防毒口罩。紧急事态抢救或逃生时，佩戴自给式呼吸器。 眼睛防护：戴化学安全防护眼镜。 防护服：穿相应的防护服。 手防护：戴防化学品手套。 其他防护：工作现场严禁吸烟。注意个人清洁卫生。进入罐、限制性空间或其他高浓度区作业，须有人监护。			
危险性类别		皮肤腐蚀/刺激，类别1B；严重眼损伤/眼刺激，类别1。			

序号	1249	品名	邻硝基乙苯	商品编码	2904.2090
别 名				CAS 号	612-22-6
英文名		2-ethylnitrobenzene			
分子式		$C_8H_9NO_2$			
外观与性状		黄色至浅棕色油状液体。			
主要用途		本品为染料、农药、医药的中间体，如用以制取邻氨基苯甲酸，亦可作矿山及农用炸药。			
危险特性		本品为刺激性物质。			
健康危害		本品对眼睛、呼吸道和皮肤有刺激作用。			
防护措施		呼吸系统防护：佩戴防毒口罩。紧急事态抢救或逃生时，佩戴自给式呼吸器。 眼睛防护：戴化学安全防护眼镜。 防护服：穿相应的防护服。 手防护：戴防化学品手套。 其他防护：工作现场严禁吸烟。注意个人清洁卫生。进入罐、限制性空间或其他高浓度区作业，须有人监护。			
危险性类别		危害水生环境—长期危害，类别3。			

序号	1250	品名	邻异丙基苯酚		商品编码	2907.1910
别　名			邻异丙基酚		CAS 号	88-69-7
英文名		2-isopropylphenol				
分子式		$C_9H_{12}O$				
外观与性状		常温下为无色（或淡黄色）透明液体。				
主要用途		用作增塑剂、表面活性剂、香料合成中间体。				
危险特性		本品为有害物质，会导致灼伤。				
健康危害		本品对眼睛、黏膜和上呼吸道有强烈的刺激作用。吸入后引起喉、支气管的炎症、水肿、痉挛，化学性肺炎、肺水肿。接触后引起咳嗽、烧灼感、喘息、气短、头痛、恶心和呕吐等。长时间接触引起眼睛的损伤，激烈的刺激和灼伤。				
防护措施		呼吸系统防护：可能接触其蒸气时，应该佩戴防毒面具。紧急事态抢救或撤离时，建议佩戴自给式呼吸器。 眼睛防护：戴化学安全防护眼镜。 身体防护：穿防腐工作服。 手防护：戴防化学品手套。呼吸系统防护： 其他防护：工作现场严禁吸烟。注意个人清洁卫生。进入罐、限制性空间或其他高浓度区作业，须有人监护。				
危险性类别		皮肤腐蚀/刺激，类别 1；严重眼损伤/眼刺激，类别 1；危害水生环境—急性危害，类别 2；危害水生环境—长期危害，类别 2。				

序号	1251	品名	磷化钙		商品编码	2853.9040
别　名			二磷化三钙		CAS 号	1305-99-3
英文名		Calcium phosphide				
分子式		Ca_3P_2				
危险特性		本品遇氯气、氧气混合可爆；遇水、湿空气、酸放出有毒磷化氢气可燃；受热分解排出有毒磷氧化物烟雾。				
防护措施		呼吸系统防护：佩戴防毒口罩。紧急事态抢救或逃生时，佩戴自给式呼吸器。 眼睛防护：戴化学安全防护眼镜。 防护服：穿相应的防护服。 手防护：戴防化学品手套。 其他防护：工作现场严禁吸烟。注意个人清洁卫生。进入罐、限制性空间或其他高浓度区作业，须有人监护。				
危险性类别		遇水放出易燃气体的物质和混合物，类别 1；急性毒性—经口，类别 2；危害水生环境—急性危害，类别 1。				

序号	1252	品名	磷化钾	商品编码	2853.9040
别　名				CAS号	20770-41-6
英文名	Potassium phosphide				
分子式	K_3P				
防护措施	呼吸系统防护：佩戴防毒口罩。紧急事态抢救或逃生时，佩戴自给式呼吸器。 眼睛防护：戴化学安全防护眼镜。 防护服：穿相应的防护服。 手防护：戴防化学品手套。 其他防护：工作现场严禁吸烟。注意个人清洁卫生。进入罐、限制性空间或其他高浓度区作业，须有人监护。				
危险性类别	遇水放出易燃气体的物质和混合物，类别1；急性毒性—经口，类别3*；急性毒性—经皮肤，类别3*；急性毒性—吸入，类别3*；危害水生环境—急性危害，类别1。				

序号	1253	品名	磷化铝	商品编码	2853.9040
别　名				CAS号	20859-73-8
英文名	Aluminum phosphide				
分子式	AlP				
主要用途	用作粮仓熏蒸杀虫剂，与氨基甲酸铵的混合物可作为一种农药,也用于焊接。				
危险特性	本品与酸接触释放出毒性很高的气体；对水生生物极毒。				
健康危害	本品吞咽极毒。				
防护措施	呼吸系统防护：佩戴防毒口罩。紧急事态抢救或逃生时，佩戴自给式呼吸器。 眼睛防护：戴化学安全防护眼镜。 防护服：穿相应的防护服。 手防护：戴防化学品手套。 其他防护：工作现场严禁吸烟。注意个人清洁卫生。进入罐、限制性空间或其他高浓度区作业，须有人监护。				
危险性类别	遇水放出易燃气体的物质和混合物，类别1；急性毒性—经口，类别3*；急性毒性—经皮肤，类别3*；急性毒性—吸入，类别3*；危害水生环境—急性危害，类别1。				

序号	1254	品名	磷化铝镁		商品编码	2842.9090
别　名					CAS 号	
英文名	Magnesium aluminium phosphide					
危险特性	本品遇水易燃。					
防护措施	呼吸系统防护：佩戴防毒口罩。紧急事态抢救或逃生时，佩戴自给式呼吸器。 眼睛防护：戴化学安全防护眼镜。 防护服：穿相应的防护服。 手防护：戴防化学品手套。 其他防护：工作现场严禁吸烟。注意个人清洁卫生。进入罐、限制性空间或其他高浓度区作业，须有人监护。					
危险性类别	遇水放出易燃气体的物质和混合物，类别 1；急性毒性—经口，类别 3*；急性毒性—经皮肤，类别 3*；急性毒性—吸入，类别 3*；危害水生环境—急性危害，类别 1；危害水生环境—长期危害，类别 1。					

序号	1255	品名	磷化镁		商品编码	2853.9040
别　名	二磷化三镁				CAS 号	12057-74-8
英文名	Magnesium phosphide					
分子式	Mg_3P_2					
外观与性状	硬而脆的浅黄色至黄绿色结晶。					
危险特性	本品遇水会释放出极端易燃有毒的气体；对水生生物极毒。					
健康危害	本品吞咽极毒。吸入、误服磷化镁，在胃及肺中可与胃酸和水反应生成剧毒的磷化氢，引起磷化氢中毒，毒性出现较缓。通常在出现窒息和严重的呼吸、循环障碍之后 7~60 小时死亡。					
防护措施	呼吸系统防护：佩戴防毒口罩。紧急事态抢救或逃生时，佩戴自给式呼吸器。 眼睛防护：戴化学安全防护眼镜。 防护服：穿相应的防护服。 手防护：戴防化学品手套。 其他防护：工作现场严禁吸烟。注意个人清洁卫生。进入罐、限制性空间或其他高浓度区作业，须有人监护。					
危险性类别	遇水放出易燃气体的物质和混合物，类别 1；急性毒性—经口，类别 2*；危害水生环境—急性危害，类别 1；危害水生环境—长期危害，类别 1。					

序号	1256	品名	磷化钠	商品编码	2853.9040
别　名				CAS 号	12058-85-4
英文名	Sodium phosphide				
分子式	Na$_3$P				
危险特性	本品遇水产生易燃和剧毒磷化氢气体。				
防护措施	呼吸系统防护：佩戴防毒口罩。紧急事态抢救或逃生时，佩戴自给式呼吸器。 眼睛防护：戴化学安全防护眼镜。 防护服：穿相应的防护服。 手防护：戴防化学品手套。 其他防护：工作现场严禁吸烟。注意个人清洁卫生。进入罐、限制性空间或其他高浓度区作业，须有人监护。				
危险性类别	急性毒性—经口，类别2∗；急性毒性—经皮肤，类别1；急性毒性—吸入，类别2∗；特异性靶器官毒性—反复接触，类别2∗；危害水生环境—急性危害，类别1；危害水生环境—长期危害，类别1。				

序号	1257	品名	磷化锡	商品编码	2853.9040
别　名				CAS 号	25324-56-5
英文名	Tin phosphide				
分子式	PSn				
危险特性	本品遇水产生易燃和剧毒磷化氢气体。				
防护措施	呼吸系统防护：佩戴防毒口罩。紧急事态抢救或逃生时，佩戴自给式呼吸器。 眼睛防护：戴化学安全防护眼镜。 防护服：穿相应的防护服。 手防护：戴防化学品手套。 其他防护：工作现场严禁吸烟。注意个人清洁卫生。进入罐、限制性空间或其他高浓度区作业，须有人监护。				
危险性类别	自热物质和混合物，类别1。				

序号	1258	品名	磷化氢	商品编码	2853.9040
别　名		磷化三氢；膦		CAS 号	7803-51-2
英文名		Phosphine			
分子式		PH$_3$			
外观与性状		无色，有类似大蒜气味的气体。			
主要用途		用于缩合催化剂，聚合引发剂及制备磷的有机化合物等。			
危险特性		本品极端易燃，在空气中能自燃，具有极高毒性；对水生物极毒。			
健康危害		本品吸入极毒，会导致灼伤。 本品作用于细胞酶，影响细胞代谢，发生内窒息。其主要损害神经系统、呼吸系统、心脏、肾脏及肝脏。10mg/m^3 接触 6 小时，有中毒症状；409mg/m^3 ~ 846mg/m^3 时，半个小时至一个小时发生死亡。急性中毒：轻度中毒者有头痛、乏力、恶心、失眠、口渴、鼻咽发干、胸闷、咳嗽和低热等症状；中度中毒者出现轻度意识障碍、呼吸困难、心肌损伤等症状；重度中毒者则出现昏迷、抽搐、肺水肿及明显的心肌、肝脏及肾脏损害。			
防护措施		呼吸系统防护：佩戴防毒口罩。紧急事态抢救或逃生时，佩戴自给式呼吸器。 眼睛防护：戴化学安全防护眼镜。 防护服：穿相应的防护服。 手防护：戴防化学品手套。 其他防护：工作现场严禁吸烟。注意个人清洁卫生。进入罐、限制性空间或其他高浓度区作业，须有人监护。			
危险性类别		生殖毒性，类别 1B；特异性靶器官毒性—单次接触，类别 1；特异性靶器官毒性—反复接触，类别 1；危害水生环境—急性危害，类别 1；危害水生环境—长期危害，类别 1。			

序号	1259	品名	磷化锶	商品编码	2853.9040
别名				CAS号	12504-13-1
英文名	Strontium phosphide				
分子式	PSr				
防护措施	呼吸系统防护：佩戴防毒口罩。紧急事态抢救或逃生时，佩戴自给式呼吸器。 眼睛防护：戴化学安全防护眼镜。 防护服：穿相应的防护服。 手防护：戴防化学品手套。 其他防护：工作现场严禁吸烟。注意个人清洁卫生。进入罐、限制性空间或其他高浓度区作业，须有人监护。				
危险性类别	急性毒性—经口，类别2*；急性毒性—吸入，类别2*；特异性靶器官毒性—反复接触，类别2*；危害水生环境—急性危害，类别2；危害水生环境—长期危害，类别2。				

序号	1260	品名	磷化锌	商品编码	2853.9040
别名				CAS号	1314-84-7
英文名	Zinc phosphide				
分子式	P_2Zn_3				
外观与性状	灰黑色粉状物，正方结晶。				
主要用途	用作毒杀各种鼠类，是一种优良的杀鼠剂，也可用作粮食仓库熏蒸剂。				
危险特性	本品与酸接触释放出毒性很高的气体；对水生生物极毒，可能导致对水生环境的长期不良影响。				
健康危害	本品吞咽极毒，吸入、误服会导致中毒，表现有不同程度的胃肠症状，以及发热、畏寒、头晕、兴奋及心律紊乱等。严重者有气急、少尿、抽搐、休克及昏迷等症状。				
防护措施	呼吸系统防护：佩戴防毒口罩。空气中浓度较高时，佩戴自给式呼吸器。 眼睛防护：戴化学安全防护眼镜。 身体防护：穿防静电工作服。 手防护：戴防护手套。呼吸系统防护： 其他防护：工作现场严禁吸烟。注意个人清洁卫生。进入罐、限制性空间或其他高浓度区作业，须有人监护。				
危险性类别	皮肤腐蚀/刺激，类别1A；严重眼损伤/眼刺激，类别1。				

序号	1261	品名	磷酸二乙基汞		商品编码	2852.1000
别　名			谷乐生；谷仁乐生；乌斯普龙汞制剂		CAS 号	2235-25-8
英文名			Mercurate(2-),ethyl[phosphato(3-)-ko]-, dihydrogen (9ci)			
分子式			$C_2H_5HgO_4P$			
外观与性状			无色晶体或白色粉末，易挥发，渗透性强。			
主要用途			用作农药。			
危险特性			本品遇明火、高热可燃；火场释放有毒的磷氧化物、汞化物烟雾。			
健康危害			本品属有机汞。有机汞系亲脂性毒物，主要侵犯神经系统。有机汞中毒的主要表现：无论任何途径侵入，均可发生口腔炎；口服引起急性胃肠炎；神经精神症状有神经衰弱综合征、精神障碍、谵妄、昏迷、瘫痪、震颤、共济失调、向心性视野缩小等；可发生肾脏损害，严重者可致急性肾功能衰竭；此外尚可致心脏、肝脏损害；可致皮肤损害。			
防护措施			呼吸系统防护：佩戴自吸过滤式防尘口罩。必要时，佩戴空气呼吸器、氧气呼吸器或长管面具。 眼睛防护：戴化学安全防护眼镜。 身体防护：穿聚乙烯防毒服。 手防护：戴橡胶手套。 其他防护：工作现场禁止吸烟、进食和饮水。工作完毕，淋浴更衣。保持良好的卫生习惯。			
危险性类别			皮肤腐蚀/刺激，类别 2；严重眼损伤/眼刺激，类别 2；特异性靶器官毒性—单次接触，类别 3（呼吸道刺激）。			

序号	1262	品名	磷酸亚铊		商品编码	2835.2990
别　名					CAS 号	13453-41-3
英文名			Thallium orthophosphate			
分子式			TL_3PO_4			
外观与性状			白色针状晶体。			
危险特性			本品有毒。			
防护措施			呼吸系统防护：佩戴防毒口罩。紧急事态抢救或逃生时，佩戴自给式呼吸器。 眼睛防护：戴化学安全防护眼镜。 防护服：穿相应的防护服。 手防护：戴防化学品手套。 其他防护：工作现场严禁吸烟。注意个人清洁卫生。进入罐、限制性空间或其他高浓度区作业，须有人监护。			
危险性类别			易燃液体，类别 2。			

序号	1263	品名	磷酸三甲苯酯	商品编码	2919.9000
别　　名			磷酸三甲酚酯；增塑剂 TCP	CAS 号	1330-78-5
英文名			Tritolyl phosphate		
分子式			$C_{21}H_{21}O_4P$		
外观与性状			无色或浅黄色略有荧光的透明液体。		
主要用途			用作塑料增塑剂、喷漆增塑剂。		
危险特性			本品是一种有毒物质，对水生生物有毒，可能导致对水生环境的长期不良影响。		
健康危害			本品引起中毒性神经病，对体内假性胆碱酯酶有抑制作用，但不抑制真性胆碱酯酶。急性中毒：大量口服者先出现恶心、呕吐、腹泻，后出现肌肉疼痛，随后迅速出现肢体发麻和肌无力，会引起足、腕下垂等症状，损害以运动神经为主；严重者会有咽喉肌肉、眼肌和呼吸肌麻痹，会因呼吸麻痹而致死。可经皮肤、呼吸道吸收。慢性中毒：长期小量接触邻位磷酸三甲苯酯者，会出现与急性中毒相同的神经系统损害。		
防护措施			呼吸系统防护：可能接触其蒸气时，应该佩戴自吸过滤式防毒面具（半面罩）。紧急事态抢救或撤离时，佩戴循环式氧气呼吸器。 眼睛防护：戴化学安全防护眼镜。 身体防护：穿胶布防毒衣。 手防护：戴防化学品手套。 其他防护：工作现场禁止吸烟、进食和饮水。工作完毕，彻底清洗。单独存放被毒物污染的衣服，洗后备用。实行就业前和定期的体检。		
危险性类别			易燃液体，类别 3。		

序号	1264	品名	9-磷杂双环壬烷	商品编码	2931.4990
别　　名			环辛二烯膦	CAS 号	13887-02-0
英文名			9-phosphabicyclo(3.3.1)nonane		
分子式			$C_8H_{15}P$		
防护措施			呼吸系统防护：佩戴防毒口罩。紧急事态抢救或逃生时，佩戴自给式呼吸器。 眼睛防护：戴化学安全防护眼镜。 防护服：穿相应的防护服。 手防护：戴防化学品手套。 其他防护：工作现场严禁吸烟。注意个人清洁卫生。进入罐、限制性空间或其他高浓度区作业，须有人监护。		
危险性类别			急性毒性—吸入，类别 1；皮肤腐蚀/刺激，类别 1；严重眼损伤/眼刺激，类别 1。		

序号	1265	品名	亚磷酸		商品编码	2811.1990
别 名					CAS 号	10294-56-1
英文名		Phosphorous acid
分子式		H_3O_3P
主要用途		主要用于前列腺肥大症引起的排尿障碍，是一种高选择性 α1A 受体阻断剂。
危险特性		本品是腐蚀性有害物质。
健康危害		本品吞咽有害，会导致严重灼伤。
防护措施		呼吸系统防护：佩戴防毒口罩。紧急事态抢救或逃生时，佩戴自给式呼吸器。 眼睛防护：戴化学安全防护眼镜。 防护服：穿相应的防护服。 手防护：戴防化学品手套。 其他防护：工作现场严禁吸烟。注意个人清洁卫生。进入罐、限制性空间或其他高浓度区作业，须有人监护。
危险性类别		易燃液体，类别 3；急性毒性—吸入，类别 2；皮肤腐蚀/刺激，类别 1；严重眼损伤/眼刺激，类别 1。

序号	1266	品名	β,β'-硫代二丙腈		商品编码	2930.9090
别 名					CAS 号	111-97-7
英文名		Propanenitrile,3,3'-thiobis-
分子式		$C_6H_8N_2S$
危险特性		本品遇明火可燃；受热放出剧毒含腈气体。
健康危害		本品对眼睛、呼吸道和皮肤有刺激作用。
防护措施		呼吸系统防护：佩戴防毒口罩。紧急事态抢救或逃生时，佩戴自给式呼吸器。 眼睛防护：戴化学安全防护眼镜。 防护服：穿相应的防护服。 手防护：戴防化学品手套。 其他防护：工作现场严禁吸烟。注意个人清洁卫生。进入罐、限制性空间或其他高浓度区作业，须有人监护。
危险性类别		急性毒性—经皮肤，类别 3；急性毒性—吸入，类别 3；皮肤腐蚀/刺激，类别 2；严重眼损伤/眼刺激，类别 1；皮肤致敏物，类别 1；特异性靶器官毒性—单次接触，类别 2；特异性靶器官毒性—反复接触，类别 2；危害水生环境—急性危害，类别 1。

序号	1267	品名	2-硫代呋喃甲醇	商品编码	2932.1900
别 名			糠硫醇	CAS 号	98-02-2
英文名			Phenethyldiphenylphosphine oxide		
分子式			$C_{20}H_{19}OP$		
防护措施			呼吸系统防护：佩戴防毒口罩。紧急事态抢救或逃生时，佩戴自给式呼吸器。 眼睛防护：戴化学安全防护眼镜。 防护服：穿相应的防护服。 手防护：戴防化学品手套。 其他防护：工作现场严禁吸烟。注意个人清洁卫生。进入罐、限制性空间或其他高浓度区作业，须有人监护。		
危险性类别			易燃液体，类别 2；皮肤腐蚀/刺激，类别 1；严重眼损伤/眼刺激，类别 1；皮肤致敏物，类别 1。		

序号	1268	品名	硫代磷酰氯	商品编码	2853.9090
别 名			硫代氯化磷酰；三氯化硫磷；三氯硫磷	CAS 号	3982-91-0
英文名			Thiophosphoryl chloride		
分子式			$PSCl_3$		
外观与性状			无色发烟液体。		
主要用途			主要用作生产有机磷农药如甲基对硫磷、二甲基硫代磷酰氯、二乙基硫代磷酰氯和甲胺磷、倍硫磷、禾螟松等高效低毒有机磷农药的原料，也用作有机合成磷化合物的原料。		
危险特性			本品是一种具有腐蚀性的物品。		
健康危害			本品对眼睛、皮肤、黏膜和呼吸道有强烈的刺激作用，吸入、口服或经皮肤吸收本品后对身体有害。吸入后可能由于喉、支气管的痉挛、水肿、炎症，化学性肺炎、肺水肿而致死。中毒表现有烧灼感、咳嗽、喘息、喉炎、气短、头痛、恶心和呕吐。		
防护措施			呼吸系统防护：可能接触其蒸气时，必须佩戴导管式防毒面具或自吸式长管面具。紧急事态抢救或撤离时，建议佩戴空气呼吸器。 眼睛防护：呼吸系统防护中已作防护。 身体防护：穿橡胶耐酸碱服。 手防护：戴橡胶耐酸碱手套。 其他防护：工作现场禁止吸烟、进食和饮水。工作完毕，淋浴更衣。单独存放被毒物污染的衣服，洗后备用。保持良好的卫生习惯。		
危险性类别			易燃液体，类别 3；急性毒性—吸入，类别 3；皮肤腐蚀/刺激，类别 1；严重眼损伤/眼刺激，类别 1。		

序号	1269	品名	硫代甲酰胺		商品编码	2930.9090
别 名					CAS 号	115-08-2
英文名	Methanethioamide					
分子式	CH_3NS					
防护措施	呼吸系统防护：佩戴防毒口罩。紧急事态抢救或逃生时，佩戴自给式呼吸器。 眼睛防护：戴化学安全防护眼镜。 防护服：穿相应的防护服。 手防护：戴防化学品手套。 其他防护：工作现场严禁吸烟。注意个人清洁卫生。进入罐、限制性空间或其他高浓度区作业，须有人监护。					
危险性类别	易燃液体，类别3；急性毒性—经口，类别3*；急性毒性—吸入，类别3*；皮肤腐蚀/刺激，类别1B；严重眼损伤/眼刺激，类别1；皮肤致敏物，类别1；危害水生环境—急性危害，类别1；危害水生环境—长期危害，类别1。					

序号	1270	品名	硫代氯甲酸乙酯		商品编码	2930.9090
别 名	氯硫代甲酸乙酯				CAS 号	2941-64-2
英文名	Ethyl chlorothioformate					
分子式	C_3H_5ClOS					
外观与性状	无色液体，带有刺激性气味。					
危险特性	本品是一种腐蚀性和毒性极高的物质。					
健康危害	本品易燃，吞咽有害；吸入、摄入或经皮肤吸收会中毒；对眼睛、皮肤和黏膜有刺激性、腐蚀性；会导致灼伤。					
防护措施	呼吸系统防护：佩戴防毒口罩。紧急事态抢救或逃生时，佩戴自给式呼吸器。 眼睛防护：戴化学安全防护眼镜。 防护服：穿相应的防护服。 手防护：戴防化学品手套。 其他防护：工作现场严禁吸烟。注意个人清洁卫生。进入罐、限制性空间或其他高浓度区作业，须有人监护。					
危险性类别	危害水生环境—急性危害，类别1。					

序号	1271	品名	4-硫代戊醛	商品编码	2930.9090
别 名			甲基巯基丙醛	CAS 号	3268-49-3
英文名			3-(methylthio)propionaldehyde		
分子式			C_4H_8OS		
外观与性状			有恶臭的液体。		
主要用途			用作食用香精、医药蛋氨酸的中间体。		
危险特性			本品是一种有害物质。		
健康危害			本品吸入有害，对眼睛、呼吸道和皮肤有刺激作用。		
防护措施			呼吸系统防护：佩戴防毒口罩。紧急事态抢救或逃生时，佩戴自给式呼吸器。 眼睛防护：戴化学安全防护眼镜。 防护服：穿相应的防护服。 手防护：戴防化学品手套。 其他防护：工作现场严禁吸烟。注意个人清洁卫生。进入罐、限制性空间或其他高浓度区作业，须有人监护。		
危险性类别			生殖细胞致突变性，类别 2；致癌性，类别 1A；生殖毒性，类别 2；特异性靶器官毒性—反复接触，类别 1。		

序号	1272	品名	硫代乙酸	商品编码	2930.9090
别 名			硫代醋酸	CAS 号	507-09-5
英文名			Thioacetic acid		
分子式			C_2H_4OS		
外观与性状			黄色发烟体。		
主要用途			用作化学试剂、催泪剂等。		
危险特性			本品是一种易燃，且具有腐蚀性的物质。		
健康危害			本品吞咽有害，会导致灼伤。它是一种催泪毒气；其蒸气对鼻、咽喉和皮肤有强烈刺激作用，并可经皮肤吸收而中毒。接触后主要出现皮肤、黏膜，尤其是眼睛和上呼吸道的刺激症状和体征。		
防护措施			呼吸系统防护：可能接触其蒸气时，应该佩戴过滤式防毒面具（半面罩）。必要时，佩戴自给式呼吸器。 眼睛防护：戴化学安全防护眼镜。 身体防护：穿聚乙烯防毒服。 手防护：戴乳胶手套。 其他防护：工作现场严禁吸烟。工作完毕，淋浴更衣。注意个人清洁卫生。		
危险性类别			急性毒性—经口，类别 2；急性毒性—经皮肤，类别 1；急性毒性—吸入，类别 2；特异性靶器官毒性—反复接触，类别 2；危害水生环境—急性危害，类别 1；危害水生环境—长期危害，类别 1。		

序号	1273	品名	硫代异氰酸甲酯	商品编码	2930.9090
别　名			异硫氰酸甲酯；甲基芥子油	CAS 号	556-61-6
英文名			Methyl isothiocyanate		
分子式			C_2H_3NS		
外观与性状			无色结晶体。		
主要用途			用作军用毒剂，也用于制备农业杀虫剂。		
危险特性			本品是一种有毒物质，对环境有害。		
健康危害			本品会导致灼伤；皮肤接触会产生过敏反应；吸入和不慎吞咽有毒。它对水生生物极毒，可能导致对水生环境的长期不良影响；对皮肤、眼睛和黏膜有强烈的刺激性，吸入、摄入可能致死。吸入后可能引起喉、支气管的痉挛、水肿、化学性肺炎、肺水肿；重复接触可引起哮喘、引起过敏反应等。		
防护措施			呼吸系统防护：佩戴防毒口罩。紧急事态抢救或逃生时，佩戴自给式呼吸器。 眼睛防护：戴化学安全防护眼镜。 防护服：穿相应的防护服。 手防护：戴防化学品手套。 身体防护：穿防腐工作服。 其他防护：工作现场严禁吸烟。注意个人清洁卫生。进入罐、限制性空间或其他高浓度区作业，须有人监护。		
危险性类别			无水或含结晶水<30%：自热物质和混合物，类别 1；皮肤腐蚀/刺激，类别 1B；严重眼损伤/眼刺激，类别 1；危害水生环境—急性危害，类别 1。 含结晶水≥30%：皮肤腐蚀/刺激，类别 1B；严重眼损伤/眼刺激，类别 1；危害水生环境—急性危害，类别 1。		

序号	1274	品名	硫化铵溶液	商品编码	2830.9090
别　名				CAS 号	
英文名	Ammonium sulfide				
分子式	H_8N_2S				
外观与性状	浅黄色晶体（>-18℃）或无色液体。				
主要用途	用作分析试剂、照相及用作色谱分析试剂。				
危险特性	本品是一种易燃，且具有腐蚀性的物质，对环境有害，对水生生物极毒。				
健康危害	本品与酸接触释放出有毒气体，会导致灼伤。				
防护措施	呼吸系统防护：佩戴防毒口罩。紧急事态抢救或逃生时，佩戴自给式呼吸器。 眼睛防护：戴化学安全防护眼镜。 防护服：穿相应的防护服。 手防护：戴防化学品手套。 其他防护：工作现场严禁吸烟。注意个人清洁卫生。进入罐、限制性空间或其他高浓度区作业，须有人监护。				
危险性类别	无水或含结晶水<30%：自热物质和混合物，类别1；急性毒性—经皮肤，类别3*；皮肤腐蚀/刺激，类别1B；严重眼损伤/眼刺激，类别1；危害水生环境—急性危害，类别1。 含结晶水≥30%：急性毒性—经皮肤，类别3*；皮肤腐蚀/刺激，类别1B；严重眼损伤/眼刺激，类别1；危害水生环境—急性危害，类别1。				

序号	1275	品名	硫化钡	商品编码	2830.9090
别　名				CAS 号	21109-95-5
英文名	Barium sulfide				
分子式	BaS				
外观与性状	白色等轴晶系立方晶体。				
主要用途	主要用作制造各种钡盐、立德粉的原料；也用作橡胶硫化剂及皮革脱毛剂。分析化学中用以发生硫化氢。在农药中用作杀菌剂和杀螨剂，可防治小麦锈病和各种果树病害。				
危险特性	本品与酸接触释放出有毒气体，对水生生物极毒。				
健康危害	本品对人的毒性未定，其粉尘能强烈地刺激鼻、喉、眼等黏膜。				
防护措施	眼睛防护：戴化学安全防护眼镜。 身体防护：穿橡胶耐酸碱服。 手防护：戴橡胶耐酸碱手套。 其他防护：工作现场禁止吸烟、进食和饮水。工作完毕，淋浴更衣。单独存放被毒物污染的衣服，洗后备用。保持良好的卫生习惯。				
危险性类别	易燃气体，类别1；加压气体；急性毒性—吸入，类别2*；危害水生环境—急性危害，类别1。				

序号	1276	品名	硫化镉	商品编码	2830.9090
别　名				CAS 号	1306-23-6
英文名		Cadmium sulfide			
分子式		CdS			
外观与性状		有晶体和无定形物。			
主要用途		用于制焰火、玻璃釉、瓷釉、发光材料，并用作油漆、纸、橡胶和玻璃等的颜料（镉黄和镉红）。			
危险特性		本品是一种有毒物质，对环境有害，对水生环境有长期的危害。			
健康危害		本品吞咽有害，可能致癌；有削弱生殖能力的危险；可能危害未出生婴儿。			
防护措施		呼吸系统防护：可能接触其粉尘时，必须佩戴自吸过滤式防尘口罩。必要时，佩戴空气呼吸器。 眼睛防护：戴化学安全防护眼镜。 身体防护：穿橡胶耐酸碱服。 手防护：戴橡胶耐酸碱手套。 其他防护：工作现场禁止吸烟、进食和饮水。工作完毕，淋浴更衣。单独存放被毒物污染的衣服，洗后备用。保持良好的卫生习惯。			
危险性类别		易燃固体，类别 2。			

序号	1277	品名	硫化钾	商品编码	2830.9090
别　名		硫化二钾		CAS 号	1312-73-8
英文名		Potassium sulfide			
分子式		K_2S			
外观与性状		常温下硫化钾是一种淡黄棕色的立方晶体。			
主要用途		用作分析试剂、脱毛剂和杀虫剂，也用于制药工业。			
危险特性		本品对金属具有腐蚀作用；遇酸放出易燃有毒的硫化氢气体；燃烧放出有毒硫化氢与二氧化硫气体。			
健康危害		本品粉尘对眼、鼻、喉有刺激性，接触后引起喷嚏、咳嗽和喉炎等。高浓度吸入引起肺水肿；眼睛和皮肤接触可致灼伤。慢性影响：长期接触可发生鼻黏膜溃疡。			
防护措施		呼吸系统防护：可能接触其粉尘时，必须佩戴自吸过滤式防尘口罩。必要时，佩戴空气呼吸器。 眼睛防护：戴化学安全防护眼镜。 身体防护：穿橡胶耐酸碱服。 手防护：戴橡胶耐酸碱手套。 其他防护：工作场所禁止吸烟、进食和饮水，饭前要洗手。工作完毕，淋浴更衣。注意个人清洁卫生。			
危险性类别		皮肤腐蚀/刺激，类别 1B；严重眼损伤/眼刺激，类别 1。			

序号	1278	品名	硫化汞	商品编码	2852.1000
别　名		朱砂		CAS 号	1344-48-5
英文名		Mercury sulfide			
分子式		HgS			
外观与性状		红色六方结晶或粉末。			
主要用途		本品用于彩色封蜡、塑料、橡胶、医药及防腐剂等方面的制造。			
危险特性		本品毒性极强，对水生生物极毒，可能导致对水生环境的长期不良影响。			
健康危害		本品会刺激眼睛，吸入、皮肤接触和不慎吞咽有毒。			
防护措施		呼吸系统防护：佩戴防毒口罩。紧急事态抢救或逃生时，佩戴自给式呼吸器。 眼睛防护：戴化学安全防护眼镜。 防护服：穿相应的防护服。 手防护：戴防化学品手套。 其他防护：工作现场严禁吸烟。注意个人清洁卫生。进入罐、限制性空间或其他高浓度区作业，须有人监护。			
危险性类别		生殖毒性，类别 2；危害水生环境—急性危害，类别 2；危害水生环境—长期危害，类别 2。			

序号	1279	品名	硫化钠	商品编码	2830.1010
别　名		臭碱		CAS 号	1313-82-2
英文名		Sodium sulfide			
分子式		Na₂S			
外观与性状		无色或微紫色的棱柱形晶体。			
主要用途		主要用作生皮脱毛剂、纸浆蒸煮剂、硫化染料的原料、染料中间体还原剂、织物染色媒染剂、矿石浮选剂，也可用作粘胶纤维脱硫剂及生产硫氢化钠和多硫化钠原料等。			
危险特性		本品具有腐蚀性，对环境有害。			
健康危害		本品对皮肤有强腐蚀性，接触本品溶液的工人手部皮肤发生皲裂，发红。操作时应加注意。皮肤误触，可用水冲洗。本品飞沫或小块落入眼内立即用水冲洗 15 分钟后，送医院治疗。为了保护皮肤，建议经常用弱乙酸溶液擦手，然后涂以油质性软膏。			
防护措施		呼吸系统防护：佩戴防毒口罩。紧急事态抢救或逃生时，佩戴自给式呼吸器。 眼睛防护：戴化学安全防护眼镜。注意保护眼睛。 防护服：穿相应的防护服。 手防护：戴防化学品手套。 其他防护：工作现场严禁吸烟。注意个人清洁卫生。进入罐、限制性空间或其他高浓度区作业，须有人监护。			
危险性类别		自热物质和混合物，类别 2；急性毒性—经口，类别 3；皮肤腐蚀/刺激，类别 1；严重眼损伤/眼刺激，类别 1；特异性靶器官毒性—单次接触，类别 2；特异性靶器官毒性—单次接触，类别 3（呼吸道刺激）；危害水生环境—急性危害，类别 1。			

序号	1280	品名 硫化氢	商品编码	2811.1900
别 名			CAS 号	7783-06-4
英文名	Hydrogen sulfide			
分子式	H_2S			
外观与性状	无色、有恶臭味（臭鸡蛋味）的剧毒气体。			
主要用途	用于合成荧光粉、电放光、光导体、光电曝光计等的制造；用于有机合成还原剂；用于金属精制、农药、医药、催化剂再生。用作通用试剂，制取各种硫化物。			
危险特性	本品易燃；燃烧产生有毒的氮氧化物烟雾。			
健康危害	本品有毒，主要经呼吸道吸收而引起全身中毒，是一种化学性窒息性气体；是强烈的神经毒物，对黏膜有强烈刺激作用。			
防护措施	呼吸系统防护：空气中浓度超标时，佩戴过滤式防毒面具（半面罩）。紧急事态抢救或撤离时，建议佩戴氧气呼吸器或空气呼吸器。 眼睛防护：戴化学安全防护眼镜。 身体防护：穿防静电工作服。 手防护：戴防化学品手套。 其他防护：工作现场禁止吸烟、进食和饮水。工作完毕，淋浴更衣。及时换洗工作服。作业人员应学会自救互救。进入罐、限制性空间或其他高浓度区作业，须有人监护。			
危险性类别	严重眼损伤/眼刺激，类别2B；特异性靶器官毒性—单次接触，类别3（呼吸道刺激）。			

序号	1281	品名	硫黄		商品编码	2802.0000
别　名		硫			CAS 号	7704-34-9
英文名		Sulfur				
分子式		S_8				
外观与性状		呈浅黄色结晶，有特殊臭味。				
主要用途		高纯硫供半导体工业用，其他用途同沉降硫，广泛用于家用电器、钢制家具、建筑五金及金属制品的高档装饰和保护；用于橡胶硫化，制造杀虫剂、硫肥、染料、黑色火药等；用于制取多硫化铵和碱金属硫化物，加热硫和蜡的混合物制取硫化氢，实验室制取二氧化硫等；用于防治麦类锈病、白粉病、稻瘟病，果树白粉、桃疮痂病及棉花、果树上的红蜘蛛等；用作橡胶硫化剂，还可用于荧光粉的制造等。				
危险特性		本品是一种易燃物质。				
健康危害		因本品能在肠内部分转化为硫化氢而被吸收，故大量口服可致硫化氢中毒。急性硫化氢中毒的全身毒作用表现为中枢神经系统症状，有头痛、头晕、乏力、呕吐、共济失调、昏迷等。本品会引起眼结膜炎、皮肤湿疹；对皮肤有弱刺激性；生产中长期吸入硫粉尘一般无明显毒性作用。				
防护措施		呼吸系统防护：一般不需特殊防护。空气中粉尘浓度较高时，佩戴自吸过滤式防尘口罩。 眼睛防护：一般不需特殊防护。 身体防护：穿一般作业防护服。 手防护：戴一般作业防护手套。 其他防护：工作现场禁止吸烟、进食和饮水。工作完毕，淋浴更衣。注意个人清洁卫生。				
危险性类别		危害水生环境—长期危害，类别3。				

序号	1282	品名	硫脲	商品编码	2930.9090
别　名			硫代尿素	CAS号	62-56-6
英文名			Thiourea		
分子式			CH_4N_2S		
外观与性状			白色或浅黄色有光泽的片状、柱状或针状结晶。		
主要用途			用于有机合成，也用作药品、橡胶添加物、镀金材料等。		
危险特性			本品有毒，对环境有害，对水生生物有毒，可能导致对水生环境的长期不良影响。		
健康危害			本品吞咽有害，有证据表明其有致癌作用；有可能危害未出生婴儿。		
防护措施			呼吸系统防护：空气中粉尘浓度较高时，应该佩戴自吸过滤式防尘口罩。 眼睛防护：一般不需特殊防护。必要时，戴化学安全防护眼镜。 身体防护：穿一般作业防护服。 手防护：戴橡胶手套。 其他防护：工作完毕，淋浴更衣。单独存放被毒物污染的衣服，洗后备用。保持良好的卫生习惯。		
危险性类别			急性毒性—经口，类别2；急性毒性—经皮肤，类别3；严重眼损伤/眼刺激，类别2B；皮肤致敏物，类别1；生殖细胞致突变性，类别2；生殖毒性，类别2；特异性靶器官毒性—单次接触，类别1；特异性靶器官毒性—反复接触，类别1；危害水生环境—急性危害，类别1；危害水生环境—长期危害，类别1。		

序号	1283	品名	硫氢化钙	商品编码	2830.9090
别　名				CAS号	12133-28-7
英文名			Calcium sulfide		
分子式			CaH_2S_2		
防护措施			呼吸系统防护：佩戴防毒口罩。紧急事态抢救或逃生时，佩戴自给式呼吸器。 眼睛防护：戴化学安全防护眼镜。 防护服：穿相应的防护服。 手防护：戴防化学品手套。 其他防护：工作现场严禁吸烟。注意个人清洁卫生。进入罐、限制性空间或其他高浓度区作业，须有人监护。		
危险性类别			急性毒性—经口，类别2*；急性毒性—经皮肤，类别1；急性毒性—吸入，类别2*；特异性靶器官毒性—反复接触，类别2*；危害水生环境—急性危害，类别1；危害水生环境—长期危害，类别1。		

序号	1284	品名	硫氢化钠	商品编码	2830.1090
别　名			氢硫化钠	CAS 号	16721-80-5
英文名			Sodium hydrosulfide		
分子式			NaHS		
外观与性状			无色针状结晶。		
主要用途			染料工业用于合成有机中间体和制备硫化染料的助剂。制革工业用于生皮的脱毛及鞣革，还用于废水处理。化肥工业用于脱去活性炭脱硫剂中的单体硫，是制造硫化铵及农药乙硫醇半成品的原料。采矿工业大量用于铜矿选矿。人造纤维生产中用于亚硫酸染色等方面。		
危险特性			本品是腐蚀性物质。		
健康危害			本品与酸接触释放出有毒气体，会导致灼伤。		
防护措施			呼吸系统防护：佩戴防毒口罩。紧急事态抢救或逃生时，佩戴自给式呼吸器。 眼睛防护：戴化学安全防护眼镜。 防护服：穿相应的防护服。 手防护：戴防化学品手套。 其他防护：工作现场严禁吸烟。注意个人清洁卫生。进入罐、限制性空间或其他高浓度区作业，须有人监护。		
危险性类别			急性毒性—经口，类别 2*；急性毒性—经皮肤，类别 1；急性毒性—吸入，类别 2*；特异性靶器官毒性—反复接触，类别 2*；危害水生环境—急性危害，类别 1；危害水生环境—长期危害，类别 1。		

序号	1285	品名	硫氰酸苄	商品编码	2930.9090
别　名			硫氰化苄；硫氰酸苄酯	CAS 号	3012-37-1
英文名			Benzyl thiocyanate		
分子式			C_8H_7NS		
主要用途			用于杀虫剂的制备。		
危险特性			本品是一种有害物质；与酸接触释放出毒性很高的气体。		
健康危害			吸入、皮肤接触和不慎吞咽本品对身体有害。		
防护措施			呼吸系统防护：佩戴防毒口罩。紧急事态抢救或逃生时，佩戴自给式呼吸器。 眼睛防护：戴化学安全防护眼镜。 防护服：穿相应的防护服。 手防护：戴防化学品手套。 其他防护：工作现场严禁吸烟。注意个人清洁卫生。进入罐、限制性空间或其他高浓度区作业，须有人监护。		
危险性类别			易燃液体，类别 3；急性毒性—经口，类别 3。		

序号	1286	品名	硫氰酸钙	商品编码 2842.9019
别名		硫氰化钙		CAS号 2092-16-2
英文名		Calcium thiocyanate		
分子式		$C_2CaN_2S_2$		
外观与性状		白色吸湿性结晶或粉末。		
主要用途		用作碱性染料染玻璃纤维时的载体，腈的光聚合反应的催化剂，聚氯乙烯的悬浮聚合中的锅垢防止剂。硫氰酸钙水溶液可作纤维素的溶剂，与冠醚类物质发生络合反应，与多元醇的络合物可作有机材料的抗静电剂，也可用于制硫酸纸和纺织工业上。		
健康危害		本品有毒，慢性中毒时出现甲状腺损伤；内服后会发生类似精神分裂症，伴有定向力障碍、幻觉及急性胃炎。		
防护措施		呼吸系统防护：佩戴防毒口罩。紧急事态抢救或逃生时，佩戴自给式呼吸器。 眼睛防护：戴化学安全防护眼镜。 防护服：穿相应的防护服。 手防护：戴防化学品手套。 其他防护：工作现场严禁吸烟。注意个人清洁卫生。进入罐、限制性空间或其他高浓度区作业，须有人监护。		
危险性类别		易燃液体，类别3。		

序号	1287	品名	硫氰酸汞		商品编码	2852.1000
别　名					CAS号	592-85-8
英文名	Mercuric thiocyanate					
分子式	$Hg(SCN)_2$					
外观与性状	白色粉末。					
主要用途	用于照相，制造焰火。					
危险特性	本品不可燃烧；遇酸、或遇高热分解释放出有毒的氰化物和汞蒸气气体。					
健康危害	本品属高毒类，吸入、摄入或经皮肤吸收后均可能致死。急性中毒者，出现头痛、口腔炎、唾液分泌过多、消化不良、体温升高，严重者出现兴奋、寒战、呼吸困难、肾脏受损等症状，个别病例出现肝萎缩。慢性作用：早期患者有汞毒性神经衰弱综合征，同时发生震颤。					
防护措施	呼吸系统防护：佩戴防毒面具。紧急事态抢救或逃生时，佩戴正压自给式呼吸器。 眼睛防护：戴化学安全防护眼镜。 身体防护：穿化学防护服。 手防护：戴防化学品手套。呼吸系统防护： 其他防护：工作现场严禁吸烟。注意个人清洁卫生。进入罐、限制性空间或其他高浓度区作业，须有人监护。					
危险性类别	易燃液体，类别2。					

序号	1288	品名	硫氰酸汞铵	商品编码	2852.1000
别 名				CAS 号	20564-21-0
英文名	Ammonium mercuric thiocyanate				
分子式	$C_3H_4HgN_4S_3$				
防护措施	呼吸系统防护：佩戴防毒口罩。紧急事态抢救或逃生时，佩戴自给式呼吸器。 眼睛防护：戴化学安全防护眼镜。 防护服：穿相应的防护服。 手防护：戴防化学品手套。 其他防护：工作现场严禁吸烟。注意个人清洁卫生。进入罐、限制性空间或其他高浓度区作业，须有人监护。				
危险性类别	皮肤腐蚀/刺激，类别1A；严重眼损伤/眼刺激，类别1。				

序号	1289	品名	硫氰酸汞钾	商品编码	2852.1000
别 名				CAS 号	14099-12-8
英文名	Mercury dipotassium tetrathiocyanate				
分子式	$C_4HgK_2N_4S_4$				
防护措施	呼吸系统防护：佩戴防毒口罩。紧急事态抢救或逃生时，佩戴自给式呼吸器。 眼睛防护：戴化学安全防护眼镜。 防护服：穿相应的防护服。 手防护：戴防化学品手套。 其他防护：工作现场严禁吸烟。注意个人清洁卫生。进入罐、限制性空间或其他高浓度区作业，须有人监护。				
危险性类别	急性毒性—经口，类别3*；严重眼损伤/眼刺激，类别2A；皮肤致敏物，类别1；危害水生环境—急性危害，类别2；危害水生环境—长期危害，类别2。				

序号	1290	品名	硫氰酸甲酯	商品编码	2930.9090
别　名				CAS 号	556-64-9
英文名		Methyl thiocyanate			
分子式		C_2H_3NS			
外观与性状		无色液体。			
主要用途		用于合成农药、医药及其他精细化学品。			
危险特性		本品有毒。			
健康危害		本品易燃，吸入、皮肤接触和不慎吞咽有毒。			
防护措施		呼吸系统防护：佩戴防毒口罩。紧急事态抢救或逃生时，佩戴自给式呼吸器。 眼睛防护：戴化学安全防护眼镜。 防护服：穿相应的防护服。 手防护：戴防化学品手套。 其他防护：工作现场严禁吸烟。注意个人清洁卫生。进入罐、限制性空间或其他高浓度区作业，须有人监护。			
危险性类别		急性毒性—经口，类别 3＊；皮肤致敏物，类别 1；危害水生环境—急性危害，类别 2；危害水生环境—长期危害，类别 2。			

序号	1291	品名	硫氰酸乙酯	商品编码	2930.9090
别　名				CAS 号	542-90-5
英文名		Ethylthiocyanate			
分子式		C_3H_5NS			
外观与性状		无色、有异臭的液体。			
主要用途		用作杀虫剂和杀霉菌剂。			
危险特性		本品是有害物质。			
健康危害		吸入、皮肤接触和不慎吞咽本品对身体有害。			
防护措施		呼吸系统防护：佩戴防毒口罩。紧急事态抢救或逃生时，佩戴自给式呼吸器。 眼睛防护：戴化学安全防护眼镜。 防护服：穿相应的防护服。 手防护：戴防化学品手套。 其他防护：工作现场严禁吸烟。注意个人清洁卫生。进入罐、限制性空间或其他高浓度区作业，须有人监护。			
危险性类别		自反应物质和混合物，D 型。			

序号	1292	品名	硫氰酸异丙酯	商品编码	2930.9090
别　名				CAS 号	625-59-2
英文名		Isopropyl thiocyanate			
分子式		C_4H_7NS			
防护措施		呼吸系统防护：佩戴防毒口罩。紧急事态抢救或逃生时，佩戴自给式呼吸器。 眼睛防护：戴化学安全防护眼镜。 防护服：穿相应的防护服。 手防护：戴防化学品手套。 其他防护：工作现场严禁吸烟。注意个人清洁卫生。进入罐、限制性空间或其他高浓度区作业，须有人监护。			
危险性类别		危害水生环境—急性危害，类别1；危害水生环境—长期危害，类别1。			

序号	1293	品名	硫酸	商品编码	2807.0000
别　名				CAS 号	7664-93-9
英文名		Sulfuric acid			
分子式		H_2SO_4			
外观与性状		无色液体，易挥发。			
主要用途		用于生产化学肥料，在化工、医药、塑料、染料、石油提炼等工业也有广泛的应用。			
危险特性		本品具有腐蚀性。			
健康危害		吸入、皮肤接触和不慎吞咽本品对身体有害，会导致严重灼伤。			
防护措施		呼吸系统防护：佩戴防毒口罩。紧急事态抢救或逃生时，佩戴自给式呼吸器。 眼睛防护：戴化学安全防护眼镜。 防护服：穿相应的防护服。 手防护：戴防化学品手套。 其他防护：工作现场严禁吸烟。注意个人清洁卫生。进入罐、限制性空间或其他高浓度区作业，须有人监护。			
危险性类别		急性毒性—经口，类别3；急性毒性—经皮肤，类别3；急性毒性—吸入，类别3；皮肤腐蚀/刺激，类别2；严重眼损伤/眼刺激，类别2；特异性靶器官毒性—单次接触，类别3（呼吸道刺激）。			

序号	1294	品名	硫酸-2,4-二氨基甲苯	商品编码	2921.5190
别 名		2,4-二氨基甲苯硫酸		CAS 号	65321-67-7
英文名		Toluene-2,4-diammonium sulphate			
分子式		$C_7H_{12}N_2O_4S$			
防护措施		呼吸系统防护：佩戴防毒口罩。紧急事态抢救或逃生时，佩戴自给式呼吸器。 眼睛防护：戴化学安全防护眼镜。 防护服：穿相应的防护服。 手防护：戴防化学品手套。 其他防护：工作现场严禁吸烟。注意个人清洁卫生。进入罐、限制性空间或其他高浓度区作业，须有人监护。			
危险性类别		危害水生环境—急性危害，类别1。			

序号	1295	品名	硫酸-2,5-二氨基甲苯	商品编码	2921.5190
别 名		2,5-二氨基甲苯硫酸		CAS 号	615-50-9
英文名		2,5-diaminotoluene sulfate			
分子式		$C_7H_{12}N_2O_4S$			
外观与性状		浅红色粉末。			
主要用途		用于染发剂及有机中间体。			
危险特性		本品有毒，对环境有害；对水生生物有毒，可能导致对水生环境的长期不良影响；受热分解释放出有毒气体。			
健康危害		本品吞咽有毒；皮肤接触会产生过敏反应；对眼睛、皮肤、黏膜和上呼吸道有刺激作用。			
防护措施		呼吸系统防护：佩戴防毒口罩。紧急事态抢救或逃生时，应该佩戴防毒面具。 眼睛防护：可采用安全面罩。 身体防护：穿相应的防护服。 手防护：戴防护手套。 其他防护：工作现场严禁吸烟。注意个人清洁卫生。进入罐、限制性空间或其他高浓度区作业，须有人监护。			
危险性类别		急性毒性—经口，类别3*；急性毒性—经皮肤，类别3*；急性毒性—吸入，类别3*；皮肤腐蚀/刺激，类别2；严重眼损伤/眼刺激，类别2；皮肤致敏物，类别1；生殖细胞致突变性，类别2；特异性靶器官毒性—反复接触，类别1；危害水生环境—急性危害，类别1。			

序号	1296	品名	硫酸-2,5-二乙氧基-4-(4-吗啉基)-重氮苯	商品编码	2927.0000
别名				CAS 号	32178-39-5
英文名		2,5-diethoxy-4-(4-morpholinyl)benzenediazonium sulfate			
分子式		$C_{14}H_{20}N_3O_3 \cdot HSO_4$			
防护措施		呼吸系统防护：佩戴防毒口罩。紧急事态抢救或逃生时，佩戴自给式呼吸器。 眼睛防护：戴化学安全防护眼镜。 防护服：穿相应的防护服。 手防护：戴防化学品手套。 其他防护工作现场严禁吸烟。注意个人清洁卫生。进入罐、限制性空间或其他高浓度区作业，须有人监护。			
危险性类别		危害水生环境—急性危害，类别1；危害水生环境—长期危害，类别1。			

序号	1297	品名	硫酸-4,4'-二氨基联苯	商品编码	2921.5900
别名		硫酸联苯胺;联苯胺硫酸		CAS 号	531-86-2
英文名		Benzidine sulfate			
分子式		$C_{12}H_{14}N_2O_4S$			
防护措施		呼吸系统防护：佩戴防毒口罩。紧急事态抢救或逃生时，佩戴自给式呼吸器。 眼睛防护：戴化学安全防护眼镜。 防护服：穿相应的防护服。 手防护：戴防化学品手套。 其他防护：工作现场严禁吸烟。注意个人清洁卫生。进入罐、限制性空间或其他高浓度区作业，须有人监护。			
危险性类别		急性毒性—经口，类别3*；急性毒性—吸入，类别2*；皮肤腐蚀/刺激，类别1B；严重眼损伤/眼刺激，类别1；皮肤致敏物，类别1；生殖细胞致突变性，类别2；致癌性，类别1B；特异性靶器官毒性—单次接触，类别3（呼吸道刺激）；危害水生环境—急性危害，类别2。			

序号	1298	品名	硫酸-4-氨基-N,N-二甲基苯胺	商品编码	2921.5190
别 名			N,N-二甲基对苯二胺硫酸；对氨基-N,N-二甲基苯胺硫酸	CAS 号	536-47-0
英文名			P-N,N-trimethylaniline		
分子式			$C_9H_{13}N$		
主要用途			用作测定微量硫的试剂。		
防护措施			呼吸系统防护：佩戴防毒口罩。紧急事态抢救或逃生时，佩戴自给式呼吸器。 眼睛防护：戴化学安全防护眼镜。 防护服：穿相应的防护服。 手防护：戴防化学品手套。 其他防护：工作现场严禁吸烟。注意个人清洁卫生。进入罐、限制性空间或其他高浓度区作业，须有人监护。		
危险性类别			急性毒性—经皮肤，类别3；皮肤腐蚀/刺激，类别1B；严重眼损伤/眼刺激，类别1；生殖细胞致突变性，类别1B；致癌性，类别1B。		

序号	1299	品名	硫酸苯胺	商品编码	2921.4190
别 名				CAS 号	542-16-5
英文名			Aniline sulfate		
分子式			$(C_6H_5NH_2) \cdot H_2SO_4$		
主要用途			用作分析试剂，也用于有机合成。		
健康危害			有证据表明本品有致癌作用；有严重损伤眼睛的危险；皮肤接触会产生过敏反应；吸入、皮肤接触和不慎吞咽有毒。		
防护措施			呼吸系统防护：佩戴防毒口罩。紧急事态抢救或逃生时，佩戴自给式呼吸器。 眼睛防护：戴化学安全防护眼镜。 防护服：穿相应的防护服。 手防护：戴防化学品手套。 其他防护：工作现场严禁吸烟。注意个人清洁卫生。进入罐、限制性空间或其他高浓度区作业，须有人监护。		
危险性类别			急性毒性—经口，类别3*；急性毒性—吸入，类别2*；生殖细胞致突变性，类别1B；致癌性，类别1A；生殖毒性，类别1B；特异性靶器官毒性—反复接触，类别1；危害水生环境—急性危害，类别1；危害水生环境—长期危害，类别1。		

序号	1300	品名	硫酸苯肼	商品编码	2928.0000
别　名		苯肼硫酸		CAS 号	2545-79-1
英文名		Phenylhydrazinesulphate			
分子式		$C_6H_{10}N_2O_4S$			

防护措施	呼吸系统防护：佩戴防毒口罩。紧急事态抢救或逃生时，佩戴自给式呼吸器。 眼睛防护：戴化学安全防护眼镜。 防护服：穿相应的防护服。 手防护：戴防化学品手套。 其他防护：工作现场严禁吸烟。注意个人清洁卫生。进入罐、限制性空间或其他高浓度区作业，须有人监护。
危险性类别	急性毒性—经口，类别3；急性毒性—经皮肤，类别3；皮肤致敏物，类别1；特异性靶器官毒性—单次接触，类别1；特异性靶器官毒性—反复接触，类别1；危害水生环境—急性危害，类别1；危害水生环境—长期危害，类别1。

序号	1301	品名	硫酸对苯二胺	商品编码	2921.5190
别　名		硫酸对二氨基苯		CAS 号	16245-77-5
英文名		P-phenylenediamine sulfate			
分子式		$C_6H_8N_2 \cdot H_2SO_4$			
外观与性状		白色或类白色粉末。			
主要用途		是生产抗肿瘤药FUDR、抗病毒药IDUR与BrDUR的原料药，并用作生化试剂。			
危险特性		本品是有毒物质。			
健康危害		吸入、皮肤接触和不慎吞咽本品有毒。			

防护措施	呼吸系统防护：佩戴防毒口罩。紧急事态抢救或逃生时，佩戴自给式呼吸器。 眼睛防护：戴化学安全防护眼镜。 防护服：穿相应的防护服。 手防护：戴防化学品手套。 其他防护：工作现场严禁吸烟。注意个人清洁卫生。进入罐、限制性空间或其他高浓度区作业，须有人监护。
危险性类别	呼吸道致敏物，类别1；皮肤致敏物，类别1；生殖细胞致突变性，类别2；致癌性，类别2；生殖毒性，类别1B；危害水生环境—急性危害，类别1；危害水生环境—长期危害，类别1。

序号	1302	品名	硫酸二甲酯		商品编码	2920.9000
别 名		硫酸甲酯			CAS 号	77-78-1
英文名		Dimethyl sulfate				
分子式		$C_2H_6O_4S$				
外观与性状		无色或淡黄色油状液体,易燃。				
主要用途		用于制造染料及作为胺类和醇类的甲基化剂。				
危险特性		本品是极高毒性的物质。				
健康危害		本品对黏膜和皮肤有强烈的刺激作用。				
防护措施		呼吸系统防护：可能接触其蒸气时，应该佩戴自吸过滤式防毒面具（半面罩）。紧急事态抢救或撤离时，佩戴氧气呼吸器。 眼睛防护：戴化学安全防护眼镜。 身体防护：穿胶布防毒衣。 手防护：戴橡胶手套。 其他防护：工作现场禁止吸烟、进食和饮水。工作完毕，彻底清洗。工作服不准带至非作业场所。单独存放被毒物污染的衣服，洗后备用。				
危险性类别		急性毒性—经口，类别3*；急性毒性—经皮肤，类别3*；急性毒性—吸入，类别3*；严重眼损伤/眼刺激，类别2；危害水生环境—急性危害，类别1；危害水生环境—长期危害，类别1。				

序号	1303	品名	硫酸二乙酯		商品编码	2920.9000
别 名		硫酸乙酯			CAS 号	64-67-5
英文名		Diethyl sulfate				
分子式		$C_4H_{10}O_4S$				
外观与性状		无色油状液体,有薄荷香味。				
主要用途		用于有机合成中作乙基化剂。				
危险特性		本品是有毒物质。				
健康危害		吸入本品会出现呼吸道刺激症状及恶心、呕吐；其液体或雾对眼睛有强烈刺激性，会引起眼睛灼伤；皮肤短时间接触引起刺激，较长时间接触会发生水疱；大量口服引起恶心、呕吐、腹痛和虚脱。				
防护措施		呼吸系统防护：可能接触其蒸气时，应该佩戴自吸过滤式防毒面具（半面罩）。 眼睛防护：戴化学安全防护眼镜。 身体防护：穿防静电工作服。 手防护：戴橡胶手套。 其他防护：工作现场禁止吸烟、进食和饮水。工作完毕，彻底清洗。工作服不准带至非作业场所。单独存放被毒物污染的衣服，洗后备用。				
危险性类别		急性毒性—经口，类别2*；急性毒性—吸入，类别2*；危害水生环境—长期危害，类别3。				

序号	1304	品名	硫酸镉	商品编码	2833.2990
别名				CAS号	10124-36-4
英文名		Cadmium sulfate			
分子式		CdO_4S			
主要用途		供制镉电池和镉肥，并用作消毒剂和收敛剂。			
危险特性		本品是毒性极高的一种物质，对环境有害。			
健康危害		吸入本品毒性极大；本品可能致癌。			
防护措施		呼吸系统防护：佩戴防尘口罩。紧急事态抢救或撤离时，应该佩戴自给式呼吸器。 眼睛防护：戴安全防护眼镜。 身体防护：穿工作服。 手防护：戴防护手套。 其他防护：工作现场严禁吸烟。注意个人清洁卫生。进入罐、限制性空间或其他高浓度区作业，须有人监护。			
危险性类别		皮肤腐蚀/刺激，类别2；呼吸道致敏物，类别1；皮肤致敏物，类别1；生殖细胞致突变性，类别2；致癌性，类别1A；生殖毒性，类别1B；特异性靶器官毒性—反复接触，类别1；危害水生环境—急性危害，类别1；危害水生环境—长期危害，类别1。			

序号	1304	品名	硫酸汞	商品编码	2852.1000
别名		硫酸高汞		CAS号	7783-35-9
英文名		Sulfuric acid, mercury(2+) salt (1:1)			
分子式		HgO_4S			
外观与性状		白色颗粒或结晶性粉末。			
主要用途		用于制甘汞、升汞、蓄电池组，并用作有机合成的催化剂。			
危险特性		本品剧毒。			
健康危害		吸入、皮肤接触和不慎吞咽本品，毒性极强。			
防护措施		呼吸系统防护：佩戴防毒口罩。紧急事态抢救或逃生时，佩戴自给式呼吸器。 眼睛防护：戴化学安全防护眼镜。 防护服：穿相应的防护服。 手防护：戴防化学品手套。 其他防护：工作现场严禁吸烟。注意个人清洁卫生。进入罐、限制性空间或其他高浓度区作业，须有人监护。			
危险性类别		急性毒性—经口，类别3；急性毒性—吸入，类别1；皮肤致敏物，类别1；致癌性，类别1A；生殖毒性，类别2；特异性靶器官毒性—反复接触，类别1；特异性靶器官毒性—单次接触，类别1；危害水生环境—急性危害，类别2；危害水生环境—长期危害，类别2。			

序号	1306	品名	硫酸钴		商品编码	2833.2990
别 名					CAS 号	10124-43-3
英文名	Cobalt sulfate					
分子式	CoO_4S					
主要用途	用于制陶瓷釉料、油漆催干剂和镀钴等。					
危险特性	本品有毒,对环境有害。					
健康危害	本品粉尘对眼、鼻、呼吸道及胃肠道黏膜有刺激作用,引起咳嗽、呕吐、腹绞痛、体温上升、小腿无力等症状;皮肤接触会引起过敏性皮炎、接触性皮炎。					
防护措施	呼吸系统防护:可能接触其粉尘时,佩戴防尘口罩。紧急事态抢救或逃生时,应该佩戴自给式呼吸器。 眼睛防护:可采用安全面罩。 身体防护:穿相应的防护服。 手防护:戴防护手套。 其他防护:工作现场严禁吸烟。注意个人清洁卫生。进入罐、限制性空间或其他高浓度区作业,须有人监护。					
危险性类别	急性毒性—经口,类别3*;急性毒性—吸入,类别2*;皮肤腐蚀/刺激,类别2;严重眼损伤/眼刺激,类别2;皮肤致敏物,类别1;致癌性,类别1A;特异性靶器官毒性—单次接触,类别3(呼吸道刺激);特异性靶器官毒性—反复接触,类别1;危害水生环境—急性危害,类别2;危害水生环境—长期危害,类别2。					

序号	1307	品名	硫酸间苯二胺		商品编码	2921.5190
别 名	硫酸间二氨基苯				CAS 号	541-70-8
英文名	1,3-phenylenediamine sulfate					
分子式	$C_6H_8N_2 \cdot H_2SO_4$					
主要用途	用于有机合成中间体。					
防护措施	呼吸系统防护:佩戴防毒口罩。紧急事态抢救或逃生时,佩戴自给式呼吸器。 眼睛防护:戴化学安全防护眼镜。 防护服:穿相应的防护服。 手防护:戴防化学品手套。 其他防护:工作现场严禁吸烟。注意个人清洁卫生。进入罐、限制性空间或其他高浓度区作业,须有人监护。					
危险性类别	皮肤腐蚀/刺激,类别1;严重眼损伤/眼刺激,类别1;致癌性,类别1B;生殖毒性,类别1A;特异性靶器官毒性—反复接触,类别2;危害水生环境—急性危害,类别1;危害水生环境—长期危害,类别1。					

序号	1308	品名	硫酸马钱子碱	商品编码	2939.7990
别 名			二甲氧基士的宁硫酸盐	CAS 号	4845-99-2
英文名			Brucine sulfate; dimethoxystrychine sulfate		
分子式			$C_{23}H_{26}N_2O_4$		

防护措施	呼吸系统防护：佩戴防毒口罩。紧急事态抢救或逃生时，佩戴自给式呼吸器。 眼睛防护：戴化学安全防护眼镜。 防护服：穿相应的防护服。 手防护：戴防化学品手套。 其他防护：工作现场严禁吸烟。注意个人清洁卫生。进入罐、限制性空间或其他高浓度区作业，须有人监护。
危险性类别	金属腐蚀物，类别1；皮肤腐蚀/刺激，类别2；严重眼损伤/眼刺激，类别2；皮肤致敏物，类别1；特异性靶器官毒性—反复接触，类别2＊；危害水生环境—急性危害，类别1。

序号	1309	品名	硫酸镍	商品编码	2833.2400
别 名				CAS 号	7786-81-4
英文名			Nickel sulfate		
分子式			NiO_4S		

外观与性状	外观为蓝色或绿色晶体。
主要用途	用于电镀工业，是电镀镍和化学镍的主要镍盐，也是金属镍离子的来源，能在电镀过程中离解镍离子和硫酸根离子。 硬化油生产中是油脂加氢的催化剂。 医药工业用于生产维生素C氧化反应的催化剂。 无机工业中用作生产其他镍盐如：硫酸镍盐、氧化镍、氢氧化镍、碳酸镍等。 印染工业中硫酸镍用于制酞菁艳蓝络合剂和还原染料的媒染剂。 上述多个行业的应用中，属电镀、化学镀及充电电池领域用量最大。
危险特性	本品有毒，对环境有害；对水生生物有毒，可能导致对水生环境的长期不良影响。
健康危害	皮肤接触本品会产生过敏反应。
防护措施	呼吸系统防护：佩戴防毒口罩。紧急事态抢救或逃生时，佩戴自给式呼吸器。 眼睛防护：戴化学安全防护眼镜。 防护服：穿相应的防护服。 手防护：戴防化学品手套。 其他防护：工作现场严禁吸烟。注意个人清洁卫生。进入罐、限制性空间或其他高浓度区作业，须有人监护。
危险性类别	自反应物质和混合物，D型。

序号	1310	品名	硫酸铍		商品编码	2833.2990
别 名					CAS 号	13510-49-1
英文名	Sulfuric acid, beryllium salt					
分子式	$BeSO_4$					
危险特性	本品高毒。					
健康危害	本品受热分解释放出有毒硫氧化物和铍氧化物烟雾；吸入，误服导致急性中毒。					
防护措施	呼吸系统防护：佩戴防毒口罩。紧急事态抢救或逃生时，佩戴自给式呼吸器。 眼睛防护：戴化学安全防护眼镜。 防护服：穿相应的防护服。 手防护：戴防化学品手套。 其他防护：工作现场严禁吸烟。注意个人清洁卫生。进入罐、限制性空间或其他高浓度区作业，须有人监护。					
危险性类别	皮肤腐蚀/刺激，类别 1；严重眼损伤/眼刺激，类别 1。					

序号	1311	品名	硫酸铍钾		商品编码	2842.9090
别 名					CAS 号	53684-48-3
英文名	Sulfuric acid, beryllium potassium salt					
分子式	$Be_2K_2O_4S$					
危险特性	本品高毒。					
防护措施	呼吸系统防护：佩戴防毒口罩。紧急事态抢救或逃生时，佩戴自给式呼吸器。 眼睛防护：戴化学安全防护眼镜。 防护服：穿相应的防护服。 手防护：戴防化学品手套。 其他防护：工作现场严禁吸烟。注意个人清洁卫生。进入罐、限制性空间或其他高浓度区作业，须有人监护。					
危险性类别	皮肤腐蚀/刺激，类别 1B；严重眼损伤/眼刺激，类别 1；特异性靶器官毒性—单次接触，类别 3（呼吸道刺激）。					

序号	1312	品名	硫酸铅(含游离酸>3%)	商品编码	2833.2990
别名				CAS号	7446-14-2
英文名		Sulfuric acid, lead salt			
分子式		O_4PbS			
外观与性状		白色单斜或斜方晶系结晶。			
主要用途		用以制取金属铅及其化合物;也用于制造蓄电池、白色颜料、铅丹、快干漆;在草酸生产中用作催化剂;还用于石印述、纤维的增重剂等方面。			
危险特性		本品是酸性腐蚀品。			
健康危害		铅及其化合物对所有生物都有毒性作用,特别能使神经系统、血液、血管发生变化;吸入和不慎吞咽有害;损害造血、神经、消化系统及肾脏。			
防护措施		呼吸系统防护:佩戴防尘口罩。必要时佩戴防毒面具。 眼睛防护:必要时戴化学安全防护眼镜。 身体防护:穿防酸碱工作服。 手防护:必要时戴防护手套。 其他防护:工作现场严禁吸烟。注意个人清洁卫生。进入罐、限制性空间或其他高浓度区作业,须有人监护。			
危险性类别		严重眼损伤/眼刺激,类别1。			

序号	1313	品名	硫酸羟胺	商品编码	2825.1020
别名		硫酸胲		CAS号	10039-54-0
英文名		Hydroxylamine sulfate			
分子式		$2(H_3NO) \cdot H_2SO_4$			
外观与性状		无色或白色结晶。			
主要用途		用作分析试剂,还原剂,影片、照相洗印药,也用于有机合成。			
危险特性		本品有毒,对环境有害。			
健康危害		本品系高铁血红蛋白形成剂,吸入或口服后,可出现紫绀、惊厥和昏迷;对眼睛和皮肤有刺激性。			
防护措施		呼吸系统防护:可能接触毒物时,应该佩戴防毒口罩。 眼睛防护:戴安全防护眼镜。 身体防护:穿相应的防护服。 手防护:高浓度环境中,戴防护手套。 其他防护:工作现场严禁吸烟。注意个人清洁卫生。进入罐、限制性空间或其他高浓度区作业,须有人监护。			
危险性类别		急性毒性—经口,类别2*;急性毒性—经皮肤,类别1;急性毒性—吸入,类别2*;危害水生环境—急性危害,类别1;危害水生环境—长期危害,类别1。			

序号	1314	品名	硫酸氢-2-(N-乙羧基甲按基)-4-(3,4-二甲基苯磺酰)重氮苯	商品编码	2927.0000
别 名				CAS 号	32178-39-5

防护措施	呼吸系统防护：佩戴防毒口罩。紧急事态抢救或逃生时，佩戴自给式呼吸器。 眼睛防护：戴化学安全防护眼镜。 防护服：穿相应的防护服。 手防护：戴防化学品手套。 其他防护：工作现场严禁吸烟。注意个人清洁卫生。进入罐、限制性空间或其他高浓度区作业，须有人监护。
危险性类别	急性毒性—经口，类别 2 *；皮肤腐蚀/刺激，类别 2；特异性靶器官毒性—反复接触，类别 1；危害水生环境—急性危害，类别 2；危害水生环境—长期危害，类别 2。

序号	1315	品名	硫酸氢铵	商品编码	2833.2990
别 名	酸式硫酸铵			CAS 号	7803-63-6
英文名	Sulfuric acid, ammoniumsalt（1∶1）				
分子式	H_5NO_4S				
主要用途	用作分析试剂，也用于制药工业。				
危险特性	本品有毒，具有腐蚀性。				

防护措施	呼吸系统防护：佩戴防毒口罩。紧急事态抢救或逃生时，佩戴自给式呼吸器。 眼睛防护：戴化学安全防护眼镜。 防护服：穿相应的防护服。 手防护：戴防化学品手套。 其他防护：工作现场严禁吸烟。注意个人清洁卫生。进入罐、限制性空间或其他高浓度区作业，须有人监护。
危险性类别	急性毒性—经口，类别 3；危害水生环境—急性危害，类别 1；危害水生环境—长期危害，类别 1。

序号	1316	品名	硫酸氢钾	商品编码	2833.2990
别名			酸式硫酸钾	CAS 号	7646-93-7
英文名			Potassium bisulfate		
分子式			HKO_4S		
主要用途			用作分析试剂、防腐剂、分析硅时用作熔剂。		
危险特性			本品是腐蚀性物质。		
健康危害			吸入、摄入或经皮肤吸收本品后对身体有害，对眼睛、皮肤和黏膜有强烈刺激作用和腐蚀作用。吸入，会引起喉、支气管炎、化学性肺炎、肺水肿；接触后会引起头痛、恶心、呕吐、气短、咳嗽等。		
防护措施			呼吸系统防护：佩戴防毒口罩。紧急事态抢救或逃生时，佩戴自给式呼吸器。 眼睛防护：戴化学安全防护眼镜。 防护服：穿相应的防护服。 手防护：戴防化学品手套。 其他防护：工作现场严禁吸烟。注意个人清洁卫生。进入罐、限制性空间或其他高浓度区作业，须有人监护。		
危险性类别			急性毒性—经口，类别 3；皮肤腐蚀/刺激，类别 2；严重眼损伤/眼刺激，类别 2；危害水生环境—急性危害，类别 2；危害水生环境—长期危害，类别 2。		

序号	1317	品名	硫酸氢钠、硫酸氢钠溶液	商品编码	2833.1900
别名			酸式硫酸钠	CAS 号	7681-38-1
英文名			Sodium bisulfate		
分子式			$HNaO_4S$		
外观与性状			白色结晶或颗粒，无气味，溶于水，不溶于液氨。		
主要用途			用作助熔剂、印染助剂、分析试剂、土地改良剂和消毒剂，并用于制硫酸盐和钠矾等。		
危险特性			本品具有刺激性。		
健康危害			本品对眼睛、皮肤、黏膜和上呼吸道具强烈刺激作用和腐蚀作用，有严重损伤眼睛的危险。		
防护措施			呼吸系统防护：佩戴防毒口罩。紧急事态抢救或逃生时，佩戴自给式呼吸器。 眼睛防护：戴化学安全防护眼镜。 防护服：穿相应的防护服。 手防护：戴防化学品手套。 其他防护：工作现场严禁吸烟。注意个人清洁卫生。进入罐、限制性空间或其他高浓度区作业，须有人监护。		
危险性类别			加压气体；急性毒性—吸入，类别 3*；特异性靶器官毒性—反复接触，类别 2*；危害水生环境—急性危害，类别 1。		

序号	1318	品名	硫酸三乙基锡		商品编码	2931.9000
别 名					CAS 号	57-52-3
英文名	Triaethylzinnsulfat					
分子式	$C_{12}H_{30}O_4SSn_2$					
外观与性状	白色固体，有刺激性臭味。					
主要用途	用作农药，防治麦赤霉病、水稻稻瘟病。					
危险特性	本品剧毒。					
防护措施	呼吸系统防护：佩戴防毒口罩。紧急事态抢救或逃生时，佩戴自给式呼吸器。 眼睛防护：戴化学安全防护眼镜。 防护服：穿相应的防护服。 手防护：戴防化学品手套。 其他防护：工作现场严禁吸烟。注意个人清洁卫生。进入罐、限制性空间或其他高浓度区作业，须有人监护。					
危险性类别	急性毒性—吸入，类别 1。					

序号	1319	品名	硫酸铊		商品编码	2833.2990
别 名	硫酸亚铊				CAS 号	7446-18-6
英文名	Thallous sulfate					
分子式	Tl_2SO_4					
外观与性状	无色或白色斜方晶系结晶。					
主要用途	用作杀鼠剂、分析试剂。					
危险特性	本品剧毒。					
健康危害	本品属高毒杀鼠剂。粉尘对眼睛、黏膜有刺激作用。吸入、摄入或经皮肤吸收均可引起中毒。中毒症状有：恶心、呕吐、腹痛、四肢无力、周围神经炎、痛觉敏感，严重时产生谵妄、精神失常、晕厥等。全身毛发脱落是其特征，但眉毛内侧 1/3 不受侵犯。					
防护措施	呼吸系统防护：佩戴防毒口罩。紧急事态抢救或逃生时，佩戴自给式呼吸器。 眼睛防护：戴化学安全防护眼镜。 防护服：穿相应的防护服。 手防护：戴防化学品手套。 其他防护：工作现场严禁吸烟。注意个人清洁卫生。进入罐、限制性空间或其他高浓度区作业，须有人监护。					
危险性类别	加压气体；急性毒性—吸入，类别 2；皮肤腐蚀/刺激，类别 2；严重眼损伤/眼刺激，类别 2；生殖毒性，类别 2；特异性靶器官毒性—单次接触，类别 1；特异性靶器官毒性—反复接触，类别 1。					

序号	1320	品名	硫酸亚汞	商品编码	2852.1000
别　名				CAS 号	7783-36-0
英文名	Sulfuric acid, mercury salt				
分子式	Hg_2SO_4				
主要用途	用作硫酸体系和含 SO_4^{2-} 溶液的参比电极,如铅蓄电池的研究、硫酸介质中的金属腐蚀研究等。惠斯顿标准电池的正极即为该电极。				
危险特性	本品高毒。				
防护措施	呼吸系统防护:佩戴防毒口罩。紧急事态抢救或逃生时,佩戴自给式呼吸器。 眼睛防护:戴化学安全防护眼镜。 防护服:穿相应的防护服。 手防护:戴防化学品手套。 其他防护:工作现场严禁吸烟。注意个人清洁卫生。进入罐、限制性空间或其他高浓度区作业,须有人监护。				
危险性类别	皮肤腐蚀/刺激,类别 2;严重眼损伤/眼刺激,类别 2;生殖毒性,类别 2;特异性靶器官毒性—单次接触,类别 1;特异性靶器官毒性—反复接触,类别 1。				

序号	1321	品名	硫酸氧钒	商品编码	2833.4000
别　名	硫酸钒酰			CAS 号	27774-13-6
英文名	Vanadyl sulfate				
分子式	O_5SV				
外观与性状	硫酸氧钒为蓝色结晶粉末。				
主要用途	用于媒染剂,催化还原剂及陶瓷,玻璃的着色剂。				
危险特性	本品高毒。				
防护措施	呼吸系统防护:佩戴防毒口罩。紧急事态抢救或逃生时,佩戴自给式呼吸器。 眼睛防护:戴化学安全防护眼镜。 防护服:穿相应的防护服。 手防护:戴防化学品手套。 其他防护:工作现场严禁吸烟。注意个人清洁卫生。进入罐、限制性空间或其他高浓度区作业,须有人监护。				
危险性类别	加压气体;特异性靶器官毒性—单次接触,类别 1;特异性靶器官毒性—反复接触,类别 1。				

序号	1322	品名	硫酰氟		商品编码	2812.9019
别 名			氟化磺酰		CAS 号	2699-79-8
英文名		Sulfuryl fluoride				
分子式		F_2O_2S				
主要用途		广泛用于棉、丝绸、化纤织物、皮革、中药材、烟草、竹木器、工艺品、文物档案等仓库的杀虫。				
危险特性		本品高毒。				
健康危害		本品对眼睛、皮肤、黏膜有强烈的刺激作用,会引起恶心、呕吐、腹痛、皮肤瘙痒等症状。				
防护措施		呼吸系统防护：空气中浓度超标时，应该佩戴防毒面具。紧急事态抢救或撤离时，建议佩戴自给式呼吸器。 眼睛防护：戴化学安全防护眼镜。 身体防护：穿胶布防毒服。 手防护：戴防化学品手套。 其他防护：工作现场严禁吸烟。注意个人清洁卫生。进入罐、限制性空间或其他高浓度区作业，须有人监护。				
危险性类别		急性毒性—经口，类别 3*。				

序号	1323	品名	六氟-2,3-二氯-2-丁烯		商品编码	2903.7790
别 名			2,3-二氯六氟-2-丁烯		CAS 号	303-04-8
英文名		2,3-dichlorohexafluoro-2-butylene				
分子式		$C_4Cl_2F_6$				
防护措施		呼吸系统防护：佩戴防毒口罩。紧急事态抢救或逃生时，佩戴自给式呼吸器。 眼睛防护：戴化学安全防护眼镜。 防护服：穿相应的防护服。 手防护：戴防化学品手套。 其他防护：工作现场严禁吸烟。注意个人清洁卫生。进入罐、限制性空间或其他高浓度区作业，须有人监护。				
危险性类别		急性毒性—经口，类别 3；严重眼损伤/眼刺激，类别 2；特异性靶器官毒性—单次接触，类别 3（呼吸道刺激）；特异性靶器官毒性—反复接触，类别 1。				

序号	1324	品名	六氟丙酮	商品编码	2914.7900
别　名		全氟丙酮		CAS号	684-16-2
英文名		Hexafluoroacetone			
分子式		C_3F_6O			
外观与性状		无色气体。			
主要用途		用作溶剂，用于医药、农药和一些化学品的合成。			
危险特性		本品是有毒物质。			
健康危害		本品对眼睛、皮肤、黏膜和呼吸道有强烈的刺激作用。吸入后可能因咽喉、支气管的痉挛、水肿，化学性肺炎、肺水肿而致死。症状有烧灼感、咳嗽、喘息、喉炎、气短、头痛、恶心和呕吐。			
防护措施		呼吸系统防护：佩戴防毒口罩。紧急事态抢救或逃生时，佩戴自给式呼吸器。 眼睛防护：戴化学安全防护眼镜。 防护服：穿相应的防护服。 手防护：戴防化学品手套。 其他防护：工作现场严禁吸烟。注意个人清洁卫生。进入罐、限制性空间或其他高浓度区作业，须有人监护。			
危险性类别		急性毒性—经口，类别3；严重眼损伤/眼刺激，类别2；特异性靶器官毒性—单次接触，类别3（呼吸道刺激）；特异性靶器官毒性—反复接触，类别1。			

序号	1325	品名	六氟丙酮水合物	商品编码	2914.7900
别　名		全氟丙酮水合物；水合六氟丙酮		CAS号	13098-39-0
英文名		2-propanone,1,1,1,3,3,3-hexafluoro-,hydrate（2:3）			
分子式		$C_3F_6O \cdot 3/2H_2O$			
危险特性		本品高毒。			
防护措施		呼吸系统防护：佩戴防毒口罩。紧急事态抢救或逃生时，佩戴自给式呼吸器。 眼睛防护：戴化学安全防护眼镜。 防护服：穿相应的防护服。 手防护：戴防化学品手套。 其他防护：工作现场严禁吸烟。注意个人清洁卫生。进入罐、限制性空间或其他高浓度区作业，须有人监护。			
危险性类别		皮肤腐蚀/刺激，类别1；严重眼损伤/眼刺激，类别1。			

序号	1326	品名	六氟丙烯		商品编码	2903.3990
别　　名			全氟丙烯		CAS 号	116-15-4
英文名		Hexafluoropropylene				
分子式		C_3F_6				
外观与性状		无色无臭，不可燃气体。				
主要用途		作为制备氟磺酸离子交换膜、氟碳油和全氟环氧丙烷等的原料。				
危险特性		本品是有害物质。				
健康危害		本品吸入有害，刺激呼吸道。生产工人短时间吸入较多的本品，有头昏、无力、睡眠欠佳等症状。				
防护措施		呼吸系统防护：空气中浓度较高时，应视污染气体浓度的高低和作业环境中是否缺氧来选择过滤式防毒面具（全面罩）或自给式呼吸器。 眼睛防护：一般不需特殊防护。 身体防护：穿一般作业工作服。 手防护：戴一般作业防护手套。 其他防护：工作现场严禁吸烟。注意个人清洁卫生。				
危险性类别		加压气体；急性毒性—吸入，类别 2。				

序号	1327	品名	六氟硅酸镁		商品编码	2826.9010
别　　名			氟硅酸镁		CAS 号	16949-65-8
英文名		Magnesium fluosilicate				
分子式		$MgSiF_6$				
外观与性状		无色或白色菱形或针状结晶。				
主要用途		用作混凝土增强剂、混凝土缓硬剂、橡胶胶乳凝固剂、防腐剂和纺织品防蛀剂。				
危险特性		本品有毒。				
健康危害		吸入或误服本品会中毒，与酸类反应，散发出刺激性和腐蚀性氟化氢和四氟化硅。				
防护措施		呼吸系统防护：佩戴防毒口罩。紧急事态抢救或逃生时，佩戴自给式呼吸器。 眼睛防护：戴化学安全防护眼镜。 防护服：穿相应的防护服。 手防护：戴防化学品手套。 其他防护：工作现场严禁吸烟。注意个人清洁卫生。进入罐、限制性空间或其他高浓度区作业，须有人监护。				
危险性类别		加压气体；特异性靶器官毒性—单次接触，类别 3（麻醉效应）。				

序号	1328	品名	六氟合硅酸钡	商品编码	2826.9010
别　名			氟硅酸钡	CAS 号	17125-80-3
英文名			Barium hexafluorosilicate		
分子式			$BaSiF_6$		
主要用途			用作杀虫剂。		
危险特性			本品是有害物质。		
健康危害			吸入和不慎吞咽本品有害。本品分解产物氟化氢及四氟化硅有刺激作用。		
防护措施			呼吸系统防护：应该佩戴口罩。必要时佩戴防毒面具。 眼睛防护：戴化学安全防护眼镜。 身体防护：穿工作服。 手防护：戴橡皮手套。 其他防护：工作现场严禁吸烟。注意个人清洁卫生。进入罐、限制性空间或其他高浓度区作业，须有人监护。		
危险性类别			加压气体；急性毒性—吸入，类别2。		

序号	1329	品名	六氟合硅酸锌	商品编码	2826.9010
别　名			氟硅酸锌	CAS 号	16871-71-9
外观与性状			无色六方晶系棱形结晶或白色结晶粉末。		
主要用途			用作混凝土快速硬化剂、木材防腐剂、熟石膏增强剂、洗涤后处理剂、防蛀剂、聚酯纤维生产的催化剂等，也用于配置锌的电解浴。		
危险特性			本品高毒。		
防护措施			呼吸系统防护：佩戴防毒口罩。紧急事态抢救或逃生时，佩戴自给式呼吸器。 眼睛防护：戴化学安全防护眼镜。 防护服：穿相应的防护服。 手防护：戴防化学品手套。 其他防护：工作现场严禁吸烟。注意个人清洁卫生。进入罐、限制性空间或其他高浓度区作业，须有人监护。		
危险性类别			加压气体；急性毒性—吸入，类别1；皮肤腐蚀/刺激，类别2；严重眼损伤/眼刺激，类别1；特异性靶器官毒性—单次接触，类别1；特异性靶器官毒性—反复接触，类别1。		

序号	1330	品名	六氟合磷氢酸(无水)	商品编码	2811.1990
别 名			六氟代磷酸	CAS 号	16940-81-1
英文名			Hexafluorophosphoric acid		
分子式			HPF_6		
主要用途			用作金属去污剂、化学上光剂、催化剂等,也用于金属表面防腐。		
危险特性			本品是腐蚀性物质。		
健康危害			本品有毒,误服会中毒;对皮肤、眼睛和黏膜会造成严重烧伤;遇热分解释出高毒的氟化物和氧化磷烟雾。		
防护措施			呼吸系统防护:可能接触其蒸气时,应该佩戴防毒面具。紧急事态抢救或逃生时,建议佩戴自给式呼吸器。 眼睛防护:戴化学安全防护眼镜。 身体防护:穿防腐工作服。 手防护:戴橡胶手套。 其他防护:工作现场严禁吸烟。注意个人清洁卫生。进入罐、限制性空间或其他高浓度区作业,须有人监护。		
危险性类别			加压气体。		

序号	1331	品名	六氟化碲	商品编码	2812.9019
别 名				CAS 号	7783-80-4
英文名			Tellurium fluoride		
分子式			F_6Te		
危险特性			本品是有毒气体。		
健康危害			吸入高浓度本品会引起头痛、头晕、无力、恶心、呕吐、呼吸困难、呼气蒜臭味、口内金属味等症状,严重时肝、肾受损;对皮肤、眼睛、黏膜有强烈刺激性。		
防护措施			呼吸系统防护:空气中浓度超标时,应该佩戴防毒面具。必要时佩戴自给式呼吸器。 眼睛防护:必要时戴化学安全防护眼镜。 身体防护:穿工作服。 手防护:戴防护手套。 其他防护:工作现场严禁吸烟。注意个人清洁卫生。进入罐、限制性空间或其他高浓度区作业,须有人监护。		
危险性类别			有机过氧化物,D 型。		

序号	1332	品名	六氟化硫	商品编码	2812.9019
别名				CAS号	2551-62-4
英文名	Sulfur hexafluoride				
分子式	SF_6				
主要用途	用做示踪剂,监控海水的流动以及空气污染物的扩散;在工业上被用作电介质和绝缘体,尤其是在高压电路中;在医疗界,被用作麻醉剂;用作气体填充物,用来填充网球、鞋垫;在魔术表演中,魔术师用它来表演物体漂浮,造成物体飘在空气中的假象。				
危险特性	本品是有害气体。				
健康危害	纯品基本无毒,但产品中如混入低氟化硫、氟化氢,特别是十氟化硫时,则毒性增强。				
防护措施	呼吸系统防护:一般不需要特殊防护,高浓度接触时可佩戴过滤式防毒面具(半面罩)或自给式呼吸器。 眼睛防护:必要时,戴安全防护眼镜。 身体防护:穿一般作业防护服。 手防护:戴一般作业防护手套。 其他防护:工作完毕,淋浴更衣。保持良好的卫生习惯。进入罐、限制性空间或其他高浓度区作业,须有人监护。				
危险性类别	易燃液体,类别2;危害水生环境—急性危害,类别1;危害水生环境—长期危害,类别1。				

序号	1333	品名	六氟化钨	商品编码	2826.1990
别　名				CAS 号	7783-82-6
英文名	Tungsten hexafluoride				
分子式	F_6W				
外观与性状	无色气体或浅黄色液体，固体为易潮解的白色结晶，在潮湿空气中冒烟。				
主要用途	用于钨的化学蒸镀，用作氟化剂。				
危险特性	本品是有毒物质；遇潮湿、空气或水分解，散发出剧毒和有腐蚀性的氟化氢烟雾。				
健康危害	本品对眼睛、皮肤和黏膜能引起非常严重的烧伤。				
防护措施	呼吸系统防护：可能接触毒物时，必须佩戴防毒面具。 眼睛防护：戴安全防护眼镜。 身体防护：穿胶布防毒服。 手防护：戴防化学品手套。 其他防护：工作现场严禁吸烟。注意个人清洁卫生。进入罐、限制性空间或其他高浓度区作业，须有人监护。				
危险性类别	易燃液体，类别2。				

序号	1334	品名	六氟化硒	商品编码	2812.9019
别　名				CAS 号	7783-79-1
英文名	Selenium fluoride				
分子式	F_6Se				
外观与性状	无色带有气味的气体。				
危险特性	本品是有毒气体。				
健康危害	本品对黏膜有刺激作用。				
防护措施	呼吸系统防护：空气中浓度超标时，佩戴防毒面具。紧急事态抢救或撤离时，应该佩戴自给式呼吸器。 眼睛防护：戴化学安全防护眼镜。 身体防护：穿工作服。 手防护：高浓度接触时戴防护手套。 其他防护：工作现场严禁吸烟。注意个人清洁卫生。进入罐、限制性空间或其他高浓度区作业，须有人监护。				
危险性类别	易燃液体，类别3；急性毒性—经皮肤，类别3；急性毒性—吸入，类别3；皮肤腐蚀/刺激，类别1；严重眼损伤/眼刺激，类别1；特异性靶器官毒性—单次接触，类别1；特异性靶器官毒性—单次接触，类别3（呼吸道刺激）；危害水生环境—长期危害，类别3。				

序号	1335	品名	六氟乙烷	商品编码	2903.3990
别 名			R116；全氟乙烷	CAS 号	76-16-4
英文名			Ethane,1,1,1,2,2,2-hexafluoro-		
分子式			C_2F_6		
外观与性状			无色，不可燃气体。		
主要用途			用于微电子工业中等离子蚀刻气体，以及器件表面清洗、光纤生产、低温制冷。		
危险特性			本品若遇高热，容器内压增大，有开裂和爆炸的危险。		
健康危害			本品可引起快速窒息，接触后引起头痛、恶心和眩晕。		
防护措施			呼吸系统防护：空气中浓度较高时，应该佩戴防毒面具。紧急事态抢救或撤离时，建议佩戴自给式呼吸器。 眼睛防护：一般不需特殊防护。 身体防护：穿工作服。 手防护：一般不需特殊防护。 其他防护：工作现场严禁吸烟。注意个人清洁卫生。进入罐、限制性空间或其他高浓度区作业，须有人监护。		
危险性类别			急性毒性—经口，类别2；急性毒性—吸入，类别3；皮肤腐蚀/刺激，类别2；特异性靶器官毒性—单次接触，类别3（呼吸道刺激）。		

序号	1336	品名	3,3,6,6,9,9-六甲基-1,2,4,5-四氧环壬烷(含量52%～100%)、3,3,6,6,9,9-六甲基-1,2,4,5-四氧环壬烷(含量≤52%，含A型稀释剂≥48%)、3,3,6,6,9,9-六甲基-1,2,4,5-四氧环壬烷(含量≤52%，含B型稀释剂≥48%)	商品编码	2909.6000
别 名				CAS 号	22397-33-7
英文名			1,2,4,5-tetroxonane,3,3,6,6,9,9-hexamethyl-		
分子式			$C_{11}H_{22}O_4$		
防护措施			呼吸系统防护：佩戴防毒口罩。紧急事态抢救或逃生时，佩戴自给式呼吸器。 眼睛防护：戴化学安全防护眼镜。 防护服：穿相应的防护服。 手防护：戴防化学品手套。 其他防护：工作现场严禁吸烟。注意个人清洁卫生。进入罐、限制性空间或其他高浓度区作业，须有人监护。		
危险性类别			急性毒性—经口，类别3；急性毒性—吸入，类别1；皮肤致敏物，类别1；生殖细胞致突变性，类别2；生殖毒性，类别2；特异性靶器官毒性—单次接触，类别1；特异性靶器官毒性—反复接触，类别1；危害水生环境—急性危害，类别1；危害水生环境—长期危害，类别1。		

序号	1337	品名	六甲基二硅醚	商品编码	2931.9000
别　　名			六甲基氧二硅烷	CAS 号	107-46-0
英文名			Hexamethyldisiloxane		
分子式			$C_6H_{18}OSi_2$		
外观与性状			无色液体。		
主要用途			用作硅油、硅橡胶、药品、气相色谱固定液、分析试剂、憎水剂等。		
危险特性			本品非常易燃。		
健康危害			吸入、口服或经皮肤吸收本品后对身体有害；对皮肤有刺激性；其蒸气或雾对眼睛、黏膜和上呼吸道有刺激性。		
防护措施			呼吸系统防护：空气中浓度超标时，佩戴自吸过滤式防毒面具（半面罩）。紧急事态抢救或撤离时，建议佩戴自给式呼吸器。 眼睛防护：戴化学安全防护眼镜。 身体防护：穿防毒物渗透工作服。 手防护：戴橡胶耐油手套。 其他防护：工作现场严禁吸烟。工作完毕，淋浴更衣。注意个人清洁卫生。		
危险性类别			急性毒性—经口，类别3*；急性毒性—经皮肤，类别1；特异性靶器官毒性—反复接触，类别1；危害水生环境—急性危害，类别1；危害水生环境—长期危害，类别1。		

序号	1338	品名	六甲基二硅烷	商品编码	2931.9000
别　　名				CAS 号	1450-14-2
英文名			Hexamethyldisilane		
分子式			$C_6H_{18}Si_2$		
外观与性状			无色液体。		
主要用途			用作分析试剂、化学中间体。		
危险特性			本品是易燃物质。		
健康危害			吸入、摄入或经皮肤吸收本品后对身体有害，对眼睛、皮肤、黏膜和上呼吸道有刺激作用。		
防护措施			呼吸系统防护：高浓度环境中，应该佩戴防毒面具。 眼睛防护：戴安全防护眼镜。 身体防护：穿相应的防护服。 手防护：戴防化学品手套。 其他防护：工作现场严禁吸烟。注意个人清洁卫生。进入罐、限制性空间或其他高浓度区作业，须有人监护。		
危险性类别			急性毒性—经口，类别2*；急性毒性—经皮肤，类别3*；危害水生环境—急性危害，类别1；危害水生环境—长期危害，类别1。		

序号	1339	品名	六甲基二硅烷胺	商品编码	2931.9000
别名			六甲基二硅亚胺	CAS 号	999-97-3
英文名			Hexamethyldisilazane		
分子式			$C_6H_{19}NSi_2$		
外观与性状			无色透明易流动液体。		
主要用途			用作分析试剂和作为有机合成中间体。		
危险特性			本品是易燃及腐蚀性物质。		
健康危害			吸入、摄入或经皮肤吸收本品后对身体有害;液体及蒸气对眼睛、皮肤和呼吸系统有刺激作用。吸入后可引起喉、支气管的炎症、水肿、痉挛、化学性肺炎、肺水肿等。		
防护措施			呼吸系统防护:可能接触其蒸气时,应该佩戴防毒面具。紧急事态抢救或撤离时,建议佩戴自给式呼吸器。 眼睛防护:戴化学安全防护眼镜。 身体防护:穿防静电工作服。 手防护:戴橡皮手套。 其他防护:工作现场严禁吸烟。注意个人清洁卫生。进入罐、限制性空间或其他高浓度区作业,须有人监护。		
危险性类别			急性毒性—经口,类别 2*;急性毒性—经皮肤,类别 1;急性毒性—吸入,类别 2*;危害水生环境—急性危害,类别 1;危害水生环境—长期危害,类别 1。		

序号	1340	品名	六氢-3a,7a-二甲基-4,7-环氧异苯并呋喃-1,3-二酮	商品编码	2932.9990
别名			斑蝥素	CAS 号	56-25-7
英文名			Cantharidin		
分子式			$C_{10}H_{12}O_4$		
外观与性状			斜方片状结晶。		
主要用途			羟基斑蝥胺的中间体。		
危险特性			本品是毒性极高的物质。		
健康危害			本品吞咽极毒,对眼睛、呼吸道和皮肤有刺激作用。		
防护措施			呼吸系统防护:佩戴防毒口罩。紧急事态抢救或逃生时,佩戴自给式呼吸器。 眼睛防护:戴化学安全防护眼镜。 防护服:穿相应的防护服。 手防护:戴防化学品手套。 其他防护:工作现场严禁吸烟。注意个人清洁卫生。进入罐、限制性空间或其他高浓度区作业,须有人监护。		
危险性类别			急性毒性—经口,类别 2;急性毒性—经皮肤,类别 3*;特异性靶器官毒性—反复接触,类别 1;危害水生环境—急性危害,类别 1;危害水生环境—长期危害,类别 1。		

序号	1341	品名	六氯-1,3-丁二烯	商品编码	2903.2990
别　名			六氯丁二烯；全氯-1,3-丁二烯	CAS 号	87-68-3
英文名			Hexachloro-3-butadiene		
分子式			C_4Cl_6		
外观与性状			无色至淡黄色液体，稍有特殊气味。		
危险特性			本品有毒。		
健康危害			吸入、摄入或经皮肤吸收本品后会中毒，对眼睛、皮肤、黏膜和上呼吸道有强烈刺激作用。吸入，可引起喉、支气管炎症、痉挛、化学性肺炎、肺水肿等。接触后可出现烧灼感、咳嗽、头痛、恶心和呕吐。		
防护措施			呼吸系统防护：可能接触其蒸气时，应该佩戴防毒面具。紧急事态抢救或逃生时，建议佩戴自给式呼吸器。 眼睛防护：戴化学安全防护眼镜。 身体防护：穿相应的防护服。 手防护：戴防化学品手套。 其他防护：工作现场严禁吸烟。注意个人清洁卫生。进入罐、限制性空间或其他高浓度区作业，须有人监护。		
危险性类别			急性毒性—经口，类别2*；急性毒性—吸入，类别2*；危害水生环境—急性危害，类别1；危害水生环境—长期危害，类别1。		

序号	1342	品名	（1R,4S,4aS,5R,6R,7S,8S,8aR）-1,2,3,4,10,10-六氯-1,4,4a,5,6,7,8,8a-八氢-6,7-环氧-1,4,5,8-二亚甲基萘（含量2%~90%）	商品编码	2910.4000
别　名			狄氏剂	CAS 号	60-57-1
英文名			Dieldrin		
分子式			$C_{12}H_8Cl_6O$		
外观与性状			白色结晶。		
主要用途			用作农药。		
危险特性			本品有毒。		
健康危害			本品可经呼吸道、胃肠道及完整皮肤吸收入体。过量接触本品会引起头痛、眩晕、恶心、呕吐、乏力，以及出现肌肉抽搐、肌阵挛和搐搦，还会出现昏迷，甚至有肾损害；吸入中毒者除上述症状外，还有咳嗽、呼吸困难、紫绀，甚至肺水肿。经皮肤接触会导致接触性皮炎。		
防护措施			呼吸系统防护：生产操作或农业使用时，建议佩戴自吸过滤式防毒面具（全面罩）。紧急事态抢救或撤离时，佩戴空气呼吸器。 眼睛防护：呼吸系统防护中已作防护。 身体防护：穿聚乙烯防毒服。 手防护：戴橡胶手套。 其他防护：工作现场禁止吸烟、进食和饮水。工作完毕，淋浴更衣。保持良好的卫生习惯。		
危险性类别			致癌性，类别2；特异性靶器官毒性—反复接触，类别1；危害水生环境—急性危害，类别1；危害水生环境—长期危害，类别1。		

序号	1343	品名	（1R,4S,5R,8S)-1,2,3,4,10,10-六氯-1,4,4a,5,6,7,8,8a-八氢-6,7-环氧-1,4;5,8-二亚甲基萘(含量>5%)	商品编码	2910.9000、2910.5000
别　　名			异狄氏剂	CAS 号	72-20-8
英文名			Endrin		
分子式			$C_{12}H_8Cl_6O$		
外观与性状			白色结晶。		
主要用途			用作农药。		
危险特性			本品有毒。		
健康危害			本品为高毒杀虫剂。中毒后症状有头痛、眩晕、乏力、食欲不振、视力模糊、失眠、震颤等，严重者引起昏迷。		
防护措施			呼吸系统防护：建议佩戴防毒面具。紧急事态抢救或逃生时，佩戴自给式呼吸器。 眼睛防护：戴化学安全防护眼镜。 身体防护：穿相应的防护服。 手防护：戴防化学品手套。 其他防护：工作现场严禁吸烟。注意个人清洁卫生。进入罐、限制性空间或其他高浓度区作业，须有人监护。		
危险性类别			危害水生环境—急性危害，类别2；危害水生环境—长期危害，类别2。		

序号	1344	品名	1,2,3,4,10,10-六氯-1,4,4a,5,8,8a-六氢-1,4-挂-5,8-挂二亚甲基萘(含量>10%)	商品编码	2903.8900
别　　名			异艾氏剂	CAS 号	465-73-6
英文名			Isodrin		
分子式			$C_{12}H_8Cl_6$		
主要用途			用作农药。		
危险特性			本品剧毒。		
防护措施			呼吸系统防护：佩戴防毒口罩。紧急事态抢救或逃生时，佩戴自给式呼吸器。 眼睛防护：戴化学安全防护眼镜。 防护服：穿相应的防护服。 手防护：戴防化学品手套。 其他防护：工作现场严禁吸烟。注意个人清洁卫生。进入罐、限制性空间或其他高浓度区作业，须有人监护。		
危险性类别			急性毒性—经皮肤，类别3*；急性毒性—吸入，类别2*；皮肤腐蚀/刺激，类别1B；严重眼损伤/眼刺激，类别1；危害水生环境—急性危害，类别1；危害水生环境—长期危害，类别1。		

序号	1345	品名	1,2,3,4,10,10-六氯-1,4,4a,5,8,8a-六氢-1,4:5,8-桥,挂-二甲撑萘(含量>75%)	商品编码	2903.8200
别 名		六氯-六氢-二甲撑萘;艾氏剂		CAS 号	309-00-2
英文名		Aldrin			
分子式		$C_{12}H_8Cl_6$			
外观与性状		纯品为白色结晶,工业原粉为棕黄色片状结晶。			
主要用途		用作农药。			
危险特性		本品有毒。			
健康危害		本品主要引起中枢神经系统、肝、肾及皮肤的损害,发生头痛、恶心、呕吐、眩晕、四肢肌肉痉挛、惊厥、血尿、氮血症、昏迷等症状。			
防护措施		呼吸系统防护:空气中浓度超标时,应该佩戴防毒口罩。紧急事态抢救或逃生时,建议佩戴自给式呼吸器。 眼睛防护:戴化学安全防护眼镜。 身体防护:穿相应的防护服。 手防护:戴防化学品手套。 其他防护:工作现场严禁吸烟。注意个人清洁卫生。进入罐、限制性空间或其他高浓度区作业,须有人监护。			
危险性类别		急性毒性—经口,类别3;急性毒性—经皮肤,类别3;生殖毒性,类别2;特异性靶器官毒性—反复接触,类别2;危害水生环境—急性危害,类别1;危害水生环境—长期危害,类别1。			

序号	1346	品名	六氯苯	商品编码	2903.9200
别 名		六氯代苯;过氯苯;全氯代苯		CAS 号	118-74-1
英文名		Hexachlorobenzene			
分子式		C_6Cl_6			
外观与性状		白色针状结晶。			
主要用途		用作拌种杀菌剂,可防治小麦腥黑穗病和杆黑穗病;用于生产花炮,作焰火色剂;还用作五氯酚及五氯酚钠的原料。			
危险特性		本品有毒。			
防护措施		呼吸系统防护:佩戴防毒口罩。紧急事态抢救或逃生时,佩戴自给式呼吸器。 眼睛防护:戴化学安全防护眼镜。 防护服:穿相应的防护服。 手防护:戴防化学品手套。 其他防护:工作现场严禁吸烟。注意个人清洁卫生。进入罐、限制性空间或其他高浓度区作业,须有人监护。			
危险性类别		急性毒性—经口,类别3*;生殖毒性,附加类别;特异性靶器官毒性—反复接触,类别2*;危害水生环境—急性危害,类别1;危害水生环境—长期危害,类别1。			

序号	1347	品名	(1,4,5,6,7,7-六氯-8,9,10-三降冰片-5-烯-2,3-亚基双亚甲基)亚硫酸酯	商品编码	2920.3000
别名			1,2,3,4,7,7-六氯双环(2,2,1)庚烯-(2)-双羟甲基-5,6-亚硫酸酯；硫丹	CAS 号	115-29-7
英文名			Thiosulfan		
分子式			$C_9H_6Cl_6O_3S$		
外观与性状			纯品为无色晶体；工业品为乳白色到棕色，绝大多数为米黄色。		
主要用途			用作农用杀虫剂。		
危险特性			本品有毒；受热分解释放出氯和氧化硫烟雾。		
健康危害			吸入、摄入或经皮肤吸收本品后会中毒，为高毒的有机氯杀虫剂；对人有致突变作用；对中枢神经系统有损害，可引起惊厥。一般表现为头痛、痉挛、口吐泡沫。		
防护措施			呼吸系统防护：生产操作或农业使用时，应该佩戴防毒口罩。紧急事态抢救或逃生时，建议佩戴自给式呼吸器。 眼睛防护：戴化学安全防护眼镜。 身体防护：穿化学防护服。 手防护：戴防化学品手套。 其他防护：工作现场严禁吸烟。注意个人清洁卫生。进入罐、限制性空间或其他高浓度区作业，须有人监护。		
危险性类别			急性毒性—经口，类别3；急性毒性—经皮肤，类别3；生殖毒性，类别2；特异性靶器官毒性—反复接触，类别2；危害水生环境—急性危害，类别1；危害水生环境—长期危害，类别1。		

序号	1348	品名	六氯丙酮	商品编码	2914.7900
别 名				CAS 号	116-16-5
英文名	Hexachloroacetone					
分子式	C_3Cl_6O					
外观与性状	无色液体。					
危险特性	本品有毒,对环境有害。					
健康危害	吸入、摄入或经皮肤吸收本品后对身体有害,对眼睛、皮肤、黏膜和上呼吸道有刺激作用。					
防护措施	呼吸系统防护:高浓度环境中,应该佩戴防毒口罩。 眼睛防护:戴安全防护眼镜。 身体防护:穿相应的防护服。 手防护:戴防护手套。 其他防护:工作现场严禁吸烟。注意个人清洁卫生。进入罐、限制性空间或其他高浓度区作业,须有人监护。					
危险性类别	急性毒性—经口,类别3;急性毒性—经皮肤,类别3;急性毒性—吸入,类别3;致癌性,类别2;生殖毒性,类别2;特异性靶器官毒性—单次接触,类别1;特异性靶器官毒性—反复接触,类别1;危害水生环境—急性危害,类别1;危害水生环境—长期危害,类别1。					

序号	1349	品名	六氯环戊二烯	商品编码	2903.8900
别 名	全氯环戊二烯			CAS 号	77-47-4
英文名	Hexachlorocyclopentadiene					
分子式	C_5Cl_6					
外观与性状	淡黄色油状液体,有刺激性气味,不可燃。					
主要用途	用于制农药如灭蚁灵,也用作聚酯树脂和聚氨酯泡沫塑料的阻燃剂。					
危险特性	本品毒性极高,对环境有害;导致对水生环境的长期不良影响。					
健康危害	吸入高浓度本品蒸气可致化学性肺炎、肺水肿;皮肤接触可发生皮炎;长期吸入可能引起肝、肾损害。					
防护措施	呼吸系统防护:可能接触其蒸气时,应该佩戴防毒口罩。紧急事态抢救或撤离时,建议佩戴自给式呼吸器。 眼睛防护:必要时戴化学安全防护眼镜。 身体防护:穿工作服。 手防护:戴防化学品手套。 其他防护:工作现场严禁吸烟。注意个人清洁卫生。进入罐、限制性空间或其他高浓度区作业,须有人监护。					
危险性类别	严重眼损伤/眼刺激,类别2B;致癌性,类别2;特异性靶器官毒性—反复接触,类别2;危害水生环境—急性危害,类别1;危害水生环境—长期危害,类别1。					

序号	1350	品名	α-六氯环己烷	商品编码	2903.8100
别　名				CAS 号	319-84-6
英文名	Cyclohexane,1,2,3,4,5,6-hexachloro-,(1a,2a,3b,4a,5b,6b)-				
分子式	$C_6H_6Cl_6$				
外观与性状	本品为浅黄色油状液体。				
主要用途	六氯环戊二烯是一种多氯有机合成中间体，在农药上用于合成杀虫剂氯丹的中间体氯啶、硫丹的中间体硫丹醇，此外，也可用于制造阻燃剂等。				
防护措施	呼吸系统防护：佩戴防毒口罩。紧急事态抢救或逃生时，佩戴自给式呼吸器。 眼睛防护：戴化学安全防护眼镜。 防护服：穿相应的防护服。 手防护：戴防化学品手套。 其他防护：工作现场严禁吸烟。注意个人清洁卫生。进入罐、限制性空间或其他高浓度区作业，须有人监护。				
危险性类别	爆炸物，1.1项。				

序号	1351	品名	β-六氯环己烷	商品编码	2903.8100
别　名				CAS 号	319-85-7
英文名	Beta-hch				
分子式	$C_6H_6Cl_6$				
外观与性状	白色结晶。				
主要用途	用作农药。				
防护措施	呼吸系统防护：佩戴防毒口罩。紧急事态抢救或逃生时，佩戴自给式呼吸器。 眼睛防护：戴化学安全防护眼镜。 防护服：穿相应的防护服。 手防护：戴防化学品手套。 其他防护：工作现场严禁吸烟。注意个人清洁卫生。进入罐、限制性空间或其他高浓度区作业，须有人监护。				
危险性类别	爆炸物，1.1项；急性毒性—经口，类别2*；急性毒性—经皮肤，类别1；急性毒性—吸入，类别2*；特异性靶器官毒性—反复接触，类别2；危害水生环境—急性危害，类别2；危害水生环境—长期危害，类别2。				

序号	1352	品名	γ-(1,2,4,5/3,6)-六氯环己烷	商品编码	2903.8100
别　名		林丹		CAS 号	58-89-9
英文名		Lindane			
分子式		$C_6H_6Cl_6$			
外观与性状		白色结晶。			
主要用途		用作农用杀虫剂。			
危险特性		本品有毒，对环境有害。			
健康危害		在使用本品灭虫时可发生急性中毒，症状有严重头痛、恶心、呕吐、面赤、流泪、鼻衄、嗜睡；严重者出现心力衰竭及昏迷；重症者可发生脑病及脊髓神经炎。口服中毒症状有恶心、呕吐、头痛、呕吐、无力、抽搐、昏迷，可致死，引起接触性皮炎。慢性影响：长期接触可致神经衰弱综合征，末梢神经病及肝、肾损害。			
防护措施		呼吸系统防护：可能接触其粉尘时，应该佩戴防毒口罩。紧急事态抢救或撤离时，建议佩戴自给式呼吸器。 眼睛防护：必要时戴化学安全防护眼镜。 身体防护：穿工作服。 手防护：戴防化学品手套。 其他防护：工作现场严禁吸烟。注意个人清洁卫生。进入罐、限制性空间或其他高浓度区作业，须有人监护。			
危险性类别		爆炸物，1.1 项；急性毒性—经口，类别 2*；急性毒性—经皮肤，类别 1；急性毒性—吸入，类别 2*；特异性靶器官毒性—反复接触，类别 2；危害水生环境—急性危害，类别 2；危害水生环境—长期危害，类别 2。			

序号	1353	品名	六硝基-1,2-二苯乙烯	商品编码	2904.2090
别　名		六硝基芪		CAS 号	20062-22-0
英文名		Hexanitro-1,2-diphenylethylene			
分子式		$C_{14}H_6N_6O_{12}$			
危险特性		本品是爆炸物品。			
防护措施		呼吸系统防护：佩戴防毒口罩。紧急事态抢救或逃生时，佩戴自给式呼吸器。 眼睛防护：戴化学安全防护眼镜。 防护服：穿相应的防护服。 手防护：戴防化学品手套。 其他防护：工作现场严禁吸烟。注意个人清洁卫生。进入罐、限制性空间或其他高浓度区作业，须有人监护。			
危险性类别		生殖毒性，类别 1B。			

序号	1354	品名	1,2,3,4,5,6-六氯环己烷	商品编码	2903.8100
别 名			六氯化苯；六六六	CAS 号	608-73-1
英文名			Cyclohexane,1,2,3,4,5,6-hexachloro-		
分子式			$C_6H_6Cl_6$		
外观与性状			原药为白色或淡黄色粉状或块状结晶体，有刺激性臭味。		
主要用途			1. 六六六属有机氯广谱杀虫剂，具有胃毒触杀及微弱的熏蒸活性。 2. 六六六是几种立体异构体的混合物，生物活性取决于丙体的含量。 3. 六六六是胆碱酯酶抑制剂，作用于神经膜上，使昆虫动作失调、痉挛、麻痹至死亡。 4. 其对昆虫呼吸酶亦有一定作用。		
危险特性			本品是有毒物质，对水生生物极毒，可能导致对水生环境的长期不良影响。		
健康危害			吸入、皮肤接触和不慎吞咽本品有毒。		
防护措施			呼吸系统防护：佩戴防毒口罩。紧急事态抢救或逃生时，佩戴自给式呼吸器。 眼睛防护：戴化学安全防护眼镜。 防护服：穿相应的防护服。 手防护：戴防化学品手套。 其他防护：工作现场严禁吸烟。注意个人清洁卫生。进入罐、限制性空间或其他高浓度区作业，须有人监护。		
危险性类别			爆炸物，1.1项。		

序号	1355	品名	六硝基二苯胺	商品编码	2921.4400
别 名			六硝炸药；二苦基胺	CAS 号	131-73-7
英文名			Benzenamine,2,4,6-trinitro-n-(2,4,6-trinitrophenyl)-		
分子式			$C_{12}H_5N_7O_{12}$		
外观与性状			黄色针状或菱形结晶，对光敏感。		
主要用途			用于制造弹药及用作钾盐的分析。		
危险特性			本品是爆炸品。		
健康危害			吸入、口服或经皮肤吸收本品后对身体可能有害，对眼睛、皮肤、黏膜和呼吸道有刺激作用。		
防护措施			呼吸系统防护：空气中粉尘浓度较高时，建议佩戴自吸过滤式防尘口罩。 眼睛防护：戴化学安全防护眼镜。 身体防护：穿紧袖工作服，长筒胶鞋。 手防护：戴橡胶手套。 其他防护：工作现场禁止吸烟、进食和饮水。工作完毕，淋浴更衣。保持良好的卫生习惯。实行就业前和定期的体检。		
危险性类别			生殖毒性，类别1B。		

序号	1356	品名	六氯乙烷		商品编码	2903.1990
别　名			全氯乙烷；六氯化碳		CAS 号	67-72-1
英文名			Hexachloroethane			
分子式			C_2Cl_6			
外观与性状			无色针状斜方晶体。			
主要用途			用于有机合成、医药等，也用作溶剂。			
危险特性			本品有毒，对环境有害。			
健康危害			本品对中枢神经系统具有麻醉作用，对肝、肾有损害；对皮肤黏膜有轻度刺激作用。误服出现眩晕、呕吐、肝区痛、血中胆红素增高、心率减慢、肾炎及无尿。动物实验见软弱无力、嗜睡、步态不稳、后肢轻瘫；亦可见痉挛、心率加快、昏睡、腹泻、食欲减退等症状。			
防护措施			呼吸系统防护：可能接触其粉尘时，应该佩戴自吸过滤式防尘口罩。紧急事态抢救或撤离时，建议佩戴自给式呼吸器。 眼睛防护：一般不需要特殊防护，高浓度接触时可戴安全防护眼镜。 身体防护：穿透气型防毒服。 手防护：戴防化学品手套。 其他防护：工作现场严禁吸烟。注意个人清洁卫生。进入罐、限制性空间或其他高浓度区作业，须有人监护。			
危险性类别			严重眼损伤/眼刺激，类别 2B；生殖毒性，类别 1B。			

序号	1357	品名	六硝基二苯胺铵盐		商品编码	2921.4400
别　名			曙黄		CAS 号	2844-92-0
英文名			Benzenamine,2,4,6-trinitro-n-(2,4,6-trinitrophenyl)-, ammonium salt（1∶1）			
分子式			$C_{12}H_5N_7O_{12} \cdot H_3N$			
防护措施			呼吸系统防护：佩戴防毒口罩。紧急事态抢救或逃生时，佩戴自给式呼吸器。 眼睛防护：戴化学安全防护眼镜。 防护服：穿相应的防护服。 手防护：戴防化学品手套。 其他防护：工作现场严禁吸烟。注意个人清洁卫生。进入罐、限制性空间或其他高浓度区作业，须有人监护。			
危险性类别			生殖毒性，类别 2；生殖毒性，附加类别；危害水生环境—急性危害，类别 1；危害水生环境—长期危害，类别 1。			

序号	1358	品名	六硝基二苯硫	商品编码	2930.9090
别名			二苦基硫	CAS 号	28930-30-5
英文名			Benzene, 1,1'-thiobis-, hexanitro deriv.		
分子式			$C_{12}H_4N_6O_{12}S$		
外观与性状			金黄色片状结晶。		
主要用途			用作炸药。		
危险特性			本品是爆炸品。		
健康危害			吸入或误服本品会中毒。		
防护措施			呼吸系统防护：佩戴防尘口罩。 眼睛防护：可采用安全面罩。 身体防护：穿防静电工作服。 手防护：必要时戴防护手套。 其他防护：工作现场严禁吸烟。注意个人清洁卫生。进入罐、限制性空间或其他高浓度区作业，须有人监护。		
危险性类别			致癌性，类别 1B；生殖毒性，类别 2。		

序号	1359	品名	六溴二苯醚	商品编码	2909.3090
别名				CAS 号	36483-60-0
英文名			Hexabromodiphenyl oxide		
分子式			$C_{12}H_4Br_6O$		
防护措施			呼吸系统防护：佩戴防毒口罩。紧急事态抢救或逃生时，佩戴自给式呼吸器。 眼睛防护：戴化学安全防护眼镜。 防护服：穿相应的防护服。 手防护：戴防化学品手套。 其他防护：工作现场严禁吸烟。注意个人清洁卫生。进入罐、限制性空间或其他高浓度区作业，须有人监护。		
危险性类别			急性毒性—吸入，类别 3*；皮肤腐蚀/刺激，类别 2；严重眼损伤/眼刺激，类别 2；呼吸道致敏物，类别 1；皮肤致敏物，类别 1；特异性靶器官毒性—单次接触，类别 3（呼吸道刺激）。		

序号	1360	品名	2,2',4,4',5,5'-六溴二苯醚	商品编码	2909.3090
别 名				CAS 号	68631-49-2
英文名		2,2',4,4',5,5'-hexabromodiphenyl ether			
分子式		$C_{12}H_4Br_6O$			
防护措施		呼吸系统防护：佩戴防毒口罩。紧急事态抢救或逃生时，佩戴自给式呼吸器。 眼睛防护：戴化学安全防护眼镜。 防护服：穿相应的防护服。 手防护：戴防化学品手套。 其他防护：工作现场严禁吸烟。注意个人清洁卫生。进入罐、限制性空间或其他高浓度区作业，须有人监护。			
危险性类别		皮肤致敏物，类别1；生殖毒性，类别2；特异性靶器官毒性—反复接触，类别2*；危害水生环境—急性危害，类别1；危害水生环境—长期危害，类别1。			

序号	1361	品名	六溴环十二烷	商品编码	2903.8900
别 名				CAS 号	3194-55-6、25637-99-4
英文名		Hexabromocyclododecane			
分子式		$C_{12}H_{18}Br_6$			
外观与性状		白色结晶。			
主要用途		用于聚苯烯泡沫塑料、聚丙烯及涤纶、腈纶、丙纶等织物作阴燃整理剂。六溴环十二烷是一种白色粉末或颗粒，可溶于丙酮、酯等有机溶剂，对热和紫外光的稳定性好。该产品的阻燃效果高于溴系芳香族阻燃剂，热稳定性高于溴系脂肪族阻燃剂。六溴环十二烷可广泛用于 EPS、XPS、线缆料、黏结剂、涂料、纺织品、环氧树脂等，也可用于 HIPS、PP 及其他聚烯烃等。			
危险特性		本品是刺激性物质。			
健康危害		本品对眼睛、呼吸道和皮肤有刺激作用。			
防护措施		呼吸系统防护：佩戴防毒口罩。紧急事态抢救或逃生时，佩戴自给式呼吸器。 眼睛防护：戴化学安全防护眼镜。 防护服：穿相应的防护服。 手防护：戴防化学品手套。 其他防护：工作现场严禁吸烟。注意个人清洁卫生。进入罐、限制性空间或其他高浓度区作业，须有人监护。			
危险性类别		易燃液体，类别2；急性毒性—经口，类别2；急性毒性—吸入，类别3；皮肤腐蚀/刺激，类别1；严重眼损伤/眼刺激，类别1；特异性靶器官毒性—单次接触，类别2。			

序号	1362	品名	2,2',4,4',5,6'-六溴二苯醚	商品编码	2909.3090
别 名				CAS 号	207122-15-4
英文名		2,2',4,4',5,6'-hexabromodiphenyl ether			
分子式		$C_{12}H_4Br_6O$			
防护措施		呼吸系统防护:佩戴防毒口罩。紧急事态抢救或逃生时,佩戴自给式呼吸器。 眼睛防护:戴化学安全防护眼镜。 防护服:穿相应的防护服。 手防护:戴防化学品手套。 其他防护:工作现场严禁吸烟。注意个人清洁卫生。进入罐、限制性空间或其他高浓度区作业,须有人监护。			
危险性类别		易燃固体,类别2;皮肤致敏物,类别1;危害水生环境—急性危害,类别2。			

序号	1363	品名	六溴联苯	商品编码	2903.9400
别 名				CAS 号	36355-01-8
英文名		Hexabromo-1,1'-biphenyl			
分子式		$C_{12}H_4Br_6$			
外观与性状		鳞片状物。			
主要用途		用作塑料和合成纤维的阻燃剂。			
危险特性		本品可燃,对环境有危害,对水体可造成污染。			
健康危害		吸入、摄入或经皮肤吸收本品后对身体有害;遇热分解释放出有毒的溴烟雾。			
防护措施		呼吸系统防护:空气中粉尘浓度超标时,建议佩戴自吸过滤式防尘口罩。紧急事态抢救或撤离时,应该佩戴空气呼吸器。 眼睛防护:戴化学安全防护眼镜。 身体防护:一般不需特殊防护。 手防护:戴乳胶手套。 其他防护:工作完毕,淋浴更衣。保持良好的卫生习惯。			
危险性类别		易燃液体,类别2;急性毒性—经口,类别2;急性毒性—吸入,类别3;皮肤腐蚀/刺激,类别1;严重眼损伤/眼刺激,类别1;特异性靶器官毒性—单次接触,类别2。			

序号	1364	品名	六亚甲基二异氰酸酯	商品编码	2929.1040
别　名			六甲撑二异氰酸酯；1,6-二异氰酸己烷；己撑二异氰酸酯；1,6-己二异氰酸酯	CAS 号	822-06-0
英文名			1,6-diisocyanatohexane		
分子式			$C_8H_{12}N_2O_2$		
外观与性状			无色透明液体，稍有刺激性臭味。		
主要用途			用于生产脂肪族聚氨酯原料，也用作干性醇酸树脂交联剂等。		
危险特性			本品是有毒物质。		
健康危害			本品对人的呼吸道、眼睛和黏膜及皮肤有强烈的刺激作用和催泪作用；严重者可引起化学性肺炎、肺水肿；有致敏作用。		
防护措施			呼吸系统防护：可能接触其蒸气时，必须佩戴防毒面具。紧急事态抢救或撤离时，建议佩戴正压自给式呼吸器。 眼睛防护：戴化学安全防护眼镜。 身体防护：穿聚乙烯薄膜防毒服。 手防护：戴防化学品手套。 其他防护：工作现场严禁吸烟。注意个人清洁卫生。进入罐、限制性空间或其他高浓度区作业，须有人监护。		
危险性类别			易燃固体，类别2；致癌性，类别2。		

序号	1365	品名	N,N-六亚甲基硫代氨基甲酸-S-乙酯	商品编码	2933.9900
别　名			禾草敌	CAS 号	2212-67-1
英文名			Molinate		
分子式			$C_9H_{17}NOS$		
外观与性状			本品为黄褐色透明油状液体。		
主要用途			本品药剂通过杂草芽鞘和初生根被吸收，抑制α-淀粉酶活性，阻止蛋白质转化，从而使增殖细胞得不到原生质，新叶不能生长，致使杂草死亡。		
危险特性			本品高毒。		
健康危害			长期接触或不慎吞咽本品会严重损害健康。		
防护措施			呼吸系统防护：佩戴防毒口罩。紧急事态抢救或逃生时，佩戴自给式呼吸器。 眼睛防护：戴化学安全防护眼镜。 防护服：穿相应的防护服。 手防护：戴防化学品手套。 其他防护：工作现场严禁吸烟。注意个人清洁卫生。进入罐、限制性空间或其他高浓度区作业，须有人监护。		
危险性类别			皮肤腐蚀/刺激，类别1；严重眼损伤/眼刺激，类别1。		

序号	1366	品名	六亚甲基四胺	商品编码	2933.6990
别名			六甲撑四胺；乌洛托品	CAS 号	100-97-0
英文名			Hexamethylenetetramine		
分子式			$C_6H_{12}N_4$		
外观与性状			白色吸湿性结晶粉末或无色有光泽的菱形结晶体，可燃，有挥发性。		
主要用途			用作纺织品的防缩整理剂、亚氯酸钠漂白活化剂、防水剂 CR 的缓冲剂等。		
危险特性			本品是易燃及有害物质。		
健康危害			生产条件下，本品主要引起皮炎和湿疹。皮疹多为多形性，奇痒，初起局限于接触部位，之后蔓延，甚至遍及全身。		
防护措施			呼吸系统防护：粉尘浓度较高的环境中，佩戴自吸过滤式防尘口罩。必要时，建议佩戴自给式呼吸器。 眼睛防护：戴化学安全防护眼镜。 身体防护：穿防毒物渗透工作服。 手防护：戴一般作业防护手套。 其他防护：工作现场禁止吸烟、进食和饮水。工作完毕，淋浴更衣。注意个人清洁卫生。		
危险性类别			易燃固体，类别 2。		

序号	1367	品名	六亚甲基亚胺	商品编码	2933.9900
别名			高哌啶	CAS 号	111-49-9
英文名			Hexamethyleneimine		
分子式			$C_6H_{13}N$		
外观与性状			液体。		
主要用途			用作农药、医药品和橡胶制品的原料。		
危险特性			本品易燃极高毒性。		
健康危害			本品对皮肤、黏膜和眼睛有强烈刺激性，可致皮肤灼伤。		
防护措施			呼吸系统防护：可能接触其蒸气时，应该佩戴导管式防毒面具。紧急事态抢救或撤离时，建议佩戴氧气呼吸器、空气呼吸器。 眼睛防护：呼吸系统防护中已作防护。 身体防护：穿戴面罩式胶布防毒衣。 手防护：戴橡胶耐油手套。 其他防护：尽可能减少直接接触。工作现场禁止吸烟、进食和饮水。工作完毕，淋浴更衣。		
危险性类别			加压气体；急性毒性—吸入，类别 2；皮肤腐蚀/刺激，类别 2；严重眼损伤/眼刺激，类别 2；特异性靶器官毒性—单次接触，类别 3（呼吸道刺激）；危害水生环境—急性危害，类别 1。		

序号	1368	品名	铝粉		商品编码	7603.1000、7603.2000
别　名					CAS 号	7429-90-5
英文名	Aluminium					
分子式	Al					
外观与性状	银白色有光泽金属。					
主要用途	1. 用作冷冻水果、肉类、糕点等的包装材料。 2. 用作脱氧剂、还原剂，也用于合金制造。 3. 主要用作铝合金，还用于铝热法制取纯金属和碳铁合金。 4. 用作热氢发生器、凝胶推进剂、燃烧活性剂、催化剂、水清洁吸附剂、烧结活性剂等。 5. 用于配制锤纹漆、底面两用漆及美术漆等。 6. 用于油漆、油墨、焰火、炸药等工业，还用作多孔混凝土的加气剂。 7. 供电子工业、高纯合金和激光材料等用。 8. 无机颜料。主要用于制造防锈铝粉漆。广泛用于化工设备表面的防锈涂装。另外，也可用于制造各种焰火、大小。					
危险特性	本品易燃、有害，具有刺激性。					
健康危害	长期吸入本品可致铝尘肺，表现为消瘦、极易疲劳、呼吸困难、咳嗽、咳痰等；溅入眼内，可发生局灶性坏死，角膜色素沉着，晶体膜改变及玻璃体混浊；对鼻、口、性器官黏膜有刺激性，甚至发生溃疡；可引起痤疮、湿疹、皮炎。					
防护措施	呼吸系统防护：空气中粉尘浓度超标时，应该佩戴自吸过滤式防尘口罩。必要时，建议佩戴空气呼吸器。 眼睛防护：戴化学安全防护眼镜。 身体防护：穿防静电工作服。 手防护：戴一般作业防护手套。 其他防护：实行就业前和定期的体检。					
危险性类别	易燃气体，类别 1；加压气体；严重眼损伤/眼刺激，类别 2B；危害水生环境—长期危害，类别 3；危害臭氧层，类别 1。					

序号	1369	品名	铝镍合金氢化催化剂	商品编码	3815.1900
别名				CAS 号	
英文名		Al-Ni hydrofining catalyst			
防护措施		呼吸系统防护：佩戴防毒口罩。紧急事态抢救或逃生时，佩戴自给式呼吸器。 眼睛防护：戴化学安全防护眼镜。 防护服：穿相应的防护服。 手防护：戴防化学品手套。 其他防护：工作现场严禁吸烟。注意个人清洁卫生。进入罐、限制性空间或其他高浓度区作业，须有人监护。			
危险性类别		急性毒性—经口，类别3；急性毒性—吸入，类别2；严重眼损伤/眼刺激，类别2A；致癌性，类别2；生殖毒性，类别1B；特异性靶器官毒性—单次接触，类别1；特异性靶器官毒性—单次接触，类别3（呼吸道刺激）；特异性靶器官毒性—反复接触，类别1。			

序号	1370	品名	铝酸钠(固体)、铝酸钠(溶液)	商品编码	2841.9000
别名				CAS 号	1302-42-7
英文名		Aluminate（alo21-），sodium（1∶1）			
分子式		$AlNaO_2$			
外观与性状		白色无定形结晶粉末。			
主要用途		广泛用于自来水和工业用水的净化，能降低水的硬度和加快悬浮固体的沉降；与硅酸盐化合能改进分子筛结晶，用作石油烃转化的催化剂和载体，制造无定形氧化铝催化剂及稳定硅胶溶液的原料；用作玻璃和陶瓷蚀刻用的碱洗涤溶液抑制剂，造纸工业用的填充剂，减少油井水黏度及钢表面处理用的保护剂，土壤硬化剂和用于肥皂、染料等工业；用于石化行业芳烃提纯、航空煤油精炼，也用于润滑油、基础油、柴油等油品的精制，脱除油品中残余的烯烃；用作分析试剂、媒染剂，也可用于制造沸石和乳白色玻璃。			
健康危害		本品对眼睛、呼吸道和皮肤有刺激作用。			
防护措施		呼吸系统防护：佩戴防毒口罩。紧急事态抢救或逃生时，佩戴自给式呼吸器。 眼睛防护：戴化学安全防护眼镜。 防护服：穿相应的防护服。 手防护：戴防化学品手套。 其他防护：工作现场严禁吸烟。注意个人清洁卫生。进入罐、限制性空间或其他高浓度区作业，须有人监护。			
危险性类别		易燃液体，类别2；皮肤腐蚀/刺激，类别2；严重眼损伤/眼刺激，类别2；致癌性，类别2；特异性靶器官毒性—单次接触，类别3（呼吸道刺激）；特异性靶器官毒性—反复接触，类别2*。			

序号	1371	品名	铝铁熔剂		商品编码	3824.9999
别　名					CAS 号	
防护措施		呼吸系统防护：佩戴防毒口罩。紧急事态抢救或逃生时，佩戴自给式呼吸器。 眼睛防护：戴化学安全防护眼镜。 防护服：穿相应的防护服。 手防护：戴防化学品手套。 其他防护：工作现场严禁吸烟。注意个人清洁卫生。进入罐、限制性空间或其他高浓度区作业，须有人监护。				
危险性类别		易燃液体，类别 3；急性毒性—经口，类别 3；急性毒性—经皮肤，类别 3；急性毒性—吸入，类别 2。				

序号	1372	品名	氯		商品编码	2801.1000
别　名		液氯；氯气			CAS 号	7782-50-5
英文名		Chlorine				
分子式		Cl_2				
外观与性状		本品为黄绿色气体、液体或菱形结晶，有剧烈窒息性臭味。				
主要用途		主要用于大规模集成电路、光纤、高温超导等高新技术领域；广泛用于自来水消毒、纸浆及纺织品漂白、矿石精炼、有机无机氯化物合成等；用于制农药、漂白剂、消毒剂、溶剂、塑料、合成纤维及制取其他氯化物。				
危险特性		本品有毒，对环境有害。				
健康危害		本品对眼睛、呼吸道黏膜有刺激作用。急性中毒：轻度中毒者有流泪、咳嗽、咳少量痰、胸闷，出现气管炎和支气管炎的症状；中度中毒者发生支气管肺炎或间质性肺水肿，患者除有上述症状的加重外，出现呼吸困难、轻度紫绀等；重度中毒者发生肺水肿、昏迷和休克，可出现气胸、纵隔气肿等并发症。吸入极高浓度的氯气，可引起迷走神经反射性心跳骤停或喉头痉挛而发生"电击样"死亡。皮肤接触液氯或高浓度氯，在暴露部位会有灼伤或急性皮炎。慢性影响：长期低浓度接触，可引起慢性牙龈炎、慢性咽炎、慢性支气管炎等。				
防护措施		呼吸系统防护：空气中浓度超标时，建议佩戴空气呼吸器或氧气呼吸器。紧急事态抢救或撤离时，必须佩戴氧气呼吸器。 眼睛防护：呼吸系统防护中已作防护。 身体防护：穿戴面罩式胶布防毒衣。 手防护：戴橡胶手套。 其他防护：工作现场禁止吸烟、进食和饮水。工作完毕，淋浴更衣。保持良好的卫生习惯。				
危险性类别		急性毒性—经口，类别 3；皮肤腐蚀/刺激，类别 2；严重眼损伤/眼刺激，类别 2；特异性靶器官毒性—单次接触，类别 3（呼吸道刺激）。				

序号	1373	品名	1-氯-1,1-二氟乙烷	商品编码	2903.7400
别 名			R142；二氟氯乙烷	CAS 号	75-68-3
英文名			1-chloro-1,1-difluoroethane		
分子式			$C_2H_3ClF_2$		
外观与性状			本品为无色透明液体，无异臭味。		
主要用途			用作制冷剂。		
危险特性			本品易燃，对环境有害。		
健康危害			本品极端易燃。吸入高浓度本品，有可能引起心律不齐、昏迷甚至死亡；接触本品液体可致冻伤。		
防护措施			呼吸系统防护：一般不需要特殊防护，高浓度接触时可佩戴自吸过滤式防毒面具（半面罩）。 眼睛防护：一般不需特殊防护。 身体防护：穿防静电工作服。 手防护：戴一般作业防护手套。 其他防护：工作现场严禁吸烟。避免高浓度吸入		
危险性类别			易燃液体，类别 2。		

序号	1374	品名	3-氯-1,2-丙二醇	商品编码	2905.5900
别 名			α-氯代丙二醇；3-氯-1,2-二羟基丙烷；α-氯甘油；3-氯代二醇	CAS 号	96-24-2
英文名			3-chloro-1,2-propanediol		
分子式			$C_3H_7ClO_2$		
外观与性状			无色液体，放置后逐渐变成微带绿色的黄色液体。		
主要用途			用作醋酸纤维素的溶剂，并用于制增塑剂、表面活性剂、染料、药物、甘油衍生物等。		
危险特性			本品是有毒物质。		
健康危害			吸入、摄入或经皮肤吸收本品后会中毒，对肺、肝、肾和脑都有影响。吸入本品蒸气能产生恶心、头痛、呕吐、眩晕、昏迷、肺水肿等症状，严重者可致死。		
防护措施			呼吸系统防护：可能接触其蒸气时，应该佩戴防毒口罩。紧急事态抢救或逃生时，佩戴自给式呼吸器。 眼睛防护：戴化学安全防护眼镜。 身体防护：穿相应的防护服。 手防护：戴防化学品手套。 其他防护：工作现场严禁吸烟。注意个人清洁卫生。进入罐、限制性空间或其他高浓度区作业，须有人监护。		
危险性类别			严重眼损伤/眼刺激，类别 2A；特异性靶器官毒性—单次接触，类别 2。		

进出口商品归类系列

DANGEROUS CHEMICALS
CLASSIFICATION GUIDE

危险化学品归类手册

下册

《危险化学品归类手册》编委会 编

中国海关出版社有限公司
中国·北京

目 录

序号	品 名	商品编码	页码
1375	2-氯-1,3-丁二烯(稳定的)	2903.2990	717
1376	2-氯-1-丙醇	2905.5900	717
1377	3-氯-1-丙醇	2905.5900	718
1378	1-氯-1-硝基丙烷	2904.9900	718
1379	3-氯-1-丁烯	2903.2990	719
1380	2-氯-1-溴丙烷	2903.7990	719
1381	1-氯-2,2,2-三氟乙烷	2903.7910	720
1382	1-氯-2,3-环氧丙烷	2910.3000	720
1383	1-氯-2,4-二硝基苯	2904.9900	721
1384	4-氯-2-氨基苯酚	2922.2990	721
1385	1-氯-2-丙醇	2905.5900	722
1386	1-氯-2-丁烯	2903.2990	722
1387	5-氯-2-甲基苯胺	2921.4300	723
1388	3-氯-2-甲基丙烯	2903.2990	723
1389	N-(4-氯-2-甲基苯基)-N',N'-二甲基甲脒	2925.2100	724
1390	4-氯-2-硝基苯酚钠盐	2908.9990	724
1391	2-氯-2-甲基丁烷	2903.1990	725
1392	5-氯-2-甲氧基苯胺	2922.2990	725
1393	4-氯-2-硝基苯胺	2921.4200	726
1394	4-氯-2-硝基苯酚	2908.9990	726
1395	4-氯-2-硝基甲苯	2904.9900	727
1396	1-氯-2-溴丙烷	2903.7990	727
1397	1-氯-2-溴乙烷	2903.7990	728
1398	4-氯间甲酚	2908.1990	728
1399	1-氯-3-甲基丁烷	2903.1990	729
1400	1-氯-3-溴丙烷	2903.7990	729

序号	品名	商品编码	页码
1401	2-氯-4,5-二甲基苯基-N-甲基氨基甲酸酯	2930.8000	730
1402	3-氯-4-甲氧基苯胺	2922.2990	730
1403	2-氯-4-二甲氨基-6-甲基嘧啶	2933.5990	731
1404	2-氯-4-硝基苯胺	2921.4200	731
1405	氯苯	2903.9190	732
1406	2-氯苯胺	2921.4200	732
1407	3-氯苯胺	2921.4200	733
1408	4-氯苯胺	2921.4200	733
1409	2-氯苯酚	2908.1990	734
1410	3-氯苯酚	2908.1990	734
1411	4-氯苯酚	2908.1910	735
1412	3-氯苯过氧甲酸(57%<含量≤86%,惰性固体含量≥14%)、3-氯苯过氧甲酸(含量≤57%,惰性固体含量≤3%,含水≥40%)、3-氯苯过氧甲酸(含量≤77%,惰性固体含量≥6%,含水≥17%)	2916.3990	735
1413	2-[(RS)-2-(4-氯苯基)-2-苯基乙酰基]-2,3-二氢-1,3-茚二酮(含量>4%)	2914.7900	736
1414	N-(3-氯苯基)氨基甲酸(4-氯丁炔-2-基)脂	2924.2990	736
1415	氯苯基三氯硅烷	2931.9000	737
1416	2-氯苯甲酰氯	2916.3990	737
1417	4-氯苯甲酰氯	2916.3990	738
1418	2-氯苯乙酮	2914.7900	738
1419	2-氯吡啶	2933.3990	739
1420	4-氯苄基氯	2903.9990	739
1421	3-氯丙腈	2926.9090	740
1422	2-氯丙酸	2915.9000	740
1423	3-氯丙酸	2915.9000	741
1424	2-氯丙酸甲酯	2915.9000	741
1425	(R)-(+)-2-氯丙酸甲酯	2915.9000	742
1426	2-氯丙酸乙酯	2915.9000	742
1427	3-氯丙酸乙酯	2915.9000	743
1428	2-氯丙酸异丙酯	2915.9000	743
1429	1-氯丙烷	2903.1990	744
1430	2-氯丙烷	2903.1990	744
1431	2-氯丙烯	2903.2990	745
1432	氯铂酸	2843.9000	745

序号	品　　名	商品编码	页码
1433	3-氯丙烯	2903.2990	746
1434	氯代膦酸二乙酯	2920.9000	746
1435	氯代叔丁烷	2903.1990	747
1436	氯代异丁烷	2903.1990	747
1437	氯代正己烷	2903.1990	748
1438	1-氯丁烷	2903.1990	748
1439	2-氯丁烷	2903.1990	749
1440	氯铱酸铵	2843.9000	749
1441	氯二氟甲烷和氯五氟乙烷共沸物	3827.1100	750
1442	氯二氟溴甲烷	2903.7600	750
1443	2-氯氟苯	2903.9990	751
1444	2-氯汞苯酚	2852.1000	751
1445	3-氯氟苯	2903.9990	752
1446	4-氯氟苯	2903.9990	752
1447	4-氯汞苯甲酸	2852.1000	753
1448	氯化铵汞	2852.1000	753
1449	氯化钡	2827.3920	754
1450	氯化二烯丙托锡弗林	2939.7990	754
1451	氯化苯汞	2852.1000	755
1452	氯化二乙基铝	2931.9000	755
1453	氯化苄	2903.9990	756
1454	氯化二硫酰	2812.1900	757
1455	氯化镉	2827.3990	757
1456	氯化汞	2852.1000	758
1457	氯化琥珀胆碱	2923.9000	758
1458	氯化钴	2827.3930	759
1459	氯化环戊烷	2903.8900	759
1460	氯化甲基汞	2852.1000	760
1461	氯化甲氧基乙基汞	2852.1000	760
1462	氯化钾汞	2852.1000	761
1463	4-氯化联苯	2903.9990	761
1464	1-氯化萘	2903.9990	762
1465	氯化铍	2827.3990	762
1466	氯化镍	2827.3500	763
1467	氯化氢(无水)	2806.1000	763

序号	品名	商品编码	页码
1468	氯化氰	2853.1000	764
1469	氯化铜	2827.3990	764
1470	α-氯化筒箭毒碱	2939.7990	765
1471	氯化硒	2812.1900	765
1472	氯化锌	2827.3990	766
1473	氯化锌溶液	2827.3990	766
1474	氯化锌-2-(2-羟乙氧基)-1(吡咯烷-1-基)重氮苯	2933.9900	767
1475	氯化锌-2-(N-氧羰基苯氨基)-3-甲氧基-4-(N-甲基环己氨基)重氮苯	2927.0000	767
1476	氯化锌-2,5-二乙氧基-4-(4-甲苯磺酰)重氮苯	2927.0000	767
1477	氯化锌-2,5-二乙氧基-4-苯璜酰重氮苯	2927.0000	768
1478	氯化锌-2,5-二乙氧基-4-吗啉代重氮苯	2927.0000	768
1479	氯化锌-3-(2-羟乙氧基)-4(吡咯烷-1-基)重氮苯	2933.9900	768
1480	氯化锌-3-氯-4-二乙氨基重氮苯	2927.0000	769
1481	氯化锌-4-苄甲氨基-3-乙氧基重氮苯	2927.0000	769
1482	氯化锌-4-苄乙氨基-3-乙氧基重氮苯	2927.0000	769
1483	氯化锌-4-二丙氨基重氮苯	2927.0000	770
1484	氯化亚砜	2812.1700	770
1485	氯化锌-4-二甲氧基-6-(2-二甲氨乙氧基)-2-重氮甲苯	2927.0000	771
1486	氯化溴	2812.1900	771
1487	氯化亚汞	2852.1000	772
1488	氯化亚铊	2827.3990	773
1489	2-氯甲苯	2903.9990	773
1490	氯化乙基汞	2852.1000	774
1491	氯磺酸	2806.2000	775
1492	氯甲苯胺异构体混合物	2921.4300	775
1493	3-氯甲苯	2903.9990	776
1494	4-氯甲苯	2903.9910	776
1495	氯甲基甲醚	2909.1990	777
1496	氯甲基三甲基硅烷	2931.9000	778
1497	氯甲基乙醚	2909.1990	779
1498	氯甲酸苯酯	2915.9000	779
1499	氯甲酸-2-乙基己酯	2915.9000	780
1500	氯甲酸氯甲酯	2915.9000	780

序号	品　　名	商品编码	页码
1501	氯甲酸苄酯	2915.9000	781
1502	氯甲酸环丁酯	2915.9000	781
1503	氯甲酸甲酯	2915.9000	782
1504	氯甲酸三氯甲酯	2915.9000	782
1505	氯甲酸烯丙基酯(稳定的)	2915.9000	783
1506	氯甲酸乙酯	2915.9000	784
1507	氯甲酸异丙酯	2915.9000	784
1508	氯甲酸异丁酯	2915.9000	785
1509	氯甲酸正丁酯	2915.9000	785
1510	氯甲酸正丙酯	2915.9000	786
1511	氯甲酸仲丁酯	2915.9000	786
1512	氯甲烷	2903.1100	787
1513	氯甲烷和二氯甲烷混合物	3827.9000	787
1514	2-氯间甲酚	2908.1990	788
1515	6-氯间甲酚	2908.1990	788
1516	4-氯邻甲苯胺盐酸盐	2921.4300	789
1517	N-(4-氯邻甲苯基)-N,N-二甲基甲脒盐酸盐	2925.2900	789
1518	2-氯三氟甲苯	2903.9990	790
1519	3-氯三氟甲苯	2903.9990	790
1520	4-氯三氟甲苯	2903.9990	791
1521	氯三氟甲烷和三氟甲烷共沸物	3827.1100	791
1522	氯四氟乙烷	2903.7910	792
1523	氯酸铵	2829.1990	792
1524	氯酸钡	2829.1990	793
1525	氯酸钙	2829.1990	793
1526	氯酸钙溶液	2829.1990	794
1527	氯酸钾	2829.1910	794
1528	氯酸钾溶液	2829.1910	795
1529	氯酸镁	2829.1990	795
1530	氯酸钠	2829.1100	796
1531	氯酸钠溶液	2829.1100	796
1532	氯酸溶液(浓度≤10%)	2811.1990	797
1533	氯酸铊	2829.1990	797
1534	氯酸铯	2829.1990	798
1535	氯酸锶	2829.1990	798

序号	品名	商品编码	页码
1536	氯酸铜	2829.1990	799
1537	氯酸锌	2829.1990	799
1538	氯酸银	2843.2900	800
1539	1-氯戊烷	2903.1990	800
1540	2-氯硝基苯	2904.9900	801
1541	氯硝基苯异构体混合物	2904.9900	801
1542	3-氯硝基苯	2904.9900	802
1543	氯溴甲烷	2903.7990	802
1544	4-氯硝基苯	2904.9900	803
1545	2-氯乙醇	2905.5900	804
1546	氯乙腈	2926.9090	805
1547	氯乙酸	2915.4000	806
1548	氯乙酸丁酯	2915.4000	806
1549	氯乙酸酐	2915.9000	807
1550	氯乙酸乙烯酯	2915.4000	807
1551	氯乙酸甲酯	2915.4000	808
1552	氯乙酸钠	2915.4000	808
1553	氯乙酸叔丁酯	2915.4000	809
1554	氯乙酸乙酯	2915.4000	809
1555	氯乙酸异丙酯	2915.4000	810
1556	氯乙烷	2903.1100	810
1557	氯乙烯(稳定的)	2903.2100	811
1558	氯乙酰氯	2915.9000	811
1559	2-氯乙酰-N-乙酰苯胺	2924.2990	812
1560	4-氯正丁酸乙酯	2915.9000	812
1561	马来酸酐	2917.1400	813
1562	煤焦酚	2707.9100	813
1563	吗啉	2934.9990	814
1564	煤焦沥青	2708.1000	814
1565	煤焦油	2706.0000	815
1566	煤气	2705.0000	815
1567	煤油	2710.1919	815
1568	煤油	2710.1919	816
1569	煤油	2710.1919	816
1570	镁	8104.1100	817

序号	品　　名	商品编码	页码
1571	镁合金(片状、带状或条状,含镁>50%)	8104.1900	817
1572	镁铝粉	8104.3000	817
1573	锰酸钾	2841.6990	818
1574	迷迭香油	3301.2999	818
1575	脒基亚硝氨基脒基叉肼(含水≥30%)	2928.0000	818
1576	脒基亚硝氨基脒基四氮烯(湿的,按质量含水或乙醇和水的混合物不低于30%)	2929.9090	819
1577	木防己苦毒素	2932.2090	819
1578	木馏油	3807.0000	820
1579	钠	2805.1100	820
1580	钠石灰(含氢氧化钠>4%)	3824.9999	821
1581	萘	2707.4000、2902.9020	821
1582	氖(压缩的或液化的)	2804.2900	822
1583	1-萘胺	2921.4500	822
1584	2-萘胺	2921.4500	823
1585	1,8-萘二甲酸酐	2917.3990	823
1586	萘磺汞	2852.1000	824
1587	1-萘基硫脲	2930.9090	824
1588	1-萘甲腈	2926.9090	825
1589	1-萘氧基二氯化膦	2931.3990	825
1590	镍催化剂(干燥的)	3815.1100	826
1591	2,2'-偶氮-二-(2,4-二甲基-4-甲氧基戊腈)	2927.0000	826
1592	2,2'-偶氮-二-(2,4-二甲基戊腈)	2927.0000	827
1593	2,2'-偶氮二-(2-甲基丙酸乙脂)	2927.0000	827
1594	2,2'-偶氮-二-(2-甲基丁腈)	2927.0000	827
1595	1,1'-偶氮-二-(六氢苄腈)	2927.0000	828
1596	2,2'-偶氮二异丁腈	2927.0000	828
1597	偶氮二甲酰胺	2927.0000	829
1598	哌啶	2933.3210	829
1599	哌嗪	2933.5990	830
1600	α-蒎烯	2902.1910	830
1601	β-蒎烯	2902.1910	831
1602	硼氢化钾	2850.0090	831
1603	硼氢化锂	2850.0090	832
1604	硼氢化铝	2850.0090	832

序号	品　名	商品编码	页码
1605	硼氢化钠	2850.0090	833
1606	硼酸	2810.0020	833
1607	硼酸三甲酯	2920.9000	834
1608	硼酸三乙酯	2920.9000	834
1609	硼酸三异丙酯	2920.9000	835
1610	偏钒酸铵	2841.9000	835
1611	铍粉	8112.1200	836
1612	偏钒酸钾	2841.9000	836
1613	偏高碘酸钾	2829.9000	837
1614	偏高碘酸钠	2829.9000	837
1615	偏硅酸钠	2839.1100	838
1616	偏砷酸	2811.1990	838
1617	偏砷酸钠	2842.9090	839
1618	漂白粉	2828.1000	839
1619	漂粉精(含有效氯>39%)	2828.1000	840
1620	葡萄糖酸汞	2852.1000	840
1621	七氟丁酸	2915.9000	841
1622	七硫化四磷	2813.9000	841
1623	七溴二苯醚	2909.3090	842
1624	1,4,5,6,7,8,8-七氯-3a,4,7,7a-四氢-4,7-亚甲基茚	2903.8200	842
1625	2,2',3,3',4,5',6'-七溴二苯醚	2909.3090	843
1626	汽油、乙醇汽油、甲醇汽油	2710.1210	843
1627	2,2',3,4,4',5',6-七溴二苯醚	2909.3090	844
1628	铅汞齐	2853.9090	844
1629	1-羟环丁-1-烯-3,4-二酮	2914.4000	845
1630	3-羟基-1,1-二甲基丁基过氧新癸酸(含量≤52%,含A型稀释剂≥48%)、3-羟基-1,1-二甲基丁基过氧新癸酸(含量≤52%,在水中稳定弥散)、3-羟基-1,1-二甲基丁基过氧新癸酸(含量≤77%,含A型稀释剂≥23%)	2918.1900	845
1631	N-3-[1-羟基-2-(甲氨基)乙基]苯基甲烷磺酰胺甲磺酸盐	2935.9000	846
1632	3-羟基-2-丁酮	2914.4000	846
1633	4-羟基-4-甲基-2-戊酮	2914.4000	847
1634	2-羟基丙腈	2926.9090	847
1635	2-羟基丙酸甲酯	2918.1100	848
1636	2-羟基丙酸乙酯	2918.1100	848

序号	品名	商品编码	页码
1637	3-羟基丁醛	2912.4910	849
1638	羟基甲基汞	2852.1000	849
1639	羟基乙腈	2926.9090	850
1640	羟基乙硫醚	2930.9090	850
1641	3-(2-羟基乙氧基)-4-吡咯烷基-1-苯重氮氯化锌盐	2933.9900	851
1642	2-羟基异丁酸乙酯	2918.1900	851
1643	羟间唑啉(盐酸盐)	2933.2900	852
1644	N-(2-羟乙基)-N-甲基全氟辛基磺酰胺	2935.4000	852
1645	氢	2804.1000	853
1646	氢碘酸	2811.1990	853
1647	氢氟酸	2811.1110、2811.1190	854
1648	氢过氧化蒎烷(56%<含量≤100%)、氢过氧化蒎烷(含量≤56%,含A型稀释剂≥44%)	2909.6000	854
1649	氢化钡	2850.0090	855
1650	氢化钙	2850.0090	855
1651	氢化锆	2850.0090	856
1652	氢化钾	2850.0090	856
1653	氢化锂	2850.0090	857
1654	氢化铝	2850.0090	857
1655	氢化铝锂	2850.0090	858
1656	氢化铝钠	2850.0090	858
1657	氢化镁	2850.0090	859
1658	氢化钠	2850.0090	859
1659	氢化钛	2850.0090	860
1660	氢氰酸(含量≤20%)、氢氰酸蒸熏剂	2811.1200	860
1661	氢溴酸	2811.1990	861
1662	氢氧化钡	2816.4000	861
1663	氢氧化钾、氢氧化钾溶液(含量≥30%)	2815.2000	862
1664	氢氧化锂	2825.2010	862
1665	氢氧化锂溶液	2825.2010	863
1666	氢氧化钠	2815.1100	863
1667	氢氧化钠溶液(含量≥30%)	2815.1200	864
1668	氢氧化铍	2825.9090	864
1669	氢氧化铷	2825.9090	865

序号	品名	商品编码	页码
1670	氢氧化铷溶液	2825.9090	865
1671	氢氧化铯	2825.9090	866
1672	氢氧化铯溶液	2825.9090	866
1673	氢氧化铊	2825.9090	867
1674	柴油(闭杯闪点≤60℃)	2710.1923	867
1675	氰	2853.9090	868
1676	氰氨化钙(含碳化钙>0.1%)	3102.9010	868
1677	氰胍甲汞	2852.1000	869
1678	氰化钡	2837.1990	869
1679	氰化碘	2837.1990	870
1680	氰化镉	2837.1990	870
1681	氰化钙	2837.1990	871
1682	氰化钴(Ⅱ)	2837.1990	871
1683	氰化汞	2852.1000	872
1684	氰化汞钾	2852.1000	873
1685	氰化钴(Ⅲ)	2837.1990	873
1686	氰化钾	2837.1910	874
1687	氰化金	2843.3000	874
1688	氰化钠	2837.1110	875
1689	氰化钠铜锌	2837.2000	875
1690	氰化镍	2837.1990	876
1691	氰化镍钾	2837.2000	876
1692	氰化铅	2837.1990	877
1693	氰化氢	2811.1200	877
1694	氰化铈	2837.1990	878
1695	氰化锌	2837.1990	878
1696	氰化铜	2837.1990	879
1697	氰化溴	2853.9090	879
1698	氰化金钾	2843.3000	880
1699	氰化亚金钾	2843.3000	880
1700	氰化亚铜	2837.1990	881
1701	4-氰基苯甲酸	2926.9090	881
1702	氰化亚铜三钾	2837.2000	882
1703	氰基乙酸	2926.9090	882
1704	氰化亚铜三钠、氰化亚铜三钠溶液	2837.2000	883

序号	品名	商品编码	页码
1705	氰化银钾	2843.2900	883
1706	氰化银	2843.2900	884
1707	氰基乙酸乙酯	2926.9090	884
1708	(RS)-α-氰基-3-苯氧基苄基(SR)-3-(2,2-二氯乙烯基)-2,2-二甲基环丙烷羧酸酯	2926.9090	885
1709	氰尿酰氯	2933.6910	885
1710	氰熔体	3824.9999	886
1711	2-巯基丙酸	2930.9090	886
1712	5-巯基四唑并-1-乙酸	2933.9900	887
1713	2-巯基乙醇	2930.9090	887
1714	巯基乙酸	2930.9090	888
1715	全氟辛基磺酸	2904.3100	888
1716	全氟辛基磺酸铵	2904.3200	889
1717	全氟辛基磺酸二癸二甲基铵	2923.4000	889
1718	全氟辛基磺酸二乙醇铵	2922.1600	889
1719	全氟辛基磺酸钾	2904.3400	890
1720	全氟辛基磺酸锂	2904.3300	890
1721	全氟辛基磺酸四乙基铵	2923.3000	891
1722	全氯五环癸烷	2903.8900	891
1723	全氟辛基磺酰氟	2904.3600	892
1724	全氯甲硫醇	2930.9090	892
1725	壬基酚	2907.1310	893
1726	壬基酚聚氧乙烯醚	3402.4200	893
1727	壬基三氯硅烷	2931.9000	894
1728	壬烷及其异构体	2901.1000、2710.1230	894
1729	1-壬烯	2901.2990	895
1730	2-壬烯	2901.2990	895
1731	3-壬烯	2901.2990	896
1732	4-壬烯	2901.2990	896
1733	溶剂苯	2707.1000、2902.2000	897
1734	溶剂油(闭杯闪点≤60℃)	2710.1230	897
1735	乳酸苯汞三乙醇铵	2852.1000	898
1736	乳酸锑	2918.1100	898
1737	乳香油	3301.9090	899

序号	品名	商品编码	页码
1738	噻吩	2934.9990	899
1739	三-(1-吖丙啶基)氧化膦	2933.9900	900
1740	三(2,3-二溴丙磷酸脂)磷酸盐	2919.1000	900
1741	三(2-甲基氮丙啶)氧化磷	2933.9900	901
1742	三(环己基)-(1,2,4-三唑-1-基)锡	2933.9900	901
1743	三苯基磷	2931.3990	902
1744	三苯基乙酸锡	2931.9000	902
1745	三苯基氯硅烷	2931.9000	903
1746	三苯基氢氧化锡	2931.9000	903
1747	三丙基铝	2931.9000	904
1748	三丙基氯化锡	2931.9000	904
1749	三碘化砷	2812.9090	905
1750	三碘化铊	2827.6000	905
1751	三碘化锑	2827.6000	906
1752	三碘甲烷	2903.3990	906
1753	三碘乙酸	2915.9000	907
1754	三丁基氟化锡	2931.2000	907
1755	三丁基铝	2931.9000	908
1756	三丁基氯化锡	2931.2000	908
1757	三丁基硼	2931.9000	909
1758	三丁基氢化锡	2931.9000	909
1759	S,S,S-三丁基三硫代磷酸酯	2930.9090	910
1760	三丁基锡苯甲酸	2931.2000	910
1761	三丁基锡环烷酸	2931.2000	911
1762	三丁基锡亚油酸	2931.2000	911
1763	三丁锡甲基丙烯酸	2931.2000	911
1764	三丁基氧化锡	2931.2000	912
1765	三氟丙酮	2914.7900	912
1766	三氟化铋	2826.1990	913
1767	三氟化氮	2812.9011	913
1768	三氟化磷	2812.9019	914
1769	三氟化氯	2812.9019	914
1770	三氟化硼	2812.9019	915
1771	三氟化硼丙酸络合物	2942.0000	915
1772	三氟化硼甲醚络合物	2942.0000	916

序号	品　名	商品编码	页码
1773	三氟化硼乙胺	2942.0000	916
1774	三氟化硼乙醚络合物	2942.0000	917
1775	三氟化硼乙酸酐	2942.0000	917
1776	三氟化硼乙酸	2942.0000	918
1777	三氟化砷	2812.9019	918
1778	三氟化锑	2826.1990	919
1779	三氟化溴	2812.9019	919
1780	三氟甲苯	2903.9990	920
1781	(RS)-2-[4-(5-三氟甲基-2-吡啶氧基)苯氧基]丙酸丁酯	2933.3990	920
1782	2-三氟甲基苯胺	2921.4300	921
1783	3-三氟甲基苯胺	2921.4300	921
1784	三氟甲烷	2903.3990	922
1785	三氟氯化甲苯	2903.3990	922
1786	三氟氯乙烯(稳定的)	2903.7790	923
1787	三氟溴乙烯	2903.7800	923
1788	2,2,2-三氟乙醇	2905.5900	924
1789	三氟乙酸	2915.9000	924
1790	三氟乙酸酐	2915.9000	925
1791	三氟乙酸铬	2931.9000	925
1792	三氟乙酸乙酯	2915.9000	926
1793	1,1,1-三氟乙烷	2903.3990	926
1794	三氟乙酰氯	2915.9000	927
1795	三环己基氢氧化锡	2931.9000	927
1796	三甲胺(无水)、三甲胺溶液	2921.1100	928
1797	2,4,4-三甲基-1-戊烯	2901.2990	928
1798	2,4,4-三甲基-2-戊烯	2901.2990	929
1799	1,2,3-三甲基苯	2902.9090	929
1800	1,2,4-三甲基苯	2902.9090	930
1801	1,3,5-三甲基苯	2902.9090	930
1802	2,2,3-三甲基丁烷	2901.1000	931
1803	三甲基环己胺	2921.3000	931
1804	3,3,5-三甲基己撑二胺	2921.2900	932
1805	三甲基己基二异氰酸酯	2929.1090	932
1806	2,2,4-三甲基己烷	2901.1000	932

序号	品名	商品编码	页码
1807	2,2,5-三甲基己烷	2901.1000	933
1808	三甲基铝	2931.9000	933
1809	三甲基氯硅烷	2931.9000	934
1810	三甲基硼	2931.9000	934
1811	2,4,4-三甲基戊基-2-过氧化苯氧基乙酸酯(在溶液中,含量≤37%)	2918.9900	935
1812	2,2,3-三甲基戊烷	2901.1000	935
1813	2,2,4-三甲基戊烷	2901.1000	936
1814	2,3,4-三甲基戊烷	2901.1000	936
1815	三甲基乙酰氯	2915.9000	937
1816	三甲基乙氧基硅烷	2931.9000	937
1817	三聚丙烯	2901.2990	938
1818	三聚甲醛	2912.5000	938
1819	三聚氰酸三烯丙酯	2933.6990	939
1820	三聚乙醛	2912.5000	939
1821	三聚异丁烯	2901.2990	940
1822	三硫化二磷	2813.9000	940
1823	三硫化二锑	2830.9020	941
1824	三硫化四磷	2813.9000	941
1825	1,1,2-三氯-1,2,2-三氟乙烷	2903.7720	942
1826	2,4,5-三氯苯胺	2921.4200	942
1827	2,3,4-三氯-1-丁烯	2903.2990	943
1828	1,1,1-三氯-2,2-双(4-氯苯基)乙烷	2903.9200	943
1829	2,4,6-三氯苯胺	2921.4200	944
1830	2,4,5-三氯苯酚	2908.1990	944
1831	2,4,6-三氯苯酚	2908.1990	945
1832	2-(2,4,5-三氯苯氧基)丙酸	2918.9900	945
1833	2,4,5-三氯苯氧乙酸	2918.9100	946
1834	1,2,3-三氯丙烷	2903.1990	946
1835	1,2,3-三氯代苯	2903.9990	947
1836	1,2,4-三氯代苯	2903.9990	947
1837	1,3,5-三氯代苯	2903.9990	948
1838	三氯硅烷	2853.9090	948
1839	三氯化碘	2812.1900	949
1840	三氯化钒	2827.3990	949

序号	品名	商品编码	页码
1841	三氯化磷	2812.1300	950
1842	三氯化铝(无水)、三氯化铝溶液	2827.3200	950
1843	三氯化钼	2827.3990	951
1844	三氯化硼	2812.1900	951
1845	三氯化三甲基二铝	2931.9000	952
1846	三氯化三乙基二铝	2931.9000	952
1847	三氯化砷	2812.1900	953
1848	三氯化钛、三氯化钛溶液、三氯化钛混合物	2827.3990	953
1849	三氯化锑	2827.3990	954
1850	三氯化铁、三氯化铁溶液	2827.3990	954
1851	三氯甲苯	2903.9990	955
1852	三氯甲烷	2903.1300	955
1853	三氯三氟丙酮	2914.7900	956
1854	三氯硝基甲烷	2904.9100	956
1855	1-三氯锌酸-4-二甲氨基重氮苯	2927.0000	956
1856	1,2-O-[(1R)-2,2,2-三氯亚乙基]-α-D-呋喃葡糖	2940.0090	957
1857	三氯氧化钒	2827.4990	957
1858	三氯氧磷	2812.1200	958
1859	三氯一氟甲烷	2903.7710	958
1860	三氯乙腈	2926.9090	959
1861	三氯乙醛(稳定的)	2913.0000	959
1862	三氯乙酸	2915.4000	960
1863	三氯乙酸甲酯	2915.4000	960
1864	1,1,1-三氯乙烷	2903.1910	961
1865	1,1,2-三氯乙烷	2903.1990	961
1866	三氯乙烯	2903.2200	962
1867	三氯乙酰氯	2915.9000	962
1868	三氯异氰脲酸	2933.6922	963
1869	三烯丙基胺	2921.1990	963
1870	1,3,5-三硝基苯	2904.2090	964
1871	2,4,6-三硝基苯胺	2921.4200	964
1872	2,4,6-三硝基苯酚	2908.9990	965
1873	2,4,6-三硝基苯酚铵(干的或含水<10%)、2,4,6-三硝基苯酚铵(含水≥10%)	2908.9990	965
1874	2,4,6-三硝基苯酚钠	2908.9990	966

序号	品名	商品编码	页码
1875	2,4,6-三硝基苯酚银(含水≥30%)	2843.2900	966
1876	三硝基苯磺酸	2904.9900	966
1877	2,4,6-三硝基苯磺酸钠	2904.9900	967
1878	三硝基苯甲醚	2909.3090	967
1879	2,4,6-三硝基苯甲酸	2916.3990	967
1880	2,4,6-三硝基苯甲硝胺	2929.9090	968
1881	三硝基苯乙醚	2909.3090	968
1882	2,4,6-三硝基二甲苯	2904.2090	969
1883	2,4,6-三硝基甲苯	2904.2040	969
1884	三硝基甲苯与六硝基-1,2-二苯乙烯混合物	3602.0090	970
1885	2,4,6-三硝基甲苯与铝混合物	3602.0090	970
1886	三硝基甲苯与三硝基苯和六硝基-1,2-二苯乙烯混合物	3602.0090	971
1887	三硝基甲苯与三硝基苯混合物	3602.0090	971
1888	2,4,6-三硝基间苯二酚	2908.9990	972
1889	2,4,6-三硝基间苯二酚铅(湿的,按质量含水或乙醇和水的混合物不低于20%)	2908.9990	972
1890	三硝基间甲酚	2908.9990	973
1891	2,4,6-三硝基氯苯	2904.9900	973
1892	三硝基萘	2904.2090	974
1893	三硝基芴酮	2914.7900	974
1894	2,4,6-三溴苯胺	2921.4200	975
1895	三溴化碘	2812.9090	975
1896	三溴化磷	2812.9090	976
1897	三溴化铝(无水)	2827.5900	976
1898	三溴化铝溶液	2827.5900	977
1899	三溴化硼	2812.9090	977
1900	三溴化三甲基二铝	2931.9000	978
1901	三溴化砷	2812.9090	978
1902	三溴化锑	2827.5900	979
1903	三溴甲烷	2903.3990	979
1904	三溴乙醛	2913.0000	980
1905	三溴乙酸	2915.9000	980
1906	三溴乙烯	2903.3990	981
1907	2,4,6-三亚乙基氨基-1,3,5-三嗪	2933.6990	981
1908	三亚乙基四胺	2921.2900	982

序号	品名	商品编码	页码
1909	三氧化二氮	2811.2900	982
1910	三氧化二钒	2825.3090	983
1911	三氧化二磷	2811.2900	983
1912	三氧化二砷	2811.2900	984
1913	三氧化铬(无水)	2819.1000	984
1914	三氧化硫(稳定的)	2811.2900	985
1915	三乙胺	2921.1990	985
1916	3,6,9-三乙基-3,6,9-三甲基-1,4,7-三过氧壬烷(含量≤42%,含A型稀释剂≥58%)	2909.6000	986
1917	三乙基铝	2931.9000	986
1918	三乙基硼	2931.9000	987
1919	三乙基砷酸酯	2920.9000	987
1920	三乙基锑	2931.9000	988
1921	三异丁基铝	2931.9000	988
1922	三正丙胺	2921.1990	989
1923	三正丁胺	2921.1990	989
1924	砷	2804.8000	990
1925	砷化汞	2852.1000	990
1926	砷化镓	2853.9090	991
1927	砷化氢	2850.0090	991
1928	砷化锌	2853.9090	992
1929	砷酸	2811.1990	992
1930	砷酸铵	2842.9090	993
1931	砷酸钡	2842.9090	993
1932	砷酸二氢钾	2842.9090	994
1933	砷酸二氢钠	2842.9090	994
1934	砷酸钙	2842.9090	995
1935	砷酸汞	2852.1000	995
1936	砷酸钾	2842.9090	996
1937	砷酸镁	2842.9090	996
1938	砷酸钠	2842.9090	997
1939	砷酸铅	2842.9090	997
1940	砷酸氢二铵	2842.9090	998
1941	砷酸氢二钠	2842.9090	998
1942	砷酸锑	2842.9090	999

序号	品名	商品编码	页码
1943	砷酸铁	2842.9090	999
1944	砷酸铜	2842.9090	1000
1945	砷酸锌	2842.9090	1000
1946	砷酸亚铁	2842.9090	1001
1947	砷酸银	2843.2900	1001
1948	生漆	1302.1910	1002
1949	生松香	1301.9040	1002
1950	十八烷基三氯硅烷	2931.9000	1003
1951	十八烷基乙酰胺	2903.9990	1003
1952	十八烷酰氯	2915.9000	1004
1953	十二烷基硫醇	2930.9090	1004
1954	十二烷基三氯硅烷	2931.9000	1005
1955	十二烷酰氯	2915.9000	1005
1956	十六烷基三氯硅烷	2931.9000	1006
1957	十六烷酰氯	2915.9000	1006
1958	十氯酮	2914.7100	1007
1959	1,1,2,2,3,3,4,4,5,5,6,6,7,7,8,8,8-十七氟-1-辛烷磺酸	2904.3200	1007
1960	十氢化萘	2902.1990	1008
1961	十四烷酰氯	2915.9000	1008
1962	十溴联苯	2903.9990	1009
1963	石棉(含:阳起石石棉、铁石棉、透闪石石棉、直闪石石棉、青石棉)	2524.9010、2524.9090(其他石棉)	1009
1964	石脑油	2710.1220	1010
1965	石油醚	2710.1220、2710.1230	1010
1966	石油气	2711.1200、2711.1390、2711.1990(液态)、2711.2900(气态)	1011
1967	石油原油	2709.0000	1011
1968	铈(粉、屑)、金属铈(浸在煤油中的)	2805.3015	1012
1969	铈镁合金粉	3606.9019	1012
1970	叔丁胺	2921.1990	1013
1971	5-叔丁基-2,4,6-三硝基间二甲苯	2904.2090	1013
1972	叔丁基苯	2902.9090	1014

序号	品　名	商品编码	页码
1973	2-叔丁基苯酚	2907.1990	1014
1974	4-叔丁基苯酚	2907.1990	1015
1975	叔丁基氧-2-甲基苯甲酸酯(含量≤100%)	2916.3990	1015
1976	叔丁基过氧-2-乙基己酸酯(52%<含量≤100%)、叔丁基过氧-2-乙基己酸酯(含量≤32%,含 B 型稀释剂≥68%)、叔丁基过叔丁基过氧-2-乙基己酸酯(32%<含量≤52%,含 B 型稀释剂≥48%)、氧-2-乙基己酸酯(含量≤52%,惰性固体含量≥48%)	2915.9000	1016
1977	叔丁基过氧-2-乙基己酸酯和2,2-二-(叔丁基过氧)丁烷的混合物[叔丁基过氧-2-乙基己酸酯≤12%,2,2-二-(叔丁基过氧)丁烷的混合物≤14%,含 A 型稀释剂≥14%,含惰性固体≥60%]、叔丁基过氧-2-乙基己酸酯和2,2-二-(叔丁基过氧)丁烷的混合物[叔丁基过氧-2-乙基己酸酯≤31%,2,2-二-(叔丁基过氧)丁烷≤36%,含 B 型稀释剂≥33%]	3824.9999	1016
1978	叔丁基过氧-2-乙基己碳酸酯(含量≤100%)	2920.9000	1017
1979	叔丁基过氧丁基延胡索酸酯(含量≤52%,含 A 型稀释剂≥48%)	2916.2090	1017
1980	叔丁基过氧二乙基乙酸酯(含量≤100%)	2915.9000	1017
1981	叔丁基过氧新癸酸酯(77%<含量≤100%)、叔丁基过氧新癸酸酯(含量≤32%,含 A 型稀释剂≥68%)、叔丁基过氧新癸酸酯[含量≤42%,在水(冷冻)中稳定弥散]、叔丁基过氧新癸酸酯(含量≤52%,在水中稳定弥散)、叔丁基过氧新癸酸酯(含量≤77%)	2915.9000	1018
1982	叔丁基过氧新戊酸酯(27%<含量≤67%,含 B 型稀释剂≥33%)、叔丁基过氧新戊酸酯(67%<含量≤77%,含 A 型稀释剂≥23%)、叔丁基过氧新戊酸酯(含量≤27%,含 B 型稀释剂≥73%)	2915.9000	1018
1983	1-(2-叔丁基过氧异丙基)-3-异丙烯基苯(含量≤42%,惰性固体含量≥58%)、1-(2-叔丁基过氧异丙基)-3-异丙烯基苯(含量≤77%,含 A 型稀释剂≥23%)	2909.6000	1019
1984	叔丁基过氧异丁酸酯(52%<含量≤77%,含 B 型稀释剂≥23%)、叔丁基过氧异丁酸酯(含量≤52%,含 B 型稀释剂≥48%)	2915.9000	1019
1985	叔丁基过氧硬脂酰碳酸酯(含量≤100%)	2920.9000	1020
1986	叔丁基环己烷	2902.1990	1020
1987	叔丁基硫醇	2930.9090	1021
1988	叔戊基过氧-2-乙基己酸酯(含量≤100%)	2915.9000	1021
1989	叔戊基过氧化氢(含量≤88%,含 A 型稀释剂≥6%,含水≥6%)	2909.6000	1022

序号	品名	商品编码	页码
1990	叔戊基过氧戊酸酯(含量≤77%,含B型稀释剂≥23%)	2915.9000	1022
1991	叔戊基过氧新癸酸酯(含量≤77%,含B型稀释剂≥23%)	2915.9000	1023
1992	叔辛胺	2921.1990	1023
1993	树脂酸钙	3806.2010	1024
1994	树脂酸钴	3806.2010	1024
1995	树脂酸铝	3806.2010	1025
1996	树脂酸锰	3806.2010	1025
1997	树脂酸锌	3806.2010	1026
1998	双(1-甲基乙基)氟磷酸酯	2920.9000	1026
1999	双(2-氯乙基)甲胺	2921.1940	1027
2000	5-[(双(2-氯乙基)氨基]-2,4-(1H,3H)嘧啶二酮	2933.5990	1027
2001	2,2-双-[4,4-二(叔丁基过氧化)环己基]丙烷(含量≤42%,惰性固体含量≥58%)、2,2-双-[4,4-二(叔丁基过氧化)环己基]丙烷(含量≤22%,含B型稀释剂≥78%)	2909.6090	1028
2002	2,2-双(4-氯苯基)-2-羟基乙酸乙酯	2918.1800	1028
2003	O,O-双(4-氯苯基)N-(1-亚氨基)乙基硫代磷酸胺	2929.9090	1029
2004	双(N,N-二甲基甲硫酰)二硫化物	2930.3000	1029
2005	双(二甲胺基)磷酰氟(含量>2%)	2929.9090	1030
2006	双(二甲基二硫代氨基甲酸)锌	2930.2000	1030
2007	4,4-双-(过氧化叔丁基)戊酸正丁酯(52%<含量≤100%)、4,4-双-(过氧化叔丁基)戊酸正丁酯(含量≤52%,含惰性固体≥48%)	2918.9900	1031
2008	双过氧化壬二酸(含量≤27%,惰性固体含量≥73%)、双过氧化十二烷二酸(含量≤42%,含硫酸钠≥56%)	2917.1900	1031
2009	双戊烯	2902.1990	1032
2010	2,5-双(1-吖丙啶基)-3-(2-氨甲酰氧-1-甲氧乙基)-6-甲基-1,4-苯醌	2933.9900	1032
2011	水合肼(含肼≤64%)	2825.1010	1033
2012	水杨醛	2912.4990	1033
2013	水杨酸汞	2852.1000	1034
2014	水杨酸化烟碱	2939.7910	1034
2015	丝裂霉素C	2941.9090	1035
2016	四苯基锡	2931.9000	1035
2017	四碘化锡	2827.6000	1036
2018	四丁基氢氧化铵	2923.9000	1036

序号	品　　名	商品编码	页码
2019	……　四丁基氢氧化膦	2931.3990	*1037*
2020	……　四丁基锡	2931.9000	*1037*
2021	……　四氟代肼	2812.9019	*1038*
2022	……　四氟化硅	2812.9090	*1038*
2023	……　四氟化硫	2812.9019	*1039*
2024	……　四氟化铅	2826.1990	*1039*
2025	……　四氟甲烷	2903.3990	*1040*
2026	……　四氟硼酸-2,5-二乙氧基-4-吗啉代重氮苯	2934.9990	*1040*
2027	……　四氟乙烯(稳定的)	2903.3990	*1041*
2028	……　1,2,4,5-四甲苯	2902.9090	*1041*
2029	……　1,1,3,3-四甲基-1-丁硫醇	2930.9090	*1042*
2030	……　1,1,3,3-四甲基丁基过氧-2-乙基己酸酯(含量≤100%)	2915.9000	*1042*
2031	……　1,1,3,3-四甲基丁基过氧新癸酸酯(含量≤52%,在水中稳定弥散)、1,1,3,3-四甲基丁基过氧新癸酸酯(含量≤72%,含B型稀释剂≥28%)	2918.9900	*1042*
2032	……　1,1,3,3-四甲基丁基氢过氧化物(含量≤100%)	2909.6090	*1043*
2033	……　2,2,3',3'-四甲基丁烷	2901.1000	*1043*
2034	……　四甲基硅烷	2931.9000	*1044*
2035	……　四甲基铅	2931.1000	*1044*
2036	……　四甲基氢氧化铵	2923.9000	*1045*
2037	……　N,N,N',N'-四甲基乙二胺	2921.2900	*1045*
2038	……　四聚丙烯	2901.2990	*1046*
2039	……　四磷酸六乙酯	2919.9000	*1046*
2040	……　四磷酸六乙酯和压缩气体混合物	3808.9119、3808.9190	*1047*
2041	……　2,3,4,6-四氯苯酚	2908.1990	*1047*
2042	……　1,1,3,3-四氯丙酮	2914.7900	*1048*
2043	……　1,2,3,4-四氯代苯	2903.9990	*1048*
2044	……　1,2,3,5-四氯代苯	2903.9990	*1049*
2045	……　1,2,4,5-四氯代苯	2903.9990	*1049*
2046	……　2,3,7,8-四氯二苯并对二噁英	2932.9990	*1050*
2047	……　四氯化碲	2812.1900	*1050*
2048	……　四氯化钒	2827.3990	*1051*
2049	……　四氯化锆	2827.3990	*1051*
2050	……　四氯化硅	2812.1900	*1052*

序号	品名	商品编码	页码
2051	四氯化硫	2812.1900	1052
2052	1,2,3,4-四氯化萘	2903.9990	1053
2053	四氯化碳	2903.1400	1053
2054	四氯化铅	2827.3990	1054
2055	四氯化钛	2827.3990	1054
2056	四氯化硒	2812.1900	1055
2057	四氯化锡(无水)	2827.3990	1055
2058	四氯化锡五水合物	2827.3990	1056
2059	四氯化锗	2827.3990	1056
2060	四氯邻苯二甲酸酐	2917.3990	1057
2061	四氯锌酸-2,5-二丁氧基-4-(4-吗啉基)-重氮苯(2∶1)	2934.9990	1057
2062	1,1,2,2-四氯乙烷	2903.1990	1058
2063	N-四氯乙硫基四氢酞酰亚胺	2930.8000	1058
2064	四氯乙烯	2903.2300	1059
2065	5,6,7,8-四氢-1-萘胺	2921.4990	1059
2066	3-(1,2,3,4-四氢-1-萘基)-4-羟基香豆素	2932.2090	1060
2067	1,2,5,6-四氢吡啶	2933.3990	1060
2068	四氢吡咯	2933.9900	1061
2069	四氢吡喃	2932.9990	1061
2070	四氢呋喃	2932.1100	1062
2071	1,2,3,6-四氢化苯甲醛	2912.2990	1062
2072	四氢糠胺	2932.1900	1063
2073	四氢邻苯二甲酸酐(含马来酐>0.05%)	2917.2010	1063
2074	四氢噻吩	2934.9990	1064
2075	四氰基代乙烯	2926.9090	1064
2076	2,3,4,6-四硝基苯胺	2921.4200	1065
2077	四硝基甲烷	2904.2090	1065
2078	四硝基萘	2904.2090	1066
2079	四硝基萘胺	2921.4500	1066
2080	四溴二苯醚	2909.3090	1067
2081	四溴化硒	2812.9090	1067
2082	四溴化锡	2827.5900	1068
2083	四溴甲烷	2903.3990	1068
2084	1,1,2,2-四溴乙烷	2903.3990	1069
2085	四亚乙基五胺	2921.2900	1069

序号	品名	商品编码	页码
2086	四氧化锇	2843.9000	1070
2087	四氧化二氮	2811.2900	1070
2088	四氧化三铅	2824.9010	1071
2089	四乙基焦磷酸酯	2919.9000	1071
2090	O,O,O',O'-四乙基-S,S'-亚甲基双(二硫代磷酸酯)	2930.9090	1072
2091	O,O,O',O'-四乙基二硫代焦磷酸酯	2920.9000	1072
2092	四乙基铅	2931.1000	1073
2093	四乙基氢氧化铵	2923.9000	1073
2094	四乙基锡	2931.9000	1074
2095	四唑并-1-乙酸	2933.9900	1074
2096	松焦油	3807.0000	1075
2097	松节油	3805.1000	1075
2098	松节油混合萜	3805.9010	1076
2099	松油	3805.9010	1076
2100	松油精	3806.9000	1077
2101	酸式硫酸三乙基锡	2931.9000	1077
2102	铊	8112.5100	1078
2103	钛酸四乙酯	2905.1990	1078
2104	钛酸四异丙酯	2905.1990	1079
2105	钛酸四正丙酯	2905.1990	1079
2106	碳化钙	2849.1000	1080
2107	碳化铝	2849.9090	1080
2108	碳酸二丙酯	2920.9000	1081
2109	碳酸二甲酯	2920.9000	1081
2110	碳酸二乙酯	2920.9000	1082
2111	碳酸铍	2836.9990	1082
2112	碳酸亚铊	2836.9990	1083
2113	碳酸乙丁酯	2920.9000	1083
2114	碳酰氯	2812.1100	1084
2115	羰基氟	2812.9019	1084
2116	羰基硫	2853.9090	1085
2117	羰基镍	2931.9000	1085
2118	2-特丁基-4,6-二硝基酚	2908.9990	1086
2119	2-特戊酰-2,3-二氢-1,3-茚二酮	2914.3990	1086
2120	锑粉	8110.1020	1087

序号	品名	商品编码	页码
2121	锑化氢	2850.0090	1087
2122	天然气(富含甲烷的)	2711.2100	1088
2123	萜品油烯	2902.1990	1088
2124	萜烯	2902.1990	1089
2125	铁铈齐	3606.9019	1089
2126	铜钙合金	7403.2900	1089
2127	铜乙二胺溶液	2921.2190	1090
2128	土荆芥油	3301.2999	1090
2129	烷基、芳基或甲苯磺酸(含游离硫酸)	2904.1000	1091
2130	烷基锂	2931.9000	1091
2131	烷基铝氢化物	2931.9000	1092
2132	乌头碱	2939.7990	1092
2133	无水肼(含肼>64%)	2825.1090	1093
2134	五氟化铋	2826.1990	1093
2135	五氟化碘	2812.9019	1094
2136	五氟化磷	2812.9019	1094
2137	五氟化氯	2812.9019	1095
2138	五氟化锑	2826.1990	1095
2139	五氟化溴	2812.9019	1096
2140	五甲基庚烷	2901.1000	1096
2141	五硫化二磷	2813.9000	1097
2142	五氯苯	2903.9300	1097
2143	五氯苯酚	2908.1100	1098
2144	五氯苯酚苯基汞	2852.1000	1098
2145	五氯苯酚汞	2852.1000	1099
2146	2,3,4,7,8-五氯二苯并呋喃	2932.9990	1099
2147	五氯酚钠	2908.1990	1100
2148	五氯化磷	2812.1400	1100
2149	五氯化钼	2827.3990	1101
2150	五氯化铌	2827.3990	1101
2151	五氯化钽	2827.3990	1102
2152	五氯化锑	2827.3990	1102
2153	五氯硝基苯	2904.9900	1103
2154	五氯乙烷	2903.1990	1103
2155	五氰金酸四钾	2843.3000	1104

序号	品　名	商品编码	页码
2156	五羰基铁	2931.9000	1104
2157	五溴二苯醚	2909.3090	1105
2158	五氧化二砷	2811.2900	1105
2159	五溴化磷	2812.9090	1106
2160	五氧化二磷	2809.1000	1106
2161	五氧化二碘	2811.2900	1107
2162	五氧化二钒	2825.3010	1107
2163	五氧化二锑	2825.8000	1108
2164	1-戊醇	2905.1990	1108
2165	2-戊醇	2905.1990	1109
2166	1,5-戊二胺	2921.2900	1109
2167	戊二腈	2926.9090	1110
2168	戊二醛	2912.1900	1110
2169	2,4-戊二酮	2914.1900	1111
2170	1,3-戊二烯(稳定的)	2901.2990	1111
2171	1,4-戊二烯(稳定的)	2901.2990	1112
2172	戊基三氯硅烷	2931.9000	1112
2173	戊腈	2926.9090	1113
2174	戊硼烷	2850.0090	1113
2175	1-戊硫醇	2930.9090	1114
2176	1-戊醛	2912.1900	1114
2177	1-戊炔	2901.2990	1115
2178	2-戊酮	2914.1900	1115
2179	3-戊酮	2914.1900	1116
2180	1-戊烯	2901.2990	1116
2181	2-戊烯	2901.2990	1117
2182	1-戊烯-3-酮	2914.1900	1117
2183	戊酰氯	2915.9000	1118
2184	烯丙基三氯硅烷(稳定的)	2931.9000	1118
2185	烯丙基缩水甘油醚	2910.9000	1119
2186	硒化镉	2842.9090	1119
2187	硒	2804.9090	1120
2188	硒化铅	2842.9090	1120
2189	硒化氢(无水)	2811.1920	1121
2190	硒化铁	2842.9090	1121

序号	品名	商品编码	页码
2191	硒化锌	2842.9090	1122
2192	硒脲	2931.9000	1122
2193	硒酸	2811.1990	1123
2194	硒酸钡	2842.9050	1123
2195	硒酸钾	2842.9050	1124
2196	硒酸钠	2842.9050	1124
2197	硒酸铜	2842.9050	1125
2198	氙(压缩的或液化的)	2804.2900	1125
2199	硝铵炸药	3602.0010	1126
2200	硝化甘油(按质量含有不低于40%,不挥发、不溶于水的减敏剂)	2920.9000	1126
2201	硝化甘油乙醇溶液(含硝化甘油≤10%)	2920.9000	1127
2202	硝化淀粉	3505.1000	1127
2203	硝化二乙醇胺火药	3602.0090	1127
2204	硝化沥青	3824.9999	1128
2205	硝化酸混合物	2808.0000	1128
2206	硝化纤维塑料(板、片、棒、管、卷等状,不包括碎屑)、硝化纤维塑料碎屑	3915.9090	1128
2207	硝化纤维素[干的或含水(或乙醇)<25%]、硝化纤维素(含氮≤12.6%,含乙醇≥25%)、硝化纤维素(含氮≤12.6%)、硝化纤维素(含水≥25%)、硝化纤维素(未改型的,或增塑的,含增塑剂<18%)、硝化纤维素溶液(含氮量≤12.6%,含硝化纤维素≤55%)	3912.2000	1129
2208	3-硝基-1,2-二甲苯	2904.2090	1129
2209	4-硝基-1,2-二甲苯	2904.2090	1130
2210	2-硝基-1,3-二甲苯	2904.2090	1130
2211	4-硝基-1,3-二甲苯	2904.2090	1131
2212	5-硝基-1,3-二甲苯	2904.2090	1131
2213	4-硝基-2-氨基苯酚	2922.2990	1132
2214	5-硝基-2-氨基苯酚	2922.2990	1132
2215	4-硝基-2-甲苯胺	2921.4300	1133
2216	4-硝基-2-甲氧基苯胺	2922.2990	1133
2217	2-硝基-4-甲苯胺	2921.4300	1134
2218	3-硝基-4-甲苯胺	2921.4300	1134
2219	2-硝基-4-甲苯酚	2908.9990	1135
2220	2-硝基-4-甲氧基苯胺	2922.2990	1135

序号	品　名	商品编码	页码
2221	3-硝基-4-氯三氟甲苯	2904.9900	1136
2222	3-硝基-4-羟基苯胂酸	2931.9000	1136
2223	3-硝基-N,N-二甲基苯胺	2921.4200	1137
2224	4-硝基-N,N-二甲基苯胺	2921.4200	1137
2225	4-硝基-N,N-二乙基苯胺	2921.4200	1138
2226	硝基苯	2904.2010	1138
2227	2-硝基苯胺	2921.4200	1139
2228	3-硝基苯胺	2921.4200	1139
2229	4-硝基苯胺	2921.4200	1140
2230	5-硝基苯并三唑	2933.9900	1140
2231	2-硝基苯酚	2908.9990	1141
2232	3-硝基苯酚	2908.9990	1141
2233	4-硝基苯酚	2908.9910	1142
2234	2-硝基苯磺酰氯	2904.9900	1142
2235	3-硝基苯磺酰氯	2904.9900	1143
2236	4-硝基苯磺酰氯	2904.9900	1143
2237	2-硝基苯甲醚	2909.3090	1144
2238	3-硝基苯甲醚	2909.3090	1144
2239	4-硝基苯甲醚	2909.3090	1145
2240	4-硝基苯甲酰胺	2924.2990	1145
2241	2-硝基苯甲酰氯	2916.3990	1146
2242	3-硝基苯甲酰氯	2916.3990	1146
2243	4-硝基苯甲酰氯	2916.3990	1147
2244	2-硝基苯肼	2928.0000	1147
2245	4-硝基苯肼	2928.0000	1148
2246	2-硝基苯胂酸	2931.9000	1148
2247	3-硝基苯胂酸	2931.9000	1149
2248	4-硝基苯胂酸	2931.9000	1149
2249	4-硝基苯乙腈	2926.9090	1150
2250	2-硝基苯乙醚	2909.3090	1150
2251	4-硝基苯乙醚	2909.3090	1151
2252	1-硝基丙烷	2904.2090	1151
2253	3-硝基吡啶	2933.3990	1152
2254	2-硝基丙烷	2904.2090	1152
2255	2-硝基碘苯	2904.9900	1153

序号	品　名	商品编码	页码
2256	3-硝基碘苯	2904.9900	1153
2257	4-硝基碘苯	2904.9900	1154
2258	1-硝基丁烷	2904.2090	1154
2259	2-硝基丁烷	2904.2090	1155
2260	硝基苊	2904.2090	1155
2261	硝基胍	2929.9090	1156
2262	2-硝基甲苯	2904.2020	1156
2263	3-硝基甲苯	2904.2020	1157
2264	4-硝基甲苯	2904.2020	1157
2265	硝基甲烷	2904.2090	1158
2266	2-硝基联苯	2904.2090	1158
2267	4-硝基联苯	2904.2090	1159
2268	2-硝基氯化苄	2904.9900	1159
2269	3-硝基氯化苄	2904.9900	1160
2270	4-硝基氯化苄	2904.9900	1160
2271	硝基马钱子碱	2939.7990	1161
2272	2-硝基萘	2904.2090	1161
2273	1-硝基萘	2904.2090	1162
2274	硝基脲	2924.1990	1162
2275	硝基三氟甲苯	2904.9900	1163
2276	硝基三唑酮	2933.9900	1163
2277	2-硝基溴苯	2904.9900	1164
2278	3-硝基溴苯	2904.9900	1164
2279	4-硝基溴苯	2904.9900	1165
2280	4-硝基溴化苄	2904.9900	1165
2281	硝基盐酸	3824.9999	1166
2282	硝基乙烷	2904.2090	1166
2283	硝酸	2808.0000	1167
2284	硝酸铵(含可燃物>0.2%,包括以碳计算的任何有机物,但不包括任何其他添加剂)、硝酸铵(含可燃物≤0.2%)	3102.3000	1167
2285	硝酸铵肥料[比硝酸铵(含可燃物>0.2%,包括以碳计算的任何有机物,但不包括任何其他添加剂)更易爆炸]、硝酸铵肥料(含可燃物≤0.4%)	3102.3000	1168
2286	硝酸钡	2834.2990	1168
2287	硝酸苯胺	2921.4190	1169

序号	品　　名	商品编码	页码
2288	硝酸苯汞	2852.1000	1169
2289	硝酸铋	2834.2990	1170
2290	硝酸镝	2846.9094	1170
2291	硝酸铒	2846.9099	1171
2292	硝酸钙	2834.2990	1171
2293	硝酸锆	2834.2990	1172
2294	硝酸镉	2834.2990	1172
2295	硝酸铬	2834.2990	1173
2296	硝酸汞	2852.1000	1173
2297	硝酸钴	2834.2910	1174
2298	硝酸胍	2925.2900	1174
2299	硝酸镓	2834.2990	1175
2300	硝酸甲胺	2921.1100	1175
2301	硝酸钾	2834.2190	1176
2302	硝酸镧	2846.9091	1176
2303	硝酸铑	2843.9000	1177
2304	硝酸锂	2834.2990	1177
2305	硝酸镥	2846.9099	1178
2306	硝酸铝	2834.2990	1178
2307	硝酸镁	2834.2990	1179
2308	硝酸锰	2834.2990	1179
2309	硝酸钠	3102.5000	1180
2310	硝酸脲	2924.1990	1180
2311	硝酸镍	2834.2990	1181
2312	硝酸镍铵	2842.9090	1181
2313	硝酸钕	2846.9092	1182
2314	硝酸钕镨	2846.9095	1182
2315	硝酸铍	2834.2990	1183
2316	硝酸羟胺	2825.1090	1183
2317	硝酸镨	2846.9095	1184
2318	硝酸铅	2834.2990	1184
2319	硝酸铯	2834.2990	1185
2320	硝酸钐	2846.9099	1185
2321	硝酸铈	2846.1090	1186
2322	硝酸铈铵	2846.1090	1186

序号	品名	商品编码	页码
2323	硝酸铈钾	2842.9090	*1186*
2324	硝酸铈钠	2842.9090	*1187*
2325	硝酸锶	2834.2990	*1187*
2326	硝酸铊	2834.2990	*1187*
2327	硝酸铁	2834.2990	*1188*
2328	硝酸铜	2834.2990	*1188*
2329	硝酸锌	2834.2990	*1189*
2330	硝酸亚汞	2852.1000	*1189*
2331	硝酸氧锆	2834.2990	*1190*
2332	硝酸乙酯醇溶液	2920.9000	*1190*
2333	硝酸钇	2846.9096	*1190*
2334	硝酸异丙酯	2920.9000	*1191*
2335	硝酸异戊酯	2920.9000	*1191*
2336	硝酸镱	2846.9099	*1192*
2337	硝酸正丙酯	2920.9000	*1192*
2338	硝酸铟	2834.2990	*1193*
2339	硝酸银	2843.2100	*1193*
2340	硝酸正丁酯	2920.9000	*1194*
2341	硝酸正戊酯	2920.9000	*1194*
2342	硝酸重氮苯	2927.0000	*1195*
2343	辛二腈	2926.9090	*1195*
2344	辛二烯	2901.2990	*1196*
2345	辛基苯酚	2907.1390	*1196*
2346	辛基三氯硅烷	2931.9000	*1197*
2347	1-辛炔	2901.2990	*1197*
2348	2-辛炔	2901.2990	*1198*
2349	3-辛炔	2901.2990	*1198*
2350	4-辛炔	2901.2990	*1199*
2351	辛酸亚锡	2915.9000	*1199*
2352	3-辛酮	2914.1900	*1200*
2353	1-辛烯	2901.2990	*1200*
2354	2-辛烯	2901.2990	*1201*
2355	辛酰氯	2915.9000	*1201*
2356	锌尘、锌粉、锌灰	7903.1000、7903.9000	*1202*

序号	品名	商品编码	页码
2357	锌汞齐	2853.9090	1202
2358	D型2-重氮-1-萘酚磺酸酯混合物	3824.9999	1202
2359	溴、溴水（含溴≥3.5%）	2801.3020	1203
2360	3-溴-1,2-二甲基苯	2903.9990	1203
2361	4-溴-1,2-二甲基苯	2903.9990	1204
2362	3-溴-1,2-环氧丙烷	2910.9000	1204
2363	3-溴-1-丙烯	2903.3990	1205
2364	1-溴-2,4-二硝基苯	2904.9900	1205
2365	2-溴-2-甲基丙酸乙酯	2915.9000	1206
2366	1-溴-2-甲基丙烷	2903.3990	1206
2367	2-溴-2-甲基丙烷	2903.3990	1207
2368	4-溴-2-氯氟苯	2903.9990	1207
2369	1-溴-3-甲基丁烷	2903.3990	1208
2370	溴苯	2903.9990	1208
2371	2-溴苯胺	2921.4200	1209
2372	3-溴苯胺	2921.4200	1209
2373	4-溴苯胺	2921.4200	1210
2374	2-溴苯酚	2908.1990	1210
2375	3-溴苯酚	2908.1990	1211
2376	4-溴苯酚	2908.1990	1211
2377	4-溴苯磺酰氯	2904.9900	1212
2378	4-溴苯甲醚	2909.3090	1212
2379	2-溴苯甲酰氯	2916.3990	1213
2380	4-溴苯甲酰氯	2916.3990	1213
2381	溴苯乙腈	2926.9090	1214
2382	4-溴苯乙酰基溴	2914.7900	1214
2383	3-溴丙腈	2926.9090	1215
2384	3-溴丙炔	2903.3990	1215
2385	2-溴丙酸	2915.9000	1216
2386	3-溴丙酸	2915.9000	1216
2387	溴丙酮	2914.7900	1217
2388	1-溴丙烷	2903.3990	1217
2389	2-溴丙烷	2903.3990	1218
2390	2-溴丙酰溴	2915.9000	1218
2391	3-溴丙酰溴	2915.9000	1219

序号	品名	商品编码	页码
2392	溴代环戊烷	2903.8900	1219
2393	溴代正戊烷	2903.3990	1220
2394	1-溴丁烷	2903.3990	1220
2395	2-溴丁烷	2903.3990	1221
2396	溴化苄	2903.9990	1221
2397	溴化丙酰	2915.9000	1222
2398	溴化汞	2852.1000	1222
2399	溴化氢	2811.1990	1223
2400	溴化氢乙酸溶液	3824.9999	1223
2401	溴化硒	2812.9090	1224
2402	溴化亚汞	2852.1000	1224
2403	溴化亚铊	2827.5900	1225
2404	溴化乙酰	2915.9000	1225
2405	溴己烷	2903.3990	1226
2406	2-溴甲苯	2903.9990	1226
2407	3-溴甲苯	2903.9990	1227
2408	4-溴甲苯	2903.9990	1227
2409	溴甲烷	2903.3990	1228
2410	溴甲烷和二溴乙烷液体混合物	3814.0000	1228
2411	3-[3-(4'-溴联苯-4-基)-1,2,3,4-四氢-1-萘基]-4-羟基香豆素	2932.2090	1229
2412	3-[3-(4-溴联苯-4-基)-3-羟基-1-苯丙基]-4-羟基香豆素	2932.2090	1229
2413	溴三氟甲烷	2903.7600	1230
2414	溴酸	2811.1990	1230
2415	溴酸钡	2829.9000	1231
2416	溴酸镉	2829.9000	1231
2417	溴酸钾	2829.9000	1232
2418	溴酸镁	2829.9000	1232
2419	溴酸钠	2829.9000	1233
2420	溴酸铅	2829.9000	1233
2421	溴酸锶	2829.9000	1234
2422	溴酸锌	2829.9000	1234
2423	溴酸银	2843.2900	1235
2424	2-溴戊烷	2903.3990	1235

序号	品　名	商品编码	页码
2425	2-溴乙醇	2905.5900	1236
2426	2-溴乙基乙醚	2909.1990	1236
2427	溴乙酸	2915.9000	1237
2428	溴乙酸甲酯	2915.9000	1237
2429	溴乙酸叔丁酯	2915.9000	1238
2430	溴乙酸乙酯	2915.9000	1238
2431	溴乙酸异丙酯	2915.9000	1239
2432	溴乙酸正丙酯	2915.9000	1239
2433	溴乙烷	2903.3990	1240
2434	溴乙烯(稳定的)	2903.3990	1240
2435	溴乙酰苯	2914.7900	1241
2436	溴乙酰溴	2915.9000	1241
2437	β,β'-亚氨基二丙腈	2926.9090	1242
2438	亚氨基二亚苯	2933.9900	1242
2439	亚胺乙汞	2852.1000	1243
2440	亚碲酸钠	2842.9090	1243
2441	4,4'-亚甲基双苯胺	2921.5900	1244
2442	亚磷酸	2811.1990	1244
2443	亚磷酸二丁酯	2920.2910	1245
2444	亚磷酸二氢铅	2835.1000	1245
2445	亚磷酸三苯酯	2920.2910	1246
2446	亚磷酸三甲酯	2920.2300	1246
2447	亚磷酸三乙酯	2920.2400	1247
2448	亚硫酸	2811.1990	1247
2449	亚硫酸氢铵	2832.2000	1248
2450	亚硫酸氢钙	2832.2000	1248
2451	亚硫酸氢钾	2832.2000	1249
2452	亚硫酸氢镁	2832.2000	1249
2453	亚硫酸氢钠	2832.1000	1250
2454	亚硫酸氢锌	2832.2000	1250
2455	亚氯酸钙	2828.9000	1251
2456	亚氯酸钠、亚氯酸钠溶液(含有效氯>5%)	2828.9000	1251
2457	亚砷酸钡	2842.9090	1252
2458	亚砷酸钠、亚砷酸钠水溶液	2842.9090	1252
2459	亚砷酸钙	2842.9090	1253

序号	品名	商品编码	页码
2460	亚砷酸钾	2842.9090	1253
2461	亚砷酸铅	2842.9090	1254
2462	亚砷酸锶	2842.9090	1254
2463	亚砷酸锑	2842.9090	1255
2464	亚砷酸铁	2842.9090	1255
2465	亚砷酸铜	2842.9090	1256
2466	亚砷酸锌	2842.9090	1256
2467	亚砷酸银	2843.2900	1257
2468	亚硒酸	2811.1990	1257
2469	亚硒酸钡	2842.9050	1258
2470	亚硒酸钙	2842.9050	1258
2471	亚硒酸钾	2842.9050	1259
2472	亚硒酸铝	2842.9050	1259
2473	亚硒酸镁	2842.9050	1259
2474	亚硒酸钠	2842.9050	1260
2475	亚硒酸氢钠	2842.9050	1260
2476	亚硒酸铈	2846.1090	1261
2477	亚硒酸铜	2842.9050	1261
2478	亚硒酸银	2843.2900	1262
2479	4-亚硝基-N,N-二甲基苯胺	2921.4200	1262
2480	4-亚硝基-N,N-二乙基苯胺	2921.4200	1263
2481	4-亚硝基苯酚	2908.9990	1263
2482	N-亚硝基二苯胺	2929.9090	1264
2483	N-亚硝基二甲胺	2929.9090	1264
2484	亚硝基硫酸	2811.1990	1265
2485	亚硝酸铵	2834.1000	1265
2486	亚硝酸钡	2834.1000	1266
2487	亚硝酸钙	2834.1000	1266
2488	亚硝酸甲酯	2920.9000	1267
2489	亚硝酸钾	2834.1000	1267
2490	亚硝酸钠	2834.1000	1268
2491	亚硝酸镍	2834.1000	1268
2492	亚硝酸锌铵	2842.9090	1269
2493	亚硝酸乙酯	2920.9000	1269
2494	亚硝酸乙酯醇溶液	2920.9000	1270

序号	品　名	商品编码	页码
2495	亚硝酸异丙酯	2920.9000	*1270*
2496	亚硝酸异丁酯	2920.9000	*1271*
2497	亚硝酸异戊酯	2920.9000	*1271*
2498	亚硝酸正丙酯	2920.9000	*1272*
2499	亚硝酸正丁酯	2920.9000	*1272*
2500	亚硝酸正戊酯	2920.9000	*1273*
2501	亚硝酰氯	2812.1900	*1273*
2502	1,2-亚乙基双二硫代氨基甲酸二钠	2930.2000	*1274*
2503	氩(压缩的或液化的)	2804.2100	*1274*
2504	烟碱氯化氢	2939.7910	*1275*
2505	盐酸	2806.1000	*1275*
2506	盐酸-1-萘胺	2921.4500	*1276*
2507	盐酸-1-萘乙二胺	2921.5900	*1276*
2508	盐酸-2-氨基酚	2922.2990	*1277*
2509	盐酸-2-萘胺	2921.4500	*1277*
2510	盐酸-3,3'-二氨基联苯胺	2921.5900	*1277*
2511	盐酸-3,3'-二甲基-4,4'-二氨基联苯	2921.5900	*1278*
2512	盐酸-3,3'-二甲氧基-4,4'-二氨基联苯	2921.5900	*1278*
2513	盐酸-3,3'-二氯联苯胺	2921.5900	*1279*
2514	盐酸-3-氯苯胺	2921.4990	*1279*
2515	盐酸-4,4'-二氨基联苯	2921.5900	*1280*
2516	盐酸-4-氨基-N,N-二乙基苯胺	2921.5190	*1280*
2517	盐酸-4-氨基酚	2922.2990	*1281*
2518	盐酸-4-甲苯胺	2921.4300	*1281*
2519	盐酸苯胺	2921.4190	*1282*
2520	盐酸苯肼	2928.0000	*1282*
2521	盐酸邻苯二胺	2921.5190	*1283*
2522	盐酸间苯二胺	2921.5190	*1283*
2523	盐酸对苯二胺	2921.5190	*1284*
2524	盐酸马钱子碱	2939.7990	*1284*
2525	盐酸吐根碱	2939.7990	*1285*
2526	氧(压缩的或液化的)	2804.4000	*1285*
2527	氧化钡	2816.4000	*1286*
2528	氧化苯乙烯	2910.9000	*1286*
2529	β,β'-氧化二丙腈	2926.9090	*1287*

序号	品名	商品编码	页码
2530	氧化镉(非发火的)	2825.9090	1287
2531	氧化汞	2852.1000	1288
2532	氧化环己烯	2910.9000	1288
2533	氧化钾	2825.9090	1289
2534	氧化钠	2825.9090	1289
2535	氧化铍	2825.9090	1290
2536	氧化铊	2825.9090	1290
2537	氧化亚汞	2852.1000	1291
2538	氧化亚铊	2825.9090	1291
2539	氧化银	2843.2900	1292
2540	氧氯化铬	2827.4990	1292
2541	氧氯化硫	2812.1900	1293
2542	氧氯化硒	2812.1900	1293
2543	氧氰化汞(减敏的)	2852.1000	1294
2544	氧溴化磷	2812.9090	1294
2545	腰果壳油	3824.9999	1295
2546	液化石油气	2711.1200、2711.1390、2711.1990	1295
2547	一氟乙酸对溴苯胺	2924.2990	1296
2548	一甲胺(无水)、一甲胺溶液	2921.1100	1296
2549	一氯丙酮	2914.7900	1297
2550	一氯二氟甲烷	2903.7100	1297
2551	一氯化碘	2812.1900	1298
2552	一氯化硫	2812.1500	1298
2553	一氯三氟甲烷	2903.7720	1299
2554	一氯五氟乙烷	2903.7720	1299
2555	一氯乙醛	2913.0000	1300
2556	一溴化碘	2812.9090	1300
2557	一氧化氮	2811.2900	1301
2558	一氧化氮和四氧化二氮混合物	3824.9999	1301
2559	一氧化二氮(压缩的或液化的)	2811.2900	1302
2560	一氧化铅	2824.1000	1302
2561	一氧化碳	2811.2900	1303

序号	品名	商品编码	页码
2562	一氧化碳和氢气混合物	2705.0000	1303
2563	乙胺	2921.1990	1304
2564	乙苯	2902.6000	1304
2565	乙撑亚胺	2933.9900	1305
2566	乙醇钾	2905.1990	1305
2567	乙撑亚胺(稳定的)	2921.3000	1306
2568	乙醇钠乙醇溶液	2905.1990	1306
2569	乙醇(无水)	2207.1000	1307
2570	乙醇钠	2905.1990	1308
2571	1,2-乙二胺	2921.2110	1308
2572	乙二醇单甲醚	2909.4400	1309
2573	乙二醇二乙醚	2909.1990	1309
2574	乙二醇乙醚	2909.4400	1310
2575	乙二醇异丙醚	2909.4400	1310
2576	乙二酸二丁酯	2917.1190	1311
2577	乙二酸二甲酯	2917.1190	1311
2578	乙二酸二乙酯	2917.1190	1312
2579	乙二酰氯	2917.1900	1312
2580	乙汞硫水杨酸钠盐	2852.1000	1313
2581	2-乙基-1-丁醇	2905.1990	1313
2582	2-乙基-1-丁烯	2901.2990	1314
2583	N-乙基-1-萘胺	2921.4500	1314
2584	N-(2-乙基-6-甲基苯基)-N-乙氧基甲基-氯乙酰胺	2924.2990	1315
2585	N-乙基-N-(2-羟乙基)全氟辛基磺酰胺	2935.3000	1315
2586	O-乙基-O-(3-甲基-4-甲硫基)苯基-N-异丙氨基磷酸酯	2930.9090	1316
2587	O-乙基-O-(4-硝基苯基)苯基硫代膦酸酯(含量>15%)	2931.3990	1316
2588	O-乙基-O-[(2-异丙氧基酰基)苯基]-N-异丙基硫代磷酰胺	2929.9090	1317
2589	O-乙基-O-2,4,5-三氯苯基-乙基硫代膦酸酯	2931.3990	1317
2590	O-乙基-S,S-二苯基二硫代磷酸酯	2930.9090	1318
2591	O-乙基-S,S-二丙基二硫代磷酸酯	2930.9090	1318
2592	O-乙基-S-苯基乙基二硫代膦酸酯(含量>6%)	2930.9090	1319
2593	2-乙基苯胺	2921.4990	1319

序号	品名	商品编码	页码
2594	N-乙基苯胺	2921.4200	1320
2595	乙基苯基二氯硅烷	2931.9000	1320
2596	2-乙基吡啶	2933.3990	1321
2597	3-乙基吡啶	2933.3990	1321
2598	4-乙基吡啶	2933.3990	1322
2599	乙基丙基醚	2909.1990	1322
2600	1-乙基丁醇	2905.1990	1323
2601	2-乙基丁醛	2912.1900	1323
2602	N-乙基对甲苯胺	2921.4300	1324
2603	乙基二氯硅烷	2931.9000	1324
2604	乙基二氯胂	2931.9000	1325
2605	乙基环己烷	2902.1990	1325
2606	乙基环戊烷	2902.1990	1326
2607	2-乙基己胺	2921.1990	1326
2608	乙基己醛	2912.1900	1327
2609	3-乙基己烷	2901.1000	1327
2610	N-乙基间甲苯胺	2921.4300	1328
2611	乙基硫酸	2920.9000	1328
2612	N-乙基吗啉	2934.9990	1329
2613	N-乙基哌啶	2933.3990	1329
2614	N-乙基全氟辛基磺酰胺	2935.2000	1330
2615	乙基三氯硅烷	2931.9000	1330
2616	乙基三乙氧基硅烷	2931.9000	1331
2617	3-乙基戊烷	2901.1000	1331
2618	S-乙基亚磺酰甲基-O,O-二异丙基二硫代磷酸酯	2920.1900	1331
2619	乙基烯丙基醚	2909.1990	1332
2620	乙基正丁基醚	2909.1990	1332
2621	乙腈	2926.9090	1333
2622	乙硫醇	2930.9090	1333
2623	2-乙硫基苄基 N-甲基氨基甲酸酯	2930.9090	1334
2624	乙醚	2909.1100	1334
2625	乙硼烷	2850.0090	1335
2626	乙炔	2901.2920	1335

序号	品　　名	商品编码	页码
2627	乙醛	2912.1200	1336
2628	乙醛肟	2928.0000	1336
2629	乙酸（含量>80%）	2915.2190	1337
2630	乙酸钡	2915.2990	1337
2631	乙酸苯胺	2921.4190	1338
2632	乙酸苯汞	2852.1000	1338
2633	乙酸酐	2915.2400	1339
2634	乙酸汞	2852.1000	1339
2635	乙酸环己酯	2915.3900	1340
2636	乙酸甲氧基乙基汞	2852.1000	1340
2637	乙酸甲酯	2915.3900	1341
2638	乙酸间甲酚酯	2915.3900	1342
2639	乙酸铍	2915.2990	1342
2640	乙酸铅	2915.2990	1343
2641	乙酸三甲基锡	2931.9000	1343
2642	乙酸三乙基锡	2931.9000	1344
2643	乙酸叔丁酯	2915.3900	1344
2644	乙酸烯丙酯	2915.3900	1345
2645	乙酸亚汞	2852.1000	1345
2646	乙酸亚铊	2915.2990	1346
2647	乙酸乙二醇乙醚	2915.3900	1346
2648	乙酸乙基丁酯	2915.3900	1347
2649	乙酸乙烯酯（稳定的）	2915.3200	1347
2650	乙酸乙酯	2915.3100	1348
2651	乙酸异丙烯酯	2915.3900	1348
2652	乙酸异丙酯	2915.3900	1349
2653	乙酸异丁酯	2915.3900	1349
2654	乙酸异戊酯	2915.3900	1350
2655	乙酸正丙酯	2915.3900	1350
2656	乙酸正丁酯	2915.3300	1351
2657	乙酸正己酯	2915.3900	1351
2658	乙酸正戊酯	2915.3900	1352
2659	乙酸仲丁酯	2915.3900	1352

序号	品　名	商品编码	页码
2660	乙烷	2901.1000	1353
2661	乙烯	2901.2100	1353
2662	乙烯(2-氯乙基)醚	2909.1990	1354
2663	4-乙烯-1-环己烯	2902.1990	1354
2664	乙烯砜	2930.9090	1355
2665	2-乙烯基吡啶	2933.3990	1355
2666	4-乙烯基吡啶	2933.3990	1356
2667	乙烯基甲苯异构体混合物(稳定的)	2902.9090	1356
2668	4-乙烯基间二甲苯	2902.9090	1357
2669	乙烯基三氯硅烷(稳定的)	2931.9000	1357
2670	N-乙烯基乙撑亚胺	2933.9900	1358
2671	乙烯基乙醚(稳定的)	2909.1990	1358
2672	乙烯基乙酸异丁酯	2916.1900	1359
2673	乙烯三乙氧基硅烷	2931.9000	1359
2674	N-乙酰对苯二胺	2924.2990	1360
2675	乙酰过氧化磺酰环己烷(含量≤32%,含B型稀释剂≥68%)	2915.9000	1360
2676	乙酰基乙烯酮(稳定的)	2932.2090	1361
2677	3-(α-乙酰甲基苄基)-4-羟基香豆素	2932.2090	1361
2678	乙酰氯	2915.9000	1362
2679	乙酰替硫脲	2930.9090	1362
2680	乙酰亚砷酸铜	2942.0000	1363
2681	2-乙氧基苯胺	2922.2910	1363
2682	3-乙氧基苯胺	2922.2910	1364
2683	4-乙氧基苯胺	2922.2910	1364
2684	1-异丙基-3-甲基吡唑-5-基 N,N-二甲基氨基甲酸酯(含量>20%)	2933.1990	1365
2685	3-异丙基-5-甲基苯基 N-甲基氨基甲酸酯	2924.2990	1365
2686	N-异丙基-N-苯基-氯乙酰胺	2924.2990	1366
2687	异丙基苯	2902.7000	1366
2688	3-异丙基苯基-N-氨基甲酸甲酯	2924.2990	1367
2689	异丙基异丙苯基氢过氧化物(含量≤72%,含A型稀释剂≥28%)	2909.6000	1367
2690	异丙硫醇	2930.9090	1368
2691	异丙醚	2909.1990	1368

序号	品名	商品编码	页码
2692	异丙烯基乙炔	2901.2990	1369
2693	异丁基环戊烷	2902.1990	1369
2694	异丁胺	2921.1990	1370
2695	异丁基苯	2902.9090	1370
2696	异丁基乙烯基醚（稳定的）	2909.1990	1371
2697	异丁腈	2926.9090	1371
2698	异丁醛	2912.1900	1372
2699	异丁酸	2915.6000	1372
2700	异丁酸酐	2915.9000	1373
2701	异丁酸甲酯	2915.6000	1373
2702	异丁酸乙酯	2915.6000	1374
2703	异丁酸异丙酯	2915.6000	1374
2704	异丁酸异丁酯	2915.6000	1375
2705	异丁酸正丙酯	2915.6000	1375
2706	异丁烷	2901.1000	1376
2707	异丁烯	2901.2330	1376
2708	异丁酰氯	2915.9000	1377
2709	异己烯	2901.2990	1377
2710	异佛尔酮二异氰酸酯	2929.1090	1378
2711	异庚烯	2901.2990	1378
2712	异硫氰酸-1-萘酯	2930.9090	1379
2713	异硫氰酸苯酯	2930.9090	1379
2714	异硫氰酸烯丙酯	2930.9090	1380
2715	异氰基乙酸乙酯	2929.1090	1380
2716	异氰酸-3-氯-4-甲苯酯	2929.1090	1381
2717	异氰酸苯酯	2929.1090	1381
2718	异氰酸对硝基苯酯	2929.1090	1382
2719	异氰酸对溴苯酯	2929.1090	1382
2720	异氰酸二氯苯酯	2929.1090	1383
2721	异氰酸环己酯	2929.1090	1383
2722	异氰酸甲酯	2929.1090	1384
2723	异氰酸三氟甲苯酯	2929.1090	1385
2724	异氰酸十八酯	2929.1090	1385

序号	品名	商品编码	页码
2725	异氰酸叔丁酯	2929.1090	1386
2726	异氰酸乙酯	2929.1090	1386
2727	异氰酸异丙酯	2929.1090	1387
2728	异氰酸异丁酯	2929.1090	1387
2729	异氰酸正丙酯	2929.1090	1388
2730	异氰酸正丁酯	2929.1090	1388
2731	异山梨醇二硝酸酯混合物（含乳糖、淀粉或磷酸≥60%）	3824.9999	1389
2732	异戊胺	2921.1990	1389
2733	异戊醇钠	2905.1990	1390
2734	异戊腈	2926.9090	1390
2735	异戊酸甲酯	2915.6000	1391
2736	异戊酸乙酯	2915.6000	1391
2737	异戊酸异丙酯	2915.6000	1392
2738	异戊酰氯	2915.9000	1392
2739	异辛烷	2901.1000	1393
2740	异辛烯	2901.2990	1393
2741	萤蒽	2902.9090	1394
2742	油酸汞	2852.1000	1394
2743	淤渣硫酸	2807.0000、3825.5000、3825.6100、3825.6900	1394
2744	原丙酸三乙酯	2915.9000	1395
2745	原甲酸三甲酯	2915.9000	1395
2746	原甲酸三乙酯	2915.9000	1396
2747	原乙酸三甲酯	2915.9000	1396
2748	月酸三丁基锡	2931.2000	1397
2749	杂戊醇	3824.9910	1397
2750	樟脑油	3301.2910	1397
2751	锗烷	2850.0090	1398
2752	赭曲毒素	2932.2090	1398
2753	赭曲毒素A	2932.2090	1399
2754	正丙硫醇	2930.9090	1399
2755	正丙苯	2902.9090	1400
2756	正丙基环戊烷	2902.1990	1400

序号	品　名	商品编码	页码
2757	正丙醚	2909.1990	1401
2758	正丁胺	2921.1990	1401
2759	N-(1-正丁氨基甲酰基-2-苯并咪唑基)氨基甲酸甲酯	2933.9900	1402
2760	正丁醇	2905.1300	1402
2761	正丁基苯	2902.9090	1403
2762	N-正丁基苯胺	2921.4200	1403
2763	正丁基环戊烷	2902.1990	1404
2764	N-正丁基咪唑	2933.2900	1404
2765	正丁基乙烯基醚(稳定的)	2909.1990	1405
2766	正丁腈	2926.9090	1405
2767	正丁硫醇	2930.9090	1406
2768	正丁醚	2909.1990	1406
2769	正丁醛	2912.1900	1407
2770	正丁酸	2915.6000	1407
2771	正丁酸甲酯	2915.6000	1408
2772	正丁酸乙烯酯(稳定的)	2915.6000	1408
2773	正丁酸乙酯	2915.6000	1409
2774	正丁酸异丙酯	2915.6000	1409
2775	正丁酸正丙酯	2915.6000	1410
2776	正丁酸正丁酯	2915.6000	1410
2777	正丁烷	2901.1000	1411
2778	正丁酰氯	2915.9000	1411
2779	正庚胺	2921.1990	1412
2780	正庚醛	2912.1900	1412
2781	正庚烷	2901.1000	1413
2782	正硅酸甲酯	2920.9000	1413
2783	正癸烷	2901.1000	1414
2784	正己胺	2921.1990	1414
2785	正己醛	2912.1900	1415
2786	正己酸甲酯	2915.9000	1415
2787	正己酸乙酯	2915.9000	1416
2788	正己烷	2901.1000	1416
2789	正磷酸	2809.2019	1417
2790	正戊胺	2921.1990	1417
2791	正戊酸	2915.6000	1418

序号	品名	商品编码	页码
2792	正戊酸甲酯	2915.6000	1418
2793	正戊酸乙酯	2915.6000	1419
2794	正戊酸正丙酯	2915.6000	1419
2795	正戊烷	2901.1000	1420
2796	正辛腈	2926.9090	1420
2797	正辛硫醇	2930.9090	1421
2798	仲丁胺	2921.1990	1421
2799	正辛烷	2901.1000	1422
2800	支链-4-壬基酚	2907.1310	1422
2801	2-仲丁基-4,6-二硝基苯基-3-甲基丁-2-烯酸酯	2916.1600	1423
2802	2-仲丁基-4,6-二硝基酚	2908.9100	1423
2803	仲丁基苯	2902.9090	1424
2804	仲高碘酸钾	2829.9000	1424
2805	仲高碘酸钠	2829.9000	1425
2806	仲戊胺	2921.1990	1425
2807	2-重氮-1-萘酚-4-磺酸钠	2927.0000	1425
2808	2-重氮-1-萘酚-5-磺酸钠	2927.0000	1426
2809	2-重氮-1-萘酚-4-磺酰氯	2927.0000	1426
2810	2-重氮-1-萘酚-5-磺酰氯	2927.0000	1426
2811	重氮氨基苯	2927.0000	1427
2812	重氮甲烷	2927.0000	1427
2813	重氮乙酸乙酯	2927.0000	1428
2814	重铬酸铵	2841.5000	1428
2815	重铬酸钡	2841.5000	1429
2816	重铬酸铝	2841.5000	1429
2817	重铬酸钾	2841.5000	1430
2818	重铬酸锂	2841.5000	1430
2819	重铬酸钠	2841.3000	1431
2820	重铬酸铯	2841.5000	1432
2821	重铬酸铜	2841.5000	1432
2822	重铬酸锌	2841.5000	1433
2823	重铬酸银	2843.2900	1433
2824	重质苯	2707.5000	1433
2825	D-苎烯	2902.1990	1434
2826	左旋溶肉瘤素	2922.4999	1434

序号	1375	品名	2-氯-1,3-丁二烯(稳定的)	商品编码	2903.2990
别 名			氯丁二烯	CAS 号	126-99-8
英文名			2-chloro-3-butadiene		
分子式			C_4H_5Cl		
外观与性状			无色可燃液体。		
主要用途			制造氯丁橡胶的单体。		
危险特性			本品是低闪点易燃液体。		
健康危害			本品以中枢神经系统抑制和呼吸道刺激作用为主。急性中毒：短期吸入高浓度蒸气出现流泪、咽干痛、胸闷、呼吸困难；结膜及咽部充血；肺部散在罗音；并有头昏、头痛、乏力、四肢麻木、步态不稳、恶心、呕吐、昏迷、抽搐等症状。个别发生急性肺水肿而死亡。急性期后可出现肝、肾损害及脱发。慢性中毒：长期密切接触可引起神经衰弱综合征、中毒性肝病。严重者出现肝硬变。多数患者有脱发，伴有眉毛、腋毛、睫毛脱落，指甲变灰褐色。血清 β- 球蛋白自身比较降低20%以上。		
防护措施			呼吸系统防护：空气中浓度超标时，佩戴过滤式防毒面具（半面罩）。 眼睛防护：戴化学安全防护眼镜。 身体防护：穿防静电工作服。 手防护：戴橡胶耐油手套。 其他防护：工作现场禁止吸烟、进食和饮水。工作完毕，淋浴更衣。注意个人清洁卫生。		
危险性类别			易燃液体，类别3；急性毒性—吸入，类别3。		

序号	1376	品名	2-氯-1-丙醇	商品编码	2905.5900
别 名			2-氯-1-羟基丙烷	CAS 号	78-89-7
英文名			1-propanol，2-chloro		
分子式			C_3H_7ClO		
外观与性状			稍带醚臭的无色液体。		
主要用途			本品是制造环氧丙烷的重要中间体，也广泛用于聚酯树脂生产。		
健康危害			本品对眼睛、皮肤有刺激性。		
防护措施			呼吸系统防护：可能接触其蒸气时，应该佩戴防毒面具。紧急事态抢救或逃生时，佩戴自给式呼吸器。 眼睛防护：戴安全防护眼镜。 身体防护：穿相应的防护服。 手防护：戴防化学品手套。 其他防护：工作现场严禁吸烟。注意个人清洁卫生。进入罐、限制性空间或其他高浓度区作业，须有人监护。		
危险性类别			加压气体；生殖毒性，类别1B；特异性靶器官毒性—单次接触，类别3（麻醉效应）；危害臭氧层，类别1。		

序号	1377	品名	3-氯-1-丙醇	商品编码	2905.5900
别 名			三亚甲基氯醇	CAS 号	627-30-5
英文名			3-chloro-1-propanol		
分子式			C_3H_7ClO		
外观与性状			无色液体，易溶于水。		
主要用途			用于有机合成。		
危险特性			本品是有害物质。		
健康危害			本品蒸气或雾对眼睛、皮肤、黏膜和上呼吸道有刺激性。		
防护措施			呼吸系统防护：可能接触其蒸气时，应该佩戴防毒面具。紧急事态抢救或逃生时，佩戴自给式呼吸器。 眼睛防护：戴安全防护眼镜。 身体防护：穿相应的防护服。 手防护：戴防化学品手套。 其他防护：工作现场严禁吸烟。注意个人清洁卫生。进入罐、限制性空间或其他高浓度区作业，须有人监护。		
危险性类别			易燃液体，类别3；急性毒性—经口，类别3*；急性毒性—经皮肤，类别3*；急性毒性—吸入，类别3*；皮肤腐蚀/刺激，类别1B；严重眼损伤/眼刺激，类别1；皮肤致敏物，类别1；致癌性，类别1B。		

序号	1378	品名	1-氯-1-硝基丙烷	商品编码	2904.9900
别 名			1-硝基-1-氯丙烷	CAS 号	600-25-9
英文名			Propane,1-chloro-1-nitro-		
分子式			$C_3H_6ClNO_2$		
外观与性状			淡黄色液体。		
主要用途			用作杀虫剂、碳氢化合物的溶剂。		
危险特性			本品有毒。		
健康危害			本品对眼睛、皮肤和呼吸道有刺激作用。		
防护措施			眼睛防护：戴化学安全防护眼镜。 防护服：穿相应的防护服。 手防护：戴防化学品手套。 其他防护：工作现场严禁吸烟。注意个人清洁卫生。进入罐、限制性空间或其他高浓度区作业，须有人监护。		
危险性类别			特异性靶器官毒性—反复接触，类别2。		

序号	1379	品名	3-氯-1-丁烯	商品编码	2903.2990
别　名				CAS号	563-52-0
英文名		3-chloro-1-butene			
分子式		C_4H_7Cl			
外观与性状		无色液体。			
主要用途		用于有机合成。			
危险特性		本品易燃、有害。			
健康危害		吸入、摄入或经皮肤吸收本品后对身体有害；对皮肤有刺激作用；其蒸气和烟雾对眼睛、黏膜和呼吸道有刺激作用。中毒表现可能有烧灼感、咳嗽、喘息、喉炎、气短、头痛、恶心和呕吐。慢性作用：有诱变作用。			
防护措施		呼吸系统防护：高浓度环境中，应该佩戴防毒面具。紧急事态抢救或逃生时，佩戴自给式呼吸器。 眼睛防护：戴化学安全防护眼镜。 身体防护：穿相应的防护服。 手防护：戴防化学品手套。 其他防护：工作现场严禁吸烟。注意个人清洁卫生。进入罐、限制性空间或其他高浓度区作业，须有人监护。			
危险性类别		急性毒性—经皮肤，类别2；皮肤腐蚀/刺激，类别2；严重眼损伤/眼刺激，类别1；皮肤致敏物，类别1；生殖细胞致突变性，类别2；特异性靶器官毒性—单次接触，类别1；特异性靶器官毒性—单次接触，类别3（呼吸道刺激）；特异性靶器官毒性—反复接触，类别1；危害水生环境—急性危害，类别1；危害水生环境—长期危害，类别1。			

序号	1380	品名	2-氯-1-溴丙烷	商品编码	2903.7990
别　名		1-溴-2-氯丙烷		CAS号	3017-96-7
英文名		Propane, 1-bromo-2-chloro-			
分子式		C_3H_6BrCl			
防护措施		呼吸系统防护：佩戴防毒口罩。紧急事态抢救或逃生时，佩戴自给式呼吸器。 眼睛防护：戴化学安全防护眼镜。 防护服：穿相应的防护服。 手防护：戴防化学品手套。 其他防护：工作现场严禁吸烟。注意个人清洁卫生。进入罐、限制性空间或其他高浓度区作业，须有人监护。			
危险性类别		易燃液体，类别3；急性毒性—经口，类别3；急性毒性—经皮肤，类别3；急性毒性—吸入，类别2。			

序号	1381	品名	1-氯-2,2,2-三氟乙烷	商品编码	2903.7910
别　名			R133a	CAS 号	75-88-7
英文名			1,1,1-trifluoro-2-chloroethane		
分子式			$C_2H_2ClF_3$		
外观与性状			无色气体。		
危险特性			本品不燃。		
健康危害			本品有麻醉作用，高浓度使空气中氧分压降低，可致缺氧性窒息。		
防护措施			呼吸系统防护：一般不需要特殊防护，高浓度接触时可佩戴自吸过滤式防毒面具（半面罩）。 眼睛防护：一般不需特殊防护。 身体防护：穿一般作业工作服。 手防护：戴一般作业防护手套 其他防护：工作现场严禁吸烟。注意个人清洁卫生。进入罐、限制性空间或其他高浓度区作业，须有人监护。		
危险性类别			易燃液体，类别 2。		

序号	1382	品名	1-氯-2,3-环氧丙烷	商品编码	2910.3000
别　名			环氧氯丙烷；3-氯-1,2-环氧丙烷	CAS 号	106-89-8
英文名			Epichlorohydrin		
分子式			C_3H_5ClO		
外观与性状			不稳定的无色油状液体。		
主要用途			用于制环氧树脂，也是一种含氧物质的稳定剂和化学中间体。		
危险特性			本品是有毒物质。		
健康危害			本品蒸气对呼吸道有强烈刺激性；反复和长时间吸入能引起肺、肝和肾损害；高浓度吸入致中枢神经系统抑制可致死；蒸气对眼睛也有强烈刺激性，液体可致眼灼伤；皮肤直接接触液体可致灼伤；口服引起肝、肾损害，可致死。慢性中毒：长期少量吸入可出现神经衰弱综合征和周围神经病变。		
防护措施			呼吸系统防护：空气中浓度超标时，戴面具式呼吸器。紧急事态抢救或撤离时，建议佩戴自给式呼吸器。 眼睛防护：戴化学安全防护眼镜。 身体防护：穿紧袖工作服，长筒胶鞋。 手防护：戴防化学品手套。 其他防护：工作现场严禁吸烟。注意个人清洁卫生。进入罐、限制性空间或其他高浓度区作业，须有人监护。		
危险性类别			危害水生环境—急性危害，类别 1；危害水生环境—长期危害，类别 1。		

序号	1383	品名	1-氯-2,4-二硝基苯	商品编码	2904.9900
别名			2,4-二硝基氯苯	CAS号	97-00-7
英文名			2,4-dinitrochlorobenzene		
分子式			$C_6H_3ClN_2O_4$		
外观与性状			有三种形态。α型为稳定型：黄色斜方晶体（从乙醚中）；β型为不稳定态：黄色斜方晶体（从乙醚中）或针晶（从乙醇中）；γ型为不稳定态。		
主要用途			合成染料、农药、医药的原料。		
危险特性			本品有毒，对环境有害。		
健康危害			本品为皮肤致敏物，60%~80%的接触者发生皮炎，微量接触也能致病。表现为发痒、灼痛的丘疹、水疱，重者发生剥脱性皮炎；可引起其他过敏反应，如支气管哮喘等。本品全身性毒性微弱，偶见引起紫绀和全身中毒症状，有可能引起肝损害。		
防护措施			呼吸系统防护：可能接触其粉尘时，佩戴自吸过滤式防尘口罩。紧急事态抢救或撤离时，应该佩戴隔离式呼吸器。 眼睛防护：戴安全防护眼镜。 身体防护：穿防毒物渗透工作服。 手防护：戴橡胶手套。 其他防护：工作现场严禁吸烟。注意个人清洁卫生。进入罐、限制性空间或其他高浓度区作业，须有人监护。		
危险性类别			急性毒性—经口，类别3；急性毒性—经皮肤，类别3；危害水生环境—急性危害，类别1；危害水生环境—长期危害，类别1。		

序号	1384	品名	4-氯-2-氨基苯酚	商品编码	2922.2990
别名			2-氨基-4-氯苯酚；对氯邻氨基苯酚	CAS号	95-85-2
英文名			5-chloro-2-hydroxyaniline		
分子式			C_6H_6ClNO		
外观与性状			白色结晶。		
主要用途			用于有机合成，用作染料中间体。		
危险特性			本品是有害物质。		
健康危害			本品吞咽有害；对眼睛、呼吸道和皮肤有刺激作用；进入体内，能形成高铁血红蛋白，引起紫绀。		
防护措施			呼吸系统防护：佩戴防毒口罩。紧急事态抢救或逃生时，佩戴自给式呼吸器。 眼睛防护：戴化学安全防护眼镜。 防护服：穿相应的防护服。 手防护：戴防化学品手套。 其他防护：工作现场严禁吸烟。注意个人清洁卫生。进入罐、限制性空间或其他高浓度区作业，须有人监护。		
危险性类别			易燃液体，类别2；皮肤腐蚀/刺激，类别1B；严重眼损伤/眼刺激，类别1；皮肤致敏物，类别1；危害水生环境—急性危害，类别2；危害水生环境—长期危害，类别2。		

序号	1385	品名	1-氯-2-丙醇	商品编码	2905.5900
别名			氯异丙醇;丙氯仲醇	CAS 号	127-00-4
英文名			1-chloro-2-propanol		
分子式			C_3H_7ClO		
外观与性状			略具醚臭的无色液体。		
主要用途			有机合成中间体,主要用于制造环氧丙烷和丙二醇;广泛用于聚氨基甲酸酯和其他不饱和聚酯树脂等生产;医药上用于合成氯丙嗪。		
危险特性			本品有毒。		
健康危害			本品蒸气或雾对眼睛、皮肤、黏膜和上呼吸道有刺激性。		
防护措施			呼吸系统防护:佩戴防毒口罩。紧急事态抢救或逃生时,佩戴自给式呼吸器。 眼睛防护:戴化学安全防护眼镜。 防护服:穿相应的防护服。 手防护:戴防化学品手套。 其他防护:工作现场严禁吸烟。注意个人清洁卫生。进入罐、限制性空间或其他高浓度区作业,须有人监护。		
危险性类别			易燃液体,类别2。		

序号	1386	品名	1-氯-2-丁烯	商品编码	2903.2990
别名				CAS 号	591-97-9
英文名			1-chloro-2-butene		
分子式			C_4H_7Cl		
外观与性状			液体,有两种异构体。		
主要用途			用于有机合成。		
危险特性			本品易燃,具有腐蚀性。		
健康危害			本品蒸气具有催泪性;对眼睛、皮肤、黏膜和上呼吸道具有强烈的刺激作用;对人有致突变作用;受热分解释放出氯烟雾。		
防护措施			呼吸系统防护:可能接触其蒸气时,佩戴防毒口罩。紧急事态抢救或逃生时,佩戴自给式呼吸器。 眼睛防护:戴化学安全防护眼镜。 身体防护:穿防静电工作服。 手防护:戴防护手套。 其他防护:工作现场严禁吸烟。注意个人清洁卫生。进入罐、限制性空间或其他高浓度区作业,须有人监护。		
危险性类别			皮肤腐蚀/刺激,类别2;严重眼损伤/眼刺激,类别2;特异性靶器官毒性—单次接触,类别3(呼吸道刺激)。		

序号	1387	品名	5-氯-2-甲基苯胺	商品编码	2921.4300
别 名			5-氯邻甲苯胺；2-氨基-4-氯甲苯	CAS 号	95-79-4
英文名			5-chloro-2-methylaniline		
分子式			C_7H_8ClN		
外观与性状			棕色液体。		
主要用途			用于有机合成。		
危险特性			本品是有害物质。		
健康危害			吸入、摄入或经皮肤吸收本品后可致死，对眼睛、皮肤有刺激作用；进入体内可导致形成高铁血红蛋白血症；高浓度时可引起发绀，这种症状可持续2~4小时或更长时间。		
防护措施			呼吸系统防护：佩戴防毒口罩。紧急事态抢救或逃生时，佩戴自给式呼吸器。 眼睛防护：戴化学安全防护眼镜。 防护服：穿相应的防护服。 手防护：戴防化学品手套。 其他防护：工作现场严禁吸烟。注意个人清洁卫生。进入罐、限制性空间或其他高浓度区作业，须有人监护。		
危险性类别			特异性靶器官毒性—反复接触，类别2；危害水生环境—急性危害，类别2；危害水生环境—长期危害，类别2。		

序号	1388	品名	3-氯-2-甲基丙烯	商品编码	2903.2990
别 名			2-甲基-3-氯丙烯;甲基烯丙基氯;氯化异丁烯;1-氯-2-甲基-2-丙烯	CAS 号	563-47-3
英文名			3-chloro-2-methylpropene		
分子式			C_4H_7Cl		
外观与性状			无色透明液体，具有特殊气味。		
主要用途			用作杀虫剂、塑料、药品等的中间体。		
危险特性			本品易燃，具有腐蚀性，对环境有害。		
健康危害			本品受高热分解释放出高毒的氯化物气体；误服、吸入或与皮肤接触会中毒；蒸气的刺激性很强，能对眼睛、皮肤、黏膜造成危害。		
防护措施			呼吸系统防护：空气中浓度较高时，应该佩戴防毒面具。紧急事态抢救或撤离时，建议佩戴自给式呼吸器。 眼睛防护：戴化学安全防护眼镜。 身体防护：穿防静电工作服。 手防护：必要时戴防化学品手套。 其他防护：工作现场严禁吸烟。注意个人清洁卫生。进入罐、限制性空间或其他高浓度区作业，须有人监护。		
危险性类别			皮肤腐蚀/刺激，类别2；严重眼损伤/眼刺激，类别2。		

序号	1389	品名	N-(4-氯-2-甲基苯基)-N',N'-二甲基甲脒	商品编码	2925.2100
别　名		杀虫脒		CAS 号	6164-98-3
英文名		Chlordimeform			
分子式		$C_{10}H_{13}ClN_2$			
外观与性状		无色结晶。			
主要用途		本品是有机氮杀虫剂，有良好的内吸作用，有较好的杀虫、杀螨效果；主要用于防治水稻螟虫，也可用于防治棉花红蜘蛛、红铃虫和果树红蜘蛛、介壳虫等。本品对蚕高毒，在蚕桑地区使用时应特别注意；不宜与碱性农药混用。			
危险特性		本品可燃，有毒。			
健康危害		本品主要毒作用表现为意识障碍、高铁血红蛋白血症及出血性膀胱炎。短期内大量经皮肤、呼吸道吸收及口服会导致中毒，出现头昏、头痛、乏力、胸闷、恶心、嗜睡、紫绀、尿急、尿频、尿痛、血尿，甚至昏迷；部分中毒者可有心肌损害；血高铁血红蛋白含量升高，大于10%。			
防护措施		呼吸系统防护：生产操作或农业使用时，建议佩戴自吸过滤式防毒面具（半面罩）。紧急事态抢救或撤离时，应该佩戴空气呼吸器。 眼睛防护：戴化学安全防护眼镜。 身体防护：穿连衣式胶布防毒衣。 手防护：戴氯丁橡胶手套。 其他防护：工作现场禁止吸烟、进食和饮水。工作完毕，彻底清洗。工作服不准带至非作业场所。单独存放被毒物污染的衣服，洗后备用。注意个人清洁卫生。			
危险性类别		皮肤腐蚀/刺激，类别2；严重眼损伤/眼刺激，类别2；特异性靶器官毒性—单次接触，类别3（呼吸道刺激）。			

序号	1390	品名	4-氯-2-硝基苯酚钠盐	商品编码	2908.9990
别　名				CAS 号	52106-89-5
英文名		Sodium 4-chloro-2-nitrophenolate			
分子式		$C_6H_3ClNNaO_3$			
防护措施		呼吸系统防护：佩戴防毒口罩。紧急事态抢救或逃生时，佩戴自给式呼吸器。 眼睛防护：戴化学安全防护眼镜。 防护服：穿相应的防护服。 手防护：戴防化学品手套。 其他防护：工作现场严禁吸烟。注意个人清洁卫生。进入罐、限制性空间或其他高浓度区作业，须有人监护。			
危险性类别		易燃液体，类别2。			

序号	1391	品名	2-氯-2-甲基丁烷	商品编码	2903.1990
别 名			叔戊基氯；氯代叔戊烷	CAS 号	594-36-5
英文名			2-chloro-2-methyl-Butane		
分子式			$C_5H_{11}Cl$		
外观与性状			无色液体。		
主要用途			用作溶剂和用于合成其他戊烷化合物。		
危险特性			本品蒸气与空气形成爆炸性混合物，遇明火、高热或与氧化剂接触，有引起燃烧爆炸的危险；其蒸气比空气重，能在较低处扩散到相当远的地方，遇明火会着火回燃；接触酸或酸气能产生有毒气体；若遇高热，容器内压增大，有开裂和爆炸的危险；受高热分解，放出有毒的烟气。		
健康危害			吸入、摄入或经皮肤吸收本品后会中毒；对眼睛、皮肤、黏膜有刺激作用；受热放出有毒的氯气。		
防护措施			呼吸系统防护：可能接触其蒸气时，佩戴防毒口罩。紧急事态抢救或逃生时，应该佩戴自给式呼吸器。 眼睛防护：戴化学安全防护眼镜。 身体防护：穿防静电工作服。 手防护：戴防护手套。 其他防护：工作现场严禁吸烟。注意个人清洁卫生。进入罐、限制性空间或其他高浓度区作业，须有人监护。		
危险性类别			危害水生环境—急性危害，类别 2；危害水生环境—长期危害，类别 2。		

序号	1392	品名	5-氯-2-甲氧基苯胺	商品编码	2922.2990
别 名			4-氯-2-氨基苯甲醚	CAS 号	95-03-4
英文名			5-chloro-2-methoxy-benzenamin		
分子式			C_7H_8ClNO		
外观与性状			针状结晶。		
主要用途			用于有机合成。		
危险特性			本品遇明火、高热可燃；受高热分解，放出有毒的烟气。		
健康危害			吸入、摄入或经皮肤吸收本品后会中毒；对眼睛、皮肤有刺激作用；进入体内能形成高铁血红蛋白，可致紫绀；受热分解释出氮氧化物和氯烟雾。		
防护措施			呼吸系统防护：佩戴防尘口罩。空气中浓度较高时，应该佩戴自给式呼吸器。 眼睛防护：可采用安全面罩。 身体防护：穿相应的防护服。 手防护：戴防化学品手套。 其他防护：工作现场严禁吸烟。注意个人清洁卫生。进入罐、限制性空间或其他高浓度区作业，须有人监护。		
危险性类别			急性毒性—吸入，类别 3。		

序号	1393	品名	4-氯-2-硝基苯胺	商品编码	2921.4200
别　名			对氯邻硝基苯胺	CAS 号	89-63-4
英文名			4-chloro-2-nitroaniline		
分子式			$C_6H_5ClN_2O_2$		
外观与性状			橘红色结晶粉末。		
主要用途			用作染料中间体，也用于有机合成。		
危险特性			本品遇明火、高热可燃；接触酸或酸气能产生有毒气体；与强氧化剂可发生反应；受热分解，放出有毒的烟气。		
健康危害			本品对眼睛、皮肤、黏膜和上呼吸道有刺激作用；可引起皮炎；进入体内形成高铁血红蛋白，致发生紫绀；对肝、肾有损害作用。		
防护措施			呼吸系统防护：高浓度环境中，应该佩戴防毒面具。 眼睛防护：戴化学安全防护眼镜。 身体防护：穿相应的防护服。 手防护：戴防化学品手套。 其他防护：工作现场严禁吸烟。注意个人清洁卫生。进入罐、限制性空间或其他高浓度区作业，须有人监护。		
危险性类别			急性毒性—经口，类别 3。		

序号	1394	品名	4-氯-2-硝基苯酚	商品编码	2908.9990
别　名				CAS 号	89-64-5
英文名			4-chloro-2-nitrophenol		
分子式			$C_6H_4ClNO_3$		
外观与性状			黄色单斜棱状体结晶。		
主要用途			用作染料中间体。		
危险特性			本品遇明火、高热可燃；与强氧化剂可发生反应；受高热分解释放出有毒的气体。		
健康危害			吸入、摄入或经皮肤吸收本品对身体有害；对眼睛、黏膜、呼吸道及皮肤有刺激作用。		
防护措施			呼吸系统防护：佩戴防毒口罩。紧急事态抢救或逃生时，佩戴自给式呼吸器。 眼睛防护：戴化学安全防护眼镜。 防护服：穿相应的防护服。 手防护：戴防化学品手套。 其他防护：工作现场严禁吸烟。注意个人清洁卫生。进入罐、限制性空间或其他高浓度区作业，须有人监护。		
危险性类别			严重眼损伤/眼刺激，类别 1；皮肤致敏物，类别 1；危害水生环境—急性危害，类别 1。		

序号	1395	品名	4-氯-2-硝基甲苯	商品编码	2904.9900
别 名		对氯邻硝基甲苯		CAS 号	89-59-8
英文名		4-chloro-2-nitrotoluene			
分子式		$C_7H_6ClNO_2$			
外观与性状		针状结晶。			
危险特性		本品遇明火、高热可燃;受高热分解,放出有毒的烟气。			
健康危害		吸入、摄入或经皮肤吸收本品后对身体有害;具有刺激作用;进入人体内,可形成高铁血红蛋白致发生紫绀。			
防护措施		呼吸系统防护:佩戴防尘口罩。空气中浓度较高时,佩戴防毒面具。 眼睛防护:空气中浓度较高时,戴安全防护眼镜。 身体防护:穿紧袖工作服,长筒胶鞋。 手防护:戴防护手套。 其他防护:工作现场严禁吸烟。注意个人清洁卫生。进入罐、限制性空间或其他高浓度区作业,须有人监护。			
危险性类别		易燃液体,类别3;急性毒性—吸入,类别3;特异性靶器官毒性—单次接触,类别2;特异性靶器官毒性—反复接触,类别2。			

序号	1396	品名	1-氯-2-溴丙烷	商品编码	2903.7990
别 名		2-溴-1-氯丙烷		CAS 号	3017-95-6
英文名		2-bromo-1-chloropropane			
分子式		C_3H_6BrCl			
外观与性状		无色液体。			
主要用途		用于有机合成。			
危险特性		本品遇明火、高热可燃;与氧化剂可发生反应;接触酸或酸气能产生有毒气体;受高热分解,放出有毒的烟气。			
健康危害		吸入、摄入本品对身体有害;对眼睛、皮肤和黏膜有刺激作用。			
防护措施		呼吸系统防护:佩戴防毒口罩。紧急事态抢救或逃生时,佩戴自给式呼吸器。 眼睛防护:戴化学安全防护眼镜。 防护服:穿相应的防护服。 手防护:戴防化学品手套。 其他防护:工作现场严禁吸烟。注意个人清洁卫生。进入罐、限制性空间或其他高浓度区作业,须有人监护。			
危险性类别		急性毒性—经口,类别2。			

序号	1397	品名	1-氯-2-溴乙烷	商品编码	2903.7990
别　名			1-溴-2-氯乙烷；氯乙基溴	CAS 号	107-04-0
英文名			1-bromo-2-chloroethane		
分子式			C_2H_4BrCl		
外观与性状			无色挥发性液体。		
主要用途			用作熏蒸剂和有机合成原料。		
危险特性			本品受高热分解，放出有毒的烟气。		
健康危害			吸入、摄入或经皮肤吸收本品后会中毒，对肝、肾有损害作用；对眼睛、皮肤和黏膜有刺激作用。		
防护措施			呼吸系统防护：佩戴防毒口罩。紧急事态抢救或逃生时，佩戴自给式呼吸器。 眼睛防护：戴化学安全防护眼镜。 防护服：穿相应的防护服。 手防护：戴防化学品手套。 其他防护：工作现场严禁吸烟。注意个人清洁卫生。进入罐、限制性空间或其他高浓度区作业，须有人监护。		
危险性类别			急性毒性—经口，类别2。		

序号	1398	品名	4-氯间甲酚	商品编码	2908.1990
别　名			2-氯-5-羟基甲苯；4-氯-3-甲酚	CAS 号	59-50-7
英文名			4-chloro-3-methylphenol		
分子式			C_7H_7ClO		
外观与性状			无色结晶，带有苯酚气味。		
主要用途			用作防腐剂、消毒剂。		
危险特性			本品遇明火、高热可燃；受高热分解，放出高毒的烟气。		
健康危害			本品对眼睛、皮肤和黏膜有强烈刺激作用；长期接触可引起灼伤；有致敏作用；受热分解释放出氯气和光气。		
防护措施			呼吸系统防护：佩戴防毒口罩。紧急事态抢救或逃生时，佩戴自给式呼吸器。 眼睛防护：戴化学安全防护眼镜。 防护服：穿相应的防护服。 手防护：戴防化学品手套。 其他防护：工作现场严禁吸烟。注意个人清洁卫生。进入罐、限制性空间或其他高浓度区作业，须有人监护。		
危险性类别			皮肤腐蚀/刺激，类别2；严重眼损伤/眼刺激，类别2；特异性靶器官毒性—单次接触，类别3（呼吸道刺激）。		

序号	1399	品名	1-氯-3-甲基丁烷	商品编码	2903.1990
别　名		异戊基氯;氯代异戊烷		CAS 号	107-84-6
英文名		Chloroisopentane			
分子式		$C_5H_{11}Cl$			
防护措施		呼吸系统防护：佩戴防毒口罩。紧急事态抢救或逃生时，佩戴自给式呼吸器。 眼睛防护：戴化学安全防护眼镜。 防护服：穿相应的防护服。 手防护：戴防化学品手套。 其他防护：工作现场严禁吸烟。注意个人清洁卫生。进入罐、限制性空间或其他高浓度区作业，须有人监护。			
危险性类别		危害水生环境—急性危害，类别 2；危害水生环境—长期危害，类别 2。			

序号	1400	品名	1-氯-3-溴丙烷	商品编码	2903.7990
别　名		3-溴-1-氯丙烷		CAS 号	109-70-6
英文名		1-bromo-3-chloropropane			
分子式		C_3H_6BrCl			
外观与性状		无色液体。			
主要用途		用于制造三氟拉嗪盐酸盐及有机合成。			
危险特性		本品遇明火、高热可燃；与氧化剂可发生反应；接触酸或酸气能产生有毒气体；受高热分解，放出有毒的烟气。			
健康危害		误服、与皮肤接触或吸入本品蒸气对身体有害；对眼睛、皮肤和黏膜有强烈的刺激作用，可引起化脓性结膜炎；长时间接触后，可引起头痛、头晕、恶心以及麻醉作用。			
防护措施		呼吸系统防护：佩戴防毒口罩。紧急事态抢救或逃生时，佩戴自给式呼吸器。 眼睛防护：戴化学安全防护眼镜。 防护服：穿相应的防护服。 手防护：戴防化学品手套。 其他防护：工作现场严禁吸烟。注意个人清洁卫生。进入罐、限制性空间或其他高浓度区作业，须有人监护。			
危险性类别		易燃液体，类别 3；危害水生环境—急性危害，类别 2；危害水生环境—长期危害，类别 2。			

序号	1401	品名	2-氯-4,5-二甲基苯基-N-甲基氨基甲酸酯	商品编码	2930.8000
别　名			氯灭杀威	CAS 号	671-04-5
英文名			Phenol,2-chloro-4,5-dimethyl-,1-(n-methylcarbamate)		
分子式			$C_{10}H_{12}ClNO_2$		
外观与性状			原药为白色结晶。		
防护措施			呼吸系统防护：佩戴防毒口罩。紧急事态抢救或逃生时，佩戴自给式呼吸器。 眼睛防护：戴化学安全防护眼镜。 防护服：穿相应的防护服。 手防护：戴防化学品手套。 其他防护：工作现场严禁吸烟。注意个人清洁卫生。进入罐、限制性空间或其他高浓度区作业，须有人监护。		
危险性类别			急性毒性—经皮肤，类别3；严重眼损伤/眼刺激，类别2B；生殖细胞致突变性，类别2；生殖毒性，类别2；危害水生环境—急性危害，类别1；危害水生环境—长期危害，类别1。		

序号	1402	品名	3-氯-4-甲氧基苯胺	商品编码	2922.2990
别　名			2-氯-4-氨基苯甲醚;邻氯对氨基苯甲醚	CAS 号	5345-54-0
英文名			3-chloro-4-anisidine		
分子式			C_7H_8ClNO		
外观与性状			针状结晶。		
主要用途			用于有机合成。		
危险特性			本品遇明火、高热可燃；受高热分解，放出有毒的烟气。		
健康危害			吸入、摄入或经皮肤吸收本品后会中毒；对眼睛、皮肤有刺激作用；受热分解释出氮氧化物和氯烟雾；进入体内能形成高铁血红蛋白，可致紫绀。		
防护措施			呼吸系统防护：佩戴防毒口罩。紧急事态抢救或逃生时，佩戴自给式呼吸器。 眼睛防护：戴化学安全防护眼镜。 防护服：穿相应的防护服。 手防护：戴防化学品手套。 其他防护：工作现场严禁吸烟。注意个人清洁卫生。进入罐、限制性空间或其他高浓度区作业，须有人监护。		
危险性类别			急性毒性—经口，类别3*；急性毒性—经皮肤，类别3*；急性毒性—吸入，类别3*；皮肤致敏物，类别1；致癌性，类别2；危害水生环境—急性危害，类别1；危害水生环境—长期危害，类别1。		

序号	1403	品名	2-氯-4-二甲氨基-6-甲基嘧啶	商品编码	2933.5990
别名			鼠立死	CAS 号	535-89-7
英文名			4-pyrimidinamine,2-chloro-n,n,6-trimethyl-		
分子式			$C_7H_{10}ClN_3$		
防护措施			呼吸系统防护：佩戴防毒口罩。紧急事态抢救或逃生时，佩戴自给式呼吸器。 眼睛防护：戴化学安全防护眼镜。 防护服：穿相应的防护服。 手防护：戴防化学品手套。 其他防护：工作现场严禁吸烟。注意个人清洁卫生。进入罐、限制性空间或其他高浓度区作业，须有人监护。		
危险性类别			急性毒性—经口，类别3；急性毒性—经皮肤，类别3；急性毒性—吸入，类别3；严重眼损伤/眼刺激，类别2；危害水生环境—急性危害，类别1；危害水生环境—长期危害，类别1。		

序号	1404	品名	2-氯-4-硝基苯胺	商品编码	2921.4200
别名			邻氯对硝基苯胺	CAS 号	121-87-9
英文名			2-chloro-4-nitroaniline		
分子式			$C_6H_5ClN_2O_2$		
外观与性状			黄色针状结晶。		
主要用途			用于染料制造中间体。		
危险特性			本品遇明火、高热可燃；与强氧化剂可发生反应；受高热分解，产生有毒的氮氧化物和氯化物气体。		
健康危害			本品对眼睛、皮肤、黏膜、上呼吸道有刺激性；进入体内会导致形成高铁血红蛋白血症；高浓度时会引起发绀，这种症状可持续2~4小时或更长时间。		
防护措施			呼吸系统防护：佩戴防毒口罩。紧急事态抢救或逃生时，佩戴自给式呼吸器。 眼睛防护：戴化学安全防护眼镜。 防护服：穿相应的防护服。 手防护：戴防化学品手套。 其他防护：工作现场严禁吸烟。注意个人清洁卫生。进入罐、限制性空间或其他高浓度区作业，须有人监护。		
危险性类别			急性毒性—吸入，类别2；危害水生环境—急性危害，类别2；危害水生环境—长期危害，类别2。		

序号	1405	品名	氯苯		商品编码	2903.9190
别 名			一氯化苯		CAS 号	108-90-7
英文名			Chlorobenzene			
分子式			C_6H_5Cl			
外观与性状			无色透明；易挥发的液体，有杏仁味。			
危险特性			本品易燃，遇明火、高热或与氧化剂接触，有引起燃烧爆炸的危险；与过氯酸银、二甲亚砜反应剧烈。			
健康危害			本品对中枢神经系统有抑制和麻醉作用；对皮肤和黏膜有刺激性。急性中毒：接触高浓度本品会引起麻醉症状，甚至昏迷；脱离现场，积极救治后，可较快恢复，但数日内仍有头痛、头晕、无力、食欲减退等症状；液体对皮肤有轻度刺激性，但反复接触，则起红斑或有轻度表浅性坏死。慢性中毒：常有眼痛、流泪、结膜充血；早期有头痛、失眠、记忆力减退等神经衰弱症状；重者引起中毒性肝炎，个别可发生肾脏损害。			
防护措施			呼吸系统防护：空气中浓度超标时，应该佩戴自吸过滤式防毒面具（半面罩）。 眼睛防护：一般不需要特殊防护，高浓度接触时可戴化学安全防护眼镜。 身体防护：穿防毒物渗透工作服。 手防护：戴橡胶耐油手套。 其他防护：工作现场严禁吸烟。工作完毕，淋浴更衣。注意个人清洁卫生。			
危险性类别			危害水生环境—急性危害，类别2；危害水生环境—长期危害，类别2。			

序号	1406	品名	2-氯苯胺		商品编码	2921.4200
别 名			邻氯苯胺；邻氨基氯苯		CAS 号	95-51-2
英文名			2-chloroaniline			
分子式			C_6H_6ClN			
外观与性状			琥珀色液体，有氨臭。			
主要用途			用作染料中间体、溶剂、防霉剂及试剂。			
危险特性			本品遇明火、高热可燃；受高热分解，产生有毒的氮氧化物和氯化物气体。			
健康危害			本品能经无损皮肤吸收；不易引起高铁血红蛋白血症，但对肾、肝有损害。			
防护措施			呼吸系统防护：可能接触其蒸气时，佩戴自吸过滤式防毒面具（半面罩）。紧急事态抢救或撤离时，应该佩戴空气呼吸器。 眼睛防护：戴安全防护眼镜。 身体防护：穿防毒物渗透工作服。 手防护：戴橡胶耐油手套。 其他防护：工作现场禁止吸烟、进食和饮水。及时换洗工作服。工作前后不饮酒，用温水洗澡。注意检测毒物。实行就业前和定期的体检。			
危险性类别			急性毒性—经口，类别3；危害水生环境—急性危害，类别2；危害水生环境—长期危害，类别2。			

序号	1407	品名	3-氯苯胺	商品编码	2921.4200
别　　名			间氨基氯苯;间氯苯胺	CAS号	108-42-9
英文名			3-chloroaniline		
分子式			C_6H_6ClN		
外观与性状			无色至浅琥珀色液体。		
主要用途			用作偶氮染料及颜料的中间体、药物、杀虫剂、农药化学品。		
危险特性			本品遇明火、高热可燃；受高热分解，产生有毒的氮氧化物和氯化物气体。		
健康危害			本品能引起高铁血红蛋白血症，对肝、肾有损害；能经无损皮肤吸收。		
防护措施			呼吸系统防护：可能接触其蒸气时，佩戴自吸过滤式防毒面具（半面罩）。紧急事态抢救或撤离时，应该佩戴空气呼吸器。 眼睛防护：戴安全防护眼镜。 身体防护：穿防毒物渗透工作服。 手防护：戴橡胶耐油手套。 其他防护：工作现场禁止吸烟、进食和饮水。及时换洗工作服。工作前后不饮酒，用温水洗澡。注意检测毒物。实行就业前和定期的体检。		
危险性类别			有机过氧化物，B型。		

序号	1408	品名	4-氯苯胺	商品编码	2921.4200
别　　名			对氯苯胺;对氨基氯苯	CAS号	106-47-8
英文名			4-chloroaniline		
分子式			C_6H_6ClN		
外观与性状			白色或浅黄色晶体。		
主要用途			用作染料中间体、药品、农业化学品。		
危险特性			本品遇明火、高热可燃；受高热分解，产生有毒的氮氧化物和氯化物气体。		
健康危害			本品为高铁血红蛋白形成剂；能经无损皮肤吸收，对眼睛有刺激性。		
防护措施			呼吸系统防护：空气中粉尘浓度超标时，佩戴自吸过滤式防尘口罩。紧急事态抢救或撤离时，应该佩戴氧气呼吸器。 眼睛防护：戴化学安全防护眼镜。 身体防护：穿防毒物渗透工作服。 手防护：戴橡胶手套。 其他防护：工作现场禁止吸烟、进食和饮水。及时换洗工作服。工作前后不饮酒，用温水洗澡。实行就业前和定期的体检。		
危险性类别			急性毒性—经口，类别2*；急性毒性—经皮肤，类别1；急性毒性—吸入，类别3*；特异性靶器官毒性—反复接触，类别1；危害水生环境—急性危害，类别1；危害水生环境—长期危害，类别1。		

序号	1409	品名	2-氯苯酚	商品编码	2908.1990
别　名			2-羟基氯苯；2-氯-1-羟基苯；邻氯苯酚；邻羟基氯苯	CAS 号	95-57-8
英文名			2-chlorophenol		
分子式			C_6H_5ClO		
外观与性状			无色至黄褐色液体。		
主要用途			用于有机合成。		
危险特性			本品遇明火能燃烧；受高热分解产生有毒的腐蚀性烟气；与强氧化剂接触可发生化学反应。		
健康危害			本品未见人中毒报道；给动物染毒后几分钟后即出现不安和呼吸加速，继之无力、震颤、阵挛性抽搐、气急、昏迷直至死亡；易经皮肤吸收。		
防护措施			呼吸系统防护：可能接触其蒸气时，应该佩戴自吸过滤式防毒面具（半面罩）。紧急事态抢救或撤离时，佩戴空气呼吸器。 眼睛防护：戴化学安全防护眼镜。 身体防护：穿防毒物渗透工作服。 手防护：戴橡胶耐油手套。 其他防护：工作现场禁止吸烟、进食和饮水。工作完毕，彻底清洗。单独存放被毒物污染的衣服，洗后备用。注意个人清洁卫生。		
危险性类别			皮肤致敏物，类别 1；危害水生环境—急性危害，类别 1；危害水生环境—长期危害，类别 1。		

序号	1410	品名	3-氯苯酚	商品编码	2908.1990
别　名			3-羟基氯苯；3-氯-1-羟基苯；间氯苯酚；间羟基氯苯	CAS 号	108-43-0
英文名			3-chlorophenol		
分子式			C_6H_5ClO		
外观与性状			针状结晶或无色液体。		
主要用途			用作有机合成中间体。		
危险特性			本品遇明火、高热可燃；受高热分解产生有毒的腐蚀性烟气；与强氧化剂接触可发生化学反应。		
健康危害			本品未见人中毒的报道；给动物染毒后几分钟即出现不安和呼吸加速，继之无力、震颤、阵挛性抽搐、气急、昏迷直至死亡；易经皮肤吸收。		
防护措施			呼吸系统防护：可能接触其蒸气时，必须佩戴自吸过滤式防毒面具（半面罩）。可能接触其粉尘时，建议佩戴自吸过滤式防尘口罩。 眼睛防护：戴安全防护眼镜。 身体防护：穿防毒物渗透工作服。 手防护：戴橡胶手套。 其他防护：工作现场禁止吸烟、进食和饮水。工作完毕，彻底清洗。单独存放被毒物污染的衣服，洗后备用。注意个人清洁卫生。		
危险性类别			皮肤腐蚀/刺激，类别 1；严重眼损伤/眼刺激，类别 1。		

序号	1411	品名	4-氯苯酚	商品编码	2908.1910
别　名			4-羟基氯苯;4-氯-1-羟基苯;对氯苯酚;对羟基氯苯	CAS 号	106-48-9
英文名			4-chlorophenol		
分子式			C_6H_5ClO		
外观与性状			白色针状结晶。		
主要用途			用作染料及药品合成的中间体。		
危险特性			本品遇明火、高热可燃；与强氧化剂可发生反应；受高热分解产生有毒的腐蚀性气体。		
健康危害			本品对眼睛、黏膜、呼吸道及皮肤有强烈刺激作用；吸入后可能因喉、支气管的炎症、水肿、痉挛，化学性肺炎、肺水肿而致死；中毒表现有烧灼感、咳嗽、喘息、喉炎、头痛、恶心和呕吐。		
防护措施			呼吸系统防护：空气中浓度较高时，应该佩戴防毒面具。紧急事态抢救或逃生时，佩戴自给式呼吸器。 眼睛防护：戴化学安全防护眼镜。 身体防护：穿相应的防护服。 手防护：戴防化学品手套。 其他防护：工作现场严禁吸烟。注意个人清洁卫生。进入罐、限制性空间或其他高浓度区作业，须有人监护。		
危险性类别			皮肤腐蚀/刺激，类别1；严重眼损伤/眼刺激，类别1。		

序号	1412	品名	3-氯苯过氧甲酸(57%<含量≤86%,惰性固体含量≥14%)、3-氯苯过氧甲酸(含量≤57%,惰性固体含量≤3%,含水≥40%)、3-氯苯过氧甲酸(含量≤77%,惰性固体含量≥6%,含水≥17%)	商品编码	2916.3990
别　名				CAS 号	937-14-4
英文名			3-chloroperoxybenzoic acid		
分子式			$C_7H_5ClO_3$		
外观与性状			白色粉末状结晶。		
防护措施			呼吸系统防护：空气中浓度较高时，应该佩戴防毒面具。紧急事态抢救或逃生时，佩戴自给式呼吸器。 眼睛防护：戴化学安全防护眼镜。 身体防护：穿相应的防护服。 手防护：戴防化学品手套。 其他防护：工作现场严禁吸烟。注意个人清洁卫生。进入罐、限制性空间或其他高浓度区作业，须有人监护。		
危险性类别			皮肤腐蚀/刺激，类别1；严重眼损伤/眼刺激，类别1。		

序号	1413	品名	2-[(RS)-2-(4-氯苯基)-2-苯基乙酰基]-2,3-二氢-1,3-茚二酮(含量>4%)	商品编码	2914.7900
别名			2-(苯基对氯苯基乙酰)茚满-1,3-二酮;氯鼠酮	CAS 号	3691-35-8
英文名			Chlorphacinon		
分子式			$C_{23}H_{15}ClO_3$		
外观与性状			原药为黄色无臭结晶体。		
主要用途			用作杀鼠剂。		
危险特性			本品遇明火、高热可燃;受高热分解,放出有毒的烟气。		
健康危害			本品是高毒杀鼠剂,误服或皮肤接触会中毒。		
防护措施			呼吸系统防护:可能接触其蒸气时,应该佩戴防毒口罩。紧急事态抢救或逃生时,佩戴自给式呼吸器。 眼睛防护:戴安全防护眼镜。 身体防护:穿紧袖工作服,长筒胶鞋。 手防护:戴防护手套。 其他防护:工作现场严禁吸烟。注意个人清洁卫生。进入罐、限制性空间或其他高浓度区作业,须有人监护。		
危险性类别			急性毒性—经口,类别3;皮肤腐蚀/刺激,类别2;严重眼损伤/眼刺激,类别1;皮肤致敏物,类别1;特异性靶器官毒性—单次接触,类别2;特异性靶器官毒性—单次接触,类别3(麻醉效应);特异性靶器官毒性—反复接触,类别1。		

序号	1414	品名	N-(3-氯苯基)氨基甲酸(4-氯丁炔-2-基)脂	商品编码	2924.2990
别名			燕麦灵	CAS 号	101-27-9
英文名			M-chloro-carbanilic acid 4-chloro-2-butynyl ester		
分子式			$C_{11}H_9Cl_2NO_2$		
外观与性状			白色结晶。		
防护措施			呼吸系统防护:空气中浓度较高时,应该佩戴防毒面具。紧急事态抢救或逃生时,佩戴自给式呼吸器。 眼睛防护:戴化学安全防护眼镜。 身体防护:穿相应的防护服。 手防护:戴防化学品手套。 其他防护:工作现场严禁吸烟。注意个人清洁卫生。进入罐、限制性空间或其他高浓度区作业,须有人监护。		
危险性类别			急性毒性—经口,类别3;急性毒性—经皮肤,类别2。		

序号	1415	品名	氯苯基三氯硅烷	商品编码	2931.9000
别 名				CAS 号	26571-79-9
英文名	Silane, trichloro(chlorophenyl) - (6ci,7ci,8ci,9ci)				
分子式	$C_6H_4Cl_4Si$				
外观与性状	无色至浅黄色液体，易水解。				
主要用途	用于制有机硅聚合物等。				
危险特性	本品遇明火、高热可燃；遇水反应，放出具有刺激性和腐蚀性的氯化氢气体；遇潮时对大多数金属有腐蚀性；受高热分解，放出有毒的烟气。				
健康危害	本品是具有强刺激性的毒物，对眼睛、皮肤和黏膜有腐蚀性。				
防护措施	呼吸系统防护：可能接触其蒸气时，应该佩戴防毒口罩。紧急事态抢救或逃生时，佩戴自给式呼吸器。 眼睛防护：戴化学安全防护眼镜。 身体防护：穿防腐工作服。 手防护：戴橡胶手套。 其他防护：工作现场严禁吸烟。注意个人清洁卫生。进入罐、限制性空间或其他高浓度区作业，须有人监护。				
危险性类别	皮肤致敏物，类别1；特异性靶器官毒性—单次接触，类别3（麻醉效应）；危害水生环境—急性危害，类别2；危害水生环境—长期危害，类别2。				

序号	1416	品名	2-氯苯甲酰氯	商品编码	2916.3990
别 名	邻氯苯甲酰氯；氯化邻氯苯甲酰			CAS 号	609-65-4
英文名	2-chlorobenzoyl chloride				
分子式	$C_7H_4Cl_2O$				
外观与性状	无色液体。				
防护措施	呼吸系统防护：空气中浓度较高时，应该佩戴防毒面具。紧急事态抢救或逃生时，佩戴自给式呼吸器。 眼睛防护：戴化学安全防护眼镜。 身体防护：穿相应的防护服。 手防护：戴防化学品手套。 其他防护：工作现场严禁吸烟。注意个人清洁卫生。进入罐、限制性空间或其他高浓度区作业，须有人监护。				
危险性类别	急性毒性—经口，类别3；严重眼损伤/眼刺激，类别2B；特异性靶器官毒性—单次接触，类别1。				

序号	1417	品名	4-氯苯甲酰氯	商品编码	2916.3990
别　名			对氯苯甲酰氯;氯化对氯苯甲酰	CAS 号	122-01-0
英文名			4-chlorobenzoyl chloride		
分子式			$C_7H_4Cl_2O$		
外观与性状			无色液体。		
主要用途			用作农药和医药中间体。		
危险特性			本品遇明火、高热可燃;与强氧化剂可发生反应;有腐蚀性;吸潮或遇水会产生大量的腐蚀性烟雾;受高热分解产生有毒的腐蚀性烟气。		
健康危害			本品蒸气对皮肤、眼睛和黏膜有腐蚀性。		
防护措施			呼吸系统防护:可能接触其蒸气时,佩戴防毒口罩。紧急事态抢救或逃生时,应该佩戴防毒面具。 眼睛防护:戴化学安全防护眼镜。 身体防护:穿防腐工作服。 手防护:戴橡胶手套。 其他防护:工作现场严禁吸烟。注意个人清洁卫生。进入罐、限制性空间或其他高浓度区作业,须有人监护。		
危险性类别			皮肤腐蚀/刺激,类别1A;严重眼损伤/眼刺激,类别1。		

序号	1418	品名	2-氯苯乙酮	商品编码	2914.7900
别　名			氯乙酰苯;氯苯乙酮;苯基氯甲基甲酮;苯酰甲基氯;α-氯苯乙酮	CAS 号	532-27-4
英文名			2-chloroacetophenone		
分子式			C_8H_7ClO		
外观与性状			白色或浅黄色结晶。		
主要用途			用作药物中间体。		
危险特性			本品遇明火、高热可燃;与强氧化剂可发生反应;受高热分解产生有毒的腐蚀性气体。		
健康危害			吸入本品后,出现咳嗽和呼吸困难,对眼睛有刺激性,引起结膜刺激和流泪。		
防护措施			呼吸系统防护:空气中浓度较高时,应该佩戴防毒面具。紧急事态抢救或逃生时,佩戴自给式呼吸器。 眼睛防护:戴化学安全防护眼镜。 身体防护:穿相应的防护服。 手防护:戴防化学品手套。 其他防护:工作现场严禁吸烟。注意个人清洁卫生。进入罐、限制性空间或其他高浓度区作业,须有人监护。		
危险性类别			皮肤腐蚀/刺激,类别1;严重眼损伤/眼刺激,类别1。		

序号	1419	品名	2-氯吡啶	商品编码	2933.3990
别 名				CAS 号	109-09-1
英文名	2-chloropyridine				
分子式	C_5H_4ClN				
外观与性状	液体。				
主要用途	用于有机合成。				
危险特性	本品遇高热、明火或与氧化剂接触,有引起燃烧的危险。				
健康危害	生产工人可发生接触性湿疹;其蒸气和气溶胶对眼睛、黏膜、呼吸道和皮肤有刺激作用;吸入、摄入或经皮肤吸收后有致死危险。				
防护措施	呼吸系统防护:空气中浓度较高时,应该佩戴防毒面具。紧急事态抢救或逃生时,佩戴自给式呼吸器。 眼睛防护:戴化学安全防护眼镜。 身体防护:穿相应的防护服。 手防护:戴防化学品手套。 其他防护:工作现场严禁吸烟。注意个人清洁卫生。进入罐、限制性空间或其他高浓度区作业,须有人监护。				
危险性类别	易燃液体,类别3。				

序号	1420	品名	4-氯苄基氯	商品编码	2903.9990
别 名	对氯苄基氯;对氯苯甲基氯			CAS 号	104-83-6
英文名	4-chlorobenzyl chloride				
分子式	$C_7H_6Cl_2$				
外观与性状	针状结晶。				
主要用途	用于有机合成。				
危险特性	本品遇明火、高热可燃;与强氧化剂可发生反应;受高热分解产生有毒的腐蚀性气体;遇水反应发热放出有毒的腐蚀性气体。				
防护措施	呼吸系统防护:空气中浓度较高时,应该佩戴防毒面具。紧急事态抢救或逃生时,佩戴自给式呼吸器。 眼睛防护:戴化学安全防护眼镜。 身体防护:穿相应的防护服。 手防护:戴防化学品手套。 其他防护:工作现场严禁吸烟。注意个人清洁卫生。进入罐、限制性空间或其他高浓度区作业,须有人监护。				
危险性类别	易燃液体,类别3。				

序号	1421	品名	3-氯丙腈	商品编码	2926.9090
别名			β-氯丙腈；氰化-β-氯乙烷	CAS 号	542-76-7
英文名			3-chloropropiononitrile		
分子式			C_3H_4ClN		
外观与性状			无色液体。		
主要用途			用作有机合成中间体。		
危险特性			本品遇明火、高热可燃；受高热分解，产生有毒的氮氧化物和氯化物气体。		
健康危害			吸入、口服或经皮肤吸收本品后可能致死，对眼睛、呼吸道和黏膜有刺激性；动物中毒时出现深度麻醉作用。		
防护措施			呼吸系统防护：可能接触其蒸气时，应该佩戴导管式防毒面具。紧急事态抢救或撤离时，佩戴氧气呼吸器。 眼睛防护：呼吸系统防护中已作防护。 身体防护：穿连衣式胶布防毒衣。 手防护：戴防化学品手套。 其他防护：工作现场禁止吸烟、进食和饮水。工作完毕，彻底清洗。单独存放被毒物污染的衣服，洗后备用。车间应配备急救设备及药品。作业人员应学会自救互救。		
危险性类别			易燃液体，类别3。		

序号	1422	品名	2-氯丙酸	商品编码	2915.9000
别名			2-氯代丙酸	CAS 号	598-78-7
英文名			2-chloropropionic acid		
分子式			$C_3H_5ClO_2$		
外观与性状			无色液体。		
主要用途			用于有机合成及作为除草剂的中间体。		
危险特性			本品遇明火、高热可燃；与强氧化剂接触可发生化学反应；受高热分解产生有毒的腐蚀性烟气；具有腐蚀性。		
健康危害			本品对黏膜、上呼吸道、眼睛和皮肤有强烈刺激性，可引起灼伤。吸入后，可因喉和支气管的痉挛、炎症和水肿，化学性肺炎或肺水肿而死亡；接触后引起烧灼感、咳嗽、喘息、喉炎、气短、头痛、恶心和呕吐。		
防护措施			呼吸系统防护：可能接触其蒸气时，必须佩戴过滤式防毒面具（半面罩）。必要时，建议佩戴空气呼吸器。 眼睛防护：戴化学安全防护眼镜。 身体防护：穿防酸碱工作服。 手防护：戴橡胶耐酸碱手套。 其他防护：工作场所禁止吸烟、进食和饮水，饭前要洗手。工作完毕，淋浴更衣。注意个人清洁卫生。		
危险性类别			易燃液体，类别3。		

序号	1423	品名	3-氯丙酸		商品编码	2915.9000
别 名			3-氯代丙酸		CAS 号	107-94-8
英文名		3-chloropropionic acid				
分子式		$C_3H_5ClO_2$				
外观与性状		叶状吸潮性结晶。				
主要用途		用于有机合成。				
危险特性		本品遇明火、高热或与氧化剂接触能燃烧,并散发出有毒气体;具有腐蚀性。				
健康危害		本品对皮肤、黏膜和眼睛有刺激作用。				
防护措施		呼吸系统防护:空气中粉尘浓度超标时,建议佩戴自吸过滤式防尘口罩;可能接触其蒸气时,应该佩戴过滤式防毒面具(半面罩)。 眼睛防护:戴化学安全防护眼镜。 身体防护:穿防酸碱工作服。 手防护:戴橡胶耐酸碱手套。 其他防护:工作现场禁止吸烟、进食和饮水。工作完毕,彻底清洗。				
危险性类别		易燃液体,类别3。				

序号	1424	品名	2-氯丙酸甲酯		商品编码	2915.9000
别 名					CAS 号	17639-93-9
英文名		Methyl 2-chloropropionate				
分子式		$C_4H_7ClO_2$				
外观与性状		无色透明液体。				
主要用途		用作溶剂,并用于有机合成。				
危险特性		本品遇明火、高热易燃;其蒸气比空气重,能在较低处扩散到相当远的地方,遇明火会着火回燃;有腐蚀性;受高热分解,放出有毒的烟气。				
健康危害		吸入、摄入或经皮肤吸收本品后会中毒,对眼睛、皮肤、黏膜和上呼吸道有强烈刺激作用;吸入,可致喉、支气管炎,化学性肺炎、肺水肿等。				
防护措施		呼吸系统防护:可能接触其蒸气时,应该佩戴防毒口罩。紧急事态抢救或逃生时,佩戴自给式呼吸器。 眼睛防护:戴化学安全防护眼镜。 身体防护:穿防静电工作服。 手防护:戴防化学品手套。 其他防护:工作现场严禁吸烟。注意个人清洁卫生。进入罐、限制性空间或其他高浓度区作业,须有人监护。				
危险性类别		易燃液体,类别3。				

序号	1425	品名	(R)-(+)-2-氯丙酸甲酯	商品编码	2915.9000
别 名				CAS 号	77287-29-7
英文名		(R)-(+)-methyl (R)-2-chloropropionate			
分子式		$C_4H_7ClO_2$			
防护措施		呼吸系统防护：空气中浓度较高时，应该佩戴防毒面具。紧急事态抢救或逃生时，佩戴自给式呼吸器。 眼睛防护：戴化学安全防护眼镜。 身体防护：穿相应的防护服。 手防护：戴防化学品手套。 其他防护：工作现场严禁吸烟。注意个人清洁卫生。进入罐、限制性空间或其他高浓度区作业，须有人监护。			
危险性类别		易燃液体，类别2。			

序号	1426	品名	2-氯丙酸乙酯	商品编码	2915.9000
别 名				CAS 号	535-13-7
英文名		Ethyl 2-chloropropionate			
分子式		$C_5H_9ClO_2$			
外观与性状		无色液体，有香味。			
主要用途		用作溶剂及用于有机合成。			
危险特性		本品遇明火、高热易燃；与氧化剂能发生强烈反应；受高热分解产生有毒的腐蚀性气体；若遇高热，容器内压增大，有开裂和爆炸的危险。			
健康危害		吸入、摄入或经皮肤吸收本品对身体有害；对眼睛、皮肤、黏膜和呼吸道有强烈的刺激作用。吸入后，可能因咽喉、支气管的痉挛、水肿，化学性肺炎、肺水肿而致死；中毒表现有烧灼感、咳嗽、喘息、喉炎、气短、头痛、恶心和呕吐。			
防护措施		呼吸系统防护：空气中浓度较高时，应该佩戴防毒面具。紧急事态抢救或逃生时，佩戴自给式呼吸器。 眼睛防护：戴化学安全防护眼镜。 身体防护：穿相应的防护服。 手防护：戴防化学品手套。 其他防护：工作现场严禁吸烟。注意个人清洁卫生。进入罐、限制性空间或其他高浓度区作业，须有人监护。			
危险性类别		易燃液体，类别2。			

序号	1427	品名	3-氯丙酸乙酯	商品编码	2915.9000
别 名				CAS 号	623-71-2
英文名	Ethyl 3-chloropropionate					
分子式	$C_5H_9ClO_2$					
外观与性状	无色液体，有香味。					
主要用途	用作溶剂，用于有机合成。					
危险特性	本品遇高热、明火或与氧化剂接触，有引起燃烧的危险；燃烧分解时，放出有毒的刺激性氯化物烟气。					
健康危害	本品有腐蚀性和催泪性；对皮肤、黏膜、眼睛和上呼吸道有强烈刺激作用。					
防护措施	呼吸系统防护：可能接触其蒸气时，应该佩戴防毒面具。紧急事态抢救或撤离时，建议佩戴供气式呼吸器。 眼睛防护：戴化学安全防护眼镜。 身体防护：穿防静电工作服。 手防护：戴防化学品手套。 其他防护：工作现场严禁吸烟。注意个人清洁卫生。进入罐、限制性空间或其他高浓度区作业，须有人监护。					
危险性类别	易燃液体，类别1。					

序号	1428	品名	2-氯丙酸异丙酯	商品编码	2915.9000
别 名				CAS 号	40058-87-5
防护措施	呼吸系统防护：空气中浓度较高时，应该佩戴防毒面具。紧急事态抢救或逃生时，佩戴自给式呼吸器。 眼睛防护：戴化学安全防护眼镜。 身体防护：穿相应的防护服。 手防护：戴防化学品手套。 其他防护：工作现场严禁吸烟。注意个人清洁卫生。进入罐、限制性空间或其他高浓度区作业，须有人监护。					
危险性类别	易燃液体，类别2；严重眼损伤/眼刺激，类别2；皮肤腐蚀/刺激，类别2；生殖细胞致突变性，类别2；特异性靶器官毒性—单次接触，类别3（呼吸道刺激）；特异性靶器官毒性—反复接触，类别2*；危害水生环境—急性危害，类别1。					

序号	1429	品名	1-氯丙烷	商品编码	2903.1990
别　名			氯正丙烷；丙基氯	CAS 号	540-54-5
英文名			1-chloropropane		
分子式			C_3H_7Cl		
外观与性状			无色液体。		
主要用途			用作有机合成中间体及溶剂。		
危险特性			本品蒸气与空气可形成爆炸性混合物，遇明火、高热或与氧化剂接触，有引起燃烧爆炸的危险；受高热分解产生有毒的氯化物气体；其蒸气比空气重，能在较低处扩散到相当远的地方，遇火源会着火回燃。		
健康危害			本品高浓度下抑制中枢神经系统；长期过量接触对肝、肾有损害。		
防护措施			呼吸系统防护：空气中浓度超标时，佩戴自吸过滤式防毒面具（半面罩）。 眼睛防护：戴化学安全防护眼镜。 身体防护：穿防静电工作服。 手防护：戴橡胶耐油手套。 其他防护：工作现场禁止吸烟、进食和饮水。工作完毕，淋浴更衣。注意个人清洁卫生。		
危险性类别			急性毒性—经口，类别3*；皮肤腐蚀/刺激，类别1B；严重眼损伤/眼刺激，类别1；呼吸道致敏物，类别1；皮肤致敏物，类别1。		

序号	1430	品名	2-氯丙烷	商品编码	2903.1990
别　名			氯异丙烷；异丙基氯	CAS 号	75-29-6
英文名			2-chloropropane		
分子式			C_3H_7Cl		
外观与性状			无色液体，具有愉快的气味。		
主要用途			用作溶剂和用于异丙胺制造。		
危险特性			本品蒸气与空气可形成爆炸性混合物，遇明火、高热或与氧化剂接触，有引起燃烧爆炸的危险；受高热分解产生有毒的氯化物气体；其蒸气比空气重，能在较低处扩散到相当远的地方，遇火源会着火回燃。		
健康危害			本品具有很强的麻醉作用；对肝和肾脏有损害；对皮肤和黏膜有轻度刺激作用；溅入眼内引起疼痛和刺激症状。		
防护措施			呼吸系统防护：空气中浓度超标时，佩戴自吸过滤式防毒面具（半面罩）。 眼睛防护：戴化学安全防护眼镜。 身体防护：穿防静电工作服。 手防护：戴橡胶耐油手套。 其他防护：工作现场禁止吸烟、进食和饮水。工作完毕，淋浴更衣。注意个人清洁卫生。		
危险性类别			急性毒性—经口，类别2；急性毒性—经皮肤，类别1。		

序号	1431	品名	2-氯丙烯		商品编码	2903.2990
别　名			异丙烯基氯		CAS 号	557-98-2
英文名		1-propene, 2-chloro-				
分子式		C_3H_5Cl				
外观与性状		无色液体。				
主要用途		用于有机合成。				
危险特性		本品蒸气与空气可形成爆炸性混合物，遇明火、高热或与氧化剂接触，有引起燃烧爆炸的危险；遇火焰或受热会发生分解，产生剧毒的光气和腐蚀性的氯化氢气体；在火场高温下，能发生聚合放热，使容器破裂；遇酸性催化剂如路易斯催化剂、齐格勒催化剂、硫酸、氯化铁、氯化铝等都能产生猛烈聚合，放出大量热量；其蒸气比空气重，能在较低处扩散到相当远的地方，遇火源会着火回燃；对很多金属尤其是潮湿空气存在下有腐蚀性。				
健康危害		本品具有强烈刺激性；高浓度严重损害黏膜、上呼吸道、眼睛和皮肤；接触后引起烧灼感、咳嗽、喘息、喉炎、气短、头痛、恶心和呕吐。				
防护措施		呼吸系统防护：空气中浓度超标时，佩戴自吸过滤式防毒面具（半面罩）。 眼睛防护：戴化学安全防护眼镜。 身体防护：穿防静电工作服。 手防护：戴橡胶耐油手套。 其他防护：工作现场禁止吸烟、进食和饮水。工作完毕，淋浴更衣。注意个人清洁卫生。				
危险性类别		易燃液体，类别2。				

序号	1432	品名	氯铂酸		商品编码	2843.9000
别　名					CAS 号	16941-12-1
英文名		Chloroplatinic acid				
分子式		$H_2PtCl_6 \cdot 6(H_2O)$				
外观与性状		红褐色结晶。				
主要用途		用作分析试剂、催化剂，用于沉淀生物碱、电镀及制造铂石棉等。				
危险特性		本品具有腐蚀性；与三氟化硼发生剧烈反应；受高热分解，放出有毒的烟气。				
健康危害		吸入、摄入或经皮肤吸收本品后对身体有害；对眼睛、皮肤、黏膜和上呼吸道有刺激作用；可引起过敏反应。				
防护措施		呼吸系统防护：空气中浓度较高时，应该佩戴防毒面具。紧急事态抢救或逃生时，佩戴自给式呼吸器。 眼睛防护：戴化学安全防护眼镜。 身体防护：穿相应的防护服。 手防护：戴防化学品手套。 其他防护：工作现场严禁吸烟。注意个人清洁卫生。进入罐、限制性空间或其他高浓度区作业，须有人监护。				
危险性类别		易燃液体，类别3。				

序号	1433	品名	3-氯丙烯	商品编码	2903.2990
别名			α-氯丙烯；烯丙基氯	CAS号	107-05-1
英文名			3-chloropropene		
分子式			C_3H_5Cl		
外观与性状			无色易燃液体。		
主要用途			用作药品、杀虫剂、塑料等的中间体。		
危险特性			本品蒸气与空气可形成爆炸性混合物，遇明火、高热或与氧化剂接触，有引起燃烧爆炸的危险；与硝酸、发烟硫酸、氯磺酸、乙烯亚胺、乙烯二胺、氢氧化钠反应剧烈；在火场高温下，能发生聚合放热，使容器破裂；遇酸性催化剂如路易斯催化剂、齐格勒催化剂、硫酸、氯化铁、氯化铝等都能产生猛烈聚合，放出大量热量；其蒸气比空气重，能在较低处扩散到相当远的地方，遇火源会着火回燃。		
健康危害			高浓度本品对皮肤黏膜具有刺激性，并有轻度麻醉作用；接触者觉咽干、鼻子发呛、胸闷、出现头晕、头沉、嗜睡、全身无力等症状；溅入眼内，出现流泪、疼痛等严重眼刺激症状。慢性中毒：引起中毒性多发性神经炎；出现手足麻木，小腿酸痛力弱，四肢对称性手套、袜套样分布痛觉、触觉、音叉振动觉障碍；跟腱反射减弱或消失；神经—肌电图示神经原性损害；可致肝损害。		
防护措施			呼吸系统防护：空气中浓度超标时，佩戴自吸过滤式防毒面具（半面罩）。 眼睛防护：戴化学安全防护眼镜。 身体防护：穿防静电工作服。 手防护：戴橡胶耐油手套。 其他防护：工作现场禁止吸烟、进食和饮水。工作完毕，淋浴更衣。注意个人清洁卫生。		
危险性类别			易燃液体，类别2。		

序号	1434	品名	氯代膦酸二乙酯	商品编码	2920.9000
别名			氯化磷酸二乙酯	CAS号	814-49-3
英文名			Diethyl chlorophosphate		
分子式			$C_4H_{10}ClO_3P$		
防护措施			呼吸系统防护：空气中浓度较高时，应该佩戴防毒面具。紧急事态抢救或逃生时，佩戴自给式呼吸器。 眼睛防护：戴化学安全防护眼镜。 身体防护：穿相应的防护服。 手防护：戴防化学品手套。 其他防护：工作现场严禁吸烟。注意个人清洁卫生。进入罐、限制性空间或其他高浓度区作业，须有人监护。		
危险性类别			易燃液体，类别2。		

序号	1435	品名	氯代叔丁烷	商品编码	2903.1990
别　名		叔丁基氯；特丁基氯		CAS 号	507-20-0
英文名		2-chloro-2-methylpropane			
分子式		C_4H_9Cl			
外观与性状		无色液体。			
主要用途		用于有机合成及用作溶剂。			
危险特性		本品蒸气与空气形成爆炸性混合物，遇明火、高热能引起燃烧爆炸；与氧化剂能发生强烈反应；受高热分解产生有毒的腐蚀性气体；其蒸气比空气重，能在较低处扩散到相当远的地方，遇火源会着火回燃；若遇高热，容器内压增大，有开裂和爆炸的危险。			
健康危害		吸入、摄入或经皮肤吸收本品后对身体可能有害，对眼睛、皮肤可能有刺激作用。			
防护措施		呼吸系统防护：空气中浓度较高时，应该佩戴防毒面具。紧急事态抢救或逃生时，佩戴自给式呼吸器。 眼睛防护：戴化学安全防护眼镜。 身体防护：穿相应的防护服。 手防护：戴防化学品手套。 其他防护：工作现场严禁吸烟。注意个人清洁卫生。进入罐、限制性空间或其他高浓度区作业，须有人监护。			
危险性类别		易燃液体，类别 2。			

序号	1436	品名	氯代异丁烷	商品编码	2903.1990
别　名		异丁基氯		CAS 号	513-36-0
英文名		1-chloro-2-methylpropane			
分子式		C_4H_9Cl			
外观与性状		无色透明液体。			
主要用途		用于有机合成及用作溶剂。			
危险特性		本品蒸气与空气形成爆炸性混合物，遇明火、高热能引起燃烧爆炸；与氧化剂能发生强烈反应；受高热分解产生有毒的腐蚀性气体；其蒸气比空气重，能在较低处扩散到相当远的地方，遇火源会着火回燃；若遇高热，容器内压增大，有开裂和爆炸的危险。			
健康危害		吸入、摄入或经皮肤吸收本品后对身体可能有害，可能有刺激作用。			
防护措施		呼吸系统防护：空气中浓度较高时，应该佩戴防毒面具。紧急事态抢救或逃生时，佩戴自给式呼吸器。 眼睛防护：戴化学安全防护眼镜。 身体防护：穿相应的防护服。 手防护：戴防化学品手套。 其他防护：工作现场严禁吸烟。注意个人清洁卫生。进入罐、限制性空间或其他高浓度区作业，须有人监护。			
危险性类别		皮肤腐蚀/刺激，类别 2；严重眼损伤/眼刺激，类别 2；特异性靶器官毒性—单次接触，类别 3（呼吸道刺激）。			

序号	1437	品名	氯代正己烷	商品编码	2903.1990
别 名			氯代己烷；己基氯	CAS 号	544-10-5
英文名			1-chlorohexane		
分子式			$C_6H_{13}Cl$		
外观与性状			无色液体。		
主要用途			用于有机合成。		
危险特性			本品遇明火、高热易燃；受热分解能放出剧毒的光气；与氧化剂能发生强烈反应。		
健康危害			吸入、口服或经皮肤吸收本品后对身体有害，对眼睛、皮肤、黏膜和呼吸道有刺激作用。中毒表现有烧灼感、咳嗽、喘息、喉炎、气短、头痛、恶心和呕吐。		
防护措施			呼吸系统防护：可能接触其蒸气时，应该佩戴自吸过滤式防毒面具（半面罩）。紧急事态抢救或撤离时，佩戴氧气呼吸器。 眼睛防护：戴化学安全防护眼镜。 身体防护：穿防毒物渗透工作服。 手防护：戴橡胶耐油手套。 其他防护：工作现场禁止吸烟、进食和饮水。工作完毕，淋浴更衣。注意个人清洁卫生。		
危险性类别			加压气体；严重眼损伤/眼刺激，类别2B；生殖毒性，类别1B；特异性靶器官毒性—单次接触，类别3（麻醉效应）；危害臭氧层，类别1。		

序号	1438	品名	1-氯丁烷	商品编码	2903.1990
别 名			正丁基氯；氯代正丁烷	CAS 号	109-69-3
英文名			1-chlorobutane		
分子式			C_4H_9Cl		
外观与性状			无色易燃液体。		
主要用途			用于有机合成，也用作溶剂及制备丁基纤维素的丁基化试剂。		
危险特性			本品蒸气与空气形成爆炸性混合物，遇明火、高热能引起燃烧爆炸；与氧化剂能发生强烈反应；其蒸气比空气重，能在较低处扩散到相当远的地方，遇明火会着火回燃；若遇高热，容器内压增大，有开裂和爆炸的危险。		
健康危害			吸入较高浓度本品会引起头晕、嗜睡甚至昏迷；对眼睛和皮肤有轻度刺激性；摄入引起恶心、呕吐、腹部不适和腹泻。		
防护措施			呼吸系统防护：空气中浓度较高时，应该佩戴防毒面具。紧急事态抢救或逃生时，佩戴自给式呼吸器。 眼睛防护：戴化学安全防护眼镜。 身体防护：穿相应的防护服。 手防护：戴防化学品手套。 其他防护：工作现场严禁吸烟。注意个人清洁卫生。进入罐、限制性空间或其他高浓度区作业，须有人监护。		
危险性类别			加压气体；特异性靶器官毒性—单次接触，类别1；特异性靶器官毒性—单次接触，类别3（呼吸道刺激、麻醉效应）；危害臭氧层，类别1。		

序号	1439	品名	2-氯丁烷	商品编码	2903.1990
别　名			仲丁基氯；氯代仲丁烷	CAS 号	78-86-4
英文名			2-chlorobutane		
分子式			C_4H_9Cl		
外观与性状			无色透明液体。		
主要用途			用于有机合成，及用作溶剂。		
危险特性			本品易燃，其蒸气与空气可形成爆炸性混合物，遇明火、高热能引起燃烧爆炸；受高热分解产生有毒的腐蚀性烟气；与氧化剂能发生强烈反应；其蒸气比空气重，能在较低处扩散到相当远的地方，遇火源会着火回燃。		
健康危害			吸入、口服或经皮肤吸收本品后对身体有害，对眼睛、皮肤有刺激性。		
防护措施			呼吸系统防护：空气中浓度超标时，应该佩戴过滤式防毒面具（半面罩）。紧急事态抢救或撤离时，佩戴隔离式呼吸器。 眼睛防护：戴安全防护眼镜。 身体防护：穿防静电工作服。 手防护：戴橡胶耐油手套。 其他防护：工作现场禁止吸烟、进食和饮水。工作完毕，淋浴更衣。注意个人清洁卫生。		
危险性类别			易燃液体，类别 3。		

序号	1440	品名	氯锇酸铵	商品编码	2843.9000
别　名			氯化锇铵	CAS 号	12125-08-5
英文名			Ammonium hexachloroosmate		
分子式			$H_8Cl_6N_2Os$		
外观与性状			红色粉末或深红色八面形结晶。		
主要用途			用作分析试剂。		
危险特性			本品受高热、明火会产生剧毒的蒸气。		
健康危害			本品剧毒，与皮肤接触后可使皮肤呈黑色；受高热后放出有毒气体。		
防护措施			呼吸系统防护：可能接触毒物时，必须佩戴防毒面具。紧急事态抢救或撤离时，建议佩戴正压自给式呼吸器。 眼睛防护：戴化学安全防护眼镜。 身体防护：穿聚乙烯薄膜防毒服。 其他防护：工作现场严禁吸烟。注意个人清洁卫生。进入罐、限制性空间或其他高浓度区作业，须有人监护。		
危险性类别			易燃液体，类别 2。		

序号	1441	品名	氯二氟甲烷和氯五氟乙烷共沸物	商品编码	3827.1100
别名		R502		CAS号	

防护措施	呼吸系统防护：空气中浓度较高时，应该佩戴防毒面具。紧急事态抢救或逃生时，佩戴自给式呼吸器。 眼睛防护：戴化学安全防护眼镜。 身体防护：穿相应的防护服。 手防护：戴防化学品手套。 其他防护：工作现场严禁吸烟。注意个人清洁卫生。进入罐、限制性空间或其他高浓度区作业，须有人监护。
危险性类别	易燃液体，类别3。

序号	1442	品名	氯二氟溴甲烷	商品编码	2903.7600
别名		R12B1；二氟氯溴甲烷；溴氯二氟甲烷；哈龙-1211		CAS号	353-59-3
英文名		Bromochlorodifluoro-methane			
分子式		$CBrClF_2$			
外观与性状		低毒性气体，熔点-160.5℃，沸点-4℃。			
主要用途		用作灭火剂。			
危险特性		本品在空气中不发生燃烧爆炸；受高热分解，放出有毒的氟、氯、溴化物的烟气；若遇高热，容器内压增大，有开裂和爆炸的危险。			
健康危害		本品热解能放出毒性强的氟、氯、溴离子烟雾。			
防护措施		呼吸系统防护：空气中浓度较高时，应该佩戴防毒面具。紧急事态抢救或逃生时，佩戴自给式呼吸器。 眼睛防护：戴化学安全防护眼镜。 身体防护：穿相应的防护服。 手防护：戴防化学品手套。 其他防护：工作现场严禁吸烟。注意个人清洁卫生。进入罐、限制性空间或其他高浓度区作业，须有人监护。			
危险性类别		急性毒性—经口，类别2*；急性毒性—经皮肤，类别1；急性毒性—吸入，类别2*；特异性靶器官毒性—反复接触，类别2*；危害水生环境—急性危害，类别1；危害水生环境—长期危害，类别1。			

序号	1443	品名	2-氯氟苯		商品编码	2903.9990
别 名		邻氯氟苯;2-氟氯苯;邻氟氯苯			CAS 号	348-51-6
英文名		2-chlorofluorobenzene				
分子式		C_6H_4ClF				
外观与性状		无色至微黄色液体。				
防护措施		呼吸系统防护：空气中浓度较高时，应该佩戴防毒面具。紧急事态抢救或逃生时，佩戴自给式呼吸器。 眼睛防护：戴化学安全防护眼镜。 身体防护：穿相应的防护服。 手防护：戴防化学品手套。 其他防护：工作现场严禁吸烟。注意个人清洁卫生。进入罐、限制性空间或其他高浓度区作业，须有人监护。				
危险性类别		急性毒性—经口，类别 2*；急性毒性—经皮肤，类别 1；急性毒性—吸入，类别 2*；特异性靶器官毒性—反复接触，类别 2*；危害水生环境—急性危害，类别 1；危害水生环境—长期危害，类别 1。				

序号	1444	品名	2-氯汞苯酚		商品编码	2852.1000
别 名					CAS 号	90-03-9
英文名		Mercury,chloro(2-hydroxyphenyl)-				
分子式		C_6H_5ClHgO				
外观与性状		白色或粉红色羽毛状结晶。				
主要用途		用于防腐消毒。				
危险特性		本品遇明火、高热可燃；受高热分解，放出高毒的烟气。				
健康危害		本品剧毒；人体吸收易引起中毒；受热分解释放出有毒的氯和汞蒸气；吸入时，神经系统最早受损；误服，则先出现消化道症状；对肝、肾、心脏有损害；对皮肤会引起接触性皮炎。				
防护措施		呼吸系统防护：空气中浓度较高时，应该佩戴防毒面具。紧急事态抢救或逃生时，佩戴自给式呼吸器。 眼睛防护：戴化学安全防护眼镜。 身体防护：穿相应的防护服。 手防护：戴防化学品手套。 其他防护：工作现场严禁吸烟。注意个人清洁卫生。进入罐、限制性空间或其他高浓度区作业，须有人监护。				
危险性类别		急性毒性—经口，类别 3；急性毒性—经皮肤，类别 1；急性毒性—吸入，类别 2*；特异性靶器官毒性—反复接触，类别 2*；危害水生环境—急性危害，类别 1；危害水生环境—长期危害，类别 1。				

序号	1445	品名	3-氯氟苯	商品编码	2903.9990
别 名			间氯氟苯;3-氟氯苯;间氟氯苯	CAS 号	625-98-9
英文名			1-chloro-3-fluorobenzene		
分子式			C_6H_4ClF		
外观与性状			无色透明液体。		
主要用途			用于有机合成。		
危险特性			本品遇明火、高热易燃;受高热分解,放出有毒的烟气。		
健康危害			本品有毒,对眼睛、皮肤、黏膜和上呼吸道有刺激作用。		
防护措施			呼吸系统防护:可能接触其蒸气时,应该佩戴防毒口罩。紧急事态抢救或逃生时,佩戴自给式呼吸器。 眼睛防护:戴安全防护眼镜。 身体防护:穿防静电工作服。 手防护:戴防护手套。 其他防护:工作现场严禁吸烟。注意个人清洁卫生。进入罐、限制性空间或其他高浓度区作业,须有人监护。		
危险性类别			急性毒性—经口,类别2*;急性毒性—经皮肤,类别1;急性毒性—吸入,类别2*;特异性靶器官毒性—反复接触,类别2*;危害水生环境—急性危害,类别1;危害水生环境—长期危害,类别1。		

序号	1446	品名	4-氯氟苯	商品编码	2903.9990
别 名			对氯氟苯;4-氟氯苯;对氟氯苯	CAS 号	352-33-0
英文名			P-chlorofluorobenzene		
分子式			C_6H_4ClF		
外观与性状			无色至微黄色液体。		
主要用途			用于有机合成。		
危险特性			本品遇明火、高热可燃;其蒸气比空气重,能在较低处扩散到相当远的地方,遇明火会着火回燃;若遇高热,容器内压增大,有开裂和爆炸的危险;受高热分解释放出有毒的气体。		
健康危害			本品有毒;对眼睛、皮肤、黏膜和上呼吸道有刺激作用。		
防护措施			呼吸系统防护:空气中浓度较高时,应该佩戴防毒面具。紧急事态抢救或逃生时,佩戴自给式呼吸器。 眼睛防护:戴化学安全防护眼镜。 身体防护:穿相应的防护服。 手防护:戴防化学品手套。 其他防护:工作现场严禁吸烟。注意个人清洁卫生。进入罐、限制性空间或其他高浓度区作业,须有人监护。		
危险性类别			急性毒性—经口,类别3*。		

序号	1447	品名	4-氯汞苯甲酸	商品编码	2852.1000
别 名			对氯化汞苯甲酸	CAS 号	59-85-8
英文名			Mercurate(1-),(4-carboxylatophenyl)chloro-,hydrogen		
分子式			$C_7H_5ClHgO_2$		
外观与性状			白色结晶粉末。		
主要用途			用于碘苯甲酸制造,用作生化研究中测定巯基的试剂。		
危险特性			本品遇明火、高热可燃;受热分解,放出有毒的烟气。		
健康危害			本品属高毒类;人体吸收后易引起中毒;受热分解释放出有毒的氯和汞蒸气。		
防护措施			呼吸系统防护:空气中浓度较高时,应该佩戴防毒面具。紧急事态抢救或逃生时,佩戴自给式呼吸器。 眼睛防护:戴化学安全防护眼镜。 身体防护:穿相应的防护服。 手防护:戴防化学品手套。 其他防护:工作现场严禁吸烟。注意个人清洁卫生。进入罐、限制性空间或其他高浓度区作业,须有人监护。		
危险性类别			急性毒性—吸入,类别3*;皮肤腐蚀/刺激,类别2;严重眼损伤/眼刺激,类别1;致癌性,类别1B;特异性靶器官毒性—单次接触,类别3(呼吸道刺激);特异性靶器官毒性—反复接触,类别2*;危害水生环境—急性危害,类别2。		

序号	1448	品名	氯化铵汞	商品编码	2852.1000
别 名			白降汞,氯化汞铵	CAS 号	10124-48-8
英文名			Aminomercuric chloride		
分子式			ClH_2HgN		
外观与性状			白色或类白色粉末。		
主要用途			用于制药。		
危险特性			本品与卤素发生剧烈反应;受高热分解,放出高毒的烟气。		
健康危害			本品高毒。急性中毒一般起病急,有头痛、头晕、乏力、低热、口腔炎,部分患者有全身性皮疹、呼吸道刺激症状。重症者发生化学性肺炎,对肾也有损害。汞中毒主要是慢性中毒,症状有神经衰弱综合征、易兴奋症、震颤、口腔炎、齿龈有汞线等。		
防护措施			呼吸系统防护:空气中浓度较高时,应该佩戴防毒面具。紧急事态抢救或逃生时,佩戴自给式呼吸器。 眼睛防护:戴化学安全防护眼镜。 身体防护:穿相应的防护服。 手防护:戴防化学品手套。 其他防护:工作现场严禁吸烟。注意个人清洁卫生。进入罐、限制性空间或其他高浓度区作业,须有人监护。		
危险性类别			皮肤腐蚀/刺激,类别1;严重眼损伤/眼刺激,类别1。		

序号	1449	品名	氯化钡	商品编码	2827.3920
别 名				CAS 号	10361-37-2
英文名	Barium chloride					
分子式	BaCl$_2$					
外观与性状	白色粉末，无臭。					
主要用途	用作制造钡盐的原料，也用作杀虫剂、人造丝的消光剂及制造色淀等钡颜料。					
危险特性	本品未有特殊的燃烧爆炸特性。					
健康危害	本品对各种肌肉组织产生刺激和兴奋作用。对中枢神经系统先是兴奋，后转为抑制。长期接触，对上呼吸道和眼结膜有刺激作用，引起口腔炎、结膜炎、支气管炎、食欲不振及消化不良等症状，或有气短、心悸、血压升高、传导功能障碍等症状。摄入引起恶心、呕吐、腹痛、腹泻，继而头晕、耳鸣、四肢无力、心悸、气短，重者可因呼吸麻痹而致死。					
防护措施	呼吸系统防护：空气中浓度较高时，应该佩戴防毒面具。紧急事态抢救或逃生时，佩戴自给式呼吸器。 眼睛防护：戴化学安全防护眼镜。 身体防护：穿相应的防护服。 手防护：戴防化学品手套。 其他防护：工作现场严禁吸烟。注意个人清洁卫生。进入罐、限制性空间或其他高浓度区作业，须有人监护。					
危险性类别	急性毒性—经口，类别2。					

序号	1450	品名	氯化二烯丙托锡弗林	商品编码	2939.7990
别 名				CAS 号	15180-03-7
防护措施	呼吸系统防护：空气中浓度较高时，应该佩戴防毒面具。紧急事态抢救或逃生时，佩戴自给式呼吸器。 眼睛防护：戴化学安全防护眼镜。 身体防护：穿相应的防护服。 手防护：戴防化学品手套。 其他防护：工作现场严禁吸烟。注意个人清洁卫生。进入罐、限制性空间或其他高浓度区作业，须有人监护。					
危险性类别	呼吸道致敏物，类别1；皮肤致敏物，类别1；生殖细胞致突变性，类别2；致癌性，类别2；生殖毒性，类别1B；危害水生环境—急性危害，类别1；危害水生环境—长期危害，类别1。					

序号	1451	品名	氯化苯汞	商品编码	2852.1000
别　名				CAS 号	100-56-1

英文名	Mercury, chlorophenyl-
分子式	C_6H_5ClHg
外观与性状	无色叶片状结晶。
主要用途	用作农用杀菌剂、杀虫剂、除草剂。
危险特性	本品遇明火、高热可燃，放出高毒的烟气。
健康危害	吸入、摄入或经皮肤吸收本品后会中毒。吸入时，神经系统最早受损；误服，首先出现消化道症状。消化道症状有上腹灼痛、恶心、呕吐、食欲不振、腹泻、口腔炎、甚至便血。神经系统症状：神经衰弱综合征，严重者出现神经障碍、谵妄、昏迷；对肝、肾、心脏有损害；皮肤接触引起接触性皮炎或毒性皮炎。
防护措施	呼吸系统防护：空气中浓度较高时，应该佩戴防毒面具。紧急事态抢救或逃生时，佩戴自给式呼吸器。 眼睛防护：戴化学安全防护眼镜。 身体防护：穿相应的防护服。 手防护：戴防化学品手套。 其他防护：工作现场严禁吸烟。注意个人清洁卫生。进入罐、限制性空间或其他高浓度区作业，须有人监护。
危险性类别	自燃液体，类别1；遇水放出易燃气体的物质和混合物，类别1；严重眼损伤/眼刺激，类别2＊。

序号	1452	品名	氯化二乙基铝	商品编码	2931.9000
别　名				CAS 号	96-10-6

防护措施	呼吸系统防护：空气中浓度较高时，应该佩戴防毒面具。紧急事态抢救或逃生时，佩戴自给式呼吸器。 眼睛防护：戴化学安全防护眼镜。 身体防护：穿相应的防护服。 手防护：戴防化学品手套。 其他防护：工作现场严禁吸烟。注意个人清洁卫生。进入罐、限制性空间或其他高浓度区作业，须有人监护。
危险性类别	急性毒性—经口，类别3。

序号	1453	品名	氯化苄	商品编码 2903.9990
别　名		α-氯甲苯;苄基氯		CAS 号 100-44-7
英文名		Benzyl chloride		
分子式		C$_7$H$_7$Cl		
外观与性状		无色透明液体。		
主要用途		用作染料中间体及单宁、香料、药品等的合成。		
危险特性		本品遇明火、高热可燃;受高热分解产生有毒的腐蚀性烟气;与铜、铝、镁、锌及锡等接触放出热量及氯化氢气体。		
健康危害		持续吸入高浓度本品蒸气会出现呼吸道炎症,甚至发生肺水肿,其蒸气对眼睛有刺激性,液体溅入眼内引起结膜和角膜蛋白变性;皮肤接触引起红斑、大疱,或发生湿疹;口服引起胃肠道刺激反应、头痛、头晕、恶心、呕吐及中枢神经系统抑制。慢性影响:肝、肾损害。		
防护措施		呼吸系统防护:可能接触毒物时,佩戴自吸过滤式防毒面具(半面罩)。紧急事态抢救或撤离时,应该佩戴自给式呼吸器。 眼睛防护:戴化学安全防护眼镜。 身体防护:穿透气型防毒服。 手防护:戴橡胶耐油手套。 其他防护:工作现场禁止吸烟、进食和饮水。工作完毕,淋浴更衣。单独存放被毒物污染的衣服,洗后备用。保持良好的卫生习惯。		
危险性类别		急性毒性—经口,类别3*;急性毒性—吸入,类别2*;生殖细胞致突变性,类别1B;致癌性,类别1A;生殖毒性,类别1B;特异性靶器官毒性—反复接触,类别1;危害水生环境—急性危害,类别1;危害水生环境—长期危害,类别1。		

序号	1454	品名	氯化二硫酰		商品编码	2812.1900
别　名			二硫酰氯；焦硫酰氯		CAS 号	7791-27-7
英文名		Pyrosulfuryl chloride				
分子式		$Cl_2O_5S_2$				
外观与性状		无色挥发性发烟液体，并带有刺激性臭味。				
主要用途		用于有机合成。				
危险特性		本品具有强腐蚀性；在潮湿条件下能腐蚀某些金属；遇水发生剧烈反应，散发出具有刺激性和腐蚀性的氯化氢气体；与磷发生猛烈反应。				
健康危害		本品对眼睛、皮肤、黏膜有刺激性，是具有腐蚀性的毒物。				
防护措施		呼吸系统防护：应该佩戴防毒口罩。紧急事态抢救或逃生时，佩戴自给式呼吸器。 眼睛防护：戴化学安全防护眼镜。 身体防护：穿防腐工作服。 手防护：戴橡胶手套。 其他防护：工作现场严禁吸烟。注意个人清洁卫生。进入罐、限制性空间或其他高浓度区作业，须有人监护。				
危险性类别		急性毒性—经口，类别 2*；皮肤腐蚀/刺激，类别 1B；严重眼损伤/眼刺激，类别 1；生殖细胞致突变性，类别 2；生殖毒性，类别 2；特异性靶器官毒性—反复接触，类别 1；危害水生环境—急性危害，类别 1；危害水生环境—长期危害，类别 1。				

序号	1455	品名	氯化镉		商品编码	2827.3990
别　名					CAS 号	10108-64-2
英文名		Cadmium chloride				
分子式		$CdCl_2$				
外观与性状		无色单斜晶体。				
主要用途		用于照相术、印染、电镀等工业，并用于制特殊镜子。				
危险特性		本品受高热分解产生有毒的腐蚀性烟气。				
健康危害		急性中毒：吸入会引起呼吸道刺激症状，发生化学性肺炎、肺水肿；误食后引起急剧的胃肠道刺激症状，有恶心、呕吐、腹痛、腹泻、里急后重、全身乏力、肌肉疼痛和虚脱等，严重者危及生命。慢性中毒：长期接触引起支气管炎，肺气肿，以肾小管病变为主的肾脏损害；严重者发生骨质疏松、骨质软化或慢性肾功能衰竭；可发生贫血、嗅觉减退或丧失等。				
防护措施		呼吸系统防护：佩戴自吸过滤式防尘口罩。必要时，佩戴空气呼吸器、氧气呼吸器或长管面具。 眼睛防护：戴安全防护眼镜。 身体防护：穿透气型防毒服。 手防护：戴橡胶手套。 其他防护：工作现场禁止吸烟、进食和饮水。工作完毕，淋浴更衣。注意个人清洁卫生。实行就业前和定期的体检。				
危险性类别		易燃液体，类别 2。				

序号	1456	品名	氯化汞	商品编码	2852.1000
别 名			氯化高汞;二氯化汞;升汞	CAS 号	7487-94-7
英文名			Mercury chloride		
分子式			Cl_2Hg		
外观与性状			外观呈无色结晶或白色颗粒或粉末状。		
主要用途			用作有机合成的催化剂、防腐剂、消毒剂和分析试剂。		
危险特性			本品与碱金属能发生剧烈反应。		
健康危害			汞离子可使含硫基的酶丧失活性,失去功能;还能与酶中的氨基、二硫基、羧基、羟基以及细胞内的磷酰基结合,引起相应的损害。急性中毒:有头痛、头晕、乏力、失眠、多梦、口腔炎、发热等全身症状;可有食欲不振、恶心、腹痛、腹泻等;部分患者皮肤出现红色斑丘疹;严重者发生间质性肺炎及肾损害;口服可发生急性腐蚀性胃肠炎,严重者昏迷、休克,甚至发生坏死性肾病致急性肾功能衰竭;对眼睛有刺激性;可致皮炎。慢性中毒:表现有神经衰弱综合征;易兴奋症;精神情绪障碍,如胆怯、害羞、易怒、爱哭等;汞毒性震颤;口腔炎。少数病例有肝、肾损伤。				
防护措施			呼吸系统防护:佩戴自吸过滤式防尘口罩。必要时,佩戴隔离式呼吸器。 眼睛防护:戴化学安全防护眼镜。 身体防护:穿连衣式胶布防毒衣。 手防护:戴橡胶手套。 其他防护:工作现场禁止吸烟、进食和饮水。工作完毕,淋浴更衣。单独存放被毒物污染的衣服,洗后备用。保持良好的卫生习惯。				
危险性类别			急性毒性—经口,类别2*;急性毒性—经皮肤,类别1;急性毒性—吸入,类别2*;致癌性,类别2;特异性靶器官毒性—反复接触,类别2*;危害水生环境—急性危害,类别1;危害水生环境—长期危害,类别1。				

序号	1457	品名	氯化琥珀胆碱	商品编码	2923.9000
别 名			司克林;氯琥珀胆碱;氯化琥珀酰胆碱	CAS 号	71-27-2
英文名			Succinylcholine chloride		
分子式			$C_{14}H_3ON_2O_4 \cdot 2Cl$		
防护措施			呼吸系统防护:空气中浓度较高时,应该佩戴防毒面具。紧急事态抢救或逃生时,佩戴自给式呼吸器。 眼睛防护:戴化学安全防护眼镜。 身体防护:穿相应的防护服。 手防护:戴防化学品手套。 其他防护:工作现场严禁吸烟。注意个人清洁卫生。进入罐、限制性空间或其他高浓度区作业,须有人监护。				
危险性类别			急性毒性—经口,类别2*;急性毒性—经皮肤,类别1;急性毒性—吸入,类别2*;特异性靶器官毒性—反复接触,类别2*;危害水生环境—急性危害,类别1;危害水生环境—长期危害,类别1。				

序号	1458	品名	氯化钴	商品编码	2827.3930
别 名				CAS 号	7646-79-9
英文名	Cobalt chloride				
分子式	Cl_2Co				
外观与性状	溶液遇光呈蓝色。				
主要用途	用作干湿指示剂、陶瓷着色剂、毒气吸收剂及制造催化剂等。				
危险特性	本品与钠、钾的混合物对震动敏感；受高热分解，放出腐蚀性、刺激性的烟雾。				
健康危害	本品对眼睛、皮肤和黏膜有刺激作用，长时间或反复接触引起过敏反应；大量接触可抑制红细胞的产生。				
防护措施	呼吸系统防护：空气中浓度较高时，应该佩戴防毒面具。紧急事态抢救或逃生时，佩戴自给式呼吸器。 眼睛防护：戴化学安全防护眼镜。 身体防护：穿相应的防护服。 手防护：戴防化学品手套。 其他防护：工作现场严禁吸烟。注意个人清洁卫生。进入罐、限制性空间或其他高浓度区作业，须有人监护。				
危险性类别	急性毒性—经口，类别 2；皮肤腐蚀/刺激，类别 1B；严重眼损伤/眼刺激，类别 1；特异性靶器官毒性—反复接触，类别 1；危害水生环境—急性危害，类别 1；危害水生环境—长期危害，类别 1。				

序号	1459	品名	氯化环戊烷	商品编码	2903.8900
别 名				CAS 号	930-28-9
英文名	Chlorocyclopentane				
分子式	C_5H_9Cl				
外观与性状	无色透明液体，不溶于水，溶于乙醇等。				
主要用途	用作有机合成的原料。				
危险特性	本品蒸气与空气形成爆炸性混合物，遇明火、高热能引起燃烧爆炸；与氧化剂能发生强烈反应；其蒸气比空气重，能在较低处扩散到相当远的地方，遇明火会着火回燃；受热分解出有毒气体；若遇高热，容器内压增大，有开裂和爆炸的危险。				
健康危害	本品蒸气有毒，对眼睛和皮肤可能有刺激作用。				
防护措施	呼吸系统防护：空气中浓度较高时，应该佩戴防毒口罩。紧急事态抢救或撤离时，建议佩戴供气式头盔。 眼睛防护：戴安全防护眼镜。 身体防护：穿防静电工作服。 手防护：戴防化学品手套。 其他防护：工作现场严禁吸烟。注意个人清洁卫生。进入罐、限制性空间或其他高浓度区作业，须有人监护。				
危险性类别	危害水生环境—急性危害，类别 1；危害水生环境—长期危害，类别 1。				

序号	1460	品名	氯化甲基汞	商品编码	2852.1000
别名				CAS号	115-09-3
英文名	Mercury, chloromethyl				
分子式	CH_3ClHg				
外观与性状	红色结晶,具有特殊臭味。				
主要用途	用于种子消毒。				
危险特性	本品遇明火、高热可燃;受高热分解产生有毒的腐蚀性烟气。				
健康危害	本品属有机汞。有机汞系亲脂性毒物,主要侵犯神经系统。有机汞中毒的主要表现有:无论任何途径侵入,均可发生口腔炎,口服引起急性胃肠炎;神经精神症状有神经衰弱综合征、精神障碍、昏迷、瘫痪、震颤、共济失调、向心性视野缩小等;可发生肾脏损害;可致皮肤损害。				
防护措施	呼吸系统防护:佩戴碘化活性炭口罩。紧急事态抢救或撤离时,佩戴自给式呼吸器。 眼睛防护:必要时戴安全防护眼镜。 身体防护:穿聚乙烯薄膜防毒服。 手防护:戴防化学品手套。 其他防护:工作现场严禁吸烟。注意个人清洁卫生。进入罐、限制性空间或其他高浓度区作业,须有人监护。				
危险性类别	皮肤腐蚀/刺激,类别2;严重眼损伤/眼刺激,类别2;特异性靶器官毒性—单次接触,类别2;特异性靶器官毒性—反复接触,类别2;危害水生环境—急性危害,类别1;危害水生环境—长期危害,类别1。				

序号	1461	品名	氯化甲氧基乙基汞	商品编码	2852.1000
别名				CAS号	123-88-6
英文名	2-methoxyethylmercuricchloride				
分子式	C_3H_7ClHgO				
防护措施	呼吸系统防护:空气中浓度较高时,应该佩戴防毒面具。紧急事态抢救或逃生时,佩戴自给式呼吸器。 眼睛防护:戴化学安全防护眼镜。 身体防护:穿相应的防护服。 手防护:戴防化学品手套。 其他防护:工作现场严禁吸烟。注意个人清洁卫生。进入罐、限制性空间或其他高浓度区作业,须有人监护。				
危险性类别	急性毒性—经口,类别3*;急性毒性—吸入,类别3*;皮肤腐蚀/刺激,类别2;呼吸道致敏物,类别1;皮肤致敏物,类别1;生殖细胞致突变性,类别2;致癌性,类别1A;生殖毒性,类别1B;特异性靶器官毒性—反复接触,类别1;危害水生环境—急性危害,类别1;危害水生环境—长期危害,类别1。				

序号	1462	品名	氯化钾汞	商品编码	2852.1000
别	名	氯化汞钾		CAS 号	20582-71-2
英文名		Potassium mercuric chloride			
分子式		Cl_3HgK			

防护措施	呼吸系统防护：空气中浓度较高时，应该佩戴防毒面具。紧急事态抢救或逃生时，佩戴自给式呼吸器。 眼睛防护：戴化学安全防护眼镜。 身体防护：穿相应的防护服。 手防护：戴防化学品手套。 其他防护：工作现场严禁吸烟。注意个人清洁卫生。进入罐、限制性空间或其他高浓度区作业，须有人监护。
危险性类别	急性毒性—经口，类别3；急性毒性—吸入，类别2*；皮肤腐蚀/刺激，类别1；严重眼损伤/眼刺激，类别1；皮肤致敏物，类别1；致癌性，类别1A；特异性靶器官毒性—单次接触，类别3（呼吸道刺激）；特异性靶器官毒性—反复接触，类别1；危害水生环境—急性危害，类别2；危害水生环境—长期危害，类别2。

序号	1463	品名	4-氯化联苯	商品编码	2903.9990
别	名	对氯化联苯;联苯基氯		CAS 号	2051-62-9

防护措施	呼吸系统防护：空气中浓度较高时，应该佩戴防毒面具。紧急事态抢救或逃生时，佩戴自给式呼吸器。 眼睛防护：戴化学安全防护眼镜。 身体防护：穿相应的防护服。 手防护：戴防化学品手套。 其他防护：工作现场严禁吸烟。注意个人清洁卫生。进入罐、限制性空间或其他高浓度区作业，须有人监护。
危险性类别	加压气体；急性毒性—吸入，类别3*；皮肤腐蚀/刺激，类别1A；严重眼损伤/眼刺激，类别1；危害水生环境—急性危害，类别1。

序号	1464	品名	1-氯化萘	商品编码	2903.9990
别　名			α-氯化萘	CAS 号	90-13-1
英文名			4-chlorobiphenyl		
分子式			$C_{12}H_9Cl$		
防护措施			呼吸系统防护：空气中浓度较高时，应该佩戴防毒面具。紧急事态抢救或逃生时，佩戴自给式呼吸器。 眼睛防护：戴化学安全防护眼镜。 身体防护：穿相应的防护服。 手防护：戴防化学品手套。 其他防护：工作现场严禁吸烟。注意个人清洁卫生。进入罐、限制性空间或其他高浓度区作业，须有人监护。		
危险性类别			加压气体；急性毒性—吸入，类别 1；皮肤腐蚀/刺激，类别 1；严重眼损伤/眼刺激，类别 1；特异性靶器官毒性—单次接触，类别 2；特异性靶器官毒性—反复接触，类别 1；危害水生环境—急性危害，类别 1；危害水生环境—长期危害，类别 1。		

序号	1465	品名	氯化铍	商品编码	2827.3990
别　名				CAS 号	7787-47-5
英文名			Beryllium chloride		
分子式			$BeCl_2$		
外观与性状			白色至微黄色易潮解的结晶或块状物。		
主要用途			用于制造铍，并用作有机反应的催化剂。		
危险特性			本品遇水反应，放出具有刺激性和腐蚀性的氯化氢气体；受高热分解，放出有毒的烟气。		
健康危害			本品属高毒类，短期、大量的接触，引起急性铍病，主要表现为急性化学性肺炎；粉尘可经伤口进入，使伤口久不愈合；皮肤接触会引起接触性皮炎或过敏性皮炎；铍及其化合物属致癌物。		
防护措施			呼吸系统防护：空气中浓度较高时，应该佩戴防毒面具。紧急事态抢救或逃生时，佩戴自给式呼吸器。 眼睛防护：戴化学安全防护眼镜。 身体防护：穿相应的防护服。 手防护：戴防化学品手套。 其他防护：工作现场严禁吸烟。注意个人清洁卫生。进入罐、限制性空间或其他高浓度区作业，须有人监护。		
危险性类别			急性毒性—经口，类别 2。		

序号	1466	品名	氯化镍		商品编码	2827.3500
别　　名			氯化亚镍		CAS 号	7718-54-9
英文名			Nickel chloride			
分子式			Cl_2Ni			
防护措施			呼吸系统防护：空气中浓度较高时，应该佩戴防毒面具。紧急事态抢救或逃生时，佩戴自给式呼吸器。 眼睛防护：戴化学安全防护眼镜。 身体防护：穿相应的防护服。 手防护：戴防化学品手套。 其他防护：工作现场严禁吸烟。注意个人清洁卫生。进入罐、限制性空间或其他高浓度区作业，须有人监护。			
危险性类别			急性毒性—经口，类别 3；皮肤腐蚀/刺激，类别 2；严重眼损伤/眼刺激，类别 2；皮肤致敏物，类别 1；生殖毒性，类别 2；危害水生环境—急性危害，类别 1；危害水生环境—长期危害，类别 1。			

序号	1467	品名	氯化氢（无水）		商品编码	2806.1000
别　　名					CAS 号	7647-01-0
英文名			Hydrochloric acid			
分子式			ClH			
外观与性状			无色有刺激性气味的气体。			
主要用途			制染料、香料、药物、各种氯化物及腐蚀抑制剂。			
危险特性			本品是无水氯化氢无腐蚀性，但遇水时有强腐蚀性；能与一些活性金属粉末发生反应，放出氢气；遇氰化物能产生剧毒的氰化氢气体。			
健康危害			本品对眼睛和呼吸道黏膜有强烈的刺激作用。急性中毒：出现头痛、头昏、恶心、眼痛、咳嗽、痰中带血、声音嘶哑、呼吸困难、胸闷、胸痛等症状；严重者发生肺炎、肺水肿、肺不张；眼角膜可见溃疡或混浊；皮肤直接接触出现大量粟粒样红色小丘疹而呈潮红痛热。慢性影响：长期较高浓度接触，可引起慢性支气管炎、胃肠功能障碍及牙齿酸蚀症。			
防护措施			呼吸系统防护：空气中浓度超标时，佩戴过滤式防毒面具（半面罩）。紧急事态抢救或撤离时，建议佩戴空气呼吸器。 眼睛防护：必要时，戴化学安全防护眼镜。 身体防护：穿化学防护服。 手防护：戴橡胶手套。 其他防护：工作完毕，淋浴更衣。保持良好的卫生习惯。			
危险性类别			急性毒性—经口，类别 3*；急性毒性—吸入，类别 3*；特异性靶器官毒性—反复接触，类别 2；危害水生环境—急性危害，类别 1；危害水生环境—长期危害，类别 1。			

序号	1468	品名	氯化氰	商品编码	2853.1000
别　　名			氰化氯；氯甲腈	CAS 号	506-77-4
英文名			Cyanogen chloride		
分子式			CClN		
外观与性状			无色液体或气体，有催泪性。		
主要用途			用于有机合成。		
危险特性			本品化学反应活性较高，能与许多物质发生化学反应；受热分解或接触水、水蒸气会发生剧烈反应，释出剧毒和腐蚀性的烟雾。		
健康危害			本品在体内代谢形成氢氰酸，作用与氢氰酸相似，但对眼睛和呼吸道还有强烈的刺激作用。低浓度对呼吸道及眼睛有强刺激作用，引起气管炎和支气管炎；高浓度时，引起眩晕、恶心、大量流泪、咳嗽、呼吸困难、肺水肿，甚至迅速死亡。慢性影响：会有不同程度的呕吐、腹泻、尿痛、咳嗽、头痛、体重减轻等。		
防护措施			呼吸系统防护：正常工作情况下，佩戴过滤式防毒面具（全面罩）。高浓度环境中，必须佩戴空气呼吸器、氧气呼吸器或长管面具。 眼睛防护：呼吸系统防护中已作防护。 身体防护：穿戴面罩式胶布防毒衣。 手防护：戴橡胶手套。 其他防护：工作现场禁止吸烟、进食和饮水。工作完毕，彻底清洗。单独存放被毒物污染的衣服，洗后备用。车间应配备急救设备及药品。作业人员应学会自救互救。		
危险性类别			皮肤腐蚀/刺激，类别 1B；严重眼损伤/眼刺激，类别 1；特异性靶器官毒性—单次接触，类别 3（呼吸道刺激）；危害水生环境—急性危害，类别 1；危害水生环境—长期危害，类别 1。		

序号	1469	品名	氯化铜	商品编码	2827.3990
别　　名				CAS 号	7447-39-4
英文名			Cupric chloride		
分子式			Cl_2Cu		
防护措施			呼吸系统防护：空气中浓度较高时，应该佩戴防毒面具。紧急事态抢救或逃生时，佩戴自给式呼吸器。 眼睛防护：戴化学安全防护眼镜。 身体防护：穿相应的防护服。 手防护：戴防化学品手套。 其他防护：工作现场严禁吸烟。注意个人清洁卫生。进入罐、限制性空间或其他高浓度区作业，须有人监护。		
危险性类别			皮肤腐蚀/刺激，类别 1B；严重眼损伤/眼刺激，类别 1；危害水生环境—急性危害，类别 1；危害水生环境—长期危害，类别 1。		

序号	1470	品名	α-氯化筒箭毒碱	商品编码	2939.7990
别 名			氯化南美防己碱;氢氧化吐巴寇拉令碱;氯化箭毒块茎碱;氯化管箭毒碱	CAS 号	57-94-3
英文名			（+）-tubocurarinehydrochloride		
分子式			$C_{37}H_{42}Cl_2N_2O_6$		
外观与性状			白色或微带黄色的六角形或五角形小片状结晶。		
主要用途			用作骨骼肌肉放松剂，帮助诊断重症肌无力。		
危险特性			本品遇明火、高热可燃；受高热分解，放出有毒的烟气。		
健康危害			本品有毒；大剂量或过量使用，引起心率减慢、血压下降、呼吸麻痹。		
防护措施			呼吸系统防护：空气中浓度较高时，应该佩戴防毒面具。紧急事态抢救或逃生时，佩戴自给式呼吸器。 眼睛防护：戴化学安全防护眼镜。 身体防护：穿相应的防护服。 手防护：戴防化学品手套。 其他防护：工作现场严禁吸烟。注意个人清洁卫生。进入罐、限制性空间或其他高浓度区作业，须有人监护。		
危险性类别			自反应物质和混合物，D 型。		

序号	1471	品名	氯化硒	商品编码	2812.1900
别 名			二氯化二硒	CAS 号	10025-68-0
英文名			Selenium chloride		
分子式			Cl_2Se		
外观与性状			深棕红色液体。		
主要用途			用作分析试剂、还原剂。		
危险特性			本品能与磷、钾、过氧化钾、过氧化钠剧烈反应；遇水分解成亚硒酸、硒和盐酸，有腐蚀性。		
健康危害			本品毒作用及中毒症状目前不详。硒化合物对呼吸道、皮肤和黏膜有强烈刺激性。		
防护措施			呼吸系统防护：可能接触其蒸气时，建议佩戴自吸过滤式防毒面具（全面罩）。紧急事态抢救或撤离时，建议佩戴自给式呼吸器。 眼睛防护：呼吸系统防护中已作防护。 身体防护：穿连衣式胶布防毒衣。 手防护：戴橡胶手套。 其他防护：工作现场禁止吸烟、进食和饮水。工作完毕，彻底清洗。单独存放被毒物污染的衣服，洗后备用。保持良好的卫生习惯。		
危险性类别			自反应物质和混合物，D 型。		

序号	1472	品名	氯化锌	商品编码	2827.3990
别名				CAS 号	7646-85-7
英文名	Zinc chloride				
分子式	Cl$_2$Zn				
外观与性状	白色粉末或颗粒。				
主要用途	用作脱水剂、缩合剂、媒染剂、石油净化剂，还用于电池、电镀、医药等行业。				
危险特性	本品受高热分解产生有毒的腐蚀性气体；遇水迅速分解，放出白色烟雾。				
健康危害	本品有刺激和腐蚀作用，吸入氯化锌烟雾可引起支气管肺炎；高浓度吸入可致死，患者表现有呼吸困难、胸部紧束感、胸骨后疼痛、咳嗽等；眼接触可致结膜炎或灼伤；口服腐蚀口腔和消化道，严重者可致死。				
防护措施	呼吸系统防护：可能接触其粉尘时，应该佩戴防毒面具。必要时佩戴自给式呼吸器。 眼睛防护：戴化学安全防护眼镜。 身体防护：穿工作服（防腐材料制作）。 手防护：戴橡皮手套。 其他防护：工作现场严禁吸烟。注意个人清洁卫生。进入罐、限制性空间或其他高浓度区作业，须有人监护。				
危险性类别	自反应物质和混合物，D 型。				

序号	1473	品名	氯化锌溶液	商品编码	2827.3990
别名				CAS 号	
防护措施	呼吸系统防护：空气中浓度较高时，应该佩戴防毒面具。紧急事态抢救或逃生时，佩戴自给式呼吸器。 眼睛防护：戴化学安全防护眼镜。 身体防护：穿相应的防护服。 手防护：戴防化学品手套。 其他防护：工作现场严禁吸烟。注意个人清洁卫生。进入罐、限制性空间或其他高浓度区作业，须有人监护。				
危险性类别	自反应物质和混合物，D 型。				

序号	1474	品名	氯化锌-2-(2-羟乙氧基)-1(吡咯烷-1-基)重氮苯	商品编码	2933.9900
别 名				CAS 号	
防护措施		呼吸系统防护：空气中浓度较高时，应该佩戴防毒面具。紧急事态抢救或逃生时，佩戴自给式呼吸器。 眼睛防护：戴化学安全防护眼镜。 身体防护：穿相应的防护服。 手防护：戴防化学品手套。 其他防护：工作现场严禁吸烟。注意个人清洁卫生。进入罐、限制性空间或其他高浓度区作业，须有人监护。			
危险性类别		自反应物质和混合物，D 型。			

序号	1475	品名	氯化锌-2-(N-氧羰基苯氨基)-3-甲氧基-4-(N-甲基环己氨基)重氮苯	商品编码	2927.0000
别 名				CAS 号	
防护措施		呼吸系统防护：空气中浓度较高时，应该佩戴防毒面具。紧急事态抢救或逃生时，佩戴自给式呼吸器。 眼睛防护：戴化学安全防护眼镜。 身体防护：穿相应的防护服。 手防护：戴防化学品手套。 其他防护：工作现场严禁吸烟。注意个人清洁卫生。进入罐、限制性空间或其他高浓度区作业，须有人监护。			
危险性类别		自反应物质和混合物，D 型。			

序号	1476	品名	氯化锌-2,5-二乙氧基-4-(4-甲苯磺酰)重氮苯	商品编码	2927.0000
别 名				CAS 号	
防护措施		呼吸系统防护：空气中浓度较高时，应该佩戴防毒面具。紧急事态抢救或逃生时，佩戴自给式呼吸器。 眼睛防护：戴化学安全防护眼镜。 身体防护：穿相应的防护服。 手防护：戴防化学品手套。 其他防护：工作现场严禁吸烟。注意个人清洁卫生。进入罐、限制性空间或其他高浓度区作业，须有人监护。			
危险性类别		自反应物质和混合物，D 型。			

序号	1477	品名	氯化锌-2,5-二乙氧基-4-苯璜酰重氮苯	商品编码	2927.0000
别 名				CAS 号	

防护措施	呼吸系统防护：空气中浓度较高时，应该佩戴防毒面具。紧急事态抢救或逃生时，佩戴自给式呼吸器。 眼睛防护：戴化学安全防护眼镜。 身体防护：穿相应的防护服。 手防护：戴防化学品手套。 其他防护：工作现场严禁吸烟。注意个人清洁卫生。进入罐、限制性空间或其他高浓度区作业，须有人监护。
危险性类别	自反应物质和混合物，D 型。

序号	1478	品名	氯化锌-2,5-二乙氧基-4-吗啉代重氮苯	商品编码	2927.0000
别 名				CAS 号	26123-91-1

防护措施	呼吸系统防护：空气中浓度较高时，应该佩戴防毒面具。紧急事态抢救或逃生时，佩戴自给式呼吸器。 眼睛防护：戴化学安全防护眼镜。 身体防护：穿相应的防护服。 手防护：戴防化学品手套。 其他防护：工作现场严禁吸烟。注意个人清洁卫生。进入罐、限制性空间或其他高浓度区作业，须有人监护。
危险性类别	自反应物质和混合物，D 型。

序号	1479	品名	氯化锌-3-(2-羟乙氧基)-4(吡咯烷-1-基)重氮苯	商品编码	2933.9900
别 名				CAS 号	105185-95-3

防护措施	呼吸系统防护：空气中浓度较高时，应该佩戴防毒面具。紧急事态抢救或逃生时，佩戴自给式呼吸器。 眼睛防护：戴化学安全防护眼镜。 身体防护：穿相应的防护服。 手防护：戴防化学品手套。 其他防护：工作现场严禁吸烟。注意个人清洁卫生。进入罐、限制性空间或其他高浓度区作业，须有人监护。
危险性类别	自反应物质和混合物，D 型。

序号	1480	品名	氯化锌-3-氯-4-二乙氨基重氮苯		商品编码	2927.0000
别　名			晒图盐 BG		CAS 号	15557-00-3
防护措施			呼吸系统防护：空气中浓度较高时，应该佩戴防毒面具。紧急事态抢救或逃生时，佩戴自给式呼吸器。 　　眼睛防护：戴化学安全防护眼镜。 　　身体防护：穿相应的防护服。 　　手防护：戴防化学品手套。 　　其他防护：工作现场严禁吸烟。注意个人清洁卫生。进入罐、限制性空间或其他高浓度区作业，须有人监护。			
危险性类别			自反应物质和混合物，D 型。			

序号	1481	品名	氯化锌-4-苄甲氨基-3-乙氧基重氮苯		商品编码	2927.0000
别　名					CAS 号	4421-50-5
防护措施			呼吸系统防护：空气中浓度较高时，应该佩戴防毒面具。紧急事态抢救或逃生时，佩戴自给式呼吸器。 　　眼睛防护：戴化学安全防护眼镜。 　　身体防护：穿相应的防护服。 　　手防护：戴防化学品手套。 　　其他防护：工作现场严禁吸烟。注意个人清洁卫生。进入罐、限制性空间或其他高浓度区作业，须有人监护。			
危险性类别			自反应物质和混合物，D 型。			

序号	1482	品名	氯化锌-4-苄乙氨基-3-乙氧基重氮苯		商品编码	2927.0000
别　名					CAS 号	21723-86-4
防护措施			呼吸系统防护：空气中浓度较高时，应该佩戴防毒面具。紧急事态抢救或逃生时，佩戴自给式呼吸器。 　　眼睛防护：戴化学安全防护眼镜。 　　身体防护：穿相应的防护服。 　　手防护：戴防化学品手套。 　　其他防护：工作现场严禁吸烟。注意个人清洁卫生。进入罐、限制性空间或其他高浓度区作业，须有人监护。			
危险性类别			氧化性气体，类别 1；加压气体；皮肤腐蚀/刺激，类别 1；严重眼损伤/眼刺激，类别 1；危害水生环境—急性危害，类别 1。			

序号	1483	品名	氯化锌-4-二丙氨基重氮苯	商品编码	2927.0000
别名				CAS 号	33864-17-4

防护措施	呼吸系统防护：空气中浓度较高时，应该佩戴防毒面具。紧急事态抢救或逃生时，佩戴自给式呼吸器。 眼睛防护：戴化学安全防护眼镜。 身体防护：穿相应的防护服。 手防护：戴防化学品手套。 其他防护：工作现场严禁吸烟。注意个人清洁卫生。进入罐、限制性空间或其他高浓度区作业，须有人监护。
危险性类别	皮肤腐蚀/刺激，类别 1A；严重眼损伤/眼刺激，类别 1；特异性靶器官毒性—单次接触，类别 3（呼吸道刺激）。

序号	1484	品名	氯化亚砜	商品编码	2812.1700
别名	亚硫酰二氯；二氯氧化硫；亚硫酰氯			CAS 号	7719-09-7
英文名	Thionyl chloride				
分子式	Cl_2OS				
外观与性状	无色或淡黄色易挥发液体，具有强烈的窒息性气味。				
主要用途	用于有机合成，农药及医药。				
危险特性	本品不燃，遇水或潮气会分解释放出二氧化硫、氯化氢等刺激性的有毒烟气；受热分解也能产生有毒物质；对很多金属尤其是潮湿空气存在下有腐蚀性。				
健康危害	吸入、口服或经皮肤吸收本品后对身体有害；对眼睛、黏膜、皮肤和上呼吸道有强烈的刺激作用，可引起灼伤；吸入后，可能因喉、支气管痉挛、炎症和水肿而致死；中毒表现可有烧灼感、咳嗽、头晕、喉炎、气短、头痛、恶心和呕吐。				
防护措施	呼吸系统防护：空气中浓度超标时，必须佩戴自吸过滤式防毒面具（全面罩）或隔离式呼吸器。紧急事态抢救或撤离时，佩戴自给式呼吸器。 眼睛防护：呼吸系统防护中已作防护。 身体防护：穿橡胶耐酸碱服。 手防护：戴橡胶耐酸碱手套。 其他防护：工作现场禁止吸烟、进食和饮水。工作现场禁止吸烟、进食和饮水。工作完毕，淋浴更衣。				
危险性类别	急性毒性—经口，类别 2；急性毒性—经皮肤，类别 2；急性毒性—吸入，类别 3；危害水生环境—急性危害，类别 1；危害水生环境—长期危害，类别 1。				

序号	1485	品名	氯化锌-4-二甲氧基-6-(2-二甲氨乙氧基)-2-重氮甲苯	商品编码	2927.0000
别名				CAS号	
防护措施		呼吸系统防护：空气中浓度较高时，应该佩戴防毒面具。紧急事态抢救或逃生时，佩戴自给式呼吸器。 眼睛防护：戴化学安全防护眼镜。 身体防护：穿相应的防护服。 手防护：戴防化学品手套。 其他防护：工作现场严禁吸烟。注意个人清洁卫生。进入罐、限制性空间或其他高浓度区作业，须有人监护。			
危险性类别		皮肤腐蚀/刺激，类别2；严重眼损伤/眼刺激，类别2；特异性靶器官毒性—单次接触，类别3（呼吸道刺激）；危害水生环境—急性危害，类别1；危害水生环境—长期危害，类别1。			

序号	1486	品名	氯化溴	商品编码	2812.1900
别名		溴化氯		CAS号	13863-41-7
英文名		Bromine chloride			
分子式		BrCl			
外观与性状		橘红色、挥发性不稳定的液体或气体。			
主要用途		用作工业消毒剂。			
危险特性		本品具有强氧化性；与易燃物、可燃物接触能引起剧烈燃烧；具有较强的腐蚀性；室温下迅速分解，放出剧毒的氯和溴的烟雾；吸潮或遇水会产生大量的腐蚀性烟雾。			
健康危害		本品在10℃时分解释放出剧毒、腐蚀性的氯和溴烟雾；吸潮或遇水反应放出有毒烟雾；对皮肤、眼睛和黏膜有强烈的刺激性和腐蚀性。			
防护措施		呼吸系统防护：正常工作情况下，佩戴过滤式防毒面具（全面罩）。高浓度环境中，必须佩戴空气呼吸器、氧气呼吸器或长管面具。 眼睛防护：呼吸系统防护中已作防护。 身体防护：穿戴面罩式胶布防毒衣。 手防护：戴橡胶手套。 其他防护：工作现场严禁吸烟。工作完毕，淋浴更衣。保持良好的卫生习惯。			
危险性类别		急性毒性—经口，类别2*；急性毒性—吸入，类别2*；特异性靶器官毒性—反复接触，类别2*；危害水生环境—急性危害，类别1；危害水生环境—长期危害，类别1。			

序号	1487	品名	氯化亚汞	商品编码	2852.1000
别　名		甘汞		CAS 号	10112-91-1
英文名		Mercury chloride			
分子式		Cl_2Hg_2			
外观与性状		白色有光泽的结晶或重质粉末。			
主要用途		用作泻剂和制甘汞电极等。			
危险特性		本品受高热分解，放出腐蚀性、刺激性的烟雾。			
健康危害		吸入本品后引起胸痛、胸部紧束、咳嗽、呼吸困难，可致死；对眼睛和皮肤有刺激性；摄入可致急性胃肠炎、中枢神经系统抑制，可致死。慢性中毒：长期接触可在脑、肝和肾中蓄积。中毒后出现头痛、记忆力下降、震颤、牙齿脱离、食欲不振，可引起皮肤疾病等。			
防护措施		呼吸系统防护：空气中浓度较高时，应该佩戴防毒面具。紧急事态抢救或逃生时，佩戴自给式呼吸器。 眼睛防护：戴化学安全防护眼镜。 身体防护：穿相应的防护服。 手防护：戴防化学品手套。 其他防护：工作现场严禁吸烟。注意个人清洁卫生。进入罐、限制性空间或其他高浓度区作业，须有人监护。			
危险性类别		急性毒性—经口，类别 2；皮肤腐蚀/刺激，类别 1B；严重眼损伤/眼刺激，类别 1；特异性靶器官毒性—单次接触，类别 3（呼吸道刺激）；危害水生环境—急性危害，类别 2。			

序号	1488	品名	氯化亚铊	商品编码	2827.3990
别 名			一氯化铊；一氧化二铊	CAS 号	7791-12-0
英文名			Thallium chloride		
分子式			ClTl		
外观与性状			无色或白色粉末或结晶，在空气及光线中变成紫色。		
主要用途			用作氯化反应催化剂，也用于极谱分析及制药等。		
危险特性			本品能与氟或钾发生剧烈反应；受高热分解，放出高毒的烟气。		
健康危害			本品高毒，粉尘对眼睛、黏膜有刺激作用。吸入、摄入或经皮肤吸收均可引起中毒。中毒症状有恶心、呕吐、腹痛、四肢无力、周围神经炎、痛觉敏感，严重时产生谵妄、精神失常、晕厥等。全身毛发脱落是其中毒的特征，但眉毛内侧1/3不受侵犯。		
防护措施			呼吸系统防护：空气中浓度较高时，应该佩戴防毒面具。紧急事态抢救或逃生时，佩戴自给式呼吸器。 眼睛防护：戴化学安全防护眼镜。 身体防护：穿相应的防护服。 手防护：戴防化学品手套。 其他防护：工作现场严禁吸烟。注意个人清洁卫生。进入罐、限制性空间或其他高浓度区作业，须有人监护。		
危险性类别			易燃液体，类别3；危害水生环境—急性危害，类别2；危害水生环境—长期危害，类别2。		

序号	1489	品名	2-氯甲苯	商品编码	2903.9990
别 名			邻氯甲苯	CAS 号	95-49-8
英文名			2-chlorotoluene		
分子式			C_7H_7Cl		
外观与性状			无色液体。		
主要用途			制造农药、医药、染料及过氧化物的中间体和溶剂。		
危险特性			本品遇明火、高热或与氧化剂接触，有引起燃烧爆炸的危险；若遇高热，容器内压增大，有开裂和爆炸的危险。		
健康危害			吸入、摄入或经皮肤吸收本品对身体可能有害，可能有刺激症状。		
防护措施			呼吸系统防护：空气中浓度较高时，应该佩戴防毒面具。紧急事态抢救或逃生时，佩戴自给式呼吸器。 眼睛防护：戴化学安全防护眼镜。 身体防护：穿相应的防护服。 手防护：戴防化学品手套。 其他防护：工作现场严禁吸烟。注意个人清洁卫生。进入罐、限制性空间或其他高浓度区作业，须有人监护。		
危险性类别			危害水生环境—急性危害，类别1；危害水生环境—长期危害，类别1。		

序号	1490	品名　氯化乙基汞	商品编码	2852.1000
别　名			CAS号	107-27-7

英文名	Chloroethyl-mercur
分子式	C_2H_5ClHg
外观与性状	白、黄、灰、棕色粉末或结晶。
主要用途	用作农用杀菌剂。
危险特性	本品遇高热或光分解，放出有毒气体。
健康危害	本品属有机汞。有机汞系亲脂性毒物，主要侵犯神经系统。有机汞中毒的主要表现：无论经任何途径侵入，均可发生口腔炎；口服引起急性胃肠炎；神经精神症状有神经衰弱综合征，精神障碍，谵妄，昏迷，瘫痪，震颤，共济失调，向心性视野缩小等；可发生肾脏损害，重者可致急性肾功能衰竭；此外尚可致心脏、肝脏损害；可致皮肤损害。氯化乙基汞中毒以神经系统和心脏损害较为突出，脑病及心肌损害为主要死因。
防护措施	呼吸系统防护：佩戴自吸过滤式防尘口罩。必要时，建议佩戴空气呼吸器、氧气呼吸器或长管面具。 眼睛防护：戴化学安全防护眼镜。 身体防护：穿聚乙烯防毒服。 手防护：戴橡胶手套。 其他防护：工作现场禁止吸烟、进食和饮水。工作完毕，淋浴更衣。注意个人清洁卫生。实行就业前和定期的体检。
危险性类别	易燃液体，类别3；危害水生环境—急性危害，类别2；危害水生环境—长期危害，类别2。

序号	1491	品名	氯磺酸		商品编码	2806.2000
别　名		氯化硫酸;氯硫酸			CAS 号	7790-94-5
英文名		Chlorosulfonic acid				
分子式		ClHO$_3$S				
外观与性状		无色半油状液体，有极浓的刺激性气味。				
主要用途		用于制造磺胺类药品，用作染料中间体、磺化剂、脱水剂及合成糖精等。				
危险特性		本品是强氧化剂，遇水猛烈分解，产生大量的热和浓烟，甚至爆炸；在潮湿空气中与金属接触，能腐蚀金属并放出氢气，容易燃烧爆炸；与易燃物（如苯）和可燃物（如糖、纤维素等）接触会发生剧烈反应，甚至引起燃烧；具有强腐蚀性。				
健康危害		本品蒸气对黏膜和呼吸道有明显刺激作用。临床表现有气短、咳嗽、胸痛、咽干痛以及流泪、流涕、痰中带血、恶心、无力等。吸入高浓度本品可引起化学性肺炎、甚至可发展为肺水肿；皮肤接触液体可致重度灼伤。				
防护措施		呼吸系统防护：可能接触其烟雾时，佩戴过滤式防毒面具（半面罩）或空气呼吸器。紧急事态抢救或撤离时，建议佩戴氧气呼吸器。 眼睛防护：戴化学安全防护眼镜。 身体防护：穿橡胶耐酸碱服。 手防护：戴橡胶耐酸碱手套。 其他防护：工作现场禁止吸烟、进食和饮水。工作完毕，淋浴更衣。单独存放被毒物污染的衣服，洗后备用。保持良好的卫生习惯。				
危险性类别		易燃液体，类别 3；危害水生环境—急性危害，类别 2；危害水生环境—长期危害，类别 2。				

序号	1492	品名	氯甲苯胺异构体混合物		商品编码	2921.4300
别　名					CAS 号	
防护措施		呼吸系统防护：空气中浓度较高时，应该佩戴防毒面具。紧急事态抢救或逃生时，佩戴自给式呼吸器。 眼睛防护：戴化学安全防护眼镜。 身体防护：穿相应的防护服。 手防护：戴防化学品手套。 其他防护：工作现场严禁吸烟。注意个人清洁卫生。进入罐、限制性空间或其他高浓度区作业，须有人监护。				
危险性类别		危害水生环境—急性危害，类别 1；危害水生环境—长期危害，类别 1。				

序号	1493	品名	3-氯甲苯	商品编码	2903.9990
别　名			间氯甲苯	CAS 号	108-41-8
英文名			3-chlorotoluene		
分子式			C_7H_7Cl		
外观与性状			无色液体。		
主要用途			制造农药、医药、染料及过氧化物的中间体和溶剂。		
危险特性			本品遇明火、高热或与氧化剂接触，有引起燃烧爆炸的危险；若遇高热，容器内压增大，有开裂和爆炸的危险。		
健康危害			吸入、摄入或经皮肤吸收本品对身体可能有害，可能引起刺激症状。		
防护措施			呼吸系统防护：空气中浓度较高时，应该佩戴防毒面具。紧急事态抢救或逃生时，佩戴自给式呼吸器。 眼睛防护：戴化学安全防护眼镜。 身体防护：穿相应的防护服。 手防护：戴防化学品手套。 其他防护：工作现场严禁吸烟。注意个人清洁卫生。进入罐、限制性空间或其他高浓度区作业，须有人监护。		
危险性类别			易燃液体，类别 2；急性毒性—经口，类别 1；致癌性，类别 1A。		

序号	1494	品名	4-氯甲苯	商品编码	2903.9910
别　名			对氯甲苯	CAS 号	106-43-4
英文名			4-chlorotoluene		
分子式			C_7H_7Cl		
外观与性状			无色油状液体。		
主要用途			用于有机合成，染料中间体的制备及用作溶剂。		
危险特性			本品易燃，遇明火有引起燃烧的危险；与氧化剂接触猛烈反应。		
健康危害			吸入、口服或经皮肤吸收本品对身体有害，其蒸气或雾对眼睛、皮肤、黏膜和呼吸道有刺激性。		
防护措施			呼吸系统防护：空气中浓度超标时，应该佩戴自吸过滤式防毒面具（半面罩）。紧急事态抢救或撤离时，建议佩戴自给式呼吸器。 眼睛防护：戴化学安全防护眼镜。 身体防护：穿防毒物渗透工作服。 手防护：戴橡胶耐油手套。 其他防护：工作现场严禁吸烟。工作完毕，淋浴更衣。注意个人清洁卫生。		
危险性类别			易燃液体，类别 2；皮肤腐蚀/刺激，类别 2；严重眼损伤/眼刺激，类别 2；特异性靶器官毒性—单次接触，类别 3（呼吸道刺激）。		

序号	1495	品名	氯甲基甲醚		商品编码	2909.1990
别 名			甲基氯甲醚；氯二甲醚		CAS 号	107-30-2
英文名		Chloromethyl methyl ether				
分子式		C_2H_5ClO				
外观与性状		无色透明液体。				
主要用途		作为氯甲基化剂。				
危险特性		本品遇高热、明火、氧化剂有引起燃烧的危险；长期储存，可生成具有潜在爆炸危险性的过氧化物；遇潮气、水分分解出有毒的甲醛气体；其蒸气比空气重，能在较低处扩散到相当远的地方，遇火源会着火回燃。				
健康危害		本品蒸气对呼吸道有强烈刺激性。吸入较高浓度本品后立即发生流泪、咽痛、剧烈呛咳、胸闷、呼吸困难并有发热、寒战，脱离接触后可逐渐好转，但经数小时至24小时潜伏期后，可发生化学性肺炎、肺水肿，抢救不及时可死亡；眼睛及皮肤接触可致灼伤。慢性影响：长期接触本品可引起支气管炎。本品可致肺癌。				
防护措施		呼吸系统防护：可能接触其蒸气时，应该佩戴自吸过滤式防毒面具（全面罩）。紧急事态抢救或撤离时，佩戴空气呼吸器。 眼睛防护：呼吸系统防护中已作防护。 身体防护：穿防静电工作服。 手防护：戴橡胶耐油手套。 其他防护：工作现场禁止吸烟、进食和饮水。工作完毕，淋浴更衣。保持良好的卫生习惯。				
危险性类别		易燃液体，类别2；急性毒性—经口，类别1；致癌性，类别1A。				

序号	1496	品名	氯甲基三甲基硅烷	商品编码	2931.9000
别　名			三甲基氯甲硅烷	CAS 号	2344-80-1
英文名			Chloromethyltrimethylsilane		
分子式			$C_4H_{11}ClSi$		
外观与性状			无色液体。		
主要用途			用于有机合成。		
危险特性			本品遇明火、高热或与氧化剂接触，有引起燃烧爆炸的危险；其蒸气比空气重，能在较低处扩散到相当远的地方，遇明火会着火回燃；若遇高热，容器内压增大，有开裂和爆炸的危险；遇水反应，放出具有刺激性和腐蚀性的氯化氢气体；遇潮时对大多数金属有腐蚀性；受高热分解，放出有毒的烟气。		
健康危害			吸入、摄入或经皮肤吸收本品后会中毒，对眼睛、皮肤和黏膜有强烈刺激作用。吸入可引起喉，支气管痉挛、炎症，化学性肺炎、肺水肿；接触后可有头痛、恶心、呕吐、咳嗽、气短等。		
防护措施			呼吸系统防护：可能接触其蒸气时，应该佩戴防毒口罩。紧急事态抢救或逃生时，佩戴自给式呼吸器。 眼睛防护：戴化学安全防护眼镜。 身体防护：穿防腐工作服。 手防护：戴橡胶手套。 其他防护：工作现场严禁吸烟。注意个人清洁卫生。进入罐、限制性空间或其他高浓度区作业，须有人监护。		
危险性类别			易燃液体，类别 2；皮肤腐蚀/刺激，类别 2；严重眼损伤/眼刺激，类别 2；特异性靶器官毒性—单次接触，类别 3（呼吸道刺激）。		

序号	1497	品名	氯甲基乙醚		商品编码	2909.1990
别 名			氯甲基乙基醚		CAS 号	3188-13-4
英文名		Chloromethyl ethyl ether				
分子式		C_3H_7ClO				
外观与性状		无色液体。				
主要用途		用于有机合成。				
危险特性		本品遇高热、明火、氧化剂有引起燃烧的危险；接触空气或在光照条件下可生成具有潜在爆炸危险性的过氧化物；遇潮气、水分分解出有毒的甲醛气体；其蒸气比空气重，能在较低处扩散到相当远的地方，遇火源会着火回燃。				
健康危害		吸入、口服或经皮肤吸收本品对身体有害，其蒸气或雾对眼睛、黏膜和上呼吸道有刺激性。接触后可引起烧灼感、咳嗽、喘息、喉炎、气短、头痛、恶心和呕吐。				
防护措施		呼吸系统防护：可能接触其蒸气时，应该佩戴过滤式防毒面具（半面罩）。紧急事态抢救或撤离时，佩戴空气呼吸器。 眼睛防护：戴化学安全防护眼镜。 身体防护：穿防静电工作服。 手防护：戴橡胶耐油手套。 其他防护：工作现场禁止吸烟、进食和饮水。工作完毕，淋浴更衣。保持良好的卫生习惯。				
危险性类别		易燃液体，类别2；急性毒性—吸入，类别3；特异性靶器官毒性—单次接触，类别3（麻醉效应）。				

序号	1498	品名	氯甲酸苯酯		商品编码	2915.9000
别 名					CAS 号	1885-14-9
英文名		Phenyl chloroformate				
分子式		$C_7H_5ClO_2$				
外观与性状		油状液体。				
主要用途		用于有机合成。				
危险特性		本品遇高热、明火或与氧化剂接触，有引起燃烧的危险；受高热分解产生有毒的腐蚀性气体。				
健康危害		本品对眼睛、黏膜、呼吸道及皮肤有强烈的刺激作用，吸入、摄入或经皮肤吸收可能致死。吸入后可能因喉、支气管的痉挛、水肿而致死。其症状有烧灼感、恶心、呕吐、咳嗽、喘息、喉炎、气短。				
防护措施		呼吸系统防护：空气中浓度较高时，应该佩戴防毒面具。紧急事态抢救或逃生时，佩戴自给式呼吸器。 眼睛防护：戴化学安全防护眼镜。 身体防护：穿相应的防护服。 手防护：戴防化学品手套。 其他防护：工作现场严禁吸烟。注意个人清洁卫生。进入罐、限制性空间或其他高浓度区作业，须有人监护。				
危险性类别		急性毒性—吸入，类别1；皮肤腐蚀/刺激，类别1；严重眼损伤/眼刺激，类别1。				

序号	1499	品名	氯甲酸-2-乙基己酯	商品编码	2915.9000
别 名				CAS 号	24468-13-1
英文名		2-ethylhexyl chloroformate			
分子式		$C_9H_{17}ClO_2$			
外观与性状		无色液体。			
主要用途		用于有机合成。			
危险特性		本品遇明火、高热可燃；遇水或水蒸气反应发热放出有毒的腐蚀性气体；受高热分解产生有毒的腐蚀性烟气。			
健康危害		本品属剧毒，误服、皮肤接触或吸入蒸气会中毒，对皮肤、眼睛及黏膜有强烈刺激性和腐蚀性。吸入，可引起喉、支气管的炎症、痉挛、化学性肺炎、肺水肿等。			
防护措施		呼吸系统防护：可能接触其蒸气时，应该佩戴防毒面具。紧急事态抢救或逃生时，佩戴正压自给式呼吸器。 眼睛防护：戴化学安全防护眼镜。 身体防护：穿防腐工作服。 手防护：戴橡胶手套。 其他防护：工作现场严禁吸烟。注意个人清洁卫生。进入罐、限制性空间或其他高浓度区作业，须有人监护。			
危险性类别		急性毒性—吸入，类别1；皮肤腐蚀/刺激，类别2；皮肤致敏物，类别1；危害水生环境—急性危害，类别2。			

序号	1500	品名	氯甲酸氯甲酯	商品编码	2915.9000
别 名				CAS 号	22128-62-7
英文名		Chloromethyl chloroformate			
分子式		$C_2H_2Cl_2O_2$			
外观与性状		有渗透性、刺激性的无色液体，易分解。			
主要用途		用于合成反应，也用作催泪性毒气。			
危险特性		本品遇水或水蒸气反应发热放出有毒的腐蚀性气体。			
健康危害		本品对眼睛、皮肤、呼吸道有剧烈刺激作用；腐蚀性较氯甲酸甲酯更强烈；可引起皮肤灼伤，较高的浓度可引起肺水肿。			
防护措施		呼吸系统防护：可能接触其蒸气时，必须佩戴防毒面具。紧急事态抢救或撤离时，建议佩戴正压自给式呼吸器。 眼睛防护：戴化学安全防护眼镜。 身体防护：穿防腐工作服。 手防护：戴橡皮胶手套。 其他防护：工作现场严禁吸烟。注意个人清洁卫生。进入罐、限制性空间或其他高浓度区作业，须有人监护。			
危险性类别		急性毒性—吸入，类别2；皮肤腐蚀/刺激，类别1；严重眼损伤/眼刺激，类别1。			

序号	1501	品名	氯甲酸苄酯	商品编码	2915.9000
别　名			苯甲氧基碳酰氯	CAS号	501-53-1
英文名			Benzyl chloroformate		
分子式			$C_8H_7ClO_2$		
外观与性状			无色油状液体。		
主要用途			用于生化研究及肽合成的保护基。		
危险特性			本品遇明火、高热可燃；遇水或水蒸气反应发热放出有毒的腐蚀性气体；遇潮时对大多数金属有腐蚀性；若遇高热，容器内压增大，有开裂和爆炸的危险；受高热分解，放出有毒的烟气。		
健康危害			吸入、摄入或经皮肤吸收本品后会中毒，对眼睛、皮肤和黏膜有强烈刺激作用，可引起灼伤。吸入，会引起喉、支气管炎症、痉挛、化学性肺炎、肺水肿。		
防护措施			呼吸系统防护：可能接触其蒸气时，应该佩戴防毒口罩。紧急事态抢救或逃生时，佩戴自给式呼吸器。 眼睛防护：戴化学安全防护眼镜。 身体防护：穿防腐工作服。 手防护：戴橡胶手套。 其他防护：工作现场严禁吸烟。注意个人清洁卫生。进入罐、限制性空间或其他高浓度区作业，须有人监护。		
危险性类别			皮肤腐蚀/刺激，类别1B；严重眼损伤/眼刺激，类别1；特异性靶器官毒性—单次接触，类别3（呼吸道刺激）；危害水生环境—急性危害，类别1；危害水生环境—长期危害，类别1。		

序号	1502	品名	氯甲酸环丁酯	商品编码	2915.9000
别　名				CAS号	81228-87-7
英文名			Cyclobutyl chloroformate		
分子式			$C_5H_7ClO_2$		
防护措施			呼吸系统防护：空气中浓度较高时，应该佩戴防毒面具。紧急事态抢救或逃生时，佩戴自给式呼吸器。 眼睛防护：戴化学安全防护眼镜。 身体防护：穿相应的防护服。 手防护：戴防化学品手套。 其他防护：工作现场严禁吸烟。注意个人清洁卫生。进入罐、限制性空间或其他高浓度区作业，须有人监护。		
危险性类别			易燃液体，类别3；急性毒性—吸入，类别3；皮肤腐蚀/刺激，类别1；严重眼损伤/眼刺激，类别1。		

序号	1503	品名	氯甲酸甲酯		商品编码	2915.9000
别　名		氯碳酸甲酯			CAS 号	79-22-1
英文名		Methyl chloroformate				
分子式		$C_2H_3ClO_2$				
外观与性状		无色透明液体。				
主要用途		用于有机合成及制造杀虫剂，也用于制取催泪性毒气。				
危险特性		本品遇明火、高热易引起燃烧，并放出有毒气体；遇水或水蒸气反应放热并产生有毒的腐蚀性气体；具有腐蚀性。				
健康危害		本品对呼吸道、眼结膜有剧烈刺激作用。人接触后表现为眼睛、上呼吸道刺激及表皮灼伤；较高浓度时发生肺水肿。本品刺激强度为氯气的5倍，涂于豚鼠皮肤引起深度坏死及形成焦痂；与兔眼接触造成永久性角膜损害。				
防护措施		呼吸系统防护：可能接触其蒸气时，佩戴自吸过滤式防毒面具（全面罩）。必要时，佩戴空气呼吸器。 眼睛防护：戴化学安全防护眼镜。 身体防护：穿防毒物渗透工作服。 手防护：戴橡胶耐油手套。 其他防护：工作现场严禁吸烟。工作完毕，淋浴更衣。特别注意眼睛和呼吸道的防护。				
危险性类别		易燃液体，类别2；急性毒性—吸入，类别2＊；皮肤腐蚀/刺激，类别1B；严重眼损伤/眼刺激，类别1；危害水生环境—急性危害，类别2。				

序号	1504	品名	氯甲酸三氯甲酯		商品编码	2915.9000
别　名		双光气			CAS 号	503-38-8
英文名		Diphosgene				
分子式		$C_2Cl_4O_2$				
外观与性状		无色液体。				
主要用途		用于有机合成。				
危险特性		本品受热分解能放出剧毒的光气；遇水反应发热放出有毒的腐蚀性气体。				
健康危害		本品是窒息性毒剂。主要作用于呼吸器官，引起急性中毒性肺水肿，严重者窒息死亡。				
防护措施		呼吸系统防护：空气中浓度较高时，应该佩戴防毒面具。紧急事态抢救或逃生时，佩戴自给式呼吸器。 眼睛防护：戴化学安全防护眼镜。 身体防护：穿相应的防护服。 手防护：戴防化学品手套。 其他防护：工作现场严禁吸烟。注意个人清洁卫生。进入罐、限制性空间或其他高浓度区作业，须有人监护。				
危险性类别		急性毒性—经口，类别2；急性毒性—吸入，类别2；皮肤腐蚀/刺激，类别1；严重眼损伤/眼刺激，类别1。				

序号	1505	品名	氯甲酸烯丙基酯(稳定的)	商品编码	2915.9000
别 名				CAS 号	2937-50-0
英文名		Allyl chloroformate			
分子式		$C_4H_5ClO_2$			
外观与性状		无色液体，有强刺激性。			
主要用途		用于有机合成。			
危险特性		本品蒸气与空气形成爆炸性混合物，遇明火、高热或与氧化剂接触，有引起燃烧爆炸的危险；其蒸气比空气重，能在较低处扩散到相当远的地方，遇明火会着火回燃；若遇高热，容器内压增大，有开裂和爆炸的危险；遇潮时对大多数金属有腐蚀性；受高热分解，放出高毒的烟气。			
健康危害		本品对眼睛、皮肤和黏膜有强烈刺激性，并有腐蚀性。吸入，可引起喉、支气管痉挛、炎症，化学性肺炎、肺水肿等症状。接触后，可引起头痛、恶心、呕吐、咳嗽、气短等症状。			
防护措施		呼吸系统防护：可能接触其蒸气时，应该佩戴防毒口罩。紧急事态抢救或逃生时，佩戴自给式呼吸器。 眼睛防护：戴化学安全防护眼镜。 身体防护：穿防腐工作服。 手防护：戴橡胶手套。 其他防护：工作现场严禁吸烟。注意个人清洁卫生。进入罐、限制性空间或其他高浓度区作业，须有人监护。			
危险性类别		易燃液体，类别3；急性毒性—经口，类别3；皮肤腐蚀/刺激，类别1；严重眼损伤/眼刺激，类别1。			

序号	1506	品名	氯甲酸乙酯	商品编码	2915.9000
别　名			氯碳酸乙酯	CAS 号	541-41-3
英文名			Ethyl chloroformate		
分子式			$C_3H_5ClO_2$		
外观与性状			无色透明液体。		
主要用途			用于有机合成及用作溶剂。		
危险特性			本品遇明火、高热易引起燃烧，并放出有毒气体；遇水或水蒸气反应放热并产生有毒的腐蚀性气体；具有腐蚀性。		
健康危害			人接触本品后主要中毒表现为眼睛及上呼吸道刺激；高浓度时可发生肺水肿。本品涂于豚鼠皮肤引起深度坏死及形成焦痂；与兔眼接触造成永久性角膜损害。		
防护措施			呼吸系统防护：可能接触其蒸气时，佩戴自吸过滤式防毒面具（半面罩）。必要时，佩戴空气呼吸器。 眼睛防护：戴化学安全防护眼镜。 身体防护：穿防毒物渗透工作服。 手防护：戴橡胶耐油手套。 其他防护：工作现场严禁吸烟。工作完毕，淋浴更衣。特别注意眼睛和呼吸道的防护。		
危险性类别			易燃液体，类别 2；急性毒性—吸入，类别 2*；皮肤腐蚀/刺激，类别 1B；严重眼损伤/眼刺激，类别 1；危害水生环境—急性危害，类别 2。		

序号	1507	品名	氯甲酸异丙酯	商品编码	2915.9000
别　名				CAS 号	108-23-6
英文名			Isopropyl chloroformate		
分子式			$C_4H_7ClO_2$		
外观与性状			无色透明液体。		
主要用途			用作农药中间体。		
危险特性			本品蒸气与空气可形成爆炸性混合物，遇明火、高热或与氧化剂接触，有引起燃烧爆炸的危险；受热分解能放出剧毒的光气；遇水或水蒸气反应放热并产生有毒的腐蚀性气体；其蒸气比空气重，能在较低处扩散到相当远的地方，遇火源会着火回燃。		
健康危害			人接触本品后中毒表现为眼睛及上呼吸道刺激；高浓度时可发生肺水肿。本品涂于豚鼠皮肤引起深度坏死及形成焦痂；与兔眼接触造成永久性角膜损害。		
防护措施			呼吸系统防护：可能接触其蒸气时，佩戴自吸过滤式防毒面具（半面罩）。必要时，佩戴空气呼吸器。 眼睛防护：戴化学安全防护眼镜。 身体防护：穿防毒物渗透工作服。 手防护：戴橡胶耐油手套。 其他防护：工作现场严禁吸烟。工作完毕，淋浴更衣。特别注意眼睛和呼吸道的防护。		
危险性类别			易燃液体，类别 2；急性毒性—吸入，类别 1；皮肤腐蚀/刺激，类别 1；严重眼损伤/眼刺激，类别 1；特异性靶器官毒性—单次接触，类别 2。		

序号	1508	品名	氯甲酸异丁酯		商品编码	2915.9000
别　名					CAS 号	543-27-1
英文名	Isobutyl chloroformate					
分子式	$C_5H_9ClO_2$					
外观与性状	无色液体。					
主要用途	用于有机合成。					
危险特性	本品遇明火、高热易燃；遇水或受热分解，放出有毒的腐蚀性烟气；其蒸气比空气重，能在较低处扩散到相当远的地方，遇火源会着火回燃；若遇高热，容器内压增大，有开裂和爆炸的危险。					
健康危害	吸入、口服或经皮肤吸收本品对身体有害，对眼睛、黏膜和皮肤有腐蚀性。					
防护措施	呼吸系统防护：可能接触其蒸气时，建议佩戴自吸过滤式防毒面具（半面罩）。紧急事态抢救或撤离时，建议佩戴隔离式呼吸器。 眼睛防护：戴化学安全防护眼镜。 身体防护：穿防毒物渗透工作服。 手防护：戴橡胶耐油手套。 其他防护：工作现场禁止吸烟、进食和饮水。特别注意眼睛和呼吸道的防护。工作完毕，彻底清洗。单独存放被毒物污染的衣服，洗后备用。					
危险性类别	易燃液体，类别 3；急性毒性—吸入，类别 3*；皮肤腐蚀/刺激，类别 1；严重眼损伤/眼刺激，类别 1。					

序号	1509	品名	氯甲酸正丁酯		商品编码	2915.9000
别　名	氯甲酸丁酯				CAS 号	592-34-7
英文名	Butyl chloroformate					
分子式	C_5H_9ClO					
外观与性状	无色液体，有刺激性气味。					
主要用途	用于有机合成。					
危险特性	本品遇明火、高热易燃；遇水或受热分解，放出有毒的腐蚀性烟气；其蒸气比空气重，能在较低处扩散到相当远的地方，遇火源会着火回燃；若遇高热，容器内压增大，有开裂和爆炸的危险。					
健康危害	吸入、口服或经皮肤吸收本品对身体有害，对眼睛、黏膜和皮肤有腐蚀性。					
防护措施	呼吸系统防护：可能接触其蒸气时，建议佩戴自吸过滤式防毒面具（半面罩）。紧急事态抢救或撤离时，建议佩戴隔离式呼吸器。 眼睛防护：戴化学安全防护眼镜。 身体防护：穿防毒物渗透工作服。 手防护：戴橡胶耐油手套。 其他防护：工作现场禁止吸烟、进食和饮水。特别注意眼睛和呼吸道的防护。工作完毕，彻底清洗。单独存放被毒物污染的衣服，洗后备用。					
危险性类别	易燃液体，类别 3；急性毒性—吸入，类别 3*；皮肤腐蚀/刺激，类别 1B；严重眼损伤/眼刺激，类别 1。					

序号	1510	品名	氯甲酸正丙酯	商品编码	2915.9000
别 名			氯甲酸丙酯	CAS 号	109-61-5
英文名			Propyl chloroformate		
分子式			$C_4H_7ClO_2$		
外观与性状			无色液体。		
主要用途			用于有机合成。		
危险特性			本品遇明火有引起燃烧的危险；遇水或受热会反应放出具有刺激性和腐蚀性的白色氯化氢烟雾。		
健康危害			本品对眼睛、皮肤、黏膜和呼吸道有强烈的刺激作用，吸入、口服或经皮肤吸收后可致死。吸入后可因喉、支气管的痉挛、水肿，化学性肺炎、肺水肿而致死；可致皮肤和眼睛灼伤。		
防护措施			呼吸系统防护：可能接触其蒸气时，应该佩戴自吸过滤式防毒面具（半面罩）。紧急事态抢救或撤离时，佩戴氧气呼吸器。 眼睛防护：戴化学安全防护眼镜。 身体防护：穿防毒物渗透工作服。 手防护：戴橡胶耐油手套。 其他防护：工作现场禁止吸烟、进食和饮水。现场备有冲洗眼睛及皮肤的设备。工作完毕，彻底清洗。单独存放被毒物污染的衣服，洗后备用。		
危险性类别			易燃液体，类别 2；急性毒性—吸入，类别 3*；皮肤腐蚀/刺激，类别 1B；严重眼损伤/眼刺激，类别 1；危害水生环境—急性危害，类别 2。		

序号	1511	品名	氯甲酸仲丁酯	商品编码	2915.9000
别 名				CAS 号	17462-58-7
英文名			Sec-butyl chloroformate		
分子式			$C_5H_9ClO_2$		
防护措施			呼吸系统防护：空气中浓度较高时，应该佩戴防毒面具。紧急事态抢救或逃生时，佩戴自给式呼吸器。 眼睛防护：戴化学安全防护眼镜。 身体防护：穿相应的防护服。 手防护：戴防化学品手套。 其他防护：工作现场严禁吸烟。注意个人清洁卫生。进入罐、限制性空间或其他高浓度区作业，须有人监护。		
危险性类别			易燃液体，类别 3；急性毒性—吸入，类别 3*；皮肤腐蚀/刺激，类别 1；严重眼损伤/眼刺激，类别 1。		

序号	1512	品名	氯甲烷	商品编码	2903.1100
别　名			R40；甲基氯；一氯甲烷	CAS 号	74-87-3
英文名			Methyl chloride		
分子式			CH_3Cl		
外观与性状			无色气体。		
主要用途			用作制冷剂、甲基化剂，还用于有机合成。		
危险特性			本品与空气混合能形成爆炸性混合物，遇火花或高热能引起爆炸，并生成光气；接触铝及其合金能生成自燃性的铝化合物。		
健康危害			本品有刺激和麻醉作用，严重损伤中枢神经系统，亦能损害肝、肾和睾丸。急性中毒：轻度者有头痛、眩晕、恶心、呕吐、视力模糊、步态蹒跚、精神错乱等；严重中毒时，可出现谵妄、躁动、抽搐、震颤、视力障碍、昏迷，呼气中有酮体味；尿中检出甲酸盐和酮体有助于诊断；皮肤接触可因氯甲烷在体表迅速蒸发而致冻伤。慢性影响：低浓度长期接触，可发生困倦、嗜睡、头痛、感觉异常、情绪不稳等症状，较重者有步态蹒跚、视力障碍及震颤等症状。		
防护措施			呼吸系统防护：空气中浓度超标时，佩戴过滤式防毒面具（半面罩）。紧急事态抢救或撤离时，必须佩戴正压自给式呼吸器。 眼睛防护：戴化学安全防护眼镜。 身体防护：穿透气型防毒服。 手防护：戴防化学品手套。 其他防护：工作现场禁止吸烟、进食和饮水。工作完毕，淋浴更衣。注意个人清洁卫生。		
危险性类别			易燃气体，类别 1；加压气体；特异性靶器官毒性—反复接触，类别 2＊。		

序号	1513	品名	氯甲烷和二氯甲烷混合物	商品编码	3827.9000
别　名				CAS 号	
防护措施			呼吸系统防护：空气中浓度较高时，应该佩戴防毒面具。紧急事态抢救或逃生时，佩戴自给式呼吸器。 眼睛防护：戴化学安全防护眼镜。 身体防护：穿相应的防护服。 手防护：戴防化学品手套。 其他防护：工作现场严禁吸烟。注意个人清洁卫生。进入罐、限制性空间或其他高浓度区作业，须有人监护。		
危险性类别			易燃气体，类别 1；加压气体；皮肤腐蚀/刺激，类别 2；严重眼损伤/眼刺激，类别 2A；致癌性，类别 2；特异性靶器官毒性—反复接触，类别 2＊。		

序号	1514	品名	2-氯间甲酚	商品编码	2908.1990
别　名			2-氯-3-羟基甲苯	CAS 号	608-26-4
英文名			2-chloro-m-cresol		
分子式			C_7H_7ClO		

防护措施	呼吸系统防护：空气中浓度较高时，应该佩戴防毒面具。紧急事态抢救或逃生时，佩戴自给式呼吸器。 眼睛防护：戴化学安全防护眼镜。 身体防护：穿相应的防护服。 手防护：戴防化学品手套。 其他防护：工作现场严禁吸烟。注意个人清洁卫生。进入罐、限制性空间或其他高浓度区作业，须有人监护。
危险性类别	危害水生环境—急性危害，类别 2；危害水生环境—长期危害，类别 2。

序号	1515	品名	6-氯间甲酚	商品编码	2908.1990
别　名			4-氯-5-羟基甲苯	CAS 号	615-74-7
英文名			Phenol,2-chloro-5-methyl-		
分子式			C_7H_7ClO		

外观与性状	无色结晶，具有苯酚气味。
主要用途	用作防腐剂、消毒剂。
危险特性	本品遇明火、高热可燃；受高热分解，放出高毒的烟气。
健康危害	吸入、摄入或经皮肤吸收本品后对身体有害，对眼睛、皮肤和黏膜有强烈的刺激作用，可致灼伤。吸入，可引起喉、支气管炎症、痉挛、化学性肺炎、肺水肿等症状。接触后可有头痛、恶心、呕吐、喉炎、气短、咳嗽等症状。
防护措施	呼吸系统防护：可能接触其蒸气时，佩戴防毒口罩。紧急事态抢救或逃生时，应该佩戴自给式呼吸器。 眼睛防护：戴化学安全防护眼镜。 身体防护：穿相应的防护服。 手防护：戴防化学品手套。 其他防护：工作现场严禁吸烟。注意个人清洁卫生。进入罐、限制性空间或其他高浓度区作业，须有人监护。
危险性类别	皮肤腐蚀/刺激，类别 2；皮肤致敏物，类别 1；危害水生环境—急性危害，类别 2；危害水生环境—长期危害，类别 2。

序号	1516	品名	4-氯邻甲苯胺盐酸盐	商品编码	2921.4300
别 名			盐酸-4-氯-2-甲苯胺	CAS 号	3165-93-3
英文名			Benzenamine,4-chloro-2-methyl-, hydrochloride (1∶1)		
分子式			C_7H_9Cl		
外观与性状			白色或灰白色粉末。		
主要用途			用作显色剂,并用于染料制造。		
危险特性			本品遇明火、高热可燃;受高热分解,放出有毒的烟气。		
健康危害			吸入、摄入或经皮肤吸收本品后会中毒,进入体内形成高铁血红蛋白,严重时可致紫绀。		
防护措施			呼吸系统防护:可能接触其粉尘时,佩戴防尘口罩。空气中浓度较高时,应该佩戴自给式呼吸器。 眼睛防护:可采用安全面罩。 身体防护:穿相应的防护服。 手防护:戴防化学品手套。 其他防护:工作现场严禁吸烟。注意个人清洁卫生。进入罐、限制性空间或其他高浓度区作业,须有人监护。		
危险性类别			急性毒性—经口,类别3*;急性毒性—经皮肤,类别3*;急性毒性—吸入,类别3*;生殖细胞致突变性,类别2;致癌性,类别1B;危害水生环境—急性危害,类别1;危害水生环境—长期危害,类别1。		

序号	1517	品名	N-(4-氯邻甲苯基)-N,N-二甲基甲脒盐酸盐	商品编码	2925.2900
别 名			杀虫脒盐酸盐	CAS 号	19750-95-9
英文名			Chlordimeform hydrochloride		
分子式			$C_{10}H_{14}Cl_2N_2$		
防护措施			呼吸系统防护:空气中浓度较高时,应该佩戴防毒面具。紧急事态抢救或逃生时,佩戴自给式呼吸器。 眼睛防护:戴化学安全防护眼镜。 身体防护:穿相应的防护服。 手防护:戴防化学品手套。 其他防护:工作现场严禁吸烟。注意个人清洁卫生。进入罐、限制性空间或其他高浓度区作业,须有人监护。		
危险性类别			急性毒性—经口,类别3;危害水生环境—急性危害,类别1;危害水生环境—长期危害,类别1。		

序号	1518	品名	2-氯三氟甲苯		商品编码	2903.9990
别　名		邻氯三氟甲苯			CAS 号	88-16-4
英文名		O-chlorobenzotrifluoride				
分子式		$C_7H_4ClF_3$				
外观与性状		无色透明液体。				
主要用途		用作药物、染料及化学品的中间体、溶剂及绝缘液。				
危险特性		本品遇明火、高热、氧化剂能燃烧，并散发出有毒气体。				
健康危害		本品对皮肤有刺激作用；高浓度对眼睛、黏膜和上呼吸道有强烈损害作用。接触可引起烧灼感、咳嗽、喘息、喉炎、气短、头痛、恶心和呕吐；过长时间接触可引起肺部刺激症状，胸痛、肺水肿。				
防护措施		呼吸系统防护：空气中浓度较高时，应该佩戴防毒面具。紧急事态抢救或逃生时，佩戴自给式呼吸器。 眼睛防护：戴化学安全防护眼镜。 身体防护：穿相应的防护服。 手防护：戴防化学品手套。 其他防护：工作现场严禁吸烟。注意个人清洁卫生。进入罐、限制性空间或其他高浓度区作业，须有人监护。				
危险性类别		危害水生环境—急性危害，类别 2；危害水生环境—长期危害，类别 2。				

序号	1519	品名	3-氯三氟甲苯		商品编码	2903.9990
别　名		间氯三氟甲苯			CAS 号	98-15-7
英文名		3-chlorobenzotrifluoride				
分子式		$C_7H_4ClF_3$				
外观与性状		无色透明液体。				
主要用途		用于制造染料、颜料、药物、农药。				
危险特性		本品遇高热、明火或氧化剂，有引起燃烧的危险；遇水或高热能放出大量有毒的气体。				
健康危害		吸入、摄入或经皮肤吸收本品后对身体有害。高浓度时，对眼睛、皮肤、黏膜和上呼吸道有强烈刺激作用。本品与空气中水分接触能释出有毒和腐蚀性氟化氢气体。				
防护措施		呼吸系统防护：应该佩戴口罩。高浓度环境中，佩戴防毒口罩。 眼睛防护：高浓度接触时，戴化学安全防护眼镜。 身体防护：穿防静电工作服。 手防护：高浓度环境中，戴防化学品手套。 其他防护：工作现场严禁吸烟。注意个人清洁卫生。进入罐、限制性空间或其他高浓度区作业，须有人监护。				
危险性类别		易燃液体，类别 3；危害水生环境—长期危害，类别 3。				

序号	1520	品名	4-氯三氟甲苯	商品编码	2903.9990
别 名			对氯三氟甲苯	CAS 号	98-56-6
英文名			4-chlorobenzotrifluoride		
分子式			$C_7H_4ClF_3$		
外观与性状			无色油状液体。		
主要用途			用于制造染料、颜料、药物、农药等。		
危险特性			本品遇高热、明火或氧化剂,有引起燃烧的危险;其蒸气比空气重,能在较低处扩散到相当远的地方,遇明火会着火回燃;遇水或高热能放出大量有毒的气体。		
健康危害			吸入、摄入或经皮肤吸收本品后对身体有害,对眼睛、皮肤、黏膜和上呼吸道有刺激作用。		
防护措施			呼吸系统防护:应该佩戴口罩。 眼睛防护:必要时戴化学安全防护眼镜。 身体防护:穿防静电工作服。 手防护:必要时戴防化学品手套。 其他防护:工作现场严禁吸烟。注意个人清洁卫生。进入罐、限制性空间或其他高浓度区作业,须有人监护。		
危险性类别			易燃液体,类别 3;危害水生环境—急性危害,类别 2;危害水生环境—长期危害,类别 2。		

序号	1521	品名	氯三氟甲烷和三氟甲烷共沸物	商品编码	3827.1100
别 名			R503	CAS 号	
防护措施			呼吸系统防护:空气中浓度较高时,应该佩戴防毒面具。紧急事态抢救或逃生时,佩戴自给式呼吸器。 眼睛防护:戴化学安全防护眼镜。 身体防护:穿相应的防护服。 手防护:戴防化学品手套。 其他防护:工作现场严禁吸烟。注意个人清洁卫生。进入罐、限制性空间或其他高浓度区作业,须有人监护。		
危险性类别			加压气体;危害臭氧层,类别 1。		

序号	1522	品名 氯四氟乙烷	商品编码	2903.7910
别 名		R124	CAS 号	63938-10-3
英文名		Ethane, chlorotetrafluoro-		
分子式		C_2HClF_4		
外观与性状		无色、非易燃气体。		
危险特性		本品若遇高热，容器内压增大，有开裂和爆炸的危险。		
健康危害		本品经热解能放出有高毒的氯离子和氟离子烟雾。		
防护措施		呼吸系统防护：空气中浓度较高时，应该佩戴防毒面具。紧急事态抢救或逃生时，佩戴自给式呼吸器。 眼睛防护：戴化学安全防护眼镜。 身体防护：穿相应的防护服。 手防护：戴防化学品手套。 其他防护：工作现场严禁吸烟。注意个人清洁卫生。进入罐、限制性空间或其他高浓度区作业，须有人监护。		
危险性类别		加压气体；特异性靶器官毒性—单次接触，类别3（麻醉效应）；危害臭氧层，类别1。		

序号	1523	品名 氯酸铵	商品编码	2829.1990
别 名			CAS 号	10192-29-7
英文名		Ammonium chlorate		
分子式		ClH_4NO_3		
外观与性状		本品为白色结晶或块状。		
主要用途		本品为化学药品，爆炸品，也用作氧化剂。		
防护措施		呼吸系统防护：空气中浓度较高时，应该佩戴防毒面具。紧急事态抢救或逃生时，佩戴自给式呼吸器。 眼睛防护：戴化学安全防护眼镜。 身体防护：穿相应的防护服。 手防护：戴防化学品手套。 其他防护：工作现场严禁吸烟。注意个人清洁卫生。进入罐、限制性空间或其他高浓度区作业，须有人监护。		
危险性类别		爆炸物，不稳定爆炸物。		

序号	1524	品名	氯酸钡	商品编码	2829.1990
别名				CAS 号	13477-00-4
英文名	Barium chlorate				
分子式	$BaCl_2O_6$				
外观与性状	本品为无色棱形结晶或白色粉末。				
主要用途	用作分析试剂,也用于烟花和炸药的制造。				
危险特性	本品是强氧化剂,与还原剂、有机物、易燃物如硫、磷或金属粉末等混合可形成爆炸性混合物;与硫酸接触容易发生爆炸;急剧加热时可发生爆炸。				
健康危害	本品属可溶性钡盐,有较高毒性,吸入后刺激上呼吸道;眼睛和皮肤接触有刺激性;口服可引起腹痛、恶心、呕吐、腹泻、脉缓、面色苍白、紫绀、呼吸困难、流涎、惊厥、昏迷、胃肠出血、进行性肌麻痹、心律紊乱等;可致死。慢性影响:长期接触钡化合物的工人,可有无力、气促、流涎、口腔黏膜肿胀、糜烂、鼻炎、结膜炎、腹泻、心动过速、血压增高、脱发等症状。				
防护措施	呼吸系统防护:可能接触其粉尘时,建议佩戴自吸过滤式防尘口罩。 眼睛防护:戴化学安全防护眼镜。 身体防护:穿胶布防毒衣。 手防护:戴橡胶手套。 其他防护:工作现场禁止吸烟、进食和饮水。工作完毕,淋浴更衣。保持良好的卫生习惯。				
危险性类别	氧化性固体,类别1;危害水生环境—急性危害,类别2;危害水生环境—长期危害,类别2。				

序号	1525	品名	氯酸钙	商品编码	2829.1990
别名				CAS 号	10137-74-3
英文名	Calcium chlorate				
分子式	$CaCl_2O_6$				
防护措施	呼吸系统防护:空气中浓度较高时,应该佩戴防毒面具。紧急事态抢救或逃生时,佩戴自给式呼吸器。 眼睛防护:戴化学安全防护眼镜。 身体防护:穿相应的防护服。 手防护:戴防化学品手套。 其他防护:工作现场严禁吸烟。注意个人清洁卫生。进入罐、限制性空间或其他高浓度区作业,须有人监护。				
危险性类别	氧化性固体,类别2。				

序号	1526	品名	氯酸钙溶液	商品编码	2829.1990
别　名				CAS 号	

防护措施	呼吸系统防护：空气中浓度较高时，应该佩戴防毒面具。紧急事态抢救或逃生时，佩戴自给式呼吸器。 眼睛防护：戴化学安全防护眼镜。 身体防护：穿相应的防护服。 手防护：戴防化学品手套。 其他防护：工作现场严禁吸烟。注意个人清洁卫生。进入罐、限制性空间或其他高浓度区作业，须有人监护。
危险性类别	氧化性液体，类别 3 *。

序号	1527	品名	氯酸钾	商品编码	2829.1910
别　名				CAS 号	3811-04-9

英文名	Potassium chlorate
分子式	$ClKO_3$
外观与性状	无色透明有光泽的结晶或白色颗粒或粉末。
主要用途	用于火柴、烟花、炸药的制造，以及合成印染、医药，也用作分析试剂。
危险特性	本品是强氧化剂，常温下稳定，在 400℃ 以上则分解并放出氧气；与还原剂、有机物、易燃物如硫、磷或金属粉末等混合可形成爆炸性混合物；急剧加热时可发生爆炸。
健康危害	本品对人的致死量约 10g。口服急性中毒表现为高铁血红蛋白血症，胃肠炎，肝肾损害，甚至窒息。其粉尘对呼吸道有刺激性。
防护措施	呼吸系统防护：可能接触其粉尘时，建议佩戴自吸过滤式防尘口罩。 眼睛防护：戴化学安全防护眼镜。 身体防护：穿聚乙烯防毒服。 手防护：戴橡胶手套。 其他防护：工作现场禁止吸烟、进食和饮水。工作完毕，淋浴更衣。保持良好的卫生习惯。
危险性类别	氧化性固体，类别 1；危害水生环境—急性危害，类别 2；危害水生环境—长期危害，类别 2。

序号	1528	品名	氯酸钾溶液	商品编码	2829.1910
别　名				CAS 号	

防护措施	呼吸系统防护：空气中浓度较高时，应该佩戴防毒面具。紧急事态抢救或逃生时，佩戴自给式呼吸器。 眼睛防护：戴化学安全防护眼镜。 身体防护：穿相应的防护服。 手防护：戴防化学品手套。 其他防护：工作现场严禁吸烟。注意个人清洁卫生。进入罐、限制性空间或其他高浓度区作业，须有人监护。
危险性类别	氧化性液体，类别 3*；危害水生环境—急性危害，类别 2；危害水生环境—长期危害，类别 2。

序号	1529	品名	氯酸镁	商品编码	2829.1990
别　名				CAS 号	10326-21-3
英文名	Chloric acid, magnesiumsalt（2∶1）				
分子式	$ClHO_3 \cdot 1/2Mg$				
外观与性状	白色结晶或粉末，味苦，有潮解性。				
主要用途	用于医药、干燥剂及脱叶剂。				
危险特性	本品是无机氧化剂，与还原剂、有机物、易燃物如硫、磷或金属粉末等混合可形成爆炸性混合物。				
健康危害	本品对呼吸道有刺激性，为高铁血红蛋白形成剂。接触后出现头痛、头昏、虚弱；高浓度可致呼吸紊乱、虚脱甚至死亡；眼睛和皮肤接触有刺激性，可致灼伤。				
防护措施	呼吸系统防护：可能接触其粉尘时，建议佩戴自吸过滤式防尘口罩。 眼睛防护：戴化学安全防护眼镜。 身体防护：穿胶布防毒衣。 手防护：戴橡胶手套。 其他防护：工作现场禁止吸烟、进食和饮水。工作完毕，淋浴更衣。保持良好的卫生习惯。				
危险性类别	氧化性固体，类别 2。				

序号	1530	品名	氯酸钠	商品编码	2829.1100
别名				CAS号	7775-09-9

英文名	Sodium chlorate
分子式	$ClNaO_3$
外观与性状	外观白色粉末。
主要用途	用作氧化剂及制氯酸盐、除草剂、医药品等，也用于冶金矿石处理。
危险特性	本品是强氧化剂，受强热或与强酸接触时即发生爆炸；与还原剂、有机物、易燃物如硫、磷或金属粉末等混合可形成爆炸性混合物；急剧加热时可发生爆炸。
健康危害	本品粉尘对呼吸道、眼睛及皮肤有刺激性；口服急性中毒，表现为高铁血红蛋白血症、胃肠炎、肝肾损伤，甚至发生窒息。
防护措施	呼吸系统防护：可能接触其粉尘时，建议佩戴自吸过滤式防尘口罩。 眼睛防护：戴化学安全防护眼镜。 身体防护：穿聚乙烯防毒服。 手防护：戴橡胶手套。 其他防护：工作现场禁止吸烟、进食和饮水。工作完毕，淋浴更衣。保持良好的卫生习惯。
危险性类别	氧化性固体，类别1；危害水生环境—急性危害，类别2；危害水生环境—长期危害，类别2。

序号	1531	品名	氯酸钠溶液	商品编码	2829.1100
别名				CAS号	7775-09-9

防护措施	呼吸系统防护：空气中浓度较高时，应该佩戴防毒面具。紧急事态抢救或逃生时，佩戴自给式呼吸器。 眼睛防护：戴化学安全防护眼镜。 身体防护：穿相应的防护服。 手防护：戴防化学品手套。 其他防护：工作现场严禁吸烟。注意个人清洁卫生。进入罐、限制性空间或其他高浓度区作业，须有人监护。
危险性类别	氧化性液体，类别3*；危害水生环境—急性危害，类别2；危害水生环境—长期危害，类别2。

序号	1532	品名	氯酸溶液（浓度≤10%）	商品编码	2811.1990
别　名				CAS 号	7790-93-4
英文名	Chloric acid				
分子式	$ClHO_3$				
防护措施	呼吸系统防护：空气中浓度较高时，应该佩戴防毒面具。紧急事态抢救或逃生时，佩戴自给式呼吸器。 眼睛防护：戴化学安全防护眼镜。 身体防护：穿相应的防护服。 手防护：戴防化学品手套。 其他防护：工作现场严禁吸烟。注意个人清洁卫生。进入罐、限制性空间或其他高浓度区作业，须有人监护。				
危险性类别	氧化性液体，类别 2*；金属腐蚀物，类别 1。				

序号	1533	品名	氯酸铊	商品编码	2829.1990
别　名				CAS 号	13453-30-0
英文名	Chloric acid, thallium(1+) salt				
分子式	$ClHO_3 \cdot Tl$				
外观与性状	白色针状结晶或粉末。				
危险特性	本品是强氧化剂，与铵盐、可燃物、还原剂、金属粉末能形成爆炸性混合物；经摩擦、震动或撞击可引起燃烧或爆炸；与硫酸接触容易发生爆炸；受高热分解，放出有毒的烟气。				
健康危害	本品高毒，粉尘对眼睛、黏膜有刺激作用，吸入、摄入或经皮肤吸收后均可引起中毒。中毒症状有恶心、呕吐、腹痛、四肢无力、周围神经炎、痛觉敏感，严重时产生谵妄、精神失常、晕厥等。全身毛发脱落是其中毒的特征，但眉毛内侧 1/3 不受侵犯。				
防护措施	呼吸系统防护：空气中浓度较高时，应该佩戴防毒面具。紧急事态抢救或逃生时，佩戴自给式呼吸器。 眼睛防护：戴化学安全防护眼镜。 身体防护：穿相应的防护服。 手防护：戴防化学品手套。 其他防护：工作现场严禁吸烟。注意个人清洁卫生。进入罐、限制性空间或其他高浓度区作业，须有人监护。				
危险性类别	氧化性固体，类别 2；急性毒性—经口，类别 2*；急性毒性—吸入，类别 2*；特异性靶器官毒性—反复接触，类别 2*；危害水生环境—急性危害，类别 2；危害水生环境—长期危害，类别 2。				

序号	1534	品名	氯酸铯	商品编码	2829.1990
别名				CAS 号	13763-67-2
英文名	Perchloric acid				
分子式	$ClCsO_4$				
防护措施	呼吸系统防护：空气中浓度较高时，应该佩戴防毒面具。紧急事态抢救或逃生时，佩戴自给式呼吸器。 眼睛防护：戴化学安全防护眼镜。 身体防护：穿相应的防护服。 手防护：戴防化学品手套。 其他防护：工作现场严禁吸烟。注意个人清洁卫生。进入罐、限制性空间或其他高浓度区作业，须有人监护。				
危险性类别	氧化性固体，类别 2。				

序号	1535	品名	氯酸锶	商品编码	2829.1990
别名				CAS 号	7791-10-8
英文名	Strontium chlorate				
分子式	Cl_2O_6Sr				
外观与性状	无色或白色结晶粉末。溶于水，微溶于酒精。				
主要用途	用于制造红色烟火。				
危险特性	本品是强氧化剂，与铵盐、可燃物、还原剂、金属粉末能形成爆炸性混合物；经摩擦、震动或撞击可引起燃烧或爆炸；与硫酸接触容易发生爆炸；受高热分解，放出有毒的烟气。				
健康危害	本品具有刺激作用，误服可引起恶心、胃部不适。目前，尚无职业中毒的报告。				
防护措施	呼吸系统防护：应该佩戴口罩。 眼睛防护：一般不需特殊防护。必要时可采用安全面罩。 身体防护：穿紧袖工作服，长筒胶鞋。 手防护：戴防护手套。 其他防护：工作现场严禁吸烟。注意个人清洁卫生。进入罐、限制性空间或其他高浓度区作业，须有人监护。				
危险性类别	氧化性固体，类别 2。				

序号	1536	品名	氯酸铜		商品编码	2829.1990
别　名					CAS 号	26506-47-8
英文名	Chloric acid, coppersalt					
分子式	Cl_2CuO_6					
外观与性状	蓝色至绿色易潮解的结晶。					
主要用途	用于染色、印花。					
危险特性	本品是强氧化剂，与铵盐、可燃物、还原剂、金属粉末能形成爆炸性混合物；经摩擦、震动或撞击可引起燃烧或爆炸；与硫酸接触容易发生爆炸；受高热分解，放出有毒的烟气。					
健康危害	本品对眼睛、黏膜有刺激作用，溅入眼内可引起结膜炎、角膜溃疡和角膜混浊；可发生接触性皮炎；误服可致急性胃肠炎；长期吸入尚可引起肺部纤维组织增生。					
防护措施	呼吸系统防护：空气中浓度较高时，应该佩戴防毒面具。紧急事态抢救或逃生时，佩戴自给式呼吸器。 眼睛防护：戴化学安全防护眼镜。 身体防护：穿相应的防护服。 手防护：戴防化学品手套。 其他防护：工作现场严禁吸烟。注意个人清洁卫生。进入罐、限制性空间或其他高浓度区作业，须有人监护。					
危险性类别	氧化性固体，类别 2。					

序号	1537	品名	氯酸锌		商品编码	2829.1990
别　名					CAS 号	10361-95-2
英文名	Chloric acid, zinc salt					
分子式	$ClHO_3 \cdot 1/2Zn$					
外观与性状	无色至黄色易潮解的结晶。					
主要用途	用作氧化剂。					
危险特性	本品是强氧化剂，加热至 60℃ 以上发生分解爆炸；与铵盐、可燃物、还原剂、金属粉末能形成爆炸性混合物；经摩擦、震动或撞击可引起燃烧或爆炸；与硫酸接触容易发生爆炸；受高热分解，放出有毒的烟气。					
健康危害	本品对眼睛、皮肤和黏膜有刺激作用。吸入可引起支气管肺炎；误服可引起恶心、呕吐、腹痛、腹泻等急性胃肠炎的症状。					
防护措施	呼吸系统防护：佩戴防毒口罩。高浓度环境中，建议佩戴防毒面具。 眼睛防护：可采用安全面罩。 身体防护：穿紧袖工作服，长筒胶鞋。 手防护：戴防护手套。 其他防护：工作现场严禁吸烟。注意个人清洁卫生。进入罐、限制性空间或其他高浓度区作业，须有人监护。					
危险性类别	氧化性固体，类别 2；危害水生环境—急性危害，类别 1；危害水生环境—长期危害，类别 1。					

序号	1538	品名	氯酸银	商品编码	2843.2900
别 名				CAS 号	7783-92-8
英文名		Chloric acid, silver(1+) salt			
分子式		Ag·ClHO$_3$			
外观与性状		白色四角形结晶。			
主要用途		用作氧化剂，并用于有机合成。			
危险特性		本品是强氧化剂，与铵盐、可燃物、还原剂、金属粉末能形成爆炸性混合物；经摩擦、震动或撞击可引起燃烧或爆炸；与硫酸接触容易发生爆炸；受高热分解，放出有毒的烟气。			
健康危害		本品对皮肤和黏膜的刺激性强。高温下，能释出有毒的烟雾，吸入会中毒。长期接触可能引起全身银质沉着症，皮肤及眼结膜（或角膜）色素沉着，慢性支气管炎等。			
防护措施		呼吸系统防护：空气中浓度较高时，应该佩戴防毒面具。紧急事态抢救或逃生时，佩戴自给式呼吸器。 眼睛防护：戴化学安全防护眼镜。 身体防护：穿相应的防护服。 手防护：戴防化学品手套。 其他防护：工作现场严禁吸烟。注意个人清洁卫生。进入罐、限制性空间或其他高浓度区作业，须有人监护。			
危险性类别		氧化性固体，类别2。			

序号	1539	品名	1-氯戊烷	商品编码	2903.1990
别 名		氯代正戊烷		CAS 号	543-59-9
英文名		1-chloropentane			
分子式		C$_5$H$_{11}$Cl			
外观与性状		易燃液体。			
主要用途		用作化学中间体。			
危险特性		本品蒸气与空气形成爆炸性混合物，遇明火、高热能引起燃烧爆炸；与氧化剂能发生强烈反应；其蒸气比空气重，能在较低处扩散到相当远的地方，遇明火会着火回燃；若遇高热，容器内压增大，有开裂和爆炸的危险。			
健康危害		吸入、摄入、或经皮肤吸收本品对身体有害，其蒸气或雾对眼睛、皮肤、黏膜和上呼吸道有刺激性。			
防护措施		呼吸系统防护：空气中浓度较高时，应该佩戴防毒面具。 眼睛防护：必要时戴化学安全防护眼镜。 身体防护：穿防静电工作服。 手防护：必要时戴防护手套。 其他防护：工作现场严禁吸烟。注意个人清洁卫生。进入罐、限制性空间或其他高浓度区作业，须有人监护。			
危险性类别		易燃液体，类别2。			

序号	1540	品名	2-氯硝基苯		商品编码	2904.9900
别 名		邻氯硝基苯			CAS 号	88-73-3
英文名		2-nitrochlorobenzene				
分子式		$C_6H_4ClNO_2$				
外观与性状		浅黄色单斜针状结晶。				
主要用途		用作有机合成中间体。				
危险特性		本品遇明火、高热可燃；与强氧化剂可发生反应；受高热分解，产生有毒的氮氧化物和氯化物气体；具有腐蚀性。				
健康危害		对黏膜和皮肤有刺激作用，吸收后，产生高铁血红蛋白血症。急性中毒病人可有头痛、头昏、乏力、皮肤黏膜、紫绀、手指麻木等症状；严重者可出现胸闷、呼吸困难、心悸，甚至发生心律紊乱、昏迷、抽搐、呼吸麻痹；有时可引起溶血性贫血、肝损害。慢性中毒有头痛、乏力、失眠、记忆力减退等神经衰弱征候群；有慢性溶血时，可出现黄疸、贫血；还可引起中毒性肝炎。				
防护措施		呼吸系统防护：空气中浓度超标时，佩戴防毒面具。紧急事态抢救或逃生时，应该佩戴自给式呼吸器。 眼睛防护：戴安全防护眼镜。 身体防护：穿紧袖工作服，长筒胶鞋。 手防护：戴橡皮手套。 其他防护：工作现场严禁吸烟。注意个人清洁卫生。进入罐、限制性空间或其他高浓度区作业，须有人监护。				
危险性类别		急性毒性—经口，类别 3；急性毒性—经皮肤，类别 3；急性毒性—吸入，类别 3；严重眼损伤/眼刺激，类别 2B；特异性靶器官毒性—反复接触，类别 1；危害水生环境—长期危害，类别 3。				

序号	1541	品名	氯硝基苯异构体混合物		商品编码	2904.9900
别 名		混合硝基氯化苯；冷母液			CAS 号	25167-93-5
英文名		Altitran				
分子式		$C_6H_4ClNO_2$				
防护措施		呼吸系统防护：空气中浓度较高时，应该佩戴防毒面具。紧急事态抢救或逃生时，佩戴自给式呼吸器。 眼睛防护：戴化学安全防护眼镜。 身体防护：穿相应的防护服。 手防护：戴防化学品手套。 其他防护：工作现场严禁吸烟。注意个人清洁卫生。进入罐、限制性空间或其他高浓度区作业，须有人监护。				
危险性类别		急性毒性—经口，类别 3*；急性毒性—经皮肤，类别 3*；急性毒性—吸入，类别 3*；危害水生环境—长期危害，类别 3*。				

序号	1542	品名	3-氯硝基苯	商品编码	2904.9900
别　名			间氯硝基苯	CAS 号	121-73-3
英文名			3-nitrochlorobenzene		
分子式			$C_6H_4ClNO_2$		
外观与性状			浅黄色斜方棱晶。		
主要用途			用作有机合成中间体。		
危险特性			本品遇明火能燃烧；受高热分解，产生有毒的氮氧化物和氯化物气体；与强氧化剂接触可发生化学反应。		
健康危害			本品有刺激作用，引起高铁血红蛋白血症、溶血性贫血及中枢神经系统抑制。主要中毒表现有眼睛及上呼吸道刺激症状、头痛、头昏、呼吸困难、紫绀、贫血、血尿、血红蛋白、管型尿、恶心、呕吐、腹部疼痛、嗜睡、兴奋和幻觉，以及肌肉无力和共济失调。		
防护措施			呼吸系统防护：可能接触其粉尘时，佩戴自吸过滤式防尘口罩。 眼睛防护：戴安全防护眼镜。 身体防护：穿防毒物渗透工作服。 手防护：戴橡胶手套。 其他防护：工作现场禁止吸烟、进食和饮水。及时换洗工作服。工作前后不饮酒，用温水洗澡。实行就业前和定期的体检。		
危险性类别			危害水生环境—急性危害，类别 2；危害水生环境—长期危害，类别 2。		

序号	1543	品名	氯溴甲烷	商品编码	2903.7990
别　名			甲撑溴氯；溴氯甲烷	CAS 号	74-97-5
英文名			Bromochloromethane		
分子式			CH_2BrCl		
外观与性状			无色透明液体。		
主要用途			用作小型灭火剂，还用作矿物浮选剂和涂料的渗透剂。		
危险特性			本品受高热分解释放出有毒的气体；与碱金属能发生剧烈反应。		
健康危害			本品具有刺激性，高浓度时有麻醉作用。接触后引起眼睛和喉咙刺激，精神错乱，头晕，甚至发生神志丧失；皮肤接触液状氯溴甲烷，引起刺痛感，继续接触可致皮炎；长期或反复接触，对皮肤有刺激作用。		
防护措施			呼吸系统防护：空气中浓度较高时，应该佩戴防毒面具。紧急事态抢救或逃生时，佩戴自给式呼吸器。 眼睛防护：戴化学安全防护眼镜。 身体防护：穿相应的防护服。 手防护：戴防化学品手套。 其他防护：工作现场严禁吸烟。注意个人清洁卫生。进入罐、限制性空间或其他高浓度区作业，须有人监护。		
危险性类别			皮肤腐蚀/刺激，类别 2；特异性靶器官毒性—单次接触，类别 3（麻醉效应）。		

序号	1544	品名	4-氯硝基苯	商品编码	2904.9900
别　名		对氯硝基苯;1-氯-4-硝基苯		CAS 号	100-00-5
英文名		4-chloronitrobenzene			
分子式		$C_6H_4ClNO_2$			
外观与性状		浅黄色结晶，微溶于冷乙醇，溶于热乙醇、乙醚、丙酮和苯等有机溶剂。			
主要用途		用作染料中间体及制药。			
危险特性		本品遇明火、高热可燃；与强氧化剂可发生反应；受高热分解，产生有毒的氮氧化物和氯化物气体；具有腐蚀性。			
健康危害		本品对黏膜和皮肤有刺激作用，引起高铁血红蛋白血症。急性中毒：中毒者可有头痛、头昏、乏力、皮肤黏膜紫绀、手指麻木等症状；严重者可出现胸闷、呼吸困难、心悸，甚至发生心律紊乱、昏迷、抽搐、呼吸麻痹；有时可引起溶血性贫血，肝损害。慢性中毒：中毒者有头痛、乏力、失眠、记忆力减退等神经衰弱征候群；有慢性溶血时，可引起黄疸、贫血；还可引起中毒性肝炎。			
防护措施		呼吸系统防护：空气中浓度超标时，佩戴防毒面具。紧急事态抢救或逃生时，应该佩戴自给式呼吸器。 眼睛防护：戴安全防护眼镜。 身体防护：穿紧袖工作服，长筒胶鞋。 手防护：戴橡皮手套。 其他防护：工作现场严禁吸烟。注意个人清洁卫生。进入罐、限制性空间或其他高浓度区作业，须有人监护。			
危险性类别		急性毒性—经口，类别 3＊；急性毒性—经皮肤，类别 3＊；急性毒性—吸入，类别 3＊；生殖细胞致突变性，类别 2；特异性靶器官毒性—反复接触，类别 2＊；危害水生环境—急性危害，类别 2；危害水生环境—长期危害，类别 2。			

序号	1545	品名	2-氯乙醇	商品编码	2905.5900
别 名		乙撑氯醇；氯乙醇		CAS 号	107-07-3
英文名		2-chloroethanol			
分子式		C_2H_5ClO			
外观与性状		无色透明液体。			
主要用途		用于制造乙二醇、环氧乙烷，及医药、染料、农药的合成等。			
危险特性		本品遇高热、明火或与氧化剂接触，有引起燃烧的危险；受热或遇水分解释放热，放出有毒的腐蚀性烟气。			
健康危害		高浓度本品蒸气对眼睛、上呼吸道有刺激性。高浓度吸入出现头痛、头晕、嗜睡、恶心、呕吐，继之乏力、呼吸困难、紫绀、共济失调、抽搐、昏迷；严重者发生脑和肺水肿。皮肤接触，可出现皮肤红斑；可经皮肤吸收引起中毒。慢性影响有头痛、乏力、胃纳减退、血压降低和消瘦等。			
防护措施		呼吸系统防护：空气中浓度较高时，应该佩戴防毒面具。紧急事态抢救或逃生时，佩戴自给式呼吸器。 眼睛防护：戴化学安全防护眼镜。 身体防护：穿相应的防护服。 手防护：戴防化学品手套。 其他防护：工作现场严禁吸烟。注意个人清洁卫生。进入罐、限制性空间或其他高浓度区作业，须有人监护。			
危险性类别		急性毒性—经口，类别2*；急性毒性—经皮肤，类别1；急性毒性—吸入，类别2*；危害水生环境—急性危害，类别2。			

序号	1546	品名	氯乙腈		商品编码	2926.9090
别 名			氰化氯甲烷;氯甲基氰		CAS 号	107-14-2
英文名		Chloroacetonitrile				
分子式		C_2H_2ClN				
外观与性状		无色液体,有刺激性气味。				
主要用途		用作杀虫剂,有机合成中间体。				
危险特性		本品遇明火、高热易燃;与强氧化剂可发生反应;受高热分解释放出有毒的气体;遇水或水蒸气、酸或酸气产生有毒的可燃性气体。				
健康危害		吸入、摄入或经皮肤吸收本品可能引起死亡。其蒸气或雾对眼睛、黏膜和上呼吸道有刺激性。接触后可出现烧灼感、咳嗽、喘息、喉炎、气短、头痛、恶心和呕吐;可引起紫绀。				
防护措施		呼吸系统防护:可能接触其蒸气时、应该佩戴防毒面具。紧急事态抢救或逃生时,佩戴自给式呼吸器。 眼睛防护:戴化学安全防护眼镜。 身体防护:穿相应的防护服。 手防护:戴防化学品手套。 其他防护:工作现场严禁吸烟。注意个人清洁卫生。进入罐、限制性空间或其他高浓度区作业,须有人监护。				
危险性类别		急性毒性—经口,类别3*;急性毒性—经皮肤,类别3*;急性毒性—吸入,类别3*;危害水生环境—急性危害,类别2;危害水生环境—长期危害,类别2。				

序号	1547	品名	氯乙酸	商品编码	2915.4000
别 名			氯醋酸；一氯醋酸	CAS 号	79-11-8
英文名			Chloroacetic acid		
分子式			$C_2H_3ClO_2$		
外观与性状			无色或淡黄色结晶。		
主要用途			用于制农药和作有机合成中间体。		
危险特性			本品遇明火、高热可燃；受高热分解产生有毒的腐蚀性烟气；与强氧化剂接触可发生化学反应；遇潮时对大多数金属有强腐蚀性。		
健康危害			吸入高浓度本品蒸气或皮肤接触其溶液后，可迅速大量吸收，造成急性中毒。吸入初期为上呼吸道刺激症状；中毒后数小时即可出现心、肺、肝、肾及中枢神经损害，严重者呈现严重酸中毒；中毒者可有抽搐、昏迷、休克、血尿和肾功能减退。酸雾可致眼部刺激症状和角膜灼伤。皮肤灼伤可出现水疱，1~2周后水疱吸收。慢性影响：经常接触低浓度本品酸雾，可有头痛、头晕现象。		
防护措施			呼吸系统防护：可能接触其蒸气或烟雾时，必须佩戴导管式防毒面具。必要时，建议佩戴隔离式呼吸器。 眼睛防护：呼吸系统防护中已作防护。 身体防护：穿橡胶耐酸碱服。 手防护：戴橡胶耐酸碱手套。 其他防护：工作场所禁止吸烟、进食和饮水，饭前要洗手。工作完毕，淋浴更衣。注意个人清洁卫生。		
危险性类别			急性毒性—经口，类别3*；急性毒性—经皮肤，类别3*；急性毒性—吸入，类别2；皮肤腐蚀/刺激，类别1B；严重眼损伤/眼刺激，类别1；特异性靶器官毒性—单次接触，类别3（呼吸道刺激）；危害水生环境—急性危害，类别1。		

序号	1548	品名	氯乙酸丁酯	商品编码	2915.4000
别 名			氯醋酸丁酯	CAS 号	590-02-3
英文名			Butyl 2-chloroacetate		
分子式			$C_6H_{11}ClO_2$		
防护措施			呼吸系统防护：空气中浓度较高时，应该佩戴防毒面具。紧急事态抢救或逃生时，佩戴自给式呼吸器。 眼睛防护：戴化学安全防护眼镜。 身体防护：穿相应的防护服。 手防护：戴防化学品手套。 其他防护：工作现场严禁吸烟。注意个人清洁卫生。进入罐、限制性空间或其他高浓度区作业，须有人监护。		
危险性类别			急性毒性—经皮肤，类别2。		

序号	1549	品名	氯乙酸酐		商品编码	2915.9000
别 名			氯醋酸酐		CAS 号	541-88-8
英文名			2-chloroacetic anhydride			
分子式			$C_4H_4Cl_2O_3$			
外观与性状			无色至微黄色结晶,有刺激气味。			
主要用途			用作中间体。			
危险特性			本品遇明火、高热可燃;受高热分解产生有毒的腐蚀性烟气;与强氧化剂接触可发生化学反应;遇潮时对大多数金属有强腐蚀性。			
健康危害			本品对黏膜、上呼吸道、眼睛和皮肤有强烈的刺激性。吸入后,可因喉及支气管的痉挛、炎症、水肿,化学性肺炎、肺水肿而致死。接触后出现烧灼感、咳嗽、喘息、喉炎、气短、头痛、恶心和呕吐。			
防护措施			呼吸系统防护:空气中粉尘浓度超标时,建议佩戴自吸过滤式防尘口罩。必要时,佩戴氧气呼吸器。 眼睛防护:戴化学安全防护眼镜。 身体防护:穿橡胶耐酸碱服。 手防护:戴橡胶耐酸碱手套。 其他防护:工作场所禁止吸烟、进食和饮水,饭前要洗手。工作完毕,淋浴更衣。注意个人清洁卫生。			
危险性类别			急性毒性—经口,类别 3*;急性毒性—经皮肤,类别 3*;急性毒性—吸入,类别 3*;皮肤腐蚀/刺激,类别 1;严重眼损伤/眼刺激,类别 1;危害水生环境—急性危害,类别 1。			

序号	1550	品名	氯乙酸乙烯酯		商品编码	2915.4000
别 名			氯醋酸乙烯酯;乙烯基氯乙酸酯		CAS 号	2549-51-1
英文名			Vinyl chloroacetate			
分子式			$C_4H_5ClO_2$			
防护措施			呼吸系统防护:空气中浓度较高时,应该佩戴防毒面具。紧急事态抢救或逃生时,佩戴自给式呼吸器。 眼睛防护:戴化学安全防护眼镜。 身体防护:穿相应的防护服。 手防护:戴防化学品手套。 其他防护:工作现场严禁吸烟。注意个人清洁卫生。进入罐、限制性空间或其他高浓度区作业,须有人监护。			
危险性类别			易燃液体,类别 3。			

序号	1551	品名	氯乙酸甲酯	商品编码	2915.4000
别 名			氯醋酸甲酯	CAS 号	96-34-4
英文名			Methyl chloroacetate		
分子式			$C_3H_5ClO_2$		
外观与性状			无色透明液体。		
主要用途			用于有机合成,以及用作杀虫剂"乐果"的中间体。		
危险特性			本品易燃,遇明火、高热或与氧化剂接触,有引起燃烧爆炸的危险;受热、接触酸或酸雾会放出剧毒的烟雾。		
健康危害			吸入、口服或经皮肤吸收本品对身体有害,对眼睛、黏膜、呼吸道及皮肤有强烈刺激作用。吸入后可因喉和支气管的痉挛、炎症及水肿,化学性肺炎、肺水肿而致死。中毒表现有烧灼感、咳嗽、喘息、喉炎、气短、头痛、恶心、呕吐。		
防护措施			呼吸系统防护:可能接触其蒸气时,应该佩戴自吸过滤式防毒面具(全面罩)。紧急事态抢救或撤离时,佩戴氧气呼吸器。 眼睛防护:呼吸系统防护中已作防护。 身体防护:穿胶布防毒衣。 手防护:戴橡胶耐油手套。 其他防护:工作现场禁止吸烟、进食和饮水。现场备有冲洗眼睛及皮肤的设备。工作完毕,彻底清洗。单独存放被毒物污染的衣服,洗后备用。		
危险性类别			易燃液体,类别3;急性毒性—经口,类别3*;急性毒性—吸入,类别3*;皮肤腐蚀/刺激,类别2;严重眼损伤/眼刺激,类别1;特异性靶器官毒性—单次接触,类别3(呼吸道刺激);危害水生环境—急性危害,类别2。		

序号	1552	品名	氯乙酸钠	商品编码	2915.4000
别 名				CAS 号	3926-62-3
英文名			Sodium chloroacetate		
分子式			$C_2H_2ClNaO_2$		
外观与性状			白色粉末。		
主要用途			是合成农药、医药等的原料。		
危险特性			本品不易燃烧;受高热分解产生有毒的腐蚀性烟气。		
健康危害			本品对眼睛、皮肤、黏膜和上呼吸道有刺激和腐蚀作用。		
防护措施			呼吸系统防护:空气中浓度较高时,应该佩戴防毒面具。紧急事态抢救或逃生时,佩戴自给式呼吸器。 眼睛防护:戴化学安全防护眼镜。 身体防护:穿相应的防护服。 手防护:戴防化学品手套。 其他防护:工作现场严禁吸烟。注意个人清洁卫生。进入罐、限制性空间或其他高浓度区作业,须有人监护。		
危险性类别			急性毒性—经口,类别3*;皮肤腐蚀/刺激,类别2;危害水生环境—急性危害,类别1。		

序号	1553	品名	氯乙酸叔丁酯	商品编码	2915.4000
别 名			氯醋酸叔丁酯	CAS 号	107-59-5
英文名			Tert-Butyl chloroacetate		
分子式			$C_6H_{11}ClO_2$		
外观与性状			无色液体。		
主要用途			用于缩水甘油酯的缩合。		
危险特性			本品遇明火、高热易燃；其蒸气比空气重，能在较低处扩散到相当远的地方，遇明火会着火回燃；受高热分解，放出有毒的烟气。		
健康危害			吸入、摄入或经皮肤吸收本品后对身体有害。其蒸气或烟雾对眼睛、黏膜和上呼吸道有刺激作用。接触后可引起烧灼感、咳嗽、喉炎、头痛、恶心和呕吐等。		
防护措施			呼吸系统防护：可能接触其蒸气时，应该佩戴防毒口罩。紧急事态抢救或逃生时，佩戴自给式呼吸器。 眼睛防护：戴安全防护眼镜。 身体防护：穿防静电工作服。 手防护：戴防护手套。 其他防护：工作现场严禁吸烟。注意个人清洁卫生。进入罐、限制性空间或其他高浓度区作业，须有人监护。		
危险性类别			易燃液体，类别3；急性毒性—吸入，类别3；皮肤腐蚀/刺激，类别1；严重眼损伤/眼刺激，类别1。		

序号	1554	品名	氯乙酸乙酯	商品编码	2915.4000
别 名			氯醋酸乙酯	CAS 号	105-39-5
英文名			Ethyl chloroacetate		
分子式			$C_4H_7ClO_2$		
外观与性状			无色透明液体。		
主要用途			用作溶剂，用于有机合成。		
危险特性			本品易燃，遇明火、高热或与氧化剂接触，有引起燃烧爆炸的危险；受高热分解产生有毒的腐蚀性烟气。		
健康危害			本品对眼睛、呼吸道黏膜有强烈的刺激作用，严重者可引起肺水肿；对豚鼠皮肤有中度刺激性；可经皮肤吸收。		
防护措施			呼吸系统防护：可能接触其蒸气时，应该佩戴自吸过滤式防毒面具（全面罩）。紧急事态抢救或撤离时，佩戴氧气呼吸器。 眼睛防护：呼吸系统防护中已作防护。 身体防护：穿连衣式胶布防毒衣。 手防护：戴橡胶耐油手套。 其他防护：工作现场禁止吸烟、进食和饮水。现场备有冲洗眼睛及皮肤的设备。工作完毕，彻底清洗。单独存放被毒物污染的衣服，洗后备用。		
危险性类别			急性毒性—经口，类别3；急性毒性—经皮肤，类别3；急性毒性—吸入，类别3；危害水生环境—急性危害，类别1。		

序号	1555	品名	氯乙酸异丙酯	商品编码	2915.4000
别 名			氯醋酸异丙酯	CAS 号	105-48-6
英文名			Isopropyl chloroacetate		
分子式			$C_5H_9ClO_2$		
防护措施			呼吸系统防护：空气中浓度较高时，应该佩戴防毒面具。紧急事态抢救或逃生时，佩戴自给式呼吸器。 眼睛防护：戴化学安全防护眼镜。 身体防护：穿相应的防护服。 手防护：戴防化学品手套。 其他防护：工作现场严禁吸烟。注意个人清洁卫生。进入罐、限制性空间或其他高浓度区作业，须有人监护。		
危险性类别			易燃液体，类别3；急性毒性—经口，类别3＊；皮肤腐蚀/刺激，类别2；严重眼损伤/眼刺激，类别2；特异性靶器官毒性—单次接触，类别3（呼吸道刺激）。		

序号	1556	品名	氯乙烷	商品编码	2903.1100
别 名			乙基氯	CAS 号	75-00-3
英文名			Ethyl chloride		
分子式			C_2H_5Cl		
外观与性状			常温常压下为气体。		
主要用途			用作聚丙烯的催化剂，也用作冷冻剂、麻醉剂、杀虫剂等。		
危险特性			本品易燃，与空气混合能形成爆炸性混合物，遇热源和明火有燃烧爆炸的危险；与氧化剂接触反应猛烈；气体比空气重，能在较低处扩散到相当远的地方，遇火源会着火回燃。		
健康危害			本品有刺激和麻醉作用。高浓度本品损害心、肝、肾；吸入2%~4%浓度时可引起运动失调、轻度痛觉减退，并很快出现知觉消失，但其刺激作用非常轻微；高浓度接触引起麻醉，出现中枢抑制，可出现循环和呼吸抑制。皮肤接触后可因局部迅速降温，造成冻伤。		
防护措施			呼吸系统防护：空气中浓度较高时，建议选择自吸过滤式防毒面具（半面罩）。 眼睛防护：戴化学安全防护眼镜。 身体防护：穿防静电工作服。 手防护：戴防化学品手套。 其他防护：工作现场严禁吸烟。进入罐、限制性空间或其他高浓度区作业，须有人监护。		
危险性类别			易燃气体，类别1；加压气体；危害水生环境—长期危害，类别3。		

序号	1557	品名	氯乙烯(稳定的)		商品编码	2903.2100
别 名		乙烯基氯			CAS 号	1975-1-4
英文名		Vinyl chloride				
分子式		C_2HCl				
外观与性状		无色气体。				
主要用途		用作塑料原料及用于有机合成,也用作冷冻剂等。				
危险特性		本品易燃,与空气混合能形成爆炸性混合物,遇热源和明火有燃烧爆炸的危险;燃烧或无抑制剂时可发生剧烈聚合;其蒸气比空气重,能在较低处扩散到相当远的地方,遇火源会着火回燃。				
健康危害		本品急性毒性表现为麻醉作用,长期接触可引起氯乙烯病。急性中毒:轻度中毒者出现眩晕、胸闷、嗜睡、步态蹒跚等;严重中毒者可发生昏迷、抽搐,甚至造成死亡。皮肤接触氯乙烯液体可致红斑、水肿或坏死。慢性中毒:中毒表现为神经衰弱综合征、肝肿大、肝功能异常、消化功能障碍、雷诺氏现象及肢端溶骨症;皮肤可出现干燥、皲裂、脱屑、湿疹等。本品为致癌物,可致肝血管肉瘤。				
防护措施		呼吸系统防护:空气中浓度超标时,佩戴过滤式防毒面具(半面罩)。紧急事态抢救或撤离时,建议佩戴空气呼吸器。 眼睛防护:戴化学安全防护眼镜。 身体防护:穿防静电工作服。 手防护:戴防化学品手套。 其他防护:工作现场严禁吸烟。实行就业前和定期的体检。进入罐、限制性空间或其他高浓度区作业,须有人监护。				
危险性类别		易燃气体,类别1;化学不稳定性气体,类别B;加压气体;致癌性,类别1A。				

序号	1558	品名	氯乙酰氯		商品编码	2915.9000
别 名		氯化氯乙酰			CAS 号	79-04-9
英文名		Chloroacetyl chloride				
分子式		$C_2H_2Cl_2O$				
外观与性状		无色或微黄色液体。				
防护措施		呼吸系统防护:空气中浓度较高时,应该佩戴防毒面具。紧急事态抢救或逃生时,佩戴自给式呼吸器。 眼睛防护:戴化学安全防护眼镜。 身体防护:穿相应的防护服。 手防护:戴防化学品手套。 其他防护:工作现场严禁吸烟。注意个人清洁卫生。进入罐、限制性空间或其他高浓度区作业,须有人监护。				
危险性类别		急性毒性—经口,类别3*;急性毒性—经皮肤,类别3*;急性毒性—吸入,类别3*;皮肤腐蚀/刺激,类别1A;严重眼损伤/眼刺激,类别1;特异性靶器官毒性—反复接触,类别1;危害水生环境—急性危害,类别1。				

序号	1559	品名	2-氯乙酰-N-乙酰苯胺	商品编码	2924.2990
别 名			邻氯乙酰-N-乙酰苯胺	CAS 号	93-70-9
英文名			2'-chloroacetoacetanilide		
分子式			$C_{10}H_{10}ClNO_2$		
外观与性状			白色或微黄色结晶粉末或针状结晶。		
主要用途			用于有机合成及用作偶氯染料中间体。		
危险特性			本品遇明火、高热可燃；与氧化剂能发生强烈反应；受高热分解产生有毒的腐蚀性烟气。		
健康危害			本品对人体有毒，受热能分解出有毒烟雾。		
防护措施			呼吸系统防护：空气中浓度较高时，应该佩戴防毒面具。紧急事态抢救或逃生时，佩戴自给式呼吸器。 眼睛防护：戴化学安全防护眼镜。 身体防护：穿相应的防护服。 手防护：戴防化学品手套。 其他防护：工作现场严禁吸烟。注意个人清洁卫生。进入罐、限制性空间或其他高浓度区作业，须有人监护。		
危险性类别			危害水生环境—长期危害，类别3。		

序号	1560	品名	4-氯正丁酸乙酯	商品编码	2915.9000
别 名				CAS 号	3153-36-4
英文名			Ethyl 4-chlorobutyrate		
分子式			$C_6H_{11}ClO_2$		
主要用途			用于有机合成。		
危险特性			本品受热易分解，燃烧时产生有毒的氯化物气体。		
健康危害			本品有催泪性和刺激性。其蒸气或雾对眼睛、皮肤、黏膜和上呼吸道有刺激性。		
防护措施			呼吸系统防护：可能接触其蒸气时，应该佩戴自吸过滤式防毒面具（半面罩）。紧急事态抢救或撤离时，建议佩戴空气呼吸器。 眼睛防护：戴化学安全防护眼镜。 身体防护：穿聚乙烯防毒服。 手防护：戴橡胶耐油手套。 其他防护：工作现场禁止吸烟、进食和饮水。特别注意眼睛和呼吸道的防护。工作完毕，彻底清洗。单独存放被毒物污染的衣服，洗后备用。		
危险性类别			皮肤腐蚀/刺激，类别2；严重眼损伤/眼刺激，类别2；特异性靶器官毒性—单次接触，类别3（呼吸道刺激）。		

序号	1561	品名	马来酸酐		商品编码	2917.1400
别　名			马来酐;失水苹果酸酐;顺丁烯二酸酐		CAS 号	108-31-6
英文名		Maleic anhydride				
分子式		$C_4H_2O_3$				
外观与性状		无色针状结晶。				
主要用途		制造聚合物、共聚物,也用于合成树脂、涂料、农药、医药、食品及润滑油添加剂等。				
危险特性		本品遇高热、明火或与氧化剂接触,有引起燃烧的危险;具有腐蚀性。				
健康危害		本品粉尘和蒸气具有刺激性。吸入后可引起咽炎、喉炎和支气管炎,可伴有腹痛;眼睛和皮肤直接接触有明显刺激作用,并引起灼伤。慢性影响:慢性结膜炎、鼻黏膜溃疡和炎症;有致敏性,可引起皮疹和哮喘。				
防护措施		呼吸系统防护:空气中浓度超标时,应该佩戴防毒口罩。 眼睛防护:戴安全防护眼镜。 身体防护:穿工作服(防腐材料制作)。 手防护:戴橡皮手套。 其他防护:工作现场严禁吸烟。注意个人清洁卫生。进入罐、限制性空间或其他高浓度区作业,须有人监护。				
危险性类别		皮肤腐蚀/刺激,类别 1B;严重眼损伤/眼刺激,类别 1;呼吸道致敏物,类别 1;皮肤致敏物,类别 1。				

序号	1562	品名	煤焦酚		商品编码	2707.9100
别　名			杂酚;粗酚		CAS 号	65996-83-0
英文名		Phenol crude				
分子式		C_6H_6O				
防护措施		呼吸系统防护:空气中浓度较高时,应该佩戴防毒面具。紧急事态抢救或逃生时,佩戴自给式呼吸器。 眼睛防护:戴化学安全防护眼镜。 身体防护:穿相应的防护服。 手防护:戴防化学品手套。 其他防护:工作现场严禁吸烟。注意个人清洁卫生。进入罐、限制性空间或其他高浓度区作业,须有人监护。				
危险性类别		生殖细胞致突变性,类别 1B。				

序号	1563	品名	吗啉	商品编码	2934.9990
别　名				CAS 号	110-91-8
英文名	Morpholine				
分子式	C_4H_9NO				
外观与性状	无色油状液体，能与水、丙酮、苯、醚、醇、乙二醇和油类混溶；有吸湿性和氨味；能随水蒸气挥发。				
主要用途	用作分析试剂，以及树脂、蜡类、虫胶等的溶剂。				
危险特性	本品易燃，遇明火、高热或与氧化剂接触，有引起燃烧爆炸的危险；受热分解释放出有毒的氧化氮烟气。				
健康危害	吸入本品蒸气或雾强烈刺激呼吸道黏膜，可引起支气管炎、肺炎、肺水肿；高浓度吸入可致死；蒸气、雾或液体对眼睛有强烈刺激性，严重者可导致失明；皮肤接触可发生灼伤；吞咽本品液体可灼伤消化道，大量吞咽可致死。				
防护措施	呼吸系统防护：空气中浓度超标时，应该佩戴自吸过滤式防毒面具（全面罩）。紧急事态抢救或撤离时，建议佩戴自给式呼吸器。 眼睛防护：呼吸系统防护中已作防护。 身体防护：穿防毒物渗透工作服。 手防护：戴橡胶耐油手套。 其他防护：工作现场严禁吸烟。工作完毕，淋浴更衣。注意个人清洁卫生。				
危险性类别	易燃液体，类别 3；皮肤腐蚀/刺激，类别 1B；严重眼损伤/眼刺激，类别 1。				

序号	1564	品名	煤焦沥青	商品编码	2708.1000
别　名	焦油沥青;煤沥青;煤膏			CAS 号	65996-93-2
英文名	Coal tar				
外观与性状	黑色黏稠液体，具有特殊臭味。				
主要用途	可分馏出各种芳香烃、烷烃、酚类等，也可制取油毡、燃料和炭黑。				
危险特性	本品遇明火、高热易燃；与强氧化剂发生反应，可引起燃烧；具有腐蚀性。				
健康危害	本品作用于皮肤，引起皮炎、痤疮、毛囊炎、光毒性皮炎、中毒性黑皮病、疣赘及肿瘤；可引起鼻中隔损伤。国际癌症研究中心（IARC）已确认为致癌物。				
防护措施	呼吸系统防护：空气中浓度较高时，应该佩戴防毒面具。紧急事态抢救或逃生时，佩戴自给式呼吸器。 眼睛防护：戴化学安全防护眼镜。 身体防护：穿相应的防护服。 手防护：戴防化学品手套。 其他防护：工作现场严禁吸烟。注意个人清洁卫生。进入罐、限制性空间或其他高浓度区作业，须有人监护。				
危险性类别	生殖细胞致突变性，类别 1B；致癌性，类别 1A；生殖毒性，类别 1B；危害水生环境—急性危害，类别 1；危害水生环境—长期危害，类别 1。				

序号	1565	品名	煤焦油		商品编码	2706.0000
别 名					CAS 号	8007-45-2
英文名	Coal tar					
防护措施	呼吸系统防护：空气中浓度较高时，应该佩戴防毒面具。紧急事态抢救或逃生时，佩戴自给式呼吸器。 眼睛防护：戴化学安全防护眼镜。 身体防护：穿相应的防护服。 手防护：戴防化学品手套。 其他防护：工作现场严禁吸烟。注意个人清洁卫生。进入罐、限制性空间或其他高浓度区作业，须有人监护。					
危险性类别	易燃液体，类别2；致癌性，类别1A；危害水生环境—急性危害，类别2；危害水生环境—长期危害，类别2。					

序号	1566	品名	煤气		商品编码	2705.0000
别 名					CAS 号	
防护措施	呼吸系统防护：空气中浓度较高时，应该佩戴防毒面具。紧急事态抢救或逃生时，佩戴自给式呼吸器。 眼睛防护：戴化学安全防护眼镜。 身体防护：穿相应的防护服。 手防护：戴防化学品手套。 其他防护：工作现场严禁吸烟。注意个人清洁卫生。进入罐、限制性空间或其他高浓度区作业，须有人监护。					
危险性类别	易燃气体，类别1；加压气体。					

序号	1567	品名	煤油		商品编码	2710.1919
别 名	灯用煤油				CAS 号	
防护措施	呼吸系统防护：空气中浓度较高时，应该佩戴防毒面具。紧急事态抢救或逃生时，佩戴自给式呼吸器。 眼睛防护：戴化学安全防护眼镜。 身体防护：穿相应的防护服。 手防护：戴防化学品手套。 其他防护：工作现场严禁吸烟。注意个人清洁卫生。进入罐、限制性空间或其他高浓度区作业，须有人监护。					
危险性类别	易燃液体，类别3*；吸入危害，类别1；危害水生环境—急性危害，类别2；危害水生环境—长期危害，类别2。					

序号	1568	品名	煤油	商品编码	2710.1919
别名			火油；直馏煤油	CAS 号	8008-20-6
英文名			Kerosene		
外观与性状			水白色至淡黄色流动性油状液体，易挥发。		
主要用途			用作燃料、溶剂、杀虫喷雾剂。		
危险特性			本品蒸气与空气形成爆炸性混合物，遇明火、高热能引起燃烧爆炸；与氧化剂能发生强烈反应；若遇高热，容器内压增大，有开裂和爆炸的危险。		
健康危害			急性中毒：吸入高浓度煤油蒸气，常先有兴奋，后转入抑制，表现为乏力、头痛、酩酊感、神志恍惚、肌肉震颤、共济运动失调；严重者出现定向力障碍、谵妄、意识模糊等。其蒸气可引起眼睛及上呼吸道刺激症状；吸入液态煤油可引起吸入性肺炎；摄入引起口腔、咽喉和胃肠道刺激症状。慢性影响：神经衰弱征候群为主要表现，还有眼睛及呼吸道刺激症状，接触性皮炎、干燥等皮肤损害。		
防护措施			呼吸系统防护：空气中浓度较高时，应该佩戴防毒面具。紧急事态抢救或逃生时，佩戴自给式呼吸器。 眼睛防护：戴化学安全防护眼镜。 身体防护：穿相应的防护服。 手防护：戴防化学品手套。 其他防护：工作现场严禁吸烟。注意个人清洁卫生。进入罐、限制性空间或其他高浓度区作业，须有人监护。		
危险性类别			易燃液体，类别3*；吸入危害，类别1；危害水生环境—急性危害，类别2；危害水生环境—长期危害，类别2。		

序号	1569	品名	煤油	商品编码	2710.1919
别名			航空煤油	CAS 号	
防护措施			呼吸系统防护：空气中浓度较高时，应该佩戴防毒面具。紧急事态抢救或逃生时，佩戴自给式呼吸器。 眼睛防护：戴化学安全防护眼镜。 身体防护：穿相应的防护服。 手防护：戴防化学品手套。 其他防护：工作现场严禁吸烟。注意个人清洁卫生。进入罐、限制性空间或其他高浓度区作业，须有人监护。		
危险性类别			易燃液体，类别3*；吸入危害，类别1；危害水生环境—急性危害，类别2；危害水生环境—长期危害，类别2。		

序号	1570	品名	镁		商品编码	8104.1100
别　名					CAS 号	7439-95-4
英文名		Magnesium				
分子式		Mg				
主要用途		用作还原剂，制闪光粉、铅合金，冶金中作去硫剂，此外用于有机合成、照明剂等。				
危险特性		本品易燃，燃烧时产生强烈的白光并放出高热；遇水或潮气猛烈反应放出氢气，大量放热，引起燃烧或爆炸；遇氯、溴、碘、硫、磷、砷及和氧化剂剧烈反应，有燃烧、爆炸危险；粉体与空气可形成爆炸性混合物，当达到一定浓度时，遇火星会发生爆炸。				
健康危害		本品对眼睛、上呼吸道和皮肤有刺激性；吸入可引起咳嗽、胸痛等；口服对身体有害。				
防护措施		呼吸系统防护：空气中粉尘浓度超标时，应该佩戴自吸过滤式防尘口罩。必要时，建议佩戴空气呼吸器。 眼睛防护：戴化学安全防护眼镜。 身体防护：穿防静电工作服。 手防护：戴一般作业防护手套。 其他防护：工作现场严禁吸烟。保持良好的卫生习惯。				
危险性类别		粉末：自热物质和混合物，类别 1；遇水放出易燃气体的物质和混合物，类别 2。 丸状、旋屑或带状：易燃固体，类别 2。				

序号	1571	品名	镁合金（片状、带状或条状,含镁>50%）		商品编码	8104.1900
别　名					CAS 号	
防护措施		呼吸系统防护：空气中浓度较高时，应该佩戴防毒面具。紧急事态抢救或逃生时，佩戴自给式呼吸器。 眼睛防护：戴化学安全防护眼镜。 身体防护：穿相应的防护服。 手防护：戴防化学品手套。 其他防护：工作现场严禁吸烟。注意个人清洁卫生。进入罐、限制性空间或其他高浓度区作业，须有人监护。				
危险性类别		易燃固体，类别 2；遇水放出易燃气体的物质和混合物，类别 2。				

序号	1572	品名	镁铝粉		商品编码	8104.3000
别　名					CAS 号	
防护措施		呼吸系统防护：空气中浓度较高时，应该佩戴防毒面具。紧急事态抢救或逃生时，佩戴自给式呼吸器。 眼睛防护：戴化学安全防护眼镜。 身体防护：穿相应的防护服。 手防护：戴防化学品手套。 其他防护：工作现场严禁吸烟。注意个人清洁卫生。进入罐、限制性空间或其他高浓度区作业，须有人监护。				
危险性类别		遇水放出易燃气体的物质和混合物，类别 2；自热物质和混合物，类别 1。				

序号	1573	品名	锰酸钾	商品编码	2841.6990
别名				CAS号	10294-64-1
英文名		Manganic acid, potassium salt (1:2)			
分子式		K_2MnO_4			
防护措施		呼吸系统防护：空气中浓度较高时，应该佩戴防毒面具。紧急事态抢救或逃生时，佩戴自给式呼吸器。 眼睛防护：戴化学安全防护眼镜。 身体防护：穿相应的防护服。 手防护：戴防化学品手套。 其他防护：工作现场严禁吸烟。注意个人清洁卫生。进入罐、限制性空间或其他高浓度区作业，须有人监护。			
危险性类别		氧化性固体，类别2。			

序号	1574	品名	迷迭香油	商品编码	3301.2999
别名				CAS号	8000-25-7
英文名		Rosemary oil			
防护措施		呼吸系统防护：空气中浓度较高时，应该佩戴防毒面具。紧急事态抢救或逃生时，佩戴自给式呼吸器。 眼睛防护：戴化学安全防护眼镜。 身体防护：穿相应的防护服。 手防护：戴防化学品手套。 其他防护：工作现场严禁吸烟。注意个人清洁卫生。进入罐、限制性空间或其他高浓度区作业，须有人监护。			
危险性类别		易燃液体，类别3。			

序号	1575	品名	脒基亚硝氨基脒基叉肼(含水≥30%)	商品编码	2928.0000
别名				CAS号	
防护措施		呼吸系统防护：空气中浓度较高时，应该佩戴防毒面具。紧急事态抢救或逃生时，佩戴自给式呼吸器。 眼睛防护：戴化学安全防护眼镜。 身体防护：穿相应的防护服。 手防护：戴防化学品手套。 其他防护：工作现场严禁吸烟。注意个人清洁卫生。进入罐、限制性空间或其他高浓度区作业，须有人监护。			
危险性类别		爆炸物，1.1项。			

序号	1576	品名	胺基亚硝氨基胺基四氮烯（湿的，按质量含水或乙醇和水的混合物不低于30%）	商品编码	2929.9090
别　名			四氮烯；特屈拉辛	CAS 号	109-27-3
英文名			Tetrazene		
分子式			H_4N_4		
防护措施			呼吸系统防护：空气中浓度较高时，应该佩戴防毒面具。紧急事态抢救或逃生时，佩戴自给式呼吸器。 眼睛防护：戴化学安全防护眼镜。 身体防护：穿相应的防护服。 手防护：戴防化学品手套。 其他防护：工作现场严禁吸烟。注意个人清洁卫生。进入罐、限制性空间或其他高浓度区作业，须有人监护。		
危险性类别			爆炸物，1.1项；危害水生环境—急性危害，类别1；危害水生环境—长期危害，类别1。		

序号	1577	品名	木防己苦毒素	商品编码	2932.2090
别　名			苦毒浆果（木防己属）	CAS 号	124-87-8
英文名			Picrotoxin		
分子式			$C_{30}H_{34}O_{13}$		
防护措施			呼吸系统防护：空气中浓度较高时，应该佩戴防毒面具。紧急事态抢救或逃生时，佩戴自给式呼吸器。 眼睛防护：戴化学安全防护眼镜。 身体防护：穿相应的防护服。 手防护：戴防化学品手套。 其他防护：工作现场严禁吸烟。注意个人清洁卫生。进入罐、限制性空间或其他高浓度区作业，须有人监护。		
危险性类别			急性毒性—经口，类别2；危害水生环境—急性危害，类别2；危害水生环境—长期危害，类别2。		

序号	1578	品名	木馏油	商品编码	3807.0000
别名			木焦油	CAS 号	8021-39-4
英文名			Creosote		
防护措施			呼吸系统防护：空气中浓度较高时，应该佩戴防毒面具。紧急事态抢救或逃生时，佩戴自给式呼吸器。 眼睛防护：戴化学安全防护眼镜。 身体防护：穿相应的防护服。 手防护：戴防化学品手套。 其他防护：工作现场严禁吸烟。注意个人清洁卫生。进入罐、限制性空间或其他高浓度区作业，须有人监护。		
危险性类别			皮肤腐蚀/刺激，类别 1；严重眼损伤/眼刺激，类别 1；皮肤致敏物，类别 1；危害水生环境—长期危害，类别 3。		

序号	1579	品名	钠	商品编码	2805.1100
别名			金属钠	CAS 号	7440-23-5
英文名			Sodium		
分子式			Na		
外观与性状			银白色柔软的轻金属，常温下质软如蜡。		
主要用途			用于制造氰化钠、过氧化钠和多种化学药物或作还原剂。		
危险特性			本品化学反应活性很高，在氧、氯、氟、溴蒸气中会燃烧；遇水或潮气猛烈反应放出氢气，大量放热，引起燃烧或爆炸；金属钠暴露在空气或氧气中能自行燃烧并爆炸使熔融物飞溅；与卤素、磷、许多氧化物、氧化剂和酸类剧烈反应；燃烧时呈黄色火焰；100℃ 时开始蒸发，蒸气可侵蚀玻璃。		
健康危害			本品在空气中能自燃，燃烧产生的烟（主要含氧化钠）对鼻、喉及上呼吸道有腐蚀作用及极强的刺激作用；同潮湿皮肤或衣服接触可燃烧，造成烧伤。		
防护措施			呼吸系统防护：一般不需特殊防护。 眼睛防护：戴安全防护面罩。 身体防护：穿化学防护服。 手防护：戴橡胶手套。 其他防护：工作现场严禁吸烟。注意个人清洁卫生。		
危险性类别			遇水放出易燃气体的物质和混合物，类别 1；皮肤腐蚀/刺激，类别 1B；严重眼损伤/眼刺激，类别 1。		

序号	1580	品名	钠石灰（含氢氧化钠>4%）	商品编码	3824.9999
别　名		碱石灰		CAS 号	8006-28-8
英文名		Soda lime			
分子式		$H_3Ca_2NaO_4$			
防护措施		呼吸系统防护：空气中浓度较高时，应该佩戴防毒面具。紧急事态抢救或逃生时，佩戴自给式呼吸器。 眼睛防护：戴化学安全防护眼镜。 身体防护：穿相应的防护服。 手防护：戴防化学品手套。 其他防护：工作现场严禁吸烟。注意个人清洁卫生。进入罐、限制性空间或其他高浓度区作业，须有人监护。			
危险性类别		皮肤腐蚀/刺激，类别1；严重眼损伤/眼刺激，类别1。			

序号	1581	品名	萘	商品编码	2707.4000、2902.9020
别　名		粗萘；精萘；萘饼		CAS 号	91-20-3
英文名		Naphthalene			
分子式		$C_{10}H_8$			
外观与性状		无色有光泽的单斜晶体。			
主要用途		用于制造染料中间体、樟脑丸、皮革、木材保护剂等。			
危险特性		本品遇明火、高热易燃，燃烧时放出有毒的刺激性烟雾；与强氧化剂如铬酸酐、氯酸盐和高锰酸钾等接触，能发生强烈反应，引起燃烧或爆炸；粉体与空气可形成爆炸性混合物，当达到一定浓度时，遇火星会发生爆炸。			
健康危害		本品具有刺激作用，高浓度致溶血性贫血及肝、肾损害。急性中毒：吸入高浓度萘蒸气或粉尘时，出现眼睛及呼吸道刺激、角膜混浊、头痛、恶心、呕吐、食欲减退、腰痛、尿频、尿中出现蛋白及红、白细胞；亦可发生视神经炎和视网膜炎；严重者可发生中毒性脑病和肝损害。口服中毒主要引起溶血和肝、肾损害，甚至发生急性肾功能衰竭和肝坏死。慢性中毒：反复接触萘蒸气，可引起头痛、乏力、恶心、呕吐和血液系统损害；可引起白内障、视神经炎和视网膜病变；皮肤接触可引起皮炎。			
防护措施		呼吸系统防护：接触高浓度蒸气时，应该佩戴过滤式防毒面具（半面罩）。可能接触其粉尘时，建议佩戴自吸过滤式防尘口罩。 眼睛防护：戴化学安全防护眼镜。 身体防护：穿防毒物渗透工作服。 手防护：戴防化学品手套。 其他防护：工作现场禁止吸烟、进食和饮水。工作完毕，淋浴更衣。			
危险性类别		易燃固体，类别2；致癌性，类别2；危害水生环境—急性危害，类别1；危害水生环境—长期危害，类别1。			

序号	1582	品名	氖(压缩的或液化的)	商品编码	2804.2900
别 名				CAS 号	7440-01-9
英文名		Liquid neon			
分子式		Ne			
外观与性状		气态的惰性气体。			
主要用途		用于填充电子管、霓虹灯及液化深冷源等。			
危险特性		本品若遇高热，容器内压增大，有开裂和爆炸的危险。			
健康危害		本品在高浓度时，可使空气中氧分压降低而有窒息的危险。表现有呼吸加快、注意力不集中、共济失调；继而疲倦乏力、烦躁不安、恶心、呕吐、昏迷、抽搐，以致死亡。			
防护措施		呼吸系统防护：一般不需特殊防护。但当作业场所空气中氧气浓度低于18%时，必须佩戴空气呼吸器、氧气呼吸器或长管面具。 眼睛防护：一般不需特殊防护。 身体防护：穿一般作业工作服。 手防护：戴一般作业防护手套。 其他防护：避免高浓度吸入。进入罐、限制性空间或其他高浓度区作业，须有人监护。			
危险性类别		加压气体。			

序号	1583	品名	1-萘胺	商品编码	2921.4500
别 名		α-萘胺；1-氨基萘		CAS 号	134-32-7
英文名		1-aminonaphthalene			
分子式		$C_{10}H_9N$			
外观与性状		白色针状结晶。			
主要用途		用作染料中间体，以及用于医药工业。			
危险特性		本品可燃；受高热分解释放出有毒的气体；与氧化剂可发生反应。			
健康危害		本品有轻微的高铁血红蛋白形成作用，吸入后有可能引起紫绀；对眼睛有刺激性；对皮肤有弱刺激作用。本品的致癌作用尚无定论，但如长期接触含有已知致癌剂 β-萘胺的本品，有可能引起膀胱癌。			
防护措施		呼吸系统防护：接触高浓度蒸气时，应该佩戴过滤式防毒面具（半面罩）。可能接触其粉尘时，建议佩戴自吸过滤式防尘口罩。 眼睛防护：戴安全防护眼镜。 身体防护：穿防毒物渗透工作服。 手防护：戴橡胶手套。 其他防护：工作现场禁止吸烟、进食和饮水。工作完毕，彻底清洗。单独存放被毒物污染的衣服，洗后备用。注意个人清洁卫生。			
危险性类别		急性毒性—经皮肤，类别3；危害水生环境—急性危害，类别2；危害水生环境—长期危害，类别2。			

序号	1584	品名	2-萘胺	商品编码	2921.4500
别　名			β-萘胺；2-氨基萘	CAS 号	91-59-8
英文名			2-aminonaphthalene		
分子式			$C_{10}H_9N$		
外观与性状			白色至淡红色叶片状结晶。		
主要用途			用作染料中间体、分析试剂。		
危险特性			本品可燃；受高热分解释放出有毒的气体；与氧化剂可发生反应。		
健康危害			本品有引起高铁血红蛋白血症的作用。中毒症状有紫绀、排尿困难。		
防护措施			呼吸系统防护：空气中粉尘浓度超标时，应该佩戴自吸过滤式防尘口罩。紧急事态抢救或撤离时，建议佩戴空气呼吸器。 眼睛防护：戴化学安全防护眼镜。 身体防护：穿防毒物渗透工作服。 手防护：戴橡胶手套。 其他防护：工作现场禁止吸烟、进食和饮水。工作完毕，彻底清洗。单独存放被毒物污染的衣服，洗后备用。注意个人清洁卫生。		
危险性类别			致癌性，类别 1A；危害水生环境—急性危害，类别 2；危害水生环境—长期危害，类别 2。		

序号	1585	品名	1,8-萘二甲酸酐	商品编码	2917.3990
别　名			萘酐	CAS 号	81-84-5
英文名			1,8-naphthalic anhydride		
分子式			$C_{12}H_6O_3$		
外观与性状			在乙醇中析出针状结晶。		
主要用途			用于染料工业，用于有机合成。		
危险特性			本品遇明火、高热可燃；与氧化剂混合能形成有爆炸性的混合物；粉体与空气可形成爆炸性混合物，当达到一定的浓度时，遇火星会发生爆炸；在潮湿空气中缓慢分解。		
健康危害			本品对眼睛、皮肤和上呼吸道有刺激作用。		
防护措施			呼吸系统防护：空气中浓度较高时，应该佩戴防毒面具。紧急事态抢救或逃生时，佩戴自给式呼吸器。 眼睛防护：戴化学安全防护眼镜。 身体防护：穿相应的防护服。 手防护：戴防化学品手套。 其他防护：工作现场严禁吸烟。注意个人清洁卫生。进入罐、限制性空间或其他高浓度区作业，须有人监护。		
危险性类别			易燃固体，类别 2。		

序号	1586	品名	萘磺汞	商品编码	2852.1000
别　名			双苯汞亚甲基二萘磺酸酯;汞加芬;双萘磺酸苯汞	CAS 号	14235-86-0
英文名			Hydrargaphen;bis(phenylmercury) 3,3'-methylenedinaphthalene-2-sulfonate		
分子式			$C_{33}H_{24}Hg_2O_6S_2$		
外观与性状			无定形粉末。		
主要用途			用于木材处理,用作生皮、皮革、织物、涂料、黏合剂的防霉、防腐、杀菌剂和杀真菌剂。		
危险特性			本品遇明火、高热可燃;受高热分解,放出高毒的烟气。		
健康危害			吸入、摄入或经皮肤吸收本品后会中毒,对眼睛有强烈的刺激作用;受热分解释出汞和氧化硫烟雾。		
防护措施			呼吸系统防护:空气中浓度较高时,应该佩戴防毒面具。紧急事态抢救或逃生时,佩戴自给式呼吸器。 眼睛防护:戴化学安全防护眼镜。 身体防护:穿相应的防护服。 手防护:戴防化学品手套。 其他防护:工作现场严禁吸烟。注意个人清洁卫生。进入罐、限制性空间或其他高浓度区作业,须有人监护。		
危险性类别			急性毒性—经口,类别2*;急性毒性—经皮肤,类别1;急性毒性—吸入,类别2*;特异性靶器官毒性—反复接触,类别2*;危害水生环境—急性危害,类别1;危害水生环境—长期危害,类别1。		

序号	1587	品名	1-萘基硫脲	商品编码	2930.9090
别　名			α-萘硫脲;安妥	CAS 号	86-88-4
英文名			1-(1-naphthyl)-2-thio-urea		
分子式			$C_{11}H_{10}N_2S$		
外观与性状			从醇中得白色棱状体结晶。		
主要用途			用作杀鼠药,也用于有机合成。		
危险特性			本品遇明火、高热可燃;受高热分解释放出有毒的气体。		
健康危害			吸入、摄入本品后引起呕吐、紫绀、呼吸困难等症状。		
防护措施			呼吸系统防护:空气中浓度较高时,应该佩戴防毒面具。紧急事态抢救或逃生时,佩戴自给式呼吸器。 眼睛防护:戴化学安全防护眼镜。 身体防护:穿相应的防护服。 手防护:戴防化学品手套。 其他防护:工作现场严禁吸烟。注意个人清洁卫生。进入罐、限制性空间或其他高浓度区作业,须有人监护。		
危险性类别			急性毒性—经口,类别2*。		

序号	1588	品名	1-萘甲腈	商品编码	2926.9090
别 名			萘甲腈；α-萘甲腈	CAS 号	86-53-3
英文名			1-cyanonaphthalene		
分子式			$C_{11}H_7N$		
外观与性状			无色针状结晶。		
主要用途			用于有机合成。		
危险特性			本品遇明火、高热可燃；受高热分解，放出有毒的烟气。		
健康危害			吸入、摄入或经皮肤吸收本品后对身体有害，对眼睛、皮肤和黏膜有刺激作用。		
防护措施			呼吸系统防护：佩戴防尘口罩。高浓度环境中，佩戴防毒面具。 眼睛防护：可采用安全面罩。 身体防护：穿紧袖工作服，长筒胶鞋。 手防护：戴防护手套。 其他防护：工作现场严禁吸烟。注意个人清洁卫生。进入罐、限制性空间或其他高浓度区作业，须有人监护。		
危险性类别			皮肤腐蚀/刺激，类别 2；严重眼损伤/眼刺激，类别 2；特异性靶器官毒性—单次接触，类别 3（呼吸道刺激）。		

序号	1589	品名	1-萘氧基二氯化膦	商品编码	2931.3990
别 名				CAS 号	91270-74-5
英文名			1-naphthoxyphosphorus dichloride		
分子式			$C_{10}H_7Cl_2OP$		
外观与性状			无色液体。		
主要用途			用于有机分析中测定碳和氢。		
危险特性			本品遇明火、高热可燃；遇水或水蒸气反应发热放出有毒的腐蚀性气体；具有腐蚀性。		
健康危害			误服或吸入本品会中毒；对皮肤、眼睛和黏膜有刺激性和腐蚀性；与水或水蒸气发生反应释出有毒性和易燃的蒸气。		
防护措施			呼吸系统防护：可能接触其蒸气时，应该佩戴防毒面具。高浓度环境中，建议佩戴自给式呼吸器。 眼睛防护：戴化学安全防护眼镜。 身体防护：穿防酸碱工作服。 手防护：戴防化学品手套。 其他防护：工作现场严禁吸烟。注意个人清洁卫生。进入罐、限制性空间或其他高浓度区作业，须有人监护。		
危险性类别			皮肤腐蚀/刺激，类别 2。		

序号	1590	品名	镍催化剂（干燥的）	商品编码	3815.1100
别　名				CAS 号	7440-02-0
英文名		nickel catalyst, dry			
分子式		Ni			
外观与性状		银白色坚硬金属。			
主要用途		用于电子管材料、加氢催化剂及镍盐制造。			
危险特性		本品粉体化学活性较高，暴露在空气中会发生氧化反应，甚至自燃；遇强酸反应，放出氢气；粉尘可燃，能与空气形成爆炸性混合物。			
健康危害		本品可引起镍皮炎，又称镍"痒疹"，皮肤剧痒，后出现丘疹、疱疹及红斑，严重者化脓、溃烂；长期吸入镍粉可致呼吸道刺激、慢性鼻炎，甚至发生鼻中隔穿孔；尚可引起变态反应性肺炎、支气管炎、哮喘等。			
防护措施		呼吸系统防护：可能接触其粉尘时，佩戴自吸过滤式防尘口罩。 眼睛防护：戴化学安全防护眼镜。 身体防护：穿透气型防毒服。 手防护：戴防化学品手套。 其他防护：工作完毕，淋浴更衣。注意个人清洁卫生。工作时皮肤划伤应及时处理。			
危险性类别		自燃固体，类别 1；致癌性，类别 2。			

序号	1591	品名	2,2'-偶氮-二-(2,4-二甲基-4-甲氧基戊腈)	商品编码	2927.0000
别　名				CAS 号	15545-97-8
英文名		2,2'-azodi-(2,4-dimethyl-4-metho-xyvaleronitrile)			
分子式		$C_{16}H_{28}N_4O_2$			
防护措施		呼吸系统防护：空气中浓度较高时，应该佩戴防毒面具。紧急事态抢救或逃生时，佩戴自给式呼吸器。 眼睛防护：戴化学安全防护眼镜。 身体防护：穿相应的防护服。 手防护：戴防化学品手套。 其他防护：工作现场严禁吸烟。注意个人清洁卫生。进入罐、限制性空间或其他高浓度区作业，须有人监护。			
危险性类别		自反应物质和混合物，D 型。			

序号	1592	品名	2,2'-偶氮-二-(2,4-二甲基戊腈)	商品编码	2927.0000
别 名			偶氮二异庚腈	CAS 号	4419-11-8
英文名			2,2'-azobis(2,4-dimethyl)valeronitrile		
分子式			$C_{14}H_{24}N_4$		
外观与性状			本品为白色菱形片状结晶。		
防护措施			呼吸系统防护：空气中浓度较高时，应该佩戴防毒面具。紧急事态抢救或逃生时，佩戴自给式呼吸器。 眼睛防护：戴化学安全防护眼镜。 身体防护：穿相应的防护服。 手防护：戴防化学品手套。 其他防护：工作现场严禁吸烟。注意个人清洁卫生。进入罐、限制性空间或其他高浓度区作业，须有人监护。		
危险性类别			自反应物质和混合物，D 型。		

序号	1593	品名	2,2'-偶氮二-(2-甲基丙酸乙脂)	商品编码	2927.0000
别 名				CAS 号	3879-07-0
防护措施			呼吸系统防护：空气中浓度较高时，应该佩戴防毒面具。紧急事态抢救或逃生时，佩戴自给式呼吸器。 眼睛防护：戴化学安全防护眼镜。 身体防护：穿相应的防护服。 手防护：戴防化学品手套。 其他防护：工作现场严禁吸烟。注意个人清洁卫生。进入罐、限制性空间或其他高浓度区作业，须有人监护。		
危险性类别			自反应物质和混合物，D 型。		

序号	1594	品名	2,2'-偶氮-二-(2-甲基丁腈)	商品编码	2927.0000
别 名				CAS 号	13472-08-7
英文名			2,2'-azodi(2-methylbutyronitrile)		
分子式			$C_{10}H_{16}N_4$		
防护措施			呼吸系统防护：空气中浓度较高时，应该佩戴防毒面具。紧急事态抢救或逃生时，佩戴自给式呼吸器。 眼睛防护：戴化学安全防护眼镜。 身体防护：穿相应的防护服。 手防护：戴防化学品手套。 其他防护：工作现场严禁吸烟。注意个人清洁卫生。进入罐、限制性空间或其他高浓度区作业，须有人监护。		
危险性类别			自反应物质和混合物，D 型。		

序号	1595	品名	1,1'-偶氮-二-(六氢苄腈)	商品编码	2927.0000
别 名			1,1'-偶氮二(环己基甲腈)	CAS 号	2094-98-6
英文名			1,1'-azobis(cyanocyclohexane)		
分子式			$C_{14}H_{20}N_4$		
防护措施			呼吸系统防护：空气中浓度较高时，应该佩戴防毒面具。紧急事态抢救或逃生时，佩戴自给式呼吸器。 眼睛防护：戴化学安全防护眼镜。 身体防护：穿相应的防护服。 手防护：戴防化学品手套。 其他防护：工作现场严禁吸烟。注意个人清洁卫生。进入罐、限制性空间或其他高浓度区作业，须有人监护。		
危险性类别			自反应物质和混合物，D 型。		

序号	1596	品名	2,2'-偶氮二异丁腈	商品编码	2927.0000
别 名			发泡剂 NA；DIN；2-甲基丙腈	CAS 号	78-67-1
英文名			2,2'-azobis(2-methylpropionitrile)		
分子式			$C_8H_{12}N_4$		
外观与性状			为白色针状白色结晶。		
主要用途			用作橡胶、塑料等发泡剂，也用于其他有机合成。		
危险特性			本品遇高热、明火或与氧化剂混合，经摩擦、撞击有引起燃烧爆炸的危险；燃烧时，放出有毒气体；受热时性质不稳定，40℃逐渐分解，至 103～104℃时激烈分解，放出氮气及数种有机氰化合物，对人体有害，并散发出较大热量，能引起爆炸。		
健康危害			本品在体内可释放氰离子引起中毒。大量接触本品者出现头痛、头胀、易疲劳、流涎和呼吸困难；亦可见昏迷和抽搐。用本品做发泡剂的泡沫塑料加热或切割时产生的挥发性物质可刺激咽喉，口中有苦味，并可致呕吐和腹痛。本品分解能产生剧毒的甲基琥珀腈。长期接触本品可引起神经衰弱综合征，呼吸道刺激症状，肝、肾损害。		
防护措施			呼吸系统防护：可能接触毒物时，应该佩戴过滤式防尘呼吸器。紧急事态抢救或撤离时，建议佩戴自给式呼吸器。 眼睛防护：戴安全防护眼镜。 身体防护：穿透气型防毒服。 手防护：戴防毒物渗透手套。 其他防护：工作完毕，淋浴更衣。单独存放被毒物污染的衣服，洗后备用。		
危险性类别			自反应物质和混合物，C 型；危害水生环境—长期危害，类别 3。		

序号	1597	品名	偶氮二甲酰胺	商品编码	2927.0000
别 名			发泡剂 AC；二氮烯二甲酰胺	CAS 号	123-77-3
英文名			Azodicarbonamide		
分子式			$C_2H_4N_4O_2$		
外观与性状			白色或淡黄色粉末。		
主要用途			广泛用作聚氯乙烯、聚乙烯、聚苯乙烯、聚丙烯，ABS 树脂等的发孔剂。		
危险特性			本品遇明火、高热易燃；受热分解，放出有毒的烟气；若遇高热可发生剧烈分解，引起容器破裂或爆炸事故。		
健康危害			本品受热分解释出氮氧化物和一氧化碳。资料报道本品有致突变作用。		
防护措施			呼吸系统防护：佩戴防毒口罩。紧急事态抢救或逃生时，佩戴防毒面具。 眼睛防护：可能接触其粉尘时，戴化学安全防护眼镜。 身体防护：穿防静电工作服。 手防护：戴防护手套。 其他防护：工作现场严禁吸烟。注意个人清洁卫生。进入罐、限制性空间或其他高浓度区作业，须有人监护。		
危险性类别			易燃固体，类别 1；呼吸道致敏物，类别 1；皮肤致敏物，类别 1；危害水生环境—长期危害，类别 3。		

序号	1598	品名	哌啶	商品编码	2933.3210
别 名			六氢吡啶；氮己环	CAS 号	110-89-4
英文名			Piperidine		
分子式			$C_5H_{11}N$		
外观与性状			无色液体。		
主要用途			用作溶剂、有机合成中间体、环氧树脂交联剂、缩合催化剂等。		
危险特性			本品易燃，遇明火燃烧时放出有毒气体。受热分解释放出有毒的氧化氮烟气；与氧化剂能发生强烈反应。		
健康危害			本品对眼睛和皮肤有强烈刺激性，并是升压剂。小剂量本品可刺激交感和副交感神经节；大剂量反而有抑制作用；误服后可引起虚弱、恶心、流涎、呼吸困难、肌肉瘫痪和窒息。		
防护措施			工程控制：生产过程密闭，加强通风；提供安全淋浴和洗眼设备。 呼吸系统防护：可能接触其蒸气时，佩戴自吸过滤式防毒面具（全面罩）。紧急事态抢救或撤离时，建议佩戴氧气呼吸器。 眼睛防护：呼吸系统防护中已作防护。 身体防护：穿胶布防毒衣。 手防护：戴橡胶耐油手套。 其他防护：工作现场严禁吸烟。工作完毕，淋浴更衣。注意个人清洁卫生。		
危险性类别			易燃液体，类别 2；急性毒性—经皮肤，类别 3*；急性毒性—吸入，类别 3*；皮肤腐蚀/刺激，类别 1B；严重眼损伤/眼刺激，类别 1。		

序号	1599	品名	哌嗪	商品编码	2933.5990
别　名		对二氮己环		CAS 号	110-85-0
英文名		Piperazine			
分子式		$C_4H_{10}N_2$			
外观与性状		无色结晶，具有氨的气味，有强吸湿性。			
主要用途		用于制造树脂和聚合物及制药。			
危险特性		本品遇高热、明火或与氧化剂接触，有引起燃烧的危险。			
健康危害		大量接触本品，吸入或经皮肤吸收，能引起虚弱、视力模糊、共济失调、震颤、癫痫样抽搐。此外，本品能引起高铁血红蛋白血症，影响血液携氧能力，出现头痛、头晕、恶心、紫绀。眼睛接触本品引起严重刺激和灼伤，对皮肤有刺激性。慢性影响：本品粉尘或液体，对皮肤和肺有致敏性，引起皮肤刺痒、皮疹和哮喘。			
防护措施		工程控制：密闭操作，局部排风。 呼吸系统防护：一般不需特殊防护。必要时佩戴防毒口罩。 眼睛防护：可采用安全面罩。 身体防护：穿工作服（防腐材料制作）。 手防护：戴橡皮手套。			
危险性类别		皮肤腐蚀/刺激，类别 1B；严重眼损伤/眼刺激，类别 1；呼吸道致敏物，类别 1；皮肤致敏物，类别 1；生殖毒性，类别 2。			

序号	1600	品名	α-蒎烯	商品编码	2902.1910
别　名		α-松油萜		CAS 号	80-56-8
英文名		Alpha-pinene			
分子式		$C_{10}H_{16}$			
外观与性状		无色液体。			
防护措施		呼吸系统防护：佩戴防毒口罩。紧急事态抢救或逃生时，佩戴自给式呼吸器。 眼睛防护：戴化学安全防护眼镜。 防护服：穿相应的防护服。 手防护：戴防化学品手套。 其他防护：工作现场禁止吸烟、进食和饮水。工作完毕，淋浴更衣。注意个人清洁卫生。			
危险性类别		易燃液体，类别 3；皮肤腐蚀/刺激，类别 2；皮肤致敏物，类别 1；吸入危害，类别 1；危害水生环境—急性危害，类别 1；危害水生环境—长期危害，类别 1。			

序号	1601	品名	β-蒎烯	商品编码	2902.1910
别 名				CAS 号	127-91-3
英文名	Beta-pinene				
分子式	$C_{10}H_{16}$				
防护措施	呼吸系统防护：佩戴防毒口罩。紧急事态抢救或逃生时，佩戴自给式呼吸器。 眼睛防护：戴化学安全防护眼镜。 防护服：穿相应的防护服。 手防护：戴防化学品手套。 其他防护：工作现场禁止吸烟、进食和饮水。工作完毕，淋浴更衣。注意个人清洁卫生。				
危险性类别	易燃液体，类别3；皮肤腐蚀/刺激，类别2；皮肤致敏物，类别1；吸入危害，类别1；危害水生环境—急性危害，类别1；危害水生环境—长期危害，类别1。				

序号	1602	品名	硼氢化钾	商品编码	2850.0090
别 名	氢硼化钾			CAS 号	13762-51-1
英文名	Potassium borohydride				
分子式	BH_4K				
外观与性状	白色结晶性粉末。				
主要用途	用于醛、酮、酰氯化物的还原剂，以及用于制氢和其他硼氢盐。				
危险特性	本品遇明火、高热或与氧化剂接触，有引起燃烧爆炸的危险；遇水或酸发生反应放出氢气及热量，能引起燃烧。				
健康危害	本品对黏膜、上呼吸道、眼睛及皮肤有强烈刺激性。吸入后，可因喉和支气管的炎症、水肿、痉挛，化学性肺炎、肺水肿而致死。中毒表现有烧灼感、咳嗽、喘息、喉炎、气短、头痛、恶心和呕吐等。				
防护措施	工程控制：密闭操作，局部排风。 呼吸系统防护：佩戴防尘口罩。必要时建议佩戴自给式呼吸器。 眼睛防护：戴化学安全防护眼镜。 身体防护：穿相应的防护服。 手防护：戴防护手套。				
危险性类别	遇水放出易燃气体的物质和混合物，类别1；急性毒性—经口，类别3；急性毒性—经皮肤，类别3。				

序号	1603	品名	硼氢化锂	商品编码	2850.0090
别　名			氢硼化锂	CAS号	16949-15-8
英文名			Lithiumborohydride		
分子式			BH_4Li		
外观与性状			无色粉末。		
主要用途			用于制造其他硼氢盐。		
危险特性			本品遇水、潮湿空气、酸类、氧化剂、高热及明火能引起燃烧。		
健康危害			本品对黏膜、上呼吸道、眼睛及皮肤有强烈刺激性。吸入后，可因喉及支气管的痉挛、炎症、水肿，化学性肺炎、肺水肿而致死。中毒表现有烧灼感、咳嗽、喘息、喉炎、气短、头痛、恶心和呕吐等。		
防护措施			工程控制：密闭操作，局部排风。 呼吸系统防护：佩戴防尘口罩。必要时建议佩戴自给式呼吸器。 眼睛防护：戴化学安全防护眼镜。 身体防护：穿相应的防护服。 手防护：戴防护手套。		
危险性类别			遇水放出易燃气体的物质和混合物，类别1。		

序号	1604	品名	硼氢化铝	商品编码	2850.0090
别　名			氢硼化铝	CAS号	16962-07-5
英文名			Borate(1-), tetrahydro-, aluminum (3∶1)		
分子式			AlB_3H_{12}		
外观与性状			挥发性液体。		
主要用途			用作还原剂、喷气发动机和火箭的燃料。		
危险特性			本品暴露在空气中能自燃；在潮湿空气中燃烧迅速；在氧气中，即使温度在20℃也会爆炸；遇水或水蒸气、酸或酸气产生有毒的可燃性气体；与氧化剂能发生强烈反应。		
健康危害			吸入本品会中毒；遇水、水蒸气或酸类反应放出热、毒气或氢气。		
防护措施			工程控制：密闭操作，局部排风。 呼吸系统防护：佩戴防毒口罩。必要时佩戴防毒面具。 眼睛防护：戴化学安全防护眼镜。 身体防护：穿防静电工作服。 手防护：戴防化学品手套。		
危险性类别			自燃固体，类别1；遇水放出易燃气体的物质和混合物，类别1。		

序号	1605	品名	硼氢化钠		商品编码	2850.0090
别 名			氢硼化钠		CAS 号	16940-66-2
英文名		Sodium borohydride				
分子式		BH_4Na				
外观与性状		白色至灰白色细结晶粉末或块状，吸湿性强。				
主要用途		用于制造其他硼氢盐、还原剂、木材纸浆漂白、塑料发泡剂等。				
危险特性		本品遇水、潮湿空气、酸类、氧化剂、高热及明火能引起燃烧。				
健康危害		本品强烈刺激黏膜、上呼吸道、眼睛及皮肤。吸入后，可因喉和支气管的炎症、水肿、痉挛，化学性肺炎、肺水肿而致死；口服腐蚀消化道。				
防护措施		工程控制：密闭操作，局部排风。 呼吸系统防护：佩戴防尘口罩。必要时建议佩戴自给式呼吸器。 眼睛防护：戴化学安全防护眼镜。 身体防护：穿相应的防护服。 手防护：戴防护手套。				
危险性类别		遇水放出易燃气体的物质和混合物，类别1；急性毒性—经口，类别3；皮肤腐蚀/刺激，类别1C；严重眼损伤/眼刺激，类别1。				

序号	1606	品名	硼酸		商品编码	2810.0020
别 名					CAS 号	10043-35-3
英文名		Orthoboric acid				
分子式		BH_3O_3				
外观与性状		无色透明并具有珍珠样光泽的鳞片状六角形结晶或白色结晶性粉末或颗粒。				
主要用途		用于玻璃、搪瓷、医药、化妆品等工业，以及制备硼和硼酸盐，并用作食物防腐剂和消毒剂等。				
危险特性		本品受高热分解释放出有毒的气体。				
健康危害		工业生产中，本品仅见引起皮肤刺激、结膜炎、支气管炎，一般无中毒发生。口服引起急性中毒，主要表现为胃肠道症状，有恶心、呕吐、腹痛、腹泻；继而发生脱水、休克、昏迷或急性肾功能衰竭，可有高热、肝肾损害和惊厥；皮肤出现广泛鲜红色疹，严重者成剥脱性皮炎。本品易被损伤皮肤吸入引起中毒。慢性中毒：长期由胃肠道或皮肤吸收小量本品，可发生轻度消化道症状、皮炎、秃发以及肝、肾损害。				
防护措施		工程控制：生产过程密闭，加强通风。 呼吸系统防护：应该佩戴口罩。 眼睛防护：戴安全防护眼镜。 身体防护：穿工作服。 手防护：戴防护手套。				
危险性类别		生殖毒性，类别1B。				

序号	1607	品名	硼酸三甲酯	商品编码	2920.9000
别　名			三甲氧基硼烷	CAS 号	121-43-7
英文名			Trimethyl borate		
分子式			$C_3H_9BO_3$		
外观与性状			湿敏性液体。		
主要用途			用作溶剂、脱氢剂、杀虫剂及用于有机合成、半导体硼扩散原。		
危险特性			本品遇高热、明火或与氧化剂接触，有引起燃烧的危险；遇水或水蒸气反应放出有毒的或易燃的气体；若遇高热，容器内压增大，有开裂和爆炸的危险。		
健康危害			吸入、摄入或经皮肤吸收本品对身体有害，其蒸气或雾对眼睛、黏膜和上呼吸道有刺激性；对皮肤有刺激性。		
防护措施			工程控制：密闭操作，注意通风。 呼吸系统防护：空气中浓度较高时，戴面具式呼吸器。紧急事态抢救或撤离时，佩戴自给式呼吸器。 眼睛防护：戴化学安全防护眼镜。 身体防护：穿防静电工作服。 手防护：戴防护手套。		
危险性类别			易燃液体，类别3。		

序号	1608	品名	硼酸三乙酯	商品编码	2920.9000
别　名			三乙氧基硼烷	CAS 号	150-46-9
英文名			Triethyl borate		
分子式			$C_6H_{15}BO_3$		
外观与性状			无色透明液体。		
主要用途			用于有机合成，制备高纯硼的原料、增塑剂和焊接助溶剂。		
危险特性			本品遇明火、高热易燃；与氧化剂能发生强烈反应；遇水或水蒸气反应放出有毒的或易燃的气体。		
健康危害			本品对眼睛和皮肤有刺激性。		
防护措施			工程控制：生产过程密闭，全面通风。 呼吸系统防护：高浓度环境中，应该佩戴防毒面具。必要时建议佩戴自给式呼吸器。 眼睛防护：戴化学安全防护眼镜。 身体防护：穿相应的防护服。 手防护：戴防化学品手套。		
危险性类别			易燃液体，类别2。		

序号	1609	品名	硼酸三异丙酯	商品编码	2920.9000
别 名			硼酸异丙酯	CAS 号	5419-55-6
英文名			Triisopropyl borate		
分子式			$C_9H_{21}BO_3$		
外观与性状			无色液体。		
主要用途			用作溶剂、半导体硼扩散源。		
危险特性			本品遇高热、明火或与氧化剂接触，有引起燃烧的危险；若遇高热，容器内压增大，有开裂和爆炸的危险。		
健康危害			本品对眼睛、皮肤可能有刺激作用，吸入、摄入或经皮肤吸收后对身体可能有害。		
防护措施			工程控制：密闭操作，注意通风。 呼吸系统防护：空气中浓度较高时，戴面具式呼吸器。紧急事态抢救或撤离时，佩戴供气式呼吸器。 眼睛防护：戴化学安全防护眼镜。 身体防护：穿防静电工作服。 手防护：戴防护手套。		
危险性类别			易燃液体，类别2。		

序号	1610	品名	偏钒酸铵	商品编码	2841.9000
别 名				CAS 号	7803-55-6
英文名			Ammonium metavanadate		
分子式			H_4NO_3V		
外观与性状			白色或略带淡黄色结晶粉末。		
主要用途			用作催化剂、染料、分析试剂，也用于油漆、油墨干燥、显微染色、瓷砖着色等。		
危险特性			本品具有氧化性，接触有机物有引起燃烧危险。		
健康危害			本品粉尘能刺激眼睛和黏膜，误服能产生呕吐、流涎与腹泻；皮肤接触可引起荨麻疹。		
防护措施			呼吸系统防护：佩戴防尘口罩。高浓度环境中，建议佩戴防毒面具。 眼睛防护：戴化学安全防护眼镜。 身体防护：穿紧袖工作服，长筒胶鞋。 手防护：戴防化学品手套。 其他防护：工作现场禁止吸烟、进食和饮水。		
危险性类别			急性毒性—经口，类别3；急性毒性—吸入，类别1；皮肤腐蚀/刺激，类别2；严重眼损伤/眼刺激，类别2；特异性靶器官毒性—单次接触，类别3（呼吸道刺激）；危害水生环境—长期危害，类别3。		

序号	1611	品名	铍粉	商品编码	8112.1200
别名				CAS 号	7440-41-7
英文名	Beryllium				
分子式	Be				
外观与性状	钢灰色轻金属，质硬而有展性。				
主要用途	用作宇航工程结构材料、核反应堆、X射线管制造、合金制造等。				
危险特性	本品微细粉末遇强酸反应，放出氢气；与四氯化碳混合遇火花或闪火能燃烧；能与锂、磷剧烈反应；细小的铍粉和尘埃能与空气形成爆炸性混合物，易燃的程度与粒子大小有关，超细铍粉接触空气时易自燃。				
健康危害	短期大量接触本品可引起急性铍病，主要表现为急性化学性支气管炎或肺炎，肝脏往往肿大，有压痛，甚至出现黄疸；长期接触小量铍可发生慢性铍病，除无力、消瘦、食欲不振外，常有胸闷、胸痛、气短和咳嗽；晚期可发生右心衰竭；皮肤病变有皮炎、溃疡及皮肤肉芽肿。X线肺部检查分三型：颗粒型、网织型和结节型。				
防护措施	呼吸系统防护：可能接触其粉尘时，佩戴头罩型电动送风过滤式防尘呼吸器。必要时，佩戴隔离式呼吸器。 眼睛防护：呼吸系统防护中已作防护。 身体防护：穿连衣式胶布防毒衣。 手防护：戴橡胶手套。 其他防护：工作现场禁止吸烟、进食和饮水。工作完毕，淋浴更衣。单独存放被毒物污染的衣服，洗后备用。实行就业前和定期的体检。				
危险性类别	易燃固体，类别2；急性毒性—经口，类别3*；急性毒性—吸入，类别2*；皮肤腐蚀/刺激，类别2；严重眼损伤/眼刺激，类别2；皮肤致敏物，类别1；致癌性，类别1A；特异性靶器官毒性—单次接触，类别3（呼吸道刺激）；特异性靶器官毒性—反复接触，类别1。				

序号	1612	品名	偏钒酸钾	商品编码	2841.9000
别名				CAS 号	13769-43-2
英文名	Potassium metavanadate				
分子式	KO_3V				
外观与性状	白色略带淡黄色晶体。				
防护措施	呼吸系统防护：佩戴防毒口罩。紧急事态抢救或逃生时，佩戴自给式呼吸器。 眼睛防护：戴化学安全防护眼镜。 防护服：穿相应的防护服。 手防护：戴防化学品手套。 其他防护：工作现场禁止吸烟、进食和饮水。工作完毕，淋浴更衣。注意个人清洁卫生。				
危险性类别	急性毒性—经口，类别2；皮肤腐蚀/刺激，类别2；严重眼损伤/眼刺激，类别2；特异性靶器官毒性—单次接触，类别3（呼吸道刺激）；危害水生环境—长期危害，类别3。				

序号	1613	品名	偏高碘酸钾	商品编码	2829.9000
别　名				CAS 号	

防护措施	呼吸系统防护：佩戴防毒口罩。紧急事态抢救或逃生时，佩戴自给式呼吸器。 眼睛防护：戴化学安全防护眼镜。 防护服：穿相应的防护服。 手防护：戴防化学品手套。 其他防护：工作现场禁止吸烟、进食和饮水。工作完毕，淋浴更衣。注意个人清洁卫生。
危险性类别	氧化性固体，类别 2。

序号	1614	品名	偏高碘酸钠	商品编码	2829.9000
别　名				CAS 号	
英文名	Sodium periodate				
分子式	$NaIO_4$				
外观与性状	无色结晶或白色晶状粉末。				
主要用途	用于陶瓷片纸、印花布、印片纸等丝网印花的制版工艺；在印刷版制造过程中，用于从印刷版底层除去不溶的聚乙烯醇层；医药工业的重要原料，亦用作普通分析试剂及色谱分析试剂。				
危险特性	本品与还原剂、硫、磷等混合受热、撞击、摩擦可爆，燃烧产生有毒碘化物和氧化钠烟雾。				
健康危害	本品对眼睛、上呼吸道、黏膜和皮肤有刺激性。				
防护措施	呼吸系统防护：空气中粉尘浓度超标时，应该佩戴头罩型电动送风过滤式防尘呼吸器。紧急事态抢救或撤离时，佩戴空气呼吸器。 眼睛防护：呼吸系统防护中已作防护。 身体防护：穿聚乙烯防毒服。 手防护：戴橡胶手套。 其他防护：工作现场禁止吸烟、进食和饮水。				
危险性类别	氧化性固体，类别 2。				

序号	1615	品名	偏硅酸钠	商品编码	2839.1100
别名			三氧硅酸二钠	CAS 号	6834-92-0
英文名			Sodium metasilicate		
分子式			Na_2SiO_3		
外观与性状			无色结晶。		
主要用途			用于纺织、电镀、填料及催化剂等；用于制造洗涤剂、织物处理剂和纸张脱墨剂等。		
危险特性			本品是腐蚀性物质。		
健康危害			本品会导致灼伤，刺激呼吸道。		
防护措施			呼吸系统防护：佩戴防毒口罩。紧急事态抢救或逃生时，佩戴自给式呼吸器。 眼睛防护：戴化学安全防护眼镜。 防护服：穿相应的防护服。 手防护：戴防化学品手套。 其他防护：工作现场禁止吸烟、进食和饮水。工作完毕，淋浴更衣。注意个人清洁卫生。		
危险性类别			皮肤腐蚀/刺激，类别 1B；严重眼损伤/眼刺激，类别 1；特异性靶器官毒性—单次接触，类别 3（呼吸道刺激）。		

序号	1616	品名	偏砷酸	商品编码	2811.1990
别名				CAS 号	10102-53-1
英文名			Metaarsenic acid		
分子式			$HAsO_3$		
外观与性状			无色半透明的晶状固体。		
主要用途			可用于制备多种砷酸盐。		
危险特性			本品遇金属产生剧毒砷化氢。		
防护措施			呼吸系统防护：佩戴防毒口罩。紧急事态抢救或逃生时，佩戴自给式呼吸器。 眼睛防护：戴化学安全防护眼镜。 防护服：穿相应的防护服。 手防护：戴防化学品手套。 其他防护：工作现场禁止吸烟、进食和饮水。工作完毕，淋浴更衣。注意个人清洁卫生。		
危险性类别			急性毒性—经口，类别 3*；急性毒性—吸入，类别 3*；致癌性，类别 1A；危害水生环境—急性危害，类别 1；危害水生环境—长期危害，类别 1。		

序号	1617	品名	偏砷酸钠		商品编码	2842.9090
别 名					CAS 号	15120-17-9
英文名		Sodium metaarsenate
分子式		NaAsO$_3$
外观与性状		白色或灰白色粉末。
主要用途		用于制药、试剂、电子等。
危险特性		本品不燃；受高热分解释放出有毒的气体。
健康危害		口服砷化合物引起急性胃肠炎、休克、周围神经病、中毒性心肌炎、肝炎，以及抽搐、昏迷等，甚至死亡；大量吸入亦可引起急性中毒，但消化道症状较轻；砷酸纳对眼睛、呼吸道及皮肤有刺激性。慢性中毒：长期接触砷化合物引起消化系统症状，肝、肾损害，皮肤色素沉着、角化过度或疣状增生，多发性神经炎等。
防护措施		呼吸系统防护：可能接触其粉尘时，必须佩戴头罩型电动送风过滤式防尘呼吸器。紧急事态抢救或撤离时，建议佩戴空气呼吸器。 眼睛防护：呼吸系统防护中已作防护。 身体防护：穿连衣式胶布防毒衣。 手防护：戴橡胶手套。 其他防护：工作现场禁止吸烟、进食和饮水。
危险性类别		急性毒性—经口，类别 3*；急性毒性—吸入，类别 3*；致癌性，类别 1A；危害水生环境—急性危害，类别 1；危害水生环境—长期危害，类别 1。

序号	1618	品名	漂白粉		商品编码	2828.1000
别 名					CAS 号	
英文名		Calcium hypochlorite
分子式		CaCl$_2$O$_2$
外观与性状		白色或灰白色粉末或颗粒。
主要用途		一种高效漂白剂，主要用于棉麻纺织品、化学纤维、纸浆、淀粉的漂白，也用于饮用水、游泳池水的消毒和杀菌。
危险特性		本品是强氧化剂，遇水或潮湿空气会引起燃烧爆炸；与碱性物质混合能引起爆炸；接触有机物有引起燃烧的危险；受热、遇酸或日光照射会分解释放出剧毒的氯气。
健康危害		本品粉尘对眼结膜及呼吸道有刺激性，可引起牙齿损害；皮肤接触可引起中至重度皮肤损害。
防护措施		呼吸系统防护：可能接触其粉尘时，建议佩戴头罩型电动送风过滤式防尘呼吸器。 眼睛防护：呼吸系统防护中已作防护。 身体防护：穿胶布防毒衣。 手防护：戴氯丁橡胶手套。 其他防护：工作现场禁止吸烟、进食和饮水。
危险性类别		氧化性固体，类别 2；皮肤腐蚀/刺激，类别 1B；严重眼损伤/眼刺激，类别 1；危害水生环境—急性危害，类别 1；危害水生环境—长期危害，类别 1。

序号	1619	品名	漂粉精（含有效氯>39%）	商品编码	2828.1000
别　名			高级晒粉	CAS 号	
英文名			Calcium hypochlorite		
分子式			$CaCl_2O_2$		
外观与性状			白色粉末或颗粒。		
主要用途			主要用于棉织物、麻织物、纸浆等的漂白；利用其消毒杀菌作用广泛用于饮水、游泳池水净化、养蚕等方面。		
危险特性			本品是强氧化剂，遇水或潮湿空气会引起燃烧爆炸；与碱性物质混合能引起爆炸；接触有机物有引起燃烧的危险；受热、遇酸或日光照射会分解释放出剧毒的氯气。		
健康危害			本品粉尘对眼结膜及呼吸道有刺激性，可引起牙齿损害；皮肤接触可引起中至重度皮肤损害。		
防护措施			呼吸系统防护：可能接触其粉尘时，建议佩戴头罩型电动送风过滤式防尘呼吸器。 眼睛防护：呼吸系统防护中已作防护。 身体防护：穿胶布防毒衣。 手防护：戴氯丁橡胶手套。 其他防护：工作现场禁止吸烟、进食和饮水。		
危险性类别			氧化性固体，类别 2；皮肤腐蚀/刺激，类别 1B；严重眼损伤/眼刺激，类别 1；危害水生环境—急性危害，类别 1；危害水生环境—长期危害，类别 1。		

序号	1620	品名	葡萄糖酸汞	商品编码	2852.1000
别　名				CAS 号	63937-14-4
英文名			Mercury gluconate		
分子式			$C_6H_{11}HgO_7$		
外观与性状			白色粉末。		
防护措施			呼吸系统防护：佩戴防毒口罩。紧急事态抢救或逃生时，佩戴自给式呼吸器。 眼睛防护：戴化学安全防护眼镜。 防护服：穿相应的防护服。 手防护：戴防化学品手套。 其他防护：工作现场禁止吸烟、进食和饮水。工作完毕，淋浴更衣。注意个人清洁卫生。		
危险性类别			急性毒性—经口，类别 2*；急性毒性—经皮肤，类别 1；急性毒性—吸入，类别 2*；特异性靶器官毒性—反复接触，类别 2；危害水生环境—急性危害，类别 1；危害水生环境—长期危害，类别 1。		

序号	1621	品名	七氟丁酸		商品编码	2915.9000
别　名			全氟丁酸		CAS 号	375-22-4
英文名		Heptafluorobutyric acid				
分子式		$C_4HF_7O_2$				
外观与性状		无色油状液体。				
主要用途		用作除虫杀菌剂、酯的催化剂、活性剂、酸化剂、中间体，也用于合成橡胶。				
危险特性		本品具有腐蚀性，遇水或水蒸气反应发热放出有毒的腐蚀性气体；受热分解，放出高毒的烟气。				
健康危害		本品是具有腐蚀性的毒物，对眼睛、皮肤、黏膜和上呼吸道有强烈的刺激作用；可引起皮肤溃疡和坏死，以及化脓性坏死性角膜结膜炎。				
防护措施		呼吸系统防护：可能接触其蒸气时，必须佩戴防毒口罩。高浓度环境中，建议佩戴自给式呼吸器。 眼睛防护：戴化学安全防护眼镜。 身体防护：穿防腐工作服。 手防护：戴防化学品手套。 其他防护：工作现场禁止吸烟、进食和饮水。				
危险性类别		皮肤腐蚀/刺激，类别1；严重眼损伤/眼刺激，类别1。				

序号	1622	品名	七硫化四磷		商品编码	2813.9000
别　名			七硫化磷		CAS 号	12037-82-0
英文名		Tetraphosphorus heptasulphide				
分子式		P_4S_7				
外观与性状		浅黄色结晶，浅灰色粉末或熔融固体。				
主要用途		用于制造有机硫化物。				
危险特性		本品受热或摩擦极易燃烧；与强氧化剂如铬酸酐、氯酸盐和高锰酸钾等接触，能发生强烈的反应，引起燃烧或爆炸；遇水或水蒸气反应放出有毒的或易燃的气体。				
健康危害		误服或吸入本品会中毒。本品分解出的硫化氢，有腐蚀刺激作用，尤其对眼睛、呼吸道的刺激。				
防护措施		呼吸系统防护：佩戴防尘口罩。空气中浓度较高时，建议佩戴防毒面具。 眼睛防护：戴化学安全防护眼镜。 身体防护：穿防腐工作服。 手防护：戴橡皮手套。 其他防护：工作现场禁止吸烟、进食和饮水。				
危险性类别		易燃固体，类别1。				

序号	1623	品名	七溴二苯醚	商品编码	2909.3090
别名				CAS 号	68928-80-3
英文名	Heptabromodiphenyl ether				
分子式	$C_{12}H_3Br_7O$				
防护措施	呼吸系统防护：佩戴防毒口罩。紧急事态抢救或逃生时，佩戴自给式呼吸器。 眼睛防护：戴化学安全防护眼镜。 防护服：穿相应的防护服。 手防护：戴防化学品手套。 其他防护：工作现场禁止吸烟、进食和饮水。工作完毕，淋浴更衣。注意个人清洁卫生。				
危险性类别	生殖毒性，类别 1B。				

序号	1624	品名	1,4,5,6,7,8,8-七氯-3a,4,7,7a-四氢-4,7-亚甲基茚	商品编码	2903.8200
别名	七氯			CAS 号	76-44-8
英文名	1,4,5,6,7,8,8-heptachloro-3a,4,7,7a-tetrahydro-7-methanoindene；heptachlor				
分子式	$C_{10}H_5Cl_7$				
外观与性状	白色结晶。				
主要用途	用于防治地下害虫及蚁类。				
危险特性	本品遇明火、高热可燃；与强氧化剂可发生反应；受高热分解产生有毒的腐蚀性气体。				
健康危害	接触七氯的工人可有皮肤轻度瘙痒及发红、头痛、恶心、食欲减退、脉搏稍慢、血压微下降等。				
防护措施	呼吸系统防护：生产操作或农业使用时，建议佩戴防毒口罩。紧急事态抢救或逃生时，应该佩戴自给式呼吸器。 眼睛防护：戴化学安全防护眼镜。 身体防护：穿相应的防护服。 手防护：戴防护手套。 其他防护：工作现场禁止吸烟、进食和饮水。				
危险性类别	急性毒性—经口，类别 3*；急性毒性—经皮肤，类别 3*；致癌性，类别 2；特异性靶器官毒性—反复接触，类别 2*；危害水生环境—急性危害，类别 1；危害水生环境—长期危害，类别 1。				

序号	1625	品名	2,2',3,3',4,5',6'-七溴二苯醚	商品编码	2909.3090
别 名				CAS 号	446255-22-7
英文名		2,2',3,3',4',5,6'-heptabromodiphenyl ether			
分子式		$C_{12}H_3Br_7O$			
防护措施		呼吸系统防护：佩戴防毒口罩。紧急事态抢救或逃生时，佩戴自给式呼吸器。 眼睛防护：戴化学安全防护眼镜。 防护服：穿相应的防护服。 手防护：戴防化学品手套。 其他防护：工作现场禁止吸烟、进食和饮水。工作完毕，淋浴更衣。注意个人清洁卫生。			
危险性类别		生殖毒性，类别 1B。			

序号	1626	品名	汽油、乙醇汽油、甲醇汽油	商品编码	2710.1210
别 名				CAS 号	86290-81-5
英文名		Gasoline			
外观与性状		无色至淡黄色液体。			
主要用途		用作汽化式汽油发动机的燃料。			
危险特性		本品蒸气与空气可形成爆炸性混合物，遇明火、高热极易燃烧爆炸；与氧化剂能发生强烈反应；其蒸气比空气重，能在较低处扩散到相当远的地方，遇火源会着火回燃。			
健康危害		急性中毒：对中枢神经系统有麻醉作用。轻度中毒症状有头晕、头痛、恶心、呕吐、步态不稳、共济失调；高浓度吸入出现中毒性脑病；极高浓度吸入引起意识突然丧失、反射性呼吸停止；可伴有中毒性周围神经病及化学性肺炎；部分患者出现中毒性精神病。液体吸入呼吸道可引起吸入性肺炎；溅入眼内可致角膜溃疡、穿孔，甚至失明；皮肤接触致急性接触性皮炎，甚至灼伤；吞咽引起急性胃肠炎，严重者出现类似急性吸入中毒症状，并可引起肝、肾损害。慢性中毒：神经衰弱综合征、植物神经功能紊乱、周围神经病；严重中毒出现中毒性脑病，症状类似精神分裂症；皮肤损害。			
防护措施		呼吸系统防护：一般不需要特殊防护，高浓度接触时可佩戴自吸过滤式防毒面具（半面罩）。 眼睛防护：一般不需要特殊防护，高浓度接触时可戴化学安全防护眼镜。 身体防护：穿防静电工作服。 手防护：戴橡胶耐油手套。 其他防护：工作现场禁止吸烟、进食和饮水。			
危险性类别		易燃液体，类别 2*；生殖细胞致突变性，类别 1B；致癌性，类别 2；特异性靶器官毒性—单次接触，类别 1；吸入危害，类别 1；危害水生环境—急性危害，类别 2；危害水生环境—长期危害，类别 2。			

序号	1627	品名	2,2',3,4,4',5',6-七溴二苯醚	商品编码	2909.3090
别名				CAS 号	207122-16-5
英文名		2,2',3,4,4',5',6-heptabromodiphenyl ether			
分子式		$C_{12}H_3Br_8O$			
防护措施		呼吸系统防护：佩戴防毒口罩。紧急事态抢救或逃生时，佩戴自给式呼吸器。 眼睛防护：戴化学安全防护眼镜。 防护服：穿相应的防护服。 手防护：戴防化学品手套。 其他防护：工作现场禁止吸烟、进食和饮水。工作完毕，淋浴更衣。注意个人清洁卫生。			
危险性类别		生殖毒性，类别1B。			

序号	1628	品名	铅汞齐	商品编码	2853.9090
别名				CAS 号	
英文名		Lead amalgam			
分子式		Hgx-Pby			
危险特性		本品高毒，受热放出有毒的汞蒸气。			
防护措施		呼吸系统防护：佩戴防毒口罩。紧急事态抢救或逃生时，佩戴自给式呼吸器。 眼睛防护：戴化学安全防护眼镜。 防护服：穿相应的防护服。 手防护：戴防化学品手套。 其他防护：工作现场禁止吸烟、进食和饮水。工作完毕，淋浴更衣。注意个人清洁卫生。			
危险性类别		急性毒性—经口，类别2*；急性毒性—经皮肤，类别1；急性毒性—吸入，类别2*；特异性靶器官毒性—反复接触，类别2*；危害水生环境—急性危害，类别1；危害水生环境—长期危害，类别1。			

序号	1629	品名	1-羟环丁-1-烯-3,4-二酮	商品编码	2914.4000
别 名			半方形酸	CAS 号	31876-38-7
英文名			3-hydroxycyclobut-3-ene-1,2-dione		
分子式			$C_4H_2O_3$		
防护措施			呼吸系统防护：佩戴防毒口罩。紧急事态抢救或逃生时，佩戴自给式呼吸器。 眼睛防护：戴化学安全防护眼镜。 防护服：穿相应的防护服。 手防护：戴防化学品手套。 其他防护：工作现场禁止吸烟、进食和饮水。工作完毕，淋浴更衣。注意个人清洁卫生。		
危险性类别			急性毒性—经口，类别 2。		

序号	1630	品名	3-羟基-1,1-二甲基丁基过氧新癸酸(含量≤52%,含 A 型稀释剂≥48%)、3-羟基-1,1-二甲基丁基过氧新癸酸(含量≤52%,在水中稳定弥散)、3-羟基-1,1-二甲基丁基过氧新癸酸(含量≤77%,含 A 型稀释剂≥23%)	商品编码	2918.1900
别 名				CAS 号	95718-78-8
英文名			3-hydroxy-1,1-dimethylbutyl peroxyneodecanoate		
分子式			$C_{16}H_{32}O_4$		
防护措施			呼吸系统防护：佩戴防毒口罩。紧急事态抢救或逃生时，佩戴自给式呼吸器。 眼睛防护：戴化学安全防护眼镜。 防护服：穿相应的防护服。 手防护：戴防化学品手套。 其他防护：工作现场禁止吸烟、进食和饮水。工作完毕，淋浴更衣。注意个人清洁卫生。		
危险性类别			有机过氧化物，D 型。		

序号	1631	品名	N-3-[1-羟基-2-(甲氨基)乙基]苯基甲烷磺酰胺甲磺酸盐	商品编码	2935.9000
别 名			酰胺福林-甲烷磺酸盐	CAS 号	1421-68-7
英文名			N-[3-[1-hydroxy-2-(methylamino)ethyl]phenyl]methanesulfonamideA; midefrine mesylate		
分子式			$C_{10}H_{16}N_2O_3S \cdot CH_4O_3S$		
危险特性			本品高毒,燃烧产生有毒的氮氧化物和硫氧化物烟雾。		
防护措施			呼吸系统防护:佩戴防毒口罩。紧急事态抢救或逃生时,佩戴自给式呼吸器。 眼睛防护:戴化学安全防护眼镜。 防护服:穿相应的防护服。 手防护:戴防化学品手套。 其他防护:工作现场禁止吸烟、进食和饮水。工作完毕,淋浴更衣。注意个人清洁卫生。		
危险性类别			急性毒性—经口,类别2。		

序号	1632	品名	3-羟基-2-丁酮	商品编码	2914.4000
别 名			乙酰甲基甲醇	CAS 号	513-86-0
英文名			3-hydroxy-2-butanone		
分子式			$C_4H_8O_2$		
外观与性状			无色或淡黄色液体,呈奶油香味。		
主要用途			主要用于配制奶油、乳品、酸奶和草莓等型香精。		
危险特性			本品遇高热、明火或与氧化剂接触,有引起燃烧的危险。		
健康危害			本品对皮肤有刺激作用,其蒸气或烟雾对眼睛、黏膜及上呼吸道有刺激作用。		
防护措施			呼吸系统防护:可能接触其蒸气时,建议佩戴防毒口罩。高浓度环境中,应该佩戴自给式呼吸器。 眼睛防护:可能接触其蒸气时,戴化学安全防护眼镜。 身体防护:穿防静电工作服。 手防护:高浓度接触时,戴防护手套。 其他防护:工作现场禁止吸烟、进食和饮水。		
危险性类别			易燃液体,类别3;皮肤腐蚀/刺激,类别2*。		

序号	1633	品名	4-羟基-4-甲基-2-戊酮	商品编码	2914.4000
别 名			双丙酮醇	CAS 号	123-42-2
英文名			4-hydroxy-4-methylpentan-2-one;diacetone alcohol		
分子式			$C_6H_{12}O_2$		
外观与性状			无色液体。		
主要用途			用作高沸点溶剂、喷漆稀释剂、木材着色剂、除锈剂及染料等的原料。		
危险特性			本品蒸气与空气形成爆炸性混合物,遇明火、高热能引起燃烧爆炸;与氧化剂能发生强烈反应,引起燃烧或爆炸;若遇高热,容器内压增大,有开裂和爆炸的危险。		
健康危害			本品对眼、鼻、喉黏膜有刺激性。吸入高浓度中毒时可见黏膜刺激、胸闷,严重者可造成麻醉;由于血压下降可使肝、肾受到损害,可因呼吸中枢抑制而死亡;长期反复接触可引起皮炎。		
防护措施			呼吸系统防护:空气中浓度超标时,佩戴防毒口罩。 眼睛防护:戴安全防护眼镜。 身体防护:穿相应的防护服。 手防护:高浓度接触时,戴防护手套。 其他防护:工作现场禁止吸烟、进食和饮水。		
危险性类别			易燃液体,类别 2;严重眼损伤/眼刺激,类别 2。		

序号	1634	品名	2-羟基丙腈	商品编码	2926.9090
别 名			乳腈	CAS 号	78-97-7
英文名			2-hydroxypropionitrile;lactonitrile		
分子式			C_3H_5NO		
外观与性状			无色至淡黄色液体。		
主要用途			主要用作溶剂和制备丙烯腈、丙烯酸酯和乳酸乙酯。		
危险特性			本品遇明火、高热可燃。		
健康危害			吸入、摄入或经皮肤吸收本品后可致死,对眼睛、皮肤有刺激作用。		
防护措施			呼吸系统防护:空气中浓度超标时,必须佩戴自吸过滤式防毒面具(半面罩)。紧急事态抢救或撤离时,应该佩戴空气呼吸器。 眼睛防护:戴化学安全防护眼镜。 身体防护:穿防毒物渗透工作服。 手防护:戴橡胶耐油手套。 其他防护:工作现场禁止吸烟、进食和饮水。		
危险性类别			急性毒性—经口,类别 2;急性毒性—经皮肤,类别 1;急性毒性—吸入,类别 1;危害水生环境—急性危害,类别 1。		

序号	1635	品名	2-羟基丙酸甲酯	商品编码	2918.1100
别名			乳酸甲酯	CAS号	547-64-8
英文名			Methyl 2-hydroxypropanoate;methyl lactate		
分子式			$C_4H_8O_3$		
外观与性状			无色液体。		
主要用途			可作为高沸点溶剂、洗净剂、合成原料等。		
危险特性			本品易燃，遇明火、高热能引起燃烧爆炸；与强氧化剂发生反应，可引起燃烧。		
健康危害			吸入、口服或经皮肤吸收本品对身体有害，具有刺激性。		
防护措施			呼吸系统防护：高浓度环境中，应该佩戴自吸过滤式防毒面具（半面罩）。 眼睛防护：戴化学安全防护眼镜。 身体防护：穿防静电工作服。 手防护：戴橡胶耐油手套。 其他防护：工作现场禁止吸烟、进食和饮水。		
危险性类别			易燃液体，类别3；严重眼损伤/眼刺激，类别2；特异性靶器官毒性—单次接触，类别3（呼吸道刺激）。		

序号	1636	品名	2-羟基丙酸乙酯	商品编码	2918.1100
别名			乳酸乙酯	CAS号	97-64-3
英文名			Ethyl 2-hydroxypropanoate;ethyl lactate		
分子式			$C_5H_{10}O_3$		
外观与性状			无色液体。		
主要用途			作为香料，用于食品；也用作载体溶剂。		
危险特性			本品易燃，遇明火、高热能引起燃烧爆炸；与强氧化剂发生反应，可引起燃烧。		
健康危害			吸入本品蒸气或雾对鼻、咽喉有刺激作用；其蒸气对眼睛有刺激性；眼睛接触本品液体或雾可能造成灼伤；皮肤较长时间接触有刺激性；大量口服引起恶心、呕吐。		
防护措施			呼吸系统防护：高浓度环境中，应该佩戴自吸过滤式防毒面具（半面罩）。 眼睛防护：戴化学安全防护眼镜。 身体防护：穿防静电工作服。 手防护：戴橡胶耐油手套。 其他防护：工作现场禁止吸烟、进食和饮水。		
危险性类别			易燃液体，类别3；严重眼损伤/眼刺激，类别1；特异性靶器官毒性—单次接触，类别3（呼吸道刺激）。		

序号	1637	品名	3-羟基丁醛	商品编码	2912.4910
别　名			3-丁醇醛；丁间醇醛	CAS 号	107-89-1
英文名			3-hydroxybutyraldehyde		
分子式			$C_4H_8O_2$		
外观与性状			无色黏稠液体。		
主要用途			用作有机合成中间体；用来制取丁烯醇、防老剂 AH、防老剂 AP、香料、矿物浮选剂、药物镇静剂和安眠药。		
危险特性			本品遇高热、明火或与氧化剂接触，有引起燃烧的危险；若遇高热，容器内压增大，有开裂和爆炸的危险。		
健康危害			本品对眼睛、呼吸道和皮肤有刺激性。		
防护措施			呼吸系统防护：可能接触其蒸气时，应该佩戴防毒面具。紧急事态抢救或逃生时，佩戴自给式呼吸器。 眼睛防护：戴化学安全防护眼镜。 身体防护：穿相应的防护服。 手防护：戴防化学品手套。 其他防护：工作现场禁止吸烟、进食和饮水。		
危险性类别			急性毒性—经皮肤，类别 2；严重眼损伤/眼刺激，类别 2。		

序号	1638	品名	羟基甲基汞	商品编码	2852.1000
别　名				CAS 号	1184-57-2
英文名			Hydroxymethylmercury		
分子式			CH_4HgO		
防护措施			呼吸系统防护：佩戴防毒口罩。紧急事态抢救或逃生时，佩戴自给式呼吸器。 眼睛防护：戴化学安全防护眼镜。 防护服：穿相应的防护服。 手防护：戴防化学品手套。 其他防护：工作现场禁止吸烟、进食和饮水。工作完毕，淋浴更衣。注意个人清洁卫生。		
危险性类别			急性毒性—经口，类别 2*；急性毒性—经皮肤，类别 1；急性毒性—吸入，类别 2*；致癌性，类别 2；特异性靶器官毒性—反复接触，类别 2*；危害水生环境—急性危害，类别 1；危害水生环境—长期危害，类别 1。		

序号	1639	品名	羟基乙腈	商品编码	2926.9090
别　名			乙醇腈	CAS 号	107-16-4
英文名			Hydroxyacetonitrile		
分子式			C_2H_3NO		
外观与性状			无色油状液体。		
主要用途			用作有机合成原料。		
防护措施			呼吸系统防护：佩戴防毒口罩。紧急事态抢救或逃生时，佩戴自给式呼吸器。 眼睛防护：戴化学安全防护眼镜。 防护服：穿相应的防护服。 手防护：戴防化学品手套。 其他防护：工作现场禁止吸烟、进食和饮水。工作完毕，淋浴更衣。注意个人清洁卫生。		
危险性类别			急性毒性—经口，类别2；急性毒性—经皮肤，类别1。		

序号	1640	品名	羟基乙硫醚	商品编码	2930.9090
别　名			α-乙硫基乙醇	CAS 号	110-77-0
英文名			2-ethylsulfanylethanol		
分子式			$C_4H_{10}OS$		
外观与性状			无色液体。		
主要用途			用作农药内吸磷、甲基内吸磷的中间体；也是一些精细化学品的中间体。		
危险特性			本品遇高热、明火或氧化剂，有引起燃烧的危险；受高热分解释放出有毒的气体。		
健康危害			吸入、摄入或经皮肤吸收本品后对身体有害，对眼睛、皮肤、黏膜和上呼吸道有强烈刺激作用。接触后，可引起烧灼感、咳嗽、喉炎、气短、头痛、恶心和呕吐。		
防护措施			呼吸系统防护：佩戴防毒口罩。高浓度环境中，佩戴防毒面具。 眼睛防护：戴化学安全防护眼镜。 身体防护：穿工作服。 手防护：戴防护手套。 其他防护：工作现场禁止吸烟、进食和饮水。		
危险性类别			严重眼损伤/眼刺激，类别1；危害水生环境—长期危害，类别3。		

序号	1641	品名	3-(2-羟基乙氧基)-4-吡咯烷基-1-苯重氮氯化锌盐	商品编码	2933.9900
别 名				CAS 号	
防护措施		呼吸系统防护：佩戴防毒口罩。紧急事态抢救或逃生时，佩戴自给式呼吸器。 眼睛防护：戴化学安全防护眼镜。 防护服：穿相应的防护服。 手防护：戴防化学品手套。 其他防护：工作现场禁止吸烟、进食和饮水。工作完毕，淋浴更衣。注意个人清洁卫生。			
危险性类别		自反应物质和混合物，D 型。			

序号	1642	品名	2-羟基异丁酸乙酯	商品编码	2918.1900
别 名		2-羟基-2-甲基丙酸乙酯		CAS 号	80-55-7
英文名		Ethyl 2-hydroxyisobutyrate			
分子式		$C_6H_{12}O_3$			
外观与性状		无色液体。			
主要用途		用作溶剂和用于有机合成和药物制造。			
危险特性		本品遇高热、明火或与氧化剂接触，有引起燃烧的危险；若遇高热，容器内压增大，有开裂和爆炸的危险。			
健康危害		吸入、摄入或经皮肤吸收本品对身体有害，具有刺激性。			
防护措施		呼吸系统防护：空气中浓度超标时，戴面具式呼吸器。紧急事态抢救或撤离时，佩戴供气式呼吸器。 眼睛防护：戴化学安全防护眼镜。 身体防护：穿防静电工作服。 手防护：戴防护手套。 其他防护：工作现场禁止吸烟、进食和饮水。			
危险性类别		易燃液体，类别 3。			

序号	1643	品名	羟间唑啉(盐酸盐)	商品编码	2933.2900
别 名				CAS 号	2315-02-8
英文名			Oxymetazoline hydrochloride		
分子式			$C_{16}H_{24}N_2O \cdot HCl$		
外观与性状			白色固体。		
主要用途			用作局部血管收缩药,用于过敏性结膜炎、过敏性鼻炎、急慢性鼻炎等。		
危险特性			本品可燃;燃烧释放有毒的氮氧化物和氯化氢烟雾。		
健康危害			本品是毒性极高的物质。		
防护措施			呼吸系统防护:佩戴防毒口罩。紧急事态抢救或逃生时,佩戴自给式呼吸器。 眼睛防护:戴化学安全防护眼镜。 防护服:穿相应的防护服。 手防护:戴防化学品手套。 其他防护:工作现场禁止吸烟、进食和饮水。工作完毕,淋浴更衣。注意个人清洁卫生。		
危险性类别			急性毒性—经口,类别1。		

序号	1644	品名	N-(2-羟乙基)-N-甲基全氟辛基磺酰胺	商品编码	2935.4000
别 名				CAS 号	24448-09-7
英文名			Heptadecafluoro-n-(2-hydroxyethyl)-n-methyloctanesulphonamide		
分子式			$C_{11}H_8F_{17}NO_3S$		
防护措施			呼吸系统防护:佩戴防毒口罩。紧急事态抢救或逃生时,佩戴自给式呼吸器。 眼睛防护:戴化学安全防护眼镜。 防护服:穿相应的防护服。 手防护:戴防化学品手套。 其他防护:工作现场禁止吸烟、进食和饮水。工作完毕,淋浴更衣。注意个人清洁卫生。		
危险性类别			生殖毒性,类别1B;生殖毒性,附加类别;特异性靶器官毒性—反复接触,类别1;危害水生环境—急性危害,类别2;危害水生环境—长期危害,类别2。		

序号	1645	品名	氢		商品编码	2804.1000
别 名			氢气		CAS 号	1333-74-0
英文名			Hydrogen			
分子式			H₂			
外观与性状			无色气体。			
主要用途			主要的工业原料，也是最重要的工业气体和特种气体。			
危险特性			本品是很易燃的物质。			
防护措施			呼吸系统防护：佩戴防毒口罩。紧急事态抢救或逃生时，佩戴自给式呼吸器。 眼睛防护：戴化学安全防护眼镜。 防护服：穿相应的防护服。 手防护：戴防化学品手套。 其他防护：工作现场禁止吸烟、进食和饮水。工作完毕，淋浴更衣。注意个人清洁卫生。			
危险性类别			易燃气体，类别1；加压气体。			

序号	1646	品名	氢碘酸		商品编码	2811.1990
别 名			碘化氢溶液		CAS 号	10034-85-2
英文名			Hydriodic acid			
分子式			HI			
外观与性状			浅色或无色液体。			
主要用途			用作分析试剂，用于合成碘化物、杀菌剂及用作药物原料。			
危险特性			本品暴露在空气中可发生氧化反应；与氟、钾、硝酸、氯酸钾等反应剧烈；对大多数金属有强腐蚀性。			
健康危害			本品有强腐蚀作用，其蒸气或烟雾对眼睛、皮肤、黏膜和呼吸道有强烈的刺激作用。			
防护措施			呼吸系统防护：可能接触其烟雾时，佩戴自吸过滤式防毒面具（全面罩）或空气呼吸器。紧急事态抢救或撤离时，建议佩戴氧气呼吸器。 眼睛防护：呼吸系统防护中已作防护。 身体防护：穿橡胶耐酸碱服。 手防护：戴橡胶耐酸碱手套。 其他防护：工作现场禁止吸烟、进食和饮水。			
危险性类别			皮肤腐蚀/刺激，类别1B；严重眼损伤/眼刺激，类别1。			

序号	1647	品名	氢氟酸	商品编码	2811.1110、2811.1190
别　名			氟化氢溶液	CAS 号	7664-39-3
英文名			Hydrofluoric acid		
分子式			HF		
外观与性状			无色液体。		
主要用途			用来蚀刻玻璃、提纯金属，也作为化工原料。		
危险特性			本品为反应性极强的物质，能与各种物质发生反应；腐蚀性极强。		
健康危害			本品对呼吸道黏膜及皮肤有强烈的刺激和腐蚀作用。急性中毒：吸入较高浓度本品，可引起眼睛及呼吸道黏膜刺激症状，严重者可发生支气管炎、肺炎或肺水肿，甚至发生反射性窒息；眼睛接触局部剧烈疼痛，严重者角膜损伤，甚至发生穿孔。本品灼伤皮肤，初期皮肤潮红、干燥，创面苍白，坏死，继而呈紫黑色或灰黑色；深部灼伤或处理不当时，可形成难以愈合的深溃疡，损及骨膜和骨质；灼伤疼痛剧烈。慢性影响：眼睛和上呼吸道刺激症状，或有鼻衄，嗅觉减退，可有牙齿酸蚀症；骨骼 X 线异常与工业性氟病少见。		
防护措施			呼吸系统防护：可能接触其烟雾时，佩戴自吸过滤式防毒面具（全面罩）或空气呼吸器。紧急事态抢救或撤离时，建议佩戴氧气呼吸器。 眼睛防护：呼吸系统防护中已作防护。 身体防护：穿橡胶耐酸碱服。 手防护：戴橡胶耐酸碱手套。 其他防护：工作现场禁止吸烟、进食和饮水。		
危险性类别			急性毒性—经口，类别 2*；急性毒性—经皮肤，类别 1；急性毒性—吸入，类别 2*；皮肤腐蚀/刺激，类别 1A；严重眼损伤/眼刺激，类别 1。		

序号	1648	品名	氢过氧化蒎烷（56%＜含量≤100%）、氢过氧化蒎烷（含量≤56%，含 A 型稀释剂≥44%）	商品编码	2909.6000
别　名				CAS 号	28324-52-9
英文名			Pinanyl hydroperoxide		
分子式			$C_{10}H_{18}O_2$		
防护措施			呼吸系统防护：佩戴防毒口罩。紧急事态抢救或逃生时，佩戴自给式呼吸器。 眼睛防护：戴化学安全防护眼镜。 防护服：穿相应的防护服。 手防护：戴防化学品手套。 其他防护：工作现场禁止吸烟、进食和饮水。工作完毕，淋浴更衣。注意个人清洁卫生。		
危险性类别			有机过氧化物，F 型。		

序号	1649	品名	氢化钡	商品编码	2850.0090
别　名				CAS 号	13477-09-3
英文名	Barium hydride					
分子式	BaH_2					
外观与性状	灰色结晶块。					
主要用途	用作还原剂、氢化剂、真空管除气剂。					
危险特性	本品在潮湿空气中能自燃；遇水或酸发生反应放出氢气及热量，能引起燃烧；与氧化剂能发生强烈反应。					
健康危害	本品有毒，粉尘能刺激眼睛和上呼吸道。误服或经皮肤吸收会中毒，出现低血钾综合征，可导致四肢软瘫、心肌受累及呼吸麻痹。					
防护措施	呼吸系统防护：佩戴防毒口罩。紧急事态抢救或逃生时，佩戴自给式呼吸器。 眼睛防护：戴化学安全防护眼镜。 身体防护：穿防静电工作服。 手防护：戴防化学品手套。 其他防护：工作现场禁止吸烟、进食和饮水。					
危险性类别	遇水放出易燃气体的物质和混合物，类别 2。					

序号	1650	品名	氢化钙	商品编码	2850.0090
别　名				CAS 号	7789-78-8
英文名	Calcium hydride					
分子式	CaH_2					
外观与性状	灰白色结晶或块状。					
主要用途	用于粉末冶金，可作为轻便的氢气发生剂，也可用作还原剂、干燥剂、分析试剂。					
危险特性	本品化学反应活性很高，遇潮气、水或酸类发生反应，放出氢气并能引起燃烧；与氧化剂、金属氧化物剧烈反应；遇湿气和水分生成氢氧化物，腐蚀性很强。					
健康危害	本品对黏膜、上呼吸道、眼睛和皮肤有强烈的刺激性。吸入后，可因喉及支气管的痉挛、炎症、水肿，化学性肺炎、肺水肿而致死。接触后引起烧灼感、咳嗽、喘息、喉炎、气短、头痛、恶心、呕吐等。					
防护措施	呼吸系统防护：可能接触毒物时，应该佩戴头罩型电动送风过滤式防尘呼吸器。必要时，建议佩戴自给式呼吸器。 眼睛防护：呼吸系统防护中已作防护。 身体防护：穿化学防护服。 手防护：戴橡胶手套。 其他防护：工作现场禁止吸烟、进食和饮水。					
危险性类别	遇水放出易燃气体的物质和混合物，类别 1。					

序号	1651	品名	氢化锆		商品编码	2850.0090
别 名					CAS 号	7704-99-6
英文名	Zirconium hydride					
分子式	ZrH_2					
外观与性状	灰色至黑色粉末。					
主要用途	用于焰火、熔剂和引燃剂，在核反应堆中用为减速剂，在真空电子管中作吸气剂。					
危险特性	本品具有强还原性，与氧化剂能发生强烈反应；受热或遇潮气、酸类放出氢气和热量，可引起燃烧或爆炸。					
健康危害	本品具有刺激作用。目前，工业上未见有中毒病例报道。					
防护措施	呼吸系统防护：可能接触其粉尘时，必须佩戴防尘口罩。 眼睛防护：戴安全防护眼镜。 身体防护：穿防静电工作服。 手防护：戴防护手套。 其他防护：工作现场禁止吸烟、进食和饮水。					
危险性类别	易燃固体，类别 1。					

序号	1652	品名	氢化钾		商品编码	2850.0090
别 名					CAS 号	7693-26-7
英文名	Potassium hydride					
分子式	KH					
外观与性状	白色针状结晶，商品为灰色粉末，半分散于油中。					
主要用途	用作有机合成的缩合剂及烷剂。					
危险特性	本品化学反应活性很高，与氧化剂能发生强烈反应，引起燃烧或爆炸；受热或与潮气、酸类接触放出热量与氢气而引起燃烧和爆炸；加热分解，放出剧毒的氧化钾烟雾；粉体在受热、遇明火或接触氧化剂时会引起燃烧爆炸；遇湿气和水分生成氢氧化物，腐蚀性很强。					
健康危害	本品对黏膜、上呼吸道、眼睛和皮肤有强烈的刺激性。吸入后，可因喉及支气管的痉挛、炎症、水肿，化学性肺炎、肺水肿而致死。接触后引起烧灼感、咳嗽、喘息、喉炎、气短、头痛、恶心、呕吐。					
防护措施	呼吸系统防护：可能接触毒物时，应该佩戴头罩型电动送风过滤式防尘呼吸器。必要时，建议佩戴自给式呼吸器。 眼睛防护：呼吸系统防护中已作防护。 身体防护：穿聚乙烯防毒服。 手防护：戴橡胶手套。 其他防护：工作现场禁止吸烟、进食和饮水。					
危险性类别	遇水放出易燃气体的物质和混合物，类别 1。					

序号	1653	品名	氢化锂	商品编码	2850.0090
别　名				CAS号	7580-67-8
英文名	Lithium hydride				
分子式	LiH				
外观与性状	白色或白灰色粉末。				
主要用途	用作干燥剂、有机合成的缩合剂、核防护材料及还原剂等。				
危险特性	本品化学反应活性很高，暴露在空气中能自燃；受热或与潮气、酸类接触放出热量与氢气而引起燃烧和爆炸；与氧化剂能发生强烈反应，引起燃烧或爆炸；遇湿气和水分生成氢氧化物，腐蚀性很强。				
健康危害	本品对皮肤黏膜有强烈的刺激与腐蚀作用。吸入后引起喷嚏、咳嗽、呼吸困难、支气管炎；可引起鼻中隔穿孔；眼睛接触可致结膜炎或灼伤；可致皮肤灼伤；口服中毒出现无力、眩晕、视力模糊、恶心、呕吐等，严重者昏迷、抽搐或精神障碍。				
防护措施	呼吸系统防护：可能接触毒物时，应该佩戴头罩型电动送风过滤式防尘呼吸器。必要时，建议佩戴自给式呼吸器。 眼睛防护：呼吸系统防护中已作防护。 身体防护：穿聚乙烯防毒服。 手防护：戴橡胶手套。 其他防护：工作现场禁止吸烟、进食和饮水。				
危险性类别	遇水放出易燃气体的物质和混合物，类别1；急性毒性—经口，类别3；急性毒性—吸入，类别2；皮肤腐蚀/刺激，类别1；严重眼损伤/眼刺激，类别1；生殖毒性，类别1A；特异性靶器官毒性—单次接触，类别1。				

序号	1654	品名	氢化铝	商品编码	2850.0090
别　名				CAS号	7784-21-6
英文名	Aluminium hydride				
分子式	AlH_3				
外观与性状	无色至灰色粉末或固体。				
主要用途	用作还原剂、聚合催化剂等。				
危险特性	本品暴露在空气中能自燃；遇水或酸发生反应放出氢气及热量，能引起燃烧；与氧化剂能发生强烈反应。				
健康危害	本品粉尘对眼睛、鼻、皮肤和呼吸系统有刺激作用，长期作用可引起尘肺。				
防护措施	呼吸系统防护：可能接触其粉尘时，必须佩戴防毒口罩。 眼睛防护：戴安全防护眼镜。 身体防护：穿防静电工作服。 手防护：戴防护手套。 其他防护：工作现场禁止吸烟、进食和饮水。				
危险性类别	遇水放出易燃气体的物质和混合物，类别1。				

序号	1655	品名	氢化铝锂	商品编码	2850.0090
别 名			四氢化铝锂	CAS 号	16853-85-3
英文名			Lithium aluminium hydride		
分子式			$LiAlH_4$		
外观与性状			白色疏松的结晶块或粉末,放置时变成灰色。		
主要用途			用作聚合催化剂、还原剂、喷气发动机燃料,也用于合成药物。		
危险特性			本品加热至125℃即分解出氢化锂与金属铝,并放出氢气;在空气中磨碎时可发火;受热或与湿气、水、醇、酸类接触,即发生放热反应并放出氢气而燃烧或爆炸;与强氧化剂接触猛烈反应而爆炸。		
健康危害			本品对黏膜、上呼吸道、眼睛及皮肤有强烈刺激性。吸入后,可因喉和支气管的炎症、水肿、痉挛,化学性肺炎、肺水肿而致死。接触后引起烧灼感、咳嗽、喘息、喉炎、气短、头痛、恶心和呕吐等。		
防护措施			呼吸系统防护:可能接触毒物时,应该佩戴头罩型电动送风过滤式防尘呼吸器。必要时,建议佩戴自给式呼吸器。 眼睛防护:呼吸系统防护中已作防护。 身体防护:穿化学防护服。 手防护:戴橡胶手套。 其他防护:工作现场禁止吸烟、进食和饮水。		
危险性类别			遇水放出易燃气体的物质和混合物,类别1;皮肤腐蚀/刺激,类别1A;严重眼损伤/眼刺激,类别1。		

序号	1656	品名	氢化铝钠	商品编码	2850.0090
别 名			四氢化铝钠	CAS 号	13770-96-2
英文名			Aluminum sodium hydride		
分子式			$NaAlH_4$		
外观与性状			白色晶体。		
主要用途			用作还原剂。		
危险特性			本品遇氧化剂、酸或水有引起燃烧爆炸危险。		
防护措施			呼吸系统防护:选用适当呼吸器。 眼睛防护:戴防尘镜和面具(或面具式呼吸器)。 身体防护:穿戴清洁完好的防护用具,以保护皮肤。 其他防护:工作现场禁止吸烟、进食和饮水。		
危险性类别			遇水放出易燃气体的物质和混合物,类别2。		

序号	1657	品名	氢化镁	商品编码	2850.0090
别　名			二氢化镁	CAS 号	7693-27-8
英文名			Magnesium hydride		
分子式			MgH_2		
外观与性状			白色结晶。		
主要用途			用作强还原剂。		
危险特性			本品具有强还原性，化学反应活性很高，在潮湿空气中能自燃；遇水或酸发生反应放出氢气及热量，能引起燃烧；与氧化剂能发生强烈反应。		
健康危害			本品粉尘对眼睛、鼻、皮肤和呼吸系统有强烈刺激作用。		
防护措施			呼吸系统防护：佩戴防毒口罩。高浓度环境中，应该佩戴防毒面具。 眼睛防护：可采用安全面罩。 身体防护：穿防静电工作服。 手防护：戴防化学品手套。 其他防护：工作现场禁止吸烟、进食和饮水。		
危险性类别			遇水放出易燃气体的物质和混合物，类别1。		

序号	1658	品名	氢化钠	商品编码	2850.0090
别　名				CAS 号	7646-69-7
英文名			Sodium hydride		
分子式			NaH		
外观与性状			白色至淡灰色的细微结晶，以 25%～50% 比例分散在油中。		
主要用途			用作缩合剂、烷化剂及还原剂等。		
危险特性			本品化学反应活性很高，在潮湿空气中能自燃；受热或与潮气、酸类接触放出热量与氢气而引起燃烧和爆炸；与氧化剂能发生强烈反应，引起燃烧或爆炸；遇湿气和水分生成氢氧化物，腐蚀性很强。		
健康危害			本品对眼睛和呼吸道有刺激性；皮肤直接接触引起灼伤；误服造成消化道灼伤。		
防护措施			呼吸系统防护：可能接触毒物时，应该佩戴头罩型电动送风过滤式防尘呼吸器。必要时，建议佩戴自给式呼吸器。 眼睛防护：呼吸系统防护中已作防护。 身体防护：穿聚乙烯防毒服。 手防护：戴橡胶手套。 其他防护：工作现场禁止吸烟、进食和饮水。		
危险性类别			遇水放出易燃气体的物质和混合物，类别1。		

序号	1659	品名	氢化钛	商品编码	2850.0090
别 名				CAS 号	7704-98-5
英文名		Titanium hydride			
分子式		TiH_2			
外观与性状		暗灰色粉末或结晶。			
主要用途		用于冶金、制氢,用作陶瓷润湿剂。			
危险特性		本品遇明火、高热易燃;与氧化剂能发生强烈反应;粉体与空气可形成爆炸性混合物;受热或遇潮气、酸类放出氢气和热量,可引起燃烧或爆炸。			
健康危害		吸入、摄入本品对身体有害。动物实验表明,长期接触可能发生肺纤维化,影响肺功能。			
防护措施		呼吸系统防护:可能接触其粉尘时,应该佩戴防尘口罩。空气中浓度较高时,佩戴防毒面具。 眼睛防护:必要时戴安全防护眼镜。 身体防护:穿防静电工作服。 手防护:戴防护手套。 其他防护:工作现场禁止吸烟、进食和饮水。			
危险性类别		易燃固体,类别1。			

序号	1660	品名	氢氰酸(含量≤20%)、氢氰酸蒸熏剂	商品编码	2811.1200
别 名				CAS 号	74-90-8
英文名		Hydrocyanic acid			
分子式		CHN			
外观与性状		无色透明液体,易挥发,具有苦杏仁味。			
主要用途		用于丙烯腈和丙烯酸树脂及农药杀虫剂的制造。			
危险特性		本品易燃,其蒸气与空气可形成爆炸性混合物,遇明火、高热能引起燃烧爆炸;长期放置则因水分而聚合,聚合物本身有自催化作用,可引起爆炸。			
健康危害		本品能抑制呼吸酶,造成细胞内窒息。急性中毒:短时间内吸入高浓度本品气体,可立即呼吸停止而死亡。非骤死者临床分为4期:前驱期有黏膜刺激、呼吸加快加深、乏力、头痛;口服有舌尖、口腔发麻等。呼吸困难期有呼吸困难、血压升高、皮肤黏膜呈鲜红色等。惊厥期出现抽搐、昏迷、呼吸衰竭。麻痹期全身肌肉松弛,呼吸心跳停止而死亡。可致眼睛、皮肤灼伤,吸收引起中毒。慢性影响:神经衰弱综合征、皮炎。			
防护措施		呼吸系统防护:可能接触毒物时,应该佩戴隔离式呼吸器。紧急事态抢救或撤离时,必须佩戴氧气呼吸器。 眼睛防护:呼吸系统防护中已作防护。 身体防护:穿连衣式胶布防毒衣。 手防护:戴橡胶手套。 其他防护:工作现场禁止吸烟、进食和饮水。			
危险性类别		急性毒性—经口,类别2*;急性毒性—经皮肤,类别1;急性毒性—吸入,类别2*;危害水生环境—急性危害,类别1;危害水生环境—长期危害,类别1。			

序号	1661	品名	氢溴酸	商品编码	2811.1990
别　名			溴化氢溶液	CAS 号	10035-10-6
英文名			Hydrobromic acid		
分子式			BrH		
外观与性状			无色液体，具有刺激性酸味。		
主要用途			用于制造无机溴化物和有机溴化物，用作分析试剂、触媒及还原剂。		
危险特性			本品对大多数金属有强腐蚀性；能与普通金属发生反应，放出氢气而与空气形成爆炸性混合物；遇 H 发泡剂立即燃烧；遇氰化物能产生剧毒的氰化氢气体。		
健康危害			本品可引起皮肤、黏膜的刺激或灼伤；长期低浓度接触可引起呼吸道刺激症状和消化功能障碍。		
防护措施			呼吸系统防护：可能接触其烟雾时，佩戴自吸过滤式防毒面具（全面罩）或空气呼吸器。紧急事态抢救或撤离时，建议佩戴氧气呼吸器。 眼睛防护：呼吸系统防护中已作防护。 身体防护：穿橡胶耐酸碱服。 手防护：戴橡胶耐酸碱手套。 其他防护：工作现场禁止吸烟、进食和饮水。		
危险性类别			皮肤腐蚀/刺激，类别 1A；严重眼损伤/眼刺激，类别 1；特异性靶器官毒性—单次接触，类别 3（呼吸道刺激）。		

序号	1662	品名	氢氧化钡	商品编码	2816.4000
别　名				CAS 号	17194-00-2
英文名			Barium hydroxide		
分子式			Ba(OH)$_2$		
外观与性状			白色粉末。		
主要用途			制作特种肥皂、杀虫剂，也用于硬水软化、甜菜糖精制、锅炉除垢、玻璃润滑等。		
危险特性			本品未有特殊的燃烧爆炸特性。		
健康危害			本品口服后急性中毒表现为恶心、呕吐、腹痛、腹泻、脉缓、进行性肌麻痹、心律紊乱、血钾明显降低等，可因心律紊乱和呼吸麻痹而死亡；吸入烟尘可引起中毒，但消化道症状不明显。慢性影响：长期接触钡化合物的工人，可有无力、气促、流涎、口腔黏膜肿胀糜烂、鼻炎、结膜炎、腹泻、心动过速、血压增高、脱发等。		
防护措施			呼吸系统防护：可能接触其粉尘时，必须佩戴头罩型电动送风过滤式防尘呼吸器。紧急事态抢救或撤离时，建议佩戴空气呼吸器。 眼睛防护：呼吸系统防护中已作防护。 身体防护：穿橡胶耐酸碱服。 手防护：戴橡胶耐酸碱手套。 其他防护：工作现场禁止吸烟、进食和饮水。		
危险性类别			皮肤腐蚀/刺激，类别 1；严重眼损伤/眼刺激，类别 1；特异性靶器官毒性—单次接触，类别 2；特异性靶器官毒性—单次接触，类别 3（呼吸道刺激）。		

序号	1663	品名	氢氧化钾、氢氧化钾溶液（含量≥30%）	商品编码	2815.2000
别 名			苛性钾	CAS 号	1310-58-3
英文名			Potassium hydroxide		
分子式			KOH		
外观与性状			白色半透明固体，有片状、块状、条状和粒状。		
主要用途			用作化工生产的原料，也用于医药、染料、轻工等工业。		
危险特性			本品与酸发生中和反应并放热；遇水和水蒸气大量放热，形成腐蚀性溶液；具有强腐蚀性。		
健康危害			本品具有强腐蚀性，其粉尘刺激眼睛和呼吸道，腐蚀鼻中隔；皮肤和眼睛直接接触可引起灼伤；误服可造成消化道灼伤，黏膜糜烂、出血、休克。		
防护措施			呼吸系统防护：可能接触其粉尘时，必须佩戴头罩型电动送风过滤式防尘呼吸器。必要时，佩戴空气呼吸器。 眼睛防护：呼吸系统防护中已作防护。 身体防护：穿橡胶耐酸碱服。 手防护：戴橡胶耐酸碱手套。其他防护：工作现场禁止吸烟、进食和饮水。		
危险性类别			皮肤腐蚀/刺激，类别 1A；严重眼损伤/眼刺激，类别 1。		

序号	1664	品名	氢氧化锂	商品编码	2825.2010
别 名				CAS 号	1310-65-2
英文名			Lithium hydroxide		
分子式			LiOH		
外观与性状			白色粉末。		
主要用途			用于制造锂肥皂、润滑脂、锂盐、碱性蓄电池、显影液等。		
危险特性			本品腐蚀性极强；与酸发生中和反应并放热；在水中形成腐蚀性溶液。		
健康危害			本品腐蚀性极强，能灼伤眼睛、上呼吸道，并对口腔黏膜、皮肤等有严重的刺激性。吸入，可引起喉、支气管炎症、痉挛，化学性肺炎、肺水肿等。		
防护措施			呼吸系统防护：必须佩戴防毒口罩。紧急事态抢救或逃生时，佩戴自给式呼吸器。 眼睛防护：戴化学安全防护眼镜。 身体防护：穿防腐工作服。 手防护：戴橡胶手套。 其他防护：工作现场禁止吸烟、进食和饮水。		
危险性类别			急性毒性—吸入，类别 3；皮肤腐蚀/刺激，类别 1；严重眼损伤/眼刺激，类别 1；生殖毒性，类别 1A；特异性靶器官毒性—单次接触，类别 1。		

序号	1665	品名	氢氧化锂溶液		商品编码	2825.2010
别 名					CAS 号	

防护措施	呼吸系统防护：佩戴防毒口罩。紧急事态抢救或逃生时，佩戴自给式呼吸器。 眼睛防护：戴化学安全防护眼镜。 防护服：穿相应的防护服。 手防护：戴防化学品手套。 其他防护：工作现场禁止吸烟、进食和饮水。工作完毕，淋浴更衣。注意个人清洁卫生。
危险性类别	急性毒性—吸入，类别3；皮肤腐蚀/刺激，类别1；严重眼损伤/眼刺激，类别1；生殖毒性，类别1A。

序号	1666	品名	氢氧化钠		商品编码	2815.1100
别 名	苛性钠;烧碱				CAS 号	1310-73-2
英文名	Sodium hydroxide					
分子式	NaOH					
外观与性状	白色半透明块状或粒状固体。					
主要用途	用于肥皂工业、石油精炼、造纸、人造丝、染色、制革、医药、有机合成等。					
危险特性	本品与酸发生中和反应并放热；遇潮时对铝、锌和锡有腐蚀性，并放出易燃易爆的氢气；遇水和水蒸气大量放热，形成腐蚀性溶液；具有强腐蚀性。					
健康危害	本品有强烈刺激和腐蚀性，其粉尘刺激眼睛和呼吸道，腐蚀鼻中隔；皮肤和眼睛直接接触可引起灼伤；误服可造成消化道灼伤、黏膜糜烂、出血，休克。					
防护措施	呼吸系统防护：可能接触其粉尘时，必须佩戴头罩型电动送风过滤式防尘呼吸器。必要时，佩戴空气呼吸器。 眼睛防护：呼吸系统防护中已作防护。 身体防护：穿橡胶耐酸碱服。 手防护：戴橡胶耐酸碱手套。 其他防护：工作现场禁止吸烟、进食和饮水。					
危险性类别	皮肤腐蚀/刺激，类别1A；严重眼损伤/眼刺激，类别1。					

序号	1667	品名	氢氧化钠溶液（含量≥30%）	商品编码	2815.1200
别　名				CAS 号	1310-73-2
外观与性状		无色透明液体。			
防护措施		呼吸系统防护：佩戴防毒口罩。紧急事态抢救或逃生时，佩戴自给式呼吸器。 眼睛防护：戴化学安全防护眼镜。 防护服：穿相应的防护服。 手防护：戴防化学品手套。 其他防护：工作现场禁止吸烟、进食和饮水。工作完毕，淋浴更衣。注意个人清洁卫生。			
危险性类别		皮肤腐蚀/刺激，类别1A；严重眼损伤/眼刺激，类别1。			

序号	1668	品名	氢氧化铍	商品编码	2825.9090
别　名				CAS 号	13327-32-7
英文名		Beryllium hydroxide			
分子式		$Be(OH)_2$			
外观与性状		白色或黄色粉末。			
主要用途		用于核技术，以及制取氧化铍等。			
危险特性		本品不燃，受高热分解释放出有毒的气体。			
健康危害		短期大量接触本品可引起急性铍病，主要表现为急性化学性支气管炎或肺炎，肝脏往往肿大，有压痛，甚至出现黄疸；长期接触小量铍可发生慢性铍病，除无力、消瘦、食欲不振外，常有胸闷、胸痛、气短和咳嗽。晚期可发生右心衰竭；皮肤病变有皮炎、溃疡及皮肤肉芽肿。X线肺部检查分为三型：颗粒型、网织型和结节型。			
防护措施		呼吸系统防护：佩戴头罩型电动送风过滤式防尘呼吸器。必要时，佩戴隔离式呼吸器。 眼睛防护：呼吸系统防护中已作防护。 身体防护：穿连衣式胶布防毒衣。 手防护：戴橡胶手套。 其他防护：工作现场禁止吸烟、进食和饮水。			
危险性类别		致癌性，类别1A；特异性靶器官毒性—反复接触，类别1。			

序号	1669	品名	氢氧化铷	商品编码	2825.9090
别 名				CAS 号	1310-82-3
英文名	Rubidium hydroxide					
分子式	RbOH					
外观与性状	灰白色易潮解的块状物。					
主要用途	用作分析试剂、低温蓄电池电解质。					
危险特性	本品遇水发热,能引起有机物燃烧;与酸类发生剧烈反应;具有强腐蚀性。					
健康危害	本品具有强烈的腐蚀性,能造成严重灼伤。吸入粉尘、烟雾或液体能引起化学性上呼吸道炎、肺炎及肺水肿等。					
防护措施	呼吸系统防护:佩戴防毒口罩。紧急事态抢救或逃生时,佩戴自给式呼吸器。 眼睛防护:戴化学安全防护眼镜。 身体防护:穿防腐工作服。 手防护:戴橡胶手套。 其他防护:工作现场禁止吸烟、进食和饮水。					
危险性类别	皮肤腐蚀/刺激,类别1;严重眼损伤/眼刺激,类别1。					

序号	1670	品名	氢氧化铷溶液	商品编码	2825.9090
别 名				CAS 号	1310-82-3
防护措施	呼吸系统防护:佩戴防毒口罩。紧急事态抢救或逃生时,佩戴自给式呼吸器。 眼睛防护:戴化学安全防护眼镜。 防护服:穿相应的防护服。 手防护:戴防化学品手套。 其他防护:工作现场禁止吸烟、进食和饮水。工作完毕,淋浴更衣。注意个人清洁卫生。					
危险性类别	皮肤腐蚀/刺激,类别1;严重眼损伤/眼刺激,类别1。					

序号	1671	品名	氢氧化铯	商品编码	2825.9090
别　名				CAS 号	21351-79-1
英文名		Cesium hydroxide			
分子式		CsHO			
外观与性状		无色至淡黄色易潮解发烟的结晶。			
主要用途		用作蓄电池的电解液、聚合反应的催化剂。			
危险特性		本品遇水发热，能引起有机物燃烧；与酸类发生剧烈反应；具有强腐蚀性。			
健康危害		本品具有强烈的腐蚀性，能造成严重灼伤。吸入粉尘、烟雾或液体能引起化学性上呼吸道炎、肺炎及肺水肿等。			
防护措施		呼吸系统防护：佩戴防毒口罩。紧急事态抢救或逃生时，佩戴自给式呼吸器。 眼睛防护：戴化学安全防护眼镜。 身体防护：穿防腐工作服。 手防护：戴橡胶手套。 其他防护：工作现场禁止吸烟、进食和饮水。			
危险性类别		急性毒性—吸入，类别 1；皮肤腐蚀/刺激，类别 1B；严重眼损伤/眼刺激，类别 1；特异性靶器官毒性—单次接触，类别 3（呼吸道刺激）。			

序号	1672	品名	氢氧化铯溶液	商品编码	2825.9090
别　名				CAS 号	21351-79-1
防护措施		呼吸系统防护：佩戴防毒口罩。紧急事态抢救或逃生时，佩戴自给式呼吸器。 眼睛防护：戴化学安全防护眼镜。 防护服：穿相应的防护服。 手防护：戴防化学品手套。 其他防护：工作现场禁止吸烟、进食和饮水。工作完毕，淋浴更衣。注意个人清洁卫生。			
危险性类别		皮肤腐蚀/刺激，类别 1B；严重眼损伤/眼刺激，类别 1。			

序号	1673	品名	氢氧化铊	商品编码	2825.9090
别　名				CAS 号	17026-06-1
英文名	Thallium hydroxide				
分子式	TlOH				
外观与性状	淡黄色晶粉。				
健康危害	本品属高毒类，具有蓄积性，为强烈神经毒物。主要损伤中枢神经系统、周围神经以及胃肠道和肾脏。				
防护措施	呼吸系统防护：佩戴防毒口罩。紧急事态抢救或逃生时，佩戴自给式呼吸器。 眼睛防护：戴化学安全防护眼镜。 防护服：穿相应的防护服。 手防护：戴防化学品手套。 其他防护：工作现场禁止吸烟、进食和饮水。工作完毕，淋浴更衣。注意个人清洁卫生。				
危险性类别	急性毒性—经口，类别2*；急性毒性—吸入，类别2*；特异性靶器官毒性—反复接触，类别2*；危害水生环境—急性危害，类别2；危害水生环境—长期危害，类别2。				

序号	1674	品名	柴油（闭杯闪点≤60℃）	商品编码	2710.1923
别　名				CAS 号	
英文名	Diesel oil				
外观与性状	稍有粘性的棕色液体。				
主要用途	用于车辆、船舶的柴油发动机。				
危险特性	本品遇明火、高热或与氧化剂接触，有引起燃烧爆炸的危险；若遇高热，容器内压增大，有开裂和爆炸的危险。				
健康危害	皮肤接触本品可为主要吸收途径，可致急性肾脏损害，可引起接触性皮炎、油性痤疮；吸入其雾滴或液体呛入可引起吸入性肺炎；能经胎盘进入胎儿血中；本品废气可引起眼、鼻刺激，头晕及头痛。				
防护措施	呼吸系统防护：空气中浓度超标时，建议佩戴自吸过滤式防毒面具（半面罩）。紧急事态抢救或撤离时，应该佩戴空气呼吸器。 眼睛防护：一般不需要特殊防护，高浓度接触时可戴化学安全防护眼镜。 身体防护：穿一般作业防护服。 手防护：戴橡胶耐油手套。 其他防护：工作现场禁止吸烟、进食和饮水。				
危险性类别	易燃液体，类别3。				

序号	1675	品名	氰	商品编码	2853.9090
别 名			氰气	CAS 号	460-19-5
英文名			Cyanogen		
分子式			C_2N_2		
外观与性状			无色气体,具有类似杏仁的气味。		
主要用途			用作熏蒸剂及有机合成原料。		
危险特性			本品与空气混合能形成爆炸性混合物,遇明火、高热能引起燃烧爆炸;其蒸气比空气重,能在较低处扩散到相当远的地方,遇火源会着火回燃;遇水或水蒸气、酸或酸气产生剧毒的烟气;若遇高热,容器内压增大,有开裂和爆炸的危险。		
健康危害			本品的刺激性比氰化氢略弱,毒性小。本品的轻度中毒者出现乏力、头痛、头昏、胸闷及黏膜刺激症状;严重中毒者,呼吸困难、意识丧失、出现惊厥,最后可因呼吸中枢麻痹而死亡。		
防护措施			呼吸系统防护:可能接触毒物时,应该佩戴供气式防毒面具。紧急事态抢救或逃生时,佩戴正压自给式呼吸器。 眼睛防护:戴化学安全防护眼镜。 身体防护:穿相应的防护服。 手防护:戴防护手套。 其他防护:工作现场禁止吸烟、进食和饮水。		
危险性类别			易燃气体,类别1;加压气体;急性毒性—吸入,类别2;危害水生环境—急性危害,类别1;危害水生环境—长期危害,类别1。		

序号	1676	品名	氰氨化钙(含碳化钙>0.1%)	商品编码	3102.9010
别 名			石灰氮	CAS 号	156-62-7
英文名			Calcium cyanamide		
分子式			$CCaN_2$		
外观与性状			纯品为白色结晶,不纯品呈灰黑色,有特殊臭味。		
主要用途			用作肥料,以及用于氮气制造和钢铁淬火。		
危险特性			本品本身不燃烧,但遇水或潮气、酸类产生易燃气体并放热,有发生燃烧爆炸的危险。		
健康危害			吸入本品粉尘可引起急性中毒。中毒表现为面、颈及胸背上方皮肤发红,眼睛、软腭及咽喉黏膜发红、畏寒等。个别可发生多发性神经炎,暂时性局灶性脊髓炎及瘫痪等。进入眼内可引起眼损害;皮肤接触可引起皮炎、荨麻疹及溃疡。长期接触可引起神经衰弱综合征及消化道症状;眼睛及呼吸道刺激。长期大量吸入其粉尘可引起尘肺。		
防护措施			呼吸系统防护:佩戴防尘口罩。必要时建议佩戴自给式呼吸器。 眼睛防护:戴安全防护眼镜。 身体防护:穿工作服。 手防护:戴防护手套。 其他防护:工作现场禁止吸烟、进食和饮水。		
危险性类别			遇水放出易燃气体的物质和混合物,类别3;严重眼损伤/眼刺激,类别1;特异性靶器官毒性—单次接触,类别3(呼吸道刺激);危害水生环境—急性危害,类别2。		

序号	1677	品名	氰胍甲汞	商品编码	2852.1000
别　名			氰甲汞胍	CAS 号	
英文名		Panogen			
分子式		C₃H₆HgN₄			
外观与性状		白色结晶。			
主要用途		杀菌剂，作为土壤和种子处理用。可应用于谷类作物、亚麻、大豆、棉花和甜菜。			
危险特性		本品燃烧产生有毒的氰化物、汞化物和氮氧化物气体。			
防护措施		呼吸系统防护：佩戴防毒口罩。紧急事态抢救或逃生时，佩戴自给式呼吸器。 眼睛防护：戴化学安全防护眼镜。 防护服：穿相应的防护服。 手防护：戴防化学品手套。 其他防护：工作现场禁止吸烟、进食和饮水。工作完毕，淋浴更衣。注意个人清洁卫生。			
危险性类别		急性毒性—经口，类别 2；急性毒性—经皮肤，类别 1；急性毒性—吸入，类别 2*；特异性靶器官毒性—反复接触，类别 2*；危害水生环境—急性危害，类别 1；危害水生环境—长期危害，类别 1。			

序号	1678	品名	氰化钡	商品编码	2837.1990
别　名				CAS 号	542-62-1
英文名		Barium cyanide			
分子式		Ba(CN)₂			
外观与性状		白色光亮鳞状结晶。			
主要用途		用于制作农药及氰化物。			
危险特性		本品不燃；受高热或与酸接触会产生剧毒的氰化物气体；与硝酸盐、亚硝酸盐、氯酸盐反应剧烈，有发生爆炸的危险；遇酸或露置空气中能吸收水分和二氧化碳分解出剧毒的氰化氢气体。			
健康危害		氰化物抑制呼吸酶，造成细胞内窒息。吸入、口服或经皮肤吸收均可引起中毒。中毒表现有头痛、眩晕、恶心、呕吐、呼吸困难、心悸、阵发性和强直性痉挛、昏迷、紫绀、呼吸心跳停止而死亡；对眼睛有刺激性；可致皮肤损害。长期接触小量氰化物引起食欲不振、恶心、头痛、头晕、无力、眼睛和上呼吸道刺激。			
防护措施		呼吸系统防护：可能接触毒物时，必须佩戴头罩型电动送风过滤式防尘呼吸器。紧急事态抢救或撤离时，建议佩戴自给式呼吸器。 眼睛防护：呼吸系统防护中已作防护。 身体防护：穿连衣式胶布防毒衣。 手防护：戴橡胶手套。 其他防护：工作现场禁止吸烟、进食和饮水。			
危险性类别		急性毒性—经口，类别 2*；急性毒性—经皮肤，类别 1；急性毒性—吸入，类别 2*；危害水生环境—急性危害，类别 1；危害水生环境—长期危害，类别 1。			

序号	1679	品名	氰化碘	商品编码	2837.1990
别名			碘化氰	CAS 号	506-78-5
英文名			Cyanogens iodide		
分子式			ICN		
外观与性状			白色针状晶体。		
主要用途			用作昆虫保存剂。		
危险特性			本品受高热分解，放出腐蚀性、刺激性的烟雾。		
健康危害			吸入、摄入或经皮肤吸收本品可能致死，对眼睛、皮肤、黏膜和上呼吸道有刺激作用。		
防护措施			呼吸系统防护：可能接触毒物时，必须佩戴防毒面具。紧急事态抢救或撤离时，建议佩戴正压自给式呼吸器。 眼睛防护：戴化学安全防护眼镜。 身体防护：穿聚乙烯薄膜防毒服。 手防护：戴防化学品手套。 其他防护：工作现场禁止吸烟、进食和饮水。		
危险性类别			急性毒性—经口，类别 2*；急性毒性—经皮肤，类别 1；急性毒性—吸入，类别 2*；危害水生环境—急性危害，类别 1；危害水生环境—长期危害，类别 1。		

序号	1680	品名	氰化镉	商品编码	2837.1990
别名				CAS 号	542-83-6
英文名			Cadmium cyanide		
分子式			Cd(CN)$_2$		
外观与性状			白色晶体。		
主要用途			用于电镀和用作分析试剂。		
危险特征			本品剧毒。		
防护措施			呼吸系统防护：佩戴防毒口罩。紧急事态抢救或逃生时，佩戴自给式呼吸器。 眼睛防护：戴化学安全防护眼镜。 防护服：穿相应的防护服。 手防护：戴防化学品手套。 其他防护：工作现场禁止吸烟、进食和饮水。工作完毕，淋浴更衣。注意个人清洁卫生。		
危险性类别			急性毒性—经口，类别 2*；急性毒性—经皮肤，类别 1；急性毒性—吸入，类别 2*；致癌性，类别 1A；特异性靶器官毒性—反复接触，类别 2*；危害水生环境—急性危害，类别 1；危害水生环境—长期危害，类别 1。		

序号	1681	品名	氰化钙		商品编码	2837.1990
别　名					CAS 号	592-01-8
英文名	Calcium cyanide					
分子式	$Ca(CN)_2$					
外观与性状	无色结晶或白色粉末，工业品呈灰黑色薄片，味苦。					
主要用途	用于提炼金、银等贵重金属和制造农药等。					
危险特性	本品不燃，受高热或与酸接触会产生剧毒的氰化物气体；与硝酸盐、亚硝酸盐、氯酸盐反应剧烈，有发生爆炸的危险；遇酸或露置空气中能吸收水分和二氧化碳分解出剧毒的氰化氢气体。					
健康危害	本品能抑制呼吸酶，造成细胞内窒息；吸入、口服或经皮肤吸收均可引起急性中毒；大剂量接触引起骤死。非骤死者临床分为 4 期：前驱期有黏膜刺激、呼吸加快加深、乏力、头痛；口服有舌尖、口腔发麻等。呼吸困难期有呼吸困难、血压升高、皮肤黏膜呈鲜红色等。惊厥期出现抽搐、昏迷、呼吸衰竭。麻痹期全身肌肉松弛，呼吸心跳停止而死亡。慢性影响：神经衰弱综合征、眼睛及上呼吸道刺激、皮肤损害。					
防护措施	呼吸系统防护：可能接触毒物时，必须佩戴头罩型电动送风过滤式防尘呼吸器。紧急事态抢救或撤离时，建议佩戴自给式呼吸器。 眼睛防护：呼吸系统防护中已作防护。 身体防护：穿连衣式胶布防毒衣。 手防护：戴橡胶手套。 其他防护：工作现场禁止吸烟、进食和饮水。					
危险性类别	急性毒性—经口，类别 2*；危害水生环境—急性危害，类别 1；危害水生环境—长期危害，类别 1。					

序号	1682	品名	氰化钴(Ⅱ)		商品编码	2837.1990
别　名					CAS 号	542-84-7
英文名	Cobalt cyanide					
分子式	$Co(CN)_2$					
防护措施	呼吸系统防护：佩戴防毒口罩。紧急事态抢救或逃生时，佩戴自给式呼吸器。 眼睛防护：戴化学安全防护眼镜。 防护服：穿相应的防护服。 手防护：戴防化学品手套。 其他防护：工作现场禁止吸烟、进食和饮水。工作完毕，淋浴更衣。注意个人清洁卫生。					
危险性类别	急性毒性—经口，类别 2*；急性毒性—经皮肤，类别 1；急性毒性—吸入，类别 2*；致癌性，类别 2；危害水生环境—急性危害，类别 1；危害水生环境—长期危害，类别 1。					

序号	1683	品名	氰化汞		商品编码	2852.1000
别 名		氰化高汞；二氰化汞			CAS 号	592-04-1
英文名		Mercury cyanide				
分子式		Hg(CN)$_2$				
外观与性状		无色或白色结晶粉末，遇光则颜色变暗。				
主要用途		用于医药、杀菌皂、照相及用作分析试剂。				
危险特性		本品不燃，受高热或与酸接触会产生剧毒的氰化物气体；与硝酸盐、亚硝酸盐、氯酸盐反应剧烈，有发生爆炸的危险；遇酸或露置空气中能吸收水分和二氧化碳分解出剧毒的氰化氢气体。				
健康危害		接触本品后，氰化物和汞中毒的症状均可出现。吸入本品粉尘可引起急性中毒，症状有胸部紧束或疼痛，咳嗽，呼吸困难。氰化物中毒症状包括焦虑、神经错乱、头晕、呼吸困难、意识障碍、惊厥、呼气呈苦杏仁味。口服出现腹痛、呕吐、严重腹泻及上述氰化物中毒症状。眼睛接触引起角膜溃疡和水肿。本品对皮肤有刺激性，可引起皮炎；经皮肤吸收可引起中毒。				
防护措施		呼吸系统防护：可能接触毒物时，必须佩戴头罩型电动送风过滤式防尘呼吸器。紧急事态抢救或撤离时，建议佩戴自给式呼吸器。 眼睛防护：呼吸系统防护中已作防护。 身体防护：穿连衣式胶布防毒衣。 手防护：戴橡胶手套。 其他防护：工作现场禁止吸烟。保持良好的卫生习惯。				
危险性类别		急性毒性—经口，类别2；严重眼损伤/眼刺激，类别2B；皮肤致敏物，类别1；生殖毒性，类别1B；特异性靶器官毒性—单次接触，类别1；特异性靶器官毒性—反复接触，类别1；危害水生环境—急性危害，类别1；危害水生环境—长期危害，类别1。				

序号	1684	品名	氰化汞钾	商品编码	2852.1000
别 名			汞氰化钾;氰化钾汞	CAS 号	591-89-9
英文名			Mercuric potassium cyanide		
分子式			$K_2Hg(CN)_4$		
外观与性状			无色或白色晶体。		
主要用途			用作制镜镀银剂和化学试剂。		
危险特性			本品遇酸或吸收空气中的二氧化碳、水分可分解出剧毒的氰化氢气体;受高热分解,放出高毒的烟气。		
健康危害			本品剧毒,受热分解能放出剧毒的氰化氢气体与汞蒸气,兼有氰化物及无机汞化合物的危害。		
防护措施			呼吸系统防护:可能接触毒物时,应该佩戴防毒面具。紧急事态抢救或逃生时,建议佩戴正压自给式呼吸器。 眼睛防护:戴化学安全防护眼镜。 身体防护:穿相应的防护服。 手防护:戴防化学品手套。 其他防护:工作现场禁止吸烟。保持良好的卫生习惯。		
危险性类别			急性毒性—经口,类别2*;急性毒性—经皮肤,类别1;急性毒性—吸入,类别2*;特异性靶器官毒性—反复接触,类别2;危害水生环境—急性危害,类别1;危害水生环境—长期危害,类别1。		

序号	1685	品名	氰化钴(Ⅲ)	商品编码	2837.1990
别 名				CAS 号	14965-99-2
英文名			Cobalt cyanide		
分子式			$Co(CN)_3$		
防护措施			呼吸系统防护:佩戴防毒口罩。紧急事态抢救或逃生时,佩戴自给式呼吸器。 眼睛防护:戴化学安全防护眼镜。 防护服:穿相应的防护服。 手防护:戴防化学品手套。 其他防护:工作现场禁止吸烟、进食和饮水。工作完毕,淋浴更衣。注意个人清洁卫生。		
危险性类别			急性毒性—经口,类别2;急性毒性—经皮肤,类别1;急性毒性—吸入,类别2;致癌性,类别2;生殖细胞致突变性,类别2;危害水生环境—急性危害,类别1;危害水生环境—长期危害,类别1。		

序号	1686	品名	氰化钾	商品编码	2837.1910
别　名		山奈钾		CAS 号	151-50-8
英文名		Potassium cyanide			
分子式		KCN			
外观与性状		白色结晶或粉末，易潮解。			
主要用途		用于提炼金、银等贵重金属和淬火、电镀，以及制作分析试剂、有机腈类、医药、杀虫剂等。			
危险特性		本品不燃，受高热或与酸接触会产生剧毒的氰化物气体；与硝酸盐、亚硝酸盐、氯酸盐反应剧烈，有发生爆炸的危险；遇酸或露置空气中能吸收水分和二氧化碳分解出剧毒的氰化氢气体；水溶液为碱性腐蚀液体。			
健康危害		本品能抑制呼吸酶，造成细胞内窒息。吸入、口服或经皮肤吸收均可引起急性中毒。口服 50~100mg 即可引起猝死。非骤死者临床分为 4 期：前驱期有黏膜刺激、呼吸加深加快、乏力、头痛；口服有舌尖、口腔发麻等。呼吸困难期有呼吸困难、血压升高、皮肤黏膜呈鲜红色等。惊厥期出现抽搐、昏迷、呼吸衰竭。麻痹期全身肌肉松弛，呼吸心跳停止而死亡。长期接触小量氰化物出现神经衰弱综合征、眼睛及上呼吸道刺激；可引起皮疹、皮肤溃疡。			
防护措施		呼吸系统防护：可能接触毒物时，必须佩戴头罩型电动送风过滤式防尘呼吸器。可能接触其粉尘时，应该佩戴隔离式呼吸器。 眼睛防护：呼吸系统防护中已作防护。 身体防护：穿连衣式胶布防毒衣。 手防护：戴橡胶手套。 其他防护：工作现场禁止吸烟。保持良好的卫生习惯。			
危险性类别		急性毒性—经口，类别 2；急性毒性—经皮肤，类别 1；严重眼损伤/眼刺激，类别 2；特异性靶器官毒性—单次接触，类别 2；特异性靶器官毒性—反复接触，类别 1；危害水生环境—急性危害，类别 1；危害水生环境—长期危害，类别 1。			

序号	1687	品名	氰化金	商品编码	2843.3000
别　名				CAS 号	506-65-0
英文名		Gold cyanide			
分子式		AuCN			
防护措施		呼吸系统防护：佩戴防毒口罩。紧急事态抢救或逃生时，佩戴自给式呼吸器。 眼睛防护：戴化学安全防护眼镜。 防护服：穿相应的防护服。 手防护：戴防化学品手套。 其他防护：工作现场禁止吸烟、进食和饮水。工作完毕，淋浴更衣。注意个人清洁卫生。			
危险性类别		急性毒性—经口，类别 2；急性毒性—经皮肤，类别 1；急性毒性—吸入，类别 2；危害水生环境—急性危害，类别 1；危害水生环境—长期危害，类别 1。			

序号	1688	品名	氰化钠		商品编码	2837.1110
别 名			山奈		CAS 号	143-33-9
英文名			Sodium cyanide			
分子式			NaCN			
外观与性状			白色或灰色粉末状结晶，有微弱的氰化氢气味。			
主要用途			用于提炼金、银等贵重金属和淬火，并用于塑料、农药、医药、染料等有机合成工业。			
危险特性			本品不燃，与硝酸盐、亚硝酸盐、氯酸盐反应剧烈，有发生爆炸的危险；遇酸会产生剧毒、易燃的氰化氢气体；在潮湿空气或二氧化碳中缓慢发出微量氰化氢气体。			
健康危害			本品能抑制呼吸酶，造成细胞内窒息。吸入、口服或经皮肤吸收均可引起急性中毒。口服50~100mg即可引起猝死。非骤死者临床分为4期：前驱期有黏膜刺激、呼吸加快加深、乏力、头痛；口服有舌尖、口腔发麻等。呼吸困难期有呼吸困难、血压升高、皮肤黏膜呈鲜红色等。惊厥期出现抽搐、昏迷、呼吸衰竭。麻痹期全身肌肉松弛，呼吸心跳停止而死亡。长期接触小量氰化物出现神经衰弱综合征、眼睛及上呼吸道刺激；可引起皮疹。			
防护措施			呼吸系统防护：可能接触毒物时，必须佩戴头罩型电动送风过滤式防尘呼吸器。紧急事态抢救或撤离时，建议佩戴自给式呼吸器。 眼睛防护：呼吸系统防护中已作防护。 身体防护：穿连衣式胶布防毒衣。 手防护：戴橡胶手套。 其他防护：工作现场禁止吸烟。保持良好的卫生习惯。			
危险性类别			急性毒性—经口，类别2；急性毒性—经皮肤，类别1；严重眼损伤/眼刺激，类别2；生殖毒性，类别2；特异性靶器官毒性—反复接触，类别1；危害水生环境—急性危害，类别1；危害水生环境—长期危害，类别1。			

序号	1689	品名	氰化钠铜锌		商品编码	2837.2000
别 名					CAS 号	
防护措施			呼吸系统防护：佩戴防毒口罩。紧急事态抢救或逃生时，佩戴自给式呼吸器。 眼睛防护：戴化学安全防护眼镜。 防护服：穿相应的防护服。 手防护：戴防化学品手套。 其他防护：工作现场禁止吸烟、进食和饮水。工作完毕，淋浴更衣。注意个人清洁卫生。			
危险性类别			急性毒性—经口，类别2；急性毒性—经皮肤，类别1；急性毒性—吸入，类别2；危害水生环境—急性危害，类别1；危害水生环境—长期危害，类别1。			

序号	1690	品名	氰化镍	商品编码	2837.1990
别　名			氰化亚镍	CAS 号	557-19-7
英文名			Nickel cyanide		
分子式			Ni(CN)$_2$		
外观与性状			苹果绿片状结晶或粉末。		
主要用途			用于冶金、电镀。		
危险特性			本品与镁发生剧烈反应；与氯酸盐或亚硝酸钠（钾）混合引起爆炸；遇酸或吸收空气中的二氧化碳、水分可分解出剧毒的氰化氢气体；受高热分解，放出高毒的烟气。		
健康危害			本品剧毒，吸入、误服可致死。非骤死者，先出现无力、头痛、眩晕、恶心、呕吐、四肢沉重、呼吸困难，随后失去知觉、呼吸停止。镍化合物属致癌物。		
防护措施			呼吸系统防护：可能接触毒物时，应该佩戴防毒面具。紧急事态抢救或逃生时，建议佩戴正压自给式呼吸器。 眼睛防护：戴化学安全防护眼镜。 身体防护：穿化学防护服。 手防护：戴防化学品手套。 其他防护：工作现场禁止吸烟。保持良好的卫生习惯。		
危险性类别			急性毒性—经口，类别 3＊；呼吸道致敏物，类别 1；皮肤致敏物，类别 1；致癌性，类别 1A；特异性靶器官毒性—反复接触，类别 1；危害水生环境—急性危害，类别 1；危害水生环境—长期危害，类别 1。		

序号	1691	品名	氰化镍钾	商品编码	2837.2000
别　名			氰化钾镍	CAS 号	14220-17-8
英文名			Dipotassium nickel tetracyanide		
分子式			K$_2$Ni(CN)$_4$		
防护措施			呼吸系统防护：佩戴防毒口罩。紧急事态抢救或逃生时，佩戴自给式呼吸器。 眼睛防护：戴化学安全防护眼镜。 防护服：穿相应的防护服。 手防护：戴防化学品手套。 其他防护：工作现场禁止吸烟、进食和饮水。工作完毕，淋浴更衣。注意个人清洁卫生。		
危险性类别			急性毒性—经口，类别 3；呼吸道致敏物，类别 1；皮肤致敏物，类别 1；致癌性，类别 1A；特异性靶器官毒性—单次接触，类别 3（呼吸道刺激）；特异性靶器官毒性—反复接触，类别 1；危害水生环境—长期危害，类别 3。		

序号	1692	品名	氰化铅		商品编码	2837.1990
别　名					CAS 号	592-05-2
英文名	Lead cyanide					
分子式	$Pb(CN)_2$					
危险特性	本品是强氧化剂,可与镁发生剧烈反应;与氯酸盐或亚硝酸钠(钾)混合引起爆炸;遇酸或吸收空气中的二氧化碳、水分可分解出剧毒的氰化氢气体;受高热分解,放出高毒的烟气。					
健康危害	本品属剧毒物质,吸入、误服可致死。非骤死者,先出现无力、头痛、眩晕、恶心、呕吐、四肢沉重、呼吸困难,随后失去知觉,呼吸停止。长期慢性吸入,可能引起铅中毒。					
防护措施	呼吸系统防护:可能接触毒物时,应该佩戴防毒面具。紧急事态抢救或逃生时,建议佩戴正压自给式呼吸器。 眼睛防护:戴化学安全防护眼镜。 身体防护:穿化学防护服。 手防护:戴防化学品手套。 其他防护:工作现场禁止吸烟。保持良好的卫生习惯。					
危险性类别	生殖细胞致突变性,类别2;致癌性,类别1B;生殖毒性,类别1A;特异性靶器官毒性—反复接触,类别1;危害水生环境—急性危害,类别1;危害水生环境—长期危害,类别1。					

序号	1693	品名	氰化氢		商品编码	2811.1200
别　名	无水氢氰酸				CAS 号	74-90-8
英文名	Hydrogen cyanide					
分子式	HCN					
外观与性状	无色气体或液体,有苦杏仁味。					
主要用途	用于丙烯腈和丙烯酸树脂及农药杀虫剂的制造。					
危险特性	本品易燃,其蒸气与空气可形成爆炸性混合物,遇明火、高热能引起燃烧爆炸;长期放置则因水分而聚合,聚合物本身有自催化作用,可引起爆炸。					
健康危害	本品能抑制呼吸酶,造成细胞内窒息。急性中毒:短时间内吸入高浓度氰化氢气体,可立即呼吸停止而死亡。非骤死者临床分为4期:前驱期有黏膜刺激、呼吸加快加深、乏力、头痛;口服有舌尖、口腔发麻等。呼吸困难期有呼吸困难、血压升高、皮肤黏膜呈鲜红色等。惊厥期出现抽搐、昏迷、呼吸衰竭。麻痹期全身肌肉松弛,呼吸心跳停止而死亡。本品可致眼睛、皮肤灼伤,吸收引起中毒。慢性影响:神经衰弱综合征、皮炎。					
防护措施	呼吸系统防护:可能接触毒物时,应该佩戴隔离式呼吸器。紧急事态抢救或撤离时,必须佩戴氧气呼吸器。 眼睛防护:呼吸系统防护中作防护。 身体防护:穿连衣式胶布防毒衣。 手防护:戴橡胶手套。 其他防护:工作现场禁止吸烟。保持良好的卫生习惯。					
危险性类别	易燃液体,类别1;急性毒性—吸入,类别2*;危害水生环境—急性危害,类别1;危害水生环境—长期危害,类别1。					

序号	1694	品名	氰化铈	商品编码	2837.1990
别　名				CAS号	
英文名	Cerium cyanide				
分子式	$Ce(CN)_4$				
防护措施	呼吸系统防护：佩戴防毒口罩。紧急事态抢救或逃生时，佩戴自给式呼吸器。 眼睛防护：戴化学安全防护眼镜。 防护服：穿相应的防护服。 手防护：戴防化学品手套。 其他防护：工作现场禁止吸烟、进食和饮水。工作完毕，淋浴更衣。注意个人清洁卫生。				
危险性类别	急性毒性—经口，类别2*；急性毒性—经皮肤，类别1；急性毒性—吸入，类别2*；危害水生环境—急性危害，类别1；危害水生环境—长期危害，类别1。				

序号	1695	品名	氰化锌	商品编码	2837.1990
别　名				CAS号	557-21-1
英文名	Zinc cyanide				
分子式	$Zn(CN)_2$				
外观与性状	白色粉末。				
主要用途	用于电镀及制造医药、农药，也用于有机合成。				
危险特性	本品不燃，受高热或与酸接触会产生剧毒的氰化物气体；与硝酸盐、亚硝酸盐、氯酸盐反应剧烈，有发生爆炸的危险；遇酸或露置空气中能吸收水分和二氧化碳分解出剧毒的氰化氢气体。				
健康危害	本品蒸气对呼吸道有刺激性。吸入后可引起氰化物中毒，出现头痛、乏力、呼吸困难、皮肤黏膜呈鲜红色、抽搐、昏迷等。高浓度吸入可立即引起呼吸心跳停止而死亡。本品可引起皮肤和眼睛灼伤；口服可致死。				
防护措施	呼吸系统防护：可能接触毒物时，必须佩戴头罩型电动送风过滤式防尘呼吸器。紧急事态抢救或撤离时，建议佩戴自给式呼吸器。 眼睛防护：呼吸系统防护中已作防护。 身体防护：穿连衣式胶布防毒衣。 手防护：戴橡胶手套。 其他防护：工作现场禁止吸烟。保持良好的卫生习惯。				
危险性类别	急性毒性—经口，类别3；危害水生环境—急性危害，类别1；危害水生环境—长期危害，类别1。				

序号	1696	品名	氰化铜	商品编码	2837.1990
别 名			氰化高铜	CAS 号	14763-77-0
英文名			Cupric cyanide		
分子式			$Cu(CN)_2$		
外观与性状			黄色至绿色粉末。		
主要用途			用于镀铜和有机合成等。		
危险特性			本品能与镁发生剧烈反应;与氯酸盐或亚硝酸钠(钾)混合引起爆炸;遇酸或吸收空气中的二氧化碳、水分可分解出剧毒的氰化氢气体;受高热分解,放出高毒的烟气。		
健康危害			本品属剧毒物质,吸入、误服可致死。非骤死者,先出现无力、头痛、眩晕、恶心、呕吐、四肢沉重、呼吸困难,随后失去知觉,呼吸停止。		
防护措施			呼吸系统防护:可能接触毒物时,应该佩戴防毒面具。紧急事态抢救或逃生时,建议佩戴正压自给式呼吸器。 眼睛防护:戴化学安全防护眼镜。 身体防护:穿化学防护服。 手防护:戴防化学品手套。 其他防护:工作现场禁止吸烟。保持良好的卫生习惯。		
危险性类别			急性毒性—经口,类别2*;急性毒性—经皮肤,类别1;急性毒性—吸入,类别2*;危害水生环境—急性危害,类别1;危害水生环境—长期危害,类别1。		

序号	1697	品名	氰化溴	商品编码	2853.9090
别 名			溴化氰	CAS 号	506-68-3
英文名			Cyanogens bromide		
分子式			CNBr		
外观与性状			无色或白色针状或立方形结晶,常温下挥发。		
主要用途			用于有机合成、炼金、制杀虫剂等。		
危险特性			本品与水或水蒸气接触会散发出剧毒、易燃和腐蚀性的溴化氢和氰化氢气体;有杂质存在时能很快引起分解,并引起爆炸。		
健康危害			本品毒作用似氢氰酸,并有明显刺激性。吸入后引起紫绀、头痛、头晕、恶心、呕吐、虚弱、神志不清、惊厥、呼吸困难、咳嗽,严重者发生肺水肿,可致死。本品对眼睛和皮肤有强烈刺激性,可致灼伤;口服后引起口腔和胃刺激或灼伤,可引起死亡。		
防护措施			呼吸系统防护:可能接触毒物时,必须佩戴自吸过滤式防毒面具(全面罩)。紧急事态抢救或撤离时,建议佩戴自给式呼吸器。 眼睛防护:呼吸系统防护中已作防护。 身体防护:穿连衣式胶布防毒衣。 手防护:戴橡胶手套。 其他防护:工作现场禁止吸烟。保持良好的卫生习惯。		
危险性类别			急性毒性—经口,类别2;危害水生环境—急性危害,类别1;危害水生环境—长期危害,类别1。		

序号	1698	品名	氰化金钾	商品编码	2843.3000
别　名				CAS 号	14263-59-3
英文名		Potassium gold(Ⅲ) cyanide			
分子式		$KAu(CN)_4$			
外观与性状		白色晶体。			
主要用途		用于电镀金。			
危险特性		本品遇酸或吸收空气中的二氧化碳、水分可分解出剧毒的氰化氢气体；受高热分解，放出高毒的烟气。			
健康危害		吸入、摄入或经皮肤吸收本品均有毒，对眼睛、皮肤有刺激作用。口服剧毒，非骤死者，先出现无力、头痛、眩晕、恶心、呕吐、四肢沉重及呼吸困难等症状，随后面色苍白、失去知觉、甚至呼吸停止而死亡。			
防护措施		呼吸系统防护：可能接触毒物时，建议佩戴过滤式防毒面具（半面罩）。 防护服：穿相应的防护服。 手防护：戴防化学品手套。 其他防护：工作现场禁止吸烟。保持良好的卫生习惯。			
危险性类别		急性毒性—经口，类别2；急性毒性—经皮肤，类别1；急性毒性—吸入，类别2；危害水生环境—急性危害，类别1；危害水生环境—长期危害，类别1。			

序号	1699	品名	氰化亚金钾	商品编码	2843.3000
别　名				CAS 号	13967-50-5
英文名		Potassium dicyanoaurate			
分子式		$KAu(CN)_2$			
外观与性状		白色结晶性粉末。			
主要用途		用于电镀金。			
危险特性		本品遇酸或吸收空气中的二氧化碳、水可分解出剧毒的氰化氢气体；受热分解，放出高毒的烟气。			
健康危害		吸入、摄入或经皮肤吸收本品均有毒，对眼睛、皮肤有刺激作用。口服剧毒，非骤死者，先出现无力、头痛、眩晕、恶心、呕吐，随后四肢失去知觉，甚至呼吸停止而死亡。			
防护措施		呼吸系统防护：空气中浓度超标时，建议佩戴过滤式防毒面具（半面罩）。紧急事态抢救或撤离时，应该佩戴空气呼吸器或氧气呼吸器。可能接触其粉尘时，必须佩戴空气呼吸器。 眼睛防护：戴化学安全防护眼镜。 身体防护：穿防毒物渗透工作服。 手防护：戴橡胶手套。 其他防护：工作现场禁止吸烟。保持良好的卫生习惯。			
危险性类别		急性毒性—经口，类别2；皮肤致敏物，类别1；特异性靶器官毒性—单次接触，类别2；危害水生环境—急性危害，类别1；危害水生环境—长期危害，类别1。			

序号	1700	品名	氰化亚铜	商品编码	2837.1990
别　名				CAS 号	544-92-3
英文名	Cuprous cyanide					
分子式	CuCN					
外观与性状	白色单斜结晶粉末或淡绿色粉末。					
主要用途	电镀铜及其他合金，合成抗结核药及防污涂料。					
危险特性	本品不燃，受高热或与酸接触会产生剧毒的氰化物气体；与硝酸盐、亚硝酸盐、氯酸盐反应剧烈，有发生爆炸的危险；遇酸或露置空气中能吸收水分和二氧化碳分解出剧毒的氰化氢气体。					
健康危害	吸入本品后引起紫绀、头痛、头晕、恶心、呕吐、虚弱、惊厥、昏迷、咳嗽、呼吸困难；对呼吸道有强烈刺激性，可引起肺水肿而致死；对皮肤、眼睛有强烈刺激性，可致灼伤；口服出现紫绀、头痛、头晕、恶心、呕吐、虚弱、昏迷、呼吸困难、血压下降等；刺激口腔和消化道或造成灼伤。					
防护措施	呼吸系统防护：可能接触毒物时，必须佩戴头罩型电动送风过滤式防尘呼吸器。紧急事态抢救或撤离时，建议佩戴自给式呼吸器。 眼睛防护：呼吸系统防护中已作防护。 身体防护：穿连衣式胶布防毒衣。 手防护：戴橡胶手套。 其他防护：工作现场禁止吸烟。保持良好的卫生习惯。					
危险性类别	急性毒性—经口，类别 3＊；皮肤致敏物，类别 1；特异性靶器官毒性—反复接触，类别 1；危害水生环境—急性危害，类别 1；危害水生环境—长期危害，类别 1。					

序号	1701	品名	4-氰基苯甲酸	商品编码	2926.9090
别　名	对氰基苯甲酸			CAS 号	619-65-8
英文名	4-cyanobenzoic acid					
分子式	$C_8H_5NO_2$					
外观与性状	白色片状结晶。					
主要用途	用于有机合成。					
危险特性	本品遇明火、高热可燃；与强氧化剂可发生反应；受高热分解释放出有毒的气体。					
健康危害	本品对黏膜、上呼吸道、眼睛和皮肤有刺激性。					
防护措施	呼吸系统防护：可能接触毒物时，必须佩戴防毒面具。紧急事态抢救或逃生时，建议佩戴自给式呼吸器。 眼睛防护：戴化学安全防护眼镜。 身体防护：穿相应的防护服。 手防护：戴防化学品手套。 其他防护：工作现场禁止吸烟。保持良好的卫生习惯。					
危险性类别	皮肤腐蚀/刺激，类别 2；严重眼损伤/眼刺激，类别 2；特异性靶器官毒性—单次接触，类别 3（呼吸道刺激）。					

序号	1702	品名	氰化亚铜三钾	商品编码	2837.2000
别 名			氰化亚铜钾	CAS 号	13682-73-0
英文名			Cuprous potassium cyanide		
分子式			$K_3Cu(CN)_4$		
外观与性状			白色结晶或粉末。		
主要用途			用于配制和调节镀铜盐浴。		
危险特性			本品受高热或接触酸或酸雾放出剧毒的烟雾。		
健康危害			吸入、摄入或经皮肤吸收本品均有毒,口服剧毒。非骤死者,先出现无力、头痛、眩晕、恶心、呕吐、四肢沉重及呼吸困难等症状,随后面色苍白、失去知觉,甚至呼吸停止而死亡。		
防护措施			呼吸系统防护:可能接触毒物时,应该佩戴防毒面具。紧急事态抢救或逃生时,建议佩戴正压自给式呼吸器。 眼睛防护:戴化学安全防护眼镜。 身体防护:穿相应的防护服。 手防护:戴防化学品手套。 其他防护:工作现场禁止吸烟。保持良好的卫生习惯。		
危险性类别			急性毒性—经口,类别3*;严重眼损伤/眼刺激,类别2B;特异性靶器官毒性—单次接触,类别1;特异性靶器官毒性—反复接触,类别1;危害水生环境—急性危害,类别1;危害水生环境—长期危害,类别1。		

序号	1703	品名	氰基乙酸	商品编码	2926.9090
别 名			氰基醋酸	CAS 号	372-09-8
英文名			Cyanoacetic acid		
分子式			$C_3H_3NO_2$		
外观与性状			白色结晶。		
主要用途			用于有机合成,医药上用于制造咖啡因。		
危险特性			本品遇明火能燃烧;受潮或受高热分解释放出剧毒的乙氰蒸气;具有腐蚀性。		
健康危害			本品具有刺激性。未见职业危害方面的报道。		
防护措施			呼吸系统防护:可能接触毒物时,应该佩戴自吸过滤式防毒面具(半面罩)。紧急事态抢救或撤离时,必须佩戴自给式呼吸器。 眼睛防护:戴化学安全防护眼镜。 身体防护:穿聚乙烯防毒服。 手防护:戴橡胶手套。 其他防护:工作现场禁止吸烟。保持良好的卫生习惯。		
危险性类别			皮肤腐蚀/刺激,类别1B;严重眼损伤/眼刺激,类别1。		

序号	1704	品名	氰化亚铜三钠、氰化亚铜三钠溶液	商品编码	2837.2000
别　名			紫铜盐;紫铜矾;氰化铜钠	CAS 号	14264-31-4
英文名			Sodium copper cyanide		
分子式			KAg(CN)$_2$		
外观与性状			白色粉末。		
主要用途			配制和调节镀铜盐浴。		
危险特性			本品剧毒，对光敏感，遇酸析出氰化银。		
健康危害			吸入、摄入或经皮肤吸收本品均有毒，口服剧毒。非骤死者，先出现无力、头痛、眩晕、恶心、呕吐、四肢沉重及呼吸困难等症状，随后面色苍白，失去知觉，甚至呼吸停止而死亡。		
防护措施			呼吸系统防护：可能接触毒物时，应该佩戴防毒面具。紧急事态抢救或逃生时，建议佩戴正压自给式呼吸器。 眼睛防护：戴化学安全防护眼镜。 身体防护：穿相应的防护服。 手防护：戴防化学品手套。 其他防护：工作现场禁止吸烟。保持良好的卫生习惯。		
危险性类别			急性毒性—经口，类别3*；严重眼损伤/眼刺激，类别2B；特异性靶器官毒性—单次接触，类别1；特异性靶器官毒性—反复接触，类别1；危害水生环境—急性危害，类别1；危害水生环境—长期危害，类别1。		

序号	1705	品名	氰化银钾	商品编码	2843.2900
别　名			银氰化钾	CAS 号	506-61-6
英文名			Silver potassium cyanide		
分子式			Kag(CN)$_2$		
外观与性状			白色结晶固体。		
主要用途			电镀银及其他合金，合成抗结核药及防污涂料。		
危险特性			本品不燃，用于灭火的水不得进入排水系统、土壤或水流经的地段；要确保用过的消防水有足够的存水设施；受到污染的灭火用水须按照当地有关部门的规定进行处理。		
健康危害			本品会引起发红、意识丧失、头痛、恶心、晕眩、虚弱、呼吸不良、痉挛，甚至死亡；对皮肤、眼睛有刺激作用；食入可致死。		
防护措施			呼吸系统防护：可能接触毒物时，必须佩戴头罩型电动送风过滤式防尘呼吸器。紧急事态抢救或撤离时，建议佩戴自给式呼吸器。 眼睛防护：呼吸系统防护中已作防护。 身体防护：穿连衣式胶布防毒衣。 手防护：戴橡胶手套。 其他防护：工作现场禁止吸烟。保持良好的卫生习惯。		
危险性类别			急性毒性—经口，类别2；急性毒性—经皮肤，类别1；急性毒性—吸入，类别2*；危害水生环境—急性危害，类别1；危害水生环境—长期危害，类别1。		

序号	1706	品名	氰化银	商品编码	2843.2900
别　名				CAS 号	506-64-9
英文名	Silver cyanide				
分子式	AgCN				
外观与性状	白色粉末或淡灰色粉末。				
主要用途	用于医药和镀银。				
危险特性	本品不燃，受高热或与酸接触会产生剧毒的氰化物气体；与硝酸盐、亚硝酸盐、氯酸盐反应剧烈，有发生爆炸的危险；遇酸或露置空气中能吸收水分和二氧化碳分解出剧毒的氰化氢气体。				
健康危害	本品受高热或与酸接触，可产生氰化物气体，吸入后引起氰化物中毒，出现头痛、乏力、呼吸困难、皮肤黏膜呈鲜红色、抽搐、昏迷，甚至死亡；对眼睛和皮肤有刺激性；长期接触本品可出现全身性银质沉着症，眼、鼻、喉、口腔、内脏器官和皮肤均可发生银质沉着，全身皮肤可呈灰黑色或浅石板色；高浓度反复接触可致肾损害。				
防护措施	呼吸系统防护：可能接触毒物时，必须佩戴头罩型电动送风过滤式防尘呼吸器。紧急事态抢救或撤离时，建议佩戴自给式呼吸器。 眼睛防护：呼吸系统防护中已作防护。 身体防护：穿连衣式胶布防毒衣。 手防护：戴橡胶手套。 其他防护：工作现场禁止吸烟。保持良好的卫生习惯。				
危险性类别	急性毒性—经口，类别 3；严重眼损伤/眼刺激，类别 1；特异性靶器官毒性—反复接触，类别 2；危害水生环境—急性危害，类别 1；危害水生环境—长期危害，类别 1。				

序号	1707	品名	氰基乙酸乙酯	商品编码	2926.9090
别　名	氰基醋酸乙酯；乙基氰基乙酸酯			CAS 号	105-56-6
英文名	Ethyl cyanoacetate				
分子式	$C_5H_7NO_2$				
外观与性状	无色液体，略有气味。				
主要用途	用于有机合成，制药工业，染料工业。				
危险特性	本品遇明火、高热可燃；与强氧化剂可发生反应；受高热分解释放出有毒的气体。				
健康危害	兔皮下注射本品，最低致死量为 1410mg/kg，出现痉挛性麻痹和呼吸兴奋。				
防护措施	呼吸系统防护：可能接触其蒸气时，应该佩戴防毒面具。紧急事态抢救或逃生时，佩戴自给式呼吸器。 眼睛防护：一般不需特殊防护。必要时戴安全防护眼镜。 身体防护：穿相应的防护服。 手防护：戴防化学品手套。 其他防护：工作现场禁止吸烟。保持良好的卫生习惯。				
危险性类别	皮肤腐蚀/刺激，类别 2；严重眼损伤/眼刺激，类别 2；特异性靶器官毒性—单次接触，类别 3（呼吸道刺激）。				

序号	1708	品名	(RS)-α-氰基-3-苯氧基苄基(SR)-3-(2,2-二氯乙烯基)-2,2-二甲基环丙烷羧酸酯	商品编码	2926.9090
别　名			氯氰菊酯	CAS 号	52315-07-8
英文名			(r,s)-α-cyano-3-phenoxybenzyl-3-(2,2-dichlorovinyl)-2,2-dimethylcyclopropanecarboxylate; cypermethrin		
分子式			$C_{22}H_{19}Cl_2NO_3$		
外观与性状			原药为黄棕色至深红褐色黏稠液体。		
主要用途			用作农用杀虫剂。		
危险特性			本品遇明火、高热可燃;受高热分解,放出高毒的烟气。		
健康危害			本品属中等毒类,对皮肤、黏膜有刺激作用。误服中毒的症状有:头痛、头晕、恶心、呕吐、腹痛、胸闷,严重者出现意识模糊和肺水肿。		
防护措施			呼吸系统防护:生产操作或农业使用时,应该佩戴防毒口罩。紧急事态抢救或逃生时,佩戴自给式呼吸器。 眼睛防护:戴安全防护眼镜。 身体防护:穿相应的防护服。 手防护:戴防护手套。 其他防护:工作现场禁止吸烟。保持良好的卫生习惯。		
危险性类别			特异性靶器官毒性—单次接触,类别 3（呼吸道刺激）;危害水生环境—急性危害,类别 1;危害水生环境—长期危害,类别 1。		

序号	1709	品名	氰尿酰氯	商品编码	2933.6910
别　名			三聚氰酰氯;三聚氯化氰	CAS 号	108-77-0
英文名			Cyanuric chloride		
分子式			$C_3Cl_3N_3$		
外观与性状			白色晶体。		
主要用途			用作活性染料的中间体,也用于橡胶业及制备药物、炸药和表面活性剂等,也可用作杀虫剂。		
危险特性			本品不易燃烧,受高热分解,产生有毒的氮氧化物和氯化物气体;遇水或水蒸气反应发热放出有毒的腐蚀性气体;易吸潮发热,能被水分解释放出毒性和腐蚀性的氯化氢气体。		
健康危害			本品对眼睛、皮肤和呼吸道有强腐蚀性。接触后可引起喉炎、化学性肺炎、肺水肿等。		
防护措施			呼吸系统防护:可能接触毒物时,必须佩戴防毒面具。紧急事态抢救或撤离时,建议佩戴正压自给式呼吸器。 眼睛防护:戴化学安全防护眼镜。 身体防护:穿聚乙烯薄膜防毒服。 手防护:戴防化学品手套。 其他防护:工作现场禁止吸烟。保持良好的卫生习惯。		
危险性类别			急性毒性—吸入,类别 2*;皮肤腐蚀/刺激,类别 1B;严重眼损伤/眼刺激,类别 1;皮肤致敏物,类别 1;特异性靶器官毒性—单次接触,类别 3（呼吸道刺激）。		

序号	1710	品名	氰熔体	商品编码	3824.9999
别名				CAS号	
英文名		Black cyanide			
外观与性状		灰黑色的片状、粉状或块状产品。			
主要用途		用来制氰化钠、黄血盐、赤血盐等氰化物及有机玻璃、试剂等；用于钢铁表面的热处理；可用作果树杀虫剂和仓库消毒。			
危险特性		本品不燃，受高热或与酸接触会产生剧毒的氰化物气体；与硝酸盐、亚硝酸盐、氯酸盐反应剧烈，有发生爆炸的危险；遇酸或露置空气中能吸收水分和二氧化碳分解出剧毒的氰化氢气体。			
健康危害		本品能抑制呼吸酶，造成细胞内窒息。吸入、口服或经皮肤吸收均可引起急性中毒，大剂量接触引起骤死。非骤死者临床分为4期：前驱期有黏膜刺激、呼吸加快加深、乏力、头痛；口服有舌尖、口腔发麻等。呼吸困难期有呼吸困难、血压升高、皮肤黏膜呈鲜红色等。惊厥期出现抽搐、昏迷、呼吸衰竭。麻痹期全身肌肉松弛，呼吸心跳停止而死亡。慢性影响：神经衰弱综合征、眼睛及上呼吸道刺激、皮肤损害。			
防护措施		呼吸系统防护：可能接触毒物时，必须佩戴头罩型电动送风过滤式防尘呼吸器。紧急事态抢救或撤离时，建议佩戴自给式呼吸器。 眼睛防护：呼吸系统防护中已作防护。 身体防护：穿连衣式胶布防毒衣。 手防护：戴橡胶手套。 其他防护：工作现场禁止吸烟。保持良好的卫生习惯。			
危险性类别		急性毒性—经口，类别2*；危害水生环境—急性危害，类别1；危害水生环境—长期危害，类别1。			

序号	1711	品名	2-巯基丙酸	商品编码	2930.9090
别名		硫代乳酸		CAS号	79-42-5
英文名		2-mercaptopropionic acid			
分子式		$C_3H_6O_2S$			
外观与性状		无色至淡黄色液体，烤肉似香味。			
主要用途		GB 2760—1996规定本品为暂时允许使用的食用香料，还可用于测定钴。			
危险特性		本品可燃；受热分解释放有毒的氧化硫气体。			
健康危害		本品吞食后有毒；会引起烧伤；有严重损害眼睛的危险；跟皮肤接触可能会引起敏化。			
防护措施		呼吸系统防护：佩戴防毒口罩。紧急事态抢救或逃生时，佩戴自给式呼吸器。 眼睛防护：戴安全防护眼镜。 身体防护：穿相应的防护服。 手防护：戴防化学品手套。 其他防护：工作现场禁止吸烟。保持良好的卫生习惯。			
危险性类别		急性毒性—经口，类别3；急性毒性—吸入，类别3；皮肤腐蚀/刺激，类别1；严重眼损伤/眼刺激，类别1。			

序号	1712	品名	5-巯基四唑并-1-乙酸		商品编码	2933.9900
别　名					CAS 号	
英文名	\multicolumn{6}{l	}{5-mercapto-1h-tetrazole-1-acetic acid}
分子式	\multicolumn{6}{l	}{$C_3H_4N_4O_2S$}
外观与性状	\multicolumn{6}{l	}{白色的结晶。}
主要用途	\multicolumn{6}{l	}{用作医药中间体，主要用于合成头孢雷特（Ceforanide）等。}
防护措施	\multicolumn{6}{l	}{呼吸系统防护：佩戴防毒口罩。紧急事态抢救或逃生时，佩戴自给式呼吸器。 眼睛防护：戴化学安全防护眼镜。 防护服：穿相应的防护服。 手防护：戴防化学品手套。 其他防护：工作现场禁止吸烟、进食和饮水。工作完毕，淋浴更衣。注意个人清洁卫生。}
危险性类别	\multicolumn{6}{l	}{爆炸物，1.4 项。}

序号	1713	品名	2-巯基乙醇		商品编码	2930.9090
别　名	\multicolumn{4}{l	}{硫代乙二醇;2-羟基-1-乙硫醇}	CAS 号	60-24-2
英文名	\multicolumn{6}{l	}{2-mercaptoethanol}
分子式	\multicolumn{6}{l	}{C_2H_6OS}
外观与性状	\multicolumn{6}{l	}{水白色易流动液体，具有少许硫醇气味。}
主要用途	\multicolumn{6}{l	}{用于合成树脂及用作杀霉菌剂、杀虫剂、增塑剂、水溶性还原剂等。}
危险特性	\multicolumn{6}{l	}{本品遇高热、明火或氧化剂，有引起燃烧的危险；受高热分解，放出有毒的烟气。}
健康危害	\multicolumn{6}{l	}{吸入、摄入或经皮肤吸收本品后会中毒；对眼睛、皮肤和黏膜有刺激作用；有致突变作用；受热分解释出有毒的氧化硫烟雾。}
防护措施	\multicolumn{6}{l	}{呼吸系统防护：可能接触其蒸气时，应该佩戴防毒口罩。紧急事态抢救或逃生时，佩戴自给式呼吸器。 眼睛防护：戴安全防护眼镜。 身体防护：穿相应的防护服。 手防护：戴防化学品手套。 其他防护：工作现场禁止吸烟。保持良好的卫生习惯。}
危险性类别	\multicolumn{6}{l	}{急性毒性—经口，类别3；急性毒性—经皮肤，类别2；皮肤腐蚀/刺激，类别2；严重眼损伤/眼刺激，类别2；特异性靶器官毒性—单次接触，类别2；特异性靶器官毒性—反复接触，类别2；危害水生环境—急性危害，类别1；危害水生环境—长期危害，类别1。}

序号	1714	品名	巯基乙酸	商品编码	2930.9090
别　　名			氢巯基乙酸；硫代乙醇酸	CAS 号	68-1-1
英文名			Mercaptoacetic acid		
分子式			$C_2H_4O_2S$		
外观与性状			无色透明液体，有强烈令人不愉快的气味。		
主要用途			用作测定铁的试剂及稳定剂，用于药水、烫发水制造等。		
危险特性			本品遇明火、高热可燃；受热分解产生有毒的硫化物烟气；具有较强的腐蚀性。		
健康危害			本品有强烈的刺激性；眼睛接触可致严重损害，导致永久性失明；可致皮肤灼伤；对皮肤有致敏性，引起过敏性皮炎；能经皮肤吸收引起中毒，动物皮肤贴敷本品10%溶液＜5ml/kg即引起死亡。		
防护措施			呼吸系统防护：可能接触其蒸气时，应该佩戴自吸过滤式防毒面具（半面罩）。紧急事态抢救或撤离时，建议佩戴自给式呼吸器。 眼睛防护：戴化学安全防护眼镜。 身体防护：穿防酸碱工作服。 手防护：戴橡胶耐酸碱手套。 其他防护：工作现场禁止吸烟。保持良好的卫生习惯。		
危险性类别			急性毒性—经口，类别3＊；急性毒性—经皮肤，类别3＊；急性毒性—吸入，类别3＊；皮肤腐蚀/刺激，类别1B；严重眼损伤/眼刺激，类别1。		

序号	1715	品名	全氟辛基磺酸	商品编码	2904.3100
别　　名				CAS 号	1763-23-1
英文名			1-octanesulfonic acid		
分子式			$C_8HF_{17}O_3S$		
外观与性状			固体，熔点90℃，易燃。		
主要用途			用于生产纺织品、皮革制品、家具和地毯等表面防污处理剂；还由于其化学性质非常稳定，被作为中间体用于生产涂料、泡沫灭火剂、地板上光剂、农药和灭白蚁药剂等。		
防护措施			呼吸系统防护：佩戴防毒口罩。紧急事态抢救或逃生时，佩戴自给式呼吸器。 眼睛防护：戴化学安全防护眼镜。 防护服：穿相应的防护服。 手防护：戴防化学品手套。 其他防护：工作现场禁止吸烟、进食和饮水。工作完毕，淋浴更衣。注意个人清洁卫生。		
危险性类别			生殖毒性，类别1B；生殖毒性，附加类别；特异性靶器官毒性—反复接触，类别1；危害水生环境—急性危害，类别2；危害水生环境—长期危害，类别2。		

序号	1716	品名	全氟辛基磺酸铵	商品编码	2904.3200
别名				CAS 号	29081-56-9
英文名	Ammonium perfluorooctanesulfonate				
分子式	$C_8HF_{16}O_3S \cdot NH_4$				
防护措施	呼吸系统防护：佩戴防毒口罩。紧急事态抢救或逃生时，佩戴自给式呼吸器。 眼睛防护：戴化学安全防护眼镜。 防护服：穿相应的防护服。 手防护：戴防化学品手套。 其他防护：工作现场禁止吸烟、进食和饮水。工作完毕，淋浴更衣。注意个人清洁卫生。				
危险性类别	生殖毒性，类别1B；生殖毒性，附加类别；特异性靶器官毒性—反复接触，类别1；危害水生环境—急性危害，类别2；危害水生环境—长期危害，类别2。				

序号	1717	品名	全氟辛基磺酸二癸二甲基铵	商品编码	2923.4000
别名				CAS 号	251099-16-8
英文名	1-decanaminium, n-decyl-n, n-dimethyl-, salt with 1,1,2,2,3,3,4,4,5,5,6,6,7,7,8,8,8-heptadecafluoro-1-octanesulfonic acid				
分子式	$C_{30}H_{49}F_{16}NO_3$				
防护措施	呼吸系统防护：佩戴防毒口罩。紧急事态抢救或逃生时，佩戴自给式呼吸器。 眼睛防护：戴化学安全防护眼镜。 防护服：穿相应的防护服。 手防护：戴防化学品手套。 其他防护：工作现场禁止吸烟、进食和饮水。工作完毕，淋浴更衣。注意个人清洁卫生。				
危险性类别	生殖毒性，类别1B；生殖毒性，附加类别；特异性靶器官毒性—反复接触，类别1；危害水生环境—急性危害，类别2；危害水生环境—长期危害，类别2。				

序号	1718	品名	全氟辛基磺酸二乙醇铵	商品编码	2922.1600
别名				CAS 号	70225-14-8
英文名	Heptadecafluoro-1-octanesulfonic acid, compd. With diethanolamine				
分子式	$C_{12}H_{12}F_{17}NO_5S$				
防护措施	呼吸系统防护：佩戴防毒口罩。紧急事态抢救或逃生时，佩戴自给式呼吸器。 眼睛防护：戴化学安全防护眼镜。 防护服：穿相应的防护服。 手防护：戴防化学品手套。 其他防护：工作现场禁止吸烟、进食和饮水。工作完毕，淋浴更衣。注意个人清洁卫生。				
危险性类别	生殖毒性，类别1B；生殖毒性，附加类别；特异性靶器官毒性—反复接触，类别1；危害水生环境—急性危害，类别2；危害水生环境—长期危害，类别2。				

序号	1719	品名	全氟辛基磺酸钾	商品编码	2904.3400
别名				CAS 号	2795-39-3
英文名		Potassium heptadecafluoro-1-octanesulfonate			
分子式		$C_8HF_{17}KO_3S$			
主要用途		用于电镀液的铬雾抑制。			
防护措施		呼吸系统防护：佩戴防毒口罩。紧急事态抢救或逃生时，佩戴自给式呼吸器。 眼睛防护：戴化学安全防护眼镜。 防护服：穿相应的防护服。 手防护：戴防化学品手套。 其他防护：工作现场禁止吸烟、进食和饮水。工作完毕，淋浴更衣。注意个人清洁卫生。			
危险性类别		生殖毒性，类别1B；生殖毒性，附加类别；特异性靶器官毒性—反复接触，类别1；危害水生环境—急性危害，类别2；危害水生环境—长期危害，类别2。			

序号	1720	品名	全氟辛基磺酸锂	商品编码	2904.3300
别名				CAS 号	29457-72-5
英文名		Lithium(perfluorooctane)sulfonate			
分子式		$C_8F_{17}LiO_3S$			
防护措施		呼吸系统防护：佩戴防毒口罩。紧急事态抢救或逃生时，佩戴自给式呼吸器。 眼睛防护：戴化学安全防护眼镜。 防护服：穿相应的防护服。 手防护：戴防化学品手套。 其他防护：工作现场禁止吸烟、进食和饮水。工作完毕，淋浴更衣。注意个人清洁卫生。			
危险性类别		生殖毒性，类别1B；生殖毒性，附加类别；特异性靶器官毒性—反复接触，类别1；危害水生环境—急性危害，类别2；危害水生环境—长期危害，类别2。			

序号	1721	品名	全氟辛基磺酸四乙基铵	商品编码	2923.3000
别　名				CAS 号	56773-42-3
英文名	\multicolumn{5}{l	}{Perfluorooctanesulfonic acid tetraethylammonium salt}
分子式	\multicolumn{5}{l	}{$C_{16}H_{20}F_{17}NO_3S$}

防护措施	呼吸系统防护：佩戴防毒口罩。紧急事态抢救或逃生时，佩戴自给式呼吸器。 眼睛防护：戴化学安全防护眼镜。 防护服：穿相应的防护服。 手防护：戴防化学品手套。 其他防护：工作现场禁止吸烟、进食和饮水。工作完毕，淋浴更衣。注意个人清洁卫生。
危险性类别	急性毒性—经口，类别 3；生殖毒性，类别 1B；生殖毒性，附加类别；特异性靶器官毒性—反复接触，类别 1；危害水生环境—急性危害，类别 2；危害水生环境—长期危害，类别 2。

序号	1722	品名	全氯五环癸烷	商品编码	2903.8900
别　名	\multicolumn{3}{l	}{灭蚁灵}	CAS 号	2385-85-5
英文名	\multicolumn{5}{l	}{Perchloropentacyclodecane；mirex；dechlorane}
分子式	\multicolumn{5}{l	}{$C_{10}Cl_{12}$}
外观与性状	\multicolumn{5}{l	}{白色无味结晶。}
主要用途	\multicolumn{5}{l	}{用作杀蚁剂。}
危险特性	\multicolumn{5}{l	}{本品不易燃烧，受高热分解，放出有毒的烟气。}
健康危害	\multicolumn{5}{l	}{本品为中等毒杀蚁剂，吸入、摄入或经皮肤吸收后会中毒。实验资料报道，本品有致癌、致畸、致突变作用。}

防护措施	呼吸系统防护：高浓度环境中，应该佩戴防毒面具。紧急事态抢救或逃生时，佩戴自给式呼吸器。 眼睛防护：戴化学安全防护眼镜。 身体防护：穿相应的防护服。 手防护：戴防化学品手套。 其他防护：工作现场禁止吸烟。保持良好的卫生习惯。
危险性类别	致癌性，类别 2；生殖毒性，类别 2；生殖毒性，附加类别；危害水生环境—急性危害，类别 1；危害水生环境—长期危害，类别 1。

序号	1723	品名	全氟辛基磺酰氟	商品编码	2904.3600
别　名				CAS 号	307-35-7
英文名		Perfluoro-1-octanesulfonyl fluoride			
分子式		$C_8F_{18}O_2S$			
外观与性状		无色或微黄色液体。			
防护措施		呼吸系统防护：佩戴防毒口罩。紧急事态抢救或逃生时，佩戴自给式呼吸器。 眼睛防护：戴化学安全防护眼镜。 防护服：穿相应的防护服。 手防护：戴防化学品手套。 其他防护：工作现场禁止吸烟、进食和饮水。工作完毕，淋浴更衣。注意个人清洁卫生。			
危险性类别		急性毒性—经口，类别 3；生殖毒性，类别 1B；生殖毒性，附加类别；特异性靶器官毒性—反复接触，类别 1；危害水生环境—急性危害，类别 2；危害水生环境—长期危害，类别 2。			

序号	1724	品名	全氯甲硫醇	商品编码	2930.9090
别　名		三氯硫氯甲烷;过氯甲硫醇;四氯硫代碳酰		CAS 号	594-42-3
英文名		Perchloromethyl mercaptan			
分子式		CCl_4S			
外观与性状		黄色油状液体，有不愉快的气味，在潮湿空气中略分解。			
主要用途		用于有机合成，用作染料中间体、熏蒸药。			
危险特性		本品受高热分解，放出腐蚀性、刺激性的烟雾。			
健康危害		吸入、摄入或经皮肤吸收本品对身体有害。本品严重损害黏膜、上呼吸道、眼睛和皮肤。吸入后可因喉和支气管的痉挛、炎症、水肿、化学性肺炎、肺水肿而致死。接触后可引起烧灼感、咳嗽、喘息、喉炎、气短、头痛、恶心和呕吐。			
防护措施		呼吸系统防护：可能接触其蒸气时，应该佩戴防毒面具。紧急事态抢救或撤离时，建议佩戴自给式呼吸器。 眼睛防护：戴化学安全防护眼镜。 身体防护：穿防腐工作服。 手防护：戴橡皮胶手套。 其他防护：工作现场禁止吸烟。保持良好的卫生习惯。			
危险性类别		急性毒性—经口，类别 3；急性毒性—吸入，类别 1；皮肤腐蚀/刺激，类别 2；严重眼损伤/眼刺激，类别 2A；特异性靶器官毒性—单次接触，类别 1；特异性靶器官毒性—反复接触，类别 1。			

序号	1725	品名	壬基酚		商品编码	2907.1310
别 名			壬基苯酚		CAS 号	25154-52-3
英文名			Nonylphenol			
分子式			$C_{15}H_{24}O$			
外观与性状			淡黄色液体。			
主要用途			用作表面活性剂的中间体。			
防护措施			呼吸系统防护：佩戴防毒口罩。紧急事态抢救或逃生时，佩戴自给式呼吸器。 眼睛防护：戴化学安全防护眼镜。 防护服：穿相应的防护服。 手防护：戴防化学品手套。 其他防护：工作现场禁止吸烟、进食和饮水。工作完毕，淋浴更衣。注意个人清洁卫生。			
危险性类别			皮肤腐蚀/刺激，类别 1B；严重眼损伤/眼刺激，类别 1；生殖毒性，类别 2；危害水生环境—急性危害，类别 1；危害水生环境—长期危害，类别 1。			

序号	1726	品名	壬基酚聚氧乙烯醚		商品编码	3402.4200
别 名					CAS 号	9016-45-9
英文名			Nonylphenoxypoly(ethyleneoxy)ethanol			
分子式			$C_{15}H_{24}O \cdot (C_2H_4O)n$			
外观与性状			浅黄色液体至膏状物。			
主要用途			性能良好的非离子表面活性剂，主要用于各种清洗剂，纺织工业助剂，润滑油、树脂的乳化剂等。			
危险特性			本品燃烧过程会释放一氧化碳。			
健康危害			本品对皮肤与眼睛均有刺激性。			
防护措施			呼吸系统防护：当有雾形成时，必须佩戴自吸过滤式防毒面具。紧急事态抢救或撤离时，应该佩戴空气呼吸器。 眼睛防护：戴化学安全防护眼镜。 身体防护：穿防毒物渗透工作服。 手部防护：戴橡胶手套，经常更换。 其他防护：工作现场禁止吸烟。保持良好的卫生习惯。			
危险性类别			皮肤腐蚀/刺激，类别 2；严重眼损伤/眼刺激，类别 2A；生殖毒性，类别 2；特异性靶器官毒性—反复接触，类别 2；危害水生环境—急性危害，类别 1；危害水生环境—长期危害，类别 1。			

序号	1727	品名	壬基三氯硅烷	商品编码	2931.9000
别 名				CAS 号	5283-67-0
英文名		Nonyltrichlorosilane			
分子式		$C_9H_{19}Cl_3Si$			
外观与性状		无色带刺激性气味的液体。			
主要用途		用作有机硅化合物中间体。			
危险特性		本品遇高热、明火或氧化剂，有引起燃烧的危险；遇水发生剧烈反应，散发出具有刺激性和腐蚀性的氯化氢气体；遇潮时对大多数金属有腐蚀性；受高热分解，放出有毒的烟气。			
健康危害		本品对眼睛、皮肤和黏膜有腐蚀和刺激作用，受热分解释放出有毒的氯气烟雾。			
防护措施		呼吸系统防护：可能接触其蒸气时，佩戴防毒口罩。紧急事态抢救或逃生时，佩戴自给式呼吸器。 眼睛防护：戴安全防护眼镜。 身体防护：穿防腐工作服。 手防护：戴橡胶手套。 其他防护：工作现场禁止吸烟。保持良好的卫生习惯。			
危险性类别		皮肤腐蚀/刺激，类别1；严重眼损伤/眼刺激，类别1。			

序号	1728	品名	壬烷及其异构体	商品编码	2901.1000、2710.1230
别 名				CAS 号	
英文名		Nonane isomeride mixtures			
分子式		C_9H_{20}			
外观与性状		无色透明液体。			
主要用途		用作溶剂。			
危险特性		本品易燃，其蒸气与空气可形成爆炸性混合物，遇明火、高热能引起燃烧爆炸；与氧化剂能发生强烈反应；在火场中，受热的容器有爆炸危险。			
防护措施		呼吸系统防护：一般不需要特殊防护，高浓度接触时可佩戴自吸过滤式防毒面具（半面罩）。 眼睛防护：戴安全防护眼镜。 身体防护：穿防静电工作服。 手防护：戴橡胶耐油手套。 其他防护：工作现场禁止吸烟。保持良好的卫生习惯。			
危险性类别		易燃液体，类别3；危害水生环境—急性危害，类别1；危害水生环境—长期危害，类别1。			

序号	1729	品名	1-壬烯	商品编码	2901.2990
别 名				CAS 号	124-11-8
英文名	1-nonene				
分子式	C_9H_{18}				
外观与性状	无色液体。				
主要用途	用于有机合成。				
危险特性	本品易燃,其蒸气与空气可形成爆炸性混合物,遇明火、高热能引起燃烧爆炸;与氧化剂能发生强烈反应;若遇高热,可发生聚合反应,放出大量热量而引起容器破裂和爆炸事故。				
健康危害	吸入或口服本品对身体有害,其蒸气或雾对眼睛、皮肤、黏膜和呼吸道有刺激性。				
防护措施	呼吸系统防护:可能接触其蒸气时,应该佩戴过滤式防毒面具(半面罩)。 眼睛防护:戴安全防护眼镜。 身体防护:穿防静电工作服。 手防护:戴橡胶耐油手套。 其他防护:工作现场禁止吸烟。保持良好的卫生习惯。				
危险性类别	易燃液体,类别3;皮肤腐蚀/刺激,类别2;严重眼损伤/眼刺激,类别2;特异性靶器官毒性—单次接触,类别3(麻醉效应);吸入危害,类别1。				

序号	1730	品名	2-壬烯	商品编码	2901.2990
别 名				CAS 号	2216-38-8
英文名	2-nonene				
分子式	C_9H_{19}				
外观与性状	无色液体。				
主要用途	用于有机合成。				
危险特性	本品蒸气与空气形成爆炸性混合物,遇明火、高热能引起燃烧爆炸;与强氧化剂发生反应,可引起燃烧;其蒸气比空气重,能在较低处扩散到相当远的地方,遇明火会着火回燃;若遇高热,容器内压增大,有开裂和爆炸的危险。				
健康危害	本品有刺激作用,高浓度时有麻醉作用。				
防护措施	呼吸系统防护:高浓度环境中,应该佩戴防毒面具。 眼睛防护:戴安全防护眼镜。 身体防护:穿防静电工作服。 手防护:戴防护手套。 其他防护:工作现场禁止吸烟。保持良好的卫生习惯。				
危险性类别	易燃液体,类别3。				

序号	1731	品名	3-壬烯		商品编码	2901.2990
别名					CAS 号	20063-92-7
英文名	3-nonene					
分子式	C_9H_{20}					
外观与性状	无色液体。					
主要用途	用于有机合成。					
危险特性	本品蒸气与空气形成爆炸性混合物，遇明火、高热能引起燃烧爆炸；与强氧化剂发生反应，可引起燃烧；其蒸气比空气重，能在较低处扩散到相当远的地方，遇明火会着火回燃；若遇高热，容器内压增大，有开裂和爆炸的危险。					
健康危害	本品有刺激作用，高浓度时有麻醉作用。					
防护措施	呼吸系统防护：高浓度环境中，应该佩戴防毒面具。 眼睛防护：戴安全防护眼镜。 身体防护：穿防静电工作服。 手防护：戴防护手套。 其他防护：工作现场禁止吸烟。保持良好的卫生习惯。					
危险性类别	易燃液体，类别 3。					

序号	1732	品名	4-壬烯		商品编码	2901.2990
别名					CAS 号	2198-23-4
英文名	4-nonene					
分子式	C_9H_{21}					
外观与性状	无色液体。					
主要用途	用于有机合成。					
危险特性	本品蒸气与空气形成爆炸性混合物，遇明火、高热能引起燃烧爆炸；与强氧化剂发生反应，可引起燃烧；其蒸气比空气重，能在较低处扩散到相当远的地方，遇明火会着火回燃；若遇高热，容器内压增大，有开裂和爆炸的危险。					
健康危害	本品有刺激作用，高浓度时有麻醉作用。					
防护措施	呼吸系统防护：高浓度环境中，应该佩戴防毒面具。 眼睛防护：戴安全防护眼镜。 身体防护：穿防静电工作服。 手防护：戴防护手套。 其他防护：工作现场禁止吸烟。保持良好的卫生习惯。					
危险性类别	易燃液体，类别 3。					

序号	1733	品名	溶剂苯	商品编码	2707.1000、2902.2000
别名				CAS号	
英文名	Benzene				
分子式	C_6H_6				
外观与性状	无色透明液体，有强烈芳香味。				
主要用途	用作溶剂。				
危险特性	本品易燃，其蒸气与空气可形成爆炸性混合物，遇明火、高热极易燃烧爆炸；与氧化剂能发生强烈反应；易产生和聚集静电，有燃烧爆炸危险；其蒸气比空气重，能在较低处扩散到相当远的地方，遇火源会着火回燃。				
健康危害	高浓度苯对中枢神经系统有麻醉作用，引起急性中毒；长期接触苯对造血系统有损害，引起慢性中毒。急性中毒：轻者有头痛、头晕、恶心、呕吐、轻度兴奋、步态蹒跚等酒醉状态；严重者发生昏迷、抽搐、血压下降，以致呼吸和循环衰竭。慢性中毒：主要表现有神经衰弱综合征；造血系统改变，白细胞、血小板减少；严重者出现再生障碍性贫血。少数病例在慢性中毒后可发生白血病（以急性粒细胞性为多见）；皮肤损害有脱脂、干燥、皲裂、皮炎；可致月经量增多与经期延长。				
防护措施	呼吸系统防护：空气中浓度超标时，佩戴自吸过滤式防毒面具（半面罩）。紧急事态抢救或撤离时，应该佩戴空气呼吸器或氧气呼吸器。 眼睛防护：戴化学安全防护眼镜。 身体防护：穿防毒物渗透工作服。 手防护：戴橡胶耐油手套。 其他防护：工作现场禁止吸烟。保持良好的卫生习惯。				
危险性类别	易燃液体，类别2；皮肤腐蚀/刺激，类别2；严重眼损伤/眼刺激，类别2；生殖细胞致突变性，类别1B；致癌性，类别1A；特异性靶器官毒性—反复接触，类别1；吸入危害，类别1；危害水生环境—急性危害，类别2；危害水生环境—长期危害，类别3。				

序号	1734	品名	溶剂油(闭杯闪点≤60℃)	商品编码	2710.1230
别名				CAS号	
外观与性状	无色或浅黄色液体。				
主要用途	用作溶剂。				
危险特性	本品蒸气与空气形成爆炸混合物，遇明火、高热能引起燃烧爆炸；与氧化剂能发生强烈反应；其蒸气比空气重，能在较低处扩散到相当远的地方，遇火源着火回燃；若遇高热，容器内压增大，有开裂和爆炸的危险；流速过快，容易产生和积聚静电。				
健康危害	本品蒸气或雾对眼睛、黏膜和呼吸道有刺激性。中毒表现有烧灼感、咳嗽、喘息、气短、头痛、恶心和呕吐。本品对皮肤有刺激性。				
防护措施	呼吸系统防护：空气中浓度超标时，建议佩戴过滤式防毒面具。紧急事态抢救或撤离时，应佩戴空气呼吸器。 眼睛防护：戴化学安全防护眼睛。 手防护：戴橡胶耐油手套。 其他防护：工作现场禁止吸烟。保持良好的卫生习惯。				
危险性类别	易燃液体，类别2*；生殖细胞致突变性，类别1B；吸入危害，类别1；危害水生环境—急性危害，类别2；危害水生环境—长期危害，类别2。				

序号	1735	品名	乳酸苯汞三乙醇铵	商品编码	2852.1000
别 名				CAS 号	23319-66-6
英文名		Phenylmercuric triethanolamine lactate			
分子式		$C_{15}H_{25}HgNO_6$			
危险特性		本品燃烧产生有毒的汞化物和氮氧化物气体。			
防护措施		呼吸系统防护：佩戴防毒口罩。紧急事态抢救或逃生时，佩戴自给式呼吸器。 眼睛防护：戴化学安全防护眼镜。 防护服：穿相应的防护服。 手防护：戴防化学品手套。 其他防护：工作现场禁止吸烟、进食和饮水。工作完毕，淋浴更衣。注意个人清洁卫生。			
危险性类别		急性毒性—经口，类别 2；急性毒性—经皮肤，类别 1；急性毒性—吸入，类别 2*；特异性靶器官毒性—反复接触，类别 2*；危害水生环境—急性危害，类别 1；危害水生环境—长期危害，类别 1。			

序号	1736	品名	乳酸锑	商品编码	2918.1100
别 名				CAS 号	58164-88-8
英文名		Antimony lactate			
分子式		$C_9H_{15}O_9Sb$			
外观与性状		棕黄色块状或白色结晶、粉末。			
主要用途		用于有机合成，也用作媒染剂。			
危险特性		本品遇明火、高热可燃；其粉体与空气可形成爆炸性混合物，当达到一定浓度时，遇火星会发生爆炸；受高热分解释放出有毒的气体。			
健康危害		本品有毒，经口摄入或吸入粉尘会引起中毒；对肝、心、肾等发生损害；误服可发生急性胃肠炎。			
防护措施		呼吸系统防护：空气中粉尘浓度较高时，建议佩戴自吸过滤式防尘口罩。 眼睛防护：戴化学安全防护眼镜。 身体防护：穿透气型防毒服。 手防护：戴防化学品手套。 其他防护：工作现场禁止吸烟。保持良好的卫生习惯。			
危险性类别		危害水生环境—急性危害，类别 2；危害水生环境—长期危害，类别 2。			

序号	1737	品名	乳香油	商品编码	3301.9090
别　名				CAS 号	8016-36-2
英文名	Olibanum oil				
外观与性状	无色或微黄色油状液体。				
主要用途	用作香料，并用于医药。				
危险特性	本品遇高热、明火或氧化剂，有引起燃烧的危险；受热分解释放出有腐蚀性、刺激性的烟雾。				
健康危害	本品对皮肤有刺激作用。				
防护措施	呼吸系统防护：可能接触其蒸气时，佩戴防毒口罩。紧急事态抢救或逃生时，佩戴防毒面具。 眼睛防护：必要时戴安全防护眼镜。 身体防护：穿防静电工作服。 手防护：戴防护手套。 其他防护：工作现场禁止吸烟。保持良好的卫生习惯。				
危险性类别	易燃液体，类别 3。				

序号	1738	品名	噻吩	商品编码	2934.9990
别　名	硫杂茂；硫代呋喃			CAS 号	110-02-1
英文名	Thiophene				
分子式	C_4H_4S				
外观与性状	无色液体，有类似苯的气味。				
主要用途	用作溶剂、色谱分析标准物质及用于有机合成。				
危险特性	本品蒸气与空气形成爆炸性混合物，遇明火、高热能引起燃烧爆炸；与氧化剂能发生强烈反应；其蒸气比空气重，能在较低处扩散到相当远的地方，遇火源着火回燃；若遇高热，容器内压增大，有开裂和爆炸的危险。				
健康危害	本品是麻醉剂，也具有引起兴奋和痉挛的作用。其蒸气刺激呼吸道黏膜；对造血系统亦有毒性作用，刺激骨髓中白细胞的生成。				
防护措施	呼吸系统防护：可能接触其蒸气时，应该佩戴防毒口罩。必要时建议佩戴自给式呼吸器。 眼睛防护：戴化学安全防护眼镜。 身体防护：穿相应的防护服。 手防护：戴防化学品手套。 其他防护：工作现场禁止吸烟。保持良好的卫生习惯。				
危险性类别	易燃液体，类别 2；皮肤腐蚀/刺激，类别 2；特异性靶器官毒性—反复接触，类别 2；危害水生环境—长期危害，类别 3。				

序号	1739	品名	三-(1-吖丙啶基)氧化膦	商品编码	2933.9900
别名			三吖啶基氧化膦	CAS号	545-55-1
英文名			Tris(aziridinyl) phosphine oxide		
分子式			$C_6H_{12}N_3OP$		
外观与性状			白色吸湿性固体。		
主要用途			对蚊、蝇等有绝育作用。		
危险特性			本品遇明火、高热可燃；受热分解，放出氮、硫的氧化物等毒性气体。		
健康危害			本品对眼睛、上呼吸道和皮肤有刺激作用；对皮肤有致敏作用；有致甲状腺肿作用；高浓度有麻醉作用；饮酒后接触本品可致剧吐；大量口服可致死。		
防护措施			呼吸系统防护：佩戴自吸过滤式防尘口罩。 眼睛防护：戴化学安全防护眼镜。 身体防护：穿相应的防护服。 手防护：戴防化学品手套。 其他防护：工作现场禁止吸烟。保持良好的卫生习惯。		
危险性类别			急性毒性—经口，类别2；急性毒性—经皮肤，类别2。		

序号	1740	品名	三(2,3-二溴丙磷酸脂)磷酸盐	商品编码	2919.1000
别名				CAS号	126-72-7
英文名			2,3-dibromo-1-propanol phosphate		
分子式			$C_9H_{15}Br_6O_4P$		
外观与性状			淡黄色透明黏稠液体。		
主要用途			用作合成纤维、塑料的阻燃添加剂。		
危险特性			本品遇明火、高热可燃；受高热分解，放出高毒的烟气。		
健康危害			本品对眼睛、皮肤和黏膜有刺激作用；对人有致突变作用；可引起睾丸萎缩和不育。		
防护措施			呼吸系统防护：可能接触其蒸气时，应该佩戴防毒口罩。 眼睛防护：戴化学安全防护眼镜。 身体防护：穿相应的防护服。 手防护：戴防化学品手套。 其他防护：工作现场禁止吸烟。保持良好的卫生习惯。		
危险性类别			生殖细胞致突变性，类别2；致癌性，类别1B；生殖毒性，类别2；特异性靶器官毒性—反复接触，类别2；危害水生环境—急性危害，类别2；危害水生环境—长期危害，类别2。		

序号	1741	品名	三(2-甲基氮丙啶)氧化磷	商品编码	2933.9900
别　名			三(2-甲基氮杂环丙烯)氧化膦	CAS 号	57-39-6
英文名			Tris(2-methyl-1-aziridinyl)phosphine oxide		
分子式			$C_9H_{18}N_3OP$		
外观与性状			浅黄色黏稠液体，有氨味。		
主要用途			用作高分子化合物的交联剂和化学杀菌剂。		
危险特性			本品遇明火、高热可燃；受高热分解，放出有毒的烟气。		
健康危害			本品有毒，摄入、吸入或经皮肤吸收可引起中毒；对胆碱酯酶有抑制作用，引起有机磷中毒的症状。		
防护措施			呼吸系统防护：可能接触其蒸气时，建议佩戴防毒口罩。紧急事态抢救或逃生时，应该佩戴自给式呼吸器。 眼睛防护：戴化学安全防护眼镜。 身体防护：穿相应的防护服。 手防护：戴防护手套。 其他防护：工作现场禁止吸烟。保持良好的卫生习惯。		
危险性类别			急性毒性—经口，类别3；急性毒性—经皮肤，类别2。		

序号	1742	品名	三(环己基)-(1,2,4-三唑-1-基)锡	商品编码	2933.9900
别　名			三唑锡	CAS 号	41083-11-8
英文名			1-(tricyclohexylstannyl)-1h-1,2,4-triazole		
分子式			$C_{20}H_{35}N_3Sn$		
外观与性状			无色粉末。		
主要用途			用作农用杀虫剂。		
危险特性			本品遇明火、高热可燃；受高热分解，放出有毒的烟气。		
健康危害			摄入或与皮肤接触本品可引起中毒；遇热分解释出有毒的氮氧化物烟雾。		
防护措施			呼吸系统防护：生产操作或农业使用时，应该佩戴防尘口罩。 眼睛防护：戴安全防护眼镜。 身体防护：穿相应的防护服。 手防护：戴防护手套。 其他防护：工作现场禁止吸烟。保持良好的卫生习惯。		
危险性类别			急性毒性—经口，类别3*；急性毒性—吸入，类别2*；皮肤腐蚀/刺激，类别2；严重眼损伤/眼刺激，类别1；特异性靶器官毒性—单次接触，类别3（呼吸道刺激）；危害水生环境—急性危害，类别1；危害水生环境—长期危害，类别1。		

序号	1743	品名	三苯基膦	商品编码	2931.3990
别 名				CAS 号	603-35-0
英文名	Triphenyl phosphine					
分子式	$C_{18}H_{15}P$					
外观与性状	白色结晶。					
主要用途	用于有机化合物、磷盐及其他磷化合物合成。					
危险特性	本品遇明火、高热可燃；受热分解产生剧毒的氧化磷烟气；与氧化剂可发生反应。					
健康危害	本品对眼睛、上呼吸道、黏膜和皮肤有刺激性，有神经毒效应。					
防护措施	呼吸系统防护：粉尘浓度较高的环境中，佩戴过滤式防尘呼吸器。紧急事态抢救或撤离时，建议佩戴空气呼吸器。 眼睛防护：戴化学安全防护眼镜。 身体防护：穿防毒物渗透工作服。 手防护：戴防化学品手套。 其他防护：工作现场禁止吸烟。保持良好的卫生习惯。					
危险性类别	皮肤腐蚀/刺激，类别2；严重眼损伤/眼刺激，类别2；皮肤致敏物，类别1；特异性靶器官毒性—单次接触，类别3（呼吸道刺激）；特异性靶器官毒性—反复接触，类别1。					

序号	1744	品名	三苯基乙酸锡	商品编码	2931.9000
别 名				CAS 号	900-95-8
英文名	Triphenylacetoxytin；fentin acetate					
分子式	$C_{20}H_{18}O_2Sn$					
外观与性状	白色无气味的晶体。					
主要用途	用作农用杀菌剂。					
危险特性	本品遇明火、高热可燃；受高热分解释放出有毒的气体。					
健康危害	本品主要引起神经系统的损害，其临床表现有头痛、头晕、精神萎靡、乏力、恶心、食欲减退等；对皮肤可引起接触性皮炎、过敏性皮炎；长期接触，可引起神经衰弱综合征。					
防护措施	呼吸系统防护：可能接触毒物时，应该佩戴防毒口罩。空气中浓度较高时，佩戴自给式呼吸器。 眼睛防护：可采用安全面罩。 身体防护：穿相应的防护服。 手防护：戴防护手套。 其他防护：工作现场禁止吸烟。保持良好的卫生习惯。					
危险性类别	急性毒性—经口，类别3*；急性毒性—经皮肤，类别3*；急性毒性—吸入，类别2*；皮肤腐蚀/刺激，类别2；严重眼损伤/眼刺激，类别1；生殖毒性，类别2；特异性靶器官毒性—反复接触，类别1；特异性靶器官毒性—单次接触，类别3（呼吸道刺激）；危害水生环境—急性危害，类别1；危害水生环境—长期危害，类别1。					

序号	1745	品名	三苯基氯硅烷	商品编码	2931.9000
别　名				CAS 号	76-86-8
英文名		Triphenylchlorosilane			
分子式		$C_{18}H_{15}ClSi$			
危险特性		本品遇明火、高热可燃；遇水或水蒸气分解释放出有毒的气体。			
健康危害		本品有刺激性和腐蚀性，对眼睛、皮肤、黏膜和上呼吸道有刺激作用，遇火散发出有毒气体。			
防护措施		呼吸系统防护：可能接触其烟雾时，必须佩戴防毒面具。紧急事态抢救或撤离时，建议佩戴自给式呼吸器。 眼睛防护：戴化学安全防护眼镜。 身体防护：穿防腐工作服。 手防护：戴橡皮胶手套。 其他防护：工作现场禁止吸烟。保持良好的卫生习惯。			
危险性类别		皮肤腐蚀/刺激，类别1；严重眼损伤/眼刺激，类别1。			

序号	1746	品名	三苯基氢氧化锡	商品编码	2931.9000
别　名		三苯基羟基锡		CAS 号	76-87-9
英文名		Triphenylhydroxytin；fentin hydroxide			
分子式		$C_{18}H_{16}OSn$			
外观与性状		无味白色粉末。			
主要用途		用作农用杀菌剂。			
危险特性		本品遇明火、高热可燃；受高热分解，放出有毒的烟气。			
健康危害		本品为中等毒杀菌剂，对眼睛有强烈刺激作用。中毒症状有剧烈头痛、恶心、呕吐，严重者可有嗜睡，甚至昏迷。			
防护措施		呼吸系统防护：佩戴防毒口罩。紧急事态抢救或逃生时，应该佩戴自给式呼吸器。 眼睛防护：戴化学安全防护眼镜。 身体防护：穿相应的防护服。 手防护：戴防化学品手套。 其他防护：工作现场禁止吸烟。保持良好的卫生习惯。			
危险性类别		急性毒性—经口，类别3*；急性毒性—经皮肤，类别3*；急性毒性—吸入，类别2*；皮肤腐蚀/刺激，类别2；严重眼损伤/眼刺激，类别1；生殖毒性，类别2；特异性靶器官毒性—反复接触，类别1；特异性靶器官毒性—单次接触，类别3（呼吸道刺激）；危害水生环境—急性危害，类别1；危害水生环境—长期危害，类别1。			

序号	1747	品名	三丙基铝	商品编码	2931.9000
别 名				CAS 号	102-67-0
英文名		Tripropyl aluminum			
分子式		$C_9H_{21}Al$			
外观与性状		黏稠无色液体。			
主要用途		用于有机合成。			
危险特性		本品暴露在空气中能自燃；遇水强烈分解，放出易燃的烷烃气体；遇氧化剂、酸、碱、胺类、卤代烃、醇发生剧烈反应；加热产生易燃气体。			
健康危害		吸入、摄入或经皮肤吸收本品后对身体有害，对眼睛、皮肤、黏膜和上呼吸道有强烈刺激作用。吸入其蒸气，可引起类似金属烟尘热的表现。			
防护措施		呼吸系统防护：可能接触其蒸气时，佩戴防毒面具。紧急事态抢救或逃生时，应该佩戴自给式呼吸器。 眼睛防护：戴化学安全防护眼镜。 身体防护：穿防静电工作服。 手防护：戴防化学品手套。 其他防护：工作现场禁止吸烟。保持良好的卫生习惯。			
危险性类别		自燃液体，类别1；遇水放出易燃气体的物质和混合物，类别1。			

序号	1748	品名	三丙基氯化锡	商品编码	2931.9000
别 名		氯丙锡；三丙锡氯		CAS 号	2279-76-7
英文名		Tri-n-propyltin chloride			
分子式		$C_9H_{21}ClSn$			
外观与性状		无色液体。			
主要用途		用作除草剂。			
危险特性		本品遇明火、高热可燃；受高热分解，放出有毒的烟气。			
健康危害		吸入、摄入或经皮肤吸收本品后会中毒；受热分解释出氯烟雾。			
防护措施		呼吸系统防护：生产操作或农业使用时，应该佩戴口罩。紧急事态抢救或逃生时，应该佩戴防毒面具。 眼睛防护：必要时戴安全防护眼镜。 身体防护：穿紧袖工作服，长筒胶鞋。 手防护：戴防护手套。 其他防护：工作现场禁止吸烟。保持良好的卫生习惯。			
危险性类别		急性毒性—经口，类别3；特异性靶器官毒性—单次接触，类别1；特异性靶器官毒性—单次接触，类别3（呼吸道刺激）；特异性靶器官毒性—反复接触，类别1；危害水生环境—急性危害，类别1；危害水生环境—长期危害，类别1。			

序号	1749	品名	三碘化砷	商品编码	2812.9090
别　名			碘化亚砷	CAS 号	7784-45-4
英文名			Arsenous triiodide		
分子式			AsI_3		
外观与性状			橙红色鳞状或粉状结晶。		
主要用途			用于化学分析、医药等。		
危险特性			本品若遇高热，升华产生剧毒的气体；与金属钾和钠能形成对撞击敏感的物质。		
健康危害			无机砷化合物口服中毒表现为急性胃肠炎、休克、中毒性心肌炎、肝炎，以及抽搐、昏迷等，甚至死亡。可在急性中毒的1~3周内发生周围神经病。大量吸入亦可引起急性中毒。慢性中毒：表现有消化系统症状，肝、肾损害，皮肤色素沉着、角化过度或疣状增生，多发性神经炎等。		
防护措施			呼吸系统防护：可能接触其粉尘时，必须佩戴头罩型电动送风过滤式防尘呼吸器。紧急事态抢救或撤离时，建议佩戴空气呼吸器。 眼睛防护：呼吸系统防护中已作防护。 身体防护：穿连衣式胶布防毒衣。 手防护：戴橡胶手套。 其他防护：工作现场禁止吸烟。保持良好的卫生习惯。		
危险性类别			急性毒性—经口，类别3*；急性毒性—吸入，类别3*；致癌性，类别1A；危害水生环境—急性危害，类别1；危害水生环境—长期危害，类别1。		

序号	1750	品名	三碘化铊	商品编码	2827.6000
别　名				CAS 号	13453-37-7
英文名			Thallium triiodide		
分子式			TlI_3		
防护措施			呼吸系统防护：佩戴防毒口罩。紧急事态抢救或逃生时，佩戴自给式呼吸器。 眼睛防护：戴化学安全防护眼镜。 防护服：穿相应的防护服。 手防护：戴防化学品手套。 其他防护：工作现场禁止吸烟、进食和饮水。工作完毕，淋浴更衣。注意个人清洁卫生。		
危险性类别			急性毒性—经口，类别2*；急性毒性—吸入，类别2*；特异性靶器官毒性—反复接触，类别2*；危害水生环境—急性危害，类别2；危害水生环境—长期危害，类别2。		

序号	1751	品名	三碘化锑	商品编码	2827.6000
别名				CAS 号	64013-16-7
英文名	Antimony triiodide					
分子式	SbI_3					
外观与性状	红色结晶，高温时挥发，在水中分解生成碘化锑沉淀。					
主要用途	用于制药工业。					
危险特性	本品本身不燃烧，但遇高热能放出有毒的烟气；遇氰化物能产生剧毒的氰化氢气体；遇 H 发泡剂立即燃烧；遇钾、钠剧烈反应；具有腐蚀性。					
健康危害	本品有腐蚀性和毒性；对眼睛、黏膜、皮肤和上呼吸道有强烈刺激作用。					
防护措施	呼吸系统防护：空气中粉尘浓度超标时，应该佩戴自吸过滤式防尘口罩。紧急事态抢救或撤离时，应该佩戴空气呼吸器。 眼睛防护：戴化学安全防护眼镜。 身体防护：穿防毒物渗透工作服。 手防护：戴橡胶手套。 其他防护：工作现场禁止吸烟。保持良好的卫生习惯。					
危险性类别	皮肤腐蚀/刺激，类别 1；严重眼损伤/眼刺激，类别 1；危害水生环境—急性危害，类别 2；危害水生环境—长期危害，类别 2。					

序号	1752	品名	三碘甲烷	商品编码	2903.3990
别名	碘仿			CAS 号	75-47-8
英文名	Iodoform					
分子式	CHI_3					
外观与性状	黄色粉末或晶体，有不愉快的气味。					
主要用途	用作防腐剂。					
危险特性	本品不燃，与锂、钾钠合金接触剧烈反应。本品较不稳定，在空气与阳光照射下容易分解出游离碘能刺激眼睛和呼吸道，并灼伤皮肤。					
健康危害	本品对呼吸道有刺激性，吸入后出现咳嗽、呼吸困难、胸痛，严重者发生肺水肿；高浓度接触可引起神经系统改变，出现精神错乱、兴奋、头痛、幻觉、共济失调等；对眼睛有刺激性，口服灼伤口腔和胃，出现中枢神经系统抑制及心、肝、肾损害。慢性影响：皮肤长期接触可致湿疹；有时引起全身反应，如发热、皮疹等；可致肝、肾损害。					
防护措施	呼吸系统防护：可能接触其粉尘时，应该佩戴自吸过滤式防尘口罩。紧急事态抢救或撤离时，建议佩戴自给式呼吸器。 眼睛防护：戴化学安全防护眼镜。 身体防护：穿透气型防毒服。 手防护：戴防化学品手套。 其他防护：工作现场禁止吸烟。保持良好的卫生习惯。					
危险性类别	严重眼损伤/眼刺激，类别 2；特异性靶器官毒性—单次接触，类别 3（麻醉效应）；危害水生环境—急性危害，类别 2；危害水生环境—长期危害，类别 2。					

序号	1753	品名	三碘乙酸	商品编码	2915.9000
别　名			三碘醋酸	CAS 号	594-68-3
英文名			Triiodoacetic Acid		
分子式			$C_2HI_3O_2$		
外观与性状			黄色结晶。		
危险特性			本品是酸性腐蚀品。		
健康危害			本品对眼睛、皮肤、黏膜和上呼吸道有刺激作用。		
防护措施			呼吸系统防护：佩戴防护口罩。 眼睛防护：必要时戴安全防护眼镜。 身体防护：穿防护服。 手防护：必要时戴防化学品手套。 其他防护：工作现场禁止吸烟。保持良好的卫生习惯。		
危险性类别			皮肤腐蚀/刺激，类别 1；严重眼损伤/眼刺激，类别 1。		

序号	1754	品名	三丁基氟化锡	商品编码	2931.2000
别　名			三正丁基氟化锡	CAS 号	1983-10-4
英文名			Tri-butyltin fluoride		
分子式			$C_{12}H_{27}FSn$		
外观与性状			白色固体。		
危险特性			本品高毒；遇热分解释出有毒的氟烟雾。		
健康危害			本品对黏膜有刺激作用，对中枢神经系统有明显毒性，可引起中毒性神经衰弱综合征；重症患者，可引起中毒性脑病。		
防护措施			呼吸系统防护：可能接触毒物时，佩戴防毒口罩。紧急事态抢救或逃生时，建议佩戴自给式呼吸器。 眼睛防护：戴化学安全防护眼镜。 身体防护：穿相应的防护服。 手防护：戴防化学品手套。		
危险性类别			急性毒性—吸入，类别 2；严重眼损伤/眼刺激，类别 2；特异性靶器官毒性—单次接触，类别 1；特异性靶器官毒性—单次接触，类别 3（呼吸道刺激）；特异性靶器官毒性—反复接触，类别 1；危害水生环境—急性危害，类别 1；危害水生环境—长期危害，类别 1。		

序号	1755	品名	三丁基铝	商品编码	2931.9000
别　名			三正丁基铝	CAS 号	1116-70-7
英文名			Tri-n-butylaluminum		
分子式			$C_{12}H_{27}Al$		
主要用途			可作为合成不对称烷基化试剂及烯烃聚合的齐格勒-纳塔催化剂。		
危险特性			本品遇空气自燃,遇水爆炸。		
防护措施			呼吸系统防护：佩戴防毒口罩。紧急事态抢救或逃生时，佩戴自给式呼吸器。 眼睛防护：戴化学安全防护眼镜。 防护服：穿相应的防护服。 手防护：戴防化学品手套。 其他防护：工作现场禁止吸烟、进食和饮水。工作完毕，淋浴更衣。注意个人清洁卫生。		
危险性类别			自燃液体，类别 1；遇水放出易燃气体的物质和混合物，类别 1；皮肤腐蚀/刺激，类别 1B；严重眼损伤/眼刺激，类别 1。		

序号	1756	品名	三丁基氯化锡	商品编码	2931.2000
别　名			氯化三丁基锡	CAS 号	1461-22-9
英文名			Chlorotributyltin		
分子式			$C_{12}H_{27}ClSn$		
外观与性状			无色或浅黄色澄清液体。		
主要用途			用作催化剂，合成中导入三丁基锡基团，以及前列腺素合成；具有防腐、杀菌、防霉等作用；广泛用于木材防腐，船舶油漆等。同时作为医药中间体广泛应用于医药行业。		
危险特性			本品遇热水易水解；有毒；具有腐蚀性。		
防护措施			呼吸系统防护：佩戴防护口罩。 眼睛防护：必要时戴安全防护眼镜。 身体防护：穿防护服。 手防护：必要时戴防化学品手套。 其他防护：工作现场禁止吸烟。保持良好的卫生习惯。		
危险性类别			急性毒性—经口，类别 3；皮肤腐蚀/刺激，类别 2；严重眼损伤/眼刺激，类别 2A；特异性靶器官毒性—单次接触，类别 2；危害水生环境—急性危害，类别 1；危害水生环境—长期危害，类别 1。		

序号	1757	品名	三丁基硼		商品编码	2931.9000
别 名		三正丁基硼烷			CAS 号	122-56-5
英文名		Tributylborane				
分子式		$C_{12}H_{27}B$				
外观与性状		无色液体。				
主要用途		用于石油化工、有机合成及用作催化剂等。				
危险特性		本品遇空气、氯气、氧化剂、高温能自燃。				
健康危害		本品燃烧产生有毒的硼化物气体。				
防护措施		呼吸系统防护：佩戴防护口罩。 眼睛防护：必要时戴安全防护眼镜。 身体防护：穿防护服。 手防护：必要时戴防化学品手套。 其他防护：工作现场禁止吸烟。保持良好的卫生习惯。				
危险性类别		自燃液体，类别1。				

序号	1758	品名	三丁基氢化锡		商品编码	2931.9000
别 名		三正丁基氢化锡			CAS 号	688-73-3
英文名		Tri-n-butyltin hydride				
分子式		$C_{12}H_{27}Sn$				
外观与性状		液态。				
主要用途		用作医药中间体、还原剂；用于还原裂解反应、脱卤反应、分子内基团成环反应。				
危险特性		本品易燃，遇水会释放出极端易燃的气体。				
健康危害		本品与皮肤接触有害；对眼睛和皮肤有刺激作用；对水生生物极毒，可能导致对水生环境的长期不良影响。				
防护措施		呼吸系统防护：佩戴防护口罩。 眼睛防护：必要时戴安全防护眼镜。 身体防护：穿防护服。 手防护：必要时戴防化学品手套。 其他防护：工作现场禁止吸烟。保持良好的卫生习惯。				
危险性类别		易燃液体，类别3；急性毒性—经口，类别3*；皮肤腐蚀/刺激，类别2；严重眼损伤/眼刺激，类别2；特异性靶器官毒性—反复接触，类别1；危害水生环境—急性危害，类别1；危害水生环境—长期危害，类别1。				

序号	1759	品名	S,S,S-三丁基三硫代磷酸酯	商品编码	2930.9090
别名			三硫代磷酸三丁酯；脱叶磷	CAS 号	78-48-8
英文名			S,S,S-tributylphosphorotrithioate		
分子式			$C_{12}H_{27}OPS_3$		
外观与性状			浅黄色透明液体，有硫醇臭味。		
主要用途			具有广谱增效活性，用于拟除虫菊酯类和有机磷类杀虫剂的增效。		
危险特性			本品受热分解释放出有毒的氧化磷、氧化硫气体。		
健康危害			本品高毒。		
防护措施			呼吸系统防护：佩戴防护口罩。 眼睛防护：必要时戴安全防护眼镜。 身体防护：穿防护服。 手防护：必要时戴防化学品手套。 其他防护：工作现场禁止吸烟。保持良好的卫生习惯。		
危险性类别			急性毒性—经口，类别3；急性毒性—经皮肤，类别2；急性毒性—吸入，类别3；特异性靶器官毒性—反复接触，类别2；危害水生环境—急性危害，类别1；危害水生环境—长期危害，类别1。		

序号	1760	品名	三丁基锡苯甲酸	商品编码	2931.2000
别名			(苯甲酰氧基)三丁基锡	CAS 号	4342-36-3
英文名			Tributyltin benzoate		
分子式			$C_{19}H_{32}O_2Sn$		
危险特性			本品可燃；燃烧产生刺激烟雾。		
健康危害			本品与皮肤接触有害；对眼睛和皮肤有刺激作用；对水生生物极毒，可能导致对水生环境的长期不良影响。		
防护措施			呼吸系统防护：佩戴防护口罩。 眼睛防护：必要时戴安全防护眼镜。 身体防护：穿防护服。 手防护：必要时戴防化学品手套。 其他防护：工作现场禁止吸烟。保持良好的卫生习惯。		
危险性类别			急性毒性—经口，类别3*；皮肤腐蚀/刺激，类别2；严重眼损伤/眼刺激，类别2；特异性靶器官毒性—反复接触，类别1；危害水生环境—急性危害，类别1；危害水生环境—长期危害，类别1。		

序号	1761	品名	三丁基锡环烷酸	商品编码	2931.2000
别 名				CAS 号	85409-17-2
英文名		Stannane, tributyl-, mono(naphthenoyloxy) derivs			
防护措施		呼吸系统防护：佩戴防护口罩。 眼睛防护：必要时戴安全防护眼镜。 身体防护：穿防护服。 手防护：必要时戴防化学品手套。 其他防护：工作现场禁止吸烟。保持良好的卫生习惯。			
危险性类别		急性毒性—经口，类别3；急性毒性—吸入，类别2；特异性靶器官毒性—单次接触，类别1；危害水生环境—急性危害，类别1；危害水生环境—长期危害，类别1。			

序号	1762	品名	三丁基锡亚油酸	商品编码	2931.2000
别 名				CAS 号	24124-25-2
英文名		Tributyltin linoleate			
分子式		$C_{30}H_{58}O_2Sn$			
防护措施		呼吸系统防护：佩戴防护口罩。 眼睛防护：必要时戴安全防护眼镜。 身体防护：穿防护服。 手防护：必要时戴防化学品手套。 其他防护：工作现场禁止吸烟。保持良好的卫生习惯。			
危险性类别		急性毒性—经口，类别3*；皮肤腐蚀/刺激，类别2；严重眼损伤/眼刺激，类别2；特异性靶器官毒性—反复接触，类别1；危害水生环境—急性危害，类别1；危害水生环境—长期危害，类别1。			

序号	1763	品名	三丁锡甲基丙烯酸	商品编码	2931.2000
别 名		甲基丙烯酸三丁基锡		CAS 号	2155-70-6
英文名		Tributyltin methacrylate			
分子式		$C_{16}H_{32}O_2Sn$			
健康危害		吸入、皮肤接触和不慎吞咽本品有毒。			
防护措施		呼吸系统防护：佩戴防护口罩。 眼睛防护：必要时戴安全防护眼镜。 身体防护：穿防护服。 手防护：必要时戴防化学品手套。 其他防护：工作现场禁止吸烟。保持良好的卫生习惯。			
危险性类别		急性毒性—经口，类别3；危害水生环境—急性危害，类别1；危害水生环境—长期危害，类别1。			

序号	1764	品名	三丁基氧化锡	商品编码	2931.2000
别名			丁蜗锡	CAS 号	56-35-9
英文名			Bis(tri-n-butyltin)oxide		
分子式			$C_{24}H_{54}OSn_2$		
外观与性状			无色或淡黄色液体。		
主要用途			用于合成 α，β-不饱和甲基酮、异恶唑、杀真菌剂和杀细菌剂。		
危险特性			本品具有高毒性。		
健康危害			本品受热分解排放含锡化物辛辣刺激的气体，不小心沾到衣服或皮肤应立即用水与肥皂彻底冲洗。		
防护措施			呼吸系统防护：佩戴防护口罩。 眼睛防护：必要时戴安全防护眼镜。 身体防护：穿防护服。 手防护：必要时戴防化学品手套。 其他防护：工作现场禁止吸烟。保持良好的卫生习惯。		
危险性类别			急性毒性—经口，类别 3；急性毒性—经皮肤，类别 3；急性毒性—吸入，类别 2；皮肤腐蚀/刺激，类别 2；严重眼损伤/眼刺激，类别 2A；特异性靶器官毒性—单次接触，类别 3（呼吸道刺激）；特异性靶器官毒性—反复接触，类别 1；危害水生环境—急性危害，类别 1；危害水生环境—长期危害，类别 1。		

序号	1765	品名	三氟丙酮	商品编码	2914.7900
别名			1,1,1-三氟丙酮	CAS 号	421-50-1
英文名			1,1,1-trifluoroacetone		
分子式			$C_3H_3F_3O$		
外观与性状			无色液体。		
主要用途			合成生物活性物质和降血压药的重要中间体，也是十分有用的有机合成砌块。		
危险特性			本品极端易燃。		
健康危害			本品对眼睛、呼吸道和皮肤有刺激作用。		
防护措施			呼吸系统防护：佩戴防护口罩。 眼睛防护：必要时戴安全防护眼镜。 身体防护：穿防护服。 手防护：必要时戴防化学品手套。 其他防护：工作现场禁止吸烟。保持良好的卫生习惯。		
危险性类别			易燃液体，类别 1。		

序号	1766	品名	三氟化铋		商品编码	2826.1990
别　名			氟化铋		CAS 号	7787-61-3
英文名		Bismuth trifluoride				
分子式		BiF_3				
外观与性状		白色结晶。				
危险特性		本品不可燃烧；火场产生有毒的含铋、氯化物的烟雾。				
健康危害		本品高毒。				
防护措施		呼吸系统防护：佩戴防护口罩。 眼睛防护：必要时戴安全防护眼镜。 身体防护：穿防护服。 手防护：必要时戴防化学品手套。 其他防护：工作现场禁止吸烟。保持良好的卫生习惯。				
危险性类别		皮肤腐蚀/刺激，类别 1；严重眼损伤/眼刺激，类别 1。				

序号	1767	品名	三氟化氮		商品编码	2812.9011
别　名			氟化氮		CAS 号	7783-54-2
英文名		Nitrogen trifluoride				
分子式		F_3N				
外观与性状		无色、无臭、性质稳定的气体。				
主要用途		具有非常优异的蚀刻速率和选择性，在被蚀刻物表面不留任何残留物，同时也是非常良好的清洗剂。				
危险特性		本品是强氧化剂，受热或与火焰、电火化、有机物等接触能燃烧，甚至爆炸；与易燃物（如苯）和可燃物（如糖、纤维素等）接触会发生剧烈反应，甚至引起燃烧；与还原剂能发生强烈反应，引起燃烧爆炸。				
健康危害		本品能强烈刺激眼睛、皮肤和呼吸道黏膜，腐蚀组织。				
防护措施		呼吸系统防护：佩戴防护口罩。 眼睛防护：必要时戴安全防护眼镜。 身体防护：穿防护服。 手防护：必要时戴防化学品手套。 其他防护：工作现场禁止吸烟。保持良好的卫生习惯。				
危险性类别		氧化性气体，类别 1；加压气体；特异性靶器官毒性—反复接触，类别 2。				

序号	1768	品名	三氟化磷	商品编码	2812.9019
别 名			氟化亚磷	CAS 号	7783-55-3
英文名			Phosphorus trifluoride		
分子式			F_3P		
外观与性状			常温常压下为无色无味有毒气体，液态为无色透明。		
主要用途			用于发生气体、氟化剂、外延、离子注入。		
危险特性			本品是极毒物质。		
健康危害			本品对皮肤、眼睛、黏膜呈强烈刺激作用，吸入可引起上、下呼吸道炎症及肺水肿。		
防护措施			呼吸系统防护：佩戴防护口罩。 眼睛防护：必要时戴安全防护眼镜。 身体防护：穿防护服。 手防护：必要时戴防化学品手套。 其他防护：工作现场禁止吸烟。保持良好的卫生习惯。		
危险性类别			加压气体；急性毒性—吸入，类别1；严重眼损伤/眼刺激，类别2B；特异性靶器官毒性—单次接触，类别3（呼吸道刺激）；特异性靶器官毒性—反复接触，类别1。		

序号	1769	品名	三氟化氯	商品编码	2812.9019
别 名			氟化氯	CAS 号	7790-91-2
英文名			Chlorine trifluoride		
分子式			ClF_3		
外观与性状			常温下为无色气体，降温变为绿色液体。		
主要用途			可用作氟化剂、燃烧剂、推进剂中的氧化剂、高温金属的切割油等。		
危险特性			本品遇有机物可爆；与水反应爆炸；与高氯化物，如四氯化碳，混合爆炸；与酸反应剧烈。		
健康危害			本品对皮肤、黏膜有刺激作用。		
防护措施			呼吸系统防护：佩戴防护口罩。 眼睛防护：必要时戴安全防护眼镜。 身体防护：穿防护服。 手防护：必要时戴防化学品手套。 其他防护：工作现场禁止吸烟。保持良好的卫生习惯。		
危险性类别			氧化性气体，类别1；加压气体；急性毒性—吸入，类别2；皮肤腐蚀/刺激，类别1；严重眼损伤/眼刺激，类别1；特异性靶器官毒性—单次接触，类别1；特异性靶器官毒性—反复接触，类别1。		

序号	1770	品名	三氟化硼	商品编码	2812.9019
别　名		氟化硼		CAS 号	7637-7-2
英文名		Boron trifluoride			
分子式		BF_3			
外观与性状		具有刺激性臭味的无色气体。			
主要用途		用于制造火箭的高能燃料。			
危险特性		本品是刺激性强的气体。			
健康危害		本品加热或与湿空气接触会分解形成有毒和腐蚀性的烟气（氟化氢），能腐蚀眼睛、呼吸道和皮肤，吸入会导致肺气肿，甚至死亡；与其接触后有咽喉刺痛、咳嗽、呼吸困难、眼睛及皮肤充血、疼痛、视力模糊、皮肤灼烧症状。			
防护措施		呼吸系统防护：佩戴防护口罩。 眼睛防护：必要时戴安全防护眼镜。 身体防护：穿防护服。 手防护：必要时戴防化学品手套。 其他防护：工作现场禁止吸烟。保持良好的卫生习惯。			
危险性类别		加压气体；急性毒性—吸入，类别 2＊；皮肤腐蚀/刺激，类别 1A；严重眼损伤/眼刺激，类别 1。			

序号	1771	品名	三氟化硼丙酸络合物	商品编码	2942.0000
别　名				CAS 号	
防护措施		呼吸系统防护：佩戴防护口罩。 眼睛防护：必要时戴安全防护眼镜。 身体防护：穿防护服。 手防护：必要时戴防化学品手套。 其他防护：工作现场禁止吸烟。保持良好的卫生习惯。			
危险性类别		皮肤腐蚀/刺激，类别 1B；严重眼损伤/眼刺激，类别 1。			

序号	1772	品名	三氟化硼甲醚络合物	商品编码	2942.0000
别　名			三氟化硼-二甲醚络合物	CAS 号	353-42-4
英文名			Boron trifluoride dimethyl etherate		
分子式			$C_2H_6BF_3O$		
主要用途			很多有机反应的有效催化剂,稳定性较好,可作为烷基化的催化剂。		
危险特性			本品明火可爆,遇水易燃,有中等毒性。		
健康危害			吸入及吞食本品有害。		
防护措施			呼吸系统防护：佩戴防护口罩。 眼睛防护：必要时戴安全防护眼镜。 身体防护：穿防护服。 手防护：必要时戴防化学品手套。 其他防护：工作现场禁止吸烟。保持良好的卫生习惯。		
危险性类别			易燃液体,类别 1；遇水放出易燃气体的物质和混合物,类别 1；特异性靶器官毒性—反复接触,类别 1。		

序号	1773	品名	三氟化硼乙胺	商品编码	2942.0000
别　名			三氟化硼单乙胺	CAS 号	75-23-0
英文名			Boron trifluoride ethylamine		
分子式			$C_2H_7BF_3N$		
外观与性状			白色或淡黄色结晶,稍有氨味,具有强吸湿性。		
主要用途			主要用作树脂固化剂,有机合成反应催化剂。		
危险特性			本品是具有腐蚀性的毒物,有催泪作用。		
健康危害			经口摄入和皮肤接触本品能引起中毒,对眼睛、皮肤、黏膜和上呼吸道有强烈刺激作用。		
防护措施			呼吸系统防护：佩戴防护口罩。 眼睛防护：必要时戴安全防护眼镜。 身体防护：穿防护服。 手防护：必要时戴防化学品手套。 其他防护：工作现场禁止吸烟。保持良好的卫生习惯。		
危险性类别			皮肤腐蚀/刺激,类别 1；严重眼损伤/眼刺激,类别 1。		

序号	1774	品名	三氟化硼乙醚络合物	商品编码	2942.0000
别　名			三氟化硼乙醚	CAS 号	109-63-7
英文名			Boron trifluoride etherate		
分子式			$C_4H_{10}BF_3O$		
外观与性状			有刺激味的无色液体，在空气中略水解发烟而呈深黄色。		
主要用途			是常用的阳离子聚合催化剂，也是制造顺丁橡胶和聚甲醛用的催化剂，还是硼氢高能燃料和提取同位素硼的基本原料。		
危险特性			本品可燃，遇明火燃烧；遇高温分解产生有毒的气体；能与氧化剂反应；能与水及水蒸气产生有毒的、有腐蚀性的烟雾。		
健康危害			本品易燃，与水或水蒸气反应生成有毒的、有腐蚀性的、可燃的气体。		
防护措施			呼吸系统防护：佩戴防护口罩。 眼睛防护：必要时戴安全防护眼镜。 身体防护：穿防护服。 手防护：必要时戴防化学品手套。 其他防护：工作现场禁止吸烟。保持良好的卫生习惯。		
危险性类别			易燃液体，类别3；皮肤腐蚀/刺激，类别1；严重眼损伤/眼刺激，类别1；特异性靶器官毒性—反复接触，类别1。		

序号	1775	品名	三氟化硼乙酸酐	商品编码	2942.0000
别　名			三氟化硼醋酸酐	CAS 号	
英文名			Boron trifluoride acetic anhydride		
分子式			$C_4H_6BF_3O_3$		
外观与性状			白色结晶性粉末，易潮解。		
主要用途			用于有机合成。		
危险特性			本品遇明火、高热可燃；具有腐蚀性。		
防护措施			呼吸系统防护：佩戴防护口罩。 眼睛防护：必要时戴安全防护眼镜。 身体防护：穿防护服。 手防护：必要时戴防化学品手套。 其他防护：工作现场禁止吸烟。保持良好的卫生习惯。		
危险性类别			皮肤腐蚀/刺激，类别1A；严重眼损伤/眼刺激，类别1。		

序号	1776	品名	三氟化硼乙酸	商品编码	2942.0000
别　名			乙酸三氟化硼	CAS 号	373-61-5
英文名			Boron trifluoride acetic acid complex		
分子式			$C_4H_8O_4 \cdot BF_3$		
主要用途			用作催化剂。		
危险特性			本品是腐蚀性物质。		
健康危害			本品对眼睛、皮肤、黏膜有强腐蚀性；误服会中毒；能严重灼伤皮肤、眼睛和黏膜。		
防护措施			呼吸系统防护：空气中浓度超标时，必须佩戴自吸过滤式防毒面具（全面罩）。紧急事态抢救或撤离时，应该佩戴空气呼吸器。 眼睛防护：必要时戴安全防护眼镜。 身体防护：穿防护服。 手防护：必要时戴防化学品手套。 其他防护：工作现场禁止吸烟。保持良好的卫生习惯。		
危险性类别			皮肤腐蚀/刺激，类别 1；严重眼损伤/眼刺激，类别 1。		

序号	1777	品名	三氟化砷	商品编码	2812.9019
别　名			氟化亚砷	CAS 号	7784-35-2
英文名			Arsenic trifluoride		
分子式			AsF_3		
外观与性状			无色透明发烟的油状液体。		
主要用途			用于制造杀虫剂。		
危险特性			本品遇水或水蒸气、酸或酸气产生剧毒的烟气。		
健康危害			口服砷化合物致急性胃肠炎、休克、中毒性肝炎、心肌炎，以及抽搐昏迷等，甚至死亡。可在急性中毒的 1~3 周内发生周围神经病。大量吸入亦可引起急性中毒。		
防护措施			呼吸系统防护：可能接触其蒸气时，必须佩戴自吸过滤式防毒面具（全面罩）。紧急事态抢救或撤离时，建议佩戴自给式呼吸器。 眼睛防护：呼吸系统防护中已作防护。 身体防护：穿连衣式胶布防毒衣。 手防护：戴橡胶手套。 其他：工作现场禁止吸烟、进食和饮水。		
危险性类别			严重眼损伤/眼刺激，类别 2；致癌性，类别 1A；生殖毒性，类别 2；特异性靶器官毒性—单次接触，类别 1；特异性靶器官毒性—反复接触，类别 1；危害水生环境—急性危害，类别 1；危害水生环境—长期危害，类别 1。		

序号	1778	品名	三氟化锑	商品编码	2826.1990
别　　名			氟化亚锑	CAS 号	7783-56-4
英文名			Antimony trifluoride		
分子式			F_3Sb		
外观与性状			白色至灰色结晶，易潮解。		
主要用途			用作氟化反应催化剂，氯氟化合物的制备，棉织物的媒染剂；用作分析试剂、织物媒染剂。		
危险特性			本品有毒，会危害环境。		
防护措施			呼吸系统防护：佩戴防毒口罩。紧急事态抢救或逃生时，佩戴自给式呼吸器。 眼睛防护：戴化学安全防护眼镜。 防护服：穿相应的防护服。 手防护：戴防化学品手套。 其他防护：工作现场禁止吸烟、进食和饮水。工作完毕，淋浴更衣。注意个人清洁卫生。		
危险性类别			急性毒性—经口，类别3*；急性毒性—经皮肤，类别3*；急性毒性—吸入，类别3*；危害水生环境—急性危害，类别2；危害水生环境—长期危害，类别2。		

序号	1779	品名	三氟化溴	商品编码	2812.9019
别　　名			三氟化溴	CAS 号	7787-71-5
英文名			Bromine(ⅲ) trifluoride		
分子式			BrF_3		
外观与性状			无色或淡黄色液体。		
主要用途			用作非水溶剂，以及氟化试剂等。		
危险特性			本品为具有强腐蚀性的毒物；遇热分解释出有毒的氟和溴烟雾。		
健康危害			吸入本品蒸气会中毒，严重灼伤皮肤、眼睛和黏膜。		
防护措施			呼吸系统防护：佩戴防毒口罩。紧急事态抢救或逃生时，佩戴自给式呼吸器。 眼睛防护：戴化学安全防护眼镜。 防护服：穿相应的防护服。 手防护：戴防化学品手套。 其他防护：工作现场禁止吸烟、进食和饮水。工作完毕，淋浴更衣。注意个人清洁卫生。		
危险性类别			氧化性固体，类别1；急性毒性—经口，类别3*；急性毒性—经皮肤，类别3*；急性毒性—吸入，类别3*；皮肤腐蚀/刺激，类别1；严重眼损伤/眼刺激，类别1。		

序号	1780	品名	三氟甲苯	商品编码	2903.9990
别名			苯氟仿、苯三氟甲烷	CAS 号	98-08-8
英文名			α,α,α-trifluorotoluene		
分子式			$C_7H_5F_3$		
外观与性状			无色液体，有芳香气味。		
主要用途			用于有机合成、溶剂、聚合化学、硫化剂；也用于染料和药物中间体。		
危险特性			本品高度易燃。		
健康危害			本品对水生生物有毒，可能对水体环境产生长期不良影响。		
防护措施			呼吸系统防护：佩戴防护口罩。 眼睛防护：必要时戴安全防护眼镜。 身体防护：穿防护服。 手防护：必要时戴防化学品手套。 其他防护：工作现场禁止吸烟。保持良好的卫生习惯。		
危险性类别			易燃液体，类别2；危害水生环境—急性危害，类别2；危害水生环境—长期危害，类别2。		

序号	1781	品名	（RS）-2-[4-(5-三氟甲基-2-吡啶氧基)苯氧基]丙酸丁酯	商品编码	2933.3990
别名			吡氟禾草隆	CAS 号	69806-50-4
英文名			Fluazifop-butyl		
分子式			$C_{19}H_{20}F_3NO_4$		
外观与性状			无色或浅黄色油状液体。		
主要用途			吡氟禾划灵是防治禾本科杂草和选择性芽后除草剂；用于棉花、大豆、油菜等大田，防除一年生和多年生杂草，效果显著。		
危险特性			本品燃烧产生有毒的氮氧化物和氟化物气体。		
防护措施			呼吸系统防护：佩戴防护口罩。 眼睛防护：必要时戴安全防护眼镜。 身体防护：穿防护服。 手防护：必要时戴防化学品手套。 其他防护：工作现场禁止吸烟。保持良好的卫生习惯。		
危险性类别			生殖毒性，类别1B；危害水生环境—急性危害，类别1；危害水生环境—长期危害，类别1。		

序号	1782	品名	2-三氟甲基苯胺	商品编码	2921.4300
别　名			2-氨基三氟甲苯	CAS 号	88-17-5
英文名			2-aminotrifluoromethylbenzene		
分子式			$C_3BiF_9O_9S_3$		
外观与性状			无色或淡黄色液体,有刺激性。		
主要用途			用作染料、医药、农药中间体。		
危险特性			本品易燃。		
健康危害			本品对眼睛、呼吸道和皮肤有刺激作用。		
防护措施			呼吸系统防护：佩戴防护口罩。 眼睛防护：必要时戴安全防护眼镜。 身体防护：穿防护服。 手防护：必要时戴防化学品手套。 其他防护：工作现场禁止吸烟。保持良好的卫生习惯。		
危险性类别			急性毒性—吸入,类别3；危害水生环境—急性危害,类别2；危害水生环境—长期危害,类别2。		

序号	1783	品名	3-三氟甲基苯胺	商品编码	2921.4300
别　名			3-氨基三氟甲苯;间三氟甲基苯胺	CAS 号	98-16-8
英文名			3-aminotrifluorotoluene		
分子式			$C_7H_6F_3N$		
外观与性状			无色透明液体。		
主要用途			是除草剂氟草隆、氟咯草酮和吡氟苯胺的中间体,也是医药中间体。		
危险特性			本品遇明火可燃；遇热分解释放出有毒的苯胺、氮氧化物和氟化物气体。		
健康危害			本品高毒。		
防护措施			呼吸系统防护：佩戴防护口罩。 眼睛防护：必要时戴安全防护眼镜。 身体防护：穿防护服。 手防护：必要时戴防化学品手套。 其他防护：工作现场禁止吸烟。保持良好的卫生习惯。		
危险性类别			急性毒性—吸入,类别2；皮肤腐蚀/刺激,类别2；严重眼损伤/眼刺激,类别1；危害水生环境—急性危害,类别2；危害水生环境—长期危害,类别2。		

序号	1784	品名	三氟甲烷	商品编码	2903.3990
别　名			R23；氟仿	CAS 号	75-46-7
英文名			Trifluoromethane		
分子式			CHF_3		
外观与性状			无色，几乎无味，不导电的气体。		
主要用途			用作低温（-100℃）制冷剂、电子工业等离子体化学蚀刻剂及氟有化合物的原料；是制冷剂、灭火剂替代品。		
防护措施			呼吸系统防护：佩戴防护口罩。 眼睛防护：必要时戴安全防护眼镜。 身体防护：穿防护服。 手防护：必要时戴防化学品手套。 其他防护：工作现场禁止吸烟。保持良好的卫生习惯。		
危险性类别			加压气体；特异性靶器官毒性—单次接触，类别 3（麻醉效应）。		

序号	1785	品名	三氟氯化甲苯	商品编码	2903.3990
别　名			三氟甲基氯苯	CAS 号	98-56-6
英文名			4-chlorobenzotrifluoride		
分子式			$C_7H_4ClF_3$		
外观与性状			无色透明液体。		
主要用途			用于制造染料、颜料、药物、农药等。		
危险特性			本品是高闪点易燃液体。		
健康危害			本品对眼睛、呼吸道和皮肤有刺激作用。		
防护措施			呼吸系统防护：佩戴防护口罩。 眼睛防护：必要时戴安全防护眼镜。 身体防护：穿防护服。 手防护：必要时戴防化学品手套。 其他防护：工作现场禁止吸烟。保持良好的卫生习惯。		
危险性类别			易燃液体，类别 3；危害水生环境—长期危害，类别 3。		

序号	1786	品名	三氟氯乙烯(稳定的)	商品编码	2903.7790
别　名			R1113；氯三氟乙烯	CAS 号	79-38-9
英文名			Chlorotrifluoroethylene		
分子式			C_2ClF_3		
外观与性状			无色、具有乙醚气味的气体。		
主要用途			用于制备聚三氟氯乙烯树脂及氟橡胶。		
危险特性			本品是有害气体，极端易燃。		
健康危害			吸入和不慎吞咽本品有害。		
防护措施			呼吸系统防护：佩戴防护面罩。 眼睛防护：必要时戴安全防护眼镜。 身体防护：穿防护服。 手防护：必要时戴防化学品手套。 其他防护：工作现场禁止吸烟。保持良好的卫生习惯。		
危险性类别			易燃气体，类别 1；加压气体；急性毒性—吸入，类别 3；特异性靶器官毒性—单次接触，类别 2；特异性靶器官毒性—反复接触，类别 2。		

序号	1787	品名	三氟溴乙烯	商品编码	2903.7800
别　名			溴三氟乙烯	CAS 号	598-73-2
英文名			Trifluorobromoethylene		
分子式			BrF_3C_2		
外观与性状			无色液化气体。		
主要用途			用于有机合成。		
危险特性			本品与空气混合能形成爆炸性混合物，遇明火、高热或与氧化剂接触，有引起燃烧爆炸的危险；其蒸气比空气重，能在较低处扩散到相当远的地方，遇明火会着火回燃；遇高热能发生聚合反应，出现大量放热现象，引起容器破裂或爆炸事故。		
健康危害			吸入少量本品有麻醉作用；高浓度时对神经系统有抑制作用，亦可引起心律不齐。		
防护措施			呼吸系统防护：佩戴防护面罩。 眼睛防护：必要时戴安全防护眼镜。 身体防护：穿防护服。 手防护：必要时戴防化学品手套。 其他防护：工作现场禁止吸烟。保持良好的卫生习惯。		
危险性类别			易燃气体，类别 1；加压气体。		

序号	1788	品名	2,2,2-三氟乙醇	商品编码	2905.5900
别名			三氟乙醇	CAS 号	75-89-8
英文名			2,2,2-trifluoroethanol		
分子式			$C_2H_3F_3O$		
外观与性状			液体。		
主要用途			用作溶剂,可作三氟乙基和三氟乙氧剂的导入剂,也用作医药、农药中间体。		
危险特性			本品是易燃液体。		
健康危害			本品遇明火、高温、氧化剂较易燃;燃烧产生有毒氟化物烟雾。		
防护措施			呼吸系统防护:佩戴防护面罩。 眼睛防护:必要时戴安全防护眼镜。 身体防护:穿防护服。 手防护:必要时戴防化学品手套。 其他防护:工作现场禁止吸烟。保持良好的卫生习惯。		
危险性类别			易燃液体,类别3;急性毒性—经口,类别3;急性毒性—吸入,类别3;严重眼损伤/眼刺激,类别1;生殖毒性,类别1B;特异性靶器官毒性—反复接触,类别2。		

序号	1789	品名	三氟乙酸	商品编码	2915.9000
别名			三氟醋酸	CAS 号	97-05-1
英文名			Trifluoroacetic acid		
分子式			CF_3COOH		
外观与性状			无色挥发性,发烟液体。		
主要用途			主要用于新型农药、医药和染料等的生产。		
危险特性			本品不燃,具有强腐蚀性、强刺激性,可致人体灼伤。		
健康危害			吸入、口服或经皮肤服吸本品收对身体有害,对眼睛、黏膜、呼吸道和皮肤有强烈刺激作用。吸入后可因咽喉、支气管的痉挛、炎症、水肿,化学性肺炎、肺水肿而死亡。接触后有烧灼感、咳嗽、喘息、气短、喉炎、头痛、恶心和呕吐;可致皮肤灼伤。		
防护措施			呼吸系统防护:可能接触其蒸气时,必须佩戴导管式防毒面具或自吸式长管面具。紧急事态抢救或撤离时,建议佩戴空气呼吸器。 眼睛防护:必要时戴安全防护眼镜。 身体防护:穿防护服。 手防护:必要时戴防化学品手套。 其他防护:工作现场禁止吸烟。保持良好的卫生习惯。		
危险性类别			皮肤腐蚀/刺激,类别1A;严重眼损伤/眼刺激,类别1;危害水生环境—长期危害,类别3。		

序号	1790	品名	三氟乙酸酐		商品编码	2915.9000
别　名			三氟醋酸酐		CAS 号	407-25-0
英文名		Trifluoroacetic anhydride				
分子式		$C_4F_6O_3$				
外观与性状		无色透明液体。				
主要用途		用作分析试剂、溶剂、催化剂、脱水缩合剂、羧基和氨基三氟乙酰化时的保护剂；制备有机氟精细化学品、医药、农药的原料。				
危险特性		本品具有腐蚀性，遇水猛烈反应，分解出有毒的氟化物气体；燃烧产生有毒的氟化物烟雾。				
健康危害		本品具有催泪作用。				
防护措施		呼吸系统防护：佩戴防护面罩。 眼睛防护：必要时戴安全防护眼镜。 身体防护：穿防护服。 手防护：必要时戴防化学品手套。 其他防护：工作现场禁止吸烟。保持良好的卫生习惯。				
危险性类别		皮肤腐蚀/刺激，类别 1；严重眼损伤/眼刺激，类别 1；危害水生环境—长期危害，类别 3。				

序号	1791	品名	三氟乙酸铬		商品编码	2931.9000
别　名			三氟醋酸铬		CAS 号	16712-29-1
英文名		Chromium(ⅲ) trifluoroacetate				
分子式		$C_6CrF_9O_6$				
防护措施		呼吸系统防护：佩戴防护面罩。 眼睛防护：必要时戴安全防护眼镜。 身体防护：穿防护服。 手防护：必要时戴防化学品手套。 其他防护：工作现场禁止吸烟。保持良好的卫生习惯。				
危险性类别		危害水生环境—急性危害，类别 1；危害水生环境—长期危害，类别 1。				

序号	1792	品名	三氟乙酸乙酯	商品编码	2915.9000
别 名			三氟醋酸乙酯	CAS 号	383-63-1
英文名			Ethyl trifluoroacetate		
分子式			$C_4H_5F_3O_2$		
外观与性状			无色液体。		
主要用途			作为精细中间体，广泛应用于含氟农药、医药、有机中间体的合成。		
危险特性			本品非常易燃。		
健康危害			本品会导致灼伤。		
防护措施			呼吸系统防护：佩戴防护面罩。 眼睛防护：必要时戴安全防护眼镜。 身体防护：穿防护服。 手防护：必要时戴防化学品手套。 其他防护：工作现场禁止吸烟。保持良好的卫生习惯。		
危险性类别			易燃液体，类别2。		

序号	1793	品名	1,1,1-三氟乙烷	商品编码	2903.3990
别 名			R143	CAS 号	420-46-2
英文名			1,1,1-trifluoroethane		
分子式			$C_2H_3F_3$		
外观与性状			气味较小的易燃气体。		
主要用途			可作制冷剂，是替代 R-502 的重要组分。		
危险特性			本品易燃。		
健康危害			本品遇热分解释放出有毒的氟化氢气体。		
防护措施			呼吸系统防护：佩戴防护面罩。 眼睛防护：必要时戴安全防护眼镜。 身体防护：穿防护服。 手防护：必要时戴防化学品手套。 其他防护：工作现场禁止吸烟。保持良好的卫生习惯。		
危险性类别			易燃气体，类别1；加压气体。		

序号	1794	品名	三氟乙酰氯	商品编码	2915.9000
别　名			氯化三氟乙酰	CAS 号	354-32-5
英文名			Trifluoroacetyl chloride		
分子式			C_2ClF_3O		
外观与性状			无色、有刺激性的气体。		
主要用途			作为精细中间体,广泛应用于含氟农药、医药、有机中间体和精细化工产品的合成。		
危险特性			本品遇水会猛烈反应,分解出有毒的氯化氢和氟化氢气体。		
防护措施			呼吸系统防护:佩戴防护面罩。 眼睛防护:必要时戴安全防护眼镜。 身体防护:穿防护服。 手防护:必要时戴防化学品手套。 其他防护:工作现场禁止吸烟。保持良好的卫生习惯。		
危险性类别			急性毒性—吸入,类别 1;加压气体;皮肤腐蚀/刺激,类别 1;严重眼损伤/眼刺激,类别 1。		

序号	1795	品名	三环己基氢氧化锡	商品编码	2931.9000
别　名			三环锡	CAS 号	13121-70-5
英文名			Cyhexatin		
分子式			$C_{18}H_{34}OSn$		
外观与性状			白色无定形结晶。		
主要用途			三环己基氢氧化锡即杀螨剂三环锡,同时也是合成另一杀螨剂品种三唑锡的重要中间体。		
危险特性			本品高毒。		
健康危害			受热分解出有毒的含锡气体。		
防护措施			呼吸系统防护:佩戴防护面罩。 眼睛防护:必要时戴安全防护眼镜。 身体防护:穿防护服。 手防护:必要时戴防化学品手套。 其他防护:工作现场禁止吸烟。保持良好的卫生习惯。		
危险性类别			急性毒性—经皮肤,类别 2;危害水生环境—急性危害,类别 1;危害水生环境—长期危害,类别 1。		

序号	1796	品名	三甲胺(无水)、三甲胺溶液	商品编码	2921.1100
别名			三甲基胺	CAS号	75-50-3
英文名			Trimethylamine		
分子式			C_3H_9N		
外观与性状			无色可液化易燃气体。		
主要用途			是一种重要的有机化工原料,主要用作有机合成、制药物、表面活性剂、杀虫剂、生产胆碱及氯化胆碱、缩合聚合的催化剂、燃气加臭剂、离子交换树脂原料等,又用作测定甲氧和乙氧基试剂。		
危险特性			本品与空气混合明火、受热可爆。		
健康危害			本品有毒,易燃。		
防护措施			呼吸系统防护:佩戴防护面罩。 眼睛防护:必要时戴安全防护眼镜。 身体防护:穿防护服。 手防护:必要时戴防化学品手套。 其他防护:工作现场禁止吸烟。保持良好的卫生习惯。		
危险性类别			易燃液体,类别3*;皮肤腐蚀/刺激,类别1B;严重眼损伤/眼刺激,类别1;特异性靶器官毒性—单次接触,类别3(呼吸道刺激)。		

序号	1797	品名	2,4,4-三甲基-1-戊烯	商品编码	2901.2990
别名			双异丁烯	CAS号	107-39-1
英文名			2,4,4-trimethyl-1-pentene		
分子式			C_8H_{16}		
外观与性状			无色、有特殊臭味的液体。		
主要用途			用作制取合成橡胶增粘剂、各种表面活性剂、酚树脂和环氧树脂的改性剂、紫外线吸收剂、阻聚剂、聚氯乙烯稳定剂、增塑剂等,也用来生产对辛基酚、异壬基醇等有机合成中间体。		
危险特性			本品易燃。		
健康危害			本品有毒。		
防护措施			呼吸系统防护:佩戴防护面罩。 眼睛防护:必要时戴安全防护眼镜。 身体防护:穿防护服。 手防护:必要时戴防化学品手套。 其他防护:工作现场禁止吸烟。保持良好的卫生习惯。		
危险性类别			易燃液体,类别2;危害水生环境—急性危害,类别2;危害水生环境—长期危害,类别2。		

序号	1798	品名	2,4,4-三甲基-2-戊烯	商品编码	2901.2990
别　名			二异丁烯	CAS 号	107-40-4
英文名			2,4,4-trimethyl-2-pentene		
分子式			C_8H_{16}		
外观与性状			无色液体。		
主要用途			用作配制香料。		
危险特性			本品非常易燃。		
防护措施			呼吸系统防护：佩戴防护面罩。 眼睛防护：必要时戴安全防护眼镜。 身体防护：穿防护服。 手防护：必要时戴防化学品手套。 其他防护：工作现场禁止吸烟。保持良好的卫生习惯。		
危险性类别			易燃液体，类别2；特异性靶器官毒性—单次接触，类别3（麻醉效应）；吸入危害，类别1；危害水生环境—急性危害，类别2；危害水生环境—长期危害，类别2。		

序号	1799	品名	1,2,3-三甲基苯	商品编码	2902.9090
别　名			连三甲基苯	CAS 号	526-73-8
英文名			1,2,3-trimethylbenzene		
分子式			C_9H_{12}		
外观与性状			无色透明液体。		
主要用途			用于制备苯胺染料、醇酸树脂、聚酯树脂及连苯三甲酸等。		
危险特性			本品易燃，遇明火、高温、强氧化剂可燃；燃烧排放出刺激的烟雾。		
防护措施			呼吸系统防护：佩戴防护面罩。 眼睛防护：必要时戴安全防护眼镜。 身体防护：穿防护服。 手防护：必要时戴防化学品手套。 其他防护：工作现场禁止吸烟。保持良好的卫生习惯。		
危险性类别			易燃液体，类别3；特异性靶器官毒性—单次接触，类别3（呼吸道刺激）；危害水生环境—急性危害，类别2；危害水生环境—长期危害，类别2。		

序号	1800	品名	1,2,4-三甲基苯	商品编码	2902.9090
别　名			假枯烯	CAS 号	95-63-6
英文名			1,2,4-trimethylbenzene		
分子式			C_9H_{12}		
外观与性状			无色透明液体。		
主要用途			用于生产 PVC 塑料增塑剂、偏苯三酸三辛酯、粉末涂料、电机耐温绝缘漆等。		
危险特性			本品易燃，遇明火、高温、强氧化剂可燃；燃烧排放出刺激的烟雾。		
健康危害			本品有毒。		
防护措施			呼吸系统防护：佩戴防护面罩。 眼睛防护：必要时戴安全防护眼镜。 身体防护：穿防护服。 手防护：必要时戴防化学品手套。 其他防护：工作现场禁止吸烟。保持良好的卫生习惯。		
危险性类别			易燃液体，类别 3；皮肤腐蚀/刺激，类别 2；严重眼损伤/眼刺激，类别 2；特异性靶器官毒性—单次接触，类别 3（呼吸道刺激）；危害水生环境—急性危害，类别 2；危害水生环境—长期危害，类别 2。		

序号	1801	品名	1,3,5-三甲基苯	商品编码	2902.9090
别　名			均三甲苯	CAS 号	108-67-8
英文名			Mesitylene		
分子式			C_9H_{12}		
外观与性状			无色透明液体，不溶于水，溶于乙醇，能以任意比例溶于苯、乙醚、丙酮。		
主要用途			有机合成原料，用于制取均苯三甲酸，以及抗氧化剂、环氧树脂固化剂、聚酯树脂稳定剂、醇酸树脂增塑剂，制取 2,4,6-三甲苯胺用于生产活性艳蓝、K-3R 等染料。		
危险特性			本品易燃，遇明火、高温、氧化剂较易燃；燃烧产生刺激烟雾。		
健康危害			本品毒性低。		
防护措施			呼吸系统防护：佩戴防护面罩。 眼睛防护：必要时戴安全防护眼镜。 身体防护：穿防护服。 手防护：必要时戴防化学品手套。 其他防护：工作现场禁止吸烟。保持良好的卫生习惯。		
危险性类别			易燃液体，类别 3；特异性靶器官毒性—单次接触，类别 3（呼吸道刺激）；危害水生环境—急性危害，类别 2；危害水生环境—长期危害，类别 2。		

序号	1802	品名	2,2,3-三甲基丁烷	商品编码	2901.1000
别　名			特利坦	CAS 号	464-06-2
英文名			2,2,3-trimethylbutane		
分子式			C_7H_{16}		
外观与性状			无色液体，有刺激性气味。		
主要用途			用作高辛烷值航空燃料油添加剂，也用于有机合成。		
危险特性			本品对环境可能有危害，对火体应给予特别注意。		
防护措施			呼吸系统防护：佩戴防护面罩。 眼睛防护：必要时戴安全防护眼镜。 身体防护：穿防护服。 手防护：必要时戴防化学品手套。 其他防护：工作现场禁止吸烟。保持良好的卫生习惯。		
危险性类别			易燃液体，类别 2；皮肤腐蚀/刺激，类别 2；特异性靶器官毒性—单次接触，类别 3（麻醉效应）；吸入危害，类别 1；危害水生环境—急性危害，类别 1；危害水生环境—长期危害，类别 1。		

序号	1803	品名	三甲基环己胺	商品编码	2921.3000
别　名			3,3,5-三甲基环乙胺	CAS 号	15901-42-5
英文名			3,3,5-trimethylcyclohexylamine		
分子式			$C_9H_{19}N$		
外观与性状			无色液体。		
主要用途			主要用作环氧树脂的固化剂。		
危险特性			危险类别码　10-34		
防护措施			呼吸系统防护：佩戴防护面罩。 眼睛防护：必要时戴安全防护眼镜。 身体防护：穿防护服。 手防护：必要时戴防化学品手套。 其他防护：工作现场禁止吸烟。保持良好的卫生习惯。		
危险性类别			皮肤腐蚀/刺激，类别 1；严重眼损伤/眼刺激，类别 1。		

序号	1804	品名	3,3,5-三甲基己撑二胺	商品编码	2921.2900
别　名			3,3,5-三甲基六亚甲基二胺	CAS 号	25620-58-0；25513-64-8
英文名			1,6-diamino-2,2,4(2,4,4)-trimethylhexane		
分子式			$C_{18}H_{44}N_4$		
防护措施			呼吸系统防护：佩戴防护面罩。 眼睛防护：必要时戴安全防护眼镜。 身体防护：穿防护服。 手防护：必要时戴防化学品手套。 其他防护：工作现场禁止吸烟。保持良好的卫生习惯。		
危险性类别			皮肤致敏物，类别 1；皮肤腐蚀/刺激，类别 1；严重眼损伤/眼刺激，类别 1；危害水生环境—长期危害，类别 3。		

序号	1805	品名	三甲基己基二异氰酸酯	商品编码	2929.1090
别　名			二异氰酸三甲基六亚甲基酯	CAS 号	
防护措施			呼吸系统防护：佩戴防护面罩。 眼睛防护：必要时戴安全防护眼镜。 身体防护：穿防护服。 手防护：必要时戴防化学品手套。 其他防护：工作现场禁止吸烟。保持良好的卫生习惯。		
危险性类别			急性毒性—吸入，类别 2；皮肤腐蚀/刺激，类别 2；严重眼损伤/眼刺激，类别 2。		

序号	1806	品名	2,2,4-三甲基己烷	商品编码	2901.1000
别　名			异壬烷	CAS 号	16747-26-5
英文名			2,2,4-trimethylhexane		
分子式			C_9H_{20}		
危险特性			本品易燃。		
防护措施			呼吸系统防护：佩戴防护面罩。 眼睛防护：必要时戴安全防护眼镜。 身体防护：穿防护服。 手防护：必要时戴防化学品手套。 其他防护：工作现场禁止吸烟。保持良好的卫生习惯。		
危险性类别			易燃液体，类别 2；危害水生环境—急性危害，类别 1；危害水生环境—长期危害，类别 1。		

序号	1807	品名	2,2,5-三甲基己烷	商品编码	2901.1000
别　名			异壬烷	CAS 号	3522-94-9
英文名			2,2,5-trimethylhexane		
分子式			C_9H_{20}		
外观与性状			液体。		
危险特性			本品易燃。		
防护措施			呼吸系统防护：佩戴防护面罩。 眼睛防护：必要时戴安全防护眼镜。 身体防护：穿防护服。 手防护：必要时戴防化学品手套。 其他防护：工作现场禁止吸烟。保持良好的卫生习惯。		
危险性类别			易燃液体，类别 2；危害水生环境—急性危害，类别 1；危害水生环境—长期危害，类别 1。		

序号	1808	品名	三甲基铝	商品编码	2931.9000
别　名				CAS 号	75-24-1
英文名			Trimethylaluminium		
分子式			C_3H_9Al		
外观与性状			在常温常压下三甲基铝为无色透明液体。		
主要用途			用作烯烃聚合催化剂、引火燃料，也用于制取直链伯醇和烯烃等，可用于金属有机化合物气相沉积。		
危险特性			本品遇空气、氯气、氧化剂、高温能自燃，放出有毒的铝化物气体。		
健康危害			本品有毒。		
防护措施			呼吸系统防护：佩戴防护面罩。 眼睛防护：必要时戴安全防护眼镜。 身体防护：穿防护服。 手防护：必要时戴防化学品手套。 其他防护：工作现场禁止吸烟。保持良好的卫生习惯。		
危险性类别			自燃液体，类别 1；遇水放出易燃气体的物质和混合物，类别 1。		

序号	1809	品名	三甲基氯硅烷	商品编码	2931.9000
别 名			三甲基一氯硅烷	CAS 号	75-77-4
英文名			Chlorotrimethylsilane		
分子式			C_3H_9ClSi		
外观与性状			无色易挥发、易燃液体。		
主要用途			主要用作生产有机硅聚合物及其他产品的中间体，还用作高分子化合物封头剂、干燥剂、脱水剂、高温黏合剂及树脂的原料。在医药生产中用于头孢菌素 I、头孢菌素 V 的合成。		
危险特性			本品遇明火、高温、氧化剂易燃；遇水或高温产生有毒的氯化物烟雾。		
防护措施			呼吸系统防护：佩戴防护面罩。 眼睛防护：必要时戴安全防护眼镜。 身体防护：穿防护服。 手防护：必要时戴防化学品手套。 其他防护：工作现场禁止吸烟。保持良好的卫生习惯。		
危险性类别			易燃液体，类别 2；急性毒性—经口，类别 3；急性毒性—吸入，类别 3；皮肤腐蚀/刺激，类别 1；严重眼损伤/眼刺激，类别 1；特异性靶器官毒性—单次接触，类别 2。		

序号	1810	品名	三甲基硼	商品编码	2931.9000
别 名			甲基硼	CAS 号	593-90-8
英文名			Trimethylboron		
分子式			C_3H_9B		
外观与性状			无色气体。		
主要用途			用于有机合成。		
危险特性			本品易燃、易爆。		
健康危害			本品能使人烧伤。		
防护措施			呼吸系统防护：佩戴防护面罩。 眼睛防护：必要时戴安全防护眼镜。 身体防护：穿防护服。 手防护：必要时戴防化学品手套。 其他防护：工作现场禁止吸烟。保持良好的卫生习惯。		
危险性类别			易燃气体，类别 1；加压气体。		

序号	1811	品名	2,4,4-三甲基戊基-2-过氧化苯氧基乙酸酯(在溶液中,含量≤37%)	商品编码	2918.9900
别名			2,4,4-三甲基戊基-2-过氧化苯氧基醋酸酯	CAS号	59382-51-3
英文名			2,4,4-trimethyl pentyl-2-peroxy phenoxy acetate(in solution,content≤37%)		
分子式			$C_{16}H_{24}O_4$		
防护措施			呼吸系统防护:佩戴防护面罩。 眼睛防护:必要时戴安全防护眼镜。 身体防护:穿防护服。 手防护:必要时戴防化学品手套。 其他防护:工作现场禁止吸烟。保持良好的卫生习惯。		
危险性类别			有机过氧化物,D型。		

序号	1812	品名	2,2,3-三甲基戊烷	商品编码	2901.1000
别名				CAS号	564-02-3
英文名			2,2,3-trimethylpentane		
分子式			C_8H_{18}		
外观与性状			无色液体。		
主要用途			用作溶剂。		
危险特性			本品易燃,其蒸气与空气混合,能形成爆炸性混合物。		
健康危害			本品低毒,具有刺激作用,可能有麻醉作用。		
防护措施			呼吸系统防护:佩戴防护面罩。 眼睛防护:必要时戴安全防护眼镜。 身体防护:穿防护服。 手防护:必要时戴防化学品手套。 其他防护:工作现场禁止吸烟。保持良好的卫生习惯。		
危险性类别			易燃液体,类别2;皮肤腐蚀/刺激,类别2;特异性靶器官毒性—单次接触,类别3(麻醉效应);吸入危害,类别1;危害水生环境—急性危害,类别1;危害水生环境—长期危害,类别1。		

序号	1813	品名	2,2,4-三甲基戊烷	商品编码	2901.1000
别　名			异辛烷	CAS 号	540-84-1
英文名			2,2,4-trimethylpentane		
分子式			C_8H_{18}		
外观与性状			液体。		
主要用途			本品是验定汽油抗爆性能的标准物质。异辛烷和庚烷的辛烷值分别规定为 100 和 0。汽油样品在单缸发动机内，在规定的测验试条件下，其抗爆性能如相当于某一组成的异辛烷-庚烷混合物，则样品的辛烷值等于标准燃料中异异烷的体积百分数。抗爆性能好的汽油辛烷值高。		
危险特性			本品低毒，易燃。		
健康危害			本品能刺激皮肤；其蒸气可能导致嗜睡和昏厥；若吞咽可能伤害肺部器官。		
防护措施			呼吸系统防护：佩戴防护面罩。 眼睛防护：必要时戴安全防护眼镜。 身体防护：穿防护服。 手防护：必要时戴防化学品手套。 其他防护：工作现场禁止吸烟。保持良好的卫生习惯。		
危险性类别			易燃液体，类别 2；皮肤腐蚀/刺激，类别 2；特异性靶器官毒性—单次接触，类别 3（麻醉效应）；吸入危害，类别 1；危害水生环境—急性危害，类别 1；危害水生环境—长期危害，类别 1。		

序号	1814	品名	2,3,4-三甲基戊烷	商品编码	2901.1000
别　名			2,3,4-三甲基戊烷;2,3,4-三甲基戊烷,99%	CAS 号	565-75-3
英文名			2,3,4-trimethylpentane		
分子式			C_8H_{18}		
外观与性状			液体。		
主要用途			用于清洗模具。		
危险特性			本品可燃；与空气混合，遇热、明火可爆。		
防护措施			呼吸系统防护：佩戴防护面罩。 眼睛防护：必要时戴安全防护眼镜。 身体防护：穿防护服。 手防护：必要时戴防化学品手套。 其他防护：工作现场禁止吸烟。保持良好的卫生习惯。		
危险性类别			易燃液体，类别 2；皮肤腐蚀/刺激，类别 2；特异性靶器官毒性—单次接触，类别 3（麻醉效应）；吸入危害，类别 1；危害水生环境—急性危害，类别 1；危害水生环境—长期危害，类别 1。		

序号	1815	品名	三甲基乙酰氯	商品编码	2915.9000
别　名			三甲基氯乙酰;新戊酰氯	CAS 号	3282-30-2
英文名			Pivaloyl chloride		
分子式			C_5H_9ClO		
外观与性状			无色液体。		
主要用途			是一种重要的酰化试剂,主要作用是作为医药中间体,例如,用于生产羟氨苄青霉素、头孢氨苄、头孢唑啉和双特戊酰肾上腺素等药物。		
危险特性			本品可燃;遇水放出有毒的氯化氢气体。		
防护措施			呼吸系统防护:佩戴防护面罩。 眼睛防护:必要时戴安全防护眼镜。 身体防护:穿防护服。 手防护:必要时戴防化学品手套。 其他防护:工作现场禁止吸烟。保持良好的卫生习惯。		
危险性类别			易燃液体,类别 2;急性毒性—吸入,类别 2;皮肤腐蚀/刺激,类别 1B;严重眼损伤/眼刺激,类别 1;特异性靶器官毒性—单次接触,类别 1。		

序号	1816	品名	三甲基乙氧基硅烷	商品编码	2931.9000
别　名			乙氧基三甲基硅烷	CAS 号	1825-62-3
英文名			Ethoxytrimethylsilane		
分子式			$C_5H_{14}OSi$		
外观与性状			无色透明液体。		
主要用途			用于硅有机化合物的合成,也用作憎水剂。		
危险特性			本品非常易燃。		
健康危害			本品对眼睛、呼吸道和皮肤有刺激作用。		
防护措施			呼吸系统防护:佩戴防护面罩。 眼睛防护:必要时戴安全防护眼镜。 身体防护:穿防护服。 手防护:必要时戴防化学品手套。 其他防护:工作现场禁止吸烟。保持良好的卫生习惯。		
危险性类别			易燃液体,类别 2;严重眼损伤/眼刺激,类别 2。		

序号	1817	品名	三聚丙烯	商品编码	2901.2990
别 名			三丙烯	CAS 号	13987-01-4
英文名			Tripropylene		
分子式			C_9H_{18}		
防护措施			呼吸系统防护：佩戴防护面罩。 眼睛防护：必要时戴安全防护眼镜。 身体防护：穿防护服。 手防护：必要时戴防化学品手套。 其他防护：工作现场禁止吸烟。保持良好的卫生习惯。		
危险性类别			易燃液体，类别 2。		

序号	1818	品名	三聚甲醛	商品编码	2912.5000
别 名			三氧杂环己烷;三聚蚁醛;对称三噁烷	CAS 号	110-88-3
英文名			S-trioxane		
分子式			$C_3H_6O_3$		
外观与性状			白色结晶。		
主要用途			用作工程塑料聚甲醛及其他化学品的中间体，并用作消毒剂等。		
危险特性			本品是较易燃固体与氧化剂混合、明火可爆。		
防护措施			呼吸系统防护：佩戴防护面罩。 眼睛防护：必要时戴安全防护眼镜。 身体防护：穿防护服。 手防护：必要时戴防化学品手套。 其他防护：工作现场禁止吸烟。保持良好的卫生习惯。		
危险性类别			易燃固体，类别 1；生殖毒性，类别 2；特异性靶器官毒性——单次接触，类别 3（呼吸道刺激）。		

序号	1819	品名	三聚氰酸三烯丙酯	商品编码	2933.6990
别　名			1,3,5-三烯丙基氰尿醚;2-(2'-噻唑偶氮)-4-甲酚;促进剂 TAC;三聚氰酸三丙烯酯;2,4,6-三(烯丙氧基)均三嗪;	CAS号	101-37-1
英文名			2,4,6-triallyloxy-1,3,5-triazi		
分子式			$C_{12}H_{15}N_3O_3$		
外观与性状			无色透明液体或白色晶体。		
主要用途			用作高度饱和橡胶的硫化剂、不饱和聚酯的固化剂,还可在聚烯烃辐射交联中作光敏剂。		
危险特性			本品对水生生物有毒,可能导致对水生环境的长期不良影响。		
健康危害			本品吞咽有害。		
防护措施			呼吸系统防护:佩戴防护面罩。 眼睛防护:必要时戴安全防护眼镜。 身体防护:穿防护服。 手防护:必要时戴防化学品手套。 其他防护:工作现场禁止吸烟。保持良好的卫生习惯。		
危险性类别			特异性靶器官毒性—单次接触,类别2;特异性靶器官毒性—反复接触,类别2;危害水生环境—急性危害,类别2;危害水生环境—长期危害,类别2。		

序号	1820	品名	三聚乙醛	商品编码	2912.5000
别　名			仲乙醛;三聚醋醛	CAS号	123-63-7
英文名			Paraldehyde		
分子式			$C_6H_{12}O_3$		
外观与性状			无色流动性的液体。		
主要用途			用于农药、香料、医药、涂料工业领域。		
危险特性			本品易燃,遇明火有引起燃烧的危险;受高热分解释放出有毒的气体;与氧化剂接触会猛烈反应。		
防护措施			呼吸系统防护:佩戴防护面罩。 眼睛防护:必要时戴安全防护眼镜。 身体防护:穿防护服。 手防护:必要时戴防化学品手套。 其他防护:工作现场禁止吸烟。保持良好的卫生习惯。		
危险性类别			易燃液体,类别3。		

序号	1821	品名	三聚异丁烯	商品编码	2901.2990
别　名			三异丁烯	CAS 号	7756-94-7
英文名			Triisobutylene		
分子式			$C_{12}H_{24}$		
防护措施			呼吸系统防护：佩戴防护面罩。 眼睛防护：必要时戴安全防护眼镜。 身体防护：穿防护服。 手防护：必要时戴防化学品手套。 其他防护：工作现场禁止吸烟。保持良好的卫生习惯。		
危险性类别			易燃液体，类别3。		

序号	1822	品名	三硫化二磷	商品编码	2813.9000
别　名			三硫化磷	CAS 号	12165-69-4
英文名			Phosphorus trisulfide		
分子式			PS_3		
外观与性状			黄色或淡黄色结晶或粉末。		
主要用途			用作化学试剂。		
危险特性			本品易燃。		
防护措施			呼吸系统防护：佩戴防护面罩。 眼睛防护：必要时戴安全防护眼镜。 身体防护：穿防护服。 手防护：必要时戴防化学品手套。 其他防护：工作现场禁止吸烟。保持良好的卫生习惯。		
危险性类别			易燃固体，类别1；危害水生环境—急性危害，类别1。		

序号	1823	品名	三硫化二锑	商品编码	2830.9020
别　名			硫化亚锑	CAS 号	1345-04-6
英文名			Antimony(III) sulfide		
分子式			S_3Sb_2		
外观与性状			黄红色无定型粉末。		
主要用途			主要用于生产安全火柴、鞭炮、军火和在橡胶工业中作为硬化剂或颜料。		
危险特性			本品高毒。		
健康危害			本品对眼睛、呼吸道和皮肤有刺激作用。		
防护措施			呼吸系统防护：佩戴防护面罩。 眼睛防护：必要时戴安全防护眼镜。 身体防护：穿防护服。 手防护：必要时戴防化学品手套。 其他防护：工作现场禁止吸烟。保持良好的卫生习惯。		
危险性类别			严重眼损伤/眼刺激，类别2A；特异性靶器官毒性—反复接触，类别1；危害水生环境—急性危害，类别2；危害水生环境—长期危害，类别2。		

序号	1824	品名	三硫化四磷	商品编码	2813.9000
别　名			硫化磷	CAS 号	1314-85-8
英文名			Phosphorus sesquisulfide		
分子式			P_4S_3		
外观与性状			黄绿色针状结晶。		
主要用途			用于制造火柴、烟火等。		
危险特性			本品遇明火、高温、氧化剂易燃；燃烧产生有毒的硫氧化物和磷氧化物烟雾；与氧化剂混合可爆；震动、撞击可爆。		
健康危害			本品高毒。		
防护措施			呼吸系统防护：佩戴防护面罩。 眼睛防护：必要时戴安全防护眼镜。 身体防护：穿防护服。 手防护：必要时戴防化学品手套。 其他防护：工作现场禁止吸烟。保持良好的卫生习惯。		
危险性类别			易燃固体，类别2；遇水放出易燃气体的物质和混合物，类别1；危害水生环境—急性危害，类别1。		

序号	1825	品名	1,1,2-三氯-1,2,2-三氟乙烷	商品编码	2903.7720
别名			R113；CFC-113；1,2,2-三氯三氟乙烷	CAS 号	76-13-1
英文名			1,1,2-trichlorotrifluoroethane		
分子式			$C_2Cl_3F_3$		
外观与性状			无色、无味、透明、易挥发液体。		
主要用途			用作制冷剂、发泡剂、萃取剂及溶剂等。		
健康危害			本品对水生生物有害，可能导致对水生环境的长期不良影响。		
防护措施			呼吸系统防护：佩戴防护面罩。 眼睛防护：必要时戴安全防护眼镜。 身体防护：穿防护服。 手防护：必要时戴防化学品手套。 其他防护：工作现场禁止吸烟。保持良好的卫生习惯。		
危险性类别			特异性靶器官毒性—单次接触，类别3（呼吸道刺激、麻醉效应）；特异性靶器官毒性—反复接触，类别1；危害水生环境—急性危害，类别2；危害水生环境—长期危害，类别2；危害臭氧层，类别1。		

序号	1826	品名	2,4,5-三氯苯胺	商品编码	2921.4200
别名			1-氨基-2,4,5-三氯苯	CAS 号	636-30-6
英文名			2,4,5-trichloroaniline		
分子式			$C_6H_4Cl_3N$		
外观与性状			淡黄色针状结晶。		
主要用途			主要用作分散染料中间体。		
危险特性			本品有毒。		
健康危害			吸入、皮肤接触和不慎吞咽本品有毒；对水生生物极毒，可能导致对水生环境的长期不良影响。		
防护措施			呼吸系统防护：佩戴防护面罩。 眼睛防护：必要时戴安全防护眼镜。 身体防护：穿防护服。 手防护：必要时戴防化学品手套。 其他防护：工作现场禁止吸烟。保持良好的卫生习惯。		
危险性类别			急性毒性—经口，类别3；急性毒性—经皮肤，类别3；急性毒性—吸入，类别3；特异性靶器官毒性—反复接触，类别2；危害水生环境—急性危害，类别1；危害水生环境—长期危害，类别1。		

序号	1827	品名	2,3,4-三氯-1-丁烯	商品编码	2903.2990
别 名			三氯丁烯	CAS 号	2431-50-7
英文名			Trichlorobutene		
分子式			$C_4H_5Cl_3$		
防护措施			呼吸系统防护：佩戴防护面罩。 眼睛防护：必要时戴安全防护眼镜。 身体防护：穿防护服。 手防护：必要时戴防化学品手套。 其他防护：工作现场禁止吸烟。保持良好的卫生习惯。		
危险性类别			急性毒性—吸入，类别3*；皮肤腐蚀/刺激，类别2；严重眼损伤/眼刺激，类别2；特异性靶器官毒性—单次接触，类别3（呼吸道刺激）；危害水生环境—急性危害，类别1；危害水生环境—长期危害，类别1。		

序号	1828	品名	1,1,1-三氯-2,2-双(4-氯苯基)乙烷	商品编码	2903.9200
别 名			滴滴涕	CAS 号	50-29-3
英文名			4,4'-ddt		
分子式			$C_{14}H_9Cl_5$		
外观与性状			无色针状结晶。		
主要用途			DDT 曾是广泛使用的杀虫剂之一，具有胃毒和触杀作用，可加工成粉剂、乳剂或油剂使用。我国以前主要用于防治棉蕾铃期害虫、果树食心虫、农田作物黏虫、蔬菜菜青虫等；也用于环境卫生，防治蚊、蝇、臭虫等。DDT 的一些工业用途，包括以它为原料的农药，需要以 DDT 作为中间体，例如，三氯杀螨醇。		
健康危害			DDT 不易被降解成无毒物质，使用中易造成积累从而污染环境。残留于植物中的 DDT，可通过"食物链"或其他途径进入人和动物体内，沉积中毒，影响人体健康，目前已禁止使用。		
防护措施			呼吸系统防护：佩戴防护面罩。 眼睛防护：必要时戴安全防护眼镜。 身体防护：穿防护服。 手防护：必要时戴防化学品手套。 其他防护：工作现场禁止吸烟。保持良好的卫生习惯。		
危险性类别			急性毒性—经口，类别3*；致癌性，类别2；特异性靶器官毒性—反复接触，类别1；危害水生环境—急性危害，类别1；危害水生环境—长期危害，类别1。		

序号	1829	品名	2,4,6-三氯苯胺	商品编码	2921.4200
别　名			1-氨基-2,4,6-三氯苯	CAS 号	634-93-5
英文名			2,4,6-trichloroaniline		
分子式			$C_6H_4Cl_3N$		
主要用途			用作偶氮染料、杀虫剂、杀菌剂、除草剂和照相用碱性品红偶联剂的原料。		
危险特性			本品是有毒物质。		
健康危害			吸入、皮肤接触和不慎吞咽本品有毒；对水生生物极毒，可能导致对水生环境的长期不良影响。		
防护措施			呼吸系统防护：佩戴防护面罩。 眼睛防护：必要时戴安全防护眼镜。 身体防护：穿防护服。 手防护：必要时戴防化学品手套。 其他防护：工作现场禁止吸烟。保持良好的卫生习惯。		
危险性类别			危害水生环境—急性危害，类别 1；危害水生环境—长期危害，类别 1。		

序号	1830	品名	2,4,5-三氯苯酚	商品编码	2908.1990
别　名			2,4,5-三氯酚	CAS 号	95-95-4
英文名			2,4,5-trichlorophenol		
分子式			$C_6H_3Cl_3O$		
外观与性状			针状结晶，具有酚味。		
主要用途			可用于制备多种除草剂、杀虫剂、杀菌剂；作为抗菌和防腐剂，广泛用于制备黏合剂、橡胶制品及纺织工业的防腐乳液。它本身可用作消毒剂；它的钠盐也是杀菌剂和防腐剂，用于制造业和皮革工业；在医药上用于合成氯丙炔碘、灭菌酚等。		
危险特性			本品有毒。		
健康危害			吸入、皮肤接触和不慎吞咽本品有毒；对水生生物极毒，可能导致对水生环境的长期不良影响。		
防护措施			呼吸系统防护：佩戴防护面罩。 眼睛防护：必要时戴安全防护眼镜。 身体防护：穿防护服。 手防护：必要时戴防化学品手套。 其他防护：工作现场禁止吸烟。保持良好的卫生习惯。		
危险性类别			皮肤腐蚀/刺激，类别 2；严重眼损伤/眼刺激，类别 2；危害水生环境—急性危害，类别 1；危害水生环境—长期危害，类别 1。		

序号	1831	品名	2,4,6-三氯苯酚	商品编码	2908.1990
别　名			2,4,6-三氯酚	CAS 号	88-06-2
英文名			2,4,6-trichlorophenol		
分子式			$C_6H_3Cl_3O$		
外观与性状			淡黄色片状结晶，有强烈苯酚气味。		
主要用途			主要用于杀菌剂、保鲜剂咪鲜胺的主要原料。		
危险特性			本品有毒。		
健康危害			吸入、皮肤接触和不慎吞咽本品有毒；对水生生物极毒，可能导致对水生环境的长期不良影响。		
防护措施			呼吸系统防护：佩戴防护面罩。 眼睛防护：必要时戴安全防护眼镜。 身体防护：穿防护服。 手防护：必要时戴防化学品手套。 其他防护：工作现场禁止吸烟。保持良好的卫生习惯。		
危险性类别			皮肤腐蚀/刺激，类别2；严重眼损伤/眼刺激，类别2；危害水生环境—急性危害，类别1；危害水生环境—长期危害，类别1。		

序号	1832	品名	2-(2,4,5-三氯苯氧基)丙酸	商品编码	2918.9900
别　名			2,4,5-涕丙酸	CAS 号	93-72-1
英文名			2-(2,4,5-trichlorophenoxy)propionic acid		
分子式			$C_9H_6Cl_3O_3$		
外观与性状			无色结晶粉末。		
主要用途			用作农药。		
危险特性			本品高毒。		
健康危害			本品吞咽有害。		
防护措施			呼吸系统防护：佩戴防护面罩。 眼睛防护：必要时戴安全防护眼镜。 身体防护：穿防护服。 手防护：必要时戴防化学品手套。 其他防护：工作现场禁止吸烟。保持良好的卫生习惯。		
危险性类别			皮肤腐蚀/刺激，类别2；危害水生环境—急性危害，类别1；危害水生环境—长期危害，类别1。		

序号	1833	品名	2,4,5-三氯苯氧乙酸	商品编码	2918.9100
别名			2,4,5-涕	CAS号	93-76-5
英文名			2,4,5-trichlorophenoxyacetic acid		
分子式			$C_8H_5Cl_3O_3$		
外观与性状			白色晶体粉末。		
主要用途			用作农药。		
危险特性			本品高毒。		
健康危害			本品对眼睛、呼吸道和皮肤有刺激作用;对水生生物极毒,可能导致对水生环境的长期不良影响。		
防护措施			呼吸系统防护:佩戴防护面罩。 眼睛防护:必要时戴安全防护眼镜。 身体防护:穿防护服。 手防护:必要时戴防化学品手套。 其他防护:工作现场禁止吸烟。保持良好的卫生习惯。		
危险性类别			皮肤腐蚀/刺激,类别2;严重眼损伤/眼刺激,类别2;特异性靶器官毒性—单次接触,类别3(呼吸道刺激);危害水生环境—急性危害,类别1;危害水生环境—长期危害,类别1。		

序号	1834	品名	1,2,3-三氯丙烷	商品编码	2903.1990
别名			三氯丙烷	CAS号	96-18-4
英文名			1,2,3-trichloropropane		
分子式			$C_3H_5Cl_3$		
外观与性状			无色易燃液体。		
主要用途			可用于制备甘油、三氯丙烯、丙炔醇、三乙酸甘油酯、四氯丙烯、2-氯丙胺、多氯丙烷、2,4-二甲基-3-乙酰基呋喃;是生产农药原料,可用于生产农药矮壮素和燕麦敌;是一种较好的溶剂,清除金属表面涂料及油漆,亦用作油脂、蜡、树脂及氯化橡胶的溶剂;与碱金属多硫化物、双二氯乙烯基缩甲醛缩聚生成ST型聚硫橡胶。		
危险特性			本品是有毒的易燃液体。		
健康危害			本品可能致癌;可能降低生殖能力;吸入、皮肤接触和不慎吞咽有害。		
防护措施			呼吸系统防护:佩戴防护面罩。 眼睛防护:必要时戴安全防护眼镜。 身体防护:穿防护服。 手防护:必要时戴防化学品手套。 其他防护:工作现场禁止吸烟。保持良好的卫生习惯。		
危险性类别			致癌性,类别1B;生殖毒性,类别1B;危害水生环境—长期危害,类别3。		

序号	1835	品名	1,2,3-三氯代苯	商品编码	2903.9990
别 名			连三氯苯；三氯代苯；连位三氯苯	CAS 号	87-61-6
英文名			1,2,3-trichlorobenzene		
分子式			$C_6H_3Cl_3$		
外观与性状			板状结晶（酒精中）。		
主要用途			主要用于制取均苯四甲酸二酐，也用于生产聚酰亚胺树脂、染料、增塑剂、表面活性剂等。		
危险特性			本品是有害物质。		
健康危害			本品吞咽有害，能刺激皮肤。		
防护措施			呼吸系统防护：佩戴防护面罩。 眼睛防护：必要时戴安全防护眼镜。 身体防护：穿防护服。 手防护：必要时戴防化学品手套。 其他防护：工作现场禁止吸烟。保持良好的卫生习惯。		
危险性类别			严重眼损伤/眼刺激，类别 2B；特异性靶器官毒性—单次接触，类别 2；特异性靶器官毒性—单次接触，类别 3（呼吸道刺激）；特异性靶器官毒性—反复接触，类别 2；危害水生环境—急性危害，类别 1；危害水生环境—长期危害，类别 1。		

序号	1836	品名	1,2,4-三氯代苯	商品编码	2903.9990
别 名			1,2,4-三氯苯；三氯苯；1,2,4 -三氯苯；1,2,4-三氯(代)苯；不对称 三氯化苯；偏三氯苯；1,2,4-三氯苯 070-01（6）；三氯化苯(不对称)	CAS 号	120-82-1
英文名			1,2,4-trichlorobenzene		
分子式			$C_6H_3Cl_3$		
外观与性状			无色菱形结晶。		
主要用途			是合成杀螨剂三氯杀螨砜和除草剂麦草畏的中间体；还可用作医药、染料的原料，以及制备四氯苯和多氯酚的原料；也是用途很广的高沸点溶剂和变压器内电阻液的原料。		
危险特性			本品是有害物质。		
健康危害			本品吞咽有害，能刺激皮肤。		
防护措施			呼吸系统防护：佩戴防护面罩。 眼睛防护：必要时戴安全防护眼镜。 身体防护：穿防护服。 手防护：必要时戴防化学品手套。 其他防护：工作现场禁止吸烟。保持良好的卫生习惯。		
危险性类别			皮肤腐蚀/刺激，类别 2；危害水生环境—急性危害，类别 1；危害水生环境—长期危害，类别 1。		

序号	1837	品名	1,3,5-三氯代苯	商品编码	2903.9990
别 名			对称三氯苯;均三氯苯;1,3,5-三氯苯	CAS 号	108-70-3
英文名			1,3,5-trichlorobenzene		
分子式			$C_6H_3Cl_3$		
外观与性状			长针状结晶。		
主要用途			可作为溶剂,用以制取农药、染料、医药、电解液、润滑油等。		
危险特性			本品是有害物质。		
健康危害			本品吞咽有害,能刺激皮肤。		
防护措施			呼吸系统防护:佩戴防护面罩。 眼睛防护:必要时戴安全防护眼镜。 身体防护:穿防护服。 手防护:必要时戴防化学品手套。 其他防护:工作现场禁止吸烟。保持良好的卫生习惯。		
危险性类别			严重眼损伤/眼刺激,类别2B;特异性靶器官毒性—单次接触,类别3(呼吸道刺激);特异性靶器官毒性—反复接触,类别2;危害水生环境—急性危害,类别1;危害水生环境—长期危害,类别1。		

序号	1838	品名	三氯硅烷	商品编码	2853.9090
别 名			三氯氢硅	CAS 号	10025-78-2
英文名			Trichlorosilane;silicochloroform		
分子式			HCl_3Si		
外观与性状			无色液体,极易挥发。		
主要用途			用作高分子有机硅化合物的原料。		
危险特性			本品极端易燃;遇水会猛烈反应;在空气中能够自燃;遇水释放出有毒气体。		
健康危害			吸入和不慎吞咽本品有害;具有腐蚀性;会导致严重灼伤。		
防护措施			呼吸系统防护:佩戴防护面罩。 眼睛防护:必要时戴安全防护眼镜。 身体防护:穿防护服。 手防护:必要时戴防化学品手套。 其他防护:工作现场禁止吸烟。保持良好的卫生习惯。		
危险性类别			自燃液体,类别1;皮肤腐蚀/刺激,类别1A;严重眼损伤/眼刺激,类别1;特异性靶器官毒性—单次接触,类别3(呼吸道刺激)。		

序号	1839	品名	三氯化碘	商品编码	2812.1900
别 名			六氯化二碘	CAS 号	865-44-1
英文名			Iodine trichloride		
分子式			ICl_3		
外观与性状			黄色或浅棕色结晶。		
主要用途			用作氯化剂及氧化剂,测定碘值及用作医药。		
健康危害			本品有毒,具有腐蚀性,会导致灼伤。		
防护措施			呼吸系统防护:佩戴防护面罩。 眼睛防护:必要时戴安全防护眼镜。 身体防护:穿防护服。 手防护:必要时戴防化学品手套。 其他防护:工作现场禁止吸烟。保持良好的卫生习惯。		
危险性类别			皮肤腐蚀/刺激,类别 1;严重眼损伤/眼刺激,类别 1。		

序号	1840	品名	三氯化钒	商品编码	2827.3990
别 名			氯化钒(Ⅲ)	CAS 号	7718-98-1
英文名			Vanadium(ⅲ) chloride		
分子式			Cl_3V		
外观与性状			紫色的六方系晶体,易潮解。		
健康危害			本品吞咽有害。		
防护措施			呼吸系统防护:佩戴防护面罩。 眼睛防护:必要时戴安全防护眼镜。 身体防护:穿防护服。 手防护:必要时戴防化学品手套。 其他防护:工作现场禁止吸烟。保持良好的卫生习惯。		
危险性类别			皮肤腐蚀/刺激,类别 1;严重眼损伤/眼刺激,类别 1。		

序号	1841	品名	三氯化磷	商品编码	2812.1300
别 名			氯化磷(III)	CAS 号	7719-12-2
英文名			Phosphorus trichloride		
分子式			PCl_3		
外观与性状			无色澄清发烟液体。		
主要用途			用于农药、医药、染料工业；作催化剂、磷的溶剂、氯化剂。		
危险特性			本品具有腐蚀性，遇水会猛烈反应。		
健康危害			吸入和不慎吞咽本品极毒，会导致严重灼伤。		
防护措施			呼吸系统防护：佩戴防护面罩。 眼睛防护：必要时戴安全防护眼镜。 身体防护：穿防护服。 手防护：必要时戴防化学品手套。 其他防护：工作现场禁止吸烟。保持良好的卫生习惯。		
危险性类别			急性毒性—经口，类别2*；急性毒性—吸入，类别2*；皮肤腐蚀/刺激，类别1A；严重眼损伤/眼刺激，类别1；特异性靶器官毒性—反复接触，类别2*。		

序号	1842	品名	三氯化铝(无水)、三氯化铝溶液	商品编码	2827.3200
别 名			氯化铝、氯化铝溶液	CAS 号	7446-70-0
英文名			Aluminium chloride		
分子式			$AlCl_3$		
外观与性状			无色或白色六方晶系结晶或粉末；无色或带黄色液体。		
主要用途			用作有机合成的催化剂、洗涤剂，并用于医药、农药、染料、香料、冶金、塑料、润滑油等行业。		
危险特性			本品具有腐蚀性。		
健康危害			本品溅落在皮肤上时，先应干拭除掉，然后用水冲洗，否则，会因接触水而剧烈灼烧皮肤。		
防护措施			呼吸系统防护：佩戴防护面罩。 眼睛防护：必要时戴安全防护眼镜。 身体防护：穿防护服。 手防护：必要时戴防化学品手套。 其他防护：工作现场禁止吸烟。保持良好的卫生习惯。		
危险性类别			皮肤腐蚀/刺激，类别1B；严重眼损伤/眼刺激，类别1；危害水生环境—急性危害，类别2。		

序号	1843	品名	三氯化钼	商品编码	2827.3990
别　　名				CAS 号	13478-18-7
英文名	Molybdenum trichloride				
分子式	$MoCl_3$				
外观与性状	暗红色结晶性粉末。				
防护措施	呼吸系统防护：佩戴防护面罩。 眼睛防护：必要时戴安全防护眼镜。 身体防护：穿防护服。 手防护：必要时戴防化学品手套。 其他防护：工作现场禁止吸烟。保持良好的卫生习惯。				
危险性类别	皮肤腐蚀/刺激，类别 1；严重眼损伤/眼刺激，类别 1。				

序号	1844	品名	三氯化硼	商品编码	2812.1900
别　　名	氯化硼			CAS 号	10294-34-5
英文名	Boron trichloride				
分子式	BCl_3				
外观与性状	无色发烟液体或气体。				
主要用途	主要用作半导体硅的掺杂源或有机合成催化剂，还用于高纯硼或有机硼的制取。				
危险特性	本品易燃，具有极高毒性，对环境有害；遇水发生剧烈反应，放出具有刺激性和腐蚀性的氯化氢气体。				
防护措施	呼吸系统防护：佩戴防护面罩。 眼睛防护：必要时戴安全防护眼镜。 身体防护：穿防护服。 手防护：必要时戴防化学品手套。 其他防护：工作现场禁止吸烟。保持良好的卫生习惯。				
危险性类别	加压气体；急性毒性—经口，类别 2*；急性毒性—吸入，类别 2*；皮肤腐蚀/刺激，类别 1B；严重眼损伤/眼刺激，类别 1。				

序号	1845	品名	三氯化三甲基二铝	商品编码	2931.9000
别　名			三氯化三甲基铝	CAS 号	12542-85-7
英文名			Trichlorotrimethyl dialuminum		
分子式			$C_3H_9Al_2Cl_3$		
外观与性状			无色液体。		
危险特性			本品在空气中会自燃；遇水、酸、氧化剂、碱和胺分解释放出易燃有毒的烃类、氯化物气体。		
防护措施			呼吸系统防护：佩戴防护面罩。 眼睛防护：必要时戴安全防护眼镜。 身体防护：穿防护服。 手防护：必要时戴防化学品手套。 其他防护：工作现场禁止吸烟。保持良好的卫生习惯。		
危险性类别			自燃液体，类别1；遇水放出易燃气体的物质和混合物，类别1。		

序号	1846	品名	三氯化三乙基二铝	商品编码	2931.9000
别　名			倍半乙基氯化铝	CAS 号	12075-68-2
英文名			Ethylaluminum sesquichloride		
分子式			$C_6H_{15}Al_2Cl_3$		
外观与性状			常温常压下为略带灰色的液体。		
主要用途			用作聚烯烃工业的催化剂，制造有机化合物的中间体。		
危险特性			本品遇水剧烈反应，并放出高度易燃气体，在空气中能自燃；具有腐蚀性，能引起烧伤。		
防护措施			呼吸系统防护：佩戴防护面罩。 眼睛防护：必要时戴安全防护眼镜。 身体防护：穿防护服。 手防护：必要时戴防化学品手套。 其他防护：工作现场禁止吸烟。保持良好的卫生习惯。		
危险性类别			自燃液体，类别1；遇水放出易燃气体的物质和混合物，类别1。		

序号	1847	品名	三氯化砷	商品编码	2812.1900
别　名			氯化亚砷	CAS 号	7784-34-1
英文名			Arsenic(III) chloride		
分子式			$AsCl_3$		
外观与性状			油状液体或针状结晶。		
主要用途			高纯品用作半导体；用作掺杂剂气体；用于合成含砷的氯衍生物；用于陶瓷工业。		
危险特性			本品遇水放出有毒的一氯氧化砷及氯化氢气体；可燃，燃烧产生有毒的氯化物和砷化物烟雾。		
防护措施			呼吸系统防护：佩戴防护面罩。 眼睛防护：必要时戴安全防护眼镜。 身体防护：穿防护服。 手防护：必要时戴防化学品手套。 其他防护：工作现场禁止吸烟。保持良好的卫生习惯。		
危险性类别			急性毒性—经口，类别 2；急性毒性—经皮肤，类别 2；皮肤腐蚀/刺激，类别 2；严重眼损伤/眼刺激，类别 2A；生殖细胞致突变性，类别 2；致癌性，类别 1A；生殖毒性，类别 2；特异性靶器官毒性—单次接触，类别 1；特异性靶器官毒性—反复接触，类别 1；危害水生环境—急性危害，类别 1；危害水生环境—长期危害，类别 1。		

序号	1848	品名	三氯化钛、三氯化钛溶液、三氯化钛混合物	商品编码	2827.3990
别　名			氯化亚钛	CAS 号	7705-7-9
英文名			Titanium trichloride		
分子式			$TiCl_3$		
外观与性状			深紫色结晶。		
主要用途			主要用作还原剂和 α 烯烃聚合的催化剂；还用于偶氮染料分析和比色测定钢、铁、钒等。		
危险特性			本品会自燃，具有强刺激性和强还原性，遇水与空气立即分解，生成氯化氢和钛的氧化物、氢氧化物和氯氧化物；干燥粉末在空气中流动能自燃；遇氧化剂、H 发孔剂可燃；遇氰化物放出有毒氰化氢气体；受热分解释放出有毒的氯化物烟雾。		
防护措施			呼吸系统防护：佩戴防护面罩。 眼睛防护：必要时戴安全防护眼镜。 身体防护：穿防护服。 手防护：必要时戴防化学品手套。 其他防护：工作现场禁止吸烟。保持良好的卫生习惯。		
危险性类别			自燃固体，类别 1；皮肤腐蚀/刺激，类别 1；严重眼损伤/眼刺激，类别 1。		

序号	1849	品名	三氯化锑	商品编码	2827.3990
别 名			氯化亚锑	CAS 号	10025-91-9
英文名			Antimony trichloride		
分子式			Cl_3Sb		
外观与性状			无色斜方晶系结晶,有 α、β、γ 三种形态。		
主要用途			制造色淀、印染工业的媒染剂、无机和有机氯化反应的催化剂、织物阻燃剂、维生素 A、D 的比色分析试剂,测定分子量、化学显微技术中的药物检定;可用来涂镀钢铁、使之青铜化;也用于医药、防腐剂和锑盐的制造。		
危险特性			本品具有腐蚀性,与铝、钠、钾反应强烈;遇 H 发孔剂可燃;遇氰化物放出有毒的氰化氢气体;受热产生有毒的氯化物和含锑化物烟雾;遇潮气生成腐蚀性氯化氢气体。		
防护措施			呼吸系统防护:佩戴防护面罩。 眼睛防护:必要时戴安全防护眼镜。 身体防护:穿防护服。 手防护:必要时戴防化学品手套。 其他防护:工作现场禁止吸烟。保持良好的卫生习惯。		
危险性类别			皮肤腐蚀/刺激,类别 1B;严重眼损伤/眼刺激,类别 1;特异性靶器官毒性—单次接触,类别 3(呼吸道刺激);危害水生环境—急性危害,类别 2;危害水生环境—长期危害,类别 2。		

序号	1850	品名	三氯化铁、三氯化铁溶液	商品编码	2827.3990
别 名			氯化铁	CAS 号	7705-08-0
英文名			Ferric chloride		
分子式			Cl_3Fe		
外观与性状			黑棕色六方晶系结晶。		
主要用途			主要用作饮水的净水剂和废水的处理净化沉淀剂;印染工业用作靛蓝染料染色时的氧化剂和印染媒染剂;有机合成二氯乙烷等生产的催化剂;银矿和铜矿的氯化浸提剂;照相和印刷制版的刻蚀剂;制造磷酸铁等铁盐、医药、颜料和墨水的原料;在建筑混凝土中渗入其溶液后能增加建筑物强度、抗腐蚀性和防止渗水;用于电子工业线路板及荧光数字筒生产;生产肥皂的废液回收甘油时的凝聚剂。		
危险特性			本品具有腐蚀性,高温分解释放出有毒的氯气。		
健康危害			本品粉尘能刺激黏膜,引起炎症。		
防护措施			呼吸系统防护:佩戴防护面罩。 眼睛防护:必要时戴安全防护眼镜。 身体防护:穿防护服。 手防护:必要时戴防化学品手套。 其他防护:工作现场禁止吸烟。保持良好的卫生习惯。		
危险性类别			皮肤腐蚀/刺激,类别 1;严重眼损伤/眼刺激,类别 1;特异性靶器官毒性—单次接触,类别 2;特异性靶器官毒性—单次接触,类别 3(呼吸道刺激)。		

序号	1851	品名	三氯甲苯	商品编码	2903.9990
别　名			三氯化苄;苯基三氯甲烷;α,α,α-三氯甲苯	CAS 号	98-07-7
英文名			Benzotrichloride		
分子式			$C_7H_5Cl_3$		
外观与性状			无色或淡黄色液体，具有特异的刺激臭味。		
主要用途			用作有机合成中间体，制造苯甲酸、氯化苯甲酰、三苯基甲烷染料、蒽醌染料和喹啉染料等，以及用于生产紫外线吸收剂，还用作分析化学试剂。		
危险特性			本品可燃；与空气混合可爆；遇水分解释放出有毒的氯化氢气体。		
健康危害			本品对皮肤，眼睛和黏膜有腐蚀作用。		
防护措施			呼吸系统防护：佩戴防护面罩。 眼睛防护：必要时戴安全防护眼镜。 身体防护：穿防护服。 手防护：必要时戴防化学品手套。 其他防护：工作现场禁止吸烟。保持良好的卫生习惯。		
危险性类别			急性毒性—吸入，类别3*；皮肤腐蚀/刺激，类别2；严重眼损伤/眼刺激，类别1；致癌性，类别1B；特异性靶器官毒性—单次接触，类别3（呼吸道刺激）。		

序号	1852	品名	三氯甲烷	商品编码	2903.1300
别　名			氯仿	CAS 号	67-66-3
英文名			Chloroform		
分子式			$CHCl_3$		
外观与性状			易挥发，有香气，略有甜味。		
主要用途			主要用于制造氟利昂22，医药上用作溶剂和麻醉剂，也可作为橡胶、树脂、油脂的溶剂。		
危险特性			本品与甲醇钠混合可爆炸；与钠，或钾混合冲击爆炸；遇明火、高热可燃；光照下能放出剧毒光气和有毒的氯化氢气体。		
健康危害			吸入、食入、经皮肤吸收本品均可中毒。		
防护措施			呼吸系统防护：佩戴防护面罩。 眼睛防护：必要时戴安全防护眼镜。 身体防护：穿防护服。 手防护：必要时戴防化学品手套。 其他防护：工作现场禁止吸烟。保持良好的卫生习惯。		
危险性类别			急性毒性—吸入，类别3；皮肤腐蚀/刺激，类别2；严重眼损伤/眼刺激，类别2；致癌性，类别2；生殖毒性，类别2；特异性靶器官毒性—反复接触，类别1。		

序号	1853	品名	三氯三氟丙酮	商品编码	2914.7900
别　名			1,1,3-三氯-1,3,3-三氟丙酮	CAS 号	79-52-7
英文名			1,1,3-trichlorotrifluoroacetone		
分子式			$C_3Cl_3F_3O$		
危险特性			本品遇明火可燃；燃烧产生有毒的氯化物和氟化物烟雾。		
防护措施			呼吸系统防护：佩戴防护面罩。 眼睛防护：必要时戴安全防护眼镜。 身体防护：穿防护服。 手防护：必要时戴防化学品手套。 其他防护：工作现场禁止吸烟。保持良好的卫生习惯。		
危险性类别			急性毒性—经口，类别 3；急性毒性—经皮肤，类别 3；急性毒性—吸入，类别 3。		

序号	1854	品名	三氯硝基甲烷	商品编码	2904.9100
别　名			氯化苦；硝基三氯甲烷	CAS 号	76-06-2
英文名			Nitrotrichloromethane		
分子式			CCl_3NO_2		
外观与性状			纯品为无色油状液体，有强烈刺激性臭味。		
主要用途			用于有机合成，用作杀虫剂。		
危险特性			本品可燃；遇酸分解释放出有毒的氮氧化物和氯化物气体；加热、摩擦可爆炸。		
防护措施			呼吸系统防护：佩戴防护面罩。 眼睛防护：必要时戴安全防护眼镜。 身体防护：穿防护服。 手防护：必要时戴防化学品手套。 其他防护：工作现场禁止吸烟。保持良好的卫生习惯。		
危险性类别			急性毒性—吸入，类别 2*；皮肤腐蚀/刺激，类别 2；严重眼损伤/眼刺激，类别 2；特异性靶器官毒性—单次接触，类别 3（呼吸道刺激）；危害水生环境—急性危害，类别 1。		

序号	1855	品名	1-三氯锌酸-4-二甲氨基重氮苯	商品编码	2927.0000
别　名				CAS 号	
防护措施			呼吸系统防护：佩戴防护面罩。 眼睛防护：必要时戴安全防护眼镜。 身体防护：穿防护服。 手防护：必要时戴防化学品手套。 其他防护：工作现场禁止吸烟。保持良好的卫生习惯。		
危险性类别			自反应物质和混合物，E 型。		

序号	1856	品名	1,2-O-[(1R)-2,2,2-三氯亚乙基]-α-D-呋喃葡糖	商品编码	2940.0090
别 名			α-氯醛糖,灭雀灵	CAS 号	15879-93-3
英文名			Alpha-chloralose		
分子式			$C_8H_{11}Cl_3O_6$		
外观与性状			白色晶体粉末。		
主要用途			针对实验室动物,用作麻醉剂。		
危险特性			本品高毒,可燃,燃烧产生有毒的氯化物气体。		
防护措施			呼吸系统防护:佩戴防护面罩。 眼睛防护:必要时戴安全防护眼镜。 身体防护:穿防护服。 手防护:必要时戴防化学品手套。 其他防护:工作现场禁止吸烟。保持良好的卫生习惯。		
危险性类别			急性毒性—经口,类别2。		

序号	1857	品名	三氯氧化钒	商品编码	2827.4990
别 名			三氯化氧钒	CAS 号	7727-18-6
英文名			Vanadium(v) trichloride oxide		
分子式			Cl_3OV		
外观与性状			黄色液体。		
主要用途			制取乙丙橡胶、乙烯-环戊二烯共聚合的催化剂。		
危险特性			本品有毒,具有腐蚀性,遇水分解释放出有毒的氯化氢气体。		
防护措施			呼吸系统防护:佩戴防护面罩。 眼睛防护:必要时戴安全防护眼镜。 身体防护:穿防护服。 手防护:必要时戴防化学品手套。 其他防护:工作现场禁止吸烟。保持良好的卫生习惯。		
危险性类别			急性毒性—经口,类别3;皮肤腐蚀/刺激,类别1;严重眼损伤/眼刺激,类别1。		

序号	1858	品名	三氯氧磷	商品编码	2812.1200
别 名		氧氯化磷；氯化磷酰；磷酰氯；三氯化磷酰；磷酰三氯		CAS 号	10025-87-3
英文名		Phosphorus oxychloride			
分子式		Cl_3OP			
外观与性状		无色透明液体，具有刺激性臭味。			
主要用途		本品俗名氧氯化磷，在有机磷农药合成中主要用于合成另一类含磷中间体——磷酰氯或磷酰二氯，如合成 O，O-二乙基磷酰氯，进而合成农药乙基硫环磷；或合成 O-乙基磷酰二氯，进而合成农药灭线磷等。在其他方面，本品可作为氯化剂、催化剂、塑料增塑剂、染料中间体等，也用于制药工业和有机合成。			
健康危害		本品挥发出来的气体有毒、有刺激性和腐蚀性，能刺激黏膜、使眼睛疼痛；能导致干咳，出现严重的呼吸困难，之后出现支气管炎、心脏机能不全、严重的贫血、肝肿大、尿中出现蛋白、肺界扩大；溅入眼结膜囊内滴，即会发生坏死和视力完全丧失。			
防护措施		呼吸系统防护：佩戴防护面罩。 眼睛防护：必要时戴安全防护眼镜。 身体防护：穿防护服。 手防护：必要时戴防化学品手套。 其他防护：工作现场禁止吸烟。保持良好的卫生习惯。			
危险性类别		急性毒性—吸入，类别 2*；皮肤腐蚀/刺激，类别 1A；严重眼损伤/眼刺激，类别 1；特异性靶器官毒性—反复接触，类别 1。			

序号	1859	品名	三氯一氟甲烷	商品编码	2903.7710
别 名		R11		CAS 号	75-69-4
英文名		Trichlorofluoromethane			
分子式		CCl_3F			
外观与性状		低于 23.7℃时为液体，无色，微有醚臭。			
主要用途		用作制冷剂、发泡剂，也用于生产海绵、医药和农药等。			
危险特性		本品中等毒性，毒性比氯烃低；高热可爆，常温不燃；高热产生有毒的氟化物、氯化物气体。			
防护措施		呼吸系统防护：佩戴防护面罩。 眼睛防护：必要时戴安全防护眼镜。 身体防护：穿防护服。 手防护：必要时戴防化学品手套。 其他防护：工作现场禁止吸烟。保持良好的卫生习惯。			
危险性类别		生殖毒性，类别 2；特异性靶器官毒性—单次接触，类别 1；特异性靶器官毒性—单次接触，类别 3（呼吸道刺激、麻醉效应）；危害臭氧层，类别 1。			

序号	1860	品名	三氯乙腈	商品编码	2926.9090
别　名			氰化三氯甲烷	CAS 号	545-06-2
英文名			Trichloroacetonitrile		
分子式			C_2Cl_3N		
外观与性状			液体。		
主要用途			用作增效剂、杀虫剂。		
危险特性			本品高毒，具有强烈刺激性，受热分解产生有毒氰化物气体；与水、酸类发生反应。		
防护措施			呼吸系统防护：佩戴防护面罩。 眼睛防护：必要时戴安全防护眼镜。 身体防护：穿防护服。 手防护：必要时戴防化学品手套。 其他防护：工作现场禁止吸烟。保持良好的卫生习惯。		
危险性类别			急性毒性—经口，类别3*；急性毒性—经皮肤，类别3*；急性毒性—吸入，类别3*；危害水生环境—急性危害，类别2；危害水生环境—长期危害，类别2。		

序号	1861	品名	三氯乙醛(稳定的)	商品编码	2913.0000
别　名			氯醛；氯油	CAS 号	75-87-6
英文名			Chloral		
分子式			C_2HCl_3O		
外观与性状			本品为无色油状液体。		
主要用途			用途广泛，是制备医药（如氯霉素、金霉素及甲砜霉素）、农药（如滴滴涕、敌百虫、敌敌畏、二溴磷、三氯乙酸钙、溴螨酯、除草剂、三氯乙醛代脲）和其他有机化工产品（如氯仿、三氯乙酸、二甲基甲酰胺等）的重要原料。		
危险特性			本品具有腐蚀性和麻醉性。		
健康危害			本品接触皮肤时会引起灼伤，接触眼睛会使瞳孔放大；吸入过量，严重时会造成窒息。		
防护措施			呼吸系统防护：佩戴防护面罩。 眼睛防护：必要时戴安全防护眼镜。 身体防护：穿防护服。 手防护：必要时戴防化学品手套。 其他防护：工作现场禁止吸烟。保持良好的卫生习惯。		
危险性类别			急性毒性—吸入，类别1；严重眼损伤/眼刺激，类别2B；生殖细胞致突变性，类别1B；生殖毒性，类别2；特异性靶器官毒性—单次接触，类别1；特异性靶器官毒性—单次接触，类别3（麻醉效应）。		

序号	1862	品名	三氯乙酸	商品编码	2915.4000
别名			三氯醋酸	CAS 号	76-03-9
英文名			Trichloroacetic acid		
分子式			$C_2HCl_3O_2$		
外观与性状			无色或白色斜方晶系晶体。		
主要用途			用作医药原料、除草剂（三氯乙酸钾及三氯乙酸钠等）、纺织品染色助剂、金属表面处理剂及酰氯、酸酐、酰胺、聚酯、有机金属盐、水杨醛、氯羧酸等原料。此外，在医药方面还可用作腐蚀剂及角蛋白溶解剂、胆色素的试剂、蛋白质的沉淀试剂等特殊用途。在生物化学领域可用作分离分析生物体磷酸化合物、测定氟化物、脂质的试剂，以及显微镜照相的定影剂、脱钙剂、色谱分析试剂。		
危险特性			本品不燃，腐蚀性极强。		
健康危害			摄入和吸入本品均会中毒，对皮肤和组织有强刺激性。		
防护措施			呼吸系统防护：佩戴防护面罩。 眼睛防护：必要时戴安全防护眼镜。 身体防护：穿防护服。 手防护：必要时戴防化学品手套。 其他防护：工作现场禁止吸烟。保持良好的卫生习惯。		
危险性类别			皮肤腐蚀/刺激，类别 1A；严重眼损伤/眼刺激，类别 1；特异性靶器官毒性—单次接触，类别 3（呼吸道刺激）；危害水生环境—急性危害，类别 1；危害水生环境—长期危害，类别 1。		

序号	1863	品名	三氯乙酸甲酯	商品编码	2915.4000
别名			三氯醋酸甲酯	CAS 号	598-99-2
英文名			Methyl trichloroacetate		
分子式			$C_3H_3Cl_3O_2$		
危险特性			本品遇明火可燃；遇热放出有毒的氯化物气体；具有刺激性。		
防护措施			呼吸系统防护：佩戴防护面罩。 眼睛防护：必要时戴安全防护眼镜。 身体防护：穿防护服。 手防护：必要时戴防化学品手套。 其他防护：工作现场禁止吸烟。保持良好的卫生习惯。		
危险性类别			急性毒性—经口，类别 3。		

序号	1864	品名	1,1,1-三氯乙烷		商品编码	2903.1910
别 名		甲基氯仿			CAS 号	71-55-6
英文名		1,1,1-trichloroethane				
分子式		$C_2H_3Cl_3$				
外观与性状		无色透明液体。				
主要用途		不燃性溶剂，可作清洗剂，清洗电子零部件，也可作金属脱脂的清洗剂；还可利用本品的低表面张力和高渗透能力的特性，测定金属焊接处的泄漏；也可用作气溶胶烟雾剂、耐火焰涂层材料、切削油冷却剂和制作低毒不燃的黏合剂。偏三氯乙烷的衍生物是有效的杀虫剂，制药工业的中间体，经氯化可制 1,1,1,2-四氯乙烷；经脱氯化氢可制偏二氯乙烯。				
危险特性		本品与空气混合受热后遇火星会爆炸；可燃，燃烧时分解释放出有毒的氯化物气体。				
防护措施		呼吸系统防护：佩戴防护面罩。 眼睛防护：必要时戴安全防护眼镜。 身体防护：穿防护服。 手防护：必要时戴防化学品手套。 其他防护：工作现场禁止吸烟。保持良好的卫生习惯。				
危险性类别		危害臭氧层，类别1。				

序号	1865	品名	1,1,2-三氯乙烷		商品编码	2903.1990
别 名					CAS 号	79-00-5
英文名		1,1,2-trichloroethane				
分子式		$C_2H_3Cl_3$				
外观与性状		纯品为无色透明液体，有芳香气味。				
主要用途		用作脂肪、油、蜡和树脂的溶剂，染料、香料的萃取剂，树脂和橡胶等的中间体，农业上的杀虫剂、熏蒸剂，以及合成1,1-二氯乙烯的原料；用于生产偏二氯乙烯。				
危险特性		本品在潮湿空气中，特别在日光照射下，释放出腐蚀性很强的氯化氢烟雾。				
健康危害		本品急性中毒主要损害中枢神经系统。轻者表现为头痛、眩晕、步态蹒跚、共济失调、嗜睡等；严重者出现抽搐，甚至昏迷。可引起心律不齐。对皮肤有轻度脱脂和刺激作用。				
防护措施		呼吸系统防护：佩戴防护面罩。 眼睛防护：必要时戴安全防护眼镜。 身体防护：穿防护服。 手防护：必要时戴防化学品手套。 其他防护：工作现场禁止吸烟。保持良好的卫生习惯。				
危险性类别		急性毒性—吸入，类别3；危害水生环境—长期危害，类别3。				

序号	1866	品名	三氯乙烯	商品编码	2903.2200
别　名			三氯代乙烯	CAS 号	79-01-6
英文名			Trichloroethylene		
分子式			C_2HCl_3		
外观与性状			无色稳定、低沸点重质油状液体。		
主要用途			用于制造靛蓝及其他染料，生产一氯代乙酸，是重要的工业溶剂；用作金属洗涤剂、干洗剂、农用杀虫剂等。		
危险特性			本品有毒，与空气混合可爆；受热或遇明火可燃；燃烧放出有毒的氯化物。		
防护措施			呼吸系统防护：佩戴防护面罩。 眼睛防护：必要时戴安全防护眼镜。 身体防护：穿防护服。 手防护：必要时戴防化学品手套。 其他防护：工作现场禁止吸烟。保持良好的卫生习惯。		
危险性类别			皮肤腐蚀/刺激，类别2；严重眼损伤/眼刺激，类别2；生殖细胞致突变性，类别2；致癌性，类别1B；特异性靶器官毒性—单次接触，类别3（麻醉效应）；危害水生环境—长期危害，类别3。		

序号	1867	品名	三氯乙酰氯	商品编码	2915.9000
别　名			氯化三氯乙酰	CAS 号	76-02-8
英文名			Trichloroacetyl chloride		
分子式			Cl_3C_2OCl		
外观与性状			无色刺激性液体。		
主要用途			广泛用于合成广谱，高效杀虫、杀螨剂毒死蜱，甲基毒死蜱和除草剂的重要中间体。		
危险特性			本品极毒，可燃；遇水放出有毒的氯化氢气体。		
防护措施			呼吸系统防护：佩戴防护面罩。 眼睛防护：必要时戴安全防护眼镜。 身体防护：穿防护服。 手防护：必要时戴防化学品手套。 其他防护：工作现场禁止吸烟。保持良好的卫生习惯。		
危险性类别			急性毒性—吸入，类别1；皮肤腐蚀/刺激，类别1；严重眼损伤/眼刺激，类别1。		

序号	1868	品名	三氯异氰脲酸	商品编码	2933.6922
别 名			三氯异氰尿酸	CAS 号	87-90-1
英文名			Trichloroisocyanuric acid		
分子式			$C_3Cl_3N_3O_3$		
外观与性状			白色结晶性粉末或粒状固体,具有强烈的氯气刺激味。		
主要用途			具有极强的杀菌、漂白作用,广泛用于民用卫生,畜牧养殖业,以及植保等作高效杀菌消毒剂,棉、麻化纤织物的洗涤漂白剂,羊毛防缩剂;也可用于橡胶氯化,电池材料,有机合成工业及衣物的干法漂白等。		
危险特性			本品是氧化剂;有害;会危害环境。		
防护措施			呼吸系统防护:佩戴防护面罩。 眼睛防护:必要时戴安全防护眼镜。 身体防护:穿防护服。 手防护:必要时戴防化学品手套。 其他防护:工作现场禁止吸烟。保持良好的卫生习惯。		
危险性类别			氧化性固体,类别2;严重眼损伤/眼刺激,类别2;特异性靶器官毒性—单次接触,类别3(呼吸道刺激);危害水生环境—急性危害,类别1;危害水生环境—长期危害,类别1。		

序号	1869	品名	三烯丙基胺	商品编码	2921.1990
别 名			三烯丙胺;三(2-丙烯基)胺	CAS 号	102-70-5
英文名			Triallylamine		
分子式			$C_9H_{15}N$		
外观与性状			在常温下为淡黄色透明液体,不溶于水,而溶于乙醇、乙醚等有机溶剂,具有刺激性臭味。		
主要用途			应用于有机合成和树脂改性,还作为高吸收剂的交联剂,离子交换树脂的中间体。有报道称,可作为生产聚酯的催化剂和丁二烯聚合的引发剂等。		
危险特性			本品避免与强氧化剂、强酸、强碱接触。		
防护措施			呼吸系统防护:佩戴防护面罩。 眼睛防护:必要时戴安全防护眼镜。 身体防护:穿防护服。 手防护:必要时戴防化学品手套。 其他防护:工作现场禁止吸烟。保持良好的卫生习惯。		
危险性类别			易燃液体,类别3;急性毒性—吸入,类别3;皮肤腐蚀/刺激,类别1;严重眼损伤/眼刺激,类别1;特异性靶器官毒性—单次接触,类别3(呼吸道刺激)。		

序号	1870	品名	1,3,5-三硝基苯	商品编码	2904.2090
别 名			均三硝基苯	CAS 号	99-35-4
英文名			1,3,5-trinitrobenzene(dry or wetted with less than 30%water,by mass)		
分子式			$C_6H_3N_3O_6$		
外观与性状			白色或黄色斜方结晶。		
主要用途			可用作炸药,爆炸性能与梯恩梯、苦味酸相似。		
防护措施			呼吸系统防护:佩戴防护面罩。 眼睛防护:必要时戴安全防护眼镜。 身体防护:穿防护服。 手防护:必要时戴防化学品手套。 其他防护:工作现场禁止吸烟。保持良好的卫生习惯。		
危险性类别			爆炸物,1.1项;急性毒性—经口,类别2*;急性毒性—经皮肤,类别1*;急性毒性—吸入,类别2*;特异性靶器官毒性—反复接触,类别2;危害水生环境—急性危害,类别1;危害水生环境—长期危害,类别1。		

序号	1871	品名	2,4,6-三硝基苯胺	商品编码	2921.4200
别 名			苦基胺	CAS 号	489-98-5
英文名			2,4,6-trinitroaniline		
分子式			$C_6H_4N_4O_6$		
外观与性状			黄色或橙黄色结晶。		
主要用途			作为爆炸物品。		
危险特性			本品高毒,遇高热、震动、撞击、摩擦可爆。		
健康危害			本品燃烧产生有毒的氮氧化物烟雾。		
防护措施			呼吸系统防护:佩戴防护面罩。 眼睛防护:必要时戴安全防护眼镜。 身体防护:穿防护服。 手防护:必要时戴防化学品手套。 其他防护:工作现场禁止吸烟。保持良好的卫生习惯。		
危险性类别			爆炸物,1.1项。		

序号	1872	品名	2,4,6-三硝基苯酚	商品编码	2908.9990
别　名			苦味酸	CAS 号	88-89-1
英文名			Picric acid		
分子式			$C_6H_3N_3O_7$		
外观与性状			黄色晶体。		
主要用途			用于制红光硫化黑及酸性染料、照相药品、炸药及农药等，医药上用作外科收敛剂。		
危险特性			本品高毒，遇高热、震动、撞击、摩擦可爆；燃烧产生有毒的氮氧化物烟雾。		
防护措施			呼吸系统防护：佩戴防护面罩。 眼睛防护：必要时戴安全防护眼镜。 身体防护：穿防护服。 手防护：必要时戴防化学品手套。 其他防护：工作现场禁止吸烟。保持良好的卫生习惯。，并请医生治疗。		
危险性类别			爆炸物，1.1 项；急性毒性—经口，类别 3＊；急性毒性—经皮肤，类别 3＊；急性毒性—吸入，类别 3＊。		

序号	1873	品名	2,4,6-三硝基苯酚铵(干的或含水<10%)、2,4,6-三硝基苯酚铵(含水≥10%)	商品编码	2908.9990
别　名			苦味酸铵，D 炸药	CAS 号	131-74-8
英文名			Ammonium 2,4,6-trinitrophenolate		
分子式			$C_6H_6N_4O_7$		
外观与性状			黄色或淡红色结晶，有吸湿性。		
主要用途			作为爆炸品。		
危险特性			本品遇高热、震动、撞击、摩擦可爆；是强氧化剂；痕量金属存在增加了爆炸的热敏感性，较易燃；受热分解释放出有毒的氮氧化物气体。		
防护措施			呼吸系统防护：佩戴防护面罩。 眼睛防护：必要时戴安全防护眼镜。 身体防护：穿防护服。 手防护：必要时戴防化学品手套。 其他防护：工作现场禁止吸烟。保持良好的卫生习惯。		
危险性类别			易燃固体，类别 1；皮肤腐蚀/刺激，类别 2；严重眼损伤/眼刺激，类别 2A；皮肤致敏物，类别 1；危害水生环境—长期危害，类别 3。		

序号	1874	品名	2,4,6-三硝基苯酚钠	商品编码	2908.9990
别名			苦味酸钠	CAS 号	3324-58-1
英文名			Sodium 2,4,6-trinitrophenate		
分子式			$C_6H_2N_3NaO_7$		
防护措施			呼吸系统防护：佩戴防护面罩。 眼睛防护：必要时戴安全防护眼镜。 身体防护：穿防护服。 手防护：必要时戴防化学品手套。 其他防护：工作现场禁止吸烟。保持良好的卫生习惯。		
危险性类别			爆炸物，1.1 项。		

序号	1875	品名	2,4,6-三硝基苯酚银（含水≥30%）	商品编码	2843.2900
别名			苦味酸银	CAS 号	146-84-9
英文名			Silver picrate		
分子式			$C_6H_2AgN_3O_7$		
防护措施			呼吸系统防护：佩戴防护面罩。 眼睛防护：必要时戴安全防护眼镜。 身体防护：穿防护服。 手防护：必要时戴防化学品手套。 其他防护：工作现场禁止吸烟。保持良好的卫生习惯。		
危险性类别			易燃固体，类别 1。		

序号	1876	品名	三硝基苯磺酸	商品编码	2904.9900
别名			苦基磺酸	CAS 号	2508-19-2
英文名			2,4,6-trinitrobenzenesulfonic acid		
分子式			$C_6H_3N_3O_9S$		
主要用途			测定氨基末端,亲水性修饰化试剂和氨基复合物的衍生物能用联氨再生,在固相多肽合成中用于检测非完全的匹配。		
防护措施			呼吸系统防护：佩戴防护面罩。 眼睛防护：必要时戴安全防护眼镜。 身体防护：穿防护服。 手防护：必要时戴防化学品手套。 其他防护：工作现场禁止吸烟。保持良好的卫生习惯。		
危险性类别			爆炸物，1.1 项。		

序号	1877	品名	2,4,6-三硝基苯磺酸钠	商品编码	2904.9900
别　名				CAS 号	5400-70-4
英文名	2,4,6-trinitrobenzenesulfonic acid sodium salt				
分子式	$C_6H_2N_3NaO_9S$				
防护措施	呼吸系统防护：佩戴防护面罩。 眼睛防护：必要时戴安全防护眼镜。 身体防护：穿防护服。 手防护：必要时戴防化学品手套。 其他防护：工作现场禁止吸烟。保持良好的卫生习惯。				
危险性类别	爆炸物，1.1 项。				

序号	1878	品名	三硝基苯甲醚	商品编码	2909.3090
别　名	三硝基茴香醚			CAS 号	28653-16-9
英文名	Benzene, methoxytrinitro-				
防护措施	呼吸系统防护：佩戴防护面罩。 眼睛防护：必要时戴安全防护眼镜。 身体防护：穿防护服。 手防护：必要时戴防化学品手套。 其他防护：工作现场禁止吸烟。保持良好的卫生习惯。				
危险性类别	爆炸物，1.1 项。				

序号	1879	品名	2,4,6-三硝基苯甲酸	商品编码	2916.3990
别　名	三硝基安息香酸			CAS 号	129-66-8
英文名	2,4,6-trinitrobenzoic acid				
分子式	$C_7H_3N_3O_8$				
主要用途	作为爆炸品。				
危险特性	本品遇高热、震动、撞击、摩擦可爆，燃烧产生有毒的氮氧化物烟雾。				
防护措施	呼吸系统防护：佩戴防护面罩。 眼睛防护：必要时戴安全防护眼镜。 身体防护：穿防护服。 手防护：必要时戴防化学品手套。 其他防护：工作现场禁止吸烟。保持良好的卫生习惯。				
危险性类别	爆炸物，1.1 项。				

序号	1880	品名	2,4,6-三硝基苯甲硝胺	商品编码	2929.9090
别　名			特屈儿	CAS 号	479-45-8
英文名			Tetryl		
分子式			$C_7H_5N_5O_8$		
外观与性状			呈白色或淡黄色的晶体。		
主要用途			作为爆炸品。		
危险特性			本品有毒，易燃，易爆；受热、接触明火或受到摩擦、震动、撞击时可发生爆炸；着火后会转为爆轰。		
健康危害			本品的健康危害由粉尘引起，接触后皮肤被染黄，出现眼结膜刺激症状。		
防护措施			呼吸系统防护：佩戴防护面罩。 眼睛防护：必要时戴安全防护眼镜。 身体防护：穿防护服。 手防护：必要时戴防化学品手套。 其他防护：工作现场禁止吸烟。保持良好的卫生习惯。		
危险性类别			爆炸物，1.1 项；急性毒性—经口，类别 3＊；急性毒性—经皮肤，类别 3＊；急性毒性—吸入，类别 3＊；特异性靶器官毒性—反复接触，类别 2。		

序号	1881	品名	三硝基苯乙醚	商品编码	2909.3090
别　名				CAS 号	4732-14-3
英文名			Trinitrophenetole		
分子式			$C_8H_7N_3O_7$		
防护措施			呼吸系统防护：佩戴防护面罩。 眼睛防护：必要时戴安全防护眼镜。 身体防护：穿防护服。 手防护：必要时戴防化学品手套。 其他防护：工作现场禁止吸烟。保持良好的卫生习惯。		
危险性类别			爆炸物，1.1 项。		

序号	1882	品名	2,4,6-三硝基二甲苯	商品编码	2904.2090
别　名			2,4,6-三硝基间二甲苯	CAS 号	632-92-8
英文名			2,4,6-trinitroxylene		
分子式			$C_8H_7N_3O_6$		
外观与性状			白色或淡黄色针状结晶。		
主要用途			氧化成间苯二甲酸，作为耐高温纤维、耐高温薄膜的原料；还可以异构化而成需求量较大的对二甲苯和邻二甲苯。		
危险特性			本品易爆，有害。		
防护措施			呼吸系统防护：佩戴防护面罩。 眼睛防护：必要时戴安全防护眼镜。 身体防护：穿防护服。 手防护：必要时戴防化学品手套。 其他防护：工作现场禁止吸烟。保持良好的卫生习惯。		
危险性类别			爆炸物，1.1 项；特异性靶器官毒性—反复接触，类别 2 *。		

序号	1883	品名	2,4,6-三硝基甲苯	商品编码	2904.2040
别　名			梯恩梯；TNT	CAS 号	118-96-7
英文名			2,4,6-trinitromethylbenzene		
分子式			$C_7H_5N_3O_6$		
外观与性状			纯品为无色针状结晶，工业品为淡黄色鳞片状物。		
主要用途			作为爆炸品。		
危险特性			本品会爆炸，TNT 炸药也被列为一种可能致癌物。		
健康危害			接触本品后局部皮肤染成橘黄色，约一周左右在接触部位发生皮炎，表现为红色丘疹，之后丘疹融合并脱屑。大部分人继续接触中皮疹消退，少数人病情加重。短期内吸入高浓度本品粉尘，可在数天后发生紫绀、胸闷、呼吸困难等高铁血红蛋白的血症。		
防护措施			呼吸系统防护：佩戴防护面罩。 眼睛防护：必要时戴安全防护眼镜。 身体防护：穿防护服。 手防护：必要时戴防化学品手套。 其他防护：工作现场禁止吸烟。保持良好的卫生习惯。		
危险性类别			爆炸物，1.1 项；急性毒性—经口，类别 3 *；急性毒性—经皮肤，类别 3 *；急性毒性—吸入，类别 3 *；特异性靶器官毒性—反复接触，类别 2 *；危害水生环境—急性危害，类别 2；危害水生环境—长期危害，类别 2。		

序号	1884	品名	三硝基甲苯与六硝基-1,2-二苯乙烯混合物	商品编码	3602.0090
别 名			三硝基甲苯与六硝基芪混合物	CAS 号	
英文名			Trinitrotoluene(tnt)mixture hexanitrostilbene		
分子式			混合物		
主要用途			作为爆炸品。		
防护措施			呼吸系统防护：佩戴防护面罩。 眼睛防护：必要时戴安全防护眼镜。 身体防护：穿防护服。 手防护：必要时戴防化学品手套。 其他防护：工作现场禁止吸烟。保持良好的卫生习惯。		
危险性类别			爆炸物，1.1项；特异性靶器官毒性—反复接触，类别2*；危害水生环境—急性危害，类别2；危害水生环境—长期危害，类别2。		

序号	1885	品名	2,4,6-三硝基甲苯与铝混合物	商品编码	3602.0090
别 名			特里托纳尔	CAS 号	
英文名			2,4,6-trinitromethylbenzene mixed with aluminum		
分子式			混合物		
主要用途			作为爆炸品。		
危险特性			本品是具有整体爆炸危险的物质和物品。		
防护措施			呼吸系统防护：佩戴防护面罩。 眼睛防护：必要时戴安全防护眼镜。 身体防护：穿防护服。 手防护：必要时戴防化学品手套。 其他防护：工作现场禁止吸烟。保持良好的卫生习惯。		
危险性类别			爆炸物，1.1项；特异性靶器官毒性—反复接触，类别2*；危害水生环境—急性危害，类别2；危害水生环境—长期危害，类别2。		

序号	1886	品名	三硝基甲苯与三硝基苯和六硝基-1,2-二苯乙烯混合物	商品编码	3602.0090
别　名			三硝基甲苯与三硝基苯和六硝基芪混合物	CAS 号	
英文名			Trinitrotoluene(tnt) mixture containing trinitrobenzene and hexanitrostilbene		
分子式			混合物		
主要用途			作为爆炸品。		
防护措施			呼吸系统防护：佩戴防护面罩。 眼睛防护：必要时戴安全防护眼镜。 身体防护：穿防护服。 手防护：必要时戴防化学品手套。 其他防护：工作现场禁止吸烟。保持良好的卫生习惯。		
危险性类别			爆炸物，1.1项；急性毒性—经口，类别3*；特异性靶器官毒性—反复接触，类别2*；危害水生环境—急性危害，类别1；危害水生环境—长期危害，类别1。		

序号	1887	品名	三硝基甲苯与三硝基苯混合物	商品编码	3602.0090
别　名				CAS 号	
英文名			Trinitrotoluene and trinitrobenzene mixtures		
分子式			混合物		
主要用途			作为爆炸品。		
防护措施			呼吸系统防护：佩戴防毒口罩。紧急事态抢救或逃生时，佩戴自给式呼吸器。 眼睛防护：戴化学安全防护眼镜。 防护服：穿相应的防护服。 手防护：戴防化学品手套。		
危险性类别			爆炸物，1.1项；急性毒性—经口，类别3*；皮肤腐蚀/刺激，类别2；严重眼损伤/眼刺激，类别1；特异性靶器官毒性—反复接触，类别2；危害水生环境—急性危害，类别2；危害水生环境—长期危害，类别2。		

序号	1888	品名	2,4,6-三硝基间苯二酚	商品编码	2908.9990
别 名			收敛酸	CAS 号	82-71-3
英文名			2,4,6-trinitroresorcinol		
分子式			$C_6H_3N_3O_8$		
外观与性状			黄色粒状结晶。		
主要用途			雷管装药。		
危险特性			本品属爆炸品，易燃，有毒。		
健康危害			吸入本品后对鼻、咽喉、肺部有刺激作用；皮肤和眼睛接触有刺激性。		
防护措施			呼吸系统防护：佩戴防护面罩。 眼睛防护：必要时戴安全防护眼镜。 身体防护：穿防护服。 手防护：必要时戴防化学品手套。		
危险性类别			爆炸物，1.1项。		

序号	1889	品名	2,4,6-三硝基间苯二酚铅(湿的,按质量含水或乙醇和水的混合物不低于20%)	商品编码	2908.9990
别 名			收敛酸铅	CAS 号	15245-44-0
英文名			Lead 2,4,6-trinitro-m-phenylene dioxide		
分子式			$C_6H_5N_3O_8Pb$		
外观与性状			黄色至橙色粒状结晶。		
主要用途			用于叠氮化铅覆盖材料及无锈蚀击发药和点火药组分。		
危险特性			本品属爆炸品，易燃，有毒；分解时，放出有毒的氮氧化物及铅烟雾。		
防护措施			呼吸系统防护：佩戴防护面罩。 眼睛防护：必要时戴安全防护眼镜。 身体防护：穿防护服。 手防护：必要时戴防化学品手套。		
危险性类别			爆炸物，1.1项；生殖毒性，类别1A；特异性靶器官毒性—反复接触，类别2*；危害水生环境—急性危害，类别1；危害水生环境—长期危害，类别1。		

序号	1890	品名	三硝基间甲酚	商品编码	2908.9990
别　名				CAS 号	602-99-3
英文名	Trinitro-m-cresol				
分子式	$C_7H_5N_3O_7$				
外观与性状	黄色粒状结晶。				
主要用途	与苦味酸混合，用于装填手榴弹。				
危险特性	本品属爆炸品，易燃，有毒；遇热分解释放出有毒的氮氧化物烟雾。				
防护措施	呼吸系统防护：佩戴防护面罩。 眼睛防护：必要时戴安全防护眼镜。 身体防护：穿防护服。 手防护：必要时戴防化学品手套。				
危险性类别	爆炸物，1.1 项。				

序号	1891	品名	2,4,6-三硝基氯苯	商品编码	2904.9900
别　名	苦基氯			CAS 号	88-88-0
英文名	2,4,6-trinitrochlorobenzene				
分子式	$C_6H_2ClN_3O_6$				
外观与性状	黄色固体。				
主要用途	用于有机合成。				
危险特性	本品属爆炸品，易燃，具有刺激性。				
健康危害	本品对眼睛、皮肤、消化道和呼吸道有刺激作用，可引起皮炎。				
防护措施	呼吸系统防护：佩戴防护面罩。 眼睛防护：必要时戴安全防护眼镜。 身体防护：穿防护服。 手防护：必要时戴防化学品手套。				
危险性类别	爆炸物，1.1 项；急性毒性—经口，类别 2*；急性毒性—经皮肤，类别 1；急性毒性—吸入，类别 2*；危害水生环境—急性危害，类别 1；危害水生环境—长期危害，类别 1。				

序号	1892	品名	三硝基萘	商品编码	2904.2090
别 名				CAS 号	55810-17-8
英文名		Trinitro naphthalene			
分子式		$C_{10}H_5N_3O_6$			
外观与性状		黄色固体。			
主要用途		用于装填手榴弹。			
危险特性		本品属爆炸品,易燃。			
健康危害		本品有毒,遇热分解释放出有毒的氮氧化物烟雾。			
防护措施		呼吸系统防护:佩戴防护面罩。 眼睛防护:必要时戴安全防护眼镜。 身体防护:穿防护服。 手防护:必要时戴防化学品手套。			
危险性类别		爆炸物,1.1项。			

序号	1893	品名	三硝基芴酮	商品编码	2914.7900
别 名				CAS 号	129-79-3
英文名		2,4,7-trinitrofluoren-9-one			
分子式		$C_{13}H_5N_3O_7$			
外观与性状		黄色固体。			
主要用途		用于有机合成。			
危险特性		本品属爆炸品,易燃。			
健康危害		吸入、摄入或经皮肤吸收本品对身体有害,具有刺激性。			
防护措施		呼吸系统防护:佩戴防护面罩。 眼睛防护:必要时戴安全防护眼镜。 身体防护:穿防护服。 手防护:必要时戴防化学品手套。			
危险性类别		爆炸物,1.1项;严重眼损伤/眼刺激,类别2B。			

序号	1894	品名	2,4,6-三溴苯胺	商品编码	2921.4200
别 名				CAS 号	147-82-0
英文名		2,4,6-tribromobenzenamine			
分子式		$C_6H_4Br_3N$			
外观与性状		黄色针状结晶。			
主要用途		用于有机合成和染料合成,也用作分析试剂。			
危险特性		用作分析试剂,也用作染料合成。			
健康危害		吸入、摄入或经皮肤吸收本品对身体有害,具有刺激性。			
防护措施		呼吸系统防护:佩戴防护面罩。 眼睛防护:必要时戴安全防护眼镜。 身体防护:穿防护服。 手防护:必要时戴防化学品手套。			
危险性类别		急性毒性—经口,类别3;急性毒性—经皮肤,类别3;急性毒性—吸入,类别3。			

序号	1895	品名	三溴化碘	商品编码	2812.9090
别 名				CAS 号	7789-58-4
英文名		Iodine tribromide			
分子式		IBr_3			
外观与性状		黄色液体。			
主要用途		用于有机合成。			
危险特性		本品不燃,遇 H 发泡剂会引起燃烧;受热或遇水分解,放出有毒的腐蚀性气体,有时会发生爆炸。			
健康危害		本品具有腐蚀性,其蒸气对眼睛、皮肤和黏膜有极强的刺激性;遇水放出有毒的溴化氢。			
防护措施		呼吸系统防护:佩戴防护面罩。 眼睛防护:必要时戴安全防护眼镜。 身体防护:穿防护服。 手防护:必要时戴防化学品手套。			
危险性类别		皮肤腐蚀/刺激,类别1;严重眼损伤/眼刺激,类别1。			

序号	1896	品名	三溴化磷	商品编码	2812.9090
别 名				CAS 号	7789-60-8
英文名		Phosphorus tribromide			
分子式		PBr3			
外观与性状		无色或淡黄色发烟液体，有刺激性臭味。			
主要用途		常用作转化醇为溴代烃。			
危险特性		本品遇水发热、冒烟甚至燃烧爆炸，具有腐蚀性。			
健康危害		本品对眼睛、皮肤、黏膜和呼吸道有强烈的刺激作用。			
防护措施		呼吸系统防护：佩戴防护面罩。 眼睛防护：必要时戴安全防护眼镜。 身体防护：穿防护服。 手防护：必要时戴防化学品手套。			
危险性类别		皮肤腐蚀/刺激，类别 1B；严重眼损伤/眼刺激，类别 1；特异性靶器官毒性—单次接触，类别 3（呼吸道刺激）。			

序号	1897	品名	三溴化铝(无水)	商品编码	2827.5900
别 名		溴化铝		CAS 号	7727-15-3
英文名		Aluminium tribromide			
分子式		$AlBr_3$			
外观与性状		白色或淡黄色片状或块状固体，易潮解。			
主要用途		用于有机合成和作异构化催化剂。			
健康危害		本品对眼睛、皮肤、黏膜和呼吸道有强烈的刺激作用。			
防护措施		呼吸系统防护：佩戴防护面罩。 眼睛防护：必要时戴安全防护眼镜。 身体防护：穿防护服。 手防护：必要时戴防化学品手套。			
危险性类别		皮肤腐蚀/刺激，类别 1；严重眼损伤/眼刺激，类别 1。			

序号	1898	品名	三溴化铝溶液	商品编码	2827.5900
别 名			溴化铝溶液	CAS 号	
英文名			Aluminium tribromide		
分子式			$AlBr_3$		
外观与性状			液体。		
主要用途			用于有机合成和作异构化催化剂。		
健康危害			本品对眼睛、皮肤、黏膜和呼吸道有强烈的刺激作用。		
防护措施			呼吸系统防护：佩戴防护面罩。 眼睛防护：必要时戴安全防护眼镜。 身体防护：穿防护服。 手防护：必要时戴防化学品手套。		
危险性类别			皮肤腐蚀/刺激，类别 1；严重眼损伤/眼刺激，类别 1。		

序号	1899	品名	三溴化硼	商品编码	2812.9090
别 名				CAS 号	10294-33-4
英文名			Borontribromide		
分子式			BBr_3		
外观与性状			无色液体。		
主要用途			用于半导体工业包括集成电路等作为 P 型掺杂源，还用于有机合成的催化剂、中间体和溴化剂。		
健康危害			本品对眼睛、皮肤、黏膜和呼吸道有强烈的刺激作用。		
防护措施			呼吸系统防护：佩戴防护口罩。 眼睛防护：必要时戴安全防护眼镜。 身体防护：穿防护服。 手防护：必要时戴防化学品手套。		
危险性类别			急性毒性—经口，类别 2*；急性毒性—吸入，类别 2*；皮肤腐蚀/刺激，类别 1A；严重眼损伤/眼刺激，类别 1。		

序号	1900	品名	三溴化三甲基二铝	商品编码	2931.9000
别　名			三溴化三甲基铝	CAS 号	12263-85-3
英文名			Tribromide trimethyl dialuminium		
分子式			$C_3H_6Br_3Al_2$		
外观与性状			白色或淡黄色片状或块状固体。		
主要用途			用于有机合成和作异构化催化剂。		
健康危害			本品对眼睛、皮肤、黏膜和呼吸道有强烈的刺激作用。		
防护措施			呼吸系统防护：佩戴防护口罩。 眼睛防护：必要时戴安全防护眼镜。 身体防护：穿防护服。 手防护：必要时戴防化学品手套。		
危险性类别			自燃液体，类别 1；遇水放出易燃气体的物质和混合物，类别 1。		

序号	1901	品名	三溴化砷	商品编码	2812.9090
别　名			溴化亚砷	CAS 号	7784-33-0
英文名			Arsenic tribromide		
分子式			$AsBr_3$		
外观与性状			无色至微黄色结晶。		
主要用途			用于有机合成。		
健康危害			本品对眼睛、皮肤、黏膜和呼吸道有强烈的刺激作用。		
防护措施			呼吸系统防护：佩戴防护口罩。 眼睛防护：必要时戴安全防护眼镜。 身体防护：穿防护服。 手防护：必要时戴防化学品手套。		
危险性类别			急性毒性—经口，类别 3*；急性毒性—吸入，类别 3*；致癌性，类别 1A；危害水生环境—急性危害，类别 1；危害水生环境—长期危害，类别 1。		

序号	1902	品名	三溴化锑		商品编码	2827.5900
别　名					CAS 号	7789-61-9
英文名	Antimony tribromide					
分子式	$SbBr_3$					
外观与性状	黄色结晶，有潮解性。					
主要用途	用于有机合成。					
健康危害	本品对眼睛、皮肤、黏膜和呼吸道有强烈的刺激作用。					
防护措施	呼吸系统防护：佩戴防护口罩。 眼睛防护：必要时戴安全防护眼镜。 身体防护：穿防护服。 手防护：必要时戴防化学品手套。					
危险性类别	皮肤腐蚀/刺激，类别 1；严重眼损伤/眼刺激，类别 1；危害水生环境—急性危害，类别 2；危害水生环境—长期危害，类别 2。					

序号	1903	品名	三溴甲烷		商品编码	2903.3990
别　名	溴仿				CAS 号	75-25-2
英文名	Tribromomethane					
分子式	$CHBr_3$					
外观与性状	无色重质液体，有似氯仿味。					
主要用途	用作有机合成的中间体和药物制造。					
健康危害	本品急性中毒以神经系统、呼吸系统两个主要靶器官的临床表现最为突出。					
防护措施	呼吸系统防护：佩戴防护口罩。 眼睛防护：必要时戴安全防护眼镜。 身体防护：穿防护服。 手防护：必要时戴防化学品手套。					
危险性类别	急性毒性—吸入，类别 3*；皮肤腐蚀/刺激，类别 2；严重眼损伤/眼刺激，类别 2；危害水生环境—急性危害，类别 2;危害水生环境—长期危害，类别 2。					

序号	1904	品名	三溴乙醛	商品编码	2913.0000
别　名			溴醛	CAS 号	115-17-3
英文名			Tribromoacetaldehyde; bromal		
分子式			C_2HBr_3O		
外观与性状			橙黄色油状液体。		
主要用途			用作医药中间体。		
健康危害			本品对眼睛、皮肤、黏膜和呼吸道有强烈的刺激作用。		
防护措施			呼吸系统防护：佩戴防护口罩。 眼睛防护：必要时戴安全防护眼镜。 身体防护：穿防护服。 手防护：必要时戴防化学品手套。		
危险性类别			急性毒性—经口，类别 3。		

序号	1905	品名	三溴乙酸	商品编码	2915.9000
别　名			三溴醋酸	CAS 号	75-96-7
英文名			Tribromoacetic acid		
分子式			$C_2HBr_3O_2$		
外观与性状			无色有光泽的片状结晶。		
主要用途			用于有机合成和精细化工。		
危险特性			本品受高热分解产生有毒的溴化物气体。		
健康危害			本品对黏膜、上呼吸道、眼睛和皮肤有强烈刺激作用。		
防护措施			呼吸系统防护：佩戴防护口罩。 眼睛防护：必要时戴安全防护眼镜。 身体防护：穿防护服。 手防护：必要时戴防化学品手套。		
危险性类别			皮肤腐蚀/刺激，类别 1；严重眼损伤/眼刺激，类别 1。		

序号	1906	品名	三溴乙烯	商品编码	2903.3990
别名				CAS号	598-16-3
英文名	Tribromo ethylene					
分子式	C_2HBr_3					
外观与性状	黄色液体。					
主要用途	有机合成。					
危险特性	本品遇明火能燃烧；受高热分解产生有毒的溴化物气体。					
健康危害	本品有麻醉作用。					
防护措施	呼吸系统防护：佩戴防护口罩。 眼睛防护：必要时戴安全防护眼镜。 身体防护：穿防护服。 手防护：必要时戴防化学品手套。					
危险性类别	急性毒性—经口，类别3；危害水生环境—急性危害，类别2。					

序号	1907	品名	2,4,6-三亚乙基氨基-1,3,5-三嗪	商品编码	2933.6990
别名		曲他胺		CAS号	51-18-3
英文名	2,4,6-tri(ethyleneimino)-1,3,5-triazine；tretamine；triaethylenmelamin trisaziridinyl triazine					
分子式	$C_9H_{12}N_6$					
外观与性状	轻质粉末。					
主要用途	用作农药。					
防护措施	呼吸系统防护：佩戴防护口罩。 眼睛防护：必要时戴安全防护眼镜。 身体防护：穿防护服。 手防护：必要时戴防化学品手套。					
危险性类别	急性毒性—经口，类别2。					

序号	1908	品名	三亚乙基四胺	商品编码	2921.2900
别　名			二缩三乙二胺；三乙撑四胺	CAS号	112-24-3
英文名			Trithylenetetramine		
分子式			$H_2NC_2H_4NHC_2H_4NHC_2H_4NH_2$		
外观与性状			有氨气味液体。		
主要用途			环氧树脂胶黏剂的室温固化剂。		
危险特性			本品有毒，可燃。		
健康危害			本品能刺激皮肤、黏膜、眼睛和呼吸道。		
防护措施			呼吸系统防护：佩戴防护口罩。 眼睛防护：必要时戴安全防护眼镜。 身体防护：穿防护服。 手防护：必要时戴防化学品手套。		
危险性类别			皮肤腐蚀/刺激，类别1B；严重眼损伤/眼刺激，类别1；皮肤致敏物，类别1；危害水生环境—长期危害，类别3。		

序号	1909	品名	三氧化二氮	商品编码	2811.2900
别　名			亚硝酐	CAS号	10544-73-7
英文名			Dinitrogen trioxide		
分子式			N_2O_3		
外观与性状			红棕色气体，低温时为深蓝色挥发性液体或蓝色固体。		
主要用途			用作有机合成。		
危险特性			本品有毒，遇有机物可燃烧；可助燃。		
健康危害			本品主要损害呼吸道。		
防护措施			呼吸系统防护：佩戴防护口罩。 眼睛防护：必要时戴安全防护眼镜。 身体防护：穿防护服。 手防护：必要时戴防化学品手套。		
危险性类别			氧化性气体，类别1；加压气体；急性毒性—吸入，类别2*；皮肤腐蚀/刺激，类别1B；严重眼损伤/眼刺激，类别1。		

序号	1910	品名	三氧化二钒	商品编码	2825.3090
别 名				CAS 号	1314-34-7
英文名		Vanadium trioxide			
分子式		V_2O_3			
外观与性状		灰黑色结晶或粉末。			
主要用途		用于玻璃、陶瓷中作染色剂。			
危险特性		本品在空气中加热猛烈燃烧。			
健康危害		吸入本品后引起咳嗽、胸痛、咯血和口中金属味。			
防护措施		呼吸系统防护：佩戴防护口罩。 眼睛防护：必要时戴安全防护眼镜。 身体防护：穿防护服。 手防护：必要时戴防化学品手套。			
危险性类别		特异性靶器官毒性—单次接触，类别3（呼吸道刺激）；特异性靶器官毒性—反复接触，类别1。			

序号	1911	品名	三氧化二磷	商品编码	2811.2900
别 名		亚磷酸酐		CAS 号	1314-24-5
英文名		Phosphorus trioxide			
分子式		P_2O_3；P_4O_6			
外观与性状		白色的有毒固体或无色液体，有蒜臭味。			
主要用途		用作化工原料。			
健康危害		本品能引起磷中毒。			
防护措施		呼吸系统防护：佩戴防护口罩。 眼睛防护：必要时戴安全防护眼镜。 身体防护：穿防护服。 手防护：必要时戴防化学品手套。			
危险性类别		皮肤腐蚀/刺激，类别1A；严重眼损伤/眼刺激，类别1。			

序号	1912	品名	三氧化二砷	商品编码	2811.2900
别　名			白砒；砒霜；亚砷酸酐	CAS 号	1327-53-3
英文名			Arsenic trioxide		
分子式			As_2O_3		
外观与性状			白色霜状粉末。		
主要用途			用于提炼元素砷。		
健康危害			本品能引起砷中毒。		
防护措施			呼吸系统防护：佩戴防护口罩。 眼睛防护：必要时戴安全防护眼镜。 身体防护：穿防护服。 手防护：必要时戴防化学品手套。		
危险性类别			急性毒性—经口，类别2*；皮肤腐蚀/刺激，类别1B；严重眼损伤/眼刺激，类别1；致癌性，类别1A；危害水生环境—急性危害，类别1；危害水生环境—长期危害，类别1。		

序号	1913	品名	三氧化铬（无水）	商品编码	2819.1000
别　名			铬酸酐	CAS 号	1333-82-0
英文名			Chromium trioxide		
分子式			CrO_3		
外观与性状			暗红色或暗紫色斜方结晶。		
主要用途			用作生产铬的化合物，用作氧化剂、催化剂。		
危险特性			本品为强氧化剂，与有机物接触摩擦能引起燃烧。		
健康危害			本品与可燃物料混合有爆炸性。		
防护措施			呼吸系统防护：佩戴防护口罩。 眼睛防护：必要时戴安全防护眼镜。 身体防护：穿防护服。 手防护：必要时戴防化学品手套。		
危险性类别			氧化性固体，类别1；急性毒性—经口，类别3*；急性毒性—经皮肤，类别3*；急性毒性—吸入，类别2*；皮肤腐蚀/刺激，类别1A；严重眼损伤/眼刺激，类别1；呼吸道致敏物，类别1；皮肤致敏物，类别1；生殖细胞致突变性，类别1B；致癌性，类别1A；生殖毒性，类别2；特异性靶器官毒性—单次接触，类别3（呼吸道刺激）；特异性靶器官毒性—反复接触，类别1；危害水生环境—急性危害，类别1；危害水生环境—长期危害，类别1。		

序号	1914	品名	三氧化硫(稳定的)	商品编码	2811.2900
别 名			硫酸酐	CAS 号	7446-11-9
英文名			Sulfur trioxide		
分子式			SO$_3$		
外观与性状			无色易升华的固体。		
主要用途			用作化工原料。		
危险特性			本品具有强腐蚀性、强刺激性。		
健康危害			本品毒性表现与硫酸相同。		
防护措施			呼吸系统防护：佩戴防护口罩。 眼睛防护：必要时戴安全防护眼镜。 身体防护：穿防护服。 手防护：必要时戴防化学品手套。		
危险性类别			皮肤腐蚀/刺激，类别1A；严重眼损伤/眼刺激，类别1；特异性靶器官毒性—单次接触，类别3（呼吸道刺激）。		

序号	1915	品名	三乙胺	商品编码	2921.1990
别 名				CAS 号	121-44-8
英文名			Triethylamine		
分子式			C$_6$H$_{15}$N		
外观与性状			有强烈的氨臭的无色透明液体。		
主要用途			用作溶剂、固化剂、催化剂、阻聚剂、防腐剂，及合成染料等。		
危险特性			本品易燃，具有强刺激性。		
健康危害			本品对呼吸道有强烈的刺激性。		
防护措施			呼吸系统防护：佩戴防护口罩。 眼睛防护：必要时戴安全防护眼镜。 身体防护：穿防护服。 手防护：必要时戴防化学品手套。		
危险性类别			易燃液体，类别2；皮肤腐蚀/刺激，类别1A；严重眼损伤/眼刺激，类别1；特异性靶器官毒性—单次接触，类别3（呼吸道刺激）。		

序号	1916	品名	3,6,9-三乙基-3,6,9-三甲基-1,4,7-三过氧壬烷（含量≤42%，含 A 型稀释剂≥58%）	商品编码	2909.6000
别　名				CAS 号	24748-23-0
英文名		3,6,9-triethyl-3,6,9-trimethyl-1,4,7-triperoxynonane			
分子式		$C_{12}H_{24}O_6$			
外观与性状		无色液体。			
主要用途		用作过氧化物。			
危险特性		本品易燃。			
防护措施		呼吸系统防护：佩戴防护口罩。 眼睛防护：必要时戴安全防护眼镜。 身体防护：穿防护服。 手防护：必要时戴防化学品手套。			
危险性类别		有机过氧化物，D 型。			

序号	1917	品名	三乙基铝	商品编码	2931.9000
别　名				CAS 号	97-93-8
英文名		Aluminumtriethyl			
分子式		$Al(C_2H_5)_3$			
外观与性状		无色透明液体，具有强烈的霉烂气味。			
主要用途		主要用于有机合成。			
危险特性		本品能在空气中自燃，遇水即发生爆炸。			
健康危害		本品要损害呼吸道和眼结膜。			
防护措施		呼吸系统防护：佩戴防护口罩。 眼睛防护：必要时戴安全防护眼镜。 身体防护：穿防护服。 手防护：必要时戴防化学品手套。			
危险性类别		自燃液体，类别 1；遇水放出易燃气体的物质和混合物，类别 1；皮肤腐蚀/刺激，类别 1；严重眼损伤/眼刺激，类别 1。			

序号	1918	品名	三乙基硼	商品编码	2931.9000
别　名				CAS 号	97-94-9
英文名	Boron triethyl				
分子式	$C_6H_{15}B$				
外观与性状	自燃腐蚀性液体。				
主要用途	主要用于有机合成。				
危险特性	本品能在空气中自燃，遇水即发生爆炸。				
健康危害	本品主要损害呼吸道和眼结膜。				
防护措施	呼吸系统防护：佩戴防护口罩。 眼睛防护：必要时戴安全防护眼镜。 身体防护：穿防护服。 手防护：必要时戴防化学品手套。				
危险性类别	自燃液体，类别 1；急性毒性—经口，类别 3；急性毒性—吸入，类别 3；皮肤腐蚀/刺激，类别 1；严重眼损伤/眼刺激，类别 1。				

序号	1919	品名	三乙基砷酸酯	商品编码	2920.9000
别　名				CAS 号	15606-95-8
英文名	Triethyl arsenate				
分子式	$(C_2H_5)_3AsO_4$				
外观与性状	液体。				
主要用途	主要用于有机合成。				
危险特性	本品有毒。				
健康危害	本品具有致癌性、诱变性和生殖毒性。				
防护措施	呼吸系统防护：佩戴防护口罩。 眼睛防护：必要时戴安全防护眼镜。 身体防护：穿防护服。 手防护：必要时戴防化学品手套。				
危险性类别	急性毒性—经口，类别 3*；急性毒性—吸入，类别 3*；致癌性，类别 1A；危害水生环境—急性危害，类别 1；危害水生环境—长期危害，类别 1。				

序号	1920	品名	三乙基锑	商品编码	2931.9000
别　名				CAS 号	617-85-6
英文名		Antimony triethyl			
分子式		$C_6H_{15}Sb$			
外观与性状		无色液体，在空气中能自燃。			
主要用途		主要用于有机合成。			
危险特性		本品遇空气、氧气、水、四氯化碳、卤代烷、三乙基硼、氧化剂和高热，都有引起燃烧爆炸的危险。			
健康危害		本品具有腐蚀性。			
防护措施		呼吸系统防护：佩戴防护口罩。 眼睛防护：必要时戴安全防护眼镜。 身体防护：穿防护服。 手防护：必要时戴防化学品手套。			
危险性类别		自燃液体，类别 1；危害水生环境—急性危害，类别 2；危害水生环境—长期危害，类别 2。			

序号	1921	品名	三异丁基铝	商品编码	2931.9000
别　名				CAS 号	100-99-2
英文名		Aluminium triisobutyl			
分子式		$C_{12}H_{27}Al$			
外观与性状		无色澄清液体，具有强烈的霉烂气味。			
主要用途		用作顺丁橡胶、合成树脂、合成纤维和烯烃聚合物的聚合催化剂。			
危险特性		本品化学反应活性很高，接触空气会冒烟自燃。			
健康危害		本品主要损害呼吸道和眼结膜。			
防护措施		呼吸系统防护：佩戴防护口罩。 眼睛防护：必要时戴安全防护眼镜。 身体防护：穿防护服。 手防护：必要时戴防化学品手套。			
危险性类别		自燃液体，类别 1；遇水放出易燃气体的物质和混合物，类别 1；皮肤腐蚀/刺激，类别 2；严重眼损伤/眼刺激，类别 1。			

序号	1922	品名	三正丙胺	商品编码	2921.1990
别 名			N,N-二丙基-1-丙胺	CAS 号	102-69-2
英文名			N,n-dipropyl-1-propanamine		
分子式			$C_9H_{21}N$		
外观与性状			无色液体，有氨的气味。		
主要用途			用作有机合成中间体。		
危险特性			本品易燃，具有强刺激性。		
健康危害			本品对呼吸道有强烈的刺激性。		
防护措施			呼吸系统防护：佩戴防护口罩。 眼睛防护：必要时戴安全防护眼镜。 身体防护：穿防护服。 手防护：必要时戴防化学品手套。		
危险性类别			易燃液体，类别3；急性毒性—经口，类别3；急性毒性—经皮肤，类别3；急性毒性—吸入，类别3；皮肤腐蚀/刺激，类别1；严重眼损伤/眼刺激，类别1；危害水生环境—长期危害，类别3。		

序号	1923	品名	三正丁胺	商品编码	2921.1990
别 名			三丁胺	CAS 号	102-82-9
英文名			Tributylamine		
分子式			$C_{12}H_{27}N$		
外观与性状			无色液体，有类似氨的气味。		
主要用途			用作溶剂、萃取剂、防腐剂、乳化剂、有机合成中间体。		
危险特性			本品易燃，其蒸气与空气可形成爆炸性混合物。		
健康危害			本品对呼吸道有强烈的刺激性。		
防护措施			呼吸系统防护：佩戴防护口罩。 眼睛防护：必要时戴安全防护眼镜。 身体防护：穿防护服。 手防护：必要时戴防化学品手套。		
危险性类别			急性毒性—经皮肤，类别2；急性毒性—吸入，类别1；皮肤腐蚀/刺激，类别2；严重眼损伤/眼刺激，类别2；特异性靶器官毒性—单次接触，类别3（呼吸道刺激）；特异性靶器官毒性—反复接触，类别2；危害水生环境—急性危害，类别2；危害水生环境—长期危害，类别2。		

序号	1924	品名	砷		商品编码	2804.8000
别名					CAS号	7440-38-2
英文名	Arsenic					
分子式	As					
外观与性状	以灰砷、黑砷和黄砷这三种同素异形体的形式存在。					
主要用途	砷与其化合物被运用在农药、除草剂、杀虫剂，与许多种的合金中。					
危险特性	本品是无机剧毒品。					
健康危害	本品有毒。					
防护措施	呼吸系统防护：佩戴防护口罩。 眼睛防护：必要时戴安全防护眼镜。 身体防护：穿防护服。 手防护：必要时戴防化学品手套。					
危险性类别	急性毒性—经口，类别3*；急性毒性—吸入，类别3*；致癌性，类别1A；危害水生环境—急性危害，类别1；危害水生环境—长期危害，类别1。					

序号	1925	品名	砷化汞		商品编码	2852.1000
别名					CAS号	749262-24-6
英文名	Mercuric arsenide					
分子式	Hg_3As_2					
外观与性状	无定型物质。					
主要用途	化学反应物。					
危险特性	本品是无机剧毒品。					
健康危害	本品有毒。					
防护措施	呼吸系统防护：佩戴防护口罩。 眼睛防护：必要时戴安全防护眼镜。 身体防护：穿防护服。 手防护：必要时戴防化学品手套。					
危险性类别	急性毒性—经口，类别2*；急性毒性—经皮肤，类别1；急性毒性—吸入，类别2*；致癌性，类别1A；特异性靶器官毒性—反复接触，类别2*；危害水生环境—急性危害，类别1；危害水生环境—长期危害，类别1。					

序号	1926	品名	砷化镓		商品编码	2853.9090
别　名					CAS 号	1303-00-0
英文名	Gallium arsenide					
分子式	GaAs					
外观与性状	黑灰色固体。					
主要用途	用作半导体材料。					
危险特性	无明确毒性文献报道。					
健康危害	本品做晶圆抛光制程时，表面的区域会和水起反应，释放或分解出少许的 As。					
防护措施	呼吸系统防护：佩戴防护口罩。 眼睛防护：必要时戴安全防护眼镜。 身体防护：穿防护服。 手防护：必要时戴防化学品手套。					
危险性类别	致癌性，类别 1A；特异性靶器官毒性—反复接触，类别 1。					

序号	1927	品名	砷化氢		商品编码	2850.0090
别　名	砷化三氢；胂				CAS 号	7784-42-1
英文名	Arsine					
分子式	AsH_3					
外观与性状	无色气体。					
主要用途	在半导体工业中广泛使用，也可用于合成各种有机砷化合物。					
危险特性	本品是无机剧毒品。					
健康危害	本品有毒。					
防护措施	呼吸系统防护：佩戴防护口罩。 眼睛防护：必要时戴安全防护眼镜。 身体防护：穿防护服。 手防护：必要时戴防化学品手套。					
危险性类别	易燃气体，类别 1；加压气体；急性毒性—吸入，类别 2＊；致癌性，类别 1A；特异性靶器官毒性—反复接触，类别 2＊；危害水生环境—急性危害，类别 1；危害水生环境—长期危害，类别 1。					

序号	1928	品名	砷化锌	商品编码	2853.9090
别名				CAS 号	12006-40-5
英文名	Zinc diarsenide					
分子式	H_2As_4Zn					
外观与性状	固体。					
主要用途	用于合成各种有机砷化合物。					
危险特性	本品是无机剧毒品。					
健康危害	本品有毒。					
防护措施	呼吸系统防护：佩戴防护口罩。 眼睛防护：必要时戴安全防护眼镜。 身体防护：穿防护服。 手防护：必要时戴防化学品手套。					
危险性类别	急性毒性—经口，类别3*；急性毒性—吸入，类别3*；致癌性，类别1A；危害水生环境—急性危害，类别1；危害水生环境—长期危害，类别1。					

序号	1929	品名	砷酸	商品编码	2811.1990
别名				CAS 号	7778-39-4
英文名	Arsenic acid					
分子式	$H_3AsO_4 \cdot 1/2H_2O$					
外观与性状	无色至白色透明斜方晶系细小板状结晶。					
主要用途	用于制备颜料、砷酸盐、杀虫剂等。					
危险特性	本品是无机剧毒品。					
健康危害	本品有毒。					
防护措施	呼吸系统防护：佩戴防护口罩。 眼睛防护：必要时戴安全防护眼镜。 身体防护：穿防护服。 手防护：必要时戴防化学品手套。					
危险性类别	急性毒性—经口，类别3*；急性毒性—吸入，类别3*；致癌性，类别1A；危害水生环境—急性危害，类别1；危害水生环境—长期危害，类别1。					

序号	1930	品名	砷酸铵	商品编码	2842.9090
别 名				CAS 号	24719-13-9
英文名		Triammonium arsenate			
分子式		$(NH_4)_3AsO_4$			
外观与性状		无色至白色固体。			
主要用途		用于合成各种砷化合物。			
危险特性		本品是无机剧毒品。			
健康危害		本品有毒。			
防护措施		呼吸系统防护：佩戴防护口罩。 眼睛防护：必要时戴安全防护眼镜。 身体防护：穿防护服。 手防护：必要时戴防化学品手套。			
危险性类别		急性毒性—经口，类别3*；急性毒性—吸入，类别3*；致癌性，类别1A；危害水生环境—急性危害，类别1；危害水生环境—长期危害，类别1。			

序号	1931	品名	砷酸钡	商品编码	2842.9090
别 名				CAS 号	13477-04-8
英文名		Barium arsenate			
分子式		$As_2Ba_3O_8$			
外观与性状		无色结晶或结晶性粉末。			
主要用途		用于合成各种砷化合物。			
危险特性		本品是无机剧毒品。			
健康危害		本品有毒。			
防护措施		呼吸系统防护：佩戴防护口罩。 眼睛防护：必要时戴安全防护眼镜。 身体防护：穿防护服。 手防护：必要时戴防化学品手套。			
危险性类别		急性毒性—经口，类别3*；急性毒性—吸入，类别3*；致癌性，类别1A；危害水生环境—急性危害，类别1；危害水生环境—长期危害，类别1。			

序号	1932	品名	砷酸二氢钾	商品编码	2842.9090
别　名				CAS 号	
英文名		Potassium arsenate monobasic			
分子式		KH_2AsO_4			
外观与性状		无色结晶或结晶性粉末。			
主要用途		用于合成各种砷化合物。			
危险特性		本品是无机剧毒品。			
健康危害		本品有毒。			
防护措施		呼吸系统防护：佩戴防护口罩。 眼睛防护：必要时戴安全防护眼镜。 身体防护：穿防护服。 手防护：必要时戴防化学品手套。			
危险性类别		急性毒性—经口，类别 2；严重眼损伤/眼刺激，类别 2；致癌性，类别 1A；生殖毒性，类别 2；特异性靶器官毒性—单次接触，类别 1；特异性靶器官毒性—反复接触，类别 1；危害水生环境—急性危害，类别 1；危害水生环境—长期危害，类别 1。			

序号	1933	品名	砷酸二氢钠	商品编码	2842.9090
别　名				CAS 号	10103-60-3
英文名		Sodium arsenate monobasic			
分子式		NaH_2AsO_4			
外观与性状		无色结晶或结晶性粉末。			
主要用途		用于合成各种砷化合物。			
危险特性		本品是无机剧毒品。			
健康危害		本品有毒。			
防护措施		呼吸系统防护：佩戴防护口罩。 眼睛防护：必要时戴安全防护眼镜。 身体防护：穿防护服。 手防护：必要时戴防化学品手套。			
危险性类别		急性毒性—经口，类别 2；严重眼损伤/眼刺激，类别 2；致癌性，类别 1A；生殖毒性，类别 2；特异性靶器官毒性—单次接触，类别 1；特异性靶器官毒性—反复接触，类别 1；危害水生环境—急性危害，类别 1；危害水生环境—长期危害，类别 1。			

序号	1934	品名	砷酸钙	商品编码	2842.9090
别 名			砷酸三钙	CAS 号	7778-44-1
英文名			Calcium arsenate		
分子式			$Ca_3(AsO_4)_2$		
外观与性状			无色至白色固体。		
主要用途			用于合成各种砷化合物。		
危险特性			本品是无机剧毒品。		
健康危害			本品有毒。		
防护措施			呼吸系统防护：佩戴防护口罩。 眼睛防护：必要时戴安全防护眼镜。 身体防护：穿防护服。 手防护：必要时戴防化学品手套。		
危险性类别			急性毒性—经口，类别3；严重眼损伤/眼刺激，类别2；致癌性，类别1A；生殖毒性，类别2；特异性靶器官毒性—单次接触，类别1；特异性靶器官毒性—反复接触，类别1；危害水生环境—急性危害，类别1；危害水生环境—长期危害，类别1。		

序号	1935	品名	砷酸汞	商品编码	2852.1000
别 名			砷酸氢汞	CAS 号	7784-37-4
英文名			Mercuric arsenate		
分子式			$HgHAsO_4$		
外观与性状			白色晶体或粉末。		
主要用途			用于合成各种砷化合物。		
危险特性			本品是无机剧毒品。		
健康危害			本品有毒，会损害内脏、神经系统。		
防护措施			呼吸系统防护：佩戴防护口罩。 眼睛防护：必要时戴安全防护眼镜。 身体防护：穿防护服。 手防护：必要时戴防化学品手套。		
危险性类别			急性毒性—经口，类别2*；急性毒性—经皮肤，类别1；急性毒性—吸入，类别2*；致癌性，类别1A；特异性靶器官毒性—反复接触，类别2*；危害水生环境—急性危害，类别1；危害水生环境—长期危害，类别1。		

序号	1936	品名	砷酸钾	商品编码	2842.9090
别名				CAS 号	7784-41-0
英文名	Potassium arsenate monobasic					
分子式	KH_2AsO_4					
外观与性状	无色结晶或结晶性粉末。					
主要用途	用于合成各种砷化合物。					
危险特性	本品是无机剧毒品。					
健康危害	本品有毒，会损害内脏、神经系统。					
防护措施	呼吸系统防护：佩戴防护口罩。 眼睛防护：必要时戴安全防护眼镜。 身体防护：穿防护服。 手防护：必要时戴防化学品手套。					
危险性类别	急性毒性—经口，类别 2；皮肤腐蚀/刺激，类别 2；严重眼损伤/眼刺激，类别 2；致癌性，类别 1A；生殖毒性，类别 2；特异性靶器官毒性—单次接触，类别 1；特异性靶器官毒性—反复接触，类别 1；危害水生环境—急性危害，类别 1；危害水生环境—长期危害，类别 1。					

序号	1937	品名	砷酸镁	商品编码	2842.9090
别名				CAS 号	10103-50-1
英文名	Magnesium arsenate					
分子式	$As_2Mg_3O_8$					
外观与性状	无色结晶或结晶性粉末。					
主要用途	用于合成各种砷化合物。					
危险特性	本品是无机剧毒品。					
健康危害	本品有毒，会损害内脏、神经系统。					
防护措施	呼吸系统防护：佩戴防护口罩。 眼睛防护：必要时戴安全防护眼镜。 身体防护：穿防护服。 手防护：必要时戴防化学品手套。					
危险性类别	急性毒性—经口，类别 3*；急性毒性—吸入，类别 3*；致癌性，类别 1A；危害水生环境—急性危害，类别 1；危害水生环境—长期危害，类别 1。					

序号	1938	品名	砷酸钠	商品编码	2842.9090
别　名			砷酸三钠	CAS 号	13464-38-5
英文名			Trisodium arsenate		
分子式			$AsNa_3O_4$		
外观与性状			无色结晶或结晶性粉末。		
主要用途			用于合成各种砷化合物。		
危险特性			本品是无机剧毒品。		
健康危害			本品有毒，会损害内脏、神经系统。		
防护措施			呼吸系统防护：佩戴防护口罩。 眼睛防护：必要时戴安全防护眼镜。 身体防护：穿防护服。 手防护：必要时戴防化学品手套。		
危险性类别			急性毒性—经口，类别 3；严重眼损伤/眼刺激，类别 2；致癌性，类别 1A；生殖毒性，类别 2；特异性靶器官毒性—单次接触，类别 1；特异性靶器官毒性—反复接触，类别 1；危害水生环境—急性危害，类别 1；危害水生环境—长期危害，类别 1。		

序号	1939	品名	砷酸铅	商品编码	2842.9090
别　名				CAS 号	7645-25-2
英文名			Dioxidoarsinic acid; lead(+2) cation		
分子式			$AsHO_4Pb$		
外观与性状			白色固体，不纯的工业品呈粉色。		
主要用途			用于合成各种砷化合物。		
危险特性			本品是无机剧毒品。		
健康危害			本品有毒，会损害内脏、神经系统。		
防护措施			呼吸系统防护：佩戴防护口罩。 眼睛防护：必要时戴安全防护眼镜。 身体防护：穿防护服。 手防护：必要时戴防化学品手套。		
危险性类别			急性毒性—经口，类别 3*；急性毒性—吸入，类别 3*；致癌性，类别 1A；生殖毒性，类别 1A；特异性靶器官毒性—反复接触，类别 2*；危害水生环境—急性危害，类别 1；危害水生环境—长期危害，类别 1。		

序号	1940	品名	砷酸氢二铵	商品编码	2842.9090
别名				CAS号	7784-44-3
英文名	Ammonium arsenate					
分子式	$AsH_9N_2O_4$					
外观与性状	白色固体,不纯的工业品呈粉色。					
主要用途	用于合成各种砷化合物。					
危险特性	本品是无机剧毒品。					
健康危害	本品有毒,会损害内脏、神经系统。					
防护措施	呼吸系统防护:佩戴防护口罩。 眼睛防护:必要时戴安全防护眼镜。 身体防护:穿防护服。 手防护:必要时戴防化学品手套。					
危险性类别	急性毒性—经口,类别3*;急性毒性—吸入,类别3*;致癌性,类别1A;危害水生环境—急性危害,类别1;危害水生环境—长期危害,类别1。					

序号	1941	品名	砷酸氢二钠	商品编码	2842.9090
别名				CAS号	7778-43-0
英文名	Sodium arsenate					
分子式	$AsHNa_2O_4$					
外观与性状	白色固体,不纯的工业品呈粉色。					
主要用途	用于合成各种砷化合物。					
危险特性	本品是无机剧毒品。					
健康危害	本品有毒,会损害内脏、神经系统。					
防护措施	呼吸系统防护:佩戴防护口罩。 眼睛防护:必要时戴安全防护眼镜。 身体防护:穿防护服。 手防护:必要时戴防化学品手套。					
危险性类别	急性毒性—经口,类别3*;急性毒性—吸入,类别3*;皮肤腐蚀/刺激,类别2;严重眼损伤/眼刺激,类别2;致癌性,类别1A;生殖毒性,类别2;特异性靶器官毒性—单次接触,类别1;特异性靶器官毒性—反复接触,类别1;危害水生环境—急性危害,类别1;危害水生环境—长期危害,类别1。					

序号	1942	品名	砷酸锑	商品编码	2842.9090
别 名				CAS 号	28980-47-4
英文名	Antimony arsenate				
分子式	AsO_4Sb				
外观与性状	白色固体,不纯的工业品呈粉色。				
主要用途	用于合成各种砷化合物。				
危险特性	本品是无机剧毒品。				
健康危害	本品有毒,会损害内脏、神经系统。				
防护措施	呼吸系统防护:佩戴防护口罩。 眼睛防护:必要时戴安全防护眼镜。 身体防护:穿防护服。 手防护:必要时戴防化学品手套。				
危险性类别	急性毒性—经口,类别3*;急性毒性—吸入,类别3*;致癌性,类别1A;危害水生环境—急性危害,类别1;危害水生环境—长期危害,类别1。				

序号	1943	品名	砷酸铁	商品编码	2842.9090
别 名				CAS 号	10102-49-5
英文名	Ferrous arsenate				
分子式	$AsFeO_4$				
外观与性状	难溶于水固体。				
主要用途	用于合成各种砷化合物。				
危险特性	本品是无机剧毒品。				
健康危害	本品有毒,会损害内脏、神经系统。				
防护措施	呼吸系统防护:佩戴防护口罩。 眼睛防护:必要时戴安全防护眼镜。 身体防护:穿防护服。 手防护:必要时戴防化学品手套。				
危险性类别	急性毒性—经口,类别3*;急性毒性—吸入,类别3*;严重眼损伤/眼刺激,类别2;致癌性,类别1A;生殖毒性,类别2;特异性靶器官毒性—单次接触,类别1;特异性靶器官毒性—反复接触,类别1;危害水生环境—急性危害,类别1;危害水生环境—长期危害,类别1。				

序号	1944	品名	砷酸铜	商品编码	2842.9090
别名				CAS号	10103-61-4
英文名		Arsenic acid, copper salt			
分子式		$As_2Cu_3O_8$			
外观与性状		淡绿色粉末。			
主要用途		用于合成各种砷化合物。			
危险特性		本品是无机剧毒品。			
健康危害		本品有毒,会损害内脏、神经系统。			
防护措施		呼吸系统防护:佩戴防护口罩。 眼睛防护:必要时戴安全防护眼镜。 身体防护:穿防护服。 手防护:必要时戴防化学品手套。			
危险性类别		急性毒性—经口,类别3*;急性毒性—吸入,类别3*;严重眼损伤/眼刺激,类别2;致癌性,类别1A;生殖毒性,类别2;特异性靶器官毒性—单次接触,类别1;特异性靶器官毒性—反复接触,类别1;危害水生环境—急性危害,类别1;危害水生环境—长期危害,类别1。			

序号	1945	品名	砷酸锌	商品编码	2842.9090
别名				CAS号	1303-39-5
英文名		Zinc arsenate			
分子式		$Zn_3(AsO_4)_2 \cdot 8H_2O$			
外观与性状		白色单斜晶系无臭粉末。			
主要用途		用于合成各种砷化合物。			
危险特性		本品是无机剧毒品。			
健康危害		本品有毒,会损害内脏、神经系统。			
防护措施		呼吸系统防护:佩戴防护口罩。 眼睛防护:必要时戴安全防护眼镜。 身体防护:穿防护服。 手防护:必要时戴防化学品手套。			
危险性类别		急性毒性—经口,类别3*;急性毒性—吸入,类别3*;严重眼损伤/眼刺激,类别2;致癌性,类别1A;生殖毒性,类别2;特异性靶器官毒性—单次接触,类别1;特异性靶器官毒性—反复接触,类别1;危害水生环境—急性危害,类别1;危害水生环境—长期危害,类别1。			

序号	1946	品名	砷酸亚铁	商品编码	2842.9090
别 名				CAS 号	10102-50-8
英文名	Ferrous arsenate					
分子式	$As_2Fe_3O_8$					
外观与性状	浅色粉末。					
主要用途	用于合成各种砷化合物。					
危险特性	本品是无机剧毒品。					
健康危害	本品有毒，会损害内脏、神经系统。					
防护措施	呼吸系统防护：佩戴防护口罩。 眼睛防护：必要时戴安全防护眼镜。 身体防护：穿防护服。 手防护：必要时戴防化学品手套。					
危险性类别	急性毒性—经口，类别3＊；急性毒性—吸入，类别3＊；致癌性，类别1A；危害水生环境—急性危害，类别1；危害水生环境—长期危害，类别1。					

序号	1947	品名	砷酸银	商品编码	2843.2900
别 名				CAS 号	13510-44-6
英文名	Silver arsenate					
分子式	Ag_3AsO_4					
外观与性状	暗红色等轴晶系结晶。					
主要用途	用于合成各种砷化合物。					
危险特性	本品是无机剧毒品。					
健康危害	本品有毒，会损害内脏、神经系统。					
防护措施	呼吸系统防护：佩戴防护口罩。 眼睛防护：必要时戴安全防护眼镜。 身体防护：穿防护服。 手防护：必要时戴防化学品手套。					
危险性类别	急性毒性—经口，类别3＊；急性毒性—吸入，类别3＊；致癌性，类别1A；危害水生环境—急性危害，类别1；危害水生环境—长期危害，类别1。					

序号	1948	品名	生漆	商品编码	1302.1910
别 名		大漆		CAS 号	
英文名		Chinese lacquer			
外观与性状		液体。			
主要用途		用作生漆。			
危险特性		本品可燃。			
健康危害		本品会毒害皮肤、呼吸系统、神经系统。			
防护措施		呼吸系统防护：佩戴防护口罩。 眼睛防护：必要时戴安全防护眼镜。 身体防护：穿防护服。 手防护：必要时戴防化学品手套。			
危险性类别		严重眼损伤/眼刺激，类别2B；皮肤致敏物，类别1；特异性靶器官毒性—单次接触，类别3（呼吸道刺激）。			

序号	1949	品名	生松香	商品编码	1301.9040
别 名		焦油松香;松脂		CAS 号	
英文名		Colophony			
外观与性状		固体。			
主要用途		用于工业、助焊剂、中药材等。			
危险特性		本品可燃。			
健康危害		本品毒性不大，但因其含有铅等重金属和有毒化合物会严重影响人体健康。			
防护措施		呼吸系统防护：佩戴防护口罩。 眼睛防护：必要时戴安全防护眼镜。 身体防护：穿防护服。 手防护：必要时戴防化学品手套。			
危险性类别		易燃固体，类别2。			

序号	1950	品名	十八烷基三氯硅烷	商品编码	2931.9000
别 名				CAS 号	112-04-9
英文名		Octadecyltrichlorosilane			
分子式		$C_{18}H_{37}Cl_3Si$			
外观与性状		液体。			
主要用途		用来合成有机硅中间体及高分子聚合。			
危险特性		本品遇水分解，放出氯化氢。			
健康危害		本品对呼吸道有强烈的刺激性。			
防护措施		呼吸系统防护：佩戴防护口罩。 眼睛防护：必要时戴安全防护眼镜。 身体防护：穿防护服。 手防护：必要时戴防化学品手套。			
危险性类别		皮肤腐蚀/刺激，类别1；严重眼损伤/眼刺激，类别1。			

序号	1951	品名	十八烷基乙酰胺	商品编码	2903.9990
别 名		十八烷醋酸酰胺		CAS 号	
英文名		Ethyl octadecanamide			
分子式		$C_{20}H_{40}NO$			
外观与性状		白色固体。			
主要用途		用作表面活性剂。			
危险特性		本品可燃。			
防护措施		呼吸系统防护：佩戴防护口罩。 眼睛防护：必要时戴安全防护眼镜。 身体防护：穿防护服。 手防护：必要时戴防化学品手套。			
危险性类别		急性毒性—吸入，类别3*；皮肤腐蚀/刺激，类别2；严重眼损伤/眼刺激，类别1；致癌性，类别1B；特异性靶器官毒性—单次接触，类别3（呼吸道刺激）。			

序号	1952	品名	十八烷酰氯	商品编码	2915.9000
别　名			硬脂酰氯	CAS号	112-76-5
英文名			Stearoyl chloride		
分子式			$C_{18}H_{35}ClO$		
外观与性状			黄色透明的油状液体。		
主要用途			用于有机合成。		
危险特性			本品遇水分解，放出氯化氢。		
健康危害			本品对呼吸道有强烈的刺激性。		
防护措施			呼吸系统防护：佩戴防护口罩。 眼睛防护：必要时戴安全防护眼镜。 身体防护：穿防护服。 手防护：必要时戴防化学品手套。		
危险性类别			皮肤腐蚀/刺激，类别2；皮肤致敏物，类别1。		

序号	1953	品名	十二烷基硫醇	商品编码	2930.9090
别　名			月桂硫醇；十二硫醇	CAS号	112-55-0
英文名			Dodecyl mercaptan		
分子式			$C_{12}H_{26}S$		
外观与性状			透明油状液体。		
主要用途			一是作为自由基聚合时的链交换剂，二是作为润滑油的添加剂。		
健康危害			本品有毒，会损害内脏、呼吸系统、神经系统等。		
防护措施			呼吸系统防护：佩戴防护口罩。 眼睛防护：必要时戴安全防护眼镜。 身体防护：穿防护服。 手防护：必要时戴防化学品手套。		
危险性类别			皮肤腐蚀/刺激，类别1C；严重眼损伤/眼刺激，类别1；危害水生环境—急性危害，类别1；危害水生环境—长期危害，类别1。		

序号	1954	品名	十二烷基三氯硅烷		商品编码	2931.9000
别　名					CAS 号	4484-72-4
英文名		Dodecyltrichlorosilane				
分子式		$C_{12}H_{25}ClSi$				
外观与性状		无色液体，带有刺激性臭味。				
主要用途		用于有机合成，用作硅化合物中间体及防水剂。				
危险特性		本品有毒。				
健康危害		本品具有刺激性。				
防护措施		呼吸系统防护：佩戴防护口罩。 眼睛防护：必要时戴安全防护眼镜。 身体防护：穿防护服。 手防护：必要时戴防化学品手套。				
危险性类别		皮肤腐蚀/刺激，类别1；严重眼损伤/眼刺激，类别1。				

序号	1955	品名	十二烷酰氯		商品编码	2915.9000
别　名		月桂酰氯			CAS 号	112-16-3
英文名		Dodecanoyl chloride				
分子式		$C_{12}H_{23}ClO$				
外观与性状		无色或淡黄色透明油状液体，有强烈的刺激性气味。				
主要用途		用于合成过氧化十二酰，月桂酰基多缩氨基酸钠。				
危险特性		本品遇水分解，放出氯化氢。				
健康危害		本品对呼吸道有强烈的刺激性。				
防护措施		呼吸系统防护：佩戴防护口罩。 眼睛防护：必要时戴安全防护眼镜。 身体防护：穿防护服。 手防护：必要时戴防化学品手套				
危险性类别		皮肤腐蚀/刺激，类别1B；严重眼损伤/眼刺激，类别1。				

序号	1956	品名	十六烷基三氯硅烷	商品编码	2931.9000
别名				CAS 号	5894-60-0
英文名		Hexadecyl trichlorosilane			
分子式		$C_{16}H_{33}Cl_3Si$			
外观与性状		无色至黄色液体，遇潮湿水解。			
主要用途		用作硅化合物中间体。			
危险特性		本品有毒。			
健康危害		本品具有刺激性。			
防护措施		呼吸系统防护：佩戴防护口罩。 眼睛防护：必要时戴安全防护眼镜。 身体防护：穿防护服。 手防护：必要时戴防化学品手套。			
危险性类别		皮肤腐蚀/刺激，类别 1；严重眼损伤/眼刺激，类别 1。			

序号	1957	品名	十六烷酰氯	商品编码	2915.9000
别名		棕榈酰氯		CAS 号	112-67-4
英文名		hexadecanoyl chloride			
分子式		$C_{16}H_{31}ClO$			
外观与性状		无色或淡黄色透明油状液体，有强烈的刺激性气味。			
主要用途		用作有机化合物中间体。			
危险特性		本品遇水分解，放出氯化氢。			
健康危害		本品对呼吸道有强烈的刺激性。			
防护措施		呼吸系统防护：佩戴防护口罩。 眼睛防护：必要时戴安全防护眼镜。 身体防护：穿防护服。 手防护：必要时戴防化学品手套。			
危险性类别		皮肤腐蚀/刺激，类别 2；皮肤致敏物，类别 1。			

序号	1958	品名	十氯酮	商品编码	2914.7100
别　名		十氯代八氢-亚甲基-环丁异(CD)戊搭烯-2-酮;开蓬		CAS 号	143-50-0
英文名		Chlordecone			
分子式		$C_{10}Cl_{10}O$			
外观与性状		固体。			
主要用途		作为一种毒性较高的杀虫剂和杀真菌剂。			
危险特性		本品有毒。			
健康危害		本品可致癌。			
防护措施		呼吸系统防护：佩戴防护口罩。 眼睛防护：必要时戴安全防护眼镜。 身体防护：穿防护服。 手防护：必要时戴防化学品手套。			
危险性类别		急性毒性—经口，类别3*；急性毒性—经皮肤，类别3*；致癌性，类别2；危害水生环境—急性危害，类别1；危害水生环境—长期危害，类别1。			

序号	1959	品名	1,1,2,2,3,3,4,4,5,5,6,6,7,7,8,8,8-十七氟-1-辛烷磺酸	商品编码	2904.3200
别　名				CAS 号	45298-90-6
英文名		Perfluorooctane sulphonate			
分子式		$C_8F_{17}SO_2H$			
外观与性状		固体。			
主要用途		用途广泛。			
危险特性		本品有毒。			
健康危害		本品具有持久性和生物累积性。			
防护措施		呼吸系统防护：佩戴防护口罩。 眼睛防护：必要时戴安全防护眼镜。 身体防护：穿防护服。 手防护：必要时戴防化学品手套。			
危险性类别		生殖毒性，类别1B；生殖毒性，附加类别；特异性靶器官毒性—反复接触，类别1；危害水生环境—急性危害，类别2；危害水生环境—长期危害，类别2。			

序号	1960	品名	十氢化萘	商品编码	2902.1990
别 名			萘烷	CAS 号	91-17-8
英文名			Ecahydronaphthalene		
分子式			$C_{10}H_{18}$		
外观与性状			无色液体，微带薄荷脑气味。		
主要用途			可用作涂料的溶剂。		
危险特性			本品易燃，遇明火、高热能引起燃烧爆炸。		
健康危害			本品毒性较低。		
防护措施			呼吸系统防护：佩戴防护口罩。 眼睛防护：必要时戴安全防护眼镜。 身体防护：穿防护服。 手防护：必要时戴防化学品手套。		
危险性类别			易燃液体，类别 3；急性毒性—吸入，类别 3；皮肤腐蚀/刺激，类别 1C；严重眼损伤/眼刺激，类别 1；吸入危害，类别 1；危害水生环境—急性危害，类别 2；危害水生环境—长期危害，类别 2。		

序号	1961	品名	十四烷酰氯	商品编码	2915.9000
别 名			肉豆蔻酰氯	CAS 号	112-64-1
英文名			Tetradecanoyl chloride		
分子式			$C_{14}H_{27}ClO$		
外观与性状			无色液体。		
主要用途			用于有机合成。		
危险特性			本品遇水分解，放出氯化氢。		
健康危害			本品对呼吸道有强烈的刺激性。		
防护措施			呼吸系统防护：佩戴防护口罩。 眼睛防护：必要时戴安全防护眼镜。 身体防护：穿防护服。 手防护：必要时戴防化学品手套。		
危险性类别			皮肤腐蚀/刺激，类别 1；严重眼损伤/眼刺激，类别 1。		

序号	1962	品名	十溴联苯	商品编码	2903.9990
别　名				CAS号	13654-09-6
英文名	Polybrominated biphenyls				
分子式	$C_{12}Br_{10}$				
外观与性状	固体。				
主要用途	用作溴化阻燃剂。				
危险特性	本品有毒。				
健康危害	本品对孕妇和婴儿危害大。				
防护措施	呼吸系统防护：佩戴防护口罩。 眼睛防护：必要时戴安全防护眼镜。 身体防护：穿防护服。 手防护：必要时戴防化学品手套。				
危险性类别	严重眼损伤/眼刺激，类别2B；致癌性，类别1B。				

序号	1963	品名	石棉（含：阳起石石棉、铁石棉、透闪石石棉、直闪石石棉、青石棉）	商品编码	2524.9010、2524.9090（其他石棉）
别　名				CAS号	1332-21-4
英文名	Asbestos				
外观与性状	纤维结构矿物。				
主要用途	用途广泛。				
危险特性	本品有毒。				
健康危害	本品会导致肺损伤。				
防护措施	呼吸系统防护：佩戴防护口罩。 眼睛防护：必要时戴安全防护眼镜。 身体防护：穿防护服。 手防护：必要时戴防化学品手套。				
危险性类别	生殖细胞致突变性，类别2；致癌性，类别1A；特异性靶器官毒性—反复接触，类别1。				

序号	1964	品名	石脑油	商品编码	2710.1220
别　名				CAS 号	8030-30-6
英文名	Naphtha				
外观与性状	无色液体。				
主要用途	分离出多种有机原料。				
危险特性	本品蒸气与空气可形成爆炸性混合物。				
健康危害	本品会刺激眼睛。				
防护措施	呼吸系统防护：佩戴防护口罩。 眼睛防护：必要时戴安全防护眼镜。 身体防护：穿防护服。 手防护：必要时戴防化学品手套。				
危险性类别	易燃液体，类别 2*；生殖细胞致突变性，类别 1B；吸入危害，类别 1；危害水生环境—急性危害，类别 2；危害水生环境—长期危害，类别 2。				

序号	1965	品名	石油醚	商品编码	2710.1220、2710.1230
别　名	石油精			CAS 号	8032-32-4
英文名	Petroleum ether				
分子式	C_5H_{12}、C_6H_{14}、C_7H_{16}				
外观与性状	无色透明液体，有煤油气味。				
主要用途	用作有机溶剂。				
危险特性	本品易燃，易爆。				
健康危害	本品会刺激眼睛。				
防护措施	呼吸系统防护：佩戴防护口罩。 眼睛防护：必要时戴安全防护眼镜。 身体防护：穿防护服。 手防护：必要时戴防化学品手套。				
危险性类别	易燃液体，类别 2*；生殖细胞致突变性，类别 1B；吸入危害，类别 1；危害水生环境—急性危害，类别 2；危害水生环境—长期危害，类别 2。				

序号	1966	品名	石油气	商品编码	2711.1200、2711.1390、2711.1990（液态）、2711.2900（气态）
别　名			原油气	CAS 号	
英文名			Liquefied petroleum gas		
外观与性状			无色气体或黄棕色油状液体。		
主要用途			用作石油化工的原料，也可用作燃料。		
危险特性			本品易燃，易爆。		
防护措施			呼吸系统防护：佩戴防护口罩。 眼睛防护：必要时戴安全防护眼镜。 身体防护：穿防护服。 手防护：必要时戴防化学品手套。		
危险性类别			易燃气体，类别 1；加压气体。		

序号	1967	品名	石油原油	商品编码	2709.0000
别　名			原油	CAS 号	8002-5-9
英文名			Oil		
分子式			混合物		
外观与性状			黑褐色并带有绿色荧光，具有特殊气味的黏稠性油状液体。		
主要用途			用作工业原料。		
危险特性			本品易燃，易爆。		
防护措施			呼吸系统防护：佩戴防护口罩。 眼睛防护：必要时戴安全防护眼镜。 身体防护：穿防护服。 手防护：必要时戴防化学品手套。		
危险性类别			闪点<23℃和初沸点≤35℃：易燃液体，类别 1。 闪点<23℃和初沸点>35℃：易燃液体，类别 2。 23℃≤闪点≤60℃：易燃液体，类别 3。		

序号	1968	品名	铈(粉、屑)、金属铈(浸在煤油中的)	商品编码	2805.3015
别名				CAS号	7440-45-1
英文名	Cerium				
分子式	Ce				
外观与性状	银灰色的活泼金属。				
主要用途	主要做还原剂。				
危险特性	本品在空气中易自燃。				
防护措施	呼吸系统防护：佩戴防护口罩。 眼睛防护：必要时戴安全防护眼镜。 身体防护：穿防护服。 手防护：必要时戴防化学品手套。				
危险性类别	易燃液体，类别3；遇水放出易燃气体的物质和混合物，类别2；特异性靶器官毒性—单次接触，类别1；危害水生环境—急性危害，类别1；危害水生环境—长期危害，类别1。				

序号	1969	品名	铈镁合金粉	商品编码	3606.9019
别名				CAS号	
英文名	Cerium alloy				
分子式	Ce-Mg				
外观与性状	银白色金属。				
主要用途	主要做还原剂，引火物等。				
危险特性	本品在空气中易自燃。				
防护措施	呼吸系统防护：佩戴防毒面具。紧急事态抢救或撤离时，佩戴自给式呼吸器。 眼睛防护：必要时戴安全防护眼镜。 身体防护：穿防护服。 手防护：必要时戴防化学品手套。				
危险性类别	遇水放出易燃气体的物质和混合物，类别2。				

序号	1970	品名	叔丁胺	商品编码	2921.1990
别　名		2-氨基-2-甲基丙烷；特丁胺		CAS 号	75-64-9
英文名		Tert-butylamine			
分子式		$C_4H_{11}N$			
外观与性状		无色液体，有氨味。			
主要用途		用作橡胶促进剂、化学试剂及合成药品、染料、杀虫剂等。			
防护措施		呼吸系统防护：佩戴防毒面具。紧急事态抢救或撤离时，佩戴自给式呼吸器。 眼睛防护：必要时戴安全防护眼镜。 身体防护：穿防护服。 手防护：必要时戴防化学品手套。			
危险性类别		易燃液体，类别 2；急性毒性—经口，类别 3；急性毒性—吸入，类别 3；皮肤腐蚀/刺激，类别 1；严重眼损伤/眼刺激，类别 1；危害水生环境—长期危害，类别 3。			

序号	1971	品名	5-叔丁基-2,4,6-三硝基间二甲苯	商品编码	2904.2090
别　名		二甲苯麝香；1-(1,1-二甲基乙基)-3,5-二甲基-2,4,6-三硝基苯		CAS 号	81-15-2
英文名		Musk xylene			
分子式		$C_{12}H_{15}N_3O_6$			
外观与性状		浅黄色粉状或针状结晶。			
主要用途		用作合成香料，食品添加剂；用作香精香料中间体。			
危险特性		本品具有爆炸性。			
防护措施		呼吸系统防护：佩戴防毒面具。紧急事态抢救或撤离时，佩戴自给式呼吸器。 眼睛防护：必要时戴安全防护眼镜。 身体防护：穿防护服。 手防护：必要时戴防化学品手套。			
危险性类别		易燃固体，类别 2；危害水生环境—急性危害，类别 1；危害水生环境—长期危害，类别 1。			

序号	1972	品名	叔丁基苯	商品编码	2902.9090
别　名			叔丁苯	CAS 号	1998-6-6
英文名			Tert-butylbenzene		
分子式			$C_6H_5C(CH_3)_3$		
外观与性状			无色液体。		
主要用途			用于有机合成，也用作溶剂。		
防护措施			呼吸系统防护：佩戴防毒面具。紧急事态抢救或撤离时，佩戴自给式呼吸器。 眼睛防护：必要时戴安全防护眼镜。 身体防护：穿防护服。 手防护：必要时戴防化学品手套。		
危险性类别			易燃液体，类别3；急性毒性—吸入，类别3；皮肤腐蚀/刺激，类别2；特异性靶器官毒性—单次接触，类别2；危害水生环境—长期危害，类别3。		

序号	1973	品名	2-叔丁基苯酚	商品编码	2907.1990
别　名			邻叔丁基苯酚	CAS 号	88-18-6
英文名			2-tert-butylphenol		
分子式			$C_{10}H_{14}O$		
外观与性状			无色或淡黄色液体。		
主要用途			用于有机合成等。		
防护措施			呼吸系统防护：佩戴防毒面具。紧急事态抢救或撤离时，佩戴自给式呼吸器。 眼睛防护：必要时戴安全防护眼镜。 身体防护：穿防护服。 手防护：必要时戴防化学品手套。		
危险性类别			皮肤腐蚀/刺激，类别1；严重眼损伤/眼刺激，类别1；特异性靶器官毒性—单次接触，类别2；危害水生环境—急性危害，类别2；危害水生环境—长期危害，类别2。		

序号	1974	品名	4-叔丁基苯酚	商品编码	2907.1990
别 名			对叔丁基苯酚;对特丁基苯酚;4-羟基-1-叔丁基苯	CAS 号	98-54-4
英文名			P-tert-butylphenol		
分子式			$C_{10}H_{15}O$		
外观与性状			无色或淡黄色液体。		
主要用途			用作合成抗氧剂。		
防护措施			呼吸系统防护:佩戴防毒面具。紧急事态抢救或撤离时,佩戴自给式呼吸器。 眼睛防护:必要时戴安全防护眼镜。 身体防护:穿防护服。 手防护:必要时戴防化学品手套。		
危险性类别			皮肤腐蚀/刺激,类别2;严重眼损伤/眼刺激,类别1;生殖毒性,类别2;危害水生环境—急性危害,类别2;危害水生环境—长期危害,类别3。		

序号	1975	品名	叔丁基过氧-2-甲基苯甲酸酯(含量≤100%)	商品编码	2916.3990
别 名				CAS 号	22313-62-8
英文名			Tert-butyl 2-methylperbenzoate		
分子式			$C_{12}H_{16}O_5$		
外观与性状			无色至微黄色液体。		
主要用途			聚合过程中用作引发剂。		
防护措施			呼吸系统防护:佩戴防毒面具。紧急事态抢救或撤离时,佩戴自给式呼吸器。 眼睛防护:必要时戴安全防护眼镜。 身体防护:穿防护服。 手防护:必要时戴防化学品手套。		
危险性类别			有机过氧化物,C 型。		

序号	1976	品名	叔丁基过氧-2-乙基己酸酯(52%<含量≤100%)、叔丁基过氧-2-乙基己酸酯(含量≤32%,含B型稀释剂≥68%)、叔丁基过叔丁基过氧-2-乙基己酸酯(32%<含量≤52%,含B型稀释剂≥48%)、氧-2-乙基己酸酯(含量≤52%,惰性固体含量≥48%)	商品编码	2915.9000
别 名			过氧化-2-乙基己酸叔丁酯	CAS号	3006-82-4
英文名			Tert-butyl peroxy-4-ethylhexanoate		
分子式			$C_{12}H_{24}O_3$		
外观与性状			无色至微黄色液体。		
主要用途			聚合过程中用作引发剂。		
防护措施			呼吸系统防护：佩戴防毒面具。紧急事态抢救或撤离时，佩戴自给式呼吸器。 眼睛防护：必要时戴安全防护眼镜。 身体防护：穿防护服。 手防护：必要时戴防化学品手套。		
危险性类别			有机过氧化物，E型。		

序号	1977	品名	叔丁基过氧-2-乙基己酸酯和2,2-二-(叔丁基过氧)丁烷的混合物[叔丁基过氧-2-乙基己酸酯≤12%,2,2-二-(叔丁基过氧)丁烷的混合物≤14%,含A型稀释剂≥14%,含惰性固体≥60%]、叔丁基过氧-2-乙基己酸酯和2,2-二-(叔丁基过氧)丁烷的混合物[叔丁基过氧-2-乙基己酸酯≤31%,2,2-二-(叔丁基过氧)丁烷≤36%,含B型稀释剂≥33%]	商品编码	3824.9999
别 名				CAS号	
英文名			Tert-butyl peroxy-2-ethylhexanoate		
分子式			$C_{12}H_{24}O_3$		
外观与性状			无色至微黄色液体。		
主要用途			聚合过程中用作引发剂。		
防护措施			呼吸系统防护：佩戴防毒面具。紧急事态抢救或撤离时，佩戴自给式呼吸器。 眼睛防护：必要时戴安全防护眼镜。 身体防护：穿防护服。 手防护：必要时戴防化学品手套。		
危险性类别			有机过氧化物，D型。		

序号	1978	品名	叔丁基过氧-2-乙基己碳酸酯(含量≤100%)	商品编码	2920.9000
别 名				CAS 号	34443-12-4
英文名		Tert-butylperoxy 2-ethylhexyl carbonate			
分子式		$C_{13}H_{26}O_4$			
外观与性状		无色至微黄色液体。			
主要用途		聚合过程中用作引发剂。			
防护措施		呼吸系统防护：佩戴防毒面具。紧急事态抢救或撤离时，佩戴自给式呼吸器。 眼睛防护：必要时戴安全防护眼镜。 身体防护：穿防护服。 手防护：必要时戴防化学品手套。			
危险性类别		有机过氧化物，D 型。			

序号	1979	品名	叔丁基过氧丁基延胡索酸酯(含量≤52%，含 A 型稀释剂≥48%)	商品编码	2916.2090
别 名				CAS 号	
英文名		Tert-butylperoxy butyl fumarate			
分子式		$C_{12}H_{22}O_4$			
外观与性状		无色至微黄色液体。			
主要用途		聚合过程中用作引发剂。			
防护措施		呼吸系统防护：佩戴防毒面具。紧急事态抢救或撤离时，佩戴自给式呼吸器。 眼睛防护：必要时戴安全防护眼镜。 身体防护：穿防护服。 手防护：必要时戴防化学品手套。			
危险性类别		有机过氧化物，D 型。			

序号	1980	品名	叔丁基过氧二乙基乙酸酯(含量≤100%)	商品编码	2915.9000
别 名		过氧化二乙基乙酸叔丁酯;过氧化叔丁基二乙基乙酸酯		CAS 号	
英文名		Tert-butylperoxy 2-ethylbutyrate			
分子式		$C_{10}H_{20}O_3$			
外观与性状		无色至微黄色液体。			
主要用途		聚合过程中用作引发剂。			
防护措施		呼吸系统防护：佩戴防毒面具。紧急事态抢救或撤离时，佩戴自给式呼吸器。 眼睛防护：必要时戴安全防护眼镜。 身体防护：穿防护服。 手防护：必要时戴防化学品手套。			
危险性类别		有机过氧化物，C 型。			

序号	1981	品名	叔丁基过氧新癸酸酯（77%＜含量≤100%）、叔丁基过氧新癸酸酯（含量≤32%，含 A 型稀释剂≥68%）、叔丁基过氧新癸酸酯[含量≤42%，在水（冷冻）中稳定弥散]、叔丁基过氧新癸酸酯（含量≤52%，在水中稳定弥散）、叔丁基过氧新癸酸酯（含量≤77%）	商品编码	2915.9000
别 名			过氧化新癸酸叔丁酯	CAS 号	26748-41-4
英文名			Tert-butyl peroxyneodecanoate		
分子式			$C_{24}H_{46}O_6$		
外观与性状			无色至微黄色液体。		
主要用途			聚合过程中用作引发剂。		
防护措施			呼吸系统防护：佩戴防毒面具。紧急事态抢救或撤离时，佩戴自给式呼吸器。 眼睛防护：必要时戴安全防护眼镜。 身体防护：穿防护服。 手防护：必要时戴防化学品手套。		
危险性类别			有机过氧化物，D 型。		

序号	1982	品名	叔丁基过氧新戊酸酯（27%＜含量≤67%，含 B 型稀释剂≥33%）、叔丁基过氧新戊酸酯（67%＜含量≤77%，含 A 型稀释剂≥23%）、叔丁基过氧新戊酸酯（含量≤27%，含 B 型稀释剂≥73%）	商品编码	2915.9000
别 名				CAS 号	927-07-1
英文名			Tert-butyl peroxypivalate		
分子式			$C_9H_{18}O_3$		
外观与性状			无色至微黄色液体。		
主要用途			聚合过程中用作引发剂。		
防护措施			呼吸系统防护：佩戴防毒面具。紧急事态抢救或撤离时，佩戴自给式呼吸器。 眼睛防护：必要时戴安全防护眼镜。 身体防护：穿防护服。 手防护：必要时戴防化学品手套。		
危险性类别			有机过氧化物，F 型。		

序号	1983	品名	1-(2-叔丁基过氧异丙基)-3-异丙烯基苯(含量≤42%，惰性固体含量≥58%)、1-(2-叔丁基过氧异丙基)-3-异丙烯基苯(含量≤77%，含A型稀释剂≥23%)	商品编码	2909.6000
别 名				CAS 号	96319-55-0
英文名	Peroxide, 1,1-dimethylethyl 1-methyl-1-(3-(1-methyl ethenyl) phenyl) ethyl					
分子式	$C_{16}H_{24}O_2$				
外观与性状	无色至微黄色液体。				
主要用途	聚合过程中用作引发剂。				
防护措施	呼吸系统防护：佩戴防毒面具。紧急事态抢救或撤离时，佩戴自给式呼吸器。 眼睛防护：必要时戴安全防护眼镜。 身体防护：穿防护服。 手防护：必要时戴防化学品手套。				
危险性类别	有机过氧化物，D型。				

序号	1984	品名	叔丁基过氧异丁酸酯(52%<含量≤77%，含B型稀释剂≥23%)、叔丁基过氧异丁酸酯(含量≤52%，含B型稀释剂≥48%)	商品编码	2915.9000
别 名	过氧化异丁酸叔丁酯			CAS 号	109-13-7
英文名	Tert-butyl peroxyisobutyrate				
分子式	$C_8H_{16}O_3$				
外观与性状	无色至微黄色液体。				
主要用途	聚合过程中用作引发剂。				
防护措施	呼吸系统防护：佩戴防毒面具。紧急事态抢救或撤离时，佩戴自给式呼吸器。 眼睛防护：必要时戴安全防护眼镜。 身体防护：穿防护服。 手防护：必要时戴防化学品手套。				
危险性类别	有机过氧化物，D型。				

序号	1985	品名	叔丁基过氧硬脂酰碳酸酯(含量≤100%)	商品编码	2920.9000
别 名				CAS 号	
英文名		Tert-butylperoxy 2-octadecanyl carbonate			
分子式		$C_{23}H_{46}O_4$			
外观与性状		无色至微黄色液体。			
主要用途		聚合过程中用作引发剂。			
防护措施		呼吸系统防护：佩戴防毒面具。紧急事态抢救或撤离时，佩戴自给式呼吸器。 眼睛防护：必要时戴安全防护眼镜。 身体防护：穿防护服。 手防护：必要时戴防化学品手套。			
危险性类别		有机过氧化物，D 型。			

序号	1986	品名	叔丁基环己烷	商品编码	2902.1990
别 名		环己基叔丁烷;特丁基环己烷		CAS 号	3178-22-1
英文名		Tert-butylcyclohexane			
分子式		$C_{10}H_{20}$			
外观与性状		无色液体。			
主要用途		用于柴油十六烷值的改进。			
危险特性		本品易燃，易爆。			
健康危害		本品会刺激眼睛。			
防护措施		呼吸系统防护：佩戴防毒面具。紧急事态抢救或撤离时，佩戴自给式呼吸器。 眼睛防护：必要时戴安全防护眼镜。 身体防护：穿防护服。 手防护：必要时戴防化学品手套。			
危险性类别		易燃液体，类别 3。			

序号	1987	品名	叔丁基硫醇	商品编码	2930.9090
别　名			叔丁硫醇	CAS 号	75-66-1
英文名			T-butyl mercaptan		
分子式			$C_4H_{10}S$		
外观与性状			无色液体，有不愉快气味。		
主要用途			有机合成中间体及制备合成橡胶。		
危险特性			本品是低闪点易燃液体。		
防护措施			呼吸系统防护：佩戴防毒面具。紧急事态抢救或撤离时，佩戴自给式呼吸器。 眼睛防护：必要时戴安全防护眼镜。 身体防护：穿防护服。 手防护：必要时戴防化学品手套。		
危险性类别			易燃液体，类别 2；严重眼损伤/眼刺激，类别 2B；皮肤致敏物，类别 1；特异性靶器官毒性—单次接触，类别 3（麻醉效应）；危害水生环境—急性危害，类别 2；危害水生环境—长期危害，类别 2。		

序号	1988	品名	叔戊基过氧-2-乙基己酸酯（含量≤100%）	商品编码	2915.9000
别　名			过氧化-2-乙基己酸叔戊酯	CAS 号	686-31-7
英文名			Tert-amyl peroxy-2-ethylhexanoate		
分子式			$C_{13}H_{26}O_3$		
外观与性状			无色至微黄色液体。		
主要用途			聚合过程中用作引发剂。		
防护措施			呼吸系统防护：佩戴防毒面具。紧急事态抢救或撤离时，佩戴自给式呼吸器。 眼睛防护：必要时戴安全防护眼镜。 身体防护：穿防护服。 手防护：必要时戴防化学品手套。		
危险性类别			有机过氧化物，D 型。		

序号	1989	品名	叔戊基过氧化氢(含量≤88%,含A型稀释剂≥6%,含水≥6%)	商品编码	2909.6000
别 名				CAS号	3425-61-4
英文名		Tert-amyl hydroperoxide			
分子式		$C_5H_{12}O_2$			
外观与性状		挥发性、微黄色透明液体。			
主要用途		广泛用作合成其他有机过氧化物的原料。			
防护措施		呼吸系统防护：佩戴防毒面具。紧急事态抢救或撤离时，佩戴自给式呼吸器。 眼睛防护：必要时戴安全防护眼镜。 身体防护：穿防护服。 手防护：必要时戴防化学品手套。			
危险性类别		有机过氧化物，E型；危害水生环境—急性危害，类别2；危害水生环境—长期危害，类别2。			

序号	1990	品名	叔戊基过氧戊酸酯(含量≤77%,含B型稀释剂≥23%)	商品编码	2915.9000
别 名		过氧化叔戊基新戊酸酯		CAS号	29240-17-3
英文名		Tert-amyl perpivalate			
分子式		$C_{10}H_{20}O_3$			
外观与性状		无色至微黄色液体。			
主要用途		聚合过程中用作引发剂。			
防护措施		呼吸系统防护：佩戴防毒面具。紧急事态抢救或撤离时，佩戴自给式呼吸器。 眼睛防护：必要时戴安全防护眼镜。 身体防护：穿防护服。 手防护：必要时戴防化学品手套。			
危险性类别		有机过氧化物，C型。			

序号	1991	品名	叔戊基过氧新癸酸酯（含量≤77%，含 B 型稀释剂≥23%）	商品编码	2915.9000
别　名			过氧化叔戊基新癸酸酯	CAS 号	68299-16-1
英文名			Tert-amyl peroxy neodecanoate(in solution,content≤77%)		
分子式			$C_{15}H_{28}O_4$		
外观与性状			无色至微黄色液体。		
主要用途			聚合过程中用作引发剂。		
防护措施			呼吸系统防护：佩戴防毒面具。紧急事态抢救或撤离时，佩戴自给式呼吸器。 眼睛防护：必要时戴安全防护眼镜。 身体防护：穿防护服。 手防护：必要时戴防化学品手套。		
危险性类别			有机过氧化物，D 型。		

序号	1992	品名	叔辛胺	商品编码	2921.1990
别　名				CAS 号	107-45-9
英文名			1,1,3,3-tetramethylbutylamine		
分子式			$C_8H_{19}N$		
外观与性状			无色液体，具有强烈的氨味。		
主要用途			用作橡胶促进剂、杀虫剂及染料、药物制造的中间体。		
危险特性			本品是易燃液体。		
健康危害			本品具有刺激性气味。		
防护措施			呼吸系统防护：佩戴防毒面具。紧急事态抢救或撤离时，佩戴自给式呼吸器。 眼睛防护：必要时戴安全防护眼镜。 身体防护：穿防护服。 手防护：必要时戴防化学品手套。		
危险性类别			易燃液体，类别 2；皮肤腐蚀/刺激，类别 1C；严重眼损伤/眼刺激，类别 1；危害水生环境—长期危害，类别 3。		

序号	1993	品名	树脂酸钙	商品编码	3806.2010
别　名				CAS 号	9007-13-0
英文名		Calcium resinate			
分子式		$C_{40}H_{58}CaO_4$			
外观与性状		白色至淡黄色无定形粉末或块状物，有树脂气味。			
主要用途		制作陶器、搪瓷、香料、化妆品、防水化合物、琥珀取代品、鞣革的材料。			
健康危害		本品会刺激黏膜、眼睛。			
防护措施		呼吸系统防护：佩戴防毒面具。紧急事态抢救或撤离时，佩戴自给式呼吸器。 眼睛防护：必要时戴安全防护眼镜。 身体防护：穿防护服。 手防护：必要时戴防化学品手套。			
危险性类别		易燃固体，类别 2。			

序号	1994	品名	树脂酸钴	商品编码	3806.2010
别　名				CAS 号	68956-82-1
英文名		Cobalt resinate			
分子式		$C_{88}H_{124}O_8Co$			
外观与性状		棕红色粉末。			
主要用途		用于油漆催干剂。			
健康危害		本品会刺激黏膜、眼睛。			
防护措施		呼吸系统防护：佩戴防毒面具。紧急事态抢救或撤离时，佩戴自给式呼吸器。 眼睛防护：必要时戴安全防护眼镜。 身体防护：穿防护服。 手防护：必要时戴防化学品手套。			
危险性类别		易燃固体，类别 2。			

序号	1995	品名	树脂酸铝		商品编码	3806.2010
别 名					CAS 号	61789-65-9
英文名	Aluminum resinate					
分子式	$C_{60}H_{87}AlO_6$					
外观与性状	白色粉末。					
主要用途	用于油漆催干剂。					
健康危害	本品会刺激黏膜、眼睛。					
防护措施	呼吸系统防护：佩戴防毒面具。紧急事态抢救或撤离时，佩戴自给式呼吸器。 眼睛防护：必要时戴安全防护眼镜。 身体防护：穿防护服。 手防护：必要时戴防化学品手套					
危险性类别	易燃固体，类别2。					

序号	1996	品名	树脂酸锰		商品编码	3806.2010
别 名					CAS 号	9008-34-8
英文名	Manganese resinate					
分子式	$C_{60}H_{87}MnO_6$					
外观与性状	白色粉末。					
主要用途	用于油漆催干剂。					
健康危害	本品会刺激黏膜、眼睛。					
防护措施	呼吸系统防护：佩戴防毒面具。紧急事态抢救或撤离时，佩戴自给式呼吸器。 眼睛防护：必要时戴安全防护眼镜。 身体防护：穿防护服。 手防护：必要时戴防化学品手套。					
危险性类别	易燃固体，类别2。					

序号	1997	品名	树脂酸锌	商品编码	3806.2010
别 名				CAS 号	9010-69-9
英文名		Zinc resinate			
分子式		$C_{40}H_{58}O_4Zn$			
外观与性状		白色粉末。			
主要用途		用于油漆催干剂。			
健康危害		本品会刺激黏膜、眼睛。			
防护措施		呼吸系统防护：佩戴防毒面具。紧急事态抢救或撤离时，佩戴自给式呼吸器。 眼睛防护：必要时戴安全防护眼镜。 身体防护：穿防护服。 手防护：必要时戴防化学品手套。			
危险性类别		易燃固体，类别2。			

序号	1998	品名	双(1-甲基乙基)氟磷酸酯	商品编码	2920.9000
别 名		二异丙基氟磷酸酯;丙氟磷		CAS 号	55-91-4
英文名		Diisopropyl fluorophosphate			
分子式		$C_6H_{14}FO_3P$			
外观与性状		无色或微黄色透明黏稠油状液体。			
主要用途		用作酶的抑制剂。			
防护措施		呼吸系统防护：佩戴防毒面具。紧急事态抢救或撤离时，佩戴自给式呼吸器。 眼睛防护：必要时戴安全防护眼镜。 身体防护：穿防护服。 手防护：必要时戴防化学品手套。			
危险性类别		急性毒性—经口，类别1；急性毒性—吸入，类别2。			

序号	1999	品名	双(2-氯乙基)甲胺	商品编码	2921.1940
别　名			氮芥;双(氯乙基)甲胺	CAS 号	51-75-2
英文名			Chlormethine		
分子式			$C_5H_{11}Cl_2N$		
外观与性状			无色或微黄色透明黏稠油状液体。		
主要用途			用作抗恶性肿瘤药。		
防护措施			呼吸系统防护：佩戴防毒面具。紧急事态抢救或撤离时，佩戴自给式呼吸器。 眼睛防护：必要时戴安全防护眼镜。 身体防护：穿防护服。 手防护：必要时戴防化学品手套。		
危险性类别			急性毒性—经口，类别2；急性毒性—经皮肤，类别1；急性毒性—吸入，类别1；皮肤腐蚀/刺激，类别1；严重眼损伤/眼刺激，类别1；生殖细胞致突变性，类别1B；致癌性，类别1B；特异性靶器官毒性—单次接触，类别2。		

序号	2000	品名	5-[(双(2-氯乙基)氨基]-2,4-(1H,3H)嘧啶二酮	商品编码	2933.5990
别　名			尿嘧啶芳芥;嘧啶苯芥	CAS 号	66-75-1
英文名			Uracil mustard (500 mg) (for U.S. sale only)		
分子式			$C_8H_{11}Cl_2N_3O_2$		
外观与性状			无色或微黄色透明黏稠油状液体。		
主要用途			用作西医药物。		
防护措施			呼吸系统防护：佩戴防毒面具。紧急事态抢救或撤离时，佩戴自给式呼吸器。 眼睛防护：必要时戴安全防护眼镜。 身体防护：穿防护服。 手防护：必要时戴防化学品手套。		
危险性类别			急性毒性—经口，类别1。		

序号	2001	品名	2,2-双-[4,4-二(叔丁基过氧化)环己基]丙烷(含量≤42%,惰性固体含量≥58%)、2,2-双-[4,4-二(叔丁基过氧化)环己基]丙烷(含量≤22%,含B型稀释剂≥78%)	商品编码	2909.6090
别　名				CAS号	
英文名	2,2-bis(4,4-di-tert-butyldioxcyclohexyl)propane					
分子式	$C_{31}H_{60}O_8$					
外观与性状	无色或微黄色透明黏稠油状液体。					
主要用途	聚合过程中用作引发剂。					
防护措施	呼吸系统防护：佩戴防毒面具。紧急事态抢救或撤离时，佩戴自给式呼吸器。 眼睛防护：必要时戴安全防护眼镜。 身体防护：穿防护服。 手防护：必要时戴防化学品手套。					
危险性类别	有机过氧化物，E型。					

序号	2002	品名	2,2-双(4-氯苯基)-2-羟基乙酸乙酯	商品编码	2918.1800
别　名	4,4'-二氯二苯乙醇酸乙酯；乙酯杀螨醇				CAS号	510-15-6
英文名	Chlorobenzilate					
分子式	$C_{16}H_{14}Cl_2O_3$					
外观与性状	白色固体。					
主要用途	用于化学工业。					
防护措施	呼吸系统防护：佩戴防毒面具。紧急事态抢救或撤离时，佩戴自给式呼吸器。 眼睛防护：必要时戴安全防护眼镜。 身体防护：穿防护服。 手防护：必要时戴防化学品手套。					
危险性类别	危害水生环境—急性危害，类别1；危害水生环境—长期危害，类别1。					

序号	2003	品名	O,O-双(4-氯苯基)N-(1-亚氨基)乙基硫代磷酸胺	商品编码	2929.9090
别 名			毒鼠磷	CAS 号	4104-14-7
英文名			Phosazetim		
分子式			$C_{14}H_{11}Cl_2N_2O_4PS$		
外观与性状			白色固体。		
主要用途			用作农药。		
防护措施			呼吸系统防护：佩戴防毒面具。紧急事态抢救或撤离时，佩戴自给式呼吸器。 眼睛防护：必要时戴安全防护眼镜。 身体防护：穿防护服。 手防护：必要时戴防化学品手套。		
危险性类别			急性毒性—经口，类别2*；急性毒性—经皮肤，类别1；危害水生环境—急性危害，类别1；危害水生环境—长期危害，类别1。		

序号	2004	品名	双(N,N-二甲基甲硫酰)二硫化物	商品编码	2930.3000
别 名			四甲基二硫代秋兰姆；四甲基硫代过氧化二碳酸二酰胺；福美双	CAS 号	137-26-8
英文名			Tmtd		
分子式			$C_6H_{12}N_2S_4$		
外观与性状			白色固体。		
主要用途			用作橡胶促进剂。		
健康危害			本品对呼吸道与皮肤有刺激作用。		
防护措施			呼吸系统防护：佩戴防毒面具。紧急事态抢救或撤离时，佩戴自给式呼吸器。 眼睛防护：必要时戴安全防护眼镜。 身体防护：穿防护服。 手防护：必要时戴防化学品手套。		
危险性类别			皮肤腐蚀/刺激，类别2；严重眼损伤/眼刺激，类别2；皮肤致敏物，类别1；特异性靶器官毒性—反复接触，类别2*；危害水生环境—急性危害，类别1；危害水生环境—长期危害，类别1。		

序号	2005	品名	双(二甲胺基)磷酰氟(含量>2%)	商品编码	2929.9090
别 名			甲氟磷	CAS 号	115-26-4
英文名			Dimefox		
分子式			$C_4H_{12}FN_2OP$		
外观与性状			白色固体。		
主要用途			用于防治危害农林牧业生产的有害生物。		
防护措施			呼吸系统防护：佩戴防毒面具。紧急事态抢救或撤离时，佩戴自给式呼吸器。 眼睛防护：必要时戴安全防护眼镜。 身体防护：穿防护服。 手防护：必要时戴防化学品手套。		
危险性类别			急性毒性—经口，类别2*；急性毒性—经皮肤，类别1。		

序号	2006	品名	双(二甲基二硫代氨基甲酸)锌	商品编码	2930.2000
别 名			福美锌	CAS 号	137-30-4
英文名			Zinc bis dimethyldithiocarbamate		
分子式			$C_6H_{12}N_2S_4Zn$		
外观与性状			白色固体。		
主要用途			用作杀菌剂和杀虫剂。		
防护措施			呼吸系统防护：佩戴防毒面具。紧急事态抢救或撤离时，佩戴自给式呼吸器。 眼睛防护：必要时戴安全防护眼镜。 身体防护：穿防护服。 手防护：必要时戴防化学品手套。		
危险性类别			急性毒性—吸入，类别2*；严重眼损伤/眼刺激，类别1；皮肤致敏物，类别1；特异性靶器官毒性—单次接触，类别3（呼吸道刺激）；特异性靶器官毒性—反复接触，类别2*；危害水生环境—急性危害，类别1；危害水生环境—长期危害，类别1。		

序号	2007	品名	4,4-双-(过氧化叔丁基)戊酸正丁酯(52%<含量≤100%)、4,4-双-(过氧化叔丁基)戊酸正丁酯(含量≤52%,含惰性固体≥48%)	商品编码	2918.9900
别	名		4,4-二(叔丁基过氧化)戊酸正丁酯	CAS号	995-33-5
英文名			Butyl 4,4-bis(tert-butyldioxy)valerate		
分子式			$C_{17}H_{34}O_6$		
外观与性状			无色至微黄色液体。		
主要用途			聚合过程中用作引发剂。		
防护措施			呼吸系统防护：佩戴防毒面具。紧急事态抢救或撤离时，佩戴自给式呼吸器。 眼睛防护：必要时戴安全防护眼镜。 身体防护：穿防护服。 手防护：必要时戴防化学品手套。		
危险性类别			有机过氧化物，E型。		

序号	2008	品名	双过氧化壬二酸(含量≤27%,惰性固体含量≥73%)、双过氧化十二烷二酸(含量≤42%,含硫酸钠≥56%)	商品编码	2917.1900
别	名			CAS号	1941-79-3
英文名			Diperoxyazelaic acid		
分子式			$C_9H_{16}O_6$		
外观与性状			无色至微黄色液体。		
主要用途			聚合过程中用作引发剂。		
防护措施			呼吸系统防护：应该佩戴防毒面具。紧急事态抢救或撤离时，佩戴自给式呼吸器。 眼睛防护：必要时戴安全防护眼镜。 身体防护：穿防护服。 手防护：必要时戴防化学品手套。		
危险性类别			有机过氧化物，D型。		

序号	2009	品名	双戊烯	商品编码	2902.1990
别　名			苧烯；二聚戊烯；1,8-萜二烯	CAS 号	138-86-3
英文名			Dipentene		
分子式			$C_{10}H_{16}$		
外观与性状			无色易燃液体，有好闻的柠檬香味。		
主要用途			用作合成橡胶、香料的原料，也用作溶剂。		
健康危害			本品会刺激皮肤。		
防护措施			呼吸系统防护：空气中浓度较高时，应该佩戴防毒面具。紧急事态抢救或撤离时，佩戴自给式呼吸器。 眼睛防护：必要时戴安全防护眼镜。 身体防护：穿防护服。 手防护：必要时戴防化学品手套。		
危险性类别			易燃液体，类别 3；皮肤腐蚀/刺激，类别 2；皮肤致敏物，类别 1；危害水生环境—急性危害，类别 1；危害水生环境—长期危害，类别 1。		

序号	2010	品名	2,5-双（1-吖丙啶基）-3-（2-氨甲酰氧-1-甲氧乙基）-6-甲基-1,4-苯醌	商品编码	2933.9900
别　名			卡巴醌	CAS 号	24279-91-2
英文名			Carboquone		
分子式			$C_7H_8N_2O_2$		
外观与性状			白色固体。		
主要用途			用作烷化剂类抗癌药物。		
防护措施			呼吸系统防护：空气中浓度较高时，应该佩戴防毒面具。紧急事态抢救或撤离时，佩戴自给式呼吸器。 眼睛防护：必要时戴安全防护眼镜。 身体防护：穿防护服。 手防护：必要时戴防化学品手套。		
危险性类别			急性毒性—经口，类别 2。		

序号	2011	品名	水合肼(含肼≤64%)	商品编码	2825.1010
别 名			水合联氨	CAS 号	10217-52-4
英文名			Hydrazine hydrate		
分子式			$N_2H_4 \cdot H_2O$		
外观与性状			纯品为无色透明的油状液体。		
主要用途			用作还原剂、抗氧剂。		
危险特性			本品与氧化剂接触，会自燃自爆。		
防护措施			呼吸系统防护：空气中浓度较高时，应该佩戴防毒面具。紧急事态抢救或撤离时，佩戴自给式呼吸器。 眼睛防护：必要时戴安全防护眼镜。 身体防护：穿防护服。 手防护：必要时戴防化学品手套。		
危险性类别			急性毒性—经口，类别3*；急性毒性—经皮肤，类别3*；急性毒性—吸入，类别3*；皮肤腐蚀/刺激，类别1B；严重眼损伤/眼刺激，类别1；皮肤致敏物，类别1；致癌性，类别2；危害水生环境—急性危害，类别1；危害水生环境—长期危害，类别1。		

序号	2012	品名	水杨醛	商品编码	2912.4990
别 名			2-羟基苯甲醛；邻羟基苯甲醛	CAS 号	1990-2-8
英文名			Salicylaldehyde		
分子式			$C_7H_6O_2$		
外观与性状			无色澄清油状液体。		
主要用途			用作有机合成中间体。		
防护措施			呼吸系统防护：空气中浓度较高时，应该佩戴防毒面具。紧急事态抢救或撤离时，佩戴自给式呼吸器。 眼睛防护：必要时戴安全防护眼镜。 身体防护：穿防护服。 手防护：必要时戴防化学品手套。		
危险性类别			急性毒性—经皮肤，类别3；生殖毒性，类别2；特异性靶器官毒性—反复接触，类别2；危害水生环境—急性危害，类别2；危害水生环境—长期危害，类别3。		

序号	2013	品名	水杨酸汞	商品编码	2852.1000
别名				CAS 号	5970-32-1
英文名	Mercuric salicylate					
分子式	$C_{14}H_{10}HgO_6$				
外观与性状	白色固体。				
主要用途	用作有机合成中间体。				
防护措施	呼吸系统防护：空气中浓度较高时，应该佩戴防毒面具。紧急事态抢救或撤离时，佩戴自给式呼吸器。 眼睛防护：必要时戴安全防护眼镜。 身体防护：穿防护服。 手防护：必要时戴防化学品手套。				
危险性类别	急性毒性—经口，类别2*；急性毒性—经皮肤，类别1；急性毒性—吸入，类别2*；特异性靶器官毒性—反复接触，类别2*；危害水生环境—急性危害，类别1；危害水生环境—长期危害，类别1。				

序号	2014	品名	水杨酸化烟碱	商品编码	2939.7910
别名				CAS 号	29790-52-1
英文名	Nicotine salicylate				
分子式	$C_{17}H_2ON_2O_3$				
外观与性状	白色固体。				
主要用途	用作有机合成中间体。				
危险特性	本品可燃。				
健康危害	本品有毒。				
防护措施	呼吸系统防护：空气中浓度较高时，应该佩戴防毒面具。紧急事态抢救或撤离时，佩戴自给式呼吸器。 眼睛防护：必要时戴安全防护眼镜。 身体防护：穿防护服。 手防护：必要时戴防化学品手套。				
危险性类别	急性毒性—经口，类别2*；急性毒性—经皮肤，类别1；急性毒性—吸入，类别2*；危害水生环境—急性危害，类别2；危害水生环境—长期危害，类别2。				

序号	2015	品名	丝裂霉素 C		商品编码	2941.9090
别 名			自力霉素		CAS 号	1950-7-7
英文名			Mitomycin c			
分子式			$C_{15}H_{18}N_4O_5$			
外观与性状			白色固体。			
主要用途			用作广谱抗肿瘤抗生素。			
危险特性			本品有毒。			
健康危害			孕妇和哺乳妇女忌用本品。			
防护措施			呼吸系统防护：空气中浓度较高时，应该佩戴防毒面具。紧急事态抢救或撤离时，佩戴自给式呼吸器。 眼睛防护：必要时戴安全防护眼镜。 身体防护：穿防护服。 手防护：必要时戴防化学品手套。			
危险性类别			急性毒性—经口，类别 2；致癌性，类别 2。			

序号	2016	品名	四苯基锡		商品编码	2931.9000
别 名					CAS 号	595-90-4
英文名			Tetraphenyltin			
分子式			$C_{24}H_{20}Sn$			
外观与性状			白色固体。			
主要用途			用于有机合成。			
危险特性			本品易燃。			
健康危害			本品有毒。			
防护措施			呼吸系统防护：空气中浓度较高时，应该佩戴防毒面具。紧急事态抢救或撤离时，佩戴自给式呼吸器。 眼睛防护：必要时戴安全防护眼镜。 身体防护：穿防护服。 手防护：必要时戴防化学品手套。			
危险性类别			危害水生环境—急性危害，类别 1；危害水生环境—长期危害，类别 1。			

序号	2017	品名	四碘化锡	商品编码	2827.6000
别 名				CAS 号	7790-47-8
英文名		Stannic iodide				
分子式		SnI_4				
外观与性状		橙黄色或微红色结晶。				
主要用途		用于有机合成。				
危险特性		本品本身不燃烧，但遇高热能放出有毒的烟气。				
健康危害		本品有毒。				
防护措施		呼吸系统防护：空气中浓度较高时，应该佩戴防毒面具。紧急事态抢救或撤离时，佩戴自给式呼吸器。 眼睛防护：必要时戴安全防护眼镜。 身体防护：穿防护服。 手防护：必要时戴防化学品手套。				
危险性类别		皮肤腐蚀/刺激，类别1；严重眼损伤/眼刺激，类别1。				

序号	2018	品名	四丁基氢氧化铵	商品编码	2923.9000
别 名				CAS 号	2052-49-5
英文名		Tetrabutylammonium hydroxide				
分子式		$C_{16}H_{37}NO$				
外观与性状		白色液体。				
主要用途		用作有机强碱及相转移催化剂。				
危险特性		本品可燃。				
健康危害		本品有毒。				
防护措施		呼吸系统防护：空气中浓度较高时，应该佩戴防毒面具。紧急事态抢救或撤离时，佩戴自给式呼吸器。 眼睛防护：必要时戴安全防护眼镜。 身体防护：穿防护服。 手防护：必要时戴防化学品手套。				
危险性类别		皮肤腐蚀/刺激，类别1；严重眼损伤/眼刺激，类别1。				

序号	2019	品名	四丁基氢氧化膦	商品编码	2931.3990
别　名				CAS 号	14518-69-5

英文名	Tetrabutylphosphonium hydroxide
分子式	$C_{16}H_{37}OP$
外观与性状	白色液体。
主要用途	用作化工中间体。
危险特性	本品可燃。
健康危害	本品对水体是稍微有害的。
防护措施	呼吸系统防护：空气中浓度较高时，应该佩戴防毒面具。紧急事态抢救或撤离时，佩戴自给式呼吸器。 眼睛防护：必要时戴安全防护眼镜。 身体防护：穿防护服。 手防护：必要时戴防化学品手套。
危险性类别	皮肤腐蚀/刺激，类别 1；严重眼损伤/眼刺激，类别 1。

序号	2020	品名	四丁基锡	商品编码	2931.9000
别　名				CAS 号	1461-25-2

英文名	Tetra-n-butyltin
分子式	$C_{16}H_{36}Sn$
外观与性状	无色或微黄色油状液体。
主要用途	用作防锈剂、稳定剂、多聚催化剂，汽油防爆剂等。
危险特性	本品遇明火、高热可燃；受高热分解，放出有毒的烟气。
健康危害	低浓度本品引起眼、鼻及上呼吸道刺激症状及支气管炎；高浓度吸入尚有麻醉作用，表现有头痛、嗜睡、神志不清及支气管炎、肺水肿、腹泻、蛋白尿肝和心肌脂肪性变，可致死；误服出现胃肠道刺激症状、麻醉作用及心、肝、肾损害；对皮肤有致敏性；反复接触蒸气引起皮炎、结膜炎。
防护措施	呼吸系统防护：空气中浓度超标时，佩戴过滤式防毒面具（半面罩）。 眼睛防护：戴化学安全防护眼镜。 身体防护：穿防静电工作服。 手防护：戴橡胶手套。
危险性类别	严重眼损伤/眼刺激，类别 2B；生殖毒性，类别 2；特异性靶器官毒性—单次接触，类别 3（麻醉效应）；特异性靶器官毒性—反复接触，类别 2；危害水生环境—急性危害，类别 1；危害水生环境—长期危害，类别 1。

序号	2021	品名	四氟代肼	商品编码	2812.9019
别　名			四氟肼	CAS 号	10036-47-2
英文名			Tetrafluorohydrazine；dinitrogen tetrafluoride		
外观与性状			无色气体或液体。		
危险特性			本品是对热、光、空气十分敏感的不稳定爆炸性气体，在容器中受压可发生爆炸；与碳氢化合物、氢气、有机物、还原剂、氧气能发生爆炸性的反应。		
健康危害			本品剧毒，热解放出高毒的 F-和 NOx 烟雾。		
防护措施			呼吸系统防护：可能接触毒物时，必须佩戴防毒面具。紧急事态抢救或撤离时，建议佩戴正压自给式呼吸器。 眼睛防护：戴化学安全防护眼镜。 身体防护：穿胶布防毒服。 手防护：戴防化学品手套。		
危险性类别			氧化性气体，类别 1；加压气体；急性毒性—吸入，类别 2；危害水生环境—急性危害，类别 1；危害水生环境—长期危害，类别 1。		

序号	2022	品名	四氟化硅	商品编码	2812.9090
别　名			氟化硅	CAS 号	7783-61-1
英文名			Silane, tetrafluoro-		
分子式			SiF_4		
外观与性状			无色刺激性气体，易潮解，在潮湿空气中可产生浓烟雾。		
主要用途			用以制取有机硅化物、氟硅酸和氟化铝，也用于化学分析、油井钻探、催化剂、蒸熏剂等。		
危险特性			本品在潮湿空气中产生白色有腐蚀性和刺激性的氟化氢烟雾；遇水剧烈反应，生成硅酸及氟化氢。		
健康危害			本品对眼睛、皮肤、黏膜和呼吸道有严重损害，局部腐蚀作用强；严重中毒者可致肺炎、肺水肿。		
防护措施			呼吸系统防护：空气中浓度超标时，佩戴自吸过滤式防毒面具（全面罩）。紧急事态抢救或撤离时，建议佩戴空气呼吸器。 眼睛防护：呼吸系统防护中已作防护 身体防护：穿密闭型防毒服。 手防护：戴橡胶手套。		
危险性类别			加压气体；急性毒性—吸入，类别 3*；皮肤腐蚀/刺激，类别 1；严重眼损伤/眼刺激，类别 1。		

序号	2023	品名	四氟化硫	商品编码	2812.9019
别　名				CAS 号	7783-60-0
英文名	Sulfur tetrachloride				
分子式	F_4S				
外观与性状	无色、带刺激性气味的气体。				
主要用途	广泛应用于高档液晶材料和高端医药、农药工业中间体生产。				
危险特性	本品遇水或水蒸气、酸或酸气产生剧毒的烟雾，腐蚀性很强，可腐蚀玻璃和大多数金属。				
健康危害	本品具有强烈毒性的刺激性气体，可引起类似光气的呼吸道损害。				
防护措施	呼吸系统防护：空气中浓度较高时，应该佩戴防毒面具。紧急事态抢救或撤离时，佩戴自给式呼吸器。 眼睛防护：必要时戴安全防护眼镜。 身体防护：穿胶布防毒服。 手防护：必要时戴防化学品手套。				
危险性类别	加压气体；急性毒性—吸入，类别 1；皮肤腐蚀/刺激，类别 1；严重眼损伤/眼刺激，类别 1；特异性靶器官毒性—单次接触，类别 1；特异性靶器官毒性—单次接触，类别 3（呼吸道刺激）；特异性靶器官毒性—反复接触，类别 1。				

序号	2024	品名	四氟化铅	商品编码	2826.1990
别　名				CAS 号	7783-59-7
英文名	Lead tetrafluoride				
分子式	F_4Pb				
危险特性	本品遇水产生剧毒的氟化氢气体。				
防护措施	呼吸系统防护：空气中浓度较高时，应该佩戴防毒面具。紧急事态抢救或撤离时，佩戴自给式呼吸器。 眼睛防护：必要时戴安全防护眼镜。 身体防护：穿胶布防毒服。 手防护：必要时戴防化学品手套。				
危险性类别	致癌性，类别 1B；生殖毒性，类别 1A；特异性靶器官毒性—反复接触，类别 2*；危害水生环境—急性危害，类别 1；危害水生环境—长期危害，类别 1。				

序号	2025	品名	四氟甲烷	商品编码	2903.3990
别名			R14	CAS号	75-73-0
英文名			Carbon tetrafluoride		
分子式			CF_4		
外观与性状			无色、无臭、无味气体。		
主要用途			用作低温制冷剂及集成电路的等离子干法蚀刻技术。		
危险特性			本品不燃，若遇高热，容器内压增大，有开裂和爆炸的危险。		
健康危害			本品能引起快速窒息，接触后可引起头痛、恶心和呕吐。		
防护措施			呼吸系统防护：一般不需要特殊防护，高浓度接触时可佩戴自吸过滤式防毒面具（半面罩）。 眼睛防护：一般不需特殊防护。 身体防护：穿一般作业工作服。 手防护：戴一般作业防护手套。		
危险性类别			加压气体；特异性靶器官毒性—单次接触，类别3（麻醉效应）。		

序号	2026	品名	四氟硼酸-2,5-二乙氧基-4-吗啉代重氮苯	商品编码	2934.9990
别名				CAS号	4979-72-0
防护措施			呼吸系统防护：佩戴防毒口罩。紧急事态抢救或逃生时，佩戴自给式呼吸器。 眼睛防护：戴化学安全防护眼镜。 防护服：穿相应的防护服。 手防护：戴防化学品手套。		
危险性类别			自反应物质和混合物，D型。		

序号	2027	品名	四氟乙烯（稳定的）	商品编码	2903.3990
别　名				CAS号	
英文名	Tetrafluoroethylene				
分子式	C_2F_4				
外观与性状	无色、无臭气体。				
主要用途	用作制造新型的热塑料、工程塑料、新型灭火剂和抑雾剂的原料。				
危险特性	本品与空气混合能形成爆炸性混合物；易聚合，只有经过稳定化处理才允许储运；气体比空气重，能在较低处扩散到相当远的地方，遇火源会着火回燃。				
健康危害	急性中毒：轻者有咳嗽、胸闷、头晕、乏力、恶心等；较重者出现化学性肺炎或间质型肺水肿；严重者出现肺水肿及心肌损害。吸入有机氟聚合物热解物后，可引起氟聚合物烟尘热。慢性中毒：常见有头痛、头晕、乏力、睡眠障碍等神经衰弱综合征和腰背酸痛症状；可致骨骼损害。				
防护措施	呼吸系统防护：空气中浓度超标时，佩戴自吸过滤式防毒面具（半面罩）。 眼睛防护：戴化学安全防护眼镜。 身体防护：穿防静电工作服。 手防护：戴一般作业防护手套。				
危险性类别	易燃气体，类别1；化学不稳定性气体，类别B；加压气体；严重眼损伤/眼刺激，类别2B；致癌性，类别2；特异性靶器官毒性—单次接触，类别2；特异性靶器官毒性—反复接触，类别2。				

序号	2028	品名	1,2,4,5-四甲苯	商品编码	2902.9090
别　名	均四甲苯			CAS号	95-93-2
英文名	1,2,4,5-tetramethylbenzene				
分子式	$C_{10}H_{14}$				
外观与性状	白色或无色结晶，有类似樟脑的气味。				
主要用途	用于有机合成、增塑剂及制均苯四甲酸二酐。				
危险特性	本品遇明火、高热可燃；与氧化剂混合能形成有爆炸性的混合物；粉体与空气可形成爆炸性混合物，当达到一定的浓度时，遇火星会发生爆炸。				
健康危害	本品有轻度刺激作用。				
防护措施	呼吸系统防护：可能接触其粉尘时，佩戴防尘口罩。 眼睛防护：一般不需特殊防护。必要时可采用安全面罩。 身体防护：穿工作服。 手防护：戴防护手套。				
危险性类别	易燃固体，类别1。				

序号	2029	品名	1,1,3,3-四甲基-1-丁硫醇	商品编码	2930.9090
别　名			特辛硫醇;叔辛硫醇	CAS 号	141-59-3
英文名			2-pentanethiol,2,4,4-trimethyl-		
分子式			$C_8H_{18}S$		
危险特性			本品遇明火、高热、氧化剂可燃;燃烧产生有毒的硫氧化物烟雾。		
防护措施			呼吸系统防护:佩戴防毒口罩。紧急事态抢救或逃生时,佩戴自给式呼吸器。 眼睛防护:戴化学安全防护眼镜。 防护服:穿相应的防护服。 手防护:戴防化学品手套。		
危险性类别			易燃液体,类别3;急性毒性—经口,类别3;急性毒性—吸入,类别2*。		

序号	2030	品名	1,1,3,3-四甲基丁基过氧-2-乙基己酸酯(含量≤100%)	商品编码	2915.9000
别　名			过氧化-2-乙基己酸-1,1,3,3-四甲基丁酯;过氧化-1,1,3,3-四甲基丁基-2-乙基乙酸酯;过氧化-2-乙基己酸叔辛酯	CAS 号	22288-43-3
英文名			Hexaneperoxoic acid,2-ethyl-, 1,1,3,3-tetramethylbutyl ester		
分子式			$C_{16}H_{32}O_3$		
外观与性状			无色液体,有碳氢化合物气味。		
防护措施			呼吸系统防护:佩戴防毒口罩。紧急事态抢救或逃生时,佩戴自给式呼吸器。 眼睛防护:戴化学安全防护眼镜。 防护服:穿相应的防护服。 手防护:戴防化学品手套。		
危险性类别			有机过氧化物,D 型。		

序号	2031	品名	1,1,3,3-四甲基丁基过氧新癸酸酯(含量≤52%,在水中稳定弥散)、1,1,3,3-四甲基丁基过氧新癸酸酯(含量≤72%,含 B 型稀释剂≥28%)	商品编码	2918.9900
别　名				CAS 号	51240-95-0
英文名			1,1,3,3-tetramethylbutyl peroxyneodecanoate		
分子式			$C_{18}H_{34}O_4$		
防护措施			呼吸系统防护:佩戴防毒口罩。紧急事态抢救或逃生时,佩戴自给式呼吸器。 眼睛防护:戴化学安全防护眼镜。 防护服:穿相应的防护服。 手防护:戴防化学品手套。		
危险性类别			有机过氧化物,D 型。		

序号	2032	品名	1,1,3,3-四甲基丁基氢过氧化物（含量≤100%）	商品编码	2909.6090
别 名			氧化氢叔辛基	CAS 号	5809-8-5
英文名			Hydroperoxide,1,1,3,3-tetramethyl butyl		
分子式			$C_8H_{18}O_2$		
防护措施			呼吸系统防护：空气中浓度较高时，建议佩戴防毒口罩。 眼睛防护：可采用安全面罩。 身体防护：穿防静电工作服。 手防护：戴防护手套。		
危险性类别			有机过氧化物，D 型。		

序号	2033	品名	2,2,3',3'-四甲基丁烷	商品编码	2901.1000
别 名			六甲基乙烷	CAS 号	594-82-1
英文名			Butane,2,2,3,3-tetramethyl-		
分子式			C_8H_{18}		
外观与性状			无色结晶。		
主要用途			用作化学试剂、色谱分析对比样品。		
危险特性			本品遇明火、高热、氧化剂极易燃烧。		
健康危害			本品对眼睛、皮肤、黏膜有一定的刺激性。		
防护措施			呼吸系统防护：空气中浓度较高时，建议佩戴防毒口罩。 眼睛防护：可采用安全面罩。 身体防护：穿防静电工作服。 手防护：戴防护手套。		
危险性类别			易燃液体，类别 2；皮肤腐蚀/刺激，类别 2；特异性靶器官毒性—单次接触，类别 3（麻醉效应）；吸入危害，类别 1；危害水生环境—急性危害，类别 1；危害水生环境—长期危害，类别 1。		

序号	2034	品名	四甲基硅烷	商品编码	2931.9000
别名			四甲基硅	CAS 号	75-76-3
英文名			Tetramethylsilane		
分子式			$C_4H_{12}Si$		
外观与性状			无色吸湿性液体,易挥发。		
主要用途			用作试剂、航空燃料、溶剂、核磁共振试剂。		
危险特性			本品遇热、明火、强氧化剂有引起燃烧危险。		
健康危害			吸入、口服或经皮肤吸收本品对身体有害,具有刺激性。		
防护措施			呼吸系统防护:空气中浓度超标时,应该佩戴过滤式防毒面具(全面罩)、自给式呼吸器或通风式呼吸器。 眼睛防护:必要时,戴化学安全防护眼镜。 身体防护:穿防静电工作服。 手防护:戴乳胶手套。		
危险性类别			易燃液体,类别1。		

序号	2035	品名	四甲基铅	商品编码	2931.1000
别名				CAS 号	75-74-1
英文名			Tetramethyllead		
分子式			$C_4H_{12}Pb$		
外观与性状			无色油状液体,有特臭味。		
主要用途			作为内燃机燃料汽油的添加剂以防震。		
危险特性			本品遇高热、明火或与氧化剂接触,有引起燃烧的危险;受高热分解释放出有毒的气体。		
健康危害			本品为神经毒,吸入、经口和经皮肤吸收均可引起中毒。四甲铅引起人中毒迄今尚未见报道。动物实验四甲铅中毒与四乙铅相似,实验动物出现兴奋、痉挛、共济失调、震颤、昏迷等症状。		
防护措施			呼吸系统防护:可能接触其蒸气时,应该佩戴防毒面具。紧急事态抢救或撤离时,建议佩戴自给式呼吸器。 眼睛防护:戴化学安全防护眼镜。 身体防护:穿聚乙烯薄膜防毒服。 手防护:戴防化学品手套。		
危险性类别			易燃液体,类别3;急性毒性—经口,类别3;急性毒性—吸入,类别2;特异性靶器官毒性—单次接触,类别1;特异性靶器官毒性—反复接触,类别1;危害水生环境—急性危害,类别1;危害水生环境—长期危害,类别1。		

序号	2036	品名	四甲基氢氧化铵	商品编码	2923.9000
别　　名				CAS 号	75-59-2
英文名	Tetramethylammonium hydroxidel				
分子式	$C_4H_{13}NO$				
外观与性状	无色结晶（常含三、五等结晶水）。				
主要用途	用作计算机硅片面的光亮剂和触刻剂等，也用作极谱分析试剂。				
健康危害	吸入、皮肤接触和不慎吞咽本品有害，会导致灼伤。				
防护措施	呼吸系统防护：空气中浓度较高时，建议佩戴防毒口罩。 眼睛防护：戴防护眼镜或者面罩。 身体防护：穿戴合适的防护服。 手防护：戴防护手套。				
危险性类别	急性毒性—经口，类别 2；急性毒性—经皮肤，类别 2；皮肤腐蚀/刺激，类别 1；严重眼损伤/眼刺激，类别 1；特异性靶器官毒性—单次接触，类别 1；特异性靶器官毒性—反复接触，类别 1；危害水生环境—急性危害，类别 2。				

序号	2037	品名	N,N,N',N'-四甲基乙二胺	商品编码	2921.2900
别　　名	1,2-双(二甲基氨基)乙烷			CAS 号	110-18-9
英文名	N,n,n',n'-tetramethylethylenediamine				
分子式	$C_6H_{16}N_2$				
外观与性状	无色透明液体，略有氨的气味。				
主要用途	用作生化试剂、环氧树脂交联剂，也是季胺化合物中间体。				
危险特性	本品遇高热、明火及强氧化剂易引起燃烧。				
健康危害	本品蒸气对眼睛和呼吸道有刺激性；液体可致严重眼损害；对皮肤有刺激性，可致灼伤。				
防护措施	呼吸系统防护：可能接触其蒸气时，应该佩戴自吸过滤式防毒面具（半面罩）。紧急事态抢救或撤离时，建议佩戴氧气呼吸器、空气呼吸器。 眼睛防护：戴化学安全防护眼镜。 身体防护：穿防毒物渗透工作服。 手防护：戴橡胶耐油手套。				
危险性类别	易燃液体，类别 2；皮肤腐蚀/刺激，类别 1B；严重眼损伤/眼刺激，类别 1。				

序号	2038	品名	四聚丙烯	商品编码	2901.2990
别 名			四丙烯	CAS 号	6842-15-5
英文名			Propylene tetramer		
分子式			$C_{12}H_{18}$		
外观与性状			无色液体。		
主要用途			用于生产表面活性剂、洗涤剂、润滑油添加剂、增塑剂及石油添加剂。		
危险特性			本品可燃,加热分解释放出刺激性烟雾。		
防护措施			呼吸系统防护:可能接触其蒸气时,应该佩戴防毒面具。紧急事态抢救或逃生时,佩戴自给式呼吸器。 眼睛防护:戴化学安全防护眼镜。 身体防护:穿相应的防护服。 手防护:戴防化学品手套。		
危险性类别			易燃液体,类别 3;危害水生环境—急性危害,类别 1;危害水生环境—长期危害,类别 1。		

序号	2039	品名	四磷酸六乙酯	商品编码	2919.9000
别 名			乙基四磷酸酯	CAS 号	757-58-4
英文名			Hexaethyl tetraphosphate		
分子式			$C_2H_{10}O_{13}P_4$		
外观与性状			黄色液体。		
主要用途			用作杀虫剂。		
危险特性			本品遇明火、高热可燃;受高热分解,放出有毒的烟气。		
健康危害			本品为高毒有机磷杀虫剂,能抑制胆碱酯酶活性。中毒后胆碱酯酶活性下降,出现头晕、眼花、无力、恶心、呕吐、多汗、流涎、瞳孔缩小,严重者肌肉痉挛、昏迷、呼吸困难、肺水肿等。		
防护措施			呼吸系统防护:可能接触其蒸气时,应该佩戴防毒面具。紧急事态抢救或逃生时,佩戴自给式呼吸器。 眼睛防护:戴化学安全防护眼镜。 身体防护:穿相应的防护服。 手防护:戴防化学品手套。		
危险性类别			急性毒性—经口,类别 2。		

序号	2040	品名	四磷酸六乙酯和压缩气体混合物	商品编码	3808.9119、3808.9190
别 名				CAS 号	
英文名		Hexaethyl tetraphosphate and compressed gas, mixtures			
外观与性状		黄色，易挥发，吸湿性液体。			
危险特性		本品有毒。			
防护措施		呼吸系统防护：佩戴防毒口罩。紧急事态抢救或逃生时，佩戴自给式呼吸器。 眼睛防护：戴化学安全防护眼镜。 防护服：穿相应的防护服。 手防护：戴防化学品手套。			
危险性类别		加压气体；急性毒性—吸入，类别 3*。			

序号	2041	品名	2,3,4,6-四氯苯酚	商品编码	2908.1990
别 名		2,3,4,6-四氯酚		CAS 号	58-90-2
英文名		2,3,4,6-tetrachlorophenol			
分子式		$C_6H_2Cl_4O$			
外观与性状		白色针状结晶，有强烈特殊气味。			
主要用途		用作杀虫剂、消毒剂和木材、乳胶、皮革防腐剂。			
危险特性		本品不易燃烧；受高热分解，放出有毒的烟气。			
健康危害		本品有毒，能严重刺激结膜和泪管；受热放出有毒氯气。资料报道，有致突变作用。			
防护措施		呼吸系统防护：佩戴防毒口罩。空气中浓度较高时，建议佩戴防毒面具。 眼睛防护：戴化学安全防护眼镜。 身体防护：穿相应的防护服。 手防护：戴防化学品手套。			
危险性类别		急性毒性—经口，类别 3*；皮肤腐蚀/刺激，类别 2；严重眼损伤/眼刺激，类别 2；危害水生环境—急性危害，类别 1；危害水生环境—长期危害，类别 1。			

序号	2042	品名	1,1,3,3-四氯丙酮	商品编码	2914.7900
别 名			1,1,3,3-四氯-2-丙酮	CAS 号	632-21-3
英文名			1,1,3,3-tetrachloroacetone		
分子式			$C_3H_2Cl_4O$		
外观与性状			液体，有强烈的辛辣气味。		
主要用途			用于有机合成。		
危险特性			本品遇明火、高热可燃；受高热分解，放出有毒的烟气。		
健康危害			本品有毒，吸入、摄入或经皮肤吸收后会中毒；受热分解释放出有毒的氯气烟雾。资料报道，有致畸、致突变的作用。		
防护措施			呼吸系统防护：可能接触其蒸气时，建议佩戴防毒口罩。紧急事态抢救或逃生时，佩戴自给式呼吸器。 眼睛防护：戴化学安全防护眼镜。 身体防护：穿相应的防护服。 手防护：戴防化学品手套。		
危险性类别			急性毒性—经口，类别 3；急性毒性—经皮肤，类别 2。		

序号	2043	品名	1,2,3,4-四氯代苯	商品编码	2903.9990
别 名				CAS 号	634-66-2
英文名			1,2,3,4-tetrachloro-benzene		
分子式			$C_6H_2Cl_4$		
外观与性状			白色结晶。		
主要用途			用于有机合成，用作绝缘液及变压器油的凝固抑制剂。		
危险特性			本品可燃，遇明火能燃烧；受高热分解产生有毒的氯化物气体；与强氧化剂接触可发生化学反应。		
健康危害			本品对眼睛、上呼吸道、皮肤、黏膜有刺激性。兔吸入本品粉尘，引起红细胞、血红蛋白降低，淋巴细胞增高。重复涂抹于皮肤引起局部变红，且有全身毒作用。		
防护措施			呼吸系统防护：可能接触其粉尘时，应该佩戴自吸过滤式防尘口罩。紧急事态抢救或撤离时，佩戴空气呼吸器。 眼睛防护：戴安全防护眼镜。 身体防护：穿防毒物渗透工作服。 手防护：戴橡胶手套。		
危险性类别			生殖毒性，类别 1B；特异性靶器官毒性—单次接触，类别 2；特异性靶器官毒性—单次接触，类别 3（麻醉效应）；特异性靶器官毒性—反复接触，类别 2；危害水生环境—急性危害，类别 1；危害水生环境—长期危害，类别 1。		

序号	2044	品名	1,2,3,5-四氯代苯	商品编码	2903.9990
别　名				CAS 号	634-90-2
英文名		1,2,3,5-tetrachlorobenzene			
分子式		$C_6H_2Cl_4$			
外观与性状		无色结晶。			
主要用途		用于有机合成。			
危险特性		本品遇明火能燃烧；受高热分解产生有毒的腐蚀性烟气；与强氧化剂接触可发生化学反应。			
健康危害		本品对眼睛、上呼吸道、皮肤、黏膜有刺激性。兔吸入本品粉尘，引起红细胞、血红蛋白降低，淋巴细胞增高。重复涂抹于皮肤引起局部变红，且有全身毒作用。			
防护措施		呼吸系统防护：可能接触其粉尘时，应该佩戴自吸过滤式防尘口罩。紧急事态抢救或撤离时，佩戴空气呼吸器。 身体防护：穿防毒物渗透工作服。 手防护：戴橡胶手套。			
危险性类别		危害水生环境—急性危害，类别2；危害水生环境—长期危害，类别2。			

序号	2045	品名	1,2,4,5-四氯代苯	商品编码	2903.9990
别　名				CAS 号	95-94-3
英文名		1,2,4,5-tetrachlorobenzene			
分子式		$C_6H_2Cl_4$			
外观与性状		白色薄片。			
主要用途		用作有机合成中间体。			
危险特性		本品极度易燃，具有刺激性、致敏性。			
健康危害		本品对眼睛、上呼吸道、皮肤、黏膜有刺激性。兔吸入本品粉尘，引起红细胞、血红蛋白降低，淋巴细胞增高。重复涂抹于皮肤引起局部变红，且有全身毒作用。			
防护措施		呼吸系统防护：可能接触其粉尘时，应该佩戴自吸过滤式防尘口罩。紧急事态抢救或撤离时，佩戴空气呼吸器。 眼睛防护：戴安全防护眼镜。 身体防护：穿防毒物渗透工作服。 手防护：戴橡胶手套。			
危险性类别		生殖毒性，类别2；生殖毒性，附加类别；特异性靶器官毒性—单次接触，类别3（麻醉效应）；特异性靶器官毒性—反复接触，类别1；危害水生环境—急性危害，类别1；危害水生环境—长期危害，类别1。			

序号	2046	品名 2,3,7,8-四氯二苯并对二噁英	商品编码	2932.9990
别名		二噁英；2,3,7,8-TCDD；四氯二苯二噁英	CAS 号	1746-01-6
英文名		2,3,7,8-tetrachlorodibenzo-p-dioxin		
分子式		$C_{12}H_4Cl_4O_2$		
外观与性状		粉末状固体。		
防护措施		呼吸系统防护：佩戴防毒口罩。紧急事态抢救或逃生时，佩戴自给式呼吸器。 眼睛防护：戴化学安全防护眼镜。 防护服：穿相应的防护服。 手防护：戴防化学品手套。		
危险性类别		急性毒性—经口，类别1；急性毒性—经皮肤，类别1；皮肤腐蚀/刺激，类别2；严重眼损伤/眼刺激，类别2；生殖细胞致突变性，类别2；致癌性，类别1A；生殖毒性，类别1B；特异性靶器官毒性—单次接触，类别1；特异性靶器官毒性—反复接触，类别1；危害水生环境—急性危害，类别1；危害水生环境—长期危害，类别1。		

序号	2047	品名 四氯化碲	商品编码	2812.1900
别名		氯化碲	CAS 号	10026-07-0
英文名		Tellurium tetrachloride		
分子式		Cl_4Te		
外观与性状		白色，极易潮解的固体。		
主要用途		用作化学试剂，并用于有机合成。		
危险特性		本品遇水或水蒸气反应发热放出有毒的腐蚀性气体；受高热分解，放出高毒的烟气。		
健康危害		本品遇水即产生氯化氢气体，有腐蚀性及毒性。在 $0.1mg/m^3$ 浓度以上时，接触者即可发生中毒。接触者及中毒者，其呼气中出现严重的蒜臭味。		
防护措施		呼吸系统防护：应该佩戴防毒口罩。紧急事态抢救或逃生时，佩戴自给式呼吸器。 眼睛防护：戴化学安全防护眼镜。 身体防护：穿防腐工作服。 手防护：戴橡胶手套。		
危险性类别		皮肤腐蚀/刺激，类别1；严重眼损伤/眼刺激，类别1。		

序号	2048	品名	四氯化钒	商品编码	2827.3990
别　名			氯化钒（IV）	CAS 号	7632-51-1
英文名			Vanadium tetrachloride		
分子式			Cl_4V		
外观与性状			红棕色液体。		
主要用途			用于医药和制备钒及钒的有机化合物和二氯化钒、三氯化钒等。		
危险特性			本品遇水分解产生有毒的氯化氢气体；光照分解产生有毒的氯气。		
健康危害			本品会刺激眼、鼻、喉、肺，引起咳嗽、呼吸短促、眼睛损害；吸入较高浓度本品，导致肺炎及肺水肿，甚至死亡。		
防护措施			呼吸系统防护：应该佩戴防毒口罩。紧急事态抢救或逃生时，佩戴自给式呼吸器。 眼睛防护：戴化学安全防护眼镜。 身体防护：穿防腐工作服。 手防护：戴橡胶手套。		
危险性类别			急性毒性—经口，类别 3；皮肤腐蚀/刺激，类别 1；严重眼损伤/眼刺激，类别 1。		

序号	2049	品名	四氯化锆	商品编码	2827.3990
别　名				CAS 号	10026-11-6
英文名			Zirconium tetrachloride		
分子式			Cl_4Zr		
外观与性状			白色有光泽的结晶或粉末，易潮解。		
主要用途			用作分析试剂、有机合成催化剂、防水剂、鞣化剂。		
危险特性			本品受热或遇水分解释放热，放出有毒的腐蚀性烟气；对金属有强腐蚀性。		
健康危害			吸入本品后引起呼吸道刺激，对眼睛有强烈刺激性；皮肤直接接触有强烈刺激性，可致灼伤；口服出现口腔和咽喉烧灼感、恶心、呕吐、水样便、血便、虚脱和惊厥。慢性影响：对呼吸道有轻度刺激作用。		
防护措施			呼吸系统防护：可能接触其粉尘时，必须佩戴头罩型电动送风过滤式防尘呼吸器。必要时，佩戴自给式呼吸器。 眼睛防护：呼吸系统防护中已作防护。 身体防护：穿防毒物渗透工作服。 手防护：戴橡胶手套。		
危险性类别			皮肤腐蚀/刺激，类别 1C；严重眼损伤/眼刺激，类别 1。		

序号	2050	品名	四氯化硅	商品编码	2812.1900
别名			氯化硅	CAS 号	10026-04-7
英文名			Tetrachlorosilane		
分子式			Cl_4Si		
外观与性状			无色或淡黄色发烟液体,有刺激性气味,易潮解。		
主要用途			用于制取纯硅、硅酸乙酯等,也用于制取烟幕剂。		
危险特性			本品受热或遇水分解释放热,放出有毒的腐蚀性烟气;对很多金属尤其是潮湿空气存在下有腐蚀性。		
健康危害			本品对眼睛及上呼吸道有强烈刺激作用,高浓度可引起角膜混浊、呼吸道炎症,甚至肺水肿;眼睛直接接触可致角膜及眼睑严重灼伤;皮肤接触后可引起组织坏死。本品可引起溶血反应而导致贫血。		
防护措施			呼吸系统防护:可能接触其蒸气时,必须佩戴自吸过滤式防毒面具(全面罩)或隔离式呼吸器。紧急事态抢救或撤离时,建议佩戴空气呼吸器。 眼睛防护:呼吸系统防护中已作防护。 身体防护:穿橡胶耐酸碱服。 手防护:戴橡胶耐酸碱手套。		
危险性类别			皮肤腐蚀/刺激,类别2;严重眼损伤/眼刺激,类别2;特异性靶器官毒性—单次接触,类别3(呼吸道刺激)。		

序号	2051	品名	四氯化硫	商品编码	2812.1900
别名				CAS 号	13451-08-6
英文名			Sulfur chloride(scl4),(t-4)-(9ci)		
分子式			Cl_4S		
外观与性状			黄褐色液体或气体(在常温下)。		
危险特性			本品遇水或水蒸气反应发热放出有毒的腐蚀性气体;遇潮时对大多数金属有腐蚀性;受高热分解,放出有毒的烟气。		
健康危害			本品有毒,吸入会中毒;对皮肤、眼睛和黏膜有强刺激性和腐蚀性。		
防护措施			呼吸系统防护:应该佩戴防毒口罩。紧急事态抢救或逃生时,佩戴防毒面具。 眼睛防护:戴化学安全防护眼镜。 身体防护:穿防腐工作服。 手防护:戴橡胶手套。		
危险性类别			皮肤腐蚀/刺激,类别1B;严重眼损伤/眼刺激,类别1;特异性靶器官毒性—单次接触,类别3(呼吸道刺激);危害水生环境—急性危害,类别1。		

序号	2052	品名	1,2,3,4-四氯化萘	商品编码	2903.9990
别　名			四氯化萘	CAS 号	1335-88-2
英文名			Tetrachloro-naphthalene		
外观与性状			无色结晶。		
主要用途			用于有机合成。		
危险特性			本品遇明火、高热可燃；受高热分解产生有毒的腐蚀性气体。		
健康危害			本品可引起中毒性肝炎，出现疲劳、尿色加深、黄疸等；长期接触可引起痤疮。		
防护措施			呼吸系统防护：高浓度环境中，应该佩戴防毒面具。 眼睛防护：可采用安全面罩。 身体防护：穿相应的防护服。 手防护：必要时戴防化学品手套。		
危险性类别			特异性靶器官毒性—反复接触，类别 1。		

序号	2053	品名	四氯化碳	商品编码	2903.1400
别　名			四氯甲烷	CAS 号	56-23-5
英文名			Carbon tetrachloride		
分子式			CCl_4		
外观与性状			无色有特臭味的透明液体，极易挥发。		
主要用途			用于有机合成、制冷剂、杀虫剂，也作有机溶剂。		
危险特性			本品不会燃烧，但遇明火或高温易产生剧毒的光气和氯化氢烟雾；在潮湿的空气中逐渐分解成光气和氯化氢。		
健康危害			高浓度本品蒸气对黏膜有轻度刺激作用，对中枢神经系统有麻醉作用，对肝、肾有严重损害。急性中毒：吸入较高浓度本品蒸气，最初出现眼睛及上呼吸道刺激症状；随后可出现中枢神经系统抑制和胃肠道症状。较严重病例数小时或数天后出现中毒性肝肾损伤。严重者甚至发生肝坏死、肝昏迷或急性肾功能衰竭。吸入极高浓度可迅速出现昏迷、抽搐，可因室颤和呼吸中枢麻痹而猝死。口服中毒肝肾损害明显。少数病例发生周围神经炎、球后视神经炎。皮肤直接接触可致损害。慢性中毒：神经衰弱综合征、肝肾损害、皮炎。		
防护措施			呼吸系统防护：空气中浓度超标时，应该佩戴直接式防毒面具（半面罩）。紧急事态抢救或撤离时，佩戴空气呼吸器。 眼睛防护：戴安全防护眼镜。 身体防护：穿防毒物渗透工作服。 手防护：戴防化学品手套。		
危险性类别			急性毒性—经口，类别 3*；急性毒性—经皮肤，类别 3*；急性毒性—吸入，类别 3*；致癌性，类别 2；特异性靶器官毒性—反复接触，类别 1；危害水生环境—长期危害，类别 3；危害臭氧层，类别 1。		

序号	2054	品名	四氯化铅	商品编码	2827.3990
别　名				CAS 号	13463-30-4
英文名		Tetraethyl lead			
分子式		PbCl$_4$			
外观与性状		无色油状液体，有臭味。			
主要用途		用于汽油抗震添加剂，提高辛烷值及用于有机合成。			
危险特性		本品受高热发生剧烈分解，甚至发生爆炸；遇水反应发热产出有毒的腐蚀性气体。			
健康危害		本品遇湿可产生氯化氢（参见氯化氢的危害作用）；对皮肤有刺激作用。			
防护措施		呼吸系统防护：高浓度环境中，应该佩戴防毒面具。 眼睛防护：可采用安全面罩。 身体防护：穿相应的防护服。 手防护：必要时戴防化学品手套。			
危险性类别		致癌性，类别 1B；生殖毒性，类别 1A；特异性靶器官毒性—反复接触，类别 2＊；危害水生环境—急性危害，类别 1；危害水生环境—长期危害，类别 1。			

序号	2055	品名	四氯化钛	商品编码	2827.3990
别　名				CAS 号	7550-45-0
英文名		Titanium tetrachloride			
分子式		TiCl$_4$			
外观与性状		无色或微黄色液体，有刺激性酸味。			
主要用途		用于制造钛盐、虹彩剂、人造珍珠、烟幕、颜料、织物媒染剂等。			
危险特性		本品受热或遇水分解释放热，放出有毒的腐蚀性烟气；具有较强的腐蚀性。			
健康危害		吸入本品烟雾，引起上呼吸道黏膜强烈刺激症状。轻度中毒有喘息性支气管炎症状；严重者出现呼吸困难、呼吸脉搏加快、体温升高、咳嗽、咯痰等，可发展成肺水肿。皮肤直接接触其液体，可引起严重灼伤，治愈后可见有黄色色素沉着。			
防护措施		呼吸系统防护：可能接触其蒸气时，应该佩戴自吸过滤式防毒面具（全面罩）。必要时，佩戴自给式呼吸器。 眼睛防护：呼吸系统防护中已作防护。 身体防护：穿橡胶耐酸碱服。 手防护：戴橡胶耐酸碱手套。			
危险性类别		皮肤腐蚀/刺激，类别 1B；严重眼损伤/眼刺激，类别 1。			

序号	2056	品名	四氯化硒	商品编码	2812.1900
别　名				CAS 号	10026-03-6
英文名	Selenium(IV) chloride				
分子式	Cl_4Se				
外观与性状	白色或浅黄色结晶，易潮解。				
主要用途	主要用于电子仪器和仪表工业。				
危险特性	本品需避免光、明火、高温。				
健康危害	硒是人体必需的微量元素。目前公认缺硒是导致克山病的重要因素之一。但硒化物也属毒害品类，在特殊条件下对人体有一定毒性。突然吸人大量硒化物的烟、粉尘，对呼吸道黏膜有刺激作用，可引起咳嗽、胸痛等症状；对皮肤可引起灼伤、皮炎。但本品所致的急性中毒病例尚未见到报道。				
防护措施	呼吸系统防护：佩戴防毒口罩。 眼睛防护：戴安全防护眼镜。 身体防护：穿工作服。 手防护：戴防化学品手套。				
危险性类别	急性毒性—经口，类别 3＊；急性毒性—吸入，类别 3＊；特异性靶器官毒性—反复接触，类别 2；危害水生环境—急性危害，类别 1；危害水生环境—长期危害，类别 1。				

序号	2057	品名	四氯化锡（无水）	商品编码	2827.3990
别　名	氯化锡			CAS 号	7646-78-8
英文名	Tin tetrachloride				
分子式	$SnCl_4$				
外观与性状	无色发烟液体，固体时为立方结晶。				
主要用途	用于有机锡化合物的制造，用作分析试剂、有机合成脱水剂；也少量用于电镀工业。				
危险特性	本品受高热分解产生有毒的腐蚀性气体；遇氰化物能产生剧毒的氰化氢气体。				
健康危害	本品对眼睛、皮肤、黏膜和呼吸道有强烈的刺激作用，吸入、摄入或经皮肤吸收对身体有害。吸入可能由于咽喉、支气管的痉挛、水肿、炎症，化学性肺炎、肺水肿而致死。中毒表现有烧灼感、咳嗽、喘息、喉炎、气短、头痛、恶心和呕吐。				
防护措施	呼吸系统防护：可能接触其蒸气时，应该佩戴防毒口罩。 眼睛防护：戴化学安全防护眼镜。 身体防护：穿工作服（防腐材料制作）。 手防护：戴橡胶手套。				
危险性类别	皮肤腐蚀/刺激，类别 1B；严重眼损伤/眼刺激，类别 1；特异性靶器官毒性—单次接触，类别 3（呼吸道刺激）；危害水生环境—长期危害，类别 3。				

序号	2058	品名	四氯化锡五水合物	商品编码	2827.3990
别 名				CAS 号	10026-06-9
英文名		Tin(IV) chloride pentahydrate			
分子式		$SnCl_4 \cdot 5H_2O$			
外观与性状		白色或黄色的粉末,具有微弱的氯化氢气味。			
健康危害		眼睛及皮肤接触本品后引起灼伤;吸入会刺激咽喉、支气管,引起咳嗽及呼吸困难;重复暴露,X光胸部透视出现异常。			
防护措施		呼吸系统防护:佩戴防毒口罩。紧急事态抢救或逃生时,佩戴自给式呼吸器。 眼睛防护:戴化学安全防护眼镜。 防护服:穿相应的防护服。 手防护:戴防化学品手套。			
危险性类别		皮肤腐蚀/刺激,类别1;严重眼损伤/眼刺激,类别1;危害水生环境—长期危害,类别3。			

序号	2059	品名	四氯化锗	商品编码	2827.3990
别 名		氯化锗		CAS 号	10038-98-9
英文名		Germanium tetrachloride			
分子式		$GeCl_4$			
外观与性状		无色液体。			
主要用途		用作光导纤维掺杂剂用。			
危险特性		本品受热或遇水分解释放热,放出有毒的腐蚀性烟气。			
健康危害		本品对上呼吸道有刺激作用,可引起支气管炎和肺炎;对皮肤也有刺激作用。			
防护措施		呼吸系统防护:佩戴防毒口罩。紧急事态抢救或逃生时,佩戴自给式呼吸器。 眼睛防护:戴化学安全防护眼镜。 防护服:穿相应的防护服。 手防护:戴防化学品手套。			
危险性类别		皮肤腐蚀/刺激,类别1;严重眼损伤/眼刺激,类别1。			

序号	2060	品名	四氯邻苯二甲酸酐	商品编码	2917.3990
别　名				CAS 号	117-08-8
英文名		Tetrachlorophthalic anhydride			
分子式		$C_8Cl_4O_3$			
外观与性状		无色针状结晶或粉末。			
主要用途		可用作聚酯、环氧树脂，但效果不如四溴苯酐；用作农药（稻瘟酞）、染料、药物、增塑剂、防火漆等有机合成的中间体；用作酞菁类绿色颜料及占吨系染料中间体，也是醇酸树脂的原料；用作阻燃型环氧树脂反应性助燃剂和固化剂。			
健康危害		本品对眼睛有严重伤害；吸入及皮肤接触可能致敏；可能致癌。			
防护措施		呼吸系统防护：佩戴防毒口罩。紧急事态抢救或逃生时，佩戴自给式呼吸器。 眼睛防护：戴化学安全防护眼镜。 防护服：穿相应的防护服。 手防护：戴防化学品手套。			
危险性类别		严重眼损伤/眼刺激，类别 1；呼吸道致敏物，类别 1；皮肤致敏物，类别 1；危害水生环境—急性危害，类别 1；危害水生环境—长期危害，类别 1。			

序号	2061	品名	四氯锌酸-2,5-二丁氧基-4-(4-吗啉基)-重氮苯(2∶1)	商品编码	2934.9990
别　名				CAS 号	14726-58-0
英文名		4-morpholino-2,5-dibutoxybenzenediazonium			
分子式		$C_{16}H_{24}N_3O_3 \cdot 1、2Cl_4Zn$			
防护措施		呼吸系统防护：佩戴防毒口罩。紧急事态抢救或逃生时，佩戴自给式呼吸器。 眼睛防护：戴化学安全防护眼镜。 防护服：穿相应的防护服。 手防护：戴防化学品手套。			
危险性类别		自反应物质和混合物，E 型。			

序号	2062	品名	1,1,2,2-四氯乙烷	商品编码	2903.1990
别 名				CAS 号	779-34-5
英文名		1,1,2,2-tetrachloroethane			
分子式		$C_2H_2Cl_4$			
外观与性状		无色重质液体，有氯仿样的气味。			
主要用途		用作溶剂，用于有机合成。			
危险特性		本品遇明火、高热可燃；受高热分解产生有毒的腐蚀性气体；与碱金属能发生剧烈反应。			
健康危害		本品对中枢神经系统有麻醉作用和抑制作用，可引起肝、肾和心肌损害。短期吸入主要为黏膜刺激症状；急性及亚急性中毒主要为消化道和神经系统症状，可有食欲减退、呕吐、腹痛、肝大、腹水；长期吸入可引起无力、头痛、失眠、便秘或腹泻、肝功损害和多发性神经炎。			
防护措施		呼吸系统防护：空气中浓度超标时，应该佩戴直接式防毒面具（半面罩）。紧急事态抢救或撤离时，佩戴空气呼吸器。 眼睛防护：戴安全防护眼镜。 身体防护：穿防毒物渗透工作服。 手防护：戴防化学品手套。			
危险性类别		急性毒性—经皮肤，类别1；急性毒性—吸入，类别2*；危害水生环境—急性危害，类别2；危害水生环境—长期危害，类别2。			

序号	2063	品名	N-四氯乙硫基四氢酞酰亚胺	商品编码	2930.8000
别 名		敌菌丹		CAS 号	2425-6-1
英文名称		Captafol; N-(Tetrachloroethylthio)tetrahydrophthalimide			
分子式		$C_{10}H_9Cl_4NO_2S$			
外观与性状		纯品为白色结晶固体。			
主要用途		本品是一种多作用点的广谱保护性杀菌剂。			
健康危害		皮肤接触本品会产生过敏反应，可能致癌。			
防护措施		呼吸系统防护：空气中浓度超标时，应该佩戴防毒面具。紧急事态抢救或撤离时，佩戴自给式呼吸器。 眼睛防护：戴化学安全防护眼镜。 身体防护：穿防静电工作服。 手防护：必要时戴防化学品手套。			
危险性类别		皮肤致敏物，类别1；致癌性，类别1B；危害水生环境—急性危害，类别1；危害水生环境—长期危害，类别1。			

序号	2064	品名	四氯乙烯	商品编码	2903.2300
别　名			全氯乙烯	CAS 号	127-18-4
英文名		Tetrachloroethylene			
分子式		C_2Cl_4			
外观与性状		无色液体，有氯仿样气味。			
主要用途		用作溶剂。			
危险特性		本品一般不会燃烧，但长时间暴露在明火及高温下仍能燃烧；受高热分解产生有毒的腐蚀性气体；与活性金属粉末（如镁、铝等）能发生反应，引起分解；若遇高热可发生剧烈分解，引起容器破裂或爆炸事故。			
健康危害		本品有刺激和麻醉作用。吸入急性中毒者有上呼吸道刺激症状、流泪、流涎，随之出现头晕、头痛、恶心、呕吐、腹痛、视力模糊、四肢麻木，甚至出现兴奋不安、抽搐乃至昏迷，可致死。慢性中毒者有乏力、眩晕、恶心、酪酊感等症状，可有肝损害。皮肤反复接触，可致皮炎和湿疹。当直接接触时，本品经皮肤或在吸入之后经肺而被吸收。			
防护措施		呼吸系统防护：空气中浓度超标时，应该佩戴防毒面具。紧急事态抢救或撤离时，佩戴自给式呼吸器。 眼睛防护：戴化学安全防护眼镜。 身体防护：穿防静电工作服。 手防护：必要时戴防化学品手套。			
危险性类别		致癌性，类别 1B；危害水生环境—急性危害，类别 2；危害水生环境—长期危害，类别 2。			

序号	2065	品名	5,6,7,8-四氢-1-萘胺	商品编码	2921.4990
别　名			1-氨基-5,6,7,8-四氢萘	CAS 号	2217-41-6
英文名		5,6,7,8-tetrahydro-1-naphthylamine			
防护措施		呼吸系统防护：佩戴防毒口罩。紧急事态抢救或逃生时，佩戴自给式呼吸器。 眼睛防护：戴化学安全防护眼镜。 防护服：穿相应的防护服。 手防护：戴防化学品手套。			
危险性类别		皮肤腐蚀/刺激，类别 2；严重眼损伤/眼刺激，类别 2；特异性靶器官毒性—单次接触，类别 3（呼吸道刺激）。			

序号	2066	品名	3-(1,2,3,4-四氢-1-萘基)-4-羟基香豆素	商品编码	2932.2090
别 名			杀鼠醚	CAS 号	5836-29-3
英文名			Counmatetraly		
外观与性状			黄白色晶体。		
主要用途			用于家庭住宅粮、副食仓库、家畜、家禽饲养场及农田森林草原等环境灭鼠。		
危险特性			本品遇明火、高热可燃；受高热分解，放出有毒的烟气。		
健康危害			本品为高毒杀鼠剂，是一种慢性杀鼠剂。人误食，可引起头晕、恶心、心悸、食欲不振、皮疹及脏器皮下出血，严重者可危及生命。		
防护措施			呼吸系统防护：可能接触其粉尘时，必须佩戴防毒口罩。空气中浓度较高时，应该佩戴自给式呼吸器。 眼睛防护：戴化学安全防护眼镜。 身体防护：穿相应的防护服。 手防护：戴防化学品手套。		
危险性类别			急性毒性—经口，类别2*；急性毒性—经皮肤，类别1；特异性靶器官毒性—反复接触，类别1；危害水生环境—长期危害，类别3。		

序号	2067	品名	1,2,5,6-四氢吡啶	商品编码	2933.3990
别 名				CAS 号	694-05-3
英文名			1,2,5,6-tetrahydropyridine		
分子式			C_5H_9N		
外观与性状			无色液体，有特臭气味。		
主要用途			用于有机合成。		
危险特性			本品蒸气与空气形成爆炸性混合物，遇明火、高热能引起燃烧爆炸；与氧化剂能发生强烈反应；其蒸气比空气重，能在较低处扩散到相当远的地方，遇明火会着火回燃。		
健康危害			吸入、摄入或经皮肤吸收本品后对身体可能有害，对皮肤有刺激作用；其蒸气和烟雾对眼睛、黏膜和上呼吸道有刺激作用。		
防护措施			呼吸系统防护：空气中浓度较高时，应该佩戴防毒面具。紧急事态抢救或撤离时，建议佩戴供气式呼吸器。 眼睛防护：戴化学安全防护眼镜。 身体防护：穿防静电工作服。 手防护：必要时戴防化学品手套。		
危险性类别			易燃液体，类别2。		

序号	2068	品名	四氢吡咯	商品编码	2933.9900
别　名			吡咯烷；四氢氮杂茂	CAS 号	123-75-1
英文名			Tetrahydro pyrrole		
分子式			C_4H_9N		
外观与性状			无色至微黄色液体，有刺激性氨气味。		
主要用途			可用于制备药物、杀菌剂、杀虫剂、医药原料、有机合成、特殊有机溶剂、环氧树脂固化剂、橡胶促进剂、抑制剂等。		
危险特性			本品遇明火、高温、氧化剂易燃；受热产生有毒的氧化氮气体。		
防护措施			呼吸系统防护：空气中浓度较高时，应该佩戴防毒面具。紧急事态抢救或撤离时，建议佩戴供气式呼吸器。 眼睛防护：戴化学安全防护眼镜。 身体防护：穿防静电工作服。 手防护：必要时戴防化学品手套。		

序号	2069	品名	四氢吡喃	商品编码	2932.9990
别　名			氧己环	CAS 号	142-68-7
英文名			Tetrahydropyran		
分子式			$C_5H_{10}O$		
外观与性状			有特殊气味的无色透明液体。		
主要用途			用作硝基喷漆、橡胶、Grignard 反应的溶剂。		
危险特性			本品蒸气与空气形成爆炸性混合物，遇明火、高热或与氧化剂接触，有引起燃烧爆炸的危险；其蒸气比空气重，能在较低处扩散到相当远的地方，遇明火会着火回燃；若遇高热，容器内压增大，有开裂和爆炸的危险；接触空气或在光照条件下可生成具有潜在爆炸危险性的过氧化物；与酸类物质能发生剧烈反应。		
健康危害			本品具有刺激作用，其蒸气有麻醉作用。		
防护措施			呼吸系统防护：可能接触其蒸气时，佩戴防毒口罩。紧急事态抢救或逃生时，应该佩戴自给式呼吸器。 眼睛防护：戴化学安全防护眼镜。 身体防护：穿防静电工作服。 手防护：戴防护手套。		

序号	2070	品名	四氢呋喃	商品编码	2932.1100
别　名			氧杂环戊烷	CAS 号	109-99-9
英文名			Tetrahydrofuran		
分子式			C_4H_8O		
外观与性状			无色透明液体，有乙醚气味。		
主要用途			用作溶剂、有机合成的原料。		
危险特性			本品与空气混合可爆；在空气中能形成可爆的过氧化物，遇明火、高温、氧化剂易燃；燃烧产生刺激性的烟雾。		
健康危害			本品低毒，对皮肤和黏膜有刺激作用；高浓度时有麻醉作用，麻醉浓度与致死浓度相差不多；高剂量时尚可有肝脏毒性。		
防护措施			呼吸系统防护：佩戴防毒口罩。紧急事态抢救或逃生时，佩戴自给式呼吸器。 眼睛防护：戴化学安全防护眼镜。 防护服：穿相应的防护服。 手防护：戴防化学品手套。		
危险性类别			易燃液体，类别2；严重眼损伤/眼刺激，类别2；致癌性，类别2；特异性靶器官毒性—单次接触，类别3（呼吸道刺激）。		

序号	2071	品名	1,2,3,6-四氢化苯甲醛	商品编码	2912.2990
别　名			3-环己烯-1-甲醛;1,2,5,6-四氢化苯甲醛	CAS 号	100-50-5
英文名			3-cyclohexene-1-carboxaldehyde		
分子式			$C_7H_{10}O$		
外观与性状			无色液体。		
主要用途			有机合成中间体。		
危险特性			本品遇高热、明火或与氧化剂接触，有引起燃烧的危险；若遇高热，容器内压增大，有开裂和爆炸的危险。		
健康危害			吸入、摄入或经皮肤吸收本品后对身体有害，对皮肤、眼睛、黏膜和上呼吸道有剧烈刺激作用。吸入后可引起喉、支气管的痉挛、水肿、炎症、化学性肺炎、肺水肿。接触后可有烧灼感、咳嗽、眩晕、气短、头痛、恶心和呕吐等。		
防护措施			呼吸系统防护：可能接触其蒸气时，应该佩戴防毒面具。紧急事态抢救或撤离时，建议佩戴自式呼吸器。 眼睛防护：戴化学安全防护眼镜。 身体防护：穿胶布防毒服。 手防护：戴防护手套。		
危险性类别			易燃液体，类别3；皮肤腐蚀/刺激，类别2*。		

序号	2072	品名	四氢糠胺	商品编码	2932.1900
别 名			2-四氢糠胺	CAS 号	4795-29-3
英文名			Tetrahydrofurfurylamine		
分子式			$C_5H_{11}NO$		
外观与性状			无色透明液体。		
危险特性			本品遇高热、明火或与氧化剂接触，有引起燃烧的危险；若遇高热，容器内压增大，有开裂和爆炸的危险。		
健康危害			吸入、摄入或经皮肤吸收本品后对身体有害，对皮肤有刺激作用；其蒸气或烟雾对眼睛、黏膜和上呼吸道有刺激作用。		
防护措施			呼吸系统防护：可能接触其蒸气时，应该佩戴防毒面具。 眼睛防护：戴化学安全防护眼镜。 身体防护：穿工作服。 手防护：戴橡皮手套。		

序号	2073	品名	四氢邻苯二甲酸酐（含马来酐>0.05%）	商品编码	2917.2010
别 名			四氢酞酐	CAS 号	2426-02-0
英文名			1,3-isobenzofurandione,3a,4,7,7a-tetrahydro-		
外观与性状			本品为白色结晶。		
主要用途			制备杀虫剂胺菊酯和杀菌剂克菌丹的中间体，也可用于制备醇酸树脂、不饱和聚酯树脂、增塑剂和固化剂等。		
防护措施			呼吸系统防护：佩戴防毒口罩。紧急事态抢救或逃生时，佩戴自给式呼吸器。 眼睛防护：戴化学安全防护眼镜。 防护服：穿相应的防护服。 手防护：戴防化学品手套。		
危险性类别			皮肤腐蚀/刺激，类别1；严重眼损伤/眼刺激，类别1；呼吸道致敏物，类别1；皮肤致敏物，类别1；危害水生环境—长期危害，类别3。		

序号	2074	品名	四氢噻吩	商品编码	2934.9990
别 名			四甲撑硫；四氢硫杂茂	CAS 号	110-01-0
英文名			Tetrahydrothiophene		
分子式			C_4H_8S		
外观与性状			无色透明有挥发性的液体。		
主要用途			用作城市煤气、石油液化气、天然液化气等燃料气体的加臭剂，也可用作医药和农药原料。		
危险特性			本品遇明火、高温、氧化剂易燃；燃烧产生有毒的硫氧化物烟雾。		
防护措施			呼吸系统防护：佩戴防毒口罩。紧急事态抢救或逃生时，佩戴自给式呼吸器。 眼睛防护：戴化学安全防护眼镜。 防护服：穿相应的防护服。 手防护：戴防化学品手套。		
危险性类别			易燃液体，类别 2；皮肤腐蚀/刺激，类别 2；严重眼损伤/眼刺激，类别 2；危害水生环境—长期危害，类别 3。		

序号	2075	品名	四氰基代乙烯	商品编码	2926.9090
别 名			四氰代乙烯	CAS 号	670-54-2
英文名			Tetracyanoethylene		
分子式			C_6N_4		
危险特性			本品遇明火、高热可燃；遇水或水蒸气能水解产生剧毒的氰化氢气体；遇高热分解释放出高毒的烟气。		
健康危害			本品有强烈的刺激性,经口摄入会严重中毒。接触后可引起烧灼感、咳嗽、头痛、恶心、呕吐、喉炎、气短、皮肤青紫。		
防护措施			呼吸系统防护：可能接触其粉尘时，必须佩戴防尘面具（全面罩）。紧急事态抢救或撤离时，应该佩戴空气呼吸器。 眼睛防护：呼吸系统防护中已作防护。 身体防护：穿胶布防毒衣。 手防护：戴橡胶手套。		
危险性类别			急性毒性—经口，类别 1。		

序号	2076	品名	2,3,4,6-四硝基苯胺	商品编码	2921.4200
别　名				CAS 号	3698-54-2
英文名		2,4,6-trinitroaniline			
分子式		$C_6H_4N_4O_6$			
外观与性状		黄色或橙黄色结晶。			
主要用途		用于制造弹药。			
危险特性		本品遇明火、高温、震动、撞击、摩擦，有引起燃烧爆炸的危险。			
健康危害		吸入、口服或经皮肤吸收本品后对身体有害，对眼睛、皮肤、黏膜和上呼吸道有强烈的刺激性。吸入后可因喉、支气管的痉挛、水肿，化学性肺炎、肺水肿而致死。中毒表现有烧灼感、咳嗽、喘息、喉炎、气短、头痛、恶心和呕吐。			
防护措施		呼吸系统防护：可能接触其粉尘时，必须佩戴防尘面具（全面罩）。紧急事态抢救或撤离时，应该佩戴空气呼吸器。 眼睛防护：呼吸系统防护中已作防护。 身体防护：穿胶布防毒衣。 手防护：戴橡胶手套。			
危险性类别		爆炸物，1.1 项。			

序号	2077	品名	四硝基甲烷	商品编码	2904.2090
别　名				CAS 号	509-14-8
英文名		Tetranitromethane			
分子式		$C(NO_2)_4$			
外观与性状		无色油状有微弱芳香气味的透明液体。			
主要用途		用于制取药物、杀虫剂、炸药、染料和纤维等。			
危险特性		本品是强氧化剂，受热、接触明火或受到摩擦、震动、撞击时会发生爆炸，如混有胺类或酸等能增加爆炸敏感性；能与可燃物、有机物或易氧化物质形成爆炸性混合物，经摩擦和与小量水接触可导致燃烧或爆炸。			
防护措施		呼吸系统防护：可能接触其蒸气时，应该佩戴过滤式防毒面具（半面罩）。高浓度环境中，建议佩戴自给式呼吸器。 眼睛防护：呼吸系统防护中已作防护。 身体防护：穿聚乙烯防毒服。 手防护：戴橡胶手套。			
危险性类别		氧化性液体，类别 1；急性毒性—经口，类别 3；急性毒性—吸入，类别 1；严重眼损伤/眼刺激，类别 2A；致癌性，类别 2；特异性靶器官毒性—单次接触，类别 3（呼吸道刺激）；特异性靶器官毒性—反复接触，类别 1。			

序号	2078	品名	四硝基萘	商品编码	2904.2090
别　名				CAS 号	28995-89-3
英文名		1,3,6,8-tetranitronaphthalene			
分子式		$C_{10}H_4N_4O_8$			
外观与性状		黄色结晶。			
主要用途		用作炸药。			
危险特性		本品受热分解释放出有毒的氮氧化物烟雾；接触明火、高热或受到摩擦、震动、撞击时可发生爆炸；与还原剂能发生强烈反应。			
健康危害		本品对眼睛、皮肤、黏膜有刺激作用。			
防护措施		呼吸系统防护：空气中粉尘浓度超标时，必须佩戴自吸过滤式防尘口罩。紧急事态抢救或撤离时，应该佩戴空气呼吸器。 眼睛防护：戴化学安全防护眼镜。 身体防护：穿防毒物渗透工作服。 手防护：戴橡胶手套。			
危险性类别		爆炸物，1.1 项。			

序号	2079	品名	四硝基萘胺	商品编码	2921.4500
别　名				CAS 号	
英文名		4-nitronaphthylamine			
分子式		$C_{10}H_8N_2O_2$			
外观与性状		灰棕色片状物或结晶性粉末。			
主要用途		用于有机合成，用作染料。			
危险特性		本品遇明火、高热可燃；燃烧分解时，放出有毒的氮氧化物气体。			
健康危害		吸入、食入或经皮肤吸收本品对身体有害，对眼睛、黏膜、上呼吸道有刺激性，进入体内致高铁血红蛋白血症。			
防护措施		呼吸系统防护：佩戴防毒口罩。紧急事态抢救或逃生时，佩戴自给式呼吸器。 眼睛防护：戴化学安全防护眼镜。 防护服：穿相应的防护服。 手防护：戴防化学品手套。			
危险性类别		爆炸物，1.1 项。			

序号	2080	品名	四溴二苯醚	商品编码	2909.3090
别　名				CAS 号	40088-47-9
英文名	Tetrabromodiphenyl oxide				
分子式	$C_{12}H_6Br_4O$				
外观与性状	液体。				
防护措施	呼吸系统防护：佩戴防毒口罩。紧急事态抢救或逃生时，佩戴自给式呼吸器。 眼睛防护：戴化学安全防护眼镜。 防护服：穿相应的防护服。 手防护：戴防化学品手套。				
危险性类别	生殖毒性，类别1B。				

序号	2081	品名	四溴化硒	商品编码	2812.9090
别　名				CAS 号	7789-65-3
英文名	Selenium tetrabromide				
分子式	$SeBr_4$				
外观与性状	黄色或红棕色结晶粉末。				
主要用途	用作硫化剂，促进剂和电子元件制造。				
危险特性	本品不燃，受热或遇水、酸放出剧毒的硒化氢等气体。				
防护措施	呼吸系统防护：佩戴防毒口罩。紧急事态抢救或逃生时，佩戴自给式呼吸器。 眼睛防护：戴化学安全防护眼镜。 防护服：穿相应的防护服。 手防护：戴防化学品手套。				
危险性类别	急性毒性—经口，类别3＊；急性毒性—吸入，类别3＊；特异性靶器官毒性—反复接触，类别2；危害水生环境—急性危害，类别1；危害水生环境—长期危害，类别1。				

序号	2082	品名	四溴化锡	商品编码	2827.5900
别 名				CAS 号	7789-67-5
英文名	Tin(Ⅳ) bromide				
分子式	$SnBr_4$				
外观与性状	白色结晶块。				
主要用途	用作试剂，用于金属分离。				
危险特性	本品吸潮或遇水会产生大量的腐蚀性烟雾，在空气中强烈发烟。				
健康危害	本品对眼睛、皮肤、黏膜和上呼吸道有强烈刺激作用。吸入后可引起喉、支气管的痉挛、炎症、水肿，化学性肺炎、肺水肿。接触后可引起咳嗽、喘息、烧灼感、气短、头痛、恶心和呕吐。				
防护措施	呼吸系统防护：空气中粉尘浓度超标时，应该佩戴头罩型电动送风过滤式防尘呼吸器；可能接触其蒸气时，应该佩戴自吸过滤式防毒面具（全面罩）。 眼睛防护：呼吸系统防护中已作防护。 身体防护：穿防酸碱塑料工作服。 手防护：戴橡胶手套。				
危险性类别	皮肤腐蚀/刺激，类别1；严重眼损伤/眼刺激，类别1。				

序号	2083	品名	四溴甲烷	商品编码	2903.3990
别 名	四溴化碳			CAS 号	558-13-4
英文名	Carbon tetrabromide				
分子式	CBr_4				
外观与性状	白色固体。				
主要用途	用于制造麻醉剂（医药）、制冷剂，可作农药原料、染料中间体、分析化学试剂，用于合成季铵类化合物，用于有机合成。				
危险特性	本品受高热分解产生有毒的溴化物气体。				
健康危害	本品对眼睛和呼吸道有刺激作用，患者有流泪、咳嗽、咽痛，并可造成角膜溃疡。吸入高浓度本品导致支气管炎、肺炎和肺水肿，也可伴有肝、肾损害。				
防护措施	呼吸系统防护：佩戴防毒口罩。紧急事态抢救或逃生时，佩戴自给式呼吸器。 眼睛防护：戴化学安全防护眼镜。 防护服：穿相应的防护服。 手防护：戴防化学品手套。				
危险性类别	皮肤腐蚀/刺激，类别2；严重眼损伤/眼刺激，类别1；特异性靶器官毒性—单次接触，类别1；特异性靶器官毒性—单次接触，类别3（麻醉效应）；特异性靶器官毒性—反复接触，类别1。				

序号	2084	品名	1,1,2,2-四溴乙烷	商品编码	2903.3990
别 名				CAS 号	79-27-6
英文名		1,1,2,2-tetrabromoethane			
分子式		CBr_4			
外观与性状		黄色液体,带有樟脑及氯仿臭味。			
主要用途		用于有机合成。			
危险特性		本品受高热分解产生有毒的溴化物气体。			
健康危害		本品对眼睛和呼吸道有刺激作用,患者有流泪、咳嗽、咽痛,并可造成角膜溃疡。吸入高浓度本品导致支气管炎、肺炎和肺水肿,也可伴有肝、肾损害。			
防护措施		呼吸系统防护:佩戴防毒口罩。紧急事态抢救或逃生时,佩戴自给式呼吸器。 眼睛防护:戴化学安全防护眼镜。 防护服:穿相应的防护服。 手防护:戴防化学品手套。			
危险性类别		急性毒性—吸入,类别2*;严重眼损伤/眼刺激,类别2;危害水生环境—长期危害,类别3。			

序号	2085	品名	四亚乙基五胺	商品编码	2921.2900
别 名		三缩四乙二胺;四乙撑五胺		CAS 号	112-57-2
英文名		1,4,7,10,13-pentaazatridecane			
分子式		$C_8H_{23}N_5$			
外观与性状		黄色或橙红色黏稠液体。			
主要用途		用于合成聚酰胺树脂、阳离子交换树脂、润滑油添加剂、燃料油添加剂等,也可用作环氧树脂固化剂、橡胶硫化促进剂等。			
危险特性		本品可燃,遇热或火焰有轻微爆炸的危险;燃烧时,放出有毒气体;具有腐蚀性。			
健康危害		吸入本品蒸气对呼吸道有刺激作用和致敏作用;眼睛接触可致角膜损害;皮肤接触可致灼伤,有致敏作用;摄入灼伤消化道,引起腹痛、恶心、呕吐和腹泻。			
防护措施		呼吸系统防护:空气中浓度超标时,必须佩戴自吸过滤式防毒面具(半面罩)。紧急事态抢救或撤离时,应该佩戴空气呼吸器。 眼睛防护:戴化学安全防护眼镜。 身体防护:穿橡胶耐酸碱服。 手防护:戴橡胶耐酸碱手套。			
危险性类别		皮肤腐蚀/刺激,类别1B;严重眼损伤/眼刺激,类别1;皮肤致敏物,类别1;危害水生环境—急性危害,类别2;危害水生环境—长期危害,类别2。			

序号	2086	品名	四氧化锇	商品编码	2843.9000
别　名			锇酸酐	CAS 号	20816-12-0
英文名			Osmium tetroxide		
分子式			OsO_4		
外观与性状			白色或淡黄色结晶，有类似氯的气味。		
主要用途			用作微生物学试剂、照保材料、白炽灯罩、催化剂、氧化剂和生物学中的气体固定剂。		
危险特性			本品不燃，高毒，具有强刺激性。		
健康危害			本品对眼睛、黏膜、呼吸道及皮肤有强烈刺激作用，可引起严重眼结膜炎、支气管炎、肺炎等，可因肺炎而致死；吸收后可引起肾炎和血尿；对皮肤可引起坏死性皮炎；进入眼睛内可引起严重眼损害；能够轻易穿透皮肤，且经吸入、食用、皮肤接触后都会中毒。		
防护措施			呼吸系统防护：空气中浓度超标时，必须佩戴自吸过滤式防毒面具（半面罩）。 眼睛防护：戴化学安全防护眼镜。 身体防护：穿相应的防护服。 手防护：戴防化学品手套。		
危险性类别			急性毒性—经口，类别 2*；急性毒性—经皮肤，类别 1；急性毒性—吸入，类别 2*；皮肤腐蚀/刺激，类别 1B；严重眼损伤/眼刺激，类别 1。		

序号	2087	品名	四氧化二氮	商品编码	2811.2900
别　名				CAS 号	10544-72-6
英文名			Dinitrogen tetroxide		
分子式			N_2O_4		
外观与性状			纯四氧化二氮是无色的，但通常见到的制成品是黄褐色高密度液体。		
主要用途			用作制造硝酸、无水金属盐和硝基配位络合物的原料；在有机化学中用作氧化剂、硝化剂和丙烯酸酯聚合的抑制剂；在军事工业中，用作制取炸药。		
危险特性			本品不燃，但可助燃；具有强氧化性，遇衣物、锯末、棉花或其他可燃物能立即燃烧；与一般燃料或火箭燃料及氯代烃等猛烈反应引起爆炸；遇水有腐蚀性，腐蚀作用随水分含量增加而加剧。		
防护措施			呼吸系统防护：空气中浓度超标时，必须佩戴自吸过滤式防毒面具（半面罩）。 眼睛防护：戴化学安全防护眼镜。 身体防护：穿相应的防护服。 手防护：戴防化学品手套。		
危险性类别			氧化性气体，类别 1；加压气体；急性毒性—吸入，类别 2*；皮肤腐蚀/刺激，类别 1B；严重眼损伤/眼刺激，类别 1；特异性靶器官毒性—单次接触，类别 3（呼吸道刺激）。		

序号	2088	品名	四氧化三铅	商品编码	2824.9010
别　　名		红丹；铅丹；铅橙		CAS 号	1314-41-6
英文名		Lead(ii,iv) oxide			
分子式		Pb_3O_4			
外观与性状		一种鲜橘红色粉末或块状固体。			
主要用途		主要用作防锈颜料、有机合成的氧化剂、蓄电池制粉。			
危险特性		本品受高热分解释放出有毒的气体。			
健康危害		铅及其化合物损害造血、神经、消化系统及肾脏。职业中毒主要为慢性。神经系统主要表现为神经衰弱综合征、周围神经病（以运动功能受累较明显），严重者出现铅中毒性脑病。消化系统表现有齿龈铅线、食欲不振、恶心、腹胀、腹泻或便秘；腹绞痛见于中度及重度中毒病例。造血系统损害出现卟啉代谢障碍、贫血等。短时大量接触可发生急性或亚急性中毒，表现类似重症慢性铅中毒。对肾脏损害多见于急性、亚急性或较重慢性病例。			
防护措施		呼吸系统防护：空气中粉尘浓度超标时，佩戴自吸过滤式防尘口罩。必要时，佩戴空气呼吸器、氧气呼吸器或长管面具。 眼睛防护：一般不需特殊防护。必要时，戴安全防护眼镜。 身体防护：穿透气型防毒服。 手防护：戴防化学品手套。			
危险性类别		致癌性，类别 1B；生殖毒性，类别 1A；特异性靶器官毒性—单次接触，类别 1；特异性靶器官毒性—反复接触，类别 1；危害水生环境—急性危害，类别 1；危害水生环境—长期危害，类别 1。			

序号	2089	品名	四乙基焦磷酸酯	商品编码	2919.9000
别　　名		特普		CAS 号	107-49-3
英文名		Teraethyl pyrophosphate			
外观与性状		无色、无味、吸湿性液体。			
主要用途		用作农用杀蚜、杀螨剂。			
危险特性		本品遇明火、高温可燃；与氧化物可发生反应；受高热分解释放出有毒气体；若遇高热，容器内压增大，有开裂爆炸的危险。			
健康危害		本品能抑制胆碱酯酶活性，轻度症状有头痛、头晕、流涎、呕吐、和胸闷；中度症状有肌束震颤瞳孔缩小、呼吸困难，腹痛等；严重者出现肺水肿、脑水肿和呼吸抑制等。人经口致死量 1.429mg/kg。			
防护措施		呼吸系统防护：空气超标时，必须佩戴自吸过滤式防毒面具（全面罩）。 眼睛防护：呼吸系统防护中已作防护。 身体防护：穿密闭型防护服。 手防护：戴橡胶手套。			
危险性类别		急性毒性—经口，类别 2*；急性毒性—经皮肤，类别 1；危害水生环境—急性危害，类别 1。			

序号	2090	品名	O,O,O',O'-四乙基-S,S'-亚甲基双(二硫代磷酸酯)	商品编码	2930.9090
别 名			乙硫磷	CAS 号	563-12-2
英文名			O,O,O,O-tetraethyl s,s-methylenedi(phosphorodithioate)		
分子式			$C_9H_{22}O_4P_2S_4$		
外观与性状			有恶臭味的白色至淡琥珀色油状液体。		
主要用途			用作有机磷杀虫剂。		
危险特性			本品受热分解，放出硫、磷的氧化物等毒性气体。		
健康危害			有机磷农药能抑制胆碱酯酶活性，造成神经生理功能紊乱。急性中毒者，短期内大量接触（口服、吸入、皮肤接触）引起急性中毒，表现有头痛、头晕、食欲减退、恶心、呕吐、腹痛、腹泻、流涎、瞳孔缩小、呼吸道分泌增多、多汗、肌束震颤等；严重者出现肺水肿、脑水肿、昏迷、呼吸麻痹；部分病例可有心、肝、肾损害；少数严重病例在意识恢复后数周或数月后发生周围神经病；个别严重病例可发生迟发性猝死，血胆碱酯酶活性降低。		
防护措施			呼吸系统防护：生产操作或农业使用时，建议佩戴过滤式防毒面具（全面罩）。紧急事态抢救或撤离时佩戴空气呼吸器。 眼睛防护：呼吸系统防护中已作防护。 身体防护：穿密闭型防护服。 手防护：带橡胶手套。		
危险性类别			急性毒性—经口，类别3*；危害水生环境—急性危害，类别1；危害水生环境—长期危害，类别1。		

序号	2091	品名	O,O,O',O'-四乙基二硫代焦磷酸酯	商品编码	2920.9000
别 名			治螟磷	CAS 号	3689-24-5
英文名			O,O,O',O'-tetraethyldithiopyro phosphate		
分子式			$C_8H_{20}O_6P_2S$		
外观与性状			浅黄色液体，具有大蒜样气味。		
主要用途			本品为有机磷杀虫剂，主要用于防治水稻、棉花害虫，也可防治油菜蚜、豆蚜、茄红蜘蛛、象鼻虫、谷子钻心虫、介壳虫等；对钉螺和蚂蟥有很好的杀灭效果，亦可用于温室熏蒸杀虫、杀螨。		
健康危害			本品对眼睛、皮肤有刺激作用，会出现眼痛、视力模糊、流泪、流涕、头痛、紫绀、厌食、恶心、呕吐、腹泻；局部出现发汗、乏力、颤搐、麻痹、Cheyne-Stokes 呼吸、抽搐、低血压、心律不齐。		
防护措施			呼吸系统防护：空气中浓度超标时，必须佩戴自吸过滤式防毒面具（半面罩）。 眼睛防护：戴化学安全防护眼镜。 身体防护：穿相应的防护服。 手防护：戴防化学品手套。		
危险性类别			急性毒性—经口，类别2*；急性毒性—经皮肤，类别1；危害水生环境—急性危害，类别1；危害水生环境—长期危害，类别1。		

序号	2092	品名	四乙基铅	商品编码	2931.1000
别 名			发动机燃料抗爆混合物	CAS 号	78-00-2
英文名			Tetraethyl-plumbane		
分子式			$C_8H_{20}Pb$		
外观与性状			无色油状液体,有臭味。		
主要用途			用于汽油抗震添加剂,提高辛烷值,以及用于有机合成。		
危险特性			本品遇高热、明火有引起燃烧的危险;加热分解产生有毒的气体;与氧化剂接触反应猛烈。		
健康危害			本品为剧烈的神经毒物,易侵犯中枢神经系统。急性中毒:初期症状有睡眠障碍、全身无力、情绪不稳、植物神经功能紊乱,往往有血压、体温、脉率降低现象(三低症)等;严重者发生中毒性脑病,出现谵妄、精神异常、昏迷、抽搐等;可有心脏和呼吸功能障碍,高浓度下可立即死亡。慢性中毒:主要表现为神经衰弱综合征和植物神经功能紊乱,可有三低症和脑电图异常。		
防护措施			呼吸系统防护:可能接触其蒸气时,必须佩戴自吸过滤式防毒面具(全面罩)。紧急事态抢救或撤离时,佩戴空气呼吸器。 眼睛防护:呼吸系统防护中已作防护。 身体防护:穿防毒物渗透工作服。 手防护:戴防化学品手套。		
危险性类别			急性毒性—经口,类别2;急性毒性—经皮肤,类别3;急性毒性—吸入,类别1;生殖毒性,类别2;特异性靶器官毒性—单次接触,类别1;特异性靶器官毒性—反复接触,类别1;危害水生环境—急性危害,类别1;危害水生环境—长期危害,类别1。		

序号	2093	品名	四乙基氢氧化铵	商品编码	2923.9000
别 名				CAS 号	77-98-5
英文名			Tetraethylammonium hydroxide		
分子式			$C_8H_{21}NO$		
外观与性状			本品为20%的水溶液,无色或淡黄色的液体。		
主要用途			用作化学试剂和核苷的乙酰化等。		
危险特性			本品与酸类发生剧烈反应;具有强腐蚀性;受高热分解,放出有毒的烟气。		
健康危害			本品呈强碱性,腐蚀性强,对皮肤、眼睛和黏膜有强刺激性和腐蚀性。吸入,可引起喉、支气管炎症、痉挛、化学性肺炎、肺水肿等。		
防护措施			呼吸系统防护:可能接触其蒸气时,应该佩戴防毒口罩。紧急事态抢救或逃生时,佩戴自给式呼吸器。 眼睛防护:戴化学安全防护眼镜。 身体防护:穿防腐工作服。 手防护:戴橡胶手套。		
危险性类别			皮肤腐蚀/刺激,类别1;严重眼损伤/眼刺激,类别1。		

序号	2094	品名	四乙基锡	商品编码	2931.9000
别　名			四乙锡	CAS 号	597-64-8
英文名			Tetraethyl-stannan		
分子式			$C_8H_{20}Sn$		
外观与性状			无色液体。		
健康危害			本品可引起脑水肿、脊髓水肿、肌肉无力及麻痹、呼吸衰竭、惊厥性运动、畏光、眼睑闭合、头痛、心电图改变、头昏、神经失调、咽喉痛、咳嗽、腹痛、恶心、呕吐。		
防护措施			呼吸系统防护：紧急情况，戴压气式、自吸式、全面罩自携式或自吸式送风呼吸器。 眼睛防护：呼吸系统防护中已作防护。 身体防护：穿全遮式防化服。 手防护：呼吸系统防护中已作防护。		
危险性类别			易燃液体，类别3；急性毒性—经口，类别2；急性毒性—吸入，类别2*；危害水生环境—急性危害，类别1；危害水生环境—长期危害，类别1。		

序号	2095	品名	四唑并-1-乙酸	商品编码	2933.9900
别　名			四唑乙酸；四氮杂茂-1-乙酸	CAS 号	21732-17-2
英文名			1h-tetrazole-1-acetic acid		
分子式			$C_3H_4N_4O_2$		
外观与性状			白色结晶。		
主要用途			用于抗菌素类药物先锋霉素的生产。		
防护措施			呼吸系统防护：佩戴防毒口罩。紧急事态抢救或逃生时，佩戴自给式呼吸器。 眼睛防护：戴化学安全防护眼镜。 防护服：穿相应的防护服。 手防护：戴防化学品手套。		
危险性类别			爆炸物，1.4项。		

序号	2096	品名	松焦油		商品编码	3807.0000
别　名					CAS 号	8011-48-1
英文名	Pine tar					
外观与性状	深褐色至黑色黏稠液体或半固体，有特殊气味。					
主要用途	用作橡胶软化剂、木材防腐剂、医用防腐剂，也用于矿石浮选和制造油毡、油漆、塑料等。					
危险特性	本品遇明火、高热、强氧化剂可燃。					
健康危害	本品对皮肤，角膜有腐蚀性。					
防护措施	呼吸系统防护：佩戴防毒口罩。紧急事态抢救或逃生时，佩戴自给式呼吸器。 眼睛防护：戴化学安全防护眼镜。 防护服：穿相应的防护服。 手防护：戴防化学品手套。					
危险性类别	危害水生环境—长期危害，类别 3＊。					

序号	2097	品名	松节油		商品编码	3805.1000
别　名					CAS 号	8006-64-2
英文名	Turpentine					
分子式	$C_{10}H_{16}$					
外观与性状	无色至淡黄色油状液体，具有松香气味。					
主要用途	用作油漆溶剂，合成樟脑、胶粘剂、塑料增塑剂等，也用于制药、制革工业。					
危险特性	本品蒸气与空气可形成爆炸性混合物，遇明火、高热能引起燃烧爆炸；与氧化剂能发生强烈反应；与硝酸发生剧烈反应或立即燃烧。					
健康危害	急性中毒：高浓度本品蒸气可引起麻醉作用，出现平衡失调、四肢痉挛性抽搐、流涎、头痛、眩晕；可引起膀胱炎，有时有肾损害；还可出现眼睛及上呼吸道刺激症状。液体溅入眼内，可引起结膜炎及角膜灼伤。慢性影响：长期接触可发生呼吸道刺激症状及乏力、嗜睡、头痛、眩晕、食欲减退等，还可能有尿频及蛋白尿；对皮肤有原发性刺激作用，引起脱脂、干燥发红等；可引起过敏性皮炎，表现为红斑或丘疹，有瘙痒感；严重者可发生水疱或脓疱，特别敏感者可发生全身性皮炎。					
防护措施	呼吸系统防护：高浓度环境中，应该佩戴过滤式防毒面具（半面罩）。 眼睛防护：必要时，戴化学安全防护眼镜。 身体防护：穿化学防护服。 手防护：戴橡胶耐油手套。					
危险性类别	易燃液体，类别 3；皮肤腐蚀/刺激，类别 2；严重眼损伤/眼刺激，类别 2；皮肤致敏物，类别 1；吸入危害，类别 1；危害水生环境—急性危害，类别 2；危害水生环境—长期危害，类别 2。					

序号	2098	品名	松节油混合萜	商品编码	3805.9010
别 名			松脂萜；芸香烯	CAS 号	1335-76-8
英文名			Terebene		
外观与性状			无色液体，有百果香气味。		
主要用途			用于纤维素物质的防火、防油处理，也用于医药。		
健康危害			本品遇明火、高温、氧化剂较易燃；燃烧产生刺激性烟雾。		
防护措施			呼吸系统防护：佩戴防毒口罩。紧急事态抢救或逃生时，佩戴自给式呼吸器。 眼睛防护：戴化学安全防护眼镜。 防护服：穿相应的防护服。 手防护：戴防化学品手套。		
危险性类别			易燃液体，类别 3。		

序号	2099	品名	松油	商品编码	3805.9010
别 名				CAS 号	8002-9-3
英文名			Pine oil		
外观与性状			无色黏稠液体或无色透明低熔点晶体。		
主要用途			广泛用于香精。		
危险特性			本品与空气接触能形成爆炸性混合物；与强酸及氧化剂不能配伍。		
健康危害			本品可引起皮肤刺激。		
防护措施			呼吸系统防护：佩戴防毒口罩。紧急事态抢救或逃生时，佩戴自给式呼吸器。 眼睛防护：戴化学安全防护眼镜。 防护服：穿相应的防护服。 手防护：戴防化学品手套。		
危险性类别			易燃液体，类别 3；危害水生环境—长期危害，类别 3。		

序号	2100	品名	松油精	商品编码	3806.9000
别 名			松香油	CAS 号	8002-16-2
英文名			Terpineol		
分子式			$C_{10}H_{118}O$		

防护措施	呼吸系统防护：佩戴防毒口罩。紧急事态抢救或逃生时，佩戴自给式呼吸器。 眼睛防护：戴化学安全防护眼镜。 防护服：穿相应的防护服。 手防护：戴防化学品手套。
危险性类别	易燃液体，类别2。

序号	2101	品名	酸式硫酸三乙基锡	商品编码	2931.9000
别 名				CAS 号	57875-67-9
英文名			Triethyl tin sulfate		
分子式			$C_6H_{16}O_4SSn$		
外观与性状			白色固体，有刺激性臭味。		
主要用途			用作农药，防治麦赤霉病、水稻稻瘟病。		
危险特性			本品遇明火、高热可燃；加热分解产生有毒的气体。		
健康危害			本品属有机锡。工业性有机锡中毒的主要临床表现有：眼睛和鼻黏膜的刺激症状；中毒性神经衰弱综合征；重症出现中毒性脑病。溅入眼内引起结膜炎。可致变应性皮炎。摄入有机锡化合物可致中毒性脑水肿，可长期产生后遗症，如瘫痪、精神失常和智力障碍。慢性影响：神经衰弱综合征。		
防护措施			呼吸系统防护：可能接触其蒸气时，应该佩戴防毒面具。紧急事态抢救或撤离时，佩戴自给式呼吸器。 眼睛防护：戴化学安全防护眼镜。 身体防护：穿聚乙烯薄膜防毒服。 手防护：戴防化学品手套。		
危险性类别			急性毒性—经口，类别2*；急性毒性—经皮肤，类别1；急性毒性—吸入，类别2*；危害水生环境—急性危害，类别1；危害水生环境—长期危害，类别1。		

序号	2102	品名	铊		商品编码	8112.5100
别 名		金属铊			CAS 号	7440-28-0
英文名		Thallium				
分子式		Tl				
外观与性状		带蓝光的银白色金属，质软。				
主要用途		用于制光电管、低温计、光学玻璃，也用于制铊的化合物。				
危险特性		本品微细粉末遇热源和明火有燃烧爆炸的危险；与氧反应剧烈；暴露在空气中会被氧化而变质。				
健康危害		本品为强烈的神经毒物，对肝、肾有损害作用。吸入、口服可引起急性中毒，可经皮肤吸收。急性中毒：口服出现恶心、呕吐、腹部绞痛、厌食等；3~5天后出现多发性颅神经和周围神经损害，感觉障碍及上行性肌麻痹；中枢神经损害严重者，可发生中毒性脑病，脱发为其特异表现；皮肤出现皮疹，指（趾）甲有白色横纹，可有肝、肾损害。慢性中毒：主要症状有神经衰弱综合征、脱发、胃纳差；可有周围神经病、球后视神经炎；可发生肝损害。				
防护措施		呼吸系统防护：可能接触其粉尘时，必须佩戴头罩型电动送风过滤式防尘呼吸器。紧急事态抢救或撤离时，建议佩戴空气呼吸器。 眼睛防护：呼吸系统防护中已作防护。 身体防护：穿连衣式胶布防毒衣。 手防护：戴橡胶手套。				
危险性类别		急性毒性—经口，类别2*；急性毒性—吸入，类别2*；特异性靶器官毒性—反复接触，类别2*。				

序号	2103	品名	钛酸四乙酯		商品编码	2905.1990
别 名		钛酸乙酯；四乙氧基钛			CAS 号	3087-36-3
英文名		Titanium ethoxide				
分子式		$C_8H_{20}O_4Ti$				
外观与性状		无色或淡黄色油状液体。				
主要用途		用于酯交换反应，涂料的抗热添加剂。				
危险特性		本品易燃，遇明火或与氧化剂接触，有引起燃烧爆炸的危险；遇水或水蒸气反应放出有毒和易燃气体；在火场中，受热的容器有爆炸的危险。				
健康危害		本品对眼睛、呼吸道和皮肤有刺激作用。				
防护措施		可能接触其蒸气时，应该佩戴自吸式防毒面具。紧急事态抢救或逃生时，佩戴空气呼吸器。 眼睛防护：戴安全防护眼镜。 身体防护：穿防静电工作服。 手防护：戴橡胶耐油手套。				
危险性类别		易燃液体，类别3。				

序号	2104	品名	钛酸四异丙酯	商品编码	2905.1990
别　名			钛酸异丙酯	CAS 号	546-68-9
英文名			Titanium tetraisopropanolate		
分子式			$C_{12}H_{28}O_4Ti$		
外观与性状			浅黄色液体。		
主要用途			用于酯交换反应，涂料、橡胶的黏合剂，金属涂塑，缩合催化剂等。		
危险特性			本品易燃，遇明火、高热或与氧化剂接触，有引起燃烧爆炸的危险；遇水或水蒸气反应放出有毒和易燃的气体；在火场中，受热的容器有爆炸危险。		
健康危害			吸入、口服或经皮肤吸收本品后对身体有害，对眼睛、皮肤有刺激作用。		
防护措施			呼吸系统防护：可能接触其蒸气时，应该佩戴自吸过滤式防毒面具（半面罩）。紧急事态抢救或撤离时，佩戴空气呼吸器。 眼睛防护：戴化学安全防护眼镜。 身体防护：穿防静电工作服。 手防护：戴橡胶耐油手套。		
危险性类别			易燃液体，类别3；严重眼损伤/眼刺激，类别2A。		

序号	2105	品名	钛酸四正丙酯	商品编码	2905.1990
别　名			钛酸正丙酯	CAS 号	3087-37-4
英文名			Titanium propoxide		
分子式			$C_{12}H_{28}O_4Ti$		
外观与性状			淡黄色油状液体，在空气中迅速吸潮而分解。		
主要用途			用于有机合成。		
危险特性			本品遇明火、高热易燃；遇水或水蒸气反应放出有毒和易燃的气体；在火场中，受热的容器有爆炸危险。		
健康危害			吸入、口服或经皮肤吸收本品后对身体有害，对皮肤有刺激性；其蒸气或雾对眼睛、黏膜和上呼吸道有刺激作用。		
防护措施			呼吸系统防护：可能接触其蒸气时，应该佩戴自吸过滤式防毒面具（半面罩）。紧急事态抢救或撤离时，佩戴空气呼吸器。 眼睛防护：戴化学安全防护眼镜。 身体防护：穿防静电工作服。 手防护：戴橡胶耐油手套。		
危险性类别			易燃液体，类别3。		

序号	2106	品名	碳化钙	商品编码	2849.1000
别　名			电石	CAS 号	75-20-7
英文名			Calcium carbide		
分子式			C_2Ca		
外观与性状			无色晶体，工业品为灰黑色块状物，断面为紫色或灰色。		
主要用途			重要的基本化工原料，主要用于产生乙炔气；也用于有机合成、氧炔焊接等。		
危险特性			本品干燥时不燃，遇水或湿气能迅速产生高度易燃的乙炔气体，在空气中达到一定的浓度时，可发生爆炸性灾害；与酸类物质能发生剧烈反应。		
健康危害			本品损害皮肤，引起皮肤瘙痒、炎症、"鸟眼"样溃疡、黑皮病。皮肤灼伤表现为创面长期不愈及慢性溃疡型。接触工人出现汗少、牙釉质损害、龋齿发病率增高。		
防护措施			呼吸系统防护：作业时，应该佩戴自吸过滤式防尘口罩。 眼睛防护：戴化学安全防护眼镜。 身体防护：穿化学防护服。 手防护：戴橡胶手套。		
危险性类别			遇水放出易燃气体的物质和混合物，类别1。		

序号	2107	品名	碳化铝	商品编码	2849.9090
别　名				CAS 号	1299-86-1
英文名			Aluminum carbide		
分子式			Al_4C_3		
外观与性状			黄色或绿灰色结晶块或粉末，有吸湿性。		
主要用途			用作甲烷发生剂、催化剂、干燥剂等。		
危险特性			本品与水接触，会很快放出易燃气体甲烷，遇热源或火种能引起燃烧和爆炸；与酸类物质能发生剧烈反应。		
健康危害			本品对眼睛、黏膜和上呼吸道有刺激性。		
防护措施			呼吸系统防护：作业时，应该佩戴自吸过滤式防尘口罩。 眼睛防护：戴化学安全防护眼镜。 身体防护：穿化学防护服。 手防护：戴橡胶手套。		
危险性类别			遇水放出易燃气体的物质和混合物，类别2。		

序号	2108	品名	碳酸二丙酯	商品编码	2920.9000
别　名			碳酸丙酯	CAS号	623-96-1
英文名			Dipropyl carbonate		
分子式			$C_7H_{14}O_3$		
外观与性状			无色液体,有类似乙醚的气味。		
主要用途			用作溶剂。		
危险特性			本品易燃,遇高热、明火有引起燃烧的危险;其蒸气比空气重,能在较低处扩散到相当远的地方,遇火源会着火回燃。		
健康危害			吸入、口服或经皮肤吸收本品后对身体有害,其蒸气或雾对眼睛、皮肤、黏膜和呼吸道有刺激性。		
防护措施			呼吸系统防护:可能接触其蒸气时,应该佩戴过滤式防毒面具(半面罩)。必要时,建议佩戴空气呼吸器。 眼睛防护:戴化学安全防护眼镜。 身体防护:穿防静电工作服。 手防护:戴橡胶耐油手套。		
危险性类别			易燃液体,类别3。		

序号	2109	品名	碳酸二甲酯	商品编码	2920.9000
别　名				CAS号	616-38-6
英文名			Dimethyl carbonate		
分子式			$C_3H_6O_3$		
外观与性状			无色液体,有芳香气味。		
主要用途			用作溶剂,用于有机合成。		
危险特性			本品易燃,遇明火、高热易燃;在火场中,受热的容器有爆炸危险。		
健康危害			吸入、口服或经皮肤吸收本品对身体有害,对皮肤有刺激性;其蒸气或雾对眼睛、黏膜和上呼吸道有刺激性。大鼠在 $29.7g/m^3$ 浓度下很快发生喘息,共济失调,口、鼻出现泡沫,肺水肿,在2小时内死亡。		
防护措施			呼吸系统防护:空气中浓度超标时,佩戴自吸过滤式防毒面具(半面罩)。 眼睛防护:必要时,戴化学安全防护眼镜。 身体防护:穿防静电工作服。 手防护:戴橡胶耐油手套。		
危险性类别			易燃液体,类别2。		

序号	2110	品名	碳酸二乙酯	商品编码	2920.9000
别 名				CAS 号	105-58-8
英文名		Diethylcarbonate			
分子式		$C_5H_{10}O_3$			
外观与性状		常温下为无色清澈液体。			
主要用途		主要用作硝酸纤维素、树脂和一些药物（如红霉素）的溶剂，以及有机合成（如苯巴比妥、除虫菊酯）的中间体，还可用在锂电池的电解液中。			
危险特性		本品易燃液体，远离火源。			
健康危害		本品为轻度刺激剂和麻醉剂。吸入后引起头痛、头昏、虚弱、恶心、呼吸困难等。			
防护措施		呼吸系统防护：空气中浓度超标时，佩戴自吸过滤式防毒面具（半面罩）。 眼睛防护：必要时，戴化学安全防护眼镜。 身体防护：穿防静电工作服。 手防护：戴橡胶耐油手套。			
危险性类别		易燃液体，类别3。			

序号	2111	品名	碳酸铍	商品编码	2836.9990
别 名		碱式碳酸铍		CAS 号	13106-47-3
英文名		Beryllium carbonate			
分子式		$(BeO)_5 \cdot CO_2 \cdot 5H_2O$			
外观与性状		白色粉末。			
主要用途		用于制备氧化铍和铍盐。			
危险特性		本品自身不能燃烧；遇高热分解释出高毒烟气。			
健康危害		本品急性中毒主要表现为急性化学性支气管炎和支气管肺炎（急性铍病）；长期小量接触，可引起慢性铍病；对皮肤的损害有接触性皮炎、铍溃疡和皮肤肉芽肿。			
防护措施		呼吸系统防护：空气中浓度超标时，佩戴自吸过滤式防毒面具（半面罩）。 眼睛防护：必要时，戴化学安全防护眼镜。 身体防护：穿防静电工作服。 手防护：戴橡胶耐油手套。			
危险性类别		急性毒性—经口，类别3*；急性毒性—吸入，类别2*；皮肤腐蚀/刺激，类别2；严重眼损伤/眼刺激，类别2；皮肤致敏物，类别1；致癌性，类别1A；特异性靶器官毒性—单次接触，类别3（呼吸道刺激）；特异性靶器官毒性—反复接触，类别1；危害水生环境—急性危害，类别2；危害水生环境—长期危害，类别2。			

序号	2112	品名	碳酸亚铊	商品编码	2836.9990
别 名			碳酸铊	CAS 号	6533-73-9
英文名			Thallium carbonate		
分子式			$CH_2O_3 \cdot 2Tl$		
外观与性状			无色或白色单斜晶体。		
主要用途			用作杀菌剂、人造金刚石的原料及用于分析。		
危险特性			本品受高热分解，放出高毒的烟气。		
健康危害			铊的口服致死量约在 0.2~1.0g。急性中毒最初出现胃肠道刺激症状：恶心、呕吐、腹绞痛等；之后出现神经系统损害，呈多发性颅神经和周围神经损害的表现；严重时有谵妄、精神失常、晕厥和呼吸肌麻痹；同时，尚有心、肝、肾的损害。脱发是其中毒的特征表现，可累及全身毛发。		
防护措施			呼吸系统防护：空气中浓度超标时，佩戴自吸过滤式防毒面具（半面罩）。 眼睛防护：必要时，戴化学安全防护眼镜。 身体防护：穿防静电工作服。 手防护：戴橡胶耐油手套。		
危险性类别			急性毒性—经口，类别 2；急性毒性—经皮肤，类别 2；特异性靶器官毒性—反复接触，类别 2*；危害水生环境—急性危害，类别 2；危害水生环境—长期危害，类别 2。		

序号	2113	品名	碳酸乙丁酯	商品编码	2920.9000
别 名				CAS 号	30714-78-4
英文名			Ethyl butyl carbonate		
分子式			$C_7H_{14}O_3$		
外观与性状			无色透明液体。		
主要用途			化工合成原料。		
危险特性			本品易燃。		
健康危害			本品是高闪点液体。		
防护措施			呼吸系统防护：空气中浓度超标时，佩戴自吸过滤式防毒面具（半面罩）。 眼睛防护：必要时，戴化学安全防护眼镜。 身体防护：穿防静电工作服。 手防护：戴橡胶耐油手套。 其他防护：工作现场严禁吸烟。工作完毕，淋浴更衣。特别注意眼和呼吸道的防护。		
危险性类别			易燃液体，类别 3。		

序号	2114	品名	碳酰氯	商品编码	2812.1100
别 名			光气	CAS 号	75-44-5
英文名			Phosgene		
分子式			$COCl_2$		
外观与性状			常温下为无色气体。		
主要用途			用作有机合成、农药、药物、染料及其他化工制品的中间体。		
危险特性			本品不燃，化学反应活性较高，遇水后有强烈腐蚀性。		
健康危害			环境中的光气主要来自染料、农药、制药等生产工艺。光气是剧烈窒息性毒气，高浓度吸入可致肺水肿。毒性比氯气约大10倍，但在体内无蓄积作用。		
防护措施			呼吸系统防护：佩戴过滤式防毒面具（全面罩）。紧急事态抢救或撤离时，建议佩戴空气呼吸器。 眼睛防护：呼吸系统防护中已作防护。 身体防护：穿胶布防毒衣。 手防护：戴橡胶手套。		
危险性类别			加压气体；急性毒性—吸入，类别1；皮肤腐蚀/刺激，类别1B；严重眼损伤/眼刺激，类别1。		

序号	2115	品名	羰基氟	商品编码	2812.9019
别 名			碳酰氟；氟化碳酰	CAS 号	353-50-4
英文名			Carbonic difluoride		
分子式			CF_2O		
外观与性状			高毒刺激性气体。		
主要用途			用作化工合成。		
危险特性			本品在水中分解释放出剧毒的腐蚀性气体；具有强腐蚀性。		
健康危害			吸入本品后迅速脱离现场至空气新鲜处，保持呼吸道通畅。如呼吸困难，需输氧；如呼吸停止，立即进行人工呼吸，就医。		
防护措施			呼吸系统防护：空气中浓度超标时，必须佩戴自吸过滤式防毒面具（全面罩）。紧急事态抢救或撤离时，应该佩戴空气呼吸器。 眼睛防护：呼吸系统防护中已作防护。 身体防护：穿密闭型防毒服。 手防护：戴橡胶手套。		
危险性类别			加压气体；急性毒性—吸入，类别2；皮肤腐蚀/刺激，类别2；严重眼损伤/眼刺激，类别2；特异性靶器官毒性—单次接触，类别1。		

序号	2116	品名	羰基硫		商品编码	2853.9090
别 名		硫化碳酰			CAS 号	463-58-1
英文名		Carbonyl sulfide				
分子式		COS				
外观与性状		通常状态下为有臭鸡蛋气味的无色气体。				
主要用途		可替代溴甲烷和磷化氢而被用作熏蒸剂；有机合成中，用于合成硫代酸、取代噻唑、杀虫剂巴丹、除草剂燕麦敌、杀草丹等；石化工业中用作在线仪表的校正气、标准气。				
危险特性		本品性质稳定，但会与氧化剂强烈反应，水分存在时也会腐蚀金属；有毒，但与硫化氢一样，会使人对其在空气中的浓度产生低估。				
健康危害		本品可燃，有毒，吸入羰基硫含量超过100ppm的空气对身体有害。				
防护措施		呼吸系统防护：空气中浓度超标时，必须佩戴自吸过滤式防毒面具（全面罩）。紧急事态抢救或撤离时，应该佩戴空气呼吸器。 眼睛防护：呼吸系统防护中已作防护。 身体防护：穿密闭型防毒服。 手防护：戴橡胶手套。				
危险性类别		易燃气体，类别1；加压气体；急性毒性—吸入，类别3。				

序号	2117	品名	羰基镍		商品编码	2931.9000
别 名		四羰基镍;四碳酰镍			CAS 号	13463-39-3
英文名		Nickel tetracarbonyl				
分子式		C$_4$O$_4$Ni				
外观与性状		无色挥发性液体，有煤烟气味。				
主要用途		用于电子工业及制造塑料中间体，也用作催化剂。				
危险特性		本品易燃，有剧毒。				
健康危害		本品对呼吸道有刺激作用，并有全身毒作用，可导致肺、肝、脑损害。				
防护措施		呼吸系统防护：可能接触其蒸气时，必须佩戴防毒面具。紧急事态抢救或逃生时，应该佩戴正压自给式呼吸器。 眼睛防护：戴化学安全防护眼镜。 身体防护：穿相应的防护服。 手防护：戴防化学品手套。				
危险性类别		易燃液体，类别2；急性毒性—吸入，类别2*；致癌性，类别1A；生殖毒性，类别1B；危害水生环境—急性危害，类别1；危害水生环境—长期危害，类别1。				

序号	2118	品名	2-特丁基-4,6-二硝基酚	商品编码	2908.9990
别　名			2-(1,1-二甲基乙基)-4,6-二硝酚;特乐酚	CAS 号	1420-07-1
英文名			Dinoterb		
分子式			$C_{10}H_{12}N_2O_5$		
主要用途			用作高毒除草剂。		
危险特性			本品可燃,有毒。		
健康危害			吸入、摄入或经皮肤吸收本品后会中毒;受热分解释出氮氧化物烟雾。		
防护措施			呼吸系统防护：可能接触其蒸气时，必须佩戴防毒面具。紧急事态抢救或逃生时，应该佩戴正压自给式呼吸器。 眼睛防护：戴化学安全防护眼镜。 身体防护：穿相应的防护服。 手防护：戴防化学品手套。		
危险性类别			急性毒性—经口，类别 2 *；急性毒性—经皮肤，类别 3 *；生殖毒性，类别 1B；危害水生环境—急性危害，类别 1；危害水生环境—长期危害，类别 1。		

序号	2119	品名	2-特戊酰-2,3-二氢-1,3-茚二酮	商品编码	2914.3990
别　名			鼠完	CAS 号	83-26-1
英文名			2-pivalyl-1,3-indandione		
分子式			$C_{14}H_{14}O_3$		
外观与性状			黄色结晶。		
主要用途			20 世纪 40 年代使用的第一代抗凝血性杀鼠剂。		
健康危害			一般来讲本品毒性较强，对人体危害较大，甚至对生命有严重威胁。		
防护措施			呼吸系统防护：紧急事态抢救或逃生时，应该佩戴正压自给式呼吸器。 眼睛防护：戴化学安全防护眼镜。 身体防护：穿相应的防护服。 手防护：戴防化学品手套。		
危险性类别			急性毒性—经口，类别 3 *；特异性靶器官毒性—反复接触，类别 1；危害水生环境—急性危害，类别 1；危害水生环境—长期危害，类别 1。		

序号	2120	品名	锑粉	商品编码	8110.1020
别 名				CAS 号	7440-36-0
英文名		Antimony powder			
分子式		Sb			
外观与性状		银白色有光泽、硬而脆的金属粉末。			
主要用途		广泛用于化学工业。			
危险特性		本品有毒。			
健康危害		本品是高危害有毒物质和可致癌物质。			
防护措施		呼吸系统防护：紧急事态抢救或逃生时，应该佩戴正压自给式呼吸器。 眼睛防护：戴化学安全防护眼镜。 身体防护：穿相应的防护服。 手防护：戴防化学品手套。			
危险性类别		特异性靶器官毒性—反复接触，类别2。			

序号	2121	品名	锑化氢	商品编码	2850.0090
别 名		三氢化锑;锑化三氢;锑		CAS 号	7803-52-3
英文名		Antimonous hydride			
分子式		SbH_3			
外观与性状		无色气体。			
主要用途		用于制有机锑化合物。			
危险特性		本品是剧毒气体。			
健康危害		本品对呼吸道有刺激作用，并有全身毒作用，可导致肺、肝、脑损害。			
防护措施		呼吸系统防护：空气中浓度超标时，必须佩戴自吸过滤式防毒面具（全面罩）。紧急事态抢救或撤离时，应该佩戴空气呼吸器。 眼睛防护：戴化学安全防护眼镜。 身体防护：穿相应的防护服。 手防护：戴防化学品手套。			
危险性类别		易燃气体，类别1；加压气体；急性毒性—吸入，类别3。			

序号	2122	品名	天然气(富含甲烷的)	商品编码	2711.2100
别　名			沼气	CAS 号	8006-14-2
英文名			Natural gas		
外观与性状			通常指油田气和气田气。		
主要用途			主要用作燃料，可制造炭黑、化学药品和液化石油气，是现代工业的重要原料。		
危险特性			本品是无色可燃气体。		
健康危害			本品对呼吸道有刺激作用，并有全身毒作用，可导致肺、肝、脑损害。		
防护措施			呼吸系统防护：空气中浓度超标时，必须佩戴自吸过滤式防毒面具（全面罩）。紧急事态抢救或撤离时，应该佩戴空气呼吸器。 眼睛防护：戴化学安全防护眼镜。 身体防护：穿相应的防护服。 手防护：戴防化学品手套。		
危险性类别			易燃气体，类别1；加压气体。		

序号	2123	品名	萜品油烯	商品编码	2902.1990
别　名			异松油烯	CAS 号	586-62-9
英文名			Terpinolene		
分子式			$C_{10}H_{16}$		
外观与性状			无色或淡琥珀色液体，有柠檬气味。		
主要用途			用作各种工业溶剂及用作香料的原料。		
危险特性			本品可能导致对水生环境的长期不良影响。		
健康危害			本品吞咽有害；防止皮肤和眼睛接触本品。		
防护措施			呼吸系统防护：可能接触其蒸气时，必须佩戴防毒面具。紧急事态抢救或逃生时，应该佩戴正压自给式呼吸器。 眼睛防护：戴化学安全防护眼镜。 身体防护：穿相应的防护服。 手防护：戴防化学品手套。		
危险性类别			易燃液体，类别3；吸入危害，类别1；危害水生环境—急性危害，类别1；危害水生环境—长期危害，类别1。		

序号	2124	品名	萜烃		商品编码	2902.1990
别 名					CAS 号	63394-00-3
英文名	Terpene					
分子式	$(C_5H_8)n$					
外观与性状	一般为液体或低熔点固体。					
主要用途	是一类重要的天然香料，是化妆品工业和食品工业不可缺少的原料。					
危险特性	防止皮肤和眼睛接触本品。					
健康危害	本品对呼吸道有刺激作用，并有全身毒副作用。					
防护措施	呼吸系统防护：紧急事态抢救或逃生时，应该佩戴正压自给式呼吸器。 眼睛防护：戴化学安全防护眼镜。 身体防护：穿相应的防护服。 手防护：戴防化学品手套。					
危险性类别	易燃液体，类别3。					

序号	2125	品名	铁铈齐		商品编码	3606.9019
别 名	铈铁合金				CAS 号	69523-06-4
英文名	Ferrocerium					
外观与性状	硬且脆的固体。					
主要用途	用作引火合金。					
危险特性	当含有一定浓度汽油蒸气的空气遇到高温铈铁合金粉的时候，就会被引燃。					
防护措施	呼吸系统防护：紧急事态抢救或逃生时，应该佩戴正压自给式呼吸器。 眼睛防护：戴化学安全防护眼镜。 身体防护：穿相应的防护服。 手防护：戴防化学品手套。					
危险性类别	易燃固体，类别1。					

序号	2126	品名	铜钙合金		商品编码	7403.2900
别 名					CAS 号	
英文名	Copper calcium alloy					
外观与性状	固体。					
主要用途	冶金工业用添加剂。					
防护措施	呼吸系统防护：紧急事态抢救或逃生时，应该佩戴正压自给式呼吸器。 眼睛防护：戴化学安全防护眼镜。 身体防护：穿相应的防护服。 手防护：戴防化学品手套。					
危险性类别	遇水放出易燃气体的物质和混合物，类别2。					

序号	2127	品名	铜乙二胺溶液	商品编码	2921.2190
别 名				CAS 号	13426-91-0
英文名		Copper-ethylenediaminecomplex			
外观与性状		有色液体。			
主要用途		用于化学工业。			
危险特性		本品对人体有刺激及会环境污染。			
健康危害		本品对皮肤、黏膜有刺激作用。			
防护措施		呼吸系统防护：紧急事态抢救或逃生时，应该佩戴正压自给式呼吸器。 眼睛防护：戴化学安全防护眼镜。 身体防护：穿相应的防护服。 手防护：戴防化学品手套。			
危险性类别		急性毒性—吸入，类别3；皮肤腐蚀/刺激，类别1；严重眼损伤/眼刺激，类别1。			

序号	2128	品名	土荆芥油	商品编码	3301.2999
别 名		藜油;除蛔油		CAS 号	8006-99-3
英文名		Chenopodium oil			
外观与性状		淡黄色稠厚油状液体。			
主要用途		本品药用可治疗钩虫病，但有毒性，需严格掌握用量；多年来已在日化香精中得到广泛的应用。			
危险特性		本品主要成分驱蛔脑为环萜烯的过氧化物，在常压下加热至130℃左右或用酸处理易致爆炸；与水共煮易慢慢分解，故在蒸馏过程时间要短，应防爆炸。			
防护措施		呼吸系统防护：紧急事态抢救或逃生时，应该佩戴正压自给式呼吸器。 眼睛防护：戴化学安全防护眼镜。 身体防护：穿相应的防护服。 手防护：戴防化学品手套。			
危险性类别		急性毒性—经口，类别3；急性毒性—经皮肤，类别3。			

序号	2129	品名	烷基、芳基或甲苯磺酸(含游离硫酸)	商品编码	2904.1000
别 名				CAS 号	
英文名		Benzenesulfonicacid			
分子式		$C_6H_6O_3S$			
外观与性状		无色针状或片状晶体。			
主要用途		主要用于经碱熔制苯酚,也用于制间苯二酚等,还用作催化剂。			
健康危害		吸入、摄入或经皮肤吸收本品后对身体有害,对眼睛、皮肤、黏膜和上呼吸道有强烈的刺激作用。吸入后,可引起喉、支气管的痉挛、炎症及水肿。			
防护措施		呼吸系统防护:可能接触其蒸气时,必须佩戴防毒面具。紧急事态抢救或逃生时,应该佩戴正压自给式呼吸器。 眼睛防护:戴化学安全防护眼镜。 身体防护:穿相应的防护服。 手防护:戴防化学品手套。			
危险性类别		皮肤腐蚀/刺激,类别1;严重眼损伤/眼刺激,类别1。			

序号	2130	品名	烷基锂	商品编码	2931.9000
别 名				CAS 号	
英文名		Alkyl lithium			
分子式		Rli			
外观与性状		常温是液体或低熔点固体。			
主要用途		通常用作试剂。			
危险特性		在溶液中存在分子缔合作用,能迅速与氧气反应,因此在空气中会自燃。			
防护措施		呼吸系统防护:可能接触其蒸气时,必须佩戴防毒面具。紧急事态抢救或逃生时,应该佩戴正压自给式呼吸器。 眼睛防护:戴化学安全防护眼镜。 身体防护:穿相应的防护服。 手防护:戴防化学品手套。			
危险性类别		自燃液体,类别1;遇水放出易燃气体的物质和混合物,类别1。			

序号	2131	品名	烷基铝氢化物		商品编码	2931.9000
别 名					CAS 号	
英文名		Aluminium alkyl hydrides				
分子式		Ral				
外观与性状		易燃固体。				
主要用途		用于有机合成，也用作火箭燃料。				
危险特性		本品会自燃，遇湿气易燃；有爆燃的危害。				
健康危害		吸入本品粉尘有刺激作用。				
防护措施		呼吸系统防护：紧急事态抢救或逃生时，应该佩戴正压自给式呼吸器。 眼睛防护：戴化学安全防护眼镜。 身体防护：穿相应的防护服。 手防护：戴防化学品手套。				
危险性类别		自燃液体，类别 1；遇水放出易燃气体的物质和混合物，类别 1。				

序号	2132	品名	乌头碱		商品编码	2939.7990
别 名		附子精			CAS 号	302-27-2
英文名		Aconitine				
分子式		$C_{34}H_{47}NO_{11}$				
外观与性状		六方形片状结晶。				
主要用途		用作医药原料。				
危险特性		本品存在于川乌、草乌、附子等植物中的主要有毒成分。				
健康危害		本品主要使迷走神经兴奋，对周围神经损害。				
防护措施		呼吸系统防护：紧急事态抢救或逃生时，应该佩戴正压自给式呼吸器。 眼睛防护：戴化学安全防护眼镜。 身体防护：穿相应的防护服。 手防护：戴防化学品手套。				
危险性类别		急性毒性—经口，类别 2*；急性毒性—吸入，类别 2*。				

序号	2133	品名	无水肼(含肼>64%)	商品编码	2825.1090
别　名			无水联胺	CAS 号	302-01-2
英文名			Hydrazine anhydrous		
分子式			N_2H_4		
外观与性状			易燃液体。		
主要用途			主要用于制作发泡剂、农作物杀虫剂和水处理剂。		
危险特性			本品有毒，属于中等毒类。		
健康危害			避免误食和接触本品。		
防护措施			呼吸系统防护：紧急事态抢救或逃生时，应该佩戴正压自给式呼吸器。 眼睛防护：戴化学安全防护眼镜。 身体防护：穿相应的防护服。 手防护：戴防化学品手套。 其他防护：工作现场严禁吸烟。保持良好的卫生习惯。		
危险性类别			易燃液体，类别3；急性毒性—经口，类别3*；急性毒性—经皮肤，类别3*；急性毒性—吸入，类别3*；皮肤腐蚀/刺激，类别1B；严重眼损伤/眼刺激，类别1；皮肤致敏物，类别1；致癌性，类别2；危害水生环境—急性危害，类别1；危害水生环境—长期危害，类别1。		

序号	2134	品名	五氟化铋	商品编码	2826.1990
别　名				CAS 号	7787-62-4
分子式			BiF_5		
外观与性状			无色澄清的油状液体。		
主要用途			用作化工原料。		
危险特性			本品是强氧化剂，遇水产生剧毒和腐蚀性的氟化氢气体。		
防护措施			呼吸系统防护：紧急事态抢救或逃生时，应该佩戴正压自给式呼吸器。 眼睛防护：戴化学安全防护眼镜。 身体防护：穿相应的防护服。 手防护：戴防化学品手套。		
危险性类别			氧化性固体，类别3；皮肤腐蚀/刺激，类别1；严重眼损伤/眼刺激，类别1。		

序号	2135	品名	五氟化碘	商品编码	2812.9019
别名				CAS 号	7783-66-6
英文名		Iodine pentafluoride			
分子式		IF_5			
外观与性状		无色液体。			
主要用途		用作氟工业重要的原材料和中间体。			
危险特性		本品是强氧化剂,与易燃物、有机物接触易着火燃烧。			
健康危害		本品与水能发生强烈反应,放出剧毒的腐蚀性烟雾。			
防护措施		呼吸系统防护:可能接触其蒸气时,必须佩戴防毒面具。紧急事态抢救或逃生时,应该佩戴正压自给式呼吸器。 眼睛防护:戴化学安全防护眼镜。 身体防护:穿相应的防护服。 手防护:戴防化学品手套。			
危险性类别		氧化性固体,类别1;急性毒性—经口,类别3;急性毒性—经皮肤,类别2;急性毒性—吸入,类别2;皮肤腐蚀/刺激,类别1;严重眼损伤/眼刺激,类别1。			

序号	2136	品名	五氟化磷	商品编码	2812.9019
别名				CAS 号	7647-19-0
英文名		Phosphorus pentafluoride			
分子式		PF_5			
外观与性状		无色恶臭气体。			
主要用途		用作聚合反应催化剂。			
危险特性		本品是无机剧毒品。			
防护措施		呼吸系统防护:紧急事态抢救或逃生时,应该佩戴正压自给式呼吸器。 眼睛防护:戴化学安全防护眼镜。 身体防护:穿相应的防护服。 手防护:戴防化学品手套。			
危险性类别		加压气体;急性毒性—吸入,类别3;皮肤腐蚀/刺激,类别1;严重眼损伤/眼刺激,类别1。			

序号	2137	品名	五氟化氯	商品编码	2812.9019
别 名				CAS 号	13637-63-3
英文名	Chlorine pentmluoride				
分子式	ClF_5				
外观与性状	固态呈白色,液态呈浅黄色。				
主要用途	用作氟化剂、助燃剂、氟化物的制备。				
危险特性	本品具有强腐蚀性。				
健康危害	本品的毒作用主要表现在它对呼吸道黏膜的刺激作用,由它引起的烧伤一般是很难治愈的。				
防护措施	呼吸系统防护:紧急事态抢救或逃生时,应该佩戴正压自给式呼吸器。 眼睛防护:戴化学安全防护眼镜。 身体防护:穿相应的防护服。 手防护:戴防化学品手套。				
危险性类别	加压气体;氧化性气体,类别1;急性毒性—吸入,类别1;皮肤腐蚀/刺激,类别1;严重眼损伤/眼刺激,类别1。				

序号	2138	品名	五氟化锑	商品编码	2826.1990
别 名				CAS 号	7783-70-2
英文名	Antimony pentafluoride				
分子式	SbF_5				
外观与性状	无色油状液体。				
主要用途	主要用于制取锑化合物。				
健康危害	本品对眼睛、皮肤、黏膜和呼吸道有强烈的刺激作用。				
防护措施	呼吸系统防护:紧急事态抢救或逃生时,应该佩戴正压自给式呼吸器。 眼睛防护:戴化学安全防护眼镜。 身体防护:穿相应的防护服。 手防护:戴防化学品手套。				
危险性类别	急性毒性—吸入,类别1;皮肤腐蚀/刺激,类别1;严重眼损伤/眼刺激,类别1;特异性靶器官毒性—单次接触,类别2;特异性靶器官毒性—反复接触,类别1;危害水生环境—急性危害,类别2;危害水生环境—长期危害,类别2。				

序号	2139	品名	五氟化溴	商品编码	2812.9019
别名				CAS 号	7789-30-2
英文名		Bromine pentafluoride			
分子式		BrF_5			
外观与性状		无色液体,在空气中强烈发烟。			
主要用途		用作氟化剂、火箭燃料及合成中间体。			
危险特性		本品能与几乎所有的元素发生反应并产生火焰;与水反应几乎是爆炸性的。			
防护措施		呼吸系统防护:紧急事态抢救或逃生时,应该佩戴正压自给式呼吸器。 眼睛防护:戴化学安全防护眼镜。 身体防护:穿相应的防护服。 手防护:戴防化学品手套。			
危险性类别		氧化性液体,类别1;急性毒性—吸入,类别1;皮肤腐蚀/刺激,类别1;严重眼损伤/眼刺激,类别1;特异性靶器官毒性—单次接触,类别1;特异性靶器官毒性—反复接触,类别2。			

序号	2140	品名	五甲基庚烷	商品编码	2901.1000
别名				CAS 号	30586-18-6
英文名		2,2,4,4,6-pentamethyl heptane			
分子式		$C_{12}H_{26}$			
外观与性状		液体。			
主要用途		用作有机溶剂。			
危险特性		本品易燃。			
健康危害		本品属低毒类。			
防护措施		呼吸系统防护:紧急事态抢救或逃生时,应该佩戴正压自给式呼吸器。 眼睛防护:戴化学安全防护眼镜。 身体防护:穿相应的防护服。 手防护:戴防化学品手套。			
危险性类别		易燃液体,类别3。			

序号	2141	品名	五硫化二磷	商品编码	2813.9000
别　名			五硫化磷	CAS 号	1314-80-3
英文名			Phosphorus pentasulfide		
分子式			$P_2S_5(P_4S_{10})$		
外观与性状			黄色固体。		
主要用途			农药合成的重要原料。		
防护措施			呼吸系统防护：紧急事态抢救或逃生时，应该佩戴正压自给式呼吸器。 眼睛防护：戴化学安全防护眼镜。 身体防护：穿相应的防护服。 手防护：戴防化学品手套。		
危险性类别			易燃固体，类别 1；遇水放出易燃气体的物质和混合物，类别 1；危害水生环境—急性危害，类别 1。		

序号	2142	品名	五氯苯	商品编码	2903.9300
别　名				CAS 号	608-93-5
英文名			1,2,3,4,5-pentachlorobenzene		
分子式			C_6HCl_5		
外观与性状			无色针状晶体。		
主要用途			用于制备五氯硝基苯。		
防护措施			呼吸系统防护：紧急事态抢救或逃生时，应该佩戴正压自给式呼吸器。 眼睛防护：戴化学安全防护眼镜。 身体防护：穿相应的防护服。 手防护：戴防化学品手套。		
危险性类别			易燃固体，类别 1；危害水生环境—急性危害，类别 1；危害水生环境—长期危害，类别 1。		

序号	2143	品名	五氯苯酚	商品编码	2908.1100
别 名			五氯酚	CAS 号	87-86-5
英文名			Pentachlorophenol		
分子式			C_6HCl_5O		
外观与性状			白色粉末或晶体。		
主要用途			用作水稻田除草剂,纺织品、皮革、纸张和木材的防腐剂和防霉剂。		
危险特性			本品不燃,有毒。		
健康危害			本品具有刺激性。		
防护措施			呼吸系统防护:紧急事态抢救或逃生时,应该佩戴正压自给式呼吸器。 眼睛防护:戴化学安全防护眼镜。 身体防护:穿相应的防护服。 手防护:戴防化学品手套。		
危险性类别			急性毒性—经口,类别3*;急性毒性—经皮肤,类别3*;急性毒性—吸入,类别2*;皮肤腐蚀/刺激,类别2;严重眼损伤/眼刺激,类别2;致癌性,类别2;特异性靶器官毒性—单次接触,类别3(呼吸道刺激);危害水生环境—急性危害,类别1;危害水生环境—长期危害,类别1。		

序号	2144	品名	五氯苯酚苯基汞	商品编码	2852.1000
别 名				CAS 号	
英文名			Pentachlorophenol diphenylmercury		
分子式			$C_{12}H_{10}O_5Hg$		
外观与性状			白色结晶。		
主要用途			用作农药、有机合成。		
危险特性			本品不燃,有毒。		
健康危害			本品在生物体内有很强的蓄积作用。		
防护措施			呼吸系统防护:紧急事态抢救或逃生时,应该佩戴正压自给式呼吸器。 眼睛防护:戴化学安全防护眼镜。 身体防护:穿相应的防护服。 手防护:戴防化学品手套。		
危险性类别			急性毒性—经口,类别2*;急性毒性—经皮肤,类别1;急性毒性—吸入,类别2*;特异性靶器官毒性—反复接触,类别2*;危害水生环境—急性危害,类别1;危害水生环境—长期危害,类别1。		

序号	2145	品名	五氯苯酚汞	商品编码	2852.1000
别名				CAS号	
英文名	Dipentachlorophenol mercury				
分子式	$C_{12}H_{10}O_{10}Hg$				
外观与性状	白色结晶。				
主要用途	用于农药、有机合成。				
危险特性	本品不燃，有毒。				
健康危害	本品在生物体内有很强的蓄积作用。				
防护措施	呼吸系统防护：紧急事态抢救或逃生时，应该佩戴正压自给式呼吸器。 眼睛防护：戴化学安全防护眼镜。 身体防护：穿相应的防护服。 手防护：戴防化学品手套。				
危险性类别	急性毒性—经口，类别2*；急性毒性—经皮肤，类别1；急性毒性—吸入，类别2*；特异性靶器官毒性—反复接触，类别2*；危害水生环境—急性危害，类别1；危害水生环境—长期危害，类别1。				

序号	2146	品名	2,3,4,7,8-五氯二苯并呋喃	商品编码	2932.9990
别名	2,3,4,7,8-PCDF			CAS号	57117-31-4
英文名	2,3,4,7,8-pentachlorodibenzofuran				
分子式	$C_{12}H_3Cl_5O$				
外观与性状	淡黄色固体。				
主要用途	用于有机合成。				
防护措施	呼吸系统防护：紧急事态抢救或逃生时，应该佩戴正压自给式呼吸器。 眼睛防护：戴化学安全防护眼镜。 身体防护：穿相应的防护服。 手防护：戴防化学品手套。				
危险性类别	急性毒性—经口，类别1；急性毒性—经皮肤，类别1；生殖细胞致突变性，类别2;致癌性，类别1A；生殖毒性，类别1B；特异性靶器官毒性—单次接触，类别1；特异性靶器官毒性—反复接触，类别1；危害水生环境—急性危害，类别1；危害水生环境—长期危害，类别1。				

序号	2147	品名	五氯酚钠	商品编码	2908.1990
别 名				CAS 号	131-52-2
英文名		Sodium pentachlorophenol			
分子式		C_6Cl_5ONa			
外观与性状		纯品为白色针状结晶。			
主要用途		用于防除稗草和其他多种由种子萌发得幼草。			
防护措施		呼吸系统防护：可能接触其蒸气时，必须佩戴防毒面具。紧急事态抢救或逃生时，应该佩戴正压自给式呼吸器。 眼睛防护：戴化学安全防护眼镜。 身体防护：穿相应的防护服。 手防护：戴防化学品手套。			
危险性类别		急性毒性—经口，类别 3*；急性毒性—经皮肤，类别 3*；急性毒性—吸入，类别 2*；皮肤腐蚀/刺激，类别 2；严重眼损伤/眼刺激，类别 2；特异性靶器官毒性—单次接触，类别 3（呼吸道刺激）；危害水生环境—急性危害，类别 1；危害水生环境—长期危害，类别 1。			

序号	2148	品名	五氯化磷	商品编码	2812.1400
别 名				CAS 号	10026-13-8
英文名		Phosphorus pentachloride			
分子式		PCl_5			
外观与性状		白色或淡黄色结晶。			
主要用途		制造乙酰纤维素的催化剂。			
危险特性		本品遇水发热、冒烟甚至燃烧爆炸。			
健康危害		本品具有中等性。			
防护措施		呼吸系统防护：佩戴防毒口罩。紧急事态抢救或逃生时，佩戴自给式呼吸器。 眼睛防护：戴化学安全防护眼镜。 防护服：穿相应的防护服。 手防护：戴防化学品手套。			
危险性类别		急性毒性—吸入，类别 2*；皮肤腐蚀/刺激，类别 1B；严重眼损伤/眼刺激，类别 1；特异性靶器官毒性—反复接触，类别 2*。			

序号	2149	品名	五氯化钼	商品编码	2827.3990
别 名				CAS 号	10241-05-1
英文名	Molybdenum pentachloride				
分子式	$MoCl_5$				
外观与性状	暗绿色或灰黑色针状结晶。				
主要用途	制备六羰基钼、金属有机化合物。				
危险特性	本品与水发生剧烈反应,放出近似白色烟雾状有毒和腐蚀性的氯化氢气体。				
防护措施	呼吸系统防护:紧急事态抢救或逃生时,应该佩戴正压自给式呼吸器。 眼睛防护:戴化学安全防护眼镜。 身体防护:穿相应的防护服。 手防护:戴防化学品手套。				
危险性类别	皮肤腐蚀/刺激,类别1;严重眼损伤/眼刺激,类别1。				

序号	2150	品名	五氯化铌	商品编码	2827.3990
别 名				CAS 号	10026-12-7
英文名	Niobium pentachloride				
分子式	$NbCl_5$				
外观与性状	黄白色单斜结晶。				
主要用途	用于制造其他铌化合物。				
危险特性	本品不燃,具有强腐蚀性、刺激性,可致人体灼伤;遇水或水蒸气发生剧烈反应,释放出有刺激性和腐蚀性的氯化氢烟雾。				
健康危害	本品粉尘和蒸气对皮肤、眼睛和黏膜有刺激性。目前,尚未见引起人中毒的报告。				
防护措施	呼吸系统防护:紧急事态抢救或逃生时,应该佩戴正压自给式呼吸器。 眼睛防护:戴化学安全防护眼镜。 身体防护:穿相应的防护服。 手防护:戴防化学品手套。				
危险性类别	皮肤腐蚀/刺激,类别1;严重眼损伤/眼刺激,类别1。				

序号	2151	品名	五氯化钽	商品编码	2827.3990
别　名				CAS 号	7721-1-9
英文名		Tantalum chloride			
分子式		$TaCl_5$			
外观与性状		黄色玻璃状晶体或粉末。			
主要用途		用作有机化合物的氯化剂、化学中间体及用于制备钽等。			
危险特性		本品不燃，具有腐蚀性、刺激性，可致人体灼伤；遇水反应产生有毒和腐蚀性的烟雾；遇潮时对大多数金属有腐蚀性。			
健康危害		本品有毒，遇水能产生氯化氢，对皮肤和黏膜有刺激作用。			
防护措施		呼吸系统防护：紧急事态抢救或逃生时，应该佩戴正压自给式呼吸器。 眼睛防护：戴化学安全防护眼镜。 身体防护：穿相应的防护服。 手防护：戴防化学品手套。			
危险性类别		皮肤腐蚀/刺激，类别 1；严重眼损伤/眼刺激，类别 1。			

序号	2152	品名	五氯化锑	商品编码	2827.3990
别　名		过氯化锑；氯化锑		CAS 号	7647-18-9
英文名		Antimony pentachloride			
分子式		$SbCl_5$			
外观与性状		黄棕色油状液体，有恶臭味，在空气中发烟。			
主要用途		用作分析试剂、染色中间体及制备高纯锑的原料。			
危险特性		本品不燃，具有强腐蚀性、强刺激性，可致人体灼伤；受热或遇水分解释放热，放出有毒的腐蚀性烟气；对很多金属尤其是潮湿空气存在下有腐蚀性。			
健康危害		本品对眼睛、皮肤、黏膜和呼吸道有强烈的刺激作用。吸入可能由于喉、支气管的痉挛、水肿、炎症，化学性肺炎、肺水肿而致死。中毒表现有烧灼感、咳嗽、喘息、喉炎、气短、头痛、恶心和呕吐。			
防护措施		呼吸系统防护：紧急事态抢救或逃生时，应该佩戴正压自给式呼吸器。 眼睛防护：戴化学安全防护眼镜。 身体防护：穿相应的防护服。 手防护：戴防化学品手套。			
危险性类别		急性毒性—吸入，类别 1；皮肤腐蚀/刺激，类别 1B；严重眼损伤/眼刺激，类别 1；特异性靶器官毒性—单次接触，类别 3（呼吸道刺激）；危害水生环境—急性危害，类别 2；危害水生环境—长期危害，类别 2。			

序号	2153	品名	五氯硝基苯		商品编码	2904.9900
别　名		硝基五氯苯			CAS 号	82-68-8
英文名		1,2,3,4,5-pentachloro-6-nitrobenzene				
分子式		$C_6Cl_5NO_2$				
外观与性状		无色或微黄色结晶，有发霉的气味。				
主要用途		用作拌种剂和土壤处理剂，用于防治棉花立枯病、炭疽病、小麦腥黑穗病、散黑穗病、蔬菜猝倒病、大蒜白腐病等；用作保护性杀菌剂，低毒，无内吸作用；喷洒可防治水稻纹枯病。				
危险特性		本品可燃，有毒；遇明火、高热可燃；与强氧化剂接触可发生化学反应；受高热分解，产生有毒的氮氧化物和氯化物气体。				
健康危害		本品主要损害心血管系统、中枢神经系统、肝、肾和造血系统。小白鼠急性中毒时，出现呼吸加快、发绀、颤抖、痉挛性抽搐、共济运动失调，甚至死亡。慢性作用下，初期红细胞数和血红蛋白含量增加，随后抑制造血功能，衰竭、抽搐，部分动物可致死。				
防护措施		呼吸系统防护：紧急事态抢救或逃生时，应该佩戴正压自给式呼吸器。 眼睛防护：戴化学安全防护眼镜。 身体防护：穿相应的防护服。 手防护：戴防化学品手套。				
危险性类别		皮肤致敏物，类别1；危害水生环境—急性危害，类别1；危害水生环境—长期危害，类别1。				

序号	2154	品名	五氯乙烷		商品编码	2903.1990
别　名					CAS 号	1976-1-7
英文名		Pentachloroethane				
分子式		C_2HCl_5				
外观与性状		无色重质液体，有氯仿气味。				
主要用途		用作溶剂。				
危险特性		本品可燃，遇明火能燃烧；受高热分解产生有毒的氯化物气体；极易挥发，在空气中发烟，遇水或水蒸气能产生热和有毒的腐蚀性烟雾。				
健康危害		本品具有麻醉作用，对眼睛和呼吸道黏膜有刺激作用，并可引起肺、肝、肾损害。				
防护措施		呼吸系统防护：紧急事态抢救或逃生时，应该佩戴正压自给式呼吸器。 眼睛防护：戴化学安全防护眼镜。 身体防护：穿相应的防护服。 手防护：戴防化学品手套。				
危险性类别		特异性靶器官毒性—反复接触，类别1；危害水生环境—急性危害，类别2；危害水生环境—长期危害，类别2。				

序号	2155	品名	五氰金酸四钾	商品编码	2843.3000
别名				CAS 号	68133-87-9
英文名		Tetrapotassium pentakis(cyano-c)aurate			
分子式		$C_5AuN_5 \cdot 4K$			
防护措施		呼吸系统防护：紧急事态抢救或逃生时，应该佩戴正压自给式呼吸器。 眼睛防护：戴化学安全防护眼镜。 身体防护：穿相应的防护服。 手防护：戴防化学品手套。			
危险性类别		急性毒性—经口，类别 2；皮肤致敏物，类别 1；特异性靶器官毒性—单次接触，类别 2；危害水生环境—急性危害，类别 1；危害水生环境—长期危害，类别 1。			

序号	2156	品名	五羰基铁	商品编码	2931.9000
别名		羰基铁		CAS 号	13463-40-6
英文名		Iron pentacarbonyl			
分子式		C_5FeO_5			
外观与性状		黄色至深红色黏稠液体，遇光分解。			
主要用途		用于制作磁带、腐蚀材料、抗爆剂，也用作羰基化和聚合催化剂。			
危险特性		本品易燃，高毒，具有强刺激性；暴露在空气中能自燃；遇明火、高热能引起燃烧爆炸；与氧化剂能发生强烈反应；其蒸气比空气重，能在较低处扩散到相当远的地方，遇火源会着火回燃；与锌及过渡金属卤化物发生剧烈反应。			
健康危害		本品剧毒，接触引起眩晕、头痛、呼吸困难和呕吐。脱离现场吸入新鲜空气后可缓解，但 12~36 小时后又可出现呼吸困难、急性肺水肿等。			
防护措施		呼吸系统防护：紧急事态抢救或逃生时，应该佩戴正压自给式呼吸器。 眼睛防护：戴化学安全防护眼镜。 身体防护：穿相应的防护服。 手防护：戴防化学品手套。			
危险性类别		易燃液体，类别 2；急性毒性—经口，类别 2；急性毒性—经皮肤，类别 2；急性毒性—吸入，类别 1；特异性靶器官毒性—单次接触，类别 1；特异性靶器官毒性—反复接触，类别 2。			

序号	2157	品名	五溴二苯醚	商品编码	2909.3090
别名				CAS号	32534-81-9
英文名	Pentabromodiphenyl ether				
分子式	$C_{12}H_5Br_5O$				

防护措施	呼吸系统防护：可能接触其蒸气时，必须佩戴防毒面具。紧急事态抢救或逃生时，应该佩戴正压自给式呼吸器。 眼睛防护：戴化学安全防护眼镜。 身体防护：穿相应的防护服。 手防护：戴防化学品手套。
危险性类别	生殖毒性，附加类别；特异性靶器官毒性—反复接触，类别2*；危害水生环境—急性危害，类别1；危害水生环境—长期危害，类别1。

序号	2158	品名	五氧化二砷	商品编码	2811.2900
别名	砷酸酐；五氧化砷；氧化砷			CAS号	1303-28-2
英文名	Arsenic oxide				
分子式	As_2O_5				
外观与性状	白色无定形固体，易潮解。				
主要用途	用于制作药物、杀虫剂、金属焊接剂、有色金属玻璃。				
危险特性	本品不燃，剧毒，为致癌物；遇高热、明火会产生剧毒的蒸气。				

健康危害	砷及其化合物对体内酶蛋白的硫基有特殊亲和力。急性中毒：口服致急性胃肠炎、休克、周围神经病、贫血及中毒性肝病，心肌炎等；可因呼吸中枢麻痹而死亡。短期内大量吸入可致咳嗽、胸痛呼吸困难、头痛、头晕等；消化道症状较轻，其他症状似口服；严重者可致死。慢性影响：长期接触较高浓度粉尘引起慢性中毒，主要有神经衰弱综合征、多发性神经病、肝损害、鼻炎、鼻中隔穿孔、支气管炎等。
防护措施	呼吸系统防护：紧急事态抢救或逃生时，应该佩戴正压自给式呼吸器。 眼睛防护：戴化学安全防护眼镜。 身体防护：穿相应的防护服。 手防护：戴防化学品手套。
危险性类别	急性毒性—经口，类别2；急性毒性—吸入，类别3*；致癌性，类别1A；危害水生环境—急性危害，类别1；危害水生环境—长期危害，类别1。

序号	2159	品名	五溴化磷	商品编码	2812.9090
别名				CAS号	7789-69-7
英文名		Phosphorus pentabromide			
分子式		Br_5P			
外观与性状		黄色结晶粉末或块状固体。			
主要用途		用于有机合成及用作溴化剂。			
危险特性		本品受热或遇水分解释放热，放出有毒的腐蚀性烟气；对很多金属，尤其是潮湿空气存在下有腐蚀性；，遇潮湿分解为氢溴酸及磷酸。			
健康危害		本品对眼睛、皮肤和黏膜有强烈刺激性和腐蚀性。			
防护措施		呼吸系统防护：紧急事态抢救或逃生时，应该佩戴正压自给式呼吸器。 眼睛防护：戴化学安全防护眼镜。 身体防护：穿相应的防护服。 手防护：戴防化学品手套。			
危险性类别		皮肤腐蚀/刺激，类别1；严重眼损伤/眼刺激，类别1。			

序号	2160	品名	五氧化二磷	商品编码	2809.1000
别名		磷酸酐		CAS号	1314-56-3
英文名		Phosphorus pentoxide			
分子式		O_5P_2			
外观与性状		白色粉末，不纯品为黄色粉末，易吸潮。			
主要用途		用作干燥剂、脱水剂，用于制造高纯度磷酸、磷酸盐及农药等。			
危险特性		本品接触有机物有引起燃烧的危险；受热或遇水分解释放热，放出有毒的腐蚀性烟气；具有强腐蚀性。			
健康危害		吸入、食入、经皮肤吸收对身体有害，中毒表现与白磷相同。急性中毒：口服数小时内，发生恶心、呕吐、腹痛、腹泻；数日内出现黄疸及肝肿大，或出现急性肝坏死；最严重的病例，数小时内患者由兴奋转入抑制、发生昏迷，循环衰竭，以致死亡。吸入轻度中毒者有头痛、头晕、呕吐、全身无力；中度中毒者上述症状较重，上腹疼痛，脉快、血压偏低等；重度中毒引起急性肝坏死及昏迷。慢性中毒：有呼吸道刺激症状、胃炎、肝炎、贫血、骨质疏松及坏死等。			
防护措施		呼吸系统防护：可能接触其粉尘时，必须佩戴头罩型电动送风过滤式防尘呼吸器或长管面具。 眼睛防护：戴化学安全防护眼镜。 身体防护：穿橡胶耐酸碱服。 手防护：戴防化学品手套。			
危险性类别		皮肤腐蚀/刺激，类别1A；严重眼损伤/眼刺激，类别1。			

序号	2161	品名	五氧化二碘	商品编码	2811.2900
别 名			碘酐	CAS 号	12029-98-0
英文名			Iodine pentoxide		
分子式			I_2O_5		
外观与性状			白色针状结晶。		
主要用途			用作氧化剂和用于测定、除去气体中的一氧化碳。		
危险特性			本品具有强氧化性,与有机物摩擦或撞击能引起燃烧或爆炸。		
健康危害			本品具有刺激性。		
防护措施			呼吸系统防护:戴自吸过滤式防尘口罩。 眼睛防护:戴化学安全防护眼镜。 身体防护:穿相应的防护服。 手防护:戴防化学品手套。		
危险性类别			氧化性固体,类别2;皮肤腐蚀/刺激,类别1;严重眼损伤/眼刺激,类别1。		

序号	2162	品名	五氧化二钒	商品编码	2825.3010
别 名			钒酸酐	CAS 号	1314-62-1
英文名			Vanadium pentoxide		
分子式			O_5V_2		
外观与性状			橙黄色或红棕色结晶粉末。		
主要用途			广泛用于有机合成工业及硫酸工业中,也用作玻璃搪瓷着色剂,磁性材料。		
危险特性			本品不燃,高毒;与三氟化氯、锂接触反应剧烈。		
健康危害			LD50:10mg/kg 本品对呼吸系统和皮肤有损害作用。急性中毒可引起鼻、咽、肺部刺激症状,接触者出现烧灼感、流泪、咽痒、干咳、胸闷、全身不适、倦怠等;严重者出现支气管炎或支气管肺炎。皮肤高浓度接触可致皮炎,剧烈瘙痒。		
防护措施			呼吸系统防护:紧急事态抢救或逃生时,应该佩戴正压自给式呼吸器。 眼睛防护:戴化学安全防护眼镜。 身体防护:穿相应的防护服。 手防护:戴防化学品手套。		
危险性类别			急性毒性—经口,类别2;生殖细胞致突变性,类别2;致癌性,类别2;生殖毒性,类别2;特异性靶器官毒性—反复接触,类别1;特异性靶器官毒性—单次接触,类别3(呼吸道刺激);危害水生环境—急性危害,类别2;危害水生环境—长期危害,类别2。		

序号	2163	品名	五氧化二锑	商品编码	2825.8000
别 名			锑酸酐	CAS 号	1314-60-9
英文名			Antimony pentoxide		
分子式			Sb_2O_5		
外观与性状			白色或黄色粉末。		
主要用途			用于制造锑酸盐、锑化合物及制药工业。		
危险特性			本品不燃，有毒，具有刺激性，是弱氧化剂；与还原剂能发生反应。		
健康危害			本品对黏膜有刺激作用，可引起内脏损害。急性中毒：接触较高浓度引起化学性结膜炎、鼻炎、咽炎、喉炎、支气管炎、肺炎。口服引起急性胃肠炎，全身症状有疲乏无力、头晕、头痛、四肢肌肉酸痛；可引起心、肝、肾损害。慢性影响：常出现头痛、头晕、易兴奋、失眠、乏力、胃肠功能紊乱、黏膜刺激症状；可引起鼻中隔穿孔；在锑冶炼过程中可引起锑尘肺。		
防护措施			呼吸系统防护：必要时，佩戴空气呼吸器、氧气呼吸器或长管面具。 眼睛防护：戴化学安全防护眼镜。 身体防护：穿相应的防护服。 手防护：戴防化学品手套。		
危险性类别			危害水生环境—急性危害，类别2；危害水生环境—长期危害，类别2。		

序号	2164	品名	1-戊醇	商品编码	2905.1990
别 名			正戊醇	CAS 号	71-41-0
英文名			1-pentanol		
分子式			$C_5H_{12}O$		
外观与性状			无色液体，略有气味。		
主要用途			用于有机合成，药物制造。		
危险特性			本品易燃，其蒸气与空气可形成爆炸性混合物，遇明火、高热能引起燃烧爆炸；受热放出辛辣的腐蚀性烟雾；与氧化剂接触反应猛烈；在火场中，受热的容器有爆炸危险。		
健康危害			吸入、口服或经皮肤吸收本品对身体有害，其蒸气或雾对眼睛、皮肤、黏膜和上呼吸道有刺激作用。接触后引起头痛、眩晕、呼吸困难、咳嗽、恶心、呕吐、腹泻等；严重者有复视、耳聋、谵妄等，有时出现高铁血红蛋白血症。		
防护措施			呼吸系统防护：高浓度接触时，可佩戴自吸过滤式防毒面具（半面罩）。 眼睛防护：戴化学安全防护眼镜。 身体防护：穿相应的防护服。 手防护：戴防化学品手套。		
危险性类别			易燃液体，类别3；皮肤腐蚀/刺激，类别2；特异性靶器官毒性—单次接触，类别3（呼吸道刺激）。		

序号	2165	品名	2-戊醇	商品编码	2905.1990
别　　名		仲戊醇		CAS 号	6032-29-7
英文名		2-amyl alcohol			
分子式		$C_5H_{12}O$			
外观与性状		无色液体。			
主要用途		用作溶剂。			
危险特性		本品易燃，其蒸气与空气可形成爆炸性混合物，遇明火、高热能引起燃烧爆炸；与氧化剂能发生强烈反应；在火场中，受热的容器有爆炸危险。			
健康危害		吸入、口服或经皮肤吸收本品对身体有害，其蒸气或雾对眼睛、皮肤、黏膜和上呼吸道有刺激作用。接触后引起头痛、头晕、呼吸困难、咳嗽、恶心、呕吐、腹泻等；严重者有复视、耳聋、谵妄等，有时出现高铁血红蛋白血症。			
防护措施		呼吸系统防护：高浓度接触时，可佩戴自吸过滤式防毒面具（半面罩）。紧急事态抢救或逃生时，应该佩戴正压自给式呼吸器。 眼睛防护：戴化学安全防护眼镜。 身体防护：穿相应的防护服。 手防护：戴防化学品手套。			
危险性类别		易燃液体，类别 3；皮肤腐蚀/刺激，类别 2；特异性靶器官毒性—单次接触，类别 3（呼吸道刺激）。			

序号	2166	品名	1,5-戊二胺	商品编码	2921.2900
别　　名		1,5-二氨基戊烷；五亚甲基二胺；尸毒素		CAS 号	462-94-2
英文名		1,5-pentanediamine			
分子式		$C_5H_{14}N_2$			
外观与性状		无色黏稠的发烟液体，有特殊气味。			
主要用途		用作高聚物制备，有机合成中间体，环氧树脂固化剂，也用于生物研究。			
危险特性		本品遇明火、高热易燃；受热分解释放出有毒的氧化氮烟气；与氧化剂能发生强烈反应。			
健康危害		吸入、口服或经皮肤吸收本品对身体有害，对眼睛、呼吸道、黏膜和皮肤有强烈刺激性，可引起灼伤。吸入后可因喉、支气管的痉挛、炎症、水肿，化学性肺炎、肺水肿而致死。中毒表现有咳嗽、喘息、喉炎、气短、头痛、恶心和呕吐。			
防护措施		呼吸系统防护：可能接触其蒸气时，应该佩戴自吸过滤式防毒面具（半面罩）。 眼睛防护：戴化学安全防护眼镜。 身体防护：穿防毒物渗透工作服。 手防护：戴橡胶耐油手套。			
危险性类别		急性毒性—经口，类别 3。			

序号	2167	品名	戊二腈	商品编码	2926.9090
别　名		1,3-二氰基丙烷		CAS 号	544-13-8
英文名		Pentanedinitrile			
分子式		$C_5H_6N_2$			
外观与性状		无色或浅黄色液体。			
主要用途		用作试剂和化学中间体。			
危险特性		本品遇明火能燃烧；受高热或与酸接触会产生剧毒的氰化物气体。			
健康危害		吸入、口服或经皮肤吸收本品对身体有害，具有刺激性。腈类物质可抑制细胞呼吸，造成组织缺氧。			
防护措施		呼吸系统防护：可能接触毒物时，必须佩戴自吸过滤式防毒面具（半面罩）。 眼睛防护：戴化学安全防护眼镜。 身体防护：穿聚乙烯防毒服。 手防护：戴防化学品手套。			
危险性类别		急性毒性—经口，类别 3；皮肤腐蚀/刺激，类别 2；严重眼损伤/眼刺激，类别 2A；特异性靶器官毒性—单次接触，类别 3（呼吸道刺激）。			

序号	2168	品名	戊二醛	商品编码	2912.1900
别　名		1,5-戊二醛		CAS 号	111-30-8
英文名		Glutaraldehyde			
分子式		$C_5H_8O_2$			
外观与性状		带有刺激性气味的无色透明油状液体。			
主要用途		用作杀菌剂，也用于皮革鞣制。			
危险特性		本品遇明火、高热可燃；与强氧化剂接触可发生化学反应；其蒸气比空气重，能在较低处扩散到相当远的地方，遇火源会着火回燃；容易自聚，聚合反应随着温度的上升而急骤加剧；若遇高热，容器内压增大，有开裂和爆炸的危险。			
健康危害		吸入、摄入或经皮肤吸收本品有害，对眼睛、皮肤和黏膜有强烈的刺激作用。吸入可引起喉、支气管的炎症，化学性肺炎、肺水肿等。本品可引起过敏反应。			
防护措施		呼吸系统防护：紧急事态抢救或逃生时，应该佩戴正压自给式呼吸器。 眼睛防护：戴化学安全防护眼镜。 身体防护：穿相应的防护服。 手防护：戴防化学品手套。			
危险性类别		急性毒性—经口，类别 3*；急性毒性—吸入，类别 3*；皮肤腐蚀/刺激，类别 1B；严重眼损伤/眼刺激，类别 1；呼吸道致敏物，类别 1；皮肤致敏物，类别 1；特异性靶器官毒性—单次接触，类别 3（呼吸道刺激）；危害水生环境—急性危害，类别 1。			

序号	2169	品名	2,4-戊二酮	商品编码	2914.1900
别　名		乙酰丙酮		CAS号	123-54-6
英文名		Acetylacetone			
分子式		$C_5H_8O_2$			
外观与性状		无色或微黄色液体，有酯的气味。			
主要用途		用作醋酸纤维素的溶剂、有机合成中间体、金属络合剂、涂料干燥剂、润滑剂、杀虫剂。			
危险特性		本品蒸气与空气可形成爆炸性混合物，遇明火、高热能引起燃烧爆炸；与氧化剂可发生反应；流速过快，容易产生和积聚静电；其蒸气比空气重，能在较低处扩散到相当远的地方，遇火源会着火回燃；若遇高热，容器内压增大，有开裂和爆炸的危险。			
健康危害		吸入、摄入或经皮肤吸收本品对身体有害，对眼睛和皮肤有刺激作用。中毒表现有头痛、恶心和呕吐。			
防护措施		呼吸系统防护：空气中浓度超标时，必须佩戴自吸过滤式防毒面具（半面罩）。 眼睛防护：戴化学安全防护眼镜。 身体防护：穿相应的防护服。 手防护：戴防化学品手套。			
危险性类别		易燃液体，类别3。			

序号	2170	品名	1,3-戊二烯(稳定的)	商品编码	2901.2990
别　名				CAS号	504-60-9
英文名		1,3-pentadiene			
分子式		C_5H_8			
外观与性状		无色液体。			
主要用途		用作生产石油树脂。			
危险特性		本品易燃，与空气混合能形成爆炸性混合物；接触热、火星、火焰或氧化剂易燃烧爆炸；若遇高热，可发生聚合反应，放出大量热量而引起容器破裂和爆炸事故；气体比空气重，能在较低处扩散到相当远的地方，遇火源会着火回燃。			
健康危害		本品对眼睛、皮肤、黏膜和呼吸道有刺激作用；对环境有危害，对水体、土壤和大气可造成污染。			
防护措施		呼吸系统防护：空气中浓度超标时，必须佩戴自吸过滤式防毒面具（半面罩）。 眼睛防护：戴化学安全防护眼镜。 身体防护：穿相应的防护服。 手防护：戴防化学品手套。			
危险性类别		易燃液体，类别2；皮肤腐蚀/刺激，类别2；特异性靶器官毒性—单次接触，类别3（呼吸道刺激）；吸入危害，类别1。			

序号	2171	品名	1,4-戊二烯（稳定的）	商品编码	2901.2990
别　名				CAS 号	591-93-5
英文名		1,4-pentadiene			
分子式		C_5H_8			
外观与性状		无色液体或气体。			
主要用途		用于有机合成。			
危险特性		本品蒸气与空气可形成爆炸性混合物，遇明火、高热能引起燃烧爆炸；受热可能发生剧烈的聚合反应；其蒸气比空气重，能在较低处扩散到相当远的地方，遇火源会着火回燃。			
健康危害		吸入、口服本品后对身体有害，对皮肤有刺激作用；其蒸气或雾对眼睛、黏膜和上呼吸道有刺激作用。中毒表现有烧灼感、咳嗽、喘息、喉炎、气短、头痛、恶心和呕吐等。本品对环境有危害，对水体、土壤和大气可造成污染。			
防护措施		呼吸系统防护：空气中浓度超标时，必须佩戴自吸过滤式防毒面具（半面罩）。 眼睛防护：戴化学安全防护眼镜。 身体防护：穿相应的防护服。 手防护：戴防化学品手套。			
危险性类别		易燃液体，类别 1。			

序号	2172	品名	戊基三氯硅烷	商品编码	2931.9000
别　名				CAS 号	107-72-2
英文名		Pentyl trichloro silane			
分子式		$C_5H_{11}Cl_3Si$			
外观与性状		无色透明液体，带有刺激性臭味，遇水分解。			
主要用途		制备高分子有机硅化合物。			
危险特性		本品遇明火、高热易燃；燃烧时，放出有毒气体；与氧化剂接触反应猛烈；遇水或水蒸气发生剧烈反应，释放出有刺激性和腐蚀性的氯化氢烟雾；遇潮时对大多数金属有强腐蚀性。			
健康危害		氯硅烷类单体对眼睛、上呼吸道黏膜有强烈刺激性。局部可出现充血、水肿，甚至坏死；长时间接触高浓度，可引起鼻黏膜萎缩、支气管炎、肺充血和肺水肿；黏膜和皮肤接触其液体，可致灼伤；可引起皮炎。			
防护措施		呼吸系统防护：空气中浓度超标时，必须佩戴自吸过滤式防毒面具（半面罩）。 眼睛防护：戴化学安全防护眼镜。 身体防护：穿相应的防护服。 手防护：戴防化学品手套。			
危险性类别		急性毒性—经皮肤，类别 3；皮肤腐蚀/刺激，类别 1；严重眼损伤/眼刺激，类别 1。			

序号	2173	品名	戊腈	商品编码	2926.9090
别　名		丁基氰;氰化丁烷		CAS 号	110-59-8
英文名		Pentanenitrile			
分子式		C_5H_9N			
外观与性状		无色液体。			
主要用途		用作溶剂。			
危险特性		本品遇明火、高热易燃。			
健康危害		吸入、口服或经皮肤吸收本品后对身体有害，对皮肤、黏膜有刺激作用；有类似氢氰酸的毒作用。			
防护措施		呼吸系统防护：空气中浓度超标时，必须佩戴自吸过滤式防毒面具（半面罩）。 眼睛防护：戴化学安全防护眼镜。 身体防护：穿相应的防护服。 手防护：戴防化学品手套。			
危险性类别		易燃液体，类别3。			

序号	2174	品名	戊硼烷	商品编码	2850.0090
别　名		五硼烷		CAS 号	19624-22-7
英文名		Pentaborane			
分子式		B_5H_9			
外观与性状		无色液体，有刺激性气味。			
主要用途		用作喷射机燃料，推进剂。			
危险特性		本品暴露在空气中能自燃；遇明火、高热、摩擦、撞击有引起燃烧的危险；若遇高热可发生剧烈分解，引起容器破裂或爆炸事故；与强氧化剂如铬酸酐、氯酸盐和高锰酸钾等接触，能发生强烈反应，引起燃烧或爆炸；与水和水蒸气反应，放出易爆炸着火的氢气。			
健康危害		急性中毒：出现神经系统症状，主要表现有头痛、头晕、嗜睡、眼肌麻痹、皮肤感觉过敏，严重者出现共济失调、肌痉挛、抽搐、角弓反张、意识障碍或精神错乱；可有神经炎及心、肝、肾损害；对皮肤和黏膜有强烈刺激性，可经皮肤吸收引起中毒；长期接触可引起肝、肾损害；中枢神经系统损害较轻。			
防护措施		呼吸系统防护：空气中浓度超标时，必须佩戴自吸过滤式防毒面具（半面罩）。 眼睛防护：戴化学安全防护眼镜。 身体防护：穿相应的防护服。 手防护：戴防化学品手套。			
危险性类别		自燃液体，类别1；急性毒性—吸入，类别1；皮肤腐蚀/刺激，类别2；严重眼损伤/眼刺激，类别1；特异性靶器官毒性—单次接触，类别1；特异性靶器官毒性—单次接触，类别3（呼吸道刺激、麻醉效应）；特异性靶器官毒性—反复接触，类别1。			

序号	2175	品名	1-戊硫醇	商品编码	2930.9090
别　名			正戊硫醇	CAS 号	110-66-7
英文名			Amyl mercaptan		
分子式			$C_5H_{12}S$		
外观与性状			无色到淡黄色液体，有特殊气味。		
主要用途			用于有机合成。		
危险特性			本品易燃，遇明火、高热或与氧化剂接触，有引起燃烧爆炸的危险；受热或遇酸易产生有毒的硫氧化物气体。		
健康危害			本品有恶臭味，吸入、口服后可引起恶心、呕吐，对眼睛和皮肤有轻度刺激性。		
防护措施			呼吸系统防护：空气中浓度超标时，必须佩戴自吸过滤式防毒面具（半面罩）。 眼睛防护：戴化学安全防护眼镜。 身体防护：穿相应的防护服。 手防护：戴防化学品手套。		
危险性类别			易燃液体，类别 2；急性毒性—吸入，类别 3；皮肤腐蚀/刺激，类别 2；严重眼损伤/眼刺激，类别 2；皮肤致敏物，类别 1；特异性靶器官毒性—单次接触，类别 3（呼吸道刺激）。		

序号	2176	品名	1-戊醛	商品编码	2912.1900
别　名			正戊醛	CAS 号	110-62-3
英文名			Pentanal		
分子式			$C_5H_{10}O$		
外观与性状			无色液体。		
主要用途			用作香料、橡胶促进剂。		
危险特性			本品易燃，遇明火、高热或与氧化剂接触，有引起燃烧爆炸的危险；若遇高热，可发生聚合反应，放出大量热量而引起容器破裂和爆炸事故；其蒸气比空气重，能在较低处扩散到相当远的地方，遇火源会着火回燃。		
健康危害			本品蒸气对眼睛及上呼吸道黏膜有刺激作用。		
防护措施			呼吸系统防护：空气中浓度超标时，必须佩戴自吸过滤式防毒面具（半面罩）。 眼睛防护：戴化学安全防护眼镜。 身体防护：穿相应的防护服。 手防护：戴防化学品手套。		
危险性类别			易燃液体，类别 2；皮肤腐蚀/刺激，类别 2；严重眼损伤/眼刺激，类别 2A；特异性靶器官毒性—单次接触，类别 3（呼吸道刺激）。		

序号	2177	品名	1-戊炔	商品编码	2901.2990
别　名		丙基乙炔		CAS 号	627-19-0
英文名		1-pentyne			
分子式		C_5H_8			
外观与性状		无色液体。			
主要用途		用于有机合成。			
危险特性		本品蒸气与空气可形成爆炸性混合物，遇明火、高热极易燃烧爆炸；与氧化剂能发生强烈反应，引起燃烧或爆炸；若遇高热，可发生聚合反应，放出大量热量而引起容器破裂和爆炸事故；其蒸气比空气重，能在较低处扩散到相当远的地方，遇火源会着火回燃。			
健康危害		吸入或口服本品，对机体有害，其蒸气或雾对眼睛和上呼吸道有刺激性；对皮肤有刺激性。接触后出现烧灼感、咳嗽、喘息、喉炎、气短、头痛、恶心和呕吐。			
防护措施		呼吸系统防护：空气中浓度超标时，必须佩戴自吸过滤式防毒面具（半面罩）。 眼睛防护：戴化学安全防护眼镜。 身体防护：穿相应的防护服。 手防护：戴防化学品手套。			
危险性类别		易燃液体，类别2。			

序号	2178	品名	2-戊酮	商品编码	2914.1900
别　名		甲基丙基甲酮		CAS 号	107-87-9
英文名		2-pentanone			
分子式		$C_5H_{10}O$			
外观与性状		无色液体，有丙酮气味。			
主要用途		主要用作溶剂。			
危险特性		本品易燃，其蒸气与空气可形成爆炸性混合物，遇明火、高热能引起燃烧爆炸；与氧化剂能发生强烈反应；其蒸气比空气重，能在较低处扩散到相当远的地方，遇火源会着火回燃。			
健康危害		本品对黏膜具有刺激作用，高浓度可致麻醉，吸入后引起上呼吸道刺激、头痛、头晕、恶心、呕吐、嗜睡、昏迷；对眼睛及皮肤有刺激性。未见慢性中毒病例。长期接触可致皮炎。			
防护措施		呼吸系统防护：空气中浓度超标时，必须佩戴自吸过滤式防毒面具（半面罩）。 眼睛防护：戴化学安全防护眼镜。 身体防护：穿相应的防护服。 手防护：戴防化学品手套。			
危险性类别		易燃液体，类别2；急性毒性—吸入，类别3；严重眼损伤/眼刺激，类别2；特异性靶器官毒性—单次接触，类别3（呼吸道刺激、麻醉效应）。			

序号	2179	品名	3-戊酮	商品编码	2914.1900
别　名		二乙基酮		CAS 号	96-22-0
英文名		3-pentanone			
分子式		$C_5H_{10}O$			
外观与性状		无色液体，有丙酮气味。			
主要用途		用于医药、有机合成。			
危险特性		本品易燃，其蒸气与空气可形成爆炸性混合物，遇明火、高热能引起燃烧爆炸；与氧化剂接触反应猛烈；其蒸气比空气重，能在较低处扩散到相当远的地方，遇火源会着火回燃。			
健康危害		吸入中等浓度本品引起头晕、恶心、嗜睡，吸入高浓度蒸气引起昏迷，甚至死亡；对眼睛及皮肤有强烈刺激性；口服引起恶心、呕吐、腹泻及昏睡。			
防护措施		呼吸系统防护：空气中浓度超标时，必须佩戴自吸过滤式防毒面具（半面罩）。 眼睛防护：戴化学安全防护眼镜。 身体防护：穿相应的防护服。 手防护：戴防化学品手套。			
危险性类别		易燃液体，类别2；特异性靶器官毒性—单次接触，类别3（呼吸道刺激、麻醉效应）。			

序号	2180	品名	1-戊烯	商品编码	2901.2990
别　名				CAS 号	109-67-1
英文名		1-pentene			
分子式		C_5H_{10}			
外观与性状		无色液体，有恶臭。			
主要用途		用于有机合成和制取异戊二烯，也用作高辛烷汽油的添加剂。			
危险特性		本品蒸气与空气可形成爆炸性混合物，遇明火、高热极易燃烧爆炸；与氧化剂接触发生强烈反应，甚至引起燃烧；若遇高热，可发生聚合反应，放出大量热量而引起容器破裂和爆炸事故；由于流动、搅拌等，可能产生静电；其蒸气比空气重，能在较低处扩散到相当远的地方，遇火源会着火回燃。			
健康危害		本品有麻醉作用，对眼睛、呼吸道和皮肤有刺激性。吸入后引起头痛、头晕、恶心虚弱、四肢无力等。			
防护措施		呼吸系统防护：空气中浓度超标时，必须佩戴自吸过滤式防毒面具（半面罩）。 眼睛防护：戴化学安全防护眼镜。 身体防护：穿相应的防护服。 手防护：戴防化学品手套。			
危险性类别		易燃液体，类别1；特异性靶器官毒性—单次接触，类别3（麻醉效应）；吸入危害，类别1；危害水生环境—长期危害，类别3。			

序号	2181	品名	2-戊烯	商品编码	2901.2990
别　名				CAS 号	109-68-2
英文名	2-pentene				
分子式	C_5H_{10}				
外观与性状	无色液体。				
主要用途	用于有机合成，以及用作聚合抑制剂。				
危险特性	本品蒸气与空气可形成爆炸性混合物，遇明火、高热能引起燃烧爆炸；在火场中，受热的容器有爆炸危险；其蒸气比空气重，能在较低处扩散到相当远的地方，遇火源会着火回燃。				
健康危害	本品有麻醉作用，对眼睛、呼吸道和皮肤有刺激性。吸入后引起头痛、头晕、恶心、虚弱、四肢无力等。				
防护措施	呼吸系统防护：空气中浓度超标时，必须佩戴自吸过滤式防毒面具（半面罩）。 眼睛防护：戴化学安全防护眼镜。 身体防护：穿相应的防护服。 手防护：戴防化学品手套。				
危险性类别	易燃液体，类别2；危害水生环境—长期危害，类别3。				

序号	2182	品名	1-戊烯-3-酮	商品编码	2914.1900
别　名	乙烯乙基甲酮			CAS 号	1629-58-9
英文名	1-penten-3-one				
分子式	C_5H_8O				
外观与性状	无色液体，有催泪性。				
主要用途	用作分析试剂和有机合成中间体。				
危险特性	本品蒸气与空气可形成爆炸性混合物，遇明火、高热极易燃烧爆炸；与氧化剂接触猛烈反应；容易自聚，聚合反应随着温度的上升而急骤加剧；若遇高热，容器内压增大，有开裂和爆炸的危险。				
健康危害	本品具有催泪性，其蒸气和液体能严重刺激眼睛、皮肤和呼吸系统。接触后，可引起烧灼感、咳嗽、喉炎、头痛、恶心和呕吐。				
防护措施	呼吸系统防护：空气中浓度超标时，必须佩戴自吸过滤式防毒面具（半面罩）。 眼睛防护：戴化学安全防护眼镜。 身体防护：穿相应的防护服。 手防护：戴防化学品手套。				
危险性类别	易燃液体，类别2。				

序号	2183	品名	戊酰氯	商品编码	2915.9000
别　名				CAS 号	638-29-9
英文名	Valeryl chloride				
分子式	C_5H_9ClO				
外观与性状	带有刺激性气味的液体。				
主要用途	用于有机合成。				
危险特性	本品与氧化剂可发生反应；遇水反应，放出具有刺激性和腐蚀性的氯化氢气体；遇高热分解释出高毒烟气。				
健康危害	本品有强腐蚀性，其蒸气与液体能刺激和腐蚀眼睛、皮肤和呼吸系统。				
防护措施	呼吸系统防护：空气中浓度超标时，必须佩戴自吸过滤式防毒面具（半面罩）。 眼睛防护：戴化学安全防护眼镜。 身体防护：穿相应的防护服。 手防护：戴防化学品手套。 其他防护：工作现场严禁吸烟。保持良好的卫生习惯。				
危险性类别	易燃液体，类别 2；皮肤腐蚀/刺激，类别 1；严重眼损伤/眼刺激，类别 1。				

序号	2184	品名	烯丙基三氯硅烷(稳定的)	商品编码	2931.9000
别　名				CAS 号	107-37-9
英文名	Allyl trichlorosilane				
分子式	$C_3H_5Cl_3Si$				
外观与性状	无色液体，带有辛辣刺激臭味。				
主要用途	用作硅酮的中间体。				
危险特性	本品蒸气与空气可形成爆炸性混合物，遇明火、高热能引起燃烧爆炸；与氧化剂可发生反应；遇水反应，放出具有刺激性和腐蚀性的氯化氢气体；受高热分解释放出有毒的气体；其蒸气比空气重，能在较低处扩散到相当远的地方，遇火源会着火回燃；容易自聚，聚合反应随着温度的上升而急剧加剧；遇潮时对大多数金属有腐蚀性；若遇高热，容器内压增大，有开裂和爆炸的危险。				
健康危害	吸入、摄入或经皮肤吸收本品后会中毒，对眼睛、皮肤、黏膜和上呼吸道有强烈刺激性。吸入可引起喉炎、肺炎和肺水肿。接触可发生头痛、呕吐、咳嗽、气短等症状。				
防护措施	呼吸系统防护：佩戴自吸过滤式防毒面具（半面罩）。 眼睛防护：戴化学安全防护眼镜。 身体防护：穿相应的防护服。 手防护：戴防化学品手套。				
危险性类别	易燃液体，类别 3；皮肤腐蚀/刺激，类别 1；严重眼损伤/眼刺激，类别 1。				

序号	2185	品名	烯丙基缩水甘油醚	商品编码	2910.9000
别　名				CAS 号	106-92-3
英文名	Allyl glycidyl ether					
分子式	$C_6H_{10}O_2$					
外观与性状	无色、透明液体，有特殊的臭味。					
主要用途	用作纤维改性剂、氯化有机物的稳定剂、合成树脂反应性稀释剂和改性剂。					
危险特性	本品蒸气与空气可形成爆炸性混合物，遇明火、高热能引起燃烧爆炸；与氧化剂可发生反应；容易自聚，聚合反应随着温度的上升而急骤加剧；其蒸气比空气重，能在较低处扩散到相当远的地方，遇火源会着火回燃；若遇高热，容器内压增大，有开裂和爆炸的危险。					
健康危害	本品对中枢神经有抑制作用，可致肺水肿；对眼睛有重度刺激，可致结膜炎、虹膜炎和角膜混浊；对皮肤有中度刺激，致敏作用较强。					
防护措施	呼吸系统防护：空气中浓度超标时，必须佩戴自吸过滤式防毒面具（半面罩）。 眼睛防护：戴化学安全防护眼镜。 身体防护：穿相应的防护服。 手防护：戴防化学品手套。					
危险性类别	易燃液体，类别3；皮肤腐蚀/刺激，类别2；严重眼损伤/眼刺激，类别1；皮肤致敏物，类别1；生殖细胞致突变性，类别2；生殖毒性，类别2；特异性靶器官毒性—单次接触，类别3（呼吸道刺激）；危害水生环境—长期危害，类别3。					

序号	2186	品名	硒化镉	商品编码	2842.9090
别　名				CAS 号	1306-24-7
英文名	Cadmium selenide					
分子式	CdSe					
外观与性状	灰棕色或红色结晶体。					
主要用途	用于电子发射器和光谱分析、光导体、半导体、光敏元件等。					
危险特性	本品可燃，高毒，具有刺激性；受热或遇酸能产生剧毒的硒化氢气体。					
健康危害	吸入或口服本品对身体有害，接触可引起恶心、头痛和呕吐。慢性影响：肾和肺脏损害。					
防护措施	呼吸系统防护：可能接触其粉尘时，必须佩戴头罩型电动送风过滤式防尘呼吸器。 眼睛防护：戴化学安全防护眼镜。 身体防护：穿连衣式胶布防毒衣。 手防护：戴防化学品手套。					
危险性类别	急性毒性—经口，类别3*；急性毒性—吸入，类别3*；致癌性，类别1A；特异性靶器官毒性—反复接触，类别2；危害水生环境—急性危害，类别1；危害水生环境—长期危害，类别1。					

序号	2187	品名	硒	商品编码	2804.9090
别名				CAS号	7782-49-2
英文名	Selenium				
分子式	Se				
外观与性状	灰色（暗红色）粉末或黑色玻璃状物质。				
主要用途	用于制半导体材料、光度计、光电池、整流器、红玻璃等。				
危险特性	本品可燃，有毒，具有强刺激性；遇明火能燃烧。				
健康危害	本品对皮肤黏膜有较强的刺激性。大量吸入可引起急性中毒，出现鼻塞、流涕、咽痛、咳嗽、眼刺痛、头痛、头晕、恶心、呕吐等症状。慢性中毒：长期接触一定浓度的硒，可有头痛、头晕、无力、恶心、呕吐、食欲减退、腹泻等症状；还可有肝大、肝功能异常、低血压、心动过缓等植物神经功能紊乱的表现。				
防护措施	呼吸系统防护：空气中浓度超标时，必须佩戴自吸过滤式防毒面具（半面罩）。 眼睛防护：戴化学安全防护眼镜。 身体防护：穿相应的防护服。 手防护：戴防化学品手套。				
危险性类别	急性毒性—经口，类别3＊；急性毒性—吸入，类别3＊；特异性靶器官毒性—反复接触，类别2＊。				

序号	2188	品名	硒化铅	商品编码	2842.9090
别名				CAS号	12069-00-0
英文名	Lead selenide				
分子式	PbSe				
外观与性状	灰色或灰黑色结晶粉末，不溶于水，微溶于硝酸。				
主要用途	用于制造光敏电阻和红外检测器等。				
危险特性	本品常温常压下稳定，避免光、明火、高温；具有高毒性、半导体性质，怕湿气。				
健康危害	本品是B级无机剧毒物品。				
防护措施	呼吸系统防护：应该佩戴防毒口罩。 眼睛防护：戴化学安全防护眼镜。 身体防护：穿相应的防护服。 手防护：戴防化学品手套。				
危险性类别	致癌性，类别1B；生殖毒性，类别1A；特异性靶器官毒性—反复接触，类别2；危害水生环境—急性危害，类别1；危害水生环境—长期危害，类别1。				

序号	2189	品名	硒化氢（无水）	商品编码	2811.1920
别　名				CAS 号	7783-7-5
英文名		Hydrogen selenide			
分子式		H_2Se			
外观与性状		无色、有恶臭味的气体。			
主要用途		用作半导体用料，以及制造金属硒化物和含硒的有机化合物等。			
危险特性		本品与空气混合能形成爆炸性混合物，遇明火、高热能引起燃烧爆炸；与氧化剂接触反应猛烈。			
健康危害		本品对上呼吸道黏膜和眼结膜有强烈的刺激作用。急性中毒：接触数分钟至3小时内，陆续出现中毒症状，出现流泪、回痛、咳嗽，伴有胸闷、胸痛。严重者进一步发展为化学性肺炎或中毒性肺水肿，出现呼吸困难，心跳加快，面色苍白，皮肤黏膜紫绀。接触本品可引起皮疹。			
防护措施		呼吸系统防护：空气中浓度超标时，必须佩戴自吸过滤式防毒面具（半面罩）。 眼睛防护：戴化学安全防护眼镜。 身体防护：穿相应的防护服。 手防护：戴防化学品手套。			
危险性类别		易燃气体，类别1；加压气体；急性毒性—吸入，类别3；严重眼损伤/眼刺激，类别2；特异性靶器官毒性—反复接触，类别1；危害水生环境—急性危害，类别1；危害水生环境—长期危害，类别1。			

序号	2190	品名	硒化铁	商品编码	2842.9090
别　名				CAS 号	1310-32-3
英文名		Iron selenide			
分子式		FeSe			
外观与性状		外观呈黑色粉末状，无气味。			
主要用途		在半导体中有使用。			
危险特性		本品不燃；受热，遇酸放出剧毒的硒化氢气体。			
健康危害		本品对水中有机物有剧毒和危害，即使是少量产品渗入地下也会对饮用水造成危害，若无政府许可勿将产品排入周围环境。			
防护措施		呼吸系统防护：空气中浓度超标时，必须佩戴自吸过滤式防毒面具（半面罩）。 眼睛防护：戴化学安全防护眼镜。 身体防护：穿相应的防护服。 手防护：戴防化学品手套。			
危险性类别		急性毒性—经口，类别3*；急性毒性—吸入，类别3*；特异性靶器官毒性—反复接触，类别2；危害水生环境—急性危害，类别1；危害水生环境—长期危害，类别1。			

序号	2191	品名	硒化锌	商品编码	2842.9090
别 名				CAS 号	1315-09-9
英文名	Zinc selenide					
分子式	ZnSe					
外观与性状	黄色立方晶系结晶，见光迅速变成红色。					
主要用途	用作荧光粉、电子工业掺杂材料和高纯试剂。					
危险特性	本品遇稀硝酸分解释放出剧毒的硒化氢气体。					
健康危害	皮肤经常接触本品可引起皮炎，对眼睛、呼吸道黏膜有刺激作用。					
防护措施	呼吸系统防护：空气中浓度超标时，必须佩戴自吸过滤式防毒面具（半面罩）。 眼睛防护：戴化学安全防护眼镜。 身体防护：穿相应的防护服。 手防护：戴防化学品手套。					
危险性类别	急性毒性—经口，类别3*；急性毒性—吸入，类别3*；特异性靶器官毒性—反复接触，类别2；危害水生环境—急性危害，类别1；危害水生环境—长期危害，类别1。					

序号	2192	品名	硒脲	商品编码	2931.9000
别 名				CAS 号	630-10-4
英文名	Selenourea					
分子式	CH_4N_2Se					
外观与性状	白色或浅红色针状晶体。					
主要用途	用于光度测定锇的试剂，用于有机合成及电子工业。					
危险特性	本品有毒，遇光和空气分解。					
健康危害	本品对水中有机物质有剧毒，即使是小量的。不要让该产品接触地下水、水道污水系统，即使是小量本品渗入地下水也会对饮用水造成危险，对水中的鱼类和浮游生物也有毒害。					
防护措施	呼吸系统防护：空气中浓度超标时，必须佩戴自吸过滤式防毒面具（半面罩）。 眼睛防护：戴化学安全防护眼镜。 身体防护：穿相应的防护服。 手防护：戴防化学品手套。					
危险性类别	急性毒性—经口，类别2；急性毒性—吸入，类别3*；特异性靶器官毒性—反复接触，类别2；危害水生环境—急性危害，类别1；危害水生环境—长期危害，类别1。					

序号	2193	品名	硒酸	商品编码	2811.1990
别　名				CAS 号	7783-8-6
英文名	Selenic acid				
分子式	H_2SeO_4				
外观与性状	白色六方柱晶体，极易吸潮。				
主要用途	用作鉴别甲醇和乙醇的试剂及硒盐制备。				
危险特性	本品具有强氧化性，其水溶液有腐蚀性和强烈的刺激性。				
健康危害	本品吸湿性、腐蚀性强，对眼睛、皮肤、黏膜和呼吸道有刺激作用。吸入、口服或经皮肤吸收中毒，严重者可致死；可引起化学性支气管炎、肺炎或肺水肿。慢性影响：可有头痛、眩晕、疲倦、食欲减退等症状。				
防护措施	呼吸系统防护：空气中浓度超标时，必须佩戴自吸过滤式防毒面具（半面罩）。 眼睛防护：戴化学安全防护眼镜。 身体防护：穿相应的防护服。 手防护：戴防化学品手套。				
危险性类别	皮肤腐蚀/刺激，类别1；严重眼损伤/眼刺激，类别1；特异性靶器官毒性—单次接触，类别1；危害水生环境—急性危害，类别1；危害水生环境—长期危害，类别1。				

序号	2194	品名	硒酸钡	商品编码	2842.9050
别　名				CAS 号	7787-41-9
英文名	Barium selenate				
分子式	BaO_4Se				
外观与性状	白色结晶粉末，斜方晶系结构。				
主要用途	为特种玻璃添加剂，用于提高玻璃性能。				
危险特性	本品加热分解，能溶于盐酸，不溶于硝酸，稍溶于水。				
健康危害	本品是B级无机剧毒物品。				
防护措施	呼吸系统防护：空气中浓度超标时，必须佩戴自吸过滤式防毒面具（半面罩）。 眼睛防护：戴化学安全防护眼镜。 身体防护：穿相应的防护服。 手防护：戴防化学品手套。				
危险性类别	急性毒性—经口，类别3*；急性毒性—吸入，类别3*；特异性靶器官毒性—反复接触，类别2；危害水生环境—急性危害，类别1；危害水生环境—长期危害，类别1。				

序号	2195	品名	硒酸钾		商品编码	2842.9050
别 名					CAS 号	7790-59-2
英文名		Potassium selenate				
分子式		K_2SeO_4				
外观与性状		无色、无臭的斜方晶系结晶或白色粉末。				
主要用途		用作化学试剂。				
危险特性		本品本身不能燃烧,受高热分解释放出有毒的气体。				
健康危害		误服或吸入本品会中毒,中毒时可见上呼吸道和眼黏膜刺激症状、头痛、眩晕、恶心、呕吐、全身虚弱等;其溶液能灼伤皮肤。				
防护措施		呼吸系统防护:空气中浓度超标时,必须佩戴自吸过滤式防毒面具(半面罩)。 眼睛防护:戴化学安全防护眼镜。 身体防护:穿相应的防护服。 手防护:戴防化学品手套。				
危险性类别		急性毒性—经口,类别3*;急性毒性—吸入,类别3*;特异性靶器官毒性—反复接触,类别2;危害水生环境—急性危害,类别1;危害水生环境—长期危害,类别1。				

序号	2196	品名	硒酸钠		商品编码	2842.9050
别 名					CAS 号	13410-01-0
英文名		Sodium selenate				
分子式		Na_2SeO_4				
外观与性状		白色结晶或粉末。				
主要用途		主要用于除壁虱、蚜虫、线虫,用作玻璃脱色剂、增光剂、抗腐蚀剂和化学分析试剂。				
危险特性		本品受高热分解,放出有毒的烟气。				
健康危害		吸入、摄入或经皮肤吸收本品后对身体有害,对眼睛、皮肤和黏膜有刺激作用;属剧毒物质;与砷的作用类似;对肝、肾有损害作用;其溶液能灼伤皮肤,能经手指端的皮肤吸收而中毒;有致突变用。				
防护措施		呼吸系统防护:空气中浓度超标时,必须佩戴自吸过滤式防毒面具(半面罩)。 眼睛防护:戴化学安全防护眼镜。 身体防护:穿相应的防护服。 手防护:戴防化学品手套。				
危险性类别		急性毒性—经口,类别1;急性毒性—吸入,类别3*;特异性靶器官毒性—反复接触,类别2;危害水生环境—急性危害,类别1;危害水生环境—长期危害,类别1。				

序号	2197	品名	硒酸铜	商品编码	2842.9050
别　名			硒酸高铜	CAS 号	15123-69-0
英文名			Cupric selenate		
分子式			$CuSeO_4 \cdot 5H_2O$		
外观与性状			淡蓝色结晶粉末，三斜晶结构。		
主要用途			用于铜和铜合金着色，凯氏定氮催化剂，以及电子、仪表工业等。		
危险特性			本品在空气中稳定，易溶于水而不溶于乙醇。		
健康危害			本品是 B 级无机剧毒物品。		
防护措施			呼吸系统防护：空气中浓度超标时，必须佩戴自吸过滤式防毒面具（半面罩）。 眼睛防护：戴化学安全防护眼镜。 身体防护：穿相应的防护服。 手防护：戴防化学品手套。		
危险性类别			急性毒性—经口，类别 3＊；急性毒性—吸入，类别 3＊；特异性靶器官毒性—反复接触，类别 2；危害水生环境—急性危害，类别 1；危害水生环境—长期危害，类别 1。		

序号	2198	品名	氙（压缩的或液化的）	商品编码	2804.2900
别　名				CAS 号	7440-63-3
英文名			Xenon		
分子式			Xe		
外观与性状			无色无臭的惰性气体。		
主要用途			用于闪光管、闪光灯充气，以及作深度麻醉剂。		
危险特性			本品若遇高热，容器内压增大，有开裂和爆炸的危险。		
健康危害			本品对人的危害与氩相似。人吸入混有 70% 氙气的氧，引起轻度麻醉，约经 3 分钟即意识丧失。		
防护措施			呼吸系统防护：空气中浓度超标时，必须佩戴自吸过滤式防毒面具（半面罩）。 眼睛防护：戴化学安全防护眼镜。 身体防护：穿相应的防护服。 手防护：戴防化学品手套。		
危险性类别			加压气体。		

序号	2199	品名	硝铵炸药	商品编码	3602.0010
别名			铵梯炸药	CAS 号	
英文名			Ammonium nitrate explosive		
外观与性状			粉状的爆炸性机械混合物。		
主要用途			应用最广泛的工业炸药品种之一,具有中等威力和一定的敏感性。		
危险特性			本品是强氧化剂;遇可燃物着火时,能助长火势;与可燃物粉末混合能发生激烈反应而爆炸;受强烈震动或急剧加热时可发生爆炸;与还原剂、有机物、易燃物如硫、磷或金属粉末等混合可形成爆炸性混合物。		
健康危害			本品具有吸湿性与结块性,受潮后敏感性和威力显著降低,同时产生毒气。		
防护措施			呼吸系统防护:空气中浓度超标时,必须佩戴自吸过滤式防毒面具(半面罩)。 眼睛防护:戴化学安全防护眼镜。 身体防护:穿相应的防护服。 手防护:戴防化学品手套。		
危险性类别			爆炸物,1.1 项。		

序号	2200	品名	硝化甘油(按质量含有不低于40%,不挥发、不溶于水的减敏剂)	商品编码	2920.9000
别名			硝化丙三醇;甘油三硝酸酯	CAS 号	55-63-0
英文名			1,2,3-propanetriol trinitrate		
分子式			$C_3H_5N_3O_9$		
外观与性状			淡黄色稠厚液体,低温易冻结。		
主要用途			用于制造开山筑路的炸药及其他炸药和药品。		
危险特性			本品属爆炸品,易燃。		
健康危害			少量吸收本品即可引起剧烈的搏动性头痛,常有恶心、心悸,有时有呕吐和腹痛,面部发热、潮红;较大量吸收产生低血压、抑郁、精神错乱,偶见谵妄、高铁血红蛋白血症和紫绀。饮酒后,上述症状加剧,并可发生躁狂。本品易经皮肤吸收,应防止皮肤接触。慢性影响:可有头痛、疲乏等不适。		
防护措施			呼吸系统防护:可能接触其蒸气时,应该佩戴自吸过滤式防毒面具(半面罩)。紧急事态抢救或撤离时,建议佩戴自给式呼吸器。 眼睛防护:戴安全防护眼镜。 身体防护:穿防静电工作服。 手防护:戴防化学品手套。		
危险性类别			爆炸物,1.1 项;皮肤致敏物,类别1;生殖毒性,类别2;特异性靶器官毒性—单次接触,类别1;特异性靶器官毒性—反复接触,类别1;危害水生环境—急性危害,类别2;危害水生环境—长期危害,类别2。		

序号	2201	品名	硝化甘油乙醇溶液（含硝化甘油≤10%）	商品编码	2920.9000
别　名			硝化丙三醇乙醇溶液；甘油三硝酸酯乙醇溶液	CAS 号	55-63-0
英文名		Nitroglycerin solution in alcoiol with more than 1% but not more than 10% nitroglycerin			
分子式		$C_3H_5N_3O_9$			
防护措施		呼吸系统防护：可能接触其蒸气时，应该佩戴自吸过滤式防毒面具（半面罩）。紧急事态抢救或撤离时，建议佩戴自给式呼吸器。 眼睛防护：戴安全防护眼镜。 身体防护：穿防静电工作服。 手防护：戴防化学品手套。			
危险性类别		硝化甘油≤1%：易燃液体，类别2。 1<硝化甘油≤10%：爆炸物，1.1项；皮肤致敏物，类别1；生殖毒性，类别2；危害水生环境—长期危害，类别3。			

序号	2202	品名	硝化淀粉	商品编码	3505.1000
别　名				CAS 号	
CAS 号		9056-38-6			
分子式		$[C_6H_7O_2(ONO_2)r(OH)_{3-r}]n$			
外观与性状		略带黄色的白色粉末或易于捏碎的小团粒。			
主要用途		与 PETN、DNT 混合使用或与硝酸脲混合后用制手榴弹、地雷；也可以用作工业 NH_4NO_3 炸药的敏化剂，能提高爆速和起爆感度；此外尚可用作土枪抛射药和小火箭推进剂的原料；可单独使用，不宜同 NG 混用。			
危险特性		本品易燃；燃烧产生有毒氮氧化物烟雾。			
健康危害		本品属爆炸品。			
防护措施		呼吸系统防护：可能接触其蒸气时，应该佩戴自吸过滤式防毒面具（半面罩）。紧急事态抢救或撤离时，建议佩戴自给式呼吸器。 眼睛防护：戴安全防护眼镜。 身体防护：穿防静电工作服。 手防护：戴防化学品手套。			
危险性类别		爆炸物，1.1项。			

序号	2203	品名	硝化二乙醇胺火药	商品编码	3602.0090
别　名				CAS 号	
英文名		Nitrodiethanolamine powder			
危险特性		本品是具有燃烧危险和较小爆炸或较小抛射危险,或两者兼有,但无整体爆炸危险的物质和物品。			
防护措施		呼吸系统防护：佩戴防毒口罩。紧急事态抢救或逃生时，佩戴自给式呼吸器。 眼睛防护：戴化学安全防护眼镜。 防护服：穿相应的防护服。 手防护：戴防化学品手套。			
危险性类别		爆炸物，1.3项。			

序号	2204	品名	硝化沥青	商品编码	3824.9999
别　名				CAS 号	
英文名		Nitrate asphalt			
外观与性状		褐色粉末物，无味。			
主要用途		爆炸品。			
危险特性		本品易燃，有毒，遇火容易引起燃烧。			
健康危害		皮肤接触本品能造成皮炎与发绀，眼部接触能造成伤害。			
防护措施		呼吸系统防护：佩戴防毒口罩。紧急事态抢救或逃生时，佩戴自给式呼吸器。 眼睛防护：戴化学安全防护眼镜。 防护服：穿相应的防护服。 手防护：戴防化学品手套。			
危险性类别		易燃固体，类别 1。			

序号	2205	品名	硝化酸混合物	商品编码	2808.0000
别　名		硝化混合酸		CAS 号	51602-38-1
英文名		Nitrating acid mixture			
分子式		H_3NO_7S			
危险特性		本品是酸性腐蚀品。			
防护措施		呼吸系统防护：佩戴防毒口罩。紧急事态抢救或逃生时，佩戴自给式呼吸器。 眼睛防护：戴化学安全防护眼镜。 防护服：穿相应的防护服。 手防护：戴防化学品手套。			
危险性类别		皮肤腐蚀/刺激，类别 1；严重眼损伤/眼刺激，类别 1。			

序号	2206	品名	硝化纤维塑料（板、片、棒、管、卷等状，不包括碎屑）、硝化纤维塑料碎屑	商品编码	3915.9090
别　名		赛璐珞		CAS 号	8050-88-2
英文名		Celluloid			
外观与性状		有色或无色透明或不透明的片状物。			
主要用途		主要用于制造乒乓球、眼镜架、玩具、钢笔杆、建筑装饰等。			
危险特性		本品遇明火、高热极易燃烧；久储会逐渐发热，若积热不散会引起自燃。			
防护措施		呼吸系统防护：佩戴防毒口罩。紧急事态抢救或逃生时，佩戴自给式呼吸器。 眼睛防护：戴化学安全防护眼镜。 防护服：穿相应的防护服。 手防护：戴防化学品手套。			
危险性类别		自热物质和混合物，类别 2。			

序号	2207	品名	硝化纤维素[干的或含水(或乙醇)<25%]、硝化纤维素(含氮≤12.6%,含乙醇≥25%)、硝化纤维素(含氮≤12.6%)、硝化纤维素(含水≥25%)、硝化纤维素(未改型的,或增塑的,含增塑剂<18%)、硝化纤维素溶液(含氮量≤12.6%,含硝化纤维素≤55%)	商品编码	3912.2000
别 名		硝化棉		CAS 号	9004-70-0
英文名		Nitrocellulose			
分子式		$C_{12}H_{16}N_4O_{18}$			
外观与性状		白色或微黄色棉絮状。			
主要用途		用于生产各色赛璐珞、电影胶片、硝基漆片及炸药等;也用于制作各色喷漆、打字蜡纸、漆布、瓶口套等。			
危险特性		本品具有高度可燃性和爆炸性,其危险程度根据硝化程度而定。含氮量在12.5%以上的硝化棉危险性极大,遇火即燃烧,在温度超过40℃时能加速其分解而自燃;含氮量不足12.5%的硝化棉虽然比较稳定,但受热或储存日久,逐渐分解而放出酸,降低着火点,亦有自燃自爆的可能。			
健康危害		本品本身对健康基本无害。			
防护措施		呼吸系统防护:空气中粉尘浓度较高时,建议佩戴自吸过滤式防尘口罩。 眼睛防护:必要时,戴化学安全防护眼镜。 身体防护:穿防静电工作服。 手防护:戴一般作业防护手套。			
危险性类别		易燃液体,类别2。			

序号	2208	品名	3-硝基-1,2-二甲苯	商品编码	2904.2090
别 名		1,2-二甲基-3-硝基苯;3-硝基邻二甲苯		CAS 号	83-41-0
英文名		3-nitro-o-xylene			
分子式		$C_8H_9NO_2$			
外观与性状		无色液体,低温为针状结晶。			
主要用途		用作医药中间体,用于生产抗炎镇痛药甲灭酸。			
危险特性		本品遇明火、高热可燃;受高热分解释放出有毒的气体;与强氧化剂接触可发生化学反应。			
健康危害		吸入、皮肤接触及吞食本品有毒,会刺激眼睛、呼吸系统和皮肤。			
防护措施		呼吸系统防护:佩戴防毒口罩。紧急事态抢救或逃生时,佩戴自给式呼吸器。 眼睛防护:戴化学安全防护眼镜。 防护服:穿相应的防护服。 手防护:戴防化学品手套。			
危险性类别		危害水生环境—急性危害,类别2;危害水生环境—长期危害,类别2。			

序号	2209	品名	4-硝基-1,2-二甲苯	商品编码	2904.2090
别 名			1,2-二甲基-4-硝基苯;4-硝基邻二甲苯;4,5-二甲基硝基苯	CAS 号	99-51-4
英文名			4-nitro-o-xylene		
分子式			$C_8H_9NO_2$		
外观与性状			黄色片状结晶。		
主要用途			用作医药中间体;是化学合成法生产维生素 B2 的重要原料。		
危险特性			本品遇明火、高热可燃;受高热分解释放出有毒的气体;燃烧时放出有毒的刺激性烟雾;与强氧化剂接触可发生化学反应。		
健康危害			吸入、皮肤接触及吞食本品有害。		
防护措施			呼吸系统防护:佩戴防毒口罩。紧急事态抢救或逃生时,佩戴自给式呼吸器。 眼睛防护:戴化学安全防护眼镜。 防护服:穿相应的防护服。 手防护:戴防化学品手套。		
危险性类别			危害水生环境—长期危害,类别3。		

序号	2210	品名	2-硝基-1,3-二甲苯	商品编码	2904.2090
别 名			1,3-二甲基-2-硝基苯;2-硝基间二甲苯	CAS 号	81-20-9
英文名			2,6-dimethyl-1-nitrobenzene		
分子式			$C_8H_9NO_2$		
外观与性状			无色液体		
主要用途			用作医药中间体,用于合成直接紫7、溶剂红26,亦可作为其他化工产品的中间原料。		
危险特性			本品与氧化剂混合可爆,明火可燃;受热分解有毒的氮氧化物气体;对水生生物有毒,可能对水体环境产生长期不良影响。		
健康危害			吸入及皮肤接触本品有害。		
防护措施			呼吸系统防护:佩戴防毒口罩。紧急事态抢救或逃生时,佩戴自给式呼吸器。 眼睛防护:戴化学安全防护眼镜。 防护服:穿相应的防护服。 手防护:戴防化学品手套。		
危险性类别			危害水生环境—急性危害,类别2;危害水生环境—长期危害,类别2。		

序号	2211	品名	4-硝基-1,3-二甲苯	商品编码	2904.2090
别　　名			1,3-二甲基-4-硝基苯;4-硝基间二甲苯;2,4-二甲基硝基苯;对硝基间二甲苯	CAS 号	89-87-2
英文名			4-nitro-1,3-dimethylbenzene		
分子式			$C_8H_9NO_2$		
外观与性状			黄色液体。		
主要用途			是农药双甲脒的原料，也可作为染料等化工产品的原料。		
危险特性			本品可燃，有毒，具有刺激性；遇明火、高热可燃；受高热分解释放出有毒的气体；与强氧化剂接触可发生化学反应。		
健康危害			吸入、口服或经皮肤吸收本品，可能引起中毒死亡；其蒸气或雾对眼睛、黏膜和上呼吸有刺激性；对皮肤有刺激性；吸收进入人体后，可引起高铁血红蛋白血症，出现紫绀。		
防护措施			呼吸系统防护：可能接触其蒸气时，佩戴自吸过滤式防毒面具（全面罩）。紧急事态抢救或撤离时，应该佩戴空气呼吸器。 眼睛防护：呼吸系统防护中已作防护。 身体防护：穿胶布防毒衣。 手防护：戴橡胶耐油手套。		
危险性类别			危害水生环境—急性危害，类别2；危害水生环境—长期危害，类别2。		

序号	2212	品名	5-硝基-1,3-二甲苯	商品编码	2904.2090
别　　名			1,3-二甲基-5-硝基苯;5-硝基间二甲苯;3,5-二甲基硝基苯	CAS 号	99-12-7
英文名			Nitroxylol		
分子式			$C_8H_9NO_2$		
外观与性状			无色针状结晶。		
主要用途			用于有机合成。		
危险特性			本品遇明火、高热可燃；受高热分解释放出有毒的气体；与强氧化剂接触可发生化学反应。		
健康危害			吸入、口服或经皮肤吸收本品，可能引起中毒死亡；蒸气或雾对眼睛、黏膜和上呼吸道有刺激性；对皮肤有刺激性；吸收进入人体后，可引起高铁血红蛋白血症，出现紫绀。		
防护措施			呼吸系统防护：可能接触其粉尘时，佩戴头罩型电动送风过滤式防尘呼吸器。紧急事态抢救或撤离时，应该佩戴空气呼吸器。 眼睛防护：呼吸系统防护中已作防护。 身体防护：穿胶布防毒衣。 手防护：戴橡胶手套。		
危险性类别			急性毒性—经口，类别3；急性毒性—经皮肤，类别3；急性毒性—吸入，类别3；特异性靶器官毒性—反复接触，类别2；危害水生环境—急性危害，类别2；危害水生环境—长期危害，类别2。		

序号	2213	品名	4-硝基-2-氨基苯酚	商品编码	2922.2990
别 名			2-氨基-4-硝基苯酚；邻氨基对硝基苯酚；对硝基邻氨基苯酚	CAS 号	99-57-0
英文名			2-amino-4-nitrophenol		
分子式			$C_6H_6N_2O_3$		
外观与性状			棕黄色或橙色片状结晶。		
主要用途			用于制造活性染料、酸性染料、中性染料及溶剂染料等，作为农药和医药的中间体。		
危险特性			本品遇明火可燃；受热分解释放出有毒的氮氧化物气体。		
健康危害			本品能刺激眼睛、呼吸系统和皮肤；与皮肤接触可能致敏；可能有不可逆后果的危险；少数报道有致癌后果。		
防护措施			呼吸系统防护：佩戴防毒口罩。紧急事态抢救或逃生时，佩戴自给式呼吸器。 眼睛防护：戴化学安全防护眼镜。 防护服：穿相应的防护服。 手防护：戴防化学品手套。		
危险性类别			皮肤腐蚀/刺激，类别 2；严重眼损伤/眼刺激，类别 2；特异性靶器官毒性—单次接触，类别 3（呼吸道刺激）。		

序号	2214	品名	5-硝基-2-氨基苯酚	商品编码	2922.2990
别 名			2-氨基-5-硝基苯酚	CAS 号	121-88-0
英文名			2-amino-5-nitrophenol		
分子式			$C_6H_6N_2O_3$		
外观与性状			浅棕色针状晶体。		
主要用途			用于制造金属络合染料和活性黑等，可作染料中间体，也用于生产中性桃红 BL。		
危险特性			本品遇明火可燃；受热分解释放出有毒的氮氧化物气体。		
健康危害			吸入、摄入或经皮肤吸收本品后对身体有害，对眼睛、皮肤、黏膜和上呼吸道有刺激作用。资料报道有致突变作用。		
防护措施			呼吸系统防护：空气中粉尘浓度超标时，必须佩戴自吸过滤式防尘口罩。紧急事态抢救或撤离时，应该佩戴空气呼吸器。 眼睛防护：戴化学安全防护眼镜。 身体防护：穿防毒物渗透工作服。 手防护：戴橡胶手套。		
危险性类别			皮肤腐蚀/刺激，类别 2；严重眼损伤/眼刺激，类别 2；特异性靶器官毒性—单次接触，类别 3（呼吸道刺激）。		

序号	2215	品名	4-硝基-2-甲苯胺	商品编码	2921.4300
别　名			对硝基邻甲苯胺	CAS 号	99-52-5
英文名			2-methyl-4-nitroaniline		
分子式			$C_7H_8N_2O_2$		
外观与性状			黄色晶体。		
主要用途			用于棉麻纤维织物的染色和印花显色，也可用于涂料的生产。		
危险特性			本品遇明火、高热可燃；燃烧分解时，放出有毒的氮氧化物气体。		
健康危害			吸入、口服或经皮肤吸收本品对身体有害，对眼睛、黏膜、上呼吸道和皮肤有刺激性；吸收进入体内致高铁血红蛋白血症，出现紫绀。		
防护措施			呼吸系统防护：空气中粉尘浓度超标时，必须佩戴自吸过滤式防尘口罩。紧急事态抢救或撤离时，应该佩戴空气呼吸器。 眼睛防护：戴化学安全防护眼镜。 身体防护：穿防毒物渗透工作服。 手防护：戴橡胶手套。		
危险性类别			急性毒性—经口，类别3*；急性毒性—经皮肤，类别3*；急性毒性—吸入，类别3*；特异性靶器官毒性—反复接触，类别2*；危害水生环境—急性危害，类别2；危害水生环境—长期危害，类别2。		

序号	2216	品名	4-硝基-2-甲氧基苯胺	商品编码	2922.2990
别　名			5-硝基-2-氨基苯甲醚；对硝基邻甲氧基苯胺	CAS 号	97-52-9
英文名			2-methoxy-4-nitroaniline		
分子式			$C_7H_8N_2O_3$		
外观与性状			橙红色针状结晶。		
主要用途			用于染料制造。		
危险特性			本品遇明火、高热可燃；其粉体与空气可形成爆炸性混合物，当达到一定浓度时，遇火星会发生爆炸；受高热分解释放出有毒的气体。		
健康危害			本品有毒，对眼睛、皮肤、黏膜和上呼吸道有刺激作用；进入体内，可形成高铁血红蛋白而致紫绀。		
防护措施			呼吸系统防护：空气中粉尘浓度超标时，必须佩戴自吸过滤式防尘口罩。紧急事态抢救或撤离时，应该佩戴空气呼吸器。 眼睛防护：戴化学安全防护眼镜。 身体防护：穿防毒物渗透工作服。 手防护：戴橡胶手套。		
危险性类别			致癌性，类别2；特异性靶器官毒性—单次接触，类别2；特异性靶器官毒性—反复接触，类别2；危害水生环境—急性危害，类别2；危害水生环境—长期危害，类别2。		

序号	2217	品名	2-硝基-4-甲苯胺	商品编码	2921.4300
别　名			邻硝基对甲苯胺	CAS 号	89-62-3
英文名			4-methyl-2-nitroaniline		
分子式			$C_7H_8N_2O_2$		
外观与性状			黄色针状结晶。		
主要用途			用作染料中间体，用作棉、粘胶织物染色和印花的显色剂，也可用于合成有机颜料。		
危险特性			本品遇明火、高热可燃；其粉体与空气可形成爆炸性混合物，当达到一定浓度时，遇火星会发生爆炸；受高热分解释放出有毒的气体。		
健康危害			本品对人体有毒，对眼睛、皮肤、黏膜和上呼吸道有刺激作用；吸收进入体内后可形成高铁血红蛋白而致紫绀。		
防护措施			呼吸系统防护：空气中粉尘浓度超标时，必须佩戴自吸过滤式防尘口罩。紧急事态抢救或撤离时，应该佩戴空气呼吸器。 眼睛防护：戴化学安全防护眼镜。 身体防护：穿防毒物渗透工作服。 手防护：戴橡胶手套。		
危险性类别			急性毒性—经口，类别 3＊；急性毒性—经皮肤，类别 3＊；急性毒性—吸入，类别 3＊；特异性靶器官毒性—反复接触，类别 2＊；危害水生环境—急性危害，类别 2；危害水生环境—长期危害，类别 2。		

序号	2218	品名	3-硝基-4-甲苯胺	商品编码	2921.4300
别　名			间硝基对甲苯胺	CAS 号	119-32-4
英文名			4-methyl-3-nitroaniline		
分子式			$C_7H_8N_2O_2$		
外观与性状			橙红色针状结晶。		
主要用途			用作有机合成中间体，用于染料合成。		
危险特性			本品遇明火、高热可燃；其粉体与空气可形成爆炸性混合物，当达到一定浓度时，遇火星会发生爆炸；受高热分解释放出有毒的气体。		
健康危害			吸入、摄入或经皮肤吸收本品后对身体有害，对眼睛、皮肤和黏膜有刺激作用；吸收进入体内可形成高铁血红蛋白，引起紫绀；长期接触可引起眼睛的损伤。		
防护措施			呼吸系统防护：空气中粉尘浓度超标时，必须佩戴自吸过滤式防尘口罩。紧急事态抢救或撤离时，应该佩戴空气呼吸器。 眼睛防护：戴化学安全防护眼镜。 身体防护：穿防毒物渗透工作服。 手防护：戴橡胶手套。		
危险性类别			急性毒性—经口，类别 3；急性毒性—经皮肤，类别 3；急性毒性—吸入，类别 3；特异性靶器官毒性—反复接触，类别 2＊；危害水生环境—急性危害，类别 2；危害水生环境—长期危害，类别 2。		

序号	2219	品名	2-硝基-4-甲苯酚	商品编码	2908.9990
别　名			4-甲基-2-硝基苯酚	CAS 号	119-33-5
英文名			4-methyl-2-nitrophenol		
分子式			$C_7H_7NO_3$		
外观与性状			黄色固体。		
主要用途			用作有机合成中间体，用于染料合成。		
危险特性			本品遇明火能燃烧；受热分解释放出有毒的气体。		
健康危害			吸入、摄入或经皮肤吸收本品对身体有害，对眼睛、黏膜、呼吸道及皮肤有刺激作用；过长时间的接触，可引起眼睛的损伤或灼伤。		
防护措施			呼吸系统防护：空气中粉尘浓度超标时，必须佩戴自吸过滤式防尘口罩。紧急事态抢救或撤离时，应该佩戴空气呼吸器。 眼睛防护：戴化学安全防护眼镜。 身体防护：穿防毒物渗透工作服。 手防护：戴橡胶手套。		
危险性类别			皮肤腐蚀/刺激，类别 2；严重眼损伤/眼刺激，类别 2；特异性靶器官毒性—单次接触，类别 3（呼吸道刺激）。		

序号	2220	品名	2-硝基-4-甲氧基苯胺	商品编码	2922.2990
别　名			枣红色基 GP	CAS 号	96-96-8
英文名			4-methoxy-2-nitroaniline		
分子式			$C_7H_8N_2O_3$		
外观与性状			橘红色粉末。		
主要用途			用作感光材料的中间体、冰染染料色基，如枣红色基 GP，用于棉、麻、粘胶织物的染色和印花显色；也可作医药的中间体，在医药上用作抗疟药伯氨喹啉的原料。		
危险特性			本品对水生生物有害，可能对水体环境产生长期不良影响。		
健康危害			吸入、皮肤接触及吞食本品有极高毒性。		
防护措施			呼吸系统防护：空气中粉尘浓度超标时，必须佩戴自吸过滤式防尘口罩。紧急事态抢救或撤离时，应该佩戴空气呼吸器。 眼睛防护：戴化学安全防护眼镜。 身体防护：穿防毒物渗透工作服。 手防护：戴橡胶手套。		
危险性类别			急性毒性—经口，类别 2*；急性毒性—经皮肤，类别 1；急性毒性—吸入，类别 2*；特异性靶器官毒性—反复接触，类别 2*；危害水生环境—长期危害，类别 3。		

序号	2221	品名	3-硝基-4-氯三氟甲苯	商品编码	2904.9900
别名			2-氯-5-三氟甲基硝基苯	CAS 号	121-17-5
英文名			4-chloro-3-nitrobenzotrifluoride		
分子式			$C_7H_3ClF_3NO_2$		
外观与性状			淡黄色油状液体。		
主要用途			用作医药中间体。		
危险特性			本品可燃;受热分解释放出有毒的氯化物及氧化氮气体。		
健康危害			吞食本品有害,会刺激眼睛、呼吸系统和皮肤。		
防护措施			呼吸系统防护:空气中粉尘浓度超标时,必须佩戴自吸过滤式防尘口罩。紧急事态抢救或撤离时,应该佩戴空气呼吸器。 眼睛防护:戴化学安全防护眼镜。 身体防护:穿防毒物渗透工作服。 手防护:戴橡胶手套。		
危险性类别			严重眼损伤/眼刺激,类别 2B;危害水生环境—急性危害,类别 1;危害水生环境—长期危害,类别 1。		

序号	2222	品名	3-硝基-4-羟基苯胂酸	商品编码	2931.9000
别名			4-羟基-3-硝基苯胂酸	CAS 号	121-19-7
英文名			3-nitro-4-hydroxyphenylarsonic acid		
分子式			$C_6H_6AsNO_6$		
外观与性状			白色或淡黄色柱状结晶。		
主要用途			作为抗菌剂,主要用于治疗家禽细菌感染,对猪和鸡等有促生长作用;用作有机合成中间体和检定镉的试剂。		
危险特性			本品受热分解释放出有毒的氧化氮和胂化物气体。		
防护措施			呼吸系统防护:佩戴防毒口罩。紧急事态抢救或逃生时,佩戴自给式呼吸器。 眼睛防护:戴化学安全防护眼镜。 防护服:穿相应的防护服。 手防护:戴防化学品手套。		
危险性类别			急性毒性—经口,类别 3*;急性毒性—吸入,类别 3*;危害水生环境—急性危害,类别 1;危害水生环境—长期危害,类别 1。		

序号	2223	品名	3-硝基-N,N-二甲基苯胺	商品编码	2921.4200
别　名			N,N-二甲基间硝基苯胺;间硝基二甲苯胺	CAS 号	619-31-8
英文名			N,n-dimethyl-3-nitroaniline		
分子式			$C_8H_{10}N_2O_2$		
外观与性状			红色结晶。		
主要用途			用作有机合成中间体。		
危险特性			本品暴露在空气或二氧化碳中会自燃；遇水、强氧化剂、酸类、醇类、卤素、胺类发生分解，放出易燃气体；与氧化剂能发生强烈反应。		
健康危害			本品对人体有毒，有刺激性；进入人体内可引起高铁血红蛋白血症，引起紫绀。		
防护措施			呼吸系统防护：空气中粉尘浓度超标时，必须佩戴自吸过滤式防尘口罩。紧急事态抢救或撤离时，应该佩戴空气呼吸器。 眼睛防护：戴化学安全防护眼镜。 身体防护：穿防毒物渗透工作服。 手防护：戴橡胶手套。		
危险性类别			皮肤腐蚀/刺激，类别 2；严重眼损伤/眼刺激，类别 2。		

序号	2224	品名	4-硝基-N,N-二甲基苯胺	商品编码	2921.4200
别　名			N,N-二甲基对硝基苯胺;对硝基二甲苯胺	CAS 号	100-23-2
英文名			N,n-dimethyl-4-nitroaniline		
分子式			$C_8H_{10}N_2O_2$		
主要用途			用作有机原料。		
危险特性			本品遇明火可燃;遇热分解释放出有毒的苯胺和氮氧化物气体。		
防护措施			呼吸系统防护：佩戴防毒口罩。紧急事态抢救或逃生时，佩戴自给式呼吸器。 眼睛防护：戴化学安全防护眼镜。 防护服：穿相应的防护服。 手防护：戴防化学品手套。		
危险性类别			皮肤腐蚀/刺激，类别 2；严重眼损伤/眼刺激，类别 2。		

序号	2225	品名	4-硝基-N,N-二乙基苯胺	商品编码	2921.4200
别　名			N,N-二乙基对硝基苯胺;对硝基二乙基苯胺	CAS 号	2216-15-1
英文名			N,n-diethyl-4-nitro-benzenamine		
分子式			$C_{10}H_{14}N_2O_2$		
防护措施			呼吸系统防护：佩戴防毒口罩。紧急事态抢救或逃生时，佩戴自给式呼吸器。 眼睛防护：戴化学安全防护眼镜。 防护服：穿相应的防护服。 手防护：戴防化学品手套。		
危险性类别			急性毒性—经口，类别 3。		

序号	2226	品名	硝基苯	商品编码	2904.2010
别　名				CAS 号	98-95-3
英文名			Nitrobenzene		
分子式			$C_6H_5NO_2$		
外观与性状			淡黄色透明油状液体。		
主要用途			用作溶剂，制造苯胺、染料等。		
危险特性			本品遇明火、高热可燃；与硝酸反应强烈。		
健康危害			吸入、摄入或皮肤吸收本品均可引起中毒。中毒的典型症状是气短、眩晕、恶心、昏厥、神志不清、皮肤发蓝，最后会因呼吸衰竭而死亡。		
防护措施			呼吸系统防护：空气中粉尘浓度超标时，必须佩戴自吸过滤式防尘口罩。紧急事态抢救或撤离时，应该佩戴空气呼吸器。 眼睛防护：戴化学安全防护眼镜。 身体防护：穿防毒物渗透工作服。 手防护：戴橡胶手套。		
危险性类别			急性毒性—经口，类别 3；急性毒性—经皮肤，类别 3；急性毒性—吸入，类别 3；致癌性，类别 2；生殖毒性，类别 1B；特异性靶器官毒性—反复接触，类别 1；危害水生环境—急性危害，类别 2；危害水生环境—长期危害，类别 2。		

序号	2227	品名	2-硝基苯胺	商品编码	2921.4200
别　　名		邻硝基苯胺；1-氨基-2-硝基苯		CAS号	88-74-4
英文名		2-nitroaniline			
分子式		$C_6H_6N_2O_2$			
外观与性状		橙黄色针状结晶。			
主要用途		用作染料中间体及合成照相防翳剂，也用于微量碘化物的测定、农药多菌灵的生产等。			
危险特性		本品遇明火、高热可燃；受热分解释放出有毒的氧化氮烟气；与强氧化剂接触可发生化学反应。			
健康危害		本品毒性比苯胺大，可通过皮肤和呼吸道吸收，是一种强烈的高铁血红蛋白形成剂。吸收后数小时内可出现紫绀，发生溶血性贫血。长期大量接触可引起肝损害。			
防护措施		呼吸系统防护：空气中粉尘浓度超标时，必须佩戴自吸过滤式防尘口罩。紧急事态抢救或撤离时，应该佩戴空气呼吸器。 眼睛防护：戴化学安全防护眼镜。 身体防护：穿防毒物渗透工作服。 手防护：戴橡胶手套。			
危险性类别		急性毒性—经口，类别3*；急性毒性—经皮肤，类别3*；急性毒性—吸入，类别3*；特异性靶器官毒性—反复接触，类别2*；危害水生环境—长期危害，类别3。			

序号	2228	品名	3-硝基苯胺	商品编码	2921.4200
别　　名		间硝基苯胺；1-氨基-3-硝基苯		CAS号	99-09-2
英文名		3-nitroaniline			
分子式		$C_6H_6N_2O_2$			
外观与性状		亮黄色针状结晶。			
主要用途		用作染料中间体及用于有机合成，也用于松木颜色的检验。			
危险特性		本品遇明火、高热可燃；受热分解释放出有毒的氧化氮烟气；与强氧化剂接触可发生化学反应。			
健康危害		本品毒性比苯胺大，可通过皮肤和呼吸道吸收，是一种强烈的高铁血红蛋白形成剂。吸收后数小时内可出现紫绀，发生溶血性贫血。长期大量接触可引起肝损害。			
防护措施		呼吸系统防护：空气中粉尘浓度超标时，必须佩戴自吸过滤式防尘口罩。紧急事态抢救或撤离时，应该佩戴空气呼吸器。 眼睛防护：戴化学安全防护眼镜。 身体防护：穿防毒物渗透工作服。 手防护：戴橡胶手套。			
危险性类别		急性毒性—经口，类别3*；急性毒性—经皮肤，类别3*；急性毒性—吸入，类别3*；特异性靶器官毒性—反复接触，类别2*；危害水生环境—长期危害，类别3。			

序号	2229	品名	4-硝基苯胺	商品编码	2921.4200
别 名			对硝基苯胺;1-氨基-4-硝基苯	CAS 号	100-01-6
英文名			4-nitroaniline		
分子式			$C_6H_6N_2O_2$		
外观与性状			黄色结晶或粉末。		
主要用途			用作染料及抗氧剂的中间体、腐蚀抑制剂、分析试剂。		
危险特性			本品遇明火、高热可燃;受热分解释放出有毒的氧化氮烟气;与强氧化剂接触可发生化学反应。		
健康危害			本品毒性比苯胺大,可通过皮肤和呼吸道吸收,是一种强烈的高铁血红蛋白形成剂。吸收后数小时内可出现紫绀,发生溶血性贫血。长期大量接触可引起肝损害。		
防护措施			呼吸系统防护:空气中粉尘浓度超标时,必须佩戴自吸过滤式防尘口罩。紧急事态抢救或撤离时,应该佩戴空气呼吸器。 眼睛防护:戴化学安全防护眼镜。 身体防护:穿防毒物渗透工作服。 手防护:戴橡胶手套。		
危险性类别			急性毒性—经口,类别3*;急性毒性—经皮肤,类别3*;急性毒性—吸入,类别3*;特异性靶器官毒性—反复接触,类别2*;危害水生环境—长期危害,类别3。		

序号	2230	品名	5-硝基苯并三唑	商品编码	2933.9900
别 名			硝基连三氮杂茚	CAS 号	2338-12-7
英文名			5-nitro-2h-benzotriazole		
分子式			$C_6H_4N_4O_2$		
外观与性状			淡黄色针状结晶粉末。		
主要用途			用于有机合成。		
危险特性			本品遇明火、高热、摩擦、震动、撞击,有引起燃烧爆炸的危险。		
健康危害			吸入、摄入或经皮肤吸收本品后对身体有害,具有刺激作用。		
防护措施			呼吸系统防护:空气中粉尘浓度超标时,必须佩戴自吸过滤式防尘口罩。紧急事态抢救或撤离时,应该佩戴空气呼吸器。 眼睛防护:戴化学安全防护眼镜。 身体防护:穿防毒物渗透工作服。 手防护:戴橡胶手套。		
危险性类别			爆炸物,1.1项。		

序号	2231	品名	2-硝基苯酚	商品编码	2908.9990
别 名			邻硝基苯酚	CAS 号	88-75-5
英文名			2-nitrophenol		
分子式			$C_6H_5NO_3$		
外观与性状			淡黄色结晶。		
主要用途			用作有机合成中间体、指示剂、分析试剂。		
危险特性			本品遇明火、高热或与氧化剂接触,有引起燃烧爆炸的危险;受热分解释放出有毒的氧化氮烟气。		
健康危害			本品对皮肤有强烈刺激作用,能经皮肤和呼吸道吸收。动物实验可引起高铁血红蛋白血症,体温升高,肝、肾损害。		
防护措施			呼吸系统防护:空气中粉尘浓度超标时,必须佩戴自吸过滤式防尘口罩。紧急事态抢救或撤离时,应该佩戴空气呼吸器。 眼睛防护:戴化学安全防护眼镜。 身体防护:穿防毒物渗透工作服。 手防护:戴橡胶手套。		
危险性类别			急性毒性—经口,类别3;危害水生环境—急性危害,类别2。		

序号	2232	品名	3-硝基苯酚	商品编码	2908.9990
别 名			间硝基苯酚	CAS 号	554-84-7
英文名			3-nitrophenol		
分子式			$C_6H_5NO_3$		
外观与性状			淡黄色结晶。		
主要用途			用作指示剂。		
危险特性			本品遇明火、高热或与氧化剂接触,有引起燃烧爆炸的危险;受热分解释放出有毒的氧化氮烟气。		
健康危害			本品对皮肤有强烈刺激作用,能经皮肤和呼吸道吸收。动物实验可引起高铁血红蛋白血症,体温升高,肝、肾损害。		
防护措施			呼吸系统防护:空气中粉尘浓度超标时,必须佩戴自吸过滤式防尘口罩。紧急事态抢救或撤离时,应该佩戴空气呼吸器。 眼睛防护:戴化学安全防护眼镜。 身体防护:穿防毒物渗透工作服。 手防护:戴橡胶手套。		
危险性类别			危害水生环境—急性危害,类别2。		

序号	2233	品名	4-硝基苯酚	商品编码	2908.9910
别 名			对硝基苯酚	CAS 号	100-02-7
英文名			4-nitrophenol		
分子式			$C_6H_5NO_3$		
外观与性状			无色至淡黄色结晶粉末。		
主要用途			用于染料、药物制造及用作试剂。		
危险特性			本品遇明火、高热或与氧化剂接触,有引起燃烧爆炸的危险;受热分解释放出有毒的氧化氮烟气。		
健康危害			本品对皮肤有强烈刺激作用,能经皮肤和呼吸道吸收。动物实验可引起高铁血红蛋白血症,体温升高,肝、肾损害。		
防护措施			呼吸系统防护:空气中粉尘浓度超标时,必须佩戴自吸过滤式防尘口罩。紧急事态抢救或撤离时,应该佩戴空气呼吸器。 眼睛防护:戴化学安全防护眼镜。 身体防护:穿防毒物渗透工作服。 手防护:戴橡胶手套。		
危险性类别			急性毒性—经口,类别3;特异性靶器官毒性—反复接触,类别2*;危害水生环境—急性危害,类别2。		

序号	2234	品名	2-硝基苯磺酰氯	商品编码	2904.9900
别 名			邻硝基苯磺酰氯	CAS 号	1694-92-4
英文名			2-nitrobenzenesulfonyl chloride		
分子式			$C_6H_4ClNO_4S$		
外观与性状			褐色或黄色针状结晶。		
主要用途			用于有机合成。		
危险特性			本品遇明火、高热可燃;其粉体与空气可形成爆炸性混合物,当达到一定浓度时,遇火星会发生爆炸;受热或遇水分解释放热,放出有毒的腐蚀性烟气;受高热分解产生有毒的腐蚀性烟气;遇潮时对大多数金属有腐蚀性。		
健康危害			本品可燃,有毒,具有腐蚀性、刺激性,可致人体灼伤。		
防护措施			呼吸系统防护:空气中粉尘浓度超标时,必须佩戴自吸过滤式防尘口罩。紧急事态抢救或撤离时,应该佩戴空气呼吸器。 眼睛防护:戴化学安全防护眼镜。 身体防护:穿防毒物渗透工作服。 手防护:戴橡胶手套。		
危险性类别			皮肤腐蚀/刺激,类别1;严重眼损伤/眼刺激,类别1。		

序号	2235	品名	3-硝基苯磺酰氯	商品编码	2904.9900
别 名			间硝基苯磺酰氯	CAS 号	121-51-7
英文名			3-nitrobenzenesulfonyl chloride		
分子式			$C_6H_4ClNO_4S$		
外观与性状			淡黄色结晶。		
主要用途			用作分析试剂。		
危险特性			本品遇明火、高热可燃；其粉体与空气可形成爆炸性混合物，当达到一定浓度时，遇火星会发生爆炸；遇水反应，放出具有刺激性和腐蚀性的氯化氢气体；受高热分解释放出有毒的气体；遇潮时对大多数金属有腐蚀性。		
健康危害			吸入、摄入或经皮肤吸收本品后会中毒，对眼睛、皮肤和黏膜有强烈的刺激作用。吸入，可引起喉、支气管炎症，化学性肺炎、肺水肿等。		
防护措施			呼吸系统防护：空气中粉尘浓度超标时，必须佩戴自吸过滤式防尘口罩。紧急事态抢救或撤离时，应该佩戴空气呼吸器。 眼睛防护：戴化学安全防护眼镜。 身体防护：穿防毒物渗透工作服。 手防护：戴橡胶手套。		
危险性类别			皮肤腐蚀/刺激，类别 1；严重眼损伤/眼刺激，类别 1。		

序号	2236	品名	4-硝基苯磺酰氯	商品编码	2904.9900
别 名			对硝基苯磺酰氯	CAS 号	98-74-8
英文名			4-nitrobenzenesulfonyl chloride		
分子式			$C_6H_4ClNO_4S$		
外观与性状			黄色结晶。		
主要用途			用作分析试剂，也用于有机合成。		
危险特性			本品遇明火、高热可燃；其粉体与空气可形成爆炸性混合物，当达到一定浓度时，遇火星会发生爆炸；受高热分解释放出有毒的气体；遇潮时对大多数金属有腐蚀性。		
健康危害			本品可燃，有毒，具有腐蚀性、刺激性，可致人体灼伤。		
防护措施			呼吸系统防护：空气中粉尘浓度超标时，必须佩戴自吸过滤式防尘口罩。紧急事态抢救或撤离时，应该佩戴空气呼吸器。 眼睛防护：戴化学安全防护眼镜。 身体防护：穿防毒物渗透工作服。 手防护：戴橡胶手套。		
危险性类别			皮肤腐蚀/刺激，类别 1；严重眼损伤/眼刺激，类别 1。		

序号	2237	品名	2-硝基苯甲醚	商品编码	2909.3090
别　名			邻硝基苯甲醚;邻硝基茴香醚;邻甲氧基硝基苯	CAS 号	91-23-6
英文名			2-nitroanisole		
分子式			$C_7H_7NO_3$		
外观与性状			无色结晶或微红色液体。		
主要用途			用于有机合成、染料及药物制造中间体。		
危险特性			本品遇明火能燃烧;受高热分解释放出有毒的气体;与强氧化剂接触可发生化学反应。		
健康危害			本品对皮肤、眼睛和黏膜有刺激性。接触后可引起血液系统改变,发生紫绀、贫血。可致中枢神经麻痹、肝损害,皮肤接触发生皮炎。		
防护措施			呼吸系统防护:空气中粉尘浓度超标时,必须佩戴自吸过滤式防尘口罩。紧急事态抢救或撤离时,应该佩戴空气呼吸器。 眼睛防护:戴化学安全防护眼镜。 身体防护:穿防毒物渗透工作服。 手防护:戴橡胶手套。		
危险性类别			致癌性,类别 2;危害水生环境—长期危害,类别 3。		

序号	2238	品名	3-硝基苯甲醚	商品编码	2909.3090
别　名			间硝基苯甲醚;间硝基茴香醚;间甲氧基硝基苯	CAS 号	555-03-3
英文名			3-nitroanisole		
分子式			$C_7H_7NO_3$		
外观与性状			白色或浅黄色针状结晶。		
主要用途			用作染料中间体及用于有机合成。		
危险特性			本品遇明火能燃烧;受高热分解释放出有毒的气体;与强氧化剂接触可发生化学反应。		
健康危害			本品对眼睛、黏膜及皮肤有刺激作用,可能引起贫血、紫绀、肝损害等。		
防护措施			呼吸系统防护:空气中粉尘浓度超标时,必须佩戴自吸过滤式防尘口罩。紧急事态抢救或撤离时,应该佩戴空气呼吸器。 眼睛防护:戴化学安全防护眼镜。 身体防护:穿防毒物渗透工作服。 手防护:戴橡胶手套。		
危险性类别			危害水生环境—长期危害,类别 3。		

序号	2239	品名	4-硝基苯甲醚	商品编码	2909.3090
别 名			对硝基苯甲醚;对硝基茴香醚;对甲氧基硝基苯	CAS 号	100-17-4
英文名			4-nitroanisole		
分子式			$C_7H_7NO_3$		
外观与性状			无色结晶。		
主要用途			用作有机合成中间体。		
危险特性			本品遇明火能燃烧;受高热分解释放出有毒的气体;与强氧化剂接触可发生化学反应。		
健康危害			本品对眼睛、黏膜及皮肤有刺激作用,可能引起贫血、紫绀、肝损害等。		
防护措施			呼吸系统防护:空气中粉尘浓度超标时,必须佩戴自吸过滤式防尘口罩。紧急事态抢救或撤离时,应该佩戴空气呼吸器。 眼睛防护:戴化学安全防护眼镜。 身体防护:穿防毒物渗透工作服。 手防护:戴橡胶手套。		
危险性类别			危害水生环境—长期危害,类别 3。		

序号	2240	品名	4-硝基苯甲酰胺	商品编码	2924.2990
别 名			对硝基苯甲酰胺	CAS 号	619-80-7
英文名			4-nitrobenzamide		
分子式			$C_7H_6N_2O_3$		
外观与性状			针状结晶。		
主要用途			用于有机合成。		
危险特性			本品遇明火、高热可燃;受热分解释放出有毒的氧化氮烟气;与强氧化剂接触可发生化学反应。		
健康危害			吸入、口服或经皮肤吸收本品对身体有害,具有刺激性。		
防护措施			呼吸系统防护:空气中粉尘浓度超标时,应该佩戴自吸过滤式防尘口罩。紧急事态抢救或撤离时,佩戴空气呼吸器。 眼睛防护:戴化学安全防护眼镜。 身体防护:穿防毒物渗透工作服。 手防护:戴橡胶手套。		
危险性类别			急性毒性—经口,类别 3;急性毒性—经皮肤,类别 3;急性毒性—吸入,类别 3。		

序号	2241	品名	2-硝基苯甲酰氯	商品编码	2916.3990
别　名			邻硝基苯甲酰氯	CAS 号	610-14-0
英文名			2-nitrobenzoyl chloride		
分子式			$C_7H_4ClNO_3$		
外观与性状			黄色结晶或液体。		
主要用途			用于有机合成。		
危险特性			本品遇明火、高热可燃；与强氧化剂接触可发生化学反应；遇水发生剧烈反应，散发出具有刺激性和腐蚀性的氯化氢气体；受高热分解释放出有毒的气体；遇潮时对大多数金属有腐蚀性；若遇高热，容器内压增大，有开裂和爆炸的危险。		
健康危害			本品具有腐蚀性，其蒸气和粉尘对眼睛、皮肤和黏膜有刺激性。吸入，可引起喉、支气管痉挛、炎症、化学性肺炎、肺水肿等。		
防护措施			呼吸系统防护：空气中浓度超标时，必须佩戴自吸过滤式防毒面具（半面罩）。紧急事态抢救或撤离时，应该佩戴空气呼吸器。 眼睛防护：戴化学安全防护眼镜。 身体防护：穿橡胶耐酸碱服。 手防护：戴橡胶耐酸碱手套。		
危险性类别			皮肤腐蚀/刺激，类别1；严重眼损伤/眼刺激，类别1。		

序号	2242	品名	3-硝基苯甲酰氯	商品编码	2916.3990
别　名			间硝基苯甲酰氯	CAS 号	121-90-4
英文名			3-nitrobenzoyl chloride		
分子式			$C_7H_4ClNO_3$		
外观与性状			黄色结晶或液体。		
主要用途			用于制染料和有机合成。		
危险特性			本品遇明火、高热可燃；与强氧化剂接触可发生化学反应；遇水发生剧烈反应，散发出具有刺激性和腐蚀性的氯化氢气体；遇高热分解释出高毒烟气；其蒸气比空气重，能在较低处扩散到相当远的地方，遇火源会着火回燃；遇潮时对大多数金属有腐蚀性；若遇高热，容器内压增大，有开裂和爆炸的危险。		
健康危害			本品蒸气和粉尘对眼睛、皮肤和黏膜有刺激性。吸入、摄入或经皮肤吸收后会中毒。		
防护措施			呼吸系统防护：空气中浓度超标时，必须佩戴自吸过滤式防毒面具（半面罩）。紧急事态抢救或撤离时，应该佩戴空气呼吸器。 眼睛防护：戴化学安全防护眼镜。 身体防护：穿橡胶耐酸碱服。 手防护：戴橡胶耐酸碱手套。		
危险性类别			急性毒性—经皮肤，类别3；皮肤腐蚀/刺激，类别1；严重眼损伤/眼刺激，类别1。		

序号	2243	品名	4-硝基苯甲酰氯	商品编码	2916.3990
别　名			对硝基苯甲酰氯	CAS 号	122-04-3
英文名			4-nitrobenzoyl chloride		
分子式			$C_7H_4ClNO_3$		
外观与性状			黄色晶状固体。		
主要用途			制造药物及用作染料的中间体。		
危险特性			本品遇明火能燃烧；受热分解释出有毒的氮氧化物和氯化物气体；与水或水蒸气反应生成苯甲酸与盐酸，放出刺激性蒸气。		
健康危害			本品可燃，有毒，具有强刺激性。		
防护措施			呼吸系统防护：空气中浓度超标时，必须佩戴自吸过滤式防毒面具（半面罩）。紧急事态抢救或撤离时，应该佩戴空气呼吸器。 眼睛防护：戴化学安全防护眼镜。 身体防护：穿橡胶耐酸碱服。 手防护：戴橡胶耐酸碱手套。		
危险性类别			皮肤腐蚀/刺激，类别 1；严重眼损伤/眼刺激，类别 1。		

序号	2244	品名	2-硝基苯肼	商品编码	2928.0000
别　名			邻硝基苯肼	CAS 号	3034-19-3
英文名			2-nitrophenylhydrazine		
分子式			$C_6H_7N_3O_2$		
外观与性状			橘红色粉末。		
主要用途			用于有机合成。		
危险特性			本品遇明火、高热可燃；与氧化剂混合能形成爆炸性混合物；经摩擦、震动或撞击可引起燃烧或爆炸。		
健康危害			本品对眼睛、上呼吸道和皮肤有刺激性。		
防护措施			呼吸系统防护：空气中粉尘浓度超标时，佩戴自吸过滤式防尘口罩。必要时，建议佩戴空气呼吸器。 眼睛防护：戴安全防护眼镜。 身体防护：穿防毒物渗透工作服。 手防护：戴橡胶手套。		
危险性类别			易燃固体，类别 2；皮肤腐蚀/刺激，类别 2；严重眼损伤/眼刺激，类别 2；特异性靶器官毒性—单次接触，类别 3（呼吸道刺激）。		

序号	2245	品名	4-硝基苯肼	商品编码	2928.0000
别　名			对硝基苯肼	CAS 号	100-16-3
英文名			4-nitrophenylhydrazine		
分子式			$C_6H_7N_3O_2$		
外观与性状			橙黄色结晶粉末。		
主要用途			用作检验酮、醛和糖等的试剂。		
危险特性			本品遇明火、高热可燃；与氧化剂混合能形成爆炸性混合物；经摩擦、震动或撞击可引起燃烧或爆炸。		
健康危害			本品对眼睛、上呼吸道、黏膜和皮肤有刺激性。		
防护措施			呼吸系统防护：空气中粉尘浓度超标时，佩戴自吸过滤式防尘口罩。必要时，建议佩戴空气呼吸器。 眼睛防护：戴安全防护眼镜。 身体防护：穿防毒物渗透工作服。 手防护：戴橡胶手套。		
危险性类别			易燃固体，类别 2；皮肤腐蚀/刺激，类别 2；严重眼损伤/眼刺激，类别 2；特异性靶器官毒性—单次接触，类别 3（呼吸道刺激）。		

序号	2246	品名	2-硝基苯胂酸	商品编码	2931.9000
别　名			邻硝基苯胂酸	CAS 号	5410-29-7
英文名			2-nitrophenylarsonic acid		
分子式			$C_6H_6AsNO_5$		
主要用途			用作测定镉的试剂，也用于邻氨基苯胂酸的制备。		
危险特性			本品受热分解释放出有毒的氧化氮和砷化物气体。		
防护措施			呼吸系统防护：佩戴防毒口罩。紧急事态抢救或逃生时，佩戴自给式呼吸器。 眼睛防护：戴化学安全防护眼镜。 防护服：穿相应的防护服。 手防护：戴防化学品手套。		
危险性类别			急性毒性—经口，类别 3*；急性毒性—吸入，类别 3*；危害水生环境—急性危害，类别 1；危害水生环境—长期危害，类别 1。		

序号	2247	品名	3-硝基苯胂酸	商品编码	2931.9000
别　名		间硝基苯胂酸		CAS 号	618-07-5
英文名		3-nitrophenylarsonic acid			
分子式		$C_6H_6AsNO_5$			
危险特性		本品受热分解释放出有毒的氧化氮和砷化物气体。			
防护措施		呼吸系统防护：佩戴防毒口罩。紧急事态抢救或逃生时，佩戴自给式呼吸器。 眼睛防护：戴化学安全防护眼镜。 防护服：穿相应的防护服。 手防护：戴防化学品手套。			
危险性类别		急性毒性—经口，类别3*；急性毒性—吸入，类别3*；危害水生环境—急性危害，类别1；危害水生环境—长期危害，类别1。			

序号	2248	品名	4-硝基苯胂酸	商品编码	2931.9000
别　名		对硝基苯胂酸		CAS 号	98-72-6
英文名		4-nitrophenyl arsonic acid			
分子式		$C_6H_6AsNO_5$			
外观与性状		淡黄色结晶。			
主要用途		用于化验分析。			
危险特性		本品遇明火、高热可燃；其粉体与空气可形成爆炸性混合物，当达到一定浓度时，遇火星会发生爆炸；受高热分解释放出有毒的气体。			
健康危害		误服本品会中毒，受热分解出氮氧化物和砷烟雾。			
防护措施		呼吸系统防护：空气中粉尘浓度超标时，佩戴自吸过滤式防尘口罩。必要时，建议佩戴空气呼吸器。 眼睛防护：戴安全防护眼镜。 身体防护：穿防毒物渗透工作服。 手防护：戴橡胶手套。			
危险性类别		急性毒性—经口，类别3*；急性毒性—吸入，类别3*；危害水生环境—急性危害，类别1；危害水生环境—长期危害，类别1。			

序号	2249	品名	4-硝基苯乙腈	商品编码	2926.9090
别　　名			对硝基苯乙腈;对硝基苄基氰;对硝基氰化苄	CAS 号	555-21-5
英文名			4-nitrobenzyl cyanide		
分子式			$C_8H_6N_2O_2$		
外观与性状			无色片状结晶。		
主要用途			用作染料及药品合成中间体。		
危险特性			本品遇明火能燃烧;与强氧化剂接触可发生化学反应;受高热分解释放出有毒的气体。		
健康危害			本品具有刺激性。		
防护措施			呼吸系统防护:可能接触其粉尘时,必须佩戴防尘面具(全面罩)。紧急事态抢救或撤离时,应该佩戴空气呼吸器。 眼睛防护:呼吸系统防护中已作防护。 身体防护:穿胶布防毒衣。 手防护:戴橡胶手套。		
危险性类别			急性毒性—经口,类别 3;皮肤腐蚀/刺激,类别 2;严重眼损伤/眼刺激,类别 2;特异性靶器官毒性—单次接触,类别 3(呼吸道刺激)。		

序号	2250	品名	2-硝基苯乙醚	商品编码	2909.3090
别　　名			邻硝基苯乙醚;邻乙氧基硝基苯	CAS 号	610-67-3
英文名			2-nitrophenetole		
分子式			$C_8H_9NO_3$		
外观与性状			黄色油状液体。		
主要用途			用作染料中间体。		
危险特性			本品遇明火能燃烧;受高热分解释放出有毒的气体;与强氧化剂接触可发生化学反应。		
健康危害			本品可燃,有毒。		
防护措施			呼吸系统防护:可能接触其粉尘时,必须佩戴防尘面具(全面罩)。紧急事态抢救或撤离时,应该佩戴空气呼吸器。 眼睛防护:呼吸系统防护中已作防护。 身体防护:穿胶布防毒衣。 手防护:戴橡胶手套。		
危险性类别			危害水生环境—急性危害,类别 2;危害水生环境—长期危害,类别 2。		

序号	2251	品名	4-硝基苯乙醚	商品编码	2909.3090
别 名			对硝基苯乙醚；对乙氧基硝基苯	CAS 号	100-29-8
英文名			4-nitrophenetole		
分子式			$C_8H_9NO_3$		
外观与性状			淡黄色柱状结晶。		
主要用途			用作染料中间体。		
危险特性			本品遇明火能燃烧；受高热分解释放出有毒的气体；与强氧化剂接触可发生化学反应。		
健康危害			本品可燃，有毒。		
防护措施			呼吸系统防护：可能接触其粉尘时，必须佩戴防尘面具（全面罩）。紧急事态抢救或撤离时，应该佩戴空气呼吸器。 眼睛防护：呼吸系统防护中已作防护。 身体防护：穿胶布防毒衣。 手防护：戴橡胶手套。		
危险性类别			危害水生环境—急性危害，类别2；危害水生环境—长期危害，类别2。		

序号	2252	品名	1-硝基丙烷	商品编码	2904.2090
别 名				CAS 号	108-03-2
英文名			1-nitropropane		
分子式			$C_3H_7NO_2$		
外观与性状			无色透明液体。		
主要用途			用于有机合成，以及用作溶剂、火箭推进剂、汽油添加物等。		
危险特性			本品易燃，其蒸气与空气可形成爆炸性混合物；强烈震动及受热或遇无机碱类、氧化剂、烃类、胺类及三氯化铝、六甲基苯等均能引起燃烧爆炸；燃烧分解时，放出有毒的氮氧化物气体。		
健康危害			本品对眼睛及呼吸道黏膜有刺激作用，吸入高浓度引起麻醉作用。轻度中毒者引起化学性支气管炎；中度中毒者为化学性肺炎；重度中毒者可发生化学性肺水肿。本品对肝脏损害明显；可致轻度高铁血红蛋白血症；对皮肤无刺激性。动物实验认为有轻度麻醉作用，出现软弱和流涎等症状。		
防护措施			呼吸系统防护：空气中浓度超标时，应该佩戴过滤式防毒面具（半面罩）。紧急事态抢救或撤离时，建议佩戴自给式呼吸器。 眼睛防护：戴化学安全防护眼镜。 身体防护：穿胶布防毒衣。 手防护：戴橡胶耐油手套。		
危险性类别			易燃液体，类别3。		

序号	2253	品名	3-硝基吡啶	商品编码	2933.3990
别 名				CAS 号	2530-26-9

英文名	3-nitropyridine
分子式	$C_5H_4N_2O_2$
外观与性状	黄色或奶油色晶体状粉末。
危险特性	本品对水是稍微有害的,不要让未稀释或大量的产品接触地下水、水道或者污水系统。若无政府许可,勿将材料排入周围环境。
防护措施	呼吸系统防护:佩戴防毒口罩。紧急事态抢救或逃生时,佩戴自给式呼吸器。 眼睛防护:戴化学安全防护眼镜。 防护服:穿相应的防护服。 手防护:戴防化学品手套。
危险性类别	易燃固体,类别 2;急性毒性—经口,类别 3;皮肤腐蚀/刺激,类别 2;严重眼损伤/眼刺激,类别 2;特异性靶器官毒性—单次接触,类别 3(呼吸道刺激)。

序号	2254	品名	2-硝基丙烷	商品编码	2904.2090
别 名				CAS 号	79-46-9

英文名	2-nitropropane
分子式	$C_3H_7NO_2$
外观与性状	无色液体。
主要用途	用作乙烯及环氧树脂涂料的特殊溶剂、火箭燃料、汽油的添加剂等,也用于有机合成。
危险特性	本品易燃,其蒸气与空气可形成爆炸性混合物;强烈震动及受热或遇无机碱类、氧化剂、烃类、胺类及三氯化铝、六甲基苯等均能引起燃烧爆炸;燃烧分解时,放出有毒的氮氧化物气体。
健康危害	本品对眼睛和呼吸道有刺激作用。轻度中毒出现化学性支气管炎;中度中毒者为化学性肺炎;重度中毒者可发生化学性肺水肿,同时都伴有不同程度的眼结膜充血、水肿等。本品有麻醉作用;可引起轻度高铁血红蛋白血症;对肝、肾有损害。
防护措施	呼吸系统防护:空气中浓度超标时,应该佩戴过滤式防毒面具(半面罩)。紧急事态抢救或撤离时,建议佩戴自给式呼吸器。 眼睛防护:戴化学安全防护眼镜。 身体防护:穿胶布防毒衣。 手防护:戴橡胶耐油手套。
危险性类别	易燃液体,类别 3;致癌性,类别 2。

序号	2255	品名	2-硝基碘苯		商品编码	2904.9900
别　名			2-碘硝基苯;邻硝基碘苯;邻碘硝基苯		CAS 号	609-73-4
英文名			2-nitroiodobenzene			
分子式			$C_6H_4INO_2$			
外观与性状			黄色针状结晶。			
主要用途			用于有机合成。			
危险特性			本品遇明火能燃烧;受高热分解释放出有毒的气体;与强氧化剂接触可发生化学反应。			
健康危害			吸入、口服或经皮肤吸收本品后对身体有害,对眼睛和皮肤有刺激作用;可引起高铁血红蛋白血症而出现紫绀;易经皮肤吸收中毒。			
防护措施			呼吸系统防护:可能接触其粉尘时,佩戴自吸过滤式防尘口罩。紧急事态抢救或撤离时,应该佩戴隔离式呼吸器。 眼睛防护:戴化学安全防护眼镜。 身体防护:穿防毒物渗透工作服。 手防护:戴橡胶手套。			
危险性类别			急性毒性—经口,类别 3;急性毒性—经皮肤,类别 3;急性毒性—吸入,类别 3;皮肤腐蚀/刺激,类别 2;严重眼损伤/眼刺激,类别 2;特异性靶器官毒性—单次接触,类别 3(呼吸道刺激)。			

序号	2256	品名	3-硝基碘苯		商品编码	2904.9900
别　名			3-碘硝基苯;间硝基碘苯;间碘硝基苯		CAS 号	645-00-1
英文名			3-iodonitrobenzene			
分子式			$C_6H_4INO_2$			
外观与性状			黄色或橙黄色固体。			
主要用途			用于有机合成。			
危险特性			本品遇明火、高热可燃;其粉体与空气可形成爆炸性混合物,当达到一定浓度时,遇火星会发生爆炸;受高热分解释放出有毒的气体。			
健康危害			本品对眼睛、皮肤和黏膜有刺激作用,进入体内能形成高铁血红蛋白,导致紫绀。			
防护措施			呼吸系统防护:可能接触其粉尘时,佩戴自吸过滤式防尘口罩。紧急事态抢救或撤离时,应该佩戴隔离式呼吸器。 眼睛防护:戴化学安全防护眼镜。 身体防护:穿防毒物渗透工作服。 手防护:戴橡胶手套。			
危险性类别			急性毒性—经口,类别 3;急性毒性—经皮肤,类别 3;急性毒性—吸入,类别 3;皮肤腐蚀/刺激,类别 2;严重眼损伤/眼刺激,类别 2;特异性靶器官毒性—单次接触,类别 3(呼吸道刺激)。			

序号	2257	品名	4-硝基碘苯	商品编码	2904.9900
别　名			4-碘硝基苯;对硝基碘苯;对碘硝基苯	CAS 号	636-98-6
英文名			4-iodonitrobenzene		
分子式			$C_6H_4INO_2$		
外观与性状			黄色针状结晶。		
主要用途			用于有机合成。		
危险特性			本品遇明火、高热可燃;其粉体与空气可形成爆炸性混合物,当达到一定浓度时,遇火星会发生爆炸;受热分解产生有毒的烟气。		
健康危害			本品有毒,具有刺激性,进入体内后,可形成高铁血红蛋白而致紫绀。		
防护措施			呼吸系统防护:可能接触其粉尘时,佩戴自吸过滤式防尘口罩。紧急事态抢救或撤离时,应该佩戴隔离式呼吸器。 眼睛防护:戴化学安全防护眼镜。 身体防护:穿防毒物渗透工作服。 手防护:戴橡胶手套。		
危险性类别			急性毒性—经口,类别3;急性毒性—经皮肤,类别3;急性毒性—吸入,类别3;皮肤腐蚀/刺激,类别2;严重眼损伤/眼刺激,类别2;特异性靶器官毒性—单次接触,类别3(呼吸道刺激)。		

序号	2258	品名	1-硝基丁烷	商品编码	2904.2090
别　名				CAS 号	627-05-4
英文名			1-nitrobutane		
分子式			$C_4H_9NO_2$		
外观与性状			无色液体。		
主要用途			用作有机合成中间体。		
危险特性			本品易燃,其蒸气与空气可形成爆炸性混合物;强烈震动及受热或遇无机碱类、氧化剂、烃类、胺类及三氯化铝、六甲基苯等均能引起燃烧爆炸;燃烧分解时,放出有毒的氮氧化物气体。		
健康危害			本品除刺激黏膜外,对中枢神经系统亦有损害。动物实验表明,还有损害肝脏的可能。		
防护措施			呼吸系统防护:空气中浓度超标时,应该佩戴过滤式防毒面具(半面罩)。高浓度环境中,建议佩戴空气呼吸器。 眼睛防护:戴化学安全防护眼镜。 身体防护:穿胶布防毒衣。 手防护:戴橡胶耐油手套。		
危险性类别			易燃液体,类别3。		

序号	2259	品名	2-硝基丁烷	商品编码	2904.2090
别 名				CAS 号	600-24-8
英文名	2-nitrobutane				
分子式	$C_4H_9NO_2$				
外观与性状	黄色液体。				
主要用途	用作溶剂、有机合成中间体。				
危险特性	本品遇明火、高温、氧化剂易燃；燃烧产生有毒的氮氧化物烟雾。				
防护措施	呼吸系统防护：空气中浓度超标时，应该佩戴过滤式防毒面具（半面罩）。高浓度环境中，建议佩戴空气呼吸器。 眼睛防护：戴化学安全防护眼镜。 身体防护：穿胶布防毒衣。 手防护：戴橡胶耐油手套。				
危险性类别	易燃液体，类别3。				

序号	2260	品名	硝基苊	商品编码	2904.2090
别 名				CAS 号	602-87-9
英文名	Nitroacenaphthene				
分子式	$C_{12}H_9NO_2$				
外观与性状	黄色针状结晶。				
主要用途	用于有机合成，用作染料中间体及电子工业增感剂。				
危险特性	本品遇明火、高热、与氧化剂接触或经摩擦易引起燃烧爆炸；受热分解释放出有毒的氧化氮烟气。				
健康危害	本品对人有毒，具有刺激作用。				
防护措施	呼吸系统防护：空气中浓度超标时，应该佩戴过滤式防毒面具（半面罩）。高浓度环境中，建议佩戴空气呼吸器。 眼睛防护：戴化学安全防护眼镜。 身体防护：穿胶布防毒衣。 手防护：戴橡胶耐油手套。				
危险性类别	易燃固体，类别2；致癌性，类别2。				

序号	2261	品名	硝基胍	商品编码	2929.9090
别 名			橄苦岩	CAS 号	556-88-7
英文名			Nitroguanidine		
分子式			$CH_4N_4O_2$		
外观与性状			白色针状结晶。		
主要用途			是硝化纤维火药、硝化甘油火药及二甘醇二硝酸酯的掺合剂,固体火箭推进剂的重要组分。		
危险特性			本品受热、接触明火或受到摩擦、震动、撞击时可发生爆炸;受高热分解,产生有毒的氮氧化物。		
健康危害			本品进入机体可能有害,对眼睛、皮肤、黏膜和上呼吸道有剧烈刺激作用。		
防护措施			呼吸系统防护:可能接触其粉尘时,应选择佩戴自吸过滤式防尘口罩或自给式呼吸器。 眼睛防护:戴化学安全防护眼镜。 身体防护:穿紧袖工作服,长筒胶鞋。 手防护:戴橡胶手套。		
危险性类别			爆炸物,1.1项;严重眼损伤/眼刺激,类别2。		

序号	2262	品名	2-硝基甲苯	商品编码	2904.2020
别 名			邻硝基甲苯	CAS 号	88-72-2
英文名			2-nitrotoluene		
分子式			$C_7H_7NO_2$		
外观与性状			微黄色液体。		
主要用途			用于各种染料合成。		
危险特性			本品易燃,遇明火、高热可燃;受高热分解释放出有毒的气体。		
健康危害			本品对眼睛、呼吸道和皮肤有刺激作用。吸收进入体内可引起高铁血红蛋白血症,出现紫绀。严重中毒者可致死。		
防护措施			呼吸系统防护:空气中浓度超标时,建议佩戴自吸过滤式防毒面具(半面罩)。 眼睛防护:戴安全防护眼镜。 身体防护:穿透气型防毒服。 手防护:戴橡胶耐油手套。		
危险性类别			生殖细胞致突变性,类别1B;生殖毒性,类别2;危害水生环境—急性危害,类别2;危害水生环境—长期危害,类别2。		

序号	2263	品名	3-硝基甲苯	商品编码	2904.2020
别　名			间硝基甲苯	CAS 号	99-08-1
英文名			3-nitrotoluene		
分子式			$C_7H_7NO_2$		
外观与性状			黄色液体或结晶。		
主要用途			用于有机合成。		
危险特性			本品易燃，遇明火、高热可燃；受高热分解释放出有毒的气体。		
健康危害			本品对眼睛、呼吸道和皮肤有刺激作用。吸收进入体内可引起高铁血红蛋白血症，出现紫绀。严重中毒者可致死。		
防护措施			呼吸系统防护：空气中浓度超标时，建议佩戴自吸过滤式防毒面具（半面罩）。 眼睛防护：戴安全防护眼镜。 身体防护：穿透气型防毒服。 手防护：戴橡胶耐油手套。		
危险性类别			严重眼损伤/眼刺激，类别 2B；生殖毒性，类别 2；特异性靶器官毒性—单次接触，类别 2；特异性靶器官毒性—反复接触，类别 2；危害水生环境—急性危害，类别 2；危害水生环境—长期危害，类别 2。		

序号	2264	品名	4-硝基甲苯	商品编码	2904.2020
别　名			对硝基甲苯	CAS 号	99-99-0
英文名			4-nitrotoluene		
分子式			$C_7H_7NO_2$		
外观与性状			淡黄色结晶。		
主要用途			用于染料合成。		
危险特性			本品易燃，遇明火、高热可燃；受高热分解释放出有毒的气体。		
健康危害			本品对眼睛、呼吸道和皮肤有刺激作用。吸收进入体内可引起高铁血红蛋白血症，出现紫绀。严重中毒者可致死。		
防护措施			呼吸系统防护：空气中浓度超标时，建议佩戴自吸过滤式防毒面具（半面罩）。 眼睛防护：戴安全防护眼镜。 身体防护：穿透气型防毒服。 手防护：戴橡胶耐油手套。		
危险性类别			急性毒性—经口，类别 3*；急性毒性—经皮肤，类别 3*；急性毒性—吸入，类别 3*；特异性靶器官毒性—反复接触，类别 2*；危害水生环境—急性危害，类别 2；危害水生环境—长期危害，类别 2。		

序号	2265	品名	硝基甲烷	商品编码	2904.2090
别　名				CAS 号	75-52-5
英文名		Nitromethane			
分子式		CH_3NO_2			
外观与性状		无色油状液体。			
主要用途		用作溶剂和汽油添加剂。			
危险特性		本品易燃，其蒸气与空气可形成爆炸性混合物；强烈震动及受热或遇无机碱类、氧化剂、烃类、胺类及三氯化铝、六甲基苯等均能引起燃烧爆炸；燃烧分解时，放出有毒的氮氧化物气体。			
健康危害		本品易燃，具有刺激性。			
防护措施		呼吸系统防护：空气中浓度超标时，佩戴过滤式防毒面具（半面罩）。紧急事态抢救或撤离时，建议佩戴空气呼吸器。 眼睛防护：戴化学安全防护眼镜。 身体防护：穿胶布防毒衣。 手防护：戴橡胶耐油手套。			
危险性类别		易燃液体，类别3；致癌性，类别2。			

序号	2266	品名	2-硝基联苯	商品编码	2904.2090
别　名		邻硝基联苯		CAS 号	86-00-0
英文名		2-nitrobiphenyl			
分子式		$C_{12}H_9NO_2$			
外观与性状		微黄色至淡红色液体或结晶。			
主要用途		用作增塑剂、防霉剂、染料中间体等。			
危险特性		本品遇高热、明火及强氧化剂易引起燃烧；受高热分解释放出有毒的气体；其蒸气比空气重，能在较低处扩散到相当远的地方，遇火源会着火回燃。			
健康危害		本品对呼吸系统有刺激作用，对肝、肾有损害。			
防护措施		呼吸系统防护：空气中浓度超标时，必须佩戴自吸过滤式防毒面具（半面罩）。紧急事态抢救或撤离时，应该佩戴空气呼吸器。 眼睛防护：戴化学安全防护眼镜。 身体防护：穿防静电工作服。 手防护：戴橡胶手套。			
危险性类别		易燃固体，类别2。			

序号	2267	品名	4-硝基联苯	商品编码	2904.2090
别 名		对硝基联苯		CAS 号	92-93-3
英文名		4-nitrobiphenyl			
分子式		$C_{12}H_9NO_2$			
外观与性状		无色或黄色针状结晶。			
主要用途		用作染料中间体，增塑剂。			
危险特性		本品遇高热、明火及强氧化剂易引起燃烧；受热分解产生有毒的烟气。			
健康危害		本品对人体有毒。中毒时损害中枢神经系统，出现紫绀、心肌缺氧、贫血、高铁血红蛋白血症。美国 ACGIH 将其列为确定人类致癌物。			
防护措施		呼吸系统防护：空气中粉尘浓度较高时，建议佩戴自吸过滤式防尘口罩。 眼睛防护：戴化学安全防护眼镜。 身体防护：一般不需特殊防护。 手防护：戴防化学品手套。			
危险性类别		易燃固体，类别 2；危害水生环境—急性危害，类别 2；危害水生环境—长期危害，类别 2。			

序号	2268	品名	2-硝基氯化苄	商品编码	2904.9900
别 名		邻硝基苄基氯；邻硝基氯化苄；邻硝基苯氯甲烷		CAS 号	612-23-7
英文名		2-nitrobenzyl chloride			
分子式		$C_7H_6ClNO_2$			
外观与性状		浅黄色、有催泪性和恶臭味的晶状固体。			
主要用途		用于有机合成。			
危险特性		本品遇明火能燃烧；与强氧化剂接触可发生化学反应；受热分解释出有毒的氮氧化物和氯化物气体。			
健康危害		吸入、摄入本品对身体有害，对眼睛、皮肤、黏膜及呼吸道有刺激作用。中毒表现有烧灼感、咳嗽、喘息、喉炎、气短、头痛、恶心和呕吐。吸入后可能由于喉、支气管的痉挛、炎症、水肿，化学性肺炎、肺水肿而致死。			
防护措施		呼吸系统防护：空气中浓度超标时，必须佩戴自吸过滤式防毒面具（半面罩）。紧急事态抢救或撤离时，应该佩戴空气呼吸器。 眼睛防护：戴化学安全防护眼镜。 身体防护：穿防静电工作服。 手防护：戴橡胶手套。			
危险性类别		皮肤腐蚀/刺激，类别 1；严重眼损伤/眼刺激，类别 1；危害水生环境—急性危害，类别 1；危害水生环境—长期危害，类别 1。			

序号	2269	品名	3-硝基氯化苄	商品编码	2904.9900
别　名		间硝基苯氯甲烷;间硝基苄基氯;间硝基氯化苄		CAS 号	619-23-8
英文名		3-nitrobenzyl chloride			
分子式		$C_7H_6ClNO_2$			
外观与性状		黄色针状结晶，有催泪性。			
主要用途		用于有机合成。			
危险特性		本品遇明火能燃烧；与强氧化剂接触可发生化学反应；受热分解释出有毒的氮氧化物和氯化物气体。			
健康危害		吸入、摄入本品对身体有害，对眼睛、皮肤、黏膜及呼吸道有刺激作用。中毒表现有烧灼感、咳嗽、喘息、喉炎、气短、头痛、恶心和呕吐。吸入后可能由于喉、支气管的痉挛、炎症、水肿，化学性肺炎、肺水肿而致死。			
防护措施		呼吸系统防护：空气中浓度超标时，必须佩戴自吸过滤式防毒面具（半面罩）。紧急事态抢救或撤离时，应该佩戴空气呼吸器。 眼睛防护：戴化学安全防护眼镜。 身体防护：穿防静电工作服。 手防护：戴橡胶手套。			
危险性类别		皮肤腐蚀/刺激，类别 1；严重眼损伤/眼刺激，类别 1；危害水生环境—急性危害，类别 1；危害水生环境—长期危害，类别 1。			

序号	2270	品名	4-硝基氯化苄	商品编码	2904.9900
别　名		对硝基氯化苄;对硝基苄基氯;对硝基苯氯甲烷		CAS 号	100-14-1
英文名		4-nitrobenzyl chloride			
分子式		$C_7H_6ClNO_2$			
外观与性状		白色针状结晶，有催泪性。			
主要用途		用作化学试剂及用于有机合成。			
危险特性		本品遇明火能燃烧；与强氧化剂接触可发生化学反应；受热分解释出有毒的氮氧化物和氯化物气体。			
健康危害		吸入、摄入本品对身体有害，对眼睛、皮肤、黏膜及呼吸道有刺激作用。中毒表现有烧灼感、咳嗽、喘息、喉炎、气短、头痛、恶心和呕吐。吸入后可能由于喉、支气管的痉挛、炎症、水肿，化学性肺炎、肺水肿而致死。			
防护措施		呼吸系统防护：空气中浓度超标时，必须佩戴自吸过滤式防毒面具（半面罩）。紧急事态抢救或撤离时，应该佩戴空气呼吸器。 眼睛防护：戴化学安全防护眼镜。 身体防护：穿防静电工作服。 手防护：戴橡胶手套。			
危险性类别		皮肤腐蚀/刺激，类别 1；严重眼损伤/眼刺激，类别 1；危害水生环境—急性危害，类别 1；危害水生环境—长期危害，类别 1。			

序号	2271	品名	硝基马钱子碱	商品编码	2939.7990
别名		卡可西灵		CAS 号	561-20-6
英文名		Cacotheline			
分子式		$C_{21}H_{21}N_3O_7$			
外观与性状		黄褐色透明粉末。			
主要用途		生化学用试剂，基因工程学研究用试剂。			
危险特性		本品不易燃；燃烧产生有毒的氧化氮气体。			
防护措施		呼吸系统防护：佩戴防毒口罩。紧急事态抢救或逃生时，佩戴自给式呼吸器。 眼睛防护：戴化学安全防护眼镜。 防护服：穿相应的防护服。 手防护：戴防化学品手套。			
危险性类别		急性毒性—经口，类别2；急性毒性—经皮肤，类别2；急性毒性—吸入，类别2。			

序号	2272	品名	2-硝基萘	商品编码	2904.2090
别名				CAS 号	581-89-5
英文名		2-nitronaphthalene			
分子式		$C_{10}H_7NO_2$			
外观与性状		无色结晶。			
主要用途		用于制造染料，以及用于有机合成。			
危险特性		本品遇明火、高热易燃；受高热分解，放出有毒的蒸气；与氧化剂混合能形成爆炸性混合物；其粉体与空气可形成爆炸性混合物，当达到一定浓度时，遇火星会发生爆炸。			
健康危害		本品具有刺激性。眼睛接触可引起结膜炎，严重时可致角膜损害。			
防护措施		呼吸系统防护：可能接触其粉尘时，应该佩戴自吸过滤式防尘口罩。必要时，佩戴自给式呼吸器。 眼睛防护：戴安全防护眼镜。 身体防护：穿防毒物渗透工作服。 手防护：戴一般作业防护手套。			
危险性类别		易燃固体，类别2；危害水生环境—急性危害，类别2；危害水生环境—长期危害，类别2。			

序号	2273	品名	1-硝基萘	商品编码	2904.2090
别 名				CAS 号	86-57-7
英文名		1-nitronaphthalene			
分子式		$C_{10}H_7NO_2$			
外观与性状		黄色针状结晶。			
主要用途		用于制造染料,石油工业中用以去除荧光。			
危险特性		本品遇明火、高热易燃;与氧化剂混合能形成爆炸性混合物;其粉体与空气可形成爆炸性混合物,当达到一定浓度时,遇火星会发生爆炸。			
健康危害		本品对眼睛有刺激作用,可引起结膜炎,严重者可致角膜损伤;对黏膜、上呼吸道、皮肤有刺激性;接触后可因缺氧而致皮肤黏膜紫绀。			
防护措施		呼吸系统防护:可能接触其粉尘时,应该佩戴自吸过滤式防尘口罩。必要时,佩戴自给式呼吸器。 眼睛防护:戴安全防护眼镜。 身体防护:穿防毒物渗透工作服。 手防护:戴一般作业防护手套。			
危险性类别		易燃固体,类别2;急性毒性—经口,类别3;皮肤腐蚀/刺激,类别2;危害水生环境—急性危害,类别2;危害水生环境—长期危害,类别2。			

序号	2274	品名	硝基脲	商品编码	2924.1990
别 名				CAS 号	556-89-8
英文名		N-nitrocarbamide			
分子式		$CH_3N_3O_3$			
外观与性状		白色结晶性粉末。			
主要用途		用于有机合成和生化研究。			
危险特性		本品受高热、震动、撞击、摩擦可爆;受热分解释放出有毒的氧化氮气体。			
防护措施		呼吸系统防护:可能接触其粉尘时,应该佩戴自吸过滤式防尘口罩。必要时,佩戴自给式呼吸器。 眼睛防护:戴安全防护眼镜。 身体防护:穿防毒物渗透工作服。 手防护:戴一般作业防护手套。			
危险性类别		爆炸物,1.1项。			

序号	2275	品名	硝基三氟甲苯	商品编码	2904.9900
别名				CAS 号	98-46-4
英文名	3-nitrobenzotrifluoride				
分子式	$C_7H_4F_3NO_2$				
外观与性状	无色液体。				
主要用途	是除草剂氟草隆、氟咯草酮和吡氟苯胺的中间体,也是医药氟灭酸丁酯、莫尼氟酯、氟沙伦、莫尼弗乙酯、三氟噻嗪、氟奋乃静、三氟丙嗪等的中间体。				
危险特性	本品可燃;受热分解释放出有毒的氟化物及氧化氮气体。				
健康危害	皮肤接触及吞食本品有害;吸入有极高毒性,会刺激眼睛、呼吸系统和皮肤。				
防护措施	呼吸系统防护:可能接触其粉尘时,应该佩戴自吸过滤式防尘口罩。必要时,佩戴自给式呼吸器。 眼睛防护:戴安全防护眼镜。 身体防护:穿防毒物渗透工作服。 手防护:戴一般作业防护手套。				
危险性类别	急性毒性—吸入,类别2;危害水生环境—长期危害,类别3。				

序号	2276	品名	硝基三唑酮	商品编码	2933.9900
别名	NTO			CAS 号	932-64-9
英文名	1,2-dihydro-5-nitro-3h-1,2,4-triazol-3-one				
分子式	$C_2H_2N_4O_3$				
防护措施	呼吸系统防护:佩戴防毒口罩。紧急事态抢救或逃生时,佩戴自给式呼吸器。 眼睛防护:戴化学安全防护眼镜。 防护服:穿相应的防护服。 手防护:戴防化学品手套。				
危险性类别	爆炸物,1.1项。				

序号	2277	品名	2-硝基溴苯	商品编码	2904.9900
别　名			邻硝基溴苯;邻溴硝基苯	CAS 号	577-19-5
英文名			2-nitrobromobenzene		
分子式			$C_6H_4BrNO_2$		
外观与性状			黄色结晶。		
主要用途			用于有机合成。		
危险特性			本品遇明火能燃烧；受高热分解释放出有毒的气体；与强氧化剂接触可发生化学反应。		
健康危害			吸入、口服或经皮肤吸收本品后对身体有害，对眼睛和皮肤有刺激作用。经皮肤吸收迅速，吸收后引起高铁血红蛋白血症，出现紫绀。		
防护措施			呼吸系统防护：可能接触其粉尘时，应该佩戴自吸过滤式防尘口罩。必要时，佩戴自给式呼吸器。 眼睛防护：戴安全防护眼镜。 身体防护：穿防毒物渗透工作服。 手防护：戴一般作业防护手套。		
危险性类别			危害水生环境—长期危害，类别 3。		

序号	2278	品名	3-硝基溴苯	商品编码	2904.9900
别　名			间硝基溴苯;间溴硝基苯	CAS 号	585-79-5
英文名			3-nitrobromobenzene		
分子式			$C_6H_4BrNO_2$		
外观与性状			浅黄色结晶。		
主要用途			有机合成中间体，用于医药工业合成间溴苯胺、间溴硫酚，生产安眠、镇静、镇吐类药吐立抗。		
危险特性			本品遇明火能燃烧；与氧化剂接触反应猛烈；受热分解释出高毒的氮氧化物和溴化物烟雾。		
健康危害			吸入、摄入或经皮肤吸收本品后对身体有害，对眼睛和皮肤有刺激作用。经皮肤可迅速吸收，吸收后导致形成高铁血红蛋白而致发绀。		
防护措施			呼吸系统防护：可能接触其粉尘时，应该佩戴自吸过滤式防尘口罩。必要时，佩戴自给式呼吸器。 眼睛防护：戴安全防护眼镜。 身体防护：穿防毒物渗透工作服。 手防护：戴一般作业防护手套。		
危险性类别			危害水生环境—长期危害，类别 3。		

序号	2279	品名	4-硝基溴苯		商品编码	2904.9900
别　　名			对硝基溴苯;对溴硝基苯		CAS 号	586-78-7
英文名			4-nitrobromobenzene			
分子式			$C_6H_4BrNO_2$			
外观与性状			白色结晶。			
主要用途			用于有机合成、染料中间体。			
危险特性			本品遇明火能燃烧；受高热分解释放出有毒的气体；与强氧化剂接触可发生化学反应。			
健康危害			吸入、口服或经皮肤吸收本品后可能对身体有害，对眼睛和皮肤有刺激性。经皮肤可迅速吸收，引起高铁血红蛋白血症，出现紫绀。			
防护措施			呼吸系统防护：可能接触其粉尘时，应该佩戴自吸过滤式防尘口罩。必要时，佩戴自给式呼吸器。 眼睛防护：戴安全防护眼镜。 身体防护：穿防毒物渗透工作服。 手防护：戴一般作业防护手套。			
危险性类别			危害水生环境—长期危害，类别 3。			

序号	2280	品名	4-硝基溴化苄		商品编码	2904.9900
别　　名			对硝基溴化苄;对硝基苯溴甲烷;对硝基苄基溴		CAS 号	100-11-8
英文名			4-nitrobenzyl bromide			
分子式			$C_7H_6BrNO_2$			
外观与性状			白色或浅黄色针状结晶。			
主要用途			用作有机分析试剂、染料中间体。			
危险特性			本品遇明火能燃烧；受热分解产生有毒的烟气；与强氧化剂接触可发生化学反应；具有腐蚀性。			
健康危害			吸入或口服本品对身体有害，对眼睛、黏膜、呼吸道及皮肤有强烈刺激性。吸入后可因喉、支气管的痉挛、炎症、水肿，化学性肺炎、肺水肿而致死。中毒表现有烧灼感、咳嗽、喘息、气短、头痛、恶心和呕吐。			
防护措施			呼吸系统防护：可能接触其粉尘时，应该佩戴自吸过滤式防尘口罩。必要时，佩戴自给式呼吸器。 眼睛防护：戴安全防护眼镜。 身体防护：穿防毒物渗透工作服。 手防护：戴一般作业防护手套。			
危险性类别			皮肤腐蚀/刺激，类别 1；严重眼损伤/眼刺激，类别 1。			

序号	2281	品名	硝基盐酸	商品编码	3824.9999
别 名			王水	CAS 号	8007-56-5
英文名			Nitrohydrochloric acid		
分子式			ClHNO$_2$		
外观与性状			腐蚀性非常强、冒黄色雾的液体，是浓盐酸（HCl）和浓硝酸（HNO$_3$）按体积比3∶1组成的混合物。		
主要用途			用作蚀刻工艺和一些检测分析过程。		
危险特性			本品不可食用、有极强的腐蚀性，且有毒。		
防护措施			呼吸系统防护：佩戴防毒口罩。紧急事态抢救或逃生时，佩戴自给式呼吸器。 眼睛防护：戴化学安全防护眼镜。 防护服：穿相应的防护服。 手防护：戴防化学品手套。		
危险性类别			皮肤腐蚀/刺激，类别1；严重眼损伤/眼刺激，类别1；危害水生环境—急性危害，类别2。		

序号	2282	品名	硝基乙烷	商品编码	2904.2090
别 名				CAS 号	79-24-3
英文名			Nitroethane		
分子式			C$_2$H$_5$NO$_2$		
外观与性状			无色液体。		
主要用途			用于有机合成，用作硝化纤维素及其他树脂、蜡、脂肪、染料等的溶剂。		
危险特性			本品易燃，其蒸气与空气可形成爆炸性混合物；强烈震动及受热或遇无机碱类、氧化剂、烃类、胺类及三氯化铝、六甲基苯等均能引起燃烧爆炸；燃烧分解时，放出有毒的氮氧化物气体。		
健康危害			本品有麻醉及轻度刺激作用。未见职业中毒报道。		
防护措施			呼吸系统防护：空气中浓度超标时，佩戴过滤式防毒面具（半面罩）。紧急事态抢救或撤离时，建议佩戴空气呼吸器。 眼睛防护：戴化学安全防护眼镜。 身体防护：穿防毒物渗透工作服。 手防护：戴橡胶耐油手套。		
危险性类别			易燃液体，类别3。		

序号	2283	品名	硝酸	商品编码	2808.0000
别　名				CAS 号	7697-37-2
英文名	Nitric acid				
分子式	HNO_3				
外观与性状	无色透明发烟液体。				
主要用途	主要用于化肥、染料、国防、炸药、冶金、医药等工业。				
危险特性	本品是强氧化剂，能与多种物质如金属粉末、电石、硫化氢、松节油等反应猛烈，甚至发生爆炸；与还原剂、可燃物如糖、纤维素、木屑、棉花、稻草或废纱头等接触，引起燃烧并散发出剧毒的棕色烟雾；具有强腐蚀性。				
健康危害	本品可助燃，具有强腐蚀性、强刺激性，可致人体灼伤。				
防护措施	呼吸系统防护：可能接触其烟雾时，佩戴自吸过滤式防毒面具（全面罩）或空气呼吸器。紧急事态抢救或撤离时，建议佩戴氧气呼吸器。 眼睛防护：呼吸系统防护中已作防护。 身体防护：穿橡胶耐酸碱服。 手防护：戴橡胶耐酸碱手套。				
危险性类别	氧化性液体，类别 3；皮肤腐蚀/刺激，类别 1A；严重眼损伤/眼刺激，类别 1。				

序号	2284	品名	硝酸铵(含可燃物>0.2%，包括以碳计算的任何有机物，但不包括任何其他添加剂)、硝酸铵(含可燃物≤0.2%)	商品编码	3102.3000
别　名				CAS 号	6484-52-2
英文名	Ammonium nitrate				
分子式	NH_4NO_3				
外观与性状	无色无臭的透明结晶或呈白色的小颗粒。				
主要用途	用作分析试剂、氧化剂、制冷剂、烟火和炸药原料。				
危险特性	本品是强氧化剂，遇可燃物着火时，能助长火势；与可燃物粉末混合能发生激烈反应而爆炸；受强烈震动也会起爆；急剧加热时可发生爆炸；与还原剂、有机物、易燃物如硫、磷或金属粉末等混合可形成爆炸性混合物。				
健康危害	本品对呼吸道、眼睛及皮肤有刺激性。接触后可引起恶心、呕吐、头痛、虚弱、无力和虚脱等。大量接触可引起高铁血红蛋白血症，影响血液的携氧能力，出现紫绀、头痛、头晕、虚脱，甚至死亡。口服引起剧烈腹痛、呕吐、血便、休克、全身抽搐、昏迷，甚至死亡。				
防护措施	呼吸系统防护：可能接触其粉尘时，建议佩戴自吸过滤式防尘口罩。 眼睛防护：戴化学安全防护眼镜。 身体防护：穿聚乙烯防毒服。 手防护：戴橡胶手套。				
危险性类别	氧化性固体，类别 3；特异性靶器官毒性—单次接触，类别 1；特异性靶器官毒性—反复接触，类别 1。				

序号	2285	品名	硝酸铵肥料[比硝酸铵(含可燃物>0.2%，包括以碳计算的任何有机物，但不包括任何其他添加剂)更易爆炸]、硝酸铵肥料(含可燃物≤0.4%)	商品编码	3102.3000
别名				CAS 号	6484-52-2
英文名		Ammonium nitrate			
分子式		NH_4NO_3			
外观与性状		无色无臭的透明结晶或呈白色的小颗粒。			
主要用途		用作分析试剂、氧化剂、制冷剂、烟火和炸药原料。			
危险特性		本品是强氧化剂，遇可燃物着火时，能助长火势；与可燃物粉末混合能发生激烈反应而爆炸；受强烈震动也会起爆；急剧加热时可发生爆炸；与还原剂、有机物、易燃物如硫、磷或金属粉末等混合可形成爆炸性混合物。			
健康危害		本品对呼吸道、眼睛及皮肤有刺激性。接触后可引起恶心、呕吐、头痛、虚弱、无力和虚脱等。大量接触可引起高铁血红蛋白血症，影响血液的携氧能力，出现紫绀、头痛、头晕、虚脱，甚至死亡。口服引起剧烈腹痛、呕吐、血便、休克、全身抽搐、昏迷，甚至死亡。			
防护措施		呼吸系统防护：可能接触其粉尘时，建议佩戴自吸过滤式防尘口罩。 眼睛防护：戴化学安全防护眼镜。 身体防护：穿聚乙烯防毒服。 手防护：戴橡胶手套。			
危险性类别		氧化性固体，类别3；特异性靶器官毒性—单次接触，类别1；特异性靶器官毒性—反复接触，类别1。			

序号	2286	品名	硝酸钡	商品编码	2834.2990
别名				CAS 号	10022-31-8
英文名		Barium nitrate			
分子式		$Ba(NO_3)_2$			
外观与性状		无色或白色有光泽的立方结晶。			
主要用途		用于烟火、搪瓷、杀虫剂、制造钡盐等。			
危险特性		本品是强氧化剂，遇可燃物着火时，能助长火势；与还原剂、有机物、易燃物如硫、磷或金属粉末等混合可形成爆炸性混合物；燃烧分解时，放出有毒的氮氧化物气体。			
健康危害		误服本品后出现恶心、呕吐、腹痛、腹泻、脉缓、头痛、眩晕等；严重中毒出现进行性肌麻痹、心律紊乱、血压降低、血钾明显降低等，可死于心律紊乱和呼吸肌麻痹，肾脏可能受损。大量吸入本品粉尘亦可引起中毒，但消化道反应较轻。长期接触可致口腔炎、鼻炎、结膜炎、腹泻、心动过速、脱发等。			
防护措施		呼吸系统防护：可能接触其粉尘时，建议佩戴自吸过滤式防尘口罩。 眼睛防护：戴安全防护眼镜。 身体防护：穿聚乙烯防毒服。 手防护：戴氯丁橡胶手套。			
危险性类别		氧化性固体，类别2；严重眼损伤/眼刺激，类别2A；特异性靶器官毒性—单次接触，类别1。			

序号	2287	品名	硝酸苯胺	商品编码	2921.4190
别　名				CAS 号	542-15-4
英文名	Aniline nitrate				
分子式	$C_6H_8N_2O_3$				

防护措施	呼吸系统防护：佩戴防毒口罩。紧急事态抢救或逃生时，佩戴自给式呼吸器。 眼睛防护：戴化学安全防护眼镜。 防护服：穿相应的防护服。 手防护：戴防化学品手套。
危险性类别	急性毒性—经口，类别3*；急性毒性—经皮肤，类别3*；急性毒性—吸入，类别3*；严重眼损伤/眼刺激，类别1；皮肤致敏物，类别1；生殖细胞致突变性，类别2；特异性靶器官毒性—反复接触，类别1；危害水生环境—急性危害，类别1。

序号	2288	品名	硝酸苯汞	商品编码	2852.1000
别　名				CAS 号	55-68-5
英文名	Phenyl mercuric nitrate				
分子式	$C_6H_5HgNO_3$				

外观与性状	白色珠光鳞片结晶或粉末。
主要用途	用作除草剂、杀菌剂、消毒剂。
危险特性	本品遇明火、高热可燃；其粉体与空气可形成爆炸性混合物，当达到一定浓度时，遇火星会发生爆炸；遇高热分解释出高毒烟气。
健康危害	误服或吸入本品会中毒。有机汞主要侵犯神经系统，表现为进行性神经麻痹、共济失调、神经衰弱综合征，严重者可出现神志障碍、谵妄、昏迷，可引起接触性皮炎等。
防护措施	呼吸系统防护：空气中粉尘浓度超标时，建议佩戴自吸过滤式防尘口罩。紧急事态抢救或撤离时，应该佩戴空气呼吸器。 眼睛防护：戴化学安全防护眼镜。 身体防护：穿防毒物渗透工作服。 手防护：戴乳胶手套。
危险性类别	急性毒性—经口，类别3*；皮肤腐蚀/刺激，类别1B；严重眼损伤/眼刺激，类别1；特异性靶器官毒性—反复接触，类别1；危害水生环境—急性危害，类别1；危害水生环境—长期危害，类别1。

序号	2289	品名	硝酸铋	商品编码	2834.2990
别 名				CAS 号	10361-44-1
英文名		Bismuth nitrate			
分子式		BiN_3O_9			
外观与性状		无色或白色有硝酸气味的固体。			
主要用途		用作分析试剂。			
危险特性		本品与还原剂、硫、磷等混合受热、撞击、摩擦可爆;与有机物、还原剂、易燃物硫、磷混合可燃;燃烧产生有毒的氮氧化物和含铋烟雾。			
健康危害		本品对眼睛、皮肤、黏膜和上呼吸道有刺激性,其溶液形式可以迅速灼伤皮肤产生黑斑。至今未发现有职业中毒报导。非职业性中毒可发生肝、肾、中枢神经系统损害及药疹等。			
防护措施		呼吸系统防护:空气中粉尘浓度超标时,建议佩戴自吸过滤式防尘口罩。紧急事态抢救或撤离时,应该佩戴空气呼吸器。 眼睛防护:戴化学安全防护眼镜。 身体防护:穿防毒物渗透工作服。 手防护:戴乳胶手套。			
危险性类别		氧化性固体,类别 2;特异性靶器官毒性—单次接触,类别 1;特异性靶器官毒性—反复接触,类别 1。			

序号	2290	品名	硝酸镝	商品编码	2846.9094
别 名				CAS 号	10143-38-1
英文名		Dysprosium trinitrate			
分子式		DyN_3O_9			
外观与性状		浅黄色水晶团粒,溶于水。			
主要用途		用作分析试剂。			
危险特性		本品与还原剂、硫、磷等混合,受热、撞击、摩擦可爆;与有机物、还原剂、易燃物硫、磷混合可燃;受热分解释放出有毒的氧化氮气体。			
防护措施		呼吸系统防护:佩戴防毒口罩。紧急事态抢救或逃生时,佩戴自给式呼吸器。 眼睛防护:戴化学安全防护眼镜。 防护服:穿相应的防护服。 手防护:戴防化学品手套。			
危险性类别		氧化性固体,类别 2。			

序号	2291	品名	硝酸铒		商品编码	2846.9099
别 名					CAS 号	10168-80-6
英文名	Erbium(iii) nitrate					
分子式	ErN_3O_9					
主要用途	用作科研试剂，生化研究。					
防护措施	呼吸系统防护：佩戴防护面具（半面罩）。紧急事态抢救或撤离时，佩戴氧气呼吸器。 眼睛防护：戴化学安全防护眼镜。 身体防护：穿防护工作服。 手防护：戴乳胶手套。					
危险性类别	氧化性固体，类别 2。					

序号	2292	品名	硝酸钙		商品编码	2834.2990
别 名					CAS 号	10124-37-5
英文名	Calcium nitrate					
分子式	CaN_2O_6					
外观与性状	白色结晶。					
主要用途	是制造其他硝酸盐的原料，电子工业用于涂覆阴极，农业上用作酸性土壤的速效肥料和植物快速补钙剂等。					
危险特性	本品是强氧化剂，受热分解，放出氧气；与还原剂、有机物、易燃物如硫、磷或金属粉末等混合可形成爆炸性混合物；燃烧分解时，放出有毒的氮氧化物气体。					
健康危害	吸入本品粉尘对鼻、喉及呼吸道有刺激性，引起咳嗽及胸部不适等；对眼睛有刺激性；长期反复接触粉尘对皮肤有刺激性。					
防护措施	呼吸系统防护：空气中粉尘浓度超标时，建议佩戴自吸过滤式防尘口罩。紧急事态抢救或撤离时，应该佩戴空气呼吸器。 眼睛防护：戴化学安全防护眼镜。 身体防护：穿防毒物渗透工作服。 手防护：戴乳胶手套。					
危险性类别	氧化性固体，类别 3；特异性靶器官毒性—单次接触，类别 1；特异性靶器官毒性—反复接触，类别 1。					

序号	2293	品名	硝酸锆		商品编码	2834.2990
别　名					CAS 号	13746-89-9
英文名		Zirconium(iv) nitrate				
分子式		$N_4O_{12}Zr$				
外观与性状		白色结晶。				
主要用途		用作测定氟化物的试剂，是有机化工中的重要催化剂。				
危险特性		本品是无机氧化剂，遇可燃物着火时，能助长火势；与还原剂、有机物、易燃物如硫、磷或金属粉末等混合可形成爆炸性混合物；受高热分解，产生有毒的氮氧化物。				
健康危害		本品对眼睛、皮肤、黏膜有刺激作用。工业上接触尚未见有中毒病例。在高温下可分解，释放出剧毒的氮氧化物气体，吸入后可引起中毒。				
防护措施		呼吸系统防护：可能接触其粉尘时，建议佩戴自吸过滤式防尘口罩 眼睛防护：戴化学安全防护眼镜。 身体防护：穿胶布防毒衣。 手防护：戴氯丁橡胶手套。				
危险性类别		氧化性固体，类别 3。				

序号	2294	品名	硝酸镉		商品编码	2834.2990
别　名					CAS 号	10325-94-7
英文名		Cadmium nitrate				
分子式		CdN_2O_6				
外观与性状		白色菱形或针状结晶。				
主要用途		用于制造催化剂、电池、含镉药剂及其他镉盐和氧化镉、分析试剂等。				
危险特性		本品与还原剂、硫、磷等混合受热、撞击、摩擦可爆；与有机物、还原剂、易燃物硫、磷混合可燃；受热分解释放出有毒的氧化氮和含镉化物气体。				
健康危害		吸入本品可引起呼吸道刺激症状，可发生化学性肺炎，肺水肿；误食后可引起急剧的胃肠道刺激症状，有恶心、呕吐、腹泻、腹痛、全身乏力、肌肉疼痛和虚脱等，严重者可危及生命。				
防护措施		呼吸系统防护：可能接触其粉尘时，建议佩戴自吸过滤式防尘口罩。 眼睛防护：戴安全防护眼镜。 身体防护：穿聚乙烯防毒服。 手防护：戴氯丁橡胶手套。				
危险性类别		氧化性固体，类别 3；急性毒性—经口，类别 3；生殖细胞致突变性，类别 2；致癌性，类别 1A；生殖毒性，类别 2；特异性靶器官毒性—单次接触，类别 1；特异性靶器官毒性—反复接触，类别 1；危害水生环境—急性危害，类别 1；危害水生环境—长期危害，类别 1。				

序号	2295	品名	硝酸铬		商品编码	2834.2990
别名					CAS号	13548-38-4
英文名	Chromic nitrate					
分子式	$Cr(NO_3)_3$					
外观与性状	淡绿色易潮解粉末。					
主要用途	用作制铬的催化剂、媒染剂、陶瓷釉彩和腐蚀抑制剂等。					
危险特性	本品与有机物、还原剂、易燃物如硫、磷等接触或混合时有引起燃烧爆炸的危险；遇高热分解释放出高毒烟气。					
健康危害	吸入本品有害，刺激和灼伤呼吸道；对眼睛和皮肤有刺激性，可致灼伤；对皮肤有致敏性；口服灼伤消化道。受热分解释放出氮氧化物和铬烟雾。					
防护措施	呼吸系统防护：可能接触其粉尘时，建议佩戴自吸过滤式防尘口罩。 眼睛防护：戴化学安全防护眼镜。 身体防护：穿胶布防毒衣。 手防护：戴氯丁橡胶手套。					
危险性类别	氧化性固体，类别3；危害水生环境—急性危害，类别2；危害水生环境—长期危害，类别2。					

序号	2296	品名	硝酸汞		商品编码	2852.1000
别名	硝酸高汞				CAS号	10045-94-0
英文名	Mercuric nitrate					
分子式	$Hg(NO_3)_2$					
外观与性状	无色或白色透明结晶。					
主要用途	用作分析试剂，以及用于有机合成、药品和雷汞的制造。					
危险特性	本品是一种温和的氧化剂，与有机物、还原剂、硫、磷等混合，易着火燃烧；受热分解产生有毒的烟气。					
健康危害	本品助燃，高毒。					
防护措施	呼吸系统防护：佩戴自吸过滤式防尘口罩。必要时，佩戴隔离式呼吸器。 眼睛防护：戴化学安全防护眼镜。 身体防护：穿连衣式胶布防毒衣。 手防护：戴橡胶手套。					
危险性类别	急性毒性—经皮肤，类别2；急性毒性—经口，类别2；皮肤腐蚀/刺激，类别1；严重眼损伤/眼刺激，类别1；皮肤致敏物，类别1；生殖细胞致突变性，类别2；生殖毒性，类别2；特异性靶器官毒性—单次接触，类别1；特异性靶器官毒性—反复接触，类别1；危害水生环境—急性危害，类别1；危害水生环境—长期危害，类别1。					

序号	2297	品名	硝酸钴	商品编码	2834.2910
别　名			硝酸亚钴	CAS 号	10141-05-6
英文名			Cobalt nitrate		
分子式			CoN_2O_6		
外观与性状			红色棱形结晶。		
主要用途			主要用作颜料、催化剂及用于陶瓷工业。		
危险特性			本品与还原剂、有机物、易燃物如硫、磷或金属粉末等混合可形成爆炸性混合物，急剧加热时可发生爆炸。		
健康危害			吸入本品后引起气短、咳嗽等；口服引起腹痛、呕吐。		
防护措施			呼吸系统防护：佩戴自吸过滤式防尘口罩。必要时，佩戴隔离式呼吸器。 眼睛防护：戴化学安全防护眼镜。 身体防护：穿连衣式胶布防毒衣。 手防护：戴橡胶手套。		
危险性类别			氧化性固体，类别 3；呼吸道致敏物，类别 1；皮肤致敏物，类别 1；生殖细胞致突变性，类别 2；生殖毒性，类别 1B；危害水生环境—急性危害，类别 1；危害水生环境—长期危害，类别 1。		

序号	2298	品名	硝酸胍	商品编码	2925.2900
别　名			硝酸亚氨脲	CAS 号	506-93-4
英文名			Guanidine nitrate		
分子式			$CH_6N_4O_3$		
外观与性状			白色颗粒。		
主要用途			用于制造炸药、消毒剂、照相化学品等。		
危险特性			本品是强氧化剂，受热、接触明火、或受到摩擦、震动、撞击时可发生爆炸；加热至 150℃ 时分解并爆炸；与硝基化合物和氯酸盐组成的混合物对震动和摩擦敏感并可能爆炸；受高热分解，产生有毒的氮氧化物。		
健康危害			本品对眼睛、皮肤、黏膜和上呼吸道具有刺激作用，过量吸入可致死。高温下释放出氮氧化物气体，对呼吸道有刺激性。		
防护措施			呼吸系统防护：佩戴自吸过滤式防尘口罩。必要时，佩戴隔离式呼吸器。 眼睛防护：戴化学安全防护眼镜。 身体防护：穿连衣式胶布防毒衣。 手防护：戴橡胶手套。		
危险性类别			氧化性固体，类别 3；严重眼损伤/眼刺激，类别 2A。		

序号	2299	品名	硝酸镓	商品编码	2834.2990
别 名				CAS 号	13494-90-1
英文名	Gallium nitrate					
分子式	GaN_3O_9					
外观与性状	结晶粉末。					
主要用途	用作药物。					
防护措施	呼吸系统防护：佩戴防护面具（半面罩）。紧急事态抢救或撤离时，佩戴氧气呼吸器。 眼睛防护：戴化学安全防护眼镜。 身体防护：穿防护工作服。 手防护：戴乳胶手套。					
危险性类别	氧化性固体，类别3。					

序号	2300	品名	硝酸甲胺	商品编码	2921.1100
别 名				CAS 号	22113-87-7
英文名	Methylamine nitrate					
分子式	$CH_6N_2O_3$					
外观与性状	无色无臭的棱柱形晶体，吸湿性很强。					
危险特性	本品是酸性腐蚀品。					
防护措施	呼吸系统防护：佩戴防护面具（半面罩）。紧急事态抢救或撤离时，佩戴氧气呼吸器。 眼睛防护：戴化学安全防护眼镜。 身体防护：穿防护工作服。 手防护：戴乳胶手套。					
危险性类别	皮肤腐蚀/刺激，类别1；严重眼损伤/眼刺激，类别1。					

序号	2301	品名	硝酸钾	商品编码	2834.2190
别　名				CAS 号	7757-79-1
英文名	Potassium nitrate				
分子式	KNO_3				
外观与性状	无色透明斜方或三方晶系颗粒或白色粉末。				
主要用途	用于制造烟火、火药、火柴、医药，以及玻璃工业。				
危险特性	本品是强氧化剂，遇可燃物着火时，能助长火势；与有机物、还原剂、易燃物如硫、磷等接触或混合时有引起燃烧爆炸的危险；燃烧分解时，放出有毒的氮氧化物气体；受热分解，放出氧气。				
健康危害	本品助燃，具有刺激性。				
防护措施	呼吸系统防护：可能接触其粉尘时，建议佩戴头罩型电动送风过滤式防尘呼吸器。 眼睛防护：呼吸系统防护中已作防护。 身体防护：穿聚乙烯防毒服。 手防护：戴氯丁橡胶手套。				
危险性类别	氧化性固体，类别3；生殖毒性，类别2；特异性靶器官毒性—单次接触，类别1；特异性靶器官毒性—反复接触，类别1。				

序号	2302	品名	硝酸镧	商品编码	2846.9091
别　名				CAS 号	10099-59-9
英文名	Lanthanum nitrate				
分子式	$La(NO_3)_3 \cdot 6H_2O$				
外观与性状	白色粒状晶体。				
主要用途	用于制造光学玻璃、荧光粉、陶瓷电容器添加剂、石油精制加工催化剂。				
危险特性	本品是无机氧化剂，遇可燃物着火时，能助长火势；与可燃物的混合物易于着火，并会猛烈燃烧；高温时分解，释出剧毒的氮氧化物气体。				
防护措施	呼吸系统防护：空气中浓度较高时，应该佩戴自吸过滤式防尘口罩。必要时，建议佩戴自给式呼吸器。 眼睛防护：戴化学安全防护眼镜。 身体防护：穿胶布防毒衣。 手防护：戴橡胶手套。				
危险性类别	氧化性固体，类别2。				

序号	2303	品名	硝酸铑	商品编码	2843.9000
别　名				CAS 号	10139-58-9
英文名	Rhodium nitrate				
分子式	$Rh(NO_3)_3$				
外观与性状	棕黄色结晶或红色结晶。				
主要用途	用作氧化剂。				
危险特性	本品是无机氧化剂，与可燃物的混合物易于着火，并会猛烈燃烧；具有腐蚀性。				
健康危害	本品毒性很小，迄今未见有中毒病例报告，但其热解可放出有毒的氮氧化物气体。				
防护措施	呼吸系统防护：空气中浓度较高时，应该佩戴自吸过滤式防尘口罩。必要时，建议佩戴自给式呼吸器。 眼睛防护：戴化学安全防护眼镜。 身体防护：穿胶布防毒衣。 手防护：戴橡胶手套。				
危险性类别	氧化性固体，类别 3。				

序号	2304	品名	硝酸锂	商品编码	2834.2990
别　名				CAS 号	7790-69-4
英文名	Lithium nitrate				
分子式	$LiNO_3$				
外观与性状	无色三角晶体或白色粉末。				
主要用途	用于制造陶器、烟火、热交换介质、分析试剂等。				
危险特性	本品是强氧化剂，遇可燃物着火时，能助长火势；与易氧化物、硫黄、亚硫酸氢钠、还原剂、强酸接触能引起燃烧或爆炸；燃烧分解时，放出有毒的氮氧化物气体；受高热分解，产生有毒的氮氧化物。				
健康危害	本品对眼睛、皮肤、黏膜和上呼吸道有刺激作用。接触后可引起胃痛、恶心、呕吐、头痛、眩晕等，大剂量可引起肾损害。				
防护措施	呼吸系统防护：空气中浓度较高时，应该佩戴自吸过滤式防尘口罩。必要时，建议佩戴自给式呼吸器。 眼睛防护：戴化学安全防护眼镜。 身体防护：穿胶布防毒衣。 手防护：戴橡胶手套。				
危险性类别	氧化性固体，类别 3；生殖毒性，类别 1A。				

序号	2305	品名	硝酸镥	商品编码	2846.9099
别　名				CAS 号	10099-67-9
英文名		Lutetium nitrate hydrate			
分子式		$H_2LuN_3O_{10}$			
外观与性状		白色或无色结晶体。			
主要用途		用于制造镥化合物中间体、化学试剂等工业。			
防护措施		呼吸系统防护：佩戴防护面具（半面罩）。紧急事态抢救或撤离时，佩戴氧气呼吸器。 眼睛防护：戴化学安全防护眼镜。 身体防护：穿防护工作服。 手防护：戴乳胶手套。			
危险性类别		氧化性固体，类别 2。			

序号	2306	品名	硝酸铝	商品编码	2834.2990
别　名				CAS 号	7784-27-2
英文名		Aluminium nitrate			
分子式		$Al(NO_3)_3$			
外观与性状		无色或白色易潮解的单斜晶体。			
主要用途		用于有机合成、石油加工的催化剂、纺织工业的媒染剂。			
危险特性		本品是无机氧化剂，与可燃物的混合物易于着火，并会猛烈燃烧；高温时分解，释出剧毒的氮氧化物气体。			
健康危害		本品粉尘对上呼吸道有刺激性，吸入后引起咳嗽和胸部不适；对眼睛有刺激性；口服引起恶心、呕吐；长期接触对皮肤有刺激性。			
防护措施		呼吸系统防护：空气中浓度较高时，应该佩戴自吸过滤式防尘口罩。必要时，建议佩戴自给式呼吸器。 眼睛防护：戴化学安全防护眼镜。 身体防护：穿胶布防毒衣。 手防护：戴橡胶手套。			
危险性类别		氧化性固体，类别 3。			

序号	2307	品名	硝酸镁	商品编码	2834.2990
别　名				CAS 号	10377-60-3
英文名	Magnesium nitrate				
分子式	MgN_2O_6				
外观与性状	无色单斜结晶或白色结晶。				
主要用途	用作浓硝酸的脱水剂，制造炸药、催化剂和其他镁盐，还用作小麦灰化剂。				
危险特性	本品与易燃的有机物混合能发热燃烧，有火灾及爆炸危险；具有刺激性。				
健康危害	本品粉尘对上呼吸道有刺激性，引起咳嗽和气短；刺激眼睛和皮肤，引起红肿和疼痛。大量口服出现腹痛、腹泻、呕吐、紫绀、血压下降、眩晕、惊厥和虚脱。				
防护措施	呼吸系统防护：空气中浓度较高时，应该佩戴自吸过滤式防尘口罩。必要时，建议佩戴自给式呼吸器。 眼睛防护：戴化学安全防护眼镜。 身体防护：穿胶布防毒衣。 手防护：戴橡胶手套。				
危险性类别	氧化性固体，类别 3；严重眼损伤/眼刺激，类别 2；特异性靶器官毒性—单次接触，类别 1；特异性靶器官毒性—反复接触，类别 1。				

序号	2308	品名	硝酸锰	商品编码	2834.2990
别　名	硝酸亚锰			CAS 号	20694-39-7
英文名	Manganous nitrate				
分子式	$Mn(NO_3)_2$				
外观与性状	粉红色结晶，易潮解。				
主要用途	用作中间体、催化剂及制造二氧化锰，并用作陶瓷着色剂、金属磷化剂、分析试剂等。				
危险特性	本品是无机氧化剂，与还原剂、有机物、易燃物如硫、磷或金属粉末等混合可形成爆炸性混合物；高温时分解，释出剧毒的氮氧化物气体。				
健康危害	吸入、口服或经皮肤吸收本品后对身体有害，对眼睛、皮肤、黏膜和上呼吸道有刺激性，可引起呼吸道炎症和肺炎。				
防护措施	呼吸系统防护：空气中浓度较高时，应该佩戴自吸过滤式防尘口罩。必要时，建议佩戴自给式呼吸器。 眼睛防护：戴化学安全防护眼镜。 身体防护：穿胶布防毒衣。 手防护：戴橡胶手套。				
危险性类别	氧化性固体，类别 3。				

序号	2309	品名	硝酸钠	商品编码	3102.5000
别名				CAS 号	7631-99-4
英文名		Sodium nitrate			
分子式		$NaNO_3$			
外观与性状		无色透明或白色微带黄色的菱形结晶。			
主要用途		用于搪瓷、玻璃业、染料业、医药,农业上用作肥料。			
危险特性		本品是强氧化剂,遇可燃物着火时,能助长火势;与易氧化物、硫黄、亚硫酸氢钠、还原剂、强酸接触能引起燃烧或爆炸;燃烧分解时,放出有毒的氮氧化物气体;受高热分解,产生有毒的氮氧化物。			
健康危害		本品对皮肤、黏膜有刺激性。大量口服中毒时,患者剧烈腹痛、呕吐、血便、休克、全身抽搐、昏迷,甚至死亡。			
防护措施		呼吸系统防护:空气中浓度较高时,应该佩戴自吸过滤式防尘口罩。必要时,建议佩戴自给式呼吸器。 眼睛防护:戴化学安全防护眼镜。 身体防护:穿胶布防毒衣。 手防护:戴橡胶手套。			
危险性类别		氧化性固体,类别 3;严重眼损伤/眼刺激,类别 2B;生殖细胞致突变性,类别 2;特异性靶器官毒性—单次接触,类别 1;特异性靶器官毒性—反复接触,类别 1。			

序号	2310	品名	硝酸脲	商品编码	2924.1990
别名				CAS 号	124-47-0
英文名		Urea nitrate			
分子式		$CH_5N_3O_4$			
外观与性状		无色结晶。			
主要用途		用于制造炸药、有机合成中间体。			
危险特性		本品遇高热或猛烈撞击有引起燃烧爆炸的危险,与有机物、还原剂、硫、磷等混合,能形成爆炸性混合物。			
健康危害		本品具有刺激作用,热解能放出有毒的氮氧化物气体。			
防护措施		呼吸系统防护:空气中浓度较高时,应该佩戴自吸过滤式防尘口罩。必要时,建议佩戴自给式呼吸器。 眼睛防护:戴化学安全防护眼镜。 身体防护:穿胶布防毒衣。 手防护:戴橡胶手套。			
危险性类别		爆炸物,1.1 项;严重眼损伤/眼刺激,类别 2B;特异性靶器官毒性—单次接触,类别 3(呼吸道刺激)。			

序号	2311	品名	硝酸镍	商品编码	2834.2990
别 名			二硝酸镍	CAS 号	13138-45-9
英文名			Nickel nitrate		
分子式			N_2NiO_6		
外观与性状			碧绿色单斜晶系板状晶体。		
主要用途			用作分析试剂,制造镍盐、镍催化剂,用于电镀、陶瓷着色。		
危险特性			本品与有机物摩擦或撞击能引起燃烧或爆炸。		
健康危害			本品低毒,有致癌可能性。		
防护措施			呼吸系统防护:空气中浓度较高时,应该佩戴自吸过滤式防尘口罩。必要时,建议佩戴自给式呼吸器。 眼睛防护:戴化学安全防护眼镜。 身体防护:穿胶布防毒衣。 手防护:戴橡胶手套。		
危险性类别			氧化性固体,类别 2;严重眼损伤/眼刺激,类别 1;皮肤腐蚀/刺激,类别 2;皮肤致敏物,类别 1;生殖细胞致突变性,类别 2;致癌性,类别 1A;生殖毒性,类别 1B;特异性靶器官毒性—反复接触,类别 1;危害水生环境—急性危害,类别 1;危害水生环境—长期危害,类别 1。		

序号	2312	品名	硝酸镍铵	商品编码	2842.9090
别 名			四氨硝酸镍	CAS 号	
英文名			Nickel nitrate tetraamine		
分子式			$Ni(NO_3)_2 \cdot 4NH_3 \cdot 2H_2O$		
外观与性状			绿色结晶。		
主要用途			用于镀镍,分析磷、硫、锰等。		
危险特性			本品与还原剂、有机物、易燃物如硫、磷或金属粉末等混合可形成爆炸性混合物;经摩擦、震动或撞击可引起燃烧或爆炸;受热分解释放出有毒的氧化氮烟气。		
健康危害			误服本品会中毒。镍及其盐类为职业性致癌物。		
防护措施			呼吸系统防护:可能接触其粉尘时,建议佩戴防尘面具(全面罩)。 眼睛防护:戴化学安全防护眼镜。 身体防护:穿防毒物渗透工作服。 手防护:戴橡胶手套。		
危险性类别			氧化性固体,类别 3;致癌性,类别 1A。		

序号	2313	品名	硝酸钕	商品编码	2846.9092
别　名				CAS 号	16454-60-7
英文名		Neodymium nitrate hexahydrate
分子式		$Nd(NO_3)_3 \cdot 6H_2O$
外观与性状		淡红色结晶。
主要用途		用作化学试剂、玻璃着色剂及用于制氧化钕。
危险特性		本品与有机物、还原剂、易燃物如硫、磷等接触或混合时有引起燃烧爆炸的危险；受高热分解释放出有毒的气体。
健康危害		本品对哺乳动物的毒性，主要影响肝、肾功能，显著影响凝血酶原及凝血时间的延长。误服会中毒，受热分解释放出氮氧化物。
防护措施		呼吸系统防护：可能接触其粉尘时，建议佩戴防尘面具（全面罩）。 眼睛防护：戴化学安全防护眼镜。 身体防护：穿防毒物渗透工作服。 手防护：戴橡胶手套。
危险性类别		氧化性固体，类别 2。

序号	2314	品名	硝酸钕镨	商品编码	2846.9095
别　名	colspan="3"	硝酸镨钕	CAS 号	134191-62-1
英文名		Didymium nitrate
防护措施		呼吸系统防护：佩戴防护面具（半面罩）。紧急事态抢救或撤离时，佩戴氧气呼吸器。 眼睛防护：戴化学安全防护眼镜。 身体防护：穿防护工作服。 手防护：戴乳胶手套。
危险性类别		氧化性固体，类别 2。

序号	2315	品名	硝酸铍	商品编码	2834.2990
别 名				CAS 号	13597-99-4
英文名	Beryllium nitrate				
分子式	$Be(NO_3)_2 \cdot 3H_2O$				
外观与性状	白色或微黄色结晶。				
主要用途	用作化学试剂及用于汽灯和乙炔灯罩的硬化。				
危险特性	本品是无机氧化剂，遇可燃物着火时，能助长火势；与易氧化物、硫黄、亚硫酸氢钠、还原剂、强酸接触能引起燃烧或爆炸；受高热分解，产生有毒的氮氧化物。				
健康危害	本品可助燃，高毒，具有刺激性。				
防护措施	呼吸系统防护：可能接触其粉尘时，建议佩戴防尘面具（全面罩）。 眼睛防护：戴化学安全防护眼镜。 身体防护：穿防毒物渗透工作服。 手防护：戴橡胶手套。				
危险性类别	氧化性固体，类别2；急性毒性—经口，类别3*；急性毒性—吸入，类别2*；皮肤腐蚀/刺激，类别2；严重眼损伤/眼刺激，类别2；皮肤致敏物，类别1；致癌性，类别1A；特异性靶器官毒性—单次接触，类别3（呼吸道刺激）；特异性靶器官毒性—反复接触，类别1；危害水生环境—急性危害，类别2；危害水生环境—长期危害，类别2。				

序号	2316	品名	硝酸羟胺	商品编码	2825.1090
别 名				CAS 号	13465-08-2
英文名	Hydroxylamine nitrate				
分子式	$H_4N_2O_4$				
外观与性状	无色结晶。				
主要用途	用于医药工业和有机合成工业。				
危险特性	本品加热至100℃以上挥发分解，并易爆炸。				
健康危害	本品具有强腐蚀性，能强烈腐蚀皮肤、眼睛和黏膜，甚至造成灼伤。				
防护措施	呼吸系统防护：可能接触其粉尘时，建议佩戴防尘面具（全面罩）。 眼睛防护：戴化学安全防护眼镜。 身体防护：穿防毒物渗透工作服。 手防护：戴橡胶手套。				
危险性类别	爆炸物，1.1项；急性毒性—经皮肤，类别3；皮肤腐蚀/刺激，类别2；严重眼损伤/眼刺激，类别2；皮肤致敏物，类别1；特异性靶器官毒性—反复接触，类别2*；危害水生环境—急性危害，类别1。				

序号	2317	品名	硝酸镨	商品编码	2846.9095
别 名				CAS 号	10361-80-5
英文名	Praseodymium(iii) nitrate				
分子式	H_3O_9Pr				
外观与性状	三斜晶体，易溶于火、乙醇等溶剂。				
主要用途	用于轻工、催化领域。				
防护措施	呼吸系统防护：佩戴防护面具（半面罩）。紧急事态抢救或撤离时，佩戴氧气呼吸器。 眼睛防护：戴化学安全防护眼镜。 身体防护：穿防护工作服。 手防护：戴乳胶手套。				
危险性类别	氧化性固体，类别2。				

序号	2318	品名	硝酸铅	商品编码	2834.2990
别 名				CAS 号	10099-74-8
英文名	Lead nitrate				
分子式	$Pb(NO_3)_2$				
外观与性状	白色立方或单斜晶体。				
主要用途	用于铅盐、媒染剂、烟花等的制造。				
危险特性	本品是无机氧化剂，遇易氧化物立即猛烈反应，着火爆炸；与还原剂、有机物、易燃物如硫、磷或金属粉末等混合可形成爆炸性混合物；受高热分解，产生有毒的氮氧化物。				
健康危害	本品会损害造血、神经、消化系统及肾脏受到损害。职业中毒主要为慢性。神经系统主要表现为神经衰弱综合征、周围神经病（以运动功能受累较明显），严重者出现铅中毒性脑病。消化系统表现有齿龈铅线、食欲不振、恶心、腹胀、腹泻或便秘；腹绞痛见于中度及重度中毒病例。造血系统损害出现卟啉代谢障碍、贫血等。短时大量接触可发生急性或亚急性中毒，表现类似重症慢性铅中毒。对肾脏损害多见于急性亚急性中毒或较重慢性病例。				
防护措施	呼吸系统防护：可能接触其粉尘时，建议佩戴防尘面具（全面罩）。 眼睛防护：戴化学安全防护眼镜。 身体防护：穿防毒物渗透工作服。 手防护：戴橡胶手套。				
危险性类别	氧化性固体，类别2；皮肤腐蚀/刺激，类别2；严重眼损伤/眼刺激，类别2；生殖细胞致突变性，类别2；致癌性，类别1B；生殖毒性，类别1A；特异性靶器官毒性—单次接触，类别1；特异性靶器官毒性—反复接触，类别1；危害水生环境—急性危害，类别1；危害水生环境—长期危害，类别1。				

序号	2319	品名	硝酸铯	商品编码	2834.2990
别 名				CAS 号	7789-18-6
英文名	Cesium nitrate					
分子式	$CsNO_3$					
外观与性状	白色结晶粉末。					
主要用途	用于催化剂、微量元素分析、其他铯盐的制备，放射性物质的检测、焊接，生物技术及特种玻璃等领域。					
危险特性	本品遇有机物、还原剂、木炭、硫、磷等易燃物可燃；燃烧产生有毒的氮氧化物烟雾。					
健康危害	本品对眼睛、皮肤、黏膜和上呼吸道有刺激作用。迄今未见中毒的病例报告。工业生产中，也未见有对工人身体健康产生明显损害的报道。					
防护措施	呼吸系统防护：佩戴防护面具（半面罩）。紧急事态抢救或撤离时，佩戴氧气呼吸器。 眼睛防护：戴化学安全防护眼镜。 身体防护：穿防护工作服。 手防护：戴乳胶手套。					
危险性类别	氧化性固体，类别3。					

序号	2320	品名	硝酸钐	商品编码	2846.9099
别 名				CAS 号	13759-83-6
英文名	Samarium nitrate hexahydrate					
分子式	$H_{12}N_3O_{15}Sm$					
外观与性状	白色结晶粉末。					
主要用途	用于科研试剂，生化研究。					
防护措施	呼吸系统防护：佩戴防护面具（半面罩）。紧急事态抢救或撤离时，佩戴氧气呼吸器。 眼睛防护：戴化学安全防护眼镜。 身体防护：穿防护工作服。 手防护：戴乳胶手套。					
危险性类别	氧化性固体，类别2。					

序号	2321	品名	硝酸铈		商品编码	2846.1090
别 名			硝酸亚铈		CAS 号	10108-73-3
英文名			Erium trinitrate			
分子式			Ce_3HNO_3			
外观与性状			白色结晶粉末。			
主要用途			主要用作氧化剂,与硝酸钍一起用作汽灯纱罩等的发光材料。			
危险特性			本品与还原剂、硫、磷等混合受热、撞击、摩擦可爆。			
防护措施			呼吸系统防护:佩戴防护面具(半面罩)。紧急事态抢救或撤离时,佩戴氧气呼吸器。 眼睛防护:戴化学安全防护眼镜。 身体防护:穿防护工作服。 手防护:戴乳胶手套。			
危险性类别			氧化性固体,类别2。			

序号	2322	品名	硝酸铈铵		商品编码	2846.1090
别 名					CAS 号	16774-21-3
英文名			Ammonium ceric nitrate			
防护措施			呼吸系统防护:佩戴防护面具(半面罩)。紧急事态抢救或撤离时,佩戴氧气呼吸器。 眼睛防护:戴化学安全防护眼镜。 身体防护:穿防护工作服。 手防护:戴乳胶手套。			
危险性类别			氧化性固体,类别2。			

序号	2323	品名	硝酸铈钾		商品编码	2842.9090
别 名					CAS 号	
英文名			Potassium ceric nitrate			
防护措施			呼吸系统防护:佩戴防护面具(半面罩)。紧急事态抢救或撤离时,佩戴氧气呼吸器。 眼睛防护:戴化学安全防护眼镜。 身体防护:穿防护工作服。 手防护:戴乳胶手套。			
危险性类别			氧化性固体,类别2。			

序号	2324	品名	硝酸铈钠	商品编码	2842.9090
别　名				CAS 号	
英文名	Sodium cerium nitrate				
防护措施	呼吸系统防护：佩戴防护面具（半面罩）。紧急事态抢救或撤离时，佩戴氧气呼吸器。 眼睛防护：戴化学安全防护眼镜。 身体防护：穿防护工作服。 手防护：戴乳胶手套。				
危险性类别	氧化性固体，类别 2。				

序号	2325	品名	硝酸锶	商品编码	2834.2990
别　名				CAS 号	10042-76-9
英文名	Stronium nitrate				
防护措施	呼吸系统防护：佩戴防护面具（半面罩）。紧急事态抢救或撤离时，佩戴氧气呼吸器。 眼睛防护：戴化学安全防护眼镜。 身体防护：穿防护工作服。 手防护：戴乳胶手套。				
危险性类别	氧化性固体，类别 3；皮肤腐蚀/刺激，类别 2；严重眼损伤/眼刺激，类别 2B。				

序号	2326	品名	硝酸铊	商品编码	2834.2990
别　名	硝酸亚铊			CAS 号	10102-45-1
英文名	Thallium nitrate				
防护措施	呼吸系统防护：佩戴防护面具（半面罩）。紧急事态抢救或撤离时，佩戴氧气呼吸器。 眼睛防护：戴化学安全防护眼镜。 身体防护：穿防护工作服。 手防护：戴乳胶手套。				
危险性类别	氧化性固体，类别 2；急性毒性—经口，类别 2；皮肤腐蚀/刺激，类别 1；严重眼损伤/眼刺激，类别 1；特异性靶器官毒性—单次接触，类别 1；特异性靶器官毒性—反复接触，类别 1；危害水生环境—急性危害，类别 2；危害水生环境—长期危害，类别 2。				

序号	2327	品名	硝酸铁	商品编码	2834.2990
别 名			硝酸高铁	CAS 号	10421-48-4

防护措施	呼吸系统防护：佩戴防毒面具（半面罩）。紧急事态抢救或撤离时，佩戴氧气呼吸器。 眼睛防护：戴化学安全防护眼镜。 身体防护：穿防护工作服。 手防护：戴乳胶手套。
危险性类别	氧化性固体，类别3。

序号	2328	品名	硝酸铜	商品编码	2834.2990
别 名				CAS 号	10031-43-3

英文名	Cupric nitrate
分子式	$Cu(NO_3)_2$
外观与性状	蓝色斜方片状结晶。
主要用途	用作分析试剂及氧化剂。
危险特性	本品不可燃；火场产生有毒的含铜和氮氧化物的烟雾。
健康危害	铜盐使人慢性中毒时，表现为神经系统机能紊乱、肝肾功能障碍、鼻中隔溃疡形成和穿孔。急性中毒时，引起恶心、呕吐、腹痛、腹泻，在血浆和尿中很快出现血红蛋白、黄疸、贫血，红细胞抵抗力下降。本品对皮肤有刺激作用；粉尘对眼睛有刺激，并可引起角膜溃疡。
防护措施	呼吸系统防护：佩戴防毒面具（半面罩）。紧急事态抢救或撤离时，佩戴氧气呼吸器。 眼睛防护：戴化学安全防护眼镜。 身体防护：穿防护工作服。 手防护：戴乳胶手套。
危险性类别	氧化性固体，类别2；危害水生环境—急性危害，类别1；危害水生环境—长期危害，类别1。

序号	2329	品名	硝酸锌	商品编码	2834.2990
别　名				CAS 号	7779-88-6
英文名	Zinc nitrate				
分子式	$Zn(NO_3)_2$				
外观与性状	白色结晶粉末。				
防护措施	呼吸系统防护：佩戴防毒面具（半面罩）。紧急事态抢救或撤离时，佩戴氧气呼吸器。 眼睛防护：戴化学安全防护眼镜。 身体防护：穿防护工作服。 手防护：戴乳胶手套。				
危险性类别	氧化性固体，类别 2；皮肤腐蚀/刺激，类别 2；严重眼损伤/眼刺激，类别 2B；特异性靶器官毒性—单次接触，类别 3（呼吸道刺激）；危害水生环境—急性危害，类别 1；危害水生环境—长期危害，类别 1。				

序号	2330	品名	硝酸亚汞	商品编码	2852.1000
别　名				CAS 号	7782-86-7
英文名	Mercurous nitrate				
分子式	$HgNO_3$				
外观与性状	白色斜晶体。				
主要用途	用作通用试剂分析及氧化剂、鱼类防白点病等。				
危险特性	本品与还原剂、硫、磷等混合受热、撞击、摩擦可爆。				
健康危害	本品对眼睛、黏膜、呼吸道及皮肤皆有刺激性，会造成头痛、咳嗽、呼吸困难等现象。长期暴露会损害神经系统及肝、肾功能。				
防护措施	呼吸系统防护：佩戴防毒面具（半面罩）。紧急事态抢救或撤离时，佩戴氧气呼吸器。 眼睛防护：戴化学安全防护眼镜。 身体防护：穿防护工作服。 手防护：戴乳胶手套。				
危险性类别	急性毒性—经口，类别 2；急性毒性—经皮肤，类别 1；急性毒性—吸入，类别 2；特异性靶器官毒性—反复接触，类别 2；危害水生环境—急性危害，类别 1；危害水生环境—长期危害，类别 1。				

序号	2331	品名	硝酸氧锆	商品编码	2834.2990
别 名			硝酸锆酰	CAS 号	13826-66-9
英文名			Zirconyl nitrate		
分子式			N_2O_7Zr		
主要用途			作测定钾和氟化物的试剂,也用于发光剂和耐火材料的制备。		
危险特性			本品与还原剂、硫、磷等混合受热、撞击、摩擦可爆。		
防护措施			呼吸系统防护：佩戴防毒面具（半面罩）。紧急事态抢救或撤离时，佩戴氧气呼吸器。 眼睛防护：戴化学安全防护眼镜。 身体防护：穿防护工作服。 手防护：戴乳胶手套。		
危险性类别			氧化性固体，类别3。		

序号	2332	品名	硝酸乙酯醇溶液	商品编码	2920.9000
别 名				CAS 号	
防护措施			呼吸系统防护：佩戴防毒面具（半面罩）。紧急事态抢救或撤离时，佩戴氧气呼吸器。 眼睛防护：戴化学安全防护眼镜。 身体防护：穿防护工作服。 手防护：戴乳胶手套。		
危险性类别			易燃液体，类别2。		

序号	2333	品名	硝酸钇	商品编码	2846.9096
别 名				CAS 号	13494-98-9
英文名			Yttriumnitratehexahydrate		
分子式			$Y(NO_3)_3$		
外观与性状			无色晶体。		
主要用途			用作分析试剂，用于工程陶瓷、硬质合金、钨钼产品、催化剂、汽车尾气净化等。		
危险特性			本品与有机物、还原剂、易燃物如硫、磷等接触或混合时有引起燃烧爆炸的危险；受高热分解释放出有毒的气体。		
健康危害			本品有毒，在高温下能放出氮氧化物。		
防护措施			呼吸系统防护：空气中粉尘浓度较高时，建议佩戴自吸过滤式防尘口罩。 眼睛防护：戴化学安全防护眼镜。 身体防护：穿胶布防毒衣。 手防护：戴防化学品手套。		
危险性类别			氧化性固体，类别2。		

序号	2334	品名	硝酸异丙酯	商品编码	2920.9000
别　名				CAS 号	1712-64-7
英文名		Isopropyl nitrate			
分子式		$C_3H_7NO_3$			
外观与性状		无色液体，有令人愉快的味道。			
主要用途		用作溶剂、汽车燃料添加剂，用于有机合成。			
危险特性		本品受热可能引起爆炸；与可燃物料接触可能引起火灾，高度易燃。			
健康危害		吸入本品有害。			
防护措施		呼吸系统防护：佩戴防毒面具（半面罩）。紧急事态抢救或撤离时，佩戴氧气呼吸器。 眼睛防护：戴化学安全防护眼镜。 身体防护：穿防护工作服。 手防护：戴乳胶手套。			
危险性类别		易燃液体，类别2。			

序号	2335	品名	硝酸异戊酯	商品编码	2920.9000
别　名				CAS 号	543-87-3
英文名		Iso-Pentyl Nitrate			
分子式		$C_5H_{11}NO_3$			
外观与性状		无色液体。			
主要用途		用作溶剂、制药合成或化学试剂。			
危险特性		本品遇明火、高热易燃烧分解释放出有的毒气体。			
健康危害		吸入、食入本品对身体有害，对眼睛、皮肤有刺激性。			
防护措施		呼吸系统防护：佩戴自吸过滤式防毒面具（半面罩）。紧急事态抢救或撤离时，佩戴氧气呼吸器。 眼睛防护：戴化学安全防护眼镜。 身体防护：穿防毒物渗透工作服。 手防护：戴乳胶手套。			
危险性类别		易燃液体，类别3。			

序号	2336	品名	硝酸镱	商品编码	2846.9099
别 名				CAS 号	35725-34-9；13768-67-7
英文名		Ytterbium nitrate			
分子式		$Yb(NO_3)_3$			
外观与性状		无色晶体。			
主要用途		用作科研试剂，生化研究。			
危险特性		本品与还原剂、硫、磷等混合受热、撞击、摩擦可爆；与有机物、还原剂、易燃物硫、磷混合可燃；燃烧产生有毒的氮氧化物烟雾。			
防护措施		呼吸系统防护：可能接触其蒸气时，佩戴自吸过滤式防毒面具（半面罩）。紧急事态抢救或撤离时，佩戴氧气呼吸器。 眼睛防护：戴化学安全防护眼镜。 身体防护：穿防毒物渗透工作服。 手防护：戴乳胶手套。			
危险性类别		氧化性固体，类别 2。			

序号	2337	品名	硝酸正丙酯	商品编码	2920.9000
别 名				CAS 号	627-13-4
英文名		Propyl nitrate			
分子式		$C_3H_7NO_3$			
外观与性状		白色到淡黄色液体，有类似醚的气味。			
主要用途		用作化学试剂。			
危险特性		本品易燃，具有强氧化性；遇明火、高热能引起燃烧爆炸；燃烧分解出一氧化碳、二氧化碳、氧化氮。			
健康危害		本品具有刺激性，能引起高铁血经蛋白血症，吸入后出现头痛、恶心、低血压等。			
防护措施		呼吸系统防护：可能接触其蒸气时，佩戴自吸过滤式防毒面具（半面罩）。紧急事态抢救或撤离时，佩戴氧气呼吸器。 眼睛防护：戴化学安全防护眼镜。 身体防护：穿防毒物渗透工作服。 手防护：戴乳胶手套。			
危险性类别		易燃液体，类别 2；特异性靶器官毒性—单次接触，类别 1。			

序号	2338	品名	硝酸铟	商品编码	2834.2990
别　名				CAS 号	13770-61-1
英文名	Indium nitrate				
分子式	$In(NO_3)_3$				
外观与性状	白色片状晶体。				
主要用途	用于电镀铟和氧化剂。				
防护措施	呼吸系统防护：佩戴防毒口罩。紧急事态抢救或逃生时，佩戴自给式呼吸器。 眼睛防护：戴化学安全防护眼镜。 防护服：穿相应的防护服。 手防护：戴防化学品手套。				
危险性类别	氧化性固体，类别 3。				

序号	2339	品名	硝酸银	商品编码	2843.2100
别　名				CAS 号	7761-88-8
英文名	Silvernitrate				
分子式	$AgNO_3$				
外观与性状	无色透明斜方晶体。				
主要用途	分析化学用于沉淀氯离子，工作基准的硝酸银用于标定氯化钠溶液。无机工业用于制造其他银盐。电子工业用于制造导电黏合剂、新型气体净化剂、A8x 分子筛、镀银均压服和带电作业的手套等。感光工业用于制造电影胶片、x 光照相底片和照相胶片等的感光材料。电镀工业用于电子元件和其他工艺品的镀银，也大量用作镜子和保温瓶胆的镀银材料。电池工业用于生产银锌电池。医药上用作杀菌剂、腐蚀剂。日化工业用于染毛发等。				
危险特性	本品属于强氧化剂、腐蚀品、环境污染物；与部分有机物或硫、磷混合研磨、撞击可燃烧或爆炸；具有腐蚀性。				
健康危害	本品接触皮肤会缓慢产生难洗去的黑斑。本品有毒，LD50 约 50mg/kg，致死量约 10g。				
防护措施	呼吸系统防护：佩戴自吸过滤式防毒面具（半面罩）。紧急事态抢救或撤离时，佩戴氧气呼吸器。 眼睛防护：戴化学安全防护眼镜。 身体防护：穿防毒物渗透工作服。 手防护：戴乳胶手套。				
危险性类别	氧化性固体，类别 2；皮肤腐蚀/刺激，类别 1B；严重眼损伤/眼刺激，类别 1；危害水生环境—急性危害，类别 1；危害水生环境—长期危害，类别 1。				

序号	2340	品名	硝酸正丁酯	商品编码	2920.9000
别　名				CAS 号	928-45-0
英文名		N-butyl nitrate			
分子式		$C_4H_9NO_3$			
外观与性状		无色液体，有类似醚样的气味。			
主要用途		用于有机合成。			
危险特性		本品遇高热、明火或与氧化剂接触，有引起燃烧的危险；与路易氏酸如三氟化硼、氯化铝等发生爆炸性反应；受高热分解释放出有毒的气体。			
健康危害		本品有毒，受热分解出氮氧化物。			
防护措施		呼吸系统防护：佩戴防毒口罩。紧急事态抢救或逃生时，佩戴自给式呼吸器。 眼睛防护：戴化学安全防护眼镜。 防护服：穿相应的防护服。 手防护：戴防化学品手套。			
危险性类别		易燃液体，类别 3。			

序号	2341	品名	硝酸正戊酯	商品编码	2920.9000
别　名				CAS 号	1002-16-0
英文名		Amyl nitrate			
分子式		$C_5H_{11}NO_3$			
外观与性状		无色液体，有类似醚样的气味。			
主要用途		用于有机合成。			
危险特性		本品易燃，遇高热、明火或与氧化剂接触，有引起燃烧爆炸的危险；受热分解释放出有毒的氧化氮烟气。			
健康危害		有报道在接触本品后，仅见恶心和呕吐。未见本品引起职业中毒的报道。中毒死亡动物可见肝、肾、脑的弥漫性病变，肺充血和水肿。			
防护措施		呼吸系统防护：空气中浓度较高时，应该佩戴自吸过滤式防毒面具（半面罩）。 眼睛防护：戴化学安全防护眼镜。 身体防护：穿防静电工作服。 手防护：戴橡胶手套。			
危险性类别		易燃液体，类别 3。			

序号	2342	品名	硝酸重氮苯	商品编码	2927.0000
别 名				CAS 号	619-97-6
英文名	Diazobenzene nitrate					
分子式	$C_6H_5N_3O_3$				
外观与性状	无色针状结晶。				
主要用途	用于炸药及爆炸性药品。				
危险特性	本品遇明火、高温、受撞击，有引起燃烧爆炸危险。				
防护措施	呼吸系统防护：佩戴防毒口罩。紧急事态抢救或逃生时，佩戴自给式呼吸器。 眼睛防护：戴化学安全防护眼镜。 防护服：穿相应的防护服。 手防护：戴防化学品手套。				
危险性类别	爆炸物，1.1项。				

序号	2343	品名	辛二腈	商品编码	2926.9090
别 名	1,6-二氰基戊烷			CAS 号	629-40-3
英文名	Octanedinitrile				
分子式	$C_8H_{12}N_2$				
外观与性状	无色至淡黄色液体。				
主要用途	用作有机合成中间体。				
危险特性	本品遇明火能燃烧；遇高热分解释出剧毒的气体。				
健康危害	吸入、皮肤接触及吞食本品有毒。				
防护措施	呼吸系统防护：空气中浓度超标时，必须佩戴自吸过滤式防毒面具（半面罩）。紧急事态抢救或撤离时，应该佩戴空气呼吸器。 眼睛防护：戴化学安全防护眼镜。 身体防护：穿防毒物渗透工作服。 手防护：戴橡胶耐油手套。				
危险性类别	急性毒性—经口，类别3。				

序号	2344	品名	辛二烯	商品编码	2901.2990
别　名				CAS 号	3710-30-3
英文名	1,7-octadiene				
分子式	C_8H_{14}				
外观与性状	无色液体。				
主要用途	用于有机合成。				
危险特性	本品易燃，具有刺激性。				
健康危害	本品属低毒类，对眼睛、皮肤和黏膜有刺激作用。				
防护措施	呼吸系统防护：空气中浓度超标时，必须佩戴自吸过滤式防毒面具（半面罩）。紧急事态抢救或撤离时，应该佩戴空气呼吸器。 眼睛防护：戴化学安全防护眼镜。 身体防护：穿防静电工作服。 手防护：戴橡胶手套。				
危险性类别	易燃液体，类别 2；严重眼损伤/眼刺激，类别 2B。				

序号	2345	品名	辛基苯酚	商品编码	2907.1390
别　名				CAS 号	27193-28-8
英文名	Octylphenol				
分子式	$C_{14}H_{22}O$				
外观与性状	白色薄片结晶。				
主要用途	用作合成乳化剂的中间产品。				
危险特性	本品可燃；遇热分解释放出有毒的苯酚蒸气。				
健康危害	本品高毒。腐蚀物品库房应保持通风低温干燥，与氧化剂分开存放。				
防护措施	呼吸系统防护：佩戴防毒口罩。紧急事态抢救或逃生时，佩戴自给式呼吸器。 眼睛防护：戴化学安全防护眼镜。 防护服：穿相应的防护服。 手防护：戴防化学品手套。				
危险性类别	皮肤腐蚀/刺激，类别 1；严重眼损伤/眼刺激，类别 1；危害水生环境—急性危害，类别 1；危害水生环境—长期危害，类别 1。				

序号	2346	品名	辛基三氯硅烷	商品编码	2931.9000
别名				CAS 号	5283-66-9
英文名	Octyl trichlorosilane				
分子式	$C_8H_{17}Cl_3Si$				
外观与性状	白色发烟液体，带有刺鼻气味。				
主要用途	用于有机合成。				
危险特性	本品遇明火、高热可燃；受热或遇水分解释放热，放出有毒的腐蚀性烟气；遇潮时对大多数金属有腐蚀性。				
健康危害	本品具有具腐蚀性、刺激性，其蒸气强烈刺激皮肤、眼睛和黏膜。受热分解释出氯气。				
防护措施	呼吸系统防护：空气中浓度超标时，必须佩戴自吸过滤式防毒面具（全面罩）。紧急事态抢救或撤离时，应该佩戴空气呼吸器。 眼睛防护：呼吸系统防护中已作防护。 身体防护：穿橡胶耐酸碱服。 手防护：戴橡胶耐酸碱手套。				
危险性类别	皮肤腐蚀/刺激，类别 1；严重眼损伤/眼刺激，类别 1。				

序号	2347	品名	1-辛炔	商品编码	2901.2990
别名				CAS 号	629-05-0
英文名	1-octyne				
分子式	C_8H_{14}				
外观与性状	无色液体。				
主要用途	用于有机合成。				
危险特性	本品易燃，其蒸气与空气可形成爆炸性混合物；遇明火、高热能引起燃烧爆炸；与氧化剂能发生强烈反应；若遇高热，可发生聚合反应，放出大量热量而引起容器破裂和爆炸事故；高速冲击、流动、激荡后可因产生静电火花放电引起燃烧爆炸；其蒸气比空气重，能在较低处扩散到相当远的地方，遇明火会着火回燃。				
健康危害	吸入、口服或经皮肤吸收本品后对身体有害，其蒸气或雾对眼睛、黏膜、呼吸道有刺激性。				
防护措施	呼吸系统防护：高浓度环境中，应该佩戴过滤式防毒面具（半面罩）。紧急事态抢救可撤离时，佩戴空气呼吸器、氧气呼吸器。 眼睛防护：必要时，戴化学安全防护眼镜。 身体防护：穿防静电工作服。 手防护：戴乳胶手套。				
危险性类别	易燃液体，类别 2。				

序号	2348	品名	2-辛炔		商品编码	2901.2990
别　名					CAS 号	2809-67-8
英文名		2-octyne				
分子式		C_8H_{14}				
外观与性状		无色液体。				
主要用途		用于有机合成。				
危险特性		本品易燃，其蒸气与空气可形成爆炸性混合物；遇明火、高热能引起燃烧爆炸；与氧化剂能发生强烈反应；若遇高热，可发生聚合反应，放出大量热量而引起容器破裂和爆炸事故；高速冲击、流动、激荡后可因产生静电火花放电引起燃烧爆炸；其蒸气比空气重，能在较低处扩散到相当远的地方，遇明火会着火回燃。				
健康危害		吸入、口服或经皮肤吸收本品对身体有害，其蒸气或雾对眼睛、黏膜、呼吸道有刺激性。				
防护措施		呼吸系统防护：高浓度环境中，应该佩戴过滤式防毒面具（半面罩）。紧急事态抢救可撤离时，佩戴空气呼吸器、氧气呼吸器。 眼睛防护：必要时，戴化学安全防护眼镜。 身体防护：穿防静电工作服。 手防护：戴乳胶手套。				
危险性类别		易燃液体，类别 2。				

序号	2349	品名	3-辛炔		商品编码	2901.2990
别　名					CAS 号	15232-76-5
英文名		3-octyne				
分子式		C_8H_{14}				
外观与性状		无色液体。				
主要用途		用于有机合成。				
危险特性		本品易燃，其蒸气与空气可形成爆炸性混合物；遇明火、高热能引起燃烧爆炸；与氧化剂能发生强烈反应；若遇高热，可发生聚合反应，放出大量热量而引起容器破裂和爆炸事故；高速冲击、流动、激荡后可因产生静电火花放电引起燃烧爆炸；其蒸气比空气重，能在较低处扩散到相当远的地方，遇明火会着火回燃。				
健康危害		吸入、口服或经皮肤吸收本品对身体有害，其蒸气或雾对眼睛、黏膜、呼吸道有刺激性。				
防护措施		呼吸系统防护：高浓度环境中，应该佩戴过滤式防毒面具（半面罩）。紧急事态抢救可撤离时，佩戴空气呼吸器、氧气呼吸器。 眼睛防护：必要时，戴化学安全防护眼镜。 身体防护：穿防静电工作服。 手防护：戴乳胶手套。				
危险性类别		易燃液体，类别 2。				

序号	2350	品名	4-辛炔	商品编码	2901.2990
别　名				CAS 号	1942-45-6
英文名		4-octyne			
分子式		C_8H_{14}			
外观与性状		无色液体。			
主要用途		用于有机合成。			
危险特性		本品易燃，其蒸气与空气可形成爆炸性混合物；遇明火、高热能引起燃烧爆炸；与氧化剂能发生强烈反应；若遇高热，可发生聚合反应，放出大量热量而引起容器破裂和爆炸事故；高速冲击、流动、激荡后可因产生静电火花放电引起燃烧爆炸；其蒸气比空气重，能在较低处扩散到相当远的地方，遇明火会引着回燃。			
健康危害		吸入、口服或经皮肤吸收本品对身体有害，其蒸气或雾对眼睛、黏膜、呼吸道有刺激性。			
防护措施		呼吸系统防护：高浓度环境中，应该佩戴过滤式防毒面具（半面罩）。紧急事态抢救可撤离时，佩戴空气呼吸器、氧气呼吸器。 眼睛防护：必要时，戴化学安全防护眼镜。 身体防护：穿防静电工作服。 手防护：戴乳胶手套。			
危险性类别		易燃液体，类别 2。			

序号	2351	品名	辛酸亚锡	商品编码	2915.9000
别　名		含锡稳定剂		CAS 号	301-10-0
英文名		Stannous octoate			
分子式		$C_{16}H_{30}O_4Sn$			
外观与性状		白色或黄色膏状物。			
主要用途		用于有机合成。			
危险特性		本品遇明火、高热可燃；与氧化剂可发生反应；受高热分解释放出有毒的气体；若遇高热，容器内压增大，有开裂和爆炸的危险。			
健康危害		本品有毒，对眼睛、皮肤、黏膜和上呼吸道有刺激作用。			
防护措施		呼吸系统防护：空气中浓度超标时，必须佩戴自吸过滤式防毒面具（半面罩）。紧急事态抢救或撤离时，应该佩戴空气呼吸器。 眼睛防护：戴化学安全防护眼镜。 身体防护：穿防毒物渗透工作服。 手防护：戴橡胶手套。			
危险性类别		严重眼损伤/眼刺激，类别 1；皮肤致敏物，类别 1；生殖毒性，类别 2；危害水生环境—急性危害，类别 2；危害水生环境—长期危害，类别 2。			

序号	2352	品名	3-辛酮	商品编码	2914.1900
别名			乙基戊基酮；乙戊酮	CAS号	106-68-3
英文名			3-octanone		
分子式			$C_8H_{16}O$		
外观与性状			无色透明液体。		
主要用途			用作溶剂。		
危险特性			本品蒸气与空气混合可爆。		
防护措施			呼吸系统防护：佩戴防毒口罩。紧急事态抢救或逃生时，佩戴自给式呼吸器。 眼睛防护：戴化学安全防护眼镜。 防护服：穿相应的防护服。 手防护：戴防化学品手套。		
危险性类别			易燃液体，类别3；皮肤腐蚀/刺激，类别2。		

序号	2353	品名	1-辛烯	商品编码	2901.2990
别名				CAS号	111-66-0
英文名			1-octene		
分子式			C_8H_{16}		
外观与性状			无色液体。		
主要用途			用于有机合成，气相色谱分析。		
危险特性			本品与空气混合形成爆炸性混合物；易燃，火场排放出辛辣刺激的烟雾。		
健康危害			吸入或口服本品对身体有害，对呼吸道黏膜和眼结膜有轻度刺激作用。中毒表现有烧灼感、咳嗽、喘息、喉炎、气短、头痛、恶心和呕吐。		
防护措施			呼吸系统防护：空气中浓度较高时，建议佩戴自吸过滤式防毒面具（半面罩）。 眼睛防护：戴化学安全防护眼镜。 身体防护：穿防静电工作服。 手防护：戴乳胶手套。		
危险性类别			易燃液体，类别2；严重眼损伤/眼刺激，类别2；特异性靶器官毒性—单次接触，类别3（麻醉效应）；吸入危害，类别1；危害水生环境—急性危害，类别2；危害水生环境—长期危害，类别2。		

序号	2354	品名	2-辛烯	商品编码	2901.2990
别 名				CAS 号	111-67-1
英文名	2-octene				
分子式	C_8H_{16}				
外观与性状	无色液体。				
主要用途	用于有机合成，气相色谱分析标准。				
危险特性	本品与空气混合形成爆炸性混合物，易燃，火场排放辛辣、刺激烟雾。				
健康危害	吸入或口服本品对身体有害；对呼吸道黏膜和眼结膜有轻度刺激作用。中毒表现有烧灼感、咳嗽、喘息、喉炎、气短、头痛、恶心和呕吐。				
防护措施	呼吸系统防护：空气中浓度较高时，建议佩戴自吸过滤式防毒面具（半面罩）。 眼睛防护：戴化学安全防护眼镜。 身体防护：穿防静电工作服。 手防护：戴乳胶手套。				
危险性类别	易燃液体，类别2；严重眼损伤/眼刺激，类别2；特异性靶器官毒性—单次接触，类别3（麻醉效应）；吸入危害，类别1；危害水生环境—急性危害，类别2；危害水生环境—长期危害，类别2。				

序号	2355	品名	辛酰氯	商品编码	2915.9000
别 名				CAS 号	111-64-8
英文名	Octanoyl chloride				
分子式	$C_8H_{15}ClO$				
外观与性状	无色至草黄色透明液体，具有刺激性气味。				
主要用途	用作液晶中间体，也用于橡胶工业，能够生产黏合剂。				
危险特性	本品可燃；遇热、遇水分解有毒氯化氢气体。				
健康危害	吸入、摄入或经皮肤吸收本品后对身体有害；对眼睛、皮肤和黏膜有强烈的刺激作用；吸入、可引起喉、支气管痉挛、炎症、化学性肺炎、肺水肿等。				
防护措施	呼吸系统防护：佩戴防毒口罩。紧急事态抢救或逃生时，佩戴自给式呼吸器。 眼睛防护：戴化学安全防护眼镜。 防护服：穿相应的防护服。 手防护：戴防化学品手套。				
危险性类别	急性毒性—吸入，类别2；皮肤腐蚀/刺激，类别2；严重眼损伤/眼刺激，类别1；皮肤接触致敏物，类别1。				

序号	2356	品名	锌尘、锌粉、锌灰	商品编码	7903.1000、7903.9000
别　　名				CAS 号	7440-66-6
英文名	Zinc				
分子式	Zn				
外观与性状	锌为蓝白色金属。				
主要用途	主要用于防腐涂料。此外，也用于染料、冶金、化工及制药等工业。				
危险特性	本品遇酸、水、氧化剂可爆炸。				
健康危害	吸入本品后会引起口渴、胸部紧束感、干咳、头痛、头晕、高热、寒战等；粉尘对眼睛有刺激性；口服刺激胃肠道；长期反复接触对皮肤有刺激性。				
防护措施	呼吸系统防护：佩戴防毒口罩。紧急事态抢救或逃生时，佩戴自给式呼吸器。 眼睛防护：戴化学安全防护眼镜。 防护服：穿相应的防护服。 手防护：戴防化学品手套。				
危险性类别	遇水放出易燃气体的物质和混合物，类别3。				

序号	2357	品名	锌汞齐	商品编码	2853.9090
别　　名	锌汞合金			CAS 号	
英文名	Amalgam zinc				
防护措施	呼吸系统防护：佩戴防毒口罩。紧急事态抢救或逃生时，佩戴自给式呼吸器。 眼睛防护：戴化学安全防护眼镜。 防护服：穿相应的防护服。 手防护：戴防化学品手套。				
危险性类别	危害水生环境—急性危害，类别1；危害水生环境—长期危害，类别1。				

序号	2358	品名	D 型 2-重氮-1-萘酚磺酸酯混合物	商品编码	3824.9999
别　　名				CAS 号	
英文名	2-diazo-1-naphthol sulphonic acid ester mixture, type D				
防护措施	呼吸系统防护：佩戴防毒口罩。紧急事态抢救或逃生时，佩戴自给式呼吸器。 眼睛防护：戴化学安全防护眼镜。 防护服：穿相应的防护服。 手防护：戴防化学品手套。				
危险性类别	自反应物质和混合物，D 型。				

序号	2359	品名	溴、溴水（含溴≥3.5%）	商品编码	2801.3020
别 名			溴素	CAS 号	7726-95-6
英文名			Bromine		
分子式			Br		
主要用途			溴及其化合物可被用来作为阻燃剂、净水剂、杀虫剂、染料等等。常用消毒药剂的红药水中就含有溴和汞。		
健康危害			吸入低浓度溴后可引起咳嗽、胸闷、黏膜分泌物增加，并有头痛、头晕、全身不适等，部分人可引起胃肠道症状；吸入较高浓度后，鼻咽部和口腔黏膜可被染色，口中呼气有特殊的臭味，有流泪、怕光、剧咳、嘶哑、声门水肿甚至产生窒息，部分患者可发生过敏性皮炎；接触高浓度溴可造成皮肤重度灼伤；长期吸入溴，可有蓄积性，除表现黏膜刺激症状外，还伴有神经衰弱综合征等。		
防护措施			呼吸系统防护：佩戴防毒口罩。紧急事态抢救或逃生时，佩戴自给式呼吸器。 眼睛防护：戴化学安全防护眼镜。 防护服：穿相应的防护服。 手防护：戴防化学品手套。		
危险性类别			皮肤腐蚀/刺激，类别 1；严重眼损伤/眼刺激，类别 1；危害水生环境—急性危害，类别 2。		

序号	2360	品名	3-溴-1,2-二甲基苯	商品编码	2903.9990
别 名			间溴邻二甲苯；2,3-二甲基溴化苯	CAS 号	576-23-8
外观与性状			淡黄色透明液体。		
防护措施			呼吸系统防护：佩戴防毒口罩。紧急事态抢救或逃生时，佩戴自给式呼吸器。 眼睛防护：戴化学安全防护眼镜。 防护服：穿相应的防护服。 手防护：戴防化学品手套。		
危险性类别			急性毒性—吸入，类别 3；皮肤腐蚀/刺激，类别 2；严重眼损伤/眼刺激，类别 2；特异性靶器官毒性—单次接触，类别 3（呼吸道刺激）。		

序号	2361	品名	4-溴-1,2-二甲基苯	商品编码	2903.9990
别 名			对溴邻二甲苯;3,4-二甲基溴	CAS 号	583-71-1
外观与性状			淡黄色透明液体		
防护措施			呼吸系统防护：佩戴防毒口罩。紧急事态抢救或逃生时，佩戴自给式呼吸器。 眼睛防护：戴化学安全防护眼镜。 防护服：穿相应的防护服。 手防护：戴防化学品手套。		
危险性类别			急性毒性—吸入，类别 3；皮肤腐蚀/刺激，类别 2；严重眼损伤/眼刺激，类别 2；特异性靶器官毒性—单次接触，类别 3（呼吸道刺激）。		

序号	2362	品名	3-溴-1,2-环氧丙烷	商品编码	2910.9000
别 名			环氧溴丙烷;溴甲基环氧乙烷;表溴醇	CAS 号	3132-64-7
英文名			1-bromo-2,3-epoxypropane		
分子式			C_3H_5BrO		
外观与性状			无色液体。		
主要用途			用作有机合成中间体。		
危险特性			本品易燃，遇明火、高热或与氧化剂接触，有引起燃烧爆炸的危险；受高热分解产生有毒的溴化物气体；在酸、碱、水分等催化剂存在下，能发生聚合放热反应。		
健康危害			本品有剧毒，具有刺激性。		
防护措施			呼吸系统防护：可能接触其蒸气时，必须佩戴自吸过滤式防毒面具（全面罩）。紧急事态抢救或撤离时，建议佩戴自给式呼吸器。 眼睛防护：呼吸系统防护中已作防护。 身体防护：穿连衣式胶布防毒衣。 手防护：戴橡胶手套。		
危险性类别			易燃液体，类别 3；急性毒性—经口，类别 3；急性毒性—经皮肤，类别 3。		

序号	2363	品名	3-溴-1-丙烯	商品编码	2903.3990
别　名			3-溴丙烯；烯丙基溴	CAS 号	106-95-6
英文名			Allyl bromide		
分子式			C_3H_5Br		
外观与性状			无色到淡黄色液体。		
主要用途			用于有机合成，也可用合成染料、香料；医药工业用于制"西可巴比妥"药物；农业用作土壤熏蒸剂。		
危险特性			本品易燃，遇明火、高热、或与氧化剂接触能燃烧，并散发出有毒气体；受高热分解产生有毒的溴化物气体；其蒸气比空气重，能在较低处扩散到相当远的地方，遇火源会着火回燃。		
健康危害			本品对皮肤、黏膜有刺激作用；可引起严重眼刺激；接触后可引起烧灼感、咳嗽、喘息、喉炎、气短、头痛、恶心和呕吐；随接触的浓度和时间的不同，其影响可由较轻刺激到严重的组织损伤。		
防护措施			呼吸系统防护：空气中浓度超标时，应该佩戴自吸过滤式防毒面具（全面罩）。紧急事态抢救或撤离时，佩戴隔离式呼吸器。 眼睛防护：呼吸系统防护中已作防护。 身体防护：穿防静电工作服。 手防护：戴橡胶耐油手套。		
危险性类别			易燃液体，类别 2；急性毒性—经口，类别 3；急性毒性—吸入，类别 3；皮肤腐蚀/刺激，类别 1；严重眼损伤/眼刺激，类别 1；特异性靶器官毒性—单次接触，类别 3（呼吸道刺激）。		

序号	2364	品名	1-溴-2,4-二硝基苯	商品编码	2904.9900
别　名			3,4-二硝基溴化苯；1,3-二硝基-4-溴化苯；2,4-二硝基溴化苯	CAS 号	584-48-5
英文名			1,3-dinitro-4-bromobenzene		
分子式			$C_6H_3BrN_2O_4$		
外观与性状			黄色结晶。		
主要用途			用于有机合成。		
危险特性			本品遇明火能燃烧；受高热分解释放出有毒的气体。		
健康危害			本品有毒，具有腐蚀性。		
防护措施			呼吸系统防护：空气中粉尘浓度超标时，必须佩戴自吸过滤式防尘口罩。紧急事态抢救或撤离时，应该佩戴空气呼吸器。 眼睛防护：戴化学安全防护眼镜。 身体防护：穿防毒物渗透工作服。 手防护：戴橡胶手套。		
危险性类别			皮肤腐蚀/刺激，类别 2；严重眼损伤/眼刺激，类别 2；皮肤致敏物，类别 1。		

序号	2365	品名	2-溴-2-甲基丙酸乙酯	商品编码	2915.9000
别名			2-溴异丁酸乙酯	CAS 号	600-00-0
英文名			Ethyl 2-bromoisobutyrate		
分子式			$C_6H_{11}BrO_2$		
外观与性状			无色液体。		
主要用途			用于有机合成。		
危险特性			本品蒸气与空气可形成爆炸性混合物，遇明火、高热能引起燃烧爆炸；与氧化剂可发生反应；受高热分解释放出有毒的气体；若遇高热，容器内压增大，有开裂和爆炸的危险。		
健康危害			本品有毒；有腐蚀性；受高热放出有毒气体。		
防护措施			呼吸系统防护：空气中浓度超标时，必须佩戴自吸过滤式防毒面具（半面罩）。紧急事态抢救或撤离时，应该佩戴空气呼吸器。 眼睛防护：戴化学安全防护眼镜。 身体防护：穿防毒物渗透工作服。 手防护：戴橡胶耐油手套。		
危险性类别			易燃液体，类别3；严重眼损伤/眼刺激，类别1；皮肤致敏物，类别1。		

序号	2366	品名	1-溴-2-甲基丙烷	商品编码	2903.3990
别名			异丁基溴；溴代异丁烷	CAS 号	78-77-3
英文名			1-bromo-2-methylpropane		
分子式			C_4H_9Br		
外观与性状			无色液体。		
主要用途			用于有机合成，用作溶剂。		
危险特性			本品蒸气与空气可形成爆炸性混合物，遇明火、高热极易燃烧爆炸；与氧化剂接触反应猛烈；受高热分解产生有毒的溴化物气体；流速过快，容易产生和积聚静电；若遇高热，容器内压增大，有开裂和爆炸的危险。		
健康危害			吸入、摄入或经皮肤吸本品收后对身体有害；其蒸气和雾对眼睛、黏膜和上呼吸道有刺激作用；接触后引起烧灼感、咳嗽、喉炎、头痛、恶心和呕吐等。被认为是致癌物。		
防护措施			呼吸系统防护：空气中浓度超标时，必须佩戴自吸过滤式防毒面具（全面罩）。紧急事态抢救或撤离时，应该佩戴空气呼吸器。 眼睛防护：呼吸系统防护中已作防护。 身体防护：穿防静电工作服。 手防护：戴橡胶耐油手套。		
危险性类别			易燃液体，类别2。		

序号	2367	品名	2-溴-2-甲基丙烷	商品编码	2903.3990
别　名			叔丁基溴；特丁基溴；溴代叔丁烷	CAS 号	507-19-7
英文名			2-bromo-2-methylpropane		
分子式			C_4H_9Br		
外观与性状			无色液体。		
主要用途			用于有机合成，用作溶剂。		
危险特性			本品蒸气与空气可形成爆炸性混合物，遇明火、高热极易燃烧爆炸；与氧化剂接触反应猛烈；受高热分解产生有毒的溴化物气体；流速过快，容易产生和积聚静电；若遇高热，容器内压增大，有开裂和爆炸的危险。		
健康危害			吸入、摄入或经皮肤吸收本品后对身体有害；其蒸气和雾对眼睛、黏膜和上呼吸道有刺激作用；接触后引起烧灼感、咳嗽、喉炎、头痛、恶心和呕吐等。被认为是致癌物。		
防护措施			呼吸系统防护：空气中浓度超标时，必须佩戴自吸过滤式防毒面具（全面罩）。紧急事态抢救或撤离时，应该佩戴空气呼吸器。 眼睛防护：呼吸系统防护中已作防护。 身体防护：穿防静电工作服。 手防护：戴橡胶耐油手套。		
危险性类别			易燃液体，类别 2；皮肤腐蚀/刺激，类别 1；严重眼损伤/眼刺激，类别 1。		

序号	2368	品名	4-溴-2-氯氟苯	商品编码	2903.9990
别　名				CAS 号	60811-21-4
英文名			4-bromo-2-chloro-1-fluorobenzene		
分子式			C_6H_3BrClF		
外观与性状			淡黄色油状液体。		
防护措施			呼吸系统防护：佩戴防毒口罩。紧急事态抢救或逃生时，佩戴自给式呼吸器。 眼睛防护：戴化学安全防护眼镜。 防护服：穿相应的防护服。 手防护：戴防化学品手套。		
危险性类别			皮肤腐蚀/刺激，类别 2；危害水生环境—急性危害，类别 1；危害水生环境—长期危害，类别 1。		

序号	2369	品名	1-溴-3-甲基丁烷	商品编码	2903.3990
别　名			异戊基溴;溴代异戊烷	CAS 号	107-82-4
英文名			1-bromo-3-methylbutane		
分子式			$C_5H_{11}Br$		
外观与性状			无色至浅黄色液体。		
主要用途			有机合成中间体,用于生产染料,药物(如巴比妥类催眠剂)。		
危险特性			本品蒸气与空气可形成爆炸性混合物,遇明火、高热极易燃烧爆炸;与氧化剂接触反应猛烈;若遇高热,容器内压增大,有开裂和爆炸的危险。		
健康危害			误服或吸入本品会中毒;对眼睛、皮肤、黏膜和上呼吸道有刺激作用;受热分解释出有毒的溴气体。		
防护措施			呼吸系统防护:空气中浓度超标时,必须佩戴自吸过滤式防毒面具(半面罩)。紧急事态抢救或撤离时,应该佩戴空气呼吸器。 眼睛防护:戴化学安全防护眼镜。 身体防护:穿防静电工作服。 手防护:戴橡胶手套。		
危险性类别			易燃液体,类别 3。		

序号	2370	品名	溴苯	商品编码	2903.9990
别　名				CAS 号	108-86-1
英文名			Bromobenzene		
分子式			C_6H_5Br		
外观与性状			无色油状液体,具有苯的气味。		
主要用途			用于溶剂、分析试剂和有机合成等。		
危险特性			本品易燃,遇高热、明火及强氧化剂易引起燃烧。		
健康危害			吸入本品蒸气或雾,会刺激上呼吸道,引起咳嗽、胸部不适;高浓度吸入有麻醉作用;其液体或雾对眼睛有刺激性;较长时间接触对皮肤有刺激性;口服会引起恶心、呕吐、腹痛、腹泻、头痛、迟钝、中枢神经系统影响,甚至发生死亡。		
防护措施			呼吸系统防护:空气中浓度超标时,应该佩戴自吸过滤式防毒面具(半面罩)。紧急事态抢救或撤离时,建议佩戴空气呼吸器。 眼睛防护:戴化学安全防护眼镜。 身体防护:穿防毒物渗透工作服。 手防护:戴橡胶耐油手套。		
危险性类别			易燃液体,类别 3;皮肤腐蚀/刺激,类别 2;危害水生环境—急性危害,类别 2;危害水生环境—长期危害,类别 2。		

序号	2371	品名	2-溴苯胺	商品编码	2921.4200
别 名			邻溴苯胺；邻氨基溴化苯	CAS 号	615-36-1
英文名			2-bromoaniline		
分子式			C_6H_6BrN		
外观与性状			白色针状结晶。		
主要用途			有机合成中间体。		
危险特性			本品遇明火、高热可燃；其粉体与空气可形成爆炸性混合物，当达到一定浓度时，遇火星会发生爆炸；受高热分解释放出有毒的气体。		
健康危害			误服、吸入或皮肤吸收本品后都能引起中毒；其进入体内能形成高铁血红蛋白，可引起紫绀；对肝、肾有损害作用。		
防护措施			呼吸系统防护：空气中粉尘浓度较高时，建议佩戴自吸过滤式防尘口罩。 眼睛防护：戴化学安全防护眼镜。 身体防护：穿透气型防毒服。 手防护：戴防化学品手套。		
危险性类别			危害水生环境—急性危害，类别2；危害水生环境—长期危害，类别2。		

序号	2372	品名	3-溴苯胺	商品编码	2921.4200
别 名			间溴苯胺；间氨基溴化苯	CAS 号	591-19-5
英文名			3-bromoaniline		
分子式			C_6H_6BrN		
外观与性状			白色针状结晶。		
主要用途			有机合成中间体。		
危险特性			本品遇明火、高热可燃；其粉体与空气可形成爆炸性混合物，当达到一定浓度时，遇火星会发生爆炸；受高热分解释放出有毒的气体。		
健康危害			误服、吸入或皮肤吸收本品后都能引起中毒；其进入体内能形成高铁血红蛋白，可引起紫绀；对肝、肾有损害作用。		
防护措施			呼吸系统防护：空气中粉尘浓度较高时，建议佩戴自吸过滤式防尘口罩。 眼睛防护：戴化学安全防护眼镜。 身体防护：穿透气型防毒服。 手防护：戴防化学品手套。		
危险性类别			危害水生环境—长期危害，类别3*。		

序号	2373	品名	4-溴苯胺	商品编码	2921.4200
别名			对溴苯胺；对氨基溴化苯	CAS号	106-40-1
英文名			4-bromoaniline		
分子式			C_6H_6BrN		
外观与性状			白色针状结晶。		
主要用途			有机合成中间体。		
危险特性			本品遇明火、高热可燃；其粉体与空气可形成爆炸性混合物，当达到一定浓度时，遇火星会发生爆炸；受高热分解后会出有毒的气体。		
健康危害			误服、吸入或皮肤吸收本品后都能引起中毒；其进入体内能形成高铁血红蛋白，可引起紫绀；对肝、肾有损害作用。		
防护措施			呼吸系统防护：空气中粉尘浓度较高时，建议佩戴自吸过滤式防尘口罩。 眼睛防护：戴化学安全防护眼镜。 身体防护：穿透气型防毒服。 手防护：戴防化学品手套。		
危险性类别			危害水生环境—长期危害，类别3。		

序号	2374	品名	2-溴苯酚	商品编码	2908.1990
别名			邻溴苯酚	CAS号	95-56-7
英文名			2-bromophenol		
分子式			C_6H_5BrO		
外观与性状			黄色到红色油状液体，具有不愉快的气味。		
主要用途			用于有机合成。		
危险特性			本品遇明火、高热易燃；受高热分解产生有毒的溴化物气体；与强氧化剂接触可发生化学反应。		
健康危害			本品对眼睛、皮肤、黏膜、上呼吸道都有刺激性；长期接触可引起眼睛的强烈刺激或灼伤。		
防护措施			呼吸系统防护：可能接触本品蒸气时，应该佩戴自吸过滤式防毒面具（半面罩）。 眼睛防护：戴化学安全防护眼镜。 身体防护：穿防毒物渗透工作服。 手防护：戴橡胶耐油手套。		
危险性类别			易燃液体，类别3；特异性靶器官毒性—单次接触，类别2；特异性靶器官毒性—反复接触，类别2；危害水生环境—急性危害，类别1；危害水生环境—长期危害，类别1。		

序号	2375	品名	3-溴苯酚	商品编码	2908.1990
别　　名		间溴苯酚		CAS 号	591-20-8
英文名		3-bromophenol			
分子式		C_6H_5BrO			
外观与性状		黄色到红色油状液体，具有不愉快的气味。			
主要用途		用于有机合成。			
危险特性		本品遇明火、高热易燃；受高热分解产生有毒的溴化物气体；与强氧化剂接触可发生化学反应。			
健康危害		本品对眼睛、皮肤、黏膜、上呼吸道有刺激性；长期接触可引起眼睛的强烈刺激或灼伤。			
防护措施		呼吸系统防护：可能接触其蒸气时，应该佩戴自吸过滤式防毒面具（半面罩）。 眼睛防护：戴化学安全防护眼镜。 身体防护：穿防毒物渗透工作服。 手防护：戴橡胶耐油手套。			
危险性类别		危害水生环境—急性危害，类别 2；危害水生环境—长期危害，类别 2。			

序号	2376	品名	4-溴苯酚	商品编码	2908.1990
别　　名		对溴苯酚		CAS 号	106-41-2
英文名		4-bromophenol			
分子式		C_6H_5BrO			
外观与性状		黄色到红色油状液体，具有不愉快的气味。			
主要用途		用于有机合成。			
危险特性		本品遇明火、高热易燃；受高热分解产生有毒的溴化物气体；与强氧化剂接触可发生化学反应。			
健康危害		本品对眼睛、皮肤、黏膜、上呼吸道有刺激性；长期接触可引起眼睛的强烈刺激或灼伤。			
防护措施		呼吸系统防护：可能接触其蒸气时，应该佩戴自吸过滤式防毒面具（半面罩）。 眼睛防护：戴化学安全防护眼镜。 身体防护：穿防毒物渗透工作服。 手防护：戴橡胶耐油手套。			
危险性类别		生殖毒性，类别 2；危害水生环境—急性危害，类别 2；危害水生环境—长期危害，类别 2。			

序号	2377	品名	4-溴苯磺酰氯	商品编码	2904.9900
别 名				CAS 号	98-58-8
英文名		4-bromobenzenesulfonyl chloride			
分子式		$C_6H_4BrClO_2S$			
外观与性状		白色结晶。			
主要用途		用于有机合成。			
危险特性		本品遇明火、高热易燃;燃烧时,释放出有毒气体;与水或水蒸气反应释放出有刺激性和腐蚀性的气体。			
健康危害		吸入、摄入或经皮肤吸本品后收对身体有害;对眼睛、黏膜、呼吸道和皮肤有强烈刺激作用;吸入后可因喉、支气管的痉挛、炎症、水肿,化学性肺炎或肺水肿而致死。中毒表现有烧灼感、咳嗽、喘息、喉炎、气短、头痛、恶心和呕吐。			
防护措施		呼吸系统防护:可能接触其粉尘时,必须佩戴防尘面具(全面罩)。紧急事态抢救或撤离时,应该佩戴空气呼吸器。 眼睛防护:呼吸系统防护中已作防护。 身体防护:穿胶布防毒衣。 手防护:戴橡胶手套。			
危险性类别		皮肤腐蚀/刺激,类别 1;严重眼损伤/眼刺激,类别 1。			

序号	2378	品名	4-溴苯甲醚	商品编码	2909.3090
别 名		对溴苯甲醚;对溴茴香醚		CAS 号	104-92-7
英文名		P-bromoanisole			
分子式		C_7H_7BrO			
外观与性状		无色或淡黄色液体。			
主要用途		用作溶剂及用于有机合成。			
危险特性		本品遇明火能燃烧;受高热分解释放出有毒的气体。			
健康危害		吸入本品蒸气对呼吸道有刺激性,可出现兴奋、共济失调等症状;受高热分解产生有毒气体。			
防护措施		呼吸系统防护:可能接触其蒸气时,应该佩戴自吸过滤式防毒面具(半面罩)。紧急事态抢救或撤离时,佩戴空气呼吸器。 眼睛防护:高浓度接触时,戴化学安全防护眼镜。 身体防护:穿透气型防毒服。 手防护:戴橡胶耐油手套。			
危险性类别		皮肤腐蚀/刺激,类别 2。			

序号	2379	品名	2-溴苯甲酰氯	商品编码	2916.3990
别　名			邻溴苯甲酰氯	CAS 号	7154-66-7
英文名			2-bromobenzoyl chloride		
分子式			C_7H_4BrClO		
外观与性状			黄色液体。		
主要用途			用于有机合成。		
危险特性			本品遇明火、高热可燃；与强氧化剂接触可发生化学反应；遇水或水蒸气反应放热并产生有毒的腐蚀性气体；遇高热分解释放出高毒烟气；具有腐蚀性。若遇高热，容器内压增大，有开裂和爆炸的危险。		
健康危害			本品有腐蚀性，其蒸气对眼睛和黏膜有强烈刺激性；吸入，可引起喉、支气管炎症、痉挛，化学性肺炎、肺水肿等。		
防护措施			呼吸系统防护：空气中浓度超标时，必须佩戴自吸过滤式防毒面具（全面罩）。紧急事态救或撤离时，应该佩戴空气呼吸器。 眼睛防护：呼吸系统防护中已作防护。 身体防护：穿橡胶耐酸碱服。 手防护：戴橡胶耐酸碱手套。		
危险性类别			皮肤腐蚀/刺激，类别 1；严重眼损伤/眼刺激，类别 1。		

序号	2380	品名	4-溴苯甲酰氯	商品编码	2916.3990
别　名			对溴苯甲酰氯；氯化对溴代苯甲酰	CAS 号	586-75-4
英文名			4-bromobenzoyl chloride		
分子式			C_7H_4BrClO		
外观与性状			黄色液体。		
主要用途			用于有机合成。		
危险特性			本品遇明火、高热可燃；与强氧化剂接触可发生化学反应；遇水或水蒸气反应放热并产生有毒的腐蚀性气体；遇高热分解释出高毒烟气；具有腐蚀性。若遇高热，容器内压增大，有开裂和爆炸的危险。		
健康危害			本品有腐蚀性，其蒸气对眼睛和黏膜有强烈刺激性；吸入，可引起喉、支气管炎症、痉挛，化学性肺炎、肺水肿等。		
防护措施			呼吸系统防护：空气中浓度超标时，必须佩戴自吸过滤式防毒面具（全面罩）。紧急事态抢救或撤离时，应该佩戴空气呼吸器。 眼睛防护：呼吸系统防护中已作防护。 身体防护：穿橡胶耐酸碱服。 手防护：戴橡胶耐酸碱手套。		
危险性类别			皮肤腐蚀/刺激，类别 1；严重眼损伤/眼刺激，类别 1。		

序号	2381	品名	溴苯乙腈	商品编码	2926.9090
别 名			溴苄基腈	CAS 号	5798-79-8
英文名			2-bromophenylacetonitrile		
分子式			C_8H_6BrN		
外观与性状			黄色液体。		
主要用途			美散痛（美沙酮）的中间体，为军事毒气（催泪瓦斯）。		
危险特性			本品可燃；受热放出有毒溴化氢、氰化氢和氮氧化物气体。		
健康危害			本品对眼睛、黏膜、呼吸道及皮肤有强烈刺激作用；吸入后会引起喉和支气管的痉挛、炎症及水肿，化学性肺炎、肺水肿可能致死。中毒表现有烧灼感、头痛、恶心、呕吐、咳嗽、喘息、喉炎和气短。		
防护措施			呼吸系统防护：可能接触毒物时，建议佩戴供气式防毒面具。紧急事态抢救或逃生时，应该佩戴正压自给式呼吸器。 眼睛防护：戴化学安全防护眼镜。 身体防护：穿相应的防护服。 手防护：戴防化学品手套。		
危险性类别			皮肤腐蚀/刺激，类别2；严重眼损伤/眼刺激，类别2；特异性靶器官毒性—单次接触，类别3（呼吸道刺激）。		

序号	2382	品名	4-溴苯乙酰基溴	商品编码	2914.7900
别 名			对溴苯乙酰基溴	CAS 号	99-73-0
英文名			P-bromophenacyl bromide		
分子式			$C_8H_6Br_2O$		
外观与性状			灰白色针状结晶。		
主要用途			用于有机合成。		
危险特性			本品遇明火能燃烧；受高热分解产生有毒的溴化物气体；与强氧化剂接触可发生化学反应。		
健康危害			本品有腐蚀性；对眼睛、皮肤、黏膜和上呼吸道有强烈刺激作用；吸入后可引起喉、支气管的炎症，水肿、痉挛，化学性肺炎、肺水肿；接触后可引起烧灼感、咳嗽、喘息、喉炎、气短、头痛、恶心和呕吐。		
防护措施			呼吸系统防护：可能接触其粉尘时，建议佩戴头罩型电动送风过滤式防尘呼吸器。 眼睛防护：呼吸系统防护中已作防护。 身体防护：穿胶布防毒衣。 手防护：戴橡胶手套。		
危险性类别			皮肤腐蚀/刺激，类别1；严重眼损伤/眼刺激，类别1。		

序号	2383	品名	3-溴丙腈	商品编码	2926.9090
别　名			β-溴丙腈;溴乙基氰	CAS 号	2417-90-5
英文名			β-bromopropionitrile		
分子式			C_3H_4BrN		
外观与性状			无色或淡黄色液体。		
主要用途			用于有机合成。		
危险特性			本品遇明火、高热易燃;遇高热分解释出剧毒的气体;与水或水蒸气、酸或酸雾能发生反应产生有毒气体。		
健康危害			本品对眼睛、皮肤、黏膜和上呼吸道有强烈刺激作用。毒作用比氯丙腈稍弱。		
防护措施			呼吸系统防护:空气中浓度超标时,必须佩戴自吸过滤式防毒面具(全面罩)。紧急事态抢救或撤离时,应该佩戴空气呼吸器。 眼睛防护:呼吸系统防护中已作防护。 身体防护:穿胶布防毒衣。 手防护:戴橡胶耐油手套。		
危险性类别			急性毒性—经口,类别 3;急性毒性—经皮肤,类别 3;急性毒性—吸入,类别 3;皮肤腐蚀/刺激,类别 2;严重眼损伤/眼刺激,类别 2;特异性靶器官毒性—单次接触,类别 3(呼吸道刺激)。		

序号	2384	品名	3-溴丙炔	商品编码	2903.3990
别　名				CAS 号	106-96-7
英文名			3-bromo-1-propyne		
分子式			C_3H_3Br		
外观与性状			无色至亮黄色液体,有特殊刺激性气味。		
主要用途			用于土壤杀虫剂、化学中间体。		
危险特性			本品的蒸气与空气可形成爆炸性混合物,遇明火、高热极易燃烧爆炸;与氧化剂接触反应猛烈,受高热分解产生有毒的溴化物气体;流速过快,容易产生和积聚静电。其蒸气比空气重,能在较低处扩散到相当远的地方,遇火源会着火回燃;若遇高热,容器内压增大,有开裂和爆炸的危险。		
健康危害			吸入、摄入或经皮肤吸收本品后可致死。其有强烈刺激性;蒸气或雾对眼、黏膜和上呼吸道有刺激性;接触后引起烧灼感、咳嗽、喘息、喉炎、气短、头痛、恶心和呕吐。		
防护措施			呼吸系统防护:空气中浓度超标时,必须佩戴自吸过滤式防毒面具(全面罩)。紧急事态抢救或撤离时,应该佩戴空气呼吸器。 眼睛防护:呼吸系统防护中已作防护。 身体防护:穿胶布防毒衣。 手防护:戴橡胶耐油手套。		
危险性类别			易燃液体,类别 2;急性毒性—经口,类别 3;皮肤腐蚀/刺激,类别 2;严重眼损伤/眼刺激,类别 2;特异性靶器官毒性—单次接触,类别 3(呼吸道刺激)。		

序号	2385	品名	2-溴丙酸	商品编码	2915.9000
别　名		α-溴丙酸		CAS 号	598-72-1
英文名		2-bromopropionic acid			
分子式		$C_3H_5BrO_2$			
外观与性状		无色液体或固体。			
主要用途		用作化学试剂，以及用于有机合成。			
危险特性		本品遇明火、高热可燃；受高热分解产生有毒的溴化物气体。			
健康危害		本品对黏膜、上呼吸道、眼和皮肤有强烈的刺激性；吸入后，可引起喉及支气管的痉挛、炎症、水肿，化学性肺炎或肺水肿而致死；接触后可引起烧灼感、咳嗽、喘息、喉炎、气短、头痛、恶心和呕吐。能引起皮肤灼伤。			
防护措施		呼吸系统防护：可能接触其蒸气时，应该佩戴自吸过滤式防毒面具（全面罩）；可能接触其粉尘时，建议佩戴头罩型电动送风过滤式防尘呼吸器。 眼睛防护：呼吸系统防护中已作防护。 身体防护：穿胶布防毒衣。 手防护：戴氯丁橡胶手套。			
危险性类别		急性毒性—经口，类别 3。			

序号	2386	品名	3-溴丙酸	商品编码	2915.9000
别　名		β-溴丙酸		CAS 号	590-92-1
英文名		3-bromopropionic acid			
分子式		$C_3H_5BrO_2$			
外观与性状		无色液体或固体。			
主要用途		用作化学试剂，以及用于有机合成。			
危险特性		本品遇明火、高热可燃；受高热分解产生有毒的溴化物气体。			
健康危害		本品对黏膜、上呼吸道、眼和皮肤有强烈的刺激性；吸入后，可引起喉及支气管的痉挛、炎症、水肿，化学性肺炎或肺水肿而致死；接触后可引起烧灼感、咳嗽、喘息、喉炎、气短、头痛、恶心和呕吐。能引起皮肤灼伤。			
防护措施		呼吸系统防护：可能接触其蒸气时，应该佩戴自吸过滤式防毒面具（全面罩）；可能接触其粉尘时，建议佩戴头罩型电动送风过滤式防尘呼吸器。 眼睛防护：呼吸系统防护中已作防护。 身体防护：穿胶布防毒衣。 手防护：戴氯丁橡胶手套。			
危险性类别		皮肤腐蚀/刺激，类别 1；严重眼损伤/眼刺激，类别 1。			

序号	2387	品名	溴丙酮		商品编码	2914.7900
别　　名					CAS 号	598-31-2
英文名	\multicolumn{6}{l}{Bromopropanone}
分子式	C_3H_5BrO					
外观与性状	无色液体。					
主要用途	用于有机合成，也用作化学武器。					
危险特性	本品遇明火易燃；受高热燃烧并分解产生有毒气体。					
健康危害	本品有强烈的催泪性；对眼睛有刺激性；对上呼吸道刺激性强烈。皮肤直接接触其液体，可引起水疱，皮炎及荨麻疹。					
防护措施	呼吸系统防护：可能接触其蒸气时，建议佩戴过滤式防毒面具（半面罩）。高浓度环境中，应该佩戴自给式呼吸器。 眼睛防护：戴化学安全防护眼镜。 身体防护：穿聚乙烯防毒服。 手防护：戴橡胶耐油手套。					
危险性类别	易燃液体，类别2；急性毒性—吸入，类别1；皮肤腐蚀/刺激，类别2；严重眼损伤/眼刺激，类别2；特异性靶器官毒性—单次接触，类别3（呼吸道刺激）。					

序号	2388	品名	1-溴丙烷		商品编码	2903.3990
别　　名	正丙基溴；溴代正丙烷				CAS 号	106-94-5
英文名	Propyl bromide					
分子式	C_3H_7Br					
外观与性状	无色液体，有刺激性气味。					
主要用途	用作溶剂。					
危险特性	本品易燃，遇明火、高热或与氧化剂接触，有引起燃烧爆炸的危险；受高热分解产生有毒的溴化物气体。					
健康危害	本品对中枢神经系统有抑制作用；对皮肤和眼有刺激性。动物接触麻醉浓度可引起肺、肝损害。					
防护措施	呼吸系统防护：可能接触其蒸气时，应该佩戴自吸过滤式防毒面具（半面罩）。紧急事态抢救或撤离时，佩戴空气呼吸器。 眼睛防护：必要时，戴化学安全防护眼镜。 身体防护：穿防毒物渗透工作服。 手防护：戴：橡胶耐油手套。					
危险性类别	易燃液体，类别2；皮肤腐蚀/刺激，类别2；严重眼损伤/眼刺激，类别2；生殖毒性，类别1B；特异性靶器官毒性—单次接触，类别3（呼吸道刺激、麻醉效应）；特异性靶器官毒性—反复接触，类别2*。					

序号	2389	品名	2-溴丙烷	商品编码	2903.3990
别名		异丙基溴;溴代异丙烷		CAS 号	75-26-3
英文名		2-bromopropane			
分子式		C_3H_7Br			
外观与性状		无色液体,有刺激性气味。			
主要用途		用作溶剂。			
危险特性		本品易燃,遇明火、高热或与氧化剂接触,有引起燃烧爆炸的危险;受高热分解产生有毒的溴化物气体。			
健康危害		本品对中枢神经系统有抑制作用;对皮肤和眼有刺激性。动物接触麻醉浓度可引起肺、肝损害。			
防护措施		呼吸系统防护:可能接触其蒸气时,应该佩戴自吸过滤式防毒面具(半面罩)。紧急事态抢救或撤离时,佩戴空气呼吸器。 眼睛防护:必要时,戴化学安全防护眼镜。 身体防护:穿防毒物渗透工作服。 手防护:戴橡胶耐油手套。			
危险性类别		易燃液体,类别2;生殖毒性,类别1A;特异性靶器官毒性—反复接触,类别2*。			

序号	2390	品名	2-溴丙酰溴	商品编码	2915.9000
别名		溴化-2-溴丙酰		CAS 号	563-76-8
英文名		2-bromopropionyl bromide			
分子式		$C_3H_4Br_2O$			
外观与性状		无色或淡黄色液体。			
主要用途		为麻醉药类 γ-羟基丁酸钠的中间体,也是医药丙胺卡因中间体。			
危险特性		本品可燃;与水发生剧烈反应,释放出白色烟雾状的刺激性和腐蚀性的溴化氢气体;遇潮时对大多数金属有强腐蚀性。			
健康危害		吸入、摄入或经皮肤吸收本品后对身体有危害;可引起灼伤;对黏膜、上呼吸道、眼睛、皮肤等组织有极强的破坏作用;吸入后可引起喉、支气管的炎症、水肿、痉挛,化学性肺炎或肺水肿而致死。中毒表现有烧灼感、咳嗽、喘息、喉炎、气短、头痛、恶心和呕吐。			
防护措施		呼吸系统防护:空气中浓度超标时,必须佩戴自吸过滤式防毒面具(全面罩)。紧急事态抢救或撤离时,应该佩戴空气呼吸器。 眼睛防护:呼吸系统防护中已作防护。 身体防护:穿橡胶耐酸碱服。 手防护:戴橡胶耐酸碱手套。			
危险性类别		皮肤腐蚀/刺激,类别1;严重眼损伤/眼刺激,类别1。			

序号	2391	品名	3-溴丙酰溴	商品编码	2915.9000
别 名			溴化-3-溴丙酰	CAS 号	7623-16-7
英文名			1,3-dibromo-1-propanone		
防护措施			呼吸系统防护：佩戴防毒口罩。紧急事态抢救或逃生时，佩戴自给式呼吸器。 眼睛防护：戴化学安全防护眼镜。 防护服：穿相应的防护服。 手防护：戴防化学品手套。		
危险性类别			皮肤腐蚀/刺激，类别1；严重眼损伤/眼刺激，类别1。		

序号	2392	品名	溴代环戊烷	商品编码	2903.8900
别 名			环戊基溴	CAS 号	137-43-9
英文名			Cyclopentyl bromide		
分子式			C_5H_9Br		
外观与性状			澄清透明液体。		
主要用途			用于有机合成。		
危险特性			本品的蒸气与空气可形成爆炸性混合物，遇明火、高热能引起燃烧爆炸；与氧化剂可发生反应；受高热分解产生有毒的溴化物气体；流速过快，容易产生和积聚静电。其蒸气比空气重，能在较低处扩散到相当远的地方，遇火源会着火回燃；若遇高热，容器内压增大，有开裂和爆炸的危险。		
健康危害			吸入、摄入或经皮肤吸收本品后对身体有危害；对眼睛和皮肤有刺激性。		
防护措施			呼吸系统防护：空气中浓度超标时，必须佩戴自吸过滤式防毒面具（半面罩）。紧急事态抢救或撤离时，应该佩戴空气呼吸器。 眼睛防护：戴化学安全防护眼镜。 身体防护：穿防静电工作服。 手防护：戴橡胶耐油手套。		
危险性类别			易燃液体，类别3。		

序号	2393	品名	溴代正戊烷	商品编码	2903.3990
别 名			正戊基溴	CAS 号	110-53-2
英文名			Bromopentane		
分子式			$C_5H_{11}Br$		
外观与性状			无色液体。		
主要用途			用于医药、染料、香料等的中间体。		
危险特性			本品易燃,遇明火、高热或与氧化剂接触,有引起燃烧爆炸的危险;受高热分解产生有毒的溴化物气体。		
健康危害			吸入、口服或经皮肤吸收本品后对身体有危害;其对黏膜和呼吸道有刺激性。		
防护措施			呼吸系统防护:可能接触其蒸气时,应该佩戴自吸过滤式防毒面具(半面罩)。紧急事态抢救或撤离时,佩戴空气呼吸器。 眼睛防护:戴化学安全防护眼镜。 身体防护:穿防毒物渗透工作服。 手防护:戴橡胶耐油手套。		
危险性类别			易燃液体,类别3。		

序号	2394	品名	1-溴丁烷	商品编码	2903.3990
别 名			正丁基溴;溴代正丁烷	CAS 号	109-65-9
英文名			1-bromobutane		
分子式			C_4H_9Br		
外观与性状			无色液体。		
主要用途			用作烷化剂、溶剂、稀有元素萃取剂和用于有机合成。		
危险特性			本品易燃,遇明火、高热易引起燃烧,并放出有毒气体;受高热分解产生有毒的溴化物气体。		
健康危害			吸入本品蒸气可引起咳嗽、胸痛和呼吸困难;高浓度时有麻醉作用,引起神志障碍;眼睛和皮肤接触可致灼伤。		
防护措施			呼吸系统防护:空气中浓度超标时,应该佩戴过滤式防毒面具(半面罩)。紧急事态抢救或撤离时,佩戴隔离式呼吸器。 眼睛防护:戴化学安全防护眼镜。 身体防护:穿防静电工作服。 手防护:戴橡胶耐油手套。		
危险性类别			易燃液体,类别2。		

序号	2395	品名	2-溴丁烷	商品编码	2903.3990
别 名			仲丁基溴；溴代仲丁烷	CAS 号	78-76-2
英文名			2-bromobutane		
分子式			C_4H_9Br		
外观与性状			无色液体。		
主要用途			用作烷化剂、溶剂、稀有元素萃取剂，也用于有机合成。		
危险特性			本品易燃，遇明火、高热易引起燃烧，并放出有毒气体；受高热分解产生有毒的溴化物气体。		
健康危害			吸入本品蒸气可引起咳嗽、胸痛和呼吸困难；高浓度时有麻醉作用，引起神志障碍；眼睛和皮肤接触可致灼伤。		
防护措施			呼吸系统防护：空气中浓度超标时，应该佩戴过滤式防毒面具（半面罩）。紧急事态抢救或撤离时，佩戴隔离式呼吸器。 眼睛防护：戴化学安全防护眼镜。 身体防护：穿防静电工作服。 手防护：戴橡胶耐油手套。		
危险性类别			易燃液体，类别 2；特异性靶器官毒性—单次接触，类别 3（麻醉效应）。		

序号	2396	品名	溴化苄	商品编码	2903.9990
别 名			α-溴甲苯；苄基溴	CAS 号	100-39-0
英文名			Benzyl bromide		
分子式			C_7H_7Br		
外观与性状			无色液体、有芳香气味、具有催泪性。		
主要用途			用于有机合成及制造发泡剂。		
危险特性			本品遇明火、高热可燃；受高热分解产生有毒的溴化物气体；与强氧化剂接触可发生化学反应。		
健康危害			本品具有刺激性，可引起明显的呼吸道刺激反应，胸部会有紧束感；吸入高浓度蒸气可出现呼吸道炎症，甚至肺水肿；有催泪作用；皮服接触可引起皮炎和荨麻疹。		
防护措施			呼吸系统防护：可能接触毒物时，佩戴自吸过滤式防毒面具（半面罩）。紧急事态抢救或撤离时，应该佩戴自给式呼吸器。 眼睛防护：戴化学安全防护眼镜。 身体防护：穿防毒物渗透工作服。 手防护：戴橡胶耐油手套。		
危险性类别			皮肤腐蚀/刺激，类别 2；严重眼损伤/眼刺激，类别 2；特异性靶器官毒性—单次接触，类别 3（呼吸道刺激）。		

序号	2397	品名	溴化丙酰	商品编码	2915.9000
别　名			丙酰溴	CAS 号	598-22-1
英文名			Propionyl bromide		
分子式			C_3H_5BrO		
外观与性状			无色或浅黄色液体。		
主要用途			用于有机合成。		
危险特性			本品易燃，受热分解释放出溴化氢和有剧毒的碳酰溴；与水和乙醇发生激烈分解生成溴氢酸和乙酸；遇潮时对大多数金属有强腐蚀性。		
健康危害			本品对眼睛、黏膜、呼吸道和皮肤有刺激作用，可引起灼伤。		
防护措施			呼吸系统防护：空气中浓度超标时，必须佩戴自吸过滤式防毒面具（全面罩）。紧急事态抢救或撤离时，应该佩戴空气呼吸器。 眼睛防护：呼吸系统防护中已作防护。 身体防护：穿橡胶耐酸碱服。 手防护：戴橡胶耐酸碱手套。		
危险性类别			易燃液体，类别 3。		

序号	2398	品名	溴化汞	商品编码	2852.1000
别　名			二溴化汞；溴化高汞	CAS 号	7789-47-1
英文名			Mercury bromide		
分子式			$HgBr_2$		
外观与性状			白色结晶或结晶状粉末，遇光分解。		
主要用途			用作测定砷的特殊试剂及用于化肥分析。		
危险特性			本品本身不能燃烧；遇高热分解释放出高毒烟气。		
健康危害			本品剧毒。		
防护措施			呼吸系统防：可能接触其粉尘时，必须佩戴防尘面具（全面罩）。紧急事态抢救或撤离时，应该佩戴空气呼吸器。 眼睛防护：呼吸系统防护中已作防护。 身体防护：穿胶布防毒衣。 手防护：戴橡胶手套。		
危险性类别			急性毒性—经口，类别 2；急性毒性—经皮肤，类别 2；皮肤腐蚀/刺激，类别 2；严重眼损伤/眼刺激，类别 1；皮肤致敏物，类别 1；危害水生环境—急性危害，类别 1；危害水生环境—长期危害，类别 1。		

序号	2399	品名	溴化氢		商品编码	2811.1990
别　　名					CAS 号	10035-10-6
英文名	Hydrobromic acid					
分子式	HBr					
外观与性状	无色液体，具有刺激性酸味。					
主要用途	用于制造无机溴化物和有机溴化物，用作分析试剂、触媒及还原剂。					
危险特性	本品对大多数金属有强腐蚀性；能与普通金属发生反应，放出氢气而与空气形成爆炸性混合物；遇 H 发泡剂立即燃烧；遇氰化物能产生剧毒的氰化氢气体。					
健康危害	本品可引起皮肤、黏膜的刺激或灼伤；长期低浓度接触可引起呼吸道刺激症状和消化功能障碍。					
防护措施	呼吸系统防护：可能接触其烟雾时，佩戴自吸过滤式防毒面具（全面罩）或空气呼吸器。紧急事态抢救或撤离时，建议佩戴氧气呼吸器。 眼睛防护：呼吸系统防护中已作防护。 身体防护：穿橡胶耐酸碱服。 手防护：戴橡胶耐酸碱手套。					
危险性类别	加压气体；皮肤腐蚀/刺激，类别 1A；严重眼损伤/眼刺激，类别 1；特异性靶器官毒性—单次接触，类别 3（呼吸道刺激）。					

序号	2400	品名	溴化氢乙酸溶液		商品编码	3824.9999
别　　名	溴化氢醋酸溶液				CAS 号	
英文名	Hydrobromic acid, acetic acid solution					
分子式	混合物					
外观与性状	无色液体，具有刺激性酸味。					
主要用途	用于制造无机溴化物和有机溴化物，用作分析试剂、触媒及还原剂。					
危险特性	本品对大多数金属有强腐蚀性；能与普通金属发生反应，释放出氢气而与空气形成爆炸性混合物；遇 H 发泡剂立即燃烧；遇氰化物能产生剧毒的氰化氢气体。					
健康危害	本品可引起皮肤、黏膜的刺激或灼伤；长期低浓度接触可引起呼吸道刺激症状和消化功能障碍。					
防护措施	呼吸系统防护：可能接触其烟雾时，佩戴自吸过滤式防毒面具（全面罩）或空气呼吸器。紧急事态抢救或撤离时，建议佩戴氧气呼吸器。 眼睛防护：呼吸系统防护中已作防护。 身体防护：穿橡胶耐酸碱服。 手防护：戴橡胶耐酸碱手套。					
危险性类别	皮肤腐蚀/刺激，类别 1；严重眼损伤/眼刺激，类别 1。					

序号	2401	品名	溴化硒	商品编码	2812.9090
别 名				CAS 号	7789-65-3
英文名	Selenium bromide				
分子式	$SeBr_4$				
外观与性状	黄色或红棕色结晶性粉末。				
危险特性	本品不燃；受热，或遇水、酸放出剧毒硒化氢等气体。				
健康危害	本品是有毒物品。				
防护措施	呼吸系统防护：佩戴防毒口罩。紧急事态抢救或逃生时，佩戴自给式呼吸器。 眼睛防护：戴化学安全防护眼镜。 防护服：穿相应的防护服。 手防护：戴防化学品手套。				
危险性类别	急性毒性—经口，类别3*；急性毒性—吸入，类别3*；特异性靶器官毒性—反复接触，类别2；危害水生环境—急性危害，类别1；危害水生环境—长期危害，类别1。				

序号	2402	品名	溴化亚汞	商品编码	2852.1000
别 名	一溴化汞			CAS 号	10031-18-2
英文名	Mercurous bromide				
分子式	Hg_2Br_2				
外观与性状	白色细小四角结晶体或粉末，受热变黄、冷后恢复白色。				
主要用途	主要用于医药。				
危险特性	本品受高热升华后会产生有毒气体。				
健康危害	本品对环境有危害，应特别注意对水体的污染；汞元素在生物体内有很强的蓄积作用。				
防护措施	呼吸系统防护：佩戴导管式防毒面具。必要时，佩戴空气呼吸器、氧气呼吸器或长管面具。 眼睛防护：呼吸系统防护中已作防护。 身体防护：穿聚乙烯防毒服。 手防护：戴氯丁橡胶手套。				
危险性类别	急性毒性—经口，类别2*；急性毒性—经皮肤，类别1；急性毒性—吸入，类别2*；特异性靶器官毒性—反复接触，类别2*；危害水生环境—急性危害，类别1；危害水生环境—长期危害，类别1。				

序号	2403	品名	溴化亚铊	商品编码	2827.5900
别　名		一溴化铊		CAS 号	7789-40-4
英文名		Thallium bromide			
分子式		TlBr			
外观与性状		黄白色结晶性粉末。			
主要用途		用于制造药物。			
危险特性		本品受高热分解后会产生有毒的溴化物气体。			
健康危害		本品不燃，但有剧毒。			
防护措施		呼吸系统防护：可能接触其粉尘时，必须佩戴隔离式呼吸器。紧急事态抢救或撤离时，建议佩戴空气呼吸器。 眼睛防护：呼吸系统防护中已作防护。 身体防护：穿连衣式胶布防毒衣。 手防护：戴橡胶手套。			
危险性类别		急性毒性—经口，类别 2*；急性毒性—吸入，类别 2*；特异性靶器官毒性—反复接触，类别 2*；危害水生环境—急性危害，类别 2；危害水生环境—长期危害，类别 2。			

序号	2404	品名	溴化乙酰	商品编码	2915.9000
别　名		乙酰溴		CAS 号	506-96-7
英文名		Acetyl bromide			
分子式		C_2H_3BrO			
外观与性状		无色发烟液体，露置空气中变黄。			
主要用途		用于有机合成、染料制造。			
危险特性		本品易燃，受热分解释放出溴化氢和剧毒的碳酰溴；与水和乙醇发生激烈分解生成溴氢酸和乙酸；遇潮时对大多数金属有强腐蚀性。			
健康危害		本品对眼睛、皮肤和黏膜有明显的刺激作用；吸入可引起呼吸道的明显危害。中毒表现有烧灼感、咳嗽、喘息、喉炎、气短、头痛、恶心和呕吐。			
防护措施		呼吸系统防护：空气中浓度超标时，必须佩戴自吸过滤式防毒面具（全面罩）。紧急事态抢救或撤离时，应该佩戴空气呼吸器。 眼睛防护：呼吸系统防护中已作防护。 身体防护：穿橡胶耐酸碱服。 手防护：戴橡胶耐酸碱手套。			
危险性类别		皮肤腐蚀/刺激，类别 1；严重眼损伤/眼刺激，类别 1；特异性靶器官毒性—单次接触，类别 3（呼吸道刺激）；危害水生环境—长期危害，类别 3。			

序号	2405	品名	溴己烷	商品编码	2903.3990
别　名		己基溴		CAS 号	111-25-1
英文名		Bromohexane			
分子式		$C_6H_{13}Br$			
外观与性状		无色或淡黄色液体,有刺激性气味。			
主要用途		用于有机合成。			
危险特性		本品易燃,遇高热、明火、氧化剂有引起燃烧的危险;受高热分解释放出有毒的气体。			
健康危害		本品对眼睛、黏膜、上呼吸道和皮肤有刺激性。			
防护措施		呼吸系统防护:可能接触其蒸气时,应该佩戴自吸过滤式防毒面具(半面罩)。紧急事态抢救或撤离时,佩戴空气呼吸器。 眼睛防护:戴化学安全防护眼镜。 身体防护:穿防毒物渗透工作服。 手防护:戴橡胶耐油手套。			
危险性类别		易燃液体,类别3;危害水生环境—急性危害,类别2;危害水生环境—长期危害,类别2。			

序号	2406	品名	2-溴甲苯	商品编码	2903.9990
别　名		邻溴甲苯;邻甲基溴苯;2-甲基溴苯		CAS 号	95-46-5
英文名		2-bromotoluene			
分子式		C_7H_7Br			
外观与性状		无色液体。			
主要用途		用于有机合成及用作溶剂。			
危险特性		本品可燃,遇明火能燃烧;受高热分解产生有毒的溴化物气体;与强氧化剂接触可发生化学反应。			
健康危害		本品对眼睛、皮肤有刺激性。			
防护措施		呼吸系统防护:高浓度环境中,应该佩戴过滤式防毒面具(半面罩)。紧急事态抢救或撤离时,佩戴隔离式呼吸器。 眼睛防护:戴化学安全防护眼镜。 身体防护:穿防毒物渗透工作服。 手防护:戴橡胶耐油手套。			
危险性类别		皮肤腐蚀/刺激,类别2;严重眼损伤/眼刺激,类别2;特异性靶器官毒性—单次接触,类别3(呼吸道刺激)。			

序号	2407	品名	3-溴甲苯	商品编码	2903.9990
别 名			间溴甲苯;间甲基溴苯;3-甲基溴苯	CAS 号	591-17-3
英文名			3-bromotoluene		
分子式			C_7H_7Br		
外观与性状			无色液体。		
主要用途			用于有机合成及用作溶剂。		
危险特性			本品可燃,遇明火能燃烧;受高热分解产生有毒的溴化物气体;与强氧化剂接触可发生化学反应。		
健康危害			本品对眼睛、皮肤有刺激性。		
防护措施			呼吸系统防护:高浓度环境中,应该佩戴过滤式防毒面具(半面罩)。紧急事态抢救或撤离时,佩戴隔离式呼吸器。 眼睛防护:戴化学安全防护眼镜。 身体防护:穿防毒物渗透工作服。 手防护:戴橡胶耐油手套。		
危险性类别			易燃液体,类别3。		

序号	2408	品名	4-溴甲苯	商品编码	2903.9990
别 名			对溴甲苯;对甲基溴苯;4-甲基溴苯	CAS 号	106-38-7
英文名			4-bromotoluene		
分子式			C_7H_7Br		
外观与性状			无色液体。		
主要用途			用于有机合成及用作溶剂。		
危险特性			本品可燃,遇明火能燃烧;受高热分解产生有毒的溴化物气体;与强氧化剂接触可发生化学反应。		
健康危害			本品对眼睛、皮肤有刺激性。		
防护措施			呼吸系统防护:高浓度环境中,应该佩戴过滤式防毒面具(半面罩)。紧急事态抢救或撤离时,佩戴隔离式呼吸器。 眼睛防护:戴化学安全防护眼镜。 身体防护:穿防毒物渗透工作服。 手防护:戴橡胶耐油手套。		
危险性类别			皮肤腐蚀/刺激,类别2。		

序号	2409	品名	溴甲烷	商品编码	2903.3990
别 名			甲基溴	CAS 号	74-83-9
英文名			Bromomethane		
分子式			CH$_3$Br		
外观与性状			无色气体,有甜味。		
主要用途			农业上用作杀虫熏剂、冷冻剂。		
危险特性			本品与空气混合能形成爆炸性混合物;遇明火、高温及铝粉、二甲亚砜有燃烧爆炸的危险;与活性金属粉末(如镁、铝等)能发生反应,引起分解;与碱金属接触受冲击时会着火燃烧。		
防护措施			呼吸系统防护:空气中浓度超标时,佩戴过滤式防毒面具(半面罩)。紧急事态抢救或撤离时,必须佩戴正压自给式呼吸器。 眼睛防护:戴化学安全防护眼镜。 身体防护:穿透气型防毒服。 手防护:戴防化学品手套。		
危险性类别			加压气体;急性毒性—经口,类别3*;急性毒性—吸入,类别3*;皮肤腐蚀/刺激,类别2;严重眼损伤/眼刺激,类别2;生殖细胞致突变性,类别2;特异性靶器官毒性—单次接触,类别3(呼吸道刺激);特异性靶器官毒性—反复接触,类别2*;危害水生环境—急性危害,类别1;危害臭氧层,类别1。		

序号	2410	品名	溴甲烷和二溴乙烷液体混合物	商品编码	3814.0000
别 名				CAS 号	
英文名			Methyl bromide and ethylene dibromide mixtures		
外观与性状			无色液体。		
主要用途			农业上用作杀虫熏剂、冷冻剂。		
危险特性			本品与空气混合能形成爆炸性混合物;遇明火、高温及铝粉、二甲亚砜有燃烧爆炸的危险;与活性金属粉末(如镁、铝等)能发生反应,引起分解;与碱金属接触受冲击时会着火燃烧。		
防护措施			呼吸系统防护:空气中浓度超标时,佩戴过滤式防毒面具(半面罩)。紧急事态抢救或撤离时,必须佩戴正压自给式呼吸器。 眼睛防护:戴化学安全防护眼镜。 身体防护:穿透气型防毒服。 手防护:戴防化学品手套。		
危险性类别			急性毒性—经口,类别3*;急性毒性—吸入,类别3*;皮肤腐蚀/刺激,类别2;严重眼损伤/眼刺激,类别2;生殖细胞致突变性,类别2;致癌性,类别1B;特异性靶器官毒性—单次接触,类别3(呼吸道刺激);危害水生环境—急性危害,类别2*;危害水生环境—长期危害,类别2*;危害臭氧层,类别1。		

序号	2411	品名	3-[3-(4'-溴联苯-4-基)-1,2,3,4-四氢-1-萘基]-4-羟基香豆素	商品编码	2932.2090
别　名			溴鼠灵	CAS 号	56073-10-0
英文名			Brodifacoum		
分子式			$C_{31}H_{23}BrO_3$		
外观与性状			灰白色粉末。		
主要用途			用作杀鼠剂。		
危险特性			本品遇明火、高热可燃；其粉体与空气可形成爆炸性混合物，当达到一定浓度时，遇火星会发生爆炸；受高热分解释放出有毒的气体。		
健康危害			本品为高毒杀鼠剂，吸入、摄入或经皮肤吸收后会中毒。能起到影响凝血的作用。		
防护措施			呼吸系统防护：可能接触其粉尘时，必须佩戴空气呼吸器。 眼睛防护：呼吸系统防护中已作防护。 身体防护：穿胶布防毒衣。 手防护：戴橡胶手套。		
危险性类别			急性毒性—经口，类别 2*；急性毒性—经皮肤，类别 1；特异性靶器官毒性—反复接触，类别 1；危害水生环境—急性危害，类别 1；危害水生环境—长期危害，类别 1。		

序号	2412	品名	3-[3-(4-溴联苯-4-基)-3-羟基-1-苯丙基]-4-羟基香豆素	商品编码	2932.2090
别　名			溴敌隆	CAS 号	28772-56-7
英文名			Bromadiolone		
分子式			$C_{30}H_{23}BrO_4$		
外观与性状			黄色粉末。		
主要用途			用作杀鼠剂。		
危险特性			本品遇明火、高热可燃；其粉体与空气可形成爆炸性混合物，当达到一定浓度时，遇火星会发生爆炸；受高热分解释放出有毒的气体。		
健康危害			本品为高毒杀鼠剂。对眼睛有中度刺激作用，对皮肤无明显刺激。在试验剂量内对动物无致畸、致突变、致癌作用。中毒时，可引起皮肤和脏器出血。		
防护措施			呼吸系统防护：可能接触其粉尘时，必须佩戴防尘面具（全面罩）。紧急事态抢救或撤离时，应该佩戴空气呼吸器。 眼睛防护：呼吸系统防护中已作防护。 身体防护：穿胶布防毒衣。 手防护：戴橡胶手套。		
危险性类别			急性毒性—经口，类别 1；急性毒性—经皮肤，类别 1；急性毒性—吸入，类别 1；特异性靶器官毒性—反复接触，类别 1；危害水生环境—急性危害，类别 2；危害水生环境—长期危害，类别 2。		

序号	2413	品名	溴三氟甲烷	商品编码	2903.7600
别　名			R13B1；三氟溴甲烷	CAS 号	75-63-8
英文名			Bromotrifluoromethane		
分子式			$CBrF_3$		
外观与性状			无色气体。		
主要用途			用作制冷剂。		
危险特性			本品若遇高热，容器内压增大，有开裂和爆炸的危险。		
健康危害			本品低毒。		
防护措施			呼吸系统防护：空气中浓度超标时，建议佩戴自吸过滤式防毒面具（半面罩）。 眼睛防护：戴化学安全防护眼镜。 身体防护：穿一般作业防护服。 手防护：戴一般作业防护手套。		
危险性类别			加压气体；严重眼损伤/眼刺激，类别 2；特异性靶器官毒性—单次接触，类别 3（麻醉效应）；危害臭氧层，类别 1。		

序号	2414	品名	溴酸	商品编码	2811.1990
别　名				CAS 号	7789-31-3
英文名			Bromic acid		
分子式			$HBrO_3$		
主要用途			用作氧化剂，以及制造染料、药品。		
防护措施			呼吸系统防：空气中粉尘浓度超标时，佩戴自吸过滤式防尘口罩。紧急事态抢救或撤离时，佩戴空气呼吸器。 眼睛防护：戴化学安全防护眼镜。 身体防护：穿聚乙烯防毒服。 手防护：戴橡胶手套。		
危险性类别			皮肤腐蚀/刺激，类别 1；严重眼损伤/眼刺激，类别 1。		

序号	2415	品名	溴酸钡		商品编码	2829.9000
别 名					CAS 号	13967-90-3
英文名		Barium bromate				
分子式		Ba(BrO$_3$)$_2$				
外观与性状		白色带光泽结晶或晶状粉末。				
主要用途		用作分析试剂、氧化剂、制备稀土溴酸盐、低碳钢腐蚀抑制剂。				
危险特性		本品为强氧化剂。与铵盐、金属粉末、可燃物、有机物或其他易氧化物形成爆炸性混合物，经摩擦或受热易引起燃烧或爆炸；与硫酸接触容易发生爆炸；能与铝、砷、铜、碳、金属硫化物、有机物、磷、硒、硫产生剧烈反应。				
健康危害		本品有剧毒，具有刺激性。				
防护措施		呼吸系统防护：空气中粉尘浓度超标时，应该佩戴自吸过滤式防尘口罩。紧急事态抢救或撤离时，佩戴空气呼吸器。 眼睛防护：戴化学安全防护眼镜。 身体防护：穿聚乙烯防毒服。 手防护：戴橡胶手套。				
危险性类别		氧化性固体，类别 2。				

序号	2416	品名	溴酸镉		商品编码	2829.9000
别 名					CAS 号	14518-94-6
英文名		Cadmium bromate				
分子式		Cd(BrO$_3$)$_2$				
外观与性状		白色结晶或粉末。				
主要用途		用作分析试剂。				
危险特性		本品为强氧化剂。与铵盐、金属粉末、可燃物、有机物或其他易氧化物形成爆炸性混合物，经摩擦或受热易引起燃烧或爆炸；与硫酸接触容易发生爆炸；能与铝、砷、铜、碳、金属硫化物、有机物、磷、硒、硫产生剧烈反应。				
健康危害		误服本品会产生流涎、呕吐、腹痛、腹泻、窒息等症状。经常接触低浓度粉尘能损害肺部和肾脏，并使牙齿变黄。				
防护措施		呼吸系统防护：空气中粉尘浓度超标时，应该佩戴自吸过滤式防尘口罩。紧急事态抢救或撤离时，佩戴空气呼吸器。 眼睛防护：戴化学安全防护眼镜。 身体防护：穿聚乙烯防毒服。 手防护：戴橡胶手套。				
危险性类别		氧化性固体，类别 2；致癌性，类别 1A；危害水生环境—急性危害，类别 1；危害水生环境—长期危害，类别 1。				

序号	2417	品名	溴酸钾	商品编码	2829.9000
别　名				CAS 号	7758-01-2
英文名	Potassium bromate				
分子式	$KBrO_3$				
外观与性状	无色晶体。				
主要用途	用作分析试剂、氧化剂、食品添加剂（中国现已禁用）、羊毛漂白处理剂。				
危险特性	本品与还原性物质混合、撞击会发生爆炸。				
健康危害	本品对眼睛、皮肤、黏膜有刺激性；口服后可引起恶心、呕吐、胃痛、哎血、腹泻等。另外，对于环境也有一定危害。				
防护措施	呼吸系统防护：佩戴防毒口罩。紧急事态抢救或逃生时，佩戴自给式呼吸器。 眼睛防护：戴化学安全防护眼镜。 防护服：穿相应的防护服。 手防护：戴防化学品手套。				
危险性类别	氧化性固体，类别1；急性毒性—经口，类别3＊；致癌性，类别2。				

序号	2418	品名	溴酸镁	商品编码	2829.9000
别　名				CAS 号	7789-36-8
英文名	Magnesium bromate hexahydrate				
分子式	$Mg(BrO_3)_2$				
外观与性状	无色或白色三棱柱状结晶。				
主要用途	用作分析试剂。				
危险特性	本品为强氧化剂。与铵盐、金属粉末、可燃物、有机物或其他易氧化物形成爆炸性混合物，经摩擦或受热易引起燃烧或爆炸；与硫酸接触容易发生爆炸；能与铝、砷、铜、碳、金属硫化物、有机物、磷、硒、硫产生剧烈反应。				
健康危害	本品的粉尘对眼睛和呼吸道有刺激作用；过量口服可引起上腹痛、呕吐、腹泻、烦渴、呼吸困难、紫绀以及肾损害。				
防护措施	呼吸系统防护：空气中粉尘浓度超标时，应该佩戴自吸过滤式防尘口罩。紧急事态抢救或撤离时，佩戴空气呼吸器。 眼睛防护：戴化学安全防护眼镜。 身体防护：穿聚乙烯防毒服。 手防护：戴橡胶手套。				
危险性类别	氧化性固体，类别2。				

序号	2419	品名	溴酸钠	商品编码	2829.9000
别 名				CAS 号	7789-38-0
英文名		Sodium bromate			
分子式		$NaBrO_3$			
外观与性状		白色结晶或晶状粉末。			
主要用途		用作分析试剂和氧化剂、烫发药剂，与溴化钠混合用作金的溶解剂。			
危险特性		本品为强氧化剂。与铵盐、金属粉末、可燃物、有机物或其他易氧化物形成爆炸性混合物，经摩擦或受热易引起燃烧或爆炸；与硫酸接触容易发生爆炸；能与铝、砷、铜、碳、金属硫化物、有机物、磷、硒、硫产生剧烈反应。			
健康危害		本品的粉尘对眼睛和呼吸道有刺激性。			
防护措施		呼吸系统防护：空气中粉尘浓度超标时，应该佩戴自吸过滤式防尘口罩。紧急事态抢救或撤离时，佩戴空气呼吸器。 眼睛防护：戴化学安全防护眼镜。 身体防护：穿聚乙烯防毒服。 手防护：戴橡胶手套。			
危险性类别		氧化性固体，类别2；皮肤腐蚀/刺激，类别2；严重眼损伤/眼刺激，类别2；特异性靶器官毒性—单次接触，类别3（呼吸道刺激）。			

序号	2420	品名	溴酸铅	商品编码	2829.9000
别 名				CAS 号	34018-28-5
英文名		Lead bromate			
分子式		$Pb(BrO_3)_2$			
外观与性状		无色结晶。			
主要用途		用作分析试剂。			
危险特性		本品为强氧化剂。能与可燃物、有机物或易氧化物质形成爆炸性混合物，经摩擦与少量水接触可导致燃烧或爆炸。			
健康危害		铅及其化合物损害造血、神经、消化系统及肾脏。职业中毒主要为慢性。神经系统主要表现为神经衰弱综合征、周围神经病（以运动功能受累较明显），重者出现铅中毒性脑病；消化系统表现有齿龈铅线、食欲不振、恶心、腹胀、腹泻或便秘；腹绞痛见于中度及重度中毒病例。造血系统损害出现卟啉代谢障碍、贫血等。短时大量接触可发生急性或亚急性中毒，表现类似重症慢性铅中毒。对肾脏损害多见于急性、亚急性中毒或较重慢性病例。			
防护措施		呼吸系统防护：空气中粉尘浓度超标时，应该佩戴自吸过滤式防尘口罩。紧急事态抢救或撤离时，佩戴空气呼吸器。 眼睛防护：戴化学安全防护眼镜。 身体防护：穿聚乙烯防毒服。 手防护：戴橡胶手套。			
危险性类别		氧化性固体，类别2；致癌性，类别1B；生殖毒性，类别1A；特异性靶器官毒性—反复接触，类别2*；危害水生环境—急性危害，类别1；危害水生环境—长期危害，类别1。			

序号	2421	品名	溴酸锶	商品编码	2829.9000
别 名				CAS 号	14519-18-7
英文名	Strontium bromate					
分子式	$Sr(BrO_3)_2$					
外观与性状	白色结晶或晶状粉末。					
主要用途	用作分析试剂和氧化剂。					
危险特性	本品为强氧化剂。与铵盐、金属粉末、可燃物、有机物或其他易氧化物形成爆炸性混合物，经摩擦或受热易引起燃烧或爆炸；与硫酸接触容易发生爆炸；能与铝、砷、铜、碳、金属硫化物、有机物、磷、硒、硫产生产生剧烈反应。					
健康危害	本品的粉尘对眼睛和呼吸道有刺激性。					
防护措施	呼吸系统防护：空气中粉尘浓度超标时，应该佩戴自吸过滤式防尘口罩。紧急事态抢救或撤离时，佩戴空气呼吸器。 眼睛防护：戴化学安全防护眼镜。 身体防护：穿聚乙烯防毒服。 手防护：戴橡胶手套。					
危险性类别	氧化性固体，类别2。					

序号	2422	品名	溴酸锌	商品编码	2829.9000
别 名				CAS 号	14519-07-4
英文名	Zinc bromate					
分子式	$Zn(BrO_3)_2$					
外观与性状	白色结晶或晶状粉末。					
主要用途	用作分析试剂和氧化剂。					
危险特性	本品为强氧化剂。与铵盐、金属粉末、可燃物、有机物或其他易氧化物形成爆炸性混合物，经摩擦或受热易引起燃烧或爆炸；与硫酸接触容易发生爆炸；能与铝、砷、铜、碳、金属硫化物、有机物、磷、硒、硫剧烈反应。					
健康危害	本品的粉尘对眼睛和呼吸道有刺激性。					
防护措施	工程控制：密闭操作，局部排风。 呼吸系统防护：空气中粉尘浓度超标时，应该佩戴自吸过滤式防尘口罩。紧急事态抢救或撤离时，佩戴空气呼吸器。 眼睛防护：戴化学安全防护眼镜。 身体防护：穿聚乙烯防毒服。 手防护：戴橡胶手套。					
危险性类别	氧化性固体，类别2；危害水生环境—急性危害，类别1；危害水生环境—长期危害，类别1。					

序号	2423	品名	溴酸银	商品编码	2843.2900
别　名				CAS 号	7783-89-3
英文名	Silver bromateagbro3				
分子式	$AgBrO_3$				
外观与性状	白色粉末。对光敏感。				
主要用途	用作氧化剂。				
危险特性	本品为强氧化剂。与铵盐、金属粉末、可燃物、有机物或其他易氧化物形成爆炸性混合物，经摩擦或受热易引起燃烧或爆炸；与硫酸接触容易发生爆炸；能与铝、砷、铜、碳、金属硫化物、有机物、磷、硒、硫剧烈反应。				
健康危害	本品的粉尘对眼睛和呼吸道有刺激性；口服会刺激胃肠道，引起腹痛，甚至有呕吐、剧烈胃痛、出血性胃炎的表现。				
防护措施	呼吸系统防护：空气中粉尘浓度超标时，佩戴自吸过滤式防尘口罩。紧急事态抢救或撤离时，佩戴空气呼吸器。 眼睛防护：戴化学安全防护眼镜。 身体防护：穿聚乙烯防毒服。 手防护：戴橡胶手套。				
危险性类别	氧化性固体，类别 2。				

序号	2424	品名	2-溴戊烷	商品编码	2903.3990
别　名	仲戊基溴；溴代仲戊烷			CAS 号	107-81-3
英文名	2-bromopentane				
分子式	$C_5H_{11}Br$				
外观与性状	无色至黄色液体，有强烈的气味。				
主要用途	用作有机合成中间体。				
危险特性	本品的蒸气与空气可形成爆炸性混合物，遇明火、高热极易燃烧爆炸；与氧化剂接触猛烈反应；受高热分解释放出有毒的气体；若遇高热，容器内压增大，有开裂和爆炸的危险。				
健康危害	吸入、口服或经皮肤吸收本品后对身体有害；对黏膜和呼吸道有刺激性。				
防护措施	呼吸系统防护：可能接触其蒸气时，应该佩戴自吸过滤式防毒面具（半面罩）。紧急事态抢救或撤离时，建议佩戴空气呼吸器。 眼睛防护：戴化学安全防护眼镜。 身体防护：穿防毒物渗透工作服。 手防护：戴防苯耐油手套。				
危险性类别	易燃液体，类别 2。				

序号	2425	品名	2-溴乙醇	商品编码	2905.5900
别　名				CAS 号	540-51-2

英文名	2-bromoethanol; 2-bromoethyl alcohol
分子式	C_2H_5BrO; CH_2BrCH_2OH
外观与性状	无色或浅黄色吸湿性液体，较稳定。
主要用途	用作溶剂、分析试剂、有机化工原料等。
危险特性	本品遇明火易燃；受高热燃烧并分解产生有毒气体。
健康危害	本品对黏膜、上呼吸道、眼睛和皮肤有强烈刺激性；吸入后可造成喉和支气管的痉挛、炎症和水肿，以及化学性肺炎、肺水肿而致死。中毒表现有烧灼感、咳嗽、喘息、喉炎、气短、头痛、恶心和呕吐。
防护措施	呼吸系统防护：空气中浓度超标时，应该佩戴自吸过滤式防毒面具（全面罩）。紧急事态抢救或撤离时，佩戴自给式呼吸器。 眼睛防护：呼吸系统防护中已作防护。 身体防护：穿胶布防毒衣。 手防护：戴橡胶手套。
危险性类别	易燃液体，类别3。

序号	2426	品名	2-溴乙基乙醚	商品编码	2909.1990
别　名				CAS 号	592-55-2

英文名	2-bromoethyl ethyl ether
分子式	C_4H_9BrO
外观与性状	无色液体。
主要用途	用于有机合成。
危险特性	本品的蒸气与空气可形成爆炸性混合物，遇明火、高热极易燃烧爆炸；与氧化剂接触猛烈反应；受高热分解产生有毒的溴化物气体；流速过快，容易产生和积聚静电；若遇高热，容器内压增大，有开裂和爆炸的危险。
健康危害	吸入、口服或经皮肤吸收本品后，对身体有危害；对眼睛和皮肤有刺激性。
防护措施	呼吸系统防护：空气中浓度超标时，必须佩戴自吸过滤式防毒面具（半面罩）。紧急事态抢救或撤离时，应该佩戴空气呼吸器。 眼睛防护：戴化学安全防护眼镜。 身体防护：穿防静电工作服。 手防护：戴橡胶耐油手套。
危险性类别	易燃液体，类别2。

序号	2427	品名	溴乙酸	商品编码	2915.9000
别　名			溴醋酸	CAS 号	79-08-3
英文名			Bromoacetic acid		
分子式			C₂H₃BrO₂		
外观与性状			无色晶体、或无色斜方六面晶体。		
主要用途			用于有机合成。		
危险特性			本品遇明火、高热可燃；与强氧化剂接触可发生化学反应；遇潮时对大多数金属有腐蚀性。		
健康危害			本品对黏膜、眼睛和皮肤可产生严重的局部反应；可引起眼睛和皮肤灼伤。动物中毒表现为胃肠炎、黄疸和肌无力。病理检查见心、肝、肾和肌肉均有明显退行性变。		
防护措施			呼吸系统防护：空气中浓度超标时，必须佩戴自吸过滤式防毒面具（全面罩）。紧急事态抢救或撤离时，应该佩戴空气呼吸器。 眼睛防护：戴化学安全防护眼镜。 身体防护：穿防护衣。 手防护：戴橡胶手套。		
危险性类别			急性毒性—经口，类别 3*；急性毒性—经皮肤，类别 3*；急性毒性—吸入，类别 3*；皮肤腐蚀/刺激，类别 1A；严重眼损伤/眼刺激，类别 1；皮肤致敏物，类别 1；危害水生环境—急性危害，类别 1。		

序号	2428	品名	溴乙酸甲酯	商品编码	2915.9000
别　名			溴醋酸甲酯	CAS 号	96-32-2
英文名			Methyl bromoacetate		
分子式			C₃H₅BrO₂		
外观与性状			无色至黄色液体，有吸湿性。		
主要用途			用于合成除草剂，也用作染料、药品制造的中间体。		
危险特性			本品易燃，高毒，具有强刺激性。		
健康危害			本品对眼睛、呼吸道黏膜有强烈的刺激作用，重者可引起肺水肿。		
防护措施			呼吸系统防护：空气中浓度超标时，必须佩戴自吸过滤式防毒面具（全面罩）。紧急事态抢救或撤离时，应该佩戴空气呼吸器。 眼睛防护：戴化学安全防护眼镜。 身体防护：穿防护衣。 手防护：戴橡胶手套。		
危险性类别			急性毒性—经皮肤，类别 3；皮肤腐蚀/刺激，类别 2。		

序号	2429	品名	溴乙酸叔丁酯	商品编码	2915.9000
别 名			溴醋酸叔丁酯	CAS 号	5292-43-3
英文名			Tert-butyl bromoacetate		
分子式			$C_6H_{11}BrO_2$		
外观与性状			液体。		
主要用途			用于合成除草剂,也用作染料、药品制造的中间体。		
危险特性			本品遇明火易燃;受高热燃烧并分解产生有毒气体。		
健康危害			本品有毒、有腐蚀性。受高热放出有毒气体。		
防护措施			呼吸系统防护:空气中浓度超标时,必须佩戴自吸过滤式防毒面具(全面罩)。紧急事态抢救或撤离时,应该佩戴空气呼吸器。 眼睛防护:戴化学安全防护眼镜。 身体防护:穿防护衣。 手防护:戴橡胶手套。		
危险性类别			易燃液体,类别3。		

序号	2430	品名	溴乙酸乙酯	商品编码	2915.9000
别 名			溴醋酸乙酯	CAS 号	105-36-2
英文名			Ethyl bromoacetate		
分子式			$BrCH_2COOCH_2CH_3$		
外观与性状			无色或黄色的液体,有毒。		
主要用途			用于制造军用毒气。		
危险特性			本品易燃,遇明火、高热或与氧化剂接触,有引起燃烧爆炸的危险;受高热分解产生有毒的溴化物气体。		
健康危害			本品对人的眼睛、皮肤、黏膜和呼吸道均有强烈的刺激性。		
防护措施			呼吸系统防护:空气中浓度超标时,必须佩戴自吸过滤式防毒面具(全面罩)。紧急事态抢救或撤离时,应该佩戴空气呼吸器。 眼睛防护:戴化学安全防护眼镜。 身体防护:穿防护衣。 手防护:戴橡胶手套。		
危险性类别			急性毒性—经口,类别2*;急性毒性—经皮肤,类别1;急性毒性—吸入,类别2*。		

序号	2431	品名	溴乙酸异丙酯	商品编码	2915.9000
别 名			溴醋酸异丙酯	CAS 号	29921-57-1
英文名			Sopropyl bromoacetate		
分子式			C₅H₉BrO₂		
外观与性状			无色液体。		
主要用途			用于有机合成。		
危险特性			本品遇明火、高热可燃;与氧化剂可发生反应;受高热分解释放出有毒的气体;具有腐蚀性;若遇高热,容器内压增大,有开裂和爆炸的危险。		
健康危害			吸入、摄入或经皮肤吸收本品后对身体有害;对眼睛、皮肤和黏膜有刺激作用;吸入后,可引起喉、支气管炎症、痉挛,化学性肺炎、肺水肿等。		
防护措施			呼吸系统防护:空气中浓度超标时,必须佩戴自吸过滤式防毒面具(全面罩)。紧急事态抢救或撤离时,应该佩戴空气呼吸器。 眼睛防护:戴化学安全防护眼镜。 身体防护:穿防护衣。 手防护:戴橡胶手套。		
危险性类别			皮肤腐蚀/刺激,类别1;严重眼损伤/眼刺激,类别1。		

序号	2432	品名	溴乙酸正丙酯	商品编码	2915.9000
别 名			溴醋酸正丙酯	CAS 号	35223-80-4
英文名			N-propyl bromoacetate		
分子式			C₅H₉BrO₂		
外观与性状			液体。		
主要用途			用于有机合成。		
危险特性			本品遇明火能燃烧;受高热分解产生有毒的溴化物气体。		
健康危害			本品有毒、有腐蚀性;受高热能放出有毒气体。		
防护措施			呼吸系统防护:可能接触其蒸气时,应该佩戴防毒面具。紧急事态抢救或撤离时,建议佩戴供气式呼吸器。 眼睛防护:戴化学安全防护眼镜。 身体防护:穿工作服。 手防护:戴防化学品手套。		
危险性类别			皮肤腐蚀/刺激,类别1;严重眼损伤/眼刺激,类别1。		

序号	2433	品名	溴乙烷	商品编码	2903.3990
别 名			乙基溴；溴代乙烷	CAS 号	74-96-4
英文名			Bromoethane		
分子式			C_2H_5Br		
外观与性状			无色油状液体。		
主要用途			用于有机合成，合成医药、制冷剂等，也作溶剂。		
危险特性			本品蒸气与空气可形成爆炸性混合物，遇明火、高热能引起燃烧爆炸；受高热分解产生有毒的溴化物气体；受光照或火焰下容易分解生成溴化氢和碳酰溴。与强氧化剂接触可发生化学反应。		
健康危害			本品极度易燃、有毒，具刺激性。		
防护措施			呼吸系统防护：空气中浓度超标时，应该佩戴自吸过滤式防毒面具（半面罩）。 眼睛防护：高浓度接触时可戴安全防护眼镜。 身体防护：穿防毒物渗透工作服。 手防护：戴防化学品手套。		
危险性类别			易燃液体，类别2。		

序号	2434	品名	溴乙烯(稳定的)	商品编码	2903.3990
别 名			乙烯基溴	CAS 号	593-60-2
英文名			Bromoethylene		
分子式			C_2H_3Br		
外观与性状			无色液体或气体。		
主要用途			用作合成树脂的中间体。		
危险特性			本品与空气混合能形成爆炸性混合物；遇热源和明火有燃烧爆炸的危险；与氧化剂接触猛烈反应；燃烧或无抑制剂时可发生剧烈聚合。		
健康危害			吸入高浓度本品后可造成麻醉，甚至致死。对眼睛、皮肤有刺激性。		
防护措施			呼吸系统防护：空气中浓度超标时，必须佩戴自吸过滤式防毒面具（全面罩）。紧急事态抢救或撤离时，应该佩戴空气呼吸器。 眼睛防护：戴化学安全防护眼镜。 身体防护：穿防静电工作服。 手防护：戴防化学品手套。		
危险性类别			易燃气体，类别1；化学不稳定性气体，类别B；加压气体；致癌性，类别1B。		

序号	2435	品名	溴乙酰苯	商品编码	2914.7900
别　名			苯甲酰甲基溴	CAS 号	1970-11-1
英文名			2-bromoacetophenone		
分子式			C_8H_7BrO		
外观与性状			白色斜方柱状结晶。		
主要用途			用作有机合成和医药工业的原料。		
危险特性			本品遇明火、高热可燃；其粉体与空气可形成爆炸性混合物，当达到一定浓度时，遇火星会发生爆炸；受高热分解释放出有毒的气体。		
健康危害			吸入、摄入或经皮肤吸本品收后对身体有害；对眼睛、皮肤、黏膜和上呼吸道有强烈刺激作用；吸入，可引起喉、支气管炎症、痉挛，化学性肺炎、肺水肿等。		
防护措施			呼吸系统防护：可能接触其粉尘时，必须佩戴防尘面具（全面罩）。紧急事态抢救或撤离时，应该佩戴空气呼吸器。 眼睛防护：戴化学安全防护眼镜。 身体防护：穿胶布防毒衣。 手防护：戴橡胶手套。		
危险性类别			急性毒性—经口，类别 3；急性毒性—经皮肤，类别 3；急性毒性—吸入，类别 3；皮肤腐蚀/刺激，类别 1；严重眼损伤/眼刺激，类别 1。		

序号	2436	品名	溴乙酰溴	商品编码	2915.9000
别　名			溴化溴乙酰	CAS 号	598-21-0
英文名			Bromoacetyl bromide		
分子式			$C_2H_2Br_2O$		
外观与性状			无色或浅黄色液体，有刺激性气味。		
主要用途			用于有机合成。		
危险特性			本品遇明火、高热或与氧化剂接触，有引起燃烧爆炸的危险；与碱类剧烈反应；遇水和乙醇发生剧烈反应，释出具有刺激性、腐蚀性的溴化氢烟气；受高热分解释放出有毒的气体；遇潮时对大多数金属有腐蚀性。		
健康危害			本品有毒，具有腐蚀性、强刺激性，可致人体灼伤。		
防护措施			呼吸系统防护：空气中浓度超标时，必须佩戴自吸过滤式防毒面具（全面罩）。紧急事态抢救或撤离时，应该佩戴空气呼吸器。 眼睛防护：戴化学安全防护眼镜。 身体防护：穿橡胶耐酸碱服。 手防护：戴橡胶耐酸碱手套。		
危险性类别			皮肤腐蚀/刺激，类别 1；严重眼损伤/眼刺激，类别 1。		

序号	2437	品名	β,β'-亚氨基二丙腈	商品编码	2926.9090
别 名			双(β-氰基乙基)胺	CAS 号	111-94-4
英文名			Bis(beta-cyanoethyl)amine		
分子式			$C_6H_9N_3$		
外观与性状			无色液体。		
主要用途			用作气相色谱固定液。		
危险特性			本品遇明火、高热可燃；与氧化剂能发生强烈反应；遇高热分解释出高毒烟气；其蒸气比空气重，能在较低处扩散到相当远的地方，遇火源会着火回燃；若遇高热，容器内压增大，有开裂和爆炸的危险。		
健康危害			本品对环境有危害，对水体可造成污染。		
防护措施			呼吸系统防护：一般不需要特殊防护，高浓度接触时可佩戴自吸过滤式防毒面具（半面罩）。 眼睛防护：戴化学安全防护眼镜。 身体防护：穿透气型防毒服。 手防护：戴防化学品手套。		
危险性类别			皮肤腐蚀/刺激，类别2；严重眼损伤/眼刺激，类别2；特异性靶器官毒性—单次接触，类别3（呼吸道刺激）。		

序号	2438	品名	亚氨基二亚苯	商品编码	2933.9900
别 名			咔唑;9-氮杂芴	CAS 号	86-74-8
英文名			Carbazole		
分子式			$C_{12}H_9N$		
外观与性状			无色单斜片状结晶，有特殊气味。		
主要用途			用于染料、化学试剂、炸药、杀虫剂、润滑剂、橡胶抗氧剂等的制造。		
危险特性			本品遇高热、明火或与氧化剂接触，有引起燃烧的危险；燃烧时，放出有毒气体。		
健康危害			本品对皮肤有强烈刺激性，使皮肤对光敏感；其本身并未列入具有致癌作用的化合物，但某些衍生物在动物实验中表现出致癌作用。		
防护措施			呼吸系统防护：空气中浓度超标时，必须佩戴自吸过滤式防毒面具（全面罩）。紧急事态抢救或撤离时，应该佩戴空气呼吸器。 眼睛防护：戴化学安全防护眼镜。 身体防护：穿胶布防毒衣。 手防护：戴橡胶手套。		
危险性类别			易燃固体，类别2；危害水生环境—急性危害，类别2；危害水生环境—长期危害，类别2。		

序号	2439	品名	亚胺乙汞	商品编码	2852.1000
别 名			埃米	CAS号	2597-93-5
英文名			Emmi powder		
分子式			$C_{11}H_7Cl_6HgNO_2$		
危险特性			受热分解有毒氧化氮、氯化物、含汞气体。		
防护措施			呼吸系统防护：佩戴防毒口罩。紧急事态抢救或逃生时，佩戴自给式呼吸器。 眼睛防护：戴化学安全防护眼镜。 防护服：穿相应的防护服。 手防护：戴防化学品手套。		
危险性类别			急性毒性—经口，类别3；急性毒性—经皮肤，类别1；急性毒性—吸入，类别2*；特异性靶器官毒性—反复接触，类别2*；危害水生环境—急性危害，类别1；危害水生环境—长期危害，类别1。		

序号	2440	品名	亚碲酸钠	商品编码	2842.9090
别 名				CAS号	10102-20-2
英文名			Sodium tellurite		
分子式			Na_2TeO_3		
外观与性状			白色斜方晶系结晶或粉末。		
主要用途			用于医药。		
危险特性			本品本身不能燃烧；受高热分解释放出有毒的气体；若遇高热，容器内压增大，有开裂和爆炸的危险。		
健康危害			本品剧毒。有报道本品用作造影剂注入输尿管引起中毒，中毒症状有：呼气蒜臭味、恶心、呕吐、昏迷、呼吸困难、明显紫绀等。6小时后死亡。		
防护措施			呼吸系统防护：空气中浓度较高时，应该佩戴过滤式防毒面具（半面罩）。紧急事态抢救或逃生时，建议佩戴空气呼吸器。 眼睛防护：戴化学安全防护眼镜。 身体防护：穿防毒物渗透工作服。 手防护：戴乳胶手套。		
危险性类别			急性毒性—经口，类别3。		

序号	2441	品名	4,4'-亚甲基双苯胺	商品编码	2921.5900
别名			亚甲基二苯胺;4,4'-二氨基二苯基甲烷;防老剂 MDA	CAS 号	101-77-9
英文名			4,4'-metylene dianiline		
分子式			$C_{13}H_{14}N_2$		
外观与性状			淡黄色结晶,遇光变成黑色。		
主要用途			用作环氧树脂的固化剂、橡胶的抗氧剂和防老剂,也用于测定钨和硫酸盐。		
危险特性			本品遇明火、高热可燃;其粉体与空气可形成爆炸性混合物,当达到一定浓度时,遇火星会发生爆炸;受高热分解释放出有毒的气体。		
健康危害			吸入、摄入或经皮肤吸收本品后对身体有害;有误服后引起急性黄疸的报道,也有经皮肤引起中毒性肝炎的报道。本品在体内可形成高铁血红蛋白,致发生紫绀。		
防护措施			呼吸系统防护:空气中浓度超标时,必须佩戴自吸过滤式防毒面具(全面罩)。紧急事态抢救或撤离时,应该佩戴空气呼吸器。 眼睛防护:戴化学安全防护眼镜。 身体防护:穿胶布防毒衣。 手防护:戴橡胶耐油手套。		
危险性类别			皮肤致敏物,类别 1;生殖细胞致突变性,类别 2;致癌性,类别 2;特异性靶器官毒性—单次接触,类别 1;特异性靶器官毒性—反复接触,类别 2*;危害水生环境—急性危害,类别 2;危害水生环境—长期危害,类别 2。		

序号	2442	品名	亚磷酸	商品编码	2811.1990
别名				CAS 号	13598-36-2
英文名			Phosphorous acid		
分子式			H_3PO_3		
外观与性状			白色或淡黄色结晶。		
主要用途			用作制造塑料稳定剂的原料,也用于合成纤维和亚磷酸盐制造。		
危险特性			本品具有腐蚀性;受热分解产生剧毒的氧化磷烟气。		
健康危害			本品对呼吸道有刺激性;眼接触可致灼伤,造成永久性损害;皮肤接触可致重灼伤。		
防护措施			呼吸系统防护:可能接触其粉尘时,建议佩戴头罩型电动送风过滤式防尘呼吸器。紧急事态抢救或撤离时,建议佩戴自给式呼吸器。 眼睛防护:戴化学安全防护眼镜。 身体防护:穿防酸碱塑料工作服。 手防护:戴橡胶耐酸碱手套。		
危险性类别			皮肤腐蚀/刺激,类别 1A;严重眼损伤/眼刺激,类别 1。		

序号	2443	品名	亚磷酸二丁酯	商品编码	2920.2910
别　名				CAS 号	1809-19-4
英文名		Dibutyl phosphite			
分子式		$C_8H_{19}O_3P$			
外观与性状		无色液体。			
主要用途		用作溶剂、抗氧剂及有机合成中间体。			
危险特性		本品的蒸气与空气可形成爆炸性混合物，遇明火、高热能引起燃烧爆炸；与氧化剂可发生反应；受热分解产生剧毒的氧化磷烟气；其蒸气比空气重，能在较低处扩散到相当远的地方，遇火源会着火回燃；若遇高热，容器内压增大，有开裂和爆炸的危险。			
健康危害		本品对眼睛、皮肤、黏膜和上呼吸道有强烈刺激作用；吸入后可引起喉、支气管的痉挛、炎症和水肿，化学性肺炎或肺水肿。中毒表现可有烧灼感、咳嗽、喘息、喉炎、气短、头痛、恶心和呕吐。			
防护措施		呼吸系统防护：空气中浓度超标时，必须佩戴自吸过滤式防毒面具（全面罩）。紧急事态抢救或撤离时，应该佩戴空气呼吸器。 眼睛防护：戴化学安全防护眼镜。 身体防护：穿胶布防毒衣。 手防护：戴橡胶耐油手套。			
危险性类别		易燃液体，类别3。			

序号	2444	品名	亚磷酸二氢铅	商品编码	2835.1000
别　名		二盐基亚磷酸铅		CAS 号	1344-40-7
英文名		Lead phosphite			
分子式		$2PbO \cdot PbHPO_3 \cdot 1/2H_2O$			
外观与性状		白色微细针状结晶或粉末。			
主要用途		用作聚氯乙烯的热稳定剂。			
危险特性		本品遇到火星或遇热，易于燃烧，甚至在缺氧时仍能持续燃烧。			
健康危害		铅及其化合物损害造血、神经、消化系统及肾脏。职业中毒主要为慢性。神经系统主要表现为神经衰弱综合征、周围神经病（以运动功能受累较明显），重者出现铅中毒性脑病；消化系统表现有齿龈铅线、食欲不振、恶心、腹胀、腹泻或便秘；腹绞痛见于中等及较重病例。造血系统损害出现卟啉代谢障碍、贫血等。短时大量接触可发生急性或亚急性铅中毒，表现类似重症慢性铅中毒。			
防护措施		呼吸系统防护：空气中浓度超标时，必须佩戴自吸过滤式防毒面具（半面罩）。紧急事态抢救或撤离时，应该佩戴空气呼吸器。 眼睛防护：戴化学安全防护眼镜。 身体防护：穿防静电工作服。 手防护：戴橡胶手套。			
危险性类别		易燃固体，类别1；致癌性，类别1B；生殖毒性，类别1A；特异性靶器官毒性—反复接触，类别2；危害水生环境—急性危害，类别1；危害水生环境—长期危害，类别1。			

序号	2445	品名	亚磷酸三苯酯	商品编码	2920.2910
别　名				CAS 号	101-02-0
英文名		Triphenyl phosphite			
分子式		$C_{18}H_{15}O_3P$			
外观与性状		无色至淡黄色、有芳香气味、固体或油状液体。			
主要用途		可用作许多聚合物的抗氧剂和稳定剂，与许多酚类抗氧剂有较好的协同作用。			
危险特性		本品遇明火、高热可燃；遇潮气逐渐分解。			
健康危害		如吸入、摄入或经皮肤吸收本品后对人体有害，对眼睛、黏膜、皮肤和上呼吸道有刺激作用。目前，尚未见生产性中毒报道。本品可使动物抽搐、腹泻、血管扩张，对胆碱酯酶有弱抑制作用，易为豚鼠皮肤吸收。			
防护措施		呼吸系统防护：空气中粉尘浓度超标时，必须佩戴自吸过滤式防尘口罩；可能接触其蒸气时，应该佩戴自吸过滤式防毒面具（半面罩）。 眼睛防护：戴化学安全防护眼镜。 身体防护：穿防毒物渗透工作服。 手防护：戴橡胶手套。			
危险性类别		皮肤腐蚀/刺激，类别 2；严重眼损伤/眼刺激，类别 2；危害水生环境—急性危害，类别 1；危害水生环境—长期危害，类别 1。			

序号	2446	品名	亚磷酸三甲酯	商品编码	2920.2300
别　名		三甲氧基磷		CAS 号	121-45-9
英文名		Trimethyl phosphite			
分子式		$C_3H_9O_3P$			
外观与性状		无色液体。			
主要用途		用作制造杀虫剂的原料。			
危险特性		本品的蒸气与空气可形成爆炸性混合物，遇明火、高热能引起燃烧爆炸；与氧化剂可发生反应；受热分解产生剧毒的氧化磷烟气；其蒸气比空气重，能在较低处扩散到相当远的地方，遇火源会着火回燃；若遇高热，容器内压增大，有开裂和爆炸的危险。			
健康危害		吸入、摄入或经皮肤吸收本品后对身体有害，有强烈的刺激作用；高浓度亚磷酸三甲酯对眼睛、皮肤、黏膜和呼吸道有强烈的刺激作用。中毒表现有烧灼感、咳嗽、喘息、喉炎、气短、头痛、恶心、呕吐、化学性肺炎。			
防护措施		呼吸系统防护：空气中浓度超标时，必须佩戴自吸过滤式防毒面具（半面罩）。紧急事态抢救或撤离时，应该佩戴空气呼吸器。 眼睛防护：戴化学安全防护眼镜。 身体防护：穿防静电工作服。 手防护：戴橡胶耐油手套。			
危险性类别		易燃液体，类别 3；皮肤腐蚀/刺激，类别 2；严重眼损伤/眼刺激，类别 2A；特异性靶器官毒性—单次接触，类别 3（呼吸道刺激）；特异性靶器官毒性—反复接触，类别 2。			

序号	2447	品名	亚磷酸三乙酯	商品编码	2920.2400
别 名				CAS 号	122-52-1
英文名		Triethyl phosphite			
分子式		$C_6H_{15}O_3P$			
外观与性状		无色透明液体。			
主要用途		用作农药中间体及塑料的增塑剂和稳定剂。			
危险特性		本品的蒸气与空气可形成爆炸性混合物，遇明火、高热能引起燃烧爆炸；与氧化剂可发生反应；受热分解产生剧毒的氧化磷烟气；若遇高热，容器内压增大，有开裂和爆炸的危险。			
健康危害		本品的蒸气或雾对眼睛、上呼吸道有刺激性；对皮肤有刺激性。			
防护措施		呼吸系统防护：空气中浓度超标时，必须佩戴自吸过滤式防毒面具（半面罩）。紧急事态抢救或撤离时，应该佩戴空气呼吸器。 眼睛防护：戴化学安全防护眼镜。 身体防护：穿防静电工作服。 手防护：戴橡胶耐油手套。			
危险性类别		易燃液体，类别 3；严重眼损伤/眼刺激，类别 2B；皮肤致敏物，类别 1；生殖毒性，类别 2；特异性靶器官毒性—单次接触，类别 2。			

序号	2448	品名	亚硫酸	商品编码	2811.1990
别 名				CAS 号	7782-99-2
英文名		Sulfurous acid			
分子式		H_2SO_3			
外观与性状		无色透明液体。			
主要用途		用作分析试剂、还原剂及防腐剂。			
危险特性		本品暴露在空气中可发生氧化反应；受高热分解产生有毒的硫化物烟气。具有腐蚀性。			
健康危害		本品对眼睛、皮肤、黏膜和呼吸道有强烈的刺激作用；吸入后可因喉、支气管的痉挛、水肿、炎症，化学性肺炎、肺水肿而致死。中毒表现有烧灼感、咳嗽、喘息、喉炎、气短、头痛、恶心和呕吐。			
防护措施		呼吸系统防护：可能接触其烟雾时，佩戴自吸过滤式防毒面具（全面罩）或空气呼吸器。紧急事态抢救或撤离时。 眼睛防护：戴化学安全防护眼镜。 身体防护：穿橡胶耐酸碱服。 手防护：戴橡胶耐酸碱手套。			
危险性类别		皮肤腐蚀/刺激，类别 1；严重眼损伤/眼刺激，类别 1。			

序号	2449	品名	亚硫酸氢铵	商品编码	2832.2000
别　名			酸式亚硫酸铵	CAS 号	10192-30-0
英文名			Ammonium bisulfite		
分子式			NH_4HSO_3		
外观与性状			白色斜方棱晶。		
主要用途			用于染料中间体的合成，表面活性剂，农药除草剂，制药工业的还原剂，也用于感光工业的显影过程的保护。		
危险特性			本品受热分解产生有毒二氧化硫和氨气体。		
防护措施			呼吸系统防护：佩戴防毒口罩。紧急事态抢救或逃生时，佩戴自给式呼吸器。 眼睛防护：戴化学安全防护眼镜。 防护服：穿相应的防护服。 手防护：戴防化学品手套。		
危险性类别			皮肤腐蚀/刺激，类别 2；严重眼损伤/眼刺激，类别 2。		

序号	2450	品名	亚硫酸氢钙	商品编码	2832.2000
别　名			酸式亚硫酸钙	CAS 号	13780-03-5
英文名			Calcium bisulfite		
分子式			$Ca(HSO_3)_2$		
外观与性状			无色或微黄色固体或液体。		
主要用途			用作二氧化硫发生剂、还原剂、漂白剂、防腐剂等。		
危险特性			本品具有还原性。接触酸或酸气能产生有毒气体；受高热分解释放出有毒的气体。具有腐蚀性。		
健康危害			本品有毒。误服会中毒；蒸气刺激眼睛和黏膜；液体能腐蚀眼睛、皮肤和黏膜；受热分解释放出氧化硫烟雾。		
防护措施			呼吸系统防护：浓度超标时，必须佩戴自吸过滤式防毒面具（半面罩）。紧急事态抢救或撤离时，应该佩戴空气呼吸器。 眼睛防护：戴化学安全防护眼镜。 身体防护：穿橡胶耐酸碱服。 手防护：戴橡胶耐酸碱手套。		
危险性类别			皮肤腐蚀/刺激，类别 2；严重眼损伤/眼刺激，类别 2。		

序号	2451	品名	亚硫酸氢钾	商品编码	2832.2000
别　名			酸式亚硫酸钾	CAS 号	7773-03-7
英文名			Potassium hydrogen sulphite		
分子式			$KHSO_3$		
外观与性状			白色结晶性粉末。		
主要用途			在酒精饮料的生产过程中用作杀菌剂；常用作分析试剂和还原剂，也用于制药工业。		
健康危害			本品具有腐蚀性。		
防护措施			呼吸系统防护：佩戴防毒口罩。紧急事态抢救或逃生时，佩戴自给式呼吸器。 眼睛防护：戴化学安全防护眼镜。 防护服：穿相应的防护服。 手防护：戴防化学品手套。		
危险性类别			皮肤腐蚀/刺激，类别 2；严重眼损伤/眼刺激，类别 2。		

序号	2452	品名	亚硫酸氢镁	商品编码	2832.2000
别　名			酸式亚硫酸镁	CAS 号	13774-25-9
英文名			Magnesium bisulfite solution		
分子式			$H_2MgO_6S_2$		
外观与性状			液体。		
健康危害			本品会导致灼伤。		
防护措施			呼吸系统防护：佩戴防毒口罩。紧急事态抢救或逃生时，佩戴自给式呼吸器。 眼睛防护：戴化学安全防护眼镜。 防护服：穿相应的防护服。 手防护：戴防化学品手套。		
危险性类别			皮肤腐蚀/刺激，类别 2；严重眼损伤/眼刺激，类别 2。		

序号	2453	品名	亚硫酸氢钠	商品编码	2832.1000
别 名			酸式亚硫酸钠	CAS 号	7631-90-5
英文名			Sodium bisulfite		
分子式			$NaHSO_3$		
外观与性状			白色结晶粉末，有二氧化硫的气味。		
主要用途			用作漂白剂、媒染剂、蔬菜脱水和保存剂、照相还原剂、医药电镀、造纸等助漂净剂。		
危险特性			本品具有强还原性。接触酸或酸气能产生有毒气体；受高热分解释放出有毒的气体。具有腐蚀性。		
健康危害			本品对皮肤、眼睛、呼吸道有刺激性，可引起过敏反应；可引起角膜损害，导致失明；可引起哮喘；大量口服引起恶心、腹痛、腹泻、循环衰竭、中枢神经抑制。		
防护措施			呼吸系统防护：空气中粉尘浓度超标时，必须佩戴自吸过滤式防尘口罩。紧急事态抢救或撤离时，应该佩戴空气呼吸器。 眼睛防护：戴化学安全防护眼镜。 身体防护：穿橡胶耐酸碱服。 手防护：戴橡胶耐酸碱手套。		
危险性类别			皮肤腐蚀/刺激，类别2；严重眼损伤/眼刺激，类别2。		

序号	2454	品名	亚硫酸氢锌	商品编码	2832.2000
别 名			酸式亚硫酸锌	CAS 号	15457-98-4
英文名			Zinc bisulfite		
防护措施			呼吸系统防护：佩戴防毒口罩。紧急事态抢救或逃生时，佩戴自给式呼吸器。 眼睛防护：戴化学安全防护眼镜。 防护服：穿相应的防护服。 手防护：戴防化学品手套。		
危险性类别			皮肤腐蚀/刺激，类别2；严重眼损伤/眼刺激，类别2。		

序号	2455	品名	亚氯酸钙	商品编码	2828.9000
别 名				CAS 号	14674-72-7
英文名	Calcium chlorite				
分子式	$CaCl_2O_4$				
外观与性状	白色立方晶体。				
主要用途	用作氧化剂。				
危险特性	本品遇热、光放氧;遇有机物可燃;与硫氰化钾接触可燃烧;热分解排出有毒氯化物烟雾。				
防护措施	呼吸系统防护:佩戴防毒口罩。紧急事态抢救或逃生时,佩戴自给式呼吸器。 眼睛防护:戴化学安全防护眼镜。 防护服:穿相应的防护服。 手防护:戴防化学品手套。				
危险性类别	氧化性固体,类别2。				

序号	2456	品名	亚氯酸钠、亚氯酸钠溶液(含有效氯>5%)	商品编码	2828.9000
别 名				CAS 号	7758-19-2
英文名	Sodium chlorite				
分子式	$NaClO_2$				
外观与性状	白色固体,轻微的氯的气味。				
主要用途	用作高效漂白剂及氧化剂。				
危险特性	本品可以点燃可燃物(木材、纸、油、衣服等);遇到一些反应爆炸产生碳氢化合物(燃料)。在容器里加热会爆炸;径流可能造成火灾或爆炸危险。				
健康危害	本品吞食有害,可引起胃肠道刺激。				
防护措施	呼吸系统防护:可能接触其粉尘时,应该佩戴自吸过滤式防尘口罩。必要时,佩戴空气呼吸器。 眼睛防护:戴安全防护眼镜。 身体防护:穿连衣式胶布防毒衣。 手防护:戴橡胶手套。				
危险性类别	急性毒性—经口,类别3;急性毒性—经皮肤,类别2;急性毒性—吸入,类别2;皮肤腐蚀/刺激,类别1;严重眼损伤/眼刺激,类别1;特异性靶器官毒性—单次接触,类别2;特异性靶器官毒性—反复接触,类别2;危害水生环境—急性危害,类别1。				

序号	2457	品名	亚砷酸钡	商品编码	2842.9090
别　名				CAS 号	125687-68-5
英文名		Barium arsenite			
分子式		$Ba_3As_2O_6$			
外观与性状		白色粉末。			
主要用途		用作分析试剂，也可用作杀虫剂制备。			
防护措施		呼吸系统防护：佩戴防毒口罩。紧急事态抢救或逃生时，佩戴自给式呼吸器。 眼睛防护：戴化学安全防护眼镜。 防护服：穿相应的防护服。 手防护：戴防化学品手套。			
危险性类别		急性毒性—经口，类别 3＊；急性毒性—吸入，类别 3＊；致癌性，类别 1A；危害水生环境—急性危害，类别 1；危害水生环境—长期危害，类别 1。			

序号	2458	品名	亚砷酸钠、亚砷酸钠水溶液	商品编码	2842.9090
别　名		偏亚砷酸钠		CAS 号	7784-46-5
英文名		Sodium arsenite			
分子式		$NaAsO_2$			
外观与性状		白色或灰白色粉末，有潮解性。			
主要用途		用作杀虫剂、防腐剂、分析试剂等。			
危险特性		本品不燃。受高热分解释放出有毒的气体；暴露于空气中遇二氧化碳逐渐分解；与氧化剂可发生反应；遇酸产生剧毒的三氧化二砷。			
健康危害		本品对鼻及喉黏膜有刺激性，可致鼻黏膜溃疡；高浓度反复接触可引起神经损害，表现为四肢麻木、无力，尚可引起恶心、腹痛和头痛，严重者可致死；在有酸或酸雾存在时，可产生溶血性毒物砷化氢；皮肤接触可引起烧灼感、刺痒和色素改变。			
防护措施		呼吸系统防护：可能接触其粉尘时，应该佩戴自吸过滤式防尘口罩。必要时，佩戴空气呼吸器。 眼睛防护：戴化学安全防护眼镜。 身体防护：穿连衣式胶布防毒衣。 手防护：戴橡胶手套。			
危险性类别		急性毒性—经口，类别 2；急性毒性—经皮肤，类别 2；严重眼损伤/眼刺激，类别 2；生殖细胞致突变性，类别 2；致癌性，类别 1A；生殖毒性，类别 2；特异性靶器官毒性—单次接触，类别 1；特异性靶器官毒性—反复接触，类别 1；危害水生环境—急性危害，类别 1；危害水生环境—长期危害，类别 1。			

序号	2459	品名	亚砷酸钙	商品编码	2842.9090
别　名			亚砒酸钙	CAS 号	27152-57-4
英文名			Calcium arsenite		
分子式			$Ca_3(AsO_3)_2$		
外观与性状			白色粉末。		
主要用途			用作杀虫剂、杀菌剂、杀软体动物药。		
危险特性			本身不燃。遇高热、明火会产生剧毒的蒸气；遇酸产生剧毒的三氧化二砷。		
健康危害			本品对环境有危害，对水体可造成污染。		
防护措施			呼吸系统防护：可能接触其粉尘时，应该佩戴自吸过滤式防尘口罩。必要时，佩戴空气呼吸器。 眼睛防护：戴化学安全防护眼镜。 身体防护：穿连衣式胶布防毒衣。 手防护：戴橡胶手套。		
危险性类别			急性毒性—经口，类别1；严重眼损伤/眼刺激，类别2；致癌性，类别1A；生殖毒性，类别2；特异性靶器官毒性—单次接触，类别1；特异性靶器官毒性—反复接触，类别1；危害水生环境—急性危害，类别1；危害水生环境—长期危害，类别1。		

序号	2460	品名	亚砷酸钾	商品编码	2842.9090
别　名			偏亚砷酸钾	CAS 号	10124-50-2
英文名			Potassium arsenite		
分子式			$KAsO_2$		
外观与性状			无色针状结晶。		
主要用途			用作分析试剂及还原剂。		
危险特性			本品本身不能燃烧。受高热分解释放出有毒的气体；遇酸产生剧毒的三氧化二砷；暴露于空气中遇二氧化碳逐渐分解。		
健康危害			本品对环境有危害，对水体可造成污染。		
防护措施			呼吸系统防护：可能接触其粉尘时，应该佩戴自吸过滤式防尘口罩。必要时，佩戴空气呼吸器。 眼睛防护：戴化学安全防护眼镜。 身体防护：穿连衣式胶布防毒衣。 手防护：戴橡胶手套。		
危险性类别			急性毒性—经口，类别2；急性毒性—经皮肤，类别2；严重眼损伤/眼刺激，类别2；生殖细胞致突变性，类别2；致癌性，类别1A；生殖毒性，类别2；特异性靶器官毒性—单次接触，类别1；特异性靶器官毒性—反复接触，类别1；危害水生环境—急性危害，类别1；危害水生环境—长期危害，类别1。		

序号	2461	品名	亚砷酸铅	商品编码	2842.9090
别　名				CAS 号	10031-13-7
英文名		Lead arsenite			
分子式		$Pb(AsO_2)_2$			
外观与性状		白色粉末。			
主要用途		用作杀虫剂。			
危险特性		本品本身不能燃烧。遇高热分解释出高毒烟气。			
健康危害		本品属于剧毒类。对皮肤、黏膜有刺激作用，吸入或误服会中毒；兼有铅和砷的毒性；受热分解释出砷和铅烟雾。			
防护措施		呼吸系统防护：可能接触其粉尘时，必须佩戴空气呼吸器。 眼睛防护呼吸：系统防护中已作防护。 身体防护：穿胶布防毒衣。 手防护：戴橡胶手套。 其他防护：工作现场禁止吸烟、进食和饮水。工作完毕，淋浴更衣。保持良好的卫生习惯。			
危险性类别		急性毒性—经口，类别3*；急性毒性—吸入，类别3*；严重眼损伤/眼刺激，类别2；致癌性，类别1A；生殖毒性，类别2；特异性靶器官毒性—单次接触，类别1；特异性靶器官毒性—反复接触，类别1；危害水生环境—急性危害，类别1；危害水生环境—长期危害，类别1。			

序号	2462	品名	亚砷酸锶	商品编码	2842.9090
别　名		原亚砷酸锶		CAS 号	91724-16-2
英文名		Strontium arsenite			
分子式		$Sr(AsO_3)_2 \cdot 4H_2O$			
外观与性状		白色粉末。			
主要用途		用作杀虫剂等。			
危险特性		本品本身不能燃烧。遇高热分解释出高毒烟气。			
健康危害		吸入本品引起呼吸道及神经系统症状；重者出现呼吸中枢和血管舒缩中枢麻痹而死亡；误服严重者出现中枢神经系统症状，也可因呼吸中枢麻痹而死亡。			
防护措施		呼吸系统防护：可能接触其粉尘时，必须佩戴空气呼吸器。 眼睛防护呼吸：系统防护中已作防护。 身体防护：穿胶布防毒衣。 手防护：戴橡胶手套。			
危险性类别		急性毒性—经口，类别3*；急性毒性—吸入，类别3*；致癌性，类别1A；危害水生环境—急性危害，类别1；危害水生环境—长期危害，类别1。			

序号	2463	品名	亚砷酸锑	商品编码	2842.9090
别　名				CAS 号	
英文名	Antimony arsenite				
分子式	$SbAsO_3$				
防护措施	呼吸系统防护：佩戴防毒口罩。紧急事态抢救或逃生时，佩戴自给式呼吸器。 眼睛防护：戴化学安全防护眼镜。 防护服：穿相应的防护服。 手防护：戴防化学品手套。				
危险性类别	急性毒性—经口，类别3*；急性毒性—吸入，类别3*；致癌性，类别1A；危害水生环境—急性危害，类别1；危害水生环境—长期危害，类别1。				

序号	2464	品名	亚砷酸铁	商品编码	2842.9090
别　名				CAS 号	63989-69-5
英文名	Ferric arsenite				
分子式	$FeAsO_3$				
危险特性	本品遇酸产生剧毒三氧化二砷。				
防护措施	呼吸系统防护：佩戴防毒口罩。紧急事态抢救或逃生时，佩戴自给式呼吸器。 眼睛防护：戴化学安全防护眼镜。 防护服：穿相应的防护服。 手防护：戴防化学品手套。				
危险性类别	急性毒性—经口，类别3*；急性毒性—吸入，类别3*；致癌性，类别1A；危害水生环境—急性危害，类别1；危害水生环境—长期危害，类别1。				

序号	2465	品名	亚砷酸铜	商品编码	2842.9090
别　名			亚砷酸氢铜	CAS 号	10290-12-7
英文名			Cupric arsenite		
分子式			$CuHAsO_3$		
外观与性状			淡绿色粉末。		
主要用途			用作杀虫剂、羊毛防腐剂、颜料。		
危险特性			本品本身不能燃烧。遇高热分解释放出高毒烟气。		
健康危害			吸入本品后引起呼吸道及神经系统症状，重者出现中枢神经系统症状，也可因呼吸中枢麻痹而死亡。口服引起急性胃肠炎，并出现头痛、出冷汗、黄疸及肝、肾损害。		
防护措施			呼吸系统防护：可能接触其粉尘时，必须佩戴空气呼吸器。 眼睛防护：呼吸系统防护中已作防护。 身体防护：穿胶布防毒衣。 手防护：戴橡胶手套。		
危险性类别			急性毒性—经口，类别 3＊；急性毒性—吸入，类别 3＊；致癌性，类别 1A；危害水生环境—急性危害，类别 1；危害水生环境—长期危害，类别 1。		

序号	2466	品名	亚砷酸锌	商品编码	2842.9090
别　名				CAS 号	10326-24-6
英文名			Zinc arsenite		
分子式			$Zn(AsO_2)_2$		
外观与性状			白色粉末。		
主要用途			用作木材防腐剂、杀虫剂。		
危险特性			本品本身不能燃烧。遇高热分解释出高毒烟气。		
健康危害			吸入本品引起呼吸道及神经系统症状；重者出现呼吸中枢和血管舒缩中枢麻痹而死亡。误服严重者出现中枢神经系统症状，也可因呼吸中枢麻痹而死亡。		
防护措施			呼吸系统防护：可能接触其粉尘时，必须佩戴空气呼吸器。 眼睛防护：呼吸系统防护中已作防护。 身体防护：穿胶布防毒衣。 手防护：戴橡胶手套。		
危险性类别			急性毒性—经口，类别 3＊；急性毒性—吸入，类别 3＊；致癌性，类别 1A；危害水生环境—急性危害，类别 1；危害水生环境—长期危害，类别 1。		

序号	2467	品名	亚砷酸银	商品编码	2843.2900
别 名			原亚砷酸银	CAS 号	7784-08-9
英文名			Silver arsenite		
分子式			Ag_3AsO_3		
健康危害			本品遇酸产生剧毒三氧化二砷。		
防护措施			呼吸系统防护：佩戴防毒口罩。紧急事态抢救或逃生时，佩戴自给式呼吸器。 眼睛防护：戴化学安全防护眼镜。 防护服：穿相应的防护服。 手防护：戴防化学品手套。		
危险性类别			急性毒性—经口，类别3＊；急性毒性—吸入，类别3＊；致癌性，类别1A；危害水生环境—急性危害，类别1；危害水生环境—长期危害，类别1。		

序号	2468	品名	亚硒酸	商品编码	2811.1990
别 名				CAS 号	7783-00-8
英文名			Selenious acid		
分子式			H_2SeO_3		
外观与性状			无色或白色六方棱柱状结晶，有潮解性。		
主要用途			用于生物碱试剂、还原剂、检定钛、锆和氟化氢，也用于光谱分析、氧化剂。		
危险特性			本品遇热释放出有毒含硒化物蒸气。		
防护措施			呼吸系统防护：佩戴防毒口罩。紧急事态抢救或逃生时，佩戴自给式呼吸器。 眼睛防护：戴化学安全防护眼镜。 防护服：穿相应的防护服。 手防护：戴防化学品手套。		
危险性类别			急性毒性—经口，类别3；急性毒性—吸入，类别3；皮肤腐蚀/刺激，类别1；严重眼损伤/眼刺激，类别1；特异性靶器官毒性—反复接触，类别1；危害水生环境—急性危害，类别1；危害水生环境—长期危害，类别1。		

序号	2469	品名	亚硒酸钡	商品编码	2842.9050
别 名				CAS 号	13718-59-7
英文名	Barium selenite					
分子式	$BaSeO_3$					
外观与性状	粉红色粉末。					
主要用途	玻璃工业中用作去色剂。					
危险特性	本品本身不能燃烧。遇高热分解释出高毒烟气。					
健康危害	本品属高毒类。急性中毒时可见：上呼吸道刺激症状、头痛、眩晕、全身虚弱、恶心、呕吐、呼出气和皮肤有大蒜味等。皮肤接触后可引起皮炎。					
防护措施	呼吸系统防护：可能接触其粉尘时，必须佩戴防尘面具（全面罩）。紧急事态抢救或撤离时，应该佩戴空气呼吸器。 眼睛防护：呼吸系统防护中已作防护。 身体防护：穿胶布防毒衣。 手防护：戴橡胶手套。					
危险性类别	严重眼损伤/眼刺激，类别2；特异性靶器官毒性—单次接触，类别3（呼吸道刺激）；危害水生环境—急性危害，类别1；危害水生环境—长期危害，类别1。					

序号	2470	品名	亚硒酸钙	商品编码	2842.9050
别 名				CAS 号	13780-18-2
英文名	Calcium selenite					
分子式	$CaSeO_3$					
主要用途	用作饲料添加剂，可替代亚硒酸钠，在饲料中作用与亚硒酸钠相同，但毒性降低。					
健康危害	本品对环境可能有危害，对水体应给予特别注意。					
防护措施	呼吸系统防护：佩戴防毒口罩。紧急事态抢救或逃生时，佩戴自给式呼吸器。 眼睛防护：戴化学安全防护眼镜。 防护服：穿相应的防护服。 手防护：戴防化学品手套。					
危险性类别	急性毒性—经口，类别3*；急性毒性—吸入，类别3*；特异性靶器官毒性—反复接触，类别2；危害水生环境—急性危害，类别1；危害水生环境—长期危害，类别1。					

序号	2471	品名	亚硒酸钾	商品编码	2842.9050
别　　名				CAS 号	10431-47-7
英文名	Potassium selenite				
分子式	K_2SeO_3				
主要用途	用作分析试剂。				
防护措施	呼吸系统防护：佩戴防毒口罩。紧急事态抢救或逃生时，佩戴自给式呼吸器。 眼睛防护：戴化学安全防护眼镜。 防护服：穿相应的防护服。 手防护：戴防化学品手套。				
危险性类别	急性毒性—经口，类别3*；急性毒性—吸入，类别3*；特异性靶器官毒性—反复接触，类别2；危害水生环境—急性危害，类别1；危害水生环境—长期危害，类别1。				

序号	2472	品名	亚硒酸铝	商品编码	2842.9050
别　　名				CAS 号	20960-77-4
英文名	Aluminium selenite				
分子式	$Al_2Se_3O_9$				
防护措施	呼吸系统防护：佩戴防毒口罩。紧急事态抢救或逃生时，佩戴自给式呼吸器。 眼睛防护：戴化学安全防护眼镜。 防护服：穿相应的防护服。 手防护：戴防化学品手套。				
危险性类别	急性毒性—经口，类别3*；急性毒性—吸入，类别3*；特异性靶器官毒性—反复接触，类别2；危害水生环境—急性危害，类别1；危害水生环境—长期危害，类别1。				

序号	2473	品名	亚硒酸镁	商品编码	2842.9050
别　　名				CAS 号	15593-61-0
英文名	Magnesium selenite				
分子式	$MgSeO_3$				
外观与性状	白色结晶粉末。				
防护措施	呼吸系统防护：佩戴防毒口罩。紧急事态抢救或逃生时，佩戴自给式呼吸器。 眼睛防护：戴化学安全防护眼镜。 防护服：穿相应的防护服。 手防护：戴防化学品手套。				
危险性类别	急性毒性—经口，类别3*；急性毒性—吸入，类别3*；特异性靶器官毒性—反复接触，类别2；危害水生环境—急性危害，类别1；危害水生环境—长期危害，类别1。				

序号	2474	品名	亚硒酸钠	商品编码	2842.9050
别　名			亚硒酸二钠	CAS 号	10102-18-8
英文名			Sodium selenite		
分子式			Na_2SeO_3		
外观与性状			白色无臭味的针状或柱状结晶或粉末。		
主要用途			用作玻璃脱色剂、生物碱试剂。		
危险特性			本品本身不能燃烧。受高热分解释放出有毒的气体。		
健康危害			人经口摄取本品1g，能引起中毒死亡。急性中毒时可见：上呼吸道和眼睛、黏膜的刺激症状，头痛、眩晕、恶心、呼出气和皮肤有大蒜味等。皮肤接触可引起皮炎。		
防护措施			呼吸系统防护：可能接触其粉尘时，必须佩戴防尘面具（全面罩）。紧急事态抢救或撤离时，应该佩戴空气呼吸器。 眼睛防护：呼吸系统防护中已作防护。 身体防护：穿胶布防毒衣。 手防护：戴橡胶手套。		
危险性类别			急性毒性—经口，类别2*；急性毒性—吸入，类别3*；皮肤致敏物，类别1；危害水生环境—急性危害，类别2；危害水生环境—长期危害，类别2。		

序号	2475	品名	亚硒酸氢钠	商品编码	2842.9050
别　名			重亚硒酸钠	CAS 号	7782-82-3
英文名			Sodium hydrogen selenite		
分子式			$NaHSeO_3$		
外观与性状			白色结晶，极易吸潮。		
主要用途			用于分析试剂，也用于配制亚硒酸盐煌绿增菌液、亚硒酸盐胱氨酸增菌液。		
防护措施			呼吸系统防护：佩戴防毒口罩。紧急事态抢救或逃生时，佩戴自给式呼吸器。 眼睛防护：戴化学安全防护眼镜。 防护服：穿相应的防护服。 手防护：戴防化学品手套。		
危险性类别			急性毒性—经口，类别1；急性毒性—吸入，类别3*；特异性靶器官毒性—反复接触，类别2；危害水生环境—急性危害，类别1；危害水生环境—长期危害，类别1。		

序号	2476	品名	亚硒酸铈		商品编码	2846.1090
别 名					CAS 号	15586-47-7
英文名	Cerium selenite					
分子式	$Ce_2Se_3O_9$					
防护措施	呼吸系统防护：佩戴防毒口罩。紧急事态抢救或逃生时，佩戴自给式呼吸器。 眼睛防护：戴化学安全防护眼镜。 防护服：穿相应的防护服。 手防护：戴防化学品手套。					
危险性类别	急性毒性—经口，类别3*；急性毒性—吸入，类别3*；特异性靶器官毒性—反复接触，类别2；危害水生环境—急性危害，类别1；危害水生环境—长期危害，类别1。					

序号	2477	品名	亚硒酸铜		商品编码	2842.9050
别 名					CAS 号	15168-20-4
英文名	Cupric selenite					
分子式	$CuSeO_3$					
外观与性状	蓝色斜方晶系或单斜晶系结晶。					
主要用途	用于电子、仪器、仪表工业。					
危险特性	本品本身不能燃烧。遇高热分解释出高毒烟气。					
健康危害	本品属高于毒类。急性中毒时可见：上呼吸道和眼睛、黏膜的刺激症状，头痛、眩晕全身虚弱、恶心、呼出气和皮肤有大蒜味等。皮肤接触小量时，可引起皮炎。					
防护措施	呼吸系统防护：可能接触其粉尘时，必须佩戴防尘面具（全面罩）。紧急事态抢救或撤离时，应该佩戴空气呼吸器。 眼睛防护：呼吸系统防护中已作防护。 身体防护：穿胶布防毒衣。 手防护：戴橡胶手套。					
危险性类别	急性毒性—经口，类别3*；急性毒性—吸入，类别3*；特异性靶器官毒性—反复接触，类别2；危害水生环境—急性危害，类别1；危害水生环境—长期危害，类别1。					

序号	2478	品名	亚硒酸银	商品编码	2843.2900
别 名				CAS 号	28041-84-1
英文名		Silver selenite			
分子式		Ag_2SeO_3			
外观与性状		白色针状的结晶。			
防护措施		呼吸系统防护：佩戴防毒口罩。紧急事态抢救或逃生时，佩戴自给式呼吸器。 眼睛防护：戴化学安全防护眼镜。 防护服：穿相应的防护服。 手防护：戴防化学品手套。			
危险性类别		急性毒性—经口，类别3*；急性毒性—吸入，类别3*；特异性靶器官毒性—反复接触，类别2；危害水生环境—急性危害，类别1；危害水生环境—长期危害，类别1。			

序号	2479	品名	4-亚硝基-N,N-二甲基苯胺	商品编码	2921.4200
别 名		对亚硝基二甲基苯胺；N,N-二甲基-4-亚硝基苯胺		CAS 号	138-89-6
英文名		4-amino-n,n-dimethylaniline			
分子式		$C_8H_{12}N_2$			
外观与性状		灰色至黑色固体。			
主要用途		用于有机合成。			
危险特性		本品遇明火、高热可燃；与强氧化剂接触可发生化学反应；受高热分解释放出有毒的气体。			
健康危害		本品对眼睛、黏膜、呼吸道及皮肤有刺激作用；吸收后导致形成高铁血红蛋白而发生紫绀；吸入、摄入或经皮肤吸收可能致死。			
防护措施		呼吸系统防护：空气中粉尘浓度超标时，必须佩戴自吸过滤式防尘口罩。紧急事态抢救或撤离时，应该佩戴空气呼吸器。 眼睛防护：戴化学安全防护眼镜。 身体防护：穿防毒物渗透工作服。 手防护：戴橡胶手套。			
危险性类别		自热物质和混合物，类别1；皮肤腐蚀/刺激，类别2。			

序号	2480	品名	4-亚硝基-N,N-二乙基苯胺	商品编码	2921.4200
别 名			对亚硝基二乙基苯胺;N,N-二乙基-4-亚硝基苯胺	CAS 号	120-22-9
英文名			4-nitroso-n,n-diethyl aniline		
分子式			$C_{10}H_{14}N_2O$		
外观与性状			绿色粉末。		
主要用途			用于有机合成。		
危险特性			本品属自燃物品。暴露在空气中能自燃;干燥时在空气中自燃;受高热分解释放出有毒的气体。		
健康危害			本品具有刺激作用,误服会中毒。吸收进入人体内后形成高铁血红蛋白,可致发生紫绀。		
防护措施			呼吸系统防护:空气中粉尘浓度超标时,必须佩戴自吸过滤式防尘口罩。紧急事态抢救或撤离时,应该佩戴空气呼吸器。 眼睛防护:戴化学安全防护眼镜。 身体防护:穿防毒物渗透工作服。 手防护:戴橡胶手套。		
危险性类别			自热物质和混合物,类别1。		

序号	2481	品名	4-亚硝基苯酚	商品编码	2908.9990
别 名			对亚硝基苯酚	CAS 号	104-91-6
英文名			P-nitrosophenol		
分子式			$C_6H_5NO_2$		
外观与性状			浅黄色斜方形针状结晶。		
主要用途			用于制造染料、有机合成。		
危险特性			本品遇高热、明火及强氧化剂易引起燃烧;与酸、碱接触能引起燃烧爆炸。受热分解产生有毒的烟气。		
健康危害			本品对皮肤、黏膜有刺激性,有致敏作用,并有生成高铁血红蛋白的作用。		
防护措施			呼吸系统防护:空气中粉尘浓度超标时,必须佩戴自吸过滤式防尘口罩。紧急事态抢救或撤离时,应该佩戴空气呼吸器。 眼睛防护:戴化学安全防护眼镜。 身体防护:穿防毒物渗透工作服。 手防护:戴橡胶手套。		
危险性类别			易燃固体,类别1;严重眼损伤/眼刺激,类别1;生殖细胞致突变性,类别2;危害水生环境—急性危害,类别2;危害水生环境—长期危害,类别2。		

序号	2482	品名	N-亚硝基二苯胺	商品编码	2929.9090
别 名			二苯亚硝胺	CAS 号	86-30-6
英文名			N-nitrosodiphenylamine		
分子式			$C_{12}H_{10}N_2O$		
外观与性状			黄褐色结晶粉末。		
主要用途			用于天然橡胶、合成橡胶用防焦剂。		
危险特性			本品遇明火、高热可燃；其粉体与空气可形成爆炸性混合物，当达到一定浓度时，遇火星会发生爆炸；与氧化剂能发生强烈反应。受热分解产生有毒的烟气。		
健康危害			对人体有刺激性和毒性。受热分解释出有毒的氮氧化物气体。		
防护措施			呼吸系统防护：空气中粉尘浓度超标时，必须佩戴自吸过滤式防尘口罩。紧急事态抢救或撤离时，应该佩戴空气呼吸器。 眼睛防护：戴化学安全防护眼镜。 身体防护：穿防毒物渗透工作服。 手防护：戴橡胶手套。		
危险性类别			皮肤腐蚀/刺激，类别 2；严重眼损伤/眼刺激，类别 2B；特异性靶器官毒性—单次接触，类别 2；特异性靶器官毒性—反复接触，类别 2；危害水生环境—急性危害，类别 2；危害水生环境—长期危害，类别 2。		

序号	2483	品名	N-亚硝基二甲胺	商品编码	2929.9090
别 名			二甲基亚硝胺	CAS 号	62-75-9
英文名			N-nitrosodimethylamine		
分子式			$C_2H_6N_2O$		
外观与性状			黄色液体。		
主要用途			用于医药及食品分析研究。		
危险特性			本品遇明火、高热可燃；与强氧化剂接触可发生化学反应；受热分解释放出有毒的氧化氮烟气。		
健康危害			本品对眼睛、皮肤有刺激作用；摄入、吸入或经皮肤吸收可能致死；接触可引起肝、肾损害。		
防护措施			呼吸系统防护：空气中浓度超标时，必须佩戴自吸过滤式防毒面具（全面罩）。紧急事态抢救或撤离时，应该佩戴空气呼吸器。 眼睛防护：呼吸系统防护中已作防护。 身体防护：穿胶布防毒衣。 手防护：戴橡胶耐油手套。		
危险性类别			急性毒性—经口，类别 3*；急性毒性—吸入，类别 2*；致癌性，类别 1B；特异性靶器官毒性—反复接触，类别 1；危害水生环境—急性危害，类别 2；危害水生环境—长期危害，类别 2。		

序号	2484	品名	亚硝基硫酸	商品编码	2811.1990
别 名			亚硝酰硫酸	CAS 号	7782-78-7
英文名			Nitrosylsulfuric acid		
分子式			HNO_5S		
外观与性状			白色片状、多孔或粒状晶体。		
主要用途			用于分散染料重氮反应中取代亚硝酸钠。		
危险特性			本品遇水分解产生有毒的氧化氮气体。		
健康危害			本品对皮肤、黏膜等组织有强烈的刺激作用和腐蚀作用，蒸气或雾能引起角膜炎、结膜炎，并可引起失明，引起呼吸道刺激和支气管痉挛，化学性肺炎、肺水肿，严重者可致死。		
防护措施			呼吸系统防护：佩戴防毒口罩。紧急事态抢救或逃生时，佩戴自给式呼吸器。 眼睛防护：戴化学安全防护眼镜。 防护服：穿相应的防护服。 手防护：戴防化学品手套。		
危险性类别			皮肤腐蚀/刺激，类别1A；严重眼损伤/眼刺激，类别1。		

序号	2485	品名	亚硝酸铵	商品编码	2834.1000
别 名				CAS 号	13446-48-5
英文名			Ammonium nitrite		
分子式			NH_4NO_2		
外观与性状			白色至黄色结晶。		
主要用途			用于氨氧化过程的中间体。		
危险特性			本品属强氧化剂。受热或经摩擦、震动、撞击可引起燃烧或爆炸；与有机物、还原剂、易燃物如硫、磷等接触或混合时有引起燃烧爆炸的危险；受热易分解，燃烧时产生有毒的氯化物气体。		
健康危害			本品具刺激作用。误服可引起高铁血红蛋白症；受热分解释出氮氧化物和氨烟雾。		
防护措施			呼吸系统防护：空气中粉尘浓度超标时，必须佩戴自吸过滤式防尘口罩。紧急事态抢救或撤离时，应该佩戴空气呼吸器。 眼睛防护：戴化学安全防护眼镜。 身体防护：穿胶布防毒衣。 手防护：戴橡胶手套。		
危险性类别			氧化性固体，类别2。		

序号	2486	品名	亚硝酸钡	商品编码	2834.1000
别 名				CAS 号	13465-94-6
英文名		Nitrous acid			
分子式		BaN_2O_4			
外观与性状		黄白色六方晶系针状结晶。			
主要用途		主要用作还原剂,添加于钢筋水泥中可作保护钢筋的防锈剂,也可作有机化学反应的重氮化剂。			
防护措施		呼吸系统防护:佩戴防毒口罩。紧急事态抢救或逃生时,佩戴自给式呼吸器。 眼睛防护:戴化学安全防护眼镜。 防护服:穿相应的防护服。 手防护:戴防化学品手套。			
危险性类别		氧化性固体,类别 3。			

序号	2487	品名	亚硝酸钙	商品编码	2834.1000
别 名				CAS 号	13780-06-8
英文名		Calcium nitrite			
分子式		$Ca(NO_2)_2$			
外观与性状		无色或微黄色结晶,有潮解性。			
主要用途		用于有机合成和医药。			
危险特性		无机氧化剂,本品与还原剂、有机物、易燃物,如硫、磷或金属粉末等混合可形成爆炸性混合物;高温时分解,释放出剧毒的氮氧化物气体。			
防护措施		呼吸系统防护:空气中浓度较高时,应该佩戴自吸过滤式防尘口罩。必要时,建议佩戴自给式呼吸器。 眼睛防护:戴化学安全防护眼镜。 身体防护:穿聚乙烯防毒服。 手防护:戴橡胶手套。			
危险性类别		氧化性固体,类别 3。			

序号	2488	品名	亚硝酸甲酯	商品编码	2920.9000
别　名				CAS 号	624-91-9
英文名	Methyl nitrite				
分子式	CH_3NO_2				
外观与性状	无色气体。				
主要用途	用于有机合成，还用作治疗药物（血管舒张剂）、炸药。				
危险特性	与空气混合能形成爆炸性混合物，遇热源和明火有燃烧爆炸的危险，受热或光照易发生分解，分解时有爆炸危险。与联氨、卤化铵、铵盐、硫氰酸盐、铁氰化物、可燃物和氧化剂接触受热会爆炸。				
健康危害	本品主要使血管扩张，引起血压降低及心动过速；大剂量可产生高铁血红蛋白血症。有报道，人接触本品后，初期症状有眩晕，后期为头痛、心悸等。				
防护措施	呼吸系统防护：空气中浓度较高时，应该佩戴自吸过滤式防毒面具（半面罩）。 眼睛防护：戴化学安全防护眼镜。 身体防护：穿防静电工作服。 手防护：戴防化学品手套。				
危险性类别	易燃气体，类别 2；加压气体；急性毒性—吸入，类别 2；特异性靶器官毒性—单次接触，类别 1。				

序号	2489	品名	亚硝酸钾	商品编码	2834.1000
别　名				CAS 号	7758-09-0
英文名	Potassium nitrite				
分子式	KNO_2				
外观与性状	白色至微黄色棱柱形或条状结晶，易潮解。				
主要用途	用作分析试剂，也用于医药及有机合成等。				
危险特性	无机氧化剂。本品与有机物、可燃物的混合物能燃烧和爆炸，并放出有毒和刺激性的氧化氮气体；与铵盐、可燃物粉末或氰化物的混合物会爆炸；加热或遇酸能产生剧毒的氮氧化物气体。				
健康危害	口服刺激口腔和胃肠道。大量口服可引起亚硝酸盐中毒，表现有紫绀、血压下降、呼吸困难、恶心、呕吐、头晕、腹痛、心率快、心律不齐、惊厥、昏迷，甚至死亡。吸入本品粉尘对呼吸道有刺激性，高浓度吸入的毒作用类似口服。本品对眼睛及皮肤有刺激性。				
防护措施	呼吸系统防护：可能接触其粉尘时，建议佩戴自吸过滤式防尘口罩。 眼睛防护：戴化学安全防护眼镜。 身体防护：穿聚乙烯防毒服。 手防护：戴橡胶手套。				
危险性类别	氧化性固体，类别 2；急性毒性—经口，类别 3*；危害水生环境—急性危害，类别 1。				

序号	2490	品名	亚硝酸钠	商品编码	2834.1000
别 名				CAS 号	7632-00-0
英文名		Sodium nitrite			
分子式		$NaNO_2$			
外观与性状		白色或淡黄色细结晶。			
主要用途		用于染料、医药等的制造,也用于有机合成。			
危险特性		本品是无机氧化剂,与有机物、可燃物的混合物能燃烧和爆炸,并放出有毒和刺激性的氧化氮气体;与铵盐、可燃物粉末或氰化物的混合物会爆炸;加热或遇酸能产生剧毒的氮氧化物气体。			
防护措施		呼吸系统防护:空气中浓度较高时,应该佩戴自吸过滤式防尘口罩。必要时,建议佩戴自给式呼吸器。 眼睛防护:戴化学安全防护眼镜。 身体防护:穿胶布防毒衣。 手防护:戴橡胶手套。			
危险性类别		氧化性固体,类别3;急性毒性—经口,类别3*;危害水生环境—急性危害,类别1。			

序号	2491	品名	亚硝酸镍	商品编码	2834.1000
别 名				CAS 号	17861-62-0
英文名		Nickel nitrite			
分子式		$Ni(NO_2)_2$			
外观与性状		微红色黄色晶体。			
主要用途		用于制染料、药物及用作试剂等。			
危险特性		本品属于强氧化剂。与铵盐、氰化物形成爆炸性混合物,受高热分解释放出有毒的气体。			
健康危害		本品加热分解释放出有毒的氧化氮烟雾,吸入会中毒。生产中,可见引起接触性皮炎或过敏性湿疹。			
防护措施		呼吸系统防护:空气中粉尘浓度超标时,建议佩戴自吸过滤式防尘口罩。紧急事态抢救或撤离时,应该佩戴空气呼吸器。 眼睛防护:戴化学安全防护眼镜。 身体防护:穿胶布防毒衣。 手防护:戴乳胶手套。			
危险性类别		氧化性固体,类别3;致癌性,类别1A;危害水生环境—急性危害,类别1;危害水生环境—长期危害,类别1。			

序号	2492	品名	亚硝酸锌铵		商品编码	2842.9090
别 名					CAS 号	63885-01-8
英文名		Zinc ammonium nitrite				
分子式		$H_4N_4O_6Zn$				
危险特性		本品受热分解,遇还原剂放出有毒氧化氮气体。				
防护措施		呼吸系统防护：佩戴防毒口罩。紧急事态抢救或逃生时，佩戴自给式呼吸器。 眼睛防护：戴化学安全防护眼镜。 防护服：穿相应的防护服。 手防护：戴防化学品手套。				
危险性类别		氧化性固体，类别 2。				

序号	2493	品名	亚硝酸乙酯		商品编码	2920.9000
别 名					CAS 号	109-95-5
英文名		Ethy nitrite				
分子式		$C_2H_5NO_2$				
外观与性状		无色至淡黄色澄清液体。				
主要用途		用于医药，工业上用作有机合成的中间体。				
危险特性		本品的蒸气与空气可形成爆炸性混合物，遇明火、高热极易燃烧爆炸；受热或光照易发生分解，分解时有爆炸危险。				
健康危害		本品主要使血管扩张，引起血压降低及心动过速。大剂量可引起高铁血红蛋白血症。人急性中毒，表现有头痛、心动过速、高铁血红蛋白血症，可致死。				
防护措施		呼吸系统防护：空气中浓度超标时，应该佩戴过滤式防毒面具（全面罩）或自给式呼吸器。紧急事态抢救或撤离时，建议佩戴空气呼吸器。 眼睛防护：戴化学安全防护眼镜。 身体防护：穿防静电工作服。 手防护：戴橡胶耐油手套。				
危险性类别		易燃气体，类别 1；加压气体；急性毒性—吸入，类别 2。				

序号	2494	品名	亚硝酸乙酯醇溶液	商品编码	2920.9000
别 名				CAS 号	
英文名		Ethyl nitrate			
外观与性状		无色液体,有甜味和芳香味;能溶于乙醚、乙醇,不溶于水。			
主要用途		主要用于药物、香料、燃料的合成,也可用作液体火箭推进剂。			
危险特性		本品在温度稍高时,能引起燃烧爆炸,具有强氧化性,遇明火极易燃烧。			
防护措施		呼吸系统防护:佩戴防毒口罩。紧急事态抢救或逃生时,佩戴自给式呼吸器。 眼睛防护:戴化学安全防护眼镜。 防护服:穿相应的防护服。 手防护:戴防化学品手套。			
危险性类别		易燃液体,类别1;急性毒性—吸入,类别2。			

序号	2495	品名	亚硝酸异丙酯	商品编码	2920.9000
别 名				CAS 号	541-42-4
英文名		Isopropyl nitrite			
分子式		$C_3H_7NO_2$			
外观与性状		灰黄色油状液体,易挥发。			
主要用途		用作燃料,工业上用作有机合成的中间体。			
危险特性		本品遇明火、高热易引起燃烧,并放出有毒气体;受热或光照易发生分解,分解时有爆炸危险;接触铵盐、氰化物可引起强烈分解。			
健康危害		本品属亚硝酸酯类,亚硝酸酯类的主要作用是使血管扩张,引起血压下降及心动过速。大剂量可引起高铁血红蛋白血症。			
防护措施		呼吸系统防护:可能接触其蒸气时,应该佩戴自吸过滤式防毒面具(半面罩)。紧急事态抢救或撤离时,建议佩戴氧气呼吸器。 眼睛防护:戴化学安全防护眼镜。 身体防护:穿防毒物渗透工作服。 手防护:戴橡胶耐油手套。			
危险性类别		易燃液体,类别2;急性毒性—吸入,类别2;特异性靶器官毒性—单次接触,类别1。			

序号	2496	品名	亚硝酸异丁酯	商品编码	2920.9000
别 名				CAS 号	542-56-3
英文名		Isobutyl nitrite			
分子式		$C_4H_9NO_2$			
外观与性状		无色液体。			
主要用途		用作溶剂，也用于有机合成。			
危险特性		本品遇明火、高热易引起燃烧，并放出有毒气体；受热分解释放出有毒的氧化氮烟气。			
健康危害		本品属亚硝酸酯类，亚硝酸酯类的主要作用是使血管扩张，引起血压下降及心动过速。大剂量可引起高铁血红蛋白血症。			
防护措施		呼吸系统防护：可能接触其蒸气时，应该佩戴自吸过滤式防毒面具（半面罩）。紧急事态抢救或撤离时，建议佩戴氧气呼吸器。 眼睛防护：戴化学安全防护眼镜。 身体防护：穿防毒物渗透工作服。 手防护：戴橡胶耐油手套。			
危险性类别		易燃液体，类别 2；生殖细胞致突变性，类别 2。			

序号	2497	品名	亚硝酸异戊酯	商品编码	2920.9000
别 名				CAS 号	110-46-3
英文名		Isoamyl nitrite			
分子式		$C_5H_{11}NO_2$			
外观与性状		淡黄色透明液体，有水果香味，具有挥发性。			
主要用途		在有机合成中用作亚硝化剂和氧化剂，也用于制取药物。			
危险特性		本品遇高热、明火及强氧化剂易引起燃烧并放出有毒气体。			
健康危害		本品主要使血管扩张，引起血压降低及心动过速；大剂量可产生高铁血红蛋白血症；大剂量吸入后，出现颜面潮红、搏动性头痛、心动过速、紫绀、软弱、躁动、昏厥、虚脱等；口服可使消化道破坏而失去作用。未见职业中毒的报道。			
防护措施		呼吸系统防护：可能接触其蒸气时，应该佩戴自吸过滤式防毒面具（半面罩）。紧急事态抢救或撤离时，建议佩戴氧气呼吸器。 眼睛防护：戴化学安全防护眼镜。 身体防护：穿防毒物渗透工作服。 手防护：戴橡胶耐油手套。			
危险性类别		易燃液体，类别 2。			

序号	2498	品名	亚硝酸正丙酯	商品编码	2920.9000
别 名				CAS 号	543-67-9
英文名		Propyl nitrite			
分子式		$C_3H_7NO_2$			
外观与性状		无色液体。			
主要用途		用于有机合成，也用作溶剂。			
危险特性		本品易燃，遇明火、高热易引起燃烧，并放出有毒气体。			
健康危害		本品属于亚硝酸酯类，其主要作用是使血管扩张，引起血压下降及心动过速。大剂量可引起高铁血红蛋白血症。			
防护措施		呼吸系统防护：可能接触其蒸气时，应该佩戴自吸过滤式防毒面具（半面罩）。紧急事态抢救或撤离时，建议佩戴氧气呼吸器。 眼睛防护：戴化学安全防护眼镜。 身体防护：穿防毒物渗透工作服。 手防护：戴橡胶耐油手套。			
危险性类别		易燃液体，类别2；急性毒性—吸入，类别2。			

序号	2499	品名	亚硝酸正丁酯	商品编码	2920.9000
别 名		亚硝酸丁酯		CAS 号	544-16-1
英文名		Butyl nitrite			
分子式		$C_4H_9NO_2$			
外观与性状		无色或浅黄色油状液体，有特殊气味。			
主要用途		用于有机合成。			
危险特性		本品遇明火、高热易引起燃烧，并放出有毒气体；受热分解释放出有毒的氧化氮烟气。			
健康危害		本品属于亚硝酸酯类，其主要作用是使血管扩张，引起血压下降，心动过速。大剂量可引起高铁血红蛋白血症。			
防护措施		呼吸系统防护：可能接触其蒸气时，应该佩戴自吸过滤式防毒面具（半面罩）。紧急事态抢救或撤离时，建议佩戴氧气呼吸器。 眼睛防护：戴安全防护眼镜。 身体防护：穿防毒物渗透工作服。 手防护：戴橡胶耐油手套。			
危险性类别		易燃液体，类别2；急性毒性—经口，类别3*；急性毒性—吸入，类别3*。			

序号	2500	品名	亚硝酸正戊酯	商品编码	2920.9000
别 名			亚硝酸戊酯	CAS 号	463-04-7
英文名			Amyl nitrite		
分子式			$C_5H_{11}NO_2$		
外观与性状			淡黄色液体,具有强烈的水果气味。		
主要用途			用作有机合成中间体。		
危险特性			本品的蒸气与空气可形成爆炸性混合物,遇明火、高热极易燃烧爆炸;与氧化剂接触反应猛烈;燃烧时,放出有毒气体;其蒸气比空气重,能在较低处扩散到相当远的地方,遇火源会着火回燃;若遇高热,容器内压增大,有开裂和爆炸的危险。		
健康危害			本品易燃,具有刺激性。		
防护措施			呼吸系统防护:空气中浓度超标时,必须佩戴自吸过滤式防毒面具(半面罩)。紧急事态抢救或撤离时,应该佩戴空气呼吸器。 眼睛防护:戴化学安全防护眼镜。 身体防护:穿防静电工作服。 手防护:戴橡胶耐油手套。		
危险性类别			易燃液体,类别2。		

序号	2501	品名	亚硝酰氯	商品编码	2812.1900
别 名			氯化亚硝酰	CAS 号	2696-92-6
英文名			Nitrosyl chloride		
分子式			ClNO		
外观与性状			红褐色液体或黄色气体,具有刺鼻恶臭味。		
主要用途			用于合成清洁剂、触媒及中间体。		
危险特性			本品属于强氧化剂。不会燃烧,但可助燃;与丙酮、铝接触剧烈反应;与易燃物、有机物接触易着火燃烧;遇水或潮气分解;对钢铁有腐蚀性。		
健康危害			本品对眼睛、皮肤和黏膜有强烈刺激性,具有类似氯气和氮氧化物的毒作用。吸入后可引起肺水肿及出血。		
防护措施			呼吸系统防护:空气中浓度超标时,佩戴过滤式防毒面具(全面罩)或自给式呼吸器。紧急事态抢救或撤离时,建议佩戴空气呼吸器。 眼睛防护:呼吸系统防护中已作防护。 身体防护:穿胶布防毒衣。 手防护:戴橡胶手套。		
危险性类别			加压气体;急性毒性—吸入,类别3*;皮肤腐蚀/刺激,类别1;严重眼损伤/眼刺激,类别1。		

序号	2502	品名	1,2-亚乙基双二硫代氨基甲酸二钠	商品编码	2930.2000
别 名			代森钠	CAS 号	142-59-6
英文名			Dithane d-14		
分子式			$C_4H_8N_2S_4Na_2$		
外观与性状			有硫样臭味的琥珀样固体。		
主要用途			用作农用杀菌剂。		
危险特性			本品遇明火、高热可燃;受热分解,放出氮、硫的氧化物等毒性气体。		
健康危害			本品对眼睛、上呼吸道和皮肤有刺激作用;对皮肤有致敏作用。有致甲状腺肿作用。高浓度有麻醉作用。饮酒后接触本品可致剧吐。大量口服可致死。		
防护措施			呼吸系统防护:生产操作或农业使用时,建议佩戴自吸过滤式防尘口罩或自吸过滤式防毒面具(半面罩)。紧急事态抢救或撤离时,应该佩戴自给式呼吸器。 眼睛防护:戴安全防护眼镜。 身体防护:穿连衣式胶布防毒衣。 手防护:戴氯丁橡胶手套。		
危险性类别			皮肤致敏物,类别1;特异性靶器官毒性—单次接触,类别3(呼吸道刺激);危害水生环境—急性危害,类别1;危害水生环境—长期危害,类别1。		

序号	2503	品名	氩(压缩的或液化的)	商品编码	2804.2100
别 名				CAS 号	7440-37-1
英文名			Argon		
分子式			Ar		
外观与性状			无色无臭的惰性气体。		
主要用途			用于灯泡充气和对不锈钢、镁、铝等的电弧焊接,即"氩弧焊"。		
危险特性			本品若遇高热,容器内压增大,有开裂和爆炸的危险。		
健康危害			本品不燃,具有窒息性。		
防护措施			呼吸系统防护:一般不需特殊防护。但当作业场所空气中氧气浓度低于18%时,必须佩戴空气呼吸器、氧气呼吸器或长管面具。 眼睛防护:一般不需特殊防护。 身体防护:穿一般作业工作服。 手防护:戴一般作业防护手套。		
危险性类别			加压气体。		

序号	2504	品名	烟碱氯化氢	商品编码	2939.7910
别 名			烟碱盐酸盐	CAS 号	2820-51-1
英文名			Nicotine hydrochloride		
分子式			$C_{10}H_{15}ClN_2$		
防护措施			呼吸系统防护：佩戴防毒口罩。紧急事态抢救或逃生时，佩戴自给式呼吸器。 眼睛防护：戴化学安全防护眼镜。 防护服：穿相应的防护服。 手防护：戴防化学品手套。		
危险性类别			急性毒性—经口，类别 2＊；急性毒性—经皮肤，类别 1；急性毒性—吸入，类别 2＊；危害水生环境—急性危害，类别 2；危害水生环境—长期危害，类别 2。		

序号	2505	品名	盐酸	商品编码	2806.1000
别 名			氢氯酸	CAS 号	7647-01-0
英文名			Hydrogen chloride		
分子式			HCl		
外观与性状			无色有刺激性气味的气体。		
主要用途			用于制染料、香料、药物、各种氯化物及腐蚀抑制剂。		
危险特性			本品无水氯化氢无腐蚀性，但遇水时有强腐蚀性；能与一些活性金属粉末发生反应，放出氢气；遇氰化物能产生剧毒的氰化氢气体。		
健康危害			本品不燃，具有强腐蚀性、强刺激性，可致人体灼伤。		
防护措施			呼吸系统防护：空气中浓度超标时，佩戴过滤式防毒面具（半面罩）。紧急事态抢救或撤离时，建议佩戴空气呼吸器。 眼睛防护：必要时，戴化学安全防护眼镜。 身体防护：化学防护服。 手防护：戴橡胶手套。		
危险性类别			皮肤腐蚀/刺激，类别 1B；严重眼损伤/眼刺激，类别 1；特异性靶器官毒性—单次接触，类别 3（呼吸道刺激）；危害水生环境—急性危害，类别 2。		

序号	2506	品名	盐酸-1-萘胺	商品编码	2921.4500
别　名		α-萘胺盐酸		CAS号	552-46-5
英文名		Alpha-naphthylamine hydrochloride			
分子式		$C_{10}H_9N \cdot HCl$			
外观与性状		白色结晶粉末；露置空气中见光色变蓝。			
主要用途		用于测定亚硝酸盐和硝酸盐。			
危险特性		本品遇明火、高热可燃；其粉体与空气可形成爆炸性混合物，当达到一定浓度时，遇火星会发生爆炸；受高热分解释放出有毒的气体。			
健康危害		本品对人体有毒，受高热分解释出氮氧化物和氯化氢烟雾。			
防护措施		呼吸系统防护：可能接触其粉尘时，必须佩戴防尘面具（全面罩）。紧急事态抢救或撤离时，应该佩戴空气呼吸器。 眼睛防护：呼吸系统防护中已作防护。 身体防护：穿胶布防毒衣。 手防护：戴橡胶手套。			
危险性类别		危害水生环境—急性危害，类别2；危害水生环境—长期危害，类别2。			

序号	2507	品名	盐酸-1-萘乙二胺	商品编码	2921.5900
别　名		α-萘乙二胺盐酸		CAS号	1465-25-4
英文名		N-(1-naphthyl)ethylenediamine dihydrochloride			
分子式		$C_{12}H_{16}Cl_2N_2$			
外观与性状		白色至浅棕色或灰色晶体或白色粉末。			
主要用途		用作测定磺胺类药物的试剂。			
危险特性		本品与金属接触可能会发展易燃的氢气。			
健康危害		本品对眼睛、呼吸道和皮肤有刺激作用。			
防护措施		呼吸系统防护：佩戴防毒口罩。紧急事态抢救或逃生时，佩戴自给式呼吸器。 眼睛防护：戴化学安全防护眼镜。 防护服：穿相应的防护服。 手防护：戴防化学品手套。			
危险性类别		皮肤腐蚀/刺激，类别2；严重眼损伤/眼刺激，类别2；特异性靶器官毒性—单次接触，类别3（呼吸道刺激）。			

序号	2508	品名	盐酸-2-氨基酚	商品编码	2922.2990
别　名			盐酸邻氨基酚	CAS 号	51-19-4
英文名			O-Aminophenol hydrochloride		
分子式			C_6H_8ClNO		
主要用途			用作染料中间体。		
危险特性			本品遇明火可燃;受热分解有毒氮氧化物和氯化物气体。		
防护措施			呼吸系统防护:佩戴防毒口罩。紧急事态抢救或逃生时,佩戴自给式呼吸器。 眼睛防护:戴化学安全防护眼镜。 防护服:穿相应的防护服。 手防护:戴防化学品手套。		
危险性类别			皮肤腐蚀/刺激,类别 2;严重眼损伤/眼刺激,类别 2;特异性靶器官毒性—单次接触,类别 3(呼吸道刺激)。		

序号	2509	品名	盐酸-2-萘胺	商品编码	2921.4500
别　名			β-萘胺盐酸	CAS 号	612-52-2
英文名			2-naphthylammonium chloride		
分子式			$C_{10}H_{10}ClN$		
危险特性			本品受热放出有毒氯化氢和氧化氮气体。		
防护措施			呼吸系统防护:佩戴防毒口罩。紧急事态抢救或逃生时,佩戴自给式呼吸器。 眼睛防护:戴化学安全防护眼镜。 防护服:穿相应的防护服。 手防护:戴防化学品手套。		
危险性类别			危害水生环境—急性危害,类别 2;危害水生环境—长期危害,类别 2。		

序号	2510	品名	盐酸-3,3'-二氨基联苯胺	商品编码	2921.5900
别　名			3,3'-二氨基联苯胺盐酸;3,4,3',4'-四氨基联苯盐酸;硒试剂	CAS 号	7411-49-6
英文名			3,3',4,4'-biphenyltetramine tetrahydrochloride		
分子式			$C_{12}H_{18}Cl_4N_4$		
外观与性状			灰色粉末。		
主要用途			用作分析试剂。		
危险特性			本品可燃;燃烧产生有毒氮氧化物和氯化氢烟雾。		
防护措施			呼吸系统防护:佩戴防毒口罩。紧急事态抢救或逃生时,佩戴自给式呼吸器。 眼睛防护:戴化学安全防护眼镜。 防护服:穿相应的防护服。 手防护:戴防化学品手套。		
危险性类别			危害水生环境—急性危害,类别 1;危害水生环境—长期危害,类别 1。		

序号	2511	品名	盐酸-3,3'-二甲基-4,4'-二氨基联苯	商品编码	2921.5900
别名			邻二氨基二甲基联苯盐酸;3,3'-二甲基联苯胺盐酸	CAS 号	612-82-8
英文名			3,3'-dimethylbenzidine dihydrochloride		
分子式			$C_{14}H_{18}Cl_2N_2$		
外观与性状			浅棕色粉末。		
主要用途			强氧化剂。		
危险特性			本品致癌,有害环境。		
健康危害			本品对皮肤、消化道、呼吸道有刺激性,可能会引起眼睛灼伤。		
防护措施			呼吸系统防护:佩戴防毒口罩。紧急事态抢救或逃生时,佩戴自给式呼吸器。 眼睛防护:戴化学安全防护眼镜。 防护服:穿相应的防护服。 手防护:戴防化学品手套。		
危险性类别			特异性靶器官毒性—单次接触,类别3(呼吸道刺激);特异性靶器官毒性—反复接触,类别1;危害水生环境—急性危害,类别2;危害水生环境—长期危害,类别2。		

序号	2512	品名	盐酸-3,3'-二甲氧基-4,4'-二氨基联苯	商品编码	2921.5900
别名			邻联二茴香胺盐酸;3,3'-二甲氧基联苯胺盐酸	CAS 号	20325-40-0
英文名			3,3'-dimethoxybenzidine dihydrochloride		
分子式			$C_{14}H_{16}N_2O_2 \cdot 2HCl$		
外观与性状			白色片状结晶。		
主要用途			用作染料中间体和测定金、亚硝酸盐的试剂。		
危险特性			本品遇明火、高热可燃;其粉体与空气可形成爆炸性混合物,当达到一定浓度时,遇火星会发生爆炸;与氧化剂发生反应,有燃烧危险;受高热分解释放出有毒的气体。		
健康危害			本品有毒,对人体有刺激性;动物实验表明,本品为可疑致癌物。		
防护措施			呼吸系统防护:可能接触其粉尘时,必须佩戴防尘面具(全面罩)。紧急事态抢救或撤离时,应该佩戴空气呼吸器。 眼睛防护:呼吸系统防护中已作防护。 身体防护:穿胶布防毒衣。 手防护:戴橡胶手套。		
危险性类别			皮肤腐蚀/刺激,类别1A;严重眼损伤/眼刺激,类别1;致癌性,类别1B。		

序号	2513	品名	盐酸-3,3'-二氯联苯胺	商品编码	2921.5900
别名			3,3'-二氯联苯胺盐酸	CAS 号	612-83-9
英文名			3,3'-dichlorobenzidine dihydrochloride		
分子式			$C_{12}H_{10}Cl_2N_2 \cdot 2HCl$		
外观与性状			针状结晶。		
主要用途			用作染料中间体。		
危险特性			本品遇明火、高热可燃；其粉体与空气可形成爆炸性混合物，当达到一定浓度时，遇火星会发生爆炸；受高热分解释放出有毒的气体。		
健康危害			吸入、摄入或经皮肤吸收本品后对身体有害；其受热分解出有毒的氯和氮氧化物。		
防护措施			呼吸系统防护：空气中粉尘浓度超标时，建议佩戴自吸过滤式防尘口罩。紧急事态抢救或撤离时，应该佩戴空气呼吸器。 眼睛防护：戴化学安全防护眼镜。 身体防护：穿透气型防毒服。 手防护：戴乳胶手套。		
危险性类别			严重眼损伤/眼刺激，类别1；生殖细胞致突变性，类别2；致癌性，类别2；特异性靶器官毒性—单次接触，类别3（呼吸道刺激）；危害水生环境—急性危害，类别1；危害水生环境—长期危害，类别1。		

序号	2514	品名	盐酸-3-氯苯胺	商品编码	2921.4990
别名			盐酸间氯苯胺；橙色基GC	CAS 号	141-85-5
英文名			3-chloro-,hydrochloride		
分子式			$C_6H_6ClN \cdot ClH$		
外观与性状			灰白色片状结晶。		
主要用途			用作棉纤维染色和印花的显色剂，也可用作染料和医药的中间体。		
防护措施			呼吸系统防护：佩戴防毒口罩。紧急事态抢救或逃生时，佩戴自给式呼吸器。 眼睛防护：戴化学安全防护眼镜。 防护服：穿相应的防护服。 手防护：戴防化学品手套。		
危险性类别			急性毒性—经口，类别3；急性毒性—经皮肤，类别3；急性毒性—吸入，类别3；皮肤腐蚀/刺激，类别2；严重眼损伤/眼刺激，类别2；特异性靶器官毒性—单次接触，类别3（呼吸道刺激）。		

序号	2515	品名	盐酸-4,4'-二氨基联苯	商品编码	2921.5900
别 名			盐酸联苯胺;联苯胺盐酸	CAS 号	531-85-1
英文名			4,4'-diaminobiphenyl dihydrochloride		
分子式			$C_{12}H_{14}Cl_2N_2$		
外观与性状			白色结晶粉末。		
主要用途			用于氰化物和染料的合成。		
健康危害			本品致癌,对环境有危害。		
防护措施			呼吸系统防护:佩戴防毒口罩。紧急事态抢救或逃生时,佩戴自给式呼吸器。 眼睛防护:戴化学安全防护眼镜。 防护服:穿相应的防护服。 手防护:戴防化学品手套。		
危险性类别			危害水生环境—急性危害,类别 1;危害水生环境—长期危害,类别 1。		

序号	2516	品名	盐酸-4-氨基-N,N-二乙基苯胺	商品编码	2921.5190
别 名			N,N-二乙基对苯二胺盐酸;对氨基-N,N-二乙基苯胺盐酸	CAS 号	16713-15-8
英文名			4-amino-n,n-diethylaniline dihydrochloride		
分子式			$C_{10}H_{16}N_2 \cdot 2HCl$		
外观与性状			无色针状结晶,久贮或见光色变深。		
主要用途			用作彩色显影剂。		
危险特性			本品遇高热、明火或与氧化剂接触,有引起燃烧的危险;受高热分解释放出有毒的气体。		
健康危害			本品有毒,对眼睛、皮肤和黏膜有刺激作用。		
防护措施			呼吸系统防护:空气中粉尘浓度超标时,必须佩戴自吸过滤式防尘口罩。紧急事态抢救或撤离时,应该佩戴空气呼吸器。 眼睛防护:戴化学安全防护眼镜。 身体防护:穿防毒物渗透工作服。 手防护:戴橡胶手套。		
危险性类别			急性毒性—经口,类别 3;急性毒性—经皮肤,类别 3;急性毒性—吸入,类别 3。		

序号	2517	品名	盐酸-4-氨基酚	商品编码	2922.2990
别　名			盐酸对氨基酚	CAS 号	51-78-5
英文名			4-hydroxyaniline hydrochloride		
分子式			C_6H_8ClNO		
外观与性状			灰色结晶粉末。		
主要用途			用于生产硫和偶氮染料、染色剂。		
健康危害			本品可引起呼吸道刺激。		
防护措施			呼吸系统防护：佩戴防毒口罩。紧急事态抢救或逃生时，佩戴自给式呼吸器。 眼睛防护：戴化学安全防护眼镜。 防护服：穿相应的防护服。 手防护：戴防化学品手套。		
危险性类别			皮肤腐蚀/刺激，类别 2；严重眼损伤/眼刺激，类别 2；皮肤致敏物，类别 1；特异性靶器官毒性—单次接触，类别 3（呼吸道刺激）。		

序号	2518	品名	盐酸-4-甲苯胺	商品编码	2921.4300
别　名			对甲苯胺盐酸盐；盐酸-4-甲苯胺	CAS 号	540-23-8
英文名			4-methylaniline hydrochloride		
分子式			$C_7H_9N·HCl$		
主要用途			用于十二烷基苯磺酸铵含量的分析，也用作化肥碳酸氢铵的添加剂。		
健康危害			本品对眼睛有刺激性；皮肤接触会产生过敏反应。		
防护措施			呼吸系统防护：佩戴防毒口罩。紧急事态抢救或逃生时，佩戴自给式呼吸器。 眼睛防护：戴化学安全防护眼镜。 防护服：穿相应的防护服。 手防护：戴防化学品手套。		
危险性类别			急性毒性—经口，类别 3＊；急性毒性—经皮肤，类别 3＊；急性毒性—吸入，类别 3＊；严重眼损伤/眼刺激，类别 2；皮肤致敏物，类别 1；危害水生环境—急性危害，类别 1。		

序号	2519	品名	盐酸苯胺	商品编码	2921.4190
别 名			苯胺盐酸盐	CAS 号	142-04-1
英文名			Aniline hydrochloride		
分子式			C_6H_8ClN		
外观与性状			片状结晶。		
主要用途			用于有机合成。		
危险特性			本品遇明火、高热可燃;与强氧化剂接触可发生化学反应;受高热分解产生有毒的腐蚀性烟气;与碱类接触会分解生成有毒的苯胺。		
健康危害			吸入、摄入或经皮肤吸收本品后可能致死;对眼睛、黏膜、呼吸道及皮肤有刺激作用;可使机体缺氧而出现紫绀(唇和皮肤呈蓝灰色)。中毒表现有头痛、眩晕、恶心等。		
防护措施			呼吸系统防护:空气中粉尘浓度超标时,必须佩戴自吸过滤式防尘口罩。紧急事态抢救或撤离时,应该佩戴空气呼吸器。 眼睛防护:戴化学安全防护眼镜。 身体防护:穿防毒物渗透工作服。 手防护:戴橡胶手套。		
危险性类别			皮肤腐蚀/刺激,类别 2;严重眼损伤/眼刺激,类别 2;生殖细胞致突变性,类别 2;特异性靶器官毒性—单次接触,类别 2;特异性靶器官毒性—反复接触,类别 2;危害水生环境—急性危害,类别 1。		

序号	2520	品名	盐酸苯肼	商品编码	2928.0000
别 名			苯肼盐酸	CAS 号	27140-08-5
英文名			Phenylhydrazine hydrochloride		
分子式			$C_6H_9ClN_2$		
外观与性状			白色无味粉末。		
主要用途			用于制备吲哚的各种染料和医药中间体的合成。		
危险特性			本品本身不燃烧,但可能在加热分解产生腐蚀性或有毒气体。		
健康危害			本品吸入有害并能引起呼吸道刺激。		
防护措施			呼吸系统防护:佩戴防毒口罩。紧急事态抢救或逃生时,佩戴自给式呼吸器。 眼睛防护:戴化学安全防护眼镜。 防护服:穿相应的防护服。 手防护:戴防化学品手套。		
危险性类别			急性毒性—经口,类别 3*;急性毒性—经皮肤,类别 3*;急性毒性—吸入,类别 3*;皮肤腐蚀/刺激,类别 2;严重眼损伤/眼刺激,类别 2;皮肤致敏物,类别 1;生殖细胞致突变性,类别 2;特异性靶器官毒性—反复接触,类别 1;危害水生环境—急性危害,类别 1。		

序号	2521	品名	盐酸邻苯二胺	商品编码	2921.5190
别 名			邻苯二胺二盐酸盐；盐酸邻二氨基苯	CAS 号	615-28-1
英文名			1,2-benzenediamine,hydrochloride		
分子式			$C_6H_{10}Cl_2N_2$		
外观与性状			白色至类白色粉状晶体，溶于醇水、氯仿等，性质比较稳定。		
主要用途			用于有机合成，也用作染料中间体。		
危险特性			本品遇明火可燃；受热放出有毒氯化氢和氧化氮气体。		
防护措施			呼吸系统防护：佩戴防毒口罩。紧急事态抢救或逃生时，佩戴自给式呼吸器。 眼睛防护：戴化学安全防护眼镜。 防护服：穿相应的防护服。 手防护：戴防化学品手套。		
危险性类别			急性毒性—经口，类别3*；严重眼损伤/眼刺激，类别2；皮肤致敏物，类别1；生殖细胞致突变性，类别2；危害水生环境—急性危害，类别1；危害水生环境—长期危害，类别1。		

序号	2522	品名	盐酸间苯二胺	商品编码	2921.5190
别 名			间苯二胺二盐酸盐；盐酸间二氨基苯	CAS 号	541-69-5
英文名			Benzene-1,3-diamine dihydrochloride		
分子式			$C_6H_8N_2 \cdot 2ClH$		
外观与性状			白色至类白色粉状晶体，溶于醇水、氯仿等，性质比较稳定。		
主要用途			用于有机合成，也用作染料中间体。		
危险特性			本品遇明火可燃；受热放出有毒氯化氢和氧化氮气体。		
防护措施			呼吸系统防护：佩戴防毒口罩。紧急事态抢救或逃生时，佩戴自给式呼吸器。 眼睛防护：戴化学安全防护眼镜。 防护服：穿相应的防护服。 手防护：戴防化学品手套。		
危险性类别			急性毒性—经口，类别3*；急性毒性—经皮肤，类别3*；急性毒性—吸入，类别3*；严重眼损伤/眼刺激，类别2；皮肤致敏物，类别1；生殖细胞致突变性，类别2；危害水生环境—急性危害，类别1；危害水生环境—长期危害，类别1。		

序号	2523	品名	盐酸对苯二胺	商品编码	2921.5190
别名			对苯二胺二盐酸盐；盐酸对二氨基苯	CAS号	624-18-0
英文名			P-phenylenediamine dihydrochloride		
分子式			$C_6H_{10}Cl_2N_2$		
外观与性状			白色至类白色粉状晶体，溶于醇水、氯仿等，性质比较稳定。		
主要用途			主要用于日用化妆品的生产，也用作染料中间体。		
危险特性			本品遇明火可燃；受热放出有毒氯化氢和氧化氮气体。		
防护措施			呼吸系统防护：佩戴防毒口罩。紧急事态抢救或逃生时，佩戴自给式呼吸器。 眼睛防护：戴化学安全防护眼镜。 防护服：穿相应的防护服。 手防护：戴防化学品手套。		
危险性类别			急性毒性—经口，类别3*；急性毒性—经皮肤，类别3*；急性毒性—吸入，类别3*；严重眼损伤/眼刺激，类别2；皮肤致敏物，类别1；危害水生环境—急性危害，类别1；危害水生环境—长期危害，类别1。		

序号	2524	品名	盐酸马钱子碱	商品编码	2939.7990
别名			二甲氧基士的宁盐酸盐	CAS号	5786-96-9
英文名			Strychnidin-10-one		
分子式			$C_{23}H_{27}ClN_2O_4$		
外观与性状			无色粉末。		
主要用途			用于有机合成。		
危险特性			本品遇高热、明火可燃；受高热分解产生有毒的气体。		
健康危害			本品对眼睛、皮肤有刺激作用；吸入、摄入或经皮肤吸收后可能致死。		
防护措施			呼吸系统防护：空气中浓度超标时，佩戴防毒面具。紧急事态抢救或逃生时，佩戴自给式呼吸器。 眼睛防护：戴化学安全防护眼镜。 身体防护：穿相应的防护服。 手防护：戴防化学品手套。		
危险性类别			急性毒性—经口，类别2*；急性毒性—吸入，类别2*；危害水生环境—长期危害，类别3。		

序号	2525	品名	盐酸吐根碱		商品编码	2939.7990
别 名			盐酸依米丁		CAS 号	316-42-7
英文名			Emetine hcl			
分子式			$C_{29}H_{42}Cl_2N_2O_4$			
外观与性状			白色无定形粉末，无气味，味苦；遇光及热色变黄而变质。			
健康危害			本品对皮肤和黏膜有强刺激性。			
防护措施			呼吸系统防护：佩戴防毒口罩。紧急事态抢救或逃生时，佩戴自给式呼吸器。 眼睛防护：戴化学安全防护眼镜。 防护服：穿相应的防护服。 手防护：戴防化学品手套。			
危险性类别			急性毒性—经口，类别1。			

序号	2526	品名	氧(压缩的或液化的)		商品编码	2804.4000
别 名					CAS 号	7782-44-7
英文名			Oxygen			
分子式			O_2			
外观与性状			无色无臭气体。			
主要用途			用于切割、焊接金属，制造医药、染料、炸药等。			
危险特性			本品是易燃物、可燃物燃烧爆炸的基本要素之一，能氧化大多数活性物质；与易燃物（如乙炔、甲烷等）形成有爆炸性的混合物。			
防护措施			呼吸系统防护：一般不需特殊防护。 眼睛防护：一般不需特殊防护。 身体防护：穿一般作业工作服。 手防护：戴一般作业防护手套。			
危险性类别			氧化性气体，类别1；加压气体。			

序号	2527	品名	氧化钡	商品编码	2816.4000
别　名		一氧化钡		CAS 号	1304-28-5
英文名		Barium oxide			
分子式		BaO			
外观与性状		白色固体。			
主要用途		用作气体的干燥剂，制造过氧化钡和钡盐等。			
危险特性		本品未有特殊的燃烧、爆炸特性。			
健康危害		急性中毒：经口中毒出现流涎、食道灼痛、胃痛、恶心、呕吐、腹泻、血压下降、肌束颤动、惊厥、出冷汗、步态不稳、视力障碍、言语模糊、呼吸困难、头晕、耳鸣等，重症者出现四肢瘫痪。血钾明显降低，且伴有呼吸麻痹及严重心律紊乱，可在 1~2 天内死亡。			
防护措施		呼吸系统防护：可能接触其粉尘时，必须佩戴防尘面具（全面罩）。紧急事态抢救或撤离时，应该佩戴空气呼吸器。 眼睛防护：呼吸系统防护中已作防护。 身体防护：穿胶布防毒衣。 手防护：戴橡胶手套。			
危险性类别		严重眼损伤/眼刺激，类别 2B；特异性靶器官毒性—单次接触，类别 3（呼吸道刺激）；特异性靶器官毒性—反复接触，类别 1。			

序号	2528	品名	氧化苯乙烯	商品编码	2910.9000
别　名		环氧乙基苯		CAS 号	96-09-3
英文名		Styrene oxide			
分子式		C_8H_8O			
外观与性状		无色至淡黄色液体，有芳香味。			
主要用途		用作苯代乙二醇及其衍生物生产的中间体，也用作环氧树脂工业的稀释剂。			
危险特性		本品遇明火、高热可燃；与氧化剂可发生反应；其蒸气比空气重，能在较低处扩散到相当远的地方，遇火源会着火回燃；容易自聚，聚合反应随着温度的上升而急骤加剧；若遇高热，容器内压增大，有开裂和爆炸的危险。			
健康危害		本品属低毒类。最大危害是对皮肤的刺激和致敏作用；接触后可引起头痛、恶心和呕吐、咳嗽、喉炎及气短等。			
防护措施		呼吸系统防护：空气中浓度超标时，必须佩戴自吸过滤式防毒面具（全面罩）。紧急事态抢救或撤离时，应该佩戴空气呼吸器。 眼睛防护：呼吸系统防护中已作防护。 身体防护：穿防毒物渗透工作服。 手防护：戴橡胶手套。			
危险性类别		严重眼损伤/眼刺激，类别 2；致癌性，类别 1B；危害水生环境—急性危害，类别 2。			

序号	2529	品名	β,β'-氧化二丙腈	商品编码	2926.9090
别　名			2,2'-二氰二乙基醚；3,3'-氧化二丙腈；双(2-氰乙基)醚	CAS 号	1656-48-0
英文名			3,3'-oxydipropionitrile		
分子式			$C_6H_8N_2O$		
外观与性状			无色油状液体。		
主要用途			用作溶剂、气相色谱固定液，并用于分级萃取。		
危险特性			本品遇明火、高热可燃；与氧化剂可发生反应；遇高热分解释出高毒烟气；若遇高热，容器内压增大，有开裂和爆炸的危险。		
健康危害			吸入、摄入或经皮肤吸收本品后对身体有害；对眼睛、皮肤、黏膜和上呼吸道有刺激作用；受热分解释出氮氧化物和氰。		
防护措施			呼吸系统防护：空气中浓度超标时，必须佩戴自吸过滤式防毒面具（半面罩）。紧急事态抢救或撤离时，应该佩戴空气呼吸器。 眼睛防护：戴化学安全防护眼镜。 身体防护：穿防毒物渗透工作服。 手防护：戴橡胶手套。		
危险性类别			皮肤腐蚀/刺激，类别 2；严重眼损伤/眼刺激，类别 2；特异性靶器官毒性—单次接触，类别 3（呼吸道刺激）。		

序号	2530	品名	氧化镉（非发火的）	商品编码	2825.9090
别　名				CAS 号	1306-19-0
英文名			Cadmium oxide		
分子式			CdO		
外观与性状			棕红色至棕黑色无定形粉末或立方晶体。		
主要用途			用于制镉盐、催化剂、陶瓷颜料、镉电镀液等。		
危险特性			本品与大多数氧化剂如氯酸盐、硝酸盐、高氯酸盐或高锰酸盐等组成爆炸性能十分敏感的化合物；受高热分解释放出有毒的气体。		
健康危害			本品对环境有危害，对水体可造成污染。		
防护措施			呼吸系统防护：可能接触其粉尘时，必须佩戴防尘面具（全面罩）。紧急事态抢救或撤离时，应该佩戴空气呼吸器。 眼睛防护：呼吸系统防护中已作防护。 身体防护：穿胶布防毒衣。 手防护：戴橡胶手套。		
危险性类别			急性毒性—吸入，类别 2*；生殖细胞致突变性，类别 2；致癌性，类别 1A；生殖毒性，类别 2；特异性靶器官毒性—反复接触，类别 1；危害水生环境—急性危害，类别 1；危害水生环境—长期危害，类别 1。		

序号	2531	品名	氧化汞	商品编码	2852.1000
别　名			一氧化汞;黄降汞;红降汞	CAS 号	21908-53-2
英文名			Mercury oxide		
分子式			HgO		
外观与性状			亮红色或橙红色重质晶状粉末，无臭味。		
主要用途			用作分析试剂、防腐剂，用于合成医药及涂料等。		
危险特性			本品不燃，属弱氧化剂。与还原性物质如镁粉、铝粉、硫、磷等混合后，经摩擦或撞击，能引起燃烧或爆炸；接触有机物有引起燃烧的危险。受高热分解释放出有毒的气体。		
健康危害			本品具有高毒。		
防护措施			呼吸系统防护：可能接触其粉尘时，必须佩戴防尘面具（全面罩）。紧急事态抢救或撤离时，应该佩戴空气呼吸器。 眼睛防护：呼吸系统防护中已作防护。 身体防护：穿胶布防毒衣。 手防护：戴橡胶手套。		
危险性类别			急性毒性—经口，类别 2；急性毒性—经皮肤，类别 2；皮肤腐蚀/刺激，类别 2；严重眼损伤/眼刺激，类别 2；皮肤致敏物，类别 1；生殖毒性，类别 1B；特异性靶器官毒性—单次接触，类别 1；特异性靶器官毒性—单次接触，类别 3（呼吸道刺激）；特异性靶器官毒性—反复接触，类别 2；危害水生环境—急性危害，类别 1；危害水生环境—长期危害，类别 1。		

序号	2532	品名	氧化环己烯	商品编码	2910.9000
别　名				CAS 号	286-20-4
英文名			Cyclohexene ocide		
分子式			$C_6H_{10}O$		
外观与性状			无色透明液体，具有强烈气味。		
主要用途			用作合成农药、医药、香料、染料的原料。		
危险特性			本品的蒸气与空气可形成爆炸性混合物，遇明火、高热能引起燃烧爆炸。与氧化剂可发生反应；容易自聚，聚合反应随着温度的上升而急骤加剧。其蒸气比空气重，能在较低处扩散到相当远的地方，遇火源会着火回燃。若遇高热，容器内压增大，有开裂和爆炸的危险。		
健康危害			吸入、摄入或经皮肤吸收本品后会中毒；对眼睛和皮肤有刺激作用。		
防护措施			呼吸系统防护：空气中浓度超标时，必须佩戴自吸过滤式防毒面具（全面罩）。紧急事态抢救或撤离时，应该佩戴空气呼吸器。 眼睛防护：呼吸系统防护中已作防护。 身体防护：穿胶布防毒衣。 手防护：戴橡胶手套。		
危险性类别			易燃液体，类别 3；急性毒性—经皮肤，类别 3。		

序号	2533	品名	氧化钾		商品编码	2825.9090
别 名					CAS 号	12136-45-7
英文名	Potassium oxide					
分子式	K_2O					
外观与性状	白色粉末					
主要用途	用于无机工业,是制造各种钾盐,如氢氧化钾、硫酸钾、硝酸钾、氯酸钾、红矾钾等的基本原料。					
防护措施	呼吸系统防护：佩戴防毒口罩。紧急事态抢救或逃生时,佩戴自给式呼吸器。 眼睛防护：戴化学安全防护眼镜。 防护服：穿相应的防护服。 手防护：戴防化学品手套。					
危险性类别	皮肤腐蚀/刺激,类别1；严重眼损伤/眼刺激,类别1。					

序号	2534	品名	氧化钠		商品编码	2825.9090
别 名					CAS 号	1313-59-3
英文名	Sodium oxide					
分子式	Na_2O					
外观与性状	白色无定形片状或粉末。					
主要用途	用作聚合、缩合剂及脱氢剂。					
危险特性	本品遇水发生剧烈反应并放热；与酸类物质能发生剧烈反应；与铵盐反应放出氨气；在潮湿条件下能腐蚀某些金属。					
健康危害	本品对人体有强烈刺激性和腐蚀性；对眼睛、皮肤、黏膜能造成严重灼伤；接触后可引起灼伤、头痛、恶心、呕吐、咳嗽、喉炎、气短。					
防护措施	呼吸系统防护：可能接触其粉尘时,必须佩戴防尘面具（全面罩）。紧急事态抢救或撤离时,应该佩戴空气呼吸器。 眼睛防护：呼吸系统防护中已作防护。 身体防护：穿橡胶耐酸碱服。 手防护：戴橡胶耐酸碱手套。					
危险性类别	皮肤腐蚀/刺激,类别1；严重眼损伤/眼刺激,类别1。					

序号	2535	品名	氧化铍	商品编码	2825.9090
别名				CAS号	1304-56-9
英文名		Beryllium oxide			
分子式		BeO			
外观与性状		白色无定形粉末。			
主要用途		用于原子反应堆、陶瓷制品，也用作催化剂等。			
危险特性		本品本身不能燃烧；遇高热分解释出高毒烟气。			
健康危害		误服或吸尘病会中毒。急性中毒可致支气管炎、支气管周围炎及支气管肺炎等；可引起皮炎、皮肤溃疡和皮肤肉芽肿；慢性接触可引起肺内弥漫性肉芽肿性病变。			
防护措施		呼吸系统防护：可能接触其粉尘时，必须佩戴防尘面具（全面罩）。紧急事态抢救或撤离时，应该佩戴空气呼吸器。 眼睛防护：呼吸系统防护中已作防护。 身体防护：穿胶布防毒衣。 手防护：戴橡胶手套。			
危险性类别		急性毒性—经口，类别3*；急性毒性—吸入，类别2*；皮肤腐蚀/刺激，类别2；严重眼损伤/眼刺激，类别2；皮肤致敏物，类别1；致癌性，类别1A；特异性靶器官毒性—单次接触，类别3（呼吸道刺激）；特异性靶器官毒性—反复接触，类别1。			

序号	2536	品名	氧化铊	商品编码	2825.9090
别名		三氧化二铊		CAS号	1314-32-5
英文名		Thallium trioxide			
分子式		Tl_2O_3			
外观与性状		棕色至黑色六面晶系结晶或无定形粉末。			
主要用途		用作分析试剂，也用于制火柴。			
危险特性		本品与硫、三硫化锑的混合物在研磨时可能发生爆炸；受高热分解释放出有毒的气体。			
健康危害		误服出现急性胃肠道刺激症状，腹痛、恶心、呕吐，几天后出现周围神经炎表现，同时出现心、肝及肾损害。毛发脱落是铊中毒的特征表现，还可引起皮炎。			
防护措施		呼吸系统防护：可能接触其粉尘时，必须佩戴防尘面具（全面罩）。紧急事态抢救或撤离时，应该佩戴空气呼吸器。 眼睛防护：呼吸系统防护中已作防护。 身体防护：穿胶布防毒衣。 手防护：戴橡胶手套。			
危险性类别		急性毒性—经口，类别2；急性毒性—吸入，类别2*；特异性靶器官毒性—反复接触，类别2*；危害水生环境—急性危害，类别2；危害水生环境—长期危害，类别2。			

序号	2537	品名	氧化亚汞	商品编码	2852.1000
别　名			黑降汞	CAS 号	15829-53-5
英文名			Mercurous oxide		
分子式			Hg$_2$O		
外观与性状			棕黑色粉末。		
主要用途			医药工业上用作制药剂的原料。		
危险特性			本品具有氧化性。与硫、磷形成爆炸性混合物；遇双氧水会引起燃烧爆炸；遇高热分解释出高毒烟气。		
健康危害			误服或吸入本品会中毒。急性中毒有明显的口腔炎及胃肠症状、皮疹、化学性肺炎；慢性中毒主要是精神神经障碍和口腔炎的症候群。其蒸气可引起过敏性皮炎。		
防护措施			呼吸系统防护：可能接触其粉尘时，必须佩戴防尘面具（全面罩）。紧急事态抢救或撤离时，应该佩戴空气呼吸器。 眼睛防护：呼吸系统防护中已作防护。 身体防护：穿胶布防毒衣。 手防护：戴橡胶手套。		
危险性类别			皮肤腐蚀/刺激，类别 2；严重眼损伤/眼刺激，类别 2B；皮肤致敏物，类别 1；生殖细胞致突变性，类别 2；生殖毒性，类别 2；特异性靶器官毒性—单次接触，类别 1；特异性靶器官毒性—反复接触，类别 1；危害水生环境—急性危害，类别 1；危害水生环境—长期危害，类别 1。		

序号	2538	品名	氧化亚铊	商品编码	2825.9090
别　名			一氧化二铊	CAS 号	1314-12-1
英文名			Thallium monooxide		
分子式			Tl$_2$O		
外观与性状			黑色粉末。具有潮解性，暴露在空气中易氧化。		
主要用途			用作分析试剂，用于制造光学玻璃及玻璃装饰品。		
危险特性			本品遇高热、明火会产生剧毒的蒸气。		
健康危害			本品有剧毒。		
防护措施			呼吸系统防护：可能接触其粉尘时，必须佩戴防尘面具（全面罩）。紧急事态抢救或撤离时，应该佩戴空气呼吸器。 眼睛防护：呼吸系统防护中已作防护。 身体防护：穿胶布防毒衣。 手防护：戴橡胶手套。		
危险性类别			急性毒性—经口，类别 2；急性毒性—吸入，类别 2*；特异性靶器官毒性—反复接触，类别 2*；危害水生环境—急性危害，类别 2；危害水生环境—长期危害，类别 2。		

序号	2539	品名	氧化银	商品编码	2843.2900
别名				CAS号	20667-12-3
英文名	Silver oxide				
分子式	AgO				
外观与性状	灰色粉末。				
主要用途	用于生产碱性电池。				
危险特性	本品遇火可能产生刺激性、腐蚀性或有毒气体。				
防护措施	呼吸系统防护：佩戴防毒口罩。紧急事态抢救或逃生时，佩戴自给式呼吸器。 眼睛防护：戴化学安全防护眼镜。 防护服：穿相应的防护服。 手防护：戴防化学品手套。				
危险性类别	氧化性固体，类别2；严重眼损伤/眼刺激，类别1。				

序号	2540	品名	氧氯化铬	商品编码	2827.4990
别名	氯化铬酰；二氯氧化铬；铬酰氯			CAS号	14977-61-8
英文名	Chromyl chloride				
分子式	$CrCl_2O_2$				
外观与性状	深红色液体，有强烈的焦灼味，在空气中发烟。				
主要用途	用于有机合成中作氧化剂或氯化剂，以及铬酸酐、铬络合物、染料的溶剂。				
危险特性	本品属强氧化剂。与易燃物（如苯）和可燃物（如糖、纤维素等）接触会发生剧烈反应，甚至引起燃烧。具有强腐蚀性。				
健康危害	吸入、口服或经皮肤吸收本品后对身体有害；对眼睛、皮肤、黏膜和呼吸道有强烈的刺激作用；吸入后可因喉、支气管的痉挛、水肿、炎症，化学性肺炎、肺水肿而致死。中毒表现有烧灼感、咳嗽、喘息、喉炎、气短、头痛、恶心和呕吐。				
防护措施	呼吸系统防护：可能接触其蒸气时，必须佩戴自吸过滤式防毒面具（全面罩）或隔离式呼吸器。紧急事态抢救或撤离时，建议佩戴空气呼吸器。 眼睛防护：呼吸系统防护中已作防护。 身体防护：穿橡胶耐酸碱服。 手防护：戴橡胶耐酸碱手套。				
危险性类别	氧化性液体，类别1；皮肤腐蚀/刺激，类别1A；严重眼损伤/眼刺激，类别1；皮肤致敏物，类别1；生殖细胞致突变性，类别1B；致癌性，类别1A；特异性靶器官毒性—单次接触，类别3（呼吸道刺激）；危害水生环境—急性危害，类别1；危害水生环境—长期危害，类别1。				

序号	2541	品名	氧氯化硫	商品编码	2812.1900
别 名			硫酰氯;二氯硫酰;磺酰氯	CAS 号	7791-25-5
英文名			Thionyl chloride		
分子式			SOCl$_2$		
外观与性状			淡黄色至红色、发烟液体,有强烈刺激气味。		
主要用途			用于有机合成,农药及医药。		
危险特性			本品不燃,遇水或潮气会分解释放出二氧化硫、氯化氢等刺激性的有毒烟气;受热分解也能产生有毒物质;对很多金属,尤其是潮湿空气存在下有腐蚀性。		
健康危害			吸入、口服或经皮肤吸收本品后对身体有害;对眼睛、黏膜、皮肤和上呼吸道有强烈的刺激作用,可引起灼伤;吸入后,可能因喉、支气管痉挛、炎症和水肿而致死。中毒表现可有烧灼感、咳嗽、头晕、喉炎、气短、头痛、恶心和呕吐。		
防护措施			呼吸系统防护:空气中浓度超标时,必须佩戴自吸过滤式防毒面具(全面罩)或隔离式呼吸器。紧急事态抢救或撤离时,佩戴自给式呼吸器。 眼睛防护:呼吸系统防护中已作防护。 身体防护:穿橡胶耐酸碱服。 手防护:戴橡胶耐酸碱手套。		
危险性类别			皮肤腐蚀/刺激,类别1B;严重眼损伤/眼刺激,类别1;特异性靶器官毒性—单次接触,类别3(呼吸道刺激);危害水生环境—急性危害,类别2。		

序号	2542	品名	氧氯化硒	商品编码	2812.1900
别 名			氯化亚硒酰;二氯氧化硒	CAS 号	7791-23-3
英文名			Selenium oxychloride		
分子式			SeCl$_2$O		
外观与性状			无色或微黄色的透明发烟液体,易挥发。		
主要用途			用作树脂溶剂、增塑剂。		
危险特性			本品不燃,具有强氧化性。遇水发生剧烈反应,散发出具有刺激性和腐蚀性的氯化氢气体;与磷、钾能发生猛烈的化学反应。对很多金属,尤其是潮湿空气存在下有腐蚀性。		
健康危害			本品为强烈的起泡剂及糜烂性液体,易使皮肤受损发生灼伤;对黏膜有刺激作用;对人经皮肤吸收的致死量约为0.2毫升。		
防护措施			呼吸系统防护:可能接触其蒸气时,必须佩戴自吸过滤式防毒面具(全面罩)或隔离式呼吸器。紧急事态抢救或撤离时,建议佩戴空气呼吸器。 眼睛防护:呼吸系统防护中已作防护。 身体防护:穿橡胶耐酸碱服。 手防护:戴橡胶耐酸碱手套。		
危险性类别			急性毒性—经口,类别3*;急性毒性—吸入,类别3*;特异性靶器官毒性—反复接触,类别2;危害水生环境—急性危害,类别1;危害水生环境—长期危害,类别1。		

序号	2543	品名	氧氰化汞（减敏的）	商品编码	2852.1000
别　名		氰氧化汞		CAS 号	1335-31-5
英文名		Mercury oxycyanide			
分子式		$Hg(CN)_2 \cdot HgO$			
外观与性状		白色至微灰褐色结晶或粉末。			
主要用途		用于医药工业。			
危险特性		本品接触明火、高热或受到摩擦、震动、撞击时可发生爆炸；遇酸会产生剧毒、易燃的氰化氢气体；遇高热分解释出高毒烟气。			
健康危害		本品有剧毒。与酸类发生反应，会散发出剧毒的氰化氢气体；误服，吸入或皮肤接触均会严重中毒，出现氰化物、汞的中毒表现。			
防护措施		呼吸系统防护：可能接触其粉尘时，必须佩戴空气呼吸器。 眼睛防护：呼吸系统防护中已作防护。 身体防护：穿胶布防毒衣。 手防护：戴橡胶手套。			
危险性类别		急性毒性—经口，类别 3＊；急性毒性—经皮肤，类别 3＊；急性毒性—吸入，类别 3＊；特异性靶器官毒性—反复接触，类别 2；危害水生环境—急性危害，类别 1；危害水生环境—长期危害，类别 1。			

序号	2544	品名	氧溴化磷	商品编码	2812.9090
别　名		溴化磷酰；磷酰溴；三溴氧化磷		CAS 号	7789-59-5
英文名		Phosphorous oxybromide			
分子式		$POBr_3$			
外观与性状		无色至淡橙色片状结晶，带有刺激性气味。			
主要用途		用作化学中间体。			
危险特性		本品接触有机物有引起燃烧的危险；遇水或水蒸气反应放热并产生有毒的腐蚀性气体；受高热分解释放出有毒的气体；遇潮时对大多数金属有腐蚀性。			
健康危害		吸入、摄入或经皮肤吸收本品后会中毒。对眼睛、黏膜和皮肤有强烈刺激作用；受热分解释出溴和氧化磷烟雾。			
防护措施		呼吸系统防护：可能接触其粉尘时，必须佩戴防尘面具（全面罩）。紧急事态抢救或撤离时，应该佩戴空气呼吸器。 眼睛防护：呼吸系统防护中已作防护。 身体防护：穿橡胶耐酸碱服。 手防护：戴橡胶耐酸碱手套。			
危险性类别		皮肤腐蚀/刺激，类别 1；严重眼损伤/眼刺激，类别 1。			

序号	2545	品名	腰果壳油	商品编码	3824.9999
别 名			脱羧腰果壳液	CAS 号	8007-24-7
英文名			Cashew nut shell oil		
外观与性状			棕褐色黏稠性液体。		
主要用途			用于酚醛树脂的改性剂、橡胶增塑剂、涂料添加剂。		
防护措施			呼吸系统防护：佩戴防毒口罩。紧急事态抢救或逃生时，佩戴自给式呼吸器。 眼睛防护：戴化学安全防护眼镜。 防护服：穿相应的防护服。 手防护：戴防化学品手套。		
危险性类别			皮肤腐蚀/刺激，类别 2；严重眼损伤/眼刺激，类别 2；皮肤致敏物，类别 1；特异性靶器官毒性—单次接触，类别 3（呼吸道刺激）。		

序号	2546	品名	液化石油气	商品编码	2711.1200、2711.1390、2711.1990
别 名			石油气(液化的)	CAS 号	68476-85-7
英文名			Liquefied petroleum gases		
外观与性状			无色气体或黄棕色油状液体，有特殊臭味。		
主要用途			用作石油化工的原料，也可用作燃料。		
危险特性			本品极易燃，与空气混合能形成爆炸性混合物；遇热源和明火有燃烧爆炸的危险；与氟、氯等接触会发生剧烈的化学反应；其蒸气比空气重，能在较低处扩散到相当远的地方，遇火源会着火回燃。		
健康危害			本品对环境有危害，对水体、土壤和大气可造成污染。		
防护措施			呼吸系统防护：高浓度环境中，建议佩戴过滤式防毒面具（半面罩）。 眼睛防护：一般不需要特殊防护，高浓度接触时可戴化学安全防护眼镜。 身体防护：穿防静电工作服。 手防护：戴一般作业防护手套。		
危险性类别			易燃气体，类别 1；加压气体；生殖细胞致突变性，类别 1B。		

序号	2547	品名	一氟乙酸对溴苯胺	商品编码	2924.2990
别名				CAS号	351-05-3
英文名			N-(4-bromophenyl)-2-fluoro-acetamide		
分子式			C_8H_7BrFNO		
危险特性			本品燃烧产生有毒氮氧化物、溴化物和氯化物气体		
防护措施			呼吸系统防护：佩戴防毒口罩。紧急事态抢救或逃生时，佩戴自给式呼吸器。 眼睛防护：戴化学安全防护眼镜。 防护服：穿相应的防护服。 手防护：戴防化学品手套。		
危险性类别			急性毒性—经口，类别2；急性毒性—经皮肤，类别1。		

序号	2548	品名	一甲胺（无水）、一甲胺溶液	商品编码	2921.1100
别名		氨基甲烷；甲胺		CAS号	74-89-5
英文名			Monomethylamine		
分子式			CH_5N		
外观与性状			无色气体，有似氨的气味。		
主要用途			用于橡胶硫化促进剂、染料、医药、杀虫剂、表面活性剂的合成等。		
危险特性			本品易燃，与空气混合能形成爆炸性混合物；接触热、火星、火焰或氧化剂易燃烧爆炸；气体比空气重，能在较低处扩散到相当远的地方，遇火源会着火回燃。		
健康危害			本品具有强烈刺激性和腐蚀性；吸入后，可引起咽喉炎、支气管炎、支气管肺炎，重者可致肺水肿、呼吸窘迫综合征而死亡；极高浓度吸入引起声门痉挛、喉水肿而很快窒息死亡；可致呼吸道灼伤；对眼睛和皮肤有强烈刺激和腐蚀性，可致严重灼伤；口服溶液可致口、咽、食道灼伤。		
防护措施			呼吸系统防护：空气中浓度超标时，必须佩戴自吸过滤式防毒面具（全面罩）。紧急事态抢救或撤离时，建议佩戴氧气呼吸器或空气呼吸器。 　　眼睛防护：呼吸系统防护中已作防护。 　　身体防护：穿防静电工作服。 　　手防护：戴橡胶手套。		
危险性类别			易燃液体，类别1；皮肤腐蚀/刺激，类别1B；严重眼损伤/眼刺激，类别1；特异性靶器官毒性—单次接触，类别3（呼吸道刺激）。		

序号	2549	品名	一氯丙酮	商品编码	2914.7900
别 名			氯丙酮；氯化丙酮	CAS 号	78-95-5
英文名			Chloroacetone		
分子式			C_3H_5ClO		
外观与性状			无色液体，有刺激性气味。		
主要用途			用作杀虫剂，催泪剂，也用于制药物等。		
危险特性			本品遇明火、高热易燃；与氧化剂接触猛烈反应；受热分解能放出剧毒的光气；若遇高热，容器内压增大，有开裂和爆炸的危险。		
健康危害			本品在日光的作用下分解而生成催泪性极强的气体，是一种催泪性毒剂；误服与皮肤接触、吸入会中毒。		
防护措施			呼吸系统防护：空气中浓度较高时，应该佩戴过滤式防毒面具（半面罩）。紧急事态抢救或逃生时，建议佩戴空气呼吸器。 眼睛防护：戴化学安全防护眼镜。 身体防护：穿防毒物渗透工作服。 手防护：戴橡胶耐油手套。		
危险性类别			易燃液体，类别2；急性毒性—经口，类别3；急性毒性—经皮肤，类别2；急性毒性—吸入，类别2；皮肤腐蚀/刺激，类别1；严重眼损伤/眼刺激，类别1；特异性靶器官毒性—单次接触，类别1；危害水生环境—急性危害，类别1；危害水生环境—长期危害，类别1。		

序号	2550	品名	一氯二氟甲烷	商品编码	2903.7100
别 名			R22；二氟一氯甲烷；氯二氟甲烷	CAS 号	75-45-6
英文名			Monochlorodifluoromethane		
分子式			$CHClF_2$		
外观与性状			无色气体，有轻微的甜气味。		
主要用途			用作制冷剂及气溶杀虫药发射剂。		
危险特性			本品若遇高热，容器内压增大，有开裂和爆炸的危险。		
健康危害			本品毒性低，但用其制备四氟乙烯所发生的裂解气，毒性较大，可引起中毒；吸入高浓度裂解气，初期仅有轻咳、恶心、发冷、胸闷及乏力感，但经24~72小时潜伏期后出现明显症状，发生肺炎、肺水肿、呼吸窘迫综合征，后期有纤维增生征象；可引起聚合物烟热。		
防护措施			呼吸系统防护：一般不需要特殊防护，高浓度接触时可佩戴自吸过滤式防毒面具（半面罩）。 眼睛防护：一般不需特殊防护。 身体防护：穿一般作业工作服。 手防护：戴一般作业防护手套。		
危险性类别			加压气体；严重眼损伤/眼刺激，类别2B；生殖毒性，类别1B；特异性靶器官毒性—单次接触，类别3（麻醉效应）；危害臭氧层，类别1。		

序号	2551	品名	一氯化碘	商品编码	2812.1900
别　名				CAS 号	7790-99-0
英文名		Iodine chloride			
分子式		ICl			
外观与性状		黑色结晶或红棕色液体。存在 α，β 两种结晶形式。			
主要用途		用于有机合成及测定油、脂中的碘值。			
危险特性		本品属强氧化剂。接触有机物有引起燃烧的危险；遇水或水蒸气反应放热并产生有毒的腐蚀性气体；遇钾、钠剧烈反应；遇高热分解释出高毒烟气。			
健康危害		本品对眼睛、皮肤、黏膜和上呼吸道有强烈刺激作用和腐蚀性；受热分解释放出氯和碘烟雾。			
防护措施		呼吸系统防护：空气中浓度超标时，必须佩戴自吸过滤式防毒面具（全面罩）。紧急事态抢救或撤离时，应该佩戴空气呼吸器。 眼睛防护：呼吸系统防护中已作防护。 身体防护：穿橡胶耐酸碱服。 手防护：戴橡胶耐酸碱手套。			
危险性类别		急性毒性—经口，类别 2；急性毒性—经皮肤，类别 3；皮肤腐蚀/刺激，类别 1A；严重眼损伤/眼刺激，类别 1；特异性靶器官毒性—单次接触，类别 3（呼吸道刺激）。			

序号	2552	品名	一氯化硫	商品编码	2812.1500
别　名		氯化硫		CAS 号	10025-67-9
英文名		Sulfur chloride			
分子式		S_2Cl_2			
外观与性状		发红光的暗黄色液体，在空气中发烟并有刺激性气味。			
主要用途		用作氯化剂或硫化剂。			
危险特性		本品与水或潮气发生反应，散发出刺激性和腐蚀性的氯化氢气体；遇潮时对大多数金属有强腐蚀性。			
健康危害		本品具有窒息性气味，对眼睛和上呼吸道黏膜有强烈的刺激性，并可致严重皮肤灼伤。少数严重中毒者可引起肺水肿。			
防护措施		呼吸系统防护：空气中浓度超标时，必须佩戴自吸过滤式防毒面具（全面罩）。紧急事态抢救或撤离时，应该佩戴空气呼吸器。 眼睛防护：呼吸系统防护中已作防护。 身体防护：穿橡胶耐酸碱服。 手防护：戴橡胶耐酸碱手套。			
危险性类别		急性毒性—经口，类别 3*；皮肤腐蚀/刺激，类别 1A；严重眼损伤/眼刺激，类别 1；特异性靶器官毒性—单次接触，类别 3（呼吸道刺激）；危害水生环境—急性危害，类别 1。			

序号	2553	品名	一氯三氟甲烷		商品编码	2903.7720
别 名		R13			CAS 号	75-72-9
英文名		Chlorotrifluoromethane				
分子式		$CClF_3$				
外观与性状		无色无臭气体。				
主要用途		是一种超低温的制冷剂,也用作泡沫塑料发泡剂、半导体装置、等离子刻蚀剂。				
危险特性		本品不燃。遇火或赤热金属可发生热分解,释放出高毒的烟雾;若遇高热,容器内压增大,有开裂和爆炸的危险。				
健康危害		本品有窒息作用。接触后可有头痛、恶心和眩晕。				
防护措施		呼吸系统防护:一般不需要特殊防护,高浓度接触时可佩戴自吸过滤式防毒面具(半面罩)。 眼睛防护:一般不需特殊防护。 身体防护:穿一般作业工作服。 手防护:戴一般作业防护手套。				
危险性类别		加压气体;危害臭氧层,类别1。				

序号	2554	品名	一氯五氟乙烷		商品编码	2903.7720
别 名		R115			CAS 号	76-15-3
英文名		Chloropentafluoroethane				
分子式		C_2ClF_5				
外观与性状		无色气体。				
主要用途		食品工业中用作制冷剂、溶胶喷射剂、绝缘气、刻蚀剂。				
危险特性		本品在空气中不发生燃烧爆炸。受高热分解,放出有毒的氟化物和氯化物气体;若遇高热,容器内压增大,有开裂和爆炸的危险。				
健康危害		吸入高浓度本品,有可能引起心律不齐,昏迷甚至死亡;接触本品液体可致冻伤。				
防护措施		呼吸系统防护:一般不需要特殊防护,高浓度接触时可佩戴自吸过滤式防毒面具(半面罩)。 眼睛防护:一般不需特殊防护。 身体防护:穿一般作业工作服。 手防护:戴一般作业防护手套。				
危险性类别		加压气体;危害臭氧层,类别1。				

序号	2555	品名	一氯乙醛	商品编码	2913.0000
别　名			氯乙醛；2-氯乙醛	CAS 号	107-20-0
英文名			Chloroacetaldehyde		
分子式			C_2H_3ClO		
外观与性状			40%的水溶液为无色透明的油状液体，有刺激气味。		
主要用途			用于有机合成及用作杀菌剂。		
危险特性			本品易燃，遇明火、高热可燃。		
健康危害			本品有相当高的急性毒作用和强烈的皮肤刺激作用。实验动物可有血液血改变；吸入本品会造成支气管炎和肺炎。		
防护措施			呼吸系统防护：可能接触其蒸气时，必须佩戴自吸过滤式防毒面具（全面罩）。紧急事态抢救或撤离时，佩戴空气呼吸器。 眼睛防护：呼吸系统防护中已作防护。 身体防护：穿胶布防毒衣。 手防护：戴防化学品手套。		
危险性类别			急性毒性—经口，类别3*；急性毒性—经皮肤，类别3*；急性毒性—吸入，类别2*；皮肤腐蚀/刺激，类别1B；严重眼损伤/眼刺激，类别1；特异性靶器官毒性—单次接触，类别3（呼吸道刺激）；危害水生环境—急性危害，类别1。		

序号	2556	品名	一溴化碘	商品编码	2812.9090
别　名				CAS 号	7789-33-5
英文名			Iodine bromide		
分子式			IBr		
外观与性状			黑褐色晶体。		
主要用途			用于有机合成。		
危险特性			本品受热或遇水分解释放热，放出有毒的腐蚀性烟气。		
健康危害			本品对眼睛、皮肤、黏膜和上呼吸道有强烈刺激作用。		
防护措施			呼吸系统防护：可能接触其粉尘时，必须佩戴防尘面具（全面罩）。紧急事态抢救或撤离时，应该佩戴空气呼吸器。 眼睛防护：呼吸系统防护中已作防护。 身体防护：穿连衣式胶布防毒衣。 手防护：戴橡胶手套。		
危险性类别			皮肤腐蚀/刺激，类别1；严重眼损伤/眼刺激，类别1。		

序号	2557	品名	一氧化氮	商品编码	2811.2900
别 名				CAS 号	10102-43-9
英文名		Nitrogen monoxide			
分子式		NO			
外观与性状		无色气体。			
主要用途		用于制硝酸、人造丝漂白剂、丙烯及二甲醚的安定剂。			
危险特性		本品具有强氧化性。与易燃物、有机物接触易着火燃烧；遇到氢气爆炸性化合；接触空气会散发出棕色有氧化性的烟雾；一氧化氮较不活泼，但在空气中易被氧化成二氧化氮，而后者有强烈毒性。			
健康危害		本品对环境有危害，对水体、土壤和大气可造成污染。			
防护措施		呼吸系统防护：空气中浓度超标时，佩戴自吸过滤式防毒面具（半面罩）。紧急事态抢救或撤离时，建议佩戴空气呼吸器。 眼睛防护：戴化学安全防护眼镜。 身体防护：穿透气型防毒服。 手防护：戴防化学品手套。			
危险性类别		氧化性气体，类别 1；加压气体；急性毒性—吸入，类别 3；皮肤腐蚀/刺激，类别 1；严重眼损伤/眼刺激，类别 1；特异性靶器官毒性—单次接触，类别 1。			

序号	2558	品名	一氧化氮和四氧化二氮混合物	商品编码	3824.9999
别 名				CAS 号	
英文名		Nitric oxide and dinitrogen tetroxide mixtures			
分子式		$NO+N_2O_4$			
外观与性状		棕色有刺激气味气体。			
主要用途		用于制硝酸时产生物。			
防护措施		呼吸系统防护：佩戴防毒口罩。紧急事态抢救或逃生时，佩戴自给式呼吸器。 眼睛防护：戴化学安全防护眼镜。 防护服：穿相应的防护服。 手防护：戴防化学品手套。			
危险性类别		氧化性气体，类别 1；加压气体；急性毒性—吸入，类别 3*；皮肤腐蚀/刺激，类别 1；严重眼损伤/眼刺激，类别 1。			

序号	2559	品名	一氧化二氮（压缩的或液化的）	商品编码	2811.2900
别　名		氧化亚氮；笑气		CAS 号	10024-97-2
英文名		Nitrous oxide			
分子式		N_2O			
外观与性状		无色气体，有甜味。			
主要用途		用作医药麻醉剂、防腐剂，以及用于气密性检查。			
危险特性		本品遇乙醚、乙烯等易燃气体能起助燃作用，可加剧火焰的燃烧。			
健康危害		本品作为吸入麻醉剂在医药上应用了很久，但目前已少用。吸入本品和空气的混合物，当其中氧浓度很低时可引起窒息；吸入80%本品和氧气的混合物引起深麻醉，苏醒后一般无后遗作用。			
防护措施		呼吸系统防护：一般不需要特殊防护，高浓度接触时可佩戴自吸过滤式防毒面具（半面罩）。 眼睛防护：一般不需特殊防护。 身体防护：穿一般作业工作服。 手防护：戴一般作业防护手套。			
危险性类别		氧化性气体，类别1；加压气体；生殖毒性，类别1A；特异性靶器官毒性—单次接触，类别3（麻醉效应）；特异性靶器官毒性—反复接触，类别1。			

序号	2560	品名	一氧化铅	商品编码	2824.1000
别　名		氧化铅；黄丹		CAS 号	1317-36-8
英文名		Lead oxide			
分子式		PbO			
外观与性状		黄色或略带红色的黄色粉末或细小片状结晶，遇光易变色。			
主要用途		用作颜料、冶金助熔剂、油漆催干剂、橡胶硫化促进剂、杀虫剂等。			
危险特性		本品未有特殊的燃烧爆炸特性。			
健康危害		铅及其化合物损害造血、神经、消化系统及肾脏。职业中毒主要为慢性。神经系统主要表现为神经衰弱综合征，周围神经病（以运动功能受累较明显），重者出现铅中毒性脑病；消化系统表现有齿龈铅线、食欲不振、恶心、腹胀、腹泻或便秘；腹绞痛见于中度及重度中毒病例。造血系统损害出现卟啉代谢障碍、贫血等。短时大量接触可发生急性或亚急性中毒，表现类似重症慢性铅中毒。对肾脏损害多见于急性、亚急性或较重慢性病例。			
防护措施		呼吸系统防护：可能接触其粉尘时，佩戴自吸过滤式防尘口罩。必要时，佩戴空气呼吸器、氧气呼吸器或长管面具。 眼睛防护：必要时，戴安全防护眼镜。 身体防护：穿透气型防毒服。 手防护：戴防化学品手套。			
危险性类别		生殖细胞致突变性，类别2；致癌性，类别1B；生殖毒性，类别1A；特异性靶器官毒性—反复接触，类别2。			

序号	2561	品名	一氧化碳		商品编码	2811.2900
别　　名					CAS 号	630-08-0
英文名	Carbon monoxide					
分子式	CO					
外观与性状	无色无臭气体。					
主要用途	主要用于化学合成，如合成甲醇、光气等，及用作精炼金属的还原剂。					
危险特性	本品是一种易燃易爆气体，与空气混合能形成爆炸性混合物，遇明火、高热能引起燃烧爆炸。					
健康危害	本品对环境有危害，对水体、土壤和大气可造成污染。					
防护措施	呼吸系统防护：空气中浓度超标时，佩戴自吸过滤式防毒面具（半面罩）。紧急事态抢救或撤离时，建议佩戴空气呼吸器、一氧化碳过滤式自救器。 眼睛防护：一般不需特殊防护。 身体防护：穿防静电工作服。 手防护：戴一般作业防护手套。					
危险性类别	易燃气体，类别 1；加压气体；急性毒性—吸入，类别 3＊；生殖毒性，类别 1A；特异性靶器官毒性—反复接触，类别 1。					

序号	2562	品名	一氧化碳和氢气混合物		商品编码	2705.0000
别　　名	水煤气				CAS 号	
英文名	Carbon monoxide and hydrogen mixtures					
分子式	H_2+CO					
外观与性状	无色气体。					
主要用途	用于气体燃料的一种。					
危险特性	本品极可能发生爆炸和中毒。					
健康危害	本品对农作物、空气环境和人体等都有较大的损害，会引起人头痛、头晕。					
防护措施	呼吸系统防护：佩戴防毒口罩。紧急事态抢救或逃生时，佩戴自给式呼吸器。 眼睛防护：戴化学安全防护眼镜。 防护服：穿相应的防护服。 手防护：戴防化学品手套。					
危险性类别	易燃气体，类别 1；加压气体；急性毒性—吸入，类别 3＊；生殖毒性，类别 1A；特异性靶器官毒性—反复接触，类别 1。					

序号	2563	品名	乙胺	商品编码	2921.1990
别　名		氨基乙烷		CAS 号	75-04-7
英文名		Ethylamine			
分子式		C_2H_7N			
外观与性状		无色、有强烈氨味的液体或气体。			
主要用途		用于染料合成及作萃取剂、乳化剂、医药原料、试剂等。			
危险特性		本品的蒸气与空气可形成爆炸性混合物，遇热源和明火有燃烧爆炸的危险；与氧化剂接触猛烈反应；其蒸气比空气重，能在较低处扩散到相当远的地方，遇火源会着火回燃。			
健康危害		接触乙胺蒸气可产生眼部刺激、角膜损伤和上呼吸道刺激；液体溅入眼内，可致严重灼伤；皮肤接触可致灼伤。			
防护措施		呼吸系统防护：空气中浓度超标时，佩戴过滤式防毒面具（半面罩）。紧急事态抢救或撤离时，建议佩戴氧气呼吸器或空气呼吸器。 眼睛防护：戴化学安全防护眼镜。 身体防护：穿胶布防毒衣。 手防护：戴橡胶手套。			
危险性类别		易燃气体，类别 1；加压气体；严重眼损伤/眼刺激，类别 2；特异性靶器官毒性—单次接触，类别 3（呼吸道刺激）。			

序号	2564	品名	乙苯	商品编码	2902.6000
别　名		乙基苯		CAS 号	100-41-4
英文名		Ethylbenzene			
分子式		C_8H_{10}			
外观与性状		无色液体。			
主要用途		用于有机合成和用作溶剂。			
危险特性		本品易燃，其蒸气与空气可形成爆炸性混合物，遇明火、高热或与氧化剂接触，有引起燃烧爆炸的危险；与氧化剂接触猛烈反应；流速过快，容易产生和积聚静电；其蒸气比空气重，能在较低处扩散到相当远的地方，遇火源会着火回燃。			
健康危害		本品对皮肤、黏膜有较强刺激性，高浓度有麻醉作用。急性中毒：轻度中毒有头晕、头痛、恶心、呕吐、步态蹒跚、轻度意识障碍及眼睛和上呼吸道刺激症状；重者发生昏迷、抽搐、血压下降及呼吸循环衰竭。可有肝损害。直接吸入本品液体可致化学性肺炎和肺水肿。慢性影响：眼睛及上呼吸道刺激症状、神经衰弱综合征；皮肤出现粘糙、皲裂、脱皮。			
防护措施		呼吸系统防护：可能接触其蒸气时，应该佩戴防毒面具。紧急事态抢救或撤离时，建议佩戴自给式呼吸器。 眼睛防护：戴化学安全防护眼镜。 身体防护：穿防腐工作服。 手防护：戴防化学品手套。			
危险性类别		易燃液体，类别 2；致癌性，类别 2；特异性靶器官毒性—反复接触，类别 2；吸入危害，类别 1；危害水生环境—急性危害，类别 2。			

序号	2565	品名	乙撑亚胺	商品编码	2933.9900
别 名			吖丙啶；1-氮杂环丙烷；氮丙啶	CAS 号	151-56-4
英文名			Ethyleneimine		
分子式			C_2H_5N		
外观与性状			本品为无色易流动的液体。		
主要用途			用作有机合成的中间体、黏合剂、诱变剂，以及用于纤维处理，能促使细胞歧化等。		
危险特性			本品的蒸气与空气形成爆炸性混合物，遇明火、高热能引起燃烧爆炸；与氧化剂能发生强烈反应；与硝酸、硫酸、盐酸、乙酸、氯磺酸、氯、二硫化碳、次氯酸钠等能发生剧烈反应；其蒸气比空气重，能在较低处扩散到相当远的地方，遇明火会引着回燃。		
健康危害			本品有强烈刺激性和腐蚀性，兴奋中枢神经系统，可致肾损害，有致敏作用。急性中毒主要表现为眼睛、口腔和呼吸道剧烈刺激，出现眼结膜、角膜炎，流涕，喉头水肿；严重者会管有白喉样改变和发生肺水肿。可致肾损害；溅入眼内可致灼伤；皮肤接触液体可致灼伤；本品有致敏性，可致变应性皮炎。		
防护措施			呼吸系统防护：可能接触其蒸气时，应该佩戴防毒面具。紧急事态抢救或撤离时，建议佩戴自给式呼吸器。 眼睛防护：戴化学安全防护眼镜。 身体防护：穿防腐工作服。 手防护：戴防化学品手套。		
危险性类别			易燃液体，类别 2；急性毒性—经口，类别 2*；急性毒性—经皮肤，类别 1；急性毒性—吸入，类别 2*；皮肤腐蚀/刺激，类别 1B；严重眼损伤/眼刺激，类别 1；生殖细胞致突变性，类别 1B；致癌性，类别 2；危害水生环境—急性危害，类别 2；危害水生环境—长期危害，类别 2。		

序号	2566	品名	乙醇钾	商品编码	2905.1990
别 名				CAS 号	917-58-8
英文名			Potassium ethylate		
分子式			C_2H_5KO		
外观与性状			白色固体。		
防护措施			呼吸系统防护：可能接触其粉尘时，应该佩戴防毒口罩。紧急事态抢救或逃生时，佩戴自给式呼吸器。 眼睛防护：戴化学安全防护眼镜。 身体防护：穿相应的防护服。 手防护：戴防化学品手套。		
危险性类别			自热物质和混合物，类别 1；皮肤腐蚀/刺激，类别 1B；严重眼损伤/眼刺激，类别 1。		

序号	2567	品名	乙撑亚胺(稳定的)		商品编码	2921.3000
别　名					CAS 号	
英文名		Ethyleneimine				
分子式		C_2H_5N				
外观与性状		本品为无色易流动的液体。				
主要用途		用作有机合成的中间体、黏合剂、诱变剂，以及用于纤维处理，能促使细胞歧化等。				
危险特性		本品的蒸气与空气形成爆炸性混合物，遇明火、高热能引起燃烧爆炸；与氧化剂能发生强烈反应；与硝酸、硫酸、盐酸、乙酸、氯磺酸、氯、二硫化碳、次氯酸钠等能发生剧烈反应；其蒸气比空气重，能在较低处扩散到相当远的地方，遇明火会引着回燃。				
健康危害		本品有强烈刺激性和腐蚀性，兴奋中枢神经系统，可致肾损害，有致敏作用。急性中毒主要表现为眼、口腔和呼吸道剧烈刺激，出现眼结膜、角膜炎、流涕、喉头水肿；严重者会管有白喉样改变和发生肺水肿。可致肾损害；溅入眼内可致灼伤；皮肤接触液体可致灼伤；本品有致敏性，可致变应性皮炎。				
防护措施		呼吸系统防护：可能接触其蒸气时，应该佩戴防毒面具。紧急事态抢救或撤离时，建议佩戴自给式呼吸器。 眼睛防护：戴化学安全防护眼镜。 身体防护：穿防腐工作服。 手防护：戴防化学品手套。				
危险性类别		易燃液体，类别2；急性毒性—经口，类别2＊；急性毒性—经皮肤，类别1；急性毒性—吸入，类别2＊；皮肤腐蚀/刺激，类别1B；严重眼损伤/眼刺激，类别1；生殖细胞致突变性，类别1B；致癌性，类别2；危害水生环境—急性危害，类别2；危害水生环境—长期危害，类别2。				

序号	2568	品名	乙醇钠乙醇溶液		商品编码	2905.1990
别　名		乙醇钠合乙醇			CAS 号	
英文名		Sodium ethylate solution in ethyl alcohol				
防护措施		呼吸系统防护：可能接触其蒸气时，必须佩戴防毒面具。紧急事态抢救或逃生时，建议佩戴正压自给式呼吸器。 眼睛防护：戴化学安全防护眼镜。 身体防护：穿相应的防护服。 手防护：戴防化学品手套。				
危险性类别		易燃液体，类别2；皮肤腐蚀/刺激，类别1；严重眼损伤/眼刺激，类别1。				

序号	2569	品名	乙醇（无水）	商品编码	2207.1000
别　名		无水酒精		CAS 号	64-17-5
英文名		Ethyl alcohol			
分子式		C_2H_6O			
外观与性状		无色透明。			
主要用途		用于制酒工业、有机合成、消毒以及用作溶剂。			
危险特性		本品易燃，其蒸气与空气可形成爆炸性混合物，遇明火、高热能引起燃烧爆炸；与氧化剂接触发生化学反应或引起燃烧；在火场中，受热的容器有爆炸危险。其蒸气比空气重，能在较低处扩散到相当远的地方，遇火源会着火回燃。			
健康危害		本品为中枢神经系统抑制剂，首先引起兴奋，随后抑制。急性中毒：急性中毒多发生于口服：一般可分为兴奋、催眠、麻醉、窒息四阶段；患者进入第三或第四阶段，出现意识丧失、瞳孔扩大、呼吸不规律、休克、心力循环衰竭及呼吸停止。慢性影响：在生产中长期接触高浓度本品可引起鼻、眼、黏膜刺激症状，以及头痛、头晕、疲乏、易激动、震颤、恶心等；长期酗酒可引起多发性神经病、慢性胃炎、脂肪肝、肝硬化、心肌损害及器质性精神病等；皮肤长期接触可引起干燥、脱屑、皲裂和皮炎。			
防护措施		呼吸系统防护：可能接触其粉尘时，应该佩戴防毒口罩。紧急事态抢救或逃生时，佩戴自给式呼吸器。 眼睛防护：戴化学安全防护眼镜。 身体防护：穿防静电工作服。 手防护：戴一般作业防护手套。			
危险性类别		易燃液体，类别2。			

序号	2570	品名	乙醇钠	商品编码	2905.1990
别名			乙氧基钠	CAS号	141-52-6
英文名			Sodium ethoxide		
分子式			C_2H_5NaO		
外观与性状			白色或微黄色粉末。		
主要用途			用于医药、农药,用作分析试剂和缩合剂。		
危险特性			本品遇明火、高热易燃;与氧化剂能发生强烈反应。遇水迅速分解;在潮湿的空气中能着火;燃烧时放出有毒的刺激性烟雾。		
健康危害			本品经呼吸道和消化道吸收,能腐蚀眼睛、皮肤和黏膜;遇热会分解出高毒的烟雾;接触后有刺激感、喉痛、咳嗽、呼吸困难、腹痛、腹泻、呕吐,严重者会发生肺水肿;皮肤及眼睛接触时会引起皮肤和眼结膜充血、疼痛、视力模糊、皮肤灼伤。		
防护措施			呼吸系统防护:可能接触其粉尘时,应该佩戴防毒口罩。紧急事态抢救或逃生时,佩戴自给式呼吸器。 眼睛防护:戴化学安全防护眼镜。 身体防护:穿防腐工作服。 手防护:戴橡胶手套。		
危险性类别			自热物质和混合物,类别1;皮肤腐蚀/刺激,类别1B;严重眼损伤/眼刺激,类别1。		

序号	2571	品名	1,2-乙二胺	商品编码	2921.2110
别名			1,2-二氨基乙烷;乙撑二胺	CAS号	107-15-3
英文名			1,2-ethylenediamine		
分子式			$C_2H_8N_2$		
外观与性状			无色或微黄色黏稠液体。		
主要用途			用于有机合成和农药、活性染料、医药、环氧树脂固化剂等的制取。		
危险特性			本品遇明火、高热或与氧化剂接触,有引起燃烧爆炸的危险;与乙酸、乙酸酐、二硫化碳、氯磺酸、盐酸、硝酸、硫酸、发烟硫酸、过氯酸等剧烈反应;能腐蚀铜及其合金。		
健康危害			本品蒸气对黏膜和皮肤有强烈刺激性。接触本品蒸气引起结膜炎、支气管炎、肺炎或肺水肿,并可发生接触性皮炎;可有肝、肾损害;皮肤和眼直接接触其液体可致灼伤。本品可引起职业性哮喘。		
防护措施			呼吸系统防护:佩戴自吸过滤式防毒面具(全面罩)。 眼睛防护:戴化学安全防护眼镜。 身体防护:穿防静电工作服。 手防护:戴橡胶耐油手套。		
危险性类别			易燃液体,类别3;皮肤腐蚀/刺激,类别1B;严重眼损伤/眼刺激,类别1;呼吸道致敏物,类别1;皮肤致敏物,类别1;危害水生环境—急性危害,类别2;危害水生环境—长期危害,类别3。		

序号	2572	品名	乙二醇单甲醚		商品编码	2909.4400
别 名		2-甲氧基乙醇；甲基溶纤剂			CAS 号	109-86-4
英文名		2-methoxyethanol				
分子式		$C_3H_8O_2$				
外观与性状		无色透明液体。				
主要用途		用作溶剂。				
危险特性		本品易燃，遇明火、高热或与氧化剂接触，有引起燃烧爆炸的危险；接触空气或在光照条件下可生成具有潜在爆炸危险性的过氧化物。				
健康危害		吸入本品蒸气引起无力、失眠、头痛、胃肠功能紊乱、夜尿、体重减轻、眼烧灼感、反应迟钝、嗜睡；误服可致死。慢性中毒：神经衰弱综合征、大细胞性贫血、白细胞减少；严重者呈中毒性脑病和脑萎缩。				
防护措施		呼吸系统防护：佩戴自吸过滤式防毒面具（全面罩）。 眼睛防护：戴化学安全防护眼镜。 身体防护：穿防静电工作服。 手防护：戴橡胶耐油手套。				
危险性类别		易燃液体，类别 3；生殖毒性，类别 1B。				

序号	2573	品名	乙二醇二乙醚		商品编码	2909.1990
别 名		1,2-二乙氧基乙烷；二乙基溶纤剂			CAS 号	629-14-1
英文名		Ethylene glycol diethyl ether				
分子式		$C_6H_{14}O_2$				
外观与性状		无色液体，稍有醚的气味。				
主要用途		用作溶剂，以及去垢剂的溶剂，也用于有机合成。				
危险特性		本品遇明火、高热或与氧化剂接触，有引起燃烧爆炸的危险；接触空气或在光照条件下可生成具有潜在爆炸危险性的过氧化物；若遇高热，容器内压增大，有开裂和爆炸的危险。				
健康危害		吸入、摄入或经皮肤吸收本品后对身体可能有害；对眼睛有刺激作用，对皮肤可能有刺激作用。				
防护措施		呼吸系统防护：佩戴好防毒面具。 眼睛防护：戴化学安全防护眼镜。 身体防护：穿透气型防毒服。 手防护：戴防化学品手套。				
危险性类别		易燃液体，类别 2；严重眼损伤/眼刺激，类别 2；生殖毒性，类别 1A。				

序号	2574	品名	乙二醇乙醚	商品编码	2909.4400
别　名			2-乙氧基乙醇;乙基溶纤剂	CAS 号	110-80-5
英文名			Ethylene glycol monoethyl ether		
分子式			$C_4H_{10}O_2$		
外观与性状			无色液体，几乎无气味。		
主要用途			用作溶剂，以及皮革着色剂、乳化剂、稳定剂、涂料稀释剂、脱漆剂等。		
危险特性			本品易燃，遇明火、高热或与氧化剂接触，有引起燃烧爆炸的危险；接触空气或在光照条件下可生成具有潜在爆炸危险性的过氧化物。		
健康危害			使用本品除引起黏膜刺激和头痛外，未见急性中毒病例。		
防护措施			呼吸系统防护：佩戴自吸过滤式防毒面具（全面罩）。 眼睛防护：戴化学安全防护眼镜。 身体防护：穿防静电工作服。 手防护：戴橡胶耐油手套。		
危险性类别			易燃液体，类别 3；急性毒性—吸入，类别 3；生殖毒性，类别 1B。		

序号	2575	品名	乙二醇异丙醚	商品编码	2909.4400
别　名			2-异丙氧基乙醇	CAS 号	109-59-1
英文名			Ethylene glycol isopropyl ether		
分子式			$C_5H_{12}O_2$		
外观与性状			无色液体。		
主要用途			用作溶剂。		
危险特性			本品遇明火、高热或与氧化剂接触，有引起燃烧爆炸的危险；接触空气或在光照条件下可生成具有潜在爆炸危险性的过氧化物；若遇高热，容器内压增大，有开裂和爆炸的危险。		
健康危害			本品对大鼠可引起肝、肾损害。未见职业性危害。		
防护措施			呼吸系统防护：佩戴自吸过滤式防毒面具（全面罩）。 眼睛防护：戴化学安全防护眼镜。 身体防护：穿透气型防毒服。 手防护：戴防化学品手套。		
危险性类别			易燃液体，类别 3；严重眼损伤/眼刺激，类别 2。		

序号	2576	品名	乙二酸二丁酯	商品编码	2917.1190
别　名			草酸二丁酯;草酸丁酯	CAS 号	2050-60-4
英文名			Dibutyl ethanedioate		
分子式			$C_{10}H_{18}O_4$		
外观与性状			水白色液体。		
主要用途			用作溶剂及用于有机合成。		
危险特性			本品遇明火、高热可燃;加热分解产生易燃的有毒气体;与氧化剂可发生反应。		
健康危害			本品具有强烈刺激性。高浓度接触严重损害黏膜、上呼吸道、眼睛和皮肤;接触后可引起烧灼感、咳嗽、喘息、喉炎、气短、头痛、恶心和呕吐。		
防护措施			呼吸系统防护:佩戴自吸过滤式防毒面具（全面罩）。 眼睛防护:戴化学安全防护眼镜。 身体防护:穿透气型防毒服。 手防护:戴防化学品手套。		
危险性类别			皮肤腐蚀/刺激,类别 2;严重眼损伤/眼刺激,类别 1;皮肤致敏物,类别 1;特异性靶器官毒性—单次接触,类别 3（呼吸道刺激）。		

序号	2577	品名	乙二酸二甲酯	商品编码	2917.1190
别　名			草酸二甲酯;草酸甲酯	CAS 号	553-90-2
英文名			Dimethyl oxalate		
分子式			$C_4H_6O_4$		
外观与性状			无色单斜形结晶。		
主要用途			主要用于制药、农药、有机合成,也用作增塑剂。		
危险特性			本品遇高热、明火可燃,能与氧化剂起作用。		
健康危害			本品有毒,对眼睛和皮肤有刺激作用。		
防护措施			呼吸系统防护:佩戴自吸过滤式防毒面具（全面罩）。 眼睛防护:戴化学安全防护眼镜。 身体防护:穿透气型防毒服。 手防护:戴防化学品手套。		
危险性类别			皮肤腐蚀/刺激,类别 2;严重眼损伤/眼刺激,类别 1。		

序号	2578	品名	乙二酸二乙酯	商品编码	2917.1190
别　名			草酸二乙酯；草酸乙酯	CAS 号	95-92-1
英文名			Diethyl oxalate		
分子式			$C_6H_{10}O_4$		
外观与性状			无色油状液体。		
主要用途			用作溶剂、染料中间体，及油漆、药物的合成。		
危险特性			本品遇明火、高热可燃；加热分解产生易燃的有毒气体。		
健康危害			本品有强烈刺激性。高浓度严重损害黏膜、上呼吸道、眼和皮肤；接触后可引起烧灼感、咳嗽、喘息、喉炎、气短、头痛、恶心和呕吐。		
防护措施			呼吸系统防护：佩戴自吸过滤式防毒面具（全面罩）。 眼睛防护：戴化学安全防护眼镜。 身体防护：穿透气型防毒服。 手防护：戴防化学品手套。		
危险性类别			严重眼损伤/眼刺激，类别 2。		

序号	2579	品名	乙二酰氯	商品编码	2917.1900
别　名			氯化乙二酰；草酰氯	CAS 号	79-37-8
英文名			Oxalyl chloride		
分子式			$C_2Cl_2O_2$		
外观与性状			无色发烟液体。		
主要用途			用于有机氯化物制备，也用于制作军用毒气。		
危险特性			本品受热或遇水分解释放热，放出有毒的腐蚀性烟气；若遇高热可发生剧烈分解，引起容器破裂或爆炸事故。具有较强的腐蚀性。		
健康危害			本品具有强烈的刺激性，可引起皮肤和黏膜的严重灼伤；少量吸入，引起食欲减退，以后出现咳嗽、呼吸困难、易疲劳、腹泻、呕吐、头痛、气喘、视力减退等。		
防护措施			呼吸系统防护：可能接触其蒸气时，必须佩戴防毒面具。紧急事态抢救或逃生时，建议佩戴正压自给式呼吸器。 眼睛防护：戴化学安全防护眼镜。 身体防护：穿相应的防护服。 手防护：戴防化学品手套。		
危险性类别			急性毒性—吸入，类别 3；皮肤腐蚀/刺激，类别 1；严重眼损伤/眼刺激，类别 1。		

序号	2580	品名	乙汞硫水杨酸钠盐	商品编码	2852.1000
别　名			硫柳汞钠	CAS 号	54-64-8
英文名			Thimerosal		
分子式			$C_9H_9HgNaO_2S$		
外观与性状			为乳白至微黄色结晶性粉末。		
主要用途			本品是一种有效的消毒剂,可用于皮肤、黏膜的消毒,也用于药剂的防腐。		
危险特性			本品可燃,火场排出含汞,氮氧化物,硫氧化物,氧化钠辛辣刺激烟雾。		
健康危害			本品具有高毒。		
防护措施			呼吸系统防护:可能接触其蒸气时,必须佩戴防毒面具。紧急事态抢救或逃生时,建议佩戴正压自给式呼吸器。 眼睛防护:戴化学安全防护眼镜。 身体防护:穿相应的防护服。 手防护:戴防化学品手套。		
危险性类别			急性毒性—经口,类别2;急性毒性—经皮肤,类别1;急性毒性—吸入,类别2;特异性靶器官毒性—反复接触,类别2;危害水生环境—急性危害,类别1;危害水生环境—长期危害,类别1。		

序号	2581	品名	2-乙基-1-丁醇	商品编码	2905.1990
别　名			2-乙基丁醇	CAS 号	97-95-0
英文名			2-ethylbutyl alcohol		
分子式			$C_6H_{14}O$		
外观与性状			无色液体。		
主要用途			用作溶剂,用于有机合成。		
危险特性			本品遇明火、高热能引起燃烧爆炸;与强氧化剂发生反应,可引起燃烧;若遇高热,容器内压增大,有开裂和爆炸的危险。		
健康危害			吸入、摄入或经皮肤吸收本品后对机体可能有害;对皮肤有刺激性;对眼有强烈刺激作用,接触后引起眼损害。		
防护措施			呼吸系统防护:高浓度环境中,应该佩戴防毒面具。 眼睛防护:戴安全防护眼镜。 身体防护:穿相应的防护服。 手防护:戴防护手套。		
危险性类别			易燃液体,类别3。		

序号	2582	品名	2-乙基-1-丁烯	商品编码	2901.2990
别 名				CAS 号	760-21-4
英文名		2-ethyl-1-butene			
分子式		C_6H_{12}			
外观与性状		无色液体。			
主要用途		用于有机合成。			
危险特性		本品的蒸气与空气形成爆炸性混合物，遇明火、高热能引起燃烧爆炸；与氧化剂可发生反应；其蒸气比空气重，能在较低处扩散到相当远的地方，遇明火会引着回燃；遇高热能发生聚合反应，出现大量放热现象，引起容器破裂或爆炸事故。			
健康危害		对眼睛、皮肤、黏膜和上呼吸道有刺激作用。			
防护措施		呼吸系统防护：可能接触其蒸气时，佩戴防毒口罩。紧急事态抢救或逃生时，建议佩戴防毒面具。 眼睛防护：戴化学安全防护眼镜。 身体防护：穿相应的防护服。 手防护：戴防化学品手套。			
危险性类别		易燃液体，类别2。			

序号	2583	品名	N-乙基-1-萘胺	商品编码	2921.4500
别 名		N-乙基-α-萘胺		CAS 号	118-44-5
英文名		N-ethyl-1-naphthylamine			
分子式		$C_{12}H_{13}N$			
外观与性状		浅棕色液体。			
主要用途		用作有机合成中间体。			
危险特性		本品遇明火、高热可燃；与氧化剂可发生反应；接触酸或酸气能产生有毒气体；受高热分解，放出有毒的烟气。			
健康危害		本品对眼睛和皮肤有刺激作用；吸入、摄入或经皮肤吸收后对身体有害。可疑致癌物。			
防护措施		呼吸系统防护：可能接触其蒸气时，佩戴防毒口罩。紧急事态抢救或逃生时，建议佩戴防毒面具。 眼睛防护：戴化学安全防护眼镜。 身体防护：穿相应的防护服。 手防护：戴防化学品手套。			
危险性类别		危害水生环境—急性危害，类别1；危害水生环境—长期危害，类别1。			

序号	2584	品名	N-(2-乙基-6-甲基苯基)-N-乙氧基甲基-氯乙酰胺	商品编码	2924.2990
别 名			乙草胺	CAS 号	34256-82-1
英文名			Acetochlor		
分子式			$C_{14}H_{20}ClNO_2$		
外观与性状			浅棕色液体。		
主要用途			用于农药，除草剂。		
危险特性			本品燃烧产生有毒氮氧化物和氯化物气体。		
健康危害			误食本品，中毒表现有恶心呕吐、腹泻、口腔黏膜损害、严重者出现肝功能、肾功能减退；神经系统方面可出现头疼、头昏；还可能导致高铁血红蛋白症出现化学性紫青，血压下降呼吸抑制，大小便失禁。		
防护措施			呼吸系统防护：可能接触其蒸气时，必须佩戴防毒面具。紧急事态抢救或逃生时，建议佩戴正压自给式呼吸器。 眼睛防护：戴化学安全防护眼镜。 身体防护：穿相应的防护服。 手防护：戴防化学品手套。		
危险性类别			皮肤腐蚀/刺激，类别 2；皮肤致敏物，类别 1；特异性靶器官毒性—单次接触，类别 3（呼吸道刺激）；危害水生环境—急性危害，类别 1；危害水生环境—长期危害，类别 1。		

序号	2585	品名	N-乙基-N-(2-羟乙基)全氟辛基磺酰胺	商品编码	2935.3000
别 名				CAS 号	1691-99-2
英文名			N-ethyl-n-(2-hydroxyethyl)perfluorooctylsulphonamide		
分子式			$C_{12}H_{10}F_{17}NO_3S$		
主要用途			用作乳化剂、润湿剂，亦可作为有机氟杀虫剂		
防护措施			呼吸系统防护：可能接触其蒸气时，必须佩戴防毒面具。紧急事态抢救或逃生时，建议佩戴正压自给式呼吸器。 眼睛防护：戴化学安全防护眼镜。 身体防护：穿相应的防护服。 手防护：戴防化学品手套。		
危险性类别			生殖毒性，类别 1B；生殖毒性，附加类别；特异性靶器官毒性—反复接触，类别 1；危害水生环境—急性危害，类别 2；危害水生环境—长期危害，类别 2。		

序号	2586	品名	O-乙基-O-(3-甲基-4-甲硫基)苯基-N-异丙氨基磷酸酯	商品编码	2930.9090
别　名		苯线磷		CAS 号	22224-92-6
英文名		Fenamiphos			
分子式		$C_{13}H_{22}NO_3PS$			
外观与性状		白色结晶。			
主要用途		用作农用杀线虫剂。			
危险特性		本品遇明火、高热可燃;受高热分解,放出有毒的烟气。			
健康危害		本品为高毒杀线虫剂。对胆碱酯酶有抑制作用,轻度中毒出现头痛、头晕、多汗、流涎、视力模糊、乏力、恶心、呕吐等;中度中毒出现肌束震颤、瞳孔缩小、呼吸困难、腹痛、腹泻、神志模糊等;重度中毒出现昏迷、惊厥、肺水肿、呼吸抑制和脑水肿等。			
防护措施		呼吸系统防护:佩戴防毒口罩。紧急事态抢救或撤离时,佩戴自给式呼吸器。 眼睛防护:戴化学安全防护眼镜。 身体防护:穿聚乙烯薄膜防毒服。 手防护:戴防护手套。			
危险性类别		急性毒性—经口,类别2;急性毒性—经皮肤,类别2;急性毒性—吸入,类别2;严重眼损伤/眼刺激,类别2;危害水生环境—急性危害,类别1;危害水生环境—长期危害,类别1。			

序号	2587	品名	O-乙基-O-(4-硝基苯基)苯基硫代膦酸酯(含量>15%)	商品编码	2931.3990
别　名		苯硫膦		CAS 号	2104-64-5
英文名		Ethyl-p-nitrophenyl phenylphosphonothicate			
分子式		$C_{14}H_{14}NO_4PS$			
外观与性状		纯品为淡黄色结晶粉末。			
主要用途		农业上用于防治棉蚜虫、棉红蜘蛛、稻螟虫、菜青虫等。			
危险特性		本品遇明火、高热可燃;受高热分解,放出有毒的氮、磷和硫的氧化物烟气。			
健康危害		人经口的阈作用量为9mg/d。本品除引起一般有机磷农药中毒表现外,还可诱发迟发性神经病变。			
防护措施		呼吸系统防护:佩戴防毒口罩。紧急事态抢救或撤离时,佩戴自给式呼吸器。 眼睛防护:戴化学安全防护眼镜。 身体防护:穿聚乙烯薄膜防毒服。 手防护:戴防护手套。			
危险性类别		急性毒性—经口,类别2*;急性毒性—经皮肤,类别1;危害水生环境—急性危害,类别1;危害水生环境—长期危害,类别1。			

序号	2588	品名	O-乙基-O-[(2-异丙氧基酰基)苯基]-N-异丙基硫代磷酰胺	商品编码	2929.9090
别　名			异柳磷	CAS 号	25311-71-1
英文名			Isofenphos		
分子式			$C_{15}H_{24}NO_4PS$		
外观与性状			外观为无色油状液体。		
主要用途			用作农药。		
危险特性			本品遇明火可燃;受热放出有毒氧化磷、氧化氮、氧化硫气体。		
健康危害			本品有剧毒。		
防护措施			呼吸系统防护:可能接触其蒸气时,必须佩戴防毒面具。紧急事态抢救或逃生时,建议佩戴正压自给式呼吸器。 眼睛防护:戴化学安全防护眼镜。 身体防护:穿相应的防护服。 手防护:戴防化学品手套。		
危险性类别			急性毒性—经口,类别3*;急性毒性—经皮肤,类别3*;危害水生环境—急性危害,类别1;危害水生环境—长期危害,类别1。		

序号	2589	品名	O-乙基-O-2,4,5-三氯苯基-乙基硫代膦酸酯	商品编码	2931.3990
别　名			O-乙基-O-2,4,5-三氯苯基-乙基硫代膦酸酯;毒壤膦	CAS 号	327-98-0
英文名			Trichloronate		
分子式			$C_{10}H_{12}Cl_3O_2PS$		
外观与性状			琥珀色液体状。		
主要用途			用作农用杀虫剂。		
危险特性			本品遇明火、高热可燃;受高热分解,放出高毒的烟气。		
健康危害			本品为高毒有机磷杀虫剂。能使全血胆碱酯酶活性下降,引起头痛、头晕、无力、烦躁、恶心、呕吐、出汗、流涎、瞳孔缩小、抽搐、呼吸困难、紫绀;重者常伴有肺水肿、脑水肿,可死于呼吸衰竭。		
防护措施			呼吸系统防护:佩戴正压自给式呼吸器。 眼睛防护:戴安全防护眼镜。 身体防护:穿相应的防护服。 手防护:戴防化学品手套。		
危险性类别			急性毒性—经口,类别2*;急性毒性—经皮肤,类别3*;危害水生环境—急性危害,类别1;危害水生环境—长期危害,类别1。		

序号	2590	品名	O-乙基-S,S-二苯基二硫代磷酸酯	商品编码	2930.9090
别 名		敌瘟磷		CAS 号	17109-49-8
英文名		O-ethyl-s,s-diphenyldithiophosphate			
分子式		$C_{14}H_{15}O_2PS_2$			
外观与性状		淡黄色油状液体。			
主要用途		用作农用杀虫剂。			
危险特性		本品遇明火、高热可燃；受高热分解，放出有毒的烟气。			
健康危害		本品抑制胆碱酯酶。急性中毒多系误服引起，中毒表现有头痛、头晕、恶心、呕吐、腹痛、流涎、瞳孔缩小、呼吸道分泌物增多、多汗、肌束震颤等；重症者出现肺水肿、呼吸中枢衰竭、脑水肿等；少数重度中毒者在临床症状消失后数周出现周围神经病。本品可引起变应性接触性皮炎。			
防护措施		呼吸系统防护：佩戴正压自给式呼吸器。 眼睛防护：戴化学安全防护眼镜。 身体防护：穿相应的防护服。 手防护：戴防化学品手套。			
危险性类别		急性毒性—经口，类别3*；急性毒性—吸入，类别3*；皮肤致敏物，类别1；危害水生环境—急性危害，类别1；危害水生环境—长期危害，类别1。			

序号	2591	品名	O-乙基-S,S-二丙基二硫代磷酸酯	商品编码	2930.9090
别 名		灭线磷		CAS 号	13194-48-4
英文名		O-ethyl-s,s-dipropyl phosphorodithioate；ethoprophos			
分子式		$C_8H_{19}O_2PS_2$			
外观与性状		淡黄色透明液体。			
主要用途		用作农用杀虫剂。			
危险特性		本品遇明火、高热可燃；受高热分解，放出有毒的烟气。			
健康危害		本品有剧毒，对眼睛有刺激作用。			
防护措施		呼吸系统防护：佩戴正压自给式呼吸器。 眼睛防护：戴化学安全防护眼镜。 身体防护：穿相应的防护服。 手防护：戴防化学品手套。			
危险性类别		急性毒性—经口，类别3*；急性毒性—经皮肤，类别1；急性毒性—吸入，类别2*；皮肤致敏物，类别1；危害水生环境—急性危害，类别1；危害水生环境—长期危害，类别1。			

序号	2592	品名	O-乙基-S-苯基乙基二硫代膦酸酯(含量>6%)	商品编码	2930.9090
别　名			地虫硫膦	CAS 号	944-22-9
英文名			O-ethyl s-phenyl ethyldithiophosphonate		
分子式			$C_{10}H_{15}OPS_2$		
外观与性状			浅黄色透明液体。		
主要用途			用作农用杀虫剂。		
危险特性			本品遇明火可燃；受热放出有毒氧化磷、氧化硫气体。		
健康危害			本品有剧毒。		
防护措施			呼吸系统防护：可能接触其蒸气时，必须佩戴防毒面具。紧急事态抢救或逃生时，建议佩戴正压自给式呼吸器。 眼睛防护：戴化学安全防护眼镜。 身体防护：穿相应的防护服。 手防护：戴防化学品手套。		
危险性类别			急性毒性—经口，类别 2*；急性毒性—经皮肤，类别 1；危害水生环境—急性危害，类别 1；危害水生环境—长期危害，类别 1。		

序号	2593	品名	2-乙基苯胺	商品编码	2921.4990
别　名			邻乙基苯胺；邻氨基乙苯	CAS 号	578-54-1
英文名			2-ethylaniline		
分子式			$C_8H_{11}N$		
外观与性状			浅黄色液体。		
主要用途			用作药品、染料、杀虫剂的中间体。		
危险特性			本品遇明火、高热易燃；受热分解释放出有毒的氧化氮烟气；与强氧化剂接触可发生化学反应。		
健康危害			本品对眼睛有强烈的刺激作用；对黏膜、上呼吸道有刺激性；吸收进入体内可引起高铁血红蛋白血症，出现紫绀。		
防护措施			呼吸系统防护：佩戴过滤式防毒面具（半面罩）。 眼睛防护：戴安全防护眼镜。 身体防护：穿防毒物渗透工作服。 手防护：戴橡胶耐油手套。		
危险性类别			危害水生环境—急性危害，类别 2；危害水生环境—长期危害，类别 2。		

序号	2594	品名	N-乙基苯胺	商品编码	2921.4200
别　名				CAS 号	103-69-5
英文名		N-ethylaniline			
分子式		$C_8H_{11}N$			
外观与性状		无色液体。			
主要用途		用于有机合成。			
危险特性		本品遇明火，能燃烧；加热或遇高热分解和接触酸或酸雾均能放出苯胺和氮的氧化物气体；与氧化剂可发生反应。与硝酸反应强烈。			
健康危害		本品的毒性与苯胺相似，但稍弱；能引起高铁血红蛋白血症，造成组织缺氧，对中枢神经系统及其他脏器有损害。			
防护措施		呼吸系统防护：佩戴过滤式防毒面具（半面罩）。 眼睛防护：戴安全防护眼镜。 身体防护：穿防毒物渗透工作服。 手防护：戴橡胶耐油手套。			
危险性类别		急性毒性—经口，类别3*；急性毒性—经皮肤，类别3*；急性毒性—吸入，类别3*；特异性靶器官毒性—反复接触，类别2*；危害水生环境—急性危害，类别2；危害水生环境—长期危害，类别2。			

序号	2595	品名	乙基苯基二氯硅烷	商品编码	2931.9000
别　名				CAS 号	1125-27-5
英文名		Benethylphenyldichlorosilane			
分子式		$C_8H_{10}Cl_2Si$			
危险特性		本品可燃；遇水放出有毒氯化氢气体；火中放出有毒氯化氢和酚气体。			
健康危害		本品具有低毒，有腐蚀性。			
防护措施		呼吸系统防护：可能接触其蒸气时，必须佩戴防毒面具。紧急事态抢救或逃生时，建议佩戴正压自给式呼吸器。 眼睛防护：戴化学安全防护眼镜。 身体防护：穿相应的防护服。 手防护：戴防化学品手套。			
危险性类别		皮肤腐蚀/刺激，类别1；严重眼损伤/眼刺激，类别1。			

序号	2596	品名	2-乙基吡啶	商品编码	2933.3990
别　名				CAS 号	100-71-0
英文名	2-ethylpyridine				
分子式	C_7H_9N				
外观与性状	无色到淡黄色液体。				
主要用途	用于有机合成。				
危险特性	本品遇明火、高热能引起燃烧爆炸；与氧化剂能发生强烈反应；其蒸气比空气重，能在较低处扩散到相当远的地方，遇明火会引着回燃；受高热分解，放出有毒的烟气。				
健康危害	本品有毒，对眼睛，皮肤和黏膜有刺激作用；接触可引起头痛、恶心和呕吐等。				
防护措施	呼吸系统防护：可能接触其蒸气时，应该佩戴防毒口罩。紧急事态抢救或逃生时，建议佩戴防毒面具。 眼睛防护：戴安全防护眼镜。 身体防护：穿防静电工作服。 手防护：戴防护手套。				
危险性类别	易燃液体，类别 3。				

序号	2597	品名	3-乙基吡啶	商品编码	2933.3990
别　名				CAS 号	536-78-7
英文名	3-ethylpyridine				
分子式	C_7H_9N				
外观与性状	无色至棕色液体。				
主要用途	用于有机合成。				
危险特性	本品遇明火、高热能引起燃烧爆炸；与氧化剂能发生强烈反应；其蒸气比空气重，能在较低处扩散到相当远的地方，遇明火会引着回燃；受高热分解，放出有毒的烟气。				
健康危害	本品有毒。对眼睛、皮肤和黏膜有刺激作用；接触可引起头痛、恶心和呕吐等。				
防护措施	呼吸系统防护：可能接触其蒸气时，应该佩戴防毒口罩。紧急事态抢救或逃生时，建议佩戴防毒面具。 眼睛防护：戴安全防护眼镜。 身体防护：穿防静电工作服。 手防护：戴防护手套。				
危险性类别	易燃液体，类别 3。				

序号	2598	品名	4-乙基吡啶	商品编码	2933.3990
别 名				CAS 号	536-75-4
英文名	4-ethylpyridine				
分子式	C_7H_9N				
外观与性状	微黄色油状液体。				
主要用途	用于药物、杀虫剂制备,有机合成及制造吡啶衍生物。				
危险特性	本品遇明火、高热能引起燃烧爆炸;与氧化剂能发生强烈反应;其蒸气比空气重,能在较低处扩散到相当远的地方,遇明火会引着回燃;受高热分解,放出有毒的烟气。				
健康危害	本品有毒,对眼睛、皮肤和黏膜有刺激作用;接触可引起头痛、恶心和呕吐等。				
防护措施	呼吸系统防护:可能接触其蒸气时,应该佩戴防毒口罩。紧急事态抢救或逃生时,建议佩戴防毒面具。 眼睛防护:戴安全防护眼镜。 身体防护:穿防静电工作服。 手防护:戴防护手套。				
危险性类别	易燃液体,类别3。				

序号	2599	品名	乙基丙基醚	商品编码	2909.1990
别 名	乙丙醚			CAS 号	628-32-0
英文名	Ethyl propyl ether				
分子式	$C_5H_{12}O$				
外观与性状	无色液体。				
主要用途	用于有机合成。				
危险特性	本品的蒸气与空气形成爆炸性混合物,遇明火、高热极易燃烧爆炸;与氧化剂能发生强烈反应;接触空气或在光照条件下可生成具有潜在爆炸危险性的过氧化物;其蒸气比空气重,能在较低处扩散到相当远的地方,遇火源引着回燃;若遇高热,容器内压增大,有开裂和爆炸的危险。				
健康危害	大量接触本品对眼睛、黏膜有刺激作用。对神经系统有影响。				
防护措施	呼吸系统防护:高浓度环境中,佩戴防毒面具。 眼睛防护:高浓度接触时,戴化学安全防护眼镜。 身体防护:穿工作服。 手防护:一般不需特殊防护,高浓度接触时可戴防护手套。				
危险性类别	易燃液体,类别2。				

序号	2600	品名	1-乙基丁醇	商品编码	2905.1990
别　名		3-己醇		CAS 号	623-37-0
英文名		3-hexanol			
分子式		$C_6H_{14}O$			
外观与性状		无色液体。			
主要用途		用于有机合成，并用作溶剂。			
危险特性		本品遇明火、高热能引起燃烧爆炸；与氧化剂能发生强烈反应；若遇高热，容器内压增大，有开裂和爆炸的危险。			
健康危害		长时间吸入高浓度本品有麻醉作用。			
防护措施		呼吸系统防护：空气中浓度超标时，应该佩戴防毒口罩。紧急事态抢救或逃生时，建议佩戴防毒面具。 眼睛防护：戴安全防护眼镜。 身体防护：穿防静电工作服。 手防护：必要时戴防护手套。			
危险性类别		易燃液体，类别3。			

序号	2601	品名	2-乙基丁醛	商品编码	2912.1900
别　名		二乙基乙醛		CAS 号	97-96-1
英文名		2-ethylbutyraldehyde			
分子式		$(C_2H_5)_2CHCHO$			
外观与性状		无色液体。			
主要用途		用作有机合成中间体。			
危险特性		本品的蒸气与空气形成爆炸性混合物，遇明火、高热能引起燃烧爆炸；与氧化剂能发生强烈反应；其蒸气比空气重，能在较低处扩散到相当远的地方，遇明火会引着回燃。			
健康危害		本品对皮肤有刺激作用；其蒸气或烟雾对眼睛、上呼吸道黏膜有刺激作用。			
防护措施		呼吸系统防护：可能接触其蒸气时，应该佩戴防毒口罩。必要时建议佩戴自给式呼吸器。 眼睛防护：戴化学安全防护眼镜。 身体防护：穿防静电工作服。 手防护：戴防护手套。			
危险性类别		易燃液体，类别2。			

序号	2602	品名	N-乙基对甲苯胺	商品编码	2921.4300
别 名			乙氨基对甲苯	CAS 号	622-57-1
英文名			N-ethyl-p-toluidine		
分子式			$C_9H_{13}N$		
外观与性状			浅黄色油状液体。		
主要用途			用作医药和染料中间体。		
危险特性			本品可燃;燃烧分解有毒氧化氮气体。		
健康危害			本品有毒。		
防护措施			呼吸系统防护:可能接触其蒸气时,必须佩戴防毒面具。紧急事态抢救或逃生时,建议佩戴正压自给式呼吸器。 眼睛防护:戴化学安全防护眼镜。 身体防护:穿相应的防护服。 手防护:戴防化学品手套。		
危险性类别			危害水生环境—长期危害,类别3。		

序号	2603	品名	乙基二氯硅烷	商品编码	2931.9000
别 名				CAS 号	1789-58-8
英文名			Ethyldichlorosilane		
分子式			$C_2H_6Cl_2Si$		
外观与性状			无色液体。		
主要用途			用作制造硅酮的中间体。		
危险特性			本品遇水或水蒸气剧烈反应,放出的热量可导致其自燃,并放出有毒和腐蚀性的烟雾。与氧化剂接触猛烈反应。		
健康危害			本品对眼睛、上呼吸道黏膜有强烈刺激作用;局部可出现充血、水肿,甚至溃疡、坏死。长时间高浓度接触,可引起鼻黏膜萎缩,支气管炎,肺充血和肺水肿;皮肤接触其液体,可发生皮炎和灼伤。		
防护措施			呼吸系统防护:空气中浓度超标时,应该佩戴自吸过滤式防毒面具(全面罩)。紧急事态抢救或撤离时,建议佩戴自给式呼吸器。 眼睛防护:呼吸系统防护中已作防护。 身体防护:穿胶布防毒衣。 手防护:戴橡胶耐油手套。		
危险性类别			易燃液体,类别2;遇水放出易燃气体的物质和混合物,类别1;急性毒性—经口,类别3;皮肤腐蚀/刺激,类别1;严重眼损伤/眼刺激,类别1;特异性靶器官毒性—单次接触,类别2。		

序号	2604	品名	乙基二氯胂		商品编码	2931.9000
别 名			二氯化乙基胂		CAS 号	598-14-1
英文名		Dichloroethylarsine				
分子式		$C_2H_5AsCl_2$				
外观与性状		无色液体。				
主要用途		用作军用毒剂。				
危险特性		本品遇酸释出剧毒的胂和光气；吸潮或遇水会产生大量的腐蚀性烟雾；与氧化剂可发生反应；受高热分解，放出高毒的烟气。				
健康危害		误服、与皮肤接触或吸入本品会严重中毒；强烈刺激黏膜，引起呼吸困难及支气管炎。在高浓度时，可能因出血性肺水肿及化脓性支气管炎而死亡；本品遇酸或酸雾会释出剧毒的胂和光气，遇水或水蒸气会产生有毒和腐蚀性烟雾。				
防护措施		呼吸系统防护：可能接触其蒸气时，必须佩戴防毒面具。紧急事态抢救或逃生时，建议佩戴正压自给式呼吸器。 眼睛防护：戴化学安全防护眼镜。 身体防护：穿相应的防护服。 手防护：戴防化学品手套。				
危险性类别		急性毒性—经口，类别3*；急性毒性—吸入，类别3*；危害水生环境—急性危害，类别1；危害水生环境—长期危害，类别1。				

序号	2605	品名	乙基环己烷		商品编码	2902.1990
别 名					CAS 号	1678-91-7
英文名		Ethylcyclohexane				
分子式		C_8H_{16}				
外观与性状		无色透明液体。				
主要用途		用作化学中间体、气相色谱对比样品，用于有机合成。				
危险特性		本品遇明火、高热或与氧化剂接触，有引起燃烧爆炸的危险；其蒸气比空气重，能在较低处扩散到相当远的地方，遇明火会引着回燃；若遇高热，容器内压增大，有开裂和爆炸的危险。				
健康危害		无本品吸入中毒资料。本品属烃类，吸入烃类化合物可引起呼吸道轻度刺激、头晕、恶心和嗜睡；极高浓度吸入可引起死亡；蒸气或液体对眼睛有刺激性；液体对皮肤有轻度刺激性；反复接触可致皮炎。摄入引起恶心和呕吐。				
防护措施		呼吸系统防护：空气中浓度较高时，应该佩戴防毒面具。紧急事态抢救或撤离时，建议佩戴自给式呼吸器。 眼睛防护：戴化学安全防护眼镜。 身体防护：穿防静电工作服。 手防护：戴防护手套。				
危险性类别		易燃液体，类别2；吸入危害，类别1；危害水生环境—急性危害，类别1；危害水生环境—长期危害，类别1。				

序号	2606	品名	乙基环戊烷	商品编码	2902.1990
别　名				CAS 号	1640-89-7
英文名		Ethylcyclopentane			
分子式		C_7H_{14}			
外观与性状		无色液体。			
主要用途		用作化学中间体、分析试剂。			
危险特性		本品的蒸气与空气形成爆炸性混合物，遇明火、高热能引起燃烧爆炸；与氧化剂能发生强烈反应。其蒸气比空气重，能在较低处扩散到相当远的地方，遇明火会引着回燃；若遇高热，容器内压增大，有开裂和爆炸的危险。			
健康危害		无本品吸入中毒资料。本品属烃类，吸入有关烃类化合物可引起呼吸道轻度刺激、头晕、恶心和嗜睡；极高浓度吸入引起昏迷甚至死亡；液体进入肺部，对肺组织产生强烈刺激和损伤，甚至引起死亡；蒸气或液体对眼睛有刺激性；液体对皮肤有轻度刺激性；反复接触可致皮炎，摄入引起恶心和呕吐。			
防护措施		呼吸系统防护：空气中浓度较高时，应该佩戴防毒面具。紧急事态抢救或撤离时，建议佩戴自给式呼吸器。 眼睛防护：戴化学安全防护眼镜。 身体防护：穿防静电工作服。 手防护：戴防护手套。			
危险性类别		易燃液体，类别2。			

序号	2607	品名	2-乙基己胺	商品编码	2921.1990
别　名		3-(氨基甲基)庚烷		CAS 号	104-75-6
英文名		2-ethylhexylamine			
分子式		$C_8H_{19}N$			
外观与性状		无色液体。			
主要用途		用作去垢剂，橡胶制品，油类添加剂和杀虫剂等。			
危险特性		本品易燃，遇明火、高热或与氧化剂接触，有引起燃烧爆炸的危险。			
健康危害		本品具有强烈的刺激性。高浓度接触严重损害黏膜、上呼吸道、眼睛和皮肤；接触后出现烧灼感、咳嗽、喘息、喉炎、气短、头痛、恶心和呕吐。			
防护措施		呼吸系统防护：可能接触其蒸气时，应该佩戴自吸过滤式防毒面具（全面罩）。紧急事态抢救或撤离时，建议佩戴自给式呼吸器。 眼睛防护：呼吸系统防护中已作防护。 身体防护：穿防腐工作服。 手防护：戴防化学品手套。			
危险性类别		易燃液体，类别3；急性毒性—经皮肤，类别3；急性毒性—吸入，类别3；皮肤腐蚀/刺激，类别1；严重眼损伤/眼刺激，类别1。			

序号	2608	品名	乙基己醛	商品编码	2912.1900
别　名				CAS 号	123-05-7
英文名	Ethyl hexanal				
分子式	$C_8H_{16}O$				
外观与性状	无色或黄色液体。				
主要用途	用作有机合成、香料。				
危险特性	本品的蒸气与空气形成爆炸性混合物，遇明火、高热能引起燃烧爆炸；与氧化剂能发生强烈反应。若遇高热，容器内压增大，有开裂和爆炸的危险。				
健康危害	本品有毒。对眼睛、皮肤、黏膜和上呼吸道有刺激作用；接触后能引起头痛、咳嗽、咽喉痛、恶心和呕吐。				
防护措施	呼吸系统防护：可能接触其蒸气时，应该佩戴防毒口罩。必要时建议佩戴自给式呼吸器。 眼睛防护：戴化学安全防护眼镜。 身体防护：穿防静电工作服。 手防护：戴防护手套。				
危险性类别	易燃液体，类别3；皮肤致敏物，类别1；生殖毒性，类别2；危害水生环境—急性危害，类别2。				

序号	2609	品名	3-乙基己烷	商品编码	2901.1000
别　名				CAS 号	619-99-8
英文名	3-ethyl-hexane				
分子式	C_8H_{18}				
防护措施	呼吸系统防护：可能接触其蒸气时，应该佩戴防毒面具。紧急事态抢救或逃生时，建议佩戴自给式呼吸器。 眼睛防护：戴化学安全防护眼镜。 身体防护：穿相应的防护服。 手防护：戴防化学品手套。				
危险性类别	易燃液体，类别2；皮肤腐蚀/刺激，类别2；特异性靶器官毒性—单次接触，类别3（麻醉效应）；吸入危害，类别1；危害水生环境—急性危害，类别1；危害水生环境—长期危害，类别1。				

序号	2610	品名	N-乙基间甲苯胺	商品编码	2921.4300
别　名			乙氨基间甲苯	CAS号	102-27-2
英文名			N-ethyl-m-toluidine		
分子式			$C_9H_{13}N$		
外观与性状			淡黄色油状液体。		
主要用途			用于有机合成和染料中间体。		
危险特性			本品遇明火、高热可燃；与强氧化剂可发生反应；若遇高热，容器内压增大，有开裂和爆炸的危险；受高热分解，放出有毒的烟气。		
健康危害			本品具强烈的刺激性。吸入蒸气、误食或经皮肤吸收均可引起中毒；吸收进体内后形成高铁血红蛋白，可致发生氰紫症。		
防护措施			呼吸系统防护：可能接触其蒸气时，应该佩戴防毒面具。紧急事态抢救或逃生时，建议佩戴自给式呼吸器。 眼睛防护：戴化学安全防护眼镜。 身体防护：穿相应的防护服。 手防护：戴防化学品手套。		
危险性类别			危害水生环境—长期危害，类别3。		

序号	2611	品名	乙基硫酸	商品编码	2920.9000
别　名			酸式硫酸乙酯	CAS号	540-82-9
英文名			Ethylsulfuric acid		
分子式			$C_2H_6O_4S$		
防护措施			呼吸系统防护：可能接触其蒸气时，必须佩戴防毒面具。紧急事态抢救或逃生时，建议佩戴正压自给式呼吸器。 眼睛防护：戴化学安全防护眼镜。 身体防护：穿相应的防护服。 手防护：戴防化学品手套。		
危险性类别			皮肤腐蚀/刺激，类别1；严重眼损伤/眼刺激，类别1。		

序号	2612	品名	N-乙基吗啉	商品编码	2934.9990
别　名		N-乙基四氢-1,4-噁嗪		CAS 号	100-74-3
英文名		N-ethylmorpholine			
分子式		$C_6H_{13}NO$			
外观与性状		无色液体。			
主要用途		用作药品、橡胶促进剂、乳化剂制造的中间体,也用作溶剂及催化剂。			
危险特性		本品遇明火、高热易燃;与氧化剂能发生强烈反应;受高热分解产生有毒的腐蚀性气体;受热分解释放出有毒的氧化氮烟气;若遇高热,容器内压增大,有开裂和爆炸的危险。			
健康危害		本品对黏膜、上呼吸道、眼睛和皮肤有强烈的刺激性;吸入后,可因喉及支气管的痉挛、炎症、水肿、化学性肺炎或肺水肿而致死。中毒表现有烧灼感、咳嗽、喘息、喉炎、气短、头痛、恶心和呕吐等。			
防护措施		呼吸系统防护:空气中浓度超标时,应该佩戴防毒口罩。紧急事态抢救或逃生时,佩戴自给式呼吸器。 眼睛防护:戴化学安全防护眼镜。 身体防护:穿相应的防护服。 手防护:戴防化学品手套。			
危险性类别		易燃液体,类别3;严重眼损伤/眼刺激,类别2B;生殖毒性,类别2;特异性靶器官毒性—单次接触,类别3(呼吸道刺激);特异性靶器官毒性—反复接触,类别2。			

序号	2613	品名	N-乙基哌啶	商品编码	2933.3990
别　名		N-乙基六氢吡啶;1-乙基哌啶		CAS 号	766-09-6
英文名		N-ethyl piperidine			
分子式		$C_7H_{15}N$			
外观与性状		无色液体。			
主要用途		用作有机合成的中间体。			
危险特性		本品易燃,遇高热、明火及强氧化剂易引起燃烧。			
健康危害		本品蒸气或雾对眼睛、上呼吸道有刺激性;对皮肤有刺激性。			
防护措施		呼吸系统防护:可能接触其蒸气时,佩戴过滤式防毒面具(半面罩)。紧急事态抢救或撤离时,建议佩戴氧气呼吸器。 眼睛防护:戴化学安全防护眼镜。 身体防护:穿防毒物渗透工作服。 手防护:戴橡胶耐油手套。			
危险性类别		易燃液体,类别2;皮肤腐蚀/刺激,类别1;严重眼损伤/眼刺激,类别1。			

序号	2614	品名	N-乙基全氟辛基磺酰胺	商品编码	2935.2000
别　名				CAS 号	4151-50-2
英文名		Ethylperfluorooctanesulfonamide			
分子式		$C_{10}H_6F_{17}NO_2S$			
外观与性状		无色晶体。			
主要用途		本品系合成全氟阴离子表面活性剂及全氟织物整理剂的重要中间体；可用作杀虫剂。			
防护措施		呼吸系统防护：空气中浓度超标时，应该佩戴防毒口罩。紧急事态抢救或逃生时，佩戴自给式呼吸器。 眼睛防护：戴化学安全防护眼镜。 身体防护：穿相应的防护服。 手防护：戴防化学品手套。			
危险性类别		生殖毒性，类别1B；生殖毒性，附加类别；特异性靶器官毒性—反复接触，类别1；危害水生环境—急性危害，类别2；危害水生环境—长期危害，类别2。			

序号	2615	品名	乙基三氯硅烷	商品编码	2931.9000
别　名		三氯乙基硅烷		CAS 号	115-21-9
英文名		Ethyltrichlorosilane			
分子式		$C_2H_5Cl_3Si$			
外观与性状		无色液体。			
主要用途		用作制造硅酮的中间体。			
危险特性		本品易燃，遇明火、高热或与氧化剂接触，有引起燃烧爆炸的危险；受热或遇水分解释放热，放出有毒的腐蚀性烟气。具有腐蚀性。			
健康危害		本品对呼吸道、皮肤、黏膜有强烈刺激作用；吸入后可因喉、支气管的痉挛、水肿、炎症，化学性肺炎、肺水肿而致死；接触本品工人往往有眼痛、流泪、咳嗽、头痛、易激动、皮肤发痒。			
防护措施		呼吸系统防护：可能接触其蒸气时，应该佩戴自吸过滤式防毒面具（全面罩）。紧急事态抢救或撤离时，建议佩戴空气呼吸器。 眼睛防护：呼吸系统防护中已作防护。 身体防护：穿防毒物渗透工作服。 手防护：戴橡胶耐油手套。			
危险性类别		易燃液体，类别2；皮肤腐蚀/刺激，类别1；严重眼损伤/眼刺激，类别1。			

序号	2616	品名	乙基三乙氧基硅烷	商品编码	2931.9000
别 名			三乙氧基乙基硅烷	CAS 号	78-07-9
英文名			Ethyltriethoxysilane		
分子式			$C_8H_{20}O_3Si$		
外观与性状			无色液体。		
主要用途			用作合成高分子有机硅化合物的原料。		
危险特性			本品遇高热、明火或与氧化剂接触，有引起燃烧的危险。		
防护措施			呼吸系统防护：可能接触其蒸气时，应该佩戴防毒面具。紧急事态抢救或撤离时，建议佩戴自给式呼吸器。 眼睛防护：戴化学安全防护眼镜。 身体防护：穿防静电工作服。 手防护：戴防化学品手套。		
危险性类别			易燃液体，类别3。		

序号	2617	品名	3-乙基戊烷	商品编码	2901.1000
别 名				CAS 号	617-78-7
英文名			3-ethylpentane		
分子式			C_7H_{16}		
防护措施			呼吸系统防护：可能接触其蒸气时，必须佩戴防毒面具。紧急事态抢救或逃生时，建议佩戴正压自给式呼吸器。 眼睛防护：戴化学安全防护眼镜。 身体防护：穿相应的防护服。 手防护：戴防化学品手套。		
危险性类别			易燃液体，类别2；皮肤腐蚀/刺激，类别2；特异性靶器官毒性—单次接触，类别3（麻醉效应）；吸入危害，类别1；危害水生环境—急性危害，类别1；危害水生环境—长期危害，类别1。		

序号	2618	品名	S-乙基亚磺酰甲基-O,O-二异丙基二硫代磷酸酯	商品编码	2930.9090
别 名			丰丙磷	CAS 号	5827-05-4
防护措施			呼吸系统防护：可能接触其蒸气时，必须佩戴防毒面具。紧急事态抢救或逃生时，建议佩戴正压自给式呼吸器。 眼睛防护：戴化学安全防护眼镜。 身体防护：穿相应的防护服。 手防护：戴防化学品手套。		
危险性类别			急性毒性—经口，类别3*；急性毒性—经皮肤，类别1；危害水生环境—急性危害，类别1；危害水生环境—长期危害，类别1。		

序号	2619	品名	乙基烯丙基醚	商品编码	2909.1990
别　名			烯丙基乙基醚	CAS号	557-31-3
英文名			Ethyl allyl ether		
分子式			$C_5H_{10}O$		
外观与性状			无色液体。		
主要用途			用于有机合成。		
危险特性			本品的蒸气与空气形成爆炸性混合物，遇明火、高热能引起燃烧爆炸；与氧化剂能发生强烈反应；接触空气或在光照条件下可生成具有潜在爆炸危险性的过氧化物；其蒸气比空气重，能在较低处扩散到相当远的地方，遇火源引着回燃；若遇高热，可能发生聚合反应，出现大量放热现象，引起容器破裂和爆炸事故。		
健康危害			本品对眼睛和皮肤有刺激性；对黏膜和上呼吸道有刺激作用。		
防护措施			呼吸系统防护：可能接触其蒸气时，必须佩戴防毒面具。紧急事态抢救或逃生时，建议佩戴正压自给式呼吸器。 眼睛防护：戴化学安全防护眼镜。 身体防护：穿相应的防护服。 手防护：戴防化学品手套。		
危险性类别			易燃液体，类别2；急性毒性—经口，类别3*；急性毒性—经皮肤，类别3*；急性毒性—吸入，类别3*；特异性靶器官毒性—单次接触，类别3（麻醉效应）。		

序号	2620	品名	乙基正丁基醚	商品编码	2909.1990
别　名			乙氧基丁烷；乙丁醚	CAS号	628-81-9
英文名			1-ethoxy-butane		
分子式			$C_6H_{14}O$		
主要用途			用作溶剂、萃取剂。		
健康危害			本品蒸气能与空气形成爆炸性混合物；遇高热、明火、强氧化剂有引起着火、爆炸危险；蒸气比空气重，能扩散很远，遇火源再回燃；可经呼吸道和消化道吸收；对眼睛、皮肤和呼吸道黏膜有刺激作用；影响神经系统，可引起头晕、恶心、嗜睡、精神迟钝；皮肤及眼结膜充血、疼痛。		
防护措施			呼吸系统防护：可能接触其蒸气时，必须佩戴防毒面具。紧急事态抢救或逃生时，建议佩戴正压自给式呼吸器。 眼睛防护：戴化学安全防护眼镜。 身体防护：穿相应的防护服。 手防护：戴防化学品手套。		
危险性类别			易燃液体，类别2。		

序号	2621	品名	乙腈	商品编码	2926.9090
别名			甲基氰	CAS号	75-05-8
英文名			Acetonitrile		
分子式			C_2H_3N		
外观与性状			无色透明液体。		
主要用途			用于制维生素B1等药物，及香料、脂肪酸萃取等。		
危险特性			本品易燃，其蒸气与空气可形成爆炸性混合物，遇明火、高热或与氧化剂接触，有引起燃烧爆炸的危险；与氧化剂能发生强烈反应；燃烧时有发光火焰。与硫酸、发烟硫酸、氯磺酸、过氯酸盐等反应剧烈。		
健康危害			乙腈急性中毒发病较氢氰酸慢，可有数小时潜伏期。主要症状为衰弱、无力、面色灰白、恶心、呕吐、腹痛、腹泻、胸闷、胸痛；严重者呼吸及循环系统紊乱，呼吸浅、慢而不规则，血压下降，脉搏细而慢，体温下降，阵发性抽搐，昏迷；可有尿频、蛋白尿等。		
防护措施			呼吸系统防护：空气中浓度超标时，佩戴过滤式防毒面具（半面罩），自给式呼吸器或通风式呼吸器。 眼睛防护：戴化学安全防护眼镜。 身体防护：穿胶布防毒衣。 手防护：戴橡胶耐油手套。		
危险性类别			易燃液体，类别2；严重眼损伤/眼刺激，类别2。		

序号	2622	品名	乙硫醇	商品编码	2930.9090
别名			氢硫基乙烷;巯基乙烷	CAS号	75-08-1
英文名			Ethyl mercaptan		
分子式			C_2H_6S		
外观与性状			无色液体，易燃，有强烈的蒜气味。		
主要用途			用作黏合剂的稳定剂和化学合成的中间体。		
危险特性			本品的蒸气与空气形成爆炸性混合物，遇明火、高热极易燃烧爆炸；与氧化剂能发生强烈反应；与次氯酸钙、氢氧化钙发生剧烈反应；其蒸气比空气重，能在较低处扩散到相当远的地方，遇火源引着回燃；若遇高热，容器内压增大，有开裂和爆炸的危险。		
健康危害			本品有麻醉作用。中毒者可发生呕吐、腹泻，尿中出现蛋白、管型及血尿。		
防护措施			呼吸系统防护：空气中浓度超标时，佩戴过滤式防毒面具（半面罩）。 眼睛防护：戴化学安全防护眼镜。 身体防护：穿防静电工作服。 手防护：戴橡胶手套。		
危险性类别			易燃液体，类别2；危害水生环境—急性危害，类别1；危害水生环境—长期危害，类别1。		

序号	2623	品名	2-乙硫基苄基 N-甲基氨基甲酸酯	商品编码	2930.9090
别 名			乙硫苯威	CAS 号	29973-13-5
英文名			Ethiofencarb		
分子式			$C_{11}H_{15}NO_2S$		
外观与性状			原药为棕红色油状液体。		
主要用途			用作杀虫剂。		
危险特性			本品燃烧产生有毒氮氧化物和氧硫化物气体。		
防护措施			呼吸系统防护：可能接触其蒸气时，必须佩戴防毒面具。紧急事态抢救或逃生时，建议佩戴正压自给式呼吸器。 眼睛防护：戴化学安全防护眼镜。 身体防护：穿相应的防护服。 手防护：戴防化学品手套。		
危险性类别			急性毒性—经口，类别 3；危害水生环境—急性危害，类别 1；危害水生环境—长期危害，类别 1。		

序号	2624	品名	乙醚	商品编码	2909.1100
别 名			二乙基醚	CAS 号	60-29-7
英文名			Ethyl ether		
分子式			$C_4H_{10}O$		
外观与性状			无色易挥发的流动液体。		
主要用途			用作溶剂，医药上用作麻醉剂。		
危险特性			本品的蒸气与空气可形成爆炸性混合物，遇明火、高热极易燃烧爆炸；与氧化剂能发生强烈反应；在空气中久置后能生成有爆炸性的过氧化物；在火场中，受热的容器有爆炸危险；其蒸气比空气重，能在较低处扩散到相当远的地方，遇火源会着火回燃。		
健康危害			本品的主要作用为全身麻醉。急性大量接触，早期出现兴奋，继而嗜睡、呕吐、面色苍白、脉缓、体温下降和呼吸不规则，并有生命危险；急性接触后的暂时后作用有头痛、易激动或抑郁、流涎、呕吐、食欲下降和多汗等；液体或高浓度蒸气对眼睛有刺激性；慢性影响：长期低浓度吸入，有头痛、头晕、疲倦、嗜睡、蛋白尿、红细胞增多症；长期皮肤接触，可发生皮肤干燥、皲裂。		
防护措施			呼吸系统防护：空气中浓度超标时，佩戴过滤式防毒面具（半面罩）。 眼睛防护：戴化学安全防护眼镜。 身体防护：穿防静电工作服。 手防护：戴橡胶手套。		
危险性类别			易燃液体，类别 1；特异性靶器官毒性—单次接触，类别 3（麻醉效应）。		

序号	2625	品名	乙硼烷		商品编码	2850.0090
别　名		二硼烷			CAS 号	19287-45-7
英文名		Diborane				
分子式		B_2H_6				
外观与性状		无色气体。				
主要用途		用作火箭和导弹的高能燃料，也用于有机合成。				
危险特性		本品极易燃，与空气混合能形成爆炸性混合物；遇热源和明火有燃烧爆炸的危险；在室温下遇潮湿空气能自燃；与氟、氯、溴等卤素会反应剧烈并能与氟氯烷灭火剂猛烈反应。				
健康危害		吸入高浓度乙硼烷出现胸闷、气短、干咳、心前区不适；可出现恶心、头痛、发热等症状；重者可发生肺炎、肺水肿。慢性影响：长期接触可能引起肝、肾损害，支气管炎，中枢神经系统症状较轻。				
防护措施		呼吸系统防护：佩戴导管式防毒面具。 身体防护：穿连衣式胶布防毒衣。 手防护：戴橡胶手套。				
危险性类别		易燃气体，类别1；加压气体；急性毒性—吸入，类别1；皮肤腐蚀/刺激，类别1；严重眼损伤/眼刺激，类别1；特异性靶器官毒性—单次接触，类别1；特异性靶器官毒性—反复接触，类别1。				

序号	2626	品名	乙炔		商品编码	2901.2920
别　名		电石气			CAS 号	74-86-2
英文名		Acetylene；ethine；ethyne；narcylen				
分子式		C_2H_2				
外观与性状		在室温下是一种无色、极易燃的气体。				
主要用途		用以照明、焊接及切断金属（氧炔焰），也是制造乙醛、醋酸、苯、合成橡胶、合成纤维等的基本原料。				
危险特性		本品与铜、银、水银等金属或其盐类长期接触时，会生成乙炔铜（Cu_2C_2）和乙炔银（Ag_2C_2）等爆炸性混合物；当受到摩擦、冲击时会发生爆炸。				
防护措施		呼吸系统防护：一般不需要特殊防护，但建议特殊情况下佩戴合适的自吸过滤式防毒面具（氧气含量与空气中氧含量一致或接近时）。 眼睛防护：一般不需要特殊防护，高浓度接触时可戴化学安全防护眼镜。 身体防护：穿防静电工作服。 手防护：戴一般作业防护手套。				
危险性类别		易燃气体，类别1；化学不稳定性气体，类别A；加压气体。				

序号	2627	品名	乙醛		商品编码	2912.1200
别 名					CAS 号	75-07-0
英文名		Acetaldehyde. ethanal				
分子式		C_2H_4O				
外观与性状		无色易流动液体。				
主要用途		有机合成中,乙醛是二碳试剂、亲电试剂,看作 $CH_3CH(OH)$ 的合成子,具原手性。它与三份的甲醛缩合,生成季戊四醇 $C(CH_2OH)_4$。 与格氏试剂和有机锂试剂反应生成醇。 Strecker 氨基酸合成中,乙醛与氰离子和氨缩合水解后,可合成丙氨酸。乙醛也可构建杂环环系,如三聚乙醛与氨反应生成吡啶衍生物。 此外,乙醛可以用来制造乙酸、乙醇、乙酸乙酯。农药 DDT 就是以乙醛作原料合成的。乙醛经氯化得三氯乙醛。三氯乙醛的水合物是一种安眠药。				
危险特性		燃爆危险:本品极度易燃,具刺激性,具致敏性。				
健康危害		低浓度引起眼、鼻及上呼吸道刺激症状及支气管炎;高浓度吸入尚有麻醉作用;表现有头痛、嗜睡、神志不清及支气管炎、肺水肿、腹泻、蛋白尿肝和心肌脂肪性变;可致死;误服出现胃肠道刺激症状、麻醉作用及心、肝、肾损害。对皮肤有致敏性;反复接触蒸气引起皮炎、结膜炎。				
防护措施		呼吸系统防护:空气中浓度超标时,佩戴过滤式防毒面具(半面罩)。 眼睛防护:戴化学安全防护眼镜。 身体防护:穿防静电工作服。 手防护:戴橡胶手套。				
危险性类别		易燃液体,类别 1;严重眼损伤/眼刺激,类别 2;致癌性,类别 2;特异性靶器官毒性—单次接触,类别 3(呼吸道刺激)。				

序号	2628	品名	乙醛肟		商品编码	2928.0000
别 名		亚乙基羟胺;亚乙基胲			CAS 号	107-29-9
英文名		Acetaldoxime;acetaldehyde oxime; aao				
分子式		C_2H_5NO				
外观与性状		有两种结晶形态,α 型熔点 46.5℃,β 型熔点 12℃。				
主要用途		用于有机合成。				
危险特性		本品易燃、有毒、具有刺激性。				
健康危害		吸入本品后对鼻、咽喉、肺部有刺激作用;皮肤和眼睛接触有刺激性。				
防护措施		呼吸系统防护:佩戴自吸过滤式防尘口罩。 眼睛防护:戴化学安全防护眼镜。 身体防护:穿防静电工作服。 手防护:戴橡胶手套。				
危险性类别		易燃液体,类别 3;急性毒性—经皮肤,类别 3;急性毒性—吸入,类别 3。				

序号	2629	品名	乙酸(含量>80%)	商品编码	2915.2190
别　名			醋酸	CAS 号	64-19-7
英文名			Acetic acid glacial; glacial acetic acid		
分子式			$C_2H_4O_2$		
外观与性状			纯的无水乙酸（冰醋酸）是无色的吸湿性固体。		
主要用途			乙酸可用作酸度调节剂、酸化剂、腌渍剂、增味剂、香料等。		
危险特性			本品能与氧化剂发生强烈反应，与氢氧化钠与氢氧化钾等反应剧烈；稀释后对金属有腐蚀性。		
健康危害			本品侵入途径为吸入、食入、经皮肤吸收；吸入后对鼻、喉和呼吸道有刺激性；对眼睛有强烈刺激作用；皮肤接触，轻者出现红斑，重者引起化学灼伤；误服浓乙酸，口腔和消化道可产生糜烂，重者可因休克而致死。		
防护措施			呼吸系统防护：空气中深度浓度超标时，应佩戴防毒面具。 眼睛防护：戴化学安全防护眼镜。 手防护：戴橡皮手套。		
危险性类别			易燃液体，类别3；皮肤腐蚀/刺激，类别1A；严重眼损伤/眼刺激，类别1。		

序号	2630	品名	乙酸钡	商品编码	2915.2990
别　名			醋酸钡	CAS 号	543-80-6
英文名			Barium acetate; barium di(acetate)		
分子式			$C_4H_6BaO_4$		
外观与性状			无色至白色结晶性粉末。		
主要用途			用于媒染剂，制药工业。		
危险特性			本品可燃，燃烧产生刺激烟雾。		
健康危害			本品具有局部刺激和全身性毒作用。误服后出现进行性肌麻痹、心律紊乱、血压降低等，可死于心律紊乱和呼吸肌麻痹；长期接触可致口腔炎、鼻炎、结膜炎、脱发等。		
防护措施			呼吸系统防护：空气中粉尘浓度较高时，建议佩戴自吸过滤式防尘口罩。 眼睛防护：戴化学安全防护眼镜。 身体防护：穿透气型防毒服。 手防护：戴防化学品手套。		
危险性类别			特异性靶器官毒性—单次接触，类别1。		

序号	2631	品名	乙酸苯胺		商品编码	2921.4190
别　名			醋酸苯胺		CAS 号	542-14-3
英文名			Aniline acetate			
分子式			$C_8H_{11}NO_2$			
外观与性状			无色透明液体。			
防护措施			呼吸系统防护：佩戴防毒口罩。紧急事态抢救或逃生时，佩戴自给式呼吸器。 眼睛防护：戴化学安全防护眼镜。 防护服：穿相应的防护服。 手防护：戴防化学品手套。			
危险性类别			急性毒性—经口，类别3*；急性毒性—经皮肤，类别3*；急性毒性—吸入，类别3*；严重眼损伤/眼刺激，类别1；皮肤致敏物，类别1；生殖细胞致突变性，类别2；特异性靶器官毒性—反复接触，类别1；危害水生环境—急性危害，类别1。			

序号	2632	品名	乙酸苯汞		商品编码	2852.1000
别　名					CAS 号	62-38-4
英文名			Phenylmercury acetate；quicksan			
分子式			$C_8H_8HgO_2$			
外观与性状			白色而有光泽的斜方形晶体。			
主要用途			医疗上为避孕剂，用于杀死精虫，也用作外科局部消毒剂；农业上曾用于处理种子，可防治麦类黑穗病、小米白发病、高粱、洋葱黑穗病、麻类立枯病、炭疽病，大豆炭疽病、柴斑病等；与石灰混合作为粉剂使用；可防治稻热病和稻小粒菌核病。			
危险特性			本品可燃，高毒。			
健康危害			本品主要侵犯神经系统。有机汞中毒的主要表现有：无论任何经途径侵入，均可发生口腔炎，口服引起急性胃肠炎；神经精神症状有神经衰弱综合征、精神障碍、昏迷、瘫痪、震颤、共济失调、向心性视野缩小等；可发生肾脏损害；可致皮肤损害。醋酸苯汞中毒时肝脏损害比较明显，出现黄疸、肝肿大、压痛、肝功能异常。			
防护措施			呼吸系统防护：空气中浓度超标时，佩戴过滤式防毒面具（半面罩）。 眼睛防护：戴化学安全防护眼镜。 身体防护：穿防静电工作服。 手防护：戴橡胶手套。			
危险性类别			急性毒性—经口，类别3*；皮肤腐蚀/刺激，类别1B；严重眼损伤/眼刺激，类别1；特异性靶器官毒性—反复接触，类别1；危害水生环境—急性危害，类别1；危害水生环境—长期危害，类别1。			

序号	2633	品名	乙酸酐	商品编码	2915.2400
别 名			醋酸酐	CAS 号	108-24-7
英文名			Acetic anhydride;acetyl oxide;ethanoic anhydride		
分子式			$C_4H_6O_3$		
外观与性状			无色透明液体。		
危险特性			本品易燃，其蒸气与空气可形成爆炸性混合物，遇明火、高热能引起燃烧爆炸；与强氧化剂接触可发生化学反应。		
健康危害			吸入本品后对呼吸道有刺激作用，引起咳嗽、胸痛、呼吸困难；蒸气对眼睛有刺激性；眼和皮肤直接接触液体可致灼伤；口服灼伤口腔和消化道，出现腹痛、恶心、呕吐和休克等；慢性影响：受该品蒸气慢性作用的工人，可有结膜炎、畏光、上呼吸道刺激等。		
防护措施			呼吸系统防护：空气中浓度超标时，佩戴过滤式防毒面具（半面罩）。 眼睛防护：戴化学安全防护眼镜。 身体防护：穿防静电工作服。 手防护：戴橡胶手套。		
危险性类别			易燃液体，类别 3；皮肤腐蚀/刺激，类别 1B；严重眼损伤/眼刺激，类别 1；特异性靶器官毒性—单次接触，类别 3（呼吸道刺激）。		

序号	2634	品名	乙酸汞	商品编码	2852.1000
别 名			乙酸高汞；醋酸汞	CAS 号	1600-27-7
英文名			Mercury acetate		
分子式			$2(C_2H_4O_2)\cdot Hg$		
外观与性状			具有珍珠光泽白色片状结晶或浅黄色粉末。		
主要用途			用作有机合成催化剂，用于医药工业和分析试剂。		
危险特性			本品受高热分解释放出有毒的气体。		
健康危害			本品有毒，吸入或与皮肤接触时极毒，并有蓄积性危害。		
防护措施			呼吸系统防护：佩戴碘化活性炭防尘口罩。必要时佩戴防毒面具。 眼睛防护：一般不需要特殊防护，高浓度接触时可戴化学安全防护眼镜。 身体防护：穿相应的防护服。 手防护：戴防护手套。		
危险性类别			急性毒性—经口，类别 2；急性毒性—经皮肤，类别 3；皮肤腐蚀/刺激，类别 1；严重眼损伤/眼刺激，类别 1；皮肤致敏物，类别 1；生殖细胞致突变性，类别 2；生殖毒性，类别 2；特异性靶器官毒性—单次接触，类别 2；特异性靶器官毒性—反复接触，类别 1；危害水生环境—急性危害，类别 1；危害水生环境—长期危害，类别 1。		

序号	2635	品名	乙酸环己酯	商品编码	2915.3900
别 名			醋酸环己酯	CAS 号	622-45-7
英文名			Cyclohexyl acetate；acetic acid cyclohexyl ester		
分子式			$C_8H_{14}O_2$		
外观与性状			无色至微黄色透明油状液体。		
主要用途			用作香料，配制苹果、香蕉、醋栗和树莓等果香型香精，用于食品、饮料。		
危险特性			本品遇高热、明火或与氧化剂接触，有引起燃烧的危险；若遇高热，容器内压增大，有开裂和爆炸的危险。		
健康危害			本品刺激皮肤。		
防护措施			呼吸系统防护：空气中浓度超标时，佩戴过滤式防毒面具（半面罩）。 眼睛防护：戴化学安全防护眼镜。 身体防护：穿防静电工作服。 手防护：戴橡胶手套。		
危险性类别			易燃液体，类别3；严重眼损伤/眼刺激，类别2B；特异性靶器官毒性—单次接触，类别2；特异性靶器官毒性—单次接触，类别3（呼吸道刺激）。		

序号	2636	品名	乙酸甲氧基乙基汞	商品编码	2852.1000
别 名			醋酸甲氧基乙基汞	CAS 号	151-38-2
英文名			Acetyloxy-(2-methoxyethyl)mercury		
分子式			$C_5H_{10}HgO_3$		
外观与性状			结晶。		
主要用途			用作种子消毒剂。		
危险特性			本品遇明火、高热可燃；受高热分解释放出有毒的气体。		
健康危害			本品进入人体后蓄积性极大，易因蓄积引起中毒；其临床症状和体征主要损害中枢神经系统；出现神经衰弱综合征，精神障碍、谵妄、昏迷、瘫痪、震颤、共济失调、向心性视野缩小等，可发生肾脏损害，重者可致急性肾功能；口服可引起急性胃肠炎；此外，尚可引起心脏、肝脏和皮肤的损害。		
防护措施			呼吸系统防护：佩戴防毒口罩。紧急事态抢救或逃生时，佩戴自给式呼吸器。 眼睛防护：戴化学安全防护眼镜。 防护服：穿相应的防护服。 手防护：戴防化学品手套。		
危险性类别			急性毒性—经口，类别2*；急性毒性—经皮肤，类别1；急性毒性—吸入，类别2*；特异性靶器官毒性—反复接触，类别2*；危害水生环境—急性危害，类别1；危害水生环境—长期危害，类别1。		

序号	2637	品名	乙酸甲酯	商品编码	2915.3900
别 名		醋酸甲酯		CAS 号	79-20-9
英文名		Methyl acetate			
分子式		$C_3H_6O_2$			
外观与性状		无色透明液体,有香味。			
主要用途		用于树脂、涂料、油墨、油漆、胶粘剂、皮革生产过程所需的有机溶剂,聚氨酯泡沫发泡剂,天那水等。			
危险特性		本品易燃,其蒸气与空气可形成爆炸性混合物,遇明火、高热能引起燃烧爆炸;与氧化剂接触猛烈反应;其蒸气比空气重,能在较低处扩散到相当远的地方,遇火源会着火回燃。			
健康危害		本品具有麻醉和刺激作用。人接触较高浓度的本品,可引起眼睛、鼻、咽喉和呼吸道刺激症状;重复或长时间接触,出现进行性的麻醉作用;停止接触后恢复较慢,有时可造成角膜混浊。对皮肤可引起皮炎及湿疹;接触本品蒸气引起眼灼痛、流泪、进行性呼吸困难、头痛、头晕、心悸、忧郁、中枢神经抑制。由其分解产生的甲醇可引起视力减退、视野缩小和视神经萎缩等;高浓度可发生麻醉作用及肝、肾充血;持续大量吸入,则可发生急性肺水肿;慢性影响可有继发性贫血,白细胞增多,内脏浊肿和脂肪性变。偶有对本品发生过敏者,小量吸入后可因血管神经障碍而致牙龈出血			
防护措施		呼吸系统防护:可能接触其蒸气时,应该佩戴自吸过滤式防毒面具(半面罩)。紧急事态抢救或撤离时,建议佩戴空气呼吸器。 眼睛防护:戴化学安全防护眼镜。 身体防护:穿防静电工作服。 手防护:戴橡胶耐油手套。			
危险性类别		易燃液体,类别2;严重眼损伤/眼刺激,类别2;特异性靶器官毒性—单次接触,类别3(麻醉效应)。			

序号	2638	品名	乙酸间甲酚酯	商品编码	2915.3900
别 名			醋酸间甲酚酯	CAS 号	122-46-3
英文名			3-methylphenol acetate; m-tolyl acetate; m-cresol acetate; 3-acetoxytoluene; 3-cresyl acetate		
分子式			$C_9H_{10}O_2$		
外观与性状			无色或浅黄色油状液体。		
主要用途			用作防腐剂、抑菌剂、制药。		
危险特性			本品遇明火可燃；受热产生辛辣刺激烟雾。		
健康危害			吸入本品可能有害，可能引起呼吸道刺激；如果通过皮肤吸收可能是有害的，可能引起皮肤刺激；可能引起眼睛刺激。		
防护措施			呼吸系统防护：佩戴防毒口罩。紧急事态抢救或逃生时，佩戴自给式呼吸器。 眼睛防护：戴化学安全防护眼镜。 防护服：穿相应的防护服。 手防护：戴防化学品手套。		
危险性类别			皮肤腐蚀/刺激，类别2；严重眼损伤/眼刺激，类别2A。		

序号	2639	品名	乙酸铍	商品编码	2915.2990
别 名			醋酸铍	CAS 号	543-81-7
英文名			Beryllium acetate		
分子式			$C_4H_6O_4 \cdot Be$		
外观与性状			白色片状固体。		
危险特性			本品的粉体与空气可形成爆炸性混合物，遇明火、高热或与氧化剂接触，有引起燃烧爆炸的危险；受热分解产生有毒的烟气。		
健康危害			吸入本品引起的急性中毒可发生支气管炎、支气管肺炎，发生呼吸困难、发绀等症状；皮肤接触可引起接触性皮炎和过敏性皮炎；长期接触粉尘引起慢性铍肺。		
防护措施			呼吸系统防护：可能接触其粉尘时，必须佩戴空气呼吸器。 眼睛防护：呼吸系统防护中已作防护。 身体防护：穿胶布防毒衣。 手防护：戴橡胶手套。		
危险性类别			急性毒性—经口，类别3*；急性毒性—吸入，类别2*；皮肤腐蚀/刺激，类别2；严重眼损伤/眼刺激，类别2；皮肤致敏物，类别1；致癌性，类别1A；特异性靶器官毒性—单次接触，类别3（呼吸道刺激）；特异性靶器官毒性—反复接触，类别1；危害水生环境—急性危害，类别2；危害水生环境—长期危害，类别2。		

序号	2640	品名	乙酸铅	商品编码	2915.2990
别 名			醋酸铅	CAS 号	301-04-2
英文名			Lead acetate		
分子式			$(CH_3COO)_2Pb$		
外观与性状			三水合醋酸铅为无色结晶、白色颗粒或粉末。		
主要用途			用于制备各种铅盐（硼酸铅、硬脂酸铅等）、抗污涂料（醋酸铅与重铬酸钾作用可制取铬黄）、水质防护剂、颜料填充剂、涂料干燥剂、纤维染色剂，以及重金属氰化过程的溶剂。		
危险特性			本品遇明火、高热可燃；受高热分解释放出有毒的气体。		
健康危害			本品可损害造血、神经、消化系统及肾脏。职业中毒主要为慢性。神经系统主要表现为神经衰弱综合征、周围神经病（以运动功能受累较明显），重者出现铅中毒性脑病；消化系统表现为齿龈铅线、食欲不振、恶心、腹胀、腹泻或便秘；腹绞痛见于中等及较重病例。造血系统损害出现卟啉代谢障碍、贫血等。短时大量接触可发生急性或亚急性铅中毒，表现类似重症慢性铅中毒。本品可经皮肤吸收，可致灼伤；对眼有刺激性。		
防护措施			呼吸系统防护：佩戴防尘口罩。必要时佩戴防毒面具。 眼睛防护：必要时戴安全防护眼镜。 防护服：穿相应的防护服。 手防护：戴防护手套。		
危险性类别			生殖毒性，类别1A；特异性靶器官毒性—反复接触，类别2*；危害水生环境—急性危害，类别1；危害水生环境—长期危害，类别1。		

序号	2641	品名	乙酸三甲基锡	商品编码	2931.9000
别 名			醋酸三甲基锡	CAS 号	1118-14-5
英文名			Aceticacid,trimethylstannylester		
分子式			$C_5H_{12}O_2Sn$		
健康危害			摄入本品会中毒；加热时分解它发出刺鼻的烟雾和刺激性气体。		
防护措施			呼吸系统防护：佩戴防毒口罩。紧急事态抢救或逃生时，佩戴自给式呼吸器。 眼睛防护：戴化学安全防护眼镜。 防护服：穿相应的防护服。 手防护：戴防化学品手套。		
危险性类别			急性毒性—经口，类别2；急性毒性—经皮肤，类别1；急性毒性—吸入，类别2*；危害水生环境—急性危害，类别1；危害水生环境—长期危害，类别1。		

序号	2642	品名	乙酸三乙基锡	商品编码	2931.9000
别　名			三乙基乙酸锡	CAS 号	1907-13-7
英文名			Triethyltin acetate		
分子式			$C_8H_{18}O_2Sn$		
危险特性			本品可燃；加热分解释放有毒含锡烟雾。		
防护措施			呼吸系统防护：佩戴防毒口罩。紧急事态抢救或逃生时，佩戴自给式呼吸器。 眼睛防护：戴化学安全防护眼镜。 防护服：穿相应的防护服。 手防护：戴防化学品手套。		
危险性类别			急性毒性—经口，类别 1；急性毒性—经皮肤，类别 1；急性毒性—吸入，类别 2*；危害水生环境—急性危害，类别 1；危害水生环境—长期危害，类别 1。		

序号	2643	品名	乙酸叔丁酯	商品编码	2915.3900
别　名			醋酸叔丁酯	CAS 号	540-88-5
英文名			Ethyl cyclopropanecarboxylate		
分子式			$C_6H_{12}O_2$		
外观与性状			无色液体。		
主要用途			一般用作硝化纤维素等的溶剂，以及作为汽油添加剂。		
危险特性			本品易燃，其蒸气与空气可形成爆炸性混合物，遇明火、高热能引起燃烧爆炸；与氧化剂能发生强烈反应；其蒸气比空气重，能在较低处扩散到相当远的地方，遇火源会着火回燃。		
健康危害			本品蒸气刺激鼻、喉、支气管，吸入后引起鼻出血、声嘶、咳嗽、胸部紧束感。可出现头痛、头晕等症状；眼睛及皮肤接触有刺激性；皮肤长期反复接触可发生皮疹。		
防护措施			呼吸系统防护：可能接触其蒸气时，应该佩戴自吸过滤式防毒面具（半面罩）。紧急事态抢救或撤离时，建议佩戴空气呼吸器。 眼睛防护：戴化学安全防护眼镜。 身体防护：穿防静电工作服。 手防护：戴橡胶耐油手套。		
危险性类别			易燃液体，类别 2。		

序号	2644	品名	乙酸烯丙酯	商品编码	2915.3900
别　名			醋酸烯丙酯	CAS 号	591-87-7
英文名			Allyl acetate		
分子式			$CH_3COOCH_2CHCH_2$		

外观与性状	无色液体。
主要用途	用于树脂及黏合剂的合成，生产甘油的中间体，也用于有机合成及有机中间体。
危险特性	本品的蒸气与空气形成爆炸性混合物，遇明火、高热能引起燃烧爆炸。
健康危害	本品蒸气对眼、鼻、喉、支气管有刺激性，吸入后引起鼻出血、声嘶、咳嗽和胸部紧束感；高浓度吸入可发生肺水肿，出现严重的呼吸困难。对皮肤有刺激性。
防护措施	呼吸系统防护：空气中浓度超标时，应该佩戴防毒口罩。必要时佩戴自给式呼吸器。 眼睛防护：戴化学安全防护眼镜。 身体防护：穿相应的工作服。 手防护：戴防护手套。
危险性类别	易燃液体，类别 2；急性毒性—经口，类别 3；急性毒性—吸入，类别 2；皮肤腐蚀/刺激，类别 2；严重眼损伤/眼刺激，类别 2A；特异性靶器官毒性—反复接触，类别 2。

序号	2645	品名	乙酸亚汞	商品编码	2852.1000
别　名				CAS 号	631-60-7
英文名			Mercury(i) acetate		
分子式			$C_4H_8Hg_2O_4$		

外观与性状	白色有光泽片状结晶或粉末，遇光变色。
主要用途	用作分析试剂，也用于制药工业。
危险特性	本品可燃，有毒。
健康危害	本品进入体内易因蓄积引起中毒。主要损害中枢神经系统，出现神经衰弱综合征，精神障碍、向心性视野缩小等；可发生肾脏损害，重者可致急性肾功能衰竭。
防护措施	呼吸系统防护：佩戴自吸过滤式防尘口罩。 眼睛防护：戴化学安全防护眼镜。 身体防护：穿防毒物渗透工作服。 手防护：戴乳胶手套。
危险性类别	急性毒性—经口，类别 3；急性毒性—经皮肤，类别 3；皮肤致敏物，类别 1；生殖细胞致突变性，类别 2；生殖毒性，类别 2；特异性靶器官毒性—单次接触，类别 1；特异性靶器官毒性—反复接触，类别 1；危害水生环境—急性危害，类别 1；危害水生环境—长期危害，类别 1。

序号	2646	品名	乙酸亚铊	商品编码	2915.2990
别　　名		乙酸铊;醋酸铊		CAS号	563-68-8
英文名		Thallous acetate			
分子式		$C_2H_3O_2Tl$			
外观与性状		常温下为白色针状结晶。			
主要用途		高比重溶液，用以分离矿物的成分。			
危险特性		本品遇明火、高热可燃；受热分解，放出有毒的烟气。			
健康危害		本品的粉尘能刺激眼睛、鼻，产生恶心，腹痛等症状；容易经皮肤吸收。中毒多半是由误服引起，主要损害中枢神经系统、周围神经、胃肠道和肾脏，出现腿和躯干的异样感，腿无力，严重时可瘫痪；严重中毒病例可很快出现谵妄、惊厥和昏迷。此外，引起脱发、皮疹。			
防护措施		呼吸系统防护：佩戴防毒口罩。紧急事态抢救或逃生时，佩戴自给式呼吸器。 眼睛防护：戴化学安全防护眼镜。 身体防护：戴化学安全防护眼镜。 手防护：戴防化学品手套。			
危险性类别		急性毒性—经口，类别2；生殖毒性，类别2；特异性靶器官毒性—单次接触，类别1；特异性靶器官毒性—反复接触，类别1；危害水生环境—急性危害，类别2；危害水生环境—长期危害，类别2。			

序号	2647	品名	乙酸乙二醇乙醚	商品编码	2915.3900
别　　名		乙酸乙基溶纤剂;乙二醇乙醚乙酸酯;2-乙氧基乙酸乙酯		CAS号	111-15-9
英文名		Ethylene glycol ethyl ether acetate;2-ethylene acetate			
分子式		$C_6H_{12}O_3$			
外观与性状		无色液体。			
主要用途		用作硝酸纤维素、树脂、油脂的溶剂，以及脱漆剂。			
危险特性		本品易燃，遇高热、明火或与氧化剂接触，有引起燃烧爆炸的危险；若遇高热，容器内压增大，有开裂和爆炸的危险。			
健康危害		吸入、口服或经皮肤吸收本品后对身体有害，具有刺激性。			
防护措施		呼吸系统防护：空气中浓度超标时，佩戴过滤式防毒面具（半面罩）。高浓度环境中，佩戴自给式呼吸器或自吸式长管面具。 眼睛防护：戴化学安全防护眼镜。 身体防护：穿防静电工作服。 手防护：戴防苯耐油手套。			
危险性类别		易燃液体，类别3；生殖毒性，类别1B。			

序号	2648	品名	乙酸乙基丁酯	商品编码	2915.3900
别　名			醋酸乙基丁酯;乙基丁基乙酸酯	CAS 号	10031-87-5
英文名			Acetic acid 2-ethylbutyl ester		
分子式			$C_8H_{16}O_2$		
外观与性状			液体；有微弱酯香。		
主要用途			食品用香料；主要用于配制水果类香精。		
危险特性			本品可燃物品，遇明火、高温、强氧化剂可燃；燃烧排放刺激烟雾。		
防护措施			呼吸系统防护：佩戴防毒口罩。紧急事态抢救或逃生时，佩戴自给式呼吸器。 眼睛防护：戴化学安全防护眼镜。 防护服：穿相应的防护服。 手防护：戴防化学品手套。		
危险性类别			易燃液体，类别3。		

序号	2649	品名	乙酸乙烯酯(稳定的)	商品编码	2915.3200
别　名			乙烯基乙酸酯;醋酸乙烯酯	CAS 号	108-05-4
英文名			Vinyl acetate;ethenyl ethanoate		
分子式			$C_4H_6O_2$		
外观与性状			无色液体，具有甜的醚味。		
主要用途			本品主要用于生产聚乙烯醇树脂和合成纤维。其单体能共聚可生产多种用途黏合剂；还能与氯乙烯、丙烯腈、丁烯酸、丙烯酸、乙烯单体能共聚接枝、嵌段等制成不同性能的高分子合成材料。		
危险特性			本品遇明火会引着回燃。		
健康危害			本品对眼睛、皮肤、黏膜和上呼吸道有刺激性；长时间接触有麻醉作用。		
防护措施			呼吸系统防护：可能接触其蒸气时，应该佩戴自吸过滤式防毒面具（半面罩）。紧急事态抢救或撤离时，建议佩戴空气呼吸器。 眼睛防护：戴化学安全防护眼镜。 身体防护：穿防静电工作服。 手防护：戴乳胶手套。		
危险性类别			易燃液体，类别2；致癌性，类别2；特异性靶器官毒性—单次接触，类别3（呼吸道刺激）；危害水生环境—长期危害，类别3。		

序号	2650	品名	乙酸乙酯	商品编码	2915.3100
别　　名			醋酸乙酯	CAS 号	141-78-6
英文名			Ethyl acetate；acetic acid ethyl ester		
分子式			$C_4H_8O_2$		
外观与性状			无色透明液体。		
主要用途			是一种非常重要的有机化工原料和极好的工业溶剂，被广泛用于醋酸纤维、乙基纤维、氯化橡胶、乙烯树脂、乙酸纤维树脂、合成橡胶、涂料及油漆等的生产过程中。		
危险特性			本品易燃，其蒸气与空气可形成爆炸性混合物；遇明火、高热能引起燃烧爆炸；与氧化剂接触会猛烈反应；在火场中，受热的容器有爆炸危险；其蒸气比空气重，能在较低处扩散到相当远的地方，遇明火会引着回燃。		
健康危害			本品对眼睛、鼻、咽喉有刺激作用；高浓度吸入可引进行性麻醉作用，急性肺水肿，肝、肾损害；持续大量吸入，可致呼吸麻痹。误服者可产生恶心、呕吐、腹痛、腹泻等。有致敏作用，因血管神经障碍而致牙龈出血；可致湿疹样皮炎；慢性影响：长期接触本品有时可致角膜混浊、继发性贫血、白细胞增多等。		
防护措施			呼吸系统防护：佩戴防毒口罩。紧急事态抢救或逃生时，佩戴自给式呼吸器。 眼睛防护：戴化学安全防护眼镜。 防护服：穿相应的防护服。 手防护：戴防化学品手套。		
危险性类别			易燃液体，类别 2；严重眼损伤/眼刺激，类别 2；特异性靶器官毒性—单次接触，类别 3（麻醉效应）。		

序号	2651	品名	乙酸异丙烯酯	商品编码	2915.3900
别　　名			醋酸异丙烯酯	CAS 号	108-22-5
英文名			Isopropenyl acetate		
分子式			$C_5H_8O_2$		
外观与性状			本品无色、透明液体。		
危险特性			本品遇明火、高热或与氧化剂接触，有引起燃烧爆炸的危险；若遇高热，可能发生聚合反应，出现大量放热现象，引起容器破裂和爆炸事故；其蒸气比空气重，能在较低处扩散到相当远的地方，遇明火会引着回燃。		
健康危害			吸入、摄入或经皮肤吸收本品后对身体有害；对眼睛、皮肤有刺激作用，长时间接触可引起头痛、眩晕、恶心及麻醉作用。		
防护措施			呼吸系统防护：空气中浓度超标时，应该佩戴防毒面具。 眼睛防护：戴化学安全防护眼镜。 身体防护：穿防静电工作服。 手防护：戴防护手套。		
危险性类别			易燃液体，类别 2；严重眼损伤/眼刺激，类别 2A；特异性靶器官毒性—单次接触，类别 3（麻醉效应）。		

序号	2652	品名	乙酸异丙酯	商品编码	2915.3900
别　名			醋酸异丙酯	CAS 号	108-21-4
英文名			Isopropyl acetate；2-acetoxypropane；acetic acid isopropyl ester		
分子式			$C_5H_{10}O_2$		
外观与性状			无色透明液体，有水果香味。		
主要用途			1. 主要用作涂料、印刷油墨等的溶剂，也是工业上常用的脱水剂，药物生产中的萃取剂及香料组分； 2. 主要用作药物的提取溶剂、涂料溶剂、印刷油墨溶剂、化学反应溶剂等。		
危险特性			本品易燃，其蒸气与空气可形成爆炸性混合物；遇明火、高热能引起燃烧爆炸；与氧化剂能发生强烈反应。		
健康危害			醋酸异丙酯被吸入、摄入或经皮肤吸收后对身体有害；对眼睛、皮肤和黏膜有刺激作用；吸入后，可引起喉、支气管炎症、痉挛、化学性肺炎、肺水肿等。		
防护措施			呼吸系统防护：空气中浓度超标时，必须佩戴自吸过滤式防毒面具（半面罩）。紧急事态抢救或撤离时，应该佩戴空气呼吸器。 眼睛防护：戴化学安全防护眼镜。 身体防护：穿防毒物渗透工作服。 手防护：戴橡胶手套。		
危险性类别			易燃液体，类别 2；严重眼损伤/眼刺激，类别 2；特异性靶器官毒性—单次接触，类别 3（麻醉效应）。		

序号	2653	品名	乙酸异丁酯	商品编码	2915.3900
别　名			醋酸异丁酯	CAS 号	110-19-0
英文名			Isobutyl acetate		
分子式			$C_6H_{12}O_2$		
外观与性状			具有柔和水果酯香味的水白色液体。		
主要用途			主要用作硝基漆和过氯乙烯漆的稀释剂，也可用作溶剂，还可作为塑料印花浆的稀释剂、制药行业的萃取剂等。		
危险特性			本品易燃，其蒸气与空气可形成爆炸性混合物；遇明火、高热能引起燃烧爆炸；与氧化剂能发生强烈反应；其蒸气比空气重，能在较低处扩散到相当远的地方，遇明火会引着回燃。		
健康危害			本品的蒸气对眼睛及上呼吸道有刺激性；高浓度吸入有麻醉作用，引起头痛、头晕、恶心、呕吐等；大量口服引起头痛、恶心、呕吐，甚至发生昏迷；皮肤较长时间接触有刺激性。		
防护措施			呼吸系统防护：可能接触其蒸气时，应该佩戴自吸过滤式防毒面具（半面罩）。紧急事态抢救或撤离时，建议佩戴空气呼吸器。 眼睛防护：戴化学安全防护眼镜。 身体防护：穿防静电工作服。 手防护：戴防苯耐油手套。		
危险性类别			易燃液体，类别 2。		

序号	2654	品名	乙酸异戊酯	商品编码	2915.3900
别 名			醋酸异戊酯	CAS 号	123-92-2
英文名			Isopentyl acetate, isoamyl acetate; banana oil		
分子式			$C_7H_{14}O_2$; $CH_3COO(CH_2)_2CH(CH_3)_2$		
外观与性状			无色中性液体；有香蕉香味。		
主要用途			主要用途用作溶剂，以及用于调味、制革、人造丝、胶片和纺织品等加工工业。可用于香皂、合成洗涤剂等日化香精配方中，但主要用于食用香精配方中，可调配香蕉、苹果、草莓等多种果香型香精。		
危险特性			本品易燃。		
健康危害			本品通过吸入、食入、经皮肤吸收。其蒸气对眼睛及上呼吸道黏膜有刺激性；有麻醉作用接触后出现咳嗽、胸闷、疲乏、眼烧灼感；高浓度时，则有头晕、发烧感受；脉速、心悸、头痛、耳鸣、震颤、恶心、食欲丧失；可引起皮肤干燥、皮炎、湿疹。		
防护措施			呼吸系统防护：空气中浓度较高时，应该佩戴自吸过滤式防毒面具。必要时，佩戴空气呼吸器。 眼睛防护：戴化学安全防护眼镜。 身体防护：穿防静电工作服。 手防护：戴防苯耐油手套。		
危险性类别			易燃液体，类别3。		

序号	2655	品名	乙酸正丙酯	商品编码	2915.3900
别 名			醋酸正丙酯	CAS 号	109-60-4
英文名			N-propyl acetate		
分子式			$C_5H_{10}O_2$		
外观与性状			常温下为无色透明液体。		
主要用途			大量用作涂料、油墨、硝基喷漆、清漆及各种树脂的优良溶剂，还应用于香精香料行业。		
危险特性			本品易燃，其蒸气与空气可形成爆炸性混合物；遇明火、高热能引起燃烧爆炸。		
健康危害			本品对眼睛和上呼吸道黏膜有刺激作用；吸入高浓度时，感恶心、眼部灼热感、胸闷、疲乏无力，并可引起麻醉。		
防护措施			呼吸系统防护：可能接触其蒸气时，应该佩戴自吸过滤式防毒面具（半面罩）。紧急事态抢救或撤离时，建议佩戴空气呼吸器。 眼睛防护：戴化学安全防护眼镜。 身体防护：穿防静电工作服。 手防护：戴橡胶手套。		
危险性类别			易燃液体，类别2；严重眼损伤/眼刺激，类别2；特异性靶器官毒性—单次接触，类别3（麻醉效应）。		

序号	2656	品名	乙酸正丁酯		商品编码	2915.3300
别 名			醋酸正丁酯		CAS 号	123-86-4
英文名		N-butyl acetate				
分子式		$CH_3COO(CH_2)_3CH_3$				
外观与性状		无色透明有愉快果香气味的液体。				
主要用途		优良的有机溶剂,广泛用于硝化纤维清漆中,在人造革、织物及塑料加工过程中用作溶剂,也用于香料工业。				
危险特性		本品易燃,其蒸气与空气可形成爆燃性混合物;遇明火、高温能引起燃烧爆炸;与氧化剂能发生强烈反应;其蒸气密度比空气大,能在较低处扩散到相当远的地方,遇明火会引起燃烧。				
健康危害		本品对眼、鼻有较强的刺激性,而且在高浓度下会引起麻醉。				
防护措施		呼吸系统防护:佩戴防毒口罩。紧急事态抢救或逃生时,佩戴自给式呼吸器。 眼睛防护:戴化学安全防护眼镜。 防护服:穿相应的防护服。 手防护:戴防化学品手套。				
危险性类别		易燃液体,类别3;特异性靶器官毒性—单次接触,类别3(麻醉效应)。				

序号	2657	品名	乙酸正己酯		商品编码	2915.3900
别 名			醋酸正己酯		CAS 号	142-92-7
英文名		Hexyl acetate				
分子式		$C_8H_{16}O_2$				
外观与性状		无色透明油状液体。				
主要用途		食用香料,调制苹果、梨等香型香精,也用作化妆品香料,有机合成中间体。				
危险特性		本品遇高热、明火或强氧化剂易引起燃烧。				
健康危害		吸入、摄入或经皮肤吸收本品后对身体有害;具有刺激作用。				
防护措施		呼吸系统防护:空气中浓度超标时,必须佩戴自吸过滤式防毒面具(半面罩)。紧急事态抢救或撤离时,应该佩戴空气呼吸器。 眼睛防护:戴化学安全防护眼镜。 身体防护:穿防毒物渗透工作服。 手防护:戴橡胶耐油手套。				
危险性类别		易燃液体,类别3;皮肤腐蚀/刺激,类别2;严重眼损伤/眼刺激,类别2B;特异性靶器官毒性—单次接触,类别3(呼吸道刺激)。				

序号	2658	品名	乙酸正戊酯	商品编码	2915.3900
别名			醋酸正戊酯	CAS号	628-63-7
英文名			Amyl acetate		
分子式			$C_7H_{14}O_2$		
外观与性状			常温下为无色透明液体,有水果香味。		
主要用途			作为溶剂,可用于涂料,香料、化妆品、木材黏结剂,也用于人造皮革加工、纺织加工、胶卷和火药制造等方面。在医药上作青霉素的萃取剂。		
危险特性			本品有火焰时或受热时,蒸气可爆;蒸气与空气混合可爆;可与氧化剂反应。		
健康危害			乙酸戊酯对眼睛及上呼吸道黏膜有刺激作用,可引起结膜炎、鼻炎、咽喉炎等,重者伴有头痛、嗜睡、胸闷、心悸、食欲不振、恶心、呕吐等症状;皮肤长期接触可致皮炎或湿疹;有的可发生贫血和嗜酸性粒细胞增多。		
防护措施			呼吸系统防护:空气中浓度较高时,应该佩戴导管式防毒面具。必要时,佩戴空气呼吸器。 眼睛防护:戴化学安全防护眼镜。 身体防护:穿防静电工作服。 手防护:戴橡胶耐油手套。		
危险性类别			易燃液体,类别3。		

序号	2659	品名	乙酸仲丁酯	商品编码	2915.3900
别名			醋酸仲丁酯	CAS号	105-46-4
英文名			Dl-sec-butyl acetate		
分子式			$C_6H_{12}O_2$		
外观与性状			无色液体,有水果香味。		
主要用途			主要用作溶剂,化学试剂,调制香料。		
危险特性			本品易燃,其蒸气与空气可形成爆炸性混合物;遇明火、高热能引起燃烧爆炸;与氧化剂能发生强烈反应;其蒸气比空气重,能在较低处扩散到相当远的地方,遇明火会引着回燃。		
健康危害			本品对眼睛及上呼吸道黏膜有刺激性;有麻醉作用;可引起皮肤干燥并可通过完整的皮肤吸收;另外,对于环境亦有一定危害。		
防护措施			呼吸系统防护:可能接触其蒸气时,应该佩戴自吸过滤式防毒面具(半面罩)。紧急事态抢救或撤离时,建议佩戴空气呼吸器。 眼睛防护:戴化学安全防护眼镜。 身体防护:穿防静电工作服。 手防护:戴防苯耐油手套。		
危险性类别			易燃液体,类别2。		

序号	2660	品名	乙烷	商品编码	2901.1000
别 名				CAS 号	74-84-0
英文名	Ethane				
分子式	C_2H_6				
外观与性状	无色无臭气体。				
主要用途	主要用作石化企业分析仪器的标准气。				
危险特性	本品与空气混合易爆。				
防护措施	呼吸系统防护：佩戴防毒口罩。紧急事态抢救或逃生时，佩戴自给式呼吸器。 眼睛防护：戴化学安全防护眼镜。 防护服：穿相应的防护服。 手防护：戴防化学品手套。				
危险性类别	易燃气体，类别1；加压气体。				

序号	2661	品名	乙烯	商品编码	2901.2100
别 名				CAS 号	74-85-1
英文名	Ethylene				
分子式	C_2H_4				
外观与性状	无色气体。				
主要用途	制造塑料、合成乙醇、乙醛、合成纤维等重要原料。				
危险特性	本品易燃，与空气混合能形成爆炸性混合物；遇明火、高热或与氧化剂接触，有引起燃烧爆炸的危险；与氟、氯等接触会发生剧烈的化学反应。				
健康危害	具有较强的麻醉作用。				
防护措施	呼吸系统防护：佩戴防毒口罩。紧急事态抢救或逃生时，佩戴自给式呼吸器。 眼睛防护：戴化学安全防护眼镜。 防护服：穿相应的防护服。 手防护：戴防化学品手套。				
危险性类别	易燃气体，类别1；加压气体；特异性靶器官毒性—单次接触，类别3（麻醉效应）。				

序号	2662	品名	乙烯(2-氯乙基)醚	商品编码	2909.1990
别　名			(2-氯乙基)乙烯醚	CAS 号	110-75-8
英文名			(2-chloroethyl) vinyl ether; vinyl(2-chloroethyl) ether		
分子式			C_4H_7ClO		
外观与性状			无色至淡黄色液体。		
主要用途			用于聚合物单体，药品及纤维素酯的制造。		
危险特性			本品遇明火、高热或与氧化剂接触，有引起燃烧爆炸的危险；其蒸气比空气重，能在较低处扩散到相当远的地方，遇明火会引着回燃；遇明火会引着回燃；若遇高热，可能发生聚合反应，出现大量放热现象，引起容器破裂和爆炸事故。		
健康危害			吸入、摄入或经皮肤吸收本品后对身体有害；其蒸气或烟雾对眼睛、黏膜和上呼吸道有刺激作用，接触后引起烧灼、咳嗽、喘息、气短、头痛、恶心和呕吐。		
防护措施			呼吸系统防护：可能接触其蒸气时，佩戴防毒口罩。高浓度环境中，建议佩戴自给式呼吸器。 眼睛防护：戴化学安全防护眼镜。 身体防护：穿防静电工作服。 手防护：必要时戴防护手套。		
危险性类别			易燃液体，类别 2；急性毒性—经口，类别 3；严重眼损伤/眼刺激，类别 2B。		

序号	2663	品名	4-乙烯-1-环己烯	商品编码	2902.1990
别　名			4-乙烯基环己烯	CAS 号	100-40-3
英文名			4-vinyl-1-cyclohexene		
分子式			C_8H_{12}		
外观与性状			无色透明至浅黄色液体。		
主要用途			用于聚合物制造和有机合成。		
危险特性			本品遇明火、高温、氧化剂易燃；燃烧产生刺激烟雾。		
健康危害			吸入、摄入或经皮肤吸收本品后对身体有害；蒸气或雾对眼、黏膜和上呼吸道有刺激性；对皮肤有刺激性。		
防护措施			呼吸系统防护：空气中浓度较高时，佩戴防毒面具。紧急事态抢救或撤离时，应该佩戴供气式呼吸器。 眼睛防护：一般不需要特殊防护，高浓度接触时可戴化学安全防护眼镜。 身体防护：穿防静电工作服。 手防护：必要时戴防护手套。		
危险性类别			易燃液体，类别 2；皮肤腐蚀/刺激，类别 2；严重眼损伤/眼刺激，类别 1；致癌性，类别 2；生殖毒性，类别 2；特异性靶器官毒性—反复接触，类别 1；危害水生环境—急性危害，类别 2；危害水生环境—长期危害，类别 2。		

序号	2664	品名	乙烯砜		商品编码	2930.9090
别	名	二乙烯砜			CAS 号	77-77-0
英文名		Vinyl sulfone				
分子式		$C_4H_6O_2S$				
外观与性状		淡黄色的透明液体。				
主要用途		主要是用于多种染料的中间体,也可以做成酯用于医药化工中间体。				
健康危害		本品与皮肤接触有剧毒;对眼睛、呼吸道和皮肤有刺激作用。				
防护措施		呼吸系统防护:佩戴防毒口罩。紧急事态抢救或逃生时,佩戴自给式呼吸器。 眼睛防护:戴化学安全防护眼镜。 防护服:穿相应的防护服。 手防护:戴防化学品手套。				
危险性类别		急性毒性—经口,类别 2;急性毒性—经皮肤,类别 1。				

序号	2665	品名	2-乙烯基吡啶		商品编码	2933.3990
别	名				CAS 号	100-69-6
英文名		2-vinylpyridine				
分子式		C_7H_7N				
外观与性状		无色透明液体。				
主要用途		合成丁苯吡胶乳,也用于制造克矽平(治疗矽肺病药物)、陪他啶盐酸盐(血管扩张药)、离子交换树脂、化学胶片等。				
危险特性		本品遇明火可燃;受热分解有毒氧化氮气体。				
健康危害		短暂吸入本品对眼睛和上呼吸道有刺激性,伴有头痛、恶心、紧张不安及食欲减退;严重者可有运动失调、呼吸困难和抽搐。可致皮肤灼伤,患处呈棕红色;对皮肤有致敏作用。				
防护措施		呼吸系统防护:空气中浓度超标时,必须佩戴自吸过滤式防毒面具(半面罩)。紧急事态抢救或撤离时,应该佩戴空气呼吸器。 眼睛防护:戴化学安全防护眼镜。 身体防护:穿防毒物渗透工作服。 手防护:戴橡胶耐油手套。				
危险性类别		易燃液体,类别 3;急性毒性—经口,类别 3;急性毒性—经皮肤,类别 2;皮肤腐蚀/刺激,类别 2;严重眼损伤/眼刺激,类别 2A;皮肤致敏物,类别 1;特异性靶器官毒性—单次接触,类别 1;特异性靶器官毒性—单次接触,类别 3(呼吸道刺激);特异性靶器官毒性—反复接触,类别 2;危害水生环境—急性危害,类别 2;危害水生环境—长期危害,类别 2。				

序号	2666	品名	4-乙烯基吡啶	商品编码	2933.3990
别 名				CAS 号	100-43-6

英文名	4-vinyl pyridine
分子式	C_7H_7N
外观与性状	无色液体,有刺激性气味。
危险特性	本品遇明火可燃;受热分解有毒氧化氮气体。
健康危害	本品对眼睛、皮肤、黏膜有强烈刺激性,可引起皮肤灼伤;吸入,可引起眼睛、鼻、咽喉刺激;重者可产生抽搐、昏迷。本品对皮肤有致敏作用。
防护措施	呼吸系统防护:空气中浓度超标时,必须佩戴自吸过滤式防毒面具(半面罩)。紧急事态抢救或撤离时,应该佩戴空气呼吸器。 眼睛防护:戴化学安全防护眼镜。 身体防护:穿防毒物渗透工作服。 手防护:戴橡胶手套。
危险性类别	易燃液体,类别3;急性毒性—经口,类别3;急性毒性—吸入,类别1;皮肤腐蚀/刺激,类别2;严重眼损伤/眼刺激,类别2A;皮肤致敏物,类别1;特异性靶器官毒性—单次接触,类别3(呼吸道刺激);危害水生环境—急性危害,类别1;危害水生环境—长期危害,类别1。

序号	2667	品名	乙烯基甲苯异构体混合物(稳定的)	商品编码	2902.9090
别 名				CAS 号	25013-15-4

英文名	Methylstyrene
分子式	C_9H_{10}
外观与性状	一般商品为含间位65%和对位35%的混合物,混合物为无色液体。
主要用途	用于树脂、塑料、橡胶和涂料中,可以提高各项性能。
危险特性	本品的蒸气与空气混合可爆。
健康危害	本品对人的危害主要是黏膜刺激。浓度在10ppm以下,无臭味感觉;50ppm时感觉有臭气,有黏膜刺激症状;200~300ppm时感觉有较强的臭气;400ppm以上,有眼睛及鼻黏膜刺激症状。其对皮肤有刺激作用;接触蒸气可出现眼睛和鼻黏膜刺激症状,急性中毒表现与苯乙烯中毒相似;皮肤接触液体可引起局部发红、水疱、脱屑等表现。
防护措施	呼吸系统防护:佩戴防毒口罩。紧急事态抢救或逃生时,佩戴自给式呼吸器。 眼睛防护:戴化学安全防护眼镜。 防护服:穿相应的防护服。 手防护:戴防化学品手套。
危险性类别	易燃液体,类别3;皮肤腐蚀/刺激,类别2;严重眼损伤/眼刺激,类别2A;生殖细胞致突变性,类别2;特异性靶器官毒性—单次接触,类别3(呼吸道刺激、麻醉效应);特异性靶器官毒性—反复接触,类别1;危害水生环境—长期危害,类别3。

序号	2668	品名	4-乙烯基间二甲苯	商品编码	2902.9090
别 名			2,4-二甲基苯乙烯	CAS 号	1195-32-0
英文名			Alpha,p-dimethylstyrene		
分子式			$C_{10}H_{12}$		
防护措施			呼吸系统防护：佩戴防毒口罩。紧急事态抢救或逃生时，佩戴自给式呼吸器。 眼睛防护：戴化学安全防护眼镜。 防护服：穿相应的防护服。 手防护：戴防化学品手套。		
危险性类别			皮肤腐蚀/刺激，类别2；严重眼损伤/眼刺激，类别2；特异性靶器官毒性—单次接触，类别3（呼吸道刺激）。		

序号	2669	品名	乙烯基三氯硅烷(稳定的)	商品编码	2931.9000
别 名			三氯乙烯硅烷	CAS 号	75-94-5
英文名			Trichlorovinylsilane		
分子式			$C_2H_3Cl_3Si$		
主要用途			用作偶联剂，也用于玻璃纤维表面处理和增强层压塑料制品。		
危险特性			本品遇明火、高温、氧化剂易燃；高热分解有毒光气；遇水放出氯化物毒雾。		
防护措施			呼吸系统防护：佩戴防毒口罩。紧急事态抢救或逃生时，佩戴自给式呼吸器。 眼睛防护：戴化学安全防护眼镜。 防护服：穿相应的防护服。 手防护：戴防化学品手套。		
危险性类别			易燃液体，类别2；急性毒性—经口，类别3；急性毒性—经皮肤，类别3；急性毒性—吸入，类别3；皮肤腐蚀/刺激，类别1；严重眼损伤/眼刺激，类别1；特异性靶器官毒性—单次接触，类别3（呼吸道刺激）。		

序号	2670	品名	N-乙烯基乙撑亚胺	商品编码	2933.9900
别 名			N-乙烯基氮丙环	CAS 号	5628-99-9
英文名			1-ethenylaziridine		
分子式			C₄H₇N		
防护措施			呼吸系统防护：佩戴防毒口罩。紧急事态抢救或逃生时，佩戴自给式呼吸器。 眼睛防护：戴化学安全防护眼镜。 防护服：穿相应的防护服。 手防护：戴防化学品手套。		
危险性类别			急性毒性—经口，类别1；急性毒性—经皮肤，类别1；急性毒性—吸入，类别1。		

序号	2671	品名	乙烯基乙醚（稳定的）	商品编码	2909.1990
别 名			乙基乙烯醚；乙氧基乙烯	CAS 号	109-92-2
英文名			Ethyl vinyl ether		
分子式			C₄H₈O		
外观与性状			无色易燃液体		
主要用途			医药上用作麻醉剂、镇痛剂；也用作精细化学品的中间体，磺胺嘧啶的中间体，亦可作共聚物的单体及有机合成原料，并能制取香料及润滑油添加剂等。		
危险特性			本品与空气混合可爆；遇明火、高温、氧化剂易燃；燃烧产生刺激烟雾。		
防护措施			呼吸系统防护：空气中浓度超标时，必须佩戴自吸过滤式防毒面具（半面罩）。紧急事态抢救或撤离时，应该佩戴空气呼吸器。 眼睛防护：戴化学安全防护眼镜。 身体防护：穿防静电工作服。 手防护：戴橡胶耐油手套。		
危险性类别			易燃液体，类别1；特异性靶器官毒性—单次接触，类别3（麻醉效应）。		

序号	2672	品名	乙烯基乙酸异丁酯	商品编码	2916.1900
别　名				CAS 号	24342-03-8
英文名		3-butenoic acid isobutyl ester			
分子式		$C_8H_{14}O_2$			
外观与性状		无色液体。			
防护措施		呼吸系统防护：佩戴防毒口罩。紧急事态抢救或逃生时，佩戴自给式呼吸器。 眼睛防护：戴化学安全防护眼镜。 防护服：穿相应的防护服。 手防护：戴防化学品手套。			
危险性类别		易燃液体，类别 3。			

序号	2673	品名	乙烯三乙氧基硅烷	商品编码	2931.9000
别　名		三乙氧基乙烯硅烷		CAS 号	78-08-0
英文名		Vinyltriethoxy silane; triethoxyvinyl silane			
分子式		$C_8H_{18}O_3Si$			
外观与性状		无色透明液体。			
主要用途		用作硅酮的中间体。			
危险特性		本品遇高热、明火或与氧化剂接触，有引起燃烧的危险；若遇高热，容器内压增大，有开裂和爆炸的危险。			
健康危害		吸往本品后引起头痛、头昏、恶心和共济失调；大量吸入可能致死；对眼睛有刺激性，摄入对机体有害。			
防护措施		呼吸系统防护：可能接触其蒸气时，应该佩戴防毒面具。紧急事态抢救或撤离时，建议佩戴自给式呼吸器。 眼睛防护：戴化学安全防护眼镜。 身体防护：穿工作服。 手防护：戴防化学品手套。			
危险性类别		易燃液体，类别 3。			

序号	2674	品名	N-乙酰对苯二胺	商品编码	2924.2990
别 名			对氨基苯乙酰胺;对乙酰氨基苯胺	CAS 号	122-80-5
英文名			N'-aminoacetanilide		
分子式			$C_8H_{10}N_2O$		
外观与性状			红色或微红色晶体,在空气中颜色变深。		
主要用途			用于制染料和医药中间体。		
危险特性			本品遇明火、高热可燃;其粉体与空气可形成爆炸性混合物,当达到一定浓度时,遇火星会发生爆炸;受热分解产生有毒的烟气。		
健康危害			本品有毒。对眼睛、皮肤、黏膜和上呼吸道有刺激作用。		
防护措施			呼吸系统防护:空气中粉尘浓度超标时,必须佩戴自吸过滤式防尘口罩。紧急事态抢救或撤离时,应该佩戴空气呼吸器。 眼睛防护:戴化学安全防护眼镜。 身体防护:穿防毒物渗透工作服。 手防护:戴橡胶手套。		
危险性类别			严重眼损伤/眼刺激,类别2;呼吸道致敏物,类别1;皮肤致敏物,类别1。		

序号	2675	品名	乙酰过氧化磺酰环己烷(含量≤32%,含 B 型稀释剂≥68%)	商品编码	2915.9000
别 名			过氧化乙酰磺酰环己烷	CAS 号	3179-56-4
英文名			Acetyl cyclohexane sulfonyl peroxide		
分子式			$C_8H_{14}O_5S$		
外观与性状			白色固体,略带刺激气味。		
危险特性			本品与还原剂、铵、有机物、酸、易燃物混合易爆。		
健康危害			一般性接触本品时刺激鼻、喉和肺,灼伤皮肤和眼睛;高浓度接触时可引起肺水肿,甚至死亡。		
防护措施			呼吸系统防护:选用适当呼吸器 眼睛防护:戴防化镜和面罩(或戴面具式呼吸器) 身体防护:穿戴清洁完好的防护用具以保护皮肤。		
危险性类别			有机过氧化物,D 型。		

序号	2676	品名	乙酰基乙烯酮(稳定的)		商品编码	2932.2090
别　　名		双烯酮;二乙烯酮			CAS号	674-82-8
英文名		Acetyl ketene				
分子式		$C_4H_4O_2$				
外观与性状		无色或微黄色透明液体。				
主要用途		用作染料、颜料、农药、医药及有机合成中间体。				
危险特性		本品遇明火、高热可燃；与氧化剂起作用；燃烧释放刺激烟雾。				
健康危害		本品的蒸气对眼睛和呼吸道有剧烈的刺激作用；有眼灼痛、头痛、窒息感，伴咳嗽、胸痛、眼结膜充血、流泪、流涕、肺部有干湿罗音；严重者引起肺水肿；吸入后到产生症状前有短暂的潜伏期；高浓度与皮肤接触，可引起皮炎或溃疡；眼接触可致角膜化学性灼伤；长期较高浓度接触可能发生肺硬化。				
防护措施		呼吸系统防护：可能接触其蒸气时，应该佩戴过滤式防毒面具（半面罩）或自给式呼吸器。 眼睛防护：呼吸系统防护中已作防护。 身体防护：穿胶布防毒衣。 手防护：戴防苯耐油手套。				
危险性类别		易燃液体，类别3；急性毒性—吸入，类别2。				

序号	2677	品名	3-(α-乙酰甲基苄基)-4-羟基香豆素		商品编码	2932.2090
别　　名		杀鼠灵;华法林			CAS号	81-81-2
英文名		Warfarin				
分子式		$C_{19}H_{16}O_4$				
外观与性状		无色的结晶。				
主要用途		本品为抗凝血型杀鼠剂，在全世界广泛使用，主要用于杀灭小家鼠、大家鼠、褐家鼠等家栖鼠，也可用于灭野鼠。杀鼠灵的作用是进入鼠体后表现抗凝血作用，使鼠体内出血而致死。一般投饵后三周内灭鼠率可达90%以上。该品也用作口服抗凝血药。称华法林钠，用于防治血栓栓塞性疾病。				
危险特性		本品可燃；火场中可排放剧毒烟雾。				
防护措施		呼吸系统防护：佩戴防毒口罩。紧急事态抢救或逃生时，佩戴自给式呼吸器。 眼睛防护：戴化学安全防护眼镜。 防护服：穿相应的防护服。 手防护：戴防化学品手套。				
危险性类别		生殖毒性，类别1A；特异性靶器官毒性—反复接触，类别1；危害水生环境—长期危害，类别3。				

序号	2678	品名	乙酰氯	商品编码	2915.9000
别　名			氯化乙酰	CAS 号	75-36-5
英文名			Acetyl chloride		
分子式			C_2H_3ClO；CH_3CClO		
外观与性状			无色液体；有刺激性臭气。		
主要用途			用于有机化合物、染料及药品的制造。		
危险特性			本品易燃，其蒸气与空气可形成爆炸性混合物；遇明火、高热能引起燃烧爆炸；在空气中受热分解释出剧毒的光气和氯化氢气体；遇水、水蒸气或乙醇剧烈反应甚至爆炸；其蒸气比空气重，能在较低处扩散到相当远的地方，遇明火会引着回燃。		
健康危害			接触本品后皮肤能引起灼伤，蒸气强烈刺激眼睛和黏膜。		
防护措施			呼吸系统防护：可能接触其蒸气时，必须佩戴过滤式防毒面具（全面罩）或自给式呼吸器。紧急事态抢救或撤离时，建议佩戴氧气呼吸器。 眼睛防护：呼吸系统防护中已作防护。 身体防护：穿胶布防毒衣。 手防护：戴橡胶手套。		
危险性类别			易燃液体，类别 2；皮肤腐蚀/刺激，类别 1B；严重眼损伤/眼刺激，类别 1。		

序号	2679	品名	乙酰替硫脲	商品编码	2930.9090
别　名			1-乙酰硫脲	CAS 号	591-08-2
英文名			N-acetylthiourea		
分子式			$C_3H_6N_2OS$		
外观与性状			浅黄色结晶。		
危险特性			本品可燃；加热分解释放有毒硫氧化物，氮氧化物烟雾。		
防护措施			呼吸系统防护：佩戴防毒口罩。紧急事态抢救或逃生时，佩戴自给式呼吸器。 眼睛防护：戴化学安全防护眼镜。 防护服：穿相应的防护服。 手防护：戴防化学品手套。		
危险性类别			急性毒性—经口，类别 2。		

序号	2680	品名	乙酰亚砷酸铜	商品编码	2942.0000
别　名			巴黎绿;祖母绿;醋酸亚砷酸铜;翡翠绿;帝绿;苔绿;维也纳绿;草地绿;翠绿	CAS 号	12002-03-8
英文名			Copper acetoarsenite		
分子式			$C_4H_6As_6Cu_4O_{16}$		
外观与性状			具有翡翠绿色的结晶性粉末。		
主要用途			绿色颜料，主要用于古建筑物、船底涂料、防虫涂料等。		
危险特性			本品遇水或与空气中的二氧化碳作用生成亚砷酸；受高热或接触酸或酸雾放出剧毒的烟雾。		
防护措施			呼吸系统防护：可能接触其粉尘时，必须佩戴防尘面具（全面罩）。紧急事态抢救或撤离时，应该佩戴空气呼吸器。 眼睛防护：呼吸系统防护中已作防护。 身体防护：穿胶布防毒衣。 手防护：戴橡胶手套。		
危险性类别			急性毒性—经口，类别 2；严重眼损伤/眼刺激，类别 2；致癌性，类别 1A；生殖毒性，类别 2；特异性靶器官毒性—单次接触，类别 1；特异性靶器官毒性—反复接触，类别 1；危害水生环境—急性危害，类别 1；危害水生环境—长期危害，类别 1。		

序号	2681	品名	2-乙氧基苯胺	商品编码	2922.2910
别　名			邻氨基苯乙醚;邻乙氧基苯胺	CAS 号	94-70-2
英文名			O-phenetidine		
分子式			$C_8H_{11}NO$		
外观与性状			无色油状液体。		
主要用途			用作染料、香料、医药的中间体。		
危险特性			本品遇明火可燃；受热放出有毒苯胺类气体。		
防护措施			呼吸系统防护：佩戴防毒口罩。紧急事态抢救或逃生时，佩戴自给式呼吸器。 眼睛防护：戴化学安全防护眼镜。 防护服：穿相应的防护服。 手防护：戴防化学品手套。		
危险性类别			急性毒性—经口，类别 3*；急性毒性—经皮肤，类别 3*；急性毒性—吸入，类别 3*；特异性靶器官毒性—反复接触，类别 2*。		

序号	2682	品名	3-乙氧基苯胺	商品编码	2922.2910
别　名			间乙氧基苯胺；间氨基苯乙醚	CAS 号	621-33-0
英文名			3-ethoxyaniline		
分子式			$C_8H_{11}NO$		
外观与性状			无色油状液体。		
主要用途			用于有机合成。		
危险特性			本品遇明火可燃；受热放出有毒苯胺类气体。		
防护措施			呼吸系统防护：佩戴防毒口罩。紧急事态抢救或逃生时，佩戴自给式呼吸器。 眼睛防护：戴化学安全防护眼镜。 防护服：穿相应的防护服。 手防护：戴防化学品手套。		
危险性类别			急性毒性—经口，类别3；急性毒性—经皮肤，类别3；急性毒性—吸入，类别3；特异性靶器官毒性—反复接触，类别2。		

序号	2683	品名	4-乙氧基苯胺	商品编码	2922.2910
别　名			对乙氧基苯胺；对氨基苯乙醚	CAS 号	156-43-4
英文名			Phenetidine		
分子式			$C_8H_{11}NO$		
外观与性状			无色油状可燃液体。		
主要用途			用作医药、染料、食品防腐剂、饲料添加剂、橡胶防老剂的中间体。		
危险特性			本品遇明火、高热可燃；与氧化剂可发生反应；受高热分解释放出有毒的气体；若遇高热，容器内压增大，有开裂和爆炸的危险。		
健康危害			本品对皮肤和眼睛有刺激作用；蒸气能经皮肤吸收。本品中毒有类似苯胺的中毒症状，如头痛、眩晕、发绀等。		
防护措施			呼吸系统防护：空气中浓度超标时，必须佩戴自吸过滤式防毒面具（半面罩）。紧急事态抢救或撤离时，应该佩戴空气呼吸器。 眼睛防护：戴化学安全防护眼镜。 身体防护：穿防毒物渗透工作服。 手防护：戴橡胶手套。		
危险性类别			急性毒性—吸入，类别3；严重眼损伤/眼刺激，类别2；皮肤致敏物，类别1；生殖细胞致突变性，类别2；危害水生环境—急性危害，类别2。		

序号	2684	品名	1-异丙基-3-甲基吡唑-5-基 N,N-二甲基氨基甲酸酯（含量>20%）	商品编码	2933.1990
别 名		异索威		CAS 号	119-38-0
英文名		Isolan powder			
分子式		$C_{10}H_{17}N_3O_2$			
防护措施		呼吸系统防护：佩戴防毒口罩。紧急事态抢救或逃生时，佩戴自给式呼吸器。 眼睛防护：戴化学安全防护眼镜。 防护服：穿相应的防护服。 手防护：戴防化学品手套。			
危险性类别		急性毒性—经口，类别2*；急性毒性—经皮肤，类别1。			

序号	2685	品名	3-异丙基-5-甲基苯基 N-甲基氨基甲酸酯	商品编码	2924.2990
别 名		猛杀威		CAS 号	2631-37-0
英文名		Promecarb			
分子式		$C_{12}H_{17}NO_2$			
外观与性状		无色无味的白色结晶。			
主要用途		用作农用杀虫剂。			
危险特性		本品遇明火、高热可燃；其粉体与空气可形成爆炸性混合物，当达到一定浓度时，遇火星会发生爆炸；受高热分解释放出有毒的气体。			
防护措施		呼吸系统防护：空气中粉尘浓度超标时，建议佩戴自吸过滤式防尘口罩。紧急事态抢救或撤离时，应该佩戴空气呼吸器。 眼睛防护：戴化学安全防护眼镜。 身体防护：穿防毒物渗透工作服。 手防护：戴乳胶手套。			
危险性类别		急性毒性—经口，类别3*；危害水生环境—急性危害，类别1；危害水生环境—长期危害，类别1。			

序号	2686	品名	N-异丙基-N-苯基-氯乙酰胺	商品编码	2924.2990
别 名			毒草胺	CAS 号	1918-16-7
英文名			Propachlor		
分子式			$C_{11}H_{14}ClNO$		
外观与性状			原药为淡黄褐色固体。		
主要用途			属选择性芽前除草剂。		
危险特性			本品遇明火、高热可燃；其粉体与空气可形成爆炸性混合物，当达到一定浓度时，遇火星会发生爆炸；受高热分解释放出有毒的气体。		
健康危害			本品为低毒除草剂。中毒症状有头痛、头晕、恶心、呕吐、胸闷、紫绀、抽搐及昏迷等。		
防护措施			呼吸系统防护：空气中粉尘浓度较高时，建议佩戴自吸过滤式防尘口罩。 眼睛防护：戴化学安全防护眼镜。 身体防护：穿透气型防毒服。 手防护：戴防化学品手套。		
危险性类别			严重眼损伤/眼刺激，类别 2；皮肤致敏物，类别 1；危害水生环境—急性危害，类别 1；危害水生环境—长期危害，类别 1。		

序号	2687	品名	异丙基苯	商品编码	2902.7000
别 名			枯烯；异丙苯	CAS 号	98-82-8
英文名			Isopropylbenzene		
分子式			C_9H_{12}		
外观与性状			无色液体，有特殊芳香气味。		
主要用途			用于有机合成和用作溶剂。		
危险特性			本品易燃，遇明火、高热或与氧化剂接触，有引起燃烧爆炸的危险。		
健康危害			急性中毒表现与苯、甲苯相似，但麻醉作用出现较慢而持久，表现有黏膜刺激症状及头晕、头痛、恶心、呕吐、步态蹒跚等；严重中毒可发生昏迷、抽搐等。本品对造血系统影响不明显。		
防护措施			呼吸系统防护：空气中浓度超标时，佩戴过滤式防毒面具（半面罩）。紧急事态抢救或撤离时，建议佩戴自给式呼吸器。 眼睛防护：戴化学安全防护眼镜。 身体防护：穿防毒物渗透工作服。 手防护：戴橡胶耐油手套。		
危险性类别			易燃液体，类别 3；特异性靶器官毒性—单次接触，类别 3（呼吸道刺激）；吸入危害，类别 1；危害水生环境—急性危害，类别 2；危害水生环境—长期危害，类别 2。		

序号	2688	品名	3-异丙基苯基-N-氨基甲酸甲酯	商品编码	2924.2990
别 名			间异丙威	CAS 号	64-00-6
英文名			Mip		
分子式			$C_{11}H_{15}NO_2$		
防护措施			呼吸系统防护：佩戴防毒口罩。紧急事态抢救或逃生时，佩戴自给式呼吸器。 眼睛防护：戴化学安全防护眼镜。 防护服：穿相应的防护服。 手防护：戴防化学品手套。		
危险性类别			急性毒性—经口，类别3；急性毒性—经皮肤，类别1；急性毒性—吸入，类别3；危害水生环境—急性危害，类别1。		

序号	2689	品名	异丙基异丙苯基氢过氧化物（含量≤72%，含 A 型稀释剂≥28%）	商品编码	2909.6000
别 名			过氧化氢二异丙苯	CAS 号	26762-93-6
英文名			3,5-diisopropylbenzene hydroperoxide		
分子式			$C_{12}H_{18}O_2$		
外观与性状			淡黄色透明油状液体。		
主要用途			用作丁苯橡胶的聚合引发剂。		
危险特性			本品易燃，具有强氧化性；遇热、明火或与酸、碱接触剧烈反应会造成燃烧爆炸；与还原剂、促进剂、有机物、可燃物等接触会发生剧烈反应，有燃烧爆炸的危险。		
健康危害			皮肤接触本品后可引起灼伤，对黏膜有强烈刺激作用。		
防护措施			呼吸系统防护：空气中浓度超标时，必须佩戴自吸过滤式防毒面具（全面罩）。紧急事态抢救或撤离时，应该佩戴空气呼吸器。 眼睛防护：呼吸系统防护中已作防护。 身体防护：穿连衣式胶布防毒衣。 手防护：戴橡胶耐油手套。		
危险性类别			有机过氧化物，F 型皮肤腐蚀/刺激，类别1；严重眼损伤/眼刺激，类别1。		

序号	2690	品名	异丙硫醇	商品编码	2930.9090
别　名		硫代异丙醇；2-巯基丙烷		CAS 号	75-33-2
英文名		Isopropyl mercaptan			
分子式		C_3H_8S			
外观与性状		无色液体，有极不愉快的气味。			
主要用途		石油分析用的标准，也用于有机合成。			
危险特性		本品的蒸气与空气可形成爆炸性混合物，遇明火、高热极易燃烧爆炸；与氧化剂接触猛烈反应；遇强酸能分解释出有毒气体；遇水释出有毒的腐蚀性气体；其蒸气比空气重，能在较低处扩散到相当远的地方，遇火源会着火回燃；若遇高热，容器内压增大，有开裂和爆炸的危险。			
健康危害		吸入本品后，引起嗅觉丧失、肌无力、惊厥、呼吸麻痹；口服引起恶心、呕吐；对眼睛和皮肤有刺激性			
防护措施		呼吸系统防护：空气中浓度超标时，必须佩戴自吸过滤式防毒面具（半面罩）。紧急事态抢救或撤离时，应该佩戴空气呼吸器。 眼睛防护：戴化学安全防护眼镜。 身体防护：穿防静电工作服。 手防护：戴橡胶手套。			
危险性类别		易燃液体，类别 2；严重眼损伤/眼刺激，类别 2B；皮肤致敏物，类别 1；特异性靶器官毒性—单次接触，类别 3（麻醉效应）；危害水生环境—急性危害，类别 1；危害水生环境—长期危害，类别 1。			

序号	2691	品名	异丙醚	商品编码	2909.1990
别　名		二异丙基醚		CAS 号	108-20-3
英文名		Isopropyl ether			
分子式		$C_6H_{14}O$			
外观与性状		无色、流动性和具有中等挥发性的易燃液体。			
主要用途		用作溶剂，用于乙酸或丁酸的稀溶液的浓缩回收，在湿法腈纶工艺中用作硫氰酸钠的萃取溶剂			
危险特性		本品的蒸气与空气可形成爆炸性混合物，遇明火、高热能引起燃烧爆炸；与氧化剂能发生强烈反应；在空气中久置后能生成有爆炸性的过氧化物；在火场中，受热的容器有爆炸危险；其蒸气比空气重，能在较低处扩散到相当远的地方，遇火源会着火回燃。			
防护措施		呼吸系统防护：空气中浓度超标时，佩戴过滤式防毒面具（半面罩）。 眼睛防护：戴化学安全防护眼镜。 身体防护：穿防静电工作服。 手防护：戴橡胶耐油手套。			
危险性类别		易燃液体，类别 2；特异性靶器官毒性—单次接触，类别 3（麻醉效应）；危害水生环境—长期危害，类别 3。			

序号	2692	品名	异丙烯基乙炔	商品编码	2901.2990
别 名				CAS 号	78-80-8

英文名	2-methyl-1-buten-3-yne
分子式	C_5H_6
外观与性状	无色液体，有催泪性。
主要用途	用作化学中间体、特殊燃料。
危险特性	本品的蒸气与空气可形成爆炸性混合物，遇明火、高热极易燃烧爆炸；与氧化剂接触猛烈反应；流速过快，容易产生和积聚静电；容易自聚，聚合反应随着温度的上升而急骤加剧；其蒸气比空气重，能在较低处扩散到相当远的地方，遇火源会着火回燃；若遇高热，容器内压增大，有开裂和爆炸的危险。
健康危害	吸入、摄入或经皮肤吸收本品后对身体有害；其蒸气或雾对眼睛、黏膜和上呼吸道及皮肤有刺激作用。中毒表现有烧灼感、咳嗽、喘息、喉炎、气短、头痛、恶心和呕吐。
防护措施	呼吸系统防护：空气中浓度超标时，必须佩戴自吸过滤式防毒面具（半面罩）。紧急事态抢救或撤离时，应该佩戴空气呼吸器。 眼睛防护：戴化学安全防护眼镜。 身体防护：穿防静电工作服。 手防护：戴橡胶耐油手套。
危险性类别	易燃液体，类别1。

序号	2693	品名	异丁基环戊烷	商品编码	2902.1990
别 名				CAS 号	3788-32-7

英文名	Iso-butylcyclopentane
分子式	C_9H_{18}
防护措施	呼吸系统防护：佩戴防毒口罩。紧急事态抢救或逃生时，佩戴自给式呼吸器。 眼睛防护：戴化学安全防护眼镜。 防护服：穿相应的防护服。 手防护：戴防化学品手套。
危险性类别	易燃液体，类别2。

序号	2694	品名	异丁胺	商品编码	2921.1990
别　名		1-氨基-2-甲基丙烷		CAS 号	78-81-9
英文名		Isobutylamine			
分子式		$C_4H_{11}N$			
外观与性状		无色液体，有氨的气味。			
主要用途		用于有机合成，及制造杀虫剂。			
危险特性		本品易燃，其蒸气与空气可形成爆炸性混合物，遇明火、高热能引起燃烧爆炸；与氧化剂能发生强烈反应；其蒸气比空气重，能在较低处扩散到相当远的地方，遇火源会着火回燃。具有腐蚀性。			
健康危害		本品对呼吸道有刺激性，吸入后引起咳嗽、胸痛；可引起肺水肿；本品有拟交感神经作用，心脏抑制和引起惊厥作用；口服引起恶心、流涎；对眼睛有强烈刺激性，引起角膜水肿；对皮肤有强烈的刺激性。			
防护措施		呼吸系统防护：可能接触其蒸气时，佩戴导管式防毒面具。紧急事态抢救或撤离时，应该佩戴氧气呼吸器、空气呼吸器。 眼睛防护：呼吸系统防护中已作防护。 身体防护：穿防毒物渗透工作服。 手防护：戴橡胶耐油手套。			
危险性类别		易燃液体，类别 2；急性毒性—经口，类别 3；皮肤腐蚀/刺激，类别 1；严重眼损伤/眼刺激，类别 1；特异性靶器官毒性—单次接触，类别 3（呼吸道刺激）。			

序号	2695	品名	异丁基苯	商品编码	2902.9090
别　名		异丁苯		CAS 号	538-93-2
英文名		Isobutylbenzene			
分子式		$C_{10}H_{14}$			
外观与性状		无色液体。			
主要用途		用于生产镇痛、解热消炎新药布洛芬的原料。			
危险特性		本品的蒸气与空气混合可爆，易燃；火场排放辛辣刺激烟雾。			
防护措施		呼吸系统防护：佩戴防毒口罩。紧急事态抢救或逃生时，佩戴自给式呼吸器。 眼睛防护：戴化学安全防护眼镜。 防护服：穿相应的防护服。 手防护：戴防化学品手套。			
危险性类别		易燃液体，类别 3；皮肤腐蚀/刺激，类别 2；危害水生环境—急性危害，类别 1；危害水生环境—长期危害，类别 1。			

序号	2696	品名	异丁基乙烯基醚(稳定的)	商品编码	2909.1990
别　名			乙烯基异丁醚；异丁氧基乙烯	CAS 号	109-53-5
英文名			Isobutyl vinyl ether		
分子式			$C_6H_{12}O$		
外观与性状			易燃液体，无色透明。		
主要用途			用于制造涂料、黏合剂及用作化学中间体。		
危险特性			本品的蒸气与空气可形成爆炸性混合物，遇明火、高热极易燃烧爆炸；与氧化剂接触猛烈反应；接触空气或在光照条件下可生成具有潜在爆炸危险性的过氧化物；容易自聚，聚合反应随着温度的上升而急骤加剧；其蒸气比空气重，能在较低处扩散到相当远的地方，遇火源会着火回燃；若遇高热，容器内压增大，有开裂和爆炸的危险。		
健康危害			吸入、摄入或经皮肤吸收后对身体有害。蒸气对眼睛、皮肤、黏膜和上呼吸道有刺激作用。		
防护措施			呼吸系统防护：空气中浓度超标时，必须佩戴自吸过滤式防毒面具（半面罩）。紧急事态抢救或撤离时，应该佩戴空气呼吸器。 眼睛防护：戴化学安全防护眼镜。 身体防护：穿防静电工作服。 手防护：戴橡胶手套。		
危险性类别			易燃液体，类别2；皮肤腐蚀/刺激，类别2。		

序号	2697	品名	异丁腈	商品编码	2926.9090
别　名			异丙基氰	CAS 号	78-82-0
英文名			Isobutyronitrile		
分子式			C_4H_7N		
外观与性状			无色液体，有恶臭。		
主要用途			异丁腈是一种有机合成中间体，在农药上主要用于合成有机磷杀虫剂二嗪磷的中间体2-异丙基-4-甲基-6-羟基嘧啶。		
危险特性			本品易燃，遇高热、明火、氧化剂有引起燃烧的危险；其蒸气比空气重，能在较低处扩散到相当远的地方，遇火源会着火回燃。		
健康危害			本品抑制呼吸酶。急性中毒出现眩晕、恶心、步态不稳、呕吐、血压升高、脉速意识丧失、呼吸困难、强直性痉挛、紫绀，以致呼吸抑制。对黏膜和皮肤刺激较弱。		
防护措施			呼吸系统防护：可能接触毒物时，建议佩戴自吸过滤式防毒面具（全面罩）。 眼睛防护：呼吸系统防护中已作防护。 身体防护：穿胶布防毒衣。 手防护：戴橡胶耐油手套。		
危险性类别			易燃液体，类别2；急性毒性—经口，类别3；急性毒性—经皮肤，类别2；急性毒性—吸入，类别3；严重眼损伤/眼刺激，类别2；特异性靶器官毒性—单次接触，类别2；特异性靶器官毒性—单次接触，类别3（呼吸道刺激）。		

序号	2698	品名	异丁醛	商品编码	2912.1900
别　名			2-甲基丙醛	CAS号	78-84-2
英文名			Isobutyraldehyde		
分子式			C_4H_8O		
外观与性状			无色透明高折射液体。		
主要用途			用于制橡胶硫化促进剂和防老剂、异丁酸等。		
危险特性			本品的蒸气与空气可形成爆炸性混合物，遇明火、高热极易燃烧爆炸；与氧化剂能发生强烈反应；其蒸气比空气重，能在较低处扩散到相当远的地方，遇火源会着火回燃。		
健康危害			低浓度的本品对眼睛、鼻和呼吸道有轻微刺激；高浓度吸入有麻醉作用；脱离接触后，迅速恢复正常。有致敏性。		
防护措施			呼吸系统防护：空气中浓度超标时，佩戴过滤式防毒面具（半面罩）。 眼睛防护：一般不需要特殊防护，高浓度接触时可戴化学安全防护眼镜。 身体防护：穿防静电工作服。 手防护：戴橡胶手套。		
危险性类别			易燃液体，类别2；生殖细胞致突变性，类别2；特异性靶器官毒性—单次接触，类别3（呼吸道刺激）。		

序号	2699	品名	异丁酸	商品编码	2915.6000
别　名			2-甲基丙酸	CAS号	79-31-2
英文名			Isobutyric acid		
分子式			$C_4H_8O_2$		
外观与性状			无色液体，有刺激性气味。		
主要用途			用作脂类的溶剂，也用于香精、香料的制备和作防腐剂等。		
危险特性			本品易燃，遇明火、高热或与氧化剂接触，有引起燃烧爆炸的危险。具有腐蚀性。		
健康危害			本品对黏膜、上呼吸道、眼和皮肤有强烈的刺激性；吸入后，可因喉及支气管的痉挛、炎症、水肿，化学性肺炎或肺水肿而致死；接触后引起烧灼感、咳嗽、喘息、喉炎、气短、头痛、恶心、呕吐。		
防护措施			呼吸系统防护：可能接触其蒸气时，建议佩戴过滤式防毒面具（半面罩）。 眼睛防护：戴化学安全防护眼镜。 身体防护：穿防酸碱工作服。 手防护：戴橡胶手套。		
危险性类别			易燃液体，类别3；皮肤腐蚀/刺激，类别1；严重眼损伤/眼刺激，类别1。		

序号	2700	品名	异丁酸酐	商品编码	2915.9000
别　名			异丁酐	CAS 号	97-72-3
英文名			Isobutyric anhydride		
分子式			$C_8H_{14}O_3$		
外观与性状			无色透明液体，有刺激性气味。		
主要用途			用作增塑剂及制取异丁酸酯等。		
危险特性			本品易燃，遇明火、高热或与氧化剂接触，有引起燃烧爆炸的危险；与强氧化剂发生反应，可引起燃烧；遇低级醇和水起化学反应而分解。具有腐蚀性。		
健康危害			本品对黏膜、上呼吸道、眼和皮肤有强烈的刺激性；吸入后，可因喉及支气管的痉挛、炎症、水肿，化学性肺炎或肺水肿而致死；接触后引起烧灼感、咳嗽、喘息、喉炎、气短、头痛、恶心、呕吐。		
防护措施			呼吸系统防护：可能接触其蒸气时，应该佩戴自吸过滤式防毒面具（全面罩）。 眼睛防护：呼吸系统防护中已作防护。 身体防护：穿防酸碱工作服。 手防护：戴橡胶手套。		
危险性类别			易燃液体，类别 3；皮肤腐蚀/刺激，类别 1；严重眼损伤/眼刺激，类别 1；特异性靶器官毒性—单次接触，类别 3（呼吸道刺激）。		

序号	2701	品名	异丁酸甲酯	商品编码	2915.6000
别　名				CAS 号	547-63-7
英文名			Methyl isobutyrate		
分子式			$C_5H_{10}O_2$		
外观与性状			无色易流动液体，有果香味。		
主要用途			用作溶剂及用于有机合成。		
危险特性			本品的蒸气与空气可形成爆炸性混合物，遇明火、高热极易燃烧爆炸；与氧化剂接触猛烈反应；若遇高热，容器内压增大，有开裂和爆炸的危险。		
健康危害			吸入、摄入或经皮肤吸收本品后对身体有害；对眼睛和皮肤有刺激作用。		
防护措施			呼吸系统防护：空气中浓度超标时，必须佩戴自吸过滤式防毒面具（半面罩）。紧急事态抢救或撤离时，应该佩戴空气呼吸器。 眼睛防护：戴化学安全防护眼镜。 身体防护：穿防静电工作服。 手防护：戴橡胶手套。		
危险性类别			易燃液体，类别 2。		

序号	2702	品名	异丁酸乙酯	商品编码	2915.6000
别名				CAS号	97-62-1
英文名		Ethyl isobutyrate			
分子式		$C_6H_{12}O_2$			
外观与性状		无色易挥发液体，有水果香味。			
主要用途		用于有机合成、香精萃取等。			
危险特性		本品易燃，遇高热、明火及强氧化剂易引起燃烧。			
健康危害		本品蒸气或雾对眼睛、黏膜和上呼吸道有刺激性；对皮肤有刺激性。			
防护措施		呼吸系统防护：可能接触其蒸气时，应该佩戴自吸过滤式防毒面具（半面罩）。紧急事态抢救或撤离时，建议佩戴空气呼吸器。 眼睛防护：戴化学安全防护眼镜。 身体防护：穿防静电工作服。 手防护：戴橡胶手套。			
危险性类别		易燃液体，类别2；皮肤腐蚀/刺激，类别2。			

序号	2703	品名	异丁酸异丙酯	商品编码	2915.6000
别名				CAS号	617-50-5
英文名		Isobutyric acid isopropyl ester			
分子式		$C_7H_{14}O_2$			
外观与性状		无色至淡黄色液体，呈强烈水果香气。			
防护措施		呼吸系统防护：佩戴防毒口罩。紧急事态抢救或逃生时，佩戴自给式呼吸器。 眼睛防护：戴化学安全防护眼镜。 防护服：穿相应的防护服。 手防护：戴防化学品手套。			
危险性类别		易燃液体，类别2。			

序号	2704	品名	异丁酸异丁酯	商品编码	2915.6000
别 名				CAS 号	97-85-8
英文名	Isobutyl isobutyrate				
分子式	$C_8H_{16}O_2$				
外观与性状	无色、有菠萝香味的液体。				
主要用途	用于合成香料。				
危险特性	本品易燃，遇明火、高热或与氧化剂接触，有引起燃烧爆炸的危险；在火场中，受热的容器有爆炸危险。				
健康危害	本品对皮肤有轻度刺激作用，其蒸气或雾对眼睛、黏膜和上呼吸道有刺激作用，大量吸入可引起麻醉。				
防护措施	呼吸系统防护：空气中浓度较高时，应该佩戴自吸过滤式防毒面具（半面罩）。 眼睛防护：戴化学安全防护眼镜。 身体防护：穿防静电工作服。 手防护：戴橡胶耐油手套。				
危险性类别	易燃液体，类别3；特异性靶器官毒性—单次接触，类别3（麻醉效应）。				

序号	2705	品名	异丁酸正丙酯	商品编码	2915.6000
别 名				CAS 号	644-49-5
英文名	Isobutyric acid n-propyl ester				
分子式	$C_7H_{14}O_2$				
外观与性状	无色液体，有水果香味。				
主要用途	用于合成香料。				
危险特性	本品易燃，遇明火、高热能引起燃烧爆炸；与氧化剂接触猛烈反应；在火场中，受热的容器有爆炸危险。				
健康危害	本品在高浓度时有刺激和麻醉作用。				
防护措施	呼吸系统防护：空气中浓度较高时，应该佩戴自吸过滤式防毒面具（半面罩）。紧急事态抢救或撤离时，佩戴空气呼吸器。 眼睛防护：戴化学安全防护眼镜。 身体防护：穿防静电工作服。 手防护：戴橡胶耐油手套。				
危险性类别	易燃液体，类别3。				

序号	2706	品名	异丁烷	商品编码	2901.1000
别　名		2-甲基丙烷		CAS 号	75-28-5
英文名		Isobutane			
分子式		C_4H_{10}			
外观与性状		无色、稍有气味的气体。			
主要用途		用于染料，化学合成制冷剂，合成橡胶，航空汽油，照明。			
危险特性		本品是易燃气体。与空气混合能形成爆炸性混合物，遇热源和明火有燃烧爆炸的危险；与氧化剂接触猛烈反应；其蒸气比空气重，能在较低处扩散到相当远的地方，遇火源会着火回燃。			
防护措施		呼吸系统防护：一般不需要特殊防护，但建议特殊情况下，佩戴自吸过滤式防毒面具（半面罩）。 眼睛防护：一般不需要特殊防护，高浓度接触时可戴化学安全防护眼镜。 身体防护：穿防静电工作服。 手防护：戴一般作业防护手套。			
危险性类别		易燃气体，类别1；加压气体。			

序号	2707	品名	异丁烯	商品编码	2901.2330
别　名		2-甲基丙烯		CAS 号	115-11-7
英文名		Isobutylene			
分子式		C_4H_8			
外观与性状		无色气体。			
主要用途		用于制合成橡胶和有机化工原料。			
危险特性		本品与空气混合能形成爆炸性混合物；遇热源和明火有燃烧爆炸的危险；受热可能发生剧烈的聚合反应；与氧化剂接触猛烈反应；气体比空气重，能在较低处扩散到相当远的地方，遇火源会着火回燃。			
防护措施		呼吸系统防护：一般不需要特殊防护，高浓度接触时可佩戴自吸过滤式防毒面具（半面罩）。 眼睛防护：必要时，戴化学安全防护眼镜。 身体防护：穿防静电工作服。 手防护：戴一般作业防护手套。			
危险性类别		易燃气体，类别1；加压气体。			

序号	2708	品名	异丁酰氯	商品编码	2915.9000
别　名			氯化异丁酰	CAS号	79-30-1
英文名			Isobutyryl chloride		
分子式			C_4H_7ClO		
外观与性状			无色液体，有刺激性气味。		
主要用途			用作有机合成中间体。		
危险特性			本品蒸气与空气可形成爆炸性混合物，遇明火、高热极易燃烧爆炸；与氧化剂接触猛烈反应；受热分解能放出剧毒的光气；与水和水蒸气发生反应，放出有毒的腐蚀性气体。若遇高热，容器内压增大，有开裂和爆炸的危险。		
健康危害			本品对黏膜、上呼吸道、眼睛和皮肤有强烈刺激性；吸入后，可因喉和支气管的痉挛、炎症和水肿，化学性肺炎或肺水肿而致死；接触后出现烧灼感、咳嗽、喘息、喉炎、气短、头痛、恶心和呕吐。		
防护措施			呼吸系统防护：空气中浓度超标时，必须佩戴自吸过滤式防毒面具（全面罩）。紧急事态抢救或撤离时，应该佩戴空气呼吸器。 眼睛防护：呼吸系统防护中已作防护。 身体防护：穿胶布防毒衣。 手防护：戴橡胶耐油手套。		
危险性类别			易燃液体，类别2；皮肤腐蚀/刺激，类别1A；严重眼损伤/眼刺激，类别1。		

序号	2709	品名	异己烯	商品编码	2901.2990
别　名				CAS号	27236-46-0
英文名			2-methylpentene		
分子式			C_6H_{12}		
防护措施			呼吸系统防护：佩戴防毒口罩。紧急事态抢救或逃生时，佩戴自给式呼吸器。 眼睛防护：戴化学安全防护眼镜。 防护服：穿相应的防护服。 手防护：戴防化学品手套。		
危险性类别			易燃液体，类别2。		

序号	2710	品名	异佛尔酮二异氰酸酯	商品编码	2929.1090
别名				CAS 号	4098-71-9
英文名		Isophorone diisocyanate			
分子式		$C_{11}H_{14}N_2O_3$			
外观与性状		无色至微黄色液体。			
主要用途		用于生产油漆涂料、弹性体、特种纤维、黏合剂等，也用于有机合成。			
危险特性		本品遇明火、高热可燃；与氧化剂可发生反应；受高热分解释放出有毒的气体；容易自聚，聚合反应随着温度的上升而急骤加剧；若遇高热，容器内压增大，有开裂和爆炸的危险。			
健康危害		吸入、摄入或经皮肤吸收本品后对身体有害；其蒸气或烟雾对眼睛、黏膜和上呼吸道有强烈刺激作用。			
防护措施		呼吸系统防护：空气中浓度超标时，必须佩戴自吸过滤式防毒面具（全面罩）。紧急事态抢救或撤离时，应该佩戴空气呼吸器。 眼睛防护：呼吸系统防护中已作防护。 身体防护：穿胶布防毒衣。 手防护：戴橡胶手套。			
危险性类别		急性毒性—吸入，类别 3＊；皮肤腐蚀/刺激，类别 2；严重眼损伤/眼刺激，类别 2；呼吸道致敏物，类别 1；皮肤致敏物，类别 1；特异性靶器官毒性—单次接触，类别 3（呼吸道刺激）；危害水生环境—急性危害，类别 2；危害水生环境—长期危害，类别 2。			

序号	2711	品名	异庚烯	商品编码	2901.2990
别名				CAS 号	68975-47-3
英文名		Isoheptene			
分子式		C_7H_{14}			
防护措施		呼吸系统防护：佩戴防毒口罩。紧急事态抢救或逃生时，佩戴自给式呼吸器。 眼睛防护：戴化学安全防护眼镜。 防护服：穿相应的防护服。 手防护：戴防化学品手套。			
危险性类别		易燃液体，类别 2。			

序号	2712	品名	异硫氰酸-1-萘酯		商品编码	2930.9090
别　名					CAS 号	551-06-4
英文名		1-naphthyl isothiocyanate				
分子式		$C_{11}H_7NS$				
外观与性状		白色、无臭无味结晶。				
主要用途		用于有机合成及测定脂肪族伯胺和仲胺的试剂，也用作杀虫剂。				
危险特性		本品遇明火能燃烧；与强氧化剂接触可发生化学反应；受高热分解释放出有毒的气体；接触酸及酸气时，能放出有毒的氰化物及氧化硫烟气。				
健康危害		本品对肝脏有损害作用。豚鼠注射本品死亡后，尸检见肝实质脂肪变性；长期用小剂量本品喂饲大鼠，在肝中出现上皮增生，最后导致胆汁性肝硬化。				
防护措施		呼吸系统防护：空气中粉尘浓度超标时，建议佩戴自吸过滤式防尘口罩。紧急事态抢救或撤离时，应该佩戴空气呼吸器。 眼睛防护：戴化学安全防护眼镜。 身体防护：穿防毒物渗透工作服。 手防护：戴乳胶手套。				
危险性类别		急性毒性—经口，类别 3。				

序号	2713	品名	异硫氰酸苯酯		商品编码	2930.9090
别　名		苯基芥子油			CAS 号	103-72-0
英文名		Phenyl isothiocyanate				
分子式		C_7H_5NS				
外观与性状		无色或淡黄色液体，有强烈刺激性气味。				
主要用途		用作有机合成中间体，及合成药物，也用于生化分析。				
危险特性		本品接触酸及酸气时，能放出有毒的氰化物及氧化硫烟气；与强氧化剂接触可发生化学反应；若遇高热可发生剧烈分解，引起容器破裂或爆炸事故。				
防护措施		呼吸系统防护：可能接触其蒸气时，应该佩戴自吸过滤式防毒面具（全面罩）。紧急事态抢救或撤离时，建议佩戴氧气呼吸器。 眼睛防护：呼吸系统防护中已作防护。 身体防护：穿聚乙烯防毒服。 手防护：戴橡胶耐油手套。				
危险性类别		急性毒性—经口，类别 3；皮肤腐蚀/刺激，类别 1；严重眼损伤/眼刺激，类别 1；危害水生环境—急性危害，类别 1；危害水生环境—长期危害，类别 1。				

序号	2714	品名	异硫氰酸烯丙酯	商品编码	2930.9090
别 名			人造芥子油;烯丙基异硫氰酸酯;烯丙基芥子油	CAS 号	57-06-7
英文名			Allyl isothiocyanate		
分子式			C_4H_5NS		
外观与性状			无色或淡黄色油状液体,有刺激性气味。		
主要用途			用作熏蒸剂。		
危险特性			本品遇明火、高热或与氧化剂接触,有引起燃烧爆炸的危险;受高热或与酸接触会产生剧毒的氰化物气体。		
健康危害			本品对呼吸道有刺激性,引起鼻炎、咽喉炎、支气管炎等;可有眼刺激症状,引起结膜角膜炎;皮肤接触引起灼热、疼痛、发红;作用较长时间可出现水疱;对皮肤有致敏作用,可引起皮肤湿疹。		
防护措施			呼吸系统防护:可能接触毒物时,佩戴自吸过滤式防毒面具(全面罩)。紧急事态抢救或撤离时,建议佩戴氧气呼吸器。 眼睛防护:呼吸系统防护中已作防护。 身体防护:穿聚乙烯防毒服。 手防护:戴橡胶耐油手套。		
危险性类别			易燃液体,类别3;急性毒性—经口,类别3;急性毒性—经皮肤,类别2;皮肤腐蚀/刺激,类别2;皮肤致敏物,类别1;生殖毒性,类别2;特异性靶器官毒性—单次接触,类别2;特异性靶器官毒性—反复接触,类别2;危害水生环境—急性危害,类别1;危害水生环境—长期危害,类别1。		

序号	2715	品名	异氰基乙酸乙酯	商品编码	2929.1090
别 名				CAS 号	2999-46-4
英文名			Ethyl isocyanoacetate		
分子式			$C_5H_7NO_2$		
外观与性状			浅黄色液体。		
主要用途			用于有机合成。		
危险特性			本品遇明火能燃烧;与强氧化剂接触可发生化学反应;受高热分解释放出有毒的气体。		
健康危害			本品的蒸气或雾对眼睛、黏膜和上呼吸道有刺激性;对皮肤有刺激性。		
防护措施			呼吸系统防护:空气中浓度超标时,必须佩戴自吸过滤式防毒面具(半面罩)。紧急事态抢救或撤离时,应该佩戴空气呼吸器。 眼睛防护:戴化学安全防护眼镜。 身体防护:穿防毒物渗透工作服。 手防护:戴橡胶耐油手套。		
危险性类别			皮肤腐蚀/刺激,类别2;严重眼损伤/眼刺激,类别2;特异性靶器官毒性—单次接触,类别3(呼吸道刺激)。		

序号	2716	品名	异氰酸-3-氯-4-甲苯酯	商品编码	2929.1090
别 名			3-氯-4-甲基苯基异氰酸酯	CAS 号	28479-22-3
英文名			3-chloro-4-methylphenyl isocyanate		
分子式			C_8H_6ClNO		
外观与性状			白色至淡棕色粉末。		
防护措施			呼吸系统防护：佩戴防毒口罩。紧急事态抢救或逃生时，佩戴自给式呼吸器。 眼睛防护：戴化学安全防护眼镜。 防护服：穿相应的防护服。 手防护：戴防化学品手套。		
危险性类别			易燃液体，类别3；急性毒性—吸入，类别2；皮肤腐蚀/刺激，类别1B；严重眼损伤/眼刺激，类别1；特异性靶器官毒性—单次接触，类别3（呼吸道刺激）。		

序号	2717	品名	异氰酸苯酯	商品编码	2929.1090
别 名			苯基异氰酸酯	CAS 号	103-71-9
英文名			Phenyl isocyanate		
分子式			C_7H_5NO		
外观与性状			无色液体，有刺激性气味。		
主要用途			用于鉴别醇及胺，也作有机合成中间体。		
危险特性			本品易燃，其蒸气与空气可形成爆炸性混合物，遇明火、高热能引起燃烧爆炸；加热至沸点以上时即分解释出有毒的亚硝酸蒸气；与酸类、胺类、醇、碱类和水发生强烈反应，有引起燃烧爆炸的危险；遇水或水蒸气分解释放出有毒的气体。		
健康危害			吸入本品后对呼吸道有强烈刺激性，可引起肺水肿；对眼睛和皮肤有刺激性，可引起灼伤；口服刺激和灼伤口腔和消化道。		
防护措施			呼吸系统防护：可能接触其蒸气时，应该佩戴自吸过滤式防毒面具（全面罩）。紧急事态抢救或撤离时，佩戴氧气呼吸器。 眼睛防护：呼吸系统防护中已作防护。 身体防护：穿防毒物渗透工作服。 手防护：戴防化学品手套。		
危险性类别			易燃液体，类别3；急性毒性—吸入，类别1；皮肤腐蚀/刺激，类别1；严重眼损伤/眼刺激，类别1；呼吸道致敏物，类别1；皮肤致敏物，类别1。		

序号	2718	品名	异氰酸对硝基苯酯	商品编码	2929.1090
别 名			对硝基苯异氰酸酯;异氰酸-4硝基苯酯	CAS号	100-28-7
英文名			4-nitrophenyl isocyanate		
分子式			$C_7H_4N_2O_3$		
外观与性状			亮黄色针状结晶。		
主要用途			用作测定醇、伯胺、仲胺和氨基酸的试剂。		
危险特性			本品遇明火能燃烧,遇水或水蒸气分解释放出有毒的气体。		
健康危害			本品对皮肤有刺激作用;其蒸气或雾对眼睛、黏膜和上呼吸道有刺激作用;接触后可引起烧灼感、咳嗽、喘息、喉炎、气短、头痛、恶心和呕吐。		
防护措施			呼吸系统防护:空气中粉尘浓度超标时,必须佩戴自吸过滤式防尘口罩。紧急事态抢救或撤离时,应该佩戴空气呼吸器。 眼睛防护:戴化学安全防护眼镜。 身体防护:穿防毒物渗透工作服。 手防护:戴橡胶手套。		
危险性类别			皮肤腐蚀/刺激,类别2;严重眼损伤/眼刺激,类别2;特异性靶器官毒性—单次接触,类别3(呼吸道刺激)。		

序号	2719	品名	异氰酸对溴苯酯	商品编码	2929.1090
别 名			4-溴异氰酸苯酯	CAS号	2493-02-9
英文名			4-bromophenyl isocyanate		
分子式			C_7H_4BrNO		
外观与性状			白色针状结晶。		
主要用途			用作有机合成中间体。		
危险特性			本品遇明火能燃烧;与强氧化剂接触可发生化学反应;受高热分解释放出有毒的气体。		
健康危害			本品对眼睛、皮肤、黏膜和上呼吸道有刺激作用;有致敏作用,反复接触可引起哮喘;过长时间的接触可引起头痛、眩晕、恶心和肺部刺激作用。		
防护措施			呼吸系统防护:空气中粉尘浓度超标时,必须佩戴自吸过滤式防尘口罩。紧急事态抢救或撤离时,应该佩戴空气呼吸器。 眼睛防护:戴化学安全防护眼镜。 身体防护:穿防毒物渗透工作服。 手防护:戴橡胶手套。		
危险性类别			皮肤腐蚀/刺激,类别2;严重眼损伤/眼刺激,类别2;特异性靶器官毒性—单次接触,类别3(呼吸道刺激)。		

序号	2720	品名	异氰酸二氯苯酯	商品编码	2929.1090
别 名			3,4-二氯苯基异氰酸酯	CAS 号	102-36-3
英文名			Isocyanic acid 3,4-dichlorophenyl ester		
分子式			$C_7H_3Cl_2NO$		
外观与性状			白色至浅棕色固体。		
主要用途			用于合成除莠剂敌草隆。		
危险特性			本品遇明火、高热可燃;其粉体与空气可形成爆炸性混合物,当达到一定浓度时,遇火星会发生爆炸;遇高热分解释出高毒烟气。		
健康危害			吸入、摄入或经皮肤吸收本品后会中毒;刺激作用较强,人在 0.66mg/m³ 浓度下暴露 1 分钟即可感到刺激作用。		
防护措施			呼吸系统防护:可能接触其粉尘时,必须佩戴防尘面具(全面罩)。紧急事态抢救或撤离时,应该佩戴空气呼吸器。 眼睛防护:呼吸系统防护中已作防护。 身体防护:穿胶布防毒衣。 手防护:戴橡胶手套。		
危险性类别			急性毒性—经口,类别 3;严重眼损伤/眼刺激,类别 1;特异性靶器官毒性—单次接触,类别 3(呼吸道刺激)。		

序号	2721	品名	异氰酸环己酯	商品编码	2929.1090
别 名			环己基异氰酸酯	CAS 号	3173-53-3
英文名			Isocyanatocyclohexane		
分子式			$C_7H_{11}NO$		
外观与性状			无色到淡黄色液体,催泪剂。		
主要用途			农药和医药的重要中间体。农药上用于生产除草剂如环嗪酮等,医药上用于生产西药。		
危险特性			本品的蒸气与空气混合可爆;燃烧产生有毒氧化氮气体。		
防护措施			呼吸系统防护:佩戴防毒口罩。紧急事态抢救或逃生时,佩戴自给式呼吸器。 眼睛防护:戴化学安全防护眼镜。 防护服:穿相应的防护服。 手防护:戴防化学品手套。		
危险性类别			易燃液体,类别 3;急性毒性—吸入,类别 2*;皮肤腐蚀/刺激,类别 1;严重眼损伤/眼刺激,类别 1。		

序号	2722	品名	异氰酸甲酯	商品编码	2929.1090
别 名		甲基异氰酸酯		CAS 号	624-83-9
英文名		Methylisocyanate 1×500mg neat			
分子式		C_2H_3NO			
外观与性状		带有强烈气味的无色液体,有催泪性。			
主要用途		作为有机合成原料,用作农药西维因的中间体。			
危险特性		本品易燃,其蒸气与空气可形成爆炸性混合物,遇明火、高热能引起燃烧爆炸;化学反应性强,易聚合,易吸湿;遇水、酸类或与有机物、氧化剂接触,都可放出大量热而引起剧烈燃烧,并放出有毒和易燃的二氧化硫;遇水或水蒸气反应放出有毒和易燃的气体;在火场中,受热的容器有爆炸危险。			
健康危害		吸入低浓度本品蒸气或雾对呼吸道有刺激性;高浓度吸入可因支气管和喉的炎症、痉挛,严重的肺水肿而致死;蒸气对眼睛有强烈的刺激性,引起流泪、角膜上皮水肿、角膜云翳;液态对皮肤有强烈的刺激性;口服刺激胃肠道。			
防护措施		呼吸系统防护:可能接触其蒸气时,应该佩戴过滤式防毒面具(全面罩)或自给式呼吸器。紧急事态抢救或撤离时,佩戴空气呼吸器。 眼睛防护:呼吸系统防护中已作防护。 身体防护:穿连衣式胶布防毒衣。 手防护:戴橡胶耐油手套。			
危险性类别		易燃液体,类别2;急性毒性—经口,类别3*;急性毒性—经皮肤,类别3*;急性毒性—吸入,类别2*;皮肤腐蚀/刺激,类别2;严重眼损伤/眼刺激,类别1;呼吸道致敏物,类别1;皮肤致敏物,类别1;生殖毒性,类别2;特异性靶器官毒性—单次接触,类别3(呼吸道刺激)。			

序号	2723	品名	异氰酸三氟甲苯酯	商品编码	2929.1090
别　名			三氟甲苯异氰酸酯	CAS 号	329-01-1
英文名			3-(trifluoromethyl)phenyl isocyanate		
分子式			$C_8H_4F_3NO$		
外观与性状			无色或淡黄色液体，具有刺激性气味。		
主要用途			用于合成除莠剂。		
危险特性			本品遇高热、明火或与氧化剂接触，有引起燃烧的危险；遇高热分解释出高毒烟气。		
健康危害			吸入、摄入或经皮肤吸收本品后会中毒；高浓度对眼睛、皮肤、黏膜和上呼吸道有强烈刺激性；引起过敏反应；接触后可引起头痛、恶心、呕吐、咳嗽、气短等症状。		
防护措施			呼吸系统防护：空气中浓度超标时，必须佩戴自吸过滤式防毒面具（全面罩）。紧急事态抢救或撤离时，应该佩戴空气呼吸器。 眼睛防护：呼吸系统防护中已作防护。 身体防护：穿胶布防毒衣。 手防护：戴橡胶手套。		
危险性类别			易燃液体，类别 3；急性毒性—吸入，类别 2*；呼吸道致敏物，类别 1；危害水生环境—急性危害，类别 2；危害水生环境—长期危害，类别 2。		

序号	2724	品名	异氰酸十八酯	商品编码	2929.1090
别　名			十八异氰酸酯	CAS 号	112-96-9
英文名			Octadecyl isocyanate		
分子式			$C_{19}H_{37}NO$		
外观与性状			无色液体或白色固体。		
主要用途			用于有机合成以及织物、纸张等表面防水。		
危险特性			本品遇明火能燃烧；与强氧化剂接触可发生化学反应；受高热分解释放出有毒的气体。		
健康危害			本品对皮肤有强烈刺激作用；其蒸气或雾对眼睛、黏膜和上呼吸道有刺激作用，长时间接触可引起头痛、恶心、眩晕、胸痛、肺水肿；有致敏作用，反复接触可致哮喘。		
防护措施			呼吸系统防护：可能接触其粉尘时，必须佩戴防尘面具（全面罩）；可能接触其蒸气时，应该佩戴自吸过滤式防毒面具（全面罩）。 眼睛防护：呼吸系统防护中已作防护。 身体防护：穿胶布防毒衣。 手防护：戴橡胶手套。		
危险性类别			危害水生环境—长期危害，类别 3。		

序号	2725	品名	异氰酸叔丁酯	商品编码	2929.1090
别 名				CAS 号	1609-86-5
英文名		Tert-butylisocyanate			
分子式		C_5H_9NO			
外观与性状		无色液体。			
主要用途		用于有机合成。			
危险特性		本品的蒸气与空气可形成爆炸性混合物，遇明火、高热极易燃烧爆炸；与氧化剂接触反应猛烈；受热分解释出高毒烟雾；容易自聚，聚合反应随着温度的上升而急骤加剧；若遇高热，容器内压增大，有开裂和爆炸的危险。			
健康危害		吸入、摄入或经皮肤吸收本品后会中毒；对眼睛、皮肤、黏膜和上呼吸道有强烈刺激性；可引起过敏反应；长时间接触，引起头痛、头晕、咳嗽、胸痛及肺水肿等。			
防护措施		呼吸系统防护：空气中浓度超标时，必须佩戴自吸过滤式防毒面具（全面罩）。紧急事态抢救或撤离时，应该佩戴空气呼吸器。 眼睛防护：呼吸系统防护中已作防护。 身体防护：穿胶布防毒衣。 手防护：戴橡胶手套。			
危险性类别		易燃液体，类别2；急性毒性—吸入，类别1。			

序号	2726	品名	异氰酸乙酯	商品编码	2929.1090
别 名		乙基异氰酸酯		CAS 号	109-90-0
英文名		Ethyl isocyanate			
分子式		C_3H_5NO			
外观与性状		无色液体。			
主要用途		作为有机合成原料。			
危险特性		本品的蒸气与空气可形成爆炸性混合物，遇明火、高热极易燃烧爆炸；与氧化剂接触反应猛烈；流速过快，容易产生和积聚静电；若遇高热，容器内压增大，有开裂和爆炸的危险。			
健康危害		本品对呼吸道有刺激性，高浓度吸入可致肺水肿甚至死亡；对眼睛及皮肤有刺激作用。			
防护措施		呼吸系统防护：空气中浓度超标时，必须佩戴自吸过滤式防毒面具（半面罩）。紧急事态抢救或撤离时，应该佩戴空气呼吸器。 眼睛防护：戴化学安全防护眼镜。 身体防护：穿防静电工作服。 手防护：戴橡胶耐油手套。			
危险性类别		易燃液体，类别2；急性毒性—经口，类别3；皮肤腐蚀/刺激，类别1；严重眼损伤/眼刺激，类别1。			

序号	2727	品名	异氰酸异丙酯	商品编码	2929.1090
别 名				CAS 号	1795-48-8
英文名	Isopropyl isocyanate				
分子式	C_4H_7NO				
外观与性状	无色液体。				
主要用途	用于有机合成。				
危险特性	本品的蒸气与空气可形成爆炸性混合物，遇明火、高热极易燃烧爆炸；与氧化剂接触反应猛烈；受热分解释出高毒烟雾；容易自聚，聚合反应随着温度的上升而急骤加剧；若遇高热，容器内压增大，有开裂和爆炸的危险。				
健康危害	吸入、摄入或经皮肤吸收本品后会中毒；对眼睛、皮肤、黏膜和上呼吸道有刺激性；有致敏作用，可引起哮喘；长时间接触能引起头痛、头晕、恶心、肺水肿及胸痛等。				
防护措施	呼吸系统防护：空气中浓度超标时，必须佩戴自吸过滤式防毒面具（半面罩）。紧急事态抢救或撤离时，应该佩戴空气呼吸器。 眼睛防护：戴化学安全防护眼镜。 身体防护：穿防静电工作服。 手防护：戴橡胶手套。				
危险性类别	易燃液体，类别 2；急性毒性—经口，类别 3；急性毒性—吸入，类别 1；皮肤腐蚀/刺激，类别 1；严重眼损伤/眼刺激，类别 1。				

序号	2728	品名	异氰酸异丁酯	商品编码	2929.1090
别 名				CAS 号	1873-29-6
英文名	Isobutyl isocyanate				
分子式	C_5H_9NO				
主要用途	用作医药、农药中间体；本品用于杀菌剂苯菌灵的生产。				
防护措施	呼吸系统防护：佩戴防毒口罩。紧急事态抢救或逃生时，佩戴自给式呼吸器。 眼睛防护：戴化学安全防护眼镜。 防护服：穿相应的防护服。 手防护：戴防化学品手套。				
危险性类别	易燃液体，类别 2；急性毒性—吸入，类别 1。				

序号	2729	品名	异氰酸正丙酯	商品编码	2929.1090
别　名				CAS 号	110-78-1
英文名		Propyl isocyanate			
分子式		C₄H₇NO			
外观与性状		无色液体，有葱的气味。			
主要用途		作为有机合成原料。			
危险特性		本品的蒸气与空气可形成爆炸性混合物，遇明火、高热极易燃烧爆炸；与氧化剂接触反应猛烈；流速过快，容易产生和积聚静电；其蒸气比空气重，能在较低处扩散到相当远的地方，遇火源会着火回燃；若遇高热，容器内压增大，有开裂和爆炸的危险。			
健康危害		本品的蒸气或雾对眼睛、黏膜和呼吸道有刺激性；吸入后可因喉和支气管的炎症、痉挛和水肿，化学性肺炎或肺水肿而死亡；目前尚无对呼吸道致敏的报道；长时间接触本品有强烈的刺激性或造成灼伤。			
防护措施		呼吸系统防护：空气中浓度超标时，必须佩戴自吸过滤式防毒面具（半面罩）。紧急事态抢救或撤离时，应该佩戴空气呼吸器。 眼睛防护：戴化学安全防护眼镜。 身体防护：穿防静电工作服。 手防护：戴橡胶耐油手套。			
危险性类别		易燃液体，类别 3；急性毒性—吸入，类别 1。			

序号	2730	品名	异氰酸正丁酯	商品编码	2929.1090
别　名				CAS 号	111-36-4
英文名		Butyl isocyanate			
分子式		C₅H₉NO			
外观与性状		无色液体，有刺激气味。易潮解。			
主要用途		作为有机合成原料。			
危险特性		本品的蒸气与空气可形成爆炸性混合物，遇明火、高热极易燃烧爆炸；与氧化剂接触反应猛烈；流速过快，容易产生和积聚静电；其蒸气比空气重，能在较低处扩散到相当远的地方，遇火源会着火回燃；若遇高热，容器内压增大，有开裂和爆炸的危险。			
健康危害		本品对黏膜、上呼吸道、眼睛和皮肤有强烈的刺激性；可致灼伤；目前尚无呼吸道致敏的报道；长时间接触本品引起头痛、头晕、恶心、胸痛，甚至发生肺水肿而死亡。			
防护措施		呼吸系统防护：空气中浓度超标时，必须佩戴自吸过滤式防毒面具（全面罩）。紧急事态抢救或撤离时，应该佩戴空气呼吸器。 眼睛防护：呼吸系统防护中已作防护。 身体防护：穿胶布防毒衣。 手防护：戴橡胶耐油手套。			
危险性类别		易燃液体，类别 2；急性毒性—吸入，类别 1；皮肤腐蚀/刺激，类别 1；严重眼损伤/眼刺激，类别 1；皮肤致敏物，类别 1；特异性靶器官毒性—单次接触，类别 1。			

序号	2731	品名	异山梨醇二硝酸酯混合物（含乳糖、淀粉或磷酸≥60%）	商品编码	3824.9999
别　名		混合异山梨醇二硝酸酯		CAS 号	
防护措施		呼吸系统防护：佩戴防毒口罩。紧急事态抢救或逃生时，佩戴自给式呼吸器。 眼睛防护：戴化学安全防护眼镜。 防护服：穿相应的防护服。 手防护：戴防化学品手套。			
危险性类别		易燃固体，类别1。			

序号	2732	品名	异戊胺	商品编码	2921.1990
别　名		1-氨基-3-甲基丁烷		CAS 号	107-85-7
英文名		Isoamylamine			
分子式		$C_5H_{13}N$			
外观与性状		无色液体，有氨臭。			
主要用途		用作溶剂及用于有机合成。			
危险特性		本品易燃，遇高热、明火及强氧化剂易引起燃烧；与氧化剂能发生强烈反应；其蒸气比空气重，能在较低处扩散到相当远的地方，遇火源会着火回燃。具有腐蚀性。			
健康危害		接触低浓度蒸气时表现有眼睛及上呼吸道刺激症状，高浓度可致角膜水肿、溃疡、喉头声带水肿和支气管肺炎；神经系统受损时表现为意识障碍、瞳孔散大、视力模糊、四肢肌束震颤及运动障碍；严重中毒病例可因呼吸麻痹、心跳停止而死亡；肝、肾可受到损害；液体可致眼睛和皮肤灼伤。			
防护措施		呼吸系统防护：可能接触其蒸气时，佩戴导管式防毒面具。紧急事态抢救或撤离时，应该佩戴氧气呼吸器、空气呼吸器。 眼睛防护：呼吸系统防护中已作防护。 身体防护：穿胶布防毒衣。 手防护：戴橡胶耐油手套。			
危险性类别		易燃液体，类别2；皮肤腐蚀/刺激，类别1；严重眼损伤/眼刺激，类别1。			

序号	2733	品名	异戊醇钠	商品编码	2905.1990
别 名		异戊氧基钠		CAS 号	19533-24-5
英文名		Sodium isoamylate			
分子式		$C_5H_9NaO_2$			
防护措施		呼吸系统防护：佩戴防毒口罩。紧急事态抢救或逃生时，佩戴自给式呼吸器。 眼睛防护：戴化学安全防护眼镜。 防护服：穿相应的防护服。 手防护：戴防化学品手套。			
危险性类别		皮肤腐蚀/刺激，类别1B；严重眼损伤/眼刺激，类别1。			

序号	2734	品名	异戊腈	商品编码	2926.9090
别 名		氰化异丁烷		CAS 号	625-28-5
英文名		3-methylbutanenitrile			
分子式		C_5H_9N			
外观与性状		无色液体。			
主要用途		用于有机合成。			
危险特性		本品遇明火易燃；受高热燃烧并分解产生有毒气体。			
健康危害		兔皮下注射，最低致死量为43.4mg/kg，出现呼吸兴奋和痉挛性麻痹。			
防护措施		呼吸系统防护：可能接触毒物时，必须佩戴自吸过滤式防毒面具（全面罩）。紧急事态抢救或撤离时，建议佩戴隔离式呼吸器。 眼睛防护：呼吸系统防护中已作防护。 身体防护：穿聚乙烯防毒服。 手防护：戴橡胶耐油手套。			
危险性类别		易燃液体，类别3。			

序号	2735	品名	异戊酸甲酯	商品编码	2915.6000
别　名				CAS 号	556-24-1
英文名	Methyl isovalerate				
分子式	$C_6H_{12}O_2$				
外观与性状	无色液体。				
主要用途	用作溶剂，也用于有机合成。				
危险特性	本品的蒸气与空气可形成爆炸性混合物，遇明火、高热极易燃烧爆炸；与氧化剂接触反应猛烈；若遇高热，容器内压增大，有开裂和爆炸的危险。				
健康危害	吸入、误服本品能引起中毒；受热分解释出具有腐蚀性的烟雾。				
防护措施	呼吸系统防护：空气中浓度较高时，应该佩戴过滤式防毒面具（半面罩）。紧急事态抢救或逃生时，建议佩戴空气呼吸器。 眼睛防护：戴化学安全防护眼镜。 身体防护：穿防静电工作服。 手防护：戴乳胶手套。				
危险性类别	易燃液体，类别 2。				

序号	2736	品名	异戊酸乙酯	商品编码	2915.6000
别　名				CAS 号	108-64-5
英文名	Ethyl isovalerate				
分子式	$C_7H_{14}O_2$				
外观与性状	无色油状液体，有果子香味。				
主要用途	本品具有类似苹果、桑子香气，用作精油、香料、人造水果香精，也可用于食品和烟草，本品还可作溶剂。				
危险特性	本品易燃，遇高热、明火有引起燃烧的危险；与氧化剂能发生强烈反应。在火场中，受热的容器有爆炸危险。				
健康危害	吸入、口服或经皮肤吸收本品后对身体有害；具有刺激性。				
防护措施	呼吸系统防护：空气中浓度较高时，应该佩戴自吸过滤式防毒面具（半面罩）。紧急事态抢救或撤离时，佩戴空气呼吸器。 眼睛防护：一般不需要特殊防护，高浓度接触时可戴安全防护眼镜。 身体防护：穿防静电工作服。 手防护：戴橡胶耐油手套。				
危险性类别	易燃液体，类别 3。				

序号	2737	品名	异戊酸异丙酯	商品编码	2915.6000
别　名				CAS 号	32665-23-9
英文名		Fema 2961			
分子式		$C_8H_{16}O_2$			
防护措施		呼吸系统防护：佩戴防毒口罩。紧急事态抢救或逃生时，佩戴自给式呼吸器。 眼睛防护：戴化学安全防护眼镜。 防护服：穿相应的防护服。 手防护：戴防化学品手套。			
危险性类别		易燃液体，类别 3。			

序号	2738	品名	异戊酰氯	商品编码	2915.9000
别　名				CAS 号	108-12-3
英文名		Isovaleryl chloride			
分子式		C_5H_9ClO			
外观与性状		带有刺激性气味的液体。			
主要用途		用于有机合成。			
危险特性		本品的蒸气与空气可形成爆炸性混合物，遇明火、高热极易燃烧爆炸；与氧化剂接触猛烈反应；遇水反应，放出具有刺激性和腐蚀性的氯化氢气体；遇高热分解释出高毒烟气；遇潮时对大多数金属有腐蚀性；若遇高热，容器内压增大，有开裂和爆炸的危险。			
健康危害		本品蒸气与液体能刺激眼睛、皮肤和呼吸系统，可引起灼伤；吸入引起喉和支气管的痉挛、炎症和水肿，化学性肺炎和肺水肿；接触后可引起头痛、恶心、咳嗽等。			
防护措施		呼吸系统防护：空气中浓度超标时，必须佩戴自吸过滤式防毒面具（半面罩）。紧急事态抢救或撤离时，应该佩戴空气呼吸器。 眼睛防护：戴化学安全防护眼镜。 身体防护：穿橡胶耐酸碱服。 手防护：戴橡胶耐酸碱手套。			
危险性类别		易燃液体，类别 2；皮肤腐蚀/刺激，类别 1；严重眼损伤/眼刺激，类别 1。			

序号	2739	品名	异辛烷	商品编码	2901.1000
别　名				CAS号	26635-64-3
英文名	Isooctane				
分子式	C_8H_{18}				
外观与性状	无色、透明液体。				
主要用途	有机合成。溶剂。				
危险特性	本品的蒸气与空气可形成爆炸性混合物；遇明火、高热能引起燃烧爆炸；遇强氧化剂会引起燃烧爆炸；其蒸气比空气重，能在较低处扩散到相当远的地方，遇明火会引着回燃。				
健康危害	吸入或口服本品对身体有害；对皮肤有刺激性；本品蒸气或雾对眼睛、黏膜和上呼吸道有刺激作用。				
防护措施	呼吸系统防护：空气中浓度较高时，佩戴过滤式防毒面具（半面罩）。 眼睛防护：戴化学安全防护眼镜。 身体防护：穿防静电工作服。 手防护：戴乳胶手套。				
危险性类别	易燃液体，类别2；皮肤腐蚀/刺激，类别2；特异性靶器官毒性—单次接触，类别3（麻醉效应）；吸入危害，类别1；危害水生环境—急性危害，类别1；危害水生环境—长期危害，类别1。				

序号	2740	品名	异辛烯	商品编码	2901.2990
别　名				CAS号	5026-76-6
英文名	Isooctene				
分子式	C_8H_{16}				
外观与性状	无色澄清液体				
危险特性	本品易燃，其蒸气与空气可形成爆炸性混合物，遇明火、高热能引起燃烧爆炸；与氧化剂接触猛烈反应；若遇高热，可发生聚合反应，放出大量热量而引起容器破裂和爆炸事故；其蒸气比空气重，能在较低处扩散到相当远的地方，遇火源会着火回燃。				
健康危害	本品有刺激性，高浓度时有麻醉作用。				
防护措施	呼吸系统防护：佩戴防毒口罩。紧急事态抢救或逃生时，佩戴自给式呼吸器。 眼睛防护：戴化学安全防护眼镜。 防护服：穿相应的防护服。 手防护：戴防化学品手套。				
危险性类别	易燃液体，类别2；危害水生环境—急性危害，类别2；危害水生环境—长期危害，类别2。				

序号	2741	品名	萤蒽	商品编码	2902.9090
别名				CAS号	206-44-0
英文名		Fluoranthene			
分子式		$C_{16}H_{10}$			
外观与性状		无色或黄绿色针状结晶。			
主要用途		用于制造染料、合成树脂和工程塑料等。			
危险特性		本品遇明火、高热可燃；与氧化剂能发生强烈反应；有腐蚀性。			
健康危害		吸入、摄入或经皮肤吸收本品后会中毒；具腐蚀性；资料报道有致突变作用。			
防护措施		呼吸系统防护：佩戴防尘口罩。空气中浓度较高时，佩戴防毒面具。 眼睛防护：戴化学安全防护眼镜。 防护服：穿防腐工作服。 手防护：戴橡胶手套。			
危险性类别		危害水生环境—急性危害，类别1；危害水生环境—长期危害，类别1。			

序号	2742	品名	油酸汞	商品编码	2852.1000
别名				CAS号	1191-80-6
英文名		Mercury oleate			
分子式		$C_{36}H_{66}HgO_4$			
防护措施		呼吸系统防护：佩戴防毒口罩。紧急事态抢救或逃生时，佩戴自给式呼吸器。 眼睛防护：戴化学安全防护眼镜。 防护服：穿相应的防护服。 手防护：戴防化学品手套。			
危险性类别		急性毒性—经口，类别2*；急性毒性—经皮肤，类别1；急性毒性—吸入，类别2*；特异性靶器官毒性—反复接触，类别2*；危害水生环境—急性危害，类别1；危害水生环境—长期危害，类别1。			

序号	2743	品名	淤渣硫酸	商品编码	2807.0000、3825.5000、3825.6100、3825.6900
别名				CAS号	
英文名		Sludge acid			
防护措施		呼吸系统防护：佩戴防毒口罩。紧急事态抢救或逃生时，佩戴自给式呼吸器。 眼睛防护：戴化学安全防护眼镜。 防护服：穿相应的防护服。 手防护：戴防化学品手套。			
危险性类别		皮肤腐蚀/刺激，类别1；严重眼损伤/眼刺激，类别1。			

序号	2744	品名	原丙酸三乙酯	商品编码	2915.9000
别　名			原丙酸乙酯；1,1,1-三乙氧基丙烷	CAS 号	115-80-0
英文名			Triethyl orthopropionate		
分子式			$C_9H_{20}O_3$		
外观与性状			无色透明液体，有芳香气味。		
主要用途			用作分析试剂、胶片增感剂，并用于有机合成、染料和制药工业。		
危险特性			本品的蒸气与空气可形成爆炸性混合物，遇明火、高热能引起燃烧爆炸；与氧化剂可发生反应；流速过快，容易产生和积聚静电；若遇高热，容器内压增大，有开裂和爆炸的危险。		
健康危害			吸入、摄入或经皮肤吸收本品后对身体有害；对皮肤有刺激作用；其蒸气或雾对眼睛、黏膜和上呼吸道有刺激作用。		
防护措施			呼吸系统防护：空气中浓度超标时，必须佩戴自吸过滤式防毒面具（半面罩）。紧急事态抢救或撤离时，应该佩戴空气呼吸器。 眼睛防护：戴化学安全防护眼镜。 身体防护：穿防毒物渗透工作服。 手防护：戴橡胶耐油手套。		
危险性类别			易燃液体，类别3。		

序号	2745	品名	原甲酸三甲酯	商品编码	2915.9000
别　名			原甲酸甲酯；三甲氧基甲烷	CAS 号	149-73-5
英文名			Trimethoxymethane		
分子式			$C_4H_{10}O_3$		
外观与性状			无色液体，具有刺激性气味。		
主要用途			用于有机合成。		
危险特性			本品的蒸气与空气可形成爆炸性混合物，遇明火、高热极易燃烧爆炸；与氧化剂接触反应猛烈；其蒸气比空气重，能在较低处扩散到相当远的地方，遇火源会着火回燃；若遇高热，容器内压增大，有开裂和爆炸的危险。		
健康危害			吸入、摄入或经皮肤吸收本品后对身体有害；对眼睛、皮肤、黏膜和上呼吸道有刺激作用；避免眼睛接触，因其极易水解放出甲醇，甲醇可致眼睛失明。		
防护措施			呼吸系统防护：空气中浓度超标时，必须佩戴自吸过滤式防毒面具（半面罩）。紧急事态抢救或撤离时，应该佩戴空气呼吸器。 眼睛防护：戴化学安全防护眼镜。 身体防护：穿防静电工作服。 手防护：戴橡胶手套。		
危险性类别			易燃液体，类别2；严重眼损伤/眼刺激，类别2。		

序号	2746	品名	原甲酸三乙酯	商品编码	2915.9000
别 名			三乙氧基甲烷；原甲酸乙酯	CAS 号	122-51-0
英文名			Triethyl orthoformate		
分子式			$C_7H_{16}O_3$		
外观与性状			无色液体，有辛辣的气味。		
主要用途			用于有机合成和用作医药中间体及感光材料。		
危险特性			本品易燃，遇明火、高热或与氧化剂接触，有引起燃烧爆炸的危险；其蒸气比空气重，能在较低处扩散到相当远的地方，遇火源会着火回燃。		
健康危害			口服本品可引起呼吸困难及软弱；对皮肤无刺激性。		
防护措施			呼吸系统防护：一般不需要特殊防护，但建议特殊情况下，佩戴自吸过滤式防毒面具（半面罩）。 眼睛防护：一般不需要特殊防护，高浓度接触时可戴化学安全防护眼镜。 身体防护：穿防静电工作服。 手防护：戴橡胶耐油手套。		
危险性类别			易燃液体，类别 3。		

序号	2747	品名	原乙酸三甲酯	商品编码	2915.9000
别 名			1,1,1-三甲氧基乙烷	CAS 号	1445-45-0
英文名			Trimethyl orthoacetate		
分子式			$C_5H_{12}O_3$		
外观与性状			无色液体。		
主要用途			用于有机合成。		
危险特性			本品的蒸气与空气可形成爆炸性混合物，遇明火、高热极易燃烧爆炸；与氧化剂接触反应猛烈；若遇高热，容器内压增大，有开裂和爆炸的危险。		
健康危害			吸入、摄入或经皮肤吸收本品后对身体有害；对眼睛、皮肤、黏膜和上呼吸道有刺激作用；应避免接触，本品易水解产生甲醇，甲醇可致失明。		
防护措施			呼吸系统防护：空气中浓度超标时，必须佩戴自吸过滤式防毒面具（半面罩）。紧急事态抢救或撤离时，应该佩戴空气呼吸器。 眼睛防护：戴化学安全防护眼镜。 身体防护：穿防静电工作服。 手防护：戴橡胶手套。		
危险性类别			易燃液体，类别 2。		

序号	2748	品名	月桂酸三丁基锡	商品编码	2931.2000
别　名				CAS 号	
英文名	Tributyl(lauroyloxy)stannane				
分子式	$C_{24}H_{50}O_2Sn$				
防护措施	呼吸系统防护：佩戴防毒口罩。紧急事态抢救或逃生时，佩戴自给式呼吸器。 眼睛防护：戴化学安全防护眼镜。 防护服：穿相应的防护服。 手防护：戴防化学品手套。				
危险性类别	急性毒性—经口，类别3；特异性靶器官毒性—单次接触，类别2；危害水生环境—急性危害，类别1；危害水生环境—长期危害，类别1。				

序号	2749	品名	杂戊醇	商品编码	3824.9910
别　名	杂醇油			CAS 号	8013-75-0
英文名	Fusel oil				
外观与性状	其外观呈无色至淡黄色挥发性油状液体状。				
主要用途	主要用以配制果酒、白兰地、朗姆酒和水果型香精。				
防护措施	呼吸系统防护：佩戴防毒口罩。紧急事态抢救或逃生时，佩戴自给式呼吸器。 眼睛防护：戴化学安全防护眼镜。 防护服：穿相应的防护服。 手防护：戴防化学品手套。				
危险性类别	易燃液体，类别2。				

序号	2750	品名	樟脑油	商品编码	3301.2910
别　名	樟木油			CAS 号	8008-51-3
英文名	White camphor oil				
主要用途	用于医药及配制皂用香精，也可用于制清漆和鞋油等。				
危险特性	本品遇明火、高温、氧化剂易燃；燃烧产生刺激烟雾。				
健康危害	儿童误服可致死亡。				
防护措施	呼吸系统防护：佩戴防毒口罩。紧急事态抢救或逃生时，佩戴自给式呼吸器。 眼睛防护：戴化学安全防护眼镜。 防护服：穿相应的防护服。 手防护：戴防化学品手套。				
危险性类别	易燃液体，类别3。				

序号	2751	品名	锗烷	商品编码	2850.0090
别　名			四氢化锗	CAS 号	7782-65-2
英文名			Germane		
分子式			GeH_4		
外观与性状			有毒、易燃和无色的气体。		
主要用途			用于生产高纯锗； 用于太阳能电池； 用于制备异质结二极晶体管。		
健康危害			本品剧毒；会影响神经功能和外周血液，与其他重金属氢化物一样毒性很强。		
防护措施			呼吸系统防护：佩戴防毒口罩。紧急事态抢救或逃生时，佩戴自给式呼吸器。 眼睛防护：戴化学安全防护眼镜。 防护服：穿相应的防护服。 手防护：戴防化学品手套。		
危险性类别			易燃气体，类别 1；加压气体；急性毒性—吸入，类别 1；皮肤腐蚀/刺激，类别 2；严重眼损伤/眼刺激，类别 2；特异性靶器官毒性—单次接触，类别 1；特异性靶器官毒性—单次接触，类别 3（呼吸道刺激、麻醉效应）。		

序号	2752	品名	赭曲毒素	商品编码	2932.2090
别　名			棕曲霉毒素	CAS 号	37203-43-3
英文名			Ochratoxin		
外观与性状			无色针状结晶化合物。		
防护措施			呼吸系统防护：佩戴防毒口罩。紧急事态抢救或逃生时，佩戴自给式呼吸器。 眼睛防护：戴化学安全防护眼镜。 防护服：穿相应的防护服。 手防护：戴防化学品手套。		
危险性类别			急性毒性—经口，类别 2。		

序号	2753	品名	赭曲毒素 A	商品编码	2932.2090
别 名			棕曲霉毒素 A	CAS 号	303-47-9
英文名			Ochratoxin a		
分子式			$C_{20}H_{18}ClNO_6$		
外观与性状			无色针状结晶化合物。		
危险特性			本品可燃,燃烧时分解有毒氯化物和氮氧化物气体。		
防护措施			呼吸系统防护:佩戴防毒口罩。紧急事态抢救或逃生时,佩戴自给式呼吸器。 眼睛防护:戴化学安全防护眼镜。 防护服:穿相应的防护服。 手防护:戴防化学品手套。		
危险性类别			急性毒性—经口,类别 2;致癌性,类别 2。		

序号	2754	品名	正丙硫醇	商品编码	2930.9090
别 名			1-巯基丙烷;硫代正丙醇	CAS 号	107-03-9
英文名			1-propanethiol		
分子式			C_3H_8S		
外观与性状			无色或淡黄色液体,有刺激气味。		
主要用途			用作化学中间体,除草剂。		
危险特性			本品蒸气与空气可形成爆炸性混合物,遇明火、高热极易燃烧爆炸;与氧化剂、次氯酸钙接触剧烈反应;遇强酸能分解释出有毒气体;其蒸气比空气重,能在较低处扩散到相当远的地方,遇火源会着火回燃。		
健康危害			本品蒸气或雾对眼睛及上呼吸道有刺激性;对皮肤有刺激性;接触后出现头痛、恶心、呕吐。		
防护措施			呼吸系统防护:空气中浓度超标时,应该佩戴自吸过滤式防毒面具(半面罩)。紧急事态抢救或撤离时,建议佩戴空气呼吸器。 眼睛防护:戴安全防护眼镜。 身体防护:穿防静电工作服。 手防护:戴乳胶手套。		
危险性类别			易燃液体,类别 2;严重眼损伤/眼刺激,类别 2;特异性靶器官毒性—单次接触,类别 3(呼吸道刺激);危害水生环境—急性危害,类别 1;危害水生环境—长期危害,类别 1。		

序号	2755	品名	正丙苯	商品编码	2902.9090
别　名			丙苯；丙基苯	CAS号	103-65-1
英文名			N-propylbenzene		
分子式			C_9H_{12}		
外观与性状			无色液体。		
主要用途			用作溶剂及有机合成。		
危险特性			本品易燃，遇明火、高热或与氧化剂接触，有引起燃烧爆炸的危险。		
健康危害			吸入、口服或经皮肤吸收本品对身体有害，对眼睛、黏膜、皮肤有刺激性。		
防护措施			呼吸系统防护：空气中浓度超标时，佩戴过滤式防毒面具（半面罩）。紧急事态抢救或撤离时，建议佩戴自给式呼吸器。 眼睛防护：戴化学安全防护眼镜。 身体防护：穿防毒物渗透工作服。 手防护：戴橡胶耐油手套。		
危险性类别			易燃液体，类别3；特异性靶器官毒性—单次接触，类别3（麻醉效应）；吸入危害，类别1；危害水生环境—急性危害，类别2；危害水生环境—长期危害，类别2。		

序号	2756	品名	正丙基环戊烷	商品编码	2902.1990
别　名				CAS号	2040-96-2
英文名			N-propylcyclopentane		
分子式			C_8H_{16}		
外观与性状			无色液体。		
主要用途			用于有机合成。		
危险特性			本品遇明火、高热或与氧化剂接触，有引起燃烧爆炸的危险；其蒸气比空气重，能在较低处扩散到相当远的地方，遇火源会着火回燃；若遇高热，容器内压增大，有开裂和爆炸的危险。		
健康危害			无本品吸入中毒资料。本品属烃类，吸入有关烃类化合物蒸气时可引起轻度呼吸道刺激、头晕、恶心和嗜睡；极高浓度可引起昏迷甚至死亡；液体进入肺部对肺组织产生强烈的刺激和损伤，甚至引起死亡；高浓度蒸气对眼有刺激性；液体可引起眼部暂时性红肿和疼痛；液体对皮肤有轻度刺激性；反复接触可致皮炎，摄入引起恶心和腹泻。		
防护措施			呼吸系统防护：空气中浓度超标时，必须佩戴自吸过滤式防毒面具（半面罩）。紧急事态抢救或撤离时，应该佩戴空气呼吸器。 眼睛防护：戴化学安全防护眼镜。 身体防护：穿防毒物渗透工作服。 手防护：戴橡胶耐油手套。		
危险性类别			易燃液体，类别2。		

序号	2757	品名	正丙醚	商品编码	2909.1990
别　名		二正丙醚		CAS 号	111-43-3
英文名		N-propyl ether			
分子式		$C_6H_{14}O$			
外观与性状		无色液体,有醚香味,极易挥发。			
主要用途		用于有机合成,也用作溶剂。			
危险特性		本品蒸气与空气可形成爆炸性混合物,遇明火、高热极易燃烧爆炸;与氧化剂能发生强烈反应;在空气中久置后能生成有爆炸性的过氧化物;其蒸气比空气重,能在较低处扩散到相当远的地方,遇火源会着火回燃;若遇高热,容器内压增大,有开裂和爆炸的危险。			
健康危害		吸入、口服或经皮肤服吸收本品后对身体有害;具有刺激性。			
防护措施		呼吸系统防护:空气中浓度超标时,佩戴过滤式防毒面具(半面罩)。 眼睛防护:高浓度环境中,戴化学安全防护眼镜。 身体防护:穿防静电工作服。 手防护:戴橡胶耐油手套。			
危险性类别		易燃液体,类别 2;特异性靶器官毒性—单次接触,类别 3(麻醉效应)。			

序号	2758	品名	正丁胺	商品编码	2921.1990
别　名		1-氨基丁烷		CAS 号	109-73-9
英文名		Butylamine			
分子式		$C_4H_{11}N$			
外观与性状		无色液体,有氨的气味。			
主要用途		用作乳化剂、药品、杀虫剂、橡胶品、染料制造的中间体及化学试剂。			
危险特性		本品易燃,其蒸气与空气可形成爆炸性混合物,遇明火、高热能引起燃烧爆炸;与氧化剂能发生强烈反应;其蒸气比空气重,能在较低处扩散到相当远的地方,遇火源会着火回燃;具有腐蚀性。			
健康危害		本品对呼吸道有强烈的刺激性,吸入后引起咳嗽、呼吸困难、胸痛、肺水肿、昏迷;对眼睛和皮肤有强烈刺激性甚至引起灼伤;口服刺激和腐蚀消化道。			
防护措施		呼吸系统防护:可能接触其蒸气时,佩戴导管式防毒面具。紧急事态抢救或撤离时,应该佩戴氧气呼吸器、空气呼吸器。 眼睛防护:呼吸系统防护中已作防护。 身体防护:穿胶布防毒衣。 手防护:戴橡胶耐油手套。			
危险性类别		易燃液体,类别 2;皮肤腐蚀/刺激,类别 1A;严重眼损伤/眼刺激,类别 1;特异性靶器官毒性—单次接触,类别 3(呼吸道刺激)。			

序号	2759	品名	N-(1-正丁氨基甲酰基-2-苯并咪唑基)氨基甲酸甲酯	商品编码	2933.9900
别　名			苯菌灵	CAS 号	17804-35-2
英文名			Benomyl		
分子式			$C_{14}H_{18}N_4O_3$		
外观与性状			白色结晶，稍有刺激性气味。		
主要用途			用作内吸性杀菌剂。		
危险特性			本品遇明火、高热可燃；其粉体与空气可形成爆炸性混合物，当达到一定浓度时，遇火星会发生爆炸；受高热分解释放出有毒的气体。		
健康危害			本品对眼睛和皮肤有刺激作用；对皮肤有致敏作用；吸入、摄入或经皮肤吸收会引起中毒。资料报道，对人有致突变作用。		
防护措施			呼吸系统防护：空气中粉尘浓度超标时，必须佩戴自吸过滤式防尘口罩。紧急事态抢救或撤离时，应该佩戴空气呼吸器。 眼睛防护：戴化学安全防护眼镜。 身体防护：穿防毒物渗透工作服。 手防护：戴橡胶手套。		
危险性类别			皮肤腐蚀/刺激，类别2；皮肤致敏物，类别1；生殖细胞致突变性，类别1B；生殖毒性，类别1B；特异性靶器官毒性—单次接触，类别3（呼吸道刺激）；危害水生环境—急性危害，类别1；危害水生环境—长期危害，类别1。		

序号	2760	品名	正丁醇	商品编码	2905.1300
别　名				CAS 号	71-36-3
英文名			1-butanol		
分子式			$C_4H_{10}O$		
外观与性状			无色透明液体，具有特殊气味。		
主要用途			用于制取酯类、塑料增塑剂、医药、喷漆，以及用作溶剂。		
危险特性			本品易燃，其蒸气与空气可形成爆炸性混合物，遇明火、高热能引起燃烧爆炸；与氧化剂接触猛烈反应；在火场中，受热的容器有爆炸危险。		
健康危害			本品具有刺激和麻醉作用。主要症状为眼、鼻、喉部刺激，在角膜浅层形成半透明的空泡，头痛、头晕和嗜睡，手部可发生接触性皮炎。		
防护措施			呼吸系统防护：一般不需要特殊防护，高浓度接触时可佩戴自吸过滤式防毒面具（半面罩）。 眼睛防护：戴安全防护眼镜。 身体防护：穿防静电工作服。 手防护：戴一般作业防护手套。		
危险性类别			易燃液体，类别3；皮肤腐蚀/刺激，类别2；严重眼损伤/眼刺激，类别1；特异性靶器官毒性—单次接触，类别3（呼吸道刺激、麻醉效应）。		

序号	2761	品名	正丁基苯	商品编码	2902.9090
别 名				CAS 号	104-51-8
英文名		Butylbenzene			
分子式		$C_{10}H_{14}$			
外观与性状		无色液体。			
主要用途		用作溶剂及有机合成。			
危险特性		本品易燃,遇高热、明火及强氧化剂易引起燃烧。			
健康危害		本品具有神经毒作用,可因血管损伤而致脊髓出血;大鼠经口摄入 0.075ml 本品后,造成不可逆的前肢麻痹。具有刺激性。			
防护措施		呼吸系统防护:空气中浓度超标时,佩戴过滤式防毒面具(半面罩)。紧急事态抢救或撤离时,建议佩戴空气呼吸器。 眼睛防护:戴安全防护眼镜。 身体防护:穿防毒物渗透工作服。 手防护:戴橡胶耐油手套。			
危险性类别		易燃液体,类别 3;危害水生环境—急性危害,类别 1;危害水生环境—长期危害,类别 1。			

序号	2762	品名	N-正丁基苯胺	商品编码	2921.4200
别 名				CAS 号	1126-78-9
英文名		N-phenyl-n-butylamine			
分子式		$C_{10}H_{15}N$			
外观与性状		无色或琥珀色液体,有苯胺气味。			
主要用途		用作染料中间体,也用于有机合成。			
危险特性		本品遇明火、高热可燃;与氧化剂能发生强烈反应;受热分解释出高毒烟雾;其蒸气比空气重,能在较低处扩散到相当远的地方,遇火源会着火回燃;若遇高热,容器内压增大,有开裂和爆炸的危险。			
健康危害		误服、与皮肤接触或吸入其蒸气会中毒;对眼睛、皮肤有强烈刺激作用;遇热分解释出有毒的氮氧化物烟雾。			
防护措施		呼吸系统防护:空气中浓度超标时,必须佩戴自吸过滤式防毒面具(全面罩)。紧急事态抢救或撤离时,应该佩戴空气呼吸器。 眼睛防护:呼吸系统防护中已作防护。 身体防护:穿胶布防毒衣。 手防护:戴橡胶手套。			
危险性类别		急性毒性—吸入,类别 3;皮肤腐蚀/刺激,类别 2;严重眼损伤/眼刺激,类别 2;特异性靶器官毒性—单次接触,类别 3(呼吸道刺激)。			

序号	2763	品名	正丁基环戊烷	商品编码	2902.1990
别 名				CAS 号	2040-95-1
英文名	Butylcyclopentane				
分子式	C_9H_{18}				
外观与性状	无色液体。				
危险特性	本品易燃，遇明火、高热或与氧化剂接触，有引起燃烧爆炸的危险。				
防护措施	呼吸系统防护：高浓度环境中，应该佩戴自吸过滤式防毒面具（半面罩）。紧急事态抢救或撤离时，建议佩戴空气呼吸器。 眼睛防护：必要时，戴化学安全防护眼镜。 身体防护：穿防静电工作服。 手防护：戴橡胶耐油手套。				
危险性类别	易燃液体，类别2。				

序号	2764	品名	N-正丁基咪唑	商品编码	2933.2900
别 名	N-正丁基-1,3-二氮杂茂			CAS 号	4316-42-1
英文名	1-butylimidazole				
分子式	$C_7H_{12}N_2$				
外观与性状	无色透明无色透明液体。				
主要用途	作药物原料，或有机合成。				
防护措施	呼吸系统防护：可能接触其蒸气时，佩戴防毒口罩。高浓度环境中，佩戴自给式呼吸器。 眼睛防护：必要时戴化学安全防护眼镜。 身体防护：穿相应的工作服。 手防护：必要时戴防护手套。				
危险性类别	急性毒性—经口，类别3；急性毒性—经皮肤，类别3；急性毒性—吸入，类别2；皮肤腐蚀/刺激，类别2；严重眼损伤/眼刺激，类别1；特异性靶器官毒性—单次接触，类别3（呼吸道刺激）。				

序号	2765	品名	正丁基乙烯基醚(稳定的)	商品编码	2909.1990
别 名			正丁氧基乙烯;乙烯正丁醚	CAS 号	111-34-2
英文名			N-butyl vinyl ether		
分子式			$C_6H_{12}O$		
外观与性状			无色液体。		
主要用途			用于有机合成。		
危险特性			本品的蒸气与空气可形成爆炸性混合物,遇明火、高热极易燃烧爆炸;与氧化剂接触反应猛烈;流速过快,容易产生和积聚静电。容易自聚,聚合反应随着温度的上升而急骤加剧;其蒸气比空气重,能在较低处扩散到相当远的地方,遇火源会着火回燃;若遇高热,容器内压增大,有开裂和爆炸的危险。		
健康危害			本品的蒸气或雾对眼睛、黏膜和上呼吸道有刺激性;对皮肤有刺激性;长时间接触本品有麻醉作用。		
防护措施			呼吸系统防护:空气中浓度超标时,必须佩戴自吸过滤式防毒面具(半面罩)。紧急事态抢救或撤离时,应该佩戴空气呼吸器。 眼睛防护:戴化学安全防护眼镜。 身体防护:穿防静电工作服。 手防护:戴橡胶耐油手套。		
危险性类别			易燃液体,类别2;严重眼损伤/眼刺激,类别2;危害水生环境—长期危害,类别3。		

序号	2766	品名	正丁腈	商品编码	2926.9090
别 名			丙基氰	CAS 号	109-74-0
英文名			Butyronitrile		
分子式			C_4H_7N		
外观与性状			无色液体,有刺激性气味。		
主要用途			有机合成原料、溶剂、医药中间体,还可用于其他精细化学品。		
危险特性			本品易燃,遇高热、明火、氧化剂有引起燃烧的危险。		
健康危害			动物经口、经皮肤、腹腔注射后中毒表现为:无力、震颤、血管扩张、呼吸困难,临死时,四肢抽搐;大鼠吸入本品蒸气后,出现氰类中毒症状,并迅速死亡;对眼和皮肤有轻微刺激作用。		
防护措施			呼吸系统防护:可能接触毒物时,必须佩戴自吸过滤式防毒面具(全面罩)。紧急事态抢救或撤离时,建议佩戴空气呼吸器。 眼睛防护:呼吸系统防护中已作防护。 身体防护:穿胶布防毒衣。 手防护:戴橡胶耐油手套。		
危险性类别			易燃液体,类别2;急性毒性—经口,类别3*;急性毒性—经皮肤,类别3*;急性毒性—吸入,类别2。		

序号	2767	品名	正丁硫醇	商品编码	2930.9090
别名			1-硫代丁醇	CAS号	109-79-5
英文名			Butanethiol		
分子式			$C_4H_{10}S$		
外观与性状			无色液体,有恶臭。		
主要用途			用作溶剂、有机合成中间体。		
危险特性			本品易燃,遇高热、明火及强氧化剂易引起燃烧;受热、接触酸或酸雾会放出剧毒的烟雾。		
健康危害			吸入本品蒸气后,可引起头痛、恶心及麻醉作用;高浓度吸入后可因呼吸麻痹而死亡。		
防护措施			呼吸系统防护:空气中浓度超标时,应该佩戴自吸过滤式防毒面具(半面罩)。 眼睛防护:戴化学安全防护眼镜。 身体防护:穿防毒物渗透工作服。 手防护:戴乳胶手套。		
危险性类别			易燃液体,类别2;严重眼损伤/眼刺激,类别2B;生殖毒性,类别2;特异性靶器官毒性—单次接触,类别2;特异性靶器官毒性—单次接触,类别3(呼吸道刺激、麻醉效应)。		

序号	2768	品名	正丁醚	商品编码	2909.1990
别名			氧化二丁烷;二丁醚	CAS号	142-96-1
英文名			Di-n-butyl ether		
分子式			$C_8H_{18}O$		
外观与性状			无色液体,微有乙醚气味。		
主要用途			用作溶剂,用于有机合成。		
危险特性			本品易燃,其蒸气与空气可形成爆炸性混合物,遇明火、高热极易燃烧爆炸;与氧化剂能发生强烈反应;接触空气或在光照条件下可生成具有潜在爆炸危险性的过氧化物;其蒸气比空气重,能在较低处扩散到相当远的地方,遇火源会着火回燃。		
健康危害			吸入本品可致咳嗽、呼吸困难、头痛、头晕、恶心、疲乏和四肢无力;眼睛和皮肤接触可致灼伤。		
防护措施			呼吸系统防护:空气中浓度较高时,建议佩戴自吸过滤式防毒面具(半面罩)。 眼睛防护:高浓度接触时,戴化学安全防护眼镜。 身体防护:穿防静电工作服。 手防护:戴橡胶耐油手套。		
危险性类别			易燃液体,类别3;皮肤腐蚀/刺激,类别2;严重眼损伤/眼刺激,类别2;特异性靶器官毒性—单次接触,类别3(呼吸道刺激);危害水生环境—长期危害,类别3。		

序号	2769	品名	正丁醛	商品编码	2912.1900
别 名				CAS 号	123-72-8
英文名	Butyraldehyde				
分子式	C_4H_8O				
外观与性状	无色透明液体，有窒息性气味。				
主要用途	用作树脂、塑料增塑剂、硫化促进剂、杀虫剂等的中间体。				
危险特性	本品易燃，其蒸气与空气可形成爆炸性混合物，遇明火、高热极易燃烧爆炸；与氧化剂接触猛烈反应；若遇高热，可发生聚合反应，放出大量热量而引起容器破裂和爆炸事故；其蒸气比空气重，能在较低处扩散到相当远的地方，遇火源会着火回燃。				
防护措施	呼吸系统防护：空气中浓度超标时，应该佩戴自吸过滤式防毒面具（全面罩）。 眼睛防护：呼吸系统防护中已作防护。 身体防护：穿防静电工作服。 手防护：戴橡胶手套。				
危险性类别	易燃液体，类别 2。				

序号	2770	品名	正丁酸	商品编码	2915.6000
别 名	丁酸			CAS 号	107-92-6
英文名	N-butanic acid				
分子式	$C_4H_8O_2$				
外观与性状	无色液体，有腐臭的酸味。				
主要用途	用作萃取剂、脱钙剂、酯类合成，也用以制取香料、杀菌剂和乳化剂等。				
危险特性	本品遇明火、高热可燃；对大多数金属有腐蚀性。				
健康危害	高浓度的本品一次接触，可引起皮肤、眼睛或黏膜的中度刺激性损害。				
防护措施	呼吸系统防护：空气中浓度超标时，佩戴直接式防毒面具（半面罩）。 眼睛防护：戴化学安全防护眼镜。 身体防护：穿防酸碱工作服。 手防护：戴橡胶耐酸碱手套。				
危险性类别	皮肤腐蚀/刺激，类别 1B；严重眼损伤/眼刺激，类别 1。				

序号	2771	品名	正丁酸甲酯	商品编码	2915.6000
别 名				CAS 号	623-42-7
英文名		Methyl butyrate			
分子式		$C_5H_{10}O_2$			
外观与性状		无色液体,有苹果香味。			
主要用途		用作染料和用于有机合成。			
危险特性		本品易燃,其蒸气与空气可形成爆炸性混合物,遇明火、高热或与氧化剂接触,有引起燃烧爆炸的危险;其蒸气比空气重,能在较低处扩散到相当远的地方,遇火源会着火回燃。			
健康危害		本品蒸气或雾对眼、黏膜和上呼吸道有刺激性;对皮肤有刺激性。对人的刺激阈浓度为 70mg/m³。			
防护措施		呼吸系统防护:可能接触其蒸气时,应该佩戴自吸过滤式防毒面具(半面罩)。紧急事态抢救或撤离时,建议佩戴空气呼吸器。 眼睛防护:戴化学安全防护眼镜。 身体防护:穿防静电工作服。 手防护:戴橡胶耐油手套。			
危险性类别		易燃液体,类别 2。			

序号	2772	品名	正丁酸乙烯酯(稳定的)	商品编码	2915.6000
别 名		乙烯基丁酸酯		CAS 号	123-20-6
英文名		Vinyl butyrate			
分子式		$C_6H_{10}O_2$			
外观与性状		挥发性液体。			
主要用途		用作水型涂料的聚合单体。			
危险特性		本品的蒸气与空气可形成爆炸性混合物,遇明火、高热能引起燃烧爆炸;与氧化剂可发生反应;流速过快,容易产生和积聚静电;容易自聚,聚合反应随着温度的上升而急骤加剧;其蒸气比空气重,能在较低处扩散到相当远的地方,遇火源会着火回燃;若遇高热,容器内压增大,有开裂和爆炸的危险。			
健康危害		本品对皮肤、眼睛和黏膜有刺激作用。			
防护措施		呼吸系统防护:空气中浓度超标时,必须佩戴自吸过滤式防毒面具(半面罩)。紧急事态抢救或撤离时,应该佩戴空气呼吸器。 眼睛防护:戴化学安全防护眼镜。 身体防护:穿防静电工作服。 手防护:戴橡胶耐油手套。			
危险性类别		易燃液体,类别 2。			

序号	2773	品名	正丁酸乙酯	商品编码	2915.6000
别 名				CAS 号	105-54-4
英文名	Ethyl butyrate				
分子式	$C_6H_{12}O_2$				
外观与性状	无色液体,有菠萝香味。				
主要用途	用于香料、香精萃取和作溶剂。				
危险特性	本品易燃,遇明火、高热或与氧化剂接触,有引起燃烧爆炸的危险。				
健康危害	本品在工业生产中未发现对人的危害;给动物致死量时发生皮毛粗糙、共济失调、气急、呼吸困难、抽搐和体温降低。				
防护措施	呼吸系统防护:空气中浓度较高时,应该佩戴自吸过滤式防毒面具(全面罩)。必要时,佩戴自给式呼吸器。 眼睛防护:戴化学安全防护眼镜。 身体防护:穿防静电工作服。 手防护:戴橡胶耐油手套。				
危险性类别	易燃液体,类别3;皮肤腐蚀/刺激,类别2;特异性靶器官毒性—单次接触,类别3(呼吸道刺激)。				

序号	2774	品名	正丁酸异丙酯	商品编码	2915.6000
别 名				CAS 号	638-11-9
英文名	Isopropyl butyrate				
分子式	$C_7H_{14}O_2$				
外观与性状	无色液体。				
主要用途	用于纤维素、溶剂、香料制取和有机合成。				
危险特性	本品易燃,遇明火、高热能引起燃烧爆炸;与氧化剂可发生反应。				
健康危害	吸入、口服或经皮肤吸收本品对身体有害;蒸气或雾对眼睛、黏膜和上呼吸道有刺激性;对皮肤有刺激性。				
防护措施	呼吸系统防护:空气中浓度较高时,应该佩戴自吸过滤式防毒面具(半面罩)。紧急事态抢救或撤离时,佩戴自给式呼吸器。 眼睛防护:戴化学安全防护眼镜。 身体防护:穿防静电工作服。 手防护:戴橡胶耐油手套。				
危险性类别	易燃液体,类别3。				

序号	2775	品名	正丁酸正丙酯	商品编码	2915.6000
别 名				CAS 号	105-66-8
英文名		Propyl butyrate			
分子式		$C_7H_{14}O_2$			
外观与性状		无色液体，有水果香味。			
主要用途		用于制纤维素以及醚的混合溶剂。			
危险特性		本品易燃，遇明火、高热能引起燃烧爆炸。与氧化剂可发生反应；在火场中，受热的容器有爆炸危险。			
健康危害		本品在工业生产中未发现对人的危害；给动物致死量时发生皮毛粗糙、共济失调、气急、呼吸困难、抽搐和体温降低。			
防护措施		呼吸系统防护：空气中浓度较高时，应该佩戴导管式防毒面具。必要时，佩戴空气呼吸器。 眼睛防护：戴化学安全防护眼镜。 身体防护：穿防静电工作服。 手防护：戴橡胶耐油手套。			
危险性类别		易燃液体，类别3。			

序号	2776	品名	正丁酸正丁酯	商品编码	2915.6000
别 名		丁酸正丁酯		CAS 号	109-21-7
英文名		Butyl butyrate			
分子式		$C_8H_{16}O_2$			
外观与性状		无色液体。			
主要用途		用作溶剂、色谱分析标准物质，也用于有机合成。			
危险特性		本品易燃，遇明火、高热能引起燃烧爆炸。与氧化剂可发生反应；在火场中，受热的容器有爆炸危险。			
健康危害		本品在工业生产中未发现对人的危害；动物中毒的表现为暂时的兴奋，共济失调，上呼吸道刺激，迅速发展至呼吸紊乱。			
防护措施		呼吸系统防护：空气中浓度较高时，应该佩戴自吸过滤式防毒面具（半面罩）。必要时，佩戴空气呼吸器。 眼睛防护：戴安全防护眼镜。 身体防护：穿防静电工作服。 手防护：戴橡胶耐油手套。			
危险性类别		易燃液体，类别3。			

序号	2777	品名	正丁烷		商品编码	2901.1000
别 名			丁烷		CAS 号	106-97-8
英文名		N-butane				
分子式		C_4H_{10}				
外观与性状		无色气体，有轻微的不愉快气味。				
主要用途		用于有机合成和乙烯制造，仪器校正，也用作燃料等。				
危险特性		本品易燃，与空气混合能形成爆炸性混合物，遇热源和明火有燃烧爆炸的危险；与氧化剂接触猛烈反应；气体比空气重，能在较低处扩散到相当远的地方，遇火源会着火回燃。				
健康危害		本品具窒息性。				
防护措施		呼吸系统防护：一般不需要特殊防护，但建议特殊情况下，佩戴自吸过滤式防毒面具（半面罩）。 眼睛防护：一般不需要特殊防护，高浓度接触时可戴化学安全防护眼镜。 身体防护：穿防静电工作服。 手防护：戴一般作业防护手套。				
危险性类别		易燃气体，类别1；加压气体。				

序号	2778	品名	正丁酰氯		商品编码	2915.9000
别 名			氯化丁酰		CAS 号	141-75-3
英文名		Butyryl chloride				
分子式		C_4H_7ClO				
外观与性状		无色透明液体。				
主要用途		用作有机合成原料，在医药上作为生产利尿酸的原料。				
危险特性		本品的蒸气与空气可形成爆炸性混合物，遇明火、高热极易燃烧爆炸；与氧化剂接触反应猛烈；受热分解能放出剧毒的光气；与水和水蒸气发生反应，放出有毒的腐蚀性气体；若遇高热，容器内压增大，有开裂和爆炸的危险。				
健康危害		本品对眼睛、黏膜、上呼吸道及皮肤有强烈刺激性；吸入后可因喉和支气管的炎症、痉挛和水肿，化学性肺炎或肺水肿而致死；接触后表现有烧灼感、咳嗽、喘息、喉炎、气短、头痛、恶心和呕吐；可致皮肤灼伤。				
防护措施		呼吸系统防护：空气中浓度超标时，必须佩戴自吸过滤式防毒面具（全面罩）。紧急事态抢救或撤离时，应该佩戴空气呼吸器。 眼睛防护：呼吸系统防护中已作防护。 身体防护：穿胶布防毒衣。 手防护：戴橡胶耐油手套。				
危险性类别		易燃气体，类别1；加压气体。				

序号	2779	品名	正庚胺	商品编码	2921.1990
别 名			氨基庚烷	CAS 号	111-68-2
英文名			1-aminoheptane		
分子式			$C_7H_{17}N$		
外观与性状			无色液体。		
主要用途			用作溶剂及用于有机合成。		
危险特性			本品易燃,遇明火、高热或与氧化剂接触,有引起燃烧爆炸的危险;其蒸气比空气重,能在较低处扩散到相当远的地方,遇火源会着火回燃。		
健康危害			本品对皮肤、黏膜有刺激作用;人口服 2mg 即出现心悸、口干、头痛、四肢麻木、血压略有增高。		
防护措施			呼吸系统防护:可能接触其蒸气时,应该佩戴自吸过滤式防毒面具(半面罩)。紧急事态抢救或撤离时,建议佩戴氧气呼吸器。 眼睛防护:戴化学安全防护眼镜。 身体防护:穿防毒物渗透工作服。 手防护:戴橡胶耐油手套。		
危险性类别			易燃液体,类别 2;皮肤腐蚀/刺激,类别 1B;严重眼损伤/眼刺激,类别 1。		

序号	2780	品名	正庚醛	商品编码	2912.1900
别 名				CAS 号	111-71-7
英文名			Heptaldehyde		
分子式			$C_7H_{14}O$		
外观与性状			无色油状液体,有果子香味,有吸湿性。		
主要用途			是合成香料的重要原料,也是制药、有机合成及橡胶制品的原料。		
危险特性			本品易燃,遇明火、高热或与氧化剂接触,有引起燃烧爆炸的危险;其蒸气比空气重,能在较低处扩散到相当远的地方,遇火源会着火回燃。具有腐蚀性。		
健康危害			吸入、口服或经皮肤吸收本品后对身体有害;蒸气或雾对眼睛、黏膜和上呼吸道有刺激性。		
防护措施			呼吸系统防护:空气中浓度超标时,佩戴自吸过滤式防毒面具(半面罩)。必要时,建议佩戴自给式呼吸器。 眼睛防护:戴化学安全防护眼镜。 身体防护:穿防静电工作服。 手防护:戴橡胶耐油手套。		
危险性类别			易燃液体,类别 3;皮肤腐蚀/刺激,类别 2;严重眼损伤/眼刺激,类别 2B;特异性靶器官毒性—单次接触,类别 3(呼吸道刺激);危害水生环境—急性危害,类别 2。		

序号	2781	品名	正庚烷	商品编码	2901.1000
别　名			庚烷	CAS号	142-82-5
英文名			Heptane		
分子式			C_7H_{16}		
外观与性状			无色易挥发液体。		
主要用途			用作辛烷值测定的标准、溶剂，以及用于有机合成，实验试剂的制备。		
危险特性			本品易燃，其蒸气与空气可形成爆炸性混合物，遇热源和明火有燃烧爆炸的危险；与氧化剂接触发生化学反应或引起燃烧；高速冲击、流动、激荡后可因产生静电火花放电引起燃烧爆炸；其蒸气比空气重，能在较低处扩散到相当远的地方，遇火源会着火回燃		
防护措施			呼吸系统防护：空气中浓度较高时，佩戴过滤式防毒面具（半面罩）。 眼睛防护：戴安全防护眼镜。 身体防护：穿防静电工作服。 手防护：戴橡胶耐油手套。		
危险性类别			易燃液体，类别2；皮肤腐蚀/刺激，类别2；特异性靶器官毒性—单次接触，类别3（麻醉效应）；吸入危害，类别1；危害水生环境—急性危害，类别1；危害水生环境—长期危害，类别1。		

序号	2782	品名	正硅酸甲酯	商品编码	2920.9000
别　名			四甲氧基硅烷;硅酸四甲酯;原硅酸甲酯	CAS号	681-84-5
英文名			Tetramethyl orthosilicate		
分子式			$C_4H_{12}O_4Si$		
外观与性状			无色液体，有特殊气味，易潮解。		
主要用途			用于有机硅的合成、抗热漆的制造和黏合剂等。		
危险特性			本品易燃，遇高热、明火及强氧化剂易引起燃烧；加热分解产生毒性气体；与强氧化剂接触可发生化学反应；遇低级醇和水起化学反应而分解。		
健康危害			吸入、口服或经皮肤吸收本品对身体有害；对眼睛、皮肤、黏膜和呼吸道有强烈刺激作用；可引起角膜进行性坏死及溃疡，甚至失明；可导致肾损害及溶血。		
防护措施			呼吸系统防护：空气中浓度超标时，应该佩戴自吸过滤式防毒面具（全面罩）。必要时，佩戴空气呼吸器。 眼睛防护：呼吸系统防护中已作防护。 身体防护：穿胶布防毒衣。 手防护：戴橡胶耐油手套。		
危险性类别			易燃液体，类别2；急性毒性—吸入，类别1；严重眼损伤/眼刺激，类别1；特异性靶器官毒性—单次接触，类别2；特异性靶器官毒性—反复接触，类别1。		

序号	2783	品名	正癸烷	商品编码	2901.1000
别名				CAS 号	124-18-5
英文名		Decane			
分子式		$C_{10}H_{22}$			
外观与性状		无色液体。			
主要用途		用作溶剂,及用于有机合成,也用于燃料研究。			
危险特性		本品易燃,其蒸气与空气可形成爆炸性混合物,遇明火、高热能引起燃烧爆炸;与氧化剂能发生强烈反应;在火场中,受热的容器有爆炸危险。			
健康危害		吸入、口服或经皮肤吸收本品后对身体有害,其蒸气或雾对眼睛、皮肤、黏膜和呼吸道有刺激作用;吸入后可引起化学性肺炎、肺水肿。			
防护措施		呼吸系统防护:空气中浓度较高时,应该佩戴自吸过滤式防毒面具(半面罩)。 眼睛防护:戴安全防护眼镜。 身体防护:穿防静电工作服。 手防护:戴橡胶耐油手套。			
危险性类别		易燃液体,类别 3;危害水生环境—急性危害,类别 1;危害水生环境—长期危害,类别 1。			

序号	2784	品名	正己胺	商品编码	2921.1990
别名		1-氨基己烷		CAS 号	111-26-2
英文名		Hexylamine			
分子式		$C_6H_{15}N$			
外观与性状		无色液体。			
主要用途		用于有机合成。			
危险特性		本品易燃,遇明火、高热或与氧化剂接触,有引起燃烧爆炸的危险;其蒸气比空气重,能在较低处扩散到相当远的地方,遇火源会着火回燃。具有腐蚀性。			
健康危害		吸入、口服或经皮肤吸收本品后对身体有害;对眼睛、皮肤、黏膜和呼吸道有强烈刺激作用;吸入后可因喉、支气管的痉挛、水肿,化学性肺炎、肺水肿而致死;中毒表现有烧灼感、咳嗽、喘息、喉炎、气短、头痛、恶心和呕吐。			
防护措施		呼吸系统防护:可能接触其蒸气时,佩戴导管式防毒面具。 眼睛防护:呼吸系统防护中已作防护。 身体防护:穿胶布防毒衣。 手防护:戴橡胶耐油手套。			
危险性类别		易燃液体,类别 3;急性毒性—经皮肤,类别 3;皮肤腐蚀/刺激,类别 2*;严重眼损伤/眼刺激,类别 1;危害水生环境—急性危害,类别 2。			

序号	2785	品名	正己醛		商品编码	2912.1900
别　名					CAS 号	66-25-1
英文名	Caproaldehyde					
分子式	$C_6H_{12}O$					
外观与性状	无色液体，有刺激性气味。					
主要用途	用作增塑剂，以及用于橡胶、树脂、杀虫剂的有机合成。					
危险特性	本品易燃，遇明火、高热或与氧化剂接触，有引起燃烧爆炸的危险；在潮湿空气中缓慢分解。					
健康危害	吸入、口服或经皮肤吸收本品后对身体有害；其蒸气或雾对眼睛、黏膜和上呼吸道有刺激作用，引起咳嗽、流泪、流涎；个别人有恶心、头痛、胸骨后疼痛和呼吸困难等。					
防护措施	呼吸系统防护：空气中浓度超标时，佩戴自吸过滤式防毒面具（半面罩）。 眼睛防护：戴安全防护眼镜。 身体防护：穿防静电工作服。 手防护：戴橡胶耐油手套。					
危险性类别	易燃液体，类别3；皮肤腐蚀/刺激，类别2*；严重眼损伤/眼刺激，类别2A；特异性靶器官毒性—单次接触，类别3（呼吸道刺激）。					

序号	2786	品名	正己酸甲酯		商品编码	2915.9000
别　名					CAS 号	106-70-7
英文名	Methyl hexanoate					
分子式	$C_7H_{14}O_2$					
外观与性状	无色液体。					
主要用途	用作香料，还用作制造去垢剂、乳化剂、润湿剂、增塑剂等的中间体。					
危险特性	本品遇高热、明火有引起燃烧的危险；受热分解释放出有毒的氧化氮烟气。					
健康危害	吸入、口服或经皮肤吸收本品后对身体有害；具有刺激性。					
防护措施	呼吸系统防护：空气中浓度较高时，应该佩戴自吸过滤式防毒面具（半面罩）。紧急事态抢救或撤离时，必须佩戴隔离式呼吸器。 眼睛防护：戴化学安全防护眼镜。 身体防护：穿防静电工作服。 手防护：戴橡胶耐油手套。					
危险性类别	易燃液体，类别3。					

序号	2787	品名	正己酸乙酯	商品编码	2915.9000
别　名				CAS 号	123-66-0
英文名	Ethyl caproate				
分子式	$C_8H_{16}O_2$				
外观与性状	无色液体，有香气。				
主要用途	用于有机合成、人造香精。				
危险特性	本品遇高热、明火有引起燃烧的危险；受热放出辛辣的腐蚀性烟雾。				
健康危害	本品对呼吸道、眼睛和皮肤有刺激性。				
防护措施	呼吸系统防护：空气中浓度较高时，应该佩戴自吸过滤式防毒面具（半面罩）。紧急事态抢救或撤离时，必须佩戴隔离式呼吸器。 眼睛防护：戴化学安全防护眼镜。 身体防护：穿防静电工作服。 手防护：戴橡胶耐油手套。				
危险性类别	易燃液体，类别3；危害水生环境—急性危害，类别2。				

序号	2788	品名	正己烷	商品编码	2901.1000
别　名	己烷			CAS 号	110-54-3
英文名	Hexane				
分子式	C_6H_{14}				
外观与性状	无色液体，有微弱的特殊气味。				
主要用途	用于有机合成，用作溶剂、化学试剂、涂料稀释剂、聚合反应的介质等。				
危险特性	本品极度易燃，具有刺激性。其蒸气与空气可形成爆炸性混合物，遇明火、高热极易燃烧爆炸；与氧化剂接触发生强烈反应，甚至引起燃烧；在火场中，受热的容器有爆炸危险；其蒸气比空气重，能在较低处扩散到相当远的地方，遇火源会着火回燃。				
健康危害	本品具有刺激性。				
防护措施	呼吸系统防护：空气中浓度超标时，佩戴自吸过滤式防毒面具（半面罩）。 眼睛防护：必要时，戴化学安全防护眼镜。 身体防护：穿防静电工作服。 手防护：戴橡胶耐油手套。				
危险性类别	易燃液体，类别2；皮肤腐蚀/刺激，类别2；生殖毒性，类别2；特异性靶器官毒性—单次接触，类别3（麻醉效应）；特异性靶器官毒性—反复接触，类别2*；吸入危害，类别1；危害水生环境—急性危害，类别2；危害水生环境—长期危害，类别2。				

序号	2789	品名	正磷酸		商品编码	2809.2019
别 名			磷酸		CAS 号	7664-38-2
英文名		Phosphorous acid				
分子式		H_3PO_4				
外观与性状		纯磷酸为无色结晶，无臭，具有酸味。				
主要用途		用于制药、颜料、电镀、防锈等。				
危险特性		本品遇金属反应放出氢气，能与空气形成爆炸性混合物；受热分解产生剧毒的氧化磷烟气。具有腐蚀性。				
健康危害		本品不燃，具腐蚀性、刺激性，可致人体灼伤。				
防护措施		呼吸系统防护：可能接触其蒸气时，必须佩戴自吸过滤式防毒面具（半面罩）；可能接触其粉尘时，建议佩戴自吸过滤式防尘口罩。 眼睛防护：戴化学安全防护眼镜。 身体防护：穿橡胶耐酸碱服。 手防护：戴橡胶耐酸碱手套。				
危险性类别		皮肤腐蚀/刺激，类别 1B；严重眼损伤/眼刺激，类别 1。				

序号	2790	品名	正戊胺		商品编码	2921.1990
别 名			1-氨基戊烷		CAS 号	110-58-7
英文名		Amylamine				
分子式		$C_5H_{13}N$				
外观与性状		无色液体，有刺激性气味。				
主要用途		用作溶剂、抗氧剂、乳化剂，也用作化学合成中间体。				
危险特性		本品易燃，遇高热、明火及强氧化剂易引起燃烧；与氧化剂能发生强烈反应；其蒸气比空气重，能在较低处扩散到相当远的地方，遇火源会着火回燃。具有腐蚀性。				
健康危害		吸入、口服或经皮肤吸收本品后对身体有害；对眼睛、皮肤、黏膜和呼吸道有强烈刺激作用；吸入后可因喉、支气管的痉挛、水肿、化学性肺炎、肺水肿而致死；中毒表现有烧灼感、咳嗽、喘息、喉炎、气短、头痛、恶心和呕吐；长时间接触可引起接触部位严重刺激症状或灼伤。				
防护措施		呼吸系统防护：可能接触其蒸气时，佩戴导管式防毒面具。紧急事态抢救或撤离时，应该佩戴氧气呼吸器、空气呼吸器。 眼睛防护：呼吸系统防护中已作防护。 身体防护：穿胶布防毒衣。 手防护：戴橡胶耐油手套。				
危险性类别		易燃液体，类别 2；皮肤腐蚀/刺激，类别 1；严重眼损伤/眼刺激，类别 1。				

序号	2791	品名	正戊酸	商品编码	2915.6000
别　名			戊酸	CAS 号	109-52-4
英文名			Valeric acid		
分子式			$C_5H_{10}O_2$		
外观与性状			无色液体，有令人不愉快的气味。		
主要用途			用于香料制备和有机合成、制药工业，也用作溶剂。		
危险特性			本品遇明火、高热可燃。		
健康危害			吸入、摄入或经皮肤吸收本品后对身体有害；可引起灼伤；对眼睛、皮肤、黏膜和上呼吸道具有强烈刺激作用；吸入后，可引起喉、支气管的炎症、水肿、痉挛，化学性肺炎或肺水肿。接触后可引起烧灼感、咳嗽、喘息、气短、头痛、恶心和呕吐等。		
防护措施			呼吸系统防护：空气中浓度超标时，必须佩戴自吸过滤式防毒面具（全面罩）。紧急事态抢救或撤离时，应该佩戴空气呼吸器。 眼睛防护：呼吸系统防护中已作防护。 身体防护：穿连衣式胶布防毒衣。 手防护：戴橡胶手套。		
危险性类别			皮肤腐蚀/刺激，类别 1B；严重眼损伤/眼刺激，类别 1；危害水生环境—长期危害，类别 3。		

序号	2792	品名	正戊酸甲酯	商品编码	2915.6000
别　名				CAS 号	624-24-8
英文名			Methyl valerate		
分子式			$C_6H_{12}O_2$		
外观与性状			无色液体。		
主要用途			用作溶剂、分析试剂。		
危险特性			本品的蒸气与空气可形成爆炸性混合物，遇明火、高热极易燃烧爆炸；与氧化剂接触反应猛烈；若遇高热，容器内压增大，有开裂和爆炸的危险。		
健康危害			吸入、摄入或经皮肤吸收本品后对身体可能有害；对人的刺激作用阈浓度为 $20mg/m^3$。对眼睛、皮肤有刺激作用。		
防护措施			呼吸系统防护：空气中浓度超标时，必须佩戴自吸过滤式防毒面具（半面罩）。紧急事态抢救或撤离时，应该佩戴空气呼吸器。 眼睛防护：戴化学安全防护眼镜。 身体防护：穿防静电工作服。 手防护：戴橡胶手套。		
危险性类别			易燃液体，类别 2。		

序号	2793	品名	正戊酸乙酯	商品编码	2915.6000
别　名				CAS 号	539-82-2
英文名	Ethyl valerate				
分子式	$C_7H_{14}O_2$				
外观与性状	无色油状液体，有果子香气。				
主要用途	用作食品加香剂，用于化妆品、食用香精、人造果子酱、医药等。				
危险特性	本品易燃，遇高热、明火有引起燃烧的危险；与氧化剂能发生强烈反应；在火场中，受热的容器有爆炸危险。				
健康危害	吸入、口服或经皮肤吸收本品后对身体有害；对眼睛、皮肤、黏膜有刺激性。				
防护措施	呼吸系统防护：空气中浓度较高时，应该佩戴自吸过滤式防毒面具（半面罩）。必要时，佩戴自给式呼吸器。 眼睛防护：戴化学安全防护眼镜。 身体防护：穿防静电工作服。 手防护：戴橡胶耐油手套。				
危险性类别	易燃液体，类别3。				

序号	2794	品名	正戊酸正丙酯	商品编码	2915.6000
别　名				CAS 号	141-06-0
英文名	Propyl valerate				
分子式	$C_8H_{16}O_2$				
防护措施	呼吸系统防护：佩戴防毒口罩。紧急事态抢救或逃生时，佩戴自给式呼吸器。 眼睛防护：戴化学安全防护眼镜。 防护服：穿相应的防护服。 手防护：戴防化学品手套。				
危险性类别	易燃液体，类别3。				

序号	2795	品名	正戊烷	商品编码	2901.1000
别　名		戊烷		CAS 号	109-66-0
英文名		Pentane			
分子式		C_5H_{12}			
外观与性状		无色液体，有微弱的薄荷香味。			
主要用途		用作溶剂，制造人造冰、麻醉剂，合成戊醇、异戊烷等。			
危险特性		本品极易燃，其蒸气与空气可形成爆炸性混合物，遇明火、高热极易燃烧爆炸；与氧化剂接触发生强烈反应，甚至引起燃烧；液体比水轻，不溶于水，可随水漂流扩散到远处，遇明火即引起燃烧；在火场中，受热的容器有爆炸危险；其蒸气比空气重，能在较低处扩散到相当远的地方，遇火源会着火回燃。			
防护措施		呼吸系统防护：一般不需特殊防护。空气中浓度较高时，建议佩戴自吸过滤式防毒面具（半面罩）。 眼睛防护：必要时，戴化学安全防护眼镜。 身体防护：穿防静电工作服。 手防护：戴橡胶耐油手套。			
危险性类别		易燃液体，类别 2；特异性靶器官毒性—单次接触，类别 3（麻醉效应）；吸入危害，类别 1；危害水生环境—急性危害，类别 2。			

序号	2796	品名	正辛腈	商品编码	2926.9090
别　名		庚基氰		CAS 号	124-12-9
英文名		Octanenitrile			
分子式		$C_8H_{15}N$			
外观与性状		无色液体。			
危险特性		本品遇明火易燃；受高热分解释放出有毒的气体；在火场中，受热的容器有爆炸危险。			
健康危害		吸入、摄入或经皮肤吸收本品后对身体有害，具有刺激作用；腈类化合物能析出氰离子，抑制细胞呼吸，造成组织缺氧。			
防护措施		呼吸系统防护：空气中浓度超标时，必须佩戴自吸过滤式防毒面具（半面罩）。紧急事态抢救或撤离时，应该佩戴空气呼吸器。 眼睛防护：戴化学安全防护眼镜。 身体防护：穿防毒物渗透工作服。 手防护：戴橡胶耐油手套。			
危险性类别		皮肤腐蚀/刺激，类别 2；严重眼损伤/眼刺激，类别 2；特异性靶器官毒性—单次接触，类别 3（呼吸道刺激）。			

序号	2797	品名	正辛硫醇		商品编码	2930.9090
别　名			巯基辛烷		CAS 号	111-88-6
英文名		1-mercaptooctane				
分子式		$C_8H_{18}S$				
外观与性状		水白色液体，略有气味。				
主要用途		用于有机合成。				
危险特性		本品遇高热、明火或与氧化剂接触，有引起燃烧的危险；受高热分解产生有毒的硫化物烟气。				
健康危害		如吸入或口服本品，对机体有害；对皮肤和眼有刺激性；接触后出现恶心、头痛和呕吐。				
防护措施		呼吸系统防护：空气中浓度超标时，必须佩戴自吸过滤式防毒面具（全面罩）。紧急事态抢救或撤离时，应该佩戴空气呼吸器。 眼睛防护：呼吸系统防护中已作防护。 身体防护：穿胶布防毒衣。 手防护：戴橡胶手套。				
危险性类别		易燃液体，类别3；严重眼损伤/眼刺激，类别2；皮肤致敏物，类别1；特异性靶器官毒性—单次接触，类别2；特异性靶器官毒性—单次接触，类别3（麻醉效应）；特异性靶器官毒性—反复接触，类别2；危害水生环境—急性危害，类别1；危害水生环境—长期危害，类别1。				

序号	2798	品名	仲丁胺		商品编码	2921.1990
别　名			2-氨基丁烷		CAS 号	13952-84-6
英文名		Sec-butylamine				
分子式		$C_4H_{11}N$				
外观与性状		无色液体，有氨气味。易挥发。				
主要用途		生产农药、药品和硅氧烷的中间体，用于聚合的助剂和橡胶添加剂。				
危险特性		本品遇明火、高温、氧化剂易燃；燃烧产生有毒氮氧化物烟雾。				
健康危害		吸入、口服或经皮肤吸收本品对身体有害；对眼睛、皮肤、黏膜及呼吸道有强烈刺激性；吸入后可因喉、支气管的痉挛、水肿、化学性肺炎、肺水肿而致死。长时间接触可引起局部严重刺激或灼伤。				
防护措施		呼吸系统防护：佩戴防毒口罩。紧急事态抢救或逃生时，佩戴自给式呼吸器。 眼睛防护：戴化学安全防护眼镜。 防护服：穿相应的防护服。 手防护：戴防化学品手套。				
危险性类别		易燃液体，类别2；皮肤腐蚀/刺激，类别1A；严重眼损伤/眼刺激，类别1；危害水生环境—急性危害，类别1。				

序号	2799	品名	正辛烷	商品编码	2901.1000
别　名				CAS 号	111-65-9
英文名	N-octane				
分子式	C_8H_{18}				
外观与性状	无色透明液体。				
主要用途	用作溶剂及色谱分析标准物质，也用于有机合成。				
危险特性	本品的蒸气与空气可形成爆炸性混合物，遇明火、高热能引起燃烧爆炸；与氧化剂能发生强烈反应；高速冲击、流动、激荡后可因产生静电火花放电引起燃烧爆炸；其蒸气比空气重，能在较低处扩散到相当远的地方，遇火源会着火回燃。				
健康危害	本品对人的眼睛、呼吸道黏膜有刺激作用，有麻醉和肺部刺激作用。				
防护措施	呼吸系统防护：一般不需要特殊防护，高浓度接触时可佩戴自吸过滤式防毒面具（半面罩）。 眼睛防护：必要时，戴安全防护眼镜。 身体防护：穿防静电工作服。 手防护：戴橡胶耐油手套。				
危险性类别	易燃液体，类别 2；皮肤腐蚀/刺激，类别 2；特异性靶器官毒性—单次接触，类别 3（麻醉效应）；吸入危害，类别 1；危害水生环境—急性危害，类别 1；危害水生环境—长期危害，类别 1。				

序号	2800	品名	支链-4-壬基酚	商品编码	2907.1310
别　名				CAS 号	84852-15-3
英文名	4-Nonylphenol branched				
分子式	$C_{15}H_{24}O$				
防护措施	呼吸系统防护：佩戴防毒口罩。紧急事态抢救或逃生时，佩戴自给式呼吸器。 眼睛防护：戴化学安全防护眼镜。 防护服：穿相应的防护服。 手防护：戴防化学品手套。				
危险性类别	皮肤腐蚀/刺激，类别 1B；严重眼损伤/眼刺激，类别 1；生殖毒性，类别 2；危害水生环境—急性危害，类别 1；危害水生环境—长期危害，类别 1。				

序号	2801	品名	2-仲丁基-4,6-二硝基苯基-3-甲基丁-2-烯酸酯	商品编码	2916.1600
别　名		乐杀螨		CAS 号	485-31-4
英文名		Binapacryl			
分子式		$C_{15}H_{18}N_2O_6$			
外观与性状		褐色、有轻微芳香气味的固体。			
主要用途		用作农用杀虫剂、杀螨剂。			
危险特性		本品遇明火、高热可燃；其粉体与空气可形成爆炸性混合物，当达到一定浓度时，遇火星会发生爆炸；受高热分解释放出有毒的气体。			
健康危害		本品为中等毒杀虫剂；吸入、摄入或皮肤吸收均可中毒；对眼睛有轻微刺激性。对胆碱酯酶有抑制作用。			
防护措施		呼吸系统防护：空气中粉尘浓度超标时，建议佩戴自吸过滤式防尘口罩。紧急事态抢救或撤离时，应该佩戴空气呼吸器。 眼睛防护：戴化学安全防护眼镜。 身体防护：穿防毒物渗透工作服。 手防护：戴乳胶手套。			
危险性类别		急性毒性—经口，类别 3；急性毒性—经皮肤，类别 3；生殖毒性，类别 1B；危害水生环境—急性危害，类别 1；危害水生环境—长期危害，类别 1。			

序号	2802	品名	2-仲丁基-4,6-二硝基酚	商品编码	2908.9100
别　名		二硝基仲丁基苯酚；4,6-二硝基-2-仲丁基苯酚；地乐酚		CAS 号	88-85-7
英文名		4,6-dinitro-2-sec-butylphenol			
分子式		$C_{10}H_{12}N_2O_5$			
外观与性状		暗黄色蜡状固体。			
主要用途		用于染料、有机合成、木材防腐等。			
危险特性		本品遇明火、高热或与氧化剂接触，有引起燃烧爆炸的危险；燃烧分解时，放出有毒的氮氧化物气体。			
防护措施		呼吸系统防护：可能接触其粉尘时，必须佩戴防尘面具（全面罩）。紧急事态抢救或撤离时，应该佩戴空气呼吸器。 眼睛防护：呼吸系统防护中已作防护。 身体防护：穿胶布防毒衣。 手防护：戴橡胶手套。			
危险性类别		急性毒性—经口，类别 3*；急性毒性—经皮肤，类别 3*；严重眼损伤/眼刺激，类别 2；生殖毒性，类别 1B；危害水生环境—急性危害，类别 1；危害水生环境—长期危害，类别 1。			

序号	2803	品名	仲丁基苯	商品编码	2902.9090
别　名		仲丁苯		CAS 号	135-98-8
英文名		Sec-butylbenzene			
分子式		$C_{10}H_{14}$			
外观与性状		无色液体。			
主要用途		用作涂料和有机合成溶剂、增塑剂、表面活性剂。			
危险特性		本品易燃，遇高热、明火及强氧化剂易引起燃烧。			
健康危害		吸入、口服或经皮肤吸收本品后对身体有害。具有刺激性。			
防护措施		呼吸系统防护：空气中浓度超标时，佩戴过滤式防毒面具（半面罩）。紧急事态抢救或撤离时，建议佩戴空气呼吸器。 眼睛防护：必要时，戴化学安全防护眼镜。 身体防护：穿防毒物渗透工作服。 手防护：戴橡胶耐油手套。			
危险性类别		易燃液体，类别3；危害水生环境—长期危害，类别3＊。			

序号	2804	品名	仲高碘酸钾	商品编码	2829.9000
别　名		仲过碘酸钾；一缩原高碘酸钾		CAS 号	14691-87-3
英文名		Dipotassium hydroxide periodate			
分子式		HIK_2O_5			
防护措施		呼吸系统防护：佩戴防毒口罩。紧急事态抢救或逃生时，佩戴自给式呼吸器。 眼睛防护：戴化学安全防护眼镜。 防护服：穿相应的防护服。 手防护：戴防化学品手套。			
危险性类别		氧化性固体，类别2。			

序号	2805	品名	仲高碘酸钠	商品编码	2829.9000
别 名			仲过碘酸钠；一缩原高碘酸钠	CAS 号	13940-38-0
英文名			Sodium paraperiodate		
分子式			$H_2INa_3O_6$		
外观与性状			白色结晶或粉末。		
主要用途			在分析中用作氧化剂。		
健康危害			本品刺激皮肤和黏膜；对眼睛有刺激作用；没有已知的敏化影响。与有机物摩擦或撞击能引起燃烧。有刺激性。		
防护措施			呼吸系统防护：佩戴防毒口罩。紧急事态抢救或逃生时，佩戴自给式呼吸器。 眼睛防护：戴化学安全防护眼镜。 防护服：穿相应的防护服。 手防护：戴防化学品手套。		
危险性类别			氧化性固体，类别 2。		

序号	2806	品名	仲戊胺	商品编码	2921.1990
别 名			1-甲基丁胺	CAS 号	625-30-9
英文名			2-aminopentane		
分子式			$C_5H_{13}N$		
防护措施			呼吸系统防护：佩戴防毒口罩。紧急事态抢救或逃生时，佩戴自给式呼吸器。 眼睛防护：戴化学安全防护眼镜。 防护服：穿相应的防护服。 手防护：戴防化学品手套。		
危险性类别			易燃液体，类别 3；皮肤腐蚀/刺激，类别 1；严重眼损伤/眼刺激，类别 1。		

序号	2807	品名	2-重氮-1-萘酚-4-磺酸钠	商品编码	2927.0000
别 名				CAS 号	64173-96-2
英文名			2-diazo-1-naphthol-4-sulfonate		
分子式			$C_{10}H_5N_2NaO_4S$		
防护措施			呼吸系统防护：佩戴防毒口罩。紧急事态抢救或逃生时，佩戴自给式呼吸器。 眼睛防护：戴化学安全防护眼镜。 防护服：穿相应的防护服。 手防护：戴防化学品手套。		
危险性类别			自反应物质和混合物，D 型。		

序号	2808	品名	2-重氮-1-萘酚-5-磺酸钠	商品编码	2927.0000
别名				CAS 号	2657-00-3
英文名		Sodium 2-diazo-1-naphthol-5-sulfonate			
分子式		$C_{10}H_5N_2NaO_4S$			
防护措施		呼吸系统防护：佩戴防毒口罩。紧急事态抢救或逃生时，佩戴自给式呼吸器。 眼睛防护：戴化学安全防护眼镜。 防护服：穿相应的防护服。 手防护：戴防化学品手套。			
危险性类别		自反应物质和混合物，D 型。			

序号	2809	品名	2-重氮-1-萘酚-4-磺酰氯	商品编码	2927.0000
别名				CAS 号	36451-09-9
英文名		2-diazo-1-naphthol-4-sulfonyl chloride			
分子式		$C_{10}H_5ClN_2O_3S$			
主要用途		用于半导体、液晶显示器和 PS 版感光剂等。			
健康危害		吸入或接触本品蒸气、物质或分解产品可能导致严重伤害或死亡。			
防护措施		呼吸系统防护：佩戴防毒口罩。紧急事态抢救或逃生时，佩戴自给式呼吸器。 眼睛防护：戴化学安全防护眼镜。 防护服：穿相应的防护服。 手防护：戴防化学品手套。			
危险性类别		自反应物质和混合物，B 型。			

序号	2810	品名	2-重氮-1-萘酚-5-磺酰氯	商品编码	2927.0000
别名				CAS 号	3770-97-6
英文名		2-diazo-1-naphthol-5-sulfonyl chloride			
分子式		$C_{10}H_7ClN_2O_3S$			
主要用途		PS 版感光胶及光致抗蚀剂等。			
防护措施		呼吸系统防护：佩戴防毒口罩。紧急事态抢救或逃生时，佩戴自给式呼吸器。 眼睛防护：戴化学安全防护眼镜。 防护服：穿相应的防护服。 手防护：戴防化学品手套。			
危险性类别		自反应物质和混合物，B 型。			

序号	2811	品名	重氮氨基苯		商品编码	2927.0000
别 名			三氮二苯;苯氨基重氮苯		CAS 号	136-35-6
英文名			1,3-diphenyltriazene			
分子式			$C_{12}H_{11}N_3$			
外观与性状			金黄色结晶。			
主要用途			用作染料中间体和分析试剂,用于有机合成。			
危险特性			本品遇强烈震动,加热至150℃或急剧加热至熔点以上温度时,会发生爆炸。			
健康危害			本品热解放出有毒的氮氧化物烟雾;可致皮炎;进入眼内可致角膜炎。			
防护措施			呼吸系统防护:空气中粉尘浓度超标时,建议佩戴自吸过滤式防尘口罩。紧急事态抢救或撤离时,应该佩戴空气呼吸器。 眼睛防护:戴化学安全防护眼镜。 身体防护:穿防毒物渗透工作服。 手防护:戴乳胶手套。			
危险性类别			易燃固体,类别1。			

序号	2812	品名	重氮甲烷		商品编码	2927.0000
别 名					CAS 号	334-88-3
英文名			Diazomethane			
分子式			CH_2N_2			
外观与性状			黄色气体,有强刺激性气味。			
主要用途			用于有机合成。			
危险特性			本品受热、接触明火、或受到摩擦、震动、撞击时可发生爆炸;未经稀释的液体或气体,在接触碱金属或粗糙的物品表面即能引起爆炸。			
防护措施			呼吸系统防护:空气中浓度超标时,佩戴自吸过滤式防毒面具(全面罩)。紧急事态抢救或撤离时,建议佩戴空气呼吸器。 眼睛防护:呼吸系统防护中已作防护。 身体防护:穿防静电工作服。 手防护:戴橡胶手套。			
危险性类别			易燃气体,类别1;加压气体;致癌性,类别1B。			

序号	2813	品名	重氮乙酸乙酯	商品编码	2927.0000
别　名			重氮醋酸乙酯	CAS 号	623-73-4
英文名			Ethyl diazoacetate		
分子式			$C_4H_6N_2O_2$		
外观与性状			黄色油状液体，有辛辣的气味。		
主要用途			用于有机合成。		
危险特性			本品受高热能引起爆炸；遇明火能燃烧；接触酸或酸气能产生有毒气体。		
健康危害			本品有毒；遇酸液或酸雾能分解出有毒烟雾；吸入、摄入或经皮肤吸收后对身体有害。有刺激作用。		
防护措施			呼吸系统防护：空气中浓度超标时，必须佩戴自吸过滤式防毒面具（半面罩）。紧急事态抢救或撤离时，应该佩戴空气呼吸器。 眼睛防护：戴化学安全防护眼镜。 身体防护：穿防静电工作服。 手防护：戴橡胶耐油手套。		
危险性类别			易燃液体，类别3。		

序号	2814	品名	重铬酸铵	商品编码	2841.5000
别　名			红矾铵	CAS 号	7789-09-5
英文名			Ammonium dichromate		
分子式			$(NH_4)_2Cr_2O_7$		
外观与性状			橘黄色单斜结晶。		
主要用途			用作鞣革、媒染剂、烟花、香料合成等。		
危险特性			本品为强氧化剂。与还原剂、有机物、易燃物如硫、磷或金属粉末等混合可形成爆炸性混合物；遇强酸接触会自燃。与硝酸盐、氯酸盐接触剧烈反应。		
健康危害			本品助燃，为致癌物，具强腐蚀性、刺激性，可致人体灼伤。		
防护措施			呼吸系统防护：可能接触其粉尘时，应该佩戴头罩型电动送风过滤式防尘呼吸器。必要时，佩戴自给式呼吸器。 眼睛防护：呼吸系统防护中已作防护。 身体防护：穿聚乙烯防毒服。 手防护：戴橡胶手套。		
危险性类别			氧化性固体，类别2*；急性毒性—经口，类别3*；急性毒性—吸入，类别2*；皮肤腐蚀/刺激，类别1B；严重眼损伤/眼刺激，类别1；呼吸道致敏物，类别1；皮肤致敏物，类别1；生殖细胞致突变性，类别1B；致癌性，类别1A；生殖毒性，类别1B；特异性靶器官毒性—单次接触，类别3（呼吸道刺激）；特异性靶器官毒性—反复接触，类别1；危害水生环境—急性危害，类别1；危害水生环境—长期危害，类别1。		

序号	2815	品名	重铬酸钡	商品编码	2841.5000
别 名				CAS 号	13477-01-5
英文名	Barium dichromate					
分子式	$BaCr_2O_7$					
外观与性状	淡红棕色针状结晶。					
主要用途	用于制造铬酸盐和陶瓷工业。					
危险特性	本品为强氧化剂；与有机物、还原剂、易燃物如硫、磷等接触或混合时有引起燃烧爆炸的危险。					
健康危害	本品对皮肤、黏膜有刺激和致敏作用，可发生铬溃疡；中毒可出现肝、肾损害；吸入其粉尘或烟雾可发生鼻黏膜溃疡和鼻中膈穿孔；六价铬化合物有致癌作用。					
防护措施	呼吸系统防护：空气中粉尘浓度超标时，必须佩戴自吸过滤式防尘口罩。紧急事态抢救或撤离时，应该佩戴空气呼吸器。 眼睛防护：戴化学安全防护眼镜。 身体防护：穿胶布防毒衣。 手防护：戴橡胶手套。					
危险性类别	氧化性固体，类别2；皮肤致敏物，类别1；致癌性，类别1A；危害水生环境—急性危害，类别1；危害水生环境—长期危害，类别1。					

序号	2816	品名	重铬酸铝	商品编码	2841.5000
别 名				CAS 号	
英文名	Aluminium dichromate					
分子式	$Al_2Cr_6O_{21}$					
防护措施	呼吸系统防护：佩戴防毒口罩。紧急事态抢救或逃生时，佩戴自给式呼吸器。 眼睛防护：戴化学安全防护眼镜。 防护服：穿相应的防护服。 手防护：戴防化学品手套。					
危险性类别	氧化性固体，类别2；皮肤致敏物，类别1；致癌性，类别1A；危害水生环境—急性危害，类别1；危害水生环境—长期危害，类别1。					

序号	2817	品名	重铬酸钾	商品编码	2841.5000
别　名			红矾钾	CAS 号	7778-50-9
英文名			Potassium dichromate		
分子式			$K_2Cr_2O_7$		
外观与性状			橘红色结晶。		
主要用途			用于皮革、火柴、印染、化学、电镀等工业。		
危险特性			本品为强氧化剂。遇强酸或高温时能释出氧气，促使有机物燃烧；与还原剂、有机物、易燃物如硫、磷或金属粉末等混合可形成爆炸性混合物；有水时与硫化钠混合能引起自燃；与硝酸盐、氯酸盐接触剧烈反应；具有较强的腐蚀性。		
健康危害			本品助燃，为致癌物，具强腐蚀性、刺激性，可致人体灼伤。		
防护措施			呼吸系统防护：可能接触其粉尘时，应该佩戴头罩型电动送风过滤式防尘呼吸器。必要时，佩戴自给式呼吸器。 眼睛防护：呼吸系统防护中已作防护。 身体防护：穿聚乙烯防毒服。 手防护：戴橡胶手套。		
危险性类别			氧化性固体，类别 2；急性毒性—经口，类别 3*；急性毒性—吸入，类别 2*；皮肤腐蚀/刺激，类别 1B；严重眼损伤/眼刺激，类别 1；呼吸道致敏物，类别 1；皮肤致敏物，类别 1；生殖细胞致突变性，类别 1B；致癌性，类别 1A；生殖毒性，类别 1B；特异性靶器官毒性—单次接触，类别 3（呼吸道刺激）；特异性靶器官毒性—反复接触，类别 1；危害水生环境—急性危害，类别 1；危害水生环境—长期危害，类别 1。		

序号	2818	品名	重铬酸锂	商品编码	2841.5000
别　名				CAS 号	13843-81-7
英文名			Lithium dichromate		
分子式			$Li_2Cr_2O_7$		
外观与性状			淡红橙色结晶性粉末、易潮解、溶于水。		
主要用途			用作制冷剂，减湿剂。		
防护措施			呼吸系统防护：佩戴防毒口罩。紧急事态抢救或逃生时，佩戴自给式呼吸器。 眼睛防护：戴化学安全防护眼镜。 防护服：穿相应的防护服。 手防护：戴防化学品手套。		
危险性类别			氧化性固体，类别 2；皮肤致敏物，类别 1；致癌性，类别 1A；危害水生环境—急性危害，类别 1；危害水生环境—长期危害，类别 1。		

序号	2819	品名	重铬酸钠	商品编码	2841.3000
别 名		红矾钠		CAS 号	10588-01-9
英文名		Sodium dichromate			
分子式		$Na_2Cr_2O_7$			
外观与性状		红色至橘红色结晶。略有吸湿性。			
主要用途		用作生产铬酸酐、重铬酸钾、重铬酸铵、盐基性硫酸铬、铅铬黄、铜铬红、溶铬黄、氧化铬绿等的原料，生产碱性湖蓝染料、糖精、合成樟脑及合成纤维的氧化剂。医药工业用作生产胺苯砜、苯佐卡因、叶酸、雷佛奴尔等的氧化剂。印染工业用作苯胺染料染色时的氧化剂，硫化还原染料染色时的后处理剂，酸性媒染染料染色时的媒染剂。制革工业用作鞣革剂。电镀工业用于镀锌后钝化处理，以增加光亮度。玻璃工业用作绿色着色剂。			
危险特性		本品为强氧化剂。遇强酸或高温时能释出氧气，促使有机物燃烧；与硝酸盐、氯酸盐接触剧烈反应；有水时与硫化钠混合能引起自燃；与有机物、还原剂、易燃物如硫、磷等接触或混合时有引起燃烧爆炸的危险。具有较强的腐蚀性。			
健康危害		急性中毒：吸入后可引起急性呼吸道刺激症状、鼻出血、声音嘶哑、鼻黏膜萎缩，有时出现哮喘和紫绀；重者可发生化学性肺炎。口服可刺激和腐蚀消化道，引起恶心、呕吐、腹痛、血便等；重者出现呼吸困难、紫绀、休克、肝损害及急性肾功能衰竭等。慢性影响：有接触性皮炎、铬溃疡、鼻炎、鼻中隔穿孔及呼吸道炎症等。			
防护措施		呼吸系统防护：佩戴防毒口罩。紧急事态抢救或逃生时，佩戴自给式呼吸器。 眼睛防护：戴化学安全防护眼镜。 防护服：穿相应的防护服。 手防护：戴防化学品手套。			
危险性类别		氧化性固体，类别2；急性毒性—经口，类别3*；急性毒性—吸入，类别2*；皮肤腐蚀/刺激，类别1B；严重眼损伤/眼刺激，类别1；呼吸道致敏物，类别1；皮肤致敏物，类别1；生殖细胞致突变性，类别1B；致癌性，类别1A；生殖毒性，类别1B；特异性靶器官毒性—反复接触，类别1；危害水生环境—急性危害，类别1；危害水生环境—长期危害，类别1。			

序号	2820	品名	重铬酸铯	商品编码	2841.5000
别 名				CAS 号	13530-67-1
英文名		Cesium dichromate			
分子式		$Cs_2Cr_2O_7$			
防护措施		呼吸系统防护：佩戴防毒口罩。紧急事态抢救或逃生时，佩戴自给式呼吸器。 眼睛防护：戴化学安全防护眼镜。 防护服：穿相应的防护服。 手防护：戴防化学品手套。			
危险性类别		氧化性固体，类别2；皮肤致敏物，类别1；致癌性，类别1A；危害水生环境—急性危害，类别1；危害水生环境—长期危害，类别1。			

序号	2821	品名	重铬酸铜	商品编码	2841.5000
别 名				CAS 号	13675-47-3
英文名		Cupric dichromate			
分子式		$CuCr_2O_7$			
危险特性		与有机物，还原剂及易燃物如硫、磷等混合，有成为爆炸性混合物的危险。			
健康危害		本品有毒和腐蚀性。			
防护措施		呼吸系统防护：佩戴防毒口罩。紧急事态抢救或逃生时，佩戴自给式呼吸器。 眼睛防护：戴化学安全防护眼镜。 防护服：穿相应的防护服。 手防护：戴防化学品手套。			
危险性类别		氧化性固体，类别2；皮肤致敏物，类别1；致癌性，类别1A；危害水生环境—急性危害，类别1；危害水生环境—长期危害，类别1。			

序号	2822	品名	重铬酸锌		商品编码	2841.5000
别　名					CAS 号	14018-95-2
英文名	Zinc dichromate					
分子式	$ZnCr_2O_7$					
外观与性状	褐色略红晶体或橙黄色粉末，易潮解。					
主要用途	用作颜料。					
防护措施	呼吸系统防护：佩戴防毒口罩。紧急事态抢救或逃生时，佩戴自给式呼吸器。 眼睛防护：戴化学安全防护眼镜。 防护服：穿相应的防护服。 手防护：戴防化学品手套。					
危险性类别	氧化性固体，类别 2；皮肤致敏物，类别 1；致癌性，类别 1A；危害水生环境—急性危害，类别 1；危害水生环境—长期危害，类别 1。					

序号	2823	品名	重铬酸银		商品编码	2843.2900
别　名					CAS 号	7784-02-3
英文名	Silver dichromate					
分子式	$Ag_2Cr_2O_7$					
外观与性状	宝石红结晶粉末。					
防护措施	呼吸系统防护：佩戴防毒口罩。紧急事态抢救或逃生时，佩戴自给式呼吸器。 眼睛防护：戴化学安全防护眼镜。 防护服：穿相应的防护服。 手防护：戴防化学品手套。					
危险性类别	氧化性固体，类别 2；皮肤致敏物，类别 1；致癌性，类别 1A；危害水生环境—急性危害，类别 1；危害水生环境—长期危害，类别 1。					

序号	2824	品名	重质苯		商品编码	2707.5000
别　名					CAS 号	
英文名	Heavy benzene					
防护措施	呼吸系统防护：佩戴防毒口罩。紧急事态抢救或逃生时，佩戴自给式呼吸器。 眼睛防护：戴化学安全防护眼镜。 防护服：穿相应的防护服。 手防护：戴防化学品手套。					
危险性类别	易燃液体，类别 2；皮肤腐蚀/刺激，类别 2；严重眼损伤/眼刺激，类别 2；生殖细胞致突变性，类别 1B；致癌性，类别 1A；特异性靶器官毒性—反复接触，类别 1；吸入危害，类别 1；危害水生环境—急性危害，类别 2；危害水生环境—长期危害，类别 3。					

序号	2825	品名	D-苎烯	商品编码	2902.1990
别 名				CAS 号	5989-27-5
英文名		(+)-dipentene			
分子式		$C_{10}H_{16}$			
外观与性状		为柠檬味液体，不溶于水。			
主要用途		主要用作香精香料领域，同时可以去除粘胶，不干胶等高分子树脂类物质，效果很好；也是很好的环保工业清洗剂。但缺点是成本很高。			
防护措施		呼吸系统防护：佩戴防毒口罩。紧急事态抢救或逃生时，佩戴自给式呼吸器。 眼睛防护：戴化学安全防护眼镜。 防护服：穿相应的防护服。 手防护：戴防化学品手套。			
危险性类别		易燃液体，类别3；皮肤腐蚀/刺激，类别2；皮肤致敏物，类别1；危害水生环境—急性危害，类别1；危害水生环境—长期危害，类别1。			

序号	2826	品名	左旋溶肉瘤素	商品编码	2922.4999
别 名		左旋苯丙氨酸氮芥;米尔法兰		CAS 号	148-82-3
英文名		Melphalan			
分子式		$C_{13}H_{18}O_2N_2Cl_2$			
外观与性状		本品为白色至浅黄色粉末，难溶于水，对光、热及在潮湿情况下不稳定。			
主要用途		用作药品。			
防护措施		呼吸系统防护：佩戴防毒口罩。紧急事态抢救或逃生时，佩戴自给式呼吸器。 眼睛防护：戴化学安全防护眼镜。 防护服：穿相应的防护服。 手防护：戴防化学品手套。			
危险性类别		急性毒性—经口，类别2；致癌性，类别1A。			